# Aus dem Inhalt

Mathematik und Informatik

Operations Research

Mathematische Physik

Tensoranalysis

Differentialformen

Integralgleichungen

Distributionen

Maßtheorie

Funktionalanalysis

Dynamische Systeme

Partielle Differentialgleichungen

Variationsrechnung

Mannigfaltigkeiten

Riemannsche Geometrie

Liegruppen

Topologie

# Teubner-Taschenbuch der Mathematik

## Teil II

Herausgegeben von G. Grosche, V. Ziegler, D. Ziegler, E. Zeidler

8., durchgesehene Auflage

Teubner

B. G. Teubner Stuttgart · Leipzig · Wiesbaden

Bibliografische Information Der Deutschen Bibliothek
Die Deutsche Bibliothek verzeichnet diese Publikation in der Deutschen Nationalbibliografie; detaillierte bibliografische Daten sind im Internet über <http://dnb.ddb.de> abrufbar.

Herausgeber:
**Doz. Dr. G. Grosche, Prof. Dr. E. Zeidler, D. Ziegler, Dr. V. Ziegler**

Autoren:
**Prof. Dr. V. Claus** (8.1.,8.2.,8.3. und Koordinator für das 8. Kapitel)
**Doz. Dr. G. Deweß** (9.2. – 9.6.)
**Dr. M. Deweß** (9.1.)
**Prof. Dr. V. Diekert** (8.4.)
**Prof. Dr. B. Fuchssteiner** (8.8.)
**Prof. Dr. S. Gottwald** (8.10.)
**Dipl.-Inform. S. Gündel** (8.2., 8.3.)
**Prof. Dr. J. Hoschek** (8.7.)
**Prof. Dr. E.-R. Olderog** (8.5.)
**Prof. Dr. M. M. Richter (8.9.)**
**Dr. M. Schenke** (8.5.)
**Prof. Dr. P. Widmayer** (8.6.)
**Prof. Dr. E. Zeidler** (10. – 19.)

8. Auflage November 2003


Softcover reprint of the hardcover 8th edition 2003

Der B. G. Teubner Verlag ist ein Unternehmen von Springer Science+Business Media.
www.teubner.de



Umschlaggestaltung: Ulrike Weigel, www.CorporateDesignGroup.de
Satz: Schreibdienst Henning Heinze, Nürnberg

ISBN 978-3-322-90192-7 ISBN 978-3-322-90191-0 (eBook)
DOI 10.1007/978-3-322-90191-0

# VORWORT

Mit dem „TEUBNER-TASCHENBUCH der Mathematik · Teil II“ liegt eine völlig neubearbeitete und wesentlich erweiterte Auflage der bisherigen „Ergänzenden Kapitel zum Taschenbuch der Mathematik von I.N. Bronstein und K.A. Semendjajew“ vor, die 1990 in sechster Auflage im Verlag B.G. Teubner in Leipzig erschienen sind.

Der „Bronstein“, das unentbehrliche Nachschlagewerk für Generationen von Studenten, Lehrern und Praktikern, wurde 1957 von V. Ziegler aus dem Russischen übersetzt und erstmals 1958 in deutscher Sprache – erweitert um die Abschnitte „Variationsrechnung“ und „Integralgleichungen“ – im Verlag B.G. Teubner in Leipzig veröffentlicht.

Unter der Herausgabe von G. Grosche und V. Ziegler erschien 1979 in enger Abstimmung mit den Autoren der ursprünglichen Fassung die 19., völlig überarbeitete Auflage als Gemeinschaftsausgabe der Verlage Nauka und Teubner. In diese Leipziger Neubearbeitung wurden neue Teilgebiete aufgenommen, wie Grundbegriffe der mathematischen Logik, Maßtheorie und Lebesgue-Stieltjes-Integral, Tensorrechnung, lineare Optimierung, nichtlineare Optimierung, dynamische Optimierung, Graphentheorie, Spieltheorie, Numerik und Funktionalanalysis. Manche Abschnitte mußten erheblich erweitert werden, z.B. Wahrscheinlichkeitsrechnung, mathematische Statistik, Fourier-Analyse und Laplace-Transformation. Da bei dieser Zielstellung der Umfang des Werkes nicht annähernd in den Grenzen des ursprünglichen Taschenbuches gehalten werden konnte, die Handlichkeit aber möglichst erhalten bleiben sollte, kamen Verfasser der ursprünglichen und Herausgeber der neuen Fassung zu dem Entschluß, die weiterführenden Kapitel 8 bis 11 herauszulösen und in einem Ergänzungsband zusammenzufassen.

Die nun vorliegende völlige Neubearbeitung dieses Ergänzungsbandes, das „TEUBNER-TASCHENBUCH der Mathematik · Teil II“, vermittelt dem Leser ein lebendiges, modernes Bild von den vielfältigen Anwendungen der Mathematik in Informatik, Operations Research und mathematischer Physik.

Erstmals ist ein Kapitel „Mathematik und Informatik“ enthalten, das dem Leser einen Überblick über die wesentlichen Grundbegriffe der theoretischen Informatik gibt: Behandelt werden Algorithmen, formale Sprachen, Komplexitätstheorie, Semantik, Datenstrukturen, geometrische Datenverarbeitung, Computeralgebra, Wissensverarbeitung und Logik sowie unscharfe Mengen und Fuzzy-Methoden.

Nach dem Kapitel „Operations Research“, das Methoden der Optimierung, der Spieltheorie und der Graphentheorie sowie deren Anwendungen gewidmet ist, folgen die neu bearbeiteten bzw. neu verfaßten Kapitel 10 bis 19, die wichtige Gegenstände der Analysis, Algebra, Differentialgeometrie, Topologie, mathematischen Physik enthalten und deren Zusammenspiel beschreiben. Betrachtet werden: Hilfsmittel der höheren Analysis (moderne Maß- und Integrationstheorie, Differentialformen und Tensoranalysis, Distributionen, Pseudodifferential- und Fourierintegraloperatoren), lineare und nichtlineare Integralgleichungen, lineare und nichtlineare partielle Differentialgleichungen in den Naturwissenschaften, lineare und nichtlineare Funktionalanalysis einschließlich numerischer Funktionalanalysis, Mannigfaltigkeiten und symplektische Geometrie, Riemannsche Geometrie und allgemeine Relativitätstheorie, dynamische Systeme (Mathematik der Zeit), Liegruppen, Liealgebren und Elementarteilchen (Mathematik der Symmetrie), Topologie (Mathematik des qualitativen Verhaltens).

Viele dieser Themen werden erstmals im Rahmen eines mathematischen Taschenbuches behandelt.

Das heutzutage benutzte Standardmodell der Elementarteilchen wird mit Hilfe von Eichfeldtheorien formuliert. In diesem Zusammenhang sind Gebiete der Mathematik für die Physik höchst interessant geworden, die früher mit dem Etikett „reine Mathematik" versehen wurden. Im Kapitel 19 „Krümmung, Topologie und Analysis" werden diese faszinierenden modernen Ideen für einen breiten Leserkreis dargestellt. Es ist zu erwarten, daß in Zukunft die heute noch weit verbreitete künstliche Trennung zwischen reiner und angewandter Mathematik immer mehr einer Betrachtungsweise weichen wird, die von der Einheit der Mathematik ausgeht. Mit dem „TEUBNER-TASCHENBUCH der Mathematik" soll ein Beitrag dazu geleistet werden.

Leipzig, Januar 1995 Die Herausgeber

# INHALT

# 8. MATHEMATIK UND INFORMATIK

## 8.1. Überblick

### 8.1.1. Vom Wesen der Informatik

Mathematik ist die Wissenschaft vom Formalisieren; sie widmet sich der Untersuchung und Charakterisierung der hierdurch definierbaren Kalküle, Räume und Strukturen, entwickelt Beweis- und Rechenmethoden und leitet gültige Eigenschaften her. Hierbei haben sich prinzipielle Grenzen herausgestellt: Die Widerspruchsfreiheit läßt sich i.allg. nicht innerhalb von Kalkülen beweisen, viele Probleme sind mit Rechenmethoden unlösbar oder nicht effizient lösbar, die meisten nichtlinearen Systeme besitzen keine Lösung in knapper geschlossener mathematischer Darstellung usw. Solche Grenzen gelten auch für die Informatik, die sich mit maschinell bearbeitbaren Lösungsverfahren (also mit Algorithmen), ihren Darstellungen, ihren Eigenschaften, ihrer Realisierung und ihren Anwendungen befaßt. Bis in die 60er Jahre wurde die Informatik noch als ein Bereich aufgefaßt, der sich in die Mathematik eingliedern läßt. In der Tat entwickelt die Informatik (wie die Mathematik) grundlegende, meist formale Methoden und Techniken, die in anderen Wissenschaften benötigt und in immer stärkerem Maße dort eingesetzt werden. Doch ebenso, wie die Ingenieurwissenschaften nicht mehr als Teil der Naturwissenschaften angesehen werden, haben die Probleme bei der Realisierung und beim Einsatz und die in großen Mengen entwickelten Systeme und Werkzeuge aus der Informatik eine eigenständige, seit 1970 vorwiegend ingenieurwissenschaftlich arbeitende Disziplin gemacht, die sich aber nicht mit den Grundstoffen „Materie" und „Energie", sondern mit der „Information" beschäftigt. Da auf der Information persönliche und gesellschaftliche Entscheidungs- und Lernprozesse beruhen, wirkt die Informatik nachhaltig in fast alle Bereiche des menschlichen Lebens und Zusammenlebens hinein.

Das vorliegende Kapitel 8. beschreibt einen Ausschnitt aus dem grundlagenorientierten Kern der Informatik. Hierbei geht es vor allem um „Erkennen", „Erzeugen", „mit Ausdrücken rechnen" und „Charakterisieren", sowie um die Begriffe „Effizienz", „Semantik", „Darstellung und Sprache", „Wissen" und „Logik", sowie um mathematikbezogene Werkzeuge.

*Beispiel:* Wir betrachten die Menge $D_2$ der korrekten Klammerungen mit zwei Klammerpaaren. Zur Darstellung verwenden wir das vierelementige Alphabet $\Sigma_2 = \{(,),[,]\}$ und setzen $D_2 = \{u \mid u$ ist eine Folge von Elementen aus $\Sigma_2$, und $u$ ist „korrekt geklammert"$\}$. Wir erzeugen $D_2$ mit folgender Vorschrift:

(1) Die leere Folge $\varepsilon$ ist korrekt geklammert, d.h. $\varepsilon \in D_2$.
(2) Wenn $u \in D_2$, dann auch $(u) \in D_2$ und $[u] \in D_2$.
(3) Wenn $u, v \in D_2$, dann auch $uv \in D_2$.
(4) $D_2$ ist die kleinste Menge, für die (1) bis (3) zutrifft.

Wenn eine Folge $w$ gegeben ist, dann läßt sich mit dem folgenden Algorithmus, der einen Stack (= Keller oder Stapel) mit Bottomsymbol $Z_0$ benutzt (vgl. Def. 27 in 8.2.), eindeutig feststellen, ob $w \in D_2$ ist oder nicht.

(1) Solange $w$ nicht leer ist, wiederhole:
(1.1) es sei $w = aw'$ mit $a \in \Sigma_2$; setze $w := w'$;
(1.2) falls $a =$ ( oder $a =$ [, dann lege $a$ auf den Stack;
(1.3) falls $a =$ ) und ( oberstes Zeichen auf dem Stack ist, dann lösche oberstes Stackzeichen;

(1.4) falls $a =]$ und $[$ oberstes Zeichen auf dem Stack ist, dann lösche oberstes Stackzeichen;

(1.5) falls keiner dieser 3 Fälle (1.2) bis (1.4) eintritt, dann wird die Eingabe nicht akzeptiert.

(2) Falls nur noch $Z_0$ am Ende auf dem Stack steht, dann wird die Eingabe akzeptiert, sonst nicht.

Algebraisch kann man $D_2$ wie folgt charakterisieren: Man faktorisiere die Menge der endlichen Folgen $\Sigma_2^*$ nach der Relation $\{() \equiv \varepsilon, [] \equiv \varepsilon\}$; dann ist $D_2$ genau die Menge, die zur Äquivalenzklasse des leeren Wortes gehört.

Zum Darstellen und „Rechnen" verwendet man oft geeignete Alphabete, Terme (Ausdrücke) und Gleichheiten bez. einer Semantik (Rechenregeln). Zum Erzeugen werden Grammatiken benutzt, die sämtliche Möglichkeiten angeben, wie sich aus einer endlichen Menge von Startsymbolen alle syntaktisch korrekten Terme (oder Wörter) herleiten lassen. Um zu entscheiden, ob ein gegebener Term im Sinne der Grammatik syntaktisch korrekt ist, werden die Herleitungsschritte umgekehrt. Das führt (ebenso wie die Herleitung) zu nichtdeterministischen Algorithmen, d.h. zu Verfahren, deren Ablauf nicht eindeutig ist, da einem gegebenen Wort nicht immer angesehen werden kann, durch welche Regeln es in welcher Reihenfolge erzeugt wurde. „Erzeugenden" Grammatiken können folglich „akzeptierende" nichtdeterministische Maschinen zugeordnet werden. Für die Praxis sind dann diejenigen Grammatik-Klassen interessant, zu denen es deterministische Maschinen gibt, also solche Maschinen, die ihre Arbeit in jeder Situation auf nur höchstens eine Weise fortsetzen können. Zusätzlich sollten die Maschinen noch möglichst rasch arbeiten und wenig Speicherplatz benötigen. Ferner sucht man nach Charakterisierungen, um tiefere Einblicke in die zugrundeliegenden Strukturen zu erhalten und um Eigenschaften und Fähigkeiten (z.B. Korrektheit und Laufzeit von Algorithmen) beweisen zu können. Einige wichtige Begriffe lauten daher:

- Alphabet, Sprache, Terme, Graphen, Netze;
- Erzeugungssysteme, Grammatiken;
- Schaltwerke, Automaten und Maschinen, Nichtdeterminismus;
- Komplexitätsklassen (vor allem: untere Schranken für Aufwandsabschätzungen);
- Datenstrukturen, Darstellungen und Algorithmen (z.B. für die Geometrie);
- Semantik, Verifikation, Logik.

## 8.1.2. Notationen für das Kapitel

Mit $\mathbb{N} = \{0, 1, 2, \ldots\}$ bezeichnen wir die Menge der natürlichen Zahlen einschl. der Null, mit $\mathbb{Z}$ und $\mathbb{R}$ die ganzen bzw. reellen Zahlen. Die Menge $\mathbb{N}$ zusammen mit der Addition und der Zahl 0 bildet das freie Monoid (s.u.) über einem einelementigen Alphabet. Wenn $r$ eine rationale oder reelle Zahl ist, dann bezeichnen wir mit $\lceil r \rceil$ die kleinste ganze Zahl, die größer oder gleich $r$ ist, und mit $\lfloor r \rfloor$ die größte ganze Zahl, die kleiner oder gleich $r$ ist. Natürliche Zahlen werden meist zur Basis 2 dargestellt, also als Folge von Nullen und Einsen. Für $n \in \mathbb{N}$ sei bin$(n)$ diese Binärdarstellung von $n$. Die Länge der Darstellung ist bis auf einen Fehler der Größe 1 gleich $\log n$, dem Logarithmus zur Basis 2 von $n$.

(Partielle) Funktionen $f\colon M \to N$ ordnen jedem $m \in M$ höchstens ein $n \in N$ zu. Die Funktion $f$ heißt **total**, wenn $f(m)$ für jedes $m \in M$ definiert ist. Teilmengen $R \subseteq M_1 \times \cdots \times M_n$ heißen Relationen; besonders wichtig sind zweistellige Relationen. Begriffe wie reflexiv, symmetrisch, transitiv, Ordnung, lineare (oder totale) Ordnung, Äquivalenz, assoziativ, kommutativ, distributiv, Homomorphismus usw. werden als bekannt vorausgesetzt (vgl. 4.3.5. und 17.2.4.).

**Zur Abschätzung von Größenordnungen wird die $O$-Notation benutzt. Zu einer Funktion $f\colon \mathbb{N} \to \mathbb{N}$ sei**

$$\begin{aligned}
O(f) &= \{g \mid g\colon \mathbb{N} \to \mathbb{N} \text{ und } \exists c \in \mathbb{N} \text{ mit } g \leq_{a.e.} c \cdot f\},\\
o(f) &= \{g \mid g\colon \mathbb{N} \to \mathbb{N} \text{ und } g(n)/f(n) \text{ ist Nullfolge für } n \to \infty\},\\
\Omega(f) &= \{g \mid g\colon \mathbb{N} \to \mathbb{N} \text{ mit } f \in O(g)\},\\
\omega(f) &= \{g \mid g\colon \mathbb{N} \to \mathbb{N} \text{ mit } f \in o(g)\},\\
\Theta(f) &= O(f) \cap \Omega(f).
\end{aligned}$$

**Hierbei bedeutet $\leq_{a.e.}$ die „Kleiner-Gleich-Beziehung fast überall", d.h. $f \leq_{a.e.} g \Leftrightarrow \exists n_0 \forall n \geq n_0\colon f(n) \leq g(n)$. Üblicherweise schreibt man $g = O(f)$, wenn man $g \in O(f)$ meint; entsprechende Gleichungsketten treten in der Literatur häufig auf und dürfen nur von links nach rechts gelesen werden. Analoge Schreibweisen gibt es für die anderen Größenordnungsklassen.**

**Grundlegend für viele Untersuchungen ist der Begriff der Sprache über einem Alphabet. Ein Alphabet[1] $\Sigma = \{a_1, a_2, \ldots, a_n\}$ ist eine endliche (evtl. leere) Menge mit einer linearen Ordnung $a_1 < a_2 < \cdots < a_n$. Die Elemente $a_i$ heißen Buchstaben (oder Zeichen oder Symbole); $\Sigma^*$ sei das freie Monoid oder die Menge der Wörter über der Menge $\Sigma$, d.h. die Menge aller endlichen Folgen aus Elementen von $\Sigma$ einschließlich der leeren Folge $\varepsilon$:**

$$\Sigma^* = \{\varepsilon, a_1, \ldots, a_n, a_1a_1, a_1a_2, \ldots, a_na_n, a_1a_1a_1, a_1a_1a_2, \ldots\}$$

**mit der zweistelligen assoziativen Operation $\circ\colon \Sigma^* \times \Sigma^* \to \Sigma^*$, die definiert ist durch $u \circ v = uv$, $\forall u, v \in \Sigma^*$ (Hintereinanderschreiben, Konkatenation). Die Elemente von $\Sigma^*$ heißen Wörter (über $\Sigma$). Das leere Wort $\varepsilon$ erfüllt $u \circ \varepsilon = \varepsilon \circ u = u$ für alle $u \in \Sigma^*$, d.h. $\Sigma^*$ bildet mit der Operation $\circ$ und dem neutralen Element $\varepsilon$ ein Monoid. Die Menge $\Sigma^+ := \Sigma^* - \{\varepsilon\}$ heißt freie Halbgruppe über $\Sigma$.**

**$u$ heißt Anfangswort von $v$, wenn ein $w$ mit $uw = v$ existiert; $w$ heißt dann Endwort von $v$. Das Wort $y$ heißt Teilwort von $v$, wenn Wörter $x, z \in \Sigma^*$ existieren mit $v = xyz$; speziell ist jedes Anfangs- und jedes Endwort zugleich Teilwort von $v$. Die Länge $|u|$ eines Wortes $u \in \Sigma^*$ ist die Anzahl seiner Buchstaben, formal:**

$$|\varepsilon| = 0 \text{ und } |ua| = |u| + 1,\ \forall a \in \Sigma, u \in \Sigma^*.$$

**$|\ |\colon \Sigma^* \to \mathbb{N}$ ist ein Homomorphismus (bez. der Addition auf $\mathbb{N}$) wegen $|u \circ v| = |u| + |v|$. Für $k \in \mathbb{N}$ sei $u^k = \underbrace{u \cdots u}_{k-\text{mal}}$ (mit $u^0 := \varepsilon$). Es gilt $|u^k| = k \cdot |u|$. Die Spiegelung $u \mapsto u^{\mathrm{R}}$ ist eine Abbildung auf $\Sigma^*$ mit $(a_{i_1} \ldots a_{i_m})^{\mathrm{R}} = a_{i_m} \ldots a_{i_1}$. Es gilt $(uv)^{\mathrm{R}} = v^{\mathrm{R}}u^{\mathrm{R}}$. Das „R" steht für engl. „reversal".**

**Die auf $\Sigma$ definierte Ordnung $<$ kann man in natürlicher Weise auf $\Sigma^*$ zu Ordnungen $\prec$ (lexikografische Ordnung, d.h. Anordnung wie im Lexikon) und $<$ (längenlexikografische Ordnung) fortsetzen: Für alle $u, v \in \Sigma^*$ sei**

$$\begin{aligned}
u \prec v \Leftrightarrow{} & \exists w \in \Sigma^+ \text{ mit } uw = v \text{ (d.h. } u \text{ ist Anfangswort von } v \neq u) \text{ oder}\\
& \exists a, b \in \Sigma, w, w_1, w_2 \in \Sigma^* \text{ mit } u = waw_1, v = wbw_2 \text{ und } a < b,\\
u < v \Leftrightarrow{} & |u| < |v| \text{ oder } (|u| = |v| \text{ und } u \prec v).
\end{aligned}$$

**Die obige Darstellung listet $\Sigma^*$ in längenlexikografischer Reihenfolge auf.**

---

**[1] Manchmal werden auch abzählbare Alphabete $\{a_1, a_2, \ldots\}$ betrachtet. Mit der Codierung $a_i \mapsto 01^i$ für $i \geq 1$ kann man die meisten Fragestellungen über dem Alphabet $\{0, 1\}$ formulieren.**

Jede Menge von Wörtern $L \subseteq \Sigma^*$ heißt **Sprache** über $\Sigma$. Für $\Sigma \neq \emptyset$ ist $\Sigma^*$ gleichmächtig zur Menge der natürlichen Zahlen $\mathbb{N}$, und somit ist die Menge aller Sprachen über $\Sigma$ überabzählbar. Beschreibt man Sprachen durch Programme (oder Algorithmen, mathematische Maschinen, Schaltkreise, logische Formeln, Kalküle), so ist die Menge $M$ der Programme abzählbar (denn $M$ ist nichts anderes als eine Menge von Wörtern über einem geeigneten Alphabet); folglich ist die Menge der Sprachen, die durch Programme charakterisiert sind, ebenfalls nur abzählbar. Zu konkreten Sprachen, die nicht durch Programme darstellbar sind, siehe Satz 25 in 8.2.

Speziell ist die Menge $\Sigma = \{a_1, \ldots, a_n\} \subseteq \Sigma^*$ die Sprache, die aus allen Wörtern der Länge 1 besteht. Die Wörter der Länge $k$ bilden die Menge $\Sigma^k = \{u \in \Sigma^* \mid |u| = k\}$, für $k \in \mathbb{N}$, sowie $\Sigma^{\leq k} = \{u \in \Sigma^* \mid |u| \leq k\} = \bigcup_{i=0}^{k} \Sigma^i$. Sprachen über $\Sigma$ sind genau die Elemente der Potenzmenge $2^{\Sigma^*}$. Auf $2^{\Sigma^*}$ sind diverse Operationen (sog. Sprachoperationen) definiert: Vereinigung, Konkatenation, Ineinanderstecken usw. Die Operationen Vereinigung, Durchschnitt und Komplement (bez. $\Sigma^*$) setzen wir als bekannt voraus. Gängige Operationen sind:

- Konkatenation: $L \circ L' := \{uv \mid u \in L \text{ und } v \in L'\}$. Für $\underbrace{L \circ \cdots \circ L}_{k-\text{mal}}$ schreiben wir $L^k$ mit $L^0 := \{\varepsilon\}$.
- Iteration („Kleene-Stern"): $L^* := \{u_1 u_2 \ldots u_r \mid u_i \in L,\ r \geq 0\} = \bigcup_{i \geq 0} L^i$.
- $\varepsilon$-freie Iteration: $L^+ := \bigcup_{i \geq 1} L^i$.

Weitere Sprachoperationen werden in Abschnitt 8.3. eingeführt (vgl. dort ab Def. 7).

Um mengentheoretischen Widersprüchen auszuweichen, legt man eine abzählbar unendliche Menge $\Omega_\infty = \{a_1, a_2, \ldots\}$ zugrunde und nimmt o.B.d.A. an, daß jedes Alphabet $\Sigma$ aus $n$ Elementen der Form $\Sigma = \{a_{j+1}, \ldots, a_{j+n}\}$ besteht, wobei man das $j$ stets geeignet wählt. Wenn z.B. $\Sigma_1 = \{b_1, \ldots, b_n\}$ und $\Sigma_2 = \{c_1, \ldots, c_r\}$ disjunkte Alphabete sind, so kann man $\Sigma_1$ mit $\{a_1, \ldots, a_n\}$, und $\Sigma_2$ mit $\{a_{n+1}, \ldots, a_{n+r}\}$ identifizieren, und $\Sigma_1 \cup \Sigma_2$ wird dann durch $\{a_1, \ldots a_{n+r}\}$ dargestellt. Diese Vereinbarung, daß Alphabete als Teilmengen eines fest vorgegebenen Zeichenvorrats $\Omega_\infty$ aufzufassen sind, liegt allen Untersuchungen in diesem Kapitel zugrunde.

# 8.2. Algorithmen und Maschinen

## 8.2.1. Turingmaschinen

Im ausgehenden 19. und beginnenden 20. Jahrhundert hatten viele Wissenschaftler die Hoffnung, daß sich alle Probleme, die man mathematisch präzise ausformulieren kann, mit Hilfe mechanisch ausführbarer Verfahren (also mit Hilfe von Algorithmen) lösen lassen. Diese Hoffnung erwies sich 1931 wegen des Unvollständigkeitssatzes von K. Gödel (vgl. Satz 12 in 8.9.) als falsch. Wesentlich für die weitere Entwicklung war jedoch, daß der Begriff des Algorithmus selbst zum Gegenstand mathematischer Untersuchungen wurde. 1936/37 schlugen A. Church, S.C. Kleene und A.M. Turing mathematische Präzisierungen hierfür vor, die sich als äquivalent herausstellten. Wir folgen dem Ansatz von Turing, Eingabewörter schrittweise durch elementare Programme (die im folgenden tabellenartig als Übergangsfunktion $\delta$ dargestellt werden) in Ausgabewörter zu überführen. Das zugehörige mathematische Modell, die **Turingmaschine** (abgek. **TM**), ist grundlegend für Sprachdefinitionen und Aufwandsabschätzungen.

**Definition 1: Eine deterministische (1-Band, 1-Kopf) Turingmaschine (DTM)** ist ein 7-Tupel $M = (\mathbf{Q}, \Sigma, \Gamma, \delta, q_0, B, \mathbf{F})$ mit:

- $\mathbf{Q}$, eine endliche nichtleere Menge („Zustandsmenge");
- $\Sigma$, eine endliche Menge („Eingabealphabet");
- $\Gamma$, eine endliche nichtleere Menge („Bandalphabet") mit $\Sigma \subseteq \Gamma$;
- $\delta$: $\mathbf{Q} \times \Gamma \to \mathbf{Q} \times \Gamma \times \{R, L, N\}$, die partielle Zustandsüberführungsfunktion von $M$;
- $q_0 \in \mathbf{Q}$, der Anfangszustand;
- $B \in \Gamma - \Sigma$, ein ausgezeichneter Buchstabe („Blanksymbol");
- $\mathbf{F} \subseteq \mathbf{Q}$, die Menge der Endzustände (evtl. leer).

**Arbeitsweise der so spezifizierten Maschine** (Abb. 8.1): $M$ hat ein zweiseitig unbeschränktes Band, das als unendlicher Speicher dient. Es besteht aus abzählbar vielen Feldern oder Zellen, die jeweils genau einen Buchstaben aus $\Gamma$ enthalten. Auf dem Band bewegt sich ein Lese-Schreibkopf, der den Inhalt der Zelle, auf die er positioniert ist, lesen und ein neues Zeichen in diese Zelle schreiben kann. Zu jedem Zeitpunkt befindet sich $M$ in einem Zustand $q \in \mathbf{Q}$.

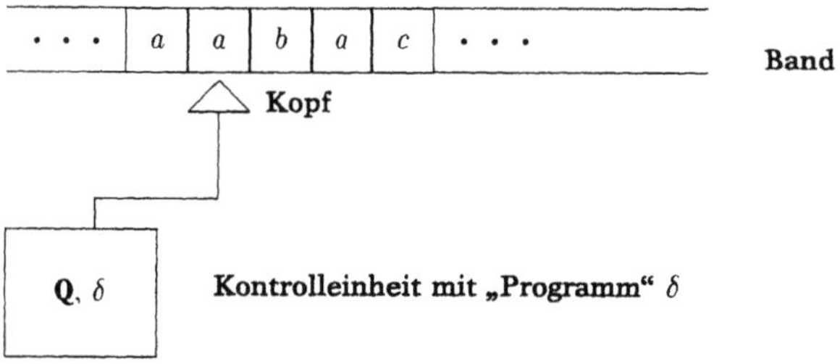


Abb. 8.1

Ist $M$ im Zustand $q$ und liest das Zeichen $a$ und ist $\delta(q, a) = (q', a', d)$, dann schreibt $M$ $a'$ in die Zelle, wechselt in den Zustand $q'$ und führt die Kopfbewegung $d \in \{R, L, N\}$ aus. Falls $d = R$ ist, bewegt sich der Kopf eine Zelle nach rechts, falls $d = L$ ist, bewegt sich der Kopf eine Zelle nach links, und falls $d = N$ ist, bewegt sich der Kopf nicht. Die Maschine $M$ führt in jedem Schritt einen solchen Übergang aus. Sie arbeitet taktweise solange, bis sie einen Endzustand erreicht oder $\delta(q, a)$ undefiniert ist; eventuell hält sie nie an.

Bei Rechenbeginn ist $M$ im Anfangszustand $q_0$, die Eingabe $w = w_1 \dots w_n \in \Sigma^*$, $w_i \in \Sigma$, belegt $n$ aufeinanderfolgende Zellen, und der Kopf steht auf dem linkesten Buchstaben $w_1$ der Eingabe. Auf allen anderen Bandzellen befindet sich das Blanksymbol $B$. Im Spezialfall $n = 0$ steht der Kopf auf $B$. Am Ende einer Rechnung erhält man die Ausgabe $v = v_1 \dots v_l \in \Gamma^*$ als das längste auf dem Band stehende Wort, das mit einem von $B$ verschiedenen Zeichen beginnt und endet.

*Beispiel:* Die Turingmaschine $M = (\mathbf{Q}, \Sigma, \Gamma, \delta, q_0, B, \mathbf{F})$ mit der in Tabelle 8.1 dargestellten Funktion $\delta$ („—" bedeutet „undefiniert") und mit $\mathbf{Q} = \{q_0, \dots, q_5\}$, $\mathbf{F} = \{q_5\}$, $\Sigma = \{0, 1\}$ und $\Gamma = \{0, 1, B, X, Y\}$ berechnet bei Eingabe $w = 0^i 1^i$ mit $i \geq 1$ die Ausgabe $v = X^i Y^{i+1}$; für alle anderen Eingaben ist die Ausgabe undefiniert (siehe Def. 2e)).

Daß $\delta$ das Gewünschte leistet, zeigt man durch Induktion über die Länge der Eingabe.

Für derartige Beweise ist der Begriff der Konfiguration einer Turingmaschine unentbehrlich. Konfigurationen sind Momentaufnahmen während der Rechnung.

Def. 2 wird so formuliert, daß sie auch für nichtdeterministische Turingmaschinen (siehe Def. 7) verwendet werden kann. Dies gilt auch für die folgenden Definitionen 3 und 4.

*Tabelle 8.1*

| $\delta$ | 0 | 1 | $B$ | $X$ | $Y$ |
|---|---|---|---|---|---|
| $q_0$ | $(q_1, X, R)$ | — | — | — | — |
| $q_1$ | $(q_1, 0, R)$ | $(q_2, Y, L)$ | — | — | $(q_1, Y, R)$ |
| $q_2$ | $(q_4, 0, L)$ | — | — | $(q_3, X, R)$ | $(q_2, Y, L)$ |
| $q_3$ | — | — | $(q_5, Y, R)$ | — | $(q_3, Y, R)$ |
| $q_4$ | $(q_4, 0, L)$ | — | — | $(q_0, X, R)$ | — |

**Bedeutung:** $\delta(q_0, 0) = (q_1, X, R)$ **usw. Die Zeile für** $q_5$ **ist überall undefiniert und wurde deshalb weggelassen.**

**Definition 2: (Konfiguration, $\vdash, \overset{*}{\vdash}, \mathrm{Res}_M, t_M, s_M$)**

**a) Eine Konfiguration der Turingmaschine $M$ ist ein Wort $\alpha q \beta$ über $\Gamma \cup \mathbf{Q}$ mit $\alpha, \beta \in \Gamma^*$ und $q \in \mathbf{Q}$. Sie bedeutet, daß in aufeinanderfolgenden Zellen des Bandes das Wort $\alpha\beta$ steht, alle anderen Zellen des Bandes mit dem Blanksymbol $B$ belegt sind, die Maschine sich im Zustand $q$ befindet und der Kopf auf dem ersten Buchstaben von $\beta$ positioniert ist.**

**b) Es sei $\alpha = \alpha_1 \dots \alpha_i, \beta = \beta_1 \dots \beta_j \ (i \geq 0, j \geq 0)$. Falls $\beta = \varepsilon$ (d.h. $j = 0$) ist, so sei im folgenden $\beta_1 = B$. $K' = \alpha' q' \beta'$ heißt direkte Folgekonfiguration von $K = \alpha q \beta$, falls gilt:**

$$K' = \begin{cases} \alpha_1 \dots \alpha_i q' \gamma \beta_2 \dots \beta_j, & \textbf{falls } \delta(q, \beta_1) = (q', \gamma, N), \\ \alpha_1 \dots \alpha_{i-1} q' \alpha_i \gamma \beta_2 \dots \beta_j, & \textbf{falls } \delta(q, \beta_1) = (q', \gamma, L) \ \ [\textbf{wenn } \alpha = \varepsilon, \textbf{ setze } \alpha_i = B], \\ \alpha_1 \dots \alpha_i \gamma q' \beta_2 \dots \beta_j, & \textbf{falls } \delta(q, \beta_1) = (q', \gamma, R) \ \ [\textbf{wenn } j \leq 1, \textbf{ setze } \beta_2 = B]. \end{cases}$$

**$K'$ entsteht aus $K$ durch einen Rechenschritt. Im Zeichen: $K \vdash K'$.**

**c) $K'' = \alpha'' q'' \beta''$ ist eine Folgekonfiguration von $K$, falls $K''$ in $m \geq 0$ Rechenschritten aus $K$ entsteht. Genauer: $K = K''$ und $m = 0$, oder $m \geq 1$ und es existieren Konfigurationen $K_0, \dots, K_m$ mit $K_0 = K$, $K_m = K''$ und $K_i \vdash K_{i+1}$ für $i = 0, \dots, m-1$. Im Zeichen: $K \overset{m}{\vdash} K''$. $\overset{*}{\vdash}$ ist der reflexive und transitive Abschluß von $\vdash$, d.h. $K \overset{*}{\vdash} \hat{K}$ genau dann, wenn es ein $m \geq 0$ mit $K \overset{m}{\vdash} \hat{K}$ gibt.**

**d) Für $w \in \Sigma^*$ heißt die Konfiguration $q_0 w$ Anfangskonfiguration zur Eingabe $w$. Eine Konfiguration $\alpha q \beta$ heißt Endkonfiguration, falls $q \in \mathbf{F}$ ist.**

**e) Eine Turingmaschine $M$ berechnet die (partielle) Funktion $\mathrm{Res}_M \colon \Sigma^* \to \Gamma^*$, wobei für alle $w \in \Sigma^*$ gilt: $\mathrm{Res}_M(w) = v$ genau dann, wenn es eine endliche Folge von Konfigurationen $q_0 w = K_0 \vdash K_1 \vdash \dots \vdash K_i \vdash \dots \vdash K_m = \alpha q \beta$ gibt mit:**

- **$K_m$ ist Endkonfiguration,**
- **kein $K_i$ für $i = 0, \dots, m-1$ ist Endkonfiguration,**
- **$v$ ist das längste Teilwort von $\alpha\beta$, das nicht mit $B$ beginnt und endet.**

**f) Die Rechenzeit $t_M(w)$ einer deterministischen Turingmaschine $M$ bei Eingabe $w$ ist die Anzahl der Schritte $m$, falls die Endkonfiguration $K_m$ existiert, und $\infty$ sonst.**

**g) Der Speicherplatz $s_M(w)$ einer deterministischen Turingmaschine $M$ bei Eingabe $w$ ist definiert durch**

$$s_M(w) = \begin{cases} \max\{|K| - 1 \mid q_0 w \overset{*}{\vdash} K\}, & \textbf{sofern dieses Maximum existiert,} \\ \infty & \textbf{, sonst.} \end{cases}$$

**$|K|$ ist die Länge der Konfiguration $K$; $|K| - 1$ ist also die Länge der Bandinschrift von $K$, genauer: die Anzahl der Felder des Bandes, die durch das Eingabewort belegt wurden oder die im Laufe der Rechnung bis zum Erreichen der Konfiguration $K$ vom Lese-Schreibkopf überstrichen wurden. Ist $M$ eine TM mit gesondertem Eingabeband (Off-line-TM, siehe Definition 6d)), so dürfen nur die Felder der Arbeitsbänder, aber nicht die des Eingabebandes für $s_M$ berücksichtigt werden (hierdurch lassen sich auch Funktionen $s_M(n) \leq n$ erfassen); auch ein spezielles Ausgabeband zählt nicht mit.**

h) Es seien $t\colon \mathbb{N} \to \mathbb{N}$, $s\colon \mathbb{N} \to \mathbb{N}$ Funktionen. $M$ heißt **$t(n)$-zeitbeschränkt**, falls für alle Eingaben $w \in \Sigma^*$ gilt: $t_M(w) \leq t(|w|)$. $M$ heißt **$s(n)$-platzbeschränkt**, falls für alle $w \in \Sigma^*$ gilt: $s_M(w) \leq s(|w|)$.

i) Eine Funktion $t\colon \mathbb{N} \to \mathbb{N}$ heißt **voll zeitkonstruierbar**, wenn es eine $t(n)$-zeitbeschränkte (Mehrband-)DTM $M$ gibt, die für jede Eingabe der Länge $N$ genau $t(n)$ Schritte rechnet, d.h. für $M$ gilt:

$$\forall n \in \mathbb{N}\ \forall w \in \Sigma^* \text{ mit } |w| = n\colon t_M(w) = t(n).$$

$t$ heißt **zeitkonstruierbar**, wenn es eine $t(n)$-zeitbeschränkte (Mehrband-)DTM $M$ gibt, die für mindestens ein $w \in \Sigma^*$ mit $|w| = n$ genau $t(n)$ Schritte rechnet.

j) Analog heißt $s\colon \mathbb{N} \to \mathbb{N}$ **voll platzkonstruierbar** bzw. **platzkonstruierbar**, wenn es eine $s(n)$-platzbeschränkte (Mehrband-)DTM $M$ gibt mit

$$\forall n \in \mathbb{N}\ \forall w \in \Sigma^* \text{ mit } |w| = n\colon s_M(w) = s(n) \qquad \text{bzw.}$$

$$\forall n \in \mathbb{N}\ \exists w \in \Sigma^* \text{ mit } |w| = n \text{ und } s_M(w) = s(n)\ .$$

*Bemerkungen:*

1) Nach obiger Definition werden Konfigurationen höchstens länger, d.h. aus $K \vdash K'$ folgt $|K| \leq |K'|$. Man beachte dies bei der Definition von $s_M$. Das „Zurückschneiden" auf relevante Teile leistet erst die Resultatsfunktion $\mathrm{Res}_M$.

2) Die Definition der Resultatsfunktion $\mathrm{Res}_M$ greift nicht auf das Maschinenmodell, sondern nur auf die Relation „$\vdash$" zurück. Die Relation $\vdash$ läßt sich als lokale Ersetzung eines Teilwortes in den Konfigurations-Wörtern auffassen. Turingmaschinen beschreiben daher die schrittweise Ersetzung von Wörtern durch andere Wörter.

3) Für Turingmaschinen, die Funktionen berechnen, kann auf die Endzustände verzichtet werden, indem man alle die Konfigurationen, die keine Folgekonfigurationen besitzen, als Endkonfigurationen auffaßt. Obige Definition repräsentiert das allgemeinste Maschinenmodell.

4) Man sagt, eine TM **hält** für eine Eingabe $w$ an, wenn sie ausgehend von der Anfangskonfiguration $q_0w$ zu einer Endkonfiguration gelangt oder im Laufe der Berechnung eine Konfiguration erreicht, zu der keine Folgekonfiguration existiert.

5) Die Begriffe „zeit-" und „platzkonstruierbar" benötigt man in vielen Beweisen, wenn eine Turingmaschine simuliert werden muß und hierfür eine obere Schranke für die Anzahl der Simulationsschritte oder den maximalen Platzbedarf erforderlich wird. Ohne diese Eigenschaft werden viele Komplexitätsaussagen falsch. Aus der Mathematik geläufige Funktionen wie Polynome, Logarithmen, Exponentialfunktionen usw. sind zeit- und platzkonstruierbar. (Statt platzbeschränkt spricht man in der Literatur auch von **bandbeschränkt**, was aber zu Verwechslungen mit der minimalen Anzahl von Bändern führen kann, vgl. Def. 6a).) Für Funktionen $s$ mit $s(n) \geq n$ sind die Begriffe „platzkonstruierbar" und „voll platzkonstruierbar" gleichwertig.

6) Man klassifiziert das Band einer Turingmaschine wie folgt: darf sich der Kopf beliebig hin und her bewegen, so heißt das Band **Zweiweg-Band** (two-way), darf sich der Kopf dagegen nur in eine Richtung bewegen, so spricht man von einem **Einweg-Band** (one-way). Darf der Inhalt des Bandes nur gelesen (nicht aber verändert) werden, so nennt man das Band **nur lesend** (read-only); darf es nur beschrieben (aber nicht gelesen) werden, so heißt es **nur schreibend** (write-only). Gesonderte Ein- bzw. Ausgabebänder sind typischerweise Zwei- oder Einweg, nur lesend, bzw. Einweg, nur schreibend.

**Definition 3:**

a) Eine Funktion $f\colon \Sigma^* \to \Delta^*$ heißt **partiell rekursiv** oder **turingmaschinen-berechenbar** oder kurz **berechenbar**, wenn eine deterministische Turingmaschine $M$ mit Eingabealphabet

**$\Sigma$ und Bandalphabet $\Gamma$ existiert, $\Delta \subseteq \Gamma$, so daß für alle $w \in \Sigma^*$ gilt: $\text{Res}_M(w) = f(w)$ (in dem Sinne, daß $\text{Res}_M(w)$ genau dann undefiniert ist, wenn dies für $f(w)$ gilt).**

**b) Eine partiell rekursive Funktion $f$: $\Sigma^* \to \Delta^*$ heißt total rekursiv, wenn $f(w)$ für jedes $w \in \Sigma^*$ definiert ist.**

c) Die Menge $H_M := \{w \in \Sigma^* \mid \text{M hält für die Eingabe } w \text{ an}\}$ heißt **Haltebereich** von $M$. Die Menge $L_M := \{w \in \Sigma^* \mid \text{Res}_M(w) \text{ existiert}\} \subseteq H_M$ heißt **Definitionsbereich** von $M$. $L_M$ enthält alle Eingaben $w$, für die die TM ausgehend von der Anfangskonfiguration $q_0w$ in eine Endkonfiguration gelangt. Man sagt auch: $M$ **akzeptiert** $w \in \Sigma^*$, falls $q_0w \overset{*}{\vdash} \alpha q\beta$ mit $q \in \mathbf{F}$ gilt, und nennt $L_M$ die von $M$ **akzeptierte** oder **erkannte Sprache**.

d) Die Menge $W_M := \{v \in \Gamma^* \mid \exists\, w \in \Sigma^*: \text{Res}_M(w) = v\}$ heißt **Wertebereich** der TM $M$.

Turingmaschinen, mit denen Sprachen akzeptiert werden sollen, heißen zur Abgrenzung von Turingmaschinen, die Funktionen berechnen, **(Turing-)Akzeptoren**.

*Beispiel:* Die Turingmaschine $M = (\mathbf{Q}, \Sigma, \Gamma, \delta, q_0, B, \mathbf{F})$ mit $\mathbf{Q} = \{q_0, \ldots, q_7\}$, $\Sigma = \{0, 1\}$, $\Gamma = \{0, 1, B\}$, $\mathbf{F} = \{q_7\}$ und $\delta$ gemäß Tabelle 8.2 akzeptiert die Sprache $L_M = \{0^n 1^n \mid n \geq 1\}$.

*Tabelle 8.2*

| $\delta$ | 0 | 1 | $B$ |
|---|---|---|---|
| $q_0$ | $(q_0, 0, R)$ | $(q_1, 1, R)$ | — |
| $q_1$ | — | $(q_1, 1, R)$ | $(q_2, B, L)$ |
| $q_2$ | — | $(q_3, B, L)$ | — |
| $q_3$ | $(q_3, 0, L)$ | $(q_3, 1, L)$ | $(q_4, B, R)$ |
| $q_4$ | $(q_5, B, R)$ | — | — |
| $q_5$ | $(q_6, 0, R)$ | $(q_6, 1, R)$ | $(q_7, B, R)$ |
| $q_6$ | $(q_6, 0, R)$ | $(q_6, 1, R)$ | $(q_2, B, L)$ |

Die Überführungsfunktion $\delta$ dargestellt als Tabelle. „—" bedeutet „undefiniert". Die Zeile für $q_7$ enthält überall undefiniert und wurde deshalb weggelassen.

**Definition 4:**

a) Eine Sprache $L \subseteq \Sigma^*$ heißt **rekursiv aufzählbar** oder kurz **aufzählbar**, wenn es eine Turingmaschine $M$ mit $L_M = L$ gibt.

b) Eine Sprache $L \subseteq \Sigma^*$ heißt **rekursiv** oder **entscheidbar**, wenn es eine Turingmaschine $M$ gibt mit $L_M = L$, die für alle Eingaben $w \in \Sigma^*$ hält, d.h. für jede Eingabe $w$ gibt es eine Konfiguration $\alpha q\beta$ mit $q_0w \overset{*}{\vdash} \alpha q\beta$, so daß entweder $q \in F$ gilt oder keine Folgekonfiguration zu $\alpha q\beta$ existiert.

**Satz 5:** (zu weiteren Abschlußeigenschaften siehe Tabelle 8.19)

a) Die Klasse der entscheidbaren Sprachen ist gegen $\cap$, $\cup$, $\bar{\ }$(Komplement) abgeschlossen.

b) Die Klasse der aufzählbaren Sprachen ist gegen $\cap$ und $\cup$, aber nicht gegen $\bar{\ }$ abgeschlossen (vgl. Satz 25).

c) $L$ entscheidbar $\Leftrightarrow$ $L$ und $\bar{L}$ aufzählbar.

d) $L$ aufzählbar $\Leftrightarrow L = H_{M_1}$ für eine geeignete TM $M_1 \Leftrightarrow L = W_{M_2}$ für eine geeignete TM $M_2$.

Es gibt viele verschiedene Möglichkeiten, Turingmaschinen zu definieren. Eine Auswahl gängiger Varianten der Turingmaschinen ist nachfolgend zusammengestellt. Für Komplexitätsuntersuchungen verwendet man meist **Mehrband-TM**; dies sind Turingmaschinen mit $k \geq 1$ (Arbeits-)Bändern und evtl. je einem zusätzlichen Eingabe- und Ausgabeband, d.h. $k$-Band-TM, evtl. Off-line und evtl. mit gesondertem Ausgabeband.

**Definition 6:** (zur Veranschaulichung siehe Abb. 8.2)

a) Eine **$k$-Band-Turingmaschine** besteht aus einer Kontrolleinheit, $k$ Bändern und je einem Lese-Schreibkopf pro Band. Die Köpfe können gleichzeitig lesen und schreiben, sie arbeiten taktweise synchron. In einem Rechenschritt, der vom Zustand der Kontrolleinheit und den $k$ Buchstaben, die von den $k$ Köpfen gelesen werden, abhängt, wird der Zustand geändert, ein neuer Buchstabe in jede der $k$ positionierten Zellen geschrieben und anschließend die Köpfe unabhängig voneinander bewegt. Die Definition ist also analog zur 1-Band-1-Kopf-Turingmaschine oben, allerdings hat $\delta$ jetzt folgende Funktionalität: $\delta\colon \mathbf{Q} \times \mathbf{\Gamma}^k \to \mathbf{Q} \times \mathbf{\Gamma}^k \times \{R, L, N\}^k$. Zu Anfang steht die Eingabe auf Band 1, und die anderen $k-1$ Bänder enthalten nur Blanksymbole. Die hier betrachteten Bänder sind in beiden Richtungen unbeschränkt. Man kann auch **einseitig unbeschränkte** Bänder betrachten, wodurch die Leistungsfähigkeit unverändert bleibt.

b) Eine **mehrdimensionale Turingmaschine** besteht aus einer Kontrolleinheit, wobei das Band durch ein $k$-dimensionales Gitter (oder Array) von Zellen ersetzt wird, $k$ fest, das in jede der $2k$ Richtungen unendlich ist. In einem Rechenschritt, der vom Zustand und vom gelesenen Zeichen abhängt, wird der Zustand geändert, ein neuer Buchstabe geschrieben und der Kopf ein Feld in eine der $2k$ möglichen Richtungen bewegt, oder er bleibt stehen. Zu Anfang befindet sich das Eingabewort auf einer Achse in einer Richtung, und der Kopf ist auf das linkeste Zeichen der Eingabe positioniert. Man kann auch mit mehrdimensionalen Mustern als Eingabe starten.

c) Eine **$k$-Kopf-Turingmaschine** besteht aus $k$ unabhängigen Lese-Schreibköpfen auf einem Band. In einem Rechenschritt, der vom Zustand und den $k$ gelesenen Zeichen abhängt, werden der Zustand verändert und die Köpfe unabhängig voneinander bewegt. Man unterscheidet bei diesem Modell zwei verschiedene Typen: solche, die „merken", ob zwei Köpfe auf derselben Zelle stehen, und solche, die das nicht „merken". Zur Vermeidung

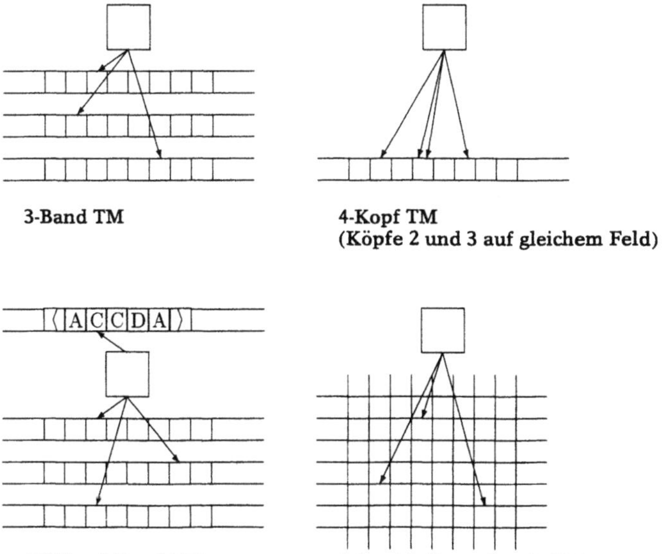


Abb. 8.2

von Schreibkonflikten wird meist eine Prioritätenregelung eingeführt.

d) Eine **Off-line-Turingmaschine** ist eine Mehrband-Turingmaschine mit einem speziellen Eingabeband, das nur gelesen werden darf. Die Eingabe $w$ ist von den Sonderzeichen „$\langle$“ und „$\rangle$“ (sog. Randbegrenzern) so eingerahmt, daß $\langle w \rangle$ auf dem Eingabeband steht. Der Lesekopf darf zwischen den Randbegrenzern beliebig hin- und herlaufen (Zweiweg, nur lesend), aber nicht über sie hinauslaufen. Für die übrigen Bänder existieren keine Einschränkungen. Mit Off-line-Turingmaschinen läßt sich die Platzkomplexität auch bez. solcher Funktionen definieren, die kleiner als die Identität sind.

Alle diese Varianten können durch eine deterministische 1-Band-1-Kopf-Turingmaschine simuliert werden. Die mehrdimensionalen Strukturen werden sequentialisiert, indem sie nacheinander, durch Sonderzeichen getrennt, auf das eine Band geschrieben werden. Im Verlauf der Rechnung benötigter Platz wird durch Verschieben und Umkopieren der Bandinschrift bereitgestellt, was sich in einer Vergrößerung der Rechenzeit ausdrückt. Exemplarisch geben wir den Aufwand der Simulation einer k-Band-TM durch eine 1-Band-TM an. Wird eine Funktion $f$ von einer deterministischen $t(n)$-zeit- und $s(n)$-platzbeschränkten k-Band-TM berechnet, so kann $f$ auch von einer $O(s(n)t(n))$-zeit- und $O(s(n))$-platzbeschränkten 1-Band-TM berechnet werden. Obige Varianten sind also nicht mächtiger als das Basismodell, ermöglichen aber häufig eine übersichtlichere Darstellung und benötigen meist weniger Zeit.

Für alle vorgestellten Maschinenmodelle existieren auch nichtdeterministische Versionen, von denen die nichtdeterministische 1-Band-1-Kopf-Turingmaschine wegen der Theorie NP-vollständiger Probleme (vgl. 8.4.7.) von besonderer Bedeutung ist.

**Definition 7:** $M = (\mathbf{Q}, \Sigma, \Gamma, \delta, q_0, B, \mathbf{F})$, vgl. Def. 1, heißt **nichtdeterministische 1-Band-1-Kopf-Turingmaschine (NTM)**, falls $\delta$ eine Relation $\delta \subseteq \mathbf{Q} \times \Gamma \times \mathbf{Q} \times \Gamma \times \{R, L, N\}$ ist („Überführungsrelation“).

Diese Maschine arbeitet wie folgt: Wenn $M$ im Zustand $q$ den Buchstaben $a$ liest, ist für jedes $(q, a, q', a', d) \in \delta$ der Rechenschritt möglich, den eine deterministische Maschine für $\delta(q, a) = (q', a', d)$ durchführen würde. Wie in Definition 2 bezeichnen $\vdash$ bzw. $\overset{m}{\vdash}$ den 1-Schritt- bzw. $m$-Schritt-Konfigurationsübergang und $\overset{*}{\vdash}$ den reflexiven und transitiven Abschluß. Existiert für $q$ und $a$ keine Vorschrift in $\delta$, stoppt $M$. Zu einer festen Eingabe $w$ existieren also i.allg. viele mögliche Berechnungen $K_0 = q_0 w \vdash K_1 \vdash K_2 \vdash \cdots \vdash K_m$.

Eine nichtdeterministische Turingmaschine akzeptiert ein Wort $w$ genau dann, wenn es mindestens eine akzeptierende Berechnung gibt. Damit ist auch die akzeptierte Sprache eindeutig festgelegt. Problematisch sind jedoch die Rechenzeit und der benötigte Speicherplatz: Soll man nur eine oder alle Berechnungen zur Eingabe $w$ betrachten? Für viele Probleme entsteht hier kein wesentlicher Unterschied, da man auf einem weiteren Band einen Zähler mitlaufen lassen kann und die Rechnung ggf. vorzeitig abbricht. Man verwendet daher alle Berechnungsfolgen zur Definition von Rechenzeit und Speicherplatz. Will man sich aber nur auf die Existenz einer Berechnung beziehen, so spricht man von *schwacher* Zeit- bzw. Platzkomplexität, auf die wir hier aber nicht weiter eingehen.

**Definition 8:**

a) Eine NTM $M$ **akzeptiert** $w \in \Sigma^*$, falls es für die Eingabe $w$ mindestens eine Berechnung von $M$ gibt, die in eine Endkonfiguration führt; d.h. $q_0 w \overset{*}{\vdash} \alpha q \beta$ mit $q \in \mathbf{F}$ (vgl. Def. 3).

b) Die von $M$ **akzeptierte Sprache** ist $L_M = \{w \in \Sigma^* \mid M \text{ akzeptiert } w\}$.

c) Die **Rechenzeit** $r_M(w)$ der NTM $M$ für eine Eingabe $w$ ist

$$r_M(w) = \begin{cases} \max\left\{m \;\middle|\; \begin{array}{l} \exists \text{ Berechnung } K_0 = q_0 w \vdash K_1 \vdash \cdots \vdash K_m = \alpha q \beta \\ \text{mit } q \in F \text{ oder } K_m \text{ besitzt keine Folgekonfiguration} \end{array}\right\}, \text{ sofern} \\ \quad \text{es keine unendlich lange Berechnung beginnend mit } q_0 w \text{ gibt,} \\ \infty \quad \text{sonst.} \end{cases}$$

d) Der **Speicherplatz** $s_M(w)$ der NTM $M$ für eine Eingabe $w$ ist

$$s_M(w) = \begin{cases} \max\{|K| - 1 \mid \exists \text{ Berechnung } K_0 = q_0 w \overset{*}{\vdash} K\}, \\ \quad \text{sofern dieses Maximum existiert,} \\ \infty \quad \text{sonst.} \end{cases}$$

e) Es seien $t\colon \mathbb{N} \to \mathbb{N}$, $s\colon \mathbb{N} \to \mathbb{N}$ (totale) Funktionen. $M$ heißt **$t(n)$-zeitbeschränkt**, falls für alle Eingaben $w \in L$ gilt: $r_M(w) \le t(|w|)$. $M$ heißt **$s(n)$-platzbeschränkt**, falls für alle $w \in L$ gilt: $s_M(w) \le s(|w|)$. (Beachten Sie: Bei nichtdeterministischen Maschinen werden nur die akzeptierten Wörter betrachtet, bei deterministischen Maschinen dagegen alle Wörter aus $\Sigma^*$. Wenn man $r_M$ und $s_M$ an allen undefinierten Stellen auf 0 setzt, kann man die Definition auf alle Wörter ausdehnen.)

Nichtdeterministische Turingmaschinen leisten nicht mehr als deterministische Turingmaschinen. Es gilt: $L$ wird genau dann von einer DTM akzeptiert, wenn $L$ von einer NTM akzeptiert wird. Eine mögliche Simulation zum Beweis dieser Aussage erzeugt zunächst alle Konfigurationen, die in einem Schritt aus der Anfangskonfiguration der NTM entstehen, dann alle, die in zwei Schritten entstehen, usw. Mit nichtdeterministischen Maschinen lassen sich Problemlösungen i.allg. kürzer und auch klarer beschreiben.

Folgende Komplexitätsklassen werden in der Literatur häufig verwendet:

**Definition 9:** Es seien $k \in \mathbb{N}$ und $s, t\colon \mathbb{N} \to \mathbb{N}$ Funktionen mit $t(n) \ge n$. Dann ist

a) $\mathrm{DTIME}_k(t(n)) := \{L \mid \exists\, t(n)$ – zeitbeschränkte DTM mit $k$ Bändern, die $L$ akzeptiert$\}$.

b) $\mathrm{DTIME}(t(n)) := \bigcup_{k \ge 1} \mathrm{DTIME}_k(t(n))$.

c) $$\mathrm{DSPACE}_k(s(n)) := \left\{L \;\middle|\; \begin{array}{l} \exists\, s(n) - \text{platzbeschränkte Off-line-DTM mit } k \text{ Bändern,} \\ \text{die } L \text{ akzeptiert} \end{array}\right\}.$$

d) $\mathrm{DSPACE}(s(n)) := \bigcup_{k \ge 1} \mathrm{DSPACE}_k(s(n))$.

e) Für eine Klasse von Funktionen $K \subseteq \mathbb{N}^{\mathbb{N}}$ sei

$$\mathrm{DTIME}(K) := \left\{L \;\middle|\; \begin{array}{l} \exists t \in K,\ \exists k \in \mathbb{N} \text{ und} \\ \exists \text{ eine } t(n)\text{-zeitbeschränkte DTM mit } k \text{ Bändern, die } L \text{ akzeptiert} \end{array}\right\}.$$

(Analog für $\mathrm{DSPACE}(K)$.)

Der Bedarf an zusätzlichem Platz („zusätzlich" zur Eingabe $w$) kann auch unterhalb der Identitätsfunktion liegen; daher muß man Off-line-Turingmaschinen zur Definition heranziehen, vgl. auch Einleitung zu Abschnitt 8.4. Für $s(n) \ge n$ kann man in der Definition auf die Eigenschaft „Off-line" verzichten. Offensichtlich gilt $\mathrm{DTIME}(t(n)) \subseteq \mathrm{DSPACE}(t(n))$, da in $t(n)$ Schritten höchstens $t(n)$ Bandzellen besucht werden können. Die nichtdeterministischen Komplexitätsklassen $\mathrm{NTIME}_k$, NTIME, $\mathrm{NSPACE}_k$ und NSPACE sind analog zu den deterministischen Klassen definiert. Als Klassen $K$ von Funktionen werden oft $O(t)$, $\Omega(t)$ usw. verwendet (vgl. 8.1.2.).

Durch Einführung von Spuren auf einem Band ($m$ weitere Spuren erhält man, indem man $\Gamma$ durch $\Gamma \times \Gamma_1 \times \Gamma_2 \times \cdots \times \Gamma_m$ ersetzt) lassen sich die deterministische und die

**nichtdeterministische Platz- und die Zeitkomplexität um jede Konstante verändern, bei der deterministischen Zeitkomplexität allerdings nur, sofern die Funktion etwas stärker als die Identität wächst; d.h.: ist $f(n) \geq (1+\varepsilon) \cdot n$ für ein $\varepsilon > 0$ und $g \in O(f)$, dann gilt** $\text{DTIME}_k(f) = \text{DTIME}_k(g)$, **siehe Satz 1 in Abschnitt 8.4.**

**Satz 10: Es seien $s, t\colon \mathbb{N} \to \mathbb{N}$ Funktionen mit $t(n) \geq n$.**

**a) Einfache Aussagen:**

$$\text{DTIME}_k(t(n)) \subseteq \text{DTIME}_1(t^2(n))\,.$$

$$\text{DSPACE}_k(s(n)) \subseteq \text{DSPACE}_1(s(n))\,.$$

$$\text{NTIME}(t(n)) \subseteq \text{DTIME}(2^{O(t(n))}) \text{ für } t(n) \text{ platzkonstruierbar.}$$

**b) $k$-Band auf 2-Band läßt sich besser abschätzen ([Hennie u.a. 1966]):**

$$\text{DTIME}_k(t(n)) \subseteq \text{DTIME}_2\,(t(n)\log(t(n)))\,.$$

**c)** $\text{NTIME}(s(n)) \subseteq \text{DSPACE}(s(n)) \subseteq \text{DTIME}(2^{O(s(n))})\,.$

**d)** $\text{DTIME}_1(o(n\log n)) = \text{DTIME}_1(O(n))\,,$ **Zeit-Lückensatz für 1-Band-DTM.**

**e)** $\text{DSPACE}(o(\log\log n)) = \text{DSPACE}(O(1))\,.$

**Die Ressourcen Rechenzeit und Speicherplatz hängen wechselseitig voneinander ab und können im allgemeinen nicht gleichzeitig minimiert werden. Man spricht dann von einem Time-Space-Trade-Off. Zum Beispiel benötigt die Simulation unter c) sehr viel mehr Rechenzeit als eine alternative Simulation, die aber linearexponentiellen Speicherplatz, d.h.** $\exp(\Theta(s(n))$, **braucht.**

**Eine NTM ist ein theoretisches Modell, das hilft, Berechnungen kompakter zu formulieren. Die hierzu äquivalente DTM ist einem stark vereinfachten Modell realer Rechner bereits recht ähnlich. Diese sogenannte Registermaschine stellen wir im folgenden Abschnitt vor.**

## 8.2.2. Registermaschinen

**Eine Registermaschine (Random Access Machine = RAM, Abb. 8.3) besteht aus einem Programm, einem Eingabeband (Einweg, nur lesend) mit Eingabealphabet $\Sigma_E$, einem Ausgabeband (Einweg, nur schreibend) mit Ausgabealphabet $\Sigma_A$ (das Ausgabealphabet**

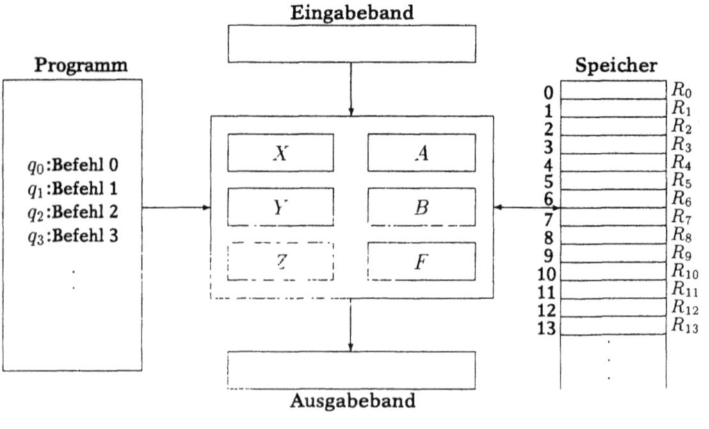


Abb. 8.3
RAM-Modell

sollte ein spezielles Trennzeichen zur eindeutigen Darstellung der Ausgabe enthalten, z.B. „Zwischenraum") sowie einem **Speicher**, der aus abzählbar unendlich vielen Registern $R_i$, $i \geq 0$, aufgebaut ist. Der Index $i$ ist die Adresse von $R_i$. Jedes Register kann ein beliebiges Element aus einer Menge **J** speichern. Damit auch Inhalte von Registern als Adressen interpretiert werden können (**indirekte Adressierung**), muß **J** die natürlichen Zahlen $\mathbb{N} = \{0, 1, \ldots\}$ umfassen.

Abhängig davon, ob **J** ein beliebiger Körper oder $\mathbf{J} = \mathbb{N}$ ist, unterscheidet man die Varianten **arithmetische RAM** oder **Bit-RAM**. Wir beschränken uns im folgenden auf das Modell der Bit-RAM (im folgenden kurz RAM genannt). Die RAM benutzt zur Abarbeitung des Programms spezielle Arbeitsregister (vgl. Abb. 8.3): 3 Operationsregister $X$, $Y$, $Z$, ein Adreßregister $A$, ein Befehlsregister $B$ und ein Flagregister $F$. Zu Anfang sind die Arbeitsregister und der Speicher mit 0 initialisiert. Das Programm ist eine endliche, von 0 bis $l \in \mathbb{N}$ numerierte Folge $b_0, b_1, \ldots, b_l$ von Befehlen einer einfachen Assemblersprache (vgl. Def. 11). Im Befehlsregister $B$ steht die Nummer $i$ des Befehls, der auszuführen ist ($0 \leq i \leq l$). Ein Befehl verändert den Inhalt von Registern oder beendet die Rechnung. Enthält $B$ einen Wert, der nicht im Intervall von 0 bis $l$ liegt, dann stoppt die Maschine mit einer Fehlermeldung.

**Definition 11** (Befehlssatz einer RAM, Tab. 8.3):

| | |
|---|---|
| $c(R_i)$ | bezeichne den Inhalt des Registers mit Adresse $i$ („content of $R_i$"), |
| $V, V'$ | bezeichnen beliebige Register aus $\{X, Y, Z, A, F\}$, |
| $a', b'$ | bezeichnen Konstanten, $a', b' \in \mathbb{N}$, |
| $\sigma \in \{<, \leq, =, >, \geq, \neq\}$ | eine Vergleichsoperation bez. der Ordnung. |

Bei allen RAMs gehören die Grundoperationen des ersten Tabellenteils von COPY$(V, V')$ bis REJECT, sowie INPUT und OUTPUT zum Befehlssatz; Maschinen mit genau diesem Befehlssatz bezeichnen wir als $\text{RAM}_1$-Maschinen („1", da nur die Nachfolgerfunktion „+1" als arithmetische Operation zugelassen ist). Besitzt die Maschine zusätzlich noch die Operationen ADD, SUB und SHIFT bzw. ADD, SUB, SHIFT, MULT und DIV so spricht man von einer $\mathbf{RAM_+}$ bzw. einer $\mathbf{RAM_*}$.

Die Elemente des Eingabealphabetes werden oft mit den natürlichen Zahlen von 0 bis $|\Sigma_E|-1$ identifiziert. Liest der Kopf des Eingabebandes das $i$-te Zeichen von $\Sigma_E$, $0 \leq i < |\Sigma_E|$, so wird die Zahl $i$ in das Register $X$ geschrieben. Analoges gilt in umgekehrter Richtung für die Ausgabe (Zahldarstellung zur Basis $\Sigma_E$ bzw. $\Sigma_A$). Jedes Programm einer beliebigen Programmiersprache kann in ein $\text{RAM}_+$- und sogar in ein $\text{RAM}_1$-Programm übersetzt werden (vgl. Satz 20 zusammen mit Bemerkung 2) nach Def. 18).

**Definition 12:**

a) Die Menge der Konfigurationen einer RAM ist $\mathbf{K} \subseteq \mathbb{N}^6 \times \mathbb{N}^{\mathbb{N}} \times \Sigma_E{}^* \times \Sigma_A{}^*$, dabei ist jede **Konfiguration** ein 9-Tupel $(n_B, n_A, n_F, n_X, n_Y, n_Z, d, e, a)$ mit $n_H$ dem Inhalt von Register $H$, $H \in \{B, A, F, X, Y, Z\}$, $e$ dem Inhalt des noch zu lesenden Teils des Eingabebandes, $a$ dem Inhalt des Ausgabebandes sowie $d\colon \mathbb{N} \to \mathbb{N}$ der Speicherinhaltsfunktion mit $d(i) = c(R_i)$ für $i \in \mathbb{N}$.

b) Die **Startkonfiguration** zu einem Wort $w \in \Sigma_E{}^*$ lautet:

$$\text{start}(w) = (0, 0, 0, 0, 0, 0, d_0, w, \epsilon)\,.$$

Dabei bezeichnet $d_0$ die konstante Funktion 0.

Die Menge der **Endkonfigurationen** ist

$$E := \left\{ (n_B, n_A, n_F, n_X, n_Y, n_Z, d, e, a) \;\middle|\; \begin{array}{l} \text{der } n_B\text{-te Befehl ist aus} \\ \{\text{STOP, ACCEPT, REJECT}\} \end{array} \right\}.$$

*Tabelle 8.3*

| Operation | Nach Ausführung der Operation gilt | zusätzlich ausgeführte Operation |
|---|---|---|
| **COPY**$(V, V')$ | $c(V) = c(V')$ | $c(B) = c(B) + 1$ |
| **LOAD(V)** | $c(V) = c(R_{c(A)})$ | $c(B) = c(B) + 1$ |
| **LOADC**$(V, a')$ | $c(V) = a'$ | $c(B) = c(B) + 1$ |
| **STORE(V)** | $c(R_{c(A)}) = c(V)$ | $c(B) = c(B) + 1$ |
| **COMP**$(\sigma)$ | $c(F) = \begin{cases} 1, & \text{falls } \sigma(c(X), c(Y)) \\ 0 & \text{sonst} \end{cases}$ | $c(B) = c(B) + 1$ |
| **JUMP** $b'$ | $c(B) = \begin{cases} b', & \text{falls } c(F) = 1 \\ c(B) + 1 & \text{sonst} \end{cases}$ | falls $b' \notin \{0, 1, \ldots, l\}$, dann stoppt die RAM mit einer Fehlermeldung |
| **SUCC** | $c(X) = c(X) + 1$ | $c(B) = c(B) + 1$ |
| **STOP** | | Maschine hält |
| **ACCEPT** | | Maschine akzeptiert und hält |
| **REJECT** | | Maschine verwirft und hält |
| **ADD** | $c(X) = c(Y) + c(Z)$ | $c(B) = c(B) + 1$ |
| **SUB** | $c(X) = \max\{0, c(Y) - c(Z)\}$ | $c(B) = c(B) + 1$ |
| **SHIFT** | $c(X) = \lfloor c(X)/2 \rfloor$ | $c(B) = c(B) + 1$ |
| **MULT** | $c(X) = c(Y) * c(Z)$ | $c(B) = c(B) + 1$ |
| **DIV** | $c(X) = \lfloor c(Y)/c(Z) \rfloor$ | $c(B) = c(B) + 1$; $c(Z) \neq 0$, sonst Abbruch |
| **INPUT** | $c(X) =$ nächstes Zeichen aus $\Sigma_E$ vom Eingabeband und Weiterbewegen des Lesekopfes um ein Zeichen | $c(B) = c(B) + 1$ |
| **OUTPUT** | füge (evtl. ein Trennzeichen und dann) $c(X)$ ans Ende des Ausgabebandes an | $c(B) = c(B) + 1$ es muß $c(X) \in \{0, \ldots, \lvert\Sigma_A\rvert - 1\}$ sein |

c) Es sei $\vdash \subseteq \mathbf{K} \times \mathbf{K}$ die (partielle) **Übergangsfunktion**, die zu jeder Konfiguration die **direkte Folgekonfiguration** angibt. Man erhält die direkte Folgekonfiguration, indem der jeweilige Befehl (dessen Nummer im Befehlsregister $B$ steht) ausgeführt wird (siehe Def. 11). Falls $n_B$ keine Programmnummer ist oder falls vom leeren Eingabeband gelesen, auf das Ausgabeband eine Zahl $\geq |\Sigma_A|$ geschrieben oder durch null dividiert werden soll, dann ist die Folgekonfiguration undefiniert. Auf die genauen Ausführungen verzichten wir. Analog zu Def. 2 bezeichne $\overset{m}{\vdash}(\overset{*}{\vdash})$ den $m$-Schritt-Übergang (den reflexiven und transitiven Abschluß) von $\vdash$.

d) Die von einer RAM $M$ **berechnete Funktion** ist

$$f_M(w) = \begin{cases} a, & \text{falls start}(w) \overset{*}{\vdash} K' = (n_B, n_A, n_F, n_X, n_Y, n_Z, d, e, a) \in E, \\ \text{FEHLER}, & \text{falls start}(w) \overset{*}{\vdash} K', K' \notin E \\ & \quad \text{und } K' \text{ besitzt keine Folgekonfiguration}, \\ \text{undef.} & \text{sonst (d.h., falls die Registermaschine nicht anhält).} \end{cases}$$

*Beispiel:* Beim RAM-Programm der Tabelle 8.4, das eine Zahl quadriert, verzichten wir darauf, die Programmteile für das Lesen der Eingabe vom Eingabeband bzw. das Schreiben der Ausgabe auf das Ausgabeband zu beschreiben. Wir nehmen also an, daß die Eingabezahl bereits im Register $R_1$ steht und ihr Quadrat am Ende der Berechnung ebenfalls in diesem Register ist. Wir erhalten das gewünschte Ergebnis $c(R_1)^2$ durch $\underbrace{c(R_1) + \cdots + c(R_1)}_{c(R_1) \text{ Summanden}}$:

*Tabelle 8.4*

| Befehl | Kommentar | Befehl | Kommentar |
|---|---|---|---|
| 0 : LOADC$(A, 2)$ | | 17 : LOADC$(A, 3)$ | |
| 1 : LOADC$(X, 0)$ | $c(R_2) = 0$ | 18 : LOAD$(Y)$ | |
| 2 : STORE$(X)$ | | 19 : LOADC$(Z, 1)$ | $c(R_3) = c(R_3) - 1$ |
| 3 : LOADC$(A, 1)$ | | 20 : SUB | |
| 4 : LOAD$(X)$ | $c(R_3) = c(R_1)$ | 21 : STORE$(X)$ | |
| 5 : LOADC$(A, 3)$ | $(c(R_3)$ steht noch in $X)$ | 22 : LOADC$(F, 1)$ | $(c(R_3)$ steht noch in $X)$ |
| 6 : STORE$(X)$ | | 23 : JUMP 7 | springe unbedingt nach 7 |
| 7 : LOADC$(Y, 1)$ | | 24 : LOADC$(A, 2)$ | |
| 8 : COMP$(<)$ | teste $c(R_3) < 1$ | 25 : LOAD$(X)$ | Ergebnis von $R_2$ nach $R_1$ |
| 9 : JUMP 24 | | 26 : LOADC$(A, 1)$ | bringen: $c(R_1) = c(R_2)$ |
| 10 : LOADC$(A, 2)$ | | 27 : STORE$(X)$ | |
| 11 : LOAD$(Y)$ | | 28 : STOP | |
| 12 : LOADC$(A, 1)$ | | | |
| 13 : LOAD$(Z)$ | $c(R_2) = c(R_2) + c(R_1)$ | | |
| 14 : LOADC$(A, 2)$ | | | |
| 15 : ADD | | | |
| 16 : STORE$(X)$ | | | |

Um Turingmaschinen mit Registermaschinen vergleichen zu können, benötigen wir Komplexitätsmaße für Zeit und Platz:

**Definition 13:**

a) Die **uniforme Zeitkomplexität** $t_M(w)$ einer RAM $M$ bei Eingabe $w$ ist die kleinste Zahl $t$ mit start$(w) \overset{t}{\vdash} K'$, und $K'$ ist Endkonfiguration oder besitzt keine Folgekonfiguration, und $\infty$, falls $f_M(w)$ „undef." ist.

b) Die **uniforme Platzkomplexität** $s_M(w)$ einer RAM $M$ bei Eingabe $w$ ist die Anzahl der Speicherzellen, die $M$ während der Rechnung benutzt.

In obigem Beispiel (Tabelle 8.4) ist $t_M(n) = 15 + 17 \cdot n$ und $s_M(n) = 3$.

Die uniformen Komplexitätsmaße bewerten jeden Rechenschritt und jeden Zugriff auf ein Register mit 1. Das ist gerade für RAMs, die sehr lange Zahlen verarbeiten, also in der Regel für Bit-RAMs, unrealistisch. Aus diesem Grund sind logarithmische Komplexitätsmaße üblich.

**Definition 14:** Für $n \in \mathbb{N}$ bezeichne $l(n) = |\text{bin}(n)|$ die Länge der Binärdarstellung von $n$, d.h. $l(n) = 1$, falls $n = 0$, und $l(n) = \lceil \log_2(n+1) \rceil$ sonst.

a) Es sei $l_{\max}(V)$ das Maximum von $l(c(V))$ über alle Werte $c(V)$, die in $V$ während der Berechnung gespeichert worden sind; $i_1 < i_2 < \cdots < i_s$ seien die Adressen der Speicherregister, welche die RAM benutzt hat. Für $a = \sum_{l \geq 0} a_l 2^l$ und $b = \sum_{l \geq 0} b_l 2^l$ mit $a_l = b_l$ für $l > k$ und $a_k \neq b_k$ sei $\text{bpos}(a, b) := k + 1$, d.h., $\text{bpos}(a, b)$ bezeichnet die höchstwertige Bitposition, an der sich die Binärdarstellungen von $a$ und $b$ unterscheiden, plus 1. Die **logarithmische Platzkomplexität** einer RAM ist dann ($i_0 := 0$):

$$\sum_{V \in \{X, Y, Z, A, B, F\}} l_{\max}(V) + \sum_{j=1}^{s} l_{\max}(R_{i_j}) + \sum_{j=1}^{s} \text{bpos}(i_{j-1}, i_j),$$

wobei die erste Summe die maximalen Inhalte der Arbeitsregister addiert, die zweite Summe das entsprechende für die Speicherregister leistet und die letzte Summe einen großen Wert annimmt, wenn die Adressen der Speicherzellen, die von der RAM benutzt werden, häufig weit voneinander entfernt sind. Die letzte Summe verhindert u.a., daß zu viel Information allein in Adressen codiert werden kann, so z.B. das Codieren der Zahl $N$ durch Setzen des Registers $R_N$ auf 1.

b) $l(V)$ bezeichne die Länge des Operanden $a$, der im Register $V$ unmittelbar vor Ausführung der Operation gespeichert ist ($l(a')$ bzw. $l(b')$ bezeichnet die Länge der Binärdarstellung der Konstanten $a'$ bzw. $b'$). Die logarithmische Zeitkomplexität einer Operation ist der Tabelle 8.5 zu entnehmen. Die **logarithmische Zeitkomplexität** einer RAM ist die Summe der logarithmischen Zeitkomplexitäten aller ausgeführten Operationen.

*Tabelle 8.5*

| Operation | Kosten |
|---|---|
| COPY($V, V'$) | $l(V) + l(V')$ |
| LOAD($V$), STORE($V$) | $l(V) + l(A) + l(R_{c(A)})$ |
| LOADC($V, a'$) | $l(V) + l(a')$ |
| COMP($\sigma$) | $l(X) + l(Y)$ |
| JUMP $b'$ | $l(F) + l(b')$ |
| STOP, ACCEPT, REJECT | 1 |
| INPUT, OUTPUT | 1 |
| SHIFT, SUCC | $l(X)$ |
| ADD, SUB | $l(X) + l(Y) + l(Z)$ |
| MULT, DIV | $l(Y) * l(Z) + l(X)$ |

*Bemerkung:* Da $F$ als Flagregister verwendet wird, ist $c(F)$ in der Regel aus $\{0, 1\}$, d.h. $l(F)$ ist meist 1.

Es gelten folgende Beziehungen zwischen RAMs und DTMs.

**Satz 15:**

a) Jede uniform $t(n)$-zeitbeschränkte RAM kann von einer $O(t(n)^3)$-zeitbeschränkten 3-Band-DTM simuliert werden.

b) Jede uniform $t(n)$-zeit- und $s(n)$-platzbeschränkte RAM ist logarithmisch $O(t(n)s(n))$-platzbeschränkt. Die logarithmische Zeitschranke hängt stark von der Verteilung der Daten im Speicher ab und ist deshalb in keiner geschlossenen Formel anzugeben. Werden alle Daten im wesentlichen nacheinander in den Speicher geschrieben, ist die RAM logarithmisch $O(t(n)^2)$-zeitbeschränkt.

c) Jede logarithmisch $t(n)$-zeit- und $s(n)$-platzbeschränkte RAM kann von einer $O(t(n)s(n))$-zeit- und $O(s(n))$-platzbeschränkten 2-Band-DTM simuliert werden.

(Anmerkung: Eine Verbesserung der Simulation ist möglich durch eine $O(t(n))$-zeit- und $O(s(n))$-platzbeschränkte Baum-TM, die über einen Baum-Speicher und ein lineares Band für die Inhalte der Arbeitsregister der zu simulierenden RAM verfügt.)

d) Jede $t(n)$-zeit- und $s(n)$-platzbeschränkte $k$-Band-DTM kann durch eine uniform $O(t(n))$-zeit- und $O(s(n))$-platzbeschränkte sowie eine logarithmisch $O(t(n)\log s(n))$-zeit- und $O(s(n))$-platzbeschränkte RAM simuliert werden.

(Anmerkung: Eine Verbesserung der logarithmischen Zeitschranke ist auf $O(T(n) + (Id(n) + L(n))\log T(n))$ möglich. Dabei ist $T(n)$ die (bereits im voraus bekannte bzw. abschätzbare) Laufzeit der DTM, $L(n)$ die maximale Länge einer Ausgabe, die die DTM auf Eingaben der Länge $n$ erzeugt, und $Id(n)$ die Identitätsfunktion auf $\mathbb{N}$.)

## 8.2.3. Berechenbarkeit und Church'sche These

Kleene gab 1936 einen funktionsorientierten Zugang zum Algorithmusbegriff an. Durch Grundfunktionen und Erzeugungsschemata werden Funktionen zusammen mit einem Verfahren zur Berechnung ihrer Funktionswerte beschrieben.

**Definition 16:** Als **Grundfunktionen** über $\mathbb{N}$ sind zugelassen:

a) **konstante Funktionen:** $\forall\, r, s \in \mathbb{N}$: $c_s^r \colon \mathbb{N}^r \to \mathbb{N}$, $\forall x \in \mathbb{N}^r : c_s^r(x) = s$.

b) **Nachfolgerfunktion:** $N \colon \mathbb{N} \to \mathbb{N}$, $\forall x \in \mathbb{N}$: $N(x) = x + 1$.

c) **Projektionen:** $\forall\, r, 1 \leq i \leq r \in \mathbb{N}$: $P_i^r \colon \mathbb{N}^r \to \mathbb{N}$, $\forall x = (x_1, \ldots, x_r) \in \mathbb{N}^r : P_i^r(x_1, \ldots, x_r) = x_i$.

**Definition 17:** Die drei folgenden **Erzeugungsschemata** werden betrachtet:

a) Gegeben seien $f \colon \mathbb{N}^r \to \mathbb{N}$ und $g_1, \ldots, g_r \colon \mathbb{N}^m \to \mathbb{N}$ mit $r, m \in \mathbb{N}$, $r \geq 1$. Dann entsteht die Funktion $h \colon \mathbb{N}^m \to \mathbb{N}$ durch **Substitution** oder **Einsetzung** aus $f$ und den $g_i$ wie folgt:

$$\forall x \in \mathbb{N}^m : h(x) = f(g_1(x), \ldots, g_r(x)) \quad (m = 0 \text{ ist erlaubt}).$$

b) Gegeben seien $g \colon \mathbb{N}^r \to \mathbb{N}$ und $h \colon \mathbb{N}^{r+2} \to \mathbb{N}$ mit $r \in \mathbb{N}$. Dann entsteht die Funktion $f \colon \mathbb{N}^{r+1} \to \mathbb{N}$ durch **primitive Rekursion** aus $g$ und $h$, wenn gilt:

$$\forall n \in \mathbb{N},\ \forall x \in \mathbb{N}^r : f(0, x) = g(x) \text{ und } f(n + 1, x) = h(n, f(n, x), x).$$

c) Für $f \colon \mathbb{N}^{r+1} \to \mathbb{N}$ ist der **$\mu$-Operator** $(\mu f) \colon \mathbb{N}^r \to \mathbb{N}$ für alle $x \in \mathbb{N}^r$ definiert durch:

$$(\mu f)(x) = \begin{cases} \min\left\{ n \;\middle|\; \begin{array}{l} f(n, x) = 0 \text{ und} \\ \forall m \leq n \text{ ist } f(m, x) \text{ definiert} \end{array} \right\}, & \text{falls solch ein Minimum existiert,} \\ \text{undefiniert} & \text{sonst.} \end{cases}$$

Man sagt $g \colon \mathbb{N}^r \to \mathbb{N}$ entsteht aus $f$ durch **Minimalisierung** genau dann, wenn $\forall\, x \in \mathbb{N}^r$ $g(x) = (\mu f)(x)$ gilt.

*Bemerkung:* Programmiersprachlich entspricht die Minimalisierung $(\mu f)$ einer while-Schleife:

$n := 0$; while $f(n, x) \neq 0$ do $n := n + 1$ (das Ergebnis steht am Ende in „$n$".)

und das Schema der primitiven Rekursion einer for-Schleife:

ergebnis $:= g(x)$; for $i := 1$ to $y$ do ergebnis $:= h(i - 1,$ ergebnis$, x)$

„ergebnis" enthält am Ende den Wert von $f(y, x)$.

**Definition 18:**

a) Die Klasse der **primitiv rekursiven Funktionen** über $\mathbb{N}$ ist die kleinste Klasse $\mathscr{PR}$ (= der Durchschnitt aller Klassen von Funktionen), die die Grundfunktionen enthält und gegen Substitution und primitive Rekursion abgeschlossen ist.

b) Die Klasse der **$\mu$-rekursiven** Funktionen über $\mathbb{N}$ ist die kleinste Klasse $\mathscr{R}$ von Funktionen, die die Grundfunktionen enthält und gegen Substitution, primitive Rekursion und Minimalisierung abgeschlossen ist.

*Bemerkungen:*

1) Substitution und primitive Rekursion sind in $\mathscr{R}$ auf partielle Funktionen zu erweitern. Bei der Substitution ist $h(x)$ genau dann definiert, wenn alle $g_i(x)$ und $f(g_1(x), \ldots, g_r(x))$ definiert sind. Bei der primitiven Rekursion ist $f(0, x)$ genau dann definiert,wenn $g(x)$ definiert ist, und für $n \geq 0$ ist $f(n + 1, x)$ genau dann definiert, wenn $h(n, f(n, x), x)$ und $f(i, x)$ für alle $i \leq n$ definiert sind.

2) $\mu$-rekursive Funktionen können offenbar mit $RAM_1$-Registermaschinen berechnet werden, vgl. Def. 11.

Eine $\mu$-rekursive Funktion wird also durch eine Folge von Funktionsdefinitionen beschrieben, die letztlich alle auf die Grundfunktionen zurückgeführt werden. Die Berechnung eines Funktionswertes $f(y, x)$ geschieht durch dauerndes Ersetzen benötigter Funktionswerte durch die rechten Seiten der Funktionsdefinitionen. Trifft man dabei auf Grundfunktionen, werden sie direkt ausgewertet.

*Beispiele:*

1) $f_1 \colon \mathbb{N}^2 \to \mathbb{N}$, $f_1(x,y) \mapsto y+1$ ist primitiv rekursiv wegen: $f_1(x,y) = N(P_2^2(x,y))$.

2) $f_2 \colon \mathbb{N}^2 \to \mathbb{N}$, $f_2(x,y) \mapsto x+y$ ist primitiv rekursiv wegen: $f_2(0,y) = P_1^1(y)$ und $f_2(n+1,y) = h(n, f_2(n,y), y) = N(P_2^3(n, f_2(n,y), y)$.

3) $f_3 \colon \mathbb{N}^2 \to \mathbb{N}$, $f_3(x,y) \mapsto x \cdot y$ ist primitiv rekursiv wegen: $f_3(0,y) = c_0^1(y)$ und $f_3(n+1,y) = h(n, f_3(n,y), y) = f_2(P_3^3(n, f_3(n,y), y), P_2^3(n, f_3(n,y), y))$.

4) $f_4 \colon \mathbb{N} \to \mathbb{N}$, $f_4(x) \mapsto x \dot{-} 1$ ist primitiv rekursiv wegen: $f_4(0) = c_0^0()$ und $f_4(n+1) = P_1^2(n, f_4(n))$. ($\dot{-}1$ ist die Vorgängerfunktion.)

5) $f_5 \colon \mathbb{N}^2 \to \mathbb{N}$, $f_5(x,y) \mapsto x \dot{-} y$ ist primitiv rekursiv wegen $f_5(x,y) = f_5'(P_2^2(x,y), P_1^2(x,y))$, und $f_5' \colon \mathbb{N}^2 \to \mathbb{N}$ ist definiert durch: $f_5'(0,y) = c_1^1(y)$ und $f_5'(x+1,y) = f_4(P_2^3(x, f_5'(x,y), y))$. ($\dot{-}$ ist die modifizierte Subtraktion: $x \dot{-} y = \max(0, x-y)$.)

6) $f_6 \colon \mathbb{N}^3 \to \mathbb{N}$, $f_6(k,x,y) \mapsto (x+1) \dot{-} (k+1) \cdot y$ ist primitiv rekursiv wegen: $f_6(k,x,y) = f_5(N(x), f_3(N(k), y))$.

7) $f_7 \colon \mathbb{N}^2 \to \mathbb{N}$ sei wie folgt durch Minimalisierung definiert:

$$f_7(x,y) = (\mu f_6)(x,y) = \begin{cases} \min\{k \mid f_6(k,x,y) = 0\}, & \text{falls solch ein Minimum existiert,} \\ \text{undefiniert} & \text{sonst} \end{cases}$$

Man prüft leicht nach, daß $f_7(x,y) = x \operatorname{div} y$ die ganzzahlige Division ist. Im Fall $y = 0$ ist der Funktionswert nicht definiert.

Jede primitiv rekursive Funktion ist total. Es gibt jedoch turingmaschinen-berechenbare totale Funktionen, die nicht primitiv rekursiv sind, z.B. die folgende von W. Ackermann 1928 angegebene Funktion.

**Definition 19:** Die **Ackermannfunktion** $a \colon \mathbb{N}^2 \to \mathbb{N}$ ist für alle $n, m \in \mathbb{N}$ rekursiv definiert:

$$a(n,m) = \begin{cases} m+1, & \text{falls } n = 0, \\ a(n-1, 1), & \text{falls } m = 0 \text{ und } n > 0, \\ a(n-1, a(n, m-1)) & \text{sonst.} \end{cases}$$

Die Ackermannfunktion ist $\mu$-rekursiv, aber nicht primitiv-rekursiv. Sie zeigt:

- Minimalisierung führt aus der Klasse $\mathscr{P}\mathscr{R}$ hinaus.
- Es gibt totale $\mu$-rekursive Funktionen, die nicht primitiv rekursiv sind.

Turingmaschinen-berechenbare Funktionen sind über beliebigen Alphabeten, $\mu$-rekursive Funktionen aber nur über den natürlichen Zahlen definiert. Man kann jedoch jeder Funktion $f \colon \Sigma^* \to \Delta^*$ mit $\Sigma = \{a_1, \ldots, a_m\}$, $\Delta = \{b_1, \ldots, b_r\}$ eine Funktion $g \colon \mathbb{N} \to \mathbb{N}$ wie folgt zuordnen:

$$g(x) = y \Leftrightarrow \exists u \in \Sigma^*, v \in \Delta^* \text{ mit } f(u) = v \text{ und } x = pc_\Sigma(u), y = pc_\Delta(v),$$

wobei $pc_\Sigma \colon \Sigma^* \to \mathbb{N}$ die sogenannte **Primzahlcodierung**, ist: $pc_\Sigma(\varepsilon) = 0$, und für alle $a_{i_1} a_{i_2} \ldots a_{i_n} \in \Sigma^*$, $a_{i_j} \in \Sigma$, $n \geq 1$, ist $pc_\Sigma(a_{i_1} \ldots a_{i_n}) = p_1^{i_1} \cdot p_2^{i_2} \cdot \ldots \cdot p_n^{i_n}$ mit $p_k = k$-te

Primzahl. (Analog für $pc_\Delta$.) $pc$ ist injektiv. Beispielsweise wird $a_5a_3a_2a_1$ auf $pc_\Sigma(a_5a_3a_2a_1) = 2^5 \cdot 3^3 \cdot 5^2 \cdot 7^1 = 151200$ abgebildet. Auf diese Weise kann man jede turingmaschinen-berechenbare Funktion als Funktion über den natürlichen Zahlen auffassen. In diesem Sinne gilt:

**Satz 20:** Eine Funktion ist genau dann turingmaschinen-berechenbar, wenn sie $\mu$-rekursiv ist.

Möchte man die von einer Turingmaschine $M$ berechnete Funktion $\mathrm{Res}_M$ als $\mu$-rekursive Funktion darstellen, dann berechnet der $\mu$-Operator die kleinste Anzahl von Schritten, so daß die Turingmaschine in einen Endzustand kommt. Darüber hinaus wird der $\mu$-Operator nicht benötigt, woraus folgt:

**Satz 21 (Kleenesches Normalformtheorem):**

Zu jeder turingmaschinen-berechenbaren Funktion $f\colon \mathbb{N}^r \to \mathbb{N}$ existieren zwei primitiv rekursive Funktionen $g_1\colon \mathbb{N}^{r+1} \to \mathbb{N}$ und $g_2\colon \mathbb{N}^{r+1} \to \mathbb{N}$, so daß es für alle $y \in \mathbb{N}^r$ folgende Darstellung gibt:

$$f(y) = g_1(\mu g_2(y), y);$$

d.h. insbesondere: $f$ läßt sich durch einmalige Anwendung des $\mu$-Operators darstellen.

Wir betrachten ein weiteres Berechnungverfahren, Markov-Systeme.

**Definition 22** (Ersetzungssystem, Markov-System):

a) $(\Sigma, \mathbf{P})$ heißt **Ersetzungssystem** (oder „Semi-Thue-System" nach dem norwegischen Mathematiker A. Thue), wenn $\Sigma$ ein Alphabet und $\mathbf{P} \subseteq \Sigma^* \times \Sigma^*$ eine endliche zweistellige Relation („Produktionen" oder „Regeln") ist. (Statt $(p, q) \in \mathbf{P}$ schreibt man $p \to q$.)

b) $(\Sigma, \mathbf{P}, \mathbf{P_f})$ heißt **Markov-System** (nach dem 1903 geborenen russischen Mathematiker A.A. Markov), wenn $(\Sigma, \mathbf{P})$ ein Ersetzungssystem ist, wenn das Regelsystem $\mathbf{P}$ angeordnet ist, d.h. $\mathbf{P} = \{p_1 \to q_1, \ldots, p_r \to q_r\}$, und wenn $\mathbf{P_f} \subseteq \mathbf{P}$ (Menge der Endproduktionen) gilt.

Ein Markov-System ändert ein Wort $u \in \Sigma^*$ deterministisch wie folgt ab:

(1) Es wird das kleinste $i$, $1 \leq i \leq r$, bestimmt mit: $p_i$ ist Teilwort von $u$.

(2) Das linkeste Vorkommen von $p_i$ in $u$ wird durch $q_i$ ersetzt.

Dies wird solange durchgeführt, bis eine Endproduktion verwendet wurde oder keine Produktion mehr anwendbar ist. Zu jedem $u \in \Sigma^*$ gibt es demnach höchstens ein $v \in \Sigma^*$, das aus $u$ ableitbar ist. Ein Markov-System berechnet somit eine partielle Funktion auf $\Sigma^*$.

**Satz 23:** Die Menge der Funktionen, die von Turingmaschinen berechnet wird, und die Menge der Funktionen, die von Markov-Systemen dargestellt wird, sind gleich.

Bereits 1936 formulierte der amerikanische Mathematiker A. Church die folgende These:

**Church'sche These**

Jede im intuitiven Sinne berechenbare Funktion ist turingmaschinen-berechenbar. Oder: Der intuitive Begriff „Algorithmus" wird mathematisch durch die Turingmaschine erfaßt.

Die Church'sche These wird weitgehend anerkannt, weil es nicht gelungen ist, Berechnungsmodelle (z.B. Registermaschinen, while-Programme, $\mu$-Rekursion, Markov-Systeme, Grammatiken, Schaltkreise, logische Formeln und rekursive Gleichungssysteme) aufzustellen, die eine größere Funktionsklasse definieren. Die Gleichheitsbeweise für alle diese Berechnungsmodelle sind konstruktiv, und alle gängigen Modelle sind durch Simulationen bez. ihrer Rechenzeit polynomiell verknüpft.

Jede Turingmaschine $M = (\mathbf{Q}, \Sigma, \Gamma, \delta, q_0, B, \mathbf{F})$ kann in konstruktiver Weise als Wort $<M>$ über $\mathbf{A} = \{0, 1\}$ codiert werden. (Hierzu nehmen wir o.B.d.A. an, daß $\mathbf{Q}$ genau aus den ersten $|\mathbf{Q}|$ Zahlen und $\Gamma$ genau aus den ersten $|\Gamma|$ Zahlen besteht.) $<M>$ heißt **Gödelnummer** von $M$. Eine Standardcodierung besteht darin, alle Bestandteile der Turingmaschine durch Trennsymbole separiert als Wort hintereinander zu schreiben und dann jedes Zeichen noch einmal über $\{0, 1\}$ zu codieren (z.B. $a_i \mapsto 01^i$). Von einer Codierung „$<>$“ wird folgendes erwartet:

- $<>$ ist injektiv.
- $C = \{<M> \mid M \text{ ist TM}\} \subseteq \mathbf{A}^*$ ist eine entscheidbare Sprache.
- Zu jedem $u \in C$ kann man effektiv die TM $M$ mit $u = <M>$ zurückgewinnen.

Die Standardcodierung erfüllt dies. Da $\mathbf{A}$ endlich ist, gibt es abzählbar unendlich viele Turingmaschinen. Die Menge aller Sprachen $L \subseteq \mathbf{A}^*$ ist aber als Potenzmenge der abzählbaren Menge $\mathbf{A}^*$ überabzählbar. Dieses Abzählargument liefert die Existenz nicht-aufzählbarer Sprachen und damit **nicht-berechenbarer** Funktionen. Man kann aber solche Sprachen auch konkret angeben.

**Definition 24:** Es sei $<>$ die oben skizzierte Standardcodierung, $<> : \Omega_\infty^* \to \{0, 1\}^*$, und somit gilt auch für alle endlichen Alphabete $\Sigma$, $<> : \Sigma^* \to \{0, 1\}^*$, vgl. Abschnitt 8.1.2. Eine Turingmaschine $M$ mit Eingabewort $w \in \Sigma_M^*$ kann dann eindeutig durch $<M, w> := <M>00<w>$ codiert werden ($\Sigma_M$ sei das Eingabealphabet von $M$, $\Gamma_M$ das Bandalphabet von $M$).

a) Eine Turingmaschine $U$ heißt **universell** genau dann, wenn

$$\forall \text{ TMs } M,\ \forall w \in \Sigma_M^*,\ v \in \Gamma_M^*: (\mathbf{Res}_M(w) = v \ \Leftrightarrow\ \mathbf{Res}_U(<M, w>) = <v>).$$

$U$ simuliert also bei Kenntnis von $<M>$ die Arbeitsweise der TM $M$ bei Eingabe von Wörtern $w \in \Sigma_M^*$. $U$ heißt auch universeller Interpreter.

b) Die drei Sprachen

$$H := \{<M, w> \mid M \text{ ist eine TM}, w \in \Sigma_M^*, \mathbf{Res}_M(w) \text{ existiert }\} \subseteq \{0, 1\}^*,$$

$$H_\varepsilon := \{<M> \mid M \text{ ist eine TM}, \mathbf{Res}_M(\varepsilon) \text{ existiert }\} \subseteq \{0, 1\}^*,$$

$$H_U := \{u \mid u \in \Sigma_U^*, \mathbf{Res}_U(u) \text{ existiert }\} \subseteq \Sigma_U^*$$

heißen **allgemeines Halteproblem** bzw. **spezielles Halteproblem** bzw. **Halteproblem für die universelle TM U**.

Universelle Turingmaschinen lassen sich leicht konstruieren: Sie vollziehen anhand der (codierten) Überführungstabelle die Arbeitsweise jeder anderen Turingmaschine nach. Dadurch, daß diese Maschinen auf ihre eigene Codierung angesetzt werden können, erhält man Widersprüche zur Annahme, daß ihre Haltebereiche entscheidbar wären. Denn wenn für eine universelle TM $U$ die Menge $H_U$ entscheidbar wäre, dann wäre auch die Menge $J = \{u \mid u \in \{0, 1\}^*, \mathbf{Res}_U(u) \text{ existiert nicht}\}$ entscheidbar, und man könnte aus $U$ leicht eine TM $U_0$ mit $J = H_{U_0}$ konstruieren. $<U_0>$ kann dann nicht in $J$ liegen, da aus $<U_0> \in H_{U_0} = J$ folgt: $\mathbf{Res}_{U_0}(<U_0>)$ existiert. Andererseits kann auch $<U_0> \notin H_{U_0}$ nicht gelten, da dann $<U_0> \in J = H_{U_0}$ nach Definition in $J$ liegen müßte. Dieser Widerspruchsbeweis entspricht dem Cantorschen Beweis der Überabzählbarkeit der reellen Zahlen und wird als **Diagonalisierung** bezeichnet.

**Satz 25:** $H$, $H_\varepsilon$, $H_U$ sind rekursiv aufzählbar, aber nicht entscheidbar. Ihre Komplemente sind jeweils nicht aufzählbar.

## 8.2.4. Eingeschränkte Maschinen

Durch Einschränkung des Modells der 1-Band-Turingmaschine erhält man weitere gängige Maschinenmodelle.

**Definition 26:** Ein **nichtdeterministischer linear beschränkter Akzeptor (NLBA)** ist eine nichtdeterministische 1-Band-1-Kopf-Turingmaschine $M = (\mathbf{Q}, \Sigma, \Gamma, \delta, q_0, B, \mathbf{F})$, die nur den Teil des Bandes verwenden darf, auf dem anfangs das Eingabewort stand, d.h., sie hat folgende Einschränkungen:

a) $\exists \langle, \rangle \in \Gamma - \Sigma$ (linker und rechter Bandbegrenzer).
b) $\forall (q, x) \in \mathbf{F} \times \Gamma$: es gibt keine $q' \in \mathbf{Q}$, $y \in \Gamma$, $D \in \{R, L, N\}$ mit $(q, x, q', y, D) \in \delta$.
c) $\forall q \in \mathbf{Q}$: $(q, \langle, q', y, D) \in \delta \Rightarrow y = \langle$ und $D = R$.
d) $\forall q \in \mathbf{Q}$: $(q, \rangle, q', y, D) \in \delta \Rightarrow y = \rangle$ und $D = L$.

Die Einschränkungen 26c) und 26d) bedeuten, daß der durch $\langle \ldots \rangle$ begrenzte Bereich auf dem Band nicht verlassen werden kann.

Zu Beginn steht die Bandinschrift $\langle w \rangle$ auf dem Band. Erreicht der NLBA einen Endzustand, hält er sofort. Die von ihm akzeptierte Sprache ist

$$L(M) = \{w \in \Sigma^* \mid \langle q_0 w \rangle \vdash^* \langle \alpha q \beta \rangle, q \in \mathbf{F}, \alpha, \beta \in \Gamma^*\}.$$

Falls $\delta$ eine Funktion von $(\mathbf{Q} - \mathbf{F}) \times \Gamma$ nach $\mathbf{Q} \times \Gamma \times \{R, L, N\}$ ist, heißt die Maschine **deterministischer linear beschränkter Akzeptor (DLBA)**.

*Beispiel:* Der nachfolgend informell beschriebene DLBA $M$ akzeptiert $L(M) = \{a^n b^n c^n \mid n \geq 1\}$: Zunächst prüft $M$, ob die Eingabe von der Form $a^+ b^+ c^+$ ist. Dann ersetzt $M$ jeweils ein $a$ durch $\#$ und ein $b$ durch $*$. Steht danach $\#^+ *^+ c^+$ auf dem Band (Test!), dann ersetzt $M$ jeweils ein $*$ durch $\#$ und ein $c$ durch $\#$. $M$ akzeptiert genau dann, wenn am Ende $\#^+$ auf dem Band steht.

Das folgende Maschinenmodell hat 2 Bänder, nämlich ein Eingabe- und ein Kellerband, mit jeweils einem in der Funktionalität eingeschränkten Lese- bzw. Lese-Schreibkopf.

**Definition 27:** Ein **nichtdeterministischer Kellerautomat (oder nichtdeterministischer Pushdownautomat** abgek. **NPDA)** ist ein 7-Tupel $M = (\mathbf{Q}, \Sigma, \Gamma, \delta, q_0, Z_0, \mathbf{F})$ mit:

- $\mathbf{Q}$, eine endliche nichtleere Menge („Zustandsmenge"),
- $\Sigma$, eine endliche Menge („Eingabealphabet"),
- $\Gamma$, eine endliche nichtleere Menge („Kelleralphabet"),
- $q_0 \in \mathbf{Q}$, der Anfangszustand,
- $Z_0 \in \Gamma$, ein ausgezeichneter Buchstabe („Kellerbodenzeichen" oder „Bottomsymbol" genannt, $Z_0$ steht anfangs auf dem Keller),
- $\mathbf{F} \subseteq \mathbf{Q}$, die Menge der Endzustände (evtl. leer),
- $\delta \subseteq \mathbf{Q} \times (\Sigma \cup \{\epsilon\}) \times \Gamma \times \mathbf{Q} \times \Gamma^*$, endliche Relation, die partielle Überführungsrelation.

Das Eingabeband ist Einweg, nur lesend, d.h., es hat einen Lesekopf, der die Eingabe einmal von links nach rechts lesen darf. Das Kellerband hat einen Lese-Schreibkopf, der immer nur das rechteste (oberste) Zeichen lesen und durch ein Wort aus $\Gamma^*$ ersetzen darf. In jedem Schritt der Überführungsrelation darf entweder ein Zeichen vom Eingabeband gelesen werden, oder die Eingabe wird für den Konfigurationsübergang nicht berücksichtigt. Dadurch kann der NPDA Manipulationen auf dem Keller ausführen, ohne die Situation auf dem Eingabeband zu verändern. Ein Zeichen, das auf dem Keller gelesen wird, wird hierbei sofort gelöscht. Möchte man es behalten, muß es explizit wieder geschrieben werden.

Für NPDAs unterscheidet man zwei Akzeptanzbegriffe, die zueinander äquivalent sind:

**Definition 28:**

a) Eine **Konfiguration** eines NPDA ist ein Tripel $(q, w, \alpha)$ mit $q \in \mathbf{Q}$, $w \in \Sigma^*$ (dem noch zu lesenden Teil der Eingabe) und $\alpha \in \Gamma^*$ (dem aktuellen Kellerinhalt).

b) Für $K_1 = (q, w_1 \dots w_k, Z_m \dots Z_1)$ mit $m \geq 1$, $Z_i \in \Gamma$, $w_1 \in \Sigma \cup \{\epsilon\}$ und $(q, w_1, Z_1, q', Z'_r \dots Z'_1) \in \delta$ ist $K_2 = (q', w_2 \dots w_k, Z_m \dots Z_2 Z'_r \dots Z'_1)$ eine **Folgekonfiguration** von $K_1$, in Zeichen: $K_1 \vdash K_2$. $\overset{*}{\vdash}$ bezeichne wie üblich den reflexiven und transitiven Abschluß von $\vdash$.

c) Ein NPDA $M$ **akzeptiert** $w \in \Sigma^*$ **mit leerem Keller,** falls

$$(q_0, w, Z_0) \overset{*}{\vdash} (q, \varepsilon, \varepsilon) \text{ für irgendein } q \in \mathbf{Q}.$$

Für diese NPDA-Variante setzen wir $\mathbf{F} = \emptyset$. Die Maschine akzeptiert höchstens dann, wenn die Eingabe vollständig gelesen ist. Die von $M$ mit leerem Keller akzeptierte Sprache ist $N(M) = \{w \mid (q_0, w, Z_0) \overset{*}{\vdash} (q, \epsilon, \varepsilon),\ q \in \mathbf{Q}\}$.

d) Ein NPDA $M$ **akzeptiert** $w \in \Sigma^*$ **mit Endzuständen,** falls

$$(q_0, w, Z_0) \overset{*}{\vdash} (q, \epsilon, u) \quad \text{für ein } q \in \mathbf{F} \text{ und für beliebigen Kellerinhalt } u \in \Gamma^*.$$

Die von $M$ akzeptierte Sprache ist $L(M) = \{w \mid (q_0, w, Z_0) \overset{*}{\vdash} (q, \epsilon, u),\ q \in \mathbf{F},\ u \in \Gamma^*\}$.

Falls $\delta$ eine partielle Funktion $\delta\colon \mathbf{Q} \times (\Sigma \cup \{\epsilon\}) \times \Gamma \to \mathbf{Q} \times \Gamma^*$ ist und zusätzlich $\delta(q, x, Z)$ für alle $x \in \Sigma$ undefiniert ist, falls $\delta(q, \epsilon, Z)$ existiert, dann heißt $M$ **deterministischer Kellerautomat (DPDA).** DPDAs können (im Gegensatz zu NPDAs) mit Endzuständen mehr Sprachen akzeptieren als mit leerem Keller. Die von DPDAs mit Endzuständen akzeptierten Sprachen heißen **deterministisch kontextfrei.**

*Beispiel:* Der DPDA $M = (\mathbf{Q}, \Sigma, \Gamma, \delta, q_0, Z_0, \mathbf{F})$ mit $\Sigma = \{a, b\}$, $\Gamma = \{a, Z_0\}$, $\mathbf{Q} = \{q_0, q_1, q_2, q_3, q_4\}$, $\mathbf{F} = \{q_4\}$ akzeptiert $L_1 = \{a^n b^n c^m \mid n, m \geq 1\}$ mit Endzuständen:

$$\begin{array}{lll}
\delta(q_0, a, Z_0) = (q_1, Z_0 a) & \delta(q_2, b, a) \ \ = (q_2, \epsilon) & \delta(q_3, c, Z_0) = (q_3, Z_0) \\
\delta(q_1, a, a) \ \ = (q_1, aa) & \delta(q_2, \epsilon, Z_0) = (q_3, Z_0) & \delta(q_3, \epsilon, Z_0) = (q_4, Z_0) \\
\delta(q_1, b, a) \ \ = (q_2, \epsilon) & &
\end{array}$$

Analog sieht man, daß auch $L_2 = \{a^n b^m c^m \mid n, m \geq 1\}$ von einem DPDA akzeptiert wird.

Kellerautomaten sind für die Auswertung von Termen, Klammerstrukturen und rekursiven Programmen von zentraler Bedeutung. In der Praxis spricht man statt vom Keller vom **Stack** oder vom *Stapel*. Läßt man beim Kellerautomaten den Keller weg, so erhält man endliche Automaten.

### 8.2.5. Endliche Automaten

Endliche Automaten sind um 1955 als einfaches Modell für Nervennetze und zur Beschreibung von Schaltwerken (vgl. 8.2.6.) eingeführt worden. Sie entsprechen in der Programmierung dem Arbeiten mit Tabellen.

*Beispiel:* Man betrachte die Tabelle 8.6 bzw. den zugehörigen Graphen in Abb. 8.4.

Mit der Tabelle wird wie folgt gearbeitet. Es sei $w = a_1 \dots a_n$, $a_k \in \{0, 1\}$ eine Folge von Nullen und Einsen.
Setze $p_0 := q_0$.
Für $k = 1$ bis $n$ führe folgendes aus: $p_k := \delta(p_{k-1}, a_k)$.
Falls $p_n = q_0$ ist, dann akzeptiere $w$, sonst verwirf $w$.

*Tabelle 8.6*

| $\delta$ | 0 | 1 |
|---|---|---|
| $q_0$ | $q_0$ | $q_1$ |
| $q_1$ | $q_2$ | $q_0$ |
| $q_2$ | $q_1$ | $q_2$ |

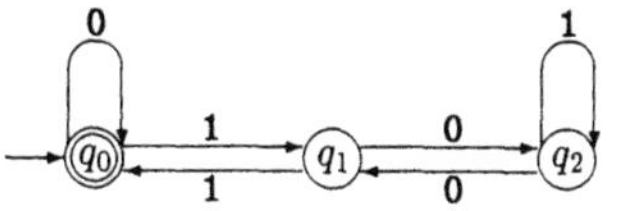

Anfangs- und Endzustand ist $q_0$.

Abb. 8.4

*Beispiel:* Betrachte die Tabelle 8.6.
Für $w = 1101$ erhalten wir: $p_0 = q_0$, $p_1 = q_1$, $p_2 = q_0$, $p_3 = q_0$, $p_4 = q_1$, also wird $w$ verworfen. Für $w = 1001$ erhalten wir: $p_0 = q_0$, $p_1 = q_1$, $p_2 = q_2$, $p_3 = q_1$, $p_4 = q_0$, also wird dieses $w$ akzeptiert. Die Menge aller akzeptierten Wörter bilden alle Binärdarstellungen natürlicher Zahlen, die durch 3 teilbar sind.

**Definition 29:**

a) Ein **nichtdeterministischer endlicher Automat (NFA,** nondeterministic finite automaton, [Rabin/Scott 1959]) ist ein 5-Tupel $M = (\mathbf{Q}, \Sigma, \delta, \mathbf{Q}_0, \mathbf{F})$ mit:
- $\mathbf{Q}$, eine endliche nichtleere Menge („Zustandsmenge“),
- $\Sigma$, eine endliche Menge („Eingabealphabet“),
- $\delta \subseteq \mathbf{Q} \times \Sigma^* \times \mathbf{Q}$, eine endliche Relation, die Zustandsüberführungsrelation von $M$,
- $\mathbf{Q}_0 \subseteq \mathbf{Q}$, die Menge der Anfangszustände,
- $\mathbf{F} \subseteq \mathbf{Q}$, die Menge der Endzustände.

b) Zu $\delta$ bildet man den reflexiven und transitiven Abschluß $\delta^* \subseteq \mathbf{Q} \times \Sigma^* \times \mathbf{Q}$ als kleinste Relation mit
- $\forall q \in \mathbf{Q}$: $(q, \epsilon, q) \in \delta^*$,
- $\forall q, q', q'' \in \mathbf{Q}$, $\forall a \in \Sigma^*, \forall v \in \Sigma^*$: $(q, a, q') \in \delta \wedge (q', v, q'') \in \delta^* \Rightarrow (q, av, q'') \in \delta^*$.

Statt $\delta^*$ schreiben wir vereinfacht wieder $\delta$.

c) $M$ heißt **deterministischer endlicher Automat (DFA),** falls $\delta$ eine (partielle) Funktion $\delta\colon \mathbf{Q} \times \Sigma \to \mathbf{Q}$ ist und es nur einen Anfangszustand $q_0$ gibt.

In manchen Anwendungen läßt man unendliche Zustandsmengen $\mathbf{Q}$ und somit auch unendliche Relationen $\delta$ zu, z.B. zur Beschreibung der Erreichbarkeitsmenge bei Petrinetzen (vgl. Def. 60 in Abschnitt 8.3.) oder des Übergangsverhaltens bei Prozessen (vgl. Abschnitt 8.5. „Semantik“).

**Definition 30:** Die von einem NFA $M$ **akzeptierte Sprache** ist

$$L(M) = \{w \in \Sigma^* \mid \exists q_0 \in \mathbf{Q}_0, q \in \mathbf{F} \text{ mit } (q_0, w, q) \in \delta\}.$$

Endliche Automaten $M$ werden in der Regel als gerichtete kantenmarkierte Graphen $G$ (sogenannte **Zustandsgraphen,** vgl. Abb. 8.4 und 8.5) dargestellt, wobei die Zustände die Knoten bilden und die Kanten die Übergangsrelation beschreiben. Dabei wird eine Kante $(p) \xrightarrow{a} (q)$ gezogen genau dann, wenn $(p, a, q) \in \delta$ ist. Startzustände werden durch einen einlaufenden Pfeil und Endzustände durch einen Doppelkreis dargestellt. $M$ akzeptiert $w = w_1 \ldots w_n \in \Sigma^*$, falls es in $G$ einen mit $w_1$ bis $w_n$ markierten Weg von einem Startzustand zu einem Endzustand gibt.

*Beispiel:* Der DFA $M = (\mathbf{Q}, \Sigma, \delta, q_0, \mathbf{F})$ mit $\mathbf{Q} = \{q_0, q_1, q_2, q_3\}$, $\Sigma = \{0, 1\}$, $\mathbf{F} = \{q_0\}$ und $\delta$ wie in Tabelle 8.7 dargestellt akzeptiert die Sprache

$$L(M) = \left\{w \in \{0,1\}^* \mid w \begin{array}{l}\text{enthält eine gerade Anzahl von Nullen und}\\ \text{eine gerade Anzahl von Einsen}\end{array}\right\}.$$

*Tabelle 8.7*

| $\delta$ | 0 | 1 |
|---|---|---|
| $q_0$ | $q_2$ | $q_1$ |
| $q_1$ | $q_3$ | $q_0$ |
| $q_2$ | $q_0$ | $q_3$ |
| $q_3$ | $q_1$ | $q_2$ |

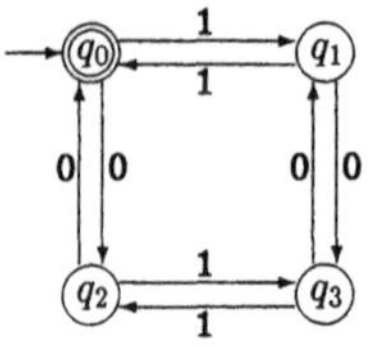


Zu Tabelle 8.7 gehörender Zustandsgraph.

Abb. 8.5

DFAs und NFAs erkennen dieselbe Sprachklasse. Allerdings benötigen NFAs für die Erkennung einer Sprache $L$ meist weniger Zustände. Da jeder DFA auch ein NFA ist, reicht zum Nachweis der Äquivalenz der folgende Satz:

**Satz 31:** Es sei $L(M)$ eine Sprache, die von einem NFA $M$ akzeptiert wird. Dann existiert ein DFA $M'$ mit $L(M') = L(M)$.

Der Beweis von Satz 31 ist konstruktiv. Der DFA hat als Zustandsmenge die Potenzmenge des NFA. Ausgehend von der Anfangszustandsmenge $\mathbf{Q}_0$ wird jeweils die Menge der mit einem Zeichen erreichbaren Zustände als Folgezustand genommen. Der Beweis zeigt insbesondere:

**Satz 32:** Zu jedem NFA mit $|\mathbf{Q}| = n$ existiert ein äquivalenter DFA mit $|\mathbf{Q}'| \leq 2^n$.

Das exponentielle Wachstum ist nicht zu verhindern.

*Beispiel:* Für die Sprache $L(M) = \{w \in \{0,1\}^* \mid$ der $k$-tletzte Buchstabe von $w$ ist eine $1\}$ hat der zugehörige NFA $k+1$ Zustände und der kleinste DFA $2^k$ Zustände.

Für die Anwendung endlicher Automaten (siehe Einleitung zu 8.2.6.) ist es häufig wichtig, Automaten mit möglichst wenigen Zuständen zu konstruieren. Nachfolgend wird ein Verfahren beschrieben, das zu beliebigem DFA einen äquivalenten mit minimaler Zustandszahl liefert.

Wir beschränken uns nun auf DFAs; für NFAs sind keine „guten" Verfahren bekannt.

**Definition 33:** $M = (\mathbf{Q}, \Sigma, \delta, q_0, \mathbf{F})$ sei ein DFA.

a) Zwei Zustände $q, q' \in \mathbf{Q}$ heißen **äquivalent**, in Zeichen $q \sim q' :\Leftrightarrow$ $\forall w \in \Sigma^*$: $(\delta(q,w) \in F \Leftrightarrow \delta(q',w) \in F)$.

b) $q \sim_k q' :\Leftrightarrow \forall w \in \Sigma^*$ mit $|w| \leq k$ gilt $(\delta(q,w) \in \mathbf{F} \Leftrightarrow \delta(q',w) \in \mathbf{F})$.

c) $q$ heißt **erreichbar** $:\Leftrightarrow \exists u \in \Sigma^*$: $\delta(q_0, u) = q$. Andernfalls heißt $q$ **unerreichbar**.

d) $M$ heißt **minimal** $:\Leftrightarrow$ jedes $q \in \mathbf{Q}$ ist erreichbar, und je zwei verschiedene Zustände sind nicht äquivalent.

*Bemerkungen:*

1) Def. 33a) besagt, daß man die Zustände $q$ und $q'$ nicht durch Experimente (d.h. Eingabe von Wörtern) unterscheiden kann. Man sagt auch, $q$ und $q'$ seien beobachtungsäquivalent.

2) Die Menge der unerreichbaren Zustände läßt sich in Zeit $O(|\mathbf{Q}|\,|\Sigma|)$ berechnen (Durchlaufen des Zustandsgraphen nach der Methode Depth First Search).

3) Minimale Automaten besitzen nur nichtäquivalente Zustände. Zugehörige Tabellen sind dann nicht zu verkleinern.

Zu einem DFA $M$ kann man einen gleichwertigen minimalen DFA konstruieren, indem man zu jedem Zustand seine Äquivalenzklasse ermittelt und zu einem DFA übergeht, der diese Äquivalenzklassen als Zustände besitzt. Diese Klassen kann man effektiv berechnen. Zum Beispiel gilt:

**Satz 34:**

a) $q \sim_k q' \Leftrightarrow \forall a \in \mathbf{\Sigma}: \delta(q,a) \sim_{k-1} \delta(q',a)$ **und** $q \sim_0 q'$.

b) $q \sim q' \Leftrightarrow \forall w \in \mathbf{\Sigma}^*$ **mit** $|w| \leq |\mathbf{Q}| - 1$ **gilt:** $(\delta(q,w) \in \mathbf{F} \Leftrightarrow \delta(q',w) \in \mathbf{F})$.

Minimale deterministische Automaten lassen sich durch Homomorphismen $\varphi$ oder durch eine Äquivalenz $\equiv_L$ charakterisieren.

**Definition 35** (Homomorphie/Isomorphie):

a) Es sei $M' = (\mathbf{Q}', \Sigma, \delta', q_0', \mathbf{F}')$ ein DFA. $M'$ heißt **homomorphes Bild** von $M = (\mathbf{Q}, \Sigma, \delta, q_0, \mathbf{F})$, falls es eine surjektive Abbildung $\varphi\colon \mathbf{Q} \to \mathbf{Q}'$ gibt mit

- $\varphi(q_0) = q_0'$,
- $\varphi(\delta(q,a)) = \delta'(\varphi(q), a), \forall q \in \mathbf{Q}, a \in \Sigma$,
- $q \in \mathbf{F} \Leftrightarrow \varphi(q) \in \mathbf{F}'$.

b) Ist $\varphi$ bijektiv, so heißt $M'$ **isomorph** zu $M$.

c) $M$ heißt **homomorph reduziert**, wenn $M$ nur erreichbare Zustände besitzt und jeder Homomorphismus $\varphi\colon M \to M'$ ein Isomorphismus (also bijektiv) ist.

*Bemerkungen:* Wenn $M'$ homomorphes Bild von $M$ ist, dann gilt

1) $\forall q_1, q_2 \in \mathbf{Q}: \varphi(q_1) = \varphi(q_2) \Rightarrow q_1 \sim q_2$.

2) $L(M) = L(M')$.

**Satz 36:** $M$ minimal $\Leftrightarrow$ $M$ homomorph reduziert.

**Definition 37:** Auf $\Sigma^*$ wird zu jeder Sprache $L \subseteq \Sigma^*$ die folgende Relation $\equiv_L$, genannt **Nerode-Äquivalenz**, definiert:

$$v \equiv_L w :\Leftrightarrow \forall u \in \Sigma^*(vu \in L \Leftrightarrow wu \in L).$$

$[w]_L = \{v \in \Sigma^* \mid v \equiv_L w\}$ bezeichne die **Äquivalenzklassen** von $\equiv_L$ und $\mathrm{ind}_{\equiv_L}$ den Index von $\equiv_L$, d.h. die Anzahl der Äquivalenzklassen bez. L.

$\equiv_L$ ist eine rechtsinvariante Äquivalenzrelation, d.h. $v \equiv_L w \Rightarrow \forall u \in \Sigma^*: vu \equiv_L wu$.

**Satz 38:** Es sei $M = (\mathbf{Q}, \Sigma, \delta, q_0, \mathbf{F})$ ein DFA mit $L = L(M)$. $M$ ist genau dann minimal, wenn $|\mathbf{Q}| = \mathrm{ind}_{\equiv_L}$ gilt.

**Satz 39** (Myhill/Nerode, 1958):

Die folgenden Aussagen sind äquivalent:

a) $L$ wird von einem DFA akzeptiert.

b) $\mathrm{ind}_{\equiv_L}$ ist endlich.

c) $L$ ist Vereinigung von Äquivalenzklassen einer rechtsinvarianten Äquivalenzrelation mit endlichem Index.

Dieser Satz liefert zusammen mit Satz 34 den Korrektheitsbeweis für die Konstruktion eines minimalen Automaten, bei dem die Zustände zu den Äquivalenzklassen der Nerode-Relation korrespondieren. Die Minimierung setzt voraus, daß der DFA nur erreichbare Zustände besitzt und **vollständig** ist, d.h. $\forall q \in \mathbf{Q}, \forall a \in \Sigma$ ist $\delta(q,a)$ definiert. Ist $M$ unvollständig, so fügt man einen Zustand $q_L$, der kein Endzustand ist, hinzu und erweitert $\delta$ für alle undefinierten $\delta(q,a)$ durch $\delta(q,a) = q_L$.

**Das Verfahren:**

**Schritt 1:** Für $w = \epsilon$ sind offensichtlich $q \in \mathbf{F}$ und $q^* \in \mathbf{Q} - \mathbf{F}$ nicht äquivalent. Man startet also mit zwei Mengen „vorläufig" äquivalenter Zustände $S_{1,1} = \mathbf{F}$ und $S_{1,2} = \mathbf{Q} - \mathbf{F}$.

**Schritt 2:** $S_{k,1}, \ldots, S_{k,n_k}$ seien die Mengen der vorläufig als äquivalent aufgefaßten Zustände. Für jede Menge $S_{k,\imath}$ wird geprüft, ob für alle $s, s' \in S_{k,\imath}$ zu jedem $a \in \Sigma$ ein $\jmath$ existiert mit: $\delta(s,a)$ und $\delta(s',a)$ liegen in derselben Menge $S_{k,\jmath}$. Falls nein, muß $S_{k,\imath}$ entsprechend aufgeteilt werden.

**Schritt 3:** Schritt 2 wird solange wiederholt, bis keine neue Aufteilung mehr stattfindet (höchstens $|\mathbf{Q}| - 1$-mal).

**Satz 40:** Mit obigem Verfahren kann bei geeigneter Implementierung in $O(|\mathbf{Q}|^2|\Sigma|)$ Schritten zu einem DFA $M$, bei dem alle Zustände erreichbar sind, ein äquivalenter minimaler Automat konstruiert werden.

Das genannte Verfahren arbeitet in „Vorwärtsrichtung": Teilmengen von $\mathbf{Q}$ werden entsprechend der $\delta$-Werte ($\delta(q,a)$ für $q \in S_{k,\imath}, a \in \Sigma$) verfeinert. In [Hopcroft 1971] wurde ein Verfahren in „Rückwärtsrichtung" entwickelt, welches bei geschickter Implementierung nur einen Zeitaufwand $O(|\Sigma||\mathbf{Q}|\log|\mathbf{Q}|)$ benötigt.

*Beispiel:* Zum Automaten in Abb. 8.6, der die Sprache $L(M) = \{w \in \{0,1\}^* \mid |w| \geq 2$ und $w$ endet mit $1\}$ erkennt, soll der minimale Automat berechnet werden. Diesen mini-

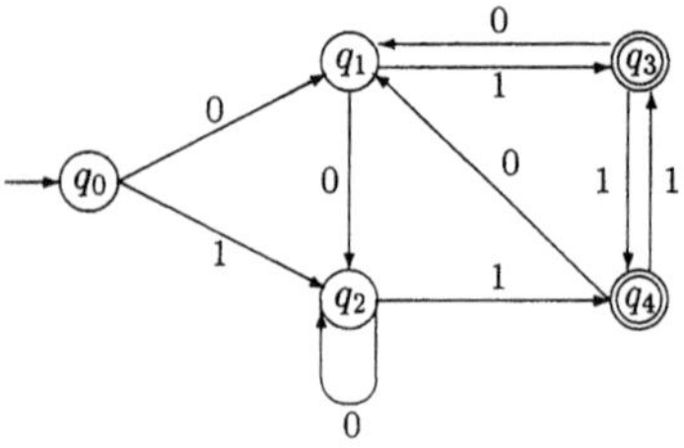


Abb. 8.6

*Tabelle 8.8*

| Mengen | $\mathbf{Q}_{1,1}$ | | $\mathbf{Q}_{1,2}$ | | |
|---|---|---|---|---|---|
| Zustand | $q_3$ | $q_4$ | $q_0$ | $q_1$ | $q_2$ |
| Eingabe | | | | | |
| 0 | $\mathbf{Q}_{1,2}$ | $\mathbf{Q}_{1,2}$ | $\mathbf{Q}_{1,2}$ | $\mathbf{Q}_{1,2}$ | $\mathbf{Q}_{1,2}$ |
| 1 | $\mathbf{Q}_{1,1}$ | $\mathbf{Q}_{1,1}$ | $\mathbf{Q}_{1,2}$ | $\mathbf{Q}_{1,1}$ | $\mathbf{Q}_{1,1}$ |

$\mathbf{Q}_{1,2}$ wird aufgeteilt in $\mathbf{Q}_{2,2} = \{q_0\}$ und $\mathbf{Q}_{2,3} = \{q_1, q_2\}$.

*Tabelle 8.9*

| Mengen | $\mathbf{Q}_{1,2}$ | | $\mathbf{Q}_{2,2}$ | $\mathbf{Q}_{2,3}$ | |
|---|---|---|---|---|---|
| Zustand | $q_3$ | $q_4$ | $q_0$ | $q_1$ | $q_2$ |
| Eingabe | | | | | |
| 0 | $\mathbf{Q}_{2,3}$ | $\mathbf{Q}_{2,3}$ | $\mathbf{Q}_{2,3}$ | $\mathbf{Q}_{2,3}$ | $\mathbf{Q}_{2,3}$ |
| 1 | $\mathbf{Q}_{2,1}$ | $\mathbf{Q}_{2,1}$ | $\mathbf{Q}_{2,3}$ | $\mathbf{Q}_{2,1}$ | $\mathbf{Q}_{2,1}$ |

Jetzt ist keine weitere Aufteilung der Zustandsmengen mehr möglich. Es werden die Zustände $q_1$ und $q_2$ ($q_3$ und $q_4$) identifiziert, und man erhält den neuen Zustand $\overline{q}_1$ ($\overline{q}_2$).

malen Automaten, dem man die erkannte Sprache unmittelbar ansieht, zeigt Abb. 8.7. Die Herleitung geht aus den Tabellen 8.8 und 8.9 hervor.

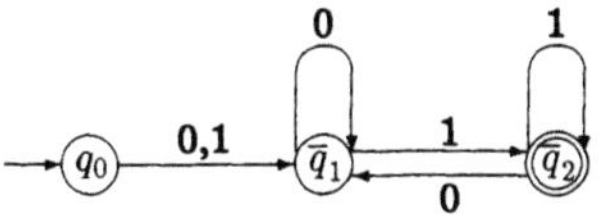


Abb. 8.7 Minimaler Automat zu Abb. 8.6

Während die zu einem DFA konstruierten minimalen Automaten bis auf Isomorphie eindeutig sind (vgl. Satz 36), gilt eine entsprechende Aussage für NFAs nicht. (Die Isomorphie für NFAs wird wie für DFAs definiert: surjektive Abbildung $\varphi$: $\mathbf{Q} \to \mathbf{Q}'$ mit $\varphi(\mathbf{Q}_0) = \mathbf{Q}'_0$, $\varphi(\mathbf{F}) = \mathbf{F}'$ und $(q_1, a, q_2) \in \delta \Leftrightarrow (\varphi(q_1), a, \varphi(q_2)) \in \delta'$, $\forall\, q_1, q_2 \in \mathbf{Q}, a \in \Sigma^*$, vgl. Def. 35a).)

*Beispiel:* Die beiden minimalen NFAs von Abb. 8.8, die nicht isomorph sind, erkennen die Sprache $\{w0 \mid w \in \{0,1\}^*\}$.

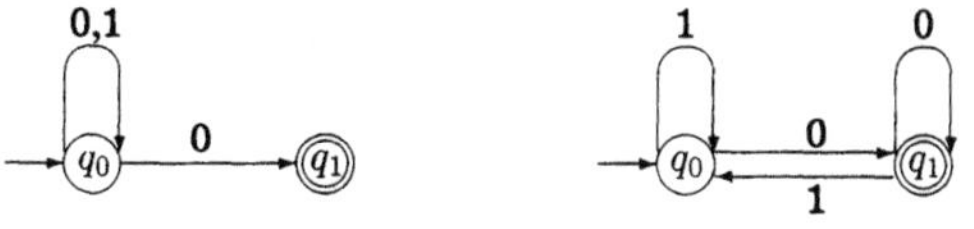


Abb. 8.8

In der Praxis (z.B. beim Entwurf von Schaltkreisen) haben endliche deterministische Automaten mit Ausgabe (sog. Mealy- bzw. Moore-Automaten) große Bedeutung:

**Definition 41:** Ein **deterministischer Mealy-Automat** ist ein 7-Tupel $M = (\mathbf{Q}, \Sigma, \Delta, \delta, \eta, q_0, \mathbf{F})$ mit:

- $\mathbf{Q}$, eine endliche nichtleere Menge („Zustandsmenge“),
- $\Sigma$, eine endliche Menge („Eingabealphabet“),
- $\Delta$, eine endliche Menge („Ausgabealphabet“),
- $\delta$: $\mathbf{Q} \times \Sigma \to \mathbf{Q}$, die partielle Zustandsüberführungsfunktion,
- $\eta$: $\mathbf{Q} \times \Sigma \to \Delta$, die partielle Ausgabefunktion,
- $q_0 \in \mathbf{Q}$, der Anfangszustand,
- $\mathbf{F} \subseteq \mathbf{Q}$, die Menge der Endzustände (evtl. leer).

Wie beim DFA darf die Eingabe nur einmal von links nach rechts gelesen werden, dabei wird in jedem Schritt ein Buchstabe auf das Ausgabeband geschrieben. $M$ erzeugt bei Eingabe $w = w_1 \dots w_n$ und für die Sequenz von Zuständen $q_0, q_1, \dots, q_n$ mit $\forall\, 1 \le i \le n$: $\delta(q_{i-1}, w_i) = q_i$ die Ausgabe $\eta(q_0, w_1)\eta(q_1, w_2)\dots\eta(q_{n-1}, w_n)$. Für $w = \varepsilon$ ist die Ausgabe $\eta(q_0, w) = \varepsilon$.

**Definition 42:** Ein **deterministischer Moore-Automat** ist ein 7-Tupel $M = (\mathbf{Q}, \Sigma, \Delta, \delta, \mu, q_0, \mathbf{F})$ wobei $\mathbf{Q}$, $\Sigma$, $\Delta$, $\delta$, $q_0$, $\mathbf{F}$ wie beim Mealy-Automaten definiert sind und

- $\mu$: $\mathbf{Q} \to \Delta$, die partielle Ausgabefunktion

ist.

Ein Moore-Automat $M$ erzeugt bei Eingabe $w = w_1 \dots w_n$ mit der Sequenz von Zuständen $q_0, q_1, \dots, q_n$ mit $\forall\, 1 \le i \le n$: $\delta(q_{i-1}, w_i) = q_i$ die Ausgabe $\mu(q_0)\mu(q_1)\dots\mu(q_n)$. Man beachte, daß der Moore-Automat bei Eingabe eines Zeichens stets mit der Ausgabe $\mu(q_0)$ reagiert und daher die Simulation eines Mealy-Automaten immer um ein Zeichen versetzt erfolgen muß, d.h. $\eta(q_{i-1}, w_i) = \mu(\delta(q_{i-1}, w_i)) = \mu(q_i)$. Das erste Zeichen $\mu(q_0)$ wird in der Definition von $\mu(q_0, w)$ weggelassen.

**Definition 43:** **Mealy- bzw. Moore-Automaten realisieren Abbildungen** $\alpha$: $\Sigma^* \to \Delta^*$ **bzw.** $\beta$: $\Sigma^* \to \Delta^*$ **mit**

$$\forall w \in \Sigma^*: \alpha(w) = \eta(q_0, w) \quad \textbf{bzw.}$$
$$\forall w \in \Sigma^*: \beta(w) = \mu(q_0, w) := \mu(q_1)\dots\mu(q_n),$$

**dabei bezeichnen** $\eta$ **und** $\mu$ **keine Einschrittausgabefunktionen, sondern die auf Wörter durch Konkatenation kanonisch verallgemeinerten Mehrschrittausgabefunktionen.**

**Satz 44:** **Zu jedem Mealy-Automaten kann man einen Moore-Automaten mit** $\alpha = \beta$ **konstruieren und umgekehrt.**

## 8.2.6. Boolesche Funktionen

Mit endlichen Automaten (siehe Definitionen 29 und 30) lassen sich einfache Eigenschaften von Folgen darstellen, z.B. die Erkennung eines Teil-Wortes in einem anderen Wort; es lassen sich aber auch Funktionen auf beschränkten Wertebereichen realisieren, wie die Addition 16stelliger Zahlen oder die Zuordnung einzelner Dezimalzahlen zu 8stelligen Logarithmen mit Hilfe einer Umrechnungstabelle. Auf solchen Grundoperationen bauen Rechenanlagen auf, und daher bildet die physikalische Realisierung von endlichen Automaten ein Fundament für die Entwicklung und Herstellung von Computern. Endliche Automaten bestehen vor allem aus einem Speicher (der Zustandsmenge **Q**) und der Übergangsfunktion $\delta$. Die physikalische Realisierung basiert auf zwei gut unterscheidbaren Signalen, die

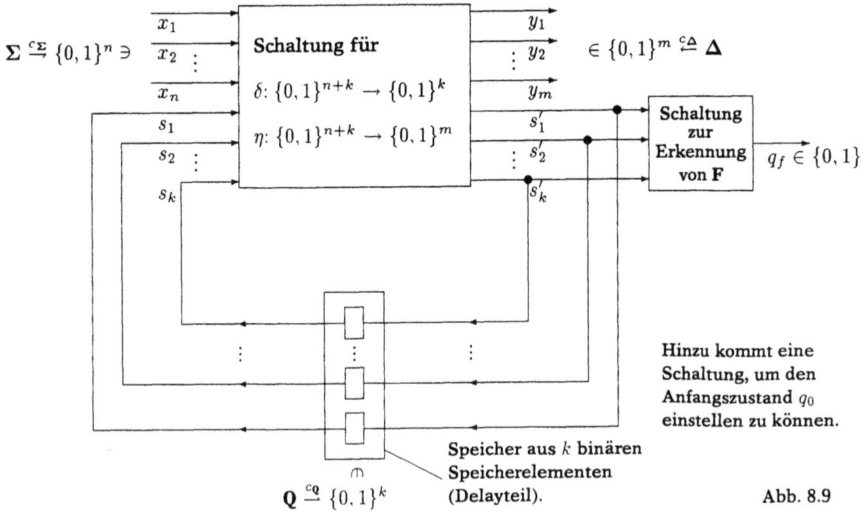


Abb. 8.9

man i.allg. mit „0" und „1" bezeichnet. Zum Beispiel entspricht „0" oft der Situation, daß kein Strom fließt oder keine Spannung anliegt oder eine bestimmte Magnetisierungsrichtung vorherrscht. Die Übergangsfunktion $\delta$ muß daher als Abbildung von $\{0,1\}^j \to \{0,1\}^i$ für geeignete $i, j \in \mathbb{N}$ realisiert werden. Dementsprechend müssen die Eingabezeichen $x \in \Sigma$, die Ausgabezeichen $y \in \mathbf{\Delta}$ und die Zustände $q \in \mathbf{Q}$ als Folgen von 0 und 1 eindeutig dargestellt (codiert) werden. Es seien also $n := \lceil \log(|\mathbf{\Sigma}|) \rceil$, $m := \lceil \log(|\mathbf{\Delta}|) \rceil$ und $k := \lceil \log(|\mathbf{Q}|) \rceil$, wobei log der Logarithmus zur Basis 2 ist, dann wird der endliche deterministische Automat mit Ausgabe $(\mathbf{Q}, \mathbf{\Sigma}, \mathbf{\Delta}, \delta, \eta, q_0, \mathbf{F})$ wie in Abb. 8.9 dargestellt realisiert (Huffmann-Modell, 1951), wobei geeignete Codierungen $c_{\mathbf{\Sigma}}\colon \mathbf{\Sigma} \to \{0,1\}^n$, $c_{\mathbf{\Delta}}\colon \mathbf{\Delta} \to \{0,1\}^m$ und $c_{\mathbf{Q}}\colon \mathbf{Q} \to \{0,1\}^k$ festzulegen sind.

In diesem Abschnitt behandeln wir die Abbildungen von $\{0,1\}^j$ nach $\{0,1\}^i$ und deren Erzeugung mit Hilfe einiger Grundfunktionen (z.B. NOT, AND, OR) sowie die rückgekoppelten Schaltungen, die zu bistabilen Speicherelementen (Flip-Flops) führen. Im folgenden sei $\mathbf{B} := \{0,1\}$. Auf **B** gelte die Ordnung $0 < 1$, die auf $\mathbf{B}^r$ wie üblich zu einer partiellen Ordnung fortgesetzt werde: $(x_1, \ldots, x_r) \leq (y_1, \ldots, y_r) \Leftrightarrow x_i \leq y_i$ für $i = 1, \ldots, r$.

**Definition 45:**

a) Jede Abbildung $f\colon \mathbf{B}^n \to \mathbf{B}^m$ heißt **Boolesche Funktion** (oder **Schaltkreisfunktion**), $n \geq 0, m \geq 1$. Die $n$ Argumente heißen auch inputs, die $m$ Ergebniswerte auch outputs von $f$.

b) Es sei $\mathscr{B}_{n,m} := \{f \mid f : \mathbf{B}^n \to \mathbf{B}^m\}$ die Menge der Booleschen Funktionen mit $n$ inputs und $m$ outputs. Statt $\mathscr{B}_{n,1}$ schreibt man $\mathscr{B}_n$. Es sei $\mathscr{B}^{(1)} = \bigcup_{n \geq 0} \mathscr{B}_n$ die Menge aller Booleschen Funktionen mit einem output.

Die Menge $\mathscr{B}_{n,m}$ enthält genau $2^{m \cdot 2^n}$ Elemente.

*Beispiel:* Es ist $\mathscr{B}_0$ die Menge der Konstanten, also $\mathscr{B}_0 = \{0,1\}$. Für $n = 1$ gibt es die vier Funktionen $\mathscr{B}_1 = \{\text{ID}, 0, 1, \text{NOT}\}$ der Tabelle 8.10.

*Tabelle 8.10*

| $x$ | ID$(x)$ | $0(x)$ | $1(x)$ | NOT$(x)$ |
|---|---|---|---|---|
| 0 | 0 | 0 | 1 | 1 |
| 1 | 1 | 0 | 1 | 0 |

Für $n = 2$ sind alle Funktionen der Menge $\mathscr{B}_2$ in der Tabelle 8.11 aufgelistet.

*Tabelle 8.11*

| $x\,y$ | $0(x,y)$ | AND$(x,y)$ | $\neg$ IMPL$(x,y)$ | $x$ | AND$(\bar{x},y)$ | $y$ | $\oplus(x,y)$ | OR$(x,y)$ | NOR$(x,y)$ | $\equiv(x,y)$ | NOT$(y)$ | OR$(x,\bar{y})$ | NOT$(x)$ | IMPL$(x,y)$ | NAND$(x,y)$ | $1(x,y)$ |
|---|---|---|---|---|---|---|---|---|---|---|---|---|---|---|---|---|
| 0 0 | 0 | 0 | 0 | 0 | 0 | 0 | 0 | 0 | 1 | 1 | 1 | 1 | 1 | 1 | 1 | 1 |
| 0 1 | 0 | 0 | 0 | 0 | 1 | 1 | 1 | 1 | 0 | 0 | 0 | 0 | 1 | 1 | 1 | 1 |
| 1 0 | 0 | 0 | 1 | 1 | 0 | 0 | 1 | 1 | 0 | 0 | 1 | 1 | 0 | 0 | 1 | 1 |
| 1 1 | 0 | 1 | 0 | 1 | 0 | 1 | 0 | 1 | 0 | 1 | 0 | 1 | 0 | 1 | 0 | 1 |

*Beispiel:* Die in Tabelle 8.12 aufgelisteten Funktionen aus $\mathscr{B}_n$ spielen eine besondere Rolle in der Theorie Boolescher Funktionen.

*Bemerkungen zu Tabelle 8.12:*

1) Für die PARITY-Funktion werden auch die Namen mod-2 Summe oder exclusive-or verwendet.

*Tabelle 8.12*

| Name | Schreibweise | Wirkung |
|---|---|---|
| Konjunktion (für $n$ Variablen) | $\bigwedge_{i=1}^{n} x_i$<br>$x_1 x_2 \ldots x_n$<br>$\text{AND}_n(x_1, \ldots, x_n)$ | $\bigwedge_{i=1}^{n} x_i = \begin{cases} 1, & \text{falls } x_1 = \cdots = x_n = 1 \\ 0 & \text{sonst} \end{cases}$ |
| Disjunktion (für $n$ Variablen) | $\bigvee_{i=1}^{n} x_i$<br>$\text{OR}_n(x_1, \ldots, x_n)$ | $\bigvee_{i=1}^{n} x_i = \begin{cases} 0, & \text{falls } x_1 = \cdots = x_n = 0 \\ 1 & \text{sonst} \end{cases}$ |
| Negation | $\bar{x}$<br>$\neg x$<br>$\text{NOT}(x)$ | $\bar{x} = \begin{cases} 1, & \text{falls } x = 0 \\ 0, & \text{falls } x = 1 \end{cases}$ |
| $\text{NAND}_n$ | $\text{NAND}_n(x_1, \ldots, x_n)$ | $\text{NAND}_n(x_1, \ldots, x_n) = \begin{cases} 0, & \text{falls } x_1 = \cdots = x_n = 1 \\ 1 & \text{sonst} \end{cases}$ |
| $\text{NOR}_n$ | $\text{NOR}_n(x_1, \ldots, x_n)$ | $\text{NOR}_n(x_1, \ldots, x_n) = \begin{cases} 1, & \text{falls } x_1 = \cdots = x_n = 0 \\ 0 & \text{sonst} \end{cases}$ |
| PARITY (für $n$ Variablen) | $\bigoplus_{i=1}^{n} x_i$<br>$\text{XOR}_n(x_1, \ldots, x_n)$ | $\bigoplus_{i=1}^{n} x_i = \begin{cases} 1, & \text{falls } \sum_{i=1}^{n} x_i \equiv 1 \bmod 2 \\ 0 & \text{sonst} \end{cases}$ |
| MAJORITY (für $n$ Variablen) | $\text{MAJ}_n(x_1, \ldots, x_n)$ | $\text{MAJ}_n(x_1, \ldots, x_n) = \begin{cases} 1, & \text{falls } \sum_{i=1}^{n} x_i \geq \lceil \frac{n}{2} \rceil \\ 0 & \text{sonst} \end{cases}$ |

2) Bei Neuronalen Netzen kommen verallgemeinerte MAJORITY-Bausteine, sog. Neuronen vor, bei denen die inputs Gewichte $w_i \in \mathbb{R}$, $1 \leq i \leq n$, haben und deren Schwelle $\lceil \frac{n}{2} \rceil$ ein beliebiges $k \in \mathbb{N}$ sein kann. Prinzipiell können dadurch aber nicht mehr Funktionen berechnet werden als mit MAJORITY-Bausteinen.

Wegen $f(x_1, \ldots, x_n) = (f_1(x_1, \ldots, x_n), f_2(x_1, \ldots, x_n), \ldots, f_m(x_1, \ldots, x_n))$ mit $f_i \in \mathscr{B}_n$ kann man jede Boolesche Funktion $f \in \mathscr{B}_{n,m}$ durch Boolesche Funktionen mit einem output darstellen. Man beschränkt sich in der Theorie daher oft auf $\mathscr{B}_n$. Funktionen aus $\mathscr{B}_n$ werden üblicherweise durch (Boolesche) Terme beschrieben.

**Definition 46:**

a) Es seien $M$ eine Menge, $F$ eine Menge von Funktionen über $M$ (d.h. jedes $f_i \in F$ ist eine Abbildung $f_i \colon M^{n_i} \to M$) und $X = \{x_1, x_2, \ldots\}$ eine Menge von Variablen. Die **Menge $T_F$ der Terme über $F$** ist definiert als die kleinste Menge mit folgenden Eigenschaften:

- $m \in M \Rightarrow m \in T_F$ (Konstanten sind Terme).
- $x \in X \Rightarrow x \in T_F$ (Variablen sind Terme).
- Sind $f \in F$, $f \colon M^k \to M$ und $t_1, \ldots, t_k \in T_F$, dann ist auch $f(t_1, \ldots, t_k) \in T_F$.

b) Jede Abbildung $\beta \colon X \to M$ heißt **Belegung** der Variablen.

c) **Jedem Term $t \in T_F$ wird bei gegebener Belegung $\beta$: $X \to M$ ein Wert Wert$_\beta(t) \in M$ nach folgender Vorschrift zugeordnet (induktiv über den Aufbau der Terme):**

- $m \in M \Rightarrow$ **Wert**$_\beta(m) = m$.
- $x \in X \Rightarrow$ **Wert**$_\beta(x) = \beta(x)$.
- $f(t_1, \ldots, t_k) \in T_F$ **mit** $f \in F$, **dann gilt:**
  **Wert**$_\beta(f(t_1, \ldots, t_k)) = f($**Wert**$_\beta(t_1), \ldots,$ **Wert**$_\beta(t_k))$.

**Wert**$_\beta : T_F \to M$ **beschreibt also das Ausrechnen eines Terms bei gegebener Variablenbelegung** $\beta$.

d) **Es sei $t \in T_F$ ein Term. In $t$ mögen genau die Variablen $x_1, \ldots, x_n$ vorkommen. Dann ist die durch t dargestellte Funktion $f_t$: $M^n \to M$ gegeben durch: für alle $m_1, \ldots, m_n \in M$ sei $f_t(m_1, \ldots, m_n) =$ Wert$_\beta(t)$, wobei $\beta(x_i) = m_i$ für $i = 1, \ldots, n$ gilt.**

Diese Definition benutzen wir hier nur für die Menge $M = \mathbf{B} = \{0, 1\}$. Die zugehörigen Variablen nennt man **Boolesche Variablen**, die Terme heißen **Boolesche Terme** oder **aussagenlogische Formeln**. Ein Boolescher Term $t$ heißt **erfüllbar**, wenn es eine Belegung $\beta$: $X \to \{0, 1\}$ mit Wert$_\beta(t) = 1$ gibt. Ein Boolescher Term $t$ heißt **Tautologie**, wenn für jede Belegung $\beta$: $X \to \{0, 1\}$ gilt Wert$_\beta(t) = 1$. Meist wird für Terme eine infix-Darstellung verwendet, also beispielsweise $x \wedge y$ statt AND$(x, y)$, und es werden Klammern eingespart durch Links-Nach-Rechts-Auswertung oder Prioritäten auf den Operationen (NOT vor AND vor OR vor IMPL).

*Beispiel:* Als $F$ wählen wir die Menge {NOT, AND, IMPL, OR} $= \{\neg, \wedge, \to, \vee, \}$. Terme sind dann $t_1 = (x_1 \vee x_2)$, $t_2 = (x_1 \vee x_2) \wedge (x_2 \to x_3) \wedge (x_1 \to \neg x_2)$, $t_3 = (((x_1 \vee x_2) \vee x_3) \vee x_4)$.

Dann gilt z.B. (Beweis durch Aufstellen der Wertetabellen): $f_{t_1}(x_1, x_2) = \mathbf{OR}_2(x_1, x_2)$, $f_{t_3}(x_1, x_2, x_3, x_4) = \mathbf{OR}_4(x_1, x_2, x_3, x_4)$.

Solche Terme kann man leicht grafisch durch Schaltungen darstellen (Abb. 8.10). Die Variablen werden zu Eingangsleitungen, die Elemente aus $F$ zu Funktionsbausteinen mit entsprechender Zahl von inputs und outputs.

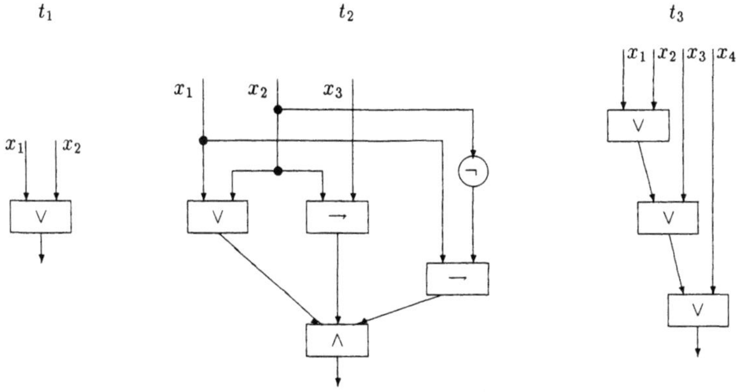


Abb. 8.10

**Definition 47:**

a) Eine Menge $F \subseteq \mathscr{B}^{(1)}$ heißt **Bausteinsatz** oder **Basis**. Das maximale $n$ mit $F \cap \mathscr{B}_n \neq \emptyset$ heißt **Grad** von $F$.

b) Ein Bausteinsatz $F$ heißt **vollständig**, wenn er alle Booleschen Funktionen mit einem output darstellt: $\{f_t \mid t \in T_F\} = \mathscr{B}^{(1)}$.

**Satz 48 (Post/Yablonski):**

Ein Bausteinsatz $F$ ist genau dann vollständig, wenn er mindestens

- eine nicht nullerhaltende Funktion $f_1$ (d.h. $f_1(0,\ldots,0) \neq 0$),
- eine nicht einserhaltende Funktion $f_2$ (d.h. $f_2(1,\ldots,1) \neq 1$),
- eine nicht selbstduale Funktion $f_3$ (d.h. $\exists\, a_1,\ldots,a_r$: $f_3(a_1,\ldots,a_r) \neq \overline{f_3(\overline{a_1},\ldots,\overline{a_r})}$),
- eine nicht monotone Funktion $f_4$ (d.h. $\exists\, a,b \in \mathbf{B}^r$ mit $a \leq b$ aber $f(a) > f(b)$),
- eine nicht lineare Funktion $f_5$ (d.h. für alle Variablen $x_{i_1}, x_{i_2}, \ldots, x_{i_l}$, $l \geq 0$, gilt: $f_5(x_1,\ldots,x_r) \neq x_{i_1} \oplus \cdots \oplus x_{i_l} \oplus c$ für jedes $c \in \mathbf{B}$)

enthält (die Funktionen $f_i$ müssen nicht voneinander verschieden sein.)

*Beispiel:* {NOT, OR, AND}, {NOT, OR}, {NOT, AND}, {NAND} und {NOR} als Teilmengen von $\mathscr{B}_2$ sind vollständige Bausteinsätze. Z.B. ist OR$(x,y)$ = NAND(NAND$(x,x)$, NAND$(y,y)$). Dagegen ist {AND, IMPL} nicht vollständig, da beide Funktionen einserhaltend sind.

Für die Basen $\{\wedge, \vee, \neg\}$ und $\{\oplus, \wedge\}$ werden normierte Darstellungen, sog. Normalformen, entwickelt. Im folgenden ist $x$ stets ein $n$-Tupel von Variablen: $x = (x_1,\ldots,x_n)$. Weiterhin vermischen wir im folgenden Terme $t$ und die von ihnen dargestellten Funktionen $f_t$; aus dem Kontext ist aber immer klar, was jeweils gemeint ist.

**Definition 49:**

a) Ein **Literal** ist eine Boolesche Variable $x_i$ oder ihre Negation $\overline{x}_i$. Üblicherweise wird $x_i$ mit $x_i^1$ und $\overline{x}_i$ mit $x_i^0$ bezeichnet.

b) Ein **Monom** $\mu$ ist eine Konjunktion von Literalen. Eine **Klausel** $\varkappa$ ist eine Disjunktion von Literalen. Als Kosten von $\mu$ bzw. $\varkappa$, cost$(\mu)$ bzw. cost$(\varkappa)$, bezeichnet man die Zahl der in $\mu$ bzw. $\varkappa$ enthaltenen Literale.

c) Für $f \in \mathscr{B}_n$ heißt die Darstellung durch eine Disjunktion von allen Monomen $\mu$ der Länge $n$ mit $f(\mu) = 1$, also

$$f(x) = \bigvee_{(a_1,\ldots,a_n)\in f^{-1}(1)} \bigwedge_{i=1}^{n} x_i^{a_i},$$

**Disjunktive Normalform (DNF)** von $f$. Monome der vollen Länge $\bigwedge_{i=1}^{n} x_i^{a_i}$ werden auch als **Minterme** bezeichnet. Für $\bigwedge_{i=1}^{n} x_i^{a_i} = x_1^{a_1} \wedge \cdots \wedge x_n^{a_n}$ schreibt man auch $x_1^{a_1} x_2^{a_2} \ldots x_n^{a_n}$.

d) Für $f \in \mathscr{B}_n$ heißt die folgende Darstellung **Konjunktive Normalform (KNF)** von $f$:

$$f(x) = \bigwedge_{(b_1,\ldots,b_n)\in f^{-1}(0)} \bigvee_{i=1}^{n} x_i^{\neg b_i}$$

Die Disjunktionen der Literale heißen **Maxterme** oder **Klauseln** (beachte: $\neg\neg a = a$ für alle $a \in \{0,1\}$).

e) Für $f \in \mathscr{B}_n$ heißt die folgende Darstellung **Ring-Summen-Expansion (RSE)** von $f$:

$$f(x) = \bigoplus_{(a_1,\ldots,a_n)\in f^{-1}(1)} \bigwedge_{i=1}^{n} x_i^{a_i}$$

*Bemerkungen:*

1) Wegen der Vollständigkeit der Basen $\{\wedge, \vee, \neg\}$ sowie $\{\div, \wedge\}$ und der de Morganschen

**Regeln ($\neg(x_1 \vee \cdots \vee x_n) = \overline{x}_1 \wedge \cdots \wedge \overline{x}_n$, $\neg(x_1 \wedge \cdots \wedge x_n) = \overline{x}_1 \vee \cdots \vee \overline{x}_n$) existiert für jede Boolesche Funktion eine Darstellung in DNF-, KNF- bzw. RSE-Normalform.**

**2) Mit der RSE lassen sich Boolesche Funktionen über dem Körper $\mathbb{Z}_2$ mit der Addition „$\oplus$" und der Multiplikation „$\wedge$" darstellen.**

**Terme entsprechen Schaltungen. Daher versucht man möglichst minimale Term-Darstellungen für Boolesche Funktionen bez. der jeweiligen Basis zu finden. Nachfolgend behandeln wir Verfahren, die auf der Repräsentation von $f \in \mathscr{B}_n$ als Disjunktion von Monomen beruhen (vgl. Def. 49c)). Eine analoge Theorie gibt es auch für die Darstellung von $f$ als Konjunktion von Klauseln; vgl. hierzu Satz 18 und 19 in 8.4. und Abschnitt 8.9.3.1.**

**Definition 50:**

**a) Eine Disjunktion von Monomen heißt Polynom $p$. Als Kosten von $p = \bigvee_{i=1}^{k} \mu_i$ bezeichnet man die Summe der Kosten der Monome von $p$, d.h. cost($p$) $= \sum_{i=1}^{k}$ cost($\mu_i$) (vgl. Def. 49b)).**

**b) Ein Polynom $p$ berechnet $f \in \mathscr{B}_n$, wenn für alle $x \in \{0,1\}^n$ gilt: $p(x) = f(x)$. (Man beachte: $p$ ist ein Term und wird hier mit der von $p$ dargestellten Funktion $f_p$ identifiziert.)**

**c) Ein Polynom $p$ heißt Minimalpolynom für f, wenn $p$ unter allen Polynomen, die $f$ berechnen, die geringsten Kosten hat[2].**

**d) Ein Monom $\mu$ heißt Implikant von $f$, wenn aus $\mu(x) = 1$ stets $f(x) = 1$ folgt. $\mathbf{I}(f)$ bezeichne die Menge aller Implikanten von $f$.**

**e) Ein Monom $\mu'$ heißt echte Verkürzung von $\mu$, wenn $\mu'$ aus $\mu$ durch Weglassen von mindestens einem Literal entsteht.**

**f) Ein Implikant $\mu$ von $f$ heißt Primimplikant von $f$, wenn keine echte Verkürzung von $\mu$ Implikant von $f$ ist. PI($f$) bezeichne die Menge aller Primimplikanten von $f$.**

***Beispiel* (Standardbeispiel):**

**Die Funktion $f(x_1, x_2, x_3, x_4)$ sei gegeben durch ihre Funktionstabelle (s. Tabelle 8.13).**

*Tabelle 8.13*

| $x_1$ | $x_2$ | $x_3$ | $x_4$ | $f$ | $x_1$ | $x_2$ | $x_3$ | $x_4$ | $f$ |
|---|---|---|---|---|---|---|---|---|---|
| 0 | 0 | 0 | 0 | 0 | 1 | 0 | 0 | 0 | 0 |
| 0 | 0 | 0 | 1 | 0 | 1 | 0 | 0 | 1 | 1 |
| 0 | 0 | 1 | 0 | 0 | 1 | 0 | 1 | 0 | 1 |
| 0 | 0 | 1 | 1 | 0 | 1 | 0 | 1 | 1 | 1 |
| 0 | 1 | 0 | 0 | 0 | 1 | 1 | 0 | 0 | 0 |
| 0 | 1 | 0 | 1 | 1 | 1 | 1 | 0 | 1 | 1 |
| 0 | 1 | 1 | 0 | 1 | 1 | 1 | 1 | 0 | 1 |
| 0 | 1 | 1 | 1 | 1 | 1 | 1 | 1 | 1 | 0 |

**Das Monom $\overline{x_1}x_2\overline{x_3}x_4$ hat die echten Verkürzungen $\overline{x_1}x_2x_4$ und $x_2\overline{x_3}x_4$, die zugleich Primimplikanten sind; $f$ besitzt zwei verschiedene Minimalpolynome:**

$$p_1(x_1, x_2, x_3, x_4) = \overline{x}_1 x_2 x_4 \vee x_2 x_3 \overline{x}_4 \vee x_1 \overline{x}_2 x_3 \vee x_1 \overline{x}_3 x_4$$
$$p_2(x_1, x_2, x_3, x_4) = x_2 \overline{x}_3 x_4 \vee \overline{x}_1 x_2 x_3 \vee x_1 x_3 \overline{x}_4 \vee x_1 \overline{x}_2 x_4$$

**Also existiert zu beliebigem $f \in \mathscr{B}_n$ i.allg. kein eindeutiges Minimalpolynom.**

**Es gilt folgende Beziehung zwischen Minimalpolynomen und Primimplikanten:**

---

[2] *Hinweis:* Diese Definition bleibt auch dann gültig, wenn man das Kostenmaß ändert.

**Satz 51: Minimalpolynome für $f$ enthalten nur Primimplikanten.**

**Karnaugh-Veitch-Diagramme stellen eine Möglichkeit der direkten Berechnung von Primimplikanten und hieraus aufgebauten Minimalpolynomen für kleines $n \in \mathbb{N}$ dar. Ein Diagramm reicht nur für $n \leq 4$ aus. Die Argumente werden so angeordnet, daß sie Hammingabstand 1 haben, d.h., die beiden Nachbarn (Torus s.u.) eines Argumententupels unterscheiden sich von diesem an genau einer Stelle. (Für $n = 2$ haben die vier Argumentenpaare 00 10 11 01 eine Anordnungsreihenfolge, die der Bedingung „Hammingabstand = 1" genügt.)**

***Beispiel:* Das KV-Diagramm für das Standardbeispiel zeigt Abb. 8.11.**

| $x_3x_4$ / $x_1x_2$ | 00 | 01 | 11 | 10 |
|---|---|---|---|---|
| 00 | 0 | 0 | 0 | 0 |
| 01 | 0 | 1 | 1 | 1 |
| 11 | 0 | 1 | 0 | 1 |
| 10 | 0 | 1 | 1 | 1 |

Abb. 8.11

**Primimplikanten findet man, indem in einer Spalte oder Zeile die maximale gerade Anzahl benachbarter 1'en eingekreist wird, wobei das Diagramm als ein Torus aufgefaßt wird, d.h. z.B., die Diagrammpositionen 0000 und 0010 gelten als benachbart.**

***Beispiel:* Abb. 8.12 zeigt, wie die beiden Minimalpolynome $p_1$ und $p_2$ aus dem Beispiel oben im KV-Diagramm von $f$ zu finden sind.**

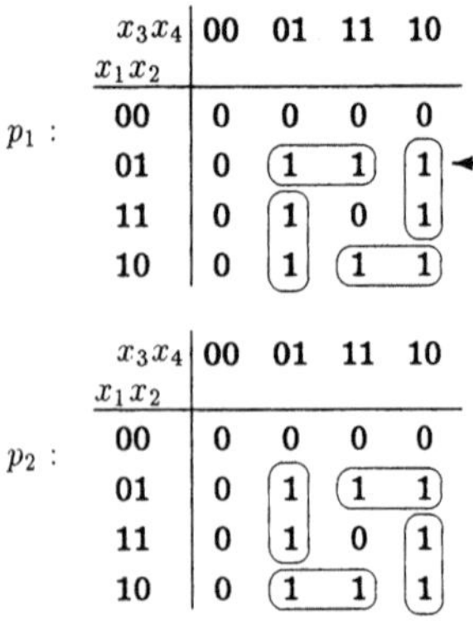
$p_1$ :
$x_3x_4$ 00 01 11 10
$x_1x_2$
00 0 0 0 0
01 0 1 1 1
11 0 1 0 1
10 0 1 1 1
$p_2$ :
$x_3x_4$ 00 01 11 10
$x_1x_2$
00 0 0 0 0
01 0 1 1 1
11 0 1 0 1
10 0 1 1 1

**Zu den Argumenten (inputs) 0110 bzw. 1110 korrespondieren die Minterme $\overline{x}_1x_2x_3\overline{x}_4$ bzw. $x_1x_2x_3\overline{x}_4$. Die rechte obere Einkreisung stellt grafisch dar, daß das Funktionsergebnis 1 hier nicht von der Variablen $x_1$ abhängt, da sowohl für $x_1 = 1$ als auch für $x_1 = 0$ (d.h. $\overline{x}_1 = 1$) $f$ dort den Funktionswert 1 hat. Deshalb existiert eine Verkürzung der beiden Monome zu $x_2x_3\overline{x}_4$, wodurch hier bereits ein Primimplikant entsteht. Man sagt auch, $\overline{x}_1x_2x_3\overline{x}_4$ und $x_1x_2x_3\overline{x}_4$ haben einen einfachen Konsensus (s.u.).**

Abb. 8.12

Nachfolgend betrachten wir Algorithmen zur Berechnung der Menge **PI**$(f)$.

**Definition 52:** Es seien $\mu\overline{x}_i, \mu' x_i \in I(f)$, wobei $\mu$ und $\mu'$ weder $x_i$ noch $\overline{x}_i$ enthalten.

a) Falls $\mu\mu'$ nicht die Konstante 0 realisiert, heißt $\mu\mu'$ **Konsensus** von $\mu\overline{x}_i$ und $\mu' x_i$.

b) Ist $\mu = \mu'$, heißt $\mu$ **einfacher Konsensus** von $\mu\overline{x}_i$ und $\mu' x_i$.

Quine ([Quine 1953 und 1955]) und McCluskey ([McCluskey 1956]) haben einen Algorithmus angegeben, der in $O(n^2 3^n)$ Schritten **PI**$(f)$ berechnet, wenn $f$ durch eine Funktionstabelle gegeben ist. Bezogen auf die Eingabelänge $N = 2^n$ entspricht dies einer Laufzeit von $O(N^{\log 3} \log^2 N)$:

**Algorithmus (Quine/McCluskey)**

**Eingabe:** Funktionstabelle $(x, f(x)), x \in \{0,1\}^n$.

**Ausgabe:** $PI(f)$ = Menge der Primimplikanten von $f$.

1) Für $l = 0$ bis $n$ setze
   $(Q_{n,l} := \{\mu \mid \mu$ ist Minterm von $f$ mit genau $l$ negierten Literalen$\})$
   $i := n\,;\, PI := \emptyset\,;\, Q_n := \bigcup_{l=0}^{n} Q_{n,l}.$
2) Solange $Q_i \neq \emptyset$ und $i > 0$ ist, wiederhole
   $\Big(i := i - 1;\, Q_i := \emptyset\,;$
   für $l := 0$ bis $i$ bilde alle einfachen Konsensus, d.h.:
   $(Q_{i,l} := \{\mu \mid \exists j$ mit $\mu x_j \in Q_{i+1,l}$ und $\mu \overline{x}_j \in Q_{i+1,l+1}\}\,;$
   markiere solche $\mu x_j$ und $\mu \overline{x}_j$ in $Q_{i+1}$;
   $Q_i := Q_i \cup Q_{i,l}\,;)$
   $PI := PI \cup \{\mu \in Q_{i+1} \mid \mu$ nicht markiert$\}\Big)$.

*Bemerkungen:*

1) Es sei $Q_{i,i+1} = \emptyset$ in diesem Algorithmus.

2) Die Funktion „Mittleres Drittel" $\mathrm{MD}_n \in \mathscr{B}_n$ ist wie folgt definiert: $\mathrm{MD}_n(x) = 1 \Leftrightarrow \lfloor \frac{n}{3} \rfloor \leq |x| \leq 2\lfloor \frac{n}{3} \rfloor$, wobei hier $|x|$ die Anzahl der 1'en in $x$ bezeichnet. Die Länge der Ausgabe von $|\mathbf{PI}(\mathrm{MD}_n)|$, also die Summe der Längen der Primimplikanten beträgt größenordnungsmäßig $3^n = N^{\log 3}$. Der Algorithmus von Quine/McCluskey hat also im schlimmsten Fall eine Ausgabe zu produzieren, die länger als die Eingabe ($N = 2^n$) ist, und wie $\mathrm{MD}_n$ zeigt, hat der Algorithmus in solchen Fällen eine gute Rechenzeit.

*Beispiel:* Anwendung des Algorithmus von Quine/McCluskey auf das Standardbeispiel:

$Q_{4,0} = \emptyset$
$Q_{4,1} = \{\overline{x}_1 x_2 x_3 x_4, x_1 x_2 \overline{x}_3 x_4, x_1 x_2 x_3 \overline{x}_4, x_1 \overline{x}_2 x_3 x_4\}$
$Q_{4,2} = \{\overline{x}_1 x_2 \overline{x}_3 x_4, \overline{x}_1 x_2 x_3 \overline{x}_4, x_1 \overline{x}_2 \overline{x}_3 x_4, x_1 \overline{x}_2 x_3 \overline{x}_4\}$
$Q_{4,3} = \emptyset$
$Q_{4,4} = \emptyset$
$Q_4 = Q_{4,2} \cup Q_{4,1}$
$Q_{3,0} = \emptyset$
$Q_{3,1} = \{x_2 \overline{x}_3 x_4, \overline{x}_1 x_2 x_4, x_2 x_3 \overline{x}_4, \overline{x}_1 x_2 x_3, x_1 \overline{x}_3 x_4, x_1 \overline{x}_2 x_4, x_1 x_3 \overline{x}_4, x_1 \overline{x}_2 x_3\}$
$Q_{3,2} = \emptyset$
$Q_{3,3} = \emptyset$
$Q_3 = Q_{3,1}$
$Q_2 = Q_{2,2} = Q_{2,1} = Q_{2,0} = \emptyset$
$PI = Q_3$

Ist $f$ nicht durch eine Funktionstabelle, sondern durch ein Polynom gegeben, dann kann der Algorithmus von Quine/McCluskey eine sehr schlechte Laufzeit haben:

*Beispiel:* $x_1 \vee \cdots \vee x_n$ ist bereits ein Minimalpolynom für die ODER-Funktion; die Eingabe und die Ausgabe haben die Länge $\Theta(n)$, aber zwischenzeitlich werden $\Theta(3^n)$ Implikanten mit mindestens einem positiven Literal im Quine/McCluskey Algorithmus berechnet.

Algorithmen, die ausgehend von einem Polynom $p$ für $f$ $\mathbf{PI}(f)$ berechnen, können schon deshalb exponentielle Laufzeit haben, weil die Ausgabelänge exponentiell größer als die Eingabelänge sein kann. Allerdings ist ein größerer Trade-Off auch nicht möglich:

**Satz 53** (McMullen/Shearer, 1986):

a) Es gibt Funktionen $f$, die durch Polynome aus $k$ Monomen dargestellt werden können und die $2^k - 1$ Primimplikanten haben.

b) Wenn $f$ durch ein Polynom mit $k$ Monomen dargestellt werden kann, dann hat $f$ höchstens $2^k - 1$ Primimplikanten.

**Definition 54:** Für $f \in \mathcal{B}_n$ sei die **Subfunktion** $f_{i,c} \in \mathcal{B}_n$, $1 \leq i \leq n$, $c \in \{0,1\}$, definiert durch: „Ersetze die Variable $x_i$ überall durch die Konstante $c$", d.h.

$$f_{i,c}(x) = f(x_1, \ldots, x_{i-1}, c, x_{i+1}, \ldots, x_n).$$

Da $f_{i,c}$ unabhängig von $x_i$ ist, kann man $f_{i,c}$ auch als Funktion aus $\mathcal{B}_{n-1}$ auffassen.

Bereits 1949 bewies Shannon folgende Beziehung zwischen einer Funktion und ihren Subfunktionen (Term und dargestellte Funktion werden hier wieder miteinander identifiziert):

**Shannon-Zerlegung:** Für alle $f$ und für alle $i = 1, \ldots, n$ gilt:

$$f(x) = \overline{x}_i f_{i,0}(x) \vee x_i f_{i,1}(x).$$

Polynome werden wie folgt vereinfacht:
Summanden 0 oder Monome, für die es echte Verkürzungen gibt, werden gestrichen; mehrfach auftretende Monome bleiben nur einmal erhalten; Monome, die $x_i$ und $\overline{x}_i$ enthalten, werden die Konstante 0; 1-Faktoren in Monomen fallen weg.

Wir beschreiben nun drei Algorithmen zur Berechnung von $\mathbf{PI}(f)$, die nicht mit einer Tabelle, sondern mit einem Polynom $p$ für $f$ starten.

**Baummethode** (Der Name bezieht sich auf den binären Rekursionsbaum):

1) Falls $p$ nach Vereinfachung 0 oder 1 ist, wird diese Konstante ausgegeben. STOP.
2) Sonst wähle $i$ so, daß $x_i$ oder $\overline{x}_i$ in $p$ vorkommt.
3) Bilde die Subfunktionen $p_{i,c}$ von $p$ für $c = 0$ und $c = 1$ und berechne rekursiv für $p_{i,1}$ und $p_{i,0}$ die Polynome aller Primimplikanten $p^*_{i,1}$ und $p^*_{i,0}$.
4) Bilde $p' = \overline{x}_i p^*_{i,0} \vee x_i p^*_{i,1} \vee p^*_{i,0} p^*_{i,1}$.
5) Bilde $p^*$ als Polynom aller Primimplikanten von $p$ durch Ausmultiplizieren und Vereinfachen von $p'$.

**Methode des iterierten Konsensus:**

1) Vereinfache das gegebene Polynom $p$ für $f$.
2) Solange es einen Konsensus gibt, für den noch keine echte Verkürzung in $p$ enthalten ist, füge den Konsensus zum Polynom hinzu und vereinfache $p$.

**Methode des doppelten Produktes:**

1) Vereinfache das gegebene Polynom $p$ für $f$.
2) Ersetze $\wedge$ durch $\vee$ und 0 durch 1 und umgekehrt.
3) Multipliziere den aus 2) entstandenen Ausdruck aus und vereinfache.
4) Ersetze $\wedge$ durch $\vee$ und 0 durch 1 und umgekehrt.
5) Multipliziere den entstandenen Ausdruck aus und vereinfache.

Um aus **PI**$(f)$ ein Minimalpolynom zu erhalten, müssen wegen Satz 51 $\mu \in$ **PI**$(f)$ entsprechend dem Kostenmaß solange ausgewählt werden, bis alle Eingaben $x \in \{0,1\}^n$ mit $f(x) = 1$ überdeckt sind. Hierfür werden (für nicht zu große $n$) u.a. Primimplikantentafeln verwendet.

**Definition 55:** Für $f\colon \{0,1\}^n \to \{0,1\}$ seien $a(1), a(2), \ldots, a(m) \in \{0,1\}^n$ alle Eingaben mit $f(a(j)) = 1$ für $j = 1, \ldots, m$. Weiter seien $p_1, \ldots, p_k$ alle Primimplikanten von $f$. Die **Primimplikantentafel** (PI-Tafel) von $f$ ist die $k \times m$-Matrix mit Werten aus $\{0,1\}$, die an der Matrixposition $(i,j)$ den Wert $p_i(a(j))$ besitzt, d.h. den Wert, der sich bei Einsetzung von $a(j)$ in den Primimplikanten $p_i$ ergibt.

*Beispiel:* Tabelle 8.14 zeigt die PI-Tafel des Standardbeispiels.

*Tabelle 8.14*

| | 0101 | 0110 | 0111 | 1001 | 1010 | 1011 | 1101 | 1110 |
|---|---|---|---|---|---|---|---|---|
| $x_2\overline{x}_3x_4$ | 1 | 0 | 0 | 0 | 0 | 0 | 1 | 0 |
| $\overline{x}_1x_2x_4$ | 1 | 0 | 1 | 0 | 0 | 0 | 0 | 0 |
| $x_2x_3\overline{x}_4$ | 0 | 1 | 0 | 0 | 0 | 0 | 0 | 1 |
| $\overline{x}_1x_2x_3$ | 0 | 1 | 1 | 0 | 0 | 0 | 0 | 0 |
| $x_1\overline{x}_3x_4$ | 0 | 0 | 0 | 1 | 0 | 0 | 1 | 0 |
| $x_1\overline{x}_2x_4$ | 0 | 0 | 0 | 1 | 0 | 1 | 0 | 0 |
| $x_1x_3\overline{x}_4$ | 0 | 0 | 0 | 0 | 1 | 0 | 0 | 1 |
| $x_1\overline{x}_2x_3$ | 0 | 0 | 0 | 0 | 1 | 1 | 0 | 0 |

Regel zur Vereinfachung der PI-Tafel: Steht in einer Spalte genau eine 1, so nimm den zugehörigen Primimplikanten $\mu$ in das Minimalpolynom von $f$ auf. Dann streiche alle Spalten, in denen dieser Primimplikant $\mu$ eine 1 hat, sowie die Zeile, die zu $\mu$ gehört. Es gibt weitere Regeln zur Verkleinerung der PI-Tafel. Durch Anwendung dieser Regeln erhält man die reduzierte PI-Tafel. Auf diese Tafel wendet man dann ein systematisches Durchprobieren oder heuristische Verfahren an.

**Zur Komplexität der Verfahren**

Der Quine/McCluskey Algorithmus erhält als Eingabe die Funktionstabelle von $f$, z.B. als 0-1-Vektor der Länge $2^n$. Die Eingabe ist also von der Größenordnung $O(2^n)$, wobei $n$ die Stelligkeit der Funktion ist. Der Algorithmus benötigt $O(n^2 3^n)$ Schritte; wegen $n^2 3^n \in O((2^n)^2)$ hat der Algorithmus von Quine/McCluskey höchstens quadratische Laufzeit bez. der Eingabelänge. Als besonders aufwendig erweist sich dagegen die Ermittlung des Minimalpolynoms aus der PI-Tafel: Es sind bisher keine Algorithmen bekannt, die im schlimmsten Fall weniger als $O(2^k)$ Schritte benötigen, wobei $k$ die Anzahl der Primimplikanten ist (für Details vgl. [Paul 1975; Wegener 1989; Kleine/Büning/Lettmann 1994]). Da die Anzahl $k$ laut Satz 53 exponentiell in der Variablenzahl wachsen kann, muß insgesamt nach heutiger Kenntnis mit dem Zeitaufwand $O(2^{2^n})$ gerechnet werden. Daher verwendet man in der Praxis Heuristiken, um eine möglichst gute, aber i.allg. nicht die optimale Lösung zu finden.

Zur Ermittlung der Primimplikanten sind die anderen 3 Verfahren geeigneter, sofern die Funktion in Form eines (nicht zu langen) Polynoms $p$ gegeben ist. Die Laufzeit bezieht man dabei üblicherweise entweder auf die Länge von $p$ oder auf die Länge der Primimplikanten, die im Minimalpolynom vorkommen (vgl. die Bemerkung 2 nach dem Algorithmus von Quine/McCluskey), abhängig davon, welcher Wert größer ist. Allerdings kennt man Beispiele, für die die Berechnung exponentiell viele ($O(2^n)$) Schritte benötigt, gerade weil am Ende nur relativ wenige Primimplikanten übrigbleiben. Nun könnte es aber einen effizienten Algorithmus zur Berechnung eines Minimalpolynoms geben, ohne zuvor alle Primimplikanten ermitteln zu müssen. Das ist jedoch unwahrscheinlich, da dieses Problem NP-vollständig ist (vgl. Abschnitt 8.4.7.). Es gilt folgendes: Das NP-vollständige Erfüllbarkeitsproblem (satisfiability problem, SAT) ist gleichbedeutend mit der Frage, für ein Polynom $p$ festzustellen, ob es äquivalent zur konstanten Funktion 1 ist. Nach heutiger Auffassung wird es daher vermutlich kein Verfahren geben können, welches zu einem Polynom mit $n$ Variablen in bez. $n$ polynomieller Laufzeit ein Minimalpolynom ermittelt (dieses wäre in dem genannten Spezialfall nämlich die Konstante 1).

Für spezielle Boolesche Funktionen (z.B. symmetrische oder monotone) sind effiziente Algorithmen zur Berechnung von Minimalpolynomen bekannt (vgl. [Hotz 1974; Wegener 1989]).

### 8.2.6.1. Schaltkreise und Schaltwerke

Allgemeine Boolesche Funktionen besitzen mehrere outputs (vgl. Def. 45). Monome, die für mehrere outputs verwendet werden können, verursachen nur einmal Kosten. Die Minimalpolynome für solche Funktionen enthalten daher häufig mehrfach auftretende, aber nur einmal realisierte Teilausdrücke.

*Beispiel* (Minimalpolynom einer Funktion mit 2 outputs):

Es sei $f_1(x,y,z) = \bar{y}z \vee xz = p_1$ und $f_2(x,y,z) = \bar{x}y \vee yz = p_2$. Offensichtlich sind $p_1$ und $p_2$ Minimalpolynome für $f_1$ bzw. $f_2$; $p = (p_1, p_2)$ hat Kosten 8, während die Kosten von $p^* = (p_1^*, p_2^*)$ mit $p_1^* = \bar{y}z \vee xyz$ und $p_2^* = \bar{x}y \vee xyz$ 7 betragen. Es ist leicht nachzuprüfen, daß $p^*$ das einzige Minimalpolynom für $f$ ist.

**Definition 56:**

a) Ein $m$-Tupel von Polynomen $p = (p_1, \ldots, p_m)$ **berechnet** $f = (f_1, \ldots, f_m) \in \mathcal{B}_{n,m}$, wenn gilt: $p_i$ berechnet $f_i$ für alle i=1, ...,m (vgl. Def. 50).

b) Die **Kosten** von $p$ sind gleich der Summe der Kosten der verschiedenen Monome in den Polynomen $p_1, \ldots, p_m$.

c) Ein $m$-Tupel von Polynomen heißt **Minimalpolynom** für $f$, wenn $p$ unter allen $m$-Tupeln von Polynomen, die $f$ berechnen, die geringsten Kosten hat.

d) Ein Monom $\mu$ heißt **multipler Primimplikant** von $f = (f_1, \ldots, f_m) \in \mathcal{B}_{n,m}$, wenn für $I \subseteq \{1, \ldots, m\}$, $I \neq \emptyset$, $\mu$ Primimplikant von $\bigwedge_{i \in I} f_i$ ist.

Für $f \in \mathcal{B}_{n,m}$ übernehmen multiple Primimplikanten die Rolle der bisherigen Primimplikanten. Minimalpolynome setzen sich aus multiplen Primimplikanten zusammen, die sich ähnlich wie die bisherigen Primimplikanten ermitteln lassen. Diese Minimalpolynome können standardmäßig mit Hilfe programmierbarer logischer arrays (PLAs) realisiert werden. Ein PLA besteht aus zwei Teilen: Im ersten Teil werden die Literale durch AND verknüpft; die hierdurch dargestellten Monome werden im zweiten Teil mittels OR zusammengefaßt. „Programmierbar" sind die PLAs, da die AND- und OR-Verbindungen erst gemäß dem gegebenen Polynom „eingebaut" werden. Abbildung 8.13 zeigt schematisch die Realisierung von $y_1 = x_1\bar{x}_2x_3 \vee x_2x_3\bar{x}_4 \vee x_1x_4 \vee \bar{x}_1x_3\bar{x}_4$ und $y_2 = x_1\bar{x}_2 \vee x_1x_2\bar{x}_4 \vee x_2x_3\bar{x}_4$ (jede Variable wird direkt und in negierter Form an das PLA angelegt; nicht jede der vorgefertigten Leitungen wird genutzt).

Minimalpolynome beschreiben also Schaltkreise, die aus zwei aufeinanderfolgenden Schichten bestehen („Tiefe 2"). Allgemeine Schaltkreise sind Realisierungen von Booleschen Funktionen; sie bestehen aus Bausteinen, die durch ein zyklenfreies Netzwerk miteinander verbunden sind, sowie aus Ein- und Ausgabeleitungen.

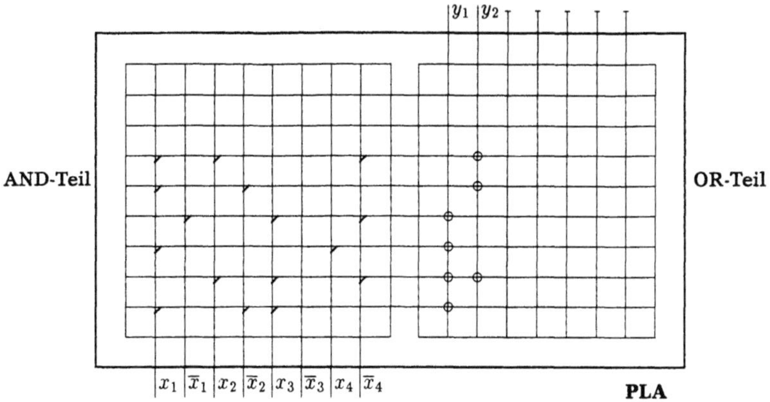


**PLA** Abb. 8.13

**Definition 57:**

a) Es sei $F \subseteq \mathscr{B}^{(1)}$ ein Bausteinsatz. Zu jedem $f \in F$ sei $w_f$ eine physikalische Realisierung (ein Bauelement, das eine Boolesche Funktion realisiert, heißt **Gatter**). $\Omega = \{w_f \mid f \in F\}$ sei eine Menge von zu $F$ gehörenden Gattern. Ein **Schaltkreis** $S$ (über $\Omega$) für $n$ Variablen ist ein azyklischer gerichteter Graph, der $2n+2$ Eingangsknoten, die mit $x_1, \overline{x}_1, x_2, \overline{x}_2, \ldots, x_n, \overline{x}_n, 0, 1$ bezeichnet werden, und $m$ Ausgangsknoten besitzt und dessen innere Knoten Gatter aus $\Omega$ sind. In jedes Gatter $w_f$ führen genau so viele Kanten hinein, wie die Stelligkeit von $f$ angibt; es darf mehr als eine Kante hinauslaufen; dies bedeutet, daß der von $w_f$ berechnete Wert gleichzeitig an alle ausgehenden Kanten angelegt wird.

b) Ein Schaltkreis $S$ mit $2n+2$ Eingängen und $m$ Ausgängen **berechnet** folgende Funktion $g \in \mathscr{B}_{n,m}$: Wenn $x_1, \ldots, x_n$ mit beliebigen Werten $a_1, \ldots, a_n \in \{0,1\}$ belegt sind, dann liegen am Eingang $x_i$ der Wert $a_i$, am Eingang $\overline{x}_i$ der Wert NOT($a_i$) und an den Eingängen 0 und 1 die Werte 0 bzw. 1 an. Liegen an einem Gatter $w_f$ im Innern an allen seinen Eingängen Werte an, so gibt das Gatter den $f$-Wert dieser Werte an alle seine Ausgangsleitungen. Auf diese Weise werden alle Leitungen des Schaltkreises mit Werten belegt, insbesondere ergeben sich die Werte $b_1, \ldots, b_m \in \{0,1\}$ an den $m$ Ausgängen von $S$. Dann gilt: $g(a_1, \ldots, a_n) = (b_1, \ldots, b_m)$.

c) Die **Größe** von $S$ ist die Anzahl seiner Gatter. Die **Tiefe** von $S$ ist die Anzahl der Gatter eines längsten gerichteten Weges in $S$. (Zur Komplexität siehe 8.4.9.)

Läßt man auch zyklische Graphen zu, d.h. schaltet man Ausgänge von Gattern auf Eingänge von Gattern, die weiter vorne im Netz liegen, so spricht man von rückgekoppelten Schaltungen oder von **Schaltwerken**. Für die Praxis sind stabile Rückkopplungen wichtig; das sind Schaltungen, bei denen sich eine feste Spannungsverteilung (bzw. Verteilung der Werte 0 und 1) einstellt, wenn an allen Eingängen des Netzes feste Werte anliegen. In Abb. 8.14 ist eine solche rückgekoppelte Schaltung angegeben; daneben steht die Tabelle, die für jede feste Eingabe $r, s$ und für vorhandene Werte $p, q$ angibt, wie diese Werte in den nächsten Zeiteinheiten lauten und ob sie stabil bleiben (Tab. 8.15).

Das Schaltwerk in Abb. 8.14 heißt **RS-Flipflop** (**RS-FF**, „R“ von reset und „S“ von set) und wird zur Speicherung eines der Werte 0 oder 1 verwendet: Die Startsituation $q = 0, p = 1$ wird als Wert 0, die Situation $q = 1, p = 0$ als Wert 1 interpretiert. Indem man dann nur Werte $(r, s) \neq (1,1)$ anlegt, wird garantiert, daß stets $p = \overline{q}$ gilt (siehe Zeilen 2,3,6,7,10,11 in Tabelle 8.15). Das Anlegen von $(r, s) = (0,0)$ läßt den Wert des Flipflops unverändert,

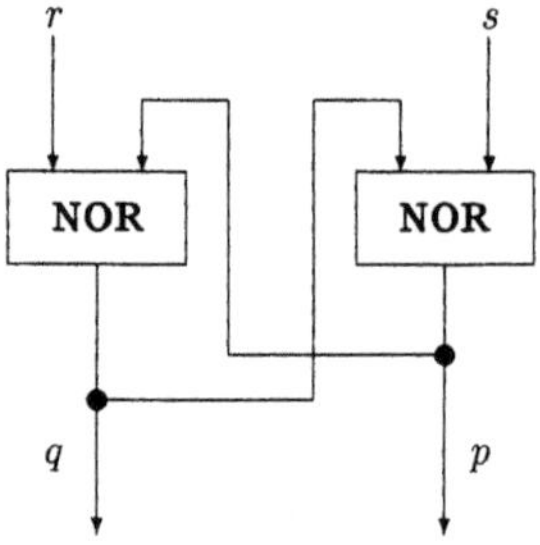


Abb. 8.14

*Tabelle 8.15*

| Werte der Eingänge | | | | nach einer Zeiteinheit | | nach zwei Zeiteinheiten | | Stabilität |
|---|---|---|---|---|---|---|---|---|
| $r$ | $s$ | $q$ | $p$ | $q'$ | $p'$ | $q''$ | $p''$ | |
| 0 | 0 | 0 | 0 | 1 | 1 | 0 | 0 | instabil |
| 0 | 0 | 0 | 1 | 0 | 1 | 0 | 1 | stabil |
| 0 | 0 | 1 | 0 | 1 | 0 | 1 | 0 | stabil |
| 0 | 0 | 1 | 1 | 0 | 0 | 1 | 1 | instabil |
| 0 | 1 | 0 | 0 | 1 | 0 | 1 | 0 | stabil |
| 0 | 1 | 0 | 1 | 0 | 0 | 1 | 0 | stabil |
| 0 | 1 | 1 | 0 | 1 | 0 | 1 | 0 | stabil |
| 0 | 1 | 1 | 1 | 0 | 0 | 1 | 0 | stabil |
| 1 | 0 | 0 | 0 | 0 | 1 | 0 | 1 | stabil |
| 1 | 0 | 0 | 1 | 0 | 1 | 0 | 1 | stabil |
| 1 | 0 | 1 | 0 | 0 | 0 | 0 | 1 | stabil |
| 1 | 0 | 1 | 1 | 0 | 0 | 0 | 1 | stabil |
| 1 | 1 | 0 | 0 | 0 | 0 | 0 | 0 | stabil |
| 1 | 1 | 0 | 1 | 0 | 0 | 0 | 0 | stabil |
| 1 | 1 | 1 | 0 | 0 | 0 | 0 | 0 | stabil |
| 1 | 1 | 1 | 1 | 0 | 0 | 0 | 0 | stabil |

$(r,s) = (1,0)$ setzt ihn auf 0 und $(r,s) = (0,1)$ auf 1 ($r$ entspricht dem Rücksetzen auf 0, $s$ entspricht dem Setzen auf 1). Die Zustandsänderung des Flipflops läßt sich durch die Gleichung $q_{\text{neu}} = s \vee (q_{\text{alt}}\overline{r})$ beschreiben, wobei die Nebenbedingung $rs = 0$, d.h. $(r,s) \neq (1,1)$, erfüllt sein muß. In Tabelle 8.16 sind gängige Flipflop-Typen, deren Wirkungsweise durch solche charakteristischen Gleichungen festgelegt sind, zusammengestellt.

Flipflops heißen auch Delay-Bausteine, da sie einige Zeit benötigen, um sich zu stabilisieren. Diese Zeitverzögerung liegt je nach technischer Realisierung bei einigen Nanosekunden ($= 10^{-9}$ Sekunden).

Beim Entwurf und der Herstellung von Rechner-Bauteilen trennt man die Speicherelemente von den Schaltkreisen (siehe am Anfang von 8.2.6. das Huffmann-Modell).

*Tabelle 8.16*

| Bezeichnung | input(S) | Funktionsweise | Bemerkungen |
|---|---|---|---|
| $RS-FF$ | $r,s$ | $rs = 0, q_{\text{neu}} = s \vee q\overline{r}$ | Eingabe (1,1) verboten |
| $D-FF$ | $d$ | $q_{\text{neu}} = d$ | |
| $JK-FF$ | $j,k$ | $q_{\text{neu}} = \overline{q}j \vee q\overline{k}$ | Eingabe (1,1) negiert $q$, d.h. $q_{\text{neu}} = \overline{q}$ |
| $T-FF$ | $t$ | $q_{\text{neu}} = \overline{q}t \vee q\overline{t}\ (= q \oplus t)$ | |
| $RST-FF$ | $r,s,t$ | $rs \vee rt \vee st = 0$, $q_{\text{neu}} = s \vee \overline{q}t \vee q\overline{r}\overline{t}$ | $r,s$ wie oben, $t$ negiert Zustand |
| $EL-FF$ | $e,l$ | $q_{\text{neu}} = \overline{l}(e \vee q)$ | bei (1,1) hat Reset-Leitung $l$ Priorität |
| $SL-FF$ | $s,l$ | $q_{\text{neu}} = s \vee \overline{l}q$ | bei (1,1) hat Set-Leitung $s$ Priorität |

Bei der **Synthese von Schaltwerken** soll zu einem vorgegebenen Mealy-Automaten ein möglichst kleines Schaltwerk angegeben werden. Geht man von der in der Praxis recht häufig verwendeten PLA-Realisierung aus, dann sucht man also ein Minimalpolynom für die durch das Schaltwerk realisierte Funktion. Für die Synthese von Schaltwerken gibt es heuristische Verfahren, die folgende Schritte ausführen müssen:

**Schritt 1:** Codierung der Elemente aus $\Sigma$, $\Delta$ und $\mathbf{Q}$ durch 0-1-Vektoren. Heuristik: Da wir (multiple) Primimplikanten suchen, sollten z.B. Zustände, die ein ähnliches Verhalten zeigen, auch durch 0-1-Vektoren überdeckt werden, die einen (einfachen) Konsensus haben.

**Schritt 2:** Aufstellung der Ausgabefunktionen $y_1, \ldots, y_m$. $\Sigma$ und $\mathbf{Q}$ sind häufig nur injektiv in $\{0, 1\}^n$ bzw. $\{0, 1\}^k$ eingebettet. Heuristik: Die Ausgabewerte für bis jetzt undefinierte Eingaben („don't care Werte") werden so gewählt, daß die Realisierung der Ausgabefunktionen möglichst einfach wird.

**Schritt 3:** Aufstellen der Zustandsüberführungsfunktionen $\delta_1, \ldots, \delta_k$.

**Schritt 4:** Wahl der FF-Typen. Bei ungeschickter FF-Wahl kann es zu einer exponentiellen Vergrößerung der Hardware kommen.

**Schritt 5:** Lösung von Booleschen Gleichungen. Es müssen die Eingabewerte (Ansteuerungsfunktionen) der FFs bestimmt werden, so daß sie den Zustandsüberführungsfunktionen entsprechen.

**Schritt 6:** Konstruktion eines Schaltkreises S.

Für ein ausführliches Beispiel zur Synthese von Schaltwerken sei auf die Beschreibung einer Ampelsteuerung im Buch [Kolla u.a. 1989] verwiesen.

Boolesche Gleichungssysteme werden mit Hilfe eines rekursiven Verfahrens gelöst. Man benötigt dazu sowohl das Konzept der Subfunktionen (vgl. Def. 54) als auch Vereinfachungsregeln, die auf dem Konsensus basieren (vgl. Def. 52). Für eine ausführliche Darstellung siehe [Hotz 1974].

# 8.3. Formale Sprachen

Wenn $\Sigma$ ein endliches Alphabet ist, dann heißt jede Teilmenge $L \subseteq \Sigma^*$ eine **Sprache** über $\Sigma$. Wird zusätzlich eine Vorschrift angegeben, um die zu $L$ gehörenden Wörter zu gewinnen, dann nennt man $L$ eine **formale Sprache**. Beispiele für Vorschriften finden sich in 8.1.1. oder 8.2. (z.B. dort Def. 4 und Def. 8). Ist $M$ eine Maschine, die $L$ akzeptiert, dann kann man für $w \in L$ den Erkennungsprozeß

$$w \to q_0 w \to \text{Folgekonfiguration} \to \cdots \to \text{Folgekonfiguration} \to \text{Endkonfiguration}$$

umkehren (alle Pfeile umdrehen) und aus den Endkonfigurationen alle Wörter $w \in L$ erzeugen. Auf dieser Idee beruhen Grammatiken.

## 8.3.1. Allgemeine Grammatiken und Sprachklassen

**Definition 1** (N. Chomsky, 1959):

a) Eine Grammatik $G$ ist ein 4-Tupel $G = (\mathbf{V}, \Sigma, P, S)$ mit
   - $\mathbf{V}$ nichtleeres Alphabet (Menge der **Variablen** oder **Nichtterminalzeichen**),
   - $\Sigma$ Alphabet mit $\mathbf{V} \cap \Sigma = \emptyset$,
   - $S \in \mathbf{V}$ ein ausgezeichnetes Zeichen (**Startsymbol, Axiom**),

- $P \subseteq (\mathbf{V} \cup \Sigma)^* \times (\mathbf{V} \cup \Sigma)^*$ endliche Relation (Menge der **(Ableitungs-)Regeln** oder **Produktionen**). Wenn $(x, y) \in P$ ist, dann schreibt man meist $x \to y$. Gibt es mehrere Regeln $(x, y_i) \in P$ mit gleicher linker Seite $x$, $1 \le i \le n$, so schreibt man abkürzend dafür auch $x \to y_1 | y_2 | \cdots | y_n$.

b) Ein Wort $u \in (\mathbf{V} \cup \Sigma)^*$ ist **direkt** aus dem Wort $v \in (\mathbf{V} \cup \Sigma)^*$ **ableitbar**, in Zeichen $v \Rightarrow u$, wenn $u$ durch Anwendung einer Produktion aus $v$ entstanden ist, d.h., es existieren $w_1, w_2 \in (\mathbf{V} \cup \Sigma)^*$ und $(x, y) \in P$ mit $v = w_1 x w_2$ und $u = w_1 y w_2$.

c) Ein Wort $u \in (\mathbf{V} \cup \Sigma)^*$ ist aus $v \in (\mathbf{V} \cup \Sigma)^*$ **ableitbar**, in Zeichen $v \overset{*}{\Rightarrow} u$, wenn $u = v$ ist oder $u$ aus $v$ durch die Anwendung von endlich vielen Produktionen entsteht ($\overset{*}{\Rightarrow}$ bezeichnet also den reflexiven und transitiven Abschluß von $\Rightarrow$). Benötigt man $k$ direkte Ableitungsschritte, so schreibt man auch $v \overset{k}{\Rightarrow} u$. Benötigt man mindestens einen direkten Ableitungsschritt, so schreibt man $v \overset{+}{\Rightarrow} u$.

d) $S(G) = \{w \in (\mathbf{V} \cup \Sigma)^* \mid S \overset{*}{\Rightarrow} w\}$ heißt die Menge der **Satzformen** von $G$.

e) $L(G) = \{w \in \Sigma^* \mid S \overset{*}{\Rightarrow} w\} = S(G) \cap \Sigma^*$ heißt die **von $G$ erzeugte Sprache**.

*Beispiel:* Die Grammatik $G = (\mathbf{V}, \Sigma, P, S)$ mit $\mathbf{V} = \{S, S_1, S_2\}$, $\Sigma = \{a, b, c\}$ und $P = \{S \to aS_1bcS_2, S_1 \to aS_1b|\varepsilon, S_2 \to cS_2|\varepsilon\}$ erzeugt $L(G) = \{a^m b^m c^n \mid n, m \ge 1\}$.

**Definition 2:**

a) Zwei Grammatiken $G_1$ und $G_2$ heißen **äquivalent**, bzw. **äquivalent bis auf $\varepsilon$**, in Zeichen $G_1 \sim G_2$ bzw. $G_1 \sim_\varepsilon G_2$, wenn $L(G_1) = L(G_2)$, bzw. $L(G_1) - \varepsilon = L(G_2) - \varepsilon$ gilt.

b) Eine Grammatik $G = (\mathbf{V}, \Sigma, P, S)$ heißt:

- **allgemein** $\Leftrightarrow$ $P \subseteq (\mathbf{V} \cup \Sigma)^* \times (\mathbf{V} \cup \Sigma)^*$,
- **schwach normal** $\Leftrightarrow$ $P \subseteq (\mathbf{V} \cup \Sigma)^+ \times (\mathbf{V} \cup \Sigma)^*$,
- **normal** $\Leftrightarrow$ $P \subseteq (\mathbf{V} \cup \Sigma)^* \mathbf{V} (\mathbf{V} \cup \Sigma)^* \times (\mathbf{V} \cup \Sigma)^*$,
- **(Chomsky-)Typ-0** $\Leftrightarrow$ $P \subseteq \mathbf{V}^+ \times (\mathbf{V} \cup \Sigma)^*$,
- **separiert** $\Leftrightarrow$ $P \subseteq (\mathbf{V}^+ \times \mathbf{V}^+) \cup (\mathbf{V} \times (\Sigma \cup \{\varepsilon\}))$.

Die in 2b) definierten Grammatiken erzeugen alle dieselbe Klasse von Sprachen. Üblicherweise spricht man von Chomsky- oder Typ-0-Grammatiken und von Typ-0-Sprachen.

**Definition 3:** Eine Grammatik $G = (\mathbf{V}, \Sigma, P, S)$ heißt

a) **$\varepsilon$-frei** $\Leftrightarrow P \subseteq (\mathbf{V} \cup \Sigma)^* \times (\mathbf{V} \cup \Sigma)^+$,

b) **$\varepsilon$-treu** $\Leftrightarrow$ wenn $(x, \varepsilon) \in P$ ist, dann ist $x = S$, und $S$ kommt auf keiner rechten Seite einer Regel vor.

Definition von Grammatiktypen und Einführung der Chomsky-Klassen:

**Definition 4:** Eine Chomsky-Typ-0-Grammatik $G = (\mathbf{V}, \Sigma, P, S)$ heißt

a) **monoton** $\Leftrightarrow$ 1) $G$ ist $\varepsilon$-treu und
2) $(x, y) \in P \wedge |y| \ge 1 \Rightarrow |x| \le |y|$;

b) **kontextsensitiv** oder **Typ-1** $\Leftrightarrow$ 1) $G$ ist $\varepsilon$-treu und
2) für alle $(x, y) \in P$ mit $|y| \ge 1$ gilt: es gibt $A \in \mathbf{V}$ und $u_1, u_2, v \in (\mathbf{V} \cup \Sigma)^*$ mit $v \ne \varepsilon$ und $x = u_1 A u_2, y = u_1 v u_2$ (d.h.: $A$ darf im Kontext $u_1 \ldots u_2$ durch $v \ne \varepsilon$ ersetzt werden);

c) **kontextfrei** oder **Typ-2** $\Leftrightarrow P \subseteq \mathbf{V} \times (\mathbf{V} \cup \Sigma)^*$, d.h., auf der linken Seite einer Regel steht immer genau eine Variable;

d) **linear** $\Leftrightarrow P \subseteq \mathbf{V} \times (\Sigma^*(\mathbf{V} \cup \{\varepsilon\})\Sigma^*)$, d.h., G ist kontextfrei, und auf der rechten Seite jeder Regel steht höchstens eine Variable;

e) **linkslinear** $\Leftrightarrow P \subseteq \mathbf{V} \times (\mathbf{V} \cup \{\varepsilon\})\Sigma^*$

**rechtslinear** $\Leftrightarrow P \subseteq \mathbf{V} \times \Sigma^*(\mathbf{V} \cup \{\varepsilon\})$;

f) **Typ-3** $\Leftrightarrow G$ ist rechtslinear, oder $G$ ist linkslinear.

*Beispiele:*

1) Die Sprache $L_1 = \{a^n b^m \mid n, m \geq 1\}$ wird von folgender Typ-3 Grammatik erzeugt: $G_1 = (\mathbf{V}, \Sigma, P, S)$ mit $\Sigma = \{a, b\}$, $\mathbf{V} = \{A, B, S\}$ und $P = \{S \rightarrow aS|aB, B \rightarrow bB|b\}$.

2) Die Sprache $L_2 = \{a^n b^n \mid n \geq 1\}$ wird von der folgenden linearen Grammatik erzeugt: $G_2 = (\mathbf{V}, \Sigma, P, S)$ mit $\Sigma = \{a, b\}$, $\mathbf{V} = \{S\}$ und $P = \{S \rightarrow aSb|ab\}$. Die Sprache $L_2^{(2)} = L_2 L_2 = \{a^n b^n a^m b^m \mid n, m \geq 1\}$ ist kontextfrei, wie man durch Hinzufügen von $S_0 \rightarrow SS$ mit dem neuen Startsymbol $S_0$ sofort erkennt.

3) Die Sprache der Palindrome, PAL, über $\Sigma = \{a, b\}$ ist ebenfalls linear: PAL $:= \{w \in \{a, b\}^* \mid w$ ist vorwärts- und rückwärts gelesen gleich, d.h. $w = w^{\mathrm{R}}\}$. Eine Produktionenmenge zur Erzeugung von PAL lautet: $\{S \rightarrow aSa|bSb|\varepsilon|a|b\}$.

4) Die Sprache $L_3 = \{a^n b^m c^m \mid n, m \geq 1\}$ wird von der folgenden kontextfreien Grammatik erzeugt:
$G_3 = (\mathbf{V}, \Sigma, P, S)$ mit $\Sigma = \{a, b, c\}$, $\mathbf{V} = \{A, X, S\}$ und $P = \{S \rightarrow aAbXc, A \rightarrow aA|\varepsilon, X \rightarrow bXc|\varepsilon\}$. Die Sprache $L_3' = \{a^m b^m c^n \mid n, m \geq 1\}$ wurde bereits im vorhergehenden Beipiel als kontextfrei nachgewiesen. (Bemerkung: $L_3$ und $L_3'$ sind sogar lineare Sprachen.)

5) Die Sprache $L_4 = \{a^n b^n c^n \mid n \geq 1\}$ wird von der folgenden monotonen Grammatik erzeugt:
$G_4 = (\mathbf{V}, \Sigma, P, S)$ mit $\Sigma = \{a, b, c\}$, $\mathbf{V} = \{B, S\}$ und $P = \{S \rightarrow aSBc|abc, cB \rightarrow Bc, bB \rightarrow bb\}$. $L_4$ ist nicht kontextfrei, aber Durchschnitt zweier kontextfreier Sprachen: $L_4 = L_3 \cap L_3'$.

Zu den verschiedenen Typen von Grammatiken und den verschiedenen Typen von Maschinen (Abschnitt 8.2.) gehören die Klassen der erzeugten bzw. akzeptierten Sprachen. Wir führen hierfür die in Tabelle 8.17 aufgelisteten Bezeichnungen ein.

Abb. 8.15 zeigt die Beziehungen zwischen diesen Sprachklassen (**Chomsky-Hierarchie**).

*Erläuterungen zu Abb. 8.15:*

(1) Steht eine Sprachklasse direkt über einer anderen und sind beide miteinander verbunden, dann ist die untere Sprachklasse echt in der oberen enthalten.

(2) Bisher ist es ungelöst, ob DLBA echt in NLBA enthalten ist. Deshalb ist diese Verbindung mit einem Fragezeichen gekennzeichnet.

(3) LR(1), LL und ECF werden später definiert (vgl. Def. 30, Def. 41 und Def. 45); LR(1) umfaßt die kontextfreien Sprachen, die der Definition von Programmiersprachen in der Regel zugrundegelegt werden.

(4) $\mathrm{DSPACE}(n)$ und $\mathrm{NSPACE}(n)$ sind die zur Identitätsfunktion gehörenden Platzkomplexitätsklassen (Def. 9 in 8.2.). Zur Erweiterung der Chomsky-Hierarchie um Komplexitätsklassen siehe Abschnitt 8.4.5.

Daß die Hierarchiebeziehungen echt sind, zeigt man durch folgende Beispiel-Sprachen (vgl. die Bezeichnungen für Sprachen aus den Beispielen im Anschluß an Def. 4):

- $L_2 \notin$ DFA, aber $L_2 \in$ LIN und $L_2 \in$ DPDA;
- $L_2^{(2)} \notin$ LIN, aber $L_2^{(2)} \in$ DPDA;
- PAL $\notin$ DPDA, aber PAL $\in$ LIN und PAL $\in$ ECF;

*Tabelle 8.17*

| Bezeichnung | Bedeutung |
|---|---|
| $\mathscr{L}_{\mathrm{ABZ}}$ | Klasse aller höchstens abzählbaren Sprachen |
| CH0 oder $\mathscr{L}_0$ | von Typ-0-Grammatiken erzeugt |
| MON | von monotonen Grammatiken erzeugt |
| CS oder $\mathscr{L}_1$ | von kontextsensitiven Grammatiken erzeugt |
| CF oder $\mathscr{L}_2$ | von kontextfreien Grammatiken erzeugt |
| LIN | von linearen Grammatiken erzeugt |
| LLIN | von linkslinearen Grammatiken erzeugt |
| RLIN | von rechtslinearen Grammatiken erzeugt |
| $\mathscr{L}_3$ | von Typ-3-Grammatiken erzeugt (also $\mathscr{L}_3 = \mathrm{RLIN} \cup \mathrm{LLIN}$) |
| AUF oder $\mathscr{L}_{\mathrm{DTM}}$ | von deterministischen Turingmaschinen akzeptiert („aufzählbar") |
| $\mathscr{L}_{\mathrm{NTM}}$ | von nichtdeterministischen Turingmaschinen akzeptiert |
| REK | Klasse der rekursiven (= entscheidbaren) Sprachen (vgl. Def. 4 in 8.2.) |
| NLBA | von nichtdeterministischen linear beschränkten Akzeptoren akzeptiert |
| DLBA | von deterministischen linear beschränkten Akzeptoren akzeptiert |
| NPDA | von nichtdeterministischen Kellerautomaten akzeptiert |
| DPDA | von deterministischen Kellerautomaten mit Endzuständen akzeptiert |
| NFA | von nichtdeterministischen endlichen Automaten akzeptiert |
| DFA | von deterministischen endlichen Automaten akzeptiert |

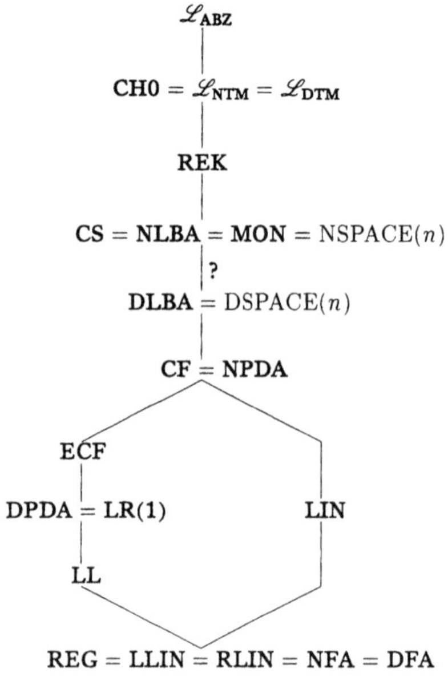


Abb. 8.15
Chomsky-Hierarchie

- $(L_3 \cup L_3') \notin$ **ECF, aber** $(L_3 \cup L_3') \in$ **LIN;**
- $L_4 \in$ **DLBA, aber** $L_4 \notin$ **CF;**
- **für das Halteproblem** $H$ **(Def. 24 in 8.2.) gilt:** $H \in$ **AUF – REK;**
- **für das Komplement des Halteproblems** $\overline{H}$ **gilt:** $\overline{H} \in \mathscr{L}_{\mathbf{ABZ}}$ **– AUF;**
- **analog gilt:** $\overline{H}_{\mathbf{NLBA}} = \{\langle M, w\rangle \mid M$ **ist NLBA,** $w \notin L(M)\} \in$ **REK – NLBA.**

Auf Sprachklassen werden verschiedene (Sprach-)Operationen untersucht. Zum Beispiel ist es für Programmiersprachen wichtig, daß mit $L$ auch das Komplement $\overline{L}$ zur gleichen Sprachklasse gehört, da ein Compiler nicht nur die Antwort „$w \in L$", sondern auch „$w \notin L$" liefern muß. Um mengentheoretische Widersprüche auszuschließen, bezieht man sich o.B.d.A. bei den Definitionen auf einen festen abzählbaren Zeichenvorrat $\Omega_\infty$ (vgl. 8.1.2.).

**Definition 5:** Es sei $\Omega_\infty = \{a_1, a_2, a_3, \dots\}$ ein fester abzählbar unendlicher Zeichenvorrat. Wir betrachten o.B.d.A. nur Alphabete der Form $\Sigma = \{a_j, a_{j+1}, \dots, a_{j+r-1}\}$ mit $j, r \in \mathbb{N}$, $j \geq 1$ (vgl. 8.1.2.). Eine **Sprache** $L$ mit $L \subseteq \mathbf{A}^*$ und $|\mathbf{A}| = r$ kann dann (durch triviale Umbenennung der Buchstaben) stets als $(L, r, j) \in 2^{\Omega_\infty^*} \times \mathbb{N} \times \mathbb{N}$ aufgefaßt werden. Die Klasse aller solcher Sprachen bezeichnen wir mit $\mathscr{L}_{\Omega_\infty}$. Statt $(L, r, j)$ schreiben wir in Zukunft wieder einfach $L$, da durch $L \subseteq \mathbf{A}^*$ ein zugehöriges $r$ (wähle $r = |\mathbf{A}|$) gegeben ist und $j = 1$ oder $j$ entsprechend den jeweiligen Operationen geeignet gewählt werden kann.

**Definition 6:**

a) Eine **k-stellige Sprachoperation** ist eine Abbildung $f\colon \mathscr{L}_{\Omega_\infty}^k \to \mathscr{L}_{\Omega_\infty}$.

b) Eine Sprachklasse $\mathscr{L} \subseteq \mathscr{L}_{\Omega_\infty}$ heißt **gegen die ($k$-stellige) Operation** $f$ **abgeschlossen**, falls $f(\mathscr{L}) = \{f(L_1, \dots, L_k) \mid L_1, \dots, L_k \in \mathscr{L}\} \subseteq \mathscr{L}$.

*Beispiele* für Sprachoperationen enthält Tabelle 8.18.

*Tabelle 8.18*

| Name | Wirkung ($j$ wird hier nicht berücksichtigt) |
|---|---|
| Vereinigung | $f((L_1, r_1), (L_2, r_2)) = (L_1 \cup L_2, \max\{r_1, r_2\})$ |
| Durchschnitt | $f((L_1, r_1), (L_2, r_2)) = (L_1 \cap L_2, \min\{r_1, r_2\})$ |
| Komplement | $f((L, r)) = (\Sigma_r^* - L, r)$ |
| Spiegelung | $f((L, r)) = (L^{\mathrm{R}}, r)$ mit $L^{\mathrm{R}} = \{w^{\mathrm{R}} \mid w \in L\}$ |
| Konkatenation | $f((L_1, r_1), (L_2, r_2)) = (L_1 \circ L_2, \max\{r_1, r_2\})$ |
| Iteration | $f((L, r)) = (L^*, r)$ |

Wir definieren jetzt weitere Sprachoperationen, die mit der Konkatenation und der Vereinigung verträglich sind. Die Substitution ist durch ihr lokales Verhalten auf einzelnen Buchstaben bereits eindeutig bestimmt; das Ineinanderstecken entspricht dem Ineinanderschieben zweier Stapel von Spielkarten.

**Definition 7: X, Y seien Alphabete.**

a) Eine Abbildung $\tau\colon 2^{\mathbf{X}^*} \to 2^{\mathbf{Y}^*}$ heißt **Substitution**, falls es eine Abbildung $\tau'\colon \mathbf{X} \to 2^{\mathbf{Y}^*}$ sowie eine Abbildung $\tau''\colon \mathbf{X}^* \to 2^{\mathbf{Y}^*}$ gibt mit

- $\tau''(\varepsilon) = \{\varepsilon\}$,
- $\tau''(wa) = \tau''(w)\tau'(a)\ \forall\, w \in \mathbf{X}^*, a \in \mathbf{X}$,
- $\tau(L) = \bigcup_{w \in L} \tau''(w)$ für alle $L \subseteq \mathbf{X}^*$.

(Beachte: $\tau$ ist durch $\tau'$ bereits eindeutig definiert.)

b) Gilt $\varepsilon \notin \tau'(a)$ für alle $a \in \mathbf{X}$, so heißt $\tau$ **$\varepsilon$-freie Substitution.**

c) Gilt $|\tau'(a)| = 1$ für alle $a \in \mathbf{X}$, so heißt $\tau$ **Homomorphismus.**

*Bemerkung:* Zu jedem Homomorphismus $h$: $\mathbf{X}^* \to \mathbf{Y}^*$ existiert eine eindeutig bestimmte Umkehroperation $h^{-1}$: $\mathbf{Y}^* \to 2^{\mathbf{X}^*}$ mit $h^{-1}(v) = \{w \mid h(w) = v\}$ bzw. $h^{-1}$: $2^{\mathbf{Y}^*} \to 2^{\mathbf{X}^*}$ mit $h^{-1}(L) = \{w \mid h(w) \in L\}$. Diese Umkehrung ist i.allg. keine Substitution. Sie wird als **inverser Homomorphismus** bezeichnet.

**Definition 8:** Es seien **X** und **Y** Alphabete.

a) Die **Durchmischung** oder das **Ineinanderstecken (shuffle)** $u \parallel v$ von zwei Wörtern $u \in \mathbf{X}^*$ und $v \in \mathbf{Y}^*$ ist die Menge
$u \parallel v = \{u_0v_0u_1v_1 \dots u_nv_n \mid u_0u_1 \dots u_n = u,\ v_0v_1 \dots v_n = v$ mit $u_i \in \mathbf{X}^*, v_i \in \mathbf{Y}^*$ für $i = 0, \dots, n\}$. (Man beachte, daß als $u_i$ und $v_i$ das leere Wort zugelassen ist.)

b) Das **Ineinanderstecken** (shuffle) $L_1 \parallel L_2$ **zweier Sprachen** $L_1 \subseteq \mathbf{X}^*$ und $L_2 \subseteq \mathbf{Y}^*$ ist die Menge

$$L_1 \parallel L_2 = \bigcup_{u \in L_1, v \in L_2} u \parallel v.$$

Faßt man die Wörter $u$ und $v$ als zwei Folgen von Aktionen auf, die jeweils in dieser Reihenfolge auf zwei verschiedenen Geräten ablaufen, dann gibt $u \parallel v$ die Menge aller möglichen Reihenfolgen an, in denen die beiden Aktionsfolgen verzahnt zueinander beobachtet werden. $\parallel$ beschreibt somit nebenläufige Handlungsfolgen, die unabhängig voneinander sind.

**Definition 9:** $\mathscr{L}$ sei eine Sprachklasse, $\mathscr{L} \subseteq \mathscr{L}_{\Omega_\infty}$.

a) $\mathscr{L}$ heißt **gegen Substitution abgeschlossen,** falls für jede Sprache $L \subseteq \mathbf{X}^*$, $L \in \mathscr{L}$ und für jede Substitution $\tau$: $2^{\mathbf{X}^*} \to 2^{\mathbf{Y}^*}$, für die $\tau(a) \in \mathscr{L}$ für alle $a \in \mathbf{X}$ ist, gilt: $\tau(L) \in \mathscr{L}$.

b) $\mathscr{L}$ heißt **gegen Homomorphismen abgeschlossen,** falls für jede Sprache $L \subseteq \mathbf{X}^*$, $L \in \mathscr{L}$ und jeden Homomorphismus $\tau$: $\mathbf{X}^* \to \mathbf{Y}^*$ auch $\tau(L) \in \mathscr{L}$ gilt.

c) Betrachtet man nur $\varepsilon$-freie Substitutionen ($\varepsilon$-freie Homomorphismen), so heißt $\mathscr{L}$ entsprechend gegen **$\varepsilon$-freie Substitution ($\varepsilon$-freie Homomorphismen) abgeschlossen.**

d) $\mathscr{L}$ heißt gegen **inverse Homomorphismen abgeschlossen,** falls für jede Sprache $L \subseteq \mathbf{X}^*$, $L \in \mathscr{L}$ und für jeden Homomorphismus $h$: $\mathbf{Y}^* \to \mathbf{X}^*$ auch $h^{-1}(L) \in \mathscr{L}$ gilt.

e) $\mathscr{L}$ heißt gegen **Ineinanderstecken abgeschlossen,** wenn für alle $L_1 \subseteq \mathbf{X}^*$, $L_2 \subseteq \mathbf{Y}^*$, $L_1, L_2 \in \mathscr{L}$ gilt, daß auch $L_1 \parallel L_2 \in \mathscr{L}$ ist.

In Tabelle 8.19 steht ein „+", wenn eine Sprachklasse gegen die betreffende Sprachoperation abgeschlossen ist, und ein „−", wenn sie nicht dagegen abgeschlossen ist. Die Klassen ET0L und 0L werden später definiert, vgl. Def. 59 und nachfolgende Ausführungen. Die Operation $\cap$REG bedeutet: Durchschnitt mit regulären Sprachen (vgl. 8.3.2.).

Zu jeder einzelnen Typ-$i$-Grammatik, $0 \le i \le 3$, gibt es **Normalformen**, d.h. spezielle Grammatiken desselben Typs, bei denen die Produktionen eine standardisierte Form besitzen. Bedeutung haben die Normalformen beim Beweisen von Spracheigenschaften, aber auch für konkrete Algorithmen auf Grammatiken. Durch Hinzufügen einer zu $\Sigma$ gleichmächtigen Menge von Variablen erkennt man sofort:

**Satz 10:** Zu jeder allgemeinen Grammatik kann man eine äquivalente separierte Grammatik effektiv konstruieren (vgl. Def. 2b)). Das gleiche gilt für monotone, kontextsensitive und kontextfreie Grammatiken.

*Tabelle 8.19*

| | CH0 | REK | CS | CF | DPDA | LIN | REG | ET0L | 0L |
|---|---|---|---|---|---|---|---|---|---|
| $\varepsilon$-freie Homomorphismen | + | + | + | + | – | + | + | + | – |
| Homomorphismen | + | – | – | + | – | + | + | + | – |
| inverse Homomorphismen | + | + | + | + | + | + | + | + | – |
| $\cap$ REG | + | + | + | + | + | + | + | + | – |
| Vereinigung | + | + | + | + | – | + | + | + | – |
| Konkatenation | + | + | + | + | – | – | + | + | – |
| $\varepsilon$-freie Iteration | + | + | + | + | – | – | + | + | – |
| Iteration | + | + | + | + | – | – | + | + | – |
| $\varepsilon$-freie Substitution | + | + | + | + | – | – | + | + | – |
| Substitution | + | – | – | + | – | – | + | + | – |
| Spiegelung | + | + | + | + | – | + | + | + | + |
| Durchschnitt | + | + | + | – | – | – | + | – | – |
| Komplement | – | + | + | – | + | – | + | – | – |
| Ineinanderstecken | + | + | + | – | – | – | + | ? | – |

**Satz 11 (Chomsky-Normalform für Typ-0-Grammatiken):**

Zu jeder separierten Grammatik $G = (\mathbf{V}, \Sigma, P, S)$ kann eine äquivalente Grammatik $G_0 = (\mathbf{V}_0, \Sigma, P_0, S_0)$ effektiv konstruiert werden mit:

a) Höchstens eine Produktion ist von der Form $(v, \varepsilon)$, wobei zusätzlich $v \in \mathbf{V}$ gilt.

b) Alle anderen Produktionen sind von der Form $A \to BC$, $BC \to A$ oder $A \to a$ mit $A, B, C \in \mathbf{V}_0$ und $a \in \Sigma$.

Man sagt: $G_0$ ist in Chomsky-Normalform.

**Satz 12 (Chomsky-Normalform für Typ-1-Grammatiken):**

Zu jeder Typ-1-Grammatik $G = (\mathbf{V}, \Sigma, P, S)$ kann eine äquivalente Grammatik $G_1 = (\mathbf{V}_1, \Sigma, P_1, S_1)$ effektiv konstruiert werden mit:

a) $G_1$ ist $\varepsilon$-treu (vgl. Def. 3).

b) Alle anderen Produktionen sind von der Form $A \to BC$, $AB \to AD$, $AB \to CB$ oder $A \to a$ mit $A, B, C, D \in \mathbf{V}_1$ und $a \in \Sigma$.

Man sagt: $G_1$ ist in kontextsensitiver Chomsky-Normalform.

Für kontextfreie Grammatiken $G$ hängt die effektive Konstruktion der Chomsky-Normalform davon ab, daß $\varepsilon \in L(G)$ entscheidbar ist. Dies leistet folgendes Verfahren: $M_0 := \{A \in \mathbf{V} \mid A \to \varepsilon \in P\}$, $M_{i+1} := M_i \cup \{A \mid \exists A \to u \in P \text{ mit } u \in M_i^*\}$. Wegen $M_0 \subseteq M_1 \subseteq M_2 \subseteq \cdots \subseteq \mathbf{V}$ gibt es ein $m$ mit $m < |\mathbf{V}|$ und $M_m = M_{m+1} = M_{m+2} = \ldots$. Dann gilt: $\varepsilon \in L(G) \Leftrightarrow S \in M_m$.

**Satz 13 (Chomsky-Normalform für Typ-2-Grammatiken):**

Zu jeder Typ-2-Grammatik $G = (\mathbf{V}, \Sigma, P, S)$ kann eine äquivalente Grammatik $G_2 = (\mathbf{V}_2, \Sigma, P_2, S_2)$ effektiv konstruiert werden mit:

a) $G_2$ ist $\varepsilon$-treu (und $\varepsilon$-frei, falls $\varepsilon \notin L(G)$, vgl. Def. 3).

b) Alle anderen Produktionen sind von der Form $A \rightarrow BC$ oder $A \rightarrow a$ mit $A, B, C \in \mathbf{V}_2$ und $a \in \Sigma$.

Man sagt: $G_2$ ist in kontextfreier Chomsky-Normalform .

**Satz 14 (Chomsky-Normalform für Typ-3-Grammatiken):**
Zu jeder rechtslinearen (linkslinearen) Grammatik $G = (\mathbf{V}, \Sigma, P, S)$ kann eine äquivalente Grammatik $G_3 = (\mathbf{V}_3, \Sigma, P_3, S_3)$ effektiv konstruiert werden, die $\varepsilon$-treu ist (und sogar $\varepsilon$-frei, falls $\varepsilon \notin L(G)$, vgl. Def. 3) und für die gilt:

a) für $G$ rechtslinear: $P_3 \subseteq (\mathbf{V}_3 \times \Sigma\mathbf{V}_3) \cup (\mathbf{V}_3 \times \Sigma) \cup \{(S_3, \varepsilon)\}$,
b) für $G$ linkslinear: $P_3 \subseteq (\mathbf{V}_3 \times \mathbf{V}_3\Sigma) \cup (\mathbf{V}_3 \times \Sigma) \cup \{(S_3, \varepsilon)\}$.

*Bemerkung:* Analog zu Satz 14 erhält man für lineare Grammatiken eine Normalform mit $P_4 \subseteq (\mathbf{V}_4 \times \Sigma\mathbf{V}_4) \cup (\mathbf{V}_4 \times \mathbf{V}_4\Sigma) \cup (\mathbf{V}_4 \times \Sigma) \cup \{(S_4, \varepsilon)\}$.

## 8.3.2. Reguläre Sprachen

Genau die Sprachen, die von endlichen Automaten akzeptiert werden, können durch einfache Ausdrücke, sogenannte reguläre Ausdrücke, beschrieben werden.

**Definition 15:** Es sei $\Sigma = \{a_1, \ldots, a_n\}$ ein Alphabet. Erweitere $\Sigma$ um Sonderzeichen zu $\mathbf{U} = \Sigma \cup \{(,),+,\cdot,*,\emptyset\}$. Die Menge $\mathrm{Reg} \subseteq \mathbf{U}^*$ ist die kleinste Menge mit folgenden Eigenschaften:

a) $\forall a \in \Sigma$: $a \in \mathrm{Reg}$.
b) $\emptyset \in \mathrm{Reg}$.
c) Falls $R_1, R_2 \in \mathrm{Reg}$, dann ist auch $(R_1 + R_2) \in \mathrm{Reg}$.
d) Falls $R_1, R_2 \in \mathrm{Reg}$, dann ist auch $(R_1 \cdot R_2) \in \mathrm{Reg}$.
e) Falls $R \in \mathrm{Reg}$, dann ist auch $R^* \in \mathrm{Reg}$.

Reg (genauer: Reg($\Sigma$)) heißt Menge der **regulären** oder **rationalen Ausdrücke** über $\Sigma$.

*Beispiel:* Ist $\Sigma = \{0, 1, 2\}$, dann sind z.B. 0, (1·2), ((1+2)·0) und ((1·0)*+(1·(1·0))) reguläre Ausdrücke über $\Sigma$.

Regulären Ausdrücken ordnet man Sprachen als ihre Bedeutung wie folgt zu:

**Definition 16:** Für ein Alphabet $\Sigma$ ist die Abbildung $L$: $\mathrm{Reg}(\Sigma) \rightarrow 2^{\Sigma^*}$ definiert durch

a) $\forall a \in \Sigma$: $L(a) = \{a\}$.
b) $L(\emptyset) = \emptyset$ (leere Menge).
c) $\forall R_1, R_2 \in \mathrm{Reg}(\Sigma)$: $L((R_1 + R_2)) = L(R_1) \cup L(R_2)$.
d) $\forall R_1, R_2 \in \mathrm{Reg}(\Sigma)$: $L((R_1 \cdot R_2)) = L(R_1) \circ L(R_2)$.
e) $\forall R \in \mathrm{Reg}(\Sigma)$: $L(R^*) = (L(R))^*$.

**Definition 17:**

a) Für einen regulären Ausdruck $\alpha \in \mathrm{Reg}$ heißt $L(\alpha)$ die **zugehörige Sprache**. Oft identifiziert man $\alpha$ und $L(\alpha)$ und meint mit dem Ausdruck $\alpha$ die zugehörige Sprache.

b) $L \subseteq \Sigma^*$ heißt **reguläre Sprache** oder **reguläre Menge**, wenn es einen regulären Ausdruck $\alpha \in \mathrm{Reg}$ mit $L = L(\alpha)$ gibt.

c) REG ist die **Klasse aller regulären Sprachen** (über beliebigen Alphabeten).

Ob man Sprachen durch endliche Automaten akzeptiert, durch rechts- oder linkslineare Grammatiken erzeugt oder durch reguläre Ausdrücke beschreibt, führt stets auf die gleiche Sprachklasse. Die Klasse läßt sich zugleich algebraisch durch endliche Monoide (vgl. Satz 20) und durch endlichen Index der Nerode-Äquivalenz (Satz 39 in 8.2) charakterisieren.

**Satz 18:** REG = DFA = RLIN = LLIN = $\mathscr{L}_3$.

Ein kurzer Beweis existiert für den schwierigsten Teil „DFA $\subseteq$ REG" dieses Satzes. Es sei $M = (\mathbf{Q}, \Sigma, \delta, q_0, \mathbf{F})$ ein DFA (vgl. Def. 29 in 8.2) mit (o.B.d.A.) $\mathbf{Q} = \{1, 2, \ldots, n\}$ und $q_0 = 1$. Dann setze
$R^k_{i,j} = \{u \in \Sigma^* \mid \delta(i, u) = j$ und für alle Anfangswörter $v$ von $u$ mit $\varepsilon \neq v \neq u$ gilt: $\delta(i, v) \leq k\}$. Die Mengen $R^0_{i,j}$ sind in $\Sigma \cup \{\varepsilon\}$ enthalten, und für $k \geq 0$ gilt die Rekursionsformel

$$R^{k+1}_{i,j} = R^k_{i,j} \cup R^k_{i,k+1} \cdot (R^k_{k+1,k+1})^* \cdot R^k_{k+1,j}\,.$$

Wegen $L(M) = \bigcup_{j \in \mathbf{F}} R^n_{1,j}$ läßt sich $L(M)$ daher durch einen regulären Ausdruck beschreiben. Dieser Ausdruck besitzt allerdings i.allg. eine in $n$ exponentielle Länge, so daß aus algorithmischer Sicht andere Verfahren geeigneter sind ([Brauer 1984]), auch wenn sich die exponentielle Größe prinzipiell nicht vermeiden läßt ([Wegener 1993]).

Es gibt Varianten für reguläre Ausdrücke. Man kann z.B. weitere Operatoren (vor allem die Komplementbildung) hinzunehmen oder Abkürzungen ($R^2$ für $(R \cdot R)$) vereinbaren. Ein Ausdruck heißt **sternfrei**, wenn er aus den Operationen „+", „·", und „$^-$" (Komplement) aufgebaut ist. Sternfreie Ausdrücke beschreiben nur eine echte Teilklasse der regulären Sprachen, z.B. läßt sich $L = \{a^{2n} \mid n \geq 0\}$ nicht durch einen sternfreien Ausdruck darstellen.

**Definition 19:** Eine Sprache $L \subseteq \Sigma^*$ heißt **erkennbar** (recognizable), wenn es ein endliches Monoid $E$, eine Teilmenge $T \subseteq E$ und einen Monoidhomomorphismus $h\colon \Sigma^* \to E$ mit $L = h^{-1}(T)$ gibt.

**Satz 20:** Eine Sprache ist genau dann erkennbar, wenn sie regulär ist.

Das Pumping-Lemma ist eine notwendige Bedingung für reguläre Sprachen. Man beweist es leicht mit endlichen Automaten, wobei $n$ als Zahl der Zustände gewählt werden kann.

**Satz 21 (Pumping-Lemma für reguläre Sprachen):**

Zu jeder regulären Sprache $L \subseteq \Sigma^*$ existiert eine Zahl $n \in \mathbb{N}$, so daß sich jedes Wort $z \in L$ mit $|z| \geq n$ in $z = uvw$ mit $u, v, w \in \Sigma^*$ zerlegen läßt mit:

a) $|uv| \leq n$,

b) $|v| \geq 1$,

c) für alle $i \geq 0$ gilt: $uv^iw \in L$.

*Beispiel:* Wir zeigen hiermit, daß die lineare Sprache $L_2 = \{a^m b^m \mid m \geq 1\}$ nicht regulär ist. Angenommen, $L_2$ wäre regulär. Dann sei $n$ die Konstante aus dem Pumping-Lemma für $L_2$. Betrachte eine Zerlegung für $z = uvw = a^n b^n \in L_2$. $v$ muß wegen $|uv| \leq n$ mindestens ein $a$ und darf kein $b$ enthalten. Dann müßte ($i = 0$) auch $uw \in L_2$ gelten, aber $uw$ besitzt mindestens ein $a$ weniger als $b$'s. Widerspruch.

## 8.3.3. Kontextfreie Sprachen und Syntaxanalyse

Für kontextfreie Sprachen gibt es ebenfalls eine notwendige Bedingung in Form eines Pumping-Lemmas.

**Satz 22 (Pumping-Lemma für kontextfreie Sprachen):**
**Zu jeder kontextfreien Sprache $L \subseteq \Sigma^*$ existiert eine Zahl $n \in \mathbb{N}$, so daß sich jedes Wort $z \in L$ mit $|z| \geq n$ in $z = uvwxy$ mit $u, v, w, x, y \in \Sigma^*$ zerlegen läßt mit:**

a) $|vwx| \leq n$,

b) $|vx| \geq 1$,

c) für alle $i \geq 0$ gilt: $uv^iwx^iy \in L$.

*Bemerkungen:*

1) Liegt eine kontextfreie Grammatik für $L$ in Chomsky-Normalform vor, die $k$ Variablen besitzt, so kann man $n = 2^{k+1}$ setzen.

2) Man zeigt hiermit leicht, daß die kontextsensitiven Sprachen $L_4 = \{a^nb^nc^n \mid n \geq 1\}$ und $L_5 = \{ww \mid w \in \{a,b\}^*\}$ nicht kontextfrei sind.

3) Es gibt eine verschärfte Version des Pumping-Lemmas, genannt Ogdens-Lemma, bei der für die Zerlegungen wichtige Buchstaben markiert werden dürfen.

Neben der Chomsky-Normalform (vgl. Satz 13) gibt es für kontextfreie Grammatiken weitere Normalformen, von denen die von Greibach angegebene am bekanntesten ist.

**Satz 23 (Greibach-Normalform):** Zu jeder $\varepsilon$-freien Grammatik $G = (\mathbf{V}, \Sigma, P, S)$ läßt sich eine äquivalente Grammatik $G_0 = (\mathbf{V}_0, \Sigma, P_0, S_0)$ konstruieren, in der alle Regeln die Form $A \rightarrow a\alpha$ mit $A \in \mathbf{V}$, $\alpha \in \mathbf{V}^*$, $a \in \Sigma$ haben.

**Folgerung:** CF $\subseteq$ NTIME$(n)$ (vgl. nach Def. 9 in 8.2.).

*Bemerkungen:*

1) Da auf jeder rechten Seite einer Regel in Greibach-Normalform ein Terminalzeichen steht, können diese Grammatiken $\varepsilon$ nicht erzeugen. Analog zur Chomsky-Normalform kann man $\varepsilon$ direkt aus dem Startsymbol ableiten und die restlichen Produktionen in Greibach-Normalform umformen.

2) Zu einer kontextfreien Grammatik $G = (\mathbf{V}, \Sigma, P, S)$ mit Größe $\mathcal{S}(G)$, d.h. $\mathcal{S}(G)$ ist die Anzahl der Variablen und Terminalzeichen in allen Regeln, kann in $O(|P|^3)$ Schritten eine Grammatik $G'$ in Greibach-Normalform mit maximal $|P|^3$ Produktionen und in $O(|V|\mathcal{S}(G))$ Schritten eine Grammatik $G''$ in Chomsky-Normalform mit Größe $O(|V|\mathcal{S}(G))$ konstruiert werden (vgl. [Wegener 1993]).

Für $n \geq 1$ seien $\Sigma_n = \{a_1, b_1, a_2, b_2, \ldots, a_n, b_n\}$, $\mathbf{V} = \{S\}$ und $P_n = \{S \rightarrow Sa_iSb_iS \mid i = 1, \ldots, n\} \cup \{S \rightarrow \varepsilon\}$. Die kontextfreien Grammatiken $G_n = (\mathbf{V}, \Sigma_n, P_n, S)$ erzeugen die Sprachen der korrekten Klammerungen mit $n$ Klammerpaaren, wobei $a_i$ als „$i$-te Klammer-auf" und $b_i$ als „$i$-te Klammer-zu" interpretiert wird. Die Sprachen $L(G_n) =: D_n$ heißen auch Klammersprachen oder Dycksprachen.

**Satz 24** (Chomsky/Schützenberger, 1963):

a) Zu jeder kontextfreien Sprache $L \subseteq \Sigma^*$ kann man konstruktiv ein $n \geq 2$, eine reguläre Sprache $R \subseteq \Sigma_n^*$ mit $\Sigma_n = \{a_1, b_1, \ldots, a_n, b_n\}$ und einen Homomorphismus $h$: $\Sigma_n^* \rightarrow \Sigma^*$ angeben mit $L = h(D_n \cap R)$.

b) Zu jeder kontextfreien Sprache $L \subseteq \Sigma^*$ kann man konstruktiv ein Alphabet $\Delta$, eine reguläre Sprache $R \subseteq \Delta$ und zwei Homomorphismen $h$: $\Delta^* \rightarrow \Sigma^*$ und $g$: $\Delta^* \rightarrow \Sigma_2^*$ angeben mit $L = h(g^{-1}(D_2) \cap R)$.

c) CF ist die kleinste Sprachklasse, die die Dycksprache $D_2$ enthält und die gegen die Operationen „beliebige Homomorphismen", „inverse Homomorphismen" und „Durchschnitt mit regulären Sprachen" abgeschlossen ist.

*Bemerkung:* Die Klammersprache $D_1$ mit nur einem Klammerpaar reicht in Satz 24c) nicht aus. Die von $D_1$ erzeugte Sprachklasse wird von Kellerautomaten erkannt, die auf ihrem Keller immer nur das gleiche Zeichen ablegen können; der Keller kann dann nur zum Zählen verwendet werden, weshalb man von Zählerautomaten (one-counter-automata) spricht.

Der Durchschnitt kontextfreier Sprachen ist i.allg. nicht kontextfrei; deren homomorphe Bilder erzeugen bereits alle aufzählbaren Sprachen.

**Satz 25:** Zu jeder Typ-0-Sprache $L$ existieren zwei deterministisch kontextfreie Sprachen (vgl. Def. 28 in 8.2.) $L_1$ und $L_2$ und ein Homomorphismus $h$ mit $L = h(L_1 \cap L_2)$.

Im Falle einelementiger Alphabete gilt:

**Satz 26:** $G$ sei eine kontextfreie Grammatik mit einelementigem Terminalalphabet $\Sigma$. Dann ist $L(G)$ eine reguläre Sprache.

Wir wenden uns nun Verfahren zu, die zu einer Grammatik $G$ und einem Wort $w$ prüfen, ob $w \in L(G)$ ist oder nicht. Die Grammatik $G$ sollte hierfür reduziert sein, also keine überflüssigen Zeichen enthalten.

**Definition 27:** $G = (\mathbf{V}, \Sigma, P, S)$ sei eine kontextfreie Grammatik.

a) $A \in \mathbf{V}$ heißt **erreichbar**, wenn es Wörter $\alpha, \beta \in (\mathbf{V} \cup \Sigma)^*$ mit $S \stackrel{*}{\Rightarrow} \alpha A \beta$ gibt. Anderenfalls heißt $A$ unerreichbar.

b) $A \in \mathbf{V}$ heißt **produktiv**, wenn es ein Wort $w \in \Sigma^*$ mit $A \stackrel{*}{\Rightarrow} w$ gibt. Anderenfalls heißt $A$ unproduktiv.

c) $G$ heißt **reduziert**, wenn jedes $A \in \mathbf{V}$ erreichbar und produktiv ist.

*Beispiel:* Betrachte $G = (\{S, X, Y\}, \{a, b\}, P, S)$ mit $P = \{S \to XY,\ S \to a,\ X \to b\}$. $S$, $X$ und $Y$ sind erreichbar, $S$ und $X$ sind produktiv. Entfernt man zuerst alle Produktionen, die unerreichbare Variablen enthalten, und danach alle Produktionen mit unproduktiven Variablen, so erhält man $P' = \{S \to a,\ X \to b\}$, also keine reduzierte Grammatik. Der umgekehrte Weg (erst alle Produktionen mit unproduktiven, dann alle mit unerreichbaren Variablen entfernen) führt dagegen zum Ziel.

**Satz 28:** Zu jeder kontextfreien Grammatik $G = (\mathbf{V}, \Sigma, P, S)$ kann man effektiv eine äquivalente reduzierte kontextfreie Grammatik $G' = (\mathbf{V}', \Sigma, P', S)$ mit $\mathbf{V}' \subseteq \mathbf{V}$ und $P' \subseteq P$ konstruieren.

**Definition 29 (Wortproblem, Analyseproblem):**

a) Das **Wortproblem** für eine Klasse von Grammatiken ist die Frage nach einem Algorithmus, mit dem man für jede Grammatik $G$ dieser Klasse und jedes Wort $w$ entscheiden kann, ob $w \in L(G)$ gilt oder nicht. Im Falle kontextfreier Grammatiken setzt man generell voraus, daß die Grammatik reduziert ist.

b) Das **(Syntax-)Analyseproblem** für eine Klasse von Grammatiken ist die Frage nach einem Algorithmus, der zu jeder Grammatik $G$ der Klasse für $w \in L(G)$ eine oder alle Ableitungen $S \stackrel{*}{\Rightarrow} w$ bestimmt und für $w \notin L(G)$ das längste Anfangswort $u$ von $w$ angibt, so daß eine Ableitung $S \stackrel{*}{\Rightarrow} uW$ für ein geeignetes $W \in (\mathbf{V} \cup \Sigma)^*$ existiert. Der gesuchte Algorithmus heißt **Analyseverfahren** oder **Parser**.

*Bemerkungen:*

1) Die Sprachen, für die das Wortproblem lösbar ist, sind genau die rekursiven Sprachen.
2) Das Wortproblem ist im Analyseproblem enthalten.

In der Praxis ist man auf effiziente Algorithmen angewiesen, die es für kontextsensitive Grammatiken schon nicht mehr gibt. Daher konzentriert man sich bei der Untersuchung des Analyseproblems auf kontextfreie Grammatiken.

**Definition 30:** Es sei $G = (\mathbf{V}, \Sigma, P, S)$ eine kontextfreie Grammatik.

a) Eine **Linksableitung (Rechtsableitung)** ist eine Ableitung, bei der in jeder Satzform $v \in (\mathbf{V} \cup \Sigma)^*$ der Ableitung immer die linkeste (rechteste) Variable ersetzt wird, in Zeichen $\underset{l}{\Rightarrow}$ bzw. $\underset{r}{\Rightarrow}$.

b) $G$ heißt **eindeutig**, wenn jedes Wort $w \in L(G)$ nur eine Links- (bzw. nur eine Rechts-) Ableitung besitzt. Falls $G$ nicht eindeutig ist, heißt $G$ **mehrdeutig**.

c) Eine kontextfreie Sprache $L$ heißt **eindeutig**, wenn es eine eindeutige Grammatik $G$ mit $L(G) = L$ gibt. Anderenfalls heißt $L$ **inhärent mehrdeutig**. ECF bezeichne die Klasse aller eindeutigen kontextfreien Sprachen.

Das Wortproblem für kontextfreie Grammatiken läßt sich mit dem Algorithmus von Cocke, Kasami und Younger (CYK-Algorithmus) lösen, der eine Laufzeit von $O(n^3)$ mit $|w| = n$ besitzt.

**CYK-Algorithmus**

**Eingabe:** Kontextfreie Grammatik $G = (\mathbf{V}, \Sigma, P, S)$ in Chomsky-Normalform (Satz 13) und ein nichtleeres Wort $w = w_1 \ldots w_n$ mit $w_i \in \Sigma$, $1 \leq i \leq n$.

**Ausgabe:** Analysematrix $M_w = (m_{i,j})_{0 \leq i < n,\, i < j \leq n}$ und die Meldung „$w \in L(G)$" bzw. „$w \notin L(G)$". Die Elemente $m_{i,j}$ von $M_w$ sind Teilmengen von $\mathbf{V}$, wobei gilt: $m_{i,j} := \{A \in \mathbf{V} \mid A \overset{*}{\Rightarrow} w_{i+1} \ldots w_j\}$.

(1) Für $i := 0$ bis $n-1$ setze $m_{i,i+1} := \{A \mid A \to w_{i+1} \in P\}$.

(2) Für $d := 2$ bis $n-1$ führe folgendes durch:

$$\text{Für } i := 0 \text{ bis } n-d \text{ bilde } m_{i,i+d} := \left\{ A \,\middle|\, \begin{array}{l} \exists k\colon i < k < i+d \text{ und} \\ \exists\, B \in m_{ik},\ C \in m_{k,i+d} \text{ mit } A \to BC \in P \end{array} \right\}.$$

(3) Falls $S \in m_{0,n}$ ist, dann schreibe „$w \in L(G)$", sonst schreibe „$w \notin L(G)$".

Indem man in $m_{i,i+d}$ mit jedem $A$ ein zugehöriges $k$ und $A \to BC$ speichert, kann man am Ende in linearer Zeit eine Ableitung $S \overset{*}{\Rightarrow} w$ aus $M_w$ ermitteln, sofern sie existiert.

*Beispiel:* Es sei $G = (\{S, A, B\}, \{a, b, c\}, P, S)$ mit $P = \{S \to SA|a, A \to BS, B \to BB|BS|b|c\}$ und $w = abacba$. Der CYK-Algorithmus berechnet dann die obere Dreiecksmatrix von Abb. 8.16.

| | 0 | 1 | 2 | 3 | 4 | 5 | 6 |
|---|---|---|---|---|---|---|---|
| 0 | | $S$ | | $S$ | | | $S$ |
| 1 | | | $B$ | $A,B$ | $B$ | $B$ | $A,B$ |
| 2 | | | | $S$ | | | $S$ |
| 3 | | | | | $B$ | $B$ | $A,B$ |
| 4 | | | | | | $B$ | $A,B$ |
| 5 | | | | | | | $S$ |
| 6 | | | | | | | |

Falls $m_{i,j}$ leer ist, haben wir auf den entsprechenden Matrixeintrag verzichtet. Wegen $S \in m_{0,6}$ ist $w \in L(G)$.

Abb. 8.16

*Bemerkungen:*

1) Der CYK-Algorithmus arbeitet nach der Methode der Dynamischen Programmierung, d.h., die systematische Zusammensetzung von Teillösungen ergibt die Gesamtlösung.

2) Für eindeutige kontextfreie Grammatiken ist die Laufzeit des CYK-Algorithmus $O(n^2 \log n)$ (vgl. [Mayer 1978]). Für lineare Grammatiken kann man $O(n^2)$ erreichen.

Bei den bekannten Analyseverfahren unterscheidet man zwei Ansätze:

(1) Tabellenstrategien und

(2) ableitungsorientierte Strategien.

Der CYK-Algorithmus gehört zum Typ (1). Allerdings ist er wegen seiner Laufzeit vorwiegend von theoretischem Interesse. Er zeigt:

**Satz 31:** CF $\subsetneq \mathrm{DTIME}_2(n^3)$ (vgl. Def. 9 in 8.2. und Satz 23).

Weitere Tabellenstrategien, die nicht Chomsky-Normalform voraussetzen, wurden von [Earley 1968, 1970] und eine Modifikation davon von [Graham u.a. 1977] angegeben. [Valiant 1975] führte den CYK-Algorithmus auf die Multiplikation Boolescher Matrizen zurück. Deshalb liegt die beste asymptotische Laufzeit für beliebige kontextfreie Grammatiken bei der Laufzeit für schnelle Matrixmultiplikation ($O(n^{2,38})$, vgl. [Coppersmith u.a. 1990]). Man nimmt an, daß die Analyse kontextfreier Sprachen im allgemeinen Fall nicht schneller als in $O(n^2 \log n)$ bzw. $O(n^2 \log^c n)$ für eine Konstante $c$ erfolgen kann, jedoch liegen bisher keine erfolgversprechenden Beweisansätze vor. Der geeignete Kandidat hierfür ist die schwerste kontextfreie Sprache, die sogenannte Greibach-Sprache GL $\subseteq \mathbf{\Delta}^*$ mit $|\mathbf{\Delta}| = 7$ (auch $|\mathbf{\Delta}| = 2$ ist möglich), für die gilt (vgl. [Balke u.a. 1993]):

**Satz 32:** Zu jeder kontextfreien Sprache $L \subseteq \mathbf{\Sigma}^*$ gibt es einen Homomorphismus $h\colon \mathbf{\Sigma}^* \to \mathbf{\Delta}^*$ mit $L - \{\varepsilon\} = h^{-1}(\mathrm{GL})$.

Hätte man ein schnelles Analyseverfahren für GL, dann könnte man für jede Grammatik $G$ (mit zugehörigem Homomorphismus $h$) und zu jedem Wort $w$ die Entscheidung, ob $w \in L(G)$ ist, auf $h(w) \in \mathrm{GL}$ zurückführen; die Berechnung von $h(w)$ aus $w$ benötigt nur lineare Zeit.

Bei den ableitungsorientierten Analysestrategien unterscheidet man zwischen der Top-down-links-nach-rechts-Analyse, die eine Linksableitung ergibt, und der Bottom-up-links-nach-rechts-Analyse, die eine Rechtsableitung liefert. „Top-down" bedeutet, daß der Ableitungsbaum ausgehend von der Wurzel aufgebaut wird, „Bottom-up", daß er vom zu analysierenden Wort $w$ hin zur Wurzel entsteht. Nichtdeterministische Analysen lassen sich durch NPDAs (vgl. Def. 28 in 8.2.) mit Ausgabe formalisieren. Hierzu erweitert man den NPDA um ein zusätzliches Ausgabeband (Einweg, nur schreibend), das bei der Übergangsrelation $\delta$ zu berücksichtigen ist. Es sei $G = (\mathbf{V}, \mathbf{\Sigma}, P, S)$ eine kontextfreie Grammatik mit $P = \{p_1, \ldots, p_n\}$ und den Regeln $p_i = X_i \to y_i$, $X_i \in \mathbf{V}$, $y_i \in (\mathbf{\Sigma} \cup \mathbf{V})^*$. Eine Links- bzw. Rechtsableitung ist eindeutig durch die Folge der angewendeten Regeln festgelegt, deshalb verwendet man $\{p_1, \ldots, p_n\}$ als Ausgabealphabet des NPDA. Der NPDA gibt zu $w \in \mathbf{\Sigma}^*$ die Folge der Regeln aus, die zur Links- bzw. Rechtsableitung von $w$ gehören, sofern $w \in L(G)$ ist. Für $w \notin L(G)$ soll der NPDA möglichst früh die Ausgabe mit einem Fehlersymbol abbrechen. Im folgenden setzen wir voraus, daß die Grammatik $G$ reduziert ist (vgl. Def. 27).

### 8.3.3.1. Top-down-Analyse und LL($k$)-Sprachen

Akzeptiert der NPDA die Eingabe $w$, so beschreibt die Ausgabe $p_{i_1}, \ldots, p_{i_k}$ eine Linksableitung von $w$.

**TOP-DOWN-PARSER:**

**Eingabe:** $w \in \Sigma^*$.

**Ausgabe:** Die Reihenfolge der Produktionen einer Linksableitung von $w$ oder „Fehler".

(1) Schreibe $S$ auf den Keller.

(2) Solange das Bottomsymbol $Z_0$ nicht oberstes Kellersymbol ist, wiederhole:
- Ist $X \in \mathbf{V}$ oberstes Kellerzeichen, so wähle nichtdeterministisch eine Regel $p_i = (X_i, y_i)$ mit $X = X_i$ aus, ersetze auf dem Keller $X$ durch $y_i$ und gib $p_i$ aus.
- Ist $t \in \Sigma$ oberstes Kellerzeichen, so lies das nächste Eingabezeichen $a$ ein. Gilt $t = a$, so lösche $t$ im Keller, sonst gib „Fehler" aus. Bei „Fehler" gehe in einen STOP-Zustand über, der kein Endzustand ist.

(3) Wird $Z_0$ erreicht und ist $w$ vollständig gelesen, brich das Verfahren durch Übergang in einen Endzustand ab, sonst gib „Fehler" aus und gehe in einen STOP-Zustand.

Dieser TOP-DOWN-Parser ist i.allg. nichtdeterministisch, deshalb schränken wir die betrachtete Sprachklasse ein. Wenn ein Kellerautomat aus den Alternativen $X \to y_i^{(1)}|y_i^{(2)}|\cdots|y_i^{(j)}$ auswählen muß, dann könnte er die Entscheidung eventuell deterministisch treffen, wenn er die Anfänge der aus $y_i^{(l)}$ erzeugbaren Terminalwörter („FIRST") kennen und diese mit den folgenden Eingabezeichen vergleichen würde. Falls wenigstens ein $y_i^{(l)}$ zu $\varepsilon$ abgeleitet werden kann oder man viele Zeichen vorausschauen möchte, so sind auch die Anfänge der Wörter zu berücksichtigen, die auf $X$ innerhalb eines ableitbaren Wortes $\alpha X \beta$ folgen können („FOLLOW").

**Definition 33:**

Es seien $G = (\mathbf{V}, \Sigma, P, S)$ eine kontextfreie Grammatik, $k \in \mathbb{N}$ und $\Sigma^{\leq k} = \bigcup_{i=0}^{k} \Sigma^i$.

a) Für ein Wort $w = w_1 \dots w_n$ mit $w_i \in \Sigma$ für $i = 1, \dots, n$ heißt

$$k : w = \begin{Bmatrix} w_1 \dots w_n, & \text{falls } n \leq k \\ w_1 \dots w_k & \text{sonst} \end{Bmatrix} \in \Sigma^{\leq k}$$

das **$k$-Präfix** von $w$.

b) Die Abbildung $\oplus_k\colon \Sigma^* \times \Sigma^* \to \Sigma^{\leq k}$ definiert durch $u \oplus_k v = k{:}uv$ heißt **$k$-Konkatenation.** Für zwei Sprachen $L_1$, $L_2 \subseteq \Sigma^*$ ist $L_1 \oplus_k L_2 = \{u \oplus_k v \mid u \in L_1, v \in L_2\}$.

c) Die Abbildung $\mathrm{FIRST}_k\colon (\mathbf{V} \cup \Sigma)^* \to 2^{\Sigma^{\leq k}}$ ist für $G$ definiert durch

$$\mathrm{FIRST}_k(\alpha) = \{k : u \mid \alpha \stackrel{*}{\Rightarrow} u \text{ mit } u \in \Sigma^*\}.$$

$\mathrm{FIRST}_k$ beschreibt die Menge der $k$-Präfixe von Terminalwörtern, die aus $\alpha$ ableitbar sind.

d) Die Abbildung $\mathrm{FOLLOW}_k\colon (\mathbf{V} \cup \Sigma)^* \to 2^{\Sigma^{\leq k}}$ ist für $G$ definiert durch

$$\mathrm{FOLLOW}_k(\alpha) = \{w \mid \exists \beta, \gamma \in (\mathbf{V} \cup \Sigma)^* \text{ mit } S \stackrel{*}{\Rightarrow} \beta\alpha\gamma \text{ und } w \in \mathrm{FIRST}_k(\gamma)\}.$$

e) Für $L \subseteq (\mathbf{V} \cup \Sigma)^*$ sind

$$\mathrm{FIRST}_k(L) = \bigcup_{\alpha \in L} \mathrm{FIRST}_k(\alpha) \quad \text{und}$$
$$\mathrm{FOLLOW}_k(L) = \bigcup_{\alpha \in L} \mathrm{FOLLOW}_k(\alpha)$$

die Verallgemeinerungen von $\mathrm{FIRST}_k$ und $\mathrm{FOLLOW}_k$ auf Mengen von Wörtern.

**Definition 34:** Es sei $G = (\mathbf{V}, \Sigma, P, S)$ eine kontextfreie Grammatik und $k \geq 1$ eine natürliche Zahl. $G$ ist eine **LL($k$)-Grammatik**, wenn für alle Linksableitungen und $X \in \mathbf{V}$

$$S \overset{*}{\underset{l}{\Rightarrow}} uX\alpha \underset{l}{\Rightarrow} u\beta\alpha \overset{*}{\Rightarrow} uv \in \Sigma^* \text{ und}$$

$$S \overset{*}{\underset{l}{\Rightarrow}} uX\alpha \underset{l}{\Rightarrow} u\gamma\alpha \overset{*}{\Rightarrow} uw \in \Sigma^*$$

mit $k : v = k : w$ gilt: $\beta = \gamma$.

*Bemerkungen:*

1) LL($k$) ist die Abkürzung für: Top-down-Analyse von links nach rechts mit Vorausschau $k$ und einer Linksableitung als Ergebnis.

2) LL(0) Grammatiken sind uninteressant, da die hiervon erzeugten Sprachen höchstens ein Wort enthalten können.

Die Auswahl der Alternativen für das linkeste Nichtterminal $X$ in einer Satzform $uX\alpha$ wird also bei festem Linkskontext $u$ durch die $k$ ersten Symbole der restlichen Eingabe eindeutig festgelegt. Man beachte, daß die Auswahl i.allg. auch vom bereits gelesenen Teil der Eingabe abhängt. Da $k$ fest ist, kann sich der Parser die $k$ vorab gelesenen Zeichen in seinen Zuständen merken. Die LL($k$)-Grammatiken erlauben also gerade deterministisches TOP-DOWN-Parsing.

**Satz 35:** Es sei $G = (\mathbf{V}, \Sigma, P, S)$ eine kontextfreie Grammatik. $G$ ist genau dann LL($k$)-Grammatik, wenn die folgende Bedingung erfüllt ist:

Sind $X \to y$ und $X \to z$ verschiedene Produktionen mit gleicher linker Seite in $P$, dann gilt für alle $\alpha \in (\mathbf{V} \cup \Sigma)^*$ und $u \in \Sigma^*$ mit $S \overset{*}{\underset{l}{\Rightarrow}} uX\alpha$:

$$\mathrm{FIRST}_k(y\alpha) \cap \mathrm{FIRST}_k(z\alpha) = \emptyset.$$

**Satz 36:** Es sei $G = (\mathbf{V}, \Sigma, P, S)$ eine kontextfreie $\varepsilon$-freie Grammatik. Dann ist $G$ LL(1)-Grammatik genau dann, wenn für jedes Nichtterminal $X$ mit den Alternativen $X \to y_1 | \cdots | y_m$ gilt: Die Mengen $\mathrm{FIRST}_1(y_1), \ldots, \mathrm{FIRST}_1(y_m)$ sind paarweise disjunkt.

**Satz 37:** $G = (\mathbf{V}, \Sigma, P, S)$ sei eine kontextfreie Grammatik. $G$ ist LL(1) genau dann, wenn gilt: Sind $X \to y$ und $X \to z$ verschiedene Produktionen, so ist $(\mathrm{FIRST}_1(y) \oplus_1 \mathrm{FOLLOW}_1(X)) \cap (\mathrm{FIRST}_1(z) \oplus_1 \mathrm{FOLLOW}_1(X)) = \emptyset$.

Ein wichtiger Spezialfall von LL($k$)-Grammatiken sind starke LL($k$)-Grammatiken.

**Definition 38:** Es seien $G = (\mathbf{V}, \Sigma, P, S)$ eine kontextfreie Grammatik und $k \in \mathbb{N}$. Wenn für je zwei verschiedene Produktionen $X \to y$ und $X \to z$ eines Nichtterminals $X$ gilt:

$$(\mathrm{FIRST}_k(y) \oplus_k \mathrm{FOLLOW}_k(X)) \cap (\mathrm{FIRST}_k(z) \oplus_k \mathrm{FOLLOW}_k(X)) = \emptyset\,,$$

dann heißt $G$ **starke LL($k$)-Grammatik**, abgekürzt SLL($k$)-Grammatik.

*Bemerkungen:*

1) Der bereits gelesene Teil der Eingabe ist bei SLL($k$)-Grammatiken ohne Bedeutung.

2) Wegen Satz 37 ist jede LL(1)-Grammatik stark.

3) Es gibt kontextfreie Grammatiken, die LL($k$)-Grammatiken, aber keine SLL($k$)-Grammatiken sind, d.h., die Bedingung aus Satz 37 kann nicht von 1 auf $k > 1$ verallgemeinert werden.

4) Für die Syntax gängiger Programmiersprachen versucht man, mit SLL($k$)-Grammatiken auszukommen. Zum Beispiel wurde die Sprache Pascal größtenteils mit einer SLL(1)-Grammatik beschrieben.

*Beispiel:* Es sei $G = (\mathbf{V}, \Sigma, P, S)$ die kontextfreie Grammatik mit den Produktionen $S \to aAaa|bAba$, $A \to b|\varepsilon$. $G$ ist LL(2)-, aber nicht LL(1)-Grammatik. Wir prüfen die Bedingung aus Satz 35 nach:

**1. Fall:** Ableitung startet mit $S \to aAaa$

$$\mathrm{FIRST}_2(baa) \cap \mathrm{FIRST}_2(aa) = \emptyset\,.$$

**2. Fall:** Ableitung startet mit $S \to aAba$

$$\mathrm{FIRST}_2(bba) \cap \mathrm{FIRST}_2(ba) = \emptyset\,.$$

$G$ ist keine SLL(2)-Grammatik, da $(\mathrm{FIRST}_2(b) \oplus_2 \mathrm{FOLLOW}_2(A)) \cap (\mathrm{FIRST}_2(\varepsilon) \oplus_2 \mathrm{FOLLOW}_2(A)) = \mathrm{FIRST}_2\{baa, bba\} \cap \mathrm{FIRST}_2\{aa, ba\} = \{ba\}$.

**Definition 39:** $G$ sei eine kontextfreie Grammatik.

a) Ein Nichtterminal $B$ heißt **rekursiv**, wenn es eine Ableitung $B \stackrel{+}{\Rightarrow} \alpha B \beta$ gibt. $B$ heißt **linksrekursiv (rechtsrekursiv)**, wenn $\alpha = \varepsilon$ (bzw. $\beta = \varepsilon$) ist.

b) $G$ heißt **linksrekursiv (rechtsrekursiv)**, wenn $G$ mindestens ein linksrekursives (rechtsrekursives) Nichtterminal enthält.

**Satz 40:** $G$ sei eine kontextfreie Grammatik.

a) $G$ linksrekursiv $\Rightarrow$ für jedes $k \geq 1$ ist $G$ keine LL($k$)-Grammatik.

b) $G$ LL($k$)-Grammatik $\Rightarrow$ $G$ ist eindeutig.

**Definition 41: LL($k$) (SLL($k$))** bezeichne die Sprachklasse, die von LL($k$)-Grammatiken (SLL($k$)-Grammatiken) erzeugt wird.

**Satz 42:** Für jedes $k \in \mathbb{N}$, $k \geq 1$, gilt:

a) $\mathrm{LL}(k) \subsetneq \mathrm{LL}(k+1)$,

b) $\mathrm{SLL}(k) \subsetneq \mathrm{SLL}(k+1)$,

c) für $\mathrm{SLL} = \bigcup_k \mathrm{SLL}(k)$ und $\mathrm{LL} = \bigcup_k \mathrm{LL}(k)$ gilt: $\mathrm{SLL} \subsetneq \mathrm{LL} \subsetneq \mathrm{DPDA}$.

#### 8.3.3.2. Bottom-up-Analyse und LR($k$)-Sprachen

**BOTTOM-UP-PARSER:**

**Eingabe:** $w \in \Sigma^*$.

**Ausgabe:** Die Produktionen einer Rechtsableitung von $w$ in gespiegelter Reihenfolge oder „Fehler".

Wähle nichtdeterministisch zwischen den folgenden Schritten, bis ein STOP-Zustand erreicht wird:

(1) Lies das nächste Zeichen der Eingabe und speichere es auf dem Keller (Shift-Schritt).

(2) Wähle eine Regel $p_i = (X_i, y_i)$ aus. Falls $y_i$ oben auf dem Keller steht, ersetze es dort durch $X_i$ und gib $p_i$ aus. Andernfalls gib „Fehler" aus und gehe in einen STOP-Zustand, der kein Endzustand ist (Reduktions-Schritt).

(3) Prüfe, ob das Bottomsymbol $Z_0$ oberstes Kellersymbol ist. Falls zusätzlich die Eingabe vollständig gelesen wurde, dann gehe in einen Endzustand; sonst gib „Fehler" aus und gehe in einen STOP-Zustand, der kein Endzustand ist (Abbruchkriterium).

Der BOTTOM-UP-Parser ist nichtdeterministisch. Man wird daher versuchen, durch Vorausschau um $k$ Zeichen eine eindeutige Auswahl der Alternativen zu treffen.

**Definition 43:** $G = (\mathbf{V}, \Sigma, P, S)$ sei eine kontextfreie Grammatik.

a) Es sei $S \overset{*}{\underset{r}{\Rightarrow}} \alpha X u \underset{r}{\Rightarrow} \alpha v u$ eine Rechtsableitung in $G$. $v$ heißt **Griff** (engl. handle) der Rechtsableitung von $\alpha v u$. Jedes Präfix von $\alpha v$ heißt ein **zuverlässiges Präfix** von $G$.

b) Es sei $X \to v$ eine Produktion und $v = v_1 v_2$ eine Zerlegung von $v$. Dann heißt das Tripel $(X, v_1, v_2)$ ein **kontextfreies Item** von $G$ (in Zeichen: $[X \to v_1.v_2]$). $v_1$ heißt die **Geschichte** dieses Items. $[X \to v.]$ heißt **vollständiges Item.** ($[X \to v.]$ ist die Abkürzung für $[X \to v.\varepsilon]$.)

c) Ein Item $[X \to v_1.v_2]$ heißt **gültig** für das zuverlässige Präfix $\alpha v_1$, wenn es eine Rechtsableitung $S \overset{*}{\underset{r}{\Rightarrow}} \alpha X u \underset{r}{\Rightarrow} \alpha v_1 v_2 u$ gibt.

d) $[X \to v_1.v_2, J]$ heißt **LR($k$)-Item,** wenn $X \to v_1 v_2 \in P$ und $J \subseteq \Sigma^k$ ist. $[X \to v_1.v_2]$ ist der Kern des LR($k$)-Items, $J$ seine **Vorausschaumenge.** Ein LR($k$)-Item $[X \to v_1.v_2, J]$ ist **gültig** für ein zuverlässiges Präfix $\alpha v_1$, wenn es zu jedem $w \in J$ eine Rechtsableitung $S \overset{*}{\underset{r}{\Rightarrow}} \alpha X u \underset{r}{\Rightarrow} \alpha v_1 v_2 u$ mit $w = k : u$ gibt.

Ein gültiges LR($k$)-Item $[X \to v_1.v_2, J]$ beschreibt bei einem BOTTOM-UP-Parser die Situation, daß sich $v_1$ auf dem Keller des Parsers befindet und $v_2$ noch durch Shift- und Reduktions-Schritte aus dem Rest der Eingabe erzeugt werden muß. Die zuverlässigen Präfixe von $G$ sind nun die Wörter auf dem Keller, die durch Lesen geeigneter weiterer Zeichen einen Reduktionsschritt erlauben.

**Satz 44:** Die Sprache der zuverlässigen Präfixe einer kontextfreien Grammatik $G$ ist regulär, und man kann effektiv aus $G$ einen endlichen deterministischen Automaten (den sog. LR(0)-Analysator) für diese Sprache konstruieren.

Damit existiert ein endlicher Automat, dessen Zustände angeben, ob ein zuverlässiges Präfix im Keller steht. Dem obersten Kellerzeichen ist also ein Zustand dieses endlichen Automaten zugeordnet. Das Startsymbol $S$ spielt eine Sonderrolle: Ist es rekursiv, dann ist unklar, ob es gelöscht und die Analyse beendet werden soll oder ob noch weitere Reduktionsschritte auszuführen sind. Dieses Problem wird durch die Einführung eines neuen nichtrekursiven Startsymbols $S'$ und der Produktion $S' \to S$ beseitigt.

**Definition 45:** Es seien $G = (\mathbf{V}, \Sigma, P, S)$ eine kontextfreie Grammatik und $G' = (\mathbf{V}', \Sigma, P', S')$ die um das neue Startsymbol $S'$ und die zusätzliche Produktion $S' \to S$ erweiterte, kontextfreie Grammatik zu $G$. $G'$ heißt **LR($k$)-Grammatik,** wenn für alle Rechtsableitungen

$$S' \overset{*}{\underset{r}{\Rightarrow}} \alpha X u \underset{r}{\Rightarrow} \alpha v u \quad \text{und} \quad S' \overset{*}{\underset{r}{\Rightarrow}} \gamma Y w \underset{r}{\Rightarrow} \alpha v y \quad \text{mit} \quad k : u = k : y$$

folgt, daß $\alpha = \gamma$, $X = Y$ und $w = y$ gilt.

Für eine LR($k$)-Grammatik kann also die Entscheidung, ob die obersten Kellerzeichen der Griff sind und somit zu reduzieren sind, eindeutig durch den Kellerinhalt (wegen Satz 44 durch den Zustand eines Automaten) und durch die nächsten $k$ Eingabezeichen gefällt werden.

*Beispiel:* Die Grammatik $G$ mit den Produktionen $S \to aAc$, $A \to bbA|b$ mit $L(G) = \{ab^{2n+1}c \mid n \geq 0\}$ ist **LR(1)-Grammatik.** Die kritischen Satzformen haben die Form $ab^m w$. Falls $1 : w = b$ ist, so liegt der Griff in $w$; ist $1 : w = c$, so bildet das letzte $b$ in $b^m$ den Griff.

Eindeutige Grammatiken lassen sich durch paarweise Disjunktheit von kontextfreien „Reduktions- und Shiftklassen" charakterisieren. Als Obermengen dieser Klassen kann man $k$-Kellerklassen definieren, die sich als reguläre Mengen erweisen und als Konkatenation von zuverlässigen Präfixen mit Vorausschaumengen aufzufassen sind. Eine Grammatik ist genau dann LR($k$), wenn diese $k$-Kellerklassen paarweise durchschnittsfremd sind (siehe [Mayer 1978]). Mit diesem Ansatz lassen sich auch weitere Sprachklassen unterhalb von ECF einführen. Wir folgen nun aber dem üblichen Vorgehen, die LR($k$)-Grammatiken über LR($k$)-Items zu charakterisieren.

**Definition 46** (zu $\mathrm{FIRST}_k$ und 1: $\alpha$ vgl. Def. 33):
$G = (\mathbf{V}, \Sigma, P, S)$ sei eine kontextfreie Grammatik.
Die Abbildung $\mathrm{EFF}_k$: $(\mathbf{V} \cup \Sigma)^* \to 2^{\Sigma^{\leq k}}$ ist für $G$ definiert durch: $\mathrm{EFF}_k(\alpha) = \mathrm{FIRST}_k(\alpha)$, falls $1 : \alpha \in \Sigma$, d.h. $\alpha$ beginnt mit einem Buchstaben aus $\Sigma$, und sonst definiert durch $\mathrm{EFF}_k(\alpha) = \{w \in \mathrm{FIRST}_k(\alpha) \mid \exists$ Rechtsableitung $\alpha \overset{*}{\underset{r}{\Rightarrow}} \beta \underset{r}{\Rightarrow} wy$ und $\forall X \in \mathbf{V}$: $\beta \neq Xwy\}$. $\mathrm{EFF}_k$ werde durch $\mathrm{EFF}_k(J) = \bigcup_{\alpha \in J} \mathrm{EFF}_k(\alpha)$ auf Mengen fortgesetzt.

**Satz 47:** Eine kontextfreie Grammatik $G$ ist genau dann eine LR($k$)-Grammatik, wenn für alle zuverlässigen Präfixe $\alpha v$ gilt: Wenn das LR($k$)-Item $[X \to v., J_1]$ für $\alpha v$ gültig ist, dann gibt es kein anderes für $\alpha v$ gültiges LR($k$)-Item $[Y \to w_1.w_2, J_2]$, so daß $J_1 \cap \mathrm{EFF}_k(w_2 J_2) \neq \emptyset$ ist.

Satz 47 führt zur Konstruktion eines Bottom-Up-Parsers, der die Syntaxanalyse einer LR($k$)-Grammatik in $O(|w|)$-Schritten für jedes zu analysierende $w \in \Sigma^*$ durchführt. Wegen Satz 44 erkennt dieser Parser für $w \notin L(G)$ an der frühestmöglichen Stelle von $w$, daß $w$ nicht ableitbar sein kann. Die Konstruktion dieses Parsers geht von dem LR(0)-Analysator aus, stellt in diesem fest, daß zwischen Shift- und Reduktionsschritten nicht immer eindeutig entschieden werden kann, und versucht, solche Konflikte durch die folgenden $k$ Eingabezeichen zu lösen. Wenn diese Konflikte durch eine vom Analysator unabhängige Tabelle gelöst werden können, so erhält man die simple-LR($k$)-Grammatiken (SLR($k$)-Grammatiken); kann man sie für jeden Konfliktzustand isoliert lösen, so erhält man die look-ahead-LR($k$)-Grammatiken (LALR($k$)-Grammatiken). Im allgemeinen Fall muß jedoch der Analysator durch Verdopplung von Zuständen stark vergrößert werden. Es gibt effiziente Verfahren, einen Parser für LALR($k$)-Grammatiken zu erstellen, die heute in Software-Entwicklungs-Umgebungen in Form von Werkzeugen vorhanden sind. Die meisten Compiler für Programmiersprachen basieren auf einem LALR(1)-Parser.

Satz 47 ist (wegen Satz 44) konstruktiv. Aus ihm lassen sich zwei Lemmata folgern:

**Lemma 48:** $G$ sei eine kontextfreie Grammatik.

a) Ist $G$ eine LR($k$)-Grammatik für ein $k \in \mathbb{N}$, dann gibt es einen deterministischen Pushdown Automaten (DPDA) $M$ mit $L(G) = L(M)$.

b) Jede LR($k$)-Grammatik ist eindeutig.

**Lemma 49:** Für jedes feste $k \in \mathbb{N}$ gilt: Es ist für jede kontextfreie Grammatik $G$ entscheidbar, ob $G$ LR($k$)-Grammatik (oder SLR($k$)- bzw. LALR($k$)-Grammatik) ist.

Wir befinden uns hier an der Grenze zur Unentscheidbarkeit wegen:

**Lemma 50:** Es gibt keinen Algorithmus, der zu jeder kontextfreien Grammatik $G$ feststellt, ob es ein $k$ gibt, so daß $G$ eine LR($k$)-Grammatik ist.

**Definition 51:** LR($k$) bezeichne die Klasse von Sprachen, die von LR($k$)-Grammatiken erzeugt werden.

**Satz 52:**

a) $\mathrm{LR}(0) \subsetneq \mathrm{LR}(1) = \bigcup_{k \geq 0} \mathrm{LR}(k) = \mathrm{DPDA}$;

b) $\mathrm{LL} \subsetneq \mathrm{LR}(1)$.

**Satz 53:** Für jedes $k \geq 1$ gilt:

a) Jede LL($k$)-Sprache ist auch LR($k$)-Sprache.

b) Es gibt eine LR($k$)-Sprache, die nicht LL($k$)-Sprache ist.

### 8.3.4. Beispiele für weitere Sprachfamilien

Bei Grammatiken hängt die Auswahl einer Regel von dem vorliegenden Wort, nicht aber von den zuvor durchgeführten Ableitungsschritten ab. Wir betrachten zunächst Systeme, in denen die Ableitungsfolge zusätzlichen Bedingungen genügen muß.

In Matrixgrammatiken werden Produktionen zu endlichen Folgen (zu einer sog. Matrix) zusammengefaßt, und die Produktionen jeder Matrix müssen der Reihe nach in direkt aufeinanderfolgenden Schritten angewendet werden. Bei scattered-context Grammatiken sind gewisse Produktionen gleichzeitig anzuwenden, und bei programmierten Grammatiken wird in jedem Schritt festgelegt, welche Produktionen im nächsten Ableitungschritt zulässig sind.

**Definition 54:**

a) Für eine Produktion $p = (x, y) \in \mathbf{U}^* \times \mathbf{U}^*$ (**U** Alphabet) sei

$$u \underset{p}{\Rightarrow} v :\Leftrightarrow \exists\, w, w' \in \mathbf{U}^*\colon u = wxw' \text{ und } v = wyw'.$$

b) Für $m = (p_1, \ldots, p_k)$ mit $k \geq 1$ und $p_i \in \mathbf{U}^* \times \mathbf{U}^*$ sei

$$u \underset{m}{\Rightarrow} v :\Leftrightarrow \exists\, w_0, \ldots, w_k \in \mathbf{U}^* \text{ mit } u = w_0\,, w_{i-1} \underset{p_i}{\Rightarrow} w_i \text{ (für } i = 1, \ldots, k) \text{ und } w_k = v.$$

**Definition 55** (Matrixgrammatik):

a) Eine **Matrixgrammatik** $G = (\mathbf{V}, \Sigma, M, S)$ besteht aus disjunkten Alphabeten **V** und $\Sigma$ (Nichtterminal- bzw. Terminalzeichen), einem Startsymbol $S \in \mathbf{V}$ und einer endlichen Menge $M = \{m_1, \ldots, m_t\}$ nichtleerer, endlicher Folgen $m_i = (p_{i1}, p_{i2}, \ldots, p_{ik_i})$ von Produktionen $p_{ij} \in (\mathbf{V} \cup \Sigma)^* \times (\mathbf{V} \cup \Sigma)^*$.

b) Für eine Matrixgrammatik $G$ sei die Einschrittrelation von $G$ definiert durch $u \underset{G}{\Rightarrow} v :\Leftrightarrow \exists\, m \in M$ mit $u \underset{m}{\Rightarrow} v$. $\overset{*}{\underset{G}{\Rightarrow}}$ bezeichne wie üblich den reflexiven und transitiven Abschluß von $\underset{G}{\Rightarrow}$.

c) Die von G erzeugte Sprache ist $L(G) = \{w \in \Sigma^* \mid S \overset{*}{\underset{G}{\Rightarrow}} w\}$.

*Beispiel:* Es sei $G = (\mathbf{V}, \Sigma, M, S)$ eine Matrixgrammatik mit $\mathbf{V} = \{S, A, B, C\}$, $\Sigma = \{a, b, c\}$, $M = \{m_1, m_2, m_3\}$, wobei $m_1 = (S \to ABC)$, $m_2 = (A \to aA,\ B \to bB,\ C \to cC)$ und $m_3 = (A \to a,\ B \to b,\ C \to c)$ ist. $G$ erzeugt die (nicht-kontextfreie) Sprache $L_4 = \{a^n b^n c^n \mid n \geq 1\}$.

*Bemerkung:* Es seien MREG, MCF und MCS die Klassen von Sprachen, die von Matrixgrammatiken erzeugt werden, deren Produktionen $p_{ij}$ alle rechtslinear bzw. kontextfrei bzw. kontextsensitiv sind. Dann gilt: REG = MREG $\subsetneq$ CF $\subsetneq$ MCF $\subsetneq$ CS = MCS.

**Definition 56:** Eine **Scattered-context-Produktion** (über $(\mathbf{V}, \Sigma)$) der Breite $k \geq 1$ ist ein Paar $s = (X_1, \ldots, X_k) \to (v_1, \ldots, v_k)$, wobei $(X_i, v_i) \in \mathbf{V} \times (\mathbf{V} \cup \Sigma)^+$ kontextfreie Produktionen mit $v_i \neq \varepsilon$ sind. Es gelte: $u \underset{s}{\Rightarrow} v :\Leftrightarrow \exists\, w_0, \ldots, w_k$ mit $u = w_0 X_1 w_1 X_2 \ldots w_{k-1} X_k w_k$ und $v = w_0 v_1 w_1 v_2 \ldots w_{k-1} v_k w_k$.

**Definition 57** (Scattered-context Grammatik (SC-Grammatik)):

a) Eine **SC-Grammatik** $G = (\mathbf{V}, \Sigma, P, S)$ besteht aus disjunkten Alphabeten **V** und $\Sigma$ (s.o.), einer endlichen Menge $P$ von SC-Produktionen über $(\mathbf{V}, \Sigma)$ und einem Startsymbol $S \in \mathbf{V}$.

b) $G = (\mathbf{V}, \Sigma, P, S)$ sei eine SC-Grammatik. Die **Einschrittrelation** von $G$ ist definiert durch $u \underset{G}{\Rightarrow} v :\Leftrightarrow \exists\, s \in P$ mit $u \underset{s}{\Rightarrow} v$. $\overset{*}{\underset{G}{\Rightarrow}}$ bezeichne wie üblich die Mehrschrittrelation.

c) Die von $G$ erzeugte Sprache ist $L(G) = \{w \in \Sigma^* \mid S \overset{*}{\underset{G}{\Rightarrow}} w\}$.

*Bemerkung:* SC sei die Klasse der von Scattered-context Grammatiken erzeugten Sprachen. Dann gilt: CF $\subsetneq$ MCF $\subsetneq$ SC $\subseteq$ CS, wobei die Frage, ob SC = CS ist, bisher nicht geklärt ist.

**Definition 58 (Programmierte Grammatik):**

a) Eine **Programmierte Grammatik** $G = (\mathbf{V}, \Sigma, P, E, M, S)$ besteht aus disjunkten Alphabeten **V** und $\Sigma$ (s.o.), einem Startsymbol $S \in \mathbf{V}$, einer endlichen, von 1 bis $n = |P|$ durchnumerierten Produktionenmenge $P = \{p_1, \ldots, p_n\}$ (mit $n \geq 1, p_i \in (\mathbf{V} \cup \Sigma)^+ \times (\mathbf{V} \cup \Sigma)^*$) und zwei Abbildungen $E, M$: $\{1, \ldots, n\} \to 2^{\{1, \ldots, n\}}$. $E(i)$ bzw. $M(i)$ heißen die Erfolgs- und Mißerfolgsmenge der Produktion $p_i$.

b) Es sei $p_i = (x_i, y_i)$, $1 \leq i \leq n$. Eine **Situation** ist ein Paar $(w, i) \in (\mathbf{V} \cup \Sigma)^* \times \{1, \ldots, n\}$. Die Einschrittrelation $\underset{G}{\Rightarrow}$ ist auf der Menge der Situationen definiert durch $(w, i) \underset{G}{\Rightarrow} (w', i')$ genau dann, wenn entweder $\exists\, u_1, u_2 \in (\mathbf{V} \cup \Sigma)^*$ mit ($w = u_1 x_i u_2$ und $w' = u_1 y_i u_2$ und $i' \in E(i)$) oder $x_i$ ist kein Teilwort von $w$ und $w = w'$ und $i' \in M(i)$; $\overset{*}{\underset{G}{\Rightarrow}}$ ist wie üblich als reflexiver und transitiver Abschluß definiert.

c) $L(G) = \{w \in \Sigma^* \mid \exists\, 1 \leq i, j \leq n$ mit $(S, i) \overset{*}{\Rightarrow} (w, j)\}$.

*Beispiel:* $G = (\mathbf{V}, \Sigma, P, E, M, S)$ sei eine Programmierte Grammatik mit $\mathbf{V} = \{A, B, C, S\}$, $\Sigma = \{a, b, c\}$ und den in Tabelle 8.20 angegebnen Regeln $p_i = (X_i, v_i)$.

*Tabelle 8.20*

| $i$ | $X_i$ | $v_i$ | $E(i)$ | $M(i)$ |
|---|---|---|---|---|
| 1 | $S$ | $ABC$ | $\{2,5\}$ | $\emptyset$ |
| 2 | $A$ | $aA$ | $\{3\}$ | $\emptyset$ |
| 3 | $B$ | $bB$ | $\{4\}$ | $\emptyset$ |
| 4 | $C$ | $cC$ | $\{2,5\}$ | $\emptyset$ |
| 5 | $A$ | $a$ | $\{6\}$ | $\emptyset$ |
| 6 | $B$ | $b$ | $\{7\}$ | $\emptyset$ |
| 7 | $C$ | $c$ | $\{7\}$ | $\emptyset$ |

Die Ableitung des Wortes $a^2b^2c^2$ lautet mit dieser Grammatik: $(S,1) \Rightarrow (ABC,2) \Rightarrow (aABC,3) \Rightarrow (aAbBC,4) \Rightarrow (aAbBcC,5) \Rightarrow (aabBcC,6) \Rightarrow (aabbcC,7) \Rightarrow (aabbcc,7)$. Es gilt: $L(G) = L_4$.

*Bemerkung:* Es seien PREG, PCF$^+$, PCF$^\varepsilon$, PCS die Klassen von Sprachen, die von programmierten Grammatiken erzeugt werden, deren Produktionen alle rechtslinear bzw. $\varepsilon$-treu kontextfrei bzw. beliebig kontextfrei bzw. kontextsensitiv sind. Dann gilt:
REG = PREG $\subsetneq$ CF $\subsetneq$ PCF$^+$ $\subsetneq$ CS = PCS $\subsetneq$ PCF$^\varepsilon$ = CH0.

Als weitere Grammatiktypen seien die indizierten Grammatiken und die Makrogrammatiken genannt, zu denen sich geeignete Maschinenmodelle angeben lassen. Zu den Beziehungen und Eigenschaften siehe [Salomaa 1973].

A. Lindenmayer (niederländischer Biologe) faßt Wörter als eine Folge von Zellen auf; die einzelnen Buchstaben beschreiben, in welchem Zustand sich die Zelle befindet (ruhend, Energie aufnehmend, eine Teilung vorbereitend, absterbend usw.). Da jede Zelle gleichzeitig aktiv ist, führt dies zu einem Ableitungsbegriff, bei dem in jedem Schritt jede Stelle im Wort abzuleiten ist. Je nachdem, ob die Nachbarzellen Einfluß auf die Zustandsänderung einer Zelle haben, erhält man kontextabhängige (2L-, 1L-) oder kontextfreie (0L-) Systeme. Im folgenden sei **V** ein festes Alphabet. Die Produktionen in Lindenmayer-Systemen sind kontextfrei, d.h. Elemente aus $\mathbf{V} \times \mathbf{V}^*$. Auf jedes nichtleere Wort muß an jeder Stelle eine Produktion angewendet werden können, d.h., zu jedem Buchstaben $a \in \mathbf{V}$ gibt es mindestens eine Produktion $(a, v)$; dies ist keine wesentliche Einschränkung, da man die Identität $(a, a)$ als Produktion hinzunehmen kann.

**Definition 59** (0L-System):

a) Ein **0L-System (Null-Lindenmayer-System)** ist ein Tripel $S = (\mathbf{V}, P, w_0)$, wobei $\mathbf{V}$ ein Alphabet, $w_0 \in \mathbf{V}^+$ (Startwort) und $P \subseteq \mathbf{V} \times \mathbf{V}^*$ eine linksvollständige, endliche Relation (Produktionenmenge) sind. (Eine Relation $R \subseteq M \times M'$ heißt linksvollständig, falls es für jedes $x \in M$ ein $y \in M'$ mit $(x, y) \in R$ gibt.) Ist $P$ funktional, d.h. für jedes $a \in \mathbf{V}$ gilt $|\{v \mid (a, v) \in P\}| = 1$, so heißt $S$ **deterministisch (D0L-System)**. Gilt $P \subseteq \mathbf{V} \times \mathbf{V}^+$, so heißt $S$ **positiv (P0L-System)** oder **monoton** (engl. propagating).

b) Die Einschrittrelation $\underset{S}{\Rightarrow} \subseteq \mathbf{V}^* \times \mathbf{V}^*$ ist definiert durch:
$w \underset{S}{\Rightarrow} w' :\Leftrightarrow w = a_1 \dots a_k \in \mathbf{V}^k \; (k \geq 1)$ und $w' = v_1 \dots v_k$ mit $(a_i, v_i) \in P$ für alle $1 \leq i \leq k$. $\overset{*}{\underset{S}{\Rightarrow}}$ ist wie üblich als reflexiver und transitiver Abschluß definiert.

c) $L(S) = \{w \in \mathbf{V}^* \mid w_0 \overset{*}{\underset{S}{\Rightarrow}} w\}$ heißt die von $S$ erzeugte Sprache. Mit 0L bezeichnen wir die Klasse der von 0L-Systemen erzeugten Sprachen (analog P0L, D0L, PD0L).

*Bemerkungen:*

1) Ist $P$ funktional, d.h. eine Funktion $P : \mathbf{V} \to \mathbf{V}^*$, so ist $\underset{S}{\Rightarrow}: \mathbf{V}^* \to \mathbf{V}^*$ der von $P$ erzeugte Homomorphismus. Allgemein definiert $P$ in kanonischer Weise eine Substitution $\tau_S: 2^{\mathbf{V}^*} \to 2^{\mathbf{V}^*}$ durch $\tau_S(L) = \{w \mid \exists v \in L \text{ mit } v \underset{S}{\Rightarrow} w\}$. Dann ist $L(S) = \bigcup_{i \geq 0} \tau_S^i(\{w_0\})$, wobei $\tau_S^i$ die $i$-fache Iteration von $\tau_S$ ist. Ist $S$ ein D0L-System, d.h. $\tau_S$ ein Homomorphismus, so bezeichnet man die Funktion $f_S: \mathbb{N} \to \mathbb{N}$ mit $f_S(n) = |\tau_S^n(w_0)|$ als **Wachstumsfunktion** von $S$.

2) Nach Definition enthält jede 0L-Sprache zumindest ein nichtleeres Wort, das Startwort.

*Beispiel:* Das 0L-System mit der einzigen Regel $a \to aa$ und mit dem Startwort $w_0 = a$ erzeugt die Sprache $\{a^m \mid m = 2^n \text{ für } n \geq 0\}$. Dieses System ist positiv und deterministisch. Seine Wachstumsfunktion lautet $f_S(n) = 2^n$, also ist DP0L nicht in CF enthalten (vgl. Satz 22).

Die Anwendung einer Regel $(a, v)$ kann davon abhängig gemacht werden, ob im Wort auf einer Seite direkt neben $a$ (1L-Systeme) oder auf beiden Seiten (2L-Systeme) bestimmte Buchstaben stehen. Hierdurch wird die Sprachklasse deutlich erhöht. 2L- und auch 1L-Systeme können die Arbeitsweise von Turingmaschinen nachvollziehen; da aber mit jedem Wort auch alle zuvor durchlaufenen Wörter zur Sprache gehören, ist 2L, bzw. 1L nur eine echte Teilmenge von CH0 = AUF. Zeichnet man jedoch eine Teilmenge $\Sigma \subseteq \mathbf{V}$ aus und verlangt, daß nur Wörter aus $\Sigma^*$ zur erzeugten Sprache gehören (sog. E-L-Systeme, engl. extended), dann ist E1L = AUF. Ähnlich wie bei Matrix-Grammatiken kann man Regeln zu sog. Tabellen zusammenfassen; in jedem Ableitungsschritt dürfen nur Regeln einer Tabelle verwendet werden (T-L-Systeme). Die Sprachklasse ET0L als echte Teilmenge von CS hat die angenehmsten Abschlußeigenschaften. Die Klasse 0L (echte Teilmenge von CS) dagegen gilt als Außenseiter, da sie gegen keine der gängigen Sprachoperationen (außer Spiegelung) abgeschlossen ist (vgl. Tabelle 8.19 in 8.3.1.) und nicht einmal alle regulären Sprachen enthält.

*Beispiel:* Mit L-Systemen lassen sich biologische Prozesse angenähert beschreiben. Ein Standardbeispiel (aus [Rozenberg/Salomaa 1986]) ist folgendes PD0L-System $S = (\mathbf{V}, P, w_0)$ mit $\mathbf{V} = \{0, 1, 2, \dots, 9, (, )\}$, $w_0 = 4$ und $P = \{0 \to 10,\ 1 \to 32,\ 2 \to 3(4),\ 3 \to 3,\ 4 \to 56,\ 5 \to 37,\ 6 \to 58,\ 7 \to 3(9),\ 8 \to 50,\ 9 \to 39, ( \to (,\ ) \to )\}$.

Die ersten 4 Ableitungsschritte sind: $4 \Rightarrow 56 \Rightarrow 3758 \Rightarrow 33(9)3750 \Rightarrow 33(39)33(9)3710$. Faßt man () als Verzweigung auf, dann entsprechen die abgeleiteten Wörter dem Wachstum einer Blaualgensorte. Wir illustrieren das Wachstum nach $n = 1, 2, 3, 4, 8$ und $12$ Schritten und bringen Abzweigungen willkürlich oben oder unten an (siehe Abb. 8.17).

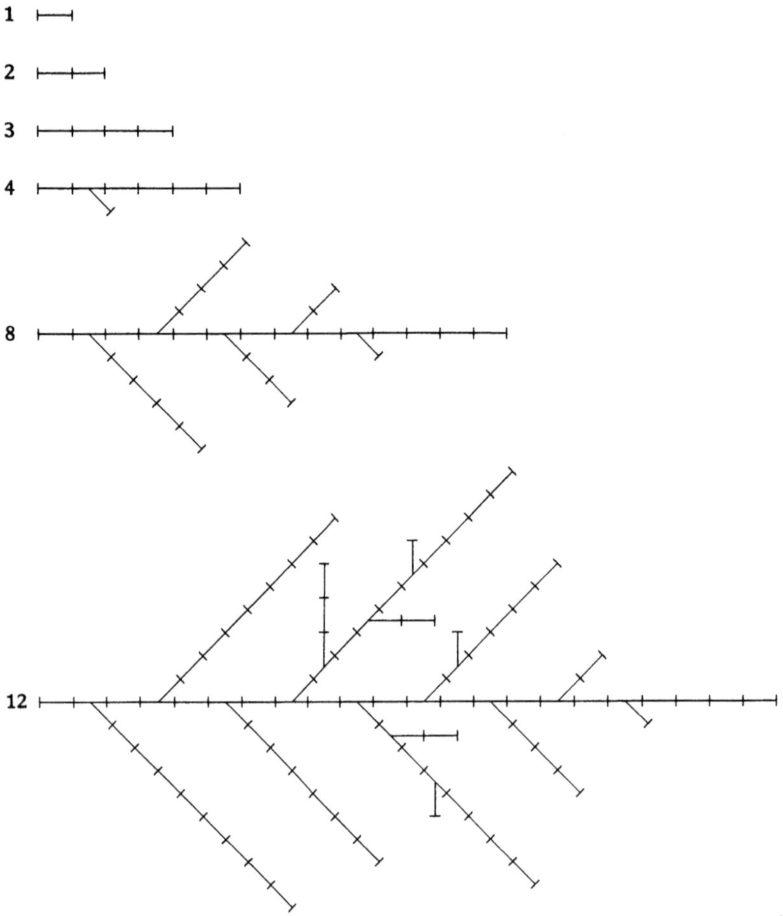


Abb. 8.17

C.A. Petri hat 1961 gewisse Netze als Verallgemeinerung endlicher Automaten eingeführt. Diese Netze werden heute meist als Stellen/Transitionsnetze (S/T-Netze) oder auch als Petrinetze bezeichnet.

**Definition 60:** $N = (\mathbf{S}, \mathbf{T}, \mathbf{F}, K, W, m_0)$ heißt **S/T-Netz** genau dann, wenn gilt:

– **S** und **T** sind nicht-leere endliche Mengen (Menge der **Stellen** sowie Menge der **Transitionen**) mit $\mathbf{S} \cap \mathbf{T} = \emptyset$.

– $\mathrm{F} \subseteq (\mathbf{S} \times \mathbf{T}) \cup (\mathbf{T} \times \mathbf{S})$ ist eine nichtleere Menge (Menge der **Kanten** oder **Flußrelation** von N).

– $K\colon \mathbf{S} \to \mathbb{N} \cup \{\infty\}$ ist eine Abbildung (**Kapazitätsfunktion** der Stellen).

– $W\colon \mathrm{F} \to \mathbb{N} - \{0\}$ ist eine Abbildung (**Gewichtsfunktion** der Kanten).

- $m_0$: $\mathbf{S} \to \mathbb{N}$ ist eine Abbildung mit $m_0(s) \leq K(s)$ für alle $s \in \mathbf{S}$ (**Anfangsmarkierung** des Netzes).

Netze veranschaulicht man durch gerichtete Graphen, die zwei Arten von Knoten besitzen: Stellen werden durch Kreise, Transitionen durch Rechtecke dargestellt. Der Graph ist bipartit, d.h., seine Knotenmenge zerfällt in zwei Teilmengen, und Kanten sind nur zwischen Knoten verschiedener Teilmengen erlaubt. Die (Anfangs-)Markierung wird in Form von Punkten in den Graphen eingetragen. Diese Punkte heißen **Marken** oder **Token**.

**Definition 61:** Für ein S/T-Netz N bezeichnet man $\mathrm{Mark}(N) = \{m\colon \mathbf{S} \to \mathbb{N} \mid m(s) \leq K(s)$ für alle $s \in \mathbf{S}\}$ als **Menge der zulässigen Markierungen** von N.

*Bemerkung:* Jede Markierung $m \in \mathrm{Mark}(N)$ kann man als einen $|\mathbf{S}|$-stelligen Vektor über $\mathbb{N}$ auffassen.

**Definition 62** (Vor- und Nachbereich, aktiviert, Schaltregel, Erreichbarkeit):
$N = (\mathbf{S}, \mathbf{T}, \mathbf{F}, K, W, m_0)$ sei ein S/T-Netz.

a) Für $t \in \mathbf{T}$ heißen ${}^\bullet t = \{s \in \mathbf{S} \mid (s,t) \in \mathbf{F}\}$ der **Vorbereich** und $t^\bullet = \{s \in \mathbf{S} \mid (t,s) \in \mathbf{F}\}$ der **Nachbereich** von $t$. Vor- und Nachbereich von Stellen $s \in \mathbf{S}$ sind analog definiert.

b) Eine Transition $t \in \mathbf{T}$ heißt **aktiviert** unter einer Markierung $m \in \mathrm{Mark}(N)$, wenn $W(s,t) \leq m(s)$ für alle $s \in {}^\bullet t$ und $m(s) + W(t,s) \leq K(s)$ für alle $s \in t^\bullet$ gilt.

c) Wenn eine Transition $t$ unter der Markierung $m$ aktiviert ist, dann kann sie **schalten** (oder feuern). Das Ergebnis des Schaltens ist die **(Folge-)Markierung** $m' \in \mathrm{Mark}(N)$ mit

$$m'(s) = \begin{cases} m(s) & \text{für alle } s \notin {}^\bullet t \cup t^\bullet, \\ m(s) - W(s,t) & \text{für alle } s \in {}^\bullet t \backslash t^\bullet, \\ m(s) + W(t,s) & \text{für alle } s \in t^\bullet \backslash {}^\bullet t, \\ m(s) + W(t,s) - W(s,t) & \text{für alle } s \in {}^\bullet t \cap t^\bullet, \end{cases}$$

in Zeichen: $m[t\rangle m'$.

d) $[.\rangle$ wird auf Folgen von Transitionen, also auf $\mathbf{T}^*$ fortgesetzt: $m[\varepsilon\rangle m$ für alle $m \in \mathrm{Mark}(N)$, und für alle $u \in \mathbf{T}^*$ und $t \in \mathbf{T}$ setze $m[ut\rangle m''$ genau dann, wenn es $m' \in \mathrm{Mark}(N)$ gibt, so daß $m[u\rangle m'$ und $m'[t\rangle m''$ gelten.

e) Eine Transitionenfolge $w \in \mathbf{T}^*$ heißt **aktiviert unter der Markierung** $m$, wenn ein $m''$ mit $m[w\rangle m''$ existiert. In Zeichen: $m[w\rangle$.

f) Als **Erreichbarkeitsmenge** einer Markierung $m$ bezeichnet man
$\mathrm{Err}(m) := \{m' \in \mathrm{Mark}(N) \mid \exists w \in \mathbf{T}^*$ mit $m[w\rangle m'\}$. Als Erreichbarkeitsmenge des Netzes bezeichnet man die Erreichbarkeitsmenge der Anfangsmarkierung: $\mathrm{Err}(N) := \mathrm{Err}(m_0)$.

**Definition 63** (Netzsprachen):
$N = (\mathbf{S}, \mathbf{T}, \mathbf{F}, K, W, m_0)$ sei ein S/T-Netz, $\Sigma$ ein Alphabet und $h\colon \mathbf{T}^* \to \Sigma^*$ ein Homomorphismus mit $|h(t)| \leq 1$ für alle $t \in \mathbf{T}$. Weiterhin sei $M \subseteq \mathrm{Mark}(N)$ eine endliche Menge von zulässigen Markierungen des Netzes.

a) $P(N, \Sigma, h) = \{h(w) \mid w \in \mathbf{T}^*$ und $m_0[w\rangle\}$ heißt **P-Typ-Sprache** oder **Sprache der Bilder aller aktivierter Transitionenfolgen.**

b) $L(N, \Sigma, h, M) = \{h(w) \mid w \in \mathbf{T}^*$ und $\exists m' \in M$ mit $m_0[w\rangle m'\}$ heißt **L-Typ-** oder **Terminalsprache oder Netzsprache.**

c) $G(N, \Sigma, h, M) = \{h(w) \mid w \in \mathbf{T}^*$ und $\exists m' \in M, m'' \in \mathrm{Mark}(N)$ mit $m_0[w\rangle m''$ und $m''(s) \geq m'(s)$ für alle $s \in \mathbf{S}\}$ heißt **G-Typ- oder schwache Netzsprache oder Überdeckungssprache.**

**d)** $T(N, \Sigma, h) = \{h(w) \mid w \in \mathbf{T}^*$ **und** $\exists m' \in \text{Mark}(N)$ **mit** $m_0[w\rangle m'$ **und kein** $t \in \mathbf{T}$ **ist unter** $m'$ **aktiviert**$\}$ **heißt T-Typ- oder Deadlock-Sprache.**

**e) Die zugehörigen Sprachklassen bezeichnet man mit** $P^\varepsilon$, $L^\varepsilon$, $G^\varepsilon$, $T^\varepsilon$. **Das hochgestellte** $\varepsilon$ **weist ausdrücklich darauf hin, daß Transitionen** $t$ **mit dem leeren Wort „gelabelt" sein dürfen, daß also** $h(t) = \varepsilon$ **sein darf (statt** $\varepsilon$ **verwendet man in der Literatur auch das Zeichen** $\lambda$ **für das leere Wort).**

**f) Falls das leere Wort als Label verboten ist, so heißen die Sprachklassen** $P, L, G$ **und** $T$.

**g) Falls** $|\mathbf{T}| = |\Sigma|$ **und** $h$: $\mathbf{T}^* \to \Sigma^*$ **ein Isomorphismus ist, können T und** $\Sigma$ **miteinander identifiziert werden. Die Sprachen heißen dann freie Netzsprachen, und die zugehörigen Sprachklassen werden mit** $P^f, L^f, G^f$ **und** $T^f$ **bezeichnet. Schreibweise:** $L(N, M)$ **statt** $L(N, \Sigma, h, M)$ **usw.**

**Beispiel (Abb. 8.18):**

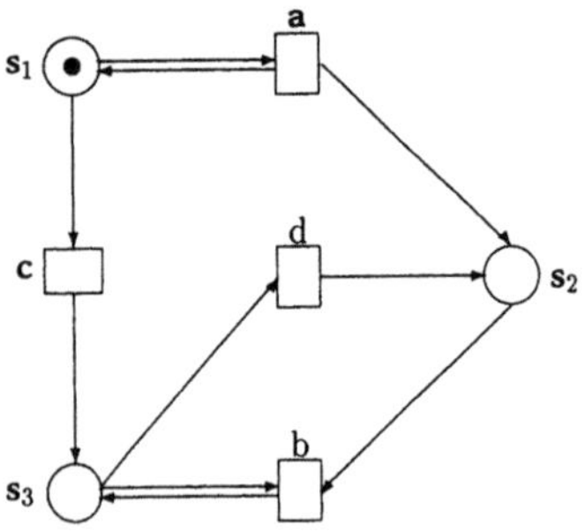


**S** $= \{s_1, s_2, s_3\}$ **und T** $= \Sigma = \{a, b, c, d\}$. **F ist der Abbildung zu entnehmen.** $\forall s \in \mathbf{S}$: $K(s) = \infty$, $\forall (x, y) \in \mathbf{F}$: $W((x, y)) = 1$. **Die Anfangsmarkierung ist** $m_0 = (1, 0, 0)$. **Es sei** $M = \{(0, 0, 1)\}$. **Man erhält dann folgende freie Netzsprachen:** $L(N, M) = \{a^n cb^n \mid n \geq 0\}$, $G(N, M) = \{a^n cb^m \mid n \geq m \geq 0\}$, $P(N) = \{a^n \mid n \geq 0\} \cup \{a^n cb^m \mid n \geq m \geq 0\} \cup \{a^n cb^m d \mid n \geq m \geq 0\}$ **und** $T(N) = \{a^n cb^m d \mid n \geq m \geq 0\}$.

**Abb. 8.18**

**Offenbar gilt stets:** $L(N, M) \subseteq G(N, M) \subseteq P(N)$ **und** $T(N) \subseteq P(N)$.

**Einordnung der besonders interessanten L-Typ-Sprachen in die Chomsky-Hierarchie:**

**Satz 64: Es gelten folgende Beziehungen zwischen der Sprachklasse** $L$ **und den Sprachklassen REG, CF und CS:**

**a) REG** $\subsetneq L$.

**b)** $L$ **und CF sind unvergleichbar (da PAL** $\in$ **CF** $- L$ **und** $L_4 \in L -$ **CF, vgl. 8.3.1.).**

**c)** $L \subsetneq$ **CS.**

**Mit Petrinetzen lassen sich Abläufe und allgemein nebenläufige Prozesse darstellen. P-Typ- oder L-Typ-Sprachen kann man als deren Semantik auffassen und Netze als äquivalent bezeichnen, wenn gewisse Sprachen übereinstimmen. Bezüglich L-Typ-Sprachen ist diese Äquivalenz unentscheidbar.**

**Petrinetze sind Verallgemeinerungen endlicher Automaten. In der Abbildung 8.19 ist zum Automaten** $A$ **das zugehörige Netz** $N$ **mit Label-Alphabet** $\Sigma = \{0, 1\}$ **angegeben; der Wert** $h(t)$ **steht an der jeweiligen Transition** $t$.

$q_0$ **entspricht** $m_0 = (1, 0)$, **die Endzustandsmenge** $\{q_1\}$ **entspricht** $M = \{(0, 1)\}$. **Es ist** $L(A) = L(N, \Sigma, h, M) = \{w0 \mid w \in \{0, 1\}^*\}$. **S/T-Netze verallgemeinern endliche Automaten, indem mehrere Stellen gleichzeitig Marken tragen können und Marken auf verschiedene Stellen verteilt oder für Synchronisationen von verschiedenen Stellen zugleich abgezogen werden. Die aktivierten Transitionsfolgen von beschränkten S/T-Netzen (das sind S/T-Netze, deren Erreichbarkeitsmenge** $\text{Err}(m_0)$ **endlich ist) bilden stets reguläre Sprachen, allerdings kann hierbei die Zahl der erreichbaren Markierungen sehr groß werden. Es gilt:**

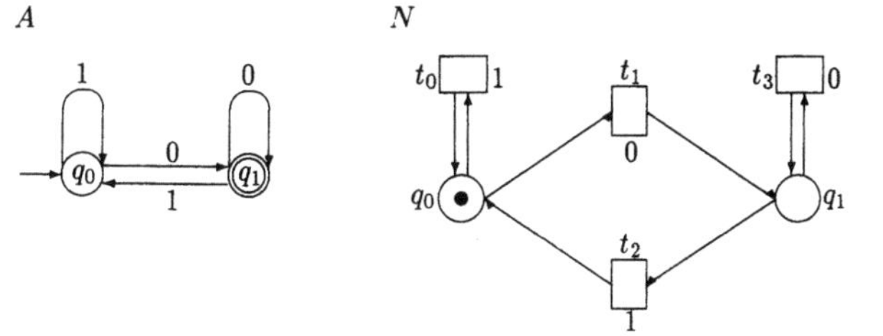


Abb. 8.19

**Satz 65:**

a) Es gibt eine Folge beschränkter S/T-Netze $N_1, N_2, \ldots$, wobei jedes S/T-Netz $N_i$ genau $k_i$ Kanten besitzt mit $k_i = c_1 \cdot i + c_2$ für zwei Konstanten $c_1, c_2 \in \mathbb{N}$, so daß zu jeder primitiv rekursiven Funktion $f$ (vgl. Def. 18 in 8.2.) ein $n_f \in \mathbb{N}$ existiert mit $|\text{Err}(N_i)| > f(i)$ für alle $i \geq n_f$.

b) Es gibt einen Algorithmus, der für jedes S/T-Netz $N$ und jede zulässige Markierung $m$ entscheidet, ob $m \in \text{Err}(m_0)$ gilt oder nicht. (Dieser Algorithmus hat allerdings wegen Teil a) eine Zeitkomplexität, die mindestens von der Größenordnung der Ackermannfunktion (vgl. Def. 19 in 8.2.), also in der Praxis undurchführbar ist.)

In der Theorie gibt es eine Vielzahl von Sprachklassen zu Petrinetzen, die in einem schwer überschaubaren Geflecht von Beziehungen zueinander stehen. Zu Einzelheiten vergleiche man die Publikationsbände entsprechender Tagungen.

Abschließend sei darauf hingewiesen, daß die Theorie formaler Sprachen sich von Wort-Sprachen zu Baum- und Graph-Sprachen weiterentwickelt hat. Hierbei sind allgemeine oder spezielle Graphen die grundlegenden Objekte, in denen Ersetzungen vorgenommen werden. Die Theorie wird hierbei schnell sehr kompliziert, und man muß die Klasse der zulässigen Graphen stark einschränken, um eine effiziente Syntaxanalyse zu erreichen oder um Entscheidbarkeitsresultate zu erhalten. Zu Graphgrammatiken und Ersetzungssystemen gibt es regelmäßig einschlägige Tagungen, auf die hier pauschal verwiesen sei.

# 8.4. Komplexitätstheorie

Wir untersuchen in diesem Abschnitt Komplexitätsklassen, die durch Mehrband-Turingmaschinen definiert werden. Wichtige Klassen können auch durch andere Maschinenmodelle, wie etwa die in 8.2.2. eingeführten Registermaschinen, definiert werden. Wir beschränken uns auf den Grundstoff, wobei weitere Einzelheiten in Lehrbüchern wie [Paul 1978; Hopcroft/Ullmann 1979; Balcázar u.a. 1988; Reischuk 1990; Wegener 1993] gefunden werden können. Zu allgemeinen Notationen siehe 8.1.2.

Wir betrachten ausschließlich *starke Platz- und Zeitschranken*, wie im folgenden erläutert. Genügt eine (nichtdeterministische) Maschine einer Platzschranke $s\colon \mathbb{N} \to \mathbb{N}$, so bedeutet dies, daß keine Rechnung existiert, die auf einer Eingabe der Länge $n$, $n \geq 0$, mehr als $s(n)$ Felder des Bandes benutzt. Für sublinearen Platz gehen wir von einem separaten Eingabeband aus, das nicht überschrieben werden darf (Off-line-Turingmaschine). Das linke und rechte Ende der Eingabe ist markiert, und der Lesekopf darf nicht über diese Markierungen hinauswandern. Damit wir die Lesekopfposition binär codiert auf das Band schreiben können, machen wir die Einschränkung, daß für alle Platzschranken $s \in \Omega(\log(n))$ gilt. Hierbei bezeichnet $\log(n)$ die Funktion $\log(n) = \max\{1, \lceil \log_2(n) \rceil\}$. Die Wahl der Basis

2 ist unerheblich, da die Platzschranken nicht von multiplikativen Konstanten abhängen. Analog gilt für eine Zeitschranke $t$: $\mathbb{N} \to \mathbb{N}$, daß auf keiner Eingabe der Länge $n$, $n \geq 0$, die Maschine mehr als $t(n)$ Rechenschritte machen kann, bevor sie hält. Wir betrachten keine sublinearen Zeitschranken und folgen der Konvention, daß die Zeitschranke $n$ die Durchführung von $n + 1$ Rechenschritten erlaubt. Damit kann stets das Ende eines Eingabewortes erkannt werden.

Für $s \in \Omega(\log(n))$ behandeln wir die Platzklassen DSPACE($s$) und NSPACE($s$); für $t \in \Omega(n)$ behandeln wir die Zeitklassen DTIME($t$) und NTIME($t$), wie sie in 8.2., Def. 9, eingeführt wurden.

**Satz 1:**

a) Es gilt $\mathrm{DSPACE}(s) = \mathrm{DSPACE}(O(s))$ und $\mathrm{NSPACE}(s) = \mathrm{NSPACE}(O(s))$.

b) Ist $t(n) \geq n$ für alle $n$, dann gilt $\mathrm{NTIME}(t) = \mathrm{NTIME}(O(t))$.

c) Es gilt $\mathrm{DTIME}(n) \neq \bigcap_{\epsilon>0} \mathrm{DTIME}((1+\epsilon)n) = \mathrm{DTIME}(O(n))$.

d) Es sei $t(n) \geq (1+\epsilon)n$ für alle $n$ und ein $\epsilon > 0$. Dann gilt $\mathrm{DTIME}(t) = \mathrm{DTIME}(O(t))$.

**Satz 2:**

a) Ist $t \in \Omega(n)$, dann gilt $\mathrm{DTIME}(t) \subseteq \mathrm{NTIME}(t) \subseteq \mathrm{DSPACE}(t)$.

b) Ist $s \in \Omega(\log(n))$, dann gilt $\mathrm{DSPACE}(s) \subseteq \mathrm{NSPACE}(s) \subseteq \mathrm{DTIME}(2^{O(s)})$.

Zum Beweis von 2b) beachte man, daß eine (deterministische) Turingmaschine mit Platzschranke $s$ in eine Endlosschleife geraten kann. Sie muß also a priori keinerlei Zeitschranken genügen. Um zu dem Resultat $\mathrm{NSPACE}(s) \subseteq \mathrm{DTIME}(2^{O(s)})$ zu gelangen (auch ohne Konstruierbarkeitsvoraussetzungen an $s$, siehe Def. 2 in 8.2.) gibt es Standardverfahren. Konfigurationen der Länge $k + 1$ werden erst dann betrachtet, wenn man die Existenz mindestens einer erreichbaren Konfiguration der Länge $k$ bereits gewährleistet hat, vgl. mit dem Beweis von [Paul 1978, Satz 4.3].

## 8.4.1. Hierarchiesätze

Der Nachweis von unteren Schranken ist schwierig. Die generelle Idee ist, daß die Bereitstellung größerer Ressourcen an Platz und/oder Zeit zu größeren Klassen führen soll. Um jedoch zu beweisbaren Hierarchieresultaten zu gelangen, müssen mehrere Voraussetzungen erfüllt sein. Wir benötigen die Konstruierbarkeit der Platz- bzw. Zeitschranken (8.2.1.) sowie den Komplementabschluß. Außerdem müssen wir eine Mehrband-Turingmaschine auf einer universellen Turingmaschine (mit einer festen Bandzahl, Def. 24 in 8.2.) simulieren können.

Für deterministische Klassen ist der Komplementabschluß trivial, und die Simulation läßt sich mit Hilfe des Bandreduktionssatzes bzw. gemäß der Technik von Hennie und Stearns [1966] (vgl. Satz 10 in 8.2.) durchführen. Wir erhalten die deterministischen Hierarchiesätze:

**Satz 3:** Es seien $s_1, s_2$: $\mathbb{N} \to \mathbb{N}$ Funktionen, $s_1 \notin \Omega(s_2)$, $s_2 \in \Omega(\log(n))$, und es sei $s_2$ platzkonstruierbar. Dann gilt $\mathrm{DSPACE}(s_2) \setminus \mathrm{DSPACE}(s_1) \neq \emptyset$.

**Satz 4:** Es seien $t_1, t_2$: $\mathbb{N} \to \mathbb{N}$ Funktionen, $t_1 \cdot \log(t_1) \notin \Omega(t_2)$, $t_2 \in \Omega(n \log(n))$, und es sei $t_2$ zeitkonstruierbar. Dann gilt $\mathrm{DTIME}(t_2) \setminus \mathrm{DTIME}(t_1) \neq \emptyset$.

Der Komplementabschluß nichtdeterministischer Platzklassen wurde 1987 nachgewiesen und vorher überwiegend bezweifelt. Wir gehen auf den Komplementabschluß in 8.4.4. ein. Als Korollar ergibt sich der nichtdeterministische Platzhierarchiesatz:

**Satz 5:** Es seien $s_1, s_2: \mathbb{N} \to \mathbb{N}$ Funktionen, $s_1 \notin \Omega(s_2)$, $s_2 \in \Omega(\log(n))$, und es sei $s_2$ platzkonstruierbar. Dann gilt $\text{NSPACE}(s_2) \setminus \text{NSPACE}(s_1) \neq \emptyset$.

Beachte, daß die obige Voraussetzung $s_1 \notin \Omega(s_2)$ äquivalent ist zu $\liminf_{n\to\infty} \frac{s_1(n)}{s_2(n)} = 0$.

Für nichtdeterministische Zeitklassen und zeitkonstruierbare Funktionen ist eine Simulation auf zwei Bändern ohne Zeitverzögerung möglich. (Auf einem Band wird ein Protokoll einer akzeptierenden Rechnung geraten. Auf dem anderen Band werden entsprechend dem Protokoll die Rechnungen für die Bänder einzeln nacheinander simuliert.)

Der Komplementabschluß nichtdeterministischer Zeitklassen ist offen (und wird stark bezweifelt). Durch eine komplizierte Anwendung von Translationstechniken kann man zu dem folgenden Satz gelangen (vgl. mit [Seiferas u.a. 1978; Zak 1983]).

**Satz 6:** Es seien $t_1, t_2$ Funktionen, $t_2 \in \Omega(n)$ zeitkonstruierbar und $\liminf_{n\to\infty} \frac{t_1(n+1)}{t_2(n)} = 0$. Dann gilt $\text{NTIME}(t_2) \setminus \text{NTIME}(t_1) \neq \emptyset$.

Bei den oben erwähnten Hierarchiesätzen haben wir stets eine Konstruierbarkeitsvoraussetzung mitgeführt. Dies läßt sich nach dem folgenden Lückensatz nicht umgehen.

**Satz 7** (Borodin, 1972): Es sei $r$ eine totale berechenbare Funktion, $r(n) \geq n$ für alle $n$. Dann läßt sich eine totale berechenbare Funktion $s: \mathbb{N} \to \mathbb{N}$ mit folgender Eigenschaft konstruieren:

$$\text{DTIME}(s) = \text{DTIME}(r \circ s) = \text{NSPACE}(r \circ s).$$

Satz 7 ist auf den ersten Blick sehr überraschend. Naiv könnte man dem Irrtum verfallen, daß beispielsweise $\text{DTIME}(2^s)$ für jede Funktion $s: \mathbb{N} \to \mathbb{N}$ mächtiger als $\text{DTIME}(s)$ ist. Man kann jedoch spezielle „unnatürliche“ Funktionen $s$ angeben, für die $\text{DTIME}(s) = \text{DTIME}(2^s)$ ist; $s$ kann aber nicht zeitkonstruierbar sein.

## 8.4.2. Die Translationstechnik

Mit Hilfe des Translationssatzes läßt sich eine Enthaltenseinsbeziehung zwischen kleinen Komplexitätsklassen in eine Beziehung zwischen großen Klassen überführen. Die Idee ist das Ausstopfen (Padding) einer Sprache.

**Definition 8:** Es seien $L \subseteq \Sigma^*$ eine Sprache, $f: \mathbb{N} \to \mathbb{N}$ eine Funktion mit $f(n) \geq n$ für alle $n \geq 0$ und $\$ \notin \Sigma$ ein neues Symbol. Definiere eine Sprache $\text{Pad}_f(L)$ über dem erweiterten Alphabet $\Sigma \cup \{\$\}$ durch Verlängern der Wörter $w$ auf die Länge $f(|w|)$

$$\text{Pad}_f(L) = \{w\,\$^{f(|w|)-|w|} \mid w \in L\}.$$

**Satz 9:** Es seien $g \in \Omega(\log(n))$ und $f(n) \geq n$ für alle $n \geq 0$. Für jede unäre Eingabe $1^n$ sei der binär codierte Wert von $f(n)$ in $\text{DSPACE}(g \circ f)$ berechenbar. Für $L \subseteq \Sigma^*$ gilt dann:

a) $L \in \text{DSPACE}(g \circ f) \Leftrightarrow \text{Pad}_f(L) \in \text{DSPACE}(g)$,
b) $L \in \text{NSPACE}(g \circ f) \Leftrightarrow \text{Pad}_f(L) \in \text{NSPACE}(g)$.

*Bemerkung:* Ein analoges Resultat gilt auch für DTIME und NTIME.

Der Zusammenfall einer Hierarchie von Komplexitätsklassen ist aufgrund von Satz 9 am ehesten weit oben zu erwarten. Wollen wir Separationsresultate zeigen, so bestehen hierfür die besten Aussichten am unteren Ende einer Hierarchie. Betrachte hierzu auch das folgende Korollar.

**Korollar 10:** $\text{DSPACE}(\log(n)) = \text{NSPACE}(\log(n)) \Rightarrow \text{DSPACE}(n) = \text{NSPACE}(n)$.

Mit Hilfe der Translationstechnik läßt sich in einigen Fällen die Verschiedenheit von Komplexitätsklassen nachweisen.

**Korollar 11:** Es sei $\mathbf{P} = \bigcup_{k\geq 1} \mathrm{DTIME}(n^k)$ die Klasse der polynomiell berechenbaren Probleme. Dann gilt $\mathbf{P} \neq \mathrm{DSPACE}(n)$.

Um dies zu zeigen, wählen wir eine Sprache $L \in \mathrm{DSPACE}(n^2) \setminus \mathrm{DSPACE}(n)$ und $f(n) = n^2$. Dann gilt $\mathrm{Pad}_f(L) \in \mathrm{DSPACE}(n)$. Wäre $\mathrm{DSPACE}(n) = \mathbf{P}$, so wäre $\mathrm{Pad}_f(L) \in \mathrm{DTIME}(n^k)$ für ein $k \geq 1$ und $L \in \mathrm{DTIME}(n^{2k}) \subseteq \mathbf{P} = \mathrm{DSPACE}(n)$. Dies ist ein Widerspruch.

Sowohl $\mathrm{DSPACE}(\log(n)) = \mathbf{P}$, $\mathrm{DSPACE}(n) \subset \mathbf{P}$ oder $\mathbf{P} \subset \mathrm{DSPACE}(n)$ sind nach heutigem Wissen möglich.

### 8.4.3. Der Satz von Savitch

Der Satz von Savitch [1970] besagt, daß eine nichtdeterministische platzbeschränkte Turingmaschine unter quadratischem Mehraufwand deterministisch simuliert werden kann. Diese platzeffiziente Simulation wird durch einen extremen Mehraufwand an Rechenzeit realisiert. Der Satz gilt für die hier verwendeten starken Platzschranken, ohne daß $s$ als konstruierbar vorausgesetzt werden muß. (Für schwache Platzschranken würde man zusätzlich fordern müssen, daß die Funktion $s$ mit einem Platzaufwand $\mathrm{DSPACE}(s^2)$ berechnet werden kann.)

**Satz 12 (Savitch, 1970):** Es sei $s \in \Omega(\log(n))$. Dann gilt $\mathrm{NSPACE}(s) \subseteq \mathrm{DSPACE}(s^2)$.

**Zum Beweis:** $M$ sei eine $s$-platzbeschränkte nichtdeterministische Turingmaschine. Das Prädikat $\mathrm{Reach}(\alpha, \beta, i)$ bedeute, daß sich (bezüglich einer Eingabe $w \in \Sigma^*$) die Konfiguration $\alpha$ in höchstens $2^i$ Schritten in $\beta$ überführen läßt. Für $w \in \Sigma^*$ sei $\mathrm{Start}(w)$ die Startkonfiguration und Accept die (o.B.d.A. einzige) akzeptierende Konfiguration. Aus der Beschreibung von $M$ können wir explizit eine Konstante $c$ so gewinnen, daß für alle $w \in \Sigma^*$ gilt:

$$w \in L \Leftrightarrow \mathrm{Reach}(\mathrm{Start}(w), \mathrm{Accept}, c \cdot s(|w|)).$$

Das Prädikat $\mathrm{Reach}(\alpha, \beta, i)$ läßt sich für $i = 0$ direkt berechnen. Für $i > 0$ verwenden wir das folgende Rekursionsschema:

$$\mathrm{Reach}(\alpha, \beta, i) \Leftrightarrow \exists \text{ Konfiguration } \gamma \text{ mit } |\gamma| \leq c \cdot s(|w|): \\ \mathrm{Reach}(\alpha, \gamma, i-1) \text{ und } \mathrm{Reach}(\gamma, \beta, i-1).$$

Probiert man alle Konfigurationen $\gamma$ durch, so läßt sich Reach in $O(s^2)$ Platz berechnen.

Der Ansatz von Savitch zeigt, daß sich der tatsächliche Platzbedarf einer $s$-platzbeschränkten Turingmaschine vorab in $\mathrm{DSPACE}(s^2)$ berechnen läßt. Daher kann auf die Konstruierbarkeit von $s$ verzichtet werden.

**Korollar 13:** Es gilt $\bigcup_{k\geq 1} \mathrm{DSPACE}(n^k) = \bigcup_{k\geq 1} \mathrm{NSPACE}(n^k)$.

Aufgrund des Satzes von Savitch können wir also zur Definition der Klasse der polynomiell platzbeschränkten Probleme wahlweise deterministische oder nichtdeterministische Turingmaschinen heranziehen.

### 8.4.4. Der Komplementabschluß nichtdeterministischer Platzklassen

Für eine Familie von Sprachen $\mathscr{L}$ über einem Alphabet $\Sigma$ sei co-$\mathscr{L}$ die Klasse $\{L \in \Sigma^* \mid \Sigma^* \setminus L \in \mathscr{L}\}$. Bereits im Jahre 1964 wurde von Kuroda die Frage gestellt, ob die Familie der kontextsensitiven Sprachen unter Komplementbildung abgeschlossen sei (2. LBA-Problem). In der Terminologie der Komplexitätstheorie ist dies die Frage, ob $\mathrm{NSPACE}(n) = \text{co-}\mathrm{NSPACE}(n)$ gilt. Sie wurde nach mehr als zwanzig Jahren durch zwei unabhängige Arbeiten [Immermann 1988; Szlepcényi 1988] positiv gelöst.

**Satz 14 (Immerman, Szelepcényi, 1988):** **Ist** $s \in \Omega(\log(n))$, **dann gilt**

$$\mathrm{NSPACE}(s) = \textbf{co-}\mathrm{NSPACE}(s).$$

**Zum Beweis:** Es seien $M$ eine nichtdeterministische $s$-platzbeschränkte Turingmaschine und $w \in \Sigma^*$ ein Eingabewort. Die Menge der Konfigurationen sei durch $<$ längenlexikographisch geordnet (siehe 8.1.2.), und $\alpha_0$ sei die kleinste und zugleich die einzige akzeptierende Konfiguration von $M$. Es ist also festzustellen, daß $\alpha_0$ von der Startkonfiguration $\mathtt{Start}(w)$ aus nicht erreichbar ist.

Angenommen, die Anzahl aller auf Eingabe $w$ erreichbaren Konfigurationen $r(*)$ sei bereits bekannt. Dann liefert das folgende nichtdeterministische Programm die richtige Anwort für das Komplement der Sprache $L(M)$.

```
begin
  α := α0;  * α0 ist die kleinste und einzige akzeptierende Konfiguration *
  repeat r(*) times
  berechne nichtdeterministisch ein erreichbares α';
  if α' ≤ α then stop;  * keine erfolgreiche Rechnung *
   else α := α' endif
  endrepeat;
  w gehört zum Komplement
end
```

Nach demselben Schema läßt sich $r(*)$ durch sogenanntes *nichtdeterministisches induktives Zählen* berechnen. Für weitere Einzelheiten sei auf [Reischuk 1990, Abschn. 3.4.1] verwiesen.

## 8.4.5. Wichtige Komplexitätsklassen

Wir verwenden hier die gebräuchlichen Abkürzungen: **L** $=$ DSPACE($\log(n)$), **NL** $=$ NSPACE($\log(n)$), **P** $= \bigcup_{k\geq 1} \mathrm{DTIME}(n^k)$, **NP** $= \bigcup_{k\geq 1} \mathrm{NTIME}(n^k)$, **PSPACE** $= \bigcup_{k\geq 1} \mathrm{DSPACE}(n^k) = \bigcup_{k\geq 1} \mathrm{NSPACE}(n^k)$. Dann gilt die in Abb. 8.20 angegebene Hierarchie.

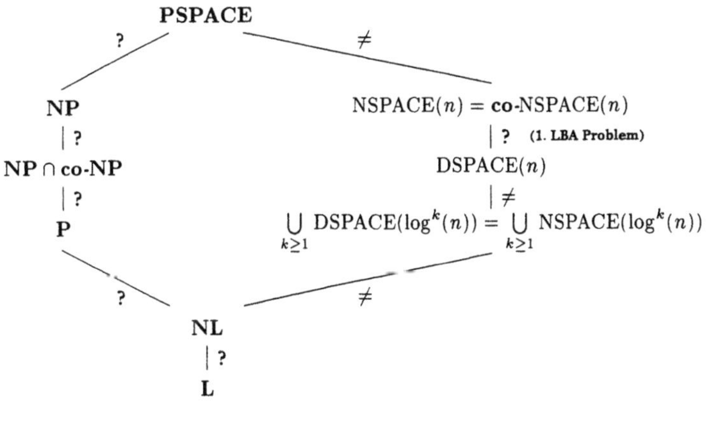


Abb. 8.20

Mit Ausnahme des Paares (NP $\cap$ co – NP, $\bigcup_{k \geq 1}$ DSPACE($\log^k(n)$)) ist bekannt, daß die Sprachklassen im linken Zweig von den Sprachklassen des rechten Zweiges im obigen Diagramm paarweise verschieden sind. Nach heutigem Kenntnisstand können wir weder L = NP noch P = PSPACE (vgl. mit Korollar 11) ausschließen; nur beides zugleich ist unmöglich.

Viele der folgenden Beispielprobleme werden sich als vollständig für die entsprechenden Klassen herausstellen. Der Begriff der Vollständigkeit wird im nächsten Abschnitt behandelt.

*Beispiel:* Probleme für L:

1) Gegeben sei $w \in \{a, b, c\}^*$. Liegt $w$ in der kontextsensitiven Sprache $\{a^n b^n c^n \mid n \geq 0\}$?

2) Gegeben sei ein gerichteter Graph $G$ (als Adjazenzmatrix). Ist $G$ ein Baum?

*Beispiel:* Probleme für NL:

1) Gegeben sei ein gerichteter Graph und zwei Knoten $s, t$. Gibt es einen Pfad von $s$ nach $t$?

2) Gegeben sei ein deterministischer endlicher Automat. Ist der Automat minimal?

*Beispiel:* Problem für DSPACE($\log^2(n)$):

$L \subseteq \Sigma^*$ sei kontextfrei. Gegeben sei die Eingabe $w \in \Sigma^*$. Gilt $w \in L$?

*Beispiel:* Probleme für P:

1) Gegeben sei eine kontextfreie Grammatik $G$. Gilt $L(G) = \emptyset$?

2) Gegeben sei eine kontextfreie Grammatik $G$ und ein Eingabewort $w \in \Sigma^*$. Gilt $w \in L(G)$?

3) Gegeben sei ein Graph. Ist der Graph planar?

4) Auswertung eines Schaltkreises unter einer Belegung (vgl. Def. 57 in 8.2.).

5) Lineares Programmieren über den rationalen Zahlen: Gegeben sei ein lineares System von Ungleichungen mit ganzzahligen Koeffizienten. Besitzt dieses Ungleichungssystem einen rationalen Lösungsvektor?

*Bemerkung:* Der erste polynomielle Algorithmus zum linearen Programmieren über den rationalen Zahlen wurde von Khachiyan gefunden und ist unter dem Namen Ellipsoidmethode bekannt, siehe [Aspvall/Stone 1980].

*Beispiel:* Probleme für NP:

1) $SAT$: Gegeben sei eine aussagenlogische Formel. Ist die Formel erfüllbar?

2) Ganzzahliges lineares Programmieren: Gegeben sei ein lineares System von Ungleichungen mit ganzzahligen Koeffizienten. Besitzt dieses Ungleichungssystem einen ganzzahligen Lösungsvektor?

*Beispiel:* Problem für NP $\cap$ co-NP:

Gegeben sei eine natürliche Zahl $n$ (in Binärdarstellung). Ist $n$ eine Primzahl?

*Bemerkung:* Das Problem der Primzahlerkennung ist offensichtlich in co-NP. Schwieriger ist der Nachweis, daß die Primzahlerkennung in NP liegt. Dies basiert auf dem kleinen Satz von Fermat und dem „Raten“ einer Primfaktorzerlegung der Zahl $n - 1$ zusammen mit rekursiven Testaufrufen.

Ob die Primzahlerkennung ein wirklich typisches Problem für NP $\cap$ co-NP ist, muß bezweifelt werden. Sollte die verallgemeinerte Riemannsche Vermutung richtig sein, so würde dies bedeuten, daß sich die Primzahlerkennung in polynomieller Zeit durchführen läßt [Miller 1976]. Die Riemannsche Vermutung besagt, daß die analytische Fortsetzung der $\zeta$-Funktion

$$\zeta(s) = \sum_{n\geq 1} \frac{1}{n^s} = \prod_{p \text{ Primzahl}} \frac{1}{1-\left(\frac{1}{p}\right)^s} \quad \text{für } s > 1$$

alle nichttrivialen Nullstellen auf der Achse mit Realteil $\frac{1}{2}$ hat. Die Verallgemeinerung betrifft sogenannte L-Reihen. Das Analogon für elliptische Kurven ist die Weil-Vermutung. Sie wurde 1974 von P. Deligne bewiesen, siehe [Deligne 1974; Silverman 1986].

*Beispiel:* Problem für NSPACE$(n)$ bzw. DSPACE$(n)$:

Gegeben sei ein endliches Semi-Thue-System $S = (\Sigma, P)$ mit $|l| \geq |r|$ für alle $(l,r) \in P$ (vgl. Def 22 in 8.2.). Das Problem, ob $S$ lokal konfluent ist (d.h.: $\forall u,v,w$: $u \underset{P}{\Leftarrow} v \underset{P}{\Rightarrow} w$ $\exists z$: $u \overset{*}{\underset{P}{\Rightarrow}} z \overset{*}{\underset{P}{\Leftarrow}} w$), liegt in NSPACE$(n)$. Gilt $|l| > |r|$ für alle $(l,r) \in P$, so liegt es in DSPACE$(n)$.

*Beispiel:* Problem für PSPACE:

$QBF$: Gegeben sei eine quantifizierte geschlossene aussagenlogische Formel, d.h. ein Boolescher Term, in dem jede Variable durch einen Quantor gebunden ist. Ist die Formel (interpretiert über den Wahrheitswerten 0, 1) wahr?

### 8.4.6. Reduktionen und vollständige Probleme

Es seien $L \subseteq \Sigma^*$ und $L' \subseteq \Sigma'^*$. Unter einer **Reduktion** des Problems $L$ auf das Problem $L'$ verstehen wir eine totale berechenbare Abbildung $f$: $\Sigma^* \to \Sigma'^*$ mit der Eigenschaft $x \in L \Leftrightarrow f(x) \in L'$. Angenommen, wir kennen bereits einen Algorithmus zur Lösung von $L'$. Dann können wir das Problem $L$ lösen, indem wir für eine Eingabe $x \in \Sigma^*$ den Wert $f(x)$ berechnen und mit dem Algorithmus für $L'$ entscheiden, ob $f(x) \in L'$ gilt. Das Verfahren ist in Abbildung 8.21 dargestellt, wobei $M_f$, $M_{L'}$ bzw. $M_L$ die jeweiligen Verfahren für $f$, $L'$ bzw. $L$ bezeichnen. Ist zudem die Reduktion $f$ leicht zu berechnen und das Problem $L'$ effizient zu lösen, so ist auch $L$ effizient zu lösen.

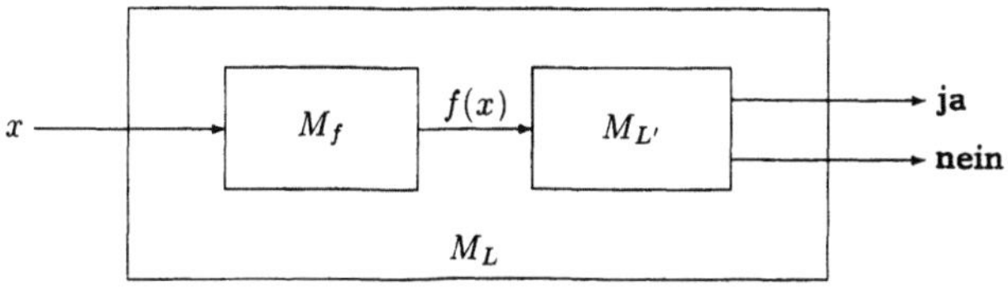


Abb. 8.21 Das Verfahren zur Lösung von $L$ mittels einer Reduktion $f$ auf $L'$.

Ist beispielsweise $L' \in$ DTIME$(n^2)$ und $L$ auf $L'$ mittels einer Abbildung $f$ reduzierbar, die in kubischer Zeit berechenbar ist, dann liegt $L$ in DTIME$(O(n^6))$; denn in jedem Schritt zur Berechnung von $f(x)$ kann höchstens ein Ausgabezeichen produziert werden, also gilt $|f(x)| \leq |x|^3$. Insgesamt ist $L'$ dann in $O(n^6)$ Zeit entscheidbar.

Reduktionen, die sich in polynomieller Zeit berechnen lassen (**polynomielle Zeit-Reduktionen**), können für den Entwurf effizienter Algorithmen benutzt werden, insbesondere wenn eine Bibliothek zur Lösung von Standardproblemen zur Verfügung steht.

Sie stellen auch ein wichtiges Hilfsmittel dar, um zu Aussagen über untere Schranken zu gelangen. Dies führt uns zur NP-Vollständigkeit und zu der zentralen Frage der Komplexitätstheorie, ob P = NP gilt.

Viele praktisch wichtige Reduktionen lassen sich mit logarithmischem Platz berechnen. Dies führt zum Begriff der Logspace-Reduktion, den wir im weiteren verwenden. Er läßt sich auch auf Klassen unterhalb von P anwenden und erlaubt eine feinere Einteilung als die Verwendung von polynomiellen Zeit-Reduktionen.

**Definition 15:**

a) Ein **logarithmisch platzbeschränkter Transduktor** (Logspace-Transducer) ist eine deterministische Off-line-Turingmaschine $M$ mit einem Eingabeband (Zweiweg, nur lesend), einem logarithmisch in der Eingabelänge platzbeschränkten Arbeitsband und einem separaten Ausgabeband (Einweg, nur schreibend).

b) Eine Abbildung $f\colon \Sigma^* \to \Sigma'^*$ heißt **logspace berechenbar**, falls es einen Logspace-Transducer $M$ gibt, der auf jede Eingabe $x \in \Sigma^*$ hält und auf dessen Ausgabeband nach dem Halten der Wert $f(x) \in \Sigma'^*$ steht.

c) Ein Problem $L \in \Sigma^*$ heißt **logspace reduzierbar** auf $L' \in \Sigma'^*$, falls es eine logspace berechenbare Abbildung $f\colon \Sigma^* \to \Sigma'^*$ gibt mit $x \in L \Leftrightarrow f(x) \in L'$. Wir schreiben hierfür $L \leq_m^{\log} L'$. Der untere Index $m$ steht hier für many-one, d.h., daß viele Fragen im allgemeinen auf eine Antwort reduziert werden.

*Bemerkungen:*

1) Jede logspace berechenbare Abbildung $f\colon \Sigma^* \to \Sigma'^*$ ist in polynomieller Zeit berechenbar. Insbesondere gibt es ein $k \geq 0$ so, daß $|f(x)| \leq |x|^k$ für alle $x \in \Sigma^*$ gilt.

2) Die Relation $\leq_m^{\log}$ ist transitiv, d.h. mit $L \leq_m^{\log} L'$ und $L' \leq_m^{\log} L''$ gilt auch $L \leq_m^{\log} L''$. Die analoge Aussage für polynomielle Zeit-Reduktion ist trivial. Bei der Hintereinanderausführung von logspace berechenbaren Abbildungen $f\colon \Sigma^* \to \Sigma'^*$ und $g\colon \Sigma'^* \to \Sigma''^*$ entsteht aber das Problem, daß $f(x)$ nicht zwischengespeichert werden kann. Wird zur Berechnung von $g(f(x))$ das $i$-te Bit von $f(x)$ benötigt, so muß es stets neu berechnet werden.

3) Logspace- und polynomielle Zeit-Reduktionen sind genau dann gleichmächtig, wenn L = P gilt.

*Beispiel:* Es seien $M = (Q, \Sigma, \Gamma, \delta, q_0, B, \{\$\})$ eine $k\lceil\log_2(n)\rceil$ platzbeschränkte Turingmaschine, die eine Funktion $f\colon \Sigma^* \to \Sigma'^*$ berechnet, und $|\Gamma| = c$. Die Zahl der Konfigurationen läßt sich durch $|Q|\, n\, k\lceil\log_2(n)\rceil c^{k\lceil\log_2(n)\rceil} \in O\left(n^{k\lceil\log_2(c)\rceil+1}\log_2(n)\right)$ abschätzen. Dies begrenzt die Laufzeit des Transducers $M$ (und die Länge von $f(x)$ für $|x| = n$) durch $o\left(n^{k\lceil\log_2(c)\rceil+2}\right)$. Für $k = 5$ und $c = 8$ ergibt sich damit $o(n^{17})$.

**Definition 16:**

a) $C$ sei eine Komplexitätsklasse. Ein Problem $L \subseteq \Sigma^*$ heißt **hart** für $C$ oder kurz $C$-hart (bez. Logspace-Reduktionen), falls sich jedes Problem aus $C$ mittels einer logspace berechenbaren Abbildung auf $L$ reduzieren läßt, d.h. $\forall K \in C\colon K \leq_m^{\log} L$.

b) $C$ sei eine Komplexitätsklasse. Ein Problem $L \subseteq \Sigma^*$ heißt $C$-**vollständig** (bez. Logspace-Reduktionen), falls $L$ hart für $C$ ist und zusätzlich $L \in C$ gilt.

*Bemerkungen:*

1) Viele der bisher betrachteten Komplexitätsklassen haben natürliche vollständige Probleme.

2) Es gibt ein Problem aus DSPACE$(n)$, das PSPACE-vollständig ist. Dies folgt aus dem Satz 17 und der Translationstechnik, Satz 9.

3) Die Klasse $\bigcup_{k\geq 1} \mathrm{DSPACE}\left(\log^k(n)\right)$ der polylogarithmischen Platzbeschränkung hat kein vollständiges Problem: Jede Klasse $\mathrm{DSPACE}\left(\log^k(n)\right)$ ist unter Logspace-Reduktionen abgeschlossen, d.h. $L \leq_m^{\log} L' \in \mathrm{DSPACE}\left(\log^k(n)\right)$ impliziert $L \in \mathrm{DSPACE}\left(\log^k(n)\right)$. Also läßt sich kein Problem aus $\mathrm{DSPACE}\left(\log^{k+1}(n)\right) \setminus \mathrm{DSPACE}\left(\log^k(n)\right)$ auf ein Problem aus $\mathrm{DSPACE}\left(\log^k(n)\right)$ reduzieren. Die Behauptung folgt aus dem Satz 3.

4) Jede nichttriviale Sprache $L$ aus L, d.h. $\emptyset \neq L \neq \Sigma^*$, ist L-vollständig.

**Satz 17:**

a) Das Problem QBF (siehe 8.4.5.) ist PSPACE-vollständig.

b) Das folgende Problem ist NL-vollständig: Gegeben seien ein gerichteter azyklischer Graph mit Ausgangsgrad 2 und zwei Knoten $s$ und $t$. Gibt es einen Weg von $s$ nach $t$?

### 8.4.7. NP-Vollständigkeit

Viele algorithmische Probleme treten in Varianten auf. Als Beispiel sei das Problem einer Knotenüberdeckung (VERTEX COVER) in einem ungerichteten Graphen genannt. Eine Knotenüberdeckung eines Graphen $G = (V, E)$ ist eine Teilmenge $K \subseteq V$ so, daß jede Kante $e \in E$ mindestens einen Eckpunkt in $K$ hat. In der **Entscheidungsvariante** (1) ist die Eingabe der Graph $G$ und ein $k \in \mathbb{N}$. Man fragt nach der Existenz einer Knotenüberdeckung $K$ mit $|K| \leq k$. In der **Berechnungsvariante** (2) soll auf die gleiche Eingabe ein solches $K$ berechnet werden, falls es existiert. In den **Optimierungsvarianten** fragt man nach dem optimalen Wert, also nach dem kleinsten $k$, für das eine Knotenüberdeckung $K \subseteq V$ mit $|K| \leq k$ existiert (3), bzw. man soll ein $K$ mit dem optimalen Wert berechnen (4). Intuitiv nimmt der Schwierigkeitsgrad von (1) nach (4) zu. Ein polynomieller Algorithmus für (1) reicht jedoch aus, um die Variante (4) in polynomieller Zeit zu berechnen. Dies ist im folgenden Beispiel kurz ausgeführt. Das Beispiel läßt sich auf viele andere Probleme übertragen und rechtfertigt, sich in der $\mathrm{P} \stackrel{?}{=} \mathrm{NP}$-Frage auf Entscheidungsprobleme zu konzentrieren.

*Beispiel:* Angenommen, das Entscheidungsproblem (1) zur Knotenüberdeckung läßt sich in polynomieller Zeit berechnen. Dann läßt sich eine Knotenüberdeckung $K$ minimaler Größe in polynomieller Zeit wie folgt konstruieren: $G = (V, E)$ sei der Eingabegraph und $n = |V|$. In einem Durchlauf „`von i := 1 bis n`" wird das minimale $k$ bestimmt und damit die Variante (3) gelöst. Es verbleibt, (4) aus (3) (bzw. (2) aus (1)) zu lösen. Hierfür durchläuft man die Liste aller Knoten und entfernt jeweils den betrachteten Knoten mit allen ausgehenden Kanten, falls ohne ihn eine Knotenüberdeckung der Größe $k$ existiert. Am Ende dieses Durchlaufs liegt eine Liste $K$ vor, die eine minimale Knotenüberdeckung darstellt.

Der Satz von Cook [1971] ist zentral in der Komplexitätstheorie; er besagt, daß die Sprache der erfüllbaren aussagenlogischen Formeln NP-vollständig ist.

Es sei $\Sigma_0$ das Alphabet $\{\neg, \wedge, \vee, \Rightarrow, \Leftrightarrow, 0, 1, (, ), x\}$. Mit einer kontextfreien Grammatik kann man die formale Sprache $A$ der aussagenlogischen Formeln (Def. 46 in 8.2.) über der Variablenmenge $V = x1\{0,1\}^* = \{x1, x10, x11, x100, x101, \ldots\}$ definieren. Die Sprache $A \subseteq \Sigma_0^*$ ist deterministisch kontextfrei (vgl. Def. 28 in 8.2.). Damit ist in linearer Zeit entscheidbar, ob ein Wort aus $\Sigma_0^*$ eine aussagenlogische Formel darstellt. Die Sprache SAT (satisfiability) ist definiert durch

$$\mathrm{SAT} = \{F \in A \mid F \text{ ist erfüllbar}\}.$$

Es ist klar, daß $\mathrm{SAT} \in \mathrm{NP}$ gilt: Auf eine Eingabe $F \in \Sigma_0^*$ testen wir zunächst (in linearer Zeit), ob $F \in A$ gilt. Danach schreiben wir die Variablen aus $F$ heraus und belegen diese nichtdeterministisch mit 0 oder 1. Dies entspricht dem Raten einer Belegung. Schließlich wird $F$ bez. dieser geratenen Belegung ausgewertet und akzeptiert, falls die Auswertung den Wert 1 ergibt.

**Satz 18** (Cook): Das Problem SAT ist NP-vollständig.

Der Beweis findet sich in den angegebenen Lehrbüchern. Wir beschränken uns auf die Angabe der Formel, die zeigt, daß SAT hart für NP ist. Ist $L \in$ NP, dann gibt es eine polynomiell zeitbeschränkte, nichtdeterministische 1-Band-Turingmaschine $M = (Q, \Sigma, \Gamma, \delta, q_0, B, \{\$\})$, die $L$ akzeptiert. Wir können annehmen, daß $M$ eine Eingabe $w \in \Sigma^*$ genau dann akzeptiert, wenn $M$ nach $p$ Schritten eine Konfiguration aus $\$\Gamma^p$ erreicht. Hierbei bezeichnet $p = p(|w|)$ die polynomielle Zeitschranke. Für jedes Tripel $(a, i, t)$, $a \in Q \cup \Gamma$, $0 \leq i, t \leq p$ führen wir eine Variable $x(a, i, t)$ ein. Die Interpretation ist, daß zum Zeitpunkt $t$ das $i$-te Zeichen der Konfiguration ein $a$ ist. Zusätzlich seien für alle $0 \leq t \leq p$ Variable $x(B, -1, t)$ und $x(B, p+1, t)$ definiert. Dies vermeidet Fallunterscheidungen in den Randbereichen. Die erste Formel $F_0$ besagt, daß für jedes Paar $(i, t)$ genau eine Variable $x(a, i, t)$ wahr ist:

$$F_0(|w|) = \bigwedge_{0 \leq i,t \leq p} \left( \bigvee_{a \in Q \cup \Gamma} \left( x(a,i,t) \wedge \bigwedge_{b \neq a} \neg x(b,i,t) \right) \right) \wedge \bigwedge_{0 \leq t \leq p} \left( x(B,-1,t) \wedge x(B,p+1,t) \right).$$

Die Formel für die Startkonfiguration mit dem Eingabewort $w = w_1 \dots w_n \in \Sigma^*$, $w_i \in \Sigma$ lautet:

$$S(w) = \left( x(q_0, 0, 0) \wedge \bigwedge_{i=1}^{n} x(w_i, i, 0) \wedge \bigwedge_{i=n+1}^{p} x(B, i, 0) \right).$$

Die nächste Formel beschreibt die möglichen Rechnungen von $M$. Sie benutzt eine endliche Menge $\Delta$, die sich nach geeigneter Normierung aus $M$ gewinnen läßt und die zulässigen Übergänge definiert.

$$D(|w|) = \bigwedge_{0 \leq i,t \leq p} \quad \bigvee_{(a,b,c,d) \in \Delta} \left( x(a, i-1, t) \wedge x(b,i,t) \wedge x(c, i+1, t) \wedge x(d, i, t+1) \right)$$

Die Formel $F(w) = F_0(|w|) \wedge S(w) \wedge D(|w|) \wedge x(\$, 0, p)$ ist genau dann erfüllbar, wenn $w \in L$ gilt. Die Zahl der Variablen liegt in $O(p^2)$ und die Länge in $O(p^2 \log p)$, da das Schreiben der Variablenindizes logarithmischen Platz benötigt.

*Bemerkung:* Mittels einer logspace berechenbaren Abbildung können wir jede Formel $F \in A$ in eine erfüllbarkeitsäquivalente Formel in konjunktiver Form verwandeln. (Die obige Formel $F(w)$ hat eine sehr regelmäßige Gestalt, und sie ist bis auf innere Formeln konstanter Länge bereits in konjunktiver Form.) Im allgemeinen benötigen wir hierfür jedoch weitere Variablen, ansonsten sind keine polynomiellen Verfahren bekannt. Mit einer weiteren logspace berechenbaren Abbildung können wir diese Formel (unter Hinzunahme weiterer Variablen) in eine erfüllbarkeitsäquivalente Formel in konjunktiver Form verwandeln, in der jede Klausel genau drei Literale enthält. Die Menge der erfüllbaren Formeln mit dieser syntaktischen Gestalt nennen wir 3-SAT.

*Beispiel:* Eine Formel aus 3-SAT lautet

$$(x_1 \vee x_2 \vee x_3) \wedge (\overline{x}_1 \vee \overline{x}_2 \vee x_4) \wedge (\overline{x_1} \vee \overline{x}_3 \vee \overline{x}_4).$$

Eine erfüllende Belegung für diese Formel ist $x_1 = 1$, $x_2 = x_3 = x_4 = 0$. Die Formel ist keine Tautologie, d.h. die Formel ist nicht unter jeder Belegung wahr.

**Satz 19:** Das Problem 3-SAT ist NP-vollständig.

**Satz 20:** Ganzzahliges lineares Programmieren ist NP-vollständig.

*Beispiel:* Wir geben eine Reduktion von 3-SAT auf die ganzzahlige lineare Programmierung an. Dies zeigt, daß dieses Problem (auch in einer unären Codierung der Zahlen) NP-hart ist.

$F$ sei eine Formel in 3-konjunktiver Form: $F = \bigwedge_{i=1}^{m} K_i$ mit $K_i = (\widetilde{x}_{i_1} \vee \widetilde{x}_{i_2} \vee \widetilde{x}_{i_3})$, wobei $\widetilde{x}_{i_j}$ Literale über der Variablenmenge $\{x_1, \ldots, x_n\}$ seien. Für jede Variable schreiben wir zunächst zwei Ungleichungen hin, die den Lösungsraum auf $\{0,1\}^n$ beschränken: $(x_i \geq 0)_{i=1,\ldots,n}$ und $(x_i \leq 1)_{i=1,\ldots,n}$. Jede Klausel $K_i$ wird jetzt in eine weitere Ungleichung verwandelt. Dabei wird ein positives Literal unverändert belassen, ein negatives Literal $\overline{x}$ wird durch $(1-x)$ ersetzt, und das $\vee$-Zeichen wird zu einem $+$. Aus der Klausel $K_i$ wird so ein arithmetischer Term $T_i$, und wir fordern schließlich $T_i \geq 1$ für alle $1 \leq i \leq m$.

Aus der obigen Beispielformel erhalten wir das folgende System:

$$(x_i \geq 0)_{i=1,2,3,4}$$
$$(-x_i \geq -1)_{i=1,2,3,4}$$
$$x_1 + x_2 + x_3 \geq 1$$
$$(1-x_1) + (1-x_2) + x_4 \geq 1$$
$$(1-x_1) + (1-x_3) + (1-x_4) \geq 1$$

**Satz 21:** Die folgenden Probleme sind NP-vollständig.

a) VERTEX COVER: Gegeben ein Graph und eine Zahl $k \geq 1$. Gibt es eine Knotenüberdeckung der Größe $k$?

b) CLIQUE: Gegeben ein Graph $G$ und eine Zahl $k \geq 1$. Enthält $G$ eine Clique (d.h. einen vollständigen Untergraphen) mit $k$ Knoten?

c) HAMILTONSCHER KREIS: Gegeben ein (gerichteter) Graph $G$. Enthält $G$ einen (gerichteten) Kreis, auf dem alle Knoten genau einmal liegen?

d) HANDLUNGSREISENDER (Traveling Salesperson Problem, TSP): Das Problem des Handlungsreisenden besteht darin, Städte kostenoptimal zu besuchen. Formal: Es sei ein ungerichteter Graph mit positiven Kantengewichten sowie eine Zahl $k \geq 1$ gegeben. Enthält der Graph einen Rundweg durch alle Knoten, dessen Summe über die Kantengewichte kleiner gleich $k$ ist?

e) RUCKSACKPROBLEM: Das Rucksackproblem in der einfachsten Form ist spezifiziert durch („einen Rucksack der Kapazität") $k \in \mathbb{N}$ und durch $n$ Gegenstände mit Gewichten $g_i \in \mathbb{N}$ für $1 \leq i \leq n$. Die Frage ist die Existenz einer optimalen Füllung, d.h., gibt es eine Teilmenge $R \subseteq \{1, \ldots, n\}$ mit $\sum_{i \in R} g_i = k$ ?

*Bemerkung:* Für positive unär codierte Zahlen ist das Rucksackproblem effizient lösbar. Die Zeit ist durch $O(kn)$ begrenzt (Stichwort: dynamisches Programmieren). Erst in einer binären Codierung wird das Problem NP-vollständig.

Ein Algorithmus, der bei unärer Codierung der ganzzahligen Eingabewerte in polynomieller Zeit terminiert, wird *pseudo-polynomiell* genannt. Wie oben erwähnt, sind zum Rucksackproblem pseudo-polynomielle Algorithmen bekannt, siehe etwa [Sedgewick 1992]. Dies gilt nicht für alle NP-vollständigen Probleme. Der Reduktion von $3\text{-}SAT$ auf die ganzzahlige lineare Programmierung aus dem obigen Beispiel kann man entnehmen, daß die ganzzahlige lineare Programmierung auch in unärer Codierung NP-vollständig bleibt. Diese Probleme heißen NP-*vollständig im strengen Sinne*, siehe auch [Reischuk 1990, Abschn. 6.3.6]. Das Problem des Handlungsreisenden ist ein weiteres Beispiel für NP-Vollständigkeit im strengen Sinne.

**Satz 22:** Das folgende Problem ist co-NP-vollständig: Gegeben sei eine aussagenlogische Formel. Ist die Formel eine Tautologie?

### 8.4.8. Turingreduktion und Orakel

Die Idee der Turingreduktion entspricht dem Konzept von Prozeduraufrufen, deren Ausführung keinen Beitrag zur eigentlichen Rechenzeit liefert. Hierfür hat sich der Begriff eines Orakels eingebürgert. Dies erinnert an das Orakel von Delphi. Eine gestellte Frage wird (in womöglich unerklärlicher Weise) in einem Schritt von dem Orakel korrekt beantwortet. Formal betrachten wir eine Turingmaschine mit einem separaten Orakelband und drei ausgezeichneten Zuständen: „Anfrage", „Ja" und „Nein". Wir definieren die Arbeitsweise der Turingmaschine relativ zu einem Orakel, d.h. relativ zu einer Sprache $A \subseteq \Sigma^*$. Befindet sich die Maschine in dem Zustand „Anfrage", so wechselt sie danach in den Zustand „Ja", falls der augenblickliche Inhalt des Orakelbandes zu $A$ gehört. Ansonsten wechselt die Maschine in den Zustand „Nein". Bei diesen Zustandswechseln zu „Ja" bzw. „Nein" wird die Orakelbandinschrift in einem Schritt gelöscht.

Wird eine Sprache $L \subseteq \Sigma^*$ von einer Orakel-Turing-Maschine akzeptiert, so wird dies als eine Turingreduktion von $L$ auf die Orakelsprache bezeichnet. Die Familie der Sprachen, die mittels einer polynomiell zeitbeschränkten deterministischen (bzw. nichtdeterministischen) Turingmaschine auf eine Sprache $A$ turingreduzierbar sind, wird mit $\mathrm{P}^A$ (bzw. $\mathrm{NP}^A$) bezeichnet.

Die bisher verwendete Logspace-Reduktion kann als Turingreduktion einer logarithmisch platzbeschränkten Maschine mit einer einmaligen Orakelanfrage genau am Ende der Rechnung aufgefaßt werden. Durch die Möglichkeit von wiederholten Anfragen ist die Turingreduktion mächtiger.

Für eine Komplexitätsklasse $C$ bezeichnen wir mit $\mathrm{P}^C$ (bzw. $\mathrm{NP}^C$) die Familie der Sprachen, die von polynomiell zeitbeschränkten deterministischen (bzw. nichtdeterministischen) Turingmaschinen akzeptiert werden, die Rechnungen relativ zu einem Orakel aus $C$ durchführen, d.h. es gilt $\mathrm{P}^C = \bigcup_{A \in C} \mathrm{P}^A$ und $\mathrm{NP}^C = \bigcup_{A \in C} \mathrm{NP}^A$.

Relativiert man die Frage $\mathrm{P} \stackrel{?}{=} \mathrm{NP}$ in Bezug auf ein Orakel $A \in \Sigma^*$ zu $\mathrm{P}^A \stackrel{?}{=} \mathrm{NP}^A$, so hängt die Antwort von $A$ ab, wie der nächste Satz zeigt. Dies wird als Beleg für eine inhärente Schwierigkeit gewertet, die Frage $\mathrm{P} \stackrel{?}{=} \mathrm{NP}$ zu beantworten. Man steht auf dem Standpunkt, daß die gängigen Beweismethoden (Diagonalisierung, Simulation) nur orakelunabhängige Ergebnisse liefern.

**Satz 23:**

a) $A$ sei eine PSPACE-vollständige Sprache. Dann gilt

$$\mathrm{P}^A = \mathrm{NP}^A = \mathrm{PSPACE}^A = \mathrm{PSPACE}.$$

b) Man kann ein rekursives Orakel $B \subseteq \Sigma^*$ konstruieren, für welches gilt:

$$\mathrm{P}^B \neq \mathrm{NP}^B.$$

Die im folgenden definierte polynomielle Zeithierarchie erlaubt eine Einordnung von Problemen in Klassen zwischen P und PSPACE. Zu jeder Stufe der Hierarchie gibt es natürliche vollständige Probleme, siehe etwa [Stockmeyer 1976; Wrathall 1976].

**Definition 24:** Für $k \geq 0$ definiere die folgenden Klassen:

$$\begin{aligned}
\Sigma_0 &= \Pi_0 = \Delta_0 = \mathbf{P}\,,\\
\Sigma_{k+1} &= \mathbf{NP}^{\Sigma_k},\\
\Pi_{k+1} &= \text{co-}\mathbf{NP}^{\Sigma_k},\\
\Delta_{k+1} &= \mathbf{P}^{\Sigma_k}.
\end{aligned}$$

Die Vereinigung $\mathrm{PH} = \bigcup_{k\geq 0} \Sigma_k = \bigcup_{k\geq 0} \Pi_k = \bigcup_{k\geq 0} \Delta_k$ heißt die **Klasse der polynomiellen Zeithierarchie.**

**Satz 25:** Es gilt:

a) $\mathbf{P} \subseteq \mathbf{NP} \subseteq \mathbf{PH} \subseteq \mathbf{PSPACE}$,

b) $\mathbf{P} = \mathbf{NP} \Rightarrow \mathbf{P} = \mathbf{PH}$,

c) $\mathbf{PH} = \mathbf{PSPACE} \Rightarrow \mathbf{PH} = \Sigma_k = \Pi_k = \Delta_k$ für ein $k \geq 0$.

Schöning hat die Begriffe *hoch* und *niedrig* für die polynomielle Zeithierarchie eingeführt. Diese Begriffsbildung führt auf zwei Hierarchien zwischen P und NP, die die Mächtigkeit von Orakeln aus NP ausdrücken. Sollte man die Echtheit einer dieser Hierarchien zeigen können, so wären sie disjunkt und die polynomielle Zeithierarchie wäre ebenfalls echt.

**Definition 26:**

a) Es sei $A \subseteq \Sigma^*$, definiere $\Sigma_k^A$ induktiv durch $\Sigma_0^A = \mathbf{P}^A$ und $\Sigma_{k+1}^A = \mathbf{NP}^{(\Sigma_k^A)}$ für $k \geq 0$.

b) Es sei $k \geq 0$, eine Sprache $A \in \mathbf{NP}$ heißt **low**$_k$, falls $\Sigma_k^A \subseteq \Sigma_k$; sie heißt **high**$_k$, falls $\Sigma_{k+1} \subseteq \Sigma_k^A$.

c) Es sei $k \geq 0$, definiere $\mathbf{L}_k = \{A \in \mathbf{NP} \mid A \text{ ist } \mathbf{low}_k\}$ und $\mathbf{H}_k = \{A \in \mathbf{NP} \mid A \text{ ist } \mathbf{high}_k\}$.

**Satz 27:**

a) Es gilt:

$$\mathbf{P} = \mathbf{L}_0 \subseteq \mathbf{L}_1 \subseteq \cdots \subseteq \mathbf{L}_k \subseteq \mathbf{L}_{k+1} \subseteq \cdots \subseteq \mathbf{NP} \quad \text{und}$$
$$\mathbf{P} \subseteq \mathbf{H}_0 \subseteq \mathbf{H}_1 \subseteq \cdots \subseteq \mathbf{H}_k \subseteq \mathbf{H}_{k+1} \subseteq \cdots \subseteq \mathbf{NP}.$$

b) $\mathbf{L}_1 = \mathbf{NP} \cap \text{co-}\mathbf{NP}$.

c) Die Menge der NP-vollständigen Probleme liegt in $\mathbf{H}_0$.

d) Aus $\mathbf{L}_k \cap \mathbf{H}_k \neq \emptyset$ folgt $\Sigma_k = \Sigma_{k+1} = \mathbf{PH}$, d.h., die polynomielle Zeithierarchie bricht auf Stufe $k$ zusammen.

e) Aus $\Sigma_k = \Sigma_{k+1}$ folgt $\mathbf{L}_k = \mathbf{H}_k = \mathbf{NP}$, d.h., beide Hierarchien, **low** und **high**, fallen auf Stufe $k$ zusammen.

**Satz 28** ([Schöning 1987]): Das Graphisomorphieproblem liegt in $\mathbf{L}_2$.

**Korollar 29:** Ist das Graphisomorphieproblem NP-vollständig, so gilt $\Sigma_2 = \mathbf{PH}$.

## 8.4.9. Schaltkreiskomplexität

Der Einsatz paralleler und leistungsfähiger Rechner hat das Interesse auf kleine parallele Komplexitätsklassen gelenkt. Wichtige parallele Komplexitätsklassen werden durch Schaltkreisfamilien polylogarithmischer Tiefe und polynomieller Größe definiert (vgl. Def. 57 in 8.2.). Wir betrachten Schaltkreise $C_n$ mit $n$ Eingängen, einem Ausgang und inneren NOT, AND und OR-Gattern. Unter dem **Fan-in** versteht man die Zahl der Eingänge eines Gatters. Jeder Schaltkreis $C_n$ akzeptiert in natürlicher Weise eine Menge von Wörtern aus $\{0,1\}^n$:

Das $i$-te Bit $x_i$ eines Wortes $x_1 \dots x_n$ wird an den $i$-ten Eingang gelegt, und $x_1 \dots x_n$ wird akzeptiert, wenn sich der Ausgang von $C_n$ zu 1 auswertet.

Die Betrachtung nichtuniformer Klassen (das sind Schaltkreisfamilien $(C_n)_{n \geq 0}$, für die $C_i$ und $C_j$ $(i \neq j)$ unabhängig voneinander definiert sein können; es wird auch keine Konstruierbarkeitsvoraussetzung an die Schaltkreise gestellt) ist für die Behandlung praktischer Probleme unbefriedigend. Die Definition uniformer Klassen mittels logspace berechenbarer Abbildungen erweist sich als zu grob, denn dies würde (für unäre Alphabete) keine Einteilung unterhalb von L erlauben. Für Uniformitätszwecke können Schaltkreisfamilien durch ihre direkte Verbindungsstruktur beschrieben werden: Es sei $(C_n)_{n \geq 0}$ gegeben. Dann besteht die zugehörige „direkte Verbindungssprache" aus den Tupeln $(t, a, b, 1^n)$, wobei $a$ und $b$ Gatternummern im $n$-ten Schaltkreis $C_n$ sind, $t$ der Typ des Gatters $a$ ist, d.h. $t \in \{\wedge, \vee, \neg\}$, und $b$ eine Eingabegatternummer von $a$ bezeichnet. Hierbei werden die Gatternummern $1, \dots, n$ für die Eingaben $x_1, \dots, x_n$ verwendet.

Eine sinnvolle Uniformitätsbedingung für kleine parallele Komplexitätsklassen ist die DLOGTIME-Uniformität. Hierzu wird die Zeitklasse DLOGTIME verwendet, für deren Definition Turingmaschinen mit indiziertem Eingabezugriff benutzt werden. Eine derartige Turingmaschine greift auf ihre Eingabe mit Hilfe eines Indexbandes zu und hat vier ausgezeichnete zusätzliche Zustände: „Eingabe lesen", „Eingabe 1", „Eingabe 0" und „Eingabe undefiniert". Im Zustand „Eingabe lesen" wird das $i$-te Eingabezeichen $x_i$ gelesen, wobei $i$ den Inhalt des Indexbandes darstellt. Abhängig vom gelesenen Zeichen $x_i$ wird der Nachfolgezustand „Eingabe $x_i$" eingenommen. Das Indexband wird dabei nicht gelöscht (dies erlaubt beispielsweise die Bestimmung der Eingabelänge in $O(\log n)$ Schritten). Eine Schaltkreisfamilie $(C_n)_{n \geq 0}$ heißt nun DLOGTIME-uniform, wenn eine DLOGTIME-Turingmaschine $M$ existiert, die die „direkte Verbindungssprache" auf syntaktisch korrekten Eingaben erkennt; d.h. auf Eingabe $(t, a, b, 1^n)$ entscheidet $M$, ob in $C_n$ gilt: $t$ ist der Typ und $b$ eine Eingabe von $a$.

**Definition 30:**

a) Es sei $k \geq 0$. Die Klasse non-uniform-AC$^k$ (bzw. AC$^k$) ist definiert als die Menge der Sprachen über $\{0, 1\}^*$, die von einer (DLOGTIME-uniformen) Schaltkreisfamilie mit beliebigem Fan-in, polynomieller Größe und polylogarithmischer Tiefe $O\left(\log^k(n)\right)$ erkannt wird.
Es sei $\mathrm{AC} = \bigcup_{k \geq 0} \mathrm{AC}^k$.

b) Es sei $k \geq 1$. Die Klasse non-uniform-NC$^k$ (bzw. NC$^k$) ist wie oben definiert mit der zusätzlichen Einschränkung, daß der Fan-in aller Gatter beschränkt ist.
Es sei $\mathrm{NC} = \bigcup_{k \geq 1} \mathrm{NC}^k$.

*Bemerkungen:*

1) Jede beliebige Sprache über dem unären Alphabet $\{1\}$ kann durch eine nichtuniforme Schaltkreisfamilie konstanter Größe und konstanter Tiefe erkannt werden. Die Klasse non-uniform-AC$^0$ enthält also bereits nicht-aufzählbare Sprachen.

2) Die Bezeichnung AC$^k$ steht für *alternating class*, und NC$^k$ steht für *Nick's class*, benannt nach Nicholas Pippinger, der als einer der ersten diese Klassen untersuchte [Pippinger 1979].

Eines der wichtigsten Separationsresultate der Komplexitätstheorie ist der folgende Satz (vgl. 8.2.6.).

**Satz 31** (Furst, Saxe und Sipser [1984]):
Die Sprache PARITY $= \left\{x_1 \dots x_n \in \{0,1\}^n \,\middle|\, \sum_{i=1}^{n} x_i \equiv 1 \bmod 2, n \geq 0\right\}$ liegt nicht in non-uniform-AC$^0$.

**Satz 32:** Es gilt:

$$AC^0 \subsetneq NC^1 \subseteq L \subseteq NL \subseteq AC^1 \subseteq \cdots \subseteq NC^k \subseteq AC^k \subseteq NC^{k+1} \subseteq \cdots \subseteq NC = AC \subseteq P$$

*Bemerkung:* Ähnlich wie man P als Klasse der effizient lösbaren Probleme bezeichnet, wird NC die Klasse der effizient parallel lösbaren Probleme genannt. Bis heute ist $NC^1$ = NP nicht widerlegt. Man vermutet dennoch NC $\neq$ P. Ist dies richtig, so kann kein P-vollständiges Problem in NC liegen. Die Algorithmen zur Lösung P-vollständiger Probleme lassen sich also nach heutigem Wissen nicht effizient parallelisieren.

## 8.5. Semantik

Semantik ist die Lehre von der Bedeutung von sprachlichen Konstrukten; darunter werden in der Informatik programmiersprachliche Zeichenreihen verstanden. Um mißverständliche Interpretationen solcher Konstrukte zu vermeiden, werden mathematische Techniken angewandt, die die Bedeutung eines Programms exakt beschreiben. Nur dadurch wird es beispielsweise möglich, Programme als korrekt zu beweisen.

Da derartige Methoden im Bereich parallel arbeitender Systeme besonders benötigt werden, stellen wir einige der heute wichtigsten Techniken mit Hilfe eines Beispiels aus diesem Bereich vor, nämlich der Programmiersprache *TCSP* (*theory of communicating sequential processes*). *TCSP* ist eine abstrakte Version von *CSP*, bei der der Begriff des Prozesses im Mittelpunkt steht. Bei beiden Sprachen geht es um parallel arbeitende Prozesse, die durch synchrone Nachrichtenübermittlung (*handshake, rendezvous*) miteinander kommunizieren.

**Syntax von TCSP**

$Comm$ sei eine Menge von Kommunikationen mit typischen Elementen $a, b$ und $A \subseteq Comm$ und $Idf$ eine Menge von Identifikatoren mit $x \in Idf$. Wir definieren die Menge $Rec$ rekursiver Terme, deren Elemente typischerweise mit $P, Q$ bezeichnet werden, durch das Produktionensystem

$$P ::= \texttt{stop} \mid a \to P \mid \texttt{div} \mid P \,\texttt{or}\, Q \mid P \mathbin{[\!]} Q \mid P \parallel_A Q \mid P[b/a] \mid P \setminus b \mid x \mid \texttt{rec}\, x.P$$

Ein Auftreten eines Identifikators $x$ in einem Term $Q$ heißt *gebunden*, wenn dies in $Q$ innerhalb eines Teilterms der Form $\texttt{rec}\, x.P$ geschieht. Sonst heißt es *frei*. Ein *Prozeß* ist ein Term $Q \in Rec$ ohne ein freies Auftreten von Identifikatoren. Die Menge aller Prozesse wird mit $PROC$ bezeichnet.

**Nichtdeterministische Automaten**

Prozesse werden interpretiert über (klassischen) nichtdeterministischen Automaten (ohne Endzustände, vgl. 8.2.5., Def. 29). Deren Eingaben sind entweder (*externe*) Kommunikationen oder eine (*interne*) Aktion $\tau \notin Comm$, so daß der Automat folgendes Eingabealphabet besitzt

$$Act = Comm \cup \{\tau\}.$$

Der (nichtdeterministische) Automat $A$ hat dann die Form

$$A = (St, Act, \to, P_0)$$

mit einer (nicht notwendig endlichen) Zustandsmenge $St$, einem Anfangszustand $P_0 \in St$ und einer Übergangs- oder Transitionsrelation $\to \subseteq St \times Act \times St$. Es sei $\lambda$ ein typisches Element von $Act$. Man schreibt das Element $(P, \lambda, Q)$ auch als

$$P \xrightarrow{\lambda} Q.$$

Bei *TCSP* sind wir weniger an der genauen Struktur des Automaten interessiert als an dessen Transitionsverhalten. Zwei Automaten mit gleichem Transitionsverhalten sollen als gleich angesehen werden. Dies wird erreicht durch die starke Bisimulation.

**Definition 1:** Es seien $M = (St(M), Act, \rightarrow_M, P_0)$ und $N = (St(N), Act, \rightarrow_N, Q_0)$ nichtdeterministische Automaten mit gleichem Eingabealphabet $Act$. Eine **starke Bisimulation** zwischen $M$ und $N$ ist eine Relation

$$\mathscr{R} \subseteq St(M) \times St(N)$$

mit den folgenden Eigenschaften:

a) $(P_0, Q_0) \in \mathscr{R}$.

b) $N$ simuliert $M$, d.h. für alle $P, P' \in St(M), Q \in St(N), \lambda \in Act$ folgt aus

$$(P, Q) \in \mathscr{R} \quad \text{und} \quad P \xrightarrow{\lambda}_M P', \qquad \text{daß ein } Q' \in St(N) \text{ existiert mit}$$

$$(P', Q') \in \mathscr{R} \quad \text{und} \quad Q \xrightarrow{\lambda}_N Q'.$$

c) $M$ simuliert $N$.

In diesem Fall heißen $M$ und $N$ **bisimulationsäquivalent** ($M \approx N$).

## 8.5.1. Operationelle Semantik

Bei der operationellen Semantik wird die schrittweise Abarbeitung eines Programms mit Hilfe einer abstrakten Maschine definiert.

Im Falle von *TCSP* wird dazu jedem Prozeß $P$ als abstrakte Maschine der Automat

$$M_P = (PROC, Act, \rightarrow, P)$$

zugeordnet, wobei die Transitionsrelation $\rightarrow$ durch die Methode der *Strukturellen Operationellen Semantik* definiert wird, die ursprünglich auf Plotkin zurückgeht. Dabei wird die Transitionsrelation durch Induktion über die Struktur der Zustände (also von Prozessen) mit Regeln der Form

$$\frac{T_1, \ldots, T_n}{T}, \qquad \text{wobei} \quad „\ldots“,$$

angegeben. Die Transitionsformeln $T_1, \ldots, T_n$ und $T$ müssen dabei der Bedingung „...“ genügen. Für $n = 0$ heißt eine Regel auch *„Axiom“*. Eine Transitionsformel ist dabei von der Gestalt $P \xrightarrow{\lambda} Q$ und besagt, daß der Prozeß $P$ zuerst die Aktion $\lambda$ ausführen kann und sich dann wie $Q$ verhält. Typische Regeln für *TCSP* sind (die ersten drei Regeln sind Axiome):

(1) *Präfix:*

$$(a \rightarrow P) \xrightarrow{a} P.$$

Also kommuniziert $a \rightarrow P$ zunächst $a$ und verhält sich dann wie $P$.

(2) *Divergenz:*

$$\texttt{div} \xrightarrow{\tau} \texttt{div}.$$

Anschaulich vollführt `div` eine unendliche Schleife von internen Aktionen.

(3) *Interner Nichtdeterminismus:*

$$P \;\texttt{or}\; Q \xrightarrow{\tau} P, \qquad P \;\texttt{or}\; Q \xrightarrow{\tau} Q.$$

Nach einer internen Auswahl verhält sich $P$ `or` $Q$ entweder wie $P$ oder wie $Q$.

(4) *Externer Nichtdeterminismus:*

$$\frac{P \xrightarrow{a} P'}{P \,\|\, Q \xrightarrow{a} P'}, \quad \frac{Q \xrightarrow{a} Q'}{P \,\|\, Q \xrightarrow{a} Q'}, \quad \textbf{wobei} \quad a \in Comm\,.$$

Nach einer externen Auswahl verhält sich $P \,\|\, Q$ entweder wie $P$ oder wie $Q$. Durch eine interne Aktion wird dagegen noch keine Auswahl getroffen:

$$\frac{P \xrightarrow{\tau} P'}{P \,\|\, Q \xrightarrow{\tau} P' \,\|\, Q}, \quad \frac{Q \xrightarrow{\tau} Q'}{P \,\|\, Q \xrightarrow{\tau} P \,\|\, Q'}.$$

(5) *Parallele Komposition:*

$$\frac{P \xrightarrow{a} P', Q \xrightarrow{a} Q'}{P \parallel_A Q \xrightarrow{a} P' \parallel_A Q'}, \quad \textbf{wobei} \quad a \in A\,.$$

Wenn $P$ und $Q$ über $a$ kommunizieren können, kann dies auch $P \parallel_A Q$ (Synchronisationsfall).

$$\frac{P \xrightarrow{\lambda} P'}{P \parallel_A Q \xrightarrow{\lambda} P' \parallel_A Q}, \quad \textbf{wobei} \quad \lambda \notin A\,.$$

Wenn $P$ über $\lambda$ kommunizieren kann, kann dies auch $P \parallel_A Q$, und $Q$ bleibt unverändert. Eine entsprechende Regel gilt auch, wenn $Q$ über $\lambda$ kommuniziert (Interleavingfall).

(6) *Umbenennung:*

$$\frac{P \xrightarrow{a} Q}{P[b/a] \xrightarrow{b} Q[b/a]}, \quad \frac{P \xrightarrow{\lambda} Q}{P[b/a] \xrightarrow{\lambda} Q[b/a]}, \quad \textbf{wobei} \quad \lambda \neq a\,.$$

$P[b/a]$ verhält sich wie $P$, wobei alle Kommunikationen $a$ in $b$ umbenannt sind.

(7) *Verstecken (Hiding):*

$$\frac{P \xrightarrow{b} Q}{P \setminus b \xrightarrow{\tau} Q \setminus b}, \quad \frac{P \xrightarrow{\lambda} Q}{P \setminus b \xrightarrow{\lambda} Q \setminus b}, \quad \textbf{wobei} \quad \lambda \neq b\,.$$

$P \setminus b$ verhält sich wie $P$, wobei alle Kommunikationen $b$ in die interne Aktion $\tau$ umbenannt sind.

(8) *Rekursion:*

$$\frac{P[\texttt{rec}\, x.P/x] \xrightarrow{\lambda} Q}{\texttt{rec}\, x.p \xrightarrow{\lambda} Q}.$$

Hier bedeutet $P[\texttt{rec}\, x.P/x]$, daß in $P$ alle frei auftretenden $x$ durch $\texttt{rec}\, x.P$ ersetzt werden.

Die Prämisse der Rekursionsregel für den Fall $P = a \rightarrow x$ wird zum Beispiel durch

$$P[\texttt{rec}\, x.P/x] \;=\; a \rightarrow (\texttt{rec}\, x.a - x) \;\xrightarrow{a}\; \texttt{rec}\, x.a \rightarrow x$$

geliefert. Das Ergebnis der Rekursionsregel ist dann

$$\texttt{rec}\, x.a \rightarrow x \;\xrightarrow{a}\; \texttt{rec}\, x.a \rightarrow x.$$

Da wir Automaten nur modulo starker Bisimulation betrachten wollen, besteht die operationelle Semantik des Prozesses $P$ nicht nur aus dem Automaten $M_P$, sondern aus allen zu $M_P$ bisimulationsäquivalenten Automaten:

$$\mathcal{O}[\![P]\!] \;=\; \{M \mid M \approx M_P\}\,.$$

## 8.5.2. Denotationelle Semantik

Stand bei der operationellen Semantik die Beschreibung einzelner Rechenschritte im Vordergrund, so wird bei der denotationellen Semantik vom Maschinenmodell abstrahiert. Untersucht wird nur noch die Wirkung, die Anweisungen auf die Belegung von Variablen haben. Die Semantik wird wie ein Homomorphismus durch strukturelle Induktion definiert und benutzt Fixpunkttechniken zur Behandlung von Rekursion.

Zu einer gegebenen Menge $Prog$ von Programmen ist zunächst ein *semantischer Bereich* $Dom$ zu wählen, über dem die Programme zu interpretieren sind. Eine denotationelle Semantik ist dann eine Abbildung

$$\mathcal{D}\colon Prog \to (Env \to Dom),$$

die jedem Programm ein Element des semantischen Bereiches zuordnet. Dazu werden Belegungen (environments) $\rho \in Env$ benötigt; dies sind Abbildungen, die jeder freien Variablen ein Element ihres Datenbereiches zuordnen. Die Definition von $\mathcal{D}$ geschieht folgendermaßen:

(1) *Belegung* von Variablen:

$$\mathcal{D}[\![x]\!](\rho) = \rho(x).$$

(2) *Kompositionalität* für Operatoren:

$$\mathcal{D}[\![op(P_1,\ldots,P_n)]\!](\rho) = op^{\mathcal{D}}(\mathcal{D}[\![P_1]\!](\rho),\ldots,\mathcal{D}[\![P_n]\!](\rho)).$$

Dabei wird vorausgesetzt, daß zu jedem $n$-stelligen Operator $op$ der Programmiersprache ein Operator

$$op^{\mathcal{D}}\colon Dom^n \to Dom$$

existiert, bezüglich dessen $\mathcal{D}$ sich kompositionell (homomorph) verhält.

(3) *Fixpunkttechnik* für Rekursion:

$$\mathcal{D}[\![\mathtt{rec}\,x.P]\!](\rho) = \mathrm{fix}\,\Phi_P.$$

Dabei bezeichnet $\mathrm{fix}\,\Phi_P$ einen Fixpunkt der Abbildung

$$\Phi_P\colon Dom \to Dom \qquad \text{mit} \qquad \Phi_P(S) = \mathcal{D}[\![P]\!](\rho[S/x]).$$

Bei (3) ist $\rho[S/x]$ eine Belegung, die mit $\rho$ übereinstimmt, außer auf der in $P$ freien Variablen $x$, die den Wert $S$ annimmt. Gewöhnlich wird gefordert, daß $Dom$ eine *vollständige Halbordnung* ist. Sind die semantischen Operatoren $op^{\mathcal{D}}$ *monoton*, so hat $\Phi_P$ nach dem *Fixpunktsatz von Knaster-Tarski* einen kleinsten Fixpunkt, der dann als $\mathrm{fix}\,\Phi_P$ genommen wird.

Wir geben nun das Beispiel einer denotationellen Semantik für *TCSP* an, die *Failure Semantik*. Diese enthält zwei Arten von Informationen über einen Prozeß $P$:

(1) *Failure Paare:*

$$(h, X) \in Comm^* \times \wp(Comm).$$

Dabei bezeichnet $h$ die Geschichte (*history*) des Prozesses bis zu einem Zeitpunkt. $X$ ist eine Menge von Kommunikationen (*refusals*), die der Prozeß nach Durchlaufen von $h$ ablehnen kann. $\wp$ bezeichnet die Potenzmenge.

(2) *Divergenzpunkte:*

$$(h, \uparrow) \in Comm^* \times \{\uparrow\}.$$

Das $\uparrow$ besagt, daß der Prozeß nach Durchlaufen von $h$ divergieren kann, indem er eine unendliche Anzahl von $\tau$-Aktionen durchführt. Zu beachten ist, daß $h \in Comm^*$ selber keine $\tau$-Aktionen enthält.

Als semantischer Bereich zur Beschreibung der Failure Semantik $\mathcal{F}$ dient somit

$$Dom_{\mathcal{F}} = \wp(Comm^* \times \wp(Comm) \cup Comm^* \times \{\uparrow\}).$$

Unter der umgekehrten Inklusionsbeziehung $\supseteq$ wird $Dom_{\mathcal{F}}$ zu einer vollständigen Halbordnung. Für Mengen $S, T \in Dom_{\mathcal{F}}$ sind die semantischen Operatoren $op^{\mathcal{F}}$ wie folgt definiert. Dabei stehe $\Delta$ für eine Menge $X \subseteq Comm$ oder für $\uparrow$.

(1) $\texttt{stop}^{\mathcal{F}} = \{(\varepsilon, X) \mid X \subseteq Comm\}$.
Der Prozeß tut nichts und kann jede Kommunikation ablehnen.

(2) $\texttt{div}^{\mathcal{F}} = Comm^* \times \wp(Comm) \cup Comm^* \times \{\uparrow\}$.
Dies ist das kleinste Element der Halbordnung. Es wird auch *CHAOS* genannt.

(3) $a \to^{\mathcal{F}} S = \{(\varepsilon, X) \mid a \notin X\} \cup \{(ah, \Delta) \mid (h, \Delta) \in S\}$.
Zunächst kann außer $a$ jede Kommunikation abgelehnt werden. Nach einer solchen Kommunikation ist das Verhalten wie von $S$ beschrieben.

(4) $S \texttt{ or}^{\mathcal{F}} T = S \cup T$.

(5) $S \,[\!]^{\mathcal{F}}\, T = \{(\varepsilon, X) \mid (\varepsilon, X) \in S \cap T\} \cup \{(\varepsilon, \Delta) \mid (\varepsilon, \uparrow) \in S \cup T\}$
$\cup \{(h, \Delta) \mid h \neq \varepsilon \wedge (h, \Delta) \in S \cup T\}$.

Zunächst lehnt $S \,[\!]^{\mathcal{F}}\, T$ nur Kommunikationen ab, die von $S$ und $T$ abgelehnt werden. Danach verhält sich der Prozeß wie $S$ oder $T$, abhängig von der ersten Kommunikation.

(6) $S \,||_A{}^{\mathcal{F}}\, T = \{(h, X) \mid \exists (h_1, X_1) \in S, (h_2, X_2) \in T\colon h = h_1 \,||_A\, h_2 \wedge X = X_1 \,||_A\, X_2\}$
$\cup \{(hh', \Delta) \mid \exists (h_1, \emptyset) \in S, (h_2, \emptyset) \in T\colon h = h_1 \,||_A\, h_2 \wedge ((h_1, \uparrow) \in S \vee (h_2, \uparrow) \in T)\}$.

(7) $S[b/a]^{\mathcal{F}} = \{(h[b/a], X[b/a]) \mid (h, X) \in S\} \cup \{(h[b/a], \uparrow) \mid (h, X[b/a]) \in S\}$.

(8) $S \setminus b^{\mathcal{F}} = \{(h \setminus b, X) \mid (h, X \cup \{b\}) \in S\} \cup \{((h \setminus b)h', \Delta) \mid \forall n \geq 0\colon (hb^n, \emptyset) \in S\}$.
Im zweiten Fall entsteht Divergenz durch das Verstecken einer unendlichen Folge.

In (6) bezeichnet $h_1 \,||_A\, h_2$ die Menge aller „interleavings" zwischen $h_1$ und $h_2$, die sich auf $A$ synchronisieren. So ist

$$abc \,||_{\{b\}}\, cbd = \{acbcd, acbdc, cabcd, cabdc\}.$$

Im Falle $A = \emptyset$ entspricht dies dem Ineinanderstecken, siehe 8.3.1., Def. 7. Ferner zeigt die Definition

$$X_1 \,||_A\, X_2 = (X_1 \cap X_2) \cup (X_1 \cap A) \cup (X_2 \cap A)$$

an, daß eine Kommunikation abgelehnt werden kann, wenn sie entweder von $S$ und $T$ abgelehnt wird oder wenn sie in $A$ liegt und von $S$ oder $T$ abgelehnt wird.

Wie leicht zu sehen ist, sind alle Operatoren $op^{\mathcal{F}}$ monoton bezüglich „$\supseteq$". Damit erhalten wir auf Standardweise eine Interpretation der Rekursion und damit eine semantische Abbildung

$$\mathcal{F}\colon Rec \to (Env \to Dom).$$

Die hier vorgestellte Failure Semantik $\mathcal{F}$ ist gröber als die oben vorgestellte operationelle Semantik $\mathcal{O}$. Es gibt aber auch eine operationelle Semantik, die äquivalent zu $\mathcal{F}$ ist.

Der Grund für die Einführung von $\mathcal{F}$ liegt in den folgenden Überlegungen:
Bei jeder Semantik muß der Benutzer sich überlegen, was er beobachten können möchte und wovon abstrahiert werden soll. So kann es sinnvoll sein, für eine Struktur mehrere Semantiken zu definieren. Im Falle von *TCSP* erlaubt es $\mathcal{O}$, auch interne Aktionen zu beobachten. Manchmal soll jedoch von den $\tau$-Aktionen abstrahiert werden. Andererseits ist eine reine auf Aktionsfolgen basierte Semantik zu grob. So unterscheiden sich die beiden in Abb. 8.22 angegebenen Prozesse nicht durch ihre möglichen Folgen von Aktionen. Intuitiv

entscheidet beim rechten Prozeß die Umgebung, ob auf $a$ oder auf $b$ kommuniziert wird (externer Nichtdeterminismus); beim linken Prozeß hängt es jedoch von der internen Aktion $\tau$ ab, welche Kommunikationsmöglichkeiten der Umgebung angeboten werden (interner Nichtdeterminismus). Dem entsprechen unterschiedliche Failure Paare. Der linke Prozeß hat im Gegensatz zum rechten die Failure Paare $(\varepsilon, \{a\}), (\varepsilon, \{b\})$.

Abb. 8.22

## 8.5.3. Algebraische Semantik

*Beobachtungsäquivalenz* (observational equivalence). Jede Semantik soll Aussagen darüber machen, welche Prozesse als äquivalent angesehen werden. Wurden bei $\mathcal{O}$ Prozesse modulo starker Bisimulation nicht unterschieden, so gibt es für *TCSP* auch eine andere oft betrachtete Äquivalenz, bei der zugleich die interne Verzweigungsstruktur und ein bestimmter fairness-Begriff eine Rolle spielen. Diese Beobachtungsäquivalenz wird induziert durch die schwache Bisimulation. Wurden bei der starken Bisimulation einzelne Schritte $P \xrightarrow{\lambda} P'$ verglichen, so wird jetzt die Abkürzung

$$P \overset{h}{\Rightarrow} P'$$

benötigt mit

$$P = P_0 \xrightarrow{\lambda_1} P_1 \quad \ldots \quad P_{n-1} \xrightarrow{\lambda_n} P_n = P',$$

wobei $h$ aus $\lambda_1 \ldots \lambda_n$ durch Weglassen aller $\tau$ hervorgeht.

**Definition 2:** Es seien $M = (St(M), Act, \rightarrow_M, P_0)$ und $N = (St(N), Act, \rightarrow_N, Q_0)$ nichtdeterministische Automaten. Eine **schwache Bisimulation** zwischen $M$ und $N$ ist eine Relation

$$\mathcal{R} \subseteq St(M) \times St(N)$$

mit den folgenden Eigenschaften:

a) $(P_0, Q_0) \in \mathcal{R}$.
b) $N$ simuliert $M$ schwach, d.h. für alle $P, P' \in St(M), Q \in St(N), h \in Comm^*$ folgt aus

$$(P, Q) \in \mathcal{R} \quad \text{und} \quad P \overset{h}{\Rightarrow}_M P', \qquad \text{daß ein } Q' \in St(N) \text{ existiert mit}$$

$$(P', Q') \in \mathcal{R} \quad \text{und} \quad Q \overset{h}{\Rightarrow}_N Q'.$$

c) $M$ simuliert $N$ schwach.

In diesem Fall heißen $M$ und $N$ **schwach bisimulationsäquivalent**.

Zwar läßt sich eine kompositionelle Semantik definieren, die Prozesse genau dann identifiziert, wenn sie schwach bisimulationsäquivalent sind, es ist jedoch keine bekannt, mit der man gut arbeiten kann. Ein Ausweg aus dieser Situation wird dadurch gefunden, daß *algebraische Gesetze* auf der Grundlage der schwachen Bisimulation bewiesen werden. Falls es gelingt, einen vollständigen korrekten Kalkül zu entwickeln, kann man auf den ursprünglichen Äquivalenzbegriff verzichten. Oft bestehen solche Gesetze aus reiner

Termersetzung, jedoch sind Kalküle, die nur aus Termersetzungsregeln bestehen, meistens nicht vollständig.

Für *TCSP* können beispielsweise die folgenden algebraischen Gesetze bewiesen werden; sie bilden aber noch keinen vollständigen Kalkül.

(1) *Präfix:*

$$a \to P = b \to Q \quad \Leftrightarrow \quad a = b \wedge P = Q\,.$$

(2) *Parallele Komposition:*

$$\begin{aligned} P \parallel_A Q &= Q \parallel_A P\,, \\ P \parallel_A (Q \parallel_A R) &= (P \parallel_A Q) \parallel_A R\,, \\ a \to P \parallel_A a \to Q &= a \to (P \parallel_A Q) \quad \text{für } a \in A\,. \end{aligned}$$

(3) *Rekursion:*

$$Y = F(Y) \quad \Leftrightarrow \quad Y = \mathtt{rec}\, X.F(X) \qquad \text{nur für sogenanntes bewachtes } F\,.$$

(4) *Umbenennung:*

$$\begin{aligned} (a \to P)[b/a] &= b \to P[b/a]\,, \\ (P \parallel_A Q)[b/a] &= P[b/a] \parallel_{A[b/a]} Q[b/a]\,, \\ (\mathtt{rec}\, X.P)[b/a] &= \mathtt{rec}\, X.P[b/a]\,. \end{aligned}$$

(5) *Interner Nichtdeterminismus:*

$$\begin{aligned} &P \,\mathtt{or}\, P = P, \quad P \,\mathtt{or}\, Q = Q \,\mathtt{or}\, P, \quad (P \,\mathtt{or}\, Q) \,\mathtt{or}\, R = P \,\mathtt{or}\, (Q \,\mathtt{or}\, R)\,, \\ &a \to (P \,\mathtt{or}\, Q) = a \to P \;\mathtt{or}\; a \to Q\,, \\ &P \parallel_A (Q \,\mathtt{or}\, R) = P \parallel_A Q \;\mathtt{or}\; P \parallel_A R, \quad (P \,\mathtt{or}\, Q) \parallel_A R = P \parallel_A R \;\mathtt{or}\; Q \parallel_A R\,, \\ &(P \,\mathtt{or}\, Q)[b/a] = P[b/a] \,\mathtt{or}\, Q[b/a]\,. \end{aligned}$$

Die Rekursion ist dagegen nicht distributiv über internem Nichtdeterminismus.

(6) *Externer Nichtdeterminismus:*

$$\begin{aligned} &P \parallel P = P, \quad P \parallel Q = Q \parallel P, \quad (P \parallel Q) \parallel R = P \parallel (Q \parallel R)\,, \\ &P \parallel \mathtt{stop} = P\,, \\ &P \parallel (Q \,\mathtt{or}\, R) = P \parallel Q \;\mathtt{or}\; P \parallel R \quad \text{und} \quad P \,\mathtt{or}\, (Q \parallel R) = (P \,\mathtt{or}\, Q) \parallel (P \,\mathtt{or}\, R)\,. \end{aligned}$$

(7) *Verstecken:*

$$\begin{aligned} (a \to P) \setminus b &= a \to (P \setminus b)\,, \\ (b \to P) \setminus b &= P \setminus b\,, \\ (\mathtt{rec}\, rec X.b \to X) \setminus b &= \mathtt{div}\,. \end{aligned}$$

# 8.6. Grundlegende Datenstrukturen

Eine *Datenstruktur* realisiert (implementiert) einen Datentyp. Ein *Datentyp* beschreibt eine Menge von Daten (zulässigen Werten, Objekten) und eine Menge von Operationen. Wenn es nicht um die Implementierung eines Datentyps geht (also etwa bei dessen Spezifikation), wird dieser oft als Algebra angesehen und als *abstrakter Datentyp* bezeichnet. Wichtige elementare Datentypen werden unmittelbar in Programmiersprachen angeboten. Dazu gehören einfache Typen, wie etwa ganze (integer, cardinal) und reelle Zahlen (real), jeweils auf eine im Rechner darstellbare Teilmenge beschränkt, sowie Zeichen (character) und Wahrheitswerte (Boolean); die zugehörigen Operationen umfassen arithmetische Operationen und Vergleichsoperationen. Daneben bieten Programmiersprachen auch strukturierte Typen wie Felder (Arrays) und Verbunde (Records, Sätze) an.

## 8.6.1. Einfache Datenstrukturen

Ein *Feld* ist eine Folge von Komponenten eines Typs; die Länge der Folge und der Typ aller Komponenten werden bei der Feldtypdefinition festgelegt. Die Menge aller zulässigen Werte eines Feldes der Länge $m$ ($m \in \mathbb{N}$) ist das $m$-fache Kreuzprodukt der Menge der zulässigen Werte des Komponententyps. Eine Komponente des Feldes wird durch Angabe eines Indexwertes ausgewählt. Dieser Indexwert, der die relative Position der Komponente in der Folge angibt, ist typischerweise das Resultat einer Rechnung. Die mit den Komponenten zulässigen Operationen sind bei allen strukturierten Datentypen durch den Komponententyp definiert. Für das ganze Feld sind keine Operationen definiert (in manchen Programmierumgebungen ist die Zuweisung definiert, aber das spielt für das folgende keine Rolle). Wir notieren den Typ eines Feldes von $m$ ganzen Zahlen mit *array [1..m] of integer* und die Komponente mit Index $i$ des Feldes $f$ als *f[i]*.

Im Gebiet der Datenstrukturen geht es darum, *effiziente Implementierungen* für die verschiedensten Datentypen zu finden. Die üblicherweise von Programmiersprachen bereitgestellten Typen sieht man als abstrakte Datentypen an; man interessiert sich also nicht für deren Implementierung. Darauf aufbauend beschreibt man die Algorithmen und Datenstrukturen zur Implementierung der komplexeren Datentypen in einer programmiersprachenähnlichen, algorithmischen Notation.

### 8.6.1.1. Felder für Stapel und Schlangen

Ein Beispiel für einen Datentyp, der mit Hilfe eines Feldes implementiert werden kann, ist der *Stapel* (stack). Ein Stapel bietet für Komponenten (die man meist Stapelelemente nennt) eines bestimmten Typs die folgenden Operationen an:

*emptystack(s)*: initialisiert $s$ als leeren Stapel;
*push(s,k)*: legt Element $k$ als neues oberstes Element auf den Stapel $s$;
*top(s)*: liefert den Wert des obersten Elements des Stapels $s$;
*pop(s)*: entfernt das oberste Element vom Stapel $s$;
*isempty(s)*: liefert wahr genau dann, wenn der Stapel $s$ leer ist, sonst falsch.

Dabei haben die Operationen *emptystack*, *push* und *pop* eine Auswirkung auf den Stapel, während *top* und *isempty* lediglich Informationen über den Stapel liefern. Nicht alle Operationen sind in allen Fällen definiert: Ist der Stapel leer, so sind *top* und *pop* nicht definiert.

Stapel werden in der Informatik für viele Aufgaben eingesetzt, wie etwa zur Auflösung von Rekursionen durch Iterationen, zur Umformung und zur Auswertung arithmetischer Ausdrücke oder zum Durchlaufen von Graphen. Je nach Einsatz werden dabei die einzelnen Stapeloperationen mehr oder minder oft ausgeführt. Eine effiziente Implementierung eines Stapels muß nun entweder darauf achten, daß jede einzelne Stapeloperation möglichst effizient ausführbar ist oder daß dies für die gesamte in einer algorithmischen Anwendung

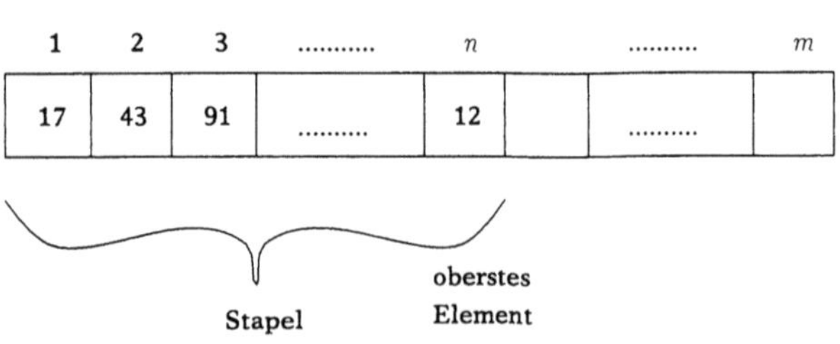


Abb. 8.23

auftretende Folge von Stapeloperationen gilt. Beim Stapel lassen sich diese beiden Ziele, die im allgemeinen im Konflikt miteinander stehen, zur Deckung bringen (siehe Abb. 8.23): Wir können einen Stapel *beschränkter Größe* so in einem Feld mit Indexwerten 1 bis $m$ ($m \in \mathbb{N}$) verwalten, daß ein Stapel mit Elementen $s_1$ bis $s_n$ (von unten nach oben) im Feld die Positionen 1 bis $n$ belegt; das unterste Stapelelement steht also an Position 1, das oberste an Position $n$, und wir merken uns außer dem Feld noch den Positionswert $n$ ($n \leq m$).

Damit sind die Stapeloperationen für einen Stapel in einem Feld $s$ mit Positionswert $n$ wie folgt implementierbar:

*emptystack(s): n := 0;*
*push(s,k): n := n+1; s[n] := k;*
*top(s): return s[i];*
*pop(s): n := n – 1;*
*isempty(s): return (n=0).*

Wir haben hier wegen der Einfachheit der Darstellung auf die Überprüfung von Fehlerbedingungen verzichtet; dies gilt ebenso für alle anderen algorithmischen Beschreibungen in diesem Abschnitt. Die asymptotische Effizienz der angegebenen Implementierung ist bestmöglich, denn jede einzelne Stapeloperation benötigt in jedem Fall (also auch im schlechtesten) nur $O(1)$ Rechenschritte, bezogen auf eine geeignete Registermaschine (zur Definition eines uniformen Rechenschritts und der asymptotischen Laufzeitangaben siehe Abschnitte 8.2.2. und 8.1.2.).

Ein dem Stapel verwandter Datentyp ist die *Schlange* (queue). Das ist eine Folge von Komponenten eines Typs, bei der Komponenten an einem Ende (vorn) entfernt und am anderen Ende (hinten) angefügt werden. Wir definieren für eine Schlange die folgenden Operationen:

*emptyqueue(q)*: initialisiert $q$ als leere Schlange;
*enqueue(q,k)*: fügt $k$ als zusätzliches Element hinten an die Schlange $q$ an;
*dequeue(q)*: liefert den Wert des vorderen Elements der Schlange $q$
und entfernt dieses aus $q$;
*isempty(q)*: liefert wahr genau dann, wenn die Schlange $q$ leer ist,
und sonst falsch.

Das Feld ist eine effiziente Datenstruktur für eine Schlange beschränkter Größe: Wir sehen ein Feld mit Indexbereich 1 bis $m$ als ringförmig geschlossen an, so daß Indexposition 1 auf Position $m$ folgt, und legen eine Schlange in einen zusammenhängenden Teilbereich des ringförmigen Feldes. Dabei merken wir uns die beiden Indexpositionen *vorn* und *hinten*, siehe Abb. 8.24.

| 1 | ......... | *vorn* | | | *hinten* | ......... | *m* |
|---|---|---|---|---|---|---|---|
| | ......... | 12 | 98 | 47 | 11 | ......... | |

Abb. 8.24

Dann sind für eine Schlange in einem Feld $q$ die Operationen *dequeue* und *enqueue* wie folgt implementierbar:

*dequeue(q): return q[vorn]; vorn := Nachfolgeindex(vorn);*
*enqueue(q,k): hinten := Nachfolgeindex(hinten); q[hinten] := k.*

Dabei ist *Nachfolgeindex(i)* der im ringförmigen Feld auf $i$ folgende Indexwert, erklärt als *if* $i < m$ *then i+1 else 1*. Die angegebene Implementierung einer Schlange ist asymptotisch optimal im schlechtesten Fall: Jede Operation benötigt nur $O(1)$ Schritte.

### 8.6.1.2. Verkettete, lineare Listen für Stapel und Schlangen

In Fällen, in denen man die Größenbeschränkung für den Stapel (oder die Schlange) nicht kennt, benutzt man statt eines Feldes als Datenstruktur eine *(einfach) verkettete, lineare Liste*, die dynamisch (während des Programmlaufs) vergrößert und verkleinert werden kann. Ein Listenelement besteht aus zwei Komponenten, von denen die eine das Stapelelement enthält, während die andere auf das Nachfolge-Element der Liste verweist.

Eine feste Anzahl von Komponenten, deren Typ verschieden sein kann, nennen wir *Verbund* (Satz, Record). Die Menge aller zulässigen Werte eines Verbundes ist das Kreuzprodukt der entsprechenden Mengen der Komponenten. Die Auswahl einer Komponente geschieht durch Angabe des Komponentennamens. Beispielsweise notieren wir den Typ eines Verbunds mit einer ganzzahligen Komponente $k$ und einer Booleschen Komponente $b$ als *record k: integer; b: Boolean end* und die Komponente mit Namen $k$ des Records $r$ als $r.k$. Die Zuweisung ist die einzige Operation, die für ganze Records definiert ist.

Der Typ einer linearen Liste mit einfacher Verkettung wird unter Verwendung des Typs *Zeiger* rekursiv definiert:

*type Zeiger = ↑Element;*
*Element = record Information: integer; weiter: Zeiger end.*

Ein spezieller Zeigerwert *nil*, der auf nichts zeigende Zeiger, gehört zum Wertebereich jedes Zeigertyps. Das Element, auf das ein Zeiger $p$ zeigt, wird als $p\uparrow$ notiert. Für $p = nil$ ist $p\uparrow$ nicht definiert. Nun kann man wie in Abb. 8.25 gezeigt, einen Stapel als lineare Liste mit Anfangszeiger $s$ implementieren, mit dem jeweils obersten Stapelelement am Listenanfang.

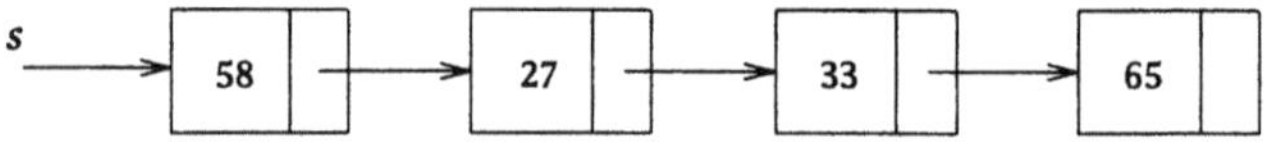


Abb. 8.25

Dann lauten die Stapeloperationen; Kommentare sind in (*...*) eingeschlossen:

*emptystack(s): s := nil;*
*push(s,k): new(p) (* kreiert ein neues Element p↑, auf das der Zeiger p zeigt *);*
*p↑.Information := k; p↑.weiter := s; s := p;*
*top(s): return s↑.Information;*
*pop(s): s := s↑.weiter;*
*isempty(s): return (s=nil).*

Die Operation *push(s,15)* erzeugt aus der in Abb. 8.25 gezeigten linearen Liste die Liste von Abb. 8.26, die den veränderten Stapel korrekt repräsentiert. Damit benötigt auch bei dieser Implementierung jede der Operationen nur $O(1)$ Schritte.

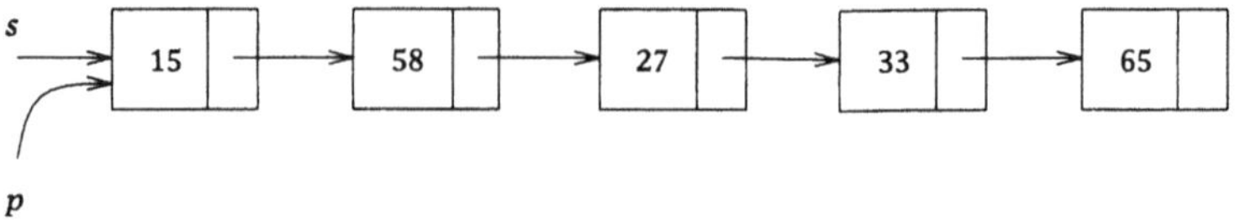


Abb. 8.26

Entsprechend kann man eine dynamische Schlange durch eine lineare Liste implementieren, wobei dann je ein Zeiger auf den Anfang und auf das Ende der Liste mitgeführt werden, damit jede der Operationen in $O(1)$ Schritten erledigt werden kann. Man beachte, daß die algorithmische Beschreibung der Operationen aufwendiger wird, wenn man die Randfälle (Liste ist leer, enthält nur ein Element) mit berücksichtigt; aus diesem Grund umgibt man manchmal eine lineare Liste mit zwei zusätzlichen Elementen (dummies), eines am Anfang, eines am Ende der Liste, die lediglich einer Vereinfachung der Beschreibung dieser Randfälle dienen (Abb. 8.27).

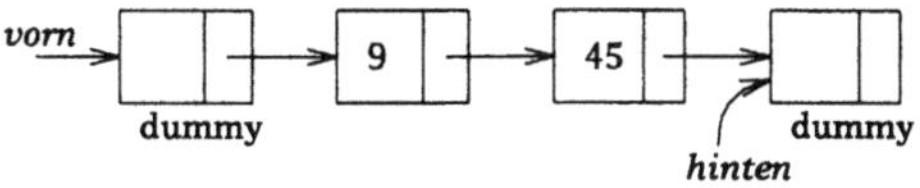

Abb. 8.27

## 8.6.2. Datenstrukturen für Wörterbücher

Stapel und Schlange sind besonders einfache Beispiele für die Verwaltung von Mengen von Datenobjekten. Häufig geht es darum, paarweise verschiedene Elemente in einer dynamisch veränderlichen Menge so zu verwalten, daß das Wiederfinden von Elementen effizient unterstützt wird. Den Datentyp, der das *Suchen* nach einem Element (search), das *Einfügen* eines Elements (insert) und das *Entfernen* (delete) eines Elements unterstützt, nennen wir *Wörterbuch* (dictionary). Daß die leere Struktur initialisiert werden muß, ist für alle Strukturen selbstverständlich; wir werden es daher im folgenden nicht mehr explizit erwähnen. Das Kriterium für die Suche ist beim Wörterbuch eine Komponente der Elemente, auf der eine lineare Ordnung definiert ist, der sogenannte *Schlüssel* (key). Neben dem Schlüssel enthält jedes Element noch weitere Informationen, die aber nicht als Suchkriterium auftreten und deshalb für eine Datenstruktur keine Rolle spielen. Wir nehmen daher im folgenden der Einfachheit halber an, daß die zu verwaltenden Datenobjekte lediglich ganze Zahlen sind. Zunächst betrachten wir Felder und lineare Listen als einfache Datenstrukturen für Wörterbücher.

### 8.6.2.1. Felder

Speichern wir für ein beschränktes Wörterbuch alle Schlüssel in unsortierter Reihenfolge in einem Anfangsstück eines Feldes $d$ (ähnlich wie beim Stapel), so kann man die Wörterbuchoperationen für Schlüssel $k$ wie folgt implementieren:

```
Suchen(d,k): i := 1; while (i <= n) and (d[i] <> k) do i := i+1 end;
(* falls i <= n, so ist k an Stelle i in d gefunden; sonst kommt k in d nicht vor *)

Einfügen(d,k): n := n+1; d[n] := k;

Entfernen(d,k): Suchen(d,k);
                if i <= n then
                  while i < n do d[i] := d[i+1]; i := i+1 end (* while *);
                  n := n-1
                end (* if *).
```

Hier ist also lediglich das Einfügen eines neuen Schlüssels in $O(1)$ Schritten durchführbar; sowohl die Suche als auch das Entfernen kosten $O(n)$ Schritte (insbesondere Schlüsselvergleiche) im schlechtesten Fall.

Verwaltet man die Schlüssel jedoch im Feld in sortierter Reihenfolge, so benötigen Einfügen und Entfernen jeweils $O(n)$ Schritte, weil ja ein Teil des Feldinhaltes verschoben werden muß; die Suche dagegen ist wesentlich schneller implementierbar, indem die Sortierung dazu benutzt wird, bei jedem Schlüsselvergleich ungefähr die Hälfte der noch zu betrachtenden Feldelemente auszuscheiden:

```
Suchen(d,k): linke (* Position *) := 1; rechte := n;
             while linke < rechte do
                   mittlere := (linke+rechte) div 2;
                   if k < d[mittlere] then rechte := mittlere-1
                     elsif d[mittlere] < k then linke := mittlere+1
                     else linke := mittlere; rechte := mittlere
                   end (* if *)
             end (* while *);
(* k kommt in d an Stelle linke oder gar nicht vor *)
```

Dieses Verfahren ist als *binäre Suche* bekannt; für $n$ Schlüssel kommt es mit $O(\log n)$ Schritten selbst im schlechtesten Fall aus ($\log$ bezeichnet den Logarithmus zur Basis 2).

Da die binäre Suche nach der richtigen Stelle im Feld als erster Schritt beim Einfügen oder Entfernen angewandt werden kann, stört bei dieser Datenstruktur der hohe Aufwand für das Verschieben von Elementen.

#### 8.6.2.2. Lineare Listen

In einer linearen Liste hingegen ist der Aufwand für das Einfügen eines Elementes gering, sobald die entsprechende Stelle gefunden ist: Kennen wir in einer linearen Liste mit Dummyelementen am Anfang und am Ende die Stelle, an der ein neues Element eingefügt werden soll, in Gestalt eines Zeigers $p$ auf das Vorgängerelement in der Liste, so kann das Einfügen in $O(1)$ Schritten erledigt werden:

```
Einfügen(p,k): new(q); (* dabei ist q eine Zeigervariable *)
               q↑.Information := k; q↑.weiter := p↑.weiter; p↑.weiter := q;
```

Entsprechend können wir ein gefundenes Element in $O(1)$ Schritten aus der Liste entfernen. Weil in einer Liste keine binäre Suche möglich ist, benötigt das Finden der richtigen Stelle aber nun $\Theta(n)$ Schritte für eine Liste der Länge $n$ im schlechtesten Fall. Dies gilt unabhängig davon, welcher Schlüssel in welchem Listenelement verwaltet wird, also insbesondere für *sortierte* Listen, aber auch für *unsortierte*. Die unsortierte Liste hat gegenüber der sortierten den Vorteil, daß ein neues Element an einer beliebigen Stelle eingefügt werden kann, also etwa am Listenanfang. Die sortierte Liste ist beim Suchen nach einem Schlüssel schneller, der nicht vorkommt (erfolglose Suche): Wir können die Suche abbrechen, sobald der Schlüssel des betrachteten Elements größer ist als der Suchschlüssel (wir unterstellen eine Sortierung nach aufsteigenden Werten).

#### 8.6.2.3. Skiplisten

Man kann versuchen, die Suche in einer linearen Liste zu beschleunigen, indem man mit Hilfe zusätzlicher Zeiger über Elemente hinwegspringt. Dieser Idee folgen Skiplisten. Eine *perfekte Skipliste* ist eine sortierte, verkettete Liste, in der jedes $2^i$-te Listenelement einen Zeiger auf das Element besitzt, das $2^i$ Positionen hinter ihm in der Liste steht (für $i = 0, \ldots, \lfloor \log n \rfloor$), sofern dieses Listenelement überhaupt vorhanden ist; dabei ist $n$ die Anzahl der Listenelemente. Also hat jedes Element einen Zeiger auf das nächste Element; jedes zweite Element hat außerdem einen Zeiger auf das zweitnächste Element, usw. In einer perfekten Skipliste hat also kein Element mehr als $\lfloor \log n \rfloor + 1$ Zeiger, und die Gesamtzahl der

Zeiger ist nur doppelt so groß wie bei einer linearen Liste. Der einfacheren algorithmischen Beschreibung wegen umgeben wir diese Liste in der in Abb. 8.28 gezeigten Weise mit zwei dummy-Elementen.

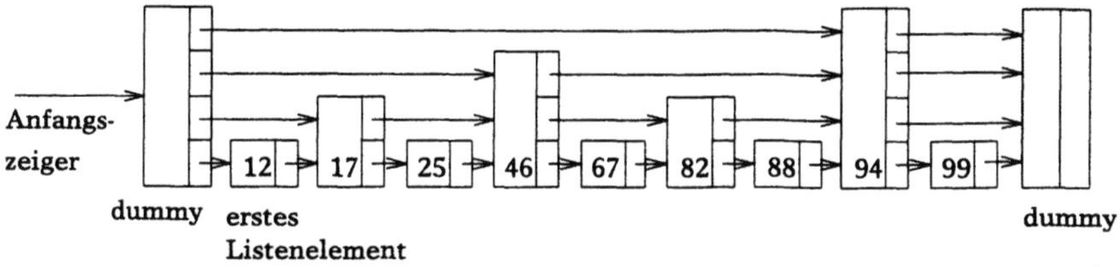


Abb. 8.28

Folgen wir bei einer Suche in einer perfekten Skipliste den Zeigern mit abnehmender Sprungweite, so kommen wir mit $O(\log n)$ Schritten aus. Das Einfügen und Entfernen von Listenelementen kostet aber im schlechtesten Fall noch immer $\Theta(n)$ Schritte.

Hier ermöglicht eine Randomisierung, also das Ausnutzen des Zufalls, eine Verbesserung: Für ein gutes mittleres Verhalten genügt es, daß Zeiger, deren Sprungweiten ungefähr denen in perfekten Skiplisten entsprechen, ungefähr so in der Liste angeordnet sind wie bei perfekten Skiplisten, siehe Abb. 8.29.

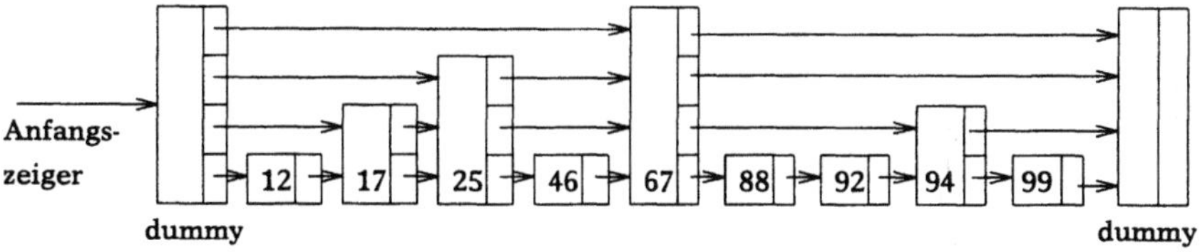


Abb. 8.29

Das erreicht man bei *(randomisierten) Skiplisten*, indem man beim Einfügen eines Elements dessen Zeigeranzahl $j$ zufällig (mit einer passenden Verteilung) wählt, das Element in die sortierte Skipliste einfügt und den $i$-ten Zeiger (für $i = 0, \ldots, j$) des neuen Elements auf das nächstfolgende Listenelement zeigen läßt, das selbst ebenfalls wenigstens $i$ Zeiger besitzt. Mit den entsprechenden Algorithmen für die drei Wörterbuchoperationen kann jede Operation in einer erwarteten Schrittzahl von $O(\log n)$ erledigt werden, und es ist recht unwahrscheinlich, daß eine Operation wesentlich mehr Schritte benötigt.

### 8.6.2.4. Suchbäume

*Binäre Suchbäume* sind eine andere Verallgemeinerung linearer Listen: Hier hat jedes Element, genannt *Knoten*, nicht nur einen (oder keinen) Nachfolger, sondern genau zwei (oder keinen) Nachfolger. Bei *geordneten* binären Suchbäumen unterscheiden wir die beiden direkten Nachfolger: Der eine ist der *linke Sohn*[3], der andere der *rechte*. Den Einstiegsknoten in den Baum nennen wir *Wurzel* (root), einen Knoten ohne Nachfolger nennen wir *Blatt* (leaf) des Baumes. Der Typ eines Baumes wird mittels Zeigern beispielsweise wie folgt definiert:

[3] Englischsprachige Autoren können leicht zur moderneren Terminologie von *child* und *parent* übergehen, das deutsche *Elter* legt einen entsprechenden Wechsel aber nicht nahe.

*type Baumzeiger = ↑Knoten;*
*Knoten = record Schlüssel: integer; links, rechts: Baumzeiger end.*

Die Schlüssel werden in einem Suchbaum im folgenden Sinn in sortierter Reihenfolge verwaltet: Für jeden Knoten $v$ gilt, daß alle Schlüssel in Knoten, die vom linken Kind von $v$ aus erreichbar sind (wir nennen dies den *linken Teilbaum* von $v$), kleiner sind als der Schlüssel von $v$, der wiederum kleiner ist als alle Schlüssel im rechten Teilbaum von $v$, vgl. Abb. 8.30.

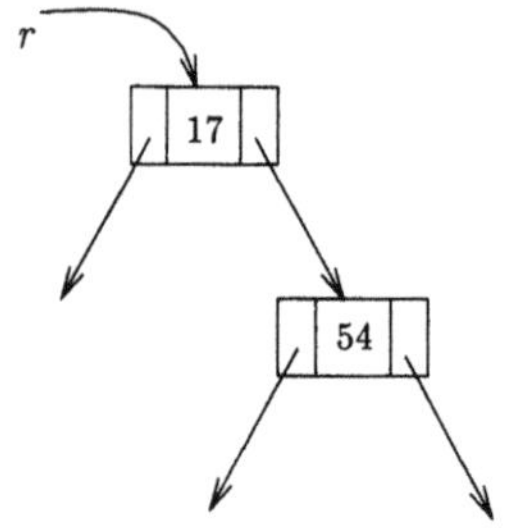


Abb. 8.30

Dann kann man das Suchen in einem Baum mit Wurzelzeiger $r$ nach Schlüssel $k$ wie folgt beschreiben:

```
Suchen(r,k): weitersuchen := true (* Boolesche Variable *);
             while (r <> nil) and weitersuchen do
                 p := r (* Hilfsmittel für späteres Einfügen und Entfernen *);
                 if k < r↑.Schlüssel then r := r↑.links
                   elsif r↑.Schlüssel < k then r := r↑.rechts
                   else weitersuchen := false
                 end (* if *)
             end (* while *);
(* falls r = nil gilt, so kommt k im Baum nicht vor, und p zeigt auf das Blatt,
in dem die Suche endete; sonst ist r↑.Schlüssel = k gefunden *).
```

Im schlechtesten Fall ist die benötigte Schrittzahl proportional zur Anzahl der Knoten auf einem längsten Pfad von der Wurzel zu einem Blatt, der *Höhe* des Baumes. Die geringsten Suchkosten im schlechtesten Fall ergeben sich also bei einem Baum mit geringster Höhe. Da ein Binärbaum mit Höhe $h$ höchstens $2^{h+1} - 1$ Knoten besitzt, muß jeder binäre Suchbaum für $n$ Schlüssel wenigstens die Höhe $\lfloor \log n \rfloor$ haben. Damit ist eine Suchzeit von $O(\log n)$ Schritten im schlechtesten Fall das beste, was wir mit Binärbäumen erreichen können.

**Natürliche Suchbäume**

Diese Suchzeit können wir nicht garantieren, wenn wir einen neuen Schlüssel $k$ auf eine natürliche Weise in einen vorhandenen binären Suchbaum mit Wurzelzeiger $r$ einfügen (wir ignorieren der Einfachheit halber den Randfall $r = nil$):

```
Einfügen(r,k): Suchen(r,k); (* da k bisher nicht vorkam, ist r = nil,
                               und p zeigt auf ein Blatt *)
               new(r); r↑.Schlüssel := k; r↑.links := nil; r↑.rechts := nil;
               if k < p↑.Schlüssel then p↑.links := r else p↑.rechts := r end (* if *).
```

Einen Baum, der aus dem anfangs leeren Baum durch eine Folge solcher Einfügeoperationen entsteht, nennen wir *natürlichen Baum*. Natürliche Bäume können degenerieren, im

Extremfall zur Gestalt linearer Listen (etwa für sortiert eingefügte Schlüssel). Im Mittel ist die Höhe eines natürlichen Baums mit $n$ Schlüsseln aber $O(\log n)$, wenn alle Permutationen der einzufügenden Schlüssel als Einfügereihenfolge gleichwahrscheinlich sind. Man kann nun auch die Entferne-Operation (wie schon das Suchen und das Einfügen) so implementieren, daß ihre Kosten proportional zur Höhe des Baumes sind. Damit kostet bei natürlichen Bäumen jede der Wörterbuchoperationen $O(\log n)$ Schritte im Mittel, aber nicht im schlechtesten Fall.

**Randomisierte Suchbäume**

Wie auch bei anderen Algorithmen hilft bei der Implementierung der Wörterbuchoperationen die Randomisierung, schlechte Einfügereihenfolgen verschwinden zu lassen. Bei *randomisierten (natürlichen) Suchbäumen* (randomized search trees) wählt man beim Einfügen eines Schlüssels zufällig den relativen Einfügezeitpunkt in der Folge der bisher eingefügten Schlüssel. Dann ändert man den vorhandenen Suchbaum so ab, als sei der einzufügende Schlüssel zum gewählten Zeitpunkt eingefügt worden. Dies gelingt effizient, wenn man zu jedem Schlüssel den relativen Einfügezeitpunkt speichert und die Paare (Schlüssel, Einfügezeitpunkt) so organisiert, daß der Baum ein Suchbaum für die Schlüssel ist und daß gleichzeitig die Einfügezeitpunkte entlang eines jeden Pfades von der Wurzel bis zu einem Blatt in aufsteigender Reihenfolge erscheinen.

Man sagt auch, der Suchbaum (tree) erfüllt die *heap*-Eigenschaft bezüglich der Einfügezeitpunkte (er spiegelt eine partielle Ordnung wider) und nennt diese gemischte Baumstruktur *treap*. Dann kann man ein neues Paar (Schlüssel, Einfügezeitpunkt) einfügen, indem man zunächst wie bei einem natürlichen Baum ein neues Blatt anfügt. Die Heap-Bedingung, die dann verletzt sein kann, wird durch eine Folge von *Rotationen*, das sind lokale Änderungen bei Knoten entlang des Pfades vom Blatt zur Wurzel, wieder hergestellt, siehe Abb. 8.31. Im Ergebnis werden so alle tatsächlichen Einfügereihenfolgen zufällig permutiert, und es entsteht mit hoher Wahrscheinlichkeit ein Suchbaum der Höhe $O(\log n)$.

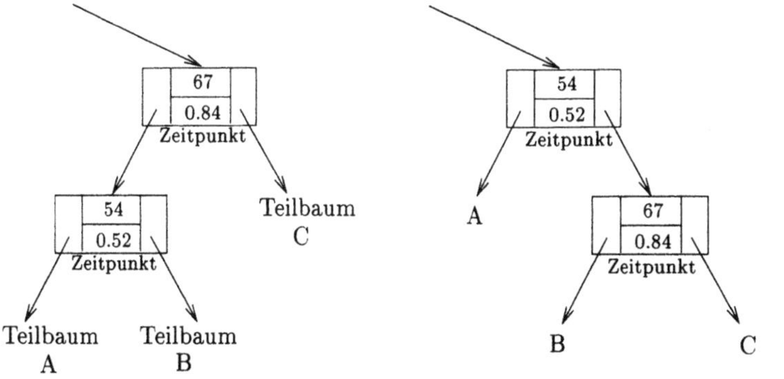


vorher Rotation nach rechts nachher Abb. 8.31

**Ausgeglichene Suchbäume**

Man kann aber das Einfügen und Entfernen von Schlüsseln auch so gestalten, daß ein Baum für $n$ Schlüssel garantiert nur die Höhe $O(\log n)$ erreicht. Es gibt eine ganze Reihe verschiedener Verfahren, die dies leisten, und entsprechend verschiedene Klassen *ausgeglichener (balancierter) Suchbäume*. Zu den wichtigsten gehören *2-3-Bäume*: Das sind Bäume, bei denen jeder Knoten entweder 2 oder 3 Söhne (oder keinen) hat, und bei denen alle Blätter gleich weit von der Wurzel entfernt sind (alle Blätter haben dieselbe *Tiefe*). Solch ein 2-3-Baum ist ein *Blattsuchbaum*: Die Schlüssel werden nur in den Blättern verwaltet. Dabei speichert ein Blatt einen Schlüssel; ein Knoten mit $i$ Söhnen (für $i = 2$ oder 3, ein *innerer Knoten*) speichert $i - 1$ Wegweiser, welche die Suche nach den in den Blättern gespeicherten Schlüsseln leiten. Als Wegweiser eignet sich grundsätzlich jeder Schlüssel zwischen dem größten Schlüssel im linken Teilbaum und dem kleinsten Schlüssel im rechten Teilbaum des Wegweisers, je inklusive. Manchmal kann die Wahl der einen oder anderen Variante vorteilhaft sein.

Bei einer Einfügeoperation wird zunächst ein neues Blatt kreiert und mit dem einzufügenden Schlüssel $k$ belegt. Dann wird dieses Blatt als Sohn eines Knotens $v$ gemäß der Anordnung der Schlüssel eingetragen, sofern $v$ bisher nur zwei Söhne hat. Dabei muß $v$ zunächst durch eine Suche nach $k$ ermittelt werden. Hat $v$ bereits drei Söhne, so ist die Eintragung eines Zeigers in $v$ nicht möglich; dann werden die drei Söhne von $v$, zusammen mit dem neuen Blatt, auf zwei Knoten mit je zwei Söhnen verteilt, und das Problem des Einfügens eines Schlüssels wird um eine Stufe in Richtung Wurzel verschoben, siehe Abb. 8.32.

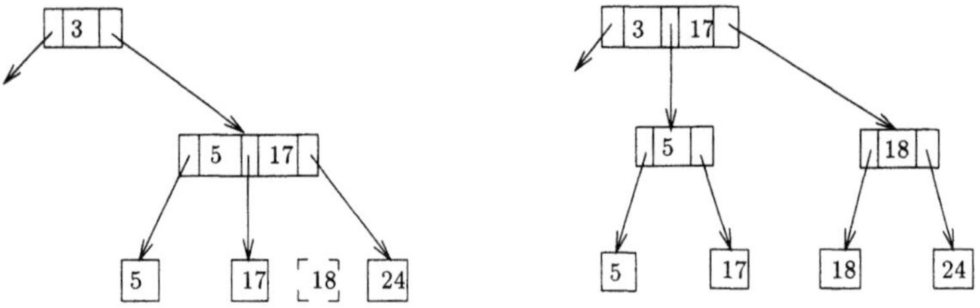


vorher nachher Abb. 8.32

Wenn es soweit kommt, daß die Wurzel aufgeteilt werden muß, so entsteht eine neue Wurzel mit zwei Söhnen, und die Höhe des Baumes ist angewachsen.

Das Entfernen eines Blattes verläuft entsprechend. Bei dieser Baumstruktur sind alle drei Wörterbuchoperationen in Zeit $O(\log n)$ ausführbar, weil ein 2-3-Baum für $n$ Schlüssel gerade $n$ Blätter und damit höchstens die Höhe $\lfloor \log n \rfloor + 1$ besitzt, die Suche nur einen Pfad von der Wurzel zu einem Blatt verfolgt und eine Einfüge- oder Entferne-Operation höchstens entlang eines Pfades von einem Blatt zur Wurzel lokale Änderungen vornimmt.

Eine Verallgemeinerung von 2-3-Bäumen auf Bäume, bei denen jeder Knoten (außer der Wurzel) zwischen $\lceil m/2 \rceil$ und $m$ ($m \geq 3$) Söhnen hat, sind die ***B-Bäume***. Sie eignen sich vor allem als Datenstruktur für den Externspeicher, bei dem die Einheit des Zugriffs nicht ein einzelnes Datum, sondern eine feste Anzahl von einfachen Daten (wie etwa $m$ Zeiger und $m - 1$ Schlüssel) ist, ein sogenannter *Block*. Beim B-Baum wählt man das größtmögliche $m$, für das ein Knoten des Baumes noch auf einem Block Platz findet. Dann sind alle drei Wörterbuchoperationen mit $O(\log_{\lceil m/2 \rceil} n)$ Externspeicherzugriffen ausführbar.

### 8.6.2.5. Hashverfahren

Bei allen bisher vorgestellten Datenstrukturen für das Wörterbuchproblem haben wir uns auf die lineare Ordnung der Schlüssel bezogen und mit Schlüsselvergleichen operiert. Ein ganz anderer Gedanke liegt Hashverfahren zugrunde: Die *Hashfunktion* errechnet aus dem Schlüsselwert (als Argument) unmittelbar die Position in einem Feld, der *Hashtafel*, an der der Schlüssel gespeichert sein muß, wenn er überhaupt vorkommt. Betrachten wir eine Hashtafel $t$ als Feld mit $m$ Elementen, indiziert von 0 bis $m - 1$, und eine Hashfunktion $h$, die jeden Schlüssel $k$ des Universums $K$ aller Schlüssel auf einen Index $h(k)$ abbildet, $0 \leq h(k) \leq m - 1$. Einen Eintrag mit Schlüssel $k$ wollen wir dann in $t[h(k)]$ speichern. Da normalerweise $|K| \gg m$ gilt, kann es leicht vorkommen, daß $h(k) = h(k')$ für zwei verschiedene Schlüssel $k$ und $k'$ gilt. Dieses Ereignis nennen wir eine *Kollision*, und $k$ und $k'$ nennen wir *Synonyme*. Man kann also im allgemeinen nur dann $k$ in $t[h(k)]$ speichern, wenn ein Hashtafelelement mehr als einen Eintrag aufnehmen kann. Bei Hashing mit *Verkettung der Überläufer* erreicht man dies durch Verwendung einer verketteten, linearen Liste für jedes Feldelement.

Viele andere *Kollisionsauflösungsmethoden* sind vorgeschlagen worden, bei denen jedes Feldelement nur einen Eintrag speichern muß. Bei *offenen Hashverfahren* führt das Einfügen eines Schlüssels $k$, dessen Platz $t[h(k)]$ bereits besetzt ist (wir nennen $k$ dann *Überläufer*), zu einer Folge von Inspektionen anderer Plätze. Der erste leer angetroffene unter den inspizierten Plätzen nimmt dann $k$ auf. Eine einfache und praktikable Strategie, *doppeltes Hashing* (double hashing), ist nahezu bestmöglich: Im Fall einer Kollision bestimmt eine zweite Hashfunktion $h'$ die Entfernung zur nächsten zu inspizierenden Stelle im Feld. Bei der $i$-ten Inspektion wird also $t[(h(k) + i \cdot h'(k)) \bmod m]$ geprüft. Natürlich ist hier die Wahl von $h$ und $h'$ entscheidend für die Effizienz: $h$ sollte alle Positionen $0, \ldots, m-1$ mit derselben Wahrscheinlichkeit liefern, und zwar für eine beliebige Verteilung der vorkommenden Schlüssel aus $K$, und $h'$ sollte sicherstellen, daß schließlich alle Plätze in $t$ inspiziert werden. Letzteres kann man erreichen, indem man $h'$ so wählt, daß $h'(k)$ relativ prim ist zu $m$, was z.B. stets gilt, wenn man $m$ als Primzahl wählt. Ersteres kann man nicht erreichen: Für eine beliebige Hashfunktion gibt es stets eine Schlüsselmenge, bei der alle Schlüssel auf denselben Index abgebildet werden. Daher ist die Effizienz des Suchens, des Einfügens und des Entfernens bei offenen Hashverfahren im schlechtesten Fall $\Theta(n)$ für eine Menge von $n$ Schlüsseln.

Bei guter Wahl von $h$ ist Hashing aber eine hervorragende Methode im Durchschnitt: Die Anzahl der Inspektionen bei Hashing mit Verkettung der Überläufer liegt bei $1 + \alpha/2$ für die erfolgreiche Suche (der gesuchte Schlüssel kommt in der gespeicherten Menge vor) und daher auch für das Entfernen, wobei $\alpha = n/m$ der *Belegungsfaktor* der Hashtafel ist; die erfolglose Suche und daher auch das Einfügen kommen mit etwa $\alpha$ Inspektionen aus.

Man kann sogar eine Hashfunktion so wählen, daß es für jede beliebige, gegebene Schlüsselfolge mit sehr geringer Wahrscheinlichkeit zum schlechtest möglichen Verhalten kommt. Das erreicht man, indem man eine Hashfunktion aus einer geeigneten Klasse zufällig bestimmt: Eine Klasse von Hashfunktionen nennen wir *universell*, wenn zwei beliebige, verschiedene Schlüssel höchstens unter dem $m$-ten Bruchteil der Funktionen in der Klasse Synonyme sind. Damit ist für eine beliebige Funktion in der Klasse die Wahrscheinlichkeit, daß zwei gegebene Schlüssel Synonyme sind, höchstens $1/m$.

Ein einfaches Beispiel für eine universelle Klasse von Hashfunktionen ist das folgende. Es sei $K$ die Menge der natürlichen Zahlen von 0 bis $N - 1$, wobei $N$ eine Primzahl ist. Dann ist $h_{a,b}(k) = ((a \cdot k + b) \bmod N) \bmod m$ für jedes $a \in \{1, \ldots, N-1\}$ und $b \in \{0, \ldots, N-1\}$ eine Hashfunktion, und man kann sich überlegen, daß $H = \{h_{a,b} | a \in \{1, \ldots, N-1\}, b \in \{0, \ldots, N-1\}\}$ eine universelle Klasse von Hashfunktionen ist. Eine Funktion in dieser

Klasse kann zufällig gewählt werden, indem man $a$ und $b$ zufällig wählt. Durch diese Wahl erhält man eine gute Hashfunktion.

## 8.6.3. Weitere Datenstrukturen

### 8.6.3.1. Andere Effizienzanforderungen an Wörterbücher

Die oben angegebenen Datenstrukturen für Wörterbücher nehmen keine Rücksicht darauf, daß möglicherweise nicht alle Schlüssel gleich häufig von Operationen betroffen sind. Weil Zugriffshäufigkeiten für verschiedene Schlüssel aber durchaus sehr verschieden sein können, hat man Datenstrukturen entwickelt, die für diese Situation besonders effizient sind. Beschränken wir die Betrachtung auf solche Suchoperationen, bei denen der gesuchte Schlüssel auch gefunden wird — die *erfolgreiche Suche*. Wenn für jeden Schlüssel die relative Häufigkeit bekannt ist, mit der eine Suche nach diesem Schlüssel in einer Folge von Suchoperationen auftritt, so kann man bei der Konstruktion eines binären Suchbaumes die Schlüssel so im Baum verteilen, daß die Anzahl der im Verlauf aller Suchoperationen besuchten Knoten des Baumes möglichst klein ist. Den *optimalen Suchbaum* für $n$ Schlüssel kann man in Zeit $O(n^2)$ berechnen; dabei muß der Baum vor der Ausführung aller Operationen gebaut werden, und er darf während der Operationenfolge nicht geändert werden.

Der genannte Optimalitätsbegriff modelliert solche Operationenfolgen nicht befriedigend, bei denen die relative Zugriffshäufigkeit für Schlüssel im Verlauf der Folge stark schwankt. In solchen Fällen sollte man die Datenstruktur den jeweiligen Verhältnissen im Verlauf der Operationenfolge anpassen. Strukturen, die dies ohne vorherige Kenntnis der Zugriffshäufigkeiten oder gar deren Verteilung in der Operationenfolge leisten, nennen wir *selbstanordnende Datenstrukturen*. Die wichtigsten dabei sind *selbstanordnende lineare Listen* und *selbstanordnende Suchbäume*.

**Selbstanordnende lineare Listen**

Verwaltet man Schlüssel unsortiert in einer linearen Liste, so ist das dynamische Ändern der Einträge besonders einfach. Eine einfache Strategie zur Selbstanordnung ist die, nach dem Zugriff auf ein Listenelement dieses ganz an den Anfang der Liste zu setzen, genannt *move-to-front-Strategie*, siehe Abb. 8.33.

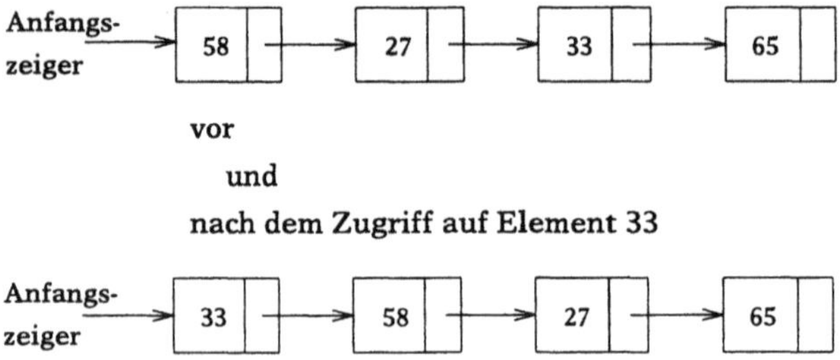


Abb. 8.33

Dies ist zwar eine vergleichsweise radikale Maßnahme, insbesondere beim Gedanken an den Zugriff auf ein weit hinten in der Liste liegendes Element, aber man kann zeigen, daß dies die Liste asymptotisch ebenso gut macht wie die optimale statische Strategie (in der die Liste bei bekannten Zugriffshäufigkeiten ein für alle Mal gebaut und dann nicht mehr verändert wird). Man kann sogar zeigen, daß man mit move-to-front im schlechtesten Fall höchstens doppelt so viele Knoten besucht wie mit einer optimalen, dynamischen Strategie (unter vernünftigen Modellannahmen).

**Selbstanordnende binäre Suchbäume**

Die Ineffizienz beim Suchen in einer linearen Liste bleibt natürlich trotz Selbstanordnung bestehen. Daher hat man Suchbaumstrukturen entwickelt, die sich ebenfalls dynamisch an die Verteilung der gesuchten Schlüssel in einer Operationenfolge anpassen. Der radikalen Strategie, einen gesuchten Schlüssel ganz an den Anfang einer linearen Liste zu versetzen, entspricht hier die Strategie, diesen Schlüssel an die Wurzel des Baumes zu plazieren. Dies gelingt nicht mehr so einfach wie bei linearen Listen, weil man nicht einfach eine neue Wurzel hinzufügen kann, ohne auf Dauer den Baum zu einer linearen Liste zu degenerieren. Man kann aber einen beliebigen Knoten des Baumes durch eine Folge von Rotationen (wie bei randomisierten Suchbäumen beschrieben) nach oben bringen und schließlich zur neuen Wurzel machen, siehe Abb. 8.34.

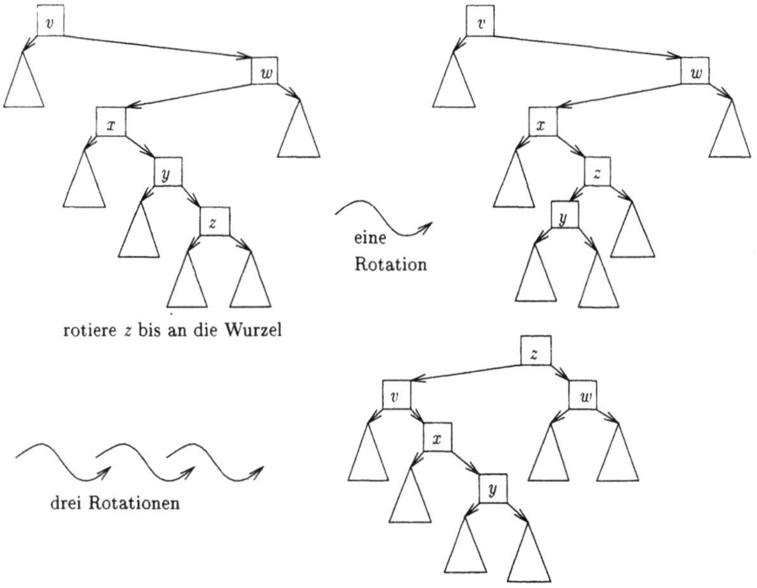


Abb. 8.34

Diese Vorgehensweise, genannt *move-to-root-Strategie*, entpuppt sich als asymptotisch relativ schlecht: Es gibt beliebig lange Zugriffsfolgen, für die der Zugriff auf jeden Schlüssel $\Theta(n)$ Schritte kostet. Modifiziert man aber die Vorschrift, nach der Rotationen auszuführen sind, so ergibt sich eine äußerst effiziente, selbstanordnende Suchbaumstruktur, der *Splay-Baum*. Hier werden bis auf einen Fall Rotationen wie bei move-to-root ausgeführt. Der veränderte Fall ist der, in dem der nach oben zu bringende Knoten rechter Sohn seines Vaters und dieser rechter Sohn des Großvaters ist (oder beide sind linke Söhne). Dann wird wie folgt rotiert (Abb. 8.35; wir nennen dies eine Zick-Zick-Rotation, im Unterschied zur Zick-Rotation an der Wurzel und zur Zick-Zack-Rotation für einen linken Sohn und rechten Enkel bzw. einen rechten Sohn und linken Enkel).

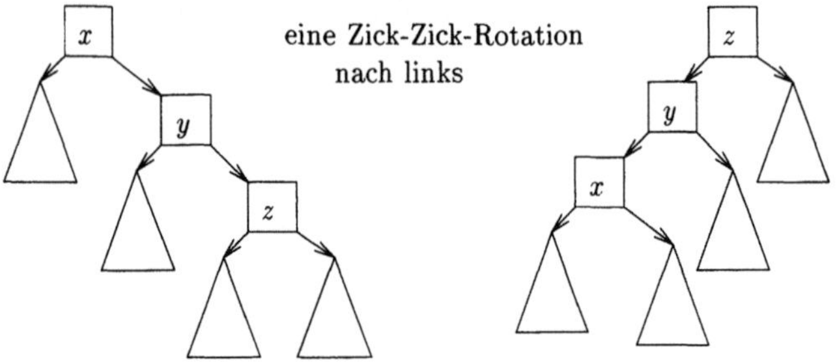


Abb. 8.35

**Für das Beispiel aus Abb. 8.34 entsteht also nach dem Zugriff auf $z$ der in Abb. 8.36 gezeigte Baum.**

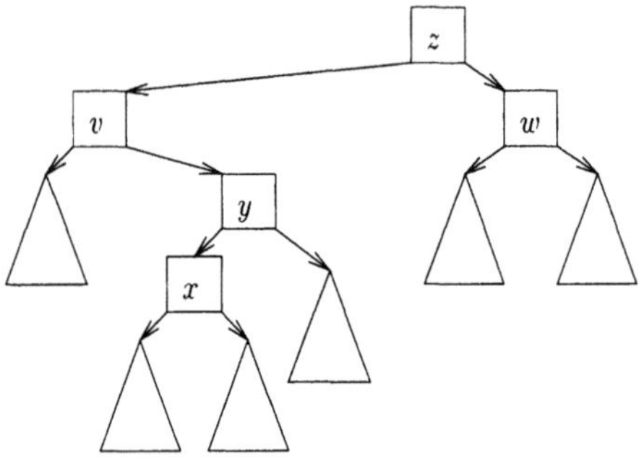


Abb. 8.36

Die Effizienz von Splay-Bäumen wird analysiert, indem man die Schrittzahl einer ganzen Operationenfolge für den schlechtesten Fall berechnet und diese auf die Operationen anteilig umlegt. Diese Abschätzung der Effizienz ist genauer als die für einzelne Operationen, weil ein einzelner Zugriff auf einen Knoten im Splay-Baum viele Rotationen verursachen kann; das kann aber nicht bei jedem Zugriff geschehen. Diese *amortisierte Effizienz* ist in all den Fällen interessant, in denen die Effizienz einzelner Operationen stark schwankt, in denen aber nicht jede einzelne Operation höchst ineffizient sein kann.

Die Analyse der amortisierten Effizienz zeigt zum einen, daß Splay-Bäume asymptotisch ebenso gut sind wie optimale Suchbäume (wir nennen das *Statische Optimalität*): Unter der Voraussetzung, daß nach jedem Schlüssel $i$ genau $f(i)$ Mal gesucht wird ($f(i) \geq 1$ für alle $i$), ergeben sich Gesamtkosten für alle Suchoperationen von $O(m + \sum_{i=1}^{n} f(i) \log(m/f(i)))$, und das ist optimal.

Zum anderen zeigt sich, daß Splay-Bäume asymptotisch ebenso gut sind wie irgendeine Art von balancierten Suchbäumen, wenn Zugriffshäufigkeiten keine Rolle spielen: Die Gesamtkosten für $m$ Suchoperationen auf einem Splay-Baum mit $n$ Schlüsseln sind durch $O(m + (m+n) \log n)$ beschränkt. Splay-Bäume passen sich also ohne vorherige Kenntnis sehr gut an die auftretende Operationenfolge an.

### 8.6.3.2. Datenstrukturen für andere Datentypen

Die meisten der vorgestellten Datenstrukturen für Wörterbücher unterstützen nicht nur das Suchen, Einfügen und Entfernen, sondern beispielsweise auch die Suche nach dem kleinsten oder größten Schlüssel oder nach dem nächsten Nachbarn eines Schlüssels sowie das Wiederfinden aller Schlüssel in einem Anfragebereich. Zum Katalog der Operationen auf Mengen linear geordneter Schlüssel, die häufig und in verschiedenen Kombinationen betrachtet werden, gehören neben den bereits beschriebenen Operationen *Suchen*, *Einfügen* und *Entfernen* die folgenden:

*min(s)*: liefert den kleinsten Schlüssel in der Menge $s$;
*deletemin(s)*: liefert den kleinsten Schlüssel in der Menge $s$ und entfernt ihn aus $s$;
*max(s)*: liefert den größten Schlüssel in der Menge $s$;
*deletemax(s)*: liefert den größten Schlüssel in der Menge $s$ und entfernt ihn aus $s$;
*Vorgänger(s,k)*: liefert den größten Schlüssel $k' \leq k$ in der Menge $s$;
*Nachfolger(s,k)*: liefert den kleinsten Schlüssel $k' \geq k$ in der Menge $s$.

Wenn mehr als eine Menge verwaltet werden muß, so wird eine Menge meist durch eine Markierung (label) identifiziert, und man verwendet typischerweise die folgenden Operationen auf markierten, disjunkten Mengen (labelled sets):

*makeset(l,k)*: kreiert eine neue Menge mit Marke $l$, deren einziges Element $k$ ist;
*findlabel(k)*: liefert die Marke derjenigen Menge, die $k$ enthält;
*unite(k,j)*: vereinigt die $k$ enthaltende Menge mit der $j$ enthaltenden Menge und gibt der neuen Menge die Marke der ersteren.

Die Elemente dieser Mengen müssen dabei noch nicht einmal eine lineare Ordnung besitzen; tun sie dies aber, so sind gelegentlich auch die folgenden Operationen nützlich:

*join(l,l')*: vereinigt die Mengen mit Marken $l$ und $l'$ zu einer Menge mit Marke $l$, wobei die Elemente der ersten Menge sämtlich kleiner als die der zweiten sein müssen;
*split(l,k,l')*: teilt die Menge mit Marke $l$ in zwei Mengen mit Marken $l$ und $l'$ so, daß die erste Menge alle Elemente $\leq k$ und die zweite diejenigen $> k$ enthält.

Verschiedene Datentypen kombinieren diese Operationen auf vielerlei Arten; Datenstrukturen versuchen dann, häufiger benötigte Operationen zu Lasten seltenerer zu beschleunigen.

**Vorrangwarteschlangen**

Eine *Vorrangwarteschlange (priority queue)* unterstützt für eine Menge geordneter Elemente die Operationen *Einfügen*, *min* und *deletemin*. Eine effiziente Datenstruktur hierfür sind beispielsweise ausgeglichene Suchbäume; dabei sind alle priority-queue-Operationen für eine Menge von $n$ Elementen in Zeit $O(\log n)$ ausführbar. Diese Effizienz erreicht man aber auch auf einfachere Weise mit einer *impliziten* Datenstruktur, der *Halde (heap)*, wie sie auch beim Sortierverfahren Heapsort verwendet wird. Eine Halde verwaltet einen speziellen Binärbaum in einem Feld. Die Wurzel des Baumes wird im Feldelement mit Index 1 gespeichert. Die Söhne des Knotens mit Index $i$ werden mit Index $2i$ und $2i + 1$ gespeichert; falls $2i + 1 > n$ oder $2i > n$, so gibt es den entsprechenden Sohn im Baum nicht. Die Anordnung der Schlüssel im Baum genügt der *Heap-Bedingung*: Ist Knoten $v$ der Vater des Knotens $w$ im Baum, so ist der bei $v$ gespeicherte Schlüssel kleiner als der bei $w$ gespeicherte (Abb. 8.37).

Auf einfache Weise kann man dann in $O(\log n)$ Zeit die Operationen Einfügen und deletemin ausführen; min benötigt nur konstante Zeit. Einfügen geht sogar schneller,

| 1 | 2 | 3 | 4 | 5 | 6 | 7 | 8 | 9 | 10 |
|---|---|---|---|---|---|---|---|---|---|
| 17 | 43 | 91 | 44 | 62 | 112 | 94 | 99 | 45 | 92 |

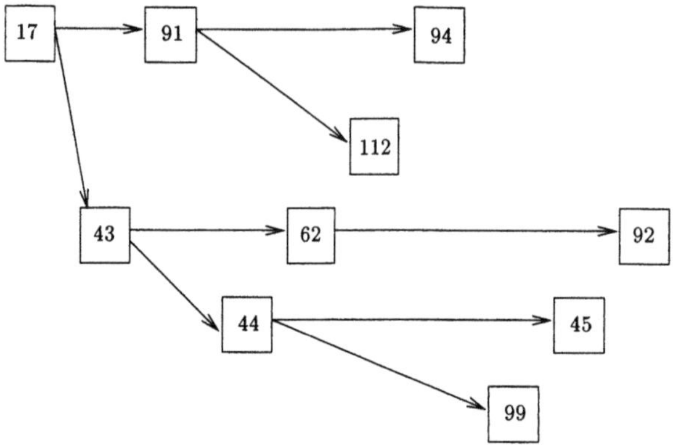


**impliziter**

**und**

**expliziter**

**Heap**

Abb. 8.37

nämlich in Zeit $O(\log\log n)$. Die Suche nach einem Schlüssel wird in einem Heap offenbar nicht gut unterstützt.

Wenn man weitere Operationen, wie etwa das *Verschmelzen (meld, concatenate)* zweier Vorrangwarteschlangen zu einer einzigen, durchführen will, verwendet man meist besser explizite Datenstrukturen. Zu den besten gehören Kollektionen von Bäumen, die der Heap-Bedingung genügen (*heap-geordnete* Bäume). Beispiele hierfür sind *Linksbäume*, *Binomialbäume*, *pairing heaps*, *relaxed heaps* und *Fibonacci-heaps*, auf deren Verwendung die Effizienz verschiedener Graphenalgorithmen beruht.

**Verwaltung mehrerer Mengen**

Zur Verwaltung mehrerer Mengen kann man einfach mehrere Exemplare einer für eine einzelne Menge geeigneten Datenstruktur heranziehen. Manchmal genügt es aber, nur die Operationen makeset, findlabel und unite ausführen zu können. Für diesen Fall — das

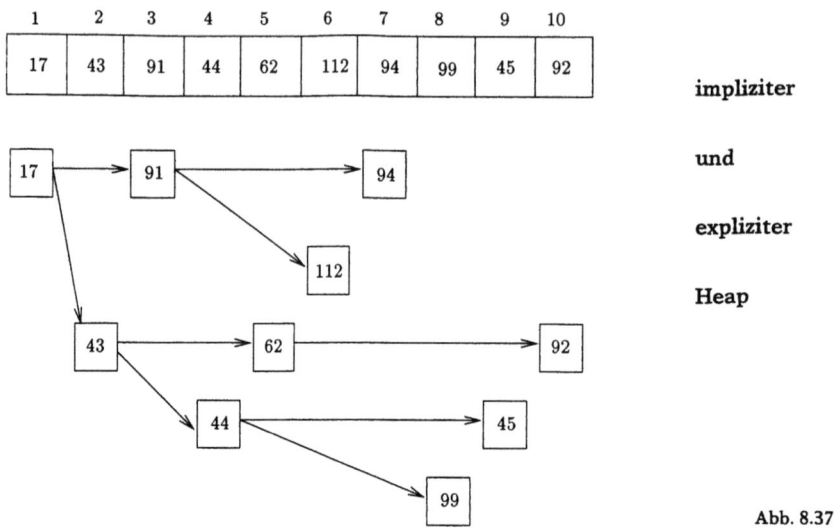

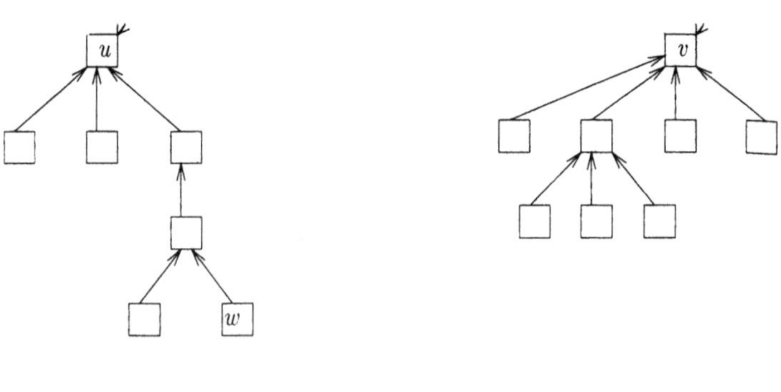


Abb. 8.38

Union-Find-Problem — sind einfache Datenstrukturen bereits sehr gut. In einer *Union-Find-Struktur* wird jede Menge in der Kollektion durch ein beliebiges, aber festes ihrer Elemente repräsentiert, das *kanonische* Element. Dieses Element ist die Marke der Menge. Eine Menge wird in einem Baum gespeichert, in dessen Wurzel das kanonische Element steht. Jeder Knoten im Baum hat einen Zeiger auf seinen Vater, die Wurzel zeigt auf sich selbst; Abb. 8.38 zeigt eine solche Situation.

Bei einer unite-Operation macht man die Wurzel des einen Baumes zum Sohn der Wurzel des anderen. Dabei wird meist nach einem von zwei Kriterien vorgegangen: Entweder hängt man den kleineren Baum an die Wurzel des größeren an (*link by size*), oder man hängt den Baum mit dem kürzeren längsten Pfad von einem Blatt zur Wurzel an die Wurzel des anderen (*link by rank*), siehe Abb. 8.39.

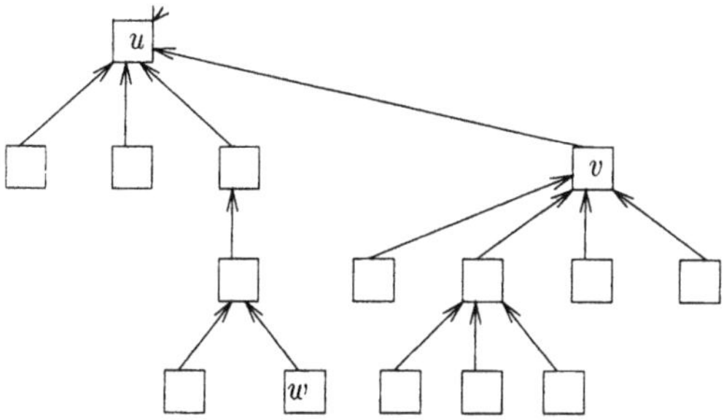


link by rank

Abb. 8.39

Das Ausführen einer findlabel-Operation für Element $k$ ist offensichtlich: Beginnend beim Knoten $k$ folgt man dem Pfad der Vater-Zeiger bis zur Wurzel. Auch dabei läßt sich die Datenstruktur auf allerlei Arten verbessern, indem man den Baum entlang des Pfades

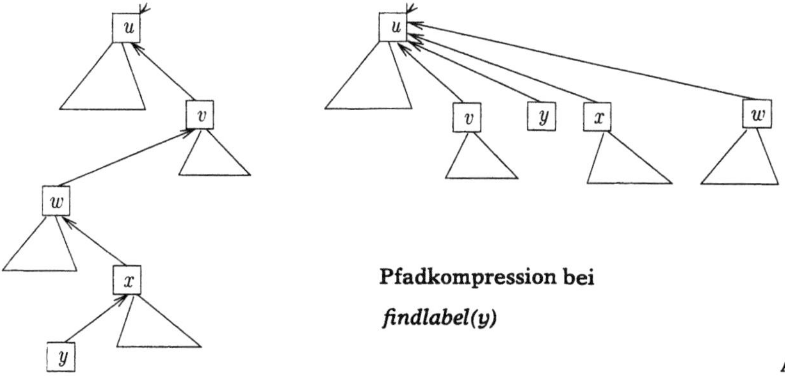


Pfadkompression bei

*findlabel(y)*

Abb. 8.40

umstrukturiert. Eine bewährte Methode ist die in Abb. 8.40 dargestellte *Pfadkompression (path compression)*, bei der alle Knoten auf dem Pfad zu Söhnen der Wurzel gemacht werden.

Mit *link by rank* erreicht man, ausgehend von einer anfangs leeren Mengenkollektion, daß jede findlabel-Operation höchstens $O(\log n)$ Schritte benötigt; das Vereinigen selbst kostet nur konstante Zeit, sobald die Marken der beiden Mengen (also die Wurzeln beider Bäume) bekannt sind. Zusammen mit der Pfadkompression kostet eine Folge von $n$ makeset- und $m$ findlabel-Operationen dann $O(m\alpha(m,n))$ Schritte für eine beliebige Anzahl von unite-Operationen (aber natürlich höchstens $n-1$); dabei ist $\alpha(m,n)$ die Inverse der Ackermann-Funktion, also für alle praktischen Fälle eine kleine Zahl (für das Pointer-Maschinen-Modell, bei dem Zugriffe auf Speicherzellen nur durch das Verfolgen von Zeigern und nicht durch Adreßangabe möglich sind, ist dies asymptotisch optimal).

# 8.7. Geometrische Datenverarbeitung

## 8.7.1. Projektion von Objekten

Räumliche Objekte werden mit Hilfe von Parallelprojektion (d.h. alle Projektionsstrahlen sind zu einer vorgegebenen Projektionsrichtung **p** parallel) oder durch Zentralprojektion (d.h. alle Projektionsstrahlen gehen durch ein Projektionszentrum **O**) in der Zeichenebene (Projektionsebene) dargestellt. Wir setzen hier voraus, daß die Projektionsebene mit der (x,y)-Ebene eines kartesischen Koordinatensystems zusammenfällt, und daß das abzubildende Objekt im gleichen Koordinatensystem dargestellt ist. Weiter benutzen wir homogene Koordinaten $(\xi_0,\xi_1,\xi_2,\xi_3)$ mit $x=\frac{\xi_1}{\xi_0}$, $y=\frac{\xi_2}{\xi_0}$, $z=\frac{\xi_3}{\xi_0}$. Hat die Projektionsrichtung im gewählten Koordinatensystem die Richtung $\mathbf{p}=(p_1,p_2,p_3)^{\mathrm{T}}$ bzw. das Projektionszentrum die Koordinaten $\mathbf{O}=(0,0,d)^{\mathrm{T}}$, dann lauten die Abbildungsgleichungen eines Punktes **A** mit den homogenen Koordinaten $\mathbf{A}=(1,a_1,a_2,a_3)^{\mathrm{T}}$

$$\begin{pmatrix}\xi_0\\\xi_1\\\xi_2\\\xi_3\end{pmatrix}=\begin{pmatrix}p_3&0&0&0\\0&p_3&0&-p_1\\0&0&p_3&-p_2\\0&0&0&0\end{pmatrix}\begin{pmatrix}1\\a_1\\a_2\\a_3\end{pmatrix}\quad\text{bzw.}\quad\begin{pmatrix}\xi_0\\\xi_1\\\xi_2\\\xi_3\end{pmatrix}=\begin{pmatrix}d&0&0&-1\\0&d&0&0\\0&0&d&0\\0&0&0&0\end{pmatrix}\begin{pmatrix}1\\a_1\\a_2\\a_3\end{pmatrix}. \tag{8.1}$$

Meist werden jedoch das Koordinatensystem der Projektionsebene und das Koordinatensystem des Objektes nicht zusammenfallen, bzw. das Bild des Objektes wird nicht in einen vorgegebenen Bildrahmen passen. Vor Anwendung der Transformation (8.1) muß dann erst noch eine Koordinatentransformation **K** bzw. eine Skalierung **S** vorgeschaltet werden:

$$\mathbf{X}'=\mathbf{S}\,\mathbf{K}\mathbf{X}$$

mit **X** bzw. **X**′ als homogenen Koordinaten vor und nach der Transformation und der Skalierungsmatrix **S** bzw. der Transformationsmatrix **K**

$$\mathbf{S}=\begin{pmatrix}1&0&0&0\\0&\lambda_1&0&0\\0&0&\lambda_2&0\\0&0&0&\lambda_3\end{pmatrix},\qquad \mathbf{K}=\left(\begin{array}{c|ccc}1&0&0&0\\\hline \mathbf{T}&&\mathbf{R}&\end{array}\right),$$

mit **T** als Translationsvektor und **R** als (orthogonaler) Drehmatrix. Manchmal ist auch noch eine Translation bzw. Drehung des Bildes in der Bildebene notwendig, um die gewünschte Ansicht zu erreichen.

Will man sich eine räumliche Vorstellung eines Objektes verschaffen, so kann man Stereobilder konstruieren: Bei der Stereoprojektion wird der räumliche Sehvorgang nachgeahmt, d.h. das Objekt von zwei Projektionszentren $\mathbf{O}_1$ und $\mathbf{O}_2$ abgebildet. Die so entstehenden beiden Bilder können nebeneinander angeordnet werden (klassische Stereobilder) oder mit verschiedener Einfärbung übereinander projiziert werden (Anaglyphen). Zur räumlichen Rekonstruktion durch den Betrachter muß durch eine entsprechende Einrichtung (Brille) dafür gesorgt werden, daß jedes Auge nur eines der Bilder sehen kann.

Bei der Darstellung räumlicher Objekte in einer Projektionsebene ist zur besseren Veranschaulichung auch zu klären, welche Teile des Objektes für einen Betrachter sichtbar sind bzw. welche Teile nicht gesehen werden können. Wird das Objekt so orientiert, daß die Normalenvektoren **N** der Objektoberflächen nach außen gerichtet sind, und ist **p** die Projektionsrichtung, so zeigen die Teile des Objektes zum Beobachter, für die gilt

$$\mathbf{N} \cdot \mathbf{p} < 0 . \tag{8.2}$$

Für $\mathbf{N} \cdot \mathbf{p} = 0$ ergibt sich die Umrißlinie, welche sichtbare und unsichtbare Teile voneinander trennt. Nun muß aber nicht jeder Teil $S$ des Objektes, der zum Betrachter zeigt, auch für diesen sichtbar sein: Es können Teile von $S$ durch das Objekt bezogen auf den Betrachter verdeckt werden. Für das Auffinden aller tatsächlich sichtbaren Teile sind neben (8.2) zahlreiche sogenannte Hiddenline-Algorithmen entwickelt worden. Ein einfaches Verfahren ist der sogenannte $z$-Buffer: Das Objekt wird in kleine (viereckige) Segmente zerlegt, und dann werden alle diese Segmente nach ihrer Höhe $z$ (bezogen auf den Beobachter) geordnet. Das Segment, das jeweils den größten $z$-Wert besitzt, ist sichtbar. Ein anderes aufwendiges Sichtbarkeitsverfahren ist das sogenannte ray-tracing: Vom Betrachter aus werden Lichtstrahlen $l$ (Geraden) auf das Objekt gesendet, und es werden alle Durchstoßpunkte von $l$ mit dem Objekt berechnet. Der (bezogen auf den Betrachter) erste Durchstoßpunkt ist sichtbar.

Die optische Wirkung der Projektion eines Objektes wird verbessert, wenn es zusätzlich schattiert wird: Man sendet von einer Lichtquelle einen Lichtstrahl $l$ aus und berechnet den Auftreffpunkt, den Winkel $\lambda$ zwischen der Flächennormalen **N** und dem einfallenden Lichtstrahl sowie den Winkel $\omega$ zwischen dem reflektierten Lichtstrahl und dem Beobachter. Zur Beschleunigung dieser Berechnung wird oft die Fläche zusätzlich segmentiert (trianguliert), als Näherung der Normalenvektoren der Fläche werden die Normalen der ebenen Facetten gewählt. Eventuell werden an den gemeinsamen Kanten bzw. Ecken mit den Nachbarfacetten die Normalen geeignet gemittelt. Dann wird über gewisse Annahmen für jeden Punkt (jede Facette) ein Schattenwert $I$ ermittelt und die Fläche entsprechend eingefärbt. So gilt z.B. beim sogenannten Phong-Shading als Intensität

$$I = (R_p \cos\lambda + W(\lambda) \cos^n \omega) \frac{I_p}{k+r} + I_d R_d .$$

$I_p$ beschreibt die Intensität des einfallenden Lichtes, $I_d$ die Intensität des diffusen Lichtes; $R_p$ gibt an, wieviel Licht bei punktförmiger Lichtquelle reflektiert wird, $R_d$ wieviel bei diffusem Licht reflektiert wird ($R_p, R_d \in [0,1]$), $k$ ist eine (geeignet gewählte) Konstante, $r$ der Abstand zwischen Fläche und Beobachter, $n$ ist groß für glatte und klein für stumpfe Oberflächen. $W(\lambda)$ ist der Spiegelreflektionskoeffizient, der erlaubt, der Oberfläche des Körpers eine Materialeigenschaft zuzuordnen.

## 8.7.2. Freiformkurven und Freiformflächen

Freiformkurven und Freiformflächen werden (in CAD-Systemen) zur mathematischen Modellierung von Randkurven und Oberflächen der zu konstruierenden Objekte eingesetzt. Für die Parameterdarstellungen dieser Kurven und Flächen werden meist Bernstein-Polynome oder B-Splinefunktionen gewählt, da diese viele geometrische Eigenschaften besitzen und numerisch stabiler sind als gewöhnliche Polynomdarstellungen.

**Bernsteinpolynome** vom Grade $n$ über dem Intervall $t \in [a, b]$ sind definiert über

$$B_i^n(t) = \frac{1}{(b-a)^n}\binom{n}{i}(t-a)^i\,(b-t)^{n-i} \geq 0\,, \qquad i = 0, \ldots, n\,.$$

Sie bilden eine Zerlegung der Eins, d.h., es gilt

$$\sum_{i=0}^{n} B_i^n(t) = 1\,. \tag{8.3}$$

Als *polynomiale* oder *integrale* **Bezier-Kurve** vom Grade $n$ wird die vektorwertige Linearkombination dieser Basisfunktionen bezeichnet:

$$\mathbf{X}(t) = \sum_{i=0}^{n} \mathbf{b}_i B_i^n(t)\,, \qquad t \in [a, b]\,. \tag{8.4}$$

Die $\mathbf{b}_i \in \mathbb{R}^2, \mathbb{R}^3$ sind die Kontroll- oder Bezier-Punkte von $\mathbf{X}(t)$, ihre lineare Verbindung ist das Bezier-Polygon, das wegen (8.3) invariant mit der Kurve verbunden ist. Daher haben die Kontrollpunkte geometrische Bedeutung. Die Bezier-Kurve liegt ganz in der konvexen Hülle des Bezier-Polygons (*convex hull property*), die Anzahl der Schnittpunkte einer Geraden $g$ mit dem Bezier-Polygon ist eine obere Schranke der Anzahl der Schnittpunkte von $g$ mit der Kurve (*variation diminishing property*). Daraus folgt insbesondere, daß ein konvexes Kontrollpolygon eine konvexe Kurve induziert. Die Kontrollpunkte $\mathbf{b}_0$ bzw. $\mathbf{b}_n$ sind Anfangs- bzw. Endpunkte der Bezier-Kurve, $\mathbf{b}_1 - \mathbf{b}_0$ bzw. $\mathbf{b}_n - \mathbf{b}_{n-1}$ legen die Tangenten der Bezier-Kurve in dem Anfangspunkt bzw. Endpunkt fest. Wird ein Kontrollpunkt in Richtung $\mathbf{d}$ bewegt, verändert sich jeder Kurvenpunkt in diese Richtung.

Der Punkt der Bezier-Kurve an der Stelle $t = t_0$ kann numerisch stabil mit dem de Casteljau-Algorithmus berechnet werden: Dazu wird iterativ die lineare Interpolation

$$\underbrace{\mathbf{b}_{r,\ldots,s}}_{\text{(k+1)-fach}} = (1-t_0)\,\underbrace{\mathbf{b}_{r,\ldots,s-1}}_{\text{k-fach}} + t_0\,\underbrace{\mathbf{b}_{r+1,\ldots,s}}_{\text{k-fach}} \tag{8.5}$$

ausgeführt, wobei $r, \ldots, s$ die $(k+1)$ aufeinanderfolgenden Indizes aus der Indexmenge $0, \ldots, n$ bezeichnen. Begonnen wird mit $k = 1$ (den Bezier-Punkten), der letzte Schritt $\mathbf{b}_{0,1,\ldots,n}$ liefert den Funktionswert $\mathbf{X}(t_0)$. Abb. 8.41 veranschaulicht den de Casteljau-Algorithmus. Die einzelnen Koeffizienten in (8.5) lassen sich auch in Dreiecksform beginnend mit den Bezier-Punkten anordnen, dann muß horizontal mit $t_0$ und diagonal mit $(1-t_0)$ multipliziert werden.

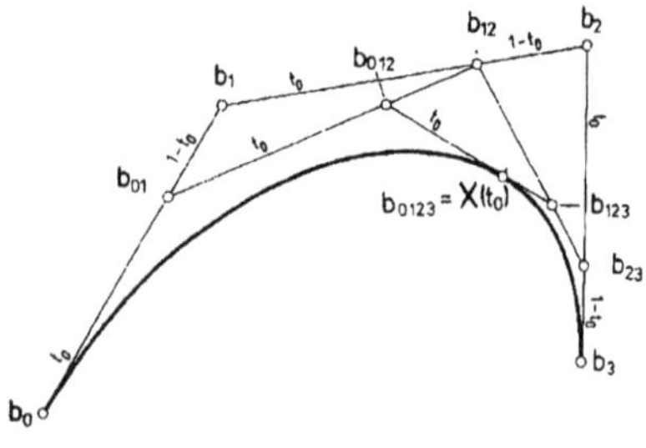


Abb. 8.41
Konstruktive Deutung des de Casteljau-Algorithmus

Die Koeffizienten $\mathbf{b}_0, \mathbf{b}_{01}, \mathbf{b}_{012}, \ldots, \mathbf{b}_{0,1,\ldots,n}$ und $\mathbf{b}_{0,1,\ldots,n}, \mathbf{b}_{1,\ldots,n}, \ldots, \mathbf{b}_{n-2,n-1,n}, \mathbf{b}_{n-1,n}, \mathbf{b}_n$ sind die Bezier-Punkte für die Zerlegung der gegebenen Bezier-Kurve an der Stelle $t = t_0$ in zwei Bezier-Kurvensegmente (s. Abb. 8.41). Möchte man umgekehrt zwei Bezier-Kurven mit den Bezier-Punkten $\{\mathbf{b}_i^I\}$ bzw. $\{\mathbf{b}_i^{II}\}$ über dem Parameterintervall $\mu_I$ bzw. $\mu_{II}$ zu einer Splinekurve verbinden, so muß für den $C^1$-Übergang (gemeinsame Tangente) bzw. $C^2$-Übergang (gemeinsame Krümmung) gelten

$$\mu_I(\mathbf{b}_n^I - \mathbf{b}_{n-1}^I) = \mu_{II}(\mathbf{b}_1^{II} - \mathbf{b}_0^{II}) \qquad \text{bzw.}$$
$$\mu_{II}^2(\mathbf{b}_n^I - 2\mathbf{b}_{n-1}^I + \mathbf{b}_{n-2}^I) = \mu_I^2(\mathbf{b}_2^{II} - 2\mathbf{b}_1^{II} + \mathbf{b}_0^{II}).$$

Den integralen Bezier-Kurven stehen *rationale Bezier-Kurven* gegenüber: Diese haben die Parameterdarstellung

$$\mathbf{X}(t) = \frac{\sum_{i=0}^{n} \beta_i \mathbf{b}_i B_i^n(t)}{\sum_{i=0}^{n} \beta_i B_i^n(t)}, \tag{8.6}$$

mit $\beta_i$ als Gewichten. Besondere Bedeutung haben die quadratisch rationalen Bezier-Kurven, da sie exakt Kegelschnittstücke darstellen. Der de Casteljau-Algorithmus gilt analog: Man interpretiert $(\beta_i, \beta_i \mathbf{b}_i)$ als 4-dimensionale Vektoren (homogene Koordinaten) und führt entsprechend zu (8.5) mit diesen Vektoren den de Casteljau-Algorithmus durch. Dann liefert die Division durch die 1. Komponente wieder inhomogene Koordinaten.

Sind alle $\beta_i > 0$, so gelten die obengenannten Eigenschaften der integralen Bezier-Kurve, sind alle $\beta_i$ gleich, so gehen die rationalen Bezier-Kurven in die integralen über. Mit Hilfe der Gewichte können einem Kontrollpolygon unendlich viele rationale Bezier-Kurven zugeordnet werden, die alle die durch das Kontrollpolygon induzierten geometrischen Eigenschaften besitzen: Sie sind z.B. (für $\beta_i > 0$) konvex, wenn das Kontrollpolygon konvex ist. Wird ein (inneres) Gewicht $\beta_i$ vergrößert (verkleinert), so wandern alle Kurvenpunkte auf den zugehörigen Kontrollpunkt $\mathbf{d}_j$ zu (von ihm weg). Große Gewichte führen zu einer inhomogenen Parametrisierung und ziehen numerische Probleme nach sich. Ohne Einschränkung der Allgemeinheit kann ein Gewicht $\beta_i = 1$ gewählt werden, meist werden die beiden Randgewichte $\beta_0$ und $\beta_n$ gleich eins gesetzt, was keine Einschränkung für die Kurvengestalt, wohl aber für die Parameterstruktur bedeutet.

Integrale **Bezier-Flächen** vom Grade $(n, m)$ lassen sich in der Tensorprodukt-Darstellung

$$\mathbf{X}(u, v) = \sum_{i=0}^{n} \sum_{k=0}^{m} \mathbf{b}_{ik} B_i^n(u) B_k^m(v) \tag{8.7}$$

über dem rechteckigen Parametergebiet $u \in [u_0, u_1]$, $v \in [v_0, v_1]$ konstruieren. Die Parameterlinien $u$ = const bzw. $v$ = const sind dabei wieder Bezier-Kurven. Die Kontroll- oder Bezier-Punkte bilden das Bezier-Netz, die lineare Verbindung bei festem ersten oder festem zweiten Index die Fäden des Kontrollnetzes (s. Abb. 8.42). Eine Bezier-Fläche liegt ganz in der konvexen Hülle ihres Kontrollnetzes, die Punkte $\mathbf{b}_{00}, \mathbf{b}_{0m}, \mathbf{b}_{n0}, \mathbf{b}_{nm}$ sind Eckpunkte des im allgemeinen viereckigen Flächenstückes (patch). Diese Eckpunkte und deren Randnachbar-Kontrollpunkte (z.B. $\mathbf{b}_{00}, \mathbf{b}_{10}$ und $\mathbf{b}_{01}$) legen die jeweilige Tangentialebene der Fläche im Eckpunkt (z.B. $\mathbf{b}_{00}$) fest. Der de Casteljau-Algorithmus kann auf Flächen übertragen werden; dazu wird z.B. der Algorithmus (8.5) zunächst auf die Fäden in $u$-Richtung angewandt und anschließend in $v$-Richtung durchlaufen (oder umgekehrt).

Mit verallgemeinerten Bernsteinpolynomen

$$B_{ijk}^n(u, v, w) := \frac{n!}{i!j!k!} u^i v^j w^k \qquad \text{mit} \quad i + j + k = n, \quad i, j, k \geq 0,$$

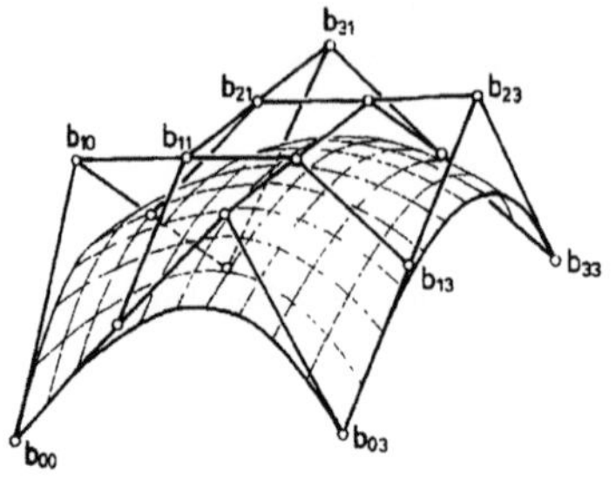


Abb. 8.42
Bikubische Tensorprodukt-Bezier-Fläche und Bezier-Netz

können *Bezier-Flächen* zu einem *dreieckigen* Parametergebiet über baryzentrische Koordinaten $(u, v, w)$ mit $u + v + w = 1$ erzeugt werden. Damit lautet die Parameterdarstellung einer Bezier-Fläche über dreieckigem Parametergebiet

$$\mathbf{X}(u, v, w) = \sum_{\substack{i,j,k \geq 0 \\ i+j+k=n}}^{n} \mathbf{b}_{ijk} B^n_{ijk}(u, v, w), \qquad u, v, w \geq 0,$$

mit $\mathbf{b}_{ijk}$ als Kontrollpunkten. Die Punkte $\mathbf{b}_{n00}, \mathbf{b}_{0n0}, \mathbf{b}_{00n}$ sind Eckpunkte des Flächenstücks, diese Punkte und ihre unmittelbaren Nachbarpunkte legen die Tangentialebenen in den Ecken fest (z.B. $\mathbf{b}_{n00}, \mathbf{b}_{n-1,1,0}, \mathbf{b}_{n-1,0,1}$) (s. Abb. 8.43). Es gilt wieder die convex hull property, d.h. die Fläche liegt ganz in der konvexen Hülle ihrer Kontrollpunkte.

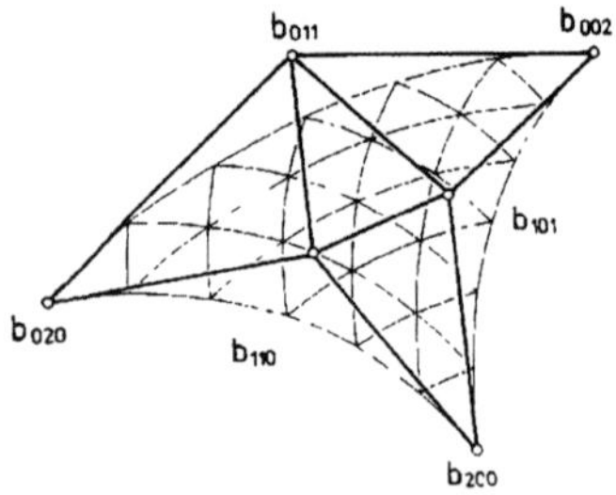


Abb. 8.43
Quadratische Dreiecks-Bezier-Fläche und Bezier-Netz

In Analogie zu (8.6) können auch *rationale* Tensorprodukt-Bezier-Flächen und Dreiecks-Bezier-Flächen konstruiert werden. Mit rationalen Tensorprodukt-Bezier-Flächen lassen sich z.B. Stücke von Quadriken oder Stücke von Rotationsflächen exakt darstellen.

Während die Bernstein-Polynome auf dem ganzen zur Verfügung stehenden Parameterintervall wirken, sind *B-Splinefunktionen* $N_{ik}(t)$ der Ordnung $k$ (Grad $k-1$) über der monoton wachsenden Knotenfolge (Trägervektor) $T = (t_0, t_1, ..., t_{n+k})$ mit den Knoten $t_i \in \mathbb{R}$ und $t_i < t_{i+k}$ rekursiv definiert:

$$N_{i1}(t) = \begin{cases} 1 & \text{für } t_i \leq t < t_{i+1}, \\ 0 & \text{sonst} \end{cases}$$
$$\text{sowie für } k > 1\text{: } N_{ik}(t) = \frac{t - t_i}{t_{i+k-1} - t_i} N_{i,k-1}(t) + \frac{t_{i+k} - t}{t_{i+k} - t_{i+1}} N_{i+1,k-1}(t), \tag{8.8}$$

d.h., die $N_{ik}(t)$ wirken nur im Intervall $[t_i, t_{i+k}]$, außerhalb dieses Intervalls verschwinden diese Funktionen. Aus der Definition (8.8) folgt, daß die B-Splinefunktionen an einfachen

Knoten $C^{k-2}$-stetig sind. Auch die $N_{ik}(t)$ bilden eine Zerlegung der Eins für $t \in [t_{k-1}, t_{n+1}]$.

Durch spezielle Wahl des Knotenvektors erhält man:

- integrale *offene* **B-Splinekurven** der Ordnung $k$ über die Parameterdarstellung

$$\mathbf{X}(t) = \sum_{i=0}^{n} \mathbf{d}_i N_{ik}(t) \tag{8.9}$$

mit dem Knotenvektor $T = (t_0 = t_1 = \ldots = t_{k-1}, t_k, \ldots, t_n, t_{n+1} = t_{n+2} = \ldots = t_{n+k})$, d.h. $t \in [t_{k-1}, t_{n+1}]$ und den Kontrollpunkten (de Boor-Punkten) $\mathbf{d}_i \in \mathbb{R}^2, \mathbb{R}^3$ ($\mathbf{d}_0$ und $\mathbf{d}_n$ liegen auf der Kurve);

- integrale *geschlossene* B-Splinekurven der Ordnung $k$ über die Parameterdarstellung (8.9) und den Knotenvektor $T = (t_0, t_1, \ldots, t_n, t_{n+1})$, d.h. $t \in [t_0, t_{n+1}]$, wobei der Knotenvektor und die Kontrollpunkte nach rechts und links periodisch fortgesetzt werden müssen.

Die B-Splinekurve der Ordnung $k$ liegt in der konvexen Hülle von jeweils $k$ benachbarten Kontrollpunkten. Für $k$ benachbarte Kontrollpunkte gilt die variation-diminishing-property. Weitere Eigenschaften der B-Splinekurven sind: Ein Kontrollpunkt $\mathbf{d}_r$ wirkt auf den Parameterbereich $[t_r, t_{r+k}]$, der Kurvenpunkt mit dem Parameterwert $t = t^* \in [t_r, t_{r+1})$ wird nur von den Kontrollpunkten $\mathbf{d}_r, \ldots, \mathbf{d}_{r-(k-1)}$ beeinflußt; fallen im Trägervektor $l$ Parameterwerte zusammen, so reduziert sich die Differentiationsordnung einer B-Splinefunktion auf $C^{(k-1-l)}$; liegen $(k-1)$ Punkte des de Boor-Polygons kollinear, so berührt die B-Splinekurve das Polygon; liegen $k$ Punkte des de Boor-Polygons kollinear, so hat die B-Splinekurve mit dem de Boor-Polygon ein Geradenstück gemeinsam; fallen $(k-1)$ de Boor-Punkte zusammen, so kann die B-Splinekurve eine Ecke besitzen: Die Kurve interpoliert den Mehrfachkontrollpunkt und hat die in diesem Punkt zusammentreffenden Polygonseiten als Tangenten.

Ein Punkt einer B-Splinekurve mit dem Parameterwert $t = t^*$ ($t^* \in [t_r, t_{r+1}]$) läßt sich über den de Boor-Algorithmus berechnen, wobei beginnend mit den Kontrollpunkten $\mathbf{d}_r, \mathbf{d}_{r-1}, \ldots, \mathbf{d}_{r-k+1}$ die Rekursion

$$\begin{aligned} \mathbf{d}_i^0 &= \mathbf{d}_i\,, \\ \mathbf{d}_i^j &= (1-\alpha_i^j)\mathbf{d}_{i-1}^{j-1} + \alpha_i^j \mathbf{d}_i^{j-1} \quad (0 < j \le k-1) \qquad \text{mit} \quad \alpha_i^j = \frac{t^* - t_i}{t_{i+k-j} - t_i} \end{aligned} \tag{8.10}$$

für $i = r, r+1, \ldots, r-k+1$ durchlaufen wird. $\mathbf{d}_r^{k-1}$ liefert den Funktionswert $\mathbf{X}(t^*)$. Auch der de Boor-Algorithmus kann analog zum de Casteljau-Algorithmus in Dreiecksform angeordnet werden, dabei wird jetzt (gemäß (8.10)) in horizontaler Richtung mit $\alpha_i^j$ und in diagonaler Richtung mit $1-\alpha_i^j$ multipliziert.

Wird jeder Knoten im Knotenvektor $k$-fach gewählt, geht der de Boor-Algorithmus (8.10) in den de Casteljau-Algorithmus (8.5) über, d.h., die B-Splinekurven werden zu Bezier-Splinekurven. Mit dem de Boor-Algorithmus können auch (anstelle der Rekursion (8.8)) die B-Splinefunktionen $N_{ik}(t)$ berechnet werden: Man setzt in (8.10) $\mathbf{d}_i = 1$ sowie $\mathbf{d}_j = 0$ für $j \neq i$ ein und wendet den de Boor-Algorithmus an.

Soll an der Stelle $t = t^*$ mit $t^* \in [t_r, t_{r+1})$ ein Knoten in den Knotenvektor eingeführt werden, so hat der neue Knotenvektor die Gestalt

$$t_i^* = t_i \qquad (0 \le i \le r)\,, \qquad t_{r+1}^* = t^*\,, \quad t_{i+1}^* = t_i \qquad (r+1 \le i \le n)\,,$$

und als neue Kontrollpunkte ergeben sich (mit $\alpha_i = \alpha_i^1$ gemäß (8.10)):

$$\begin{aligned} \mathbf{d}_i^* &= \mathbf{d}_i && \text{für} \quad 0 \le i \le r-k+1\,, \\ \mathbf{d}_i^* &= (1-\alpha_i)\mathbf{d}_{i-1} + \alpha_i \mathbf{d}_i && \text{für} \quad r-k+2 \le i \le r\,, \\ \mathbf{d}_{i+1}^* &= \mathbf{d}_i && \text{für} \quad r+1 \le i \le n\,. \end{aligned} \tag{8.11}$$

Integrale **Tensorprodukt-B-Splineflächen** der Ordnung $(k, l)$ können definiert werden über

$$\mathbf{X}(u, v) = \sum_{i=0}^{n} \sum_{j=0}^{m} \mathbf{d}_{ij} N_{ik}(u) N_{jl}(v) \tag{8.12}$$

mit $u$ über dem Knotenvektor $U$, $v$ über dem Knotenvektor $V$. Sind $U, V$ Knotenvektoren einer offenen B-Splinekurve, dann stellt (8.12) ein offenes Flächenstück dar, ist $U$ periodisch und $V$ nicht periodisch (offene Kurve), so erhält man eine offene rohrartige Fläche, sind $U$ und $V$ periodisch, ergibt sich eine torusartige Fläche.

Rationale B-Splinekurven und Tensorprodukt-B-Splineflächen (NURBS) können analog zu den rationalen Bezier-Kurven bzw. Flächen eingeführt werden. Für positive Gewichte bleiben wiederum die Eigenschaften der integralen Flächen erhalten.

### 8.7.3. Basistransformationen

CAD-Systeme besitzen meist Monome oder Bernstein-Polynome oder B-Splinefunktionen als Basissysteme zur Kurven- und Flächendarstellung. Zum Datenaustausch zwischen verschiedenen Systemen ist daher eine Basistransformation nötig: Diese Transformation ist bei identischem Parameterintervall exakt möglich für übereinstimmenden Polynomgrad sowie für Erhöhung des Polynomgrades; die Reduktion des Polynomgrades ist dagegen nur approximativ möglich. Wir werden hier nur Kurven betrachten, für Flächen gilt Analoges: Die gleiche Kurve vom Grade $n$ habe die Parameterdarstellung $(t \in I)$ in

$$\text{Monombasis} \quad \overline{\mathbf{X}}(t) = \sum_{i=0}^{n} \mathbf{a}_i t^i \quad \text{bzw. in}$$

$$\text{Bernsteinbasis} \quad \mathbf{X}(t) = \sum_{l=0}^{n} \mathbf{b}_l B_l^n(t)\,.$$

Dann gilt für $\overline{\mathbf{X}} \equiv \mathbf{X}$ zwischen den Koeffizienten die Beziehung

$$\mathbf{a}_i = \sum_{l=0}^{J} c_{il} \mathbf{b}_l \quad \text{mit} \quad c_{il} = \begin{cases} (-1)^{i-l} \binom{n}{i} \binom{i}{l}, & i \geq l\,, \\ 0 & \text{sonst}\,, \end{cases}$$

die inverse Transformationsmatrix hat die Koeffizienten

$$\bar{c}_{lk} = \begin{cases} \dfrac{\binom{l}{k}}{\binom{n}{k}} & \text{für } k \leq l\,, \\ 0 & \text{sonst}\,. \end{cases}$$

Eine B-Splinekurve $Y$ der Ordnung $k$ kann in Bezier-Kurvensegmente vom Grade $k-1$ zerlegt werden, wenn mit der Rekursion (8.11) jeweils $k$-fache innere Knoten in den Knotenvektor von $Y$ eingefügt werden.

Die Erhöhung des Polynomgrades bei gleicher Kurvengestalt läßt sich einfach nur mit Bezier-Kurven durchführen: Gegeben sei die Kurve $\mathbf{X}(t)$ vom Grade $n$, sie soll in die Darstellung $\mathbf{X}^*(t)$ vom Grade $(n+1)$ transformiert werden. Die neuen Kontrollpunkte $\mathbf{b}_i^*$ berechnen sich aus den gegebenen Kontrollpunkten $\mathbf{b}_i$ über lineare Interpolation

$$\mathbf{b}_i^* = \frac{i}{n+1} \mathbf{b}_{i-1} + \left(1 - \frac{i}{n+1}\right) \mathbf{b}_i \qquad \text{für} \quad i = 0, 1, \ldots, n+1\,, \quad \mathbf{b}_{-1} = \mathbf{b}_{n+1} = 0\,.$$

Gradreduktion ist im allgemeinen nur approximativ möglich: Man wählt meist ein geeignetes Punktfeld auf der vorgegebenen Kurve (Fläche) und approximiert diese Punkte mit einer Fläche vom gewünschten Polynomgrad über Ausgleichung. Zusätzliche Parameterkorrektur (s. Abschnitt 8.7.5.) verbessert das Resultat wesentlich!

## 8.7.4. Coons-Flächen

**Coons-Flächen sind Hermite-Interpolanten, die in ein vorgegebenes Kurven-Viereck ein Flächenstück einspannen. Dazu werden *Bindefunktionen* (blending functions) $f_i(t), g_i(t)$ für $t \in [0,1]$ über folgende Bedingungen eingeführt (mit $\delta_{ik}$ als Kroneckersymbol):**

$$f_i(k) = \delta_{ik}\,, \; f_i'(k) = 0\,, \qquad g_i(k) = 0\,, \; g_i'(k) = \delta_{ik} \qquad (i,k = 0,1)\,.$$

**Sind $\mathbf{P}(u,0)$, $\mathbf{P}(u,1)$, $\mathbf{P}(0,v)$, $\mathbf{P}(1,v)$ die Parameterdarstellungen der vier Randkurven mit $u \in [0,1]$, $v \in [0,1]$, so hat ein möglicher Interpolant die Darstellung**

$$\mathbf{Q}(u,v) = (\mathbf{P}(u,0), \mathbf{P}(u,1)) \begin{pmatrix} f_0(v) \\ f_1(v) \end{pmatrix} + (f_0(u), f_1(u)) \begin{pmatrix} \mathbf{P}(0,v) \\ \mathbf{P}(1,v) \end{pmatrix}$$
$$- (f_0(u), f_1(u)) \begin{pmatrix} \mathbf{P}(0,0) & \mathbf{P}(0,1) \\ \mathbf{P}(1,0) & \mathbf{P}(1,1) \end{pmatrix} \begin{pmatrix} f_0(v) \\ f_1(v) \end{pmatrix}.$$

**Die einfachsten Bindefunktionen sind dabei $f_0(t) = 1 - t$, $f_1(t) = t$. Sind außer den Kurvenrändern auch die Ableitungen $\mathbf{P}_v(u,0)$, $\mathbf{P}_v(u,1)$, $\mathbf{P}_u(0,v)$, $\mathbf{P}_u(1,v)$ längs der Randkurve bekannt, so kann der zugehörige Interpolant in der Form angesetzt werden**

$$\mathbf{Q}(u,v) \;=\; (1, f_0(u), f_1(u), g_0(u), g_1(u))\, \overline{\mathbf{B}} \begin{pmatrix} 1 \\ f_0(v) \\ f_1(v) \\ g_0(v) \\ g_1(v) \end{pmatrix}$$

**mit**

$$\overline{\mathbf{B}} \;=\; \left(\begin{array}{c|cccc} 0 & \mathbf{P}(u,0) & \mathbf{P}(u,1) & \mathbf{P}_v(u,0) & \mathbf{P}_v(u,1) \\ \hline \mathbf{P}(0,v) & -\mathbf{P}(0,0) & -\mathbf{P}(0,1) & -\mathbf{P}_v(0,0) & -\mathbf{P}_v(0,1) \\ \mathbf{P}(1,v) & -\mathbf{P}(1,0) & -\mathbf{P}(1,1) & -\mathbf{P}_v(1,0) & -\mathbf{P}_v(1,1) \\ \mathbf{P}_u(0,v) & -\mathbf{P}_u(0,0) & -\mathbf{P}_u(0,1) & -\frac{\partial}{\partial u}\mathbf{P}_v(0,0) & -\frac{\partial}{\partial u}\mathbf{P}_v(0,1) \\ \mathbf{P}_u(1,v) & -\mathbf{P}_u(1,0) & -\mathbf{P}_u(1,1) & -\frac{\partial}{\partial u}\mathbf{P}_v(1,0) & -\frac{\partial}{\partial u}\mathbf{P}_v(1,1) \end{array}\right).$$

**Dabei sind die gemischten 2. Ableitungen in den Ecken unbekannt und müssen geeignet geschätzt werden (Twist-Vektoren).**

## 8.7.5. Interpolation, Approximation mit Scattered Data Methoden oder mit B-Spline-Flächen

**Soll eine Punktwolke $\{\mathbf{P}_i\}_{i=0,\ldots,M}$ im $\mathbb{R}^3$ durch eine Fläche interpoliert oder approximiert werden, können angesetzt werden**

**– für (unregelmäßig verteilte) funktionswertige Daten $\mathbf{P}_i = (x_i, y_i, z_i)^{\mathrm{T}}$ eine interpolierende Scattered Data Funktion $z = f(\mathbf{x})$ mit $\mathbf{x} = (x,y)^{\mathrm{T}}$;**

**– für parametrisierte Punkte $(\mathbf{P}_i; u_i, v_i)$ eine approximierende Tensorprodukt-B-Splinefläche $\mathbf{X}(u,v)$. Sind die Parameterwerte der $\mathbf{P}_i$ nicht bekannt, muß über zusätzliche Voraussetzungen erst eine geeignete Parametrisierung gefunden werden.**

**Ein einfach zu handhabender Scattered-Data-Interpolant ist die Shepard-Funktion: Für funktionswertige Daten $\mathbf{P}_i$ wird angesetzt**

$$z \;=\; f(\mathbf{x}) \;=\; \sum_{i=0}^{M} \omega_i(\mathbf{x}) z_i$$

mit den Basisfunktionen

$$\omega_i(\mathbf{x}) = \frac{\sigma_i(\mathbf{x})}{\sum\limits_{j=1}^{M} \sigma_j(\mathbf{x})}$$

und

$$\sigma_i(\mathbf{x}) = \frac{1}{d_i(\mathbf{x})^{\mu_i}} = \frac{1}{[(x-x_i)^2+(y-y_i)^2]^{\mu_i/2}}, \quad \mu_i \in \mathbb{R}^+.$$

Für $\mu_i > 1$ hat $f(\mathbf{x})$ in $\mathbf{P}_i$ Flachpunkte. Diese Flachpunkte können über geänderte Basisfunktionen wie z.B.

$$\sigma_i(\mathbf{x}) = \frac{1}{d_i(\mathbf{x})^{\mu_i}+c_i} = \frac{1}{[(x-x_i)^2+(y-y_i)^2]^{\mu_i/2}+c_i}$$

mit $c_i \neq 0$ beseitigt werden. Eine andere Modifikation des Shepard-Ansatzes ist

$$f(\mathbf{x}) = \sum_{i=1}^{M} \omega_i(\mathbf{x}) L_i(\mathbf{x}),$$

wobei $L_i(\mathbf{x})$ ein geeigneter lokaler Approximant von $f(\mathbf{c})$ ist, mit $L_i(x_k) = f(x_k)$. Besonders quadratische Approximanten ergeben gute Resultate.

Ausgeglichene Interpolationsflächen liefern auch die **Hardyschen Multiquadriken** mit dem Interpolanten

$$f(\mathbf{x}) = \sum_{i=1}^{M} \alpha_i (d_i^2(\mathbf{x}) + R^2)^{\mu_i/2}, \tag{8.13}$$

wobei meist $\mu_i = 1$ gesetzt wird, $R$ ist eine vom Benutzer zu wählende Konstante (z.B. $R \approx$ minimaler Abstand der gegebenen Punkte), die $\alpha_i$ sind über die Interpolationsforderung aus einem vollbesetzten linearen Gleichungssystem zu bestimmen. Für große Datenmengen ($M > 30$) kann das aus (8.13) folgende lineare Gleichungssystem schlecht konditioniert sein, daher wird dann eine Lokalisierungsmethode angewandt, die das gegebene Gebiet in Teilgebiete zerlegt, so daß sich numerisch ausreichend gut konditionierte Matrizen aus (8.13) ergeben.

Im parametrisierten Falle sind meist die Parameterwerte der gegebenen Punkte $\mathbf{P}_i$ unbekannt und müssen geeignet geschätzt werden. Für Kurven ist oft eine zentripetale Parametrisierung der Punkte $\mathbf{P}_i$ $(i = 0, \ldots, M)$ recht günstig: Dabei erhält der Punkt $\mathbf{P}_i$ den Parameterwert

$$\tau_i = \sum_{j=1}^{i} \Delta_j \qquad \text{mit} \quad \Delta_j = |\mathbf{P}_j - \mathbf{P}_{j-1}|^{\alpha} \tag{8.14a}$$

(mit z.B. $\alpha = 0.5$). Für den Knotenvektor der Parameterdarstellung (8.9) von $\mathbf{X}(t)$ kann gesetzt werden $t_0 = \tau_0$, $t_{n+1} = \tau_M$. Die inneren Knotenpunkte können bei relativ dicht liegenden vorgegebenen Punkten uniform gewählt werden, sonst sollten sie so verteilt werden, daß in jedem Intervall des Knotenvektors möglichst gleich viele Punkte liegen. Interpolation bzw. Approximation der $\mathbf{P}_i$ erfolgt dann durch Lösung des linearen Gleichungssystems

$$\mathbf{P}_j = \sum_{i=0}^{n} \mathbf{d}_i N_{ik}(\tau_j) \qquad j = 0, \ldots, M \tag{8.14b}$$

mit $\mathbf{d}_i$ als unbekannten Kontrollpunkten. Ist $n = M$, so werden die $\mathbf{P}_i$ interpoliert, für $k - 1 \leq M < n$ approximiert. Da aber die gewählte Parametrisierung der Punkte $\mathbf{P}_i$

künstlich ist, empfiehlt es sich, diese durch *Parameterkorrektur* zu verbessern, um ein besseres Approximationsergebnis zu erhalten: Dazu wird der Parameterwert $\tau_i$ durch die newtonartige Korrektur

$$\tau_i^* = \tau_i - \frac{f(\tau_i)}{f'(\tau_i)} \quad \text{mit} \quad f(t) = (\mathbf{P}_i - \mathbf{X}(t)) \cdot \dot{\mathbf{X}}(t) \tag{8.15}$$

in Richtung eines zur Lösungskurve orthogonalen Fehlervektors $\mathbf{d}_i = \mathbf{P}_i - \mathbf{X}(\tau_i^*)$ verbessert.

Bei der Interpolation/Approximation mit Flächen ist das Hauptproblem, der gegebenen Punktwolke $\mathbf{P}_i$ eine Parametrisierung zuzuordnen. Günstig ist, wenn ein rechteckiges Flächenstück vorliegt und die Randkurven digitalisiert worden sind: Dann können die 4 Randkurven (gemäß (8.14a, 8.14b)) approximiert werden. Danach wird in diese 4 Randkurven eine Coons-Fläche als Modellfläche eingespannt, und die $\mathbf{P}_i$ werden über Ermittlung ihrer Lotfußpunkte auf der Modellfläche parametrisiert. Mit diesen Parameterwerten ist das aus (8.12) folgende zu (8.14b) analoge lineare Gleichungssystem zu lösen. Auch hier bringt eine Parameterkorrektur analog zu (8.15) eine entscheidende Verbesserung des Approximationsresultates.

# 8.8. Computeralgebra

## 8.8.1. Begriffsbestimmung und Rückblick

Computeralgebra nutzt den Rechner in erster Linie nicht zum Berechnen von Zahlen, sondern zum Umgang mit mathematischen Formeln. In [Computeralgebra 1993] wurde folgende Definition des Gebiets gegeben:

*Die Computeralgebra ist ein Wissenschaftsgebiet, das sich mit Methoden zum Lösen mathematisch formulierter Probleme durch symbolische Algorithmen und deren Umsetzung in Soft- und Hardware beschäftigt. Sie beruht auf der exakten endlichen Darstellung endlicher oder unendlicher mathematischer Objekte und Strukuren und ermöglicht deren symbolische und formelmäßige Behandlung durch eine Maschine. Strukturelles mathematisches Wissen wird dabei sowohl beim Entwurf als auch bei der Verifikation und Aufwandsanalyse der betreffenden Algorithmen verwendet. Die Computeralgebra kann damit wirkungsvoll eingesetzt werden bei der Lösung von mathematisch modellierten Fragestellungen in zum Teil sehr verschiedenen Gebieten der Informatik und Mathematik sowie in den Natur- und Ingenieurwissenschaften.*

Computeralgebra hat drei Facetten: Einmal den Nutzeraspekt, dann den der algorithmischen Umsetzung mathematischer Probleme sowie den der Realisierung und Implementierung der für den Umgang mit mathematischen Symbolen geeigneten Datenstrukturen.

Vom Gesichtspunkt des Nutzers ist Computeralgebra besonders einfach zu beschreiben. Man stelle sich vor, man hätte alle Formeln aus Schulzeit, Studium und Beruf sofort zur Verfügung, würde diese anreichern mit dem algorithmischen Wissen von professionellen Mathematikern, Ingenieuren und Naturwissenschaftlern und hätte dann noch jemanden, der den Umgang mit diesen Informationen intelligent erledigt, die Schreibarbeit abnimmt, die Formeln fehlerfrei ineinander einsetzt, Ableitungen bestimmt, Gleichungen löst, Graphiken zeichnet, Geometrie verdeutlicht und benötigte Resultate beliebig genau numerisch ausrechnet. Diese Vorstellung deckt einen kleinen Ausschnitt dessen ab, was Computeralgebra heute ist, und einen noch kleineren dessen, was sie morgen leisten wird.

Daß Computer mit mathematischen Objekten nicht nur numerisch sondern auch symbolisch umgehen können, sollte nicht verwundern. In gewisser Weise ist der symbolische

Umgang einfacher als der numerische. Statt $5(\pi)^2/\pi$ wird man $5\pi$ ausrechnen. Numerisch betrachtet ist die Aufgabe aber von nahezu hoffnungsloser Kompliziertheit: Man muß sich darüber klarwerden, daß es sich um einen Bruch handelt, bei dem sowohl im Nenner als auch im Zähler unendliche Dezimalbrüche stehen, die ein Computer allenfalls approximativ auswerten kann, also muß man die erforderliche Genauigkeit festlegen. Mit dem Ergebnis einer Approximation eines unendlichen Dezimalbruchs durch eine vielleicht 20stellige oder auch 100stellige Zahl kann man zudem nicht besonders viel anfangen, da alle strukturellen Aussagen verloren gegangen sind. Ein symbolisches Ergebnis hingegen hat den nicht zu unterschätzenden Vorteil, daß es *exakt* ist. Eine symbolische Berechnung ist nicht nur einfacher, sondern natürlicher und korrekter. Bei der Behandlung dieser und ähnlicher Aufgaben kommt es nur darauf an, die entsprechenden Manipulationsalgorithmen für symbolische Daten effizient und nutzerfreundlich auf dem Rechner bereitzustellen.

Daß Rechner auch zur Behandlung *symbolischer Daten* geeignet sind, hat wohl als erste Ada Augusta Countess of Lovelace bemerkt, die statt der romantischen Natur ihres Vaters den scharfen analytischen Verstand der Mutter geerbt hatte. Im Jahr 1842 schreibt sie über Babbage's Maschine (zitiert nach [Hearn u.a. 1990, p. 10]):

*Many persons ... imagine that the business of the engine is to give results in numerical notation, the nature of its processes must consequently be arithmetical and numerical rather than algebraical and analytical. This is an error. The engine can arrange and combine its numerical quantities exactly as if they were letters or other general symbols; and in fact it might bring out its results in algebraical notation were provisions made accordingly.*

Geht man noch weiter zurück, so kann man sogar den großen katalonischen Dichter und Philosophen Raimundus Lullus (1234–1316) als geistigen Wegbereiter der Gedanken, die der Computeralgebra zugrunde liegen, ansehen. Seine logischen Studien führten zum Versuch einer mechanischen Methode, um aus Kombination allgemeiner Grundbegriffe zu Lösungen wissenschaftlicher Aufgaben zu führen. Er konstruierte deshalb eine Maschine, bei welcher mit Hilfe von Buchstaben, Zahlen und drehbaren Kreisen eine Ableitung „jeder Wahrheit" möglich sein sollte.

Erste Ansätze zur Realisierung allgemein brauchbarer Systeme sind allerdings erst in den 50er Jahren dieses Jahrhunderts zu beobachten: 1953 wird in zwei Diplomarbeiten [Nolan 1953; Kahrimanian 1953] dargelegt, wie Digitalrechner formal differenzieren können. In den 60er Jahren beginnt in den USA die systematische Entwicklungsarbeit zur Schaffung von Computeralgebrasystemen; 1970 werden die auf nahezu 2000 Seiten niedergelegten Formeln im unvollendeten Werke von Charles Eugène Delaunay [Pavelle u.a. 1981], zu deren Korrektur er selbst mehr als 10 Jahre brauchte, mit dem Computeralgebrasystem MACSYMA in nur 20 Stunden überprüft. Heute würde diese Prüfung, bei der auf Seite 234 ein Fehler gefunden wurde, weniger als zwei Stunden dauern.

Bereits im Jahre 1981 wurde die Zahl der Computeralgebrapakete auf über 60 geschätzt, diese unterteilten sich in *general purpose* Systeme und Systeme für Spezialaufgaben, wie zum Beispiel für Gruppentheorie, Zahlentheorie und andere algorithmisch besonders gut erschlossene mathematische Disziplinen.

Computeralgebra beginnt heute die mathematische Ausbildung an Hochschulen und Schulen zu durchdringen. Die immer stärker wachsende Leistungsfähigkeit der Rechner erlaubt es, anspruchsvolle Systeme mit nutzerfreundlichen Oberflächen, die früher Mainframes erforderten, auf Notebooks und Laptops einzusetzen. Daneben werden klassische Systeme wie REDUCE [Hearn 1991] und MACSYMA ständig verbessert. In welcher Weise Computeralgebra den Umgang unserer Kinder mit Mathematik prägen und wie sie deren Verständnis von Wissenschaft und Technik beeinflussen wird, ist heute unabsehbar.

Auskunft über Computeralgebra ist heute leicht zu erhalten: Überblicke über vorhandene Systeme und Berichte über den aktuellen Stand von Forschung und Entwicklung im Bereich der Computeralgebra wurden in den letzten Jahren von verschiedenster Seite vorgelegt ([Hearn u.a. 1990; Computeralgebra 1993; MathPAD 1991; Winkler u.a. 1988]). Wer ständig aktualisierte Information über die gängigen Systeme wünscht, sollte von Zeit zu Zeit die von Paulo Ney de Souza veröffentlichte Liste konsultieren ([de Souza 1993a/b]). Darüber hinaus gibt es eine Vielzahl von Nutzergruppen, Special Interest Groups und Bulletin Boards, die sich mit dem Thema beschäftigen; Hinweise darauf findet man in [Computeralgebra 1993].

## 8.8.2. Eine elementare interaktive Sitzung

Schaut man sich einfache Befehle in einem gängigen Computeralgebrasystem an, wie zum Beispiel in MAPLE [Maple 1992], so stellt man zuerst fest, daß solche Systeme in der Arithmetik *exakt* rechnen, also bei ganzen und rationalen Zahlen nicht auf eine feste Stellenzahl beschränkt sind. Der Aufruf von

```
> 852356436584387436567435643466246 7/32879832643554354+23/45;
```

liefert zum Beispiel

$$\frac{1578437845526643404162889672269799}{6088857896954510}$$

Wer durch die Länge dieser Zahlen noch nicht beeindruckt ist, der versuche es einmal mit

```
> 10000! +2^10000;
```

um nach akzeptabler Zeit das korrekte 35-tausend-stellige Ergebnis zu erhalten. Die *Langzahlarithmetik* der Computeralgebrasysteme enthält zahlentheoretische Funktionen, zum Beispiel die Faktorisierung ganzer Zahlen

```
> ifactor(3553443884664);
```

$(2)^3, (3)^2, (49353387287)$

probabilistische Primzahltests

```
> isprime(49353387287); isprime(49353387289);
```

*true*

*false*

und vieles andere mehr. Ein schwierigerer Algorithmus liegt dem eingebauten *Gleichungslöser* zugrunde, der auf einfache und komplizierte, auf lineare und nichtlineare Gleichungssysteme angewandt

```
> solve({x+2*y=3,y+1/x=1}, {x,y});
```

bei Lösbarkeit in einer geeigneten Struktur sofort das Ergebnis liefert:

$\{x = -1, y = 2\}, \{x = 2, y = 1/2\}$ .

Da die Differentiation ein einfaches algorithmisches Verfahren ist, verwundert es nicht, daß auch Taylorreihen für solche Systeme kein Problem sind:

```
>A:=convert(taylor(sin(x^2+sqrt(Pi+x)),x=0,3),polynom);
```

$$\sin(\sqrt{\pi}) + \frac{\cos(\sqrt{\pi})x}{2\sqrt{\pi}} + \left(-\frac{\sin(\sqrt{\pi})}{8\pi} + \cos(\sqrt{\pi})\left(1 - \frac{1}{8\pi^{3/2}}\right)\right)x^2 .$$

Der *convert*-Befehl wurde um die Taylorreihe geschachtelt, damit das Restglied verschwindet. Will man ein solches Ergebnis auswerten, so weist man der Variablen $x$ einen Wert zu und ruft den vorher berechneten *Ausdruck* $A$ noch einmal auf:

```
> x:=3: A;
```

$$\sin(\sqrt{\pi}) + \frac{3\cos(\sqrt{\pi})}{2\sqrt{\pi}} - \frac{9\sin(\sqrt{\pi})}{8\pi} + 9\cos(\sqrt{\pi})\left(1 - \frac{1}{8\pi^{3/2}}\right) .$$

Dies führt natürlich, wie es dem Anspruch auf exaktes Rechnen auch entspricht, nur zu einer *symbolischen Auswertung*. Will man eine approximative Auswertung als Gleitkommazahl, so muß man das dem System mitteilen:

```
> evalf(A);
```

$-1.302786911$

Wünscht man statt der hier voreingestellten 10stelligen Genauigkeit eine 123stellige Genauigkeit, so muß man eine entsprechende Anweisung über die Stellenzahl voranstellen:

```
Digits:=123:evalf(A);
```

Danach wird nun alles 123stellig ausgewertet.

*Tabellenwerke* gehören der Vergangenheit an. Will man zum Beispiel eine Tabelle der Werte des folgenden Wahrscheinlichkeitsintegrals haben

$$\Phi(x) = \frac{1}{\sqrt{2\pi}} \int_0^x \exp(-x^2/2)dx ,$$

so kann man sich die Tabelle 8.21, sogar in formatierter Form, durch ein Computeralgebraprogramm erzeugen.

Tabelle 8.21 wurde als ungeänderter Latex Code durch Übernahme der Ausgabe des Befehls `erftable(19,0.01,0.2,10)` erzeugt. Dabei wurden die nachfolgenden selbstgeschriebenen MAPLE Routinen verwandt

```
erftable:= proc(n,schritt,colbreite, einschub)
local i,j,a,x,y,a,b;
lprint('\\begin{small}\\begin{tabular}\
{|r|r||r|r||r|r||r|r||r|r|}\\hline');
lprint('\$x\$ & \$\\Phi (x)\$ &\
\$x\$ & \$\\Phi (x)\$ &\
\$x\$ & \$\\Phi (x)\$ &\
\$x\$ & \$\\Phi (x)\$ &\
\$x\$ & \$\\Phi (x)\$ \
\\\\ \\hline');
a:= evalf(1/(sqrt(2*Pi)));j:=0;
for i from 0 to n do x:= i*schritt;
for k from 0 to 4 do
b:=filter(a*int(exp(-y^2/2),y=0..x+k*colbreite),3);
if not k=4 then
lprint(filter(x+k*colbreite,2),'&',b,'&')
else
lprint(filter(x+k*colbreite,2),'&',b)
```

*Tabelle 8.21*

| $x$ | $\Phi(x)$ | $x$ | $\Phi(x)$ | $x$ | $\Phi(x)$ | $x$ | $\Phi(x)$ | $x$ | $\Phi(x)$ |
|---|---|---|---|---|---|---|---|---|---|
| 0.00 | 0.000 | 0.20 | 0.079 | 0.40 | 0.155 | 0.60 | 0.225 | 0.80 | 0.288 |
| 0.01 | 0.003 | 0.21 | 0.083 | 0.41 | 0.159 | 0.61 | 0.229 | 0.81 | 0.291 |
| 0.02 | 0.007 | 0.22 | 0.087 | 0.42 | 0.162 | 0.62 | 0.232 | 0.82 | 0.293 |
| 0.03 | 0.011 | 0.23 | 0.090 | 0.43 | 0.166 | 0.63 | 0.235 | 0.83 | 0.296 |
| 0.04 | 0.015 | 0.24 | 0.094 | 0.44 | 0.170 | 0.64 | 0.238 | 0.84 | 0.299 |
| 0.05 | 0.019 | 0.25 | 0.098 | 0.45 | 0.173 | 0.65 | 0.242 | 0.85 | 0.302 |
| 0.06 | 0.023 | 0.26 | 0.102 | 0.46 | 0.177 | 0.66 | 0.245 | 0.86 | 0.305 |
| 0.07 | 0.027 | 0.27 | 0.106 | 0.47 | 0.180 | 0.67 | 0.248 | 0.87 | 0.307 |
| 0.08 | 0.031 | 0.28 | 0.110 | 0.48 | 0.184 | 0.68 | 0.251 | 0.88 | 0.310 |
| 0.09 | 0.035 | 0.29 | 0.114 | 0.49 | 0.187 | 0.69 | 0.254 | 0.89 | 0.313 |
| 0.10 | 0.039 | 0.30 | 0.117 | 0.50 | 0.191 | 0.70 | 0.258 | 0.90 | 0.315 |
| 0.11 | 0.043 | 0.31 | 0.121 | 0.51 | 0.194 | 0.71 | 0.261 | 0.91 | 0.318 |
| 0.12 | 0.047 | 0.32 | 0.125 | 0.52 | 0.198 | 0.72 | 0.264 | 0.92 | 0.321 |
| 0.13 | 0.051 | 0.33 | 0.129 | 0.53 | 0.201 | 0.73 | 0.267 | 0.93 | 0.323 |
| 0.14 | 0.055 | 0.34 | 0.133 | 0.54 | 0.205 | 0.74 | 0.270 | 0.94 | 0.326 |
| 0.15 | 0.059 | 0.35 | 0.136 | 0.55 | 0.208 | 0.75 | 0.273 | 0.95 | 0.328 |
| 0.16 | 0.063 | 0.36 | 0.140 | 0.56 | 0.212 | 0.76 | 0.276 | 0.96 | 0.331 |
| 0.17 | 0.067 | 0.37 | 0.144 | 0.57 | 0.215 | 0.77 | 0.279 | 0.97 | 0.333 |
| 0.18 | 0.071 | 0.38 | 0.148 | 0.58 | 0.219 | 0.78 | 0.282 | 0.98 | 0.336 |
| 0.19 | 0.075 | 0.39 | 0.151 | 0.59 | 0.222 | 0.79 | 0.285 | 0.99 | 0.338 |

```
fi
od;
j:=j+1;lprint('\\\\');
if j= einschub then
lprint('\&\&\&\&\&\&\&\&\& \\\\'); j:= 0
fi
od;
lprint('\\hline \\end{tabular} \\end{small}')
end:

filter:= proc(x,n)
local i, b, c, r; c:= trunc(x);
b:= cat(c,'.');
for i from 1 to n do r:=trunc(x*10^i);
a:=r-10*c; c:=r; b:=cat(b,a) od
end:
```

Man kann durch Modifikation dieses Programms (wobei man dann für die Tabellengestaltung flexible Makros verwenden sollte) fast jedes gewünschte Tabellenwerk selbst drucken. Bei der Betrachtung dieses Beispiels fällt auf: Computeralgebrasysteme haben eine sehr flexible Hochsprache, die auch dem Laien sehr schnell die Programmierung komplexer mathematischer Sachverhalte ermöglicht und die neben dem Zugriff auf mathematische Bibliotheken auch den Zugriff auf Funktionen zur Manipulation von Zeichenketten erlaubt. Computeralgebrasysteme können mathematisch anspruchsvollere Aufgaben, wie das *Integrationsproblem*

$$\int \frac{x}{(x^3-1)}dx$$

lösen:

```
> int( x/(x^3-1), x );
```

$$\frac{\ln(x-1)}{3}-\frac{\ln(x^2+x+1)}{6}+\frac{\sqrt{3}\arctan(\frac{(2x+1)\sqrt{3}}{3})}{3}$$

oder

```
> int( exp(-x^2)*ln(x), x=0..infinity );
```

$$-\frac{\sqrt{\pi}\gamma}{4}-\frac{\sqrt{\pi}\ln(2)}{2}.$$

**Als Verallgemeinerung der Algorithmen, welche der Integration zugrunde liegen, können auch *gewöhnliche Differentialgleichungen*, zum Beispiel**

$$c^2\frac{\mathrm{d}^2}{\mathrm{d}x^2}y(x)=y(x)\left(2\left(\frac{\mathrm{d}}{\mathrm{d}x}y(x)\right)^2+2\,y(x)\frac{\mathrm{d}^2}{\mathrm{d}x^2}y(x)\right),$$

**gelöst werden:**

```
> dgl:=c^2*diff(y(x),x,x)=y(x)*diff(y(x)^2,x,x):

> dsolve(dgl,y(x));
```

$$x=\sqrt{-1}\left(\frac{y(x)\sqrt{c^2-2\,y(x)^2}}{2}+c^2\sqrt{2}\arcsin(\frac{y(x)\sqrt{2}}{c})1/4\right)\_C1^{-1}-\_C2\,.$$

**Moderne Systeme bieten neben dem Zugriff auf gute Algorithmen komfortable Interfaces für die verschiedensten Aufgaben: für Graphik, zur Herstellung von Filmen, zur interaktiven Fehlersuche und so weiter (siehe [Fuchssteiner u.a. 1993; Wagon 1993; Wolfram 1992; Jenks/Suter 1992]).**

## 8.8.3. Datenstruktur und Evaluierung

**Computeralgebrasysteme erlauben den Umgang mit den üblichen Daten der Mathematik und Informatik, wie *Listen, Tabellen, Mengen, Arrays, Polynome* usw. Diese Daten werden mit Hilfe von *Bäumen* dargestellt. Eine gute Kenntnis dieser Struktur ist die Voraussetzung**

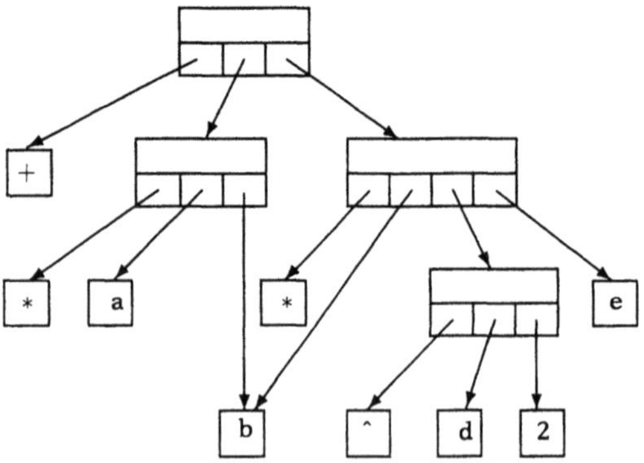


Abb. 8.44

für das effiziente Arbeiten mit jedem System; vgl. Abschnitt 8.6. über „Grundlegende Datenstrukturen“.

Zum Beispiel hat der algebraische Ausdruck `a * b + b * d ^ 2 * e;` in den meisten Systemen intern die Form von Abb. 8.44. Dabei stehen die unterteilten Kästen für die inneren Knoten des Baumes. Der obere Teil deutet an, daß sich darin noch weitere Einträge, wie Typdeklarationen und systeminterne Informationen, verbergen, die unteren Teile repräsentieren die Söhne des Ausdrucks. Die Kästen mit einem Eintrag sind die *Blätter* des Baumes. Daß zwei Knoten auf dasselbe Blatt zeigen können, liegt daran, daß Computeralgebrasysteme an vielen Stellen das Prinzip der *eindeutigen Datenhaltung* realisieren: Wenn dieselben Daten an mehreren Stellen vorkommen, so sind sie physikalisch nur einmal im Speicher vorhanden. Diese Strategie spart Speicherplatz, erhöht aber mitunter den Rechenaufwand.

Die Blätter und Teilbäume, die von einem durch einen Knoten repräsentierten Ausdruck ausgehen, heißen bei Computeralgebrasystemen *Operanden*. Auf die einzelnen Blätter, wie auch auf Teilbäume, kann man mit einer geeigneten Funktion (`op` in MAPLE und MuPAD) zugreifen. Zur Charakterisierung der Operanden muß man Infomationen über den Pfad mitgeben, der zum jeweiligen Blatt oder Teilbaum führt.

Mit diesem direkten Zugriff auf die Operanden eines Ausdrucks ist ein mächtiges Instrument zur bequemen Programmierung gegeben, dies insbesondere deshalb, weil jedes Computeralgebrasystem Funktionen zur Ersetzung beliebiger Operanden in einem Ausdruck zur Verfügung stellt.

Manche Computeralgebrasysteme (z.B. REDUCE oder MuPAD) fassen die einzelnen Konstrukte der *Hochsprache* des Systems wie

```
for i from 1 to 100 step 2 do s:= s + i end_for;
```

ebenfalls als algebraische Ausdrücke auf und verwenden dafür ebenfalls Bäume als Datenstruktur, siehe Abb. 8.45. Dies erlaubt dem Nutzer *Zugriff* und *Substitution* auf die einzelnen Bausteine seiner Programme; er kann dadurch Programme verändern.

Zum Verständnis der Evaluierungsmechanismen von Computeralgebrasystemen betrachte

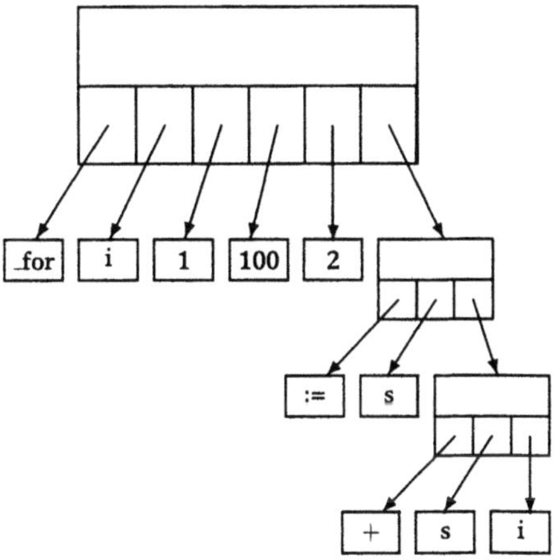


Abb. 8.45

man die Zuweisung `A := b*c`. *Zuweisungen* sind Ausdrücke, die auf oberster Ebene durch eine Assignmentfunktion, sagen wir `_assign`, gebildet werden. Die Baumstruktur ist in Abb. 8.46 dargestellt.

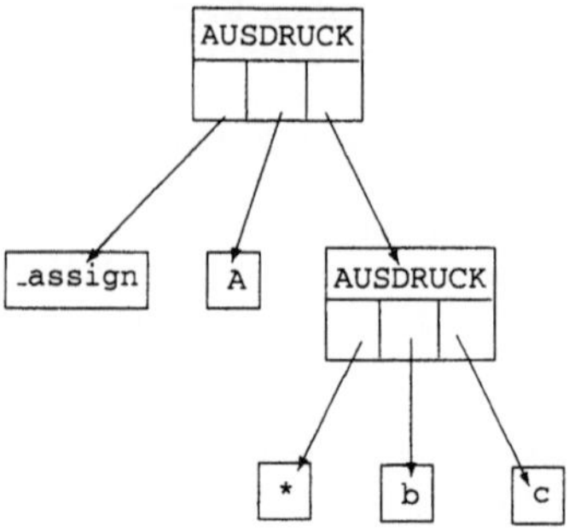


Abb. 8.46

Wenn man zum einfacheren Verständnis einen solchen `_assign`-Knoten durch einen dickgezeichneten Pfeil in umgekehrter Richtung symbolisiert, so erhält man Abb. 8.47. Eine mehrfache Zuweisung der Art `A := b*c; b := e; e := f;` führt dann zu Abb. 8.48.

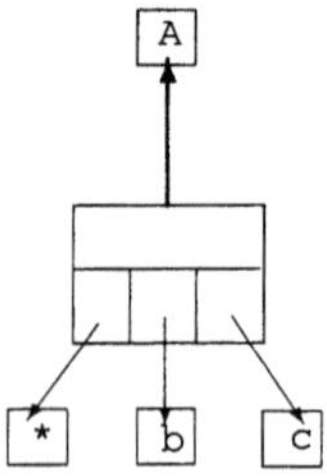


Abb. 8.47

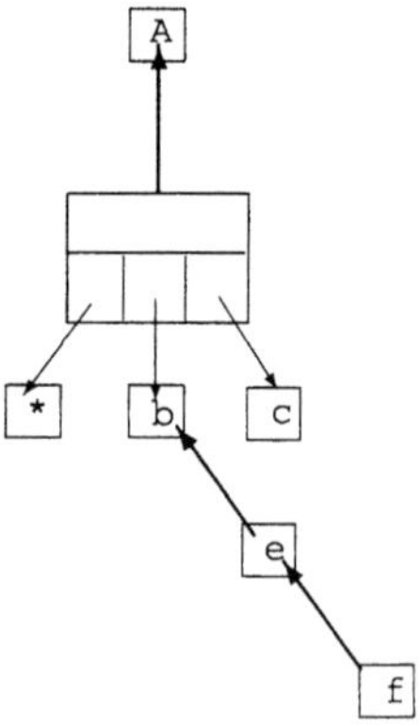


Abb. 8.48

Beim Auswerten setzt das System, den dicken Pfeilen folgend, die Größen ein. Die dabei *hintereinander* durchlaufene Anzahl von dicken Pfeilen heißt *Substitutionstiefe*. Im Beispiel ist die Substitutionstiefe 3. Beim interaktiven Arbeiten werden im allgemeinen alle Ersetzungen gemäß den dicken Pfeilen ausgeführt (*vollständige Evaluation*), allerdings nur bis zu einer maximalen Tiefe, welche durch den Wert einer Variablen, z.B. `LEVEL`, festgelegt ist. Um nun zu verhindern, daß man durch rekursive Auswertungen in Endlos-Schleifen gerät, gibt es noch eine zweite Variable, z.B. `MAXLEVEL`, deren Wert im allgemeinen derselbe wie der von `LEVEL` ist. Erreicht die Substitutionstiefe bei einer Auswertung den Wert dieser Variablen, so wird angenommen, daß eine *rekursive Zuweisung* vorliegt, und es wird eine Fehlermeldung ausgegeben. Manche Systeme erlauben eine Veränderung dieser fundamentalen Größen.

## 8.8.4. Wichtige Algorithmen

Schon für die elementare Arithmetik müssen wichtige Algorithmen implementiert werden, um symbolische Mathematik mit dem Computer zu betreiben. Um die Gleichheit rationaler Zahlen zu erkennen, muß ein Computeralgebrasystem die Operation des *größten gemeinsamen Teilers* ggt kennen. Um beim Vergleich

```
> bool(2356/1835 + 3453/1101= 8111/1835);
```

die richtige Antwort

*true*

zu erhalten, muß bei der Auswertung von 2356/1835 + 3453/1101 dieser Bruch, der auf einen Hauptnenner gebracht die Form

$$(2356 * 1101 + 3453 * 1835)/(1835 * 1101) = 8930211/2020335$$

hat, zu 8111/1835 gekürzt werden. Dafür muß der ggt von Zähler und Nenner berechnet werden. Diese einfache Aufgabe wird mit dem aus der Schule bekannten Euklidischen Algorithmus erledigt. Aber schon hier ist ein Punkt erreicht, wo man durch Verbesserung bekannter Algorithmen mitunter Laufzeitverbesserungen um einen Faktor von 10 bis 100 erreichen kann. Berechnet man zum Beispiel bei der Vereinfachung von

$$\frac{a}{b} + \frac{c}{d} = \frac{p}{q}$$

die Werte von $p, q$ zuerst durch $p = ad + bc$, $q = bd$ und kürzt dann durch den $\texttt{ggt}(p, q)$, so gelangt man zum selben Ergebnis wie bei der Berechnung durch

$$p = a\,\frac{d}{\texttt{ggt}(b,d)} + c\,\frac{b}{\texttt{ggt}(b,d)}\,,\quad q = bd/\,\texttt{ggt}(b,d)$$

und anschließender Kürzung durch den ggt, vgl. [Davenport u.a., p. 62]. Bei der Umstellung des Kerns von MuPAD von der ersten auf die zweite Methode wurde bei der Berechnung der harmonischen Reihe von 1 bis 10 000 eine Laufzeitverbesserung um einen Faktor 100 erzielt.

Algorithmen, wie derjenige, welcher die Vereinfachung rationaler Zahlen durchführt, sind Teil des *Vereinfachers*. Die Qualität des Vereinfachers spielt eine große Rolle für die Qualität eines Computeralgebrasystems. Bei allgemeinen algebraischen Ausdrücken ist, anders als bei den rationalen Zahlen, nicht immer klar, was die einfachste Form ist. Zum Beispiel kann man sich bei den folgenden Formen desselben rationalen Ausdrucks durchaus darüber streiten, welche die einfachere Form ist:

$$\frac{x^{10} - y^{10}}{x - y}$$

$$x^9 + yx^8 + y^2x^7 + y^3x^6 + y^4x^5 + y^5x^4 + y^6x^3 + y^7x^2 + y^8x + y^9\,.$$

*Normalisierung, Vereinfachung* und *Evaluierung* sind wegen ihrer Wichtigkeit für das Laufzeitverhalten im *Kern* des Systems implementiert. Da dieser, trotz seiner Wichtigkeit für den Nutzer, meist verborgen ist, werden im folgenden Algorithmen betrachtet, die dem Nutzer leichter zugänglich sind, zum Beispiel der Algorithmus eines *Differenzierers*. Im allgemeinen hält man die Differentiation einer Funktion für ein Problem der Analysis, was aber seit Newton und Leibniz nur noch bedingt stimmt, da deren *Differentialkalkül* auf ein algebraisch-algorithmisches Rezept zur Berechnung von Differentialquotienten hinausläuft. Man sieht dies sofort ein, wenn man den Differenzierer in der Hochsprache eines Computeralgebrasystems schreibt.

***Beispiel:*** **In MuPAD sähe ein Differenzierer, der auf Eingabe von** `der(ausdruck,x)` **die Ableitung von** `ausdruck` **nach x berechnet, folgendermaßen aus:**

```
 der := proc()
local d, n;
begin
d:=type(args(1)); #1#
case d
of DOM_INT do #2#
of DOM_RAT do
of DOM_FLOAT do
of DOM_COMPLEX do
of DOM_IDENT do
if args(1)=args(2) then 1 else 0 end_if; #3#
break
of "_mult" do
_plus(der(op(args(1), n), args(2))*
subsop(args(1), n=1) $ n=1..nops(args(1))); #4#
break
of "_plus" do
_plus(der(op(args(1), n),
args(2)) $ n=1..nops(args(1))); #5#
break
of "_power" do op(args(1), 1); #6#
op(args(1), 2);
args(1)*ln(last(2))*der(last(1),
args(2))+last(1)*der(last(2),
args(2))*last(2)^(last(1)-1);
break
otherwise
_par(text2expr(d))(op(args(1)))*
der(op(args(1), 1), args(2)) #7#
end_case;
eval(last(1)); #8#
end_proc:
```

**In Zeile `#1#` wird der Datentyp des ersten der Prozedur `der` übergebenen Arguments `args(1)` festgehalten, danach wird dieser Typ mit den Grundtypen *ganze Zahl*, *rationale Zahl* bis *Bezeichner* verglichen. Dann wird, sofern dieses Argument gleich der Differentiationsvariablen ist, in `#3#` eine `1` ausgegeben, andernfalls eine `0`. Zeile `#4#` tritt in Aktion, falls das erste Argument ein Produkt ist; es wird dann das Ergebnis der Anwendung der Produktformel zurückgegeben. Zum Verständnis dieser Zeile muß man wissen, daß der Operator `_plus`, angewandt auf eine Folge, deren Summe zurückgibt und daß `$` der Sequenzoperator ist, also `i$i=1..100` die Folge der Zahlen von 1 bis 100 erzeugt. Wie praktisch solche Operationen sind, sieht man am Beispiel `_plus(i^3$i=1..10^3)` welches offensichtlich ein Programm zur Summation der Kubikzahlen von 1 bis 1000 darstellt. Ganz analog werden in den Zeilen `#5#` und `#6#` die Summen- und die Potenzregel abgehandelt. Der im Programm verwendete Funktionsaufruf `last(n)` liefert den $n$-ten vorangegangenen Ausdruck zurück; diese Ausdrücke werden in der sogenannten *Historytabelle* gespeichert. Schließlich sind nur noch Terme der Art $f(g(x))$ zu differenzieren; dies wird in Zeile `#7#` bewerkstelligt, wo die äußere Ableitung `_par(f)` mal innere Ableitung `der(g(x),args(2))` nach der Differentiationsvariablen, welche als zweites Argument vorkam, gebildet wird. Die dabei auftretende Funktion `text2expr` wandelt die durch die Typabfrage gegebene textuelle Information da-**

bei wieder in ein algebraisches Datum um. Macht man nun durch Zuweisungen dem System noch alle notwendigen äußeren Ableitungen bekannt

```
_par(sin) := cos:
_par(sinh):=cosh:
_par(cosh):=sinh:
usw.,
```

so erhält man in der Tat eine vollständige Implementation der Differentiation:

```
>> der(sin(x)*sin(x^(1/2)), x);

- 1/2 / 1/2 \
/ 1/2 \ x sin(x) cos \ x /
cos(x) sin \ x / + -------------------------
2
```

Wirkliche Implementationen des Differenzierers realisieren diese wichtige Funktion allerdings aus Effizienzgründen im Kern des Systems.

Andere wichtige Algorithmen sind:

*Faktorisierung natürlicher Zahlen*: Dieser Algorithmus hat unter anderem Anwendungen im Public Key Verfahren der Kryptographie. Dabei handelt es sich um ein Verfahren, bei dem die Kenntnis des Verschlüsselungsverfahrens keine Entschlüsselung erlaubt. Entschlüsseln kann nur, wer die Zerlegung einer großen Zahl in ihre zwei Primfaktoren kennt, verschlüsseln kann aber jeder, der die Zahl selbst kennt. Die Grenzen der Faktorisierung liegen gegenwärtig bei 130stelligen Dezimalzahlen (sofern diese nicht von besonderer Struktur sind). Der einfachste Faktorisierungsalgorithmus für eine Zahl $N$ besteht im Ausprobieren der Primzahlen $\leq N^{1/2}$. Dies führt, bezogen auf die Stellenzahl $n$, zu einem Algorithmus exponentieller Laufzeit mit dem sehr schlechten Exponenten $n/2$. Bessere Algorithmen verringern diesen Exponenten deutlich. Neuere Faktorisierungsverfahren sind einmal der des *quadratischen Siebs* und der des *Zahlkörpersiebs*, welcher von besserer Komplexität ist, die sich aber erst bei sehr großer Stellenzahl auswirkt. Daneben gibt es Algorithmen, die mit zufällig gewählten Punkten elliptischer Kurven arbeiten, vgl. [Computeralgebra 1991, p. 29].

*Polynomfaktorisierung*: Auch die Faktorisierung von Polynomen hat vielfältige Anwendungen; zum Beispiel in der Kryptographie, aber auch überall dort, wo man die Partialbruchzerlegung von rationalen Funktionen benötigt (für die Integration benötigt man diese allerdings nicht). Die Grundaufgabe ist die Faktorisierung bezüglich einer Variablen in endlichen Körpern. Dies ist mit dem klassischen Algorithmus von Berlekamp möglich. Unter den Verbesserungen und Modifikationen dieses Algorithmus haben sich Zufallsalgorithmen bewährt. Die Faktorisierung über $\mathbb{Z}$ oder $\mathbb{Q}$ wird durch Lösung des Problems in Restklassenkörpern und anschließendem Lifting durchgeführt (siehe [Davenport u.a. 1988; Geddes u.a. 1992]).

*Euklidischer Algorithmus*: Verbesserungen des aus der Schule bekannten euklidischen Algorithmus spielen eine wichtige Rolle, weil dieser Algorithmus zu den Grundoperationen in vielen Bereichen (ganze Zahlen, Polynome, Kettenbrüche) gehört. Eine interessante Variante ist der heuristische ggt, der die Faktorisierung von Polynomen in einer Variablen sehr beschleunigt ([Geddes u.a. 1992]).

*Gröbnerbasen*: Der euklidische Algorithmus spielt in $\mathbb{Z}$ und bei Polynomen einer Variablen eine besondere Rolle, da dort jedes Ideal Hauptideal ist, also von einem Element erzeugt wird, welches man als Basis des Ideals ansehen kann. Dies ist bei Polynomen mehrerer Variablen nicht mehr so, deshalb muß ein neuer Basisbegriff gefunden werden, der eine effektive Restklassenarithmetik erlaubt. Diese Rolle wird von den Gröbnerbasen übernommen. Diese sind Idealbasen, welche zu eindeutigen Normalformen führen. Die Konstruktion dieser Basen (Buchberger-Algorithmus), die man auch braucht, um Polynomgleichungen zu lösen, gehört zu den Standardalgorithmen.

*Integration*: Für den Praktiker spielt die Anwendung des Integrationsalgorithmus eine besondere Rolle. Man wird geneigt sein, rationale Funktionen durch Partialbruchzerlegung zu integrieren, dies setzt aber eine aufwendige Polynomfaktorisierung voraus und führt auch nur da zum Ziel, wo diese algorithmisch möglich ist. Nach Algorithmen von Hermite oder Horowitz braucht man aber nur eine quadratfreie Zerlegung und erhält für jedes Integral einer rationalen Funktion als Ergebnis eine Summe aus rationaler Funktion und Integral über einer rationalen Funktion von logarithmischer Art. Solche Integrale logarithmischer Art lassen sich nach Algorithmen von Rothstein und Trager lösen (siehe [Davenport u.a. 1988] und [Geddes u.a. 1992], wo auch die Integrationsalgorithmen für kompliziertere Funktionenklassen stehen). In [Davenport u.a. 1988] findet man zusätzlich eine kurze Zusammenfassung über Lösungsalgorithmen für gewöhnliche Differentialgleichungen.

Neben dieser willkürlichen Auswahl gibt es weitere wichtige Algorithmen, deren Bandbreite die strukturelle Reichhaltigkeit der Mathematik wiederspiegelt. Effiziente Spezialsysteme für Zahlentheorie und Zahlkörper (PARI, THALES, KANT, SIEMATH), Gruppentheorie (GAP, CAYLAY), Kommutative Algebra (COCOA, MACCAULAY), Liealgebren (LIE), Algorithmenforschung und Entwurf (Aldes/SAC-2, MAS) runden das Angebot an den Nutzer von Computeralgebra ab ([Computeralgebra 1993]) und geben Zugriff auf die algorithmische Durchdringung des jeweiligen Gebiets.

## 8.8.5. Programmierung und Effizienz

Bei erstmaliger Nutzung der Computeralgebra entsteht häufig der Eindruck, daß durch die Leistungsfähigkeit moderner Computer alle Effizienzerwägungen für den Mathematikanwender hinfort überflüssig seien: Aber das Gegenteil ist der Fall! Gerade die anspruchsvolle Nutzung von Computeralgebra erfordert eine kritische Einstellung zur Effizienz algorithmischer Verfahren, da anspruchsvolle Beispiele aus Bereichen formal einfach zu formulierender Mathematik häufig zu einem gigantischen *Intermediate Data Swell* führen (vergleiche etwa [Fuchssteiner 1992], wo ein noch mit strukturellen Methoden handhabbares Beispiel angegeben ist, welches zu einem algebraischen Datum von mehreren Gigabyte führt).

Zur Demonstration der Notwendigkeit von Effizienzerwägungen seien die Fibonacci-Zahlen betrachtet. Diese sind durch die Rekursion

$$f(n+2) := f(n) + f(n+1), \; f(1) = 1, \; f(0) = 0$$

definiert. Das folgende MuPAD Programm, welches man auf gleiche Weise in fast jedem anderen System schreiben kann, ist an Einfachheit und Transparenz kaum zu überbieten:

```
 fib := proc(n)
begin
if n<2 then n else fib(n-1)+fib(n-2) end_if;
end_proc:
```

Der algorithmisch nicht geschulte Anwender wird in diesem Programm eine besonders gelungene Lösung sehen, weil hier die mathematische Struktur der Rekursion deutlich abgebildet ist. Aber schon bei der Berechnung von `f(10)` stellt man fest, daß sich dieses Programm 176-mal selbst aufruft, und bei `f(18)` sind es schon 8360 Aufrufe. Offensichtlich hat das Programm exponentielle Laufzeit, was dazu führt, daß an die Berechnung von `f(10000)` gar nicht zu denken ist. Abhilfe schafft die folgende Variation, bei der die *Option remember* verwandt wird:

```
fib_remember := proc(n)
option remember;
begin
if n<2 then n else fib_remember(n-1)
+fib_remember(n-2) end_if;
end_proc:
```

Bei dieser Option werden alle einmal berechneten Werte von Funktionen, die mit dieser Option ausgestattet sind, in einer Hashtabelle gespeichert. Beim Aufruf von `f(10000)` wird zuerst der Aufrufbaum (der Tiefe 1000) angelegt, dann werden die Werte jeweils durch zweimaligen Zugriff auf die Hashtabelle eingesetzt. Dieses Verfahren ist bedeutend schneller, da zum Beispiel die Berechnung von `f(18)` nur 19 Aufrufe von `f()` benötigt. Die Laufzeit dieses Algorithmus ist linear. Nachteil dieser Methode ist, daß durch den tiefen Aufrufbaum ein großer Stack benötigt wird, was beim Aufruf von `f(1000)` auf kleineren Computern zum Absturz führt. Eine deutliche Verbesserung kann nun mit folgendem Programm erzielt werden, welches zudem noch kürzer (aber weniger transparent) ist:

```
fib_fast := proc(n) local i ;
begin 0; 1;
for i from 1 to n-1 do eval(last(1)+last(2)) end_for;
end_proc:
```

Hierbei wird auf die *Historytabelle* zugegriffen: Die jeweils beiden letzten Einträge werden solange addiert, wie der übergebene Parameter `n` in `fib_fast(n)` dies erfordert. Wieder ist die Laufzeit linear, aber das speicherintensive Anlegen eines Aufrufbaums entfällt. Außerdem werden statt der nutzerdefinierten Funktion `f()`, welche wie jede Nutzerfunktion interpretativ ausgewertet wird, die Systemfunktionen `eval()` und `last()` verwandt, die als Binärcodeobjekte vorliegen. Dies gibt wieder einen Laufzeitvorteil von etwa einem Faktor 20 – 30. Aber auch dieses Programm kann vom Algorithmischen her noch deutlich übertroffen werden, da man durch jeweils einen Schritt die Berechnung des verdoppelten Arguments vornehmen kann; die Zeitkomplexität ist dann logarithmisch bez. `n`.

Wie das Beispiel zeigt, sind gute Laufzeiten nicht nur eine Frage der Komplexität der Algorithmen, sondern sie hängen empfindlich von den verwendeten Programmkonstrukten und der Art und Weise, wie diese im System implementiert sind, ab. Grundsätzliches läßt sich dazu nicht sagen, da dieselben Datenstrukturen in unterschiedlichen Systemen unterschiedlich implementiert sind. Als einheitliche Regel kann man allerdings festhalten, daß unnötige Funktionsaufrufe von nutzerdefinierten Prozeduren kostspielig sind, ebenso wie unnötige Evaluationen. Die Kostspieligkeit von Evaluationen führt dazu, daß man in vielen Systemen durch Zugriff auf die Historytabelle effizienter programmieren kann, weil diese Einträge nicht noch einmal evaluiert werden. Leider sind bei den meisten Computeralgebrasystemen die Evaluierungsmechanismen für den Nutzer keineswegs transparent. Auch die Art und Weise, wie Parameter, die einer Prozedur übergeben werden, ausgewertet werden, unterscheidet sich bei verschiedenen Systemen.

Zu den wichtigen Interna eines Systems zählen: *Speicherverwaltung, eindeutige Datenrepräsentation, Evaluierungsstrategien, Baumstruktur* und *Datenstruktur*, um nur einige zu nennen. Bei all diesen Implementierungsfragen gibt es keine optimalen Lösungen. Bei der Speicherverwaltung kann man zum Beispiel von einem durch Erfahrung festgelegten Durchschnittswert der Größe eines algebraischen Datums ausgehen und bevorzugt Speichersegmente dieser Größe freigeben, oder man kann, wegen der Bandbreite mathematischer Strukturen, eine solche Durchschnittsannahme ablehnen. Im ersten Fall wird eine Vielzahl von durchschnittlichen Problemen mit großer Geschwindigkeit abgearbeitet werden, im zweiten Fall wird die ständig notwendige Auflösung der Speicherfragmentierung zu Laufzeiteinbußen führen, dafür werden aber nichtstandard-Probleme effizienter erledigt. Bei der Datenhaltung kann man das Prinzip der eindeutigen Datenhaltung konsequent durchführen, oder man kann Kompromißstrategien verfolgen. Im ersten Fall wird sparsam mit dem Speicherplatz umgegangen, was aber Laufzeit kosten kann, da ständig überprüft werden muß, welche Daten physikalisch neu anzulegen sind und von welchen man nur logische Kopien braucht, im zweiten Fall wird das Laufzeitverhalten auf Kosten der Speicherökonomie verbessert. Bei der Baumstruktur kann man grundsätzlich auf $n$-äre Bäume setzen oder möglichst (balancierte) binäre Bäume verwenden. Solche Entscheidungen haben, selbst wenn sie zu gleicher Zeitkomplexität führen, mitunter entscheidenden Einfluß auf die Geschwindigkeit, mit der einzelne Problemklassen behandelt werden.

### 8.8.6. Ausblick

Wichtige Neuerungen bzw. Änderungen bestehender Computeralgebrasysteme werden sein:

– *Domains*: Einführung von Kategorien und nutzerdefinierten Datentypen mit objektorientierten Konstrukten.

– *Module*: Möglichkeiten der Kompilierung zu Binärcodeobjekten und der dynamischen Linkung derselben.

– *Parallelisierung*.

**Domains:** Computeralgebrasysteme stellen Basisdatentypen zur Verfügung. Um der Bandbreite mathematischer Strukturen gerecht zu werden, können Computeralgebrasysteme in Zukunft nicht ohne die Möglichkeit zur Schaffung nutzerdefinierter Datentypen auskommen. Solche Datentypen müssen objektorientierte Programmierung in der Hochsprache erlauben, d.h. bei der Definition neuer Datentypen muß es dem Nutzer möglich sein, in der Definition zu vereinbaren, wie bestehende Systemfunktionen auf diese Daten reagieren. Um ein Beispiel zu nennen: Bei der Definition eines speziellen Rings muß man auch definieren können, wie die bestehenden Operationen +, * auf die Elemente dieses Rings wirken, d.h., bestehende Funktionen müssen überladbar sein. Abstrakt gesehen sind Domains Zusammenfassungen der Operationen auf einem Datentypus, und Domainelemente sind Daten mit Verweis auf die zugehörige Domain. Neben Domains werden alle zukünftigen Computeralgebrasysteme die Möglichkeit eröffnen, Kategorien zu definieren. Kategorien (wie Ringe, Körper usw.) sind dabei Zusammenfassungen algebraischer Strukturen mit gemeinsamen Eigenschaften zu einer Klasse. Die Einführung von Domains und Kategorien sind die Voraussetzung für die Entwicklung *generischer Algorithmen*, also solche, die unabhängig von der Realisierung der jeweiligen algebraischen Struktur auf Kategorien wirken. Zum Beispiel sollte ein einmal geschriebener Euklidischer Algorithmus auf jeden neu definierten Euklidischen Ring anwendbar sein. In AXIOM und MuPAD sind diese Möglichkeiten bereits weitgehend im Kern implementiert, in anderen Systemen gibt es Implementationen auf Libraryebene.

**Module:** Computeralgebrasysteme sind interaktive interpretierende Systeme, deren typische Nutzung sich aus dem Zyklus „Eingabe, Interpretation, Evaluierung und Ausgabe" ergibt. Die Eingabesprache ist die Programmiersprache des Systems, im allgemeinen eine hochstrukturierte Sprache. Die dem Nutzer zur Verfügung stehenden Funktionen sind entweder System-Funktionen oder Library-Funktionen. Die System-Funktionen, die in Binärcode vorliegen, sind schnell und ein fester Bestandteil des Systems. Die Library-Funktionen werden in der Programmiersprache des Systems geschrieben.

Bisher steht der Nutzer oder der Entwickler bei der Schaffung neuer Funktionsbibliotheken vor der Alternative, diese als System-Funktionen oder als Library-Funktionen zu implementieren. Neben den schon genannten Vorteilen haben die System-Funktionen den Nachteil der umständlichen Programmierung direkt im Kern und einer damit verbundenen unerwünschten Aufblähung des Kerns. Library-Funktionen sind, da sie interpretiert werden, relativ langsam, haben aber den Vorteil, daß sie zur Laufzeit aus dem Speicher des Systems entfernt werden können, daß sie vorhandene Funktionsbibliotheken dynamisch ergänzen und daß sie einfach zu programmieren sind.

Zur Schaffung von Funktionen, welche die Vorteile beider Funktionsklassen in sich vereinigen, werden zukünftig Modulfunktionen eingeführt. Diese neuen Funktionen bestehen aus Binärcode, zum Beispiel kompiliertem C-Code, der direkt vom System ausgeführt wird, also nicht interpretiert wird. Trotzdem sind Module als eigenständige Objekte kernunabhängig. Da sie zur Laufzeit lad- und ausladbar sind, bilden sie eine speicherfreundliche Ergänzung des Systems. Die Vorteile sind: Geschwindigkeit, Speicherdynamik und Erweiterbarkeit. Wegen der Kernunabhängigkeit sind sie relativ einfach zu programmieren und portabel, weiterhin erlauben sie die kernunabhängige Integration bestehender Software in das System.

**Parallelisierung:** Wegen der Komplexität wirklicher mathematischer Probleme wird in Zukunft bei Computeralgebrasystemen jede mögliche Effizienzsteigerung genutzt werden, insbesondere die Möglichkeit zur Parallelverarbeitung.

Ansätze in dieser Hinsicht sind vorhanden. Zum Beispiel das von Kaltofen et al. [Diaz u.a. 1993] entwickelte System DSC (System for Distributed Symbolic Computation), das auf Maple basierende und auf C/Linda aufsetzende System *Sugarbush* [Char 1990], sowie PAC, SAC-2, PARSAC-2 [Kuechlin 1990], PACLIB [Hong u.a. 1993] und die Netzwerkversionen von SAC-2 [Computeralgebra 1993]. Daneben gibt es MuPAD [Fuchssteiner u.a. 1993], welches als paralleles general-purpose System entworfen wurde und auf die Architektur eines Netzwerks bestehend aus Shared Memory Maschinen zielt.

DSC ist ein Software-System für die verteilte Bearbeitung von großen Computeralgebra-Problemstellungen, welches auf den Internet Standard-Protokollen UDP und TCP basiert und auf heterogenen Unix-Netzwerken einsetzbar ist. DSC ist kein Computeralgebrasystem im eigentlichen Sinne, es stellt die Basis für verteilte Applikationen in C und Lisp dar, dabei kann auch Source-Code verschickt werden, der dann von einem Remote-Server kompiliert wird.

*Sugarbush* hat zum Ziel, das bestehende System mit geringem Aufwand zu einem parallelen System zu erweitern. Dabei werden mehrere Maple-Prozesse gestartet, zu denen jeweils ein *parallel communication transceiver (PCT)* gehört, der die jeweiligen Operationen auf entsprechende Linda-Konstrukte abbildet. Das System eignet sich hauptsächlich für *grobkörnige Parallelität*, da der Kommunikationsaufwand sehr hoch ist.

PACLIB ist ein listenorientiertes paralleles C-Library Paket. Es besteht aus einer Sammlung von Algorithmen für Aufgaben von der Langzahlarithmetik bis zum Rechnen in endlichen Körpern und erlaubt die Nutzung von feinkörniger Parallelität.

# 8.9. Wissensverarbeitung und Logik

## 8.9.1. Logik

Die Grundbegriffe und Lehrsätze der formalen und der mathematischen Logik gehen in ihren Anfängen bis auf Aristoteles zurück. Wesentliche Präzisierungen und entscheidende Theoreme sind G.Frege, K.Gödel und A.Tarski zu verdanken. Gegenstand der sogenannten Logiken sind stets formale Sprachen, die sowohl eine Syntax als auch eine Semantik haben. Die Syntax legt fest, welches die zugelassenen Ausdrücke der Sprache sind, und die Semantik definiert ihre Bedeutung, insbesondere den Wahrheitswert. Die verbreitetste Logik ist die **Prädikatenlogik der ersten Stufe**, deren Begriffe dann auf andere Logiken ausgedehnt und entsprechend erweitert werden.

Zur Syntax der Prädikatenlogik:

**Definition 1:** Es gibt vier Arten von **Elementarsymbolen**:

a) Die logischen Zeichen $\mathscr{L} = \{\wedge, \vee, \neg, \rightarrow, \leftrightarrow, \exists, \forall\}$; sie tragen die üblichen Namen „und, oder, nicht, wenn-so, genau-dann-wenn, Existenzquantor, Allquantor".

b) Die Funktionszeichen $\mathscr{F} = \{f, g, h, \ldots, f_1, g_1, \ldots, f_2, \ldots\}$.

c) Die Prädikatszeichen $\mathscr{P} = \{P, Q, \ldots, P_1, Q_1, \ldots, P_2, \ldots\}$.

d) Die Variablen $\mathscr{VAR} = \{x, y, z, \ldots, x_1, y_1, \ldots, x_2, \ldots\}$.

Den Funktions- und Prädikatszeichen ist eine Stelligkeit $n \geq 0$ zugeordnet.

**Definition 2: Terme, Formeln** (vgl. Def. 46 in 8.2.):

a) Alle Variablen sind Terme.

b) Wenn $t_1, \ldots, t_n$ Terme sind und $f$ ein $n$-stelliges Funktionszeichen ist, dann ist $f(t_1, \ldots, t_n)$ ein Term.

c) Alle Terme entstehen aus a) durch Iteration von b).

d) Wenn $P$ ein $n$-stelliges Prädikat ist und $t_1, \ldots, t_n$ Terme sind, dann ist $P(t_1, \ldots, t_n)$ eine Formel; solche Formeln heißen auch Atomformeln.

e) Wenn $\Phi$ und $\Psi$ Formeln sind, dann sind auch $\neg\Phi$, $\Phi \wedge \Psi$, $\Phi \vee \Psi$, $\Phi \rightarrow \Psi$, $\Phi \leftrightarrow \Psi$ sowie für jede Variable $x$ $\forall_x \Phi$ und $\exists_x \Phi$ Formeln; in $\forall_x \Phi$ und $\exists_x \Phi$ heißt die Variable $x$ gebunden (durch den Quantor); Vorkommen von Variablen, die nicht gebunden sind, heißen frei.

f) Alle Formeln entstehen aus d) durch Iteration von e).

Die Definition der Terme und Formeln ist also rekursiv; sie definieren die Sprache der Prädikatenlogik. Die Aufgabe der Semantik ist, den Symbolen konkrete Elemente, Funktionen und Prädikate aus mathematischen Bereichen zuzuordnen. Die Definition der Semantik orientiert sich an der rekursiven Definition der syntaktischen Begriffe.

**Definition 3: Interpretation:**

a) Eine Interpretation besteht aus einer Menge $U$ zusammen mit einer Abbildung $I$, welche jedem $n$-stelligen Funktionszeichen eine $n$-stellige Funktion und jedem $n$-stelligen Prädikat eine $n$-stellige Relation über $U$ zuweist. Man spricht hier auch von einer „Interpretation in U".

b) Eine **Variablenbelegung** bezüglich einer Interpretation in $U$ ist eine Abbildung:

$$u\colon \mathscr{VAR} \rightarrow U$$

Eine Belegung der Variablen kann auf kanonische Weise auf die Terme erweitert werden.

Zur Semantik der Prädikatenlogik:

**Definition 4:** Es sei eine Interpretation $I$ in $U$ gegeben. Dann *erfüllt* eine Belegung $u$ eine Formel $\Phi$, falls a) bis c) gilt.

a) $\Phi$ ist eine **Atomformel** $P(t_1, \ldots, t_n)$ und $R(u(t_1), \ldots, u(t_n))$ gilt, wobei $R = I(P)$ ist; die Schreibweise $R(a_1, \ldots, a_n)$ bedeutet „$a_1, \ldots, a_n$ stehen in der Relation $R$".

b) $\Phi$ ist $\Phi_1 \wedge \Phi_2$ (bzw. $\neg\Phi_1$) und $u$ erfüllt sowohl $\Phi_1$ als auch $\Phi_2$ (bzw. erfüllt $\Phi_1$ nicht). Folgende Formeln werden als Abkürzungen definiert: $\Phi \vee \Psi = \neg(\neg\Phi \wedge \neg\Psi), \Phi \rightarrow \Psi = \neg\Phi \vee \Psi, \Phi \leftrightarrow \Psi = (\Phi \rightarrow \Psi) \wedge (\Psi \rightarrow \Phi)$.

c) $\Phi$ ist $\forall_x\Psi$ (bzw. $\exists_x\Psi$) und alle Belegungen $u'$, die sich von $u$ höchstens im Wert $u'(x)$ unterscheiden (sog. Variationen von $u$ am Argument $x$), erfüllen $\Psi$ (bzw. es gibt eine Variation, die $\Psi$ erfüllt).

d) Eine Formel ist wahr für eine Interpretation, wenn alle Belegungen sie erfüllen, und falsch, wenn keine sie erfüllt; im ersteren Falle sagen wir auch, die Interpretation ist ein **Modell** für die Formel.

e) **Tautologien** sind Formeln, die für alle Interpretationen wahr sind. Formeln, die unter keiner Interpretation unter keiner Belegung erfüllt sind, heißen Kontradiktionen oder Widersprüche.

f) Eine Formel $\Phi$ heißt **semantische Folgerung** aus einer Formelmenge $\Sigma$, falls für jede Interpretation jede Belegung, die alle Formeln aus $\Sigma$ erfüllt, auch $\Phi$ erfüllt. Dies wird durch $\Sigma \models \Phi$ notiert.

g) Zwei Formeln $\Phi$ und $\Psi$ heißen logisch äquivalent, falls $\Phi \leftrightarrow \Psi$ eine Tautologie ist.

Bei der Prädikatenlogik mit Gleichheit ist ein zweistelliges Prädikatszeichen „=" ausgezeichnet, dessen Interpretation stets die Gleichheitsrelation ist.

Die entscheidenden Theoreme der Prädikatenlogik haben zum Ziele, die semantischen Begriffe, insbesondere den semantischen Folgerungsoperator, die sich auf unendlich viele Interpretationen beziehen, auf endliche und rein syntaktische Überlegungen zu reduzieren. Das technische Mittel hierzu sind Kalküle, mit deren Hilfe die Folgerungen auf einer vorgegebenen Formelmenge, insbesondere die Tautologien rekursiv aufgezählt werden können.

Es sei **A** eine Menge von Variablen, für die Formeln eingesetzt werden können.

**Definition 5: Logischer Kalkül, Beweis:**

a) Ein Formelschema ist wie eine Formel aufgebaut, nur daß anstatt der Atomformeln Variablen aus **A** stehen. Ein **Axiomenschema** ist eine endliche Menge von Formelschemata, bei denen für jede Ersetzung der Variablen aus **A** durch Formeln eine Tautologie entsteht.

b) Ein **Regelschema** ist von der Form

$$\frac{A_1, \ldots, A_n}{B}, \text{ wobei } A_1, \ldots, A_n, B \in \mathbf{A}.$$

Die $A_i$ heißen *Prämissen* und $B$ die *Konklusion* des Regelschemas. Ein Regelschema $S$ heißt *logisch korrekt*, wenn bei jeder Ersetzung der Variablen aus **A** durch Formeln die Konklusion eine semantische Folgerung der Prämissen ist.

c) Ein **logischer Kalkül** ist von der Form $K = (Ax, S)$, wobei $Ax$ eine endliche Menge von Axiomenschemata und $S$ eine endliche Menge von logisch korrekten Regelschemata ist. Ein **Beweis** einer Formel $\Phi$ aus einer Formelmenge $\Sigma$ ist eine endliche Folge $(\Phi_1, \ldots, \Phi_n)$, so daß jedes $\Phi_i$ ein Beispiel eines Axiomenschemas oder eine Formel aus $\Sigma$ oder die Konklusion einer Regelanwendung mit Prämissen $\Phi_k, k < j$, ist und schließlich $\Phi = \Phi_n$ gilt. $\Phi$ heißt **herleitbar** aus $\Sigma$ ($\Sigma \vdash \Phi$), wenn ein Beweis von $\Phi$ aus $\Sigma$ existiert.

**Satz 6: Gödel'scher Vollständigkeitssatz** für die Prädikatenlogik erster Stufe mit Gleichheit:

a) Es existiert ein Kalkül $K$, so daß für jede Formelmenge $\Sigma$ die aus $\Sigma$ herleitbaren Formeln mit den semantischen Folgerungen aus $\Sigma$ übereinstimmen.

b) Für $\Sigma = \emptyset$ ergibt sich insbesondere die Aufzählbarkeit der Tautologien.

c) Jede Formelmenge, aus der mittels $K$ keine Formel der Form $\Phi \wedge \neg\Phi$ hergeleitet werden kann (sog. bez. $K$ *konsistente* Formelmenge), hat ein Modell.

Eine direkte Konsequenz aus dem Vollständigkeitssatz ist der Kompaktheits- oder Endlichkeitssatz:

**Satz 7:** Wenn eine Formelmenge $\Sigma$ widersprüchlich ist, dann existiert eine endliche widersprüchliche Teilmenge $\Sigma_0 \subseteq \Sigma$.

Die Sprache der Prädikatenlogik läßt sich dahingehend verallgemeinern, daß überabzählbar viele Prädikats- und Funktionszeichen zugelassen sind; der Vollständigkeits- und der Kompaktheitssatz bleiben dann weiterhin gültig. Nur für (höchstens) abzählbares Vokabular gilt hingegen:

**Satz 8: Satz von Löwenheim-Skolem:** Wenn eine Formelmenge überhaupt ein Modell hat, dann hat sie auch ein höchstens abzählbares Modell.

Es ist häufig praktisch, die logische Sprache durch Einführung neuer Prädikate zu erweitern. Es seien zwei logische Sprachen $L_1$ und $L_2$ gegeben, alle Symbole von $L_1$ sollen in $L_2$ vorkommmen.

**Definition 9:** Es sei $\Phi$ eine Formel aus $L_1, P(x_1, \ldots, x_n)$ eine Atomformel aus $L_2$, die nicht in $L_1$ ist, und $\Sigma$ eine Formelmenge in $L_2$.

a) $\Sigma$ und $\Phi$ definieren $P$ *explizit*, falls $\Sigma \models \forall_{x_1} \ldots \forall_{x_n}(\Phi \leftrightarrow P(x_1, \ldots, x_n))$ gilt.

b) $\Sigma$ definiert $P$ *implizit*, falls für jedes Modell von $\Sigma$ die Interpretation von $P$ eindeutig bestimmt ist.

In der Prädikatenlogik der ersten Stufe ist man auf implizite Definitionen nicht angewiesen:

**Satz 10: Beth'scher Definierbarkeitssatz:** Jedes implizit definierbare Prädikat ist auch explizit definierbar.

In der Prädikatenlogik höherer Stufe (s.u.) gilt dieser Satz hingegen nicht mehr.

Die Prädikatenlogik hat als wichtigstes Subsystem die *Aussagenlogik* (vgl. Def. 46 in 8.2.). Die Formeln der Aussagenlogik sind die Formelschemata, für die aber keine Quantoren zugelassen sind. Die Variablen für Formeln sind hier Boole'sche Variablen. Die Formeln der Aussagenlogik entsprechen somit Boole'schen Funktionen. Es gibt deshalb ein (triviales) Entscheidungsverfahren, das die Formeln der Aussagenlogik auf die Tautologieeigenschaft hin testet, allerdings mit hohem Zeitaufwand, vgl. Abschnitt 8.4.7.

Die stärkste und umfassendste Erweiterung der Prädikatenlogik erster Stufe ist die Prädikatenlogik der höheren Stufe. In der *Prädikatenlogik der zweiten Stufe* ist es zugelassen, über gewöhnliche endlichstellige Prädikate zu quantifizieren, und diese Prädikate können selbst wieder Argumente anderer Prädikate sein; weitere höhere Stufen werden entsprechend erklärt.

*Beispiel: Formeln der Prädikatenlogik höherer Stufe*

1) Das Induktionsaxiom:

$$(\forall_P[P(0) \wedge \forall_x(P(x) \rightarrow P(x+1))]) \rightarrow \forall_x P(x).$$

2) Das Axiom von der oberen Grenze bei den reellen Zahlen:

$$\forall_P(\exists_x \forall_y(P(y) \rightarrow y \leq x) \rightarrow \exists_z[(\forall_y P(y) \rightarrow y \leq z) \wedge ((\forall_y P(y) \rightarrow y \leq x) \rightarrow z \leq x)]).$$

Man kann zeigen, daß diese beiden Formeln nicht in der Prädikatenlogik erster Stufe ausdrückbar sind. Es gilt somit:

**Satz 11:** Es gibt Formeln der Prädikatenlogik höherer Stufe, die zu keiner Formelmenge der Prädikatenlogik erster Stufe logisch äquivalent sind.

Diese Ausdrucksstärke wird dadurch bezahlt, daß der semantische Folgerungsoperator nicht mehr syntaktisch beschreibbar ist.

**Satz 12: Gödel'scher Unvollständigkeitssatz:** Zu jedem Kalkül in der Prädikatenlogik höherer Stufe, der nur Tautologien herleitet, gibt es eine weitere Tautologie, die dieser Kalkül nicht beweisen kann.

Es läßt sich jedoch zeigen, daß in geeigneten Fragmenten der höheren Stufe die Länge von Beweisen von Kalkülen der ersten Stufe für jeweils unendlich viele Formeln beliebig verkürzt werden kann (*Gödel'sches Speed-up Theorem*). Daraus erwächst das Interesse an Logiken, deren Ausdrucksstärke zwischen der ersten und zweiten Stufe liegt. Die wichtigste ist die Modallogik.

**Definition 13: Modallogik:**

a) Die Syntax der Modallogik erweitert die der gewöhnlichen Prädikatenlogik um zwei einstellige logische Zeichen $\Box$ und $\Diamond$. $\Box\Phi$ und $\Diamond\Phi$ werden gelesen als „$\Phi$ gilt notwendigerweise bzw. möglicherweise". $\Diamond\Phi$ ist äquivalent zu $\neg\Box\neg\Phi$.

b) Ein Modell der Modallogik ist ein Paar $((M_i, i \in I), \leq)$, wobei jedes $M_i \leq M_j$ gelesen wird als „$M_j$ ist von $M_i$ erreichbar".

c) Für die Aussagenlogik ist „$\Box\Phi$ ist wahr in $M_i$" definiert durch: $\Phi$ ist wahr in allen $M_j$ mit $M_i \leq M_j$. Der Erfüllbarkeitsbegriff ist analog erklärt.

Das einfache Modell der Prädikatenlogik wird also durch eine Menge „möglicher Welten" ersetzt. Die Erreichbarkeitsrelation kann auf mehrere Weisen realisiert werden. Eine wichtige Interpretation ist, sich zeitlich aufeinanderfolgende Welten zu denken, die sich jeweils fortlaufend verändern.

Eine Variante der Modallogik ist die *deontische Logik*, in der $\Diamond$ als „erlaubt" und $\Box$ als „geboten" interpretiert wird.

Bei *mehrwertigen* Logiken wird der Bereich der Wahrheitswerte von $\{0, 1\}$ auf mehrere, meist strukturierte Wahrheitswertbereiche erweitert. Beispiele sind pseudo-Boole'sche Verbände (intuitionistische Logik), orthonormale Verbände (Quantenlogik) und das reelle Einheitsintervall $[0, 1]$ (Fuzzy-Logik, vgl. Abschnitt 8.10.). Die Berechnung des Wahrheitswertes orientiert sich nach wie vor an der klassischen Prädikatenlogik. Insgesamt haben diese sogenannten nichtklassischen Logiken ihre Wurzeln gewöhnlich in der philosophischen Logik, spielen heute aber auch in der künstlichen Intelligenz eine große Rolle, siehe 8.9.3.

## 8.9.2. Wissensrepräsentation

Aufgabe eines Wissensrepräsentationsmechanismus ist es, Sachverhalte über einen Bereich so zu speichern, daß sie nicht nur schnell abgerufen werden können, sondern daß auch Zugriffe auf implizit in den abgelegten Wissensinhalten enthaltene Informationen bestehen. Zu diesem Zweck muß die Möglichkeit bestehen, Schlußfolgerungen zu ziehen. Relationale Datenbanken können dies nur sehr beschränkt, deduktive Datenbanken haben erweiterte Fähigkeiten. In der Wissensrepräsentation werden Mechanismen unterschiedlicher Ausdruckskraft untersucht.

Die zur Darstellung verwandten Sprachen haben stets zwei Aspekte:

(1) *Syntax:* Hier wird festgelegt, welches die sprachlich korrekten Ausdrücke sind.

(2) *Semantik:* Hier wird die Bedeutung der sprachlichen Konstrukte festgelegt; sie werden „interpretiert".

Die Interpretation erfolgt über einer Menge $U$, dem sogenannten Universum. Die Möglichkeiten für die Bedeutungszuordnung sind sehr vielfältig und nicht scharf abgegrenzt. Eine Möglichkeit ist, dem sprachlichen Konstrukt eine Operation über $U$ (auch Aktion genannt), einen Prozedurschritt oder schließlich eine gesamte Prozedur oder ein Programm zuzuordnen. Hier spricht man zusammenfassend von einer *prozeduralen* Semantik. Die wesentliche andere Möglichkeit ist, dem Konstrukt einen Sachverhalt über $U$ zuzuordnen, z.B. eine $n$-stellige Relation zusammen mit der Zusicherung, daß dieser Sachverhalt wahr, möglich, wahrscheinlich etc. sei (oder angenommen oder geglaubt wird und dergleichen). Eine derartige Semantik wird *deklarativ* genannt. Die meisten Wissensrepräsentationssprachen enthalten sowohl deklarative wie auch prozedurale Elemente.

Auch rein deklarative Semantiken werden immer durch dynamische Elemente in Form von Prozedurschritten angereichert. Diese dynamischen Elemente werden jedoch nicht den sprachlichen Konstrukten direkt zugeordnet, sondern sie stecken in den Schlußweisen, die es erlauben, aus vorgegebenen deklarativen Ausdrücken neue zu inferieren. Demnach besteht ein deklarativer Wissensrepräsentationsformalismus aus einem Tripel $(Spr, Sem, Inf)$, wobei $Spr$ die Sprache, $Sem$ die Semantik und $Inf$ der Inferenzoperator (vgl. auch 8.9.3.) ist. Wird Wissen über ein Universum $U$ in einer Menge $\Sigma$ von sprachlichen Konstrukten repräsentiert, so ist damit gleichzeitig die Menge aller derjenigen Konstrukte definiert, die sich mit Hilfe des Inferenzoperators aus $\Sigma$ ableiten lassen. Die spezielle Form der Semantik sagt dann, ob diese Inferenzen wahr oder wahrscheinlich sind, ob sie möglich sind, ob sie geglaubt werden usw.

Die einfachste Repräsentation eines Objektes $X$ kann durch eine feste Menge von Attributen $A_1, \ldots, A_n$ geschehen, die jeweils feste Wertebereiche $W(A_i)$ haben. Das Objekt $X$ wird dann durch den Vektor $(a_1, \ldots, a_n)$ mit $A_i(X) = a_i$, $1 \leq i \leq n$, charakterisiert. Eine solche Darstellung wird Attribut-Wert-Darstellung genannt. Sie reicht prinzipiell auch zur Repräsentation $n$-stelliger Relationen aus.

Einige Repräsentationssprachen benutzen als Ausdrucksmittel Fragmente der Prädikatenlogik (vgl. 8.9.1.). Das Standardbeispiel hierfür ist die Hornlogik.

**Definition 14: Hornlogik:**

a) Eine Hornformel hat die Gestalt $P_1 \wedge P_2 \wedge \ldots \wedge P_n \rightarrow Q$, wobei die $P_i$ und $Q$ Atomformeln sind; diese Formeln heißen Regeln. Zugelassen ist der Extremfall $n = 0$, d.h. die Formel Q allein (die dann Fakt heißt). Im zweiten Sonderfall haben wir $\neg P_1 \vee \neg P_2 \vee \ldots \vee \neg P_n$ vorliegen; jedes $\neg P_i$ heißt eine Frage und wird als $? - P_i$ notiert. Alle vorkommenden Variablen sind als allquantifiziert gedacht.

b) Ein Programm $\Sigma$ ist eine endliche Menge von Fakten und Regeln. Die Eingabe in ein Programm ist eine Frage.

c) Die Antwort eines Programms $\Sigma$ auf eine Frage $? - P$ ist entweder eine Ersetzung $\sigma$ der Variablen von $P$ durch Terme, so daß die ersetzte Formel eine logische Folgerung von $\Sigma$ ist, oder die Antwort „fail", die die Existenz einer solchen Ersetzung verneint.

Die Hornlogik ist in dem Sinne unentscheidbar, daß es für jedes korrekte Inferenzsystem Fragen gibt, für die das Inferenzsystem nicht terminiert. Der Programmiersprache PROLOG liegt die Hornlogik mit einem speziellen Inferenzsystem (dem Resolutionsverfahren, siehe Definition 20) zugrunde; es ist aber durch logische Elemente außerhalb der Prädikatenlogik und durch prozedurale Elemente angereichert.

Die Beantwortung einer Frage geschieht so, daß sie entweder durch ein Fakt direkt erledigt wird oder vermöge einer Regel auf die Beantwortung der Konjunktionsglieder der Implikation zurückgeführt wird. In diesem Sinn wird die Implikation „rückwärts" angewandt. Produktionsregelsysteme wenden dagegen Regeln „vorwärts" an, wie bei *if-then*-Befehlen in prozeduralen Programmiersprachen kann die rechte Seite $Q$ der Hornformel hier auch eine auszuführende Operation sein. Eine Produktionsregelsprache ist OPS5, in der die Objekte durch Attribut-Wert-Paare dargestellt sind.

Ein anderes für Repräsentationssprachen verwendetes Fragment ist die terminologische Logik.

**Definition 15: Terminologische Logik:**

a) Eine einstellige Atomformel $P(x)$ ist ein Konzept, und eine zweistellige $R(x,y)$ ist eine Rolle.

b) Wenn $\Phi(x)$ und $\Psi(x)$ Konzepte sind und $R(x,y)$ eine Rolle ist, dann sind $\neg\Phi(x)$, $\Phi(x) \wedge \Psi(x)$, $\Phi(x) \vee \Psi(x)$, $\forall_y(R(x,y) \rightarrow \Phi(y))$ und $\exists_y(R(x,y) \wedge \Phi(y))$ Konzeptbeschreibungen. Konzepte sind auch Konzeptbeschreibungen.

c) Ein terminologisches Axiom ist von der Form $\Phi(x) \rightarrow P(x)$ oder $P(x) \leftrightarrow \Phi(x)$, wobei $P(x)$ ein Konzept und $\Phi(x)$ eine Konzeptbeschreibung ist. Eine „T-Box" ist eine endliche Menge von terminologischen Axiomen.

d) Wenn $\Phi(x)$ eine Konzeptbeschreibung, $R(x,y)$ eine Rolle und $a, b$ Konstanten sind, dann sind $\Phi(a)$ eine Objektbeschreibung und $R(a,b)$ eine Relationenbeschreibung. Eine „A-Box" ist eine endliche Menge von Objekt- und Relationenbeschreibungen.

Die terminologische Logik trennt sauber zwischen einem Definitionsteil und Tatsachenbeschreibungen. Hier lassen sich sehr unterschiedliche Anfragen stellen.

*Semantische Netze* in ihrer einfachsten Form sind graphische Veranschaulichungen binärer Relationen. Die Relation $R(a,b)$ wird dabei durch

$$a \xrightarrow{R} b$$

dargestellt. Diese Darstellung ist verallgemeinert worden auf beliebige Beziehungen zwischen $n$ beliebig komplexen Objekten. Die Darstellung in einem Graphen bedarf jedoch meist einer zusätzlichen Erläuterung und ist dann nicht selbst-evident. Eine typische Verwendung semantischer Netze besteht analog zu PROLOG darin, für gewisse Variablen die Frage zu stellen, welche Belegung der Variablen durch konkrete Objekte erlaubt sind, so daß die im Netz definierten Beziehungen gültig sind. Solche Netze heißen auch *Constraint-Netze*. Die Kopplung von Prolog-artigen Mechanismen mit solchen der Constraint-Netze hat zu deklarativen Programmiersprachen geführt, die unter dem Namen *„Constraint-Logic-Programming"* bekannt sind.

Bei der Beantwortung von Fragen ist in semantischen Netzen keine Richtung ausgezeichnet. Verallgemeinerungen von semantischen Netzen sind *Frames*. Ihre Ausdruckskraft geht über die Prädikatenlogik hinaus.

*Frames* stellen weder einen festgefügten Formalismus dar, noch herrscht hier überhaupt eine einheitliche Terminologie. Sie geben vielmehr einen allgemeinen Rahmen ab, in dem sich eine große Zahl von Konzepten beschreiben läßt, siehe Abb. 8.49. Frames entsprechen nicht mehr notwendig einer festen Größe, sondern einer (eventuell sehr komplex strukturierten) Variablen, die belegt werden kann. Die Terminologie ist so, daß man von einem *„Slot"* spricht, der „gefüllt" werden kann. Der Slot akzeptiert dabei nur Elemente eines gewissen Wertebereiches. Ein Slot selbst ist i.allg. wieder strukturiert, seine Komponenten heißen *Fazetten*. Die Aufgaben der Fazetten werden mit weiteren Begriffsbildungen beschrieben:

(1) Wenn die Slots eines Frames $F$ (teilweise) gefüllt sind, spricht man von einer *Instanz* des Frames.

(2) *Defaultwerte* eines Slots sind vorläufige Werte, die revidiert werden können. Defaultwerte entsprechen den „Arbeitshypothesen", die mangels besserer Einsicht gewählt werden.

(3) *Generische Werte* eines Slots sind feste, nicht veränderliche Werte; sie sind also für alle Instanzen unveränderlich. Sie entsprechen allgemeinen Eigenschaften, die jedes durch das Frame und seine Instanzen dargestellte Objekt hat.

(4) *Slotbedingungen* schränken die Wertebereiche des Slots zusätzlich ein, z.B. Slot „gerade Zahl" wird durch $16 \leq x \leq 38$ weiter auf ein Intervall beschränkt.

(5) In einem Slot können Regelsysteme stehen, die auf Anforderung hin in Aktion treten können.

(6) In einem Slot können auch Prozeduren stehen, etwa um die Werte zu berechnen. Die Stelle, welche die Bedingungen überwacht, unter denen die Prozedur ausgeführt wird, heißt auch *Dämon*. Es ist dies die Stelle, wo prozedurale mit deklarativen Elementen gemischt werden. Solche prozeduralen Zusätze können in mehreren Formen auftreten, von denen die beiden folgenden die wichtigsten sind:

(6.a) *„Wenn-benötigt-Prozeduren"* (engl. *„if-needed"*): Hier werden Slotwerte nicht automatisch, sondern nur auf Anforderung hin berechnet.

(6.b) *„Wenn-belegt-Prozeduren"* (engl. *„if-added"*): Hier wird ein Dämon dann tätig, wenn ein bestimmter Slot einen bestimmten Wert erhalten hat.

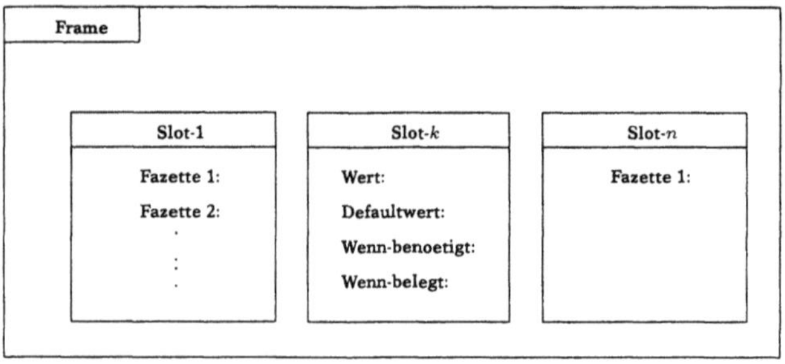


Abb. 8.49
Ein typisches Beispiel eines Frame.

Ein weiterer Schritt zu komplexeren Ausdrucksweisen ist, einen Slot mit einem anderen Frame zu füllen.

Die Art der Fragen und die Methode ihrer Beantwortung richten sich nach der speziellen Definition des Frame. Wichtig ist dabei stets die Ausgewogenheit zwischen Ausdrucksfähigkeit und Effizienz der Beantwortung; beide Aspekte lassen sich in der Regel nicht gleichzeitig optimieren. Der Übergang zu prozeduralen Sprachen, besonders den objektorientierten (wie Smalltalk) ist fließend.

## 8.9.3. Künstliche Intelligenz

Die Künstliche Intelligenz versucht, Begriffe, Methoden, Algorithmen und Computerprogramme zu entwickeln, deren Anwendung und Ausführung ein Ein-Ausgabe-Verhalten besitzen, das gemeinhin als „intelligent" gilt. Die Ansätze lassen sich nach verschiedenen Gesichtspunkten, z.B. Anwendungsarten oder prinzipiellen Vorgehensweisen klassifizieren. Die wichtigsten Gesichtspunkte werden im folgenden aufgelistet.

### 8.9.3.1. Deduktive Verfahren

Diese beruhen auf der formalen Logik und operationalisieren Vorgehensweisen, deren prinzipielle Existenz durch den Gödelschen Vollständigkeitssatz (siehe Satz 6) abgesichert ist. Ziel ist jedoch eine möglichst effiziente Verarbeitungsmethode, die evtl. den Anwendungsgesichtspunkten angepaßt werden kann. Im folgenden befinden wir uns im Rahmen der Prädikatenlogik erster Stufe.

**Definition 16: Literal, Klause:**

a) Ein Literal ist eine Atomformel oder eine negierte Atomformel.

b) Eine Klause (auch Klausel genannt, siehe Def. 49 in 8.2.) ist eine endliche Menge von Literalen. Die leere Klause wird durch „□" bezeichnet; sie ist stets widersprüchlich.

c) Literale einer Klause werden als disjunktiv verknüpft betrachtet; in einer Menge von Klausen werden diese als konjunktiv verknüpft gelesen.

Es gilt als Normalformensatz, der für die maschinelle Verarbeitung von Bedeutung ist:

**Satz 17:** Zu jeder Formel $\Phi$ kann effektiv eine endliche Menge von Klausen $S(\Phi)$ gefunden werden, so daß $\Phi$ genau dann widerspruchsvoll ist, wenn $S(\Phi)$ dies ist. $S(\Phi)$ wird das Klausenbild von $\Phi$ genannt.

Der zentrale Kalkül der automatisierten Deduktionsverfahren ist der Resolutionskalkül. Seine Eingabe ist eine Klausenmenge, die er auf Widersprüchlichkeit testet. Ist dieser Test erfolgreich, dann wird die leere Klause „□" ausgegeben.

**Definition 18: Allgemeinster Unifikator** (mgu):

a) Eine Substitution $\sigma$ ist eine Abbildung von einer endlichen Menge $X$ von Variablen in die Menge der Terme.

b) $\sigma$ unifiziert zwei Terme $s$ und $t$ (oder: $\sigma$ ist Unifikator von $s$ und $t$), falls $\sigma(s) = \sigma(t)$.

c) Eine Substitution $\sigma$ heißt allgemeinster Unifikator von zwei Termen $s$ und $t$ ($\sigma =$ mgu$(s,t)$), falls gilt:
- $\sigma$ ist ein Unifikator von $s$ und $t$,
- für jeden Unifikator $\lambda$ von $s$ und $t$ existiert eine Subtitution $\tau$ mit $\lambda = \tau \circ \sigma$.

Wenn nun ein allgemeinster Unifikator existiert, repräsentiert er die gemeinsame Beispielmenge der Terme auf natürliche Weise: Diese entsteht durch Anwenden von Substitutionen auf das Ergebnis des mgu$(s,t)$.

**Satz 19:** Es gibt einen Algorithmus, der für zwei Terme $s$ und $t$ entscheidet, ob sie unifizierbar sind. Im positiven Falle liefert der Algorithmus einen allgemeinsten Unifikator $\sigma = \mathbf{mgu}(s,t)$.

**Definition 20: Resolutionskalkül:**

a) Wenn $A_1 \in C$ und $\neg A_2 \in D$ für zwei Klausen $C$, $D$ ohne gemeinsame Variable und $A_1$ und $A_2$ zwei unifizierbare Atomformeln sind, dann lautet die „Resolventenregel":

$$(\mathbf{R}) \qquad \frac{C, D}{\sigma(C) \setminus \sigma(A_1) \cup (\sigma(D) \setminus \sigma(\neg A_2))}, \quad \sigma = \mathbf{mgu}(A_1, A_2)\,. \tag{8.16}$$

b) Die Konklusion der Resolventenregel heißt Resolvente von $C$ und $D$.

c) Für eine Klause $A$ lautet die Faktorenregel:

$$(\mathbf{F}) \qquad \frac{A}{\sigma(A)}, \quad \sigma = \mathbf{mgu}(b) \textit{ für ein } B \subseteq A\,. \tag{8.17}$$

d) Der Resolutionskalkül $\mathscr{R}$ ist gegeben durch
- die Regeln **R** und **F**,
- „□" als Erfolgsklause.

**Satz 21: Resolutionssatz:** Eine Formel ist genau dann widerspruchsvoll, wenn sich aus ihrem Klausenbild mittels $\mathscr{R}$ die leere Klause „□" ableiten läßt.

Das Resolutionsverfahren liegt auch dem Inferenzmechanismus der Programmiersprache PROLOG zugrunde. Das Prinzip der Unifikation tritt auch in weiteren Anwendungen außerhalb der deduktiven Verfahren auf, z.T. in modifizierter Form. Deduktive Verfahren werden immer dann angewandt, wenn aus sicheren (d.h. nicht nur wahrscheinlichen) Annahmen weitere sichere Behauptungen erschlossen werden sollen. Deshalb sind deduktive Methoden ein grundlegender Mechanismus auch für wissensbasierte Systeme.

### 8.9.3.2. Nichtmonotone Inferenzen

Deduktive Verfahren haben die Eigenschaft, daß eine Vergrößerung der Prämissenmenge zu jedenfalls nicht weniger Konsequenzen führt. Dies ändert sich jedoch dann, wenn die Prämissen zum Teil auf Hypothesen beruhen, die u.U. bei Hinzunahme weiterer sicherer Prämissen zurückgezogen werden. Das Hauptproblem in diesem Bereich ist die effektive Verwaltung von Inferenzen, die auf der Basis von zum Teil rücknahmefähigen Voraussetzungen beruhen.

Wir betrachten ein allgemeines Regelsystem $R$, dessen einzelne Regeln es gestatten, nach Zutreffen einer Menge $B$ von Bedingungen eine Aktion $A$ auszuführen. Dies wird durch $B \vdash_R A$ notiert.

Der Fall von logischen Schlüssen wird subsumiert, dann besteht $A$ im „Hinschreiben der Konklusion".

**Definition 22:** Der Operator $\vdash_R$ heißt „monoton", falls aus $B \vdash_R A$ und $B \subseteq B'$ auch $B' \vdash_R A$ folgt; andernfalls heißt der Operator „nichtmonoton".

Zur Verwaltung der auf der Basis von $\vdash_R$ erfolgten Schlüsse benötigt man

(1) ein System zur Überprüfung von Inkonsistenzen und eventuell Unplausibilitäten,

(2) ein Verwaltungssystem für die Abhängigkeiten von Schlußfolgerungen und Aktionen und

(3) einen Revisionsmechanismus.

Die wichtigsten Formen dieser Art hypothetischen Schließens beruhen auf verschiedenen Formen der Closed-World-Assumption(CWA), für die wir zwei Beispiele geben:

**Definition 23: CWA:**

a) Grundatome sind variablenfreie Atomformeln.

b) $\mathrm{CWA}(\Sigma) := \Sigma \cup \{\neg\Psi \mid \Psi$ Grundatom und es gilt nicht $\Sigma \vdash \Psi\}$,
wobei „$\vdash$" irgendein vollständiger logischer Ableitungsoperator ist.

**Definition 24:** Das Circumscription Schema $\mathrm{Circum}(\Sigma, \Phi, P)$ für $P$ bezüglich $\Sigma$ und $\Phi$ ist die folgende Formelmenge:

a) Die Formeln von $\Sigma$.

b) $\Phi(P)$.

c) $[\Phi(Q) \wedge \forall_x(Q(x) \rightarrow P(x))] \rightarrow \forall_x(P(x) \rightarrow Q(x))$ für alle Formeln $Q$ mit $n$ freien Variablen $x = (x_1, \ldots, x_n)$.

$\Phi(P)$ besagt, daß $P$ in $Q$ vorkommt, die Ersetzung von $P$ durch $Q$ sei $\Phi(Q)$; $P$ und $Q$ sind beides Atomformeln.

Die Idee ist in beiden Fällen, den Umfang eines an sich unbekannten Prädikates dadurch einzuschränken, daß nur das als gegeben angenommen wird, was durch positive Informationen abgesichert ist; dieses hat einen dynamischen Charakter und kann sich bei Hinzunahme neuer Einsichten ändern. Es sei vermerkt, daß $\mathrm{CWA}(\Sigma)$ widersprüchlich sein kann, auch wenn $\Sigma$ dieses nicht ist.

Dies führt zu zwei nichtmonotonen Schlußweisen:

**Definition 25: Nichtmonotone Schlußweisen** $\vdash_1$ **und** $\vdash_2$:

a) $\Sigma \vdash_1 \Phi \Leftrightarrow (\mathrm{CWA}(\Sigma) \vdash \Phi)$.

b) $\Sigma \vdash_2 \Phi \Leftrightarrow \mathrm{Circum}(\Sigma, \Phi, P)$.

Die Verwaltung solcher hypothetischer Schlüsse geschieht durch *„Truth-Maintenance-Systeme"* (TMS), welche die Beziehungen der Schlüsse untereinander festhalten. Die Hauptvarianten sind:

(1) ATMS: Hier werden zu jedem Schluß diejenigen Mengen von ursprünglichen Annahmen gespeichert, welche den Schluß rechtfertigen.

(2) JTMS: Hier werden zu jedem Schluß diejenigen Voraussetzungen notiert, die ihn direkt gerechtfertigt haben.

Die Bewältigung solcher Revisionsmechanismen bildet die zentrale Schwierigkeit bei nichtmonotonen Schlußweisen.

### 8.9.3.3. Maschinelles Lernen

Es gibt eine große Anzahl unterschiedlicher Ansätze, um Lernvorgänge zu formalisieren und zu realisieren. Ihnen allen ist gemeinsam, daß aufgrund einer partiellen Kenntnis von Sachverhalten Schlüsse auf allgemeine Sätze oder auf bisher unbekannte Sachverhalte gezogen werden. Die unterschiedlichen Sichtweisen können z.B. darin resultieren, daß die Lernvorgänge innerhalb der formalen Logik, der Numerik oder der Statistik formuliert werden. In den meisten Fällen werden die partiellen Einsichten in Form von Beispielen dargelegt, die entweder total oder inkrementell präsentiert werden können; in den meisten Fällen ist auch ein sog. „Lehrer" vorhanden, der zu den Beispielen noch gewisse wahre Aussagen liefert. Einige bekannte Verfahren sind:

**Versionenraummethode:**

Ziel ist es, über einem Universum $U$ eine Partition der Elemente in zwei Klassen zu lernen; dazu werden inkrementell Beispiele vorgelegt, deren Klasse jeweils vom Lehrer mitgeteilt wird. Die Partition soll in einer formalen Sprache (z.B. in einem Fragment der Prädikatenlogik) durch eine Formel und ihre Negation definiert sein. Der Versionenraum zu einem aktuellen Zeitpunkt besteht aus denjenigen Formeln, die die bisher vorgelegten Beispiele korrekt klassifizieren. Ein Lernerfolg ist erreicht, wenn der Versionenraum nur noch aus einer einzigen Formel besteht. Die Versionenraummethode ist ein spezielles Verfahren, das sich allgemein in die induktiven Lernverfahren integriert.

**Entscheidungsbäume:**

Die betrachteten Objekte werden durch Attribut-Werte-Paare repräsentiert; diese seien in mehrere Klassen eingeteilt. Die Wurzel und alle inneren Knoten des Baumes sind durch Attribute und die Blätter durch Klassen indiziert; an den von einem Knoten ausgehenden Kanten stehen die entsprechenden Attributwerte.

Ziel ist es hier, den Erwartungswert der Abfragen innerhalb des Baumes zu minimieren. Gelernt wird daher ein statistisches Element, das sich mit dem Begriff der Rückschlußentropie formulieren läßt.

**Fallbasiertes Schließen:**

Fälle sind allgemein Paare der Form $(P, L)$, wobei $P$ eine Problembeschreibung und $L$ eine Lösung ist; solche Fälle werden in einer Fallbasis gespeichert, die zudem mit einem Ähnlichkeitsmaß versehen ist, welches Problembeschreibungen einen mehr oder weniger großen Abstand zuordnet. Beim fallbasierten Schließen wird zu einem aktuellen Problem ein gespeicherter Fall mit einem möglichst ähnlichen Problem gesucht, dessen Lösung mittels einer Analogiebetrachtung auf die aktuelle Situtation übertragen wird.

### 8.9.3.4. Wissensbasierte Systeme

In wissensbasierten Systemen werden Sachverhalte mittels einer Wissensrepräsentationssprache (vgl. 8.9.2.) vorgelegt. Ziel ist die Nutzbarmachung dieses Wissens, um bestimmte Anfragen zu beantworten. Zu den Hauptanwendungsfeldern gehören die Fehlerdiagnose, die Konfiguration und die Planung. Charakteristisch für die Fehlerdiagnose ist, daß eine Situation mit unvollständiger und eventuell unsicherer Information vorliegt. Man unterscheidet daher zwischen einer Diagnosestrategie und der eigentlichen Diagnosefindung; die Diagnosestrategie gibt dabei an, welche zusätzlichen Informationen (etwa durch Messung) benötigt werden, um eine hinreichend sichere Diagnose stellen zu können. Sowohl Konfiguration als auch Planung lassen sich theoretisch als Suchvorgänge in einem prinzipiell gegebenen aber praktisch nicht vorhandenen Baum formulieren. Charakteristisch ist, daß einzelne Entscheidungen bei der Wahl des Weges in diesem Baum getroffen werden müssen, die wiederum Konsequenzen haben, aber u.U. zurückgenommen werden müssen. Dies führt auf das Gebiet der nichtmonotonen Schlußweisen und der zugehörigen Revisionsmechanismen.

### 8.9.3.5. Natürlichsprachliche Systeme

Natürlichsprachliche Systeme sind ebenfalls formale Sprachen im Sinne der Informatik. Sie haben jedoch nicht nur wie die Sprachen der Chomsky-Hierarchie (siehe Abschnitt 8.3.1.) eine Syntax, sondern ihnen ist zusätzlich eine Semantik zugeordnet. Die letztere ist zudem partiell durch Modelle definiert, dessen Sachverhalte in einer Wissensrepräsentationssprache dargestellt sind. Intendiert ist, möglichst viele Aspekte natürlicher Sprachen auf diese Weise formal zu fassen. Zu den Hauptaufgaben gehören Sprachgenerierung und Sprachverstehen. Das Sprachverstehen besteht aus einem Parsingprozeß und einer nachfolgenden

Interpretation in einem Modell. Generiert und verstanden werden sollen nicht nur einzelne Sätze, sondern auch ganze Texte (sog. Diskurse). Sprachverstehen und Sprachgenerierung werden z.B. bei Dialogen auch kombiniert.

#### 8.9.3.6. Verstehen von Bildern

Das Handwerkszeug besteht aus klassischen Bildverarbeitungsalgorithmen. Wesentlich ist jedoch, Bildern eine Bedeutung zuzuordnen, was wie beim Sprachverstehen nur auf dem Hintergrund einer vorliegenden Modellvorstellung geschehen kann. Die Modellvorstellung wird normalerweise mittels eines wissensbasierten Systems beschrieben. Das Verstehen von Bildern hat mit dem Verstehen natürlichsprachlicher Ausdrücke gemeinsam, daß viele Mehrdeutigkeiten existieren, die nur durch Beachtung komplexer Kontexte aufgelöst werden können.

## 8.10. Unscharfe Mengen und Fuzzy-Methoden

### 8.10.1. Unschärfe und mathematische Modellierung

Die alltägliche Erfahrung mit den „naiven" Begriffen der Umgangssprache führt oft zur Einsicht, daß die Frage, ob ein bestimmter Begriff auf einen vorgegebenen Gegenstand zutrifft oder nicht, weder eindeutig mit Ja noch klar mit Nein beantwortet werden kann. Traditionelle Mathematik und mathematische Modellierung begegnen diesem Effekt durch klare definitorische Abgrenzungen bei gegenüber dem Alltagsgebrauch präzisierten Begriffen.

Ein Teil des bei mathematischen Modellierungen nötigen Aufwandes an begrifflichen Präzisierungen und mathematischem Instrumentarium ist diesem mathematischen Drang nach notwendiger Präzision geschuldet. Nicht unerwartet kamen daher gerade von Anwenderseite, und zwar von systemtheoretisch orientierten Ingenieurwissenschaftlern, schließlich ernsthafte Ansätze, in der traditionellen mathematischen Modellierung immer schon in den Anfangsphasen präzisierte „unscharfe Begriffe" als solche auch mathematisch ernst zu nehmen. Die *unscharfen Mengen*, wie die zu diesem Zwecke etwa 1965 von dem amerikanischen Systemtheoretiker L.A. ZADEH eingeführten mathematischen Objekte heißen, ihre mathematischen Eigenschaften und mathematisch interessante Aspekte auf ihnen gründender Anwendungsansätze sind der Gegenstand dieses Abschnitts. Das Feld der Anwendungen solcher „unscharfen Methoden" oder Fuzzy-Methoden (in Anlehnung an die englische Bezeichnung „fuzzy sets" für unscharfe Mengen) ist heute noch keineswegs abgrenzbar, erweitert sich stetig und bringt auch neue Anregungen und Probleme für die Mathematik hervor. Die hier besprochenen Begriffsbildungen haben sich als die bisher zentralen mathematischen Werkzeuge herauskristallisiert.

Bevorzugtes Anwendungsfeld sind die Ingenieurwissenschaften. Die dort unter Rückgriff auf unscharfe Mengen und Fuzzy-Methoden entwickelten mathematischen Modelle sind häufig „Grobmodelle", die sich mit einer für die Anwendungszwecke ausreichenden Genauigkeit begnügen. Dies kann geschehen durch Vermeidung nicht hinreichend begründeter, etwa statistisch-probabilistischer Modellannahmen, durch Verzicht auf unangemessene numerische oder theoretische Präzision – und basiert oft auf nur qualitativer Kenntnis der zu modellierenden Prozesse.

## 8.10.2. Mengenalgebra

### 8.10.2.1. Grundbegriffe für unscharfe Mengen

Unscharfe Mengen vermeiden die dem klassischen Mengenbegriff eigene klare Trennung zwischen Zugehörigkeit und Nichtzugehörigkeit zu einer Menge. Sie setzen an deren Stelle eine Abstufung der Zugehörigkeit. Obwohl nicht zwingend, wird diese Abstufung meist mit den reellen Zahlen des abgeschlossenen Intervalls $[0, 1]$ realisiert.

**Definition 1:** Eine **unscharfe Menge** $A$ **über** einem Grundbereich $\mathbf{X}$ ist charakterisiert durch ihre **Zugehörigkeitsfunktion** $\mathbf{m}_A \colon \mathbf{X} \longrightarrow [0, 1]$; der Funktionswert $\mathbf{m}_A(a)$ für $a \in \mathbf{X}$ ist der **Zugehörigkeitsgrad** von $a$ bezüglich der unscharfen Menge $A$. Die unscharfen Mengen $A$ über $\mathbf{X}$ nennt man oft auch **unscharfe Teilmengen von X**. $\mathbf{F}(\mathbf{X})$ sei die Gesamtheit aller unscharfen Mengen über $\mathbf{X}$.

Für alle bekannten praktischen Anwendungen genügt es, die unscharfen Mengen mit ihren Zugehörigkeitsfunktionen zu *identifizieren*, also $\mathbf{F}(\mathbf{X}) = [0, 1]^{\mathbf{X}}$ zu wählen. Dann gilt zwar $\mathbf{m}_A(x) = A(x)$ für jedes $x \in \mathbf{X}$, und die Bezeichnung $\mathbf{m}_A$ wäre überflüssig, trotzdem verzichtet man nur selten auf diese eingebürgerte und suggestive Notation. Für Zwecke der reinen Mathematik kann man auf die Identifizierung der unscharfen Mengen mit ihren Zugehörigkeitsfunktionen auch verzichten; dies scheint aber höchstens bei einem kategorientheoretischen Zugang zu den unscharfen Mengen ein Gewinn zu sein und soll hier keine Rolle spielen.

Unscharfe Mengen $A, B$ über $\mathbf{X}$ sind *gleich*, falls ihre Zugehörigkeitswerte stets übereinstimmen:

$$A = B \quad \Leftrightarrow \quad \mathbf{m}_A(x) = \mathbf{m}_B(x) \quad \text{für alle} \quad x \in \mathbf{X}.$$

Schränkt man die Zugehörigkeitswerte auf $\{0, 1\}$ ein, so betrachtet man jede unscharfe Menge $C$ mit nur diesen Zugehörigkeitswerten, also mit $\mathbf{m}_C \colon \mathbf{X} \longrightarrow \{0, 1\}$, als Äquivalent einer gewöhnlichen Menge $\widehat{C}$ und nennt sie auch *scharfe Menge*; der Zugehörigkeitswert $\mathbf{m}_C(a) = 1$ wird dabei als Äquivalent zu $a \in \widehat{C}$ angesehen und entsprechend $\mathbf{m}_C(b) = 0$ als Äquivalent zu $b \notin \widehat{C}$. In diesem Sinne wird jede gewöhnliche Menge $\widehat{C} \subseteq \mathbf{X}$ als spezielle unscharfe Menge über $\mathbf{X}$ betrachtet.

Zur *Beschreibung* einer unscharfen Menge $A$ gibt man ihre Zugehörigkeitsfunktion $\mathbf{m}_A$ an: entweder wie üblich durch einen Funktionsausdruck bzw. eine Wertetabelle oder für einen diskreten (endlichen oder abzählbar unendlichen) Grundbereich $\mathbf{X} = \{x_1, x_2, x_3, \ldots\}$ in *Summenform*

$$A = a_1/x_1 + a_2/x_2 + a_3/x_3 + \ldots = \sum_i a_i/x_i\,, \tag{8.18}$$

wobei $a_i = \mathbf{m}_A(x_i)$ ist für jedes $i$. Ist der Grundbereich $\mathbf{X} = \{x_1, x_2, \ldots, x_n\}$ endlich und sind seine Elemente in natürlicher Weise angeordnet, so ist statt (8.18) die Darstellung von $A$ durch den Vektor der Zugehörigkeitswerte $\mathbf{m}_A = (a_1, a_2, \ldots, a_n)$ oft besonders handlich.

*Beispiele:*

1) Über dem Grundbereich $\mathbf{X} = \{x_1, x_2, \ldots, x_6\}$ beschreiben die Tabelle

| $A_1$: | $x_1$ | $x_2$ | $x_3$ | $x_4$ | $x_5$ | $x_6$ |
|---|---|---|---|---|---|---|
| | 0,5 | 1 | 0,7 | 0 | 1 | 0 |

sowie der Vektor der Zugehörigkeitswerte

$$\mathbf{m}_{A_1} = (0{,}5\,,\ 1\,,\ 0.7\,,\ 0\,,\ 1\,,\ 0)$$

und die Summendarstellungen

$$\begin{aligned} A_1 &= 0{,}5/x_1 + 1/x_2 + 0{,}7/x_3 + 0/x_4 + 1/x_5 + 0/x_6 \\ &= 0{,}5/x_1 + 1/x_2 + 0{,}7/x_3 + 1/x_5 \end{aligned}$$

dieselbe unscharfe Menge $A_1$.

2) Über dem Grundbereich der reellen Zahlen $\mathbf{X} = \mathbb{R}$ kann man die reellen Zahlen, die nahezu gleich 20 sind, etwa in der unscharfen Menge $A_2$ mit

$$\mathbf{m}_{A_2}(x) = \max\{0, 1 - (20 - x)^2/4\}$$

zusammenfassen (vgl. Abb. 8.50). Man kann diese reellen Zahlen aber z.B. auch in einer unscharfen Menge $B_2$ zusammenfassen mit

$$\mathbf{m}_{B_2}(x) = \max\{0, 1 - |x - 20|/3\}.$$

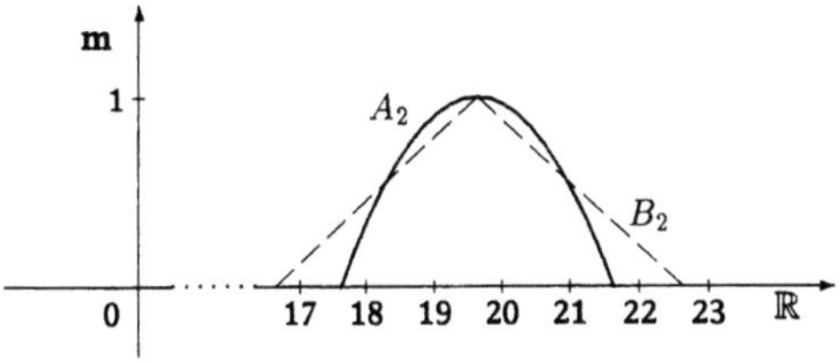


Abb. 8.50

3) Über dem Grundbereich $\mathbf{X} = \mathbb{R}^n$ kann ein unscharfer Punkt mit dem Zentrum $\vec{x}^0 = (x_1^0, \dots, x_n^0)$ aufgefaßt werden als (pyramidenförmige) unscharfe Menge $A_3$ mit

$$\mathbf{m}_{A_3}(\vec{x}) = \max\{0, 1 - \sum_{j=1}^{n} c_j \cdot |x_j - x_j^0|\}$$

für jedes $\vec{x} = (x_1, \dots, x_n) \in \mathbb{R}^n$ und eine feste Parameterfamilie $\vec{c} = (c_1, \dots, c_n)$. Solch ein unscharfer Punkt kann aber auch aufgefaßt werden als (paraboloidförmige) unscharfe Menge $B_3$ mit

$$\mathbf{m}_{B_3}(\vec{x}) = \max\{0, 1 - (\vec{x} - \vec{x}^0)^{\mathrm{T}} B(\vec{x} - \vec{x}^0)\}$$

mit einer positiv definiten $n$-reihigen Matrix $B$ (siehe Abb. 8.51).

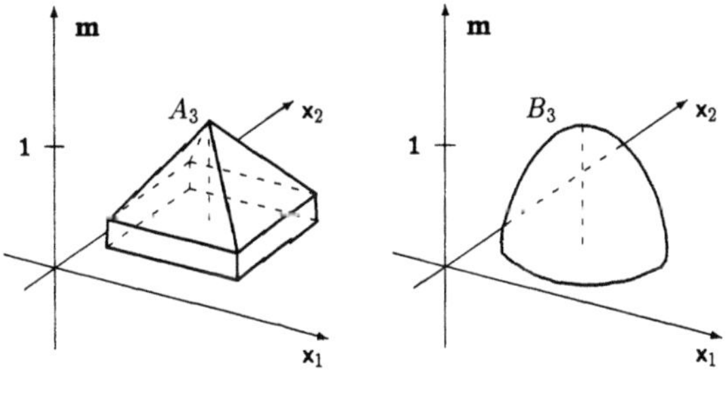


Abb. 8.51

*Anmerkung.* Die in den Beispielen 2 und 3 realisierte Situation, daß dieselbe unscharfe intuitive Vorstellung durch verschiedene unscharfe Mengen beschrieben werden kann, ist der Normalfall in den meisten Anwendungen. Die Theorie der unscharfen Mengen gibt dem Anwender nur wenige Hinweise darauf, welche von mehreren unterschiedlichen Beschreibungen einer intuitiven Vorstellung als unscharfe Menge den Vorzug verdient. Da im allgemeinen die Frage nach der Wahl einer konkreten Zugehörigkeitsfunktion in einen ganzen Modellbildungsprozeß (zur Erstellung eines Grobmodells) eingeordnet ist, entscheidet letztlich der Modellierungserfolg darüber, welche Wahl einer konkreten Zugehörigkeitsfunktion günstig ist. Der Gesichtspunkt leichter rechnerischer Behandelbarkeit kann dabei durchaus eine wichtige Rolle spielen.

**Kenngrößen.** Mit unscharfen Mengen sind mehrere Kenngrößen verbunden, die Vergleiche zwischen verschiedenen unscharfen Mengen bzw. deren teilweise Charakterisierungen ermöglichen. Besonders wichtig sind der *Träger* supp$(A)$ einer unscharfen Menge $A \in \mathbf{F}(\mathbf{X})$:

$$\mathrm{supp}(A) = \{x \in \mathbf{X} \mid \mathbf{m}_A(x) \neq 0\},$$

die *Höhe* hgt$(A)$ einer unscharfen Menge

$$\mathrm{hgt}(A) = \sup\{\mathbf{m}_A(x) \mid x \in \mathbf{X}\} = \sup_{x \in \mathbf{X}} \mathbf{m}_A(x)$$

und für jeden Zugehörigkeitsgrad $\alpha \in [0,1]$ der *$\alpha$-Schnitt* $A^{>\alpha}$ sowie der *scharfe $\alpha$-Schnitt* $A^{\geq\alpha}$:

$$A^{>\alpha} = \{x \in \mathbf{X} \mid \mathbf{m}_A(x) > \alpha\}, \qquad A^{\geq\alpha} = \{x \in \mathbf{X} \mid \mathbf{m}_A(x) \geq \alpha\}.$$

Eine unscharfe Menge $A \neq \emptyset$ über $\mathbf{X}$ heißt *normal*, falls hgt$(A) = 1$ ist, andernfalls *subnormal*. Der scharfe 1-Schnitt $A^{\geq 1} = \{x \in \mathbf{X} \mid \mathbf{m}_A(x) = 1\}$ ist der *Kern* von $A$.

Die *Kardinalität* card$(A)$ einer unscharfen Menge $A$ als Maß für ihre „Größe" wird unterschiedlich festgelegt, je nachdem, ob der Grundbereich $\mathbf{X}$ eine endliche bzw. „diskrete" Menge oder eine „kontinuierliche" Menge mit einem Inhaltsmaß $P$ ist. Es ist

$$\mathrm{card}(A) = \sum_{x \in \mathbf{X}} \mathbf{m}_A(x) = \sum_{x \in \mathrm{supp}(A)} \mathbf{m}_A(x)$$

im diskreten Fall und im kontinuierlichen

$$\mathrm{card}(A) = \int_{\mathbf{X}} \mathbf{m}_A(x)\,\mathrm{d}P.$$

Im kontinuierlichen Fall ist card$(A)$ daher nur für unscharfe Mengen $A$ mit $P$-integrierbarer Zugehörigkeitsfunktion $\mathbf{m}_A$ erklärt.

Die Kardinalität unscharfer Mengen ist nur bedingt eine Verallgemeinerung der Kardinalzahl gewöhlicher Mengen. Andere Versionen für die Fassung des unscharfen Begriffs der Elementeanzahl unscharfer Mengen werden aktuell noch gesucht und studiert.

Spezielle unscharfe Mengen sind die *leere Menge* $\emptyset$ mit der Zugehörigkeitsfunktion $\mathbf{m}_\emptyset\colon \mathbf{X} \longrightarrow \{0\}$, also mit $\mathbf{m}_\emptyset(x) = 0$ für jedes $x \in \mathbf{X}$, und die *Universalmenge $U_\mathbf{X}$ über* $\mathbf{X}$ mit der Zugehörigkeitsfunktion $\mathbf{m}_{U_\mathbf{X}}\colon \mathbf{X} \longrightarrow \{1\}$, also mit $\mathbf{m}_{U_\mathbf{X}}(x) = 1$ für jedes $x \in \mathbf{X}$. Allgemein gelten

$$A = \emptyset \quad \Leftrightarrow \quad \mathrm{supp}(A) = \emptyset, \qquad A = U_\mathbf{X} \quad \Leftrightarrow \quad A^{\geq 1} = \mathbf{X}.$$

Der Begriff der *unscharfen Einermenge* wird in zwei verschiedenen Bedeutungen gebraucht: für unscharfe Mengen, deren Träger eine gewöhnliche Einermenge ist, bzw. für unscharfe Mengen, deren Kern eine Einermenge ist.

*Beispiel:* Die unscharfen Mengen in den obigen Beispielen 1) - 3) sind alle normal. Es sind z.B.

$$\text{supp}(A_1) = \{x_1, x_2, x_3, x_5\}, \qquad \text{supp}(B_2) = (17, 23)$$

die Träger der unscharfen Mengen $A_1, B_2$; der Kern von $A_1$ ist $\{x_2, x_5\}$, derjenige von $B_2$ die Einermenge $\{20\}$. Die $\alpha$-Schnitte

$$A_3^{>\alpha} = \{\vec{x} \in \mathbb{R}^n \mid 1 - \sum_{j=1}^{n} c_j \cdot |x_j - x_j^0| > \alpha\}$$
$$= \{\vec{x} \in \mathbb{R}^n \mid \sum_{j=1}^{n} c_j \cdot |x_j - x_j^0| < 1 - \alpha\}$$

sind Hyperrechtecke ohne ihren Rand, die scharfen $\alpha$-Schnitte von $B_3$ sind Hyperellipsoide einschließlich ihres Randes:

$$B_3^{\geq\alpha} = \{\vec{x} \in \mathbb{R}^n \mid 1 - (\vec{x} - \vec{x}^0)^{\mathrm{T}} B(\vec{x} - \vec{x}^0) \geq \alpha\}$$
$$= \{\vec{x} \in \mathbb{R}^n \mid (\vec{x} - \vec{x}^0)^{\mathrm{T}} B(\vec{x} - \vec{x}^0) \leq 1 - \alpha\}.$$

**Satz 2: Darstellungssatz:**

Jeder unscharfen Menge $A$ über $\mathbf{X}$ sind eindeutig die Familien $(A^{>\alpha})_{\alpha\in[0,1)}$ ihrer $\alpha$-Schnitte und $(A^{\geq\alpha})_{\alpha\in(0,1]}$ ihrer scharfen $\alpha$-Schnitte zugeordnet. Beides sind monotone Familien von Teilmengen von $\mathbf{X}$:

$$\alpha < \beta \quad \Rightarrow \quad A^{>\alpha} \supseteq A^{>\beta} \quad \text{und} \quad A^{\geq\alpha} \supseteq A^{\geq\beta}.$$

Umgekehrt entspricht allen solcherart monotonen Familien $(B_\alpha)_{\alpha\in[0,1)}$ und $(C_\alpha)_{\alpha\in(0,1]}$ von Teilmengen von $\mathbf{X}$ je genau eine unscharfe Menge $B$ bzw. $C$ über $\mathbf{X}$, so daß stets $B^{>\alpha} = B_\alpha$ und $C^{\geq\alpha} = C_\alpha$ gilt:

$$\mathbf{m}_B(x) = \sup\{\alpha \in [0,1) \mid x \in B_\alpha\}, \qquad \mathbf{m}_C(x) = \sup\{\alpha \in (0,1] \mid x \in C_\alpha\}.$$

Dieser Darstellungssatz kann im Prinzip genutzt werden, um alle Betrachtungen über unscharfe Mengen auf Betrachtungen von geeigneten Mengenfamilien zurückzuführen. Erfahrungsgemäß werden dadurch aber nur sehr selten Vereinfachungen erzielt.

Stets gelten die Beziehungen

$$\text{supp}(A) = A^{>0}, \qquad \text{hgt}(A) = \sup\{\alpha \mid A^{\geq\alpha} \neq \emptyset\}.$$

### 8.10.2.2. $L$-unscharfe Mengen

Die Graduierung der Zugehörigkeit zu unscharfen Mengen muß nicht mittels der reellen Zahlen des abgeschlossenen Intervalls $[0,1]$ erfolgen. Auch die Elemente anderer Strukturen können als Zugehörigkeitsgrade in Betracht kommen. Wegen des engen Zusammenhangs zwischen Operationen in der Menge der Zugehörigkeitswerte und mengenalgebraischen Operationen für unscharfe Mengen (s.u.) geht man aber bei von $I = [0,1]$ verschiedenen Zugehörigkeitsgradestrukturen $L$ meist davon aus, daß $L$ (wenigstens) ein Verband — gelegentlich auch: ein Ring — oder eine reichere algebraische Struktur ist.

Man spricht von *$L$-unscharfen Mengen*, falls in dieser Art die Menge $I$ der gewöhnlich gewählten Zugehörigkeitsgrade ersetzt wird durch eine Menge $L$, die eine algebraische Struktur trägt. Die Gesamtheit aller $L$-unscharfen Mengen $\mathbf{F}_L(\mathbf{X})$ über einem Grundbereich $\mathbf{X}$ ist

$$\mathbf{F}_L(\mathbf{X}) = L^{\mathbf{X}} = \{\mathbf{m} \mid \mathbf{m}: \mathbf{X} \longrightarrow L\}.$$

Die für gewöhnliche unscharfe Mengen eingeführten Begriffe können für $L$-unscharfe Mengen sinngemäß benutzt werden, sobald die algebraische Struktur $L$ ein Null- und ein Einselement hat.

Im Spezialfall, daß $L$ eine Struktur ist, deren Elemente selbst wieder unscharfe Mengen (über irgendeinem Grundbereich $\mathbf{Y}$) sind, werden diese $L$-unscharfen Mengen über $\mathbf{X}$ als *unscharfe Mengen vom Typ 2* (oder als unscharfe Mengen *höherer Ordnung*) bezeichnet.

Neben Verbänden und Ringen werden als Strukturen $L$ oft auch die endlichen äquidistanten Teilmengen rationaler Zahlen $L_m \subseteq I$ der Art

$$L_m = \left\{\frac{k}{m-1} \mid 0 \leq k < m\right\}$$

für natürliche Zahlen $m$ gewählt.

#### 8.10.2.3. Mengenalgebraische Operationen für unscharfe Mengen

**Definition 3:** Für unscharfe Mengen $A, B$ über $\mathbf{X}$ sind ihr **Durchschnitt** $A \sqcap B$ und ihre **Vereinigung** $A \sqcup B$ erklärt durch die Zugehörigkeitsfunktionen

$$\mathbf{m}_{A \sqcap B}(x) = \min\{\mathbf{m}_A(x), \mathbf{m}_B(x)\}, \tag{8.19}$$

$$\mathbf{m}_{A \sqcup B}(x) = \max\{\mathbf{m}_A(x), \mathbf{m}_B(x)\}. \tag{8.20}$$

Mit diesen Operationen wird $\mathbf{F}(\mathbf{X})$ zu einem distributiven Verband mit Nullelement $\emptyset$ und Einselement $U_{\mathbf{X}}$:

$$\begin{aligned}
&A \sqcap B = B \sqcap A, && A \sqcup B = B \sqcup A,\\
&A \sqcap (B \sqcap C) = (A \sqcap B) \sqcap C, && A \sqcup (B \sqcup C) = (A \sqcup B) \sqcup C,\\
&A \sqcap (A \sqcup B) = A, && A \sqcup (A \sqcap B) = A,\\
&A \sqcap (B \sqcup C) = (A \sqcap B) \sqcup (A \sqcap C), && A \sqcup (B \sqcap C) = (A \sqcup B) \sqcap (A \sqcup C),\\
&A \sqcap \emptyset = \emptyset, && A \sqcup \emptyset = A,\\
&A \sqcap U_{\mathbf{X}} = A, && A \sqcup U_{\mathbf{X}} = U_{\mathbf{X}}.
\end{aligned}$$

Die zugehörige Verbandshalbordnung $\subseteqq$ ist eine *Inklusions*beziehung für unscharfe Mengen über $\mathbf{X}$ und charakterisiert durch

$$A \subseteqq B \quad \Leftrightarrow \quad \mathbf{m}_A(x) \leq \mathbf{m}_B(x) \quad \text{für alle } x \in \mathbf{X}. \tag{8.21}$$

Gilt $A \subseteqq B$ für $A, B \in \mathbf{F}(\mathbf{X})$, so ist die unscharfe Menge $A$ *Teilmenge* der unscharfen Menge $B$, und $B$ ist *Obermenge* von $A$.

Es bestehen die Monotoniebeziehungen

$$A \subseteqq B \quad \Rightarrow \quad A \sqcap C \subseteqq B \sqcap C \quad \text{und} \quad A \sqcup C \subseteqq B \sqcup C,$$

und es gelten die Halbordnungseigenschaften

$$\begin{aligned}
&A \subseteqq B \quad \Leftrightarrow \quad A \sqcap B = A \quad \Leftrightarrow \quad A \sqcup B = B,\\
&\emptyset \subseteqq A \subseteqq U_{\mathbf{X}},\\
&A \subseteqq A,\\
&A \subseteqq B \ \text{ und } \ B \subseteqq A \quad \Rightarrow \quad A = B,\\
&A \subseteqq B \ \text{ und } \ B \subseteqq C \quad \Rightarrow \quad A \subseteqq C,\\
&A \sqcap B \subseteqq A \subseteqq A \sqcup B
\end{aligned}$$

Für scharfe Mengen $A, B$ fallen die Verknüpfungen $\sqcap, \sqcup$ von (8.19), (8.20) und die Inklusion $\subseteqq$ (8.21) mit den analogen Operationen $\cap, \cup$ bzw. der Inklusion $\subseteq$ bei gewöhnlichen Mengen zusammen. Ähnlich wie für gewöhnliche Mengen werden auch für unscharfe Mengen $A, B \in \mathbf{F}(\mathbf{X})$ die *Differenz* $A \setminus B$ und das *Komplement* $\overline{A}$ erklärt durch die Festlegung der Zugehörigkeitsfunktionen:

$$\begin{aligned} \mathbf{m}_{A\setminus B}(x) &= \min\{\mathbf{m}_A(x), 1 - \mathbf{m}_B(x)\}, \\ \mathbf{m}_{\overline{A}}(x) &= 1 - \mathbf{m}_A(x). \end{aligned}$$

Es gelten für unscharfe Mengen $A, B \in \mathbf{F}(\mathbf{X})$ die Beziehungen

$$\begin{array}{lll} A \setminus B = A \sqcap \overline{B}, & & \overline{A} = U_{\mathbf{X}} \setminus A, \\ A \setminus \emptyset = A, & \overline{\emptyset} = U_{\mathbf{X}}, & \overline{U_{\mathbf{X}}} = \emptyset, \end{array}$$

und das Monotoniegesetz

$$A \subseteqq B \quad \Rightarrow \quad A \setminus C \subseteqq B \setminus C \quad \text{und} \quad C \setminus B \subseteqq C \setminus A.$$

Es gelten auch die de Morganschen Gesetze

$$\begin{array}{ll} \overline{A \sqcap B} = \overline{A} \sqcup \overline{B}, & \overline{A \sqcup B} = \overline{A} \sqcap \overline{B}, \\ A \setminus (B \sqcap C) = (A \setminus B) \sqcup (A \setminus C), & A \setminus (B \sqcup C) = (A \setminus B) \sqcap (A \setminus C), \end{array}$$

und es ist stets $\overline{\overline{A}} = A$. Trotzdem ist $\overline{A}$ nicht im verbandstheoretischen Sinne Komplement von $A$, weil $A \sqcap \overline{A} \neq \emptyset$ ebenso möglich ist wie $A \sqcup \overline{A} \neq U_{\mathbf{X}}$; allgemein gelten nur

$$\mathbf{m}_{A\sqcap\overline{A}}(x) \leq 0{,}5 \quad \text{und} \quad \mathbf{m}_{A\sqcup\overline{A}}(x) \geq 0{,}5 \qquad \text{für jedes} \quad x \in \mathbf{X}.$$

Für die Schnitte unscharfer Mengen gelten für alle $\alpha \in [0, 1]$:

$$\begin{array}{ll} (A \sqcap B)^{>\alpha} = A^{>\alpha} \sqcap B^{>\alpha}, & (A \sqcup B)^{>\alpha} = A^{>\alpha} \sqcup B^{>\alpha}, \\ (A \sqcap B)^{\geq\alpha} = A^{\geq\alpha} \sqcap B^{\geq\alpha}, & (A \sqcup B)^{\geq\alpha} = A^{\geq\alpha} \sqcup B^{\geq\alpha} \end{array}$$

und die Charakterisierungen

$$\begin{array}{ll} A \subseteqq B \Leftrightarrow A^{>\alpha} \subseteq B^{>\alpha} & \text{für alle} \quad \alpha \in [0, 1), \\ A \subseteqq B \Leftrightarrow A^{\geq\alpha} \subseteq B^{\geq\alpha} & \text{für alle} \quad \alpha \in (0, 1]. \end{array}$$

Speziell gelten auch

$$A \subseteqq B \quad \Rightarrow \quad \mathbf{supp}(A) \subseteq \mathbf{supp}(B) \quad \text{und} \quad \mathbf{hgt}(A) \leq \mathbf{hgt}(B).$$

#### 8.10.2.4. Durchschnitt und Vereinigung von Mengenfamilien

Durchschnitt und Vereinigung können statt für zwei unscharfe Mengen auch für beliebig viele erklärt werden. Ausgangspunkt ist dann eine Familie $(A_k)_{k\in K}$ unscharfer Teilmengen von $\mathbf{X}$ über einem Indexbereich $K$, d.h. eine Funktion $A\colon K \longrightarrow \mathbf{F}(\mathbf{X})$ mit den Funktionswerten $A(k) = A_k$.

Der *Durchschnitt der Mengenfamilie* $(A_k)_{k\in K}$ ist die unscharfe Menge $D = \bigsqcap_{k\in K} A_k$ über $\mathbf{X}$ mit der Zugehörigkeitsfunktion

$$\mathbf{m}_D(x) = \inf\{\mathbf{m}_{A_k}(x) \mid k \in K\}; \tag{8.22}$$

und die *Vereinigung der Mengenfamilie* $(A_k)_{k\in K}$ ist die unscharfe Menge $V = \bigsqcup_{k\in K} A_k$ über $\mathbf{X}$ mit der Zugehörigkeitsfunktion

$$\mathbf{m}_V(x) = \sup\{\mathbf{m}_{A_k}(x) \mid k \in K\}. \tag{8.23}$$

Durchschnitt und Vereinigung von Mengenfamilien verallgemeinern die entsprechenden Operationen (8.19) und (8.20), denn für $K = \{1,2\}$ gelten

$$\bigsqcap_{k\in\{1,2\}} A_k = A_1 \sqcap A_2, \qquad \bigsqcup_{k\in\{1,2\}} A_k = A_1 \sqcup A_2 .$$

De Morgansche Gesetze gelten genau wie bei gewöhnlichen Mengen:

$$\overline{\bigsqcap_{k\in K} A_k} = \bigsqcup_{k\in K} \overline{A_k}, \qquad \overline{\bigsqcup_{k\in K} A_k} = \bigsqcap_{k\in K} \overline{A_k}.$$

Setzt man naheliegenderweise $\inf\emptyset = 1$ in (8.22) und $\sup\emptyset = 0$ in (8.23), so ergeben sich

$$\bigsqcap_{k\in\emptyset} A_k = U_{\mathbf{X}} \quad \text{und} \quad \bigsqcup_{k\in\emptyset} A_k = \emptyset .$$

Die verallgemeinerten mengenalgebraischen Operatoren $\bigsqcap$, $\bigsqcup$ sind kommutativ und assoziativ: Es gelten für Permutationen $f$ von $K$, d.h. für eineindeutige Abbildungen von $K$ auf sich, und für Indexbereiche $K_1, K_2$ stets

$$\bigsqcap_{k\in K} A_k = \bigsqcap_{k\in K} A_{f(k)}, \qquad \bigsqcup_{k\in K} A_k = \bigsqcup_{k\in K} A_{f(k)},$$
$$\bigsqcap_{k\in K_1\sqcap K_2} A_k = \bigsqcap_{k\in K_1} A_{f(k)} \sqcap \bigsqcap_{k\in K_2} A_{f(k)}, \qquad \bigsqcup_{k\in K_1\sqcup K_2} A_k = \bigsqcup_{k\in K_1} A_{f(k)} \sqcup \bigsqcup_{k\in K_2} A_{f(k)} .$$

Distributivgesetze gelten in unterschiedlich komplizierten Formulierungen. Die einfachsten sind für unscharfe Mengen $B \in \mathbf{F}(\mathbf{X})$ die Beziehungen

$$B \sqcup \bigsqcap_{k\in K} A_k = \bigsqcap_{k\in K} (B \sqcup A_k), \qquad B \sqcap \bigsqcup_{k\in K} A_k = \bigsqcup_{k\in K} (B \sqcap A_k).$$

Weiterhin gelten die Monotoniebeziehungen

$$\forall k \in K\colon A_k \subseteqq B_k \quad\Rightarrow\quad \bigsqcap_{k\in K} A_k \subseteqq \bigsqcap_{k\in K} B_k \quad \text{und} \quad \bigsqcup_{k\in K} A_k \subseteqq \bigsqcup_{k\in K} B_k$$

sowie die Inklusionsbeziehungen

$$\forall k \in K\colon C \subseteqq A_k \quad\Rightarrow\quad C \subseteqq \bigsqcap_{k\in K} A_k,$$
$$\forall k \in K\colon A_k \subseteqq C \quad\Rightarrow\quad \bigsqcup_{k\in K} A_k \subseteqq C,$$
$$\bigsqcap_{k\in K} A_k \subseteqq A_m \subseteqq \bigsqcup_{k\in K} A_k \quad \text{für jedes} \quad m \in K .$$

### 8.10.2.5. Interaktive Verknüpfungen unscharfer Mengen

Die in (8.19), (8.20) und (8.22), (8.23) erklärten Verknüpfungen unscharfer Mengen haben alle die Eigenschaft, daß der Zugehörigkeitswert von $a \in \mathbf{X}$ zum Verknüpfungsergebnis von $A$ und $B$ festgelegt wird durch einen der Zugehörigkeitswerte von $a$ zu einem der Operanden $A, B$. Solche Verknüpfungen werden nicht-interaktiv genannt. Neben ihnen benutzt man eine Reihe *interaktiver* Verknüpfungen wie die durch

$$\begin{aligned} \mathbf{m}_{A\circledast B}(x) &= \max\{0, \mathbf{m}_A(x) + \mathbf{m}_B(x) - 1\}, \\ \mathbf{m}_{A\boxplus B}(x) &= \min\{1, \mathbf{m}_A(x) + \mathbf{m}_B(x)\} \end{aligned} \tag{8.24}$$

charakterisierten, das *beschränkte Produkt* $A \circledast B$ und die *beschränkte Summe* $A \boxplus B$, und wie die durch

$$\begin{aligned} \mathbf{m}_{A\cdot B}(x) &= \mathbf{m}_A(x)\cdot\mathbf{m}_B(x), \\ \mathbf{m}_{A+B}(x) &= \mathbf{m}_A(x) + \mathbf{m}_B(x) - \mathbf{m}_A(x)\cdot\mathbf{m}_B(x) \end{aligned} \tag{8.25}$$

charakterisierten, das ***algebraische Produkt*** $A \cdot B$ und die ***algebraische Summe*** $A+B$.

Weder die beschränkt noch die algebraisch genannten Verknüpfungen sind Verbandsoperationen in $\mathbf{F}(\mathbf{X})$. Keine dieser Operationen ist idempotent, alle aber sind kommutativ und assoziativ. Für scharfe Mengen entsprechen sowohl beschränktes als auch algebraisches Produkt dem gewöhnlichen Durchschnitt; analog entsprechen die „Summen" bei scharfen Mengen der gewöhnlichen Vereinigungsmenge. Sowohl die in (8.24) als auch die in (8.25) erklärten Verknüpfungen sind über de Morgansche Gesetze verbunden:

$$\overline{A \boxast B} = \overline{A} \boxplus \overline{B}, \quad \overline{A \boxplus B} = \overline{A} \boxast \overline{B}, \qquad \overline{A \cdot B} = \overline{A} + \overline{B}, \quad \overline{A+B} = \overline{A} \cdot \overline{B}.$$

Wichtige Rechengesetze sind

$$A \sqcap B = A \boxast (\overline{A} \boxplus B), \qquad A \sqcup B = A \boxplus (\overline{A} \boxast B),$$
$$A \boxast (B \sqcup C) = (A \boxast B) \sqcup (A \boxast C), \qquad A \boxplus (B \sqcap C) = (A \boxplus B) \sqcap (A \boxplus C)$$

und die analogen Distributivgesetze mit $\cdot$ statt $\boxast$ sowie $+$ statt $\boxplus$. Stets gelten auch

$$A \boxast \overline{A} = \emptyset, \qquad A \boxplus \overline{A} = U_{\mathbf{X}}.$$

### 8.10.2.6. Allgemeine Durchschnitts- und Vereinigungsbildungen

Die Operationen $\sqcap, \boxast$ und $\cdot$ in $\mathbf{F}(\mathbf{X})$ verallgemeinern ebenso die Durchschnittsbildung gewöhnlicher Mengen wie die Operationen $\sqcup, \boxplus, +$ in $\mathbf{F}(\mathbf{X})$ deren Vereinigungsbildung verallgemeinern. Obwohl besonders häufig benutzt, sind dies jeweils nicht alle möglichen und auch nicht alle als anwendungsinteressant betrachteten Verallgemeinerungen der mengenalgebraischen Grundoperationen für unscharfe Mengen.

Statt weiterer Einzelbeispiele von Durchschnitts- bzw. Vereinigungsbildungen in $\mathbf{F}(\mathbf{X})$ interessiert ein allgemeines Konzept. Es werden $\sqcap_{\mathbf{t}}$ und $\sqcup_{\mathbf{t}}$ in $\mathbf{F}(\mathbf{X})$ definiert ausgehend von einer T-Norm $\mathbf{t}$ in $I = [0,1]$.

Unter einer *T-Norm* (kurz für: „triangular norm" $\hat{=}$ „Dreiecksnorm") versteht man eine zweistellige Operation $\mathbf{t}$ in $[0,1]$, für die für $u, v, w \in [0,1]$ stets gelten

**(T1)** $u\,\mathbf{t}\,v = v\,\mathbf{t}\,u$,

**(T2)** $u\,\mathbf{t}\,(v\,\mathbf{t}\,w) = (u\,\mathbf{t}\,v)\,\mathbf{t}\,w$,

**(T3)** $u \leq v \quad \Rightarrow \quad u\,\mathbf{t}\,w \leq v\,\mathbf{t}\,w$,

**(T4)** $u\,\mathbf{t}\,0 = 0$ und $u\,\mathbf{t}\,1 = u$.

Aus der Sicht der mehrwertigen Logik mit $[0,1]$ als Menge verallgemeinerter Wahrheitswerte sind T-Normen gerade Kandidaten für verallgemeinerte Konjunktionen. Jeder T-Norm $\mathbf{t}$ wird eine Durchschnittsbildung $A \sqcap_{\mathbf{t}} B$ in $\mathbf{F}(\mathbf{X})$ zugeordnet durch die Festlegung

$$\mathbf{m}_{A \sqcap_{\mathbf{t}} B}(x) = \mathbf{m}_A(x)\,\mathbf{t}\,\mathbf{m}_B(x) \qquad \text{für jedes} \quad x \in \mathbf{X}. \tag{8.26}$$

***Beispiel:*** T-Normen sind die Operationen $u\,\mathbf{t}_1\,v = \min\{u,v\}$, $u\,\mathbf{t}_2\,v = \max\{0, u+v-1\}$ und $u\,\mathbf{t}_3\,v = uv$ in $[0,1]$. Die ihnen nach (8.26) entsprechenden Durchschnittsbildungen $\sqcap_{\mathbf{t}_i}$ sind: $\sqcap_{\mathbf{t}_1} = \sqcap$, $\sqcap_{\mathbf{t}_2} = \boxast$, $\sqcap_{\mathbf{t}_3} = \cdot$.

Jeder T-Norm $\mathbf{t}$ wird eine *T-Conorm* $\mathbf{s}_{\mathbf{t}}$ zugeordnet durch die Festlegung

$$u\,\mathbf{s}_{\mathbf{t}}\,v = 1 - (1-u)\,\mathbf{t}\,(1-v)$$

und damit zugleich eine Vereinigungsbildung $A \sqcup_{\mathbf{t}} B$ in $\mathbf{F}(\mathbf{X})$:

$$\mathbf{m}_{A \sqcup_{\mathbf{t}} B}(x) = \mathbf{m}_A(x)\,\mathbf{s}_{\mathbf{t}}\,\mathbf{m}_B(x) \qquad \text{für jedes} \quad x \in \mathbf{X}. \tag{8.27}$$

Der Zusammenhang von $\sqcap_t$ und $\sqcup_t$ wird für jede T-Norm durch de Morgansche Gesetze gegeben:

$$\overline{A \sqcap_t B} = \overline{A} \sqcup_t \overline{B}, \qquad \overline{A \sqcup_t B} = \overline{A} \sqcap_t \overline{B}.$$

Nach dem Muster der Definitionen (8.26) und (8.27) kann man auch für $L$-unscharfe Mengen $A, B \in \mathbf{F}_L(\mathbf{X})$ ausgehend von irgendeiner zweistelligen Operation $\varphi$ in $L$ eine zweistellige Operation $\widehat{\varphi}$ in $\mathbf{F}_L(\mathbf{X})$ definieren durch

$$\mathbf{m}_{A\widehat{\varphi}B}(x) = \varphi(\mathbf{m}_A(x), \mathbf{m}_B(x)). \tag{8.28}$$

Damit übertragen sich in $L$ gegebene algebraische Strukturen auf $\mathbf{F}_L(\mathbf{X})$.

#### 8.10.2.7. Ein Transferprinzip für Rechengesetze

Rechengesetze für Elemente einer Menge $M$ werden überwiegend durch Termgleichungen $T_0 = T_0'$ oder durch *bedingte Termgleichungen*

$$T_1 = T_1' \wedge T_2 = T_2' \wedge \cdots \wedge T_k = T_k' \quad \Rightarrow \quad T_0 = T_0' \tag{8.29}$$

beschrieben, kompliziertere Rechengesetze mitunter auch durch noch allgemeinere *Horn-Formeln*, die konjunktive Zusammenfassungen evtl. mehrerer bedingter Termgleichungen (8.29) sind und noch Quantifizierungen der darin auftretenden Variablen enthalten können (vgl. Abschnitt 8.9.). Zugrunde liegt immer eine Sprache der Prädikatenlogik 1. Stufe mit Variablen und evtl. Konstanten für die Elemente von $M$ und mit Operationssymbolen für die in $M$ betrachteten Verknüpfungen; $T_i, T_i'$ für $i = 0, \ldots, k$ sind Terme dieser *Sprache für M*.

Betrachtet man $L$-unscharfe Mengen und ist $L$ eine algebraische Struktur mit Operationen $*_1, \ldots, *_n$, so kann nach dem Muster der Definition (8.28) jeder dieser Operationen eine Verknüpfung $\widehat{*}_i$ in $\mathbf{F}_L(\mathbf{X})$ gleicher Stellenzahl wie $*_i$ zugeordnet werden. Jedem Term $T$ der Sprache für $L$ ordnet man einen Term $\widehat{T}$ der Sprache für $\mathbf{F}_L(\mathbf{X})$ dadurch zu, daß

– die Variablen von $\widehat{T}$ diejenigen von $T$ sind, in $\widehat{T}$ aber als Variable für $L$-unscharfe Mengen verstanden werden, während sie in $T$ Variable für Elemente von $L$ sind;

– die Operationssymbole $*_i$ von $T$ in $\widehat{T}$ durch entsprechende Operationssymbole $\widehat{*}_i$ ersetzt werden;

– jede Konstante $c$ von $T$ ersetzt wird durch eine Konstante $C$, die die $L$-unscharfe Menge mit der Zugehörigkeitsfunktion $\mathbf{m}_C(x) = c$ (für jedes $x \in \mathbf{X}$) bezeichnet.

Dann gilt folgender

**Satz 4: Transfersatz:**

Ist eine Horn-Formel $H$ der Sprache von $L$ gültig in der Struktur $L$ der verallgemeinerten Zugehörigkeitswerte, so ist diejenige zugehörige Horn-Formel $\widehat{H}$ der Sprache von $\mathbf{F}_L(\mathbf{X})$ in der Struktur $\mathbf{F}_L(\mathbf{X})$ der $L$-unscharfen Mengen gültig, die aus $H$ dadurch entsteht, daß alle in $H$ vorkommenden Terme $T$ durch ihre zugeordneten Terme $\widehat{T}$ ersetzt werden.

*Beispiele:*

1) Für die in den Beispielen von Abschnitt 8.10.2.6. erwähnte T-Norm $\mathbf{t}_2$ gilt $u\,\mathbf{t}_2\,(1-u) = 0$ für alle $u \in [0, 1]$. Dem Term $T_0 \equiv u\,\mathbf{t}_2\,(1-u)$ entspricht der Term $\widehat{T}_0 \equiv u \sqcap_{\mathbf{t}_2} \overline{u}$ und dem Term $T_0' \equiv 0$ der Term $\widehat{T}_0' \equiv \emptyset$. Daher liefert der Transfersatz hier die Gültigkeit von $A \boxed{*} \overline{A} = \emptyset$ für jedes $A \in \mathbf{F}(\mathbf{X})$.

2) Die Eigenschaft **(T3)** der T-Normen kann wegen $u \leq v \Leftrightarrow \min\{u,v\} = u$ als bedingte Termgleichung geschrieben werden: $u \; \mathbf{t}_1 \; v = u \Rightarrow (u \; \mathbf{t} \; w) \; \mathbf{t}_1 \; (v \; \mathbf{t} \; w) = u \; \mathbf{t} \; w$. Diese Termgleichung gilt in $[0,1]$; daher folgt aus dem Transfersatz, daß in $\mathbf{F}(\mathbf{X})$ gilt: $A \sqcap B = A \Rightarrow (A \sqcap_{\mathbf{t}} C) \sqcap (B \sqcap_{\mathbf{t}} C) = (A \sqcap_{\mathbf{t}} C)$, wenn man die Variablen $u, v, w$ noch durch $A, B, C$ ersetzt. Diese bedingte Termgleichung ist äquivalent zu

$$A \subseteqq B \quad \Rightarrow \quad A \sqcap_{\mathbf{t}} C \subseteqq B \sqcap_{\mathbf{t}} C .$$

3) Wie im letzten Beispiel folgt, daß jede Durchschnittsbildung $A \sqcap_{\mathbf{t}} B$ sowohl kommutativ als auch assoziativ ist. (Und zwar ergibt sich dieses aus **(T1)** bzw. **(T2)**.)

4) Betrachtet man $L$-unscharfe Mengen und ist $L$ etwa ein Verband bzw. ein Ring, dann ist $\mathbf{F}_L(\mathbf{X})$ mit den gemäß (8.28) erklärten Mengenoperationen ebenfalls ein Verband bzw. ein Ring, weil sowohl die Verbands- als auch die Ringaxiome als Horn-Formeln geschrieben werden können.

### 8.10.2.8. Das kartesische Produkt unscharfer Mengen

Während die Bildung von Durchschnitten, Vereinigungsmengen, Differenz und Komplement Operationen innerhalb von $\mathbf{F}(\mathbf{X})$ bzw. $\mathbf{F}_L(\mathbf{X})$ sind, führt die Bildung des kartesischen Produkts unscharfer Teilmengen von $\mathbf{X}$ mit unscharfen Teilmengen von $\mathbf{Y}$ zu unscharfen Teilmengen von $\mathbf{X} \times \mathbf{Y}$. ($\mathbf{X} \times \mathbf{Y}$ ist hier das gewöhnliche kartesische Produkt von $\mathbf{X}$ und $\mathbf{Y}$.)

**Definition 5:** Das **kartesische Produkt** unscharfer Mengen $A \in \mathbf{F}(\mathbf{X})$ und $B \in \mathbf{F}(\mathbf{Y})$ ist die unscharfe Menge $P = A \times B \in \mathbf{F}(\mathbf{X} \times \mathbf{Y})$ mit der Zugehörigkeitsfunktion

$$\mathbf{m}_P(x,y) = \min\{\mathbf{m}_A(x), \mathbf{m}_B(y)\} \qquad \text{für alle} \quad x \in \mathbf{X}, y \in \mathbf{Y};$$

und für jede T-Norm $\mathbf{t}$ ist das kartesische Produkt bez. $\mathbf{t}$ von $A \in \mathbf{F}(\mathbf{X})$ und $B \in \mathbf{F}(\mathbf{Y})$ die unscharfe Menge $Q = A \times_{\mathbf{t}} B \in \mathbf{F}(\mathbf{X} \times \mathbf{Y})$ mit der Zugehörigkeitsfunktion

$$\mathbf{m}_Q(x,y) = \mathbf{m}_A(x) \, \mathbf{t} \, \mathbf{m}_B(y) \qquad \text{für alle} \quad x \in \mathbf{X}, y \in \mathbf{Y}.$$

Die Bildung des kartesischen Produktes unscharfer Mengen ist assoziativ, distributiv bez. $\sqcap$ und $\sqcup$ sowie monoton bezüglich $\subseteqq$. Stets gelten daher

$$\begin{aligned}
&A \times (B \times C) = (A \times B) \times C, \\
&A \times (B \sqcap C) = (A \times B) \sqcap (A \times C), \qquad A \times (B \sqcup C) = (A \times B) \sqcup (A \times C), \\
&A_1 \subseteqq A_2 \quad \text{und} \quad B_1 \subseteqq B_2 \Rightarrow A_1 \times B_1 \subseteqq A_2 \times B_2, \\
&A = \emptyset \quad \text{oder} \quad B = \emptyset \quad \Leftrightarrow A \times B = \emptyset.
\end{aligned}$$

Entsprechende Rechengesetze gelten auch für $\times_{\mathbf{t}}$, hängen aber von den Eigenschaften der T-Norm $\mathbf{t}$ ab.

### 8.10.2.9. Das Erweiterungsprinzip

Das Transferprinzip ist verbunden mit dem Problem, auf Verknüpfungen in der Menge $L$ der Zugehörigkeitswerte basierende Verknüpfungen $L$-unscharfer Mengen zu untersuchen, die entsprechend (8.28) erklärt werden. Das Erweiterungsprinzip ist verbunden mit dem Problem, im Grundbereich $\mathbf{X}$ vorliegende Verknüpfungen auf $L$-unscharfe Mengen über $\mathbf{X}$ auszudehnen. Es legt eine Standardmethode für solches Operationsausdehnen fest. Da $n$-stellige Verknüpfungen in $\mathbf{X}$ nur spezielle $n$-stellige Funktionen über $\mathbf{X}$ sind, wird das Erweiterungsprinzip allgemeiner für solche Funktionen formuliert.

**Definition 6: Erweiterungsprinzip:**

Eine Funktion $g$: $\mathbf{X}^n \longrightarrow \mathbf{Y}$ wird dadurch zu einer Funktion $\widehat{g}$: $\mathbf{F}(\mathbf{X})^n \longrightarrow \mathbf{F}(\mathbf{Y})$, deren Argumente unscharfe Mengen über $\mathbf{X}$ sind, erweitert, daß für alle $A_1, \ldots, A_n \in \mathbf{F}(\mathbf{X})$ gesetzt wird

$$\begin{aligned}\mathbf{m}_B(y) &= \sup\{\min\{\mathbf{m}_{A_1}(x_1), \ldots, \mathbf{m}_{A_n}(x_n)\} \mid y = g(x_1, \ldots, x_n) \wedge x_1, \ldots, x_n \in \mathbf{X}\} \\ &= \sup\{\min\{\mathbf{m}_{A_1}(x_1), \ldots, \mathbf{m}_{A_n}(x_n)\} \mid (x_1, \ldots, x_n) \in g^{-1}\langle\{y\}\rangle\} \\ &= \sup\{\mathbf{m}_{A_1 \times \cdots \times A_n}(x_1, \ldots, x_n) \mid (x_1, \ldots, x_n) \in g^{-1}\langle\{y\}\rangle\}\end{aligned}$$

für $B = \widehat{g}(A_1, \ldots, A_n)$ und beliebiges $y \in \mathbf{Y}$.

Betrachtet man die $\alpha$-Schnitte von $B = \widehat{g}(A_1, \ldots, A_n)$, so erhält man für jedes $\alpha \in [0, 1)$:

$$B^{>\alpha} = g(A_1^{>\alpha}, \ldots, A_n^{>\alpha}),$$

wobei die Funktion $g$: $\mathbf{X}^n \longrightarrow \mathbf{Y}$ wie üblich auf gewöhnlichen Mengen als Argumente ausgedehnt ist durch

$$g(A_1^{>\alpha}, \ldots, A_n^{>\alpha}) = \{g(a_1, \ldots, a_n) \mid a_i \in A_i^{>\alpha} \quad \text{für} \quad i = 1, \ldots, n\}.$$

## 8.10.3. Unscharfe Zahlen und ihre Arithmetik

In praxi sind viele numerischen Daten nur ungenau gegeben. Die klassische numerische Mathematik berücksichtigt diesen Umstand mit Fehlerbetrachtungen, in neuerer Zeit auch im Rahmen der Intervallarithmetik (vgl. 8.10.3.3.), in der mit reellen Intervallen statt mit fehlerbehafteten Zahlen gerechnet wird. In beiden Fällen werden alle jeweils im Fehlerintervall liegenden Zahlen als gleichwertige Kandidaten für den „wahren Wert" betrachtet. Mit unscharfen Teilmengen von $\mathbb{R}$ statt üblicher Fehlerintervalle lassen sich Wichtungen dieser Möglichkeit berücksichtigen, der wahre Wert zu sein. Dazu wählt die Fuzzy-Arithmetik als unscharfe Zahlen bzw. unscharfe Intervalle, die beide die gewöhnlichen Fehlerintervalle verallgemeinern, nur solche unscharfen Teilmengen von $\mathbb{R}$, deren Zugehörigkeitsfunktionen keine Nebenmaxima haben.

### 8.10.3.1. Unscharfe Zahlen und Intervalle

**Definition 7:** Eine unscharfe Menge $A \in \mathbf{F}(\mathbb{R})$ über $\mathbb{R}$ heißt **konvex**, falls alle ihre $\alpha$-Schnitte $A^{>\alpha}$ Intervalle sind. Als **unscharfe** (reelle) **Zahlen** bezeichnet man diejenigen konvexen $A \in \mathbf{F}(\mathbb{R})$, deren Kern eine Einermenge ist; beliebige normale und konvexe $A \in \mathbf{F}(\mathbb{R})$ heißen **unscharfe Intervalle**.

Gelegentlich bedient man sich einer laxeren Terminologie und spricht dann noch von unscharfen Zahlen, wenn eigentlich unscharfe Intervalle gemeint sind.

Eine unscharfe Menge $A \in \mathbf{F}(\mathbb{R})$ ist genau dann konvex, wenn für alle $a, b, c \in \mathbb{R}$ gilt

$$a \leq c \leq b \quad \Rightarrow \quad \min\{\mathbf{m}_A(a), \mathbf{m}_A(b)\} \leq \mathbf{m}_A(c).$$

Jede unscharfe Zahl ist auch ein unscharfes Intervall, ebenso jedes gewöhnliche Intervall (genommen als seine charakteristische Funktion). Die reellen Zahlen $r$ sind als unscharfe Einermengen $\mathbf{r}$ mit $\mathbf{m}_\mathbf{r}(r) = 1$, $\mathbf{m}_\mathbf{r}(x) = 0$ für $x \neq r$ isomorph in die Menge der unscharfen Zahlen eingebettet.

Die arithmetischen Operationen für unscharfe Zahlen und unscharfe Intervalle werden entsprechend dem Erweiterungsprinzip definiert. Für unscharfe Zahlen bzw. unscharfe

Intervalle $A, B \in \mathbf{F}(\mathbb{R})$ sind deren *Summe* $S = A+B$ und *Differenz* $D = A-B$ charakterisiert durch die Zugehörigkeitsfunktionen

$$\mathbf{m}_S(a) = \sup_{y \in \mathbb{R}} \min\{\mathbf{m}_A(y), \mathbf{m}_B(a-y)\} \quad \text{für} \quad a \in \mathbb{R},$$
$$\mathbf{m}_D(a) = \sup_{y \in \mathbb{R}} \min\{\mathbf{m}_A(y), \mathbf{m}_B(y-a)\} \quad \text{für} \quad a \in \mathbb{R},$$

das *Negative* $N = {}^{-}A$ durch

$$\mathbf{m}_N(a) = \mathbf{m}_A(-a) \quad \text{für} \quad a \in \mathbb{R}$$

und das *Produkt* $P = A \times B$ durch

$$\mathbf{m}_P(a) = \sup_{\substack{x,y \in \mathbb{R} \\ a = x \cdot y}} \min\{\mathbf{m}_A(x), \mathbf{m}_B(y)\} \quad \text{für} \quad a \in \mathbb{R}.$$

Division ist wie für reelle Zahlen nicht uneingeschränkt möglich, die Bedingung $0 \notin \mathbf{supp}(B)$ sichert aber, daß der *Quotient* $Q = A/B$ für unscharfe Zahlen (Intervalle) wieder eine unscharfe Zahl (ein unscharfes Intervall) ist, wenn man ihn nach dem Erweiterungsprinzip durch die Zugehörigkeitsfunktion beschreibt:

$$\mathbf{m}_Q(a) = \sup_{\substack{x,y \in \mathbb{R} \\ a = x : y}} \min\{\mathbf{m}_A(x), \mathbf{m}_B(y)\} \quad \text{für} \quad a \in \mathbb{R}.$$

*Beispiel:* Die Summe, die Differenz und das Produkt der unscharfen Zahlen $\underset{\sim}{2}$ und $\underset{\sim}{3}$ ist in Abb. 8.52 dargestellt.

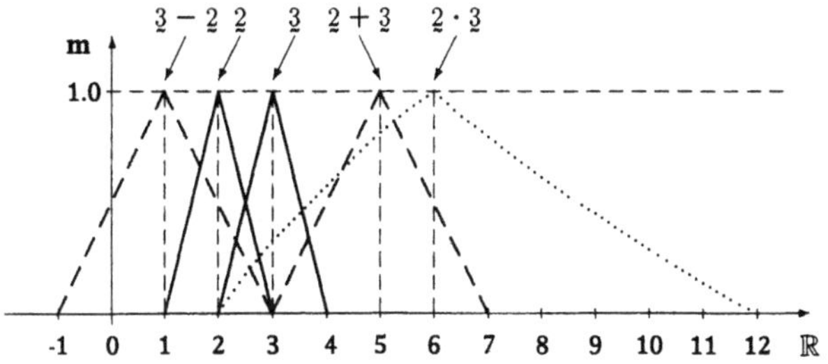


Abb. 8.52

Für Addition und Multiplikation unscharfer Zahlen und Intervalle gelten Kommutativ- und Assoziativgesetz:

$$A+B = B+A, \qquad A \times B = B \times A,$$
$$A+(B+C) = (A+B)+C, \quad A \times (B \times C) = (A \times B) \times C.$$

Statt des Distributivgesetzes gilt allgemein nur die Inklusion

$$A \times (B+C) \subseteqq (A \times B)+(A \times C),$$

erst zusätzliche Voraussetzungen garantieren Gleichheit, etwa

$$0 \notin \mathbf{supp}(A) \cup \mathbf{supp}(B+C) \quad \Rightarrow \quad A \times (B+C) = (A \times B)+(A \times C).$$

Für das Rechnen mit Differenzen und Quotienten betrachtet man zusätzlich zum Negativen $^-B$ im Falle $0 \notin \text{supp}(B)$ noch den *Kehrwert* $K = B^{-1}$:

$$\mathbf{m}_K(a) = \begin{cases} \mathbf{m}_B(\frac{1}{a}), & \text{wenn } a \in \text{supp}(B) \\ 0 & \text{sonst} \end{cases} \qquad \text{für } a \in \mathbb{R},$$

der unscharfe Zahl bzw. unscharfes Intervall ist wie $B$. Durch

$$A-B = A+{}^-B, \qquad A/B = A\times B^{-1}$$

führt man Differenzen auf Summen und Quotienten auf Produkte zurück.

Der Darstellungssatz führt zu einer Beschreibung der arithmetischen Operationen für unscharfe Zahlen bzw. Intervalle $A, B \in \mathbf{F}(\mathbb{R})$ durch ihre Schnitte:

$$\begin{aligned} ({}^-A)^{>\alpha} &= \{-a \mid a \in A^{>\alpha}\}, & (A^{-1})^{>\alpha} &= \{\tfrac{1}{a} \mid a \in A^{>\alpha}\}, \\ (A{*}B)^{>\alpha} &= \{a * b \mid a \in A^{>\alpha} \text{ und } b \in B^{>\alpha}\} \end{aligned}$$

für $* \in \{+, -, \times\}$, $* \in \{+, -, \times\}$ und beliebige $\alpha \in [0, 1)$.

#### 8.10.3.2. Unscharfe Zahlen in $L/R$-Darstellung

Die Zugehörigkeitsfunktion einer unscharfen Zahl $A$ mit dem Kern $A^{\geq 1} = \{a_0\}$ ist „links" von $a_0$, d.h. auf $(-\infty, a_0)$ bzw. $l = (-\infty, a_0) \cap \text{supp}(A)$ monoton wachsend und „rechts" von $a_0$, also auf $(a_0, \infty)$ bzw. $r = (a_0, \infty) \cap \text{supp}(A)$ monoton fallend. Das Rechnen mit unscharfen Zahlen kann wesentlich vereinfacht werden, wenn man die Typen der auf $l$ und $r$ betrachteten monotonen Funktionen auf je eine festgelegte Funktionenklasse einschränkt, z.B. auf lineare Funktionen oder auf Funktionen, die durch „wenige" Parameter charakterisierbar sind. Wegen $\mathbf{m}_A(x) = 0$ für $x \notin \text{supp}(A)$ kann man sich dabei auf Darstellungen von $\mathbf{m}_A$ nur über $\text{supp}(A)$ beschränken. ${\mathbf{m}_A}^L$ und ${\mathbf{m}_A}^R$ mögen die Einschränkungen von $\mathbf{m}_A$ auf $l$ bzw. $r$ sein.

Günstig ist z.B., ${\mathbf{m}_A}^L$ und ${\mathbf{m}_A}^R$ über Hilfsfunktionen $L, R\colon \mathbb{R} \longrightarrow [0, 1]$ festzulegen, für die $L(0) = R(0) = 1$ ist und die beide für positive Argumente monoton fallend sind; mit ihrer Hilfe und Parametern $a_0 \in \mathbb{R}$ und $p, q > 0$ setzt man

$$\begin{aligned} {\mathbf{m}_A}^L(x) &= L\left(\frac{a_0 - x}{q}\right) \qquad \text{für } x \leq a_0, \\ {\mathbf{m}_A}^R(x) &= R\left(\frac{x - a_0}{p}\right) \qquad \text{für } x \geq a_0 \end{aligned}$$

und schreibt dann abkürzend für die durch $\mathbf{m}_A$ charakterisierte unscharfe Zahl $A$

$$A = \langle a_0 ;\, q ,\, p\rangle_{L/R} \,.$$

Für die „Linksfunktionen" $L$ und die „Rechtsfunktionen" $R$ können jeweils unterschiedliche Funktionenklassen gewählt werden. In jedem Falle ist es besonders interessant, für $A+B$, ${}^-A$, $A\times B$, $B^{-1}$ wieder $L/R$-Darstellungen zu finden, wenn man von $L/R$-Darstellungen von $A, B$ ausgeht. Im Spezialfall, daß sowohl die Linksfunktion $L$ als auch die rechtsfunktion $R$ linear sind, also Geraden als Graphen haben, nennt man $A = \langle a_0; q, p\rangle_{L/R}$ eine *dreieckförmige* unscharfe Zahl.

Sind $L(x) = 1 - bx$ und $R(x) = 1 - cx$ lineare Funktionen, so ergeben sich die Parameter $q = b(a_0 - a_1)$, $p = c(a_2 - a_0)$ aus dem Kern $A^{\geq 1} = \{a_0\}$ und dem Träger $\text{supp}(A) = (a_1, a_2)$. Summe und Negatives berechnen sich dann für $A = \langle a_0; q, p\rangle_{L/R}$ und $B = \langle b_0; q', p'\rangle_{L/R}$ als

$$A+B = \langle a_0 + b_0 ;\, q + q' ,\, p + p'\rangle_{L/R} , \qquad {}^-A = \langle -a_0 ;\, p ,\, q\rangle_{L/R} . \tag{8.30}$$

Im allgemeinen ergibt sich bei $^-A$ eine Vertauschung der Rolle von Links- und Rechtsfunktionen; in (8.30) drückt sich dies nur in den Parametern $p, q$ aus; gehören aber $L$ und $R$ zu unterschiedlichen Funktionenklassen, ist diese Vertauschung genau zu beachten.

Da das Produkt linearer Funktionen keine lineare Funktion mehr zu sein braucht, sind $A \times B$ und $B^{-1}$ für unscharfe Zahlen $A, B$ mit linearen Links- und Rechtsfunktionen i.allg. keine solchen unscharfen Zahlen mehr. Weil unscharfe Zahlen aber oft in unscharfen Modellierungen benutzt werden, ist es dafür günstig, die unscharfen Zahlen $A \times B$, $B^{-1}$ durch unscharfe Zahlen mit linearen Links- und Rechtsfunktionen (oder allgemeiner: durch unscharfe Zahlen mit $L, R$ aus denselben Funktionenklassen wie bei $A, B$) anzunähern. Für den linearen Fall empfehlen sich

$$A \times B \cong \langle a_0 b_0 \,;\, a_0 q' + b_0 q - qq' \,,\, a_0 p' + b_0 p - pp' \rangle_{L/R} \quad \text{bei} \quad a_0, b_0 > 0 \,,$$
$$A \times B \cong \langle a_0 b_0 \,;\, a_0 q' - b_0 p - pq' \,,\, a_0 p' - b_0 q - qp' \rangle_{L/R} \quad \text{bei} \quad a_0 > 0 \,,\, b_0 < 0 \,,$$
$$A \times B \cong \langle a_0 b_0 \,;\, -a_0 p' - b_0 p - pp' \,,\, -a_0 q' - b_0 q - qq' \rangle_{L/R} \quad \text{bei} \quad a_0, b_0 < 0$$

und außerdem

$$B^{-1} \cong \left\langle \frac{1}{b_0} \,;\, \frac{p'}{{b_0}^2} \,,\, \frac{q'}{{b_0}^2} \right\rangle_{L/R} ,$$

wofür aber dieselben Bemerkungen über Vertauschung des Typs der Links- und Rechtsfunktionen zutreffen wie bei $^-A$.

### 8.10.3.3. Intervallarithmetik

#### Intervallzahlen

Ein wichtiger Spezialfall unscharfer Intervalle sind die *Intervallzahlen*; dies sind diejenigen unscharfen Intervalle, deren Zugehörigkeitsfunktionen nur die Werte 0 und 1 annehmen. Die Träger von Intervallzahlen sind also gewöhnliche Intervalle von $\mathbb{R}$; jede Intervallzahl ist durch ihren Träger eindeutig charakterisiert. Daher identifiziert man die Intervallzahlen mit ihren Trägern.

**Definition 8:** Die (reellen) Intervallzahlen sind die beschränkten abgeschlossenen Intervalle der reellen Achse $\mathbb{R}$; die Menge aller (reellen) Intervallzahlen wird mit $\mathbf{I}(\mathbb{R})$ bezeichnet.

Intervallzahlen sind unabhängig von den unscharfen Zahlen und schon vor ihnen mathematisch behandelt worden. Sie sind besonders für die numerische Mathematik von Interesse. Man kann von numerischen Berechnungen, die Fehlerschranken berücksichtigend, immer dadurch zu Intervallzahlen kommen, daß man von der Angabe einer reellen Zahl $a$ und ihres Fehlerintervalls $\pm\delta$ zur Intervallzahl $[a - \delta, a + \delta]$ übergeht. Das Arbeiten mit Intervallzahlen entspricht dann dem gleichzeitigen Arbeiten mit numerischen Daten und ihren Fehlerschranken. Daher gibt es zu den meisten Verfahren der numerischen Mathematik inzwischen intervallarithmetische Analoga.

#### Rechenoperationen

Die arithmetischen Operationen für Intervallzahlen entsprechen den arithmetischen Operationen für unscharfe Zahlen. Das Erweiterungsprinzip nimmt für Intervallzahlen aber eine besonders einfache Form an.

**Erweiterungsprinzip der Intervallarithmetik:** Eine zweistellige Verknüpfung $*$ für reelle Zahlen wird dadurch zu einer zweistelligen Verknüpfung $\widehat{*}$ für Intervallzahlen erweitert, daß man für alle $A, B \in \mathbf{I}(\mathbb{R})$ setzt:

$$A \,\widehat{*}\, B = \{a * b \mid a \in A \text{ und } b \in B\} .$$

Ist $*$ eine in beiden Argumenten stetige Funktion, dann ist für $A, B \in \mathbf{I}(\mathbb{R})$ immer auch $A \widehat{*} B \in \mathbf{I}(\mathbb{R})$, d.h. eine Intervallzahl, und $\widehat{*}$ mithin eine über ganz $\mathbf{I}(\mathbb{R})$ erklärte Verknüpfung. Ist $*$ nicht in beiden Argumenten stetig, wie z.B. die Division (sie ist an allen Stellen $(x, 0)$ nicht erklärt, also nicht stetig), so wird $\widehat{*}$ nur für solche Argumente $A, B$ erklärt, für die $A \widehat{*} B$ wieder eine Intervallzahl ist.

Der Einfachheit halber schreibt man auch für die Verknüpfung $\widehat{*}$ in $\mathbf{I}(\mathbb{R})$ i.allg. nur $*$ wie für die entsprechende Verknüpfung in $\mathbb{R}$.

Die arithmetischen Grundoperationen können auf Grund der Monotonieeigenschaften von Addition, Subtraktion, Multiplikation und Division noch wesentlich einfacher als durch das allgemeine Erweiterungsprinzip der Intervallarithmetik beschrieben werden. Für Intervallzahlen $A = [a_1, a_2], B = [b_1, b_2]$ ergibt sich

$$\begin{aligned}
A + B &= [a_1 + b_1, a_2 + b_2], \\
A - B &= [a_1 - b_1, a_2 - b_2], \\
A \cdot B &= [\min\{a_1 b_1, a_1 b_2, a_2 b_1, a_2 b_2\}, \max\{a_1 b_1, a_1 b_2, a_2 b_1, a_2 b_2\}]
\end{aligned}$$

und für den Fall, daß $0 \notin B$ ist, zusätzlich

$$A : B = A \cdot \left[\frac{1}{b_2}, \frac{1}{b_1}\right].$$

Ist $A$ ein *Punktintervall* $A = [a, a]$, so schreibt man für $A + B, A \cdot B$ auch $a + B, aB$; in diesem Falle ist

$$a + B = [a + b_1, a + b_2], \qquad aB = \begin{cases} [ab_1, ab_2], & \text{falls } a \geq 0 \\ [ab_2, ab_1], & \text{falls } a < 0 \end{cases}.$$

Mit der Bezeichnung $C = [c_1, c_2] := A \cdot B$ kann man die Intervallgrenzen des Produktes in Abhängigkeit von den Vorzeichen der Intervallgrenzen der Faktoren einfach angeben:

| | | | |
|---|---|---|---|
| $a_1 \geq 0$ | $b_1 \geq 0$ | $c_1 = a_1 b_1$ | $c_2 = a_2 b_2$ |
| $a_1 \geq 0$ | $b_1 < 0 < b_2$ | $c_1 = a_2 b_1$ | $c_2 = a_2 b_2$ |
| $a_1 \geq 0$ | $b_2 \leq 0$ | $c_1 = a_2 b_1$ | $c_2 = a_1 b_2$ |
| $a_1 < 0 < a_2$ | $b_1 \geq 0$ | $c_1 = a_1 b_2$ | $c_2 = a_2 b_2$ |
| $a_1 < 0 < a_2$ | $b_1 < 0 < b_2$ | $c_1 = \min\{a_1 b_2, a_2 b_1\}$ | $c_2 = \max\{a_1 b_1, a_2 b_2\}$ |
| $a_1 < 0 < a_2$ | $b_2 \leq 0$ | $c_1 = a_2 b_1$ | $c_2 = a_1 b_1$ |
| $a_2 \leq 0$ | $b_1 \geq 0$ | $c_1 = a_1 b_2$ | $c_2 = a_2 b_1$ |
| $a_2 \leq 0$ | $b_1 < 0 < b_2$ | $c_1 = a_1 b_2$ | $c_2 = a_1 b_1$ |
| $a_2 \leq 0$ | $b_2 \leq 0$ | $c_1 = a_2 b_2$ | $c_2 = a_1 b_1$ |

Das Negative $-A$ für $A = [a_1, a_2] \in \mathbf{I}(\mathbb{R})$ und der Kehrwert $B^{-1}$ für $B = [b_1, b_2] \in \mathbf{I}(\mathbb{R})$ mit $0 \notin B$ ergeben sich als

$$-A = [-a_2, -a_1], \qquad B^{-1} = \left[\frac{1}{b_2}, \frac{1}{b_1}\right].$$

Die in 8.10.3.1. erwähnten Rechengesetze für unscharfe Zahlen gelten auch für Intervallzahlen.

**Intervallfunktionen**

Sowohl reellwertige als auch intervallwertige Funktionen von Intervallzahlen sind für die Intervallmathematik wichtig. Ein *Abstand* $q$ für Intervallzahlen $A = [a_1, a_2]$, $B = [b_1, b_2]$ wird festgelegt durch

$$q(A, B) = \max\{|a_1 - b_1|, |a_2 - b_2|\}.$$

Diese Funktion $q$ ist eine Metrik, d.h. es gelten

$$q(A, B) \geq 0; \qquad q(A, B) = 0 \quad \text{genau dann, wenn} \quad A = B,$$
$$q(A, B) = q(B, A),$$
$$q(A, B) \leq q(A, C) + q(C, B) \qquad (\textit{Dreiecksungleichung}).$$

Die Menge $\mathbf{I}(\mathbb{R})$ mit dieser Metrik $q$ ist ein vollständiger metrischer Raum (vgl. 11.2.2.). Der Abstand $q(A, B)$ kann auch dargestellt werden als

$$q(A, B) = \max\left\{\sup_{b \in B} \inf_{a \in A} |a - b|, \sup_{a \in A} \inf_{b \in B} |b - a|\right\}$$

und ist damit Spezialfall der allgemein für Teilmengen metrischer Räume erklärten Hausdorff-Metrik.

Der *Betrag* $|A|$ einer Intervallzahl $A = [a_1, a_2]$ ist ihr Abstand von $[0, 0] \in \mathbf{I}(\mathbb{R})$:

$$|A| = q(A, [0, 0]) = \max\{|a_1|, |a_2|\} = \max_{a \in A} |a|.$$

Für den Betrag gelten

$$|A| \geq 0; \qquad |A| = 0 \quad \text{genau dann, wenn} \quad A = [0, 0],$$
$$|A + B| \leq |A| + |B|,$$
$$|A \cdot B| = |A| \cdot |B|;$$

und für den Abstand und für die intervallarithmetischen Operationen:

$$q(A + B, A + C) = q(B, C),$$
$$q(A + B, C + D) \leq q(A, C) + q(B, D),$$
$$q(A \cdot B, A \cdot C) \leq |A| \cdot q(B, C),$$
$$q(aB, aC) = |a| \cdot q(B, C) \qquad \text{für} \quad a \in \mathbb{R}.$$

Der *Durchmesser* $d(A)$ einer Intervallzahl $A = [a_1, a_2]$ ist

$$d(A) = a_2 - a_1 = \max_{a, b \in A} |a - b|.$$

In den Anwendungen der Intervallzahlen in der numerischen Mathematik ist der Durchmesser ein Maß für die Approximationsgüte einer reellen Zahl durch eine Intervallzahl. Es gelten

$$d(A + B) = d(A) + d(B), \qquad d(-A) = d(A),$$
$$\max\{|A| \cdot d(B), |B| \cdot d(A)\} \leq d(A \cdot B) \leq d(A) \cdot |B| + |A| \cdot d(B),$$
$$d(aB) = |a| \cdot d(B) \qquad \text{für} \quad a \in \mathbb{R}.$$

Analog zum Erweiterungsprinzip der Intervallarithmetik kann jeder $n$-stelligen Funktion $g\colon \mathbb{R}^n \longrightarrow \mathbb{R}$ eine $n$-stellige Funktion $\widehat{g}$ über $\mathbf{I}(\mathbb{R})$ zugeordnet werden durch die Festlegung

$$\widehat{g}(A_1, \ldots, A_n) = \{g(x_1, \ldots, x_n) \mid x_i \in A_i \quad \text{für} \quad i = 1, \ldots, n\}.$$

Ist $g$ eine stetige Funktion, dann ist stets $\widehat{g}(A_1, \ldots, A_n) \in \mathbf{I}(\mathbb{R})$ für $(A_1, \ldots, A_n) \in \mathbf{I}(\mathbb{R})$ und $\widehat{g}$ selbst eine stetige Funktion im metrischen Raum $(\mathbf{I}(\mathbb{R}), q)$.

Jede Intervallfunktion $F\colon \mathbf{I}(\mathbb{R})^n \longrightarrow \mathbf{I}(\mathbb{R})$, für die für beliebige Punktintervalle $A_i = [a^i, a^i]$ gilt

$$g(a^1, \ldots, a^n) = F(A_1, \ldots, A_n),$$

heißt *Intervallerweiterung* von $g$. Für stetige Funktionen $g$ ist $g$ selbst eine Intervallerweiterung von $g$, und zwar die bez. der Inklusion kleinste:

$$g(A_1, \ldots, A_n) \subseteq F(A_1, \ldots, A_n)$$

gilt für alle $A_1, \ldots, A_n \in \mathbf{I}(\mathbb{R})$ und jede Intervallerweiterung $F$ von $g$.

Intervallerweiterungen einer reellen Funktion $g$ erhält man z.B. dadurch, daß man in einer $g$ beschreibenden Formel alle reellen Variablen als Variable für Intervallzahlen nimmt und alle Verknüpfungen als Intervalloperationen. Man muß aber beachten, daß gleichwertige Beschreibungen von $g$ zu unterschiedlichen Intervallerweiterungen führen können; so ist etwa die konstante Funktion $g\colon \mathbb{R} \longrightarrow \{0\}$ mit dem Wert Null sowohl durch $g_1(x) = 0$ als auch durch $g_2(x) = x - x$ darstellbar, die zugehörigen Intervallerweiterungen $G_1, G_2$ wären aber durch $G_1(X) = [0, 0]$ bzw. $G_2(X) = X - X$ zu beschreiben und verschieden wegen $G_2([1,2]) = [-1, 1] \neq [0, 0] = G_1([1, 2])$.

## 8.10.4. Unscharfe Variable

So wie Variable gewöhnliche Mengen als Werte haben können, können Variable auch unscharfe Mengen als Werte haben. Von einer *unscharfen Variablen* $\mathbf{v}$ spricht man aber erst, wenn sie nicht nur unscharfe Mengen $A \in \mathbf{F}(\mathbf{X})$ als Werte haben kann, sondern wenn man außerdem davon ausgehen kann, daß die „eigentlichen" Werte dieser Variablen $\mathbf{v}$ die Elemente des Grundbereiches $\mathbf{X}$ sind. Diese zusätzliche Annahme führt dazu, daß man einen Wert $A \in \mathbf{F}(\mathbf{X})$ dieser Variablen $\mathbf{v}$ als eine ungenaue/unscharfe Information über einen „eigentlichen" Wert ansieht — und daß man weitergehend den Zugehörigkeitsgrad $\mathbf{m}_A(a)$ für $a \in \mathbf{X}$ als *Möglichkeitsgrad* dafür ansieht, daß $a \in \mathbf{X}$ der eigentliche Wert von $\mathbf{v}$ ist, falls $\mathbf{v}$ den unscharfen Wert $A$ hat.

Die Zugehörigkeitsfunktion $\mathbf{m}_A$ betrachtet man in diesem Falle als Möglichkeitsverteilung für den eigentlichen Wert der unscharfen Variablen $\mathbf{v}$ unter der Voraussetzung, daß ihr unscharfer Wert $A$ gegeben ist.

*Beispiel:* Für einen chemischen Prozeß, der sich im Temperaturbereich $\mathbf{T} = [500, 1200]$ von $500°C$ bis $1200°C$ abspielen möge, sei die Temperatur $T$ eine wesentliche Einflußgröße. Eine Modellierung dieses Prozesses, die $T$ als unscharfe Variable mit Werten aus $\mathbf{F}(\mathbf{T})$ benutzt, wird eine Information „die aktuelle Prozeßtemperatur ist niedrig" so verstehen, daß „niedrig" als unscharfe Menge $N \in \mathbf{F}(\mathbf{T})$ interpretiert und Wert$(T) = N$ genommen wird. Die Werte $\mathbf{m}_N(t_0)$ für $t_0 \in T$ charakterisieren dann die „Möglichkeit", daß $t_0$ „wahrer Wert" der Prozeßtemperatur $T$ ist.

Die Bedeutung unscharfer Variabler besteht darin, daß mit ihrer Hilfe sehr flexibel unscharfe Modellierungen vorgenommen werden können.

## 8.10.5. Unscharfe Relationen

### 8.10.5.1. Grundbegriffe

Jede $n$-stellige Relation $\widehat{R}$ ist eine Beziehung zwischen den Elementen von $n$ Mengen $\mathbf{X}_1, \ldots, \mathbf{X}_n$ und wird mengentheoretisch als Teilmenge $\widehat{R} \subseteq \mathbf{X}_1 \times \cdots \times \mathbf{X}_n$ eines $n$-fachen kartesischen Produkts aufgefaßt. Entsprechend ist eine $n$-stellige *unscharfe Relation* $R$ eine unscharfe Menge $R \in \mathbf{F}(\mathbf{X}_1 \times \cdots \times \mathbf{X}_n)$. Der Zugehörigkeitsgrad $\mathbf{m}_R(a_1, \ldots, a_n)$ ist der Grad, zu dem die unscharfe Relation $R$ auf $a_1, \ldots, a_n$ zutrifft. Die Schnitte $R^{>\alpha}$ einer unscharfen Relation $R \in \mathbf{F}(\mathbf{X}_1 \times \cdots \times \mathbf{X}_n)$ sind gewöhnliche Relationen in $\mathbf{X}_1 \times \cdots \times \mathbf{X}_n$.

*Beispiel:* Die unscharfe Gleichheit „ungefähr gleich" in $\mathbb{R}$ kann z.B. als (binäre, d.h. zweistellige) unscharfe Relation $R_0$ mit Zugehörigkeitsfunktion

$$\mathbf{m}_{R_0}(x, y) = \max\{0, 1 - a \cdot |x - y|\} \quad \text{für ein} \quad a > 0$$

aufgefaßt werden. In Abhängigkeit von inhaltlichen Vorstellungen kann sie aber z.B. auch durch unscharfe Relationen $R_1, R_2 \in \mathbf{F}(\mathbb{R}^2)$ mit

$$\mathbf{m}_{R_1}(x, y) = \frac{1 - b(x - y)^2}{1 + x^2 + y^2}, \qquad b \in (0, 1),$$

$$\mathbf{m}_{R_2}(x, y) = \exp \frac{-c(x - y)^2}{1 + x^2 + y^2}, \qquad c > 0,$$

als Zugehörigkeitsfunktionen beschrieben werden.

Die unscharfe Beziehung „im wesentlichen kleiner als" kann etwa als unscharfe Relation $K \in \mathbf{F}(\mathbb{R}^2)$ mit

$$\mathbf{m}_K(x, y) = \begin{cases} \max\{0, 1 - a \cdot |x - y|\} & \text{für} \quad y > x, \\ 1 & \text{für} \quad y \leq x \end{cases}$$

mit $a > 0$ beschrieben werden.

Binäre Relationen $R \in \mathbf{F}(\mathbf{X}_1 \times \mathbf{X}_2)$ über endlichen Grundbereichen können einfach durch Matrizen beschrieben werden. Ist $\mathbf{X}_1 = \{a_1, \ldots, a_n\}$ $n$-elementig und $\mathbf{X}_2 = \{b_1, \ldots, b_m\}$ $m$-elementig, so wird $R$ durch eine $(n, m)$-Matrix $(r_{ij})_{1 \leq i \leq n, 1 \leq j \leq m}$ repräsentiert, für deren Elemente stets gilt

$$r_{ij} = \mathbf{m}_R(a_i, b_j).$$

### 8.10.5.2. Unscharfe Schranken

Binäre unscharfe Relationen $R \in \mathbf{F}(\mathbf{X}_1 \times \mathbf{X}_2)$ beschreiben auch Beziehungen zwischen Variablen $\mathbf{u}, \mathbf{v}$, die insbesondere unscharfe Variable sein können. Dabei sind $\mathbf{X}_1, \mathbf{X}_2$ die Variabilitätsbereiche von $\mathbf{u}, \mathbf{v}$, bzw. es sind $\mathbf{F}(\mathbf{X}_1), \mathbf{F}(\mathbf{X}_2)$ die Bereiche, denen die unscharfen Werte der unscharfen Variablen $\mathbf{u}, \mathbf{v}$ angehören.

Besteht zwischen den Variablen $\mathbf{u}, \mathbf{v}$ die unscharfe Beziehung $R \in \mathbf{F}(\mathbf{X}_1 \times \mathbf{X}_2)$ und ist der Wert $x_0 \in \mathbf{X}_1$ der Variablen $\mathbf{u}$ gegeben, dann ist

$$\mathbf{m}_B(y) = \mathbf{m}_R(x_0, y)$$

die Zugehörigkeitsfunktion eines $B \in \mathbf{F}(\mathbf{X}_2)$, und $B$ ist *unscharfe Schranke* für die möglichen Werte von $\mathbf{v}$ in diesem Falle. Ist für $\mathbf{u}$ nur ein unscharfer Wert $A \in \mathbf{F}(\mathbf{X}_1)$ gegeben, so ergibt sich die zugehörige unscharfe Schranke für die Werte von $\mathbf{v}$ durch

$$\mathbf{m}_B(y) = \sup_{x \in \mathbf{X}_1} \min\{\mathbf{m}_A(x), \mathbf{m}_R(x, y)\}.$$

Mengentheoretisch entspricht $B$ dem vollen Bild von $A$ bezüglich $R$.

### 8.10.5.3. Inverse Relationen, Relationenprodukte

Für eine unscharfe Relation $R \in \mathbf{F}(\mathbf{X}_1 \times \mathbf{X}_2)$ ist die *inverse* unscharfe *Relation* $R^{-1} \in \mathbf{F}(\mathbf{X}_2 \times \mathbf{X}_1)$ charakterisiert durch

$$\mathbf{m}_{R^{-1}}(x,y) = \mathbf{m}_R(y,x) \qquad \text{für alle} \quad y \in \mathbf{X}_1, x \in \mathbf{X}_2 .$$

Für unscharfe Relationen $R \in \mathbf{F}(\mathbf{X}_1 \times \mathbf{X}_2)$ und $S \in \mathbf{F}(\mathbf{X}_2 \times \mathbf{X}_3)$ ist das *Relationenprodukt* $P = R \circledcirc S \in \mathbf{F}(\mathbf{X}_1 \times \mathbf{X}_3)$ charakterisiert durch

$$\mathbf{m}_P(x,z) = \sup_{y \in \mathbf{X}_2} \min\{\mathbf{m}_R(x,y), \mathbf{m}_S(y,z)\} \qquad \text{für} \quad x \in \mathbf{X}_1, z \in \mathbf{X}_3 .$$

Wie für gewöhnliche Relationen bestehen die Beziehungen

$$\begin{aligned}
&R \circledcirc (S \circledcirc T) = (R \circledcirc S) \circledcirc T, \\
&R \circledcirc (S \sqcup T) = (R \circledcirc S) \sqcup (R \circledcirc T), \\
&R \circledcirc (S \sqcap T) \subseteqq (R \circledcirc S) \sqcap (R \circledcirc T), \\
&(R \circledcirc S)^{-1} = S^{-1} \circledcirc R^{-1}, \\
&(R \sqcap S)^{-1} = R^{-1} \sqcap S^{-1}, \qquad (R \sqcup S)^{-1} = R^{-1} \sqcup S^{-1}, \\
&(R^{-1})^{-1} = R, \qquad (\overline{R})^{-1} = \overline{R^{-1}}, \\
&R \subseteqq S \quad \Rightarrow \quad R \circledcirc T \subseteqq S \circledcirc T .
\end{aligned}$$

### 8.10.5.4. Eigenschaften unscharfer Relationen

Die wichtigsten Relationen sind die binären Relationen $R \in \mathbf{F}(\mathbf{X} \times \mathbf{X})$ in einer Menge $\mathbf{X}$. Für sie sind naheliegende Analoga der bekanntesten Eigenschaften gewöhnlicher Relationen erklärt:

$$\begin{aligned}
&R \ \textbf{reflexiv} \quad \Leftrightarrow \quad \mathbf{m}_R(x,x) = 1 \quad \text{für alle} \quad x \in \mathbf{X}, \\
&R \ \textbf{irreflexiv} \quad \Leftrightarrow \quad \mathbf{m}_R(x,x) = 0 \quad \text{für alle} \quad x \in \mathbf{X}, \\
&R \ \textbf{symmetrisch} \quad \Leftrightarrow \quad \mathbf{m}_R(x,y) = \mathbf{m}_R(y,x) \quad \text{für alle} \quad x,y \in \mathbf{X},
\end{aligned}$$

und für beliebige T-Normen t zudem

$$\begin{aligned}
&R \ \textbf{t-asymmetrisch} \quad \Leftrightarrow \quad \mathbf{m}_R(x,y)\,\mathbf{t}\,\mathbf{m}_R(y,x) = 0 \quad \text{für alle} \quad x \neq y \in \mathbf{X}, \\
&R \ \textbf{t-transitiv} \quad \Leftrightarrow \quad \mathbf{m}_R(x,y)\,\mathbf{t}\,\mathbf{m}_R(y,z) \leq \mathbf{m}_R(x,z) \quad \text{für alle} \quad x,y,z \in \mathbf{X}.
\end{aligned}$$

Die reflexiven und symmetrischen unscharfen Relationen sind die *unscharfen Nachbarschaftsbeziehungen*; die reflexiven, symmetrischen und t-transitiven unscharfen Relationen sind die *unscharfen Äquivalenzrelationen*. Die reflexiven und t-transitiven unscharfen Relationen sind die *unscharfen Präferenzrelationen*; die reflexiven, t-transitiven und t-asymmetrischen unscharfen Relationen sind die *unscharfen Halbordnungsrelationen*.

### 8.10.5.5. Unscharfe Äquivalenzrelationen

$R \in \mathbf{F}(\mathbf{X} \times \mathbf{X})$ ist *unscharfe Äquivalenzrelation* bzw. (unscharfe) *Ähnlichkeitsrelation* in $\mathbf{X}$, falls $R$ reflexiv, symmetrisch und t-transitiv bez. irgendeiner T-Norm t ist. So wie gewöhnliche Äquivalenzrelationen verallgemeinerte Gleichheiten beschreiben, erfassen unscharfe Äquivalenzrelationen graduierte Ähnlichkeitsbeziehungen.

Ist $\mathbf{t}^*$ eine T-Norm, für die stets $u\,\mathbf{t}_2\,v \leq u\,\mathbf{t}^*\,v$ gilt für die T-Norm $u\,\mathbf{t}_2\,v = \max\{0, u+v-1\}$, und $R$ eine $\mathbf{t}^*$-transitive unscharfe Äquivalenzrelation in $\mathbf{X}$, dann ist die Funktion

$$\varrho(x,y) = 1 - \mathbf{m}_R(x,y), \qquad x,y \in \mathbf{X},$$

eine *Pseudometrik* in $\mathbf{X}$ mit Maximalbetrag 1, d.h. eine verallgemeinerte Abstandsfunktion $\varrho : \mathbf{X}^2 \longrightarrow [0,1]$ mit den Eigenschaften

**(M*1)** $\varrho(x,x) = 0$ für $x \in \mathbf{X}$,
**(M*2)** $\varrho(x,y) = \varrho(y,x)$ für $x, y \in \mathbf{X}$,
**(M*3)** $\varrho(x,y) + \varrho(y,z) \geq \varrho(x,z)$ für $x, y, z \in \mathbf{X}$.

Daher kann man unscharfe Äquivalenzrelationen auch als verallgemeinerte *Ununterscheidbarkeitsrelationen* betrachten.

Hinsichtlich einer unscharfen Äquivalenzrelation $R$ in $\mathbf{X}$ ist für jedes $a \in \mathbf{X}$ die *$R$-Restklasse* $[a]_R$ diejenige unscharfe Menge über $\mathbf{X}$ mit der Zugehörigkeitsfunktion

$$\mathbf{m}_{[a]_R}(x) \;=\; \mathbf{m}_R(a,x) \qquad \text{für } x \in \mathbf{X}.$$

Jede Restklasse $[a]_R$ ist eine normale unscharfe Menge mit $[a]_R(a) = 1$. Verschiedene $R$-Restklassen brauchen aber nicht disjunkt zu sein: Sowohl $[a]_R \sqcap_t [b]_R \neq \emptyset$ als auch $[a]_R \sqcap [b]_R \neq \emptyset$ sind bei $[a]_R \neq [b]_R$ möglich. Es gilt aber

$$[a]_R \neq [b]_R \Leftrightarrow [a]_R \sqcap_t [b]_R \text{ subnormal}$$
$$\Leftrightarrow [a]_R \sqcap [b]_R \text{ subnormal}.$$

Unscharfe Äquivalenzrelationen $R \in \mathbf{F}(\mathbf{X} \times \mathbf{X})$ beschreiben daher verallgemeinerte Klasseneinteilungen von $\mathbf{X}$ in unscharfe Klassen, die sich (subnormal) überlappen können.

## 8.10.6. Unschärfemaße

Die Zugehörigkeitsgrade $\mathbf{m}_A(x)$ bewerten „lokal" die Unschärfe des Zutreffens der durch $A$ beschriebenen Eigenschaft auf $x$. „Globale" Bewertungen der Unschärfe einer unscharfen Menge werden durch *Unschärfemaße* getroffen. Diese unterscheiden sich prinzipiell danach, (a) welches Mengensystem den Bezugspunkt der Bewertung abgeben soll, (b) welche Mengen als unschärfste angesehen werden sollen und (c) wie die Mengen hinsichtlich ihrer Unschärfe vergleichbar sein sollen.

Unschärfemaße sind reellwertige Mengenfunktionen. Bei ihrer Definition muß üblicherweise zwischen diskreten und kontinuierlichen Grundbereichen für die betrachteten unscharfen Mengen unterschieden werden.

### 8.10.6.1. Entropiemaße

Entropiemaße $F$ bewerten die Abweichung vom Typ der scharfen Menge, weswegen

$$\mathbf{m}_A\colon \mathbf{X} \longrightarrow \{0,1\} \quad\Rightarrow\quad F(A) = 0$$

gefordert wird. Sie nehmen als unschärfste Mengen diejenigen, bei denen für jedes $x \in \mathbf{X}$ gilt $\mathbf{m}_A(x) = \mathbf{m}_{\overline{A}}(x)$:

$$\mathbf{m}_A\colon \mathbf{X} \longrightarrow \left\{\frac{1}{2}\right\} \quad\Rightarrow\quad F(A) \text{ maximal};$$

und sie geben einer *Verschärfung* $B$ von $A$, d.h. einer unscharfen Menge $B$, deren Zugehörigkeitswerte stets näher an den Werten der vollen Zugehörigkeit bzw. Nichtzugehörigkeit liegen als bei $A$, das kleinere Maß:

$$\left.\begin{array}{l} \mathbf{m}_B(x) \leq \mathbf{m}_A(x) \text{ für } \mathbf{m}_A(x) < \frac{1}{2} \\ \mathbf{m}_B(x) \geq \mathbf{m}_A(x) \text{ für } \mathbf{m}_A(x) > \frac{1}{2} \end{array}\right\} \quad\Rightarrow\quad F(B) \leq F(A).$$

*Beispiel:* Entropiemaße sind folgende Mengenfunktionen über $\mathbf{F}(\mathbf{X})$ für diskrete Grundbereiche $\mathbf{X}$:

$$\begin{aligned}
F_1(A) &= \mathbf{card}(A \sqcap \overline{A}) \\
&= \frac{1}{2} \sum_{x \in \mathbf{X}} (1 - |2\mathbf{m}_A(x) - 1|), \\
F_2(A) &= \Big( \sum_{x \in \mathbf{X}} (2\mathbf{m}_A(x) - 1)^2 \Big)^{1/2}, \\
F_3(A) &= \sum_{x \in \mathbf{X}} \Big( \mathbf{m}_A(x) \cdot \ln \mathbf{m}_A(x) - (1 - \mathbf{m}_A(x)) \cdot \ln(1 - \mathbf{m}_A(x)) \Big), \\
F_4(A) &= \mathbf{hgt}(A \sqcap \overline{A}).
\end{aligned}$$

Will man diese Entropiemaße über kontinuierlichen Grundbereichen $\mathbf{X}$ betrachten, muß Summation $\sum_{x \in \mathbf{X}}$ durch Integration $\int_{\mathbf{X}} \ldots \mathrm{d}P$ bez. eines Maßes $P$ auf $\mathbf{X}$ ersetzt werden.

Für Entropiemaße $F$ gilt $F(A) = F(\overline{A})$ für jedes $A \in \mathbf{F}(\mathbf{X})$. Jede Linearkombination von Entropiemaßen über $\mathbf{F}(\mathbf{X})$ ist wieder ein Entropiemaß über $\mathbf{F}(\mathbf{X})$. Für Energiemaße $G$ ist $F(A) = G(A \sqcap \overline{A})$ ein Entropiemaß.

Eine umfangreiche Klasse von Entropiemaßen erfaßt man durch die Ansätze

$$F(A) = g\big(\sum_{x \in \mathbf{X}} f(\mathbf{m}_A(x))\big)$$

für diskretes $\mathbf{X}$ bzw. durch

$$F(A) = g\big(\int_{\mathbf{X}} f(\mathbf{m}_A(x))\, \mathrm{d}P\big)$$

für kontinuierliches $\mathbf{X}$ und ein Maß $P$ auf $\mathbf{X}$, wenn $g\colon \mathbb{R}^+ \longrightarrow \mathbb{R}^+$ monoton wachsend ist mit $g(y) = 0 \Leftrightarrow y = 0$ und $f\colon [0,1] \longrightarrow \mathbb{R}^+$ mit $f(0) = f(1) = 0$ auf $[0, \frac{1}{2}]$ monoton wachsend und auf $[\frac{1}{2}, 1]$ monoton fallend ist.

### 8.10.6.2. Energiemaße

Energiemaße $G$ bewerten die Abweichung von der leeren Menge und betrachten $U_{\mathbf{X}}$ als unschärfste Menge:

$$G(\emptyset) = 0, \qquad G(U_{\mathbf{X}}) \ \text{maximal}.$$

Als Vergleichskriterium wird die Inklusion gewählt:

$$A \subseteqq B \quad \Rightarrow \quad G(A) \leq G(B).$$

*Beispiel:*

$$\begin{aligned}
G_1(A) &= \mathbf{card}(A), \\
G_2(A) &= \mathbf{hgt}(A), \\
G_3(A) &= \int_{\mathbf{X}} f(\mathbf{m}_A(x))\, \mathrm{d}x \qquad \text{für monoton wachsendes } f\colon [0,1] \longrightarrow \mathbb{R}^+.
\end{aligned}$$

Energiemaße werden häufig benutzt, um die Annäherung an Einermengen zu bewerten. Jede Linearkombination von Energiemaßen über $\mathbf{F}(\mathbf{X})$ ist wieder ein Energiemaß über $\mathbf{F}(\mathbf{X})$. Für Entropiemaße $F$ ist $G(A) = F(A \sqcap U_{0.5})$ ein Energiemaß für die unscharfe Menge $U_{0.5} \in \mathbf{F}(\mathbf{X})$ mit $\mathbf{m}_{U_{0.5}}(x) = \frac{1}{2}$ für jedes $x \in \mathbf{X}$.

Eine umfangreiche Klasse von Energiemaßen erfaßt man durch den Ansatz

$$G(A) = g(\sum_{x\in\mathbf{X}} f(\mathbf{m}_A(x))) \qquad \text{bzw.} \qquad G(A) = g(\int_{\mathbf{X}} f(\mathbf{m}_A(x))\,\mathrm{d}P)$$

mit einem Maß $P$ auf $\mathbf{X}$ und $f\colon [0,1] \longrightarrow \mathbb{R}^+$ monoton wachsend mit: $f(y) = 0 \Leftrightarrow y = 0$; für $g$ kann man $g = \mathrm{id}_{\mathbb{R}}$ wählen oder ebenfalls eine geeignete monoton wachsende Funktion.

### 8.10.6.3. Unsicherheitsmaße

Unsicherheitsmaße $H$ unterscheiden sich nur dadurch von den Energiemaßen, daß sie die Abweichung vom Typ des scharfen Punktes, d.h. vom Typ der scharfen Einermenge bewerten (statt von $\emptyset$). Sie genügen den Bedingungen

$$H(\text{„Einermenge"}) = 0\,, \qquad H(U_{\mathbf{X}}) \ \text{maximal}\,,$$
$$A \subseteqq B \quad\Rightarrow\quad H(A) \le H(B)$$

und werden nur auf nichtleere normale Mengen angewendet.

*Beispiel:* Ein Unsicherheitsmaß, das unscharfe Mengen $A$ mit genau einem „Kernpunkt" $a_0$ mit $\mathbf{m}_A(a_0) = 1$ qualitativ anders bewertet als solche, deren Kern wenigstens zwei Elemente enthält, ist

$$H(A) = \begin{cases} \mathrm{card}(A) - 1\,, & \text{falls} \quad A^{\ge 1} \quad \text{Einermenge}\,, \\ \mathrm{card}(A) & \text{sonst}\,. \end{cases}$$

Sowohl Energie- als auch Unsicherheitsmaße werden oft in Entscheidungsmodellen benutzt zum Vergleich unscharfer Mengen von (günstigen) Alternativen.

## 8.10.7. Wahrscheinlichkeiten unscharfer Ereignisse

Ist auf dem Grundbereich $\mathbf{X}$ ein Wahrscheinlichkeitsmaß $P$ gegeben, dann setzt man für beliebige $A \in \mathbf{F}(\mathbf{X})$ mit $P$-meßbarer Zugehörigkeitsfunktion oder auch nur für alle unscharfen Mengen $A$ einer passenden $\sigma$-Algebra von unscharfen Mengen aus $\mathbf{F}(\mathbf{X})$

$$\mathrm{Prob}(A) = \int_{\mathbf{X}} \mathbf{m}_A(x)\,\mathrm{d}P\,. \tag{8.31}$$

Man nennt $\mathrm{Prob}(A)$ die Wahrscheinlichkeit des unscharfen Ereignisses $A$.

Für endliche Grundbereiche $\mathbf{X}$ wird (8.31) zu einer gewichteten Summe über die Wahrscheinlichkeiten der Elementarereignisse $x \in \mathbf{X}$.

Aus der Additivität des Wahrscheinlichkeitsmaßes $P$ folgt die Beziehung

$$\mathrm{Prob}(A \sqcup B) = \mathrm{Prob}(A) + \mathrm{Prob}(B) - \mathrm{Prob}(A \sqcap B)\,, \tag{8.32}$$

die für alle unscharfen Ereignisse $A, B$ gilt; ebenso gilt auch

$$\mathrm{Prob}(A + B) = \mathrm{Prob}(A) + \mathrm{Prob}(B) - \mathrm{Prob}(A \cdot B)\,.$$

Die Unabhängigkeit unscharfer Ereignisse wird erklärt mittels Rückgriff auf die interaktive Durchschnittsbildung $A \cdot B$ durch

$$A, B \ \text{unabhängig} \quad\Leftrightarrow\quad \mathrm{Prob}(A \cdot B) = \mathrm{Prob}(A) \cdot \mathrm{Prob}(B)\,.$$

Bedingte Wahrscheinlichkeiten werden entsprechend definiert durch die Beziehung

$$\mathrm{Prob}(A|B) = \frac{\mathrm{Prob}(A \cdot B)}{\mathrm{Prob}(B)} \qquad \text{für} \quad \mathrm{Prob}(B) > 0\,.$$

## 8.10.8. Unscharfe Maße

Ein Element $a \in \mathbf{X}$ eines Grundbereiches $\mathbf{X}$ ist bestimmt durch die Gesamtheit aller (gewöhnlichen) Teilmengen $M \in \mathbf{P}(\mathbf{X})$ mit $a \in M$. Ist ein $a \in \mathbf{X}$ nur unscharf bestimmt, so kann eine *unscharfe Beschreibung* $Q$ von $a$ dadurch erfolgen, daß jedem $M \in \mathbf{P}(\mathbf{X})$ ein Grad $Q(M)$ zugeordnet wird, zu dem $M$ das Element $a$ „erfaßt". Ebenso kann man für eine scharfe Teilmenge $K \in \mathbf{P}(\mathbf{X})$ eine unscharfe Beschreibung $Q$ angeben. Diese unscharfen Beschreibungen leisten die unscharfen Maße.

**Definition 9:** Ein **unscharfes Maß** $Q$ auf $\mathbf{X}$ ist eine Funktion $Q\colon \mathbf{P}(\mathbf{X}) \longrightarrow [0,1]$ mit den Eigenschaften

$$Q(\emptyset) = 0\,, \qquad Q(\mathbf{X}) = 1\,,$$
$$A \subseteq B \quad \Rightarrow \quad Q(A) \leq Q(B)\,,$$

die für unendliche Grundbereiche $\mathbf{X}$ zusätzlich die Stetigkeitsbedingung

$$\lim_{i \to \infty} Q(A_i) \;=\; Q(\lim_{i \to \infty} A_i) \tag{8.33}$$

erfüllt für jede monotone Mengenfolge $A_1 \subseteq A_2 \subseteq \ldots$ bzw. $A_1 \supseteq A_2 \supseteq \ldots$ aus $\mathbf{P}(\mathbf{X})$.

### 8.10.8.1. $\lambda$-unscharfe Maße

Die Additivitätseigenschaft (8.32) für Wahrscheinlichkeiten verallgemeinernd bezeichnet man als $\lambda$-unscharfes Maß $Q_\lambda$ jede Mengenfunktion auf $\mathbf{P}(\mathbf{X})$, für die $Q_\lambda(\mathbf{X}) = 1$ gilt und stets

$$Q_\lambda(A \cup B) \;=\; Q_\lambda(A) + Q_\lambda(B) + \lambda \cdot Q_\lambda(A) \cdot Q_\lambda(B) \qquad \text{bei} \quad A \cap B = \emptyset\,.$$

$\lambda$-unscharfe Maße mit $\lambda > -1$ sind unscharfe Maße. Für $\lambda = 0$ ist $Q_\lambda$ eine Wahrscheinlichkeitsfunktion.

Für $\lambda$-unscharfe Maße $Q_\lambda$ bestehen die Beziehungen

$$Q_\lambda(\overline{A}) = \frac{1 - Q_\lambda(A)}{1 + \lambda \cdot Q_\lambda(A)}\,,$$
$$Q_\lambda(A \cup B) = \frac{Q_\lambda(A) + Q_\lambda(B) - Q_\lambda(A \cap B) + \lambda \cdot Q_\lambda(A) \cdot Q_\lambda(B)}{1 + \lambda \cdot Q_\lambda(A \cap B)}$$

und für paarweise disjunkte Mengen $E_1, E_2, \ldots$ gilt auch

$$Q_\lambda(\bigcup_{i=1}^{\infty} E_i) \;=\; -\tfrac{1}{\lambda}(1 - \prod_{i=1}^{\infty}(1 + \lambda \cdot Q_\lambda(E_i)))\,. \tag{8.34}$$

Für $\mathbf{X} = \mathbb{R}$ können die unscharfen Maße $Q_\lambda$ über Hilfsfunktionen $h$ definiert werden, für die gelten

(1) $x \leq y \quad \Rightarrow \quad h(x) \leq h(y)$ für alle $x, y \in \mathbb{R}$,
(2) $\lim_{x \to -\infty} h(x) = 0$ und $\lim_{x \to +\infty} h(x) = 1$.

Für abgeschlossene Intervalle $[a,b] \subseteq \mathbb{R}$ definiere man

$$g_\lambda([a,b]) \;=\; \frac{h(b) - h(a)}{1 + \lambda \cdot h(a)}$$

und setze $g_\lambda$ mittels (8.33) und (8.34) auf beliebige $A \subseteq \mathbb{R}$ fort.

So wie unscharfe Maße die Wahrscheinlichkeitsmaße verallgemeinern, so verallgemeinern diese $g_\lambda$ erzeugenden Funktionen die Verteilungsfunktionen der gewöhnlichen Wahrscheinlichkeitsrechnung.

### 8.10.8.2. Glaubwürdigkeits- und Plausibilitätsmaße

Der Grundbereich $\mathbf{X}$ sei endlich, und durch eine Funktion $p$: $\mathbf{P}(\mathbf{X}) \longrightarrow [0,1]$ mit $p(\emptyset) = 0$ werde auf Teilmengen von $\mathbf{X}$ das Gesamtgewicht 1 verteilt:

$$\sum_{B \in \mathbf{P}(\mathbf{X})} p(B) = 1 .$$

Diese *grundlegende Wahrscheinlichkeitszuweisung* $p$ legt die durch $p(A) > 0$ charakterisierten *Herdmengen* $A \in \mathbf{P}(\mathbf{X})$ fest und bildet zusammen mit diesen Herdmengen eine *Evidenzgesamtheit.*

Der Wert $p(A)$ wird als relatives Vertrauensniveau in das „Ereignis" $A$ gedeutet, etwa daß der Wert einer Variablen in $A$ liegt. Dann bedeutet $p(\mathbf{X})$ den Anteil des Vertrauens, der „totaler Unkenntnis" geschuldet ist. Von grundlegenden Wahrscheinlichkeitszuweisungen $p$: $\mathbf{P}(\mathbf{X}) \longrightarrow [0,1]$ ausgehend werden über $\mathbf{P}(\mathbf{X})$ das *Glaubwürdigkeitsmaß* $Cr$ durch

$$Cr(A) = \sum_{B \subseteq A} p(B)$$

und das *Plausibilitätsmaß* $Pl$ durch

$$Pl(A) = 1 - Cr(\overline{A}) = \sum_{B \cap A \neq \emptyset} p(B)$$

definiert. Sowohl $Cr$ als auch $Pl$ sind unscharfe Maße.

Der Wert $Cr(A)$ stellt das Evidenzgewicht (den Vertrauensgrad) dar, das sich auf $A$ konzentriert, d.h. auf die Ereignisse konzentriert, die $A$ nach sich ziehen; der Wert $Pl(A)$ stellt das Evidenzgewicht dar, das sich auf $\overline{A}$ konzentriert, d.h. auf die Ereignisse konzentriert, die $A$ ermöglichen. Sind die Werte $p(B)$ grundlegende Aussagen zur unscharfen Beschreibung eines $a \in \mathbf{X}$, dann ist $Cr(\overline{A})$ der Grad des Zweifels an der Zugehörigkeit von $a$ zu $A$ und $Pl(A)$ der Grad, zu dem die Zugehörigkeit von $a$ zu $A$ für plausibel gehalten wird.

Es gelten $Cr(\emptyset) = 0, Cr(\mathbf{X}) = 1$ und stets

$$\begin{aligned} Pl(A) &\geq Cr(A), \\ Cr(A \cup B) &\geq Cr(A) + Cr(B) - Cr(A \cap B), \\ Cr(A) + Cr(\overline{A}) &\leq 1. \end{aligned}$$

Sind die Herdmengen Einermengen, dann ist die grundlegende Wahrscheinlichkeitszuweisung eine gewöhnliche Wahrscheinlichkeitsverteilung und $Cr = Pl$ ein Wahrscheinlichkeitsmaß.

# 9. OPERATIONS RESEARCH

## 9.1. Ganzzahlige lineare Optimierung

### 9.1.1. Problemstellung und geometrische Deutung

Tritt zu einer Aufgabe der linearen Optimierung, etwa in der Form LOP (siehe 5.5.2.), zusätzlich noch die Forderung, daß alle oder einige Variable nur ganzzahlige Werte annehmen dürfen, so entsteht eine Aufgabe der *ganzzahligen linearen Optimierung*.

*Rein-ganzzahlige Optimierung:* Lineare Optimierung mit Ganzzahligkeitsforderung für alle Variablen.

*Gemischt-ganzzahlige Optimierung:* Lineare Optimierung mit Ganzzahligkeitsforderung für einige, aber nicht alle Variablen.

Können die Variablen nur die Werte 0 oder 1 annehmen, spricht man speziell von *Boolescher Optimierung* (rein-Boolesche bzw. gemischt-Boolesche Optimierung).

Anwendungsbeispiele für die ganzzahlige lineare Optimierung ergeben sich bei Aufgaben der Kapazitätsauslastung, wenn von vorhandenen Kapazitäten nicht beliebige Bruchteile genutzt werden können, bei Mischungsproblemen, wenn Mischungskomponenten nur in bestimmten Portionen zugesetzt werden können, bei Transportproblemen, Aufteilungsproblemen, Zuschnitt- und Überdeckungsproblemen sowie in vielen weiteren Fällen. Man vergleiche hierzu die Abschnitte 5.6. und 9.6.3.

Die *geometrische Deutung und Lösungsmöglichkeit* für Aufgaben mit zwei Variablen ergibt sich aus dem in 5.5.1. Dargelegten, wenn man beachtet, daß – beim rein-ganzzahligen Problem – nur die Gitterpunkte (Punkte mit rein ganzzahligen Koordinaten) im zulässigen Bereich des LOP die zulässigen Punkte der ganzzahligen linearen Optimierungsaufgabe darstellen. Beim gemischt-ganzzahligen Problem ergeben sich Geradenstücke im zulässigen Bereich des LOP.

*Beispiel:*

$$2x_1 + x_2 \leq 4.$$

$$2x_1 + 3x_2 \leq 6.$$

$$x_1 \geq 0. \qquad x_2 \geq 0.$$

$$\left.\begin{matrix} x_1 \\ x_2 \end{matrix}\right\} \text{ganzzahlig}$$

$$Q = -x_1 - x_2 = \text{Min!}$$

Zur Lösung ganzzahliger linearer Optimierungsaufgaben sind verschiedene Verfahren entwickelt worden:

a) Schnittverfahren (siehe 9.1.2.),

b) Verzweigungsverfahren (siehe 9.1.3.),

c) Nachweis der Ganzzahligkeit aller Basislösungen des zugeordneten LOP für spezielle Problemklassen (z.B. Transportproblem, 5.6.5.), so daß die Lösung des LOP ohne Beachtung der Ganzzahligkeitsforderung von selbst eine Lösung der ganzzahligen linearen Optimierungsaufgabe ergibt,

d) Nährungsmethoden, die gute zulässige Lösungen liefern (im allgemeinen aber nicht das Optimum).

Bemerkung zu d): Die (eventuell langwierige) Ermittlung des der Lösung des LOP nächstgelegenen zulässigen Gitterpunktes führt oft zu einer praktisch brauchbaren Lösung. In speziellen Beispielen kann sie aber beliebig weit vom Optimum entfernte Punkte liefern (vgl. Abb. 9.1).

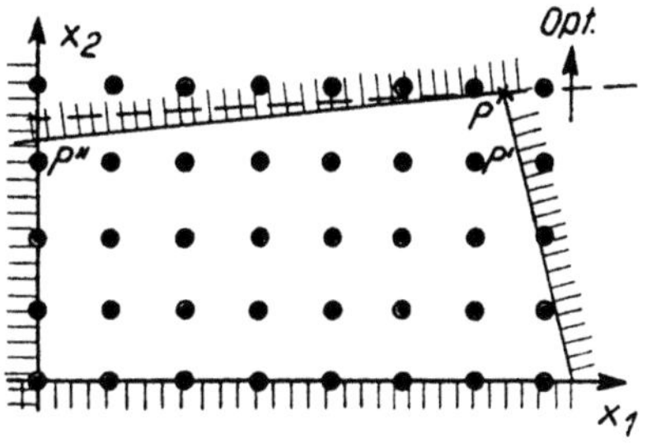


Abb. 9.1
Problematik der ganzzahligen Optimierung
($P$: Optimalpunkt des LOP,
$P'$: zu $P$ nächstgelegener zulässiger Gitterpunkt
$P''$: optimaler Gitterpunkt)

## 9.1.2. Schnittverfahren von Gomory

### 9.1.2.1. Rein-ganzzahlige lineare Optimierungsaufgaben

**Grundidee:** Es wird zuerst das der ganzzahligen linearen Optimierungsaufgabe zugeordnete LOP gelöst. Ist deren Optimum $P$ ein Gitterpunkt, so ist $P$ auch Lösung der ganzzahligen Aufgabe. Andernfalls wird zum LOP eine weitere Nebenbedingung („Schnitt") mit folgenden Eigenschaften hinzugefügt:

- Alle zulässigen Gitterpunkte erfüllen die neue Nebenbedingung.
- Der Punkt $P$ erfüllt die neue Nebenbedingung nicht.

Geometrisch gesprochen werden also $P$ und eine Umgebung von $P$ vom zulässigen Bereich des LOP abgeschnitten. Das neue LOP wird gelöst usw. Durch eine geeignete Konstruktionsmethode für die Schnitte kann erreicht werden, daß nach endlich vielen Schritten ein LOP entsteht, dessen Optimum ganzzahlig und somit Lösung der ursprünglich gestellten ganzzahligen linearen Optimierungsaufgabe ist. Eine erste derartige Methode wurde 1958 von R. E. Gomory angegeben. Davon ausgehend wurden inzwischen mehrere Verfahren entwickelt. Das ständige Hinzufügen von Nebenbedingungen führt dazu, daß mit dem dualen oder revidierten dualen Simplexalgorithmus gearbeitet wird.

*Hinweis zur Modellbildung:* Enthält die Aufgabe zunächst Nebenbedingungen in Ungleichungsform, so geht man durch Einführung von Schlupfvariablen zur Form LOP über. Sind Absolutglied und alle Koeffizienten der Ungleichungen ganzzahlig, so kann auch für die Schlupfvariablen eine Ganzzahligkeitsforderung gestellt werden. Ungleichungen mit rationalen Koeffizienten sind vor Einführen einer Schlupfvariablen mit dem Hauptnenner der rationalen Koeffizienten zu multiplizieren. Ungleichungen mit irrationalen Koeffizienten führen (falls diese nicht rational genähert werden und wie eben dargelegt verfahren wird) auf gemischt-ganzzahlige Optimierungsaufgaben, da hier für die Schlupfvariablen keine Ganzzahligkeit gefordert werden kann.

*Konstruktion der Schnitte:* Es sei $\{w\}$ der gebrochene Anteil der Zahl $w$, $0 \leq \{w\} < 1$. Beispielsweise ist $\{4{,}1\} = 0{,}1$ wegen $4{,}1 = 4 + 0{,}1$, aber $\{-4{,}1\} = 0{,}9$ wegen $-4{,}1 = -5 + 0{,}9$.

Gegeben sei das Optimaltableau mit $m$ Zeilen zu einem LOP, für dessen sämtliche $n$ Variable nun zusätzlich noch Ganzzahligkeit gefordert wird. Die zur Basisvariablen $x_\imath$ gehörige Zeile im Simplextableau sei

$$\imath | a_{\imath\lambda_1} \ldots a_{\imath\lambda_{n-m}} | b_\imath ,$$

$b_\imath$ sei nicht ganzzahlig. Dann wird das Tableau um eine weitere, einer Nebenbedingung entsprechende Zeile

$$n+1 | -\{a_{\imath\lambda_1}\} \ldots - \{a_{\imath\lambda_{n-m}}\} | - \{b_\imath\}$$

erweitert und $x_{n+1}$ als eine ganzzahlige Hilfsvariable mit $x_{n+1} \geq 0$ aufgefaßt. Dann wird der duale Simplexalgorithmus angewendet.

*Hinweise zur Durchführung des Verfahrens:* Entsteht im Verlaufe des Verfahrens irgendwann ein Optimaltableau, in dem eine Hilfsvariable einen positiven Wert hat, kann die entsprechende Zeile gestrichen werden. Auf diese Weise wird ein übermäßiges Anwachsen der Zeilenzahl verhindert.

Die Auswahl unter mehreren nichtganzzahligen $b_\imath$ im Tableau kann beliebig erfolgen; es wird empfohlen, ein $b_\imath$ mit maximalem $\{b_\imath\}$ zu wählen.

Falls klar ist, daß auch der Optimalwert der Zielfunktion ganz sein muß, kann auch die Zielfunktionszeile zur Bildung eines Schnittes benutzt werden.

Es kann vorkommen, daß der zulässige Bereich des LOP zwar nicht leer ist, aber keinen Gitterpunkt enthält. Man erkennt diesen Fall wie bei der Durchführung des dualen Simplexverfahrens (es findet sich keine Pivotspalte).

*Beispiel:*

$$\begin{aligned} 2x_1 + \phantom{3}x_2 + x_3 \phantom{{}+x_4} &= 4, \\ 2x_1 + 3x_2 \phantom{{}+x_3} + x_4 &= 6, \\ x_1, x_2, x_3, x_4 \quad \text{alle } &\geq 0 \text{ und ganzzahlig}, \\ Q(x) = -x_1 - \phantom{3}x_2 &= \text{Min!} \,. \end{aligned}$$

Zunächst lösen wir das LOP (ohne Beachtung der Ganzzahligkeit) mit dem Simplexalgorithmus:

| | 1 | 2 | |
|---|---|---|---|
| 3 | $\boxed{2}$ | 1 | 4 |
| 4 | 2 | 3 | 6 |
| | −1 | −1 | 0 |

→

| | 3 | 2 | |
|---|---|---|---|
| 1 | 1/2 | 1/2 | 2 |
| 4 | −1 | $\boxed{2}$ | 2 |
| | 1/2 | −1/2 | 2 |

→

| | 3 | 4 | |
|---|---|---|---|
| 1 | 3/4 | −1/4 | 3/2 |
| 2 | −1/2 | 1/2 | 1 |
| | 1/4 | 1/4 | 5/2 . |

In der Optimallösung des LOP ist $x_1$ nicht ganzzahlig. Deshalb wird aus der zugehörigen Zeile ein Schnitt konstruiert und das neue LOP mit dem dualen Simplexalgorithmus gelöst:

| | 3 | 4 | |
|---|---|---|---|
| 1 | 3/4 | −1/4 | 3/2 |
| 2 | −1/2 | 1/2 | 1 |
| 5 | −3/4 | $\boxed{-3/4}$ | −1/2 |
| | 1/4 | 1/4 | 5/2 |

→

| | 3 | 5 | |
|---|---|---|---|
| 1 | 1 | −1/3 | 5/3 |
| 2 | −1 | 2/3 | 2/3 |
| 4 | 1 | −4/3 | 2/3 |
| | 0 | 1/3 | 7/3 . |

Wir benutzen $i = 4$ zur Bildung eines Schnittes (zweckmäßiger ist es, dafür immer gleich eine leere Zeile im neuen Tableau zu reservieren) und wenden erneut den dualen Simplexalgorithmus an:

| | 3 | 5 | |
|---|---|---|---|
| 1 | 1 | −1/3 | 5/3 |
| 2 | −1 | 2/3 | 2/3 |
| 4 | 1 | −4/3 | 2/3 |
| 6 | 0 | **[−2/3]** | −2/3 |
| | 0 | 1/3 | 7/3 |

→

| | 3 | 6 | |
|---|---|---|---|
| 1 | 1 | −1/2 | 2 |
| 2 | −1 | 1 | 0 |
| 4 | 1 | −2 | 2 |
| 5 | 0 | −3/2 | 1 |
| | 0 | 1/2 | 2 . |

Das Optimum ist ganzzahlig, somit ist $x_1 = x_4 = 2, x_2 = x_3 = 0$ ein Optimum der ganzzahligen linearen Optimierungsaufgabe. (Müßte man noch weiterrechnen, könnte die zu $x_5$ gehörende Zeile jetzt gestrichen werden.)

Faßt man $x_3, x_4$ als Schlupfvariable auf, kann man die Aufgabe in der $x_1, x_2$-Ebene graphisch darstellen; die beiden Schnitte entsprechen $3x_1 + 3x_2 \leq 7$ und $3x_1 + 3x_2 \leq 6$ (Abb. 9.2).

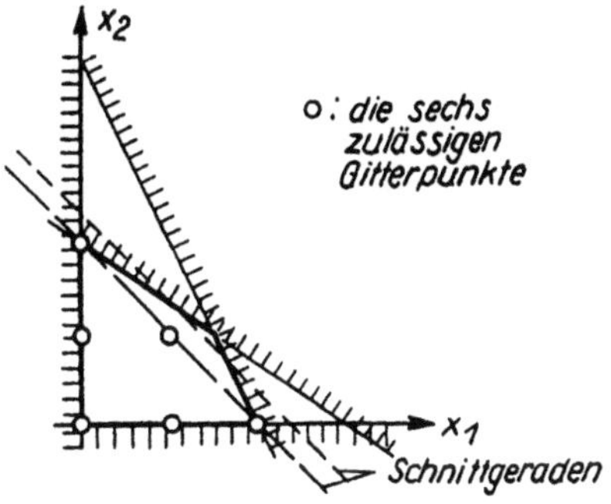


Abb. 9.2
Zulässiger Bereich einer rein ganzzahligen Aufgabe

### 9.1.2.2. Gemischt-ganzzahlige lineare Optimierungsaufgaben

Die Grundidee ist dieselbe wie im rein-ganzzahligen Fall; nichtganzzahlige $b_i$ im Tableau geben natürlich nur dann Anlaß zum Einführen eines Schnittes, wenn für die zugehörige Basisvariable Ganzzahligkeit gefordert wird. Die Konstruktion der Schnitte ist jedoch anders:

$$\begin{array}{l|lcl|l} i & a_{i\lambda_1} & \dots & a_{i\lambda_{n-m}} & b_i \\ n+1 & a_{i\lambda_1}\delta_{\lambda_1} & \dots & a_{i\lambda_{n-m}}\delta\lambda_{n-m} & -\{b_i\} \end{array}$$

mit

$$\delta_{\lambda_j} = \begin{cases} -1 & \text{für } a_{i\lambda_j} \geq 0, \\ \delta = \dfrac{\{b_i\}}{1 - \{b_i\}} & \text{für } a_{i\lambda_j} < 0. \end{cases}$$

*Beispiel:* Wir betrachten das LOP aus 9.1.2.1., fordern aber Ganzzahligkeit nur für $x_1$. Die Rechnung bis zum Optimum des LOP ist dann die gleiche wie in 9.1.2.1. Anschließend wird ein Schnitt eingeführt und der duale Simplexalgorithmus angewendet:

| | | 3 | 4 | | | | 5 | 4 | |
|---|---|---|---|---|---|---|---|---|---|
| $\delta = +1$ | 1 | 3/4 | −1/4 | 3/2 | | 1 | 1 | −1/2 | 1 |
| | 2 | −1/2 | 1/2 | 1 | → | 2 | −2/3 | 2/3 | 4/3 |
| | 5 | [−3/4] | −1/4 | −1/2 | | 3 | −4/3 | 1/3 | 2/3 |
| | | 1/4 | 1/4 | 5/2 | | | 1/3 | 1/6 | 7/3 . |

Optimum: $x_1 = 1$, $x_2 = 4/3$, $x_3 = 2/3$, $x_4 = 0$.

In der geometrischen Darstellung des Beispiels in 9.1.2.1. entspricht dem Schnitt die Nebenbedingung $4x_1 + 3x_2 \leq 8$.

### 9.1.3. Verzweigungsverfahren

Die Voraussetzung, daß eine Variable nur ganzzahlige (in praktischen Anwendungen dann häufig meist nur endlich viele) Werte annehmen kann, eröffnet die Möglichkeit, die Aufgabe durch probeweises Einsetzen aller zulässigen Werte in die Zielfunktion und Vergleich der sich ergebenden Werte zu lösen. Praktikabel wird diese Idee jedoch erst, wenn das vollständige Durchprobieren durch zusätzliche Überlegungen abgekürzt werden kann – diese Überlegungen beruhen auf dem Verzweigungsprinzip (Branch-and-Bound-Prinzip) der kombinatorischen Optimierung (vgl. 9.6.3.). Für die Lösung des allgemeinen rein- oder gemischt-ganzzahligen linearen Optimierungsproblems entsteht so der folgende Algorithmus von Land und Doig (1960).

**Grundidee:** Zur Abschätzung der Zielfunktion über einer gewissen Menge zulässiger Lösungen des ganzzahligen Problems dient die Optimallösung des zugeordneten LOP (denn wenn zu diesem noch Ganzzahligkeitsforderungen hinzukommen, kann der Optimalwert sicher nicht besser werden). Die Menge der zulässigen Lösungen wird schrittweise abgespalten, indem zu einem Optimaltableau mit nicht ganzzahligen[1] $b_i = [b_i] + \{b_i\}$ die beiden Probleme I bzw. II mit der zusätzlichen Nebenbedingung $x_i \leq [b_i]$ bzw. $x_i \geq [b_i] + 1$ gebildet werden. Die zulässigen Bereiche beider Probleme zusammengenommen enthalten dann alle zulässigen Lösungen des ganzzahligen Problems.

Es wird empfohlen, zuerst für diejenigen $i$ zu verzweigen, bei denen $\{b_i\}$ möglichst nahe bei 0,5 liegt.

Verzweigt wird natürlich nur für solche $i$, für die $x_i$ ganzzahlig sein soll. Es wird die duale Simplexmethode verwendet, um die neuen Nebenbedingungen jeweils einfach hinzufügen zu können.

*Beispiel:* Aufgabe $A_{\text{ganz}}$:

$$\begin{aligned} -2x_1 + 2x_2 + x_3 \qquad &= 3, \\ 2x_1 + 2x_2 \qquad + x_4 &= 13, \end{aligned}$$

[1] Es ist $[a]$ der ganze, $\{a\}$ der gebrochene Anteil von $a$, $0 \leq \{a\} < 1$.

$$\left.\begin{matrix} x_1 \\ x_2 \\ x_3 \\ x_4 \end{matrix}\right\} \geq 0, \qquad \left.\begin{matrix} x_1 \\ x_2 \end{matrix}\right\} \textbf{ganz} \tag{9.1}$$

$$Q = 2x_1 - 3x_2 = \text{Min!} .$$

Zweimalige Anwendungen des Simplexalgorithmus auf $A$ (das sei $A_{\text{ganz}}$ ohne Ganzzahligkeitsforderung) führt auf das Optimaltableau

| | 4 | 3 | |
|---|---|---|---|
| 2 | 1/4 | 1/4 | 4 |
| 1 | 1/4 | −1/4 | 5/2 |
| | 1/4 | 5/4 | 7 . |

Hier hat $x_1$ keinen ganzzahligen Wert. Die Aufspaltung

$$A \begin{cases} \text{A I} & x_1 \leq 2 \rightarrow x_1 + x_5 = 2, \\ \text{A II} & x_1 \geq 3 \rightarrow x_1 - x_5 = 3 \end{cases}$$

muß noch mit Hilfe der Gleichung zur letzten Zeile des Tableaus

$$x_1 + (1/4)x_4 - (1/4)x_3 = 5/2$$

auf die momentanen Nichtbasisvariablen $x_4, x_3$ umgerechnet werden.

Allgemein ergibt sich als formaler Algorithmus für die Aufspaltung der Zeile $i$ eines Problems mit $n$ Variablen und $m$ Zeilen

I:

$$\text{I}\begin{cases} i & | \; a_{i\lambda_1} \; \ldots \; a_{i\lambda_{n-m}} \; | \; b_i \\ n+1 & | \; -a_{i\lambda_1} \; \ldots \; -a_{i\lambda_{n-m}} \; | \; -\{b_i\} \end{cases}$$

II:

$$\text{II}\begin{cases} i & | \; a_{i\lambda_1} \; \ldots \; a_{i\lambda_{n-m}} \; | \; b_i \\ n+1 & | \; a_{i\lambda_1} \; \ldots \; a_{i\lambda_{n-m}} \; | \; (\{b_i\} - 1) \end{cases}$$

In unserem Beispiel ergibt sich so

A I

| | 4 | 3 | |
|---|---|---|---|
| 2 | 1/4 | 1/4 | 4 |
| 1 | 1/4 | −1/4 | 5/2 |
| 5 | −1/4 | 1/4 | −1/2 |
| | 1/4 | 5/4 | 7 . |

A II

| | 4 | 3 | |
|---|---|---|---|
| 2 | 1/4 | 1/4 | 4 |
| 1 | 1/4 | −1/4 | 5/2 |
| 5 | 1/4 | −1/4 | −1/2 |
| | 1/4 | 5/4 | 7 . |

Beide Aufgaben werden nun mit dem dualen Simplexalgorithmus gelöst. Ergeben sich für $x_1, x_2$ dann am Optimum keine ganzzahligen Werte, wird das Problem mit dem günstigsten Optimalwert weiterverzweigt usw.

Abb. 9.3 zeigt den Rechengang für das Beispiel; wir geben dort jeweils die Optimalwerte von $x_1, x_2$ und der Zielfunktion an.

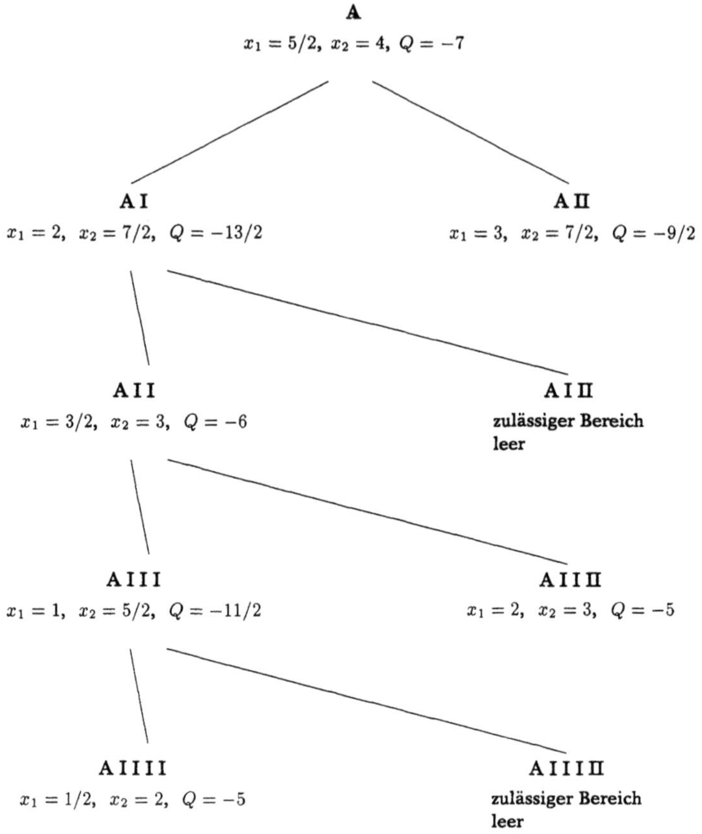


Abb. 9.3 Schema zur Lösung der Aufgabe (9.1)

Mit der Lösung von A I I II ist eine optimale Lösung der ganzzahligen linearen Optimierungsaufgabe $A_{\text{ganz}}$ gefunden, $Q_0 = -5$. Die in A II noch vorhandenen zulässigen Punkte von $A_{\text{ganz}}$ haben Zielfunktionswerte $\geq -9/2$, die schlechter als $Q_0$ sind. Die in A I I I I noch vorhandenen zulässigen Punkte von $A_{\text{ganz}}$ haben Zielfunktionswerte $\geq -5$, unter ihnen könnten noch Punkte mit dem Optimalwert $Q_0$ sein (durch weitere Verzweigung ließe sich das noch untersuchen), aber jedenfalls keine zulässigen Punkte von $A_{\text{ganz}}$ mit besserem Zielfunktionswert als $Q_0$.

### 9.1.4. Vergleich der Verfahren

Bei der Benutzung von Computern brauchen Verzweigungsverfahren gegenüber Schnittverfahren in der Regel mehr Speicherplatz, sind aber numerisch stabiler. Bei beiden Verfahren besteht eine Schwierigkeit darin, zu entscheiden, ob eine (mit Rundungsfehlern behaftete) Zahl $b_i$ als ganz anzusehen ist oder nicht.

# 9.2. Nichtlineare Optimierung

## 9.2.1. Übersicht und spezielle Aufgabentypen

### 9.2.1.1. Allgemeine nichtlineare Optimierungsaufgabe im $\mathbb{R}^n$; konvexe Optimierung

Die allgemeine Optimierungsaufgabe im $\mathbb{R}^n$ hat folgende Gestalt:

$$\left.\begin{array}{l} g_j(\mathbf{x}) \leq b_j, \quad j = 1, \ldots, m, \\ F(\mathbf{x}) = \text{Min!}\,. \end{array}\right\} \tag{9.2}$$

Dabei ist $\mathbf{x} = (x_1, \ldots, x_n)^{\mathrm{T}} \in \mathbb{R}^n$; $g_1(\mathbf{x}), \ldots, g_m(\mathbf{x})$, $F(\mathbf{x})$ sind reellwertige Funktionen und $b_1, \ldots, b_m$ reelle Konstanten. Ist mindestens eine der Funktionen nichtlinear, dann heißt die Aufgabe nichtlinear. Wie in der linearen Optimierung können unter den Nebenbedingungen speziell auch Vorzeichenbedingungen sein, und Gleichungen können als Paare entgegengesetzt gerichteter Ungleichungen aufgefaßt werden; andererseits können Ungleichungen durch Einführung von Schlupfvariablen in Gleichungen überführt werden. Die Menge aller $\mathbf{x}$, die den Nebenbedingungen genügen, heißt *zulässiger Bereich*.

**Konvexe Optimierung:** Eine Aufgabe der Form (9.2) heißt konvex, wenn alle Funktionen konvex sind. *Der zulässige Bereich einer konvexen Optimierungsaufgabe ist stets eine konvexe Menge.* Da $G(\mathbf{x})$ genau dann konkav ist, wenn $-G(\mathbf{x})$ konvex ist, entspricht $g_j(\mathbf{x}) \leq b_j$, $G(\mathbf{x}) = \text{Max!}$ mit konvexen $g_j(\mathbf{x})$ und konkavem $G(\mathbf{x})$ einer konvexen Optimierungsaufgabe. Da lineare Funktionen gleichzeitig konvex und konkav sind, stellt jede lineare Optimierungsaufgabe auch eine konvexe Optimierungsaufgabe dar.

### 9.2.1.2. Lineare Quotientenoptimierung

**Aufgabenstellung:** Über einem zulässigen Bereich, wie er in der linearen Optimierung auftritt, wird als Zielfunktion der Quotient zweier linearer Funktionen betrachtet. Auf diese Weise können z.B. Effektivitätskennziffern wie Gewinn : Selbstkosten optimiert werden, wenn für beide Bestandteile lineare Ansätze möglich sind:

$$\begin{aligned} V(\mathbf{x}) = \frac{Z(\mathbf{x})}{N(\mathbf{x})} &= \text{Min!}\,, \\ \mathbf{A}\mathbf{x} &= \mathbf{b}, \\ \mathbf{x} &\geq \mathbf{o}\,. \end{aligned}$$

Es wird gefordert, daß $N(\mathbf{x}) > 0$ für alle zulässigen $\mathbf{x}$ gilt (eine Erweiterung des Algorithmus ermöglicht eine geringe Abschwächung dieser Forderung). Dann existiert eine Lösung, falls der zulässige Bereich beschränkt ist, aber auch in gewissen weiteren Fällen.

**Algorithmus:** Die Lösung der Aufgabe gelingt durch eine Verallgemeinerung des Simplexverfahrens. Wie bei diesem wird zunächst eine zulässige Basislösung mit dem zugehörigen Anfangstableau ermittelt, wobei $Z(\mathbf{x})$ und $N(\mathbf{x})$ wie zwei lineare Zielfunktionen auf die Nichtbasisvariablen umgerechnet und in zwei Zeilen unter dem Schema der Restriktionen angefügt werden. Dieses gesamte Tableau wird im folgenden ebenso wie beim gewöhnlichen Simplexverfahren transformiert, nur die Ermittlung der Pivotspalte (und damit der Optimalitätstest) erfolgt mit Hilfe einer zusätzlichen Steuerzeile $P$, die bei jedem Tableau neu aus den Koeffizienten in der $Z$- und $N$-Zeile berechnet wird: $p_j = (-z_0)n_j - (-n_0)z_j$. Sind alle $p_j \geq 0$, ist das Optimum erreicht, $(-z_0) : (-n_0)$ gibt den Wert an; anderenfalls bestimmt ein negatives $p_j$ (meist wird das kleinste gewählt) eine Pivotspalte. Eine Ausdehnung auf die Behandlung parameterabhängiger Zählerfunktionen ist analog zur linearen parametrischen Optimierung möglich.

***Beispiel*** **(für die Durchführung des Simplexalgorithmus; vgl. 5.5.4.):**

$$
\begin{aligned}
V(\mathbf{x}) &= \frac{-6x_1 - 3x_2 - 2}{x_1 + x_2 + 10} = \text{Min!},\\
x_1 + x_2 + x_3 \qquad &= 2,\\
x_1 \qquad\qquad + x_4 &= 1,\\
x_i &\geq 0.
\end{aligned}
$$

**Man erkennt sofort eine Basis $x_3$, $x_4$. Die Zielfunktion ist dann bereits durch die Nichtbasisvariablen dargestellt.**

| | $x_1$ | $x_2$ | $b$ |
|---|---|---|---|
| $x_3$ | **1** | **1** | **2** |
| $x_4$ | $\boxed{1}$ | **0** | **1** |
| **Zähler** | **−6** | **−3** | **2** |
| **Nenner** | **1′** | **1** | **−10** |
| **Steuerzeile** | **−58** | **−28** | |

| | $x_4$ | $x_2$ | $b$ |
|---|---|---|---|
| $x_3$ | **−1** | $\boxed{1}$ | **1** |
| $x_1$ | **1** | **0** | **1** |
| | **6** | **−3** | **8** |
| | **−1** | **1** | **−11** |
| | **58** | **−25** | |

| | $x_4$ | $x_3$ | $b$ |
|---|---|---|---|
| $x_2$ | **−1** | **1** | **1** |
| $x_1$ | **1** | **0** | **1** |
| | **3** | **3** | **11** |
| | **0** | **−1** | **−12** |
| | **38** | **25** | |

$$p_1 = (-z_0)n_1 - (-n_0)z_1 = 2 \cdot 1' - (-10)(-6) = -58\,.$$

**Optimum: $\mathbf{x} = (1, 1, 0, 0)^{\mathrm{T}}$, Optimalwert: $-11/12$.**

## 9.2.1.3. Quadratische Optimierung

Unter einer Aufgabe der quadratischen Optimierung wird ein Problem mit linearen Nebenbedingungen und quadratischer konvexer Zielfunktion verstanden:

$$
\left.
\begin{aligned}
Q(\mathbf{x}) = \mathbf{p}^{\mathrm{T}}\mathbf{x} + \mathbf{x}^{\mathrm{T}}\mathbf{C}\mathbf{x} = \text{Min!}\\
\mathbf{A}\mathbf{x} = \mathbf{b}, \quad \mathbf{x} \geq \mathbf{o};
\end{aligned}
\right\}
\tag{9.3}
$$

**C positiv definite $n \times n$-Matrix.**

**A beliebige $m \times n$-Matrix mit Rang $m$.**

$\mathbf{b} \in \mathbb{R}^m$, $\quad \mathbf{p} \in \mathbb{R}^n$, $\quad \mathbf{x} \in \mathbb{R}^n$.

**Bei (streng) positiv definitem C ist die Zielfunktion (streng) konvex. Ist der zulässige Bereich nicht leer und beschränkt, dann existiert stets eine Lösung. Ist er unbeschränkt, existiert bei positiv definitem C manchmal und bei streng positiv definitem C stets eine Lösung.**

### *9.2.1.3.1. Verfahren von Wolfe*

Dieses heute überwiegend verwendete simplexartige Verfahren wird hier für *streng* positiv definites **C** dargestellt; es läßt sich aber auch auf positiv definite **C** verallgemeinern. Häufig führt es bei positiv definitem **C** auch in der folgenden Form schon zur Lösung. Eine Ecke $\overline{\mathbf{x}}$ des zulässigen Bereichs muß bekannt sein oder wie in der linearen Optimierung ermittelt werden; ferner sei $\overline{\mathbf{q}} := 2\mathbf{C}\overline{\mathbf{x}} + \mathbf{p}$.

**Grundlagen:** Die Kuhn-Tucker-Bedingungen (siehe 9.2.2.1.) zur Aufgabe (9.3) lauten nach Einführung von Schlupfvariablen $\mathbf{v} \in \mathbb{R}^n$:

$$\left.\begin{aligned} \mathbf{A}\overset{0}{\mathbf{x}} &= \mathbf{b}, \\ -2\mathbf{C}\overset{0}{\mathbf{x}} + \overset{0}{\mathbf{v}} - \mathbf{A}^{\mathrm{T}}\overset{0}{\mathbf{u}} &= \mathbf{p}, \\ \overset{0}{\mathbf{x}}{}^{\mathrm{T}}\overset{0}{\mathbf{v}} &= 0, \\ \overset{0}{\mathbf{x}} \geq \mathbf{o}, \quad \overset{0}{\mathbf{v}} \geq \mathbf{o}, \quad \overset{0}{\mathbf{u}} &\text{ nicht vorzeichenbeschränkt.} \end{aligned}\right\} \tag{9.4}$$

Die Lösung dieses System für das interessierende $\overset{0}{\mathbf{x}}$ und die Hilfsgrößen $\overset{0}{\mathbf{v}}$, $\overset{0}{\mathbf{u}}$ wird auf die Lösung einer Optimierungsaufgabe mit nichtnegativen Variablen zurückgeführt ($t$ ist eine neue Variable, $\mathbf{u} = \mathbf{u}' - \mathbf{u}''$ wird als Differenz nichtnegativer Variablen dargestellt):

$$\left.\begin{aligned} \mathbf{A}\mathbf{x} &= \mathbf{b}, \\ -2\mathbf{C}\mathbf{x} + \mathbf{v} - \mathbf{A}^{\mathrm{T}}\mathbf{u}' + \mathbf{A}^{\mathrm{T}}\mathbf{u}'' + t\overline{\mathbf{q}} &= \mathbf{p}, \\ \mathbf{x} \geq \mathbf{o}, \quad \mathbf{v} \geq \mathbf{o}, \quad \mathbf{u}' \geq \mathbf{o}, \quad \mathbf{u}'' \geq \mathbf{o}, \quad t &\geq 0, \\ \mathbf{x}^{\mathrm{T}}\mathbf{v} &= 0, \\ t &= \text{Min!}\,. \end{aligned}\right\} \tag{9.5}$$

Ist $\overset{0}{\mathbf{x}}, \overset{0}{\mathbf{v}}, \overset{0}{\mathbf{u}}{}', \overset{0}{\mathbf{u}}{}'', \overset{0}{t} = 0$ Lösung dieser Aufgabe, so ist $\overset{0}{\mathbf{x}}, \overset{0}{\mathbf{v}}, \overset{0}{\mathbf{u}} = \overset{0}{\mathbf{u}}{}' - \overset{0}{\mathbf{u}}{}''$ Lösung von (9.4), also ist $\overset{0}{\mathbf{x}}$ Lösung von (9.3) (eine Minimallösung mit $\overset{0}{t} \neq 0$ würde Unlösbarkeit von (9.4) bedeuten). Die Größe $\overline{\mathbf{q}}$ wurde eingeführt, um leicht eine Anfangsbasis von (9.5) finden zu können.

**Anfangstableau** für (9.5) ohne $\mathbf{x}^{\mathrm{T}} = 0$: Wir wählen $\mathbf{x} = \overline{\mathbf{x}}$, $\mathbf{v} = \mathbf{o}$, $\mathbf{u}' = \mathbf{o}$, $\mathbf{u}'' = \mathbf{o}$, $t = 1$. Das ist ein Anfangseckpunkt von (9.5), *der außerdem auch* $\mathbf{v}^{\mathrm{T}}\mathbf{x} = 0$ *erfüllt*. Die zugehörigen Spalten aus der Gesamtmatrix der linearen Restriktionen

$$\begin{pmatrix} \mathbf{A} & \mathbf{O} & \mathbf{O} & \mathbf{O} & \mathbf{O} \\ -2\mathbf{C} & \mathbf{E} & -\mathbf{A}^{\mathrm{T}} & \mathbf{A}^{\mathrm{T}} & \overline{\mathbf{q}} \end{pmatrix}$$

werden wie folgt gewählt:

a) die $m$ Spalten, die durch die Basiseigenschaft von $\overline{\mathbf{x}}$ in $\mathbf{A}$ bestimmt sind, etwa zugehörig zu $x_i$ mit $i \in I$;

b) die zu den $v_i$ mit $i \notin I$ gehörigen $(n - m)$ Spalten von $\binom{\mathbf{O}}{\mathbf{E}}$;

c) sämtliche Spalten zu $u'_j$, also von $\binom{\mathbf{O}}{-\mathbf{A}^{\mathrm{T}}}$;

d) die letzte Spalte $\binom{\mathbf{O}}{\overline{\mathbf{q}}}$; dafür wird aber eine geeignete der unter b) und c) gewählten Spalten wieder weggelassen. Die wegzulassende Spalte darf nicht orthogonal zu $\binom{\mathbf{O}}{\overline{\mathbf{q}}}$ sein.

Die so erhaltene Menge ist eine Menge von Basisspalten. Bezüglich der entsprechenden Variablen läßt sich also durch Eliminationsschritte ein Anfangstableau erzeugen.

*Sonderfall:* Bei $\overline{\mathbf{q}} = \mathbf{o}$ läßt sich d) nicht realisieren; dann ist aber $\mathbf{x} = \overline{\mathbf{x}}$, $\mathbf{v} = \mathbf{o}$, $\mathbf{u}' = \mathbf{o}$, $\mathbf{u}'' = \mathbf{o}$, $t = 0$ zulässig in (9.5), und somit ist $\overline{\mathbf{x}}$ ein Optimum von (9.3).

**Simplexverfahren mit Zusatzvorschrift:** Ausgehend vom erhaltenen Tableau wird das Simplexverfahren mit folgender Zusatzvorschrift durchgeführt, die $\mathbf{v}^{\mathrm{T}}\mathbf{x} = 0$ in allen Tableaus sichert: „Ist und bleibt bei einem Austauschschritt $x_i$ in der Basis, so darf $v_i$ nicht in die Basis kommen. Ist und bleibt $v_i$ in der Basis, so darf $x_i$ nicht hineinkommen" (eingeschränkte Pivotspaltensuche). Trotz dieser Einschränkung führt das Verfahren in endlich vielen Schritten (bei Entartung unter Ausschaltung der Zyklenbildung) zum Optimum $t = 0$.

***Beispiel:***

$$\begin{aligned} x_1 + x_2 - x_3 \quad &= 3, \qquad x_i \geq 0, \\ x_1 + x_2 \quad + x_4 &= 5, \\ Q(\mathbf{x}) = x_2 + x_1^2 + x_2^2 \quad &= \text{Min!}, \end{aligned}$$

$$\mathbf{A} = \begin{pmatrix} 1 & 1 & -1 & 0 \\ 1 & 1 & 0 & 1 \end{pmatrix}, \quad \mathbf{b} = \begin{pmatrix} 3 \\ 5 \end{pmatrix}, \quad \mathbf{p} = (0,1,0,0)^{\mathrm{T}}, \quad \mathbf{C} = \begin{pmatrix} 1 & 0 & 0 & 0 \\ 0 & 1 & 0 & 0 \\ 0 & 0 & 0 & 0 \\ 0 & 0 & 0 & 0 \end{pmatrix}.$$

Eine Ecke von $\mathbf{Ax} = \mathbf{b}$, $\mathbf{x} \geq \mathbf{o}$ ist $\overline{\mathbf{x}} = (0,5,2,0)^{\mathrm{T}}$.
Dann ist $\overline{\mathbf{q}} = 2\mathbf{C}\overline{\mathbf{x}} + \mathbf{p} = (0,11,0,0)^{\mathrm{T}}$.
Die linearen Restriktionen von (9.5) werden im folgenden Schema wiedergegeben:

| $x_1$ | $x_2$ | $x_3$ | $x_4$ | $v_1$ | $v_2$ | $v_3$ | $v_4$ | $u_1'$ | $u_2'$ | $u_1''$ | $u_2''$ | $t$ | $\mathbf{b}$ $\mathbf{p}$ |
|---|---|---|---|---|---|---|---|---|---|---|---|---|---|
| 1 | 1 | [−1] | 0 | | | | | | | | | | 3 |
| 1 | [1] | 0 | 1 | | | | | | | | | | 5 |
| −2 | 0 | 0 | 0 | [1] | | | | −1 | −1 | 1 | 1 | 0 | 0 |
| 0 | −2 | 0 | 0 | | 1 | | | −1 | −1 | 1 | 1 | [11] | 1 |
| 0 | 0 | 0 | 0 | | | 1 | | [1] | 0 | −1 | 0 | 0 | 0 |
| 0 | 0 | 0 | 0 | | | | [1] | 0 | −1 | 0 | 1 | 0 | 0 |
| | a | a | | b | | | b | c | c | | | | |

Die mit a, b, c gekennzeichneten Spalten bilden die Menge beim Aufsuchen der Basisspalten nach a), b) und c). Die Spalte zu $u_2'$ wird durch die letzte Spalte ersetzt (Schritt d)). Dann kann mit den eingerahmten Koeffizienten die Elimination durchgeführt werden, und es entsteht das Anfangstableau:

| | $x_1$ | $x_4$ | $v_2$ | $v_3$ | $u_2'$ | $u_1''$ | $u_2''$ | |
|---|---|---|---|---|---|---|---|---|
| $x_3$ | | 1 | | | | | | 2 |
| $x_2$ | 1 | 1 | | | | | | 5 |
| $v_1$ | −2 | | | 1 | −1 | | 1 | 0 |
| $t$ | $\frac{2}{11}$ | $\frac{2}{11}$ | $\frac{1}{11}$ | $\frac{1}{11}$ | $\frac{-1}{11}$ | | $\frac{1}{11}$ | 1 |
| $u_1'$ | | | | 1 | | −1 | | 0 |
| $v_4$ | | | | | −1 | | 1 | 0 |
| | $\frac{-2}{11}$ | $\frac{-2}{11}$ | $\frac{-1}{11}$ | $\frac{-1}{11}$ | $\frac{1}{11}$ | 0 | $\frac{-1}{11}$ | −1 |

Die unterste Zeile enthält die auf die Nichtbasisvariablen umgerechnete Zielfunktion. Leerstellen bedeuten eine 0.

Durch die Zusatzvorschrift kommt nur die $u_2''$-Spalte als Pivotspalte in Frage; $u_2''$ wird mit einem gewöhnlichen Austauschschritt in die Basis transformiert (Austausch gegen $v_1$ oder $v_4$). Nach dem fünften derartigen Austauschschritt ergibt sich die Optimallösung; die $x_i$ haben die Werte $x_1 = 7/4$, $x_2 = 5/4$, $x_3 = 0$, $x_4 = 2$. Damit ist eine Optimallösung der quadratischen Optimierungsaufgabe gefunden.

### *9.2.1.3.2. Iterationsverfahren von Hildreth/d'Esopo*

**Grundlagen:** Mehrere Lösungsverfahren für quadratische Optimierungsaufgaben nutzen die aus Dualitätsbetrachtungen folgenden Beziehungen zwischen den quadratischen Optimierungsaufgaben (9.6) und (9.7) aus.

$$\left.\begin{aligned} &Q(\mathbf{x}) = \mathbf{p}^{\mathrm{T}}\mathbf{x} + \mathbf{x}^{\mathrm{T}}\mathbf{C}\mathbf{x} = \mathrm{Min!} \\ &\mathbf{A}\mathbf{x} \le \mathbf{b}, \end{aligned}\right\} \tag{9.6}$$

$$\left.\begin{aligned} &G(\mathbf{u}) = \mathbf{h}^{\mathrm{T}}\mathbf{u} + \mathbf{u}^{\mathrm{T}}\mathbf{G}\mathbf{u} = \mathrm{Min!} \\ &\mathbf{u} \ge \mathbf{o} \qquad\qquad \text{mit} \quad \mathbf{h} = \mathbf{b} + \tfrac{1}{2}\mathbf{A}\mathbf{C}^{-1}\mathbf{p}, \\ &\qquad\qquad\qquad\qquad\;\; \mathbf{G} = \tfrac{1}{4}\mathbf{A}\mathbf{C}^{-1}\mathbf{A}^{\mathrm{T}}. \end{aligned}\right\} \tag{9.7}$$

Der zulässige Bereich von (9.6) muß innere Punkte haben, und **C** muß *streng* positiv definit sein. Dann ist **G** positiv definit und hat positive Hauptdiagonalelemente $g_{\mu\mu}$.

**Satz:** Für jede Optimallösung $\overset{0}{\mathbf{u}}$ von (9.7) ist $\overset{0}{\mathbf{x}} = -\frac{1}{2}\mathbf{C}^{-1}(\mathbf{A}^{\mathrm{T}}\overset{0}{\mathbf{u}} + \mathbf{p})$ eine Optimallösung von (9.6).

Somit kann (9.6) mittels des Problems (9.7) gelöst werden, in dem *nur* Vorzeichenbedingungen als Restriktionen auftreten.

**Iterationsverfahren** zur Lösung von (9.7): Die direkte Einzelschrittiteration für (9.7) führt auf folgende Vorschrift:

$$\overset{1}{\mathbf{u}} = (\overset{1}{u}_1, \ldots, \overset{1}{u}_m)^{\mathrm{T}} = (0, \ldots, 0)^{\mathrm{T}},$$

$$\overset{k}{u}_\mu = \begin{cases} \dfrac{-1}{g_{\mu\mu}}\left(\dfrac{1}{2}h_\mu + \left[\sum\limits_{\imath=1}^{\mu-1} g_{\imath\mu}\overset{k}{u}_\imath + \sum\limits_{\imath=\mu+1}^{m} g_{\imath\mu}\overset{k-1}{u}_\imath\right]\right), & \text{falls dieser Wert} > 0 \text{ ist,} \\ 0 & \text{sonst.} \end{cases}$$

Die in eckigen Klammern stehende Größe ist das Skalarprodukt der folgenden beiden Vektoren: $\mu$-te Zeile von **G**; beste bisherige Näherung für **u**, aber $u_\mu = 0$ gesetzt.

Zwar konvergiert die Folge $\{\overset{k}{\mathbf{u}}\}$ nicht immer, aber die zugehörigen $\overset{k}{\mathbf{x}} = -\frac{1}{2}\mathbf{C}^{-1}(\mathbf{A}^{\mathrm{T}}\overset{k}{\mathbf{u}} + \mathbf{p})$ konvergieren gegen die eindeutige Optimallösung von (9.7). Die Konvergenz ist nur linear, sie kann aber durch Extrapolationsmethoden wesentlich verbessert werden. Das ist für größere Probleme wichtig.

*Beispiel:*
$$\begin{aligned} -x_1 - x_2 &\le -3, \\ x_1 + x_2 &\le \phantom{-}5, \\ -x_1 \phantom{{}- x_2} &\le \phantom{-}0, \\ - x_2 &\le \phantom{-}0, \\ Q = x_2 + x_1^2 + x_2^2 &= \mathrm{Min!}\,. \end{aligned}$$

(Dieses Beispiel stimmt mit dem zum Verfahren von Wolfe überein, wenn man die dortigen $x_3$, $x_4$ als Schlupfvariable deutet.) Hier ist

$$\mathbf{A} = \begin{pmatrix} 1 & -1 \\ 1 & 1 \\ -1 & 0 \\ 0 & 1 \end{pmatrix}, \quad \mathbf{b} = \begin{pmatrix} -3 \\ 5 \\ 0 \\ 0 \end{pmatrix}, \quad \mathbf{p} = \begin{pmatrix} 0 \\ 1 \end{pmatrix}, \quad \mathbf{C} = \begin{pmatrix} 1 & 0 \\ 0 & 1 \end{pmatrix}.$$

Daraus ergibt sich

$$\mathbf{h} = \begin{pmatrix} -7/2 \\ 11/2 \\ 0 \\ -1/2 \end{pmatrix}, \quad \mathbf{G} = \frac{1}{4}\begin{pmatrix} 2 & -2 & 1 & 1 \\ -2 & 2 & -1 & -1 \\ 1 & -1 & 1 & 0 \\ 1 & -1 & 0 & 1 \end{pmatrix}.$$

Iteration: $\overset{1}{u}_1 = \overset{1}{u}_2 = \overset{1}{u}_3 = \overset{1}{u}_4 = 0.$

$$\overset{2}{u}_1: \quad \frac{-1}{g_{11}}\left(\frac{1}{2}h_1 + \left[\mathbf{G}\begin{pmatrix} 0 \\ 0 \\ 0 \\ 0 \end{pmatrix}\right]_1\right) = \frac{-1}{2/4}\left(-\frac{7}{4} + 0\right) = \frac{7}{2}, \text{ also } \overset{2}{u}_1 = \frac{7}{2};$$

$$\overset{2}{u}_2: \quad \frac{-1}{g_{22}}\left(\frac{1}{2}h_2 + \left[\mathbf{G}\begin{pmatrix} 7/2 \\ 0 \\ 0 \\ 0 \end{pmatrix}\right]_2\right) = \frac{-1}{2/4}\left(\frac{11}{4} - \frac{7}{4}\right) = -2, \text{ also } \overset{2}{u}_2 = 0.$$

Entsprechend ergeben sich durch Negativwerden der berechneten Werte auch $\overset{2}{u}_3 = 0$ und $\overset{2}{u}_4 = 0$. Damit ist wieder $\overset{3}{u}_1 = \frac{7}{2}$, und die weiteren Schritte bringen keine Veränderungen mehr. Aus $\overset{0}{\mathbf{u}} = (7/2, 0, 0, 0)^{\mathrm{T}}$ folgt die gesuchte Lösung der ursprünglichen Aufgabe $\overset{0}{\mathbf{x}} = -\frac{1}{2}\mathbf{C}^{-1}(\mathbf{A}^{\mathrm{T}}\overset{0}{\mathbf{u}} + \mathbf{p}) = (7/4,\ 5/4)^{\mathrm{T}}$.

*9.2.1.3.3. Lineares Komplementaritätsproblem, Verfahren von Lemke*

Quadratische Optimierungsprobleme können in lineare Komplementaritätsprobleme umgeformt und auf diese Weise gelöst werden. Zum Beispiel stellen die Kuhn-Tucker-Bedingungen für (9.7),

$$\overset{0}{\mathbf{v}} = 2\mathbf{G}\overset{0}{\mathbf{u}} + \mathbf{h}, \quad \overset{0}{\mathbf{u}}{}^{\mathrm{T}}\overset{0}{\mathbf{v}} = 0, \quad \overset{0}{\mathbf{u}} \geq \mathbf{o}, \quad \overset{0}{\mathbf{v}} \geq \mathbf{o},$$

ein lineares Komplementaritätsproblem dar (der Anteil $\overset{0}{\mathbf{u}}$ einer Lösung dieses Problems löst dann (9.7)). Die Bedingung $\overset{0}{\mathbf{u}}{}^{\mathrm{T}}\overset{0}{\mathbf{v}} = 0$ heißt Komplementaritätsbedingung. Im Falle $\mathbf{h} \geq \mathbf{o}$ ist $\overset{0}{\mathbf{u}} = \mathbf{o}$, $\overset{0}{\mathbf{v}} = \mathbf{h}$ eine Lösung, diesen Fall schließen wir für das weitere aus.

Ähnlich wie im Verfahren von Wolfe (9.2.1.3.1.) wird beim Verfahren von Lemke zur Lösung linearer Komplementaritätsprobleme im linearen Anteil eine weitere Variable $t$ mit Koeffizientenvektor $\mathbf{e} = (1, 1, \ldots, 1)^{\mathrm{T}}$ eingefügt, und man betrachtet

$$\mathbf{v} = 2\mathbf{G}\mathbf{u} + \mathbf{e}^{\mathrm{T}}t + \mathbf{h}, \quad \mathbf{u} \geq \mathbf{o}, \quad \mathbf{v} \geq \mathbf{o}, \quad t \geq 0.$$

Es sei $h_\nu = \min_k\{h_k\}$. Dann wird durch die Basisvariablen $t = -h_\nu$, $v_1 = h_1 - h_\nu, \ldots, v_{\nu-1} = h_{\nu-1} - h_\nu$, $v_{\nu+1} = h_{\nu+1} - h_\nu$, …, $v_n = h_n - h_\nu$ und die nullgesetzen Nichtbasisvariablen $v_\nu, u_1, \ldots, u_n$ eine zulässige Anfangsecke erhalten. Auf die entsprechende kanonische Form (ohne Zielfunktion!) wird dann der Simplexalgorithmus mit folgender Pivotspaltenbestimmung angewandt: Unter den Nichtbasisvariablen der Anfangsecke ist $\nu$ der „Störindex“, da sowohl $v_\nu$ wie $u_\nu$ in der Nichtbasis sind; $u_\nu$ bestimmt die erste Pivotspalte. Solange im folgenden ein Störindex in der Nichtbasis ist, bestimmt diejenige der beiden zugehörigen Variablen die Pivotspalte, die schon vor dem Austauschschritt in der Nichtbasis war.

Für den Abbruch des Verfahrens gibt es bei positiv definitem $\mathbf{G}$ nur zwei Fälle: Es kommt $t$ in die Nichtbasis – dann ist das lineare Komplementaritätsproblem gelöst. Oder in der Pivotspalte sind alle Koeffizienten $\leq 0$ – dann ist es unlösbar (dieser Fall tritt bei den in 9.2.1.3.2. an (9.6) gestellten Bedingungen nicht ein).

## 9.2.2. Konvexe Optimierung

### 9.2.2.1. Grundlegende theoretische Ergebnisse

Die besondere Rolle der konvexen Optimierung ergibt sich aus dem folgenden

***Satz:*** *Jedes lokale Minimum* einer *konvexen Funktion* über einer *konvexen Menge* ist auch ein *globales Minimum.*

Somit kann das globale Minimum konvexer Funktionen mit lokalen Methoden gesucht werden.

**Satz:** Eine *konkave Funktion* nimmt über einer *konvexen Menge* ihr *globales Minimum stets auf dem Rande* an (falls es existiert). Dagegen nimmt eine konvexe Funktion *im allgemeinen* das globale Minimum *nicht* auf dem Rande an.

Extrema von Funktionen unter Nebenbedingungen in Gleichungsform werden gewöhnlich unter Benutzung von Lagrangefunktionen bestimmt (siehe 5.4.5.).

Diese wichtige Methode läßt sich auch auf konvexe Optimierungsprobleme ausdehnen. Um das zu erläutern, betrachten wir die konvexe Optimierungsaufgabe:

$$F(\mathbf{x}) = \text{Min!}, \qquad \mathbf{x} \in \mathbf{K} \subseteq \mathbb{R}^n,$$
$$f_i(\mathbf{x}) \leq 0, \qquad i = 1, \ldots, m,$$

wobei alle Funktionen auf der konvexen Menge **K** konvex sein sollen. Die *Lagrangefunktion* lautet dann:

$$\Phi(\mathbf{x}, \mathbf{u}) = F(\mathbf{x}) + \sum_{i=1}^{m} u_i f_i(\mathbf{x}) = F(\mathbf{x}) + \mathbf{u}^{\mathrm{T}}\mathbf{f}. \tag{9.8}$$

Dabei ist **f** ein Spaltenvektor mit $f_i$ als Komponenten, und $\mathbf{u}^{\mathrm{T}} = (u_1, \ldots, u_m)$ bezeichnet einen Parametervektor.

**Definition:** $(\overset{0}{\mathbf{x}}, \overset{0}{\mathbf{u}})$ ist *Sattelpunkt* (global bzw. lokal) einer Funktion $\Phi(\mathbf{x}, \mathbf{u})$, falls $\Phi(\overset{0}{\mathbf{x}}, \mathbf{u}) \leq \Phi(\overset{0}{\mathbf{x}}, \overset{0}{\mathbf{u}}) \leq \Phi(\mathbf{x}, \overset{0}{\mathbf{u}})$ für alle (global oder lokal) betrachteten Punkte $(\mathbf{x}, \mathbf{u})$ gilt.

*Anmerkung:* Falls die folgenden Maxima und Minima existieren, ist $(\overset{0}{\mathbf{x}}, \overset{0}{\mathbf{u}})$ Sattelpunkt genau dann, wenn gilt:

$$\operatorname*{Max}_{\mathbf{u}} \operatorname*{Min}_{\mathbf{x}} \Phi(\mathbf{x}, \mathbf{u}) = \operatorname*{Min}_{\mathbf{x}} \operatorname*{Max}_{\mathbf{u}} \Phi(\mathbf{x}, \mathbf{u}) = \Phi(\overset{0}{\mathbf{x}}, \overset{0}{\mathbf{u}}).$$

**Minimax-Satz:** Gegeben seien zwei konvexe kompakte (nichtleere) Mengen $\mathbf{B} \subset \mathbb{R}^n$, $\mathrm{U} \subset \mathbb{R}^m$ sowie eine Funktion $\Phi(\mathbf{x}, \mathbf{u})$ mit $\mathbf{x} \in \mathbb{R}^n$, $\mathbf{u} \in \mathbb{R}^m$, die bezüglich **x** auf **B** konvex und halbstetig nach unten[2)] ist und bezüglich **u** auf **U** konkav und halbstetig nach oben ist. (Die Halbstetigkeit ist zum Beispiel erfüllt, wenn Stetigkeit vorliegt.)

*Dann existieren die folgenden Maxima und Minima sowie Punkte* $\overset{0}{\mathbf{x}} \in \mathbf{B}$, $\overset{0}{\mathbf{u}} \in \mathbf{U}$, *so daß gilt:*

$$\operatorname*{Max}_{\mathbf{u}\in\mathbf{U}} \operatorname*{Min}_{\mathbf{x}\in\mathbf{B}} \Phi(\mathbf{x}, \mathbf{u}) = \operatorname*{Min}_{\mathbf{x}\in\mathbf{B}} \operatorname*{Max}_{\mathbf{u}\in\mathbf{U}} \Phi(\mathbf{x}, \mathbf{u}) = \Phi(\overset{0}{\mathbf{x}}, \overset{0}{\mathbf{u}}).$$

*Folglich hat $\Phi(\mathbf{x}, \mathbf{u})$ nach der vorigen Anmerkung einen Sattelpunkt.*

**Definition:** Gegeben seien über $\mathbf{K} \subseteq \mathbb{R}^n$ konvexe Funktionen $f_i(\mathbf{x})$, $i = 1, \ldots, m$, die einen zulässigen Bereich $f_i(\mathbf{x}) \leq 0$, $i = 1, \ldots, m$, bestimmen. Dann heißt $\overline{\mathbf{x}}$ *innerer Punkt bezüglich der nichtlinearen Restriktionen*, wenn $f_i(\overline{\mathbf{x}}) \leq 0$ für alle $i$ und $f_i(\overline{\mathbf{x}}) < 0$ für alle nicht-affinlinearen $f_i(\mathbf{x})$ gilt (solche $\overline{\mathbf{x}}$ heißen Slater-Punkte).

2) $f(x)$ heißt in $x_0$ halbstetig nach unten, wenn gilt: $\lim_{x \to x_0} \inf f(x) = f(x_0)$.

**Allgemeine Sätze von Farkas und Kuhn-Tucker:** $F(\mathbf{x})$, $f_1(\mathbf{x}), \ldots, f_m(\mathbf{x})$ seien konvex auf $\mathbf{K} \subseteq \mathbb{R}^n$; die $f_i(\mathbf{x})$ seien halbstetig nach unten, und der von den Ungleichungen $f_i(\mathbf{x}) \leq 0$ gebildete zulässige Bereich habe einen inneren Punkt $\bar{\mathbf{x}}$ bezüglich der nichtlinearen Restriktionen mit $\bar{\mathbf{x}} \in \operatorname{int} \mathbf{K}$ (aus dem Inneren von $\mathbf{K}$); $\Phi(\mathbf{x}, \mathbf{u})$ nach (9.8) sei die Lagrangefunktion.

*I (Farkas): Ein zulässiges* $\mathbf{x} \in \mathbf{K}$ *mit* $F(\mathbf{x}) < 0$ *existiert genau dann, falls es ein* $\overset{0}{\mathbf{u}} \geq \mathbf{o}$ *gibt mit* $\Phi(\mathbf{x}, \overset{0}{\mathbf{u}}) \geq 0$ *für alle* $\mathbf{x} \in \mathbf{K}$.

*II (Kuhn-Tucker):* $\overset{0}{\mathbf{x}} \in \mathbf{K}$ *ist genau dann Lösung der konvexen Optimierungsaufgabe* $F(\mathbf{x}) = \text{Min!}$ *über dem zulässigen Bereich, wenn es ein* $\overset{0}{\mathbf{u}} \geq \mathbf{o}$ *gibt, so daß* $(\overset{0}{\mathbf{x}}, \overset{0}{\mathbf{u}})$ *Sattelpunkt von* $\Phi(\mathbf{x}, \mathbf{u})$ *ist.*

**Kuhn-Tucker-Theorem im $\mathbb{R}^n$:** $F(\mathbf{x}), f_1(\mathbf{x}), \ldots, f_m(\mathbf{x})$ seien konvex auf dem $\mathbb{R}^n$; es existiere ein innerer Punkt $\bar{\mathbf{x}}$ bezüglich der nichtlinearen Restriktionen der Optimierungsaufgabe $f_i(\mathbf{x}) \leq 0$ für $i = 1, \ldots, m$, $F(\mathbf{x}) = \text{Min!}$. Dann gilt:

$\overset{0}{\mathbf{x}}$ *ist genau dann Lösung der Optimierungsaufgabe, wenn* $(\overset{0}{\mathbf{x}}, \overset{0}{\mathbf{u}})$ *für ein* $\overset{0}{\mathbf{u}} \geq \mathbf{o}$ *Sattelpunkt der Lagrangefunktion* $\Phi(\mathbf{x}, \mathbf{u})$ *bezüglich* $\mathbf{u} \geq \mathbf{o}$ ist, d.h., für alle $\mathbf{u} \geq \mathbf{o}$ und $\mathbf{x} \in \mathbb{R}^n$ gilt $\Phi(\overset{0}{\mathbf{x}}, \mathbf{u}) \leq \Phi(\overset{0}{\mathbf{x}}, \overset{0}{\mathbf{u}}) \leq \Phi(\mathbf{x}, \overset{0}{\mathbf{u}})$.

**Kuhn-Tucker-Theorem im $\mathbb{R}^n$ bei Vorzeichenbeschränkung:** $F(\mathbf{x})$, $f_1(\mathbf{x}), \ldots, f_m(\mathbf{x})$ seien konvex auf dem $\mathbb{R}^n$; es existiere ein innerer Punkt bezüglich der nichtlinearen Restriktionen der Optimierungsaufgabe $f_i(\mathbf{x}) \leq 0$ für $i = 1, \ldots, m$, $\mathbf{x} \geq \mathbf{o}$, $F(\mathbf{x}) = \text{Min!}$. Dann gilt:

$\overset{0}{\mathbf{x}}$ *ist genau dann Lösung der Optimierungsaufgabe, wenn* $(\overset{0}{\mathbf{x}}, \overset{0}{\mathbf{u}})$ *für ein* $\overset{0}{\mathbf{u}} \geq \mathbf{o}$ *Sattelpunkt der nach* (9.8) *gebildeten Lagrangefunktion* $\Phi(\mathbf{x}, \mathbf{u})$ *bezüglich* $\mathbf{u} \geq \mathbf{o}$ *und* $\mathbf{x} \geq \mathbf{o}$ *ist*, d.h., für alle $\mathbf{u} \geq \mathbf{o}$ und $\mathbf{x} \geq \mathbf{o}$ gilt $\Phi(\overset{0}{\mathbf{x}}, \mathbf{u}) \leq \Phi(\overset{0}{\mathbf{x}}, \overset{0}{\mathbf{u}}) \leq \Phi(\mathbf{x}, \overset{0}{\mathbf{u}})$.

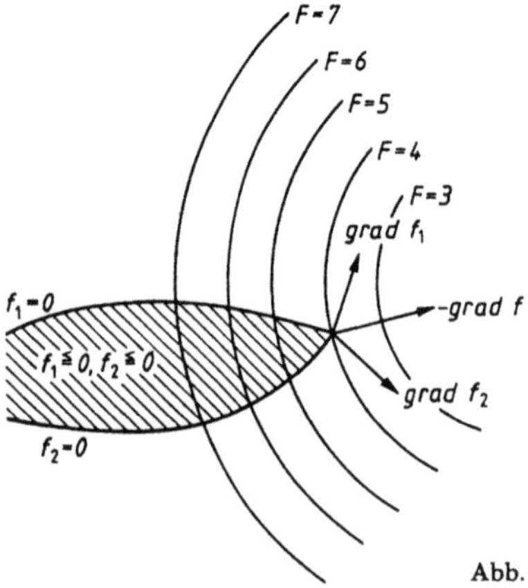


Abb. 9.4

**Lokale Kuhn-Tucker-Bedingungen:** Wenn die Voraussetzungen des Kuhn-Tucker-Theorems im $\mathbb{R}^n$ vorliegen und die Funktionen außerdem *differenzierbar* sind, läßt sich die Sattelpunkteigenschaft wie folgt charakterisieren: $(\overset{0}{\mathbf{x}}, \overset{0}{\mathbf{u}})$ *ist genau dann Sattelpunkt von* $\Phi(\mathbf{x}, \mathbf{u})$ *bezüglich* $\mathbf{x} \in \mathbb{R}^n$, $\mathbf{u} \geq \mathbf{o}$, *wenn gilt:*

(a) $\mathbf{f}(\overset{0}{\mathbf{x}}) \leq \mathbf{o}$ (Zulässigkeit von $\overset{0}{\mathbf{x}}$).

(b) $\overset{0}{\mathbf{u}}^{\mathrm{T}}\mathbf{f}(\overset{0}{\mathbf{x}}) = 0$ (Verallgemeinerung des Satzes vom komplementären Schlupf, siehe (5.102) in 5.5.6.),

(c) $\mathbf{grad}\ F(\overset{0}{\mathbf{x}}) + \sum_{i=1}^{m} \overset{0}{u}_i\ \mathbf{grad}\ f_i(\overset{0}{\mathbf{x}}) = 0.$

Deutung der Beziehung (c):

**Definition:** Eine Restriktion $f_i(\mathbf{x}) \leq 0$ heißt im Punkt $\overset{0}{\mathbf{x}}$ *aktiv*, wenn $f_i(\overset{0}{\mathbf{x}}) = 0$ gilt.

Es sei $I_0$ die Indexmenge der in $\overset{0}{\mathbf{x}}$ aktiven Restriktionen. Wegen (b) folgt aus (c) dann

$$-\mathbf{grad}\ F(\overset{0}{\mathbf{x}}) = \sum_{i\in I_0} \overset{0}{u}_i\ \mathbf{grad}\ f_i(\overset{0}{\mathbf{x}}). \tag{9.9}$$

Geometrisch heißt dies, daß der Vektor in Richtung fallender Werte von der Zielfunktion $F$ (das ist $-\mathbf{grad}\ F(\overset{0}{\mathbf{x}})$) aus den Außennormalen der aktiven Restriktionen ($\mathbf{grad}\ f_i(\overset{0}{\mathbf{x}})$) linear kombinierbar ist mit positiven Gewichten und somit ein Fortschreiten in dieser Richtung durch den Rand des zulässigen Bereichs verhindert wird, vergleiche Abb. 9.4.

**Lokale Kuhn-Tucker-Bedingungen bei Vorzeichenbeschränkung:** Wenn die Voraussetzungen des Kuhn-Tucker-Theorems im $\mathbb{R}^n$ bei Vorzeichenbeschränkung vorliegen und die Funktionen außerdem *differenzierbar* sind, läßt sich die Sattelpunkteigenschaft wie folgt charakterisieren:

$(\overset{0}{\mathbf{x}}, \overset{0}{\mathbf{u}})$ *ist genau dann Sattelpunkt von* $\Phi(\mathbf{x}, \mathbf{u})$ bezüglich $\mathbf{x} \geq \mathbf{o}$, $\mathbf{u} \geq \mathbf{o}$, wenn gilt:

(a) $\mathbf{grad}_u\, \Phi(\overset{0}{\mathbf{x}}, \overset{0}{\mathbf{u}}) \leq \mathbf{o}$ *und* $\mathbf{grad}_x\, \Phi(\overset{0}{\mathbf{x}}, \overset{0}{\mathbf{u}}) \geq \mathbf{o}$.

(b) $\overset{0}{\mathbf{u}}^{\mathrm{T}}\, \mathbf{grad}_u\, \Phi(\overset{0}{\mathbf{x}}, \overset{0}{\mathbf{u}}) = 0$ *und* $\overset{0}{\mathbf{x}}^{\mathrm{T}}\, \mathbf{grad}_x\, \Phi(\overset{0}{\mathbf{x}}, \overset{0}{\mathbf{u}}) = 0$.

(c) $\overset{0}{\mathbf{x}} \geq \mathbf{o}$ *und* $\overset{0}{\mathbf{u}} \geq \mathbf{o}$.

Die Deutung entspricht der des vorigen Satzes, falls $x_i \geq 0$ als zusätzliche Nebenbedingung aufgefaßt wird.

**Dualitätssatz:** $F(\mathbf{x})$, $f_1(\mathbf{x}), \ldots, f_m(\mathbf{x})$ seien konvex auf dem $\mathbb{R}^n$; es existiere ein innerer Punkt bezüglich der nichtlinearen Restriktionen der Aufgabe

$$f_i(\mathbf{x}) \leq 0, \quad i = 1, \ldots, m, \quad F(\mathbf{x}) = \mathrm{Min!}. \tag{9.10}$$

und es existiere der Gradient bezüglich $\mathbf{x}$ der Lagrangefunktion $\Phi(\mathbf{x}, \mathbf{u})$. Wir bilden dann mit $(\mathbf{w}, \mathbf{u}) \in \mathbb{R}^{n+m}$ das sogenannte duale Problem:

$$\mathbf{grad}_w\, \Phi(\mathbf{w}, \mathbf{u}) = \mathbf{o}, \quad \mathbf{u} \geq \mathbf{o}, \quad \Phi(\mathbf{w}, \mathbf{u}) = \mathrm{Max!}. \tag{9.11}$$

Die Aufgabe (9.11) ist im allgemeinen nicht konvex.

*Besitzt* (9.10) *eine Lösung, so auch* (9.11), *und die optimalen Werte der Zielfunktionen sind gleich.*

Die Umkehrung gilt nur in speziellen Fällen.

### 9.2.2.2. Freie Optimierungsprobleme für unimodale Funktionen

Unter einer *freien Optimierungsaufgabe* versteht man die Minimierung bzw. Maximierung einer Funktion ohne Nebenbedingungen.

**Definition:** Die Funktion $f$ heißt *unimodal*, wenn sie außer den (eventuell vorhandenen) absoluten Minima keine weiteren stationären Punkte (relative Extrema, Horizontalwendepunkte, Sattelpunkte, ...) hat.

Das absolute Minimum unimodaler Funktionen kann mit lokalen Methoden ermittelt werden. *Konvexe Funktionen sind stets unimodal.* Da viele nichtlineare Funktionen zumindest in einer Umgebung eines Minimalpunktes unimodal sind, lassen sich unimodale Lösungsverfahren lokal auch auf nichtunimodale Funktionen anwenden.

Ist $f$ differenzierbar, dann kann man mit numerischen Methoden die Nullstellen der Ableitungen bestimmen. Oft ist dieser Weg aber nicht günstig.

### 9.2.2.2.1. *Direkte Minimumsuche*

**Minimumsuche längs einer Geraden** (z.B. Suche des Minimums einer unimodalen Funktion $f(\mathbf{x})$ mit $\mathbf{x} \in \mathbb{R}^1$):

*Goldener-Schnitt-Algorithmus:* $(\overset{0}{a}, \overset{0}{b})$ sei ein Intervall, in dem das Minimum der Funktion $f(\mathbf{x})$ liegt – etwa durch Absuchen der Geraden in sehr großen Schritten zu erhalten. Dann wird mit $\tau = (\sqrt{5} - 1)/2 = 0{,}618$ berechnet:

$$\overset{0}{x}_1 = \overset{0}{a} + (1 - \tau)(\overset{0}{b} - \overset{0}{a}), \qquad \overset{0}{x}_2 = \overset{0}{a} + \tau(\overset{0}{b} - \overset{0}{a}), \quad f(\overset{0}{x}_1), \quad f(\overset{0}{x}_2).$$

Die nach der folgenden Vorschrift berechnete Folge $(\overset{i}{a}, \overset{i}{b})$ bildet dann eine Intervallschachtelung für das Minimum, wobei die Länge jedes Intervalles das $\tau$-fache der Länge des vorigen ist (jedes Intervall ist das größere Stück des nach dem Goldenen Schnitt geteilten vorangegangenen Intervalls).

Allgemeiner Schritt:

| | falls $f(\overset{i}{x}_2) > f(\overset{i}{x}_1)$ | falls $f(\overset{i}{x}_2) \le f(\overset{i}{x}_1)$ |
|---|---|---|
| $\overset{i+1}{a} =$ | $\overset{i}{a}$ | $\overset{i}{x}_1$ |
| $\overset{i+1}{b} =$ | $\overset{i}{x}_2$ | $\overset{i}{b}$ |
| $\overset{i+1}{x}_1 =$ | $\overset{i}{a} + (1 - \tau)(\overset{i}{x}_2 - \overset{i}{a})$ | $\overset{i}{x}_2$ |
| $\overset{i+1}{x}_2 =$ | $\overset{i}{x}_1$ | $\overset{i}{b} - (1 - \tau)(\overset{i}{b} - \overset{i}{x}_1)$ |
| neu zu berechnen | $f(\overset{i+1}{x}_1)$ | $f(\overset{i+1}{x}_2)$ |

Dieser Algorithmus benötigt zum Einschachteln des Minimums mit gleicher Genauigkeit höchstens einen Schritt mehr als der bezüglich der Schrittzahl optimale, aber ansonsten kompliziertere Fibonacci-Algorithmus.

*Quadratische Interpolation:* Kann angenommen werden, daß man (z.B. mit der vorigen Methode) in einen Bereich gekommen ist, wo $f(x)$ hinreichend genau durch eine quadratische Funktion approximiert werden kann, dann läßt sich eine Intervallschachtelung mit 0,5 statt mit $\tau$ als Kontraktionsfaktor angeben. Ist $(x_1, x_2)$ ein Intervall, das die Minimalstelle enthält, so ermittelt man $f_1 = f(x_1)$, $f_2 = f(x_2)$ und $f_3 = f(x_3)$ mit $x_3 = \frac{1}{2}(x_1 + x_2)$. Dann ist

$$\overline{x} = x_3 - \frac{x_2 - x_1}{4} \cdot \frac{f_2 - f_1}{f_2 - 2f_3 + f_1}$$

die Minimalstelle der quadratischen Interpolationsparabel. Ist diese kleiner als $x_3$, so ist $(x_1, x_3)$ das neue Ausgangsintervall, anderenfalls $(x_3, x_2)$. Zur Entscheidung muß nur das Vorzeichen von $(f_2 - f_1) \cdot (f_2 - 2f_3 + f_1)$ bestimmt werden.

**Minimumsuche im $\mathbb{R}^n$** (Methode von Hooke/Jeeves): Diese Methode verwendet als Grundoperation das *„Erkunden vom Punkt* $\mathbf{x} = (x_1, \ldots, x_n)^T$ *aus mit der Schrittweite* $\lambda$ *und dem Vergleichswert* $F$": Es wird $f(x_1 + \lambda, x_2, \ldots, x_n) < F$ getestet, falls JA, ist $[\mathbf{x}]^1 = (x_1 + \lambda, \ldots, x_n)^T$. Anderenfalls wird $f(x_1 - \lambda, x_2, \ldots, x_n) < F$ getestet, falls JA, ist $[\mathbf{x}]^1 = (x_1 - \lambda, \ldots, x_n)^T$, anderenfalls $[\mathbf{x}]^1 = \mathbf{x}$. Dann wird von $[\mathbf{x}]^1$ aus durch $\lambda$-Schritte in $x_2$-Richtung erkundet, Ergebnis $[\mathbf{x}]^2$, usw. bis $[\mathbf{x}]^n$.

*Algorithmus:* Gegeben sind ein Anfangspunkt $\mathbf{x}$, eine Schrittweite $\lambda$ und ein $\alpha$ mit $0 < \alpha < 1$.

I: Erkunden von $\mathbf{x}$ aus mit der Schrittweite $\lambda$ und dem Vergleichswert $F = f(\mathbf{x})$. Ist $\mathbf{x} \neq [\mathbf{x}]^n$?
JA: gehe nach II; NEIN: $\alpha\lambda$ wird das neue $\lambda$ und gehe nach I!

II: Erkunden von $[\mathbf{x}]^n + ([\mathbf{x}]^n - \mathbf{x})$ aus mit der Schrittweite $\lambda$ und dem Vergleichswert $F = f([\mathbf{x}]^n)$. Ist $[\mathbf{x}]^n + ([\mathbf{x}]^n - \mathbf{x}) \neq [[\mathbf{x}]^n + ([\mathbf{x}]^n - \mathbf{x})]^n$ erfüllt?
JA: $[\mathbf{x}]^n$ wird das neue $\mathbf{x}$, $[[\mathbf{x}]^n + ([\mathbf{x}]^n - \mathbf{x})]^n$ das neue $[\mathbf{x}]^n$, nach II; NEIN: $[\mathbf{x}]^n$ wird das neue $\mathbf{x}$, $\alpha\lambda$ das neue $\lambda$, weiter nach I.

Die Rechnung wird abgebrochen, wenn in I der Fall NEIN eintritt und $\lambda$ schon hinreichend klein ist.

*Anmerkung:* Diese Methode und ihre Weiterentwicklungen führen schnell in die Nähe des Minimums. Für die letzte Phase der feineren Annäherung sind Methoden vom Typ der quadratischen Interpolation bzw. Abstiegsverfahren mit konjugierten Richtungen (siehe 9.2.2.2.3.) besser geeignet.

*9.2.2.2.2. Abstiegsverfahren*

*Allgemeine Grundidee:* Eine Funktion zweier Variablen kann als „Gebirge" über der Koordinatenebene der beiden Variablen aufgefaßt werden. Um zu einem lokal tiefsten Punkt des Gebirges zu kommen (der bei Unimodalität auch global tiefster Punkt ist), wählt man im Ausgangspunkt eine „brauchbare" Richtung, das heißt eine solche, in der es zunächst „bergab" geht. In dieser Richtung geht man etwa so lange, wie es noch bergab geht, und kommt so zum nächsten Ausgangspunkt.

**Definition:** Gegeben ist $F(\mathbf{x})$ als zu minimierende Funktion; $\mathbf{s} = (s_1, \ldots, s_n)^T$ heißt *brauchbare Richtung* im Punkt $\overset{1}{\mathbf{x}}$, wenn mit einem $\lambda^* > 0$ die Ungleichung $F(\overset{1}{\mathbf{x}} + \lambda\mathbf{s}) < F(\overset{1}{\mathbf{x}})$ für alle $0 < \lambda \leq \lambda^*$ gilt. Das Supremum $\overline{\lambda}$ aller dieser $\lambda^*$ heißt *Brauchbarkeitsgrenze*, $0 < \overline{\lambda} \leq \infty$. $\overline{\lambda}$ kann durch Minimumsuche längs einer Geraden (siehe 9.2.2.2.1.) ermittelt werden.

**Kriterium bei differenzierbarem $F(\mathbf{x})$:** Es sei $\overset{1}{\mathbf{g}} = -\,\mathbf{grad}\ F(\overset{1}{\mathbf{x}})$; $\overset{1}{\mathbf{s}}$ *ist brauchbar in* $\overset{1}{\mathbf{x}}$ *genau dann*, wenn $\overset{1}{\mathbf{s}}{}^T\overset{1}{\mathbf{g}} > 0$ *gilt.* Bei $\overset{2}{\mathbf{x}} = \overset{1}{\mathbf{x}} + \lambda\overset{1}{\mathbf{s}}$, $\overset{2}{\mathbf{g}} = -\,\mathbf{grad}\ F(\overset{2}{\mathbf{x}})$ ergibt sich also aus $\overset{1}{\mathbf{s}}{}^T\overset{2}{\mathbf{g}} = 0$ die Brauchbarkeitsgrenze (Beispiel dazu in 9.2.2.3.3.).

**Abstieg in Koordinatenrichtung** (Relaxation): Es werden nacheinander in zyklischer Reihenfolge die Richtungen jeder Koordinatenachse auf Brauchbarkeit getestet und, wenn sie brauchbar sind, als Abstiegsrichtung benutzt (etwa bis zur Brauchbarkeitsgrenze, bei annähernd quadratischen Funktionen besser etwas über diese hinaus). Ist $F(\mathbf{x})$ differenzierbar, dann folgt aus der Nichtexistenz brauchbarer Koordinatenrichtungen (Verschwinden aller partiellen Ableitungen), daß das Minimum erreicht ist.

**Methode des steilsten Abstiegs** (Gradientenverfahren): Bei dieser Methode muß $F(\mathbf{x})$ differenzierbar sein, da die partiellen Ableitungen im Verfahren benutzt werden; $\overset{1}{\mathbf{g}} =$

$-\mathbf{grad}\, F(\overset{1}{\mathbf{x}})$ gibt die Richtung des steilsten Gefälles der Funktion im Punkt $\overset{1}{\mathbf{x}}$ an. Entsprechend wird $\overset{1}{\mathbf{g}}$ in $\overset{1}{\mathbf{x}}$ als Abstiegsrichtung benutzt, und $\overset{2}{\mathbf{x}} = \overset{1}{\mathbf{x}} + \lambda_1 \overset{1}{\mathbf{g}}$ (meist mit $\lambda_1 = \overline{\lambda}$) ist der neue Ausgangspunkt. Im Fall $\mathbf{g}(\mathbf{x}) = 0$ ist das Minimum erreicht. Häufig wird die annähernd lineare Konvergenz des Verfahrens in unmittelbarer Umgebung des Minimums durch Instabilität so gestört, daß dann mit den stabileren, aber komplizierteren Verfahren des folgenden Abschnitts weitergerechnet werden muß.

### *9.2.2.2.3. Methoden mit konjugierten Richtungen*

Auch die Methoden der konjugierten Richtungen sind Abstiegsverfahren (vgl. 9.2.2.2.2. – „Allgemeine Grundidee").

**Definition:** $\mathbf{u}, \mathbf{v}$ heißen *konjugierte Vektoren* bezüglich einer streng positiv definiten $n \times n$-Matrix $\mathbf{A}$, falls $\mathbf{u}^{\mathrm{T}}\mathbf{A}\mathbf{v} = 0$ gilt.

*Beispiel:* $n$ Eigenvektoren zu $\mathbf{A}$ sind paarweise konjugiert.

**Satz:** *$k$ paarweise konjugierte Vektoren sind stets linear unabhängig.*

Analog zum Schmidtschen Orthogonalisierungsverfahren (vgl. 2.2.2.1.) gibt es auch ein Verfahren zur Erzeugung paarweise konjugierter Vektoren. Konjugiertheit bezüglich der Einheitsmatrix ist Orthogonalität.

**Satz:** $\overset{1}{\mathbf{d}}, \ldots, \overset{n}{\mathbf{d}}$ seien paarweise konjugierte Vektoren bezüglich der streng positiv definiten $n \times n$-Matrix $\mathbf{A}$. *Dann wird das Minimum der Funktion $F(\mathbf{x}) = a + \mathbf{b}^{\mathrm{T}}\mathbf{x} + \mathbf{x}^{\mathrm{T}}\mathbf{A}\mathbf{x}$ durch ein Abstiegsverfahren nach $n$ Schritten erreicht, wenn in beliebiger Reihenfolge die $\overset{i}{\mathbf{d}}$ bzw. $-\overset{i}{\mathbf{d}}$ jeweils einmal bis zur jeweiligen Brauchbarkeitsgrenze als Abstiegsrichtungen benutzt werden.*

Die Idee aller Methoden mit konjugierten Richtungen besteht darin, die Funktion in der Nähe ihres Minimums durch eine quadratische Funktion zu approximieren und die konjugierten Richtungen der entsprechenden Matrix zu benutzen, ohne Approximation und Matrix explizit zu verwenden.

**Methode mit Ableitungen:** Gegeben ist ein Ausgangspunkt $\overset{1}{\mathbf{x}}$ und eine beliebige, streng positiv definite Matrix $\mathbf{H}_0$ (z.B. die Einheitsmatrix), $\overset{i}{\mathbf{g}}$ bezeichnet $-\mathbf{grad}\, F(\overset{i}{\mathbf{x}})$, wobei $F(\mathbf{x})$ die zu minimierende Funktion ist. Dann wird für $i = 1, 2, \ldots$ berechnet:

I. $\overset{i}{\mathbf{d}} = -\mathbf{H}_{i-1}\overset{i}{\mathbf{g}}$;

II. $\lambda_i$ als Brauchbarkeitsgrenze in Richtung $\overset{i}{\mathbf{d}}$;

III. $\overset{i+1}{\mathbf{x}} = \overset{i}{\mathbf{x}} + \lambda_i \overset{i}{\mathbf{d}}, \quad \overset{i}{\mathbf{y}} = \overset{i+1}{\mathbf{g}} - \overset{i}{\mathbf{g}}$;

IV. $\mathbf{H}_i = \mathbf{H}_{i-1} + \lambda_i \dfrac{\overset{i}{\mathbf{d}}{}^{\mathrm{T}}\overset{i}{\mathbf{d}}}{\overset{i}{\mathbf{g}}{}^{\mathrm{T}}\mathbf{H}_{i-1}\overset{i}{\mathbf{g}}} - \dfrac{\mathbf{H}_{i-1}\overset{i}{\mathbf{y}}\overset{i}{\mathbf{y}}{}^{\mathrm{T}}\mathbf{H}_{i-1}}{\overset{i}{\mathbf{y}}{}^{\mathrm{T}}\mathbf{H}_{i-1}\overset{i}{\mathbf{y}}}$.

*Dann konvergieren die $\overset{i}{\mathbf{x}}$ annähernd quadratisch gegen den Minimalpunkt;* $\overset{k}{\mathbf{g}} \approx 0$ deutet auf Erreichen dieser Stelle hin.

*Erläuterung:* Die theoretisch stets streng positiv definiten $\mathbf{H}_i$ nähern sich der Inversen derjenigen Matrix, mit deren quadratischer Form die Funktion in der Nähe ihres Minimums approximiert wird. Die jeweils $n$ letzten Vektoren $\overset{i}{\mathbf{d}}$ nähern sich einem Satz paarweise konjugierter Richtungen zu dieser Matrix.

Wird im Verlaufe der Rechnung $\overset{i}{\mathbf{g}}^{\mathrm{T}}\mathbf{H}_{i-1}\overset{i}{\mathbf{g}}$ numerisch zu klein, dann wird vom erreichten Punkt aus wieder mit $\mathbf{H}_0$ gestartet.

**Methode ohne Ableitungen:** $\overset{1}{\mathbf{d}}, \ldots, \overset{n}{\mathbf{d}}$ seien beliebige linear unabhängige Vektoren (deshalb muß man hier auch negative $\lambda$ mit betrachten), $\overset{0}{\mathbf{x}}$ sei der Ausgangspunkt.

I. $\lambda_0$ sei die Brauchbarkeitsgrenze beim Fortschreiten von $\overset{0}{\mathbf{x}}$ aus in Richtung $\overset{n}{\mathbf{d}}$. Es sei $\overset{1}{\mathbf{x}} = \overset{0}{\mathbf{x}} + \lambda_0 \overset{n}{\mathbf{d}}$.

II. Für $i = 1, \ldots, n$ wird berechnet: $\lambda_i$ als Brauchbarkeitsgrenze beim Fortschreiten von $\overset{i}{\mathbf{x}}$ aus in Richtung $\overset{i}{\mathbf{d}}$, $\overset{i+1}{\mathbf{x}} = \overset{i}{\mathbf{x}} + \lambda_i \overset{i}{\mathbf{d}}$.

III. Man verwende als neue $\overset{1}{\mathbf{d}}, \ldots, \overset{n-1}{\mathbf{d}}$ die bisherigen $\overset{2}{\mathbf{d}}, \ldots, \overset{n}{\mathbf{d}}$ und das neue $\overset{n}{\mathbf{d}} = \overset{n+1}{\mathbf{x}} - \overset{1}{\mathbf{x}}$, ferner als neues $\overset{0}{\mathbf{x}}$ das bisherige $\overset{n+1}{\mathbf{x}}$, sodann gehe man nach I.

*Erläuterung:* Nach dem $k$-ten Durchlauf sind die jeweils $(k+1)$ letzten $\overset{i}{\mathbf{d}}$ paarweise konjugiert bezüglich einer Matrix, deren quadratische Form die Funktion im Minimum approximiert. Nach $n-1$ Durchläufen hat man also näherungsweise $n$ paarweise konjugierte Vektoren, so daß II. ziemlich genau zum Minimum führt. Praktisch beginnt man am so erreichten Punkt ganz von vorn, solange, bis die $\overset{i}{\mathbf{x}}$ zum Stehen kommen.

### 9.2.2.3. Gradientenverfahren für restringierte Aufgaben

#### *9.2.2.3.1. Grundbegriffe*

Wenn Restriktionen vorliegen und der Ausgangspunkt auf dem Rand des zulässigen Bereichs liegt, führen Schritte in brauchbarer Richtung (vgl. 9.2.2.2.2. – „Allgemeine Grundidee") eventuell aus dem zulässigen Bereich heraus.

**Definition:** Gegeben sind $F(\mathbf{x})$ als zu minimierende konvexe Funktion und $f_1(\mathbf{x}) \leq 0, \ldots, f_m(\mathbf{x}) \leq 0$ als Restriktionen des konvexen zulässigen Bereichs; $\mathbf{s} = (s_1, \ldots, s_n)^{\mathrm{T}}$ heißt *zulässige Richtung* im Punkt $\mathbf{x}$, wenn mit einem $\lambda^{**} > 0$ für alle $0 \leq \lambda \leq \lambda^{**}$ die Ungleichungen $f_1(\mathbf{x} + \lambda\mathbf{s}) \leq 0, \ldots, f_m(\mathbf{x} + \lambda\mathbf{s}) \leq 0$ gelten. Das Supremum $\overset{=}{\lambda}$ aller $\lambda^{**}$ mit dieser Eigenschaft heißt *Zulässigkeitsgrenze*, $0 < \overset{=}{\lambda} \leq \infty$.

Zur Ermittlung von $\overset{=}{\lambda}$ sind alle Gleichungen $f_i(\mathbf{x} + \lambda\mathbf{s}) = 0$ zu betrachten, die positive Lösungen bezüglich $\lambda$ haben. Gibt es keine, so ist $\overset{=}{\lambda} = \infty$, anderenfalls ist $\overset{=}{\lambda}$ das Minimum der ersten positiven Lösungen aller dieser Gleichungen (Beispiel dazu in 9.2.2.3.3.).

Bei Vorliegen von Restriktionen beginnt man in einem Punkt $\overset{1}{\mathbf{x}}$ des zulässigen Bereichs und wählt eine Abstiegsrichtung $\overset{1}{\mathbf{s}}$, die gleichzeitig brauchbar und zulässig ist. Verfahren mit dem größtmöglichen $\lambda_1 = \mathrm{Min}\{\overline{\lambda}, \overset{=}{\lambda}\}$ heißen *Verfahren mit optimaler Schrittweite.*

**Satz:** *Existiert in $\overset{0}{\mathbf{x}}$ keine gleichzeitig brauchbare und zulässige Richtung, dann ist $\overset{0}{\mathbf{x}}$ Minimalpunkt.*

Im allgemeinen entsteht jedoch eine unendliche Folge $\{\overset{i}{\mathbf{x}}\}$. Verläßt diese Folge jedes endliche Gebiet (nur möglich bei unbeschränktem zulässigen Bereich), so existiert kein Minimum, wenn die $F(\overset{i}{\mathbf{x}})$ unbeschränkt fallen, und so ist bei beschränkt bleibenden $F(\overset{i}{\mathbf{x}})$ keine Aussage gewonnen. Bleibt die Folge $\{\overset{i}{\mathbf{x}}\}$ beschränkt, so hat sie einen Häufungspunkt. Dieser ist *Optimalpunkt, wenn im Verlaufe des Verfahrens die Richtungen hinreichend gut brauchbar waren* (für Verfahren mit optimal brauchbarer Richtung erfüllt) *und eine „Antizickzackvorkehrung" benutzt wurde* (siehe 9.2.2.3.2.), die zu kleine Schritte zwischen benachbarten Rändern oder Rückkehr zu einem gerade verlassenen Rand verhindert.

*9.2.2.3.2. Verfahren mit optimal brauchbarer Richtung*

**Grundidee bei linearen Restriktionen:** Die zu minimierende Funktion $F(\mathbf{x})$ sei differenzierbar, $\overset{1}{\mathbf{a}}{}^{\mathrm{T}}\mathbf{x} \le b_1, \dots, \overset{m}{\mathbf{a}}{}^{\mathrm{T}}\mathbf{x} \le b_m$ seien die Restriktionen. Soll $\overset{1}{\mathbf{s}}$ in $\overset{1}{\mathbf{x}}$ zulässig sein, so muß mit einem positiven $\lambda$ die Ungleichung $\overset{i}{\mathbf{a}}{}^{\mathrm{T}}(\overset{1}{\mathbf{x}} + \lambda\overset{1}{\mathbf{s}}) \le b_i$ für alle $i$ gelten, also $\overset{i}{\mathbf{a}}{}^{\mathrm{T}}\overset{1}{\mathbf{s}} \le 0$ für die in $\overset{1}{\mathbf{x}}$ aktiven Restriktionen (wo $\overset{i}{\mathbf{a}}{}^{\mathrm{T}}\overset{1}{\mathbf{x}} = b_i$ galt).

$\overset{1}{\mathbf{g}} = -\,\mathbf{grad}\; F(\overset{1}{\mathbf{x}})$ gibt in $\overset{1}{\mathbf{x}}$ die Richtung des steilsten Absinkens der Zielfunktion an. Unter den zulässigen $\overset{1}{\mathbf{s}}$ wird deshalb ein solches gewählt, das einen möglichst kleinen Winkel mit $\overset{1}{\mathbf{g}}$ bildet, also bei der Normierung $\|\overset{1}{\mathbf{s}}\| \le 1$ das Skalarprodukt $\overset{1}{\mathbf{g}}{}^{\mathrm{T}}\overset{1}{\mathbf{s}}$ maximiert. In jedem Punkt $\overset{j}{\mathbf{x}}$ wird somit eine Lösung $\overset{j}{\mathbf{s}}$ des *Richtungssuchprogramms*

$$\left.\begin{aligned} &\mathbf{Rs} \le \mathbf{o}, \\ &\|\mathbf{s}\| \le 1, \\ &\mathbf{g}^{\mathrm{T}}\mathbf{s} = \mathrm{Max!} \end{aligned}\right\} \tag{9.12}$$

ermittelt; dabei ist $\mathbf{g}$ der negative Gradient der Zielfunktion in $\overset{j}{\mathbf{x}}$ und $\mathbf{R}$ die Matrix aus den $\overset{i}{\mathbf{a}}$ der in $\overset{j}{\mathbf{x}}$ aktiven Restriktionen. Die Normierung darf mit einer beliebigen Vektornorm erfolgen.

Man kann beweisen, daß die Lösung von (9.12) gleichbedeutend mit der Lösung der folgenden Aufgabe ist:

$$\left.\begin{aligned} &\mathbf{Rs} \le \mathbf{o}, \\ &\mathbf{g}^{\mathrm{T}}\mathbf{s} = 1, \\ &\|\mathbf{s}\| = \mathrm{Min!} \end{aligned}\right\} \tag{9.13}$$

*Ist* $\mathbf{s}$ *optimal in* (9.12), *so ist* $\mathbf{s}^* = \mathbf{s}/(\mathbf{g}^{\mathrm{T}}\mathbf{s})$ *optimal in* (9.13); *ist* $\mathbf{s}^*$ *optimal in* (9.13), *so ist* $\mathbf{s} = \mathbf{s}^*/\|\mathbf{s}^*\|$ *optimal in* (9.12).

Die Lösung $\overset{j}{\mathbf{s}}$ wird als Abstiegsrichtung in $\overset{j}{\mathbf{x}}$ gewählt.

**Lösung des Richtungssuchprogramms:** Aus (9.13) wird eine quadratische Optimierungsaufgabe, wenn die gleichwertige Zielfunktion $\|\mathbf{s}\|^2 = \mathrm{Min!}$ mit der Euklidischen Norm $\|\mathbf{s}\|^2 = s_1^2 + \ldots + s_n^2$ betrachtet wird. Diese kann mit dem Verfahren von Wolfe gelöst werden. Unter Ausnutzung von Dualitätsbeziehungen kann stattdessen auch die Aufgabe $\|\mathbf{R}^{\mathrm{T}}\mathbf{u} - \mathbf{g}\|^2 = \mathrm{Min!}$ unter $\mathbf{u} \ge \mathbf{o}$ als einziger Nebenbedingung gelöst werden (etwa mit dem Iterationsverfahren in 9.2.1.3.2.); aus der Lösung $\overset{0}{\mathbf{u}}$ wird dann gemäß $\overset{0}{\mathbf{s}} = -(\mathbf{R}^{\mathrm{T}}\overset{0}{\mathbf{u}} - \mathbf{g})/\|\mathbf{R}^{\mathrm{T}}\overset{0}{\mathbf{u}} - \mathbf{g}\|$ die Lösung von (9.12) erhalten.

Bei Verwendung der Betragsmaximumnorm $\|\mathbf{s}\| = \underset{\nu}{\mathrm{Max}}\,|s_\nu|$ entsteht aus (9.12) die kapazitierte lineare Optimierungsaufgabe $\mathbf{Rs} \le \mathbf{o}$, $-1 \le s_\nu \le 1$ für $\nu = 1, \dots, n$, $\mathbf{g}^{\mathrm{T}}\mathbf{s} = \mathrm{Max!}$. Eine lineare Aufgabe entsteht aus (9.12) auch dann, wenn der zulässige Bereich selbst als Eichkörper der Norm gewählt wird: $\mathbf{A}(\overset{j}{\mathbf{x}} + \mathbf{s}) \le \mathbf{b}$, $\mathbf{g}^{\mathrm{T}}\mathbf{s} = \mathrm{Max!}$.

**Antizickzackvorkehrung:** Die Forderung $\overset{i}{\mathbf{a}}{}^{\mathrm{T}}\mathbf{s} \le 0$ für aktive Restriktionen im Richtungssuchprogramm (9.12) sichert, daß $\mathbf{s}$ parallel zum Rand verläuft oder ins Innere des zulässigen

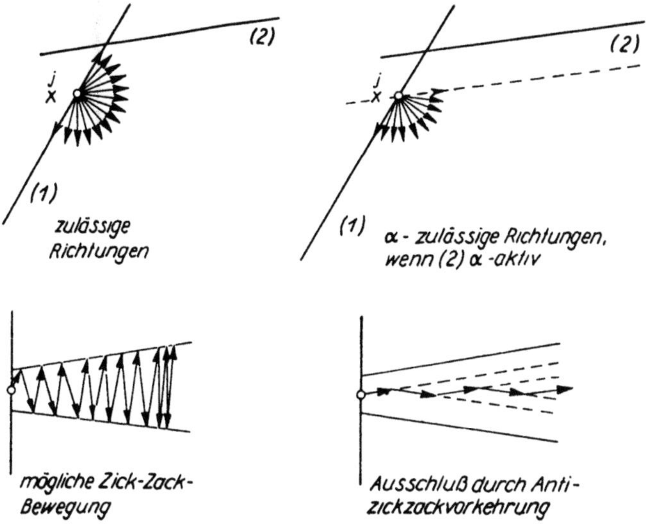


Abb. 9.5

Bereichs zeigt. Wird diese Forderung auch für Restriktionen gestellt, die „beinahe“ aktiv sind, so zeigt s nicht auf diese zu, also werden kleine Zickzackschritte vermieden: Es wird ein $\alpha > 0$ gewählt und $\overset{i}{\mathbf{a}}^{T}\mathbf{s} \leq 0$ für alle Restriktionen mit $b_i - \alpha \leq \overset{i}{\mathbf{a}}^{T}\overset{j}{\mathbf{x}} \leq b_i$ gefordert (*$\alpha$-aktive Restriktionen* in $\overset{j}{\mathbf{x}}$); dann entstehen *$\alpha$-zulässige Richtungen* (vgl. Abb. 9.5).

Ferner wird unter die Nebenbedingungen des Richtungssuchprogramms noch $\mathbf{g}^{T}\mathbf{s} \geq \alpha$ aufgenommen, um eine Mindestgröße der Brauchbarkeit (*$\alpha$-Brauchbarkeit*) zu sichern. Falls in einem Punkt keine $\alpha$-zulässigen und $\alpha$-brauchbaren Richtungen existieren, wird mit $\frac{1}{2}\alpha$ als neuem $\alpha$ weitergerechnet. *Existieren in $\overset{0}{\mathbf{x}}$ für kein $\alpha > 0$ noch $\alpha$-zulässige und $\alpha$-brauchbare Richtungen, so ist $\overset{0}{\mathbf{x}}$ Minimalpunkt.*

**Durchführung des Verfahrens bei nichtlinearen Restriktionen:** Um zu erreichen, daß s vom durch eine $\alpha$-aktive nichtlineare Restriktion $f_i(\mathbf{x}) \leq 0$ hervorgerufenen Randstück

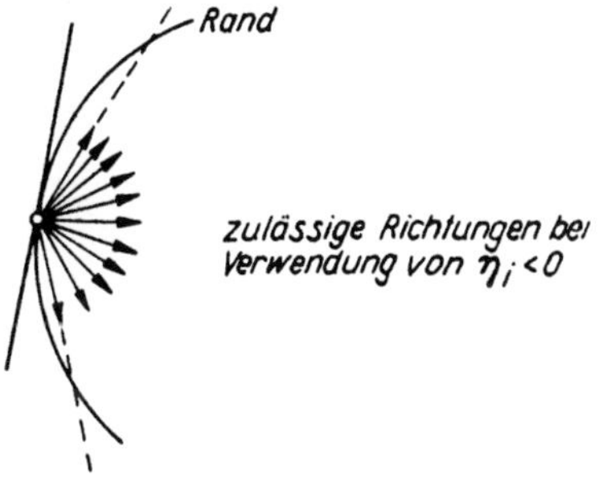


Abb. 9.6

**wegzeigt, wird mit $\overset{i}{\mathbf{a}} = \mathbf{grad}\ f_i$ die Forderung $\overset{i}{\mathbf{a}}^{\mathrm{T}}\mathbf{s} \leq \eta_i$ mit $\eta_i < 0$ ins Richtungssuchprogramm aufgenommen. Die Bedingung $\overset{i}{\mathbf{a}}^{\mathrm{T}}\mathbf{s} < 0$ würde bedeuten, daß s von der Tangentialhyperebene wegzeigen muß. Durch die Wahl des $\eta_i$ wird erreicht, daß s einen gewissen Winkel mit ihr bilden muß, damit das Fortschreiten nicht gleich wieder durch den Rand aufgehalten wird (siehe Abb. 9.6). Für die praktische Durchführung werden die $-\eta_i$ in der Form $\theta_i\sigma$ ($\theta_i$ Gewichte, $= 0$ für lineare Restriktionen) wie folgt im Richtungsprogramm berücksichtigt:**

$$\begin{aligned} \overset{i}{\mathbf{a}}^{\mathrm{T}}\mathbf{s} + \theta_i\sigma &\leq 0 \text{ für } \alpha\text{-aktive Restriktionen}, \\ \mathbf{g}^{\mathrm{T}}\mathbf{s} &\geq \sigma, \\ \|(s_1, \ldots, s_n, \sigma\| &\leq 1, \\ \sigma &= \mathrm{Max!}\,. \end{aligned}$$

### *9.2.2.3.3. Methode der projizierten Gradienten*

**Wir betrachten die Aufgabe**

$$\begin{aligned} &\overset{i}{\mathbf{a}}^{\mathrm{T}}\mathbf{x} \leq b_i, \quad i = 1, \ldots, m, \text{ linear unabhängige } \overset{i}{\mathbf{a}}, \\ &F(\mathbf{x}) = \mathrm{Min!}, \quad F(\mathbf{x}) \text{ konvex}. \end{aligned}$$

**Die Verallgemeinerung auf allgemeine konvexe Nebenbedingungen ist möglich, die Effektivität des Verfahrens sinkt dann aber wesentlich.**

**Grundidee:** Ist in $\overset{j}{\mathbf{x}}$ die Richtung $\overset{j}{\mathbf{g}} = -\,\mathbf{grad}\ F(\overset{j}{\mathbf{x}})$ nicht zulässig, so wird als Abstiegsrichtung $\overset{j}{\mathbf{s}}$ die Projektion von $\overset{j}{\mathbf{g}}$ auf den Rand des zulässigen Bereichs gewählt. Es sei **R** die Matrix der $\overset{i}{\mathbf{a}}^{\mathrm{T}}$ von den in $\overset{j}{\mathbf{x}}$ aktiven Restriktionen; dann ist $\overset{j}{\mathbf{s}} = (\mathbf{E} - \mathbf{R}^{\mathrm{T}}(\mathbf{R}\mathbf{R}^{\mathrm{T}})^{-1}\mathbf{R})\overset{j}{\mathbf{g}}$ diese Projektion, sofern $\overset{j}{\mathbf{s}} \neq \mathbf{o}$ ist. Bei $\overset{j}{\mathbf{s}} = \mathbf{o}$ gibt es zwei Möglichkeiten: Entweder ist $\overset{j}{\mathbf{x}}$ der Optimalpunkt, oder es gibt keinen Vektor, der in allen durch $\overset{j}{\mathbf{x}}$ gehenden Randhyperebenen liegt (Sonderfall in Abb. 9.7). Dann muß eine geeignete aktive Restriktion unberücksichtigt bleiben, um die Projektion zu erhalten.

Bei diesem Verfahren ist die Richtungssuche einfacher als bei den Verfahren mit optimal brauchbarer Richtung, aber dafür werden im allgemeinen mehr Schritte benötigt.

**Algorithmus:** Beginne mit irgendeinem zulässigen $\overset{1}{\mathbf{x}}$.

I. Gegeben ist $\overset{j}{\mathbf{x}}$; **R** sei die Matrix der in $\overset{j}{\mathbf{x}}$ aktiven Restriktionen, $\overset{j}{\mathbf{g}} = -\,\mathbf{grad}\ F(\overset{j}{\mathbf{x}})$. Ist $\overset{j}{\mathbf{g}}$ zulässige Richtung?

JA: Setze $\overset{j}{\mathbf{s}} = \overset{j}{\mathbf{g}}$ und — IV; NEIN: → II.

II. Berechne $(\mathbf{E} - \mathbf{R}^{\mathrm{T}}(\mathbf{R}\mathbf{R}^{\mathrm{T}})^{-1}\mathbf{R})\overset{j}{\mathbf{g}}$. Ist das der Nullvektor?

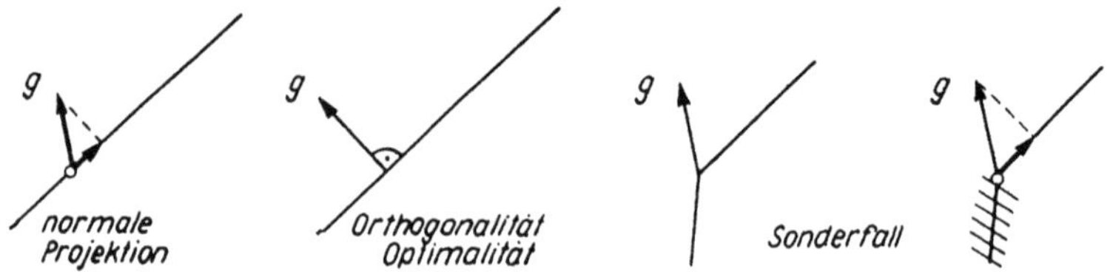


Abb. 9.7

JA: → III; NEIN: Setze diesen Vektor gleich $\overset{j}{\mathbf{s}}$ und → IV.

III. Teste, ob $\mathbf{u} = (\mathbf{R}\mathbf{R}^{\mathrm{T}})^{-1}\mathbf{R}\overset{j}{\mathbf{g}} \geq \mathbf{o}$ gilt.

JA: $\overset{j}{\mathbf{x}}$ ist das Optimum; NEIN: Streiche eine Zeile $k$ in **R**, die zu einem $k$ mit $u_k < 0$ gehört, und → II.

IV. Ermittle die optimale Schrittweite $\lambda_j$ für die Richtung $\overset{j}{\mathbf{s}}$, verwende $\overset{j+1}{\mathbf{x}} = \overset{j}{\mathbf{x}} + \lambda_j \overset{j}{\mathbf{s}}$ als neues $\overset{j}{\mathbf{x}}$ und → I.

*Beispiel* (vgl. Abb. 9.8):

1. $3x_1 + x_2 \leq 18,$
2. $-4x_1 - x_2 \leq -4,$
3. $-x_1 + x_2 \leq 6,$
4. $-x_1 \leq 0,$
5. $-x_2 \leq 2,$

$$F(\mathbf{x}) = x_1^2 + 2x_1 - x_2 = \text{Min!}\,.$$

$g(\mathbf{x}) = -\,\mathbf{grad}\ F = (-2x_1 - 2, -1)^{\mathrm{T}},$

$\overset{1}{\mathbf{x}} = (3, 6)^{\mathrm{T}}$ zulässiger Ausgangspunkt.

$\overset{1}{\mathbf{g}} = \mathbf{g}(\overset{1}{\mathbf{x}}) = (-8, -1)^{\mathrm{T}}$ zulässig, also $\overset{1}{\mathbf{s}} = (-8, -1)^{\mathrm{T}}.$

$\overset{2}{\mathbf{x}} = \overset{1}{\mathbf{x}} + \lambda\overset{1}{\mathbf{s}} = (3 - 8\lambda, 6 - \lambda)^{\mathrm{T}}, \quad \overset{2}{\mathbf{g}} = \mathbf{g}(\overset{2}{\mathbf{x}}) = (-8 + 16\lambda, -1)^{\mathrm{T}}.$

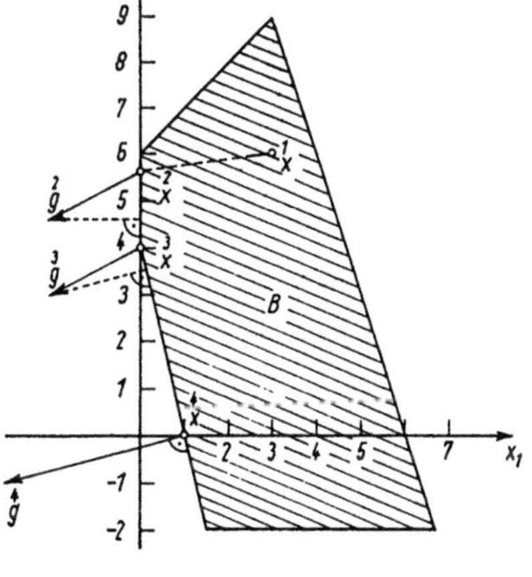


Abb. 9.8

**Zulässigkeitsgrenze:**

$$\begin{array}{lrl}
1. & 3(3-8\lambda)+(6-\lambda)\le 18, & \textbf{alle } \lambda>0 \textbf{ möglich,}\\
2. & -4(3-8\lambda)-(6-\lambda)\le -4, & \textbf{alle } \lambda\le 14/33,\\
3. & -(3-8\lambda)+(6-\lambda)\le 6, & \textbf{alle } \lambda\le 3/7,\\
4. & -(3-8\lambda)\qquad\qquad\le 0, & \textbf{alle } \lambda\le 3/8,\\
5. & -(6-\lambda)\le 2, & \textbf{alle } \lambda\le 8,
\end{array}$$

**also sind alle positiven** $\lambda$ **mit** $\lambda \le \overline{\lambda} = 3/8$ **zulässig.**
**Brauchbarkeitsgrenze (mit Kriterium aus 9.2.2.2.2.):**

$\overset{1}{\mathbf{s}}{}^{\mathrm{T}}\overset{2}{\mathbf{g}} = 63 - 128\lambda = 0$, **brauchbar sind alle** $\lambda \le \overline{\overline{\lambda}} = 63/128$,

**die optimale Schrittweite ist also** $\lambda_1 = \mathrm{Min}\{\overline{\lambda}, \overline{\overline{\lambda}}\} = 3/8$.

$\overset{2}{\mathbf{x}} = (0,\ 45/8)^{\mathrm{T}}$, $\overset{2}{\mathbf{g}} = (-2,-1)^{\mathrm{T}}$.

$\overset{2}{\mathbf{g}}$ **ist nicht zulässig,** $\overset{2}{\mathbf{x}} + \lambda\overset{2}{\mathbf{g}}$ **verletzt für beliebig kleine positive** $\lambda$ **die 4. Restriktion.**
**Aktive Restriktion: 4., also** $\mathbf{R} = (-1,0)$,

$$(\mathbf{E}-\mathbf{R}^{\mathrm{T}}(\mathbf{R}\mathbf{R}^{\mathrm{T}})^{-1}\mathbf{R})\overset{2}{\mathbf{g}} = \begin{pmatrix}0 & 0\\ 0 & 1\end{pmatrix}\begin{pmatrix}-2\\ -1\end{pmatrix} = \begin{pmatrix}0\\ -1\end{pmatrix} = \overset{2}{\mathbf{s}}.$$

**Es ergibt sich** $\lambda_2 = \mathrm{Min}\{\overline{\lambda}, \overline{\overline{\lambda}}\} = \mathrm{Min}\{13/8, \infty\} = 13/8$.

$\overset{3}{\mathbf{x}} = \overset{2}{\mathbf{x}} + \lambda_2\overset{2}{\mathbf{s}} = (0,4)^{\mathrm{T}}$, $\overset{3}{\mathbf{g}} = \mathbf{g}(\overset{3}{\mathbf{x}}) = (-2,-1)^{\mathrm{T}}$ **nicht zulässig.**

**Aktive Restriktionen: 2. und 4., also** $\mathbf{R} = \begin{pmatrix}-4 & -1\\ -1 & 0\end{pmatrix}$,

$$(\mathbf{E}-\mathbf{R}^{\mathrm{T}}(\mathbf{R}\mathbf{R}^{\mathrm{T}})^{-1}\mathbf{R})\overset{3}{\mathbf{g}} = \begin{pmatrix}0 & 0\\ 0 & 0\end{pmatrix}\begin{pmatrix}-2\\ -1\end{pmatrix} = \begin{pmatrix}0\\ 0\end{pmatrix}, \quad \mathbf{u} = (\mathbf{R}\mathbf{R}^{\mathrm{T}})^{-1}\mathbf{R}\overset{3}{\mathbf{g}} = \begin{pmatrix}1\\ -2\end{pmatrix},$$

**die zweite Komponente von u ist negativ, also zweite Zeile des bisherigen R streichen. Man erhält das neue** $\mathbf{R} = (-4,-1)$;

$$(\mathbf{E}-\mathbf{R}^{\mathrm{T}}(\mathbf{R}\mathbf{R}^{\mathrm{T}})^{-1}\mathbf{R})\overset{3}{\mathbf{g}} = \frac{2}{17}\begin{pmatrix}1\\ -4\end{pmatrix}, \quad \overset{3}{\mathbf{s}} = \begin{pmatrix}1\\ -4\end{pmatrix}$$

**(der die Richtung nicht beeinflussende Faktor** $2/17$ **kann weggelassen werden); es ergibt sich** $\lambda_3 = \mathrm{Min}\{\overline{\lambda}, \overline{\overline{\lambda}}\} = \mathrm{Min}\{3/2,\ 1\} = 1$.

$\overset{4}{\mathbf{x}} = \overset{3}{\mathbf{x}} + \lambda_3\overset{3}{\mathbf{s}} = (1,0)^{\mathrm{T}}$, $\overset{4}{\mathbf{g}} = \mathbf{g}(\overset{4}{\mathbf{x}}) = (-4,-1)^{\mathrm{T}}$ **ist nicht zulässig.**
**Aktive Restriktion: 2., also** $\mathbf{R} = (-4,-1)$,

$$(\mathbf{E}-\mathbf{R}^{\mathrm{T}}(\mathbf{R}\mathbf{R}^{\mathrm{T}})^{-1}\mathbf{R})\overset{4}{\mathbf{g}} = (0,0)^{\mathrm{T}}, \quad \mathbf{u} = (\mathbf{R}\mathbf{R}^{\mathrm{T}})^{-1}\mathbf{R}\overset{4}{\mathbf{g}} = 1.$$

**Somit ist** $\overset{4}{\mathbf{x}}$ **der Optimalpunkt; der zugehörige Optimalwert ist** $F(\overset{4}{\mathbf{x}}) = 3$.

### 9.2.2.4. Schnittebenenverfahren

**Wir betrachten mit** $\mathbf{x} \in \mathbb{R}^n$ **die Aufgabe** $f_i(\mathbf{x}) \le 0$ **für** $i = 1, \ldots, m$, $\mathbf{p}^{\mathrm{T}}\mathbf{x} = \mathrm{Min!}$. ***Die Linearität der Zielfunktion bedeutet keine Einschränkung der Allgemeinheit,*** **da für ein konvexes** $F(\mathbf{x})$ **und** $F(\mathbf{x}) = \mathrm{Min!}$ **geschrieben werden kann:** $x_{n+1} = \mathrm{Min!}$, **wobei** $F(\mathbf{x}) - x_{n+1} \le 0$ **unter die Nebenbedingungen aufgenommen wird und alles im** $\mathbb{R}^{n+1}$ **betrachtet wird.**

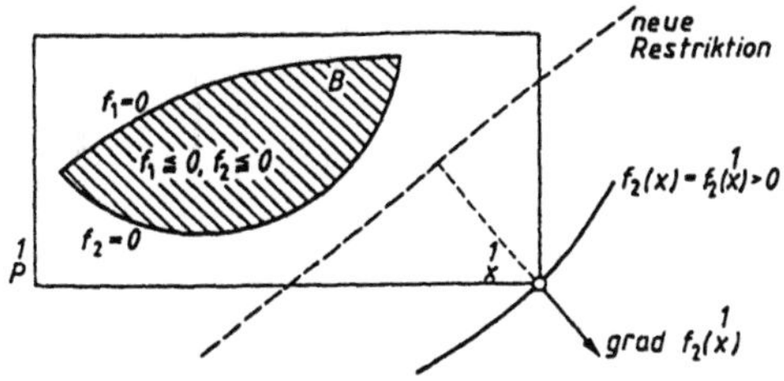


Abb. 9.9

**Grundidee:** Der konvexe zulässige Bereich $\mathbf{B} = \{\mathbf{x} \mid f_\imath(\mathbf{x}) \leq 0,\ \imath = 1, \ldots, m\}$ wird in ein Polyeder $\overset{1}{\mathbf{P}} = \{\mathbf{x} \mid \mathbf{A}\mathbf{x} \leq \mathbf{b}\}$ eingeschlossen, $\mathbf{B} \subset \overset{1}{\mathbf{P}}$. Es wird die Aufgabe $\mathbf{p}^{\mathrm{T}}\mathbf{x} = \mathrm{Min!}$ über $\overset{1}{\mathbf{P}}$ gelöst, also eine lineare Optimierungsaufgabe, und eine Lösung sei $\overset{1}{\mathbf{x}}$. Ist $\overset{1}{\mathbf{x}} \in \mathbf{B}$, so ist $\overset{1}{\mathbf{x}}$ Optimallösung der ursprünglichen Aufgabe. Anderenfalls wird durch eine weitere lineare Restriktion von $\overset{1}{\mathbf{P}}$ die Ecke $\overset{1}{\mathbf{x}}$ abgeschnitten; es entsteht $\mathbf{B} \subset \overset{2}{\mathbf{P}} \subset \overset{1}{\mathbf{P}}$. Mit $\overset{2}{\mathbf{P}}$ wird dann entsprechend weitergerechnet.

Eine *geeignete neue Restriktion* ist

$$f_k(\overset{1}{\mathbf{x}}) + (\mathbf{x} - \overset{1}{\mathbf{x}})^{\mathrm{T}}\ \mathbf{grad}\ f_k(\overset{1}{\mathbf{x}}) \leq 0,$$

wobei $f_k(\overset{1}{\mathbf{x}}) > 0$ gilt (man wählt etwa die durch $\overset{1}{\mathbf{x}}$ „am meisten verletzte" Restriktion: $f_k(\overset{1}{\mathbf{x}}) = \operatorname{Max}_\imath f_\imath(\overset{1}{\mathbf{x}})$). Abb. 9.9 stellt die Wirkung im $\mathbb{R}^2$ dar.

**Ergebnis des Verfahrens:** Es entsteht eine Punktfolge $\overset{1}{\mathbf{x}}, \overset{2}{\mathbf{x}}, \ldots$ in $\overset{1}{\mathbf{P}}$, also mit mindestens einem Häufungspunkt. Jeder Häufungspunkt ist Optimallösung des ursprünglichen Problems. Praktisch kommt man meist schnell in die Nähe des Optimums, erhält als Näherungen aber stets unzulässige Punkte. Ein weiterer Nachteil des Verfahrens besteht im ständigen Anwachsen der Zahl der Restriktionen. Der Optimalwert der Zielfunktion wird meist wesentlich besser angenähert als der Optimalpunkt, so auch in dem folgenden

*Beispiel:*

$$\begin{aligned}
f_1 &= -x_1 &&\leq 0,\\
f_2 &= -x_2 &&\leq 0,\\
f_3 &= x_1 &&\leq \pi/2,\\
f_4 &= -\cos x_1 + x_2 &&\leq 0,\\
F(\mathbf{x}) &= -x_1 - 2x_2 &&= \mathrm{Min!}.
\end{aligned}$$

Es ist $\mathbf{grad}\ f_4(\mathbf{x}) = (\sin x_1, 1)^{\mathrm{T}}$.

Als Polyeder $\overset{1}{\mathbf{P}}$ wählen wir (vgl. Abb. 9.10):

$$\begin{aligned}
f_1 &= -x_1 &&\leq 0,\\
f_2 &= -x_2 &&\leq 0,\\
f_3 &= x_1 &&\leq \pi/2,\\
& \phantom{=} x_2 &&\leq 1.
\end{aligned}$$

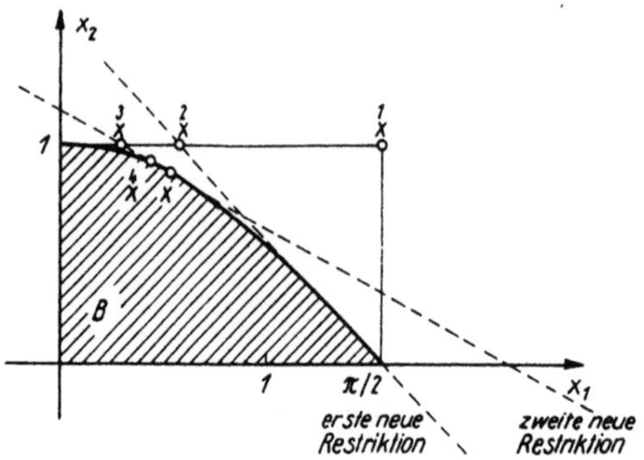


Abb. 9.10

Dann umfaßt $\overset{1}{\mathbf{P}}$ wegen $\cos x_1 \leq 1$ den zulässigen Bereich **B** der ursprünglichen Aufgabe. Minimierung von $F(\mathbf{x})$ über $\overset{1}{\mathbf{P}}$ führt auf $\overset{1}{\mathbf{x}} = (1{,}57,\ 1)^{\mathrm{T}}$. Dieser Punkt ist wegen $f_4(\overset{1}{\mathbf{x}}) = -\cos\frac{\pi}{2} + 1 = 1$ in der urspünglichen Aufgabe nicht zulässig. Entsprechend wird eine neue Restriktion eingeführt:

$$f_4(\overset{1}{\mathbf{x}}) + (\mathbf{x} - \overset{1}{\mathbf{x}})^{\mathrm{T}}\ \mathbf{grad}\ f_4(\overset{1}{\mathbf{x}}) \leq 0;$$

das ergibt nach Umordung $x_1 + x_2 \leq \pi/2$. Diese Nebenbedingung wird zu den bisherigen hinzugenommen (es empfiehlt sich ein Umrechnen auf die Nichtbasisvariablen des letzten Tableaus und Anwendung der dualen Simplexmethode). Das Minimum von $F(\mathbf{x})$ über diesem $\overset{2}{\mathbf{P}}$ ist $\overset{2}{\mathbf{x}} = (0{,}57,\ 1)^{\mathrm{T}}$ und liegt wieder nicht in **B** usw. Mit unserer Rechengenauigkeit ergibt sich $\overset{3}{\mathbf{x}} = (0{,}27,\ 1)^{\mathrm{T}}$, $\overset{4}{\mathbf{x}} = (0{,}41,\ 0{,}92)^{\mathrm{T}}$; $\overset{4}{\mathbf{x}}$ erfüllt dann auch die nichtlineare Restriktion, so daß das Verfahren abbricht. Als Optimalwert der Zielfunktion ergibt sich 2,26. Somit wird der genaue Optimalwert der Zielfunktion (auf anderem Wege zu 2,256 berechnet) gut approximiert, während $\overset{4}{\mathbf{x}}$ vom tatsächlichen Optimalpunkt $\mathbf{x} = (0{,}524, 0{,}866)^{\mathrm{T}}$ noch ziemlich weit entfernt ist; das Schnittebenenverfahren muß also mit größerer Dezimalstellenzahl durchgeführt werden.

### 9.2.2.5. Umformung eines restringierten Problems in ein freies Problem

Bei den folgenden Verfahren wird die Zielfunktion so modifiziert, daß die Minimierung von selbst (ohne Beachtung der Restriktionen) auf Punkte des zulässigen Bereichs führt, die gleichzeitig Minimalpunkte der eigentlichen Aufgabe sind.

#### *9.2.2.5.1. Methode der Penalty-Funktion*

Gegeben ist die konvexe Optimierungsaufgabe im $\mathbb{R}^n$:

$$f_i(\mathbf{x}) \leq 0, \quad i = 1, \ldots, m,$$
$$F(\mathbf{x}) = \text{Min!}$$

mit beschränktem zulässigen Bereich **B**. Es werden dann die Funktionen

$$f_i^+(\mathbf{x}) = \begin{cases} f_i(\mathbf{x}), & \text{falls } f_i(\mathbf{x}) > 0, \\ 0 & \text{sonst} \end{cases}$$

gebildet. Bei festem $r > 0$ kann $r \sum_{i=1}^{m} [f_i^+(\mathbf{x})]^2$ als *„Straffunktion"* für das Verlassen des zulässigen Bereichs **B** aufgefaßt werden (diese Funktion ist positiv außerhalb **B** und 0 in **B**). Die Optimierungsaufgabe wird dann durch das folgende Problem mit einem hinreichend großen $r$ ersetzt:

$$P(\mathbf{x}, r) = F(\mathbf{x}) + r \sum_{i=1}^{m} [f^+(\mathbf{x})]^2 = \text{Min!}\,.$$

Diese Aufgabe wird für eine gegen $\infty$ konvergierende Folge $\{r_i\}$ gelöst; die Lösungen $\overset{i}{\mathbf{x}}$ konvergieren dann unter schwachen Voraussetzungen gegen eine Lösung des ursprünglichen restringierten Problems. Praktisch wird die Rechnung bei hinreichend großem $r_j$ abgebrochen; $\overset{j}{\mathbf{x}}$ ist dann im allgemeinen unzulässig. Durch Extrapolation der Folge $\{\overset{i}{\mathbf{x}}\}$ oder Projektion des zuletzt gefundenen $\overset{j}{\mathbf{x}}$ auf den Rand von **B** wird das Optimum annähernd gefunden. Bei differenzierbaren $F(\mathbf{x})$ und $f_i(\mathbf{x})$ können zur Minimierung der modifizierten Zielfunktion analytische Methoden herangezogen werden. In manchen Fällen läßt sich die Lösung als Funktion von $r$ geschlossen angeben.

*Beispiel:*

$$\begin{aligned} x_1^2 + x_2^2 - 1 &\le 0 \quad \text{(Einheitskreis)},\\ -2x_1^2 - x_2 &= \text{Min!}\,. \end{aligned}$$

Es ist

$$P(\mathbf{x}, r) = -2x_1^2 - x_2 + \begin{cases} r(x_1^2 - x_2^2 - 1)^2 & \text{außerhalb des Einheitskreises},\\ 0 & \text{im Einheitskreis}. \end{cases}$$

Das Nullsetzen der partiellen Ableitungen nach $x_1$ und $x_2$ (die nach $x_2$ wird niemals null im Einheitskreis, somit kann man sich auf die Betrachtung außerhalb beschränken) führt auf

$$\begin{aligned} -4x_1 + r \cdot 4x_1(x_1^2 + x_2^2 - 1) &= 0,\\ -1 + r \cdot 4x_2(x_1^2 + x_2^2 - 1) &= 0; \end{aligned}$$

aus der ersten Gleichung erhält man die Bedingung $r(x_1^2 + x_2^2 - 1) = 1$; setzt man dies in die zweite Gleichung ein, so ergibt sich

$$x_1 = \pm\sqrt{1 + \frac{1}{r} - \frac{1}{16}}, \quad x_2 = \frac{1}{4}.$$

Daraus erhält man durch Grenzübergang $r \to \infty$ als Lösung der ursprünglichen Aufgabe:

$$x_1 = \pm\sqrt{1 - (1/16)}, \quad x_2 = \frac{1}{4}.$$

#### 9.2.2.5.2. *Methode der Barriere-Funktionen (SUMT)*

Auch hier wird die Lösung der restringierten Aufgabe

$$\begin{aligned} &f_i(\mathbf{x}) \le 0, \quad i = 1, \ldots, m,\\ &F(\mathbf{x}) = \text{Min!} \end{aligned}$$

über eine Folge von freien Problemen erhalten (SUMT steht für sequential unconstraint minimization technique). Jedoch wird hier die modifizierte Zielfunktion so gebildet, daß sie auf dem Rand des zulässigen Bereichs den Wert $+\infty$ hat (*Barriere*, die ein Verlassen des zulässigen Bereichs verhindert). Der zulässige Bereich muß einen inneren Punkt haben.

$$\mathbf{B}(\mathbf{x}, r) = f(\mathbf{x}) + r \sum_{i=1}^{m} \left( \frac{1}{-f_i(\mathbf{x})} \right)$$

ist der bekannteste derartige Ansatz; $\mathbf{B}(\mathbf{x}, r) = \mathrm{Min!}$ wird für eine gegen null gehende Folge $\{r_i\}$ gelöst. Unter schwachen Voraussetzungen konvergieren die entsprechenden Lösungen $\overset{i}{\mathbf{x}}$ gegen eine Lösung des ursprünglichen restringierten Problems. Ein Vorteil gegenüber der Penalty-Technik ist, daß die $\overset{i}{\mathbf{x}}$ alle zulässig sind; ein Nachteil sind meist numerische Schwierigkeiten für $r \to 0$.

*Beispiel:* Wir betrachten das sehr einfache Beispiel aus 9.2.2.5.1., wo die Lösung wieder geschlossen für alle kleinen $|r|$ erhalten werden kann:

$$\mathbf{B}(\mathbf{x}, r) = -2x_1^2 - x_2 + r \frac{1}{-x_1^2 - x_2^2 + 1}.$$

Das Nullsetzen der partiellen Ableitungen nach $x_1$, $x_2$ führt auf

$$x_1 = \pm\sqrt{1 - \frac{1}{16} \pm \frac{r}{2}}, \quad x_2 = \frac{1}{4},$$

woraus für $r \to 0$ wieder die in 9.2.2.5.1. erhaltene Lösung folgt.

# 9.3. Dynamische Optimierung

## 9.3.1. Modellstruktur und Grundbegriffe im deterministischen Fall

Die dynamische Optimierung stellt eine allgemeine Lösungskonzeption für sehr verschiedenartige Optimierungsaufgaben mit meist vielen Variablen dar. Die Lösung wird durch eine stufenförmige Folge von parametrischen Optimierungsaufgaben erhalten. Die stufenförmige und parameterabhängige Lösung gestattet es ferner, bei der praktischen Realisierung der Optimallösung auftretende Abweichungen ohne neue Rechnung bei der Realisierung nachfolgender Stufen zu berücksichtigen.

### 9.3.1.1. Einführendes Beispiel, Bellmansches Prinzip

In dieser Einführung wird die Existenz der im folgenden auftretenden Maxima und Minima als gesichert angesehen.

Ein chemischer Rohstoff mit Eigenschaften, deren Maßzahlen zu einem *Zustandsvektor* $\mathbf{p}_0$ zusammengefaßt werden, durchläuft eine Kette chemischer Reaktoren $1, 2, \ldots, N$; $\mathbf{p}_j$ sei der Zustandsvektor nach dem Reaktor $j$. An jedem Reaktor $j$ können bestimmte Einstellungen (Druck, Temperatur, ...) vorgenommen werden, die zu einem *Entscheidungsvektor* $\mathbf{q}_j$ zusammengefaßt werden. Es soll dann $\mathbf{p}_j$ nur von $\mathbf{q}_j$ und $\mathbf{p}_{j-1}$ abhängen, der Zusammenhang $\mathbf{p}_j = T_j(\mathbf{p}_{j-1}, \mathbf{q}_j)$ heißt *Übergangstransformation*. Schematisch sind diese Verhältnisse in Abb. 9.11 dargestellt.

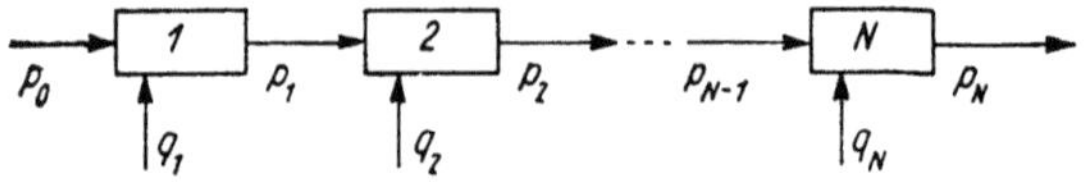


Abb. 9.11

Es sei $G(\mathbf{p}_0, \mathbf{p}_1, \ldots, \mathbf{p}_N, \mathbf{q}_1, \ldots, \mathbf{q}_N)$ der Gewinn des Gesamtprozesses, der maximiert werden soll. Da $\mathbf{p}_0$ fest ist und die übrigen $\mathbf{p}_j$ sich mit Hilfe der Übergangstransformation eliminieren lassen, ist $G$ letztlich eine Funktion von $\mathbf{q}_1, \ldots, \mathbf{q}_N$. Gesucht ist eine optimale Entscheidung $\overset{0}{\mathbf{q}}, \ldots, \overset{0}{\mathbf{q}}_N$ für den Gesamtprozeß. Es liegen also eine Zielfunktion mit $N$ (im allgemeinen vektoriellen) Variablen vor und Nebenbedingungen, die sich durch Restriktionen für die Entscheidungsvektoren $\mathbf{q}_j$ und die Zustandsvektoren $\mathbf{p}_j$ ergeben.

Für die Anwendung der dynamischen Optimierung ist die *Trennbarkeit* der Funktion $G$ nach den Stufen notwendig, das heißt, es gilt

$$\begin{aligned} G &= G_N(g_1(\mathbf{p}_0, \mathbf{q}_1), \ldots, g_N, (\mathbf{p}_{N-1}, \mathbf{q}_N)) \\ G_{N-i}(g_{i+1}, \ldots, g_N) &= K_{N-i}(g_{i+1}, G_{N-i-1}(g_{i+2}, \ldots, g_N)) \quad \text{für } i = 0, \ldots, N-2, \\ G_1(g_N) &= K_1(g_N) = g_N. \end{aligned}$$

Diese Voraussetzung ist zum Beispiel immer erfüllt, wenn $G$ *additiv trennbar* ist, d.h. $G = g_1(\mathbf{p}_0, \mathbf{q}_1) + \ldots + g_N(\mathbf{p}_{N-1}, \mathbf{q}_N)$; die $g_j$ heißen dann *Stufengewinne*.

Unter der Voraussetzung der Trennbarkeit von $G$ werden folgende *Zustandsfunktionen* eingeführt:

$$f_N(\mathbf{p}_0) = \operatorname*{Max}_{\mathbf{q}_1, \ldots, \mathbf{q}_N} G_N(g_1, \ldots, g_N)$$

(in unseren Beispiel: maximaler Gewinn, der sich bei vorgegebenem $\mathbf{p}_0$ in den $N$ Stufen realisieren läßt; $\mathbf{p}_j$ für $j > 0$ durch Übergangstransformationen eliminiert)

$$f_{N-1}(\mathbf{p}_1) = \operatorname*{Max}_{\mathbf{q}_2, \ldots, \mathbf{q}_N} G_{N-1}(g_2, \ldots, g_N)$$

(maximaler Gewinn, der sich bei vorliegendem $\mathbf{p}_1$ in den letzten $N-1$ Stufen realisieren läßt)

$$\vdots$$

$$f_1(\mathbf{p}_{N-1}) = \operatorname*{Max}_{\mathbf{q}_N} G_1(g_N).$$

Für diese Zustandsfunktionen gilt dann:

$$f_N(\mathbf{p}_0) = \operatorname*{Max}_{\mathbf{q}_1} K_N(g_1, f_{N-1}(\mathbf{p}_1)),$$

wobei $\mathbf{p}_1 = \mathrm{T}_1(\mathbf{p}_0, \mathbf{q}_1)$ einzusetzen ist. (*Erläuterung:* $G_N = K_N(g_1, G_{N-1})$ wird erst bei festem $\mathbf{q}_1$, also festem $g_1$ maximiert, anschließend werden diese von $\mathbf{q}_1$ abhängigen Maximalwerte noch über $\mathbf{q}_1$ maximiert.)

$$\vdots$$

$$f_2(\mathbf{p}_{N-2}) = \operatorname*{Max}_{\mathbf{q}_{N-2}} K_2(g_{N-1}, f_1(\mathbf{p}_{N-1})),$$

wobei $\mathbf{p}_{N-1} = \mathrm{T}_{N-1}(\mathbf{p}_{N-2}, \mathbf{q}_{N-1})$ einzusetzen ist,

$$f_1(\mathbf{p}_{N-1}) = \operatorname*{Max}_{\mathbf{q}_N} K_1(g_N) = \operatorname*{Max}_{\mathbf{q}_N} g_n(\mathbf{T}_N(\mathbf{p}_{N-1}, \mathbf{q}_N).$$

Das gesuchte Maximum von $G$ wird dann folgendermaßen erhalten:

Zuerst wird $f_1(\mathbf{p}_{N-1})$ bestimmt; das entsprechende Maximum werde für $\widehat{\mathbf{q}}_N(\mathbf{p}_{N-1})$ angenommen. Dieses $f_1$ wird zur Ermittlung von $f_2$ eingesetzt; das entsprechende Maximum werde für $\widehat{\mathbf{q}}_{N-1}(\mathbf{p}_{N-2})$ angenommen, usw. Schließlich ist $\widehat{\mathbf{q}}_1(\mathbf{p}_0)$ bestimmt. Das ist bei bekanntem $\mathbf{p}_0 = \overline{\mathbf{p}}_0$ ein fester Wert. Aus $\overline{\mathbf{p}}_0$ und $\widehat{\mathbf{q}}_1(\overline{\mathbf{p}}_0)$ wird mittels Übergangstransformation das $\overline{\mathbf{p}}_1$ bestimmt. Mit diesem $\overline{\mathbf{p}}_1$ ergibt sich $\overline{\mathbf{q}}_2 = \widehat{\mathbf{q}}_2(\overline{\mathbf{p}}_1)$ als fester Wert usw. Die Menge $\overline{\mathbf{q}}_j = \widehat{\mathbf{q}}_j(\overline{\mathbf{p}}_{j-1})$ ist die Lösung unserer Aufgabe. Das $N$-Tupel $\widehat{\mathbf{q}}_1(\mathbf{p}_0), \ldots, \widehat{\mathbf{q}}_N(\mathbf{p}_{N-1})$ heißt *optimale Politik* für den Gesamtprozeß, die einzelnen Funktionen $\widehat{\mathbf{q}}_j(\mathbf{p}_{j-1})$ heißen *Entscheidungsfunktionen*.

Tritt etwa im ersten Reaktor unseres Beispiels eine Störung ein (es wird nicht $\overline{\mathbf{q}}_1$ realisiert), so werden die weiteren Entscheidungen nicht aus $\overline{\mathbf{p}}_1$, sondern aus dem sich real einstellenden $\mathbf{p}_1$ abgeleitet, und diese Entscheidungen sind die dann noch bestmöglichen. Dieser Sachverhalt ergibt sich aus dem folgenden

**Satz (Bellmansches Optimalitätsprinzip):** Eine *optimale Politik* hat die Eigenschaft, daß für *beliebigen Anfangszustand* $\mathbf{p}_0$ und *beliebige* (eventuell nichtoptimale) *Entscheidung* $\mathbf{q}_1$ die *übrigen Entscheidungsfunktionen eine optimale Politik bilden bezüglich des Zustandes* $\mathbf{p}_1$, der sich aus der Entscheidung $\mathbf{q}_1$ ergibt.

### 9.3.1.2. Stationäre Prozesse

**Definition:** Der in 9.3.1.1. charakterisierte *Stufenprozeß* heißt *stationär*, wenn die Übergangsfunktionen $\mathrm{T}_j = \mathrm{T}$ und die Funktionen $g_j = g$ in allen Stufen gleich sind. Die Rekursionsgleichung für die Zustandsfunktionen

$$f_i(\mathbf{p}_{N-1}) = \operatorname*{Max}_{\mathbf{q}_{N-i+1}} K_i\{g_{N-i+1}(\mathbf{p}_{N-1}, \mathbf{q}_{N-i+1}), f_{i-1}(\mathrm{T}_{N-i+1}(\mathbf{p}_{N-i}, \mathbf{q}_{N-i+1}))\}$$

wird dann, wenn die Variablen einfach $\mathbf{p}$ und $\mathbf{q}$ genannt werden, zu

$$f_i(\mathbf{p}) = \operatorname*{Max}_{\mathbf{q}} K\{g(\mathbf{p}, \mathbf{q}), f_{i-1}(\mathrm{T}(\mathbf{p}, \mathbf{q}))\}.$$

Für unbeschränktes $N$ erhofft man für $i \to \infty$ eine Konvergenz $f_i \to f$, also

$$f(\mathbf{p}) = \operatorname*{Max}_{\mathbf{q}} K\{g(\mathbf{p}, \mathbf{q}), f(\mathrm{T}(\mathbf{p}, \mathbf{q}))\},$$

und konzentriert sich auf das Studium dieser Funktionalgleichung für $f(\mathbf{p})$. Bei additiver Trennbarkeit von $G$ entsteht der klassische Spezialfall

$$f(\mathbf{p}) = \operatorname*{Max}_{\mathbf{q}} \{g(\mathbf{p}, \mathbf{q}) + f(\mathrm{T}(\mathbf{p}, \mathbf{q}))\}.$$

### 9.3.1.3. Vorwärts- und Rückwärtslösung

Bei der bisher dargestellten *Rückwärtslösung* geht der Anfangszustand $\mathbf{p}_0$ als Parameter ein, und die optimale Politik bedeutet, die zum Optimum führende Entscheidung in jeder Stufe vom eingehenden Zustandsvektor abhängig zu bestimmen. Besteht etwa die Aufgabe darin, im Straßennetz der Abb. 9.12 links in kürzester Zeit von $A$ nach $B$ zu gelangen, so wird für jeden Zustand (jede Straßenkreuzung) die optimale Abfahrtsrichtung bestimmt; das Ergebnis ist durch Pfeile angegeben. Es ist also zusätzlich für jede beliebige Kreuzung die Frage beantwortet, wie man von dort am schnellsten nach $B$ kommt (Lösung bei „Störung des Zustands", etwa erzwungenen Umleitungen, so daß man gar nicht bei $A$ in dem Stadtteil einfährt).

Analog läßt sich in vielen Fällen auch eine *Vorwärtslösung* durchführen, wo der Endzustand als Parameter eingeht und die optimale Politik angibt, wie man in jeder Stufe in Abhängigkeit vom wegführenden Zustandsvektor entscheidet. In unserem Straßenverkehrsbeispiel ist das Ergebnis in Abb. 9.12 rechts skizziert. Der schnellste Weg von $A$ nach $B$ ergibt sich, indem

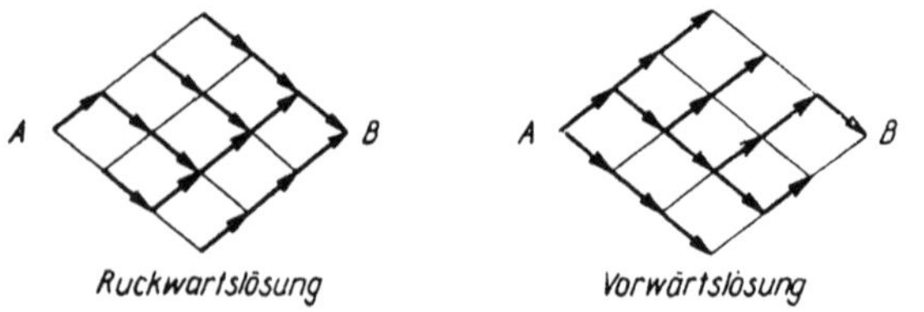


Abb. 9.12

man die Punkte mit $B$ beginnend vom wegführenden Pfeil aus aufsucht. Es ist hier dann für jede beliebige Kreuzung die Frage mit beantwortet, wie man dorthin am schnellsten von $A$ aus kommt (Lösung bei „Störung des Zieles").

## 9.3.2. Theorie der Bellmanschen Funktionalgleichungen

### 9.3.2.1. Aufgabenstellung und Klassifikation

**Definition:**

$$f(\mathbf{p}) = \sup_{\mathbf{q}\in\mathbf{B}} \{g(\mathbf{p},\mathbf{q}) + v(\mathbf{p},\mathbf{q}) \cdot f(\mathrm{T}(\mathbf{p},\mathbf{q}))\} \tag{B}$$

heißt *Bellmansche Funktionalgleichung*; der feste Bereich **B** heißt *Entscheidungsbereich*; der Bereich **D**, in dem **p** zulässig ist, heißt *Zustandsbereich*.

*Erläuterung:* Das Supremum anstelle des Maximums läßt die Frage nach der Existenz der Entscheidungsfunktion noch offen, die dann als Frage nach der Annahme des Supremums gestellt wird.

Als Lösungsverfahren wird vor allem die *sukzessive Approximation* in Frage kommen: Beginnend mit einer geeigneten Näherung $f_0(\mathbf{p})$ (häufig $f_0(\mathbf{p}) \equiv 0$) wird jeweils durch Einsetzen der Näherung $f_n(\mathbf{p})$ in die rechten Seite der obigen Funktionalgleichung links $f_{n+1}(\mathbf{p})$ erhalten. Eine Konvergenz dieser Folge ist vor allem bei einer „kontraktiven Wirkung" auf der rechten Seite zu erhoffen.

**Definition:** Eine Bellmansche Funktionalgleichung heißt *vom Typ I*, wenn die Übergangstransformation kontraktiv wirkt, das heißt, wenn $\|\mathrm{T}(\mathbf{p},\mathbf{q})\| < \alpha\|\mathbf{p}\|$ mit $\alpha < 1$ für alle $\mathbf{q} \in \mathbf{B}$, $\mathbf{p} \in \mathbf{D}$ gilt.

**Definition:** Eine Bellmansche Funktionalgleichung heißt *vom Typ II*, wenn $v(\mathbf{p},\mathbf{q})$ kontraktiv wirkt, das heißt, wenn mit einem gewissen $\varrho > 0$ für alle $\mathbf{q} \in \mathbf{B}$ und alle $\mathbf{p} \in \mathbf{D}$ mit $\|\mathbf{p}\| \leq \varrho$ die Ungleichung $|v(\mathbf{p},\mathbf{q})| \leq \alpha < 1$ gilt.

**Definition:** Eine Bellmansche Funktionalgleichung, die nicht vom Typ I oder II ist, heißt *vom Typ III*.

### 9.3.2.2. Existenz- und Eindeutigkeitssätze für die Typen I und II

**Satz für Typ I:** Die Funktionalgleichung (B) erfülle folgende Voraussetzungen:

$g(\mathbf{p},\mathbf{q})$ ist gleichmäßig beschränkt für alle $\mathbf{q} \in \mathbf{B}$ und alle $\mathbf{p} \in \mathbf{D}$ mit $\|\mathbf{p}\| \leq \varrho$ ($\varrho$ ist eine gewisse positive Konstante); $\mathbf{o} \in \mathbf{D}$, $\mathbf{T}(\mathbf{p},\mathbf{q}) \in \mathbf{D}$ für alle $\mathbf{q} \in \mathbf{B}$, falls $\mathbf{p} \in \mathbf{D}$ (die Entscheidungen sind also so eingeschränkt, daß sie zulässige Zustände wieder in zulässige Zustände überführen);

$g(\mathbf{o},\mathbf{q}) = 0$ für alle $\mathbf{q} \in \mathbf{B}$;

$|v(\mathbf{p},\mathbf{q})| \leq 1$ für alle $\mathbf{q} \in \mathbf{B}$, $\mathbf{p} \in \mathbf{D}$;

$\sum\limits_{\nu=0}^{\infty} m(\alpha^\nu \varrho) < \infty$ mit dem Kontraktionsfaktor $\alpha$ aus der Typdefinition; dabei ist

$$m(\alpha^\nu \varrho) = \sup_{\|\mathbf{p}\|\leq\alpha^\nu\varrho} \sup_{\mathbf{q}\in\mathbf{B}} |g(\mathbf{p},\mathbf{q})|.$$

*Dann besitzt die Funktionalgleichung* (B) *zur Anfangsbedingung „$f(\mathbf{o}) = 0$, $f$ für $\mathbf{p} = \mathbf{o}$ stetig" eine eindeutige Lösung $f(\mathbf{p})$. Die durch sukzessive Approximation entstehende Folge existiert und konvergiert gegen diese Lösung*, falls die erste Näherung $f_0$ den Anfangsbedingungen genügt und beschränkt für $\|\mathbf{p}\| < \varrho$ ist.

**Satz für Typ II:** Die Funktionalgleichung (B) erfülle folgende Voraussetzungen:
$g(\mathbf{p},\mathbf{q})$ ist gleichmäßig beschränkt für alle $\mathbf{q} \in \mathbf{B}$ und alle $\mathbf{p} \in \mathbf{D}$ mit $\|\mathbf{p}\| \leq \varrho$
($\varrho$ ist die positive Konstante aus der Typdefinition);
$\mathbf{T}(\mathbf{p},\mathbf{q}) \in \mathbf{D}$ für alle $\mathbf{q} \in \mathbf{B}$, falls $\mathbf{p} \in \mathbf{D}$;
$\|\mathrm{T}(\mathbf{p},\mathbf{q})\| \leq \|\mathbf{p}\|$ oder **D** ist beschränkt.

*Dann besitzt die Funktionalgleichung* (B) *zur Beschränktheitsbedingung „$f$ in jedem beschränkten Teilbereich von* **D** *beschränkt" eine eindeutige Lösung. Die durch sukzessive Approximation entstehende Folge existiert und konvergiert gegen diese Lösung*, falls die erste Näherung $f_0$ der Beschränktheitsbedingung genügt.

**Existenzsatz für die optimale Politik bei den Typen I und II:** Es gelte zusätzlich zu den für die Existenz der Lösung $f(\mathbf{p})$ hinreichenden Bedingungen, daß $g(\mathbf{p},\mathbf{q})$, $v(\mathbf{p},\mathbf{q})$ und $\mathbf{T}(\mathbf{p},\mathbf{q})$ gleichmäßig stetig für alle $\mathbf{q} \in \mathbf{B}$ und alle $\mathbf{p} \in \mathbf{D}$ mit $\|\mathbf{p}\| \leq \varrho$ sind. *Dann ist die Lösung $f$ stetig, und das Supremum in der Funktionalgleichung wird als Maximum angenommen (es existiert also eine optimale Politik).*

**Stabilitätssatz für die Typen I und II:** Es seien zwei ansonsten gleiche Funktionalgleichungen mit $g_1(\mathbf{p},\mathbf{q}) \neq g_2(\mathbf{p},\mathbf{q})$ gegeben, $\delta(\varrho) = \sup\limits_{\|\mathbf{p}\| \leq \varrho} \sup\limits_{\mathbf{q} \in \mathbf{B}} |g_1(\mathbf{p},\mathbf{q}) - g_2(\mathbf{p},\mathbf{q})|$.

*Dann gilt für die Lösungen $f_1(\mathbf{p})$ der ersten und $f_2(\mathbf{p})$ der zweiten Funktionalgleichung:*

$$\sup_{\|\mathbf{p}\| \leq \varrho} |f_1(\mathbf{p}) - f_2(\mathbf{p})| \leq \begin{cases} \sum\limits_{\nu=0}^{\infty} \delta(\alpha^\nu \varrho) & \textit{bei Typ I}, \\ \frac{1}{1-\alpha}\delta(\varrho) & \textit{bei Typ II}. \end{cases}$$

*Erläuterung:* Bei kleinen Störungen (z.B. Mängeln bei der Festlegung) der Gewinnfunktion ändern sich Zustandsfunktion und optimale Politik also nur wenig.

#### 9.3.2.3. Monotonie, Typ III

**Definition:** Die durch sukzessive Approximation entstehende Folge $f_0(\mathbf{p}), f_1(\mathbf{p}), \ldots$ heißt *monoton*, wenn für alle **p** gilt

$$f_i(\mathbf{p}) \geq f_{i-1}(\mathbf{p}), \quad i = 1, 2, \ldots .$$

**Monotoniesatz:** Es existiere eine Folge $f_0(\mathbf{p}), f_1(\mathbf{p}), f_2(\mathbf{p}), \ldots$ sukzessiver Approximationen der Bellmanschen Funktionalgleichung (B) mit $f_0(\mathbf{p}) \leq f_1(\mathbf{p})$ für alle **p**. *Dann ist die Folge monoton.*

**Satz:** Die Bellmansche Funktionalgleichung (B) (Typ beliebig) habe folgende Eigenschaften: Es gilt $v(\mathbf{p},\mathbf{q}) \geq 0$ für alle $\mathbf{p} \in \mathbf{D}$, $\mathbf{q} \in \mathbf{B}$, und es existiert eine monotone, auf $\|\mathbf{p}\| \leq \varrho$ gleichmäßig beschränkte Folge sukzessiver Approximationen $f_0 \leq f_1 \leq f_2 \leq \ldots$. *Dann konvergieren die $f_i$ gegen eine Lösung der Funktionalgleichung.*

*Bemerkung:* Dieser Satz ist besonders wichtig für den Typ III, kann aber auch für die Typen I und II oft leichter angewandt werden als die für diese Typen in 9.3.2.2. formulierten Sätze.

**Methoden zur Konstruktion monotoner Approximationen:** Wegen des Monotoniesatzes genügt es, für $f_0(\mathbf{p}) \leq f_1(\mathbf{p})$ zu sorgen.

*Erste Methode:* Ist $v(\mathbf{p},\mathbf{q}) \geq 0$ und $g(\mathbf{p},\mathbf{q}) \geq 0$, so führt $f_0(\mathbf{p}) \equiv 0$ zu einer monotonen Folge sukzessiver Approximationen.

*Zweite Methode:* Ist wenigstens $v(\mathbf{p}, \mathbf{q}) \geq 0$, so wird zu irgendeinem festen $\mathbf{q}_0(\mathbf{p})$ ein passendes $f_0(\mathbf{p})$ als Lösung der einfacheren Funktionalgleichung $f_0(\mathbf{p}) = g(\mathbf{p}, \mathbf{q}_0(\mathbf{p})) + v(\mathbf{p}, \mathbf{q}_0(\mathbf{p})) \cdot f_0(\mathbf{T}(\mathbf{p}, \mathbf{q}_0(\mathbf{p})))$ ermittelt. Dieses $f_0(\mathbf{p})$ führt dann stets zu einer monotonen Folge sukzessiver Approximationen. Bei der Anwendung muß man natürlich beachten, daß $f_0$ Anfangs- bzw. Beschränktheitsbedingungen zu erfüllen hat.

#### 9.3.2.4. Grundsätzliches zur praktischen Lösung

Hauptmethode für die Lösung der Funktionalgleichung (B) ist die sukzessive Approximation. Haben die einzelnen Approximationen die Bedeutung von Zustandsfunktionen eines Stufenprozesses, so müssen auf jeder Stufe auch die Entscheidungsfunktionen berechnet und bis zum Schluß abgespeichert werden, um die Rückrechnung zu ermöglichen. Dabei werden erhebliche Speicherplatzanforderungen gestellt.

Eine andere Möglichkeit zur Lösung der Funktionalgleichung zu speziellen Anwendungsbeispielen besteht darin, durch Untersuchungen des speziellen Beispiels zu Hypothesen zu kommen, die durch Einsetzen in die Funktionalgleichung getestet werden, oder zu Ansätzen, deren freie Parameter durch Einsetzen in die Funktionalgleichung bestimmt werden.

### 9.3.3. Beispiele für deterministische dynamische Optimierung

#### 9.3.3.1. Lagerhaltungsproblem

Ein Handelskontor muß einen fest geplanten monatlichen Bedarf (einer gewissen einheitlichen Ware) befriedigen. Dazu kauft es monatlich ein und kann die Ware entweder lagern oder sofort zur Bedarfsbefriedigung weiterverkaufen. Gesucht ist eine optimale Einkaufs- bzw. Lagerpolitik:

| | |
|---|---|
| $b_i$ | Bedarf im $i$-ten Monat, |
| $x_{i-1}$ | Bestand an Ende des $(i-1)$-ten Monats (Zustand!), |
| $z_i$ | Einkauf am Anfang des $i$-ten Monats (Entscheidung!), |
| $x_{i-1} + z_i$ | Bestand am Anfang des $i$-ten Monats, |
| $c_i z_i$ | Kosten des Einkaufs, $c_i$ also Kosten pro Mengeneinheit, |
| $d_i(x_{i-1} + z_i)$ | Lagerkosten im $i$-ten Monat (wir setzen vereinfacht an, daß der gesamte Anfangsbestand Lagerkosten verursacht), |

Bilanzgleichung: $x_{i-1} + z_i - b_i = x_i$ (Übergangstransformation!).

Gesamtkosten für $n$ Monate (sollen minimiert werden):

$$G = \sum_{i=1}^{n} (c_i z_i + d_i(x_{i-1} + z_i)) = \sum_{i=1}^{n} g_i(x_{i-1}, z_1).$$

Annahme: Kein Anfangsbestand, also $x_0 = 0$.

Gesamtproblem:

$$G = \sum_{i=1}^{n} (c_i z_i + d_i(x_{i-1} + z_i)) = \text{Min!}\,,$$

$$x_{i-1} + z_i - b_i = x_i, \quad i = 1, \ldots, n,$$

$$x_0 = 0,$$

$$x_i \geq 0, \quad z_i \geq 0.$$

Das ist ein lineares Optimierungsproblem und kann als solches gelöst werden.

*Dynamische Behandlung:*

$$f_{n-k+1}(x_{k-1}) = \operatorname*{Min}_{z_k,\ldots,z_n} \sum_{i=k}^{n} g_i(x_{i-1}, z_i) = \operatorname*{Min}_{z_k}\{g_k(x_{k-1}, z_k) + f_{n-k}(x_k)\}$$
$$\text{mit } x_k = x_{k-1} + z_k - b_k,$$
$$\vdots$$
$$f_1(x_{n-1}) = \operatorname*{Min}_{z_n} g_n(x_{n-1}, z_n).$$

*Zahlenbeispiel:*

| | $i=1$ | $i=2$ | $i=3$ | $i=4=n$ |
|---|---|---|---|---|
| $b_i$ | 10 | 10 | 10 | 10 |
| $c_i$ | 4 | 3 | 6 | 4 |
| $d_i$ | 2 | 2 | 2 | 2 . |

Wenn nichts übrigbleiben soll, genügt es offenbar, nur die Fälle $x_1 \le 30$, $x_2 \le 20$, $x_3 \le 10$, $x_4 = 0$ zu untersuchen:

$$f_1(x_3) = \operatorname*{Min}_{z_4}(6z_4 + 2x_3)$$

($z_4$ muß der Bedingung $x_4 = x_3 + z_4 - 10 = 0$ genügen, also $z_4 = -x_3 + 10$)

$$= \operatorname*{Min}_{z_4}(60 - 4x_3) = 60 - 4x_3$$

($\widehat{z}_4 = 10 - x_3$ für $0 \le x_3 \le 10$ ergibt sich aus $z_4 = -x_3 + 10$ trivialerweise als Entscheidungsfunktion),

$$f_2(x_2) = \operatorname*{Min}_{z_3}(8z_3 + 2x_2 + f_1(x_3))$$

(mit $0 \le x_3 = x_2 + z_3 - 10 \le 10$ $(*)$, also $f_1(x_3) = 60 - 4x_3 = 100 - 4x_2 - 4z_3$)

$$= \operatorname*{Min}_{z_3}(4z_3 - 2x_2 + 100)$$

(mit $10 - x_2 \le z_3 \le 20 - x_2$ wegen $(*)$, $0 \le z_3$)

$$= \begin{cases} 140 - 6x_2 & \text{für } 0 \le x_2 \le 10, \text{ hierbei } \widehat{z}_3 = 10 - x_2, \\ 100 - 2x_2 & \text{für } 10 \le x_2 \le 20, \text{ hierbei } \widehat{z}_3 = 0; \end{cases}$$

analog:

$$f_3(x_1) = \begin{cases} 180 - 3x_1 & \text{für } 0 \le x_1 \le 20, \text{ hierbei } \widehat{z}_2 = 20 - x_1, \\ 120 & \text{für } 20 \le x_1 \le 30, \text{ hierbei } \widehat{z}_2 = 0; \end{cases}$$

$$f_4(0) = 240, \text{ hierbei } \widehat{z}_1(0) = 10.$$

Rückrechnung ergibt die optimalen Werte $\overline{x}_0 = 0$ (gegeben), $\overline{z}_1 = 10$ (aus Entscheidungsfunktion $\widehat{z}_1(\overline{x}_0)$), $\overline{x}_1 = 0$ (aus Übergangstransformation), $\overline{z}_2 = 20$ (Entscheidungsfunktion), $\overline{x}_2 = 10$ (Übergangstransformation), $\overline{z}_3 = 0$, $\overline{x}_3 = 0$, $\overline{z}_4 = 10$, $\overline{x}_4 = 0$. Die minimalen Gesamtkosten gibt $f_4(0) = 240$ an.

### 9.3.3.2. Aufteilungsproblem

Ein Fundus vom Wert $\xi$ (etwa Kraftfahrzeuge) kann in jedem Zeitintervall auf zwei Arten eingesetzt werden (etwa Nah- und Fernfahrten). Die folgende Tabelle gibt den Effekt an:

| | 1. Einsatzart | 2. Einsatzart |
|---|---|---|
| Gewinn | $g(\xi)$ | $h(\xi)$ |
| Wertminderung durch Verschleiß auf | $a \cdot \xi$ | $b \cdot \xi$ |
| | $0 < a < 1$ | $0 < b < 1$ |

*Aufteilungsprozeß:* Der Anfangsfundus vom Wert $x_0$ wird aufgeteilt, $y_1$ auf die erste Art, $x_0 - y_1$ auf die zweite Art. Dann beträgt der Gewinn $g(y_1) + h(x_0 - y_1)$, und es verbleibt der Wert $x_1 = ay_1 + b(x_0 - y_1)$; $x_1$ wird im nächsten Zeitintervall wieder aufgeteilt usw. In diesem Modell sind $x_0, x_1, \ldots, x_N$ die Zustandsvariablen und $y_1, y_2, \ldots, y_N$ die Entscheidungsvariablen. Rekursion:

$$f_n(x_{N-n}) = \operatorname*{Max}_{0 \leq y_{N-n+1} \leq x_{N-n}} \{g(y_{N-n+1}) + h(x_{N-n} - y_{N-n+1}) + f_{n-1}(x_{N-n+1})\}.$$

Dabei ist in $f_{n-1}$ entsprechend der Übergangstransformation $x_{N-n+1} = ay_{N-n+1} + b[x_{N-n} - y_{N-n+1}]$ zu eliminieren. Von $f_1(x_{N-1}) = \operatorname*{Max}_{0 \leq y_N \leq x_{N-1}} \{g(y_N) + h(x_{N-1} - y_N)\}$ ausgehend können die $f_2, \ldots, f_N$ sukzessive bestimmt werden bei Vormerkung der jeweiligen Entscheidungsfunktion $\widehat{y}_{N-n+1}(x_{N-n})$; aus $x_0 = \overline{x}_0$ (gegeben) läßt sich dann das Optimum ermitteln.

*Stationärer Grenzfall:* Da Gewinn- und Übergangsfunktion in allen Stufen gleich bleiben, liegt ein stationärer Prozeß vor. Die Lösung $f(x)$ der Funktionalgleichung

$$f(x) = \operatorname*{Max}_{0 \leq y \leq x} \{g(y) + h(x - y) + f(ay + b[x - y])\}$$

kann als Näherung für $f_n(x)$ bei großem $n$ und die Entscheidungsfunktion $\widehat{y}(x)$ als Näherung für die entsprechende Entscheidungsfunktion des Stufenmodells benutzt werden, falls einige praktisch meist gegebene Voraussetzungen erfüllt sind.

Bei konvexen $g(x)$ und $h(x)$ kann man zeigen, daß $\widehat{y}(x) = (0 \text{ oder } x)$ gilt für alle $x \geq 0$. Zum Beispiel für $g(x) = x$, $h(x) = x^2$, $a = \frac{1}{2}$, $b = \frac{3}{4}$ ist

$$\widehat{y}(x) = \begin{cases} x & \text{für } 0 \leq x \leq \frac{1}{2}, \\ 0 & \text{für } \frac{1}{2} \leq x \end{cases}$$

die optimale, für $x = \frac{1}{2}$ mehrdeutige Entscheidung.

#### 9.3.3.3. Rangbestimmung im Netzplan

In 9.5.2.1. wird für den Rang die Funktionalgleichung

$$r(K) = \operatorname*{Max}_{(L,K) \in \mathbf{R}} \{1 + r(L)\} \quad \text{für } K \neq \text{ Quelle}$$

mit der Anfangsbedingung $r(\text{Quelle}) = 0$ betrachtet. Diese Funktionalgleichung ist vom Typ III im Bellmanschen Sinne. Die sukzessive Approximation verläuft monoton, wenn mit $\overset{0}{r}(K) \equiv 0$ begonnen wird. Da $r$ wegen der Kreisfreiheit im Netzplan gleichmäßig beschränkt ist, konvergieren die Approximationen nach 9.3.2.3. gegen eine Lösung der Funktionalgleichung. Verbessert man die sukzessive Approximation durch Übergang zum Einzelschrittverfahren (falls vorhanden, wird rechts schon die $r$-Näherung der gleichen Approximationsrunde verwendet), erhält man den Fordschen Algorithmus (siehe 9.5.2.1.).

### 9.3.4. Stochastische dynamische Modelle

#### 9.3.4.1. Verallgemeinerung des deterministischen Modells

In 9.3.1.2. wurde die Bellmanschen Funktionalgleichung

$$f(\mathbf{p}) = \sup_{\mathbf{q} \in \mathbf{B}} \{g(\mathbf{p}, \mathbf{q}) + v(\mathbf{p}, \mathbf{q}) f(\mathbf{T}(\mathbf{p}, \mathbf{q}))\}$$

mit $\mathbf{T}$ als stationärem Grenzfall der Übergangstransformation betrachtet. Für verschiedene, unterschiedlich gewichtete Übergänge wird daraus

$$f(\mathbf{p}) = \sup_{\mathbf{q}\in\mathbf{B}} \left\{ g(\mathbf{p},\mathbf{q}) + \sum_{k=1}^{w} f(\mathbf{T}_k(\mathbf{p},\mathbf{q})) \cdot v_k(\mathbf{p},\mathbf{q}) \right\}.$$

Bei weiterer Verallgemeinerung zu kontinuierlich vielen Übergängen entsteht daraus

$$f(\mathbf{p}) = \sup_{\mathbf{q}\in\mathbf{B}} \left\{ g(\mathbf{p},\mathbf{q}) + \int_{\tau\in\mathbf{D}} f(\tau)\,\mathrm{d}\Phi(\tau \mid \mathbf{p},\mathbf{q}) \right\},$$

wobei $\mathrm{d}\Phi = \varphi\,\mathrm{d}\tau$ eingesetzt werden kann, falls $\Phi$ eine Dichte hat; $\varphi$ ist dann die kontinuierliche Verallgemeinerung der $v_k$.

### 9.3.4.2. Stochastisches Modell, Rolle des Bellmanschen Prinzips

Es liegt ein Problem mit Stufenstruktur wie in Abb. 9.11 zugrunde, jedoch sind die Zustandsvektoren für $i > 0$ Zufallsgrößen (sie werden deshalb mit $\mathbf{P}_i$ bezeichnet, $\mathbf{p}_i$ seien die Realisierungen). Ihre bedingten Verteilungsfunktionen $\Phi_n(\mathbf{p}_n \mid \mathbf{p}_{n-1}, \mathbf{q}_n)$ ersetzen die deterministische Übergangsbeschreibung. Auch der Stufengewinn (wir betrachten hier nur Fälle, in denen dieser existiert) hat somit zufälligen Charakter; er wird durch die Zufallsgröße $U_n = u_n(\mathbf{P}_{n-1}, \mathbf{q}_n, \mathbf{P}_n)$ beschrieben. Da Entscheidungen früher getroffen werden müssen, als die Stufe durchlaufen wird, ist es sinnvoll, den *erwarteten Stufengewinn* $G_n(\mathbf{P}_{n-1}, \mathbf{q}_n) = \underset{\mathbf{P}_n}{\mathsf{E}}\,(u_n(\mathbf{P}_{n-1}, \mathbf{q}_n, \mathbf{P}_n))$ zu betrachten, $\underset{\mathbf{P}_n}{\mathsf{E}}$ bedeutet Bildung des Erwartungswertes bezüglich $\mathbf{P}_n$.

Der erwartete Stufengewinn ist noch vom zufälligen Eingang $\mathbf{P}_{n-1}$ in die Stufe abhängig. Die dynamische Behandlung besteht darin, die Entscheidung für die Stufe kurzfristig dann zu treffen, wenn die Realisierung $\mathbf{p}_{n-1}$ dieses zufälligen Zustandsvektors vorliegt. Von der Zustandsfunktion für die Beschreibung der Vorgänge in den weiteren Stufen wird der Erwartungswert gebildet:

$$\begin{aligned}
f_n(\mathbf{p}_{N-n}) &= \operatorname*{Max}_{\mathbf{q}_{N-n+1}} \left\{ g_{N-n+1}(\mathbf{p}_{N-n}, \mathbf{q}_{N-n+1}) + \underset{\mathbf{P}_{N-n+1}}{\mathsf{E}} f_{n-1}(\mathbf{P}_{N-n+1}) \right\} \\
&= \operatorname*{Max}_{\mathbf{q}_{N-n+1}} \left\{ g_{N-n+1}(\mathbf{p}_{N-n}, \mathbf{q}_{N-n+1}) + \int_{\tau\in\mathbf{D}} f_{n-1}(\tau)\,\mathrm{d}\Phi_{N-n+1}(\tau \mid \mathbf{p}_{N-n}, \mathbf{q}_{N-n+1}) \right\} \\
&\vdots \\
f_1(\mathbf{p}_{N-1}) &= \operatorname*{Max}_{\mathbf{q}_N} g_N(\mathbf{p}_{N-1}, \mathbf{q}_N).
\end{aligned}$$

Im stationären Fall wird daraus

$$f_n(\mathbf{p}) = \operatorname*{Max}_{\mathbf{q}\in\mathbf{B}} \left\{ g(\mathbf{p},\mathbf{q}) + \int_{\tau\in\mathbf{D}} f_{n-1}(\tau)\,\mathrm{d}\Phi(\tau \mid \mathbf{p},\mathbf{q}) \right\}.$$

Im stationären Grenzfall $n \to \infty$ entsteht mit $f$ als Grenzfunktion die bereits in 9.3.4.1. am Schluß erhaltene Gleichung.

Im stochastischen Fall liegt das Bellmansche Prinzip also bereits der Aufgabenstellung zugrunde; es ergibt sich hier nicht als Lehrsatz bei der Behandlung einer „Gesamtaufgabe". Man kann das stochastische Modell auch als (mit den Erwartungswerten gebildetes) deterministisches Modell ansprechen, wobei in jeder Stufe zufällige Störungen des Zustandes (Abweichungen vom Erwartungswert) auftreten. Folglich ist hier nur die Rückwärtslösung sinnvoll, vgl. das Beispiel in 9.3.1.3.

### 9.3.4.3. Beispiel: Ein Lagerhaltungsproblem

#### 9.3.4.3.1. *Modell*

$X_{n-1}$ Bestand am Ende der $(n-1)$-ten Periode, beliebig reell (negativer Bestand bedeutet vorgemerkte, noch nicht belieferte Bestellung der Abnehmer),

$z_n$ Bestellmenge = Zugang am Anfang der $n$-ten Periode (das heißt Betrachtung ohne Lieferfristen), nichtnegativ,

$y_n = x_{n-1} + z_n$ Bestand am Anfang der $n$-ten Periode, beliebig reell,

$B_n$ Bedarf in der $n$-ten Periode insgesamt, nichtnegativ, die Bilanzgleichung lautet somit $y_n - B_n = X_n$.

Es sei $B_n$ eine Zufallgröße und damit wegen der Bilanzgleichung auch $X_n$. Entsprechende Kleinbuchstaben bezeichnen die Realisierung. Die Verteilungsfunktion von $B_n$ sei $\Phi(b_n)$. Folgende Kosten entstehen:

*Bestellkosten* (Fixkosten unabhängig von der Höhe der Bestellung plus mengenproportionale Lieferkosten):

$$c(z_n) = \begin{cases} 0 & \text{für } z_n = 0, \\ K + c \cdot z_n & \text{für } z_n > 0. \end{cases}$$

*Lagerkosten* (zum Beispiel mengenproportional zum Rest):

$$h(y_n, b_n) = \begin{cases} h \cdot [y_n - b_n] & \text{für } y_n \geq b_n \geq 0, \\ 0 & \text{für } y_n \leq b_n. \end{cases}$$

*Strafkosten* (zum Beispiel Vertragsstrafen proportional zu den Fehlmengen):

$$m(b_n - y_n) = \begin{cases} 0 & \text{für } y_n \geq b_n \geq 0, \\ m \cdot [b_n - y_n] & \text{für } y_n \leq b_n. \end{cases}$$

Der Erwartungswert von Lagerkosten plus Strafkosten ist dann

$$l(y_n) = \begin{cases} \int\limits_0^{y_n} h(y_n, b_n)\,\mathrm{d}\Phi(b_n) + \int\limits_{y_n}^{\infty} m(b_n - y_n)\,\mathrm{d}\Phi(b_n) & \text{für } y_n \geq 0, \\ \int\limits_0^{\infty} m(b_n - y_n)\,\mathrm{d}\Phi(b_n) & \text{für } y_n \leq 0. \end{cases}$$

Statt $z_n$ kann man auch $y_n$ als Entscheidungsvariable auffassen (wir entscheiden, welcher Bestand $y_n$ vorliegen soll, indem $z_n$ bestellt wird), somit hängen auch die Bestellkosten von $y_n - x_{n-1}$ ab, und es ist

$$g_n(x_{n-1}, y_n) = c(y_n - x_{n-1}) + l(y_n)$$

der erwartete Stufen-„Gewinn" (Kosten, die minimiert werden sollen!).

Gewöhnlich werden die $n$ Perioden später entstehenden Kosten mit dem Faktor $\alpha^n$ multipliziert, $0 < \alpha < 1$. Diese *Diskontierung* bringt zum Ausdruck, daß zur Deckung dieser Kosten wegen der Verzinsung eine entsprechend geringere Summe erforderlich ist als für gleichhohe momentan zu deckende Kosten.

#### 9.3.4.3.2. *Funktionalgleichung, $(s, S)$-Politik*

Im stationären Fall lautet die Funktionalgleichung (vgl. letzte Formel in 9.3.4.2.)

$$f_n(x) = \operatorname*{Min}_y \left\{ g(x, y) + \alpha \int\limits_0^{\infty} f_{n-1}(y - b)\,\mathrm{d}\Phi(b) \right\},$$

$$f_1(x) = \operatorname*{Min}_y g(x,y).$$

Minimiert wird jeweils über alle $y$ mit $y \geq x$. Im Grenzfall $n \to \infty$ ergibt sich somit eine Bellmansche Funktionalgleichung vom Typ II (Ersetzen des $f_n$ und $f_{n-1}$ in obiger Gleichung durch die Grenzfunktion $f$). Unter bestimmten Voraussetzungen an $\Phi(b)$ (inbesondere muß $l(y)$ konvex werden) ist die Lösungsstruktur dieser Funktionalgleichung näher untersucht worden. Als optimale Politik ergibt sich

$$\widehat{y}(x) = \begin{cases} S & \text{für } x \leq s, \\ x & \text{für } s \leq x \end{cases}$$

mit gewissen Konstanten $s < S$. Diese Bestellpolitik bedeutet, *nichts zu bestellen, solange der Bestand über $s$ liegt, und auf $S$ aufzufüllen, falls der Bestand $s$ unterschreitet.*

Im Stufenprozeß hat die Entscheidungsfunktion $\widehat{y}_n(x_{n-1})$ dieselbe Struktur mit von $n$ abhängigen Konstanten $s_n$, $S_n$.

# 9.4. Graphentheorie

## 9.4.1. Grundbegriffe der Theorie gerichteter Graphen

**Definition:** Gegeben sei eine endliche Menge $\mathbf{M} = \{E, F, \ldots, I\}$ und eine Menge $\mathbf{R}$ geordneter Paare $(E, F)$ mit $E \in \mathbf{M}$, $F \in \mathbf{M}$, also $\mathbf{R} \subseteq \mathbf{M} \times \mathbf{M}$. Dann heißt $\mathbf{G} = [\mathbf{M}, \mathbf{R}]$ ein endlicher gerichteter *Graph* (ohne Parallelkanten).

Ein Graph $\mathbf{G}' = [\mathbf{M}', \mathbf{R}']$ heißt *Teilgraph* von $\mathbf{G} = [\mathbf{M}, \mathbf{R}]$, wenn $\mathbf{M}' \subseteq \mathbf{M}$ und $\mathbf{R}' \subseteq \mathbf{R}$ gilt. Die Elemente von $\mathbf{M}$ heißen *Knoten*, die von $\mathbf{R}$ *Bögen, gerichtete Kanten* oder *Pfeile*. Ist $(E, F)$ ein Bogen, so heißt $E$ sein *Anfangsknoten* und $F$ sein *Endknoten*. $E$ heißt dann ein *(unmittelbarer) Vorgänger* von $F$, $F$ ein *(unmittelbarer) Nachfolger* von $E$. Ein Knoten, der keinen Vorgänger hat, heißt *Quelle*; ein Knoten, der keinen Nachfolger hat, heißt *Senke*. Ein Bogen, bei dem Anfangs- und Endknoten zusammenfallen, heißt *Schlinge*.

**Definition:** Für eine Knotenfolge $E_1, E_2, \ldots, E_k$ gelte $(E_i, E_{i+1}) \in \mathbf{R}$ für $i = 1, \ldots, k-1$. Dann heißt die zugehörige Kantenfolge ein *Weg*, die Kantenanzahl $k-1$ seine *Weglänge*, $E_1$ sein *Anfangsknoten* und $E_k$ sein *Endknoten*.

**Definition:** Ein Weg, bei dem Anfangs- und Endknoten zusammenfallen und der mindestens einen Bogen enthält, heißt *Kreis*. (Schlingen sind spezielle Kreise.)

**Definition:** Ein gerichteter Graph mit genau einer Quelle und der Eigenschaft, daß für jeden Konten $E$ genau ein Weg von der Quelle nach $E$ existiert, heißt *gerichteter Baum*. (Jeder Baum ist von selbst ein kreisfreier Graph.)

**Definition:** Ein gerichteter kreisfreier Graph mit genau einer Quelle und genau einer Senke heißt (geschlossener) *Netzplan*.

**Bewertung:** Ein Graph heißt *bewertet*, wenn jeder Kante ein $n$-Tupel zugeordnet ist, $n \geq 1$.

*Bild eines Graphen:* Jeder Graph kann dadurch veranschaulicht werden, daß seine Knoten als Punkte in der Ebene dargestellt werden, zwischen denen Pfeile gezeichnet werden, falls der entsprechende Bogen im Graphen vorhanden ist (Abb. 9.13). Wenn für $\mathbf{G}$ ein Bild möglich ist, in dem sich (außer in den Knoten) keine Bögen schneiden, dann heißt $\mathbf{G}$ *planar*.

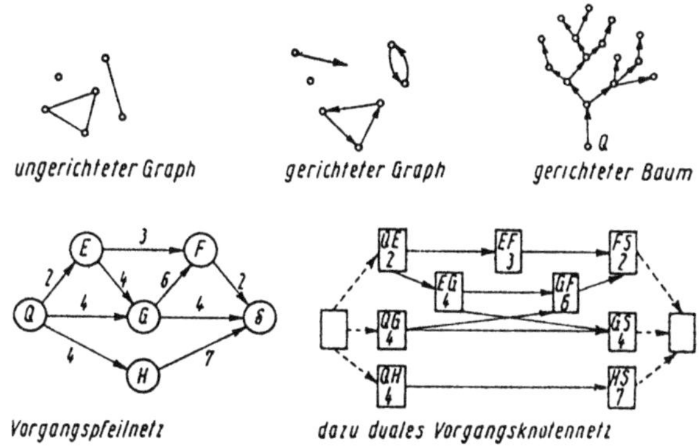


Abb. 9.13 Beispiele für Bilder von Graphen

## 9.4.2. Netzplantechnik

Wir betrachten nachstehend die folgende Variante: Numerierung der Knoten und Bewertung der Bögen. Gelegentlich sind auch andere Darstellungen nützlich.

### 9.4.2.1. Monotone Numerierung, Fordscher Algorithmus

Der Netzplan wird praktisch durch eine *Vorgängerauflistung* oder (bei kleineren Netzplänen) eine *Netzplanmatrix* gegeben. Die Netzplanmatrix hat in der zum Knoten $E$ gehörigen Zeile und der zum Knoten $F$ gehörigen Spalte genau dann eine Markierung 1, wenn $(E, F)$ ein Bogen ist.

*Beispiel:* Vorgängerauflistung und Netzplanmatrix zu dem in Abb. 9.13 gezeichneten Netzplan (die vier Spalten rechts neben der Netzplanmatrix werden später erläutert):

| Knoten | seine Vorgänger |
|---|---|
| $Q$ | |
| $E$ | $Q$ |
| $F$ | $E, G$ |
| $G$ | $Q, E$ |
| $H$ | $Q$ |
| $S$ | $F, G, H$ |

| | $Q$ | $E$ | $F$ | $G$ | $H$ | $S$ | | | | |
|---|---|---|---|---|---|---|---|---|---|---|
| $Q$ | | 1 | | 1 | 1 | | 0 | 0 | 0 | 0 |
| $E$ | | | 1 | 1 | | | 0 | 1 | 1 | 1 |
| $F$ | | | | | | 1 | 0 | 2 | 3 | 3 |
| $G$ | | | 1 | | | 1 | 0 | 2 | 2 | 2 |
| $H$ | | | | | | 1 | 0 | 1 | 1 | 1 |
| $S$ | | | | | | | 0 | 3 | 4 | 4. |

Aus beiden Darstellungen kann man ablesen, daß $Q$ Quelle und $S$ Senke ist.

**Definition:** Die größte Länge eines Weges von der Quelle zu einem Knoten $K$ des Netzplans heißt der *Rang* $r(K)$ *von* $K$. Der Rang der Quelle ist null.

Offenbar gilt $r(K) = \operatorname{Max}_{(L,K)\in R}\{1 + r(L)\}$ für alle $K$, die keine Quelle sind.

**Fordscher Algorithmus zur Rangbestimmung:** Es wird eine Iteration beginnend mit $\overset{0}{r}(K) = 0$ für alle $K$ durchgeführt:

$$\overset{i+1}{r}(K) = \operatorname{Max}_{(L,K)\in R}\{1 + \overset{i}{r}(L)\};$$

jedoch wird besser rechts für solche $L$, für die $\overset{i+1}{r}(L)$ bereits berechnet wurde, schon dieser Wert statt des $\overset{i}{r}(L)$ verwendet. In Worten: Für alle unmittelbaren Vorgänger von $K$ wird 1 plus beste bisherige Näherung für deren Rang berechnet, und von allen diesen Werten wird der größte als neue Näherung für $r(K)$ verwendet.

Nach endlich vielen Schritten gilt $\overset{i+1}{r}(K) = \overset{i}{r}(K)$ für alle $K$; dann ist $\overset{i+1}{r}(K) = r(K)$. Die berechneten Werte können spaltenweise von oben nach unten rechts neben der Netzplanmatrix eingetragen werden, wie das am Beispiel ersichtlich ist. Zum Beispiel kommt die fettgedruckte 3 in der Zeile von $F$ folgendermaßen zustande: Es werden die unmittelbaren Vorgänger von $F$ aufgesucht ($F$-Spalte der Matrix, vgl. auch Vorgängerauflistung), $E$ und $G$, und 1 plus bisher letzte Näherung für deren Rang berechnet, $1 + \underline{1}$, $1 + \underline{2}$, der größte dieser Werte ist 3.

**Definition:** Die Knoten eines Netzplans seien so numeriert, daß für jeden Bogen der Anfangsknoten eine niedrigere Nummer als der Endknoten hat. Dann heißt die Numerierung *monoton* oder *aufsteigend.*

Es ergibt sich für jeden Netzplan eine monotone Numerierung, wenn man natürliche Zahlen mit 0 beginnend der Reihe nach erst dem Knoten mit Rang 0, dann dem Knoten mit dem Rang 1, dann denen mit Rang 2 zuordnet usw. (Reihenfolge innerhalb einer Rangklasse beliebig). Im Beispiel ist $Q \leftrightarrow 0$, $E \leftrightarrow 1$, $H \leftrightarrow 2$, $G \leftrightarrow 3$, $F \leftrightarrow 4$, $S \leftrightarrow 5$ eine monotone Numerierung.

### 9.4.2.2. Ermittlung der kritischen Wege

Bewertete Netzpläne werden zur Ablaufplanung verwendet. Es werden dann etwa die Knoten als *Ereignisse* interpretiert (Baubeginn, Fundamente fertig, ...), die Quelle ist das Startereignis, die Senke das Zielereignis. Durch technologische Bedingungen können gewisse Ereignisse (Knoten $E_j$) erst nach Eintreten anderer (Knoten $E_i$) eintreten, das wird durch den Bogen $(E_i, E_j)$ ausgedrückt. Diesem Bogen entspricht dann ein gewisser *Vorgang* (etwa: Arbeit an den Fundamenten) mit einer bestimmten *Dauer* $D_{ij}$, die als Bewertung des Bogens aufgefaßt wird. Die *Dauer eines Weges* ergibt sich dann als Summe der entsprechenden Werte seiner Bögen. Der Weg größter Dauer von der Quelle zur Senke bestimmt die Zeit, in der das Gesamtvorhaben bestenfalls fertiggestellt werden kann. Jeder Weg von der Quelle zur Senke mit maximaler Dauer heißt *kritischer Weg*; auf ihm liegende Knoten und Bögen entsprechen *kritischen Ereignissen* und *kritischen Vorgängen*. Die Ablaufplanung, die auf der Berechnung solcher Wege beruht, heißt *Methode des kritischen Weges* (CPM – Critical Path Method).

Es werden eingeführt (die Knoten seien numeriert, 0 die Nummer der Quelle, $N$ Nummer der Senke):

$FT_j$: *frühester Termin*, zu dem ein Ereignis $f$ eintreten kann,

$$FT_0 = 0, \quad FT_j = \underset{(i,j)\in\mathbf{R}}{\operatorname{Max}} \{FT_i + D_{ij}\} \text{ für } j \neq 0$$

(damit ist $FT_N$ bekannt, die Minimaldauer des Gesamtablaufs).

$ST_i$: *spätester Termin*, zu dem ein Ereignis $i$ eintreten muß, damit der Gesamtablauf zur Zeit $FT_N$ beendet werden kann,

$$ST_N = FT_N, \quad ST_i = \underset{(i,j)\in\mathbf{R}}{\operatorname{Min}} \{ST_j - D_{ij}\} \text{ für } i \neq N;$$

(es ergibt sich von selbst $ST_0 = 0$).

Durch diese Bedingungen sind die $FT_j$ und $ST_i$ eindeutig bestimmt. Ein Knoten ist genau dann kritisch, wenn $FT_k = ST_k$ gilt. Ein Weg, der ausschließlich über solche Knoten läuft, ist ein kritischer Weg, falls für alle $(i, j)$ auf diesem Weg $D_{ij} = ST_j - FT_i$ gilt.

**Bestimmung der** $FT_j$: Ein mit reellen Zahlen bewerteter Netzplan kann durch eine Netzplanmatrix charakterisiert werden, in der anstelle der 1 (als Marke für „Bogen vorhanden") das $D_{ij}$ eingetragen wird. Bögen mit Dauer 0 (*Scheinvorgänge*, mit denen nur das einfache Nacheinander von Ereignissen erzwungen wird) müssen natürlich durch Eintragen einer 0 von nichtvorhandenen Bögen unterschieden werden. Die $FT_j$ ergeben sich durch Iteration mit dem Fordschen Algorithmus, indem auch hier statt der 1 jeweils der Wert $D_{ij}$ als erster Summand in die Additionen eingeht:

| | $Q$ | $E$ | $F$ | $G$ | $H$ | $S$ | | | | |
|---|---|---|---|---|---|---|---|---|---|---|
| $Q$ | | 2 | | 4 | 4 | | 0 | 0 | 0 | 0 |
| $E$ | | | 3 | 4 | | | 0 | 2 | 2 | 2 |
| $F$ | | | | | | 2 | 0 | 6 | 12 | 12 |
| $G$ | | | 6 | | | 4 | 0 | 6 | 6 | 6 |
| $H$ | | | | | | 7 | 0 | 4 | 4 | 4 |
| $S$ | | | | | | | 0 | 11 | 14 | 14 . |

Meist wird jedoch in der Praxis ein anderer Weg gewählt: Es wird erst eine monotone Numerierung des Netzplans ermittelt und die Netzplanmatrix (bzw. Vorgängeraufllistung) unter Benutzung dieser Numerierung aufgeschrieben. Mit $Q \leftrightarrow 0$, $E \leftrightarrow 1$, $H \leftrightarrow 2$, $G \leftrightarrow 3$, $F \leftrightarrow 4$, $S \leftrightarrow 5$ entsteht im Beispiel:

| | 0 | 1 | 2 | 3 | 4 | 5 | $FT$ |
|---|---|---|---|---|---|---|---|
| 0 | | 2 | 4 | 4 | | | 0 |
| 1 | | | | 4 | 3 | | 2 |
| 2 | | | | | | 7 | 4 |
| 3 | | | | | 6 | 4 | 6 |
| 4 | | | | | | 2 | 12 |
| 5 | | | | | | | 14 |
| $ST$ | 0 | 2 | 7 | 6 | 12 | 14 | |

Dann ergeben sich (bei gedachter Nullspalte, von der man aber nur die oberste 0 wirklich benötigt) die $FT_j$ stets im ersten Schritt des Fordschen Algorithmus. Die Vorschrift lautet also: $FT_0 = 0$ gesetzt; $FT_j$ ergibt sich als Maximum der Ergebnisse, wenn zu allen Werten in der $j$-ten Spalte das entsprechende $FT$ addiert wird.

**Bestimmung der** $ST_i$: Wir gehen ebenfalls von der monotonen Numerierung aus; $FT_N$ ist bekannt. Die Vorschrift lautet dann: $ST_N = FT_N$ gesetzt; $ST_i$ ergibt sich als Minimum der Ergebnisse, wenn alle in der $i$-ten Zeile vorhandenen Werte von den entsprechenden $ST$ subtrahiert werden. Notiert man diese Rechnung in einer Hilfszeile unter der Matrix, so stehen die „entsprechenden" $ST$ immer in der gleichen Spalte wie der betrachtete Wert in der $i$-ten Zeile.

Wir lesen für unser Beispiel aus dem Schema ab, daß die Knoten mit den Nummern 0, 1, 3, 4, 5 kritisch sind; diese Knoten liegen alle auf einem Weg; 0–1–3–4–5 (also $Q-E-G-F-S$, vgl. Abb. 9.13) ist der einzige kritische Weg.

*Anmerkung:* Netzplanmodelle, in denen die Vorgänge wie dargelegt den Bögen (Pfeilen) zugeordnet werden, heißen *Vorgangspfeilnetze*. Eine in gewissem Sinne duale Darstellung wird durch *Vorgangsknotennetze* geliefert, auf die sich alle Algorithmen sinngemäß übertragen lassen. Zuweilen sind diese bei der Modellierung leichter handhabbar, da die

Abhängigkeiten zwischen den Vorgängen direkt (durch Pfeile) dargestellt werden, also nicht auf dem Umweg über Ereignisse (vgl. Abb. 9.13).

### 9.4.2.3. Termine und Pufferzeiten der Vorgänge

Aus den frühesten Terminen $FT_j$ und den spätesten Terminen $ST_i$ der Ereignisse werden Termine für die Vorgänge abgeleitet:

*frühester Anfangstermin* von $(i, j)$: $FAT_{ij} = FT_i$,
*frühester Endtermin* von $(i, j)$: $FET_{ij} = FT_i + D_{ij}$,
*spätester Endtermin* von $(i, j)$: $SET_{ij} = ST_j$,
*spätester Anfangstermin* von $(i, j)$: $SAT_{ij} = ST_j - D_{ij}$.

Für die operative Planung oder weiterführende Untersuchungen (z.B. Ressourcenverteilung) werden *Pufferzeiten* berechnet, die in gewisser Weise die Dehnungs- oder Verschiebungsmöglichkeiten für einen Vorgang charakterisieren, die ohne Gefährdung des Endtermins bestehen. Für kritische Vorgänge sind alle Pufferzeiten gleich null.

*Gesamte Pufferzeit:* $GP_{ij} = ST_j - FT_i - D_{ij}$;
Reserve für Abwicklung von $(i, j)$, wenn alle vorhergehenden Ereignisse frühestmöglich und alle nachfolgenden spätestmöglich angesetzt werden.

*Freie Pufferzeit:* $FP_{ij} = FT_j - FT_i - D_{ij}$;
Reserve für Abwicklung von $(i, j)$, wenn alle vorhergehenden Ereignisse frühestmöglich stattfanden, so daß auch die nachfolgenden noch frühestmöglich stattfinden können.

*Unabhängige Pufferzeit:* $UP_{ij} = Max\{0,\ FT_j - ST_i - D_{ij}\}$;
Reserve für Abwicklung von $(i, j)$ selbst dann, wenn alle vorhergehenden Ereignisse spätestmöglich und alle nachfolgenden frühestmöglich angesetzt werden.

*Es gilt* $UP_{ij} \leq FP_{ij} \leq GP_{ij}$ *für alle* $(i, j)$.

In der Ablaufplanung werden meist alle Ereignisse zu ihrem frühestmöglichen Termin geplant; dann steht allen Vorgängen ihre freie Pufferzeit als *geplante Pufferzeit* zur Verfügung. Die Differenz der freien zur gesamten Pufferzeit kann gegebenenfalls einigen Vorgängen zusätzlich gewährt werden auf Kosten der Pufferzeit anderer.

### 9.4.2.4. PERT

Für die Dauer $D_{ij}$ der Vorgänge in der Netzplantechnik lassen sich oft keine völlig bestimmten Angaben machen. Deshalb wurden Verfahren mit zwei oder drei Angaben für die Dauer eines Vorgangs entwickelt, das bekannteste davon ist PERT (Program Evalution and Review Technique). Für jeden Vorgang werden drei Zeitschätzungen gefordert:

*Optimistische Dauer* $OD_{ij}$ (soll nur mit 1% Wahrscheinlichkeit unterschritten werden), *wahrscheinlichste Dauer* $WD_{ij}$, *pessimistische Dauer* $PD_{ij}$ (soll nur mit 1% Wahrscheinlichkeit überschritten werden).

Aus diesen gegebenen Größen werden folgende Werte berechnet:

$$E(D_{ij}) = (1/6)[OD_{ij} + 4WD_{ij} + PD_{ij}],$$
$$V(D_{ij}) = (1/36)[PD_{ij} - OD_{ij}]^2.$$

Diese Größen lassen sich als Erwartungswert bzw. Varianz einer betaverteilten Zufallsgröße deuten. In der Praxis werden sie jedoch einfach als Rechengrößen gehandhabt. Mit den $E(D_{ij})$ werden wie mit den $D_{ij}$ bei $CPM$ früheste und späteste Termine der Ereignisse berechnet. In der Netzplanmatrix werden jeweils unter den $E(D_{ij})$ im gleichen Feld die

$V(D_{ij})$ eingetragen. Die unter denjenigen Zahlen, die auf die $FT$ bzw. $ST$ führen, stehenden Größen werden jeweils addiert (auch bei der Berechnung der $ST$). So ergeben sich aus 0 unter $FT_{\text{Quelle}}$ und $ST_{\text{Senke}}$ Zahlen, die als Varianzen der normalverteilt angenommenen Zufallsgrößen $FT_j$ und $ST_i$ aufgefaßt werden. Abb. 9.14 stellt ein Beispiel dar, dessen Struktur dem in 9.4.2.2. betrachteten entspricht.

Beispielsweise wird die Wahrscheinlichkeit dafür, daß das Gesamtvorhaben in 15 Tagen abgeschlossen werden kann, als Wahrscheinlichkeit dafür berechnet, daß die normalverteilte Zufallsgröße $FT_5$ (Mittelwert 14, Varianz 0,5) Werte $\leq 15$ annimmt. Die Wahrscheinlichkeit dafür, daß $ST_k < FT_k$ ausfällt (d.h., daß die normalverteilte Zufallgröße $FT_k - ST_k$ mit der Summe der unter $FT_k$ und $ST_k$ stehenden Zahlen als Varianz positiv ist), gibt Anhaltspunkte für Störungen am Ablauf beim Ereignis mit der Nummer $k$.

| | 0 | 1 | 2 | 3 | 4 | 5 | |
|---|---|---|---|---|---|---|---|
| 0 | | 2<br>0 | 4<br>0,2 | 4<br>0,4 | | | 0<br>0 |
| 1 | | | | 4<br>0,5 | 3<br>0,2 | | 2<br>0 |
| 2 | | | | | | 7<br>0,3 | 4<br>0,2 |
| 3 | | | | | 6<br>0 | 4<br>0,1 | 6<br>0,5 |
| 4 | | | | | | 2<br>0 | 12<br>0,5 |
| 5 | | | | | | | 14<br>0,5 |
| | 0<br>0,5 | 2<br>0,5 | 7<br>0,3 | 6<br>0 | 12<br>0 | 14<br>0 | |

Abb. 9.14

## 9.4.3. Kürzeste Wege in Graphen

Gegeben sei ein gerichteter Graph **G**, dessen Bögen mit nichtnegativen reellen Zahlen $L_{ij}$ bewertet sind, die als Längen der Bögen gedeutet werden. Es soll ein Weg von einem Knoten 0 zu einem Knoten $N$ existieren. Gesucht ist der kürzeste derartige Weg. (Die folgenden Algorithmen sind auch in ungerichteten Graphen anwendbar, wenn jede Kante durch ein Paar entgegengesetzt gerichteter Bögen gleicher Bewertung ersetzt wird.)

### 9.4.3.1. Algorithmen

Es sei $T_i$ die kürzeste Länge eines Weges vom Knoten 0 zum Knoten $i$. Dann gilt $T_0 = 0$, $T_j = \underset{(i,j)\in \mathbf{R}}{\text{Min}} \{T_i + L_{ij}\}$ für $j \neq 0$. Die eindeutig bestimmte Lösung für alle $i$ umfaßt auch die für $i = N$. Will man lieber kürzeste Wege von allen $j$ (darunter von 0) nach $N$ erhalten, vertauscht man die Rolle von 0 und $N$ und die Orientierung aller Bögen (Vor- und Rückwärtsrechnung in der dynamischen Optimierung, siehe 9.3.1.3.).

**Monotone Approximation für $T_j$:** Analog zum Fordschen Algorithmus wird die Lösung iterativ bestimmt:

$$\overset{0}{T}_0 = 0, \quad \overset{0}{T}_j = \infty \quad \text{für } j \neq 0,$$

$$\overset{k+1}{T}_0 = 0, \quad \overset{k+1}{T}_j = \operatorname*{Min}_{(i,j)\in \mathbf{R}} \{\overset{k}{T}_i + L_{ij}\} \quad \textbf{für } j \neq 0\,,$$

wobei rechts statt $\overset{k}{T}_i$ besser $\overset{k+1}{T}_i$ verwendet wird, falls dieses schon berechnet wurde. *Nach endlich vielen Schritten konvergieren die* $\overset{k}{T}_j$ *gegen* $T_j$. Nach jedem Durchlauf aller Knoten erreicht mindestens ein weiteres $\overset{k}{T}_i$ den Endwert. Sind nach entsprechend vielen Schritten immer noch Werte gleich $\infty$ bzw. nicht kleiner als der dafür oben angegebene Wert, so gibt es keinen Weg von 0 nach diesem $i$.

**Rekursive Berechnung der $T_j$:** Mit $\overset{0}{\mathbf{A}} = \{0\}$ beginnend werden solange Mengen $\overset{k}{\mathbf{A}}$ gebildet, bis $N$ erreicht ist.

I. Es sei $\overset{k}{\mathbf{A}}$ die Menge aller Knoten, für die $T_j$ bekannt ist.

II. Für alle $i \in \overset{k}{\mathbf{A}}$, $j \notin \overset{k}{\mathbf{A}}$, für die ein Bogen $(i,j)$ existiert, wird $T_i + L_{ij}$ berechnet; das Minimum all dieser Werte sei $T^*$.

III. Alle $j$, für die $T^*$ angenommen wird, erhalten $T^*$ als $T_j$ und bilden vereinigt mit $\overset{k}{\mathbf{A}}$ die Menge $\overset{k+1}{\mathbf{A}}$.

Der Algorithmus wird etwa doppelt so effektiv, wenn gleichzeitig analog von $\overset{0}{\mathbf{B}} = \{N\}$ ausgehend Mengen $\overset{l}{\mathbf{B}}$ gebildet werden. Sobald **A** und **B** einen Knoten gemeinsam haben, ist durch Aneinanderfügen ein kürzester Weg von 0 nach $N$ bekannt.

**Bestimmen des kürzesten Weges:** Bei allen Algorithmen, die die $T_j$ ermitteln, muß notiert werden, für welche Knoten $i$ die Minima angenommen werden, die zur Bestimmung von $T_j$ führen. Über diese Knoten führen kürzeste Wege nach $j$; durch Zusammenfügen ergibt sich am Schluß der kürzeste Weg nach $N$.

### 9.4.3.2. Beispiel

Bei der Ermittlung eines zeitoptimalen Verkehrsweges in einer Stadt können die Kreuzungen als Knoten, die Straßen als Paare entgegengesetzer Bögen (Einbahnstraßen als einfache Bögen) und die Längen als mittlere Zeiten für das Passieren der Straßen dargestellt werden. Auf diese Weise sei der in Abb. 9.15 dargestellte Graph entstanden. Wir suchen den kürzesten Weg von 0 nach 8.

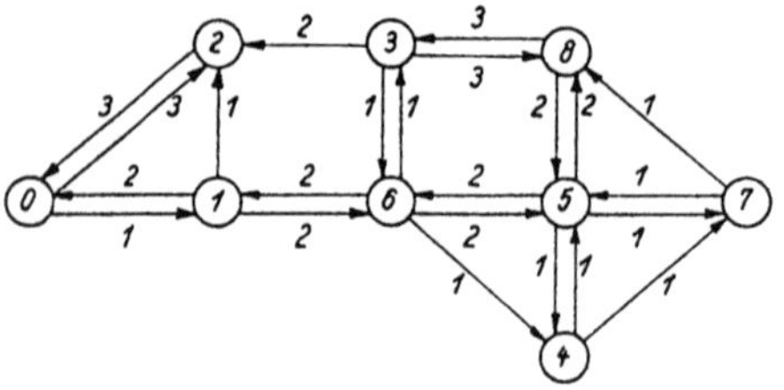

| | 0 | 1 | 2 | 3 | 4 | 5 | 6 | 7 | 8 | | | | | Annahme |
|---|---|---|---|---|---|---|---|---|---|---|---|---|---|---|
| 0 | | 1 | 3 | | | | | | | 0 | 0 | 0 | 0 | - |
| 1 | 2 | | 1 | | | | 2 | | | $\infty$ | 1 | 1 | 1 | 0 |
| 2 | 3 | | | | | | | | | $\infty$ | 2 | 2 | 2 | 1 |
| 3 | | | 2 | | | | 1 | | 3 | $\infty$ | $\infty$ | 4 | 4 | 6 |
| 4 | | | | | | 1 | | 1 | | $\infty$ | $\infty$ | 4 | 4 | 6 |
| 5 | | | | | 1 | | 2 | 1 | 2 | $\infty$ | $\infty$ | 5 | 5 | 4,6 |
| 6 | | 2 | | 1 | 1 | 2 | | | | $\infty$ | 3 | 3 | 3 | 1 |
| 7 | | | | | | 1 | | | 1 | $\infty$ | $\infty$ | 5 | 5 | 4 |
| 8 | | | | 3 | | 2 | | | | $\infty$ | $\infty$ | 6 | 6 | 7 |

Abb. 9.15

**Lösung durch monotone Approximation** (siehe Abb. 9.15 rechts): Erläuterung, wie die fettgedruckte 4 in der Zeile zum Knoten 3 zustande kommt: Die $L_{ij}$ aller Vorgänger von Knoten Nr. 3 (wie beim Fordschen Algorithmus in der 3. Spalte der Matrix des Graphen erkennbar) werden zur besten bisherigen Näherung der entsprechenden $T_i$ addiert, $1 + \underline{3}$, $3 + \underline{6}$; das Minimum dieser Werte ist 4 und wird in Zeile 6 angenommen.

Die Annahmewerte brauchen nur zum Schluß (bei einem gedachten nochmaligen Durchlauf aller Knoten) notiert werden. Verfolgt man sie vom Ziel 8 aus rückwärts, 8–7–4–6–1–0, dann erhält man den kürzesten Weg von 0 nach 8.

**Lösung durch Rekursion:**

$\overset{0}{\mathbf{A}} = \{0\}, \quad T_0 = 0.$

$\overset{1}{\mathbf{A}}$: Betrachte $(0,1): \quad T_{\underline{0}} + L_{0\underline{\underline{1}}} = 0 + 1 = \boxed{1}$

$(0,2): \quad T_0 + L_{02} = 0 + 3 = 3,$

also $\overset{1}{\mathbf{A}} = \{0, \underline{\underline{1}}\}, \quad T_1 = \boxed{1}$ mit Annahmeknoten $\underline{0}$.

$\overset{2}{\mathbf{A}}$: Betrachte $(0,2): \quad T_0 + L_{02} = 0 + 3 = 3$

$(1,2): \quad T_{\underline{1}} + L_{1\underline{\underline{2}}} = 1 + 1 = \boxed{2}$

$(1,6): \quad T_1 + L_{16} = 1 + 2 = 3,$

also $\overset{2}{\mathbf{A}} = \{0, 1, \underline{\underline{2}}\}, \quad T_2 = \boxed{2}$ mit Annahmeknoten $\underline{1}$ usw.

## 9.4.4. Flußprobleme

### 9.4.4.1. Grundbegriffe, Satz von Ford/Fulkerson

**Definition:** Gegeben sei ein gerichteter Graph $\mathbf{G} = [\mathbf{M}, \mathbf{R}]$, dessen Bögen $(i,j) \in \mathbf{R}$ mit einer Bogenbewertung $\mathbf{f} = (f_{ij})$ versehen sind. Dann heißt

$$\operatorname{div}(i) := \sum_{k \text{ mit } (i,k) \in \mathbf{R}} f_{ik} - \sum_{k \text{ mit } (k,i) \in \mathbf{R}} f_{ki}$$

die *Divergenz* im Knoten $i$ (bezüglich der Bogenbewertung **f**).

Deutet man $f_{ij}$ als Transportmenge von $i$ nach $j$, dann ist $\operatorname{div}(i)$ die „Quellkraft" im Knoten $i$: sie ist gleich dem, was aus $i$ ingesamt herausfließt, reduziert um die in $i$ ankommenden Mengen.

**Definition:** Gegeben sei ein gerichteter Graph $\mathbf{G} = [\mathbf{M}, \mathbf{R}]$ mit Bogenbewertung **f**. Dann heißt **f** ein *Fluß* vom Knoten $S$ zum Knoten $T$ mit *Stromstärke* $v$, wenn

$$\operatorname{div}(S) = v, \quad \operatorname{div}(T) = -v, \quad \operatorname{div}(X) = 0 \text{ für alle } X \in \mathbf{M} \setminus \{S, T\}$$

gilt. $S$ und $T$ heißen dann *Pole*. Im Falle $v = 0$ heißt der Fluß *divergenzfrei*.

**Definition:** Ein Fluß $\mathbf{f} = (f_{ij})$ heißt *zulässig* bezüglich der gegebenen Bogenbewertungen $(l_{ij})$ und $(c_{ij})$, wenn für jeden Bogen $(i,j)$ des Graphen $l_{ij} \le f_{ij} \le c_{ij}$ gilt; $l_{ij}$ heißt *Mindestauslastung*, und $c_{ij}$ heißt *Kapazität* des Bogens $(i,j)$; die Summe der Kapazitäten aller Bögen einer Bogenmenge heißt Kapazität dieser Menge.

**Definition:** Im gerichteten Graphen $\mathbf{G} = [\mathbf{M}, \mathrm{R}]$ heißt für jedes $\mathbf{M}' \subseteq \mathbf{M}$ mit $S \in \mathbf{M}', T \notin \mathbf{M}'$ die Bogenmenge

$$(\mathbf{M}', \mathbf{M} \setminus \mathbf{M}') := \{(X,Y) \mid (X,Y) \in \mathbf{R},\ X \in \mathbf{M}',\ Y \notin \mathbf{M}'\}$$

ein *Schnitt* zwischen $S$ und $T$.

**Satz von Ford/Fulkerson** (1956): Für jeden gerichteten Graphen mit Polen $S, T$, Mindestauslastung 0 und Kapazitäten $c_{ij}$ gilt: *Die Maximalstromstärke von zulässigen Flüssen ist gleich der minimalen Kapazität von Schnitten zwischen $S$ und $T$.*

*Beispiel:* Wir betrachten ein Transportnetz mit Lagerorten $S_1$ und $S_2$ (Vorratshöhen 5 bzw. 4), Bedarfsorten $T_1, T_2, T_3$ (Bedarfshöhen 2, 4, 1) und Umladeorten $A, B, C$. Die Verbindung zwischen den Orten und die Kapazitäten der Verbindungen gehen aus Abb. 9.16 hervor.

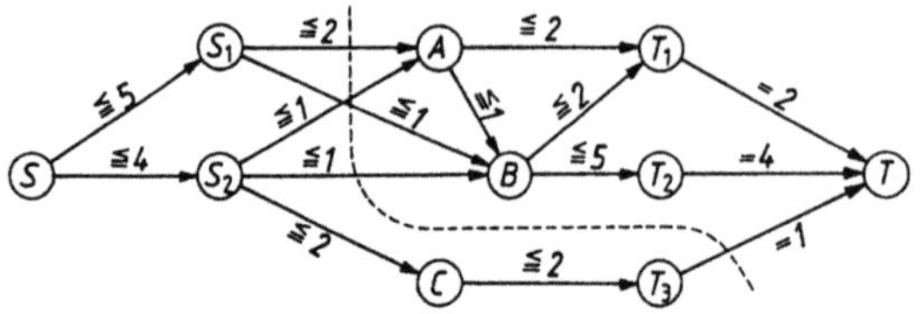


Abb. 9.16

In der Abbildung ist bereits das folgendermaßen entstandene *Zweipolproblem* dargestellt: Es wird ein fiktiver Knoten $S$ hinzugefügt und mit $S_1$, $S_2$ verbunden (die Vorratshöhen erscheinen als Kapazitäten der hinzugefügten Bögen); es wird ein fiktiver Knoten $T$ hinzugefügt, der mit $T_1$, $T_2$ und $T_3$ verbunden wird (die Bedarfshöhen erscheinen als Kapazitäten und zugleich Mindestauslastungen der hinzugefügten Bögen).

Diejenigen Bögen, die in Abb. 9.16 von der gestrichelten Linie geschnitten werden, bilden einen Schnitt zwischen $S$ und $T$ mit Kapazität 6. Somit kann nach dem Satz von Ford/Fulkerson die Stromstärke eines zulässigen Flusses zwischen $S$ und $T$ höchstens 6 sein. Damit ist klar, daß der Gesamtbedarf von 7 Einheiten nicht gedeckt werden kann.

### 9.4.4.2. Maximalstromproblem

*Aufgabe:* Gegeben ist ein gerichteter Graph mit Polen $S$ und $T$, Mindestauslastung $(l_{ij})$ und Kapazität $(c_{ij})$. Gesucht ist ein zulässiger Fluß von $S$ nach $T$ mit maximaler Stromstärke.

Es sei ein (möglichst guter) zulässiger Fluß $(f_{ij})$ bekannt (bei $l_{ij} \equiv 0$ kann man stets mit $f_{ij} \equiv 0$ starten).

**Stromerhöhungsalgorithmus:** Beginnend mit $\mathbf{M}' = \{S\}$ wird eine Menge $\mathbf{M}'$ markierter Knoten nach folgenden Regeln vergrößert, solange das möglich ist und $T$ noch nicht erreicht wurde:

*Vorwärtsmarkierung:* Ist $i \in \mathbf{M}'$, $j \notin \mathbf{M}'$, $f_{ij} < c_{ij}$, so wird $j$ durch $i$ markiert und $\varepsilon_{ij} = c_{ij} - f_{ij}$ gesetzt.

*Rückwärtsmarkierung:* Ist $j \in \mathbf{M}'$, $i \notin \mathbf{M}'$, $l_{ij} < f_{ij}$, so wird $i$ durch $j$ markiert und $\varepsilon_{ij} = f_{ij} - l_{ij}$ gesetzt.

*Fall* 1 (*Durchbruch*): $T$ wird markiert. Dann wird von $T$ aus die Kette der Markierungen bis $S$ zurückverfolgt, $\varepsilon$ sei das kleinste $\varepsilon_{ij}$ auf den zu dieser Kette gehörenden Bögen. Man erhöhe dann f auf allen Bögen der Kette, die eine Vorwärtsmarkierung vermittelt haben, um $\varepsilon$ und verringere f auf allen Bögen der Kette, die eine Rückwärtsmarkierung vermittelt haben, um $\varepsilon$. Es entsteht ein zulässiger Fluß mit um $\varepsilon$ verbesserter Stromstärke, mit diesem wird (nach Löschen aller Markierungen) der Algorithmus neu gestartet.

*Fall* 2 (*kein Durchbruch*): Der Markierungsprozeß bricht ab, ohne daß $T$ erreicht wird. Dann ist $(f_{ij})$ ein Maximalstrom. $(\mathbf{M}', \mathbf{M} \setminus \mathbf{M}')$ ist dann ein Schnitt, dessen Kapazität eine weitere Verbesserung verhindert. Bei rationalen Daten tritt Fall 2 nach endlich vielen Markierungsschritten ein.

*Beispiel:* Wir betrachten das Beispiel aus Abb. 9.16, aber mit $l_{ij} = 0$ auf den in $T$ endenden Bögen, also Forderungen $\le 2$, $\le 4$, $\le 1$ auf diesen Bögen.

*Zulässiger Anfangsfluß:* $(S, S_2)$ 3, $(s, S_1)$ und $(B, R_1)$ sowie $(T_2, T)$ je 2, übrige Bögen je 1.

*Markierung:* $S_1$ vorwärts durch $S$, $S_2$ vorwärts durch $S$, $A$ vorwärts durch $S_1$, $C$ vorwärts durch $S_2$, $T_1$ vorwärts durch $A$, $B$ rückwärts durch $T_1$, $T_2$ vorwärts durch $B$, $T$ vorwärts durch $T_2$.

*Stromverbesserung:* $f$ auf $(S, S_1)$, $(S_1, A)$, $(A, T_1)$, $(B, T_2)$ und $(T_2, T)$ um 1 erhöhen, auf $(B, T_1)$ um 1 vermindern.

Startet man mit dem so erhaltenen Fluß neu, so bricht das Markieren an der punktierten Linie in Abb. 9.16 ab – kein Durchbruch.

### 9.4.4.3. Problem des kostenminimalen Flusses

*Aufgabe:* Gegeben ist ein gerichteter Graph mit drei Bogenbewertungen $l_{ij}$ (Mindestauslastungen), $c_{ij}$ (Kapazitäten) und $p_{ij}$ (Transportkosten pro Einheit). Gesucht ist ein divergenzfreier zulässiger Fluß $\mathbf{f} = (f_{ij})$ mit $\sum\limits_{(i,j)\in\mathbf{R}} p_{ij} f_{ij} = \text{Min!}$.

*Bemerkungen:* Bei Aufgaben mit Liefer- und Bedarfsstellen geht man durch Hinzufügen fiktiver Knoten und Bögen zunächst wieder zum Problem mit zwei Polen $P$, $Q$ über. Durch Hinzufügen eines *Rückkehrbogens* $(Q, P)$ mit $l_{QP} = -\infty$, $c_{QP} = \infty$ kommt man zum divergenzfreien Modell. Auf allen hinzugefügten Bögen ist $p_{ij} = 0$ zu setzen.

Probleme mit beschränkter *Durchlaßfähigkeit eines Knotens* (man denke an einen Bahnhof) können durch Aufspalten des Knotens in zwei Knoten („Ankunft" und „Abfahrt") behandelt werden; die Durchlaßfähigkeit wird zur Kapazität des Verbindungsbogens zwischen diesen zwei Knoten.

**Definition:** Zu gegebener reeller Knotenbewertung $\pi_i$ heißen die Größen $\overline{p}_{ij} := p_{ij} + \pi_i - \pi_j$ die *Überführungskosten*. Ein Bogen $(i, j)$ heißt *in kilter*, wenn einer der folgenden Fälle vorliegt:

$$f_{ij} = l_{ij} \text{ und } \overline{p}_{ij} > 0, \quad f_{ij} = c_{ij} \text{ und } \overline{p}_{ij} < 0, \quad l_{ij} \le f_{ij} \le c_{ij} \text{ und } \overline{p}_{ij} = 0.$$

Anderenfalls heißt der Bogen $(i, j)$ *out of kilter*.

***Satz:*** *Ein divergenzfreier Fluß ist genau dann kostenminimal, wenn eine Knotenbewertung $\pi_i$ existiert, so daß alle Bögen in kilter sind.*

Als Lösungsverfahren kommt eine Verallgemeinerung des Stromerhöhungsalgorithmus in Frage. Solange noch ein Out-of-kilter-Bogen vorhanden ist, spielen dessen Endknoten die Rolle der Pole. Damit ein Bogen $(i, j)$ eine Vorwärts- bzw. Rückwärtsmarkierung vermitteln kann, muß zusätzlich $\overline{p}_{ij} \le 0$ bzw. $\overline{p} \ge 0$ gelten. Wenn der Markierungsprozeß abbricht, so wird $\pi_i$ in allen bisher unmarkierten Knoten einheitlich um die kleinste Konstante erhöht, nach deren Auswirkung auf die $\overline{p}_{ij}$ der Markierungsprozeß fortgesetzt werden kann.

# 9.5. Spieltheorie und Vektoroptimierung

## 9.5.1. Klassifikation spieltheoretischer Modelle

Die spieltheoretischen (strategischen) Modelle, kurz „Spiele", dienen zur Vorbereitung von Entscheidungen, wenn die Umstände, von denen die Effektivität der Entscheidung abhängt, nur qualitativ bekannt sind. Zur Festlegung eines Spieles gehören folgende Elemente.

**Spieler:** Träger aller Entscheidungen, die für den betrachteten Zusammenhang wesentlich sind (z.B. Personen, Wirtschaftseinheiten, Armeen). Mehrere Spieler können sich zu Koalitionen zusammenschließen. Formal wird dann auch ein einzeln handelnder Spieler als (einelementige) Koalition bezeichnet. An die Stelle eines Spielers tritt bei manchen Anwendungen die „Natur". Diese handelt zwar nicht bewußt, muß jedoch in solchen Fällen wie ein bewußt handelnder Gegenspieler behandelt werden, in denen auch das Zusammentreffen der ungünstigen natürlichen Umstände voll (d.h. ohne Beachtung seiner geringen Wahrscheinlichkeit) einkalkuliert werden soll.

Entsprechend der Zahl der Spieler klassifiziert man die Spiele in 2-Personen-Spiele, 3-Personen-Spiele usw.

**Aktionsräume:** Mengen möglicher Aktionen für jeden Spieler bzw. jede Koalition. Bei jeder Realisierung des Spiels wählt jede handelnde Seite (in Kenntnis der Aktionsräume, aber nicht der Entscheidungen der anderen Seiten) aus ihrem Aktionsraum genau eine Aktion aus. Die Regel, nach der sie die Aktion auswählt, heißt ihre Strategie. Indem alle Seiten ihre Aktion ausführen, entsteht eine Situation.

Sind alle Aktionsräume endliche Mengen, heißt das Spiel endlich, anderenfalls unendlich.

**Gewinnfunktion:** für jede handelnde Seite feststehende Funktion, durch die sie jeder Situation einen „Gewinn" zuordnet. Der Konflikt entsteht dadurch, daß Situationen für einen Spieler günstig, für andere ungünstig sind. Extrem ist dieser Konflikt dann, wenn die Summe der Gewinne aller Spieler in jeder Situation null oder konstant ist (Nullsummenspiele bzw. Konstantsummenspiele), da Gewinnerhöhung für einen Spieler dann nur auf Kosten der anderen möglich ist. Jedes $n$-Personen-Nichtnullsummenspiel kann als $(n+1)$-Personen-Nullsummenspiel aufgefaßt werden.

(Bei einer allgemeineren Spielkonzeption treten an die Stelle der Gewinnfunktionen Prioritätsregeln, nach denen eine Seite gewisse Situationen anderen Situationen vorzieht, ohne daß dadurch eine Rangfolge aller Situationen entsteht.)

Gegenstand der Spieltheorie ist die Festlegung geeigneter Lösungsbegriffe (d.h. Koalitionsstrukturen und Strategien, die von allen Spielern akzeptiert werden), die Untersuchung der Existenz und die Angabe von Verfahren zum Ermitteln solcher Lösungen.

## 9.5.2. Matrixspiele

### 9.5.2.1. Definitionen und theoretische Ergebnisse

Die Matrixspiele sind die endlichen 2-Personen-Nullsummenspiele. Mathematisch gesehen werden sie durch eine Matrix $\mathbf{A} = (a_{ij})$, die Auszahlungmatrix, charakterisiert. Der Zeilenspieler $Z$ wählt eine Zeile $i$ dieser Matrix aus, der Spaltenspieler $S$ unabhängig davon eine Spalte $j$. Das Element $a_{ij}$ gibt dann den Erlös an, den $Z$ von $S$ bekommt (bei negativem $a_{ij}$ hat $Z$ entsprechend $-a_{ij}$ an $S$ zu zahlen).

*Beispiel 1:* Die Aktionen von $Z$ bestehen in der Auswahl der Feuerlöscher für ein Laborgebäude: $Z_1$ Aufstellen von Tetralöschern, $Z_2$ von Trockenlöschern, $Z_3$ von Kohlensäureschneelöschern. Als Aktionen von $S$ sind aufzufassen: $S_1$ Brände an festen Körpern, $S_2$ an Flüssigkeiten, $S_3$ an Elektroanlagen. Die (technische und ökonomische) Brauchbarkeit jedes Löschertyps für jeden Brandtyp wird mit Noten 0 (nicht verwendbar) bis 4 (sehr gut verwendbar) bewertet. So ergibt sich die Auszahlungsmatrix (die Erläuterung der rechten Hilfsspalte und der unteren Hilfszeile erfolgt später):

| | $S_1$ | $S_2$ | $S_3$ | $\operatorname{Min}_j a_{ij}$ |
|---|---|---|---|---|
| $Z_1$ | 1 | 2 | 4 | 1 |
| $Z_2$ | 2 | 4 | 4 | 2 |
| $Z_3$ | 0 | 4 | 1 | 0 |
| $\operatorname{Max}_i a_{ij}$ | 2 | 4 | 4 | |

Die Lösungskonzeption der Matrixspiele beruht darauf, daß mit dem stärksten Gegenspiel gerechnet wird. $Z$ geht davon aus, daß seine Aktion $Z_1$ auf $S_1$ treffen kann, er bewertet $Z_1$ also durch $\operatorname{Min}_j a_{ij}$ usw. (rechte Hilfsspalte). Das größte Zeilenminimum (hier 2) ist eine Auszahlung, die sich $Z$ auf jeden Fall sichern kann (durch Wahl von $Z_2$). Allgemein heißt $\operatorname{Max}_i \operatorname{Min}_j a_{ij} = \underline{\nu}$ unterer Wert des Spiels. Analog heißt das kleinste Spaltenmaximum $\operatorname{Min}_j \operatorname{Max}_i a_{ij} = \overline{\nu}$ oberer Wert des Spiels (im Beispiel 2). Er gibt an, über welche Schranke $Z$ die Auszahlung nicht treiben kann (wenn nämlich $S_1$ eintritt). Ist $\underline{\nu} = \overline{\nu}$, so heißt der gemeinsame Wert $\nu$ der Wert des Spiels, und man sagt, die Matrix habe einen Sattelpunkt. In diesen Fällen werden konsequent nur solche Aktionen gewählt, die diesen Wert realisieren. Im Beispiel wird man sich also für Trockenlöscher entscheiden.

Der triviale Fall des Spiels mit Sattelpunkt ist bei Anwendungen selten. Deshalb benutzt man häufig gemischte (stochastische) Strategien.

*Beispiel 2:* $Z$ und $S$ haben jeweils drei Aktionen: Schreiben der Zahl 1, 2 und 3 auf einen Zettel. Ist der Betrag der Summer beider Zahlen gerade, erhält ihn $Z$ von $S$, ist er ungerade, erhält ihn $S$ von $Z$:

| | $S_1(1)$ | $S_2(2)$ | $S_3(3)$ | $\operatorname{Min}_j a_{ij}$ |
|---|---|---|---|---|
| $Z_1(1)$ | 2 | −3 | 4 | −3 |
| $Z_2(2)$ | −3 | 4 | −5 | −5 |
| $Z_3(3)$ | 4 | −5 | 6 | −5 |
| $\operatorname{Max}_i a_{ij}$ | 4 | 4 | 6 | |

Hier ist $\underline{\nu} = -3$, $\overline{\nu} = 4$. Wird das Spiel häufig wiederholt, wird keiner der Spieler an einer Aktion festhalten. Das legt nahe, den Begriff ***gemischte Strategie*** einzuführen: Ein Vektor $\mathbf{x} = (x_1, \ldots, x_n)^{\mathrm{T}}$ mit $x_1 + \ldots + x_n = 1$ und $x_i \geq 0$ für alle $i$, gebildet aus den relativen Häufigkeiten, mit denen $Z$ die Strategien $Z_1, \ldots, Z_n$ wählt, heißt gemischte Strategie von $Z$. Ein analoger Vektor $\mathbf{y} = (y_1, \ldots, y_m)^{\mathrm{T}}$ heißt gemischte Strategie von $S$.

Spielt $Z$ nach $\mathbf{x}$ und $S$ nach $\mathbf{y}$, so ist die ***mittlere Auszahlung*** durch $\mathbf{x}^{\mathrm{T}}\mathbf{A}\mathbf{y}$ gegeben. Demnach ist die gesicherte mittlere Auszahlung an $Z$ bei Wahl eines festen $\mathbf{x}$ gerade $\operatorname{Min}_{\mathbf{y}} \mathbf{x}^{\mathrm{T}}\mathbf{A}\mathbf{y}$, und $Z$ wird sein $\mathbf{x} = \mathbf{x}_0$ so wählen, daß dieser Wert möglichst groß wird, daß also $\operatorname{Min}_{\mathbf{y}} \mathbf{x}_0^{\mathrm{T}}\mathbf{A}\mathbf{y} = \operatorname{Max}_{\mathbf{x}} \operatorname{Min}_{\mathbf{y}} \mathbf{x}^{\mathrm{T}}\mathbf{A}\mathbf{y}$ gilt. Ein solches $\mathbf{x}_0$ heißt ***optimale Strategie*** von $Z$. Analog

**wird $S$ sein $\mathbf{y} = \mathbf{y}_0$ so wählen, daß $\underset{\mathbf{x}}{\mathrm{Max}}\, \mathbf{x}^{\mathrm{T}} \mathbf{A} \mathbf{y}_0 = \underset{\mathbf{y}}{\mathrm{Min}}\, \underset{\mathbf{x}}{\mathrm{Max}}\, \mathbf{x}^{\mathrm{T}} \mathbf{A} \mathbf{y}$ ist; $\mathbf{y}_0$ heißt dann eine optimale Strategie von $S$.**

**Jedes Matrixspiel erfüllt alle Voraussetzungen des allgemeinen Minimax-Satzes (siehe 9.2.2.1.); es gilt also $\underset{\mathbf{x}}{\mathrm{Max}}\, \underset{\mathbf{y}}{\mathrm{Min}}\, \mathbf{x}^{\mathrm{T}} \mathbf{A} \mathbf{y} = \underset{\mathbf{y}}{\mathrm{Min}}\, \underset{\mathbf{x}}{\mathrm{Max}}\, \mathbf{x}^{\mathrm{T}} \mathbf{A} \mathbf{y}$. Dieses Ergebnis für Matrixspiele ist äquivalent zu den Dualitätssätzen der linearen Optimierung (siehe 5.5.6.). Ausführlicher wird es meist als Hauptsatz der Spieltheorie formuliert.**

**Hauptsatz der Spieltheorie:** ***Jedes Matrixspiel besitzt stets optimale Strategien*** **im folgenden Sinne:**

**a) Befolgt $Z$ seine *optimale Strategie*. so erreicht er unabhängig vom Verhalten von $S$ mindestens eine *mittlere Auszahlung* $\nu$, wobei $\nu$ ein fester Wert ist, der sogenannte *Wert des Spiels*.**

**b) Befolgt $Z$ eine *nichtoptimale Strategie*, so kann bei geeignetem Verhalten von $S$ die *Auszahlung kleiner als* $\nu$ werden.**

**c) Auch wenn $S$ im voraus *weiß*, daß $Z$ die *optimale Strategie* spielen wird, kann er daraus *keinen Nutzen* ziehen.**

**Für $S$ gelten sinngemäß entsprechende Aussagen.**

**Für jeden Spieler kann es mehrere optimale Strategien geben, die alle zum gleichen Wert $\nu$ führen. Jede konvexe Linearkombination optimaler Strategien ist wieder eine optimale Strategie. Eine Aktion heißt *nützliche Aktion* für einen Spieler, wenn es eine optimale Strategie gibt, in der die entsprechende Häufigkeit positiv ist.**

**Satz:** Hält *ein Spieler* an der *optimalen Strategie* fest, so kann der *andere* eine beliebige Mischung seiner *nützlichen Aktionen* verwenden; die *mittlere Auszahlung bleibt stets* $\nu$.

**Satz:** Es habe der Spieler $Z$ insgesamt $n$ Aktionen und $S$ insgesamt $m$ Aktionen zur Verfügung. Dann gibt es für beide Spieler optimale Strategien, in denen die *Anzahl der positiven Komponenten die kleinere der Zahlen* $n$ *und* $m$ *nicht übersteigt.*

**Satz über die Verschiebung des Spielwertes:** Die *optimalen Strategien bleiben optimal*, wenn zu jedem $a_{ij}$ dieselbe *Konstante* $c$ *addiert* wird. Der *Wert* des neuen Spiels ist dann gleich $\nu + c$.

Ein Spiel mit $\nu = 0$ heißt *faires Spiel*. Zum Beispiel sind alle Spiele mit schiefsymmetrischer Auszahlungsmatrix fair. Bei Spielen mit Sattelpunkt gibt es optimale Strategien aus nur einer Aktion, solche Strategien heißen *reine Strategien*.

### 9.5.2.2. Lösung mittels linearer Optimierung

*Jedes Matrixspiel läßt sich auf eine lineare Optimierungsaufgabe zurückführen* und somit lösen. (*Umgekehrt läßt sich auch jede lineare Optimierungsaufgabe auf ein Matrixspiel zurückführen.*)

Alle Elemente der $n \times m$-Matrix **A** seien positiv (das kann nach dem Satz über die Verschiebung des Spielwertes ohne Einschränkung der Allgemeinheit erreicht werden); dann ist auch $\nu$ positiv. Gesucht ist eine optimale Strategie $\mathbf{x} = (x_1, \ldots, x_n)^{\mathrm{T}}$ von $Z$, also gilt

$$x_1 + x_2 + \ldots + x_n = 1. \tag{9.14}$$

Die Strategie **x** sichert bei beliebigen Strategien **y** zumindest die mittlere Auszahlung $\nu$.

Speziell für $\overset{1}{\mathbf{y}} = (1.0.\ldots.0)^{\mathrm{T}}, \ldots, \overset{n}{\mathbf{y}} = (0.\ldots.0.1)^{\mathrm{T}}$ gilt deshalb

$$\begin{aligned} \mathbf{x}^{\mathrm{T}}\mathbf{A}\overset{1}{\mathbf{y}} &= a_{11}x_1 + \ldots + a_{n1}x_n \geq \nu. \\ &\vdots \\ \mathbf{x}^{\mathrm{T}}\mathbf{A}\overset{m}{\mathbf{y}} &= a_{1m}x_1 + \ldots + a_{nm}x_n \geq \nu. \end{aligned} \tag{9.15}$$

Da sich jede Strategie **y** als konvexe Linearkombination der $\overset{1}{\mathbf{y}}, \ldots \overset{n}{\mathbf{y}}$ darstellen läßt, sind diese Bedingungen auch hinreichend für die Optimalität von **x**. Somit bilden (9.14), (9.15) und die Vorzeichenbedingungen $\mathbf{x} \geq 0$, $\nu \geq 0$ zusammen mit der Zielfunktion $\nu = \text{Max!}$ eine lineare Optimierungsaufgabe für die Bestimmung der optimalen Strategie und des Spielwertes.

Die Aufgabe läßt sich noch etwas vereinfachen, indem alle Nebenbedingungen durch $\nu$ dividiert werden und neue Variable $t_i = x_i/\nu$ und $1/\nu$ eingeführt werden. Die Zielfunktion $1/\nu = \text{Min!}$ kann dann wegen (9.14) durch die Summe der $t_i$ ausgedrückt werden:

$$\begin{aligned} t_1 + \ldots + t_n &= \text{Min!}\,. \\ a_{11}t_1 + \ldots + a_{n1}t_n &\geq 1. \\ &\vdots \\ a_{1m}t_1 + \ldots + a_{nm}t_n &\geq 1. \\ t_1 \geq 0.\ldots.t_n &\geq 0. \end{aligned} \tag{9.16}$$

Diese Aufgabe wird zweckmäßig mit der dualen Simplexmethode gelöst; der optimale Wert der Zielfunktion ist $1/\nu$; die Werte $(1/\nu) \cdot t_i$ des Optimums sind die gesuchten $x_i$. Analog kann man ein lineares Problem für **y** aufstellen. Es zeigt sich, daß dieses das duale Problem zu (9.16) ist. Nach dem Satz vom komplementären Schlupf (vgl. (5.102)) folgt somit aus der Nützlichkeit einer Aktion von $S$, daß die entsprechende Nebenbedingung von (9.16) für das Optimum mit dem Gleichheitszeichen erfüllt ist.

*Beispiel 3:* Ein Werk stellt 60 neue Maschinen vom Typ 1 oder Typ 2 auf, die Kaufpreisunterschiede seien unwesentlich. Die Typen bringen bei Produktion der Erzeugnisse $A$, $B$ unterschiedlichen Jahresgewinn entsprechend folgender Tabelle:

| | $A$ | $B$ |
|---|---|---|
| 1 | 2 | 3 |
| 2 | 4 | 1 . |

Wie muß das Werk entscheiden? Die Behandlung als Matrixspiel ist sinnvoll, da sich die gemischte Strategie praktisch deuten läßt (teilweise Kauf von Typ 1, teilweise von Typ 2). Nach (9.16) ergibt sich

$$\begin{aligned} t_1 + t_2 &= \text{Min!} \\ 2t_1 + 4t_2 &\geq 1. \\ 3t_1 + t_2 &\geq 1. \\ t_1 \geq 0. t_2 &\geq 0\,. \end{aligned}$$

Die Koeffizientenmatrix ist die transponierte Auszahlungsmatrix. Die Lösung ist $t_1 = 3/10$, $t_2 = 1/10$, Optimum $= 1/\nu = 4/10$. Damit ergibt sich $x_1 = 3/4$, $x_2 = 1/4$, $\nu = 10/4$. Das Werk stellt 45 Maschinen vom Typ 1 und 15 Maschinen vom Typ 2 auf; bei beliebiger Entwicklung des Marktes wird so ein Jahresgewinn von 10/4 pro Maschine gesichert.

### 9.5.2.3. Lösung mittels Iteration bzw. Relaxation

Ein für Computer gut programmierbares, bei größeren Matrizen allerdings nur langsam konvergierendes Iterationsverfahren nach Brown/Robinson entsteht durch Nachbildung eines Lernprozesses der beiden Spieler. In einer unendlichen Folge „spielen" die beiden Gegner immer wieder das gegebene Spiel durch. Im ersten Spiel wählt $Z$ eine Aktion willkürlich aus. Im $k$-ten Spiel nimmt $Z$ an, daß $S$ diejenige Strategie spielt, die sich aus den de facto in den bisherigen $k-1$ Spielen eingetretenen relativen Häufigkeiten zusammensetzt, und wählt seine Aktion auf dieser Grundlage. Außerdem prüft er seine eigene bisherige empirische Strategie: Welche Auszahlung $\underline{\nu_k}$ bringt sie, wenn $S$ die wirksamste Gegenaktion beibehält? Nach dem Hauptsatz ist $\underline{\nu_k} \le \nu$. Analog geht $S$ vor und berechnet $\overline{\nu_h} \ge \nu$. Die $\underline{\nu_k}$ und $\overline{\nu_h}$ schließen den Spielwert ein, $\underline{\nu_k} \le \nu \le \overline{\nu_h}$; sie konvergieren für $k \to \infty$ und $h \to \infty$ gegen $\nu$. Gleichzeitig konvergieren die sukzessiven empirischen Strategien gegen optimale. Der Prozeß kann abgebrochen werden, wenn für gewisse $k$ und $h$ die Differenz $\overline{\nu_h} - \underline{\nu_k}$ hinreichend klein ist.

Wir erläutern das Verfahren am Beispiel 2. In der $k$-Spalte der Tabelle 9.1 steht die Nummer des Spieles, in der $i$-Spalte die von $Z$ gewählte Aktion, in den $S_1$-, $S_2$-, $S_3$-Spalten der angehäufte Gewinn bis zum $k$-ten Spiel bei der entsprechenden Gegenaktion. Der Minimalwert ist unterstrichen; durch $k$ dividiert liefert er $\underline{\nu_k}$. Analog ist der zweite Teil der Tabelle aufgebaut; die Maximalwerte sind durch Überstreichen gekennzeichnet. Über dem ersten Teil der Tabelle steht **A**, über dem zweiten $\mathbf{A}^{\mathrm{T}}$.

Die angestrichenen Werte bestimmen jeweils die nächste Aktion des anderen Spielers. Bei mehreren gleichen Werten wird ein beliebiger angestrichen, etwa immer der mit kleinerem Index. Die aufgehäuften Gewinne entstehen durch Aufaddieren der Zeilen von **A** bzw. $\mathbf{A}^{\mathrm{T}}$ entsprechend $i$ bzw. $j$. Nach 5 Schritten ergibt sich als Abschätzung des Wertes $0 \le \nu \le 1/2$, wobei zu $0 = \underline{\nu_4}$ die Folge $Z_1$, $Z_2$, $Z_2$, $Z_3$ gehört, also die Strategie $(1/4, 2/4, 1/4)^{\mathrm{T}}$. Zu $1/2 = \overline{\nu_2}$ gehört die Folge $S_2$, $S_1$, also $(1/2, 1/2, 0)^{\mathrm{T}}$.

*Relaxationsverfahren:* Das Relaxationsverfahren geht aus dem Iterationsverfahren hervor, indem im linken Teil ab irgendeiner Zeile oder auch gleich von Anfang an *direkt* das Ziel angestrebt wird, die *unterstrichene Zahl möglichst groß* zu machen, *ohne sich am rechten Teil der Tabelle zu orientieren*. Entsprechend versucht man rechts, die *überstrichene Zahl möglichst klein zu* machen. Bei kleinen Matrizen kommt man mit etwas Geschick so schneller zu einer guten Einschließung oder gar zur Lösung. In der Tabelle 9.1 würde man bei $k = 4$ nicht

*Tabelle 9.1*

| | | | | | | | | | | |
|---|---|---|---|---|---|---|---|---|---|---|
| | | 2 | −3 | 4 | | | 2 | −3 | 4 | |
| | | −3 | 4 | −5 | | | −3 | 4 | −5 | |
| | | 4 | −5 | 6 | | | 4 | −5 | 6 | |
| $k$ | $i$ | $S_1$ | $S_2$ | $S_3$ | $\underline{\nu_k}$ | $j$ | $Z_1$ | $Z_2$ | $Z_3$ | $\overline{\nu^k}$ |
| 1 | 1 | 2 | $\underline{-3}$ | 4 | −3 | 2 | −3 | $\overline{4}$ | −5 | 4 |
| 2 | 2 | $\underline{-1}$ | 1 | −1 | −1/2 | 1 | −1 | $\overline{1}$ | −1 | 1/2 |
| 3 | 2 | −4 | 5 | $\underline{-6}$ | −6/3 | 3 | 3 | −4 | $\overline{5}$ | 5/3 |
| 4 | 3 | $\underline{0}$ | 0 | 0 | 0 | 1 | 5 | −7 | $\overline{9}$ | 9/4 |
| 5 | 3 | 4 | $\underline{-5}$ | 6 | −5/5 | 2 | 2 | −3 | $\overline{4}$ | 4/5 |

$j = 1$, sondern $j = 2$ wählen, wodurch $\overline{\nu_4} = 0$ und damit $\nu = 0$ offensichtlich wird. Die zugehörige Folge $S_2$, $S_1$, $S_3$, $S_2$ liefert die optimale Strategie $(1/4, 2/4, 1/4)^T$ für $S$, und man erkennt, daß die oben für $Z$ gefundene Strategie auch optimal ist. Eine konsequente Verwirklichung des Relaxationsverfahrens schließt Korrekturen durch „Wieder-herausnehmen" von Aktionen aus der Folge oder gleichzeitiges Hinzufügen mehrerer Aktionen ein ($k$ rückwärts oder mehrere Einheiten vorwärts zählen!), um die Konvergenz möglichst monoton zu gestalten.

## 9.5.3. Vektoroptimierung

### 9.5.3.1. Problemstellung

Ein Zweipersonenspiel, in dem der zweite Spieler nur über relativ wenige Aktionen $f_1, \ldots, f_k$ verfügt, entspricht mathematisch einer

**Vektormaximierungsaufgabe:** Gegeben sind ein zulässiger Bereich **B** und $k$ Funktionen $f_1(\mathbf{x}), \ldots, f_k(\mathbf{x})$ für $\mathbf{x} \in \mathbf{B}$. Gesucht sind effiziente Punkte $\overset{0}{\mathbf{x}} \in \mathbf{B}$, das heißt solche, zu denen es kein $\overline{\mathbf{x}} \in \mathbf{B}$ mit $f_i(\overline{\mathbf{x}}) > f_i(\overset{0}{\mathbf{x}})$ für ein $i$ und zugleich $f_i(\overline{\mathbf{x}}) \geq f_i(\overset{0}{\mathbf{x}})$ für alle $i$ gibt; $\mathbf{f}(\overset{0}{\mathbf{x}}) := (f_1(\overset{0}{\mathbf{x}}), \ldots, f_k(\overset{0}{\mathbf{x}}))^T$ heißt dann *effizienter Zielvektorwert*.

*Beispiel 1* (**B** diskret, $k = 4$): **B** besteht aus einer Menge zu vergleichender Maschinentypen, die $f_i$ geben unterschiedliche Bewertungskriterien an (jeweils so formuliert, daß hohe Werte günstig sind): $f_1$ Produktivität, $f_2$ Havariesicherheit, $f_3$ Umweltfreundlichkeit, $f_4$ Kostendifferenz zum teuersten Modell.

| $x$ | $f_1(x)$ | $f_2(x)$ | $f_3(x)$ | $f_4(x)$ | effizient | schlechter als |
|---|---|---|---|---|---|---|
| 1 | 9 | 70 | 0,8 | 400 | ja | |
| 2 | 7 | 60 | 0,6 | 200 | | $x = 3$ |
| 3 | 7 | 80 | 0,7 | 200 | ja | |
| 4 | 6 | 70 | 0,9 | 500 | ja | |
| 5 | 5 | 70 | 0,9 | 0 | | $x = 4$ |
| 6 | 4 | 60 | 0,6 | 500 | | $x = 4$ |
| 7 | 4 | 70 | 0,5 | 200 | | $x = 3$ |
| 8 | 3 | 60 | 0,8 | 400 | | $x = 1$ |

*Beispiel 2* ($\mathbf{B} \subseteq \mathbb{R}^2$, $k = 2$): **B** ist das in der $x_1$-$x_2$-Ebene von den Punkten $\begin{pmatrix}0\\0\end{pmatrix}$, $\begin{pmatrix}1\\0\end{pmatrix}$, $\begin{pmatrix}0{,}9\\0{,}55\end{pmatrix}$, $\begin{pmatrix}0{,}6\\0{,}95\end{pmatrix}$, $\begin{pmatrix}0\\1\end{pmatrix}$ aufgespannte Fünfeck; $f_1(x) = x_1$, $f_2(x) = x_2$.

**Definition:** Hat für jedes $i = 1, \ldots, k$ die Funktion $f_i(\mathbf{x})$ in **B** eine Maximalstelle $\overset{i}{\mathbf{x}}{}^*$, so heißt $\mathbf{f}^* := (f_1(\overset{1}{\mathbf{x}}{}^*), \ldots, f_k(\overset{k}{\mathbf{x}}{}^*))^T$ der *Utopiapunkt*.

Falls es ein $\overset{0}{\mathbf{x}} \in \mathbf{B}$ mit $\mathbf{f}(\overset{0}{\mathbf{x}}) = \mathbf{f}^*$ gibt, so ist $\overset{0}{\mathbf{x}}$ effizient und $\mathbf{f}^*$ der einzige effiziente Zielvektorwert. In den meisten Fällen wird jedoch $\mathbf{f}^*$ über **B** nicht angenommen; es ist dann letztlich ein $\overset{0}{\mathbf{x}} \in \mathbf{B}$ gesucht, so daß $\mathbf{f}(\overset{0}{\mathbf{x}})$ möglichst „nahe" an $\mathbf{f}^*$ herankommt – je nach Metrik werden die $k$ Zielfunktionen unterschiedlich stark berücksichtigt.

Im Beispiel 1 ist $\mathbf{f}^* = (9, 80, 0{,}9, 500)^T$. Im Beispiel 2 ist $\overset{1}{\mathbf{x}}{}^* = \begin{pmatrix}1\\0\end{pmatrix}$, $\overset{2}{\mathbf{x}}{}^* = \begin{pmatrix}0\\1\end{pmatrix}$, $\mathbf{f}^* = \begin{pmatrix}1\\1\end{pmatrix}$. In beiden Beispielen gibt es keine zulässigen $\overset{0}{\mathbf{x}}$, in denen der Utopiapunkt angenommen wird. Im Beispiel 2 ist zwar $\mathbf{f}\begin{pmatrix}1\\1\end{pmatrix} = \mathbf{f}^*$, aber $\begin{pmatrix}1\\1\end{pmatrix} \notin \mathbf{B}$.

### 9.5.3.2. Lösungsverfahren

Vor allem dann, wenn zwischen den Zielfunktionen eine Hierarchie vorhanden ist ($f_1$ wichtigste Zielfunktion, $f_2$ nächstwichtigste ...), benutzt man häufig die

**Methode der schrittweisen Konzessionen:** Die Optimierung $f_1(\mathbf{x}) = \text{Max!}$ für $\mathbf{x} \in \mathbf{B}$ liefert $\overset{1}{\mathbf{x}}{}'$ mit Maximalwert $f_1(\overset{1}{\mathbf{x}}{}')$. Man füge nun mit geeignetem $\alpha_1$ die Restriktion $f_1(\mathbf{x}) \geq \alpha_1 f_1(\overset{1}{\mathbf{x}}{}')$ hinzu und maximiere $f_2(\mathbf{x})$ über $\mathbf{B} \cap \{\mathbf{x} \mid f_1(\mathbf{x}) \geq \alpha_1 f_1(\overset{1}{\mathbf{x}}{}')\}$; das liefert $\overset{2}{\mathbf{x}}{}'$ mit $f_2(\overset{2}{\mathbf{x}}{}')$. Nun füge man mit geeignetem $\alpha_2$ die Restriktion $f_2(\mathbf{x}) \geq \alpha_2 f_2(\overset{2}{\mathbf{x}}{}')$ hinzu usw.

Anwendung auf Beispiel 1 aus 9.5.3.1.:

$f_1(\overset{1}{x}{}') = 9$, man füge $f_1(x) \geq 7$ hinzu ($x = 4, 5, 6, 7, 8$ entfallen);

$f_2(\overset{2}{x}{}') = 80$, man füge $f_2(x) \geq 70$ hinzu ($x = 2$ entfällt);

$f_3(\overset{3}{x}{}') = 0{,}8$, man füge $f_3(x) \geq 0{,}7$ hinzu;

$f_4(\overset{4}{x}{}') = 400$, $\overset{4}{x}{}' = 1$ eindeutige Maximalstelle.

$\overset{0}{x} = 1$ erscheint bei diesem Vorgehen als beste Variante. Hätte man $f_2(x) \geq 71$ hinzugefügt, hätte sich dagegen $\overset{0}{x} = 3$ ergeben.

Bei den meisten Methoden werden die $k$ Zielfunktionen mit Hilfe geeigneter Parameter $\lambda_1 > 0, \ldots, \lambda_k > 0$ zu einer *Ersatzzielfunktion* $\varphi(x)$ verknüpft, bezüglich derer über $\mathbf{B}$ optimiert wird. Im Rahmen eines *Mensch-Maschine-Dialogs* werden dann die Parameter schrittweise so verändert, daß aus der meist kaum überschaubaren Menge aller effizienten Lösungen solche ausgewählt werden, die dem Anwender als günstig erscheinen. Es wird verlangt, daß durch geeignete Wahl der Parameter möglichst jede effiziente Lösung erreicht werden kann.

**Gewichtetes Mittel der Einzelzielfunktionen maximieren:**

$$\varphi(\mathbf{x}) = \lambda_1 f_1(\mathbf{x}) + \ldots + \lambda_k f_k(\mathbf{x}).$$

Dieser Ansatz ist zumindest für polyedrische $\mathbf{B}$ und affin-lineare $f_i$ durch ein *Effizienztheorem* begründet: $\overset{0}{\mathbf{x}} \in \mathbf{B}$ ist effizient genau dann, wenn es Zahlen $\lambda_1 > 0, \ldots, \lambda_k > 0$ gibt, so daß $\overset{0}{\mathbf{x}}$ Optimalstelle von $\varphi(\mathbf{x}) = \text{Max!}$ bezüglich $\mathbf{x} \in \mathbf{B}$ ist.

Durch geeignete Parameterwahl läßt sich also jede effiziente Lösung ansteuern. Nachteilig ist, daß sich Parameterveränderungen sehr diskontinuierlich auf das Berücksichtigen der Einzelziele auswirkt.

Anwendung auf Beispiel 2 aus 9.5.3.1.:

$$\left.\begin{array}{l} \mathbf{x} \in \mathbf{B} \\ 50 f_1(\mathbf{x}) + 50 f_2(\mathbf{x}) = \text{Max!} \end{array}\right\} \to \overset{0}{\mathbf{x}} = \begin{pmatrix} 0{,}6 \\ 0{,}95 \end{pmatrix}, \quad f_1(\overset{0}{\mathbf{x}}) = 0{,}6, \quad f_2(\overset{0}{\mathbf{x}}) = 0{,}95.$$

Beim Versuch, $f_1$ etwas stärker als $f_2$ zu berücksichtigen, bleibt $\overset{0}{\mathbf{x}}$ unverändert:

$$55 f_1(\mathbf{x}) + 45 f_2(\mathbf{x}) = \text{Max!} \to \overset{0}{\mathbf{x}} = \begin{pmatrix} 0{,}6 \\ 0{,}95 \end{pmatrix}.$$

**Größte gewichtete Abweichung von den Einzeloptimalwerten $f_i^*$ minimieren:**

$$\varphi(\mathbf{x}) = \text{Max}\,\{\lambda_1(f_1^* - f_1(\mathbf{x})), \ldots, \lambda_k(f_k^* - f_k(\mathbf{x}))\}.$$

Hier lassen sich anschaulich und unter schwächeren Voraussetzungen als oben (**B** kompakt, alle $f_i$ stetig) zumindest alle diejenigen effizienten Zielvektorwerte ansteuern, die sich in keiner Komponente um mehr als 100% vom Utopiawert unterscheiden.

Anwendung auf Beispiel 2 aus 9.5.3.1.: $\lambda_1 = 50$, $\lambda_2 = 50$.

(Das Maximum in der Definition des $\varphi(\mathbf{x})$ wird mit Hilfe einer zusätzlichen Variablen $\varphi$ ausgedrückt.)

$$\left.\begin{array}{l} \mathbf{x} \in \mathbf{B} \\ \varphi \geq 50(1 - x_1) \\ \varphi \geq 50(1 - x_2) \\ \varphi = \text{Min!}\,. \end{array}\right\} \rightarrow \overset{0}{\mathbf{x}} = \begin{pmatrix} 0{,}75 \\ 0{,}75 \end{pmatrix}, \quad f_1(\overset{0}{\mathbf{x}}) = 0{,}75, \quad f_2(\overset{0}{\mathbf{x}}) = 0{,}75.$$

Der Versuch, $f_1$ stärker als $f_2$ zu berücksichtigen (mit $\lambda_1 = 55$ und $\lambda_2 = 45$) ergibt:

$$\rightarrow \overset{0}{\mathbf{x}} = \begin{pmatrix} 0{,}77 \\ 0{,}72 \end{pmatrix}, \quad f_1(\overset{0}{\mathbf{x}}) = 0{,}77, \quad f_2(\overset{0}{\mathbf{x}}) = 0{,}72.$$

# 9.6. Kombinatorische Optimierungsaufgaben

## 9.6.1. Charakterisierung und typische Beispiele

Diskrete Optimierungsaufgaben (Aufgaben, wo Variable nur endlich viele Werte annehmen können) lassen sich durch stetige Näherungsverfahren, Schnittverfahren (z.B. 9.1.2.), statistische Suchverfahren oder mit kombinatorischen Methoden behandeln. Nachstehend werden Aufgaben mit folgenden typischen Eigenschaften betrachtet:

(a) Jede Variable nimmt nur relativ wenige Werte an (oft deshalb, weil verschiedenen Werten qualitativ verschiedenes Vorgehen in der Realität entspricht).

(b) Unter den zahlreichen zulässigen Varianten sind die meisten offensichtlich nichtoptimal (zu zeigen durch relativ grobe Abschätzungen, etwa durch Angabe einer guten empirischen Lösung).

Die Überlegenheit kombinatorischer Algorithmen gegenüber anderen zeigt sich insbesondere dann, wenn zusätzlich noch gilt:

(c) Die Nebenbedingungen sind begrifflich einfach, aber mathematisch nur relativ umständlich zu formulieren.

Wenn eine diskrete Aufgabe diese Eigenschaften hat, sollte man die Anwendung kombinatorischer Methoden in Betracht ziehen. Diese benutzen oft einfache Begriffe der Mengenlehre, graphentheoretische Verfahren oder auf deren Grundlage bewiesene Beziehungen.

**Beispiele**

*Zuordnungsproblem* (siehe 9.6.2.): Jede Variable kann nur zwei Werte annehmen (Eigenschaft (a)), und eine gute empirische Zuordnung läßt sich meist schnell finden (Eigenschaft (b)).

*Rundreiseproblem:* Gegeben sind $n$ Orte und für jedes geordnete Paar von ihnen die Entfernung. Gesucht ist eine geschlossene Route minimaler Gesamtlänge, die jeden Ort genau einmal durchläuft. Die Eigenschaften (a), (b) und (c) treffen zu, tatsächlich ist das bisher beste Lösungsverfahren ein kombinatorisches.

*Maschinenbelegungsprobleme* (ein Beispiel siehe 9.6.3.3.), allgemeiner alle *Reihenfolgeprobleme.*

*Einsatz diskreter Mittel* (z.B. Verteilungen einiger Großmaschinen auf die Baustellen eines Baubetriebes, siehe auch 9.6.3.2.).

*Transportaufgaben* (vgl. 5.6.5.) *mit geringen Stückzahlen.*

*Ressourcenbeschränkte Ablaufpläne:* Es liegt eine Aufgabe wie beim Problem des kritischen Weges (siehe 9.4.2.) vor, aber die Vorgänge im Netzplan benötigen Einheiten einer gewissen Ressource, die in jedem Zeitintervall nur beschränkt zur Verfügung steht. Dadurch kann sich eine zeitliche Streckung des Ablaufes notwendig machen, die natürlich möglichst gering sein soll.

## 9.6.2. Ungarische Methode zur Lösung von Zuordnungsaufgaben

*Beispiel:* Fünf neu zu errichtende Anlagen sind auf fünf Standorte so zu verteilen, daß die in folgender Tabelle angegebenen Erschließungs- und Baukosten ingesamt minimal werden:

| An- | Standorte | | | | |
|---|---|---|---|---|---|
| lagen | 1 | 2 | 3 | 4 | 5 |
| 1 | 1 | 2 | 3 | 2 | 5 |
| 2 | 1 | 3 | 2 | 3 | 4 |
| 3 | 2 | 2 | 4 | 1 | 2 |
| 4 | 2 | 4 | 1 | 3 | 3 |
| 5 | 3 | 1 | 5 | 3 | 3. |

Es ist also aus jeder Zeile und jeder Spalte der Tabelle jeweils genau ein Element auszuwählen, so daß die Summe der 5 ausgewählten Elemente minimal wird.

**Grundideen der Ungarischen Methode:** Addiert man zu allen Zahlen in einer Zeile der $n \times n$-Kostentabelle eine Konstante $c$, so erhöhen sich die Gesamtkosten jeder Zuordnung (darunter der bisher optimalen) um $c$, da genau ein Element der Zeile in die Gesamtkosten eingeht. Die optimale Zuordnung bleibt somit optimal. Analog kann man für jede Spalte schließen.

Wählt man in jeder Zeile $c$ als negatives Zeilenminimum, so enthält jede Zeile der umgeformten Tabelle mindestens eine Null und ansonsten lauter nichtnegative Elemente. Subtrahiert man anschließend in jeder Spalte das jeweilige Spaltenminimum, so enthält auch jede Spalte der neuen Tabelle mindestens eine Null.

Zwei Nullen, die nicht in einer Zeile und nicht in einer Spalte stehen, heißen *unabhängig.* Gelingt es, $n$ paarweise unabhängige Nullen zu finden, so kennzeichnen diese eine optimale Zuordnung, da sie zu Gesamtkosten $= 0$ führen, was wegen der Nichtnegativität aller Matrixelemente nicht unterschritten werden kann. Diese Zuordnung ist dann auch optimal in der ursprünglichen Aufgabe.

Häufig kann man so die Lösung rasch finden. Anderenfalls nimmt der folgende Algorithmus weitere Umformungen der Kostenmatrix vor, so daß die Anzahl der unabhängigen Nullen (mit Stern gekennzeichnete Nullen im Algorithmus) schließlich gleich $n$ ist. Ein Element heißt *randmarkiert,* wenn es in einer Zeile oder in einer Spalte mit der Marke $+$ steht.

**Algorithmus „Ungarische Methode":** Gegeben ist die Matrix eines Zuordnungsproblems.

*Vorbereitungsetappe:*

a) Von jeder Zeile der Matrix wird das Zeilenminimum subtrahiert.

b) Von jeder Spalte wird das Spaltenminimum subtrahiert.

c) Aus dem nicht randmarkierten Teil der Matrix wird eine 0 ausgewählt und mit Stern (*) gekennzeichnet. Die entsprechende Zeile und Spalte erhalten die Marke +. Der Schritt wird solange wiederholt, solange dies möglich ist.

d) Die Randmarkierungen an den Zeilen werden gelöscht.

*Haupttest:*

Ist jede Spalte randmarkiert?

nein: weiter nach Etappe I.

ja: Eine optimale Zuordnung ist gefunden. Halt.

*Etappe I:*

Test: Gibt es unter den nicht randmarkierten Elementen eine 0?

nein: weiter nach Etappe III.

ja: Eine solche 0 wird mit einem Strich′ gekennzeichnet.

  Test: Gibt es in der zu ihr gehörigen Zeile eine $0^*$?

  nein: weiter nach Etappe II.

  ja: Die Randmarkierung an der Spalte zu dieser $0^*$ wird gelöscht. Die zu ihr gehörige Zeile wird randmarkiert.
  Weiter nach Etappe I.

*Etappe II:*

a) Ausgehend von der zuletzt gefundenen $0'$ wird eine Austauschkette gebildet:
Von einer $0'$ zur $0^*$ in der gleichen Spalte,
von einer $0^*$ zur $0'$ in der gleichen Zeile, solange sich das fortsetzen läßt.

b) Alle Sterne in dieser Kette werden gelöscht.

c) Aus allen Strichen in dieser Kette wird ein Stern.

d) Alle übrigen Striche und alle Randmarkierungen werden gelöscht.

e) Alle Spalten, in denen eine $0^*$ steht, werden randmarkiert.

Weiter zum Haupttest.

*Etappe III:*

a) Es wird das Minimum $h$ aller nicht randmarkierten Elemente gebildet.

b) $h$ wird zu allen Elementen in randmarkierten Spalten addiert.

c) $h$ wird von allen Elementen in nicht randmarkierten Zeilen subtrahiert.

Weiter nach der Etappe I.

Abb. 9.17 zeigt ein entsprechendes Blockschema. Ein Schritt reicht von einem Durchlaufen des Haupttestes bis zum nächsten; pro Schritt steigt die Anzahl der $0^*$ um eins.

*Lösung des Beispiels:* In Abb. 9.18 erkennt man den Rechengang; er vollzieht sich auf dem durch starke Pfeile angegebenem Wege. Der kürzere Weg (dünne Pfeile) gibt den Aufwand eines geübten Bearbeiters an, der mehrere Schritte an einem Schema vollzieht.

*Bemerkung:* Die Ungarische Methode kann für das Transportproblem verallgemeinert werden. Bei nicht zu großen Stückzahlen der zu transportierenden Güter ist der Algorithmus effektiver als der Transportalgorithmus (siehe 6.2.1.) der linearen Optimierung.

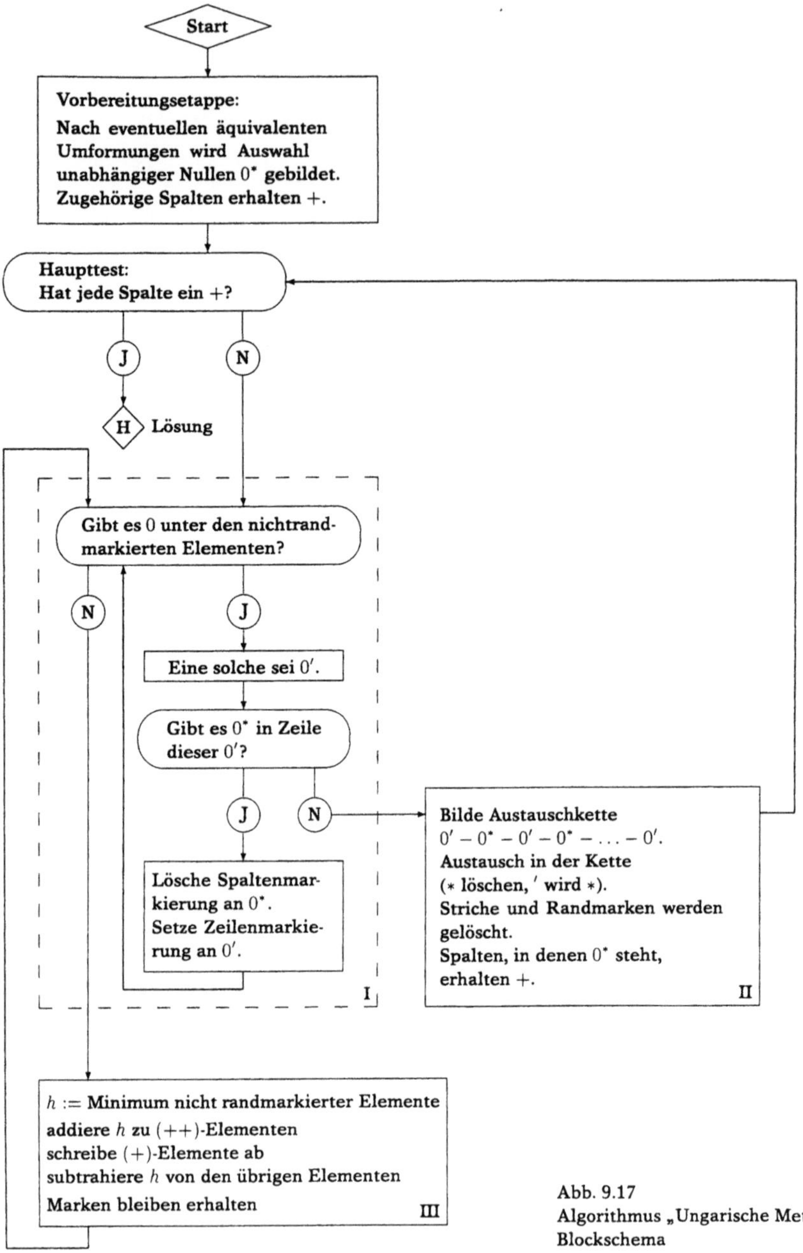


Abb. 9.17
Algorithmus „Ungarische Methode"
Blockschema

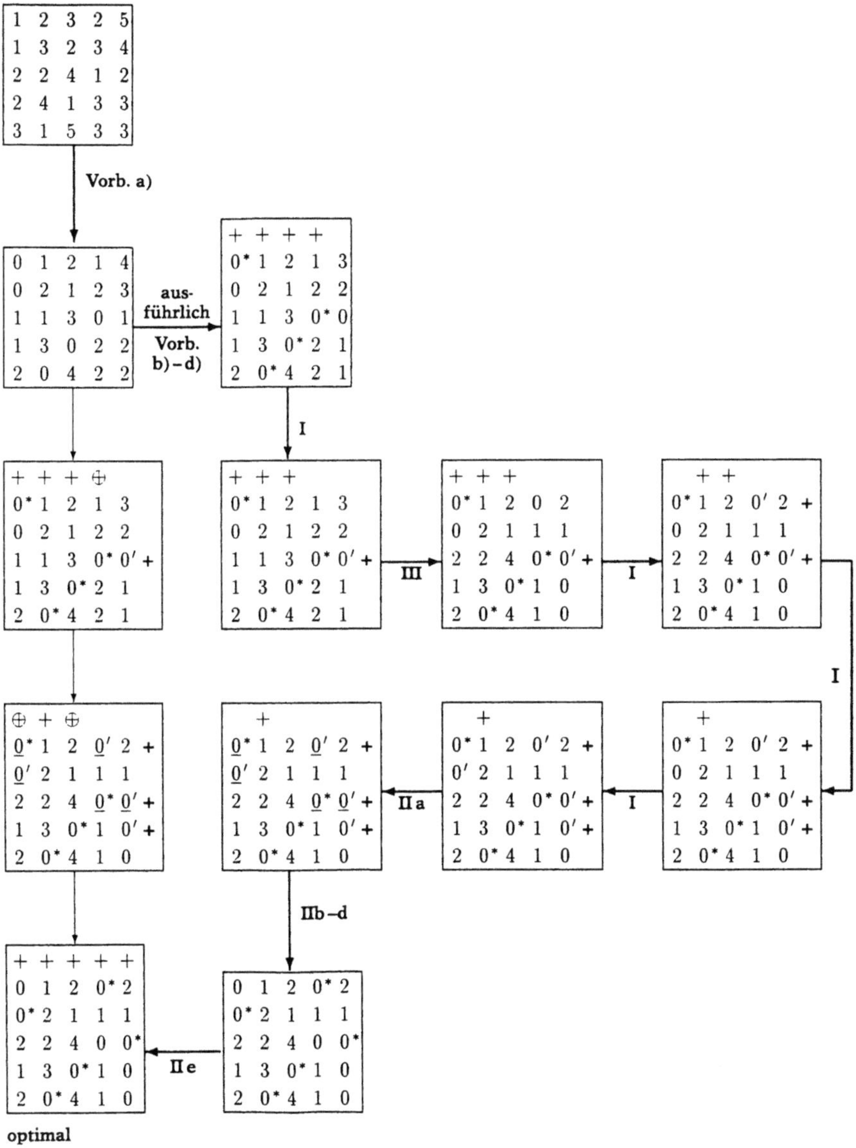


Abb. 9.18 Beispiel für die Lösung einer Aufgabe mit der Ungarischen Methode

## 9.6.3. Verzweigungsalgorithmen („branch-and-bound")

### 9.6.3.1. Grundidee

Es gibt keinen allgemeinen Verzweigungsalgorithmus, sondern nur verschiedenartige Algorithmen zur Lösung spezieller Aufgaben nach einem einheitlichen Prinzip. Dieses Verzweigungsprinzip ist also als Anleitung zum Aufstellen von Algorithmen zu verstehen.

Ein diskretes Optimierungsproblem besitzt eine endliche Menge zulässiger Varianten. Diese Menge wird fortlaufend (entsprechend einem Baum der Graphentheorie, vgl. 9.4.1.) aufgespalten, bis in einer oder einigen Teilmengen nur noch jeweils eine Variante vorliegt. Als Quelle des Baumes (*Wurzel*) dient die Menge *aller* zulässigen Varianten; jedem *Verzweigungspunkt* (Knoten im Baum) entspricht eine Teilmenge zulässiger Varianten. Je nach der zu lösenden Problemstellung müssen angegeben werden:

a) *die Verzweigungsvorschrift* (branch ~ verzweigen): Diese gibt an, wie eine Teilmenge aufzuspalten ist. Dabei wird angestrebt, daß die guten Varianten möglichst scharf von denen getrennt werden, die vermutlich nicht für das Optimum in Frage kommen.

b) *die Abschätzung* (bound ~ Schranke) der Zielfunktion für die beste Variante in der Teilmenge, die zu einem Verzweigungspunkt gehört. Angestrebt wird eine möglichst genaue Abschätzung, die aber nicht zu hohen Aufwand erfordert. Verzweigungspunkte, deren Abschätzung schlechter als ein bekannter Wert einer zulässigen Lösung (*Rekord*) ist, werden gelöscht.

c) *die Auswahlvorschrift:* Diese gibt an, welche Teilmenge weiter verzweigt wird. Es soll möglichst eine Teilmenge sein, in der ein Optimum liegt, um dieses durch immer weitere Aufspaltung schließlich zu erkennen. Bei der knotenminimalen *Best-bound-Strategie* wird zuerst eine solche Teilmenge weiter untersucht, wo die Schranke den günstigsten Wert hat. Bei der speicherplatzgünstigeren *LIFO-Strategie* („last in first out") wird diese Teilmenge nur unter den bei der letzten Verzweigung entstandenen Teilmengen ausgewählt.

Einheitlich ist dann

d) *die Vorschrift für den Abbruch des Verfahrens:* Hat man eine einelementige Teilmenge so gefunden, daß der Wert der Zielfunktion für die erhaltene Variante besser oder mindestens ebenso gut ist wie die Schranken für alle noch zu betrachtenden Verzweigungspunkte, so ist offensichtlich ein Optimum gefunden. In allen anderen Fällen wird entsprechend der Auswahlvorschrift weiter gesucht.

Im ungünstigsten Fall werden beim Verzweigungsverfahren alle zulässigen Varianten durchprobiert; in praktischen Beispielen kommt man jedoch meist mit der Untersuchung eines geringen Teils aller Varianten aus.

### 9.6.3.2. Ein Beispiel „Einsatz diskreter Mittel"

Für fünf Straßenbahnlinien gelten folgende Angaben über die Zahl eingesetzer Wagenzüge und beförderter Personen:

| Linie | Wagenzüge | Passagiere (in Tausend) |
|---|---|---|
| 1 | 17 | 11 |
| 2 | 16 | 14 |
| 3 | 21 | 16 |
| 4 | 8 | 8 |
| 5 | 12 | 7. |

Es stehen maximal 37 neue Wagenzüge mit höherer Geschwindigkeit zur Verfügung, durch die auf einigen Linien jeweils alle alten Wagenzüge ersetzt werden sollen. Auf welchen Linien ist die Ersetzung vorzunehmen, damit möglichst viele Passagiere in den Genuß schnellerer Beförderung kommen? (Die Aufgabe ist durch Probieren leicht lösbar, wir wollen aber den Einsatz eines Verzweigungsalgorithmus erläutern, der auch für umfangreichere Beispiele anwendbar ist.)

*Lösung:* Es wird der Reihe nach über die Umstellung der Linien entschieden.

a) Verzweigt wird entsprechend der Umstellung oder Nichtumstellung der nächsten Linie.

b) Es wird ausgerechnet, wieviel Passagiere der ingesamt 56 (-tausend) auf der Grundlage der bisherigen Entscheidungen höchstens noch in den Genuß der Umstellung kommen können. Bei jeder Entscheidung „Linie $i$ nicht umstellen" sinkt diese Zahl um die der von der Linie $i$ beförderten Passagiere, bei der anderen Entscheidung sinkt sie nicht.

c) Ausgewählt wird jeweils der Knoten mit der höchsten Schranke. An jedem Verzweigungspunkt werden zwei Werte notiert: die Zahl der durch bisherige Entscheidungen gebundenen neuen Wagenzüge und die Schranke (bound). Ein Strich markiert die Überschreitung der Gesamtzahl 37 der neuen Wagenzüge.

In Abb. 9.19 ist die gesamte Rechnung abzulesen; die Zahlen an den Kästchen kennzeichnen die Reihenfolge der Bildung des Verzweigungsbaumes.

Optimal ist es also, die Linien 2 und 3 auf neue Wagenzügen umzustellen; das betrifft dreißigtausend Fahrgäste. Dieses Optimum steht fest, obwohl nur ein Teil der Varianten

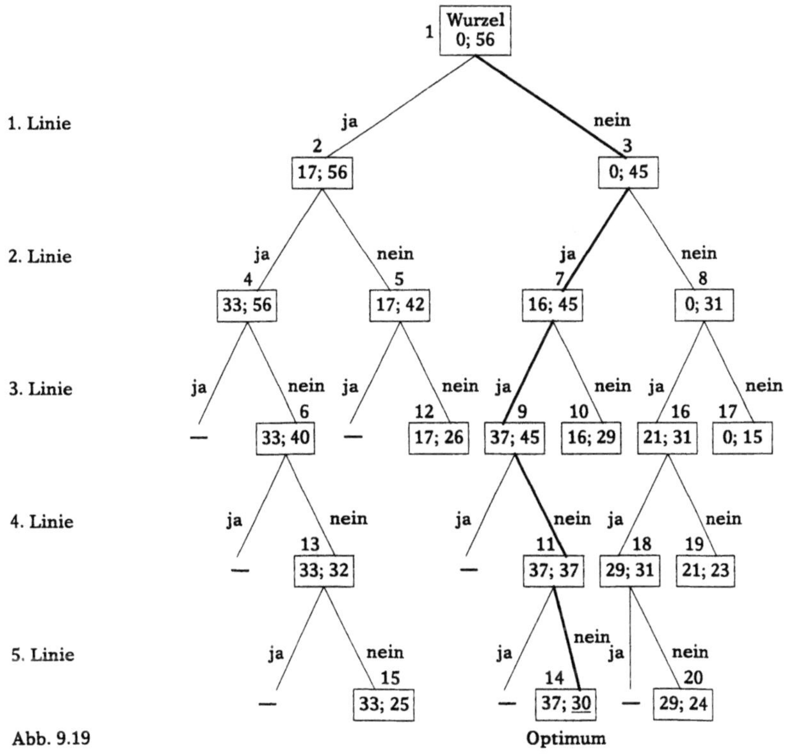


Abb. 9.19

bis zu Ende untersucht wurde. Durch den bound sind die anderen Varianten als nichtoptimal abgeschätzt (z.B. zum Verzweigungspunkt Nr. 12 gehören bestenfalls Varianten, die sechsundzwanzigtausend Fahrgäste betreffen).

### 9.6.3.3. Anwendung auf ein Maschinenbelegungsproblem

Fünf Produkte durchlaufen jeweils erst die Maschine $M$ und dann die Maschine $N$, wobei die Reihenfolge der Bearbeitung auf beiden Maschinen gleich ist. Die folgende Tabelle gibt die Bearbeitungszeiten (einschließlich Rüstzeiten) in Stunden an:

| Produkt | $M$ | $N$ |
|---|---|---|
| 1 | 3 | 2 |
| 2 | 6 | 5 |
| 3 | 2 | 3 |
| 4 | 4 | 9 |
| 5 | 8 | 3 . |

Gesucht ist eine Reihenfolge, die zur minimalen Gesamtzeit bis zur Fertigstellung aller fünf Produkte führt.

*Lösung:* Die Zahl der möglichen Reihenfolgen beträgt $5! = 120$; alle diese Varianten bilden die Wurzel unseres Verzweigungsbaumes.

a) Es wird verzweigt entsprechend allen Möglichkeiten, ein Produkt als nächstes zu bearbeiten.

b) Wir schätzen die Stillstandszeit von $N$ ab, indem wir die durch bisherige Entscheidungen schon feststehende Stillstandszeit berechnen.

Die Zweckmäßigkeit dieser Schranke ergibt sich aus folgender Überlegung: Die Zeit bis zur Fertigstellung aller Produkte ist die konstante Summe der Bearbeitungszeiten auf $N$, also $(2 + 5 + 3 + 9 + 3)$, plus die Stillstandszeit von $N$. Die kürzeste Gesamtstillstandszeit kennzeichnet also das Optimum.

c) Auswahlvorschrift: Zuerst wird immer die Schranke beachtet; bei mehreren gleichen Schranken der Verzweigungspunkt, an dem schon mehr Produkte eingeordnet sind; falls auch hier Gleichheit, der frühere Zeitpunkt, zu dem $M$ wieder frei wird.

An jedem Knoten des Verzweigungsbaumes steht ein Tripel aus folgenden Werten: Zeitpunkt, zu dem $M$ wieder frei ist; Zeitpunkt, zu dem $N$ wieder frei ist; Schranke. Der Verlauf der Rechnung ist in Abb. 9.20 zu sehen, die Nummern an den Kästchen geben die Reihenfolge ihres Entstehens an. Erläuterung eines Schrittes: Der Baum sei bis Knoten 12 erzeugt. Der Knoten mit der niedrigsten Schranke ist Nr. 8 (Schranke $= 3$). Nr. 8 wird also verzweigt, es entsteht Nr. 13, Nr. 14 und Nr. 15. Erläuterung der Berechnung für Nr. 13: Produkt 1 erfordert 3 Stunden auf $M$. Da die erste Stelle des Tripels zu Nr. 8 die 6 ist, erscheint bei Nr. 13 hier $6 + 3 = 9$. Wegen $9 < 15$ erhöht sich die Stillstandszeit von $N$ nicht. Produkt 1 wird auf $N$ ab 15 bearbeitet, so daß $N$ ab 17 wieder frei ist.

Die Lösung ist also die Reihenfolge 3–4–2–5–1 mit der Dauer 25. Falls die Eindeutigkeit bewiesen werden soll, müßten die Knoten Nr. 1 und Nr. 15 noch weiter verzweigt werden. Der Aufwand zur Ermittlung des Optimums beträgt etwa 6% von dem, der beim Durchprobieren aller 120 Varianten entstehen würde.

*Bemerkung:* Die hier vorgestellte Methode läßt sich auf mehr als zwei Maschinen übertragen und ist eigentlich erst dafür von Bedeutung. Speziell für nur zwei Maschinen gibt es den wesentlich effektiveren Johnson-Algorithmus.

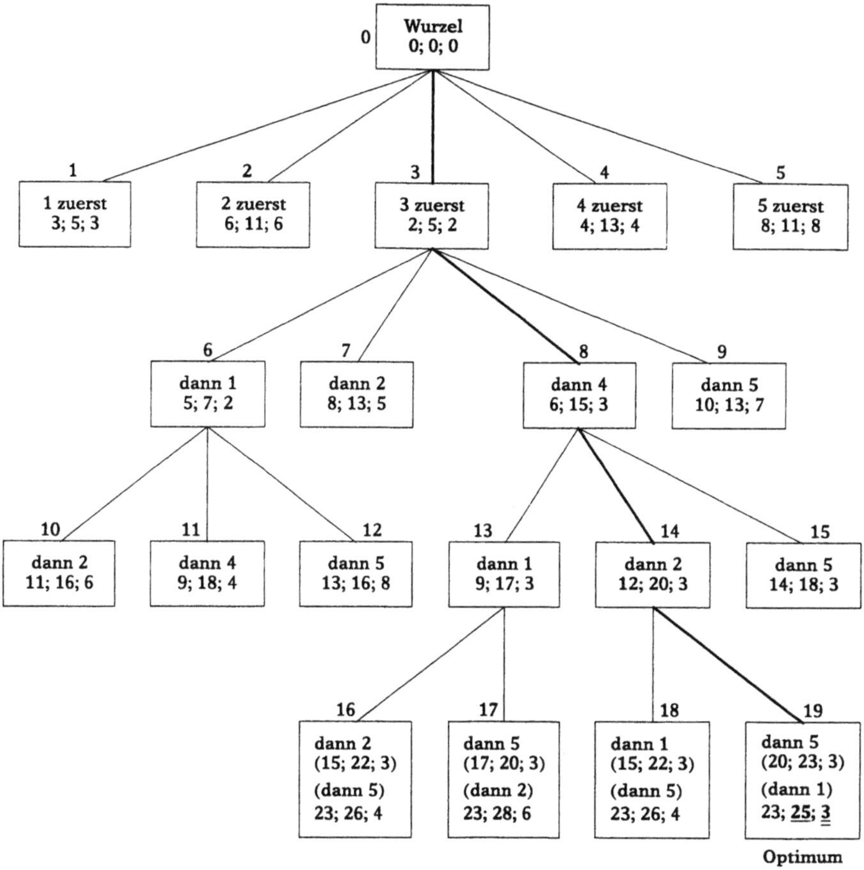


Abb. 9.20

**Johnson-Algorithmus für das 2-Maschinen-Problem:** $M_i$ bzw. $N_i$ seien die Bearbeitungszeiten für das Produkt $i$ auf $M$ bzw. $N$.

- Suche eine minimale Zahl $Z$ in der Tabelle, eine entsprechende Zeile sei $i$ (diese braucht nicht eindeutig bestimmt zu sein!).
- Fall $Z = M_i$: Auf den ersten noch nicht besetzen Platz in der Auftragsfolge kommt das Produkt $i$.

  Fall $Z \neq M_i$: (also $Z = N_i$): Auf den letzten noch nicht besetzten Platz in der Auftragsfolge kommt das Produkt $i$.
- Streiche Zeile $i$ in der Tabelle und wiederhole das Verfahren so lange, bis die gesamte Reihenfolge feststeht.

*Zahlenbeispiel:*

| | | | | | | |
|---|---|---|---|---|---|---|
| $Z = M_3$: | 3 | – | – | – | – | |
| $Z = N_1$: | 3 | – | – | – | 1 | |
| $Z = N_5$: | 3 | – | – | 5 | 1 | |
| $Z = M_4$: | 3 | 4 | – | 5 | 1 | |
| $Z = N_2$: | 3 | 4 | 2 | 5 | 1 | optimal! |

*Johnson-Jackson-Algorithmus:* Falls außerdem noch Produkte auftreten, die erst auf $N$ und dann auf $M$ zu bearbeiten sind, so ist deren Reihenfolge entsprechend (mit $N$ als 1. Maschine) mit dem Johnson-Algorithmus zu bestimmen und auf $M$ an die oben ermittelte anzuschließen, auf $N$ der oben ermittelten Reihenfolge voranzustellen.

### 9.6.4. Polyederkombinatorik („cut and branch")

Die gegenwärtig leistungsfähigsten Algorithmen für wichtige Klassen kombinatorischer Optimierungsprobleme (z.B. Rundreiseproblem, spezielle Ablaufplanungsprobleme, Tourenprobleme, Anordnungsproblem) beruhen auf einer Kopplung von Schnitt- und Verzweigungsverfahren. Dabei erfordert das Herleiten effektiver Schnitte (cuts) für jede Problemklasse eine gesonderte kombinatorische Analyse.

a) *Polyedereinbettung:* Jedes Element des zulässigen Bereichs **B** wird mit einem Vektor im $\mathbb{R}^n$ identifiziert. Zu **B** wird ein Polyeder **P** im $\mathbb{R}^n$ gebildet, so daß alle Elemente von **B** unter den Ecken von **P** sind.

b) *Gültige Ungleichungen:* Es werden Ungleichungen im $\mathbb{R}^n$ abgeleitet, die für alle optimalen Elemente von **B** erfüllt, aber nicht für alle Elemente von **P** erfüllt sind.

c) *Schnittphase:* Solange die über **P** errechnete Optimalstelle $\mathbf{x}^*$ nicht in **B** liegt, wird versucht, von **P** durch Hinzunahme einer in $\mathbf{x}^*$ verletzten gültigen Ungleichung zu einem kleineren **P** überzugehen. (Bei $\mathbf{x}^* \in \mathbf{B}$ ist $\mathbf{x}^*$ Optimalstelle der ursprünglich gestellten Aufgabe.)

d) *Verzweigungsphase:* Falls das Fortsetzen der Schnittphase unmöglich ist (keine der bekannten gültigen Ungleichungen trennt $\mathbf{x}^*$ ab) oder uneffektiv ist (die Verkleinerung des **P** wird unwesentlich oder numerisch instabil), dann wird im zuletzt erhaltenen **P** ein Branch-and-bound-Verfahren durchgeführt.

*Beispiel:* Rundreiseproblem mit $k$ Orten, $k > 4$: Für die Orte $1, 2, \ldots, k$ mit gegebenen Entfernungen $p_{ij}$ von $i$ nach $j$ (dabei ist im allgemeinen $p_{ij} \neq p_{ji}$) ist eine kürzeste geschlossene Rundreise gesucht.

Der Rundreise $i_1 \to i_2 \to \ldots \to i_k \to i_1$ wird die Permutation $i_1, i_2, \ldots, i_k$ zugeordnet (genau denjenigen Permutationen, die aus einem einzigen Vertauschungszyklus bestehen, entspricht auch umgekehrt eine Rundreise). Jede Permutation $i_1, i_2, \ldots, i_k$ wird mit einem Vektor $\mathbf{x} = (x_{ij})$ im $\mathbb{R}^{k \times k}$ identifiziert:

$$x_{ij} = \begin{cases} 1, & \text{falls in der Permutation } i \text{ in } j \text{ übergeht,} \\ 0 & \text{sonst.} \end{cases}$$

Es kann gezeigt werden, daß die Ecken des Polyeders

$$\mathbf{P} := \left\{ \mathbf{x} \in \mathbb{R}^{k \times k} \mid \mathbf{x} \geq 0,\ \sum_{j=1}^{n} x_{ij} = 1\ \forall i,\ \sum_{i=1}^{n} x_{ij} = 1\ \forall j \right\}$$

genau die Permutationen sind. Somit ist der zulässige Bereich **B** aller Rundfahrten eine echte Teilmenge der Ecken von **P**.

Für jede Auswahl paarweise verschiedener Indizes ist z.B.

$$2x_{ij} + x_{il} + 2x_{ji} + x_{jk} + x_{ki} + x_{lj} \leq 3$$

eine gültige Ungleichung für **B** (sogar eine solche, die sich nicht verschärfen läßt, denn sie wird von hinreichend vielen Elementen von **B** mit dem Gleichheitszeichen erfüllt). Es wurden mehrere derartige Konstruktionsprinzipien gefunden. In ihrer Gesamtheit ermöglichen sie die Lösung von Rundreiseproblemen oft schon in der Schnittphase. Bei der eventuell nötigen Verzweigung wird das **P** für geschickt ausgewählte $(i, j)$ einerseits durch $x_{ij} = 1$, andererseits durch $x_{ij} = 0$ reduziert.

# 10. HÖHERE ANALYSIS

*Das Buch der Natur ist in der Sprache der Mathematik geschrieben.*
*Galileo Galilei (1564 – 1642)*

*Jeder wirkliche Fortschritt der Mathematik geht stets Hand in Hand mit der Auffindung schärferer Hilfsmittel und einfacherer Methoden, die zugleich das Verständnis früherer Theorien erleichtern und umständliche ältere Entwicklungen beseitigen ...*
*Der einheitliche Charakter der Mathematik liegt im inneren Wesen dieser Wissenschaft begründet; denn die Mathematik ist die Grundlage alles exakten naturwissenschaftlichen Denkens.*[1)]
*David Hilbert (1900)*

## 10.1. Die Grundideen der modernen Analysis und ihr Verhältnis zu den Naturwissenschaften

Die Analysis ist diejenige mathematische Disziplin, die sich mit dem Begriff des *Grenzwerts* beschäftigt. Bis auf Ansätze in der Antike bei Archimedes (287 – 212 v. Chr.) trat der Grenzwertbegriff erst voll im Zusammenhang mit der Schaffung der Differential- und Integralrechnung durch Newton und Leibniz Ende des 17. Jahrhunderts in Erscheinung. Seit diesem Zeitpunkt ist die Entwicklung der Analysis untrennbar mit der Entwicklung der Physik verbunden, wobei sich beide Wissenschaften gegenseitig befruchtet haben. Tabelle 10.1 zeigt wichtige physikalische Disziplinen und eine Auswahl von damit verbundenen mathematischen Theorien.

Ihre volle Kraft entfaltet die Analysis dabei im Zusammenspiel mit anderen mathematischen Disziplinen wie Geometrie, Topologie, Algebra, Zahlentheorie und Wahrscheinlichkeitsrechnung.

*Tabelle 10.1*

| physikalische Disziplin | mathematische Theorie |
|---|---|
| klassische Mechanik | dynamische Systeme (gewöhnliche Differentialgleichungen), Variationsrechnung, Stabilitätstheorie, partielle Differentialgleichungen (Hamilton-Jacobi-Theorie), Liegruppen (Symmetrie), symplektische Geometrie, Riemannsche Geometrie, Differentialformen auf Mannigfaltigkeiten (Zustandsräume) |
| geometrische Optik | Variationsrechnung, projektive Geometrie, symplektische Geometrie (Lagrangemannigfaltigkeiten), Topologie (Morsetheorie, Maslovindex und Kaustik), Fourierintegraloperatoren und Pseudodifferentialoperatoren (Distributionen) |

[1)] David Hilbert (1862 – 1943) war einer der bedeutendsten Mathematiker aller Zeiten. In Göttingen setzte er die große Tradition von Carl Friedrich Gauß (1777 – 1855) und Bernhard Riemann (1826 – 1866) fort. Hilbert erzielte in allen Gebieten der Mathematik (Algebra und Zahlentheorie, Geometrie, Analysis und Logik) fundamentale Ergebnisse. Beispielsweise wird die moderne Quantentheorie in der Sprache der Hilberträume formuliert.

Auf dem zweiten mathematischen Weltkongreß in Paris im Jahre 1900 formulierte Hilbert seine berühmten 23 Probleme, die die Entwicklung der Mathematik des 20. Jahrhunderts wesentlich beeinflußt haben [vgl. Aleksandrov 1983].

*Tabelle 10.1 (Fortsetzung)*

| physikalische Disziplin | mathematische Theorie |
|---|---|
| klassische statistische Mechanik | Wahrscheinlichkeitsrechnung und Maßtheorie, Informationstheorie (Entropie), Ergodentheorie, symplektische Geometrie |
| phänomenologische Thermodynamik/ physikalische Chemie/ mathematische Biologie/ Halbleiter | Differentialformen auf Mannigfaltigkeiten, Systeme von partiellen Differentialgleichungen (Reaktions-Diffusionsprozesse), stochastische Prozesse und das unendlichdimensionale Wienerintegral auf Räumen von Trajektorien (Diffusion), unendlichdimensionale dynamische Systeme (Halbgruppen/Semiflüsse) und nichtlineare Funktionalanalysis |
| Hydrodynamik | partielle Differentialgleichungen, unendlichdimensionale dynamische Systeme (Halbgruppen/Semiflüsse), stochastische Prozesse (Turbulenz), nichtlineare Funktionalanalysis |
| Elastizitätstheorie | partielle Differentialgleichungen, Variationsrechnung, Integralgleichungen, unendlichdimensionale dynamische Systeme, algebraische Invariantentheorie (effektive Formulierung von Materialgesetzen), Liegruppen (Symmetrie), Bifurkationstheorie (Ausbeulung von Stäben und Platten), nichtlineare Funktionalanalysis |
| Elektrodynamik | Vektoranalysis, Tensoranalysis, Differentialformen, Krümmung von Hauptfaserbündeln, Riemannsche Geometrie, partielle Differentialgleichungen, Potentialtheorie und Integralgleichungen, Theorie der Distributionen (verallgemeinerte Funktionen), Differentialtopologie (deRhamsche Kohomologie und Homologie) |
| spezielle Relativitätstheorie | Tensoranalysis, Riemannsche Geometrie |
| allgemeine Relativitätstheorie (Kosmologie) | Tensoranalysis, Riemannsche Geometrie, nichtlineare partielle Differentialgleichungen, unendlichdimensionale dynamische Systeme (Hamiltonsche Systeme), nichtlineare Funktionalanalysis |
| Quantenmechanik/ Quantenchemie/ Quantenfeldtheorie/ Quantenstatistik/ Festkörpertheorie/ Superstringtheorie | (i) Hilberträume, Spektraltheorie von Operatoren und Streutheorie, harmonische Analysis, $C^*$-Algebren und von-Neumann-Algebren, nichtkommutative Geometrie, Quantengruppen; (ii) unendlichdimensionale dynamische Systeme (unitäre Flüsse/ Gruppen); partielle Differentialgleichungen; Integralgleichungen; (iii) Wahrscheinlichkeitsrechnung (stochastische Prozesse), Feynmanintegral (unendlichdimensionales Integral); (iv) Darstellungstheorie von Liealgebren und Liegruppen, Super-Liealgebren und Super-Liegruppen (graduierte Algebren); (v) Superanalysis zur einheitlichen Beschreibung von Fermionen und Bosonen; (vi) komplexe Mannigfaltigkeiten, algebraische Geometrie, Zahlentheorie; (vii) Topologie (z.B. Knotentheorie, $K$-Theorie, charakteristische Klassen, Indextheorie von Atiyah-Singer); |
| Eichfeldtheorie für eine einheitliche Theorie der fundamentalen Wechselwirkungen in der Natur (Standardmodell der Elementarteilchen) | Liegruppen und Liealgebren, Krümmung von Hauptfaserbündeln, Vektorbündel, Topologie (charakteristische Klassen → topologische Ladungen) |

*Tabelle 10.2*

| Phänomen in der Natur | mathematisches Modell |
|---|---|
| Gewinnung der Grundgleichungen der Physik | Variationsrechnung (Prinzip der stationären Wirkung) |
| Wechselwirkungen | mathematische Nichtlinearitäten |
| zeitabhängige Prozesse<br>(i) reversibel<br>(ii) irreversibel<br>(iii) chaotisches Verhalten (Turbulenz) | dynamische Systeme<br>(i) Flüsse (einparametrige Gruppen)<br>(ii) Semiflüsse (Halbgruppen)<br>(iii) z.B. seltsame Attraktoren mit einer gebrochenen Dimension |
| Symmetrie (Erhaltungsgesetze) | Liegruppen (Liealgebren) |
| Strukturbildung in Physik, Chemie und Biologie | dynamische Systeme, Differentialtopologie und algebraische Geometrie, Singularitätentheorie (Katastrophentheorie)<br>(a) strukturelle Stabilität,<br>(b) strukturelle Instabilität (Bifurkation),<br>(c) Generizität,<br>(d) Transversalität |
| globale Effekte | Topologie (topologische Räume [z.B. Mannigfaltigkeiten] und topologische Abbildungen [z.B. Diffeomorphismen zwischen Mannigfaltigkeiten])<br>(i) Homologie = Struktur von *geometrischen* Objekten (topologische Räume, Mannigfaltigkeiten)<br>(ii) Kohomologie = Struktur von *analytischen* Objekten (z.B. Funktionen, Differentialformen) auf geometrischen Objekten<br>(iii) Homotopie = Deformation |
| Quantenzahlen | (a) irreduzible Darstellungen von Liealgebren (z.B. $su(N)$)<br>(b) topologische Invarianten = topologische Ladungen (z.B. Eulerzahl, charakteristische Klassen, Abbildungsgrad)<br>(c) Solitonen (Instantonen, magnetische Monopole) |
| Existenz- und Eindeutigkeitsbeweise sowie Konvergenz von Näherungsverfahren | Funktionalanalysis |

### 10.1.1. Die Grundstruktur der mathematischen Formulierung physikalischer Theorien

In Tabelle 10.2 stellen wir einige allgemeine Prinzipien dar, die wir kurz erläutern wollen.

Bis auf wenige Ausnahmen ergeben sich alle Grundgleichungen der Physik aus *Variationsprinzipien*[2] (Prinzip der stationären Wirkung). Dadurch entstehen Systeme von gewöhnlichen oder partiellen Differentialgleichungen, je nachdem das System endlich viele Freiheitsgrade (klassische Mechanik) oder unendlich viele Freiheitsgrade (Feldtheorie) besitzt.

*Erhaltungssätze* folgen aus *Symmetrieeigenschaften* des Variationsintegrals (Noethertheorem; vgl. 14.5.). Zum Beispiel ergibt sich die Erhaltung der Energie, falls sich das System

[2] Die Variationsrechnung wurde von Leonhard Euler (1707 - 1783) geschaffen und von Joseph Louis Lagrange (1736 - 1813) weiter ausgebaut. Euler war der produktivste Mathematiker aller Zeiten. Bisher sind 72 Bände seiner gesammelten mathematischen und physikalischen Werke erschienen; zahlreiches Material harrt noch der Herausgabe (davon 15 Bände mit Briefen).

homogen bezüglich der Zeit verhält, d.h., neben einem ablaufenden Prozeß $\mathscr{P}$ ist auch jeder Prozeß möglich, der sich aus $\mathscr{P}$ durch eine Zeittranslation ergibt.

Alle Gleichungen der Physik, die *Wechselwirkungen* in der Natur beschreiben, sind *nichtlinear*. Eine scheinbare Ausnahme bilden die linearen Maxwellgleichungen. Diese enthalten jedoch nur einen Teil der elektromagnetischen Phänomene. Die vollständige Theorie (Quantenelektrodynamik), die die Wechselwirkungen zwischen elektromagnetischen Feldern (Photonen) und Elementarteilchen (Elektronen und Positronen) berücksichtigt, ist tatsächlich nichtlinear.

Ferner ist die lineare Schrödingergleichung der Quantenmechanik und Quantenchemie eine Näherung der relativistischen Diracgleichung, die ihre volle Kraft erst durch Ankopplung an das elektromagnetische Feld entfaltet (nichtlineare Gleichung der Quantenelektrodynamik; vgl. 14.8.4.).

Nur in wenigen Spezialfällen kann man die Gleichungen der Physik explizit lösen (z.B. Solitonen). Um konsistente *Näherungsverfahren* auf Computern zu erhalten, benötigt man einerseits abstrakte *Existenz- und Eindeutigkeitsbeweise* für gewöhnliche und partielle Differentialgleichungen, Variationsprobleme, Variationsungleichungen, Integralgleichungen usw. und andererseits *Konvergenzbeweise mit Fehlerabschätzungen*, die theoretisch zeigen, daß die Näherungsverfahren gegen die Lösungen konvergieren. Das geschieht heutzutage alles im Rahmen der *Funktionalanalysis* (vgl. die Kapitel 7., 11. und 14.). Die Probleme werden dabei als

(i) Operatorgleichungen (stationäre Prozesse),

(ii) Operatordifferentialgleichungen (instationäre Prozesse) oder als

(iii) Extremalprobleme für Funktionale

in *unendlichdimensionalen* Räumen (Hilberträume, Banachräume, Hilbert- oder Banachmannigfaltigkeiten usw.) formuliert. Eine besondere Rolle spielen in diesem Zusammenhang *Lebesgueräume* und *Sobolevräume* von Funktionen mit *verallgemeinerten Ableitungen*, zu deren Definition die moderne Maß- und Integrationstheorie (das Lebesgueintegral) benötigt wird (vgl. 10.5. und 11.2.6.).

Die abstrakten Existenzbeweise der Funktionalanalysis erlauben jedoch auch tiefere physikalische Einsichten. Ende des vorigen Jahrhunderts schuf Henri Poincaré (1854–1912) im Zusammenhang mit seinen Untersuchungen zur Himmelsmechanik (z.B. Dreikörperproblem) die Topologie und die qualitative Theorie dynamischer Systeme. Die Zeitentwicklung der meisten physikalischen Systeme führt wegen der unendlichen Anzahl der Freiheitsgrade auf *unendlichdimensionale* dynamische Systeme (vgl. 13.16.). Um diese parallel zum klassischen endlichdimensionalen Fall qualitativ untersuchen zu können (Stabilität, Attraktoren, Chaos usw.), benötigt man das unendlichdimensionale dynamische System zunächst als ein mathematisches Objekt in einem Zustandsraum. Dieses Objekt ergibt sich durch abstrakte Existenz- und Eindeutigkeitsbeweise für Operatordifferentialgleichungen im Rahmen der Funktionalanalysis[3]. Die *Zustandsräume* sind in der Regel Sobolevräume oder Mannigfaltigkeiten, die lokal wie Sobolevräume aussehen (vgl. 11.2.6.). Mit Hilfe solcher Existenzbeweise konnte beispielsweise 1983 nachgewiesen werden, daß das dynamische System, welches die Bewegung zäher (viskoser) Flüssigkeiten im Rahmen der Navier-Stokesschen Differentialgleichungen beschreibt, einen Attraktor von gebrochener Dimension $d$ besitzt,

---

[3] Existenzbeweise für unendlichdimensionale dynamische Systeme erfordern einen sehr aufwendigen analytischen Apparat – im Unterschied zum endlichdimensionalen Fall mit seinen durchsichtigen Existenzbeweisen für gewöhnliche Differentialgleichungen auf der Basis des Fixpunktsatzes von Banach (vgl. 12.1.).

wobei $d$ der Anzahl der Freiheitsgrade entspricht, die die Physiker bei Turbulenz beobachten (vgl. 14.4.2.).

Man unterscheidet zwischen lokaler und globaler Analysis. Im Mittelpunkt der *globalen Analysis* steht der Begriff der *Mannigfaltigkeit*, der ein zentraler Begriff der modernen Mathematik und Physik ist (vgl. den Abschnitt 14.9. über die Geometrisierung der Physik). Ein einfaches Beispiel für eine Mannigfaltigkeit bietet die Erdoberfläche. Lokal kann man diese auf einer ebenen Landkarte darstellen. Die Erdoberfläche besitzt aber darüber hinaus globale Eigenschaften, die man den Landkarten nicht entnehmen kann.

Es gibt physikalische Effekte, die von der globalen Struktur des Kosmos herrühren. Im Rahmen der allgemeinen Relativitätstheorie (Standardmodell des Urknalls) gibt es für den heutigen expandierenden Kosmos zwei Möglichkeiten:

(i) Das „gekrümmte" Weltall besitzt ein *endliches Volumen* (analog zu einer Sphäre (Abb. 10.1a.)). Dann zieht sich das Weltall nach vielen Millarden Jahren wieder auf einen heißen Feuerball zusammen (elliptische nichteuklidische Geometrie).

(ii) Das „gekrümmte Weltall" besitzt ein *unendliches Volumen* (analog zu einer Pseudosphäre (Abb. 10.1b)).Dann expandiert das Weltall bis in alle Ewigkeit. Am Ende steht ein absolut finsterer Kosmos, in dem möglicherweise auch die Protonen zerfallen sind (hyperbolische nichteuklidische Geometrie).

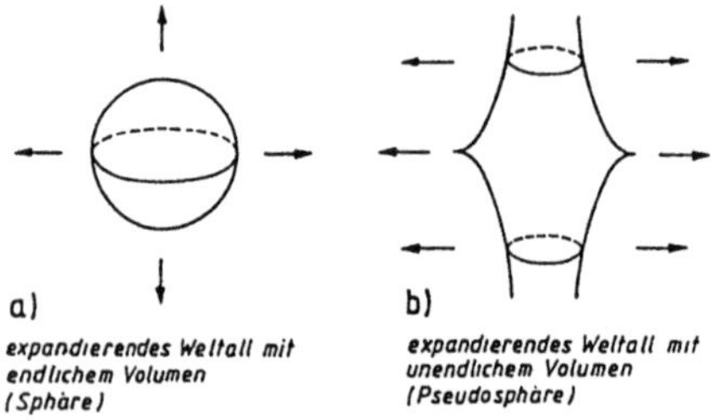


Abb. 10.1

Die heute vorhandenen Meßdaten über die mittlere Massendichte des Weltalls lassen noch keine endgültige Entscheidung zu, ob (i) oder (ii) vorliegt (vgl. 16.5.).

Viele Physiker glauben, daß es Zusammenhänge zwischen der globalen Struktur des Kosmos und den Eigenschaften von Elementarteilchen geben muß, die in einer zukünftigen allgemeinen Theorie des Mikrokosmos und des Makrokosmos mathematisch zu formulieren sind.

Globale Eigenschaften werden in der Topologie studiert, die die allgemeinste Form der Geometrie darstellt und gleichzeitig die Formulierung des Grenzwertbegriffs gestattet (vgl. 11.2.1. und Kapitel 18.).

## 10.1.2. Drei tiefe Sätze der Analysis

Drei der tiefsten Sätze der Analysis sind das *theorema egregium*[4] von Gauß, der allgemeine *Integralsatz von Stokes* für Differentialformen und der *Satz von Gauß-Bonnet-Chern*. Das soll jetzt diskutiert werden.

---

[4] Die Bezeichnung stammt von Gauß selbst (das „vorzügliche Theorem"). Dieses Theorem veröffentlichte er 1827 in seiner Flächentheorie (Disquisitiones generales circa superficies curvas) im Anschluß an seine umfangreichen, physisch sehr anstrengenden Landvermessungsarbeiten von 1821 bis 1825 im Königreich Hannover.

**Das Theorema egregium von Gauß: Dieser Satz besagt, daß die Gaußsche Krümmung einer Fläche allein durch Messungen auf der Fläche bestimmt werden kann ohne Benutzung des sie umgebenden dreidimensionalen Raumes (vgl. 16.1.2.).**

Das bedeutet, daß „Krümmung" eine fundamentale *innere Eigenschaft* der Fläche (Mannigfaltigkeit) darstellt. Die dadurch angeregte Verallgemeinerung des Krümmungsbegriffs auf beliebige Mannigfaltigkeiten, deren Definition frei ist von einem umgebenden Raum, bildet den Ausgangspunkt dafür, daß in der modernen Physik die fundamentalen Kräfte durch Krümmungen von Mannigfaltigkeiten beschrieben werden (vgl. den Abschnitt 14.9. über die Geometrisierung der Physik).

**Der allgemeine Integralsatz von Stokes:** Es gilt

$$\int_M d\omega = \int_{\partial M} \omega. \tag{10.1}$$

Diese prägnante Formel beinhaltet einen fundamentalen Zusammenhang zwischen Analysis und Topologie. Genauer stellt sie die Verbindung her zwischen den beiden topologischen Grundbegriffen „Homologie" (geometrische Struktur einer Mannigfaltigkeit) und „Kohomologie" (analytische Gebilde = Differentialformen auf der Mannigfaltigkeit).

Die Formel (10.1) verwandelt ein Integral über $M$ in ein Randintegral (vgl. 10.2.7.5.). Wir wollen zeigen, daß sich hinter (10.1) sehr viele wichtige Phänomene verbergen.

*Fundamentalsatz der Differential- und Integralrechnung:* Der Prototyp für (10.1) ist die klassische Formel

$$\int_a^b f'(x)\, dx = f(b) - f(a), \tag{10.2}$$

die man den Fundamentalsatz der Differential- und Integralrechnung nennt. Vom geometrischen Standpunkt aus stellt (10.2) den Zusammenhang zwischen Tangente (Ableitung) und Flächeninhalt (Integral) her.

*Klassischer Satz von Gauß und Erhaltungsgesetze der Physik:* Im dreidimensionalen Raum entspricht (10.2) dem Integralsatz von Gauß

$$\int_\Omega \operatorname{div} \mathbf{j}\, dx = \int_{\partial\Omega} \mathbf{j}\mathbf{n}\, dF \tag{10.3}$$

mit dem äußeren Normaleneinheitsvektor $\mathbf{n}$ am Rand $\partial\Omega$ des Gebiets $\Omega$ (Abb. 10.2) und $x = (x_1, x_2, x_3)$ sowie $dx = dx_1\, dx_2\, dx_3$.

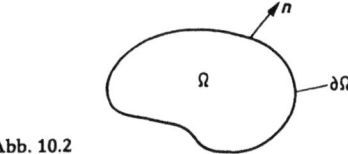

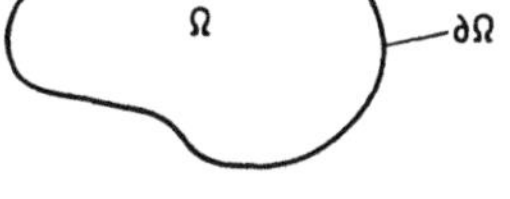


Abb. 10.2

Interpretiert man $\mathbf{j}$ als elektrischen Stromdichtevektor, dann beschreibt (10.3) die Bilanz zwischen der im Gebiet $\Omega$ vorhandenen Ladung und der über den Rand $\partial\Omega$ einströmenden Ladung. Tatsächlich ist (10.3) der Ausgangspunkt dafür, daß alle Gleichungen der Form

$$\varrho_t + \operatorname{div} \mathbf{j} = 0 \tag{10.4}$$

Erhaltungsgesetze der Physik beinhalten. Zum Beispiel entspricht (10.4) der Erhaltung der elektrischen Ladung, falls $\varrho$ gleich der elektrischen Ladungsdichte und $\mathbf{j}$ gleich dem elektrischen Stromdichtevektor ist.

Die Formulierung von (10.2) für $N$-dimensionale Gebiete $\Omega$ lautet:

$$\int_\Omega \partial_j f \, dx = \int_{\partial\Omega} f n_j \, dF, \quad j = 1, \ldots, N, \tag{10.5}$$

wobei $\mathbf{n} = (n_1, \ldots, n_N)$ den äußeren Einheitsnormalenvektor am Rand $\partial\Omega$ darstellt. Ferner ist $x = (x_1, \ldots, x_n)$ und $\partial_j f = \partial f / \partial x_j$.

*Die Formel der partiellen Integration als Schlüssel zur modernen Theorie der partiellen Differentialgleichungen.* Setzt man speziell $f = \varphi\psi$, dann erhält man aus (10.5) die Formel der partiellen Integration:

$$\int_\Omega \varphi \partial_j \psi \, dx = -\int_\Omega \psi \partial_j \varphi \, dx + \int_{\partial\Omega} \varphi\psi n_j \, dF. \tag{10.6}$$

Diese Formel ist der Schlüssel zur Weiterentwicklung der klassischen Differentialrechnung und die Basis der modernen Theorie der partiellen Differentialgleichungen. Erstens gestattet es diese Formel, verallgemeinerte Ableitungen für Funktionen zu definieren und damit Sobolevräume einzuführen (vgl. 11.2.6.). Zweitens erlaubt es (10.6), mathematische Objekte einzuführen (verallgemeinerte Funktionen oder Distributionen), die stets beliebig oft differenzierbar sind (vgl. 10.4.). Im Unterschied zum klassischen Differentialkalkül wird damit die *Differentiation* zu einer *universellen Operation*, die stets ausführbar ist.

Um zum Beispiel eine verallgemeinerte Lösung $U$ der Differentialgleichung

$$-\Delta U = \varrho \tag{10.7}$$

auf dem dreidimensionalen Gebiet $\Omega$ zu definieren, multiplizieren wir diese Gleichung mit einer Testfunktion $\varphi \in C_0^\infty(\Omega)$, d.h., $\varphi$ ist glatt und verschwindet in einem Randstreifen von $\Omega$. Zweimalige partielle Integration ergibt dann[5)]

$$-\int_\Omega U \Delta\varphi \, dx = \int_\Omega \varrho\varphi \, dx \quad \text{für alle } \varphi \in C_0^\infty(\Omega). \tag{10.7*}$$

Eine Funktion $U$ heißt *verallgemeinerte Lösung* der klassischen Gleichung (10.7) genau dann, wenn die Integralidentität (10.7*) erfüllt ist. Man beachte, daß in (10.7*) überhaupt keine klassischen Abteilungen von $U$ benötigt werden. Gleichung (10.7) beschreibt zum Beispiel das elektrostatische Potential $U$ einer Ladungsdichte $\varrho$. Im Unterschied zur klassischen Theorie (10.7) sind in (10.7*) auch unstetige Ladungsverteilungen $\varrho$ erlaubt.

Man kann in diesem Rahmen noch einen weiteren entscheidenden Schritt tun, indem man mit dem gleichen Kalkül kontinuierliche und diskrete Ladungen einheitlich behandelt. Befindet sich beispielsweise im Punkt $x = 0$ eine elektrische Ladung der Stärke $Q$, dann benutzen die Physiker seit den dreißiger Jahren die sogenannte Diracsche Deltafunktion $\delta(x)$, d.h., sie verwenden formal die Ladungsdichte

$$„\varrho(x) = Q\delta(x)“. \tag{D}$$

Tatsächlich ist $\delta$ keine klassische Funktion, sondern eine Distribution (verallgemeinerte Funktion). In der von Laurent Schwartz um 1950 geschaffenen Theorie der Distributionen lautet das (D) entsprechende verallgemeinerte Problem zur Ausgangsgleichung (10.7) folgendermaßen:

$$-\int_\Omega U \Delta\varphi \, dx = Q\varphi(0) \quad \text{für alle } \varphi \in C_0^\infty(\Omega). \tag{10.7**}$$

---

5) Summieren wir über $j$ von 1 bis 3, dann gilt explizit

$$\int_\Omega \varrho\varphi \, dx = \int_\Omega (-\Delta U)\varphi \, dx = \int_\Omega (-\partial_j^2 U)\varphi \, dx = \int_\Omega \partial_j U \partial_j \varphi \, dx = \int_\Omega U(-\partial_j^2 \varphi) \, dx.$$

Bei der partiellen Integration verschwinden alle Randintegrale, weil die Testfunktionen $\varphi$ in einem Randstreifen gleich null sind.

Hinter dieser Formel verbirgt sich folgende physikalische Intuition. Aus der Regel „Integration der Dichte = Ladung" erhalten wir

$$„\int_\Omega \delta(x)\,\mathrm{d}x = 1\text{"}.$$

Da sich in den Punkten $x \neq 0$ keine Ladungen befinden, muß die Dichte dort verschwinden, d.h., es ist $\delta(x) = 0$ für $x \neq 0$. Daraus folgt formal

$$\int_\Omega \varrho\varphi\,\mathrm{d}x \equiv \int_\Omega Q\delta(x)\varphi(x)\,\mathrm{d}x = Q\varphi(0)\int_\Omega \delta(x)\,\mathrm{d}x = Q\varphi(0).$$

In diesem Sinne ergibt sich (10.7**) aus (10.7*) mit $\varrho = Q\delta$.

Diese Methode der Formulierung verallgemeinerter Lösungen läßt sich auf alle linearen Differentialgleichungen und große Klassen nichtlinearer Differentialgleichungen der Naturwissenschaften anwenden.

*Klassische Greensche Formeln:* Auch die in der Elektrodynamik häufig benutzten beiden Greenschen Formeln

$$\int_\Omega \psi\Delta\varphi\,\mathrm{d}x = -\int_\Omega \mathbf{grad}\,\varphi\,\mathbf{grad}\,\psi\,\mathrm{d}x + \int_{\partial\Omega} \psi\,\frac{\partial\varphi}{\partial n}\,\mathrm{d}F. \tag{10.8a}$$

$$\int_\Omega \psi\Delta\varphi\,\mathrm{d}x = \int_\Omega \varphi\Delta\psi\,\mathrm{d}x + \int_{\partial\Omega}\left(\psi\,\frac{\partial\varphi}{\partial n} - \varphi\,\frac{\partial\psi}{\partial n}\right)\mathrm{d}F \tag{10.8b}$$

ergeben sich sofort aus (10.6) durch einmalige bzw. zweimalige partielle Integration und lassen sich auf beliebige lineare partielle Differentialoperatoren verallgemeinern.

*Der klassische Satz von Stokes:* Für Flächen $M$ im dreidimensionalen Raum erhält man aus (10.1) den klassischen Satz von Stokes

$$\int_M \mathbf{rot}\,\mathbf{v}\,\mathrm{d}F = \int_{\partial M} \mathbf{v}\,\mathrm{d}\mathbf{x}. \tag{10.9}$$

der zum Beispiel die Wirbelbildung in einer Flüssigkeit mit dem Geschwindigkeitsfeld $\mathbf{v}$ beschreibt.

*Die Maxwellschen Gleichungen:* Die Vektoroperationen „div" und „rot" erlauben eine elegante Formulierung der *Maxwellschen Gleichungen* für das elektrische Feld $\mathbf{E}$ und das magnetische Feld $\mathbf{H}$ im Vakuum bei Anwesenheit von elektrischen Ladungen und Strömen[6]:

$$\begin{aligned} \operatorname{div}\mathbf{E} &= \varrho, & \mathbf{rot}\,\mathbf{E} &= -\mathbf{H}_t, \\ \operatorname{div}\mathbf{H} &= 0, & \mathbf{rot}\,\mathbf{H} &= \mathbf{j} + \mathbf{E}_t \end{aligned} \tag{10.10}$$

($\varrho$ = elektrische Ladungsdichte, $\mathbf{j}$ = elektrischer Stromdichtevektor). Anschaulich beinhalten diese Gleichungen Aussagen über die Quellen und Wirbel des elektrischen und magnetischen Feldes. Beispielsweise ist der in „$\mathbf{rot}\,\mathbf{E} = -\mathbf{H}_t$" auftretende Term $-\mathbf{H}_t$ verantwortlich für die Existenz elektromagnetischer Wellen (Licht, Radiowellen). Tatsächlich wurde dieser Term von Maxwell (1831–1879) bei der Formulierung seiner Grundgleichungen im Jahre 1864 hinzugefügt, um die Existenz elektromagnetischer Wellen vorhersagen zu können, die erst 1888 von Heinrich Hertz (1857–1894) experimentell nachgewiesen wurden.

[6] Die Gleichungen (10.10) beziehen sich auf ein Maßsystem, in dem die Lichtgeschwindigkeit $c$ und die Dielektrizitätskonstante des Vakuums $\varepsilon_0$ gleich eins sind.

*Eine noch elegantere Formulierung der Maxwellschen Gleichungen in der Sprache der Differentialformen.* Die wenigen, wundervollen Gleichungen (10.10) beherrschen alle klassischen elektrodynamischen Effekte. Trotzdem ist die Sprache der Vektoranalysis noch nicht vollkommen, weil die Gleichungen (10.10) eine grundlegende Symmetrieeigenschaft besitzen, die man ihnen in der vorliegenden Form in keiner Weise ansieht. Während Einstein beim Aufbau seiner speziellen Relativitätstheorie im Jahre 1905 die klassische Mechanik grundlegend revidieren mußte, war das für die Elektrodynamik nicht nötig, weil die Maxwellschen Gleichungen gegenüber Lorentztransformationen invariant sind (Wechsel von Raum- und Zeitkoordinaten beim Übergang von einem Inertialsystem zu einem anderen Inertialsystem). Eine Formulierung, die diese relativistische Invarianz ausdrückt und gleichzeitig die Form der Maxwellschen Gleichungen in beliebigen Bezugssystemen angibt, lautet in der Sprache der Differentialformen:

$$\mathrm{d}F = 0, \quad -\delta F = J\,. \tag{10.10*}$$

Hierbei entspricht die 2-Form $F$ dem elektromagnetischen Felde $(\mathbf{E}, \mathbf{H})$, und die 1-Form $J$ korrespondiert zu den Ladungen und Strömen $\varrho, \mathbf{j}$. Die Differentiationsoperatoren $\mathrm{d}$ und $\delta$ besitzen die Eigenschaft:

$$\mathrm{d}^2 = 0 \quad (\text{deRhamsche Kohomologie}), \tag{10.11}$$

$$\delta^2 = 0 \quad (\text{Weyl-Hodge-Homologie}).$$

Wenden wir $\delta$ auf (10.10*) an, dann erhalten wir $-\delta^2 F = \delta J$, also

$$\delta J = 0 \quad (\text{Erhaltung der elektrischen Ladung}).$$

Ferner besitzt die Gleichung $F = \mathrm{d}A$ wegen $\mathrm{d}F = 0$ und der trivialen Kohomologie des $\mathbb{R}^4$ (Lemma von Poincaré) eine Lösung $A$. Dabei entspricht $A$ dem sogenannten Viererpotential. Die Einzelheiten findet man in 10.2.9. Wir erwähnen an dieser Stelle nur, daß das Viererpotential den Schlüssel zur modernen Eichfeldtheorie der Elementarteilchenphysik darstellt. Dabei ergeben sich verallgemeinerte Maxwellsche Gleichungen, bei denen die Komponenten des Viererpotentials Matrizen sind (d.h., sie gehören einer Liealgebra an). In der Sprache der modernen Differentialgeometrie gilt grob gesprochen:

$$\text{Viererpotential } A = \text{Zusammenhang eines Hauptfaserbündels } \mathscr{H};$$

$$\text{Feld } F = \text{Krümmung von } \mathscr{H}.$$

In der Sprache der Differentialtopologie enthalten die Maxwellschen Gleichungen die mathematischen Phänomene „Homologie“ und „Kohomologie“ und spiegeln deren Dualität wider.

**Der Satz von Gauß-Bonnet-Chern:**[7] Für eine $2n$-dimensionale orientierte kompakte Riemannsche Mannigfaltigkeit gilt

$$\int_M \gamma = \chi(M). \tag{10.12}$$

Die einfachste Variante dieses Satzes in der klassischen Flächentheorie besagt, daß die Relation

$$(2\pi)^{-1} \int_M K \, \mathrm{d}F = \chi(M) \tag{10.12*}$$

[7] Der klassische Satz von Gauß-Bonnet-Dyck für Flächen wurde 1944 von Chern (Universität Berkeley, Kalifornien) in einer tiefsinnigen Arbeit auf höhere Dimensionen verallgemeinert. Das war ein Markstein in der Entwicklung der modernen Mathematik. Tatsächlich erfordert der Beweis dieses Satzes, d.h. die Konstruktion der Differentialform $\gamma$ im Integranden, sehr abstrakte Überlegungen, die typisch für die moderne Geometrie sind (Theorie der charakteristischen Klassen).

gültig ist, wobei $K$ die Gaußsche Krümmung (vgl. 4.3.3.3.) und $\chi(M)$ die sogenannte *Eulerzahl* der geschlossenen Fläche $M$ im $\mathbb{R}^3$ bezeichnet. Für eine Sphäre vom Radius $r$ ist beispielsweise $K = 1/r^2$ und $\chi(M) = 2$. Für den Torus hat man $\chi(M) = 0$. Die Bedeutung der Formel (10.12*) besteht darin, daß eine analytische Größe (die Gaußsche Krümmung $K$ aus dem theorema egregium) mit einer rein topologischen Invariante (der Eulerzahl $\chi(M)$) verbunden wird. Die Eulerzahl $\chi(M)$ hat ihren anschaulichen Ursprung in der Eulerschen Polyederformel. Trianguliert man die Fläche $M$ in (10.12*), dann gilt:

$$\chi(M) = \text{Anzahl der Eckpunkte} - \text{Anzahl der Kanten} + \text{Anzahl der Dreiecke}.$$

Die Zahl $\chi(M)$ ist dabei von der gewählten Triangulierung unabhängig und stellt eine topologische Invariante dar, d.h., bei topologischen Transformationen von $M$ ändert sich $\chi(M)$ nicht. Topologische Transformationen enstehen anschaulich dadurch, daß man sich die Fläche aus Gummi bestehend vorstellt und den Gummi beliebig verbiegt, ohne ihn zu zerreissen.[8]

Die Differentialform $\gamma$ repräsentiert eine sogenannte *charakteristische Klasse* (die *Eulerklasse* im Rahmen der deRhamschen Kohomologie). Die Theorie der charakteristischen Klassen stellt eine der tiefsten mathematischen Erkenntnisse zur Beschreibung des Zusammenhangs zwischen Analysis und Topologie dar. Zum echten Verständnis der Theorie der charakteristischen Klassen benötigt man Vektorbündel über der Basismannigfaltigkeit $M$. Diese Vektorbündel entstehen anschaulich dadurch, daß man in jedem Punkt $E$ von $M$ (z.B. eine Kurve oder Fläche) einen linearen Raum $\mathscr{L}_E$ anheftet, so daß die Räume $\mathscr{L}_E$ (die man Fasern nennt) in „glatter Weise" von den Punkten $E$ abhängen. Abb. 10.3a. zeigt einen Zylindermantel, den man als Vektorbündel auffassen kann. An jeden Punkt $E$ der Basismannigfaltigkeit $M$ (Kreislinie) wird eine Gerade $\mathscr{L}_E$ angeheftet (die „Mantellinie" des Zylinders) (vgl. Kap. 19.).

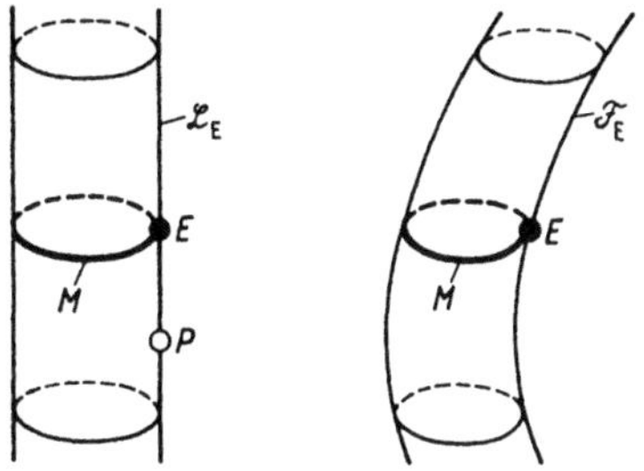


Abb. 10.3 a) *Vektorbündel* b) *Faserbündel*

**Mannigfaltigkeiten und Faserbündel in der Physik:** Vom physikalischen Standpunkt aus sind *Mannigfaltigkeiten und Vektorbündel* (oder allgemeinere Faserbündel) sehr natürliche Objekte, was die folgende allgemeine Überlegung zeigen soll[9].

---

[8] Genauer sind topologische Transformationen bijektive (eineindeutige) Abbildungen, die zusammen mit ihrer inversen Abbildung stetig sind.

[9] In Abb. 10.3a. stellt die Kreislinie $M$ die „Raum-Zeit-Mannigfaltigkeit" dar. Die „Ereignisse" $E$ sind die Punkte der Kreislinie $M$. Den lokalen „Raum-Zeit-Koordinaten" entsprechen in diesem Bilde unterschiedliche lokale Koordinaten der Kreislinie $M$ (z.B. unterschiedliche Parametrisierungen durch einen Winkel $\varphi$). Ein Punkt $P$ der Mantellinie $\mathscr{L}_E$ korrespondiert zur „Stärke eines physikalischen Feldes" in dem Raum-Zeitpunkt $E$.

(a) Um physikalische Prozesse in Raum und Zeit zu beschreiben, benötigt man Bezugssysteme. In jedem Bezugssystem messen die Beobachter Raumkoordinaten $x_1, x_2, x_3$ und eine Zeitkoordinate $x_4 = t$.

(b) Verschiedene Beobachter (z.B. auf der Erde und in einer fernen Galaxie) müssen ihre unterschiedlichen Koordinaten $x_1, \ldots, x_4$ ineinander umrechnen, um Informationen über Beobachtungen im Weltall austauschen zu können.

(c) Die physikalischen Prozesse besitzen einen „absoluten Charakter", d.h., sie finden auch ohne Fixierung eines Bezugssystems statt. Eine „absolute Größe" ist dabei ein „Ereignis" $E$, dem in verschiedenen Bezugssystemen unterschiedliche Raum- und Zeitkoordinaten entsprechen.
Das natürliche globale mathematische Objekt zur Beschreibung dieser Situation ist eine *Raum-Zeit-Mannigfaltigkeit* $M$, die aus der Menge aller Ereignisse $E$ besteht. Bei Wahl einer geeigneten Karte (Bezugssystem) werden dem „Punkt" $E$ lokale Koordinaten zugeordnet, die bei Kartenwechsel ineinander umgerechnet werden können (wie bei Landkarten auf der Erde).

(d) Physikalische Felder $\Phi = \Phi(E)$ sind Objekte (z.B. Tensoren oder Spinoren), die von Raum und Zeit, genauer von dem Ereignis $E$ abhängen. Alle möglichen Feldwerte zu einem Ereignis $E$ bilden einen linearen Raum $\mathscr{L}_E$, den man sich im Punkt $E$ an die Mannigfaltigkeit $M$ angeheftet denken kann. Das ergibt ein *Vektorbündel*.

Heftet man nichtlineare Objekte $\mathscr{F}_E$ (Fasern) an jeden Punkt einer Basismannigfaltigkeit $M$, dann entstehen sogenannte *Faserbündel* (Abb. 10.3b). In dem wichtigen Spezialfall

$$\text{Faser } \mathscr{F}_E = \text{Liegruppe (Symmetrie)}$$

ergeben sich sogenannte *Hauptfaserbündel*, die für ein tieferes mathematisches Verständnis der Eichfeldtheorien der modernen Elementarteilchentheorie erforderlich sind und die vorhandenen physikalischen Symmetrien mathematisch reflektieren (vgl. 14.8.).

**Topologische Ladungen:** Die Formel (10.12) beschreibt eine sogenannte „topologische Ladung" oder „topologische Quantenzahl". Charakteristisch für die Elementarteilchenphysik sind Quantenzahlen (Hyperladung, Isospin, Seltsamkeit, Charm[10] usw.). Es ist erstaunlich, daß bei der Vielgestaltigkeit der Formen in der Welt Quantenprozesse durch *ganze Zahlen* wesentlich bestimmt werden.

In der Topologie ordnen die Mathematiker den Objekten ebenfalls ganze Zahlen (topologische Invarianten) zu, die bei „vernünftigen" Gestaltänderungen (topologischen „Gummitransformationen") fest bleiben (z.B. die Bettischen Zahlen, die Eulerzahl oder der Abbildungsgrad). Es gibt zahlreiche Hinweise darauf, daß hier ein tiefer Zusammenhang zwischen Topologie und Quantentheorie besteht, der jedoch bisher nur in Ansätzen erkannt worden ist. Zum Beispiel möchte man verstehen, warum elektrische Ladungen nur als Vielfache einer Elementarladung auftreten. Die Eichfeldtheorie sagt die Existenz magnetischer Monopole voraus, deren magnetische Ladung tatsächlich eine topologische Invariante ist.

In den folgenden Kapiteln wird der wesentliche Inhalt der Tabellen 10.1 und 10.2 so behandelt, daß ein breiter Leserkreis die mathematische Grundsubstanz verstehen kann. Eine ausführliche Darstellung mit gründlichen physikalischen Motivationen und vielen Anwendungen findet man in [Zeidler (1984), Vol. I – V].

---

[10] Diese Quantenzahlen ergeben sich aus der Darstellungstheorie der Liealgebra $su(N)$(vgl. Kapitel 17.).

### 10.1.3. Glattheit

In der modernen Analysis spielen glatte Funktionen eine besondere Rolle. Die Basisstrategie besteht darin, allgemeine (nichtglatte) Situationen durch glatte Situationen zu approximieren. Wir vereinbaren die folgende Terminologie. Es bezeichne $\Omega$ eine nichtleere offene Menge des $\mathbb{R}^n$, und $\bar{\Omega}$ bezeichne den Abschluß von $\Omega$, d.h., $\bar{\Omega}$ entsteht aus $\Omega$ durch Hinzufügen des Randes $\partial\Omega$.

Eine Funktion $f\colon \Omega \to \mathbb{R}$ gehört definitionsgemäß zur Klasse $C^k(\Omega)$ genau dann, wenn $f$ stetige partielle Ableitungen bis zur Ordnung $k$ besitzt. Speziell für $k = 0$ schreiben wir $C(\Omega)$, d.h., die Funktionen aus $C(\Omega)$ sind stetig auf $\Omega$.

Die stetige Funktion $f\colon \bar{\Omega} \to \mathbb{R}$ gehört zur Klasse $C^k(\bar{\Omega})$ genau dann, wenn $f$ zur Klasse $C^k(\Omega)$ gehört und sich alle partiellen Ableitungen von $f$ bis zur Ordnung $k$ stetig auf $\bar{\Omega}$ fortsetzen lassen.

Die Funktionen $f$ gehört zur Klasse $C^\infty(\Omega)$ genau dann, wenn sie auf $\Omega$ stetige partielle Ableitungen beliebiger Ordnung hat.

Ferner gehört $f$ zur Klasse der sogenannten Testfunktionen $C_0^\infty(\Omega)$ genau dann, wenn $f$ zu $C^\infty(\Omega)$ gehört und außerhalb einer kompakten Teilmenge von $\Omega$ gleich null ist.

Sind $\Omega_1$ und $\Omega_2$ Teilmengen des $\mathbb{R}^n$, dann heißt eine Abbildung $f\colon \Omega_1 \to \Omega_2$ ein *Homöomorphismus* genau dann, wenn $f$ bijektiv (eineindeutig) ist und sowohl $f$ als auch die inverse Abbildung $f^{-1}\colon \Omega_2 \to \Omega_1$ stetig sind.

Ein Homöomorphismus heißt ein $C^k$-*Diffeomorphismus* genau dann, wenn $f$ und $f^{-1}$ der Klasse $C^k$ angehören[11].

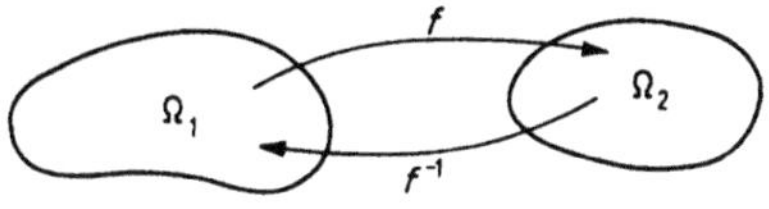


Abb. 10.4

Es sei $\alpha = (\alpha_1, \ldots, \alpha_n)$ ein Tupel von nichtnegativen ganzen Zahlen. Wir setzen[12] $|\alpha| := \alpha_1 + \ldots + \alpha_n$ und definieren durch

$$\partial^\alpha u(x) := \frac{\partial^{|\alpha|} u(x)}{\partial^{\alpha_1}\xi_1 \partial^{\alpha_2}\xi_2 \ldots \partial^{\alpha_n}\xi_n}$$

eine beliebige partielle Ableitung $\partial^\alpha u$ von $u$ der Ordnung $|\alpha|$. Dabei ist $x = (\xi_1, \ldots, \xi_n)$.

## 10.2. Tensoranalysis, Differentialformen und mehrfache Integrale

Viele physikalische und geometrische Größen haben einerseits eine vom gewählten Koordinatensystem unabhängige Bedeutung, anderseits kann man ihnen in jedem Koordinatensystem gewisse Maßzahlen zuordnen, die sich beim Wechsel der Koordinatensysteme

[11] Genauer müssen wir voraussetzen, daß $f \in C^k(\Omega_1)$ und $f^{-1} \in C^k(\Omega_2)$ gilt, wobei $\Omega_1$ und $\Omega_2$ offen sind.

[12] Das Symbol := beschreibt die Definition einer Größe. Im vorliegenden Fall wird $|\alpha|$ als Abkürzung für $\alpha_1 + \ldots + \alpha_n$ eingeführt.

ändern (z.B. die Komponenten des elektromagnetischen Feldes). In der Physik entspricht der Wechsel von Koordinatensystemen dem Wechsel von Beobachtungssystemen. Die Tensoranalysis untersucht das Transformationsverhalten einer Klasse wichtiger Größen. Dadurch ist es möglich, physikalische Gleichungen in einer solchen Form aufzuschreiben, daß sie in jedem Koordinatensystem gültig sind.

Die folgenden Betrachtungen lassen sich sofort auf Mannigfaltigkeiten verallgemeinern. Das geschieht in Kapitel 15. Dort werden wir auch zeigen, wie sich ein invarianter Tensorkalkül auf Mannigfaltigkeiten aufbauen läßt, der keinerlei Koordinaten benutzt. Es ist nützlich, daß man sowohl die im vorliegenden Abschnitt benutzte Sprache der Koordinaten als auch die in Kapitel 15. verwendete invariante Sprache beherrscht. Physiker ziehen die Koordinatensprache vor, während Mathematiker gern invariant arbeiten. Der invariante Kalkül hat den Vorteil, daß er sich auch auf unendlichdimensionale Mannigfaltigkeiten verallgemeinern läßt, die physikalische Systeme mit unendlich vielen Freiheitsgraden beschreiben.

Physikalische Anwendungen des Tensorkalküls beziehen sich z.B. auf die spezielle Relativitätstheorie und die Maxwellsche Theorie des Elektromagnetismus (vgl. 10.2.8.ff), die Thermodynamik (vgl. 15.5.), die symplektische Geometrie und klassische Mechanik (vgl. 15.6.) sowie die Riemannsche Geometrie und allgemeine Relativitätstheorie (vgl. 16.5.).

Einen Spezialfall der Tensoranalysis stellt der Cartansche Kalkül der Differentialformen dar, der wegen seiner Geschmeidigkeit und Eleganz ein fundamentales Instrument der modernen Analysis, Differentialgeometrie und Physik darstellt.

**Einsteinsche Summenkonvention:** Um das häufig auftretende Summationssymbol einzusparen, vereinbaren wir, über gleiche obere und untere Indizes von 1 bis $n$ zu summieren, z.B.

$$a_j b^j = \sum_{j=1}^{n} a_j b^j, \quad a_j^j = \sum_{j=1}^{n} a_j^j, \quad a_{km}^j b_r^{km} = \sum_{k,m=1}^{n} a_{km}^j b_r^{km}.$$

In $\dfrac{\partial x^k}{\partial x^m}$ zählt $k$ als oberer und $m$ als unterer Index.

**Das Prinzip vom richtigen Indexbild:** Der im folgenden dargestellte Tensorkalkül hat den Vorteil, daß er „von selbst" arbeitet. Bei allen Gleichungen und Operationen hat man lediglich darauf zu achten, daß das Indexbild stimmt. Das bedeutet, daß auf der rechten und linken Seite jeder Relation die gleichen Indizes stehen müssen. Dabei werden solche Indizes nicht mitgezählt, über die nach der Einsteinschen Summenkonvention summiert wird.

Zum Beispiel stimmt das Indexbild in

$$a_j^i = b_k^i c_j^k, \quad a_{ij} = b_i^{kr} c_{krj}, \quad a = a_i^i,$$

während es in $a_j = b_r c_s$ *nicht* stimmt.

## 10.2.1. Tensordefinition

Ausgangspunkt für den Tensorkalkül sind das Transformationsgesetz für Zeitableitungen

$$\frac{dx^{i'}}{dt} = \frac{\partial x^{i'}}{\partial x^i} \frac{dx^i}{dt} \tag{10.13}$$

sowie das Transformationsgesetz

$$\frac{\partial f}{\partial x^{i'}} = \frac{\partial x^i}{\partial x^{i'}} \frac{\partial f}{\partial x^i} \tag{10.14}$$

für die partiellen Ableitungen einer Funktion $f$. Hierbei fassen wir $x = (x^1, \ldots, x^n)$ und $x' = (x^{1'}, \ldots, x^{n'})$ als unterschiedliche (krummlinige) Koordinaten des gleichen Punktes $P$ auf. Das Transformationsgesetz für die Koordinaten lautet

$$x^{i'} = x^{i'}(x^1, \ldots, x^n), \quad i = 1, \ldots, n, \tag{10.15}$$

mit der Umkehrtransformation[13)]

$$x^i = x^i(x^{1'}, \ldots, x^{n'}), \quad i = 1, \ldots, n. \tag{10.16}$$

Im folgenden setzen wir

$$A_i^{i'}(P) := \frac{\partial x^{i'}(P)}{\partial x^i}, \quad A_{i'}^i(P) := \frac{\partial x^i(P)}{\partial x^{i'}}.$$

**Definition:** (i) Unter einem *kontravarianten Tensorfeld* $a^i$ verstehen wir, daß jedem Punkt $P$ die reellen Zahlen $a^1(P), \ldots, a^n(P)$ zugeordnet sind, die sich bei einem Koordinatenwechsel (10.15) wie die Zeitableitungen in (10.13) transformieren, d.h.

$$a^{i'}(P) = A_i^{i'}(P) a^i(P).$$

(ii) Unter einem *kovarianten Tensorfeld* $a_i$ verstehen wir, daß jedem Punkt $P$ die reellen Zahlen $a_1(P), \ldots, a_n(P)$ zugeordnet sind, die sich bei einem Koordinatenwechsel (10.15) wie die partiellen Ableitungen in (10.14) transformieren, d.h.

$$a_{i'}(P) = A_{i'}^i(P) a_i(P).$$

(iii) Ist jedem Punkt $P$ eine reelle Zahl $a(P)$ zugeordnet, die sich bei einem beliebigen Koordinatenwechsel (10.15) nicht ändert, dann heißt $a$ ein *skalares Feld*.

Anstelle von Tensorfeldern oder skalaren Feldern sprechen wir im folgenden auch nur kurz von Tensoren oder Skalaren.

**Allgemeiner Tensorbegriff:** Es kommt häufig vor, daß sich Größen wie Produkte von kontravarianten Tensoren $a^i$ und kovarianten Tensoren $a_j$ transformieren. Unter einem $k$-fach kontravarianten und $m$-fach kovarianten Tensorfeld verstehen wir, daß jedem Punkt $P$ reelle Zahlen

$$a_{j_1 \ldots j_m}^{i_1 \ldots i_k}(P)$$

zugeordnet sind[14)], die sich bei einem Koordinatenwechsel (10.15) wie das Produkt

$$a^{i_1}(P) \ldots a^{i_k}(P) a_{j_1}(P) \ldots a_{j_m}(P)$$

transformieren, d.h., es gilt

$$a_{j_1' \ldots j_m'}^{i_1' \ldots i_k'} = \varepsilon A_{i_1}^{i_1'} A_{i_2}^{i_2'} \ldots A_{i_k}^{i_k'} A_{j_1'}^{j_1} \ldots A_{j_m'}^{j_m} a_{j_1 \ldots j_m}^{i_1 \ldots i_k} \tag{10.17}$$

in jedem Punkt $P$ mit $\varepsilon = 1$.

Mit $\Delta(P)$ bezeichnen wir die Funktionaldeterminante $\dfrac{\partial(x^1, \ldots, x^n)}{\partial(x^{1'}, \ldots, x^{n'})}$ im Punkte $P$.

**Konstruktion von Tensorfeldern:** Ein Tensorfeld $a_{j_1 \ldots j_m}^{i_1 \ldots i_k}(P)$ kann man dadurch konstruieren, daß man sich diese Zahlen in einem festen $x^j$-Koordinatensystem vorgibt und die entsprechenden Komponenten in einem beliebigen $x^{j'}$-Koordinatensystem gemäß (10.17) berechnet.

---

13) Genauer verlangen wir, daß (10.15) einen Diffeomorphismus (der Klasse $C^\infty$) von einer offenen Menge $U$ des $\mathbb{R}^n$ auf eine offene Menge $U'$ des $\mathbb{R}^n$ darstellt.

14) Die Indizes $i_1, \ldots, i_k, j_1, \ldots, j_m$ laufen von 1 bis $n$.

**Tensordichten:** Gilt (10.17) mit

$$\varepsilon = |\Delta(P)|^\alpha.$$

dann heißt $a^{i_1 \ldots i_k}_{j_1 \ldots j_m}$ eine *Tensordichte* vom Gewicht $\alpha$ ($k$-fach kontravariant und $m$-fach kovariant).

**Pseudotensoren:** Gilt (10.17) mit

$$\varepsilon = \operatorname{sgn} \Delta(P)|\Delta(P)|^\alpha.$$

dann heißt $a^{i_1 \ldots i_k}_{j_1 \ldots j_m}$ eine *Pseudotensordichte* vom Gewicht $\alpha$ ($k$-fach kontravariant und $m$-fach kovariant). Im Spezialfall $\alpha = 0$ sprechen wir von einem *Pseudotensor*. Pseudotensoren sind geometrische oder physikalische Größen, die von der Orientierung der Koordinatensysteme abhängen.

## 10.2.2. Beispiele für Tensoren

*Beispiel 1* (krummlinige Koordinaten im $\mathbb{R}^n$): Die folgenden Betrachtungen werden in Abb. 10.5 für den Fall der Ebene ($n = 2$) anschaulich dargestellt.

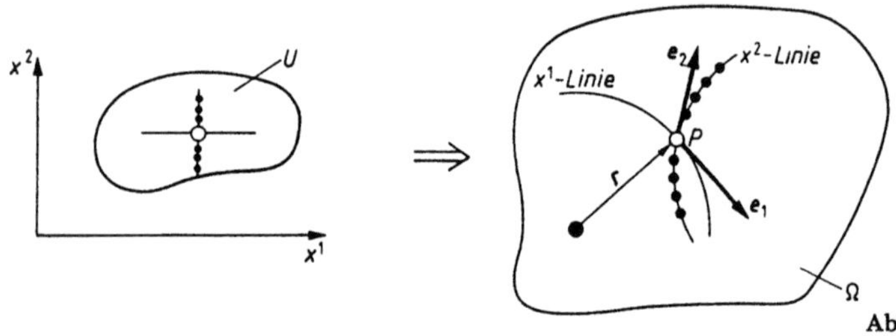


Abb. 10.5

Es sei $\Omega$ eine offene Menge des $\mathbb{R}^n$. Dem Punkt $P$ mit dem Radiusvektor $\mathbf{r}$ ordnen wir die Koordinaten $(x^1, \ldots, x^n)$ zu (z.B. Polarkoordinaten). Variieren wir $x^j$ und halten wir die übrigen $x^i$ fest, dann entsteht eine Kurve, die wir die $x^j$-Koordinatenlinie durch den Punkt $P$ nennen. Der Vektor

$$\mathbf{e}_j := \frac{\partial \mathbf{r}(P)}{\partial x_j} \tag{10.18}$$

ist ein Tangentenvektor an die $x^j$-Koordinatenlinie im Punkt $P$. Das System $\mathbf{e}_1, \ldots, \mathbf{e}_n$ heißt die *natürliche Basis* im Punkt $P$ bezüglich des krummlinigen $x^i$-Koordinatensystems[15].

Bezeichnen wir die natürliche Basis bezüglich eines $x^{j'}$-Koordinatensystems mit $\mathbf{e}_{1'}, \ldots, \mathbf{e}_{n'}$, dann gilt die Transformationsformel

$$\mathbf{e}_{j'} = \frac{\partial x^j}{\partial x^{j'}} \mathbf{e}_j \,. \tag{10.19}$$

d.h., die natürliche Basis transformiert sich wie ein *kovariantes Tensorfeld*.

---

[15] Im allgemeinen Fall ist $\mathbf{e}_j$ kein Einheitsvektor. In der physikalischen Literatur verwendet man zum Teil anstelle von $\mathbf{e}_j$ den normierten Vektor $\bar{\mathbf{e}}_j = \mathbf{e}_j/|\mathbf{e}_j|$. Die Wahl von $\bar{\mathbf{e}}_j$ ist jedoch nicht zweckmäßig, weil dadurch die Eleganz der Formeln des Tensorkalküls zerstört wird.

Es sei $\mathbf{v}(P)$ ein Vektorfeld auf $\Omega$ (z.B. Geschwindigkeitsfeld). Zerlegen wir $\mathbf{v}(P)$ bezüglich der natürlichen Basis im Punkt $P$, dann erhalten wir

$$\mathbf{v}(P) = v^j(P)\mathbf{e}_j.$$

Beim Übergang zum $x^{j'}$-System ergibt sich $\mathbf{v}(P) = v^{j'}(P)\mathbf{e}_{j'}$. Aus (10.19) folgt

$$v^{j'}(P) = \frac{\partial x^{j'}}{\partial x^j} v^j(P),$$

d.h., die Komponenten $v^j$ bilden ein *kontravariantes Tensorfeld.*

*Beispiel 2* (Bogenlänge und metrisches Tensorfeld): Wir betrachten die gleiche Situation wie in Beispiel 1. Eine Kurve $C$ in $\Omega$ kann man bei Wahl der krummlinigen Koordinaten $x^1, \ldots, x^n$ durch

$$\mathbf{r} = \mathbf{r}(x^1(t), \ldots, x^n(t))$$

mit dem Kurvenparameter $t$ darstellen (z.B. $t$ = Zeit). Wegen

$$\frac{d\mathbf{r}}{dt} = \frac{\partial \mathbf{r}}{\partial x^j}\frac{dx^j}{dt} = \mathbf{e}_j \dot{x}^j$$

gilt für die Bogenlänge $s$ von $C$ die Beziehung[16)]

$$\left(\frac{ds}{dt}\right)^2 = \left(\frac{d\mathbf{r}}{dt}\right)^2 = g_{ij}\dot{x}^i\dot{x}^j \quad \text{mit } g_{ij} = \mathbf{e}_i\mathbf{e}_j.$$

Dafür schreibt man kurz

$$ds^2 = g_{ij}\, dx^i\, dx^j\,. \tag{10.20}$$

Bezüglich des $x^{j'}$-Koordinatensystems erhält man

$$ds^2 = g_{i'j'}\, dx^{i'}\, dx^{j'}\,.$$

Dabei bilden die $g_{ij}$ ein *zweifach kovariantes Tensorfeld*, das man auch das metrische Tensorfeld nennt; $g_{ij}$ ist symmetrisch, d.h. $g_{ij} = g_{ji}$.

Mit $g^{ij}$ bezeichnen wir die Elemente der inversen Matrix zu $(g_{ij})$. Dann bilden die $g^{ij}$ ein *zweifach kontravariantes, symmetrisches Tensorfeld*, d.h. $g^{ij} = g^{ji}$.

Bezeichnet $g$ die Determinante der Matrix $(g_{ij})$, dann gilt

$$g' = \Delta^2 g$$

bei der Koordinatentransformation (10.15), d.h., $g$ bildet eine *skalare Dichte* vom Gewicht 2. Ferner ist

$$|g'|^{1/2} = |\Delta|\, |g|^{1/2}\,,$$

d.h., $|g|^{1/2}$ bildet eine skalare Dichte vom Gewicht 1.

Führen wir die Vektoren $\mathbf{e}^i := g^{ij}\mathbf{e}_j$ ein, dann transformieren sich die $\mathbf{e}^i$ *wie ein kontravariantes Tensorfeld*. Zerlegen wir das Vektorfeld $\mathbf{v}(P)$ in der Form

$$\mathbf{v}(P) = v_j(P)\mathbf{e}^j,$$

dann bilden die Komponenten $v_j$ ein *kovariantes Tensorfeld.*

---

16) Für $n = 2$ (Ebene) und $n = 3$ (Raum) bezeichnet $\mathbf{e}_i\mathbf{e}_j$ das klassische Skalarprodukt. Für $n \geq 4$ wählen wir irgendein inneres Produkt $(\mathbf{v}, \mathbf{w})$ auf dem $n$-dimensionalen Vektorraum und setzen $\mathbf{e}_i\mathbf{e}_j := (\mathbf{e}_i, \mathbf{e}_j)$. Mit $\dot{x}^j$ bezeichnen wir die Zeitableitung $dx^j/dt$.

*Beispiel 3* (Polarkoordinaten): In der Ebene wählen wir ein kartesisches $(x, y)$-Koordinatensystem mit den orthonormierten Basisvektoren **i** und **j** (Abb. 10.6). Übergang zu Polarkoordinaten $x^1 := \varrho, x^2 := \varphi$ bedeutet

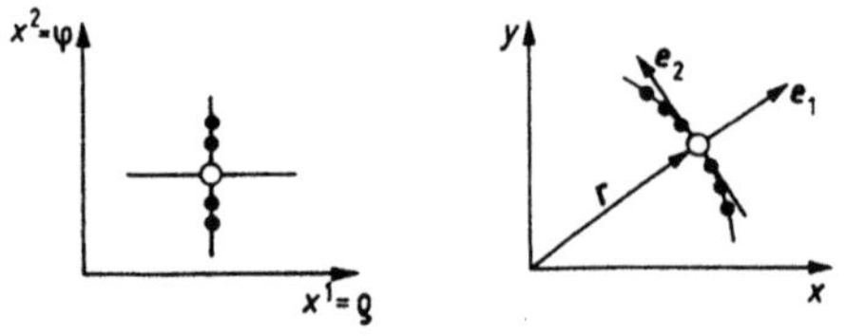


Abb. 10.6

$$x = \varrho \cos\varphi, \qquad y = \varrho \sin\varphi.$$

Die $\varrho$-Koordinatenlinien bzw. $\varphi$-Koordinatenlinien sind Geraden durch den Ursprung ($\varphi = \text{const}$) bzw. Kreise um der Ursprung ($\varrho = \text{const}$). Der Radiusvektor **r** eines Punktes $P$ der $(x, y)$-Ebene ist gegeben durch $\mathbf{r} = x\mathbf{i} + y\mathbf{j} = \varrho\cos\varphi\mathbf{i} + \varrho\sin\varphi\mathbf{j}$. Daraus erhalten wir die natürliche Basis

$$\mathbf{e}_1 = \frac{\partial \mathbf{r}}{\partial \varrho} = \cos\varphi\mathbf{i} + \sin\varphi\mathbf{j}, \quad \mathbf{e}_2 = \frac{\partial \mathbf{r}}{\partial \varphi} = \varrho(-\sin\varphi\mathbf{i} + \cos\varphi\mathbf{j}).$$

Das Differential der Bogenlänge ist gegeben durch

$$ds^2 = g_{ij}\, dx^i\, dx^j = g_{11}\, d\varrho^2 + 2g_{12}\, d\varrho\, d\varphi + g_{22}\, d\varphi^2$$

mit $g_{ij} = \mathbf{e}_i\mathbf{e}_j$, also

$$g_{11} = 1, \quad g_{12} = g_{21} = 0, \quad g_{22} = \varrho^2, \quad ds^2 = d\varrho^2 + \varrho^2\, d\varphi^2 .$$

Ferner ist $g^{11} = 1, g^{12} = g^{21} = 0, g^{22} = \varrho^{-2}$ sowie $g = \varrho^2$.

*Beispiel 4* (Kugelkoordinaten): Beziehen wir die kartesischen $(x, y, z)$-Koordinaten auf Kugelkoordinaten (vgl. 1.7.9.3.), dann gilt für das Quadrat der Bogenlänge

$$ds^2 = g_{ij}\, dx^i\, dx^j = r^2\, d\theta^2 + r^2 \sin^2\theta\, d\varphi^2 + dr^2,$$

d.h. $x^1 := \theta, x^2 := \varphi, x^3 := r$ und

$$g_{11} = r^2 = \frac{1}{g^{11}}, \quad g^{22} = r^2 \sin^2\theta = \frac{1}{g^{22}}, \quad g_{33} = 1 = \frac{1}{g^{33}}, \quad g^{ij} = g_{ij} = 0 \quad \text{für } i \neq j$$

sowie $g = \det g_{ij} = r^4 \sin^2\theta$.

*Beispiel 5* (Bogenlänge auf einer Fläche): Bezieht man eine Fläche $F$ im $\mathbb{R}^3$ auf die Koordinaten (Parameter) $x^1, x^2$ und bezeichnet **r** den Radiusvektor eines Flächenpunktes, dann besitzt die Fläche die Parameterdarstellung

$$\mathbf{r} = \mathbf{r}(x^1, x^2)$$

(Abb. 10.7). Die natürliche Basis $\mathbf{e}_1, \mathbf{e}_2$ wird wiederum durch (10.18) erklärt. Dann sind $\mathbf{e}_j$, $j = 1, 2$, Tangentialvektoren an die Fläche, die sich bei Koordinatentransformationen (Parameterwechsel) der Form (10.15) mit $n = 2$ wie ein kovariantes Tensorfeld transformieren. Ist $\mathbf{v}(P)$ ein tangentiales Vektorfeld auf der Fläche $F$, dann besitzt es die eindeutige Darstellung $\mathbf{v}(P) = v^j(P)\mathbf{e}_j$, wobei die Komponenten $v^j$ ein kontravariantes Tensorfeld bilden. Das Differential der Bogenlänge ist wie in (10.20) gegeben; $g_{ij}$ bildet ein zweifach kovariantes, symmetrisches Tensorfeld, d.h. $g_{ij} = g_{ji}$.

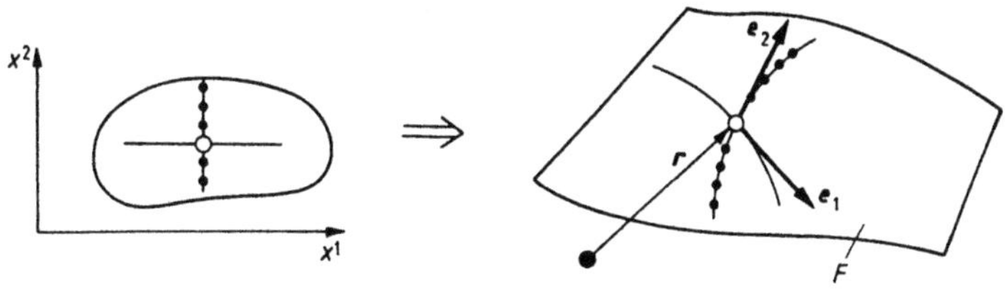

Abb. 10.7

Stellt $F$ beispielsweise die Oberfläche einer Kugel vom Radius $r$ dar, dann ist

$$ds^2 = g_{ij}\,dx^i\,dx^j = r^2\,d\theta^2 + r^2 \sin^2\theta\,d\varphi^2$$

mit $x^1 := \theta$ (geographische Breite), $x^2 := \varphi$ (geographische Länge) und

$$g_{11} = r^2, \quad g_{22} = r^2 \sin^2\theta, \quad g_{12} = g_{21} = 0.$$

## 10.2.3. Beispiele für Pseudotensoren

*Beispiel 1* (Pseudoskalar): Wir wählen ein festes $x^j$-Koordinatensystem und ordnen ihm die Zahl $\eta = 1$ zu. Ferner wird einem beliebigen $x^{j'}$-Koordinatensystem die Zahl

$$\eta' = \text{Vorzeichen der Funktionaldeterminante } \Delta$$

zugeordnet[17]. Dann ist $\eta$ ein *Pseudoskalar*.

Wir sagen, daß das $x^{j'}$-System die gleiche (bzw. unterschiedliche) Orientierung wie das $x^j$-System besitzt, falls $\eta' = 1$ (bzw. $= -1$) gilt.

Ist $a^{i_1 \ldots i_k}_{j_1 \ldots j_m}$ ein Tensorfeld (bzw. Pseudotensorfeld), dann ist

$$\eta a^{i_1 \ldots i_k}_{j_1 \ldots j_m}$$

ein Pseudotensorfeld (bzw. Tensorfeld) vom gleichen Typ (d.h. $k$-fach kontravariant und $m$-fach kovariant).

*Beispiel 2* (Levi-Civita Pseudotensoren): Wir setzen[18]

$$\varepsilon_{i_1 \ldots i_n} = \varepsilon^{i_1 \ldots i_n} := \text{Vorzeichen der Permutation} \begin{pmatrix} 1\,2 \ldots n \\ i_1 i_2 \ldots i_n \end{pmatrix}.$$

Die Indizes $i_1 \ldots i_n$ laufen von 1 bis $n$. Dann ist

$$E_{i_1 \ldots i_n} := |g|^{1/2} \varepsilon_{i_1 \ldots i_n}$$

ein $n$-fach kovarianter, schiefsymmetrischer[19] Pseudotensor. Ferner ist

$$E^{i_1 \ldots i_n} := |g|^{-1/2} \varepsilon^{i_1 \ldots i_n}$$

ein $n$-fach kontravarianter, schiefsymmetrischer Pseudotensor.

---

[17] Wir betrachten nur solche Koordinatentransformationen (10.15), bei denen das Vorzeichen von $\Delta$ für alle Punkte konstant ist (d.h. positiv oder negativ).

[18] Speziell gilt $\varepsilon_{i_1 \ldots i_n} = 0$, falls zwei Indizes gleich sind.

[19] Bei einer Permutation der Indizes multipliziert sich $E \ldots$ mit dem Vorzeichen der Permutation.

**Duale Ergänzung:** Ist $a^{i_1 \ldots i_p}$ ein $p$-fach kontravarianter, schiefsymmetrischer Tensor $(p \leq n)$, dann entsteht durch

$$*a_{i_{p+1} \ldots i_n} := \frac{1}{p!} E_{i_1 \ldots i_p i_{p+1} \ldots i_n} a^{i_1 \ldots i_p}$$

ein $(n-p)$-fach kovarianter, schiefsymmetrischer Pseudotensor, den man die duale Ergänzung zu $a^{\cdots}_{\cdots}$ nennt.

Ist $a_{i_{p+1} \ldots i_n}$ ein $(n-p)$-fach kovarianter, schiefsymmetrischer Tensor, dann erhält man die duale Ergänzung (einen $p$-fach kontravarianten, schiefsymmetrischen Pseudotensor) durch

$$*a^{i_1 \ldots i_p} = \frac{1}{(n-p)!} E^{i_1 \ldots i_p i_{p+1} \ldots i_n} a_{i_{p+1} \ldots i_n}.$$

Zweimalige Bildung der dualen Ergänzung ergibt den Ausgangstensor.

*Beispiel 3* (Vektorprodukt): Wir benutzen die Bezeichnungen aus 10.2.2. (Beispiel 1). Für das Vektorprodukt der beiden Vektoren $\mathbf{v} = v^j \mathbf{e}_j$, $\mathbf{w} = w^j \mathbf{e}_j$, $j = 1, 2, 3$, erhalten wir

$$\mathbf{v} \times \mathbf{w} = \eta E_{ijk} v^i w^j \mathbf{e}^k = \eta \begin{vmatrix} \mathbf{e}^1 & \mathbf{e}^2 & \mathbf{e}^3 \\ v^1 & v^2 & v^3 \\ w^1 & w^2 & w^3 \end{vmatrix}. \tag{10.21}$$

Dabei ist $\eta = 1$ (bzw. $= -1$), falls das System $\mathbf{e}_1, \mathbf{e}_2, \mathbf{e}_3$ rechtshändig (bzw. linkshändig) ist.

### 10.2.4. Tensoralgebra

Im folgenden werden algebraische Operationen beschrieben, die es gestatten, aus Tensorfeldern (kurz Tensoren) neue Tensorfelder zu konstruieren. Alle Indizes laufen von 1 bis $n$. Ferner sind die Operationen in jedem Punkt $P$ zu nehmen. Um die Notation zu vereinfachen, verzichten wir auf die Angabe von $P$.

Man beachte, daß der Kalkül „von selbst" arbeitet im Sinne des weiter oben angegebenen „Prinzips vom richtigen Indexbild".

**Multiplikation eines Tensors mit einem Skalar:** Multipliziert man die Koordinaten eines Tensors $a^{j_1 \ldots j_l}_{i_1 \ldots i_k}$ mit einem Skalar $a$, dann sind die Zahlen $b^{j_1 \ldots j_l}_{i_1 \ldots i_k} = a a^{j_1 \ldots j_l}_{i_1 \ldots i_k}$ wiederum die Koordinaten eines Tensors ($k$-fach kovariant, $l$-fach kontravariant).

**Addition von Tensoren:** Addiert man die Koordinaten $a^{j_1 \ldots j_l}_{i_1 \ldots i_k}$ und $b^{j_1 \ldots j_l}_{i_1 \ldots i_k}$ zweier Tensoren, dann bilden die Zahlen

$$c^{j_1 \ldots j_l}_{i_1 \ldots i_k} = a^{j_1 \ldots j_l}_{i_1 \ldots i_k} + b^{j_1 \ldots j_l}_{i_1 \ldots i_k}$$

die Koordinaten eines Tensors (*Summentensor*). Diese Operation ist nur durchführbar, wenn die Summanden vom gleichen Typ sind (gleiche Anzahl unterer und oberer Indizes).

**Multiplikation von Tensoren:** Multipliziert man die Koordinaten $a^{j_1 \ldots j_l}_{i_1 \ldots i_k}$ und $b^{s_1 \ldots s_q}_{r_1 \ldots r_p}$ zweier Tensoren, dann sind die Zahlen

$$c^{j_1 \ldots j_l s_1 \ldots s_q}_{i_1 \ldots i_k r_1 \ldots r_p} = a^{j_1 \ldots j_l}_{i_1 \ldots i_k} b^{s_1 \ldots s_q}_{r_1 \ldots r_p}$$

wiederum die Koordinaten eines Tensors (*Produkttensor*). Die Reihenfolge der Faktoren ist entscheidend.

**Verjüngung eines Tensors:** Gegeben sei ein Tensor mit mindestens je einem oberen und unteren Index, z.B. $a^{ijk}_{lm}$. Summiert man über einen oberen und unteren Index (etwa $j, m$), also

$$b^{ik}_l := a^{ijk}_{lj} = \sum_{j=1}^{n} a^{ijk}_{lj},$$

dann sind die so entstehenden Zahlen $b^{ik}_l$ wiederum die Koordinaten eines Tensors (*verjüngter Tensor*). Es kann auch über mehrere Indexpaare summiert werden, z.B.

$$c^i := a^{ijk}_{jk} = \sum_{j,k=1}^{n} a^{ijk}_{jk}.$$

*Beispiel:* Es sei $a^j_i$ ein einfach kovarianter und einfach kontravarianter Tensor. Dann ist $a = a^i_i = \sum_{i=1}^{n} a^i_i$ ein Skalar (Spur des Tensors).

**Überschiebung von Tensoren:** Multipliziert man zwei Tensoren und führt man anschließend über einige Indexpaare eine Verjüngung durch, dann entsteht wieder ein Tensor. Diese Operation heißt *Überschiebung*.

*Beispiel:*

$$c^k_{ij} = a_i b^k_j, \quad d_j := c^i_{ij} = a_i b^i_j.$$

**Permutation der Indizes:** Unterwirft man die oberen oder die unteren Indizes der Koordinaten eines Tensors getrennt einer Permutation, dann entsteht ein Tensor vom gleichen Typ, z.B.

$$b_{ij} = a_{ji}, \quad b^{klm}_{ij} = a^{lkm}_{ij}.$$

**Symmetrisieren:** Von gleichartigen (z.B. unteren) Indizes der Koordinaten des gegebenen Tensors wird eine feste Anzahl $N$ ausgewählt. Auf diese Indizes übt man alle möglichen $N!$ Permutationen aus und bildet das arithmetische Mittel der so erhaltenen Koordinaten. Die Symmetrisierung wird durch runde Klammern symbolisiert.

*Beispiele:*

$$a_{(ij)} = \frac{1}{2}(a_{ij} + a_{ji}), \quad a^l_{i(jk)} = \frac{1}{2}(a^l_{ijk} + a^l_{ikj}),$$
$$a_{(ijk)} = \frac{1}{6}(a_{ijk} + a_{ikj} + a_{jki} + a_{jik} + a_{kij} + a_{kji}).$$

Analog werden obere Indizes behandelt. Ein Tensor heißt *symmetrisch* in einigen gleichartigen (z.B. unteren) Indizes, wenn sich die Koordinaten bei einer Permutation dieser Indizes nicht ändern, z.B. ist $a_{ij}$ in $i, j$ symmetrisch, wenn $a_{ij} = a_{ji}$ gilt.

**Antisymmetrisieren:** Man geht wie beim Symmetrisierungsprozeß vor, versieht jedoch im arithmetischen Mittel die ungeraden Permutationen mit einem Minuszeichen. Die Antisymmetrisierung wird durch eckige Klammern symbolisiert.

*Beispiele:*

$$a_{[ij]} = \frac{1}{2}(a_{ij} - a_{ji}), \quad a^l_{i[jk]} = \frac{1}{2}(a^l_{ijk} - a^l_{ikj}),$$
$$a_{[ijk]} = \frac{1}{6}(a_{ijk} - a_{ikj} + a_{jki} - a_{jik} + a_{kij} - a_{kji}).$$

Ein Tensor heißt *schiefsymmetrisch* in einigen gleichartigen (z.B. unteren) Indizes, wenn seine Koordinaten bei einer geraden Permutation dieser Indizes unverändert bleiben, während bei einer ungeraden Permutation der Faktor $(-1)$ auftritt, z.B. ist $a_{ij}$ schiefsymmetrisch in $i, j$, wenn $a_{ij} = -a_{ji}$ gilt.

Einen $m$-fach kontravarianten und in allen Indizes schiefsymmetrischen Tensor $a^{i_1 \dots i_m}$ nennt man $m$-*Vektor* (Multivektor). Ein $m$-Vektor heißt zerfallend, wenn es $m$ einfach kontravariante Tensoren $a_1^{i_1}, a_2^{i_2}, \dots, a_m^{i_m}$ gibt mit

$$a^{i_1 \dots i_m} = a_1^{[i_1} a_2^{i_2} \dots a_m^{i_m]} = \frac{1}{m!} \begin{vmatrix} a_1^{i_1} & \dots & a_1^{i_m} \\ a_2^{i_1} & \dots & a_2^{i_m} \\ \vdots & & \vdots \\ a_m^{i_1} & \dots & a_m^{i_m} \end{vmatrix}.$$

**Einheitstensor:** Der Einheitstensor $\delta_i^j$ ist ein einfach kovarianter und einfach kontravarianter Tensor zweiter Stufe, der in jedem Koordinatensystem folgende Werte besitzt: $\delta_i^j = 1$ für $i = j$ und $\delta_i^j = 0$ für $i \neq j$.

**$\delta$-Tensor:** Der $\delta$-Tensor wird durch

$$\delta_{i_1 \dots i_m}^{j_1 \dots j_m} = \begin{pmatrix} \delta_{i_1}^{j_1} & \dots & \delta_{i_1}^{j_m} \\ \vdots & & \vdots \\ \delta_{i_1}^{j_m} & \dots & \delta_{i_m}^{j_m} \end{pmatrix}$$

definiert.

**Alternierende Multiplikation:** Sind $a_{i_1 \dots i_r}, b_{j_1 \dots j_s}$ die Koordinaten zweier in allen Indizes schiefsymmetrischen Tensoren, dann bezeichnet man als *alternierendes Produkt* $C = A \wedge B$ den Tensor $C$ mit den Koordinaten

$$c_{l_1 \dots l_{r+s}} = \frac{1}{r!s!} \delta_{l_1 \dots l_{r+s}}^{i_1 \dots i_r j_1 \dots j_s} a_{i_1 \dots i_r} b_{j_1 \dots j_s}.$$

Es gilt $B \wedge A = (-1)^{rs} A \wedge B$ und $(A \wedge B) \wedge C = A \wedge (B \wedge C)$. Speziell für $A = (a_i), B = (b_j)$ ist $c_{ij} = a_i b_j - a_j b_i$.

**Senken und Heben von Indizes:** Gegeben sei ein zweifach kovariantes, symmetrisches

$$\text{Tensorfeld } g_{ij} \text{ mit } \det(g_{ij}) \neq 0 \text{ für alle Punkte.} \tag{10.22}$$

Mit $g^{ij}$ bezeichnen wir die Elemente der inversen Matrix zu $(g_{ij})$. Ferner sei $g := \det(g_{ij})$. Dann gilt

$$g_{ik} g^{kj} = \delta_i^j.$$

Durch die Wahl von $g_{ij}$ wird eine Riemannsche Geometrie mit dem Bogenelement

$$ds^2 = g_{ij}\, dx^i\, dx^j$$

festgelegt (vgl. Kapitel 16.). Beispielweise kann man $g_{ij}$ wie in 10.2.2. (Beispiel 2 oder Beispiel 5) wählen.

Mit Hilfe von $g_{ij}$ und $g^{ij}$ lassen sich Indizes in natürlicher Weise senken und heben, z.B.

$$b_i = g_{ij} b^j, \quad b^i = g^{ij} b_j$$

sowie

$$b^{ij} = g^{ik} g^{jm} b_{km}, \quad b_{ij} = g_{ik} g_{jm} b^{km}.$$

Ist genauer $b^j$ ein kontravarianter Tensor, dann ist $b_i = g_{ij}b^j$ ein kovarianter Tensor. Man hat streng zwischen $b_i$ und $b^i$ zu unterscheiden (analog zwischen $b^{ij}$ und $b_{ij}$). Es handelt sich um die Koordinaten unterschiedlicher Tensoren.

Diese Prozedur läßt sich auf allgemeine Tensoren mit beliebig vielen unteren und oberen Indizes anwenden.

## 10.2.5. Tensoranalysis

**Grundidee:** Wir bezeichnen partielle Abteilungen kurz durch $\partial_j := \partial/\partial x^j$. Ziel der Tensoranalysis ist es, durch einen Differentiationsprozeß aus einem Tensorfeld wieder ein Tensorfeld zu erzeugen. Dieses Ziel ist nur auf nichttriviale Weise zu erreichen, weil die partielle Ableitung

$$\partial_s a^{i_1 \ldots i_k}_{j_1 \ldots j_m} \tag{10.23}$$

eines Tensorfeldes $a^{\cdots}_{\cdots}$ in der Regel nicht wieder ein Tensorfeld darstellt. Um diese Schwierigkeit zu beheben, fügt man in (10.23) zusätzliche Terme hinzu. Auf diese Weise erhält man die sogenannte kovariante Abteilung $\nabla_s a^{\cdots}_{\cdots}$, die tatsächlich wiederum ein Tensorfeld darstellt. Die zusätzlichen Terme hängen von der Vorgabe eines metrischen Tensorfeldes $g_{ij}$ ab.

Für die allgemeine Theorie der Mannigfaltigkeiten ist es wichtig, Differentiationsprozesse von gewissen Tensorfeldern herauszukristallisieren, für die allein geeignete Linearkombinationen partieller Abteilungen wieder Tensorfelder des gleichen Typs ergeben, d.h., es wird kein metrisches Tensorfeld $g_{ij}$ benötigt. In diesem Zusammenhang gibt es die folgenden drei fundamentalen klassischen Möglichkeiten.

(i) Cartanableitung von Cartanfeldern ($p$-fach kovariante, schiefsymmetrische Tensoren): Verallgemeinerung der *Rotation.*

(ii) Weylableitung von Weylfeldern ($p$-fach kontravariante, schiefsymmetrische Tensordichten von Gewicht 1): Verallgemeinerung der *Divergenz.*

(iii) Lieableitung beliebiger Tensorfelder in Richtung eines Vektorfeldes: Verallgemeinerung der *Richtungsableitung.*

Der Cartansche Kalkül der alternierenden Differentialformen basiert auf der Cartanableitung (i).

Um (i)-(iii) zu erhalten, verwendet man die folgende Strategie: Man sucht solche Ausdrücke für die kovariante Ableitung $\nabla_s a^{\cdots}_{\cdots}$, die unabhängig von dem metrischen Tensorfeld $g_{ij}$ sind.

Im folgenden beachte man, daß der Kalkül der kovarianten Differentiation „von selbst“ arbeitet im Sinne des weiter oben formulierten „Prinzips vom richtigen Indexbild“.

### 10.2.5.1. Kovariante Ableitung

Wir geben uns ein Tensorfeld $g_{ij}$ mit den Eigenschaften (10.22) vor. Mit Hilfe von $g_{ij}$ konstruieren wir die sogenannten *Christoffelsymbole*[20)]

$$\Gamma^k_{ij} := g^{km}\Gamma_{ij,m}, \quad \Gamma_{ij,m} := \frac{1}{2}\left(\partial_i g_{jm} + \partial_j g_{im} - \partial_m g_{ij}\right).$$

[20)] Im Fall der Situation von 10.2.2. (Beispiele 2 und 5) ist $\Gamma_{ij,k} = \mathbf{e}_k \partial_j \mathbf{e}_i$ und $\Gamma^k_{ij} = \mathbf{e}^k \partial_j \mathbf{e}_i$, d.h., die Christoffelsymbole beschreiben die Änderung der natürlichen Basisvektoren $\mathbf{e}_i$.

Es gelten die Symmetriebeziehungen $\Gamma_{ij,m} = \Gamma_{ji,m}$ und $\Gamma^k_{ij} = \Gamma^k_{ji}$ sowie

$$\Gamma^k_{kj} = \partial_j \ln |g|^{1/2}.$$

Die Christoffelsymbole bilden *keine* Tensorfelder.

**Kovariante Ableitung einer Funktion (skalares Feld):** Es sei $f(x^1, \ldots, x^n)$ ein skalares Feld. Setzen wir

$$\nabla_i f := \partial_i f,$$

dann ist $\nabla_i f$ ein kovariantes Tensorfeld.

**Kovariante Ableitung allgemeiner Tensorfelder:** Ist $a_j$ ein kovariantes bzw. $a^j$ ein kontravariantes Tensorfeld, dann ist

$$\nabla_i a^j := \partial_i a^j + \Gamma^j_{is} a^s \quad \text{bzw.} \quad \nabla_i a_j := \partial_i a_j - \Gamma^s_{ij} a_s \tag{10.24}$$

wiederum ein Tensorfeld, dessen Typ durch das Indexbild gegeben ist, d.h., $\nabla_i a^j$ ist einfach kovariant und einfach kontravariant bzw. $\nabla_i a_j$ ist zweifach kovariant.

Ist $a^{i_1 \ldots i_k}_{j_1 \ldots j_m}$ ein Tensorfeld, dann ist $\nabla_i a^{i_1 \ldots i_k}_{j_1 \ldots j_m}$ wiederum ein Tensorfeld vom Typ des angegebenen Indexbildes (d.h. $k$-fach kontravariant und $(m+1)$-fach kovariant). Explizit gilt

$$\nabla_i a^{i_1 \ldots i_k}_{j_1 \ldots j_m} := \partial_i a^{i_1 \ldots i_k}_{j_1 \ldots j_m} + \sum_{\alpha=1}^{k} \Gamma^{i_\alpha}_{is} a^{i_1 \ldots s \ldots i_k}_{j_1 \ldots j_m} - \sum_{\alpha=1}^{m} \Gamma^s_{ij_\alpha} a^{i_1 \ldots i_k}_{j_1 \ldots s \ldots j_m}. \tag{10.25}$$

Dabei steht der Summationsindex $s$ an $\alpha$-ter Stelle. Diese Formel ergibt sich dadurch, daß man für jeden Index von $a^{\cdots}_{\cdots}$ einen Term wie in (10.24) hinzufügt. Beispielsweise ist

$$\nabla_j a^i_{km} = \partial_j a^i_{km} + \Gamma^i_{js} a^s_{km} - \Gamma^s_{jk} a^i_{sm} - \Gamma^s_{jm} a^i_{ks}.$$

Ferner setzen wir

$$\nabla^j := g^{jk} \nabla_k$$

entsprechend der Indexhebung aus 10.2.4.

Ist das metrische Tensorfeld $g_{ij}$ konstant (wie etwa in Beispiel 2 von 10.2.2. für ein kartesisches Koordinatensystem), dann verschwinden die Christoffelsymbole. Deshalb ist in diesem Spezialfall $\nabla_j = \partial_j$.

**Rechenregeln:** (i) Summenregel:

$$\nabla_i \left( a^{i_1 \ldots i_k}_{j_1 \ldots j_m} + b^{i_1 \ldots i_k}_{j_1 \ldots j_m} \right) = \nabla_i a^{i_1 \ldots i_k}_{j_1 \ldots j_m} + \nabla_i b^{i_1 \ldots i_k}_{j_1 \ldots j_m}.$$

(ii) Produktregel:

$$\nabla_i a^{i_1 \ldots i_k}_{j_1 \ldots j_m} b^{t_1 \ldots t_q}_{s_1 \ldots s_p} = \left( \nabla_i a^{i_1 \ldots i_k}_{j_1 \ldots j_m} \right) b^{t_1 \ldots t_q}_{s_1 \ldots s_p} + a^{i_1 \ldots i_k}_{j_1 \ldots j_m} \nabla_i b^{t_1 \ldots t_q}_{s_1 \ldots s_p}.$$

(iii) Verjüngungsregel: Es ist gleichgültig, ob man vor oder nach der Anwendung von $\nabla_i$ verjüngt. Ist beispielsweise $a^k_{jm}$ ein Tensorfeld, dann gilt

$$\sum_{k=1}^{n} \nabla_i a^k_{km} = \nabla_i \sum_{k=1}^{n} a^k_{km}.$$

Deshalb besitzt das Symbol $b_{im} := \nabla_i a^k_{km}$ eine eindeutige Bedeutung und ergibt ein Tensorfeld vom angegebenen Indextyp (zweifach kovariant).

(iv) Lemma von Ricci: $\nabla_i g_{jk} = \nabla_i g^{jk} = 0$, $\nabla_i g = 0$.

**Kovariante Richtungsableitung:** Ist $C$: $x^j = x^j(t)$ eine Kurve mit dem reellen Parameter $t$ und ist $a^{i_1\ldots i_k}_{j_1\ldots j_m}$ ein Tensorfeld, dann heißt

$$\frac{Da^{i_1\ldots i_k}_{j_1\ldots j_m}}{\mathrm{d}t} := \left(\nabla_s a^{i_1\ldots i_k}_{j_1\ldots j_m}\right) \frac{\mathrm{d}x^s}{\mathrm{d}t}$$

die kovariante Richtungsableitung von $a^{\cdots}_{\cdots}$ bezüglich der Kurve $C$.

Definitionsgemäß ist das Tensorfeld $a^j$ längs der Kurve $C$ genau dann parallel, wenn

$$\frac{Da^j}{\mathrm{d}t} = 0$$

gilt. Analog lautet die Definition für $a^{\cdots}_{\cdots}$.

Ferner bezeichnet man

$$D_v a^{i_1\ldots i_k}_{j_1\ldots j_m} := \nabla_s a^{i_1\ldots i_k}_{j_1\ldots j_m} v^s$$

als die kovariante Richtungsableitung von $a^{\cdots}_{\cdots}$ bezüglich $v^j$.

**Krümmungstensor, Paralleltransport, geodätische Linien und Riemannsche Geometrie:** Vgl. 16.1.

*Beispiel* (Divergenz und Rotation): Ist $v^i$ ein einfach kontravariantes Tensorfeld, dann bezeichnet man das skalare Feld

$$\nabla_i v^i = \frac{1}{\sqrt{|g|}} \frac{\partial}{\partial x^i} \left(\sqrt{|g|} v^i\right)$$

als *Divergenz* des Feldes $v^i$. Dagegen heißt das zweifach kovariante, schiefsymmetrische Tensorfeld

$$\nabla_i v_j - \nabla_j v_i = \frac{\partial v_j}{\partial x^i} - \frac{\partial v_i}{\partial x^j}$$

*Rotation* des kovarianten Tensorfeldes $v_i$.

### 10.2.5.2. Metrikfreie Differentiationsprozesse

**Die Cartanableitung:** Unter einem Cartanfeld versteht man ein kovariantes schiefsymmetrisches Tensorfeld. Ist $a_{i_1\ldots i_p}$ ein Cartanfeld, dann bildet auch

$$\mathrm{d}_i\, a_{i_1\ldots i_p} := \partial_{[i} a_{i_1\ldots i_p]}$$

ein Cartanfeld. Dieser Ausdruck verallgemeinert die Rotation der klassischen Vektoranalysis. (Die eckigen Klammern entsprechen dem Antisymmetrisieren bezüglich der Indizes $i, i_1, \ldots, i_p$).

***Beispiel:*** $\mathrm{d}_i\, a_j = 2^{-1}(\partial_i a_j - \partial_j a_i)$.

Der Zusammenhang mit der kovarianten Ableitung ist durch

$$\mathrm{d}_i\, a_{i_1\ldots i_p} = \nabla_{[i} a_{i_1\ldots i_p]}$$

gegeben.

**Die Weylableitung:** Unter einem Weylfeld versteht man eine kontravariante schiefsymmetrische Tensordichte vom Gewicht eins. Ist $a^{i_1\dots i_p}$ ein Weylfeld, dann ist auch

$$(\delta a)^{i_2\dots i_p} := -\partial_s a^{s i_2 \dots i_p}$$

ein Weylfeld. Dieser Ausdruck verallgemeinert die (negative) Divergenz der klassischen Vektoranalysis.

Der Zusammenhang mit der kovarianten Ableitung ergibt sich folgendermaßen. Ist $b^{i_1\dots i_p}$ ein kontravariantes schiefsymmetrisches Tensorfeld, dann gilt

$$\nabla_s b^{s i_1 \dots i_p} = |g|^{-1/2} \partial_s \left(|g|^{1/2} b^{s i_2 \dots i_p}\right). \tag{10.26}$$

Ist $a^{i_1\dots i_p}$ ein Weylfeld und setzen wir

$$b^{i_1\dots i_p} := |g|^{-1/2} a^{i_1 \dots i_p},$$

dann bildet $b^{i_1\dots i_p}$ ein kontravariantes schiefsymmetrisches Tensorfeld. Aus (10.26) folgt dann

$$(\delta a)^{i_2\dots i_p} = -|g|^{1/2} \nabla_s \left(|g|^{-1/2} a^{s i_2 \dots i_p}\right).$$

**Die Lieableitung:** Es sei $v^j$ ein festes kontravariantes Tensorfeld. Ist $f$ ein skalares Feld (d.h. eine Funktion), dann definieren wir die Lieableitung

$$L_v f := v^s \partial_s f$$

in Richtung von $v^j$. Diese Lieableitung, die gleich der klassischen Richtungsableitung ist, stellt wiederum ein skalares Feld dar.

Ist $a^k$ bzw. $a_k$ ein kontravariantes bzw. kovariantes Tensorfeld, dann ist die Lieableitung

$$L_v a^k := v^s \partial_s a^k - a^s \partial_s v^k \quad \textbf{bzw.} \quad L_v a_k := v^s \partial_s a_k + a_s \partial_k v^s \tag{10.27}$$

in Richtung von $v^j$ wiederum ein Tensorfeld des gleichen Typs (d.h., $L_v a_k$ ist kovariant bzw. $L_v a^k$ ist kontravariant).

Ist $a^{i_1\dots i_k}_{j_1\dots j_m}$ ein beliebiges Tensorfeld, dann ist die Lieableitung

$$L_v a^{i_1\dots i_k}_{j_1\dots j_m} := v^s \partial_s a^{i_1\dots i_k}_{j_1\dots j_m} + \sum_{\alpha=1}^{m} a^{i_1\dots i_k}_{j_1\dots s \dots j_m} \partial_{j_\alpha} v^s - \sum_{\alpha=1}^{k} a^{i_1\dots s \dots i_k}_{j_1\dots j_m} \partial_s v^{i_\alpha} \tag{10.28}$$

bezüglich $v^j$ wiederum ein Tensorfeld vom gleichen Typ. In (10.28) steht der Summationsindex $s$ an $\alpha$-ter Stelle. Die Formel (10.28) ergibt sich daraus, daß man für jeden Index einen Term wie in (10.27) hinzufügt. Beispielsweise erhält man

$$L_v a^k_{ij} = v^s \partial_s a^k_{ij} + \left(a^k_{sj} \partial_i v^s + a^k_{is} \partial_j v^s - a^s_{ij} \partial_s v^k\right).$$

Der Zusammenhang mit der kovarianten Ableitung wird durch

$$L_v a^k = v^s \nabla_s a^k - a^s \nabla_s v^k, \quad L_v a_k = v^s \nabla_s a_k + a_k \nabla_s v^s$$

gegeben.

## 10.2.6. Tensorgleichungen und das Indexprinzip der mathematischen Physik

In der Differentialgeometrie und mathematischen Physik möchte man die Gleichungen in einer solchen Form aufschreiben, daß sie in jedem Koordinatensystem gültig sind und das Transformationsverhalten der Größen sofort abgelesen werden kann. Das läßt sich durch den Tensorkalkül in einfacher Weise erreichen, indem man alle Gleichungen als Tensorgleichungen schreibt. Das sind Gleichungen für Tensoren, deren Indexbild stimmt (im Sinne des oben formulierten Prinzips vom richtigen Indexbild). Hat man eine Gleichung $(G)$ in einem speziellen Koordinatensystem $\Sigma$ vorliegen, die noch nicht die Form einer Tensorgleichung besitzt, dann schreibe man diese Gleichung als Tensorgleichung $(\mathscr{G})$, die im Spezialfall des Koordinatensystems $\Sigma$ in $(G)$ übergeht.

Liegt beispielsweise die Situation von Beispiel 1 in 10.2.2. vor, dann beachte man, daß sich z.B. in einem dreidimensionalen kartesischen Koordinatensystem folgende Vereinfachungen ergeben:

$$\begin{aligned} &g_{ij} = g^{ij} = \delta_{ij}, \quad g = 1, \quad \nabla_i = \nabla^i = \partial_i, \quad \mathbf{e}_1 = \mathbf{i}, \quad \mathbf{e}_2 = \mathbf{j}, \quad \mathbf{e}_3 = \mathbf{k}, \\ &v^i = g^{ij} v_j = v_i, \quad \mathbf{e}^i = g^{ij}\mathbf{e}_j = \mathbf{e}_i. \end{aligned} \tag{10.29}$$

*Beispiel 1* (Poissongleichung): Sind $x^1, x^2, x^3$ kartesische Koordinaten, dann lautet die Poissongleichung

$$-\Delta U = \varrho \tag{10.30}$$

explizit gleich $-\sum_{j=1}^{3} \partial_j \partial_j U = \varrho$. Wegen (10.29) ist das identisch mit

$$-g^{ij}\nabla_i\nabla_j U = \varrho. \tag{10.30*}$$

Das ist eine Tensorgleichung, die in einem beliebigen Koordinatensystem gilt und somit die Formulierung von (10.30) für beliebige krummlinige Koordinatensysteme darstellt.

*Beispiel 2* (die Navier-Stokesschen Differentialgleichungen der Hydrodynamik): Sind $x^1, x^2, x^3$ kartesische Koordinaten, dann lauten die Navier-Stokesschen Differentialgleichungen für zähe Flüssigkeiten:

$$\varrho\mathbf{v}_t + \varrho(\mathbf{v}\,\mathbf{grad}\;\mathbf{v}) - \eta\Delta\mathbf{v} = \mathbf{K} - \mathbf{grad}\;p, \quad \operatorname{div}\mathbf{v} = 0 \tag{10.31}$$

($\varrho$ = Dichte, $\mathbf{v}$ = Geschwindigkeitsfeld, $\eta$ = Zähigkeitskonstante, $\mathbf{K}$ = äußere Kraftdichte, $p$ = Druck). Setzen wir $\mathbf{v} = v^j\mathbf{e}_j, \mathbf{K} = K^j\mathbf{e}_j$, dann lautet (10.31) in Komponenten

$$\varrho v^j_t + \varrho v^k \partial_k v^j - \eta \sum_{k=1}^{3} \partial_k\partial_k v^j = K^j - \partial_j p, \quad \partial_k v^k = 0.$$

Wegen (10.29) ist das identisch mit

$$\varrho v^j_t + \varrho v^k \nabla_k v^j - \eta g^{km}\nabla_k\nabla_m v^j = K^j - \nabla^j p, \quad \nabla_k v^k = 0. \tag{10.31*}$$

Das ist eine Tensorgleichung. (Man beachte, daß das Indexbild stimmt.) Somit stellt (10.31*) die Navier-Stokesschen Gleichungen in beliebigen krummlinigen Koordinatensystemen dar.

*Beispiel 3* (die Gleichungen der Elastodynamik): Sind $x^1, x^2, x^3$ kartesische Koordinaten, dann lauten die Grundgleichungen der Elastodynamik:

$$\varrho\mathbf{u}_{tt} + \operatorname{div}\tau = \mathbf{K} \tag{10.32}$$

($\varrho$ = Dichte, $\mathbf{u}$ = Verschiebungsvektor, $\tau$ = Spannungstensor, $\mathbf{K}$ = äußere Kraftdichte). Setzen wir $\mathbf{u} = u^j \mathbf{e}_j, \mathbf{K} = K^j \mathbf{e}_j, \tau = \tau^{ij} \mathbf{e}_i \cdot \mathbf{e}_j$ (dyadisches Produkt), dann gilt

$$\varrho u^j_{tt} + \partial_i \tau^{ij} = K^j .$$

Wegen (10.29) ist das identisch mit

$$\varrho u^j_{tt} + \nabla_i \tau^{ij} = K^j . \tag{10.32*}$$

Diese Tensorgleichung stellt (10.32) in beliebigen krummlinigen Koordinaten dar. Insbesondere beinhaltet (10.32*), daß sich $\tau^{ij}$ wie ein zweifach kontravarianter Tensor transformiert.

*Beispiel 4* (Formeln der Vektoranalysis): Sind $x^1, x^2, x^3$ kartesische Koordinaten und setzen wir $\mathbf{v} = v^j \mathbf{e}_j, \mathbf{w} = w^j \mathbf{e}_j$, dann erhalten wir wegen (10.29) die folgenden Ausdrücke:

$$\begin{gathered}\mathbf{grad}\ f = (\nabla_j f)\mathbf{e}^j, \quad \operatorname{div} \mathbf{v} = \nabla_j v^j, \quad \mathbf{rot}\ \mathbf{v} = \eta E^{ijk} \nabla_i v_j \mathbf{e}_k, \\ \Delta f = \operatorname{div} \mathbf{grad}\ f = g^{ij} \nabla_i \nabla_j f, \quad \Delta \mathbf{v} = (g^{ij} \nabla_i \nabla_j v^k) \mathbf{e}_k, \\ (\mathbf{v}\, \mathbf{grad}\ \mathbf{w}) = (v^j \nabla_j w^k) \mathbf{e}_k\end{gathered} \tag{10.33}$$

mit $v_k = g_{kj} v^j$ und $\mathbf{e}^k = g^{kj} \mathbf{e}_j$. Wegen des richtigen Indexbildes ergeben sich in (10.33) jeweils Größen, die sich wie ein Skalar transformieren[21]. Deshalb stellt (10.33) Ausdrücke dar, die in jedem krummlinigen Koordinatensystemen gültig sind. Benutzt man nun die in 10.2.5. angegebenen Formeln für die kovariante Ableitung $\nabla_j$, dann erhält man anstelle von (10.33) die in allen krummlinigen Koordinatensystemen gültigen Formeln:

$$\begin{gathered}\mathbf{grad}\ f = (\partial_j f)\mathbf{e}^j, \quad \operatorname{div}\ \mathbf{v} = |g|^{-1/2} \partial_j (|g|^{1/2} v^j), \\ \mathbf{rot}\ \mathbf{v} = \eta |g|^{-1/2} \begin{vmatrix} \mathbf{e}_1 & \mathbf{e}_2 & \mathbf{e}_3 \\ \partial_1 & \partial_2 & \partial_3 \\ v_1 & v_2 & v_3 \end{vmatrix}, \\ \Delta f = |g|^{-1/2} \partial_i \left( |g|^{1/2} g^{ij} \partial_j f \right).\end{gathered} \tag{10.34}$$

### 10.2.7. Der Cartansche Kalkül der alternierenden Differentialformen

Dieser außerordentlich elegante Kalkül verallgemeinert die klassische Vektoranalysis auf beliebige Dimensionen. Wie jeder gute Kalkül in der Mathematik arbeitet der Cartansche Kalkül „von selbst". Es besteht ein sehr enger Zusammenhang zwischen alternierenden Differentialformen und kovarianten schiefsymmetrischen Tensorfeldern.

Im vorliegenden Abschnitt betonen wir die zahlreichen Anwendungen des Kalküls und rechnen mit Differentialformen in formaler Weise. Das entspricht dem formalen Rechnen mit komplexen Zahlen $a + ib$ unter Verwendung der Relation $\mathrm{i}^2 = -1$.

Einen strengen Aufbau des Kalküls auf Mannigfaltigkeiten findet man in Kapitel 15. Wir verwenden hier das Zeichen $\wedge$ als ein formales Produktzeichen mit der Eigenschaft

$$a \wedge b = -b \wedge a . \tag{10.35}$$

Daraus folgt $a \wedge a = -a \wedge a$, d.h. $a \wedge a = 0$. Die Bedeutung eines derartigen alternierenden Produkts für die Mathematik wurde Mitte des 19. Jahrhunderts von Hermann Graßmann erkannt.

Im folgenden laufen alle Indizes von 1 bis $n$, und wir benutzen die Einsteinsche Summenkonvention.

---

[21] Hier ist $\eta$ ein Pseudoskalar mit $\eta = 1$ (bzw. $\eta = -1$), falls das System $\mathbf{e}_1, \mathbf{e}_2, \mathbf{e}_3$ rechtshändig (bzw. linkshändig) ist. Da $E^{ijk}$ ein Pseudotensor ist, bildet $\eta E^{ijk}$ einen Tensor.

**Definition:** Unter einer *alternierenden Differentialform* $r$-ten Grades in den $n$ unabhängigen Variablen $x^1, \ldots, x^n$ versteht man einen formalen Ausdruck der Gestalt

$$\omega = \frac{1}{r!} a_{i_1 \ldots i_r} \, dx^{i_1} \wedge dx^{i_2} \wedge \ldots \wedge dx^{i_r} .$$

Die Koeffizienten $a_{i_1 \ldots i_r}$ sind Funktionen der unabhängigen Variablen $x^1, \ldots, x^n$, die bei der Vertauschung zweier benachbarter Indizes das Vorzeichen wechseln, z.B. $a_{123} = -a_{213}$, $a_{112} = -a_{112} = 0$.

Das Symbol $\wedge$ ist als ein formales Produktzeichen aufzufassen, wobei $dx^i \wedge dx^j = -dx^j \wedge dx^i$, also $dx^i \wedge dx^i = 0$, gelten soll. Daraus folgt, daß $dx^{i_1} \wedge dx^{i_2} \wedge \ldots \wedge dx^{i_r}$ stets null ist, wenn zwei Indizes zusammenfallen. Sind alle Indizes verschieden, dann ändert dieses Produkt sein Vorzeichen bei einer ungeraden Permutation der Indizes, während es bei einer geraden Permutation ungeändert bleibt. Die gleiche Eigenschaft besitzt $a_{i_1 \ldots i_r}$. Für $r > n$ sind alle Differentialformen identisch gleich null. Funktionen kann man als Differentialformen 0-ten Grades auffassen.[22] Im folgenden nehmen wir stets an, daß die Koeffizienten $a_{\ldots}$ hinreichend glatt sind (z.B. Klasse $C^\infty$).

*Beispiel 1:* $n = 2$:

$$\begin{aligned}
r = 0:&\quad \omega = a(x^1, x^2),\\
r = 1:&\quad \omega = a_1 \, dx^1 + a_2 \, dx^2,\\
r = 2:&\quad \omega = \frac{1}{2!}(a_{12} \, dx^1 \wedge dx^2 + a_{21} \, dx^2 \wedge dx^1)\\
&\quad\;\; = a_{12} \, dx^1 \wedge dx^2 .
\end{aligned}$$

*Beispiel 2:* $n = 3$:

$$\begin{aligned}
r = 0:&\quad \omega = a(x^1, x^2, x^3),\\
r = 1:&\quad \omega = a_1 \, dx^1 + a_2 \, dx^2 + a_3 \, dx^3,\\
r = 2:&\quad \omega = \frac{1}{2!}(a_{12} \, dx^1 \wedge dx^2 + a_{21} \, dx^2 \wedge dx^1 + a_{13} \, dx^1 \wedge dx^3\\
&\qquad + a_{31} \, dx^3 \wedge dx^1 + a_{23} \, dx^2 \wedge dx^3 + a_{32} \, dx^3 \wedge dx^2)\\
&\quad\;\; = a_{12} \, dx^1 \wedge dx^2 + a_{31} \, dx^3 \wedge dx^1 + a_{23} \, dx^2 \wedge dx^3,\\
r = 3:&\quad \omega = \frac{1}{3!}(a_{123} \, dx^1 \wedge dx^2 \wedge dx^3 + a_{132} \, dx^1 \wedge dx^3 \wedge dx^2\\
&\qquad + a_{213} \, dx^2 \wedge dx^1 \wedge dx^3 + a_{231} \, dx^2 \wedge dx^3 \wedge dx^1\\
&\qquad + a_{312} \, dx^3 \wedge dx^1 \wedge dx^2 + a_{321} \, dx^3 \wedge dx^2 \wedge dx^1)\\
&\quad\;\; = a_{123} \, dx^1 \wedge dx^2 \wedge dx^3 .
\end{aligned}$$

### 10.2.7.1. Algebraische Operationen

Zwei Differentialformen $r$-ten Grades

$$\omega = \frac{1}{r!} a_{i_1 \ldots i_r} \, dx^{i_1} \wedge \ldots \wedge dx^{i_r},$$

$$\theta = \frac{1}{r!} b_{i_1 \ldots i_r} \, dx^{i_1} \wedge \ldots \wedge dx^{i_r}$$

---

[22] Wir betrachten die Situation der Beispiele 1 und 5 in 10.2.2. Bei einem strengen Aufbau ist dann $dx^i$ eine Abbildung mit

$$dx^i(v^j \mathbf{e}_j) := v^i .$$

Ferner entspricht $dx^i \wedge dx^j$ der Abbildung

$$(dx^i \wedge dx^j)(v^k \mathbf{e}_k, w^m \mathbf{e}_m) = v^i w^j - v^j w^i .$$

sind genau dann gleich, wenn $a_{i_1 \dots i_r} = b_{i_1 \dots i_r}$ für alle Indizes $i_1, \dots, i_r = 1, 2, \dots, n$ gilt.

Die Summe $\omega + \theta$ erhält man durch formale Addition:

$$\omega + \theta = \frac{1}{r!}\,(a_{i_1 \dots i_r} + b_{i_1 \dots i_r})\,dx^{i_1} \wedge \dots \wedge dx^{i_r}\,.$$

Schreibt man

$$\omega + \theta = \frac{1}{r!}\,c_{i_1 \dots i_r}\,dx^{i_1} \wedge \dots \wedge dx^{i_r},$$

dann ist

$$c_{i_1 \dots i_r} = a_{i_1 \dots i_r} + b_{i_1 \dots i_r}.$$

Das *alternierende Produkt* $\omega \wedge \theta$ der beiden Differentialformen

$$\omega = \frac{1}{r!}\,a_{i_1 \dots i_r}\,dx^{i_1} \wedge \dots \wedge dx^{i_r}, \quad \theta = \frac{1}{s!}\,b_{j_1 \dots j_s}\,dx^{j_1} \wedge \dots \wedge dx^{j_s}$$

ergibt sich durch formale Multiplikation

$$\omega \wedge \theta = \frac{1}{r!}\,\frac{1}{s!}\,a_{i_1 \dots i_r} b_{j_1 \dots j_s}\,dx^{i_1} \wedge \dots \wedge dx^{i_r} \wedge dx^{j_1} \wedge \dots \wedge dx^{j_s}\,.$$

$\omega \wedge \theta$ ist vom $(r+s)$-ten Grad. Es gilt

$$\omega \wedge \theta = \frac{1}{(r+s)!}\,c_{i_1 \dots i_r j_1 \dots j_s}\,dx^{i_1} \wedge \dots \wedge dx^{i_r} \wedge dx^{j_1} \wedge \dots \wedge dx^{j_s}$$

mit (vgl. 10.2.4.)

$$c_{i_1 \dots i_r j_1 \dots j_s} = \frac{1}{r!s!}\,\delta^{k_1 \dots k_r l_1 \dots l_s}_{i_1 \dots i_r j_1 \dots j_s}\,a_{k_1 \dots k_r} b_{l_1 \dots l_s}\,.$$

Summe und alternierendes Produkt genügen folgenden Rechenregeln:

$$\omega + \theta = \theta + \omega, \quad \omega \wedge \theta = (-1)^{rs}\theta \wedge \omega, \quad \omega + (\theta + \tau) = (\omega + \theta) + \tau,$$
$$(\omega \wedge \theta) \wedge \tau = \omega \wedge (\theta \wedge \tau), \quad \omega \wedge (\theta + \tau) = \omega \wedge \theta + \omega \wedge \tau.$$

*Beispiel 3:*

$$\omega = a_1\,dx^1 + a_2\,dx^2, \quad \theta = b_1\,dx^1 + b_2\,dx^2,$$
$$\omega + \theta = (a_1 + b_1)\,dx^1 + (a_2 + b_2)\,dx^2,$$
$$\omega \wedge \theta = a_1 b_1\,dx^1 \wedge dx^1 + a_1 b_2\,dx^1 \wedge dx^2 + a_2 b_1\,dx^2 \wedge dx^1 + a_2 b_2\,dx^2 \wedge dx^2$$
$$= (a_1 b_2 - a_2 b_1)\,dx^1 \wedge dx^2\,.$$

### 10.2.7.2. Differentiation

Unter dem *alternierenden Differential* $d\omega$ einer Differentialform $r$-ten Grades

$$\omega = \frac{1}{r!}\,a_{i_1 \dots i_r}\,dx^{i_1} \wedge \dots \wedge dx^{i_r}$$

versteht man die Differentialform $(r+1)$-ten Grades

$$d\omega := \frac{1}{r!}\,da_{i_1 \dots i_r} \wedge dx^{i_1} \wedge \dots \wedge dx^{i_r} \tag{10.36}$$

mit dem gewöhnlichen totalen Differential

$$da_{i_1 \dots i_r} = \frac{\partial a_{i_1 \dots i_r}}{\partial x^i}\,dx^i$$

Das ergibt[23])

$$d\omega = \frac{1}{r!}\,\frac{\partial a_{\iota_1\ldots\iota_r}}{\partial x^\iota}\,dx^\iota \wedge dx^{\iota_1} \wedge \ldots \wedge dx^{\iota_r}\,.$$

*Tabelle 10.3*

| Grad | Differentialformen für $n = 3$ | Korrespondierender Ausdruck der Vektoranalysis |
|---|---|---|
| $r = 0$ | $a(x^1, x^2, x^3)$<br>$da = \frac{\partial a}{\partial x^1}dx^1 + \frac{\partial a}{\partial x^2}dx^2 + \frac{\partial a}{\partial x^3}dx^3$<br>(totales Differential) | $a(x^1, x^2, x^3)$ (skalares Feld)<br>**grad** $a = \frac{\partial a}{\partial x^1}\mathbf{i} + \frac{\partial a}{\partial x^2}\mathbf{j} + \frac{\partial a}{\partial x^3}\mathbf{k}$<br>(Gradient eines skalaren Feldes) |
| $r = 1$ | $\omega = a_1\,dx^1 + a_2\,dx^2 + a_3\,dx^3$ | $\mathbf{a} = a_1\mathbf{i} + a_2\mathbf{j} + a_3\mathbf{k}$ (Vektorfeld) |
| | $\int \omega = \int \left(a_1\frac{dx^1}{dt} + a_2\frac{dx^2}{dt} + a_3\frac{dx^3}{dt}\right)dt$<br>(Kurvenintegral) | $\int \omega = \int \mathbf{a}\,d\mathbf{r} = \int \left(\mathbf{a}\,\frac{d\mathbf{r}}{dt}\right)dt$<br>(Kurvenintegral) |
| | $d\omega = \left(\frac{\partial a_3}{\partial x^2} - \frac{\partial a_2}{\partial x^3}\right)dx^2 \wedge dx^3 + \left(\frac{\partial a_1}{\partial x^3} - \frac{\partial a_3}{\partial x^1}\right)dx^3 \wedge dx^1 + \left(\frac{\partial a_2}{\partial x^1} - \frac{\partial a_1}{\partial x^2}\right)dx^1 \wedge dx^2$ | **rot a** $= \left(\frac{\partial a_3}{\partial x^2} - \frac{\partial a_2}{\partial x^3}\right)\mathbf{i} + \left(\frac{\partial a_1}{\partial x^3} - \frac{\partial a_3}{\partial x^1}\right)\mathbf{j} + \left(\frac{\partial a_2}{\partial x^1} - \frac{\partial a_1}{\partial x^2}\right)\mathbf{k}$<br>(Rotation eines Vektorfeldes) |
| | | $\int d\omega = \int (\mathbf{rot\ a})\mathbf{n}\,dF$ |
| $r = 2$ | $\omega = a_{23}\,dx^2 \wedge dx^3 + a_{31}\,dx^3 \wedge dx^1 + a_{12}\,dx^1 \wedge dx^2$ | $\mathbf{a} = a_{23}\mathbf{i} + a_{31}\mathbf{j} + a_{12}\mathbf{k}$ (Vektorfeld) |
| | $\int \omega = \int \left\{a_{23}\frac{\partial(x^2, x^3)}{\partial(u^1, u^2)} + a_{31}\frac{\partial(x^3, x^1)}{\partial(u^1, u^2)} + a_{12}\frac{\partial(x^1, x^2)}{\partial(u^1, u^2)}\right\}du^1\,du^2$<br>(Flächenintegral) | $\int \omega = \int \mathbf{a}\mathbf{n}\,dF$<br>(Flächenintegral;<br>**n** Normaleneinheitsvektor) |
| | $d\omega = \left(\frac{\partial a_{23}}{\partial x^1} + \frac{\partial a_{31}}{\partial x^2} + \frac{\partial a_{12}}{\partial x^3}\right)dx^1 \wedge dx^2 \wedge dx^3$ | $\operatorname{div}\mathbf{a} = \frac{\partial a_{23}}{\partial x^1} + \frac{\partial a_{31}}{\partial x^2} + \frac{\partial a_{12}}{\partial x^3}$<br>(Divergenz eines Vektorfeldes) |
| | | $\int d\omega = \int \operatorname{div}\mathbf{a}\,dV$ |
| $r = 3$ | $\omega = a_{123}\,dx^1 \wedge dx^2 \wedge dx^3$<br>$\int \omega = \int a_{123}\,dx^1\,dx^2\,dx^3$<br>(Volumenintegral)<br>$d\omega \equiv 0$ | $a_{123}(x^1, x^2, x^3)$ (skalares Feld)<br>$\int \omega = \int a_{123}\,dV$<br>(Volumenintegral) |

[23]) Benutzt man die Cartanableitung $d_\iota$ (vgl. 10.2.5.2.), dann gilt

$$d\omega = \frac{1}{r!}\,d_\iota\,a_{\iota_1\ldots\iota_r} \wedge dx^\iota \wedge dx^{\iota_1} \wedge \ldots \wedge dx^{\iota_r}\,.$$

*Beispiel 4:*

$$\begin{aligned}
\omega &= a_1\,\mathrm{d}x^1 + a_2\,\mathrm{d}x^2,\\
\mathrm{d}\omega &= \mathrm{d}a_1 \wedge \mathrm{d}x^1 + \mathrm{d}a_2 \wedge \mathrm{d}x^2\\
&= \Big(\frac{\partial a_1}{\partial x^1}\,\mathrm{d}x^1 + \frac{\partial a_1}{\partial x^2}\,\mathrm{d}x^2\Big) \wedge \mathrm{d}x^1 + \Big(\frac{\partial a_2}{\partial x^1}\,\mathrm{d}x^1 + \frac{\partial a_2}{\partial x^2}\,\mathrm{d}x^2\Big) \wedge \mathrm{d}x^2\\
&= \Big(\frac{\partial a_2}{\partial x^1} - \frac{\partial a_1}{\partial x^2}\Big)\,\mathrm{d}x^1 \wedge \mathrm{d}x^2 .
\end{aligned}$$

*Beispiel 5:*

$$\begin{aligned}
\omega &= a_1\,\mathrm{d}x^1 + a_2\,\mathrm{d}x^2 + a_3\,\mathrm{d}x^3, \quad \mathrm{d}a_i = \frac{\partial a_i}{\partial x^j}\,\mathrm{d}x^j,\\
\mathrm{d}\omega &= \mathrm{d}a_1 \wedge \mathrm{d}x^1 + \mathrm{d}a_2 \wedge \mathrm{d}x^2 + \mathrm{d}a_3 \wedge \mathrm{d}x^3\\
&= \Big(\frac{\partial a_2}{\partial x^1} - \frac{\partial a_1}{\partial x^2}\Big)\,\mathrm{d}x^1 \wedge \mathrm{d}x^2 + \Big(\frac{\partial a_1}{\partial x^3} - \frac{\partial a_3}{\partial x^1}\Big)\,\mathrm{d}x^3 \wedge \mathrm{d}x^1 + \Big(\frac{\partial a_3}{\partial x^2} - \frac{\partial a_2}{\partial x^3}\Big)\,\mathrm{d}x^2 \wedge \mathrm{d}x^3 .
\end{aligned}$$

Wie Tabelle 10.3 zeigt, steht dieser Differentiationsprozeß für $n = 2, 3$ im engen Zusammenhang mit den Differentialoperatoren der Vektoranalysis.

**Die Regel von Poincaré:** Es gilt stets $\mathrm{d}^2 = 0$, d.h.

$$\mathbf{d}\mathrm{d}\omega = 0. \tag{10.37}$$

Beispielsweise für $n = 3$ beinhaltet diese Regel nach Tab. 10.3 die Aussagen **rot grad** $a = 0$ und div **rot a** $= 0$.

**Produktregel:** Man hat

$$\mathrm{d}(\omega \wedge \theta) = \mathrm{d}\omega \wedge \theta + (-1)^r \omega \wedge \mathrm{d}\theta \quad (r \text{ Grad von } \omega).$$

### 10.2.7.3. Differentialgleichungen für Formen

Das allgemeinste nichtlineare System partieller Differentialgleichungen läßt sich als ein System für Differentialformen schreiben. Deshalb besitzen Gleichungssysteme für Differentialformen eine fundamentale Bedeutung.

**Die Gleichung von Poincaré:** Wichtige lineare Systeme partieller Differentialgleichungen kann man in der eleganten Form

$$\mathrm{d}\omega = b \quad \text{auf } \Omega \tag{10.38}$$

darstellen, wobei die $r$-Form $b$ gegeben ist und die $(r-1)$-Form $\omega$ auf $\Omega$ gesucht wird. Diese Gleichung verallgemeinert wichtige Gleichungen für skalare Potentiale und Vektorpotentiale in der klassischen Vektoranalysis. Hat (10.38) eine Lösung $\omega$, dann folgt aus $\mathrm{dd}\omega = 0$ die sogenannte *Integrabilitätsbedingung*

$$\mathrm{d}b = 0 \quad \text{auf } \Omega \tag{10.38*}$$

als notwendige Lösbarkeitsbedingung für die gegebene rechte Seite $b$.

**Lemma von Poincaré:** Es sei $\Omega$ ein sternförmiges Gebiet des $\mathbb{R}^n$ bezüglich des Punktes $P_0$, d.h., es gilt $P_0 \in \Omega$, und mit jedem Punkt $P$ gehört auch die Verbindungsstrecke $\overline{P_0P}$ zu $\Omega$ (Abb. 10.8).

Unter dieser Voraussetzung besitzt die Gleichung (10.38) genau dann eine Lösung $\omega$, wenn die Integrabilitätsbedingung (10.38*) erfüllt ist.

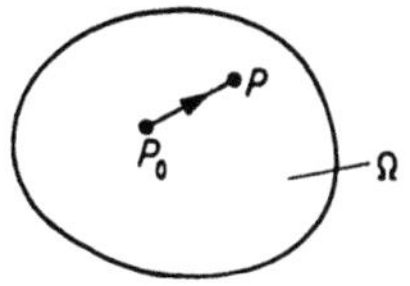


Abb. 10.8

Ist $\omega_{\text{spez}}$ irgendeine spezielle Lösung von (10.38), dann erhält man die allgemeine Lösung von (10.38) durch

$$\omega = \omega_{\text{spez}} + \mathrm{d}\omega_1,$$

wobei $\omega_1$ eine beliebige $(r-2)$-Form ist, falls $r \geq 2$ gilt. Für $r = 1$ muß man $\mathrm{d}\omega_1$ durch eine beliebige Konstante ersetzen. Explizit kann man

$$\omega_{\text{spez}} := \frac{1}{(r-1)!} x^i V_{i i_2 \ldots i_r} \, \mathrm{d}x^{i_2} \wedge \ldots \wedge \mathrm{d}x^{i_r}$$

wählen mit $b = \frac{1}{r!} b_{i_1 \ldots i_r} \, \mathrm{d}x^{i_1} \wedge \ldots \wedge \mathrm{d}x^{i_r}$ und

$$V_{i_1 \ldots i_r}(x^1, \ldots, x^n) := \int_0^1 b_{i_1 \ldots i_r}(tx^1, \ldots, tx^n) t^{r-1} \, \mathrm{d}t \,.$$

Die allgemeine Form des Poincaréschen Lemmas für kontrahierbare Gebiete $\Omega$ des $\mathbb{R}^n$ und kontrahierbare Mannigfaltigkeiten findet man in 18.5.

*Beispiel* 6 (**grad** $a = \mathbf{b}$):

$$\begin{aligned}
\omega &= a(x^1, x^2, x^3), \quad b = b_1 \, \mathrm{d}x^1 + b_2 \, \mathrm{d}x^2 + b_3 \, \mathrm{d}x^3, \\
\mathrm{d}\omega &= \frac{\partial a}{\partial x^1} \mathrm{d}x^1 + \frac{\partial a}{\partial x^2} \mathrm{d}x^2 + \frac{\partial a}{\partial x^3} \mathrm{d}x^3, \\
\mathrm{d}b &= \left(\frac{\partial b_3}{\partial x^2} - \frac{\partial b_2}{\partial x^3}\right) \mathrm{d}x^2 \wedge \mathrm{d}x^3 + \left(\frac{\partial b_1}{\partial x^3} - \frac{\partial b_3}{\partial x^1}\right) \mathrm{d}x^3 \wedge \mathrm{d}x^1 + \left(\frac{\partial b_2}{\partial x^1} - \frac{\partial b_1}{\partial x^2}\right) \mathrm{d}x^1 \wedge \mathrm{d}x^2 \,.
\end{aligned}$$

Die Differentialgleichung $\mathrm{d}\omega = b$ lautet nach Koeffizientenvergleich

$$\frac{\partial a}{\partial x^1} = b_1, \quad \frac{\partial a}{\partial x^2} = b_2, \quad \frac{\partial a}{\partial x^3} = b_3,$$

d.h. **grad** $a = \mathbf{b}$. Die notwendige und hinreichende Lösbarkeitsbedingung $\mathrm{d}b = 0$ bedeutet ausgeschrieben

$$\frac{\partial b_3}{\partial x^2} - \frac{\partial b_2}{\partial x^3} = 0, \quad \frac{\partial b_1}{\partial x^3} - \frac{\partial b_3}{\partial x^1} = 0, \quad \frac{\partial b_2}{\partial x^1} - \frac{\partial b_1}{\partial x^2} = 0,$$

kurz **rot b** = **o**. Somit ist die Vektorgleichung

$$\textbf{grad}\ a = \mathbf{b} \tag{10.39}$$

in dem sternförmigen Gebiet $\Omega$ genau im Fall **rot b** = **o** lösbar. Die allgemeine Lösung hat die Form $a = a_{\text{spez}} + \text{const}$. Insbesondere besitzt die Gleichung **grad** $a = 0$ auf $\Omega$ die allgemeine Lösung $a = \text{const}$.

In der Mechanik entspricht **K** = **b** der Kraft, und $U = -a$ ist das Potential.

*Beispiel 7* (**rot a** = **b**):

$$\omega = a_1\, dx^1 + a_2\, dx^2 + a_3\, dx^3,$$
$$b = b_{23}\, dx^2 \wedge dx^3 + b_{31}\, dx^3 \wedge dx^1 + b_{12}\, dx^1 \wedge dx^2 .$$

Die Differentialgleichung $d\omega = b$ lautet nach Koeffizientenvergleich (vgl. Tab 10.3)

$$\frac{\partial a_3}{\partial x^2} - \frac{\partial a_2}{\partial x^3} = b_{23}, \quad \frac{\partial a_1}{\partial x^3} - \frac{\partial a_3}{\partial x^1} = b_{31}, \quad \frac{\partial a_2}{\partial x^1} - \frac{\partial a_1}{\partial x^2} = b_{12},$$

kurz **rot a** = **b**. Die notwendige und hinreichende Lösbarkeitsbedingung $db = 0$ bedeutet ausgeschrieben

$$\frac{\partial b_{23}}{\partial x^1} + \frac{\partial b_{31}}{\partial x^2} + \frac{\partial b_{12}}{\partial x^3} = 0,$$

kurz div **b** = 0. Die allgemeine Lösung besitzt die Gestalt

$$\omega = \omega_{\mathrm{spez}} + da, \quad a_i = (a_i)_{\mathrm{spez}} + \frac{\partial a}{\partial x^i}, \quad i = 1, 2, 3.$$

Somit ist die Vektorgleichung

$$\mathbf{rot\ a} = \mathbf{b} \tag{10.40}$$

in dem sternförmigen Gebiet $\Omega$ genau für div **b** = 0 lösbar. Die allgemeine Lösung besitzt die Gestalt **a** = $\mathbf{a}_{\mathrm{spez}}$ + **grad** $a$, $a$ beliebig. Speziell ist die allgemeine Lösung von **rot a** = **o** gleich **a** = **grad** $a$. In der Elektrodynamik entspricht **b** dem Magnetfeld und **a** dem Vektorpotential.

*Beispiel 8* (div **a** = $b_{123}$):

$$\omega = a_{23}\, dx^2 \wedge dx^3 + a_{31}\, dx^3 \wedge dx^1 + a_{12}\, dx^1 \wedge dx^2,$$
$$b = b_{123}\, dx^1 \wedge dx^2 \wedge dx^3 .$$

Die Differentialgleichung $d\omega = b$ lautet nach Koeffizientenvergleich (Tab. 10.3)

$$\frac{\partial a_{23}}{\partial x^1} + \frac{\partial a_{31}}{\partial x^2} + \frac{\partial a_{12}}{\partial x^3} = b_{123},$$

kurz div **a** = $b_{123}$. Die notwendige und hinreichende Lösbarkeitsbedingung $db = 0$ ist stets erfüllt. Die allgemeine Lösung besitzt die Gestalt $\omega = \omega_{\mathrm{spez}} + d\omega_1$, $\omega_1 = c_1\, dx^1 + c_2\, dx^2 + c_3\, dx^3$, ausgeschrieben

$$a_{23} = (a_{23})_{\mathrm{spez}} + \frac{\partial c_3}{\partial x^2} - \frac{\partial c_2}{\partial x^3} .$$

Die übrigen Größen $a_{31}$ und $a_{12}$ erhält man durch zyklische Vertauschung. Somit ist die Vektorgleichung

$$\mathrm{div}\,\mathbf{a} = b_{123} \tag{10.41}$$

in dem sternförmigen Gebiet $\Omega$ stets lösbar. Die allgemeine Lösung hat die Form **a** = $\mathbf{a}_{\mathrm{spez}}$ + **rot c**. Speziell besitzt div **a** = 0 die allgemeine Lösung **a** = **rot c**.

Die Lösung der Differentialgleichung $d\omega = b$ auf Mannigfaltigkeiten wird in 18.4. und 18.6. betrachtet.

### 10.2.7.4. Variablenwechsel

Der Variablenwechsel von Differentialformen ergibt sich „von selbst“, indem man die übliche Transformationsformel für Differentiale benutzt. Die Bedeutung des Cartanschen Kalküls beruht darauf, daß alle Operationen unabhängig von dem gewählten Koordinatensystem sind. Ferner ergibt sich in 10.2.7.5. automatisch das richtige Transformationsverhalten von mehrfachen Integralen.

**Neue Koordinaten:** Geht man von den unabhängigen Variablen $x^1, \ldots, x^n$ zu den neuen Variablen $y^1, \ldots, y^n$ über, dann muß man in

$$\omega = \frac{1}{r!} a_{i_1 \ldots i_r} \, dx^{i_1} \wedge \ldots \wedge dx^{i_r}$$

die Differentiale $dx^i$ durch $dx^i = \dfrac{\partial x^i}{\partial y^j} dy^j$ ersetzen. Das ergibt

$$\omega = \frac{1}{r!} a'_{j_1 \ldots j_r} \, dy^{j_1} \wedge \ldots \wedge dy^{j_r} \tag{10.42}$$

mit $a'_{j_1 \ldots j_r} = \dfrac{\partial x^{i_1}}{\partial y^{j_1}} \cdots \dfrac{\partial x^{i_r}}{\partial y^{j_r}} a_{i_1 \ldots i_r}$. Somit bilden die Koeffizienten $a_{i_1 \ldots i_r}$ von $\omega$ ein $r$-fach *kovariantes, schiefsymmetrisches Tensorfeld.*

Der Summe (dem alternierenden Produkt bzw. der Ableitung) von Differentialformen entspricht die Summe (das alternierende Produkt bzw. die Cartanableitung) der entsprechenden kovarianten schiefsymmetrischen Tensorfelder.

*Beispiel 9:*

$$\omega = a_{12} \, dx^1 \wedge dx^2, \quad x^j = x^j(y^1, y^2),$$
$$\omega = a_{12} \left( \frac{\partial x^1}{\partial y^1} dy^1 + \frac{\partial x^1}{\partial y^2} dy^2 \right) \wedge \left( \frac{\partial x^2}{\partial y^1} dy^1 + \frac{\partial x^2}{\partial y^2} dy^2 \right)$$
$$= a_{12} \left( \frac{\partial x^1}{\partial y^1} \frac{\partial x^2}{\partial y^2} - \frac{\partial x^1}{\partial y^2} \frac{\partial x^2}{\partial y^1} \right) dy^1 \wedge dy^2 \equiv a_{12} \frac{\partial(x^1, x^2)}{\partial(y^1, y^2)} dy^1 \wedge dy^2 .$$

*Beispiel 10:*

$$\omega = a_{123} \, dx^1 \wedge dx^2 \wedge dx^3, \quad x^j = x^j(y^1, y^2, y^3),$$
$$\omega = a_{123} \frac{\partial(x^1, x^2, x^3)}{\partial(y^1, y^2, y^3)} dy^1 \wedge dy^2 \wedge dy^3 .$$

Wir benutzen dabei die Funktionaldeterminanten

$$\frac{\partial(x^1, x^2)}{\partial(y^1, y^2)} = \begin{vmatrix} \partial_1 x^1 & \partial_1 x^2 \\ \partial_2 x^1 & \partial_2 x^2 \end{vmatrix}, \quad \frac{\partial(x^1, x^2, x^3)}{\partial(y^1, y^2, y^3)} = \begin{vmatrix} \partial_1 x^1 & \partial_1 x^2 & \partial_1 x^3 \\ \partial_2 x^1 & \partial_2 x^2 & \partial_2 x^3 \\ \partial_3 x^1 & \partial_3 x^2 & \partial_3 x^3 \end{vmatrix}$$

mit $\partial_j x^i := \partial x^i / \partial y^j$.

**Parameter:** Hängen in einer Differentialform $r$-ten Grades die $x^i$ von $r$ Parametern $u^1, \ldots, u^r$ ab, d.h. $x^i = x^i(u^1, \ldots, u^r)$, dann kann man nach dem gleichen Verfahren die Differentialform auf $u^1, \ldots, u^r$ beziehen.

*Beispiel 11:*

$$\omega = a_1 \, dx^1 + a_2 \, dx^2, \quad x^1 = x^1(t), \quad x^2 = x^2(t),$$
$$\omega = \left( a_1 \frac{dx^1}{dt} + a_2 \frac{dx^2}{dt} + a_3 \frac{dx^3}{dt} \right) dt .$$

***Beispiel 12:***

$$\omega = a_{23}\,dx^2 \wedge dx^3 + a_{31}\,dx^3 \wedge dx^1 + a_{12}\,dx^1 \wedge dx^2, \qquad x^i = x^i(u^1, u^2),$$

$$\begin{aligned}\omega = \quad & a_{23}\left(\frac{\partial x^2}{\partial u^1}\,du^1 + \frac{\partial x^2}{\partial u^2}\,du^2\right) \wedge \left(\frac{\partial x^3}{\partial u^1}\,du^1 + \frac{\partial x^3}{\partial u^2}\,du^2\right) \\ & + a_{31}\left(\frac{\partial x^3}{\partial u^1}\,du^1 + \frac{\partial x^3}{\partial u^2}\,du^2\right) \wedge \left(\frac{\partial x^1}{\partial u^1}\,du^1 + \frac{\partial x^1}{\partial u^2}\,du^2\right) \\ & + a_{12}\left(\frac{\partial x^1}{\partial u^1}\,du^1 + \frac{\partial x^1}{\partial u^2}\,du^2\right) \wedge \left(\frac{\partial x^2}{\partial u^1}\,du^1 + \frac{\partial x^2}{\partial u^2}\,du^2\right) \\ = & \left\{a_{23}\frac{\partial(x^2, x^3)}{\partial(u^1, u^2)} + a_{31}\frac{\partial(x^3, x^1)}{\partial(u^1, u^2)} + a_{12}\frac{\partial(x^1, x^2)}{\partial(u^1, u^2)}\right\} du^1 \wedge du^2 .\end{aligned}$$

**Invarianzprinzip: Alle Operationen für Differentialformen (Summe, alternierendes Produkt, Differentiation, Integration) sind unabhängig von der gewählten Parameterdarstellung.**

### 10.2.7.5. Integration von Differentialformen

Der Cartansche Kalkül gestattet eine einheitliche Behandlung von Kurvenintegralen, Flächenintegralen und Volumenintegralen und deren Verallgemeinerung auf höhere Dimensionen ($r$-fache Integrale). Es ergeben sich automatisch die richtigen Transformationsformeln bei Variablenwechsel von Integralen. Ferner erhält man eine sehr elegante Verallgemeinerung des Fundamentalsatzes der Differential- und Integralrechnung

$$\int_a^b f'(x)\,dx = f(b) - f(a)$$

auf höhere Dimensionen. Das ist der allgemeine Satz von Stokes

$$\int_F d\omega = \int_{\partial F} \omega, \tag{10.43}$$

der z.B. die Integralsätze von Gauß und Stokes der klassischen Vektoranalysis als Spezialfälle umfaßt. Ferner enthält (10.43) die Formel der partiellen Integration, die eine Schlüsselrolle für die moderne Analysis spielt (vgl. (10.1) und die daran anschließende Diskussion).

**Integration von $n$-Formen:** Es sei $\Omega$ ein Gebiet im $n$-dimensionalen Raum $\mathbb{R}^n$, und es sei

$$\omega = \frac{1}{n!}\,a_{i_1\ldots i_n}\,dx^{i_1} \wedge \ldots \wedge dx^{i_n} . \tag{10.44}$$

Definitionsgemäß ergibt sich das Integral $\int_\Omega \omega$ durch

$$\int_\Omega \omega := \int_\Omega \frac{1}{n!}\,a_{i_1\ldots i_n}\,dx^{i_1} \ldots dx^{i_n} . \tag{10.45}$$

Das bedeutet, daß man formal das Produktzeichen $\wedge$ wegläßt und dann das so entstehende klassische mehrfache Integral verwendet. Das Produktzeichen $\wedge$ ist jedoch wichtig, um formal sofort das richtige Transformationsverhalten zu erhalten.

**Transformation von Integralen:** Transformiert man $\omega$ auf die neuen Variablen $y^1, \ldots, y^n$ mit der Funktionaldeterminante

$$\frac{\partial(x^1, \ldots, x^n)}{\partial(y^1, \ldots, y^n)} > 0 \quad \text{auf } \Omega', \tag{10.46}$$

wobei $\Omega$ in $\Omega'$ übergeht, dann erhält man nach 10.2.7.4. die transformierte Form

$$\omega = \frac{1}{n!} a_{i_1 \dots i_n} \frac{\partial(x^1, \dots, x^n)}{\partial(y^1, \dots, y^n)} \, dy^1 \wedge \dots \wedge dy^n .$$

Somit gilt

$$\int_\Omega \omega = \int_{\Omega'} \frac{1}{n!} a_{i_1 \dots i_n} \frac{\partial(x^1, \dots, x^n)}{\partial(y^1, \dots, y^n)} \, dy^1 \dots dy^n . \tag{10.47}$$

Das ist genau die klassische Transformationsformel, d.h., es gilt

$$\int_\Omega \omega = \int_{\Omega'} \omega.$$

Hat man in (10.46) anstelle von „>" das Zeichen „<", dann ergibt sich $\int_\Omega \omega = -\int_{\Omega'} \omega$.

*Beispiel 13:* Nach Beispiel 9 gilt

$$\int_\Omega a_{12} \, dx^1 \wedge dx^2 = \int_{\Omega'} a_{12} \frac{\partial(x^1, x^2)}{\partial(y^1, y^2)} \, dy^1 \wedge dy^2 ,$$

falls die Funktionaldeterminante $\partial(x^1, x^2)/\partial(y^1, y^2)$ positiv ist. Das entspricht der klassischen Transformationsformel

$$\int_\Omega a_{12} \, dx^1 \, dx^2 = \int_{\Omega'} a_{12} \frac{\partial(x^1, x^2)}{\partial(y^1, y^2)} \, dy^1 \, dy^2 .$$

**Integration von $r$-Formen mit $r < n$:** Es sei $F$ eine $r$-dimensionale Fläche im $n$-dimensionalen Raum mit der Parameterdarstellung

$$x^1 = x^1(u^1, \dots, u^r), \; \dots, \; x^n = x^n(u^1, \dots, u^r),$$

wobei die Parameter das Gebiet $G$ des $r$-dimensionalen Raumes durchlaufen, und es sei

$$\omega(x^1, \dots, x^n) = \frac{1}{r!} a_{i_1 \dots i_r}(x^1, \dots, x^r) \, dx^{i_1} \wedge \dots \wedge dx^{i_r}$$

vorgegeben. Bezieht man $\omega$ auf die Parameter $u^1, \dots, u^r$, dann entsteht (vgl. Beispiel 12)

$$\omega(u^1, \dots, u^r) = b \, du^1 \wedge \dots \wedge du^r .$$

Das Integral über $\omega$ wird nun in natürlicher Weise durch

$$\int_F \omega := \int_G b \, du^1 \dots du^r$$

erklärt, wobei rechts ein klassisches Integral steht. Bezieht man $F$ auf andere Parameter $v^1, \dots, v^r$ mit

$$\frac{\partial(u^1, \dots, u^r)}{\partial(v^1, \dots, v^r)} > 0 \quad \text{auf } G', \tag{10.48}$$

wobei $G$ in $G'$ übergeht, dann gilt $\omega = b \dfrac{\partial(u^1, \dots, u^r)}{\partial(v^1, \dots, v^r)} \, dv^1 \wedge \dots \wedge dv^r$. Somit ist

$$\int_F \omega = \int_{G'} b \frac{\partial(u^1, \dots, u^r)}{\partial(v^1, \dots, v^r)} \, dv^1 \dots dv^r .$$

Nach der klassischen Transformationsformel für Integrale ist somit die Definition von $\int\limits_F \omega$ unabhängig von der Wahl der Parameterdarstellung von $F$. Genauer sind alle Parameterdarstellungen von $F$ zulässig, die die Orientierung erhalten, d.h., es gilt (10.48).

Analog wird $\int\limits_F \omega$ erklärt, falls die Fläche $F$ durch mehrere lokale Parameterdarstellungen beschrieben wird. Dann zerlegt man $F$ in Teilflächen, die alle durch Parameterdarstellungen beschrieben werden können, und addiert die entsprechenden Teilintegrale. Der Kalkül liefert in jedem Fall automatisch Ergebnisse, die unabhängig von der Wahl der Zerlegung und der Parameterdarstellungen sind.

*Beispiel 14:* Gegeben seien $\omega = a_1\,\mathrm{d}x^1 + a_2\,\mathrm{d}x^2$ und die Kurve $C$ in der Parameterdarstellung $x^1 = x^1(t), x^2 = x^2(t), a \le t \le b$. Nach Beispiel 11 gilt

$$\int\limits_C \omega = \int\limits_a^b \left( a_1 \frac{\mathrm{d}x^1}{\mathrm{d}t} + a_2 \frac{\mathrm{d}x^2}{\mathrm{d}t} \right) \mathrm{d}t\,.$$

Das ist genau die Regel zur Berechnung eines Kurvenintegrals.

*Beispiel 15:* Gegeben seien $\omega = a_{23}\,\mathrm{d}x^2 \wedge \mathrm{d}x^3 + a_{31}\,\mathrm{d}x^3 \wedge \mathrm{d}x^1 + a_{12}\,\mathrm{d}x^1 \wedge \mathrm{d}x^2$ und die Fläche $F$ in der Parameterdarstellung

$$x^1 = x^1(u^1, u^2), \quad x^2 = x^2(u^1, u^2), \quad x^3 = x^4(u^1, u^2).$$

Nach Beispiel 12 gilt

$$\int\limits_F \omega = \int \left\{ a_{23} \frac{\partial(x^2, x^3)}{\partial(u^1, u^2)} + a_{31} \frac{\partial(x^3, x^1)}{\partial(u^1, u^2)} + a_{12} \frac{\partial(x^1, x^2)}{\partial(u^1, u^2)} \right\} \mathrm{d}u^1\,\mathrm{d}u^2$$

$$= \int \mathbf{a} \left( \frac{\partial \mathbf{r}}{\partial u^1} \times \frac{\partial \mathbf{r}}{\partial u^2} \right) \mathrm{d}u^1\,\mathrm{d}u^2 = \int \mathbf{an}\,\mathrm{d}F$$

mit dem Normaleneinheitsvektor $\mathbf{n}$ (Abb. 10.9b) und

$$\mathbf{a} = a_{23}\mathbf{i} + a_{31}\mathbf{j} + a_{12}\mathbf{k}, \quad \mathbf{r}(u^1, u^2) = x^1(u^1, u^2)\mathbf{i} + x^2(u^1, u^2)\mathbf{j} + x^3(u^1, u^2)\mathbf{k}.$$

Das ist nichts anderes als ein Flächenintegral.

**Der allgemeine Stokessche Satz:** Es sei $F$ eine $r$-dimensionale Fläche im $n$-dimensionalen Raum ($2 \le r \le n$; für $r = n$ ist $F$ ein $n$-dimensionales Gebiet) mit der Parameterdarstellung

$$x^1 = x^1(u^1, \ldots, u^r), \ \ldots, \ x^n = (u^1, \ldots, u^r).$$

Der Rand von $F$ werde mit $\partial F$ bezeichnet und besitze die Parameterdarstellung

$$x^1 = x^1(v^1, \ldots, v^r), \ \ldots, \ x^n = (v^1, \ldots, v^r).$$

Ist ferner

$$\omega = \frac{1}{(r-1)!} a_{i_1 \ldots i_{r-1}}\,\mathrm{d}x^{i_1} \wedge \ldots \wedge \mathrm{d}x^{i_{r-1}}$$

eine Differentialform $(r-1)$-ten Grades, dann gilt

$$\int\limits_F \mathrm{d}\omega = \int\limits_{\partial F} \omega. \tag{10.49}$$

*Kohärente Orientierung des Randes* $\partial F$: Da die Integrale in (10.49) von der Orientierung der Fläche $F$ und des Randes $\partial F$ abhängen, muß diese Orientierung in geeigneter Weise fixiert werden. Explizit bedeutet das folgendes: Zu jedem Randpunkt gibt es eine Umgebung $U$ auf der Fläche $F$ mit der Parameterdarstellung

$$x^1 = x^1(w^1, \ldots, w^r), \ \ldots, \ x^n = x^n(w^1, \ldots, w^r), \quad w^1 \leq 0,$$

wobei das Randstück $\partial F \cap U$ durch $w^1 = 0$ beschrieben wird. Ferner ist

$$\frac{\partial(u^1, \ldots, u^r)}{\partial(w^1, \ldots, w^r)} > 0, \quad \frac{\partial(v^2, \ldots, v^r)}{\partial(w^2, \ldots, w^r)} > 0.$$

Kann man $F$ und $\partial F$ nicht durch eine einzige Parameterdarstellung gewinnen, dann zerlege man $F$ und $\partial F$ in geeigneter Weise.

*Beispiel 16:* $n = 2$ (Ebene), $r = 2$: $F$ sei ein Gebiet der Ebene mit der Randkurve $\partial F$: $x^1 = x^1(t)$, $x^2 = x^2(t)$. Beim Durchlaufen der Kurve im Sinne wachsender $t$-Werte soll $F$ zur Linken liegen (vgl. Abb. 10.9a.). Ferner sei

$$\omega = a_1 \, \mathrm{d}x^1 + a_2 \, \mathrm{d}x^2, \quad \mathrm{d}\omega = \left(\frac{\partial a_1}{\partial x^2} - \frac{\partial a_2}{\partial x^1}\right) \mathrm{d}x^1 \wedge \mathrm{d}x^2 .$$

(10.49) bedeutet dann

$$\int\limits_F \left(\frac{\partial a_1}{\partial x^2} - \frac{\partial a_2}{\partial x^1}\right) \mathrm{d}x^1 \, \mathrm{d}x^2 = \int\limits_{\partial F} a_1 \, \mathrm{d}x^1 + a_2 \, \mathrm{d}x^2 .$$

Das ist der klassische Satz von Gauß in der Ebene.

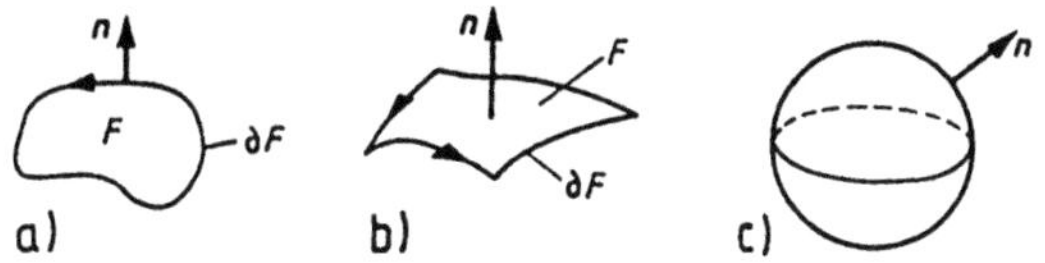


Abb. 10.9

*Beispiel 17:* $n = 3$ (Raum), $r = 2$: $F$ sei eine Fläche im Raum mit der Parameterdarstellung

$$x^1 = x^1(u^1, u^2), \quad x^2 = x^2(u^1, u^2), \quad x^3 = x^3(u^1, u^2)$$

und der Randkurve $\partial F$,

$$x^1 = x^1(t), \quad x^2 = x^2(t), \quad x^3 = x^3(t),$$

die so orientiert ist, daß sie bei wachsenden $t$-Werten die Normalenvektoren

$$\mathbf{n} = \left(\frac{\partial \mathbf{r}}{\partial u^1} \times \frac{\partial \mathbf{r}}{\partial u^2}\right) \left|\frac{\partial \mathbf{r}}{\partial u^1} \times \frac{\partial \mathbf{r}}{\partial u^2}\right|^{-1}$$

entgegen dem Uhrzeigersinn umläuft (vgl. Abb. 10.9b.). Ferner sei $\omega = a_1 \, \mathrm{d}x^1 + a_2 \, \mathrm{d}x^2 + a_3 \, \mathrm{d}x^3$. Nach Tabelle 10.3 bedeutet (10.49):

$$\int\limits_F (\mathbf{rot} \, \mathbf{a}) \mathbf{n} \, \mathrm{d}F = \int\limits_{\partial F} \mathbf{a} \, \mathrm{d}\mathbf{r} .$$

Das ist der klassische Satz von Stokes.

*Beispiel 18:* $n = 3$ (Raum), $r = 3$: $F$ sei ein räumliches Gebiet mit dem Rand $\partial F$,

$$x^1 = x^1(u^1, u^2), \quad x^2 = x^2(u^1, u^2), \quad x^3 = x^3(u^1, u^2),$$

der so orientiert ist, daß der Normalenvektor **n** nach außen zeigt (Abb. 10.9c.). Es sei

$$\omega = a_{23}\,\mathrm{d}x^2 \wedge \mathrm{d}x^3 + a_{31}\,\mathrm{d}x^3 \wedge \mathrm{d}x^1 + a_{12}\,\mathrm{d}x^1 \wedge \mathrm{d}x^2 .$$

Nach Tabelle 10.3 bedeutet (10.49):

$$\int_F \operatorname{div} \mathbf{a}\,\mathrm{d}V = \int_{\partial F} (\mathbf{an})\,\mathrm{d}F .$$

Das ist der Satz von Gauß im Raum (vgl. 4.2.2.10.).

### 10.2.7.6. Operationen für Differentialformen, die von einem metrischen Tensor abhängen

Die vorangegangenen Operationen für Differentialformen hängen nicht von einem metrischen Tensor ab. Deshalb lassen sie sich sofort auf allgemeine Mannigfaltigkeiten übertragen (vgl. Kapitel 15.). Im folgenden setzen wir voraus, daß ein metrisches Tensorfeld $g_{ij}$ mit dem Bogenelement $\mathrm{d}s^2 = g_{ij}\,\mathrm{d}x^i\,\mathrm{d}x^j$ und der Eigenschaft (10.22) gegeben ist. Die sich daraus weiter unten ergebenden Operationen $\delta\omega$ und $*\omega$ kann man unmittelbar auf Riemannsche Mannigfaltigkeiten verallgemeinern (vgl. 16.1. und 16.2.). Indizes werden wie in 10.2.4. gehoben oder gesenkt.

**Der $\delta$-Operator:** Für

$$\omega = \frac{1}{r!}\, a_{i_1 \ldots i_r}\,\mathrm{d}x^{i_1} \wedge \ldots \wedge \mathrm{d}x^{i_r} \tag{10.50}$$

definieren wir

$$\delta\omega := -\frac{1}{(r-1)!}\,\nabla^i a_{i i_2 \ldots i_r}\,\mathrm{d}x^{i_2} \wedge \ldots \wedge \mathrm{d}x^{i_r} .$$

Diese Definition ist unabhängig von der Wahl der lokalen Koordinaten $x^j$. Es gilt stets $\delta^2 = 0$, d.h. $\delta\delta\omega = 0$.

*Beispiel 19* (Divergenz):

$$\omega = a_i\,\mathrm{d}x^i, \quad \delta\omega = -\nabla^i a_i = -\nabla_i a^i = -|g|^{1/2}\partial_i \left(|g|^{1/2} a^i\right) .$$

*Beispiel 20:*

$$\omega = \frac{1}{2}\, a_{ij}\,\mathrm{d}x^i \wedge \mathrm{d}x^j, \quad \delta\omega = -\nabla^i a_{ij}\,\mathrm{d}x^j, \quad a_{ij} = -a_{ji},$$

mit

$$\nabla^i a_{ij} = g_{jk}\nabla_i a^{ik} = g_{jk}|g|^{-1/2}\partial_i \left(|g|^{1/2} a^{ik}\right) .$$

**Der $*$-Operator von Hodge:** Ist $\omega$ wie in (10.50) gegeben, dann setzen wir

$$*\omega := \frac{1}{r!(n-r)!}\, E_{i_1 \ldots i_n} a^{i_1 \ldots i_r}\,\mathrm{d}x^{i_{r+1}} \wedge \ldots \wedge \mathrm{d}x^{i_n} .$$

($E$ findet man in 10.2.3.). Durch den $*$-Operator gehen $r$-Formen in $(n-r)$-Formen über; $*\omega$ ist von der Wahl der lokalen Koordinaten $x^j$ unabhängig, falls man nur orientierungserhaltende Koordinatentransformationen benutzt, d.h., es gilt

$$\frac{\partial(x^1, \ldots, x^n)}{\partial(x^{1'}, \ldots, x^{n'})} > 0$$

für den Übergang von $x^1, \ldots, x^n$ zu $x^{1'}, \ldots, x^{n'}$. Im Fall „$< 0$“ geht $*\omega$ in $-*\omega$ über. Ferner gilt $**\omega = (-1)^{p(n-p)}(\operatorname{sgn} g)\omega$.

*Beispiel 21:* Wir benutzen kartesische Koordinaten $x^1, x^2, x^3$ mit dem euklidischen Bogenelement $\mathrm{d}s^2 = (\mathrm{d}x^1)^2 + (\mathrm{d}x^2)^2 + (\mathrm{d}x^3)^2$, d.h., es ist $\mathrm{d}s^2 = g_{ij}\,\mathrm{d}x^i\,\mathrm{d}x^j$ mit $g_{ij} = \delta_{ij}$. Dann gilt

$$*\,\mathrm{d}x^1 = \mathrm{d}x^2 \wedge \mathrm{d}x^3, \quad *(\mathrm{d}x^2 \wedge \mathrm{d}x^3) = \mathrm{d}x^1, \quad *(\mathrm{d}x^1 \wedge \mathrm{d}x^2 \wedge \mathrm{d}x^3) = 1.$$

Analoge Ausdrücke ergeben sich durch zyklisches Vertauschen der Koordinaten, z.B. $*(\mathrm{d}x^3 \wedge \mathrm{d}x^1) = \mathrm{d}x^2$. Ferner ist

$$**\,\mathrm{d}x^1 = \mathrm{d}x^1, \quad **(\mathrm{d}x^2 \wedge \mathrm{d}x^3) = \mathrm{d}x^2 \wedge \mathrm{d}x^3,$$
$$**(\mathrm{d}x^1 \wedge \mathrm{d}x^2 \wedge \mathrm{d}x^3) = \mathrm{d}x^1 \wedge \mathrm{d}x^2 \wedge \mathrm{d}x^3 = *1.$$

Aus der Linearität des $*$-Operators erhält man ferner z.B.

$$\begin{aligned} *(a_{23}\,\mathrm{d}x^2 \wedge \mathrm{d}x^3 + a_{13}\,\mathrm{d}x^1 \wedge \mathrm{d}x^3) &= a_{23}*(\mathrm{d}x^2 \wedge \mathrm{d}x^3) + a_{13}*(\mathrm{d}x^1 \wedge \mathrm{d}x^3) \\ &= a_{23}\,\mathrm{d}x^1 - a_{13}\,\mathrm{d}x^2 . \end{aligned}$$

Den Zusammenhang zwischen den Operatoren $\delta, \mathrm{d}$ und $*$ findet man in 16.1.8.

### 10.2.8. Anwendungen in der speziellen Relativitätstheorie

**Grundidee:** Unter einem *Inertialsystem* verstehen wir ein kartesisches Koordinatensystem mit den räumlichen Koordinaten $x, y, z$ und der Zeitkoordinate $t$, in dem ein kräftefreier Körper ruht oder sich mit konstanter Geschwindigkeit geradlinig bewegt. Einstein postulierte 1905:

(R) *In Inertialsystemen verlaufen alle physikalischen Prozesse in gleicher Weise.*[24)]

Das ist das sogenannte Einsteinsche Relativitätsprinzip. Speziell postulierte Einstein, daß die Geschwindigkeit c des Lichtes in allen Inertialsystemen gleich ist. Das führt zu einer gründlichen Revision unserer Vorstellungen von Raum und Zeit. Um das anschaulich zu erläutern, betrachten wir die folgende Situation. Beobachtet man von einem fahrenden Auto aus einen fahrenden Zug, dann hängt die beobachtete Geschwindigkeit des Zuges nach klassischen Vorstellungen wesentlich davon ab, welche Geschwindigkeit das Auto besitzt. Analog erwartet man, daß die in einem Auto gemessene Geschwindigkeit des Lichtes in unterschiedlichen Autos verschieden ist. Soll die Geschwindigkeit des Lichtes in allen Autos gleich sein, dann läßt sich das nur dadurch erklären, daß die Zeitmessung in den Autos unterschiedlich ist. Die genaue Formel wird durch die Lorentztransformation gegeben.

Die klassischen Vorstellungen von Raum und Zeit sowie die klassische Physik ergeben sich, wenn man annimmt, daß alle auftretenden Geschwindigkeiten klein gegenüber der Lichtgeschwindigkeit sind. Diese Bedingung ist im täglichen Leben erfüllt, sie ist aber z.B. in modernen Teilchenbeschleunigern verletzt. Für die richtige Beschreibung von Streuprozessen in Teilchenbeschleunigern muß man unbedingt die Relativitätstheorie benutzen. Ferner erfordert ein tieferes Verständnis der Maxwellschen Elektrodynamik die spezielle Relativitätstheorie (vgl. 10.2.9.).

**Die spezielle Lorentztransformation:** Wir betrachten zunächst zwei Inertialsysteme $\Sigma$ bzw. $\Sigma'$ mit den kartesischen Koordinaten $x, y, z$ bzw. $x', y', z'$ sowie den Zeiten $t$ bzw. $t'$. Wir nehmen ferner an, daß zur Zeit $t = 0$ die beiden Systeme zusammenfallen und sich $\Sigma'$ in $\Sigma$ mit der konstanten Geschwindigkeit $v$ entlang der $x$-Achse bewegt ($v < \mathrm{c}$) (Abb. 10.10).

---

24) Das bedeutet genauer, daß gleiche Anfangs- und Randbedingungen den gleichen Prozeßverlauf ergeben.

(R) verallgemeinert das klassische Galileische Relativitätsprinzip, wonach in Inertialsystemen alle *mechanischen* Prozesse in gleicher Weise ablaufen.

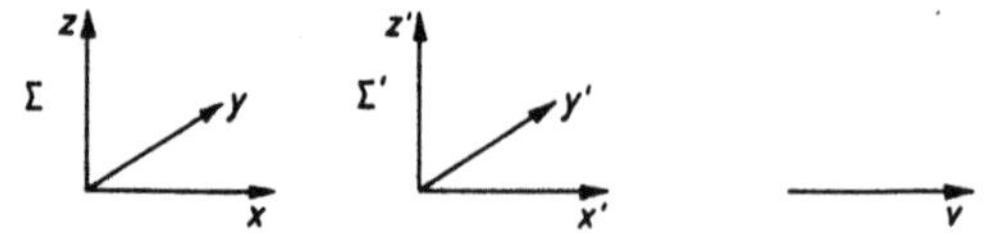


Abb. 10.10

Dann ergibt sich die sogenannte *spezielle Lorentztransformation* bezüglich der $x$-Achse:

$$x' = \frac{x - vt}{\sqrt{1 - v^2/c^2}}, \quad y = y', \quad z = z', \quad t' = \frac{t - vx/c^2}{\sqrt{1 - v^2/c^2}}. \tag{10.51}$$

Ist $v/c$ klein, dann erhalten wir aus (10.51) näherungsweise die klassische Transformationsformel von Galilei

$$x' = x - vt, \quad y' = y, \quad z' = z \quad \text{und} \quad t' = t, \tag{10.51*}$$

die einer absoluten Zeitmessung entspricht. Die Formel (10.51*) wird im täglichen Leben benutzt, weil die dort auftretenden Geschwindigkeiten $v$ sehr klein gegenüber der Lichtgeschwindigkeit c sind.

Eine spezielle Lorentztransformation bezüglich $y$ ergibt sich aus (10.51), indem man $x$ mit $y$ vertauscht.

*Beispiel 1* (Zeitdilatation): Wir nehmen an, daß in $\Sigma$ am Ort $x = 0, y = 0, z = 0$ zu den Zeitpunkten $t_1$ und $t_2 = t_1 + \Delta t$ zwei Signale ausgesandt werden. Ein Beobachter in $\Sigma'$ bemerkt nach (10.51) beide Signale zu den Zeitpunkten $t'_j = t_j/\sqrt{1 - v^2/c^2}$. Somit gilt für $\Delta t' = t'_2 - t'_1$ die Beziehung

$$\Delta t' = \frac{\Delta t}{\sqrt{1 - v^2/c^2}}.$$

Wegen $\Delta t' > \Delta t$ erscheinen deshalb beide Signale in $\Sigma'$ gegenüber $\Sigma$ gedehnt.

*Beispiel 2* (Längenkontraktion): Wir betrachten einen Stab der Länge $L$, der in $\Sigma$ auf der $x$-Achse ruht mit den beiden Endpunkten $x_1$ und $x_2 = x_1 + L$. Ein Physiker in $\Sigma'$ beobachtet nach (10.51) die Bewegungsgleichungen

$$x'_j = \Gamma(x_j - vt), \quad t'_j = \Gamma(t - vx_j/c^2), \quad \Gamma = 1/\sqrt{1 - v^2/c^2}$$

für die Endpunkte des Stabes. Daraus erhält er

$$x_j = \Gamma(x'_j + vt'_j).$$

Um die Länge $L'$ des Stabes in $\Sigma'$ zur Zeit $t'$ zu messen, setzen wir $t'_1 = t'_2 = t'$. Daraus folgt $L' = x'_2 - x'_1$, also $L = \Gamma L'$, d.h

$$L' = L\sqrt{1 - v^2/c^2}.$$

Wegen $L' < L$ tritt somit in $\Sigma'$ eine Längenkontraktion gegenüber $\Sigma$ auf.

*Beispiel 3* (Additionstheorem der Geschwindigkeiten): Findet in $\Sigma$ die Bewegung

$$x = x(t), \quad y = y(t), \quad z = z(t)$$

statt, dann beobachtet man in $\Sigma'$ die Bewegung $x' = x'(t')$, $y' = y'(t')$, $z' = z'(t')$. Für die Geschwindigkeiten $V := dx(t)/dt$ und $V' := dx'(t')/dt'$ mit $x(t) = x'(t')$ erhalten wir nach (10.51) die Beziehung

$$\frac{dx'}{dt'} = \frac{dx'}{dt} \bigg/ \frac{dt}{dt'} = \frac{\dot{x} - v}{1 - v\dot{x}/c^2}$$

Wegen $\dot{x} = V$ ergibt sich daraus das sogenannte Additionstheorem der Geschwindigkeiten

$$V' = \frac{V - v}{1 - Vv/c^2}.$$

Sind $v/c$ und $V/c$ klein, dann erhalten wir daraus näherungsweise das klassische Additionstheorem $V' = V - v$, das wir im täglichen Leben benutzen, um z.B. die Relativgeschwindigkeit zwischen einem Auto und einem Zug zu bestimmen.

**Die allgemeine Lorentztransformation:** Unter einer Lorentztransformation versteht man eine Transformation zwischen zwei Inertialsystemen $\Sigma$ und $\Sigma'$, die sich zusammensetzt aus einer Drehung und drei speziellen Lorentztransformationen der Form (10.51) bezüglich der $x$-Achse (bzw. $y$-Achse, $z$-Achse). Vom physikalischen Standpunkt aus handelt es sich dabei um eine Transformation zwischen $\Sigma$ und $\Sigma'$, wobei zur Zeit $t = 0$ beide Systeme zusammenfallen und $\Sigma'$ sich in $\Sigma$ mit konstanter Geschwindigkeit bewegt.

Eine Poincarétransformation setzt sich definitionsgemäß aus einer Lorentztransformation, einer räumlichen und zeitlichen Translation

$$x' = x + \text{const}, \quad y' = y + \text{const}, \quad z' = z + \text{const}, \quad t' = t + \text{const},$$

einer möglichen Zeitspiegelung $t' = -t$ und einer möglichen Raumspiegelung (z.B. $x' = -x$) zusammen.

Alle Lorentztransformationen (bzw. Poincarétransformationen) bilden eine Gruppe (die *Lorentzgruppe* bzw. die *Poincarégruppe*).

**Die Minkowskimetrik:** Es sei $\Sigma$ ein Inertialsystem. Wir setzen

$$x^1 = x, \quad x^2 = y, \quad x^3 = z, \quad x^4 = ct.$$

Dann ist $(x^1, \ldots, x^4)$ ein Punkt des $\mathbb{R}^4$. Ferner sei

$$g_{11} = g_{22} = g_{33} = -g_{44} = -1 \quad \text{und} \quad g_{ij} = 0 \quad \text{für } i \neq j.$$

Bezeichnet $\sigma$ einen reellen Parameter, dann stellt $W$, gegeben durch

$$x^j = x^j(\sigma), \quad j = 1, 2, 3, 4, \tag{10.52}$$

eine Kurve im $\mathbb{R}^r$ dar. Für jeden festen Wert $\sigma$ ergibt sich ein Raumpunkt zu einem festen Zeitpunkt. Das ist ein *Ereignis*. Somit beschreibt (10.52) eine Folge von Ereignissen, die man auch eine *Weltlinie* $W$ nennt. Wählt man die Zeit als Parameter ($\sigma = t$), dann entspricht die Weltlinie (10.52) der Bewegung $x^1 = x^1(t), x^2 = x^2(t), x^3 = x^3(t)$. Entscheidend ist nun, daß wir durch

$$s := \int_{\sigma_0}^{\sigma} \sqrt{g_{ij}\dot{x}^i(\sigma)\dot{x}^j(\sigma)}\, d\sigma \tag{10.53}$$

die Bogenlänge $s$ der Weltlinie $W$ definieren. Dabei ist $\dot{x}^j := dx^j/d\sigma$. Aus (10.53) folgt

$$\dot{s}^2 = g_{ij}\dot{x}^i\dot{x}^j. \tag{10.54}$$

Dafür schreiben wir kurz $ds^2 = g_{ij}\, dx^i\, dx^j$. Bei beliebigen Koordinatentransformationen bildet $g_{ij}$ einen zweifach kovarianten, symmetrischen Tensor (metrischer Tensor).

**Satz 1:** Bei Lorentztransformationen[25)] bleiben die Werte von $g_{ij}$ konstant, d.h., es ist $g_{i'j'} = g_{ij}$.

Dieser Satz entspricht dem Einsteinschen Relativitätsprinzip (R). Man beachte, daß Lorentztransformationen dem Übergang zwischen Inertialsystemen entsprechen und diese gleichberechtigt sind.

---

[25)] Die gleiche Aussage gilt auch für Poincarétransformationen.

*Beispiel 4:* Wählen wir in (10.52) die Zeit als Parameter (d.h. $\sigma = t$), dann gilt $s = c\tau$ mit der sogenannten *Eigenzeit*

$$\tau = \int_{t_0}^{t} \left[ 1 - \sum_{\alpha=1}^{3} \left( \frac{1}{c} \frac{\mathrm{d}x^\alpha(t)}{\mathrm{d}t} \right)^2 \right]^{1/2} \mathrm{d}t \,. \tag{10.54*}$$

Die Eigenzeit $\tau$ wird von einer Uhr angezeigt, die sich auf der Bahn

$$x^\alpha = x^\alpha(t), \quad \alpha = 1,2,3, \tag{10.54**}$$

bewegt. Damit diese Definition sinnvoll ist, müssen wir fordern, daß sich die Uhr mit Unterlichtgeschwindigkeit bewegt, d.h., es gilt $[\ldots] > 0$ in (10.54*). Handelt es sich bei (10.54**) um einen Lichtstrahl, dann ist $[\ldots] = 0$ in (10.54*). In diesem Fall ist die Eigenzeit $\tau$ identisch gleich null.

Für Überlichtgeschwindigkeit ergibt sich $[\ldots] < 0$. Dann ist $\tau$ rein imaginär. Somit sind in der speziellen Relativitätstheorie nur Bewegungen sinnvoll, die höchstens Lichtgeschwindigkeit besitzen. Einstein postulierte allgemeiner:

(P) *Physikalische Wirkungen können sich höchstens mit Lichtgeschwindigkeit ausbreiten.*

**Die Bedeutung der Tensoranalysis für die spezielle Relativitätstheorie:** Nach dem Relativitätsprinzip (R) weiter oben müssen die Gleichungen der Physik in jedem Inertialsystem die gleiche Gestalt haben. Dieses Ziel kann man leicht dadurch erreichen, daß man diese Gleichungen als Tensorgleichungen schreibt und Satz 1 beachtet.

Beispielsweise ist die Eigenzeit $\tau$ eine skalare Größe, d.h., sie ist unabhängig von dem gewählten Koordinatensystem (Bezugssystem). Dagegen ändert sich die Systemzeit $t$ bei Wechsel der Bezugssysteme. Das erhellt die Bedeutung von skalaren Größen für die Physik.

**Die Grundgleichungen der relativistischen Mechanik:** Im folgenden summieren wir über gleiche obere und untere lateinische (bzw. griechische) Indizes von 1 bis 4 (bzw. 1 bis 3). Die Bewegung eines Teilchens $x^j = x^j(\tau), j = 1, \ldots, 4$, wird durch

$$\frac{\mathrm{D}p^j}{\mathrm{d}\tau} = \mathscr{K}^j, \quad j = 1, \ldots, 4, \tag{10.55}$$

beschrieben mit dem Viererimpuls $p^j = m_0 \dfrac{\mathrm{d}x^j}{\mathrm{d}\tau}$, der Ruhmasse $m_0$, der Eigenzeit $\tau$ und der Viererkraft $\mathscr{K}^j$.

*Diskussion:* Die Gleichung (10.55) ist eine Tensorgleichung, die in einem beliebigen Koordinatensystem gilt. Bei einem beliebigen Wechsel des Koordinatensystems (Bezugssystems) transformieren sich diese Größen, wie es das Indexbild angibt, d.h., $p^j$ und $\mathscr{K}^j$ sind kontravariante Tensoren, während $\tau$ und $m_0$ Skalare sind.

Es sei jetzt $\Sigma$ ein Inertialsystem mit den orthonormierten Basisvektoren $\mathbf{e}_1 = \mathbf{i}, \mathbf{e}_2 = \mathbf{j}, \mathbf{e}_3 = \mathbf{k}$. Dann gilt $g_{ij} = \text{const}$. Folglich ist $\mathrm{D}/\,\mathrm{d}\tau = \mathrm{d}/d\tau$. Wir setzen

$$\mathbf{x} = x^\alpha \mathbf{e}_\alpha, \quad \mathbf{p} = p^\alpha \mathbf{e}_\alpha = m_0 \dot{\mathbf{x}}/\Gamma, \quad \mathbf{K} = K^\alpha \mathbf{e}_\alpha = \Gamma \mathscr{K}^\alpha \mathbf{e}_\alpha$$

mit $\Gamma = \sqrt{1 - \dot{\mathbf{x}}^2/c^2}$. Der Punkt bezeichnet die Ableitung nach der Zeit $t$ in $\Sigma$. Wegen $\dfrac{\mathrm{D}}{\mathrm{d}\tau} = \dfrac{\mathrm{d}}{\mathrm{d}\tau} = \dfrac{\mathrm{d}}{\mathrm{d}t}\dfrac{\mathrm{d}t}{\mathrm{d}\tau} = \dfrac{1}{\Gamma}\dfrac{\mathrm{d}}{\mathrm{d}t}$ ist (10.55) für $j = 1, 2, 3$ äquivalent zu

$$\frac{\mathrm{d}\mathbf{p}}{\mathrm{d}t} = \mathbf{K} \quad \text{mit dem Impuls } \mathbf{p} = m\dot{\mathbf{x}} \tag{10.55*}$$

und der Masse $m = m_0/\sqrt{1 - \dot{\mathbf{x}}^2/c^2}$, die von der Geschwindigkeit abhängt. Gleichung (10.55*) verallgemeinert die klassische Newtonsche Bewegungsgleichung (Kraft = zeitliche Änderung des Impulses).

*Das relativistische Variationsproblem:* Besitzt das Kraftfeld **K** ein Potential $U$, d.h. $\mathbf{K} = -\mathbf{grad}\, U$, dann ist die Lagrangefunktion durch

$$L := -m_0 c^2 \sqrt{1 - \dot{\mathbf{x}}^2/c^2} - U(\mathbf{x})$$

gegeben. Jede Lösung des Variationsproblems

$$\int_a^b L(\mathbf{x}, \dot{\mathbf{x}})\, dt = \text{stationär!}, \tag{10.56}$$

$\mathbf{x}(a), \mathbf{x}(b)$ sind fest vorgegeben,

genügt den Euler-Lagrangeschen Gleichungen

$$\frac{d}{dt} \frac{\partial L}{\partial \dot{x}^\alpha} - \frac{\partial L}{\partial x^\alpha} = 0, \quad \alpha = 1, 2, 3 \tag{10.56*}$$

(vgl. 14.5.2.). Gleichung (10.56*) ist identisch mit der Bewegungsgleichung (10.55*).

Ist die Geschwindigkeit $|\dot{\mathbf{x}}|$ des Massenpunktes klein gegenüber der Lichtgeschwindigkeit c, d.h., $\mathbf{x}^2/c^2$ ist klein, dann erhält man in erster Näherung für die Lagrangefunktion den Ausdruck

$$L = \frac{1}{2} m_0 \dot{\mathbf{x}}^2 - U - m_0 c^2.$$

Das ist bis auf die Konstante $-m_0 c^2$ die klassische Lagrangefunktion $L$ = kinetische Energie $2^{-1} m_0 \dot{\mathbf{x}}^2$ - potentielle Energie $U$.

*Die Hamiltonfunktion:* Um den Ausdruck für die Energie $H$ zu erhalten, benutzen wir den sogenannten Hamiltonformalismus (vgl. 15.6.), d.h., mit Hilfe der Impulskomponenten

$$p^\alpha = \frac{\partial L}{\partial \dot{x}^\alpha}, \quad \alpha = 1, 2, 3,$$

wird die Hamiltonfunktion $H := \sum_{\alpha=1}^{3} p^\alpha \dot{x}^\alpha - L$ eingeführt. Dann ist

$$H = mc^2 + U$$

mit $m = m_0/\sqrt{1 - \dot{\mathbf{x}}^2/c^2}$ gleich der Energie des Teilchens. Das ist die berühmte Einsteinsche Energieformel. Ruht das Teilchen und liegt kein Kraftfeld vor ($\dot{\mathbf{x}} = 0, U = 0$), dann ist die Ruhenergie des Teilchens durch $H = m_0 c^2$ gegeben. Auf dieser Formel beruht die Energieproduktion der Sonne (Synthese von Helium aus Wasserstoff) sowie die Energieerzeugung durch Kernspaltung.

Nunmehr erhalten wir für die vierte Komponente $p^4$ des Viererimpulses in einem Inertialsystem die folgende physikalische Interpretation:

$$cp^4 = m_0 c^2 \frac{dt}{d\tau} = mc^2 = \text{Ruhenergie} + \text{kinetische Energie}.$$

*Geodätische Linien:* Für ein kräftefreies Teilchen ergibt sich aus (10.55) die Bewegungsgleichung

$$\frac{D}{d\tau}\left(\frac{dx^j}{d\tau}\right) = 0, \quad j = 1, \ldots, 4. \tag{10.57}$$

Das ist die Gleichung einer geodätischen Linie bezüglich der Minkowskimetrik $g_{ij}$ (vgl. 16.1.).

**Allgemeine Relativitätstheorie:** In der klassischen Newtonschen Gravitationstheorie breitet sich die Wirkung der Gravitationskraft mit unendlicher Geschwindigkeit aus. Eine Änderung der Masse der Sonne führt beispielsweise augenblicklich zu einer Änderung der Erdbahn. Das widerspricht dem obigen Postulat (P), wonach sich physikalische Wirkungen höchstens mit Lichtgeschwindigkeit ausbreiten können. Um die Gravitationstheorie so zu modifizieren, daß (P) gilt, schuf Einstein 1915 seine allgemeine Relativitätstheorie, die wir in 16.5. darstellen. Dann geht (10.57) in die Bewegungsgleichung eines Massenpunktes über, wobei das Gravitationsfeld durch ein metrisches Tensorfeld $g_{ij}$ beschrieben wird, das sich im Unterschied zur speziellen Relativitätstheorie von der Minkowskimetrik unterscheidet.

## 10.2.9. Anwendungen in der Elektrodynamik

Die Maxwellsche Theorie des elektromagnetischen Feldes besitzt wichtige Bezüge zu unterschiedlichen Gebieten der Mathematik. Wir wollen hier zeigen, wie sich die Maxwellschen Gleichungen in verschiedenen mathematischen Sprachen formulieren lassen. Wir benutzen dabei die Bezeichnungen der speziellen Relativitätstheorie (vgl. 10.2.8.). Indizes werden wie in 10.2.4. mit Hilfe des metrischen Tensors $g_{ij}$ gehoben oder gesenkt. Über gleiche obere und untere lateinische (bzw. griechische) Indizes wird von 1 bis 4 (bzw. 1 bis 3) summiert. Zum Beispiel ist

$$j^i = g^{ik} j_k, \quad F^{ik} = g^{ir} g^{ks} F_{rs}.$$

Wir benutzen das internationale MKSA-System (Meter, Kilogramm, Sekunde, Ampère).

**Die Sprache der Differentialformen:** Die eleganteste Formulierung der *Maxwellschen Gleichungen* der Elektrodynamik im Vakuum lautet:

$$-\delta F = \mu_0 j, \quad \mathrm{d}F = 0. \tag{10.58}$$

Dabei ist $F$ eine 2-Form, die das *elektromagnetische Feld* beschreibt, und $j$ ist eine 1-Form, die *Ladungen und Ströme* beschreibt. Explizit gilt

$$F = \frac{1}{2} F_{ik}\, \mathrm{d}x^i \wedge \mathrm{d}x^k, \quad j = j_k\, \mathrm{d}x^k, \quad F_{ik} = -F_{ki}, \quad i,k = 1,\ldots,4.$$

Ferner ist $\mu_0$ (bzw. $\varepsilon_0$) die magnetische Permeabilitätskonstante (bzw. Dielektrizitätskonstante) des Vakuums. Bezeichnet $c$ die Lichtgeschwindigkeit im Vakuum, dann gilt $c^2 = 1/\mu_0\varepsilon_0$.

*Relativistische Invarianz:* Die Maxwellschen Gleichungen (10.58) gelten in jedem Koordinatensystem (physikalisches Bezugssystem). Da der metrische Tensor $g_{ij}$ in jedem Inertialsystem die gleiche Form hat und $\delta$ nur von $g_{ij}$ abhängt, besitzen die Maxwellschen Gleichungen in jedem Inertialsystem die gleiche Form, d.h., sie sind relativistisch invariant. Während Einstein die klassische Mechanik modifizieren mußte, um eine relativistische Mechanik zu erhalten, konnte er die Maxwellschen Gleichungen unverändert übernehmen.

*Mathematische Folgerungen:* Mit Hilfe des Kalküls der Differentialformen ergeben sich aus (10.58) sofort eine Reihe wichtiger Aussagen, die man mit Hilfe anderer mathematischer Sprachen (z.B. der klassischen Vektoranalysis) nicht so elegant erhält.

Wegen $\delta^2 = 0$ folgt aus (10.58)

$$\delta j = 0 \quad \text{(Ladungserhaltung)}. \tag{10.59}$$

Nach dem Poincaré-Lemma (vgl. 10.2.7.3.) erhalten wir wegen $\mathrm{d}F = 0$ die Existenz einer 1-Form $A = A_k\, \mathrm{d}x^k$ mit

$$F = \mathrm{d}A \quad \text{(Viererpotential des elektromagnetischen Feldes)}. \tag{10.60}$$

**Satz 1:** Genügt das Viererpotential $A$ den Gleichungen

$$\delta A = 0 \quad \text{(Lorentz-Eichbedingung)} \tag{10.61a}$$

und

$$-(\mathrm{d}\delta + \delta\mathrm{d})A = \mu_0 j \quad \text{(Wellengleichung)}, \tag{10.61b}$$

dann genügt $F = \mathrm{d}A$ den Maxwellschen Gleichungen (10.58).

*Beweis:* Wir benutzen lediglich $\mathrm{d}^2 = 0$ und $\delta^2 = 0$. Aus $F = \mathrm{d}A$ folgt $\mathrm{d}F = \mathrm{d}\,\mathrm{d}A = 0$. Ferner impliziert (10.61) sofort $-\delta\,\mathrm{d}A = \mu_0 j$, d.h. $-\delta F = \mu_0 j$.

**Satz 2:** Die allgemeinste Lösung der Gleichung (10.60), d.h., das allgemeinste Viererpotential $A$ ist gegeben durch

$$A = A_{\mathrm{spez}} + \mathrm{d}f, \tag{10.62}$$

wobei $f$ eine beliebige Funktion ist.

Das folgt sofort aus dem Poincaré-Lemma (vgl. 10.2.7.3.). Den Übergang von $A_{\mathrm{spez}}$ zu $A$ in (10.62) bezeichnet man als *Eichtransformation.* Wegen $\mathrm{d}\,\mathrm{d}f = 0$ ist $F = \mathrm{d}A_{\mathrm{spez}}$, d.h., $F$ ist eichinvariant in dem Sinne, daß $F$ nicht von der Wahl der Eichfunktion $f$ abhängt.

*Inertialsysteme:* Die Gleichungen (10.58) bis (10.62) gelten in beliebigen Koordinatensystemen (Bezugssystemen). Wir betrachten jetzt ein beliebiges Inertialsystem $\Sigma$ mit den kartesischen Raumkoordinaten $x^1, x^2, x^3$ und der Zeit $t = x^4/\mathrm{c}$. Ferner setzen wir

$$\mathbf{x} = x^\alpha \mathbf{e}_\alpha, \quad \mathbf{E} = E^\alpha \mathbf{e}_\alpha, \quad \mathbf{H} = H^\alpha \mathbf{e}_\alpha, \quad \mathbf{j} = j^\alpha \mathbf{e}_\alpha, \quad j^4 = \mathrm{c}\varrho, \quad \mathbf{B} = \mu_0 \mathbf{H}, \quad \mathbf{D} = \varepsilon_0 \mathbf{E}$$

sowie $\mathbf{A} = A^\alpha \mathbf{e}_a$, $A^4 = U/\mathrm{c}$, $\mathbf{S} = S^\alpha \mathbf{e}_\alpha$. Dabei gilt:

$\mathbf{x}$ = Ortsvektor,
$\mathbf{E}$ = elektrischer Feldstärkevektor,
$\mathbf{H}$ = magnetischer Feldstärkevektor,
$\varrho$ = elektrische Ladungsdichte[26],
$\mathbf{j}$ = Stromdichtevektor der elektrischen Ladungen[26],
$U$ = elektrisches Potential (skalares Potential),
$\mathbf{A}$ = magnetisches Potential (Vektorpotential),
$\eta$ = Dichte der elektromagnetischen Energie = $2^{-1}(\mathbf{ED} + \mathbf{HB})$,
$\mathbf{S}$ = Stromdichtevektor der elektromagnetischen Energie = $\mathbf{E} \times \mathbf{H}$.

Der Zusammenhang zwischen $F_{km}$ und $\mathbf{E}, \mathbf{H}$ wird durch

$$(F_{km}) = \begin{pmatrix} 0 & -B^3 & B^2 & -E^1/\mathrm{c} \\ B^3 & 0 & -B^1 & -E^2/\mathrm{c} \\ -B^2 & B^1 & 0 & -E^3/\mathrm{c} \\ E^1/\mathrm{c} & E^2/\mathrm{c} & E^3/\mathrm{c} & 0 \end{pmatrix}$$

gegeben.

---

26) Ist $\Omega$ ein Gebiet, dann gilt $\int_\Omega \varrho\,\mathrm{d}x$ = elektrische Ladung in $\Omega$, $\int_0^t \mathrm{d}t \int_{\partial\Omega} \mathbf{jn}\,\mathrm{d}F$ = elektrische Ladung, die im Zeitintervall $[0, t]$ aus $\Omega$ herausfließt. Dabei ist $\mathbf{n}$ der äußere Einheitsnormalenvektor am Rand von $\Omega$.

**Die Sprache der Tensoranalysis:** Wir bezeichnen $F_{km}$ als *Tensor des elektromagnetischen Feldes*. Dann entsprechen die Gleichungen (10.58) bis (10.62) den folgenden Gleichungen[27]:

$$\nabla_k F^{km} = \mu_0 j^m, \quad \nabla_{[i} F_{km]} = 0 \quad \text{(Identität von Bianchi)}. \tag{10.58*}$$

Das ist gleichbedeutend mit

$$|g|^{-1/2}\partial_k \left(|g|^{1/2} F^{km}\right) = \mu_0 j^m, \quad \partial_{[i} F_{km]} = 0.$$

Wegen der Schiefsymmetrie von $F_{km}$ ist $\partial_{[i} F_{km]} = 0$ äquivalent zu

$$\partial_i F_{km} + \partial_k F_{mi} + \partial_m F_{ik} = 0 \quad \text{(Identität von Bianchi)}.$$

Ferner gilt

$$\nabla_k j^k = 0 \quad \text{(Ladungserhaltung)}. \tag{10.59*}$$

Das ist äquivalent zu $\partial_k \left(|g|^{1/2} j^k\right) = 0$. Gleichung (10.60) bedeutet

$$F_{ij} = \nabla_i A_j - \nabla_j A_i, \tag{10.60*}$$

d.h. $F_{ij} = \partial_i A_j - \partial_j A_i$. Außerdem gilt

$$\nabla_i A^i = 0 \quad \text{(Lorentz-Eichbedingung)}, \tag{10.61*}$$

$$\nabla_i \nabla^i A_m = \mu_0 j_m \quad \text{(Wellengleichung)}.$$

Dabei ist die Lorentz-Eichbedingung äquivalent zu $\partial_i(|g|^{1/2} A^i) = 0$. Schließlich ist

$$A_m = A_m^{\text{spez}} + \partial_m f \quad \text{(Eichtransformation)}. \tag{10.62*}$$

*Der Energie-Impulstensor* $T^{km}$: Dieser symmetrische Tensor wird durch

$$T^{km} := \left(\frac{1}{4} g^{km} F^{rs} F_{rs} - g^{mr} F^{ks} F_{rs}\right) \mu_0^{-1}$$

definiert. Außerdem definieren wir den Lorentzkrafttensor

$$K^m := T^{km} j_m.$$

**Satz 3** (Erhaltung von Energie und Impuls des elektromagnetischen Feldes): Ist $F_{km}$ eine Lösung der Maxwellschen Gleichungen (10.58), dann gilt

$$\nabla_k T^{km} = -K^m. \tag{10.63*}$$

In einem Inertialsystem hat man

$$(T^{km}) = \begin{pmatrix} -\sigma^{\alpha\beta} & S^\alpha/c \\ S^\alpha/c & \eta \end{pmatrix}, \quad \alpha, \beta = 1, 2, 3.$$

Dabei ist $\sigma^{\alpha\beta}$ der sogenannte dreidimensionale Maxwellsche Spannungstensor, der die Spannungskräfte des elektromagnetischen Feldes beschreibt (z.B. den Lichtdruck) und sich bei räumlichen Koordinatentransformationen wie ein Tensor verhält. In der Sprache der Vektoranalysis lautet (10.63*):

$$\eta_t + \operatorname{div} \mathbf{S} = -\mathbf{jE}, \quad (\mathbf{S}/c^2)_t + \mathbf{k} = \operatorname{div} \sigma \tag{10.63**}$$

mit der Lorentzkraftdichte $\mathbf{k} = \varrho\mathbf{E} + \mathbf{j} \times \mathbf{B}$ und $\sigma = \sigma^{\alpha\beta}\mathbf{e}_\alpha \cdot \mathbf{e}_\beta = \mathbf{D}\cdot\mathbf{E} + \mathbf{B}\cdot\mathbf{H} - \eta I$ (dyadisches Produkt). Integration von (10.63**) ergibt:

---

[27] Diese Gleichungen bleiben auch in der allgemeinen Relativitätstheorie gültig, falls man den metrischen Tensor $g_{ij}$ der allgemeinen Relativitätstheorie wählt (vgl. 16.5.). Physikalisch beschreiben diese Gleichungen dann die Ankopplung des elektromagnetischen Feldes an das Gravitationsfeld.

*Erhaltung der Energie des elektromagnetischen Feldes:*[28]

$$\frac{\mathrm{d}}{\mathrm{d}t}\int_{\Omega}\eta\,\mathrm{d}x+\int_{\partial\Omega}\mathbf{Sn}\,\mathrm{d}F=-\int_{\Omega}\mathbf{jE}\,\mathrm{d}x;$$

*Erhaltung des Impulses des elektromagnetischen Feldes:*

$$\frac{\mathrm{d}}{\mathrm{d}t}\int_{\Omega}(\mathbf{S}/c^2)\,\mathrm{d}x+\int_{\Omega}\mathbf{k}\,\mathrm{d}x=\int_{\partial\Omega}\sigma\mathbf{n}\,\mathrm{d}F\,.$$

*Bewegung eines geladenen Teilchens:* Benutzen wir die Bezeichnungen aus 10.2.8., dann lautet die Gleichung für die Bewegung eines Teilchens der Ruhmasse $m_0$ und der Ladung $Q$:

$$m_0\,\frac{\mathrm{D}p^k}{\mathrm{d}\tau}=QF^{km}p_k,\quad p^k=m_0\,\frac{\mathrm{d}x^k}{\mathrm{d}\tau}\tag{10.64*}$$

($\tau$ = Eigenzeit). Diese Gleichung gilt in einem beliebigen Koordinatensystem; $Q$ und $m_0$ sind Skalare.

In der Sprache der Vektoranalysis lautet (10.64*) für ein beliebiges Inertialsystem:

$$\frac{\mathrm{d}m\,\dot{\mathbf{x}}}{\mathrm{d}t}=Q(\mathbf{E}+\dot{\mathbf{x}}\times\mathbf{B})$$

mit der relativistischen Masse $m=m_0/\sqrt{1-\dot{\mathbf{x}}^2/c^2}$.

*Das Variationsprinzip der Elektrodynamik:* In einem beliebigen Inertialsystem betrachten wir für ein beschränktes Raum-Zeitgebiet $G$ im $\mathbb{R}^4$ das folgende Variationsproblem (Prinzip der stationären Wirkung):

$$\int_G\left(\frac{1}{4}\,F_{km}F^{km}+\mu_0A_mj^m\right)\mathrm{d}x\,\mathrm{d}t=\text{stationär!},\tag{10.65*}$$

$A_m$ ist fest vorgegeben auf dem Rand $\partial G$.

Dabei ist $F_{km}=\partial_kA_m-\partial_mA_k$. Gesucht wird $A_m$, $m=1,\ldots,4$.

**Satz 4:** Ist $A_m$ eine Lösung von (10.65*), dann ist $F_{km}$ eine Lösung der Maxwellschen Gleichungen (10.58*).

In der Sprache der Vektoranalysis lautet (10.65*):

$$\int_G\frac{1}{2}(\mathbf{B}^2-\mathbf{E}^2/c^2)-\mu_0\mathbf{A}j+\mu_0\varrho U\,\mathrm{d}x\,\mathrm{d}t=\text{stationär!},$$

$A, U$ sind fest vorgegeben auf dem Rand $\partial G$.

**Die klassische Formulierung der Maxwellschen Gleichungen in der Sprache der Vektoranalysis:** In einem beliebigen Inertialsystem lauten die Maxwellschen Gleichungen (10.58):

$$\begin{aligned}&\operatorname{div}\mathbf{D}=\varrho,\quad \mathbf{rot}\,\mathbf{H}=\mathbf{j}+\mathbf{D}_t,\\&\operatorname{div}\mathbf{B}=0,\quad \mathbf{rot}\,\mathbf{E}=-\mathbf{B}_t.\end{aligned}\tag{10.58**}$$

Die erste (bzw. zweite) Zeile entspricht $-\delta F=\mu_0 j$ (bzw. $\mathrm{d}F=0$). Die Beziehungen (10.59) bis (10.62) lauten jetzt folgendermaßen:

$$\varrho_t+\operatorname{div}\mathbf{j}=0\quad\text{(Ladungserhaltung)}.\tag{10.59**}$$

Ferner ist

---

[28] Der Term $-\mathbf{jE}$ entspricht der erzeugten Wärmeenergie.

$$\mathbf{E} = -\,\mathbf{grad}\; U - \mathbf{A}_t, \quad \mathbf{B} = \mathbf{rot}\; \mathbf{A} \qquad \text{(Potential)}, \qquad (10.60^{**})$$

$$\operatorname{div} \mathbf{A} + U_t/c^2 = 0 \qquad \text{(Lorentz-Eichbedingung)}, \qquad (10.61^{**})$$

$$\frac{1}{c^2} U_{tt} - \Delta U = \varrho/\varepsilon_0, \quad \frac{1}{c^2} \mathbf{A}_{tt} - \Delta \mathbf{A} = \mu_0 \mathbf{j} \qquad \text{(Wellengleichung)}.$$

Nach Satz 1 ergibt jede Lösung $U, \mathbf{A}$ von (10.61**) mit Hilfe von (10.60**) eine Lösung $\mathbf{E}, \mathbf{B}$ der Maxwellschen Gleichungen (10.58**). Eichtransformationen der Potentiale entsprechen

$$\mathbf{A} = \mathbf{A}_{\text{spez}} - \mathbf{grad}\; f, \quad U = U_{\text{spez}} + f_t. \qquad (10.62^{**})$$

**Die klassische Formulierung der Maxwellschen Gleichungen in der Sprache der Integrale:** Es sei $\Omega$ ein beschränktes Gebiet des $\mathbb{R}^3$ mit dem äußeren Einheitsnormalenvektor **n**, und es sei $\mathscr{F}$ eine Fläche mit dem Einheitsnormalenvektor **n**. Die Randkurve $\partial\mathscr{F}$ sei kohärent bezüglich $\mathscr{F}$ orientiert (Abb. 10.9b.). Integriert man die Maxwellschen Gleichungen (10.58**) über $\Omega$ und benutzt man die klassischen Integralsätze von Gauß und Stokes, dann erhält man die integrale Form der Maxwellschen Gleichungen:

$$\int_{\partial\Omega} \mathbf{Dn}\,\mathrm{d}F = \int_{\Omega} \varrho\,\mathrm{d}x, \qquad \int_{\partial\mathscr{F}} \mathbf{H}\,\mathrm{d}\mathbf{x} = \int_{\mathscr{F}} \mathbf{jn}\,\mathrm{d}F + \frac{\mathrm{d}}{\mathrm{d}t} \int_{\mathscr{F}} \mathbf{Dn}\,\mathrm{d}F,$$

$$\int_{\partial\Omega} \mathbf{Bn}\,\mathrm{d}F = 0, \qquad \int_{\partial\mathscr{F}} \mathbf{E}\,\mathrm{d}\mathbf{x} = -\frac{\mathrm{d}}{\mathrm{d}t} \int_{\mathscr{F}} \mathbf{Bn}\,\mathrm{d}F.$$

Diese Form der Maxwellschen Gleichungen ist wichtig, um das Sprungverhalten des elektromagnetischen Feldes entlang von Grenzflächen und Wellenfronten zu untersuchen. Ferner gilt:

$$\frac{\mathrm{d}}{\mathrm{d}t} \int_{\Omega} \varrho\,\mathrm{d}x + \int_{\partial\Omega} \mathbf{jn}\,\mathrm{d}F = 0 \quad \text{(Ladungserhaltung)}.$$

**Spezielle Lösungen der Maxwellschen Gleichungen:**

*Beispiel 1* (Elektrostatik): Ist kein magnetisches Feld **H** vorhanden und ist das elektrische Feld **E** zeitunabhängig, dann gehen die Maxwellschen Gleichungen (10.58**) in den Spezialfall

$$\varepsilon_0 \operatorname{div} \mathbf{E} = \varrho, \quad \operatorname{rot} \mathbf{E} = 0$$

über. Der Potentialansatz $\mathbf{E} = -\,\mathbf{grad}\; U$ erfüllt automatisch die Gleichung $\operatorname{rot} \mathbf{E} = 0$. Aus $\varepsilon_0 \operatorname{div} \mathbf{E} = \varrho$ erhalten wir die Poissongleichung

$$-\varepsilon_0 \Delta U = \varrho$$

mit der speziellen Lösung

$$U(\mathbf{x}) = \frac{1}{4\pi\varepsilon_0} \int_{\mathbb{R}^3} \frac{\varrho(\mathbf{y})}{|\mathbf{x}-\mathbf{y}|}\,\mathrm{d}y, \quad \mathbf{x} \in \mathbb{R}^3,$$

die man als *Volumenpotential* bezeichnet. Vorausgesetzt wird dabei, daß die Ladungsdichte $\varrho$ hinreichend glatt ist und außerhalb einer hinreichend großen Kugel verschwindet (z.B. $\varrho \in C_0^\infty(\mathbb{R}^3)$).

*Beispiel 2* (ebene elektromagnetische Wellen): Wir setzen voraus, daß keine Ladungen und Ströme vorhanden sind (d.h. $\varrho \equiv 0$ und $\mathbf{j} \equiv 0$). Gegeben sei der Einheitsvektor $\mathbf{e}$ und die glatte Vektorfunktion $\mathbf{f}$. Dann erhalten wir durch

$$\mathbf{E}(\mathbf{x},t) = \mathbf{f}(\mathbf{ex} - ct), \quad \mathbf{B}(\mathbf{x},t) = (\mathbf{e} \times \mathbf{E}(\mathbf{x},t))/c$$

eine Lösung der Maxwellschen Gleichung (10.58**), wobei $\mathbf{E}$ und $\mathbf{B}$ transversal zu $\mathbf{e}$ sind. Vom physikalischen Standpunkt aus entspricht diese Lösung einer transversalen elektromagnetischen Welle im Vakuum, die sich mit der Lichtgeschwindigkeit $c$ in Richtung von $\mathbf{e}$ ausbreitet (z.B. Radiowellen oder Lichtwellen).

*Beispiel 3* (spezielle Lösung der Maxwellschen Gleichungen – retardierte Potentiale): Es sei

$$U(\mathbf{x},t) = \frac{1}{4\pi\varepsilon_0} \int\limits_{\mathbb{R}^3} \frac{\varrho(\mathbf{y}, t - |\mathbf{y}-\mathbf{x}|/c)}{|\mathbf{y}-\mathbf{x}|}\, dy,$$

$$\mathbf{A}(\mathbf{x},t) = \frac{\mu_0}{4\pi} \int\limits_{\mathbb{R}^3} \frac{\mathbf{j}(\mathbf{y}, t - |\mathbf{y}-\mathbf{x}|/c)}{|\mathbf{y}-\mathbf{x}|}\, dy$$

und

$$\mathbf{E}_1 = -\,\mathbf{grad}\, U - \mathbf{A}_t, \quad \mathbf{B}_1 = \mathbf{rot}\, \mathbf{A}.$$

Wir setzen voraus, daß $\varrho$ und $\mathbf{j}$ glatt sind sowie außerhalb einer hinreichend großen Kugel für alle Zeiten verschwinden. Dann ist $\mathbf{E}_1, \mathbf{B}_1$ eine Lösung der Maxwellschen Gleichungen (10.58**) (und zwar auf dem $\mathbb{R}^3$ für alle Zeiten $t \in \mathbb{R}$).

Außerdem sind die Lorentz-Eichbedingung und die Wellengleichungen (10.61**) erfüllt.

**Der Hauptsatz der Elektrodynamik (eindeutige Lösbarkeit des Anfangswertproblems für die Maxwellschen Gleichungen):** Wir geben uns vor:

(i) die Ladungsdichte $\varrho$ und den Stromdichtevektor $\mathbf{j}$ wie in Beispiel 3;

(ii) das elektrische Feld $\mathbf{E}_0$ und das magnetische Feld $\mathbf{B}_0$ zur Anfangszeit $t = 0$; dabei seien $\mathbf{E}_0$ und $\mathbf{B}_0$ glatt (Klasse $C_0^\infty$ auf $\mathbb{R}^3$). Ferner gelte

$$\varepsilon_0 \operatorname{div} \mathbf{E}_0(\mathbf{x},0) = \varrho(\mathbf{x},0), \quad \operatorname{div} \mathbf{B}_0(\mathbf{x},0) = 0 \quad \text{auf } \mathbb{R}^3.$$

Dann besitzen die Maxwellschen Gleichungen (10.58**) genau eine Lösung $\mathbf{E}, \mathbf{B}$ mit

$$\mathbf{E}(\mathbf{x},0) = \mathbf{E}_0(\mathbf{x}), \quad \mathbf{B}(\mathbf{x},0) = \mathbf{B}_0(\mathbf{x}) \quad \text{auf } \mathbb{R}^3.$$

Diese Lösung ist explizit gegeben durch

$$\begin{aligned}
\mathbf{E}(\mathbf{x},t) &= \mathbf{E}_1(\mathbf{x},t) + \frac{1}{4\pi t} \int\limits_{\partial\mathscr{K}} \mathbf{rot}\,(\mathbf{B}_0(\mathbf{y}) - \mathbf{B}_1(\mathbf{y},0))\, dF \\
&\quad + \frac{\partial}{\partial t}\left[\frac{1}{4\pi c^2 t} \int\limits_{\partial\mathscr{K}} (\mathbf{E}_0(\mathbf{y}) - \mathbf{E}_1(\mathbf{y},0))\, dF\right], \\
\mathbf{B}(\mathbf{x},t) &= \mathbf{B}_1(\mathbf{x},t) - \frac{1}{4\pi c^2 t} \int\limits_{\partial\mathscr{K}} \mathbf{rot}\,(\mathbf{E}_0(\mathbf{y}) - \mathbf{E}_1(\mathbf{y},0))\, dF \\
&\quad + \frac{\partial}{\partial t}\left[\frac{1}{4\pi c^2 t} \int\limits_{\partial\mathscr{K}} (\mathbf{B}_0(\mathbf{y}) - \mathbf{B}_1(\mathbf{y},0))\, dF\right]
\end{aligned} \tag{10.66}$$

für alle $\mathbf{x} \in \mathbb{R}^3, t > 0$. Dabei bezeichnet $\mathscr{K} := \{\mathbf{y}\colon |\mathbf{y}-\mathbf{x}| \le ct\}$ eine Kugel vom Radius $r = ct$, d.h., $r$ entspricht genau der Entfernung, die das Licht in der Zeit $t$ zurücklegt. Nach (10.66) hängt das elektrische Feld $\mathbf{E}$ zur Zeit $t$ am Ort $\mathbf{x}$ nur von den Werten von $\mathbf{E}$ und $\mathbf{B}$ zur Zeit

$t = 0$ auf dem Kugelrand $\partial\mathscr{K}$ ab. Das entspricht der Ausbreitungsgeschwindigkeit c. Eine analoge Aussage gilt für das magnetische Feld **B**. Somit beinhaltet die Formel (10.66):

*Elektromagnetische Wirkungen breiten sich mit Lichtgeschwindigkeit aus.*

**Ausbreitung von Singularitäten, Charakteristiken und elektromagnetische Wellen:** Wir betrachten die Maxwellgleichungen (10.58**) im Vakuum ohne Ladungen und Ströme (d.h. $\varrho \equiv 0, \mathbf{j} \equiv 0$). Es sei

$$\psi(\mathbf{x}, t) = 0$$

die Gleichung einer Wellenfront $\mathscr{W}$. Definitionsgemäß sind **E** und **B** stetig entlang $\mathscr{W}$, während die ersten partiellen Ableitungen längs $\mathscr{W}$ springen können. Dann gilt

$$\frac{1}{c^2}\,\psi_t(\mathbf{x}, t)^2 - (\mathbf{grad}\,\psi)^2 = 0 \tag{10.67}$$

oder $\psi_t = 0$. Die Lösungen dieser beiden Gleichungen bezeichnet man als die Charakteristiken der Maxwellschen Gleichungen. Eine spezielle Lösung ist zum Beispiel

$$\psi(\mathbf{x}, t) := \mathbf{xe} - ct.$$

Das entspricht einer ebenen Wellenfront, die sich mit der Geschwindigkeit c in Richtung des Einheitsvektors **e** ausbreitet.

**Die Formulierung der Maxwellschen Gleichungen in der Sprache der symmetrischen hyperbolischen Systeme:** Setzen wir

$$u = (E^1, E^2, E^3, B^1, B^2, B^3),$$

dann entspricht das Anfangswertproblem

$$\begin{array}{lll} \mathbf{rot}\,\mathbf{E} = -\mathbf{B}_t, & \mathbf{rot}\,\mathbf{H} = \mathbf{D}_t & \text{auf } \mathbb{R}^3 \text{ für } t > 0, \\ \mathbf{E} = \mathbf{E}_0, & \mathbf{B} = \mathbf{B}_0 & \text{auf } \mathbb{R}^3 \text{ für } t = 0 \text{ (Anfangsbedingung)} \end{array} \tag{10.68}$$

dem System

$$\begin{array}{ll} A_0 u_t + \sum\limits_{\alpha=1}^{3} A_\alpha \partial_\alpha u = 0 & \text{auf } \mathbb{R}^3 \text{ für } t > 0, \\ u = u_0 & \text{auf } \mathbb{R}^3 \text{ für } t = 0 \text{ (Anfangsbedingung).} \end{array}$$

Da die Matrizen $A_0, A_1, A_2, A_3$ reell und symmetrisch sind und $A_0$ positiv definit ist, handelt es sich um ein sogenanntes symmetrisches hyperbolisches System. Einen allgemeinen Existenzsatz für derartige Systeme findet man in 14.3.

Genügen die zur Zeit $t = 0$ vorgegebenen Felder $\mathbf{E}_0$ und $\mathbf{B}_0$ den Bedingungen $\operatorname{div}\mathbf{E}_0 = \operatorname{div}\mathbf{B}_0 = 0$, dann genügt die Lösung von (10.68) automatisch den restlichen Maxwellschen Gleichungen $\operatorname{div}\mathbf{E} = \operatorname{div}\mathbf{B} = 0$ auf $\mathbb{R}^4$ für alle Zeiten $t \geq 0$.

## 10.2.10. Die geometrische Interpretation des elektromagnetischen Feldes als Krümmung eines Hauptfaserbündels (Eichfeldtheorie)

In der modernen Differentialgeometrie wird die Krümmung von Mannigfaltigkeiten durch die Krümmung von Hauptfaserbündeln $\mathscr{H}$ beschrieben. Die Maxwellschen Gleichungen lassen sich in dieser Sprache formulieren. Dabei gilt:

Viererpotential $A = A_j\,dx^j \mathrel{\hat=}$ Zusammenhang von $\mathscr{H} = \mathbf{M}_4 \times U(1)$ (Paralleltransport),

elektromagnetischer Feldtensor $F_{ij} = \partial_i A_j - \partial_j A_i \mathrel{\hat=}$ Krümmung von $\mathscr{H}$.

Ersetzt man die Liegruppe $U(1)$ durch $SU(N)$, dann erhält man eine Verallgemeinerung der Maxwellschen Gleichungen, die in der modernen Elementarteilchenphysik eine entscheidende Rolle spielt (Eichfeldtheorien).

Mit $\mathbf{M}_4$ bezeichnen wir den $\mathbb{R}^4$ versehen mit der Minkowskimetrik. Dann entspricht $\mathbf{M}_4$ einem Inertialsystem. Ferner bezeichne $U(1)$ die Menge aller komplexen Zahlen $g$ mit $|g| = 1$. Bezüglich der Multiplikation bildet $U(1)$ eine Liegruppe. Jedes $g \in U(1)$ erlaubt die Darstellung $g = e^{i\varphi}, \varphi \in \mathbb{R}$. Dabei heißt $i\mathbb{R}$ die Liealgebra von $U(1)$ mit der trivialen Lieklammer $[i\varphi, i\psi] = 0$ für alle $\varphi, \psi \in \mathbb{R}$. Man bezeichnet $\varphi$ als *Phase* von $g$.

*Hauptfaserbündel:* Wir setzen $\mathscr{H} := \mathbf{M}_4 \times U(1)$. Die Punkte von $\mathscr{H}$ sind gegeben durch die Paare $(x, g)$ mit $x \in \mathbf{M}_4$ und $g \in U(1)$. Die Menge $F_x := \{(x, g) \colon g \in U(1)\}$ bezeichnet man als die Faser im Punkte $x$. Da $F_x$ mit der Liegruppe $U(1)$ identifiziert werden kann, heißt $\mathscr{H}$ ein Hauptfaserbündel (vom Produkttyp).

*Paralleltransport:* Gegeben sei eine Kurve $C\colon x^j = x^j(\sigma)$, $j = 1, 2, 3, 4$, auf der Basismannigfaltigkeit $\mathbf{M}_4$. Man sagt, daß

$$x = x(\sigma), \quad g = g(\sigma)$$

genau dann einen Paralleltransport in $\mathscr{H}$ über der Kurve $C$ beschreibt, wenn die Differentialgleichung

$$\dot{g}(\sigma) + \mathscr{A}_j(x(\sigma))\dot{x}^j(\sigma) = 0\,, \quad \mathscr{A}_j := iA_j \tag{10.69}$$

erfüllt ist. Man bezeichnet die Differentialform

$$\mathscr{A} := \mathscr{A}_j \, dx^j + \mu$$

als die Zusammenhangsform von $\mathscr{H}$. Dabei is $\mu$ die Maurer-Cartan-Form der Liegruppe $U(1)$, d.h., es gilt $\mu_{g(\sigma)}(\dot{x}(\sigma), \dot{g}(\sigma)) := g(\sigma)^{-1}\dot{g}(\sigma)$. Setzen wir $dx^j(\dot{x}(\sigma), \dot{g}(\sigma)) := \dot{x}^j(\sigma)$, dann kann man die Gleichung (10.69) kurz in der Form

$$\mathscr{A}(\dot{x}(\sigma), \dot{g}(\sigma)) = 0 \tag{10.69*}$$

schreiben.

*Eichtransformationen:* Für jede Funktion $f\colon \mathbb{R}^4 \to \mathbb{R}$ bezeichnen wir

$$g_+ = e^{if(x)}g, \quad g \in U(1), \tag{10.70}$$

als eine Eichtransformation. Aus $g \in U(1)$ folgt $g_+ \in U(1)$. Die zugehörige Eichtransformation von $\mathscr{A}$ lautet definitionsgemäß

$$\mathscr{A}_+ := \mathscr{A} - i\,df, \quad \text{d.h. } \mathscr{A}_j^+ := \mathscr{A}_j - i\partial_j f.$$

**Satz 1:** Ist $(x_+(\sigma), g(\sigma))$ eine Lösung von (10.69), dann ergibt sich die Gleichung für $(x_+(\sigma), g_+(\sigma))$, falls wir $\mathscr{A}$ durch $\mathscr{A}_+$ ersetzen.

Führen wir $A_j$ durch $\mathscr{A}_j := iA_j$ ein, dann erhalten wir

$$A_j^+ = A_j + \partial_j f, \quad j = 1, 2, 3, 4. \tag{10.71}$$

Interpretieren wir $A_j$ als Viererpotential der Elektrodynamik, dann stellt (10.71) eine *Eichtransformation des Viererpotentials* dar.

*Kovariante Richtungsableitung:* Es sei $g = g(x)$ eine Funktion auf $\mathbf{M}_4$ mit Werten in der Gruppe $U(1)$. Parallel zur Tensoranalysis in 10.2.5. definieren wir für $g(\sigma) := g(x(\sigma))$ die kovariante Richtungsableitung

$$\frac{Dg(\sigma)}{d\sigma} = (\nabla_j g)\dot{x}^j(\sigma)$$

**mit der kovarianten Ableitung**[29)]

$$\nabla_j := \partial_j + \mathscr{A}_j .$$

**Die Gleichung (10.69) für den Paralleltransport lautet dann kurz:**

$$\frac{\mathrm{D}g}{\mathrm{d}\sigma} = 0 .$$

**Satz 2: Bei einer Eichtransformation $\psi_+(x) = \mathrm{e}^{\mathrm{i}f(x)}\psi(x)$ besitzt die kovariante Ableitung das folgende einfache Transformationsverhalten:**

$$\nabla_j^+ \psi_+ = \mathrm{e}^{\mathrm{i}f} \nabla_j \psi,$$

**falls wir $\nabla_j^+ := \partial_j + \mathscr{A}_j^+$ setzen.**

***Krümmung:*** **In der Riemannschen Geometrie ergibt sich der Krümmungstensor $R^j_{ikm}$ durch $\nabla_k \nabla_m u^j - \nabla_m \nabla_k u^j = R^j_{ikm} u^i$, d.h., die Krümmung mißt die Abweichung von der Kommutativität der kovarianten Ableitung (vgl. 16.1.). Parallel dazu setzen wir jetzt**

$$\mathscr{F}_{km} := \nabla_k \nabla_m - \nabla_m \nabla_k,$$

d.h. $\mathscr{F}_{km} = \partial_k \mathscr{A}_m - \partial_m \mathscr{A}_k$.

**Satz 3: Es gilt $\mathscr{F}^+_{km} = \mathscr{F}_{km}$, d.h., $\mathscr{F}_{km}$ ist eichinvariant.**

**Führen wir $F_{km}$ durch $\mathscr{F}_{km} = -\mathrm{i} F_{km}$ ein, dann gilt**

$$F_{km} = \partial_k A_m - \partial_m A_k .$$

**Interpretieren wir $A_j$ als Viererpotential der Elektrodynamik, dann ist $F_{km}$ der *elektromagnetische Feldtensor*.**

***Krümmungsform:*** **Definieren wir die Krümmungsform durch**

$$\mathscr{F} := \mathrm{d}\mathscr{A} + \frac{1}{2}[\mathscr{A}, \mathscr{A}] \qquad (10.72)$$

**mit der Lieklammer $[.,.]$, dann erhalten wir wegen $[\mathscr{A}, \mathscr{A}] = 0$ im vorliegenden Spezialfall der Liegruppe $U(1)$ sofort $\mathscr{F} = \mathrm{d}\mathscr{A}$.**

**Satz 4: Setzen wir $s(x) = (x, 1)$, dann gilt**

$$s^*\mathscr{A} = \mathscr{A}_j \, \mathrm{d}x^j, \quad s^*\mathscr{F} = \frac{1}{2} \mathscr{F}_{km} \, \mathrm{d}x^k \wedge \mathrm{d}x^m,$$

**wobei $s^*\mathscr{A}$ bzw. $s^*\mathscr{F}$ das pull-back (vgl. 15.4.) der Zusammenhangsform $\mathscr{A}$ bzw. der Krümmungsform $\mathscr{F}$ bezeichnet.**

***Kommentar:*** **In der Theorie der Hauptfaserbündel ist nicht die Basismannigfaltigkeit $\mathbf{M}_4$, sondern das Hauptfaserbündel $\mathscr{H}$ das entscheidende Objekt. Deshalb sind die Zusammenhangsform $\mathscr{A}$ und die Krümmungsform $\mathscr{F}$ fundamentale Objekte auf $\mathscr{H}$. Satz 4 zeigt, wie man daraus Formen auf der Basismannigfaltigkeit $\mathbf{M}_4$ erhält, die im vorliegenden Fall mit dem Viererpotential und dem Feldtensor der Elektrodynamik zusammenhängen.**

**Für allgemeine Liegruppen verschwindet die Klammer $[\mathscr{A}, \mathscr{A}]$ in (10.72) nicht identisch. Gegenüber allgemeineren Eichfeldtheorien ist die Maxwellsche Elektrodynamik besonders einfach, weil die Liegruppe $U(1)$ kommutativ ist (Abelsche Eichfeldtheorie) (d.h., es gilt $gh = hg$ für alle $g, h \in U(1)$). Das impliziert das Verschwinden der Lieklammern.**

---

29) Diese kovariante Ableitung ist wesentlich einfacher definiert als die kovariante Ableitung in 10.2.5. mit Hilfe des metrischen Tensors.

# 10.3. Integralgleichungen

## 10.3.1. Allgemeine Begriffe

Bei einer Integralgleichung[30)] handelt es sich um eine Gleichung zur Bestimmung einer Funktion $\varphi$, wobei in der Gleichung ein Integral auftritt, dessen Integrand von $\varphi$ abhängt. Ferner können in einer solchen Gleichung auch Terme auftreten, in die die Funktion $\varphi$ direkt eingeht, d.h. nicht in der Form eines Integrals.

*Beispiele:*

1. $\int_a^b K(x,y)\varphi(y)\,dy + f(x) = 0, \quad a \le x \le b;$
2. $\int_a^b K(x,y)\varphi(y)\,dy + f(x) = \varphi(x);$
3. $\int_a^x K(x,y)\varphi(y)\,dy + f(x) = 0;$
4. $\int_a^x K(x,y)\varphi(y)\,dy + f(x) = \varphi(x).$

In diesen vier Beispielen sind $f$ und $K$ gegebene Funktionen. Die unter dem Integral stehende bekannte Funktion $K$ wird als *Kern* der Integralgleichung bezeichnet; $K$ muß in dem Quadrat $a \le x \le b, a \le y \le b$ definiert sein, während das Definitionsgebiet der Funktion $f$ das Intervall $a \le x \le b$ ist.

Gleichungen, in denen die unbekannte Funktion $\varphi$ linear enthalten ist, heißen *lineare Integralgleichungen*. Die obigen vier Beispiele sind lineare Integralgleichungen. Dagegen ist

$$\int_a^b F(x,y,\varphi(y))\,dy - \varphi(x) = f(x), \quad a \le x \le b,$$

eine nichtlineare Integralgleichung, falls $F$ nichtlinear von $\varphi$ abhängt, z.B. $F(x,y,\varphi) = a(x,y)\sin\varphi$.

**Klassifikation:** Integralgleichungen, bei denen beide Integrationsgrenzen konstant sind, bezeichnet man als *Fredholmsche Integralgleichungen* (Beispiel 1 und 2). Ist nur eine Integrationsgrenze konstant, so spricht man von einer *Volterraschen Integralgleichung* (Beispiel 3 und 4). Bei *Integralgleichungen erster Art* kommt die unbekannte Funktion nur unter dem Integralzeichen vor (Beispiel 1 und 3). Tritt die unbekannte Funktion sowohl unter dem Integral als auch außerhalb desselben auf, so liegt eine *Integralgleichung zweiter Art* vor (Beispiel 2 und 4). Gleichungen, in denen jedes Glied die unbekannte Funktion enthält, heißen *homogene Integralgleichungen*. Enthält eine Integralgleichung ein Glied ohne die unbekannte Funktion, so ist diese Gleichung *inhomogen*. Das von der unbekannten Funktion freie Glied – in den angeführten Beispielen mit $f(x)$ bezeichnet – heißt auch *Störungsfunktion*.

**Strategie:** Im folgenden behandeln wir elementare Ergebnisse der klassischen Theorie der Integralgleichungen. Zu diesem Zweck setzen wir den Kern $K$ als stetig voraus und suchen stetige Lösungen, falls nicht ausdrücklich das Gegenteil betont wird. Alle Integrale sind im klassischen (Riemannschen) Sinne zu verstehen.

---

[30)] Abschnitt 10.3. stellt eine völlig neubearbeitete Fassung des früher von Prof. Dr. M. Miller † verfaßten Abschnitts 8.4. [Ergänzende Kapitel zu Bronstein/Semendjajew, Taschenbuch der Mathematik] dar.

Die moderne Theorie der Integralgleichungen basiert auf der Anwendung *funktionalanalytischer Methoden*. Dabei wird jede Integralgleichung als *Operatorgleichung* in einem geeigneten Funktionenraum aufgefaßt. Insbesondere lassen sich durch die Verwendung des modernen Lebesgueintegrals (vgl. 10.5.) auch große Klassen unstetiger Kerne $K(x, y)$ erfassen. Das wird in 11.1.1. (Grundideen) und 11.3. (Existenzsätze) dargestellt. Nichtlineare Integralgleichungen werden mit den Methoden der nichtlinearen Funktionalanalysis untersucht (z.B. mit Hilfe der *Fixpunkttheorie* für Operatorgleichungen). Das findet man in 12.1.

## 10.3.2. Einfache Integralgleichungen, die durch Differentiation auf gewöhnliche Differentialgleichungen zurückgeführt werden können

1. Johann Bernoulli (1667–1748) behandelt in seiner „Ersten Integralrechnung" (Ostwalds Klassiker der exakten Wissenschaften Nr. 194, S. 35) folgende Aufgabe:

Es ist die Natur (d.h. die Gleichung $y = \varphi(x)$) der Kurve $OB$ (s. Abb. 10.11) zu bestimmen, die so beschaffen ist, daß die Fläche $OAB$ stets ein Drittel des umschriebenen Rechtecks $OABC$ ist. *Lösung*: Wir erhalten

$$\int_0^x \varphi(x)\,\mathrm{d}x = \frac{1}{3}\,x\varphi(x).$$

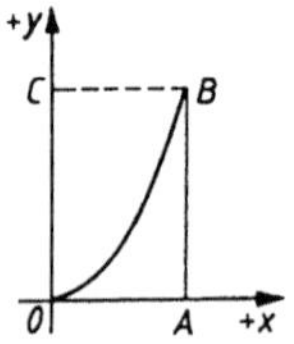

Abb. 10.11

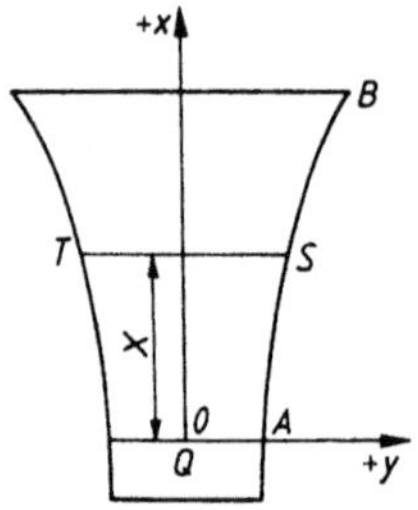

Abb. 10.12

Diese Volterrasche Integralgleichung, deren Kern $K(x, y) \equiv 1$ ist, wird durch Differentiation gelöst:

$$\varphi(x) = \frac{1}{3}\,[x\varphi'(x) + \varphi(x)] \quad \textbf{oder} \quad \frac{\mathrm{d}\varphi(x)}{\varphi(x)} = 2\,\frac{\mathrm{d}x}{x}.$$

Als Lösung dieser homogenen linearen Differentialgleichung (vgl. 1.12.4.4., Trennung der Variablen) ergibt sich die Schar von Parabeln $\varphi(x) = Cx^2$ (für $0 \leq x \leq +\infty$).

2. Der schematisch gezeichnete Rotationskörper (Abb. 10.12) sei oben eingespannt und habe die Dichte $\varrho$. Er wird durch die Last $Q$ und durch sein Eigengewicht so auf Zug beansprucht, daß die Zugspannung in allen zur Grundfläche parallelen Querschnitten die konstante Größe $\sigma$ hat. Gesucht ist die Gestalt des Körpers, ausgedrückt durch die Gleichung $y = \varphi(x)$ der Kurve $AB$. *Lösung*: Auf den Querschnitt $ST$ wirkt die Gesamtkraft

$$Q + \varrho\pi \int_0^x [\varphi(x)]^2\,\mathrm{d}x\,.$$

Die Querschnittfläche ist $\pi[\varphi(x)]^2$. Also muß sein:

$$Q + \varrho\pi \int_0^x [\varphi(x)]^2\,\mathrm{d}x = \sigma\pi[\varphi(x)]^2\,.$$

Diese Volterrasche Integralgleichung wird durch Differentiation gelöst:

$$\varrho\pi[\varphi(x)]^2 = \sigma\pi 2\varphi(x)\,\frac{\mathrm{d}\varphi(x)}{\mathrm{d}x}\,.$$

Die Lösung dieser Differentialgleichung ist

$$\varphi(x) = C\mathrm{e}^{\varrho x/2\sigma}.$$

Durch Substitution in die vorgelegte Integralgleichung finden wir:

$$Q + \varrho\pi\int_0^x C^2\mathrm{e}^{\varrho x/\sigma}\,\mathrm{d}x = \sigma\pi C^2\mathrm{e}^{\varrho x/\sigma},$$

d.h.

$$Q + \sigma\pi C^2\left(\mathrm{e}^{\varrho x/\sigma} - 1\right) = \sigma\pi C^2\mathrm{e}^{\varrho x/\sigma}.$$

Hieraus ergibt sich

$$C = \sqrt{\frac{Q}{\sigma\pi}}.$$

Die gesuchte Gleichung lautet somit

$$y = \varphi(x) = \sqrt{\frac{Q}{\sigma\pi}}\cdot\mathrm{e}^{\varrho x/2\sigma}.$$

## 10.3.3. Integralgleichungen, die durch Differentiation gelöst werden können

Hierunter fallen in erster Linie die Volterraschen Integralgleichungen erster Art. Die Differentiation des Integrals $\int_a^x K(x,y)\varphi(y)\,\mathrm{d}y$ nach $x$ ist als Differentiation nach einem Parameter durchzuführen. Wir erhalten (die partielle Ableitung nach $x$ der Kernfunktion $K(x,y)$ soll existieren und stetig sein):

$$\frac{\mathrm{d}}{\mathrm{d}x}\int_a^x K(x,y)\varphi(y)\,\mathrm{d}y = \int_a^x \frac{\partial K(x,y)}{\partial x}\varphi(y)\,\mathrm{d}y + K(x,x)\varphi(x).$$

*Beispiel 1:*

$$\int_0^x \mathrm{e}^{-x}\varphi(y)\,\mathrm{d}y = \mathrm{e}^{-x} + x - 1.$$

Differentiation nach $x$ ergibt:

$$-\int_0^x \mathrm{e}^{-x}\varphi(y)\,\mathrm{d}y + \mathrm{e}^{-x}\varphi(x) = -\mathrm{e}^{-x} + 1$$

oder (mit Hilfe der Ausgangsgleichung)

$$-\mathrm{e}^{-x} - x + 1 + \mathrm{e}^{-x}\varphi(x) = -\mathrm{e}^{-x} + 1.$$

Hieraus folgt:

$$\varphi(x) = x\mathrm{e}^{x}.$$

Die Methode der Differentiation kann stets angewandt werden, wenn der Kern einer Volterraschen Integralgleichung erster Art ein Polynom ist.

*Beispiel 2:*

$$\int_0^x [(x-y)^2 - 2]\,\varphi(y)\,\mathrm{d}y = -4x. \tag{10.73}$$

Dreimalige Differentiation ergibt:

$$2\int_0^x (x-y)\varphi(y)\,\mathrm{d}y - 2\varphi(x) = -4, \tag{10.74}$$

$$2\int_0^x \varphi(y)\,\mathrm{d}y - 2\varphi'(x) = 0, \tag{10.75}$$

$$\varphi(x) - \varphi''(x) = 0.$$

Hieraus folgt:

$$\varphi(x) = A\mathrm{e}^x + B\mathrm{e}^{-x}.$$

Zur Bestimmung von $A$ und $B$ setzen wir in (10.74) und (10.75) für $x$ den Wert 0 ein:

$$\varphi(0) = 2, \quad \varphi'(0) = 0\,.$$

Es ergibt sich $A = B = 1$, und die gesuchte Lösung von (10.73) lautet

$$\varphi(x) = \mathrm{e}^x + \mathrm{e}^{-x}.$$

## 10.3.4. Die Abelsche Integralgleichung

Als „Abelsche Integralgleichung" bezeichnet man die Volterrasche Integralgleichung erster Art

$$\int_0^x \frac{\varphi(y)}{\sqrt{x-y}}\,\mathrm{d}y = f(x),$$

deren Kern $\dfrac{1}{\sqrt{x-y}}$ für $y = x$ unendlich wird.

Wir multiplizieren beide Seiten der Gleichung mit $\dfrac{1}{\sqrt{\eta - x}}$ und integrieren von 0 bis $\eta$ nach $x$:

$$\int_0^\eta \frac{1}{\sqrt{\eta-x}}\left(\int_0^x \frac{\varphi(y)}{\sqrt{x-y}}\,\mathrm{d}y\right)\mathrm{d}x = \int_0^\eta \frac{f(x)}{\sqrt{\eta-x}}\,\mathrm{d}x\,.$$

Die auf der linken Seite dieser Formel stehende doppelte Integration ist dabei so auszuführen, daß zunächst in $y$-Richtung von 0 bis $x$ integriert wird. Das Integrationsgebiet des Doppelintegrals ist demnach (vgl. Abb. 10.13) das oberhalb der Diagonale $x = y$ gelegene Dreieck in der $y, x$-Ebene. Vertauscht man also die Integrationsreihenfolge, so hat man

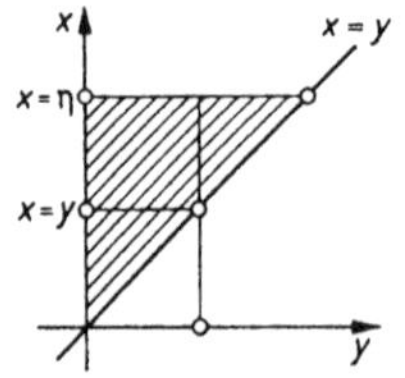


Abb. 10.13

zunächst in $x$-Richtung von $x = y$ bis $x = \eta$ zu integrieren und danach in $y$-Richtung von $y = 0$ bis $y = \eta$. Man erhält also:

$$\int_0^\eta \varphi(y)\left(\int_y^\eta \frac{1}{\sqrt{\eta - x}} \cdot \frac{1}{\sqrt{x-y}}\,\mathrm{d}x\right)\mathrm{d}y = \int_0^\eta \frac{f(x)}{\sqrt{\eta - x}}\,\mathrm{d}x\,.$$

Mit Rücksicht auf

$$\int_y^\eta \frac{\mathrm{d}x}{\sqrt{\eta - x}\sqrt{x-y}} = \pi$$

ergibt sich[31]), wenn wir $\eta$ durch $y$ ersetzen:

$$\int_0^y \varphi(y)\,\mathrm{d}y = \frac{1}{\pi}\int_0^y \frac{f(x)}{\sqrt{y-x}}\,\mathrm{d}x\,.$$

Die gesuchte Funktion $\varphi$ erhalten wir dann durch Differentiation:

$$\varphi(y) = \frac{1}{\pi}\frac{\mathrm{d}}{\mathrm{d}y}\left[\int_0^y \frac{f(x)}{\sqrt{y-x}}\,\mathrm{d}x\right].$$

Trotz der Singularität des Integranden konvergiert dieses Integral, weil $f$ als stetig vorausgesetzt wird.

*Beispiel 1:*

$$\int_0^x \frac{\varphi(y)}{\sqrt{x-y}}\,\mathrm{d}y = x\,.$$

Daraus erhalten wir

$$\begin{aligned}\varphi(y) &= \frac{1}{\pi}\frac{\mathrm{d}}{\mathrm{d}y}\left[\int_0^y \frac{x}{\sqrt{y-x}}\,\mathrm{d}x\right] = \frac{1}{\pi}\frac{\mathrm{d}}{\mathrm{d}y}\left[-\frac{2}{3}(x+2y)\cdot\sqrt{y-x}\right]_0^y \\ &= \frac{1}{\pi}\frac{\mathrm{d}}{\mathrm{d}y}\left[\frac{4}{3}\cdot y^{3/2}\right] = \frac{2}{\pi}\sqrt{y}.\end{aligned}$$

Auch Volterrasche Integralgleichungen zweiter Art können bisweilen durch Differentiationen gelöst werden.

*Beispiel 2:*

$$\int_0^x (x-y)\varphi(y)\,\mathrm{d}y + f(x) = \varphi(x). \qquad (10.76)$$

Zweimalige Differentiation nach $x$ ergibt:

$$\int_0^x \varphi(y)\,\mathrm{d}y + f'(x) = \varphi'(x), \qquad (10.77)$$

$$\varphi(x) + f''(x) = \varphi''(x).$$

---

31) Dieses Integral kann durch die Substitution $x = y + (\eta - y)u$ ausgewertet werden. Es ergibt sich:

$$\int_0^1 \frac{\mathrm{d}u}{\sqrt{u-u^2}} = [\arcsin(2u-1)]_0^1 = \pi.$$

Die Funktion $f$ wird als zweimal stetig differenzierbar vorausgesetzt. Die Lösung dieser gewöhnlichen Differentialgleichung zweiter Ordnung mit konstanten Koeffizienten und der Störungsfunktion $f''$ lautet:

$$\varphi(x) = \frac{e^x}{2}\left[C_1 + \int_0^x f''(t)e^{-t}\,dt\right] - \frac{e^{-x}}{2}\left[C_2 + \int_0^x f''(t)e^t\,dt\right] \tag{10.78}$$

oder nach partieller Integration

$$\varphi(x) = f(x) + \frac{e^x}{2}\left[C_1 - f'(0) - f(0) + \int_0^x f(t)e^{-t}\,dt\right]$$

$$- \frac{e^{-x}}{2}\left[C_2 - f'(0) + f(0) + \int_0^x f(t)e^t\,dt\right]. \tag{10.79}$$

Zur Bestimmung von $C_1$ und $C_2$ differenzieren wir die Gleichung (10.78) nach $x$:

$$\varphi'(x) = \frac{e^x}{2}\left[C_1 + \int_0^x f''(t)e^{-t}\,dt\right] + \frac{e^{-x}}{2}\left[C_2 + \int_0^x f''(t)e^t\,dt\right] \tag{10.80}$$

und setzen in (10.76) bis (10.80) für $x$ den Wert 0 ein. Es ergibt sich

$$\varphi(0) = f(0), \qquad \varphi'(0) = f'(0),$$

$$\varphi(0) = \frac{1}{2}(C_1 - C_2), \quad \varphi'(0) = \frac{1}{2}(C_1 + C_2),$$

also $C_1 = f'(0) + f(0)$, $C_2 = f'(0) - f(0)$. Setzen wir diese Werte in (10.79) ein, dann erhalten wir die folgende Lösung der Ausgangsgleichung (10.76):

$$\varphi(x) = f(x) + \frac{e^x}{2}\int_0^x f(t)e^{-t}\,dt - \frac{e^{-x}}{2}\int_0^x f(t)e^t\,dt\,.$$

## 10.3.5. Volterrasche Integralgleichungen zweiter Art

Wir wollen die Volterrasche Integralgleichung zweiter Art

$$\lambda \int_a^x K(x,y)\varphi(y)\,dy + f(x) = \varphi(x), \quad a \le x \le b, \tag{10.81}$$

auf dem beschränkten Intervall $[a, b]$ lösen. Der Kern $K = K(x, y)$ sei auf dem Dreieck $D := \{(x, y) \colon a \le x \le b, a \le y \le x\}$ stetig (Abb. 10.14). Gegeben sind die stetige Funktion $f \colon [a, b] \to \mathbb{R}$ und die reelle Zahl $\lambda$. Unter einer Lösung verstehen wir eine stetige Funktion $\varphi \colon [a, b] \to \mathbb{R}$, die (10.81) erfüllt.

**Existenz- und Eindeutigkeitssatz:** Für jedes $\lambda \in \mathbb{R}$ besitzt (10.81) genau eine Lösung $\varphi$.

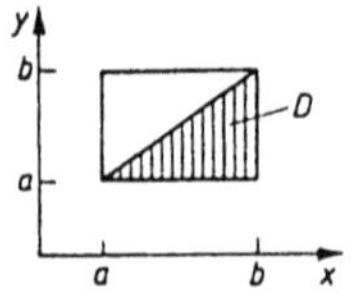


Abb. 10.14

**Lösender Kern:** Die Lösung $\varphi$ von (10.81) läßt sich durch die Formel

$$\varphi(x) = \lambda \int_a^x R(x,y,\lambda) f(y)\,\mathrm{d}y + f(x) \tag{10.82}$$

darstellen mit dem sogenannten *lösenden Kern* (Resolvente)

$$R(x,y,\lambda) := \sum_{m=1}^{\infty} K^{(m)}(x,y)\lambda^{m-1} \tag{10.83}$$

und den sogenannten *iterierten Kernen*

$$K^{(1)}(x,y) := K(x,y), \quad K^{(2)}(x,y) := \int_y^x K(x,t)K(t,y)\,\mathrm{d}t,$$

$$K^{(m+1)}(x,y) := \int_y^x K(x,t)K^{(m)}(t,y)\,\mathrm{d}t\,.$$

Die sogenannte *Neumannsche Reihe* (10.83) konvergiert absolut und gleichmäßig auf $[a,b]$.

**Sukzessive Approximation:** Lösen wir die Gleichung (10.81) durch das Iterationsverfahren

$$\lambda \int_a^x K(x,y)\varphi_n(y)\,\mathrm{d}y + f(x) = \varphi_{n+1}(x), \quad n = 0,1,\ldots,$$

mit $\varphi_0(x) \equiv 0$, dann konvergiert die Folge $(\varphi_n)$ gleichmäßig auf dem Intervall $[a,b]$ gegen die Lösung $\varphi$ von (10.81).

*Beispiele:*

1. Für die Gleichung

$$\int_0^x xy\varphi(y)\,\mathrm{d}y + 1 = \varphi(x), \quad 0 \le x \le b < \infty,$$

erhalten wir

$$K^{(1)}(x,y) = xy,$$

$$K^{(2)}(x,y) = \frac{x^4y - xy^4}{3},$$

$$K^{(3)}(x,y) = \frac{x^7y - 2x^4y^4 + xy^7}{18},$$

$$K^{(4)}(x,y) = \frac{x^{10}y - 3x^7y^4 + 3x^4y^7 - xy^{10}}{162}; \quad \ldots$$

Die Lösung lautet

$$\varphi(x) = \frac{x^3}{2} + \frac{x^6}{2\cdot 5} + \frac{x^9}{2\cdot 5\cdot 8} + \frac{x^{12}}{2\cdot 5\cdot 8\cdot 11} + \ldots + 1.$$

2. Im Fall der Gleichung

$$\lambda \int_0^x (x-y)\varphi(y)\,\mathrm{d}y + x + 1 = \varphi(x)$$

ergibt sich

$$K^{(1)} = x - y; \quad K^{(2)} = \frac{(x-y)^3}{3!}; \quad K^{(3)} = \frac{(x-y)^5}{5!}; \quad \ldots$$

Die Lösung lautet

$$\varphi(x) = \lambda\left(\frac{x^2}{2!} + \frac{x^3}{3!}\right) + \lambda^2\left(\frac{x^4}{4!} + \frac{x^5}{5!}\right) + \ldots + x + 1.$$

Speziell für $\lambda = 1$ ist $\varphi(x) = \mathrm{e}^x$.

## 10.3.6. Fredholmsche Integralgleichungen zweiter Art und die Fredholmsche Alternative

Wir studieren die Fredholmsche Integralgleichung zweiter Art

$$\lambda \int_a^b K(x,y)\varphi(y)\,\mathrm{d}y + f(x) = \varphi(x), \quad a \le x \le b, \tag{10.84}$$

zusammen mit der Eigenwertgleichung

$$\lambda \int_a^b K(x,y)\varphi(y)\,\mathrm{d}y = \varphi(x), \quad a \le x \le b, \tag{10.84a}$$

und der transponierten Eigenwertgleichung

$$\lambda \int_a^b K(y,x)\psi(y)\,\mathrm{d}y = \psi(x), \quad a \le x \le b. \tag{10.84*}$$

Wir setzen voraus, daß der Kern $K = K(x,y)$ auf dem Quadrat $Q := \{(a,b)\colon a \le x, y \le b\}$ stetig ist mit $-\infty < a < b < \infty$. Gegeben sind die reelle Zahl $\lambda$ und die stetige Funktion $f\colon [a,b] \to \mathbb{R}$. Unter einer Lösung von (10.84) bzw. (10.84*) verstehen wir eine stetige Funktion $\varphi, \psi\colon [a,b] \to \mathbb{R}$, die (10.84) bzw. (10.84*) erfüllt.

Wir führen ferner das Skalarprodukt

$$(f,g) := \int_a^b f(x)g(x)\,\mathrm{d}x$$

ein und sagen, daß $f$ genau dann orthogonal zu $g$ ist, wenn $(f,g) = 0$ gilt. Schließlich setzen wir noch

$$\mathscr{K} := \left(\int_a^b \int_a^b K(x,y)^2\,\mathrm{d}x\,\mathrm{d}y\right)^{1/2}.$$

**Definition:** Die reelle Zahl $\lambda$ heißt ein Eigenwert von (10.84) genau dann, wenn (10.84a) eine nichttriviale Lösung $\varphi \ne 0$ besitzt. Alle zugehörigen nichttrivialen Lösungen $\varphi$ heißen Eigenfunktionen zu $\lambda$. Unter der Vielfachheit von $\lambda$ verstehen wir die maximale Anzahl linear unabhängiger Eigenlösungen.[32)]

**Fredholmsche Alternative:** Es sei $\lambda \in \mathbb{R}$ fest vorgegeben.

Fall 1: $\lambda$ ist kein Eigenwert von (10.84). Dann besitzt (10.84) für jede stetige Funktion $f\colon [a,b] :\to \mathbb{R}$ genau eine Lösung $\varphi$.

Außerdem ist $\lambda$ auch kein Eigenwert von (10.84*).

Fall 2: $\lambda$ ist ein Eigenwert von (10.84). Dann ist $\lambda$ auch ein Eigenwert von (10.84*) mit der gleichen endlichen Vielfachheit wie für (10.84). Bezeichnet $\psi_1, \ldots, \psi_r$ eine Basis von

---

32) Die stetigen Funktionen $\varphi_1, \ldots, \varphi_r$ heißen genau dann linear unabhängig (auf $[a,b]$), wenn aus

$$\alpha_1\varphi_1(x) + \ldots + \alpha_r\varphi_r(x) \equiv 0 \quad \text{auf } [a,b]$$

und $\alpha_1, \ldots, \alpha_r \in \mathbb{R}$ stets $\alpha_1 = \ldots = \alpha_r = 0$ folgt.

Schreibt man die Integralgleichung (10.84) mit $f \equiv 0$ als Operatorgleichung $\lambda A\varphi = \varphi$, dann entspricht in der Funktionalanalysis der Eigenwert $\lambda \ne 0$ von (10.84) dem Eigenwert $\lambda^{-1}$ von $A$. Diese Inkonsequenz in der Bezeichnung hat historische Gründe. Will man diese Inkonsequenz vermeiden, dann muß man im vorliegenden Abschnitt 10.3. die „Eigenwerte“ $\lambda$ als „charakteristische Zahlen“ bezeichnen. Mit Rücksicht auf den weit verbreiteten Gebrauch in der Literatur nehmen wir jedoch diese Inkonsequenz in Kauf.

Eigenfunktionen zu (10.84*), dann hat die Ausgangsgleichung (10.84) für eine gegebene stetige Funktion $f\colon [a,b] \to \mathbb{R}$ genau dann eine Lösung $\varphi$, wenn die Lösbarkeitsbedingungen

$$(f,\psi_j) := \int_a^b f(x)\psi_j(x)\,\mathrm{d}x = 0, \quad j = 1,\ldots,r, \tag{10.85}$$

erfüllt sind. Hierbei ist besonders bemerkenswert, daß die Anzahl der Lösbarkeitsbedingungen endlich ist.

Bezeichnet $\varphi_1,\ldots,\varphi_r$ eine Basis von Eigenfunktionen zu (10.84a), dann erhält man die allgemeine Lösung von (10.84) durch

$$\varphi = \varphi_{\mathrm{spez}} + \sum_{j=1}^{r} c_j\varphi_r, \tag{10.85*}$$

wobei $\varphi_{\mathrm{spez}}$ eine spezielle Lösung von (10.84) ist und $c_1,\ldots,c_r$ beliebige reelle Zahlen sind.[33]

Im Unterschied zu Volterraschen Integralgleichungen zweiter Art sind Fredholmsche Integralgleichungen zweiter Art wegen des möglichen Auftretens von Eigenwerten nicht immer eindeutig lösbar.

*Physikalische Interpretation der Fredholmschen Alternative:* Bei Anwendungen in der Physik entspricht die Lösung $\varphi$ häufig einer Schwingung unter dem Einfluß der äußeren Kraft $f$. Eigenfunktionen gehören zu Eigenschwingungen, während die zugehörigen Eigenwerte $\lambda$ den Eigenfrequenzen entsprechen. Die Lösbarkeitsbedingung besagt anschaulich, daß keine Resonanz zwischen den Eigenschwingungen und den äußeren Kräften besteht.[34]

**Spektrum** (Struktur der Eigenwerte):

(i) Ist $\lambda$ ***hinreichend klein***, d.h., gilt

$$|\lambda|\mathscr{K} < 1,$$

dann ist $\lambda$ kein Eigenwert von (10.84). Die Ausgangsgleichung (10.84) besitzt für jede stetige Funktion $f\colon [a,b] \to \mathbb{R}$ genau eine Lösung $\varphi$. Dabei gilt

$$\varphi(x) = \lambda \int_a^b R(x,y,\lambda)\varphi(y)\,\mathrm{d}y + f(x) \tag{10.86}$$

mit dem *lösenden Kern* (Resolvente)

$$R(x,y,\lambda) := \sum_{m=1}^{\infty} K^{(m)}(x,y)\lambda^{m-1}$$

und den *iterierten Kernen*

$$K^{(1)}(x,y) := K(x,y), \quad K^{(2)}(x,y) := \int_a^b K(x,t)K(t,y)\,\mathrm{d}t,$$

$$K^{(m+1)}(x,y) := \int_a^b K(x,t)K^{(m)}(t,y)\,\mathrm{d}t\,.$$

[33] Das entspricht dem allgemeinen Prinzip für lineare Gleichungen: allgemeine Lösung des inhomogenen Problems = spezielle Lösung des inhomogenen Problems + allgemeine Lösung des homogenen Problems.

[34] Bei derartigen Schwingungsproblemen ist der Kern $K$ symmetrisch, d.h., es ist $K(x,y) = K(y,x)$ für alle $x,y \in [a,b]$. Dann ist die transponierte Gleichung (10.84*) identisch mit der Eigenwertgleichung (10.84a). Folglich beziehen sich hier die Lösbarkeitsbedingungen (10.85) auf die „Eigenschwingungen" $\psi_1,\ldots,\psi_r$ des Ausgangsproblems (vgl. 10.3.8.).

Die sogenannte *Neumannsche Reihe* (10.86) konvergiert absolut und gleichmäßig auf $[a,b]$.

Benutzen wir die Methode *der sukzessiven Approximation*

$$\lambda \int_a^b K(x,y)\varphi_n(y)\,\mathrm{d}y + f(x) = \varphi_{n+1}(x), \quad n = 0, 1, \ldots,$$

mit $\varphi_0(x) \equiv 0$, dann konvergiert die Folge $(\varphi_n)$ gleichmäßig auf $[a,b]$ gegen die Lösung $\varphi$ der Ausgangsgleichung (10.84).

(ii) *Analytische Fortsetzung und Eigenwerte.* Für jeden fest gewählten Punkt $(x,y) \in Q$ läßt sich $R(x,y,\lambda)$ zu einer meromorphen Funktion auf die komplexe $\lambda$-Ebene fortsetzen, d.h., $\lambda \mapsto R(x,y,\lambda)$ ist holomorph bis auf isolierte Pole. Genauer erhalten wir

$$R(x,y,\lambda) = \frac{A(x,y,\lambda)}{D(\lambda)}, \tag{10.87}$$

wobei die Funktionen $\lambda \mapsto A(x,y,\lambda)$ und $\lambda \mapsto D(\lambda)$ holomorph in der gesamten $\lambda$-Ebene sind. Exakt die Nullstellen von $D$ sind die Pole von $\lambda \mapsto R(x,y,\lambda)$, und diese entsprechen den Eigenwerten der Ausgangsgleichung (10.84).

Somit besitzt (10.84) eine höchstens abzählbare Menge von Eigenwerten, die sich lediglich im Unendlichen häufen können. Explizit erhält man

$$A(x,y,\lambda) = \sum_{n=0}^{\infty} (-1)^n K_n(x,y)\lambda^n, \tag{10.88}$$

$$D(\lambda) = \sum_{n=0}^{\infty} (-1)^n \delta_n \lambda^n$$

mit $\delta_0 = 1$, $K_0(x,y) = K(x,y)$. Die weiteren Glieder ergeben sich aus den Rekursionsformeln

$$\delta_n = \frac{1}{n}\int_a^b K_{n-1}(x,x)\,\mathrm{d}x$$

und

$$K_n(x,y) = K(x,y)\delta_n - \int_a^b K(x,t)K_{n-1}(t,y)\,\mathrm{d}t\,.$$

Die Ausdrücke für $A$ und $D$ erhielt Fredholm in seiner klassischen Arbeit aus dem Jahre 1900, indem er in der Integralgleichung (10.84) das Integral durch eine Zwischensumme ersetzte, das zugehörige lineare Gleichungssystem löste und dann zur Grenze $\Delta x \to 0$ überging.

**Komplexes Problem:** Alle obigen Aussagen bleiben gültig für das komplexe Problem (10.84), d.h., $\lambda$ ist eine komplexe Zahl, und alle Funktionen $K, \varphi, f$ sind komplexwertig. In (10.85*) müssen dann $c_1, \ldots, c_r$ komplexe Zahlen sein.

**Anwendungen:**

*Beispiel 1:* Die Integralgleichung

$$\lambda \int_0^1 (xy + \sqrt{xy})\,\varphi(y)\,\mathrm{d}y + f(x) = \varphi(x) \tag{10.89}$$

läßt sich nach der Fredholmschen Methode (10.87) explizit lösen. Wir erhalten

$$\delta_0 = 1; \quad K_0(x,y) = xy + \sqrt{xy};$$

$$\delta_1 = \int_0^1 [x^2 + x]\,dx = \frac{5}{6};$$

$$K_1(x,y) = [xy + \sqrt{xy}]\,\frac{5}{6} - \int_0^1 [xt + \sqrt{xt}\,][ty + \sqrt{ty}\,]\,dt$$

$$= \frac{1}{2}\,xy + \frac{1}{3}\,\sqrt{xy} - \frac{2}{5}\,[x\sqrt{y} + y\sqrt{x}\,];$$

$$\delta_2 = \frac{1}{2}\int_0^1 \left[\frac{1}{2}\,x^2 + \frac{1}{3}\,x - \frac{4}{5}\,x^{3/2}\right] dx = \frac{1}{150};$$

$$K_2(x,y) = 0.$$

Aus dem identischen Verschwinden von $K_2(x,y)$ folgt zunächst das Verschwinden von $\delta_3$. Damit verschwinden auch $K_3(x,y)$ und alle weiteren $\delta_i$ sowie auch alle folgenden $K_i(x,y)$ identisch. Der Ausdruck für den lösenden Kern wird daher ein Quotient zweier abbrechender Potenzreihen in $\lambda$:

$$R(x,y,\lambda) = \frac{xy + \sqrt{xy} - [\frac{1}{2}\,xy + \frac{1}{3}\,\sqrt{xy} - \frac{2}{5}(x\sqrt{y}) + y\sqrt{x})]\lambda}{1 - \frac{5}{6}\,\lambda + \frac{1}{150}\,\lambda^2}. \tag{10.90}$$

Die Lösung von (10.89) lautet dann

$$\varphi(x) = \lambda \int_0^1 R(x,y,\lambda) f(y)\,dy + f(x). \tag{10.91}$$

Für $f(x) := x$ erhalten wir zum Beispiel

$$\varphi(x) = \frac{150x + \lambda(60\sqrt{x} - 75x)}{\lambda^2 - 125\lambda + 150}.$$

Die Eigenwerte von (10.89) sind die $\lambda$-Pole von $R$. Setzen wir somit den Nenner in (10.90) gleich null, dann erhalten wir aus

$$\lambda^2 - 125\lambda + 150 = 0$$

die Eigenwerte $\lambda_\pm = \frac{5}{2}\,(25 \pm \sqrt{601}\,)$.

Nach der in 10.3.7. beschriebenen Methode ergeben sich für $\lambda = \lambda_+$ die beiden folgenden linear unabhängigen Eigenfunktionen

$$\varphi_\pm = 6x - 119\sqrt{x} \pm 5\sqrt{601x}.$$

Die gleichen Eigenfunktionen erhält man für $\lambda = \lambda_-$.

Zusammenfassend ergibt sich somit das folgende Resultat für beliebige reelle[35] Zahlen $\lambda$ und reelle, stetige Funktionen $f$ auf $[a,b]$.

(a) Ist $\lambda \neq \lambda_\pm$, dann besitzt die Ausgangsgleichung (10.89) für jedes $f$ eine eindeutige Lösung, die durch (10.91) gegeben ist.

---

[35] Eine analoge Aussage gilt für komplexe Zahlen $\lambda$ und komplexe Funktionen. In (10.92) müssen dann $c_\pm$ komplexe Zahlen sein.

(b) Ist $\lambda = \lambda_+$ oder $\lambda = \lambda_-$, dann besitzt (10.89) für gegebenes $f$ genau dann eine Lösung $\varphi$, wenn die Lösbarkeitsbedingung

$$(f, \varphi_\pm) := \int_0^1 f(x)\varphi_\pm(x)\,\mathrm{d}x = 0$$

erfüllt ist.[36] Die allgemeine Lösung von (10.89) lautet dann

$$\varphi = \varphi_{\mathrm{spez}} + c_+\varphi_+ + c_-\varphi_- \tag{10.92}$$

mit den beliebigen reellen Zahlen $c_\pm$. Ferner ist $\varphi_{\mathrm{spez}}$ eine spezielle Lösung von (10.89), die sich nach der Methode aus 10.3.7. durch Lösung eines linearen Gleichungssystems ergibt (zwei Gleichungen mit zwei Unbekannten).

*Beispiel 2:* Wir wollen die Integralgleichung

$$\lambda \int_0^\pi \sin(x+y)\cdot\varphi(y)\,\mathrm{d}y + 1 = \varphi(x) \tag{10.93}$$

mit Hilfe der Methode der iterierten Kerne lösen. Wir erhalten

$$K^{(1)}(x,y) = \sin(x+y); \quad f(x) = 1,$$

$$K^{(2)}(x,y) = \int_0^\pi \sin(x+\eta)\sin(\eta+y)\,\mathrm{d}\eta = \frac{\pi}{2}\,[\sin x\sin y + \cos x\cos y],$$

$$K^{(3)}(x,y) = \frac{\pi}{2}\int_0^\pi [\sin x\sin\eta + \cos x\cos\eta][\sin y\cos\eta + \cos y\sin\eta]\,\mathrm{d}\eta$$

$$= \left(\frac{\pi}{2}\right)^2 [\sin x\cos y + \cos x\sin y],$$

$$K^{(4)}(x,y) = \left(\frac{\pi}{2}\right)^3 [\sin x\sin y + \cos x\cos y],$$

$$K^{(5)}(x,y) = \left(\frac{\pi}{2}\right)^4 [\sin x\cos y + \cos x\sin y],$$

$$K^{(6)}(x,y) = \left(\frac{\pi}{2}\right)^5 [\sin x\sin y + \cos x\cos y] \quad \text{usw.}$$

Wegen

$$\int_0^\pi [\sin x\cos y + \cos x\sin y]\,\mathrm{d}y = 2\cos x$$

und

$$\int_0^\pi [\sin x\sin y + \cos x\cos y]\,\mathrm{d}y = 2\sin x$$

ergibt sich als Lösung der vorgelegten Integralgleichung

$$\varphi(x) = 2\;\lambda\cos x\left[1 + \lambda^2\left(\frac{\pi}{2}\right)^2 + \lambda^4\left(\frac{\pi}{2}\right)^4 + \ldots\right]$$
$$+ \lambda^2\pi\sin x\left[1 + \lambda^2\left(\frac{\pi}{2}\right)^2 + \lambda^4\left(\frac{\pi}{2}\right)^4 + \ldots\right] + 1$$

---

[36] Diese Bedingung ist z.B. für $f(x) = x$ nicht erfüllt. Folglich hat (10.89) mit $f(x) = x$ für $\lambda = \lambda_\pm$ keine Lösung.

oder

$$\varphi(x) = \frac{2\lambda\cos x + \lambda^2\pi\sin x}{1-\lambda^2\left(\frac{\pi}{2}\right)^2} + 1\,. \qquad (10.94)$$

Auf Grund von

$$\mathscr{K} := \left(\int_0^\pi\int_0^\pi \sin^2(x+y)\,\mathrm{d}x\,\mathrm{d}y\right)^{1/2} = \pi/\sqrt{2}$$

besitzt (10.93) für alle $\lambda$ mit $|\lambda|\mathscr{K} < 1$, also $|\lambda| < \sqrt{2}/\pi$ die eindeutige Lösung (10.94).

Die Eigenwerte von (10.93) entsprechen den $\lambda$-Polen von $\varphi$ in (10.94). Setzen wir somit den Nenner in (10.94) gleich null, dann ergeben sich die Eigenwerte von (10.93) als Nullstellen der Gleichung

$$1-\lambda^2\left(\frac{\pi}{2}\right)^2 = 0,$$

d.h. $\lambda_\pm = \pm 2/\pi$. Für alle komplexen Zahlen $\lambda \neq \lambda_\pm$ besitzt die Ausgangsgleichung (10.93) eine eindeutige Lösung $\varphi$, die durch (10.94) gegeben ist.

## 10.3.7. Integralgleichungen zweiter Art mit Produktkernen und ihre Zurückführung auf lineare Gleichungssysteme

Wir betrachten die Fredholmsche Integralgleichung zweiter Art

$$\lambda\int_a^b K(x,y)\varphi(y)\,\mathrm{d}y + f(x) = \varphi(x), \qquad a \le x \le b \qquad (10.95)$$

wobei der Kern eine Produktstruktur besitzt, d.h., es gilt

$$K(x,y) = \alpha_1(x)\beta_1(y) + \ldots + \alpha_n(x)\beta_n(y).$$

Die Funktionen $\alpha_j$ und $\beta_j$ seien auf dem beschränkten Intervall $[a,b]$ stetig. Ohne Einschränkung der Allgemeinheit können wir annehmen, daß sowohl $\alpha_1,\ldots,\alpha_n$ als auch $\beta_1,\ldots,\beta_n$ auf $[a,b]$ linear unabhängig sind.[37)]

**Reduktionssatz:** Das Problem (10.95) ist der Lösung eines linearen Gleichungssystems äquivalent.

Explizit lautet dieses System folgendermaßen:

$$\begin{array}{llll} B_1(1-\lambda a_{11}) - B_2\lambda a_{12} & -\ldots - & B_n\lambda a_{1n} & = b_1, \\ -B_1\lambda a_{21} + B_2(1-\lambda a_{22}) & -\ldots - & B_n\lambda a_{2n} & = b_2, \\ \vdots & \ldots & \vdots & \vdots \\ -B_1\lambda a_{n1} - B_2\lambda a_{n2} & -\ldots - & B_n(1-\lambda a_{nn}) & = b_n\,. \end{array} \qquad (10.96)$$

Dabei setzen wir

$$\int_a^b \beta_i(y)\alpha_j(y)\,\mathrm{d}y = a_{ij} \quad \text{und} \quad \int_a^b \beta_j(y)f(y)\,\mathrm{d}y = b_j.$$

37) Gilt das nicht, dann lassen sich gewisse $\alpha_j$ (bzw. $\beta_j$) durch die restlichen $\alpha_k$ (bzw. $\beta_k$) ausdrücken. In diesem Fall kann der Kern durch eine kleinere Linearkombination linear unabhängiger Faktoren erhalten werden.

Ist $B_1, \ldots, B_n$ eine Lösung von (10.96), dann erhält man die Lösung der Integralgleichung (10.95) durch

$$\varphi(x) = \lambda B_1 \alpha_1(x) + \ldots + \lambda B_n \alpha_n(x) + f(x). \tag{10.97}$$

Der Lösungsansatz (10.97) folgt aus (10.95). Setzt man den Ausdruck (10.97) in (10.95) ein, dann ergibt sich sofort (10.96).

*Diskussion:* (i) Eigenwertproblem. Wir setzen

$$D(\lambda) := \begin{vmatrix} (1-\lambda a_{11}) & -\lambda a_{12} & \ldots & -\lambda a_{1n} \\ -\lambda a_{21} & (1-\lambda a_{22}) & \ldots & -\lambda a_{2n} \\ \vdots & \vdots & \ldots & \vdots \\ -\lambda a_{n1} & -\lambda a_{n2} & \ldots & (1-\lambda a_{nn}) \end{vmatrix}.$$

Die Eigenwertgleichung (10.95) mit $f(x) \equiv 0$ entspricht dem Eigenwertproblem (10.96) mit $b_j = 0$ für alle $j$. Die Eigenwerte $\lambda$ von (10.95) ergeben sich deshalb als Nullstellen von $D$, d.h., wir haben die Gleichung

$$D(\lambda) = 0$$

zu lösen.

(ii) Inhomogene Gleichung. Ist $\lambda$ kein Eigenwert, dann hat (10.96) eine eindeutige Lösung $(B_1, \ldots, B_n)$.

Ist $\lambda$ ein Eigenwert, dann besitzt (10.96) genau dann eine Lösung, wenn

$$\sum_{j=1}^{n} b_j B_j = 0$$

für alle Lösungen $(B_1, \ldots, B_n)$ der transponierten Eigenwertgleichung gilt. Diese ergibt sich aus (10.96), indem man dort $a_{ij}$ durch $a_{ji}$ ersetzt sowie $b_j = 0$ für alle $j$ setzt.

Die Aussagen (i) und (ii) stellen die *Fredholmsche Alternative* für (10.95) dar (vgl. 10.3.6.). Im vorliegenden Fall ergibt sich die Fredholmsche Alternative direkt aus den Lösungseigenschaften linearer Gleichungssysteme.

**Anwendungen:**

*Beispiel 1:* Für die Integralgleichung

$$\int_0^1 [xy + \sqrt{xy}]\varphi(y)\,\mathrm{d}y + x = \varphi(x)$$

gilt:

$$\alpha_1(x) = x; \quad \beta_1(y) = y; \quad \alpha_2(x) = \sqrt{x}; \quad \beta_2(y) = \sqrt{y}; \quad f(x) = x;$$

$$a_{11} = \int_0^1 y^2\,\mathrm{d}y = \frac{1}{3}; \quad a_{12} = \int_0^1 y^{3/2}\,\mathrm{d}y = \frac{2}{5};$$

$$a_{21} = \int_0^1 y^{3/2}\,\mathrm{d}y = \frac{2}{5}; \quad a_{22} = \int_0^1 y\,\mathrm{d}y = \frac{1}{2};$$

$$b_1 = \int_0^1 y^2\,\mathrm{d}y = \frac{1}{3}; \quad b_2 = \int_0^1 y^{3/2}\,\mathrm{d}y = \frac{2}{5}.$$

Aus

$$\left(1-\frac{1}{3}\right)B_1 - \frac{2}{5}B_2 = \frac{1}{3},$$
$$-\frac{2}{5}B_1 + \left(1-\frac{1}{2}\right)B_2 = \frac{2}{5}$$

finden wir $B_1 = \frac{49}{26}$ und $B_2 = \frac{30}{13}$. Die eindeutige Lösung der vorgelegten Integralgleichungen lautet somit:

$$\varphi(x) = \frac{75}{26}x + \frac{30}{13}\sqrt{x}.$$

*Beispiel 2:* Für

$$\lambda \int_1^2 \left[xy + \frac{1}{xy}\right]\varphi(y)\,\mathrm{d}y = \varphi(x)$$

gilt:

$$\alpha_1(x) = x; \quad \beta_1(y) = y; \quad \alpha_2(x) = \frac{1}{x}; \quad \beta_2(y) = \frac{1}{y};$$

$$a_{11} = \int_1^2 y^2\,\mathrm{d}y = \frac{7}{3}; \quad a_{12} = \int_1^2 \mathrm{d}y = 1 = a_{21}; \quad a_{22} = \int_1^2 \frac{\mathrm{d}y}{y^2} = \frac{1}{2}.$$

Wir erhalten das homogene lineare Gleichungssystem

$$\left(1-\frac{7}{3}\lambda\right)B_1 - \lambda B_2 = 0,$$
$$-\lambda B_1 + \left(1-\frac{1}{2}\lambda\right)B_2 = 0.$$

Dieses System ist genau dann nichttrivial lösbar, wenn die Determinante

$$D(\lambda) := \begin{vmatrix} \left(1-\frac{7}{3}\lambda\right) & -\lambda \\ -\lambda & \left(1-\frac{1}{2}\lambda\right) \end{vmatrix}$$

verschwindet. Aus $1 - \frac{17}{6}\lambda + \frac{1}{6}\lambda^2 = 0$ erhalten wir die Eigenwerte

$$\lambda_1 = \frac{17+\sqrt{265}}{2} = 16{,}6394, \quad \lambda_2 = \frac{17-\sqrt{265}}{2} = 0{,}3606.$$

Für $\lambda_1$ wird $B_2 = -2{,}2732B_1$, und für $\lambda_2$ ergibt sich $B_2 = +0{,}4399B_1$. Die Eigenfunktionen für $\lambda_1$ bzw. $\lambda_2$ sind deshalb

$$\varphi_1(x) = x - 2{,}2732\frac{1}{x} \quad \text{bzw.} \quad \varphi_2(x) = x + 0{,}4399\frac{1}{x}.$$

*Beispiel 3:* Für

$$\lambda \int_{-1}^{1} [xy + x^2y^2]\varphi(y)\,\mathrm{d}y + f(x) = \varphi(x) \tag{10.98}$$

gilt:

$$\alpha_1(x) = x; \quad \beta_1(y) = y; \quad \alpha_2(x) = x^2; \quad \beta_2(y) = y^2; \quad a_{11} = \frac{2}{3};$$

$$a_{12} = a_{21} = 0; \quad a_{22} = \frac{2}{5};$$

$$b_1 = \int_{-1}^{1} y f(y)\,\mathrm{d}y; \quad b_2 = \int_{-1}^{1} y^2 f(y)\,\mathrm{d}y\,.$$

Aus dem Gleichungssystem

$$B_1\left(1 - \frac{2}{3}\lambda\right) = \int_{-1}^{1} y f(y)\,\mathrm{d}y; \quad B_2\left(1 - \frac{2}{5}\lambda\right) = \int_{-1}^{1} y^2 f(y)\,\mathrm{d}y$$

ergibt sich als Lösung von (10.98) die Funktion

$$\varphi(x) = \frac{x\lambda \int_{-1}^{1} y f(y)\,\mathrm{d}y}{1 - \frac{2}{3}\lambda} + \frac{x^2\lambda \int_{-1}^{1} y^2 f(y)\,\mathrm{d}y}{1 - \frac{2}{5}\lambda} + f(x).$$

Die homogene Integralgleichung

$$\lambda \int_{-1}^{1} [xy + x^2y^2]\varphi(y)\,\mathrm{d}y = \varphi(x) \tag{10.99}$$

ist genau für die aus

$$\begin{vmatrix} \left(1 - \frac{2}{3}\lambda\right) & 0 \\ 0 & \left(1 - \frac{2}{5}\lambda\right) \end{vmatrix} = 0$$

sich ergebenden Eigenwerte $\lambda_1 = \frac{3}{2}$ und $\lambda_2 = \frac{5}{2}$ lösbar. Die zugehörigen Eigenfunktionen für $\lambda_1$ bzw. $\lambda_2$ sind

$$\varphi_1(x) = x \quad \text{bzw.} \quad \varphi_2(x) = x^2.$$

Aus $(\varphi_1, \varphi_2) := \int_{-1}^{1} \varphi_1(x)\varphi_2(x)\,\mathrm{d}x = 0$ geht hervor, daß die beiden Eigenfunktionen zueinander orthogonal sind.

Gleichung (10.98) ist für die Eigenwerte $\lambda_1 = \frac{3}{2}$ und $\lambda_2 = \frac{5}{2}$ nur lösbar, wenn $f(x)$ zu den Eigenfunktionen $\varphi_1(x) = x$ bzw. $\varphi_2(x) = x^2$ orthogonal ist. Diese Bedingung erfüllen z.B.

für $\lambda_1 = \dfrac{3}{2}$ Funktionen der Form $f(x) = k_0 + k_2x^2 + k_4x^4 + \ldots$

und

für $\lambda_2 = \dfrac{5}{2}$ Funktionen der Form $f(x) = k_1x + k_3x^3 + k_5x^5 \ldots$

## 10.3.8. Fredholmsche Integralgleichungen zweiter Art mit symmetrischen Kernen (Hilbert-Schmidt-Theorie)

Bei Schwingungsproblemen in der Physik wird man häufig auf eine Fredholmsche Integralgleichung zweiter Art

$$\lambda \int_{a}^{b} K(x, y)\varphi(y)\,\mathrm{d}y + f(x) = \varphi(x), \quad a \le x \le b\,, \tag{10.100}$$

mit dem reellen symmetrischen Kern $K$ geführt, d.h., $K$ ist auf dem Quadrat $Q := \{(x,y)\colon a \leq x, y \leq b\}$ stetig, und es gilt $K(x,y) = K(y,x)$ für alle $x$, $y \in [a,b]$ mit $-\infty < a < b < \infty$ (vgl. 10.3.9.). Ferner sei $K(x,y) \not\equiv 0$.

Für symmetrische Kerne besitzt (10.100) ein sehr übersichtliches Lösungsverhalten. Dabei spielt das Skalarprodukt

$$(f,g) := \int_a^b f(x)g(x)\,\mathrm{d}x$$

eine besondere Rolle. Das ist der Ansatzpunkt für die funktionalanalytische Verallgemeinerung der klassischen Integralgleichungstheorie im Rahmen der Hilbertraummethoden (vgl. 11.3.3.). Außerdem führen wir die sogenannte Norm

$$\|f\| := (f,f)^{1/2} = \left(\int_a^b f(x)^2\,\mathrm{d}x\right)^{1/2}$$

ein.

**Spektralsatz:** (i) Die Gleichung (10.100) hat mindestens einen Eigenwert $\lambda$.

(ii) Alle Eigenwerte $\lambda$ von (10.100) sind reell.

(iii) Es existiert eine höchstens abzählbare Menge von Eigenwerten, die sich nicht im Endlichen häufen können.

(iv) Zwei Eigenfunktionen $\varphi$ und $\psi$ zu verschiedenen Eigenwerten von (10.100) sind orthogonal zueinander, d.h., es gilt

$$(\varphi,\psi) = \int_a^b \varphi(x)\psi(x)\,\mathrm{d}x = 0.$$

(v) Jeder Eigenwert hat endliche Vielfachheit.

**Entwicklung nach Eigenfunktionen (das Superpositionsprinzip und verallgemeinerte Fourierreihen).** Eine physikalische wichtige Frage lautet:

Kann man durch Superposition der Eigenschwingungen jeden Zustand erhalten? Wir wollen zeigen, daß man darauf eine positive Antwort geben kann. Vom mathematischen Standpunkt aus hat man die Reihenentwicklung

$$g(x) = \sum_j c_j\varphi_j(x) \tag{10.101}$$

zu rechtfertigen, wobei $\{\varphi_j\}$ das System der Eigenfunktionen von (10.100) mit $f \equiv 0$ darstellt. Genauer wählen wir $\{\varphi_j\}$ so, daß

$$(\varphi_j, \varphi_k) = \delta_{jk} \tag{10.102}$$

für alle diejenigen Eigenfunktionen gilt, die zu einem festen Eigenwert gehören. Da Eigenfunktionen zu verschiedenen Eigenwerten automatisch orthogonal sind, gilt dann (10.102) für alle $j,k$. Multiplizieren wir (10.101) mit $\varphi_k(x)$ und integrieren wir formal über $[a,b]$, dann erhalten wir

$$\int_a^b g(x)\varphi_k(x)\,\mathrm{d}x = \sum_j c_j \int_a^b \varphi_j(x)\varphi_k(x)\,\mathrm{d}x = \sum_j c_j\delta_{jk} = c_k.$$

Somit muß notwendigerweise

$$c_k = (g,\varphi_k)$$

gelten. Gleichung (10.101) geht dann über in die sogenannte *verallgemeinerte Fourierreihe*

$$g(x) = \sum_j (g, \varphi_j)\varphi_j(x). \tag{10.103}$$

**Definition:** Das System $\{\varphi_j\}$ heißt genau dann ein vollständiges Orthonormalsystem, wenn die Orthogonalitätsrelation (10.102) gilt und die Reihe (10.103) für jede Funktion $g \in L_2(a,b)$ im Sinne der Norm $\|.\|$ konvergiert, d.h., es ist

$$\lim_{n\to\infty} \left\| g - \sum_{j=1}^{n} (g, \varphi_j)\varphi_j \right\| = 0.$$

Explizit entspricht das der Konvergenz im quadratischen Mittel:[38)]

$$\lim_{n\to\infty} \int_a^b \left[ g(x) - \sum_{j=1}^{n} (g, \varphi_j)\varphi_j(x) \right]^2 \mathrm{d}x = 0.$$

**Entwicklungssatz:** (i) Ist die Funktion $g\colon [a,b] \to \mathbb{R}$ quellenmäßig darstellbar, d.h., gibt es eine stetige Funktion $h\colon [a,b] \to \mathbb{R}$ mit

$$g(x) = \int_a^b K(x,y)h(y)\,\mathrm{d}y \qquad \text{für alle } x \in [a,b],$$

dann konvergiert die verallgemeinerte Fourierreihe (10.103) gleichmäßig auf $[a,b]$.

(ii) Folgt aus $\int_a^b K(x,y)\varphi(y)\,\mathrm{d}y = 0$ für alle $x \in [a,b]$ und $\varphi \in L_2(a,b)$ stets, daß $\varphi(x) = 0$ für fast alle $x \in [a,b]$ gilt (vgl. 10.5.), dann besitzt das Ausgangsproblem (10.100) ein vollständiges Orthonormalsystem $\{\varphi_j\}$ von Eigenfunktionen.

**Kenntnis aller Eigenfunktionen:** In den Anwendungen kann man häufig leicht eine gewisse Anzahl von Eigenlösungen $\{\varphi_j, \lambda_j\}$ bestimmen, wobei $\lambda_j$ Eigenwert zu $\varphi_j$ ist und die Orthogonalitätsrelation $(\varphi_j, \varphi_k) = \delta_{jk}$ für alle $j,k$ erfüllt ist. Dann interessiert, ob man alle Eigenlösungen erhalten hat. In diesem Zusammenhang gilt das folgende wichtige Resultat.

*Vollständigkeitskriterium:* Bildet $\{\varphi_j\}$ ein vollständiges Orthonormalsystem, dann gibt es außer $\lambda_j$ keine weiteren Eigenwerte, und jede Eigenlösung von (10.100) ist eine endliche Linearkombination gewisser $\varphi_j$.

*Dichtheitskriterium:* Die $\{\varphi_j\}$ bilden genau dann ein vollständiges Orthonormalsystem, wenn die lineare Hülle der $\varphi_j$ in $L_2(a,b)$ dicht [39)] ist.

---

[38)] Der Raum $L_2(a,b)$ besteht definitionsgemäß aus allen meßbaren Funktionen $f\colon [a,b] \to \mathbb{R}$ mit

$$\|f\|^2 := \int_a^b f(x)^2\,\mathrm{d}x < \infty.$$

Das Integral ist dabei im Sinne von Lebesgue zu verstehen (vgl. 10.5.). Speziell gehört jede Funktion $f\colon [a,b] \to \mathbb{R}$ zu $L_2(a,b)$, die auf $[a,b]$ beschränkt und bis auf endlich viele Sprungstellen stetig ist; $L_2(a.b)$ ist ein Hilbertraum.

[39)] Explizit heißt dies, daß es zu jedem $f \in L_2(a,b)$ und jedem $\varepsilon > 0$ eine Linearkombination $\varphi(x) = c_1\varphi_1(x) + \ldots + c_k\varphi_k(x)$ gibt mit $\|f - \varphi\| < \varepsilon$. Damit ist die Frage nach der Vollständigkeit eines Orthonormalsystems auf ein Problem der Approximationstheorie zurückgeführt.

**Die Schmidtsche Reihe zur Lösung der inhomogenen Integralgleichung:** Ausgangspunkt ist die sogenannte Schmidtsche Reihe

$$\varphi(x) = \lambda \sum_j \frac{(f, \varphi_j)\varphi_j(x)}{\lambda - \lambda_j} + f(x). \tag{10.104}$$

Gegeben sei die stetige Funktion $f\colon [a,b] \to \mathbb{R}$.

Fall 1: Ist $\lambda$ kein Eigenwert von (10.100), dann besitzt (10.100) für gegebenes $f$ eine eindeutige Lösung $\varphi$, die durch die auf $[a,b]$ gleichmäßig konvergente Reihe (10.104) gegeben wird.

Fall 2: Ist $\lambda = \lambda_k$ ein Eigenwert von (10.100), dann besitzt (10.100) für gegebenes $f$ genau dann eine Lösung, wenn die Lösbarkeitsbedingung

$$(f, \varphi_j) = 0 \tag{10.105}$$

für alle zu $\lambda_k$ gehörigen Eigenfunktionen $\varphi_j$ erfüllt ist. Eine spezielle Lösung von (10.100) ist dann durch (10.104) gegeben. Diese Reihe konvergiert gleichmäßig auf $[a,b]$

**Entwicklung des Kerns nach den Eigenfunktionen:** Wir betrachten die Reihe

$$K(x,y) = \sum_j \frac{\varphi_j(x)\varphi_j(y)}{\lambda_j}, \quad a \le x, y \le b. \tag{10.106}$$

Dabei ist $\lambda_j$ Eigenwert zu $\varphi_j$, und es wird über alle Eigenwerte (entsprechend ihren Vielfachheiten) summiert. Außerdem sei die Orthogonalitätsbedingung $(\varphi_j, \varphi_k) = \delta_{jk}$ für alle $j, k$ erfüllt.

(i) Gilt $(K\varphi, \varphi) := \int_a^b \int_a^b K(x,y)\varphi(x)\varphi(y)\,\mathrm{d}x\,\mathrm{d}y \ge 0$ für alle [40] stetigen Funktionen $\varphi\colon [a,b] \to \mathbb{R}$ dann konvergiert die Reihe (10.106) gleichmäßig (Satz von Mercer).

(ii) Der Kern $K$ ist genau dann ein Produktkern, wenn die Integralgleichung (10.100) nur endlich viele Eigenwerte besitzt. Dann gilt (10.106).

(iii) Hat die Integralgleichung (10.100) unendlich viele Eigenwerte, dann konvergiert (10.106) im quadratischen Mittel, d.h., es ist

$$\lim_{n\to\infty} \int_a^b \int_a^b \left(K(x,y) - \sum_{j=1}^n \frac{\varphi_j(x)\varphi_j(y)}{\lambda_j}\right)^2 \mathrm{d}x\,\mathrm{d}y = 0.$$

Ferner gilt (10.106), falls die dort rechts stehende Reihe gleichmäßig konvergiert.

**Berechnung der Eigenlösungen durch ein Variationsproblem:** Für ein tieferes Verständnis der Struktur von Schwingungsprozessen ist es wichtig, daß man die Eigenwerte (Eigenfrequenzen) und die Eigenfunktionen (Eigenschwingungen) durch Variationsprobleme charakterisieren kann (Variationsproblem von Hilbert und das Courantsche Maximum-Minimum-Prinzip). Das findet man im Rahmen der Funktionalanalysis in 11.3.3.

**Anwendungen**

*Beispiel 1:* Die Integralgleichung

$$\lambda \int_{-1}^{1} (xy + x^2y^2)\varphi(y)\,\mathrm{d}y + f(x) = \varphi(x) \tag{10.107}$$

[40] Diese Bedingung ist äquivalent dazu, daß $\lambda_j \ge 0$ für alle Eigenwerte gilt. Das ist z.B. bei Schwingungsprozessen der Fall.

besitzt die Eigenwerte $\lambda_1 = 3/2$ bzw. $\lambda_2 = 5/2$ und die Eigenfunktionen

$$\varphi_1(x) := \sqrt{\lambda_1}x \quad \text{bzw.} \quad \varphi_2(x) := \sqrt{\lambda_2}x^2.$$

Die Faktoren sind so bestimmt worden, daß $(\varphi_j, \varphi_j) = \int_{-1}^{1} \varphi_j(x)\varphi_j(x)\,dx = 1$ gilt (vgl. (10.98)).

Die zu (10.106) gehörige Darstellung des Kernes lautet hier

$$K(x,y) = xy + x^2y^2 = \frac{\varphi_1(x)\varphi_1(y)}{\lambda_1} + \frac{\varphi_2(x)\varphi_2(y)}{\lambda_2}.$$

*Beispiel 2:* Wir wollen die Integralgleichung

$$\lambda \int_{-1}^{1} (xy + x^2y^2)\varphi(y)\,dy + f(x) = \varphi(x) \tag{10.108}$$

mit Hilfe der Schmidtschen Reihe (10.104) lösen. Diese lautet hier

$$\varphi(x) = \frac{\lambda(f,\varphi_1)\varphi_1(x)}{\lambda - \lambda_1} + \frac{\lambda(f,\varphi_2)\varphi_2(x)}{\lambda - \lambda_2} \tag{10.109}$$

mit $(f, \varphi_j) = \int_{-1}^{1} f(x)\varphi_j(x)\,dx$.

Fall 1: Ist $\lambda \neq \lambda_1$ und $\lambda \neq \lambda_2$, dann stellt (10.109) die eindeutige Lösung von (10.108) dar.

Fall 2: Für $\lambda = \lambda_1$ hat (10.108) genau dann eine Lösung, wenn $(f, \varphi_1) = 0$ gilt. Dann erhält man aus (10.109) die spezielle Lösung

$$\varphi_{\text{spez}}(x) = \frac{\lambda_1(f,\varphi_2)\varphi_2(x)}{\lambda_1 - \lambda_2}.$$

Die allgemeine Lösung von (10.108) lautet dann $\varphi(x) = \varphi_{\text{spez}}(x) + c\varphi_1(x)$ mit der beliebigen reellen Konstanten $c$.

Fall 3: Für $\lambda = \lambda_2$ hat (10.108) genau dann eine Lösung, wenn $(f, \varphi_2) = 0$ gilt. Dann erhält man aus (10.109) die spezielle Lösung

$$\varphi_{\text{spez}}(x) = \frac{\lambda_2(f,\varphi_1)\varphi_1(x)}{\lambda_2 - \lambda_1}.$$

Die allgemeine Lösung von (10.108) lautet dann $\varphi(x) = \varphi_{\text{spez}}(x) + c\varphi_2(x)$ mit der beliebigen reellen Konstanten $c$.

*Beispiel 3:* Die Integralgleichung

$$\int_{-1}^{1} (xy + x^2y^2)\varphi(y)\,dy + (x+1)^2 = \varphi(x)$$

entspricht Fall 1 mit $f(x) := (x+1)^2$. Die eindeutige Lösung lautet hier

$$\varphi(x) = \frac{25}{9}x^2 + 6x + 1.$$

*Beispiel 4:* Die Integralgleichung

$$\frac{3}{2}\int_{-1}^{1}(xy + x^2y^2)\varphi(y)\,\mathrm{d}y + x^2 + 1 = \varphi(x)$$

entspricht Fall 2. Es ergibt sich die allgemeine Lösung

$$\varphi(x) = 5x^2 + 1 + cx$$

mit der beliebigen reellen Konstanten $c$.

*Beispiel 5:* Die Integralgleichung

$$\frac{5}{2}\int_{-1}^{1}(xy + x^2y^2)\varphi(y)\,\mathrm{d}y + x^2 = \varphi(x) \qquad (10.110)$$

entspricht Fall 2 mit $f(x) := x^2$. Wegen $(f, \varphi_2) = \int_{-1}^{1} f(x)\varphi_2\,\mathrm{d}x > 0$ hat (10.110) keine Lösung.

## 10.3.9. Anwendung auf Randwertaufgaben, Fourierreihen und die schwingende Saite; die Methode der Greenschen Funktion

Wir wollen erläutern, warum sich Schwingungsprozesse auf Integralgleichungen mit symmetrischen Kernen zurückführen lassen. Es ergeben sich dabei wichtige Zusammenhänge zwischen der Fouriermethode zur Lösung partieller Differentialgleichungen, Fourierreihen, der Zurückführung von Randwertaufgaben auf Integralgleichungen mit Hilfe von Greenschen Funktionen und der Hilbert-Schmidt-Theorie für Integralgleichungen mit symmetrischen Kernen. Das Bemühen der Mathematiker, ein tieferes Verständnis für diese Zusammenhänge zu erhalten, hat wesentlich zur Entwicklung der Funktionalanalysis zu Beginn des 20. Jahrhunderts beigetragen. Die zugehörigen funktionalanalytischen Verallgemeinerungen findet man in 11.3.

**Die eingespannte schwingende Saite:** Die Gleichung

$$\begin{aligned}
\frac{1}{c^2}u_{tt} - u_{xx} &= 0, & 0 < x < L,\ t > 0, & \quad \textbf{(Differentialgleichung)} \qquad (10.111)\\
u(0,t) = u(L,t) &= 0, & t \geq 0, & \quad \textbf{(Randbedingung)}\\
u(x,0) &= u_0(x), & 0 \leq x \leq L, & \quad \textbf{(Anfangslage)}\\
u_t(x,0) &= u_1(x), & 0 \leq x \leq L, & \quad \textbf{(Anfangsgeschwindigkeit)}
\end{aligned}$$

beschreibt die Bewegung einer Saite der Länge $L$, die am Rand eingespannt ist. Dabei gilt: $u(x,t)$ = Auslenkung der Saite zur Zeit $t$ am Ort $x$ (Abb. 10.15). Die Zahl $c$ entspricht der Ausbreitungsgeschwindigkeit von Saitenwellen.

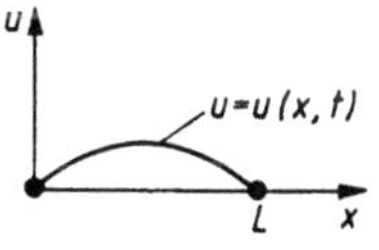


Abb. 10.15

Die Idee der klassischen *Fouriermethode* ist folgende:

(a) Man bestimmt Eigenschwingungen der speziellen Produktform $u_k(x,t) = \varphi_k(x)\psi_k(t)$ mit $\varphi_k(0) = \varphi_k(L) = 0$.

(b) Die allgemeine Schwingung $u = u(x,t)$ ergibt sich dann nach dem *Superpositionsprinzip* durch

$$u(x,t) = \sum_k c_k u_k(x,t). \tag{10.112}$$

Wegen (a) gilt $u(0,t) = u(L,t) = 0$ für alle Zeiten $t$, d.h., die Randbedingung ist erfüllt. Ferner werden die Koeffizienten $c_k$ so gewählt, daß die Anfangsbedingungen (Anfangslage und Anfangsgeschwindigkeit) gültig sind.

Zur Vereinfachung der Bezeichnungen wählen wir $L = \pi$ und $c = 1$. Setzen wir $u_k$ in die partielle Differentialgleichung (10.111) ein, dann erhalten wir $\varphi_k(x)\psi_k''(t) = \varphi_k''(x)\psi_k(t)$, also

$$\frac{\psi_k''(t)}{\psi_k(t)} = \frac{\varphi_k''(x)}{\varphi_k(x)}.$$

Diese Bedingung läßt sich durch

$$\begin{aligned} &\varphi_k''(x) = \lambda_k\varphi_k(x), \quad 0 < x < \pi, \\ &\varphi_k(0) = \varphi_k(\pi) = 0 \end{aligned} \tag{10.113}$$

und

$$\psi_k''(t) = \lambda_k\psi_k(t) \tag{10.114}$$

befriedigen mit der zunächst unbekannten reellen Zahl $\lambda_k$ (Eigenwert in (10.113)). Gleichung (10.113) stellt ein sogenanntes *Rand-Eigenwertproblem* dar. Man prüft sofort nach, daß sich spezielle Lösungen von (10.113) durch

$$\varphi_k(x) = \sin kx, \quad \lambda_k = -k^2, \quad k = 1, 2, \ldots,$$

ergeben. Somit erhält man Lösungen von (10.114) durch

$$\psi_k(t) = \sin kt, \quad \cos kt.$$

Die Reihenentwicklung (10.112) lautet dann

$$u(x,t) = \sum_{k=1}^{\infty}(a_k \sin kt + b_k \cos kt)\sin kx. \tag{10.115}$$

Formal ergibt sich daraus

$$u_t(x,t) = \sum_{k=1}^{\infty}(a_k k \cos kt - b_k k \sin kt)\sin kx.$$

Für $t = 0$ erhalten wir somit die Fourierentwicklungen

$$u_0(x) = \sum_{k=1}^{\infty} b_k \sin kx, \quad u_1(x) = \sum_{k=1}^{\infty} k a_k \sin kx. \tag{10.116}$$

Zur Bestimmung der unbekannten Fourierkoeffizienten $a_k$ und $b_k$ verwenden wir das Skalarprodukt

$$(f,g) := \int_0^{\pi} f(x)g(x)\,dx$$

und die Orthogonalitätsrelationen

$$(\varphi_k, \varphi_m) = \pi\delta_{km}/2, \quad k, m = 1, 2, \ldots. \tag{10.117}$$

Multiplizieren wir (10.116) mit $\varphi_m(x) := \sin mx$ und integrieren wir anschließend formal über $[0, \pi]$, dann erhalten wir

$$(u_0, \varphi_m) = \sum_{k=1}^{\infty} b_k(\varphi_k, \varphi_m) = \pi b_m/2$$

und einen analogen Ausdruck für $u_1$. Daraus ergeben sich die Fourierkoeffizienten zu

$$b_m = 2/\pi \int_0^\pi u_0(x) \sin mx \, dx, \quad a_m = 2/m\pi \int_0^\pi u_1(x) \sin mx \, dx \,. \tag{10.118}$$

Unser Ziel ist es, mit Hilfe der Theorie der Integralgleichungen für symmetrische Kerne die Reihenentwicklung (10.115) mit (10.118) zu rechtfertigen, d.h., wir wollen zeigen, daß diese Reihe eine Lösung des Ausgangsproblems darstellt.

**Rand-Eigenwertproblem und äquivalente Integralgleichung:** Anstelle von (10.113) betrachten wir das allgemeinere Rand-Eigenwertproblem

$$\varphi''(x) - \lambda\varphi(x) = h(x), \quad 0 < x < \pi, \tag{10.119}$$
$$\varphi(0) = \varphi(\pi) = 0.$$

Der entscheidende Trick besteht darin, daß diese Aufgabe äquivalent ist zu der Integralgleichung

$$\varphi(x) = \lambda \int_0^\pi G(x, y)\varphi(y) \, dy + f(x), \quad 0 \le x \le \pi \tag{10.120}$$

mit $f(x) := \int_0^\pi G(x, y)h(y) \, dy$ und der sogenannten Greenschen Funktion

$$G(x, y) := \begin{cases} (\pi - y)x & \text{für } 0 \le x \le y \le \pi, \\ (\pi - x)y & \text{für } 0 \le y \le x \le \pi. \end{cases}$$

Dann stellt (10.120) eine Fredholmsche Integralgleichung zweiter Art mit dem *stetigen symmetrischen Kern* $G$ dar. Somit kann man alle Aussagen von 10.3.8. auf (10.120) anwenden. Daraus ergeben sich die entsprechenden Aussagen für das Rand-Eigenwertproblem (10.119). Insbesondere erhalten wir:

(i) Die Funktionen $\varphi_k(x) := \sin kx$, $k = 1, 2, \ldots$, bilden ein vollständiges Orthonormalsystem. Außer $\lambda_k = k^2$, $k = 1, 2, \ldots$, gibt es keine weiteren Eigenwerte von (10.113).

(ii) Jede zweimal stetig differenzierbare Funktion $g$: $[a, b] \to \mathbb{R}$ mit $g(0) = g(\pi) = 0$ ist quellenmäßig darstellbar bezüglich $G$. Deshalb konvergiert die Fourierreihe

$$g(x) = \sum_{k=1}^{\infty} (g, \varphi_k)\varphi_k(x) \tag{10.121}$$

gleichmäßig auf $[0, \pi]$.

Für jede Funktion $g \in L_2(0, \pi)$ (z.B. eine auf $[0, \pi]$ stetige Funktion $g$) konvergiert die Reihe (10.121) auf $L_2(0, \pi)$, d.h. im quadratischen Mittel.

Eine genauere Analyse ergibt das folgende Resultat für das Problem der schwingenden Saite [vgl. Zeidler 1995].

**Existenz- und Eindeutigkeitssatz für die schwingende Saite:** Gegebenen seien die beiden viermal stetig differenzierbaren Funktionen $u_0, u_1\colon [0,\pi] \to \mathbb{R}$ mit den Randbedingungen

$$u_j^{(k)}(x) = 0 \quad \text{für } x = 0, \pi, \quad j = 0, 1, \quad k = 0, 2.$$

Dann besitzt das Rand-Anfangsproblem (10.111) der schwingenden Saite genau eine klassische Lösung, die durch die konvergente Reihenentwicklung (10.115) mit den Fourierkoeffizienten (10.118) gegeben ist.

**Korollar:** Erfüllen die Funktionen $u_0$ und $u_1$ nur die schwächeren Bedingungen [41])

$$u_0 \in \overset{\circ}{W}{}_2^1(0,\pi), \quad u_1 \in L_2(0,\pi). \tag{10.122}$$

dann konvergiert die Reihe (10.115) mit (10.118) für jeden Zeitpunkt $t \in \mathbb{R}$ im Sinne von $L_2(0,\pi)$, d.h. im quadratischen Mittel. Diese Reihe stellt dann eine sogenannte *verallgemeinerte Lösung* des Problems (10.111) der schwingenden Saite dar. Insbesondere ist die Differentialgleichung (10.111) im Sinne der Distributionentheorie erfüllt (vgl. 10.4.), und die Randbedingungen gelten im Sinne verallgemeinerter Randwerte (vgl. 11.2.6.).

Die Benutzung verallgemeinerter Lösungen ist charakteristisch für die moderne Analysis. Im vorliegenden Fall der schwingenden Saite bedeutet dies, daß die klassischen Formeln auch dann noch (verallgemeinerte) Lösungen ergeben, falls diese Formeln nur in einem verallgemeinerten Sinne (d.h. im quadratischen Mittel) konvergieren.

## 10.3.10. Integralgleichungen und klassische Potentialtheorie

Die Theorie der Integralgleichungen hat eine große Rolle bei der Lösung der Randwertaufgaben der klassische Potentialtheorie gespielt. Um das zu erläutern, sei $\Omega$ ein beschränktes Gebiet des $\mathbb{R}^3$ mit dem glatten Rand $\partial\Omega \in C^2$ und dem äußeren Normaleneinheitsvektor $\mathbf{n}$.

**Dirichletproblem:** Für eine gegebene Randfunktion $U_0 \in C(\partial\Omega)$ wird eine Funktion $U \in C^2(\Omega) \cap C(\overline{\Omega})$ gesucht, so daß

$$\Delta U = 0 \quad \text{auf } \Omega \quad \text{und} \quad U = U_0 \quad \text{auf } \partial\Omega \tag{10.123}$$

gilt. Wir interpretieren $U$ physikalisch als das elektrostatische Potential eines elektrischen Feldes $\mathbf{E} = -\,\mathbf{grad}\, U$, wobei der Rand $\partial\Omega$ einem metallischen elektrischen Leiter entspricht.

**Eindeutigkeit:** Das Problem (10.123) besitzt nach dem Maximumprinzip höchstens eine Lösung.[42])

**Existenz einer Lösung:** Wir gehen aus von dem Ansatz

$$U(x) := \int_{\partial\Omega} \varphi(y)\mathscr{K}(x,y)\,\mathrm{d}O_y \qquad \text{mit } \mathscr{K}(x,y) := \frac{\partial}{\partial_{n_y}} \frac{1}{4\pi|x-y|}.$$

Physikalisch entspricht das dem Potential einer elektrischen Dipolschicht auf dem Rand $\partial\Omega$ mit der unbekannten Dichte $\varphi$. Die Funktion $U$ genügt der Sprungrelation

$$U_\pm(x) = \lim_{h\to+0} U(x \pm hn_x) = \int_{\partial\Omega} \varphi(y)\mathscr{K}(x,y)\,\mathrm{d}O_y \pm 2^{-1}\varphi(x)$$

---

[41]) Hier ist $\overset{\circ}{W}{}_2^1(0,\pi)$ ein Sobolevraum (vgl. 11.2.6.). Zum Beispiel gilt (10.122), falls $u_0\colon [0,\pi] \to \mathbb{R}$ stetig differenzierbar ist mit $u_0(0) = u_0(\pi) = 0$.

[42]) Sind $U_1$ und $U_2$ zwei Lösungen von (10.123), dann genügt die Differenz $U := U_1 - U_2$ der Gleichung (10.123) mit $U_0 = 0$. Nach dem Maximumprinzip nimmt $U$ sein Maximum und Minimum bezüglich $\overline{\Omega}$ auf dem Rand an, d.h., es gilt $U \equiv 0$ auf $\Omega$.

für alle $x \in \partial\Omega$. Daraus folgt

$$U_0(x) = \int_{\partial\Omega} \varphi(y)\mathscr{K}(x,y)\,\mathrm{d}O_y - 2^{-1}\varphi(x) \quad \text{für alle } x \in \partial\Omega. \tag{10.124}$$

Setzen wir $(K\varphi)(x) := \int_{\partial\Omega} \varphi(y)\mathscr{K}(x,y)\,\mathrm{d}O_y$, dann entspricht (10.124) der Operatorgleichung

$$U_0 = K\varphi - 2^{-1}\varphi, \quad \varphi \in X, \tag{10.124*}$$

auf dem Banachraum $X := C(\partial\Omega)$ der stetigen Funktionen $\varphi\colon \partial\Omega \to \mathbb{R}$. Wir wenden jetzt Methoden der Funktionalanalysis an, d.h., wir benutzen die Theorie der Fredholmoperatoren (vgl. 11.3.4.). Der Operator $K\colon X \to X$ ist kompakt, folglich ist $K - 2^{-1}I$ ein *Fredholmoperator vom Index null.* Mit potentialtheoretischen Methoden kann man zeigen, daß die homogene Gleichung $0 = K\varphi - 2^{-1}\varphi$ nur die triviale Lösung $\varphi = 0$ besitzt [vgl. Kress 1989]. Nach der Theorie der Fredholmoperatoren hat somit die Ausgangsgleichung (10.124*) für jedes $U_0 \in X$ genau eine Lösung $\varphi \in X$. Das zugehörige Potential $U$ ist die *eindeutige Lösung des Dirichletproblems* (10.123).

## 10.3.11. Singuläre Integralgleichungen und das Riemann-Hilbert-Problem

Wir betrachten die singuläre Integralgleichung

$$(Au)(z) := a(z)u(z) + \frac{1}{\pi \mathrm{i}} \int_\Gamma \frac{\mathscr{K}(z,\zeta)}{\zeta - z} u(\zeta)\,\mathrm{d}\zeta = h(z), \quad z \in \Gamma, \tag{10.125}$$

zusammen mit der *adjungierten Gleichung*

$$(A^D v) := a(z)v(z) - \frac{1}{\pi \mathrm{i}} \int_\Gamma \frac{\mathscr{K}(\zeta,z)}{\zeta - z} v(\zeta)\,\mathrm{d}\zeta = 0, \quad z \in \Gamma. \tag{10.125*}$$

Dabei bezeichnet $\Gamma$ die im positiven mathematischen Sinne durchlaufene glatte Randkurve eines beschränkten Gebietes $\Omega_-$ der komplexen Ebene mit dem äußeren Gebiet $\Omega_+$ (Abb. 10.16). Wir setzen voraus, daß der Kern $\mathscr{K}\colon \Gamma \times \Gamma \to \mathbb{C}$ *Hölderstetig* ist, d.h., für alle $z, w, \zeta, \omega \in \Gamma$ gilt

$$|\mathscr{K}(z,\zeta) - \mathscr{K}(w,\omega)| \le c(|z-w| + |\zeta - \omega|)^\alpha$$

bei festem $\alpha \in (0,1)$. Die kleinste mögliche Konstante $c$ heißt die Hölderkonstante $H_\alpha(\mathscr{K})$ von $\mathscr{K}$. Mit $C^\alpha(\Gamma)$ bezeichnen wir die Menge aller Hölderstetigen Funktionen $u\colon \Gamma \to \mathbb{C}$. Bezüglich der Norm

$$\|u\| := \max_{z\in\Gamma} |u(z)| + H_\alpha(u)$$

wird $C^\alpha(\Gamma)$ ein komplexer Banachraum. Die Integrale in (10.125) und (10.125*) sind im Sinne des Cauchyschen Hauptwertes zu verstehen, d.h., es ist

$$\int_\Gamma \frac{\mathscr{K}(z,\zeta)}{\zeta - z} u(\zeta)\,\mathrm{d}\zeta := \lim_{\varrho \to 0} \int_{\Gamma_\varrho} \frac{\mathscr{K}(z,\zeta)}{\zeta - z} u(\zeta)\,\mathrm{d}\zeta$$

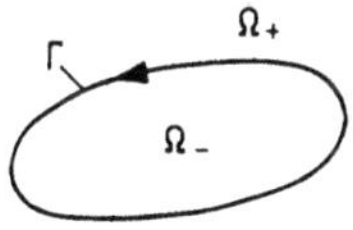


Abb. 10.16

mit $\Gamma_\varrho := \{\zeta \in \Gamma : |\zeta - z| \geq \varrho\}$. Für eine Funktion $f\colon \Gamma \to \mathbb{C}$ mit $f \neq 0$ auf $\Gamma$ definieren wir den Abbildungsgrad (die Umschlingungszahl) durch

$$\deg_\Gamma f := \frac{1}{2\pi} \int_\Gamma \mathrm{d}(\arg f(z)),$$

d.h., $\deg_\Gamma f$ ist gleich der Anzahl der Umschlingungen des Nullpunktes durch die Bildkurve $f(\Gamma)$, wobei Umschlingungen im mathematisch positiven (negativen) Sinne positiv (negativ) gezählt werden. Als duales Paar (vgl. 11.3.4.3.) wählen wir $\{X, X\}$ mit $X := C^\alpha(\Gamma)$ und

$$\langle u, v\rangle := \int_\Gamma u(z)v(z)\,\mathrm{d}z \qquad \text{für alle } u, v \in X.$$

Schließlich setzen wir $b(z) := \mathscr{K}(z, z)$.

**Existenzsatz:** Gegeben seien die Funktionen $a, b \in X$ mit $a \pm b \neq 0$ auf $\Gamma$. Dann gilt:

(i) Der Operator $A\colon X \to X$ ist ein Fredholmoperator mit dem Index (vgl. 11.3.4.)

$$\operatorname{ind} A = \deg_\Gamma (a - b)(a + b)^{-1}.$$

(ii) Der Operator $A^D\colon X \to X$ ist dual zu $A$ bezüglich des dualen Paares $\{X, X\}$. Es gilt $\operatorname{ind} A = \dim N(A) - \dim N(A^D)$, wobei $N(A)$ bzw. $N(A^D)$ den Nullraum von $A$ bzw. $A^D$ bezeichnet.

(iii) Für eine gegebene Funktion $f \in X$ ist die singuläre Integralgleichung (10.125) genau dann lösbar, wenn

$$\langle f, v\rangle = 0 \qquad \text{für alle Lösungen } v \in X \qquad \text{von (10.125*) gilt.}$$

(iv) Ist $\operatorname{ind} A = 0$ und hat $Au = 0$, $u \in X$, nur die triviale Lösung $u = 0$, dann besitzt (10.125) für jedes $f \in X$ genau eine Lösung.

Typisch für derartige singuläre Integralgleichungen ist die Tatsache, daß der Index $\operatorname{ind} A$ ungleich null sein kann.

**Anwendung auf das Riemann-Hilbert-Problem:** Wir suchen eine holomorphe Funktion $f\colon \Omega_\pm \to \mathbb{C}$ mit

$$(a + b)f_- = (a - b)f_+ + h \qquad \text{auf } \Gamma. \tag{10.126}$$

Dabei wird $f_\pm \in C^\alpha(\overline{\Omega}_\pm)$ gefordert, wobei $f_\pm$ eine Fortsetzung von $f$ auf $\overline{\Omega}_\pm$ darstellt. Ferner sei $f(z) \to 0$ für $z \to \infty$ (gleichmäßige Konvergenz bezüglich aller Richtungen).

Das Problem (10.126) ist äquivalent zur Lösung der Integralgleichung (10.125) mit $\mathscr{K}(z, \zeta) \equiv b(z)$. Zwischen den Lösungen $u$ und $f$ von (10.125) und (10.126) besteht der Zusammenhang

$$f(z) = \frac{1}{2\pi \mathrm{i}} \int_\Gamma \frac{u(\zeta)}{\zeta - z}\,\mathrm{d}\zeta, \qquad z \in \mathbb{C} - \Gamma.$$

## 10.3.12. Wiener-Hopf-Integralgleichungen

Zusammen mit der Wiener-Hopf-Gleichung

$$(Au)(x) := u(x) + \int_0^\infty K(x - y)u(y)\,\mathrm{d}y = f(x), \quad x \geq 0, \tag{10.127}$$

betrachten wir die adjungierte Gleichung

$$(A^* v)(x) := v(x) + \int_0^\infty K(y - x)v(y)\,\mathrm{d}y = 0, \quad x \geq 0. \tag{10.127*}$$

mit der meßbaren (z.B. stückweise stetigen) Funktion $K: \mathbb{R} \to \mathbb{R}$ und $\int_{-\infty}^{\infty} |K(y)| \, dy < \infty$. Ferner sei

$$K^+(x) := \int_{-\infty}^{\infty} e^{-ixy} K(y) \, dy \quad \text{mit } 1 + K^+(x) \neq 0 \text{ auf } \mathbb{R}.$$

Wir setzen $X := L_2^{\mathbb{C}}(0, \infty)$, d.h., $X$ bezeichnet den komplexen Hilbertraum aller meßbaren Funktionen $u$: $[0, \infty) \to \mathbb{R}$ mit $\int_0^{\infty} |u(x)|^2 \, dx < \infty$ und dem Skalarprodukt $(u, v) := \int_0^{\infty} \overline{u(x)} v(x) \, dx$. Dann gilt:

(i) Der Operator $A$: $X \to X$ ist ein Fredholmoperator mit dem Index $\operatorname{ind} A = \deg_{\mathbb{R}}(1 + K^+)$ (Anzahl der Umschlingungen der Kurve $1 + K^+(\mathbb{R})$ um den Nullpunkt). Dabei gilt $\operatorname{ind} A = \dim N(A) - \dim N(A^*)$.

(ii) Für eine gegebene Funktion $f \in X$ ist die Integralgleichung (10.127) genau dann lösbar, wenn $(f, v) = 0$ für alle Lösungen $v \in X$ der adjungierten Gleichung (10.127*) gilt.

(iii) Ist $\operatorname{ind} A = 0$ und hat $Au = 0$, $u \in X$, nur die triviale Lösung $u = 0$, dann besitzt (10.127) für jedes $f \in X$ eine eindeutige Lösung $u \in X$.

*Bemerkung* (topologische Stabilität des Index): Bei den singulären Integralgleichungen (10.125) und den Wiener-Hopf-Gleichungen (10.127) beobachtet man die fundamentale Tatsache, daß der Index $\operatorname{ind} A$ sich *nicht ändert*, falls man die Kenngrößen der Integralgleichung Deformationen unterwirft, die die entsprechende Umschlingungszahl unverändert lassen. Das ist ein Spezialfall des berühmten Atiyah-Singer-Indextheorems, das einen Zusammenhang zwischen Index und Topologie herstellt (vgl. Kapitel 19.).

## 10.3.13. Näherungsverfahren

Wir erläutern hier einige Grundideen. Eine ausführliche moderne Darstellung von Näherungsverfahren zur Lösung von Integralgleichungen auf Computern findet man in [Hackbusch 1989].

### 10.3.13.1. Quadraturverfahren

Integralgleichungen kann man dadurch auf lineare Gleichungssysteme zurückführen, daß man die Integrale mit Hilfe von Quadraturformeln durch Summen ersetzt. Dabei ist es wichtig, effektive Quadraturformeln zu verwenden. Benutzt man die Gaußsche Quadraturformel, dann spricht man von der Nyströmschen Methode. Hier setzt man näherungsweise

$$\int_a^b f(x) \, dx = (b - a)(A_1 f(x_1) + \ldots + A_n f(x_n)). \tag{10.128}$$

Bezeichnen $t_1, \ldots, t_n$ die Nullstellen des $n$-ten Legendreschen Polynoms

$$P_n(t) = \frac{1}{2^n n!} \frac{d^n}{dt^n} (t^2 - 1)^n,$$

dann ist $2x_k = (a + b) + (b - a)t_k$ und

$$A_k = \frac{1}{2} \int_{-1}^{1} \frac{(t - t_1)(t - t_2) \ldots (t - t_{k-1})(t - t_{k+1}) \ldots (t - t_n)}{(s - t_1)(s - t_2) \ldots (s - t_{k-1})(s - t_{k+1}) \ldots (s - t_n)} \, dt$$

mit $s := t_k$, $k = 1, \ldots, n$. Für $n = 1, 2, \ldots, 6$ findet man die $t$-Werte und $A$-Werte in Tab. 10.4.

*Tabelle 10.4*

| $n$ | $t$ | $A$ | $n$ | $t$ | $A$ |
|---|---|---|---|---|---|
| 1 | $t_1 = \ \ 0$ | $A_1 = 1$ | 5 | $t_1 = -0{,}9062$ | $A_1 = 0{,}1185$ |
| | | | | $t_2 = -0{,}5384$ | $A_2 = 0{,}2393$ |
| 2 | $t_1 = -0{,}5774$ | $A_1 = 0{,}5$ | | $t_3 = \ \ 0$ | $A_3 = 0{,}2844$ |
| | $t_2 = \ \ 0{,}5774$ | $A_2 = 0{,}5$ | | $t_4 = \ \ 0{,}5384$ | $A_4 = 0{,}2393$ |
| | | | | $t_5 = \ \ 0{,}9062$ | $A_5 = 0{,}1185$ |
| 3 | $t_1 = -0{,}7746$ | $A_1 = 0{,}2778$ | | | |
| | $t_2 = \ \ 0$ | $A_2 = 0{,}4444$ | 6 | $t_1 = -0{,}9324$ | $A_1 = 0{,}0857$ |
| | $t_3 = \ \ 0{,}7746$ | $A_3 = 0{,}2778$ | | $t_2 = -0{,}6612$ | $A_2 = 0{,}1804$ |
| | | | | $t_3 = -0{,}2386$ | $A_3 = 0{,}2340$ |
| 4 | $t_1 = -0{,}8612$ | $A_1 = 0{,}1739$ | | $t_4 = \ \ 0{,}2386$ | $A_4 = 0{,}2340$ |
| | $t_2 = -0{,}3400$ | $A_2 = 0{,}3261$ | | $t_5 = \ \ 0{,}6612$ | $A_5 = 0{,}1804$ |
| | $t_3 = \ \ 0{,}3400$ | $A_3 = 0{,}3261$ | | $t_6 = \ \ 0{,}9324$ | $A_6 = 0{,}0857$ |
| | $t_4 = \ \ 0{,}8612$ | $A_4 = 0{,}1739$ | | | |

Die gegebene Integralgleichung

$$\lambda \int_a^b K(x, y)\varphi(y)\,\mathrm{d}y + f(x) = \varphi(y)$$

wird dann nach (10.128) näherungsweise durch das lineare Gleichungssystem

$$\begin{aligned}
\varphi_1[1 - \lambda A_1 k_{11}] - \varphi_2\lambda A_2 k_{12} - \ldots - \varphi_n\lambda A_n k_{1n} &= f_1, \\
-\varphi_1\lambda A_1 k_{21} + \varphi_2[1 - \lambda A_2 k_{22}] - \ldots - \varphi_n\lambda A_n k_{2n} &= f_2, \\
\vdots \qquad\qquad \ldots \qquad\qquad &\ \ \vdots \\
-\varphi_1\lambda A_1 k_{n1} - \varphi_2\lambda A_2 k_{n2} - \ldots - \varphi_n[1 - \lambda A_n k_{nn}] &= f_n
\end{aligned}$$

ersetzt. Dabei ist $\varphi_i = \varphi(x_i)$, $f_i = f(x_i)$ und $k_{ij} = K(x_i, y_j)$.

*Beispiel 1:* Wir wollen die Fredholmsche Integralgleichung zweiter Art

$$\int_0^1 (xy + \sqrt{xy})\varphi(y)\,\mathrm{d}y + x = \varphi(x) \tag{10.129}$$

näherungsweise lösen. Wegen $a = 0$, $b = 1$ ist $x_k = \frac{1}{2}(1 + t_k)$.

Es sei $n = 2$. Dann gilt:

$$\begin{aligned}
t_1 &= -0.5774; \quad A_1 = 0.5; \quad x_1 = y_1 = 0.2113; \\
t_2 &= \ \ 0.5774; \quad A_2 = 0.5; \quad x_2 = y_2 = 0.7887; \\
k_{11} &= \ \ 0.2559, \quad k_{12} = k_{21} = 0.5750; \quad k_{22} = 1.4107; \\
&\varphi_1 \cdot 0.8720 - \varphi_2 \cdot 0.2875 = 0.2113; \\
-&\varphi_1 \cdot 0.2875 + \varphi_2 \cdot 0.2946 = 0.7887.
\end{aligned}$$

Als Lösung erhalten wir

$$\varphi_1 = 1.659, \quad \varphi_2 = 4.296.$$

Die exakte Lösung lautet

$$\varphi(x_1) = 1.670, \quad \varphi(x_2) = 4.325.$$

Die Übereinstimmung ist mit Rücksicht auf die geringe Zahl $n = 2$ befriedigend.

### 10.3.13.2. Iterationsverfahren

In 10.3.5. und 10.3.6. haben wir gezeigt, wie man lineare Volterrasche und Fredholmsche Integralgleichungen zweiter Art durch die Methode der sukzessiven Approximation lösen kann. Dahinter verbirgt sich als ein allgemeines Iterationsprinzip der sogenannte *Fixpunktsatz von Banach*. Diesen betrachten wir zusammen mit Anwendungen auf lineare und nichtlineare Integralgleichungen in 12.1.

### 10.3.13.3. Das Galerkinverfahren

Um die Integralgleichung

$$\lambda \int_a^b K(x,y)\varphi(y)\,\mathrm{d}y - \varphi(x) = f(x) \tag{10.130}$$

mit Hilfe des Galerkinverfahrens[43)] zu lösen, macht man für $\varphi$ einen Ansatz in Form einer endlichen Linearkombination

$$\varphi(x) = c_1\varphi_1(x) + \ldots + c_n\varphi_n. \tag{10.131}$$

Die auf dem Intervall $[a,b]$ linear unabhängigen Funktionen $\varphi_1,\ldots,\varphi_n$ sind gegeben, z.B. $\varphi_k(x) := x^{k-1}$. Gesucht werden die Koeffizienten $c_1,\ldots,c_n$, für die sich ein lineares Gleichungssystem ergibt. Hierzu setzen wir (10.131) in (10.130) ein. Das liefert

$$c_1\lambda\int_a^b K(x,y)\varphi_1(y)\,\mathrm{d}y + \ldots + c_n\lambda\int_a^b K(x,y)\varphi_n(y)\,\mathrm{d}y$$
$$- c_1\varphi_1(x) - \ldots - c_n\varphi_n(x) = f(x).$$

Multiplizieren wir diese Gleichung der Reihe nach mit $\varphi_1(x),\ldots,\varphi_n(x)$ und integrieren wir über $[a,b]$, dann ergibt sich das folgende lineare Gleichungssystem:

$$c_1(\lambda\alpha_{j1} - \beta_{j1}) + \ldots + c_n(\lambda\alpha_{jn} - \beta_{jn}) = \gamma_j, \quad j = 1,\ldots,n,$$

zur Bestimmung von $c_1,\ldots,c_n$. Dabei ist

$$\alpha_{jk} := \int_a^b\int_a^b K(x,y)\varphi_j(x)\varphi_k(y)\,\mathrm{d}x\,\mathrm{d}y, \quad \beta_{jk} := \int_a^b \varphi_j(x)\varphi_k(x)\,\mathrm{d}x\,,$$

$$\gamma_j := \int_a^b f(x)\varphi_j(x)\,\mathrm{d}x\,.$$

*Konvergenz:* Erhöht man die Anzahl der Basisfunktionen $\varphi_1,\ldots,\varphi_n$, dann erwartet man, daß für $n \to \infty$ die Näherungslösungen gegen die Lösung der Ausgangsgleichung konvergieren.

Derartige Konvergenzaussagen werden mit Hilfe der Funktionalanalysis formuliert und bewiesen (vgl. 11.4.4.). Vom abstrakten Standpunkt aus stellt das obige Galerkinverfahren ein Projektionsverfahren dar.

## 10.4. Distributionen und lineare partielle Differentialgleichungen der mathematischen Physik

Die Theorie der Distributionen stellt eine wichtige Grundlage der modernen Analysis dar. Klassische Funktionen brauchen nicht stets differenzierbar zu sein. Distributionen sind verallgemeinerte Funktionen, die folgende Eigenschaften haben:

---

43) Die Schreibweise „Galerkin“ ist heute allgemein üblich. Die korrekte Aussprache des Namens des russischen Ingenieurs Galerkin, der dieses Verfahren 1915 einführte, lautet „Galjórkin“.

(i) Distributionen besitzen Ableitungen beliebiger Ordnung.

(ii) Klassische Funktionen können mit speziellen Distributionen identifiziert werden.

(iii) Die Diracsche $\delta$-Funktion der Physiker ist keine klassische Funktion, wohl aber eine Distribution.

Wegen (i) sind Distributionen die natürlichen Objekte für eine allgemeine Theorie der partiellen Differentialgleichungen. Speziell bleiben Lösungsformeln für partielle Differentialgleichungen auch dann sinnvoll, falls nicht die nötigen (häufig lästigen) Glattheitsbedingungen erfüllt sind (vgl. z.B. Beispiel 7 weiter unten).

In 14.4.2. werden wir zeigen, daß Distributionen in sehr natürlicher Weise benötigt werden, um das schwierige Turbulenzproblem zu behandeln. Die Grundidee besteht darin, daß das Geschwindigkeitsfeld und das Druckfeld einer turbulenten Strömung den Navier-Stokesschen Differentialgleichungen nicht im klassischen Sinne genügen, sondern nur in einem sehr schwachen Sinne, d.h. im Sinne der Theorie der Distributionen. Das entspricht der möglichen „Wildheit" der turbulenten Strömung. Zum Beispiel ergibt sich der Druck $p$ aus einer Gleichung der Form

$$\mathbf{grad}\, p = \mathbf{g} \quad \text{auf } \Omega, \quad p \in L_2(\Omega). \tag{10.132}$$

Funktionen aus $L_2(\Omega)$ sind in der Regel nicht einmal stetig (vgl. 11.2.4.1.). In der Theorie der Distributionen besitzt jedoch die Druckfunktion $p$ stets *Ableitungen beliebiger Ordnung*. Deshalb ist (10.132) in diesem verallgemeinerten Sinne wohldefiniert. Das unterstreicht die Bedeutung der Distributionentheorie für die mathematische Physik.

**Bezeichnungen:** In diesem Abschnitt sei $\Omega$ eine nichtleere offene Menge des $\mathbb{R}^n$ mit $n = 1, 2, \ldots$ (z.B. $\Omega = \mathbb{R}^n$). Ferner benutzen wir die in 10.1.3. eingeführten Bezeichnungen. Insbesondere bezeichnet $C_0^\infty(\Omega)$ die Menge aller Funktionen $u$, die stetige partielle Ableitungen $\partial^\alpha u$ beliebiger Ordnung $|\alpha|$ besitzen und außerhalb einer (von $u$ abhängigen) kompakten Teilmenge $K$ von $\Omega$ verschwinden (Abb. 10.17a). Zum Beispiel gehört die Funktion $u$ in Abb. 10.17b zu $C_0^\infty(\mathbb{R})$.

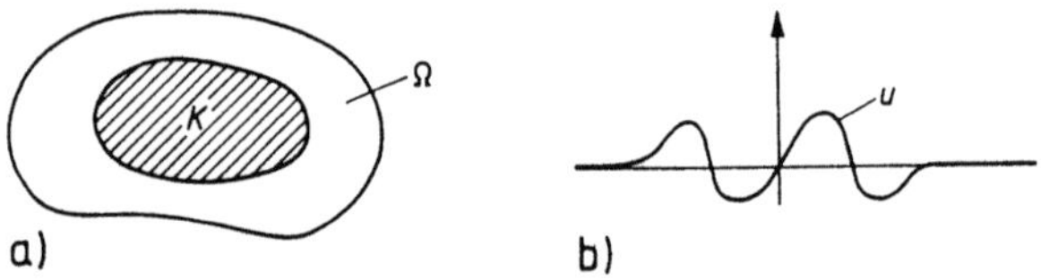


Abb. 10.17

Im folgenden sind alle auftretenden Integrale im Sinne von Lebesgue zu verstehen (vgl. 10.5.). Man beachte, daß jedes klassische Integral gleichzeitig auch ein Lebesgueintegral ist.

**Die Diracsche $\delta$-Funktion:** Wir betrachten einen Punkt der Masse $m = 1$, der sich im Ursprung $x = 0$ des $\mathbb{R}^n$ befindet. Physiker ordnen diesem Massenpunkt die formale *Massendichte* $\delta$ zu und benutzen entsprechend dieser physikalischen Interpretation die folgenden formalen Regeln:

$$\delta(x) = \begin{cases} 0 & \text{für } x \neq 0, \\ +\infty & \text{für } x = 0 \end{cases}$$

sowie

$$\int_{\mathbb{R}^n} \delta(x)\varphi(x)\,\mathrm{d}x = \varphi(0). \tag{10.133}$$

Tatsächliche gibt es *keine klassische Funktion* $\delta$ mit diesen Eigenschaften. Man kann aber die Relation (10.133) sinngemäß benutzen, um die Distribution $\delta$ in strenger Weise zu definieren (vgl. 10.4.1.).

Führt man die Substitution $z = x - y$ aus, dann erhält man aus (10.133) formal die Relation

$$\int_{\mathbb{R}^n} \delta(x-y)\varphi(x)\,\mathrm{d}x = \varphi(y). \tag{10.134}$$

Die „Funktion" $x \mapsto \delta(x-y)$ entspricht der Dichte einer Masse $m = 1$ im Punkt $y$.

## 10.4.1. Definition von Distributionen

**Der Raum $\mathscr{D}(\Omega)$ der Testfunktionen:** Eine komplexwertige Funktion $\varphi\colon \Omega \to \mathbb{C}$ gehört genau dann zu $\mathscr{D}(\Omega)$, wenn sie stetige partielle Ableitungen beliebiger Ordnung besitzt und außerhalb einer kompakten Teilmenge von $\Omega$ gleich null ist, d.h., Real- und Imaginärteil von $\varphi$ gehören zu $C_0^\infty(\Omega)$. Wir schreiben genau dann

$$\varphi_m \to \varphi \quad \text{in } \mathscr{D}(\Omega) \text{ für } m \to \infty,$$

wenn alle Funktionen $\varphi_m$ und $\varphi$ zu $\mathscr{D}(\Omega)$ gehören und folgendes gilt:

(i) Es gibt eine kompakte Teilmenge $K$ von $\Omega$, so daß alle Funktionen $\varphi_m$ außerhalb von $K$ gleich null sind.

(ii) Die Ableitungen[44] beliebiger Ordnung $\partial^\alpha \varphi_m$ konvergieren gleichmäßig gegen $\partial^\alpha \varphi$ auf $\Omega$, d.h., für $m \to \infty$ ist

$$\max_{x \in \Omega} |\partial^\alpha \varphi_m(x) - \partial^\alpha \varphi(x)| \to 0.$$

**Definition:** Unter einer *Distribution* $F \in \mathscr{D}'(\Omega)$ verstehen wir ein *lineares folgenstetiges Funktional* $F\colon \mathscr{D}(\Omega) \to \mathbb{C}$ auf dem Raum $\mathscr{D}(\Omega)$ der Testfunktionen. Explizit heißt das folgendes:

(i) Für alle $\varphi, \psi \in \mathscr{D}(\Omega)$ und alle komplexen Zahlen $a, b$ gilt

$$F(a\varphi + b\psi) = aF(\varphi) + bF(\psi).$$

Dabei ist $F(\varphi)$ eine komplexe Zahl.

(ii) Aus $\varphi_m \to \varphi$ in $\mathscr{D}(\Omega)$ für $m \to \infty$ folgt $F(\varphi_m) \to F(\varphi)$.

*Beispiel 1* ($\delta$-Distribution): Setzen wir

$$\delta(\varphi) := \varphi(0) \quad \text{für alle } \varphi \in \mathscr{D}(\mathbb{R}^n),$$

dann ist $\delta$ eine Distribution, d.h., es gilt $\delta \in \mathscr{D}'(\mathbb{R}^n)$. Diese Definition wird motiviert durch die Relation (10.133) der Physiker.

*Beispiel 2:* Für festes $y \in \mathbb{R}^n$ definieren wir

$$\delta_y(\varphi) := \varphi(y) \quad \text{für alle } \varphi \in \mathscr{D}(\mathbb{R}^n).$$

Dann gilt $\delta_y \in \mathscr{D}'(\Omega)$. Diese sogenannte $\delta$-Distribution im Punkt $y$ entspricht nach (10.134) der „Funktion" $x \mapsto \delta(x-y)$ der Physiker.

---

[44] Die Ableitung nullter Ordnung entspricht definitionsgemäß der Funktion selbst, d.h., es ist $\partial^\alpha \varphi = \varphi$ für $\alpha = 0$.

**Reguläre Distributionen:** Mit Hilfe der Relation

$$F(\varphi) := \int_{\Omega} f \varphi \, dx \quad \text{für alle } \varphi \in \mathscr{D}(\Omega) \tag{10.135}$$

kann man jeder stetigen Funktion $f\colon \Omega \to \mathbb{R}$ eine Distribution $F$ zuordnen, wobei $f$ durch $F$ eindeutig festgelegt ist. In diesem Sinne kann man stetige Funktionen als spezielle Distributionen auffassen.

Um diese *Identifikation* zwischen Funktionen und gewissen Distributionen auch auf große Klassen unstetiger Funktionen auszudehnen, bezeichnen wir mit $L_{1,\text{lokal}}(\Omega)$ die Menge aller Funktionen $f\colon \Omega \to \mathbb{C}$, deren Real- und Imaginärteil auf jeder kompakten Teilmenge von $\Omega$ integrierbar ist. Jeder Funktion $f \in L_{1,\text{lokal}}(\Omega)$ entspricht dann vermöge (10.135) eine Distribution $F \in \mathscr{D}'(\Omega)$, wobei $f$ durch $F$ eindeutig festgelegt ist, und zwar bis auf Änderung der Werte auf einer Menge vom Maß null (z.B. Änderung in endlich vielen Punkten). Genau alle so entstehenden Distributionen heißen *reguläre Distributionen.*

*Konvention:* Anstelle von $F$ schreibt man häufig kurz $f$, d.h., man benutzt für die Funktion $f$ und die zugehörige reguläre Distribution das gleiche Symbol.

*Beispiel 3:* Der Funktion $f \equiv 1$ entspricht die reguläre Distribution $F$ mit

$$F(\varphi) = \int_{\mathbb{R}^n} \varphi \, dx \quad \text{für alle } \varphi \in \mathscr{D}(\Omega).$$

Dagegen ist die $\delta$-Distribution keine *reguläre* Distribution.

**Träger einer Funktion:** Als den Träger $\operatorname{supp} f$ der Funktion $f\colon \Omega \to \mathbb{C}$ bezeichnet man den Abschluß der Menge aller Punkte $x \in \Omega$ mit $f(x) \neq 0$, d.h.

$$\operatorname{supp} f := \text{Abschluß von } \{x \in \Omega\colon f(x) \neq 0\}.$$

*Beispiel 4:* Setzen wir

$$f(x) := \begin{cases} 1 & \text{für } -2 < x < 2\,, \\ 0 & \text{für } x \leq -2 \text{ oder } x \geq 2\,, \end{cases}$$

dann gilt $\operatorname{supp} f = [-2, 2]$. Für $g(x) := \sin x$ ergibt sich $\operatorname{supp} g = \mathbb{R}$.

**Träger einer Distribution:** Es sei $F \in \mathscr{D}'(\Omega)$. Bezeichnet $\Omega_*$ eine offene Teilmenge von $\Omega$, dann schreiben wir genau dann

$$F \neq 0 \quad \text{auf } \Omega_*,$$

wenn es eine Funktion $\varphi \in \mathscr{D}(\Omega_*)$ gibt, so daß $F(\varphi) \neq 0$ gilt. Ferner bezeichne $K_r(x)$ eine offene Kugel des $\mathbb{R}^n$ mit dem Radius $r > 0$ und dem Mittelpunkt $x$. Definitionsgemäß gehört der Punkt $x$ genau dann zum Träger $\operatorname{supp} F$ der Distribution $F$, wenn $x$ zu $\Omega$ oder zum Rand $\partial\Omega$ gehört und

$$F \neq 0 \quad \text{auf } \Omega \cap K_r(x)$$

gilt, und zwar für alle Radien $r > 0$.

*Beispiel 5:* Es sei $f\colon \mathbb{R} \to \mathbb{R}$ eine stetige Funktion mit $f(x) \neq 0$ für alle $x \in [a, b]$ und $f(x) = 0$ für alle $x \notin [a, b]$. Dann gilt

$$\operatorname{supp} f = \operatorname{supp} F = [a, b],$$

falls $F$ die zu $f$ gehörige Distribution bezeichnet.

## 10.4.2. Das Rechnen mit Distributionen

**Strategie:** Operationen für Distributionen werden so erklärt, daß sie im Spezialfall regulärer Distributionen vermöge der Relation (10.135) den klassischen Operationen für Funktionen entsprechen.

**Ableitung:** Für jede Distribution $F \in \mathscr{D}'(\Omega)$ definieren wir die Ableitung $\partial^\alpha F$ durch

$$(\partial^\alpha F)(\varphi) := (-1)^{|\alpha|} F(\partial^\alpha \varphi) \quad \text{für alle } \varphi \in \mathscr{D}(\Omega), \tag{10.136}$$

wobei $|\alpha|$ die Ordnung der partiellen Ableitung $\partial^\alpha \varphi$ bezeichnet.

Dann ist $\partial^\alpha F$ wiederum eine Distribution, d.h., es gilt $\partial^\alpha F \in \mathscr{D}'(\Omega)$. Somit besitzen Distributionen *Ableitungen beliebiger Ordnung.*

*Motivation:* Ist $f\colon \Omega \to \mathbb{C}$ eine hinreichend glatte Funktion, dann entspricht ihr die reguläre Distribution $F$ mit

$$F(\varphi) = \int_{\mathbb{R}^n} f\varphi \, \mathrm{d}x \quad \text{für alle } \varphi \in \mathscr{D}(\Omega).$$

Ferner gehört zu der klassischen Ableitung $\partial^\alpha f$ die reguläre Distribution $G$ mit

$$G(\varphi) = \int_{\mathbb{R}^n} (\partial^\alpha f)\varphi \, \mathrm{d}x \quad \text{für alle } \varphi \in \mathscr{D}(\Omega).$$

*Partielle Integration* ergibt die Schlüsselrelation

$$\int_{\mathbb{R}^n} (\partial^\alpha f)\varphi \, \mathrm{d}x = (-1)^{|\alpha|} \int_{\mathbb{R}^n} f\partial^\alpha\varphi \, \mathrm{d}x \quad \text{für alle } \varphi \in \mathscr{D}(\Omega).$$

Ein Vergleich mit (10.136) zeigt, daß $G = \partial^\alpha F$ gilt, d.h., die klassische Ableitung $\partial^\alpha f$ entspricht der Distribution $\partial^\alpha F$.

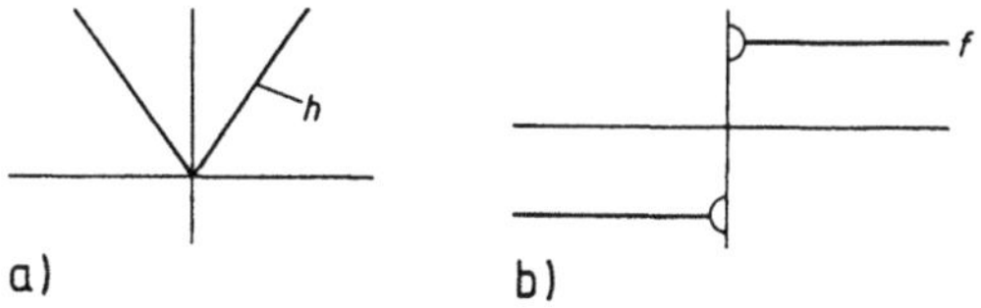


Abb. 10.18

*Beispiel 1:* Es sei $n = 1$ und $\Omega = \mathbb{R}$. Der Funktion

$$h(x) = 2^{-1}|x| \quad \text{für alle } x \in \mathbb{R}$$

entspricht die reguläre Distribution

$$H(\varphi) := \int_{-\infty}^{\infty} h(x)\varphi(x) \, \mathrm{d}x \quad \text{für alle } \varphi \in \mathscr{D}(\mathbb{R}).$$

Diese Distribution $H$ besitzt die Ableitung $H' = F$ mit

$$F(\varphi) := \int_{-\infty}^{\infty} f(x)\varphi(x) \, \mathrm{d}x \quad \text{für alle } \varphi \in \mathscr{D}(\mathbb{R}), \tag{10.137}$$

wobei wir setzen:

$$f(x) := \begin{cases} 1/2 & \text{für } x > 0, \\ -1/2 & \text{für } x < 0, \\ \text{beliebig} & \text{für } x = 0. \end{cases}$$

In allen Punkten $x \neq 0$ gilt $h'(x) = f(x)$ im klassischen Sinne. Im Punkt $x = 0$ besitzt $h$ *keine klassische* Ableitung (Abb. 10.18). Ferner gilt

$$F' = \delta, \tag{10.138}$$

d.h., die Ableitung der Sprungfunktion $f$ (im distributiven Sinne) ist gleich der $\delta$-Distribution. Schließlich erhalten wir für die $m$-te Ableitung

$$\delta^{(m)}(\varphi) = (-1)^m \varphi^{(m)}(0) \quad \text{für alle } \varphi \in \mathscr{D}(\mathbb{R}), \quad m = 1, 2, \ldots . \tag{10.139}$$

Benutzt man für Funktionen und die zugehörigen regulären Distributionen die gleichen Symbole, dann kann man kurz schreiben:

$$h' = f, \quad h'' = f' = \delta, \quad h''' = \delta' \quad \text{usw.}$$

*Beweis von* (10.138): Um $H' = F$ mit (10.137) zu zeigen, haben wir

$$F(\varphi') \equiv H'(\varphi) = -H(\varphi') \quad \text{für alle } \varphi \in \mathscr{D}(\mathbb{R})$$

nachzuweisen. Tatsächlich ergibt sich das durch partielle Integration, denn für alle $\varphi \in \mathscr{D}(\mathbb{R})$ gilt

$$\begin{aligned} \int_{-\infty}^{\infty} |x|\varphi'(x)\,\mathrm{d}x &= \int_{-\infty}^{0} (-x)\varphi'(x)\,\mathrm{d}x + \int_{0}^{\infty} x\varphi'(x)\,\mathrm{d}x \\ &= \int_{-\infty}^{0} \varphi(x)\,\mathrm{d}x - \int_{0}^{\infty} \varphi(x)\,\mathrm{d}x = -2 \int_{-\infty}^{\infty} f(x)\varphi(x)\,\mathrm{d}x\,. \end{aligned}$$

Die Relation (10.138) ist gleichbedeutend mit

$$F'(\varphi) = -F(\varphi') = -\delta(\varphi') = -\varphi'(0) \quad \text{für alle } \varphi \in \mathscr{D}(\mathbb{R}).$$

Das folgt aus

$$-2 \int_{-\infty}^{\infty} f(x)\varphi'(x)\,\mathrm{d}x = \int_{-\infty}^{0} \varphi'(x)\,\mathrm{d}x - \int_{0}^{\infty} \varphi'(x)\,\mathrm{d}x = 2\varphi'(0).$$

*Beweis von* (10.139): Das ergibt sich aus $\delta^{(m)}(\varphi) = (-1)^m \delta(\varphi^{(m)})$.

*Beispiel 2* (Wellen): Die Gleichung

$$c^{-2}u_{tt} - u_{xx} = 0, \quad t, x \in \mathbb{R}\,, \tag{10.140}$$

beschreibt die Bewegung einer schwingenden Saite, wobei $u(x, t)$ die Auslenkung der Saite im Punkt $x$ zur Zeit $t$ und $c > 0$ die Ausbreitungsgeschwindigkeit bezeichnet. Dann gilt:

(a) Besitzt die Funktion $W: \mathbb{R} \to \mathbb{R}$ stetige Ableitungen bis zur zweiten Ordnung, dann ist

$$u(x, t) := W(x - ct) \tag{10.141}$$

eine klassische Lösung von (10.140), der eine glatte Welle entspricht, die sich von links nach rechts mit der Geschwindigkeit $c$ ausbreitet (Abb. 10.19a).

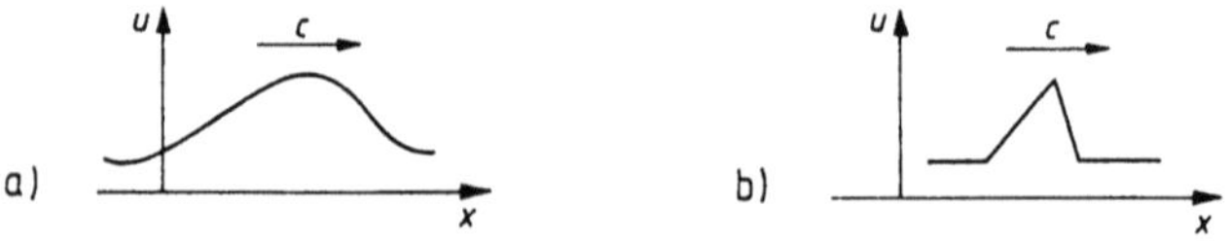


Abb. 10.19

(b) Ist die Funktion $W: \mathbb{R} \to \mathbb{R}$ ***lediglich stetig***, dann stellt $u$ in (10.141) eine Lösung von (10.140) im distributiven Sinne dar. Das heißt, bezeichnet $U$ die zu $u$ gehörige reguläre Distribution, also

$$U(\varphi) = \int_{\mathbb{R}^2} u(x,t)\varphi(x,t)\,\mathrm{d}x\,\mathrm{d}t,$$

dann gilt

$$c^{-2}U_{tt} - U_{xx} = 0 \quad \text{auf } \mathbb{R}^2.$$

Explizit bedeutet das

$$c^{-2}U_{tt}(\varphi) - U_{xx}(\varphi) = c^{-2}U(\varphi_{tt}) - U(\varphi_{xx}) = 0 \quad \text{für alle } \varphi \in \mathscr{D}(\mathbb{R}^2).$$

Die distributive Lösung (10.141) von (10.140) erfaßt auch nichtglatte Wellen (Abb. 10.19b).

Dieses Beispiel demonstriert die Nützlichkeit der Theorie der Distributionen, um Situationen zu beschreiben, die vom *physikalischen Standpunkt aus sehr vernünftig sind*, sich aber *nicht* durch klassische Lösung partieller Differentialgleichungen beschreiben lassen, weil die auftretenden Funktionen *nicht hinreichend glatt* sind.

**Das Tensorprodukt von Distributionen:** Für zwei Funktionen $u: \mathbb{R}^n \to \mathbb{C}$ und $v: \mathbb{R}^m \to \mathbb{C}$ definieren wir das Tensorprodukt $u \otimes v$ durch

$$(u \otimes v)(x,y) := u(x)v(y) \quad \text{für alle } x \in \mathbb{R}^n,\ y \in \mathbb{R}^m.$$

Sind $F \in \mathscr{D}'(\mathbb{R}^n)$ und $G \in \mathscr{D}'(\mathbb{R}^m)$ zwei Distributionen, dann erhalten wir durch[45)]

$$(F \otimes G)(\varphi) := F(G(\varphi(x,.)))$$

eine neue Distribution $F \otimes G \in \mathscr{D}'(\mathbb{R}^{n+m})$, die man als das Tensorprodukt von $F$ mit $G$ bezeichnet. Das Tensorprodukt hat folgende Eigenschaften:

(i) $(F \otimes G) \otimes H = F \otimes (G \otimes H)$ ***(Assoziativität)***;

(ii) $F_x \otimes G_y = G_y \otimes F_x$ ***(Kommutativität***[46)]***)***;

(iii) $(\partial_x^\alpha F) \otimes G = \partial_x^\alpha (F \otimes G)$ für alle $\alpha$ ***(Ableitung)***;

(iv) $(F \otimes G)(\varphi \otimes \psi) = F(\varphi)G(\psi)$ für alle $\varphi, \psi \in \mathscr{D}(\mathbb{R}^n)$;

(v) $\operatorname{supp}(F \otimes G) = \operatorname{supp} F \times \operatorname{supp} G$.

**Die Faltung von Funktionen:** Wir setzen

$$(f * g)(x) := \int_{\mathbb{R}^n} f(x-y)g(y)\,\mathrm{d}y \quad \text{für alle } x \in \mathbb{R}^n.$$

Die Funktion $f * g$ heißt die Faltung von $f$ mit $g$.

**Satz:** Gehören die beiden Funktionen $f, g: \mathbb{R}^n \to \mathbb{C}$ zu $L_{1,\text{lokal}}(\mathbb{R}^n)$, und ist der Träger $\operatorname{supp} f$ beschränkt, dann gehört auch $f * g$ zu $L_{1,\text{lokal}}(\mathbb{R}^n)$, und es gilt $f * g = g * f$.

Bezeichnet $F$ bzw. $G$ die reguläre Distribution zu $f$ bzw. $g$, dann entspricht $f * g$ der regulären Distribution $F * G$ (im Sinne der nachfolgenden Definition).

[45)] Mit $G(\varphi(x,.))$ bezeichnen wir den Wert von $G$ für die Testfunktion $y \mapsto \varphi(x,y)$ bei festem $x$.

[46)] Das bedeutet explizit $F(G(\varphi(x,.))) = G(F(\varphi(.,y)))$.

**Die Faltung von Distributionen:** Es sei $F, G \in \mathscr{D}'(\mathbb{R}^n)$, wobei der Träger $\operatorname{supp} F$ beschränkt ist. Wir definieren die Faltung $F * G$ durch

$$(F * G)(\varphi) := (F \otimes G)(\varphi_*) \quad \text{für alle } \varphi \in \mathscr{D}(\mathbb{R}^n),$$

wobei wir $\varphi_*(x, y) := \varphi(x + y)$ für alle $x, y \in \mathbb{R}^n$ setzen.

Die Faltung $F * G$ ist wiederum eine Distribution, d.h., es gilt $F * G \in \mathscr{D}'(\mathbb{R}^n)$. Für Distributionen $F, G, H \in \mathscr{D}'(\mathbb{R}^n)$ mit beschränktem Träger $\operatorname{supp} F$ und komplexe Zahlen $a, b$ gilt:

(i) $F * (aG + bH) = a(F * G) + b(F * H)$ (*Linearität*);

(ii) $F * G = G * F$ (*Kommutativität*);

(iii) $(F * G) * H = F * (G * H)$, falls auch $\operatorname{supp} G$ beschränkt ist (*Assoziativität*);

(iv) $\partial^\alpha(F * G) = (\partial^\alpha F) * G = F * (\partial^\alpha G)$ für alle $\alpha$ mit $|\alpha| \geq 0$ (*Ableitung*);

(v) $\delta * H = H * \delta = H$ (die $\delta$-Distribution entspricht dem „*Einselement*").

**Das Produkt zwischen einer Distribution und einer glatten Funktion:** Gegeben sei die Distribution $F \in \mathscr{D}'(\Omega)$ und die beliebig oft stetig differenzierbare Funktion $\psi\colon \Omega \to \mathbb{C}$. Definieren wir das Produkt $\psi F$ durch

$$(\psi F)(\varphi) := F(\psi\varphi) \quad \text{für alle } \varphi \in \mathscr{D}(\Omega),$$

dann ist $\psi F$ wiederum eine Distribution, d.h., es gilt $\psi F \in \mathscr{D}'(\Omega)$.

### 10.4.3. Die Grundlösung linearer partieller Differentialgleichungen

Wir betrachten die partielle Differentialgleichung $m$-ter Ordnung

$$\sum_{|\alpha| \leq m} a_\alpha \partial^\alpha u = f \quad \text{auf } \mathbb{R}^n \tag{10.142}$$

mit konstanten Koeffizienten, d.h., alle $a_\alpha$ sind komplexe Zahlen, die nicht gleichzeitig gleich null sind. Gegeben ist die Funktion $f$. Gesucht wird die Funktion $u$.

Es erweist sich als sehr nützlich, anstelle von (10.142) die *allgemeinere* Gleichung

$$\sum_{|\alpha| \leq m} a_\alpha \partial^\alpha U = F \tag{10.143}$$

zu studieren. Dabei ist die Distribution $F \in \mathscr{D}'(\mathbb{R}^n)$ gegeben. Gesucht wird die Distribution $U \in \mathscr{D}'(\mathbb{R}^n)$.

Sind $F$ und $U$ reguläre Distributionen, die $f$ und $u$ entsprechen, dann ist die Gleichung (10.142) im Sinne von (10.143) zu verstehen. Insbesondere enthält (10.143) den Spezialfall, daß $f$ und $u$ klassische glatte Lösungen von (10.142) sind. Der *Vorteil* von (10.143) gegenüber (10.142) besteht darin, daß auch *nichtglatte* Lösungen $u$ erfaßt werden.

Unter einer *Grundlösung* versteht man eine Lösung $U$ von (10.143) mit $F = \delta$. Ist $U_0$ eine spezielle Grundlösung von (10.143), dann erhält man alle Grundlösungen von (10.143) durch

$$U = U_0 + H,$$

wobei $H \in \mathscr{D}'(\mathbb{R}^n)$ eine beliebige Lösung von (10.143) darstellt mit $F = 0$.

**Satz von Malgrange-Ehrenpreis:** Jede Gleichung der Form (10.143) besitzt eine Grundlösung.

**Korollar** (Existenz einer Lösung für das inhomogene Problem): Die Gleichung (10.143) besitzt eine Lösung der Form

$$U = U_0 * F,$$

falls $U_0$ eine beliebige Grundlösung von (10.143) ist und $F$ eine reguläre Distribution darstellt, die einer Funktion $f \in L_{1,\mathrm{lokal}}(\mathbb{R}^n)$ mit beschränktem Träger $\operatorname{supp} f$ entspricht.

Dieses Korollar ergibt sich unter Benutzung der Eigenschaften der Faltung aus der folgenden kurzen Rechnung:

$$\sum_\alpha a_\alpha \partial^a (U_0 * F) = \sum_\alpha (a_\alpha \partial^\alpha U_0) * F = \delta * F = F.$$

*Beispiel 1:* Die gewöhnliche Differentialgleichung

$$u_0^{(n)} = \delta \quad \text{auf } \mathbb{R}, \quad n = 1, 2, \ldots,$$

hat die Grundlösung

$$u_0(x) = \begin{cases} \dfrac{x^{n-1}}{(n-1)!} & \text{für } x \geq 0\,, \\ 0 & \text{für } x < 0\,. \end{cases}$$

Das ist im Sinne regulärer Distributionen zu verstehen. Ferner besitzt die Gleichung

$$u^{(n)} = f \quad \text{auf } \mathbb{R}, \quad n = 1, 2, \ldots,$$

die Lösung $u = u_0 * f$ im Sinne regulärer Distributionen, d.h., es gilt

$$u(x) = \int_{\mathbb{R}} u_0(x-y) f(y)\,\mathrm{d}y\,.$$

Vorausgesetzt wird dabei, daß die Funktion $f\colon \mathbb{R} \to \mathbb{R}$ stetig ist (oder allgemeiner zu $L_{1,\mathrm{lokal}}(\mathbb{R})$ gehört) und außerhalb eines beschränkten Intervalls verschwindet.

*Beispiel 2:* Die Poissongleichung[47)]

$$-\Delta U = \varrho \quad \text{auf } \mathbb{R}^3 \tag{10.144}$$

hat für $\varrho = \delta$ die Grundlösung

$$U_0(x) = \frac{1}{4\pi |x|}, \quad x \in \mathbb{R}^3,$$

im Sinne regulärer Distributionen. Ist die Funktion $\varrho\colon \mathbb{R}^3 \to \mathbb{R}$ stetig und verschwindet sie außerhalb einer Kugel, dann ist $U = U_0 * \varrho$ eine Lösung von (10.144) im Sinne regulärer Distributionen, d.h., es gilt

$$U(x) = \int_{\mathbb{R}^3} \frac{\varrho(y)\,\mathrm{d}y}{4\pi|x-y|} = \int_{\mathbb{R}^3} U_0(x-y)\varrho(y)\,\mathrm{d}y\,.$$

Besitzt $\varrho$ zusätzlich stetige erste partielle Ableitungen, dann ist $U$ auch klassische Lösung von (10.144).

Vom physikalischen Standpunkt aus bedeutet $\varrho$ die elektrische Ladungsdichte und $U$ das elektrostatische Potential (in geeigneten Einheiten). Die elektrische Feldstärke ist dann

47) $\Delta u$ bezeichnet den Laplaceoperator im $\mathbb{R}^3$, d.h. $\Delta u = u_{x_1x_1} + u_{x_2x_2} + u_{x_3x_3}$.

*Tabelle 10.5*

| Differentialgleichung | Grundlösung $(x \in \mathbb{R}^3)$ |
|---|---|
| $u_t - \Delta u = \delta$ auf $\mathbb{R}^4$ | $u(x,t) = \begin{cases} \dfrac{e^{-\lvert x\rvert^2/4t}}{8(\pi t)^{3/2}} & \text{für } t > 0, \\ 0 & \text{für } t \le 0 \end{cases}$ (reguläre Distribution) |
| $u_{tt} - \Delta u = \delta$ auf $\mathbb{R}^4$ | $u(\varphi) = \dfrac{1}{4\pi} \int\limits_0^\infty \dfrac{1}{t} \Big( \int\limits_{\lvert x\rvert = t} \varphi(x,t)\,\mathrm{d}O_x \Big)\,\mathrm{d}t$ für alle $\varphi \in \mathscr{D}(\mathbb{R}^4)$ (keine reguläre Distribution) |

durch $\mathbf{E} = -\,\mathbf{grad}\; U$ gegeben. Die Grundlösung $U_0$ ist das elektrostatische Potential zu $\varrho = \delta$ (Ladungsdichte eines Punktes der Ladung Eins im Ursprung).

Tabelle 10.5 zeigt weitere Grundlösungen. In der Physik heißen geeignete spezielle Grundlösungen auch *Greensche Funktionen.*

## 10.4.4. Anwendung auf Randwertprobleme

Wir betrachten das klassische Randwertproblem

$$\begin{aligned} -u''(x) &= f(x), \quad 0 < x < 1, \\ u(0) &= u(1) = 0 \quad \text{(Randbedingung)}. \end{aligned} \tag{10.145}$$

Ist die stetige Funktion $f\colon [0,1] \to \mathbb{R}$ gegeben, dann besitzt (10.145) genau eine Lösung $u$, die man durch die Formel

$$u(x) = \int\limits_0^1 G(x,y) f(y)\,\mathrm{d}y \quad \text{für alle } x \in [0,1] \tag{10.146}$$

erhält. Die Funktion

$$G(x,y) := \begin{cases} x(1-y) & \text{für } 0 \le x \le y \le 1, \\ (1-x)y & \text{für } 0 \le y \le x \le 1 \end{cases}$$

heißt die *Greensche Funktion* zu (10.145).

Setzen wir formal $f(y) = \delta(y-z)$, dann folgt aus (10.146) die Gleichung $u(x) = G(x,z)$. Die Physiker schreiben dafür kurz

$$\begin{aligned} -G''(x,z) &= \delta(x-z), \quad 0 < x < 1, \\ G(0,z) &= G(1,z) \quad \text{(Randbedingung)}. \end{aligned}$$

Im strengen Sinne gilt für jedes feste $z \in (0,1)$ die Beziehung

$$\begin{aligned} -\mathscr{G}'' &= \delta_z, \quad \text{auf } \mathscr{D}'(0,1) \\ G(0,z) &= G(1,z) \quad \text{(Randbedingung)}, \end{aligned}$$

wobei $\mathscr{G}$ die zur Funktion $x \mapsto G(x,z)$ zugehörige reguläre Distribution bezeichnet.

Somit ist die Greensche Funktion $G$ eine Grundlösung von (10.145), die zusätzlich der Randbedingung genügt.

## 10.4.5. Anwendung auf Anfangswertprobleme

Neben dem klassischen Anfangswertproblem für die Wellengleichung

$$u_{tt} - \Delta u = f, \quad x \in \mathbb{R}^3,\ t > 0, \tag{10.147}$$
$$u(x,0) = u_0(x), \quad u_t(x,0) = u_1(x)$$

betrachten wir das sogenannte verallgemeinerte Anfangswertproblem im Sinne der Theorie der Distributionen:

$$U_{tt} - \Delta U = F + U_0 \otimes \delta' + U_1 \otimes \delta, \quad \operatorname{supp} U \subseteq \mathbb{R}^4_+. \tag{10.148}$$

Hier setzen wir $\mathbb{R}^4_+ = \{(x,t)\colon x \in \mathbb{R}^3, t \geq 0\}$. Unter einer Lösung von (10.148) verstehen wir eine Distribution $U \in \mathscr{D}'(\mathbb{R}^4)$, die (10.148) genügt, wobei die Distributionen $F \in \mathscr{D}'(\mathbb{R}^4)$ und $U_0, U_1 \in \mathscr{D}'(\mathbb{R}^3)$ gegeben sind.

Unter einer Lösung von (10.147) verstehen wir eine Funktion $u \in C^1(\mathbb{R}^4_+)$, die für $t > 0$ stetige partielle Ableitungen bis zur zweiten Ordnung besitzt und der Gleichung (10.147) genügt.

**Satz:** (i) *Klassische Lösung.* Sind $u_0, u_1, f$ hinreichend glatte vorgegebene Funktionen, d.h. ist

$$u_0 \in C^3(\mathbb{R}^3), \quad u_1 \in C^2(\mathbb{R}^3), \quad f \in C^2(\mathbb{R}^4_+),$$

dann besitzt das klassische Anfangswertproblem (10.147) genau eine Lösung $u$. Diese ist für $x \in \mathbb{R}^3$ und $t > 0$ durch die sogenannte *Poissonformel* gegeben:

$$u(x,t) = \frac{\theta(t)}{4\pi} \int\limits_{|x-y|\leq t} \frac{f(y, t - |x-y|)}{|x-y|}\,\mathrm{d}y$$
$$+ \frac{\theta(t)}{4\pi t} \int\limits_{|x-y|=t} u_1(y)\mathrm{d}O_y + \frac{1}{4\pi}\frac{\partial}{\partial t}\Big(\frac{\theta(t)}{t} \int\limits_{|x-y|=t} u_0(y)\,\mathrm{d}O_y\Big).$$

Dabei setzen wir $\theta(t) = 1$ für $t > 0$ und $\theta(t) = 0$ für $t \leq 0$.

(ii) *Verallgemeinerte Lösung.* Gilt schwächer

$$u_0, u_1 \in L_{1,\mathrm{lokal}}(\mathbb{R}^3), \quad f \in L_{1,\mathrm{lokal}}(\mathbb{R}^4), \quad \operatorname{supp} f \subseteq \mathbb{R}^4_+,$$

dann besitzt das verallgemeinerte Problem (10.148) genau eine Lösung $U$ im Sinne regulärer Distributionen[48)]. Diese Lösung ist ebenfalls durch die obige Poissonformel gegeben.

Speziell ist die Lösung $u$ des klassischen Problems (10.147) aus (i) auch Lösung des verallgemeinerten Problems (10.148). Das motiviert die Bezeichnung „verallgemeinertes Problem".

## 10.4.6. Die Fouriertransformation

Die Fouriertransformation stellt eines der wichtigsten Hilfsmittel der mathematischen Physik dar, weil sie die Operation der *Differentiation* in die einfachere algebraische Operation der *Multiplikation* verwandelt.

Für $x, y \in \mathbb{R}^n$ benutzen wir im folgenden das euklidische Skalarprodukt

$$\langle x|y\rangle := \sum_{j=1}^{n} x_j y_j$$

sowie die euklidische Norm $|x| := \langle x|x\rangle^{1/2}$.

---

48) Wir setzen $u(x,t) = 0$ sowie $f(x,t) = 0$ für alle $x \in \mathbb{R}^3, t < 0$, und $U, F, U_0, U_1 \in \mathscr{D}'(\mathbb{R}^3)$ bezeichnen die $u, f, u_0, u_1$ entsprechenden regulären Distributionen.

**Der Raum $\mathscr{S}(\mathbb{R}^n)$ der Testfunktionen:** Wir setzen

$$p_{k,r}(\varphi) := \sup_{x\in\mathbb{R}^n} (|x|^k + 1) \sum_{|\alpha|\le r} |\partial^\alpha \varphi(x)|,$$

wobei $k, r = 0, 1, 2, \ldots$ und $n = 1, 2, \ldots$ gilt. Definitionsgemäß besteht der Raum $\mathscr{S}(\mathbb{R}^n)$ aus allen beliebig oft stetig differenzierbaren Funktionen $\varphi: \mathbb{R}^n \to \mathbb{C}$, die für $|x| \to \infty$ sehr rasch gegen null gehen, d.h. genauer ist

$$p_{k,r}(\varphi) < \infty \quad \text{für alle } k, r.$$

Speziell gilt $\mathscr{D}(\mathbb{R}^n) \subseteq \mathscr{S}(\mathbb{R}^n)$. Die Funktion $\varphi(x) := \mathrm{e}^{-|x|^2}$ gehört zu $\mathscr{S}(\mathbb{R}^n)$, aber *nicht* zu $\mathscr{D}(\mathbb{R}^n)$. Wir schreiben genau dann

$$\varphi_m \to \varphi \quad \text{in } \mathscr{S}(\mathbb{R}^n) \quad \text{für } m \to \infty, \tag{10.149}$$

wenn alle $\varphi_m$ und $\varphi$ zu $\mathscr{S}(\mathbb{R}^n)$ gehören und

$$p_{k,r}(\varphi_m - \varphi) \to 0 \quad \text{für } m \to \infty$$

bezüglich aller möglichen Indizes $k$ und $r$ gilt.

*Bemerkung:* Der Raum $\mathscr{S}(\mathbb{R}^n)$ ist ein sogenannter *lokalkonvexer Raum* mit dem Halbnormensystem $\{p_{k,r}\}$ (vgl. 11.2.7.). Der Konvergenzbegriff (10.149) entspricht der allgemeinen Definition der Konvergenz in lokalkonvexen Räumen. Der Raum $\mathscr{S}(\mathbb{R}^n)$ ist wegen der Abzählbarkeit des Halbnormensystems ein metrischer Raum (vgl. 11.2.2.). Deshalb ist eine Abbildung

$$A: \mathscr{S}(\mathbb{R}^n) \to \mathscr{M}$$

in den metrischen Raum $\mathscr{M}$ genau dann stetig, wenn sie folgenstetig ist, d.h., aus $\varphi_m \to \varphi$ für $m \to \infty$ folgt $A\varphi_m \to A\varphi$ (z.B. kann man $\mathscr{M} = \mathscr{S}(\mathbb{R}^n)$, $\mathbb{R}$, $\mathbb{C}$ wählen).

**Die Fouriertransformation für Funktionen:** Ist $\varphi \in \mathscr{S}(\mathbb{R}^n)$, dann existiert das Integral

$$\psi(x) := (2\pi)^{-n/2} \int_{\mathbb{R}^n} \mathrm{e}^{-\mathrm{i}(x|y)} \varphi(y)\,\mathrm{d}y$$

für alle $x \in \mathbb{R}^n$. Die Funktion $\psi$ heißt die *Fouriertransformierte* von $\varphi$. Es gilt $\psi \in \mathscr{S}(\mathbb{R}^n)$. Die *inverse* Fouriertransformation ist durch die Formel

$$\varphi(x) = (2\pi)^{-n/2} \int_{\mathbb{R}^n} \mathrm{e}^{\mathrm{i}(x|y)} \psi(y)\,\mathrm{d}y$$

für alle $x \in \mathbb{R}^n$ gegeben.

Definieren wir den Operator $\mathscr{F}$ durch $\mathscr{F}\varphi := \psi$, dann ist

$$\mathscr{F}: \mathscr{S}(\mathbb{R}^n) \to \mathscr{S}(\mathbb{R}^n)$$

ein linearer Homöomorphismus, d.h., $\mathscr{F}$ ist bijektiv, und sowohl $\mathscr{F}$ als auch $\mathscr{F}^{-1}$ sind folgenstetig.

Zur Vereinfachung der folgenden Formeln setzen wir $D_j = -\mathrm{i}\partial_j$.

**Satz:** (i) Bei der Fouriertransformation geht die Differentiation in eine Multiplikation über und umgekehrt, d.h., es ist[49]

$$\mathscr{F}(D^\alpha\varphi) = y^\alpha \mathscr{F}(\varphi), \quad D^\alpha(\mathscr{F}\varphi) = \mathscr{F}(x^\alpha\varphi)$$

für alle Multiindizes $\alpha$ und alle Funktionen $\varphi \in \mathscr{S}(\mathbb{R}^n)$.

(ii) Die Faltung geht in ein Produkt über und umgekehrt, d.h., es ist

$$\mathscr{F}(\varphi * \chi) = (\mathscr{F}\varphi)(\mathscr{F}\chi), \quad \mathscr{F}(\varphi\chi) = (\mathscr{F}\varphi) * (\mathscr{F}\chi)$$

für alle Funktionen $\varphi, \chi \in \mathscr{S}(\mathbb{R}^n)$.

(iii) Es gilt die sogenannte Parsevalsche Identität

$$(\mathscr{F}\varphi \mid \mathscr{F}\chi)_0 = (\varphi \mid \chi)_0$$

für alle $\varphi, \chi \in \mathscr{S}(\mathbb{R}^n)$ mit dem Skalarprodukt $(\varphi \mid \chi)_0 := \int\limits_{\mathbb{R}^n} \overline{\varphi(x)}\chi(x)\,\mathrm{d}x$.

(iv) Der Operator $\mathscr{F}$ läßt sich eindeutig zu einem unitären Operator

$$\mathscr{F}\colon L_2^{\mathbb{C}}(\mathbb{R}^n) \to L_2^{\mathbb{C}}(\mathbb{R}^n)$$

auf den Hilbertraum $L_2^{\mathbb{C}}(\mathbb{R}^n)$ mit dem Skalarprodukt $(.\mid.)_0$ fortsetzen.[50]

**Temperierte Distributionen.** Unter einer temperierten Distribution $T$ verstehen wir ein *lineares stetiges Funktional*

$$T\colon \mathscr{S}(\mathbb{R}^n) \to \mathbb{C}$$

auf dem Raum der Testfunktionen $\mathscr{S}(\mathbb{R}^n)$. Wir schreiben dafür $T \in \mathscr{S}'(\mathbb{R}^n)$.

Explizit heißt das folgendes.

(i) Es ist $T(a\varphi + b\chi) = aT(\varphi) + bT(\chi)$ für alle $\varphi, \chi \in \mathscr{S}(\mathbb{R}^n)$, $a, b \in \mathbb{C}$.

(ii) Aus $\varphi_m \to \varphi$ in $\mathscr{S}(\mathbb{R}^n)$ für $m \to \infty$ folgt $T(\varphi_m) \to T(\varphi)$.

*Beispiel 1:* Es sei $q \in \mathbb{R}^n$. Setzen wir

$$\delta(\varphi) := \varphi(0) \quad \text{und} \quad \delta_q(\varphi) := \varphi(q) \quad \text{für alle } \varphi \in \mathscr{S}(\mathbb{R}^n),$$

dann sind $\delta$ und $\delta_q$ temperierte Distributionen.

*Beispiel 2:* Jeder Funktion $u \in L_2^{\mathbb{C}}(\mathbb{R}^n)$ entspricht durch

$$T(\varphi) := \int\limits_{\mathbb{R}^n} u(x)\varphi(x)\,\mathrm{d}x \quad \text{für alle } \varphi \in \mathscr{S}(\mathbb{R}^n)$$

eine temperierte Distribution $T \in \mathscr{S}'(\mathbb{R}^n)$. In diesem Sinne gilt

$$\mathscr{S}(\mathbb{R}^n) \subseteq L_2^{\mathbb{C}}(\mathbb{R}^n) \subseteq \mathscr{S}'(\mathbb{R}^n).$$

**Die Fouriertransformation für temperierte Distributionen.** Es sei $T \in \mathscr{S}'(\mathbb{R}^n)$. Wir erklären die Fouriertransformierte $\mathscr{F}T$ von $T$ durch

$$(\mathscr{F}T)(\varphi) := T(\mathscr{F}\varphi) \quad \text{für alle } \varphi \in \mathscr{S}(\mathbb{R}^n).$$

Dann ist $\mathscr{F}T$ ebenfalls eine temperierte Distribution, d.h. $\mathscr{F}T \in \mathscr{S}'(\mathbb{R}^n)$. Der Operator $\mathscr{F}$ wird dadurch zu einem linearen Operator

$$\mathscr{F}\colon \mathscr{S}'(\mathbb{R}^n) \to \mathscr{S}'(\mathbb{R}^n)$$

erweitert.

---

[49] Das Produkt $y^\alpha\psi$ steht für die Funktion $y_1^{\alpha_1}\ldots y_n^{\alpha_n}\psi(y)$.

[50] Eine Funktion $u\colon \mathbb{R}^n \to \mathbb{C}$ gehört genau dann zu $L_2^{\mathbb{C}}(\mathbb{R}^n)$, wenn Real- und Imaginärteil von $u$ meßbar sind und $(u \mid u)_0 < \infty$ gilt.

***Beispiel 3:*** **Es gilt**

$$\mathscr{F}\delta = (2\pi)^{-n/2}. \tag{10.150}$$

**d.h., die Fouriertransformierte der Diracschen $\delta$-Distribution ist eine konstante Funktion. Somit entspricht der $\delta$-Distribution im Fourierraum ein klassisches Objekt, während $\delta$ selbst *kein* klassisches Objekt ist. Tatsächlich folgt die Relation (10.150) aus**

$$(\mathscr{F}\delta)(\varphi) = \delta(\mathscr{F}\varphi) = (\mathscr{F}\varphi)(0) = \int_{\mathbb{R}^n} (2\pi)^{-n/2}\varphi(x)\,dx$$

**für alle Testfunktionen $\varphi \in \mathscr{S}(\mathbb{R}^n)$.**

**Die Skala der Räume $H_s$. Für jede reelle Zahl $s$ definieren wir**

$$(u \mid v)_s := \int_{\mathbb{R}^n} \overline{\varphi(y)}\psi(y)(1+|y|^2)^s\,dy\,.$$

**Dabei ist $\varphi$ (bzw. $\psi$) die Fouriertransformierte von $u$ (bzw. $v$). Ferner setzen wir $||u||_s := (u \mid u)_s^{1/2}$.**

**Der Raum $H_s$ besteht definitionsgemäß aus allen temperierten Distributionen $u \in \mathscr{S}'(\mathbb{R}^n)$ mit $||u||_s < \infty$. Es gilt:**

**(i) $H_s$ ist bezüglich des Skalarprodukts $(.\mid.)_s$ ein komplexer Hilbertraum.**

**(ii) Die Menge $\mathscr{S}(\mathbb{R}^n)$ ist dicht in $H_s$.**

**(iii) Für $t > s$ gilt $H_t \subset H_s$, und diese Einbettung ist stetig.**

**(iv) Der Raum $H_{-s}$ ist der antiduale Raum zu $H_s$, d.h., $H_s$ besteht aus allen stetigen Abbildungen $f\colon H_s \to \mathbb{C}$ mit $f(au+bv) = \overline{a}f(u) + \overline{b}f(v)$ für alle $a, b \in \mathbb{C}$ und $u, v \in H_s$.**

**(v) Für $s > k + (n/2)$ mit $k = 0, 1, \ldots$ sind die Elemente $u$ aus $H_s$ glatte Funktionen, d.h., es ist $u \in C^k(\mathbb{R}^n)$.**

***Beispiel 4:*** **(i) $H_0 = L_2^{\mathbb{C}}(\mathbb{R}^n)$.**

**(ii) Für $s = 1, 2, \ldots$ entspricht $H_s$ dem Sobolevraum $W_2^s(\mathbb{R}^n)$ aller Funktionen $u\colon \mathbb{R}^n \to \mathbb{C}$ aus $H_0$, deren distributive Ableitungen $\partial^\alpha u$ bis zur Ordnung $s$ wieder Funktionen sind und zu $H_0$ gehören (vgl. 11.2.6.).**

## 10.4.7. Pseudodifferentialoperatoren

Mit Hilfe der modernen Theorie der Pseudodifferentialoperatoren kann man sowohl Differentialoperatoren als auch Integraloperatoren in einheitlicher Weise behandeln. Viele komplizierte Überlegungen der klassischen Analysis werden im Lichte der Theorie der Pseudodifferentialoperatoren und der allgemeineren Theorie der Fourierintegraloperatoren sehr einfach und durchsichtig. Der entscheidende Vorzug der Klasse der Pseudodifferentialoperatoren besteht darin, daß sie abgeschlossen ist gegenüber Addition, Multiplikation sowie Übergang zum Adjungierten und diese Operationen sich in sehr eleganter Weise mit Hilfe des Symbols ausdrücken lassen.

Die *Schlüsselformel* für die Theorie der Pseudodifferentialoperatoren lautet

$$(P\varphi)(x) := (2\pi)^{-n/2} \int_{\mathbb{R}^n} e^{i\langle x|y\rangle} p(x, y)\psi(y)\,dy \tag{10.151}$$

für alle $x \in \mathbb{R}^n$ und alle $\varphi \in \mathscr{S}(\mathbb{R}^n)$. Dabei bezeichnet $\psi = \mathscr{F}\varphi$ die Fouriertransformierte von $\varphi$. Wir nennen $p$ das Symbol von $P$.

*Beispiel 1:* Für $p \equiv 1$ ist $P\varphi = \varphi$ für alle $\varphi \in \mathscr{S}(\mathbb{R}^n)$.

*Beispiel 2* (Differentialoperatoren): Setzen wir $D_j := -\mathrm{i}\partial_j$ und wählen wir eine feste Funktion $a \in C_0^\infty(\mathbb{R}^n)$, dann gilt

$$(aD^\alpha\varphi)(x) = (2\pi)^{-n/2} \int_{\mathbb{R}^n} \mathrm{e}^{\mathrm{i}(x|k)}\, a(x) y^\alpha \psi(y)\,\mathrm{d}y \tag{10.152}$$

für alle $\varphi \in \mathscr{S}(\mathbb{R}^n)$. Deshalb ist das Symbol von $aD^\alpha$ gleich $a(x)y^\alpha$.

Analog entspricht dem linearen Differentialoperator

$$(P\varphi)(x) := \sum_{|\alpha| \le M} a_\alpha(x) D^\alpha \varphi(x)$$

der Ordnung $M$ mit glatten Koeffizienten $a_\alpha \in \mathscr{S}(\mathbb{R}^n)$ das Symbol

$$p(x,y) := \sum_{|\alpha| \le M} a_\alpha(x) y^\alpha\,.$$

Dieses gehört zur Klasse $S^M$ im Sinne der unten angegebenen Definition.

Die Multiplikation zweier Differentialoperatoren spiegelt sich wegen der Produktregel in einfacher Weise in den Symbolen wieder. Der Symbolkalkül wird besonders transparent, wenn man die Differentiation in (10.151) unter dem Integral ausführt.

*Beispiel 3:* Anwendung von $D = -\mathrm{i}\,\mathrm{d}/\mathrm{d}x$ auf

$$(P\varphi)(x) := (2\pi)^{-1/2} \int_{\mathbb{R}} \mathrm{e}^{\mathrm{i}xy}\, p(x,y)\psi(y)\,\mathrm{d}y$$

ergibt

$$(DP\varphi)(x) = (2\pi)^{-1/2} \int_{\mathbb{R}} \mathrm{e}^{\mathrm{i}xy} (yp(x,y) + D_x p(x,y))\psi(y)\,\mathrm{d}y\,.$$

Deshalb ist $yp(x,y) + D_x p(x,y)$ das Symbol von $DP$.

*Beispiel 4* (Integraloperatoren): Es sei $K \in \mathscr{S}(\mathbb{R}^n)$. Wir betrachten den Integraloperator

$$(P\varphi)(x) := (2\pi)^{-n/2} \int_{\mathbb{R}^n} K(x-z)\varphi(z)\,\mathrm{d}z$$

für alle $x \in \mathbb{R}^n$ und alle $\varphi \in \mathscr{S}(\mathbb{R}^n)$. Nach der Faltungsregel für die Fouriertransformation gilt

$$(P\varphi)(x) = (2\pi)^{-n/2} \int_{\mathbb{R}^n} \mathrm{e}^{\mathrm{i}(x|y)} k(y)\psi(y)\,\mathrm{d}y\,.$$

Dabei ist $k$ bzw. $\psi$ die Fouriertransformierte von $K$ bzw. $\varphi$. Folglich ist das Symbol $p(y) := k(y)$ des Integraloperators $P$ gleich der Fouriertransformierten $k$ des Kerns $K$.

**Definition von Pseudodifferentialoperatoren.** Es sei $M$ eine reelle Zahl. Der durch die Formel (10.151) definierte lineare stetige Operator

$$P: \mathscr{S}(\mathbb{R}^n) \to \mathscr{S}(\mathbb{R}^n)$$

heißt genau dann ein *Pseudodifferentialoperator der Ordnung* $M$, wenn das sogenannte *Symbol* $p$ der Klasse $S^M$ angehört, d.h., es gilt:

(i) $p$ ist glatt, d.h. $p \in C^\infty(\mathbb{R}^{2n})$.

(ii) $p$ wächst zusammen mit seinen Ableitungen für große Werte von $|y|$ nicht zu rasch. Genauer:

$$|\partial_x^\alpha \partial_y^\beta p(x, y)| \le \text{const}(1 + |y|)^{M-|\beta|} \tag{10.153}$$

für alle $(x, y) \in \mathbb{R}^{2n}$ und alle Multiindizes $\alpha, \beta$, wobei die Konstante von $\alpha$ und $\beta$ abhängt.

Gehört das Symbol $p$ allen Klassen $S^M$ an, dann schreiben wir $p \in S^{-\infty}$.

**Die Wirkung von Pseudodifferentialoperatoren auf temperierte Distributionen.** Analog zur Fouriertransformation erweitern wir $P$ zu einem linearen Operator

$$P: \mathscr{S}'(\mathbb{R}^n) \to \mathscr{S}'(\mathbb{R}^n),$$

indem wir für jede temperierte Distribution $T \in \mathscr{S}'(\mathbb{R}^n)$ setzen:

$$(PT)(\varphi) := T(P\varphi) \quad \text{für alle } \varphi \in \mathscr{S}(\mathbb{R}^n).$$

**Glattheitstheorem.** (i) Gehört das Symbol $p$ der Klasse $S^M$ an, dann ist der Operator

$$P: H_s \to H_{s-M}$$

linear und stetig für alle reellen $s$.

(ii) Gilt $p \in S^{-\infty}$, dann folgt aus $u \in H_s$ für ein festes $s$ stets $Pu \in C^\infty(\mathbb{R}^n)$.

Solche Pseudodifferentialoperatoren bezeichnen wir als glatt.

**Asymptotische Formeln.** Es sei $p \in S^M$. Wir schreiben genau dann

$$p \sim p_M + p_{M-1} + p_{M-2} + \dots, \tag{10.154}$$

wenn $p_K \in S^K$ sowie $(p - p_M - \dots - p_{M-J+1}) \in S^{M-J}$ für alle $K = M, M-1, \dots$ und alle $J = 1, 2, \dots$ gelten.

**Der Symbolkalkül.** (i) *Multiplikation.* Sind $P$ und $Q$ zwei Pseudodifferentialoperatoren, dann gilt das auch für das Produkt $PQ$. Das Symbol $s$ von $PQ$ genügt der Beziehung

$$s \sim \sum_\alpha \frac{\mathrm{i}^{|\alpha|}}{\alpha!} D_y^\alpha p(x, y) D_x^\alpha q(x, y).$$

Die Ordnung von $PQ$ ist gleich der Summe der Ordnungen von $P$ und $Q$.

(ii) *Adjungierter Operator.* Es sei $P$ ein Pseudodifferentialoperator der Ordnung $M$. Dann gibt es genau einen linearen Operator $P^*: \mathscr{S}(\mathbb{R}^n) \to \mathscr{S}^n(\mathbb{R}^n)$ mit

$$(P\varphi \mid \psi)_0 = (\varphi \mid P^*\psi)_0 \quad \text{für alle} \quad \varphi, \psi \in \mathscr{S}(\mathbb{R}^n).$$

Dieser sogenannte formal adjungierte Operator $P^*$ zu $P$ ist ebenfalls ein Pseudodifferentialoperator der Ordnung $M$ mit dem Symbol

$$p^* \sim \sum_\alpha \frac{|\mathrm{i}|^\alpha}{\alpha!} D_x^\alpha D_y^\alpha \overline{p(x, y)}.$$

(iii) Parametrix. Gegeben sei ein Pseudodifferentialoperator $P$ der Ordnung $M > 0$ mit dem Symbol $p$, das der Abschätzung

$$p(x,y) \geq c|y|^M - d$$

für alle $x, y \in \mathbb{R}^n$ mit positiven Konstanten $c$ und $d$ genügt. Dann gibt es einen Pseudodifferentialoperator $Q$ der Ordnung $-M$ und glatte Pseudodifferentialoperatoren $A, B$ (mit Symbolen in $S^{-\infty}$), so daß

$$QP = I + A, \quad PQ = I + B$$

gilt. Man nennt $Q$ eine Parametrix zu $P$.

## 10.4.8. Fourierintegraloperatoren

Die *Schlüsselformel* der Theorie der Fourierintegraloperatoren lautet

$$(Pu)(x) := (2\pi)^{-n/2} \int_{\mathbb{R}^n} e^{i\varphi(x,y)} p(x,y)\psi(y)\, dy\,. \tag{10.155}$$

Dabei ist $\psi = \mathscr{F}u$ die Fouriertransformierte von $u$.

**Definition von Fourierintegraloperatoren.** Unter einem Fourierintegraloperator verstehen wir einen Ausdruck der Form (10.155), wobei folgendes gilt:

(i) Das Symbol $p \in S^M$ gestattet die asymptotische Entwicklung

$$p \sim p_M + p_{M-1} + \ldots$$

Dabei sollen alle Funktionen $p_K$ homogen vom Grad $K$ bezüglich der Variablen $y$ sein und mit Ausnahme von $y = 0$ beliebig oft stetig differenzierbar sein.

(ii) Die Phasenfunktion $\varphi = \varphi(x, y)$ genügt

$$\varphi(x, \lambda y) = \lambda\varphi(x,y)$$

für alle $\lambda > 0$ und alle $x, y \in \mathbb{R}^n$. Ferner ist $\varphi$ mit Ausnahme von $y = 0$ beliebig oft stetig differenzierbar und nicht entartet, d.h., es gilt $\varphi_x(x,y) \neq 0$, falls $y \neq 0$.

**Erweiterung des Fourierintegraloperators auf Distributionen mit kompaktem Träger.** Im klassischen Sinne stellt $P$ einen Operator

$$P\colon C_0^\infty(\mathbb{R}^n) \to C^\infty(\mathbb{R}^n)$$

dar, der auf glatte Funktionen wirkt. Für die Untersuchung allgemeiner Prozesse der Physik ist es jedoch wichtig, daß sich $P$ zu einem linearen Operator der Form

$$P\colon \mathscr{E}'(\mathbb{R}^n) \to \mathscr{D}'(\mathbb{R}^n)$$

erweitern läßt. Dabei bezeichnet $\mathscr{E}'(\mathbb{R}^n)$ den Raum aller Distributionen aus $\mathscr{D}'(\mathbb{R}^n)$ mit kompaktem Träger.

**Physikalische Interpretation.** Der Ausdruck $Pu$ in (10.155) stellt eine *Superposition von Wellen* mit unterschiedlichen Phasen $\varphi(x,y)$ und Amplituden $p(x,y)\psi(y)$ dar, die vom Ort $x$ und dem zusätzlichen Parameter $y$ abhängen. Derartige Integralformeln werden seit langer Zeit von Physikern benutzt, z.B. in der Optik und in der Quantentheorie.

Um das zu erläutern, sei $\mathbf{x}$ ein Ortsvektor im $\mathbb{R}^3$. Der Realteil und der Imaginärteil der Funktion

$$Ae^{i\mathbf{kx}}e^{-i\omega t} = A\cos(\mathbf{kx} - \omega t) + iA\sin(\mathbf{kt} - \omega t)$$

beschreibt dann eine ebene Welle mit der Amplitude $A$, die sich in Richtung des sogenannten Wellenzahlvektors **k** ausbreitet. Aus der Kreisfrequenz $\omega$ erhält man die Schwingungsdauer $T = 2\pi/\omega$ und die Frequenz $\nu = 1/T$. Die Wellenlänge $\lambda$ ergibt sich aus der Wellenzahl $|\mathbf{k}| = 2\pi/\lambda$. Ferner heißt $c_p = \omega/|\mathbf{k}|$ die Phasengeschwindigkeit. Benutzen wir für kleine $|\mathbf{x}|$ die Taylorentwicklung[51)]

$$\varphi(\mathbf{x}) = \varphi(0) + \mathbf{kx} + \ldots$$

mit $\mathbf{k} := \varphi_{\mathbf{x}}(0)$, dann erhalten wir näherungsweise

$$A e^{i\varphi(x)} = A e^{i\varphi(0)} e^{i\mathbf{xk}} + \ldots$$

Deshalb bezeichnen wir $\mathbf{k} = \varphi_{\mathbf{x}}(0)$ als den zur Phase $\varphi$ im Punkt **x** gehörigen Wellenzahlvektor.

In der geometrischen Optik geht man von den Maxwellschen Gleichungen

$$\mathbf{rot\,E} = -\mu \mathbf{H}_t\,, \quad \mathbf{rot\,H} = \varepsilon \mathbf{E}_t\,, \quad \operatorname{div}(\varepsilon \mathbf{E}) = 0\,, \quad \operatorname{div}(\mu \mathbf{H}) = 0 \tag{10.156}$$

für das elektrische Feld **E** und das magnetische Feld **H** aus. Die ortsabhängigen Funktionen $\varepsilon$ und $\mu$ beschreiben die Dielektrizität und die magnetische Permeabilität des Materials. Bezeichnet $c_M$ die Lichtgeschwindigkeit in dem Medium, dann erhält man den Brechungsindex $n$ durch

$$n^2 = c^2/c_M^2 = c^2 \varepsilon \mu\,,$$

wobei c der Lichtgeschwindigkeit im Vakuum entspricht. Um asymptotische Ausdrücke für hohe Kreisfrequenzen $\omega$ zu erhalten, geht man von dem Ansatz

$$\mathbf{E}(\mathbf{x},\mathbf{y},t) = \sum_{j=0}^{\infty} e^{-i\omega t} e^{i\omega S(\mathbf{x},\mathbf{y})} (-i\omega)^{-j} \mathbf{E}_j(\mathbf{x},\mathbf{y})\,,$$

$$\mathbf{H}(\mathbf{x},\mathbf{y},t) = \sum_{j=0}^{\infty} e^{-i\omega t} e^{i\omega S(\mathbf{x},\mathbf{y})} (-i\omega)^{-j} \mathbf{H}_j(\mathbf{x},\mathbf{y})$$

mit der Phasenfunktion $\varphi(\mathbf{x},\mathbf{y}) = \omega S(\mathbf{x},\mathbf{y})$ aus, wobei $S$ die *Eikonalfunktion* heißt und **y** einen Parameter bezeichnet. Setzt man diese Ausdrücke in die Maxwellschen Gleichungen (10.156) ein, dann erhält man durch Koeffizientenvergleich die sogenannte *Eikonalgleichung*

$$\varphi_{\mathbf{x}}^2 = \omega^2 n^2/c$$

und die sogenannten *Transportgleichungen* für $\mathbf{E}_j$ und $\mathbf{H}_j$, $j = 0, 1, \ldots$.

Die Flächen konstanter Phase

$$\varphi(\mathbf{x},\mathbf{y}) = \text{const}$$

entsprechen den *Wellenfronten*. Die Lichtstrahlen stehen darauf senkrecht. Der Wellenzahlvektor

$$\mathbf{k} = \varphi_{\mathbf{x}}(\mathbf{x},\mathbf{y})$$

gibt die Richtung des Lichtstrahls und seine Wellenzahl $|\mathbf{k}|$ an. Schneiden oder berühren sich Wellenfronten im Punkt **x** für einen Parameterwert **y**, dann gilt

$$\varphi_{\mathbf{y}}(\mathbf{x},\mathbf{y}) = 0\,.$$

---

51) Wir schreiben $\varphi_{\mathbf{x}}$ für **grad** $\varphi$.

Solche kritischen Punkte sind Brennpunkte oder Kaustikpunkte. Die Menge aller Paare $(\mathbf{x}, \mathbf{k})$ mit

$$\mathbf{k} = \varphi_{\mathbf{x}}(\mathbf{x}, \mathbf{y}), \quad \varphi_{\mathbf{y}}(\mathbf{x}, \mathbf{y}) = 0$$

bezeichnet man als die kritische Wellenfrontmenge.

Fourierintegraloperatoren erlauben ein präzises Studium der Ausbreitung von Singularitäten bei physikalischen Prozessen. Dazu wird der Begriff der kritischen Wellenfrontmenge der geometrischen Optik auf Distributionen erweitert.

**Die kritische Wellenfrontmenge $WF(u)$ einer Distribution $u$.** Es sei $u \in \mathscr{D}'(\mathbb{R}^n)$. Die Schlüsselformel lautet:

$$|\mathscr{F}(u\varphi)(y)| \le \text{const}(N)(1 + |y|)^{-N} \tag{10.157}$$

für alle $y \in \Gamma_k$ und alle ganzen Zahlen $N$.

(i) *Unkritische Wellenzahlvektoren* $k$. Der Punkt $(x, k)$ mit $x, k \in \mathbb{R}^n$ und $k \neq 0$ ist genau dann unkritisch, wenn es einen offenen Kegel $\Gamma_k$ mit der Spitze im Nullpunkt gibt, der die Richtung $k$ enthält, so daß (10.157) für eine geeignete feste Testfunktion $\varphi \in C_0^\infty(\mathbb{R}^n)$ mit $\varphi(x) \neq 0$ gilt.

(ii) *Kritische Wellenzahlvektoren* $k$. Ein Punkt $(x, k)$ mit $k \neq 0$ gehört genau dann zur Wellenfrontmenge $WF(u)$, wenn er nicht unkritisch ist.

*Standardbeispiel 1:* Die Wellenfrontmenge $WF(u)$ der Funktion

$$u(x) := \mathrm{e}^{\mathrm{i}\langle x|k_0\rangle}$$

mit $k_0 \neq 0$ besteht aus genau allen Punkten $(x, k)$ mit $k = \lambda k_0$ und $\lambda > 0$.

Die Wellenfrontmenge $WF(\delta)$ der $\delta$-Distribution besteht aus allen Punkten $(x, k)$ mit $x = 0$ und $k \neq 0$.

**Hauptsatz über die Ausbreitung von Singularitäten.** Es sei $u \in \mathscr{E}'(\mathbb{R}^n)$, und $P$ sei ein Fourierintegraloperator. Dann ist die Wellenfrontmenge $WF(Pu)$ des Bildes $Pu$ in der Menge

$$\{(x, k) \in \mathbb{R}^{2n} \colon k = \varphi_x(x, y) \quad \text{und} \quad (\varphi_y(x, y), y) \in WF(u)\}$$

enthalten.

*Standardbeispiel 2:* Aus (10.150) und (10.155) ergibt sich

$$(P\delta)(x) = (2\pi)^{-n} \int\limits_{\mathbb{R}^n} \mathrm{e}^{\mathrm{i}\varphi(x,y)} p(x, y)\, \mathrm{d}y\,. \tag{10.158}$$

Ist $p$ glatt und verschwindet $p(x, .)$ für jedes $x \in \mathbb{R}^n$ außerhalb einer kompakten $y$-Menge, dann ist $P\delta$ eine klassische Funktion. Im Fall allgemeinerer Symbole $p$ stellt (10.158) nur eine formale Schreibweise für eine wohldefinierte temperierte Distribution $P\delta$ dar[52]. Die kritische Wellenfrontmenge $WF(P\delta)$ besteht aus den Punkten $(x, k) \in \mathbb{R}^{2n}$ mit

$$k = \varphi_x(x, y) \quad \text{und} \quad \varphi_y(x, y) = 0 \quad \text{für ein } y \in \mathbb{R}^n.$$

Das ist die klassische kritische Wellenfrontmenge der geometrischen Optik.

---

[52] Beispielsweise ergibt sich für $p \equiv 1$ und $\varphi(x, y) := \langle x \mid y\rangle$ die präzise Formel $P\delta = \delta$, der die formale Schreibweise

$$\delta(x) = (2\pi)^{-n} \int\limits_{\mathbb{R}^n} \mathrm{e}^{\mathrm{i}\langle x|y\rangle}\, \mathrm{d}y$$

entspricht, die in der physikalischen Literatur häufig verwendet wird.

**Pseudodifferentialoperatoren als ein Spezialfall.** Pseudodifferentialoperatoren $P$ sind spezielle Fourierintegraloperatoren mit der Phasenfunktion

$$\varphi(x,y) := \langle x \mid y \rangle = \sum_{j=1}^{n} x_j y_j \,.$$

Insbesondere ist $WF(P\delta) = WF(\delta)$. Allgemein gilt

$$WF(Pu) \subseteq WF(u) \quad \text{für alle } u \in \mathscr{E}'(\mathbb{R}^n)\,,$$

d.h., Pseudodifferentialoperatoren verhalten sich regulärer als allgemeine Fourierintegraloperatoren, denn sie vergrößern nicht die kritische Wellenfrontmenge.

**Anwendung auf das Anfangswertproblem für die Wellengleichung.** Wir betrachten im dreidimensionalen Raum die Wellengleichung. Gegeben sind die Funktionen $u_0, u_1 \in C_0^\infty(\mathbb{R}^3)$. Gesucht wird die Funktion $u = u(x,t)$ mit

$$u_{tt} - \Delta u = 0 \quad \text{für alle } x \in \mathbb{R}^3,\ t > 0\,, \tag{10.159}$$
$$u(x,0) = u_0\,, \quad u_t(x,0) = u_1(x)\,.$$

Bezeichnet $v$ die Fouriertransformierte von $u$, d.h. ist

$$v(k,t) = (2\pi)^{-3/2} \int_{\mathbb{R}^3} \mathrm{e}^{-\mathrm{i}\mathbf{x}\mathbf{k}} u(x,t)\,\mathrm{d}x\,,$$

dann erhalten wir die gewöhnliche Differentialgleichung

$$v_{tt} = -|\mathbf{k}|^2 v$$

mit den Anfangsbedingungen $v = v_0$ und $v_t = v_1$. Daraus ergibt sich für die eindeutige klassische Lösung von (10.159) die Darstellungsformel

$$u(x,t) = (2\pi)^{-3/2} \int_{\mathbb{R}^3} \sum_{s=0}^{1} \mathrm{e}^{\mathrm{i}\mathbf{x}\mathbf{k} + (-1)^s \mathrm{i}t|\mathbf{k}|} \frac{1}{2} \left( v_0(k) + (-1)^s \frac{v_1(k)}{\mathrm{i}|\mathbf{k}|} \right) \mathrm{d}k\,.$$

Das sind Fourierintegraloperatoren.

**Mikrolokale Analysis.** Da die Eigenschaften von Fourierintegraloperatoren wesentlich von der Phasenfunktion $\varphi(x,y)$ und der Amplitudenfunktion $p(x,y)$ bestimmt werden und diese nicht nur vom Ort $x$, sondern auch von dem zusätzlichen Freiheitsgrad $y$ abhängen, bezeichnet man dieses Gebiet der Mathematik als mikrolokale Analysis. Definiert man Fourierintegraloperatoren auf Mannigfaltigkeiten, dann ist $(x,y)$ ein Punkt des Kotangentialbündels. Eine ausführliche Darstellung findet man in [Egorov, Shubin (1991)] und in [Hörmander (1983)].

## 10.5. Moderne Maß- und Integrationstheorie

Die Maßtheorie ordnet Teilmengen $A, B, \ldots$ einer gegebenen Menge $M$ nichtnegative Zahlen $\mu(A), \mu(B), \ldots$ zu. Anschaulich kann man $\mu(A)$ als Masse (Ladung, Volumen) von $A$ interpretieren. In der Wahrscheinlichkeitsrechnung entspricht $\mu(A)$ der Wahrscheinlichkeit des Ereignisses $A$. Der zugehörige Integralbegriff

$$\int_M f(x)\,\mathrm{d}\mu(x) := \lim_{n\to\infty} \int_M f_n(x)\,\mathrm{d}\mu(x) \tag{10.160}$$

ergibt sich durch einen natürlichen Approximationsprozeß (vgl. 10.5.2.). Dabei wird das klassische Riemannsche Integral zum modernen Lebesgueschen Integral erweitert, mit dem es sich bequemer rechnen läßt als mit dem klassischen Integral. Insbesondere gelten für das Lebesguesche Integral wichtige Aussagen über die *Vertauschung* von Grenzprozessen mit der Integration. Diese Aussagen sind dafür verantwortlich, daß das Lebesguesche Integral die Grundlage für die moderne funktionalanalytische Theorie der Differential- und Integralgleichungen bildet (vgl. 11.3.). Die Grundidee besteht darin, Mengen integrierbarer Funktionen zu benutzen, die wegen der Grenzwerteigenschaften des Lebesgueintegrals *vollständige* metrische Räume sind (z.B. Hilberträume oder Banachräume), d.h., man hat das fundamentale Cauchysche Konvergenzkriterium in diesen Funktionenräumen (Lebesgueräume, Sobolevräume) zur Verfügung, was für das klassische Integral nicht gilt. Beispielweise ist eine streng mathematische Behandlung quantenmechanischer Probleme ohne Hilberträume nicht denkbar. Dazu benötigt man den Hilbertraum der komplexen Funktionen $\psi\colon \mathbb{R}^3 \to \mathbb{C}$ mit $\int_{\mathbb{R}^3} |\psi(x)|^2 \, dx < \infty$ im Sinne des Lebesgueschen Integrals.

In der Wahrscheinlichkeitsrechnung stellt (10.160) den Erwartungswert von $f$ dar, falls $\mu(M) = \int_M d\mu = 1$ gilt.

Die beiden wichtigsten Begriffe dieses Abschnitts[53] sind „Maß" und „Integral".

## 10.5.1. Maß

**$\sigma$-Algebra:** Gegeben sei eine Menge $M$. Ein nichtleeres System $\mathcal{S}$ von Teilmengen von $M$ heißt genau dann eine $\sigma$-Algebra, wenn folgendes gilt:

(i) $M \in \mathcal{S}$ und $\emptyset \in \mathcal{S}$.

(ii) Aus $A, B \in \mathcal{S}$ folgen $A \cup B \in \mathcal{S}$, $A \cap B \in \mathcal{S}$ und $A \setminus B \in \mathcal{S}$.

(iii) Aus $A_1, A_2 \ldots \in \mathcal{S}$ folgen $\bigcup_{k=1}^{\infty} A_k \in \mathcal{S}$ und $\bigcap_{k=1}^{\infty} A_k \in \mathcal{S}$.

Sind nur (i) und (ii) erfüllt, dann heißt $\mathcal{S}$ eine Mengenalgebra.

**Definition des Maßes:** Unter einem Maß $\mu$ auf einer $\sigma$-Algebra $\mathcal{S}$ verstehen wir eine Abbildung $\mu\colon \mathcal{S} \to [0, \infty]$, die jeder Menge $A$ aus $\mathcal{S}$ eine Zahl $\mu(A)$ zuordnet, so daß $\mu(\emptyset) = 0$ und folgendes gilt:

(a) $\mu(A \cup B) = \mu(A) + \mu(B)$, falls $A$ und $B$ disjunkt sind, d.h. $A \cap B = \emptyset$.

(b) $\mu\left(\bigcup_{k=1}^{\infty} A_k\right) = \sum_{k=1}^{\infty} \mu(A_k)$, falls die Mengen $A_1, A_2, \ldots$ paarweise disjunkt sind.

Genau die Mengen in $\mathcal{S}$ heißen *meßbar*. Ferner bezeichnet man $(\mu, M, \mathcal{S})$ als Maßraum.

Das Maß $\mu$ nennt man genau dann *vollständig*, wenn jede Teilmenge einer Menge vom Maß null auch zu $\mathcal{S}$ gehört und (dann automatisch) das Maß null besitzt.

Das Maß $\mu$ heißt genau dann *endlich* (bzw. $\sigma$-endlich), wenn $\mu(M) < \infty$ gilt (bzw. eine Zerlegung $M = \bigcup_{k=1}^{\infty} M_k$ existiert mit $\mu(M_k) < \infty$ für alle $k$).

Ist $\mathcal{S}$ nur eine Mengenalgebra, dann sprechen wir bei Erfülltsein von (a) und (b) von einem Prämaß. (Die Beziehung (b) gilt dann in natürlicher Weise nur, falls $\bigcup_{k=1}^{\infty} A_k$ zu $\mathcal{S}$ gehört.)

---

[53] Abschnitt 10.5. stellt eine völlig neubearbeitete Fassung des früher von Prof. Dr. D. Göhde verfaßten Abschnitts 8.2. [Ergänzende Kapitel zu Bronstein/Semendjajew, Taschenbuch der Mathematik] dar.

**Standardbeispiele für Maße.** *Beispiel 1* (das Lebesguemaß): Auf dem $\mathbb{R}^n$ existiert genau ein translationsinvariantes vollständiges Maß, für welches der abgeschlossene Einheitswürfel das Maß eins besitzt. Dieses sogenannte Lebesguemaß verallgemeinert in natürlicher Weise den klassischen elementargeometrischen Inhalt (vgl. Beispiel 3).

Das Lebesguemaß ist $\sigma$-endlich. Es gibt pathologische Mengen des $\mathbb{R}^n$, denen kein Lebesguemaß zugeordnet werden kann.

*Beispiel 2* (das Diracsche Punktmaß): Es sei $p$ ein Punkt einer beliebigen Menge $M$, und $\mathscr{S}$ sei das System aller Teilmengen von $M$. Für alle $A \in \mathscr{S}$ setzen wir

$$\mu(A) := \begin{cases} 1, & \text{falls } p \in A, \\ 0, & \text{falls } p \notin A. \end{cases}$$

Dann entsteht ein Maß auf $M$. Anschaulich besitzt der Punkt $p$ die Masse eins, und alle anderen Punkte von $M$ haben keine Masse.

**Fast überall gültige Eigenschaften:** Eine Eigenschaft gilt definitionsgemäß „fast überall auf $M$“, wenn sie für alle Punkte von $M$ mit Ausnahme einer Menge vom Maß null erfüllt ist. Beispielweise hat eine höchstens abzählbare Teilmenge von $\mathbb{R}$ (z.B. die Menge aller rationalen Zahlen) das (Lebesguesche) Maß null. In diesem Sinne sind fast alle reellen Zahlen irrational.

**Der Hauptsatz der Maßtheorie über die Konstruktion eines Maßes (Satz von Hahn):** Jedes $\sigma$-endliche Prämaß $\mu_0$ läßt sich zu einem eindeutig bestimmten[54)] vollständigen Maß $\mu$ erweitern. Dabei ist $\mu$ ebenfalls $\sigma$-endlich.

*Beweisidee:* Das Maß $\mu$ wird in natürlicher Weise folgendermaßen konstruiert. Zu dem Prämaß $\mu_0$ gehört die Mengenalgebra $\mathscr{S}_0$. Mit $\sigma(\mathscr{S}_0)$ bezeichnen wir die kleinste $\sigma$-Algebra, die $\mathscr{S}_0$ enthält. Zu jeder Menge $A \in \sigma(\mathscr{S}_0)$ wählen wir eine beliebige, höchstens abzählbare Überdeckung

$$A \subseteq \bigcup_k A_k, \quad A_k \in \mathscr{S}_0 \quad \text{für alle } k,$$

und setzen $\mu(A)$ in natürlicher Weise gleich dem Infimum aller möglichen Werte $\sum\limits_k \mu_0(A_k)$. Dann ist $\mu$ ein Maß auf $\sigma(\mathscr{S}_0)$.

Um ein vollständiges Maß zu erhalten, fügen wir noch alle Teilmengen von Mengen vom Maß null hinzu und ordnen ihnen das Maß null zu (Vervollständigung des Maßes).

**Standardbeispiele zur Konstruktion von Maßen.** *Beispiel 3* (das Lebesguemaß): Wir gehen aus von den halboffenen (endlichen oder unendlichen) Intervallen

$$\{x \in \mathbb{R}^n \colon a_i \leq x < b_i,\ i = 1, \ldots, n\}$$

und ordnen jedem derartigen Intervall seinen elementargeometrischen Inhalt als Maß zu. Wir wählen $\mathscr{S}_0$ gleich dem System aller endlichen Vereinigungen von paarweise disjunkten halboffenen Intervallen und bezeichnen mit $\sigma(\mathscr{S}_0)$ die kleinste $\sigma$-Algebra, die $\mathscr{S}_0$ enthält.

Dann wird der elementargeometrische Inhalt auf $\mathscr{S}_0$ zu einem $\sigma$-endlichen Prämaß $\mu_0$, und der obige Satz von Hahn ergibt das eindeutig bestimmte Lebesguemaß $\mu$ auf $\mathbb{R}^n$.

---

[54)] Genauer ist jedes vollständige Erweiterungsmaß $\nu$ von $\mu_0$ auch eine Erweiterung von $\mu$.

**Mengen vom Maß null:** Eine Menge $A$ des $\mathbb{R}^n$ besitzt genau dann das Lebesguemaß null, wenn es zu jedem $\varepsilon > 0$ eine Überdeckung durch höchstens abzählbar viele halboffene Intervalle gibt, deren Gesamtinhalt kleiner als $\varepsilon$ ist.

Jede höchstens abzählbare Menge des $\mathbb{R}^n$ besitzt das Maß null (z.B. die Menge der rationalen Zahlen in $\mathbb{R}$).

Ferner besitzt jede „vernünftige" Kurve oder Fläche des $\mathbb{R}^n$ mit einer Dimension $< n$ das Maß null.

**Borelmengen:** Definitionsgemäß ist die Borelalgebra des $\mathbb{R}^n$ die kleinste $\sigma$-Algebra, die alle offenen Teilmengen des $\mathbb{R}^n$ enthält. Man kann zeigen, daß die Borelalgebra des $\mathbb{R}^n$ gleich $\sigma(\mathscr{S}_0)$ ist. Die zu $\sigma(\mathscr{S}_0)$ gehörigen Mengen heißen die Borelmengen des $\mathbb{R}^n$.

Alle Borelmengen des $\mathbb{R}^n$ sind meßbar bezüglich des Lebesguemaßes. Beispielweise sind alle offenen und abgeschlossenen Mengen des $\mathbb{R}^n$ auch Borelmengen. Ferner ist jede Menge des $\mathbb{R}^n$ eine Borelmenge, die man als Vereinigung oder Durchschnitt von höchstens abzählbar vielen Borelmengen (z.B. offenen oder abgeschlossenen Mengen) darstellen kann.

*Beispiel 4* (das Lebesgue-Stieltjes-Maß): Gegeben sei eine monoton wachsende Funktion $g: \mathbb{R} \to \mathbb{R}$. Jedem halboffenen Intervall $J = [a, b)$ ordnen wir die Maßzahl

$$\mu_0(J) := g(b) - g(a-0)$$

zu mit $g(a-0) := \lim_{\varepsilon \to +0} g(a - \varepsilon)$.

Dann entsteht parallel zu Beispiel 3 ein vollständiges Maß auf $\mathbb{R}$, das man das durch $g$ erzeugte Lebesgue-Stieltjes-Maß nennt. Alle Borelmengen in $\mathbb{R}$ sind meßbar bezüglich dieses Lebesgue-Stieltjes-Maßes. Im Spezialfall $g(x) := x$ ergibt sich das Lebesguemaß.

## 10.5.2. Integral

**Einfache Funktionen:** Es sei $\mu$ ein $\sigma$-endliches Maß auf der Menge $M$, und $A$ sei eine meßbare Teilmenge von $M$. Unter einer einfachen Funktion[55] $f: A \to \mathbb{K}$ mit $\mathbb{K} = \mathbb{R}$ (reelle Zahlen) oder $\mathbb{K} = \mathbb{C}$ (komplexe Zahlen) verstehen wir eine stückweise konstante Funktion

$$f(x) := \begin{cases} c_j & \text{für alle } x \in A_j, \quad j = 1, \ldots, m, \\ 0 & \text{sonst} \end{cases}$$

mit $\mu(A_j) < \infty$ für alle $j$ und beliebiges $m$. Die Mengen $A_1, \ldots, A_m$ sind dabei paarweise disjunkt. Das zugehörige Integral wird in natürlicher Weise durch

$$\int_A f \, \mathrm{d}\mu := \sum_{j=1}^{m} c_j \mu(A_j)$$

definiert.

**Allgemeine Integraldefinition:** Eine Funktion $f: A \to \mathbb{K}$ heißt genau dann *integrierbar*, wenn folgendes gilt:

(i) $f$ ist *meßbar*, d.h., es gibt eine Folge einfacher Funktionen $f_n: A \to \mathbb{K}$, die fast überall auf $A$ gegen $f$ konvergiert;

---

[55] In analoger Weise kann man die Integrationstheorie aufbauen, wenn man $\mathbb{K}$ durch einen Banachraum ersetzt. Diese Allgemeinheit wird in der modernen Theorie der partiellen Differentialgleichungen und in der Theorie stochastischer Prozesse benötigt. Dann hat man den Betrag $|.|$ überall durch die Norm $\|.\|$ zu ersetzen.

**(ii) zu jedem $\varepsilon > 0$ existiert ein $n_0(\varepsilon)$, so daß**

$$\int_A |f_n(x) - f_m(x)| \,\mathrm{d}\mu < \varepsilon \quad \text{für alle } n, m \geq n_0(\varepsilon)$$

gilt. Wir definieren dann das Integral durch

$$\int_A f \,\mathrm{d}\mu := \lim_{n\to\infty} \int_A f_n \,\mathrm{d}\mu .$$

Es ist wichtig zu bemerken, daß dieser Grenzwert endlich und *unabhängig* von der Wahl der Folge $(f_n)$ der einfachen Funktionen $f_n$ ist.

Speziell gilt

$$\int_A \mathrm{d}\mu = \mu(A).$$

Das Integral $\int_A f \,\mathrm{d}\mu$ bleibt unverändert, wenn man $f$ auf einer Menge vom Maß null abändert.

**Standardbeispiel für das Integral:** *Beispiel 1* (Lebesgueintegral): Wählen wir $M := \mathbb{R}^n$ und das Lebesguemaß, dann entsteht das Lebesgueintegral

$$\int_A f \,\mathrm{d}\mu \equiv \int_A f(x) \,\mathrm{d}x,$$

welches das klassische Riemannsche Integral *umfaßt und verallgemeinert.*

Wählen wir beispielsweise die Funktion $f\colon \mathbb{R} \to \mathbb{R}$ mit

$$f(x) := \begin{cases} 1, & \text{falls } x \text{ irrational ist,} \\ 0, & \text{falls } x \text{ rational ist,} \end{cases}$$

dann gilt $f(x) = 1$ für fast alle $x$. Deshalb ist

$$\int_a^b f(x) \,\mathrm{d}x = \int_a^b \mathrm{d}x = b - a ,$$

falls das Intervall $[a, b]$ endlich ist. Das Integral $\int_a^b f(x) \,\mathrm{d}x$ existiert jedoch *nicht* im klassischen Sinne.

**Äquivalente Charakterisierung meßbarer Funktionen:** Es sei $(\mu, M, \mathscr{S})$ ein Maßraum mit einem $\sigma$-endlichen vollständigen Maß $\mu$. Für die Funktion $f\colon A \to \mathbb{K}$ auf der meßbaren Teilmenge $A$ von $M$ sind die folgenden drei Aussagen äquivalent:

(i) $f$ ist meßbar.

(ii) Die Urbilder offener Mengen in $\mathbb{K}$ sind meßbare Mengen.

(iii) Die Urbilder von Borelmengen[56)] in $\mathbb{K}$ sind meßbare Mengen.

In der Wahrscheinlichkeitsrechnung benutzt man (iii) zur Definition meßbarer Funktionen.

**Rechenregeln für meßbare Funktionen:** Grob gesprochen kann man sagen, daß nur pathologische Funktionen nicht meßbar sind. Mit meßbaren Funktionen kann man deshalb bequem rechnen. Es gilt:

(i) Linearkombinationen und Produkte von meßbaren Funktionen sind wiederum meßbar.

(ii) Ändert man eine meßbare Funktion auf einer Menge vom Maß null, dann ist auch die geänderte Funktion meßbar.

(iii) Die Grenzwerte meßbarer Funktionen sind wiederum meßbar.

Speziell für einen topologischen Raum $M$ ist jede fast überall stetige Funktion auch meßbar.

---

56) Die Borelalgebra $\mathscr{B}$ von $\mathbb{K} = \mathbb{R}, \mathbb{C}$ ist die kleinste $\sigma$-Algebra von $\mathbb{K}$, die alle offenen Teilmengen von $\mathbb{K}$ enthält. Genau die zu $\mathscr{B}$ gehörigen Mengen bezeichnet man als Borelmengen von $\mathbb{K}$.

*Beispiel 2* (Lebesguemaß auf dem $\mathbb{R}^n$):

(a) Die Funktion $f\colon \mathbb{R}^n \to \mathbb{K}$ ist meßbar, falls sie fast überall stetig ist.

(b) Die Teilmenge $A$ von $\mathbb{R}^n$ ist meßbar, falls die Menge der Randpunkte von $A$ das Maß null besitzt.

(c) Die Funktion $f\colon A \to \mathbb{K}$ ist meßbar, falls die Menge $A$ meßbar ist und die erweiterte Funktion $f\colon \mathbb{R}^n \to \mathbb{K}$ fast überall stetig ist, wobei wir $f(x) := 0$ für $x \notin A$ setzen.

### 10.5.3. Eigenschaften des Integrals

**Additivität:** Für alle $\alpha, \beta \in \mathbb{K}$ gilt

$$\int_A (\alpha f + \beta g)\,\mathrm{d}\mu = \alpha \int_A f\,\mathrm{d}\mu + \beta \int_A g\,\mathrm{d}\mu\,.$$

Die Existenz des links stehenden Integrals folgt aus der Existenz der rechts stehenden Integrale.

**Majorantenkriterium:** Aus $|f(x)| \le g(x)$ für fast alle $x \in A$ folgt

$$\left|\int_A f\,\mathrm{d}\mu\right| \le \int_A |f(x)|\,\mathrm{d}\mu \le \int_A g(x)\,\mathrm{d}\mu,$$

falls $f\colon A \to \mathbb{K}$ meßbar und $g\colon A \to \mathbb{K}$ integrierbar ist. Die übrigen Integrale existieren dann ebenfalls.

Speziell existiert $\int_A f\,\mathrm{d}\mu$ genau dann, wenn $\int_A |f|\,\mathrm{d}\mu$ existiert.

*σ*-**Additivität:** Es sei $A = \bigcup_k A_k$, d.h., $A$ ist die Vereinigung einer höchstens abzählbaren Familie von paarweisen disjunkten meßbaren Mengen $A_k$. Dann gilt

$$\int_A f\,\mathrm{d}\mu = \sum_k \int_{A_k} f\,\mathrm{d}\mu,$$

falls die linke Seite existiert. Dann existiert auch die rechte Seite.

**Konvergenz bezüglich der Integrationsgebiete:** Ist $f\colon A \to \mathbb{K}$ integrierbar, dann gilt

$$\int_A f\,\mathrm{d}\mu = \lim_{k\to\infty} \int_{A_k} f\,\mathrm{d}\mu,$$

falls $A = \bigcup_k A_k$ ist mit $A_1 \subseteq A_2 \subseteq \ldots$ und alle Mengen $A_k$ meßbar sind.

*Die Höldersche Ungleichung:* Es sei $1 < p, q < \infty$ mit $p^{-1} + q^{-1} = 1$. Dann gilt

$$\left|\int_A fg\,\mathrm{d}\mu\right| \le \left(\int_A |f|^p\,\mathrm{d}\mu\right)^{1/p} \left(\int_A |f|^q\,\mathrm{d}\mu\right)^{1/q},$$

falls $f, g\colon A \to \mathbb{K}$ meßbar sind und die rechts stehenden Integrale existieren. Dann existiert auch das linke Integral.

**Absolute Stetigkeit:** Ist die Funktion $f\colon M \to \mathbb{K}$ integrierbar, dann gibt es zu jedem $\varepsilon > 0$ ein $\delta(\varepsilon) > 0$, so daß aus $\mu(A) < \delta(\varepsilon)$ stets

$$\left|\int_A f\,\mathrm{d}\mu\right| < \varepsilon \quad \text{folgt}\,.$$

**Der Satz von Radon-Nikodym über Dichtefunktionen von Maßen:** Es seien $\mu$ und $\nu$ Maße auf $M$ bezüglich der $\sigma$-Algebra $\mathcal{S}$, wobei aus $\mu(A) = 0$ stets $\nu(A) = 0$ folgt. Ferner sei $\mu$ $\sigma$-endlich, und $\nu$ sei endlich auf $M$.

Dann gibt es eine integrierbare Funktion $f\colon M \to \mathbb{R}$, so daß

$$\nu(A) = \int_A f \,\mathrm{d}\mu \qquad \text{für alle } A \in \mathcal{S}$$

gilt. Man bezeichnet $f$ als die Dichtefunktion des Maßes $\nu$. Die Funktion $f$ ist durch das Maß $\nu$ eindeutig bestimmt (bis auf Änderungen auf einer Menge vom $\mu$-Maß null). Man schreibt auch $\mathrm{d}\nu/\mathrm{d}\mu = f$.

## 10.5.4. Grenzwertsätze

**Das Majorantenkriterium von Lebesgue:** Es ist

$$\lim_{n\to\infty} \int_A f_n \,\mathrm{d}\mu = \int_A \lim_{n\to\infty} f_n(x) \,\mathrm{d}\mu, \tag{10.161}$$

falls gilt:

(i) Die Funktionen $f_n\colon A \to \mathbb{K}$ sind meßbar und $\lim\limits_{n\to\infty} f_n(x)$ existiert für fast alle $x \in A$;

(ii) es gilt $|f_n(x)| \le g(x)$ für fast alle $x \in A$ und alle $n$, wobei $g$ auf $A$ integrierbar ist.

Dann existieren alle Ausdrücke in (10.161).

**Das Monotoniekriterium von B. Levi:** Es gilt (10.161), falls $\sup\limits_n \left| \int_A f_n \,\mathrm{d}\mu \right| < \infty$ ist und die Funktionen $f_n\colon A \to \mathbb{R}$ eine monoton wachsende (oder monoton fallende) Folge bilden.

Insbesondere existieren dann alle Grenzwerte und Integrale in (10.161) (genauer ist $\lim\limits_{n\to\infty} f_n(x)$ für fast alle $x \in A$ endlich).

**Korollar für Reihen:** Es gilt

$$\int_A \sum_{n=1}^{\infty} g_n \,\mathrm{d}\mu = \sum_{n=1}^{\infty} \int_A g_n \,\mathrm{d}\mu,$$

falls alle Funktionen $g_n\colon A \to [0, \infty)$ integrierbar sind und die rechts stehende Reihe konvergiert. Dann existiert auch der linke Ausdruck, wobei $\sum\limits_n g_n(x)$ für fast alle $x \in A$ konvergiert.

**Das Lemma von Fatou:** Es ist

$$\int_A \underline{\lim}_{n\to\infty} f_n(x) \,\mathrm{d}\mu \le \underline{\lim}_{n\to\infty} \int_A f_n(x) \,\mathrm{d}\mu,$$

falls alle Funktionen $f_n\colon A \to [0, \infty)$ integrierbar sind und der rechts stehende Ausdruck endlich ist. Dann existiert auch die linke Seite (genauer ist $\underline{\lim}\limits_{n\to\infty} f_n(x)$ für fast alle $x \in A$ endlich).

## 10.5.5. Eigenschaften des Lebesgueintegrals auf dem $\mathbb{R}^n$

**Der Satz von Fubini über iterierte Integration:** Es gilt

$$\begin{aligned}\int_A f(x,y) \,\mathrm{d}x \,\mathrm{d}y &= \int_{\mathbb{R}^k} \left( \int_{\mathbb{R}^m} f(x,y) \,\mathrm{d}y \right) \mathrm{d}x \\ &= \int_{\mathbb{R}^m} \left( \int_{\mathbb{R}^k} f(x,y) \,\mathrm{d}x \right) \mathrm{d}y,\end{aligned}$$

**falls die Funktion $f\colon A \to \mathbb{C}$ auf der meßbaren Teilmenge $A$ des $\mathbb{R}^{k+m}$ integrierbar ist[57]) und durch null auf $\mathbb{R}^{m+k}$ fortgesetzt wird.**

**Dann existieren auch die rechts stehenden Integrale (genauer existieren die inneren Integrale für fast alle $x \in \mathbb{R}^k$ bzw. für fast alle $y \in \mathbb{R}^m$).**

**Die Substitutionsregel:** Es ist

$$\int_A f(x)\,\mathrm{d}x = \int_{\psi(A)} f(\varphi(y))|\det \varphi'(y)|\,\mathrm{d}y,$$

falls $\psi\colon A \to \psi(A)$ ein $C^1$-Diffeomorphismus von der offenen Menge $A$ auf die offene Menge $\psi(A)$ ist. Wir setzen $\varphi := \psi^{-1}$ und nehmen an, daß das linke stehende Integral existiert ($\det \varphi'(x)$ bezeichnet die Funktionaldeterminante).

**Partielle Integration und der allgemeine Satz von Stokes:** Diese grundlegenden Formeln, die den Fundamentalsatz der Differential- und Integralrechnung auf höhere Dimensionen verallgemeinern, findet man in (10.6) und 10.2.7.5.

**Integration auf Mannigfaltigkeiten:** Der klassische Begriff des Kurvenintegrals und des Oberflächenintegrals im $\mathbb{R}^n$ stellt einen Spezialfall des Integrals für Differentialformen auf Mannigfaltigkeiten dar. Das findet man für allgemeine Mannigfaltigkeiten in 15.4.3. und für Riemannsche Mannigfaltigkeiten in 16.1.7.

**Stetigkeit von Parameterintegralen:** Wir betrachten das Integral

$$F(p) := \int_A f(x,p)\,\mathrm{d}x\,.$$

Gegeben sei die Funktion $f\colon A \times P \to \mathbb{R}$, wobei $A$ eine meßbare Menge des $\mathbb{R}^n$ ist. Die Parametermenge $P$ sei eine offene Menge des $\mathbb{R}^1$. Dann ist die Funktion $F\colon P \to \mathbb{R}$ stetig, falls die folgenden Bedingungen erfüllt sind:

(i) Die Funktion $x \mapsto f(x,p)$ ist auf $A$ meßbar für alle $p \in P$;

(ii) es gibt eine integrierbare Funktion $g\colon A \to \mathbb{R}$, so daß $|f(x,p)| \leq g(x)$ für alle $p \in P$ und fast alle $x \in A$ gilt;

(iii) die Funktion $p \mapsto f(x,p)$ ist auf $P$ stetig für fast alle $x \in A$.

**Differenzierbarkeit eines Parameterintegrals:** Die Funktion $F\colon P \to \mathbb{R}$ ist auf $P$ differenzierbar mit

$$F'(p) = \int_A f_p(x,p)\,\mathrm{d}x,$$

falls zusätzlich die partielle Ableitung $f_p(x,p)$ für alle $p \in P$ und fast alle $x \in A$ existiert und es eine integrierbare Funktion $h\colon A \to \mathbb{R}$ gibt, so daß $|f_p(x,p)| \leq h(x)$ für alle $p \in P$ und fast alle $x \in A$ gilt.

*Standardbeispiel* (Fouriertransformation): Die Funktion

$$F(p) := \int_{-\infty}^{\infty} \mathrm{e}^{-\mathrm{i}px} f(x)\,\mathrm{d}x$$

besitzt auf $\mathbb{R}$ Ableitungen bis zur $n$-ten Ordnung, falls $\int_{-\infty}^{\infty} |x^k|\,|f(x)|\,\mathrm{d}x < \infty$ für $k = 0,\ldots,n$ gilt. Dabei ist

$$F^{(k)}(p) = \int_{-\infty}^{\infty} (-\mathrm{i}x)^k \mathrm{e}^{-\mathrm{i}px} f(x)\,\mathrm{d}x \qquad \text{für alle } p \in P,\ k = 1,\ldots,n.$$

---

[57]) Diese Bedingung ist z.B. erfüllt, falls der Rand der beschränkten Menge $A$ das Maß null hat und die beschränkte Funktion $f\colon A \to \mathbb{K}$ fast überall stetig ist.

Als integrierbare Majorante kann man $x^k f(x)$ wählen, denn es gilt

$$|(-\mathrm{i}x)^k \mathrm{e}^{-\mathrm{i}px} f(x)| \le |x^k|\,|f(x)| \quad \text{für alle } x, p \in \mathbb{R}.$$

## 10.5.6. Das eindimensionale Lebesgue-Stieltjes-Integral

Der folgende Spezialfall des allgemeinen Integralbegriffs spielt in der Wahrscheinlichkeitstheorie (Erwartungswerte und Momente) sowie in der Spektraltheorie selbstadjungierter Operatoren (vgl. 11.6.2.) eine wichtige Rolle.

Es sei $g\colon \mathbb{R} \to \mathbb{R}$ eine monoton wachsende Funktion. Das Integral

$$\int_A f\,\mathrm{d}g \equiv \int_{-\infty}^{\infty} f\,\mathrm{d}\mu \tag{10.162}$$

entspricht dem durch $g$ erzeugten Lebesgue-Stieltjes-Maß (Beispiel 4 aus 10.5.1.), wobei wir wie üblich $f(x) = 0$ für $x \notin A$ setzen. Im Spezialfall $g(x) \equiv x$ ergibt sich das Lebesgueintegral.

**Berechnung des Integrals:** Im Unterschied zum Lebesgueintegral kann (10.162) für offene, halboffene oder abgeschlossenen Intervalle $A$ unterschiedliche Werte ergeben. Für $-\infty < a < b < \infty$ gilt beispielsweise wegen der Additivität des Integrals bezüglich der Gebiete die Relation

$$\int_{[a,b)} f\,\mathrm{d}g = \int_{(a,b)} f\,\mathrm{d}g + \int_{[a]} f\,\mathrm{d}g = \int_{(a,b)} f\,\mathrm{d}g + f(a)(g(a+0) - g(a-0))$$

mit $g(a \pm 0) = \lim\limits_{\varepsilon \to +0} g(a \pm \varepsilon)$.

Im allgemeinen Fall hat man

$$\int_{-\infty}^{\infty} f\,\mathrm{d}g = \int_{-\infty}^{\infty} f(x)g'(x)\,\mathrm{d}x + \sum_k f(x_k)(g(x_k+0) - g(x_k-0)). \tag{10.163}$$

Dabei bezeichnet $x_1, x_2, \ldots$ die höchstens abzählbar vielen Sprungstellen von $g$, und $g'$ ist die fast überall existierende Ableitung von $g$. Genauer gilt (10.163), falls $f\colon \mathbb{R} \to \mathbb{R}$ auf jedem beschränkten Intervall fast überall stetig und beschränkt ist sowie $\lim\limits_{n\to\infty} \int_{-n}^{n} f\,\mathrm{d}g$ existiert.

**Funktionen von beschränkter Variation:** Es sei $g(x) := g_1(x) - g_2(x)$ die Differenz von zwei monoton wachsenden Funktionen $g_1, g_2\colon \mathbb{R} \to \mathbb{R}$. Dann definieren wir in natürlicher Weise

$$\int_{-\infty}^{\infty} f\,\mathrm{d}g := \int_{-\infty}^{\infty} f\,\mathrm{d}g_1 - \int_{-\infty}^{\infty} f\,\mathrm{d}g_2\,.$$

Ferner ist $\int_A f\,\mathrm{d}g := \int_{-\infty}^{\infty} f\,\mathrm{d}g$, falls wir $f(x) := 0$ für $x \notin A$ setzen.

Die Funktion $g\colon [a,b] \to \mathbb{R}$ mit $-\infty < a < b < \infty$ heißt genau dann von *beschränkter Variation*, wenn es eine Konstante $C$ gibt, so daß

$$\sum_{j=0}^{n-1} |g(x_{j+1}) - g(x_j)| \le C$$

für jede Zerlegung $a = x_0 < x_1 < \ldots < x_n = b$ gilt. Die kleinste derartige Konstante $C$ bezeichnet man als die Totalvariation $V_a^b(g)$ von $g$ auf $[a,b]$. Eine Funktion $g\colon [a,b] \to \mathbb{R}$ ist genau dann von beschränkter Variation, wenn sie sich als Differenz $g = g_1 - g_2$ von zwei auf

$[a, b]$ monoton wachsenden Funktionen darstellen läßt. Für eine beschränkte, fast überall stetige Funktion $f\colon [a, b] \to \mathbb{R}$ gilt dann

$$\Big| \int_{[a,b]} f \, \mathrm{d}g \Big| \le V_a^b(g) \sup_{a \le x \le b} |f(x)|.$$

## 10.5.7. Maße auf topologischen Räumen

**Borelmaße und Bairemaße:** Es sei $X$ ein topologischer Raum (z.B. eine Teilmenge des $\mathbb{R}^n$). Unter der Borelschen Algebra $\mathscr{B}(X)$ (bzw. der Baireschen Algebra $\mathscr{B}_0(X)$) verstehen wir die kleinste $\sigma$-Algebra von $X$, die alle offenen Mengen von $X$ enthält (bzw. alle Urbilder offener Mengen bezüglich aller möglichen stetigen Abbildungen $f\colon X \to \mathbb{R}$). Es gilt $\mathscr{B}_0(X) \subseteq \mathscr{B}(X)$.

Unter einem Borelmaß $\mu$ (bzw. einem Bairemaß) auf $X$ verstehen wir ein Maß auf $\mathscr{B}(X)$ (bzw. auf $\mathscr{B}_0(X)$) mit $\mu(X) < \infty$.

Ist $X$ ein metrischer Raum, dann gilt $\mathscr{B}(X) = \mathscr{B}_0(X)$, d.h., Borelsche Maße und Bairesche Maße stimmen überein.

Eine Funktion $F\colon X \to Y$ zwischen zwei topologischen Räumen (z.B. $X = \mathbb{R}^n, Y = \mathbb{C}$) heißt genau dann eine *Borelfunktion*, wenn die Urbilder von offenen Mengen Borelmengen sind.

**Der Satz von Riesz-Markov über die Dualität zwischen stetigen Funktionen und Maßen:** Es sei $X$ ein nichtleerer kompakter topologischer Raum (z.B. eine nichtleere kompakte Teilmenge des $\mathbb{R}^n$). Mit $C(X, \mathbb{K})$ bezeichnen wir die Menge aller stetigen Funktionen $f\colon X \to \mathbb{K}$ mit $\mathbb{K} = \mathbb{R}$ oder $\mathbb{K} = \mathbb{C}$. Dann wird $C(X, \mathbb{K})$ bezüglich der Norm

$$\|f\| := \max_{x \in X} |f(x)|$$

ein Banachraum über $\mathbb{K}$. Genau alle linearen stetigen Funktionale $F$ auf $C(X, \mathbb{K})$ erhält man durch

$$F(f) = \int_X f(x) \, \mathrm{d}\mu \quad \text{für alle } f \in C(X, \mathbb{K}),$$

wobei

$$\mu = \begin{cases} \mu_1 - \mu_2 & \text{für } \mathbb{K} = \mathbb{R}, \\ \mu_1 - \mu_2 + \mathrm{i}(\mu_3 - \mu_4) & \text{für } \mathbb{K} = \mathbb{C} \end{cases}$$

gilt und $\mu_j$ Bairesche Maße auf $X$ sind.

**Ergodentheorie und Maßtheorie:** Vgl. 13.11.

# 11. LINEARE FUNKTIONALANALYSIS UND IHRE ANWENDUNGEN

*Eine Theorie ist um so beeindruckender, je einfacher ihre Voraussetzungen sind, je verschiedener die Dinge sind, die sie miteinander verbindet und je größer ihr Anwendungsbereich ist.*

*Albert Einstein*

*Wenn uns die Beantwortung eines mathematischen Problems nicht gelingen will, so liegt häufig der Grund darin, daß wir noch nicht den allgemeineren Gesichtspunkt erkannt haben, von dem aus das vorgelegte Problem nur als Glied einer Kette verwandter Probleme erscheint.*

*David Hilbert*

**Ein Leser, der sich rasch über die außerordentlich vielfältigen Anwendungen der Funktionalanalysis[1] auf konkrete Probleme orientieren möchte, sollte sofort nach der Lektüre des einleitenden Abschnitts 11.1. über die Grundideen der Funktionalanalysis einen Blick auf die folgenden Abschnitte werfen: 11.3. (spezielle Funktionen der mathematischen Physik, Existenzsätze für Variationsprobleme, Differential- und Integralgleichungen), 11.4. (Näherungsverfahren) und 12.1. (Fixpunktsätze und Integralgleichungen).**

## 11.1. Grundideen

Die gesamte moderne Analysis basiert auf der Funktionalanalysis, d.h. auf der Lösung von Operatorgleichungen und Extremalproblemen in abstrakten unendlichdimensionalen Räumen. Die Funktionalanalysis ist eine elegante mathematische Theorie, die allgemeine Hilfsmittel bereitstellt, um konkrete analytische Probleme wie Variationsprobleme, gewöhnliche und partielle Differentialgleichungen sowie Integralgleichungen in übersichtlicher Weise zu lösen. Ferner erlaubt es die Funktionalanalysis, die Struktur und Konvergenz von Näherungsverfahren in einheitlicher Weise zu untersuchen (numerische Funktionalanalysis). Dabei werden unterschiedliche Gebiete der Mathematik miteinander verschmolzen wie Algebra, Analysis, Geometrie und Topologie.

Die Untersuchung eines konkreten Problems im Rahmen der Funktionalanalysis geschieht in der folgenden Weise:

(i) Das vorgelegte Problem wird als Operatorgleichung oder Extremalproblem in einem abstrakten Raum (z.B. Hilbertraum oder Banachraum) formuliert.

(ii) Die Funktionalanalysis stellt für derartige Operatorgleichungen bzw. Extremalprobleme allgemeine Resultate über Existenz, Eindeutigkeit, stetige Abhängigkeit von den Daten und Konvergenz von Näherungsverfahren bereit.

(iii) Man prüft nach, ob die allgemeinen Voraussetzungen (z.B. kompakte Operatoren, schwach folgenunterhalbstetige Funktionale, a priori Abschätzungen) im vorgelegten Problem erfüllt sind.

---

[1] Kapitel 11. stellt eine völlig neubearbeitete Fassung des früher von Prof. Dr. L. Jentsch verfaßten Abschnitts 8.1. [Ergänzende Kapitel zu Bronstein/Semendjajew, Taschenbuch der Mathematik] dar.

Auf diese Weise wird klar getrennt zwischen der allgemeinen Struktur des Problems und seiner Spezifik. Im Schritt (iii) muß man in der Regel feinere analytische Hilfsmittel einsetzen (sogenannte harte Analysis). Durch dieses Vorgehen schärft die Funktionalanalysis den Blick für das Wesentliche. Dabei ergibt sich, daß scheinbar sehr unterschiedliche konkrete Probleme die gleiche abstrakte Formulierung erlauben und somit mit Hilfe der gleichen abstrakten Methode gelöst werden können.

Tabelle 11.1 zeigt, in welcher Weise klassische Gegenstände der Mathematik in der Funktionalanalysis verallgemeinert werden. Da die gesamte mathematische Physik auf der Lösung von Differential- und Integralgleichungen beruht, stellt die Funktionalanalysis das entscheidende Instrument der modernen mathematischen Physik dar. Das werden wir ausführlich in den Kapiteln 11. bis 14. erläutern. Beispielsweise wird die moderne Quantentheorie direkt in der Sprache der Funktionalanalysis formuliert: Zustände eines Quantensystems sind Elemente eines Hilbertraumes, die physikalischen Größen entsprechen selbstadjungierten Operatoren im Hilbertraum, und die Dynamik eines Quantensystems wird durch eine einparametrige unitäre Gruppe beschrieben, deren Erzeugender der Energieoperator (Hamiltonoperator) ist (vgl. 13.18.).

Die Funktionalanalysis stellt auch ein geeignetes Instrument für das moderne operations research und die mathematische Ökonomie dar (z.B. optimale Zustände und optimale Prozesse). Um sich von der *universellen Rolle* der Funktionalanalysis und den Wechselwirkungen zwischen Theorie und Anwendungen zu überzeugen, sollte der Leser einen Blick in die mehrbändige Monographie [Zeidler 1986] werfen. Als Einführung in die lineare und nichtlineare Funktionalanalysis und ihre Anwendungen empfehlen wir [Zeidler 1995].

*Tabelle 11.1*

| klassischer Gegenstand | funktionalanalytische Verallgemeinerung | Anwendungen |
|---|---|---|
| $n$-dimensionaler Raum $\mathbb{R}^n$ | Hilbertraum, Banachraum usw. | Funktionenräume Sobolevräume (*Zustandsräume in den Naturwissenschaften und in der mathematischen Ökonomie*) |
| orthonormierte Vektorbasis im $\mathbb{R}^3$ | vollständiges Orthonormalsystem im Hilbertraum | Fourierreihen, Reihenentwicklungen nach speziellen Funktionen der mathematischen Physik |
| Drehung im $\mathbb{R}^3$ bzw. unitäre Matrix | unitärer Operator im Hilbertraum | Fouriertransformation |
| symmetrische Matrix | selbstadjungierter Operator im Hilbertraum | physikalische Größe in der Quantenphysik (z.B. Energie, Ort, Impuls) |
| orthogonale Projektion im $\mathbb{R}^3$ | Lösung quadratischer Variationsprobleme im Hilbertraum | Dirichletproblem, das Prinzip der minimalen potentiellen Energie in der Physik (Sobolevräume) |
| lineares Gleichungssystem: $Ax = y$ | lineare Operatorgleichung: $Ax = y$ | lineare Differential- und Integralgleichungen |

*Tabelle 11.1 (Fortsetzung)*

| klassischer Gegenstand | funktionalanalytische Verallgemeinerung | Anwendungen |
|---|---|---|
| nichtlineares Gleichungssystem: $Ax = y$ | nichtlineare Operatorgleichung: $Ax = y$ | nichtlineare Differential- und Integralgleichungen (*stationäre Prozesse in der Natur und und in der Ökonomie*) |
| Eigenwertproblem für eine Matrix: $Ax = \lambda x$ | Eigenwertproblem für einen linearen oder nichtlinearen Operator $Ax = \lambda x$ (Spektraltheorie) | Integralgleichungen und Differentialgleichungen, Quantentheorie (*Eigenschwingungen; Stabilität von Systemen in der Natur oder in der Ökonomie; drastische Änderungen des qualitativen Verhaltens von Systemen durch Stabilitätsverlust = Bifurkation*) |
| gewöhnliche Differentialgleichungen (dynamische Systeme) | unendlichdimensionale dynamische Systeme (Halbgruppen, einparametrige Gruppen) | *zeitabhängige Prozesse in der Natur und in der Ökonomie* |
| Minimumproblem für eine reelle Funktion: $f(x) = \min!$ | Minimumproblem für ein Funktional: $f(x) = \min!$ | Variationsprobleme, Optimierungsaufgaben (*optimale Zustände und optimale Prozesse*) |
| kritischer Punkt einer reellen Funktion: $f'(x) = 0$ | kritischer Punkt eines Funktionals: $f'(x) = 0$ | Euler-Lagrangegleichungen zu Variationsproblemen, Optimierungsaufgaben, Spieltheorie |
| Differentiation einer reellen Funktion $f'$ (z.B. Newtonverfahren) | Differentiation eines Operators $f'$ (z.B. Newtonverfahren) | Variationsrechnung, Bifurkationstheorie (z.B. Newtonverfahren zur Lösung von Differential- und Integralgleichungen) |
| iterative Lösung von linearen oder nichtlinearen Gleichungssystemen | iterative Lösung von Operatorgleichungen (z.B. Fixpunktsatz von Banach) | iterative Lösung von Differential- und Integralgleichungen |
| orthogonale Projektion und Parallelprojektion im $\mathbb{R}^3$ | Projektionsverfahren zur näherungsweisen Lösung von Operatorgleichungen | Ritzsches Verfahren zur Lösung von Variationsproblemen, das universelle Galerkinverfahren zur Lösung von Differential- und Integralgleichungen (z.B. *Methode der finiten Elemente*) |
| | Projektions-Iterationsverfahren zur näherungsweisen Lösung von Operatorgleichungen | Kombination des Galerkinverfahrens mit einem Iterationsverfahren |

**Terminologie für Operatoren:** Unter einem Operator $A: M \to N$ verstehen wir, daß jedem Punkt $u$ der Menge $M$ ein Punkt $b$ der Menge $N$ zugeordnet wird, wobei wir $Au = b$ schreiben. Dabei heißt $b$ der *Bildpunkt* zu $u$, und $u$ heißt der *Urbildpunkt* zu $b$. In Abb. 11.1 entspricht $A$ einer reellen Funktion mit $M := [0,1]$ und $N := [0,2]$. Man nennt $M$ auch den *Definitionsbereich* von $A$ und schreibt $D(A) = M$. Wir vereinbaren, daß das Symbol

$$A: D(A) \subseteq \mathbb{R} \to N$$

den Operator $A: D(A) \to N$ beschreibt mit der Zusatzinformation, daß $D(A)$ in $\mathbb{R}$ enthalten ist. Diese Konvention ist sehr bequem. Die Menge aller Bildpunkte von $A$ wird der *Wertebereich* von $A$ genannt und mit $R(A)$ bezeichnet (wegen des englischen Wortes „range" für Wertebereich).

(i) Der Operator $A: M \to N$ heißt genau dann *surjektiv*, wenn $R(A) = N$ gilt.

(ii) Der Operator $A: M \to N$ heißt genau dann *injektiv* (oder eineindeutig), wenn aus $Au = Av$ stets $u = v$ folgt.

(iii) Der Operator $A: N \to M$ heißt genau dann *bijektiv*, wenn er surjektiv und injektiv ist. Exakt in diesem Fall existiert der inverse Operator $A^{-1}: N \to M$, der jedem Bildpunkt $b$ von $A$ den wegen (ii) eindeutig bestimmten Urbildpunkt $u$ zuordnet. Wir schreiben $u = A^{-1}b$ (Abb. 11.1).

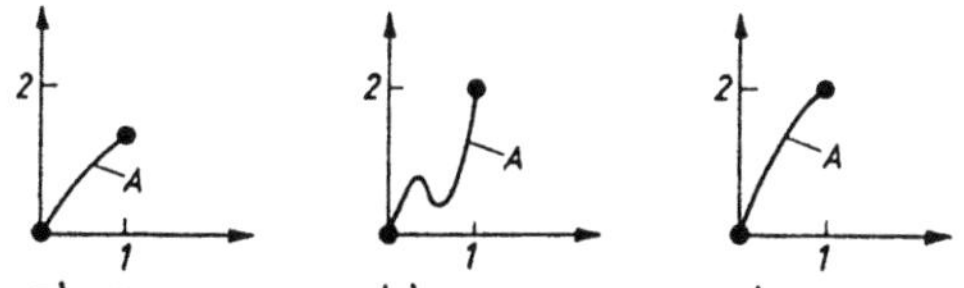


Abb. 11.1 a) injektiv b) surjektiv c) bijektiv

Der Operator $B: D(B) \to N$ heißt genau dann eine *Fortsetzung des Operators* $A: D(A) \to N$, wenn $D(A) \subseteq D(B)$ und

$$Au = Bu \qquad \text{für alle} \quad u \in D(A) \quad \text{gilt.}$$

Wir schreiben $A \subseteq B$.

**Äquivalenzrelationen:** Die folgende Konstruktion wird häufig in der Mathematik verwendet. In einer Menge $M$ sei eine Relation „$\sim$" erklärt, so daß für alle $u, v, w \in M$ folgendes gilt:

(i) $u \sim v$ (Reflexivität);

(ii) aus $u \sim v$ folgt $v \sim u$ (Symmetrie);

(iii) aus $u \sim v$ und $v \sim w$ folgt $u \sim w$ (Transitivität).

Bezeichnen wir mit $[u]$ die Menge aller $v$, für die $v \sim u$ gilt, dann zerfällt die Menge $M$ in paarweise disjunkte Teilmengen $[u]$, die wir Äquivalenzklassen oder Restklassen nennen. Es gilt

$$[u] = [v] \qquad \text{genau dann, wenn} \quad u \sim v\,.$$

Man bezeichnet $u$ als einen Repräsentanten von $[u]$. Für diese Äquivalenzklassen werden häufig Operationen erklärt, z.B.

$$[u] + [v] = [u + v]\,.$$

falls $u + v$ definiert ist. Damit diese Definition von $[u] + [v]$ korrekt ist, muß man zeigen, daß diese Operation unabhängig von der Wahl der Repräsentanten ist, d.h., aus $[u] = [u']$ und $[v] = [v']$ folgt $[u] + [v] = [u'] + [v']$, also $[u + v] = [u' + v']$. Das ist gleichbedeutend damit, daß die Operation $u + v$ mit der Äquivalenzrelation verträglich ist, d.h.

$$\text{aus} \quad u \sim u', \quad v \sim v' \quad \text{folgt} \quad u + v \sim u' + v'.$$

*Beispiel:* In der Menge der ganzen Zahlen $\mathbb{Z}$ definieren wir eine Äquivalenzrelation durch

$$u \sim v \quad \text{genau dann, wenn} \quad u - v \in L,$$

wobei $L := \{0, \pm 2, \pm 4, \pm 6, \ldots\}$ gesetzt wird. Zum Beispiel gilt $0 \sim 2$ und $1 \sim 3$. Die Menge $\mathbb{Z}$ zerfällt dann in die beiden Äquivalenzklassen $[0]$ und $[1]$ mit $[0] = L$. Explizit besteht $[0]$ bzw. $[1]$ aus den geraden bzw. ungeraden ganzen Zahlen. Aus $0 \sim 2$ folgt beispielsweise $[0] = [2]$. Ferner ist[2)]

$$[0] + [0] = [0], \quad [0] + [1] = [1] + [0] = [1], \quad [1] + [1] = [0].$$

Das entspricht der Regel: die Summe zweier geraden Zahlen ist gerade, während die Summe aus einer geraden und einer ungeraden Zahl ungerade ist.

Das Rechnen mit Äquivalenzklassen wird z.B. bei der Definition des Faktorraumes oder des Tensorprodukts in 11.2.3. benutzt.

### 11.1.1. Integralgleichungen als Operatorgleichungen und Fredholmoperatoren

Als erstes Beispiel betrachten wir die Fredholmsche Integralgleichung zweiter Art

$$\lambda u(x) - \int_a^b \mathscr{K}(x,y) u(y)\, \mathrm{d}y = f(x), \quad a \le x \le b, \tag{11.1}$$

wobei die stetige Funktion $f\colon [a,b] \to \mathbb{R}$ gegeben ist und die stetige Funktion $u\colon [a,b] \to \mathbb{R}$ gesucht wird. Der gegebene Kern $\mathscr{K}$ sei eine reelle stetige Funktion auf dem Quadrat $Q := \{(x,y)\colon a \le x, y \le b\}$, und $\lambda$ sei eine gegebene reelle Zahl. Um (11.1) mit den Methoden der Funktionalanalysis zu behandeln, schreiben wir diese Integralgleichung als Operatorgleichung

$$\lambda u - Ku = f, \qquad u \in C[a,b]. \tag{11.2}$$

Dabei erklären wir den Operator $K$ durch

$$(Ku)(x) := \int_a^b \mathscr{K}(x,y) u(y)\, \mathrm{d}y \qquad \text{für alle} \quad x \in [a,b]. \tag{11.3}$$

Ferner bezeichnen wir mit $C[a,b]$ die Menge aller stetigen Funktionen $u\colon [a,b] \to \mathbb{R}$. Auf $C[a,b]$ führen wir durch

$$\|f\| := \max_{a \le x \le b} |f(x)| \tag{11.4}$$

eine sogenannte Norm ein. Damit wird $C[a,b]$ zu einem Banachraum (vgl. 11.2.4.). Zur Vereinfachung der Schreibweise setzen wir $X := C[a,b]$. Dann gilt:

---

2) Man beachte $[1] + [1] = [2] = [0]$.

(i) Ist $u\colon [a,b] \to \mathbb{R}$ eine stetige Funktion, dann ist auch die durch (11.3) definierte Funktion $Ku$ auf $[a,b]$ stetig.

(ii) Auf diese Weise wird ein Operator $K\colon X \to X$ erklärt, der jeder Funktion $u$ in $X$ eine neue Funktion in $X$ zuordnet, die wir mit $Ku$ bezeichnen.[3]

(iii) Der Operator $K\colon X \to X$ ist linear, d.h., für alle reellen Zahlen $\alpha$ und $\beta$ und alle Funktionen (Punkte) $u, v \in X$ gilt

$$K(\alpha u + \beta v) = \alpha K u + \beta K v .$$

Das folgt aus

$$\int_a^b \mathscr{K}(x,y)(\alpha u(y) + \beta v(y))\,\mathrm{d}y = \alpha \int_a^b \mathscr{K}(x,y) u(y)\,\mathrm{d}y + \beta \int_a^b \mathscr{K}(x,y) v(y)\,\mathrm{d}y . \tag{11.5}$$

Eine wichtige Frage lautet: Welche linearen Operatorgleichungen verhalten sich analog zu linearen Gleichungssystemen? Es zeigt sich, daß große Klassen von linearen Differential- und Integralgleichungen auf lineare Gleichungen mit sogenannten Fredholmoperatoren führen und diese sich tatsächlich wie lineare Gleichungssysteme verhalten. Insbesondere gilt die sogenannte Fredholmsche Alternative. Das wird in 11.3.4. betrachtet.

## 11.1.2. Differentialgleichungen als Operatorgleichungen und verallgemeinerte Ableitungen

Um beispielsweise das Randwertproblem

$$\begin{aligned} -u''(x) &= f(x), \quad 0 < x < 1, \\ u(0) &= u(1) = 0 \end{aligned} \tag{11.6}$$

mit den Methoden der Funktionalanalysis behandeln zu können, schreiben wir es als Operatorgleichung

$$Au = f, \qquad u \in D(A), \tag{11.7}$$

wobei wir

$$(Au)(x) := -u''(x), \qquad u \in D(A) \tag{11.8}$$

setzen.

*Glatte Lösungen:* Mit $Y := C[0,1]$ bzw. $X := C^2[0,1]$ bezeichnen wir die Menge aller Funktionen $u\colon [0,1] \to \mathbb{R}$, die stetig bzw. zweifach stetig differenzierbar sind. Ferner sei

$$D(A) := \{u \in C^2[0,1]\colon u(0) = u(1) = 0\} .$$

Man beachte, daß bei der Einführung des Definitionsbereichs $D(A)$ des Operators $A$ die Randbedingung aus (11.6) berücksichtigt wird. Somit bedeutet „$u \in D(A)$“, daß die Lösung $u$ von (11.7) die Randbedingung aus (11.6) erfüllt.

Dann ist $A\colon D(A) \subseteq X \to Y$ ein Operator, der jeder Funktion $u$ aus $D(A)$ eine Funktion aus $Y$ zuordnet, die wir mit $Au$ bezeichnen. Der Operator $A$ ist linear, d.h., es gilt

$$A(\alpha u + \beta v) = \alpha A u + \beta A v, \qquad \alpha u + \beta v \in D(A), \tag{11.9}$$

für alle reellen Zahlen $\alpha, \beta$ und alle Funktionen $u, v \in D(A)$. Das folgt aus

$$-(\alpha u(x) + \beta v(x))'' = -\alpha u''(x) - \beta v''(x)$$

und $(\alpha u + \beta v)(x) = \alpha u(x) + \beta v(x) = 0$ für $x = 0, 1$.

---

[3] In der Funktionalanalysis bevorzugt man eine geometrische Sprache. Deshalb bezeichnet man die Elemente von $X$ als Punkte. In diesem Sinne ordnet $K$ jedem Punkt $u$ den neuen Punkt $Ku$ zu.

**Satz 1:** Für jedes $f \in Y$ besitzt die Gleichung (11.7) genau eine Lösung $u$. Explizit ist $u$ durch

$$u(x) = \int_0^1 G(x,y)f(y)\,\mathrm{d}y \qquad \text{für alle} \quad x \in [0,1] \tag{11.10}$$

gegeben mit der Greenschen Funktion

$$G(x,y) := \begin{cases} (1-y)x & \text{für} \quad 0 \le x \le y \le 1\,, \\ (1-x)y & \text{für} \quad 0 \le y \le x \le 1\,. \end{cases}$$

Definieren wir den Operator $K\colon Y \to X$ durch

$$(Kf)(x) := \int_0^1 G(x,y)f(y)\,\mathrm{d}y\,, \tag{11.11}$$

dann ist $Au = f$ und $u = Kf$, also

$$K = A^{-1}\,. \tag{11.12}$$

Somit gilt:

*Der Integraloperator $K$ ist der inverse Operator zu dem Differentialoperator $A$.*

Dieser Zusammenhang gilt auch für eine Reihe allgemeinerer Probleme.

*Verallgemeinerte Lösungen:* Wir wollen jetzt den Fall betrachten, daß die rechte Seite $f$ in (11.6) unstetig ist. Als geeigneter Raum erweist sich hier der Lebesgueraum $Z := L_2(0,1)$. Dieser besteht aus allen meßbaren Funktionen $f\colon [0,1] \to \mathbb{R}$ mit

$$\int_0^1 f(x)^2\,\mathrm{d}x < \infty\,.$$

Bezüglich des Skalarprodukts $(f,g) := \int_0^1 f(x)g(x)\,\mathrm{d}x$ für alle $f, g \in L_2(0,1)$ wird $L_2(0,1)$ ein sogenannter Hilbertraum (vgl. 11.2.5.).

Bemerkenswert und weitgehend verallgemeinerungsfähig ist nun die folgende Beobachtung. Geben wir uns die Funktion $f \in L_2(0,1)$ vor, dann hat die Gleichung (11.6) nicht für jede Funktion $f \in L_2(0,1)$ eine Lösung. Man kann jedoch sogenannte verallgemeinerte Lösungen von (11.6) erhalten. Um diese für die gesamte moderne Analysis fundamentale Tatsache zu erläutern, definieren wir die sogenannte *Fortsetzung von Friedrichs* $A_\mathrm{F}$ des Operators $A$. Diese Fortsetzung ist durch eine abstrakte Konstruktion gegeben (vgl. 11.3.5.). Im vorliegenden Fall kann man jedoch $A_\mathrm{F}$ in einfacher Weise explizit angeben. Hierzu setzen wir

$$(A_\mathrm{F}u) := -u'' \qquad \text{für alle} \quad u \in D(A_\mathrm{F}) \tag{11.13}$$

mit $D(A_\mathrm{F}) := \{u \in W_2^2(0,1)\colon\ u(0) = u(1) = 0\}$. Dabei ist $W_2^2(0,1)$ ein sogenannter Sobolevraum (vgl. 11.2.6.). Explizit besteht $W_2^2(0,1)$ aus allen Funktionen $u \in L_2(0,1)$, die zusätzlich Ableitungen $u', u'' \in L_2(0,1)$ im verallgemeinerten Sinne haben, d.h., für alle Testfunktionen $\varphi \in C_0^\infty(0,1)$ gilt

$$\int_0^1 u'(x)\varphi(x)\,\mathrm{d}x = -\int_0^1 u(x)\varphi'(x)\,\mathrm{d}x\,, \qquad \int_0^1 u''(x)\varphi(x)\,\mathrm{d}x = \int_0^1 u(x)\varphi''(x)\,\mathrm{d}x\,.$$

Nach einem sogenannten Sobolevschen Einbettungssatz (vgl. 11.2.6.) kann man jeder Funktion $u \in W_2^2(0,1)$ (eventuell nach Änderung der Werte auf einer Menge vom Maß Null) in eindeutiger Weise eine auf $[0,1]$ stetig differenzierbare Funktion zuordnen. In diesem Sinne sind die Randwerte $u(0) = u(1) = 0$ zu verstehen. Der Operator $A_\text{F}$ ist eine Fortsetzung von $A$, d.h., es gilt

$$D(A) \subseteq D(A_\text{F}) \quad \text{mit} \quad Au = A_\text{F}u \qquad \text{für alle} \quad u \in D(A)\,.$$

Anstelle des Ausgangsproblems (11.7), $Au = f$, $u \in D(A)$, betrachten wir nunmehr das verallgemeinerte Problem

$$A_\text{F}u = f\,, \qquad u \in D(A_\text{F})\,. \tag{11.14}$$

Dieses entspricht dem ursprünglichen Randwertproblem (11.6), wobei jedoch die Ableitung $u''$ jetzt im verallgemeinerten Sinne zu verstehen ist.

**Satz 2:** Für jede Funktion $f \in L_2(0,1)$ besitzt die Gleichung (11.14) eine eindeutige Lösung $u$, die durch die Integralformel (11.10) gegeben ist.

Allgemein gilt:

*Die moderne Theorie der Differentialgleichungen wird von verallgemeinerten Ableitungen und Sobolevräumen beherrscht.*

*Symmetrie und Selbstadjungiertheit:* Die Greensche Funktion $G$ ist symmetrisch, d.h., es gilt $G(x,y) = G(y,x)$ für alle $x,y \in [0,1]$. Das führt dazu, daß der Integraloperator $K$ auf $L_2(0,1)$ symmetrisch ist, d.h., es gilt

$$(Ku,v) = (u,Kv) \qquad \text{für alle} \quad u,v \in L_2(0,1)\,.$$

Das folgt aus dem Satz von Fubini (Vertauschung der Integrationsreihenfolge):

$$\int_0^1 \left\{ \int_0^1 G(x,y)u(y)\,\mathrm{d}y\; v(x) \right\} \mathrm{d}x = \int_0^1\!\!\int_0^1 G(x,y)u(y)v(x)\,\mathrm{d}y\,\mathrm{d}x$$

$$= \int_0^1\!\!\int_0^1 G(x,y)u(y)v(x)\,\mathrm{d}x\,\mathrm{d}y = \int_0^1 \left\{ \int_0^1 G(x,y)v(x)\,\mathrm{d}x \right\} u(y)\,\mathrm{d}y\,.$$

Die Symmetrie von $K$ ist eine Folge der Symmetrie von $A$, d.h.

$$(Au,v) = (u,Av) \qquad \text{für alle} \quad u,v \in D(A)\,.$$

Diese Beziehung ergibt sich durch zweimalige partielle Integration:

$$\int_0^1 (-u'')v\,\mathrm{d}x = \int_0^1 u(-v'')\,\mathrm{d}x \qquad \text{für alle} \quad u,v \in D(A)\,.$$

Man beachte, daß wegen $u(0) = v(0) = u(1) = v(1) = 0$ keine Randterme auftreten.

In gleicher Weise zeigt man, daß der Operator $A_\text{F}$ symmetrisch ist. Tatsächlich ist $A_\text{F}$ im Unterschied zu $A$ auch selbstadjungiert.

*Die Klasse der selbstadjungierten Operatoren spielt eine fundamentale Rolle in der Hilbertraumtheorie der Differential- und Integralgleichungen.*

Wir wollen das kurz motivieren. Die Frequenzen kleiner Schwingungen mechanischer Systeme werden durch die Eigenwerte symmetrischer Matrizen beschrieben. Die zugehörigen Eigenvektoren spannen dann den gesamten Raum auf. Diese wichtige Eigenschaft läßt sich in einem geeigneten Sinne auf selbstadjungierte Operatoren erweitern im Rahmen der sogenannten Spektralschar (vgl. 11.6.2.). Besonders übersichtlich wird die Situation für kompakte symmetrische Operatoren (vgl. die Hilbert-Schmidt-Theorie in 11.3.3.). Ein wesentlicher Unterschied zwischen Integraloperatoren und Differentialoperatoren besteht darin, daß die letzteren im Gegensatz zu den ersteren häufig nicht auf dem gesamten Raum erklärt sind. Deshalb hat man bei Differentialoperatoren sorgfältig auf die Definitionsbereiche zu achten.

*Physikalische Interpretation der Symmetrie:* Die Symmetrie der Greenschen Funktion $G$ in (11.10) erlaubt eine anschauliche physikalische Deutung. Wir interpretieren hierzu die Funktionen $f$ (bzw. $u$) als Kraft (bzw. als Auslenkung). Gegeben seien zwei Punkte $x_0$ und $y_0$. Ist die Kraft im Punkt $y_0$ konzentriert, dann gilt $f(x) = \delta(x - y_0)$, wobei $\delta$ die Diracsche „Deltafunktion" bezeichnet. Aus (11.10) erhält man dann für die Auslenkung im Punkt $x_0$ den Ausdruck

$$u(x_0) = G(x_0, y_0)\,. \tag{11.15}$$

Vertauscht man jetzt die Rolle von $x_0$ und $y_0$, dann verursacht die Kraft $f(x) = \delta(x - x_0)$ im Punkt $x_0$ die Auslenkung $u(y_0) = G(y_0, x_0)$ im Punkt $y_0$. Wegen der Symmetrie von $G$ stimmt das jedoch mit (11.15) überein. Allgemein ergibt sich:

*Symmetrische Greensche Funktionen entsprechen physikalischen Prozessen, die bezüglich Ursache und Wirkung symmetrisch sind.*

### 11.1.3. Das Konvergenzproblem für Fourierreihen

Um Schwingungen in einfachere Bestandteile zu zerlegen, bedient man sich der fundamentalen Methode der harmonischen Analyse, d.h., für eine beliebige $2\pi$-periodische Funktion $f\colon \mathbb{R} \to \mathbb{R}$ macht man den Ansatz

$$f(x) = \frac{1}{2}a_0 + a_1 \cos x + b_1 \sin x + a_2 \cos 2x + b_2 \sin 2x + \ldots \tag{11.16}$$

Um die unbekannten reellen Koeffizienten $a_k$ und $b_k$ zu bestimmen, führen wir das Skalarprodukt

$$(f, g) := \int_0^{2\pi} f(x) g(x)\,\mathrm{d}x$$

mit der Norm $\|f\| := (f, f)^{1/2}$ ein. Setzen wir

$$f_0(x) := (2\pi)^{-1/2}\,, \quad f_{2k}(x) := \pi^{-1/2} \cos kx\,, \quad f_{2k+1}(x) := \pi^{-1/2} \sin kx\,,$$

dann besteht eine fundamentale Beobachtung darin, daß die Orthogonalitätsrelationen

$$(f_k, f_m) = \delta_{km} \qquad \text{für alle} \quad k, m = 1, 2, \ldots \tag{11.17}$$

gelten. Multiplizieren wir nun (11.16), d.h.

$$f = \sum_{k=0}^{\infty} \alpha_k f_k$$

formal skalar mit $f_m$, dann erhalten wir $(f, f_m) = \sum\limits_{k=0}^{\infty} \alpha_k (f_k, f_m) = \sum\limits_{k=0}^{\infty} \alpha_k \delta_{km} = \alpha_m$, also $\alpha_m = (f, f_m)$. Für (11.16) bedeutet das

$$a_k = \frac{1}{\pi} \int_0^{2\pi} f(x) \cos kx\,\mathrm{d}x\,, \quad b_k = \frac{1}{\pi} \int_0^{2\pi} f(x) \sin kx\,\mathrm{d}x\,.$$

Das sind die klassischen Fourierkoeffizienten.

Im 19. Jahrhundert spielte das Problem der Konvergenz der Fourierreihe (11.16) eine wichtige Rolle. Im Jahre 1871 konstruierte Du Bois-Reymond eine stetige $2\pi$-periodische Funktion, deren Fourierreihe in einem Punkt nicht konvergiert. Deshalb ist der klassische Konvergenzbegriff für eine allgemeine Konvergenzaussage nicht geeignet. Den richtigen Konvergenzbegriff liefert die Funktionalanalysis. Hierzu betrachten wir den Hilbertraum $L_2(0, 2\pi)$.

**Satz:** Die Fourierreihe (11.16) konvergiert für jede Funktion $f \in L_2(0, 2\pi)$ im Sinne der Norm $\|\cdot\|$, d.h., es gilt

$$\lim_{n\to\infty}\left\|f - \sum_{m=0}^{n}(f, f_m)f_m\right\| = 0 .$$

Das ist gleichbedeutend mit der Konvergenz im quadratischen Mittel

$$\lim_{n\to\infty}\int_0^{2\pi}\left(f(x) - \frac{1}{2}a_0 - a_1\cos x - b_1\sin x - \ldots\right)^2 dx = 0 . \tag{11.18}$$

Speziell gilt diese Aussage für jede Funktion $f\colon [0, 2\pi] \to \mathbb{R}$, die stetig oder stückweise stetig und beschränkt ist.

Das zugehörige abstrakte Resultat der Funktionalanalysis über vollständige Orthonormalsysteme erlaubt analoge Aussagen für die speziellen Funktionen der mathematischen Physik (vgl. 11.3.1.).

Die Beziehung (11.18) rechtfertigt die Gaußsche Methode der kleinsten Quadrate für Fourierreihen im Rahmen der Funktionalanalysis. Beim Beweis wird wesentlich eine Aussage der Approximationstheorie benutzt, die besagt, daß die trigonometrischen Polynome im Raum $L_2(0, 2\pi)$ dicht liegen (vgl. 11.3.1.).

## 11.1.4. Das Dirichletproblem und das Vervollständigungsprinzip

Wir betrachten das Variationsproblem

$$\int_\Omega \left[\frac{1}{2}(u_x^2 + u_y^2) - fu\right] dx\, dy = \min!\,, \tag{11.19}$$

$$u = 0 \quad \textbf{auf } \partial\Omega$$

zusammen mit dem Dirichletproblem

$$-\Delta u = f \quad \textbf{auf } \Omega . \tag{11.20}$$

$$u = 0 \quad \textbf{auf } \partial\Omega$$

für den Laplaceoperator $\Delta u := u_{xx} + u_{yy}$. Dabei ist $\Omega$ ein beschränktes Gebiet im $\mathbb{R}^2$. Physikalisch interpretieren wir $u(x, y)$ als die Auslenkung einer Membran im Punkt $(x, y)$ unter dem Einfluß der äußeren Kraftdichte $f$ (Abb. 11.2). Die Randbedingung „$u = 0$ auf $\partial\Omega$" besagt, daß die Membran am Rand eingespannt ist. Die potentielle Energie der Membran ist gleich dem in (11.19) links stehenden Integral. Somit entspricht (11.19) dem *Prinzip der minimalen potentiellen Energie.*

**Satz 1:** Ist der Rand $\partial\Omega$ hinreichend glatt, dann ist jede hinreichend glatte Lösung $u$ des Variationsproblems (11.19) auch eine Lösung des Randwertproblems (11.20).

In seiner fundamentalen Dissertation aus dem Jahre 1851 schuf Riemann eine allgemeine Theorie der komplexen analytischen Funktionen (Funktionentheorie; vgl. 3.4.). Dabei benutzte er an entscheidender Stelle eine Existenzaussage für das Randwertproblem (11.20),

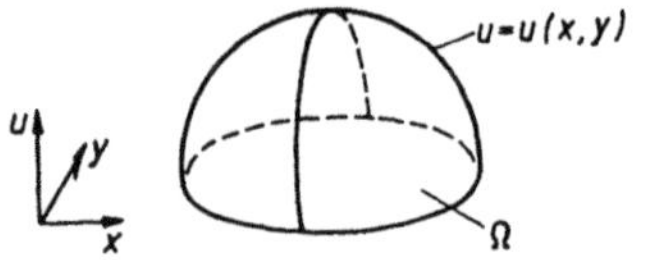


Abb. 11.2

indem er Satz 1 mit dem Argument kombinierte, daß die Existenz einer Lösung von (11.19) aus physikalischen Gründen evident ist. Diese Argumentation bezeichnete man im 19. Jahrhundert als Dirichletprinzip. Im Jahre 1870 kritisierte Weierstraß das Dirichletprinzip. Er wies darauf hin, daß im Unterschied zu Minimumproblemen für stetige Funktionen ein Variationsproblem mit glattem Integranden nicht unbedingt eine Lösung besitzen muß. Um das zu illustrieren, betrachtete Weierstraß das folgende einfache Variationsproblem:

$$J(u) := \int_{-1}^{1} \Big(xu'(x)\Big)^2 \, dx = \min!, \quad u \in C^1[-1,1], \tag{11.21}$$

$$u(-1) = 2, \qquad u(1) = 0.$$

Dabei bezeichnet $C^1[-1,1]$ die Menge aller stetig differenzierbaren Funktionen auf $[-1,1]$. Die Folge

$$u_n(x) := 1 - \frac{\arctan nx}{\arctan n}, \qquad n = 1, 2, \ldots,$$

genügt den Randbedingungen $u_n(-1) = 2$, $u_n(1) = 0$, und es ist $J(u_n) \to 0$ für $n \to \infty$. Da für alle zulässigen Funktionen $J(u) \geq 0$ gilt, ergibt sich

$$\inf J(u) = 0 \qquad \text{für alle zulässigen Funktionen } u.$$

Dieses Infimum wird aber von keiner zulässigen Funktion $u$ angenommen. Denn aus $J(u) = 0$ folgt $xu'(x) = 0$, d.h. $u'(x) = 0$ für alle $x \in [-1,1]$. Somit ist $u(x) = \text{const}$. Das steht im Widerspruch zu der Randbedingung $u(-1) = 2$, $u(1) = 0$.

Nach der Kritik von Weierstraß brach zunächst das gesamte Riemannsche Gebäude der komplexen Funktionen zusammen. Allerdings konnten bald Schwarz, C. Neumann und Poincaré den Defekt beheben, indem sie nicht das Variationsproblem (11.19) lösten, sondern direkte Existenzbeweise für das Randwertproblem (11.20) mit unterschiedlichen Methoden gaben. Die Rechtfertigung des Dirichletprinzips blieb jedoch ein berühmtes offenes Problem des 19. Jahrhunderts. Im Jahre 1900 gelang Hilbert diese Rechtfertigung. Das war der Beginn der sogenannten direkten Methoden der Variationsrechnung. In der modernen Variationsrechnung, die auf der Funktionalanalysis basiert, lautet die Rechtfertigung des Dirichletprinzips folgendermaßen.

**Satz 2:** Für jede gegebene Funktion $f \in L_2(\Omega)$ besitzt das Variationsproblem (11.19) genau eine Lösung $u$ in dem Sobolevraum $\overset{\circ}{W}{}_2^1(\Omega)$.

Diese Lösung $u$ ist zugleich eine verallgemeinerte Lösung des Randwertproblems (11.20).

**Vervollständigungsprinzip:** Explizit besteht der Lebesgueraum $L_2(\Omega)$ aus allen reellen meßbaren Funktionen $f\colon \Omega \to \mathbb{R}$ mit $\int_\Omega f(x)^2 \, dx < \infty$. Die Funktionen $u$ aus $\overset{\circ}{W}{}_2^1(\Omega)$ besitzen verallgemeinerte partielle Ableitungen erster Ordnung mit

$$u_x, u_y \in L_2(\Omega) \quad \text{und} \quad \text{„}u = 0 \quad \text{auf} \quad \partial\Omega\text{“}$$

im Sinne verallgemeinerter Randwerte (vgl. 11.2.6.). Im Unterschied zu der Formulierung von (11.20) benötigt man für (11.19) keine zweiten Ableitungen. Deshalb ist $\overset{\circ}{W}{}_2^1(\Omega)$ ein *sehr natürlicher Lösungsraum* für (11.19).

Die Benutzung verallgemeinerter Lösungen in Sobolevräumen ist wichtig, weil die Existenz klassischer Lösungen von (11.19) (mit klassischen ersten partiellen Ableitungen) nicht allgemein garantiert werden kann. Um die Situation zu erläutern, betrachten wir das folgende einfache Modell.

*Beispiel:* Ist $F: [0,1] \to \mathbb{R}$ eine stetige Funktion, dann besitzt das Minimumproblem

$$F(u) = \min! \tag{11.22}$$

stets eine Lösung $u_0$ (nach einem klassischen Satz von Weierstraß). Kennt ein Mathematiker jedoch nur die rationalen Zahlen, dann braucht (11.22) keine Lösung zu haben, denn der Minimalpunkt $u_0$ kann eine irrationale Zahl sein (Abb. 11.3).

Abb. 11.3

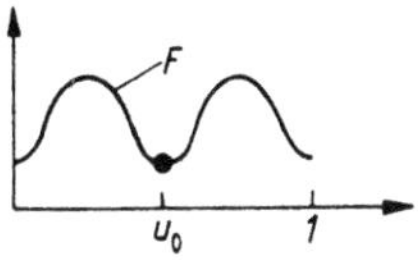


Grob gesprochen hat man die folgende Korrespondenz:

rationale Zahlen → glatte Funktionen;
reelle Zahlen → Funktionen mit verallgemeinerten Ableitungen aus einem Sobolevraum.

Die Menge der reellen Zahlen entsteht aus der Menge der rationalen Zahlen durch einen *Vervollständigungsprozeß*, d.h. durch die Hinzunahme gewisser „idealer Elemente", die im vorliegenden Fall irrationale Zahlen heißen. Solche Vervollständigungsprozesse sind von fundamentaler Bedeutung für die moderne Analysis:

*Sobolevräume ergeben sich aus Räumen glatter Funktionen durch Vervollständigung.*

Erst durch einen solchen Vervollständigungsprozeß kann das Dirichletprinzip streng gerechtfertigt werden. Wichtig ist ferner, daß man nicht das klassische Integral, sondern das moderne Lebesgueintegral benutzt. Dieses entsteht nach 10.5. ebenfalls durch einen Vervollständigungsprozeß bezüglich des Integrals für Treppenfunktionen (einfache Funktionen).

**Regularität:** Die moderne Theorie der partiellen Differentialgleichungen besteht aus zwei Schritten:

(i) Man beweist die Existenz von verallgemeinerten Lösungen mit Hilfe funktionalanalytischer Hilfsmittel.

(ii) Man zeigt, daß die verallgemeinerten Lösungen klassische Lösungen darstellen, falls alle Daten hinreichend glatt sind.

**Satz 3:** Sind der Rand $\partial\Omega$ und die Funktion $f$ hinreichend glatt, dann ist die eindeutige verallgemeinerte Lösung $u \in \overset{\circ}{W}{}_2^1(\Omega)$ des Variationsproblems (11.19) hinreichend glatt und gleichzeitig die eindeutige klassische Lösung des Randwertproblems (11.20).

**Der geometrische Kern der Rechtfertigung des Dirichletprinzips:** Hilbert hat immer wieder darauf hingewiesen, daß man ein Problem erst dann richtig gelöst hat, wenn man seinen einfachen abstrakten Kern verstanden hat. Wir werden in 11.3.2. erläutern, daß die Lösbarkeit von (11.19) darauf beruht, daß man in jedem Hilbertraum von einem Punkt $b$ stets ein Lot auf einen gegebenen abgeschlossenen linearen Unterraum $L$ fällen kann (Abb. 11.4). Es ist typisch für die Funktionalanalysis, daß die Verallgemeinerung einfacher geometrischer Sachverhalte auf unendlich viele Dimensionen zu tiefliegenden analytischen Ergebnissen führt.

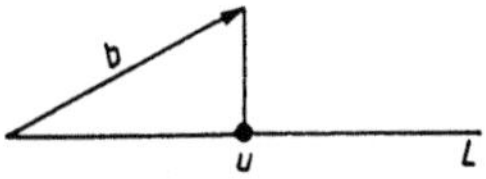

Abb. 11.4

**Ein abschließendes Resultat für den Laplaceoperator mittels Interpolationstheorie:** Hat man einen Differentialoperator $A$ gegeben, dann kann man ihn zwischen unterschiedlichen Funktionenräumen betrachten. Besonders interessieren Raumpaare $(X, Y)$, für welche der Operator $A\colon X \to Y$ einen Homöomorphismus darstellt.

Wir betrachten beispielsweise das Randwertproblem

$$\begin{aligned} -\Delta u &= f \quad \text{auf} \quad \Omega, \\ u &= g \quad \text{auf} \quad \partial\Omega \end{aligned} \tag{11.23}$$

und definieren $Au := (f, g)$.

**Satz 4** (glatte Lösungen von (11.23)): Es sei $\Omega$ ein beschränktes Gebiet des $\mathbb{R}^2$ mit hinreichend glattem Rand, d.h., genauer ist $\partial\Omega \in C^{2,\alpha}$ mit $0 < \alpha < 1$. Ferner seien $f$ und $g$ hinreichend glatt[4], d.h., es gilt

$$f \in C^\alpha(\overline{\Omega}), \qquad g \in C^\alpha(\partial\Omega).$$

Dann besitzt (11.23) genau eine Lösung $u \in C^{2,\alpha}(\overline{\Omega})$ mit

$$\|u\|_{2,\alpha} \le \text{const}(\|f\|_\alpha + \|g\|_\alpha), \tag{11.24}$$

wobei sich die Normen auf die entsprechenden $C^{k,\alpha}$-Räume beziehen. Der Operator

$$A\colon C^{2,\alpha}(\overline{\Omega}) \to C^\alpha(\overline{\Omega}) \times C^\alpha(\overline{\Omega})$$

ist ein linearer Homöomorphismus.

Man bezeichnet (11.24) als eine *a priori Abschätzung*, weil man diese Abschätzung *ohne Kenntnis* der Lösung $u$ gewinnen kann, d.h. allein unter Ausnutzung der Struktur der Differentialgleichung. Ersetzen wir in (11.23) die Funktionen $u, f, g$ durch $u_j, f_j, g_j$, dann folgt aus (11.24):

$$\|u_1 - u_2\|_{2,\alpha} \le \text{const}(\|f_1 - f_2\|_\alpha + \|g_1 - g_2\|_\alpha).$$

Diese Ungleichung besagt, daß die Lösung von (11.23) stetig von den Daten $f$ und $g$ abhängt (im Sinne der angegebenen Normen).

Dieses Resultat wird für den Grenzfall $\alpha = 0$ falsch, d.h., der Operator

$$A\colon C^2(\overline{\Omega}) \to C(\overline{\Omega}) \times C(\overline{\Omega})$$

ist nicht surjektiv. Das beinhaltet die überraschende Tatsache, daß (11.23) für stetige rechte Seiten $f$ und stetige Randwerte $g$ nicht stets eine klassische Lösung $u$ besitzen muß. Das war ein wesentlicher Grund für die Einführung der Hölderräume $C^{2,\alpha}$.

---

[4] Die Räume $C^{k,\alpha}$ werden in 11.2.4. definiert. Für „$\partial\Omega \in C^{2,\alpha}$" vergleiche man 11.2.6.

**Satz 5** (verallgemeinerte Lösungen von (11.23)): Es sei $\Omega$ ein beschränktes Gebiet mit glattem Rand, d.h. $\partial\Omega \in C^\infty$. Ferner seien

$$f \in L_2(\Omega), \qquad g \in W_2^{1/2}(\partial\Omega)$$

gegeben. Dann besitzt das Randwertproblem (11.23) genau eine Lösung $u \in W_2^2(\Omega)$ mit

$$\|u\|_{2,2} \le \text{const}(\|f\|_2 + \|g\|_{1/2,2}).$$

Der durch $Au = (f, g)$ gegebene Operator

$$A\colon W_2^2(\Omega) \to L_2(\Omega) \times W_2^{1/2}(\partial\Omega)$$

stellt einen linearen Homöomorphismus dar.

Der Raum $W_2^{1/2}(\partial\Omega)$ enthält grob gesprochen Funktionen, die eine Ableitung der (gebrochenen) Ordnung $1/2$ auf dem Rand $\partial\Omega$ besitzen. Solche Funktionenräume werden mit Hilfe der Interpolationstheorie konstruiert (vgl. 11.6.6.).

## 11.1.5. Das Dirichletproblem und die Methode der finiten Elemente (numerische Funktionalanalysis)

Eine der wichtigsten Methoden der numerischen Mathematik ist die Methode der finiten Elemente, die z.B. bei der Konstruktion von Flugzeugen benutzt wird. Wir betrachten beispielsweise das Variationsproblem

$$\int_\Omega \left(\frac{1}{2}(u_x^2 + u_y^2) - fu\right) \mathrm{d}x\,\mathrm{d}y = \min!\,, \qquad u = 0 \quad \textbf{auf} \quad \partial\Omega\,. \tag{11.25}$$

Die Methode der finiten Elemente besteht hier darin, daß man eine *Triangulation* $\mathcal{T}$ des Gebietes $\Omega$ wählt und in (11.25) nur über stückweise lineare Funktionen bezüglich $\mathcal{T}$ variiert. Auf diese Weise erhält man für jede Triangulation von $\Omega$ eine Näherungslösung $u_n$, die bei Verfeinerung der Triangulation für $n \to \infty$ gegen die Lösung $u$ des Ausgangsproblems (11.25) konvergiert, d.h., es gilt

$$\lim_{n\to\infty} \|u_n - u\|_{\mathring{W}_2^1(\Omega)} = 0\,.$$

Explizit bedeutet das

$$\lim_{n\to\infty} \int_\Omega (u_n - u)^2 + (\partial_1 u_n - \partial_1 u)^2 + (\partial_2 u_n - \partial_2 u)^2 \,\mathrm{d}x\,\mathrm{d}y = 0 \tag{11.26}$$

mit $\partial_1 = \partial/\partial x$ und $\partial_2 = \partial/\partial y$.

Das ist ein *typisches Resultat der numerischen Funktionalanalysis.* In der klassischen numerischen Analysis benutzte man bei dieser sogenannten Methode von Ritz anstelle von stückweise linearen Funktionen glatte Funktionen. Das Problem der punktweisen Konvergenz der Ritzschen Methode blieb dabei in vielen Fällen offen. Verwendet man dagegen die Normkonvergenz (11.26), dann ergibt sich ein *übersichtliches Konvergenzresultat.* Dieses ist sehr natürlich, denn es bezieht sich auf denjenigen Sobolevraum, in dem man auch die Existenz- und Eindeutigkeitsaussage zur Verfügung hat. Interpretiert man $u$ als die Auslenkung einer Membran, dann erlaubt die Konvergenz (11.26) eine einfache physikalische Interpretation; sie entspricht der Konvergenz der Energie.

Die Methode der finiten Elemente wird erst seit Ende der sechziger Jahre intensiv benutzt.

### 11.1.6. Ein Blick in die Geschichte der Funktionalanalysis

Zu Beginn des 20. Jahrhunderts gab es vier große offene Problemkreise in der Analysis:

(i) Das Konvergenzproblem für Fourierreihen und allgemeiner die Rechtfertigung der Fouriermethode zur Lösung partieller Differentialgleichungen durch Reihenentwicklung nach speziellen Funktionen (Kugelfunktionen usw.).

(ii) Eine allgemeine Lösungstheorie für Integralgleichungen.

(iii) Eine allgemeine Lösungstheorie für die partiellen Differentialgleichungen der mathematischen Physik.

(iv) Eine allgemeine Lösungstheorie für Variationsprobleme.

Die berühmtesten Mathematiker des 19. Jahrhunderts hatten Teilerfolge erzielt, aber es fehlte an einer allgemeinen Theorie. Diese allgemeine Theorie wurde im 20. Jahrhundert mit Hilfe der Funktionalanalysis geschaffen. Im Jahre 1900 veröffentlichte Fredholm seine berühmte Arbeit zur Lösungstheorie Fredholmscher Integralgleichungen. Diese Arbeit war noch vollständig im Geiste der klassischen Analysis verfaßt. Hilbert erkannte jedoch rasch, daß man mit Vorteil abstrakte Hilfsmittel einsetzen konnte. In den Jahren 1900 bis 1906 schuf er eine allgemeine Theorie der Integralgleichungen, indem er diese als Matrizengleichungen in einem unendlichdimensionalen euklidischen Raum auffaßte, den man heute als den *Hilbertraum* $l_2$ bezeichnet (vgl. 11.2.5.). Insbesondere verallgemeinerte Hilbert die klassische Hauptachsentransformation symmetrischer Matrizen auf den unendlichdimensionalen Fall. Auf diesem Weg erhielt er eine Spektraltheorie solcher Matrizen und z.B. Entwicklungssätze nach Eigenfunktionen. Hilbert erkannte dabei, daß das Spektrum beschränkter linearer symmetrischer Operatoren nicht nur aus Eigenwerten bestehen muß.[5] Das führte ihn auf den Begriff der Spektralschar (vgl. 11.6.2.). Der Hilbert-Schüler Erhard Schmidt vereinfachte in seiner Dissertation 1905 gewisse Überlegungen Hilberts und führte eine geometrische Sprache ein, die die endlichdimensionale euklidische Geometrie auf unendlich viele Dimensionen verallgemeinerte. Dabei spielte der Orthogonalitätsbegriff eine fundamentale Rolle. Die Hilbert-Schmidt-Theorie erlaubt es, den Problemkreis (i) erschöpfend zu behandeln. Anwendungen dieser eleganten Theorie haben wir in 10.3.9. am Beispiel der schwingenden Saite erläutert.

Mitte der zwanziger Jahre schufen Heisenberg und etwas später Schrödinger unter Benutzung völlig unterschiedlicher Methoden die moderne Quantenmechanik. Hilbert versuchte vergeblich in Göttingen eine strenge Formulierung im Rahmen der Integralgleichungstheorie zu finden. Das gelang jedoch seinem Schüler John von Neumann Ende der zwanziger Jahre, der den Begriff des abstrakten Hilbertraumes einführte und eine Spektraltheorie für unbeschränkte selbstadjungierte Operatoren schuf, die im Unterschied zur Hilbertschen Theorie nicht auf dem gesamten Hilbertraum erklärt sind. Die moderne Quantentheorie wird in der Sprache der Funktionalanalysis formuliert (vgl. 13.18.) und hat die Entwicklung der Funktionalanalysis wesentlich beeinflußt (z.B. Spektraltheorie, von-Neumann-Algebren und allgemeinere Operatoralgebren, Störungstheorie, Streutheorie, Halbgruppentheorie).

Friedrichs erkannte zu Beginn der dreißiger Jahre, daß man die durch John von Neumann entdeckte Theorie der selbstadjungierten Operatoren benutzen kann, um für die Variationsprobleme und Randwertaufgaben der mathematischen Physik eine elegante funktionalanalytische Theorie zu schaffen, die auf der sogenannten Fortsetzung von Friedrichs basiert (vgl. 11.3.5.). Bei diesem Zugang werden Differentialgleichungen nicht auf Integralgleichungen zurückgeführt, sondern Differentialoperatoren werden als eigenständige Objekte aufgefaßt. Das vereinfacht die Theorie wesentlich. Mitte der dreißiger Jahre führte

---

[5] Interessanterweise führte Hilbert den Begriff „Spektrum" ein, ohne zu ahnen, daß zwanzig Jahre später sein rein mathematischer Begriff exakt die Spektren von Atomen beschreiben würde.

Sobolev die nach ihm benannten Räume ein, um eine Lösungstheorie für hyperbolische partielle Differentialgleichungen zu erhalten, die auch nichtglatte Lösungen erfaßt. Tatsächlich besteht ein sehr enger Zusammenhang zwischen Sobolevräumen und der Fortsetzung von Friedrichs. In den fünfziger und sechziger Jahren wurde eine allgemeine funktionalanalytische Lösungstheorie für lineare partielle Differentialgleichungen geschaffen. Mit Hilfe der Interpolationstheorie konnten dabei eine Reihe abschließender Resultate erhalten werden. Dabei benutzt man Sobolovräume, die in der Regel keine Hilberträume, sondern Banachräume sind. Derartige Räume wurden in den zwanziger Jahren von der polnischen mathematischen Schule um Banach tiefgründig untersucht. Dabei ergaben sich eine Reihe allgemeiner Aussagen, die man heute als die Prinzipien der linearen Funktionalanalysis bezeichnet (vgl. 11.5.).

Um 1950 entwickelte Laurent Schwartz seine Theorie der Distributionen, die den von Newton und Leibniz entwickelten Ableitungsbegriff wesentlich verallgemeinert (vgl. 10.4.). Um Distributionen funktionalanalytisch zu beschreiben, benötigt man sogenannte lokalkonvexe Räume, die den Begriff des normierten Raumes verallgemeinern. In den sechziger Jahren entstand auf der Basis des Distributionenbegriffs die Theorie der Pseudodifferentialoperatoren, die die Theorie der Differentialgleichungen und Integralgleichungen miteinander verschmilzt, sowie die Theorie der Fourierintegraloperatoren, die nichtglatte Wellenprozesse erfaßt und die Zusammenhänge zwischen klassischer Mechanik, geometrischer Optik und partiellen Differentialgleichungen weitgehend verallgemeinert.

Die bisher betrachteten Probleme waren linear und werden durch die lineare Funktionalanalysis erfaßt. Die nichtlineare Funktionalanalysis (vgl. Kap. 12.) untersucht nichtlineare Differential- und Integralgleichungen, nichtquadratische Variationsprobleme, Optimierungs- und Steuerungsprobleme usw. Ausgangspunkt waren die folgenden Resultate, die zu Beginn des 20. Jahrhunderts erzielt wurden:

(a) Die Theorie der nichtlinearen Integralgleichungen von Ljapunov und E. Schmidt im Zusammenhang mit den Gleichgewichtsfiguren rotierender Flüssigkeiten (einfachste Sternmodelle).

(b) Die Bernsteinschen Untersuchungen über nichtlineare elliptische partielle Differentialgleichungen auf der Basis von *a priori Abschätzungen* und

(c) die Untersuchungen von Hilbert und Tonelli über Variationsprobleme.

Ein fundamentales Resultat der nichtlinearen Funktionalanalysis stellt das Prinzip von Leray und Schauder aus dem Jahre 1934 dar, welches für gewisse Klassen von Operatoren folgendermaßen lautet:

(L-S) *A priori Abschätzungen ergeben die Existenz von Lösungen.*

Dies ist ein topologisches Resultat, das (b) verallgemeinert. Der Beweis von (L-S) beruht auf dem sogenannten Leray-Schauderschen Abbildungsgrad, der den Brouwerschen Abbildungsgrad aus dem Jahre 1912 auf unendlich viele Dimensionen verallgemeinert (vgl. 12.9.).

In den sechziger Jahren setzte eine stürmische Entwicklung der nichtlinearen Funktionalanalysis ein. Beispielsweise wurden mit der Theorie monotoner Operatoren die auf von Neumann und Friedrichs zurückgehenden Hilbertraummethoden der mathematischen Physik auf nichtlineare Probleme verallgemeinert. Dabei ergab sich gleichzeitig eine Verallgemeinerung von (L-S) auf umfangreichere Operatorenklassen.

Im Mittelpunkt der nichtlinearen Funktionalanalysis steht heute die Untersuchung nichtlinearer partieller Differentialgleichungen der mathematischen Physik und der Differentialgeometrie. Das findet man in Kapitel 14. Die größte Herausforderung für die nichtlineare Funktionalanalysis stellt der Aufbau einer streng mathematischen Quantenfeldtheorie dar.

# 11.2. Räume

Abbildung 11.5 gibt einen Überblick über wichtige abstrakte Räume. Der Pfeil ist im Sinne einer Implikation zu verstehen, d.h., jeder Banachraum ist ein normierter Raum usw. Der allgemeinste Raumtyp, in dem sich grundlegende Begriffe der Analysis wie Stetigkeit und Kompaktheit noch formulieren lassen, ist der des topologischen Raumes.

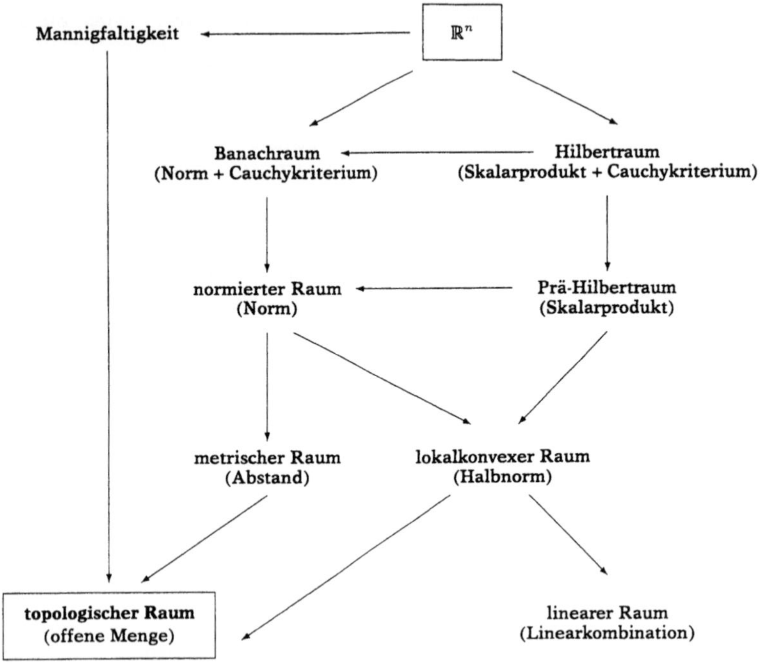


Abb. 11.5

Lokalkonvexe Räume treten in der Distributionentheorie auf. Solche Räume sind zwar topologische Räume, aber nicht notwendig metrische Räume. Deshalb ist der Begriff des metrischen Raumes für die Funktionalanalysis zu eng. Mannigfaltigkeiten werden in Kapitel 14. betrachtet. Diese brauchen ebenfalls keine metrischen Räume zu sein.

## 11.2.1. Topologische Räume

In einem topologischen Raum ist der Begriff der *offenen Menge* bekannt. Daraus ergeben sich analog zu den klassischen Begriffen im $\mathbb{R}^n$ zahlreiche weitere Begriffe.

**Definition:** Eine Menge $X$ heißt genau dann ein *topologischer Raum*, wenn gewisse Teilmengen von $X$ als offene Mengen ausgezeichnet sind, so daß gilt:

(i) $X$ und die leere Menge $\emptyset$ sind offen;

(ii) die Vereinigung beliebig vieler offener Mengen ist wieder offen;

(iii) der Durchschnitt endlich vieler offener Mengen ist wieder offen.

*Beispiel 1:* Es sei $X = \mathbb{R}^n$. Die im klassischen Sinne offenen Mengen (vgl. 1.3.2.2.) lassen $\mathbb{R}^n$ zu einem topologischen Raum werden.

**Umgebung:** Jede offene Menge $V$, die den Punkt $u$ enthält, heißt offene Umgebung von $u$. Unter einer *Umgebung* $U(u)$ von $u$ versteht man eine beliebige Menge, die eine offene Umgebung von $u$ enthält (Abb. 11.6a).

**Trennbarkeit:** Der topologische Raum heißt genau dann *separiert* (oder ein Hausdorffraum), wenn zwei verschiedene Punkte stets disjunkte Umgebungen besitzen (Abb. 11.6b). Nur pathologische topologische Räume sind nicht separiert.

*Beispiel 2:* Der Raum $\mathbb{R}^n$ ist separiert. Ferner sind alle in Abb. 11.5 angegebenen speziellen topologischen Räume separiert.

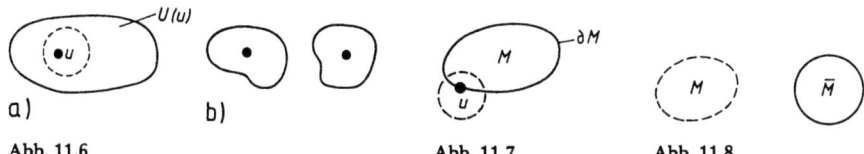

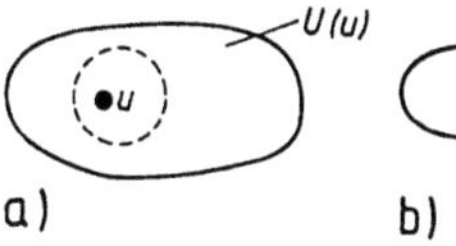


Abb. 11.6

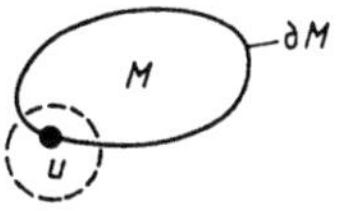


Abb. 11.7

Abb. 11.8

**Abgeschlossene Mengen:** Eine Teilmenge $M$ des topologischen Raumes $X$ heißt genau dann *abgeschlossen*, wenn das Komplement $X \setminus M$ offen ist. Es gilt:

(a) $X$ und die leere Menge $\emptyset$ sind abgeschlossen;

(b) der Durchschnitt beliebig vieler abgeschlossener Mengen ist wieder abgeschlossen;

(c) die Vereinigung endlich vieler abgeschlossener Menge ist wieder abgeschlossen.

**Randpunkt:** Es sei $M$ eine Menge in einem topologischen Raum. Der Punkt $u$ heißt genau dann Randpunkt von $M$, wenn jede Umgebung von $u$ einen Punkt enthält, der zu $M$ gehört, und einen anderen Punkt, der nicht zu $M$ gehört. Alle Randpunkte von $M$ bilden definitionsgemäß den Rand $\partial M$ von $M$ (Abb. 11.7). Die Menge

$$\overline{M} := M \cup \partial M$$

heißt der *Abschluß* von $M$ (Abb 11.8); $\overline{M}$ ist die kleinste abgeschlossene Menge, die $M$ enthält.

Ein Punkt $u$ heißt genau dann *innerer* (bzw. äußerer) Punkt von $M$, wenn eine Umgebung von $u$ zu $M$ gehört (bzw. eine Umgebung von $u$ nicht zu $\overline{M}$ gehört). Alle inneren Punkt von $M$ bilden definitionsgemäß das *Innere* $\operatorname{int} M$ von $M$. Dabei ist $\operatorname{int} M$ die größte offene Menge, die in $M$ enthalten ist.

**Dichtheit:** Eine Menge $M$ heißt genau dann *dicht* in $X$, wenn $\overline{M} = X$ gilt. Das ist gleichbedeutend damit, daß jede Umgebung eines beliebigen Punktes von $X$ einen Punkt von $M$ enthält.

Ein topologischer Raum $X$ heißt genau dann *separabel*, wenn es eine höchstens abzählbare Teilmenge $M$ von $X$ gibt, die in $X$ dicht liegt.

*Beispiel 3:* Die Menge der rationalen Zahlen $\mathbb{Q}$ ist dicht in der Menge der reellen Zahlen $\mathbb{R}$. Wegen der Abzählbarkeit von $\mathbb{Q}$ ist $\mathbb{R}$ separabel.

Ferner ist auch $\mathbb{R}^n$ separabel.

Hinter Dichtheitsaussagen verbergen sich *Approximationssätze* (vgl. z.B. den Approximationssatz von Weierstraß in 11.2.4.1.).

**Kompaktheit:** Eine Teilmenge $M$ eines topologischen Raumes heißt genau dann *kompakt*, wenn jede Überdeckung von $M$ durch offene Mengen ein endliches Teilsystem enthält, das bereits $M$ überdeckt.

$M$ heißt genau dann *relativ kompakt*, wenn der Abschluß $\overline{M}$ kompakt ist. Es gilt:

(a) Jede kompakte Menge ist abgeschlossen.

(b) Jede Teilmenge einer kompakten Menge ist relativ kompakt.

(c) Jede abgeschlossene Teilmenge einer kompakten Menge ist wieder kompakt.

*Beispiel 4:* Es sei $M$ eine Teilmenge des $\mathbb{R}^n$. Dann gilt:

(i) $M$ ist genau dann relativ kompakt, wenn $M$ beschränkt ist.

(ii) $M$ ist genau dann kompakt, wenn $M$ beschränkt und abgeschlossen ist.

Eine solche einfache Charakterisierung ist in unendlichdimensionalen Räume nicht mehr möglich. Kompaktheit ist einer der wichtigsten Begriffe der Mathematik. Bei Vorliegen von Kompaktheit lassen sich häufig Aussagen für endlichdimensionale Räume auf unendlichdimensionale Räume übertragen.

**Relativ offene und relativ abgeschlossene Mengen:** Es gelte $T \subseteq M \subseteq X$, wobei $X$ ein topologischer Raum ist; die Teilmenge $T$ von $M$ heißt genau dann *relativ offen* (bzw. relativ abgeschlossen) bezüglich $M$, wenn

$$T = M \cap \mathscr{T}$$

gilt, wobei $\mathscr{T}$ offen (bzw. abgeschlossen) in $X$ ist.

*Beispiel 5:* Es sei $X = \mathbb{R}$, $M = [0,2)$ und $T = [0,1)$. Dann ist die Menge $T$ weder offen noch abgeschlossen in $X$, aber wegen

$$T = [0,2) \cap (-1,1)$$

ist $T$ relativ offen bezüglich $[0,2)$.

**Unterraumtopologie:** Jede Teilmenge $M$ eines topologischen Raumes $X$ wird auf natürliche Weise zu einem topologischen Raum, indem man die (bezüglich $M$) relativ offenen Mengen als „offen" auszeichnet.

Die „abgeschlossenen" Mengen in dieser Topologie auf $M$ stimmen dann mit den (bezüglich $M$) relativ abgeschlossenen Mengen überein.

**Stetige Abbildung:** Es seien $X$ und $Y$ topologische Räume. Die Abbildung $f\colon D(f) \subseteq X \to Y$ heißt genau dann *stetig im Punkt* $u$, wenn zu jeder Umgebung $V$ von $f(u)$ eine Umgebung $U$ von $u$ existiert, so daß

$$f(v) \subseteq V \quad \text{für alle} \quad v \in U \cap D(f)$$

gilt. Ist $f$ in jedem Punkt von $D(f)$ stetig, dann heißt $f$ stetig.

*Beispiel 6:* Für $X = \mathbb{R}^n$ und $Y = \mathbb{R}^m$ stimmt dieser Stetigkeitsbegriff mit dem klassischen Stetigkeitsbegriff überein.

**Homöomorphismus:** Eine Abbildung $f\colon X \to Y$ heißt genau dann ein Homöomorphismus, wenn $f$ bijektiv ist und sowohl $f$ als auch $f^{-1}$ stetig sind.

Das ist gleichbedeutend damit, daß $f$ bijektiv ist und sowohl $f$ als auch $f^{-1}$ offene Mengen auf offene Mengen abbilden.

Zwei topologische Räume $X$ und $Y$ heißen genau dann *homöomorph*, wenn ein Homöomorphismus $f\colon X \to Y$ existiert.

Alle topologischen Begriffe[6] bleiben bei einem Homöomorphismus unverändert. Folglich kann man homöomorphe topologische Räume miteinander identifizieren.

**Zusammenhängende Mengen:** Es sei $M$ eine Teilmenge eines topologischen Raumes $X$; $M$ heißt genau dann *zusammenhängend*, wenn $M$ nicht eine Zerlegung der Form

$$M = S \cup T$$

gestattet, wobei $S$ und $T$ nichtleere (bezüglich $M$) relativ offene Mengen sind mit $S \cap T = \emptyset$.

$M$ heißt genau dann *bogenweise zusammenhängend*, wenn es zu zwei beliebigen Punkten $u, v \in M$ stets eine stetige Kurve in $M$ gibt, die $u$ mit $v$ verbindet, d.h., es existiert eine stetige Abbildung $\varphi\colon [0,1] \to M$ mit $\varphi(0) = u$ und $\varphi(1) = v$ (Abb. 11.9).

Unter einem *Gebiet* verstehen wir eine nichtleere zusammenhängende offene Menge.

Jede bogenweise zusammenhängende Menge ist zusammenhängend.

Ein Gebiet in einem topologischen Raum $X$ ist bogenweise zusammenhängend, wenn einer der folgenden Fälle vorliegt: (i) $X = \mathbb{R}^n$, (ii) $X$ ist ein normierter oder allgemeiner ein lokalkonvexer Raum, (iii) $X$ ist eine Mannigfaltigkeit.

**Komponenten:** Eine zusammenhängende Menge $M$ eines topologischen Raumes, die nicht echt in einer umfassenderen zusammenhängenden Menge enthalten ist, heißt Komponente des topologischen Raumes.

Komponenten sind stets abgeschlossene Mengen.

**Einfach zusammenhängende Mengen:** Eine Teilmenge $M$ eines topologischen Raumes heißt genau dann *einfach zusammenhängend*, wenn $M$ zusammenhängend ist und sich jede geschlossene stetige Kurve in $M$ auf einen Punkt zusammenziehen läßt. Explizit bedeutet dies, daß es zu jeder stetigen Funktion $\varphi\colon [0,1] \to M$ mit $x = \varphi(\tau)$ und $\varphi(0) = \varphi(1)$ eine stetige Funktion $H\colon [0,1] \times [0,1] \to M$ gibt mit $x = H(t,\tau)$ und

$$H(0,\tau) = \varphi(\tau) \qquad \text{für alle} \quad \tau \in [0,1]$$

und

$$H(1,\tau) = x_0 \qquad \text{für alle} \quad \tau \in [0,1]\,.$$

**Fundamentale Sätze über stetige Abbildungen:** Es sei $f\colon D(f) \subseteq X \to Y$ eine stetige Abbildung, wobei $X$ und $Y$ topologische Räume sind. Dann gilt:

(i) $f$ bildet kompakte (bzw. zusammenhängende, bogenweise zusammenhängende) Mengen wieder auf kompakte (bzw. zusammenhängende, bogenweise zusammenhängende) Mengen ab.

(ii) Ist $f$ auf der kompakten Menge $D(f)$ injektiv, dann ist die inverse Abbildung $f^{-1}\colon R(f) \to D(f)$ stetig (*Satz von der inversen Abbildung*).

(iii) Eine stetige Funktion $f\colon M \to \mathbb{R}$ auf einer kompakten Menge $M$ eines topologischen Raumes besitzt ein Maximum und ein Minimum (*verallgemeinertes Extremalprinzip von Weierstraß*; Abb. 11.10).

---

[6] Das sind alle Begriffe, die sich mit Hilfe offener Menge erklären lassen, insbesondere alle in 11.2.1. eingeführten Begriffe.

*Beispiel 7:* Eine Teilmenge von $\mathbb{R}$ ist genau dann zusammenhängend, wenn sie ein Intervall ist.

Es sei $f\colon [a, b] \to \mathbb{R}$ eine stetige Funktion mit $-\infty < a < b < \infty$. Dann ist $[a, b]$ kompakt und zusammenhängend. Nach (i) ist die Bildmenge $R(f)$ ebenfalls kompakt und zusammenhängend. Folglich ist $R(f)$ ein kompaktes Intervall $[c, d]$.

Das bedeutet, daß die Funktion $f$ auf $[a, b]$ jeden Wert zwischen $f(a)$ und $f(b)$ annimmt (Zwischenwertsatz von Bolzano).

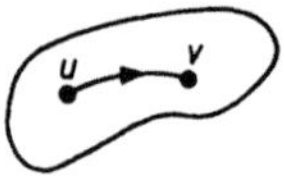

Abb. 11.9

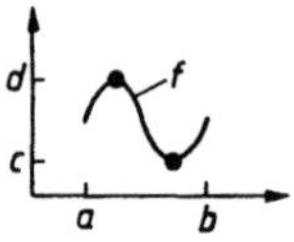

Abb. 11.10

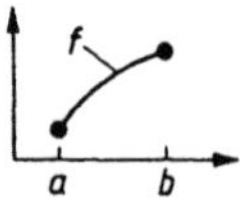

Abb. 11.11

Ist $f\colon [a, b] \to \mathbb{R}$ stetig und injektiv (z.B $f$ ist streng monoton), dann ist die Umkehrfunktion nach (ii) stetig (Abb. 11.11).

**Konvergenz:** Eine Folge $(u_n)$ aus dem topologischen Raum $X$ konvergiert definitionsgemäß genau dann gegen den Punkt $u$ aus $X$, wenn es zu jeder Umgebung $U(u)$ von $u$ eine natürliche Zahl $n_U$ gibt, so daß

$$u_n \in U(u) \qquad \text{für alle} \quad n \geq n_U$$

gilt. Wir schreiben $u_n \to u$ für $n \to \infty$.

In einem separierten topologischen Raum ist das Grenzelement $u$ eindeutig.

**Vergleich von Topologien:** Ist $X$ ein topologischer Raum, dann nennen wir das System aller offenen Mengen auf $X$ eine Topologie $\tau$. Sind $\tau_1$ und $\tau_2$ zwei Topologien auf $X$ mit $\tau_1 \subseteq \tau_2$, dann heißt $\tau_1$ schwächer als $\tau_2$.

## 11.2.2. Metrische Räume

In einem metrischen Raum ist ein *Abstandsbegriff* gegeben. Dadurch lassen sich im Unterschied zu allgemeinen topologischen Räumen wichtige topologische Begriffe durch die Konvergenz von Folgen ausdrücken.

**Definition:** Eine nichtleere Menge $X$ heißt genau dann ein *metrischer Raum*, wenn zwei beliebigen Punkten $u, v \in X$ eine reelle Zahl $d(u, v) \geq 0$ zugeordnet ist, so daß für alle $u, v, w \in X$ gilt:

(i) $d(u, v) = 0$ genau dann, wenn $u = v$;

(ii) $d(u, v) = d(v, u)$ (Symmetrie);

(iii) $d(u, w) \leq d(u, v) + d(v, w)$ (Dreiecksungleichung).

Die leere Menge $\emptyset$ ist definitionsgemäß auch ein metrischer Raum.

Die Zahl $d(u, v)$ heißt der *Abstand* zwischen den beiden Punkten $u$ und $v$. Jede Teilmenge eines metrischen Raumes wird bezüglich $d(\cdot, \cdot)$ auch zu einem metrischen Raum. Unter dem Durchmesser $\operatorname{diam} M$ einer nichtleeren Menge $M$ eines metrischen Raumes verstehen wir die Zahl

$$\operatorname{diam} M := \sup\{d(u, v),\ u, v \in M\}.$$

Für die leere Menge definieren wir $\operatorname{diam} \emptyset = 0$.

*Beispiel 1:* Die Menge $\mathbb{R}$ der reellen Zahlen wird durch

$$d(x, y) := |x - y| \qquad \text{für alle} \quad x, y \in \mathbb{R}$$

zu einem metrischen Raum. Ferner wird $\mathbb{R}^n$ durch

$$d(x, y) := \sum_{j=1}^{n} |\xi_j - \eta_j| \qquad \text{für alle} \quad x, y \in \mathbb{R}^n$$

mit $x = (\xi_1, \ldots, \xi_n)$ und $y = (\eta_1, \ldots, \eta_n)$ zu einem metrischen Raum. Außerdem ist jede Teilmenge von $\mathbb{R}$ bzw. $\mathbb{R}^n$ ein metrischer Raum bezüglich $d(\cdot, \cdot)$.

Weitere wichtige Beispiele für metrische Räume findet man in Abb. 11.5, d.h., die weiter unten zu definierenden Räume (normierte Räume, Hilbert- und Banachräume) sind alle metrische Räume.

**Topologie:** Eine Menge $M$ in einem metrischen Raum $X$ heißt genau dann *offen*, wenn es zu jedem Punkt $u \in M$ eine Zahl $\varepsilon > 0$ gibt, so daß die Menge $U_\varepsilon(u) := \{v \in X \colon d(u, v) < \varepsilon\}$ auch zu $M$ gehört (Abb. 11.12). Die Menge $U_\varepsilon(u)$ heißt $\varepsilon$-Umgebung des Punktes $u$.

Mit Hilfe dieser offenen Mengen wird jeder metrische Raum zu einem separierten topologischen Raum.

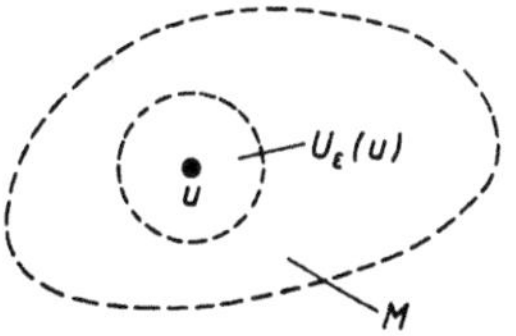

Abb. 11.12

**Hauptsatz (Charakterisierung wichtiger topologischer Begriffe durch Konvergenz):** Es sei $M$ eine Teilmenge eines metrischen Raumes. Dann gilt:

(i) $u_n \to u$ für $n \to \infty$ genau dann, wenn $d(u_n, u) \to 0$ für $n \to \infty$.

(ii) Das Grenzelement einer konvergenten Folge ist eindeutig.

(iii) $M$ ist genau dann *abgeschlossen*, wenn aus $u_n \to u$ für $n \to \infty$ und $u_n \in M$ für alle $n$ stets auch $u \in M$ folgt.

(iv) $M$ ist genau dann *relativ kompakt*, wenn jede Folge in $M$ eine konvergente Teilfolge enthält.

(v) $M$ ist genau dann *kompakt*, wenn jede Folge in $M$ eine konvergente Teilfolge enthält, deren Grenzelement zu $M$ gehört.

(vi) $M$ ist genau dann *dicht* in $X$, wenn es zu jedem Punkt $u \in X$ eine Folge $(u_n)$ in $M$ gibt, die gegen $u$ konvergiert.

(vii) Ein Operator $A \colon D(A) \subseteq X \to Y$ zwischen den beiden metrischen Räumen $X$ und $Y$ ist genau dann im Punkt $u$ stetig, wenn aus $u_n \to u$ stets $Au_n \to Au$ folgt (für $n \to \infty$).

**Isometrien:** Eine Abbildung $J \colon X \to Y$ zwischen zwei metrischen Räumen $X$ und $Y$ heißt genau dann eine *Isometrie*, wenn $J$ surjektiv ist und

$$d(u, v) = d(Ju, Jv) \qquad \text{für alle} \quad u, v \in X$$

gilt. Eine Isometrie ist stets ein Homöomorphismus. Bei einer Isometrie bleiben alle für einen metrischen Raum typischen Eigenschaften erhalten[7]. Deshalb kann man isometrische metrische Räume miteinander identifizieren.

---

[7] Das sind alle Eigenschaften, die sich mit Hilfe des Abstandsbegriffs erklären lassen.

**Das Vervollständigungsprinzip:** Eine Folge $(u_n)$ in einem metrischen Raum heißt genau dann eine *Cauchyfolge*, wenn es zu jedem $\varepsilon > 0$ eine natürliche Zahl $n_0(\varepsilon)$ gibt, so daß

$$d(u_n, u_m) < \varepsilon \qquad \text{für alle} \quad n, m \geq n_0(\varepsilon)$$

gilt. Jede konvergente Folge in einem metrischen Raum ist eine Cauchyfolge. Gilt auch die Umkehrung, dann heißt der metrische Raum *vollständig*.

Somit hat man in einem vollständigen metrischen Raum das folgende fundamentale *Cauchysche Konvergenzkriterium* zur Verfügung: Eine Folge ist genau dann konvergent, wenn sie eine Cauchyfolge ist.

**Satz:** Zu jedem metrischen Raum $X$ gibt es einen vollständigen metrischen Raum $Y$, der $X$ als dichte Teilmenge enthält; $Y$ ist durch $X$ (bis auf Isometrie) eindeutig bestimmt[8)] und heißt eine Vervollständigung von $X$.

*Beispiel 2:* Die Vervollständigung der Menge der rationalen Zahlen $\mathbb{Q}$ mit der Metrik

$$d(u, v) := |u - v| \qquad \text{für alle} \quad u, v \in \mathbb{Q}$$

ergibt die Menge $\mathbb{R}$ der reellen Zahlen.

**Totale Beschränktheit:** Eine Teilmenge $M$ eines metrischen Raumes heißt genau dann *beschränkt*, wenn ihr Durchmesser endlich ist.

Eine nichtleere Teilmenge $M$ eines metrischen Raumes heißt genau dann *total beschränkt*, wenn zu jedem $\varepsilon > 0$ ein endliches $\varepsilon$-Netz existiert, d.h., es gibt endlich viele Punkte $u_1, \ldots, u_n \in M$, so daß die $\varepsilon$-Umgebungen $U_\varepsilon(u_1), \ldots, U_\varepsilon(u_n)$ die Menge $M$ überdecken.

Definitionsgemäß heißt auch jede leere Menge total beschränkt.

**Satz von Hausdorff:** In einem vollständigen metrischen Raum ist eine Menge genau dann relativ kompakt, wenn sie total beschränkt ist.

Jeder kompakte metrische Raum ist separabel.

**Das Intervallschachtelungsprinzip:** Gegeben sei eine Folge $M_1 \supseteq M_2 \supseteq \ldots$ von abgeschlossenen Teilmengen eines vollständigen metrischen Raumes mit $\operatorname{diam} M_n \to 0$ für $n \to \infty$. Dann gibt es genau einen Punkt $u$, der zu allen Mengen $M_n$ gehört.

**Kompakte Operatoren:** Eine Abbildung $A\colon D(A) \subseteq X \to Y$ zwischen zwei metrischen Räumen $X$ und $Y$ heißt genau dann *kompakt*, wenn $A$ stetig ist und beschränkte Mengen in relativ kompakte Mengen abbildet[9)].

Solche Operatoren spielen eine fundamentale Rolle in der Funktionalanalysis, weil sie sich grob gesprochen wie Abbildungen im $\mathbb{R}^n$ verhalten.

---

[8)] Die Konstruktion geschieht wie im klassischen Fall von Beispiel 2 über Äquivalenzklassen von Cauchyfolgen. Für zwei Cauchyfolgen $(u_n)$ und $(v_n)$ schreiben wir

$$(u_n) \sim (v_n) \qquad \text{genau dann, wenn} \quad d(u_n, v_n) \to 0 \tag{11.27}$$

für $n \to \infty$ gilt. Die Elemente von $Y$ sind dann die zu „$\sim$" gehörigen Äquivalenzklassen $[(u_n)]$ (vgl. 11.1.). Ferner definieren wir die Metrik auf $Y$ durch

$$d(u, v) := \lim_{n \to \infty} d(u_n, v_n)$$

mit $u = [(u_n)]$ und $v = [(v_n)]$.

[9)] Explizit bedeutet dies, daß jede beschränkte Folge $(u_n)$ in $D(A)$ eine Teilfolge $(v_n)$ besitzt, so daß $(Av_n)$ konvergent ist. In der älteren Literatur werden kompakte Operatoren auch als *vollstetig* bezeichnet.

## 11.2.3. Lineare Räume

Im folgenden stehe $\mathbb{K}$ für $\mathbb{R}$ (Menge der reellen Zahlen) oder $\mathbb{C}$ (Menge der komplexen Zahlen). In einem linearen Raum über $\mathbb{K}$ sind *Linearkombinationen* $\alpha u + \beta v$ mit $\alpha, \beta \in \mathbb{K}$ erklärt. Für die Funktionalanalysis ist wichtig, daß Funktionenräume in natürlicher Weise die Struktur unendlichdimensionaler linearer Räume besitzen (vgl. Beispiel 4 weiter unten). Die Theorie endlichdimensionaler linearer Räume ist äquivalent zum klassischen Matrizenkalkül (vgl. Beispiel 3). Wie jedoch bereits John von Neumann in den zwanziger Jahren im Zusammenhang mit seinen Untersuchungen zur Quantenmechanik zeigte, ist der Matrizenkalkül für die allgemeine Theorie linearer Operatoren in unendlichdimensionalen linearen Räumen ungeeignet, weil die Matrizen nicht immer die volle Information über den Definitionsbereich des Operators enthalten. Zum Beispiel kann man bei Kenntnis der zugehörigen Matrix in der Regel nicht entscheiden, ob der Operator symmetrisch oder selbstadjungiert ist. Deshalb spielt der Matrizenkalkül keine Rolle mehr in der modernen Funktionalanalysis, im Gegensatz zur klassischen Theorie Hilberts, die Anwendungen auf Integralgleichungen im Auge hatte und nicht die Theorie der Differentialgleichungen.

### 11.2.3.1. Lineare Algebra

**Definition:** Ein Menge $X$ heißt genau dann ein *linearer Raum* über $\mathbb{K}$, wenn beliebigen Punkten $u, v \in X$ und beliebigen Zahlen $\alpha, \beta \in \mathbb{K}$ neue Elemente „$u+v$" und „$\alpha u$" eindeutig zugeordnet werden, so daß *für alle* $u, v, w \in X$ und $\alpha, \beta \in \mathbb{K}$ folgendes gilt.

(A) *Eigenschaften der Addition:*

$$u + v = v + u \qquad \text{(Kommutativität);}$$
$$(u + v) + w = u + (v + w) \qquad \text{(Assoziativität);}$$

es existiert ein eindeutig bestimmtes Element $o \in X$ mit

$$o + u = u + o \qquad \text{für alle} \quad u \in X \qquad \text{(Nullelement);}$$

zu jedem $u \in X$ gibt es ein eindeutig bestimmtes Element aus $X$, das wir mit $(-u)$ bezeichnen, so daß gilt[10]:

$$u + (-u) = o \qquad \text{(inverses Element).}$$

(B) *Eigenschaften der Multiplikation:*

$$\alpha(u + v) = \alpha u + \alpha v, \quad (\alpha + \beta)u = \alpha u + \beta u \qquad \text{(Distributivität);}$$
$$(\alpha\beta)u = \alpha(\beta u) \qquad \text{(Assoziativität).}$$

Ferner sei $1u = u$ für alle $u \in X$.

Lineare Räume über $\mathbb{R}$ (bzw. $\mathbb{C}$) bezeichnet man auch als *reelle* (bzw. komplexe) lineare Räume.

**Lineare Unterräume:** Eine Teilmenge $M$ eines linearen Raumes $X$ über $\mathbb{K}$ heißt genau dann ein linearer Unterraum von $X$, wenn

$$\alpha u + \beta v \in M \qquad \text{für alle} \quad u, v \in X \qquad \text{und} \quad \alpha, \beta \in \mathbb{K}$$

gilt. Dann ist $M$ selbst ein linearer Raum über $\mathbb{K}$.

---

[10] Anstelle von $u + (-v)$ schreiben wir in Zukunft kurz $u - v$.
Man kann ferner zeigen, daß sich aus den obigen Eigenschaften „$0u = o$ für alle $u \in X$" und „$\alpha o = o$ für alle $\alpha \in \mathbb{K}$" ergibt. Um die Bezeichnung zu vereinfachen, werden wir für das Nullelement „0" in $\mathbb{K}$ und das Nullelement „$o$" in $X$ von jetzt an das gleiche Symbol „0" verwenden. Wegen der geltenden Regeln kann es dabei nicht zu Widersprüchen kommen.

Es sei $N$ eine beliebige Teilmenge von $X$. Dann bezeichnen wir die Menge aller möglichen *endlichen* Linearkombinationen

$$\alpha_1 u_1 + \ldots + \alpha_n u_n, \qquad \alpha_j \in \mathbb{K}, \quad u_j \in N,$$

als die *lineare Hülle* $\operatorname{span} N$ von $N$; $\operatorname{span} N$ ist der kleinste lineare Unterraum von $X$, der die Menge $N$ enthält.

**Lineare Operatoren:** Sind $X$ und $Y$ lineare Räume über $\mathbb{K}$, dann heißt der Operator $A\colon D(A) \subseteq X \to Y$ genau dann *linear*, wenn $D(A)$ ein linearer Unterraum von $X$ ist und

$$A(\alpha u + \beta v) = \alpha Au + \beta Av \qquad \text{für alle} \quad u, v \in D(A) \qquad \text{und} \quad \alpha, \beta \in \mathbb{K}$$

gilt. Die Menge $N(A) := \{u \in D(A)\colon Au = 0\}$ bezeichnet man als den *Nullraum* (oder auch Kern) von $A$.

Ein linearer Operator $A\colon D(A) \to M$ ist genau dann *injektiv*, wenn sein Kern trivial ist, d.h., aus $Au = 0$ folgt $u = 0$.

**Lineare Isomorphie:** Sind $X$ und $Y$ lineare Räume über $\mathbb{K}$, dann heißt der Operator $A\colon X \to Y$ genau dann eine lineare Isomorphie, wenn $A$ *bijektiv* und linear ist. In diesem Fall nennt man $X$ (linear) isomorph zu $Y$. Dafür schreibt man $X \cong Y$.

Bei linearen Isomorphien bleiben alle Eigenschaften eines linearen Raumes erhalten[11]. Deshalb können (linear) isomorphe lineare Räume miteinander identifiziert werden.

**Lineare Unabhängigkeit und Dimension:** Die Elemente $u_1, \ldots, u_n$ eines linearen Raumes $X$ über $\mathbb{K}$ heißen genau dann *linear unabhängig*, wenn aus

$$\alpha_1 u_1 + \ldots + \alpha_n u_n = 0, \quad \alpha_1, \ldots, \alpha_n \in \mathbb{K},$$

stets $\alpha_1 = \ldots \alpha_n = 0$ folgt. Anderenfalls heißen $u_1, \ldots, u_n$ linear abhängig.

Die Maximalzahl linear unabhängiger Elemente in $X$ bezeichnet man als die *Dimension* $\dim X$ von $X$. Speziell bedeutet $\dim X = \infty$, daß beliebig endlich viele linear unabhängige Elemente $u_1, \ldots, u_n$ in $X$ existieren $(n = 1, 2, \ldots)$.

Es sei $\dim X < \infty$. Ein System $u_1, \ldots, u_n$ mit $1 \leq n < \infty$ heißt genau dann eine *Basis* des linearen Raumes $X$ über $\mathbb{K}$, wenn sich jedes $u \in X$ eindeutig in der Form

$$u = \alpha_1 u_1 + \ldots + \alpha_n u_n, \quad \alpha_1, \ldots, \alpha_n \in \mathbb{K}$$

darstellen läßt. Jede Basis von $X$ hat die gleiche Anzahl von Elementen, die mit $\dim X$ übereinstimmt.

*Beispiel 1* (der lineare Raum $\mathbb{R}^n$): Um den Zusammenhang mit dem Matrizenkalkül bequem zu erhalten, fassen wir den $\mathbb{R}^n$ als die Menge aller Spaltenmatrizen

$$x = \begin{pmatrix} \xi_1 \\ \vdots \\ \xi_n \end{pmatrix}$$

auf und definieren $\alpha x + \beta y$ für $x, y \in \mathbb{R}^n$ und $\alpha, \beta \in \mathbb{R}$ durch die übliche Matrizenoperation

$$\alpha \begin{pmatrix} \xi_1 \\ \vdots \\ \xi_n \end{pmatrix} + \beta \begin{pmatrix} \eta_1 \\ \vdots \\ \eta_n \end{pmatrix} = \begin{pmatrix} \alpha\xi_1 + \beta\eta_1 \\ \vdots \\ \alpha\xi_n + \beta\eta_n \end{pmatrix}.$$

[11] Das sind alle Eigenschaften, die mit Hilfe der Operationen $u + v$ und $\alpha u$ erklärt werden.

Damit wird $\mathbb{R}^n$ zu einem reellen linearen Raum. Wählen wir $e_j = (0, \ldots, 0, 1, 0, \ldots, 0)^T$ gleich einer Spaltenmatrix der Länge $n$ mit einer Eins an der $j$-ten Stelle, dann bildet $e_1, \ldots, e_n$ eine Basis von $\mathbb{R}^n$, d.h., jedes $x \in \mathbb{R}^n$ läßt sich eindeutig in der Form

$$x = \xi_1 e_1 + \ldots + \xi_n e_n, \quad \xi_1, \ldots, \xi_n \in \mathbb{R}, \tag{11.28}$$

darstellen. Es gilt $\dim \mathbb{R}^n = n$.

Die linearen Operatoren $A: \mathbb{R}^n \to \mathbb{R}^m$ sind dann genau die reellen $(m \times n)$-Matrizen $A = (a_{ij})$, und die Gleichung $Ax = y$ entspricht der Matrizengleichung

$$\begin{pmatrix} a_{11} & a_{12} & \ldots & a_{1n} \\ \vdots & & & \vdots \\ a_{m1} & a_{m2} & \ldots & a_{mn} \end{pmatrix} \begin{pmatrix} \xi_1 \\ \vdots \\ \xi_n \end{pmatrix} = \begin{pmatrix} \eta_1 \\ \vdots \\ \eta_m \end{pmatrix}. \tag{11.29}$$

Dabei ist $a_{ij}$ eindeutig durch

$$Ae_j = \sum_{i=1}^{m} a_{ij} b_i \tag{11.30}$$

gegeben, wobei $b_i = (0, \ldots, 0, 1, 0, \ldots, 0)^T$ eine Spaltenmatrix der Länge $m$ mit einer Eins an der $i$-ten Stelle bezeichnet.

*Beispiel 2* (der lineare Raum $\mathbb{C}^n$): Ersetzen wir in Beispiel 1 die reellen Zahlen durch komplexe Zahlen, dann erhalten wir den linearen Raum $\mathbb{C}^n$.

*Beispiel 3* (allgemeiner $n$-dimensionaler linearer Raum $X$ über $\mathbb{K}$): Wir wollen zeigen, daß gilt:

(M) *Die Theorie linearer Operatoren in endlichdimensionalen linearen Räumen ist äquivalent zum klassischen Matrizenkalkül.*

Es seien $X$ und $Y$ lineare Räume über $\mathbb{K}$ mit $\dim X = n$ und $\dim Y = m$, $1 \leq m, n < \infty$. Dann ist $X$ (bzw. $Y$) *linear isomorph* zu $\mathbb{K}^n$ (bzw. zu $\mathbb{K}^m$), d.h.

$$X \cong \mathbb{K}^n, \quad Y \cong \mathbb{K}^m.$$

Um die zugehörige lineare Isomorphie $L: X \to \mathbb{K}^n$ zu konstruieren, wählen wir eine Basis $e_1, \ldots, e_n$ in $X$ und stellen jedes Element $x$ aus $X$ eindeutig durch (11.28) dar. Definitionsgemäß ordnet dann $L$ jedem $x$ aus $X$ die Spaltenmatrix $(\xi_1, \ldots, \xi_n)^T$ zu.

Ferner sei $A: X \to Y$ ein linearer Operator. Wir wählen eine Basis $b_1, \ldots, b_m$ in $Y$ und ordnen $A$ durch (11.30) die Matrix $(a_{ij})$ zu. Dann ist die Gleichung $Ax = y$ äquivalent zu der Matrizengleichung (11.29), d.h., das obige Prinzip (M) ist gerechtfertigt.

Speziell gilt: Zwei endlichdimensionale lineare Räume über $\mathbb{K}$ sind genau dann linear isomorph, wenn sie die gleiche Dimension besitzen.

Diese Aussage ist für unendlichdimensionale lineare Räume falsch.

*Beispiel 4* (der unendlichdimensionale Funktionenraum $\Phi(\mathbb{R})$): Mit $\Phi(\mathbb{R})$ bezeichnen wir die Menge aller Funktionen $u: \mathbb{R} \to \mathbb{R}$. In üblicher Weise definieren wir die Linearkombination $\alpha u + \beta v$ durch

$$(\alpha u + \beta v)(x) := \alpha u(x) + \beta v(x) \qquad \text{für alle} \quad x \in \mathbb{R}$$

und alle $u, v \in \Phi(\mathbb{R})$, $\alpha, \beta \in \mathbb{R}$. Damit wird $\Phi(\mathbb{R})$ zu einem linearen Raum. Setzen wir $e_j(x) := x^j$, $j = 0, 1, 2, \ldots$, dann ist $e_0, \ldots, e_n$ für alle $n = 0, 1, 2, \ldots$ ein linear unabhängiges System. Tatsächlich folgt aus $\alpha_0 e_0 + \ldots + \alpha_n e_n = 0$, also

$$\alpha_0 + \alpha_1 x + \ldots + \alpha_n x^n = 0 \qquad \text{für alle} \quad x \in \mathbb{R},$$

daß alle $\alpha_j$ gleich null sind. Das ist der Identitätssatz für Polynome. Somit gilt $\dim \Phi(\mathbb{R}) = \infty$.

Die lineare Hülle $\operatorname{span}\{e_0, \ldots, e_n\}$ ist ein linearer Unterraum von $\Phi(\mathbb{R})$ der Dimension $n+1$ und besteht aus allen reellen Polynomen vom Grad $\leq n$.

**Linearkombination von Mengen:** Sind $M$ und $L$ Mengen in einem linearen Raum über $\mathbb{K}$, dann definieren wir in naheliegender Weise

$$\alpha L + \beta M := \{\alpha u + \beta v \colon u \in L, v \in M\}$$

für alle $\alpha, \beta \in \mathbb{R}$.

Eine Teilmenge $M$ eines linearen Raumes $X$ heißt genau dann eine *lineare Untermannigfaltigkeit*, wenn $M = u + L$ gilt, wobei $L$ ein linearer Unterraum von $X$ und $u$ ein festes Element in $X$ ist.

Wir definieren $\dim M := \dim L$. Diese Definition ist unabhängig von der Darstellung von $M$.

*Beispiel 5:* Im $\mathbb{R}^2$ (bzw. $\mathbb{R}^3$) sind genau die Geraden, Punkte und der $\mathbb{R}^2$ selbst (bzw. die Ebenen, Geraden, Punkte und der $\mathbb{R}^3$) die linearen Untermannigfaltigkeiten.

Eine lineare Untermannigfaltigkeit ist genau dann ein linearer Unterraum, wenn sie durch den Nullpunkt geht.

**Faktorräume und Kodimension:** Es sei $L$ ein linearer Unterraum des linearen Raumes $X$ über $\mathbb{K}$. Durch

$$u \sim v \qquad \text{genau dann, wenn} \quad u - v \in L,$$

ergibt sich eine Äquivalenzrelation (vgl. 11.1.). Die zugehörigen Äquivalenzklassen $[u]$ bilden definitionsgemäß den Faktorraum $X/L$. Durch die Operation

$$\alpha[u] + \beta[v] = [\alpha u + \beta v]$$

für alle $u, v \in X$, $\alpha, \beta \in \mathbb{K}$ wird $X/L$ zu einem linearen Raum, dessen Dimension man als die *Kodimension* $\operatorname{codim} L$ von $L$ bezeichnet, d.h.

$$\operatorname{codim} L := \dim X/L\,.$$

Für $\dim X < \infty$ gilt

$$\operatorname{codim} L = \dim X - \dim L\,.$$

Explizit hat man $[u] = u + L$. Die Operationen für die Elemente $[u]$ von $X/L$ entsprechen den üblichen Linearkombinationen für Mengen. Da $L$ ein linearer Unterraum ist, gilt $\alpha L + \beta L = L$ für alle $\alpha, \beta \in \mathbb{K}$. Somit hat man

$$\alpha(u + L) + \beta(v + L) = (\alpha u + \beta v) + L\,.$$

Das entspricht $\alpha[u] + \beta[v] = [\alpha u + \beta v]$.

**Direkte Summe:** Es sei $X$ ein linearer Raum über $\mathbb{K}$ mit den beiden linearen Unterräumen $L$ und $M$. Wir schreiben genau dann

$$X = L \dotplus M\,, \tag{11.31}$$

wenn jedes $x \in X$ eine eindeutige Zerlegung der Form

$$x = u + v\,, \qquad u \in L\,, \quad v \in M \tag{11.31*}$$

besitzt. In diesem Fall sagen wir, daß $X$ die direkte Summe von $L$ mit $M$ ist. Ferner heißt $M$ das *algebraische Komplement* zu $L$. Dieses ist isomorph zum Faktorraum $X/L$, d.h.

$$M \cong X/L.$$

Da diese Aussage für jedes algebraische Komplement $M$ von $L$ gilt, kann man den Faktorraum $X/L$ als *abstraktes algebraisches Komplement* zu $L$ auffassen.

**Projektionsoperatoren (Parallelprojektion):** Ein linearer Operator $P\colon X \to X$ heißt genau dann ein *Projektionsoperator*, wenn $P^2 = P$ gilt.

Ist die direkte Summe (11.31) gegeben, dann ergibt sich aus (11.31*) durch

$$Px := u$$

ein Projektionsoperator $P\colon X \to X$ von $X$ auf $L$. Ferner ist $L = P(X)$ und $M = (I - P)(X)$.

Ist umgekehrt ein Projektionsoperator $P\colon X \to X$ gegeben und setzen wir $L := P(X)$, $M := (I - P)(X)$, dann gilt (11.31).

Projektionsoperatoren werden in der *numerischen Funktionalanalysis* benutzt, um das Ritzsche Verfahren, das Galerkinverfahren und sogenannte Projektions-Iterationsverfahren elegant zu beschreiben (vgl. 11.4.).

Orthogonale Projektionen werden in 11.3.2. im Zusammenhang mit Hilberträumen betrachtet.

*Beispiel 6* (anschauliche Bedeutung von direkten Summen und Faktorräumen in der Ebene): Es sei $X = \mathbb{R}^2$. Ferner seien $L$ und $M$ zwei verschiedene Geraden durch den Nullpunkt. Dann gilt

$$X = L \oplus M.$$

Für jedes $x \in X$ erhalten wir die eindeutige Zerlegung $x = u + v$ mit $u \in L$, $v \in M$ (Abb. 11.13).

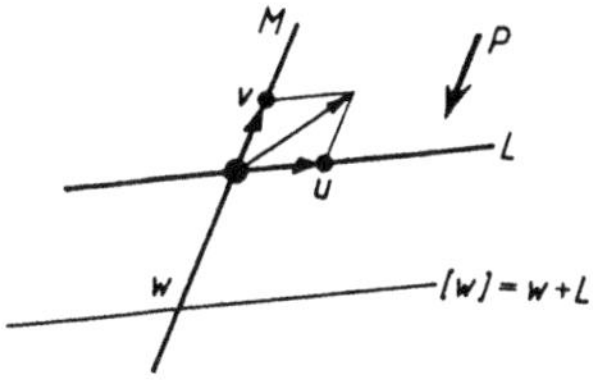


Abb. 11.13

Der Operator $P\colon X \to L$ mit $Px := u$ entspricht in Abb. 11.13 der Parallelprojektion der Ebene auf die Gerade $L$ in Richtung von $M$. Steht die Gerade $M$ senkrecht auf der Geraden $L$, dann entspricht der Operator $P$ einer orthogonalen Projektion. Ferner hat man

$$\operatorname{codim} L = \dim \mathbb{R}^2 - \dim M = 2 - 1 = 1.$$

Anschaulich gesprochen ist $\operatorname{codim} L$ gleich der Anzahl der Dimensionen, die der Geraden $L$ „fehlen", um die Ebene $X$ aufzuspannen.[12)]

Die Elemente $[w]$ des Faktorraumes $X/L$ sind in sehr anschaulicher Weise genau alle Geraden parallel zu $L$ (Abb. 11.13), d.h.

$$[w] = w + L, \qquad w \in M.$$

[12)] In einem beliebigen linearen Raum heißt jeder lineare Unterraum der Kodimension eins eine *Hyperebene*. Beispielsweise ist im $\mathbb{R}^3$ jede Ebene durch den Nullpunkt eine Hyperebene.

Mit diesen Geraden wird in natürlicher Weise gerechnet, indem man $\alpha[u] + \beta[v] = [\alpha u + \beta v]$ setzt, also

$$\alpha(u + L) + \beta(v + L) = (\alpha u + \beta v) + L\,, \quad u, v \in M\,.$$

Somit kann man mit diesen Geraden wie mit $M$ rechnen, d.h., $X/L$ ist isomorph zu $M$. Zusammenfassend gilt:

$$\mathbb{R}^2 = L \oplus M \qquad \text{und} \quad \mathbb{R}^2/L \cong M\,.$$

**Topologische direkte Summe:** Von besonderer Bedeutung sind Spezialfälle algebraischer direkter Summen – die sogenannten topologischen direkten Summen. Es sei $X$ ein Banachraum (vgl. 11.2.4.). Dann heißt die direkte Summe $X = L \oplus M$ in (11.31) genau dann eine *topologische direkte Summe*, wenn der zugehörige Projektionsoperator $P\colon X \to X$ *stetig* ist. In diesem Fall sagt man auch, daß $X$ von $L$ gespalten wird, und $M$ heißt ein *topologisches Komplement* zu $L$.

Jeder abgeschlossene lineare Unterraum $L$ von $X$ mit $\dim L < \infty$ oder $\operatorname{codim} L < \infty$ spaltet $X$.

In einem Hilbertraum $X$ gilt: Der lineare Unterraum $L$ spaltet genau dann $X$, wenn er abgeschlossen ist.

**Produktraum:** Sind $X$ und $Y$ lineare Räume über $\mathbb{K}$, dann ist das Produkt $X \times Y$ definitionsgemäß gleich der Menge aller Paare $(u, v)$ mit $u \in X$ und $v \in Y$, d.h.

$$X \times Y := \{(u, v)\colon u \in X\,, v \in Y\}\,.$$

Definieren wir in natürlicher Weise

$$\alpha(u, v) + \beta(w, z) := (\alpha u + \beta w, \alpha v + \beta z)$$

für alle $\alpha, \beta \in \mathbb{K}$, $u, w \in X$, $v, z \in Y$, dann wird $X \times Y$ zu einem linearen Raum über $\mathbb{K}$.

**Dualer Raum:** Ist $X$ ein linearer Raum über $\mathbb{K}$, dann bezeichnet man genau die linearen Abbildungen $f\colon X \to \mathbb{K}$ als lineare Funktionale auf $X$.

Die Menge dieser linearen Funktionale bildet definitionsgemäß den dualen Raum $X^{\mathrm{T}}$. Anstelle von $f(u)$ schreiben wir auch $\langle f, u\rangle$, d.h.

$$\langle f, u\rangle := f(u) \qquad \text{für alle} \quad u \in X\,, f \in X^{\mathrm{T}}\,.$$

Diese Symbolik erweist sich als sehr bequem, weil auf diese Weise die Analogien zum Skalarprodukt $(f, u)$ in Hilberträumen deutlich werden (vgl. 11.2.5.). Es gilt

$$\langle \alpha f + \beta g, u\rangle = \alpha\langle f, u\rangle + \beta\langle g, u\rangle\,, \quad \langle f, \alpha u + \beta v\rangle = \alpha\langle f, u\rangle + \beta\langle f, v\rangle \tag{11.32}$$

für alle $u, v \in X$, $f, g \in X^{\mathrm{T}}$, $\alpha, \beta \in \mathbb{K}$.

**Dualer Operator:** Ist $A\colon X \to Y$ ein linearer Operator zwischen den beiden linearen Räumen $X$ und $Y$ über $\mathbb{K}$, dann definieren wir durch[13)]

$$\langle A^{\mathrm{T}} f, u\rangle = \langle f, Au\rangle \qquad \text{für alle} \quad u \in X\,, f \in Y^{\mathrm{T}}\,,$$

in eindeutiger Weise einen linearen Operator $A^{\mathrm{T}}\colon Y^{\mathrm{T}} \to X^{\mathrm{T}}$, den wir den zu $A$ dualen Operator nennen.

---

[13)] Das bedeutet $(A^{\mathrm{T}} f)(u) := f(Au)$.

*Beispiel 7* (dualer Operator in endlichdimensionalen linearen Räumen als *transponierte* Matrix): Es seien $X$ und $Y$ lineare Räume über $\mathbb{K}$ mit $\dim X = n$ und $\dim Y = m$, $1 \le n, m < \infty$. Ferner sei

$$A: X \to Y$$

ein linearer Operator. Wir wählen eine Basis $e_1, \ldots, e_n$ in $X$ und eine Basis $b_1, \ldots, b_m$ in $Y$. Definieren wir $e_j^*$ und $b_k^*$ durch

$$e_j^*(\alpha_1 e_1 + \ldots + \alpha_n e_n) := \alpha_j \qquad \text{und} \qquad b_k^*(\beta_1 b_1 + \ldots + \beta_m b_m) := \beta_k$$

für alle $\alpha_r, \beta_s \in \mathbb{K}$, dann gilt $e_j^* \in X^{\mathrm{T}}$ und $b_k^* \in Y^{\mathrm{T}}$. Genauer bildet $e_1^*, \ldots, e_n^*$ eine Basis in $X^{\mathrm{T}}$, die man als die *duale Basis* zu $e_1, \ldots, e_n$ bezeichnet.[14] Tatsächlich hat man für jedes lineare Funktional $f: X \to \mathbb{K}$ die Gleichung

$$f(\alpha_1 e_1 + \ldots + \alpha_n e_n) = f(e_1)\alpha_1 + \ldots + f(e_n)\alpha_n, \quad \alpha_j \in \mathbb{K}.$$

Das bedeutet

$$f = f(e_1)e_1^* + \ldots + f(e_n)e_n^*.$$

Definieren wir wie in (11.30) die Matrixelemente $a_{ij}$ bzw. $a_{ij}^{\mathrm{T}}$ von $A$ bzw. $A^{\mathrm{T}}$ durch

$$Ae_j = \sum_{i=1}^{m} a_{ij} b_i \qquad \text{bzw.} \quad A^{\mathrm{T}} b_j^* := \sum_{i=1}^{n} a_{ij}^{\mathrm{T}} e_i^*,$$

dann gilt

$$a_{kj}^{\mathrm{T}} = \langle A^{\mathrm{T}} b_j^*, e_k \rangle = \langle b_j^*, Ae_k \rangle = a_{jk}.$$

Das bedeutet:

*Die Matrix zu $A^{\mathrm{T}}$ entspricht der transponierten Matrix zu $A$.*

Wegen $\dim X = \dim X^{\mathrm{T}} = n$ ist $X$ linear isomorph zum dualen Raum $X^{\mathrm{T}}$, d.h., es gilt

$$X \cong X^{\mathrm{T}} \cong \mathbb{K}^n.$$

Daraus folgt $X^{\mathrm{T}} \cong X^{\mathrm{TT}}$, also auch

$$X \cong X^{\mathrm{TT}} \cong \mathbb{K}^n.$$

Diese Isomorphien sind jedoch nicht in invarianter Weise gegeben, denn sie hängen von der Wahl einer Basis in $X$ ab. Deshalb ist es für ein tieferes Verständnis der Dualitätstheorie notwendig, $X$ und $X^{\mathrm{T}}$ als zwei *unterschiedliche* mathematische Objekte aufzufassen. Für unendlichdimensionale lineare Räume ist dieser Standpunkt unerläßlich.

In der Elementarteilchenphysik werden die Teilchen (z.B. die Quarks) durch Elemente eines linearen Raumes $X$ beschrieben, während die Elemente des dualen Raumes $X^{\mathrm{T}}$ den Antiteilchen (z.B. den Antiquarks) entsprechen (vgl. Kapitel 17.).

### 11.2.3.2. Multilineare Algebra

Multilinearformen spielen eine entscheidende Rolle bei der Definition der höheren Ableitungen eines Operators und in der Analysis auf Mannigfaltigkeiten (vgl. Kap. 12. und 15.).

---

[14] Analog bildet $b_1^*, \ldots, b_m^*$ eine Basis in $Y^{\mathrm{T}}$, die die duale Basis zu $b_1, \ldots, b_m$ heißt.

**Bilinearformen:** Es seien $X$ und $Y$ lineare Räume über $\mathbb{K}$. Unter einer Bilinearform $B$ verstehen wir eine Abbildung $B$: $X \times X \to Y$ mit

$$B(\alpha u + \beta v, w) = \alpha B(u, w) + \beta B(v, w),$$
$$B(w, \alpha u + \beta v) = \alpha B(w, u) + \beta B(w, v)$$

für alle $u, v, w \in X$ und $\alpha, \beta \in \mathbb{K}$, d.h., $B$ ist *linear in jedem Argument*. Mit $M_2(X, X)$ bezeichnen wir die Menge aller Bilinearformen $B$: $X \times X \to Y$. Erklären wir für Bilinearformen $B, C \in M_2(X, X)$ die Linearkombination $\beta B + \gamma C$ in natürlicher Weise durch

$$(\beta B + \gamma C)(u, v) := \beta B(u, v) + \gamma C(u, v)$$

für alle $u, v \in X$ und $\beta, \gamma \in \mathbb{K}$, dann wird $M_2(X, X)$ zu einem linearen Raum über $\mathbb{K}$.

**Multilinearformen:** Analog definiert man $M_n(X, \ldots, X)$ als die Menge aller $n$-linearen Abbildungen $B$: $X \times \ldots \times X \to Y$ ($n$ Faktoren $X$), d.h., $B(u_1, \ldots, u_n)$ ist linear in jedem Argument; $M_n$ ist ein linearer Raum über $\mathbb{K}$.

Im Spezialfall $Y = \mathbb{K}$ definieren wir für eine $n$-lineare Form $B$ und eine $m$-lineare Form $C$ das sogenannte Tensorprodukt $B \otimes C$ durch

$$(B \otimes C)(u_1, \ldots, u_n, v_1, \ldots, v_m) := B(u_1, \ldots, u_n)C(v_1, \ldots, v_m).$$

Dann ist $B \otimes C$ eine $(n + m)$-lineare Form.

*Beispiel 8:* Es sei $X$ ein linearer Raum über $\mathbb{K}$. Setzen wir

$$B(f, v) := \langle f, v \rangle \qquad \text{für alle} \quad f \in X^{\mathrm{T}}, v \in X,$$

dann ist $B$: $X^{\mathrm{T}} \times X \to \mathbb{K}$ nach (11.32) eine Bilinearform.

Speziell ist $B(u, v) := uv$ für alle $u, v \in \mathbb{R}$ eine Bilinearform von $\mathbb{R} \times \mathbb{R}$ in $\mathbb{R}$.

*Beispiel 9* (der Raum $M_2(X, X)$ der Bilinearformen über $X$): Es sei $X$ ein $n$-dimensionaler linearer Raum über $\mathbb{K}$ mit $1 \le n < \infty$. Wir wählen eine Basis $e_1, \ldots, e_n$ in $X$ und bezeichnen mit $e_1^*, \ldots, e_n^*$ die zugehörige duale Basis in $X^{\mathrm{T}}$. Jede Bilinearform $B$: $X \times X \to \mathbb{K}$, d.h., jedes $B \in M_2(X, X)$, besitzt dann die Darstellung

$$B = \sum_{j,k=1} b_{jk} e_j^* \otimes e_k^*. \tag{11.33}$$

wobei die Zahlen $b_{jk} \in \mathbb{K}$ eindeutig durch $B$ bestimmt sind. Deshalb bildet $\{e_j^* \otimes e_k^*\}$, $j, k = 1, \ldots, n$, eine Basis in $M_2(X, X)$, d.h., es gilt

$$\dim M_2(X, X) = (\dim X)^2.$$

*Beispiel 10* (der Raum $M_2(X^{\mathrm{T}}, X^{\mathrm{T}})$ der Bilinearformen über $X^{\mathrm{T}}$): Es sei $X$ wie in Beispiel 9 gegeben. Jedem Basiselement $e_j$ ordnen wir ein lineares Funktional $e_j$: $X^{\mathrm{T}} \to \mathbb{K}$ zu, das wir durch

$$e_j(\alpha_1 e_1^* + \ldots + \alpha_n e_n^*) := \alpha_j$$

definieren.[15] Dann gilt

$$(e_j \otimes e_k)(u, v) = e_j(u) e_k(v) \qquad \text{für alle} \quad u, v \in X^{\mathrm{T}}.$$

---

[15] Korrekterweise müßten wir das zu $e_j$ gehörige Funktional mit einem anderen Symbol bezeichnen, z.B. $e_j^{**}$. Um die Bezeichnung zu vereinfachen, schreiben wir jedoch kurz $e_j$ anstelle von $e_j^{**}$.

Ferner kann man jede Bilinearform $B\colon X^{\mathrm{T}} \times X^{\mathrm{T}} \to \mathbb{K}$ in der Form

$$B = \sum_{j,k=1}^{n} b_{jk}(e_j \otimes e_k) \tag{11.34}$$

darstellen, wobei alle $b_{jk} \in \mathbb{K}$ durch $B$ eindeutig festgelegt sind. Somit bildet $\{e_j \otimes e_k\}$, $j, k = 1, \ldots, n$, eine Basis von $M_2(X^{\mathrm{T}}, X^{\mathrm{T}})$, d.h., es gilt

$$\dim M_2(X^{\mathrm{T}}, X^{\mathrm{T}}) = (\dim X^{\mathrm{T}})^2 = (\dim X)^2 .$$

**Das Tensorprodukt linearer Räume:** Es seien $X$ und $Y$ zwei lineare Räume über $\mathbb{K}$. Dann sei das sogenannte Tensorprodukt $X \otimes Y$ gleich der Menge aller formalen endlichen Linearkombinationen

$$\alpha_1(u_1 \otimes v_1) + \ldots + \alpha_n(u_n \otimes v_n)$$

mit $u_j \in X$, $v_j \in Y$ und $\alpha_j \in \mathbb{K}$, wobei wir mit dem Symbol „$u \otimes v$" wie mit einem *Produktzeichen* rechnen, d.h., es gelten die beiden Distributivgesetze

$$\begin{aligned} (\alpha u + \beta v) \otimes w &= \alpha(u \otimes w) + \beta(v \otimes w), \\ u \otimes (\alpha w + \beta z) &= \alpha(u \otimes w) + \beta(u \otimes z) \end{aligned} \tag{11.35}$$

für alle $\alpha, \beta \in \mathbb{K}$, $u, v \in X$ und $w, z \in Y$. Mit diesen Regeln wird $X \otimes Y$ in natürlicher Weise zu einem linearen Raum über $\mathbb{K}$, den man das Tensorprodukt von $X$ mit $Y$ nennt.

Tensorprodukte verwendet man z.B. in der Theorie der Distributionen (vgl. 10.4.). In der Quantentheorie entsprechen Tensorprodukte den Zuständen zusammengesetzter Systeme (z.B. besteht ein Proton aus drei Quarks; vgl. 17.8.). Die Analysis auf Mannigfaltigkeiten beruht wesentlich auf Tensorprodukten und sogenannten alternierenden Produkten, die durch

$$u \wedge v := u \otimes v - v \otimes u$$

erklärt werden (vgl. Kapitel 16.).

**Rechtfertigung des Tensorprodukts:** Wir sind hier analog zum formalen Gebrauch der komplexen Zahlen im 17. und 18. Jahrhundert vorgegangen. Die Mathematiker benutzten dabei das formale Symbol $a + bi$ ($a$ und $b$ reelle Zahlen) zusammen mit „$i^2 = -1$". Man war sich dabei aber nie sicher, ob dieser Kalkül *widerspruchsfrei* ist. Erst im 19. Jahrhundert rechtfertigte Gauß diesen formalen Kalkül, indem er ein *konkretes Modell* für die komplexen Zahlen angab. Im vorliegenden Fall geschieht die Rechtfertigung des Tensorprodukts durch die Konstruktion eines geeigneten *Faktorraumes*. Mit $\operatorname{span}(X \times Y)$ bezeichnen wir hierzu zunächst alle endlichen Linearkombinationen der Form

$$\alpha_1(u_1, v_1) + \ldots + \alpha_n(u_n, v_n)$$

mit $u_j \in X$, $v_j \in Y$ und $\alpha_j \in \mathbb{K}$. Dann wird $\operatorname{span}(X \times Y)$ in natürlicher Weise zu einem linearen Raum über $\mathbb{K}$. Ferner sei $L$ die lineare Hülle aller Elemente der Form

$$(\alpha u + \beta v, w) - \alpha(u, v) - \beta(v, w), \qquad (u, \alpha w + \beta z) - \alpha(u, w) - \beta(u, z)$$

mit $u, v \in X$, $w, z \in Y$ und $\alpha, \beta \in \mathbb{K}$. Wir setzen nun

$$X \otimes Y := \operatorname{span}(X \times Y)/L .$$

Definieren wir ferner

$$u \otimes v := [(u, v)],$$

wobei $[(u, v)] = (u, v) + L$ die zu $(u, v)$ gehörige Äquivalenzklasse bezeichnet, dann erhalten wir genau die gewünschten Operationen (11.35).

*Beispiel 11* (Tensorprodukt von Funktionen): Die Grundidee des Tensorprodukts von Funktionen ist in der Formel

$$(u \otimes v)(x,y) := u(x)v(y) \qquad \text{für alle} \quad x,y \in \mathbb{R} \tag{11.36}$$

enthalten. Es sei $\Phi(\mathbb{R})$ die Menge aller Funktionen $u: \mathbb{R} \to \mathbb{R}$ (vgl. Beispiel 4). Dann ist $\Phi(\mathbb{R}) \otimes \Phi(\mathbb{R})$ linear isomorph zur Menge $M$ aller reellen *endlichen* Linearkombinationen

$$f := \alpha_1(u_1 \otimes v_1) + \ldots + \alpha_n(u_n \otimes v_n),$$

wobei wir (11.36) benutzen. Somit können wir das Tensorprodukt $\Phi(\mathbb{R}) \otimes \Phi(\mathbb{R})$ mit der Menge aller reellen Funktionen $f: \mathbb{R}^2 \to \mathbb{R}$ identifizieren, die die spezielle Gestalt

$$f(x,y) = \alpha_1 u_1(x)v_1(y) + \ldots + \alpha_n u_n(x)v_n(y) \qquad \text{für alle} \quad x,y \in \mathbb{R}$$

und alle reellen Zahlen $\alpha_1, \ldots, \alpha_n$ besitzen.

*Beispiel 12* (Tensorprodukt endlichdimensionaler linearer Räume): Es seien $X$ und $Y$ lineare Räume über $\mathbb{K}$ mit $\dim X = n$ und $\dim Y = m$, $1 \le m,n < \infty$. Dann gilt

$$X \otimes X \cong M_2(X^{\mathrm{T}}, X^{\mathrm{T}}),$$

falls wir dem abstrakten Tensorprodukt $e_j \otimes e_k$ eine Bilinearform $B: X^{\mathrm{T}} \times X^{\mathrm{T}} \to \mathbb{K}$ zuordnen, die durch

$$B(u,v) := e_j(u)e_k(v) \qquad \text{für alle} \quad u,v \in X^{\mathrm{T}}$$

gegeben ist (vgl. Beispiel 10).

In analoger Weise kann man $X \otimes Y$ mit der Menge $M_2(X^{\mathrm{T}}, Y^{\mathrm{T}})$ aller Bilinearformen $B: X^{\mathrm{T}} \times Y^{\mathrm{T}} \to \mathbb{K}$ identifizieren. Dabei gilt die Produktformel

$$\dim(X \otimes Y) = \dim X \dim Y.$$

**Konvexität:** In jedem linearen Raum kann man konvexe Mengen und konvexe Funktionen definieren. Das betrachten wir in 11.5.1. im Zusammenhang mit fundamentalen Trennungssätzen für konvexe Mengen.

### 11.2.4. Banachräume

In einem normierten Raum hat man eine Norm $\|u\|$ zur Verfügung, die den Betrag $|u|$ einer reellen Zahl verallgemeinert. Gilt das fundamentale Cauchysche Konvergenzkriterium in einem normierten Raum, dann heißt dieser ein Banachraum.

**Normierte Räume:** Unter einem normierten Raum über $\mathbb{K}$ versteht man einen linearen Raum $X$ über $\mathbb{K}$, wobei jedem $u \in X$ eine reelle Zahl $\|u\| \ge 0$ zugeordnet ist, so daß für alle $u, v \in X$ und $\alpha \in \mathbb{K}$ gilt:

(i) $\|u\| = 0$ genau dann, wenn $u = 0$;

(ii) $\|\alpha u\| = |\alpha|\,\|u\|$;

(iii) $\|u + v\| \le \|u\| + \|v\|$ (Dreiecksungleichung).

Wir bezeichnen $\|u\|$ als die Norm von $u$. Jeder normierte Raum $X$ wird durch

$$d(u,v) := \|u - v\| \qquad \text{für alle} \quad u,v \in X$$

zu einem metrischen Raum. Deshalb gelten alle Aussagen aus 11.2.2. (z.B. der Hauptsatz über die Charakterisierung wichtiger topologischer Begriffe durch Konvergenz). Insbesondere ist genau dann $u_n \to u$ für $n \to \infty$, wenn

$$\lim_{n \to \infty} \|u_n - u\| = 0$$

gilt. Ferner ist die Folge $(u_n)$ genau dann eine Cauchyfolge, wenn es zu jedem $\varepsilon > 0$ eine natürliche Zahl $n_0(\varepsilon)$ gibt, so daß

$$\|u_n - u_m\| < \varepsilon \qquad \text{für alle} \quad n, m \geq n_0(\varepsilon)\,.$$

In jedem normierten Raum $X$ gilt die verallgemeinerte Dreiecksungleichung

$$|\,\|u\| - \|v\|\,| \leq \|u \pm v\| \leq \|u\| + \|v\| \qquad \text{für alle} \quad u, v \in X\,.$$

Ferner folgt aus $u_n \to u$ und $v_n \to v$ sowie $\alpha_n \to \alpha$ für $n \to \infty$ stets

$$\alpha_n u_n \to \alpha u\,, \quad u_n + v_n \to u + v\,, \quad \|u_n\| \to \|u\| \qquad \text{für} \quad n \to \infty\,,$$

d.h., diese Operationen sind stetig.

**Banachräume:** Unter einem Banachraum versteht man einen normierten Raum, in dem jede Cauchyfolge konvergent ist.

In der Sprache der metrischen Räume bedeutet das: Ein normierter Raum ist genau dann ein Banachraum, wenn der zugehörige metrische Raum vollständig ist.

Jeder endlichdimensionale normierte Raum ist stets ein Banachraum.

Jeder abgeschlossene lineare Teilraum eines Banachraumes ist wiederum ein Banachraum.

**Normisomorphie:** Zwei normierte Räume $X$ und $Y$ über $\mathbb{K}$ heißen genau dann normisomorph, wenn es eine lineare Isomorphie $\varphi: X \to Y$ gibt mit

$$\|\varphi(u)\| = \|u\| \qquad \text{für alle} \quad u \in X\,.$$

Bei einer Normisomorphie bleiben alle für einen normierten Raum typischen Eigenschaften erhalten. Deshalb kann man normisomorphe normierte Räume miteinander identifizieren.

Zwei Normen $\|u\|_1$ und $\|u\|_2$ heißen genau dann *äquivalent* auf $X$, wenn es Konstanten $c > 0$ und $d > 0$ gibt mit

$$c\,\|u\|_1 \leq \|u\|_2 \leq d\,\|u\|_1 \qquad \text{für alle} \quad u \in X\,.$$

Auf einem endlichdimensionalen normierten Raum sind alle Normen äquivalent.

**Kugeln:** Die offene Menge $K_r(u_0) := \{u \in X\colon \|u - u_0\| < r\}$ bezeichnet man als offene Kugel vom Radius $r$ mit dem Mittelpunkt $u_0$. Der Rand $\partial K_r$ und der Abschluß $\overline{K}_r$ sind dann durch

$$\partial K_r(u_0) = \{u \in X\colon \|u - u_0\| = r\}\,, \quad \overline{K}_r(u_0) = \{u \in X\colon \|u - u_0\| \leq r\}$$

gegeben. Die Menge $K := \{u \in X\colon \|u\| \leq 1\}$ heißt die abgeschlossene Einheitskugel in $X$.

**Vervollständigungsprinzip:** Es sei $X$ ein normierter Raum über $\mathbb{K}$. Dann existiert eine bis auf Normisomorphie eindeutige Erweiterung von $X$ zu einem Banachraum $Y$ über $\mathbb{K}$, in dem $X$ dicht liegt.[16)]

### 11.2.4.1. Beispiele für Banachräume

**Endlichdimensionale Banachräume.**

*Beispiel 1:* Der Raum $\mathbb{R}$ (bzw. $\mathbb{C}$) aller reellen (bzw. komplexen) Zahlen wird bezüglich der Norm

$$\|x\| := |x| \qquad \text{für alle} \quad x \in \mathbb{R}\ (\text{bzw. } x \in \mathbb{C})$$

zu einem Banachraum über $\mathbb{R}$ (bzw. $\mathbb{C}$).

---

16) Wie bei der Vervollständigung eines metrischen Raumes besteht $Y$ aus allen Äquivalenzklassen $[(u_n)]$ von Cauchyfolgen (vgl. 11.2.2.). Die Norm auf $Y$ ergibt sich durch $\|u\| := \lim\limits_{n\to\infty} \|u_n\|$ mit $u = [(u_n)]$.

*Standardbeispiel 2* (der Raum $\mathbb{K}^N$): Es sei $\mathbb{K} = \mathbb{R}, \mathbb{C}$. Wir setzen

$$\|x\|_\infty := \max_{1\le k\le N} |\xi_k|, \quad \|x\|_p := \Big(\sum_{k=1}^N |\xi_k|^p\Big)^{1/p}, \quad 1 \le p < \infty.$$

mit $x = (\xi_1, \ldots, \xi_N)$, $\xi_k \in \mathbb{K}$. Dann wird $\mathbb{K}^N$ bezüglich $\|x\|_p$ bei festem $p$: $1 \le p \le \infty$ zu einem $N$-dimensionalen separablen Banachraum über $\mathbb{K}$.

Da auf einem endlichdimensionalen normierten Raum alle Normen äquivalent sind, gibt es Konstanten $c(p, q) > 0$, so daß

$$\|x\|_p \le c(p,q)\|x\|_q \quad \text{für alle} \quad x \in \mathbb{K}^N$$

und $1 \le p, q \le \infty$ gilt. Das sind bekannte klassische Ungleichungen. Insbesondere bezeichnet man die Dreiecksungleichung

$$\|x + y\|_p \le \|x\|_p + \|y\|_p \quad \text{für alle} \quad x, y \in \mathbb{K}^N, \quad 1 \le p < \infty.$$

als *Minkowskische Ungleichung*. Ferner nennt man

$$\Big|\sum_{k=1}^N \xi_k \eta_k\Big| \le \|x\|_p \|y\|_q \quad \text{für alle} \quad x, y \in \mathbb{K}^N$$

und $p^{-1} + q^{-1} = 1$, $1 < p, q < \infty$, die *Höldersche Ungleichung*.

Abb. 11.14 zeigt die abgeschlossenen Einheitskugeln bezüglich der Normen $\|\cdot\|_p$ für $p = 1, 2, \infty$. Diese Beispiele zeigen, daß Kugeln in normierten Räumen nicht notwendigerweise „rund" sind.

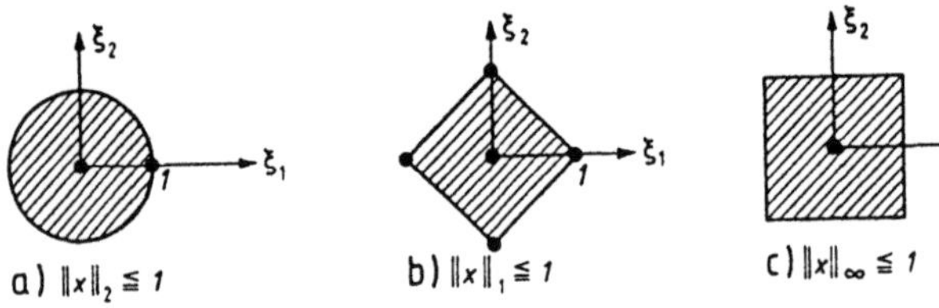


Abb. 11.14

**Banachräume glatter Funktionen einer reellen Variablen:** Funktionenräume tragen eine natürliche lineare Struktur, die durch $(\alpha u + \beta v)(x) = \alpha u(x) + \beta v(x)$ gegeben ist. Im folgenden sei $-\infty < a < b < \infty$.

*Standardbeispiel 3* (der Raum $C[a, b]$): Setzen wir

$$\|u\| := \max_{a\le x\le b} |u(x)|,$$

dann wird der Raum $C[a, b]$ aller stetigen Funktionen $u$: $[a, b] \to \mathbb{R}$ zu einem unendlichdimensionalen reellen separablen Banachraum.

Der klassische Approximationssatz von Weierstraß lautet in der Sprache der Funktionalanalysis: Die Menge aller reellen Polynome liegt in $C[a, b]$ dicht[17)].

[17)] Explizit bedeutet dies, daß es zu jeder stetigen Funktion $u$: $[a, b] \to \mathbb{R}$ und jedem $\varepsilon > 0$ ein reelles Polynom $p$ gibt, so daß $\|u - p\| = \max_{a\le x\le b} |u(x) - p(x)| < \varepsilon$.

*Standardbeispiel 4* (der Raum $C^m[a,b]$): Es sei $m = 1, 2, \ldots$. Die Menge aller Funktionen $u\colon [a,b] \to \mathbb{R}$, die auf $[a,b]$ stetige Ableitungen bis zur Ordnung $m$ besitzen, bilden einen unendlichdimensionalen reellen separablen Banachraum bezüglich der Norm

$$\|u\| := \sum_{k=0}^{m} \max_{a\le x\le b} |u^{(k)}(x)|\,.$$

Dabei bezeichnet $u^{(k)}$ die $k$-te Ableitung von $u$; ferner sei $u^{(0)}(x) := u(x)$.

*Beispiel 5* (der Raum $C^\alpha[a,b]$): Es sei $0 < \alpha \le 1$. Die Funktion $u\colon [a,b] \to \mathbb{R}$ heißt genau dann *Hölderstetig* mit dem Exponenten $\alpha$, wenn es eine Konstante $c \ge 0$ gibt, so daß

$$|u(x) - u(y)| \le c|x-y|^\alpha \qquad \text{für alle} \quad x, y \in [a,b]$$

gilt. Die kleinste derartige Konstante wird mit $H_\alpha(u)$ bezeichnet. Die Menge aller dieser Funktionen nennen wir $C^\alpha[a,b]$. Diese Menge wird zu einem unendlichdimensionalen reellen Banachraum, falls wir die Norm durch

$$\|u\| := \max_{a\le x\le b} |u(x)| + H_\alpha(u)$$

definieren.

*Beispiel 6* (der Raum $C^{m,\alpha}[a,b]$): Es sei $m = 1, 2, \ldots$ und $0 < \alpha \le 1$. Mit $C^{m,\alpha}[a,b]$ bezeichnen wir die Menge aller Funktionen $u \in C^m[a,b]$, für welche die $m$-te Ableitung $u^{(m)}$ zu $C^\alpha[a,b]$ gehört. Bezüglich der Norm

$$\|u\| := \sum_{k=0}^{m} \max_{a\le x\le b} |u^{(k)}(x)| + H_\alpha(u^{(m)})$$

wird $C^{m,\alpha}[a,b]$ zu einem unendlichdimensionalen reellen Banachraum.

**Banachräume glatter Funktionen mehrerer Variabler:** Die folgenden Beispiele 3*–6* verallgemeinern die Beispiele 3–6 in naheliegender Weise auf Funktionen mehrerer Variabler. Mit $\Omega$ bezeichnen wir eine nichtleere beschränkte offene Menge des $\mathbb{R}^N$.

*Beispiel 3*:* Die Menge $C(\overline{\Omega})$ aller stetigen Funktionen $u\colon \overline{\Omega} \to \mathbb{R}$ wird zu einem unendlichdimensionalen reellen separablen Banachraum bezüglich der Norm

$$\|u\| := \max_{u\in\overline{\Omega}} |u(x)|\,.$$

**Approximationssatz von Weierstraß:** Die Menge aller reellen Polynome in $N$ Veränderlichen liegt dicht in $C(\Omega)$.

**Kompaktheitssatz von Arzelà-Ascoli:** Eine Teilmenge $M$ in $C(\overline{\Omega})$ ist genau dann relativ kompakt, wenn folgendes gilt:

(a) $M$ ist beschränkt, d.h., es gibt eine Konstante $c$, so daß

$$\|u\| = \max_{x\in\overline{\Omega}} |u(x)| \le c \qquad \text{für alle} \quad u \in M \quad \text{gilt.}$$

(b) $M$ ist gleichgradig stetig, d.h., zu jedem $\varepsilon > 0$ gibt es ein $\delta > 0$, so daß aus $|x-y| < \delta$ stets

$$|u(x) - u(y)| < \varepsilon \qquad \text{für alle} \quad u \in M \quad \text{folgt.}$$

*Beispiel 4** (der Raum $C^m(\overline{\Omega})$): Es sei $m = 1, 2, \ldots$. Die Menge aller reellen Funktionen $u\colon \overline{\Omega} \to \mathbb{R}$, die zu $C^m(\overline{\Omega})$ gehören (vgl. 10.1.3.), bilden einen unendlichdimensionalen reellen separablen Banachraum bezüglich der Norm

$$\|u\| := \sum_{|\alpha| \leq m} \max_{x \in \overline{\Omega}} |\partial^\alpha u(x)| .$$

Dabei wird über alle partielle Ableitungen $\partial^\alpha u$ von $u$ bis zur Ordnung $m$ summiert.

*Beispiel 5** (der Raum $C^\alpha(\overline{\Omega})$): Es sei $0 < \alpha \leq 1$. Definitionsgemäß besteht $C^\alpha(\overline{\Omega})$ aus allen Funktionen $u\colon \overline{\Omega} \to \mathbb{R}$, die Hölderstetig mit dem Exponenten $\alpha$ sind, d.h., es gibt eine Konstante $c \geq 0$, so daß

$$|u(x) - u(y)| \leq c|x - y|^\alpha \qquad \text{für alle} \quad x, y \in \overline{\Omega}$$

gilt. Die kleinste derartige Konstante $c$ wird mit $H_\alpha(u)$ bezeichnet. Bezüglich der Norm

$$\|u\| := \max_{x \in \overline{\Omega}} |u(x)| + H_\alpha(u)$$

wird $C^\alpha(\overline{\Omega})$ zu einem unendlichdimensionalen reellen Banachraum.

*Beispiel 6** (der Raum $C^{m,\alpha}(\overline{\Omega})$): Es sei $m = 1, 2, \ldots$ und $0 < \alpha \leq 1$. Mit $C^{m,\alpha}(\overline{\Omega})$ bezeichen wir die Menge aller Funktionen $u \in C^m(\overline{\Omega})$, deren partielle Ableitungen $m$-ter Ordnung alle zu $C^\alpha(\overline{\Omega})$ gehören. Setzen wir

$$\|u\| := \sum_{|\beta| \leq m} \max_{x \in \overline{\Omega}} |\partial^\beta u(x)| + \sum_{|\gamma| = m} H_\alpha(\partial^\gamma u) ,$$

dann wird $C^{m,\alpha}(\overline{\Omega})$ zu einem unendlichdimensionalen reellen Banachraum.

**Banachräume integrabler Funktionen:** Es sei $M$ eine nichtleere offene Teilmenge des $\mathbb{R}^N$.

*Standardbeispiel 7* (Lebesgueraum $L_p(M)$): Wir setzen

$$\|u\|_p := \left( \int_M |u(x)|^p \,\mathrm{d}x \right)^{1/p} , \qquad 1 \leq p < \infty .$$

Durch $L_p(M)$ bezeichnen wir die Menge aller meßbaren Funktionen $u\colon M \to \mathbb{R}$ mit $\|u\|_p < \infty$. Identifizieren wir zwei Funktionen, deren Werte fast überall auf $M$ übereinstimmen, dann bilden die Funktionen $u$ aus $L_p(M)$ einen unendlichdimensionalen reellen separablen Banachraum.

Die Menge $C_0^\infty(M)$ der Testfunktionen liegt dicht in $L_p(M)$.

Es ist entscheidend, daß wir hier das *Lebesgueintegral* benutzen. Würden wir nur das klassische Riemannsche Integral verwenden, dann ergäbe sich lediglich ein normierter Raum $\mathscr{L}_p(M)$, dessen Vervollständigung zu einem Banachraum gleich $L_p(M)$ ist.

Die Dreiecksungleichung

$$\|u + v\|_p \leq \|u\|_p + \|v\|_p \qquad \text{für alle} \quad u, v \in L_p(M) , \quad 1 \leq p < \infty ,$$

heißt *Minkowskische Ungleichung*, während man

$$\left| \int_M u(x) v(x) \,\mathrm{d}x \right| \leq \|u\|_p \|v\|_q \qquad \text{für alle} \quad u \in L_p(M) , v \in L_q(M)$$

als *Höldersche Ungleichung* bezeichnet. Dabei ist $p^{-1} + q^{-1} = 1$, $1 < p, q < \infty$. Die Höldersche Ungleichung ist die *wichtigste Ungleichung* der modernen Analysis.

*Beispiel 8:* Mit $L_\infty(M)$ bezeichnen wir die Menge aller meßbaren Funktionen $u\colon M \to \mathbb{R}$, die fast überall beschränkt sind, d.h., es gilt

$$|u(x)| \le c \qquad \text{für fast alle} \quad x \in M \quad \text{und festes} \quad c\,.$$

Wir setzen

$$\|u\|_\infty := \operatorname*{ess\,sup}_{x\in M} |u(x)|\,.$$

Dabei steht rechts das „wesentliche Supremum" von $u$ (essential supremum im Englischen), d.h. das Infimum aller möglichen Konstanten $c$.

Identifizieren wir Funktionen miteinander, die fast überall auf $M$ gleich sind, dann wird $L_\infty(M)$ zu einem unendlichdimensionalen reellen Banachraum.

Analog zu $L_p(M)$ definieren wir die *komplexen* Banachräume $L_p^{\mathbb{C}}(M)$, die aus komplexwertigen Funktionen $f\colon M \to \mathbb{C}$ bestehen. Ferner setzen wir $L_p^{\mathbb{K}}(M) = L_p(M)$ (bzw. $= L_p^{\mathbb{C}}(M)$) für $\mathbb{K} = \mathbb{R}$ (bzw. $\mathbb{K} = \mathbb{C}$).

**Folgenräume:** Parallel zu Beispiel 2 definieren wir

$$\|x\|_\infty := \sup_{1\le k<\infty} |\xi_k|\,, \quad \|x\|_p := \Big(\sum_{k=1}^{\infty} |\xi_k|^p\Big)^{1/p}, \quad 1 \le p < \infty\,.$$

*Beispiel 9* (Raum $l_p$): Es sei $1 \le p \le \infty$. Mit $l_p$ bezeichnen wir die Menge aller reellen Folgen $x = (\xi_1, \xi_2, \ldots)$, für die $\|x\|_p < \infty$ gilt. Dann wird $l_p$ zu einem unendlichdimensionalen reellen Banachraum.

Die linearen Operationen werden komponentenweise eingeführt, d.h.

$$\alpha x + \beta y := (\alpha\xi_1 + \beta\eta_1, \alpha\xi_2 + \beta\eta_2, \ldots)\,.$$

Wählen wir stattdessen komplexe Folgen, dann entsteht der unendlichdimensionale komplexe Banachraum $l_p^{\mathbb{C}}$.

*Beispiel 10* (Raum $c$): Die Menge aller konvergenten reellen Folgen $(\xi_1, \xi_2, \ldots)$ bildet einen abgeschlossenen linearen Teilraum $c$ von $l_\infty$. Somit ist $c$ selbst ein reeller Banachraum.

Der Raum $l_\infty$ ist nicht separabel. Dagegen sind die Räume $l_p$, $l_p^{\mathbb{C}}$ und $c$ mit $1 \le p < \infty$ stets separabel.

**Funktionen mit beschränkter Schwankung:** Es sei $-\infty < a < b < \infty$.

*Beispiel 11:* Mit $V[a,b]$ bezeichnen wir die Menge aller Funktionen $u\colon [a,b] \to \mathbb{R}$ von beschränkter Schwankung, d.h., es gibt eine Konstante $c \ge 0$, so daß

$$\sum_{k=1}^{n} |u(x_k) - u(x_{k-1})| \le c$$

für jede Zerlegung $a = x_0 < x_1 < \ldots < b = x_n$ des Intervalls $[a,b]$ gilt. Die kleinste mögliche Konstante $c$ heißt die Totalvariation von $u$ und wird mit $V_a^b(u)$ bezeichnet. Setzen wir

$$\|u\| := |u(a)| + V_a^b(u)\,,$$

dann wird $V[a,b]$ zu einem unendlichdimensionalen reellen Banachraum.

Eine Funktion $u\colon [a,b] \to \mathbb{R}$ gehört genau dann zu $V[a,b]$, wenn sie sich in der Form $u(x) = v(x) - w(x)$ schreiben läßt, wobei $v$ und $w$ auf $[a,b]$ monoton wachsend sind.

### 11.2.4.2. Lineare stetige Operatoren

Sind $X$ und $Y$ normierte Räume über $\mathbb{K}$, dann ist der lineare Operator $A\colon X \to Y$ genau dann stetig, wenn er *beschränkt* ist, d.h., es gibt eine Konstante $c \geq 0$, so daß

$$\|Au\| \leq c\,\|u\| \qquad \text{für alle} \quad u \in X$$

gilt. Die kleinste mögliche Konstante $c$ bezeichnet man mit $\|A\|$ und nennt sie die *Operatornorm* von $A$. Explizit gilt

$$\|A\| := \sup_{u \in X,\, \|u\| \leq 1} \|Au\|\,.$$

**Lineare kompakte Operatoren:** Ein linearer Operator $A\colon X \to Y$ ist genau dann kompakt (vgl. 11.2.2.), wenn das Bild der abgeschlossenen Einheitskugel relativ kompakt ist.

**Der Banachraum $L(X, Y)$:** Es seien $X$ und $Y$ Banachräume[18] über $\mathbb{K}$. Dann bildet die Menge $L(X, Y)$ aller linearen stetigen Operatoren $A\colon X \to Y$ einen Banachraum bezüglich der Operatornorm $\|A\|$. Die lineare Struktur auf $L(X, Y)$ wird in natürlicher Weise durch

$$(\alpha A + \beta B)u := \alpha Au + \beta Bu \qquad \text{für alle} \quad u \in X\,, \quad \alpha, \beta \in \mathbb{K}$$

gegeben.

*Beispiel 12* (Integraloperator): Es sei $\mathscr{K}\colon [a, b] \times [a, b] \to \mathbb{R}$ eine stetige Funktion, wobei das Intervall $[a, b]$ kompakt ist. Definieren wir

$$(Ku)(x) := \int_a^b \mathscr{K}(x, y)u(y)\,\mathrm{d}y \qquad \text{für alle} \quad x \in [a, b]\,,$$

dann ist der lineare Operator $K\colon C[a, b] \to C[a, b]$ stetig. Gilt $|\mathscr{K}(x, y)| \leq c$ für alle $x, y \in [a, b]$, dann ist

$$\|Ku\| = \max_{a \leq x \leq b} \Big| \int_a^b \mathscr{K}(x, y)u(y)\,\mathrm{d}y \Big| \leq (b - a)c \max_{a \leq y \leq b} |u(y)| = (b - a)c\,\|u\|\,.$$

Folglich gilt $\|K\| \leq (b - a)c$. Genauer: man hat $\|K\| = \max_{a \leq x \leq b} \int_a^b |\mathscr{K}(x, y)|\,\mathrm{d}y$.

Ferner ist $K\colon C[a, b] \to C[a, b]$ kompakt.

*Beispiel 13* (stetiger Differentialoperator): Wir setzen

$$(Au)(x) := u'(x) \qquad \text{für alle} \quad x \in [a, b]\,. \tag{11.37}$$

Dann ist $A\colon C^1[a, b] \to C[a, b]$ ein linearer stetiger Operator. Wegen

$$\|Au\|_{C[a,b]} = \max_{a \leq x \leq b} |u'(x)| \leq \|u\|_{C^1[a,b]}$$

gilt $\|A\| \leq 1$.

*Beispiel 14* (unstetiger Differentialoperator): Wir können den durch (11.37) gegebenen Operator auch als einen Operator der Form $A\colon D(A) \subseteq C[a, b] \to C[a, b]$ auffassen mit dem Definitionsbereich $D(A) := C^1[a, b]$. Dann ist $A$ unbeschränkt, d.h., es gibt keine Konstante $c \geq 0$, so daß $\|Au\| \leq c\,\|u\|$ für alle $u \in D(A)$ gilt.

Ferner ist $A$ unstetig.

---

[18] Es genügt, daß $X$ ein normierter Raum ist.

*Kommentar:* In den Anwendungen hat man es oft mit einer zu Beispiel 14 analogen Situation zu tun, d.h., Differentialoperatoren sind nicht auf dem gesamten Raum erklärt und unstetig. Das ist der Grund dafür, daß im Unterschied zu Integraloperatoren (Integralgleichungen) die Theorie der Differentialoperatoren (Differentialgleichungen) wesentlich komplizierter und reichhaltiger ist.

### 11.2.4.3. Lineare stetige Funktionale und Dualität

Es sei $X$ ein normierter Raum über $\mathbb{K}$. Dann versteht man unter einem linearen Funktional $f$ auf $X$ einen linearen Operator der Form $f\colon X \to \mathbb{K}$.

**Der duale Raum** $X^*$: Es sei $X$ ein normierter Raum über $\mathbb{K}$. Die Menge aller linearen stetigen Funktionale $f\colon X \to \mathbb{K}$ bildet einen Banachraum $X^*$ über $\mathbb{K}$, den man als den zu $X$ *dualen Raum* $X^*$ bezeichnet, d.h., es ist $X^* = L(X, \mathbb{K})$.

Explizit ist die Norm auf $X^*$ durch

$$\|f\| := \sup_{u \in X,\, \|u\| \le 1} |f(u)|$$

gegeben. Wir benutzen auch die Symbolik

$$\langle f, u \rangle := f(u) \quad \text{für alle} \quad f \in X^*, \quad u \in X. \tag{11.38}$$

**Reflexivität:** Wir setzen $X^{**} := (X^*)^*$. Jedem Element $u \in X$ kann man eindeutig ein Element $F$ von $X^{**}$ zuordnen, indem man setzt

$$F(f) := \langle f, u \rangle \quad \text{für alle} \quad f \in X^*. \tag{11.39}$$

Dabei gilt $\|F\| = \|u\|$. Der Banachraum $X$ heißt genau dann *reflexiv*, wenn sich alle $F$ aus $X^{**}$ durch (11.39) darstellen lassen.[19)]

Jeder endlichdimensionale normierte Raum ist reflexiv.

*Standardbeispiel 15:* Es sei $1 \le p < \infty$ und $p^{-1} + q^{-1} = 1$ (d.h. $q = \infty$ für $p = 1$). Genau alle linearen stetigen Funktionale $f$ auf dem Banachraum $L_p(M)$ erhält man durch

$$f(u) = \int_M v(x)u(x)\,dx \qquad \text{für alle} \quad u \in L_p(M) \tag{11.40}$$

und festes $v \in L_q(M)$. Dann ist $\|f\| = \|v\|_q$. Genauer: die Abbildung $v \mapsto f$ ist eine Normisomorphie von $L_q(M)$ auf $L_p(M)^*$. In diesem Sinne kann man den dualen Raum $L_p(M)^*$ mit $L_q(M)$ identifizieren.

Der Raum $L_p(M)$, $1 < p < \infty$, ist reflexiv, während $L_1(M)$ und $L_\infty(M)$ nicht reflexiv sind.

*Beispiel 16:* Es seien $q$ und $p$ wie in Beispiel 15 gegeben. Genau alle linearen stetigen Funktionale $f$ auf $l_p$ erhält man durch

$$f(x) = \sum_{k=1}^{\infty} \eta_k \xi_k \qquad \text{für alle} \quad x \in l_p \tag{11.41}$$

und festes $y \in l_q$. Die Abbildung $y \mapsto f$ ist eine Normisomorphie von $l_q$ auf $l_p^*$.

Der Raum $l_p$, $1 < p < \infty$, ist reflexiv, während $l_1$ und $l_\infty$ nicht reflexiv sind.

---

19) In formalisierter Weise kann man das auch folgendermaßen ausdrücken. Wir definieren einen Operator $j\colon X \to X^{**}$, indem wir $j(u) := F$ setzen, wobei $F$ durch (11.39) gegeben ist. Der Operator $j$ ist linear, injektiv und normerhaltend; $X$ ist nunmehr genau dann reflexiv, wenn $j\colon X \to X^{**}$ eine Normisomorphie darstellt. Somit kann man jeden reflexiven Banachraum $X$ mit seinem bidualen Banachraum $X^{**}$ identifizieren. Dafür schreibt man auch kurz „$X = X^{**}$". Man beachte, daß die Mengengleichheit $X = X^{**}$ nicht automatisch die Reflexivität von $X$ impliziert.

*Standardbeispiel 17:* **Es sei $-\infty < a < b < \infty$. Genau alle linearen stetigen Funktionale $f$ auf $C[a,b]$ erhält man durch das Stieltjesintegral**

$$f(u) = \int_b^b u(x)\,\mathrm{d}\varphi(x) \qquad \textbf{für alle} \quad u \in C[a,b]\,, \tag{11.42}$$

**wobei $\varphi \in V[a,b]$ gilt. Dabei ist $\|f\| = V_a^b(\varphi)$. Im Spezialfall**

$$f(u) = \int_a^b u(x)v(x)\,\mathrm{d}x \qquad \textbf{für alle} \quad u \in C[a,b]$$

**und festes $v \in C[a,b]$ ist $\varphi(x) = \int_a^x v(y)\,\mathrm{d}y$.**

**Bezeichnen wir durch $V_0$ die Menge aller Funktionen $\varphi \in V[a,b]$ mit $\varphi(a) = 0$ und $\varphi(x) = 2^{-1}\left(\varphi(x+0) - \varphi(x-0)\right)$ für alle $x \in (a,b)$, dann gehört zu jedem $f \in C[a,b]^*$ eine eindeutig bestimmte Funktion $\varphi \in V_0$, so daß (11.42) gilt. Die durch (11.42) gegebene Abbildung $\varphi \mapsto f$ ist eine Normisomorphie von $V_0$ auf $C[a,b]^*$. Somit kann der duale Raum $C[a,b]^*$ mit dem abgeschlossenen linearen Teilraum $V_0$ von $V[a,b]$ identifiziert werden.**

**Die Banachräume $C[a,b]$ und $C^m[a,b]$, $m = 1, 2, \ldots$, sind nicht reflexiv. Ebenso sind $C(\overline{\Omega})$ und $C^m(\overline{\Omega})$ nicht reflexiv.**

*Kommentar:* Für reflexive Banachräume gelten „schwache" Kompaktheitsaussagen, die in der modernen Theorie der Variationsprobleme und der partiellen Differentialgleichungen eine fundamentale Rolle spielen (vgl. 11.5.7.).

#### 11.2.4.4. Konstruktion neuer Banachräume

**Produkträume:** **Es seien $X$ und $Y$ normierte Räume (bzw. Banachräume) über $\mathbb{K}$. Dann wird der Produktraum $X \times Y$ (vgl. 11.2.3.) bezüglich der Norm**

$$\|(u,v)\| := \|u\| + \|v\| \qquad \textbf{für alle} \quad u \in X\,, \quad v \in Y\,,$$

**zu einem normierten Raum (bzw. Banachraum) über $\mathbb{K}$.**

**Faktorraum:** **Es sei $L$ ein abgeschlossener linearer Unterraum des Banachraumes $X$ über $\mathbb{K}$. Dann wird der Faktorraum $X/L$ (vgl. 11.2.3.) bezüglich der Norm**

$$\|[u]\| := \inf_{v \in [u]} \|v\| \qquad \textbf{für alle} \quad [u] \in X/L$$

**zu einem Banachraum über $\mathbb{K}$. Wir erinnern daran, daß $[u] = u + L$ gilt.**

Den wichtigen Begriff der topologischen direkten Summe findet man in 11.2.3.

## 11.2.5. Hilberträume

In einem Prä-Hilbertraum ist ein *Skalarprodukt* $(u,v)$ (oder inneres Produkt) gegeben, welches das Skalarprodukt **uv** für Vektoren im $\mathbb{R}^3$ verallgemeinert. Damit steht der Begriff der *Orthogonalität* zur Verfügung. Gilt das fundamentale Cauchysche Konvergenzkriterium in einem Prä-Hilbertraum, dann heißt dieser ein Hilbertraum.

**Prä-Hilberträume:** Unter einem Prä-Hilbertraum über $\mathbb{K}$ versteht man einen linearen Raum $X$ über $\mathbb{K}$, wobei jedem Elementepaar $u, v \in X$ eine Zahl $(u, v) \in \mathbb{K}$ zugeordnet ist, so daß für alle $u, v, w \in X$ und $\alpha, \beta \in \mathbb{K}$ gilt:

(i) $(u, u) \geq 0$; $(u, u) = 0$ genau dann, wenn $u = 0$;

(ii) $(w, \alpha u + \beta v) = \alpha(w, u) + \beta(w, v)$;

(iii) $\overline{(u, v)} = (v, u)$.

Die Zahl $(u, v)$ heißt das Skalarprodukt zwischen $u$ und $v$. Aus (ii) und (iii) folgt[20)]

$$(\alpha u + \beta v, w) = \overline{\alpha}(u, w) + \overline{\beta}(v, w) \qquad \text{für alle} \quad u, v, w \in X\,, \quad \alpha, \beta \in \mathbb{K}.$$

Dabei ist $\overline{\alpha}$ die konjugiert komplexe Zahl zu $\alpha$. Jeder Prä-Hilbertraum ist ein normierter Raum bezüglich der Norm

$$\|u\| := (u, u)^{1/2}\,.$$

Die wichtigste Ungleichung in einem Prä-Hilbertraum $X$ ist die *Schwarzsche Ungleichung*

$$|(u, v)| \leq \|u\|\,\|v\| \qquad \text{für alle} \quad u, v \in X\,.$$

Das Skalarprodukt ist stetig, d.h., aus $u_n \to u$ und $v_n \to v$ für $n \to \infty$ folgt $(u_n, v_n) \to (u, v)$.

**Hilberträume:** Unter einem Hilbertraum versteht man einen Prä-Hilbertraum, der bezüglich der Norm $\|.\|$ ein Banachraum ist.

Jeder endlichdimensionale Prä-Hilbertraum ist ein Hilbertraum.

**Unitäre Äquivalenz:** Sind $X$ und $Y$ Prä-Hilberträume über $\mathbb{K}$, dann versteht man unter einem *unitären Operator* $U: X \to Y$ einen linearen bijektiven Operator, der das Skalarprodukt invariant läßt, d.h., es ist

$$(Uu, Uv) = (u, v) \qquad \text{für alle} \quad u, v \in X\,.$$

Genau dann, wenn ein solcher Operator existiert, heißen $X$ und $Y$ unitär äquivalent.

Bei einem unitären Operator bleiben alle für einen Prä-Hilbertraum typischen Eigenschaften erhalten. Deshalb kann man unitär äquivalente Prä-Hilberträume (bzw. Hilberträume) miteinander identifizieren.

**Orthogonalität:** Zwei Elemente $u$ und $v$ eines Prä-Hilbertraumes $X$ heißen genau dann zueinander *orthogonal*, wenn $(u, v) = 0$ gilt. Dafür schreiben wir $u \perp v$. Es gilt der *Satz des Pythagoras*

$$\|u + v\|^2 = \|u\|^2 + \|v\|^2 \qquad \text{für alle} \quad u, v \in X \quad \text{mit} \quad u \perp v\,.$$

Ferner hat man die sogenannte *Parallelogrammgleichung*

$$\|u + v\|^2 + \|u - v\|^2 = 2(\|u\|^2 + \|v\|^2) \qquad \text{für alle} \quad u, v \in X\,.$$

Weitere wichtige Orthogonalitätseigenschaften von Hilberträumen findet man in 11.3.2. im Zusammenhang mit dem Hauptsatz über quadratische Variationsprobleme.

**Dichtheitskriterium:** Eine Teilmenge $D$ des Hilbertraumes $X$ ist genau dann dicht, wenn aus $(u, \varphi) = 0$ für alle $\varphi \in D$ stets $u = 0$ folgt.

---

[20)] In der mathematischen Literatur definiert man häufig $(\alpha u + \beta v, w) = \alpha(u, w) + \beta(v, w)$. Wir verwenden hier die Konvention der Physiker, die durch den eleganten Dirac-Kalkül diktiert wird [vgl. Zeidler 1995].

**Vervollständigungsprinzip:** Es sei $X$ ein Prä-Hilbertraum über $\mathbb{K}$. Dann existiert eine bis auf unitäre Äquivalenz eindeutige Erweiterung von $X$ zu einem Hilbertraum $Y$ über $\mathbb{K}$, in dem $X$ dicht liegt.[21)]

### 11.2.5.1. Standardbeispiele für Hilberträume

*Standardbeispiel 1:* Der Raum $\mathbb{K}^N$ wird mit dem Skalarprodukt

$$\langle x \,|\, y \rangle := \sum_{k=1}^{N} \overline{\xi}_k \eta_k \qquad \text{für alle} \quad x, y \in \mathbb{K}^N$$

zu einem $N$-dimensionalen Hilbertraum über $\mathbb{K}$. Dabei setzen wir $x = (\xi_1, \ldots, \xi_N)$ und $y = (\eta_1, \ldots, \eta_N)$ mit $\xi_k, \eta_k \in \mathbb{K}$. Die zugehörige Norm

$$|x| := \langle x | x \rangle^{1/2} = \Big(\sum_{k=1}^{N} |\xi_k|^2\Big)^{1/2}$$

bezeichnen wir als *euklidische Norm.*

**Struktursatz:** Es sei $N = 1, 2, \ldots$. Dann ist jeder $N$-dimensionale Hilbertraum über $\mathbb{K}$ unitär äquivalent zu $\mathbb{K}^N$.

*Standardbeispiel 2:* Der Folgenraum $l_2$ (bzw. $l_2^{\mathbb{C}}$) wird mit Hilfe des Skalarprodukts

$$(x, y) := \sum_{k=1}^{\infty} \overline{\xi}_k \eta_k \qquad \text{für alle} \quad x, y \in l_2 \quad (\text{bzw. } \in l_2^{\mathbb{C}})$$

zu einem unendlichdimensionalen Hilbertraum über $\mathbb{K}$ (vgl. Beispiel 9 in 11.2.4.).

**Struktursatz:** Jeder unendlichdimensionale separable Hilbertraum über $\mathbb{R}$ (bzw. $\mathbb{C}$) ist unitär äquivalent zu $l_2$ (bzw. $l_2^{\mathbb{C}}$).

*Standardbeispiel 3:* Es sei $M$ eine nichtleere offene Menge in $\mathbb{R}^N$. Dann wird der Raum $L_2(M)$ bezüglich des Skalarprodukts

$$(u, v) := \int_M u(x) v(x) \, dx \qquad \text{für alle} \quad u, v \in L_2(M)$$

zu einem unendlichdimensionalen reellen separablen Hilbertraum (vgl. Standardbeispiel 7 in 11.2.4.).

*Beispiel 4:* Der Raum $L_2^{\mathbb{C}}(M)$ wird bezüglich des Skalarprodukts

$$(u, v) := \int_M \overline{u(x)} v(x) \, dx \qquad \text{für alle} \quad u, v \in L_2^{\mathbb{C}}(M)$$

zu einem unendlichdimensionalen *komplexen* separablen Hilbertraum, der in der Quantenmechanik eine grundlegende Rolle spielt.

---

[21)] Wie bei der Vervollständigung eines metrischen Raumes besteht $Y$ aus allen Äquivalenzklassen von Cauchyfolgen $[(u_n)]$ (vgl. 11.2.2.). Das Skalarprodukt auf $Y$ ergibt sich durch

$$(u, v) := \lim_{n \to \infty} (u_n, v_n) \quad \text{mit} \quad u = [(u_n)] \quad \text{und} \quad v = [(v_n)] \,.$$

Die Schwarzsche Ungleichung in $L_2^{\mathbb{C}}(M)$ lautet explizit:

$$\Big|\int_M \overline{u(x)}v(x)\,dx\Big| \le \Big(\int_M |u(x)|^2\,dx\Big)^{1/2}\Big(\int_M |v(x)|^2\,dx\Big)^{1/2} \tag{11.43}$$

für alle $u, v \in L_2^{\mathbb{C}}(M)$.

**Fortsetzungsprinzip für Operatoren:** Es sei $A\colon D(A) \subseteq X \to Y$ ein linearer Operator, wobei $X$ und $Y$ normierte Räume über $\mathbb{K}$ sind und $D(A)$ dicht in $X$ liegt. Ferner setzen wir voraus, daß es eine Konstante $c$ gibt, so daß

$$\|Au\| \le c\,\|u\| \tag{11.44}$$

für alle $u \in D(A)$ gilt. Dann läßt sich $A$ eindeutig zu einem linearen stetigen Operator $A\colon X \to Y$ fortsetzen, so daß (11.44) für alle $u \in X$ gilt.

*Standardbeispiel 5* (Fouriertransformation): Die durch

$$(\mathscr{F}u)(x) := (2\pi)^{-N/2}\int_{\mathbb{R}^N} e^{-i(x|y)}u(y)\,dy$$

gegebene Fouriertransformation $\mathscr{F}\colon \mathscr{S}(\mathbb{R}^N) \to \mathscr{S}(\mathbb{R}^N)$ (vgl. 10.4.6.) läßt sich eindeutig zu einem *unitären* Operator

$$\mathscr{F}\colon L_2^{\mathbb{C}}(\mathbb{R}^N) \to L_2^{\mathbb{C}}(\mathbb{R}^N)$$

fortsetzen, den man die verallgemeinerte Fouriertransformation nennt.

**Dualität** (Satz von Riesz): Es sei $X$ ein Hilbertraum über $\mathbb{K}$. Dann erhält man genau alle linearen stetigen Funktionale $f\colon X \to \mathbb{K}$ durch

$$f(u) = (v, u)$$

für alle $u \in X$ und festes $v \in X$. Zusätzlich gilt $\|f\| = \|v\|$.

Setzen wir $Jv := f$, dann ist die sogenannte

**Dualitätsabbildung** $J\colon X \to X^*$ antilinear und normerhaltend, d.h., für alle $u, v \in X$ und $\alpha, \beta \in \mathbb{K}$ gilt:

$$J(\alpha u + \beta v) = \overline{\alpha}Ju + \overline{\beta}Jv\,, \qquad \|Jv\| = \|v\|\,.$$

Jeder Hilbertraum ist reflexiv.

### 11.2.5.2. Der adjungierte Operator

Im folgenden bezeichne $X$ einen Hilbertraum über $\mathbb{K}$. Es sei

$$A\colon D(A) \subseteq X \to X$$

ein linearer Operator, wobei $D(A)$ in $X$ dicht liegt. Dann gibt es genau einen linearen Operator

$$A^*\colon D(A^*) \subseteq X \to X$$

mit der Eigenschaft

$$(f, Au) = (A^*f, u) \qquad \text{für alle} \quad f \in D(A^*)\,, u \in D(A)\,.$$

Wir nennen $A^*$ den zu $A$ *adjungierten* Operator. Es gilt

$$(A^{-1})^* = (A^*)^{-1},$$

falls $A$ injektiv und $R(A)$ dicht in $X$ ist.

Ist $A: X \to X$ linear und stetig, dann hat auch $A^*: X \to X$ diese Eigenschaft, und es gilt $\|A\| = \|A^*\|$.

Sind $A, B: X \to X$ lineare stetige Operatoren, dann ist für alle $\alpha, \beta \in \mathbb{K}$:

$$(AB)^* = B^* A^*, \quad A^{**} = A \quad \text{und} \quad (\alpha A + \beta B)^* = \overline{\alpha} A^* + \overline{\beta} B^* .$$

**Symmetrische und selbstadjungierte Operatoren:** Es sei $A: D(A) \subseteq X \to X$ ein linearer Operator, wobei $D(A)$ in $X$ dicht liegt. Dann heißt $A$ genau dann *symmetrisch*, wenn

$$(u, Av) = (Au, v) \qquad \text{für alle} \quad u, v \in D(A)$$

gilt. Das ist gleichbedeutend mit $A \subseteq A^*$.

Der Operator $A$ heißt genau dann *selbstadjungiert*, wenn $A = A^*$ gilt.

Beispiele für selbstadjungierte Integral- und Differentialoperatoren findet man in 11.3.3. (Hilbert-Schmidt-Theorie) und in 11.3.5. (Fortsetzung von Friedrichs). Selbstadjungierte Operatoren sind von grundlegender Bedeutung für die mathematische Physik, insbesondere für die Quantenphysik.

**Unitäre Operatoren:** Ein linearer stetiger Operator $U: X \to X$ ist genau dann unitär, wenn $UU^* = U^*U = I$ gilt.

### 11.2.5.3. Der duale Operator

Im folgenden bezeichnen $X$ und $Y$ Banachräume über $\mathbb{K}$. Es sei

$$A: D(A) \subseteq X \to Y$$

ein linearer Operator, wobei $D(A)$ dicht in $X$ liegt. Dann gibt es genau einen linearen Operator

$$A^{\mathrm{T}}: D(A^{\mathrm{T}}) \subseteq Y^* \to X^* ,$$

mit der Eigenschaft

$$\langle f, Av \rangle = \langle A^{\mathrm{T}} f, v \rangle \qquad \text{für alle} \quad f \in D(A^{\mathrm{T}}), v \in D(A) .$$

Wir nennen $A^{\mathrm{T}}$ den zu $A$ *dualen* (oder transponierten) Operator.

Ist $A: X \to Y$ linear und stetig, dann hat auch $A^{\mathrm{T}}: Y^* \to X^*$ diese Eigenschaft, und es gilt $\|A\| = \|A^{\mathrm{T}}\|$.

Sind $A, B: X \to Y$ lineare stetige Operatoren, dann gilt für alle $\alpha, \beta \in \mathbb{K}$:

$$(\alpha A + \beta B)^{\mathrm{T}} = \alpha A^{\mathrm{T}} + \beta B^{\mathrm{T}} .$$

Es seien $A: X \to Y$ und $B: Y \to Z$ lineare stetige Operatoren. Dann gilt

$$(AB)^{\mathrm{T}} = B^{\mathrm{T}} A^{\mathrm{T}} .$$

Der inverse Operator $A^{-1}: Y \to X$ existiert genau dann, wenn der inverse Operator $(A^{\mathrm{T}})^{-1}: X^* \to Y^*$ existiert. In diesem Fall ist $(A^{\mathrm{T}})^{-1} = (A^{-1})^{\mathrm{T}}$. Ferner hat man $A^{\mathrm{TT}} = A$, falls $X$ und $Y$ reflexiv sind.

*Beispiel 6:* Es sei $X = \mathbb{K}^N$. Nach Beispiel 1 in 11.2.3. entspricht jeder lineare stetige Operator $A: X \to X$ einer Matrix $(a_{ij})$. Dann gehört zum adjungierten Operator $A^*$ die zu $(a_{ij})$ adjungierte Matrix $(a^*_{ij})$, d.h., es ist $a^*_{ij} = \overline{a}_{ij}$.

Nach Beispiel 7 in 11.2.3. entspricht dem dualen Operator $A^{\mathrm{T}}: X^* \to X^*$ (mit $X^* \equiv X^{\mathrm{T}}$) die zu $(a_{ij})$ duale Matrix $(a^{\mathrm{T}}_{ij})$, d.h., es ist $a^{\mathrm{T}}_{ij} = a_{ji}$.

*Beispiel 7:* Es sei $A: D(A) \subseteq X \to X$ ein linearer Operator auf dem Hilbertraum $X$ über $\mathbb{K}$, wobei $D(A)$ dicht in $X$ liegt. Dann gilt

$$A^* = J^{-1} A^{\mathrm{T}} J ,$$

wobei $J: X \to X^*$ die Dualitätsabbildung bezeichnet.

## 11.2.6. Sobolevräume

Die moderne Theorie der partiellen Differentialgleichungen basiert wesentlich auf Sobolevräumen und den zugehörigen Einbettungssätzen. Dabei spielen *verallgemeinerte Ableitungen* eine zentrale Rolle.

In diesem Abschnitt sei $\Omega$ eine nichtleere offene Menge des $\mathbb{R}^N$, $N = 1, 2, \ldots$. Wie in 10.1.3. bezeichnet $C_0^\infty(\Omega)$ die Menge aller glatten Testfunktionen, die in einem Randstreifen von $\Omega$ verschwinden, und $\partial^\alpha u$ steht für eine partielle Ableitung der Ordnung $|\alpha|$. Ferner setzen wir $\partial_j u(x) := \partial u(x)/\partial \xi_j$ mit $x = (\xi_1, \ldots, \xi_n)$.

**Die Schlüsselformel der partiellen Integration:** Besitzt die Funktion $u: \Omega \to \mathbb{R}$ stetige partielle Ableitungen bis zur Ordnung $|\alpha|$, dann ergibt sich durch mehrfache partielle Integration:

$$\int_\Omega u(x)\partial^\alpha \varphi(x)\,\mathrm{d}x = (-1)^{|\alpha|} \int_\Omega v(x)\varphi(x)\,\mathrm{d}x \quad \text{für alle} \quad \varphi \in C_0^\infty(\Omega), \tag{11.45}$$

wobei wir $v(x) = \partial^\alpha u(x)$ setzen.

Die *Grundidee* der Definition verallgemeinerter Ableitungen besteht darin, daß Gleichung (11.45) auch für gewisse *nichtglatte* Funktionen $u$ gültig bleibt, falls man die Funktionen $v$ jeweils geeignet wählt.

**Definition verallgemeinerter Ableitungen:** Die Funktionen $u$ und $v$ seien auf jeder kompakten Teilmenge von $\Omega$ integrierbar (im Sinne von Lebesgue), und es gelte (11.45). Dann schreiben wir

$$v = \partial^\alpha u$$

und nennen $v$ eine verallgemeinerte Ableitung [22] von $u$ auf $\Omega$ vom Typ $\partial^\alpha$.

Diese verallgemeinerte Ableitung ist *eindeutig* durch $u$ festgelegt bis auf Änderungen der Werte von $v$ auf einer Menge vom Maß null (z.B. Änderung in endlich vielen Punkten).

*Beispiel 1:* Setzen wir $u(x) := |x|$, $x \in \mathbb{R}$, und

$$v(x) = \begin{cases} 1 & \text{für } x > 0, \\ -1 & \text{für } x < 0, \\ \text{beliebig} & \text{für } x = 0, \end{cases}$$

[22] Diese Definition ist ein Spezialfall der Ableitung im Sinne der Distributionentheorie, falls man $u$ und $v$ als Distributionen auffaßt (vgl. 10.4.).

**dann erhält man für alle Testfunktionen $\varphi \in C_0^\infty(\mathbb{R})$ durch partielle Integration die Beziehung**

$$\int_{-\infty}^{\infty} u(x)\varphi'(x)\,\mathrm{d}x = \int_0^{\infty} u\varphi'\,\mathrm{d}x + \int_{-\infty}^{0} u\varphi'\,\mathrm{d}x = -u(0)\varphi(0) + u(0)\varphi(0)$$

$$- \int_{-\infty}^{\infty} v(x)\varphi(x)\,\mathrm{d}x = - \int_{-\infty}^{\infty} v(x)\varphi(x)\,\mathrm{d}x\,.$$

**Deshalb gilt $v = u'$ im verallgemeinerten Sinne auf $\Omega = \mathbb{R}$.**

**Im klassischen Sinne hat man nur $u'(x) = v(x)$ für alle $x \neq 0$.**

**Definition der Sobolevräume: Es sei $1 \leq p < \infty$ und $m = 0, 1, \ldots$. Der Sobolevraum $W_p^m(\Omega)$ besteht aus genau allen Funktionen $u \in L_p(\Omega)$, die verallgemeinerte Ableitungen $\partial^\alpha u \in L_p(\Omega)$ bis zur Ordnung $m$ haben. Bezüglich der Norm**

$$\|u\|_{m,p} := \Big( \sum_{0 \leq |\alpha| \leq m} \int_\Omega |\partial^\alpha u|^p \,\mathrm{d}x \Big)^{1/p}$$

**wird $W_p^m(\Omega)$ zu einem reellen Banachraum, falls wir Funktionen miteinander identifizieren, die sich nur auf einer Menge vom Maß null unterscheiden.**

**Der Abschluß von $C_0^\infty(\Omega)$ in dem Banachraum $W_p^m(\Omega)$ wird mit $\mathring{W}_p^m(\Omega)$ bezeichnet, d.h., $\mathring{W}_p^m(\Omega)$ ist der kleinste abgeschlossene lineare Unterraum von $W_p^m(\Omega)$, in dem $C_0^\infty(\Omega)$ dicht liegt.**

**Der Sobolevraum $W_p^m(\Omega)$ ist *separabel*. Ferner ist $W_2^m(\Omega)$ ein Hilbertraum mit dem Skalarprodukt**

$$(u, v)_{m,2} = \sum_{0 \leq |\alpha| \leq m} \int_\Omega \partial^\alpha u \partial^\alpha v \,\mathrm{d}x\,.$$

**Stückweise glatter Rand $\partial\Omega$: Viele Aussagen über Sobolevräume gelten unter der folgenden Voraussetzung:**

**(H) $\Omega$ ist ein beschränktes Gebiet des $\mathbb{R}^N$ mit stückweise glattem Rand, d.h. $\partial\Omega \in C^{0,1}$.**

**Anschaulich bedeutet die stückweise Glattheit des Randes $\partial\Omega$, daß der Rand bis auf endlich viele Ecken und Kanten glatt ist (Abb. 11.15a), wobei Nullwinkel wie in (Abb. 11.15b) ausgeschlossen werden. Präziser schreiben wir genau dann $\partial\Omega \in C^{0,1}$, wenn sich $\partial\Omega$ durch endlich viele Randflächen $S_j$ mit den beiden folgenden Eigenschaften überdecken läßt:**

**(a) In einem geeigneten kartesischen Koordinatensystem wird $S_j$ durch eine Gleichung**

$$z = \psi(y)\,, \quad y \in Q\,,$$

**beschrieben, wobei $Q$ ein offener Quader des $\mathbb{R}^{N-1}$ ist (Abb. 11.16). Die Funktion $\psi$ ist auf $Q$ Lipschitzstetig bezüglich der euklidischen Norm $|\,.\,|$, d.h., es gilt**

$$|\psi(y) - \psi(y')| \leq \text{const}\,|y - y'| \qquad \text{für alle} \quad y, y' \in Q\,.$$

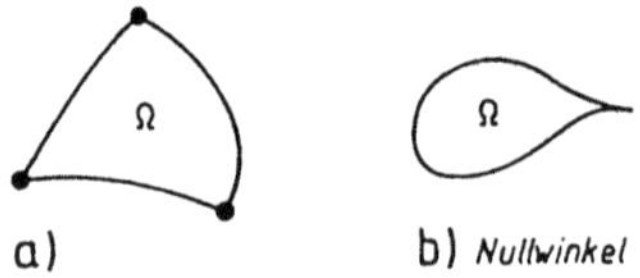


Abb. 11.15

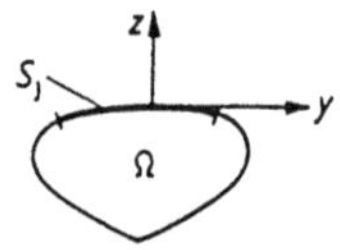


Abb. 11.16

Diese Bedingung erfaßt auch „vernünftige" Ecken und Kanten (ohne Nullwinkel).

(b) Das Gebiet $\Omega$ liegt auf einer Seite von $S_j$, d.h., es gibt eine Zahl $\gamma > 0$, so daß alle Punkte $(y, \psi(y))$ mit $-\gamma < \psi(y) < 0$, $y \in Q$, zu $\Omega$ gehören (Randstreifen), während alle Punkte $(y, \psi(y))$ mit $0 < \psi(y) < \gamma, y \in Q$, nicht zu $\Omega$ gehören [23].

**Dichtheit:** Unter der Voraussetzung (H) ist die Menge $C^m(\overline{\Omega})$ (vgl. 10.1.3.) dicht in $W_p^m(\Omega)$ (d.h., speziell ist die Menge $C^\infty(\mathbb{R}^N)$ aller auf $\mathbb{R}^N$ beliebig oft stetig differenzierbaren Funktionen dicht in $W_p^m(\Omega)$).

### 11.2.6.1. Die Sobolevschen Einbettungssätze

Sind $X$ und $Y$ zwei Banachräume mit $X \subseteq Y$, dann ordnet der lineare Einbettungsoperator $E: X \to Y$ definitionsgemäß jedem $u \in X$ das entsprechende Element in $Y$ zu. Die Einbettung $X \subseteq Y$ heißt genau dann *stetig* (bzw. kompakt), wenn $E$ stetig (bzw. kompakt) ist.[24]

**Satz 1:** Wir setzen (H) mit $0 \le k < m$, $1 \le p, q < \infty$ und $\dim \Omega = N$ voraus. Ferner setzen wir $d := (N - (m-k)p)/pN$. Dann gilt:

(i) Die Einbettungen

$$W_p^m(\Omega) \subseteq W_q^k(\Omega) \qquad \text{und} \qquad \overset{\circ}{W}{}_p^m(\Omega) \subseteq \overset{\circ}{W}{}_q^k(\Omega)$$

sind stetig für $d \le 1/q$ und kompakt für $d < 1/q$.

(ii) Die Einbettung

$$W_p^m(\Omega) \subseteq C^k(\overline{\Omega})$$

ist kompakt[25] für $d < 0$, d.h. $m - k > N/p$.

Dieser Satz besagt grob gesprochen, daß eine Funktion klassische Ableitungen bis zur Ordnung $k$ besitzt, falls sie über verallgemeinerte Ableitungen bis zu einer hinreichend hohen Ordnung $m$ verfügt.

*Beispiel 2:* Die Einbettungen

$$L_p(\Omega) \supseteq W_p^1(\Omega) \supseteq W_p^2(\Omega) \supseteq \ldots, \quad 1 \le p < \infty,$$

sind kompakt.

*Beispiel 3:* Die Einbettung $W_p^m(\Omega) \subseteq C(\overline{\Omega})$ ist kompakt, falls $m > N/p$ mit $1 \le p < \infty$ gilt. Speziell folgt daraus

$$\|u\|_{C(\overline{\Omega})} = \max_{x \in \overline{\Omega}} |u(x)| \le \text{const}\, \|u\|_{m,p} \quad \text{für alle} \quad u \in W_p^m(\Omega).$$

---

[23] Wir schreiben $\partial\Omega \in C^{m,\alpha}$, falls alle Funktionen $\psi$ zu $C^{m,\alpha}(Q)$ gehören (vgl. 11.2.4.1.).

[24] Explizit bedeutet die Stetigkeit der Einbettung $X \subseteq Y$, daß

$$\|u\|_Y \le \text{const}\, \|u\|_X \qquad \text{für alle} \quad u \in X$$

gilt. Die Kompaktheit der Einbettung $X \subseteq Y$ ist gleichbedeutend damit, daß jede in $X$ beschränkte Folge $(u_n)$ eine Teilfolge besitzt, die in $Y$ konvergiert.

[25] Genauer gibt es zu jeder Funktion $u \in W_p^m(\Omega)$ eine äquivalente Funktion $v \in C^k(\overline{\Omega})$ (d.h., $u$ und $v$ sind fast überall auf $\overline{\Omega}$ gleich). Setzen wir $Eu = v$, dann ist der Operator $E: W_p^m(\Omega) \to C^k(\overline{\Omega})$ kompakt.

### 11.2.6.2. Verallgemeinerte Randwerte

Es gelte (H). Jeder Funktion $u \in C^1(\overline{\Omega})$ ordnen wir ihre Randwerte $Ru$ auf $\partial\Omega$ zu. Der so entstehende Randoperator $R$ läßt sich eindeutig zu einem linearen stetigen Operator

$$R\colon W_p^1(\Omega) \to L_p(\Omega), \qquad 1 \le p < \infty,$$

fortsetzen, d.h., es gilt

$$\Big(\int_{\partial\Omega} |Ru|^p \,\mathrm{d}O\Big)^{1/p} \le \mathrm{const}\,\|u\|_{1,p} \qquad \text{für alle} \quad u \in W_p^1(\Omega). \tag{11.46}$$

Für jedes $u \in W_p^1(\Omega)$ heißt $Ru$ die verallgemeinerte Randfunktion zu $u$. Dabei ist $Ru$ eindeutig bestimmt bis auf Änderung der Werte von $Ru$ auf einer Menge vom Oberflächenmaß null (z.B. Änderung in endlich vielen Punkten).

*Beispiel 4:* Jede Funktion $u \in \overset{\circ}{W}{}_p^1(\Omega)$ besitzt die verallgemeinerten Randwerte null auf $\partial\Omega$.

### 11.2.6.3. Äquivalente Normen

**Satz 2:** Unter der Voraussetzung (H) ist die Norm

$$\Big(\int_\Omega \sum_{|\alpha|=m} |\partial^\alpha u|^p \,\mathrm{d}x + \sum_{k=1}^K |f_k(u)|^p\Big)^{1/p}, \qquad 1 \le p < \infty,$$

äquivalent zur Ausgangsnorm $\|.\|_{m,p}$ auf $W_p^m(\Omega)$, falls $f_1, \ldots, f_K$ lineare stetige Funktionale (oder allgemeiner Halbnormen) auf $W_p^m(\Omega)$ sind, die die zusätzliche Eigenschaft haben, daß für ein Polynom $P$ vom Grade $\le m-1$ aus $f_1(P) = \ldots = f_K(P) = 0$ stets $P \equiv 0$ folgt.

Wie die folgenden Beispiele zeigen, verbergen sich hinter diesem allgemeinen Satz wichtige Ungleichungen der Analysis.

*Beispiel 5* (Ungleichung von Poincaré): Nach Definition von $W_2^1(\Omega)$ gilt $W_2^1(\Omega) \subseteq L_2(\Omega)$ mit

$$\|u\|_{L_2(\Omega)} = \Big(\int_\Omega |u|^2 \,\mathrm{d}x\Big)^{1/2} \le \|u\|_{1,2} \qquad \text{für alle} \quad u \in W_2^1(\Omega)$$

und

$$\|u\|_{1,2} = \Big(\int_\Omega (u^2 + \sum_{j=1}^N (\partial_j u)^2)\,\mathrm{d}x\Big)^{1/2}.$$

Setzen wir $f(u) := \int_\Omega u \,\mathrm{d}x$, dann ist das Funktional $f$ auf $W_2^1(\Omega)$ linear und stetig, denn aus der Schwarzschen Ungleichung folgt

$$|f(u)| = \Big|\int_\Omega u \,\mathrm{d}x\Big| \le \Big(\int_\Omega |u|^2 \,\mathrm{d}x\Big)^{1/2} \Big(\int_\Omega \mathrm{d}x\Big)^{1/2} \le \mathrm{const}\,\|u\|_{1,2}$$

für alle $u \in W_2^1(\Omega)$. Ist $P = \mathrm{const}$, dann erhält man aus $f(P) = 0$ stets $P \equiv 0$. Somit stellt

$$\|u\|_* := \Big(\int_\Omega \sum_{j=1}^N (\partial_j u)^2 \,\mathrm{d}x + \Big|\int_\Omega u \,\mathrm{d}x\Big|^2\Big)^{1/2}$$

eine Norm auf $W_2^1(\Omega)$ dar, die äquivalent zu $\|.\|_{1,2}$ ist. Es gibt deshalb eine Konstante $C > 0$, so daß $\|u\|_{1.2} \leq C\|u\|_*$ für alle $u \in W_2^1(\Omega)$ gilt. Durch Quadrieren folgt daraus $\|u\|_{1.2}^2 \leq C^2\|u\|_*^2$, d.h.

$$\int_\Omega \Big(u^2 + \sum_{j=1}^N (\partial_j u)^2\Big)\,\mathrm{d}x \leq C^2 \Big(\int_\Omega \sum_{j=1}^N (\partial_j u)^2\,\mathrm{d}x + \Big|\int_\Omega u\,\mathrm{d}x\Big|^2\Big)$$

für alle $u \in W_2^1(\Omega)$. Das ist die sogenannte *Ungleichung von Poincaré.*

*Beispiel* 6 (Ungleichung von Poincaré-Friedrichs): Wir betrachten

$$f(u) := \int_{\partial\Omega} u\,\mathrm{d}O\,.$$

Nach (11.46) ist $f$ ein lineares stetiges Funktional auf $W_2^1(\Omega)$. Aus $P = \mathrm{const}$ und $f(P) = 0$ folgt $P \equiv 0$. Deshalb stellt

$$\|u\|_{**} := \Big(\int_\Omega \sum_{j=1}^N |\partial_j u|^2\,\mathrm{d}x + \Big|\int_{\partial\Omega} u\,\mathrm{d}O\Big|^2\Big)^{1/2}$$

eine Norm auf $W_2^1(\Omega)$ dar, die äquivalent zu $\|.\|_{1.2}$ ist. Folglich gibt es eine Konstante $C > 0$, so daß

$$\|u\|_{1.2} \leq C\|u\|_{**} \qquad \text{für alle} \quad u \in W_2^1(\Omega)$$

gilt. Nach Beispiel 4 erhalten wir daraus durch Quadrieren die Ungleichung

$$\int_\Omega \Big(u^2 + \sum_{j=1}^N (\partial_j u)^2\Big)\,\mathrm{d}x \leq C^2 \int_\Omega \sum_{j=1}^N (\partial_j^2 u)\,\mathrm{d}x$$

für alle $u \in \overset{\circ}{W}{}_2^1(\Omega)$. Das ist die sogenannte *Ungleichung von Poincaré-Friedrichs.*

### 11.2.6.4. Die Interpolationsungleichungen von Gagliardo-Nirenberg

Es sei $\Omega = \mathbb{R}^N$ oder $\Omega$ sei ein beschränktes Gebiet des $\mathbb{R}^N$ mit vernünftigem Rand, d.h. $\partial\Omega \in C^{0.1}$. Dann gilt

$$\|\partial_j u\|_{2r} \leq \mathrm{const}\,\|u\|_{2.p}^{1/2}\|u\|_q^{1/2}\,, \qquad j = 1, \ldots, N\,.$$

für alle $u \in W_p^2(\Omega) \cap L_q(\Omega)$, falls

$$p^{-1} + q^{-1} = r^{-1}\,, \qquad 1 \leq p, q, r \leq \infty\,.$$

Hierbei benutzen wir die Konvention $\infty^{-1} = 0$. Ferner gilt $x = (\xi_1, \ldots, \xi_N)$, $\partial_j := \partial/\partial\xi_j$, und $\|w\|_p$ bzw. $\|w\|_{m,p}$ bezeichnet die Norm auf $L_p(\Omega)$ bzw. $W_p^m(\Omega)$.

### 11.2.6.5. Der Moser-Kalkül (Produktregel)

Es sei $\Omega$ wie in 11.2.6.4. gegeben. Bezeichnet $\partial^\alpha$ eine partielle Ableitung der Ordnung $|\alpha|$, dann gilt

$$\|\partial^\alpha u\,\partial^\beta v\|_2 \leq \mathrm{const}(\|u\|_{m.2}\|v\|_\infty + \|v\|_{m.2}\|u\|_\infty) \tag{11.47a}$$

für alle $u, v \in W_2^m(\Omega) \cap L_\infty(\Omega)$ mit $m := |\alpha| + |\beta| \geq 0$.

Ist $m > N/2$, dann hat man die *Produktregel*

$$\|\partial^\alpha u\,\partial^\beta v\|_2 \leq \mathrm{const}\,\|u\|_{m.2}\|v\|_{m.2} \tag{11.47b}$$

sowie (11.47a) für alle $u, v \in W_2^m(\Omega)$.

Allgemeiner gilt

$$\|\partial^{\alpha_1}u_1\dots\partial^{\alpha_r}u_r\|_2 \le \text{const}\sum_{i=1}^{r}\|u_i\|_{m,2}\prod_{j=1,j\neq i}^{r}\|u_j\|_\infty \tag{11.48a}$$

für alle $u_1,\dots,u_r \in W_2^m(\Omega)\cap L_\infty(\Omega)$ und $m := |\alpha_1|+\dots+|\alpha_r| \ge 0$.

Ist $m > N/2$, dann hat man die ***Produktregel***

$$\|\partial^{\alpha_1}u_1\dots\partial^{\alpha_r}u_r\|_2 \le \text{const}\,\|u_1\|_{m,2}\cdots\|u_r\|_{m,2} \tag{11.48b}$$

sowie (11.48a) für alle $u_1,\dots,u_r \in W_2^m(\Omega)$.

## 11.2.7. Lokalkonvexe Räume

In einem normierten Raum hat man eine Norm zur Verfügung. In einem lokalkonvexen Raum wird die Norm durch ein *System von Halbnormen* ersetzt. Die Theorie der lokalkonvexen Räume besitzt ihre wichtigsten Anwendungen in der Theorie der Distributionen und in der Theorie der schwachen Konvergenz auf Banachräumen.

**Halbnormen:** Unter einer Halbnorm auf dem linearen Raum $X$ über $\mathbb{K}$ versteht man eine Abbildung $p\colon X \to \mathbb{R}$, so daß für alle $u,v \in X$ und $\alpha \in \mathbb{C}$ folgendes gilt:

(i) $p(u) \ge 0$ und $p(0) = 0$;

(ii) $p(\alpha u) = |\alpha| p(u)$;

(iii) $p(u+v) \le p(u) + p(v)$ (Dreiecksungleichung).

Jede Norm ist auch eine Halbnorm. Umgekehrt ist eine Halbnorm $p$ eine Norm, wenn zusätzlich aus $p(u) = 0$ stets $u = 0$ folgt.

**Lokalkonvexe Räume:** Unter einem lokalkonvexen Raum über $\mathbb{K}$ versteht man einen linearen Raum $X$ über $\mathbb{K}$, auf dem ein System von Halbnormen $\{p_j\}$ gegeben ist, das separiert ist, d.h. aus

$$p_j(u) = 0 \qquad \text{für alle Indizes } j \quad \text{folgt} \quad u = 0\,.$$

Jeder normierte Raum wird mit $p(u) := \|u\|$ zu einem lokalkonvexen Raum.

**Topologie:** Definitionsgemäß heißt eine Menge $U$ eines lokalkonvexen Raumes $X$ genau dann *offen*, wenn es zu jedem Punkt $u \in U$ eine Zahl $\varepsilon > 0$ und eine endliche Anzahl von Indizes $j_1,\dots,j_m$ gibt, so daß auch die Menge

$$\{u \in X\colon p_{j_k}(u-u_0) < \varepsilon\,,\ k = 1,\dots,m\}$$

zu $U$ gehört. Damit wird $X$ zu einem separierten topologischen Raum (vgl. 11.2.1.), der nicht unbedingt ein metrischer Raum zu sein braucht.

Somit hat man in einem lokalkonvexen Raum alle topologischen Begriffe zur Verfügung (z.B. Konvergenz, Stetigkeit, Kompaktheit).

**Konvergenz:** Eine Folge $(u_n)$ aus $X$ konvergiert genau dann gegen den Punkt $u \in X$, wenn

$$\lim_{n\to\infty} p_j(u_n - u) = 0 \qquad \text{für alle} \quad j$$

gilt.

**Lineare stetige Operatoren:** Es seien $X$ und $Y$ lokalkonvexe Räume über $\mathbb{K}$ mit den entsprechenden Halbnormsystemen $\{p_j\}$ und $\{q_k\}$. Dann ist der lineare Operator $A: X \to Y$ genau dann stetig, wenn es zu jeder Halbnorm $q_k$ auf $Y$ endlich viele Halbnormen $p_{j_1}, \ldots, p_{j_m}$ auf $Y$ und eine Konstante $c \geq 0$ gibt, so daß für alle $u \in X$ gilt:

$$q_k(Au) \leq c(p_{j_1}(u) + \ldots + p_{j_m}(u)).$$

**Metrisierbarkeit:** Besitzt ein lokalkonvexer Raum $X$ ein höchstens abzählbares System $\{p_j\}$ von Halbnormen, dann kann man seine Topologie aus einer Metrik $d(\ldots)$ erhalten, die durch

$$d(u, v) := \sum_j \frac{p_j(u - v)}{2^j(1 + p_j(u - v))}$$

für alle $u, v \in X$ gegeben ist.

**Standardbeispiele für lokalkonvexe Räume.** *Standardbeispiel 1* (Raum $\mathscr{S}(\mathbb{R}^N)$ der Testfunktionen): Wir setzen

$$p_{m,r}(u) := \sup_{x \in \mathbb{R}^n} (|x|^m + 1) \sum_{|\alpha| \leq r} |\partial^\alpha u(x)|.$$

Definitionsgemäß besteht $\mathscr{S}(\mathbb{R}^N)$ aus genau allen Funktionen $u: \mathbb{R}^N \to \mathbb{C}$, die stetige partielle Ableitungen beliebiger Ordnung besitzen und $p_{k,r}(u) < \infty$ für alle $k, r$ erfüllen. Dann ist $\mathscr{S}(\mathbb{R}^N)$ ein metrisierbarer lokalkonvexer Raum, der in der Theorie der Fouriertransformation eine fundamentale Rolle spielt (vgl. 10.4.6.).

*Standardbeispiel 2* (schwache Topologie eines normierten Raumes): Es sei $X$ ein normierter Raum über $\mathbb{K}$. Jedem linearen stetigen Funktional $f: X \to \mathbb{K}$ ordnen wir die Halbnorm

$$p_f(u) := |f(u)| \qquad \text{für alle} \quad u \in X$$

zu. Mit diesem Halbnormsystem $\{p_f\}$ wird $X$ zu einem lokalkonvexen Raum. Die zugehörige Topologie auf $X$ bezeichnet man als die schwache Topologie von $X$. Diese *schwache Topologie* muß nicht metrisierbar sein.

Die Konvergenz bezüglich der schwachen Topologie bezeichnet man als *schwache Konvergenz* auf $X$. Dafür schreibt man $u_n \rightharpoonup u$. Es gilt

$$u_n \rightharpoonup u \quad \text{auf } X \qquad \text{genau dann, wenn} \quad f(u_n) \to f(u)$$

für alle $f \in X^*$ gilt.

*Standardbeispiel 3* (schwache* Topologie auf $X^*$): Es sei $X$ ein normierter Raum über $\mathbb{K}$. Wir ordnen jedem Punkt $u \in X$ die Halbnorm

$$p_u(f) := |f(u)| \qquad \text{für alle} \quad f \in X^*$$

zu. Mit diesem Halbnormsystem $\{p_u\}$ wird der duale Raum $X^*$ zu einem lokalkonvexen Raum. Die zugehörige Topologie bezeichnet man als die *schwache* Topologie* auf $X^*$ (sprich: schwache Sterntopologie). Diese Topologie erzeugt die sogenannte schwache* Konvergenz auf $X^*$. Dafür schreiben wir $f_n \overset{*}{\rightharpoonup} f$. Es gilt

$$f_n \overset{*}{\rightharpoonup} f \quad \text{auf} \quad X^* \qquad \text{genau dann, wenn} \quad f_n(u) \to f(u)$$

für alle $u \in X$ gilt. Eine genauere Untersuchung der schwachen und schwachen* Konvergenz findet man in 11.5.7.

# 11.3. Existenzsätze und ihre Anwendungen auf Variationsprobleme, Differential- und Integralgleichungen

Die lineare Funktionanalysis untersucht lineare Operatorgleichungen und quadratische Variationsprobleme, die zu linearen Operatorgleichungen äquivalent sind. In diesem Abschnitt betrachten wir eine Reihe eleganter funktionalanalytischer Resultate, die das Ergebnis eines langen und mühevollen Erkenntnisprozesses der mathematischen Physik sind.

## 11.3.1. Vollständige Orthonormalsysteme und spezielle Funktionen der mathematischen Physik

Die Theorie der vollständigen Orthonormalsysteme in Hilberträumen verallgemeinert die Darstellung

$$\mathbf{v} = v_1\mathbf{i} + v_2\mathbf{j} + v_3\mathbf{k}$$

eines beliebigen Vektors $\mathbf{v}$ im $\mathbb{R}^3$ durch die Orthonormalbasis $\mathbf{i}, \mathbf{j}, \mathbf{k}$ mit $\mathbf{ij} = \mathbf{jk} = \mathbf{ki} = 0$ und $\mathbf{i}^2+\mathbf{j}^2+\mathbf{k}^2 = 1$.

**Vollständige Orthonormalsysteme:** Es sei $X$ ein separabler Hilbertraum. Ein System $\{e_0, e_1, \ldots\}$ von höchstens abzählbar vielen Elementen aus $X$ heißt genau dann ein *Orthonormalsystem*, wenn

$$(e_k, e_m) = \delta_{km} \qquad \text{für alle} \quad k, m \quad \text{gilt}.$$

Konvergiert zusätzlich die verallgemeinerte Fourierreihe

$$u = \sum_{k\geq 0} (e_k, u)e_k \tag{11.49}$$

für alle $u \in X$, dann sprechen wir von einem *vollständigen* Orthonormalsystem.

Die Konvergenz von (11.49) bezieht sich auf die Norm in $X$, d.h., es gilt

$$\lim_{n\to\infty} \|u - \sum_{k=0}^{n} (e_k, u)e_k\| = 0\,.$$

falls die Anzahl der $e_k$ unendlich ist. Die Reihe (11.49) konvergiert genau dann, wenn die Reihe

$$\sum_{k\geq 0} |(e_k, u)|^2$$

konvergiert.

**Hauptsatz:** Ein Orthonormalsystem in $X$ ist genau dann vollständig, wenn seine lineare Hülle in $X$ dicht liegt.

**Das Schmidtsche Orthogonalisierungsverfahren:** In jedem separablen Hilbertraum $X \neq \{0\}$ kann man ein vollständiges Orthonormalsystem durch die folgende Konstruktion erhalten. Wir wählen ein höchstens abzählbares System $u_0, u_1, \ldots$ von linear unabhängigen

Elementen aus $X$, deren lineare Hülle dicht in $X$ liegt. Dann ergibt sich ein vollständiges Orthonormalsystem $e_0, e_1, \ldots$ für $n = 1, 2, \ldots$ durch die Vorschrift

$$e_0 := \frac{u_0}{\|u_0\|}, \quad e_n := \frac{v_n}{\|v_n\|}, \quad v_n := u_n - \sum_{k=0}^{n-1}(e_k, u_k)e_k .$$

Liegt die lineare Hülle $L := \operatorname{span}\{u_0, u_1, \ldots\}$ nicht dicht in $X$, dann liefert dieses Verfahren ein vollständiges Orthonormalsystem im Abschluß von $L$.

**Spezielle Funktionen als vollständige Orthonormalsysteme:** Im 19. Jahrhundert wurden zahlreiche spezielle Funktionen mit den zugehörigen Reihenentwicklungen eingeführt. Alle diese Betrachtungen lassen sich funktionalanalytisch in einheitlicher Weise sehr durchsichtig behandeln.

*Standardbeispiel 1* (trigonometrische Funktionen und Fourierreihen): Im Raum $L_2(0, 2\pi)$ mit dem Skalarprodukt

$$(u, v) := \int_0^{2\pi} u(x)v(x)\,\mathrm{d}x$$

bilden die Funktionen $(2\pi)^{-1}, \pi^{-1}\cos kx, \pi^{-1}\sin kx, k = 1, 2, \ldots$, ein vollständiges Orthonormalsystem. Das führt dazu, daß die zugehörige Fourierreihe für jede Funktion $u \in L_2(0, 2\pi)$ stets im quadratischen Mittel konvergiert (vgl. 11.1.3.).

*Standardbeispiel 2* (Legendrepolynome): Wir setzen $X := L_2(-1, 1)$ mit dem Skalarprodukt $(u, v) := \int_{-1}^{1} u(x)v(x)\,\mathrm{d}x$. Wenden wir das Schmidtsche Orthogonalisierungsverfahren auf die Polynome $u_k(x) := x^k, \quad k = 0, 1, \ldots$ an, dann erhalten wir die sogenannten (normierten) *Legendrepolynome*

$$e_n(x) := \sqrt{n + 1/2}\,\frac{1}{2^n n!}\frac{d^n}{\mathrm{d}x^n}(x^2 - 1)^n, \qquad n = 0, 1, \ldots .$$

Da die lineare Hülle $\operatorname{span}\{u_0, u_1, \ldots\}$ gleich der Menge aller reellen Polynome ist und somit nach dem Approximationssatz von Weierstraß in $X$ dicht liegt, bilden die Legendrepolynome ein *vollständiges Orthonormalsystem* in $X$. Folglich konvergiert die Fourierreihe (11.49) für jedes $u \in X$, d.h., es gilt

$$\lim_{n\to\infty} \|u - \sum_{k=0}^{n} c_k e_k\|^2 = \lim_{n\to\infty} \int_{-1}^{1} \left(u(x) - \sum_{k=0}^{n} c_k e_k(x)\right)^2 \mathrm{d}x = 0$$

mit $c_k := (e_k, u) = \int_{-1}^{1} e_k(x)u(x)\,\mathrm{d}x$. Das ist die Konvergenz im quadratischen Mittel.

*Standardbeispiel 3* (Hermitesche Funktionen): Es sei $X := L_2^{\mathbb{C}}(-\infty, \infty)$ mit dem Skalarprodukt $(u, v) := \int_{-\infty}^{\infty} \overline{u(x)}v(x)\,\mathrm{d}x$. Wenden wir auf die Funktionen

$$u_k(x) := x^k \mathrm{e}^{-x^2/2}, \qquad k = 0, 1, \ldots ,$$

das Schmidtsche Orthogonalisierungsverfahren in $X$ an, dann erhalten wir die sogenannten *Hermiteschen Funktionen*

$$e_n(x) := \mathrm{e}^{-x^2/2} H_n(x), \qquad n = 0, 1, 2, \ldots .$$

mit $\alpha_n := 2^{-n/2}(n!)^{-1/2}\pi^{-1/4}$ und den sogenannten *Hermiteschen Polynomen*

$$H_n(x) := \alpha_n(-1)^n e^{x^2} \frac{d^n e^{-x^2}}{dx^n}, \qquad n = 0, 1, \ldots$$

Die Funktionen $e_0, e_1, \ldots$ bilden ein vollständiges Orthonormalsystem in $X$.

*Standardbeispiel 4* (die Laguerreschen Funktionen): Es sei $X := L_2^{\mathbb{C}}(0, \infty)$ mit dem Skalarprodukt $(u, v) := \int\limits_0^\infty \overline{u(x)} v(x)\, dx$. Wenden wir auf die Funktionen

$$u_k(x) := x^k e^{-x/2}, \qquad k = 0, 1, \ldots,$$

das Schmidtsche Orthogonalisierungsverfahren an, dann erhalten wir die sogenannten (normierten) *Laguerreschen Funktionen*

$$e_n(x) := e^{-x/2}\mathscr{L}_n(x), \qquad n = 0, 1, \ldots$$

Dabei sind

$$\mathscr{L}_n(x) := \frac{e^x}{n!} \frac{d^n}{dx^n}(e^{-x}x^n), \qquad n = 0, 1, \ldots,$$

die sogenannten *Laguerreschen Polynome*. Die Funktionen $e_0, e_1, \ldots$ bilden ein vollständiges Orthonormalsystem in $X$.

Die Funktionen aus den obigen Standardbeispielen 2 bis 4 spielen eine wichtige Rolle in der Quantenmechanik (vgl. 1.13.2.11ff.).

**Die Methode der kleinsten Quadrate:** Es sei $\{e_0, e_1, \ldots\}$ ein Orthonormalsystem in dem Hilbertraum $X \neq \{0\}$. Wir setzen $X_n := \mathrm{span}\{e_0, \ldots, e_n\}$. Dann besitzt das Minimumproblem

$$\|u - v\|^2 = \min!, \qquad v \in X_n \tag{11.50}$$

für jedes $u \in X$ und jedes $n = 0, 1, \ldots$ genau eine Lösung $v = \sum_{k=0}^n (e_k, u)e_k$. Das ist eine Partialsumme der Fourierreihe.[26] Ferner gilt die sogenannte *Besselsche Ungleichung*

$$\sum_{k=0}^n |(e_k, u)|^2 \leq \|u\|^2 \qquad \text{für alle} \quad u \in X.$$

Das endliche oder unendliche Orthonormalsystem $\{e_0, e_1, \ldots\}$ ist genau dann vollständig, wenn eine der beiden folgenden Bedingungen erfüllt ist:

(i) Für jedes $u \in X$ gilt die sogenannte *Parsevalsche Gleichung*

$$\sum_{k \geq 0} |(e_k, u)|^2 = \|u\|^2,$$

wobei über alle möglichen $k$ summiert wird.

(ii) Aus $(e_k, u) = 0$ für alle $k$ folgt stets $u = 0$.

*Beispiel:* Für $L_2(a, b)$ ist (11.50) identisch mit

$$\int\limits_a^b (u(x) - v(x))^2\, dx = \min!, \qquad v \in X_n.$$

Das ist die Gaußsche Methode der kleinsten Quadrate.

---

[26] Die Lösung $v$ ist gleichzeitig die orthogonale Projektion von $u$ auf $X_n$ (vgl. 11.3.2.).

**Der Struktursatz von Fischer-Riesz:** Es sei $X$ ein unendlichdimensionaler separabler Hilbertraum über $\mathbb{R}$ (bzw. über $\mathbb{C}$) mit dem vollständigen Orthonormalsystem $\{e_0, e_1, \ldots\}$. Ordnen wir jedem $x = (\xi_0, \xi_1, \ldots)$ in $l_2$ (bzw. $l_2^{\mathbb{C}}$) das Element

$$u = \sum_{k=0}^{\infty} \xi_k e_k \tag{11.51}$$

zu, dann ist die Abbildung $x \mapsto u$ ein unitärer Operator von $l_2$ (bzw. $l_2^{\mathbb{C}}$) auf $X$. Folglich ist $X$ unitär äquivalent zu $l_2$ (bzw. $l_2^{\mathbb{C}}$).

In (11.51) gilt $\xi_k = (e_k, u)$, d.h., $\xi_0, \xi_1, \ldots$ sind die Fourierkoeffizienten von $u$.

## 11.3.2. Quadratische Minimumprobleme und das Dirichletproblem

Wir untersuchen das *Minimumproblem*

$$\frac{1}{2}a(u,u) - b(u) = \min!, \quad u \in X \tag{11.52}$$
$$u - u_0 \in L \qquad \text{(„Randbedingung")}$$

für ein fest vorgegebenes Element $u_0 \in X$.

**Hauptsatz über quadratische Minimumprobleme in Hilberträumen:** Das Problem (11.52) besitzt eine eindeutige Lösung $u$, falls folgende Bedingungen erfüllt sind:

(i) $L$ ist ein abgeschlossener linearer Unterraum des reellen Hilbertraumes $X$.

(ii) $b$: $X \to \mathbb{R}$ ist ein lineares stetiges Funktional auf $X$.

(iii) $a$: $X \times X \to \mathbb{R}$ ist bilinear, symmetrisch und beschränkt, d.h., für alle $u, v, w \in X$ und $\alpha, \beta \in \mathbb{R}$ gilt:

$$a(\alpha u + \beta v, w) = \alpha a(u,w) + \beta a(v,w), \qquad a(u,v) = a(v,u),$$
$$|a(u,v)| \le \text{const}\, \|u\|\, \|v\|.$$

(iv) $a(.,.)$ ist *positiv definit* auf $L$, d.h., es gibt eine Konstante $c > 0$, so daß

$$c\|u\|^2 \le a(u,u) \qquad \text{für alle} \quad u \in L \quad \text{gilt.}$$

Bei Anwendungen auf partielle Differentialgleichungen ist $X$ ein *Sobolevraum*. Die Beschränktheit $|a(u,v)| \le \|u\|\,\|v\|$ folgt dann aus der *Schwarzschen Ungleichung*, während sich $c\|u\|^2 \le a(u,u)$ aus *äquivalenten Normierungen* von Sobolevräumen ergibt (z.B. Ungleichung von Poincaré-Friedrichs).

**Korollar:** Das Ausgangsproblem (11.52) ist äquivalent zur sogenannten verallgemeinerten *Eulerschen Gleichung*

$$a(u,\varphi) = b(\varphi) \quad \text{für alle } \varphi \in D \text{ und festes } u \in X \text{ mit } u - u_0 \in L. \tag{11.52*}$$

Hier bezeichnet $D$ eine dichte Menge in $L$. Deshalb ist die eindeutige Lösung $u$ von (11.52) auch die eindeutige Lösung von (11.52*).

**Anwendung auf das Dirichletproblem:** Es sei $\Omega$ eine nichtleere beschränkte offene Menge des $\mathbb{R}^3$. Wir betrachten das Variationsproblem

$$\int_\Omega \left[\frac{1}{2}(u_\xi^2 + u_\eta^2 + u_\zeta^2) - fu\right] dx = \min!, \tag{11.53}$$
$$u = u_0 \quad \text{auf} \quad \partial\Omega \qquad \text{(Randbedingung)}$$

zusammen mit der klassischen Eulerschen Gleichung

$$-\Delta u = f \quad \text{auf} \quad \Omega, \tag{11.54}$$
$$u = u_0 \quad \text{auf} \quad \partial\Omega.$$

Dabei gilt $\Delta u = u_{\xi\xi} + u_{\eta\eta} + u_{\zeta\zeta}$ mit $x = (\xi, \eta, \zeta)$. Multiplizieren wir die erste Gleichung in (11.54) mit der Testfunktion $\varphi \in C_0^\infty(\Omega)$, dann ergibt sich nach partieller Integration

$$\int_\Omega (u_\xi\varphi_\xi + u_\eta\varphi_\eta + u_\zeta\varphi_\zeta)\,\mathrm{d}x = \int_\Omega f\varphi\,\mathrm{d}x \quad \text{für alle} \quad \varphi \in C_0^\infty(\Omega). \tag{11.54*}$$

Das ist das sogenannte verallgemeinerte Problem zum klassischen Randwertproblem (11.54). Auf die Geschichte dieses berühmten Dirichletproblems sind wir bereits in 11.1.4. eingegangen.

Um das Dirichletproblem funktionalanalytisch mit Hilfe des Hauptsatzes über quadratische Minimumprobleme zu behandeln, setzen wir

$$X := W_2^1(\Omega), \qquad L := \overset{\circ}{W}{}_2^1(\Omega), \qquad D := C_0^\infty(\Omega).$$

Als verallgemeinerte Problemstellung zu (11.53) betrachten wir das Minimumproblem

$$\int_\Omega \left[\frac{1}{2}(u_\xi^2 + u_\eta^2 + u_\zeta^2) - fu\right]\mathrm{d}x = \min! \quad u \in X, \tag{11.55}$$
$$u - u_0 \in L \qquad \text{(Randbedingung)}.$$

Dabei ist $u_0 \in X$ gegeben. Diese Problemstellung ist eine sinnvolle Verallgemeinerung des klassischen Problems (11.53), denn nach 11.2.6. besitzt jede Funktion $u$ aus $X$ quadratisch integrable (verallgemeinerte) erste partielle Ableitungen. Ferner haben die Funktionen aus $L$ (verallgemeinerte) Nullrandwerte. Somit entspricht $u - u_0 \in L$ der Randbedingung „$u - u_0 = 0$ auf $\partial\Omega$" (im verallgemeinerten Sinne). Anstelle von (11.54*) betrachten wir die Aufgabe

$$\int_\Omega (u_\xi\varphi_\xi + u_\eta\varphi_\eta + u_\zeta\varphi_\zeta)\,\mathrm{d}x = \int_\Omega f\varphi\,\mathrm{d}x \quad \text{für alle} \quad \varphi \in C_0^\infty(\Omega), \tag{11.55*}$$
$$u - u_0 \in L, \qquad u \in X.$$

Setzen wir nun

$$a(u,v) := \int_\Omega (u_\xi v_\xi + u_\eta v_\eta + u_\zeta v_\zeta)\,\mathrm{d}x, \quad b(u) := \int_\Omega fu\,\mathrm{d}x, \quad D := C_0^\infty(\Omega),$$

dann entspricht (11.55) dem abstrakten Minimumproblem (11.52), und (11.55*) entspricht der verallgemeinerten Eulerschen Gleichung (11.52*).

**Existenz- und Eindeutigkeitssatz für das Dirichletproblem:** Für jedes vorgegebene Funktionenpaar $f \in L_2(\Omega)$ und $u_0 \in W_2^1(\Omega)$ besitzt das Dirichletproblem (11.55) genau eine Lösung $u$, die gleichzeitig die eindeutige Lösung der verallgemeinerten Eulerschen Gleichung (11.55*) ist.

**Korollar** (Regularität): Sind die vorgegebenen Funktionen $f, u_0$ und der Rand $\partial\Omega$ hinreichend glatt, dann ist auch die Lösung $u$ des Minimumproblems (11.55) hinreichen glatt, und $u$ ist gleichzeitig die eindeutige Lösung des klassischen Randwertproblems (11.54).

*Beweis des Existenz- und Eindeutigkeitssatzes:* Wir haben die Voraussetzungen des Hauptsatzes nachzuprüfen. Nach 11.2.6. ist die Norm auf dem Sobolevraum $X = \overset{\circ}{W}{}^1_2(\Omega)$ durch

$$\|u\| = \left(\int_\Omega (u^2 + u_\xi^2 + u_\eta^2 + u_\zeta^2)\,\mathrm{d}x\right)^{1/2}$$

gegeben. Die Schwarzsche Ungleichung (11.43) liefert für alle $u \in X$:

$$|b(u)| \le \left(\int_\Omega f^2\,\mathrm{d}x\right)^{1/2}\left(\int_\Omega u^2\,\mathrm{d}x\right)^{1/2} \le \mathrm{const}\,\|u\|\,.$$

d.h., $b\colon X \to \mathbb{R}$ ist ein lineares stetiges Funktional auf $X$. Die Schwarzsche Ungleichung ergibt ferner für alle $u, v \in X$:

$$\begin{aligned}|a(u,v)| &\le \left(\int_\Omega u_\xi^2\,\mathrm{d}x\right)^{1/2}\left(\int_\Omega v_\xi^2\,\mathrm{d}x\right)^{1/2} + \ldots\\ &\le \|u\|\,\|v\| + \ldots = 3\,\|u\|\,\|v\|\,,\end{aligned}$$

d.h., $a(.,.)$ ist beschränkt. Die Ungleichung

$$c\,\|u\|^2 \le a(u,u) \qquad \text{für alle} \quad u \in L$$

ist die Ungleichung von Poincaré-Friedrichs aus 11.2.6. mit $c = C^{-2}$. q.e.d.

Die analoge Anwendung des Hauptsatzes auf die zweite und dritte Randwertaufgabe für die Poissongleichung findet man in [Zeidler 1984, Bd. IIA, Kap.22].

Die gemischte dritte Randwertaufgabe für die Poissongleichung und ihre nichtlineare Verallgemeinerung wird in 14.5.4. betrachtet.

**Anwendung auf den Satz von Riesz:** Es sei $b\colon X \to \mathbb{K}$ ein lineares stetiges Funktional auf dem Hilbertraum $X$ über $\mathbb{K}$. Dann existiert ein $u_0 \in X$ mit

$$b(v) = (u_0, v) \qquad \text{für alle} \quad v \in X\,. \tag{11.56}$$

Umgekehrt erhält man für jedes $u_0 \in X$ durch (11.56) ein lineares stetiges Funktional $b$ auf $X$.

*Beweis:* Dieser Satz ist eine unmittelbare Konsequenz des Hauptsatzes über quadratische Minimumprobleme. Wir wollen das für einen reellen Hilbertraum $X$ zeigen. Dazu betrachten wir das Variationsproblem

$$\frac{1}{2}(u,u) - b(u) = \min!\,, \qquad u \in X\,.$$

Nach dem Hauptsatz existiert eine Lösung $u_0$, die der Eulerschen Gleichung (11.56) genügt.

Umgekehrt folgt aus (11.56) nach der Schwarzschen Ungleichung: $|b(v)| = |(u_0, v)| \le \|u_0\|\,\|v\| \le \mathrm{const}\,\|v\|$ für alle $v \in X$, d.h., $b$ ist linear und stetig. q.e.d.

**Anwendung auf die orthogonale Projektion und das Lotprinzip:** Es sei $X$ ein Hilbertraum über $\mathbb{K}$. Das orthogonale Komplement $M^\perp$ zu einer Teilmenge $M$ von $X$ wird durch

$$M^\perp := \{u \in X\colon (u,v) = 0 \quad \text{für alle} \quad v \in M\}$$

definiert.

**Satz (Lotprinzip):** Ist $L$ ein abgeschlossener linearer Unterraum von $X$, dann gibt es zu jedem $u \in X$ eine eindeutige Zerlegung der Form

$$u = v + v^{\perp}, \qquad v \in L, \quad v^{\perp} \in L^{\perp}. \tag{11.57}$$

Dabei ist $v$ die eindeutige Lösung des Minimumproblems

$$\|u - v\|^2 = \min!, \qquad v \in L. \tag{11.57*}$$

Geometrisch entspricht $v$ dem Lotpunkt bei der orthogonalen Projektion von $u$ auf $L$ (Abb. 11.17).

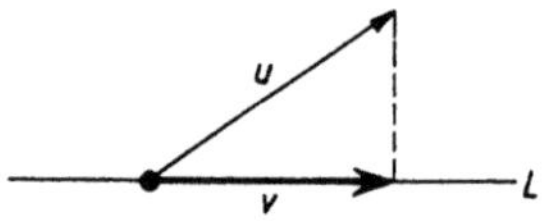

Abb. 11.17

*Beweis:* Dieser Satz ist eine Folgerung aus dem Hauptsatz über quadratische Minimumprobleme. Wir beweisen hier lediglich für einen reellen Hilbertraum, daß (11.57) aus (11.57*) folgt. Das Problem (11.57*) lautet $(u - v, u - v) = (u,u) - 2(u,v) + (v,v) = \min!,\ v \in L$. Das ist äquivalent zu

$$\frac{1}{2}(v,v) - (u,v) = \min!, \qquad v \in L.$$

Diese Aufgabe besitzt nach dem Hauptsatz über quadratische Minimumprobleme eine eindeutige Lösung $v$, die der Eulerschen Gleichung

$$(v,\varphi) = (u,\varphi) \qquad \text{für alle} \quad \varphi \in L$$

genügt. Das bedeutet $(u - v, \varphi) = 0$ für alle $\varphi \in L$, also $u - v \in L^{\perp}$. Daraus erhalten wir (11.57) mit $v^{\perp} := u - v$. q.e.d.

**Orthogonale Projektionsoperatoren:** Die Zerlegung (11.57) entspricht der direkten Summe

$$X = L \oplus L^{\perp},$$

die man eine *orthogonale direkte* Summe nennt.

Ein linearer stetiger Operator $P: X \to X$ mit $P^2 = P$ und $P^* = P$ wird *orthogonaler Projektionsoperator* genannt. Diese Definition wird durch die folgenden beiden Aussagen gerechtfertigt.

(a) Setzen wir $Pu := v$ in (11.57), dann ist $P: X \to X$ ein orthogonaler Projektionsoperator auf $L = P(X)$.

(b) Ist umgekehrt $P: X \to X$ ein orthogonaler Projektionsoperator, dann gilt $X = L \oplus L^{\perp}$ mit dem abgeschlossenen linearen Unterraum $L := P(X)$ von $X$ und $L^{\perp} = (I - P)(X)$.

**Das Äquivalenzprinzip:** Man kann zeigen, daß das Lotprinzip äquivalent ist zum Hauptsatz über quadratische Minimumprobleme und zum Satz von Riesz [vgl. Zeidler 1984, Bd. IIA]. Speziell verbirgt sich somit hinter der Lösung des Dirichletproblems die einfache geometrische Idee von Abb. 11.17.

## 11.3.3. Die Gleichung $\lambda u - Ku = f$ für kompakte symmetrische Operatoren $K$ und Integralgleichungen (Hilbert-Schmidt-Theorie)

Im folgenden verallgemeinern wir die klassische Hauptachsentransformation für symmetrische Matrizen auf Hilberträume. Dabei spielen kompakte symmetrische Operatoren die entscheidende Rolle.

**Das Eigenwertproblem:** Wir betrachten die Operatorgleichung

$$Ku = \lambda u, \qquad u \in X, \ u \neq 0 \tag{11.58}$$

in dem Hilbertraum $X$ über $\mathbb{K}$ mit $X \neq \{0\}$. Jede Lösung $\lambda \in \mathbb{K}$ (bzw. $u \in X$) von (11.58) heißt ein *Eigenwert* (bzw. ein *Eigenvektor*) von $K$. Die Maximalzahl der linear unabhängigen Eigenvektoren von $K$ zu einem festen Eigenwert $\lambda$ nennt man die *Vielfachheit* von $\lambda$.

**Satz:** Ist der lineare Operator $K: D(K) \subseteq X \to X$ symmetrisch, dann gilt:

(i) Alle Eigenwerte von $K$ sind reell.

(ii) Eigenvektoren von $K$ zu verschiedenen Eigenwerten sind orthogonal zueinander.

(iii) Ist $\{u_1, u_2, \ldots\}$ ein vollständiges Orthonormalsystem von Eigenvektoren des Operators $K$ mit $Ku_j = \lambda_j u_j$, dann gibt es außer $\lambda_1, \lambda_2, \ldots$ keine weiteren Eigenwerte von $K$.

(iv) Aus $(Ku, u) > 0$ (bzw. $\geq 0$) für alle $u \in X$ folgt $\lambda > 0$ (bzw. $\lambda \geq 0$) für alle Eigenwerte $\lambda$ von $K$.

**Der Hauptsatz:** Es sei $K: X \to X$ ein linearer *kompakter* und symmetrischer Operator.[27] Dann gilt:

(i) $K$ besitzt mindestens einen Eigenvektor.

(ii) Jeder Eigenwert $\lambda \neq 0$ von $K$ hat endliche Vielfachheit.

(iii) Auf dem orthogonalen Komplement $N(K)^{\perp}$ des Nullraumes $N(K)$ gibt es ein vollständiges Orthonormalsystem, das aus Eigenvektoren von $K$ besteht.

(iv) Folgt aus $Ku = 0$ stets $u = 0$, dann besitzt der Hilbertraum $X$ ein vollständiges Orthonormalsystem, das aus Eigenvektoren von $K$ besteht.

Dieses System erhält man, indem man auf jeden Eigenraum von $K$ das Schmidtsche Orthogonalisierungsverfahren anwendet.

**Das inhomogene Problem (Schmidtsche Reihe):** Wir betrachten jetzt die Gleichung

$$\lambda u - Ku = f, \qquad u \in X, \tag{11.59}$$

in dem Hilbertraum $X$ über $\mathbb{K}$. Gegeben seien $f \in X$ und $\lambda \in \mathbb{K}$ mit $\lambda \neq 0$. Gesucht wird $u \in X$. Wir setzen voraus, daß der lineare Operator $K: X \to X$ kompakt und symmetrisch ist. Es sei $\{u_1, u_2, \ldots\}$ ein vollständiges Orthonormalsystem auf $N(K)^{\perp}$, das aus Eigenvektoren von $K$ besteht mit $Ku_j = \lambda_j u_j$ und $\lambda_j \neq 0$ für alle $j$.

**Satz:** (a) Ist $\lambda$ kein Eigenwert von $K$, dann besitzt (11.59) die eindeutige Lösung

$$u = \frac{1}{\lambda} f + \sum_j \frac{\lambda_j}{\lambda(\lambda - \lambda_j)} (u_j, f) u_j \,. \tag{11.59*}$$

(b) Ist $\lambda$ ein Eigenwert von $K$, dann besitzt (11.59) genau dann eine Lösung, wenn $f$ orthogonal ist zum Eigenraum $E(\lambda)$ von $K$ bezüglich $\lambda$.

---

[27] Ein solcher Operator ist stets selbstadjungiert.

Eine spezielle Lösung $u_{\text{spez}}$ von (11.59) erhält man aus (11.59*), indem man nur über alle Eigenwerte $\lambda_j$ summiert, die von $\lambda$ verschieden sind.

Die allgemeine Lösung $u$ von (11.59) erhält man dann durch $u = u_{\text{spez}} + v$ bei beliebigem $v \in E(\lambda)$.

**Anwendung auf Integralgleichungen:** Wir betrachten die Integralgleichung

$$\lambda u(x) - \int_{\Omega} \mathscr{K}(x,y)u(y)\,\mathrm{d}y = f(x), \qquad x \in \Omega. \tag{11.60}$$

Dabei sei $\Omega$ eine nichtleere offene Menge des $\mathbb{R}^n$ (oder allgemeiner eine nichtleere meßbare Menge des $\mathbb{R}^n$). Gegeben seien die Funktion $f \in L_2^{\mathbb{K}}(\Omega)$ und die Zahl $\lambda \in \mathbb{K}$ mit $\lambda \neq 0$. Von dem Kern $\mathscr{K}\colon \Omega \times \Omega \to \mathbb{K}$ setzen wir voraus, daß er meßbar und quadratisch integrierbar ist, d.h., es gilt

$$\int_{\Omega\times\Omega} |\mathscr{K}(x,y)|^2\,\mathrm{d}x\,\mathrm{d}y < \infty. \tag{11.61}$$

Zusätzlich sei der Kern symmetrisch, d.h., es ist $\mathscr{K}(x,y) = \overline{\mathscr{K}(y,x)}$ für alle $x, y \in \Omega$. Setzen wir

$$(Ku)(x) := \int_{\Omega} \mathscr{K}(x,y)u(y)\,\mathrm{d}y \qquad \text{für fast alle} \quad x \in \Omega,$$

und wählen wir den Hilbertraum $X := L_2^{\mathbb{K}}(\Omega)$ mit dem Skalarprodukt

$$(u,v) := \int_{\Omega} \overline{u(x)}v(x)\,\mathrm{d}x,$$

dann ist der lineare Operator $K\colon X \to X$ kompakt und symmetrisch.

Folglich kann man alle obigen abstrakten Ergebnisse auf (11.60) anwenden und erhält eine perfekte Lösungstheorie für (11.60) sowie für das zugehörige Eigenwertproblem mit $f \equiv 0$.

*Zusatz:* Ist $\mathscr{K}$ nicht notwendigerweise symmetrisch, dann erhält man den adjungierten Operator $K^*\colon X \to X$ durch

$$(K^*u)(x) = \int_{\Omega} \overline{\mathscr{K}(y,x)}u(y)\,\mathrm{d}y \qquad \text{für fast alle} \quad x \in \Omega.$$

**Ein Variationsprinzip zur Konstruktion der Eigenlösungen:** Es sei $K\colon X \to X$ ein linearer kompakter symmetrischer Operator auf dem separablen Hilbertraum $X$ über $\mathbb{K}$ mit $X \neq \{0\}$. Dann gilt:

(i) Das Maximumproblem

$$|(Ku,u)| = \max!, \qquad u \in X, \quad \|u\| = 1 \tag{11.62}$$

besitzt eine Lösung $u_1$, die ein Eigenvektor zu $K$ ist, d.h., es gilt $Ku_1 = \lambda_1 u_1$. Dabei ist $|\lambda_1|$ der Maximalwert von (11.62).

(ii) Für $k = 2, 3, \ldots$ besitzt das Maximumproblem

$$|(Ku,u)| = \max!, \quad u \in X, \quad \|u\| = 1, \tag{11.62*}$$
$$(u_1, u) = \ldots = (u_{k-1}, u) = 0$$

eine Lösung $u_k$, die Eigenvektor von $K$ ist mit $Ku_k = \lambda_k u_k$. Dabei ist $|\lambda_k|$ der Maximalwert von (11.62*). Dieses Verfahren liefert ein vollständiges Orthonormalsystem $\{u_1, u_2, \ldots\}$ auf $X$ mit $|\lambda_1| \geq |\lambda_2| \geq \ldots$.

**Das Courantsche Maximum-Minimumprinzip:** Es sei $K: X \to X$ wie in (11.62) gegeben mit der zusätzlichen Bedingung $(Ku, u) > 0$ für alle $u \in X$, $u \neq 0$. Wir betrachten das Maximum-Minimumproblem

$$\lambda_m = \max_{M \in \mathscr{L}_m} \min_{u \in M} (Ku, u), \qquad m = 1, 2, \ldots \tag{11.63}$$

Dabei bezeichnet $\mathscr{L}_m$ die Klasse aller Mengen $M = S \cap L$, wobei $S$ die Oberfläche der Einheitskugel und $L$ ein beliebiger $m$-dimensionaler Unterraum von $X$ ist.

Dann besitzt (11.63) für jedes $m$ eine Lösung $u_m$, die Eigenvektor zu $K$ ist mit $Ku_m = \lambda_m u_m$. Ferner gilt $\lambda_1 \geq \lambda_2 \geq \ldots$. Auf diese Weise erhält man alle Eigenwerte von $K$ und ein vollständiges Orthonormalsystem $\{u_1, u_2, \ldots\}$ auf $X$.

Dieses Verfahren besitzt gegenüber (11.62*) den entscheidenden Vorteil, daß man den $m$-ten Eigenwert direkt charakterisiert. Daraus ergeben sich zum Beispiel wichtige Vergleichssätze für Eigenwerte (vgl. 11.6.4.).

### 11.3.4. Die Gleichung $Au = f$ für Fredholmoperatoren

Die Theorie der Fredholmgleichungen verallgemeinert die klassische Theorie linearer Gleichungssysteme auf Banachräume. Das Ziel sind Fredholmsche Alternativen, die sich auf große Klassen von Differential- und Integralgleichungen anwenden lassen.

Wir betrachten die Operatorgleichung

$$Au = f, \qquad u \in X \tag{11.64}$$

zusammen mit der dualen Gleichung

$$A^{\mathrm{T}} u^* = f^*, \qquad u^* \in Y^*. \tag{11.64*}$$

Der Operator $A: X \to Y$ sei ein *linearer stetiger Fredholmoperator* zwischen den Banachräumen $X$ und $Y$ über $\mathbb{K}$. Dies bedeutet, daß $A: X \to Y$ linear und stetig ist mit

$$\dim N(A) < \infty \qquad \text{und} \qquad \operatorname{codim} R(A) < \infty .$$

Die Zahl $\operatorname{ind} A := \dim N(A) - \operatorname{codim} R(A)$ heißt der *Index* von $A$. Zwischen (11.64) und (11.64*) besteht eine perfekte Dualität.

**Hauptsatz (Fredholmsche Alternative):** (i) Die Ausgangsgleichung (11.64) ist für gegebenes $f \in Y$ genau dann lösbar, wenn die Lösbarkeitsbedingung

$$\langle u^*, f \rangle = 0 \qquad \text{für alle} \quad u^* \in N(A^{\mathrm{T}}) \tag{11.65}$$

erfüllt ist.

(ii) Die duale Gleichung (11.64*) ist für gegebenes $f^* \in X^*$ genau dann lösbar, wenn die Lösbarkeitbedingung

$$\langle f^*, u \rangle = 0 \qquad \text{für alle} \quad u \in N(A) \tag{11.65*}$$

erfüllt ist.

*Zusatz* (Index null): Ist $\operatorname{ind} A = 0$ und folgt aus $Au = 0$ stets $u = 0$, dann besitzt die Ausgangsgleichung (11.64) für jedes $f \in Y$ genau eine Lösung $u = A^{-1} f$, wobei der Operator $A^{-1}: Y \to X$ stetig ist, d.h., die Lösung $u$ hängt stetig von $f$ ab.

*Kommentar:* (i) *Endlich viele Lösbarkeitsbedingungen.* Die Bedingung (11.65) ist äquivalent zu

$$\langle u_j^*, f \rangle = 0 \,, \qquad j = 1, \ldots, \dim\, N(A^{\mathrm{T}}) \,,$$

wobei $\{u_j^*\}$ eine Basis von $N(A^{\mathrm{T}})$ bezeichnet.

(ii) *Endlichdimensionale Lösungsmannigfaltigkeit:* Kennt man eine spezielle Lösung $u_{\text{spez}}$ von (11.64), dann erhält man die allgemeine Lösung von (11.64) durch $u_{\text{spez}} + N(A)$. Das ist eine lineare Mannigfaltigkeit der endlichen Dimension $k = \operatorname{codim} R(A) + \operatorname{ind} A$.

Ist speziell $A$ surjektiv, dann gilt $k = \operatorname{ind} A$.

(iii) *Die notwendigen Lösbarkeitsbedingungen sind auch hinreichend.* Ist $u$ eine Lösung von $Au = f$, dann gilt $\langle u^*, f\rangle = \langle u^*, Au\rangle = \langle A^{\mathrm{T}}u^*, u\rangle = 0$, falls $A^{\mathrm{T}}u^* = 0$. Das ist die Lösbarkeitsbedingung (11.65). Der Hauptsatz besagt, daß diese einfache notwendige Bedingung auch hinreichend für die Existenz einer Lösung $u$ von (11.64) ist.

(iv) *Eindeutigkeit impliziert Existenz für* $\operatorname{ind} A = 0$. Der Zusatz besagt: Besitzt die Gleichung (11.64) mit $\operatorname{ind} A = 0$ höchstens eine Lösung, dann hat sie für jede rechte Seite $f \in Y$ genau eine Lösung $u$.

*Beispiel 1 (endliches Gleichungssystem)*: Wir wählen $X := \mathbb{K}^n$ und $Y := \mathbb{K}^m$. Ist $A\colon \mathbb{K}^n \to \mathbb{K}^m$ ein linearer Operator, dann ist $A$ ein Fredholmoperator vom Index

$$\operatorname{ind} A = n - m \,,$$

und der Hauptsatz entspricht der Lösungstheorie für lineare Gleichungssysteme. Führt man traditionsgemäß den Rang $r := \dim R(A)$ ein, dann hat die Lösungsmannigfaltigkeit von (11.64) die Dimension $k = \dim N(A) = n - r$, während $m - r$ Lösbarkeitsbedingungen erfüllt sein müssen. Der Operator $A$ hat den gleichen Rang wie $A^{\mathrm{T}}$.

Bei unendlichdimensionalen Banachräumen hat man häufig $R(A) = \infty$, deshalb spielt der Rang im allgemeinen Fall keine Rolle. Der Index von $A$ ist entscheidend.

*Standardbeispiel 2* (kompakte Störung eines invertierbaren Operators): Der Operator

$$A := B + C$$

ist ein linearer stetiger Fredholmoperator mit $\operatorname{ind} A = 0$, falls der lineare stetige Operator $B\colon X \to Y$ bijektiv und der lineare Operator $C\colon X \to Y$ kompakt ist.

*Motivation.* Aus $Bu = 0$ folgt $u = 0$, und es ist $R(B) = Y$. Deshalb gilt $\dim N(B) = \operatorname{codim} R(B) = 0$, d.h., $B$ ist ein Fredholmoperator mit $\operatorname{ind} B = 0$.

Die obige Aussage folgt nun aus dem allgemeinen Satz, daß die kompakte Störung eines Fredholmoperators wieder einen Fredholmoperator ergibt, wobei der Index unverändert bleibt (vgl. 11.3.4.5.).

### 11.3.4.1. Die Gleichung $\lambda u - Ku = f$ in Banachräumen

Es sei $K\colon X \to X$ ein linearer kompakter Operator auf dem Banachraum $X$ über $\mathbb{K}$. Nach Standardbeispiel 2 ist $\lambda I - K$ mit $\lambda \neq 0$ ein Fredholmoperator vom Index null. Speziell folgt aus dem Hauptsatz:

(i) *Fredholmsche Alternative.* Es sei $\lambda \in \mathbb{K}$ mit $\lambda \neq 0$. Ist $\lambda$ kein Eigenwert von $K$, dann besitzt die Gleichung

$$\lambda u - Ku = f \,, \qquad u \in X \,, \tag{11.66}$$

für jedes $f \in X$ eine eindeutige Lösung $u = (\lambda I - K)^{-1} f$, die wegen der Stetigkeit von $(\lambda I - K)^{-1}\colon X \to X$ stetig von $f$ abhängt.

(ii) Ist $\lambda$ ein Eigenwert von $K$, so besitzt (11.66) für gegebenes $f \in X$ genau dann eine Lösung, wenn

$$\langle u^*, f\rangle = 0 \qquad \text{für alle} \quad u^* \in N(\lambda I - K^{\mathrm{T}})$$

gilt. Ferner ist $\dim N(\lambda I - K) = \dim N(\lambda I - K^{\mathrm{T}})$.

*Zusatz:* Alle Eigenwerte $\lambda \neq 0$ von $K$ haben endliche Vielfachheit, und sie können sich höchstens im Punkte $\lambda = 0$ häufen.

**Die Jordansche Normalform von $K$:** Es sei $\lambda = \lambda_0$ ein Eigenwert von $K$ mit $\lambda_0 \neq 0$. Wir setzen $A := (\lambda_0 I - K)$. Es ist unser Ziel, den Ausgangsraum $X$ in möglichst kleine Unterräume zu zerlegen, die alle invariant sind bezüglich $K$. Hierzu setzen wir [28]

$$N := \bigcup_{k=1}^{\infty} N(A^k), \qquad R := \bigcap_{k=1}^{\infty} R(A^k).$$

Dann gilt

$$X = N \oplus R,$$

wobei $N$ und $R$ invariante Unterräume bezüglich $K$ sind. Der Operator $A\colon R \to R(A)$ ist ein linearer Homöomorphismus. Auf dem endlichdimensionalen Raum $N$ besitzt $K$ nur den Eigenwert $\lambda_0$. Man nennt $N$ den verallgemeinerten Eigenraum zu $\lambda_0$ und $\dim N$ die algebraische Vielfachheit von $\lambda_0$.

Der Raum $N = N_1 \oplus \ldots \oplus N_k$ kann weiter in invariante Unterräume $N_j$ bezüglich $K$ zerlegt werden, so daß auf jedem $N_j$ eine Basis $e_1, \ldots, e_s$ existiert mit

$$Ke_1 = \lambda_0 e_1\,, \quad Ke_2 = \lambda_0 e_2 + e_1\,, \quad \ldots, \quad Ke_s = \lambda_0 e_s + e_{s-1}\,.$$

### 11.3.4.2. Die Gleichung $\lambda u - Ku = f$ in Hilberträumen

Es sei $K\colon X \to X$ ein linearer kompakter Operator auf dem Hilbertraum $X$ über $\mathbb{K}$. Dann gilt:

(i) *Fredholmsche Alternative.* Es sei $\lambda \in \mathbb{K}$ mit $\lambda \neq 0$. Ist $\lambda$ kein Eigenwert von $K$, dann besitzt die Gleichung

$$\lambda u - Ku = f\,, \qquad u \in X\,, \tag{11.67}$$

für jedes $f \in X$ genau eine Lösung, die stetig von $f$ abhängt.

(ii) Ist $\lambda$ ein Eigenwert von $K$, so hat (11.67) für gegebenes $f \in X$ genau dann eine Lösung $u$, wenn $(u^*, f) = 0$ für alle Lösungen $u^*$ der homogenen adjungierten Gleichung

$$\overline{\lambda} u^* - K^* u^* = 0\,, \qquad u^* \in X\,, \tag{11.67*}$$

gilt. Die Lösungsmannigfaltigkeiten von (11.67) und (11.67*) haben die gleiche Dimension.

*Zusatz:* Alle Eigenwerte $\lambda \neq 0$ von $K$ haben endliche Vielfachheit, und sie können sich höchstens im Punkte $\lambda = 0$ häufen.

Dieses Resultat erhält man aus (11.66), indem man $\overline{\lambda} I - K^* = J^{-1}(\lambda I - K^{\mathrm{T}})J^{\mathrm{T}}$ benutzt, wobei $J\colon X \to X^*$ die Dualitätsabbildung bezeichnet (vgl. 11.2.5.).

---

[28] Genauer ist $N(A) \subseteq N(A^2) \subseteq \ldots$ sowie $R(A) \supseteq R(A^2) \supseteq \ldots$, und es gibt eine Zahl $p$, so daß $N = N(A^p)$, $R = R(A^p)$ gilt, weil die Ketten an dieser Stelle konstant werden.

**Anwendung auf Integralgleichungen:** Wir betrachten die Integralgleichung

$$\lambda u(x) - \int_{\Omega} \mathscr{K}(x,y)u(y)\,\mathrm{d}y = f(x)\,, \qquad x \in \Omega\,, \tag{11.68}$$

zusammen mit der homogenen adjungierten Gleichung

$$\overline{\lambda} u^*(x) - \int_{\Omega} \overline{\mathscr{K}(y,x)}u^*(y)\,\mathrm{d}y = 0\,, \qquad x \in \Omega\,. \tag{11.68*}$$

Dabei sei $\Omega$ eine nichtleere offene Menge des $\mathbb{R}^n$ (oder allgemeiner eine nichtleere meßbare Menge des $\mathbb{R}^n$). Gegeben seien die Funktion $f \in L_2^{\mathbb{K}}(\Omega)$ und die Zahl $\lambda \in \mathbb{K}$ mit $\lambda \neq 0$. Von dem Kern $\mathscr{K}: \Omega \times \Omega \to \mathbb{K}$ setzen wir voraus, daß er meßbar und quadratisch integrierbar ist (vgl.(11.61)). Wählen wir den Hilbertraum $X = L_2^{\mathbb{K}}(\Omega)$ mit dem Skalarprodukt

$$(u,v) := \int_{\Omega} \overline{u(x)}v(x)\,\mathrm{d}x\,,$$

dann entspricht (11.68) bzw. (11.68*) den Gleichungen (11.67) bzw. (11.67*), und es gelten für die Integralgleichung (11.68) alle für (11.67) formulierten Aussagen.

### 11.3.4.3. Duale Paare

In den Anwendungen ist es häufig bequem, anstelle des dualen Raumes einfachere Räume zu verwenden. Zu diesem Zweck betrachten wir neben der Ausgangsgleichung

$$Au = f\,, \qquad u \in X\,, \tag{11.69}$$

die homogene „pseudoduale" Gleichung

$$A^D v = 0\,, \qquad v \in X\,, \tag{11.69*}$$

mit der Schlüsselrelation

$$\langle Au, v\rangle_D = \langle A^D v, u\rangle \qquad \text{für alle} \quad u, v \in X\,. \tag{11.70}$$

Wir setzen voraus:

(H1) $X$ und $X^D$ sind Banachräume über $\mathbb{K}$. Die Abbildung $(v,u) \mapsto \langle v,u\rangle_D$ ist eine beschränkte Bilinearform von $X^D \times X$ nach $\mathbb{K}$, d.h., es gilt

$$|\langle v,u\rangle_D| \le \text{const}\,\|v\| \cdot \|u\| \qquad \text{für alle} \quad v \in X^D,\ u \in X\,.$$

Ferner verlangen wir, daß die folgenden beiden Nichtentartungsbedingungen erfüllt sind:

aus $\langle v,u\rangle_D = 0$ für alle $u \in X$ folgt $v = 0$;
aus $\langle v,u\rangle_D = 0$ für alle $v \in X^D$ folgt $u = 0$.

(H2) Die beiden Operatoren $A, A^D: X \to X^D$ sind lineare stetige Fredholmoperatoren mit $\operatorname{ind} A = -\operatorname{ind} A^D$ (z.B. $\operatorname{ind} A = \operatorname{ind} A^D = 0$). Es gilt (11.70).

Man bezeichnet $\{X^D, X\}$ als ein duales Paar.

**Satz 1:** Für gegebenes $f \in X^D$ besitzt die Gleichung (11.69) genau dann eine Lösung $u$, wenn $\langle f, v\rangle = 0$ für alle Lösungen $v$ von (11.69*) gilt.

**Anwendung auf Integralgleichungen:** Es sei $\mathscr{K}\colon [a,b] \times [a,b] \to \mathbb{R}$ eine stetige Funktion mit $-\infty < a < b < \infty$. Für gegebenes $f \in C[a,b]$ besitzt die Integralgleichung

$$u(x) - \int_a^b \mathscr{K}(x,y)y(y)\,\mathrm{d}y = f(x) \qquad \text{für alle} \quad x \in [a,b] \tag{11.71}$$

genau dann eine Lösung $u \in C[a,b]$, wenn $\int_a^b f(x)v(x)\,\mathrm{d}x = 0$ für alle Lösungen $v \in C[a,b]$ von

$$v(x) - \int_a^b \mathscr{K}(y,x)v(y)\,\mathrm{d}y = 0 \tag{11.71*}$$

gilt. Das folgt aus Satz 1 mit $X = X^D = C[a,b]$ und $\langle f,u\rangle_D := \int_a^b f(x)v(x)\,\mathrm{d}x$ sowie $\operatorname{ind} A = \operatorname{ind} A^D = 0$ nach Standardbeispiel 2.

Man beachte, daß im vorliegenden Fall der duale Raum $X^* = V[a,b]$ von $X^D$ verschieden ist.

**Anwendung auf Differentialgleichungen:** Das Randwertproblem

$$\begin{aligned} &\alpha u'' + \beta u' + \gamma u = f, \qquad a < x < b, \\ &u(a) = u(b) = 0 \end{aligned} \tag{11.72}$$

mit den $C^2$-Funktionen $\alpha, \beta, \gamma\colon [a,b] \to \mathbb{R}$ und $\alpha(x) \geq \text{const} > 0$ auf $[a,b]$ besitzt für gegebenes $f \in C[a,b]$ genau dann eine Lösung $u \in C^2[a,b]$, wenn $\int_a^b f(x)v(x)\,\mathrm{d}x = 0$ für alle Lösungen $v \in C^2[a,b]$ von

$$\begin{aligned} &(\alpha v)'' - (\beta v)' + \gamma v = f, \qquad a < x < b, \\ &v(a) = v(b) = 0 \end{aligned} \tag{11.72*}$$

gilt. Das folgt aus Satz 1 mit $X := \{u \in C^2[a,b]\colon u(a) = u(b) = 0\}$, $X^D := C[a,b]$ und $\langle f,u\rangle_D := \int_a^b f(x)u(x)\,\mathrm{d}x$. Die Beziehung (11.70) erhält man durch partielle Integration.

### 11.3.4.4. Gleichungen für Bilinearformen

**Satz 2:** Die Gleichung

$$a(u,\varphi) + c(u,\varphi) = b(\varphi) \qquad \text{für alle} \quad \varphi \in D \tag{11.73}$$

besitzt genau dann eine Lösung $u \in X$, wenn $b(v) = 0$ gilt, und zwar für alle Lösungen $v \in X$ der homogenen dualen Gleichung

$$a(\varphi,v) + c(\varphi,v) = 0 \qquad \text{für alle} \quad \varphi \in D. \tag{11.73*}$$

Dabei setzen wir voraus:

(i) $b\colon X \to \mathbb{K}$ ist ein lineares stetiges Funktional auf dem Hilbertraum $X$ über $\mathbb{K}$; $D$ ist eine dichte Teilmenge von $X$.

(ii) $a,c\colon X \to X$ sind bilineare beschränkte Funktionale. Es gibt eine Konstante $\gamma > 0$, so daß

$$\gamma\|u\|^2 \leq a(u,u) \qquad \text{für alle} \quad u \in X \quad \text{gilt.}$$

(iii) Die Bilinearform $c(.,.)$ ist kompakt, d.h., aus der schwachen Konvergenz $u_n \rightharpoonup u$ und $v_n \rightharpoonup v$ in $X$ folgt $c(u_n,v_n) \to c(u,v)$ (vgl. 11.5.7.).

**Korollar (Lemma von Lax-Milgram): Ist $c(u,v) \equiv 0$, dann besitzt (11.73) für jedes $b \in X^*$ genau eine Lösung $u \in X$.**

**Anwendung auf elliptische Differentialgleichungen: Es sei $\Omega$ eine nichtleere offene beschränkte Teilmenge des $\mathbb{R}^N$. Dann besitzt das allgemeine elliptische Randwertproblem**[29]

$$-\sum_{j,k=1}^{N} \partial_k(a_{jk}\partial_j u) + \sum_{j=1}^{N} a_j \partial_j u + a_0 u = f \qquad \text{auf} \quad \Omega, \tag{11.74}$$

$$u = 0 \qquad \text{auf} \quad \partial\Omega,$$

**für gegebenes $f \in L_2(\Omega)$ genau dann eine Lösung $u \in \mathring{W}_2^1(\Omega)$, wenn $\int_\Omega f(x)v(x)\,dx = 0$ gilt, und zwar für alle Lösungen $v \in \mathring{W}_2^1(\Omega)$ der homogenen dualen Gleichung**

$$-\sum_{j,k=1}^{N} \partial_k(a_{jk}\partial_j v) - \sum_{j=1}^{N} \partial_j(a_j v) + a_0 v = 0 \qquad \text{auf} \quad \Omega, \tag{11.74*}$$

$$v = 0 \qquad \text{auf} \quad \partial\Omega.$$

**Die Lösungen sind dabei im Sinne der Distributionentheorie zu verstehen.**

**Ist $a_0 \geq 0$ auf $\Omega$ und verschwinden $a_1, \ldots, a_N$ auf $\Omega$, dann besitzt (11.74) für jedes $f \in L_2(\Omega)$ genau eine Lösung $u \in \mathring{W}_2^1(\Omega)$.**

Diese Aussage folgt aus Satz 2, indem man setzt: $X = \mathring{W}_2^1(\Omega)$ und $D = C_0^\infty(\Omega)$ sowie

$$b(u) := \int_\Omega f(x)u(x)\,dx, \qquad a(u,\varphi) := \int_\Omega \sum_{j,k=1}^{N} a_{jk}\partial_j u \partial_k \varphi\,dx,$$

$$c(u,\varphi) := \int_\Omega \Big(\sum_{j=1}^{N} (a_j \partial_j u)\varphi + a_0 u\varphi\Big)\,dx.$$

Man bezeichnet die Lösung $u$ von (11.73) als verallgemeinerte Lösung zu (11.74). Formal erhält man (11.73), indem man die erste Gleichung in (11.74) mit der Testfunktion $\varphi \in D$ multipliziert und einmal partiell integriert. Analog verfährt man mit (11.74*), um (11.73*) zu erhalten.

*Regularität:* Sind alle Daten $f, a_{jk}, a_j, \partial\Omega$ hinreichend glatt, dann ist die verallgemeinerte Lösung $u$ von (11.74) auch klassische Lösung.

Satz 2 kann benutzt werden, um Randwertaufgaben für allgemeine elliptische Differentialgleichungen $2m$-ter Ordnung ($m = 1, 2, \ldots$) zu lösen. Das findet man in [Zeidler 1984, Bd. IIA, Kap.22].

### 11.3.4.5. Eigenschaften von Fredholmoperatoren

Es seien $A: X \to Y$ und $B: Y \to Z$ lineare stetige Fredholmoperatoren, wobei $X, Y, Z$ Banachräume über $\mathbb{K}$ bezeichnen. Dann gilt:

(i) $A^T$ ist ein Fredholmoperator mit $\operatorname{ind} A^T = -\operatorname{ind} A$.

(ii) $A + C$ ist ein Fredholmoperator mit $\operatorname{ind}(A + C) = \operatorname{ind} A$, falls $C: X \to Y$ kompakt ist.

---

[29] Wir setzen voraus, daß die Funktionen $a_{km}$, $a_j$ hinreichend glatt sind (z.B. $C^2$-Funktionen auf $\overline{\Omega}$). Ferner sei die Gleichung elliptisch, d.h., es ist $a_{jk} = a_{kj}$, und es gibt eine Konstante $\gamma > 0$, so daß

$$\sum_{j,k=1}^{N} a_{jk}(z)\xi_j\xi_k \geq \gamma \sum_{j=1}^{N} \xi_j^2 \qquad \text{für alle} \quad \xi_j \in \mathbb{R} \quad \text{und} \quad z \in \overline{\Omega} \quad \text{gilt.}$$

(iii) $A + S$ ist ein Fredholmoperator mit $\operatorname{ind}(A + S) = \operatorname{ind} A$, falls $S: X \to Y$ linear und stetig ist und $\|S\| < \eta$ für eine hinreichend kleine Zahl $\eta > 0$ gilt, die von $A$ abhängt.

(iv) $AB$ ist ein Fredholmoperator mit $\operatorname{ind} AB = \operatorname{ind} A + \operatorname{ind} B$.

**Parametrix:** Der lineare stetige Operator $A: X \to Y$ ist genau dann ein Fredholmoperator, wenn es lineare stetige Operatoren $P_r, P_l: Y \to X$ und lineare kompakte Operatoren $K_r: Y \to Y$ und $K_l: X \to X$ gibt, so daß

$$AP_r = I + K_r, \qquad P_l A = I + K_l$$

gilt. Man bezeichnet $P_r$ (bzw. $P_l$) als eine Rechtsparametrix (bzw. Linksparametrix).

Die Theorie der Pseudodifferentialoperatoren stellt Hilfsmittel zur systematischen Konstruktion von Parametrices bereit [vgl. Hörmander 1983].

### 11.3.5. Die Fortsetzung von Friedrichs und lineare partielle Differentialgleichungen der mathematischen Physik

Neben der Operatorgleichung

$$Au = f, \qquad u \in D(A) \tag{11.75}$$

auf dem reellen Hilbertraum $X$ betrachten wir das Variationsproblem

$$\frac{1}{2}(Au, u) - (u, f) = \min!, \qquad u \in D(A). \tag{11.75*}$$

**Satz 1:** Ist der Operator $A: D(A) \subseteq X \to X$ symmetrisch und positiv (d.h. $(Au, u) \geq 0$ für alle $u \in D(A)$) mit dichtem Definitionsbereich $D(A)$, dann ist das Problem (11.75) äquivalent zu (11.75*).

Gilt $(Au, u) > 0$ für alle $u \in D(A)$ mit $u \neq 0$, dann hat (11.75) höchstens eine Lösung $u$.

Man nennt (11.75) die *Eulersche Gleichung* zu (11.75*).

Bei wichtigen Anwendungen versagt jedoch Satz 1, weil die Gleichung (11.75) nicht für alle $f \in X$ eine Lösung besitzt. Anstelle von (11.75) betrachtet man deshalb die verallgemeinerte Gleichung

$$A_F u = f, \qquad u \in D(A_F) \tag{11.76}$$

mit dem zugehörigen Variationsproblem

$$\frac{1}{2}(u, v)_E - (f, u) = \min!, \qquad u \in X_E \tag{11.76*}$$

und der verallgemeinerten Eulerschen Gleichung

$$(u, A\varphi) = (f, \varphi) \qquad \text{für alle} \quad \varphi \in D(A). \tag{11.76**}$$

Dabei ist $A_F: D(A_F) \subseteq X \to X$ eine Fortsetzung von $A: D(A) \subseteq X \to X$, d.h., es gilt $D(A) \subseteq D(A_F) \subseteq X$ und $A_F u = Au$ für alle $u \in D(A)$. Folglich ist jede Lösung des „verallgemeinerten“ Problems (11.76) auch eine Lösung des „klassischen“ Ausgangsproblems (11.75), während die Umkehrung nicht immer richtig ist. Da jedoch $D(A)$ dicht in $X$ liegt, unterscheiden sich $D(A)$ und $D(A_F)$ nur „wenig“ voneinander. Wir setzen voraus:

(H) Der Operator $A: D(A) \subseteq X \to X$ ist symmetrisch und positiv definit, d.h., es gibt eine Konstante $c > 0$, so daß $c\|u\|^2 \leq (Au, u)$ für alle $u \in D(A)$ gilt.

Bevor wir die Konstruktion von $A_F$ und des energetischen Raumes $X_E$ beschreiben, formulieren wir das Hauptergebnis.

**Hauptsatz:** (i) Die Fortsetzung von Friedrichs $A_{\mathrm{F}}$ des Ausgangsoperators $A$ ist ein selbstadjungierter Operator auf $X$.

(ii) Die verallgemeinerte Gleichung (11.76) besitzt für jedes $f \in X$ genau eine Lösung $u$, die zugleich die eindeutige Lösung des Variationsproblems (11.76*) und der verallgemeinerten Eulerschen Gleichung (11.76**) ist.

(iii) Der inverse Operator $A_{\mathrm{F}}^{-1}$: $X \to X$ ist linear, stetig und symmetrisch. Ist die Einbettung $X_{\mathrm{E}} \subseteq X$ kompakt, dann ist auch $A_{\mathrm{F}}^{-1}$ kompakt.

**Anwendung auf das Eigenwertproblem:** Anstelle des klassischen Problems

$$Au - \mu u = f, \qquad u \in D(A), \tag{11.77}$$

mit $\mu \in \mathbb{R}$ und $\mu \neq 0$, betrachten wir das verallgemeinerte Problem

$$A_{\mathrm{F}}u - \mu u = f, \qquad u \in D(A_{\mathrm{F}}), \tag{11.77*}$$

und das dazu äquivalente Problem

$$\lambda u - Ku = \lambda K f, \qquad u \in X, \tag{11.77**}$$

mit $K := A_{\mathrm{F}}^{-1}$ und $\lambda := \mu^{-1}$. Ist die Einbettung $X_{\mathrm{E}} \subseteq X$ kompakt, dann ist $K$: $X \to X$ nach dem Hauptsatz ein linearer symmetrischer kompakter Operator. Das hat die fundamentale Konsequenz, daß wir auf (11.77**) die gesamte Hilbert-Schmidt-Theorie aus 11.3.3. anwenden können. Speziell besitzt $K$ auf $X$ ein vollständiges Orthonormalsystem von Eigenvektoren. Das ergibt

**Satz 2:** Ist die Einbettung $X_{\mathrm{E}} \subseteq X$ kompakt, dann besitzt $A_{\mathrm{F}}$ auf $X$ ein vollständiges Orthonormalsystem von Eigenvektoren $\{u_k\}$ mit $A_{\mathrm{F}}u_k = \mu_k u_k$. Jeder Eigenwert $\mu_k$ hat endliche Vielfachheit. Ist $\dim X = \infty$, dann gilt $\mu_k \to +\infty$ für $k \to \infty$.

*Kommentar:* In den Anwendungen entspricht (11.77) einem Rand-Eigenwertproblem für eine Differentialgleichung, während (11.77**) einer Integralgleichung entspricht, deren Kern eine Greensche Funktion ist. Der energetische Raum ist ein Sobolevraum, und die kompakte Einbettung $X_{\mathrm{E}} \subseteq X$ entspricht einem Sobolevschen Einbettungssatz.

**Energetischer Raum $X_{\mathrm{E}}$:** Für alle $u, v \in D(A)$ setzen wir

$$(u, v)_{\mathrm{E}} := (Au, v) \qquad \text{und} \qquad \|u\|_{\mathrm{E}} := (u, u)_{\mathrm{E}}^{1/2}.$$

Eine Folge $(u_n)$ aus $D(A)$ heißt genau dann zulässig, wenn sie eine Cauchyfolge bezüglich $\|.\|_{\mathrm{E}}$ ist. Ein Punkt $u \in X$ gehört definitionsgemäß genau dann zu $X_{\mathrm{E}}$, wenn es eine zulässige Folge $(u_n)$ gibt, so daß $u_n \to u$ in $X$ gilt. Wir definieren

$$(u, v)_{\mathrm{E}} := \lim_{n\to\infty} (u_n, v_n)_{\mathrm{E}} \qquad \text{für alle} \quad u, v \in X_{\mathrm{E}}.$$

Diese Definition ist unabhängig von der Wahl der zulässigen Folgen. Damit wird $X_{\mathrm{E}}$ zu einem Hilbertraum bezüglich des sogenannten energetischen Skalarprodukts $(.,.)_{\mathrm{E}}$.

**Dualer energetischer Raum:** Jedem $u \in X$ läßt sich durch

$$f(v) := (u, v) \qquad \text{für alle} \quad v \in X_{\mathrm{E}}$$

ein lineares stetiges Funktional $f \in X_{\mathrm{E}}^*$ zuordnen. Die Abbildung $u \mapsto f$ von $X$ in $X_{\mathrm{E}}^*$ ist injektiv, deshalb können wir $X$ mit einer Teilmenge von $X_{\mathrm{E}}^*$ identifizieren, d.h., es ist

$$D(A) \subseteq X_{\mathrm{E}} \subseteq X \subseteq X_{\mathrm{E}}^*.$$

**Die energetische Fortsetzung** $A_E$: Die Dualitätsabbildung $J: X_E \to X_E^*$ ist ein linearer Homöomorphismus und eine Fortsetzung von $A$. Wir bezeichnen $J$ als energetische Fortsetzung $A_E$ von $A$. Die Gleichung

$$A_E u = b, \qquad u \in X_E$$

besitzt für jedes $b \in X_E^*$ genau eine Lösung $u = A_E^{-1} b$. Dabei ist $u$ gleichzeitig die eindeutige Lösung des Variationsproblems

$$\frac{1}{2}(u,u)_E - b(u) = \min!, \qquad u \in X_E.$$

**Die Fortsetzung von Friedrichs** $A_F$: Wir setzen $D(A_F) := \{u \in X_E\colon A_E u \in X\}$ und $A_F u := A_E u$ für alle $u \in D(A_F)$. Dann hat man die Fortsetzungskette

$$A \subseteq A_F \subseteq A^* \subseteq A_E.$$

Ferner ist $D(A_F) = X_E \cap D(A^*)$.

### 11.3.5.1. Anwendung auf die Poissongleichung

*Standardbeispiel 1:* Es sei $\Omega$ ein beschränktes Gebiet des $\mathbb{R}^N$ mit vernünftigem Rand (d.h. $\partial\Omega \in C^{0,1}$). Wir setzen $X := L_2(\Omega)$ mit dem Skalarprodukt $(u,v) := \int_\Omega u(x)v(x)\,dx$ sowie

$$Au := -\Delta u \qquad \text{mit} \quad D(A) := \{u \in C^2(\overline{\Omega})\colon u = 0 \text{ auf } \partial\Omega\}.$$

Dann entspricht die Operatorgleichung $Au = f$ dem klassischen Randwertproblem

$$-\Delta u = f \quad \text{auf} \quad \Omega, \qquad u = 0 \quad \text{auf} \quad \partial\Omega. \tag{11.78}$$

Das zugehörige äquivalente Variationsproblem $\frac{1}{2}(Au,u) - (u,f) = \min!$, $u \in D(A)$ lautet nach partieller Integration

$$\int_\Omega \left(\frac{1}{2}\sum_{j=1}^N (\partial_j u)^2 - fu\right) dx = \min!, \qquad u \in D(A). \tag{11.78*}$$

Das ist das klassische Dirichletproblem.

Partielle Integration ergibt für alle $u, v \in D(A)$:

$$(Au, v) = \int_\Omega (-\Delta u) v\,dx = \int_\Omega u(-\Delta v)\,dx = (u, Av),$$

d.h., $A$ ist symmetrisch. Die Ungleichung von Poincaré-Friedrichs (vgl. 11.2.6.) zusammen mit partieller Integration liefert für alle $u \in D(A)$:

$$(Au, u) = \int_\Omega \sum_{j=1}^N (\partial_j u)^2\,dx \ge c\int_\Omega u^2\,dx = c\|u\|^2.$$

Somit ist die obige Bedingung (H) erfüllt. Der energetische Raum $X_E = \overset{\circ}{W}{}_2^1(\Omega)$ ist ein Sobolevraum. Den dualen Raum $X_E^*$ bezeichnet man mit $W_2^{-1}(\Omega)$. Somit hat man die stetigen Einbettungen

$$\overset{\circ}{W}{}_2^1(\Omega) \subseteq L_2(\Omega) \subseteq W_2^{-1}(\Omega).$$

Die energetische Fortsetzung $A_{\mathrm{E}}\colon \overset{\circ}{W}{}_2^1(\Omega) \to W_2^{-1}(\Omega)$ von $A$ ist ein linearer Homöomorphismus mit

$$A_{\mathrm{E}}u = -\Delta u \qquad \text{für alle} \quad u \in \overset{\circ}{W}{}_2^1(\Omega),$$

wobei $\Delta$ in natürlicher Weise im Sinne von distributiven Ableitungen zu verstehen ist. Die Fortsetzung von Friedrichs erhalten wir daraus durch

$$A_{\mathrm{F}}u = -\Delta u \qquad \text{für alle} \quad u \in D(A_{\mathrm{F}}) = \overset{\circ}{W}{}_2^1(\Omega) \cap W_2^2(\Omega).$$

Nach dem Hauptsatz *besitzt das Randwertproblem* (11.78) *für jedes* $f \in L_2(\Omega)$ *genau eine Lösung* $u_1 \in D(A_{\mathrm{F}})$. Das bedeutet in sehr natürlicher Weise, daß die Ableitungen und die Randwerte im verallgemeinerten Sinne zu verstehen sind. Das zugehörige *Variationsproblem* ist (11.78*) mit „$u \in \overset{\circ}{W}{}_2^1(\Omega)$" anstelle von „$u \in D(A)$". Dieses besitzt die *eindeutige Lösung* $u_1$, die gleichzeitig eindeutige Lösung der verallgemeinerten Eulerschen Gleichung

$$\int_\Omega u_1(-\Delta\varphi)\,\mathrm{d}x = \int_\Omega f\varphi\,\mathrm{d}x \qquad \text{für alle} \quad \varphi \in D(A) \tag{11.78**}$$

ist. Wegen $C_0^\infty \subseteq D(A)$ ist das äquivalent zu „$-\Delta u_1 = f$ auf $\Omega$" im Sinne der Distributionentheorie.

Da die Einbettung $X_{\mathrm{E}} \subseteq X$, d.h. $\overset{\circ}{W}{}_2^1(\Omega) \subseteq L_2(\Omega)$, *kompakt* ist, besitzt $A_{\mathrm{F}}$ ein *vollständiges Orthonormalsystem* $\{u_k\}$ von Eigenfunktionen auf $X = L_2(\Omega)$. Diese sind Lösungen der Gleichung

$$-\Delta u_k = \mu_k u_k \quad \text{auf} \quad \Omega, \qquad u_k = 0 \quad \text{auf} \quad \partial\Omega$$

im verallgemeinerten Sinne. Ferner gilt $\mu_k \to +\infty$ für $k \to \infty$.

### 11.3.5.2. Zeitabhängige Gleichungen

Wir betrachten die Situation von Satz 2. Die Differentialgleichungen

$$u'(t) = A_{\mathrm{F}}u(t), \qquad u(0) = u_0, \tag{11.79}$$

bzw.

$$u''(t) + A_{\mathrm{F}}u(t) = 0, \qquad u(0) = u_0, \quad u'(0) = u_1, \tag{11.80}$$

besitzen wie im klassischen Fall die eindeutigen Lösungen

$$u(t) = \mathrm{e}^{A_{\mathrm{F}}t}u(0), \qquad t \geq 0, \tag{11.79*}$$

bzw.

$$u(t) = (\cos A_{\mathrm{F}}^{1/2}t)u(0) + A_{\mathrm{F}}^{-1/2}(\sin A_{\mathrm{F}}^{1/2}t)u'(0), \qquad t \in \mathbb{R}, \tag{11.80*}$$

wobei die Funktionen $f(A_{\mathrm{F}})$ durch

$$f(A_{\mathrm{F}})u := \sum_k f(\mu_k)(u_k, u)u_k \tag{11.81}$$

definiert werden. Der Definitionsbereich $D(A_{\mathrm{F}})$ besteht aus genau allen $u \in X$, für die die Reihe in (11.81) im Hilbertraum $X$ konvergiert.

Im Fall von $A_{\mathrm{F}}$ wie in Standardbeispiel 1 entspricht (11.79) bzw. (11.80) der Wärmeleitungsgleichung bzw. der Wellengleichung. Das wird genauer in 13.16. im Rahmen unendlichdimensionaler dynamischer Systeme betrachtet. Die Darstellungsformeln (11.79*) und (11.80*) für die Lösungen verallgemeinern die *klassische Fouriermethode*. Somit stellt die

Fortsetzung von Friedrichs ein fundamentales Instrument zur Untersuchung der partiellen Differentialgleichungen der mathematischen Physik dar:

*Die Fortsetzung von Friedrichs repräsentiert in eleganter Weise den funktionalanalytischen Kern der klassischen mathematischen Physik.*

### 11.3.6. Halbgruppen

Die gewöhnliche Differentialgleichung

$$u'(t) = Au(t), \qquad u(0) = u_0, \tag{11.82}$$

mit der reellen Zahl $A$ besitzt die eindeutige Lösung

$$u(t) = e^{tA} u_0 . \tag{11.83}$$

In der Theorie der Halbgruppen wird dieser elementare Sachverhalt auf den Fall verallgemeinert, daß $A: D(A) \subseteq X \to X$ ein *linearer Operator* auf einem Banachraum $X$ ist. In vielen Fällen existiert die Lösung (11.82) nur für $t \geq 0$, was irreversiblen Prozessen in der Natur entspricht. Dann stellt $\{e^{tA}\}_{t \geq 0}$ eine sogenannte Halbgruppe (oder einen Semifluß) auf $X$ dar. Das wird ausführlich in 13.16. und 13.17. betrachtet.

## 11.4. Näherungsverfahren und numerische Funktionalanalysis

Die numerische Funktionalanalysis studiert die Konvergenz von Näherungsverfahren mit Mitteln der Funktionalanalysis. Ein wichtiger Begriff ist dabei der des Galerkinschemas.

**Definition:** Unter einem *Galerkinschema* $\{X_n\}$ in einem unendlichdimensionalen Banachraum $X$ versteht man eine Folge von endlichdimensionalen linearen Unterräumen von $X$, so daß die Vereinigung $\cup_{n=0}^{\infty} X_n$ in $X$ *dicht* liegt. Das ist gleichbedeutend damit, daß für jedes $u \in X$ die Grenzwertbeziehung

$$\lim_{n \to \infty} d(u, X_n) = 0$$

gilt, wobei $d(u, X_n) := \inf_{v \in X_n} \|u - v\|$ den Abstand zwischen $u$ und $X_n$ bezeichnet.

*Beispiel 1:* Es sei $X := C[a, b]$ mit $-\infty < a < b < \infty$. Setzen wir $u_k(x) := x^k$ und $X_n := \operatorname{span}\{u_0, \ldots, u_n\}$, dann besteht $X_n$ aus allen Polynomen vom Grad $\leq n$, und $\{X_n\}$ ist nach dem Approximationssatz von Weierstraß ein Galerkinschema in $X$. Der klassische *Approximationssatz von Jackson* besagt, daß

$$d(u, X_n) \leq \frac{\text{const}}{n^k} \max_{a \leq x \leq b} |u^{(k)}(x)|$$

für alle $u \in C^k[a, b]$, $k = 1, \ldots, n$, gilt. Die Konstante hängt nur von $a, b$ und $k$ ab.

Dieses Resultat ist typisch für die allgemeinere Aussage: Je glatter die Funktion $u$ ist, um so genauer ist die Approximation durch das Galerkinschema. Eines der Hauptresultate der numerischen Funktionalanalysis lautet: Je glatter die Lösung ist, um so rascher konvergieren Näherungsverfahren (Ritzsches Verfahren, Galerkinverfahren, Projektions-Iterationsverfahren oder Differenzenverfahren).

## 11.4.1. Iterationsverfahren

**Hauptsatz für lineare Operatorgleichungen:** Es sei $A\colon X \to X$ ein linearer stetiger Operator auf dem Banachraum $X$ über $\mathbb{K}$ mit $\|A\| < 1$. Dann gilt:

(i) *Existenz und Eindeutigkeit.* Die Operatorgleichung

$$u - Au = f, \qquad u \in X, \tag{11.84}$$

besitzt für jedes $f \in X$ genau eine Lösung $u = (I - A)^{-1}f$. Dabei ist

$$(I - A)^{-1} = I + A + A^2 + \ldots \tag{11.85}$$

Diese Reihe konvergiert in $L(X, X)$, d.h. in der Operatornorm. Man nennt (11.85) die geometrische (oder Neumannsche) Reihe.

(ii) *Stetige Abhängigkeit.* Die Lösung $u$ hängt stetig von $f$ ab.

(iii) *Konvergenz des Iterationsverfahrens.* Für ein beliebiges Startelement $u_0 \in X$ konvergiert das Iterationsverfahren

$$u_{n+1} = Au_n + f, \qquad n = 0, 1, \ldots, \tag{11.86}$$

für $n \to \infty$ in $X$ gegen die Lösung $u$ von (11.84).

Im folgenden sei $n = 1, 2, \ldots$

(iv) *Lineare Konvergenz:* $\|u - u_{n+1}\| \leq \|A\| \cdot \|u - u_n\|$.

(v) *A priori Fehlerabschätzung:* $\|u - u_n\| \leq \|A\|^n(1 - \|A\|)^{-1}\|u_1 - u_0\|$.

(vi) *A posteriori Fehlerabschätzung:* $\|u - u_n\| \leq \|A\|(1 - \|A\|)^{-1}\|u_n - u_{n-1}\|$.

Die *a priori* Fehlerabschätzung erlaubt eine Genauigkeitsaussage vor Beginn der Rechnung, während die *a posteriori* Fehlerabschätzung von der Kenntnis der berechneten Näherungen $u_n$ und $u_{n-1}$ abhängt. Die Erfahrung zeigt, daß *a posteriori* Fehlerabschätzungen in der Regel wesentlich genauer sind als *a priori* Fehlerabschätzungen.

**Korollar** (Spektralradiuskriterium): Es sei jetzt $A\colon X \to X$ ein linearer stetiger Operator auf dem *komplexen* Banachraum $X$ mit dem *Spektralradius* [30] $r(A) < 1$. Dann bleiben (i) bis (iii) bestehen. Man hat ferner die *a priori* Fehlerabschätzung

$$\|u - u_n\| \leq 10^{-nR_n}\|u_1 - u_0\|, \qquad n = 1, 2, \ldots, \tag{11.87}$$

wobei $R_n := \log_{10}\|A^n\|^{-1/n}$ die *durchschnittliche Konvergenzrate* heißt. Wegen der Konvergenz

$$R_\infty := \lim_{n\to\infty} R_n = \log_{10} r(A)^{-1}$$

kann man in (11.87) für große $n$ näherungsweise $R_n$ durch $R_\infty$ ersetzen.

*Bemerkung:* Ist $r(A) > 1$, dann gibt es einen Punkt $f \in X$, so daß das Iterationsverfahren in (iii) für den Startwert $u_0 = 0$ divergiert. Tatsächlich besitzt die Menge aller dieser Punkte $f \in X$ die zweite Bairesche Kategorie in $X$, d.h., die „meisten Punkte" $f$ in $X$ haben diese ungünstige Eigenschaft.

*Beispiel 2:* Für $X := \mathbb{C}^N$ ist $A$ eine komplexe $(N \times N)$-Matrix, und $r(A)$ ist gleich $\max|\lambda|$, wobei $\lambda$ alle Eigenwerte von $A$ durchläuft.

*Beispiel 3:* Entspricht (11.84) einer *Volterraschen oder Fredholmschen Integralgleichung zweiter Art*, dann erhält man die Ergebnisse von 10.3.5. und 10.3.6. über die Lösung dieser Integralgleichungen durch sukzessive Approximation. Man beachte, daß für einen Volterraschen Integraloperator $A$ wie in 10.3.5. stets $r(A) = 0$ gilt.

---

[30] Man beachte $r(A) \leq \|A\|$ (vgl. 11.6.1.).

**Diskrete dynamische Systeme:** Interpretiert man $u_n$ als den Zustand eines Systems zur Zeit $t = n\Delta t$, dann beschreibt das Iterationsverfahren (11.86) die Zeitentwicklung eines diskreten dynamischen Systems. Die Lösung $u$ von (11.84) entspricht einem Gleichgewichtszustand, und die Konvergenzaussage (iii) drückt die Stabilität des Gleichgewichtszustandes aus, d.h., für jeden Ausgangszustand geht das System für $t \to +\infty$ in den Gleichgewichtszustand über.

**Allgemeine Iterationsverfahren für nichtlineare Probleme:** Der allgemeinste Satz über die Konvergenz von Iterationsverfahren ist der *Banachsche Fixpunktsatz*, den wir in 12.1.1. betrachten. Häufig verwendet man das sogenannte *Newtonverfahren*, das quadratisch konvergiert und somit viel schneller ist als das übliche Iterationsverfahren, vorausgesetzt der Startwert befindet sich bereits in einer hinreichend kleinen Umgebung der Lösung (vgl. 12.4.).

## 11.4.2. Das Ritzsche Verfahren und die Methode der finiten Elemente

Unter dem Ritzschen Verfahren für das Variationsproblem

$$F(u) = \min!, \qquad u \in M. \tag{11.88}$$

mit $M \subseteq X$ versteht man, daß der unendlichdimensionale Banachraum $X$ durch einen *endlichdimensionalen Unterraum* $X_n$ ersetzt wird und das Problem

$$F(u_n) = \min!, \qquad u_n \in X_n \cap M. \tag{11.88*}$$

auf einem Computer gelöst wird. Ist $\{X_n\}$ ein Galerkinschema in $X$, dann konvergiert (unter geeigneten Voraussetzungen an $F$ und $M$) die Folge $(u_n)$ in $X$ gegen die eindeutige Lösung $u$ von (11.88). Offensichtlich gilt $F(u) \le F(u_n)$.

Um auch eine *untere Schranke* für den Minimalwert $F(u)$ von (11.88) zu erhalten, betrachtet man ein sogenanntes *duales Maximumproblem*

$$G(v) = \max!, \qquad v \in N \tag{11.89}$$

mit $N \subseteq X$, wobei der Maximalwert von (11.89) gleich dem Minimalwert von (11.88) ist. Das zugehörige Ritzsche Verfahren

$$G(v_n) = \max!, \qquad v_n \in N \cap X_n. \tag{11.89*}$$

bezeichnet man auch als *Trefftzsches Verfahren*. Ist $u_n$ bzw. $v_n$ eine Lösung von (11.88*) bzw. (11.89*), dann erhält man für den Minimalwert $F(u)$ von (11.88) die *zweiseitige Fehlerabschätzung*

$$G(v_n) \le F(u) \le F(u_n), \qquad n = 1, 2, \ldots.$$

Häufig ergibt sich eine Abschätzung der Form $c\|u - u_n\|^2 \le F(u_n) - F(u)$ mit einer Konstanten $c > 0$. Daraus folgt die Fehlerabschätzung

$$c\|u - u_n\|^2 \le F(u_n) - G(v_n), \qquad n = 1, 2, \ldots.$$

für die Lösung $u$ des Ausgangsproblems (11.88). Die Konstruktion dualer Maximumprobleme geschieht in allgemeiner Form mit Hilfe der Dualitätstheorie [vgl. Zeidler 1984, Bd. III]. Den Spezialfall quadratischer Variationsprobleme betrachten wir in 11.4.3.

### 11.4.2.1. Das Ritzsche Verfahren für quadratische Variationsprobleme

Unter den gleichen Voraussetzungen wie in 11.3.2. betrachten wir das allgemeine quadratische Minimumproblem

$$F(u) := a(u,u) - 2b(u) = \min!, \qquad u \in X, \; u - u_0 \in L, \tag{11.90}$$

in dem reellen unendlichdimensionalen Hilbertraum $X$ zusammen mit dem Ritzschen Verfahren

$$a(u_n, u_n) - 2b(u_n) = \min!, \qquad u_n - u_0 \in X_n, \tag{11.90*}$$

wobei $\{X_n\}$ ein Galerkinschema in $L$ ist. Wählen wir eine Basis $e_1, \ldots, e_m$ in $X_n$, dann gilt $u_n = u_0 + \sum_{j=1}^m c_j e_j$. Die Aufgabe (11.90*) ist äquivalent zu der Eulerschen Gleichung „$a(u_n, v) = b(v)$ für alle $v \in X_n$". Somit ist (11.90*) äquivalent zu dem *linearen Gleichungssystem*

$$\sum_{j=1}^m c_j a(e_j, e_k) = b(e_k), \qquad k = 1, \ldots, m, \tag{11.90**}$$

zur Bestimmung der unbekannten reellen Komponenten $c_j$ der Ritzschen Näherung $u_n$.

**Hauptsatz:** (i) *Konvergenz des Ritzschen Verfahrens.* Für jedes $n = 1, 2, \ldots$ besitzt das Ritzsche Problem (11.90*) (bzw. (11.90**)) eine eindeutige Lösung $u_n$, die in $X$ gegen die eindeutige Lösung $u$ des Ausgangsproblems (11.90) konvergiert.

Im folgenden sei $n = 1, 2, \ldots$.

(ii) *Obere Schranke für den Minimalwert:* $F(u) \leq F(u_n)$.

(iii) *A posteriori Fehlerabschätzung* [31]: $c\|u - u_n\|^2 \leq F(u_n) - \alpha$, wobei $\alpha$ eine untere Schranke für den Minimalwert $F(u)$ ist, die man durch das Trefftzsche Verfahren erhalten kann, indem man $\alpha = G(v_n)$ setzt (vgl. 11.4.3.).

(iv) *Konvergenzgeschwindigkeit:* $\|u - u_n\| \leq c^{-1} d \cdot d(u, X_n)$.

### 11.4.2.2. Anwendung auf die Methode der finiten Elemente

Zur Illustration der funktionalanalytischen Konvergenzuntersuchung der *Methode der finiten Elemente* betrachten wir das einfache Minimumproblem

$$\int_a^b (u'^2 - 2uf)\,\mathrm{d}x = \min!, \qquad u \in \overset{\circ}{W}{}_2^1(a,b), \tag{11.91}$$

das zu dem Randwertproblem $u'' = f$ auf $[a, b]$ und $u(a) = u(b) = 0$ gehört. Das entsprechende Ritzsche Problem lautet

$$\int_a^b ({u'_n}^2 - 2fu_n)\,\mathrm{d}x = \min!, \qquad u_n \in X_n. \tag{11.91*}$$

Wir wählen eine äquidistante Zerlegung $a = x_0 < x_1 < \ldots < x_{n+1} = b$. Dann sei $X_n$ die Menge aller stetigen, stückweise linearen Funktionen (bezüglich dieser Zerlegung von $[a, b]$) mit $u(a) = u(b) = 0$ (Abb. 11.18a).

---

[31] Die Konstanten $c$ und $d$ ergeben sich aus $c\|u\|^2 \leq a(u, u)$ und $|a(u, v)| \leq d\,\|u\| \cdot \|v\|$ für alle $u, v \in X$.

Abb. 11.18

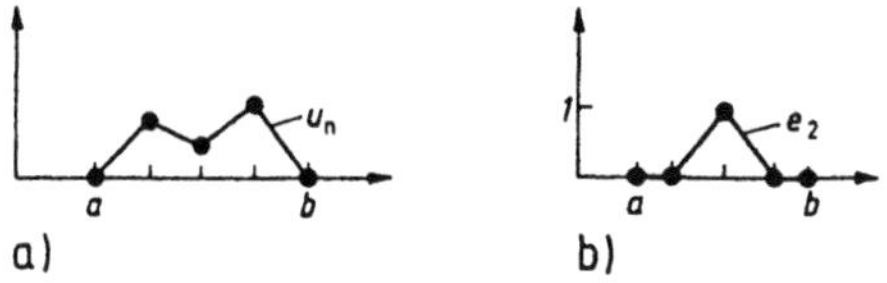


Ist $e_k$ eine Funktion aus $X_n$ mit $e_k(x_k) = 1$ und $e_k(x_j) = 0$ in den übrigen Punkten $x_j$, dann bildet $e_1, \ldots, e_n$ eine Basis in $X_n$. Die Lösung

$$u_n(x) = \sum_{j=1}^{n} c_j e_j(x)$$

des Ritzschen Problems (11.90*) ergibt sich aus dem eindeutig lösbaren linearen Gleichungssystem

$$\sum_{j=1}^{n} c_j \int_a^b e_j'(x) e_k(x) \, dx = \int_a^b f(x) e_k(x) \, dx \, , \qquad k = 1, \ldots, n \, .$$

Wir setzen $h_n := (b-a)/n$.

**Satz:** Es sei $f \in L_2(a, b)$ gegeben mit $\|f\| := (\int_a^b f(x)^2 \, dx)^{1/2}$. Dann konvergiert die Folge $(u_n)$ für $n \to \infty$ in $\overset{\circ}{W}{}_2^1(a, b)$ gegen die eindeutige Lösung $u$ des Ausgangsproblems (11.91). Für $n = 1, 2, \ldots$ hat man ferner die Fehlerabschätzungen

$$\int_a^b |u(x) - u_n(x)|^2 \, dx \le h_n^4 \|f\|^2$$

und

$$(b-a)^{-1/2} \max_{a \le x \le b} |u(x) - u_n(x)| \le h_n \|f\| \, .$$

In analoger Weise erhält man Konvergenzbeweise für die Methode der finiten Elemente im Falle allgemeiner elliptischer partieller Differentialgleichungen (vgl. auch 7.7.3.).

### 11.4.3. Das duale Ritzsche Verfahren (Trefftzsches Verfahren)

Unter den gleichen Voraussetzungen[32] wie in 11.3.2. betrachten wir das quadratische *Minimumproblem*

$$F(u) := a(u, u) - 2b(u) = \min! \, , \qquad u \in X \, , \; u - u_0 \in L \, . \tag{11.92}$$

zusammen mit dem *dualen Maximumproblem*

$$G(v) := -a(v, v) + 2a(u_0, v) - 2b(u_0) = \max! \, , \qquad v \in X \, , \; v - v_0 \in L_E^\perp \, . \tag{11.92*}$$

Dabei setzen wir $(u, v)_E := a(u, v)$, und $L_E^\perp$ bezeichne das orthogonale Komplement von

[32] Zusätzlich sei $a(u, u) \ge 0$ für alle $u \in X$.

$L$ bezüglich des energetischen Skalarprodukts $(.,.)_E$, d.h. $L_E^\perp := \{v \in X\colon (v,w)_E = 0$ für alle $w \in L\}$. Ferner sei $v_0 \in X$ eine Lösung der Gleichung $a(v_0, w) = b(w)$ für alle $w \in L$.

Wir wählen endlichdimensionale Unterräume $X_n$ bzw. $Y_n$ von $L$ bzw. $L_E^\perp$. Dann lautet für $n = 1, 2, \ldots$ das ***Ritzsche Problem***

$$F(u_n) = \min!, \qquad u_n - u_0 \in X_n \tag{11.93}$$

bzw. das ***Trefftzsche Problem***

$$G(v_n) = \max!, \qquad v_n - v_0 \in Y_n\,. \tag{11.93*}$$

Wie in 11.4.2. sind diese Probleme äquivalent zu linearen Gleichungssystemen.

**Satz:** Ist $u_n$ bzw. $v_n$ eine Lösung von (11.93) bzw. (11.93*) und ist $u$ eine Lösung von (11.92), dann hat man die Fehlerabschätzungen

$$F(u_n) \le F(u) \le G(v_n)$$

und

$$c\|u_n - u\|^2 \le \|u_n - u\|_E^2 \le F(u_n) - G(v_n)\,.$$

Ist $\{X_n\}$ bzw. $\{Y_n\}$ ein Galerkinschema in $L$ bzw. $L_E^\perp$, dann gilt $F(u_n) \to F(u)$ und $G(v_n) \to F(u)$ für $n \to \infty$.

**Anwendung auf das Dirichletproblem:** Es sei $\Omega$ eine nichtleere beschränkte offene Menge im $\mathbb{R}^3$. Parallel zu 11.3.2. betrachten wir das Dirichletproblem

$$\int_\Omega [(u_\xi^2 + u_\eta^2 + u_\zeta^2) - 2fu]\,\mathrm{d}x = \min!, \qquad u - u_0 \in \mathring{W}_2^1(\Omega)\,.$$

Wir setzen $X := W_2^1(\Omega)$ und $L := \mathring{W}_2^1(\Omega)$ sowie

$$a(u,v) := \int_\Omega (u_\xi v_\xi + u_\eta v_\eta + u_\zeta v_\zeta)\,\mathrm{d}x \qquad \text{und} \qquad b(u) := \int_\Omega fu\,\mathrm{d}x\,.$$

Wir wählen

(i) Funktionen $u_1, \ldots, u_n$ aus $\mathring{W}_2^1(\Omega)$, d.h. $u_j = 0$ auf $\partial\Omega$ und

(ii) Funktionen $v_1, \ldots, v_n$ aus $C^2(\overline{\Omega})$ mit $\Delta v_j = 0$ auf $\Omega$ (z.B. können die Funktionen $v_j$ harmonische Polynome sein).

Ferner sei für gegebene Funktionen $u_0 \in W_2^1(\Omega)$ und $f \in L_2(\Omega)$ die Funktion $v_0 \in W_2^1(\Omega)$ eine Lösung der Gleichung $-\Delta v_0 = f$ auf $\Omega$ im distributiven Sinne.

Dann gelten alle Aussagen des obigen Satzes.

**Anwendung auf die Methode der orthogonalen Projektion:** Um die geometrische Bedeutung der obigen Dualität zu erläutern, studieren wir das *Minimumproblem*

$$F(u) := \|u - u_0\|^2 = \min!, \qquad u \in L\,, \tag{11.94}$$

zusammen mit dem *dualen Maximumproblem*

$$G(v) := -\|u_0 - v\|^2 + \|u_0\|^2 = \max!, \qquad v \in L^\perp \tag{11.94*}$$

Dabei ist $L$ ein abgeschlossener linearer Unterraum des reellen Hilbertraumes $X$. Das Element $u_0 \in X$ ist gegeben.

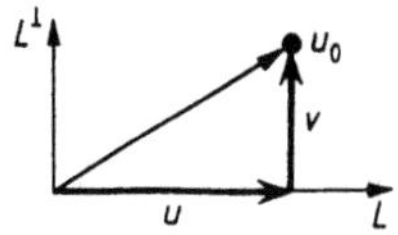


Abb. 11.19

Dann liegt das Problem (11.92) vor, falls wir setzen: $a(u, v) := (u, v)$ und $b(u) \equiv 0$. Die Lösung $u$ von (11.94) bzw. $v$ von (11.94*) ist die orthogonale Projektion von $u_0$ auf $L$ bzw. auf $L^\perp$ (vgl. Abb. 11.19).

Es sei $X_n$ bzw. $Y_n$ ein endlichdimensionaler Teilraum von $L$ bzw. $L^\perp$. Dann ist die Lösung $u_n$ bzw. $v_n$ des zugehörigen Ritzschen Problems bzw. des Trefftzschen Problems gleich der orthogonalen Projektion von $u_0$ auf $X_n$ bzw. auf $Y_n$.

## 11.4.4. Das universelle Galerkinverfahren (Projektionsverfahren)

Das Galerkinverfahren ist ein universelles Näherungsverfahren, welches sich auf Integralgleichungen sowie stationäre und instationäre partielle Differentialgleichungen anwenden läßt. Das Ritzsche Verfahren ist ein Spezialfall des Galerkinverfahrens.

### 11.4.4.1. Das abstrakte Galerkinverfahren

Als Prototyp für stationäre Probleme betrachten wir die Operatorgleichung

$$Au = f, \qquad u \in X, \tag{11.95}$$

zusammen mit den *Galerkinproblemen*

$$P_n A u_n = P_n f, \qquad u_n \in X_n, \quad n = 1, 2, \ldots \tag{11.95*}$$

Dabei ist $\{X_n\}$ ein Galerkinschema in dem Banachraum $X$. Ferner ist $P_n\colon X \to X_n$ ein stetiger Projektionsoperator (Parallelprojektion oder orthogonale Projektion) von $X$ auf $X_n$.

Der folgende Lösbarkeitsbegriff ist von grundlegender Bedeutung für Näherungsverfahren.

**Eindeutige approximative Lösbarkeit:** Die Gleichung (11.95) heißt genau dann eindeutig approximativ lösbar bezüglich $f \in X$, wenn folgendes gilt:

(i) Die Ausgangsgleichung (11.95) besitzt für $f$ eine eindeutige Lösung $u$.

(ii) Es gibt eine Zahl $n_0$, so daß die Galerkingleichung (11.95*) für jedes $n \geq n_0$ eine eindeutige Lösung $u_n$ besitzt.

(iii) Die Galerkinmethode konvergiert, d.h., es gilt $u_n \to u$ in $X$ für $n \to \infty$.

**Galerkingleichungen in einem Hilbertraum:** Es sei $X$ ein separabler reeller Hilbertraum mit $\dim X = \infty$ und dem vollständigen Orthonormalsystem $\{e_1, e_2, \ldots\}$. Wir setzen $X_n := \operatorname{span}\{e_1, \ldots, e_n\}$. Dann ist

$$P_n u := \sum_{j=1}^{n} (e_j, u) e_j \qquad \text{für alle} \quad u \in X$$

ein *orthogonaler Projektionsoperator* von $X$ auf $X_n$, und die *Galerkingleichung* (11.95*) ist wegen $P = P^*$ äquivalent zu

$$(Au_n, e_j) = (f, e_j), \qquad j = 1, \ldots, n. \tag{11.95**}$$

Setzen wir $u_n := \sum_{j=1}^n c_j e_j$, dann stellt (11.95**) ein Gleichungssystem zur Bestimmung der reellen Zahlen $c_1, \ldots, c_n$ dar.

**Hauptsatz für lineare Operatoren:** Es sei $A: X \to X$ ein linearer Operator. Dann ist die Ausgangsgleichung (11.95) eindeutig approximativ lösbar, falls eine der folgenden vier Bedingungen erfüllt ist:

(a) $A = I + B$, wobei $B: X \to X$ linear und stetig ist mit $\|B\| < 1$.

(b) $A = I + K$, wobei $K: X \to X$ linear und kompakt ist und die Gleichung $Au = 0$ nur die Lösung $u = 0$ besitzt.

(c) $A$ ist linear, stetig und stark monoton, d.h., es gibt eine Zahl $c > 0$, so daß

$$(Au, u) \geq c\|u\|^2 \qquad \text{für alle} \quad u \in X \quad \text{gilt.} \tag{11.96}$$

(d) $A = B + K$, wobei $B: X \to X$ linear, stetig und stark monoton ist, $K: X \to X$ linear und kompakt ist und die Gleichung $Au = 0$ nur die Lösung $u = 0$ besitzt.

Für (a) und (c) ist $n_0 = 1$.

**Korollar** (Fehlerabschätzungen): In den Fällen (a), (b) und (c) haben wir für $n \geq n_0$ die folgenden Fehlerabschätzungen:

(a) $\|u - u_n\| \leq (1 - \|B\|)^{-1} d(u, X_n)$.

(b) $\|u - u_n\| \leq \text{const} \cdot d(u, X_n)$.

(c) $c\|u - u_n\| \leq \|Au_n - f\|$.

**Anwendungen:** Die Aussagen (a), (b) lassen sich auf Integralgleichungen anwenden (vgl. 10.3.13.).

Aus (d) ergibt sich das Galerkinverfahren für Randwertaufgaben elliptischer partieller Differentialgleichungen [vgl. Zeidler 1984, Bd. IIA, Kap. 22].

**Die Galerkingleichungen in Banachräumen:** Wir wählen eine Basis $e_1, \ldots, e_m$. Dann gibt es $m$ lineare stetige Funktionale $f_1, \ldots, f_m$ auf $X^*$, so daß $\langle f_j, e_k \rangle = \delta_{jk}$ für $j, k = 1, \ldots, m$ gilt. Setzen wir

$$P_n u := \sum_{j=1}^{m} \langle f_j, u \rangle e_j \qquad \text{für alle} \quad u \in X\,,$$

dann ist $P_n: X \to X_n$ ein stetiger *Projektionsoperator* von $X$ auf $X_n$. Die *Galerkingleichung* (11.95*) ist äquivalent zu

$$\langle f_k, u_n \rangle = \langle f_k, f \rangle\,, \qquad k = 1, \ldots, m\,.$$

Setzen wir $u_n = \sum_{j=1}^m c_j e_k$, dann ist das äquivalent zu einem Gleichungssystem zur Bestimmung der reellen Zahlen $c_1, \ldots, c_m$. Diese Galerkingleichungen werden wir in 12.8. benutzen, um die Konvergenz des Galerkinverfahrens für die wichtige Klasse nichtlinearer monotoner Operatoren zu beweisen.

### 11.4.4.2. Die Formulierung der Galerkingleichungen für Differential- und Integralgleichungen

Im folgenden zeigen wir, wie man unabhängig von dem obigen abstrakten Schema bei Differential- und Integralgleichungen das Galerkinverfahren nach einem einheitlichen Vorgehen rasch direkt erhält. Die Idee ist dabei folgende:

(i) Man multipliziert das Ausgangsproblem (A) mit Testfunktionen $\varphi$ und integriert partiell. Das ergibt das verallgemeinerte Problem (A*). (Bei Integralgleichungen wird nur mit $\varphi$ multipliziert und integriert. Naturgemäß entfällt hier die partielle Integration).

(ii) Das *Galerkinverfahren* erhält man aus dem verallgemeinerten Problem (A*), indem man die gesuchte Funktion $u$ durch eine endliche Linearkombination

$$u_n = \sum_{j=1}^{m} c_j e_j$$

ersetzt mit den unbekannten reellen Koeffizienten $c_j$ und den bekannten Basisfunktionen $e_j$, die so gewählt werden, daß die Randbedingungen erfüllt sind. Handelt es sich um ein zeitabhängiges Problem, dann hängen die Koeffizienten $c_j(t)$ von der Zeit $t$ ab, während die Basisfunktionen $e_j(x)$ von den Raumvariablen abhängen. Aus den Anfangsbedingungen des Problems erhält man die Bedingungen für $c_j$ zur Zeit $t = 0$.

(iii) Die *Testfunktionen* $\varphi$ muß man so wählen, daß für hinreichend glatte Lösungen $u$ das Ausgangsproblem (A) *äquivalent* zum verallgemeinerten Problem (A*) ist.

Tabelle 11.2 gibt die Struktur der Galerkingleichungen an.

*Tabelle 11.2 Die Universalität des Galerkinverfahrens*

| Ausgangsproblem | Galerkingleichung |
|---|---|
| linear | linear |
| nichtlinear | nichtlinear |
| Integralgleichung | Gleichungssystem |
| elliptisches Randwertproblem | Gleichungssystem |
| elliptisches Rand-Eigenwertproblem | Eigenwertproblem für ein Gleichungssystem |
| parabolisches Rand-Anfangswertproblem | System gewöhnlicher Differentialgleichungen *erster* Ordnung |
| hyperbolisches Rand-Anfangswertproblem | System gewöhnlicher Differentialgleichungen *zweiter* Ordnung |

Im folgenden ergibt sich, daß die verallgemeinerten Problemstellungen nicht nur von rein theoretischem Interesse sind, sondern auch automatisch das geeignete Näherungsverfahren (Galerkinverfahren) liefern.

Die Konvergenz des Galerkinverfahrens für große Klassen von linearen und nichtlinearen partiellen Differentialgleichungen findet man in [Zeidler 1984, Bd. IIA]. Die Konvergenz wird in Sobolevräumen bewiesen. Die Konvergenz des Galerkinverfahrens liefert dabei zugleich *Existenzaussagen* für das Ausgangsproblem (A).

Bei zeitabhängigen Problem muß man Funktionen $u$: $[0, T] \to X$ auf dem Zeitintervall $[0, T]$ mit Werten in dem Banachraum $X$ betrachten. Dabei ist $X$ ein Sobolevraum bezüglich der räumlichen Variablen (vgl. 14.1.).

**Das Galerkinverfahren für Integralgleichungen** findet man in 10.3.13.

**Das Galerkinverfahren für stationäre (elliptische) partielle Differentialgleichungen:** Wir setzen $C_0^k(\overline{\Omega}) := \{u \in C^k(\overline{\Omega}) : u = 0 \text{ auf } \partial\Omega\}$. Es sei $\Omega$ ein beschränktes Gebiet des $\mathbb{R}^N$ mit hinreichend glattem Rand (z.B. $\partial\Omega \in C^{0,1}$). Ferner setzen wir

$$(u, v) := \int_\Omega u(x)v(x)\,\mathrm{d}x\ .$$

*Standardbeispiel 1* (elliptisches Rand-Eigenwertproblem): Wir betrachten die *erste Randwertaufgabe*

$$Lu := \sum_{j=1}^{N} -\partial_j(|\partial_j u|^{p-2}\partial_j u) + a_j\partial_j u = \lambda u + f \qquad \text{auf} \quad \Omega\,. \tag{11.97}$$

$$u = 0 \qquad \text{auf} \quad \partial\Omega \quad \text{(Randbedingung)}.$$

mit dem reellen Eigenwertparameter $\lambda$ und $p > 1$. Multiplizieren wir die erste Gleichung mit der Testfunktion $\varphi \in C_0^2(\overline{\Omega})$, dann erhalten wir

(G) $$(Lu - \lambda u - f.\varphi) = 0 \qquad \text{für alle} \quad \varphi \in C_0^2(\overline{\Omega})\,.$$

Partielle Integration ergibt dann das zugehörige *verallgemeinerte Problem*

$$a(u.\varphi) = \lambda(u.\varphi) + (f.\varphi) \qquad \text{für alle} \quad \varphi \in C_0^2(\overline{\Omega})\,. \tag{11.97*}$$

$$u = 0 \qquad \text{auf} \quad \partial\Omega\,.$$

mit

$$a(u.\varphi) := \int_\Omega \Big(\sum_{j=1}^{N} |\partial_j^{p-2} u|\partial_j u\partial_j\varphi + (a_j\partial_j u)\varphi\Big)\,dx\,.$$

Wählen wir Funktionen $e_1.\dots.e_n \in C_0^2(\overline{\Omega})$ und setzen wir $X_n := \operatorname{span}\{e_1.\dots.e_n\}$, dann lautet die *Galerkingleichung* für (11.97*):

$$a(u_n.\varphi) = \lambda(u_n.\varphi) + (f.\varphi) \qquad \text{für alle} \quad \varphi \in X_n\,. \tag{11.97**}$$

Gesucht wird $u_n \in X_n$. Setzen wir $u_n := \sum_{j=1}^n c_j e_j$, dann ist (11.97**) äquivalent zu dem Gleichungssystem

$$a(u_n.e_k) = \lambda(u_n.e_k) + (f.e_k)\,. \qquad k = 1.\dots.n\,.$$

für die unbekannten Koeffizienten $c_1.\dots.c_n$. Gilt $p = 2$ (bzw. $p \neq 2$), dann ist das ein lineares (bzw. nichtlineares) Gleichungssystem, welches mit den in Kapitel 7 angegebenen Methoden auf dem Computer zu lösen ist.

Für $f \equiv 0$ erhalten wir ein *Eigenwertproblem*.

Im Spezialfall $a_i \equiv 0$ für alle $i$ läßt sich (11.97**) aus *dem Variationsproblem*

$$\int_\Omega \Big(\sum_{j=1}^{N} \frac{1}{p}|\partial_j u|^p - fu\Big)\,dx = \min!\,. \qquad u = 0 \quad \text{auf} \quad \partial\Omega\,.$$

gewinnen. Dann sind die Galerkingleichungen (11.97**) mit den *Ritzschen Gleichungen* identisch.

*Rechtfertigung der Bezeichnung „verallgemeinertes Problem“.* Ist $u$ eine hinreichend glatte Lösung des verallgemeinerten Problems (11.97*), dann erhalten wir durch partielle Integration daraus (G). Da $C_0^2(\overline{\Omega})$ in $L_2(\Omega)$ dicht liegt, ergibt sich aus (G) das klassische Ausgangsproblem (11.97).

*Standardbeispiel 2* (natürliche Randbedingung): Lediglich um die Formeln zu vereinfachen, nehmen wir $p = 2$ an und betrachten anstelle der ersten Randwertaufgabe (11.97) jetzt das Problem

$$Lu = \lambda u + f \qquad \text{auf} \quad \Omega\,, \tag{11.98}$$

$$\frac{\partial u}{\partial n} = hu + g \qquad \text{auf} \quad \partial\Omega \quad \text{(Randbedingung)}.$$

wobei $\partial/\partial n$ die äußere Normalenableitung auf dem Rand $\partial\Omega$ bezeichnet. Für $h \equiv 0$ (bzw. $h \not\equiv 0$) ist das die *zweite* (bzw. *dritte*) *Randwertaufgabe.* Multiplizieren wir die erste Gleichung in (11.98) mit der Testfunktion $\varphi \in C^2(\overline{\Omega})$, dann erhalten wir

(H) $$(Lu - \lambda u - f, \varphi) = 0 \qquad \text{für alle} \quad \varphi \in C^2(\overline{\Omega}).$$

Partielle Integration ergibt das *verallgemeinerte Problem*

$$a(u,\varphi) + b(u,\varphi) = \lambda(u,\varphi) + (f,\varphi) \qquad \text{für alle} \quad \varphi \in C^2(\overline{\Omega}) \tag{11.98*}$$

mit $a(.,.)$ und $(.,\ )$ wie in (11.97*) und dem *zusätzlichen Randterm*

$$b(u,\varphi) := -\int_{\partial\Omega} (hu\varphi + g\varphi)\,\mathrm{d}O\,.$$

Wählen wir Funktionen $e_1, \ldots, e_n \in C^2(\overline{\Omega})$ und setzen wir $X_n := \operatorname{span}\{e_1, \ldots, e_n\}$, dann lautet die *Galerkingleichung* für (11.98*):

$$a(u_n,\varphi) + b(u_n,\varphi) = \lambda(u_n,\varphi) + (f,\varphi) \qquad \text{für alle} \quad \varphi \in C^2(\overline{\Omega}). \tag{11.98**}$$

Gesucht wird $u_n \in X_n$. Setzen wir $u_n := \sum_{j=1}^n c_j e_j$, dann ist (11.98**) äquivalent zu dem Gleichungssystem

$$a(u_n, e_k) + b(u_n, e_k) = \lambda(u_n, e_k) + (f, e_k) \qquad k = 1, \ldots, n,$$

für die unbekannten Koeffizienten $c_1, \ldots, c_n$.

*Rechtfertigung der Bezeichung „verallgemeinertes Problem“:* Ist $u$ eine hinreichend glatte Lösung des verallgemeinerten Problems (11.98*), dann erhalten wir durch partielle Integration daraus (H). Da $C^2(\overline{\Omega})$ in $L_2(\Omega)$ dicht liegt, ergibt sich aus (H) das klassische Ausgangsproblem (11.97).

*Natürliche Randbedingung:* Es ist bemerkenswert, daß die Randbedingung des klassischen Ausgangswertproblems (11.98) nicht im verallgemeinerten Problem (11.98*) auftritt. Diese Randbedingung ergibt sich automatisch für jede hinreichend glatte Lösung des verallgemeinerten Problems. Man nennt sie deshalb eine natürliche Randbedingung.

**Das Galerkinverfahren für instationäre (parabolische) Gleichungen.**

*Standardbeispiel 3:* Wir betrachten das Rand-Anfangswertproblem:

$$\begin{aligned} u_t - Lu &= f, & x &\in \Omega, & t &> 0, \\ u &= 0, & x &\in \partial\Omega, & t &\geq 0 \quad \text{(Randbedingung)}, \\ u &= u_0, & x &\in \Omega, & t &= 0 \quad \text{(Anfangsbedingung)}. \end{aligned} \tag{11.99}$$

Multiplizieren wir die erste Gleichung mit der nur von $x$ abhängigen Testfunktion $\varphi \in C_0^2(\overline{\Omega})$, dann erhalten wir nach partieller Integration das *verallgemeinerte Problem:*

$$\begin{aligned} \frac{\mathrm{d}}{\mathrm{d}t}(u(t),\varphi) &= a(u(t),\varphi) + (f,\varphi) \qquad \text{für alle} \quad \varphi \in C_0^2(\overline{\Omega}),\ t > 0, \\ u &= u_0 \qquad \text{für} \quad t = 0,\ x \in \Omega. \end{aligned} \tag{11.99*}$$

Wählen wir $e_1, \ldots, e_n$ und $X_n$ wie in Standardbeispiel 1, dann erhalten wir die *Galerkingleichungen:*

$$\begin{aligned} \frac{\mathrm{d}}{\mathrm{d}t}(u_n(t),\varphi) &= a(u_n(t),\varphi) + (f,\varphi) \qquad \text{für alle} \quad \varphi \in X_n, \\ u_n &= u_0^* \qquad \text{für} \quad t = 0,\ x \in \Omega \quad \text{(Anfangsbedingung)}. \end{aligned} \tag{11.99**}$$

mit $u_n(x,t) = \sum_{j=1}^n c_j(t)e_j(x)$. Dabei ergibt sich $u_0^*$ aus dem Minimumproblem

$$\|u_0 - u_n^*\|^2 := \int_\Omega (u_0(x) - u_0^*(x))^2 \, dx = \min!, \qquad u_0^* \in X_n .$$

Setzen wir $u_0^*(x) := \sum_{j=1}^n c_{j0} e_j(x)$, dann entsprechen die Galerkingleichungen dem folgenden System gewöhnlicher Differentialgleichungen erster Ordnung:

$$\sum_{j=1}^n c_j'(t)(e_j, e_k) = \sum_{j=1}^n c_j(t) a(e_j, e_k) + (f, e_k), \qquad k = 1, \ldots, n,$$
$$c_k(0) = c_{k0} \qquad \textbf{(Anfangsbedingung)}.$$

**Das Galerkinverfahren für instationäre (hyperbolische) Gleichungen.**

*Standardbeispiel 4:* Wir betrachten das Rand-Anfangswertproblem:

$$u_{tt} - Lu = f, \qquad x \in \Omega,\ t > 0, \tag{11.100}$$
$$u = 0, \qquad x \in \partial\Omega,\ t \geq 0 \quad \textbf{(Randbedingung)},$$
$$u = u_0 \quad \textbf{und} \quad u_t = u_1 \qquad \textbf{für} \quad t = 0,\ x \in \Omega \quad \textbf{(Anfangsbedingung)}.$$

Multiplizieren wir die erste Gleichung mit der nur von $x$ abhängigen Testfunktion $\varphi \in C_0^2(\overline{\Omega})$, dann erhalten wir nach partieller Integration das *verallgemeinerte Problem:*

$$\frac{d^2}{dt^2}(u(t), \varphi) = a(u(t), \varphi) + (f, \varphi) \qquad \textbf{für alle} \quad \varphi \in C^2(\overline{\Omega}),\ t > 0, \tag{11.100*}$$
$$u = u_0 \quad \textbf{und} \quad u_t = u_1 \qquad \textbf{für} \quad t = 0,\ x \in \Omega \quad \textbf{(Anfangsbedingung)}.$$

Wählen wir $e_1, \ldots, e_n$ und $X_n$ wie in Standardbeispiel 1, dann erhalten wir die *Galerkingleichungen:*

$$\frac{d^2}{dt^2}(u_n(t), \varphi) = a(u_n(t), \varphi) + (f, \varphi) \qquad \textbf{für alle} \quad \varphi \in X_n, \tag{11.100**}$$
$$u_n = u_0^* \quad \textbf{und} \quad (u_n)_t = u_1^* \qquad \textbf{für} \quad t = 0,\ x \in \Omega \quad \textbf{(Anfangsbedingung)}.$$

mit $u_n(x,t) = \sum_{j=1}^n c_j(t)e_j(x)$. Dabei ergeben sich $u_0^*$ bzw. $u_1^*$ wie in Standardbeispiel 3 aus $u_0$ bzw. $u_1$. Setzen wir $u_m^*(x) := \sum_{j=1}^n c_{jm}(x)e_j(x)$, dann entsprechen die Galerkingleichungen dem folgenden System gewöhnlicher Differentialgleichungen *zweiter Ordnung:*

$$\sum_{j=1}^n c_j''(t)(e_j, e_k) = \sum_{j=1}^n c_j(t) a(e_j, e_k) + (f, e_k), \qquad k = 1, \ldots, n,$$
$$c_k(0) = c_{k0} \quad \textbf{und} \quad c_k'(0) = c_{k1} \qquad \textbf{(Anfangsbedingung)}.$$

### 11.4.5. Projektions-Iterationsverfahren

Bei Projektions-Iterationsverfahren wird ein Iterationsverfahren mit einem Galerkinverfahren kombiniert, d.h., in jedem Iterationsschritt wird die Näherung durch ein Galerkinverfahren gelöst, wobei die Anzahl der Basisfunktionen in jedem Schritt zunimmt.

Um das zu erläutern, betrachten wir die Operatorgleichung

$$Au = b, \qquad u \in X, \tag{11.101}$$

zusammen mit dem Projektions-Iterationsverfahren

$$u_n = u_{n-1} - tJ^{-1}(Au_{n-1} - b), \qquad u_n \in X_n. \tag{11.101*}$$

wobei $\{X_n\}$ ein Galerkinschema in dem reellen separablen Hilbertraum $X$ ist mit $\dim X = \infty$ und $P_n\colon X \to X_n$ den orthogonalen Projektionsoperator von $X$ auf $X_n$ bezeichnet. Ferner sei $J\colon X \to X^*$ die Dualitätsabbildung von $X$. Ist $e_1, \ldots, e_m$ eine Basis von $X_n$, dann ist (11.101*) äquivalent zu

$$(u_n, e_k) = (u_{n-1}, e_k) - t\langle Au_{n-1} - b, e_k\rangle, \qquad u_n \in X_n, \quad k = 1, \ldots, m.$$

Der Operator $A\colon X \to X^*$ sei stark monoton und Lipschitzstetig, d.h., es gibt Zahlen $c > 0$ und $L > 0$, so daß für alle $u, v \in X$ gilt:

$$c\|u - v\|^2 \le \langle Au - Av, u - v\rangle$$

und $\|Au - Av\| \le L\|u - v\|$. Wir wählen eine feste reelle Zahl $t$ mit $0 < t < 2c/L^2$.

**Satz:** Für jedes $b \in X^*$ besitzt das Ausgangsproblem (11.101) genau eine Lösung $u$. Für jedes $n$ hat die Galerkingleichung (11.101*) genau eine Lösung $u_n$, und $(u_n)$ konvergiert in $X$ gegen $u$.

Anwendungen dieses Satzes auf nichtlineare partielle Differentialgleichungen findet man in [Zeidler, Vol. 2B, Kap. 25]. Das Projektions-Iterationsverfahren hat den wesentlichen Vorteil gegenüber dem üblichen Galerkinverfahren, daß man in jedem Schritt nur ein lineares Gleichungssystem zu lösen hat, obwohl das Problem nichtlinear ist.

### 11.4.6. Der Hauptsatz der numerischen Funktionalanalysis

Eines der fundamentalen Prinzipien der numerischen Mathematik lautet:

(K) *Bei einem korrekt gestellten Problem erhält man aus Konsistenz und Stabilität eines Näherungsverfahrens dessen Konvergenz.*

Die numerische Funktionalanalysis erlaubt es, dieses Prinzip in abstrakter Weise zu rechtfertigen.

Neben der linearen oder nichtlinearen Ausgangsgleichung

$$Au = f, \qquad u \in X, \tag{11.102}$$

betrachten wir die Näherungsgleichung

$$A_h u_h = f_h, \qquad u_h \in X_h \tag{11.102*}$$

mit dem zugehörigen Approximationsschema:

$$\begin{array}{ccc} X & \xrightarrow{A} & Y \\ P_h \downarrow & & \downarrow Q_h \\ X_h & \xrightarrow{A_h} & Y_h \end{array} .$$

Dabei sind $X$, $Y$, $X_h$, $Y_h$ normierte Räume über $\mathbb{K}$.

**Differenzenverfahren:** Wir nehmen zunächst an, daß (11.102*) einem *Differenzenverfahren* entspricht. Dann bezeichnet $h$ die Maschenweite mit $0 < h \le h_0$. Wir setzen voraus:

(H1) *Korrekt gestelltes Ausgangsproblem.* Für festes $f \in Y$ besitzt (11.102) genau eine Lösung $u$.

Die Folge $(f_h)$ ist so gegeben, daß (11.102*) für jedes $h$ genau eine Lösung $u_h$ besitzt.

(H2) *Konsistenz.* Es gibt zwei Funktionen $a = a(h)$ und $b = b(h)$ mit $a(h) \to 0$ und $b(h) \to 0$ für $h \to 0$, so daß

$$\|Q_h Au - A_h P_h u\| \le a(h) \qquad \text{und} \qquad \|Q_h f - f_h\| \le b(h) \qquad \text{für alle} \quad h \quad \text{gilt.}$$

(H3) *Stabilität.* Es gibt positive Zahlen $s$ und $\gamma$, so daß

$$\|v - w\|_{X_h}^s \le \gamma\|A_h v - A_h w\|_{Y_h} \qquad \text{für alle} \quad v, w \in X_h \quad \text{und alle} \quad h.$$

**Satz:** Man hat die Fehlerabschätzung

$$\|u_h - P_h u\|^s_{X_h} \leq \gamma(a(h) + b(h)) \qquad \text{für alle} \quad h\,.$$

Daraus folgt die Konvergenz des Näherungsverfahrens $\|u_h - P_h u\|_{X_h} \to 0$ für $h \to 0$.

Bei konkreten Differenzenverfahren ist $a(h) = \text{const} \cdot h^r$ und $b(h) = \text{const} \cdot h^r$ [vgl. Zeidler 1984, Bd. IIA, Kap. 20].

**Galerkinverfahren.** Entspricht (11.102*) einem Galerkinverfahren , dann ist $h = 1/n$ für $n = 1, 2, \ldots$. Der obige Satz bleibt dann gültig.

**Approximationseigentliche Operatoren:** Das obige Resultat läßt sich substantiell zum Hauptsatz der numerischen Funktionalanalysis ausbauen, wenn man den fundamentalen Begriff des approximationseigentlichen Operators benutzt (im Englischen: $A$-proper operator). Das findet man zusammen mit Anwendungen auf nichtlineare Operatorgleichungen in [Zeidler 1984, Bd. IIB, Kap. 34ff].

# 11.5. Die Prinzipien der linearen Funktionalanalysis

Die folgenden Prinzipien, die fast alle von Banach und seinen Mitarbeitern zwischen 1920 und 1930 bewiesen wurden, stellen die Basis für die Beweise der meisten fundamentalen Aussagen der linearen Funktionalanalysis dar und verallgemeinern klassische (geometrische) Eigenschaften des $\mathbb{R}^n$ auf unendlich viele Dimensionen.

## 11.5.1. Das Hahn-Banach-Theorem und Optimierungsaufgaben

**Theorem** (Hahn und Banach): Es sei $p\colon X \to \mathbb{R}$ eine Halbnorm[33] auf dem reellen linearen Raum $X$, und $L$ sei ein linearer Unterraum von $X$. Dann läßt sich jedes lineare Funktional $f\colon L \to \mathbb{R}$ mit $f(u) \leq p(u)$ auf $L$ zu einem linearen Funktional $f\colon X \to \mathbb{R}$ fortsetzen, so daß

$$f(u) \leq p(u) \qquad \text{für alle} \quad u \in X \quad \text{gilt.}$$

Hinter diesem Theorem verbergen sich geometrische *Trennungssätze* für konvexe Mengen durch Hyperebenen (vgl. 11.5.1.3.). Alle folgenden Aussagen dieses Abschnitts sind Konsequenzen des Hahn-Banach-Theorems.

**Korollar:** Es sei $L$ ein linearer Unterraum des normierten Raumes $X$ über $\mathbb{K}$. Dann läßt sich jedes lineare Funktional $f\colon L \to \mathbb{K}$ mit $|f(u)| \leq c\|u\|$ auf $L$ zu einem linearen stetigen Funktional $f\colon X \to \mathbb{K}$ fortsetzen, so daß

$$|f(u)| \leq c\|u\| \qquad \text{für alle} \quad u \in X \quad \text{gilt.}$$

*Beispiel 1* (biorthogonale Systeme): Sind $u_1, \ldots, u_n \in X$ linear unabhängige Punkte in dem normierten Raum $X$, dann existieren Funktionale $f_1, \ldots, f_n \in X^*$ mit

$$\langle f_j, u_k \rangle = \delta_{jk}\,, \qquad j, k = 1, \ldots, n\,. \tag{11.103}$$

Sind $f_1, \ldots, f_n \in X^*$ linear unabhängige Funktionale, dann existieren Punkte $u_1, \ldots, u_n \in X$ mit (11.103).

---

[33] Es genügt, daß $p$ *sublinear* ist, d.h., es gilt $p(u+v) \leq p(u) + p(v)$ und $p(tu) = tp(u)$ für alle $u, v \in X$ und $t > 0$.

**Anwendung auf das Momentenproblem:** Es sei $\varrho\colon [0,1] \to \mathbb{R}$ eine Funktion von beschränkter Variation, d.h. $\varrho \in V[0,1]$. Dann können wir die Zahl

$$Q := \int_0^1 \mathrm{d}\varrho$$

als elektrische Ladung[34] auf dem Intervall $[0,1]$ interpretieren. Die Zahlen

$$\int_0^1 x^k \,\mathrm{d}\varrho = m_k\,, \qquad k = 0, 1, \ldots, n\,, \tag{11.104}$$

heißen die $k$-ten Momente der Ladungsverteilung.

Das Momentenproblem lautet: Zu vorgegebenen „reellen Momenten“ $m_0, \ldots, m_n$ bestimme man eine „elektrische Ladungsverteilung“ $\varrho \in V[0,1]$, so daß (11.104) gilt.

Dieses Problem ist stets lösbar. Der Beweis ergibt sich in einfacher Weise aus dem Hahn-Banach-Theorem. Hierzu sei $u_k(x) := x^k$ und $L := \operatorname{span}\{u_0, \ldots, u_n\}$. Wir konstruieren ein lineares Funktional $F\colon L \to \mathbb{R}$ durch

$$F(u_k) := m_k\,, \qquad k = 0, \ldots, n\,.$$

Jedes lineare Funktional auf einem endlichdimensionalen normierten Raum ist stetig. Deshalb gilt $\|F(u)\| \le \text{const}\,\|u\|$ für alle $u \in L$. Nach dem Hahn-Banach-Theorem läßt sich $F$ zu einem linearen stetigen Funktional $F\colon C[a,b] \to \mathbb{R}$ fortsetzen. Folglich gibt es nach Beispiel 17 in 11.2.4. eine Funktion $\varrho \in V[0,1]$, so daß

$$F(u) = \int_0^1 u(x)\,\mathrm{d}\varrho \qquad \text{für alle} \quad u \in C[0,1] \quad \text{gilt.}$$

Im Spezialfall $u = u_k$ erhalten wir (11.104).

### 11.5.1.1. Ein Extremalprinzip

Es sei $X$ ein normierter Raum über $\mathbb{K}$. Dann besitzt das Maximumproblem

$$\max_{\|f\| \le 1} |\langle f, u\rangle| = \|u\|\,, \qquad f \in X^*\,, \tag{11.105}$$

für jedes $u \in X$ eine Lösung $f$. Im Fall $u \neq 0$ ist $\|f\| = 1$.

Ist $X$ ein reflexiver Banachraum, dann hat das Maximumproblem

$$\max_{\|u\| \le 1} |\langle f, u\rangle| = \|f\|\,, \qquad u \in X\,, \tag{11.105*}$$

für jedes $f \in X^*$ eine Lösung $u$. Im Fall $f \neq 0$ ist $\|u\| = 1$.

*Beispiel 2* (duales Paar): Ist $X$ ein normierter Raum über $\mathbb{K}$, dann bildet $\{X^*, X\}$ ein duales Paar, d.h., es gilt

$$|\langle f, u\rangle| \le \|f\| \cdot \|u\| \qquad \text{für alle} \quad f \in X^*\,,\ u \in X\,,$$

und aus $\langle f, u\rangle = 0$ für alle $u \in X$ folgt $f = 0$ sowie aus $\langle f, u\rangle = 0$ für alle $f \in X^*$ folgt $u = 0$.

---

[34] Ist $\varrho$ auf $[0,1]$ stetig differenzierbar, dann gilt $Q = \int_0^1 \varrho'(x)\,\mathrm{d}x$, d.h., $\varrho$ ist die Ladungsdichte. Durch den allgemeinen Fall werden sowohl kontinuierliche als auch diskrete Ladungsverteilungen erfaßt.

### 11.5.1.2. Der Hauptsatz der Approximationstheorie (Dualitätsprinzip)

Es sei $L$ ein linearer Unterraum des reellen normierten Raumes $X$. Neben dem *Minimumproblem*

$$\inf \|u_0 - u\| = \alpha\,, \qquad u \in L\,. \tag{11.106}$$

betrachten wir das *duale Maximumproblem*

$$\max\langle f, u_0\rangle = \beta\,, \qquad f \in L^\perp\,, \quad \|f\| \leq 1\,. \tag{11.106*}$$

Dabei setzen wir $L^\perp := \{f \in X^*\colon f(v) = 0 \text{ auf } L\}$. Für gegebenes $u_0 \in X$ gelten dann folgende *Existenzaussagen:*

(i) Das duale Problem (11.106*) besitzt stets eine Lösung $f$ mit $\alpha = \beta$.

(ii) Das Ausgangsproblem (11.106) besitzt eine Lösung $u$, falls $\dim L < \infty$ gilt oder $L$ ein abgeschlossener linearer Unterraum in dem reflexiven Banachraum $X$ ist.

(iii) Kennt man ein $u \in L$ und ein $f \in L^\perp$ mit $\|f\| \leq 1$, so daß

$$\langle f, u_0\rangle = \|u_0 - u\|$$

gilt, dann ist $u$ eine Lösung von (11.106), und $f$ ist eine Lösung von (11.106*).

Typisch für diese Aussage ist, daß das duale Problem (11.106*) mit Hilfe des Hahn-Banach-Theorems (ohne alle Kompaktheitsbedingungen) stets lösbar ist, während die Lösungsaussage für das Ausgangsproblem (11.106) auf Kompaktheitsargumenten beruht (vgl. 11.5.7.).

Die Behauptung (iii) folgt sofort aus $\alpha = \beta$ in (i).

**Korollar (Eindeutigkeit):** Das Ausgangsproblem (11.106) besitzt höchstens eine Lösung $u$, wenn eine der folgenden beiden Bedingungen erfüllt ist:

(a) Der normierte Raum $X$ ist *streng konvex*, d.h., für alle $u, v \in X$ mit $u \neq \lambda v$ und $\lambda > 0$ gilt

$$\|u + v\| < \|u\| + \|v\|\,.$$

(b) Der $n$-dimensionale lineare Unterraum $L$ des Banachraumes $X$ besitzt die *Interpolationseigenschaft*, d.h., für gegebene reelle Zahlen $a_1, \ldots, a_n$ hat das System

$$f_1(u) = a_1\,, \quad \ldots\,, \quad f_n(u) = a_n\,, \qquad u \in L\,,$$

genau eine Lösung $u$, vorausgesetzt $f_1, \ldots, f_n$ sind linear unabhängige Extremalpunkte der Einheitskugel im dualen Raum $X^*$.

*Beispiel 3:* Jeder Hilbertraum ist streng konvex. Für eine nichtleere meßbare (z.B. offene) Teilmenge $M$ des $\mathbb{R}^N$ ist $L_p(M)$ mit $1 < p < \infty$ ein streng konvexer Banachraum.

**Anwendung auf die Tschebyschevapproximation:** Es sei $X := C[a, b]$, und $L$ sei der Raum aller reellen Polynome vom Grad $\leq n$. Für jede Funktion $u \in X$ besitzt dann das klassische Approximationsproblem

$$\|u_0 - u\| := \max_{a \leq x \leq b} |u_0(x) - u(x)| = \min!\,, \qquad u \in L\,, \tag{11.107}$$

genau eine Lösung $u$.

Der Raum $C[a, b]$ ist *nicht streng konvex*. Die Eindeutigkeitsaussage folgt aus (b) im obigen Korollar.

**Alternantensatz:** Eine Funktion $v \in L$ ist genau dann eine Lösung von (11.107), wenn es $n+2$ Punkte $a = x_0 < x_1 < \ldots < x_{n+1} = b$ gibt, so daß das Problem

$$|u_0(x) - v(x)| = \max!\,, \qquad x \in [a,b]\,,$$

seine Maximalwerte in allen Punkten $x_0, \ldots, x_{n+1}$ annimmt und die Vorzeichen von $u_0(x_j) - v(x_j)$ für $j = 0, \ldots, n+1$ alternieren.

*Beispiel 4:* Es sei $L$ die Menge aller linearen Funktionen. Dann besitzt das Approximationsproblem

$$\max_{0 \le x \le 1} |\sqrt{x} - u(x)| = \min!\,, \qquad u \in L\,,$$

die eindeutige Lösung $u(x) = x + 1/8$. Denn wählt man die Punkte $x_0 = 0$, $x_1 = 1/4$, $x_2 = 1$, dann besitzt die Fehlerfunktion $F(x) = \sqrt{x} - u(x)$ die alternierenden Werte $F(x_0) = -F(x_1) = F(x_2) = -1/8$, und der (absolute) maximale Fehler ist gleich 1/8.

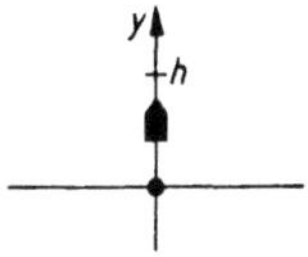


Abb. 11.20

**Anwendung auf die optimale Steuerung einer Rakete:** Wir beschreiben die vertikale Bewegung $y = y(t)$ einer Rakete mit der Masse $m$ unter dem Einfluß der Schwerkraft $mg$ ($g$ =Schwerebeschleunigung) und der Schubkraft $K(t)$, d.h., es gilt (Abb. 11.20)

$$my''(t) = K(t) - mg\,, \qquad y(0) = y'(0) = 0\,.$$

Das bedeutet

$$y(t) = \int_0^t (t-s)K(s)\,\mathrm{d}s - t^2/2\,,$$

wobei wir $m = g = 1$ setzen. Erreicht die Rakete zur Zeit $T$ die Endhöhe $h$, dann gilt

$$h = \int_0^T (T-t)K(t)\,\mathrm{d}t - T^2/2\,.$$

Der minimale Treibstoffverbrauch $\alpha(T)$ während des Zeitintervalls $[0,T]$ sei durch

$$\alpha(T) = \min_{K \in L_1(0,T)} \int_0^T |K(t)|\,\mathrm{d}t$$

gegeben.

Wir setzen $X := C[0,T]$. Ordnen wir der Funktion $K$ das Funktional

$$F(w) := \int_0^T w(t)K(t)\,\mathrm{d}t \qquad \text{für alle} \quad w \in X \tag{11.108}$$

zu, dann gilt

$$F \in X^* , \qquad \|F\| = \int_0^T |K(t)|\,\mathrm{d}t \qquad \text{und} \qquad h = F(w_0) - T^2/2 \qquad \text{mit} \quad w_0 := T - t .$$

Um bequem rechnen zu können, betrachten wir nicht nur alle Funktionale $F$ der Form (11.108), sondern beliebige Funktionale $F \in X^*$. Dann erhalten wir das folgende *verallgemeinerte Problem:*

(i) Wir bestimmen bei fester Endzeit $T$ und fester Endhöhe $h$ das optimale Schubkraftfunktional $F$ durch

$$\alpha(T) = \min \|F\| , \qquad F \in X^* .$$

mit der Nebenbedingung $h = F(w_0) - T^2/2$, wobei $\alpha(T)$ den minimalen Wert von $\|F\|$ bezeichnet (verallgemeinerter minimaler Treibstoffverbrauch).

(ii) Bei fester Endhöhe $h$ variieren wir $T$ und bestimmen die optimale Endzeit durch

$$\alpha(T) = \min ! .$$

**Satz:** Die Lösung lautet $T = (2h)^{1/2}$ mit $\alpha(T) = T$. Die optimale Schubkraft ist durch $F = T\delta$ gegeben.

In der Sprache der Funktionale bedeutet das $F(w) = Tw(0)$ für alle $w \in C[0,T]$. In der Sprache der Physiker heißt das

$$K(t) = T\delta(t)$$

mit der „Diracschen $\delta$-Funktion". Dies bedeutet, daß nur zur Anfangszeit $t = 0$ eine Schubkraft wirkt. Ist $\varepsilon > 0$ sehr klein, dann erhalten wir näherungsweise für die Schubkraft den folgenden Ausdruck:

$$K(t) := \begin{cases} T/\varepsilon & \text{für } 0 \le t \le \varepsilon , \\ 0 & \text{für } t > \varepsilon . \end{cases}$$

### 11.5.1.3. Trennung konvexer Mengen

**Konvexität:** Eine Menge $M$ in einem linearen Raum $X$ heißt genau dann *konvex*, wenn aus $u, v \in M$ stets

$$tu + (1-t)v \in M \qquad \text{für alle} \quad t \in [0,1]$$

folgt, d.h., neben zwei Punkten $u$ und $v$ gehört auch stets die Verbindungsstrecke zu $M$ (Abb. 11.21). Die Funktion $f\colon M \subseteq X \to \mathbb{R}$ heißt genau dann *konvex*, wenn $M$ konvex ist und

$$f(tu + (1-t)v) \le tf(u) + (1-t)f(v) \qquad \text{für alle} \quad u, v \in M , \ t \in (0,1) \qquad (11.109)$$

gilt (Abb. 11.22). Geometrisch bedeutet dies, daß der Graph stets unter der Sehne liegt. Kann man in (11.109) das Zeichen „$\le$" für $u \neq v$ durch „$<$" ersetzen, dann heißt $f$ *streng konvex* (Abb. 11.22b).

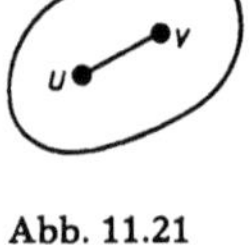


Abb. 11.21

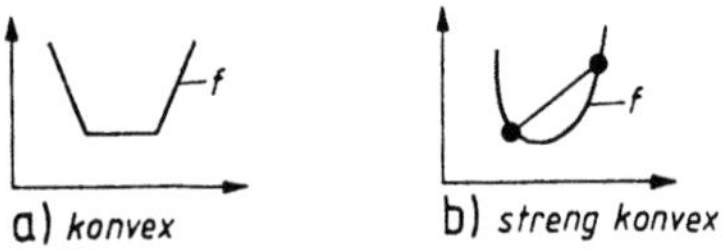


Abb. 11.22

Unter der *konvexen Hülle* $\operatorname{co} M$ einer Menge $M$ versteht man die Menge aller konvexen endlichen Linearkombinationen

$$t_1u_1 + \ldots + t_nu_n \qquad \text{mit} \quad u_1, \ldots, u_n \in M , \quad 0 \le t_1, \ldots, t_n \le 1 , \quad t_1 + \ldots + t_n = 1 ;$$

$\operatorname{co} M$ ist die kleinste konvexe Menge, die $M$ enthält. Ist $X$ ein lokalkonvexer Raum (z.B. ein normierter Raum), dann bezeichnet $\overline{\operatorname{co}}\, M$ (bzw. $\overline{\operatorname{span}}\, M$) den Abschluß von $\operatorname{co} M$ (bzw. $\operatorname{span} M$). Diese Menge heißt die *abgeschlossene konvexe Hülle* (bzw. abgeschlossene lineare Hülle) von $M$ und ist die kleinste abgeschlossene konvexe Menge, die $M$ enthält (bzw. der kleinste abgeschlossene lineare Unterraum, der $M$ enthält).

In einem Banachraum ist $\overline{\operatorname{co}}\, M$ kompakt, falls $M$ relativ kompakt ist.

**Trennbarkeit:** Es sei $X$ ein reeller lokalkonvexer Raum (z.B. ein normierter Raum). Definitionsgemäß lassen sich zwei nichtleere Mengen $A$ und $B$ genau dann durch eine abgeschlossene Hyperebene *trennen* (bzw. streng trennen), wenn es ein lineares stetiges Funktional $f: X \to \mathbb{R}$ mit $f \neq 0$ und eine reelle Zahl $a$ gibt, so daß

$$f(u) \leq a \leq f(v) \qquad (\text{bzw. } f(u) < a < f(v)) \qquad \text{für alle} \quad u \in A\,,\ v \in B \quad \text{gilt.}$$

**Trennungstheorem:** Es seien $A$ und $B$ nichtleere konvexe Mengen in $X$. Dann gilt:

(i) Besitzt $A$ einen inneren Punkt und ist $B \cap \operatorname{int} A = \emptyset$, dann lassen sich $A$ und $B$ durch eine abgeschlossene Hyperebene trennen (Abb. 11.23a).

(ii) Ist $A \cap B = \emptyset$, dann lassen sich $A$ und $B$ streng durch eine abgeschlossene Hyperebene trennen, falls $A$ abgeschlossen und $B$ kompakt ist (Abb. 11.23b) bzw. $A$ und $B$ offen sind (Abb. 11.23c).

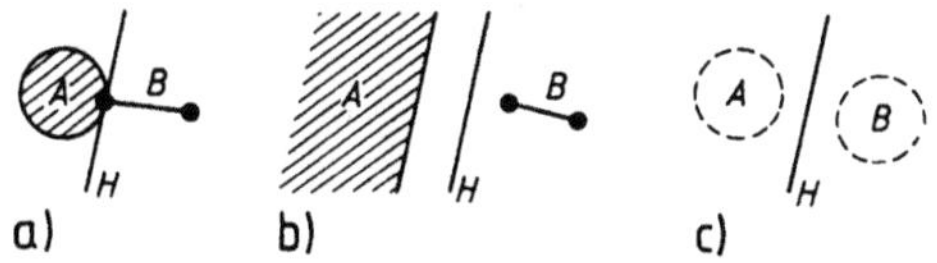

Abb. 11.23

In Abb. 11.23 ist die Hyperebene $H$ durch $\{u \in X: f(u) = a\}$ gegeben.

## 11.5.2. Das Bairesche Kategorieprinzip

**Definition:** Es sei $M$ eine Teilmenge des metrischen Raumes $X$. Die Menge $M$ heißt genau dann nirgends dicht, wenn $\operatorname{int} \overline{M} = \emptyset$ gilt, d.h., der Abschluß von $M$ besitzt keine inneren Punkte.

Die Menge $M$ ist genau dann *mager* (oder von erster Bairescher Kategorie), wenn $M$ die Vereinigung von höchstens abzählbar vielen nirgends dichten Mengen ist.

Die Menge $M$ ist genau dann *fett* (oder von zweiter Bairescher Kategorie), wenn $M$ nicht mager ist.

*Beispiel:* In $\mathbb{R}$ ist jede endliche Menge nirgends dicht. Die abzählbare Menge der rationalen Zahlen ist mager, während die Menge der irrationalen Zahlen fett ist.

In $\mathbb{R}^2$ ist jede Gerade nirgends dicht. Die Vereinigung von abzählbar vielen Geraden ist mager. Jede nichtleere offene Menge im $\mathbb{R}^2$ und ihr Abschluß sind fett.

**Theorem** (Baire): Es sei $X$ ein vollständiger metrischer Raum (z.B. ein Banachraum). Dann ist jede nichtleere offene Menge fett.

Das Komplement einer mageren Menge ist fett, also speziell nicht leer.

*Standardbeispiel:* Es gibt eine stetige Funktion $u$: $[0,1] \to \mathbb{R}$, die in keinem Punkt differenzierbar ist.

Um das zu beweisen, sei $X := C[0,1]$, und $M$ bezeichne die Menge aller Funktionen $u \in X$, die in einem Punkt $x \in [0,1)$ eine Ableitung von rechts besitzen. Man hat nun zu zeigen, daß $M$ mager ist. Aus dem Theorem folgt dann, daß $X \backslash M$ fett ist. Dies bedeutet, daß die „meisten" stetigen Funktionen $u$: $[0,1] \to \mathbb{R}$ nicht differenzierbar sind.

Im Jahre 1806 versuchte Ampère zu beweisen, daß jede stetige Funktion auch differenzierbar ist. Erst 50 Jahre später zeigte Weierstraß mit Hilfe eines berühmten Gegenbeispiels, daß diese Aussage falsch ist.

### 11.5.3. Das Prinzip der gleichmäßigen Beschränktheit

**Theorem** (Banach und Steinhaus): Es sei $\mathscr{F}$ eine nichtleere Menge von stetigen Abbildungen $F$: $X \to Y$, wobei $X$ und $Y$ Banachräume über $\mathbb{K}$ sind. Ferner sei

$$\sup_{F \in \mathscr{F}} \|Fu\| < \infty \qquad \text{für alle} \quad u \in X .$$

Dann gibt es eine abgeschlossene Kugel $K$ in $X$ mit positivem Radius, so daß

$$\sup_{u \in K} ( \sup_{F \in \mathscr{F}} \|Fu\|) < \infty .$$

**Korollar:** Es sei $F_n$: $X \to Y$ eine Folge von linearen stetigen Operatoren, so daß die Folge $(F_n u)$ für jedes $u$ in $X$ konvergiert. Dann ist die Folge $(\|F_n\|)$ der Normen beschränkt.

*Standardbeispiel:* Schwach konvergente und schwach* konvergente Folgen sind beschränkt (vgl. 11.5.7.). Daraus ergeben sich Aussagen über die Konvergenz von Quadraturformeln und die Permanenz von Summationsverfahren für divergente Folgen und Reihen (vgl. 11.5.7.3.).

### 11.5.4. Das Theorem über offene Abbildungen und korrekt gestellte Probleme

**Theorem** (Banach): Eine lineare stetige surjektive Abbildung $A$: $X \to Y$ zwischen den Banachräumen $X$ und $Y$ über $\mathbb{K}$ ist offen (d.h., $A$ bildet offene Mengen auf offene Mengen ab).

**Korollar** (inverser Operator): Ist $A$: $X \to Y$ linear, stetig und bijektiv, dann ist $A$ ein Homöomorphismus (d.h., der inverse Operator $A^{-1}$: $Y \to X$ ist stetig).

Die Aussage des Korollars ist für nichtlineare Operatoren falsch.

*Standardbeispiel:* Es sei $A$: $X \to Y$ ein linearer stetiger Operator, so daß die Gleichung

$$Au = f , \qquad u \in X , \tag{11.110}$$

für jedes $f \in Y$ eine Lösung besitzt und $Au = 0$ stets $u = 0$ impliziert. Dann ist (11.110) *korrekt gestellt*, d.h., für jedes $f \in Y$ besitzt (11.110) genau eine Lösung $u = A^{-1}f$, die stetig von $f$ abhängt.

### 11.5.5. Das Theorem über den abgeschlossenen Graphen

**Definition:** Eine Abbildung $A$: $D(A) \subseteq X \to Y$ zwischen den beiden Banachräumen $X$ und $Y$ über $\mathbb{K}$ heißt graphabgeschlossen oder kurz *abgeschlossen*, wenn der *Graph*

$$G(A) := \{(u, Au) \colon u \in D(A)\}$$

eine abgeschlossene Menge im Produktraum $X \times Y$ ist.

Das ist äquivalent zu der folgenden Aussage. Ist $u_n$ für jedes $n = 1, 2, \ldots$ eine Lösung der Gleichung

$$Au_n = f_n, \qquad u_n \in D(A),$$

und gilt $u_n \to u$ sowie $f_n \to f$, dann ist $u$ Lösung der Gleichung $Au = f, u \in D(A)$. Bei einem abgeschlossenen Operator besitzt deshalb die zugehörige Operatorgleichung ein günstiges Verhalten gegenüber Grenzwertbildung.

Gilt $\overline{G(A)} = G(B)$, d.h., der Abschluß des Graphen von $A$ ist gleich dem Graphen eines Operators $B$: $D(B) \subseteq X \to Y$, dann heißt $B$ der Abschluß von $A$. Dieser ist durch $A$ eindeutig bestimmt.

*Beispiel 1:* Die Abbildung $A$: $D(A) \subseteq \mathbb{R} \to \mathbb{R}$ in Abb. 11.24a (bzw. Abb. 11.24b) ist abgeschlossen (bzw. nicht abgeschlossen).

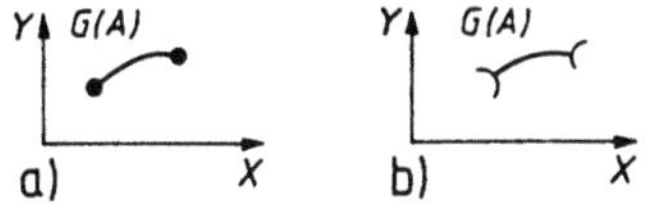


Abb. 11.24

**Theorem** (Banach): Ein linearer Operator $A$: $X \to Y$ ist genau dann abgeschlossen, wenn er stetig ist.

Im allgemeinen Fall eines linearen Operators $A$: $D(A) \subseteq X \to Y$, der nicht auf dem gesamten Raum $X$ erklärt ist, bildet die Abgeschlossenheit von $A$ in gewisser Weise einen Ersatz für die fehlende Stetigkeit. Mit $X_A$ bezeichnen wir die Menge $D(A)$ zusammen mit der Norm

$$\|u\|_A := \|u\| + \|Au\| \qquad \text{für alle} \quad u \in D(A).$$

Der lineare Operator $A$: $D(A) \subseteq X \to Y$ ist genau dann abgeschlossen, wenn $X_A$ ein Banachraum ist. In diesem Fall wird $A$: $X_A \to Y$ zu einem linearen stetigen Operator zwischen den beiden Banachräumen $X_A$ und $Y$.

*Beispiel 2* (Ableitungsoperator): Es sei $X := L_2(0,1)$ und $(Au)(x) := u'(x)$ (klassische Ableitung). Wählen wir $D(A) := C^1[0,1]$, dann ist $A$: $D(A) \subseteq X \to X$ nicht abgeschlossen.

Dagegen ist $B$: $D(B) \subseteq X \to X$ abgeschlossen, falls wir $D(B) := W_2^1(0,1)$ und $(Bu)(x) := u'(x)$ setzen (verallgemeinerte Ableitung). Tatsächlich folgt aus $u_n \in D(B)$ sofort

$$\int_0^1 u_n(x)\varphi'(x)\,dx = -\int_0^1 (Bu_n)\varphi\,dx \qquad \text{für alle} \quad \varphi \in C_0^\infty(0,1)$$

nach Definition der verallgemeinerten Ableitung. Aus $u_n \to u$ und $Bu_n \to v$ in $X$ folgt

$$\int_0^1 u(x)\varphi'(x)\,dx = -\int_0^1 v(x)\varphi(x)\,dx \qquad \text{für alle} \quad \varphi \in C_0^\infty(0,1).$$

Das bedeutet $u' = v$ (im verallgemeinerten Sinne). Außerdem ist der verallgemeinerte Ableitungsoperator $B$ der Abschluß des klassischen Ableitungsoperators $A$.

Der zugehörige Banachraum $X_B$ ist gleich dem *Sobolevraum* $W_2^1(0,1)$. Der Operator $B$: $D(B) \subseteq X \to X$ ist schiefadjungiert, d.h. $B^* = -B$.

*Standardbeispiel 3:* Ist $A: D(A) \subseteq X \to Y$ ein linearer Operator zwischen den Banachräumen $X$ und $Y$ über $\mathbb{K}$ mit dichtem Definitionsbereich, dann ist der duale Operator $A^{\mathrm{T}}$ abgeschlossen.

*Standardbeispiel 4* (adjungierter Operator): Es sei $A: D(A) \subseteq X \to X$ ein linearer Operator in dem Hilbertraum $X$ über $\mathbb{K}$ mit dichtem Definitionsbereich. Dann gilt:

(i) Der *adjungierte* Operator $A^*$ ist abgeschlossen.

(ii) Der Operator $A$ besitzt genau dann eine Abschließung, wenn $D(A^*)$ in $X$ dicht ist. Dann ist $A^{**}$ gleich dem Abschluß von $A$.

(iii) Ist $A$ symmetrisch, dann ist $A^{**}$ eine abgeschlossene symmetrische Fortsetzung von $A$, und es gilt $A \subseteq A^{**} \subseteq A^*$.

(iv) Jeder selbstadjungierte Operator ist abgeschlossen.

(v) Ist $A$ symmetrisch mit $D(A) = X$, dann ist $A$ stetig.

Ein symmetrischer Operator $A$ heißt genau dann *wesentlich selbstadjungiert*, wenn sein Abschluß $A^{**}$ selbstadjungiert ist, d.h., es gilt $A^* = A^{**}$.

**Die Fortsetzung symmetrischer Operatoren nach John von Neumann** : Es sei $X$ ein Hilbertraum über $\mathbb{K}$. Der Operator $C: X \to X$ heißt genau dann normerhaltend, wenn $C$ linear ist und $\|Cu\| = \|u\|$ für alle $u \in X$ gilt. Ein Operator ist genau dann unitär, wenn er bijektiv und normerhaltend ist.

Es sei $A: D(A) \subseteq X \to X$ ein linearer abgeschlossener Operator mit dichtem Definitionsbereich auf dem komplexen separablen Hilbertraum $X$. Dann gilt:

(i) Der Operator $A$ ist genau dann symmetrisch (bzw. selbstadjungiert), wenn seine sogenannte *Cayleytransformation*

$$C := (A - \mathrm{i}\, I)(A + \mathrm{i}\, I)^{-1}$$

normerhaltend (bzw. unitär) ist. Die Zahlen $n_\pm := \dim R(A \pm \mathrm{i}\, I)^\perp$ heißen die *Defektindizes* von $A$.

(ii) Der symmetrische Operator $A$ läßt sich genau dann zu einem selbstadjungierten Operator fortsetzen, wenn sich seine Cayleytransformation zu einem unitären Operator fortsetzen läßt. Das ist äquivalent zu $n_+ = n_-$ (Gleichheit der Defektindizes).

**Satz:** Für einen symmetrischen Operator $A: D(A) \subseteq X \to X$ sind die folgenden drei Bedingungen äquivalent.

(i) $A$ ist selbstadjungiert.

(ii) $A$ ist abgeschlossen und $\lambda = \pm \mathrm{i}$ sind keine Eigenwerte von $A^*$.

(iii) $R(A \pm \mathrm{i}\, I) = 0$.

**Korollar:** Ferner sind für einen symmetrischen Operator $A: D(A) \subseteq X \to X$ die folgenden drei Bedingungen äquivalent.

(a) $A$ ist wesentlich selbstadjungiert.

(b) $\lambda = \pm \mathrm{i}$ sind keine Eigenwerte von $A^*$.

(c) $R(A^* \pm \mathrm{i}\, I)$ ist dicht in $X$.

*Beispiel 5:* Ist $A: D(A) \subseteq X \to X$ ein linearer symmetrischer Operator auf dem Hilbertraum $X$ über $\mathbb{K}$ und ist $A$ halbbeschränkt, d.h., gibt es eine reelle Konstante $c$ mit

$$(Au, u) \geq c\|u\|^2 \qquad \text{für alle} \quad u \in D(A), \tag{11.111}$$

dann existiert eine selbstadjungierte Fortsetzung $A_{\mathrm{F}}$ von $A$, für die (11.111) mit $A_{\mathrm{F}}$ anstelle von $A$ gilt. Ist $c > 0$, dann existiert $A_{\mathrm{F}}^{-1} : X \to X$ als linearer stetiger Operator.

## 11.5.6. Das Theorem über den abgeschlossenen Wertebereich (Fredholmsche Alternative)

**Theorem** (Banach): Es sei $A\colon D(A) \subseteq X \to Y$ ein abgeschlossener linearer Operator zwischen den Banachräumen $X$ und $Y$ über $\mathbb{K}$ mit dichtem Definitionsbereich. Dann sind die folgende vier Aussagen äquivalent:

(i) $R(A)$ ist abgeschlossen.

(ii) $R(A^{\mathrm{T}})$ ist abgeschlossen.

(iii) $R(A) = N(A^{\mathrm{T}})^0$.

(iv) $R(A^{\mathrm{T}}) = {}^0N(A)$.

Dabei setzen wir ${}^0N(A) := \{g \in X^*\colon \langle g, u\rangle = 0 \quad \text{für alle} \quad u \in N(A)\}$ und

$$N(A^{\mathrm{T}})^0 := \{f \in Y : \langle u^*, f\rangle = 0 \quad \text{für alle} \quad u^* \in N(A^{\mathrm{T}})\}\,.$$

Nach (iii) und (iv) gilt

$$\operatorname{codim} R(A) = \dim N(A^{\mathrm{T}}) \qquad \text{und} \qquad \operatorname{codim} R(A^{\mathrm{T}}) = \dim N(A)\,.$$

**Fredholmsche Alternative:** Die Aussagen (iii) und (iv) entsprechen der Fredholmschen Alternative. Beispielsweise besagt (iii), daß die Gleichung $Au = f$ genau dann eine Lösung $u$ besitzt, wenn

$$\langle u^*, f\rangle = 0$$

für alle Lösungen $u^*$ der homogenen dualen Gleichung $A^{\mathrm{T}}u^* = 0$ gilt.

**Fredholmoperator:** Ein Operator $A\colon D(A) \subseteq X \to Y$ heißt genau dann ein linearer Fredholmoperator, wenn $A$ ein linearer abgeschlossener Operator ist mit $\overline{D(A)} = X$, $\overline{R(A)} = R(A)$ und $\dim N(A) < \infty$ sowie $\operatorname{codim} R(A) < \infty$. Die Zahl

$$\operatorname{ind} A := \dim N(A) - \operatorname{codim} R(A)$$

nennt man den Index von $A$.

**Hilberträume:** Es sei $A\colon D(A) \subseteq X \to Y$ ein linearer abgeschlossener Operator zwischen den beiden Hilberträumen $X$ und $Y$ über $\mathbb{K}$. Dann sind die folgenden Aussagen äquivalent:

(i) $R(A)$ ist abgeschlossen.

(ii) $R(A^*)$ ist abgeschlossen.

(iii) $R(A) = N(A^*)^{\perp}$.

(iv) $R(A^*) = N(A)^{\perp}$.

## 11.5.7. Kompaktheit und ein Extremalprinzip

Kompaktheit ist einer der wichtigsten Begriffe der Analysis.

**Kompaktheitssatz von Riesz:** Für einen Banachraum $X$ sind die folgenden drei Aussagen äquivalent:

(i) $X$ ist endlichdimensional.

(ii) Jede beschränkte Folge $(u_n)$ in $X$ besitzt eine konvergente Teilfolge $u_{n'} \to u$.

(iii) Die abgeschlossene Einheitskugel in $X$ ist kompakt.

Dieser Satz zeigt, daß der übliche Konvergenzbegriff in einem unendlichdimensionalen Banachraum wesentliche Mängel besitzt, denn dort versagt der klassische Auswahlsatz für konvergente Teilfolgen. Um diesen Auswahlsatz in einer abgeschwächten Form zu retten, führt man die schwache und die schwache* Konvergenz ein. Diese Konvergenzbegriffe stellen ein entscheidendes Hilfsmittel der modernen Theorie der partiellen Differentialgleichungen und der Variationsrechnung dar.

### 11.5.7.1. Die schwache Konvergenz

**Definition:** Eine Folge $(u_n)$ in dem Banachraum $X$ konvergiert genau dann *schwach* gegen $u \in X$, wenn

$$\lim_{n \to \infty} \langle f, u_n \rangle = \langle f, u \rangle \tag{11.112}$$

für alle $f \in X^*$ gilt. Dafür schreiben wir $u_n \rightharpoonup u$. Dieser Konvergenzbegriff ergibt sich aus der sogenannten schwachen Topologie auf $X$ (vgl. 11.5.7.4.). Das Grenzelement einer schwach konvergenten Folge ist eindeutig bestimmt.

Die übliche Konvergenz $u_n \to u$ bezüglich der Norm (d.h. $\|u_n - u\| \to 0$) bezeichnet man auch als *starke* Konvergenz (oder Normkonvergenz).

**Eigenschaften der schwachen Konvergenz:** Es gilt:

(i) Aus $u_n \to u$ folgt $u_n \rightharpoonup u$. In einem endlichdimensionalen Raum ist auch die Umkehrung richtig.

(ii) Eine Folge $(u_n)$ ist genau dann schwach konvergent, wenn sie beschränkt ist und (11.112) für alle $f$ aus einer in $X^*$ dichten Menge gilt.

(iii) Ist $M$ eine abgeschlossene konvexe Menge, dann folgt aus $u_n \in M$ für alle $n$ und $u_n \rightharpoonup u$, daß auch $u$ zu $M$ gehört *(Satz von Mazur)*.

(iv) Aus $f_n \to f$ in $X^*$ und $u_n \rightharpoonup u$ in $X$ folgt

$$\langle f_n, u_n \rangle \to \langle f, u \rangle \,. \tag{11.113}$$

(v) Aus $f_n \rightharpoonup f$ in $X^*$ und $u_n \to u$ in $X$ folgt (11.113), falls $X$ reflexiv ist.

**Kompaktheitssatz von Eberlein-Ŝmuljan:** Für einen Banachraum $X$ sind die folgenden drei Aussagen äquivalent:

(i) $X$ ist reflexiv.

(ii) Jede beschränkte Folge in $X$ besitzt eine schwach konvergente Teilfolge.

(iii) Die abgeschlossene Einheitskugel in $X$ ist schwach kompakt (d.h. kompakt bezüglich der schwachen Topologie auf $X$).

**Korollar:** Eine beschränkte Folge $(u_n)$ in einem reflexiven Banachraum konvergiert schwach, falls jede ihrer schwach konvergenten Teilfolgen den gleichen Grenzwert besitzt.

*Standardbeispiel 1* (Hilberträume): In einem Hilbertraum $X$ gilt:

(a) $u_n \rightharpoonup u$ ist äquivalent zu $(u_n, v) \to (u, v)$ für alle $v \in X$.

(b) $u_n \to u$ ist äquivalent zu $u_n \rightharpoonup u$ und $\|u_n\| \to \|u\|$.

Da jeder Hilbertraum $X$ reflexiv ist, besitzt jede in $X$ beschränkte Folge eine konvergente Teilfolge.

*Standardbeispiel 2* (der Raum $L_p(\Omega)$): Es sei $\Omega$ eine nichtleere offene Menge in $\mathbb{R}^n$. Ferner sei $1 < p < \infty$ und $p^{-1} + q^{-1} = 1$. Dann ist

$$u_n \rightharpoonup u \quad \text{für} \quad n \to \infty \quad \text{in} \quad L_p(\Omega)$$

gleichbedeutend mit

$$\lim_{n\to\infty} \int_\Omega u_n(x)v(x)\,\mathrm{d}x = \int_\Omega u(x)v(x)\,\mathrm{d}x \qquad \text{für alle} \quad v \in L_q(\Omega)\,.$$

Der Raum $L_p(\Omega)$ ist reflexiv, deshalb besitzt jede in $L_p(\Omega)$ beschränkte Folge eine schwach konvergente Teilfolge.

**Ein fundamentales Extremalprinzip:** Das Minimumproblem

$$F(u) = \min!\,, \qquad u \in M\,, \tag{11.114}$$

besitzt eine Lösung $u$, falls $M$ eine nichtleere beschränkte abgeschlossene konvexe Teilmenge eines reflexiven Banachraumes ist und $F\colon M \to \mathbb{R}$ schwach folgenunterhalbstetig ist, d.h., aus $u_n \rightharpoonup u$ folgt

$$F(u) \le \underline{\lim}_{n\to\infty} F(u_n)\,. \tag{11.115}$$

Speziell ist (11.115) für die Norm $F(u) := \|u\|$ erfüllt.

Dieses Prinzip spielt eine entscheidende Rolle in der Variationsrechnung und der Optimierungstheorie.

*Beweis.* Es sei $\alpha$ das Infimum von $F$ auf $M$ mit $\alpha \ge -\infty$. Dann existiert eine Folge $(u_n)$ aus $M$ mit $F(u_n) \to \alpha$ für $n \to \infty$. Wegen der Beschränktheit von $M$ ist auch $(u_n)$ beschränkt. Folglich existiert eine Teilfolge $(u_{n'})$ mit $u_{n'} \rightharpoonup u$ für $n' \to \infty$. Nach dem obigen Satz von Mazur gilt $u \in M$. Folglich erhalten wir nach (11.115)

$$F(u) \le \lim_{n'\to\infty} F(u_{n'}) = \alpha\,.$$

Nach Konstruktion von $\alpha$ ist $F(u) \ge \alpha$, also insgesamt $F(u) = \alpha$. Somit ist $u$ der gesuchte Minimalpunkt von $F$ auf $M$.

### 11.5.7.2. Die schwache* Konvergenz

Den Begriff der schwachen* Konvergenz benutzt man in dualen Banachräumen, die nicht reflexiv sind.

**Definition:** Es sei $X$ ein Banachraum. Eine Folge $(f_n)$ in dem dualen Raum $X^*$ konvergiert genau dann schwach* gegen $f \in X^*$, wenn

$$\lim_{n\to\infty} \langle f_n, u\rangle = \langle f, u\rangle \tag{11.116}$$

für alle $u \in X$ gilt. Wir schreiben dafür $f_n \overset{*}{\rightharpoonup} f$. Dieser Konvergenzbegriff ergibt sich aus der sogenannten schwachen* Topologie auf $X^*$ (vgl. 11.5.7.4.).

Das Grenzelement einer schwach* konvergenten Teilfolge ist eindeutig bestimmt.

Ist $X^*$ reflexiv, dann stimmt die schwache* Konvergenz auf $X^*$ mit der schwachen Konvergenz auf $X^*$ überein.

**Eigenschaften der schwachen* Konvergenz:** Es gilt:

(i) Aus $f_n \to f$ auf $X^*$ folgt $f_n \stackrel{*}{\rightharpoonup} f$. Die Umkehrung gilt, falls $X^*$ endlichdimensional ist.

(ii) Es ist genau dann $f_n \stackrel{*}{\rightharpoonup} f$ auf $X^*$, wenn $(f_n)$ in $X^*$ beschränkt ist und (11.116) für alle $u$ auf einer in $X$ dichten Menge gilt.

(iii) Aus $f_n \stackrel{*}{\rightharpoonup} f$ in $X^*$ und $u_n \to u$ in $X$ folgt $\langle f_n, u_n \rangle \to \langle f, u \rangle$.

**Der Kompaktheitssatz von Alaoglu-Bourbaki:** Ist $X$ ein Banachraum, dann ist die abgeschlossene Einheitskugel in $X^*$ schwach* kompakt (d.h. kompakt bezüglich der schwachen* Topologie auf $X^*$).

Ist $X$ zusätzlich separabel, dann besitzt jede beschränkte Folge in $X^*$ eine schwach* konvergente Teilfolge.

*Standardbeispiel 3* (der nichtreflexive Raum $L_\infty(\Omega)$): Es sei $\Omega$ eine nichtleere offene Menge im $\mathbb{R}^n$. Dann gilt $L_\infty(\Omega) = L_1(\Omega)^*$, und $f_n \stackrel{*}{\rightharpoonup} f$ in $L_\infty(\Omega)$ ist gleichbedeutend mit

$$\lim_{n\to\infty} \int_\Omega f_n(x)u(x)\,\mathrm{d}x = \int_\Omega f(x)u(x)\,\mathrm{d}x \qquad \text{für alle} \quad u \in L_1(\Omega)\,.$$

**Extremalprinzip:** Das Minimumproblem

$$F(f) = \min!\,, \qquad f \in M\,, \tag{11.117}$$

besitzt eine Lösung, falls $M$ eine abgeschlossene Kugel auf dem dualen Raum $X^*$ zu dem separablen Banachraum $X$ ist und $F\colon M \to \mathbb{R}$ schwach* folgenunterhalbstetig ist, d.h., aus $f_n \stackrel{*}{\rightharpoonup} f$ auf $X^*$ folgt

$$F(f) \le \underline{\lim}_{n\to\infty} F(f_n)\,. \tag{11.118}$$

Zum Beispiel hat die Norm $F(f) := \|f\|$ auf $X^*$ die Eigenschaft (11.118). Dieses Extremalprinzip wird analog zu (11.114) bewiesen.

#### 11.5.7.3. Anwendung der schwachen* Konvergenz von Funktionalen in der numerischen Funktionalanalysis

Wir verwenden im folgenden die Eigenschaft (ii) der schwachen* Konvergenz aus 11.5.7.2. Da diese Aussage aus dem Prinzip der gleichmäßigen Beschränktheit (genauer dem Banach-Steinhaus-Theorem) folgt, erhalten wir gleichzeitig interessante Anwendungen dieses abstrakten funktionalanalytischen Prinzips auf konkrete numerische Probleme, nämlich bezüglich der Konvergenz von Quadraturverfahren und der Permanenz von Summationsverfahren.

**Quadraturformeln:** Es sei $-\infty < a < b < \infty$. Unter einer konvergenten Quadraturformel verstehen wir

$$\int_a^b u(x)\,\mathrm{d}x = \lim_{n\to\infty} Q_n(u) \tag{11.119}$$

für alle $u \in C[a,b]$ mit dem Näherungsausdruck

$$Q_n(u) := \sum_{k=0}^{n} a_{kn} u(x_{kn})$$

für das Integral $\int_a^b u(x)\,\mathrm{d}x$ mit den Stützstellen $a = x_{0n} < x_{1n} < \ldots < x_{nn} = b$ und den reellen Integrationskoeffizienten $a_{kn}$.

**Satz von Szegö:** Es gilt (11.119) genau dann, wenn die reellen Zahlen $a_{km}$ so bestimmt werden, daß die folgenden beiden Bedingungen erfüllt sind:

(a) Die Quadraturformel konvergiert für alle Polynome (d.h., (11.119) ist für alle Polynome richtig).

(b) $\sup\limits_n \sum\limits_{k=0}^{n} |a_{kn}| < \infty$ (gleichmäßige Beschränktheit).

*Beweis:* Setzen wir $F(u) := \int\limits_a^b u(x)\,dx$, dann ist $F$ ein lineares stetiges Funktional auf dem Banachraum $X := C[a, b]$. Die Beziehung (11.119) besagt, daß

$$Q_n \overset{*}{\rightharpoonup} F \quad \text{für} \quad n \to \infty \quad \text{auf} \quad X^* \quad \text{gilt.}$$

Die Bedingung (a) bedeutet, daß $Q_n(u) \to F(u)$ für alle $u$ auf einer in $X$ dichten Menge erfüllt ist.

Wegen $\|Q_n\| = \sum_{k=0}^{n} |a_{kn}|$ folgt aus (b), daß die Folge $(Q_n)$ in $X^*$ beschränkt ist. Die Behauptung folgt nunmehr aus der Aussage (ii) in 11.5.7.2. über die schwache* Konvergenz.

Die Bedingung (b) ist beispielsweise erfüllt, falls $a_{km} \geq 0$ für alle $k, m$ gilt und die Quadraturformel für $u(x) \equiv 1$ exakt ist, d.h., man hat $\int\limits_a^b dx = Q_n(1)$ für alle $n$.

*Beispiel 4:* Die Trapezformel basiert auf den äquidistanten Stützstellen $x_{kn} := k(b-a)/n$ mit

$$Q_n(u) := \frac{(b-a)}{n}\left(\frac{u(a)+u(b)}{2} + u(x_{1n}) + \ldots + u(x_{n-1,n})\right).$$

Da diese Quadraturformel für die Funktion $u(x) \equiv 1$ exakt ist mit $a_{kn} \geq 0$, gilt (b). Ferner kann man zeigen, daß (a) erfüllt ist. Somit konvergiert die Trapezformel für stetige Funktionen.

**Summation divergenter Folgen und Reihen:** Gegeben sei eine reelle Zahlenfolge $(s_n)$. Wir bilden die neue Folge

$$s_n^* := \sum_{k=1}^{\infty} A_{nk} s_k . \tag{11.120}$$

Dieses Summationsverfahren heißt permanent, wenn aus der Konvergenz $s_n \to a$ stets $s_n^* \to a$ folgt.

**Satz von Toeplitz:** Das Summationsverfahren (11.120) ist genau dann permanent, wenn die reellen Koeffizienten $A_{km}$ die folgenden Eigenschaften besitzen:

(a) $\sup\limits_n \sum\limits_{k=1}^{\infty} |A_{nk}| < \infty$ (gleichmäßige Beschränktheit).

(b) $\lim\limits_{n\to\infty} A_{nk} = 0$ und $\lim\limits_{n\to\infty} \sum\limits_{k=1}^{\infty} A_{nk} = 1$ für alle $k$.

Um den Zusammenhang mit der schwachen* Konvergenz zu erläutern, wählen wir den Raum $X := c$ der konvergenten Folgen $s = (s_1, s_2, \ldots)$ (vgl. 11.2.4.1.) und setzen

$$f_n(s) := \sum_{k=1}^{\infty} A_{nk} s_k \qquad \text{sowie} \quad f(s) := \lim_{n\to\infty} s_n .$$

Die schwache* Konvergenz $f_n \stackrel{*}{\rightharpoonup} f$ in $X^*$ ist gleichbedeutend mit $f_n(s) \to f(s)$ für alle $s \in X$, d.h. $\lim_{n\to\infty} s_n^* = \lim_{n\to\infty} s_n$. Das ist die Permanenz des Verfahrens. Man kann nun zeigen, daß der Satz von Toeplitz eine Konsequenz von (ii) in 11.5.7.2. ist.

*Standardbeispiel 5:* Die Methode des arithmetischen Mittels

$$s_n^* = \frac{1}{n}(s_1 + \ldots + s_n)$$

stellt ein permanentes Summationsverfahren dar. Als Anwendung betrachten wir beispielsweise die Fourierreihe

$$\frac{1}{2}a_0 + \sum_{k=1}^{\infty} a_k \cos kx + b_k \sin kx$$

einer stetigen Funktion $f\colon \mathbb{R} \to \mathbb{R}$ der Periode $2\pi$. Du Bois-Reymond entdeckte 1871, daß die Fourierreihe einer solchen Funktion nicht überall zu konvergieren braucht (vgl. 11.1.3.). Wendet man jedoch auf die Partialsummen

$$s_n(x) = \frac{1}{2}a_0 + \sum_{k=1}^{n} a_k \cos kx + b_k \sin kx$$

die Methode des arithmetischen Mittels an, dann konvergiert

$$\lim_{n\to\infty} s_n^*(x) = f(x)$$

gleichmäßig auf $[0, 2\pi]$ (*Satz von Fejèr*).

### 11.5.7.4. Topologien für Operatoren

Mit $L(X,Y)$ bezeichnen wir die Menge aller linearen stetigen Operatoren $A\colon X \to Y$. Es sei $A_n, A \in L(X,Y)$ für alle $n$. Dann gilt:

(i) $L(X,Y)$ ist ein Banachraum bezüglich der Operatornorm. Die Konvergenz von $(A_n)$ bezüglich dieser Topologie bedeutet $\|A_n - A\| \to 0$ (Konvergenz in der Operatornorm oder gleichmäßige Operatorkonvergenz).

(ii) $L(X,Y)$ wird zu einem lokalkonvexen Raum $L_{\text{stark}}(X,Y)$ bezüglich des Halbnormensystems $\{p_u\}_{u\in X}$ mit $p_u(A) := \|Au\|$. Die zugehörige Konvergenz von $(A_n)$ gegen $A$ bedeutet $A_n u \to Au$ für $n \to \infty$ und alle $u \in X$ (starke Operatorkonvergenz).

(iii) $L(X,Y)$ wird zu einem lokalkonvexen Raum $L_{\text{schwach}}(X,Y)$ bezüglich des Halbnormensystems $\{p_{f,u}\}_{f\in Y^*, u\in X}$ mit $p_{f,u}(A) := \langle f, Au\rangle$. Die zugehörige Konvergenz von $(A_n)$ gegen $A$ bedeutet $A_n u \rightharpoonup Au$ für $n \to \infty$ und alle $u \in X$ (schwache Operatorkonvergenz).

### 11.5.7.5. Das Theorem von Krein-Milman und lineare Optimierung

Ein Punkt $u$ einer konvexen Menge $K$ heißt genau dann ein *Extremalpunkt* von $K$, wenn er nicht der innere Punkt einer Strecke ist, deren Endpunkte zu $K$ gehören, d.h., $u$ läßt sich nicht in der Form

$$u = tv + (1-t)w\,, \qquad t \in (0,1)\,,\; v, w \in K\,,\; v \neq w\,,$$

darstellen. In Abb. 11.25 sind genau die vier Eckpunkte Extremalpunkte des Quadrats $K$,

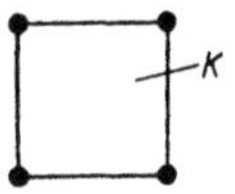


Abb. 11.25

und die konvexe Hülle dieser Eckpunkte ergibt $K$. Das folgende Theorem verallgemeinert diesen anschaulichen Sachverhalt weitgehend.

**Theorem** (Krein-Milman): In einem reellen lokalkonvexen Raum (z.B. einem normierten Raum) ist jede kompakte konvexe Menge die abgeschlossene konvexe Hülle der Menge ihrer Extremalpunkte.

*Standardbeispiel* 6 (lineare Optimierung): Ist $F\colon K \subseteq X \to \mathbb{R}$ ein lineares stetiges Funktional auf der nichtleeren abgeschlossenen beschränkten konvexen Teilmenge $K$ des reellen reflexiven Banachraumes $X$ (z.B. $X = \mathbb{R}^n$), dann besitzt das Problem

$$F(u) = \min!\,, \qquad u \in K\,,$$

eine Lösung, die in einem Extremalpunkt von $K$ angenommen wird.

In diesem Fall ist $K$ kompakt bezüglich der schwachen Topologie von $X$.

# 11.6. Das Spektrum

Das Spektrum verallgemeinert die Menge der Eigenwerte einer Matrix. In der Quantenmechanik entspricht das Spektrum des Energieoperators (Hamiltonoperators) den möglichen Energiewerten des Systems. Zum Beispiel besteht das Spektrum des Energieoperators für das Wasserstoffatom aus den Eigenwerten $E_1 < E_2 < \ldots < 0$ (gebundene Zustände des Elektrons) mit $E_n \to 0$ für $n \to \infty$ und dem Intervall $[0, \infty)$ (freie Zustände des Elektrons). Allgemein enthält das Spektrum wichtige Informationen über die Struktur des betreffenden Operators. In diesem Abschnitt seien alle Operatoren $A\colon D(A) \subseteq X \to X$ linear und abgeschlossen mit dichtem Definitionsbereich, und $X$ sei ein komplexer Banachraum mit $X \neq \{0\}$. Jede Lösung $u \neq 0$ der Gleichung

$$Au = \lambda u\,, \qquad u \in D(A)\,,$$

heißt ein *Eigenvektor* von $A$ zum Eigenwert $\lambda \in \mathbb{C}$. Die Dimension der Menge aller Eigenvektoren zu $\lambda$ bezeichnet man als die (geometrische) Vielfachheit des Eigenwerts $\lambda$.

Wichtige Anwendungen der Spektraltheorie auf die Quantenphysik findet man in 13.18.

## 11.6.1. Grundbegriffe

**Definition (Resolventenmenge und Spektrum):** Die komplexe Zahl $\lambda$ gehört genau dann zur Resolventenmenge $\varrho(A)$ von $A$, wenn der inverse Operator $(\lambda I - A)^{-1}\colon X \to X$ existiert und stetig ist. Diesen Operator nennt man die *Resolvente* $R_A(\lambda)$ von $A$. Die Komplementärmenge $\sigma(A) := \mathbb{C} - \varrho(A)$ bezeichnet man als das Spektrum von $A$.

Das *Punktspektrum* $\sigma_{\rm p}(A)$ von $A$ besteht aus genau allen Eigenwerten von $A$. Eine komplexe Zahl $\lambda$ gehört genau dann zum *diskreten Spektrum* $\sigma_{\rm d}(A)$ von $A$, wenn $\lambda$ ein isolierter Punkt von $\sigma(A)$ und ein Eigenwert von endlicher Vielfachheit von $A$ ist. Durch

$$\sigma_{\rm e}(A) := \bigcap_K \sigma(A + K)$$

wird das *wesentliche Spektrum* (im Englischen: essential spectrum) von $A$ definiert, wobei der Durchschnitt über alle linearen kompakten Operatoren $K\colon X \to X$ zu nehmen ist. Die komplexe Zahl $\lambda$ gehört genau dann zu $\sigma_{\rm e}(A)$, wenn $\lambda$ bei jeder kompakten Störung von $A$ im Spektrum bleibt .

*Beispiel 1:* Für einen linearen Operator $A: X \to X$ mit $\dim X < \infty$ besteht das Spektrum $\sigma(A)$ aus genau allen Eigenwerten. Ferner ist $\sigma(A) = \sigma_d(A)$ und $\sigma_e(A) = \emptyset$.

**Eigenschaften des Spektrums:** Es gilt:

(i) Das Spektrum $\sigma(A)$ ist eine abgeschlossene Menge, während die Resolventenmenge $\varrho(A)$ offen ist. Ferner ist $\sigma(A^T) = \sigma(A)$. In einem Hilbertraum $X$ hat man $\sigma(A^*) = \overline{\sigma(A)}$.

(ii) Für einen linearen stetigen Operator $A: X \to X$ ist $\sigma(A)$ nicht leer und kompakt. Der Spektralradius ist definitionsgemäß gleich $r(A) := \sup\{|\lambda|: \lambda \in \sigma(A)\}$. Es gilt

$$r(A) = \lim_{n\to\infty} \|A^n\|^{1/n} \leq \|A\|\,.$$

(iii) Es ist $\lambda \notin \sigma_e(A)$ genau dann, wenn $A - \lambda I$ ein Fredholmoperator vom Index null ist; $\sigma_e(A)$ ist stets abgeschlossen.

**Analytizitätseigenschaften der Resolvente:** Gilt $\lambda_0 \in \varrho(A)$, dann ist die Funktion $R_A(.)$ auf dem Kreis $\mathscr{K} := \{\lambda \in \mathbb{C}: |\lambda - \lambda_0| < \|R_A(\lambda_0)\|^{-1}\}$ analytisch, d.h., die Reihe

$$R_A(\lambda) = \sum_{n=0}^{\infty} (\lambda_0 - \lambda)^n R_A(\lambda_0)^{n+1}$$

konvergiert in $L(X,X)$ (d.h. bezüglich der Operatornorm). Für $\lambda, \mu \in \varrho(A)$ erhalten wir

$$R_A(\lambda) - R_A(\mu) = (\mu - \lambda) R_A(\lambda) R_A(\mu)\,.$$

Für alle $\lambda \in \mathbb{C}$ mit $|\lambda| < r(A)$ konvergiert die Neumannsche Reihe

$$R_A(\lambda) = \sum_{n=1}^{\infty} \lambda^{-n} A^{n-1}$$

in $L(X,X)$ (d.h. in der Operatornorm). Es ist genau dann $\lambda_0 \in \sigma_d(A)$, wenn es ein $\varepsilon > 0$ und eine natürliche Zahl $m \geq 1$ gibt, so daß die Reihe

$$R_A(\lambda) = \sum_{n=-m}^{\infty} (\lambda - \lambda_0)^n T_n\,, \qquad T_n \in L(X,X)\,,$$

für alle $\lambda \in \mathbb{C}$ mit $0 < |\lambda - \lambda_0| < \varepsilon$ in $L(X,X)$ konvergiert und $\dim T_{-1}(X) < \infty$ gilt. In diesem Fall ist $T_{-1}: X \to X$ ein Projektionsoperator, der die direkte Summe

$$X = T_{-1}(X) \oplus (I - T_{-1})(X)$$

erzeugt, wobei das Spektrum von $A: T_{-1}(X) \to T_{-1}(X)$ genau aus dem Punkt $\lambda_0$ besteht, während $\lambda_0$ nicht im Spektrum von $A: (I - T_{-1})(X) \to (I - T_{-1})(X)$ liegt. Man nennt $\dim T_{-1}(A)$ die *algebraische Vielfachheit* des Eigenwerts $\lambda_0$, die stets größer gleich der Vielfachheit von $\lambda_0$ ist.

Im Spezialfall $\dim X < \infty$ ist die algebraische Vielfachheit von $\lambda_0$ gleich der Vielfachheit der Nullstelle $\lambda_0$ von $\det(\lambda I - A) = 0$.

*Standardbeispiel 2:* Ist $K: X \to X$ ein linearer kompakter Operator, dann gehört jeder Punkt $\lambda \neq 0$ zum diskreten Spektrum. Das Spektrum von $K$ kann sich höchstens im Punkt $\lambda = 0$ häufen.

*Standardbeispiel 3:* Das Spektrum eines selbstadjungierten (bzw. eines unitären) Operators auf einem Hilbertraum $X$ liegt auf der reellen Achse (bzw. auf dem Rand des Einheitskreises).

Für einen linearen kompakten selbstadjungierten Operator $A: X \to X$ liegt das Spektrum $\sigma(A)$ im Intervall $[-\|A\|, \|A\|]$, und mindestens einer der Randpunkte gehört zu $\sigma(A)$ (und ist ein Eigenwert von $A$).

*Beispiel 4:* Das Spektrum eines stetigen Projektionsoperators $P: X \to X$ mit $P^2 = P$ und $P \neq 0, I$ ist ein Punktspektrum, das aus den beiden Eigenwerten $\lambda = 0$ und $\lambda = 1$ besteht. Für $\lambda \neq 0, 1$ ist die Resolvente gegeben durch

$$R_P(\lambda) = \lambda^{-1}(I - P) + (\lambda - 1)^{-1}P.$$

*Beispiel 5:* Das Spektrum eines nilpotenten Operators $A: X \to X$ (d.h., es ist $A^m = 0$ für eine feste natürliche Zahl $m \geq 2$) besteht genau aus dem Punkt $\lambda = 0$. Für alle $\lambda \neq 0$ erhält man die Resolvente durch

$$R_A(\lambda) = \sum_{k=0}^{m-1} \lambda^{-k-1} A^k.$$

## 11.6.2. Die Spektralschar selbstadjungierter Operatoren

Die Spektralschar eines selbstadjungierten Operators $A$ enthält alle Informationen über $A$.

**Grundidee:** Es sei $X = \mathbb{C}^2$ und $A: X \to X$ ein selbstadjungierter Operator, d.h.

$$A = \begin{pmatrix} a_{11} & a_{12} \\ a_{21} & a_{22} \end{pmatrix}$$

mit den komplexen Zahlen $a_{km} = \overline{a}_{mk}$. Dann existiert eine unitäre Matrix $U: X \to X$, so daß

$$UAU^{-1} = \begin{pmatrix} \lambda_1 & 0 \\ 0 & \lambda_2 \end{pmatrix}.$$

Dabei sind $\lambda_1$ und $\lambda_2$ die Eigenwerte von $A$. Das ist der Prototyp des von Neumannschen Diagonalisierungstheorems. Definieren wir

$$P_1 := U^{-1}\begin{pmatrix} 1 & 0 \\ 0 & 0 \end{pmatrix}U, \qquad P_2 := U^{-1}\begin{pmatrix} 0 & 0 \\ 0 & 1 \end{pmatrix}U,$$

dann gilt

$$A = \lambda_1 P_1 + \lambda_2 P_2. \tag{11.121}$$

Das ist der Prototyp des Hilbertschen Zerlegungssatzes. Ist $f: \mathbb{R} \to \mathbb{C}$ eine beliebige Funktion, dann definieren wir die Operatorfunktion $f: X \to X$ durch

$$f(A) := f(\lambda_1)P_1 + f(\lambda_2)P_2. \tag{11.121*}$$

Das ist der Prototyp des allgemeinen Operatorenkalküls für selbstadjungierte Operatoren. Es gilt

$$Uf(A)U^{-1} = \begin{pmatrix} f(\lambda_1) & 0 \\ 0 & f(\lambda_2) \end{pmatrix},$$

d.h., aus $Au = \lambda_j u$ folgt $f(A)u = f(\lambda_j)u$. Wählt man speziell die charakteristische Funktion des Intervalls $(-\infty, \lambda]$,

$$\chi_\lambda(\mu) := \begin{cases} 0 & \text{für} \quad \mu \leq \lambda, \\ 1 & \text{für} \quad \mu > \lambda, \end{cases} \tag{11.122}$$

dann heißt die Menge aller Operatoren $E_\lambda := \chi_\lambda(A)$ mit $\lambda \in \mathbb{R}$ die Spektralschar von $A$. Beispielsweise gilt im Fall $\lambda_1 < \lambda_2$:

$$E_\lambda = \begin{cases} 0 & \text{für} \quad \lambda \leq \lambda_1, \\ P_1 & \text{für} \quad \lambda_1 < \lambda \leq \lambda_2, \\ P_1 + P_2 = I & \text{für} \quad \lambda > \lambda_2. \end{cases}$$

Im folgenden sei $X$ ein komplexer Hilbertraum.

**Spektralschar:** Unter einer Spektralschar $\{E_\lambda\}$ versteht man eine Familie von stetigen Projektionsoperatoren $E_\lambda\colon X \to X$, so daß für alle $u \in X$ und $\lambda, \mu \in \mathbb{R}$ gilt:

(i) $E_\lambda E_\mu = E_\mu E_\lambda = E_\mu$ für $\mu \leq \lambda$;

(ii) $\lim\limits_{\lambda \to -\infty} E_\lambda u = 0$ und $\lim\limits_{\lambda \to +\infty} E_\lambda u = u$;

(iii) $\lim\limits_{\lambda \to \mu - 0} E_\lambda u = E_\mu$.

**Der erste Hauptsatz der Spektraltheorie (Hilberts Zerlegungssatz):** Zu jedem selbstadjungierten Operator $A\colon D(A) \subseteq X \to X$ gibt es genau eine Spektralschar, so daß

$$D(A) = \left\{ u \in X : \int_{-\infty}^{\infty} |\lambda|^2 \, \mathrm{d}(E_\lambda u, u) < \infty \right\}$$

und

$$(Au, v) = \int_{-\infty}^{\infty} \lambda \, \mathrm{d}(E_\lambda u, v) \qquad \text{für alle} \quad u, v \in D(A) \quad \text{gilt.}$$

Die Integrale sind dabei als Lebesgue-Stieltjes-Integrale aufzufassen. Tatsächlich sind diese Integrale auf $\varrho(A) \cap \mathbb{R}$ gleich null, deshalb hat man sie nur über $\sigma(A)$ zu erstrecken. Wir schreiben dafür symbolisch

$$A = \int_{-\infty}^{\infty} \lambda \, \mathrm{d}E_\lambda \, .$$

Dieses fundamentale Theorem wurde 1906 von Hilbert für beschränkte Operatoren bewiesen und 1929 durch John von Neumann im Zusammenhang mit seinen Untersuchungen zur Quantentheorie auf allgemeine selbstadjungierte Operatoren ausgedehnt.

**Spektralschar und Spektrum:** Es sei $A$ ein selbstadjungierter Operator. Dann gilt:

(i) Das Spektrum $\sigma(A)$ liegt auf der reellen Achse.

(ii) Ein Punkt $\mu \in \mathbb{R}$ gehört genau dann zur Resolventenmenge $\varrho(A)$, wenn $E_\lambda$ auf einer Umgebung von $\lambda$ konstant ist.

(iii) Die reelle Zahl $\mu$ ist genau dann ein Eigenwert von $A$, wenn $P := E_\mu - E_{\mu-0} \neq 0$. Dann ist $P\colon X \to X$ der orthogonale Projektionsoperator auf den Eigenraum von $\mu$.

(iv) Es ist genau dann $\mu \in \sigma_{\mathrm{e}}(A)$, wenn $\dim(E_{\mu+\varepsilon} - E_{\mu-\varepsilon})(X) = \infty$ für alle $\varepsilon > 0$ gilt.

(v) Es ist genau dann $\lambda \in \sigma_{\mathrm{d}}(A)$, wenn $\lambda \notin \sigma_{\mathrm{e}}(A)$.

Somit ist das Spektrum $\sigma(A)$ die disjunkte Vereinigung aus dem wesentlichen Spektrum $\sigma_{\mathrm{e}}(A)$ und dem diskreten Spektrum $\sigma_{\mathrm{d}}(A)$.

**Das wesentliche Spektrum:** Die reelle Zahl $\lambda$ gehört genau dann zum wesentlichen Spektrum von $A$, wenn es eine beschränkte Folge $(u_n)$ gibt, die keine konvergente Teilfolge enthält und $\lim\limits_{n \to \infty} \|Au_n - \lambda u_n\| = 0$ gilt.

**Spektralmaße und die kanonische Zerlegung des Hilbertraumes:** Für einen Punkt $u \in X$ definieren wir $g_u(\lambda) := \|E_\lambda u\|^2$. Die Funktion $g_u\colon \mathbb{R} \to \mathbb{R}$ ist monoton wachsend, beschränkt und linksseitig stetig. Somit erzeugt $g_u$ ein Lebesgue-Stieltjes-Maß $\mathscr{M}_u$ auf $\mathbb{R}$, das durch $\mathscr{M}_u(\Omega) = \int_\Omega \mathrm{d}g_u(\lambda)$ gegeben ist. Dann existiert die orthogonale direkte Summe

$$X = X_{\mathrm{p}} \oplus X_{\mathrm{a}} \oplus X_{\mathrm{sing}} \, .$$

wobei $X_P$ der kleinste abgeschlossene lineare Unterraum von $X$ ist, der alle Eigenvektoren von $A$ enthält. Definitionsgemäß enthält $X_a$ genau alle $u \in X$, für welche die fast überall auf $\mathbb{R}$ existierende Ableitung $g'_u$ integrierbar ist, d.h., es gilt $\mathcal{M}_u(\Omega) = \int_\Omega g'_u(\lambda)\,d\lambda$ für alle Lebesgue-meßbaren Mengen $\Omega \subseteq \mathbb{R}$. Ferner definieren wir $X_{\text{sing}} := (X_P \oplus X_a)^\perp$. Es gilt:

(a) Die Unterräume $X_P$, $X_a$, $X_{\text{sing}}$ sind invariant bezüglich des Operators $A$.

(b) Der Operator $A$ besitzt auf $X_a \oplus X_{\text{sing}}$ ein rein kontinuierliches Spektrum, d.h., $A$ hat dort keine Eigenvektoren.

(c) Das Spektrum von $A$ auf $X_a$ (bzw. auf $X_{\text{sing}}$) bezeichnet man als $\sigma_a(A)$ = *absolutstetiges Spektrum* (bzw. $\sigma_{\text{sing}}$ = *singuläres* Spektrum) von $A$.

(d) Bezeichnet ferner $\sigma_P(A)$ das Punktspektrum (Menge aller Eigenwerte) von $A$, dann ist $\overline{\sigma_P(A)}$ gleich dem Spektrum von $A$ auf $X_P$ und

$$\sigma(A) = \overline{\sigma_P(A)} \cup \sigma_a(A) \cup \sigma_{\text{sing}}(A), \qquad \sigma_a(A) \cap \sigma_{\text{sing}}(A) = \emptyset.$$

Definitionsgemäß besitzt der Operator $A$ genau dann ein *reines Punktspektrum*, wenn er in $X$ ein vollständiges Orthonormalsystem von Eigenvektoren besitzt. Das ist äquivalent zu $X = X_P$.

Genau im Fall $\sigma(A) = \sigma_d(A)$ sagen wir, daß $A$ ein rein diskretes Spektrum besitzt. Schließlich bezeichnet man $\sigma_a(A) \cup \sigma_{\text{sing}}(A)$ als das stetige Spektrum von $A$.

In der Quantenmechanik enthält $X_P$ die *gebundenen Zustände*, während $X_a$ die *ungebundenen Zustände der Streuprozesse* enthält. In vielen Anwendungen hat man $X_{\text{sing}} = \{0\}$, d.h., $\sigma_{\text{sing}}(A)$ ist leer.

**Der zweite Hauptsatz der Spektraltheorie (John von Neumanns Diagonalisierungssatz):** Es sei $A: D(A) \subseteq X \to X$ ein selbstadjungierter Operator auf dem komplexen separablen Hilbertraum $X$. Dann existiert ein unitärer Operator [35]

$$U: X \to L_2^{\mathbb{C}}(M, \mu),$$

so daß $A$ in den einfachen Multiplikationsoperator

$$(\mathcal{A}f)(\lambda) := \lambda f(\lambda), \qquad \lambda \in M,$$

übergeht mit $D(\mathcal{A}) := \left\{ f \in L_2^{\mathbb{C}}(M, \mu): \int_M |\lambda f(\lambda)|^2\,d\mu < \infty \right\}$.

Dieses Theorem *verallgemeinert die klassische Fouriertransformation.*

*Standardbeispiel 1:* Es sei $X := L_2^{\mathbb{C}}(\mathbb{R})$ und $(Au)'(x) := -\mathrm{i}\,u'(x)$ mit $D(A) = W_2^1(\mathbb{R})$. Dann ist $A: D(A) \subseteq X \to X$ selbstadjungiert. Die Fouriertransformation $U: X \to X$ ist ein unitärer Operator, der $A$ in $\mathcal{A}: D(\mathcal{A}) \subseteq X \to X$ überführt mit

$$(\mathcal{A}f)(\lambda) = \lambda f(\lambda) \qquad \text{für alle} \quad \lambda \in \mathbb{R}$$

und $D(\mathcal{A}) = \{f \in X: \int_{\mathbb{R}} |\lambda f(\lambda)|^2\,d\lambda < \infty\}$. Die Spektralschar $\{\mathcal{E}_\mu\}$ von $\mathcal{A}$ ist durch

$$(\mathcal{E}_\mu f)(\lambda) := \begin{cases} f(\lambda) & \text{für} \quad \lambda \le \mu \\ 0 & \text{für} \quad \lambda > \mu \end{cases}$$

---

[35] Dabei ist $M$ eine Menge und $\mu$ ein Maß auf $M$ mit $\mu(M) < \infty$. Der Raum $L_2^{\mathbb{C}}(M, \mu)$ besteht aus allen $\mu$-meßbaren Funktionen $f: M \to \mathbb{C}$ mit $\int_M |f(\lambda)|^2\,d\mu < \infty$.

gegeben. Somit gilt $g_u(\lambda) = \|\mathscr{E}_\lambda u\|^2 = \int_{-\infty}^{\lambda} |u(\lambda)|^2 \, d\lambda$. Folglich ist $X_a = X$, und das absolut stetige Spektrum $\sigma_a(\mathscr{A})$ ist gleich dem gesamten Spektrum $\sigma(\mathscr{A}) = \mathbb{R}$. Der Operator $\mathscr{A}$ besitzt keine Eigenwerte. Deshalb ist auch das wesentliche Spektrum $\sigma_e(\mathscr{A})$ gleich dem gesamten Spektrum $\sigma(\mathscr{A})$.

Die Spektralschar $\{E_\lambda\}$ von $A$ erhält man aus $\{\mathscr{E}_\lambda\}$ durch Anwendung der Fouriertransformation $U$, d.h. $E_\lambda u = U^{-1}\mathscr{E}_\lambda U u$ für alle $u \in X$. Explizit bedeutet das

$$(E_\lambda u)(x) = (2\pi)^{-1/2} \int_{-\infty}^{\lambda} e^{i\,xy}(Uu)(y)\,dy \qquad \text{für alle} \quad u \in C_0^\infty(\mathbb{R})$$

mit der Fouriertransformation $(Uu)(y) := (2\pi)^{-1/2} \int_{-\infty}^{\infty} e^{-i\,yz}\, u(z)\,dz$.

Da $A$ unitär äquivalent zu $\mathscr{A}$ ist (d.h. $A = U^{-1}\mathscr{A}U$), besitzt $A$ das gleiche Spektrum wie $\mathscr{A}$, d.h. $\sigma(A) = \sigma_e(A) = \sigma_a(A) = \mathbb{R}$.

In der Quantenmechanik entspricht $A$ dem Impulsoperator ($\hbar = 1$), und $\mathscr{A}$ entspricht dem Ortsoperator. Die physikalische Bedeutung der Spektralschar in der Quantenphysik wird in 13.18. erläutert.

### 11.6.3. Funktionen von Operatoren

Unser Ziel ist es, Funktionen von Operatoren zu definieren. Derartige Funktionen werden zum Beispiel benötigt, um Operatordifferentialgleichungen zu lösen, die parabolischen und hyperbolischen partiellen Differentialgleichungen entsprechen (vgl. 13.16.). Die Funktion $\ln(I + A)$ spielt ferner eine zentrale Rolle beim Übergang von der Liegruppe zur Liealgebra (vgl. 17.1.ff).

Kann man auf einen Operator mehrere der folgenden Definitionen anwenden, dann erhält man stets die gleiche Operatorfunktion.

**Potenzreihen:** Es sei

$$f(z) = a_0 + a_1 z + a_2 z^2 + \ldots, \qquad a_j \in \mathbb{K} \qquad \text{für alle} \quad j\,,$$

eine komplexe Potenzreihe, die für alle $z \in \mathbb{C}$ mit $|z| < r$ konvergiert. Ist $A\colon X \to X$ ein linearer stetiger Operator auf dem Banachraum $X$ über $\mathbb{K}$ mit dem Spektralradius $r(A) < \varrho$ (z.B. $\|A\| < \varrho$), dann definieren wir

$$f(A) := a_0 + a_1 A + a_2 A^2 + \ldots$$

Diese Reihe konvergiert in $L(X, X)$ (d.h. bezüglich der Operatornorm). Folglich gilt $f(A) \in L(X, X)$. Ferner ist $\sigma(f(A)) = f(\sigma(A))$, falls $\mathbb{K} = \mathbb{C}$.

Sind alle Koeffizienten $a_j$ reell und ist $X$ ein Hilbertraum über $\mathbb{C}$, dann gilt zusätzlich $f(A)^* = f(A^*)$ für $r(A) < \varrho$.

*Standardbeispiel 1:* Es sei $A\colon X \to X$ ein linearer stetiger Operator auf dem Banachraum $X$ über $\mathbb{K}$. Wir definieren

$$e^A := 1 + A + \frac{1}{2!}A^2 + \ldots$$

Dann ist $e^A\colon X \to X$ ein linearer stetiger Operator. Ferner ist $\sigma(e^A) = \{e^\lambda\colon \lambda \in \sigma(A)\}$, falls $\mathbb{K} = \mathbb{C}$.

*Standardbeispiel 2:* Wir setzen

$$\ln(I + A) = I - A + \frac{1}{2}A^2 - \frac{1}{3}A^3 + \ldots$$

**Dann ist $\ln(I + A)\colon X \to X$ ein linearer stetiger Operator, falls $r(A) < 1$ gilt. In diesem Fall hat man**

$$e^{\ln(I+A)} = I + A\,.$$

**Ist $B\colon X \to X$ ein linearer stetiger Operator mit $r(I - e^B) < 1$, dann gilt $\ln e^B = B$.**

**Aus $A, B \in L(X, X)$ und $AB = BA$ folgt $e^A e^B = e^{A+B}$ sowie $\ln AB = \ln A + \ln B$. Im letzteren Fall muß $\|C - I\| < \varepsilon$ für $C = A, B$ vorausgesetzt werden, wobei $\varepsilon$ hinreichend klein ist.**

**Selbstadjungierte Operatoren mit einem rein diskreten Spektrum:** Ein selbstadjungierter Operator $A\colon D(A) \subseteq X \to X$ mit einem rein diskreten Spektrum auf dem komplexen Hilbertraum $X$ besitzt die folgende Struktur:

(a) Es existiert ein vollständiges Orthonormalsystem $(u_n)$ von Eigenvektoren mit $Au_n = \lambda_n u_n$; alle Eigenwerte $\lambda_n$ besitzen endliche Vielfachheit, und die Menge der Eigenwerte kann sich nicht im Endlichen häufen.

(b) Es gilt

$$Au = \sum_j \lambda_j (u_j, u) u_j\,, \tag{11.123}$$

wobei der Definitionsbereich von $A$ aus genau allen $u \in X$ besteht, für welche die Reihe (11.123) konvergiert, d.h. $D(A) = \{u \in X\colon \sum_j |\lambda_j (u_j, u)|^2 < \infty\}$.

Für eine beliebig Funktion $f\colon \mathbb{R} \to \mathbb{C}$ definieren wir die Operatorfunktion $f(A)\colon D(f(A)) \subseteq X \to X$ durch

$$f(A) := \sum_j f(\lambda_j)(u_j, u) u_j\,. \tag{11.124}$$

Dabei besteht der Definitionsbereich $D(f(A))$ aus genau allen $u \in X$, für welche diese Reihe konvergiert, d.h. $D(f(A)) := \{u \in X\colon \sum_j |f(\lambda_j)(u_j, u)|^2 < \infty\}$.

**Satz von Rellich:** Es sei $A\colon X \to X$ ein selbstadjungierter Operator auf dem komplexen Hilbertraum $X$. Gilt $(Au, u) \geq c\|u\|^2$ bei festem $c > 0$ für alle $u \in D(A)$, so besitzt $A$ genau dann ein rein diskretes Spektrum, wenn die Einbettung des energetischen Raumes $X_E$ in $X$ kompakt ist (vgl. 11.3.5.).

**Allgemeine selbstadjungierte Operatoren:** Es sei $A\colon D(A) \subseteq X \to X$ ein selbstadjungierter Operator auf dem komplexen Hilbertraum $X$, und $f\colon \mathbb{R} \to \mathbb{C}$ sei (bezüglich des Lebesguemaßes) fast überall auf $\sigma(A)$ stetig und auf beschränkten Teilmengen von $\sigma(A)$ beschränkt. Wir definieren $f(A)\colon D(f(A)) \subseteq X \to X$ als den eindeutig bestimmten Operator mit

$$(f(A)u, v) = \int_{-\infty}^{\infty} f(\lambda)\, d(E_\lambda u, v) \qquad \text{für alle} \quad u, v \in D(f(A))$$

und $D(f(A)) := \left\{u \in X : \int_{-\infty}^{\infty} |f(\lambda)|^2 \, d(E_\lambda u, u) < \infty\right\}$. Dafür schreiben wir symbolisch [36]

$$f(A) = \int_{-\infty}^{\infty} f(\lambda) \, dE_\lambda \, .$$

Es gilt:

(i) $D(f(A))$ ist dicht in $X$.

(ii) $f(A)^*$ entspricht der konjugiert komplexen Funktion $\overline{f}$; $f(A)$ ist selbstadjungiert, falls $f$ reellwertig ist.

(iii) Ist $f\colon \mathbb{R} \to \mathbb{C}$ beschränkt, dann ist $f(A)\colon X \to X$ ein linearer stetiger Operator mit $\|f(A)\| \leq \sup_{\lambda \in \sigma(A)} |f(\lambda)|$.

*Beispiel 3:* Ist $A\colon D(A) \subseteq X \to X$ selbstadjungiert, dann ist $e^{itA}$ unitär für alle $t \in \mathbb{R}$.

*Beispiel 4:* Wählen wir die Funktion $\chi_\lambda$ als charakteristische Funktion des Intervalls $(-\infty, \lambda]$ (vgl.(11.122)), dann ergibt sich die Spektralschar $E_\lambda = \chi_\lambda(A)$ von $A$.

**Der Dunfordkalkül:** Es sei $A\colon X \to X$ ein linearer stetiger Operator auf dem komplexen Banachraum $X$ mit der Resolventenmenge $\varrho(A)$ und der Resolvente $R_A(\lambda)$. Wir setzen

$$f(A) := (2\pi i)^{-1} \int_{\partial U} f(z) R_A(z) \, dz \, . \tag{11.125}$$

Die Funktion $f\colon \varrho(A) \to \mathbb{C}$ sei holomorph, und $U$ sei ein Gebiet der komplexen Ebene mit vernünftigem Rand ($\partial U \in C^{0,1}$), so daß $U$ das Spektrum $\sigma(A)$ von $A$ enthält. Die Randkurve $\partial U$ werde so durchlaufen, daß $U$ zur Linken von $\partial U$ liegt (Abb. 11.26a).

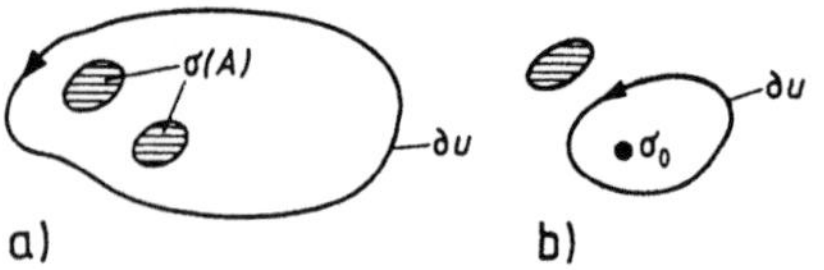


Abb. 11.26

Dann ist $f(A)\colon X \to X$ ein linearer stetiger Operator mit $\sigma(f(A)) = f(\sigma(A))$.

Das Integral (11.125) hängt (wie in der komplexen Funktionentheorie) nicht vom Weg ab, d.h., der Weg darf innerhalb vom $\varrho(A)$ deformiert werden.

*Standardbeispiel 5:* Enthält $U$ in (11.125) nur eine kompakte Teilmenge $\sigma_0$ von $\sigma(A)$ (z.B. $\sigma_0$ ist ein isolierter Eigenwert (vgl. Abb. 11.26b), dann ist der Operator

$$P = (2\pi i)^{-1} \int_{\partial U} R_A(z) \, dz$$

ein Projektionsoperator. Zerlegen wir den Ausgangsraum $X = P(X) + (I - P)(X)$, dann sind die abgeschlossenen linearen Unterräume $P(X)$ und $I - P(X)$ invariant bezüglich $A$, und das Spektrum von $A$ in $P(X)$ (bzw. in $(I - P)(X)$) ist gleich $\sigma_0$ (bzw. $\sigma(A) - \sigma_0$). Man nennt $\dim P(X)$ die ***algebraische Vielfachheit*** von $\sigma_0$.

---

[36] Tatsächlich verschwinden diese Integrale auf $\varrho(A) \cap \mathbb{R}$; sie sind deshalb nur über $\sigma(A)$ zu erstrecken, und die Funktion $f$ braucht nur auf $\sigma(A)$ definiert zu sein.

## 11.6.4. Störungstheorie

Die Störungstheorie untersucht das Verhalten von Operatoreigenschaften unter Störungen. Für die Quantentheorie ist speziell die Störung des Spektrums selbstadjungierter Operatoren von Interesse, weil dies der Störung des Energiespektrums unter äußeren Einflüssen entspricht (z.B. Störung durch äußere elektromagnetische Felder oder Störung der Molekülpotentiale). Mit $L(X,Y)$ bzw. $K(X,Y)$ bezeichnen wir die Menge aller linearen stetigen (bzw. kompakten) Operatoren, wobei $X$ und $Y$ komplexe Banachräume sind.

**Stabilität des inversen Operators:** Gilt $A, A^{-1} \in L(X,X)$, dann ist auch $(A-B)^{-1} \in L(X,X)$, falls $B \in L(X,X)$ mit $\|B\| \cdot \|A^{-1}\| < 1$ gilt. Die Neumannsche Reihe

$$(A-B)^{-1} = A^{-1}(I + C + C^2 + \ldots), \qquad \text{mit} \quad C := A^{-1}B$$

konvergiert dann in $L(X,X)$ (d.h. in der Operatornorm).

**Stabilität von Fredholmoperatoren:** Ist $A\colon D(A) \subseteq X \to Y$ ein Fredholmoperator (vgl. 11.5.6.), dann ist auch $A+B$ ein Fredholmoperator mit

$$\operatorname{ind}(A+B) = \operatorname{ind} A,$$

falls für den linearen Operator $B\colon D(B) \subseteq X \to Y$ eine der folgenden Bedingungen erfüllt ist:

(i) $B \in K(X,Y)$ (kompakte Störung);

(ii) $B \in L(X,Y)$ mit $\|B\| < \eta(A)$ (kleine Störung);

(iii) $B\colon X_A \to Y$ ist kompakt[37];

(iv) $B \in L(X_A, Y)$ mit hinreichend kleiner Operatornorm von $B$ in $L(X_A, Y)$.

**Stabilität selbstadjungierter Operatoren** (Ungleichung von Kato): Ist $A\colon D(A) \subseteq X \to X$ ein selbstadjungierter Operator auf dem komplexen Hilbertraum $X$, dann ist auch $A + B\colon D(A) \subseteq X \to X$ selbstadjungiert, falls der lineare symmetrische Operator $B\colon D(B) \subseteq X \to X$ mit $D(A) \subseteq D(B)$ der Ungleichung

$$\|Bu\| \le a\|Au\| + b\|u\| \qquad \text{für alle} \quad u \in D(A)$$

genügt, wobei $0 \le a < 1$ und $b \ge 0$ Konstanten sind.

**Störung des Spektrums:** Gilt $A, B \in L(X,X)$, dann existiert zu jedem $\varepsilon > 0$ ein $\delta(\varepsilon) > 0$, so daß der Abstand zwischen den Spektren der Ungleichung

$$d(\sigma(A), \sigma(B)) < \varepsilon$$

genügt, falls $\|A - B\| < \delta(\varepsilon)$ gilt.

Sind $A\colon D(A) \subseteq X \to X$ und $B\colon D(B) \subseteq X \to X$ lineare abgeschlossene Operatoren mit dichtem Definitionsbereich, und ist $\mathcal{K} \subset \varrho(A)$ eine kompakte Teilmenge der Resolventenmenge $\varrho(A)$ von $A$, dann gilt auch

$$\mathcal{K} \subset \varrho(B),$$

falls der Abstand zwischen den Graphen $G(A)$ und $G(B)$ in $X \times X$ hinreichend klein ist.

**Stabilität des wesentlichen Spektrums:** Ist $A\colon D(A) \subseteq X \to Y$ ein linearer abgeschlossener Operator mit dichtem Definitionsbereich, dann bleibt das wesentliche Spektrum von $A$ unter allen kompakten Störungen $B \in K(X,Y)$ invariant, d.h. $\sigma_e(A+B) = \sigma_e(A)$.

Das gilt insbesondere für selbstadjungierte Operatoren $A\colon D(A) \subseteq X \to X$ auf einem komplexen Hilbertraum $X$. Speziell bleiben die Häufungspunkte von $\sigma(A)$ bei kompakten Störungen $B \in K(X,X)$ im Spektrum von $A + B$.

---

[37] In (iii) und (iv) bezeichnet $X_A$ den Banachraum $D(A)$ versehen mit der Graphnorm $\|u\| + \|Au\|$.

**Stabilität des diskreten Spektrums** (Satz von Rellich): Es sei $A$: $D(A) \subseteq X \to X$ ein selbstadjungierter Operator auf dem komplexen Hilbertraum $X$, und $B$: $D(B) \subseteq X \to X$ sei ein linearer symmetrischer Operator. Das reelle offene Intervall $J$ enthalte nur genau einen Punkt $\lambda^{(0)}$ des Spektrums von $A$, und $\lambda^{(0)}$ sei ein Eigenwert der endlichen Vielfachheit $n$ mit der Orthonormalbasis $\varphi_1, \ldots, \varphi_n$ von Eigenvektoren. Dann gibt es eine Zahl $\varepsilon_0 > 0$ und für jedes komplexe $\varepsilon$: $|\varepsilon| < \varepsilon_0$ Reihenentwicklungen

$$\begin{aligned} \lambda_j(\varepsilon) &= \lambda^{(0)} + \varepsilon\lambda_j^{(1)} + \varepsilon^2\lambda_j^{(2)} + \ldots \qquad &&\text{in } \mathbb{C}, \\ \varphi_j(\varepsilon) &= \varphi_j + \varepsilon\varphi_j^{(1)} + \varepsilon^2\varphi_j^{(2)} + \ldots &&\text{in } X, \end{aligned}$$

so daß der Operator $A + \varepsilon B$ im Intervall $J$ nur ein diskretes Spektrum besitzt mit den Eigenwerten $\lambda_1(\varepsilon), \ldots, \lambda_n(\varepsilon)$ (entsprechend ihrer Vielfachheit gezählt) und den orthonormierten Eigenvektoren $\varphi_1(\varepsilon), \ldots, \varphi_n(\varepsilon)$.

**Instabilität des stetigen Spektrums** (Satz von Weyl): Es sei $A$: $D(A) \subseteq X \to X$ ein selbstadjungierter Operator auf dem komplexen separablen Hilbertraum $X$. Dann gibt es zu jedem $\varepsilon > 0$ einen linearen symmetrischen kompakten Operator $B$: $X \to X$ mit $\|B\| < \varepsilon$, so daß der Operator $A + B$ ein reines Punktspektrum (und somit kein stetiges Spektrum) besitzt.

**Vergleichssätze für Eigenwerte und die Näherungsmethode von Ritz:** Es sei $A: D(A) \subseteq X \to X$ ein selbstadjungierter Operator auf dem Hilbertraum $X$ über $\mathbb{K}$ mit $(Au, u) \geq c\|u\|^2$ für alle $u \in D(A)$ und festes $c \in \mathbb{R}$. Wir ordnen die Punkte des diskreten Spektrums von $A$ der Größe nach und zählen sie entsprechend ihrer Vielfachheit, d.h.

$$\lambda_1(A) \leq \lambda_2(A) \leq \ldots \leq \lambda_n(A) \leq \ldots$$

Das wesentliche Spektrum $\sigma_e(A)$ sei entweder leer oder es liege echt oberhalb von $\lambda_n(A)$. Ferner sei $B$: $D(B) \subseteq X \to X$ ein selbstadjungierter Operator mit $D(A) \subseteq D(B)$ und $(Bu, u) \geq (Au, u)$ für alle $u \in D(A)$, wobei $B$ die gleichen Spektraleigenschaften wie $A$ besitzt. Dann gilt:

(i) *Vergleichssatz:* $\lambda_j(A) \leq \lambda_j(B)$ für $j = 1, \ldots, n$.

(ii) *Methode von Ritz:* Es sei $\varphi_1, \ldots, \varphi_m \in D(A)$ ein Orthonormalsystem mit $n \leq m$. Bezeichnet $\mu_1 \leq \mu_2 \leq \ldots$ die Eigenwerte der $(m \times m)$-Matrix mit den Elementen $(\varphi_r, A\varphi_s)$, dann gilt $\lambda_j(A) \leq \mu_j$ für $j = 1, \ldots, n$.

Benutzt man hinreichend viele Basisfunktionen $\varphi_j$, dann erhält man z.B. für die niedrigsten Energiewerte des Heliumatoms Zahlen, die sehr gut mit dem Experiment übereinstimmen.

*Standardbeispiel 1:* Wir betrachten das Rand-Eigenwertproblem

$$\begin{aligned} L_\varrho(u) &:= -u'' + \varrho u = \lambda u, \qquad a < x < b, \\ u(a) &= u(b) = 0 \end{aligned}$$

mit der stetigen Funktion $\varrho$: $[a, b] \to \mathbb{R}$ und $\varrho(x) \geq 0$ auf $[a, b]$. Dann existiert eine unendliche Folge von Eigenwerten $\lambda_1(\varrho) \leq \lambda_2(\varrho) \leq \ldots$

Sind die Funktionen $\varrho_j$: $[a, b] \to \mathbb{R}$ stetig mit $0 \leq \varrho_1(x) \leq \varrho_2(x) \leq \varrho_3(x)$ auf $[a, b]$, dann erhält man

$$\lambda_j(\varrho_1) \leq \lambda_j(\varrho_2) \leq \lambda_j(\varrho_3), \qquad j = 1, 2, .$$

*Standardbeispiel 2* (Asymptotik der Eigenfrequenzen): Wir betrachten das Rand-Eigenwertproblem

$$-\Delta u = \lambda u \quad \text{auf } \Omega, \qquad u = 0 \quad \text{auf } \partial\Omega. \tag{11.126}$$

Dabei sei $\Omega$ ein beschränktes Gebiet des $\mathbb{R}^n$ $(n \geq 1)$ mit hinreichend glattem Rand. Dann besitzt (11.126) eine Folge von Eigenwerten $\lambda_1 \leq \lambda_2 \leq \ldots$ mit $\lambda_n \to \infty$ für $n \to \infty$. Bezeichnen wir mit $N(\lambda)$ die Anzahl der Eigenwerte $\leq \lambda$, dann gilt [38]

$$\lim_{n\to\infty} N(\lambda)/\lambda^{n/2} = (2\pi)^{-n}\,\mathrm{Vol}(\Omega)\,\mathrm{Vol}(K^n), \tag{11.127}$$

wobei $\mathrm{Vol}(\Omega)$ (bzw. $\mathrm{Vol}(K^n)$) das Volumen von $\Omega$ (bzw. der $n$-dimensionalen Einheitskugel) bezeichnet. Diese berühmte asymptotische Formel wurde 1912 von Hermann Weyl bewiesen. Er bestätigte damit die Hypothese der Physiker, daß die Verteilung der hohen Eigenfrequenzen $\lambda_j$ nur von dem Volumen $\mathrm{Vol}(\Omega)$ des Gebietes $\Omega$ abhängt und deshalb durch die Betrachtung eines Würfels gewonnen werden kann. Diese Tatsache spielte eine entscheidende Rolle bei der Herleitung des Planckschen Strahlungsgesetzes für beliebige „schwarze Körper".

## 11.6.5. Streutheorie

In der Streutheorie wird die Existenz des Grenzwerts

$$W_\pm u := \lim_{t\to\pm\infty} e^{itA}e^{-itB}u$$

untersucht, wobei $A$ und $B$ selbstadjungierte Operatoren sind. Die physikalische Interpretation und mathematische Resultate betrachten wir in 13.18. im Zusammenhang mit der Streuung von Teilchen in der Quantenphysik.

## 11.6.6. Operatorfunktionen und die Interpolation von Räumen und Operatoren

Ein gegebener Differential- oder Integraloperator kann zwischen verschiedenen Räumen wirken. Die Interpolationstheorie erlaubt es, neue Räume durch Interpolation bekannter Räume zu konstruieren, wobei die Stetigkeit linearer Operatoren erhalten bleibt. Gleichzeitig erhält man dadurch wichtige Zusammenhänge zwischen bereits bekannten Räumen. Die Grundidee ist in dem folgenden Schema enthalten:

$$\begin{array}{cccc} & X_0 & X_\alpha & X_1 \\ A & \downarrow & \downarrow & \downarrow \\ & Y_0 & Y_\alpha & Y_1 \end{array}, \qquad 0 < \alpha < 1.$$

Gegeben sei der lineare stetige Operator $A\colon X_0 \to Y_0$ und $A\colon X_1 \to Y_1$, wobei $X_\alpha, Y_\alpha$ für $\alpha = 0, 1$ gegebene Banachräume über $\mathbb{K}$ sind. Gesucht werden neue Banachräume $X_\alpha, Y_\alpha$ über $\mathbb{K}$, so daß $A\colon X_\alpha \to Y_\alpha$ für $0 < \alpha < 1$ stetig bleibt. Man schreibt $X_\alpha := [X_0, X_1]_\alpha$.

**Die Methode der gebrochenen Potenzen:** $X_0$ und $X_1$ seien Hilberträume über $\mathbb{K}$, wobei die Einbettung $X_0 \subseteq X_1$ stetig und dicht ist. Dann existiert genau ein linearer selbstadjungierter Operator $B\colon D(B) \subseteq X_1 \to X_1$ mit

$$(u, v)_0 = (Bu, v)_1 \qquad \text{für alle} \quad u \in D(B),\ v \in X_1,$$

und $X_\alpha := D(B^\beta)$ wird mit dem Skalarprodukt $(u, v)_\alpha := (B^\beta u, B^\beta v)_1$ ein Hilbertraum über $\mathbb{K}$, falls wir $\beta := (1-\alpha)/2$ und $0 < \alpha < 1$ wählen. Es gilt:

---

[38] Genauer ist $N(\lambda) = (2\pi)^{-n}\,\mathrm{Vol}(\Omega)\,\mathrm{Vol}(K^n)\lambda^{-n/2} + O(\lambda^{(n-1)/2}\ln\lambda)$ für $\lambda \to +\infty$ (vgl. 1.3.1.4.).

**(i)** $X_0 \subseteq X_\alpha \subseteq X_1$, **und** $X_\alpha$ **ist dicht in** $X_1$. **Ferner ist**

$$\|u\|_\alpha \leq \|u\|_0^{1-\alpha}\|u\|_1^\alpha \qquad \text{für alle} \quad u \in X_0 .$$

**(ii) Ist der Operator** $A\colon X_\alpha \to X_\alpha$ **linear und stetig für** $\alpha = 0, 1$ **, dann trifft das für alle** $\alpha \in (0,1)$ **zu.**

***Standardbeispiel 1*** **(Sobolevräume** $W_2^\beta(\Omega)$ **mit gebrochener Ableitungsordnung** $\beta$**): Es sei** $\Omega$ **ein beschränktes Gebiet des** $\mathbb{R}^n$ **mit glattem Rand** ($\partial\Omega \in C^\infty$) **oder es sei** $\Omega = \mathbb{R}^n$. **Ferner sei** $m = 1, 2, \ldots$ **und** $0 < \alpha < 1$. **Wir definieren**

$$W_2^{\alpha m}(\Omega) := [L_2(\Omega)\,,\, W_2^m(\Omega)]_\alpha \,.$$

**Die K-Methode: Gegeben seien die beiden Banachräume** $X$ **und** $Y$ **über** $\mathbb{K}$. **Ferner sei** $Z$ **ein linearer topologischer Raum**[39]**, so daß die Einbettungen** $X \subseteq Z$ **und** $Y \subseteq Z$ **stetig sind. Für** $z \in X + Y$ **und** $t \in \mathbb{R}$ **definieren wir die sogenannte** $K$**–Funktion durch**

$$K(z,t) := \inf_{z=x+y} \{\|x\|_X + \|y\|_Y\}\,,$$

**wobei das Infimum über alle möglichen Zerlegungen** $z = x + y$, $x \in X$, $y \in Y$ **zu nehmen ist. Es sei** $0 < \alpha < 1$ **und** $1 \leq r \leq \alpha$. **Wir setzen**

$$\|z\|_{\alpha,r} := \begin{cases} \left(\int\limits_0^\infty K(z,t)t^{-1-\alpha r}\,\mathrm{d}t\right)^{1/r} & \text{für} \quad 1 \leq r < \infty\,, \\ \sup\limits_{0<t<\infty} K(z,t)t^{-\alpha} & \text{für} \quad r = \infty\,. \end{cases}$$

**Satz: Die Menge**

$$[X,Y]_{\alpha,r} := \{z \in X + Y\colon \|z\|_{\alpha,r} < \infty\}$$

**ist ein Banachraum über** $\mathbb{K}$ **mit** $X \cap Y \subseteq [X,Y]_\alpha \subseteq X + Y$ **und der Norm** $\|z\|_{\alpha,r}$. **Es gilt**

$$\|z\|_{\alpha,r} \leq c_{\alpha,r}\|z\|_X^{1-\alpha}\|z\|_Y^\alpha \qquad \text{für alle} \quad z \in X \cap Y\,.$$

**Sind** $X_j, Y_j$ **Banachräume über** $\mathbb{K}$ **und ist** $A\colon X_1 + X_2 \to Y_1 + Y_2$ **ein linearer Operator, so daß** $A\colon X_j \to Y_j$ **für** $j = 1, 2$ **stetig ist, dann ist auch**

$$A\colon [X_1, X_2]_{\alpha,r} \to [Y_1, Y_2]_{\alpha,r}$$

**linear und stetig.**

**Für Hilberträume und** $r = 2$ **liefert die** $K$**–Methode das gleiche Ergebnis wie die obige Methode der gebrochenen Potenzen.**

***Standardbeispiel 2*** **(die Lebesgueräume** $L_p(\Omega)$**): Es sei** $1 \leq p, q < \infty$ **und** $0 < \alpha < 1$ **sowie** $r^{-1} = (1-\alpha)p^{-1} + \alpha q^{-1}$. **Dann ergibt die** $K$**–Methode**

$$L_r(\Omega) := [L_p(\Omega), L_q(\Omega)]_{\alpha,r}\,.$$

**Nach der Hölderschen Ungleichung hat man ferner**

$$\|u\|_r \leq \|u\|_p^{1-\alpha}\|u\|_q^\alpha \qquad \text{für alle} \quad u \in L_p(\Omega) \cap L_q(\Omega)\,.$$

**Konvexitätstheorem von M. Riesz: Der Operator** $A\colon L_p(\Omega) \to L_q(\Omega)$ **sei linear für alle** $1 \leq p, q \leq \infty$, **und** $S$ **sei die Menge aller Punkte** $(p^{-1}, q^{-1})$ **in** $\mathbb{R}^2$, **für die** $A$ **stetig ist (mit der Norm** $\|A\|_{p,q}$**). Dann ist die Menge** $S$ **konvex, und die Funktion** $(p^{-1}, q^{-1}) \mapsto \ln \|A\|_{p,q}$ **ist konvex auf** $S$.

---

[39] Definitionsgemäß bedeutet dies, daß $Z$ ein linearer und topologischer Raum ist, wobei die linearen Operationen $(x, y) \mapsto x + y$ bzw. $(x, \alpha) \mapsto \alpha x$ stetige Abbildungen von $Z \times Z$ in $Z$ bzw. $Z \times \mathbb{K}$ in $Z$ sind.

# 11.7. Operatoralgebren (Algebra und Analysis)

Operatoralgebren stellen ein grundlegendes Instrument der modernen mathematischen Physik dar (Quantenstatistik und Quantenfeldtheorie; vgl. 15.8.). Die Theorie der Operatoralgebren ist ein wundervolles Beispiel für die Fruchtbarkeit der Wechselwirkung zwischen Algebra und Analysis[40)].

Um das zu erläutern, betrachten wir die Standardbeispiele 5 und 6 weiter unten in 11.7.1. Diese klassischen Approximationssätze wurden in der zweiten Hälfte des 19. Jahrhunderts von Weierstraß mit speziellen Methoden bewiesen. Im Jahre 1947 erkannte der amerikanische Mathematiker Stone, daß sich hinter diesen Approximationssätzen ein allgemeines funktionalanalytisches Prinzip für Funktionenalgebren verbirgt (vgl. den Approximationssatz von Stone-Weierstraß in 11.7.1.).

Ähnlich verhält es sich mit der Spektraltheorie. Die Existenz einer Spektralschar für beschränkte symmetrische Operatoren wurde von Hilbert Anfang des 20. Jahrhunderts mit Methoden der Theorie der Kettenbrüche bewiesen. Ende der dreißiger Jahre entdeckte der russische Mathematiker Gelfand den tiefen Zusammenhang zwischen der Spektraltheorie und der Darstellungstheorie kommutativer $C^*$-Algebren. Auf diesem Wege kann man in natürlicher Weise Funktionen $f(A)$ eines normalen Operators $A$ definieren, die als Spezialfall die Spektralschar von $A$ ergeben (vgl. 11.7.4.).

Der zweite Hauptsatz der Spektraltheorie für selbstadjungierte Operatoren (vgl. den Diagonalisierungssatz in 11.6.2.) wurde von John von Neumann 1938 mit Hilfe der von ihm 1929 eingeführten Operatorenringe (von-Neumann-Algebren) bewiesen. Dieser Hauptsatz stellt eine weitgehende Verallgemeinerung der klassischen Fouriertransformation dar, die zur Spektraltheorie des einfachen Differentialoperators $-\mathrm{id}/\mathrm{d}x$ gehört (vgl. 11.6.2.). Wählt man andere Differentialoperatoren, dann erhält man alle diskreten oder kontinuierlichen Reihenentwicklungen (Integraldarstellungen) der mathematischen Physik (vgl. 11.8.). Das ist Gegenstand einer modernen mathematischen Disziplin, die man *„harmonische Analysis“* nennt. Der klassische Ausgangspunkt hierfür war das Problem, die Schwingungen einer Saite in Eigenschwingungen zu zerlegen, was auf Fourierreihen führt (vgl. 10.3.9.). Im Jahre 1925 entdeckte Schrödinger, daß die Spektren von Atomen und Molekülen den Eigenschwingungen der Schrödingergleichung entsprechen (vgl. 13.18.). Der Schöpfer der modernen harmonischen Analysis ist Hermann Weyl (1985 – 1955), der 1930 der Nachfolger von Hilbert (1862 – 1943) in Göttingen wurde und 1933 in die USA emigrierte. Zusammen mit Einstein (1870 – 1955), der ebenfalls 1933 emigrierte, arbeitete er am Institute for Advanced Study in Princeton (New Jersey).

## 11.7.1. Grundbegriffe

**Banachalgebra:** Unter einer Banachalgebra über $\mathbb{K}$ verstehen wir einen Banachraum $\mathscr{A}$ mit einer „Multiplikation $AB$“, so daß für alle $A, B, C \in \mathscr{A}$ und $\alpha, \beta \in \mathbb{K}$ gilt:

(i) $(AB)C = A(BC)$ (Assoziativgesetz);

(ii) $C(A + B) = CA + CB$ und $(A + B)C = AC + BC$ (Distributivgesetze);

(iii) $(\alpha A)B = A(\alpha B) = \alpha(AB)$;

(iv) $\|AB\| \le \|A\| \cdot \|B\|$;

(v) es gibt ein Element $I \in \mathscr{A}$ mit $IA = AI = A$ für alle $A \in \mathscr{A}$ (Einselement); es ist $\|I\| = 1$.

---

[40)] Ein weiteres derartiges faszinierendes Beispiel bildet die Theorie der Liegruppen und Liealgebren mit ihren Anwendungen auf Symmetrieprobleme (z.B. in der Elementarteilchenphysik; vgl. 17.8.).

Die Banachalgebra $\mathscr{A}$ heißt genau dann *kommutativ*, wenn $AB = BA$ für alle $A, B \in \mathscr{A}$ gilt.

Sind nur die Bedingungen (i) bis (iv) erfüllt, dann heißt $\mathscr{A}$ eine Banachalgebra ohne Einselement.

*Standardbeispiel 1:* Ist $X$ ein Banachraum über $\mathbb{K}$, dann bildet die Menge $L(X, X)$ aller linearen stetigen Operatoren $A: X \to X$ bezüglich der Operatornorm eine Banachalgebra über $\mathbb{K}$.

**$C^*$-Algebra:** Eine Banachalgebra $\mathscr{A}$ über $\mathbb{K}$ heißt genau dann eine $C^*$-Algebra, wenn zusätzlich eine $*$-Operation erklärt ist, die für alle $A, B \in \mathscr{A}$ und $\alpha, \beta \in \mathbb{K}$ folgende Eigenschaften besitzt:

(i) $(A^*)^* = A; \quad (AB)^* = B^*A^*; \quad (\alpha A + \beta B)^* = \overline{\alpha}A^* + \overline{\beta}B^*$;

(ii) $\|AA^*\| = \|A\|^2$.

**Unteralgebra:** Unter einer Unteralgebra (bzw. $*$-Unteralgebra) der Banachalgebra (bzw. $C^*$-Algebra) $\mathscr{A}$ verstehen wir einen linearen Unterraum $\mathscr{U}$ von $\mathscr{A}$, so daß aus $A, B \in \mathscr{U}$ stets $AB \in \mathscr{U}$ (bzw. zusätzlich $A^* \in \mathscr{U}$) folgt.

Gilt außerdem $AB, BA \in \mathscr{U}$ für alle $A \in \mathscr{U}$ und $B \in \mathscr{A}$, dann heiß $\mathscr{U}$ ein Ideal (bzw. ein $*$-Ideal).

Ist $\mathscr{U}$ abgeschlossen im Banachraum $\mathscr{A}$, dann nennen wir $\mathscr{U}$ eine abgeschlossene Unteralgebra von $\mathscr{A}$.

*Beispiel 2:* Die Menge der komplexen Zahlen $\mathbb{C}$ wird mit dem Betrag $|z|$ als Norm und mit $z^* := \overline{z}$ (Übergang zur konjugiert komplexen Zahl) eine kommutative $C^*$-Algebra.

*Standardbeispiel 3:* Die Menge $C(M)_\mathbb{K}$ der stetigen Funktionen $f: M \to \mathbb{K}$ auf dem nichtleeren kompakten topologischen Raum $M$ wird mit der Norm $\|f\| := \max_{x \in M} |f(x)|$ und $f^*(x) := \overline{f(x)}$ für alle $x \in M$ zu einer kommutativen $C^*$-Algebra über $\mathbb{K}$.

*Standardbeispiel 4:* Es sei $X$ ein komplexer Hilbertraum. Dann bildet die Menge $L(X, X)$ eine $C^*$-Algebra, wobei $A^*$ den adjungierten Operator bezeichnet.

**Der Approximationssatz von Stone-Weierstraß:** Eine $*$-Unteralgebra $\mathscr{U}$ von $C(M)_\mathbb{K}$ liegt dicht in $C(M)_\mathbb{K}$, falls $\mathscr{U}$ die konstanten Funktionen enthält und die Punkte von $M$ trennt (d.h., für zwei verschiedene Punkte $x, y \in M$ existiert stets eine Funktion $f \in \mathscr{U}$ mit $f(x) \neq f(y)$).

*Standardbeispiel 5:* Es sei $M$ eine nichtleere kompakte Menge des $\mathbb{R}^n$. Mit $\mathscr{U}$ bezeichnen wir die Menge aller Polynome in $n$ Variablen mit Koeffizienten aus $\mathbb{K}$. Dann ist $\mathscr{U}$ in $C(M)_\mathbb{K}$ dicht.

*Standardbeispiel 6:* Es sei $M := \{(x, y) \in \mathbb{R}^2 : x^2 + y^2 = 1\}$ der Rand des Einheitskreises. Dann kann $C(M)_\mathbb{C}$ mit der Menge der $2\pi$-periodischen Funktionen $f: \mathbb{R} \to \mathbb{C}$ identifiziert werden. Da die Funktion $e^{ix}$ die Punkte von $M$ trennt, ist die Menge $\mathscr{U}$ der trigonometrischen Polynome

$$\sum_{j=-n}^{n} a_j e^{jix} \qquad (a_j \in \mathbb{C},\ n = 1, 2, \ldots)$$

*dicht* in $C(M)_\mathbb{C}$.

**Von-Neumann-Algebra:** Eine Unteralgebra der $C^*$-Algebra $L(X, X)$ ($X$ komplexer Hilbertraum) aus Standardbeispiel 4 heißt genau dann eine von-Neumann-Algebra, wenn sie bezüglich der schwachen Operatortopologie (vgl. 11.5.7.4.) abgeschlossen ist. Das ist äquivalent zu $\mathscr{A}'' = \mathscr{A}$.

Dabei bezeichnet $\mathscr{A}'$ den *Kommutanten* von $\mathscr{A}$, d.h. $\mathscr{A}' := \{B \in L(X, X): AB = BA$ für alle $A \in \mathscr{A}\}$. Ferner setzen wir $A'' := (A')'$.

**Das Spektrum:** Es sei $\mathscr{A}$ eine komplexe Banachalgebra. Die komplexe Zahl $\lambda$ gehört genau dann zur *Resolventenmenge* $\varrho(A)$ von $A \in \mathscr{A}$, wenn $(\lambda I - A)^{-1}$ existiert. Die Menge $\sigma(A) := \mathbb{C} - \varrho(A)$ heißt das *Spektrum* von $A$. Die Zahl $r(A) := \sup\{|\lambda|: \lambda \in \sigma(A)\}$ bezeichnet man als den Spektralradius von $A$. Es gilt

$$r(A) = \lim_{n \to \infty} ||A^n||^{1/n} \leq ||A||\,.$$

Die Menge $\operatorname{rad} \mathscr{A} := \{A \in \mathscr{A}: r(A) = 0\}$ nennt man das *Radikal* von $\mathscr{A}$. Die Banachalgebra $\mathscr{A}$ heißt genau dann *halbeinfach*, wenn $\operatorname{rad} \mathscr{A} = \{0\}$ gilt, d.h., das Radikal von $\mathscr{A}$ ist trivial.

Ferner heißt $\mathscr{A}$ genau dann einfach, wenn $\mathscr{A}$ nur die beiden trivialen Ideale $\mathscr{A}$ und $\{0\}$ besitzt.

*Beispiel 7:* $\mathbb{C}$ ist einfach und halbeinfach. Das Spektrum $\sigma(f)$ einer Funktion $f$ aus $C(M)_{\mathbb{C}}$ ist gleich $f(M)$.

*Standardbeispiel 8:* Jede kommutative $C^*$-Algebra ist halbeinfach (z.B. $C(M)_{\mathbb{C}}$).

*Beispiel 9:* Es sei $X$ der Banachraum aller stetigen Funktion $f: [0,1] \to \mathbb{C}$. Der Volterrasche Integraloperator

$$(Af)(x) := \int_0^x f(y)\,\mathrm{d}y$$

ist ein linearer stetiger Operator $A: X \to X$ mit $r(A) = 0$, aber $A \neq 0$. Deshalb ist die Banachalgebra $L(X, X)$ *nicht* halbeinfach.

## 11.7.2. Kompakte Operatoren und Operatorenideale

**Allgemeine Eigenschaften:** $X, Y$ und $Z$ seien Banachräume über $\mathbb{K}$. Mit $L(X, Y)$ (bzw. $K(X, Y)$) bezeichnen wir die Menge aller linearen stetigen (bzw. kompakten) Operatoren $A: X \to Y$. Dann gilt:

(i) $K(X, Y)$ ist ein abgeschlossener linearer Unterraum von $L(X, Y)$. Alle Operatoren $A \in L(X, Y)$ mit $\dim R(A) < \infty$ gehören zu $K(X, Y)$.

(ii) Es gilt $AB \in K(X, Z)$, falls $A \in L(X, Y)$, $B \in L(Y, Z)$ und einer dieser beiden Operatoren kompakt ist.

(iii) $A \in K(X, Y)$ gilt genau dann, wenn $A^{\mathrm{T}} \in K(Y^*, X^*)$ (Satz von Schauder).

(iv) $A \in K(X, Y)$ gilt genau dann, wenn $A^* \in K(X, Y)$, falls $X$ und $Y$ Hilberträume sind.

(v) Für $A \in K(X, Y)$ folgt aus der schwachen Konvergenz $u_n \rightharpoonup u$ in $X$ stets die starke Konvergenz $Au_n \to Au$ in $Y$.

**Das Ideal der kompakten Operatoren:** $K(X, X)$ ist ein Ideal in $L(X, X)$.

Im Falle eines Hilbertraumes $X$ bildet $K(X, X)$ ein $*$-Ideal in $L(X, X)$, wobei die Menge aller $A \in L(X, X)$ mit $\dim R(A) < \infty$ in $K(X, X)$ dicht liegt.

**Die Spur:** Es sei $X$ ein separabler Hilbertraum über $\mathbb{K}$. Der Operator $A \in L(X,X)$ heißt genau dann positiv, wenn $(Au,u) \geq 0$ für alle $u \in X$ gilt. Dafür schreiben wir $A \geq 0$. Ferner bedeute $A \geq B$, daß $A - B \geq 0$ gilt.

Ist $A \geq 0$, dann existiert $A^{1/2} \in L(X,X)$ nach dem Dunfordkalkül (vgl. 11.6.3.). Definitionsgemäß besitzt $A \in L(X,X)$ genau dann eine Spur, wenn die Zahl

$$\operatorname{tr} A := \sum_n (u_n, Au_n)$$

für jedes vollständige Orthonormalsystem $\{u_n\}$ in $X$ den gleichen Wert $\alpha$ ergibt ($-\infty \leq \alpha \leq \infty$).

*Standardbeispiel 1:* Jeder positive Operator $A \in L(X,X)$ besitzt eine Spur. Im Fall $\dim X < \infty$ hat jeder Operator $A \in L(X,X)$ eine Spur. Wählen wir eine Basis in $X$, dann ist tr $A$ gleich der Summe der Hauptdiagonalelemente der entsprechenden Matrix.

Die Spur spielt eine fundamentale Rolle in der Quantenstatistik (vgl. 15.8.) und in der Theorie der Liealgebren (vgl. 17.1.).

**Das Ideal der nuklearen Operatoren (Spurklasse) und das Ideal der Hilbert-Schmidt-Operatoren:** Die Spurklasse (Klasse der nuklearen Operatoren) $\mathscr{I}_1$ besteht aus genau allen Operatoren $A \in L(X,X)$ mit $\operatorname{tr}(A^*A)^{1/2} < \infty$. Dabei ist $X$ ein Hilbertraum über $\mathbb{K}$.

Die Klasse $\mathscr{I}_2$ der Hilbert-Schmidt-Operatoren besteht aus genau allen $A \in L(X,X)$ mit tr $(A^*A) < \infty$. Es gilt:

(i) $\mathscr{I}_1$ und $\mathscr{I}_2$ sind $*$-Ideale in $L(X,X)$ mit $\mathscr{I}_1 \subseteq \mathscr{I}_2 \subseteq K(X,X)$. Es ist genau dann $A \in \mathscr{I}_1$, wenn $A = BC$ mit $B, C \in \mathscr{I}_2$.

(ii) $\mathscr{I}_1$ ist ein Banachraum bezüglich der Norm $\|A\|_1 := \operatorname{tr} A$, und $\mathscr{I}_2$ ist ein Hilbertraum bezüglich des Skalarprodukts $(A,B)_2 := \operatorname{tr}(A^*B)$.
Für alle $A \in \mathscr{I}_k$ gilt $\|A\| \leq \|A\|_k$, $k = 1, 2$. Ferner ist $\|A\|_2 \leq \|A\|_1$.

(iii) Ist $A, B \in \mathscr{I}_1$, $C \in L(X,X)$ und $\alpha \in \mathbb{K}$, dann gilt $\operatorname{tr} A \in \mathbb{K}$ und

$$\begin{aligned} &\operatorname{tr}(A+B) = \operatorname{tr} A + \operatorname{tr} B, \qquad \operatorname{tr} AC = \operatorname{tr} CA, \qquad \operatorname{tr}(\alpha A) = \alpha \operatorname{tr} A; \\ &\operatorname{tr} A^* = \overline{\operatorname{tr} A}; \qquad 0 \leq \operatorname{tr} A \leq \operatorname{tr} B \qquad \text{für} \quad 0 \leq A \leq B. \end{aligned}$$

*Standardbeispiel 2:* Ist $A\colon X \to X$ ein linearer selbstadjungierter kompakter Operator mit den Eigenwerten $\lambda_1 \geq \lambda_2 \geq \ldots \geq 0$, so ist genau dann $A \in \mathscr{I}_1$ (bzw. $A \in \mathscr{I}_2$), wenn

$$\operatorname{tr} A = \sum_j \lambda_j < \infty \qquad \left(\text{bzw. } \operatorname{tr} A^2 = \sum_j \lambda_j^2 < \infty\right).$$

*Beispiel 3:* Es sei $\Omega$ eine nichtleere offene Menge des $\mathbb{R}^n$. Dann erhält man genau alle Hilbert-Schmidt-Operatoren $K\colon L_2(\Omega) \to L_2(\Omega)$ durch die Integraloperatoren

$$(Ku)(x) := \int_\Omega \mathscr{K}(x,y)u(y)\,\mathrm{d}y$$

mit meßbaren, quadratisch integrierbaren Kernen $\mathscr{K}\colon \Omega \times \Omega \to \mathbb{R}$. Ferner ist

$$\|K\|_2 = \left(\int_{\Omega\times\Omega} |\mathscr{K}(x,y)|^2\,\mathrm{d}x\,\mathrm{d}y\right)^{1/2}.$$

## 11.7.3. Darstellungstheorie für Operatoralgebren

**Homomorphismen:** Unter einem Homomorphismus $h: \mathscr{A} \to \mathscr{B}$ (bzw. einem $*$-Homomorphismus) zwischen den beiden Banachalgebren $\mathscr{A}$ und $\mathscr{B}$ über $\mathbb{K}$ verstehen wir eine lineare stetige Abbildung mit

$$h(AB) = h(A)h(B) \qquad \text{für alle} \quad A, B \in \mathscr{A}$$

(bzw. zusätzlich $h(A^*) = h(A)^*$). Ist $h$ außerdem bijektiv, dann bezeichnen wir $h$ als Isomorphismus (bzw. $*$-Isomorphismus).

**Der Hauptsatz von Gelfand und Neumark:** (i) Jede komplexe kommutative $C^*$-Algebra ist $*$-isomorph zu $C(M)_{\mathbb{C}}$, wobei $M$ ein geeigneter nichtleerer kompakter topologischer Raum ist.

$\mathscr{A}$ ist genau dann $*$-isomorph zu $\mathbb{C}$, wenn $\mathscr{A}$ einfach ist.

(ii) Jede komplexe $C^*$-Algebra ist $*$-isomorph zu $L(X, X)$, wobei $X$ ein komplexer Hilbertraum ist.

**Die Gelfanddarstellung (verallgemeinerte Fouriertransformation):** Es sei $\mathscr{A}$ eine komplexe kommutative $C^*$-Algebra. Unter einem multiplikativen Funktional $\mu$ auf $\mathscr{A}$ verstehen wir ein lineares stetiges Funktional $\mu : X \to \mathbb{C}$ mit

$$\mu(AB) = \mu(A)\mu(B) \qquad \text{für alle} \quad A, B \in \mathscr{A} \quad \text{und} \quad \mu \neq 0 .$$

Es sei $\mathscr{M}$ die Menge aller multiplikativen Funktionale auf $\mathscr{A}$. Wir setzen

$$\varphi_A(\mu) := \mu(A) \qquad \text{für alle} \quad \mu \in \mathscr{M}$$

und versehen $\mathscr{M}$ mit der schwächsten Topologie, in der die Familie $\{\varphi_A\}_{A \in \mathscr{A}}$ stetig ist. Dann wird $\mathscr{M}$ zu einem nichtleeren kompakten topologischen Raum, und die Abbildung

$$\Gamma: \mathscr{A} \to C(\mathscr{M})_{\mathbb{C}} \qquad \text{mit} \quad \Gamma(A) := \varphi_A$$

wird ein $*$-Homomorphismus von $\mathscr{A}$ in $C(M)_{\mathbb{C}}$ (*Gelfanddarstellung von* $\mathscr{A}$ ). Ist $\mathscr{A}$ halbeinfach, dann entsteht ein Isomorphismus.

In dem Fall, daß $\mathscr{A}$ kein Einselement enthält, kann man $\mathscr{M}$ durch Hinzunahme eines idealen Punktes „$\infty$" in einen kompakten topologischen Raum verwandeln.

*Standardbeispiel 1:* Der Banachraum $L_1^{\mathbb{C}}(\mathbb{R})$ wird zu einer komplexen kommutativen $C^*$-Algebra $\mathscr{A}$ ohne Einselement, falls man die Faltung $f * g$ (vgl. 10.4.2.) als Multiplikation wählt. Genau alle multiplikativen Funktionale $\mu \in \mathscr{M}$ erhält man durch

$$\mu_r(f) = (2\pi)^{-1/2} \int_{-\infty}^{\infty} \mathrm{e}^{-\mathrm{i}rx} f(x)\,\mathrm{d}x \qquad \text{für alle} \quad f \in L_1^{\mathbb{C}}(\mathbb{R})$$

und reelle Zahlen $r$ (Fouriertransformation). Die Menge $\mathscr{M}$ kann deshalb mit $\mathbb{R}$ identifiziert werden. Die Kompaktifizierung von $\mathscr{M}$ ist homöomorph zum Rand des Einheitskreises $S$ (Abb. 11.27). Die Gelfanddarstellung ordnet $f \in L_1^{\mathbb{C}}(\mathbb{R})$ die Fouriertransformierte $F: \mathbb{R} \to \mathbb{R}$ zu mit $F(r) = \mu_r(f)$ für alle $r \in \mathbb{R}$, wobei $\lim_{r \to \pm\infty} F(r) = 0$ gilt. Deshalb können wir $F$ als Funktion auf $S$ auffassen mit $F(\infty) = 0$. Somit ist die Gelfanddarstellung ein $*$-Homomorphismus von $\mathscr{A}$ in $C(S)_{\mathbb{C}}$.

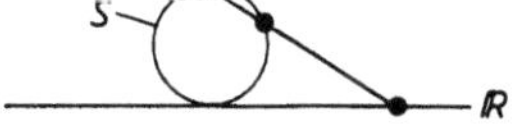


Abb. 11.27

**Die GNS-Darstellung:** [41] Die folgende Konstruktion spielt beim algebraischen Zugang zur modernen Quantenstatistik und Quantenfeldtheorie eine fundamentale Rolle. Es sei $\mathscr{A}$ eine komplexe $C^*$-Algebra. Unter einem Zustand $z$ auf $\mathscr{A}$ verstehen wir ein lineares Funktional $z : \mathscr{A} \to \mathbb{C}$, das positiv ist, d.h., es gilt $z(A^*A) \geq 0$ für alle $A \in \mathscr{A}$.

*Standardbeispiel 2:* Ist $X$ ein komplexer Hilbertraum, dann entspricht jedem $\psi \in X$ durch $z(A) := (\psi, A\psi)$ ein Zustand auf $L(X, X)$. Tatsächlich gilt $(\psi, A^*A\psi) = (A\psi, A\psi) \geq 0$.

Die GNS-Darstellung zeigt, daß diese Situation typisch ist. Jedem linearen positiven Funktional $z$ auf $\mathscr{A}$ kann man einen Hilbertraum $X$ zuordnen, so daß $z$ ein Element $\psi \in X$ entspricht und jedem $A \in \mathscr{A}$ ein Operator $\varphi(A) \in L(X, X)$ zugeordnet wird. Dabei gilt

$$z(A) = (\psi, \varphi(A)\psi) \qquad \text{für alle} \quad A \in \mathscr{A}.$$

Genauer: man setzt zunächst $(A, B) := z(A^*B)$ für alle $A, B \in \mathscr{A}$ und $\mathscr{N} := \{A \in \mathscr{A}\colon (A, A) = 0\}$. Damit wird $\mathscr{A}/\mathscr{N}$ (d.h. die Menge aller Klassen $[A] = A + \mathscr{N}$) zu einem Prä-Hilbertraum, dessen Vervollständigung den Hilbertraum $X$ ergibt. Ferner definieren wir

$$\varphi(A)[B] := [AB] \qquad \text{für alle} \quad B \in \mathscr{A}.$$

Der Operator $\varphi\colon \mathscr{A}/\mathscr{N} \to \mathscr{A}/\mathscr{N}$ kann dann eindeutig zu einem linearen stetigen Operator $\varphi(A)\colon X \to X$ fortgesetzt werden.

## 11.7.4. Anwendungen auf die Spektraltheorie normaler Operatoren

**Normale Operatoren:** Es sei $X$ ein Hilbertraum über $\mathbb{K}$, und es sei $A \in L(X, X)$. Der Operator $A$ heißt genau dann *normal*, wenn

$$AA^* = A^*A$$

gilt. Dann ist $r(A) = \|A\|$. Inbesondere sind selbstadjungierte Operatoren $(A^* = A)$, schiefadjungierte Operatoren $(A^* = -A)$ und unitäre Operatoren $(A^*A = AA^* = I)$ stets normal.

**Zerlegungssatz:** Jeder Operator $A \in L(X, X)$ kann in der Form [42]

$$A = B + \mathrm{i}C, \qquad B = B^*, \; C = C^*, \qquad B, C \in L(X, X) \tag{11.128}$$

und

$$A = UR, \qquad R := (A^*A)^{1/2}, \qquad U, R \in L(X, X) \tag{11.129}$$

geschrieben werden, wobei $U$ normerhaltend und $R$ selbstadjungiert und positiv ist.

Ist $A$ normal, dann ist $U$ unitär, und es gilt $BC = CB$.

*Beispiel 1:* Für die lineare Transformation $A\colon \mathbb{R}^3 \to \mathbb{R}^3$ mit $\det A > 0$ beschreibt $U$ den Drehanteil und $R$ entspricht dem Dehnungsanteil. Ist $e_1, e_2, e_3$ ein vollständiges Orthonormalsystem von Eigenvektoren zu $R$ mit $Re_j = \lambda_j e_j$, dann erhalten wir

$$Ae_j = \lambda_j U e_j, \qquad \lambda_j > 0, \quad j = 1, 2, 3,$$

d.h., $A$ setzt sich aus der Drehung $U$ und dem *Dehnungstensor* $R$ zusammen.

**Endlichdimensionaler Spektralsatz:** Jeder normale Operator $A \in L(X, X)$ auf einem endlichdimensionalen komplexen Hilbertraum $X \neq \{0\}$ besitzt ein vollständiges Orthonormalsystem von Eigenvektoren.

---

[41] Gelfand-Neumark-Segal-Darstellung.

[42] Im Spezialfall $X = \mathbb{C}$ ist $A$ eine komplexe Zahl. Dann gilt $A^* = \overline{A}$, und (11.128) (bzw. (11.129)) entspricht $A = \operatorname{Re} A + \mathrm{i} \operatorname{Im} A$ (bzw. $A = \mathrm{e}^{\mathrm{i}\varphi}|A|$).

**Allgemeiner Spektralsatz:** Gegeben sei der normale Operator $A \in L(X,X)$ auf dem komplexen Hilbertraum $X$ mit dem Spektrum $\sigma(A)$. Mit $\mathscr{A}$ bezeichnen wir die kleinste abgeschlossene kommutative $C^*$-Unteralgebra von $L(X,X)$, die $A$ enthält. Wegen $A^*A = AA^*$ gehört neben $A$ auch $A^*$ zu $\mathscr{A}$. Die Gelfanddarstellung

$$\Gamma\colon \mathscr{A} \to C(\sigma(A))_{\mathbb{C}} \tag{11.130}$$

ist dann ein $*$-Isomorphismus. Die Menge $L_\infty^{\mathbb{C}}(\sigma(A))$ aller fast überall beschränkten meßbaren Funktionen $f\colon \sigma(A) \to \mathbb{C}$ bildet einen Banachraum, und $h := \Gamma^{-1}$ läßt sich zu einem injektiven $*$-Homomorphismus

$$h\colon L_\infty^{\mathbb{C}}(\sigma(A)) \to L(X,X)$$

fortsetzen. *Dadurch wird jeder Funktion $f \in L_\infty^{\mathbb{C}}(\sigma(A))$ in eindeutiger Weise ein Operator $f(A) \in L(X,X)$ zugeordnet.*

Wählen wir speziell eine Borelmenge $\Omega$ in $\sigma(A)$, dann wird der charakteristischen Funktion $\chi_\Omega$ (d.h. $\chi_\Omega(\lambda) = 1$ für $\lambda \in \Omega$ und $\chi_\Omega(\lambda) = 0$ für $\lambda \notin \Omega$) ein selbstadjungierter Operator $E_\Omega$ zugeordnet. Für festes $u, v \in X$ gibt es dann ein komplexwertiges[43] Maß $\mu$ auf $\sigma(A)$ mit $\mu(\Omega) = (E_\Omega u, v)$ und

$$(f(A)u,v) = \int_{\sigma(A)} f(\lambda)\,\mathrm{d}\mu(\lambda) \qquad \text{für alle} \quad u,v \in X\,.$$

Man bezeichnet $\{E_\Omega\}$ als die Spektralschar von $A$ und schreibt symbolisch $f(A) = \int f(\lambda)\,\mathrm{d}E_\lambda$.

## 11.8. Differentialoperatoren und Reihenentwicklungen der mathematischen Physik – eine Perle der Mathematik

Es sei $(a,b)$ ein beschränktes oder unbeschränktes offenes Intervall, d.h., $a = +\infty$ oder $b = -\infty$ sind zugelassen. Unser Ziel ist es, allgemeine „Reihenentwicklungen" der Form

$$f(x) = \int_{-\infty}^{\infty} \sum_{j,k=1}^{m} g_j(\lambda) u_k(x,\lambda)\,\mathrm{d}\mu_{jk}(\lambda)\,, \qquad a < x < b\,, \tag{11.131}$$

mit der Umkehrformel

$$g_j(\lambda) = \int_a^b \overline{u_j(x,\lambda)} f(x)\,\mathrm{d}x\,, \qquad \lambda \in \mathbb{R}, \quad j = 1,\dots,m\,, \tag{11.131*}$$

zu rechtfertigen. Dabei sind die Entwicklungsfunktionen $u_k$ Lösungen der gewöhnlichen Differentialgleichung $m$-ter Ordnung

$$(Au)(x) := \sum_{j=0}^{m} a_k(x) u^{(k)}(x) = \lambda u(x)\,, \qquad a < x < b\,,\ \lambda \in \mathbb{C}\,. \tag{11.132}$$

---

[43] Das bedeutet $\mu = (\mu_1 - \mu_2) + \mathrm{i}(\mu_3 - \mu_4)$, wobei $\mu_j$ Maße sind.

mit den Anfangsbedingungen $u_s^{(r-1)}(x_0,\lambda) = \delta_{rs}$, $r,s = 1,\ldots,m$ $(m \geq 1)$ für einen festen Punkt $x_0 \in (a,b)$. Formel (11.131) enthält als zwei Spezialfälle die Entwicklung nach Fourierreihen ($\mu_{jk}$ = Sprungfunktion) und die Fouriertransformation ($\mu_{jk}$ ist stetig differenzierbar auf $\mathbb{R}$). Das Integral in (11.131) ist als Lebesgue-Stieltjes-Integral aufzufassen.

Unsere Aufgabe ist es, die Funktionen $\mu_{jk}\colon \mathbb{R} \to \mathbb{C}$ von beschränkter Variation mit Hilfe der Greenschen Funktion zu berechnen. Genauer ist $\mathrm{d}\mu_{jk}(\lambda) = c_{jk}(\lambda)\,\mathrm{d}\mu(\lambda)$, wobei $\mu$ ein Maß auf dem Spektrum $\sigma(\overline{A})$ des selbstadjungierten Abschlusses $\overline{A}$ darstellt und $(c_{jk}(\lambda))$ für jedes $\lambda \in \mathbb{R}$ eine selbstadjungierte positive $(m \times m)$-Matrix ist. Tatsächlich ist das Integral in (11.131) nur über $\sigma(\overline{A})$ zu erstrecken.

Bei der funktionalanalytischen Formulierung des Entwicklungssatzes benutzen wir den Ausgangsraum

$$X := L_2^{\mathbb{C}}(a,b)\,, \qquad (u,v) := \int_a^b \overline{u(x)}v(x)\,\mathrm{d}x$$

und den Raum der „Fouriertransformierten“

$$Y := L_2(\mathbb{R},\mathrm{d}\mu)\,, \qquad (g,h)_* := \int_{-\infty}^{\infty} \sum_{j,k=1}^{m} \overline{g_j(\lambda)}h_k(\lambda)\,\mathrm{d}\mu_{jk}(\lambda)\,.$$

Genauer ist $Y$ der Abschluß von $C_0^\infty(a,b)_{\mathbb{C}}$ bezüglich $(.,.)_*$.

Die Koeffizientenfunktionen $a_k\colon (a,b) \to \mathbb{C}$ in (11.132) seien $k$-fach stetig differenzierbar, und wir nehmen $a_m(x) \equiv 1$ an. Der Differentialoperator $A$ heißt genau dann *regulär*, wenn $(a,b)$ beschränkt ist und $a_k \in C^k[a,b]_{\mathbb{C}}$ für $k = 0,\ldots,m-1$ gilt. Anderenfalls bezeichnet man $A$ als *singulär*. Viele wichtige Reihenentwicklungen der mathematischen Physik entsprechen singulären Differentialoperatoren.

**Differentialoperator:** Es sei $A\colon D(A) \subseteq X \to X$ ein wesentlich selbstadjungierter Operator. Der Definitionsbereich $D(A)$ bestehe aus $C^m$-Funktionen zusammen mit Randbedingungen, so daß

$$(Au,v) = (u,Av) \qquad \text{für alle} \quad u,v \in D(A)$$

gilt und der Abschluß $\overline{A}$ selbstadjungiert ist.

**Resolvente und Greensche Funktion:** Es sei $G$ die Greensche Funktion zu $Au = \lambda u$, d.h., für alle $\lambda \in \mathbb{C}$ mit $\operatorname{Im}\lambda \neq 0$ erhalten wir für die Resolvente $v := (\lambda I - A)^{-1}f$ die Integraldarstellung

$$v(x) = -\int_a^b G(x,y,\lambda)f(y)\,\mathrm{d}y\,, \qquad f \in L_2^{\mathbb{C}}(a,b)\,.$$

Es gilt

$$G(x,y,\lambda) = \begin{cases} \sum\limits_{j,k=1}^{m} M_{jk}^{+}(\lambda)u_j(x,\lambda)\overline{u_k(x,\overline{\lambda})} & \text{für} \quad a < x \leq y < b\,, \\ \sum\limits_{j,k=1}^{m} M_{jk}^{-}(\lambda)u_j(x,\lambda)\overline{u_k(x,\overline{\lambda})} & \text{für} \quad a < y < x < b\,. \end{cases}$$

Die Funktionen $M_{jk}^{\pm}$, die auf $\mathbb{C} \setminus \mathbb{R}$ holomorph sind, bestimmen sich aus der Differentialgleichung

$$AG(x,y,\lambda) - \lambda G(x,y,\lambda) = \delta_y\,, \qquad a < x < b\,, \tag{11.133}$$

und den Randbedingungen für $A$, d.h., es ist $G(.,y,\lambda) \in D(A)$. Aus (11.133) erhalten wir die Sprungbedingung

$$\frac{\partial^{m-1}}{\partial x^{m-1}} G(x+0,x,\lambda) - \frac{\partial^{m-1}}{\partial x^{m-1}} G(x-0,x,\lambda) = 1 .$$

Schließlich setzen wir $M_{jk} := \frac{1}{2}(M^+_{jk} + M^-_{jk})$.

**Der Hauptsatz (das verallgemeinerte Weyltheorem):** Berechnet man $\mu_{jk}$ durch

$$\mu_{jk}(\lambda) := \lim_{\delta \to +0} \lim_{\varepsilon \to +0} \int_{\delta}^{\lambda+\delta} \frac{1}{2\pi\,\mathrm{i}} \left(M_{jk}(\nu + \mathrm{i}\,\varepsilon) - M_{jk}(\nu - \mathrm{i}\,\varepsilon)\right) \mathrm{d}\nu , \tag{11.134}$$

dann ergibt sich durch die Entwicklungsformel (11.131*) ein unitärer[44] Operator $U\colon L_2^{\mathbb{C}}(a,b) \to L_2^{\mathbb{C}}(\mathbb{R}, \mathrm{d}\mu)$, den man die „Fouriertransformation" zu dem Differentialoperator $A$ nennt. Für $\lambda \in \mathbb{R} \setminus \sigma(\overline{A})$ ist $\mu_{jk}(\lambda) = \mathrm{const}$.

Der Prototyp dieses Theorems wurde von H. Weyl 1910 bewiesen. Die endgültige Form geht im wesentlichen auf eine Arbeit von Kodaira im Jahre 1949 zurück. Dieses Theorem stellt eine Konkretisierung des von Neumannschen zweiten Hauptsatzes der Spektraltheorie dar (vgl. 11.6.2.). Wegen (11.134) enthält die Greensche Funktion die wesentlichen Informationen über das Spektrum von $\overline{A}$ und die zugehörigen Reihenentwicklungen. Diese Tatsache wird von den Physikern beispielsweise in der modernen Elementarteilchen- und Festkörperphysik weitgehend ausgenutzt (Methode der Greenschen Funktion).

*Standardbeispiel 1* (Fouriertransformation): Für den (singulären) Impulsoperator

$$(Au) := -\mathrm{i}\,u'(x) , \qquad -\infty < x < \infty ,$$

der eindimensionalen Quantenmechanik ($\hbar = 1$) gilt $u_1(x,\lambda) = \mathrm{e}^{\mathrm{i}\,\lambda x}$. Im Fall Im $\lambda > 0$ bzw. Im $\lambda < 0$ lautet die Greensche Funktion

$$G(x,y,\lambda) = \begin{cases} 0 & \text{für} \quad x \le y , \\ \mathrm{i}\mathrm{e}^{\mathrm{i}(x-y)\lambda} & \text{für} \quad y < x \end{cases}$$

bzw.

$$G(x,y,\lambda) = \begin{cases} -\mathrm{i}\mathrm{e}^{\mathrm{i}(x-y)\lambda} & \text{für} \quad x \le y , \\ 0 & \text{für} \quad y < x . \end{cases}$$

Deshalb ist $M^+_{11}(\lambda) = 0$, $M^-_{11}(\lambda) = \mathrm{i}$, $M_{11}(\lambda) = \mathrm{i}/2$ für Im $\lambda > 0$ (bzw. $M^+_{11}(\lambda) = -\mathrm{i}$, $M^-_{11}(\lambda) = 0$, $M_{11}(\lambda) = -\mathrm{i}/2$). Aus (11.134) folgt $\mu_{11}(\lambda) = \lambda/2\pi$. Deshalb entspricht die grundlegende Entwicklungsformel (11.131) der klassischen Fourierintegraltransformation.

*Standardbeispiel 2* (reguläres Randwertproblem zweiter Ordnung): Wir betrachten

$$(Au) := -(p(x)u'(x))' + q(x)u(x) = \lambda u(x) , \qquad -\infty < a \le x \le b < \infty$$

mit den beiden Randbedingungen

$$u(a)\cos\alpha - p(a)u'(a)\sin\alpha = 0 , \qquad u(b)\cos\beta - p(b)u'(b)\sin\beta = 0$$

für feste reelle Zahlen $\alpha$ und $\beta$. Die beiden Funktionen $q,p\colon [a,b] \to \mathbb{R}$ seien stetig mit $p(x) \ge \mathrm{const} > 0$ auf $[a,b]$. Dann existiert ein vollständiges System von Eigenlösungen

[44] Genauer gilt folgendes. Durch (11.131*) wird $U$ für alle $f \in C_0^\infty(a,b)_{\mathbb{C}}$ als normerhaltender Operator erklärt, der sich wegen der *Dichtheit* von $C_0^\infty(a,b)_{\mathbb{C}}$ in $X$ eindeutig zu einem unitären Operator $U\colon X \to Y$ fortsetzen läßt.

$\varphi_1, \varphi_2, \ldots$ in $L_2^{\mathbb{C}}(a,b)$ mit zugehörigen reellen Eigenwerten $\lambda_1 \leq \lambda_2 \leq \ldots$ und $\lambda_k \to +\infty$ für $k \to \infty$. In diesem Fall entspricht (11.131) der Entwicklung von $f \in L_2^{\mathbb{C}}(a,b)$ nach diesen Eigenfunktionen in $L_2^{\mathbb{C}}(a,b)$.

Speziell für $p(x) \equiv 1$, $q(x) \equiv 0$ und $a = -\pi$, $b = \pi$ ist (11.131) die klassische Fourierreihe.

Viele Reihenentwicklungen der mathematischen Physik ergeben sich in natürlicher und einheitlicher Weise aus (11.131) [vgl. Yosida 1960]. Verallgemeinerungen auf Entwicklungen nach Eigenfunktionen von allgemeinen elliptischen partiellen Differentialgleichungsoperatoren findet man in [Maurin 1972].

Der obige Hauptsatz stellt eine Perle der Mathematik dar. In eleganter Weise wirken hier Differentialgleichungen, Integralgleichungen, komplexe Funktionentheorie, Maßtheorie, Theorie der Distributionen, spezielle Funktionen der mathematischen Physik und Funktionalanalysis zusammen. Die Mathematik mußte einen weiten Weg zurücklegen, ehe ein solches allgemeines Ergebnis überhaupt formuliert und dann auch bewiesen werden konnte.

# 12. NICHTLINEARE FUNKTIONALANALYSIS UND IHRE ANWENDUNGEN

*In den letzten Jahren ist intensiv auf dem Gebiet der nichtlinearen Funktionalanalysis geforscht worden. Viele der erzielten Resultate wurden durch Anwendungen auf nichtlineare partielle Differentialgleichungen angeregt.*

*Herbert Amann*[1] *(1976)*

Die nichtlineare Funktionalanalysis untersucht nichtlineare Operatorgleichungen und Extremalprobleme für Funktionale. Die abstrakten Ergebnisse erlauben zahlreiche Anwendungen auf nichtlineare Integralgleichungen (vgl. 12.1.) und nichtlineare partielle Differentialgleichungen (vgl. Kapitel 14.).

Wie wir zeigen werden, handelt es sich bei den Aussagen der nichtlinearen Funktionalanalysis um weitgehende Verallgemeinerungen von sehr anschaulichen Sachverhalten für reelle Funktionen in einer oder zwei Veränderlichen. Spezialisiert man die folgenden Resultate auf endlichdimensionale Banachräume $X = \mathbb{R}^n$, dann erhält man zugleich eine Reihe von zentralen Aussagen für nichtlineare Gleichungssysteme (endlich viele Gleichungen mit endlich vielen Unbekannten).

Als elementare Einführung in die angewandte lineare und nichtlineare Funktionalanalysis empfehlen wir [Zeidler 1995]. Eine umfassende Darstellung der nichtlinearen Funktionalanalysis zusammen mit zahlreichen Anwendungen in der Mathematik, den Naturwissenschaften und der mathematischen Ökonomie findet man in [Zeidler 1984, Bd I–V].

## 12.1. Fixpunktsätze und ihre Anwendungen auf Differential- und Integralgleichungen

Unter einem Fixpunkt des Operators $F$ versteht man eine Lösung der Gleichung

$$u = F(u), \quad u \in M. \tag{12.1}$$

### 12.1.1. Der Fixpunktsatz von Banach und Iterationsverfahren

Wir wollen die Gleichung (12.1) durch das Iterationsverfahren

$$u_{n+1} = F(u_n), \quad u_0 \in M, \quad n = 0, 1, \ldots, \tag{12.2}$$

lösen.

**Fixpunktsatz von Banach:** Der Operator $F\colon M \to M$ bilde die abgeschlossene nichtleere Teilmenge $M$ eines vollständigen metrischen Raumes (z.B. eines Banachraumes) $k$-kontraktiv in sich ab, d.h., es ist

$$d(Fu, Fv) \leq kd(u, v) \quad \text{für alle } u, v \in M \quad \text{und festes } k \in [0, 1),$$

wobei $d(.,.)$ die Metrik bezeichnet. Dann gilt:

---

[1] Professor Amann (Universität Zürich) hat wesentliche Beiträge zur Entwicklung der modernen Funktionalanalysis geleistet.

(i) *Existenz und Eindeutigkeit.* Der Operator $F$ besitzt genau einen Fixpunkt auf $M$, d.h., die Gleichung (12.1) besitzt genau eine Lösung $u$.

(ii) *Fehlerabschätzungen.* Für $n = 0, 1, \ldots$ hat man die *a priori* Fehlerabschätzung

$$d(u_{n+1}, u) \leq k^n(1-k)^{-1}d(u_0, u_1)$$

und die *a posteriori* Fehlerabschätzung

$$d(u_{n+1}, u) \leq k(1-k)^{-1}d(u_n, u_{n+1}).$$

(iii) *Konvergenzgeschwindigkeit.* Das Iterationsverfahren konvergiert linear, d.h., es gilt $d(u_{n+1}, u) \leq kd(u_n, u)$ für alle $n$.

*Beispiel 1* (reelle Funktion): Es sei $M := [a, b]$ mit $-\infty < a < b < \infty$. Dann sind alle Voraussetzungen des Fixpunktsatzes von Banach erfüllt, falls die Funktion $F\colon [a, b] \to [a, b]$ differenzierbar ist mit $|F'(w)| \leq k < 1$ für alle $w \in [a, b]$. Denn dann gilt

$$|F(u) - F(v)| \leq |F'(w)|\,|u - v| \leq k|u - v| \quad \text{für alle } u, v \in [a, b]$$

bei einem geeignet gewählten Zwischenwert $w$. Die eindeutige Lösung $u$ von Gleichung (12.1) entspricht dem Schnittpunkt des Graphen von $F$ mit der Diagonalen (Abb. 12.1a).

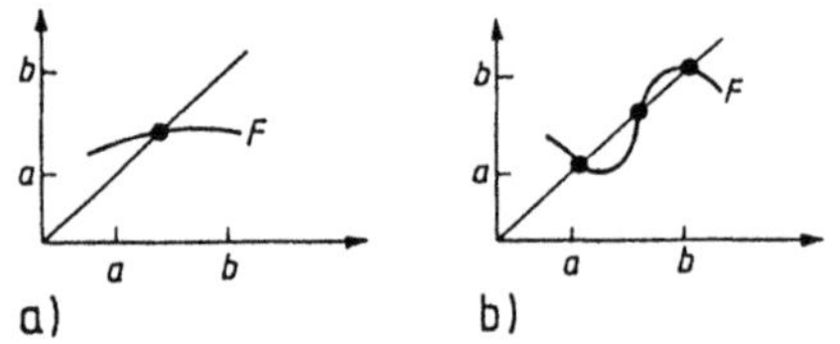


Abb. 12.1

*Standardbeispiel 2* (nichtlineare Integralgleichung): Es sei $-\infty < a < b < \infty$. Wir betrachten die Integralgleichung

$$u(x) = \lambda \int_a^b K(x, y, u(y))\,dy + f(x), \quad a \leq x \leq b. \tag{12.3}$$

Der Kern $K\colon [a, b] \times [a, b] \times \mathbb{R} \to \mathbb{R}$ und die Funktion $f\colon [a, b] \to \mathbb{R}$ seien stetig. Ferner setzen wir voraus, daß es eine Zahl $L$ gibt, so daß

$$|K(x, y, u) - K(x, y, v)| \leq L|u - v| \quad \text{für alle } x, y \in [a, b], \quad u, v \in \mathbb{R},$$

gilt. Dann besitzt (12.3) für jede reelle Zahl $\lambda$ mit $|\lambda|L(b-a) < 1$ genau eine Lösung $u \in C[a, b]$. Das Iterationsverfahren

$$u_{n+1}(x) = \lambda \int_a^b K(x, y, u_n(y))\,dy + f(x), \quad n = 0, 1, \ldots,$$

mit $u_0 \equiv 0$ konvergiert in $C[a, b]$ gegen $u$, d.h., es gilt

$$\|u_n - u\| := \max_{a \leq x \leq b} |u_n(x) - u(x)| \to 0 \quad \text{für } n \to \infty.$$

Dieses Resultat ist ein Spezialfall des Fixpunktsatzes von Banach mit $M := C[a, b]$ (Banachraum der auf $[a, b]$ stetigen Funktionen) und

$$(Fu)(x) := \lambda \int_a^b K(x, y, u(y))\,dy + f(x).$$

Dann wird $M$ durch $F$ in sich abgebildet, und für alle $u, v \in M$ mit $k := |\lambda| L(b-a)$ gilt

$$\|Fu - Fv\| = \max_{a \le x \le b} |(Fu)(x) - (Fv)(x)| \le k \max_{a \le x \le b} |u(x) - v(x)| = k\|u - v\|.$$

*Standardbeispiel 3* (gewöhnliche Differentialgleichung): Für das Anfangswertproblem

$$u'(x) = f(x, u(x)), \quad u(x_0) = y_0, \tag{12.4}$$

setzen wir voraus, daß die reelle Funktion $f$ auf dem Quadrat $Q := \{(x, y) \in \mathbb{R}^2 : |x - x_0| \le r, |y - y_0| \le r\}$ stetig ist mit $|f(x, y)| \le M$ für alle $(x, y) \in Q$. Ferner gebe es eine Konstante $L$, so daß

$$|f(x, u) - f(x, v)| \le L|u - v| \quad \text{für alle} \quad (x, u), (x, v) \in Q \quad \text{gilt.}$$

Dann besitzt (12.4) auf dem Intervall $[x_0 - h, x_0 + h]$ genau eine Lösung, falls $h > 0$ hinreichend klein ist.

Um das zu erhalten, geht man von (12.4) zur äquivalenten Integralgleichung

$$u(x) = y_0 + \int_{x_0}^{x} f(y, u(y))\, dy =: (Fu)(x) \tag{12.5}$$

über und wendet darauf den Fixpunktsatz von Banach an mit

$$M := \{u \in C(J) : \|u - y_0\| \le r\}, \quad J := [x_0 - h, x_0 + h],$$

wobei $h$ so klein gewählt wird, daß $hM \le r$ und $k := hL < 1$ gilt. Dann wird $M$ durch $F$ in sich abgebildet, denn

$$\|Fu - y_0\| = \max_{x \in J} \left| \int_{x_0}^{x} f(y, u(y))\, dy \right| \le hM = r.$$

Ferner ist $F$ auf $M$ $k$-kontraktiv, denn für alle $u, v \in M$ hat man

$$\begin{aligned} \|Fu - Fv\| &= \max_{x \in J} \left| \int_{x_0}^{x} (f(y, u(y)) - f(y, v(y))\, dy \right| \\ &\le hL \max_{y \in J} |u(y) - v(y)| = k\|u - v\|. \end{aligned}$$

## 12.1.2. Der Fixpunktsatz von Schauder und Kompaktheit

**Fixpunktsatz von Schauder:** Es sei $M$ eine nichtleere beschränkte abgeschlossene konvexe Menge eines Banachraumes $X$ (z.B. eine abgeschlossene Kugel). Dann besitzt jede kompakte Abbildung $F: M \to M$ einen Fixpunkt.

Die endlichdimensionale Version dieses Satzes ($X = \mathbb{R}^n$) heißt Fixpunktsatz von Brouwer. Dann wird nur die Stetigkeit von $F: M \to M$ benötigt.

*Beispiel 4* (reelle Funktion): Es sei $M := [a, b]$ mit $\infty < a < b < \infty$. Ist die Funktion $F: [a, b] \to [a, b]$ stetig, dann besitzt die Gleichung $u = F(u)$, $u \in M$, eine Lösung (Abb. 12.1b).

Um diesen Spezialfall des Fixpunktsatzes von Brouwer zu beweisen, setzen wir $G(u) := u - F(u)$. Wegen $a \le F(u) \le b$ für alle $u \in [a, b]$ ist $G(a) \le 0$ und $G(b) \ge 0$. Somit besitzt die stetige Funktion $G: [a, b] \to \mathbb{R}$ nach dem Zwischenwertsatz von Bolzano eine Nullstelle.

*Standardbeispiel* 5 (nichtlineare Integralgleichung): Benutzt man anstelle des Fixpunktsatzes von Banach den Fixpunktsatz von Schauder, dann erhält man die Existenzaussagen der Standardbeispiele 2 und 3, ohne daß die Lipschitzbedingungen für $K$ und $f$ vorausgesetzt werden müssen. In diesem Fall ergeben sich jedoch keine Eindeutigkeitsaussagen.

**Fixpunktsatz von Tychonov:** Es sei $M$ eine nichtleere kompakte konvexe Teilmenge eines lokalkonvexen Raumes (z.B. eines normierten Raumes). Dann besitzt jede stetige Abbildung $F: M \to M$ einen Fixpunkt.

### 12.1.3. Der Fixpunktsatz von Bourbaki-Kneser und Halbordnung

Eine nichtleere Menge heißt genau dann *halbgeordnet*, wenn für gewisse Paare $(u, v)$ mit $u, v \in M$ eine Relation „$u \leq v$"besteht, die folgende Eigenschaften hat:

(i) $u \leq u$ für alle $u \in M$;

(ii) aus $u \leq v$ und $v \leq u$ folgt $u = v$;

(iii) aus $u \leq v$ und $v \leq w$ folgt $u \leq w$.

Eine nichtleere Teilmenge $N$ von $M$ heißt genau dann eine Kette, wenn für alle $u, v \in N$ stets $u \leq v$ oder $v \leq u$ gilt.

**Fixpunktsatz von Bourbaki-Kneser:** Die Abbildung $F: M \to M$ der halbgeordneten Menge $M$ in sich hat einen Fixpunkt, falls $u \leq F(u)$ für alle $u \in M$ gilt und jede Kette von $M$ eine kleinste obere Schranke besitzt (Abb. 12.2).

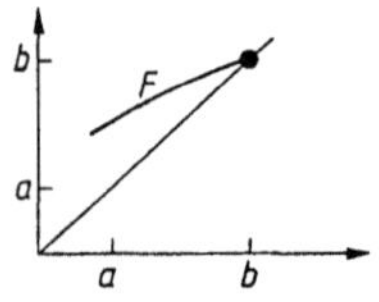


Abb. 12.2

Zahlreiche Anwendungen dieses Fixpunktsatzes auf wichtige mengentheoretische Aussagen (z.B. das Lemma von Zorn) und Operatorgleichungen findet man in [Zeidler 1984, Bd. I, Kap. 11].

## 12.2. Die Methode der Unter- und Oberlösungen, Iterationsverfahren in halbgeordneten Banachräumen

Eine nichtleere Teilmenge $K$ eines reellen Banachraumes $X$ heißt genau dann ein *Ordnungskegel*, wenn gilt:

(i) $K$ ist konvex und $K \neq \{0\}$;

(ii) aus $\lambda \geq 0$ und $u \in K$ folgt $\lambda u \in K$;

(iii) aus $u \in K$ und $-u \in K$ folgt $u = 0$.

Wir schreiben dann $u \leq v$ anstelle von $v - u \in K$. Ferner heißt $K$ genau dann normal, wenn es eine Konstante $c > 0$ gibt, so daß aus $0 \leq u \leq v$ stets $\|u\| \leq c\|v\|$ folgt.

Um die Operatorgleichung

$$u = F(u), \quad u \in X, \tag{12.6}$$

zu lösen, betrachten wir die beiden Iterationsverfahren

$$u_{n+1} = F(u_n), \quad v_{n+1} = F(v_n), \quad n = 0, 1, \ldots \tag{12.7}$$

**Konvergenzsatz:** Der Operator $F\colon X \to X$ sei kompakt und monoton wachsend (d.h., aus $u \le v$ folgt $F(u) \le F(v)$) auf dem reellen Banachraum $X$ mit dem normalen Ordnungskegel $K$. Ferner sei

$$u_0 \le F(u_0) \quad \text{und} \quad v_0 \ge F(v_0),$$

d.h., $u_0$ ist eine Unterlösung und $v_0$ ist eine Oberlösung von (12.6).

Dann konvergiert $(u_n)$ gegen einen Fixpunkt $u$ von $F$, und $(v_n)$ konvergiert gegen einen Fixpunkt $v$ von $F$. Ferner hat man die Fehlerabschätzung

$$u_n \le u \le v \le v_n \quad \text{für alle} \quad n = 0, 1, \ldots$$

Beim Beweis dieses Satzes wird der Fixpunktsatz von Schauder benutzt.

*Beispiel 1* (nichtlineare Integralgleichung): Es sei $-\infty < a < b < \infty$. Wir betrachten die Integralgleichung

$$u(x) = \int_a^b G(x, y) f(u(y))\, dy =: (Fu)(x), \quad a \le x \le b, \tag{12.8}$$

mit dem stetigen Kern $G\colon [a, b] \times [a, b] \to [0, \infty)$ und der stetigen, monoton wachsenden Funktion $f\colon \mathbb{R} \to \mathbb{R}$. Wir wählen $X := C[a, b]$ und $K := \{u \in X : u(x) \ge 0 \text{ auf } [a, b]\}$. Dann hat man

$$u \le v \quad \text{genau dann, wenn} \quad u(x) \le v(x) \quad \text{auf} \quad [a, b] \quad \text{ist.}$$

Wir brauchen nun lediglich vorauszusetzen, daß es zwei Funktionen $u_0, v_0 \in X$ gibt mit $u_0(x) \le (Fu_0)(x)$ und $v_0(x) \ge (Fv_0)(x)$ auf $[a, b]$. Dann konvergieren die beiden Iterationsverfahren (12.7) in $X$ gegen Lösungen $u$, $v \in X$ von (12.8).

## 12.3. Differentiation von Operatoren

Die erste Ableitung eines Operators entspricht seiner *Linearisierung*. Höhere Ableitungen ergeben sich durch Linearisierung der vorangegangenen Ableitungen. Das ist äquivalent zum Prozeß der Multilinearisierung. Wir nehmen an, daß der Operator

$$F\colon U(u_0) \subseteq X \to Y \tag{12.9}$$

auf einer offenen Umgebung des Punktes $u_0$ erklärt ist, wobei $X$ und $Y$ Banachräume über $\mathbb{K}$ sind.

**Fréchetableitung:** Der Operator $F$ besitzt definitionsgemäß im Punkt $u_0$ genau dann eine Fréchetableitung $F'(u_0)$, wenn es einen *linearen stetigen Operator* $F'(u_0)\colon X \to Y$ gibt mit

$$F(u_0 + h) - F(u_0) = F'(u_0)h + \varepsilon(h)\|h\| \tag{12.10}$$

für alle $h \in X$ mit $\|h\| < r$ und $\varepsilon(h) \to 0$ in $Y$ für $h \to 0$.

Die Fréchetableitung $F'(u_0)$ ist durch $F$ eindeutig bestimmt. Aus (12.10) folgt speziell die Stetigkeit von $F$ im Punkt $u_0$.

*Beispiel 1:* Im Spezialfall einer reellen Funktion (d.h. $X = Y = \mathbb{R}$) stimmt die klassische Ableitung mit der Fréchetableitung überein.

Der folgende Satz ist bequem für die Berechnung der Ableitung.

**Satz:** Existiert die Fréchetableitung $F'(u)$ und setzen wir $\varphi(t) := F(u_0 + th)$, wobei $t$ eine kleine reelle Zahl bezeichnet, dann gilt

$$F'(u_0)h = \varphi'(0)$$

*Beispiel 2* (Integraloperator): Wir setzen

$$(Fu)(x) := \int_a^b G(x,y)f(u(y))\,\mathrm{d}y, \quad -\infty < a \le x \le b < \infty. \tag{12.11}$$

Die Funktion $G$: $[a,b] \times [a,b] \to \mathbb{R}$ sei stetig, und $f$: $\mathbb{R} \to \mathbb{R}$ sei $C^1$. Dann besitzt der Operator $F$: $C[a,b] \to C[a,b]$ in jedem Punkt $u \in C[a,b]$ die Fréchetableitung $F'(u)$ mit

$$(F'(u)h)(x) = \int_a^b G(x,y)f'(u(y))h(y)\,\mathrm{d}y \quad \text{auf} \quad [a,b]$$

für alle $h \in C[a,b]$. Formal erhält man diesen Ausdruck, indem man in (12.11) die Funktion $u$ durch $u + th$ ersetzt und an der Stelle $t = 0$ nach $t$ differenziert.

**Multilineare beschränkte Operatoren:** Der Operator $M$: $X \times \ldots \times X \to Y$ ($n$ Faktoren) heißt genau dann $n$-linear und beschränkt, wenn er in jedem Argument linear ist und eine Konstante $c \ge 0$ existiert, so daß

$$\|M(u_1, \ldots, u_n)\| \le c\|u_1\|\,\|u_2\| \ldots \|u_n\|$$

für alle $u_1, \ldots, u_n \in X$ gilt. Die kleinste mögliche Konstante $c$ bezeichnen wir als die Norm $\|M\|$ der $n$-Linearform $M$.

**Höhere Fréchetableitungen:** Wir nehmen an, daß die Fréchetableitung $F'(u)$: $X \to Y$ für alle $u$ in einer offenen Umgebung von $u_0$ existiert. Definitionsgemäß existiert genau dann die zweite Fréchetableitung $F''(u_0)$, wenn es einen *bilinearen beschränkten Operator* $F''(u_0)$: $X \times X \to Y$ gibt mit

$$F'(u_0 + h)k - F'(u_0)k = F''(u_0)(h,k) + \varepsilon(h)\|h\|\,\|k\|$$

für alle $h, k \in X$ mit $\|h\| < r$ und $\varepsilon(h) \to 0$ in $Y$ für $h \to 0$. Wir schreiben dafür kurz $F''(u_0)hk$. Höhere Fréchetableitungen werden analog definiert.

Der Operator $F$ heißt vom Typ $C^r$ auf einer offenen Menge $U$, wenn die Fréchetableitungen $F'(u), F''(u), \ldots, F^{(r)}(u)$ für alle $u \in U$ existieren und auf $U$ stetig sind (bezüglich der Norm von $n$-Linearformen).

*Beispiel 3:* Für reelle Funktionen stimmen die klassischen höheren Ableitungen mit den entsprechenden höheren Fréchetableitungen überein.

*Beispiel 4:* Der Operator $F$: $U \subseteq \mathbb{R}^N \to \mathbb{R}^m$ mit $F = (F_1, \ldots, F_m)$ und $u = (u_1, \ldots, u_N)$ ist vom Typ $C^r$ auf der offenen Menge $U$, falls alle Funktionen $F_j$ stetige partielle Ableitungen bis zur Ordnung $r$ auf $U$ besitzen. Dann gilt

$$F'(u)h = (F_1'(u)h, \ldots, F_m'(u)h), \quad F''(u)hk = (F_1''(u)hk, \ldots, F_m''(u)hk)$$

für alle $u \in U$ und alle $h, k \in \mathbb{R}^N$ mit

$$F_i'(u)h = \sum_{j=1}^{N} \frac{\partial F_i(u)}{\partial u_j} h_j, \quad F_i''(u)hk = \sum_{j,s=1}^{N} \frac{\partial^2 F_i(u)}{\partial u_j \partial u_s} h_j k_s.$$

Analoge Ausdrücke ergeben sich für $F^{(3)}(u)$. Speziell ist

$$F'(u) = (\partial F_i(u)/\partial u_j),$$

d.h., $F'(u)$ entspricht der Funktionalmatrix.

*Beispiel 5:* Ist $f: \mathbb{R} \to \mathbb{R}$ vom Typ $C^2$, dann ist auch der Integraloperator $F: C[a,b] \to C[a,b]$ aus (12.11) vom Typ $C^2$ mit

$$(F''(u)hk)(x) = \int_a^b G(x,y) f''(u(y)) h(y) k(y)\, dy \quad \text{auf} \quad [a,b]$$

für alle $h, k \in C[a,b]$.

**Der Taylorsche Satz:** Der Operator $F$ in (12.9) sei vom Typ $C^r$ auf einer konvexen offenen Umgebung $U$ des Punktes $u_0$. Dann gilt für alle $u_0 + h \in U$ die Zerlegung

$$F(u_0 + h) = F(u_0) + \sum_{s=1}^{r} \frac{1}{s!} F^{(s)}(u_0) h^s + R$$

mit dem Restglied $R = \varepsilon(h)\|h\|^r$, wobei $\varepsilon(h) \to 0$ in $Y$ für $h \to 0$ gilt. Wir schreiben dabei $F^{(2)}(u_0)h^2 := F^{(2)}(u_0)hh$ usw.

## 12.4. Das Newtonverfahren

Wir betrachten den Operator $F: U(u_0) \subseteq X \to Y$ aus (12.9). Um die Operatorgleichung $F(u) = 0$ zu lösen, benutzen wir das Iterationsverfahren

$$F'(v_n)v_{n+1} = F'(v_n)v_n - F(v_n), \quad n = 0, 1, 2, \dots, \tag{12.12}$$

das man das (abstrakte) Newtonverfahren nennt. Vorausgesetzt wird, daß die Fréchetableitung $F'(v_n): X \to Y$ für alle auftretenden Iterationswerte $v_n$ bijektiv ist, so daß sich $v_{n+1}$ nach (12.12) eindeutig berechnen läßt. Formal erhält man (12.12) aus der Taylorentwicklung

$$F(v_{n+1}) = F(v_n) + F'(v_n)(v_{n+1} - v_n) + \dots,$$

wobei man die Terme ... wegläßt und näherungsweise $F(v_{n+1}) = F(u) = 0$ setzt. Generell gilt:

(i) Ist die Anfangsnäherung $v_0$ hinreichend gut, dann konvergiert das Newtonverfahren sehr rasch (quadratische Konvergenz).

(ii) Bei schlechter Anfangsnäherung kann es sein, daß das Newtonverfahren überhaupt nicht konvergiert.

Das Iterationsverfahren

$$F'(v_0)v_{n+1} = F'(v_0)v_n - F(v_n), \quad n = 0, 1, \dots,$$

bezeichnet man als die *vereinfachte Newtonmethode*. Im Unterschied zu (12.12) braucht man den inversen Operator $F'(v_0)^{-1}$ hier nur im Anfangspunkt zu kennen, was jedoch in der Regel zu einer langsameren Konvergenz führt.

*Beispiel 1:* Setzen wir $F(u) := 2^{-1}(\cos(u/2) - |u - 2^{-1}|)$, und wählen wir die Anfangsnäherung $v_0 := 0{,}5$, dann erhalten wir nach (12.12)

$$v_3 = 0,\underline{47225\,15914}\,59193.$$

Benutzen wir dagegen das einfache Iterationsverfahren $u_{n+1} = F(u_n)$ mit $u_0 = v_0$, dann ergibt sich

$$u_{26} = 0,\underline{47225\,15914}\,75369, \quad u_{27} = 0,\underline{47225\,15914}\,66336.$$

Das demonstriert die viel raschere (quadratische) Konvergenz des Newtonverfahrens gegenüber dem einfachen (linear konvergenten) Iterationsverfahren.

*Beispiel 2* (Gleichungssystem): Das Newtonverfahren (12.12) für das System

$$f(x, y) = 0, \quad g(x, y) = 0$$

lautet

$$\begin{pmatrix} x_{n+1} \\ y_{n+1} \end{pmatrix} = \begin{pmatrix} x_n \\ y_n \end{pmatrix} - F'(x_n, y_n)^{-1} \begin{pmatrix} f(x_n, y_n) \\ g(x_n, y_n) \end{pmatrix}$$

mit

$$F'(u) := \begin{pmatrix} f_x(u) & f_y(u) \\ g_x(u) & g_y(u) \end{pmatrix}.$$

Für $f(x, y) := x^2 + y^2 - 1$ und $g(x, y) := 10x^2 - x^3 + xy - 10y + 1$ erhalten wir

$$\begin{aligned} x_0 = y_0 := 0{,}7, \quad & x_1 = 0{,}748\,196\,, & y_1 &= 0{,}665\,202\,, \\ & x_2 = 0{,}746\,523\,, & y_2 &= 0{,}666\,420\,, \\ & x_3 = \underline{0{,}746\,521}\,, & y_3 &= \underline{0{,}665\,362}\,, \\ & x_4 = \underline{0{,}746\,521}\,, & y_4 &= \underline{0{,}665\,362}\,. \end{aligned}$$

Als Faustregel bewährt sich, daß die Lösung den sich stabilisierenden Stellen entspricht. Um genaue Fehlerabschätzungen zu erhalten, kann man eine Newtonnäherung als Ausgangspunkt für ein einfaches Iterationsverfahren benutzen und dann die Fehlerabschätzungen des Fixpunktsatzes von Banach verwenden (vgl. 12.1.1.).

*Beispiel 3* (Integralgleichung): Das Newtonverfahren (12.12) zu der Integralgleichung

$$(Fu)(x) := u(x) - \int_a^b G(x, y) f(u(y))\, \mathrm{d}y = 0, \quad a \le x \le b$$

lautet für $n = 0, 1, 2, \ldots$ und $v_0(x) \equiv 0$:

$$\begin{aligned} & v_{n+1}(x) - \int_a^b G(x, y) f'(v_n(y)) v_{n+1}(y)\, \mathrm{d}y \\ & \quad = v_n(x) - \int_a^b G(x, y) f'(v_n(y)) v_n(y)\, \mathrm{d}y - v_n(x) + \int_a^b G(x, y) f(v_n(y))\, \mathrm{d}y\,. \end{aligned}$$

In jedem Iterationsschritt hat man hier eine *lineare* Integralgleichung für $v_{n+1}$ zu lösen.

# 12.5. Der Satz über implizite Funktionen

Wir wollen zunächst Bedingungen angeben, die die eindeutige *lokale* Auflösbarkeit der Operatorgleichung

$$F(x,y) = 0, \quad x \in X, \quad y \in Y, \tag{12.13}$$

sichern, d.h., durch den Punkt $(x_0, y_0)$ geht lokal genau eine Lösungskurve $y = y(x)$. Im Spezialfall $X = Y = \mathbb{R}$ ist die Situation in Abb. 12.3a dargestellt. In diesem Abschnitt bezeichnen $X, Y$ und $Z$ Banachräume über $\mathbb{K}$.

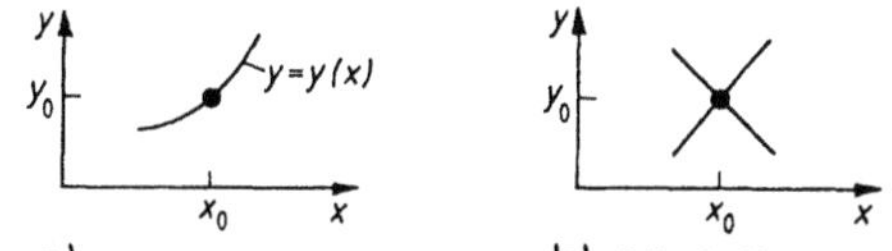


Abb. 12.3 a) b) *Bifurkation*

**Satz über implizite Funktionen:** Wir setzen folgendes voraus:

(i) Die Abbildung $F\colon U \to Z$ ist $C^1$ auf einer offenen Umgebung $U$ des Punktes $(x_0, y_0)$ in $X \times Y$.

(ii) Der Punkt $(x_0, y_0)$ ist Lösung von (12.13), d.h. $F(x_0, y_0) = 0$.

(iii) Die partielle Fréchetableitung[1)] $F_y(x_0, y_0)\colon Y \to Z$ ist bijektiv, d.h., es *existiert der inverse Operator* $F_y(x_0, y_0)^{-1}\colon Z \to Y$.

Dann gibt es Zahlen $r > 0$ und $\varrho > 0$, so daß die Gleichung (12.13) für jedes $x \in X$ mit $\|x - x_0\| < r$ genau eine Lösung $y \in Y$ besitzt, die

$$\|x - x_0\| + \|y - y_0\| < \varrho$$

genügt. Bezeichnen wir diese Lösung mit $y(x)$, dann ist $x \mapsto y(x)$ eine $C^1$-Abbildung mit der Fréchetableitung

$$y'(x) = -F_y(x, y(x))^{-1} F_x(x, y(x))$$

für alle $x \in X$ mit $\|x - x_0\| < r$.

*Beispiel 1:* Die reelle Gleichung

$$F(x,y) := y - xy - x + x^2 = 0, \quad x, y \in \mathbb{R},$$

genügt $F(0,0) = 0$, $F_y(0,0) = 1$, also $F_y(0,0) \neq 0$. Deshalb existiert nach dem Satz über implizite Funktionen in einer Umgebung des Punktes $(0,0)$ eine eindeutig bestimmte Lösungskurve $y = y(x)$. Explizit ist diese Kurve durch $y = x$ gegeben.

**Diffeomorphismen:** Unter einem $C^r$-Diffeomorphismus $f\colon U \to V$ verstehen wir eine bijektive Abbildung, wobei $f$ und $f^{-1}$ vom Typ $C^r$ sind und $U$, $V$ offene Mengen in Banachräumen bezeichnen.

Eine solche Abbildung heißt ein lokaler $C^r$-Diffeomorphismus im Punkt $x_0$, falls $U$ eine offene Umgebung von $x_0$ und $V$ eine offene Umgebung von $f(x_0)$ ist.

**Der lokale Satz über inverse Abbildungen:** Es sei $f\colon U(x_0) \subseteq X \to Y$ eine $C^r$-Abbildung $(r \geq 1)$ auf einer offenen Umgebung $U(x_0)$ des Punktes $x_0$. In diesem Fall ist $f$ genau dann ein lokaler $C^r$-Diffeomorphismus in $x_0$, wenn die Fréchetableitung $f'(x_0)\colon X \to Y$ bijektiv ist.

---

1) $F_y(x_0, y_0)$ entspricht der Fréchetableitung der Abbildung $y \mapsto F(x,y)$ im Punkt $(x_0, y_0)$.

**Eigentliche Abbildungen:** Eine Abbildung $f: X \to Y$ heißt genau dann eigentlich, wenn die Urbilder kompakter Mengen wieder kompakt sind.

**Globaler Satz über inverse Abbildungen:** Die $C^r$-Abbildung $f: X \to Y$ mit $r \geq 2$ ist ein $C^r$-Diffeomorphismus, falls $f'(x): X \to Y$ für alle $x \in X$ bijektiv und $f$ eigentlich ist.

*Beispiel 2:* Im Spezialfall endlichdimensionaler Räume $X$ und $Y$ (z.B. $X = Y = \mathbb{R}^n$) ist $f$ eigentlich, wenn $\|f(x)\| \to \infty$ für $\|x\| \to \infty$ gilt.

Somit ist jede $C^1$-Abbildung $f: \mathbb{R} \to \mathbb{R}$ mit $f'(x) \neq 0$ auf $\mathbb{R}$ und $\lim_{|x|\to\infty} |f(x)| = \infty$ ein $C^1$-Diffeomorphismus, d.h., die inverse Abbildung $f^{-1}: \mathbb{R} \to \mathbb{R}$ existiert und ist vom Typ $C^1$.

# 12.6. Bifurkationstheorie

**Grundidee:** Wir sprechen von Bifurkation, falls durch einen Punkt mehrere „Lösungszweige" einer Gleichung gehen. Beispielsweise hat die Gleichung

$$F(x, y) := (x - x_0)^2 - (y - y_0)^2 = 0$$

den Bifurkationspunkt $(x_0, y_0)$, denn durch diesen Punkt gehen die beiden Lösungszweige $y = x - x_0$ und $y = -(x - x_0)$ (Abb. 12.3b). Wegen $F_y(x_0, y_0) = 0$ ist hier der obige Satz über implizite Funktionen *nicht* anwendbar.

In den Naturwissenschaften bedeutet Bifurkation, daß ein System unter einem äußeren Einfluß (d.h. Änderung des „Parameters $x$") plötzlich (d.h. für $x = x_0$) seine Stabilität verliert und von einer Gleichgewichtslage in qualitativ neue Gleichgewichtslagen übergeht (z.B. die Ausbeulung von Stäben und Platten unter dem Einfluß äußerer Kräfte). In Abb. 12.5 wird die Ausbeulung eines Stabes unter dem Einfluß des Kraftparameters $x = \mu$ dargestellt (vgl. 12.6.4.).

## 12.6.1. Notwendige Bifurkationsbedingung

Wir setzen voraus:

(H) Der Operator $F: U \to Z$ genügt den Bedingungen (i) und (ii) des Satzes über implizite Funktionen in 12.5..

**Definition:** Der Punkt $(x_0, y_0)$ heißt genau dann *Bifurkationspunkt* der Gleichung

$$F(x, y) = 0, \quad x \in X, \quad y \in Y, \tag{12.14}$$

wenn sich (12.14) *nicht lokal eindeutig* in einer Umgebung von $(x_0, y_0)$ auflösen läßt. Explizit heißt das folgendes: Für $n = 1, 2, \ldots$ gibt es zwei Lösungsfolgen $(x_n, y_n)$ und $(x_n, y_n^*)$ von (12.14) mit

$$x_n \to x_0 \quad \text{und} \quad y_n, y_n^* \to y_0 \quad \text{für} \quad n \to \infty$$

sowie $y_n \neq y_n^*$ für $n = 1, 2 \ldots$.

**Satz:** Es gelte (H). Besitzt die Gleichung (12.14) den Bifurkationspunkt $(x_0, y_0)$, dann existiert der inverse Operator $F_y(x_0, y_0)^{-1}: Z \to Y$ *nicht*.

Leider ist diese notwendige Bedingung nicht immer hinreichend für das Auftreten einer Bifurkation. Ziel der Bifurkationstheorie ist es, hinreichende Bifurkationsbedingungen bereitzustellen.

## 12.6.2. Eine wichtige hinreichende Bedingung für Bifurkation

Wir betrachten nunmehr den Spezialfall von (H) mit $X = \mathbb{R}$ (d.h. $x \in \mathbb{R}$) und $x_0 = 0$, $y_0 = 0$.

**Hauptsatz der generischen Bifurkationstheorie:** Die Gleichung (12.14) besitzt den Bifurkationspunkt $(0,0)$, falls die folgenden Bedingungen erfüllt sind:

(i) Der Operator $F\colon U \to Z$ ist vom Typ $C^2$ auf einer offenen Umgebung $U$ des Punktes $(0,0)$ in $\mathbb{R} \times Y$.

(ii) $F(x,0) = 0$ für alle $x \in \mathbb{R}$.

(iii) Der Operator $F_y(0,0)\colon Y \to Z$ ist ein Fredholmoperator vom Index null.

(iv) Die linearisierte Gleichung $F_y(0,0)y = 0$, $y \in Y$, besitzt genau eine linear unabhängige Lösung $y_1 \neq 0$.

(v) Wegen (iii) folgt aus (iv), daß es genau ein linear unabhängiges, lineares, stetiges Funktional $z^* \neq 0$ auf $Z$ gibt mit $z^*(F_y(0,0)y) = 0$ für alle $y \in Y$. Wir fordern zusätzlich, daß die sogenannte *Transversalitätsbedingung*

$$z^*(F_{xy}(0,0)y_1) \neq 0$$

erfüllt ist.

**Zusatz:** Genauer gibt es dann in einer Umgebung von (0,0) neben dem trivialen Lösungszweig $y(x) \equiv 0$ von (12.14) noch eine eindeutig bestimmte nichttriviale Lösungskurve, die sich durch die kleine reelle Zahl $s$ parametrisieren läßt:

$$y = y(s) = sy_1 + \ldots, \qquad x = x(s).$$

Die Punkte bedeuten Terme höherer Ordnung in $s$ (Abb. 12.4).

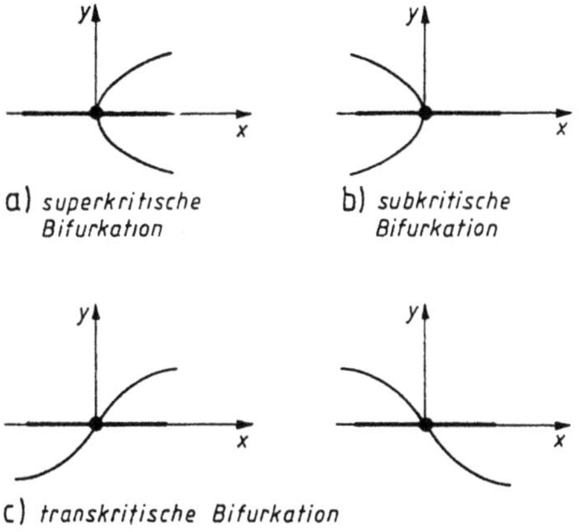


Abb. 12.4

## 12.6.3. Hinreichende und notwendige Bifurkationsbedingung für Probleme mit Variationsstruktur

Neben dem nichtlinearen Eigenwertproblem

$$\mu f'(y) = y, \quad y \in Y, \quad \mu \in \mathbb{R}, \tag{12.15}$$

betrachten wir die Linearisierung an der Stelle $\mu = \mu_0$, $y = 0$:

$$\mu_0 f''(0)y = y, \quad y \in Y, \quad \mu_0 \in \mathbb{R}. \tag{12.16}$$

Wir setzen voraus, daß gilt:

(i) Das Funktional $f\colon Y \to \mathbb{R}$ ist hinreichend glatt (d.h. vom Typ $C^2$) in einer offenen Umgebung von $y = 0$ des reellen Hilbertraumes $Y$. Ferner ist $f'(0) = 0$.

(ii) Der Operator $f'\colon Y \to Y$ ist kompakt[1].

**Satz:** Der Punkt $(\mu_0, 0)$ ist genau dann Bifurkationspunkt des Ausgangsproblems (12.15), wenn das linearisierte Problem (12.16) eine nichttriviale Lösung $y \neq 0$ besitzt.

## 12.6.4. Stabilitätsverlust und Bifurkation

Probleme vom Typ (12.15) treten im Zusammenhang mit Variationsproblemen auf (z.B. in der Elastizitätstheorie bei der Ausbeulung von Stäben und Platten). Dann stellt $\mu_0$ die kritische Kraft dar, für die eine Ausbeulung auftritt (Abb. 12.5). Diese kritischen Kräfte ergeben sich nach dem obigen Satz genau als Lösungen eines linearen Eigenwertproblems. Das erleichtert wesentlich die Berechnung der kritischen Kräfte.

An einer einfachen Modellgleichung wollen wir erläutern, wie in der Elastizitätstheorie Ausbeulungseffekte durch Stabilitätsverlust einer Gleichgewichtslage entstehen können.

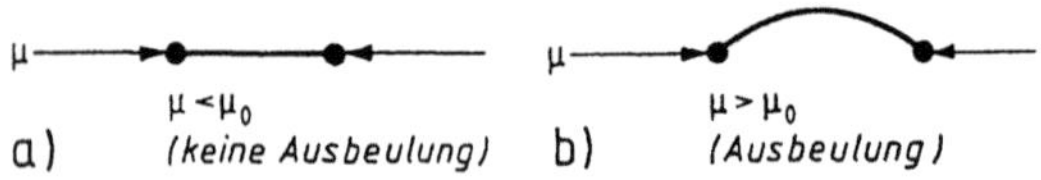


Abb. 12.5

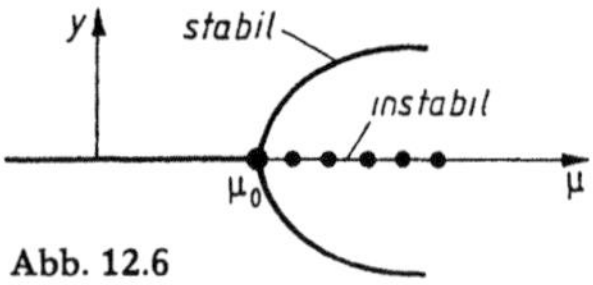


Abb. 12.6

*Beispiel:* Wir gehen aus von dem Minimumproblem

$$U(y, \mu) := 2^{-1}(\mu - \mu_0)y^2 - 4^{-1}y^4 = \min!, \quad y \in \mathbb{R}.$$

Die Funktion $U$ interpretieren wir als potentielle Energie des Zustands $y$, der durch den reellen Kraftparameter $\mu$ beeinflußt werden kann. Nach dem Prinzip der minimalen potentiellen Energie sind alle Zustände stabil, die strengen Minima von $U$ entsprechen, d.h. die Bedingung

$$U_y(y, \mu) = 0, \quad U_{yy}(y, \mu) < 0$$

erfüllen. Die Gleichung $U_y(y, \mu) = (\mu - \mu_0)y - y^3 = 0$ hat die folgenden beiden Lösungen (Abb. 12.6):

(a) $y = 0$, $\mu =$ beliebig („undeformierter Zustand");

[1] Es gilt $f(u + h) - f(u) = (f'(u), h) + \varepsilon(h)||h||$ mit $\varepsilon(h) \to 0$ in $Y$ für $h \to 0$.

(b) $\mu = \mu_0 + y^2$ („deformierter Zustand").

Setzen wir (a) in $U_{yy} = \mu - \mu_0 - 3y^2$ ein, dann erhalten wir

$$U_{yy} = \mu - \mu_0 \begin{cases} < 0 & \text{für } \mu < \mu_0 \text{ (Stabilität)} \\ > 0 & \text{für } \mu > \mu_0 \text{ (Instabilität)}. \end{cases}$$

Analog ergibt sich für die Lösung (b):

$$U_{yy} = -2y^2 < 0 \quad \text{für} \quad y \neq 0.$$

Somit entsteht die in Abb. 12.6 dargestellte Stabilitätssituation, die wir grob physikalisch folgendermaßen interpretieren können (Abb. 12.5):

(i) Für unterkritische Kräfte $\mu < \mu_0$ ist der nicht ausgebeulte Zustand des Stabes stabil.

(ii) Dieser Zustand verliert für $\mu > \mu_0$ seine Stabilität, und ein stabiler ausgebeulter Zustand erscheint für $\mu > \mu_0$, der von der Größe der Kraft $\mu$ abhängt.

## 12.6.5. Die allgemeine Methode der Bifurkationsgleichung (Methode von Ljapunov-Schmidt)

**Grundidee:** Um die Bifurkationslösungen zu berechnen, kann man das Bifurkationsproblem in vielen wichtigen Fällen auf die Lösung einer sogenannten *Bifurkationsgleichung* zurückführen, die weniger Dimensionen als das Ausgangsproblem hat und im Fall von Operatorgleichungen den Vorzug besitzt, endlichdimensional zu sein. Die Bifurkationsgleichung beschreibt allein das wesentliche Bifurkationsverhalten. Dem entspricht bei dynamischen Systemen die Vereinfachung mit Hilfe der Zentrumsmannigfaltigkeit (vgl. 13.6.).

*Beispiel:* Wir suchen eine Lösung $y = (u, v)$ des Systems

$$pu - v^2 = 0, \quad u, v, p \in \mathbb{R}, \tag{12.17}$$

$$v - p = 0. \tag{12.18}$$

Hierzu lösen wir zunächst (12.18) und setzen die Lösung $v = p$ in (12.17) ein. Das ergibt die Bifurkationsgleichung

$$p(u - p) = 0 \tag{12.19}$$

mit der trivialen Lösung (a) $p = 0$, $u =$ beliebig und der nichttrivialen Lösung (b) $u = p$. Insgesamt erhalten wir die triviale Lösung

$$p = 0, \quad u = \text{beliebig}, \quad v = 0$$

und die nichttriviale Lösung

$$p = \text{beliebig}, \quad u = p, \quad v = p.$$

**Die Projektionsmethode:** Neben dem Ausgangsproblem

$$F(p, y) = 0, \quad p \in \mathbb{R}^n, \quad y \in Y, \tag{12.20}$$

mit $F(p, 0) = 0$ für alle $p$ betrachten wir das linearisierte Problem

$$F_y(0,0)y = 0, \quad y \in Y. \tag{12.21}$$

Hier sei $F\colon \mathbb{R}^n \times Y \to Z$ ein $C^1$-Operator, wobei $Y$ und $Z$ reelle *Hilberträume* bezeichnen. Wesentlich sind *der Lösungsraum* $L$ *von* (12.21) und der Bildraum $R$ von $F_y(0,0)\colon Y \to Z$. Ist $F_y(0,0)$ ein Fredholmoperator, dann sind sowohl $L$ als auch das orthogonale Komplement $R^\perp$ *endlichdimensional*. Wir wählen orthogonale Projektionsoperatoren

$$P\colon Y \to L \quad \text{und} \quad Q\colon Z \to R^\perp$$

und betrachten anstelle des Ausgangsproblems (12.20) das äquivalente System

$$QF(p, u+v) = 0\,, \tag{12.22}$$

$$(I-Q)F(p, u+v) = 0 \tag{12.23}$$

mit $u = Py$, $v = (I-P)y$. Dann folgt aus dem Satz über implizite Funktionen, daß sich (12.23) in einer Umgebung des Punktes $p = 0$, $u = 0$, $v = 0$ eindeutig nach $v$ auflösen läßt:

$$v = v(u, p).$$

Setzen wir diesen Ausdruck in (12.22) ein, dann ergibt sich die sogenannte *Bifurkationsgleichung*

$$QF(p, u + v(u,p)) = 0\,. \tag{12.24}$$

Ist $u = u(p)$ eine Lösung von (12.24), dann stellt

$$y = u(p) + v(u(p), p)$$

eine Lösung des Ausgangsproblems (12.20) dar.

Um zu sehen, daß (12.24) ein *endlichdimensionales* Gleichungssystem darstellt, wählen wir eine orthonormierte Basis $\{b_j\}$ (bzw. $\{c_k\}$) in $L$ (bzw. $R^\perp$). Dann gilt

$$p = (p_1, \ldots, p_n), \quad u = \sum_{j=1}^{r} u_j b_j, \quad Qf = \sum_{k=1}^{s} (c_k, f) c_k$$

mit $r = \dim L$ und $s = \dim R^\perp$. Folglich ist (12.24) äquivalent zu dem System

$$(c_k, F(p, u + v(u,p))) = 0, \quad k = 1, \ldots, s\,. \tag{12.25}$$

Da (.,.) das Skalarprodukt auf $Z$ bezeichnet, sind das $s$ reelle Gleichungen für die Unbekannten $p_1, \ldots, p_n, u_1, \ldots, u_r$.

In *Banachräumen* muß man lediglich die orthogonalen Projektionsoperatoren durch allgemeine Projektionsoperatoren ersetzen.

# 12.7. Extremalprobleme

## 12.7.1. Minimumprobleme

Bei der Untersuchung von Extremalaufgaben spielen konvexe bzw. konkave Funktionale eine wichtige Rolle.

**Definition:** Das Funktional $f\colon M \to \mathbb{R}$ heißt genau dann *konvex*, wenn $M$ eine konvexe Teilmenge eines linearen Raumes ist und

$$f(\lambda u + (1-\lambda)v) \le \lambda f(u) + (1-\lambda) f(v) \tag{12.26}$$

für alle $u, v \in M$ und alle reellen Zahlen $\lambda$ mit $0 \le \lambda \le 1$ gilt (Abb. 12.7b).

Erfüllt $f$ die stärkere Bedingung

$$f(\lambda u + (1-\lambda)v) < \lambda f(u) + (1-\lambda) f(v)$$

für alle $u, v \in M$ mit $u \ne v$ und alle reellen Zahlen $\lambda$ mit $0 < \lambda < 1$, dann heißt $f$ *streng konvex* (Abb. 12.7c).

Das Funktional $f$ heißt genau dann *konkav* (bzw. streng konkav), wenn $-f$ konvex (bzw. streng konvex) ist.

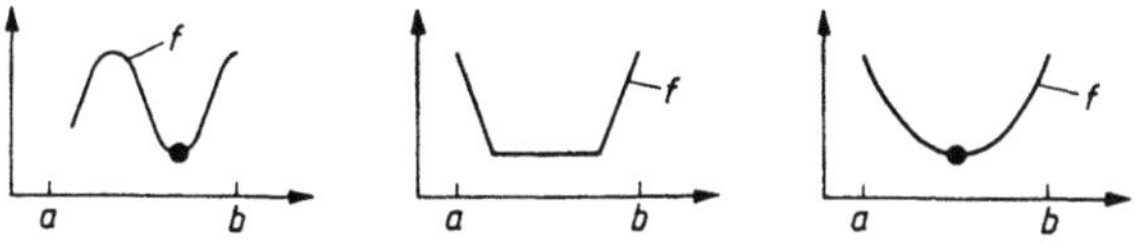


Abb. 12.7 a) b) *konvex* c) *streng konvex*

**Erster Hauptsatz für Minimumprobleme:** Die Aufgabe

$$f(u) = \min!, \quad u \in M. \tag{12.27}$$

besitzt eine Lösung, falls die folgenden Bedingungen erfüllt sind:

(i) $M$ ist eine nichtleere abgeschlossene konvexe Teilmenge eines reellen reflexiven Banachraumes $X$ (z.B. $X$ ist ein reeller Hilbertraum).

(ii) Das Funktional $f\colon M \to \mathbb{R}$ ist schwach folgenunterhalbstetig, d.h., ist $(u_n)$ eine Folge aus $M$, die schwach gegen $u$ konvergiert, dann gilt (vgl. 1.2.4.3.)

$$f(u) \leq \underline{\lim}\, f(u_n).$$

(iii) Ist $M$ unbeschränkt, dann gilt

$$\lim_{\|u\| \to +\infty} f(u) = +\infty,$$

d.h., zu jedem $R > 0$ existiert ein $r > 0$, so daß aus $u \in M$ mit $\|u\| \geq r$ stets $f(u) \geq R$ folgt.

Dieser Hauptsatz verallgemeinert den folgenden klassischen Satz von Weierstraß: Jede stetige Funktion $f\colon [a, b] \to \mathbb{R}$ mit $\infty < a < b < \infty$ besitzt ein Minimum (Abb. 12.7a).

*Beispiel* (konvexe Minimumprobleme): Wir nehmen an, daß die Bedingungen (i) und (iii) erfüllt sind und das Funktional $f\colon M \to \mathbb{R}$ stetig und konvex ist. Dann gilt (ii), und das Minimumproblem (12.27) besitzt eine Lösung (Abb. 12.7b).

Diese Lösung ist eindeutig, falls $f$ streng konvex auf $M$ ist (Abb. 12.7c).

Die folgende Definition beschäftigt sich mit der Differentiation von Funktionalen.

**Definition:** Das Funktional $f\colon U \to \mathbb{R}$ sei auf einer offenen Menge $U$ eines reellen normierten Raumes erklärt, die den Punkt $u_0$ enthält. Wir setzen

$$\varphi(t) := f(u_0 + th), \quad t \in \mathbb{R}, \quad h \in X,$$

und definieren die $n$-te *Variation* $\delta^n f(u_0; h)$ des Funktionals $f$ im Punkt $u_0$ in Richtung von $h$ durch

$$\delta^n f(u_0; h) := \varphi^{(n)}(0),$$

falls die $n$-te Ableitung $\varphi^{(n)}(0)$ der reellen Funktion $\varphi$ im Punkt $t = 0$ existiert.

Existiert die Fréchetableitung $f'(u_0)$, dann existiert auch die erste Variation von $f$ im Punkt $u_0$, und es gilt

$$\delta f(u_0; h) = f'(u_0)h \quad \text{für alle} \quad h \in X.$$

Der folgende Satz verallgemeinert klassische Resultate über den Zusammenhang zwischen lokalen Minima und den Ableitungen reeller Funktionen. Definitionsgemäß besitzt $f$ genau dann im Punkt $u_0$ ein lokales Minimum, falls

$$f(u_0 + h) \geq f(u_0)$$

für alle $h \in X$ mit $\|h\| < \varrho$ gilt, wobei $\varrho$ eine feste positive Zahl ist.

**Satz:** Gegeben sei das Funktional $f: U \to \mathbb{R}$.

(i) *Notwendige Bedingung.* Besitzt $f$ im Punkt $u_0$ ein lokales Minimum, dann gilt

$$\delta f(u_0; h) = 0 \quad \text{für alle} \quad h \in X . \tag{12.28}$$

Existiert die Fréchetableitung, dann ist (12.28) äquivalent zur sogenannten *Eulergleichung*

$$f'(u_0) = 0 . \tag{12.29}$$

(ii) *Hinreichende Bedingung.* Gilt (12.28), dann hat $f$ ein lokales Minimum im Punkt $u_0$, falls

$$\delta^2 f(u_0; h) \geq c\|h\|^2 \quad \text{für alle} \quad h \in X$$

mit einer Konstanten $c > 0$ gilt und $\delta^2 f$ im Punkt $u_0$ stetig ist, d.h., zu jedem $\varepsilon > 0$ existiert ein $\delta(\varepsilon) > 0$, so daß aus $\|u - u_0\| < \delta(\varepsilon)$ und $h \in X$ stets

$$|\delta^2 f(u; h) - \delta^2 f(u_0; h)| \leq \varepsilon\|h\|^2$$

folgt.

**Definition:** Gilt (12.28), dann sagt man, daß $u_0$ ein kritischer Punkt für das Funktional $f$ ist.

In Abb. 12.8 entsprechen die kritischen Punkte genau allen Punkten mit horizontaler Tangente.

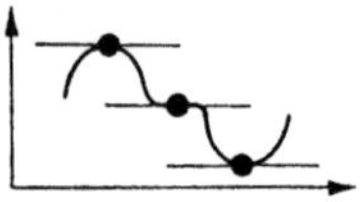

Abb. 12.8

**Zweiter Hauptsatz für Minimumprobleme:** Es sei $f: X \to \mathbb{R}$ ein Fréchet-differenzierbares Funktional auf dem reellen Banachraum $X$. Dann besitzt das Minimumproblem

$$f(u) = \min! , \quad u \in X ,$$

eine Lösung, falls gilt:

(i) $f$ ist auf $X$ nach unten beschränkt;

(ii) $f$ genügt der *Palais-Smale Bedingung*, d.h., jede Folge $(u_n)$ in $X$ mit

$$\|f'(u_n)\| \to 0 \quad \text{für} \quad n \to \infty$$

und $\sup\limits_n |f(u_n)| < \infty$ besitzt eine konvergente Teilfolge.

## 12.7.2. Sattelpunktprobleme

**Von Neumann's Minimaxtheorem:** Das Sattelpunktproblem

$$\min_{u \in A} \max_{v \in B} f(u, v) = \max_{v \in B} \min_{u \in A} f(u, v) = f(u_0, v_0)$$

besitzt eine Lösung $(u_0, v_0) \in A \times B$, falls gilt:

(i) $A$ (bzw. $B$) ist eine nichtleere abgeschlossene beschränkte konvexe Menge in dem reellen reflexiven Banachraum $X$ (bzw. $Y$).

(ii) Die Abbildung $u \mapsto f(u, v)$ ist konvex und stetig auf $A$ für jedes $v \in B$.

(iii) Die Abbildung $v \mapsto f(u, v)$ ist konkav und stetig auf $B$ für jedes $u \in A$.

## 12.7.3. Das Gebirgspaßtheorem

Das Funktional $F: X \to \mathbb{R}$ besitzt einen kritischen Punkt $u_0$ mit $F(u_0) = c$, d.h., die Gleichung $F'(u) = 0$ besitzt eine Lösung $u_0$, falls die folgenden Voraussetzungen erfüllt sind:

(i) $X$ ist ein reeller Banachraum, und das $C^1$-Funktional $F$ genügt der Palais-Smale Bedingung (vgl. 12.7.1.).

(ii) Es gibt positive Konstanten $R$ und $\alpha$, so daß $F(u) \geq \alpha$ für alle $u \in X$ mit $\|u\| = R$ gilt.

(iii) Es gibt einen Punkt $v$ mit $\|v\| > R$ und $F(v) < \alpha$, $F(0) < \alpha$.

(iv) Wir setzen

$$c := \inf_{p \in \mathscr{S}} \sup_{0 \leq t \leq 1} F(p(t)).$$

Dabei bezeichnet $\mathscr{S}$ die Menge aller stetigen Abbildungen $p: [0,1] \to X$ mit $p(0) = 0$ und $p(1) = v$.

*Anschauliche Interpretation:* Im Spezialfall $X = \mathbb{R}^2$ interpretieren wir $F(u)$ als die Höhe einer Gebirgslandschaft über dem Punkt $u$ der Ebene. Nach (ii) und (iii) befinden sich in den Punkten $u = 0$ und $u = v$ Täler, die durch eine Gebirgskette über dem Kreis $\{u : \|u\| = R\}$ getrennt werden. Die Gebirgspfade $p$ verbinden die beiden Täler über die Gebirgskette hinweg. Anschaulich erwartet man, daß es einen Gebirgssattel der Höhe $c$ gibt. Das Theorem bestätigt diese intuitive Vorstellung.

## 12.7.4. Die Ljusternik-Schnirelman-Theorie für Eigenwertprobleme

Eigenwertaufgaben ergeben sich als notwendige Bedingungen für Extremalprobleme mit Nebenbedingungen im Rahmen der Lagrangeschen Multiplikationsregel (vgl. 5.4.5.). Wir studieren hier das Eigenwertproblem

$$f'(x) = \lambda x, \quad \|x\| = 1, \quad \lambda \in \mathbb{R}, \quad x \in X. \tag{12.30}$$

wobei $f$ gerade sein soll, d.h. $f(-x) = f(x)$ für alle $x$.

**Satz 1:** Es sei $X = \mathbb{R}^n$, $n = 1, 2, \ldots$. Ist die gerade Funktion $f: X \to \mathbb{R}$ hinreichend glatt (z.B. Typ $C^1$), dann besitzt die Gleichung (12.30) mindestens $n$ Paare $(x, -x)$ von Eigenvektoren.

In diesem Fall hat die Gleichung (12.30) die Form

$$\partial_j f(x) = \lambda x_j, \quad j = 1, \ldots, n. \tag{12.31}$$

mit $x = (x_1, \ldots, x_n)$ und $\partial_j = \partial / \partial x_j$.

*Beispiel:* Wählt man $f(x) = \sum_{j,k=1}^{n} a_{jk} x_j x_k$ mit der reellen symmetrischen Matrix $A = (a_{jk})$, dann entspricht (12.31) der Eigenwertgleichung

$$Ax = \lambda x.$$

**Satz 2:** Die Gleichung (12.30) besitzt *unendlich* viele Paare $(x, -x)$ von Eigenvektoren, falls folgendes gilt:

(i) $X$ ist ein unendlichdimensionaler reeller separabler Hilbertraum.

(ii) Das $C^1$-Funktional $f: X \to \mathbb{R}$ ist gerade, und der Operator $f': X \to X$ ist kompakt.

(iii) Es gilt $f(0) = 0$, und aus $x \neq 0$ folgt $f(x) \neq 0$, $f'(x) \neq 0$.

## 12.8. Monotone Operatoren

**Hauptsatz über monotone Operatoren: Die Operatorgleichung**

$$F(x) = y, \quad x \in X, \tag{12.32}$$

**besitzt für jedes $y \in X^*$ eine Lösung $x$, falls gilt:**

**(i) $X$ ist ein reeller reflexiver Banachraum.**

**(ii) Der Operator $F: X \to X^*$ ist monoton, d.h., für alle $x_1, x_2 \in X$ gilt**[1]

$$\langle F(x_1) - F(x_2), \quad x_1 - x_2 \rangle \geq 0.$$

**(iii) $F$ ist koerzitiv, d.h.**

$$\lim_{\|x\| \to +\infty} \frac{\langle F(x), x \rangle}{\|x\|} = +\infty.$$

**(iv) $F$ ist radialstetig, d.h., die reelle Funktion**

$$\varphi(t) := \langle F(x + tz), z \rangle$$

**ist auf dem Intervall $[0,1]$ stetig für alle $x, z \in X$ (z.B. $F$ ist stetig).**

**Die Lösung von (12.32) ist eindeutig, falls $F$ streng monoton ist, d.h., es gilt**

$$\langle F(x_1) - F(x_2), x_1 - x_2 \rangle > 0$$

**für alle $x_1, x_2 \in X$ mit $x_1 \neq x_2$.**

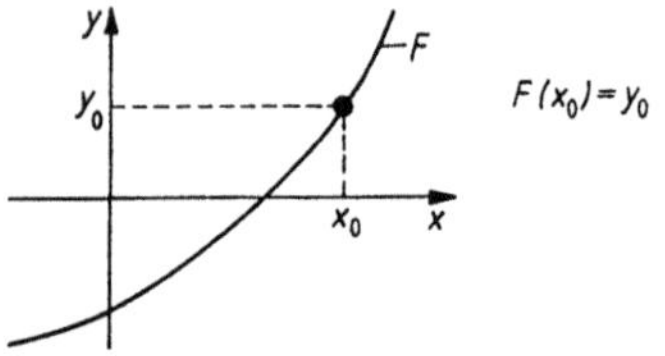


Abb. 12.9

In Abb. 12.9 entspricht der Operator $F$ einer klassischen, streng monoton wachsenden stetigen Funktion mit $F(x) \to \pm\infty$ für $x \to \pm\infty$. Dann gibt es zu jedem $y_0$ ein $x_0$ mit $F(x_0) = y_0$. Der obige Hauptsatz verallgemeinert diesen Sachverhalt.

**Galerkinverfahren:** Es sei $\{X_j\}$ ein Galerkinschema in $X$ (vgl. 11.4.). Anstelle von (12.32) betrachten wir die sogenannten Galerkingleichungen

$$\langle F(x_n), z \rangle = \langle y, z \rangle \quad \text{für alle} \quad z \in X_n \quad \text{und festes} \quad x_n = X_n. \tag{12.33}$$

Unter den obigen Voraussetzungen des Hauptsatzes (einschließlich der strengen Monotonie) besitzt (12.33) für jedes $n$ genau eine Lösung $x_n$, und die Folge $(x_n)$ konvergiert schwach in $X$ gegen die eindeutige Lösung $x$ von (12.32).

Bezeichnet $e_1, \ldots, e_m$ eine Basis in $X_n$, dann ist (12.33) äquivalent zu dem endlichdimensionalen Gleichungssystem

$$\langle F(\sum_{j=1}^{m} c_j e_j), e_k \rangle = \langle y, e_k \rangle, \quad k = 1, \ldots, m,$$

mit den unbekannten reellen Koeffizienten $c_1, \ldots, c_m$.

---

[1] Das Symbol $\langle f, x \rangle$ bezeichnet den Wert des Funktionals $f \in X^*$ an der Stelle $x$, d.h. $\langle f, x \rangle := f(x)$.

*Beispiel:* Ist das Funktional $f: X \to \mathbb{R}$ konvex und Fréchet-differenzierbar auf dem reellen Banachraum $X$, dann ist $f': X \to X^*$ monoton. Der obige Hauptsatz für monotone Operatoren ist aber auch auf Operatoren $F$ anwendbar, die sich nicht durch Differentiation eines Funktionals ergeben, d.h., es ist nicht notwendigerweise $F = f'$.

## 12.9. Der Abbildungsgrad und topologische Existenzsätze

**Grundidee:** Wir betrachten eine stetige Funktion $f: [a, b] \to \mathbb{R}$ mit $-\infty < a < b < \infty$, wobei folgendes gilt:

(i) $f(a) \neq 0$ und $f(b) \neq 0$.

(ii) $f$ besitzt höchstens endliche viele Nullstellen $x_1, \ldots, x_n$, die alle nichtentartet sind, d.h., es ist $f'(x_j) \neq 0$ für alle $j$. Der Abbildungsgrad von $f$ ist dann definiert durch

$$\deg(f, (a, b)) := \sum_{j=1}^{n} \operatorname{sgn} f'(x_j)$$

(Abb. 12.10). Falls $f$ keine Nullstellen hat, dann setzen wir $\deg(f, (a, b)) = 0$. Die Zahl $\operatorname{sgn} f'(x_j)$ heißt Index der Nullstelle $x_j$.

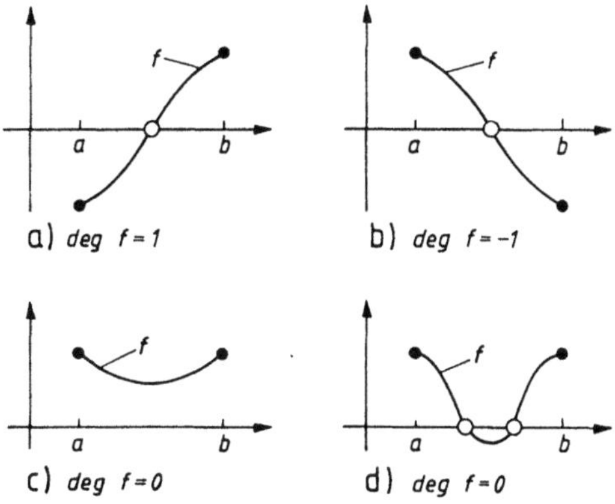


Abb. 12.10

Besitzt die stetige Funktion $f$ auch entartete Nullstellen, dann kann man stets durch eine hinreichend kleine Störung erreichen, daß die gestörte Funktion $f^*: [a, b] \to \mathbb{R}$ nur nichtentartete Nullstellen besitzt. Wir setzen dann

$$\deg(f, (a, b)) := \deg(f^*, (a, b)).$$

Diese Definition ist unabhängig von der Wahl der Störung $f^*$ (Abb. 12.11).

Der Abbildungsgrad $\deg(f, (a, b))$ stellt ein Maß für die Anzahl der Nullstellen von $f$ auf $(a, b)$ dar, wobei die Vielfachheiten der Nullstellen berücksichtigt werden. Anschaulich gilt folgendes:

($\alpha$) (Existenzprinzip). Aus $\deg(f, (a, b)) \neq 0$ folgt, daß die Gleichung $f(x) = 0$ eine Lösung $x$ auf dem Intervall $(a, b)$ besitzt.

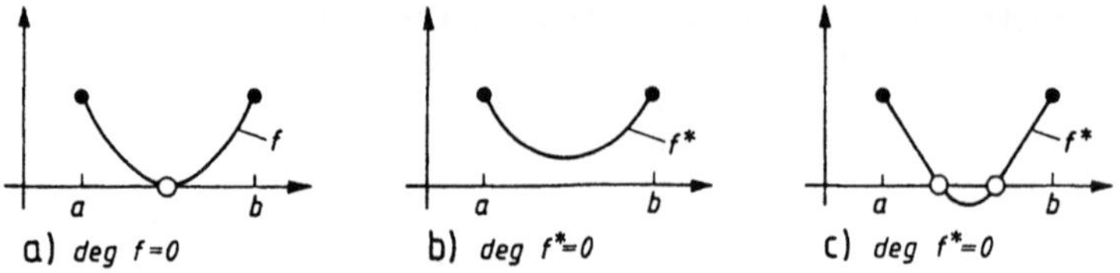


Abb. 12.11

($\beta$) (Deformations- oder Homotopieinvarianz). Deformiert man $f$ „stetig"in eine Abbildung $g$, wobei die Randwerte in den Punkten $x = a$ und $x = b$ während der Deformation nicht null werden, dann bleibt der Abbildungsgrad ungeändert (Abb. 12.12).

**Abbildungsgrad in Banachräumen:** Wir wollen den obigen anschaulichen Überlegungen eine strenge Form für Banachräume geben.

**Definition 1:** Es sei $G$ eine beschränkte offene Menge in dem Banachraum $X$ mit dem Abschluß $\overline{G}$. Die Abbildung $f: \overline{G} \to X$ gehört genau dann zur Klasse $K(G, X)$, wenn folgendes gilt:

(i) $f(x) \neq 0$ für alle Randpunkte $x \in \partial G$.

(ii) $f$ ist eine kompakte Störung der Identität $I$, d.h., es gilt $f = I - F$, wobei der Operator $F: \overline{G} \to X$ kompakt ist.

**Definition 2:** Es sei $f, g \in K(G, X)$. Wir schreiben

$$\partial G: f \cong g$$

und sagen, daß $f$ ***kompakt homotop*** zu $g$ bezüglich des Randes $\partial G$ ist, falls es eine kompakte Abbildung $H: \overline{G} \times [0,1] \to X$ gibt mit folgenden Eigenschaften:

(i) $x - H(x,0) = f(x)$ und $x - H(x,1) = g(x)$ für alle $x \in \overline{G}$.

(ii) $x - H(x,t) \neq 0$ für alle Randpunkte $x \in \partial G$ und alle $t \in [0,1]$.

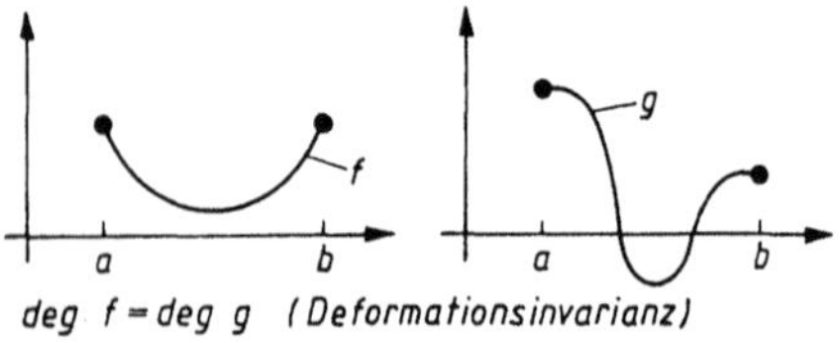


Abb. 12.12

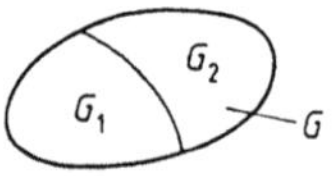


Abb. 12.13

**Hauptsatz** (Leray-Schauder-Abbildungsgrad): Es gibt genau eine Möglichkeit, jeder Abbildung $f$ aus einer beliebigen Klasse $K(G, X)$ eine ganze Zahl $\deg(f, G)$ (d.h. einen Abbildungsgrad) zuzuordnen, so daß folgendes gilt:

(A1) (Normierung). Für die identische Abbildung $I: \overline{G} \to \overline{G}$ ist

$$\deg(I, G) = \begin{cases} 1 & \text{für } 0 \in G, \\ 0 & \text{für } 0 \notin G. \end{cases}$$

(A2) (Existenzprinzip). Aus $\deg(f, G) \neq 0$ folgt, daß die Gleichung

$$f(x) = 0, \quad x \in G,$$

eine Lösung besitzt.

(A3) (Deformations- oder Homotopieinvarianz). Aus

$$\partial G\colon f \cong g \quad \textbf{folgt} \quad \deg(f, G) = \deg(g, G).$$

(A4) (Additivität). Es ist

$$\deg(f, G) = \sum_{j=1}^{n} \deg(f, G_j),$$

falls $f \in K(G, X)$ und $f \in K(G_j, X)$ für alle $j$ gilt, wobei $\{G_j\}$ eine reguläre Zerlegung von $G$ ist, d.h., alle Mengen $G_j$ sind paarweise disjunkt und $\overline{G} = \bigcup_{j=1}^{n} \overline{G}_j$ (Abb. 12.13).

*Spezialfall:* Es sei $G$ eine beschränkte offene Menge des $\mathbb{R}^N$, und $f\colon \overline{G} - \mathbb{R}$ sei eine $C^1$-Abbildung mit den folgenden Eigenschaften:

(i) $f(x) \neq 0$ für alle Randpunkte $x \in \partial G$.

(ii) $f$ hat höchstens endlich viele Nullstellen $x_1, \ldots, x_n$ auf $G$.

(iii) Jede dieser Nullstellen ist nicht entartet, d.h., für die Funktionaldeterminante hat man

$$\det f'(x_j) := \det(\partial_k f_m(x_j)) \neq 0$$

mit $x = (\xi_1, \ldots, \xi_N)$, $f = (f_1, \ldots, f_N)$ und $\partial_k = \partial/\partial\xi_k$.

Dann gilt

$$\deg(f, G) = \sum_{j=1}^{n} \operatorname{sgn}\det f'(x_j).$$

*Beispiel 1* (Leray-Schauder Prinzip): Wir betrachten die Gleichung

$$x - F(x) = 0, \quad x \in G, \tag{12.34}$$

und setzen folgendes voraus:

(i) $G$ ist eine beschränkte offene Menge in einem Banachraum $X$ mit $0 \in G$.

(ii) Der Operator $F\colon \overline{G} \to X$ ist kompakt.

(iii) Es ist $x - tF(x) \neq 0$ für alle Randpunkte $x \in \partial G$ und alle $t \in [0, 1]$.

Dann besitzt die Gleichung (12.34) eine Lösung und $\deg(I - F, G) = 1$.

Um das zu zeigen, setzen wir $H(x, t) := tF(x)$. Wegen der Homotopieinvarianz (A3) ist

$$\deg(I, G) = \deg(I - F, G).$$

Aus (A1) folgt $\deg(I, G) = 1$, d.h. $\deg(I - F, G) \neq 0$. Somit ergibt das Existenzprinzip (A2), daß (12.34) eine Lösung besitzt.

*Beispiel 2* (Fixpunktsatz von Schauder): Es sei $G$ eine offene Kugel in dem Banachraum $X$ mit dem Mittelpunkt $x = 0$. Dann besitzt jeder kompakte Operator $F\colon \overline{G} \to \overline{G}$ einen Fixpunkt.

*Beweis. Fall 1:* Hat $F$ einen Fixpunkt auf dem Rand $\partial G$, dann sind wir fertig.

*Fall 2:* Wir nehmen an, daß $F$ keinen Fixpunkt auf dem Rand hat. Dann ist die Bedingung (iii) von Beispiel 1 erfüllt. Denn ist $r$ der Radius von $G$, dann gilt $\|F(x)\| \leq r$ für alle Randpunkte $x$ mit $\|x\| = r$, weil $F$ die Kugel in sich abbildet. Somit folgt aus

$$x - tF(x) = 0, \quad x \in \partial G, \quad t \in [0, 1],$$

sofort $r = \|x\| = t\|F(x)\| \leq tr$, also $t = 1$, d.h. $x = F(x)$, $x \in \partial G$. Diesen Fall hatten wir aber ausgeschlossen.

Die Behauptung folgt nunmehr aus Beispiel 1.

*Beispiel 3* **(Eigenwertprinzip): Die Eigenwertgleichung**

$$F(x) = \lambda x, \quad x \in \partial G, \quad \lambda < 0,$$

**besitzt eine Lösung, falls die Voraussetzungen (i) und (ii) von Beispiel 1 erfüllt und** $\deg(I - F, G) \neq 1$ **gilt.**

**Anderenfalls würde sich ein Widerspruch zu Beispiel 1 ergeben.**

**Index einer isolierten Nullstelle: Gegeben sei eine Abbildung** $f\colon \overline{G} \to X$ **der Klasse** $K(G, X)$ **auf dem Banachraum** $X$**, wobei** $f$ **auf** $G$ **genau die endlich vielen Nullstellen** $x_1, \ldots, x_m$ **besitzt. Dann gilt**

$$\deg(f, G) = \sum_{j=1}^{m} \deg(f, x_j)\,. \tag{12.35}$$

**Dabei heißt** $\deg(f, x_j)$ **der Index der Nullstelle** $x_j$**. Definitionsgemäß gilt**

$$\deg(f, x_j) := \deg(f, K)\,,$$

**wobei** $K$ **eine Kugel um** $x_j$ **ist, die in** $G$ **liegt und keine weiteren Nullstellen von** $f$ **enthält. Diese Definition hängt nicht von der Wahl von** $K$ **ab.**

**Ist** $f$ **vom Typ** $C^1$ **und** $X = \mathbb{R}^N$ $(N = 1, 2, \ldots)$**, dann gilt**

$$\deg(f, x_j) = \operatorname{sgn} \det f'(x_j)\,,$$

**falls diese Determinante nicht gleich null ist (nichtentartete Nullstelle). Im Spezialfall** $N = 1$ **gilt** $\deg(f, x_j) = \operatorname{sgn}\, f'(x_j)$.

# 12.10. Nichtlineare Fredholmoperatoren

**Es sei** $F\colon X \to Y$ **ein (nichtlinearer)** $C^1$**-Fredholmoperator zwischen den beiden Banachräumen** $X$ **und** $Y$ **über** $\mathbb{K}$**, d.h.,** $F'(x)\colon X \to Y$ **ist ein linearer Fredholmoperator für jedes** $x \in X$**. Ferner habe** $F'(x)\colon X \to Y$ **für jedes** $x \in X$ **den Index null, und** $F\colon X \to Y$ **sei eigentlich.**

**Satz: Es gibt eine in** $Y$ **offene und dichte Menge** $D$**, so daß die Gleichung**

$$F(x) = y\,, \quad x \in X\,,$$

**für jedes** $y \in D$ **höchstens endlich viele Lösungen besitzt.**

*Beispiel:* **Die Voraussetzungen sind erfüllt, falls** $F\colon \mathbb{R} \to \mathbb{R}$ **vom Typ** $C^1$ **ist und** $|F(x)| \to \infty$ **für** $|x| \to \infty$ **gilt.**

# 13. DYNAMISCHE SYSTEME – MATHEMATIK DER ZEIT

*Dem Umstand, daß Poincaré es unternahm, das schwierige Dreikörperproblem erneut zu behandeln und der Lösung näher zu führen, verdanken wir die fruchtbaren Methoden und weittragenden Prinzipien, die dieser Gelehrte der Himmelsmechanik erschlossen hat.*[1]

*David Hilbert (1900)*

*Ist das Sonnensystem stabil? Streng genommen ist die Antwort noch unbekannt, und diese Frage hat zu sehr tiefen mathematischen Resultaten geführt, die vermutlich wichtiger sind als die Antwort auf die ursprüngliche Frage.*[2]

*Jürgen Moser (1975)*

## 13.1. Grundideen

Viele Prozesse in Natur und Technik hängen wesentlich von der Zeit ab. Das Ziel der allgemeinen Theorie der dynamischen Systeme besteht darin, solche zeitabhängigen Prozesse mathematisch zu modellieren, ihre wesentlichen *qualitativen* Eigenschaften zu beschreiben und vorherzusagen.

Dynamische Systeme im engeren Sinn entsprechen zeitabhängigen Prozessen, die *homogen* bezüglich der Zeit sind, d.h., der Prozeßverlauf hängt vom Anfangszustand ab, aber *nicht* vom Anfangszeitpunkt. Zum Beispiel hängt der Verlauf der Planetenbewegung im Gravitationsfeld der Sonne nur vom Anfangszustand des Planeten ab (Anfangsposition und Anfangsgeschwindigkeit), aber nicht vom Anfangszeitpunkt. Wäre die Sonne ein pulsierender Stern, dann würde ihr Gravitationsfeld zeitlich veränderlich sein, und der Verlauf der Planetenbewegung würde nicht nur von der Anfangsposition und der Anfangsgeschwindigkeit abhängen, sondern auch vom Anfangszeitpunkt (dynamisches System im weiteren Sinn).

Dynamische Systeme können ein sehr kompliziertes mathematisches Verhalten besitzen. Das reflektiert die mögliche Kompliziertheit der in der Natur auftretenden Phänomene. Zum Beispiel beobachten wir:

(i) Turbulenz (Übergang zum Chaos).

(ii) Explosionen, Urknall, Supernovae, Quasare, ökologische Katastrophen (Instabilitäten).

---

[1] Der französische Mathematiker Henri Poincaré (1854–1912) hat durch seinen Reichtum an neuen Ideen das mathematische Denken wesentlich beeinflußt. Er ist der Schöpfer der Theorie der dynamischen Systeme und der Topologie. Das sind zwei mathematische Disziplinen, in denen das qualitative Verhalten von Systemen mathematisch streng erfaßt wird. Beide Disziplinen sind tragende Säulen der modernen mathematischen Naturbeschreibung.

Die Stabilitätstheorie dynamischer Systeme wurde von dem russischen Mathematiker Alexander Michailovitsch Ljapunov (1857–1918) begründet.

[2] Professor Moser (ETH Zürich, geb. 1928) hat wesentliche Beiträge zur Theorie der dynamischen Systeme und der nichtlinearen partiellen Differentialgleichungen geleistet. Er arbeitete lange Zeit am berühmten Courant-Institut in New York. Für sein mathematisches Lebenswerk wurde Professor Moser mit dem Wolf-Preis geehrt, der an die bedeutendsten Gelehrten unserer Zeit verliehen wird.

(iii) Sprünge des qualitativen Verhaltens bei der biologischen Evolution (Bifurkation).

Eine fundamentale Rolle spielt die *Stabilität* der Prozesse. Grob gesprochen können nur solche Prozesse in der Natur über einen längeren Zeitraum realisiert werden, die stabil sind. Die Änderung des Stabilitätsverhaltens eines Systems, die durch äußere Einflüsse hervorgerufen wird, kann zu plötzlichen Änderungen im qualitativen Verhalten des Systems führen, d.h., es treten sogenannte Bifurkationen auf.

### 13.1.1. Einführende Beispiele

*Beispiel 1* (radioaktiver Zerfall): Wir betrachten eine radioaktive Substanz und bezeichnen mit $N(t)$ die Anzahl der nichtzerfallenen Atome zur Zeit $t$. Dann gilt die Differentialgleichung

$$N'(t) = -aN(t) \tag{13.1}$$

mit der Lösung

$$N(t) = \mathrm{e}^{-at}N(0)\,. \tag{13.2}$$

*Beispiel 2* (Bewegung eines Massenpunktes auf einer Geraden): Es sei $x(t)$ die Position eines Massenpunktes der Masse $m$ auf einer Geraden zur Zeit $t$ (Abb. 13.1). Dann gilt die Bewegungsgleichung

$$mx'' = K(x)\,,$$

wobei $K(x)$ die im Punkt $x$ wirkende Kraft bezeichnet. Setzen wir $p = mx'$, dann erhalten wir das System

$$p' = K(x), \quad x' = p/m\,. \tag{13.3}$$

Der Lösung $x = x(t)$, $p = p(t)$ entsprechen Trajektorien in der $(x,p)$-Ebene.

Im Spezialfall des harmonischen Oszillators ist $K = -m\omega^2 x$ mit $\omega > 0$. Die Lösung von (13.3) lautet

$$\begin{aligned} x(t) &= x(0)\cos\omega t + \frac{p(0)}{m\omega}\sin\omega t\,,\\ p(t) &= -m\omega x(0)\sin\omega t + p(0)\cos\omega t\,. \end{aligned} \tag{13.4}$$

Im Fall $x(0)^2 + p(0)^2 \neq 0$ entspricht das Ellipsen in der $(x,p)$-Ebene (Abb. 13.2). Genauer bezeichnet man die Abbildung $t \mapsto (x(t), p(t))$ als Trajektorie, und die Menge der Punkte $(x(t), p(t))$ heißt Orbit. Der Punkt $(0,0)$ in der $(x,p)$-Ebene heißt stationärer oder singulärer Punkt. Er spielt eine besondere Rolle. Befindet sich das System zur Zeit $t = 0$ im Punkt $(0,0)$, d.h. $x(0) = 0, p(0) = 0$, dann gilt $x(t) = 0, p(t) = 0$ für alle Zeiten $t$. Somit entspricht $(0,0)$ einer Gleichgewichtslage des Systems.

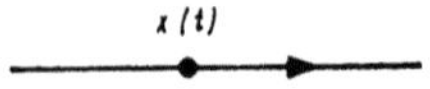


Abb. 13.1

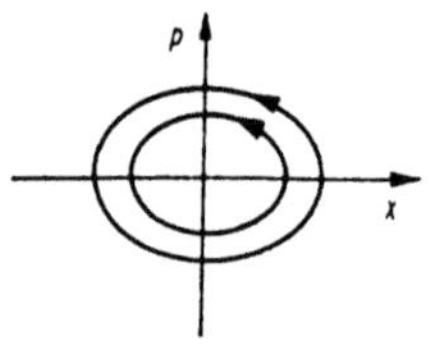


Abb. 13.2

*Beispiel 3* (Kreispendel): Die Bewegung eines Kreispendels der Länge $l$ und der Masse $m$ unter dem Einfluß der Schwerkraft wird beschrieben durch

$$m\mathbf{x}'' = -\mathrm{g}\mathbf{k} - \lambda\mathbf{x}, \quad \mathbf{x}^2 = l^2$$

(Abb. 13.3(a)). Dabei ist $-\mathrm{g}\mathbf{k}$ die Schwerkraft und $-\lambda\mathbf{x}$ die Zwangskraft, die das Pendel auf der Kreisbahn hält. Die Zahl $\lambda$ ist dabei so zu bestimmen, daß während der Bewegung ständig die Nebenbedingung $\mathbf{x}^2 = l^2$ erfüllt ist. Benutzt man den Winkel $\varphi$ wie in Abb. 13.3(a), dann kann man die Bewegung durch

$$l\varphi'' = -\mathrm{g}\sin\varphi$$

beschreiben. Führen wir den Impulsvektor $\mathbf{p} = m\mathbf{x}'$ ein, dann entsteht das System

$$\mathbf{p}' = -\mathrm{g}\mathbf{k} - \lambda\mathbf{x}, \quad \mathbf{x}' = \mathbf{p}/m \tag{13.5}$$

mit der Nebenbedingung $\mathbf{x}^2 = l^2$. Um die Trajektorien

$$\mathbf{x} = \mathbf{x}(t), \quad \mathbf{p} = \mathbf{p}(t) \tag{13.6}$$

zu veranschaulichen, betrachten wir die Oberfläche eines Kreiszylinders $Z$ wie in Abb. 13.3(b) und zeichnen den Impulsvektor $\mathbf{p}$ senkrecht zum Kreis $K$. Dann entspricht (13.6) gewissen Kurven auf der Oberfläche des Kreiszylinders.

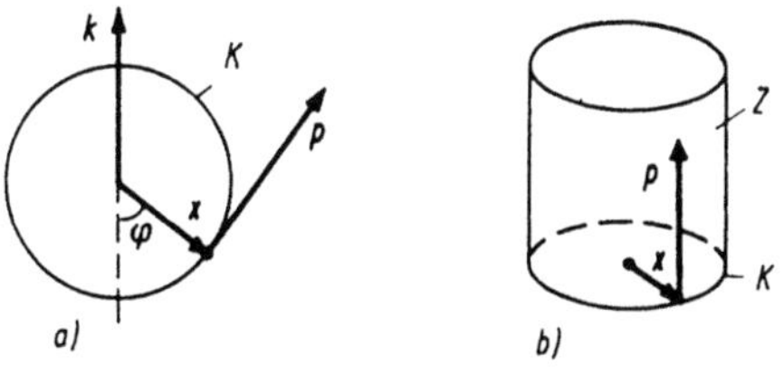


Abb. 13.3

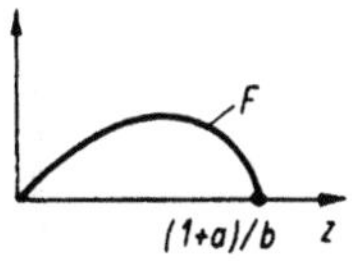


Abb. 13.4

Dieses Beispiel zeigt, daß bereits sehr einfache mechanische Situationen dynamische Systeme auf *Mannigfaltigkeiten* (z.B. Flächen) ergeben.

*Beispiel 4* (Population): Es sei $z_n$ die Anzahl der Raupen im $n$-ten Sommer. Wir nehmen an, daß man die Anzahl der Raupen im $(n+1)$-ten Sommer durch die Beziehung

$$z_{n+1} = F(z_n), \quad n = 0, 1, 2, \ldots, \tag{13.7}$$

erhält mit $F(z) = (1+a)z - bz^2$ und $a, b > 0$ (Abb. 13.4). Für kleines $z_n$ bleibt $z_{n+1}$ klein. Liegt $z_n$ in der Nähe des kritischen Wertes $z = (1+a)/b$, dann ist $z_{n+1}$ ebenfalls klein. Das modelliert die Tatsache, daß bei kritischer Überpopulation die Vermehrung wegen Nahrungsmangels nur klein ist.

## 13.1.2. Klassifikation dynamischer Systeme

Wir unterscheiden:

(i) Diskrete dynamische Systeme.

(ii) Kontinuierliche dynamische Systeme (Flüsse und Semiflüsse).

Ein *diskretes* dynamisches System besteht aus einer Menge $Z$ (Zustandsraum oder Phasenraum) und aus einer Funktion $F: Z \to Z$, die $Z$ in sich abbildet. Die Elemente $z$ von $Z$ heißen Zustände des Systems. Die möglichen Prozesse erhält man durch das allgemeine Iterationsverfahren

$$z_{n+1} = F(z_n), \quad n = 0, 1, 2, \ldots \tag{13.8}$$

Wir setzen $t = n\Delta t$ und interpretieren $z_n$ als Zustand des Systems zur Zeit $n\Delta t$. Dann beschreibt (13.8) den Sachverhalt, daß sich der Zustand $z_{n+1}$ zur Zeit $(n+1)\Delta t$ eindeutig aus dem Zustand $z_n$ zur Zeit $n\Delta t$ berechnen läßt. Beispiel 4 entspricht einem diskreten dynamischen System. In diesem Fall kann man als Zustandsraum $Z$ die Menge der reellen Zahlen wählen.

Ein *Fluß* besteht aus einer Menge $Z$ (Zustandsraum oder Phasenraum) und aus einer Familie $\{F_t\}$ von Abbildungen

$$F_t: Z \to Z,$$

wobei der Zeitparameter $t$ alle reellen Zahlen durchläuft. Wir verlangen ferner, daß die beiden folgenden Bedingungen erfüllt sind:

(a) $F_0 = I$ (identische Abbildung).

(b) $F_{t+s} = F_t F_s$ für alle reellen Zahlen $t$ und $s$.

Die zugehörigen Prozesse erhält man durch die Gleichung

$$z(t) = F_t z_0 \,.$$

Wir interpretieren $z_0$ als Anfangszustand des Systems zum Zeitpunkt $t = 0$ und $z(t)$ als Zustand des Systems zum Zeitpunkt $t$. Die Abbildung $t \mapsto z(t)$, die jedem Zeitpunkt $t$ den Zustand $z(t)$ zuordnet, heißt *Trajektorie*, und die Menge aller Bildpunkte $z(t)$ der Trajektorie heißt *Orbit*. Ein Zustand $z_0$ heißt *stationär*, falls $F_t z_0 = z_0$ für alle $t$ gilt.

Die Bedingung (b) bedeutet $z(t+s) = F_{t+s} z_0 = F_t(F_s z_0)$, d.h.

$$z(t+s) = F_t z(s) \,. \tag{13.9}$$

Setzen wir $w(t) = z(t+s)$ für festes $s$ und variables $t$, dann zeigt (13.9), daß der Prozeßverlauf homogen bezüglich der Zeit ist. Denn aus (13.9) folgt, daß neben dem Prozeß $z = z(t)$ auch der durch eine Zeittranslation entstehende Prozeß $w = w(t)$ möglich ist. Ferner gilt $w(-s) = z(0) = z_0$. Da der Anfangszeitpunkt $s$ beliebig gewählt werden kann, hängt der Prozeßverlauf nur vom Anfangszustand $z_0$, aber nicht vom gewählten Anfangszeitpunkt ab.

Anschaulich kann man $z = z(t)$ als die Bewegung von Flüssigkeitsteilchen interpretieren (Abb. 13.5). Dadurch wird die Bezeichnung Fluß für $\{F_t\}$ verständlich.

In Beispiel 1 besteht der Zustandsraum $Z$ aus der Menge der reellen Zahlen. Setzen wir $N(t) = z(t)$ und $N(0) = z_0$, dann geht (13.2) in

$$z(t) = F_t z_0 = \mathrm{e}^{-at} z_0$$

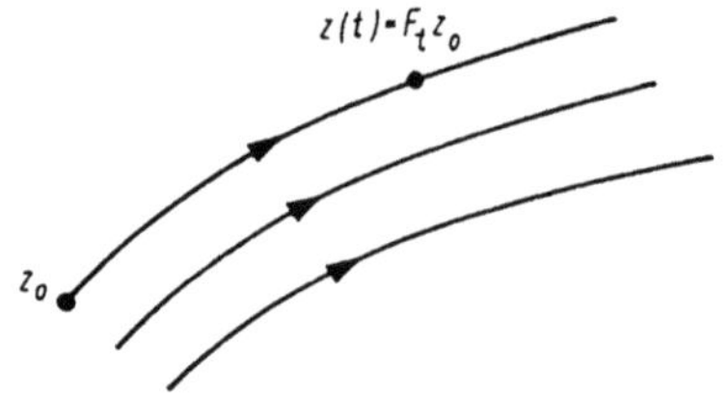


Abb. 13.5

über. Die Flußbedingung $F_{t+s} = F_t F_s$ ist wegen des Additionstheorems für die Exponentialfunktion $e^{-a(t+s)} = e^{-at}e^{-as}$ erfüllt.

In Beispiel 2 besteht der Zustandsraum $Z$ aus allen Punkten der $(x, p)$-Ebene. Setzen wir $z(t) = (x(t), p(t))$ und schreiben wir (13.4) in der Form $z(t) = F_t z(0)$, dann ist $\{F_t\}$ ein Fluß.

In Beispiel 3 besteht der Zustandsraum $Z$ aus allen Punkten der Zylinderoberfläche, und der Bewegung des Kreispendels entspricht ein Fluß auf $Z$.

Ein *Semifluß* $\{F_t\}$ unterscheidet sich von einem Fluß dadurch, daß $F_t$ nur für alle reellen Zahlen $t \geq 0$ erklärt ist und $F_{t+s} = F_t F_s$ nur für alle reellen Zahlen $t, s \geq 0$ gilt.

Semiflüsse modellieren irreversible Prozesse in der Natur, wie zum Beispiel Wärmeleitung und Diffusion.

### 13.1.3. Konstruktion dynamischer Systeme durch autonome Differentialgleichungssysteme

Wir betrachten das Differentialgleichungssystem

$$\begin{aligned} z_i' &= f_i(z_1, \ldots, z_n), \quad i = 1, \ldots, n, \\ z_i(0) &= z_{i0}, \end{aligned} \tag{13.10}$$

wobei wir annehmen, daß alle $f_i$ reelle Funktionen der reellen Variablen $z_1, \ldots, z_n$ sind und es eine offene Menge $U$ des $\mathbb{R}^n$ gibt, auf der alle $f_i$ stetige erste partielle Ableitungen haben. Wichtig ist, daß alle $f_i$ *nicht* von der Zeit $t$ abhängen (autonomes System). Wir setzen $z = (z_1, \ldots, z_n)$ und bezeichnen die Lösung von (13.10) durch

$$z(t) = F_t z_0 . \tag{13.11}$$

Dann ist $\{F_t\}$ ein lokaler Fluß auf $U$, d.h., zu jedem $z_0$ in $U$ gibt es eine positive Zahl $t_0$, so daß die Lösung (13.11) für alle $t$ mit $-t_0 \leq t \leq t_0$ existiert und eindeutig ist. Ferner ist $F_{t+s}z_0 = F_t(F_s z_0)$ für alle $t, s$ mit $-t_0 \leq t, s, t + s \leq t_0$ .

Haben alle $f_i$ auf $\mathbb{R}^n$ stetige erste partielle Ableitungen und existieren die Lösungen (13.11) bei beliebigem $z_0$ in $\mathbb{R}^n$ für alle reellen Zeiten $t$, dann ist $\{F_t\}$ ein Fluß auf $\mathbb{R}^n$. Diese Voraussetzungen sind beispielsweise erfüllt, falls gilt

$$f_i = \sum_{j=1}^{n} a_{ij} z_j , \quad i = 1, \ldots, n ,$$

wobei alle $a_{ij}$ reelle Zahlen sind. Dann ist $z = 0$ ein stationärer Punkt.

## 13.2. Dynamische Systeme in der Ebene

### 13.2.1. Qualitatives Verhalten linearer Systeme in der Umgebung stationärer Punkte

Als Spezialfall von (13.10) betrachten wir das lineare System

$$\begin{aligned} z_1' &= a_{11} z_1 + a_{12} z_2 \\ z_2' &= a_{21} z_1 + a_{22} z_2 , \end{aligned} \tag{13.12}$$

wobei alle $a_{ij}$ reelle Zahlen sind. Die Eigenwerte der Matrix $A = (a_{ij})$ bezeichnen wir mit $\lambda$ und $\mu$. Abb. 13.6 zeigt die möglichen Trajektorien $z_1 = z_1(t), z_2 = z_2(t)$ in der $(z_1, z_2)$-Ebene in der Umgebung des stationären Punktes $(0, 0)$. Der Pfeil weist in wachsende Zeitrichtung.

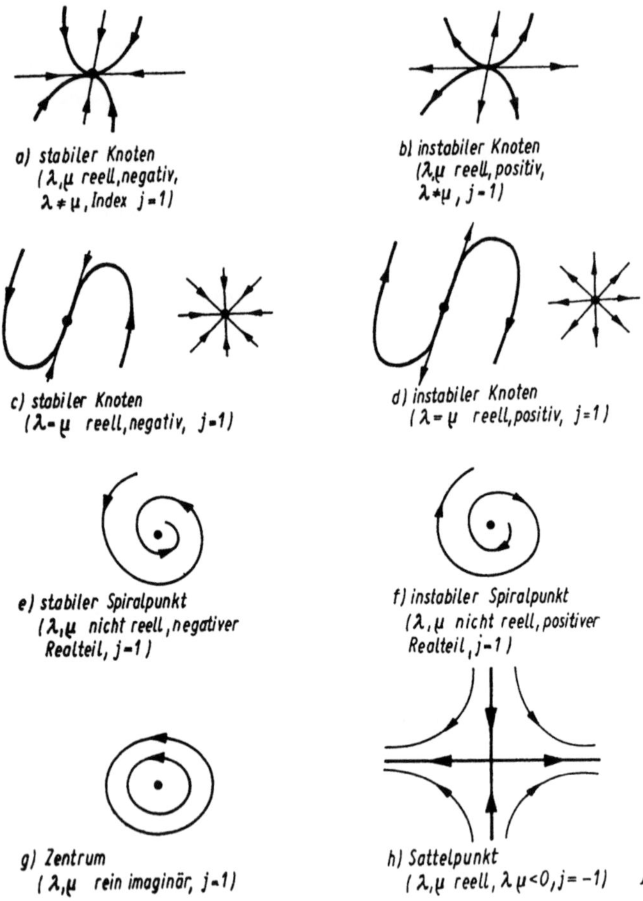

Abb. 13.6

Von besonderem Interesse ist das Stabilitätsverhalten des stationären Punktes $(0,0)$. In Abb. 13.6(a),(c),(e) liegt *asymptotisch stabiles* Verhalten vor, d.h., alle Trajektorien, die in einer Umgebung von $(0,0)$ starten, laufen für $t \to +\infty$ in den stationären Punkt $(0,0)$. Mit anderen Worten, kleine Störungen der Gleichgewichtslage des Systems werden im Laufe der Zeit wieder ausgeglichen. In Abb. 13.6(g) liegt *stabiles* Verhalten vor, d.h., die Trajektorien, die in einer hinreichend kleinen Umgebung von $(0,0)$ starten, bleiben in der Nähe von $(0,0)$. Mit anderen Worten, kleine Störungen der Gleichgewichtslage des Systems bleiben für alle Zeiten klein. *Instabiles* Verhalten haben wir in Abb. 13.6(b),(d),(f). Besonders interessant ist das Verhalten in dem Sattelpunkt (h). Dort gibt es Punkte, die von dem stationären Punkt $(0,0)$ angezogen werden, und solche, die abgestoßen werden.

Der in Abb. 13.6 angegebene Index $j$ von $(0,0)$ hat folgende geometrische Bedeutung. Wir zeichnen einen kleinen Kreis $C$ um $(0,0)$ und durchlaufen $C$ einmal im mathematisch positiven Sinn. Dabei drehen sich die Tangentialvektoren der Trajektorien in den Punkten von $C$ um den Winkel $\varphi$. Wir setzen $j = \varphi/2\pi$ (Abb. 13.7). Analytisch gilt $j = \operatorname{sgn}\det A = \operatorname{sgn}\lambda\mu$.

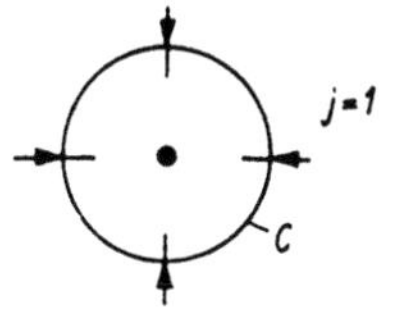


Abb. 13.7

Abb. 13.8

## 13.2.2. Nichtlineare Störungen

Anstelle von (13.12) betrachten wir das nichtlineare *gestörte* System

$$\begin{aligned} z_1' &= a_{11}z_1 + a_{12}z_2 + g_1(z_1, z_2) \\ z_2' &= a_{21}z_1 + a_{22}z_2 + g_2(z_1, z_2). \end{aligned} \tag{13.13}$$

Dabei setzen wir voraus, daß $g_1(0,0) = g_2(0,0) = 0$ gilt und $g_1, g_2$ in einer Umgebung von $(0,0)$ stetige erste partielle Ableitungen haben, die in $(0,0)$ verschwinden. Der stationäre Punkt $(0,0)$ von (13.3) heißt **hyperbolisch**, falls die Eigenwerte $\lambda$ und $\mu$ von $A = (a_{ij})$ einen nichtverschwindenden Realteil haben. Man erhält das folgende **fundamentale Resultat**:

Ist $(0,0)$ hyperbolisch, dann hat der Fluß von (13.13) in einer Umgebung von $(0,0)$ qualitativ das gleiche Verhalten wie der Fluß des linearisierten Problems (13.12), d.h., durch die nichtlinearen kleinen Störungen $g_1$ und $g_2$ in (13.13) wird der Fluß nur geringfügig deformiert. Man spricht von *struktureller Stabilität*. Abb. 13.8 zeigt die Deformation eines Sattelpunktes.

Genauer gilt folgendes: Es gibt zwei Umgebungen $U$ und $V$ von $(0,0)$ und einen Homöomorphismus $H: U \to V$ (d.h. eine eineindeutige und in beiden Richtungen stetige Abbildung), so daß $H$ die Orbits von (13.13) in die Orbits von (13.12) transformiert. Dabei bleibt der Richtungssinn der Orbits erhalten.

In Abb. 13.6 sind alle Gleichgewichtspunkte außer dem Zentrum hyperbolisch und somit strukturell stabil. Das Zentrum dagegen ist nicht strukturell stabil. Durch eine geringfügige Störung kann es in einen Spiralpunkt verwandelt werden. In (13.4) entspricht die periodische Bewegung des harmonischen Oszillators einem Fluß mit einem Zentrum. Die strukturelle Instabilität eines Zentrums spiegelt die in der Natur beobachtete Tatsache wider, daß es periodische Vorgänge gibt, die durch geringste Störungen ihre Periodizität verlieren. Man denke an das Verglühen eines künstlichen Satelliten hervorgerufen durch die geringe Reibung der Atmosphäre.

## 13.2.3. Grenzzyklen

Unter einem **Grenzzyklus** $G$ verstehen wir einen geschlossen Orbit, dem sich die Orbits in einer Umgebung von $G$ beliebig genau nähern. Wählen wir eine feste Seite von $G$ (innen oder außen), dann können die Trajektorien für $t \to +\infty$ von $G$ angezogen (Stabilität) oder abgestoßen werden (Instabilität) (Abb. 13.9).

Als ein Beispiel betrachten wir die Differentialgleichung

$$r'(t) = 1 - r(t), \quad \varphi'(t) = -1,$$

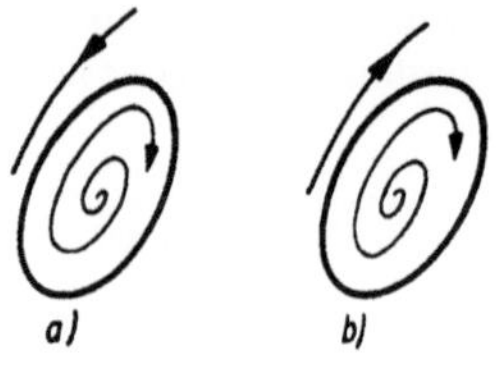


Abb. 13.9

wobei $r, \varphi$ Polarkoordinaten sind. Die Lösung lautet

$$r = 1 + Ce^{-t}, \quad \varphi = -t, \quad t \geq \ln|C|.$$

Für $C = 0$ erhalten wir den Einheitskreis (Grenzzyklus). Im Fall $C > 0$ (bzw. $C < 0$) ergeben sich Spiralen, die sich für $t \to +\infty$ von außen (bzw. innen) gegen den Grenzzyklus winden, d.h., es liegt das qualitative Verhalten von Abb. 13.9(a) vor.

Grenzzyklen modellieren häufig periodische Vorgänge, die sich sehr stabil gegenüber Störungen verhalten (z.B. die Tätigkeit des menschlichen Herzens). Grenzzyklen können nur bei nichtlinearen Differentialgleichungen auftreten.

# 13.3. Stabilität

## 13.3.1. Stabilität von stationären Punkten

Wir betrachten das autonome System

$$z_i' = f_i(z_1, \ldots, z_n), \quad i = 1, \ldots, n, \tag{13.14}$$

zusammen mit dem linearisierten System

$$z_i' = \sum_{j=1}^{n} \frac{\partial f_i(0, \ldots, 0)}{\partial z_j} z_j, \quad i = 1, \ldots, n. \tag{13.15}$$

Es sei $z = (z_1, \ldots, z_n)$. Wir setzen voraus, daß alle reellen Funktionen $f_i$ in $z = 0$ verschwinden und in einer Umgebung des Punktes $z = 0$ im $\mathbb{R}^n$ stetige zweite partielle Ableitung haben. Die Matrix $(\partial f_i(0, \ldots, 0)/\partial z_j)_{i,j=1,\ldots,n}$ bezeichnen wir mit $f'(0)$. Der stationäre Punkt $z = 0$ von (13.14) heißt **asymptotisch stabil**, falls es eine Umgebung $U$ von $z = 0$ in $\mathbb{R}^n$ gibt, so daß jede Trajektorie $z = z(t)$ von (13.14), die zur Zeit $t = 0$ in einem Punkt von $U$ startet, für $t \to +\infty$ gegen $z = 0$ konvergiert (Abb. 13.10(a)).

Der stationäre Punkt $z = 0$ heißt **stabil**, falls es zu jeder Umgebung $V$ von $z = 0$ eine Umgebung $U$ von $z = 0$ gibt, so daß jede Trajektorie, die zur Zeit $t = 0$ in $U$ startet, für alle Zeiten $t \geq 0$ in $V$ bleibt (Abb. 13.10(b)).

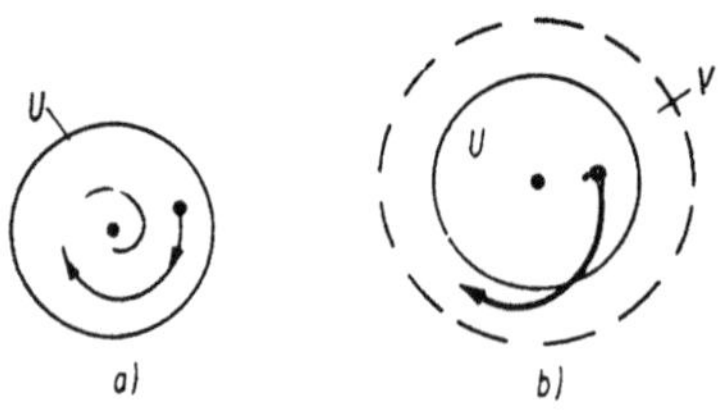


Abb. 13.10

Es gilt das folgende **fundamentale Resultat:**

(i) Liegen alle Eigenwerte von $f'(0)$ echt links von der imaginären Achse (d.h., alle Realteile sind negativ), dann ist $z = 0$ in (13.14) *asymptotisch stabil.*

(ii) Liegt ein Eigenwert von $f'(0)$ echt rechts von der imaginären Achse (d.h., ein Realteil ist positiv), dann ist $z = 0$ in (13.14) *nicht stabil.*

### 13.3.2. Strukturelle Stabilität

Ist der stationäre Punkt $z = 0$ von (13.14) hyperbolisch, d.h., kein Eigenwert von $f'(0)$ liegt auf der imaginären Achse (alle Realteile sind von null verschieden), dann verhält sich der Fluß von (13.14) in einer Umgebung von $z = 0$ qualitativ wie der Fluß des linearisierten Problems (13.15) in einer Umgebung von $z = 0$.

Die präzise Formulierung ergibt sich analog zu 13.2.2.

## 13.4. Bifurkation

### 13.4.1. Grundidee

Wir nehmen jetzt an, daß die rechten Seiten $f_i$ in (13.14) noch von einem reellen Parameter $p$ abhängen, der beispielsweise einen äußeren Einfluß beschreibt. Wir sagen, daß für $p = p_0$ bei dem System (13.14) eine Bifurkation auftritt, falls sich die Struktur des Flusses für $p = p_0$ wesentlich ändert. Das modelliert Strukturveränderungen in der Natur. Ein Blick auf Abb. 13.6 zeigt, wie ein solcher Strukturwechsel entstehen kann. Die Struktur des Flusses wird nämlich wesentlich von der Form der Eigenwerte $\lambda$ und $\mu$ bestimmt, und diese ändern sich, falls wir $p$ ändern.

Wir wollen zwei wichtige Situationen betrachten, bei denen sich *Bifurkation* als Folge eines *Stabilitätsverlustes* ergibt.

### 13.4.2. Entstehung neuer Gleichgewichtszustände (erste Elementarkatastrophe)

Der Stabilitätsverlust einer Gleichgewichtslage kann zur Entstehung neuer Gleichgewichtslagen führen.

*Beispiel:* Wir betrachten die eindimensionale Gleichung

$$x' = px - x^3$$

mit dem reellen Parameter $p$. Alle Gleichgewichtslagen ergeben sich aus $px - x^3 = 0$ (Abb. 13.11a). Studiert man das Vorzeichen von $px - x^3$ zwischen den Gleichgewichtslagen, dann erhält man sofort die in Abb. 13.11b dargestellte Strömung:

(i) Für $p < 0$ gibt es genau eine Gleichgewichtslage $x = 0$, und diese ist *stabil.*

(ii) Für $p > 0$ wird die Gleichgewichtslage $x = 0$ *instabil*, und es entstehen zwei neue stabile Gleichgewichtslagen $x = \pm p$.

Die Funktion $F(x.p) = px - x^3$ heißt die *erste Elementarkatastrophe* von Thom (oder auch *Falte*), während die Funktion $G(x.p.q) = px + qx^2 - x^4$ mit den Parametern $p$ und $q$ als zweite Elementarkatastrophe (oder auch *Spitze*) bezeichnet wird. Die von Thom begründete und von Arnold weiterentwickelte sogenannte *Katastrophentheorie* beschäftigt sich unter anderem mit Normalformen dynamischer Systeme, deren Bifurkationsverhalten strukturell stabil ist (vgl. 13.13.).

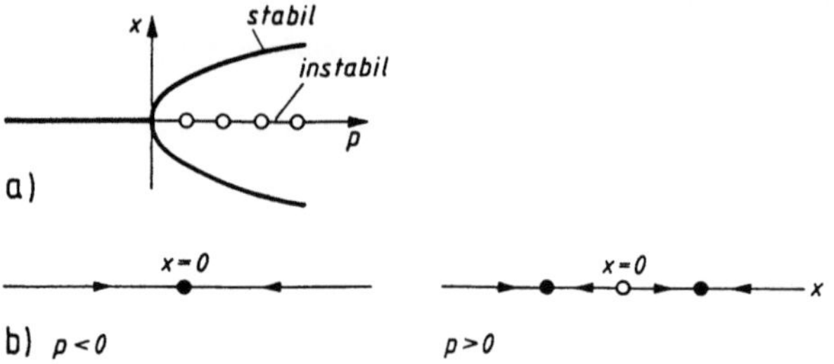


Abb. 13.11

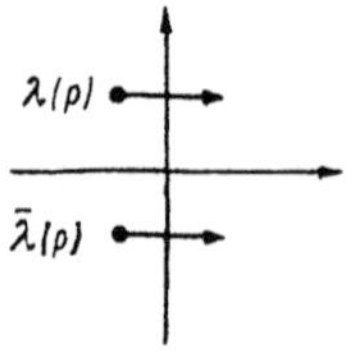


Abb. 13.12

### 13.4.3. Hopfbifurkation

Die Hopfbifurkation modelliert das wichtige Phänomen, daß die stabile Gleichgewichtslage eines Systems durch einen äußeren Einfluß in periodische Bewegungen übergeht.

Wir nehmen an, daß alle $f_i$ in (13.14) von dem reellen Parameter $p$ abhängen und $f_i(0,p) = 0$ für alle $p$ in einer Umgebung von $p_0$ und alle $i$ gilt. Alle $f_i$ sollen in einer Umgebung von $z = 0, p = p_0$ stetige zweite partielle Ableitungen besitzen. Ferner setzen wir folgendes voraus:

(i) Für alle $p < p_0$ in einer kleinen Umgebung von $p_0$ liegen alle Eigenwerte der Matrix $f'(0,p_0)$ echt links von der imaginären Achse (*Stabilität*).

(ii) Für $p = p_0$ überschreitet ein Paar konjugiert komplexer Eigenwerte $(\lambda(p), \overline{\lambda}(p))$ der Matrix $f'(0,p_0)$ mit nichtverschwindender Geschwindigkeit die imaginäre Achse von links nach rechts, d.h., es ist $\operatorname{Re}\lambda'(p_0) > 0$ und $\lambda(p_0) = i\omega$ mit $\omega > 0$ (*Stabilitätsverlust*) (vgl. Abb. 13.12).

(iii) $\lambda(p_0)$ ist ein algebraisch einfacher Eigenwert, d.h. eine einfache Nullstelle der charakteristischen Gleichung der Matrix $f'(0,p_0)$.

(iv) $k\lambda(p_0)$ ist kein Eigenwert von $f'(0,p_0)$ für $k = 0, 2, 3, \ldots$ (*Nichtresonanzbedingung*).

Dann besitzt (13.14) für alle $p > p_0$ in einer hinreichend kleinen Umgebung von $p_0$ (oder für $p = p_0$ im Entartungsfall) periodische Lösungen $z = z(t)$ in einer Umgebung von $z = 0$, wobei die Perioden in der Nähe von $\omega$ liegen.

## 13.5. Ljapunovfunktion

Die Methode der Ljapunovfunktion erlaubt es, das qualitative Verhalten der Trajektorien dynamischer Systeme zu untersuchen.

Eine Funktion $L = L(z_1, \ldots, z_n)$ heißt eine **Ljapunovfunktion** von (13.14) auf der Menge $U$, falls

$$\sum_{i=1}^{n} \frac{\partial L(z_1, \ldots, z_n)}{\partial z_i} f_i(z_1, \ldots, z_n) \leq 0 \tag{13.16}$$

für alle $z \in U$ gilt. Ferner heißt $L$ regulär in $z = 0$, falls in (13.16) das Zeichen $<$ steht für alle $z \neq 0$ in einer Umgebung von $z = 0$. Ist $z = z(t)$ eine Trajektorie von (13.14), dann folgt aus (13.16) die entscheidende Beziehung

$$\frac{\mathrm{d}}{\mathrm{d}t} L(z_1(t), \ldots, z_n(t)) \leq 0\,, \tag{13.17}$$

d.h., $L$ *wächst nicht entlang der Trajektorien* für wachsendes $t$. Für $n = 2$ kann man das wie folgt anschaulich interpretieren. Wir betrachten eine Gebirgslandschaft über der $(z_1, z_2)$-Ebene, wobei $L(z_1, z_2)$ die Höhe des Gebirges im Punkt $(z_1, z_2)$ angibt (Abb. 13.13). Den Trajektorien $z = z(t)$ in der $(z_1, z_2)$-Ebene ordnen wir Raumkurven $z = z(t)$, $L = L(z(t))$ zu, die wir als Bäche bezeichnen. Nach (13.17) fließen die Bäche

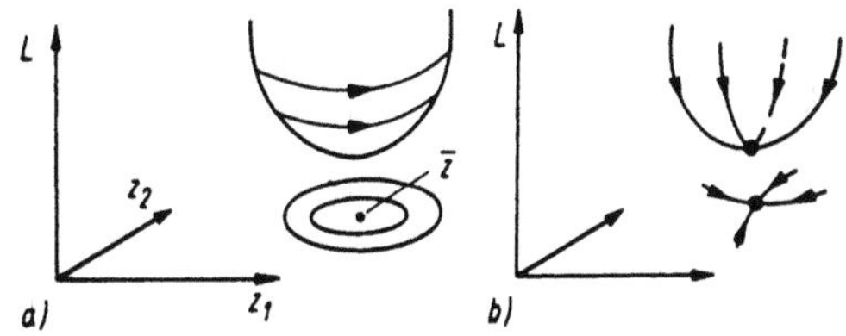


Abb. 13.13

den Berg hinunter. Hat beispielsweise die Ljapunovfunktion $L$ im Punkt $\bar{z}$ ein strenges Minimum, dann besitzt die Gebirgslandschaft dort einen Talkessel, den die Bäche nicht verlassen können. Folglich bleiben die Trajektorien $z = z(t)$ in der Nähe von $\bar{z}$, d.h., im Punkt $\bar{z}$ liegt *Stabilität* vor (Abb. 13.13). Das präzise Resultat lautet folgendermaßen:

(i) Es seien $z = 0$ ein stationärer Punkt von (13.14) und $L$ eine Ljapunovfunktion, die in einer Umgebung von $z = 0$ im $\mathbb{R}^n$ stetige erste partielle Ableitungen besitzt.

(ii) Hat $L$ in $z = 0$ ein strenges Minimum, dann ist der stationäre Punkt $z = 0$ *stabil.*

(iii) Ist $L$ zusätzlich in $z = 0$ regulär, dann ist der stationäre Punkt $z = 0$ *asymptotisch stabil.*

Ist (13.14) ein Gradientensystem, d.h., es gilt

$$f_i(z_1, \ldots, z_n) = \frac{\partial F(z_1, \ldots, z_n)}{\partial z_i}\,, \quad i = 1, \ldots, n\,,$$

für alle $z_1, \ldots, z_n$, dann erhält man eine Ljapunovfunktion durch $L = -F$.

Bei mechanischen Systemen mit Energieerhaltung kann man die *Energiefunktion* als Ljapunovfunktion wählen. In Beispiel 2 von Abschnitt 13.1.1. (harmonischer Oszillator) lautet die Energiefunktion

$$L = \frac{p^2}{2m} + \frac{m\omega^2 x^2}{2}\,.$$

$L$ ist konstant längs der Trajektorien (13.4). Ferner besitzt $L$ in $x = 0$, $p = 0$ ein strenges Minimum (Talkessel der Energiefläche). Deshalb ist $x = 0$, $p = 0$ ein stabiler Gleichgewichtspunkt des harmonischen Oszillators. Physikalisch bedeutet dies, daß der Ruhezustand des harmonischen Oszillators stabil ist.

Bei thermodynamischen Systemen ist die *negative Entropiefunktion* eine Ljapunovfunktion. Leider gibt es keine allgemeine Methode zur Konstruktion von Ljapunovfunktionen. Deshalb kann sich das Auffinden einer Ljapunovfunktion in komplizierten Fällen als schwierig erweisen.

*Beispiel:* Wir wählen die Funktion $L = 2^{-1}px^2 - 4^{-1}x^4$. Das zugehörige Gradientensystem lautet

$$x' = L_x = px - x^3 .$$

Dieses System wurde bereits in 13.4.2. betrachtet. Die Menge aller strengen Minima von $L$ haben wir in 12.6.4. ermittelt. Das ergibt das in Abb. 13.11 dargestellte Stabilitätsverhalten der Gleichgewichtslagen.

## 13.6. Die Methode der Zentrumsmannigfaltigkeit zur vereinfachten Untersuchung der Dynamik (Versklavungsprinzip)

**Grundidee:** Wir wollen eine allgemeine geometrische und auch analytische Methode beschreiben, die es erlaubt, das Verhalten eines dynamischen Systems in der Umgebung einer Gleichgewichtslage zu untersuchen. Dazu benötigt man die Eigenwertstruktur der Matrix des linearisierten Systems und die sogenannte Zentrumsmannigfaltigkeit, die von den nichtlinearen Termen abhängt. Grob gesprochen gilt:

*Die Zentrumsmannigfaltigkeit „weiß alles" über das Verhalten des Systems in der Umgebung eines Gleichgewichtspunktes.*

Diese Methode läßt sich auch auf Bifurkationsprobleme anwenden und erlaubt eine Reduktion der Anzahl der zu betrachtenden Differentialgleichungen.

**Definition:** Eine Teilmenge $M$ des Zustandsraumes eines dynamischen Systems heißt *invariant* genau dann, wenn eine Trajektorie für alle Zeiten $t \in \mathbb{R}$ in $M$ bleibt, falls sie zu einem festen Zeitpunkt in $M$ ist. Zum Beispiel sind Gleichgewichtspunkte und geschlossene Orbits stets invariant.

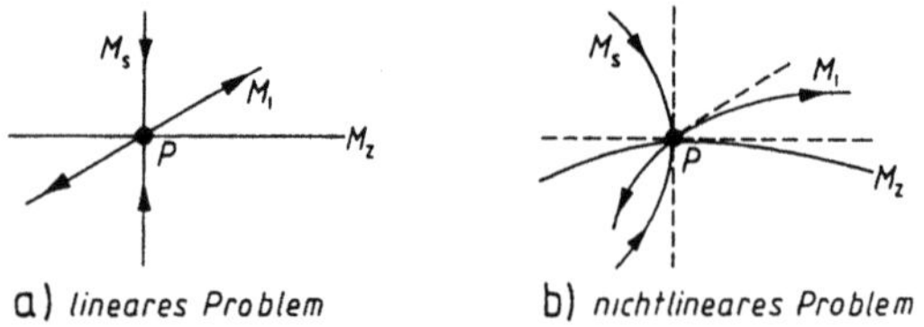


Abb. 13.14

**Prinzip** (Abb. 13.14). Durch jeden Gleichgewichtspunkt $P$ eines dynamischen Systems gehen invariante Mannigfaltigkeiten $M_s, M_i$ und $M_z$ (in einer Umgebung von $P$).

(i) Die Trajektorien der *stabilen Mannigfaltigkeit* $M_s$ werden von $P$ angezogen.

(ii) Die Trajektorien der *instabilen Mannigfaltigkeit* $M_i$ werden von $P$ abgestoßen.

(iii) Die Dynamik auf der *Zentrumsmannigfaltigkeit* $M_z$ kann unterschiedlich sein.

Für das linearisierte Problem sind $M_s, M_i$ und $M_z$ eindeutig bestimmte lineare Unterräume, die zusammen den gesamten Raum aufspannen. Beim Übergang zum nichtlinearen Problem werden $M_s, M_i$ und $M_z$ nur etwas deformiert mit $P$ als Berührungspunkt.

Die Dynamik auf $M_s$ und $M_i$ bleibt in ihrer Struktur erhalten. Deshalb muß nur die Dynamik auf der Zentrumsmannigfaltigkeit $M_z$ des nichtlinearen Problems untersucht werden.

*Beispiel:* Wir betrachten

$$x' = -xy\,, \quad y' = -y + x^2 \tag{13.18}$$

mit dem Gleichgewichtspunkt $(0,0)$. Die Linearisierung

$$x' = 0\,, \quad y' = -y \tag{13.18*}$$

ist entartet, d.h., $(0,0)$ ist *nicht* hyperbolisch. Deshalb versagt das allgemeine Resultat aus 13.3.2. Es liegt hier ein Fall vor, in dem sich aus dem linearisierten Problem nicht das Stabilitätsverhalten des nichtlinearen Problems ablesen läßt. Wir benutzen nun folgendes Verfahren.

Durch den Gleichgewichtspunkt $(0,0)$ gehen bezüglich des linearisierten Problems (13.18*) zwei invariante Mannigfaltigkeiten $M_s$ ($y$-Achse) und $M_z$ ($x$-Achse) (Abb. 13.15). Beim Übergang zum nichtlinearen Problem werden diese gestört. Die gestörte Zentrumsmannigfaltigkeit hat die Form

$$M_z\colon y = h(x)\,. \tag{13.19}$$

Da $M_z$ die $x$-Achse in $(0,0)$ berührt, gilt $h(0) = h'(0) = 0$. Die Dynamik von $M_s$ bleibt in ihrer Struktur erhalten (Abb. 13.15b), während sie sich für $M_z$ ändern kann. Tatsächlich besteht $M_z$ im linearisierten Fall aus lauter Gleichgewichtspunkten, die bei einer Störung in Bewegung geraten können mit noch unbekannter Richtung, die wir jetzt berechnen wollen. Setzen wir (13.19) in (13.18) ein, dann wird die Dynamik auf $M_z$ durch die sogenannte reduzierte Gleichung

$$x' = -xh(x) \tag{13.20}$$

zusammen mit $y(t) = h(x(t))$ bestimmt. Differentiation nach $t$ liefert $y'(t) = h'(x(t))x'(t)$. Setzen wir diesen Ausdruck in (13.18) ein, dann erhalten wir $-y + x^2 = h'(x)(-xy)$. Aus $y = h(x)$ folgt schließlich die fundamentale *Differentialgleichung* zur Berechnung von $h$:

$$-h(x) + x^2 = h'(x)(-xh(x))\,. \tag{D}$$

Der Potenzreihenansatz $h = cx^2 + dx^3 + \ldots$ liefert nach Einsetzen in (D) und Koeffizientenvergleich: $c = 1$. Aus der reduzierten Gleichung (13.20) erhalten wir somit die folgende Dynamik auf $M_z$:

$$x' = -x^3 + \ldots\,, \qquad y = x^2 + \ldots$$

Wegen $x' \gtrless 0$ für $x \lessgtr 0$ zieht $(0,0)$ die Trajektorien von $M_z$ an. Nach Abb. 13.15c ist $(0,0)$ eine stabile Gleichgewichtslage des gesamten Systems.

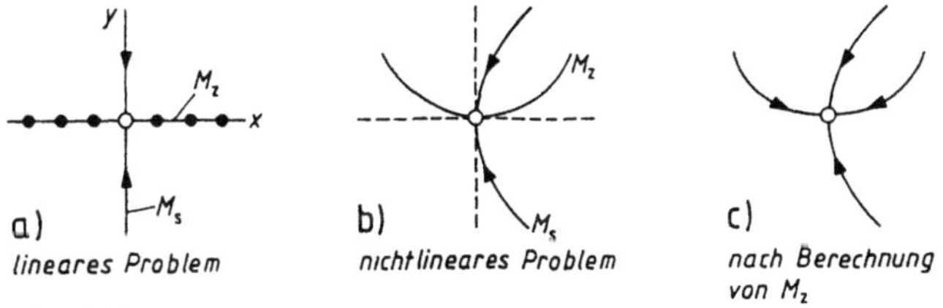


Abb. 13.15

## Allgemeine Systeme

Wir studieren das nichtlineare System

$$z' = f(z,p)\,, \quad z \in \mathbb{R}^n\,, \tag{13.21}$$

mit dem reellen Parameter $p$ in einer Umgebung von $p = 0$. Es sei $f(0,p) = 0$ für alle $p$, d.h., $z = 0$ ist ein Gleichgewichtspunkt von (13.21) (stationärer Punkt). Die Linearisierung lautet

$$z' = Az\,, \quad A = f_z(0,0)\,. \tag{13.22}$$

Explizit entspricht (13.21) bzw. (13.22) dem System (13.14) bzw. (13.15), d.h., $A$ ist die $(n \times n)$-Matrix der ersten partiellen Ableitungen $\partial f_j/\partial z_k$ an der Stelle $(0,0)$. Dabei gilt $z = z(z_1,\ldots,z_n)$ und $f = f(f_1,\ldots,f_n)$. Die Funktionen $f_j$ seien hinreichend glatt.

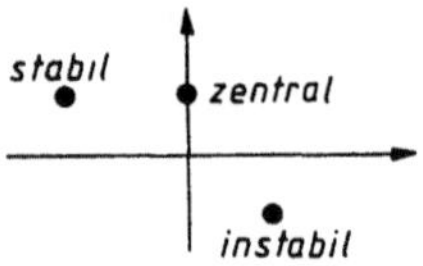


Abb. 13.16

**Definition:** Einen Eigenwert $\lambda$ von $A$ nennen wir *stabil* (bzw. *zentral* bzw. *instabil*), falls $\lambda$ links von der imaginären Achse $\mathscr{I}$ liegt (bzw. auf $\mathscr{I}$, bzw. rechts von $\mathscr{I}$) (Abb. 13.16).

Mit $n_s$ bezeichnen wir die Summe der Vielfachheiten aller stabilen Eigenwerte $\lambda$ als Lösungen der charakteristischen Gleichung $\det(A - \lambda I) = 0$. Entsprechend ergeben sich $n_z$ (bzw. $n_i$) für die zentralen (bzw. instabilen) Eigenwerte.

**Strukturtheorem:** Das Strömungsbild des nichtlinearen Ausgangsproblems (13.21) hat lokal[3)] die gleiche Struktur wie das Strömungsbild des folgenden einfachen entkoppelten Systems:

$$u' = g(u,p)\,, \quad u \in \mathbb{R}^{n_z}\,, \tag{13.23a}$$

$$v' = -v\,, \quad v \in \mathbb{R}^{n_s}\,, \tag{13.23b}$$

$$w' = w\,, \quad w \in \mathbb{R}^{n_i}\,. \tag{13.23c}$$

Dabei ist $g$ eine geeignete Funktion.

Als Lösung erhalten wir $v = v(0)\mathrm{e}^{-t}$, $w = w(0)\mathrm{e}^{t}$. Die Dynamik von (13.23a), (13.23b), (13.23c) entspricht der Reihe nach der Dynamik des Ausgangssystems (13.21) auf $M_z, M_s, M_i$. Aus (13.23) folgt zum Beispiel, daß sich das Bifurkationsproblem auf ein eindimensionales dynamisches System reduzieren läßt, falls $n_z = 1$ ist. Ferner sieht man, daß für $n_z = 0$ (kein zentraler Eigenwert) die Gleichung (13.23a) entfällt und die Struktur des Strömungsbildes unabhängig von $p$ wird. Das entspricht der strukturellen Stabilität eines hyperbolischen Gleichgewichtspunktes $z = 0$ von (13.21).

Leider läßt sich die Normalform (13.23) nicht durch eine einfache Koordinatentransformation herstellen. Zur tatsächlichen Berechnung benutzt man die folgenden Resultate.

### Die Berechnung der invarianten Mannigfaltigkeiten des linearisierten Problems

**Satz:** Die stabile Mannigfaltigkeit $M_s^{(1)}$ des linearisierten Problems (13.22) wird von allen Lösungen $z$ der Gleichungen

$$(A - \lambda I)^k z = 0\,, \quad k = 1,2,\ldots\,,$$

3) In (13.21) betrachtet man eine Umgebung von $z = 0$ für alle $p$ in einer Umgebung von $p = 0$. Dem entspricht eine Umgebung von $u = 0, v = 0, w = 0$ in (13.23).

aufgespannt, wobei $\lambda$ ein beliebiger stabiler Eigenwert von $A$ ist.

Entsprechend ergeben sich $M_z^{(1)}$ (bzw. $M_i^{(1)}$), indem man die zentralen (bzw. instabilen) Eigenwerte wählt.

**Die Berechnung der Zentrumsmannigfaltigkeit des nichtlinearen Problems**

Wir wählen auf $M_z^{(1)}$ (bzw. $M_s^{(1)} + M_i^{(1)}$) neue Koordinaten $x$ (bzw. $y$). Dann entsteht aus dem Ausgangsproblem (13.21) das neue System:

$$\begin{aligned} x' &= \varphi(x, y, p), \quad x \in \mathbb{R}^{n_z}, \\ y' &= \psi(x, y, p), \quad y \in \mathbb{R}^{n_s + n_i}, \end{aligned} \tag{13.21*}$$

Dabei sind die Eigenwerte der Linearisierungsmatrix $\varphi_x(0,0,0)$ (bzw. $\psi_y(0,0,0)$) genau die zentralen (bzw. stabilen und instabilen) Eigenwerte von $A$.

*Fall 1:* Der Parameter $p$ tritt nicht auf. Dann machen wir für die zentrale Mannigfaltigkeit $M_z$ von (13.21) den Ansatz

$$M_z\colon y = h(x)$$

und berechnen $h$ analog zu dem Beispiel (13.18). Die Dynamik auf $M_z$ wird dann durch die reduzierte Gleichung

$$x' = \varphi(x, h(x)) \tag{13.24}$$

und die sogenannte Versklavungsgleichung $y(t) = h(x(t))$ gegeben.

**Reduktionssatz:** Die Matrix $A$ besitze keine instabilen Eigenwerte. Dann ist der Gleichgewichtspunkt $z = 0$ des Ausgangsproblems (13.21) asymptotisch stabil (bzw. stabil, bzw. instabil), falls der Gleichgewichtspunkt $x = 0$ der reduzierten Gleichung (13.24) die entsprechende Eigenschaft hat.

*Fall 2:* Der Parameter $p$ tritt auf (mögliche Bifurkation für $p = 0$). Wir fügen jetzt die Gleichung $p' = 0$ zu (13.21*) hinzu und berechnen die Zentrumsmannigfaltigkeit dieses erweiterten Systems. Dieser Trick liefert die Zentrumsmannigfaltigkeit des nicht erweiterten Systems in Abhängigkeit von $p$:

$$M_z\colon y = h(x, p).$$

Die für die Bifurkation entscheidende Dynamik auf $M_z$ wird dann durch die *reduzierte Gleichung*

$$x' = \varphi(x, h(x, p), p) \tag{13.25}$$

und die sogenannte *Versklavungsgleichung*

$$y(t) = h(x(t), p) \tag{13.26}$$

gegeben. Die Dynamik auf $M_s$ bzw. $M_i$ hat die gleiche Struktur wie die von $M_s^{(1)}$ bzw. $M_i^{(1)}$.

**Das Versklavungsprinzip:** Viele physikalische Systeme bestehen aus einer riesigen Anzahl von Untersystemen (z.B. Molekülen). Kritische Phänomene entsprechen häufig Bifurkationen (z.B. Phasenübergängen). Dabei beobachtet man die zunächst sehr überraschende Tatsache, daß diese kritischen Phänomene nur durch wenige Freiheitsgrade des Systems beschrieben werden können. Um das zu verstehen, betrachten wir Gleichung (13.21) bzw. (13.21*). Die folgende Situation ist typisch:

(i) Für $p < 0$ sind alle Eigenwerte von $A$ stabil.

(ii) Für $p = 0$ treten zentrale Eigenwerte und für $p > 0$ instabile Eigenwerte auf.

Dadurch ergibt sich ein Stabilitätsverlust der Gleichgewichtslage $z = 0$ für $p = 0$. Das wesentliche Bifurkationsverhalten wird durch die reduzierte Gleichung (13.25) für die Freiheitsgrade $x$ bestimmt. Die übrigen Freiheitsgrade $y$ hängen von $x$ ab, was durch (13.26) beschrieben wird. Physiker sagen, daß die Freiheitsgrade $y$ durch die Gleichung $y = h(x.p)$ der Zentrumsmannigfaltigkeit von den Freiheitsgraden $x$ *versklavt* werden.

Zusammengefaßt heißt das:

*Bifurkation ergibt sich dadurch, daß einige Eigenwerte die imaginäre Achse überschreiten. Die Anzahl der wesentlichen Freiheitsgrade ist gleich der Summe der Vielfachheiten dieser Eigenwerte (Dimension der Zentrumsmannigfaltigkeit).*

Auch bei Turbulenz beobachten die Physiker den überraschenden Effekt, daß dieses chaotische Verhalten durch endlich viele Freiheitsgrade beschrieben werden kann. Der mathematische Grund dafür ist die Existenz eines endlichdimensionalen globalen Attraktors, der die Dynamik für große Zeiten regiert. Dieser Attraktor besitzt eine komplizierte Struktur, die darin zum Ausdruck kommt, daß er eine gebrochene Dimension hat (vgl. 13.9.).

## 13.7. Attraktoren

**Kontinuierliche dynamische Systeme:** Eine invariante abgeschlossene Menge $\mathscr{A}$ heißt ein *Attraktor*[4] genau dann, wenn es eine offene Umgebung $U$ von $\mathscr{A}$ gibt, so daß jede Trajektorie $z = z(t)$, die zur Zeit $t = 0$ in $U$ startet, die Eigenschaft besitzt, daß ihr Abstand zu $\mathscr{A}$ für $t \to +\infty$ gegen null geht, d.h., es gilt

$$\lim_{t \to +\infty} d(z(t), \mathscr{A}) = 0 .$$

Ist $U$ gleich dem gesamten Raum, dann sprechen wir von einem *globalen Attraktor*. Ein solcher Attraktor zieht alle Trajektorien an. Deshalb gibt seine Kenntnis Auskunft über das Verhalten des Systems für große Zeiten. Ist der globale Attraktor ein Gleichgewichtspunkt, dann strebt das System für große Zeiten in eine eindeutige Gleichgewichtslage (Abb. 13.17).

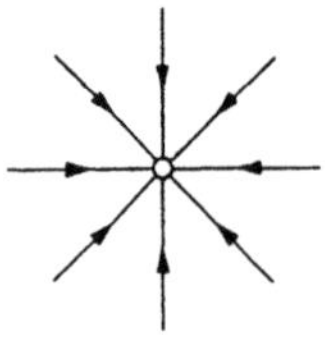

Abb. 13.17

*Beispiel:* Jeder asymptotisch stabile Gleichgewichtspunkt und jeder stabile Grenzzyklus (periodische Bewegung) ist ein Attraktor (Abb. 13.9).

## 13.8. Diskrete dynamische Systeme und Iterationsverfahren

Es sei $y = f(x)$ eine reelle Funktion. Das Iterationsverfahren

$$x_{n+1} = f(x_n) . \quad n = 0, 1, 2, \ldots . \tag{13.27}$$

interpretieren wir als diskretes dynamisches System $\Sigma$, d.h. als Bewegung auf der Zahlenge-

[4] In der Literatur werden Attraktoren in sehr unterschiedlicher Weise definiert.

raden (Abb. 13.18). Befindet sich $\Sigma$ zur Zeit $t = n\Delta t$ ($\Delta t > 0$) im Punkt $x_n$, dann geht es nach der Vorschrift (13.27) zur Zeit $t = (n+1)\Delta t$ in den Punkt $x_{n+1}$ über.

**Gleichgewichtspunkte (Fixpunkte):** Ein Fixpunkt $x$ von $f$ ist definitionsgemäß eine Lösung der Gleichung

$$x = f(x)\,. \tag{13.28}$$

Dem entspricht ein Gleichgewichtszustand, denn aus $x_0 = x$ und (13.27) folgt, daß $x_n = x$ für alle Zeiten $t = n\Delta t$ gilt.

Fixpunkte sind geometrisch die Schnittpunkte des Graphen von $f$ mit der Diagonalen (Abb. 13.19). Der folgende Satz zeigt z.B., daß ein Fixpunkt stabil ist, falls der Betrag des Anstiegs von $f$ im Fixpunkt *kleiner* als der Anstieg der Diagonalen ist.

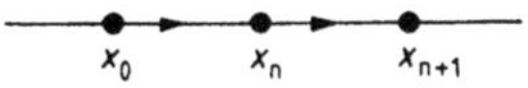


Abb. 13.18

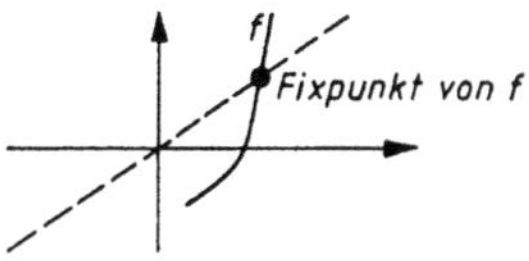


Abb. 13.19

**Satz 1** (Stabilität): Es sei $f$ differenzierbar. Gilt

$$|f'(x)| < 1 \quad \text{bzw.} \quad |f'(x)| > 1\,,$$

dann ist der Fixpunkt $x$ stabil bzw. instabil (d.h., das Iterationsverfahren (13.27) konvergiert bzw. divergiert).

Abb. 13.20 zeigt den anschaulichen Hintergrund. Für die *numerische Mathematik* hat dieser Satz zur Folge, daß *nicht* jede Lösung $x$ von (13.28) durch ein Iterationsverfahren berechnet werden kann. Erstens muß $x$ ein stabiler Fixpunkt sein und zweitens muß der Startwert $x_0$ im Anziehungsbereich des Fixpunktes liegen, um Konvergenz zu erhalten.

**Satz 2** (Spezialfall des Fixpunktsatzes von Brouwer): Bildet die stetige Funktion $f$ das Einheitsintervall $[0, 1]$ stetig in sich ab, dann besitzt $f$ einen Fixpunkt, d.h., das zugehörige diskrete dynamische System hat mindestens eine Gleichgewichtslage.

Abb. 13.21a veranschaulicht diesen Satz.

**Satz 3** (Spezialfall des Fixpunktsatzes von Banach): Bildet die differenzierbare Funktion $f$ das Einheitsintervall $[0, 1]$ in sich ab mit $|f'(y)| < 1$ für alle $y \in [0, 1]$, dann besitzt $f$ auf $[0, 1]$ genau einen Fixpunkt $x$, gegen den das Iterationsverfahren (13.27) für jeden Startwert $x_0 \in [0, 1]$ konvergiert (Abb. 13.21b).

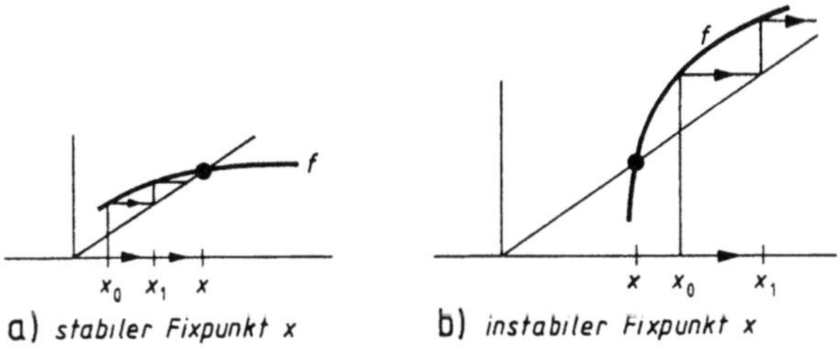


Abb. 13.20

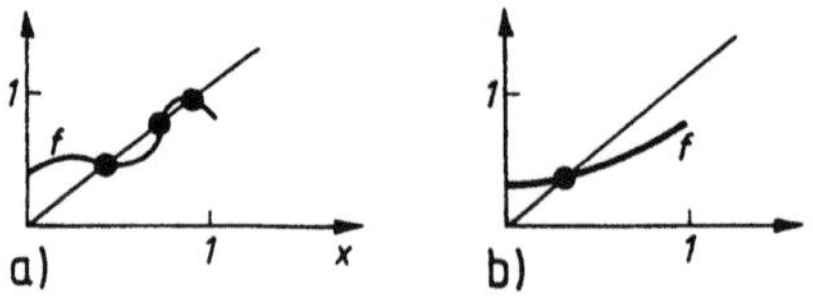


Abb. 13.21

In der Sprache der diskreten dynamischen Systeme besagt dieser Satz, daß genau eine Gleichgewichtslage $x$ existiert, die ein *Attraktor* für das Einheitsintervall ist.

**Periodische Bewegungen (Fixpunkte iterierter Abbildungen):** Mit $f^2$ bezeichnen wir die iterierte Abbildung, d.h. $f^2(x) = f(f(x))$. Ist $x$ ein Fixpunkt von $f^2$, dann entspricht diesem Startwert eine Bewegung der Periode 2 für (13.27). Denn aus (13.27) folgt mit $x = x_0$ die Beziehung

$$x_2 = f(x_1) = f(f(x)) = x\,.$$

Analog gilt $x = x_0 = x_2 = x_4 = \ldots$

In gleicher Weise ergibt sich, daß jeder Fixpunkt $x$ der $k$-fach iterierten Funktion $f^k$ Startwert einer Bewegung der Periode $k$ von (13.27) ist.

## 13.9. Fraktale

Vernünftige Kurven bzw. Flächen sind eindimensional bzw. zweidimensional. Es gibt jedoch bizarre Gebilde (z.B. Attraktoren dynamischer Systeme), die so kompliziert aufgebaut sind, daß man ihnen *keine* ganzzahlige Dimension zuordnen kann.

**Definition:** Es sei $M$ eine Menge im $\mathbb{R}^n$. Die Dimension $d$ von $M$ wird durch

$$d = -\lim_{\varepsilon \to +0} \frac{\ln N(\varepsilon)}{\ln \varepsilon}$$

definiert, wobei $N(\varepsilon)$ die Mindestanzahl der Kugeln vom Radius $\varepsilon$ ist, die zur Überdeckung von $M$ benötigt werden.

Für vernünftige Mengen stimmt $d$ mit der anschaulichen Dimension überein.

*Beispiel 1* (die pathologische Cantormenge): Wir wollen eine Teilmenge $C$ des Einheitsintervalls konstruieren, die eine komplizierte Struktur besitzt. Hierzu entfernen wir im ersten Schritt das mittlere Drittel. Im zweiten Schritt werden in den verbleibenden beiden Intervallen die mittleren Drittel entfernt usw. (Abb. 13.22). Die so entstehende sogenannte *Cantormenge* $C$ ist nirgends dicht im Einheitsintervall und besitzt die Dimension

$$d = \ln 2/\ln 3 = 0.6309\,.$$

Denn im $(k+1)$-Konstruktionsschritt entsteht eine Überdeckung von $C$ bestehend aus $N(\varepsilon) = 2^k$ Intervallen der Länge $\varepsilon = 3^{-k}$.

Aus Cantormengen kann man komplizierte höherdimensionale Gebilde aufbauen. In Abb. 13.23 betrachten wir das Produkt einer Geraden mit einer Cantormenge, d.h., durch jeden Punkt der Cantormenge $C$ geht eine Gerade parallel zur $y$-Achse. Tatsächlich kann man eine solche Menge nicht zeichnen. Hat ein Attraktor eine solche Struktur, dann ist die Dynamik des Systems sehr kompliziert (chaotisch). Insbesondere hängen die Trajektorien außerordentlich sensitiv von den Anfangsdaten ab (seltsamer oder chaotischer Attraktor).

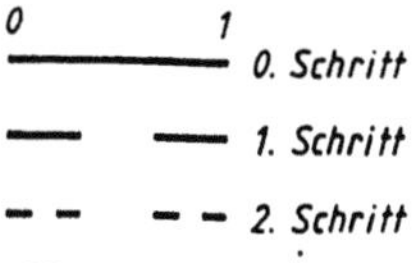


Abb. 13.22

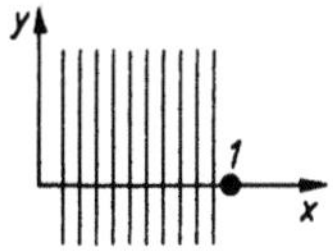


Abb. 13.23

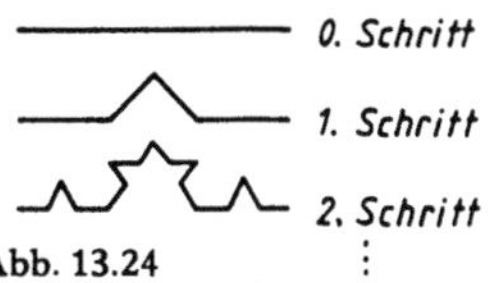


Abb. 13.24

*Beispiel 2* (die pathologische Kochkurve): Abb. 13.24 zeigt die ersten Schritte zur Konstruktion der *Kochkurve.* (Man füge stets neue Zacken hinzu.) Diese hat die fraktale Dimension

$$d = \ln 4 / \ln 3 = 1.2718 .$$

Dieses Beispiel zeigt, daß eine „Kurve" nicht unbedingt eindimensional sein muß. Zitterkurven wie die Kochkurve werden bei der Brownschen Bewegung beobachtet (Wärmebewegung relativ großer Teilchen in Flüssigkeiten).

# 13.10. Übergang zum Chaos

In der Natur beobachtet man turbulente Bewegungen, die eine sehr komplizierte Struktur besitzen. In der zweiten Hälfte dieses Jahrhunderts wurde durch Computersimulationen entdeckt, daß bereits sehr einfache deterministische Systeme ohne jede Wahrscheinlichkeitsstruktur eine sehr komplizierte Dynamik entwickeln können. Wir betrachten hierzu zwei Beispiele:

(i) Das Entstehen von Chaos durch die Existenz eines seltsamen Attraktors (vgl. 13.10.1.).

(ii) Das Entstehen von Chaos durch ständige Periodenverdopplung, d.h., durch einen äußeren Einfluß entstehen immer mehr periodische Bewegungen (vgl. 13.10.2.).

## 13.10.1. Kontinuierliche dynamische Systeme

*Beispiel 1* (das *Lorenz-System*): Um meteorologische Phänomene zu verstehen, studierte Lorenz im Jahre 1963 ein kompliziertes System von nichtlinearen partiellen Differentialgleichungen, das die Kopplung von Wärmezufuhr und Wärmeleitung in der Atmosphäre modelliert. Um dieses System zu lösen, machte Lorenz einen Fourieransatz und bemerkte, daß drei Frequenzen dominierten, während die anderen Terme der Reihenentwicklung klein waren. Das ergab das folgende System von drei gewöhnlichen Differentialgleichungen

$$x' = a(y - x), \quad y' = bx - y - xz, \quad z' = xy - c . \tag{13.29}$$

Computerberechnungen zeigten, daß dieses so harmlos aussehende System für gewisse Werte der Parameter $a, b, c$ eine komplizierte Dynamik besitzt, die man mit der Bewegung einer Fliege um zwei Lampen $L_1$ und $L_2$ vergleichen kann. Die Fliege (Trajektorie) bewegt sich in einer Spirale um $L_1$ und saust plötzlich in eine Spirale um $L_2$ (Abb. 13.25). Hier liegt ein sogenannter seltsamer Attraktor vor, der grob gesprochen aus sehr dicht aneinander gepackten unendlich vielen Blättern besteht mit „winzigsten" Räumen zwischen den Blättern.

Entscheidend ist, daß die Trajektorien sehr sensibel von den Anfangswerten abhängen. Kleinste Störungen der Anfangslage führen zu drastischen Änderungen der Trajektorien. Sarkastisch kann man das Lorenz-Modell als den Todesstoß für präzise langfristige Wettervorhersagen interpretieren. Kleinste Veränderungen in der Atmosphäre können große Wetterveränderungen herbeiführen.

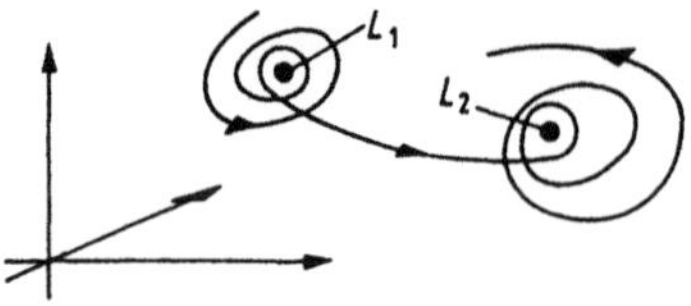


Abb. 13.25

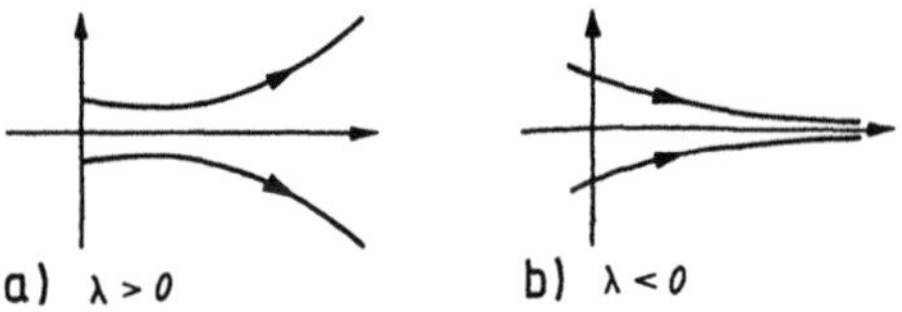


Abb. 13.26

Der entscheidende Mechanismus für das Entstehen seltsamer Attraktoren besteht darin, daß in gewissen Richtungen die Strecken durch die Strömung exponentiell mit der Zeit $t$, d.h. um den

$$\text{Streckungsfaktor} = e^{\lambda t}$$

auseinanderlaufen (Abb. 13.26a mit $\lambda > 0$), während sie in anderen Richtungen exponentiell kontrahiert werden (Abb. 13.26b mit $\lambda < 0$). Die richtungsabhängige Zahl $\lambda$ heißt *Ljapunovexponent*.

## 13.10.2. Diskrete dynamische Systeme und Periodenverdopplung

*Beispiel (Feigenbaumbifurkation)*: Wir betrachten das folgende Iterationsverfahren

$$x_{n+1} = 4px_n(1 - x_n), \quad n = 0, 1, 2, \dots, \tag{13.30}$$

mit dem Parameter $p > 0$. Berechnet man für festes $p$ eine große Anzahl $N$ von Iterationen und druckt man die Ergebnisse etwa der letzten $N/5$ Iterationen aus, dann erhält man das Diagramm von Abb. 13.27a, d.h., für festes $p$ wird der Attraktor dargestellt.

Genauer: die Punkte $x$ des Diagramms für $p < p_2$ entsprechen einem stabilen Fixpunkt (Gleichgewichtspunkt), der alle Trajektorien anzieht. Für $p_2 < p < p_3$ ist eine stabile periodische Bewegung der Periode 2 vorhanden (stabiler Grenzzyklus), die alle Trajektorien anzieht. (Die periodische Bewegung geschieht für $p = p_*$ zwischen den Punkten $P$ und $Q$; die genaue Dynamik ist in Abb. 13.27b angegeben.) Bei weiterer Vergrößerung des „äußeren Parameters" $p$ spalten sich jeweils die stabilen Grenzzyklen in zwei neue stabile Grenzzyklen auf unter Verdopplung der Perioden. In der Nähe von $p_\infty$ wird der Attraktor immer komplizierter. Das System geht in eine turbulente (chaotische Bewegung) über.

Um dieses Verhalten zu verstehen, setzen wir

$$f_p(x) = 4px(1 - x)$$

und benutzen die Resultate aus (13.8).

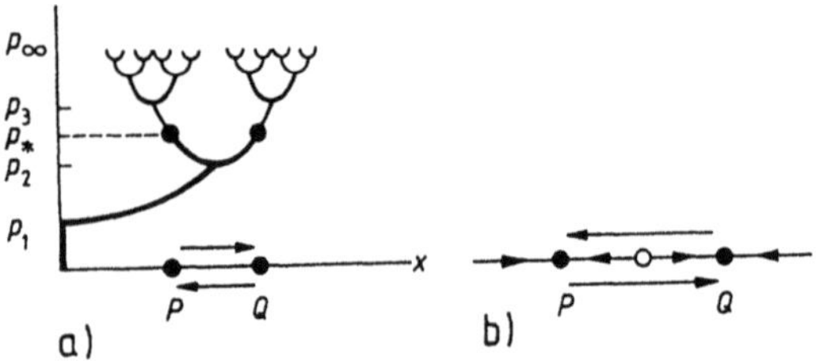


Abb. 13.27

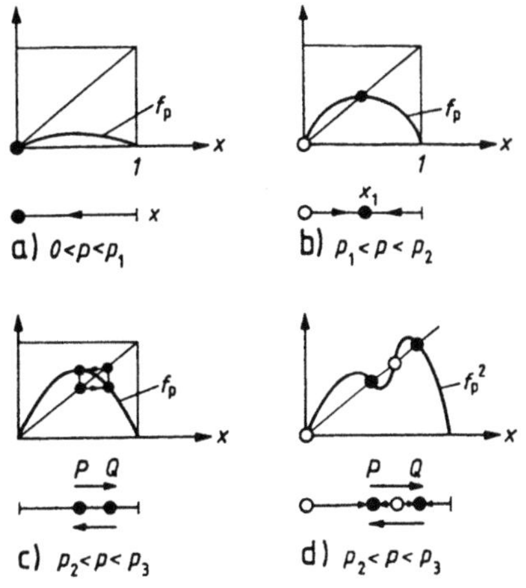


Abb. 13.28

(a) Für festes $p$ mit $0 < p < p_1$ besitzt das System *genau einen Fixpunkt* (Gleichgewichtspunkt) $x = 0$. Dieser ist stabil, weil $|f_p'(0)| < 1$ gilt, d.h., der Graph von $f_p$ hat im Punkt $x = 0$ einen Anstieg kleiner als eins (Abb. 13.28a).

(b) Für festes $p$ mit $p_1 < p < p_2$ besitzt das System *zwei Fixpunkte* $x = 0$ und $x = x_1$, wobei $x = 0$ instabil ist (der Anstieg $f_p$ in $x = 0$ ist größer als eins) und $x = x_1$ stabil ist (Abb. 13.28b).

(c) Für festes $p$ mit $p_2 < p < p_3$ besitzt das System eine periodische Bewegung der Periode 2 zwischen den Punkten $P$ und $Q$ (Abb. 13.28c). Die Stabilität dieser periodischen Bewegung folgt daraus, daß $P$ und $Q$ stabilen Fixpunkten der iterierten Abbildung $f_p^2$ entsprechen. Daneben existieren noch zwei instabile Fixpunkte $x = x_0$ und $x = x_1$, so daß sich die in Abb. 13.28d angegebene Dynamik ergibt.

Bei weiterer Vergrößerung von $p$ werden die stabilen Fixpunkte von $f_p^2$ instabil, und es entstehen Bewegungen der Periode zwei von $f_p^2$, die Bewegungen der Periode 4 von $f_p$ entsprechen usw.

### Das Universalitätsprinzip von Feigenbaum

Feigenbaum berechnete um 1980 auf einem Taschenrechner den Grenzwert

$$\lim_{n\to\infty} (p_{n+1} - p_n)/(p_{n+2} - p_{n+1}) = \delta = 4{,}6692\,.$$

Dann betrachtete er anstelle von $f_p$ eine andere Funktion mit qualitativ gleichem Verhalten und erhielt zu seiner großen Überraschung exakt die gleiche Zahl $\delta$. Das ist ein sehr interessantes Phänomen. Die sogenannte *Universalitätshypothese* besagt: Bei allen Übergängen zum Chaos mit Periodenverdopplung tritt die gleiche Naturkonstante $\delta$ auf. Für große Klassen von Iterationsverfahren auf dem Einheitsintervall ist das bewiesen worden, wobei ein Beweisschritt auf einer Computerberechnung beruht (computer-assisted proof).

Die Universalitätstheorie weist darauf hin, daß auch der Übergang zum Chaos (Turbulenz) von *strengen Gesetzmäßigkeiten* beherrscht wird. Es gibt auch physikalische Experimente mit flüssigem Helium, die die Universalitätshypothese bestätigen.

# 13.11. Ergodizität

Wir betrachten auf dem Rand des Einheitskreises $S^1$ das Iterationsverfahren

$$\varphi_{n+1} = \varphi_n + 2\pi\beta, \quad n = 0, 1, 2, \dots, \tag{13.31}$$

wobei $\varphi$ den Winkel bezeichnet, d.h., es handelt sich in jedem Schritt um eine Drehung mit dem Winkel $2\pi\beta$.

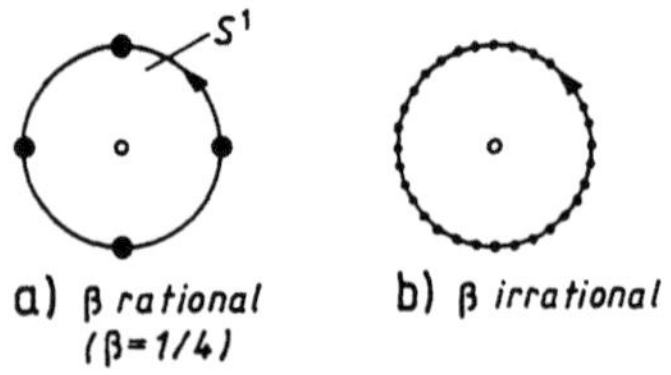


Abb. 13.29

*Fall 1:* Ist $\beta$ eine rationale Zahl, dann besteht der Orbit nur aus einer *endlichen* Zahl von Punkten. Das System kehrt nach endlicher Zeit in seine Ausgangslage zurück (Abb. 13.29a).

*Fall 2:* Ist $\beta$ irrational, dann bedeckt der Orbit *dicht* die Kreislinie. Ferner gilt für jede stetige Funktion $f$, daß für fast alle Startwerte $\varphi_0 \in S^1$ der Grenzwert

$$\lim_{n \to +\infty} \frac{1}{n} \sum_{k=0}^{n-1} f(\varphi_k) = \int_0^{2\pi} f(\varphi)\,\mathrm{d}\varphi \,/2\pi \tag{13.32}$$

existiert und durch ein Integral auf $S^1$ ausgedrückt werden kann. Links steht der Mittelwert über einen großen Zeitraum (Zeitmittel), während rechts ein Integral steht (Scharmittel), das sich leicht berechnen läßt. Zum Beispiel erhalten wir für $f(\varphi) \equiv 1$ den zeitlichen Mittelwert der Lage:

$$\overline{\varphi} = \pi\,.$$

Die Relation (13.32) drückt die Ergodizität der Bewegung aus. Der wesentliche Grund für das Bestehen von (13.32) ist die Tatsache, daß die Bewegung (Drehung) das Maß auf $S^1$ invariant läßt.

Die Ergodentheorie hat ihren Ursprung in der Gastheorie des 19.Jahrhunderts (statistische Mechanik). Die Bewegung der riesigen Anzahl von Molekülen eines Gases kann nicht berechnet werden. Gemessen werden im Experiment Größen, die Mittelwerte über lange Zeiträume darstellen. Um diese Mittelwerte zu berechnen, benutzt man nicht die Trajektorien, sondern ein Maß auf dem Phasenraum und eine Relation analog zu (13.32). Die rechte Seite von (13.32) kann dann interpretiert werden als Erwartungswert im Sinne der Wahrscheinlichkeitsrechnung.

In der klassischen Mechanik nutzt man die Tatsache aus, daß der Fluß Hamiltonscher Systeme im Phasenraum das Volumen invariant läßt (Satz von Liouville). Das obige Resultat (13.32) ist ein Spezialfall des Ergodensatzes von Birkhoff über maßtreue Abbildungen.

**Der Birkhoffsche Ergodensatz:** Es sei $\mu$ ein Maß auf der Menge $M$ mit $\mu(M) = 1$. Ferner sei $T: M \to M$ eine Transformation der Menge $M$ in sich, die das Maß $\mu$ erhält. Wir betrachten das diskrete dynamische System

$$x_{n+1} = T(x_n), \quad n = 0, 1, 2, \ldots$$

Ferner sei $f: M \to \mathbb{R}$ eine über $M$ integrierbare Funktion bezüglich $\mu$. Dann gilt:

(i) Für fast alle Startpunkte $x_0 \in M$ existiert das „Zeitmittel"

$$f_*(x_0) := \lim_{n \to +\infty} \frac{1}{n} \sum_{k=0}^{n-1} f(x_k) .$$

(ii) Für das „Scharmittel" $\int\limits_M f(x)\,d\mu$ erhält man

$$\int\limits_M f_*(x)\,d\mu = \int\limits_M f(x)\,d\mu .$$

(iii) Die Funktion $f_*$ ist eine Erhaltungsgröße des diskreten dynamischen Systems, d.h., es gilt $f_*(Tx) = f_*(x)$ für fast alle $x \in M$.

**Definition:** Das diskrete dynamische System heißt *ergodisch* genau dann, wenn für fast alle Startwerte $x_0 \in M$ das Zeitmittel gleich dem Scharmittel ist, d.h.

$$f_*(x_0) = \int\limits_M f(x)\,d\mu .$$

**Korollar:** Das System ist genau dann ergodisch, wenn alle invarianten Mengen das Maß null oder eins haben.

Insbesondere ist das System ergodisch, falls es nur konstante Erhaltungsgrößen besitzt.

# 13.12. Störung quasiperiodischer Bewegungen in der Himmelsmechanik (KAM-Theorie), Resonanzphänomene und Relaxation

## 13.12.1. Grundideen

Die Frage nach der Stabilität unseres Planetensystems stellt eines der großen Probleme in der Geschichte der Mathematik dar. Vernachlässigt man zunächst die Anziehungskraft zwischen den einzelnen Planeten, dann bewegt sich jeder Planet periodisch mit unterschiedlichen Frequenzen. Eine solche Bewegung heißt *quasiperiodisch*. Berücksichtigen wir jetzt die Kräfte zwischen den Planeten, dann handelt es sich um die Störung einer quasiperiodischen Bewegung. Im Jahre 1954 entdeckte Kolmogorov, daß solche Störungen Bewegungsabläufe erzeugen, die sehr sensibel von den Anfangsbedingungen abhängen. Die Theorie wurde daraufhin von Arnold und Moser ausgebaut, deshalb spricht man von der KAM-Theorie.

Bezogen auf die Planetenbewegung bedeutet die KAM-Theorie, daß das Langzeitverhalten der Planetenbewegung sehr sensibel von den Anfangsdaten abhängt. Computerberechnungen haben allerdings nachgewiesen, daß die Stabilität unseres Planetensystems für mehrere Millionen Jahre sichergestellt ist. Physikalisch ergibt sich die Komplexität durch das mögliche Auftreten von Resonanzen bei Störungen.

Um eine geometrische Vorstellung mit der KAM-Theorie zu verbinden, benutzen wir den Phasenraum. Die Bewegung eines jeden Planeten wird dann charakterisiert durch die zeitliche Veränderung des Ortsvektors $\mathbf{x} = \mathbf{x}(t)$ und des Impulsvektors $\mathbf{p} = \mathbf{p}(t)$. Dabei ist $\mathbf{p} = m\mathbf{x}'$ (Masse mal Geschwindigkeit). Für jeden Planeten ergeben sich damit 6 Freiheitsgrade; insgesamt wird die Bewegung von $N$ Planeten in einem $6N$-dimensionalen Phasenraum beschrieben. Einer quasiperiodischen Bewegung entsprechen invariante Mannigfaltigkeiten, die Verallgemeinerungen des zweidimensionalen Torus sind und deshalb als invariante Tori bezeichnet werden. Für das ungestörte Problem sind die meisten Tori vom Nichtresonanzcharakter (z.B. ist der Quotient zweier Frequenzen eine irrationale Zahl). Bei der Störung werden die meisten nichtresonanten Tori nur deformiert, d.h., der Bewegungsablauf bleibt in seiner Struktur erhalten; es gibt aber auch nichtresonante Tori, die zerstört werden.

Bei den Berechnungen in der Himmelsmechanik führt das dazu, daß die entstehenden Reihen sehr kleine Nenner enthalten und das Konvergenzverhalten dieser Reihen sehr sensibel gegenüber kleinsten Änderungen ist. Wir wollen das im folgenden anhand einfacher Beispiele erläutern.

## 13.12.2. Typische Resonanzerscheinungen

Resonanzeffekte werden von Ingenieuren gefürchtet. Sie können zur Zerstörung von Maschinen und Brücken führen.

*Äußere Resonanzen:* Wir betrachten die Differentialgleichung

$$x''(t) + \omega^2 x(t) = \varepsilon \sin(\alpha t)$$

mit dem kleinen Parameter $\varepsilon$. Wir interpretieren den Term auf der rechten Seite als eine kleine äußere periodische Kraft mit der Kreisfrequenz $\alpha$.

*Fall 1:* Keine Resonanz, d.h. $\omega \neq \alpha$. Die allgemeine Lösung lautet

$$x(t) = A\sin(\omega t + B) + \frac{\varepsilon \sin(\alpha t)}{\omega^2 - \alpha^2}.$$

Für $\varepsilon = 0$ (keine äußere Kraft) entstehen Eigenschwingungen des Systems mit der Kreisfrequenz $\omega$.

Für $\varepsilon \neq 0$ tritt im fastkritischen Fall, in dem $\omega$ nahe bei $\alpha$ liegt, der kleine Nenner $\omega^2 - \alpha^2$ auf, der zu sehr großen Amplituden führt.

*Fall 2:* Resonanz, d.h. $\omega = \alpha$. Hier lautet die allgemeine Lösung

$$x(t) = A\sin(\omega t + B) - (\varepsilon/2\omega)t\cos(\omega t).$$

Der für die Technik gefährliche Resonanzeffekt ergibt sich aus dem Term „$t\cos\omega t$", dessen Amplitude mit wachsender Zeit $t$ immer größer wird und zur Zerstörung des Systems führt.

Beim Bau von Brücken muß man zum Beispiel darauf achten, daß die Schwingungen, die durch den Verkehr (Züge, Autos, Marschkolonnen) erzeugt werden, nicht in Resonanz mit den Eigenschwingungen der Brücke stehen. Die Frequenzen von Eigenschwingungen ergeben sich mathematisch aus Eigenwertproblemen.

*Innere Resonanzen:* Wir betrachten zwei miteinander gekoppelte harmonische Oszillatoren, die durch das System

$$x'' + \omega x = \varepsilon f(x,y), \quad y'' + \omega_* y = \varepsilon g(x,y)$$

mit dem kleinen Parameter $\varepsilon$ beschrieben werden. Für $\varepsilon = 0$ sind beide Systeme entkoppelt und vollführen Eigenschwingungen. Jeder Orbit ist im $(x, x')$-Phasenraum bzw. im $(y, y')$-Phasenraum eine Ellipse (vgl. Abb. 13.2). Der Gesamtorbit im $(x, x', y, y')$-Phasenraum stellt dann das Produkt zweier Ellipsen dar – das ist ein Torus.

Der gefährliche Resonanzeffekt kann auftreten, wenn das Verhältnis $\omega/\omega_*$ rational ist. Um das an einem Beispiel zu erläutern, setzen wir $f = y$, $g = 0$ und $\omega = \omega_*$. Dann entsteht die Lösung $y = \varepsilon \sin(\omega t)$, die den Resonanzeffekt

$$x = -(\varepsilon/2\omega)t\cos(\omega t)$$

liefert.

### 13.12.3. Relaxation (quasistatische Näherung)

Unter Relaxation versteht man, daß ein System nach hinreichend langer Zeit in eine Gleichgewichtslage übergeht (inverser Resonanzeffekt). Die „typische Zeit", die das System dafür benötigt, bezeichnet man als *Relaxationszeit.* Bei einem Exponentialgesetz

$$x(t) = x(0)e^{-at}$$

heißt $t_{\text{rel}} = 1/a$ die Relaxationszeit. Für viele Systeme in der Natur ist charakteristisch, daß die inneren Relaxationszeiten viel kleiner sind als die durch äußere Einflüsse erzeugten Relaxationszeiten. Deshalb dominieren die äußeren Einflüsse. Zur Illustration betrachten wir das folgende einfache Modell

$$x' + ax = Ae^{-bt}$$

mit den positiven Konstanten $a, b, A$ und der Lösung

$$x(t) = \text{const} \cdot e^{-at} - \frac{A}{b}e^{-bt}.$$

Für die Relaxationszeiten erhalten wir:

inneres System $t_{\text{inn}} = 1/a$, äußeres System $t_{\text{äuß}} = 1/b$.

Ist $t_{\text{inn}}$ wesentlich kleiner als $t_{\text{äuß}}$, dann gilt für große Zeiten $t$ näherungsweise

$$x(t) = -\frac{A}{b}e^{-bt},$$

was einer Lösung der vereinfachten Ausgangsgleichung $x' = Ae^{-bt}$ entspricht. Bei dieser sogenannten quasistatischen Näherung spielt das innere System (d.h. der Term „$ax$") keine Rolle. Die Physiker sagen, daß das System von dem äußeren Einfluß „versklavt" wird.

## 13.13. Singularitätentheorie (Katastrophentheorie)

Die von dem französischen Mathematiker René Thom um 1970 begründete „Katastrophentheorie" basiert auf drei fundamentalen Begriffen:

(i) strukturelle Stabilität,

(ii) Generizität,

(iii) Transversalität.

Wir wollen zeigen, daß (i) bis (iii) von *allgemeiner* Bedeutung für die Mathematik sind.

## 13.13.1. Reguläres und singuläres Verhalten

**Definition:** Es seien $f, g$ und $F$ reelle Funktionen.

(i) $x$ ist ein regulärer Fixpunkt von $f$ genau dann, wenn $f(x) = x$ und $f'(x) \neq 1$ gilt.

(ii) $x$ ist eine reguläre Nullstelle von $g$ genau dann, wenn $g(x) = 0$ und $g'(x) \neq 0$ gilt.

(iii) $x$ ist ein regulärer kritischer Punkt von $F$ genau dann, wenn $F'(x) = 0$ und $F''(x) \neq 0$ gilt.

(iv) $y$ ist ein singulärer Wert von $F$ genau dann, wenn $y$ ein kritisches Niveau von $F$ ist, d.h., es gibt einen Punkt $x$ mit $F(x) = y$ und $F'(x) = 0$.

Anderenfalls heißt $y$ ein regulärer Wert von $F$.

Diese Begriffe hängen sehr eng miteinander zusammen. Setzt man $g(x) := f(x) - x$, so ist $x$ genau dann ein regulärer Fixpunkt von $f$, wenn $x$ eine reguläre Nullstelle von $g$ ist. Ferner ist $x$ genau dann ein regulärer kritischer Punkt von $F$, wenn $x$ eine reguläre Nullstelle von $F'$ ist.

**Transversalität:** Tatsächlich basieren diese Regularitätsbegriffe auf der Transversalität. Eine Nullstelle von $g$ ist genau dann regulär, wenn der Graph von $g$ die $x$-Achse transversal schneidet (Abb. 13.30a).

Nichtreguläre Fixpunkte, Nullstellen oder kritische Punkte heißen singulär; ihnen entsprechen „Katastrophen".

**Generizität:** Der folgende Satz ist die einfachste Variante des Satzes von Sard.

**Satz 1:** Ist $F\colon \mathbb{R} \to \mathbb{R}$ eine glatte Funktion, dann sind fast alle [5] reellen Zahlen reguläre Werte von $F$.

Das bedeutet anschaulich, daß die kritischen Niveaus von $F$, denen Maxima, Minima oder horizontale Wendepunkte entsprechen, sehr selten auftreten. In Abb. 13.31 sind $y_1, y_2, y_3$ singuläre Werte von $F$ (kritische Niveaus), während alle anderen reellen Zahlen $y$ regulären Werten von $F$ entsprechen.

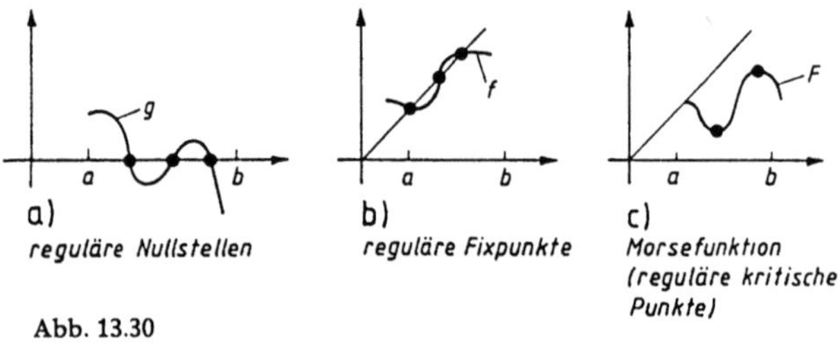


Abb. 13.30

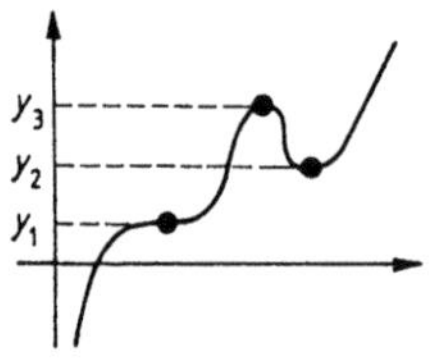


Abb. 13.31

Den Begriff „generisch" gebraucht man in dem Sinne „in den meisten Fällen", wobei das zu präzisieren ist. Der obige Satz von Sard kann kurz so ausgedrückt werden: Generisch ist jede reelle Zahl ein regulärer Wert von $F$. Singuläre Werte sind nicht generisch.

**Transversalität und Generizität:** Der folgende Satz zeigt, daß zwischen beiden Begriffen ein enger Zusammenhang besteht. Wir sagen, daß eine reelle Funktion $g\colon [a, b] \to \mathbb{R}$ genau dann regulär ist, wenn sie auf dem Rand nicht verschwindet und nur eine endliche Anzahl von Nullstellen hat, die alle regulär sind (Abb. 13.30a).

[5] Somit hat die Menge der singulären Werte das Maß null.

**Satz 2** (einfachste Variante des Transversalitätstheorems von Thom): Es sei $h\colon [a,b] \to \mathbb{R}$ eine stetige Funktion, die in den Randpunkten $x = a, b$ nicht verschwindet. Generisch ist dann $h$ regulär.

Genauer: es gibt zu jedem $\varepsilon > 0$ eine reguläre $C^\infty$-Funktion $g$ mit

$$\max_{a \le x \le b} |h(x) - g(x)| < \varepsilon\,.$$

Der Beweis basiert auf dem Satz von Sard.

*Beispiel 1* (Morsefunktionen): Eine reelle Funktion $F\colon [a,b] \to \mathbb{R}$ heißt *Morsefunktion* genau dann, wenn $F'$ regulär ist. Eine solche Funktion besitzt auf dem Rand $x = a, b$ keine kritischen Punkte, und im Innern des Intervalls $[a,b]$ sind nur endlich viele kritische Punkte vorhanden, die alle regulär sind (Abb. 13.30c).

Wendet man Satz 2 auf $h = F'$ an, dann erhält man: Morsefunktionen sind generisch.

*Beispiel 2* (Schnittzahl zwischen zwei Kurven): Wir beschreiben jetzt eine allgemeine Strategie in der modernen Differentialtopologie. Wollen wir zum Beispiel zwei Kurven eine Schnittzahl zuordnen, dann gehen wir folgendermaßen vor:

(a) Wir betrachten zunächst die generische transversale Schnittsituation wie in Abb. 13.32a und ordnen ihr in natürlicher Weise eine lokale Schnittzahl $s(g,h) = 1$ (bzw. $= -1$) zu, falls der Winkel zwischen $g$ und $h$ spitz (bzw. stumpf) ist.

(b) Besitzen die beiden Kurven nur endlich viele Schnittpunkte, die alle transversal sind, dann wird die Schnittzahl $S(g,h)$ als Summe der lokalen Schnittzahlen erklärt (Abb. 13.32b).

(c) Handelt es sich um zwei Kurven, die nicht das reguläre Schnittverhalten (b) besitzen, dann stören wir die beiden Kurven ein wenig, um reguläres Verhalten zu erzielen, und definieren die Schnittzahl als Schnittzahl der Störung. Man hat dann zu zeigen, daß die so definierte Schnittzahl von der Art der Störung unabhängig ist. Abb. 13.32c veranschaulicht das.

Die gleiche Strategie haben wir in 12.9. bei der Definition des Abbildungsgrades benutzt.

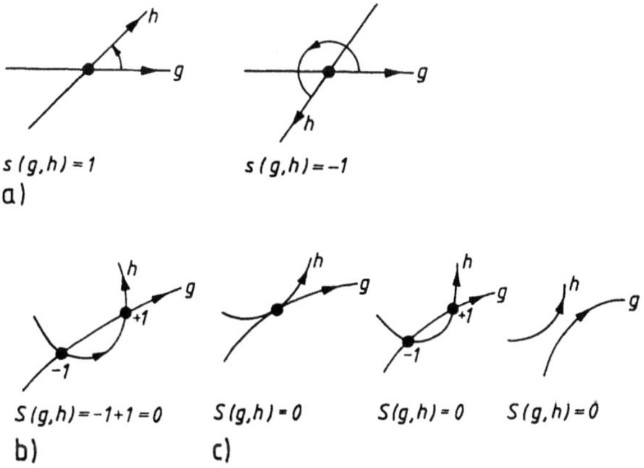


Abb. 13.32

## 13.13.2. Strukturelle Stabilität

Eine reguläre Nullstelle wie in Abb. 13.30a ist strukturell stabil in dem Sinne, daß eine kleine Störung von $g$ und $g'$ nicht das transversale Schnittverhalten ändert.

In ähnlicher Weise sind reguläre Fixpunkte gegenüber kleinen Störungen von $f$ und $f'$ strukturell stabil (Abb. 13.30b). Ferner sind reguläre kritische Punkte gegenüber kleinen Störungen von $F$. $F'$ und $F''$ strukturell stabil (Abb. 13.30c).

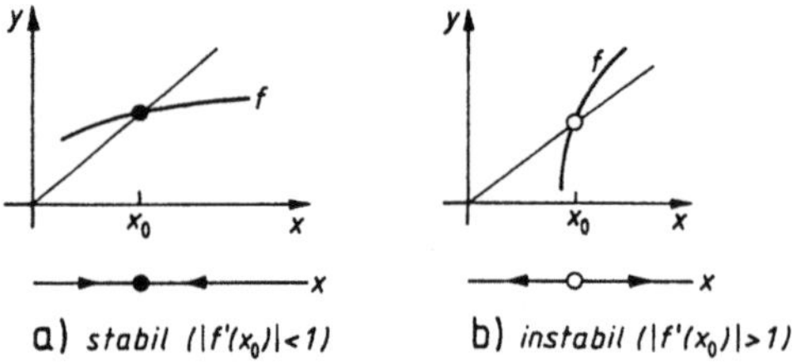


Abb. 13.33

*Beispiel 3* (Gleichgewichtspunkte dynamischer Systeme; vgl. 13.8.): Es sei $x_0$ ein Fixpunkt der reellen Funktion $f$, d.h., der Graph von $f$ schneidet die Diagonale in $x_0$ oder berührt sie dort.

(a) *Der generische Fall:* Anschaulich erwarten wir, daß in den „meisten Fällen" der Graph von $f$ die Diagonale in $x_0$ transversal schneidet, d.h., der Fixpunkt $x_0$ ist regulär. Das zu $f$ gehörige diskrete dynamische System besitzt dann in $x_0$ einen Gleichgewichtszustand, der stabil ($|f'(x_0)| < 1$) oder instabil ($|f'(x_0)| > 1$), aber auf jeden Fall strukturell stabil ist, denn durch kleine Störungen von $f$ und $f'$ wird das Stabilitätsverhalten nicht verändert (Abb. 13.33).

(b) *Der nichtgenerische Fall* (die „Katastrophe"): Der Entartungsfall bedeutet, daß der Graph von $f$ die Diagonale berührt (Abb. 13.34a). Durch kleinste Störungen kann dann das Verhalten drastisch verändert werden.

In dem zugehörigen diskreten dynamischen System bedeutet dies, daß durch kleine Störungen der Gleichgewichtszustand verschwinden kann (Abb. 13.34b) oder sich in einen stabilen und einen instabilen Gleichgewichtszustand aufspaltet (Abb. 13.34c).

Das Wort „Katastrophe" wird hier in dem Sinne gebraucht, daß eine *strukturell instabile Situation* vorhanden ist, die durch unterschiedliche Störungen in unterschiedliche Strukturen übergehen kann (Bifurkation im allgemeinsten Sinne).

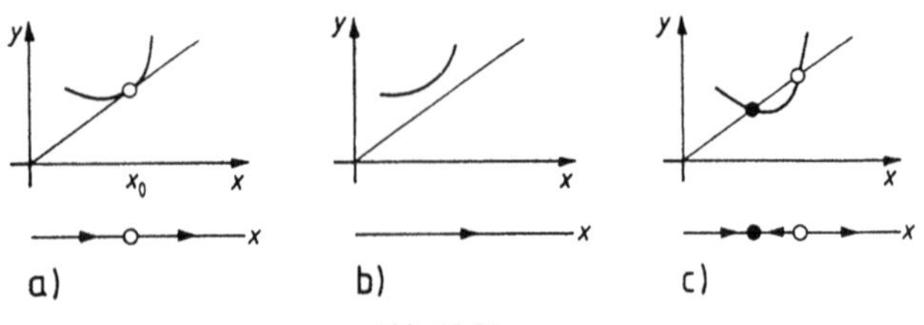


Abb. 13.34

## 13.13.3. Wesentliche Terme in der Taylorentwicklung und Normalformen

Bei der Modellierung von Phänomenen in Natur und Technik ist man häufig darauf angewiesen, die Modelle durch Streichen mißliebiger Terme zu vereinfachen. Es entsteht die folgende fundamentale Frage:

Welche Terme darf man streichen, ohne daß sich die Struktur des Modells verändert?

*Beispiel 4:* Streicht man in der Funktion $f = x_1^2 x_2 + x_2^{1001}$ den für $|x_2| < 1$ winzigen Term $x_2^{1001}$, dann verändert sich die Struktur grundlegend. Tatsächlich besitzt die Gleichung $f = 0$ die Gerade $x_2 = 0$ als Lösung, während die vereinfachte Gleichung $x_1^2 x_2 = 0$ die beiden Geraden $x_1 = 0$ und $x_2 = 0$ als Lösung hat.

Im folgenden seien alle Funktionen glatt. Unter einer *regulären Koordinatentransformation*

$$y = \varphi(x), \qquad x = (x_1, \ldots, x_n), \ y = (y_1, \ldots, y_n),$$

im Punkt $x = 0$ verstehen wir, daß die Funktion $\varphi$ in einer Umgebung von $x = 0$ erklärt ist, $\varphi(0) = 0$ gilt und $\varphi'(0)^{-1}$ existiert [6].

**Definition:** Zwei Funktionen $f(x)$ und $g(y)$ heißen äquivalent im Punkt 0 genau dann, wenn es eine reguläre Koordinatentransformation in 0 gibt, so daß

$$f(x) = g(\varphi(x))$$

für alle $x$ in einer Umgebung von $x = 0$ gilt.

*Beispiel 5:* Eine reelle Funktion mit der Taylorentwicklung

$$f(x) = ax^k + bx^{k+1} + \ldots, \qquad k = 0, 1, \ldots,$$

und $a \neq 0$ ist äquivalent zu $ax^k$ in $x = 0$. Im eindimensionalen Fall darf man also stets die restlichen Terme der Taylorentwicklung streichen.

Das ist bereits für *zwei Variable falsch*.

*Beispiel 6:* Die Funktion $x_1^2 x_2 + x_2^{2k+1}$ $(k = 1, 2, \ldots)$ ist nicht äquivalent zu $x_1^2 x_2$ in $(0, 0)$.

*Beispiel 7* (Morselemma): Mit $\lambda_1$, $\lambda_2$ bezeichnen wir die Eigenwerte der Matrix $\begin{pmatrix} a & b \\ b & c \end{pmatrix}$.

(i) Regulärer Fall. Es sei $ac - b^2 \neq 0$. Dann ist die Funktion

$$f = ax_1^2 + 2bx_1x_2 + cx_2^2 + \text{Terme von mindestens dritter Ordnung}$$

im Punkt $(0, 0)$ äquivalent zu $ax_1^2 + 2bx_1x_2 + cx_2^2$ (oder auch $\lambda_1 x_1^2 + \lambda_2 x_2^2$).

(ii) Singulärer Fall. Für $ac - b^2 = 0$ ist $f$ im Punkt $(0, 0)$ nicht immer äquivalent zu $ax_1^2 + 2bx_1x_2 + cx_2^2$.

Folglich darf man nur im regulären Fall die Terme höherer Ordnung der Taylorentwicklung streichen.

**Definition:** Eine Funktion $f$ heißt *strukturell stabil* im Punkt 0 genau dann, wenn jede beliebige, hinreichend kleine Störung $f + g$ in 0 zu $f$ äquivalent ist [7].

Die Funktion $ax_1^2 + 2bx_1x_2 + cx_2^2$ ist strukturell stabil für $ac - b^2 \neq 0$.

---

[6] $\varphi'(0)$ bezeichnet die Funktionalmatrix der ersten partiellen Ableitungen im Punkt 0.

[7] Die Präzisierung von „kleiner Störung" im Sinne der $C^\infty$-Whitneytopologie findet man zusammen mit einem Überblick über die Singularitäten- und Katastrophentheorie in [Zeidler 1984, Bd. IV, S.579]. Grob gesprochen muß $g$ zusammen mit allen seinen Ableitung klein sein.

## 13.13.4. Parameterfamilien und Elementarkatastrophen

Wir betrachten die sogenannte *erste Elementarkatastrophe*

$$F(x,p) := x^3 + px$$

mit dem Parameter $p$. Abb. 13.35 zeigt, daß für $p = 0$ der Wendepunkt $x = 0$ nicht strukturell stabil ist, denn er verschwindet für kleine $p \neq 0$. Die Funktion $x^3$ ist nicht strukturell stabil in $x = 0$, wohl aber die Funktion $F$ in einem Sinne, den wir jetzt präzisieren wollen.

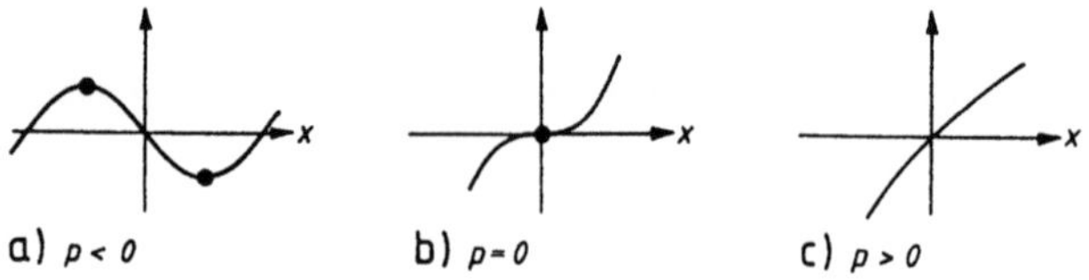


Abb. 13.35

Wir betrachten eine beliebige Funktion

$$F(x,p) \quad \text{mit } x = (x_1, \ldots, x_n)\,, \; p = (p_1, \ldots, p_m)\,. \tag{13.33}$$

Wir interpretieren $x$ als Zustandsvariable und $p$ als einen Parameter, der äußere Einflüsse beschreibt.

Wir wollen die Struktur von $F$ in der Umgebung eines festen Punktes $(x,p)$ untersuchen. Durch eine einfache Translation können wir das stets auf die Untersuchung im Punkt $x = 0$, $p = 0$ zurückführen.

**Definition:** Die Funktionen $F(x,p)$ und $G(y,q)$ heißen äquivalent im Punkt $(0,0)$ genau dann, wenn es zwei reguläre Koordinatentransformationen $y = \varphi(x)$ und $q = \psi(p)$ gibt, so daß

$$F(x,p) = G(\varphi(x), \psi(p)) + f(p)$$

in einer Umgebung von $(0,0)$ mit einer geeigneten Funktion $f$ gilt.

**Satz** (Spezialfall des Theorems von Thom): Generisch ist jede Parameterfamilie $F$ mit höchstens 2 Parametern im Punkt $(0,0)$ strukturell stabil und äquivalent zu einer der folgenden Normalformen:

(i) Ein Parameter

$x_1^3 + p_1 x_1$ (erste Elementarkatastrophe = Falte).

(ii) Zwei Parameter

$\pm(x_1^4 + p_1 x_1^2 + p_2 x_1) + M$ (zweite Elementarkatastrophe = Spitze).

(iii) Kein Parameter

$x_1$ (Gerade oder Ebene);
$x_1^2 + \ldots + x_r^2 - x_{r+1}^2 - \ldots - x_n^2$ (Minimum, Maximum oder Sattelpunkt).

Die Funktion $M$ ist vom Typ der quadratischen Morsefunktion in (iii) bezüglich der restlichen Variablen $x_2, \ldots, x_n$. Die Zahl $n - r$ in (iii) heißt *Morseindex* ($0 \leq r \leq n$).

Verblüffend an diesem Ergebnis ist, daß endlich viele Normalformen ausreichen. Das trifft auch noch auf höchstens 5 Parameter zu (allgemeiner Satz von Thom). Für sechs und mehr Parameter wird die Situation komplizierter.

*Beispiel 8:* Nach Translation sieht eine glatte reelle Funktion $f: \mathbb{R} \to \mathbb{R}$ in der Umgebung eines Punktes $x = a$ im generischen Fall aus wie die Funktion $g: \mathbb{R} - \mathbb{R}$ in der Umgebung von $x = 0$ mit $g(x) = x$ (regulärer Punkt), $g(x) = x^2$ (reguläres Minimum), $g(x) = -x^2$ (reguläres Maximum) (Abb. 13.36).

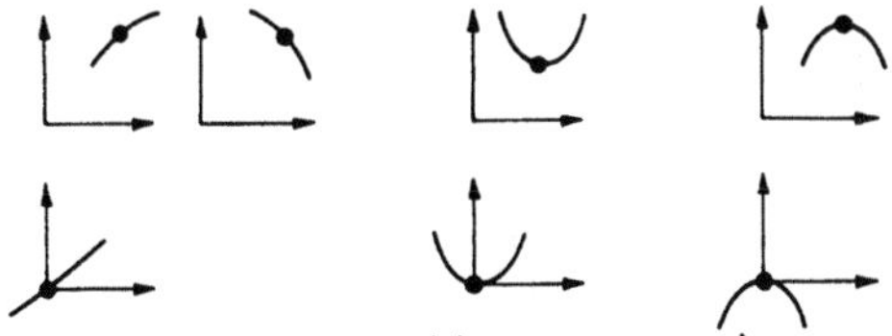

Abb. 13.36 a) regulärer Punkt b) reguläres Minimum c) reguläres Maximum

*Beispiel 9:* Nach Translation sieht eine glatte Funktion $f: \mathbb{R}^n \to \mathbb{R}$ in der Umgebung eines Punktes $x = a$ im generischen Fall aus wie eine der folgenden Funktionen $g: \mathbb{R}^n \to \mathbb{R}$ im Punkt $x = 0$:

$g(x) = x_1^2 + \ldots + x_n^2$ (reguläres Minimum; Morseindex = 0),

$g(x) = -(x_1^2 + \ldots + x_n^2)$ (reguläres Maximum; Morseindex = $n$),

$g(x) = x_1^2 + \ldots + x_r^2 - x_{r+1}^2 - \ldots - x_n^2$ (regulärer Sattelpunkt; Morseindex = $n - r$, $0 < r < n$),

$g(x) = x_1$ (regulärer Punkt).

Die Normalformen in den Beispielen 8 und 9 sind strukturell stabil.

# 13.14. Information und Chaos

Wir betrachten das Iterationsverfahren (diskretes dynamisches System)

$$x_{n+1} = f(x_n), \qquad n = 0, 1, 2, \ldots ,$$

und nehmen an, daß die Funktion $f$ das Einheitsintervall $[0, 1]$ in sich abbildet. Es gibt eine Größe $K$ (Kolmogorov- oder *K-Entropie*), die folgende Eigenschaft hat:

(i) $K = 0$: nichtchaotische Bewegung.

(ii) $K > 0$: chaotische Bewegung.

(iii) Zunahme von $K$ heißt Zunahme des Chaos (d.h. Zunahme der Unordnung des Systems).

Die Größe $K$ kann durch Computersimulationen ermittelt werden und ist durch

$$K := \lim_{N \to +\infty} \lim_{n \to +\infty} \frac{1}{n} \sum_{r=0}^{n-1} S_{r+1}(N) - S_r(N)$$

definiert [8]. Diese Größe hat die Bedeutung

$$K = \text{mittlerer Informationsgewinn (Entropiegewinn) längs einer Trajektorie.} \tag{13.34}$$

[8] Häufig wird noch der Faktor ln 2 hinzugefügt.

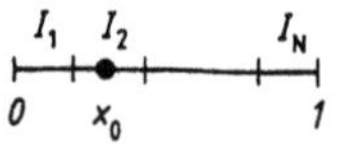


Abb. 13.37

Um das zu erläutern, teilen wir das Einheitsintervall $[0, 1]$ in $N$ gleiche Teile $I_1, \ldots, I_N$ und halten $N$ zunächst fest (Abb. 13.37). Wir führen nun auf dem Computer sehr viele Iterationsverfahren mit unterschiedlichen Startwerten $x_0$ durch.

(a) Die Startwerte seien auf die Teilintervalle $I_1, \ldots, I_N$ $[0, 1]$ gleichverteilt, d.h., bezeichnet $p_j$ die Wahrscheinlichkeit dafür, daß $x_0$ im Intervall $I_j$ liegt, dann sei $p_j = 1/N$ für $j = 1, \ldots, N$.

(b) Aufgrund unserer Computerexperimente können wir nun der Reihe nach die Wahrscheinlichkeiten $p_{ij}$, $p_{ijk}$, usw. berechnen, die folgendermaßen definiert sind:

$p_{ij}$ := Wahrscheinlichkeit dafür, daß $x_0 \in I_i$ und $x_1 \in I_j$ gilt.

$p_{ijk}$ := Wahrscheinlichkeit dafür, daß $x_0 \in I_i$, $x_1 \in I_j$ und $x_2 \in I_k$ gilt.

Ferner setzen wir

$$S_0(N) := -\sum_{j=1}^{N} p_j \log_2 p_j = \log_2 N\,,$$

$$S_1(N) := -\sum_{i,j=1}^{N} p_{ij} \log_2 p_{ij}\,, \quad S_2(N) = -\sum_{i,j,k=1}^{N} p_{ijk} \log_2 p_{ijk}\,.$$

Diese Größen erlauben folgende Interpretation. Wissen wir, in welchem Teilintervall $I_1, \ldots, I_N$ der Startwert $x_0$ liegt, dann gewinnen wir die Information $S_0(N)$. Kennen wir den Teil $x_0$, $x_1$ der Trajektorie, dann gewinnen wir die Information $S_1(N)$. Schließlich gewinnen wir die Information $S_2(N)$, falls wir den Teil $x_0$, $x_1$, $x_2$ der Trajektorie kennen usw.

Um zum Beispiel den Ausdruck $S_0(N) = \log_2 N$ zu motivieren, setzen wir $N = 2^m$. Dann reichen stets $S_0(N)$ Fragen mit „ja/nein"-Antworten aus, um herauszufinden, in welchem Intervall $I_r$ sich der Startwert befindet. Zu diesem Zweck wird $r$ als Dualzahl geschrieben, daß heißt

$$r = a_0 + a_1 2 + \ldots + a_m 2^m\,, \qquad a_j = 0,\, 1\,.$$

Die erste Frage lautet: Befindet sich $x_0$ in einem Intervall $I_r$ so daß in der Dualzahlzerlegung von $r$ an erster Stelle eine Null steht (d.h. $a_0 = 0$) usw. Dann reichen $m$ Fragen aus, wobei $m = \log_2 N$ gilt, denn $N = 2^m$.

Der allgemeine Informationsbegriff wird folgendermaßen eingeführt.

**Definition:** Kann sich ein System in den Zuständen $Z_1, \ldots, Z_n$ mit den entsprechenden Wahrscheinlichkeiten $p_1, \ldots, p_n$ befinden, dann gewinnen wir die *Information*

$$S = -\sum_{j=1}^{n} p_j \log_2 p_j\,,$$

falls wir durch ein Experiment feststellen, in welchem Zustand sich das System tatsächlich befindet. In der statistischen Physik wird die *Entropie* durch

$$S = -\mathrm{k} \sum_{j=1}^{n} p_j \ln p_j$$

definiert, wobei k die Boltzmannkonstante ist.

# 13.15. Entropie, Strukturbildung und Mathematik der Selbstorganisation

Nach dem zweiten Hauptsatz der Thermodynamik kann die Entropie $S$ eines abgeschlossenen Systems nicht abnehmen, d.h., $-S$ ist eine Ljapunovfunktion. Die Entropie ist ein Maß für die Ordnung eines Systems. Das Chaos hat definitionsgemäß eine sehr hohe Entropie. Die Entropie nimmt zu, je chaotischer ein System wird. Deshalb muß die Entropie bei einem Evolutionsprozeß (Strukturbildungsprozeß) von einfachen zu komplizierteren Lebensformen abnehmen. Folglich muß die Erde ständig Entropie abgeben. Der entscheidende Prozeß wird durch die Formel

$$\Delta S_{\text{Erde}} = \frac{Q}{T_{\text{Sonne}}} - \frac{Q}{T_{\text{Erde}}} < 0$$

beschrieben. Die Sonne besitzt die Temperatur $T_{\text{Sonne}}$. Sie strahlt auf die Erde. Dadurch wird der Erde die Wärmemenge $Q$ zugeführt (pro Sekunde und pro $\text{km}^2$). Etwa die gleiche Wärmemenge $Q$ wird von der Erde bei der wesentlich tieferen Temperatur $T_{\text{Erde}}$ abgestrahlt. Dadurch ergibt sich der Entropieverlust $\Delta S$ der Erde (pro Sekunde und $\text{km}^2$).

Es ist ein neuer Zweig der Mathematik entstanden (*Mathematik der Selbstorganisation*), der alle mathematischen Methoden zusammenfaßt, die zur Beschreibung von Strukturbildungsprozessen erforderlich sind (z.B. Bifurkation, Chaos). Als Einführung empfehlen wir [Jeschke 1989 und Schubert 1984]. Zum Beispiel hat sich durch Computerexperimente ergeben, daß bereits *einfachste* Mechanismen ausreichen, um außerordentlich reichhaltige Strukturen zu erzeugen. Man wählt hierzu diskrete dynamische Systeme in der Ebene, z.B. das Newtonverfahren

$$z_{n+1} = z_n - \frac{f(z_n)}{f'(z_n)}, \qquad n = 0, 1, 2, \ldots,$$

für komplexe Zahlen $z_0, z_1, \ldots$ mit einer rationalen Funktion $f(z)$ (z.B. $f = z^3 - 1$). Es ergeben sich dann auf dem Computer wundervolle Bilder, falls man die Einzugsbereiche der Attraktoren unterschiedlich färbt [vgl. Peitgen, Richter 1986]. Die Ränder dieser Einzugsbereiche, an denen unterschiedliche Farben aneinandergrenzen, besitzen eine sehr komplexe Struktur - es sind sogenannte Juliamengen, die eine fraktale Dimension $> 1$ haben.

# 13.16. Lineare partielle Differentialgleichungen der mathematischen Physik als unendlichdimensionale dynamische Systeme

## 13.16.1. Grundideen

Die klassischen Probleme der mathematischen Physik lassen sich mit Hilfe der Funktionalanalysis in sehr einfacher Weise behandeln, indem man sie auf *gewöhnliche Differentialgleichungen* für Operatoren zurückführt. Zum Beispiel ergibt sich:

$$u' + Au = 0 \quad \text{(Wärmeleitungsgleichung)},$$

$$u'' + Au = 0 \quad \text{(Wellengleichung)},$$

$$\mathrm{i}u' = Hu \quad \text{(Schrödingergleichung der Quantentheorie)}.$$

Die Lösungen sind:

$$u = e^{-tA}u(0) \quad (\textbf{Wärmeleitungsgleichung}),$$
$$u = (\cos Bt)u(0) + B^{-1}(\sin Bt)u'(0) \quad (\textbf{Wellengleichung}),\ B = A^{1/2},$$
$$u = e^{-iHt}u(0) \quad (\textbf{Schrödingergleichung}).$$

Diese Lösungsformeln sind die gleichen wie für reelle Zahlen $A$ und $H$. Jetzt bedeuten jedoch $A$ und $H$ selbstadjungierte Operatoren in einem Hilbertraum.

Die Operatorfunktionen erklären wir in einfacher Weise durch

$$f(A)u := \sum_{k=1}^{\infty} f(\lambda_k)(u, u_k)u_k\,. \tag{13.35}$$

Der folgende Satz rechtfertigt diese Definition.

**Satz:** Es sei $A\colon D(A) \to X$ ein selbstadjungierter Operator auf dem reellen oder komplexen Hilbertraum $X$. Der Operator $A$ besitze ein vollständiges Orthonormalsystem von Eigenvektoren $\{u_1, u_2, \ldots\}$ mit $Au_k = \lambda_k u_k$.

Dann gilt:

(i) Es ist

$$Au = \sum_{k=1}^{\infty} \lambda_k(u, u_k)u_k \tag{13.36}$$

für alle $u \in D(A)$. Der Definitionsbereich $D(A)$ von $A$ besteht aus genau allen $u \in X$, für die die Reihe in (13.36) konvergiert.

(ii) Wir erklären den Operator $f(A)$ durch (13.35), wobei der Definitionsbereich von $f(A)$ aus genau allen $u \in X$ bestehen soll, für die die Reihe in (13.35) konvergiert. Das ist äquivalent zur Konvergenz der Reihe

$$\sum_{k=1}^{\infty} |f(\lambda_k)|^2 |(u_k, u)|^2\,.$$

Ist die Funktion $f\colon \mathbb{R} \to \mathbb{R}$ reell, dann ist $f(A)$ selbstadjungiert.

***Beispiel:*** Sind alle Eigenwerte von $A$ positiv, dann ist der Operator $e^{-tA}\colon X \to X$ für jedes $t \geq 0$ ein linearer stetiger Operator mit $\| e^{-tA} \| \leq 1$. Ferner gilt $e^{-tA}e^{-sA} = e^{-(s+t)A}$ für alle $t, s \geq 0$, d.h., $\{e^{-tA}\}_{t\geq 0}$ stellt einen Semifluß dar. Tatsächlich gilt

$$e^{-tA}u = \sum_j e^{-t\lambda_j}(u, u_j)u_j$$

und

$$\| e^{-tA}u\|^2 = \sum_j | e^{-t\lambda_j} |^2 |(u_j, u)|^2 \leq \sum_j |(u_j, u)|^2 = \|u\|^2 \quad \text{für alle} \quad t \geq 0\,.$$

Die oben geschilderte Methode zur Lösung der Wärmeleitungsgleichung usw. ist die funktionalanalytische Fassung der klassischen *Fouriermethode*. Diese klassischen Methode war jedoch an spezielle Gebiete gebunden, für die die Eigenfunktionen $u_1, u_2, \ldots$ explizit bekannt waren.

Die Strategie der modernen Analysis ist folgende:

(a) Man weist zunächst verallgemeinerte Lösungen mit Hilfe der Funktionalanalysis nach.

(b) Man zeigt, daß bei hinreichend glatten Daten (Rand, Randwerte, Anfangswerte, inhomogene Terme) die verallgemeinerten Lösungen auch hinreichend glatt sind und Lösungen im klassischen Sinne darstellen (Regularitätstheorie).

Vom physikalischen Standpunkt aus sind die verallgemeinerten Lösungen sehr natürlich. Zum Beispiel besitzt die Gleichung

$$u'(t) = -Au(t), \quad t \geq 0, \; u(0) = u_0 \tag{13.37}$$

für alle $u \in D(A)$ die Lösung

$$u(t) = e^{-tA} u_0 . \tag{13.38}$$

Im Fall $u_0 \in X$ heißt (13.38) eine verallgemeinerte Lösung von (13.37). Dann ergibt sich ein Semifluß auf dem gesamten Hilbertraum. Dieser Semifluß ist ein *natürlicheres* Objekt als die Lösungen der Differentialgleichung (13.37). Tatsächlich besitzt (13.37) nur für Anfangswerte aus einer im Hilbertraum dichten Menge $D(A)$ Lösungen, während (13.38) für jeden Anfangswert aus $X$ sinnvoll ist. Dieser Standpunkt hat sich in besonderer Weise in der Quantentheorie bewährt (vgl. 13.18.).

## 13.16.2. Die Poissongleichung

**Klassische Behandlung:** Wir gehen aus von dem Variationsproblem

$$\int_{\Omega} (2^{-1}|\mathbf{grad}\, u|^2 - \varrho u)\, dx = \min!, \tag{13.39}$$

$$u = 0 \quad \text{auf } \partial\Omega$$

zusammen mit der zugehörigen Euler-Lagrange Gleichung

$$-\Delta u = \varrho \quad \text{auf } \Omega, \quad u = 0 \quad \text{auf } \partial\Omega \tag{13.40}$$

und der integralen Lösungsformel

$$u(x) = \int_{\Omega} G(x,y)\varrho(y)\, dy . \tag{13.41}$$

Hier ist $\Omega$ ein beschränktes Gebiet des $\mathbb{R}^3$. Die sogenannte *Greensche Funktion* $G$ genügt für jedes feste $y$ der Gleichung

$$\Delta_x G(x,y) = 0 \quad \text{auf} \quad \Omega\,(x \neq y), \quad G(x,y) = 0 \quad \text{auf} \quad \partial\Omega .$$

Ferner besitzt $G(x,y)$ im Punkt $x = y$ eine Singularität, d.h., es gilt

$$G(x,y) = \frac{1}{4\pi|x-y|} + g(x,y)$$

mit einer regulären Funktion $g$. In der Sprache der Distributionen bedeutet das:

$$-\Delta_x G(x,y) = \delta_y \quad \text{auf} \quad \Omega .$$

Die Größen erlauben die folgende physikalische Interpretation: $\varrho$ = elektrische Ladungsdichte, $u$ = elektrostatisches Potential, $\mathbf{E} = -\mathbf{grad}\, u$ = Vektor der elektrischen Feldstärke. Die Randbedingung „$u = 0$ auf $\partial\Omega$" bedeutet, daß der Rand aus einem metallischen elektrischen Leiter besteht. Die Greensche Funktion $G$ entspricht für festes $y$ dem elektrostatischen Potential einer Einheitsladung im Punkt $y$. Es gilt $G(x,y) = G(y,x)$ für alle $x, y \in \Omega$ (Symmetrie der Greenschen Funktion). Das Variationsproblem (13.39) stellt das Prinzip der minimalen elektrostatischen Energie dar.

Für hinreichend glatte Daten (Rand $\partial\Omega$, Funktion $\varrho$) sind die beiden Probleme (13.39) und (13.40) äquivalent, und die Lösung wird durch (13.41) gegeben.

Jedoch bereits für stetige Ladungsdichten $\varrho$ braucht das Randwertproblem (13.40) keine klassische Lösung mehr zu besitzen. Das ist vom physikalischen Standpunkt aus sehr unbefriedigend. Die verallgemeinerte Lösungstheorie der Funktionalanalysis behebt diesen Mangel und läßt auch unstetige Ladungsdichten $\varrho$ zu.

**Funktionalanalytische Behandlung:** Wir setzen voraus, daß der Rand stückweise glatt ist, d.h. $\partial\Omega \in C^{0,1}$. Wir definieren den Operator

$$A_0 u = -\Delta u \quad \text{für alle} \quad u \in D(A_0)$$

mit $D(A_0) = \{u \in C^2(\overline{\Omega}) \colon u = 0 \text{ auf } \partial\Omega\}$. Das klassische Randwertproblem (13.40) ist dann identisch mit der Operatorgleichung

$$A_0 u = \varrho\,, \quad u \in D(A_0)\,. \tag{13.42}$$

Der Operator $A_0$ ist zwar symmetrisch, aber nicht selbstadjungiert. Eine selbstadjungierte Erweiterung $A$ von $A_0$ ergibt sich in der folgenden natürlichen Weise.

**Satz 1:** Für jedes feste $\varrho \in L_2(\Omega)$ besitzt das Variationsproblem (13.39) genau eine Lösung $u$ in dem Sobolevraum $\overset{\circ}{W}{}_2^1(\Omega)$. Die Randbedingung „$u = 0$ auf $\partial\Omega$“ ist dann im Sinne verallgemeinerter Randwerte erfüllt. Setzen wir

$$u = \mathscr{G}\varrho\,, \tag{13.43}$$

dann ist der sogenannte Greensche Operator $\mathscr{G}\colon L_2(\Omega) \to L_2(\Omega)$ linear, kompakt, symmetrisch und bijektiv.

Die Gleichung(13.43) verallgemeinert die klassische Lösungsformel (13.41).

**Satz 2:** Setzen wir $A = \mathscr{G}^{-1}$, dann ist der selbstadjungierte Operator $A\colon D(A) \to X$ eine Fortsetzung des klassischen Operators $A_0$, d.h., es gilt $D(A_0) \subseteq D(A) \subseteq L_2(\Omega)$ mit $A_0 u = Au$ für alle $u \in D(A_0)$.

Die zu (13.42) verallgemeinerte Gleichung

$$Au = \varrho\,, \quad u \in D(A)\,, \tag{13.44}$$

besitzt im Unterschied zu (13.42) für jedes $\varrho \in L_2(\Omega)$ genau eine Lösung, die durch $u = \mathscr{G}\varrho$ gegeben wird. Für hinreichend glatte Funktionen $\varrho$ besitzen (13.42) und (13.44) die gleichen eindeutigen Lösungen. Der Operator $A$ heißt *Friedrichssche Fortsetzung* von $A_0$.

*Bemerkung:* Ist der Rand $\partial\Omega$ hinreichend glatt, dann gilt

$$D(A) = W_2^2(\Omega) \cap \overset{\circ}{W}{}_2^1(\Omega)\,.$$

Dann entspricht die Gleichung (13.44) dem Randwertproblem (13.40), wobei die im Laplaceoperator $\Delta u$ auftretenden zweiten partiellen Ableitungen sowie die Randwerte im verallgemeinerten Sinne zu verstehen sind (vgl. 11.2.6.).

## 13.16.3. Das Eigenwertproblem für die Laplacegleichung

**Klassisches Problem:** Bei der klassischen Fouriermethode wird man auf das folgende Eigenwertproblem geführt:

$$-\Delta u = \lambda u \quad \text{auf} \quad \Omega\,, \qquad u = 0 \quad \text{auf} \quad \partial\Omega \tag{13.45}$$

Diese Aufgabe ist äquivalent zu der Integralgleichung

$$u(x) = \lambda \int_{\Omega} G(x,y)u(y)\,\mathrm{d}y\ . \tag{13.46}$$

**Funktionalanalytische Behandlung:** Die Gleichung (13.45) ist äquivalent zu der Operatorgleichung $A_0u = \lambda u$, $u \in D(A_0)$. Stattdessen betrachten wir das verallgemeinerte Problem

$$Au = \lambda u\,, \quad u \in D(A)\,. \tag{13.47}$$

**Satz:** Die Aufgabe (13.47) besitzt ein vollständiges Orthonormalsystem $\{u_1, u_2, \ldots\}$ von Eigenvektoren in dem Hilbertraum $L_2(\Omega)$. Jeder Eigenwert hat nur eine endliche Vielfachheit.

Den Eigenwert zu $u_k$ bezeichnen wir mit $\lambda_k$.

Der Beweisgedanke besteht darin, die Gleichung (13.47) durch die äquivalente Gleichung $u = \lambda\mathscr{G}u$ zu ersetzen. Da $\mathscr{G}$ linear, kompakt und symmetrisch ist, kann man die Hilbert-Schmidt-Theorie für solche Operatorengleichungen anwenden (vgl. 11.3.3.).

Wir haben nunmehr die Hilfsmittel bereitgestellt, um Operatorenfunktionen $f(A)$ durch (13.35) definieren zu können.

### 13.16.4. Die Wärmeleitungsgleichung

**Klassisches Problem:** Das Rand-Anfangswertproblem für die Wärmeleitungsgleichung lautet:

$$\begin{aligned} u_t - \Delta u &= 0\,, \quad x \in \Omega, \quad t \geq 0\,, \\ u &= 0\,, \quad x \in \partial\Omega,\ t \geq 0 \quad (\textbf{Randbedingung})\,, \\ u &= u_0\,, \quad x \in \Omega, \quad t = 0 \quad (\textbf{Anfangsbedingung})\,. \end{aligned} \tag{13.48}$$

Wir interpretieren $u(x,t)$ als Temperatur am Ort $x$ zur Zeit $t$. Dann entspricht (13.48) der Temperaturverteilung in einem Körper mit konstanter Randtemperatur und der Anfangstemperatur $u_0$.

**Funktionalanalytische Behandlung:** Die Gleichung (13.48) ist identisch mit der Operatorgleichung

$$u' + A_0u = 0\,, \quad t \geq 0\,,\ u(0) = u_0\,. \tag{13.48*}$$

Die Randbedingung „$u(x,t) = 0$ für $x \in \partial\Omega$, $t \geq 0$" ist dabei in der Forderung $u(t) \in D(A_0)$ enthalten. Das bedeutet, daß die Funktion $u = u(x,t)$ für festes $t$ als Funktion der Ortsvariablen in $D(A_0)$ enthalten ist. Anstelle von (13.48*) betrachten wir die verallgemeinerte Gleichung

$$u' + Au = 0\,, \quad t \geq 0\,,\ u(0) = u_0\,, \tag{13.49}$$

die wir durch

$$u(t) = \mathrm{e}^{-tA}u_0\,, \quad t \geq 0\,, \tag{13.50}$$

lösen können.

**Satz:** Für jeden Anfangswert $u_0 \in D(A)$ stellt (13.50) die eindeutige Lösung von (13.49) dar.

**Korollar:** Für jedes $u_0 \in L_2(\Omega)$ ist die Funktion $u = u(t)$ in (13.50) stetig von $[0, \infty)$ in $L_2(\Omega)$. Diese Funktion heißt verallgemeinerte Lösung des klassischen Ausgangsproblems (13.48). Die Familie $\{e^{-tA}\}_{t \geq 0}$ stellt einem Semifluß auf dem Zustandsraum $Z = L_2(\Omega)$ dar.

Nach (13.35) gilt für die Lösung (13.50):

$$u(t) = \sum_{k=1}^{\infty} e^{-\lambda_k t}(u_k, u_0)u_k .$$

Diese Reihe konvergiert für jede Anfangstemperatur $u_0 \in L_2(\Omega)$ im Raum $L_2(\Omega)$. Dabei sind $u_k$, $\lambda_k$ die Eigenlösungen von (13.45).

Explizit heißt das

$$\lim_{n \to \infty} \int_{\Omega} \left[ u(x,t) - \sum_{k=1}^{n} \left( \int_{\Omega} u_k(y,t) u_0(y,t) \, dy \right) u_k(x,t) \right]^2 dx = 0$$

für alle $t \geq 0$. Das ist die Konvergenz der klassischen Fouriermethode im quadratischen Mittel.

### 13.16.5. Die Wellengleichung

**Klassisches Problem:** Das Rand-Anfangswertproblem für die Wellengleichung lautet:

$$\begin{array}{lll} u_{tt} - \Delta u = 0, & x \in \Omega, \ t \in \mathbb{R}, & \\ u = 0, & x \in \partial\Omega, \ t \in \mathbb{R} & \text{(Randbedingung)}, \\ u = u_0, \ u_t = v_0, & x \in \Omega, \ t = 0 & \text{(Anfangslage und Anfangsgeschwindigkeit)}. \end{array} \tag{13.51}$$

Wir interpretieren $u$ als Geschwindigkeitspotential von Schallwellen. Dann ergibt sich das Geschwindigkeitsfeld der Luft aus $\mathbf{v} = -\,\mathbf{grad}\, u$. Für den Druck $p$ und die Dichte $\varrho$ erhalten wir

$$p = \overline{p} + \overline{\varrho} u_t , \quad \varrho = \overline{\varrho}(1 + u_t) .$$

Dabei bezeichnen $\overline{p}$ und $\overline{\varrho}$ Mittelwerte. (Die Schallgeschwindigkeit wurde gleich eins gesetzt.)

Bezeichnet $\Omega$ ein Intervall, dann können wir $u(x,t)$ als Auslenkung einer schwingenden Saite am Ort $x$ zur Zeit $t$ interpretieren. Die Randbedingung in (13.51) entspricht einer eingespannten Saite (Abb. 13.38). Alle Ergebnisse weiter unten gelten auch für diesen eindimensionalen Fall.

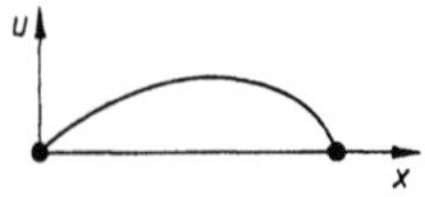


Abb. 13.38

**Funktionalanalytische Behandlung:** Die Gleichung (13.51) ist identisch mit der Operatorgleichung

$$u'' + A_0 u = 0 , \quad t \in \mathbb{R}, \ u(0) = u_0, \ u'(0) = v_0 . \tag{13.52}$$

Stattdessen betrachten wir die verallgemeinerte Gleichung

$$u'' + Au = 0 , \quad t \in \mathbb{R}, \ u(0) = u_0, \ u'(0) = v_0 , \tag{13.53}$$

die sich durch

$$u(t) = (\cos Bt)u_0 + B^{-1}(\sin Bt)v_0 , \quad t \in \mathbb{R}, \tag{13.54}$$

mit $B = A^{1/2}$ lösen läßt.

**Satz:** Für $u_0 \in D(A)$ und $v_0 \in \overset{\circ}{W}{}_2^1(\Omega)$ stellt (13.54) die eindeutige Lösung von (13.53) dar.

**Korollar:** Für $u_0 \in \overset{\circ}{W}{}_2^1(\Omega)$ und $v_0 \in L_2(\Omega)$ ist die Funktion $u = u(t)$ in (13.54) stetig differenzierbar von $\mathbb{R}$ in $L_2(\Omega)$. Wir bezeichnen (13.54) als verallgemeinerte Lösung des klassischen Ausgangsproblems (13.51).

Um zu erkennen, daß sich hinter (13.54) ein Fluß verbirgt, setzen wir $v = u'$. Dann gilt

$$\begin{pmatrix} u(t) \\ v(t) \end{pmatrix} = S(t) \begin{pmatrix} u_0 \\ v_0 \end{pmatrix} \quad \text{mit} \quad S(t) = \begin{pmatrix} \cos Bt & B^{-1} \sin Bt \\ -B \sin Bt & \cos Bt \end{pmatrix}.$$

Dann ist $\{S(t)\}_{t \in \mathbb{R}}$ ein Fluß, der den Zustandsraum $Z = \overset{\circ}{W}{}_2^1(\Omega) \times L_2(\Omega)$ in sich abbildet [9].

Explizit lautet die Lösung (13.54):

$$u(t) = \sum_{k=1}^{\infty} \left[ (\cos \mu_k t)(u_k, u_0) u_k + \mu_k^{-1} (\sin \mu_k t)(u_k, v_0) u_k \right]$$

mit $\mu_k = \lambda_k^{1/2}$ und $(u, v) = \int_\Omega u(x) v(x)\, dx$. Diese Reihe konvergiert in $L_2(\Omega)$ für jedes $t \in \mathbb{R}$.

### 13.16.6. Die Schrödingergleichung

Die Bewegung eines Quantenteilchens auf der $x$-Achse mit der Masse $m$ wird durch die Schrödingergleichung [10]

$$\begin{aligned} i\hbar \psi_t &= -\frac{\hbar^2}{2m} \psi_{xx} + U\psi, \quad x, t \in \mathbb{R}, \\ \psi(x, 0) &= \psi_0(x) \end{aligned} \tag{13.55}$$

beschrieben. Den Operator

$$H_* = -\frac{\hbar^2}{2m} \frac{\partial^2}{\partial x^2} + U$$

bezeichnet man als den Hamiltonoperator des Systems. Die komplexwertige Funktion $\psi$ besitzt die folgende Bedeutung:

$$\int_a^b |\psi(x, t)|^2\, dx = \text{Wahrscheinlichkeit dafür, daß sich das Teilchen zur Zeit } t \text{ im Intervall } [a, b] \text{ aufhält.} \tag{13.56}$$

Um (13.55) zu motivieren, betrachten wir die Bewegung $x = x(t)$ eines klassischen Teilchens. Diese wird durch die Newtonsche Gleichung

$$m x'' = -U'(x)$$

beschrieben mit der Energie

$$E = \frac{p^2}{2m} + U(x)$$

und dem Impuls $p = mx'$. Die Quantisierung der klassischen Mechanik ergibt sich dadurch, daß man die Energie $E$ und den klassischen Impuls $p$ durch Differentialoperatoren ersetzt:

$$E \to i\hbar \frac{\partial}{\partial t}, \quad p \to \frac{\hbar}{i} \frac{\partial}{\partial x}.$$

---

[9] $Z$ besteht aus allen Paaren $(u, v)$ mit $u \in \overset{\circ}{W}{}_2^1(\Omega)$ und $v \in L_2(\Omega)$.

[10] Es gilt $\hbar = h/2\pi$, wobei h das Plancksche Wirkungsquantum bezeichnet.

Dann entsteht aus der klassischen Hamiltonfunktion $\mathscr{H} = (p^2/2m) + U(x)$ der Hamiltonoperator $H_*$. Die Schrödingergleichung (13.55) entspricht der Operatorgleichung

$$\mathrm{i}\hbar\psi' = H_*\psi\,, \quad \psi(0) = \psi_0\,. \tag{13.57}$$

Als Definitionsbereich von $H_*$ wählen wir den Schwartzraum $\mathscr{S}(\mathbb{R})$ (vgl. 10.4.6.). Der Zustandsraum sei der komplexe Hilbertraum

$$Z = L_2^{\mathbb{C}}(\mathbb{R})$$

aller komplexwertigen Funktionen, für die Real- und Imaginärteil zu $L_2(\mathbb{R})$ gehören. Das Skalarprodukt auf $Z$ ist durch

$$(\varphi, \psi) = \int_{-\infty}^{\infty} \overline{\varphi}(x)\psi(x)\,\mathrm{d}x$$

gegeben. Damit die Bedingung (13.56) sinnvoll ist, müssen wir

$$(\psi(t), \psi(t)) = \int_{-\infty}^{\infty} |\psi(x,t)|^2\,\mathrm{d}x = 1 \quad \text{für alle} \quad t \in \mathbb{R}$$

fordern.

***Beispiel*** **(harmonischer Oszillator):** Wir betrachten den Spezialfall

$$U(x) = \frac{m\omega^2}{2}x^2$$

eines harmonischen Oszillators der Kreisfrequenz $\omega$. Der Fourieransatz $\psi(x,t) = \mathrm{e}^{-\mathrm{i}Et/\hbar}\varphi(x)$ in (13.55) ergibt das Eigenwertproblem

$$E\varphi = -\frac{\hbar^2}{2m}\varphi'' + \frac{m\omega^2}{2}x^2\varphi\,, \quad (\varphi,\varphi) = 1\,, \tag{13.58}$$

mit den Eigenwerten

$$E_n = \hbar\omega(n + \frac{1}{2})\,, \quad n = 0, 1, 2, \dots\,, \tag{13.59}$$

und den zugehörigen Eigenfunktionen $\varphi_n(x) = u_n(x/x_0)x_0^{-1/2}$, $x_0 = (\hbar/m\omega)^{1/2}$. Dabei bezeichnet $u_n$ die Hermitesche Funktion

$$u_n(x) = \alpha_n(-1)^n\,\mathrm{e}^{x^2/2}\,\frac{\mathrm{d}^n\,\mathrm{e}^{-x^2}}{\mathrm{d}x^n}\,, \quad \alpha_n = 2^{-n/2}(n!)^{-1/2}\pi^{-1/4}\,.$$

**Satz 1:** Die Funktionen $\varphi_0, \varphi_1, \dots$ bilden ein vollständiges Orthonormalsystem in $Z$. Wir definieren den Operator

$$H\varphi := \sum_{k=0}^{\infty} E_k(\varphi_k, \varphi)\varphi_k\,. \tag{13.60}$$

Dann ist $H\colon D(H) \to Z$ ein selbstadjungierter Operator, dessen Definitionsbereich $D(H)$ aus genau allen Funktionen $\varphi \in Z$ besteht, für die die Reihe in (13.60) konvergiert. Der Operator $H$ ist eine Fortsetzung von $H_*$. Anstelle der Gleichung (13.57) betrachten wir nunmehr das *verallgemeinerte Problem*

$$\mathrm{i}\hbar\psi' = H\psi\,, \quad \psi(0) = \psi_0\,. \tag{13.61}$$

**Satz 2:** Setzen wir

$$\psi(t) = e^{-iHt/\hbar}\psi_0\,, \quad t \in \mathbb{R}\,, \tag{13.62}$$

dann ist diese Trajektorie für jedes $\psi_0 \in D(H)$ die eindeutige Lösung von (13.61).

Für beliebiges $\psi_0 \in Z$ heißt (13.62) verallgemeinerte Lösung der Schrödingergleichung (13.61). Die Trajektorie (13.62) ist eine stetige Funktion von $\mathbb{R}$ in $Z$. Die Familie $\{e^{-iHt/\hbar}\}_{t\in\mathbb{R}}$ bildet einen Fluß von unitären Operatoren auf dem Hilbertraum $Z$.

Explizit gilt

$$\psi(t) = \sum_{k=0}^{\infty} e^{-iE_k t/\hbar}(\varphi_k, \varphi)\varphi_k\,.$$

Diese Reihe konvergiert für jede Zeit $t \in \mathbb{R}$ im Zustandsraum $Z = L_2^{\mathbb{C}}(\mathbb{R})$.

Die Formel (13.59) beinhaltet die berühmte Quantenhypothese von Planck aus dem Jahre 1900 über die Quantelung der Energie des harmonischen Oszillators. Diese Hypothese führte ihn zum richtigen Strahlungsgesetz für Sterne. Dieses Strahlungsgesetz wird heute zum Beispiel benutzt, um die Geschichte des Weltalls seit dem Urknall zu rekonstruieren [vgl. Zeidler 1984, Bd.IV].

## 13.17. Flüsse und Semiflüsse auf Banachräumen und Operatordifferentialgleichungen

**Definition:** Unter einem Fluß (oder einer einparametrigen Gruppe) auf dem Banachraum $Z$ (Zustandsraum) verstehen wir eine Familie $\{S(t)\}_{t\in\mathbb{R}}$ von Operatoren $S(t)\colon Z \to Z$, so daß $S(0) = I$ und

$$S(t+s) = S(t)S(s) \quad \text{für alle} \quad t, s \in \mathbb{R}$$

gilt.

Der Fluß heißt *stark stetig* genau dann, wenn die Trajektorien $u(t) = S(t)u_0$ für jeden Anfangswert $u_0 \in Z$ stetig sind als Abbildungen von $\mathbb{R}$ in $Z$.

Der Fluß heißt linear genau dann, wenn alle Operatoren $S(t)\colon Z \to Z$ linear und stetig sind.

Der Fluß heißt nichtexpansiv genau dann, wenn alle Operatoren $S(t)$ nichtexpansiv sind, d.h., es gilt

$$\|S(t)u_0 - S(t)u_1\| \le \|u_0 - u_1\| \quad \text{für alle} \quad u_0, u_1 \in Z,\ t \in \mathbb{R}\,.$$

Der Fluß heißt unitär genau dann, wenn alle Operatoren $S(t)$ lineare, unitäre Operatoren auf dem Hilbertraum $Z$ sind.

Unter dem Erzeugenden $E$ eines Flusses $\{S(t)\}$ verstehen wir den Operator

$$Eu_0 := \lim_{h\to 0} h^{-1}(S(h) - I)u_0 = u'(0)\,,$$

d.h., der Definitionsbereich von $E$ besteht aus genau allen Anfangswerten $u_0$, für welche die im Punkt $u_0$ startende Trajektorie $u(t) = S(t)u_0$ eine Anfangsgeschwindigkeit $u'(0)$ besitzt.

**Definition:** Unter einem *Semifluß* (oder einer Halbgruppe) verstehen wir eine Familie $\{S(t)\}_{t\geq 0}$ von Operatoren $S(t)\colon Z \to Z$ auf dem Banachraum $Z$ (Zustandsraum), so daß $S(0) = I$ und

$$S(t+s) = S(t)S(s) \quad \text{für alle} \quad t, s \geq 0 .$$

Vom physikalischen Standpunkt aus gilt:

| | |
|---|---|
| nichtexpansive Semiflüsse: | irreversible Prozesse (Wärmeleitung, Diffussion), |
| unitäre Flüsse: | reversible Prozesse (Wellenprozesse, Quantenprozesse). |

*Beispiel 1:* Wir betrachten die Differentialgleichung

$$u'(t) = Au(t)\,, \quad t \in \mathbb{R},\ u(0) = u_0\,, \tag{13.63}$$

wobei der Operator $A\colon Z \to Z$ linear und stetig auf dem Banachraum $Z$ ist. Für jedes $u_0 \in Z$ besitzt (13.63) die eindeutige Lösung

$$u(t) = \mathrm{e}^{tA} u_0 \quad \text{für alle} \quad t \in \mathbb{R}.$$

Definitionsgemäß gilt dabei

$$\mathrm{e}^{tA} = \sum_{k=0}^{\infty} \frac{(tA)^k}{k!} . \tag{13.64}$$

Diese Reihe konvergiert für alle Zeiten $t \in \mathbb{R}$ bezüglich der Operatornorm. Die Familie $\{\mathrm{e}^{tA}\}$ bildet einen linearen Fluß auf $Z$ mit dem erzeugenden Operator $A$.

Dieses Beispiel zeigt, daß irreversible Prozesse in der Natur nicht durch Differentialgleichungen der Form (13.63) mit linearen stetigen Operatoren modelliert werden können. Dazu benötigt man kompliziertere (unbeschränkte) Operatoren.

*Beispiel 2:* Der Operator $-A$ im Wärmeleitungsproblem (vgl. 13.16.4.) ist der Erzeugende des linearen, stark stetigen, nichtexpansiven Semiflusses $\{\mathrm{e}^{-tA}\}_{t\geq 0}$.

*Beispiel 3:* Der Fluß $\{S(t)\}$ für die Wellengleichung (vgl. 13.16.5.) ist linear, stark stetig und unitär auf dem Zustandsraum $Z = \overset{\circ}{W}{}_2^1(\Omega) \times L_2(\Omega)$. Der zugehörige erzeugende Operator $E$ ist schiefadjungiert, d.h. $E^* = -E$.

*Beispiel 4:* Der Fluß $\{\mathrm{e}^{-\mathrm{i}tH}\}$ für die Schrödingergleichung (vgl. 13.16.6.) ist linear, stark stetig und unitär mit dem schiefadjungierten erzeugenden Operator $-\mathrm{i}H$ (d.h., $H$ ist selbstadjungiert).

*Beispiel 5:* Der nichtlineare Semifluß $\{S(t)\}$ für die zweidimensionalen Navier-Stokesschen Differentialgleichungen für zähe Flüssigkeiten (vgl. 14.4.2.) ist stark stetig.

## 13.17.1. Konstruktion von Flüssen und Semiflüssen

**Satz von Hille-Yosida:** Der lineare Operator $B\colon D(B) \to Z$ auf dem Banachraum $Z$ ist genau dann der Erzeugende eines linearen, stark stetigen, nichtexpansiven Semiflusses $\{S(t)\}$, wenn folgendes gilt:

(i) $D(B)$ ist dicht in $Z$.

(ii) $-B$ ist maximal akkretiv, d.h., die Resolvente $R_\mu := (I - \mu B)^{-1}$ existiert auf $Z$ für alle $\mu > 0$ und ist nichtexpansiv.

Explizit gilt

$$S(t)u = \lim_{\mu \to +0} e^{tB_\mu} u \quad \text{für alle} \quad u \in Z,\, t \geq 0\,,$$

wobei $B_\mu := \mu^{-1}(R_\mu - I)$ die Yosida-Approximation von $B$ heißt.

In einem Hilbertraum $Z$ ist die Bedingung (ii) äquivalent zu der folgenden Eigenschaft von $B$:

$$\operatorname{Re}(Bu, u) \leq 0 \quad \text{für alle} \quad u \in D(B)\,,$$

und $\lambda = 1$ gehört nicht zum Spektrum von $B$ (Re bezeichnet den Realteil).

Das ist zum Beispiel erfüllt, falls $B = -A$ gilt, wobei $A$ ein positiver selbstadjungierter Operator ist. Dann erhalten wir

$$S(t) = e^{-tA} = \int_{-\infty}^{\infty} e^{-t\lambda}\, dE_\lambda\,,$$

wobei $\{E_\lambda\}$ die Spektralschar von $A$ bezeichnet.

**Satz von Stone:** Der lineare Operator $B\colon D(B) \to Z$ auf dem Hilbertraum $Z$ ist genau dann der Erzeugende eines linearen, stark stetigen, unitären Flusses $\{S(t)\}$, wenn $B$ schiefadjungiert ist.

Im Spezialfall eines komplexen Hilbertraumes bedeutet das $B = -\mathrm{i}H$, wobei $H$ selbstadjungiert ist. Explizit erhält man

$$S(t) = e^{-\mathrm{i}tH} = \int_{-\infty}^{\infty} e^{-\mathrm{i}\lambda t}\, dE_\lambda\,,$$

wobei $\{E_\lambda\}$ die Spektralschar von $H$ bezeichnet.

## 13.17.2. Anwendung auf homogene Differentialgleichungen

Es sei $\{S(t)\}$ ein linearer, stark stetiger Semifluß auf dem Banachraum $Z$ mit dem Erzeugenden $E$. Dann ist die Trajektorie $u(t) = S(t)u_0$ für jedes $u_0 \in D(E)$ die eindeutige Lösung der Differentialgleichung

$$u' = Eu\,, \quad t \geq 0\,, \quad u(0) = u_0\,.$$

## 13.17.3. Anwendung auf inhomogene Differentialgleichungen

Sind $u_0 \in D(E)$ und die stetig differenzierbare Funktion $f\colon [0, T] \to Z$ vorgegeben, dann ist

$$u(t) = S(t)u_0 + \int_0^t S(t-s)f(s)\, ds \tag{13.65}$$

die eindeutige Lösung der Differentialgleichung

$$u' = Eu + f\,, \quad 0 < t < T\,,\ u(0) = u_0\,. \tag{13.66}$$

Ist $f$ lediglich stetig, dann heißt (13.65) eine verallgemeinerte (oder auch milde) Lösung von (13.66).

### 13.17.4. Die Formel von Dyson für zeitabhängige Differentialgleichungen

Wir betrachten die Differentialgleichung

$$u'(t) = B(t)u(t), \quad s \le t < \infty, \qquad (13.67)$$
$$u(s) = u_0 .$$

Für jedes $t \in \mathbb{R}$ sei $B(t)\colon Z \to Z$ ein linearer stetiger Operator auf dem Banachraum $Z$, und es gelte $\lim_{t\to\tau} \|B(t) - B(\tau)\| = 0$ für alle $\tau \in \mathbb{R}$.

Dann besitzt (13.67) für jedes $u_0 \in Z$ die eindeutige Lösung

$$u(t) = P(t,s)u_0$$

mit dem sogenannten *Propagator*

$$P(t,s) = I + \sum_{n=1}^{\infty} \int_s^t \mathrm{d}t_1 \int_s^{t_1} \ldots \int_s^{t_{n-1}} \mathrm{d}t_n\, B(t_1)B(t_2)\ldots B(t_n) .$$

Führt man den Zeitordnungsoperator $\mathscr{T}$ ein, d.h.

$$\mathscr{T}(B(t)B(\tau)) := \begin{cases} B(t)B(\tau) \text{ für } & t \ge \tau , \\ B(\tau)B(t) \text{ für } & \tau \ge t , \end{cases}$$

dann gilt

$$P(t,s) = I + \sum_{n=1}^{\infty} \frac{1}{n!} \int_s^t \int_s^t \ldots \int_s^t \mathscr{T}(B(t_1)B(t_2)\ldots B(t_n))\, \mathrm{d}t_1\, \mathrm{d}t_2 \ldots \mathrm{d}t_n .$$

Dafür schreibt man auch kurz

$$P(t,s) = \mathscr{T} \exp\left(\int_s^t B(\tau)\, \mathrm{d}\tau\right).$$

Dieser Propagator spielt eine Schlüsselrolle bei der Konstruktion der S-Matrix (Streumatrix) in der Quantenfeldtheorie, die die Streuung von Elementarteilchen beschreibt.

## 13.18. Die allgemeine Dynamik von Quantensystemen

Ein Quantensystem wird durch einen komplexen Hilbertraum $Z$ als Zustandsraum beschrieben.

(i) Die *Zustände* des Systems werden durch Einheitsvektoren $\psi$ in $Z$ beschrieben.

(ii) Den physikalischen Größen $\mathscr{A}$ entsprechen selbstadjungierte Operatoren $A\colon D(A) \to Z$, die man als *Observable* bezeichnet.

(iii) Die *Dynamik* des Systems wird durch einen linearen, stark stetigen Fluß $\{S(t)\}_{t\in\mathbb{R}}$ auf $Z$ beschrieben:

$$\psi(t) = S(t)\psi(0), \quad t \in \mathbb{R}, \quad \psi(0) \in Z, \quad \|\psi(0)\| = 1 . \qquad (13.68)$$

Wir fordern zusätzlich die Unitarität von $S(t)$, um sicherzustellen, daß $\psi(t)$ für jedes $t$ ein Zustand ist. Tatsächlich gilt $(\psi(t), \psi(t)) = (\psi(0), \psi(0)) = 1$. Die starke Stetigkeit des Flusses garantiert, daß die Trajektorien (13.68) stetig von der Zeit $t$ abhängen (als Funktionen von $\mathbb{R}$ nach $Z$).

(iv) **Mißt man die physikalische Größe $\mathscr{A}$ im Zustand $\psi$, dann erhält man den Mittelwert**

$$\overline{\mathscr{A}} = (\psi, A\psi) \quad \text{für alle} \quad \psi \in D(A).$$

**Wegen der Selbstadjungiertheit von $A$ ist $\overline{\mathscr{A}}$ stets eine reelle Zahl. Die Dispersion ergibt sich in der üblichen Weise als Mittelwert von $(\mathscr{A} - \overline{\mathscr{A}})^2$, d.h.**

$$(\Delta\mathscr{A})^2 = \overline{(\mathscr{A} - \overline{\mathscr{A}})^2} = (\psi, (\mathscr{A} - \overline{\mathscr{A}})^2\psi).$$

**Die Tschebyschevsche Ungleichung liefert dann folgendes:**

> **Die Wahrscheinlichkeit dafür, daß der Meßwert von $\mathscr{A}$ im Zustand $\psi$ im Intervall $[\overline{\mathscr{A}} - a, \overline{\mathscr{A}} + a]$ liegt, ist größer gleich $(\Delta\mathscr{A})^2/a^2$.**

**Von fundamentaler Bedeutung ist die**

**Heisenbergsche Unschärferelation: Sind $\mathscr{A}$ und $\mathscr{B}$ zwei physikalische Größen, die den selbstadjungierten Operatoren $A$ und $B$ entsprechen, dann gilt**

$$\Delta\mathscr{A}\Delta\mathscr{B} \geq 2^{-1}|((AB - BA)\psi, \psi)| \tag{13.69}$$

**für alle Zustände $\psi$ im Definitionsbereich von $AB - BA$.**

**Es sei $\psi_1, \psi_2, \ldots$ ein vollständiges Orthonormalsystem in dem Zustandsraum $Z$. Für jeden Zustand $\psi \in Z$ gilt dann die konvergente Entwicklung**

$$\psi = \sum_{j=1}^{\infty}(\psi, \psi_j)\psi_j$$

**mit der Parsevalschen Gleichung**

$$\|\psi\|^2 = \sum_{j=1}^{\infty}|(\psi, \psi_j)|^2 = 1.$$

**Wir interpretieren:**

$$|(\psi, \psi_j)|^2 = \text{Wahrscheinlichkeit dafür, daß der Zustand } \psi_j \text{ gemessen wird.}$$

**Diskussion: Nach dem Satz von Stone existiert ein selbstadjungierter Operator $H$ auf $Z$, so daß**

$$S(t) = \mathrm{e}^{-\mathrm{i}tH/\hbar} \quad \text{für alle} \quad t \in \mathbb{R}$$

**gilt. $H$ heißt der Energieoperator (Hamiltonoperator) des Systems. Für jeden Anfangszustand $\psi_0 \in D(H)$ ist die Trajektorie (13.68) die eindeutige Lösung der *Schrödingergleichung***

$$\mathrm{i}\hbar\psi' = H\psi, \quad \psi(0) = \psi_0, \; t \in \mathbb{R}. \tag{13.70}$$

**Allgemeine Wahrscheinlichkeitsverteilung:** **Gehört der selbstadjungierte Operator $A$ zu der physikalischen Größe $\mathscr{A}$, dann gilt:**

$$\int_M \mathrm{d}(E_\lambda\psi, \psi) := \text{Wahrscheinlichkeit dafür, daß der Meßwert von } \mathscr{A} \text{ im Zustand } \psi \text{ in der Menge } M \text{ liegt.}$$

**Dabei ist $\{E_\lambda\}$ die Spektralschar von $A$.**

**Scharfe Messungen:** **Die Messung der physikalischen Größe $\mathscr{A}$ im Zustand $\psi$ ist scharf (d.h. $\Delta\mathscr{A} = 0$) genau dann, wenn $\psi$ ein Eigenvektor von $A$ ist. Aus $A\psi = \lambda\psi$ folgt $\overline{\mathscr{A}} = \lambda$.**

**Gestörte Dynamik:** Wir nehmen an, daß der Hamiltonoperator $H$ durch einen zusätzlichen äußeren Einfluß auf das System in $H + V$ übergeht. Dann wird die gestörte Dynamik durch

$$\psi(t) = \mathrm{e}^{-\mathrm{i}(H+V)t/\hbar}\,\psi_0$$

beschreiben. Es gilt die *Formel von Trotter*

$$\mathrm{e}^{-\mathrm{i}(H+V)t/\hbar}\,\psi_0 = \lim_{n\to\infty}\left(\mathrm{e}^{-\mathrm{i}\Delta t H/\hbar}\,\mathrm{e}^{-\mathrm{i}\Delta t V/\hbar}\right)^n\psi_0$$

für alle $\psi_0 \in Z$ mit $\Delta t = t/n$. Vorausgesetzt wird dabei, daß $H$ und $V$ selbstadjungiert sind und zusätzlich $H + V$ auf $D(H) \cap D(V)$ selbstadjungiert ist.

Diese Bedingung ist erfüllt, falls $H$ und $V$ selbstadjungiert sind mit $D(H) \subseteq D(V)$ und die Ungleichung von Kato

$$\|V\psi\| \le a\|H\psi\| + b\|\psi\| \quad \text{für alle} \quad \psi \in D(H)$$

gilt mit $0 \le a < 1$ und $b \ge 0$.

**Stationäre Zustände:** Die Eigenvektoren $\psi_0$ von $H$ mit $H\psi_0 = E\psi_0$ heißen stationäre Zustände der Energie $E$. Dann wird die Dynamik durch

$$\psi(t) = \mathrm{e}^{-\mathrm{i}tE/\hbar}\,\psi_0$$

gegeben.

## 13.18.1. Bewegung eines Quantenteilchens auf der $x$-Achse

Als Zustandsraum wählen wir den Hilbertraum $Z = L_2^{\mathbb{C}}(\mathbb{R})$. Den physikalischen Größen Ort $x$ und Impuls $p$ ordnen wir die Operatoren

$$(\mathbf{x}\psi)(x) = x\psi(x) \quad \text{für alle} \quad x \in \mathbb{R}$$

und

$$(\mathbf{p}\psi)(x) = \frac{\hbar}{\mathrm{i}}\,\psi'(x) \quad \text{für alle} \quad x \in \mathbb{R}$$

zu. Als Definitionsbereiche wählen wir $D(\mathbf{x}) = \{\psi \in Z\colon x\psi(x) \in Z\}$ und $D(\mathbf{p}) = W_2^1(\mathbb{R})_{\mathbb{C}}$. Dann sind $\mathbf{x}$ und $\mathbf{p}$ selbstadjungiert. Die Spektralschar $\{E_\lambda\}$ von $\mathbf{x}$ erhält man durch

$$(E_\lambda\psi)(x) = \begin{cases} \psi(x) & \text{für} \quad x \le \lambda \\ 0 & \text{für} \quad x > \lambda\,. \end{cases}$$

Daraus ergibt sich:

$$\int_M \mathrm{d}(E_\lambda\psi, \psi) = \int_M |\psi(x)|^2\,\mathrm{d}x = \text{Wahrscheinlichkeit dafür, daß sich das Teilchen in der Menge } M \text{ befindet.}$$

Für den Ortsmittelwert $\overline{x}$ und die Dispersion $(\Delta x)^2$ im Zustand $\psi$ erhält man

$$\overline{x} = (\mathbf{x}\psi, \psi) = \int_{-\infty}^{\infty} x|\psi(x)|^2\,\mathrm{d}x\,, \quad (\Delta x)^2 = \int_{-\infty}^{\infty} (x - \overline{x})^2|\psi(x)|^2\,\mathrm{d}x\,.$$

Für alle $\psi \in C_0^\infty(\mathbb{R})_{\mathrm{C}}$ gilt

$$(\mathbf{px} - \mathbf{xp})\psi = \frac{\hbar}{\mathrm{i}}\psi\,.$$

Nach (13.69) folgt aus dieser Vertauschungsrelation die berühmte *Heisenbergsche Unschärferelation*

$$\Delta p \Delta x \geq \hbar/2\,,$$

d.h., Ort und Impuls des Teilchens können in der Quantentheorie (im Unterschied zur klassischen Mechanik) nicht gleichzeitig scharf gemessen werden.

## 13.18.2. Das Wasserstoffatom

Die klassische Energie eines Elektrons der Ladung $e < 0$ und der Masse $m$, das sich im Coulombfeld eines Protons der Ladung $|e|$ bewegt, ist gleich

$$E = \frac{\mathbf{p}^2}{2m} + U(x) \quad \text{mit} \quad U(x) = \frac{-e^2}{|x|}$$

(in geeigneten Einheiten). Die Quantisierung erfolgt dadurch, daß die kartesischen Komponenten $p_j$ des Impulsvektors durch die Operatoren

$$\mathbf{p}_j = \frac{\hbar}{\mathrm{i}} \frac{\partial}{\partial x_j}$$

ersetzt werden. Das ergibt den Hamiltonoperator

$$H = -\frac{\hbar^2}{2m}\Delta + U\,, \quad D(H) = W_2^2(\mathbb{R}^3)_{\mathbb{C}}\,.$$

**Satz:** Der Hamiltonoperator $H$ ist selbstadjungiert. Er besitzt die Eigenwerte

$$E_n = -\frac{me^4}{2\hbar^2 n^2}\,, \quad n = 1, 2, \ldots$$

Das Spektrum von $H$ besteht aus diesen Eigenwerten und der Halbachse $[0, \infty)$, die das wesentliche Spektrum von $H$ darstellt.

**Diskussion:** Die Energiewerte $E_n$ entsprechen stationären Zuständen des Elektrons. Das sind genau die Werte, die Bohr 1913 mit Hilfe seines quasiklassischen Atommodells erhielt (Abb. 13.39). Danach bewegt sich das Elektron auf Kreisbahnen der Energie $E_1, E_2, \ldots$. Beim Sprung von der Bahn mit dem Wert $E_n$ in eine Bahn mit dem niedrigeren Wert $E_m$ $(n > m)$ wird ein Photon der Frequenz

$$\nu = \mathrm{h}^{-1}(E_n - E_m)$$

abgestrahlt. Daraus ergeben sich die Spektrallinien des Wasserstoffatoms.

Es ist typisch für die Quantenmechanik der Atome und Moleküle, daß das Spektrum des Hamiltonoperators nicht nur aus Eigenwerten besteht. Um ein klassisches Bild zu verwenden, stellen wir uns die Bewegung des Elektrons um das Proton als Bewegung eines Planten um die Sonne vor. Den Eigenwerten von $H$ entsprechen dann gebundene Zustände (Ellipsenbahnen), während das wesentliche Spektrum zu freien Zuständen gehört (Bewegung eines Kometen auf einer Hyperbelbahn).

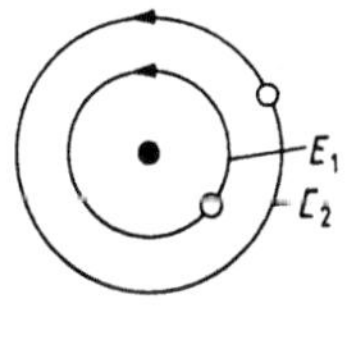


Abb. 13.39

### 13.18.3. Streuprozesse

Unter einem Streuprozeß versteht man die Bewegung eines physikalischen Systems (z.B. eines Quantensystems), das sich für $t \to \pm\infty$ wie ein kräftefreies System verhält ($t$ = Zeit). In der klassischen Mechanik entspricht die Bewegung eines Kometen auf einer Hyperbelbahn um die Sonne einem solchen Streuprozeß (Abb. 13.40). In modernen Teilchenbeschleunigern versucht man die Eigenschaften von Elementarteilchen zu erkennen, indem man mit ihnen Streuexperimente durchführt.

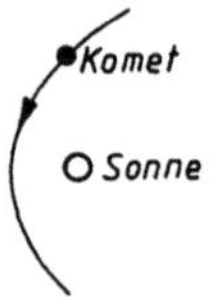


Abb. 13.40

Um die mathematische Behandlung von Streuprozessen im Rahmen der Quantenphysik zu erläutern, sei $Z$ ein komplexer Hilbertraum (Zustandsraum). Wir nehmen an, daß sich der selbstadjungierte Hamiltonoperator (Energieoperator) $H: D(H) \subseteq Z \to Z$ des Systems in der Form

$$H = H_0 + H_1$$

darstellen läßt, wobei $H_j: D(H_j) \subseteq Z \to Z$ selbstadjungierte Operatoren sind. Vom physikalischen Standpunkt aus entspricht $H_0$ dem kräftefreien System und $H_1$ der Wirkung von Kräften. Dann stellt

$$\psi(t) = \mathrm{e}^{-\mathrm{i}tH/\hbar}\,\psi(0) \quad \text{für alle} \quad t \in \mathbb{R} \tag{13.71}$$

die Bewegung des Systems dar, und $\psi_0(t) = \mathrm{e}^{-\mathrm{i}tH_0/\hbar}\,\psi(0)$ entspricht der kräftefreien Dynamik.

**Asymptotisch freie Bewegung:** Die Bewegung $\psi = \psi(t)$ wird für $t \to +\infty$ (bzw. $t \to -\infty$) als asymptotisch frei bezeichnet genau dann, wenn es ein $\psi_0(0) \in X$ und eine dazugehörige freie Dynamik $\psi_0(.)$ gibt, so daß

$$\lim_{t\to+\infty} \|\psi(t) - \psi_0(t)\| = 0 \tag{13.72}$$

(bzw. $\lim_{t\to-\infty} \|\psi(t) - \psi_0(t)\| = 0$) gilt. Ist $\psi = \psi(t)$ sowohl für $t \to +\infty$ als auch für $t \to -\infty$ asymptotisch frei, dann sprechen wir von einem *Streuprozeß*.

**Wellenoperatoren:** Wir definieren die sogenannten Wellenoperatoren $W_\pm$ durch

$$W_\pm \psi_\pm := \lim_{t\to\pm\infty} \mathrm{e}^{\mathrm{i}tH/\hbar}\,\mathrm{e}^{-\mathrm{i}tH_0/\hbar}\,\psi_\pm\,.$$

wobei $\psi_\pm$ genau dann zu $D(W_\pm)$ gehört, wenn dieser Grenzwert existiert.

**Satz:** Es sei $\psi(0) \in Z$ gegeben. Die Bewegung (13.71) ist genau dann asymptotisch frei für $t \to +\infty$ (bzw. $t \to -\infty$), wenn es ein $\psi_+ \in Z$ mit $\psi(0) = W_+\psi_+$ (bzw. ein $\psi_- \in Z$ mit $\psi(0) = W_-\psi_-$) gibt. Dann hat man (13.72) mit $\psi_0(0) = \psi_+$ (bzw. $\psi_0(0) = \psi_-$).

Insbesondere ist die Bewegung $\psi = \psi(t)$ *genau dann ein Streuprozeß*, wenn $\psi(0) \in R(W_\pm)$ gilt. Das erklärt die Bedeutung der Wellenoperatoren.

*Standardbeispiel:* Wir betrachten die Bewegung eines Quantenteilchens auf der $x$-Achse, d.h., wir untersuchen die Schrödingergleichung

$$\mathrm{i}\hbar\psi'(t) = H\psi(t)$$

mit $H = H_0 + H_1$, wobei $H_0\psi = -(\hbar^2/2m)\partial^2\psi(x,t)/\partial x^2$ den freien Hamiltonoperator darstellt und $H_1\psi = U\psi$ dem Potential $U$ der wirkenden Kräfte entspricht. Wir setzen voraus, daß das $C^1$-Potential $U\colon \mathbb{R} \to \mathbb{R}$ außerhalb einer kompakten Menge gleich null ist. Außerdem setzen wir $Z := L_2^{\mathbb{C}}(\mathbb{R})$ und $D(H) := \{\psi \in Z\colon \psi', \psi'' \in Z\}$. Dann gilt:

(i) Der Hamiltonoperator $H$ ist selbstadjungiert.

(ii) Bezeichnen wir mit $E(H)$ die lineare Hülle der Eigenvektoren von $H$, dann gilt für die Wellenoperatoren

$$D(W_\pm) = Z \quad \text{und} \quad R(W_\pm) = E(H)^\perp .$$

(iii) Das wesentliche Spektrum von $H$ ist gleich $[0, \infty)$.

(iv) Ist $\lambda$ ein Eigenwert von $H$, dann gilt $\lambda < 0$, und $\lambda$ besitzt eine endliche Vielfachheit.

Das Spektrum $\sigma(H)$ von $H$ besteht aus dem wesentlichen Spektrum $[0, \infty)$ und möglichen Eigenwerten.

(v) Gilt $\int_{\mathbb{R}} U(x)\,\mathrm{d}x < 0$, dann besitzt $H$ mindestens einen Eigenwert.

(vi) Für $U(x) \equiv 0$ gilt $H = H_0$, und das Spektrum $\sigma(H_0)$ von $H_0$ ist gleich dem wesentlichen Spektrum $[0, \infty)$.

*Physikalische Interpretation:* Die Eigenvektoren $\psi$ von $H$ entsprechen *gebundenen Zuständen* mit den Energien $\lambda$ (zugehörige Eigenwerte).

Die Bewegung $\psi = \psi(t)$ (vgl. 13.71) ist genau dann ein *Streuprozeß*, wenn der Anfangszustand $\psi(0)$ im orthogonalen Komplement $E(H)^\perp$ der linearen Hülle $E(H)$ der gebundenen Zustände liegt.

Eine ausführliche Darstellung der Streutheorie findet man in [Reed, Simon (1972)].

# 14. NICHTLINEARE PARTIELLE DIFFERENTIALGLEICHUNGEN IN DEN NATURWISSENSCHAFTEN

*Unter allen Disziplinen der Mathematik ist die Theorie der Differentialgleichungen die wichtigste. Alle Zweige der Physik stellen uns Probleme, die auf die Integration von Differentialgleichungen hinauskommen. Es gibt ja überhaupt die Theorie der Differentialgleichungen den Weg zur Erklärung aller elementaren Naturphänomene, die Zeit brauchen.*

*Sophus Lie (1894)*

Viele in der Natur ablaufende Prozesse besitzen die folgenden beiden typischen Eigenschaften:

(i) Die Systeme verfügen über unendlich viele Freiheitsgrade.
(ii) Es treten Wechselwirkungen zwischen den Teilen der Systeme auf.

Solche Prozesse werden durch nichtlineare partielle Differentialgleichungen beschrieben. Dabei gilt[1]:

(a) *Wechselwirkungen entsprechen mathematischen Nichtlinearitäten;*
(b) *unendlich viele Freiheitsgrade entsprechen partiellen Differentialgleichungen.*

Zum Beispiel kann es sich um folgendes handeln:

- die Bewegung von Flüssigkeiten, Gasen oder elastischen Medien;
- die Entwicklung des Kosmos nach dem Urknall (Expansion des Weltalls und das Entstehen schwarzer Löcher im Rahmen der allgemeinen Relativitätstheorie);
- Elementarteilchenprozesse (zeitlich veränderliche Quantenfelder);
- die Entwicklung von Populationen in der Biologie, Chemie oder Ökologie.

Das unterstreicht die Bedeutung der Theorie nichtlinearer partieller Differentialgleichungen für die Naturbeschreibung. Die Fülle der in der Natur auftretenden Phänomene spiegelt sich mathematisch darin wider, daß es noch viele offene Fragen für konkrete nichtlineare partielle Differentialgleichungen gibt. Die existierenden allgemeinen mathematischen Resultate stecken nur einen groben Rahmen ab für ein detailliertes Studium jeder einzelnen Gleichung. Man unterscheidet:

(a) irreversible Prozesse (z.B. Reaktion, Diffusion, Wärmeleitung, Wachstum, Transport physikalischer Größen in Flüssigkeiten und Gasen);
(b) reversible Prozesse (Wellen);
(c) stationäre Prozesse (z.B. Variationsprobleme).

Ein Prozeß heißt irreversibel (bzw. reversibel), falls die Zeitumkehr des Prozesses unmöglich (bzw. möglich) ist. Bei stationären Prozessen hängt der Zustand des Systems nicht von der Zeit ab. Vom mathematischen Standpunkt aus gilt folgende Faustregel:

---

[1] Systeme mit *endlich* vielen Freiheitsgraden unter Wechselwirkung werden durch nichtlineare gewöhnliche Differentialgleichungen modelliert (z.B. die Planetenbewegung).

| | | |
|---|---|---|
| irreversible Prozesse | $\rightarrow$ | parabolische Gleichungen; |
| reversible Prozesse | $\rightarrow$ | hyperbolische Gleichungen; |
| stationäre Prozesse | $\rightarrow$ | elliptische Gleichungen. |

Typisch für irreversible Prozesse ist die Tendenz zur Glättung der Lösung für wachsende Zeiten (Ausgleich von nichtglatten Anfangsstörungen etwa durch Diffusion). Bei reversiblen Wellenprozessen tritt dagegen kein derartiger Glättungseffekt ein, im Gegenteil, es können neue Singularitäten entstehen (z.B. Schockwellen in der Gasdynamik). Dagegen sind bei stationären Prozessen die Lösungen um so glatter, je glatter die äußeren Einflüsse sind (z.B. die Randbedingungen oder inhomogene Terme, die äußeren Kräften entsprechen).

Irreversible und reversible Prozesse mit unendlich vielen Freiheitsgraden, deren Verlauf nicht von der Wahl des Anfangszeitpunktes abhängt (Homogenität der Zeit), entsprechen unendlichdimensionalen dynamischen Systemen. Die neuere Forschung hat ergeben, daß solche Systeme häufig einen Attraktor haben, d.h., die Systeme streben mit wachsender Zeit ($t \to +\infty$) Zuständen zu, die Punkten des Attraktors entsprechen. Besitzt dieser Attraktor eine komplizierte Struktur (seltsamer Attraktor), dann kann die Bewegung des Systems für $t \to +\infty$ *chaotisch* werden (z.B. Turbulenz von Flüssigkeiten). Ferner zeigt sich, daß die Attraktoren unendlichdimensionaler dynamischer Svsteme oft nur *endlich* viele Dimensionen besitzen. Das stimmt mit der Erfahrung der Physiker überein, daß z.B. die Turbulenz von Flüssigkeiten durch eine endliche Anzahl von Parametern beschrieben werden kann. Zusammenfassend gilt, daß die Struktur des Attraktors wesentlich das Verhalten des Systems für große Zeiten bestimmt.

Einen Überblick über die Theorie nichtlinearer partieller Differentialgleichungen und ihre Anwendungen findet man in [Zeidler 1984].

## 14.1. Grundideen

Wir wollen anhand von einfachen Beispielen zeigen, daß Nichtlinearitäten die folgenden wichtigen Phänomene ergeben können:

(i) Die Lösungen existieren nur für eine endliche Zeit (z.B. Explosionen).

(ii) Es können im Laufe der Zeit zusätzliche Singularitäten entstehen (Schockwellen).

(iii) Es gibt Lösungen, die sich unter Wechselwirkungen nicht wesentlich verändern (Solitonen oder Einzelwellen, die sich bei Zusammenstößen wie Teilchen verhalten).

Bei vielen Prozessen in der Natur erwartet man, daß der Effekt (i) nicht auftritt. Um das mathematisch nachzuweisen, benutzt man sogenannte *a priori* Abschätzungen. Das sind Abschätzungen für mögliche Lösungen, die sich allein aus der Gleichung ergeben. Zum Beispiel folgt aus der gewöhnlichen Differentialgleichung

$$x' = \sin x\,, \quad x(0) = x_0\,. \tag{14.1}$$

die Abschätzung $|x'(t)| \leq 1$ und somit

$$|x(t)| \leq |t| + |x_0| \text{ für alle Zeiten } t \in \mathbb{R}\,. \tag{14.2}$$

unabhängig davon, ob die Lösung existiert oder nicht. Für die Theorie der nichtlinearen partiellen Differentialgleichungen ist das folgende Prinzip von fundamentaler Bedeutung:

*Aus a priori Abschätzungen erhält man die Existenz von Lösungen.*

Wendet man dieses Prinzip auf (14.1) an, dann ergibt sich aus der *a priori* Abschätzung (14.2), daß das Problem (14.1) für jeden gegebenen Anfangswert $x_0$ genau eine Lösung besitzt, die für alle Zeiten $t \in \mathbb{R}$ existiert (vgl. Beispiel 2 weiter unten).

*Beispiel 1* (Explosion der Lösung): Die gewöhnliche Differentialgleichung

$$x' = 1 + x^2, \quad x(0) = 0, \tag{14.3}$$

besitzt die Lösung $x(t) = \tan t$ mit $x(t) \to +\infty$ für $t \to \pi/2$, d.h., die Lösung *explodiert* nach endlicher Zeit.

*Beispiel 2* (a priori Abschätzungen verhindern Explosionen): Die Zahl $x_0 \in \mathbb{R}$ sei gegeben. Wir nehmen an, daß jede Lösung $x = x(t)$ der gewöhnlichen Differentialgleichung

$$x' = f(x), \quad x_0 \in \mathbb{R}, \tag{14.4}$$

mit der festen, stetig differenzierbaren Funktion $f\colon \mathbb{R} \to \mathbb{R}$ der Abschätzung

$$\sup_{-T \le t \le T} |x(t)| < \infty$$

für alle diejenigen Zeitintervalle $[-T, T]$ genügt, auf denen die Lösung existiert.

Dann besitzt das Problem (14.4) genau eine Lösung, die für alle Zeiten $t \in \mathbb{R}$ existiert.

*Beispiel 3* (Entstehung von Singularitäten): Wir betrachten das folgende Anfangswertproblem:

$$u_t + c(u)u_x = 0, \quad x \in \mathbb{R}, \ t > 0, \tag{14.5}$$
$$u(x, 0) = u_0(x).$$

Die Funktion $c\colon \mathbb{R} \to \mathbb{R}$ sei stetig differenzierbar. Dann gilt:

(i) *Charakteristiken.* Ist $u = u(x,t)$ eine Lösung von (14.5) mit stetigen partiellen Ableitungen, dann heißen die Lösungen $x = x(t)$ der Gleichung

$$x'(t) = c(u(x(t), t)) \tag{14.6}$$

die Charakteristiken von (14.5). Wegen

$$\frac{\mathrm{d}}{\mathrm{d}t} u(x(t), t) = u_x c(u) + u_t \equiv 0$$

ist $u$ konstant längs jeder Charakteristik. Deshalb folgt aus (14.6), daß alle Charakteristiken Geraden sind, d.h., sie haben die Form

$$x = c(u_0(p))t + p,$$

wobei $p$ ein reeller Parameter ist mit $x(0) = p$.

(ii) *Schocks.* Gilt für zwei Parameterwerte $p_1$ und $p_2$ die Beziehung

$$c(u_0(p_1)) > c(u_0(p_2)), \tag{14.7}$$

dann schneiden sich die entsprechenden Charakteristiken in einem gewissen Punkt $(x, T)$ (Abb. 14.1). Da $u$ entlang der Charakteristiken konstant ist, erhalten wir $u(x,T) = u_0(p_1)$ und $u(x,T) = u_0(p_2)$. Aus (14.7) folgt $u_0(p_1) \neq u_0(p_2)$. Deshalb besitzt $u$ im Punkt $(x, T)$ einen Sprung, den man auch als Schock bezeichnet. Folglich kann eine klassische glatte Lösung nur für Zeiten $t < T$ existieren. Dieser Effekt tritt für *beliebig glatte* Anfangswerte $u_0$ auf.

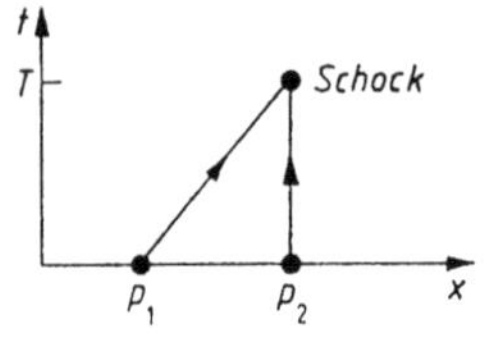


Abb. 14.1

(iii) *Physikalische Interpretation.* Fassen wir $u(x,t)$ als Massendichte am Ort $x \in \mathbb{R}$ zur Zeit $t$ auf, dann beschreibt die Ausgangsgleichung (14.5) die Massenerhaltung. Die Charakteristiken $x = x(t)$ entsprechen den Bahnkurven von Partikeln. Ein „Schock" tritt auf, falls zwei Partikel zusammenstoßen (d.h., zwei Bahnkurven schneiden sich).

*Beispiel 4:* Wir betrachten die sogenannte Korteweg-deVries-Gleichung

$$u_t + 6uu_x + u_{xxx} = 0\,, \quad -\infty < x,t < \infty\,. \tag{14.8}$$

(i) *Solitonen.* Die Lösung

$$u = 2k^2 / \cosh^2 k(x - ct - x_0)$$

von (14.8) mit $c = 4k^2, k > 0$, und der Phase $x_0 \in \mathbb{R}$ bezeichnet man als Einzelwelle (oder Soliton), die sich mit der Geschwindigkeit $c$ von links nach rechts ausbreitet (Abb. 14.2).

(ii) *Zusammenstoß zwischen zwei Solitonen.* Die Lösung

$$u(x,t) = 2\frac{\partial^2 \ln \varphi(x,t)}{\partial^2 x} \tag{14.9}$$

von (14.8) mit

$$\varphi(x,t) = 1 + A_1 e^{2\eta_1} + A_2 e^{2\eta_2} + A_3 e^{2(\eta_1 + \eta_2)}$$

und

$$\eta_j = k_j(x - c_j t), \quad c_j = 4k_j^2, \quad j = 1,2, \quad A_3 = aA_1A_2, \quad a = (k_2 - k_1)^2/(k_2 + k_1)^2\,,$$

entspricht zwei Solitonen, die sich mit der Geschwindigkeit $c_1$ und $c_2$ von links nach rechts bewegen. Dabei sind die positiven Parameter $k_1$, $k_2$ und $A_1$, $A_2$ gegeben.

Genauer hat man die folgende Situation. Gilt $c_1 < c_2$, dann stellt die Lösung (14.9) für Zeiten $t \to \pm\infty$ die Überlagerung von zwei Solitonen

$$u_j(x,t) = 2k_j^2 / \cosh^2 k_j(x - c_j t - x_{j0}^{\pm})\,, \quad j = 1,2\,,$$

dar, wobei sich die Phasen $x_{j0}^{\pm}$ aus

$$e^{-k_1 x_{10}^+} = e^{-k_1 x_{10}^-} a^{-1} = A_1\,, \quad e^{-k_2 x_{20}^+} a^{-1} = e^{-k_2 x_{20}^-} = A_2$$

ergeben.

Das Bemerkenswerte an dieser Lösung ist, daß die beiden Solitonen nach dem Zusammenstoß ihre Gestalt unverändert beibehalten. Es tritt lediglich eine Phasenverschiebung auf. Solitonen verhalten sich deshalb analog wie stabile Teilchen (Abb. 14.3). Diese Tatsache wurde in den sechziger Jahren entdeckt. Seit dieser Zeit untersuchen Physiker in vielen Gebieten der Physik das Auftreten von Solitonen.

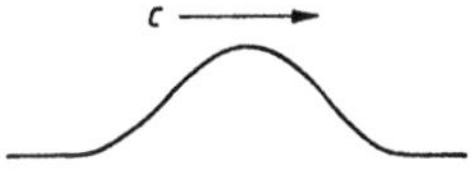


Abb. 14.2

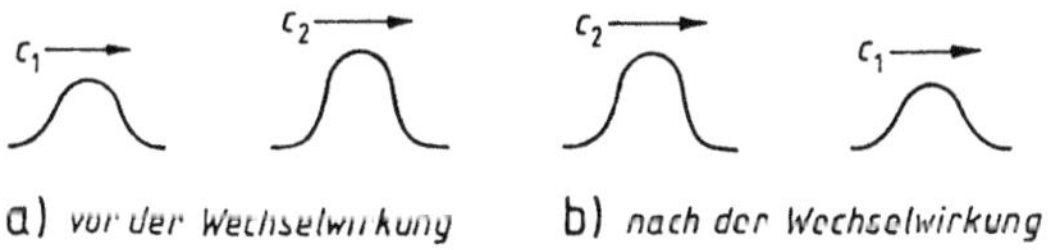


Abb. 14.3

**Wichtige Räume von Funktionen mit Werten in einem Banachraum:** Es sei $0 < T < \infty$, und $X$ sei ein Banachraum mit der Norm $\|.\|_X$.

*Der Raum* $C([0,T],X)$. Dieser Raum besteht aus allen stetigen Funktionen

$$u\colon [0,T] \to X\,, \tag{14.10}$$

d.h., aus $t \to s$ folgt $u(t) \to u(s)$ in $X$. Bezüglich der Norm

$$\|u\| = \max_{0\le t\le T} \|u(t)\|_X$$

wird $C([0,T],X)$ zu einem Banachraum.

Mit $C([0,\infty],X)$ bezeichnen wir den Raum aller stetigen Funktionen $u\colon [0,\infty) \to X$.

*Der Raum* $C^{(n)}([0,T],X)$, $n = 1,2,\ldots$ Die Ableitung $u'(t)$ der Funktion $u$ aus (14.10) wird in üblicher Weise durch

$$u'(t) = \lim_{h\to 0} h^{-1}(u(t+h) - u(t))$$

erklärt, wobei der Grenzwert bezüglich $X$ zu nehmen ist (d.h. im Sinne der Normkonvergenz); $C^{(n)}([0,T],X)$ bezeichnet dann die Menge aller Funktionen $u$ der Form (14.10), die auf dem Intervall $[0,T]$ stetige Ableitungen bis zur Ordnung $n$ haben. Bezüglich der Norm

$$\|u\| = \sum_{k=0}^{n} \max_{0\le t\le T} \|u^{(k)}(t)\|_X$$

wird $C^{(n)}([0,T],X)$ zu einem Banachraum.

*Der Lebesgueraum* $L_p(0,T;X)$, $1 \le p < \infty$: Definitionsgemäß besteht $L_p(0,T;X)$ aus allen Funktionen $u$ der Form (14.10), die schwach meßbar sind[2)] und der Bedingung

$$\|u\|_p := \left(\int_0^T \|u(t)\|_X^p \,\mathrm{d}t\right)^{1/p} < \infty$$

genügen. Bezüglich der Norm $\|u\|_p$ wird $L_p(0,T;X)$ zu einem Banachraum.

*Standardbeispiel:* Die folgende Situation ist typisch für zeitabhängige partielle Differentialgleichungen. Die entscheidende Idee besteht darin, die Ortsvariable $x$ und die Zeitvariable $t$ in *unterschiedlicher Weise* zu behandeln. Wir gehen aus von einer reellen Funktion

$$u = u(x,t)\,, \quad x \in \Omega\,, \quad 0 \le t \le T\,, \tag{14.11}$$

wobei $\Omega$ eine nichtleere offene Menge des $\mathbb{R}^n$ ist. Für jeden festen Zeitpunkt $t$ stellt die Funktion $u$ aus (14.11) eine Funktion des Ortes $x$ dar, die wir kurz mit $u(t)$ bezeichnen, d.h., $u(t)$ steht für die Ortsfunktion

$$x \mapsto u(x,t) \quad \text{auf } \Omega\,.$$

Bezeichnet nunmehr $X$ einen Banachraum von Ortsfunktionen (z.B. $X = C(\overline{\Omega})$), dann bedeutet

$$u \in C([0,T],X)\,.$$

---

2) Das bedeutet, daß für jedes Funktional $f \in X^*$ die Funktion $\varphi$ mit $\varphi(t) := f(u(t))$ auf dem Intervall $[0,T]$ meßbar ist.

daß für jeden Zeitpunkt $t \in [0,T]$ die Funktion $x \mapsto u(x,t)$ zu $X$ gehört (d.h., im Fall $X = C(\overline{\Omega})$ ist diese Funktion auf $\overline{\Omega}$ stetig), und $t \mapsto u(t)$ ist stetig als Funktion von $[0,T]$ nach $X$, d.h., für $X = C(\overline{\Omega})$ gilt beispielsweise

$$\lim_{t \to s} \max_{x \in \overline{\Omega}} | u(x,t) - u(x,s) | = 0 \quad \text{für alle } s \in [0,T] .$$

# 14.2. Reaktions-Diffusionsgleichungen

In Biologie, Chemie, Physik oder Ökologie hat man es häufig mit Teilchen zu tun (z.B. Moleküle), die miteinander reagieren und diffundieren. Solche Prozesse werden durch Reaktions-Diffusionsgleichungen für die Teilchenzahldichte beschrieben.

## 14.2.1. Fortschreitende Wellen

Die skalare eindimensionale Reaktions-Diffusionsgleichung hat die Form

$$u_t = Du_{xx} + f(u) \tag{14.12}$$

mit dem Diffusionskoeffizienten $D > 0$. Dabei bedeutet $u(x,t)$ eine Teilchenzahldichte im Punkt $x \in \mathbb{R}$ zur Zeit $t$. Der nichtlineare Reaktionsterm $f(u)$ beschreibt die Erzeugung oder Vernichtung von Teilchen, während $Du_{xx}$ der Diffusion von Teilchen entpricht. Genauer erhalten wir aus (14.12) durch Integration die Beziehung

$$\frac{\mathrm{d}}{\mathrm{d}t} \int_a^b u(x,t)\,\mathrm{d}x = Du_x(b,t) - Du_x(a,t) + \int_a^b f(u)\,\mathrm{d}x \,. \tag{14.13}$$

Die linke Seite entspricht dabei der Änderungsgeschwindigkeit der Teilchenanzahl in dem Intervall $[a,b]$. Nach (14.13) ergibt sich die Änderung der Teilchenzahl in $[a,b]$ dadurch, daß Teilchen über die Randpunkte $x = a$ und $x = b$ in das Intervall eindringen (bzw. es verlassen) oder Teilchen in $[a,b]$ erzeugt oder vernichtet werden.

Eine Lösung $u$ von (14.12) der Form

$$u(x,t) = W(x+ct) \tag{14.14}$$

entspricht einer Dichtewelle, die sich mit der Geschwindigkeit $c > 0$ von rechts nach links ausbreitet. Setzen wir diesen Ausdruck in (14.12) ein, dann erhalten wir die gewöhnliche Differentialgleichung

$$DW'' - cW' + f(W) = 0 \,.$$

*Beispiel:* Im Spezialfall

$$f(u) = au(1-u) \tag{14.15}$$

mit der Konstanten $a > 0$ wird (14.12) als die *Fisher-Gleichung* bezeichnet. Die Teilchen sind hier etwa biologische Objekte (z.B. ein bestimmtes Gen einer Population), die einem Auswahlprozeß unterliegen. In der Nähe von $u = 0$ (Unterbevölkerung) und $u = 1$ (Überbevölkerung) ist $f(u)$ klein, d.h., nur wenige Objekte überleben den Auswahlprozeß. Der folgende Satz ist auf (14.15) anwendbar.

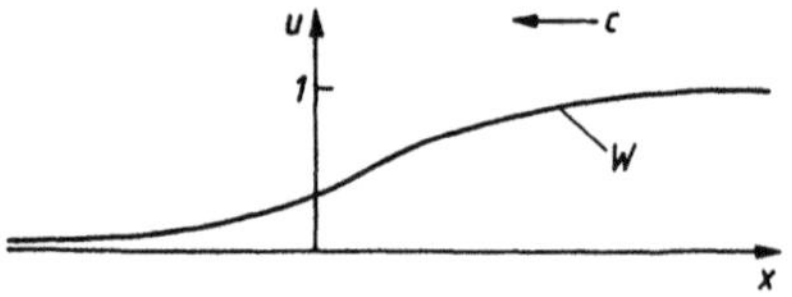


Abb. 14.4

**Satz:** Die stetig differenzierbare Funktion $f\colon \mathbb{R} \to \mathbb{R}$ genüge den Bedingungen $f(0) = f(1) = 0$, $f(u) > 0$, für alle $u \in (0,1)$ sowie $f'(0) > 0$ und $f'(1) < 0$. Dann gibt es eine kritische Geschwindigkeit $c_0 > 0$, so daß die Gleichung (14.12) für jedes $c$ mit $c \geq c_0$ eine Wellenlösung der Form (14.14) besitzt mit

$$\lim_{u\to-\infty} W(u) = 0 \quad \text{und} \quad \lim_{u\to+\infty} W(u) = 1\,.$$

Ferner ist die Funktion $W$ streng monoton wachsend (Abb. 14.4).

Für $c < c_0$ (unterkritische Geschwindigkeit) existieren keine derartigen fortschreitenden Wellen.

### 14.2.2. Globale Attraktoren

Wir betrachten das folgende Rand-Anfangswertproblem:

$$u_t = D\Delta u + f(u)\,, \quad x \in \Omega\,,\ t \in (0,T)\,, \tag{14.16a}$$

$$\frac{\partial u}{\partial n} = 0\,, \quad x \in \partial\Omega\,,\ t \in (0,T) \quad \text{(Randbedingung)}\,, \tag{14.16b}$$

$$u(x,0) = u_0(x)\,, \quad x \in \Omega \quad \text{(Anfangsbedingung)}\,, \tag{14.16c}$$

wobei $D > 0$ den Diffusionskoeffizienten und $\partial u/\partial n$ die äußere Normalenableitung bezeichnet. Ferner sei $\Omega$ eine nichtleere offene beschränkte Menge des $\mathbb{R}^3$.

Wir interpretieren $u(x,t)$ als Teilchenzahldichte im Punkt $x$ zur Zeit $t$. Für jede offene Teilmenge $G$ von $\Omega$ erhalten wir aus (14.16a) die Beziehung

$$\frac{\mathrm{d}}{\mathrm{d}t}\int_G u(x,t)\,\mathrm{d}x = D\int_{\partial G}\frac{\partial u}{\partial n}\,\mathrm{d}O + \int_G f(u)\,\mathrm{d}x$$

für die Änderungsgeschwindigkeit der Teilchenanzahl in $G$. Die Randbedingung (14.16b) besagt, daß keine Teilchen durch den Rand von $\Omega$ fließen. Wir nehmen an, daß der Reaktionsterm $f$ ein Polynom vom Grade $2p-1$ darstellt ($p = 1, 2, \ldots$), wobei der Koeffizient der höchsten Potenz positiv ist. Unter einer verallgemeinerten Lösung von (14.16) verstehen wir eine Funktion $u$ mit

$$-\int_\Omega\int_0^T u(x,t)\varphi(x)\chi'(t)\,\mathrm{d}x\,\mathrm{d}t = \int_\Omega\int_0^T (-D\,\mathbf{grad}\,u\,\mathbf{grad}\,\varphi + f(u)\varphi)\chi\,\mathrm{d}x\,\mathrm{d}t \tag{14.17}$$

für alle $\varphi \in C^1(\overline{\Omega})$ und alle $\chi \in C_0^\infty(0,T)$. Formal erhält man (14.17), indem man (14.16a) mit $\varphi\chi$ multipliziert und anschließend partiell integriert.

Als Zustandsraum wählen wir

$$Z := L_2(\Omega)\,.$$

Ferner setzen wir noch $V := W_2^1(\Omega)$. Wir wollen die Lösungen $u = u(t)$ des Ausgangsproblems (14.16) als Trajektorien eines dynamischen Systems im Zustandsraum $Z$ auffassen. Dazu definieren wir $S(t)$ durch

$$S(t)u_0 := u(t)\,, \quad u_0 \in Z\,, \quad t \geq 0\,.$$

Jedem Punkt der Trajektorie $u(t)$ (bei fester Zeit $t$) entspricht eine Teilchenzahldichte $u = u(x,t)$, die in $Z$ liegt. Der folgende Satz sichert, daß die Trajektorie $u = u(t)$ stetig ist als Funktion von $[0,\infty)$ nach $Z$. Ferner hängt die Trajektorie stetig vom Anfangszustand ab, d.h., die Abbildung $S(t)\colon Z \to Z$ ist stetig für alle $t \geq 0$.

**Satz 1:** Das verallgemeinerte Problem (14.17) besitzt für jeden Anfangszustand $u_0 \in Z$ genau eine Lösung $u$ mit $u \in C([0,\infty), Z)$ und $u \in L_2(0,T;\, V) \cap L_{2p}(0,T;\, L_{2p}(\Omega))$ für alle $T > 0$.

$\{S(t)\}_{t \geq 0}$ bildet eine Halbgruppe auf $Z$. Ferner ist $S(t)\colon Z \to Z$ stetig für alle $t \geq 0$.

**Satz 2:** Es existiert ein globaler Attraktor $\mathscr{A}$ in $Z$.

Genauer ist $\mathscr{A}$ kompakt und zusammenhängend in $Z$, und $\mathscr{A}$ zieht die beschränkten Mengen von $Z$ gleichmäßig an.

Explizit bedeutet das folgendes:

(i) $\mathscr{A}$ ist eine *invariante* Menge, d.h., genauer ist $S(t)\mathscr{A} = \mathscr{A}$ für alle $t \geq 0$.

(ii) $\mathscr{A}$ zieht alle Trajektorien an, d.h., für jedes $u_0 \in Z$ genügt der Abstand zwischen $S(t)u_0$ und $\mathscr{A}$ in $Z$ der Beziehung

$$d(S(t)u_0, \mathscr{A}) := \inf_{v \in \mathscr{A}} \|S(t)u_0 - v\|_Z \to 0 \quad \text{für } t \to +\infty\,. \tag{14.18}$$

(iii) $\mathscr{A}$ zieht die beschränkten Mengen von $Z$ gleichmäßig an, d.h., ist $\mathscr{B}$ eine beschränkte Menge in $Z$, dann verläuft die Konvergenz in (14.18) gleichmäßig für alle $u_0 \in \mathscr{B}$.

Vom physikalischen Standpunkt aus besagt Satz 2, daß die gesamte Dynamik des Systems für große Zeiten vom Attraktor $\mathscr{A}$ regiert wird. Wegen seiner Kompaktheit ist $\mathscr{A}$ „wesentlich kleiner" als der gesamte unendlichdimensionale Zustandsraum $Z$.

### 14.2.3. Ein allgemeiner Existenzsatz für quasilineare parabolische Systeme

Wir betrachten das folgende Rand-Anfangswertproblem für ein System von Reaktions-Diffusionsgleichungen:

$$\begin{aligned} u_t + A(x,t,u)u &= f(x,t,u)\,, && x \in \Omega\,,\ t > 0\,, \\ B(x,t,u)u &= \alpha g(x,t,u)\,, && x \in \partial\Omega\,,\ t > 0\,, \quad \text{(Randbedingung)}\,, \\ u(x,0) &= u_0(x) && \text{(Anfangsbedingung)} \end{aligned} \tag{14.19}$$

mit den Spaltenmatrizen $u = (u_1, \ldots, u_M)^{\mathrm{T}}$, $f = (f_1, \ldots, f_M)^{\mathrm{T}}$, $g = (g_1, \ldots, g_M)^{\mathrm{T}}$. Die Voraussetzungen sind:

(H1) Die Menge $\Omega$ ist ein beschränktes Gebiet des $\mathbb{R}^N$, $N \geq 1$. Die äußere Einheitsnormale des Randes $\partial\Omega$ sei $n = (n_1, \ldots, n_N)$. Im folgenden wird über zwei gleiche Indizes stets von 1 bis $N$ summiert.

(H2) Bezeichnet $\partial_j$ die partielle Ableitung bezüglich der $j$-ten Komponente von $x$, dann gilt

$$A(x,t,u)u := -\partial_j(a_{jk}(x,t,u)\partial_k u) + a_j(x,t,u)\partial_j u\,.$$

Dabei sind $a_{jk}$ und $a_j$ reelle $(M \times M)$-Matrizen.

(H3) Die *Randbedingungen* sind entweder durch

$$B(x,t,u)u := a_{jk}(x,t,u)n_j\partial_k u\,, \quad \alpha = 1 \quad \textbf{(Neumannsche Bedingungen)}\,,$$

oder durch

$$B(x,t,u)u := u\,, \quad \alpha = 0 \quad \textbf{(Dirichletsche Bedingungen)}\,,$$

gegeben.

(H4) *Elliptizität.* Die Eigenwerte der $(M \times M)$-Matrix

$$a_{jk}(x,t,u)D_jD_k$$

haben positiven Realteil für alle $x \in \overline{\Omega}$, $t \geq 0$, $u \in \mathbb{R}^m$ sowie für alle $D_j$, $D_k \in \mathbb{R}$ mit $\sum\limits_{j=1}^{N} D_j^2 = 1$.

(H5) Alle auftretenden Komponenten von $f$, $g$, $a_{jk}$ und $a_j$ sind hinreichend glatt, und der Rand von $\Omega$ ist hinreichend regulär.

Als *Zustandsraum* $Z$ wählen wir $Z = \{u\colon u_j \in W_p^1(\Omega)$ mit $(1-\alpha)u = 0$ für alle $j\}$. Dabei sei $N < p < \infty$.

Die Bedingung (H4) garantiert, daß (14.19) ein sogenanntes (quasilineares) *parabolisches* System darstellt.

**Satz:** Für jeden gegebenen Anfangszustand $u_0 \in Z$ hat das Ausgangsproblem (14.19) eine eindeutige maximale klassische Lösung $u = u(x,t)$ mit dem maximalen halboffenen Existenzintervall $[0,T_0)$ bezüglich des Zustandsraumes $Z$ (d.h. $u(t) \in Z$ für alle $t \in [0,T_0)$).

Hat man für jedes $T$ mit $0 < T < T_0$ die a priori Abschätzung

$$\sup_{0 \leq t < T} \|u(t)\|_Z < \infty\,,$$

dann ist $T_0 = \infty$, d.h., die Lösung existiert für alle Zeiten.

*Beispiel:* Dieser Satz kann z.B. angewandt werden auf das System

$$\begin{aligned} (u_m)_t - D_m\Delta u_m &= f_m(x,u_1,\ldots,u_M), \quad x \in \Omega\,,\ t > 0\,,\\ -D_m\frac{\partial u_m}{\partial n} &= g_m(x,u_1,\ldots,u_M)\,, \quad x \in \partial\Omega\,,\ t > 0\,,\\ u_m(x,0) &= u_{0m}(x)\,, \quad x \in \Omega\,,\ m = 1,\ldots,M\,, \end{aligned}$$

mit den positiven Diffusionskoeffizienten $D_m > 0$. Dabei ist $u_m$ die Teilchenzahldichte der $m$-ten Substanz. Der Term $f_m$ beschreibt Reaktionen, und die Randbedingung gibt an, in welcher Weise Teilchen durch den Rand $\partial\Omega$ des Behälters $\Omega$ strömen.

Wir brauchen lediglich vorauszusetzen, daß die Funktionen $f_m$, $g_m$, $u_{0m}$ alle hinreichend glatt sind und der Rand $\partial\Omega$ hinreichend regulär ist.

## 14.3. Nichtlineare Wellengleichungen

### 14.3.1. Die Lebensdauer von glatten Lösungen

Wir betrachten die Wellengleichung

$$u_{tt} - \Delta u = F(u', u'')\,, \qquad x \in \mathbb{R}^N,\ t > 0\,, \tag{14.20}$$

$$u(x,0) = \varepsilon u_0(x)\,, u_t(x,0) = \varepsilon u_1(x)\,, \qquad x \in \mathbb{R}^N \ \textbf{(Anfangsbedingung)}\,.$$

Dabei steht $u'$ für alle ersten partiellen Ableitungen von $u$ bezüglich $x$ und $t$, während $u''$ für die entsprechenden zweiten partiellen Ableitungen steht, wobei $u_{tt}$ *nicht* vorkommt. Wir setzen voraus:

(H1) Die reelle Funktion $F$ gehört der Klasse $C^\infty$ an, d.h., für alle möglichen Argumente besitzt $F$ stetige partielle Ableitungen beliebiger Ordnung.

(H2) $F$ verschwindet zusammen mit seinen ersten partiellen Ableitungen im Ursprung (d.h. für $u' \equiv 0$, $u'' \equiv 0$).

(H3) Die Funktionen $u_0$, $u_1 \in C_0^\infty(\mathbb{R}^N)$ sind gegeben (d.h., sie besitzen stetige partielle Ableitungen beliebiger Ordnung und verschwinden außerhalb einer hinreichend großen Kugel).

Ferner sei $\varepsilon > 0$ ein kleiner Parameter. Unter der Lebensdauer $T_0(\varepsilon)$ verstehen wir das Supremum über alle Zeiten $T \geq 0$, so daß die Gleichung (14.20) eine $C^\infty$-Lösung $u$ besitzt für alle Positionen $x \in \mathbb{R}^N$ und alle Zeiten $t \in [0, T)$.

**Satz:** Es gibt positive Konstanten $A$ und $\varepsilon_0$, so daß für alle $\varepsilon \in (0, \varepsilon_0)$ gilt:

$$T_0(\varepsilon) \geq \begin{cases} A/\varepsilon & \text{für } N = 1,2\,, \\ \mathrm{e}^{A/\varepsilon} & \text{für } N = 3\,, \\ \infty & \text{für } N > 3 \quad \text{(globale Lösung).} \end{cases}$$

Für $N = 1, 2, 3$ verlieren die Lösungen ihre Glattheit zum Zeitpunkt $T_0(\varepsilon)$. Bemerkenswert ist, daß im interessanten Fall $N = 3$ wegen $T_0(\varepsilon) = \mathrm{e}^{A/\varepsilon}$ glatte Lösungen „sehr lange Zeit" existieren, falls $\varepsilon$ hinreichend klein ist, d.h., der Anfangszustand und die Anfangsgeschwindigkeit sind hinreichend klein.

## 14.3.2. Ein allgemeiner Existenzsatz für nichtlineare symmetrische hyperbolische Systeme

Wir studieren das folgende System

$$u_t = F(x, t, u, \partial u)\,, \qquad x \in \mathbb{R}^N\,,\ t > 0\,, \tag{14.21}$$

$$u(x, 0) = u_0(x) \qquad \text{(Anfangsbedingung)}$$

mit den Spaltenmatrizen $u = (u_1, \ldots, u_M)^{\mathrm{T}}$ und $F = (F_1, \ldots, F_M)^{\mathrm{T}}$, wobei $N$, $M \geq 1$ gilt. Ferner bezeichnet $\partial u$ das Tupel $(\partial_k u_m)$ aller ersten partiellen Ableitungen bezüglich der Komponenten der Ortsvariablen $x = (x_1, \ldots, x_N)$. Fassen wir $\partial_k u_m$ als reelle Variable von $F$ auf, dann ist $F$ eine Funktion von $p = (x, t, u, \partial u)$ mit

$$p \in P\,, \tag{14.22}$$

wobei $P = \mathbb{R}^N \times [0, T_0] \times \mathbb{R}^M \times \mathbb{R}^{NM}$ gilt für ein festes $T_0 > 0$.

Wir setzen voraus:

(H1) Die Funktionen $F_j$ besitzen stetige und beschränkte partielle Ableitungen beliebiger Ordnung auf $P$. Für $u = 0$ und $\partial u = 0$ verschwindet die Funktion $(x, t) \mapsto F(x, t, 0, 0)$ außerhalb einer geeigneten beschränkten Teilmenge von $\mathbb{R}^N \times [0, T_0]$.

(H2) Das System (14.21) ist *symmetrisch hyperbolisch*. Dies bedeutet, daß für jedes Argument $p \in P$ eine reelle symmetrische Matrix $S(p)$ existiert, so daß die Matrizen

$$A_k(p) = S(p) \frac{\partial F(p)}{\partial(\partial_k u)}\,, \qquad k = 1, \ldots, N\,,$$

symmetrisch sind.[3] Ferner ist $S$ gleichmäßig positiv definit, d.h., es gibt eine Zahl $\alpha > 0$, so daß für jedes $p \in P$ die Eigenwerte von $S(p)$ alle größer als $\alpha$ sind.

[3] Das Element in der $j$-ten Zeile und $m$-ten Spalte der Matrix $\partial F(p)/\partial(\partial_k u)$ ist gleich $\partial F_j(p)/\partial(\partial_k u_m)$. Man bezeichnet $S$ als Symmetrisator.

Die Komponenten von $S$ besitzen stetige und beschränkte partielle Ableitungen beliebiger Ordnung auf $P$.

Mit $s_0$ bezeichnen wir die kleinste natürliche Zahl, für die $s_0 > N/2$ gilt. Als Zustandsraum wählen wir

$$X^s = \{u \colon u_j \in W_2^s(\mathbb{R}^N) \text{ für alle } j\}.$$

Dabei ist $s$ eine feste natürliche Zahl mit $s \geq s_0 + 2$.

**Satz:** Für jeden gegebenen Anfangszustand $u_0 \in X^s$ gibt es eine Zeit $T > 0$, so daß die Ausgangsgleichung (14.21) eine eindeutige klassische Lösung

$$u \in C^{s-s_0}(\mathbb{R}^N \times [0,T]), \qquad s - s_0 \geq 2,$$

besitzt. Ferner ist $u \in C([0,T], X^s) \cap C^1([0,T], X^{s-1})$.

### 14.3.3. Der quasilineare Spezialfall

Ein wichtiger Spezialfall von (14.21) sind sogenannte quasilineare symmetrische hyperbolische Systeme

$$u_t = \sum_{k=1}^{N} B_k(x,t,u)\partial u_k + g(x,t,u). \tag{14.21*}$$

Die entscheidende Symmetriebedingung (H2) fordert, daß eine symmetrische Matrix $S(x,t,u)$ existiert, so daß die Matrizen $A_k$ mit

$$A_k(x,t,u) := S(x,t,u)B_k(x,t,u)$$

für alle $(x,t,u)$ symmetrisch sind und $S(x,t,u)$ gleichmäßig positiv definit ist. Somit erhalten wir nach Multiplikation von (14.21*) mit $S$ das System

$$S(x,t,u)u_t = \sum_{k=1}^{N} A_k(x,t,u)\partial_k u + h(x,t,u),$$

wobei alle Koeffizientenmatrizen $S(x,t,u)$ und $A_k(x,t,u)$ symmetrisch sind und $h(x,t,u) := S(x,t,u)g(x,t,u)$. Im quasilinearen Fall genügt es, $s \geq s_0 + 1$ vorauszusetzen.

### 14.3.4. Anwendungen

Viele Gleichungen der mathematischen Physik lassen sich als quasilineare symmetrische hyperbolische Systeme der Form (14.21*) schreiben (z.B. die Maxwellgleichungen der Elektrodynamik, die Gleichungen der Magnetohydrodynamik, der Elastodynamik oder der allgemeinen Relativitätstheorie).

*Beispiel* (semilineare Wellengleichung): Die Gleichung

$$\begin{aligned} v_{tt} - \Delta v = f(x,t,v,v_t,\partial v), \quad x \in \mathbb{R}^N, \quad t > 0, \\ v(x,0) = a(x), \quad v_t(x,0) = b(x) \end{aligned} \tag{14.23}$$

läßt sich durch Einführung der neuen Variablen

$$(u_1, u_2, u_3, \ldots, u_{N+2}) = (v, v_t, \partial_1 v, \ldots, \partial_N v)$$

auf ein symmetrisches hyperbolisches System der Form (14.21) zurückführen. Beispielsweise erhalten wir für $N = 2$ aus (14.23) das System

$$\begin{aligned} &(u_1)_t = u_2\,, && (u_2)_t = \partial_1 u_3 + \partial_2 u_4 + f(x,t,u)\,, \\ &(u_3)_t = \partial_1 u_2\,, && (u_4)_t = \partial_2 u_2\,, \end{aligned} \tag{14.24}$$

wobei wir setzen $u_1 := v$, $u_2 := v_t$, $u_3 := \partial_1 v$, $u_4 := \partial_2 v$. Das System (14.24) kann in der folgenden Matrixform geschrieben werden

$$u_t = A_1 \partial_1 u + A_2 \partial_2 u + g(x,t,u)$$

mit der Spaltenmatrix $u = (u_1, u_2, u_3, u_4)^{\mathrm{T}}$ und den symmetrischen Matrizen

$$A_1 = \begin{pmatrix} 0&0&0&0 \\ 0&0&1&0 \\ 0&1&0&0 \\ 0&0&0&0 \end{pmatrix}, \quad A_2 = \begin{pmatrix} 0&0&0&0 \\ 0&0&0&1 \\ 0&0&0&0 \\ 0&1&0&0 \end{pmatrix}$$

sowie der Spaltenmatrix $g(x,t,u) = (u_2, f(x,t,u), 0, 0)^{\mathrm{T}}$. Da $A_1$ und $A_2$ bereits symmetrisch sind, können wir den Symmetrisator $S$ in trivaler Weise gleich der Einheitsmatrix wählen.

# 14.4. Die Gleichungen der Hydrodynamik

Man unterscheidet Flüssigkeiten ohne innere Reibung (ideale Flüssigkeiten) und Flüssigkeiten mit innerer Reibung (viskose Flüssigkeiten). Die innere Reibung kann zu Turbulenz führen.

## 14.4.1. Die Eulerschen Gleichungen für ideale Flüssigkeiten

Die Grundgleichungen für die Bewegung einer idealen inkompressiblen Flüssigkeit der konstanten Dichte $\varrho > 0$ lauten:

$$\begin{aligned} \varrho \mathbf{v}_t + \varrho(\mathbf{v}\,\mathbf{grad}\,)\mathbf{v} &= \mathbf{k} - \mathbf{grad}\,p\,, && x \in \Omega\,,\ t \in [0,T]\,, && \text{(14.25)} \\ \operatorname{div} \mathbf{v} &= 0\,, && x \in \Omega\,,\ t \in [0,T] && \text{(Inkompressibilität)}, \\ \mathbf{vn} &= 0\,, && x \in \partial\Omega\,,\ t \in [0,T] && \text{(Randbedingung)}, \\ \mathbf{v}(x,0) &= \mathbf{v}_0(x)\,, && x \in \Omega && \text{(Anfangsbedingung)}, \\ \int_\Omega p(x,t)\,\mathrm{d}x &= p_0(t)\,, && t \in [0,T] && \text{(mittlerer Druck)}. \end{aligned}$$

Dabei benutzen wir die folgenden Bezeichnungen: $\mathbf{v}(x,t)$ = Geschwindigkeitsvektor, $p(x,t)$ = Druck, $\mathbf{k}(x,t)$ = Kraftdichte (am Ort $x$ zur Zeit $t$). Ferner sei $\Omega$ ein beschränktes, einfach zusammenhängendes Gebiet des $\mathbb{R}^3$ mit glattem Rand (d.h. $\partial\Omega \in C^\infty$) und dem äußeren Normaleneinheitsvektor $\mathbf{n}$. Die Randbedingung „$\mathbf{vn} = 0$ auf $\partial\Omega$" besagt, daß keine Flüssigkeit durch den Rand fließt. Bezüglich eines festen kartesischen Koordinatensystems seien $v_1, v_2, v_3$ bzw. $k_1, k_2, k_3$ die Komponenten von $\mathbf{v}$ bzw. $\mathbf{k}$. Entscheidend ist der Sobolevraum

$$\mathscr{H}^m := W_2^m(\Omega)^3\,,$$

der die Rolle des Zustandsraumes spielt. Dabei bedeutet $\mathbf{v}_0 \in \mathscr{H}^m$, daß jede der Komponenten von $\mathbf{v} = \mathbf{v}_0(x)$ zu $W_2^m(\Omega)$ gehört.

Für eine feste Zeit $T_0 > 0$ und $m \geq 3$ seien folgende Größen gegeben:

(i) die äußere Kraftdichte $\mathbf{k} \in C([0,T_0],\mathscr{H}^m)$;

(ii) das Anfangsgeschwindigkeitsfeld $\mathbf{v}_0 \in \mathscr{H}^m$ mit $\operatorname{div}\mathbf{v}_0 = 0$ auf $\Omega$ und $\mathbf{v}_0\mathbf{n} = 0$ auf dem Rand $\partial\Omega$;

(iii) der mittlere Druck $p_0 \in C[0,T_0]$.

**Satz:** Es gibt eine Zeit $T > 0$, so daß die Eulerschen Gleichungen (14.25) genau eine Lösung

$$\mathbf{v} \in C([0,T],\mathscr{H}^m) \cap C^1([0,T],\mathscr{H}^{m-1}), \quad p \in C[0,T],$$

besitzen. Das ist gleichzeitig die eindeutige klassische Lösung mit

$$\mathbf{v} \in C^1(\overline{\Omega} \times [0,T])^3, \qquad p \in C(\overline{\Omega} \times [0,T])$$

und $p \in (.,t) \in C^1(\overline{\Omega})$ für alle $t \in [0,T]$.

**Korollar:** Sind die vorgegebenen Daten glatt, d.h. ist

$$\mathbf{k} \in C^\infty(\overline{\Omega} \times [0,T_0])^3, \quad \mathbf{v}_0 \in C^\infty(\overline{\Omega})^3, \quad p_0 \in C^\infty[0,T_0],$$

mit $\operatorname{div}\mathbf{v}_0 =$ auf $\Omega$ und $\mathbf{v}_0\mathbf{n} = 0$ auf $\partial\Omega$, dann existiert eine Zeit $T > 0$, so daß die Eulerschen Gleichungen (14.25) genau eine glatte Lösung besitzen, d.h., die Komponenten von $\mathbf{v}$ sowie $p$ sind $C^\infty$-Funktionen auf $\overline{\Omega} \times [0,T]$.

Dieser Existenzsatz bezieht sich nur auf ein gewisses Zeitintervall $[0,T]$. Die Existenz eindeutiger, hinreichend glatter Lösungen im $\mathbb{R}^3$ für alle Zeiten $t \geq 0$ ist bisher noch nicht bewiesen worden.[4] Der physikalische Grund hierfür scheint darin zu bestehen, daß für große Zeiten ein Glattheitsverlust durch Wirbelbildungen auftreten kann.

### 14.4.2. Die Navier-Stokesschen Differentialgleichungen für viskose Flüssigkeiten und Turbulenz

Wir benutzen hier die gleichen Bezeichnungen wie in 14.4.1. Die Navier-Stokesschen Differentialgleichungen für die Bewegung einer inkompressiblen viskosen (zähen) Flüssigkeit der konstanten Dichte $\varrho > 0$ und der Viskosität $\eta > 0$ in einem beschränkten Gebiet $\Omega$ des $\mathbb{R}^N$ $(N = 2,3)$ lauten[5]:

$$\varrho\mathbf{v}_t + \varrho(\mathbf{v}\,\mathbf{grad}\,)\mathbf{v} - \eta\Delta\mathbf{v} = \mathbf{k} - \mathbf{grad}\,p, \qquad x \in \Omega,\ t \in [0,T], \tag{14.26a}$$

$$\operatorname{div}\mathbf{v} = 0, \qquad x \in \Omega,\ t \in [0,T] \qquad \text{(Inkompressibilitätsbedingung)}, \tag{14.26b}$$

$$\mathbf{v} = 0, \qquad x \in \partial\Omega,\ t \in [0,T] \qquad \text{(Haftbedingung am Rand)}, \tag{14.26c}$$

$$\mathbf{v} = \mathbf{v}_0, \qquad x \in \Omega,\ t = 0 \qquad \text{(Anfangsgeschwindigkeit)}, \tag{14.26d}$$

$$\int_\Omega p(x,t)\,\mathrm{d}x = p_0(t), \qquad t \in [0,T] \qquad \text{(mittlerer Druck)}. \tag{14.26e}$$

Gegeben sind die äußere Kraftdichte $\mathbf{k}$, die Anfangsgeschwindigkeit $\mathbf{v}_0$ und der mittlere Druck $p_0$. Gesucht werden das Geschwindigkeitsfeld $\mathbf{v} = \mathbf{v}(x,t)$ und der Druck $p = p(x,t)$.

Eine fundamentale Rolle spielt die dimensionslose *Reynoldszahl*

$$Re = \varrho VD/\eta\,.$$

---

[4] Im $\mathbb{R}^2$ existiert eine derartige globale Existenz- und Eindeutigkeitsaussage.

[5] Im folgenden wird der Rand $\partial\Omega$ als hinreichend glatt vorausgesetzt.

Hier bezeichnet $V = \int_\Omega |\mathbf{v}|\,\mathrm{d}x$ die mittlere Geschwindigkeit und $D$ den Durchmesser von $\Omega$. Im Experiment wird beobachtet, daß bei großen Reynoldszahlen Turbulenz eintritt. Das ist der physikalische Grund dafür, daß die mathematische Behandlung der Navier-Stokesschen Differentialgleichungen mit erheblichen Schwierigkeiten verbunden ist. Eine zur Anfangszeit $t = 0$ glatte Strömung kann zu einem gewissen Zeitpunkt ihre Regularität verlieren. Ferner braucht die Lösung für $t \to +\infty$ nicht gegen ein stationäres Geschwindigkeitsfeld zu konvergieren. Erst in den letzten Jahren ist gezeigt worden, daß es einen endlichdimensionalen Attraktor $\mathscr{A}$ gibt, für dessen *fraktale Dimension* man Abschätzungen angeben kann, die im engen Zusammenhang mit der *Anzahl der Freiheitsgrade* stehen, die die Physiker bei Turbulenz beobachten. Dieses Resultat weist darauf hin, daß der Attraktor $\mathscr{A}$, der die Bewegung für große Zeiten regiert, für die Turbulenz verantwortlich ist.

**Das verallgemeinerte Problem und nichtlineare Funktionalanalysis:** Die zu erwartende Turbulenz brachte den französischen Mathematiker Jean Leray 1933 auf die Idee, den Begriff der *schwachen* (verallgemeinerten) *Lösung* einzuführen mit einem Minimum an Regularität. Die folgenden scheinbar unnötig komplizierten Betrachtungen liegen in der Natur der Sache. Wegen der auftretenden Turbulenzen reichen klassische Lösungen von (14.26) nicht aus. Die nichtlineare Funktionalanalysis stellt jedoch Hilfsmittel bereit, um das Turbulenzproblem in Angriff nehmen zu können.

Das verallgemeinerte Problem zu (14.26) lautet:

$$\frac{\mathrm{d}}{\mathrm{d}t}\int_\Omega \varrho\mathbf{w}\mathbf{v}\,\mathrm{d}x - \varrho\int_\Omega \mathbf{w}(\mathbf{v}\,\mathbf{grad}\,)\mathbf{v}\,\mathrm{d}x + \eta\int_\Omega \mathbf{grad}\;\mathbf{w}\,\mathbf{grad}\;\mathbf{v}\,\mathrm{d}x = \int_\Omega \mathbf{w}\mathbf{k}\,\mathrm{d}x \tag{14.26*}$$

für alle $w \in C_0^\infty(\Omega, \mathrm{div})$ mit $C_0^\infty(\Omega,\mathrm{div}) := \{\mathbf{w} \in C_0^\infty(\Omega)^N \colon \operatorname{div}\mathbf{w} = 0 \text{ auf } \Omega\}$. Formal erhält man (14.26*), indem man die Ausgangsgleichung (14.26a) mit $\mathbf{w} \in C_0^\infty(\Omega, \mathrm{div})$ skalar multipliziert und dann partiell integriert, d.h., man benutzt die Relationen

$$\int_\Omega \mathbf{w}\Delta\mathbf{v}\,\mathrm{d}x = -\int_\Omega \mathbf{grad}\;\mathbf{w}\,\mathbf{grad}\;\mathbf{v}\,\mathrm{d}x \quad \text{und} \quad \int_\Omega \mathbf{w}\,\mathbf{grad}\;p\,\mathrm{d}x = -\int_\Omega p\operatorname{div}\mathbf{w}\,\mathrm{d}x = 0\,.$$

Durch diese Prozedur fällt der Druck $p$ in (14.26*) heraus. Wir zeigen weiter unten, wie man den Druck $p$ bestimmt. Die Zeitableitung in (14.26*) ist im Sinne der Distributionentheorie zu verstehen.

Unser Ziel ist es, die Navier-Stokesschen Differentialgleichungen als ein *unendlichdimensionales dynamisches System* (Semifluß) für das Geschwindigkeitsfeld $\mathbf{v}$ aufzufassen, um die Begriffsbildungen der Theorie dynamischer Systeme einsetzen zu können. Als Zustandsraum $Z$ wählen wir

$$Z := \text{Abschluß von } C_0^\infty(\Omega, \mathrm{div}) \quad \text{im Lebesgueraum } L_2(\Omega)^N\,;$$

$Z$ ist ein reeller Hilbertraum bezüglich des Skalarprodukts

$$(\mathbf{v}, \mathbf{w})_Z := \int_\Omega \mathbf{v}\mathbf{w}\,\mathrm{d}x\,,$$

wobei $C_0^\infty(\Omega, \mathrm{div})$ in $Z$ dicht liegt. Ferner benötigen wir noch den Raum

$$V := \text{Abschluß von } C_0^\infty(\Omega, \mathrm{div}) \quad \text{in dem Sobolevraum } \overset{\circ}{W}{}_2^1(\Omega)^N\,;$$

$V$ ist ein reeller Hilbertraum mit dem Skalarprodukt

$$(\mathbf{v}, \mathbf{w})_V := \int_\Omega \mathbf{grad}\;\mathbf{v}\,\mathbf{grad}\;\mathbf{w}\,\mathrm{d}x\,.$$

$C_0^\infty(\Omega, \mathrm{div})$ liegt dicht in $V$.

Wir geben uns die Anfangsgeschwindigkeit $\mathbf{v}_0 \in Z$ und die zeitunabhängige äußere Kraftdichte $\mathbf{k} \in Z$ vor. Eine verallgemeinerte Lösung von (14.26), d.h. eine Lösung von (14.26*), ist eine Trajektorie $\mathbf{v} = \mathbf{v}(t)$ im Zustandsraum $Z$. Das bedeutet, daß zu jedem Zeitpunkt $t$ das Geschwindigkeitsfeld $\mathbf{v}(x,t)$ bekannt ist mit $\mathbf{v}(.,t) \in Z$. Wir setzen

$$S(t)\mathbf{v}_0 := \mathbf{v}(t), \quad \mathbf{v}_0 \in Z. \tag{14.27}$$

**Zweidimensionale Strömung**

**Satz 1:** Es sei $N = 2$ (zwei Raumdimensionen). Dann besitzt das Anfangswertproblem (14.26) für die Navier-Stokesschen Gleichungen genau eine (verallgemeinerte) Lösung[6)] mit

$$\mathbf{v} \in C([0,\infty), Z) \tag{14.28}$$

und $\mathbf{v} \in L_2(0,T;\, V)$ für alle $T > 0$. Speziell hängen die Trajektorien $\mathbf{v} = \mathbf{v}(t)$ in $Z$ stetig von der Zeit $t$ ab. Ferner hängt die Trajektorie stetig von der Anfangslage ab, d.h., die Abbildung $S(t)\colon Z \to Z$ ist stetig für alle $t \geq 0$.

**Satz 2:** Das so für $t \geq 0$ entstehende dynamische System besitzt im Zustandsraum $Z$ einen globalen Attraktor $\mathscr{A}$ von endlicher (fraktaler) Dimension.

Genauer ist die invariante Menge $\mathscr{A}$ kompakt und zusammenhängend in $Z$, und $\mathscr{A}$ zieht die beschränkten Mengen in $Z$ gleichmäßig an.

**Dreidimensionale Strömung**

Im dreidimensionalen Raum ist die Situation mathematisch komplizierter. Dann gibt es (verallgemeinerte) Lösungen der Navier-Stokesschen Differentialgleichungen (14.26) mit[7)]

$$\mathbf{v} \in C_s([0,\infty);\, Z)$$

und $\mathbf{v} \in L_2(0,T;\, V)$ für alle $T > 0$.

Die Eindeutigkeit dieser Lösungen konnte jedoch bisher nur bewiesen werden, falls eine zusätzliche Glattheitsbedingung erfüllt ist. Obwohl das dynamische System (14.27) somit nicht wohldefiniert ist, kann man jedoch trotzdem die Existenz eines Attraktors nachweisen, der eine endliche (fraktale) Dimension besitzt [vgl. Temam 1988]. Diese Tatsache ist fundamental für die Turbulenztheorie.

**Berechnung des Druckes**

Kennt man eine verallgemeinerte Lösung $\mathbf{v} = \mathbf{v}(t)$ von (14.26*), dann erhält man aus (14.26) zur Bestimmung des Druckes $p$ eine Gleichung der Form

$$\mathbf{grad}\, p = \mathbf{g}, \qquad x \in \Omega, t \in [0,T]. \tag{14.29}$$

Wir halten zunächst die Zeit $t$ fest. Dann ist $p$ durch (14.29) nur bis auf eine Konstante festgelegt, die jedoch durch die Normierungsbedingung (14.26e) bestimmt wird. Mit $Z^\perp$ bezeichnen wir das orthogonale Komplement zu $Z$ im Hilbertraum $L_2(\Omega)^N$.

---

6) Die Bedingung (14.28) besagt, daß die Lösung $\mathbf{v}(t)$ für alle Zeiten $t \geq 0$ zu $Z$ und für fast alle Zeiten $t$ zu $V$ gehört. Aus $v \in Z$ folgt „$\mathrm{div}\,\mathbf{v} = 0$ auf $\Omega$" im Sinne der Theorie der Distributionen (Inkompressibilitätsbedingung). Dagegen ergibt sich aus $\mathbf{v} \in V$, daß „$\mathbf{v} = 0$ auf $\partial\Omega$" im Sinne verallgemeinerter Randwerte gilt (Haftbedingung).

7) Der Raum $C_s([0,\infty), Z)$ besteht aus allen Funktionen $\mathbf{v}\colon [0,\infty) \to Z$, die schwach stetig sind, d.h., die reelle Funktion $(\mathbf{v}(t), \mathbf{w})_Z$ ist stetig auf $[0,\infty)$ für alle $\mathbf{w} \in Z$.

*Fall 1:* Ist die Lösung **v** hinreichend glatt, dann gilt $\mathbf{g} \in Z^{\perp}$.

Deshalb benötigt man nur noch das folgende Resultat.

**Lemma:** Für jedes $\mathbf{g} \in Z^{\perp}$ besitzt (14.29) eine Lösung $p \in W_2^1(\Omega)$, die (wegen des vorausgesetzten Zusammenhanges von $\Omega$) bis auf eine Konstante eindeutig festgelegt ist.

*Fall 2:* Im allgemeinen Fall kann man nur zeigen, daß **g** zum dualen Raum von $\overset{\circ}{W}{}_2^1(\Omega)$ gehört. Dann besitzt (14.29) eine Lösung $p \in L_2(\Omega)$, die bis auf eine Konstante eindeutig festgelegt ist. Die Gleichung (14.29) ist dann im Sinne der Theorie der Distributionen zu verstehen (vgl. 10.4.).

**Bifurkation bei viskosen Flüssigkeiten**

*Beispiel 1* (Taylorproblem): Wir betrachten eine inkompressible viskose Flüssigkeit in einem Zylinder, der mit der Winkelgeschwindigkeit $\omega$ rotiert (Abb. 14.5a). Für kleine $\omega$ beobachtet man eine radialsymmetrische Strömung (Couette-Strömung). Für eine kritische Winkelgeschwindigkeit $\omega_0$ treten jedoch plötzlich Muster auf (sogenannte Taylorwirbel). Es handelt sich hier um ein typisches Bifurkationsproblem für die stationären Navier-Stokesschen Gleichungen (14.26) mit $\mathbf{v}_t \equiv 0$.

*Beispiel 2* (Bénardproblem): Wir betrachten eine inkompressible viskose Flüssigkeit zwischen zwei parallelen Platten unterschiedlicher Temperatur $T_1$ und $T_2$ (Abb. 14.5b). Läßt man die Temperaturdifferenz $\Delta T = T_1 - T_2 > 0$ anwachsen, dann gibt es einen kritischen Wert $\Delta T_0$, für den plötzlich Muster erscheinen (hexagonale Bénard-Zellen).

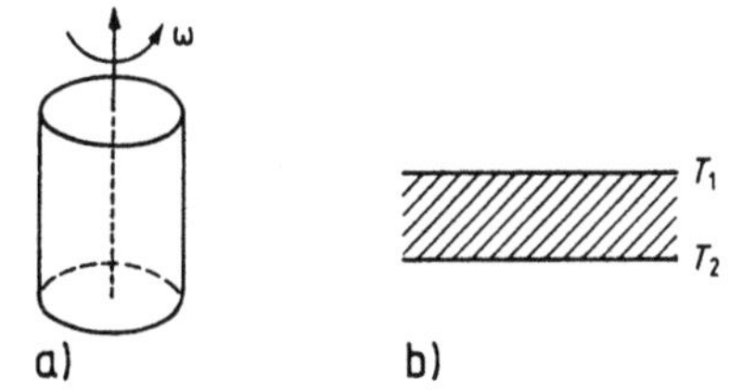


Abb. 14.5

Beide Phänomene gehören zur Mathematik der Selbstorganisation (Strukturbildung). Vom mathematischen Standpunkt aus kann man beide Bifurkationsprobleme mit Hilfe des Hauptsatzes der generischen Bifurkationstheorie behandeln (vgl. 12.6.2.).

Die Einzelheiten findet man in [Zeidler 1984, Bd. IV].

## 14.5. Variationsprobleme

Die Elemente der Variationsrechnung findet man im Hauptband. Wir geben hier weiterführende Resultate an, die für die mathematische Physik von besonderer Bedeutung sind.

### 14.5.1. Grundidee

Eine reelle Funktion $\varphi = \varphi(\tau)$ besitzt den *stationären* (oder auch kritischen) Punkt $\tau_0$ genau dann, wenn $\varphi'(\tau_0) = 0$ gilt, d.h., $\varphi$ hat in diesem Punkt ein Minimum, ein Maximum oder einen horizontalen Wendepunkt (Abb. 14.6). In der Variationsrechnung genügt es (im Zusammenhang mit zahlreichen Problemen der mathematischen Physik)

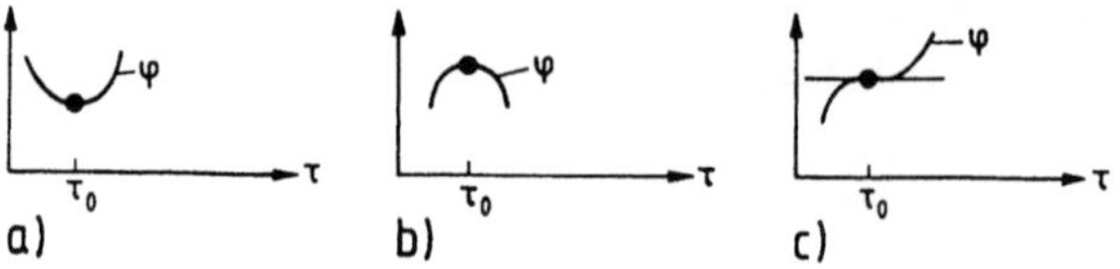


Abb. 14.6

nicht, nur Minimumprobleme oder Maximumprobleme zu betrachten, sondern man muß auch Probleme heranziehen, in denen ein Variationsintegral stationär wird. Das soll jetzt erläutert werden (Prinzip der stationären Wirkung).

*Beispiel 1* (Prinzip der kleinsten Wirkung): Wir gehen aus von dem Minimumproblem

$$J(q) := \int_{t_0}^{t_1} 2^{-1}(mq'^2 - q^2)\,\mathrm{d}t = \min!, \tag{14.30a}$$

$$q(t_0) = q_0, \quad q(t_1) = q_1, \tag{14.30b}$$

wobei die Anfangszeit $t_0$ und die Endzeit $t_1$ sowie die Anfangslage $q_0$ und die Endlage $q_1$ vorgegeben sind (Abb. 14.7a). Wir wollen zeigen, daß eine hinreichend glatte Lösung $q = q(t)$ von (14.30) der Euler-Lagrangeschen Differentialgleichung

$$mq'' + q = 0 \tag{14.31}$$

genügt. Das ist die Bewegungsgleichung eines harmonischen Oszillators (Federschwingers) der Masse $m$ mit $q$ = Lage und $t$ = Zeit (Abb. 14.7b).

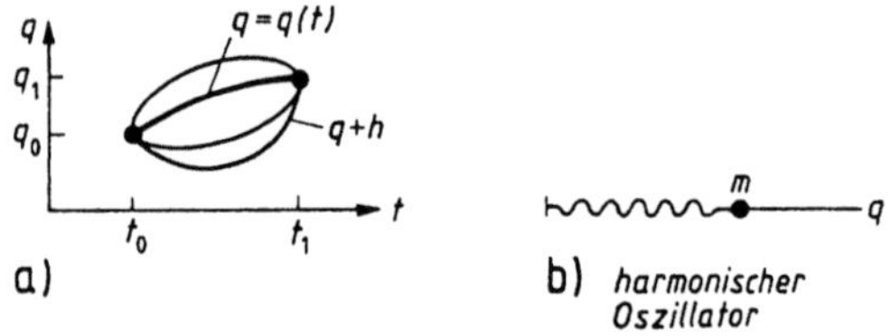


Abb. 14.7

Die folgenden Überlegungen sind typisch für beliebige Variationsprobleme mit endlich vielen Funktionen von endlich vielen Variablen, wie sie in der Physik in der Regel auftreten.

*1. Schritt:* Variation der Lösung $q$. Wir ersetzen die Funktion $q$ in (14.30) durch die Funktion

$$q + \tau h, \quad \tau \in \mathbb{R}. \tag{14.32}$$

Dabei ist $h$ eine beliebige, aber zunächst fest gewählte Funktion $h \in C_0^\infty(t_0, t_1)$. Ferner führen wir die reelle Funktion

$$\varphi(\tau) := J(q + \tau h), \quad \tau \in \mathbb{R}, \tag{14.33}$$

ein.

*2. Schritt:* Erste Variation. Mit Hilfe der reellen Funktion $\varphi$ wird das Variationsproblem (14.30) auf ein viel einfacheres Minimumproblem für $\varphi$ zurückgeführt. Da $h$ in den Randpunkten $t = t_0$, $t_1$ verschwindet, erfüllt auch $q + \tau h$ die Nebenbedingung (14.30b). Folglich muß $\varphi$ im Punkt $\tau = 0$ ein *Minimum* haben, d.h., es gilt

$$\varphi'(0) = 0. \tag{14.34}$$

Das bedeutet

$$0 = \varphi'(0) = \frac{\mathrm{d}}{\mathrm{d}\tau} \int_{t_0}^{t_1} 2^{-1}(m(q' + \tau h')^2 - (q + \tau h)^2)\,\mathrm{d}t\,|_{\tau=0} \tag{14.35}$$

$$= \int_{t_0}^{t_1} (mq'h' - qh)\,\mathrm{d}t\ .$$

*3. Schritt: Partielle Integration* ergibt

$$0 = \int_{t_0}^{t_1} (mq'h' - qh)\,\mathrm{d}t = - \int_{t_0}^{t_1} (mq'' + q)h\,\mathrm{d}t\ .$$

Randterme treten hier nicht auf, weil $h$ auf dem Rand verschwindet.

*4. Schritt:* Typischer Schluß der Variationsrechnung. Da $h$ beliebig gewählt werden kann, erhalten wir

$$\int_{t_0}^{t_1} (mq'' + q)h\,\mathrm{d}t = 0 \quad \text{für alle } h \in C_0^\infty(t_0, t_1)\,. \tag{14.36}$$

In naiver Weise folgert man nun aus der Willkür von $h$, daß $mq'' + q = 0$ auf $(t_0, t_1)$ gelten muß. Das strenge Argument lautet folgendermaßen: Bezeichnet $(.,.)_X$ das Skalarprodukt im Hilbertraum $X = L_2(t_0, t_1)$, dann ist (14.36) gleichbedeutend mit

$$(mq'' + q, h)_X = 0 \quad \text{für alle } h \in C_0^\infty(t_0, t_1)\,. \tag{14.36*}$$

Da $C_0^\infty(t_0, t_1)$ in $X$ dicht liegt, folgt daraus $mq'' + q = 0$, falls $q$ hinreichend glatt ist (z.B. $q \in C^2[t_0, t_1]$).

**Definition:** Die *erste Variation* von $J$ ist erklärt durch

$$\delta J(q;\,h) := \varphi'(0)\,. \tag{14.37}$$

Nach (14.35) bedeutet das

$$\delta J(q;\,h) = \int_{t_0}^{t_1} (mq'h' - qh)\,\mathrm{d}t\ . \tag{14.38}$$

**Die Sprache der Physiker:** In der Physik setzt man $\delta q = h$ und faßt $\delta q$ als „unendlich klein“ auf. Mit dieser Methode erhalten die Physiker ebenfalls den Ausdruck (14.38). Tatsächlich ist jedoch $\delta q = h$ eine *klassische Funktion*, die in den Randpunkten verschwindet. Die obige Überlegung rechtfertigt streng das Vorgehen der Physiker.

*Beispiel 2* (Prinzip der stationären Wirkung): Das Minimumproblem (14.30) ist in vielen Fällen sinnlos, weil kein Mininum existiert. Anschaulich kann die Situation von Abb. 14.6c vorliegen, wo $\varphi$ nur einen horizontalen Wendepunkt besitzt. Deshalb betrachten wir anstelle von (14.30) das allgemeinere Problem

$$J(q) := \int_{t_0}^{t_1} 2^{-1}(mq'^2 - q^2)\,\mathrm{d}t = \text{stationär}\,!\,, \tag{14.39}$$

$$q(t_0) = q_0\,, \quad q(t_1) = q_1\ .$$

Definitionsgemäß soll das bedeuten, daß die oben eingeführte Funktion $\varphi$ für $\tau = 0$ stationär wird, d.h., es gilt $\varphi'(0) = 0$. Das ist gleichbedeutend mit

$$\delta J(q;\, h) = 0 \quad \text{für alle } h \in C_0^\infty(t_0, t_1)\,.$$

Da wir jedoch bei der Herleitung in Beispiel 1 gar nicht benutzt haben, daß $\varphi$ ein Minimum in $\tau = 0$ besitzt, sondern lediglich die Gleichung $\varphi'(0) = 0$ ausgewertet haben, erhalten wir auch im vorliegenden allgemeineren Fall für jede hinreichend glatte Lösung von (14.39) die Euler-Lagrangesche Differentialgleichung (14.31).

Viele Variationsprobleme der Physik besitzen kein Minimum, sondern nur einen kritischen Punkt. Korrekterweise muß man deshalb anstelle des fundamentalen „Prinzips der kleinsten Wirkung" vom „Prinzip der stationären Wirkung" sprechen. Dieser Sprachgebrauch hat sich aber bisher in der Physik nicht durchgesetzt.

## 14.5.2. Die allgemeinen Euler-Lagrange-Gleichungen

Das allgemeine Prinzip der stationären Wirkung in der Physik lautet [8]:

$$\int_\Omega L(q, \partial q, x)\,\mathrm{d}x = \text{stationär !}\,, \tag{14.40}$$

$q$ ist fest vorgegeben auf dem Rand $\partial\Omega$.

Dabei gilt

$$x = (x_1, \ldots, x_N)\,, \quad q = (q_1, \ldots, q_m)\,, \quad \partial q = (\partial_j q_k)$$

mit $j = 1, \ldots, N$ und $k = 1, \ldots, m$ sowie der partiellen Ableitung $\partial_j = \partial/\partial x_j$.

**Satz:** Jede hinreichend glatte Lösung $q = q(x)$ von (14.40) genügt den folgenden Euler-Lagrangeschen Differentialgleichungen:

$$\sum_{j=1}^{N} \frac{\partial}{\partial x_j} \frac{\partial L}{\partial(\partial_j q_k)} - \frac{\partial L}{\partial q_k} = 0\,, \quad k = 1, \ldots, m\,. \tag{14.41}$$

Dafür schreiben wir auch kurz

$$\sum_{j=1}^{N} \partial_j L_{\partial_j q_k} - L_{q_k} = 0\,, \quad k = 1, \ldots, m\,.$$

*Beispiel 1:* Jede hinreichend glatte Lösung des Variationsproblems

$$\int_{t_0}^{t_1} L(q, q', t)\,\mathrm{d}t = \text{stationär !}\,, \tag{14.42}$$

$q$ ist fest vorgegeben für $t = t_0, t_1$,

genügt der Euler-Lagrange-Gleichung

$$\frac{\mathrm{d}}{\mathrm{d}t} L_{q'} - L_q = 0\,. \tag{14.43}$$

---

[8] In der Elastizitätstheorie treten beispielsweise noch Randintegrale hinzu, die die Randkräfte beschreiben. Es ist auch möglich, daß die Lagrangefunktion $L$ höhere Ableitungen von $q$ enthält (z.B. bei Schalen und Platten). In jedem Fall führt jedoch die in 14.5.1. angegebene Methode stets zum Ziel.

*Beispiel 2:* Hängt die Lagrangefunktion $L$ nicht von der Zeit $t$ ab, dann ist $E = q'L_{q'} - L$ eine Erhaltungsgröße für jede Lösung $q = q(t)$ von (14.43). Explizit heißt das folgendes: Setzen wir $E(t) := q'(t)L_{q'}(q(t), q'(t)) - L(q(t), q'(t))$, dann gilt

$$E'(t) = 0\,, \quad \text{d.h.} \quad E(t) = \text{const} \quad \text{für alle } t\,. \tag{14.44}$$

In der Mechanik bedeutet $E$ die Energie, die längs jeder Bahnkurve konstant bleibt.

### 14.5.3. Symmetrie und Erhaltungsgrößen in der Natur (das Noethertheorem)

In der Physik spielen die Erhaltung von Energie, Impuls, Drehimpuls, elektrischer Ladung oder von Quantenzahlen für Elementarteilchen eine fundamentale Rolle. Alle diese Erhaltungsgrößen folgen daraus, daß die Systeme eine Symmetrie besitzen. Beispielsweise ergibt sich aus der *Invarianz gegenüber Zeittranslationen* stets die Existenz einer Erhaltungsgröße, die der *Energie* entspricht. Invarianz gegenüber Zeittranslationen heißt: Neben einer bekannten Bewegung ist auch jede Bewegung in dem System möglich, die man durch eine Translation der Zeitskala erhält. In Beispiel 2 hängt $L$ nicht von $t$ ab. Ist somit $q = q(t)$ eine Lösung von (14.42), dann trifft das auch für $q = q(t+s)$ zu ($s$ ist fest).

Alle für die Physik wichtigen Erhaltungsgesetze ergeben sich aus dem folgenden allgemeinen Prinzip:

*Symmetrieeigenschaften der Lagrangefunktion $L$ führen zu Erhaltungsgrößen.* (P)

In der Elementarteilchenphysik achtet man zum Beispiel bei der Konstruktion von Modellen stets darauf, daß die Lagrangefunktion geeignete Symmetrieeigenschaften besitzt, um die im Experiment beobachteten Erhaltungsgrößen berücksichtigen zu können.

Um (P) mathematisch zu formulieren, betrachten wir zwei Transformationsfamilien der unabhängigen Variablen $x$ und der Funktion $q = q(x)$, die von einem kleinen Parameter $\varepsilon$ abhängen:

$$y = y(x, \varepsilon)\,, \quad q = q(x, \varepsilon) \tag{14.45}$$

mit $y(x,0) \equiv x$ und $q(x,0) \equiv q(x)$ sowie $y = (y, \ldots, y_N)$. Wir setzen

$$\delta y(x) := y_\varepsilon(x,0)\,, \quad \delta q(x) := \frac{\partial}{\partial \varepsilon} q(y(x,\varepsilon),\varepsilon)\,|_{\varepsilon=0}\,.$$

**Satz** (Noethertheorem): Es sei $q = q(x)$ eine Lösung der Euler-Lagrange-Gleichung (14.41). Wir nehmen an, daß das Integral

$$I := \int_K L(q(x), \partial q(x), x)\,\mathrm{d}x \tag{14.46}$$

für alle hinreichend kleinen Kugeln $K$ invariant unter der Transformationsfamilie (14.45) bleibt.[9] Dann gilt für $q = q(x)$ das Erhaltungsgesetz

$$\sum_{k=1}^{N} \partial_k J_k = 0 \quad \text{auf } \Omega \tag{14.47}$$

mit $J_k = L\delta y_k + L_{\partial_k q_s}(\delta q_s - \partial_r q_s \delta y_r)$, wobei wir über $r = 1, \ldots, N$ und $s = 1, \ldots, m$ summieren.

[9] Das heißt $I = \int_{K_\varepsilon} L(q(y,\varepsilon), q_y(y,\varepsilon), y)\,\mathrm{d}y$ für alle kleinen $\varepsilon$, wobei $K$ durch die Transformation (14.45) in $K_\varepsilon$ übergeht. Für die Lagrangefunktion $L$ ist das äquivalent zu

$$L(q(y,\varepsilon), \partial_y q(y,\varepsilon), y) \det \partial_x y = L(q(x)\,,\ \partial q(x), x)\,,$$

wobei links $y$ durch $y(x,\varepsilon)$ zu ersetzen ist. Den Beweis von (14.47) findet man in [Zeidler 1995, Kap. 7].

***Beispiel 3:*** **Hängt $L$ nicht von der Variablen $x$ ab, dann wählen wir die Translation**

$$y = x + \varepsilon h \quad \text{mit } q(x,\varepsilon) := q(x) \qquad (h = \text{const})$$

**als Parameterfamilie, die offensichtlich das Integral (14.46) invariant läßt. Dann gilt $\delta y = h$ und $\delta q = 0$, also**

$$J_k = Lh_k - L_{\partial_k q_s}[\partial_r q_s]h_r\,. \tag{14.48}$$

**Im Spezialfall $N = 1$ ($h = 1$) entspricht (14.47) mit (14.48) der Erhaltung der Energie in Beispiel (14.44). In der speziellen Relativitätstheorie stellen (14.47) und (14.48) das Erhaltungsgesetz für den Energie-Impulstensor dar. Nach Integration erhält man daraus die Erhaltung von Energie und Impuls.**

**Erhaltungsgesetze im dreidimensionalen Raum:** **Ein solches Erhaltungsgesetz hat die Form**

$$\operatorname{div}\mathbf{j} + \varrho_t = 0\,. \tag{14.49}$$

**Explizit heißt das**

$$\sum_{r=1}^{3} \partial_r j_r + \varrho_t = 0$$

**in einem kartesischen Koordinatensystem. Somit ist (14.49) ein Spezialfall von (14.47) mit $J_r = j_r$, $r = 1,2,3$, und $J_4 = \varrho$, $x_4 = t$ (Zeit).**

**Wir interpretieren $\varrho$ als Ladungsdichte und $\mathbf{j}$ als elektrischen Stromdichtevektor. Die elektrische Ladung fließt in Richtung von $\mathbf{j}$, und $|\mathbf{j}|$ hat die Bedeutung von Ladung pro Fläche und Zeit. Somit gilt:**

$$\int_0^t \mathrm{d}t \int_{\mathscr{F}} \mathbf{jn}\,\mathrm{d}F$$ **ist die Ladung, die im Zeitintervall $[0,t]$ durch die Fläche $\mathscr{F}$ in Richtung des Einheitsnormalenvektors $\mathbf{n}$ fließt.**

**Es sei $\Omega$ ein beschränktes Gebiet mit dem inneren Einheitsnormalenvektor $\mathbf{n}$ auf dem Rand $\partial\Omega$. Nach dem Satz von Gauß gilt $\int_\Omega \operatorname{div}\mathbf{j}\,\mathrm{d}V = -\int_{\partial\Omega} \mathbf{jn}\,\mathrm{d}F$.**

**Somit erhalten wir aus (14.49):**

$$\frac{\mathrm{d}}{\mathrm{d}t}\int_\Omega \varrho\,\mathrm{d}V = \int_{\partial\Omega} \mathbf{jn}\,\mathrm{d}F\,. \tag{14.50}$$

Integration über $t$ liefert

$$\int_\Omega \varrho(\mathbf{x},t)\,\mathrm{d}V - \int_\Omega \varrho(\mathbf{x},0)\,\mathrm{d}V = \int_0^t \mathrm{d}t \int_{\partial\Omega} \mathbf{jn}\,\mathrm{d}F\,.$$

Das bedeutet: Die Änderung der Ladung im Gebiet $\Omega$ im Zeitintervall $[0,t]$ ist gleich der Ladung, die in diesem Zeitraum durch den Rand in das Gebiet fließt. Somit beschreibt (14.49) die Erhaltung der Ladung.

## 14.5.4. Ein Existenzsatz für stationäre Erhaltungsgleichungen

Wir betrachten das folgende Randwertproblem:

$$\begin{aligned} \operatorname{div}\mathbf{j} &= f \quad \textbf{auf } \Omega, \\ u &= g \quad \textbf{auf } \partial_1\Omega, \\ \mathbf{jn} &= h \quad \textbf{auf } \partial_2\Omega \end{aligned} \tag{14.51}$$

mit dem Stromdichtevektor $\mathbf{j} = -\alpha(|\,\mathbf{grad}\ u|^2)\,\mathbf{grad}\ u$ und dem äußeren Einheitsnormalenvektor $\mathbf{n}$. Das zugehörige Variationsproblem lautet:

$$\int_\Omega (\beta(|\,\mathbf{grad}\ u|) - fu)\,\mathrm{d}V + \int_{\partial_2\Omega} hu\,\mathrm{d}F = \min!\,, \tag{14.52}$$

$$u = g \quad \textbf{auf } \partial_1\Omega\,,$$

wobei wir $\beta(s) = 2^{-1}\int\limits_0^{s^2}\alpha(\tau)\,\mathrm{d}\tau$ setzen.

Mit $\Omega$ bezeichnen wir ein beschränktes Gebiet des $\mathbb{R}^3$ mit hinreichend glattem Rand $\partial\Omega$, der in die hinreichend regulären Teilstücke $\partial_1\Omega$ und $\partial_2\Omega$ zerfällt (Abb. 14.8). Für $\partial_1\Omega = \partial\Omega$ entfällt die Randbedingung $\mathbf{jn} = h$. Dann tritt das Randintegral in (14.52) nicht auf.

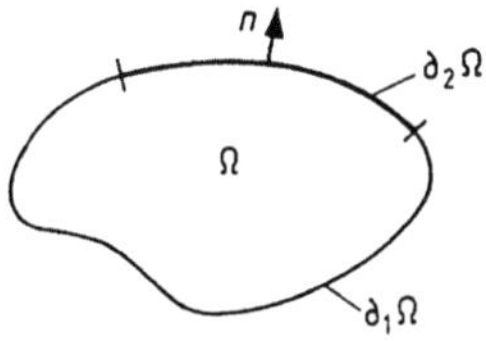


Abb. 14.8

**Satz:** Jede hinreichend glatte Lösung des Variationsproblems (14.52) ist eine Lösung des Randwertproblems (14.51).

Probleme der Form (14.51) treten häufig in Physik und Technik auf, wobei die unbekannte Funktion $u$ die unterschiedlichsten Bedeutungen haben kann.

*Beispiel 1* (nichtlineare Elektrostatik): Hier gilt:

$u$ = elektrostatisches Potential, $f$ = Ladungsdichte,

$\mathbf{E} = -\,\mathbf{grad}\ u$ = Vektor der elektrischen Feldstärke,

$\mathbf{j} = \alpha(|\mathbf{E}|^2)\mathbf{E}$, $\alpha$ = Dielektrizität des Materials.

Die Gleichung (14.51) entspricht der Maxwellschen Gleichung der Elektrostatik.

Im Spezialfall $\alpha = \mathrm{const} > 0$ erhalten wir $\beta(s) = 2^{-1}\alpha s^2$. Dann ist $\operatorname{div}\mathbf{j} = -\alpha\Delta u$, und (14.51) stellt ein Randwertproblem für die Poissongleichung dar:

$$-\alpha\Delta u = f \ \textbf{ auf } \Omega\,, \quad u = g \ \textbf{ auf } \partial_1\Omega\,, \quad \alpha\frac{\partial u}{\partial n} = h \ \textbf{ auf } \partial_2\Omega\,.$$

Das Variationsproblem (14.52) entspricht dem Prinzip der minimalen elektrostatischen Energie mit $\beta(|\,\mathbf{grad}\ u|) = 2^{-1}\alpha|\,\mathbf{grad}\ u|^2$.

*Beispiel 2* (nichtlineare Wärmeleitung): In diesem Fall gilt:

$u$ = Temperatur, $\mathbf{j}$ = Wärmestromdichtevektor.

Die Funktion $f$ beschreibt äußere Wärmequellen. Das Materialgesetz

$$\mathbf{j} = -\alpha(|\operatorname{\mathbf{grad}} u|^2) \operatorname{\mathbf{grad}} u \tag{14.53}$$

heißt Fouriersches Gesetz. Ist $\alpha = \text{const} > 0$, dann heißt $\alpha$ die Wärmeleitfähigkeitszahl des Materials. Im Fall von (14.53) erlauben wir, daß die Wärmeleitfähigkeit vom Temperaturgradienten abhängt.

Gleichung (14.51) tritt ferner bei Unterschallströmungen, der Torsion von Stäben und Problemen der Rheologie auf (plastisches Material, sehr zähe Flüssigkeiten).

Um einen allgemeinen Existenzsatz zu formulieren, setzen wir folgendes voraus:

(H1) Der Randteil $\partial_1 \Omega$ tritt auf, d.h., $\partial_1 \Omega$ ist nicht leer. Wir geben uns die folgenden Funktionen vor:

$$f \in L_2(\Omega), \quad g \in W_2^1(\Omega), \quad h \in L_2(\partial_2 \Omega).$$

Diese Bedingungen sind für hinreichend glatte Funktionen stets erfüllt.

(H2) (Materialgesetz). Die Funktion $\alpha$: $[0, \infty) \to [0, \infty)$ ist stetig, und $\beta$: $\mathbb{R} \to \mathbb{R}$ ist streng konvex. Ferner gibt es Konstanten $a > 0$ und $b > 0$, so daß

$$0 < 2a \le \alpha(s) \le 2b \quad \text{für alle } s \ge 0 \text{ gilt.}$$

Aus dieser Bedingung erhalten wir $as^2 \le \beta(s) \le bs^2$. Abb. 14.9 zeigt typisches Verhalten von $\alpha$ und $\beta$. Speziell darf $\alpha = \text{const} > 0$ sein (lineares Materialgesetz).

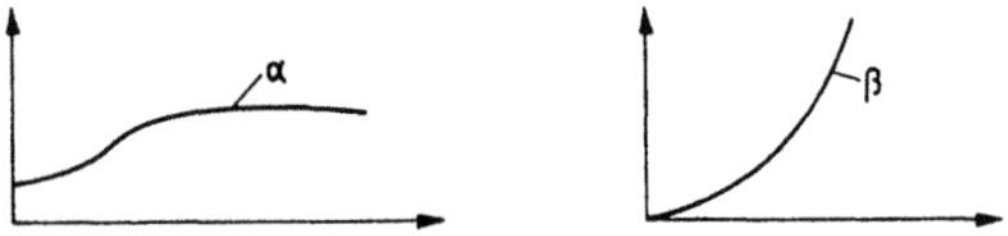


Abb. 14.9

**Existenzsatz:** Das Variationsproblem (14.52) besitzt genau eine Lösung $u$ in dem Sobolevraum $W_2^1(\Omega)$.

Eine ausführliche Untersuchung dieses Problems einschließlich Näherungsverfahren mit Fehlerabschätzungen findet man in [Zeidler 1984, Bd. IIB, Kapitel 25] (z.B. das Ritzsche Verfahren zusammen mit dem dualen Trefftzschen Verfahren, das vorteilhafte Projektions-Iterationsverfahren und die Methode von Kačanov).

## 14.5.5. Ein allgemeiner Existenzsatz für Variationsprobleme

Wir betrachten das Variationsproblem

$$\int_\Omega L(q, \partial q, x)\, dx = \min!, \tag{14.54}$$

$$q = g \quad \text{auf } \partial\Omega$$

für die unbekannte Funktion $q$: $\Omega \to \mathbb{R}$ und setzen folgendes voraus:

(H1) $\Omega$ ist eine nichtleere beschränkte offene Menge des $\mathbb{R}^N$.

(H2) Die Lagrangefunktion $L$ ist stetig differenzierbar und *konvex* bezüglich der Variablen $\partial q$.

(H3) (Wachstumsbedingung). Die Funktion $L$ und ihre partiellen Ableitungen nach den Variablen $\partial_k q$ dürfen nicht zu rasch wachsen, d.h., für eine feste Zahl $p > 1$ gilt[10]:

$$|L(x, q, \partial q)| \leq c(1 + |q|^p + \sum_{j=1}^{N} |\partial_j q|^p).$$

(H4) (Koerzitivitätsbedingung). Die Lagrangefunktion $L$ ist von unten beschränkt, d.h., es gilt:

$$L(x, q, \partial q) \geq d_1 \sum_{j=1}^{N} |\partial_j q|^p - d_2 q - d_3.$$

(H5) Die Funktion $g \in W_p^1(\Omega)$ ist vorgegeben.

**Existenzsatz:** Das Variationsproblem (14.54) besitzt eine Lösung $q$, die in dem Sobolevraum $W_p^1(\Omega)$ liegt.

*Spezialfall:* Für das Dirichletproblem ist $L = 2^{-1} \sum_{j=1}^{N} (\partial_j q)^2$. Dann sind alle Voraussetzungen mit $p = 2$ erfüllt.

# 14.6. Die Gleichungen der nichtlinearen Elastizitätstheorie

Eine ausführliche physikalische Motivation der folgenden Betrachtungen sowie zahlreiche mathematische Resultate zur linearen und nichtlinearen Elastizitäts- und Plastizitätstheorie findet man in [Zeidler 1984, Bd. IV].

## 14.6.1. Das Variationsproblem der Elastostatik

Das Prinzip der *stationären potentiellen Energie* für den Verschiebungsvektor $\mathbf{u} = \mathbf{u}(x)$ eines elastischen Körpers unter dem Einfluß von äußeren Kräften lautet:

$$\int_\Omega L(x, \mathbf{u}')\,\mathrm{d}x - \int_\Omega \mathbf{K}\mathbf{u}\,\mathrm{d}x - \int_{\partial_2\Omega} \mathbf{T}\mathbf{u}\,\mathrm{d}F = \text{stationär}\,!, \tag{14.55}$$

$$\mathbf{u} = \mathbf{u}_0 \quad \text{auf dem Randteil } \partial_1\Omega.$$

Die Funktion $L$ entspricht der *Dichte der elastischen Energie*, während die anderen Terme die Arbeit der Volumen- und Randkräfte bei der Verschiebung beschreiben.

Stabile Gleichgewichtslagen entsprechen strengen Minima von (14.55). Bei Stabilitätsverlust einer Gleichgewichtslage können Bifurkationen auftreten (vgl. 14.6.5.).

Die *Euler-Lagrange-Gleichungen* zu (14.55) besitzen die folgende physikalische Bedeutung.

(i) *Gleichgewicht der Spannungskräfte mit den äußeren Volumenkräften:*

$$\operatorname{div}\sigma + \mathbf{K} = 0 \quad \text{auf } \Omega. \tag{14.56a}$$

(ii) *Deformation des Randteils $\partial_1\Omega$:*

$$\mathbf{u} = \mathbf{u}_0 \quad \text{auf } \partial_1\Omega. \tag{14.56b}$$

[10] Die Relationen in (H3) und (H4) sollen für alle Variablen $x \in \Omega$, $q$, $\partial_j q \in \mathbb{R}$ von $L$ gelten mit den positiven Konstanten $c$, $d_k$.

(iii) *Gleichgewicht der Spannungskräfte mit den äußeren Randkräften auf dem Randteilt $\partial_2\Omega$:*

$$\sigma\mathbf{n} = \mathbf{T} \quad \text{auf } \partial_2\Omega\,. \tag{14.56c}$$

(iv) *Materialgesetz für den Zusammenhang zwischen Dehnung und Spannung:*

$$\sigma = L_{\mathbf{u}'} \quad \text{auf } \Omega\,. \tag{14.56d}$$

Gesucht wird die Verschiebung $\mathbf{u} = \mathbf{u}(x)$. Die explizite Form dieser Gleichungen in Komponenten wird weiter unten angegeben; $\mathbf{u}'$ bezeichnet die Matrix der ersten partiellen Ableitungen der kartesischen Komponenten von $\mathbf{u}$.

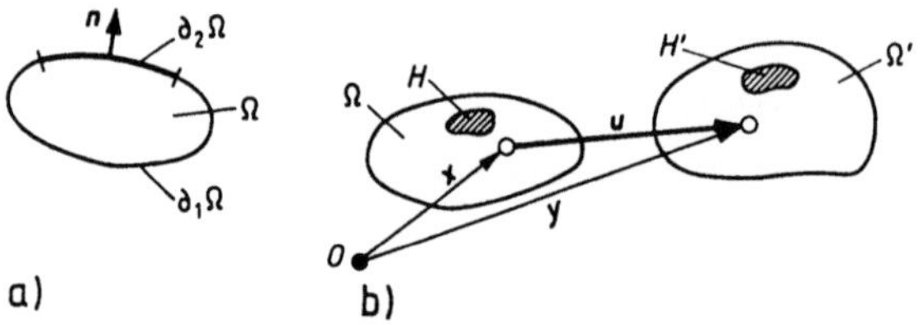


Abb. 14.10

Genauer liegt folgende Situation vor: $\Omega$ sei ein beschränktes Gebiet des $\mathbb{R}^3$, dessen Rand $\partial\Omega$ in die beiden Teile $\partial_1\Omega$ und $\partial_2\Omega$ zerfällt; $\mathbf{n}$ bezeichnet den äußeren Einheitsnormalenvektor am Rand (Abb. 14.10a). Physikalisch entspricht $\Omega$ dem *nichtdeformierten Körper*. Durch

$$\mathbf{y} = \mathbf{x} + \mathbf{u}(x)$$

geht ein Punkt $x$ des undeformierten Gebiets $\Omega$ in den Punkt $y$ des deformierten Körpers $\Omega'$ über (Abb. 14.10b). Mit $H'$ bezeichnen wir die Deformation des Teilgebietes $H$ von $\Omega$. Dann gilt:

| | |
|---|---|
| $\int_H \mathbf{K}(x)\,dx$ | ist die äußere Kraft, die auf das deformierte Gebiet $H'$ wirkt; |
| $\int_{\partial_2\Omega} \mathbf{T}(x)\,dF$ | ist die äußere Kraft, die auf den deformierten Rand $\partial_2\Omega'$ wirkt; |
| $\int_{\partial H} \sigma\mathbf{n}\,dF$ | ist die Spannungskraft, die auf das deformierte Gebiet $H'$ wirkt[11]. |

Ferner ist $\int_H \operatorname{div}\sigma\,dx = \int_{\partial H} \sigma\mathbf{n}\,dF$. Dabei heißt $\sigma$ der erste Piola-Kirchhoffsche *Spannungstensor*; $\sigma\colon V_3 \to V_3$ ist ein linearer Operator im Raum $V_3$ der dreidimensionalen Vektoren, d.h., $\sigma$ ordnet jedem Vektor $\mathbf{v}$ einen neuen Vektor $\mathbf{k} = \sigma\mathbf{v}$ zu, wobei $\sigma(a\mathbf{v} + b\mathbf{w}) = a\sigma\mathbf{v} + b\sigma\mathbf{w}$ für alle reellen Zahlen $a, b$ gilt.

**Komponentendarstellung:** Im folgenden wird über zwei gleiche Indizes von 1 bis 3 summiert. Speziell ist $\varepsilon_{ss}$ gleichbedeutend mit $\varepsilon_{11} + \varepsilon_{22} + \varepsilon_{33} = \operatorname{tr}\varepsilon$ (Spur von $\varepsilon$). Wir wählen ein kartesisches Koordinatensystem mit den orthonormierten Basisvektoren $\mathbf{b}_1, \mathbf{b}_2, \mathbf{b}_3$. Dann gilt

$$\mathbf{u} = u_i\mathbf{b}_i\,, \quad \mathbf{x} = x_i\mathbf{b}_i\,, \quad \mathbf{y} = y_i\mathbf{b}_i\,, \quad \mathbf{n} = n_i\mathbf{b}_i\,, \quad \mathbf{K} = K_i\mathbf{b}_i\,, \quad \mathbf{T} = T_i\mathbf{b}_i\,.$$

Ferner ist $\partial_j = \partial/\partial x_j$ und

$$\sigma_{\mathbf{n}} = (\sigma_{ij}n_j)_{\mathbf{b}_i} \quad (\text{analog } \mathscr{E}\mathbf{n} = \mathscr{E}_{ij}n_j\mathbf{b}_i \text{ und } \tau\mathbf{n} = \tau_{ij}n_j\mathbf{b}_i).$$

---

[11] $\mathbf{n}$ ist der äußere Einheitsnormalenvektor am Rand $\partial H$.

Die Grundgleichungen (14.56) lauten dann explizit folgendermaßen:

$$\partial_j \sigma_{ij} + K_i = 0 \qquad \text{auf } \Omega\,, \quad i = 1,2,3\,, \tag{14.57a}$$

$$u_i = u_{0i} \qquad \text{auf } \partial_1 \Omega\,, \tag{14.57b}$$

$$\sigma_{ij} n_j = T_i \qquad \text{auf } \partial_2 \Omega\,, \tag{14.57c}$$

$$\sigma_{ij} = \frac{\partial L}{\partial(\partial_j u_i)}\,. \tag{14.57d}$$

**Konsistente Theorie:** Um eine konsistente Theorie zu erhalten, müssen im *deformierten Gebiet* die Gleichgewichtsbedingungen für die Kräfte und die Drehmomente erfüllt sein. Das ist nicht für beliebige Funktionen $L$ garantiert, wohl aber in dem wichtigen Fall, in dem

$$L = A(x, \mathscr{E})$$

gilt mit dem sogenannten nichtlinearen *Dehnungstensor*[12)]

$$\mathscr{E}(x) := 2^{-1}(\mathbf{u}'(x)^* + \mathbf{u}'(x) + \mathbf{u}'(x)^*\mathbf{u}'(x))\,. \tag{14.58}$$

Die Linearisierung

$$\varepsilon(x) := 2^{-1}(\mathbf{u}'(x)^* + \mathbf{u}'(x))$$

heißt linearer Dehnungstensor. Führt man den *Spannungstensor*[12)]

$$\tau(y) := \sigma(x)\mathbf{y}'(x)^* \det \mathbf{x}'(y)$$

ein, dann gilt

$$\int\limits_{\partial H} \sigma \mathbf{n}\, \mathrm{d}F = \int\limits_{\partial H'} \tau \mathbf{n}'\, \mathrm{d}F' \qquad \text{(Spannungskraft, die auf } H' \text{ wirkt)}\,;$$

$\tau$ ist symmetrisch, d.h. $\tau_{ij} = \tau_{ji}$ für $i, j = 1, 2, 3$.

**Approximative Modelle:** Die Lösung der Grundgleichungen der Elastostatik im Rahmen einer konsistenten Theorie ist bisher nur für den Spezialfall polykonvexen Materials gelungen. Deshalb benutzt man Näherungsmodelle, indem man zum Beispiel für $L$ den Ansatz

$$L = B(x, \varepsilon) \tag{14.59}$$

wählt, d.h., man ersetzt den nichtlinearen Dehnungstensor $\mathscr{E}$ durch seine Linearisierung $\varepsilon$. Dann erhält man konvexe Minimumprobleme, die lösbar sind. Der Ansatz (14.59) basiert auf der Annahme, daß die Verschiebungen und ihre ersten partiellen Ableitungen klein sind.

## 14.6.2. Anwendung auf nichtlineares Henckymaterial und lineares Material

Für die *elastische Energiedichte* wählen wir den Ausdruck

$$L = 2^{-1}k(\operatorname{tr}\varepsilon)^2 + \mu f(\operatorname{tr}\bar{\varepsilon}^2)$$

---

12) Für die kartesischen Komponenten gilt:

$$\mathscr{E}_{ij} = 2^{-1}(\partial_i u_j + \partial_j u_i + \partial_i u_k \partial_j u_k)\,, \qquad \varepsilon_{ij} = 2^{-1}(\partial_i u_j + \partial_j u_i)\,,$$

$$\tau_{ij}(y) = \sigma_{ik}(x)\partial_k y_j(x)\frac{\partial(x_1, x_2, x_3)}{\partial(y_1, y_2, y_3)}(y)\,, \qquad y_j = x_j + u_j(x)\,.$$

mit $\bar{\varepsilon} := \varepsilon - 3^{-1}(\operatorname{tr}\varepsilon)I$ und $k = \lambda + 2\mu/3$. Die positiven Zahlen $\lambda$ und $\mu$ heißen die Laméschen Konstanten.[13] Das zugehörige Materialgesetz $\sigma = L_{\mathbf{u}'}$, d.h.

$$\sigma = (k - \frac{2}{3}\varkappa f'(\Gamma))(\operatorname{tr}\varepsilon)I + 2\mu f'(\Gamma)\varepsilon \quad \text{mit } \Gamma = (\operatorname{tr}\bar{\varepsilon}^2)\,,$$

bezeichnet man als nichtlineares *Hookesches Gesetz* (oder Henckysches Gesetz). Im Spezialfall $f(\xi) := \xi$ entsteht das klassische *Hookesche Gesetz* der linearen Elastizitätstheorie. Dann ist

$$\sigma = \lambda(\operatorname{tr}\varepsilon)I + 2\mu\varepsilon\,.$$

In Komponenten bedeutet das: $\sigma_{ij} = \lambda\varepsilon_{ss}\sigma_{ij} + 2\mu\varepsilon_{ij}$. Wir setzen voraus:

(H1) Die glatte Funktion $f\colon [0,\infty) \to [0,\infty)$ genügt $f(0) = 0$; sie ist konkav und verhält sich in einer Umgebung der Punkte $\xi = 0$ und $\xi = +\infty$ fast linear[14] (Abb. 14.11).

(H2) Der Rand sei hinreichend glatt, und $\partial_1\Omega$ sei nicht leer.

(H3) Gegeben sind $\mathbf{u}_0 \in W_1^2(\Omega)^3$ sowie $\mathbf{K} \in L_2(\Omega)^3$ und $\mathbf{T} \in L_2(\partial_2\Omega)^3$. Das ist zum Beispiel erfüllt, falls die Komponenten von $\mathbf{K}$ und $\mathbf{T}$ stückweise stetig und beschränkt sind.

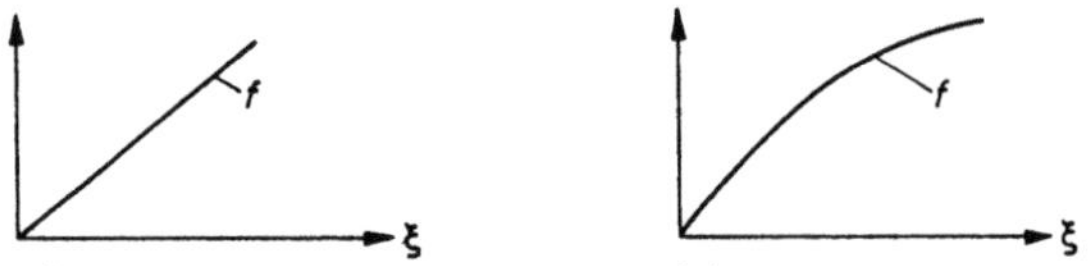


a) *lineares Material* b) *nichtlineares Hencky-Material* Abb. 14.11

**Satz:** Das Variationsproblem der Elastostatik (14.55) besitzt genau eine Lösung $\mathbf{u}$ in dem Sobolevraum $W_2^1(\Omega)^3$.

**Plastizität:** Bei starken Spannungen kann ein elastischer Körper plastisch werden. Das von Misessche Plastizitätskriterium besagt:

(i) Für unterkritische Spannungen $\sigma$ mit

$$\operatorname{tr}(\bar{\sigma}^2) < \sigma_0$$

tritt *keine* Plastizität auf.

(ii) Für überkritische Spannungen $\sigma$ mit

$$\operatorname{tr}(\bar{\sigma}^2) \geq \sigma_0$$

tritt Plastizität auf.

Dabei setzen wir $\bar{\sigma} := \sigma - 3^{-1}(\operatorname{tr}\sigma)I$. In kartesischen Komponenten bedeutet das $\bar{\sigma}_{ij} = \sigma_{ij} - 3^{-1}\sigma_{ss}\delta_{ij}$ und $\operatorname{tr}\sigma = \sigma_{11} + \sigma_{22} + \sigma_{33} = \sigma_{ss}$.

---

[13] Explizit gilt $L = 2^{-1}k(\varepsilon_{ss})^2 + \mu f(\bar{\varepsilon}_{ij}\bar{\varepsilon}_{ji})$ mit $\bar{\varepsilon}_{ij} := \varepsilon_{ij} - 3^{-1}\varepsilon_{ss}\delta_{ij}$.

[14] Genauer setzen wir voraus, daß es positive Konstanten $a, b$ und eine natürliche Zahl $n$ gibt, so daß für alle $\xi \geq 0$ gilt:

$$n^{-1} \leq f'(\xi) + 2f''(\xi)\xi \leq n\,, \quad a \leq f'(\xi) \leq 1\,, \quad -b \leq f''(\xi) \leq 0\,.$$

## 14.6.3. Die Grundgleichungen der Elastodynamik

Diese Grundgleichungen lauten:

(i) *Zeitabhängige Deformation des undeformierten Körpers $\Omega$:*

$$\mathbf{y} = \mathbf{x} + \mathbf{u}(x,t), \quad x \in \Omega, t \geq 0.$$

(ii) *Bewegungsgleichung*[15]:

$$\varrho(P)\mathbf{u}_{tt} = \operatorname{div}\sigma(P) + \mathbf{K}(P), \quad P = (x,t), \quad x \in \Omega, t \geq 0.$$

(iii) *Materialgesetz für den Zusammenhang zwischen Deformation und Spannung:*

$$\sigma(x) = L_{\mathbf{u}'}(x, \mathbf{u}'(x)).$$

(iv) *Randbedingung:*

$\mathbf{u}$ ist gegeben auf dem undeformierten Randteil $\partial_1\Omega$ für alle Zeiten $t \geq 0$;

$\sigma\mathbf{n}$ ist gegeben auf dem undeformierten Randteil $\partial_2\Omega$ für alle Zeiten $t \geq 0$.

Hier bezeichnet $\mathbf{n}$ den äußeren Einheitsnormalenvektor von $\partial_2\Omega$ (Abb. 14.10a).

(v) *Anfangsbedingung:*

$\mathbf{u}, \mathbf{u}_t$ sind gegeben auf $\Omega$ zur Anfangszeit $t = 0$.

Ferner gilt:

$\int_H \mathbf{K}\,\mathrm{d}x$ ist die äußere Kraft, die auf das deformierte Gebiet $H'$ wirkt;

$\int_{\partial H} \sigma\mathbf{n}\,\mathrm{d}F$ ist die Spannungskraft, die auf das deformierte Gebiet $H'$ wirkt.

$\varrho$ ist die Dichte des undeformierten Körpers.

*Beispiel 1* (lineare Elastodynamik): Im Fall der linearen Elastizitätstheorie gilt $\sigma = \lambda(\operatorname{tr}\varepsilon)I + 2\mu\varepsilon$. Das ergibt die Bewegungsgleichung

$$\varrho\mathbf{u}_{tt} = \mu\Delta\mathbf{u} + (\lambda+\mu)\,\mathbf{grad}\,\operatorname{div}\mathbf{u} + \mathbf{K}, \quad x \in \Omega, t \geq 0. \tag{14.60}$$

Daraus erhält man die entsprechende Gleichung der Elastostatik, indem man $\mathbf{u}$ als zeitunabhängig voraussetzt, d.h., man hat $\mathbf{u}_{tt} \equiv 0$ in (14.60) zu setzen.

*Beispiel 2* (nichtlineare Elastodynamik): Wir gehen aus vom Ansatz

$$L = L^{(0)}(\mathbf{u}') + L^{(1)}(\mathbf{u}')$$

für die elastische Energiedichte, wobei $L^{(0)}$ der linearen Elastizitätstheorie entsprechen soll. Dann erhalten wir die Bewegungsgleichung

$$\varrho\mathbf{u}_{tt} = \mu\Delta\mathbf{u} + (\lambda+\mu)\,\mathbf{grad}\,\operatorname{div}\mathbf{u} + \operatorname{div}\sigma^{(1)} + \mathbf{K} \tag{14.61}$$

mit $\sigma^{(1)} = L^{(1)}_{\mathbf{u}'}$.

In kartesischen Komponenten bedeutet das

$$\varrho(u_i)_{tt} = c^{(0)}_{imjk}\partial_m\partial_k u_j + c^{(1)}_{imjk}(\mathbf{u}')\partial_m\partial_k u_j + K_i, \quad i = 1,2,3, \tag{14.61*}$$

mit $c^{(r)}_{imjk} := \dfrac{\partial^2 L^{(r)}}{\partial(\partial_k u_j)\partial(\partial_m u_i)}$ und

$$L := L^{(0)} + L^{(1)}, \quad L^{(0)} := c^{(0)}_{imjk}\partial_k u_j \partial_m u_i$$

[15] In kartesischen Komponenten bedeutet das $\varrho(u_i)_{tt} = \partial_j\sigma_{ij} + K_i$, $i = 1,2,3$.

sowie $c^{(0)}_{imjk} := \lambda\delta_{im}\delta_{jk} + \mu(\delta_{ij}\delta_{km} + \delta_{jm}\delta_{ik})$. Das bedeutet für die elastische Energiedichte der linearen Elastizitätstheorie:

$$L^{(0)} = \lambda(\partial_s u_s)^2 + \mu(\partial_k u_i \partial_k u_i + \partial_k u_j \partial_j u_k)\,.$$

**Die entscheidende Bedingung für globale Existenz:** Wir nehmen im folgenden an, daß die Störenergie $L^{(1)}$ hinreichend klein ist. Genauer: wir fordern, daß $L$ hinreichend glatt ist und folgendes gilt:

Die Taylorentwicklung von $L^{(1)}$ bezüglich aller Variablen $\partial_j u_i$ beginnt mit Termen von mindestens vierter Ordnung. (14.62)

Diese Forderung ist zum Beispiel erfüllt, falls $L(-\mathbf{u}') = L(\mathbf{u}')$ gilt, d.h., die elastische Energiedichte ändert sich nicht bei Spiegelung der Verschiebungen. Die Bedingung (14.62) bedeutet für die Ausgangsgleichung (14.61*), daß keine quadratischen Nichtlinearitäten auftreten.

### 14.6.4. Der globale Existenz- und Eindeutigkeitssatz der nichtlinearen Elastodynamik

Wir studieren das Anfangswertproblem der nichtlinearen Elastodynamik für den gesamten Raum $\mathbb{R}^3$ bei Abwesenheit von äußeren Volumenkräften und konstanter Dichte $\varrho > 0$. Dieses Problem lautet:

$$\varrho\mathbf{u}_{tt} = \mu\Delta\mathbf{u} + (\lambda+\mu)\,\mathbf{grad}\,\operatorname{div}\mathbf{u} + \operatorname{div}\sigma^{(1)}\,, \quad x \in \mathbb{R}^3\,,\ t \geq 0\,, \qquad (14.63)$$
$$\mathbf{u} = \mathbf{u}_0\,,\ \mathbf{u}_t = \mathbf{v}_0\,,\ x \in \mathbb{R}^3\,,\ t = 0 \ \text{(Anfangsbedingung)}\,.$$

Wir setzen (14.62) voraus und geben uns hinreichend glatte, kleine Anfangsdaten vor mit[16)]

$$\mathbf{v}_0, \mathbf{u}'_0 \in W^3_2(\mathbb{R}^3) \cap W^3_{6/5}(\mathbb{R}^3)$$

und $\|(\mathbf{v}_0, \mathbf{u}'_0)\|_{3,2} + \|(\mathbf{v}_0, \mathbf{u}'_0)\|_{3,6/5} < \delta$ für eine feste Zahl $\delta > 0$.

**Satz:** Das Anfangswertproblem (14.63) besitzt eine eindeutige Lösung für alle Zeiten $t \geq 0$ mit

$$\mathbf{u}_t, \mathbf{u}' \in C([0,\infty), W^3_2(\mathbb{R}^3)) \cap C^1([0,\infty),\ W^2_2(\mathbb{R}^3))\,.$$

Ferner hat man für große Zeiten $t \geq t_0$ die Abschätzung

$$\sup_{x\in\mathbb{R}^3} \sum_{i,j=1}^{3} |\partial_t u_i(x,t)| + |\partial_j u_i(x,t)| \leq \text{const}\cdot t^{-2/3}\,,$$

die zeigt, daß die Bewegungen des elastischen Körpers für $t \to +\infty$ rasch abklingen.

Ist die Bedingung (14.62) verletzt, dann können die Lösungen nach endlicher Zeit ihre Glattheit verlieren.

*Bemerkung.* Zum Beweis schreibt man die Ausgangsgleichung (14.63) als ein symmetrisches hyperbolisches System. Die *lokale* Existenzaussage ergibt sich dann aus dem Hauptsatz über derartige Systeme in 14.3. Die *globale* Existenzaussage erhält man aus zusätzlichen a priori Abschätzungen.

Ähnliche Aussagen gelten auch für die Gleichungen der Thermoelastizität, die zusätzlich Temperatureffekte bei elastischen Medien berücksichtigen. Vom mathematischen Standpunkt aus hat man dann ein gekoppeltes hyperbolisch-parabolisches System vorliegen. Es

---

16) Das soll explizit bedeuten, daß alle Komponenten $v_{0i}$ und $\partial_j u_i$ zu den beiden Sobolevräumen $W^3_2(\mathbb{R}^3)$ und $W^3_{6/5}(\mathbb{R}^3)$ gehören und die Summe aller entsprechenden Normen kleiner als $\delta$ ist.

zeigt sich, daß das Auftreten der Temperatur die mathematische Situation verbessert, weil dissipative Effekte auftreten [vgl. Racke 1992].

## 14.6.5. Balkenbiegung und Bifurkation

Das Prinzip der *stationären potentiellen Energie* für einen Balken der Länge $L$ lautet nach Euler:

$$E_{\text{pot}} := \int_0^L (2^{-1}A\varphi'^2 + P(\cos\varphi - 1))\,\mathrm{d}s = \textbf{stationär !}. \tag{14.64}$$

$$\varphi(0) = \varphi(L) = 0.$$

Die Gleichung des Balkens sei $y = y(x)$. Wir suchen jedoch besser die Gestalt des Balkens unter dem Einfluß der äußeren Kraft $P$ in der Form $\varphi = \varphi(s)$ ($s$ ist die Bogenlänge, $\varphi$ der Winkel des Balkens mit der $x$-Achse) (Abb. 14.12). Die Randbedingung „$\varphi(0) = \varphi(L) = 0$"

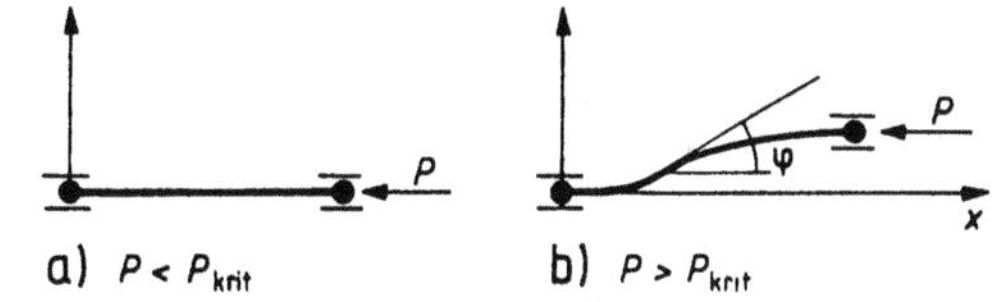


Abb. 14.12

bedeutet, daß durch eine spezielle Halterung der Balken in den Endpunkten horizontal gelagert wird (horizontale Tangente in den Endpunkten). Stabile Gleichgewichtslagen des Balkens entsprechen strengen Minima der potentiellen Energie $E_{\text{pot}}$.

Der Ausdruck für $E_{\text{pot}}$ in (14.64) bedeutet, daß sich die potentielle Energie aus der elastischen Energiedichte $\varepsilon = 2^{-1}A\varphi'^2$ und der Arbeit ergibt, die von der äußeren Kraft $P$ geleistet wird. Der Ausdruck für $\varepsilon$ stellt den einfachsten denkbaren Ansatz dar, denn $\varepsilon$ ist proportional dem Quadrat der Krümmung des Balkens ($A$ = Materialkonstante).

Die Euler-Lagrange-Gleichungen zu (14.64) lauten:

$$\varphi'' + PA^{-1}\sin\varphi = 0, \quad 0 \le s \le L, \quad \varphi(0) = \varphi(L) = 0. \tag{14.65}$$

Die entscheidende Frage lautet: Für welche kritische Kraft $P_{\text{krit}}$ tritt erstmalig eine Ausbeulung des Balkens auf? Linearisierung von (14.65) für kleine Winkel $\varphi$ ergibt das Eigenwertproblem

$$\varphi'' + PA^{-1}\varphi = 0, \quad 0 \le s \le L, \quad \varphi(0) = \varphi(L) = 0.$$

mit dem kleinsten Eigenwert $P_{\text{krit}} = \pi^2 A/L^2$ und der Eigenfunktion

$$\varphi_{\text{krit}} = \sigma\sin(\pi s/L) \tag{14.66}$$

sowie dem reellen Parameter $\sigma$. Wir erwarten, daß bei der Kraft $P_{\text{krit}}$ Ausbeulung auftritt. Die Eigenfunktion (14.66) ist jedoch vom physikalischen Standpunkt aus unbefriedigend, weil der Parameter $\sigma$ noch frei ist. Erst die Untersuchung des *vollen nichtlinearen Problems* fixiert den Wert von $\sigma$ durch

$$P = P_{\text{krit}}(1 + \frac{1}{8}\sigma^2 + O(\sigma^3)), \tag{14.67}$$

$$\varphi = \sigma\sin(\pi s/L) + O(\sigma^3), \quad \sigma = \textbf{klein}$$

(vgl. 1.3.1.4.). Setzen wir $\|\varphi\| = \max_{0\le s\le L}|\varphi(s)|$, dann erhalten wir die in Abb. 14.13 graphisch dargestellte Situation.

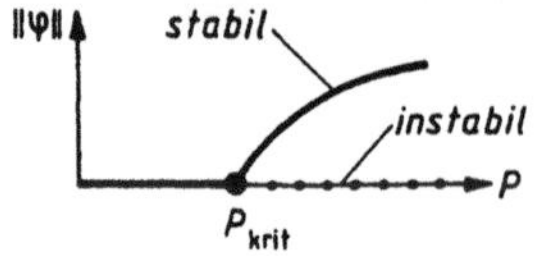


Abb. 14.13

**Satz:** (i) Für unterkritische Kräfte $P < P_{\text{krit}}$ ist die Ruhelage $\varphi \equiv 0$ stabil.

(ii) Für $P > P_{\text{krit}}$ ist die Ruhelage instabil, und der Bifurkationszweig (14.67) ist stabil. Ihm entspricht ein ausgebeulter Balken.

Grob gesprochen führt der Stabilitätsverlust der Ruhelage zur Ausbeulung (Bifurkation). Eine ausführliche Untersuchung findet man in [Zeidler 1984, Bd. IIB, Kap.29].

# 14.7. Die Gleichungen der allgemeinen Relativitätstheorie

In der Newtonschen Mechanik wird die Bewegung $\mathbf{x} = \mathbf{x}(t)$ eines Planeten der Masse $m$ durch die Gleichung

$$m\mathbf{x}'' = \mathbf{K}$$

beschrieben, wobei **K** die Gravitationskraft der Sonne bezeichnet. In der Einsteinschen allgemeinen Relativitätstheorie entsteht die Gravitationskraft durch die *Krümmung* der vierdimensionalen Raum-Zeit-Mannigfaltigkeit $M$, die durch die Massenverteilungen hervorgerufen wird. Die Bewegung eines Planeten entspricht dann geodätischen Linien in $M$. Zur Formulierung der Grundgleichungen der allgemeinen Relativitätstheorie benötigt man die Riemannsche Geometrie. Die allgemeine Relativitätstheorie untersucht z.B. die Expansion des Weltalls nach dem Urknall. Einzelheiten findet man in 16.5.

# 14.8. Die Gleichungen der Eichfeldtheorie und Elementarteilchen

Eichfeldtheorien sind die Basis der modernen Elementarteilchenphysik. Im folgenden seien alle auftretenden Funktionen hinreichend glatt.

## 14.8.1. Grundideen

Wir studieren zunächst ein sehr einfaches Modell. Dazu betrachten wir das Variationsproblem

$$\int_a^b \mathscr{L}(\varphi, \psi, \psi')\,\mathrm{d}x = \text{stationär}\,!\,, \tag{14.68}$$

$$\varphi, \psi \text{ sind fest vorgegeben in den Randpunkten } x = a, b\,,$$

mit der Lagrangefunktion

$$\mathscr{L} = \mathrm{i}(\bar{\varphi}\frac{\mathrm{d}\psi}{\mathrm{d}x} - m\bar{\varphi}\psi) \tag{14.69}$$

Die Funktionen $\varphi$ und $\psi$ seien komplexwertig, und $\bar{\varphi}(x)$ bezeichne die konjugiert komplexe Zahl zu $\varphi(x)$.

**Satz 1:** Sind $\varphi$, $\psi$ Lösungen von (14.68), dann gelten auf dem Intervall $(a, b)$ die Euler-Lagrange-Gleichungen

$$\mathrm{i}\psi' - m\psi = 0\,, \quad \mathrm{i}\varphi' - m\varphi = 0\,. \tag{14.70}$$

**Korollar:** Ist $(\varphi, \psi)$ eine Lösung von (14.70), dann gilt das folgende Erhaltungsgesetz

$$(\bar{\varphi}\psi)' = 0 \quad \text{auf } (a, b)\,. \tag{14.71}$$

Diese Aussage bestätigt man sofort durch eine direkte Rechnung. Für das Verständnis komplizierterer Probleme in der Physik ist es jedoch wichtig, daß dieses Erhaltungsgesetz eine direkte Folge einer globalen Eichinvarianz der Lagrangefunktion $\mathscr{L}$ ist.

**Definition:** Die Transformation

$$\psi_+(x) = \mathrm{e}^{\mathrm{i}\alpha(x)}\psi(x)\,, \quad \varphi_+(x) = \mathrm{e}^{\mathrm{i}\alpha(x)}\varphi(x) \tag{14.72}$$

heißt eine *lokale Eichtransformation*. Ist $\alpha = \text{const}$, dann sprechen wir von einer globalen Eichtransformation.

**Korollar:** Die Lagrangefunktion $\mathscr{L}$ ist invariant unter einer globalen Eichtransformation, d.h. $\mathscr{L}(\varphi, \psi, \psi') = \mathscr{L}(\varphi_+, \psi_+, \psi'_+)$. Das nach dem Noethertheorem entsprechende Erhaltungsgesetz ist identisch mit (14.71).

In der Elementarteilchenphysik entsprechen globale Eichtransformationen Erhaltungsgesetzen für elektrische Ladung, Baryonenzahl usw.

Um eine Lagrangefunktion zu erhalten, die unter *lokalen Eichtransformationen invariant* ist, definieren wir die sogenannte kovariante Ableitung

$$\nabla := \frac{\mathrm{d}}{\mathrm{d}x} - \mathrm{i}A(x)\,,$$

wobei $A$ reell sein soll. Ferner konstruieren wir eine neue Lagrangefunktion $L$ indem wir die *klassische Ableitung* $\mathrm{d}/\,\mathrm{d}x$ durch die *kovariante Ableitung* $\nabla$ ersetzen, d.h.

$$L(\varphi, \psi, \nabla\psi) := \mathrm{i}(\bar{\varphi}\nabla\psi - m\bar{\varphi}\psi)\,. \tag{14.73}$$

Unter einer lokalen Eichtransformation verstehen wir (14.72) sowie

$$A_+(x) = A(x) + \alpha'(x)\,, \quad \nabla_+ = \frac{\mathrm{d}}{\mathrm{d}x} - \mathrm{i}A_+\,.$$

Dann besitzt die kovariante Ableitung $\nabla$ die entscheidende Transformationseigenschaft

$$\nabla_+\psi_+ = \mathrm{e}^{\mathrm{i}\alpha}\nabla\psi\,. \tag{14.74}$$

Wir betrachten nun das modifizierte Variationsproblem

$$\int_a^b L(\varphi, \psi, \nabla\psi)\,\mathrm{d}x = \text{stationär}\,!\,, \quad \varphi, \psi, A \text{ sind fest vorgegeben für } x = a, b\,. \tag{14.75}$$

**Satz 2:** (i) Die Lagrangefunktion $L$ ist invariant unter lokalen Eichtransformationen, d.h. $L(\varphi, \psi, \nabla\psi) = L(\varphi_+, \psi_+, \nabla_+\psi_+)$.

(ii) Ist $\varphi$, $\psi$ eine Lösung von (14.75), dann gelten auf dem Intervall $(a,b)$ die Euler-Lagrange-Gleichungen:

$$i\nabla\psi - m\psi = 0\,, \quad i\nabla\varphi - m\varphi = 0\,. \tag{14.76}$$

Diese sind *eichinvariant*, d.h., aus (14.76) folgt

$$i\nabla_+\psi_+ - m\psi_+ = 0\,, \quad i\nabla_+\varphi_+ - m\varphi_+ = 0\,.$$

Bei der physikalischen Interpretation dieses Modells entspricht $\psi$ dem Feld des „Basisteilchens" (z.B. Elektron) und $\bar{\varphi}$ dem Feld des „Antibasisteilchens" (z.B. Positron). Ferner bezeichnet man $A$ als „Eichfeld", das die Wechselwirkung zwischen den Basisteilchen und den Antibasisteilchen beschreibt (z.B. Viererpotential des elektromagnetischen Feldes, dessen Quantisierung zum Photon führt). Die erste Gleichung in (14.76) lautet explizit

$$i\psi' - m\psi = j \quad \text{mit } j = -A\psi\,.$$

Dabei ist „$m\psi$" der Masseterm und „$j = -A\psi$" der Wechselwirkungsterm (Strom) zwischen dem Basisteilchenfeld $\psi$ und dem Eichfeld $A$.

**Physikalische Diskussion:** Unter einer Eichfeldtheorie versteht man in der Physik eine Theorie, die invariant ist unter geeigneten lokalen Eichtransformationen. Das sind Phasentransformationen analog zu (14.72), wobei die Phase $\alpha$ von Raum (und Zeit) abhängt. Entscheidend ist die Tatsache, daß die Forderung nach lokaler Eichinvarianz die Existenz eines neuen Feldes $A(x)$ erzwingt, das in der Physik die *Wechselwirkung zwischen fundamentalen Teilchen* beschreibt. Wir erläutern das an Beispielen.

(i) *Elektromagnetische Wechselwirkung.* Die Diracgleichung beschreibt die Bewegung eines relativistischen Elektrons. Die Forderung nach lokaler Eichinvarianz ergibt die Existenz des elektromagnetischen Feldes. Die Funktion $A = A(x)$ im obigen Modell geht dann in das Viererpotential $A_j(x)$ des elektromagnetischen Feldes über (vgl. 14.8.3.).

Nach Quantisierung im Rahmen der Quantenfeldtheorie ergeben sich aus dem elektromagnetischen Feld das Photon, und man erhält die Existenz des Antiteilchens zum Elektron – das Positron. Das Photon beschreibt die Wechselwirkung zwischen Elektronen und Positronen.

(ii) *Standardmodell.* In der Natur beobachtet man vier fundamentale Wechselwirkungen: die elektromagnetische Wechselwirkung, die schwache Wechselwirkung (radioaktiver Zerfall), die starke Wechselwirkung (z.B. Kernkräfte) und die Gravitationskraft. Das Standardmodell, das einer $SU(2) \times U(1) \times SU(3)$-Eichfeldtheorie entspricht, vereinigt die ersten drei fundamentalen Wechselwirkungen. Die Basisteilchen bestehen aus 6 Quarks (ein Proton ist aus drei Quarks aufgebaut) und sechs Leptonen (z.B. Elektron und Neutrino). Entsprechend dem Prinzip der lokalen Eichinvarianz gehören dazu 12 Felder (Teilchen), die die Wechselwirkungen zwischen den Basisteilchen beschreiben. Das sind das Photon $\gamma$, die drei Vektorbosonen $W^+$, $W^-$, $Z$ und 8 Gluonen.

Die Vektorbosonen mit etwa 100 Protonenmassen wurden 1983 in CERN bei Genf experimentell nachgewiesen (Glashow, Salam und Weinberg erhielten bereits 1979 für die Vorhersage dieser Teilchen den Nobelpreis für Physik). Die Eichfeldtheorien sagen auch die Existenz von magnetischen Monopolen voraus, weil sich modifizierte Maxwellgleichungen mit einer magnetischen Ladung ergeben (vgl. 14.8.6.).

Den mathematischen Hintergrund werden wir im folgenden erläutern. Die Stromterme sind entscheidend, um mit Hilfe des Feynmanintegrals Effekte der zugehörigen Quantenfeldtheorie berechnen zu können (Technik der Feynmandiagramme).

## 14.8.2. Konventionen

**Einsteinsche Summenkonvention:** In diesem Abschnitt wird über gleiche obere und untere lateinische (griechische) Indizes von 1 bis 4 (1 bis 3) summiert.

**Konvention über die Maßeinheiten:** Zur Vereinfachung der Formelbilder wählen wir solche Maßeinheiten, daß gilt: $\hbar = c = \varepsilon_0 = \mu_0 = 1$ (h – Plancksches Wirkungsquantum, $\hbar = h/2\pi$, $c$ – Lichtgeschwindigkeit, $\varepsilon_0$ – Dielektrizitätskonstante des Vakuums, $\mu_0\varepsilon_0 = 1/c^2$). Die Schrödingergleichung entsteht durch Quantisierung aus der klassischen Mechanik. Diese ist gültig, falls die Geschwindigkeiten relativ klein zur Lichtgeschwindigkeit sind. In modernen Teilchenbeschleunigern erreichen die Elektronen jedoch fast Lichtgeschwindigkeit. In diesem Fall ist die klassische Quantenmechanik nicht mehr ausreichend.

**Bezeichnungen der speziellen Relativitätstheorie:** Mit $x^1$, $x^2$, $x^3$ bezeichnen wir kartesische Raumkoordinaten in einem Inertialsytem, und $x^4 = t$ sei die Zeit. Wir führen die Minkowskimetrik $\mathrm{d}s^2 = g_{ij}\,\mathrm{d}x^i\,\mathrm{d}x^j$ ein mit

$$(g_{ij}) = (g^{ij}) = \begin{pmatrix} -1 & 0 & 0 & 0 \\ 0 & -1 & 0 & 0 \\ 0 & 0 & -1 & 0 \\ 0 & 0 & 0 & 1 \end{pmatrix}.$$

Schließlich sei $\partial_j = \partial/\partial x^j$. In üblicher Weise werden Indizes durch $g_{ij}$ gesenkt und durch $g^{ij}$ gehoben. Zum Beispiel gilt

$$F^{ij} = g^{ir}g^{js}F_{rs}, \quad F_{ij} = g_{ir}g_{js}F^{rs}.$$

## 14.8.3. Die Diracgleichung für die Bewegung eines relativistischen Elektrons

Die Bewegung eines kräftefreien relativistischen Elektrons in einem Inertialsystem wird durch die *Diracgleichung* beschrieben:

$$\mathrm{i}\psi_t = \gamma^4(m_0 + \gamma^\alpha p_\alpha)\psi \tag{14.77}$$

mit den Impulsoperatoren $p_\alpha = -\mathrm{i}\partial_\alpha$ und der Ruhmasse $m_0 > 0$ des Elektrons. Die Größen $\gamma^j$ genügen den Vertauschungsrelationen

$$\gamma^j\gamma^k + \gamma^k\gamma^j = 2g^{jk}, \tag{14.78}$$

d.h. $(\gamma^4)^2 = 1$, $(\gamma^\alpha)^2 = -1$, $\alpha = 1, 2, 3$ und $\gamma^j\gamma^k = -\gamma^k\gamma^j$ für $j \neq k$.

In der physikalischen Literatur werden unterschiedliche Realisierungen (Darstellungen) für diese sogenannte Cliffordalgebra benutzt. Wir wählen hier die *Pauli-Dirac-Darstellung* mit den Matrizen

$$\gamma^1 = \begin{pmatrix} 0 & 0 & 0 & 1 \\ 0 & 0 & 1 & 0 \\ 0 & -1 & 0 & 0 \\ -1 & 0 & 0 & 0 \end{pmatrix}, \quad \gamma^2 = \begin{pmatrix} 0 & 0 & 0 & -\mathrm{i} \\ 0 & 0 & \mathrm{i} & 0 \\ 0 & \mathrm{i} & 0 & 0 \\ -\mathrm{i} & 0 & 0 & 0 \end{pmatrix},$$

$$\gamma^3 = \begin{pmatrix} 0 & 0 & 1 & 0 \\ 0 & 0 & 0 & -1 \\ -1 & 0 & 0 & 0 \\ 0 & 1 & 0 & 0 \end{pmatrix}, \quad \gamma^4 = \begin{pmatrix} 1 & 0 & 0 & 0 \\ 0 & 1 & 0 & 0 \\ 0 & 0 & -1 & 0 \\ 0 & 0 & 0 & -1 \end{pmatrix}.$$

Ferner ist $\psi$ ein Spaltenvektor mit den Komponenten $\psi_1$, $\psi_2$, $\psi_3$, $\psi_4$. Somit stellt die Diracgleichung ein System von vier Differentialgleichungen erster Ordnung für die vier unbekannten Komponenten $\psi_j$ dar.

Benutzt man die sogenanten Paulimatrizen

$$\sigma^1 = \begin{pmatrix} 0 & 1 \\ 1 & 0 \end{pmatrix}, \quad \sigma^2 = \begin{pmatrix} 0 & -\mathrm{i} \\ \mathrm{i} & 0 \end{pmatrix}, \quad \sigma^3 = \begin{pmatrix} 1 & 0 \\ 0 & -1 \end{pmatrix},$$

dann gilt

$$\gamma^\beta = \begin{pmatrix} 0 & \sigma^\beta \\ -\sigma^\beta & 0 \end{pmatrix}, \quad \gamma^4 = \begin{pmatrix} I & 0 \\ 0 & -I \end{pmatrix}, \quad \beta = 1,2,3.$$

**Physikalische Motivation:** Die Quantenmechanik wurde 1925 durch Werner Heisenberg als sogenannte Matrizenmechanik geschaffen. Ein Jahr später formulierte Erwin Schrödinger die nach ihm benannte Schrödingergleichung. Tatsächlich sind beide Theorien äquivalent, d.h., sie stellen unterschiedliche Realisierungen der gleichen abstrakten Hilbertraumtheorie dar (vgl. 13.18.). Die mathematische Äquivalenz der zunächst völlig unterschiedlichen Zugänge von Heisenberg und Schrödinger reflektiert die physikalische Tatsache, daß sich Quanten sowohl wie Teilchen als auch wie Wellen verhalten (Dualismus zwischen Korpuskel und Welle, der bereits viel früher beim Licht beobachtet wurde).

Im Jahre 1928 gelangte Paul Dirac durch die folgende geniale Überlegung auf die Gleichung (14.77). In der speziellen Relativitätstheorie gilt für die Energie $E$ eines freien Teilchens die Relation

$$E^2 = m_0^2 + \sum_{\beta=1}^{3} p_\beta^2 \quad \text{mit dem Impulsvektor } \mathbf{p} = \sum_{\beta=1}^{3} p_\beta \mathbf{e}_\beta .$$

Wendet man hierauf das übliche Quantisierungsschema an (vgl. 13.16.6.), dann hat man die Ersetzungen

$$E \to \mathrm{i}\partial_t, \quad p_\beta \to -\mathrm{i}\partial_\beta$$

vorzunehmen. Das ergibt die sogenannte Klein-Gordon-Gleichung

$$(\mathrm{i}\partial_t)^2\psi = (m_0^2 - \Delta)\psi . \tag{14.79}$$

Diese Gleichung beschreibt Teilchen mit Spin $= 1$ (z.B. $\pi$-Mesonen). Da jedoch das Elektron den Spin $= 1/2$ besitzt, suchte Dirac eine Differentialgleichung erster Ordnung, indem er von dem Ansatz

$$E = (m_0^2 + \sum_{\beta=1}^{3} p_\beta^2)^{1/2} = \gamma^4(m_0 + \gamma^\beta p_\beta) \tag{14.80}$$

ausging und die $\gamma^j$ aus der Forderung bestimmte, daß Quadrieren von (14.80) den richtigen Ausdruck ergibt, d.h., es gilt

$$m_0^2 + \sum_{\beta=1}^{3} p_\beta^2 = [\gamma^4(m_0 + \gamma^\beta p_\beta)]^2 .$$

Dazu benötigt man lediglich die Vertauschungsrelationen (14.78).

**Gesamtdrehimpuls und Spin:** Wir wollen zeigen, daß aus der Diracgleichung in einfacher Weise folgt, daß das Elektron den Spin $= 1/2$ besitzt. Hierzu definieren wir das Skalarprodukt

$$(\psi \mid \varphi) := \sum_{j=1}^{4} \bar{\psi}_j \varphi_j$$

und erklären den Gesamtdrehimpulsoperator $D$ durch

$$D\psi = (\mathbf{x} \times \mathbf{p})\psi + 2^{-1}\mathbf{s}\psi\,. \quad \mathbf{s} = \sum_{j=1}^{3} \begin{pmatrix} \sigma^\beta & 0 \\ 0 & \sigma^\beta \end{pmatrix} \mathbf{e}_\beta$$

und $\mathbf{x} = \sum_{\beta=1}^{3} x^\beta \mathbf{e}_\beta$, $\mathbf{p} = -\mathrm{i} \sum_{\beta=1}^{3} \mathbf{e}_\beta \partial_\beta$. Schreiben wir die Diracgleichung (14.77) in der Form

$$\mathrm{i}\psi_t = H\psi \quad \text{mit dem Hamiltonoperator } H = \gamma^4(m_0 - \mathrm{i}\gamma^\alpha \partial_\alpha)\,.$$

dann gilt die Vertauschungsrelation $HD - DH = 0$. Daraus folgt für die Zeitableitung des Erwartungswertes $\mathrm{d} = (D\psi \mid \psi)$ des Drehimpulses die Relation

$$\dot{\mathrm{d}} = (D\psi_t \mid \psi) + (D\psi \mid \psi_t) = -\mathrm{i}([DH - HD]\psi \mid \psi) = 0\,.$$

d.h., d ist eine Erhaltungsgröße. Für die $x^3$-Komponente von s erhalten wir die Eigenwerte

$$s_3\psi_\pm = \pm\frac{1}{2}\psi_\pm$$

mit $\psi_+ = \sqrt{2}(1.0.1.0)^{\mathrm{T}}$ und $\psi_- = \sqrt{2}(0.1.0.1)^{\mathrm{T}}$. Somit entsprechen $\psi_\pm$ Zuständen des Elektrons, in denen die $x^3$-Komponente des Spins (Eigendrehimpuls) gleich $\pm 1/2$ ist.

**Das fundamentale Variationsproblem:** Wir setzen

$$\mathscr{L} := (\gamma^4\varphi \mid \mathrm{i}\gamma^j \partial_j \psi - m_0\psi) \tag{14.81}$$

und betrachten das Variationsproblem

$$\int_\Omega \mathscr{L}\,\mathrm{d}x = \text{stationär !}. \quad \varphi.\ \psi \text{ sind fest vorgegeben auf dem Rand } \partial\Omega\,. \tag{14.82}$$

**Satz:** Die Lösungen $\varphi$ und $\psi$ von (14.82) genügen der Diracgleichung

$$(\mathrm{i}\gamma^j \partial_j - m_0)\psi = 0\,. \tag{14.83}$$

die äquivalent ist zu (14.77).

**Korollar:** Die Lagrangefunktion $\mathscr{L}$ ist invariant unter der globalen Eichtransformation $\psi_+ = \mathrm{e}^{\mathrm{i}\alpha}\psi$, $\varphi_+ = \mathrm{e}^{\mathrm{i}\alpha}\varphi$, wobei $\alpha$ eine reelle Zahl bezeichnet. Nach dem Noethertheorem folgt daraus, daß für jede Lösung $\psi$ der Diracgleichung (14.83) das Erhaltungsgesetz

$$\varrho_t + \operatorname{div} \mathbf{j} = 0$$

gilt mit der elektrischen Ladungsdichte $\rho = e(\psi \mid \psi)$ und dem elektrischen Stromdichtevektor $\mathbf{j} = e(\gamma^4\psi \mid \gamma\psi)$. Dabei ist $e < 0$ die elektrische Ladung des Elektrons, und wir setzen $\gamma = \gamma^\beta \mathbf{e}_\beta$.

### 14.8.4. Das Postulat der lokalen Eichinvarianz und die Maxwell-Dirac-Gleichungen der Quantenelektrodynamik

**Postulat:** Wir fordern, daß die Lagrangefunktion $\mathscr{L}$ so zu modifizieren ist, daß sie gegenüber lokalen Eichtransformationen

$$\psi_+(x) = \mathrm{e}^{\mathrm{i}\alpha(x)}\psi(x)\,, \quad \varphi_+(x) = \mathrm{e}^{\mathrm{i}\alpha(x)}\varphi(x) \tag{14.84}$$

invariant ist mit $x = (x^1, x^2, x^3, x^4)$ und $x^4$ = Zeit.

Zu diesem Zweck führen wir die kovariante Ableitung

$$D_j = \partial_j + \mathrm{i}eA_j$$

ein und setzen $F_{km} = \mathrm{i}|e|^{-1}(D_kD_m - D_mD_k)$, d.h.

$$F_{km} = \partial_k A_m - \partial_m A_k\,. \tag{14.85}$$

Die Größen $A_k$ transformieren wir nach dem Gesetz

$$A_j^+ = A_j + |e|^{-1}\partial_j\alpha\,, \tag{14.86}$$

und wir setzen $D_j^+ := \partial_j + \mathrm{i}eA_j^+$.

Unter den lokalen Eichtransformationen (14.84), (14.86) gilt

$$D_j^+\psi_+(x) = \mathrm{e}^{\mathrm{i}\alpha(x)}D_j\psi(x)\,, \quad F_{km}^+ = F_{mk}\,,$$

und die Lagrangefunktion

$$L := (\gamma^4\varphi \mid \mathrm{i}\gamma^j D_j\psi - m_0\psi) - 2^{-1}F_{km}F^{km}$$

ist invariant.

**Satz:** Ist $\psi, \varphi, A_j$ eine Lösung des Variationsproblems

$$\int_\Omega L\,\mathrm{d}x = \text{stationär !} \quad \varphi, \psi, A_j \text{ sind fest vorgegeben auf dem Rand } \partial\Omega\,, \tag{14.87}$$

und gilt $\psi = \varphi$, dann genügt $\psi$ den folgenden Maxwell-Dirac-Gleichungen:

$$D_k F^{km} = j^m \quad \text{(erste Maxwellgleichung),} \tag{14.88a}$$

$$D_k F_{rs} + D_r F_{sk} + D_s F_{kr} = 0 \quad \text{(zweite Maxwellgleichung oder Identität von Bianchi),} \tag{14.88b}$$

$$(\mathrm{i}\gamma^j D_j - m_0)\psi = 0 \quad \text{(Diracgleichung)} \tag{14.88c}$$

mit dem von $\psi$ erzeugten Strom $j^m = e(\gamma^4\psi \mid \gamma^m\psi)$.

**Kommentar:** Wir setzen $\mathbf{E} = E^\beta\mathbf{e}_\beta$, $\mathbf{H} = H^\beta\mathbf{e}_\beta$ und $\mathbf{A} = A^\alpha\mathbf{e}_\alpha$, $A^4 = U$, $\mathbf{j} = j^\beta\mathbf{e}_\beta$, $j^4 = \varrho$ sowie

$$(F_{km}) = \begin{pmatrix} 0 & -H^3 & H^2 & -E^1 \\ H^3 & 0 & -H^1 & -E^2 \\ -H^2 & H^1 & 0 & -E^3 \\ E^1 & E^2 & E^3 & 0 \end{pmatrix}.$$

Dann entsprechen die Gleichungen (14.88a,b,c) den folgenden Vektorgleichungen:

$$\operatorname{div}\mathbf{E} = \varrho\,, \quad \mathbf{rot}\,\mathbf{H} = \mathbf{j} + \mathbf{E}_t\,, \tag{14.88a*}$$

$$\mathbf{rot}\,\mathbf{E} = -\mathbf{H}_t\,, \quad \operatorname{div}\mathbf{H} = 0\,, \tag{14.88b*}$$

$$\mathrm{i}\psi_t = \gamma^4(m_0 + \gamma(\mathbf{p} - e\mathbf{A})\psi + U\psi) \tag{14.88c*}$$

mit $\mathbf{p} = -\mathrm{i}\,\mathbf{grad}\, U$. Die Relation (14.85) bedeutet

$$\mathbf{E} = -\,\mathbf{grad}\, U - \mathbf{A}_t\,, \quad \mathbf{H} = \mathbf{rot}\,\mathbf{A}\,. \tag{14.89}$$

Das sind die *Grundgleichungen der Quantenelektrodynamik* (vgl. die Maxwellgleichungen in 10.2.9.). Tatsächlich genügt es, das folgende Systen zu verwenden:

$$U_{tt} - \Delta U = \varrho\,, \quad \mathbf{A}_{tt} - \Delta \mathbf{A} = \mathbf{j}\,, \tag{14.90a}$$

$$U_t + \operatorname{div} \mathbf{A} = 0 \quad \text{(Lorentzeichbedingung)} \tag{14.90b}$$

sowie (14.88c*).

Kennt man $U$ und **A**, dann ergeben sich das elektrische Feld **E** und das magnetische Feld **H** aus (14.89), und die übrigen Maxwellgleichungen (14.88a*,b*) sind automatisch erfüllt.

Wir werden in 14.8.6. sehen, daß die Maxwell-Dirac-Gleichungen die Gleichungen einer $U(1)$-Eichfeldtheorie darstellen. Da die Gruppe $U(1)$ der komplexen Zahlen vom Betrag eins kommutativ (abelsch) ist, entfallen eine Reihe von Termen, die im nichtkommutativen Fall der $SU(N)$-Theorien mit $N \geq 2$ auftreten.

## 14.8.5. Die Grundideen der Quantenfeldtheorie

Die Diracgleichung (14.77) ergab sich durch Quantisierung der klassischen Energierelation (erste Quantisierung). Das Prinzip der lokalen Eichinvarianz liefert die klassischen Feldgleichungen der Quantenelektrodynamik. Um das zugehörige Quantenfeld zu erhalten, das die Wechselwirkung zwischen Elektronen, Positronen (Antiteilchen zum Elektron) und Photonen (Quanten des elektromagnetischen Feldes) beschreibt, muß man die Feldgleichungen der Quantentheorie einem erneuten Quantisierungsprozeß unterwerfen (zweite Quantisierung). Dafür haben die Physiker die Methode des Feynmanintegrals[17)] entwickelt, die sich auf alle Feldtheorien universell anwenden läßt und im wesentlichen von dem Stromterm $j^m$ bestimmt wird. Die analytischen Manipulationen mit dem Feynmanintegral führen zu einer Störungstheorie, für deren Berechnung die Physiker eine geometrische Sprache entwickelt haben – die Sprache der *Feynmandiagramme*. Diese Diagramme erlauben erstens eine direkte physikalische Interpretation und zweitens eine bequeme Berechnung physikalischer Effekte (z.B. Streuprozesse in Teilchenbeschleunigern).

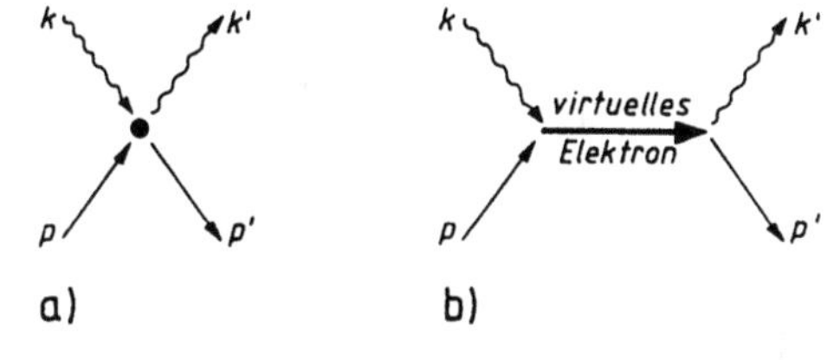


Abb. 14.14

*Beispiel* (Comptoneffekt): Unter dem Comptoneffekt versteht man den in Abb. 14.14a dargestellten Prozeß: Ein Strom von Photonen mit dem Viererimpuls $k$ stößt auf ein ruhendes Elektron mit dem Viererimpuls[18)] $p$. Man ist am Wirkungsquerschnitt $\sigma$ dieses Prozesses

---

[17)] Eine weitere Methode ist die der sogenannten kanonischen Quantisierung, die auf dem Hamiltonformalismus der klassischen Mechanik beruht. Bei der Quantisierung der Eichfeldtheorien hat sich jedoch die Überlegenheit der Methode des Feynmanintegrals gezeigt.

[18)] Es gilt $p = (\mathbf{p}, E/c)$, $\mathbf{p}$–Impulsvektor und $E$ Energie. Für ein Photon gilt $k = (\mathbf{k}, E/c)$ mit der Energie $E = hc/\lambda$ ($\lambda$–Wellenlänge, c–Lichtgeschwindigkeit, h–Plancksches Wirkungsquantum) und dem Impuls $|\mathbf{k}| = E/c$. Die Richtung von **k** gibt die Richtung des Photons an.

interessiert: Ist $\eta$ die Energiestromdichte des einfallenden Photonenstroms (Lichtstroms), dann ist $\sigma\eta T$ die Photonenenergie, die nach dem Stoßprozeß in der Zeit $T$ abgestrahlt wird.

In zweiter Näherung der Quantenfeldtheorie wird dieser Prozeß durch Graphen vom Typ der Abb. 14.14b beschrieben. Hier tritt zusätzlich ein sogenanntes virtuelles Elektron auf. Aus den entsprechenden Graphen erhält man nach wenigen festen Regeln das sogenannte Element der Streumatrix $\langle pk|S_2|p'k'\rangle$ in zweiter Ordnung. Für den Wirkungsquerschnitt ergibt sich daraus

$$\sigma = T^{-1} \sum_{p',k'} \langle pk|S_2|p'k'\rangle\,.$$

wobei über alle möglichen Endzustände $p'$ (bzw. $k'$) des Elektrons (bzw. des Photons) summiert wird.

Die Graphen höherer Störungsordnung besitzen wesentlich mehr innere Linien, die die Physiker so interpretieren, daß die Wechselwirkungen durch zahlreiche virtuelle Teilchen zustande kommen. Die Bezeichnung „virtuell" hängt damit zusammen, daß für diese Teilchen die klassischen Erhaltungsgesetze *nicht* gelten.

**Die Grundidee des Feynmanintegrals:** Im Unterschied zur Schrödingergleichung, die eine grobe Statistik darstellt, beschreibt das Feynmanintegral die Feinstruktur von Quantenprozessen. Um das zu erläutern, betrachten wir einen Diffusionsprozeß mit der Teilchenzahldichte $\mu$ und dem Stromdichtevektor $\mathbf{j}$. Das Gesetz von der Erhaltung der Teilchenzahl lautet $\mu_t + \operatorname{div} \mathbf{j} = 0$ mit dem Diffusionsgesetz $\mathbf{j} = -D\, \mathbf{grad}\, \mu$ ($D$ ist der Diffusionskoeffizient). Folglich gilt

$$\frac{\partial}{\partial t}\mu = D\Delta\mu\,. \tag{14.91}$$

Ein Diffusionsprozeß besteht auf mikroskopischer Ebene aus der stochastischen Bewegung von Teilchen. Die Statistik dieser Bewegung, d.h. die makroskopisch beobachteten Effekte, kann man mit Hilfe des Wienerintegrals beschreiben (vgl. 6.4.4.4.). Geht man von der reellen Zeit $t$ zur imaginären Zeit $it$ über, dann entsteht aus der Diffusionsgleichung (14.91) die Schrödingergleichung

$$\frac{\partial\mu}{\partial(\mathrm{i}t)} = D\Delta\mu \tag{14.91*}$$

für ein freies Teilchen. Die geniale physikalische Idee von Feynman war es, daß Quantenprozesse dadurch zustandekommen, daß sich die Teilchen auf allen möglichen klassischen Trajektorien bewegen können und durch eine Mittelung über diese Trajektorien die Quanteneffekte entstehen. Dieser Mittelungsprozeß wird durch das Feynmanintegral beschrieben, das einem Wienerintegral mit imaginärer Zeit entspricht. Während jedoch das Wienerintegral als ein Maßintegral auf Mengen von Trajektorien mathematisch streng begründet werden kann, ist das für das Feynmanintegral im allgemeinen Fall nicht möglich.

**Renormierung:** Die Berechnung der Feynmangraphen führt in höherer Störungsordnung zu Ausdrücken, die unendlich werden. Die Physiker haben eine raffinierte Methode entwickelt, um derartigen sinnlosen Ausdrücken doch einen Sinn zu geben. Das ist die Methode der *Renormierung*. In der Quantenelektrodynamik ersetzt man hierzu die Ladung des Elektrons $e$ durch $e + \delta e$ und die Ruhmasse $m = 0$ des Photons durch $\delta m$. Bei geeigneter Wahl von $\delta e$ und $\delta m$ kann man in jeder Störungsordnung die Divergenzen beseitigen, d.h., die Quantenelektrodynamik ist „renormierbar". In der Sprache der Feynmangraphen bedeutet dies, daß die ursprünglichen Graphen um Zusatzglieder ergänzt werden, die

die Konvergenz von gewissen Integralen erzwingen. Die Physiker akzeptieren nur solche Quantenfeldtheorien, die renormierbar sind.

Bis zum heutigen Tag fehlt eine mathematisch strenge Quantenfeldtheorie für realistische Situationen. Trotzdem berechnen die Physiker mit ihren vom mathematischen Standpunkt aus sehr zweifelhaften Methoden physikalische Effekte mit größter Präzision. Es bleibt die Aufgabe der Mathematiker, diese erstaunliche Tatsache zu begründen, parallel zur mathematischen Begründung der Diracschen $\delta$-Funktion durch die Distributionentheorie (vgl. 10.4.).

## 14.8.6. $SU(N)$-Eichfeldtheorie

**Vorbereitungen:** Wir benutzen die Konventionen aus 14.8.2. und setzen

$$\mathscr{G}(N) := \begin{cases} U(1) & \text{für } N = 1\,, \\ SU(N) & \text{für } N \geq 2\,. \end{cases}$$

Die Gruppe $U(1)$ besteht aus allen komplexen Zahlen vom Betrag eins, während $SU(N)$ die Gruppe aller unitären $(N \times N)$-Matrizen mit Determinante $= 1$ bezeichnet. Ferner betrachten wir die zugehörigen Liealgebren

$$\mathscr{L}(N) := \begin{cases} u(1) & \text{für } N = 1\,, \\ su(N) & \text{für } N \geq 2\,. \end{cases}$$

Dabei ist $u(1)$ die Menge aller rein imaginären Zahlen, und $su(N)$ bezeichnet die schiefhermiteschen $(N \times N)$-Matrizen, deren Spur gleich null ist. Die Lieklammern sind durch

$$[\mathscr{A}, \mathscr{B}] = \mathscr{A}\mathscr{B} - \mathscr{B}\mathscr{A} \quad \text{für alle } \mathscr{A}, \mathscr{B} \in \mathscr{L}(N)$$

gegeben. Diese Klammern haben die charakeristische Eigenschaft, daß aus $\mathscr{A}, \mathscr{B} \in \mathscr{L}(N)$ stets $[\mathscr{A}, \mathscr{B}] \in \mathscr{L}(N)$ folgt.

Mit $Y$ bezeichnen wir den Hilbertraum aller komplexen Matrizen

$$\psi_j = \begin{pmatrix} \psi_{j1} \\ \vdots \\ \psi_{j4} \end{pmatrix} \quad \text{mit dem Skalarprodukt } (\varphi_j \mid \psi_j)_Y := \sum_{k=1}^{4} \bar{\varphi}_{jk}\psi_{jk}\,.$$

Der uns interessierende Hilbertraum $X$ besteht dann aus allen komplexen Spaltenmatrizen $\psi = (\psi_1, \ldots, \psi_N)^{\mathrm{T}}$ mit $\psi_j \in Y$ für alle $j$ und dem Skalarprodukt

$$(\varphi \mid \psi)_X := \sum_{j=1}^{N} (\varphi_j \mid \psi_j)_Y\,.$$

Es sei $\mathscr{A}_j \in \mathscr{L}(N)$. Die Operatoren $\gamma^k, \mathscr{A}_j \colon X \to X$ werden durch

$$\gamma^k\psi = \begin{pmatrix} \gamma^k\psi_1 \\ \vdots \\ \gamma^k\psi_N \end{pmatrix} \quad \text{und} \quad \mathscr{A}_j\psi = \begin{pmatrix} a_{11} & \cdots & a_{1N} \\ \vdots & & \vdots \\ a_{N1} & \cdots & a_{NN} \end{pmatrix} \begin{pmatrix} \psi_1 \\ \vdots \\ \psi_N \end{pmatrix}$$

definiert. (Die Pauli-Dirac-Matrizen $\gamma^k$ wurden in 14.8.3. eingeführt.)

Für alle $\mathscr{A}, \mathscr{B} \in \mathscr{L}(N)$ setzen wir[19)]

$$\langle \mathscr{A}, \mathscr{B} \rangle = -\operatorname{tr}(\mathscr{A}\mathscr{B})\,,$$

---

[19)] $\langle \mathscr{A}, \mathscr{B} \rangle$ ist (bis auf einen Faktor) die sogenannte Killingform der Liealgebra $\mathscr{L}(N)$.

wobei tr die Spur bezeichnet. Mit diesem Skalarprodukt wird $\mathscr{L}(N)$ zu einem reellen Hilbertraum der Dimension $N^2 - 1$. Es ist möglich, eine Basis $\mathscr{B}_1, \ldots, \mathscr{B}_{N^2-1}$ auf $\mathscr{L}(N)$ zu wählen, so daß $\langle \mathscr{B}_k, \mathscr{B}_m \rangle = \frac{1}{2}\delta_{km}$ gilt und die sogenannten Strukturkonstanten $c^s_{km}$ von $\mathscr{L}(N)$, definiert durch

$$[\mathscr{B}_k, \mathscr{B}_m] = c^s_{km}\mathscr{B}_s,$$

bezüglich der Indizes $(s, k, m)$ antisymmetrisch sind (über $s$ wird von 1 bis $N^2 - 1$ summiert).

**Kovariante Ableitung:** Die kovariante Ableitung $D_j$ wird durch

$$D_j := \partial_j - \mathrm{i}\varkappa A_j \tag{14.92}$$

definiert mit $\mathrm{i}A_j \in \mathscr{L}(N)$ für $j = 1, \ldots, 4$. Die positive Zahl $\varkappa$ heißt Kopplungskonstante. Je größer $\varkappa$ ist, um so stärker ist die Wechselwirkung, die durch diese Theorie beschrieben wird. Ferner setzen wir

$$F_{km} = \mathrm{i}\varkappa^{-1}(D_k D_m - D_m D_k) = \partial_k A_m - \partial_m A_k + \varkappa[A_k, A_m].$$

**Lokale Eichtransformation:** Unter einer lokalen Eichtransformation verstehen wir folgende Transformation:

$$\begin{aligned} &\psi_+(x) = U(x)\psi(x), \quad \gamma^k_+ = U(x)\gamma^k U(x)^{-1}, \\ &A^+_j(x) = U(x)A_j(x)U(x)^{-1} - U(x)^{-1}\partial_j U(x), \quad D^+_j\psi_+ = \partial_j - \mathrm{i}\varkappa A^+_j. \end{aligned} \tag{14.93}$$

**Satz:** Es gilt

$$D^+_j\psi_+ = UD_j\psi \quad \text{und} \quad F^+_{km} = UF_{km}U^{-1}.$$

**Das fundamentale Variationsproblem:** Wir setzen

$$L := (\gamma^4\varphi \mid (\mathrm{i}\gamma^j D_j - m_0)\psi) - 2^{-1}\langle F_{km}, F^{km}\rangle$$

und studieren das Variationsproblem der Eichfeldtheorie:

$$\int_\Omega L\,\mathrm{d}x = \text{stationär !}, \quad \varphi, \psi, A_j \text{ sind fest vorgegeben auf dem Rand } \partial\Omega. \tag{14.94}$$

**Satz:** Jede Lösung $\varphi$, $\psi$, $A_j$ von (14.94) mit $\psi = \varphi$ ist eine Lösung des folgenden Gleichungssystems:

$$D_j F^{jm} = J^m \quad \text{(Yang-Mills-Gleichung)}, \tag{14.95a}$$

$$D_j F_{km} + D_k F_{mj} + D_m F_{jk} = 0 \quad \text{(Identität von Bianchi)}, \tag{14.95b}$$

$$(\mathrm{i}\gamma^j D_j - m_0)\psi = 0 \quad \text{(Diracgleichung)}. \tag{14.95c}$$

Dabei bezeichnet $J^m$ den durch $\psi$ erzeugten Strom:

$$J^m := \sum_{r=1}^{N^2-1} j^m_r \mathscr{B}_r \quad \text{mit } j^m_r := -\varkappa(\gamma^4\psi \mid \gamma^m\mathscr{B}_r\psi) \quad \text{für } N \geq 2$$

und $j^m := -\varkappa(\gamma^4\psi \mid \gamma^m\psi)$ für $N = 1$.

Sowohl das Variationsproblem (14.94) als auch die Gleichungen (14.95) sind invariant unter lokalen Eichtransformationen.

**Die Formulierung als verallgemeinerte Maxwellgleichungen und magnetische Monopole:** Für $N = 1$ stimmen die Gleichungen (14.95) mit den Gleichungen der Quantenelektrodynamik (14.88) überein.

Wir wollen zeigen, daß sich für $N \geq 2$ die Gleichungen (14.95) als Maxwellgleichungen für $N^2 - 1$ „elektrische Felder $\mathbf{E}^{(r)}$" und „magnetische Felder $\mathbf{H}^{(r)}$" schreiben lassen mit $r = 1, \ldots, N^2 - 1$, wobei gegenüber den klassischen Maxwellgleichungen zusätzliche Ströme und Ladungen auftreten. In der klassischen Maxwelltheorie folgt aus der Gleichung

$$\operatorname{div} \mathbf{H} = 0\,,$$

daß es keine magnetischen Einzelladungen (Monopole) gibt. In der $SU(N)$-Eichfeldtheorie mit $N \geq 2$ lautet die entsprechende Gleichung

$$\operatorname{div} \mathbf{H}^{(r)} = \Omega_*^{(r)}\,,$$

d.h., es tritt eine magnetische Ladung $\Omega_*^{(r)}$ auf, die zu Lösungen führt, die als magnetische Monopole interpretiert werden können.

Da $\{\mathscr{B}_r\}$ eine Basis von $\mathscr{L}(N)$ ist, existiert eine eindeutige Darstellung der Form

$$A_j = \sum_{r=1}^{N^2-1} A_j^{(r)} \mathscr{B}_r\,, \qquad F_{km} = \sum_{r=1}^{N^2-1} F_{km}^{(r)} \mathscr{B}_r\,.$$

Die Größen $A_j^{(r)}$ und $F_{km}^{(r)}$ sind Zahlen. Konstruieren wir nun parallel zur Quantenelektrodynamik (14.88) die Vektorfelder $\mathbf{A}^{(r)}$, $\mathbf{E}^{(r)}$, $\mathbf{H}^{(r)}$, $\mathbf{j}^{(r)}$, dann erhalten wir die folgenden verallgemeinerten Maxwellschen Gleichungen:

$$\begin{aligned} &\operatorname{div} \mathbf{E}^{(r)} = \varrho^{(r)} + \varrho_*^{(r)}\,, \quad \mathbf{rot}\, \mathbf{H}^{(r)} = \mathbf{E}_t^{(r)} + \mathbf{j}^{(r)} + \mathbf{j}_*^{(r)}\,, \\ &\operatorname{div} \mathbf{H}^{(r)} = \Omega_*^{(r)}\,, \quad \mathbf{rot}\, \mathbf{E}^{(r)} = -\mathbf{H}_t^{(r)} + \mathbf{j}_{**}^{(r)} \end{aligned} \tag{14.96}$$

mit

$$\mathbf{E}^{(r)} = -\,\mathbf{grad}\, U^{(r)} - \mathbf{A}_t^{(r)} + \mathbf{A}_*\,, \quad \mathbf{H}^{(r)} = \mathbf{rot}\, \mathbf{A}^{(r)} + \mathbf{A}_{**}^{(r)}$$

und den folgenden Zusatztermen, die von den Strukturkonstanten $c_{km}^s$ der Liealgebra $\mathscr{L}(N)$ abhängen:

$$\begin{aligned} \mathbf{A}_*^{(k)} &= \varkappa c_{rs}^k \mathbf{A}^{(r)} U^{(s)}\,, & \mathbf{A}_{**}^{(k)} &= -2^{-1} \varkappa c_{rs}^k \mathbf{A}^{(r)} \times \mathbf{A}^{(s)}\,, \\ \Omega_*^{(k)} &= \operatorname{div} \mathbf{A}_{**}^{(k)}\,, & \varrho_*^{(k)} &= \varkappa c_{rs}^k \mathbf{A}^{(r)} \mathbf{E}^{(s)}\,, \\ \mathbf{j}_*^{(k)} &= \varkappa c_{rs}^k (U^{(r)} \mathbf{E}^{(s)} + \mathbf{A}^{(r)} \times \mathbf{H}^{(s)})\,, & \mathbf{j}_{**}^{(k)} &= \mathbf{rot}\, \mathbf{A}_*^{(k)} + (\mathbf{A}_{**}^{(k)})_t\,. \end{aligned}$$

## 14.9. Die Geometrisierung der modernen Physik (Kraft = Krümmung)

*Wer die Geometrie versteht, der versteht alles in der Welt.*
*Galileo Galilei (1564–1642)*

Einc uralte Frage der Physik lautet: Was ist Kraft? Die moderne Antwort darauf heißt:

**Kraft ist die Krümmung von Mannigfaltigkeiten (Raum-Zeit-Mannigfaltigkeiten und Hauptfaserbündel).**

Das soll im folgenden erläutert werden.

In der Antike trat der Kraftbegriff nur statisch auf (z.B. beim Hebelgesetz). Basierend auf den Ergebnissen von Galileo Galilei (1564–1642) formulierte Isaac Newton (1643–1727) sein Bewegungsgesetz $m\ddot{\mathbf{x}} = \mathbf{K}$, in dem die Gravitationskraft **K** einen Vektor darstellt. In diesem Zusammenhang schuf Newton unabhängig von Gottfried Wilhelm Leibniz (1646–1716) die Differential- und Integralrechnung. Der weitere Ausbau der Mechanik führte zur Entwicklung der Variationsrechnung durch Leonhard Euler (1707–1783) und Joseph Louis Lagrange (1736–1813).

Die Experimente von Michael Faraday (1791–1867) waren die physikalische Basis für die Formulierung der Theorie des Elektromagnetismus durch James Clerk Maxwell (1831–1897). In dieser Theorie wurden erstmalig zwei scheinbar sehr unterschiedliche Wechselwirkungen (Elektrizität und Magnetismus) im Rahmen einer einheitlichen Theorie dargestellt. In der Maxwellschen Formulierung werden die elektromagnetischen Kräfte durch zwei Vektorfelder **E** und **H** beschrieben.

Mit seiner speziellen Relativitätstheorie aus dem Jahre 1905 revolutionierte Albert Einstein (1879–1955) unsere Vorstellungen von Raum und Zeit. Danach hängt die Zeitmessung vom Bezugssystem ab und ist nicht eine absolute Größe wie Newton annahm. Hermann Minkowski (1864–1909) geometrisierte 1908 die spezielle Relativitätstheorie, indem er sie als pseudo-Riemannsche Geometrie einer vierdimensionalen Raum-Zeit-Mannigfaltigkeit interpretierte. Damit wurde die Einheit von Raum und Zeit mathematisch streng erfaßt.

Gemäß der speziellen Relativitätstheorie können sich physikalische Wirkungen höchstens mit Lichtgeschwindigkeit ausbreiten. Die Newtonsche Gravitationskraft widerspricht dieser Vorstellung, weil sie eine unendlich große Ausbreitungsgeschwindigkeit besitzt. Um auch die Gravitationskraft relativistisch zu beschreiben, schuf Einstein 1915 seine allgemeine Relativitätstheorie, die die Grundlage der modernen Kosmologie darstellt (Urknall, schwarze Löcher). In der allgemeinen Relativitätstheorie gilt:

Gravitationskraft = Krümmung der pseudo-Riemannschen
Raum-Zeit-Mannigfaltigkeit.

Die Theorie der Riemannschen $n$-dimensionalen Räume (vgl. Kapitel 16.) entwarf Berhard Riemann (1826–1866) in seinem berühmten Habilitationsvortrag im Jahre 1854 „Über die Hypothesen, die der Geometrie zugrunde liegen". Riemann schloß damit an die Flächentheorie von Carl Friedrich Gauß (1777–1855) an, die dieser im Zusammenhang mit seinen Landvermessungsarbeiten im Jahre 1825 aufstellte mit dem „theorema egregium" als Kernstück. Dieser Satz besagt, daß die Krümmung einer Fläche allein durch Messungen auf der Fläche ohne Benutzung des umgebenden Raumes berechnet werden kann. Diese Erkenntnis ist der Prototyp für allgemeine Krümmungsbegriffe von Mannigfaltigkeiten.

Eine zunächst völlig andere Entwicklungsrichtung nahm die Quantentheorie. Im Jahre 1900 stellte Max Planck (1858–1947) seine berühmte Quantenhypothese über die Quantelung der Energie auf, die zum richtigen Strahlungsgesetz für Sterne führte (Energieverteilung auf die Frequenzbereiche). Die Quantisierung der klassischen Mechanik gelang Werner Heisenberg (1901–1976) im Jahre 1925. Ein scheinbar völlig anderer Zugang zur Quantenmechanik wurde von Erwin Schrödinger (1887–1961) im Jahre 1926 entdeckt. Um die Quantenmechanik mathematisch zu begründen, schuf John von Neumann (1903–1957) – einer der ideenreichsten Mathematiker des 20. Jahrhunderts – Ende der zwanziger Jahre die Theorie der selbstadjungierten Operatoren im abstrakten Hilbertraum. Er verallgemeinerte damit Hilberts Theorie der symmetrischen unendlichdimensionalen Matrizen, die dieser um 1900 entwickelte, um im Anschluß an Fredholms Integralgleichungstheorie Eigenwertprobleme für Integralgleichungen behandeln zu können. Interessanterweise führte Hilbert den Begriff des Spektrums ein, ohne zu ahnen, daß dieser rein mathematische Begriff zwanzig

Jahre später Atom- und Molekülspektren beschreiben würde. Nach John von Neumann gilt:

Dynamik von Quantensystemen = unitärer Fluß in einem Hilbertraum;

statistische Deutung der Quantentheorie = Geometrie der Hilberträume (Orthogonalitätsbegriff).

Die abstrakte Hilbertraumtheorie wird mathematisch dem physikalischen *Dualismus zwischen Teilchen und Welle von Quanten* gerecht, was wir kurz diskutieren wollen.

Bereits seit langer Zeit hatten die Physiker beobachtet, daß sich das Licht sowohl als Teilchen (das Prinzip von Fermat (1601–1665)) als auch als Welle (das Prinzip von Huygens (1629–1695)) beschreiben läßt. Maxwell stellte die Hypothese auf, daß Licht eine elektromagnetische Welle darstellt. Diese elektromagnetischen Wellen wurden im Jahre 1888 von Heinrich Hertz (1857–1894) experimentell nachgewiesen, Damit schien der alte Streit über den Charakter des Lichtes zugunsten der Wellentheorie entschieden zu sein. Jedoch im Jahre 1905 postulierte Einstein, daß Licht aus Teilchen (Photonen) mit der Energie $E = \mathrm{h}\nu$ besteht ($\mathrm{h}$ = Plancksches Wirkungsquantum, $\nu$ = Frequenz). Damit konnte er den lichtelektrischen Effekt erklären (und erhielt dafür 1921 den Nobelpreis – nicht für seine Relativitätstheorie!). In den späten vierziger Jahren wurde von Tomonaga, Schwinger und Feynman die von Dirac 1928 initiierte Quantenelektrodynamik als Quantenfeldtheorie vollendet. Danach löst sich der alte Streit über den Charakter des Lichtes dadurch, daß das Licht aus Quanten besteht (Photonen), die sich durch Quantisierung einer Wellentheorie ergeben. Das für alle Quantenfeldtheorien fundamentale Feynmanintegral (vgl. 14.8.5.) verallgemeinert das Wienerintegral, das Norbert Wiener (1894–1964) im Jahre 1923 einführte, um die von Einstein im Jahre 1905 erstmalig behandelte Brownsche Bewegung in eine allgemeine mathematische Theorie einbetten zu können.

Im Rahmen der modernen Eichfeldtheorien (vgl. 14.8.1.) werden die fundamentalen Wechselwirkungen in der Natur (die elektromagnetische, die schwache und die starke Wechselwirkung) durch ein Eichfeld $A_j$ mit dem „Feldtensor $F_{mk}$" beschrieben. Interessanterweise kannten die Mathematiker diesen Feldtensor bereits seit langer Zeit als „Krümmungstensor $F_{km}$" von Hauptfaserbündeln. Somit gilt:

Elektromagnetische, schwache und starke Wechselwirkung
entsprechen der Krümmung von Hauptfaserbündeln.

Der Begriff des Hauptfaserbündels ist ein zentraler Begriff der modernen Differentialgeometrie, um Paralleltransport, kovariante Differentiation und Krümmung in allgemeinster Weise einführen zu können. Diese Begriffswelt geht auf Arbeiten des französischen Mathematikers Élie Cartan (1869–1961) zurück, der die moderne Differentialgeometrie auf der Grundlage des Kalküls der alternierenden Differentialformen und des Lieschen Gruppenbegriffs schuf. Im Jahre 1872 hatte Felix Klein (1849–1925) in seinem Erlanger Programm formuliert:

Geometrie ist die Invariantentheorie von Transformationsgruppen.

Die vielfältigen in der Natur beobachteten Symmetrien kann man mathematisch durch die Kurzformel beschreiben:

Symmetrie entspricht der Gruppentheorie.

Eine wichtige Klasse von Gruppen stellen die Lieschen Gruppen dar. Diese Theorie wurde von Sophus Lie (1842–1899) entwickelt. In der Nähe des Einselementes wird eine Liesche Gruppe völlig durch ihre Liealgebra beschrieben (vgl. Kapitel 17.). Liealgebren sind nichtkommutative Objekte. Die Vertauschungsrelationen der Quantentheorie entsprechen

Realisierungen (Darstellungen) von Liealgebren. Diese fundamentalen Vertauschungsrelationen sind z.B. für die Heisenbergsche Unschärferelation und alle Erhaltungssätze in der Quantentheorie verantwortlich.

Die gesamte Elementarteilchenphysik wird von Symmetrien beherrscht. Dabei treten „unanschauliche Symmetrien" auf, die man nur in der Sprache der Mathematik formulieren kann. Im Jahre 1961 entdeckten Gell-Mann und Neeman, daß man die Hadronen mit Hilfe der Liealgebra $su(3)$ (und der zugehörigen Liegruppe $SU(3)$) klassifizieren kann.

Im Jahre 1964 stellten Gell-Mann und Zweig unter Benutzung der experimentellen Daten durch Vergleich mit der Darstellungstheorie der Liealgebra $su(3)$ die Hypothese auf, daß das Proton kein elementares Teilchen ist, sondern aus drei Quarks besteht (vgl. 17.8.). Es ist faszinierend, daß die imaginären Zahlen bereits 1572 in dem Buch „Algebra" von Raffael Bombielli als Erfindung des menschlichen Geistes eingeführt wurden, und fast vier Jahrhunderte später benötigt man diese Objekte, um die Quantentheorie zu formulieren (die Schrödingergleichung enthält die Zahl $\mathrm{i}$) und entdeckt, daß es in der Natur eine fundamentale Symmetrie gibt, die das Verhalten von Elementarteilchen bestimmt und ohne die Zahl $\mathrm{i}$ nicht formulierbar ist.

Der mathematische Begriff, auf dem sowohl Geometrie als auch Symmetrie basieren, ist der *Mannigfaltigkeitsbegriff*, der im folgenden Kapitel studiert wird. Dort werden wir auch zeigen, daß sich bereits hinter der klassischen Mechanik und der klassischen statistischen Physik eine Geometrie verbirgt – die symplektische Geometrie.

Hauptfaserbündel werden in Kapitel 19 behandelt.

# 15. MANNIGFALTIGKEITEN

*Sein Geist drang in die tiefsten Geheimnisse der Zahl, des Raumes und der Natur; er maß den Lauf der Gestirne, die Gestalt und die Kräfte der Erde; die Entwicklung der mathematischen Wissenschaft eines kommenden Jahrhunderts trug er in sich.*

*(Unter dem Bild von Carl Friedrich Gauß (1777–1855) im Deutschen Museum in München)*

*Zu oft wird in der Physik der Zustandsraum als ein linearer Raum gewählt, obwohl die nichtlineare Struktur des Problems in natürlicher Weise auf eine Mannigfaltigkeit als Zustandsraum führt. Das erschwert die mathematische Behandlung* [1].

*Stephen Smale (1980)*

## 15.1. Grundbegriffe

Mannigfaltigkeiten spielen eine wichtige Rolle in der modernen Mathematik und ihren Anwendungen in den Naturwissenschaften, z.B. in der modernen Physik. Die einfachsten Beispiele für Mannigfaltigkeiten sind glatte Kurven bzw. glatte Flächen, die in jedem Punkt eine Tangente bzw. eine Tangentialebene besitzen. Abb. 15.1 zeigt zwei Kurven, die eindimensionale Mannigfaltigkeiten darstellen. Im Gegensatz dazu findet man in Abb. 15.2 zwei Kurven, die *keine* Mannigfaltigkeiten im Sinne unserer weiter unten gegebenen Definition sind. Die Kurve in Abb. 15.2a) besitzt im Punkt $P$ keine Tangente, während die Kurve in Abb. 15.2b) wegen der Selbstüberschneidung im Punkt $Q$ dort keine eindeutig bestimmte Tangente hat.

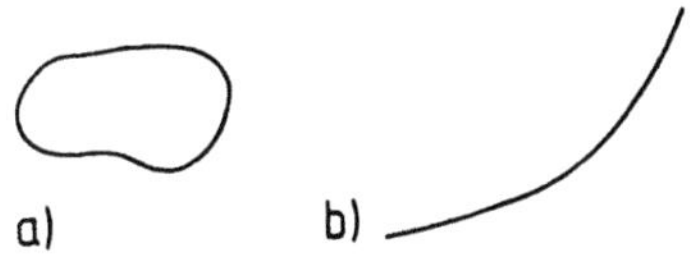


Abb. 15.1

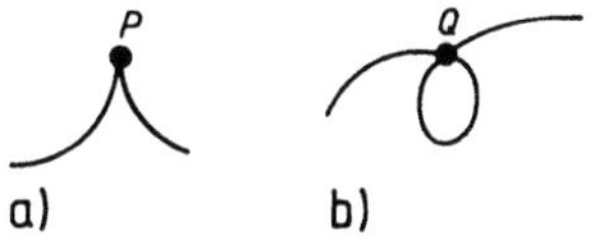


Abb. 15.2

Bei Mannigfaltigkeiten muß man zwischen ihren lokalen und globalen Eigenschaften unterscheiden. Jede $n$-dimensionale reelle Mannigfaltigkeit sieht *lokal* aus wie eine *offene Menge* im $\mathbb{R}^n$. Das globale Verhalten zweier $n$-dimensionaler reeller Mannigfaltigkeiten kann jedoch völlig unterschiedlich sein. Zum Beispiel verhalten sich die in Abb. 15.3a) und Abb. 15.3b) eingezeichneten Umgebungen der Punkte $P$ und $Q$ qualitativ wie ein offenes reelles Intervall (Abb. 15.3c)), während die beiden Kurven global eine völlig unterschiedliche Struktur besitzen (die Kurve von Abb. 15.3a) ist geschlossen, die von Abb. 15.3b) ist nicht geschlossen).

---

[1] Professor Smale (geb. 1930) von der Universität in Berkeley (Kalifornien) hat wesentliche Beiträge zur Entwicklung der Theorie der dynamischen Systeme (strukturelle Stabilität und Chaos), der globalen Analysis und nichtlinearen Funktionalanalysis, der Komplexitätstheorie und der mathematischen Ökonomie geleistet. Im Jahre 1966 erhielt er die Fieldsmedaille („Nobelpreis“ für Mathematik).

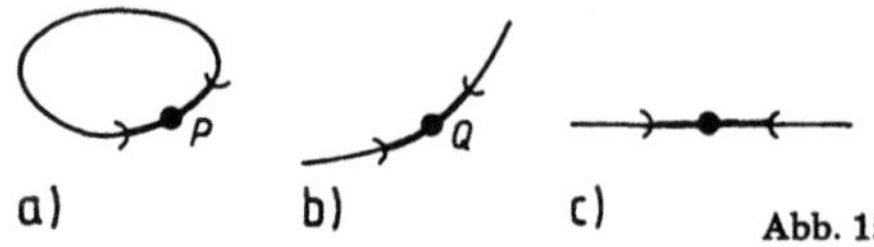


Abb. 15.3

Da sich $n$-dimensionale reelle Mannigfaltigkeiten lokal wie eine offene Menge im $\mathbb{R}^n$ verhalten, können sie lokal durch $n$ reelle Koordinaten beschrieben werden. Bei Anwendungen in den Naturwissenschaften entspricht jeder Punkt $P$ einer Mannigfaltigkeit dem *Zustand eines Systems*. Die reellen Koordinaten von $P$ können interpretiert werden als die Charakterisierung des Zustands $P$ durch die *Messung* von $n$ reellen Größen. Bei einem Wechsel des Bezugssystems *ändern* sich die gemessenen Größen. Das entspricht einem Wechsel der lokalen Koordinaten. Wir setzen voraus, daß dieser Koordinatenwechsel durch *glatte* Funktionen beschrieben wird. Dadurch ist es möglich, eine Analysis auf Mannigfaltigkeiten zu entwickeln, die für viele Anwendungen in der Physik von Bedeutung ist.

Die *Strategie* der Theorie der Mannigfaltigkeiten besteht darin, solche Eigenschaften einer Mannigfaltigkeit und solche Objekte auf einer Mannigfaltigkeit aufzuspüren, die unabhängig von der Wahl der lokalen Koordinaten sind oder deren Transformationsverhalten beim Wechsel lokaler Koordinaten bekannt ist (z.B. Tangentialvektoren, Tensorfelder, Differentialformen usw.).

Wichtige Beispiele für Mannigfaltigkeiten sind:

(a) Riemannsche Mannigfaltigkeiten (Anwendungen in der allgemeinen Relativitätstheorie und Kosmologie);

(b) symplektische Mannigfaltigkeiten (Anwendungen in der Mechanik und klassischen statistischen Physik);

(c) Liegruppen und Hauptfaserbündel (Anwendungen in der Elementarteilchentheorie).

**Einsteinsche Summenkonvention:** Im folgenden wird über zwei gleiche obere und untere Indizes stets von 1 bis $n$ summiert, z.B. steht

$$\mathbf{v} = v^j \mathbf{e}_j$$

für $\mathbf{v} = \sum_{j=1}^{n} v^j \mathbf{e}_j$.

**Glattheit:** Eine Abbildung $f\colon O \to \mathbb{R}^m$ auf der offenen Menge $O$ des $\mathbb{R}^n$ heißt eine $C^k$-Abbildung genau dann, wenn alle Komponenten $f_j$ von $f = (f_1, \ldots, f_m)$ stetige partielle Ableitungen bis zur Ordnung $k$ besitzen. Für $k = 0$ ergeben sich stetige Abbildungen. $C^\infty$-Abbildungen heißen auch *glatt*, d.h., die Komponenten glatter Abbildungen besitzen stetige partielle Ableitungen beliebiger Ordnung.

### 15.1.1. Definition einer Mannigfaltigkeit

Das einfachste Beispiel für eine $n$-dimensionale reelle Mannigfaltigkeit stellt eine nichtleere offene Menge im $\mathbb{R}^n$ dar. Anschaulich erhält man eine allgemeine $n$-dimensionale reelle Mannigfaltigkeit, indem man nichtleere offene Mengen des $\mathbb{R}^n$ zusammenklebt. Die genaue Definition lautet folgendermaßen.

Eine Menge $M$ heißt $n$-dimensionale reelle *Mannigfaltigkeit*, falls folgendes gilt:

(i) *Lokale Koordinaten.* Zu jedem Punkt $x$ in $M$ existieren eine Teilmenge $U$ von $M$, die den Punkt $x$ enthält, und eine bijektive Abbildung

$$\varphi: U \to U_\varphi ,$$

wobei $U_\varphi$ eine offene Menge des $\mathbb{R}^n$ ist.

Die Abbildung $\varphi$ heißt Kartenabbildung, und die Menge $U_\varphi$ nennt man das Kartenbild von $U$. Ferner bezeichnet man das Paar $(U, \varphi)$ als eine *Karte* von $M$. Schließlich heißt

$$x_\varphi = \varphi(x)$$

die *lokale Koordinate* des Punktes $x$ in der Karte $(U, \varphi)$. Explizit gilt $x_\varphi = (x^1, \ldots, x^n)$, wobei alle $x^j$ reelle Zahlen sind.

(ii) *Wechsel der lokalen Koordinaten.* Ist $(V, \psi)$ eine zweite Karte für den Punkt $x$ mit der zugehörigen lokalen Koordinate

$$x_\psi = \psi(x) ,$$

dann erhalten wir für die beiden lokalen Koordinaten des Punktes $x$ die folgenden Transformationsformeln:

$$x_\varphi = \varphi(\psi^{-1}(x_\psi)) \quad \text{bzw.} \quad x_\psi = \psi(\varphi^{-1}(x)) . \tag{15.1}$$

Wir verlangen, daß die beiden zugehörigen Abbildungen

$$\varphi \circ \psi^{-1}: V_\psi \to U_\varphi \quad \text{bzw.} \quad \psi \circ \varphi^{-1}: U_\varphi \to V_\psi \tag{15.2}$$

*glatt*[2] sind.

Grob gesprochen besteht somit eine Mannigfaltigkeit aus einem System von Karten, das man den *Atlas* von $M$ nennt, und zugehörigen glatten Transformationsformeln für die entsprechenden lokalen Koordinaten.

**Anschauliche Interpretation:** Wir wählen als Mannigfaltigkeit $M$ die Erdoberfläche (Abb. 15.4). Ein geographischer Atlas für $M$ besteht dann aus geographischen Karten, die Teilmengen des $\mathbb{R}^2$ sind. Jede geographische Karte ist das Bild eines Teils der Erdoberfläche. Dabei ist es möglich, daß ein Punkt $x$ der Erdoberfläche in verschiedenen geographischen Karten auftritt. Das entspricht der Situation von (ii).

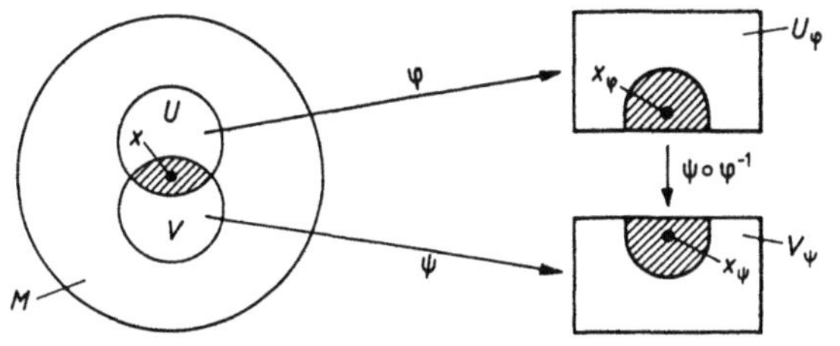


Abb. 15.4

*Beispiel:* Der Prototyp für eine nichttriviale eindimensionale reelle Mannigfaltigkeit stellt die Kreislinie dar. In Abb. 15.5 wird die Kreislinie durch zwei Karten beschrieben. Offensichtlich kann man die Karten auch in völlig anderer Weise wählen. Um diese Willkür bei der Atlaswahl zu beseitigen, führt man den maximalen Atlas ein.

---

[2] Man spricht von einer $C^k$-Mannigfaltigkeit genau dann, wenn alle Abbildungen in (15.2) nur die Glattheit $C^k$ besitzen.

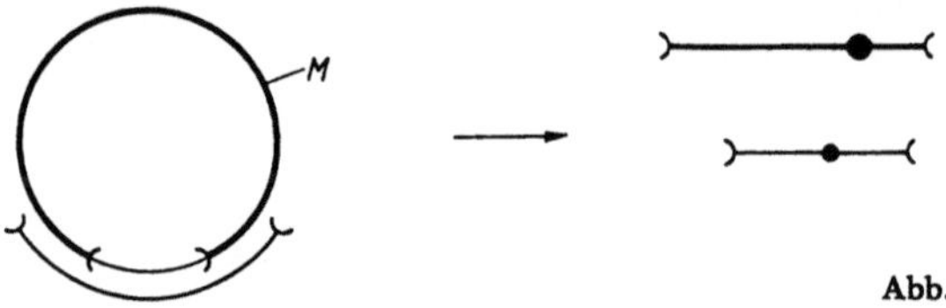


Abb. 15.5

Ist $A$ ein Atlas für die Mannigfaltigkeit $M$, dann gibt es genau einen sogenannten *maximalen Atlas* $A_{\max}$ für $A$. Definitionsgemäß besteht $A_{\max}$ aus genau allen möglichen Karten $(V, \psi)$ von $M$, die kompatibel mit allen Karten $(U, \varphi)$ von $A$ sind, d.h., entweder haben $U$ und $V$ keinen Punkt gemeinsam, oder es liegt die obige Situation (ii) vor.

Jede Karte von $A_{\max}$ heißt eine *zulässige* Karte von $M$.

Zwei Atlanten von $M$ heißen äquivalent, falls sie den gleichen maximalen Atlas besitzen. Das ist gleichbedeutend damit, daß die Vereinigung der beiden Atlanten von $M$ wieder einen Atlas von $M$ ergibt.

Zwei Mannigfaltigkeiten mit gleicher Grundmenge $M$ und äquivalenten Atlanten werden als identisch angesehen.

*Komplexe $n$-dimensionale Mannigfaltigkeiten* werden analog erklärt. Dabei ersetzt man $\mathbb{R}^n$ durch $\mathbb{C}^n$, d.h., alle lokalen Koordinaten $(x^1, \ldots, x^n)$ sind $n$-Tupel komplexer Zahlen, und die Funktionen in (15.2) sind holomorph, d.h., sie lassen sich in der Umgebung jedes Punktes in eine Potenzreihe entwickeln.

Eindimensionale zusammenhängende komplexe Mannigfaltigkeiten heißen auch *Riemannsche Flächen*.

*Beispiel:* Die Menge aller Lösungen $(w, z)$ der Gleichung

$$w^2 = z, \quad w, z \in \mathbb{C},$$

bildet eine Riemannsche Fläche, die man die Riemannsche Fläche der Funktion $w = \sqrt{z}$ nennt. Eine anschauliche Darstellung dieser Riemannsche Fläche findet man in 1.14.11.6.

### 15.1.2. Konstruktion von Mannigfaltigkeiten im $\mathbb{R}^n$

Wir betrachten das System von Gleichungen

$$f_j(x^1, \ldots, x^n) = 0, \quad j = 1, \ldots, m, \tag{15.3}$$

wobei $1 \leq m < n$ gilt und die Funktionen $f_j$ auf der nichtleeren offenen Menge $\Omega$ des $\mathbb{R}^n$ glatt sind. Wir verlangen ferner, daß die Matrix

$$(\partial_k f_j(x)), \quad j = 1, \ldots, m, \ k = 1, \ldots, n, \tag{15.4}$$

den maximalen Rang $m$ besitzt für jeden Punkt $x = (x^1, \ldots, x^n)$ aus $\Omega$, der (15.3) genügt. Dabei setzen wir $\partial_k = \partial/\partial x^k$.

**Satz:** Die Menge aller Punkte $x$ aus $\Omega$, die Lösungen der Gleichung (15.3) sind, bildet eine $(n - m)$-dimensionale Mannigfaltigkeit $M$.

Genauer: $M$ ist eine $(n - m)$-dimensionale Untermannigfaltigkeit von $\mathbb{R}^n$ im Sinne von 15.1.8.

Der Tangentialraum $TM_x$ von $M$ im Punkt $x$ besteht in diesem Spezialfall aus allen reellen $n$-Tupeln $v = (v^1, \ldots, v^n)$, die dem linearisierten System

$$\partial_k f_j(x) v^k = 0, \quad j = 1, \ldots, m, \tag{15.5}$$

genügen (vgl. 15.1.6.). Da der Rang der Matrix (15.4) gleich $m$ ist, stellt $TM_x$ einen $(n-m)$-dimensionalen reellen linearen Raum dar.

*Beispiel:* Für festes $r > 0$ bildet die Menge $S^{n-1}$ aller Lösungen $(x^1, \ldots, x^n) \in \mathbb{R}^n$ der Gleichung

$$\sum_{j=1}^{n} (x^j)^2 - r^2 = 0 \tag{15.6}$$

eine $(n-1)$-dimensionale reelle Mannigfaltigkeit $S^{n-1}$, die man die $(n-1)$-dimensionale Sphäre vom Radius $r$ nennt.

In der Tat hat die (15.4) entsprechende Matrix

$$(2x^1, \ldots, 2x^n)$$

den Rang 1 in jedem Lösungspunkt von (15.6), weil dann mindestens eine der Komponenten $x^j$ ungleich null ist.

Genauer: $S^{n-1}$ ist eine $(n-1)$-dimensionale Untermannigfaltigkeit von $\mathbb{R}^n$. Der Tangentialraum $TS_x^{n-1}$ besteht aus allen reellen $n$-Tupeln $v = (v^1, \ldots, v^n)$ mit

$$\sum_{j=1}^{n} x^j v^j = 0.$$

**Verallgemeinerung:** Es sei $1 \leq s \leq m < n$. Wir nehmen an, daß die Matrix (15.4) in einer hinreichend kleinen, offenen Umgebung jedes Punktes $x$ aus $\Omega$, der der Gleichung (15.3) genügt, den Rang $s$ hat. Dann bildet die Lösungsmenge von (15.3) eine $(n-s)$-dimensionale Mannigfaltigkeit $M$. Der Tangentialraum $TM_x$ wird wiederum durch (15.5) gegeben.

Genauer: $M$ ist eine $(n-s)$-dimensionale Untermannigfaltigkeit von $\mathbb{R}^n$.

## 15.1.3. Orientierbarkeit

Wir wählen die beiden Karten $(U, \varphi)$ und $(V, \psi)$ zur Beschreibung des Punktes $x$ der $n$-dimensionalen reellen Mannigfaltigkeit $M$. Dann haben die lokalen Koordinaten $x_\varphi$ und $x_\psi$ von $x$ die Form

$$x_\varphi = (x^1, \ldots, x^n) \quad \text{und} \quad x_\psi = (x'^1, \ldots, x'^n),$$

wobei $x^1, \ldots, x^n$ und $x'^1, \ldots, x'^n$ reelle Zahlen sind. Die zu (15.1) gehörigen Transformationsformeln für die Komponenten schreiben wir in der Form

$$x'^j = x'^j(x^1, \ldots, x^n), \quad j = 1, \ldots, n, \tag{15.7}$$

mit der zugehörigen Umkehrtransformation

$$x^k = x^k(x'^1, \ldots, x'^n), \quad k = 1, \ldots, n. \tag{15.8}$$

Die Mannigfaltigkeit $M$ heißt ***orientierbar*** genau dann, wenn es einen äquivalenten Atlas $A$ von $M$ gibt, so daß alle Funktionaldeterminanten

$$J(x_\varphi) = \frac{\partial(x'^1, \ldots, x'^n)}{\partial(x^1, \ldots, x^n)}(x_\varphi)$$

positiv sind, und zwar für jeden Kartenpunkt $(x_\varphi)$ von $A$ und jede Kartentransformation (15.8) von $A$. Ein solcher Atlas heißt orientiert.

Unter einer *orientierten* Mannigfaltigkeit verstehen wir eine Mannigfaltigkeit zusammen mit einem orientierten Atlas.

Beispielsweise ist die $(n-1)$-dimensionale Sphäre $S^{n-1}$ orientierbar.

### 15.1.4. Klassischer Tensorkalkül auf Mannigfaltigkeiten

Es sei $(U, \varphi)$ eine beliebige Karte der $n$-dimensionalen reellen Mannigfaltigkeit $M$. Wir setzen

$$A_k^j := \frac{\partial x'^j(x_\varphi)}{\partial x^k} \quad \text{und} \quad B_k^j := \frac{\partial x^j(x_\psi)}{\partial x'^k}. \tag{15.9}$$

Unter einem *kontravarianten Tensorfeld* $a^j$ auf $M$ verstehen wir ein Tupel

$$a^j(x_\varphi), \quad j = 1, \ldots, n,$$

von reellen Zahlen, das jedem Kartenpunkt $x_\varphi$ zugeordnet ist. Zusätzlich verlangen wir, daß bei einem Kartenwechsel von $(U, \varphi)$ zu $(V, \psi)$ bezüglich (15.7) das folgende Transformationsverhalten vorliegt:

$$a'^j(x_\psi) = A_k^j a^k(x_\varphi), \quad j = 1, \ldots, n, \tag{15.10}$$

wobei $a'^j(x_\psi)$ die Komponenten des Tensorfeldes im Punkt $x_\psi$ der Karte $(V, \psi)$ darstellen.

Analog versteht man unter einem *kovarianten Tensorfeld* $a_j$ auf $M$ ein Tupel

$$a_j(x_\varphi), \quad j = 1, \ldots, n,$$

von reellen Zahlen, das jedem Kartenpunkt $x_\varphi$ zugeordnet ist und sich bei Kartenwechsel gemäß

$$a'_j(x_\psi) = B_j^k a_k(x_\varphi) \tag{15.11}$$

transformiert.

Allgemein versteht man unter einem Tensorfeld $a_{i_1 \ldots i_k}^{j_1 \ldots j_l}$ ein Tupel

$$a_{i_1 \ldots i_k}^{j_1 \ldots j_l}(x_\varphi), \quad j_r, i_s = 1, \ldots, n, \tag{15.12}$$

von reellen Zahlen, das jedem Kartenpunkt $x_\varphi$ zugeordnet ist und sich bei Kartenwechsel wie das Produkt

$$a^{j_1} a^{j_2} \ldots a^{j_l} a_{i_1} \ldots a_{i_k}$$

transformiert, d.h.

$$a'^{j_1 \ldots j_l}_{i_1 \ldots i_k}(x_\psi) = \varepsilon A_{s_1}^{j_1} A_{s_2}^{j_2} \ldots A_{s_l}^{j_l} B_{i_1}^{r_1} \ldots B_{i_k}^{r_k} a_{r_1 \ldots r_k}^{s_1 \ldots s_l}(x_\varphi) \tag{15.13}$$

mit $\varepsilon = 1$. Ein solches Tensorfeld besitzt die Stufe $l + k$ ($l$-fach *kontravariant* und $k$-fach *kovariant*). Ferner heißt dieses Tensorfeld vom Glattheitstyp $C^m$, falls alle $a_{\cdot}^{\cdot}$ $C^m$-Funktionen sind; $C^\infty$-Tensorfelder heißen auch *glatt*.

Das Tupel $a_{\cdots}^{\cdots}$ in (15.12) bildet ein *Pseudotensorfeld* auf $M$, falls das Transformationsgesetz (15.13) gilt mit

$$\varepsilon = \operatorname{sgn} J(x_\varphi)$$

Ferner heißt das Tupel $a^{\cdots}_{\cdots}$ in (15.12) eine *Tensordichte* vom Gewicht $\gamma$ ($l$-fach kovariant und $k$-fach kontravariant), falls das Transformationsgesetz (15.13) gilt mit

$$\varepsilon = |J(x_\varphi)|^{-\gamma} .$$

Die Transformationsgesetze stimmen mit den entsprechenden Gesetzen überein, die in 10.2. für Tensoren im $\mathbb{R}^n$ formuliert wurden.

*Alle Rechenregeln für Tensoren aus Abschnitt 10.2. bleiben auf Mannigfaltigkeiten gültig.*

## 15.1.5. Differentiation von klassischen Tensorfeldern

Im allgemeinen Fall ergibt die partielle Ableitung eines Tensorfeldes nach den lokalen Koordinaten nicht wieder ein Tensorfeld. Das gilt nur in einer Reihe von wichtigen Spezialfällen, die wir jetzt betrachten wollen. Wie in 15.1.4. sei $M$ eine reelle $n$-dimensionale Mannigfaltigkeit.

**Cartanfelder:** Unter einem $p$-Cartanfeld $a_{i_1 \ldots i_p}$ auf $M$ verstehen wir ein schiefsymmetrisches kovariantes $C^1$-Tensorfeld. Die sogenannte *alternierende Ableitung*

$$d_i\, a_{i_1 \ldots i_p} := \partial_{[i} a_{i_1 \ldots i_p]} \tag{15.14}$$

bildet dann ein $(p+1)$-Cartanfeld. In diesem Zusammenhang bezeichnet $\partial_i = \partial/\partial x^i$ die partielle Ableitung bezüglich der lokalen Koordinate $x^i$. Ferner bedeutet $[ii_1 \ldots i_p]$ die Antisymmetrisierung im Sinne von 10.2.

Beispielsweise gilt

$$d_i\, a_j = \frac{1}{2}(\partial_i a_j - \partial_j a_i) .$$

Die Operation (15.14) verallgemeinert die *Rotation* in der klassischen Vektoranalysis.

**Weylfelder:** Unter einem $p$-Weylfeld $a^{i_1 \cdots i_p}$ auf $M$ verstehen wir eine schiefsymmetrische kontravariante $C^1$-Tensordichte vom Gewicht 1. Die sogenannte *Weylableitung* $\delta a$, definiert durch

$$(\delta a)^{i_2 \cdots i_p} := -\partial_i a^{i i_2 \cdots i_p} , \tag{15.15}$$

bildet dann ein $(p-1)$-Weylfeld.

Die Operation (15.15) verallgemeinert die negative *Divergenz* in der klassischen Vektoranalysis.

**Lieableitung:** Es seien $v^j$ ein kontravariantes $C^1$-Tensorfeld auf $M$ und $a_j$ bzw. $a^j$ ein kovariantes bzw. kontravariantes $C^1$-Tensorfeld auf $M$. Die sogenannte *Lieableitung*

$$L_v a_j := v^s \partial_s a_j + a_s \partial_j v^s \tag{15.16}$$

bzw.

$$L_v a^j := v^s \partial_s a^j - a^s \partial_s v^j \tag{15.17}$$

ergibt wiederum ein kovariantes bzw. kontravariantes Tensorfeld.

Für ein beliebiges $C^1$-Tensorfeld $a^{i_1 \cdots i_l}_{j_1 \cdots j_k}$ definiert man die Lieableitung, indem man zu $v^s \partial_s a^{\cdots}_{\cdots}$ für jeden Index von $a^{\cdots}_{\cdots}$ Korrekturterme wie in (15.16) und (15.17) addiert, d.h.

$$\begin{aligned} L_v a^{i_1 \cdots i_l}_{j_1 \cdots j_k} &:= v^s \partial_s a^{i_1 \cdots i_l}_{j_1 \cdots j_k} \\ &\quad + (a^{i_1 \cdots i_l}_{s j_2 \cdots j_k} \partial_{j_1} v^s + \ldots + a^{i_1 \cdots i_l}_{j_1 \cdots s} \partial_{j_k} v^s) \quad (\text{Indizes } j_1, \ldots, j_k) \\ &\quad - (a^{s i_2 \cdots i_l}_{j_1 \cdots j_k} \partial_s v^{i_1} + \ldots + a^{i_1 \cdots s}_{j_1 \cdots j_k} \partial_s v^{i_l}) \quad (\text{Indizes } i_1, \ldots, i_l) . \end{aligned}$$

Diese Lieableitung ergibt wiederum ein Tensorfeld des gleichen Typs wie $a_{\dots}^{\dots}$.

Auf Riemannschen Mannigfaltigkeiten existiert eine sogenannte kovariante Differentiation, die *beliebige* Tensorfelder wieder in Tensorfelder überführt (vgl. 16.1.).

### 15.1.6. Tangentenvektoren und Tangentialraum

Ist $M$ eine glatte Fläche im $\mathbb{R}^3$, dann besteht die Tangentialebene im Punkt $x$ aus allen möglichen Tangentenvektoren **v** im Punkt $x$, die zu Kurven durch den Punkt $x$ gehören (Abb. 15.6).

Die Definition einer $n$-dimensionalen reellen Mannigfaltigkeit $M$ benutzt nur Karten und garantiert nicht von vornherein, daß sich $M$ in einem „umgebenden Raum $\mathbb{R}^m$" realisieren läßt. Deshalb müssen wir die Definition des Tangentenvektors und des Tangentialraumes für allgemeine Mannigfaltigkeiten im Unterschied zur anschaulichen Situation von Abb. 15.6 geringfügig modifizieren.

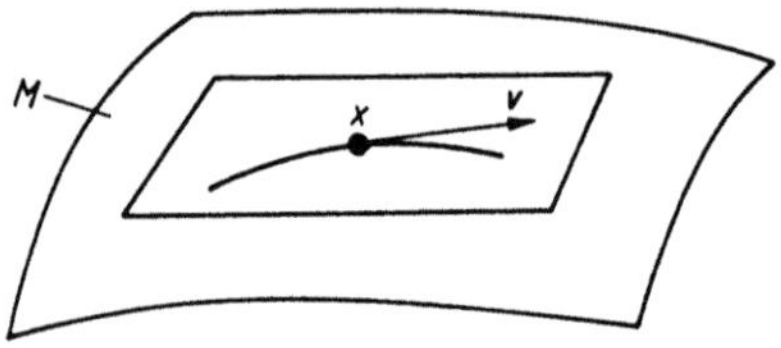

Abb. 15.6

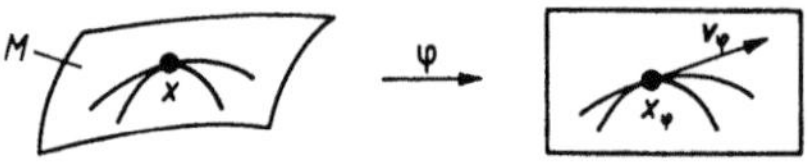

Abb. 15.7

**Tangentenvektor:** Unter einem *Tangentenvektor* **v** an die Mannigfaltigkeit $M$ im Punkt $x$ verstehen wir die Gesamtheit aller Kurven

$$y = y(t) \tag{15.18}$$

durch den Punkt $x$, die in einer festen Karte $(U, \varphi)$ zu $x$ den gleichen Tangentenvektor $\mathbf{v}_\varphi$ im Kartenpunkt $x_\varphi$ besitzen (Abb. 15.7).

Genauer heißt das folgendes: Die Kurve (15.18) stellt eine Abbildung dar, die jedem reellen Parameter $t$ in einer Umgebung von $t = 0$ einen Punkt $y(t)$ der Mannigfaltigkeit $M$ zuordnet, wobei

$$y(0) = x$$

gilt. Bezeichnet $y_\varphi(t)$ die lokale Koordinate von $y(t)$ bezüglich der Karte $(U, \varphi)$, dann ist

$$y_\varphi = y_\varphi(t) \tag{15.19}$$

das Kartenbild der Kurve (15.18) mit $y_\varphi(0) = x_\varphi$. Ferner stellt die Ableitung

$$\mathbf{v}_\varphi = \dot{y}_\varphi(0)$$

den Tangentenvektor an die Kartenkurve (15.19) im Kartenpunkt $x_\varphi$ dar. Der Vektor $\mathbf{v}_\varphi$ heißt *Repräsentant* des Tangentenvektors **v** bezüglich der Karte $(U, \varphi)$. Explizit gilt $y_\varphi = (y^1, \dots, y^n)$, $x_\varphi = (x^1, \dots, x^n)$ und

$$\mathbf{v}_\varphi = (\dot{y}_\varphi^1(0), \dots, \dot{y}_\varphi^n(0)) = (v^1, \dots, v^n).$$

Die Definition des Tangentenvektors **v** ist unabhängig von der gewählten Karte. Formal schreiben wir

$$\mathbf{v} = \dot{y}(0). \tag{15.20}$$

Ist $M$ eine Fläche in einem festen Raum $\mathbb{R}^m$, dann gilt (15.20) im üblichen Sinne (Abb. 15.6).

Anschaulich beschreibt die Kurve $y = y(t)$ in (15.18) die *Bewegung* eines Punktes auf der Mannigfaltigkeit $M$, der sich zur Zeit $t = 0$ im Punkt $x$ befindet. Dann ist $\mathbf{v}_\varphi$ der *Geschwindigkeitsvektor* zur Zeit $t = 0$, der in der Karte $(U, \varphi)$ beobachtet wird.

**Basisvektoren $\mathbf{e}_j$:** Es sei $(U, \varphi)$ eine feste Karte für den Punkt $x$. Wir setzen

$$(\mathbf{e}_1)_\varphi = (1, 0, \ldots, 0), \quad (\mathbf{e}_2)_\varphi = (0, 1, \ldots, 0), \quad \text{usw.}$$

$y = y(t)$ sei eine Kurve auf $M$ durch den Punkt $x$, deren Kartenbild $y_\varphi = y_\varphi(t)$ im Kartenpunkt $x_\varphi$ den Tangentenvektor $(\mathbf{e}_j)_\varphi$ besitzt. Wir definieren

$$\mathbf{e}_j \text{ ist Tangentenvektor an } y = y(t) \text{ im Punkt } x,$$

d.h., $(\mathbf{e}_j)_\varphi$ ist ein Repräsentant von $\mathbf{e}_j$ (Abb. 15.8).

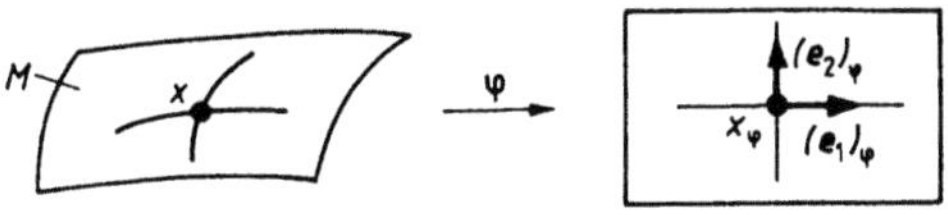

Abb. 15.8

**Tangentialraum $TM_x$ von $M$ im Punkt $x$:** Die Gesamtheit aller Tangentenvektoren von $M$ im Punkt $x$ bezeichnet man durch $TM_x$. Der Tangentialraum $TM_x$ wird zu einem $n$-dimensionalen reellen linearen Raum, wenn man die linearen Operationen in einer festen Karte für die Repräsentanten ausführt. Explizit entspricht die Linearkombination

$$\mathbf{z} = \alpha\mathbf{v} + \beta\mathbf{w}$$

mit $\alpha, \beta \in \mathbb{R}$ und $\mathbf{v}, \mathbf{w} \in TM_x$ dem Tangentenvektor $\mathbf{z} \in TM_x$, der den Repräsentanten

$$\mathbf{z}_\varphi = \alpha\mathbf{v}_\varphi + \beta\mathbf{w}_\varphi$$

besitzt. Diese Definition ist unabhängig von der gewählten Karte. Für $\mathbf{v} \in TM_x$ gilt

$$\mathbf{v} = v^j\mathbf{e}_j,$$

d.h., die Vektoren $\mathbf{e}_1, \ldots, \mathbf{e}_n$ bilden eine Basis des Tangentialraumes $TM_x$, die man die *natürliche Basis* von $TM_x$ bezüglich der Karte $(U, \varphi)$ nennt. Die Komponenten $v^j$ von $\mathbf{v}$ bilden einen *kontravarianten* Tensor im Punkt $x$, d.h., unter einem Kartenwechsel transformiert sich $v^j$ gemäß (15.10).

Die Basisvektoren $\mathbf{e}_j$ tronsformieren sich unter einem Kartenwechsel in der gleichen Weise wie ein *kovarianter* Tensor $\mathbf{a}_j$ in (15.11), d.h.

$$\mathbf{e}'_j = \frac{\partial x'^j(x_\varphi)}{\partial x^i}\mathbf{e}_i .$$

Ebenso transformiert sich die partielle Ableitung $\partial_j f = \partial f/\partial x^j$. Deshalb benutzt man auch häufig anstelle von $\mathbf{e}_j$ die *formale Bezeichung* $\partial_j$, d.h., man schreibt anstelle von $\mathbf{v} = v^j\mathbf{e}_j$ auch

$$\mathbf{v} = v^j\partial_j .$$

In diesem Sinne kann man einen Tangentenvektor im Punkt $x$ mit einem linearen *Differentialoperator* identifizieren. Man schreibt auch

$$\mathbf{v}(f) := v^j\partial_j f$$

oder genauer $\mathbf{v}_x(f) = v^j(x^1, \ldots, x^n)\partial_j f(x^1, \ldots, x^n)$. Diese Richtungsableitung der reellen Funktion $f\colon M \to \mathbb{R}$ im Punkt $x$ in Richtung des Tangentenvektors $\mathbf{v}$ ist unabhängig von der Kartenwahl.

**Tangentialbündel $TM$ der Mannigfaltigkeit $M$:** Die Menge aller Paare

$$(x, \mathbf{v}) \quad \text{mit } x \in M \quad \text{und } \mathbf{v} \in TM_x$$

bezeichnen wir mit $TM$. Ein Punkt $(x, \mathbf{v})$ des Tangentialbündels $TM$ von $M$ besteht somit aus einem Punkt $x$ der ursprünglichen Mannigfaltigkeit $M$ und einem Tangentenvektor $\mathbf{v}$ von $M$ im Punkt $x$. Ist $(U, \varphi)$ eine Karte von $M$ bezüglich des Punktes $x$, dann ordnen wir dem Punkt $(x, \mathbf{v}) \in TM$ die lokalen Koordinaten

$$(x^1, \ldots, x^n, v^1, \ldots, v^n)$$

zu. Damit wird das Tangentialbündel $TM$ von $M$ in natürlicher Weise zu einer $2n$-dimensionalen reellen *Mannigfaltigkeit*. Explizit gehört zu jeder Karte $(U, \varphi)$ von $M$ die Karte $(W, \Phi)$ von $TM$ mit

$$\Phi(x, \mathbf{v}) = (x^1, \ldots, x^n, v^1, \ldots, v^n)$$

und $W = U \times \bigcup_{x \in U} TM_x$.

**Vektorfelder auf einer Mannigfaltigkeit $M$:** Unter einem Vektorfeld

$$\mathbf{v} = \mathbf{v}(x) \tag{15.21}$$

auf $M$ verstehen wir eine Abbildung, die jedem Punkt $x$ von $M$ einen Tangentenvektor $\mathbf{v}(x)$ im Punkt $x$ zuordnet. Wir sprechen von einem $C^k$-Vektorfeld genau dann, wenn das zugehörige kontravariante Tensorfeld $v^j$ der Komponenten vom Glattheitstyp $C^k$ ist. Anstelle von $\mathbf{v}(x)$ schreiben wir auch $\mathbf{v}_x$.

### 15.1.7. Kotangentenvektoren und Kotangentialraum

$M$ sei wiederum eine $n$-dimensionale reelle Mannigfaltigkeit.

**Kotangentenvektor:** Unter einem Kotangentenvektor $\omega$ im Punkt $x$ der Mannigfaltigkeit $M$ verstehen wir ein lineares Funktional auf dem Tangentialraum $TM_x$, d.h., jedem Tangentenvektor $\mathbf{v}$ im Punkt $x$ wird eine reelle Zahl $\omega(\mathbf{v})$ zugeordnet, wobei

$$\omega(\alpha\mathbf{v} + \beta\mathbf{w}) = \alpha\omega(\mathbf{v}) + \beta\omega(\mathbf{w})$$

für alle $\alpha, \beta \in \mathbb{R}$ und alle $\mathbf{v}, \mathbf{w} \in TM_x$ gilt.

**Basiskotangentenvektoren $\mathrm{d}x^j$:** $(U, \varphi)$ sei eine feste Karte für den Punkt $x$ von $M$. Für alle Tangentenvektoren $\mathbf{v} = v^j \mathbf{e}_j$ im Punkt $x$ definieren wir

$$\mathrm{d}x^j(\mathbf{v}) = v^j, \quad j = 1, \ldots, n. \tag{15.22}$$

Dann gilt

$$\omega = \omega_j \, \mathrm{d}x^j \tag{15.23}$$

mit $\omega_j = \omega(\mathbf{e}_j)$. Die Komponenten $\omega_j$ des Kotangentenvektors $\omega$ bilden einen *kovarianten* Tensor im Punkt $x$, d.h., sie transformieren sich bei Kartenwechsel gemäß (15.11).

Die Basiskotangentenvektoren $\mathrm{d}x^j$ transformieren sich unter einem Kartenwechsel wie ein kontravarianter Tensor $a^j$ in (15.10), d.h.

$$\mathrm{d}x'^j = \frac{\partial x'^j}{\partial x^i} \, \mathrm{d}x^i .$$

In der physikalischen Literatur werden Differentiale in unscharfer Form als „unendlich kleine Größen" charakterisiert. In der Theorie der Mannigfaltigkeiten sind dagegen Differentiale *wohlbestimmte mathematische Objekte*, die durch (15.22) definiert sind.

**Kotangentialraum $TM_x^*$ einer Mannigfaltigkeit $M$ im Punkt $x$:** Definitionsgemäß besteht $TM_x^*$ aus allen Kotangentenvektoren $\omega$ im Punkt $x$. Wegen (15.23) bildet $TM_x^*$ einen $n$-dimensionalen reellen linearen Raum mit den Basisvektoren $\mathrm{d}x^1, \ldots, \mathrm{d}x^n$. Außerdem ist $TM_x^*$ der duale Raum zu $TM_x$.

Wir bezeichnen $\{\mathrm{d}x^1, \ldots, \mathrm{d}x^n\}$ auch als die ***natürliche Basis*** von $TM_x^*$ bezüglich der Karte $(U, \varphi)$.

**Kotangentialbündel $TM^*$ der Mannigfaltigkeit $M$:** Die Menge aller Paare

$$(x, \omega) \quad \text{mit } x \in M \text{ und } \omega \in TM_x^*$$

bezeichnen wir mit $TM^*$. Ist $(U, \varphi)$ eine Karte von $M$ bezüglich des Punktes $x$, dann ordnen wir dem Punkt $(x, \omega) \in TM^*$ die lokalen Koordinaten

$$(x^1, \ldots, x^n, \omega_1, \ldots, \omega_n)$$

zu. Damit wird das Kotangentialbündel $TM^*$ zu einer $2n$-dimensionalen reellen Mannigfaltigkeit.

## 15.1.8. Untermannigfaltigkeiten

Es sei $M$ eine $n$-dimensionale reelle Mannigfaltigkeit. Eine Teilmenge $T$ von $M$ heißt eine $m$-dimensionale *Untermannigfaltigkeit* von $M$, falls $T$ lokal wie ein $m$-dimensionaler linearer Unterraum von $\mathbb{R}^n$ aussieht.

Genauer: Wir fordern, daß es zu jedem Punkt $x \in M$ eine zulässige Karte $(U, \varphi)$ von $M$ gibt, so daß

$$\varphi(U \cap T) = \varphi(U) \cap L^m$$

gilt, wobei $L^m$ einen $m$-dimensionalen linearen Unterraum von $\mathbb{R}^n$ bezeichnet. Durch eine geeignete Wahl von $\varphi$ kann man dann stets erreichen, daß das Kartenbild $T_\varphi = \varphi(U \cap T)$ des Durchschnitts $U \cap T$ aus allen Punkten $(x^1, \ldots, x^n)$ des Kartenbildes $U_\varphi = \varphi(U)$ besteht mit

$$x^{m+1} = x^{m+2} = \ldots = x^n = 0$$

(Abb. 15.9). Jede Untermannigfaltigkeit ist gleichzeitig eine Mannigfaltigkeit.

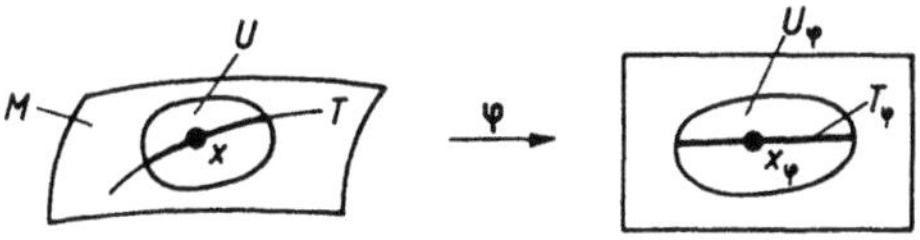

Abb. 15.9

## 15.1.9. Mannigfaltigkeiten mit Rand

Eine offene Kreisscheibe ist eine Mannigfaltigkeit, während eine abgeschlossene Kreisscheibe keine Mannigfaltigkeit im Sinne von 15.1.1. darstellt, wohl aber eine Mannigfaltigkeit mit Rand (Abb. 15.10).

Allgemein wird eine $n$-dimensionale reelle *Mannigfaltigkeit mit Rand* $M$ parallel zu 15.1.1. definiert. Im Unterschied zu 15.1.1. verlangen wir jetzt jedoch, daß die Kartenbilder $U_\varphi$ sich darstellen lassen als Durchschnitt

$$U_\varphi = O \cap H\mathbb{R}^n$$

zwischen einer offenen Menge $O$ des $\mathbb{R}^n$ und dem abgeschlossenen Halbraum

$$H\mathbb{R}^n = \{(x^1, \ldots, x^n) \in \mathbb{R}^n \colon x^1 \leq 0\}$$

(Abb. 15.10). Ein Punkt $x \in M$ heißt *Randpunkt* von $M$ genau dann, wenn der zugehörige Kartenpunkt $x_\varphi$ ein Randpunkt von $H\mathbb{R}^n$ ist, d.h., es gilt $x^1 = 0$.

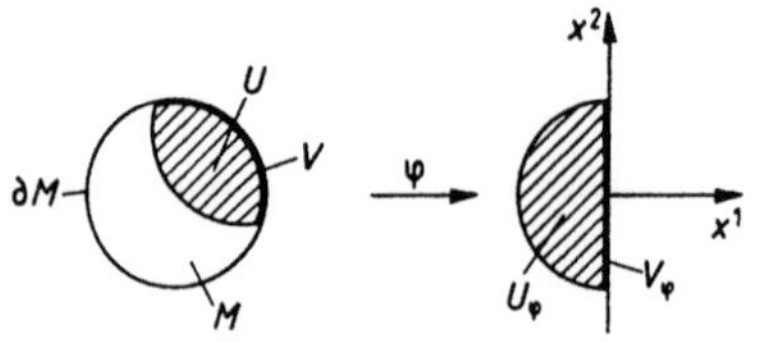


Abb. 15.10

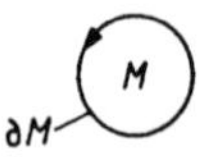


Abb. 15.11

Jede Mannigfaltigkeit ist gleichzeitig eine Mannigfaltigkeit mit Rand, wobei der Rand trivialerweise die leere Menge ist.

Die *Orientierbarkeit* einer Mannigfaltigkeit $M$ mit Rand wird parallel zu 15.1.3. durch die Existenz von Kartentransformationen mit positiver Funktionaldeterminante definiert. Ist $M$ orientiert bezüglich des Atlas $A$ mit den Kartenbildern $U_\varphi$, dann erzeugt $A$ in natürlicher Weise einen Atlas $A_0$ des Randes $\partial M$ mit den Kartenbildern $V_\varphi = \partial U_\varphi \cap \partial(H\mathbb{R}^n)$ (Abb. 15.10). Dadurch entsteht die sogenannte *kohärent orientierte* $(n-1)$-dimensionale Randmannigfaltigkeit $\partial M$.

*Beispiel:* In Abb. 15.11 entspricht die kohärente Orientierung des Randes in anschaulicher Weise der eingezeichneten Orientierung der Randkurve.

## 15.1.10. Mannigfaltigkeiten als topologische Räume

Eine Teilmenge $O$ einer $n$-dimensionalen, reellen Mannigfaltigkeit $M$ heißt *offen* genau dann, wenn es zu jedem Punkt $x \in O$ eine Karte $(U, \varphi)$ gibt, so daß das Kartenbild $\varphi(U \cap O)$ des Durchschnitts $U \cap O$ eine offene Menge des $\mathbb{R}^n$ ist.

Mit Hilfe der so definierten offenen Mengen wird jede Mannigfaltigkeit zu einem *topologischen Raum*. Deshalb hat man für Mannigfaltigkeiten alle topologischen Grundbegriffe aus 11.2.1. zur Verfügung.

Speziell heißt eine Teilmenge $T$ von $M$ *abgeschlossen* genau dann, wenn das Komplement $M \backslash T$ offen ist. Ferner heißt $T$ *kompakt* genau dann, wenn jedes System $\{O_\alpha\}$ offener Mengen, das $T$ überdeckt, ein endliches Teilsystem enthält, welches $T$ bereits überdeckt.

*Beispiel:* Ist die Mannigfaltigkeit $M$ Teilmenge eines $\mathbb{R}^m$, dann ist eine Teilmenge $T$ von $M$ genau dann kompakt, wenn $T$ eine abgeschlossene und beschränkte Menge in $\mathbb{R}^m$ ist.

Die Folge $(x_n)$ auf $M$ *konvergiert* definitionsgemäß gegen den Punkt $x$ genau dann, wenn es zu jeder offenen Menge $O$ mit $x \in O$ eine Zahl $n_0$ gibt, so

$$x_n \in O \quad \text{für alle} \quad n \geq n_0$$

gilt. Das ist gleichbedeutend damit, daß bei willkürlich gewählter Karte $(U, \varphi)$ zu $x$ die Folge $(x_{n\varphi})$ der Kartenpunkte gegen den Kartenpunkt $x_\varphi$ konvergiert.

Die Teilmenge $A$ der Mannigfaltigkeit $M$ ist abgeschlossen genau dann, wenn aus $x_n \to x$ für $n \to \infty$ und $x_n \in A$ für alle $n$ stets auch $x \in A$ folgt.

Die Abbildung $f: M \to N$ zwischen den beiden Mannigfaltigkeiten $M$ und $N$ heißt *stetig* im Punkt $x$ genau dann, wenn zu jeder offenen Menge $B$ mit $f(x) \in B$ eine offene Menge $A$ mit $x \in A$ existiert, so daß $f(A) \subseteq B$ gilt. Das ist gleichbedeutend damit, daß für $n \to \infty$ aus

$$x_n \to x \quad \text{auf} \quad M$$

stets $f(x_n) \to f(x)$ auf $N$ folgt.

Die Abbildung $f: M \to N$ heißt *Homöomorphismus* genau dann, wenn $f$ eine bijektive stetige Abbildung von $M$ auf $N$ ist, wobei auch die inverse Abbildung $f^{-1}$ stetig ist.

Die Mannigfaltigkeit $M$ heißt *bogenweise zusammenhängend* genau dann, wenn zwei beliebige Punkte $y$ und $z$ von $M$ durch eine stetige Kurve $x = x(t)$ auf $M$ verbunden werden können, d.h., $x(.)$ ist eine stetige Abbildung von dem Intervall [0,1] in $M$ mit $x(0) = y$ und $x(1) = z$.

Eine Mannigfaltigkeit $M$ heißt *zusammenhängend* genau dann, wenn eine Zerlegung

$$M = A \cup B \quad \text{mit} \quad A \cap B = \emptyset$$

nicht möglich ist, wobei $A$ und $B$ nichtleere offene Mengen sind.

Eine $n$-dimensionale reelle Mannigfaltigkeit ist genau dann zusammenhängend, wenn sie bogenweise zusammenhängend ist. Eine Mannigfaltigkeit besitzt definitionsgemäß eine *abzählbare Basis* genau dann, wenn sie sich als Vereinigung von höchstens abzählbar vielen offenen Mengen darstellen läßt.

# 15.2. Glatte Abbildungen zwischen Mannigfaltigkeiten

Die Abbildung

$$f: M \to N \tag{15.24}$$

zwischen den beiden Mannigfaltigkeiten $M$ und $N$ heißt *glatt*[3)], falls es zu jedem Punkt $x \in M$ bzw. $f(x) \in N$ eine Karte $(U, \varphi)$ bzw. $(V, \psi)$ gibt, so daß die durch $f$ in den Karten induzierte Abbildung $f_{\varphi\psi}$ partielle Ableitungen beliebiger Ordnung besitzt. Explizit ist $f_{\varphi\psi}$ durch das folgende kommutative Diagramm

$$\begin{array}{ccc} U & \xrightarrow{f} & V \\ \varphi^{-1} \uparrow & & \downarrow \psi \\ U_\varphi & \xrightarrow{f_{\varphi\psi}} & V_\psi \end{array}$$

gegeben, d.h. $f_{\varphi\psi} = \psi \circ f \circ \varphi^{-1}$.

**Diffeomorphismus:** Die Abbildung $f$ in (15.24) heißt ein Diffeomorphismus genau dann, wenn $f$ eine bijektive glatte Abbildung von $M$ auf $N$ ist und die inverse Abbildung $f^{-1}$ von $N$ auf $M$ ebenfalls glatt ist.

Die Mannigfaltigkeit $M$ heißt *diffeomorph* zur Mannigfaltigkeit $N$ genau dann, wenn es einen Diffeomorphismus $f$ von $M$ auf $N$ gibt.

Grob gesprochen besitzen diffeomorphe Mannigfaltigkeiten die gleiche Struktur. In Abb. 15.12a) ist die Kurve $M$ diffeomorph zu $N$.

---

3) Die Abbildung $f$ besitzt genau dann die Glattheit $C^k$, wenn alle induzierten Abbildungen $f_{\varphi\psi}$ $C^k$-Abbildungen sind, d.h., $f_{\varphi\psi}$ hat stetige partielle Ableitungen bis zur Ordnung $k$.

**Struktur der eindimensionalen Mannigfaltigkeiten (Kurven):** Es sei $M$ eine eindimensionale zusammenhängende reelle Mannigfaltigkeit mit einer abzählbaren Basis. Dann gibt es genau zwei Möglichkeiten:

(i) $M$ ist diffeomorph zur Kreislinie (d.h., $M$ ist eine geschlossene Kurve wie in Abb. 15.12a)).

(ii) $M$ ist diffeomorph zum offenen Einheitsintervall (0,1) (d.h., $M$ ist eine endliche Kurve ohne Randpunkte wie in Abb. 15.12b) oder eine unendliche Kurve wie in Abb. 15.12c)).

Zum Beispiel ist die reelle Zahlengerade $\mathbb{R}$ diffeomorph zu (0,1). Als Diffeomorphismus $f: \mathbb{R} \to (0,1)$ kann man z.B. $f(x) = \pi^{-1}(\arctan x + \pi/2)$ wählen (Abb. 15.13).

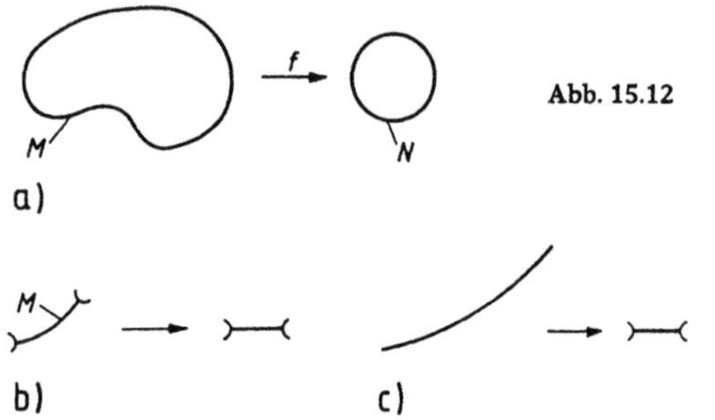


Abb. 15.12

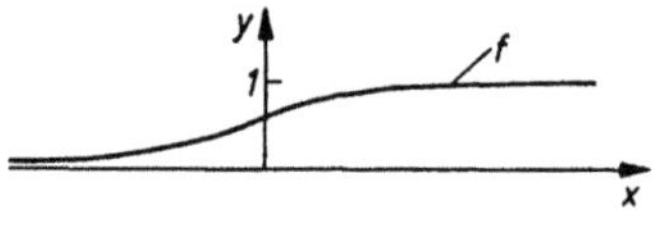


Abb. 15.13

**Tangentialabbildung $T_x f$:** Ist $f: M \to N$ eine glatte Abbildung, dann existiert für jeden Punkt $x \in M$ in natürlicher Weise die sogenannte Tangentialabbildung

$$T_x f: TM_x \to TN_{f(x)}$$

zwischen den entsprechenden Tangentialräumen. Explizit wird $T_x f$ folgendermaßen definiert. Ist $y = y(t)$ eine Kurve auf $M$ durch den Punkt $x$ mit dem Tangentialvektor **v**, dann entsteht durch Anwendung der Abbildung $f$ die neue Kurve $z = f(y(t))$ auf der Mannigfaltigkeit $N$ mit dem Tangentialvektor **w** im Punkt $f(x)$ (Abb. 15.14). Wir setzen nun

$$(T_x f)\mathbf{v} := \mathbf{w}. \qquad (15.25)$$

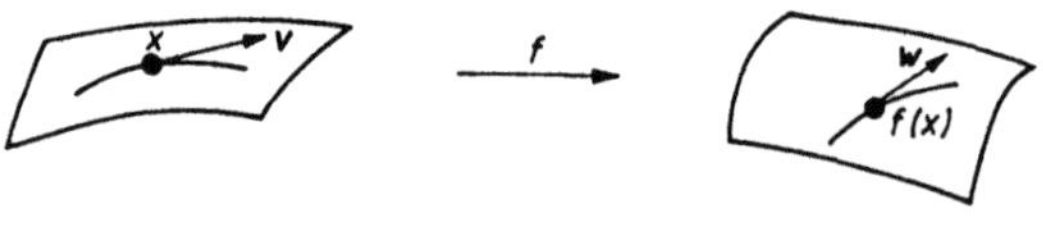


Abb. 15.14

*Beispiel:* Die Funktion $f: \mathbb{R} \to \mathbb{R}$ ist genau dann glatt, wenn sie beliebig oft differenzierbar ist. Ferner gilt $T_x f = f'(x)$ für alle $x \in \mathbb{R}$, d.h., die Tangentialabbildung ist gleich der klassischen Ableitung.

## 15.3. Konstruktion von Mannigfaltigkeiten

**Definition:** Es sei $f: M \to N$ eine glatte Abbildung.

(i) Der Punkt $x \in M$ heißt *regulärer Punkt* von $f$ genau dann, wenn die Tangentialabbildung

$$T_x f: TM_x \to TN_{f(x)}$$

eine Surjektion ist, d.h., die linearisierte Gleichung (15.25) besitzt für jeden gegebenen Vektor $\mathbf{w} \in TN_{f(x)}$ eine Lösung $\mathbf{v} \in TM_x$.

Anderenfalls heißt $x$ *singulärer Punkt* von $f$.

(ii) Der Punkt $y \in N$ heißt *regulärer Wert* von $f$ genau dann, wenn jeder Punkt $x$ mit $f(x) = y$ ein regulärer Punkt von $f$ ist.

(iii) Die Abbildung $f$ heißt *Submersion* genau dann, wenn die Tangentialabbildung $T_x f$ für jedes $x \in M$ eine Surjektion ist, d.h., wenn jeder Punkt $x \in M$ regulär ist.

(iv) Die Abbildung $f$ heißt *Immersion* genau dann, wenn $T_x f$ für jedes $x \in M$ eine Injektion ist, d.h., $(T_x f)\mathbf{v} = 0$ impliziert $\mathbf{v} = 0$.

(v) Die Abbildung $f$ heißt *Einbettung* genau dann, wenn $f$ eine bijektive Immersion ist, wobei zusätzlich auch die inverse Abbildung $f^{-1}$ stetig ist.

**Satz:** Für eine glatte Abbildung $f: M \to N$ zwischen den beiden endlichdimensionalen reellen Mannigfaltigkeit $M$ und $N$ gilt folgendes:

(a) Ist $y$ ein *regulärer Wert* von $f$, dann bildet die Lösungsmenge der Gleichung

$$f(x) = y, \quad x \in M,$$

eine *Untermannigfaltigkeit* $A$ von $M$. Für die Dimension von $A$ erhalten wir

$$\dim A = \dim M - \dim N .$$

(b) (Satz von Sard). Haben $M$ und $N$ eine abzählbare Basis, dann ist die Menge der regulären Werte von $f$ *dicht* in $N$, d.h., zu jedem Punkt $y \in N$ gibt es eine Folge $(y_n)$ von regulären Werten der Abbildung $f$, so daß $y_n \to y$ für $n \to \infty$ gilt.

(c) Ist $f$ eine *Einbettung*, dann bildet die Bildmenge $f(M)$ eine *Untermannigfaltigkeit* von $N$ mit

$$\dim f(N) = \dim M .$$

Der fundamentale Satz von Sard besagt grob gesprochen, daß die günstige Situation (a) „in der Regel" stets vorliegt. Man sagt auch, daß die Situation (a) *generisch* ist.

**Definition:** Sind $L_1$ und $L_2$ zwei lineare Unterräume des linearen Raumes $L$, dann heißt $L_1$ *transversal zu* $L_2$ *in* $L$ genau dann, wenn

$$L = L_1 + L_2$$

gilt, d.h., jedes $v \in L$ läßt sich in der Form $v = v_1 + v_2$ darstellen mit $v_1 \in L_1$ und $v_2 \in L_2$. Diese Darstellung muß nicht eindeutig sein.

**Satz** (Transversalität I): Sind $A$ und $B$ zwei Untermannigfaltigkeiten der $n$-dimensionalen reellen Mannigfaltigkeit $M$, dann ist der Durchschnitt

$$A \cap B$$

wiederum eine Untermannigfaltigkeit von $M$, falls $A$ *transversal* zu $B$ ist, d.h., für die entsprechenden Tangentialräume gilt

$$TM_x = TA_x + TB_x \quad \text{für alle} \quad x \in A \cap B .$$

***Beispiel:*** **In Abb. 15.15a) sind $A$ und $B$ zwei transversale eindimensionale Untermannigfaltigkeiten von $M$, und der Durchschnitt $A \cap B$ ist ein Punkt, d.h., $A \cap B$ stellt eine 0-dimensionale Untermannigfaltigkeit von $M$ dar mit dem trivialen Tangentialraum $\{0\}$.**

**In Abb. 15.15b) sind $A$ und $B$ zwei transversale zweidimensionale Untermannigfaltigkeiten von $M = \mathbb{R}^3$, und der Durchschnitt $A \cap B$ bildet eine eindimensionale Untermannigfaltigkeit von $\mathbb{R}^3$.**

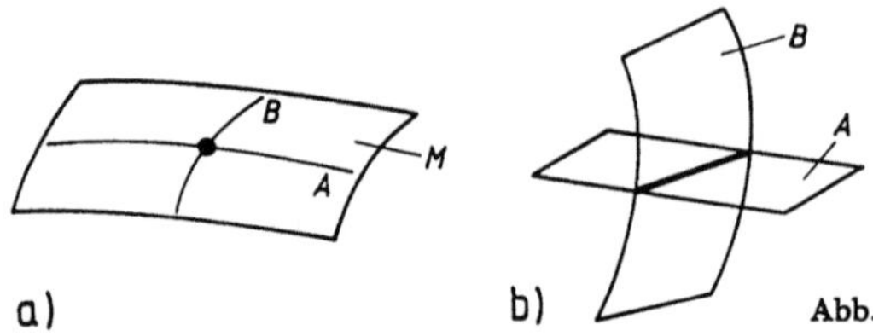


Abb. 15.15

**Satz (Transversalität II): Es seien $f\colon M \to N$ eine glatte Abbildung und $S$ eine Untermannigfaltigkeit von $N$, wobei $M$ und $N$ endlichdimensionale reelle Mannigfaltigkeiten sind.**

**Dann ist das Urbild $f^{-1}(S)$ eine *Untermannigfaltigkeit* von $M$ mit**

$$\dim f^{-1}(S) = \dim M - \dim N + \dim S\,,$$

**falls $f$ *transversal* zu $S$ ist, d.h., für alle $x \in M$ gilt**

$$TN_{f(x)} = TS_{f(x)} + R(T_x f)\,,$$

**wobei $R(T_x f)$ den Bildraum von $T_x f$ bezeichnet.**

**Einbettungssatz von Whitney: $M$ sei eine $n$-dimensionale reelle Mannigfaltigkeit mit einer abzählbaren Basis. Dann existiert eine Einbettung**

$$f\colon M \to \mathbb{R}^{2n+1}\,.$$

**Dieser fundamentale Satz besagt grob gesprochen, daß man jede abstrakt gegebene $n$-dimensionale Mannigfaltigkeit $M$ der obigen Form als Untermannigfaltigkeit von $\mathbb{R}^{2n+1}$ realisieren kann. Die Zahl „$2n+1$" hängt damit zusammen, daß der $\mathbb{R}^{2n+1}$ auch Platz für das $2n$-dimensionale Tangentialbündel $TM$ von $M$ bieten muß.**

# 15.4. Invariante Analysis auf Mannigfaltigkeiten

In 15.1.4. haben wir den klassischen Tensorkalkül betrachtet, der mit Komponenten arbeitet. In der Geometrie möchte man jedoch Objekte benutzen, die eine „invariante" Bedeutung haben, d.h., sie werden unabhängig von einem speziellen Koordinatensystem definiert. In der Physik entspricht dies Größen, die unabhängig vom verwendeten Bezugssystem existieren (z.B. physikalische Felder wie das elektromagnetische Feld und das Gravitationsfeld).

Ordnet man den invarianten Objekten in jedem lokalen Koordinatensystem (d.h. in jeder Karte) in natürlicher Weise Komponenten zu, dann zeigt sich, daß der invariante Tensorkalkül und der klassische Tensorkalkül äquivalent sind.

## 15.4.1. Tensoralgebra

$M$ sei eine $n$-dimensionale reelle Mannigfaltigkeit. Unter einem *Tensor* $A$ vom Typ $(p, q)$ im Punkt $x \in M$ verstehen wir eine multilineare Abbildung

$$A: TM_x \times TM_x \times \ldots \times TM_x \times TM_x^* \times \ldots \times TM_x^* \to \mathbb{R},$$

wobei der Tangentialraum $TM_x$ $p$-fach und der Kotangentialraum $TM_x^*$ $q$-fach auftreten[4)], d.h.,

$$A(a_1, \ldots, a_p, a_{p+1}, \ldots, a_{p+q})$$

ist eine reelle Zahl für alle $a_1, \ldots, a_p \in TM_x$, $a_{p+1}, \ldots, a_{p+q} \in TM_x^*$, und $A$ ist linear bezüglich jedes Arguments. Beispielsweise bedeutet das für einen Tensor vom Typ (2,0), daß

$$A(\alpha a + \beta b, c) = \alpha A(a, c) + \beta A(b, c),$$
$$A(c, \alpha a + \beta b) = \alpha A(c, a) + \beta A(c, b)$$

für alle reellen Zahlen $\alpha, \beta$ und alle Argumente $a, b, c \in TM_x$ gilt.

**Linearkombination:** Sind $A$ und $B$ zwei Tensoren im Punkt $x$ vom gleichen Typ $(p, q)$, dann erklären wir $\alpha A + \beta B$ in natürlicher Weise durch die entsprechende Linearkombination der multilinearen Abbildungen, d.h.

$$(\alpha A + \beta B)(a_1, \ldots, a_{p+q}) := \alpha A(a_1, \ldots, a_{p+q}) + \beta B(a_1, \ldots, a_{p+q})$$

für alle reellen Zahlen $\alpha, \beta$ und alle Argumente $a_1, \ldots, a_{p+q}$.

**Tangentialvektoren:** Jeden Tangentenvektor **v** im Punkt $x$ können wir als Tensor $A$ vom Typ (0,1) auffassen, indem wir

$$A(\omega) := \omega(\mathbf{v}) \quad \text{für alle} \quad \omega \in TM_x^*$$

setzen. Jeder Kotangentenvektor $\omega$ im Punkt $x$ ist ein Tensor vom Typ (0,1).

**Tensorprodukt:** Sind $A$ und $B$ zwei Tensoren beliebigen Typs im Punkt $x$, dann definieren wir das Tensorprodukt $A \otimes B$ in natürlicher Weise als das Produkt der entsprechenden multilinearen Abbildungen, d.h.

$$(A \otimes B)(a_1, \ldots, a_r, b_1, \ldots, b_s) := A(a_1, \ldots, a_r) B(b_1, \ldots, b_s)$$

für alle möglichen Argumente $a_i, b_j$.

Es gelten das Assoziativgesetz

$$(A \otimes B) \otimes C = A \otimes (B \otimes C)$$

und die beiden Distributivgesetze

$$A \otimes (\beta B + \delta D) = \beta(A \otimes B) + \delta(A \otimes D),$$
$$(\beta B + \delta D) \otimes A = \beta(B \otimes A) + \delta(D \otimes A),$$

wobei $\beta$ und $\delta$ reelle Zahlen sind. Das Tensorprodukt ist nicht kommutativ.

---

4) Wir lassen auch eine andere Reihenfolge der Räume $TM_x$ und $TM_x^*$ zu. Beispielsweise heißt auch jede multilineare Abbildung $A: TM_x \times TM_x^* \times TM_x \to \mathbb{R}$ ein Tensor vom Typ (2,1).

**Kontraktion eines Tensorprodukts:** Für $a \in TM_x$ und $b \in TM_x^*$ definieren wir die Kontraktion $\mathscr{K}$ durch

$$\mathscr{K}(a \otimes b) := b(a)$$

und

$$\mathscr{K}(A \otimes \underbrace{a \otimes B \otimes b} \otimes C) := b(a) A \otimes B \otimes C\,.$$

**Komponenten eines Tensors:** Es sei $(U, \varphi)$ eine Karte für den Punkt $x \in M$. Wir wählen die natürliche Basis $\{\mathbf{e}_1, \ldots, \mathbf{e}_n\}$ im Tangentialraum $TM_x$ und die natürliche Basis $\{\mathrm{d}x^1, \ldots, \mathrm{d}x^n\}$ im Kotangentialraum $TM_x^*$ bezüglich der Karte $(U, \varphi)$.

Ist $A$ beispielsweise ein Tensor vom Typ (1,1) im Punkt $x$, dann gilt

$$A(v^i \mathbf{e}_i, v_j\, \mathrm{d}x^j) = v^i v_j a_i^j\,,$$

wobei definitionsgemäß die reellen Zahlen

$$a_i^j := A(\mathbf{e}_i, \mathrm{d}x^j)$$

die *Komponenten* von $A$ im Punkt $x$ bezüglich der Karte $(U, \varphi)$ heißen. Bei Kartenwechsel transformieren sich die Komponenten $a_j^i$ wie ein einfach kontravarianter und einfach kovarianter Tensor (vgl. 15.1.4.). Ferner gilt

$$A = a_j^i\, \mathrm{d}x^j \otimes \mathbf{e}_i\,.$$

Denn aus $\mathrm{d}x^j(v^r \mathbf{e}_r) = v^j$ folgt

$$\begin{aligned}(a_j^i\, \mathrm{d}x^j \otimes \mathbf{e}_i)(v^r \mathbf{e}_r, v_s\, \mathrm{d}x^s) &= a_j^i\, \mathrm{d}x^j(v^r \mathbf{e}_r) v_s\, \mathrm{d}x^s(\mathbf{e}_i)\\ &= a_j^i v^j v_i = A(v^j \mathbf{e}_j, v_i\, \mathrm{d}x^i)\,.\end{aligned}$$

Ist $A$ im allgemeinen Fall ein Tensor vom Typ $(p, q)$ im Punkt $x$, dann erhalten wir

$$A(v^{i_1} \mathbf{e}_{i_1}, \ldots, v^{i_p} \mathbf{e}_{i_p}, v_{j_1}\, \mathrm{d}x^{j_1}, \ldots, v_{j_q}\, \mathrm{d}x^{j_q}) = v^{i_1} \ldots v^{i_p} v_{j_1} \ldots v_{j_q} A_{i_1 \ldots i_p}^{j_1 \ldots j_q}$$

mit den Komponenten

$$A_{i_1 \ldots i_p}^{j_1 \ldots j_q} := A(\mathbf{e}_{i_1}, \ldots, \mathbf{e}_{i_p}, \mathrm{d}x^{j_1}, \ldots, \mathrm{d}x^{j_q})\,,$$

die sich bei Kartenwechsel wie ein $q$-fach kontravarianter und $p$-fach kovarianter Tensor transformieren. Ferner gilt

$$A = A_{i_1 \ldots i_p}^{j_1 \ldots j_q}\, \mathrm{d}x^{i_1} \otimes \ldots \otimes \mathrm{d}x^{i_p} \otimes \mathbf{e}_{j_1} \otimes \ldots \otimes \mathbf{e}_{j_q}\,.$$

Im Sinne des Indexkalküls für Tensoren aus 10.2. entspricht die Summe zweier Tensoren bzw. ihr Tensorprodukt der Summe der Komponenten bzw. dem Produkt der Komponenten. Ferner liefert die Kontraktion eines Tensors eine Verjüngung der Komponenten.

*Beispiel* (Summe): $A_j^i \mathbf{e}_i \otimes \mathrm{d}x^j + B_j^i \mathbf{e}_i \otimes \mathrm{d}x^j = (A_j^i + B_j^i)(\mathbf{e}_i \otimes \mathrm{d}x^j)$.

*Beispiel* (Tensorprodukt): Es gilt

$$(A^i \mathbf{e}_i) \otimes (A_j\, \mathrm{d}x^j) = A^i A_j \mathbf{e}_i \otimes \mathrm{d}x^j\,.$$

*Beispiel* (Kontraktion): Wir erhalten

$$\mathscr{K}(A_k^{ij} \underbrace{\mathbf{e}_i \otimes \mathbf{e}_j \otimes \mathrm{d}x^k}) = A_k^{ij}\, \mathrm{d}x^k(\mathbf{e}_i) \mathbf{e}_j = A_k^{ij} \delta_i^k \mathbf{e}_j = A_i^{ij} \mathbf{e}_j\,.$$

Die Kontraktion ist stets *unabhängig* von der gewählten Karte.

## 15.4.2. Tensorfelder

Unter einem $C^k$-Tensorfeld vom Typ $(p,q)$ auf der Mannigfaltigkeit $M$ verstehen wir eine Abbildung

$$A = A(x),$$

die jedem Punkt $x \in M$ einen Tensor $A(x)$ vom Typ $(p,q)$ zuordnet, so daß die Komponenten

$$A^{j_1 \ldots j_q}_{i_1 \ldots i_p}$$

von $A(x)$ ein $q$-fach kontravariantes und $p$-fach kovariantes $C^k$-Tensorfeld auf $M$ bilden im Sinne von 15.1.4. Anstelle von $A(x)$ schreiben wir auch $A_x$.

## 15.4.3. Differentialformen

Unter einer alternierenden Differentialform $\omega$ vom Grade $p$ oder kurz einer *p-Form* im Punkt $x$ der $n$-dimensionalen reellen Mannigfaltigkeit $M$ verstehen wir einen schiefsymmetrischen Tensor vom Typ $(p,0)$ im Punkt $x$, d.h.,

$$\omega(a_1, \ldots, a_p)$$

ändert das Vorzeichen bei einer ungeraden Permutation der Argumente $a_1, \ldots, a_p \in TM_x$ und bleibt unverändert bei einer entsprechenden geraden Permutation. Zum Beispiel gilt

$$\omega(a_1, a_2) = -\omega(a_2, a_1) \quad \text{für alle} \quad a_1, a_2 \in TM_x .$$

**Alternierende Multiplikation:** Ist $\omega$ bzw. $\theta$ eine $p$-Form bzw. $q$-Form, dann definieren wir die $(p+q)$-Form $\omega \wedge \theta$ durch

$$(\omega \wedge \theta)(a_1, \ldots, a_{p+q}) = \frac{1}{p!q!} \sum_\pi (\operatorname{sign} \pi)\pi[\omega(a_1, \ldots, a_p)\theta(a_{p+1}, \ldots, a_{p+q})],$$

wobei wir über alle Permutationen $\pi$ von $(a_1, \ldots, a_{p+q})$ summieren[5]) und $\operatorname{sign} \pi$ das Vorzeichen von $\pi$ bezeichnet, d.h., es gilt $\operatorname{sign} \pi = 1$ bzw. $\operatorname{sign} \pi = -1$ für eine gerade bzw. ungerade Permutation $\pi$. Sind beispielsweise $\omega$ und $\theta$ 1-Formen, dann ist

$$(\omega \wedge \theta)(a,b) = \omega(a)\theta(b) - \omega(b)\theta(a) \quad \text{für alle} \quad a, b \in TM_x ,$$

d.h. $\omega \wedge \theta = \omega \otimes \theta - \theta \otimes \omega$.

Für diese alternierende Multiplikation gelten das Assoziativgesetz

$$(\omega \wedge \theta) \wedge \tau = \omega \wedge (\theta \wedge \tau)$$

und die beiden Distributivgesetze

$$\omega \wedge (\theta + \varrho) = \omega \wedge \theta + \omega \wedge \varrho, \quad (\omega + \theta) \wedge \varrho = \omega \wedge \varrho + \theta \wedge \varrho .$$

Ferner ist

$$\omega \wedge \theta = (-1)^{pq} \theta \wedge \omega ,$$

falls $\omega$ eine $p$-Form und $\theta$ eine $q$-Form bezeichnet.

---

[5]) In natürlicher Weise entsteht $\pi[\omega(a_1, \ldots, a_p)\theta(a_{p+1}, \ldots, a_{p+q})]$ aus $\omega(a_1, \ldots, a_p)\theta(a_{p+1}, \ldots, a_{p+q})$, indem man die Argumente der Permutation $\pi$ unterwirft.

**Komponenten:** $(U,\varphi)$ sei eine Karte für den Punkt $x \in M$. Ist $\mathrm{d}x^1, \ldots, \mathrm{d}x^n$ die natürliche Basis von $TM_x^*$ bezüglich $(U,\varphi)$, dann gilt für jede $p$-Form $\omega$ im Punkt $x$ die eindeutige Darstellung

$$\omega = \frac{1}{p!} a_{i_1 \ldots i_p} \, \mathrm{d}x^{i_1} \wedge \ldots \wedge \mathrm{d}x^{i_p} \,,$$

wobei die Koeffizienten $a_{i_1 \ldots i_p}$ schiefsymmetrisch bezüglich aller Indizes sind und sich bei Kartenwechsel wie ein $p$-fach *kovarianter Tensor* transformieren.

Diese Darstellung von $\omega$ stimmt mit der formalen Definition überein, die wir in 10.2. gegeben haben. Man beachte, daß bei der jetzigen Definition die $p$-Form $\omega$ *nicht formal* eingeführt wird, sondern ein wohlbestimmtes mathematisches Objekt ist und die alternierende Multiplikation „$\wedge$" ebenfalls eine wohlbestimmte mathematische Operation darstellt.

Die folgenden invarianten Definitionen auf Mannigfaltigkeiten sind so gewählt, daß sie in lokalen Koordinaten mit den Operationen aus 10.2. übereinstimmen.

**$p$-Formenfelder:** Unter einem $p$-Formenfeld der Glattheit $C^k$ auf der Mannigfaltigkeit $M$ oder kurz einer $p$-$C^k$-Form auf $M$ verstehen wir eine Abbildung

$$\omega = \omega(x) \,,$$

die jedem Punkt $x \in M$ eine $p$-Form $\omega(x)$ zuordnet, wobei die Komponenten $a_{i_1 \ldots i_p}$ von $\omega$ ein schiefsymmetrisches, $p$-fach kovariantes $C^k$-Tensorfeld auf $M$ bilden. Anstelle von $\omega(x)$ schreiben wir auch $\omega_x$.

Speziell unter einer 0-Form $\omega$ auf $M$ verstehen wir eine reelle Funktion auf $M$. Ist $f$ eine 0-Form auf $M$ und ist $\omega$ eine $p$-Form auf $M$, dann setzen wir

$$f \wedge \omega = f\omega \,.$$

**Alternierende Differentiation:** Es sei $p = 0, 1, \ldots$. Dann gibt es eine eindeutig bestimmte Operation „d", die jede $p$-$C^k$-Form $\omega$ auf $M$ $(k \geq 2)$ in eine $(p+1)$-$C^{k-1}$-Form $\mathrm{d}\omega$ auf $M$ überführt und die die folgenden natürlichen Eigenschaften (i)–(iv) besitzt:

(i) *Tangentialbildung.* Ist $f$ eine 0-Form, dann gilt $\mathrm{d}f = Tf$, d.h., es ist $\mathrm{d}f_x = T_x f$ für alle $x \in M$.

(ii) *Linearität.* Sind $\omega$ und $\theta$ $p$-Formen, dann gilt $\mathrm{d}(\omega + \theta) = \mathrm{d}\omega + \mathrm{d}\theta$.

(iii) *Produktregel.* Ist $\omega$ eine $p$-Form und $\theta$ eine $q$-Form, dann gilt

$$\mathrm{d}(\omega \wedge \theta) = \mathrm{d}\omega \wedge \theta + (-1)^p \omega \wedge \mathrm{d}\theta \,.$$

(iv) *Identität von Poincaré.* $\mathrm{d}(\mathrm{d}\omega) = 0$.

In lokalen Koordinaten besitzt $\mathrm{d}\omega$ folgendes Aussehen. Wählen wir für den Punkt $x \in M$ eine Karte $(U,\varphi)$, dann erhalten wir für eine $p$-Form $\omega$ auf $M$ im Punkt $x$ mit $p \geq 1$ die Darstellung

$$\omega_x = \frac{1}{p!} a_{i_1 \ldots i_p} \, \mathrm{d}x^{i_1} \wedge \ldots \wedge \mathrm{d}x^{i_p} \,,$$

und es gilt

$$\mathrm{d}\omega_x = \frac{1}{p!} \, \mathrm{d}a_{i_1 \ldots i_p} \wedge \mathrm{d}x^{i_1} \wedge \ldots \wedge \mathrm{d}x^{i_p} \,,$$

mit dem Differential

$$\mathrm{d}a_{i_1 \ldots i_p} = \partial_j a_{i_1 \ldots i_p}(x_\varphi) \, \mathrm{d}x^j \,.$$

wobei wir $\partial_j = \partial/\partial x^j$ setzen und $x_\varphi = (x^1, \ldots, x^n)$ das Kartenbild des Punktes $x$ darstellt.

Im Fall $p = 0$ ist $\omega$ eine reelle Funktion auf $M$. Dann gilt

$$d\omega_x = \partial_j a(x_\varphi)\, dx^j$$

mit $a(x_\varphi) = \omega_x$.

Im Sinne von 15.1.5. bilden die Komponenten $a_{i_1 \ldots i_p}$ von $\omega$ ein $p$-Cartanfeld auf $M$, und die Komponenten von $d\omega$ entsprechen der alternierenden Ableitung dieses Cartanfeldes, d.h.

$$d\omega_x = \frac{1}{p!}\, d_i\, a_{i_1 \ldots i_p}\, dx^i \wedge dx^{i_1} \wedge \ldots \wedge dx^{i_p} .$$

**Transformation von Differentialformen (pull-back):** Es sei

$$f\colon M \to N$$

eine glatte Abbildung zwischen den beiden endlichdimensionalen reellen Mannigfaltigkeiten $M$ und $N$ mit $m = \dim M$ und $n = \dim N$. Jeder $p$-Form $\omega$ auf $N$ mit $p \geq 1$ wird eine $p$-Form $f^*\omega$ auf $M$ zugeordnet, wobei definitionsgemäß[6] gilt:

$$(f^*\omega)_x(a_1, \ldots, a_p) = \omega_y(b_1, \ldots, b_p) \quad \text{für alle} \quad a_1, \ldots, a_p \in TM_x \tag{15.26}$$

mit $b_j = (T_x f)a_j$ und $y = f(x)$, d.h., $f^*\omega$ entsteht aus $\omega$ in natürlicher Weise mit Hilfe der Tangentialabbildung $T_x f\colon TM_x \to TN_y$.

In lokalen Koordinaten bedeutet diese Operation, daß man in klassischer Weise von $y^1, \ldots, y^n$ zu $x^1, \ldots, x^m$ übergeht, d.h., aus

$$\omega_y = \frac{1}{p!} a_{i_1 \ldots i_p}\, dy^{i_1} \wedge \ldots \wedge dy^{i_p}$$

erhält man $dy^i = \partial_j y^i\, dx^j$, und daraus ergibt sich

$$f^*\omega_x = \frac{1}{p!} a_{i_1 \ldots i_p} \partial_{j_1} y^{i_1}\, dx^{j_1} \wedge \ldots \wedge \partial_{j_p} y^{i_p}\, dx^{j_p} ,$$

wobei wir über $i_1 \ldots i_p$ von 1 bis $n$ und über $j_1 \ldots j_p$ von 1 bis $m$ summieren. Ferner setzen wir $\partial_j := \partial/\partial x^j$.

***Beispiel:*** Ist $\omega = dy^1 \wedge dy^2$ und gilt $n = m = 2$, dann folgt

$$\begin{aligned} f^*\omega &= (\partial_1 y^1\, dx^1 + \partial_2 y^1\, dx^2) \wedge (\partial_1 y^2\, dx^1 + \partial_2 y^2\, dx^2) \\ &= (\partial_1 y^1 \partial_2 y^2 - \partial_2 y^1 \partial_1 y^2)\, dx^1 \wedge dx^2 . \end{aligned}$$

Man beachte $dx^i \wedge dx^j = -dx^j \wedge dx^i$ und somit speziell $dx^i \wedge dx^i = 0$.

Es gelten folgende Rechenregeln für Formen $\omega$ und $\theta$ vom Grad $\geq 0$:

$$\begin{aligned} f^*(\omega + \theta) &= f^*\omega + f^*\theta, \quad f^*(d\omega) = d(f^*\omega), \\ f^*(\alpha\omega) &= f^*\alpha f^*\omega \quad (\alpha \text{ ist eine 0-Form}), \\ f^*(\omega \wedge \theta) &= f^*\omega \wedge f^*\theta, \\ (f \circ g)^*\omega &= g^*(f^*\omega). \end{aligned}$$

[6] Für eine 0-Form $\omega$, d.h. eine Funktion $\omega\colon M \to \mathbb{R}$, setzen wir $(f^*\omega)_x = \omega_y$ mit $y = f(x)$.

**Integration von Differentialformen:** Das Integral $\int_M \theta$ über eine stetige $n$-Form $\theta$ auf der $n$-dimensionalen reellen kompakten [7] und orientierten Mannigfaltigkeit $M$ wird folgendermaßen erklärt:

(i) Da $M$ kompakt ist, gibt es endlich viele Karten $(U_j, \varphi_j)$, $j = 1, \ldots, J$, so daß $M$ von den offenen Kartenmengen $U_1, \ldots, U_J$ überdeckt wird. Diese Karten müssen aus dem zugehörigen orientierten Atlas sein.

(ii) Wir wählen eine entsprechende Zerlegung der Einheit $\{f_j\}$, d.h., es gilt

$$\sum_{j=1}^{J} f_j(x) = 1 \quad \text{für alle} \quad x \in M,$$

wobei jede der Funktionen $f_j \colon M \to \mathbb{R}$ stetig ist, außerhalb einer kompakten Teilmenge von $U_j$ gleich null ist und die Ungleichung $0 \le f_j(x) \le 1$ für alle $x \in M$ erfüllt.

(iii) In natürlicher Weise definieren wir nun das Integral $\int_M \theta$ durch

$$\int_M \theta := \sum_{j=1}^{J} \int_{U_j} f_j \theta,$$

wobei die lokalisierten Bestandteile in den entsprechenden Karten berechnet werden. Explizit bedeutet das[8]

$$f_j \theta = a \, dx^1 \wedge dx^2 \wedge \ldots \wedge dx^n$$

und

$$\int_{U_j} f_j \theta = \int_{\varphi(U_j)} a(x_\varphi) \, dx^1 \, dx^2 \ldots dx^n .$$

Das rechts stehende Integral ist dabei im klassischen Sinne zu verstehen.

Diese Definition von $\int_M \theta$ ist unabhängig von der gewählten Überdeckung $\{U_j\}$ und der zugehörigen Zerlegung der Einheit $\{f_j\}$.

**Satz von Stokes:** $M$ sei eine $n$-dimensionale reelle orientierte kompakte Mannigfaltigkeit mit dem kohärent orientierten Rand $\partial M$, und $\omega$ sei eine $(n-1)$-Form der Glattheit $C^1$ auf $M$ mit $n \ge 1$. Dann gilt

$$\int_{\partial M} \omega = \int_M d\omega .$$

Wichtige Spezialfälle dieses fundamentalen Theorems findet[9] man in 10.2.7. Der Satz von Stokes gehört zu den wichtigsten mathematischen Sätzen, die eine *Brücke* von der Mathematik zur Physik schlagen.

[7] Ist die Mannigfaltigkeit $M$ *nicht* kompakt, dann kann man das Integral $\int_M \theta$ in gleicher Weise erklären, falls $\omega$ außerhalb einer kompakten Teilmenge von $M$ gleich null ist.

[8] $f_j \theta$ bedeutet das Produkt von $f_j$ mit $\theta$.

[9] Das Integral $\int_{\partial M} \omega$ ist in natürlicher Weise so zu verstehen daß $\omega$ die Einschränkung auf den Rand $\partial M$ bezeichnet. Wie die in 10.2.7. angegebenen Beispiele zeigen, ist der Kalkül so perfekt, daß er „von selbst" arbeitet.

**Der Satz von Poincaré:** Es sei $\alpha$ eine $p$-Form $(1 \le p \le n)$ der Glattheit $C^1$ auf der $n$-dimensionalen reellen Mannigfaltigkeit $M$ mit

$$\mathrm{d}\alpha = 0 .$$

Dann ist $\alpha$ lokal exakt, d.h., zu jedem Punkt $x \in M$ gibt es eine offene Menge $O$ mit $x \in O$ und eine Differentialform $\omega$ auf $O$, so daß gilt:

$$\mathrm{d}\omega = \alpha \quad \text{auf } O .$$

**Der Satz von de Rham:** Es seien $M$ eine $n$-dimensionale zusammenhängende kompakte reelle Mannigfaltigkeit[10)] und $\alpha$ eine $n$-Form auf $M$ $(n \ge 1)$ der Glattheit $C^1$. Dann sind die beiden folgenden Aussagen äquivalent:

(i) Die Form $\alpha$ ist exakt, d.h., die Gleichung

$$\mathrm{d}\omega = \alpha \quad \text{auf } M$$

hat eine Lösung $\omega$.

(ii) $\int\limits_M \alpha = 0$.

**Orientierbarkeit.** Die $n$-dimensionale reelle Mannigfaltigkeit $M$ $(n \ge 1)$ ist orientierbar, falls auf $M$ eine stetige $n$-Form $\omega$ existiert, die in keinem Punkt von $M$ identisch verschwindet, d.h., zu jedem $x \in M$ existiert ein Tangentenvektor $a \in TM_x$ mit $\omega(a) \neq 0$.

**Abbildungsgrad:** Anwendungen des pull-backs $f^*\omega$ auf den Abbildungsgrad findet man in 18.3.1.

## 15.4.4. Transformation von Tensorfeldern mittels Diffeomorphismen

Es sei

$$f\colon M \to N$$

ein *Diffeomorphismus* zwischen den beiden $n$-dimensionalen reellen Mannigfaltigkeiten $M$ und $N$.

Bezeichnen

$$B\colon N \to \mathbb{R} \quad \text{und} \quad A\colon M \to \mathbb{R}$$

zunächst *Funktionen*, dann definieren wir zwei neue Funktionen

$$f^*B\colon M \to \mathbb{R} \quad \text{und} \quad f_*A\colon N \to \mathbb{R}$$

durch

$$(f^*B)_x = B_y \quad \text{und} \quad (f_*A)_y = A_x \quad \text{mit } y = f(x).$$

In natürlicher Weise heißt $f^*B$ die *Rückwärtstransformation* von $B$ (pull-back) induziert durch $f$, und $f_*A$ heißt die *Vorwärtstransformation* von $A$ (push-forward) induziert durch $f$.

Allgemeiner induziert $f$ in natürlicher Weise eine Abbildung $f^*$, die jedem $C^k$-*Tensorfeld* $B$ auf $N$ vom Typ $(p, q)$ ein $C^k$-Tensorfeld $f^*B$ auf $M$ vom gleichen Typ zuordnet. Ist $y = f(x)$, dann gilt explizit

$$(f^*B)_x(f^*b_1, \ldots, f^*b_{p+q}) = B_y(b_1, \ldots, b_{p+q}) \qquad (15.27)$$

---

[10)] Dieser Satz gilt auch, falls wir die Kompaktheit von $M$ durch die Forderung ersetzen, daß $M$ triangulierbar ist und $\alpha$ außerhalb einer kompakten Teilmenge von $M$ gleich null ist. Das trifft z. B. für $M = \mathbb{R}^n$ zu.

für alle $b_1, \dots, b_p \in TN_y$, $b_{p+1}, \dots, b_{p+q} \in TN_y^*$. Dabei wird durch

$$f^* b_i = (T_x f)^{-1} b_i, \quad i = 1, \dots, p,$$

jedem Tangentialvektor $b_i \in TN_y$ im Bildpunkt $y = f(x)$ mit Hilfe der Invertierung der Tangentialabbildung $T_x f \colon TM_x \to TN_y$ ein Tangentenvektor $f^* b_i \in TM_x^*$ im Urbildpunkt $x$ zugeordnet.

Ferner wird durch

$$(f^* b_j)(b) = b_j((T_x f) b), \quad j = p+1, \dots, p+q, \quad b \in TM_x,$$

jedem Kotangentenvektor $b_j \in TN_y^*$ im Bildpunkt $y$ ein Kotangentenvektor $f^* b_j \in TM_x$ im Urbildpunkt $x$ zugeordnet.

Die Definition von $f^* B$ in (15.27) ist äquivalent zur Formel:

$$(f^* B)_x(a_1, \dots, a_{p+q}) = B_y(f_* a_1, \dots, f_* a_{p+q})$$

für alle $a_1, \dots, a_p \in TM_x$, $a_{p+1}, \dots, a_{p+q} \in TM_x^*$. Dabei setzen wir

$$f_* a_i = (T_x f) a_i, \quad i = 1, \dots, p,$$

und

$$(f_* a_j)(a) = a_j((T_x f)^{-1} a), \quad j = p+1, \dots, p+q, \quad a \in TN_y.$$

Wir bezeichnen $f^* B$ als die durch den Diffeomorphismus $f \colon M \to N$ induzierte *Rückwärtstransformation* (pull-back) des Tensorfeldes $B$ auf der Mannigfaltigkeit $N$. Für diese Operation gilt

$$f^*(B + C) = f^* B + f^* C, \quad f^*(B \otimes D) = f^* B \otimes f^* D.$$

Im Spezialfall von $p$-Formen ergibt sich die Formel (15.26).

Die durch

$$f_* A = (f^{-1})^* A$$

definierte Operation heißt die durch den Diffeomorphismus $f \colon M \to N$ induzierte *Vorwärtstransformation* (push-forward) des Tensorfeldes $A$ auf der Mannigfaltigkeit $M$.

Ist $A$ genauer ein $C^k$-Tensorfeld auf $M$ vom Typ $(p, q)$, dann stellt $f_* A$ ein $C^k$-Tensorfeld auf $N$ dar vom gleichen Typ wie $A$. Es gilt

$$f_*(A + D) = f_* A + f_* D, \quad f_*(A \otimes F) = f_* A \otimes f_* F.$$

Bezeichnet $f \circ g$ die Hintereinanderausführung der beiden Diffeomorphismen $f$ und $g$ und steht $A$ für eine Funktion, ein Vektorfeld oder allgemeiner ein Tensorfeld, dann gilt

$$(f \circ g)_* A = f_*(g_* A) \quad \text{und} \quad (f \circ g)^* A = g^*(f^* A).$$

**Komponenten:** Es seien $(U, \varphi)$ eine Karte für den Punkt $x \in M$ mit den lokalen Koordinaten $x_\varphi = (x^1, \dots x^n)$ und $(V, \psi)$ eine Karte für den Punkt $y \in N$ mit den lokalen Koordinaten $y_\psi = (y^1, \dots, y^n)$. Die zu

$$f \colon M \to N$$

mit $y = f(x)$ gehörige Transformation der lokalen Koordinaten bezeichnen wir durch

$$y^j = y^j(x^1, \dots, x^n), \quad j = 1, \dots, n,$$

mit der Umkehrtransformation $x^j = x^j(y^1, \ldots, y^n), j = 1, \ldots, n$. Dann gilt

$$f^*\mathbf{e}'_j = \frac{\partial x^k(y_\psi)}{\partial y^j}\mathbf{e}_k\,, \quad j = 1, \ldots, n\,,$$

und

$$f^*\,\mathrm{d}y^j = \frac{\partial y^j(x_\varphi)}{\partial x^k}\,\mathrm{d}x^k\,, \quad j = 1, \ldots, n\,,$$

wobei wir über $k$ von 1 bis $n$ summieren. Dabei stellt $\{\mathbf{e}_1, \ldots, \mathbf{e}_n\}$ bzw. $\{\mathbf{e}'_1, \ldots, \mathbf{e}'_n\}$ die natürliche Basis im Tangentialraum $TM_x$ bzw. $TN_y$ dar bezüglich der Karte $(U, \varphi)$ bzw. $(V, \psi)$. Ferner bezeichnet $\{\mathrm{d}x^1, \ldots, \mathrm{d}x^n\}$ bzw. $\{\mathrm{d}y^1, \ldots, \mathrm{d}y^n\}$ die entsprechende natürliche Basis in $TM_x^*$ bzw. $TN_y^*$.

Im Falle eines allgemeinen Tensorfeldes erhalten wir in natürlicher Weise

$$\begin{aligned} &f^*(B^{j_1\ldots j_q}_{i_1\ldots i_p}\,\mathrm{d}y^{i_1} \otimes \ldots \otimes dy^{i_p} \otimes \mathbf{e}_{j_1} \otimes \ldots \otimes \mathbf{e}_{j_q}) \\ &= B^{j_1\ldots j_q}_{i_1\ldots i_p} f^*(\mathrm{d}y^{i_1}) \otimes \ldots \otimes f^*(\mathrm{d}y^{i_p}) \otimes f^*(\mathbf{e}'_{j_1}) \otimes \ldots \otimes f^*(\mathbf{e}'_{j_q})\,. \end{aligned}$$

## 15.4.5. Dynamische Systeme auf Mannigfaltigkeiten

Unter einem ***Fluß*** oder einem dynamischen System (im engeren Sinne) auf der $n$-dimensionalen reellen Mannigfaltigkeit $M$ verstehen wir eine Familie $\{F_t\}_{t\in\mathbb{R}}$ von glatten Abbildungen

$$F_t \colon M \to M\,,$$

so daß folgendes gilt:

(i) $F_0 = I$ (identische Abbildung).
(ii) $F_{t+s} = F_t F_s$ für alle reellen Zahlen $t$ und $s$.

Aus diesen Eigenschaften ergibt sich, daß jede Abbildung $F_t$ einen Diffeomorphismus von $M$ auf $M$ darstellt mit der inversen Abbildung $(F_t)^{-1} = F_{-t}$. Deshalb bezeichnet man einen Fluß auch als einparametrige Gruppe von Diffeomorphismen. Alle Kurven $x = x(t)$ auf $M$ mit

$$x(t) = F_t x_0\,, \quad t \in \mathbb{R}$$

und $x_0 \in M$ heißen die ***Trajektorien*** des Flusses.

Anschaulich beschreibt ein Fluß auf $M$ eine ***Flüssigkeitsströmung*** auf der Mannigfaltigkeit $M$. Befindet sich ein Flüssigkeitsteilchen zur Zeit $t = 0$ im Punkt $x_0$, dann findet man es zur Zeit $t$ im Punkt $x(t)$ (Abb. 15.16). Der Tangentenvektor $\mathbf{v} = \dot{x}(t)$ stellt den ***Geschwindigkeitsvektor*** des Teilchens zur Zeit $t$ dar.

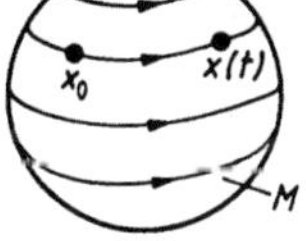


Abb. 15.16

**Konstruktion eines Flusses aus einem Geschwindigkeitsfeld:** Es sei $\mathbf{v} = \mathbf{v}(x)$ ein glattes Vektorfeld auf der $n$-dimensionalen reellen *kompakten* Mannigfaltigkeit $M$. Dann besitzt die Differentialgleichung

$$\dot{x}(t) = \mathbf{v}(x(t)), \quad t \in \mathbb{R}, \qquad x(0) = x_0 \tag{15.28}$$

für jeden vorgegeben Punkt $x_0 \in M$ genau eine Lösung $x = x(t)$. Setzen wir

$$(F_t)x_0 = x(t)\,, \tag{15.29}$$

dann erhalten wir einen Fluß $\{F_t\}$ auf $M$.

## 15.4.6. Lieableitung von Tensorfeldern

Die Lieableitung verallgemeinert die klassische Richtungsableitung für Funktionen auf Tensorfelder. Mit Hilfe der Lieableitung kann man bequem beschreiben, daß ein Tensorfeld unter einem Fluß invariant ist.

Dies verallgemeinert die Konstanz von Tensorfeldern im $\mathbb{R}^3$ entlang von Geraden.

Gegeben sei ein $C^1$-Vektorfeld $\mathbf{v} = \mathbf{v}(x)$ auf der $n$-dimensionalen reellen Mannigfaltigkeit $M$. Dann besitzt die Differentialgleichung (15.28) zumindest für alle $t$ in einer Umgebung $J$ von $t = 0$ eine eindeutige Lösung $x = x(t)$, und für diese Zeitpunkte $t$ konstruieren[11] wir $F_t$ durch (15.29).

**Funktionen:** Es sei $f\colon M \to \mathbb{R}$ eine $C^1$-Funktion. Wir definieren die Lieableitung $\mathscr{L}_\mathbf{v} f$ von $f$ in Richtung des Vektorfeldes $\mathbf{v}$ durch

$$\mathscr{L}_\mathbf{v} f = \mathrm{d}f(\mathbf{v})\,.$$

Das ist gleichbedeutend mit

$$(\mathscr{L}_\mathbf{v} f)_{x_0} = \lim_{t \to 0} \frac{f(x(t)) - f(x_0)}{t}$$

für jeden Punkt $x_0 \in M$, wobei $x_0 = x(0)$ gilt.

In lokalen Koordinaten erhalten wir $\mathbf{v}_x = v^j \mathbf{e}_j$ und

$$(\mathscr{L}_\mathbf{v} f)_x = v^j \partial_j f(x^1, \ldots, x^n) \quad \text{mit } \partial_j = \partial/\partial x^j\,.$$

**Vektorfelder:** Es sei $\mathbf{w}$ ein $C^1$-Vektorfeld auf der Mannigfaltigkeit $M$. Wir definieren die Lieableitung $(\mathscr{L}_\mathbf{v}\mathbf{w})_{x_0}$ von $\mathbf{w}$ im Punkt $x_0$ in Richtung von $\mathbf{v}$ durch[12]

$$(\mathscr{L}_\mathbf{v}\mathbf{w})_{x_0} = \lim_{t \to 0} \frac{(F_t^*\mathbf{w})_{x_0} - \mathbf{w}_{x_0}}{t}\,. \tag{15.30}$$

Wegen $F_0^*\mathbf{w} = \mathbf{w}$ kann man dafür auch kurz schreiben:

$$\mathscr{L}_\mathbf{v}\mathbf{w} = \frac{\mathrm{d}F_t^*\,\mathbf{w}}{\mathrm{d}t}\Big|_{t=0}\,.$$

Anschaulich bedeutet (15.30), daß wir das Vektorfeld $\mathbf{w}$ im Ausgangspunkt $x_0$ und im Trajektorienpunkt $x(t)$ betrachten. Die Differenz $\mathbf{w}_{x(t)} - \mathbf{w}_{x_0}$ kann jedoch *nicht* benutzt

---

[11] Dann ist $F_t$ auf einer Umgebung von $x_0$ erklärt, und wir bezeichnen die Familie $\{F_t\}_{t \in J}$ als einen *lokalen Fluß*.

[12] Benutzt man die Tangentialabbildung, dann ist explizit

$$(F_t^*\mathbf{w})_{x_0} = (T_{x_0}F_t)^{-1}\mathbf{w}_{x(t)} \quad \text{mit } x_0 = x(0)\,.$$

werden, weil $\mathbf{w}_{x(t)}$ und $\mathbf{w}_{x_0}$ in verschiedenen Tangentialräumen zu den Punkten $x(t)$ und $x_0$ liegen. Deshalb transportieren wir den Tangentialvektor $\mathbf{w}_{x(t)}$ mit Hilfe des von $\mathbf{v}$ erzeugten Flusses $F_t$ in den Tangentialraum zum Punkt $x_0$, d.h., wir ersetzen $\mathbf{w}_{x(t)}$ durch $(F_t^*\mathbf{w})_{x_0}$ und bilden damit den Differenzenquotienten in (15.30). In lokalen Koordinaten erhalten wir $\mathbf{v}_x = v^i\mathbf{e}_i$, $\mathbf{w}_x = w^j\mathbf{e}_j$ und

$$(\mathscr{L}_{\mathbf{v}}\mathbf{w})_x = (L_v w^j)\mathbf{e}_j\,,$$

wobei wir $L_v w^j$ in 15.1.5. definiert haben, d.h.

$$L_v w^j = v^i\partial_i w^j - w^i\partial_i v^j\,.$$

**Lieklammern:** Sind $\mathbf{v}$ und $\mathbf{w}$ $C^1$-Vektorfelder auf der Mannigfaltigkeit $M$, dann setzen wir

$$[\mathbf{v},\mathbf{w}] := \mathscr{L}_{\mathbf{v}}\mathbf{w}\,.$$

Sind $\alpha$ und $\beta$ reelle Zahlen, dann gilt

$$[\mathbf{v},\mathbf{w}] = -[\mathbf{w},\mathbf{v}], \quad [\alpha\mathbf{v}+\beta\mathbf{w},\mathbf{z}] = \alpha[\mathbf{v},\mathbf{z}] + \beta[\mathbf{w},\mathbf{z}]\,,$$

und wir haben die sogenannte *Jacobi-Identität*

$$[\mathbf{v},[\mathbf{w},\mathbf{z}]] + [\mathbf{w},[\mathbf{z},\mathbf{v}]] + [\mathbf{z},[\mathbf{v},\mathbf{w}]] = 0\,,$$

d.h., die $C^1$-Vektorfelder auf $M$ bilden eine ***Liealgebra*** bezüglich der Lieklammer $[.,.]$.

Die Lieklammern sind invariant unter jedem Diffeomorphismus $f\colon M \to N$, d.h.

$$f_*[\mathbf{v},\mathbf{w}] = [f_*\mathbf{v}, f_*\mathbf{w}]\,.$$

Schreibt man die beiden Vektorfelder $\mathbf{v}$ und $\mathbf{w}$ in der formalen Form

$$\mathbf{v} = v^i\partial_i\,, \quad \mathbf{w} = w^j\partial_j\,, \quad \partial_j = \partial/\partial x^j\,,$$

als lineare Differentialoperatoren, dann erhalten wir wegen $\partial_i\partial_j = \partial_j\partial_i$ sofort

$$[\mathbf{v},\mathbf{w}] = \mathbf{v}(\mathbf{w}) - \mathbf{w}(\mathbf{v})\,.$$

Tatsächlich gilt

$$\mathbf{v}(\mathbf{w}) - \mathbf{w}(\mathbf{v}) = v^i\partial_i(w^j\partial_j) - w^j\partial_j(v^i\partial_i) = v^i\partial_i w^j - w^j\partial_j v^i\,.$$

Benutzt man die Schreibweise $\mathbf{v}(f) = v^i\partial_j f$, wobei $f\colon M \to \mathbb{R}$ eine Funktion auf der Mannigfaltigkeit $M$ darstellt, dann ist

$$\mathbf{v}(f) = \mathrm{d}f(\mathbf{v}) = \mathscr{L}_{\mathbf{v}}(f)$$

und

$$[\mathbf{v},\mathbf{w}](f) = \mathbf{v}(\mathbf{w}(f)) - \mathbf{w}(\mathbf{v}(f))\,.$$

**Allgemeine Tensorfelder:** Ist $A$ ein $C^1$-Tensorfeld vom Typ $(p,q)$ auf der Mannigfaltigkeit $M$, dann definieren wir die Lieableitung $\mathscr{L}_{\mathbf{v}}A$ von $A$ in Richtung des Vektorfeldes $\mathbf{v}$ durch[13)]

$$\mathscr{L}_{\mathbf{v}}A = \frac{\mathrm{d}F_t^*A}{\mathrm{d}t}\bigg|_{t=0}\,.$$

---

[13)] Diese Beziehung ist in dem Sinne zu verstehen, daß sie in jedem Punkt $x \in M$ für alle Argumente gilt, d.h., es ist

$$(\mathscr{L}_{\mathbf{v}}A)_x(a_1,\ldots,a_{p+q}) = \lim_{t\to 0}\frac{(F_t^*A)_x(a_1,\ldots,a_{p+q}) - A_x(a_1,\ldots,a_{p+q})}{t}$$

für alle $a_1,\ldots,a_p \in TM_x$ und $a_{p+1},\ldots,a_{p+q} \in TM_x^*$.

Die Lieableitung ist linear, d.h.

$$\mathscr{L}_{\mathbf{v}}(A+B) = \mathscr{L}_{\mathbf{v}}A + \mathscr{L}_{\mathbf{v}}B\,,$$

und es gelten die Produktregeln

$$\mathscr{L}_{\mathbf{v}}(A\otimes C) = (\mathscr{L}_{\mathbf{v}}A)\otimes C + A\otimes \mathscr{L}_{\mathbf{v}}C\,,$$
$$\mathscr{L}_{\mathbf{v}}(fA) = (\mathscr{L}_{\mathbf{v}}f)A + f\mathscr{L}_{\mathbf{v}}A\,,$$

wobei $f\colon M \to \mathbb{R}$ eine reelle $C^1$-Funktion bezeichnet.

Die Lieableitung kann man ferner mit jeder Kontraktion $\mathscr{K}$ eines Tensorfeldes $A$ vertauschen, d.h.

$$\mathscr{L}_{\mathbf{v}}(\mathscr{K}A) = \mathscr{K}\mathscr{L}_{\mathbf{v}}A\,.$$

Für alle reellen Zahlen $t$ gilt

$$\frac{\mathrm{d}}{\mathrm{d}t}F_t^*A = F_t^*\mathscr{L}_{\mathbf{v}}A\,.$$

Diese Beziehung ist auch für Funktionen $A = f$ gültig.

Schließlich hat man

$$\mathscr{L}_{\mathbf{v}}\mathscr{L}_{\mathbf{w}}A - \mathscr{L}_{\mathbf{w}}\mathscr{L}_{\mathbf{v}}A = \mathscr{L}_{[\mathbf{v},\mathbf{w}]}A\,,$$

falls $A$ ein $C^2$-Tensorfeld auf $M$ ist (oder eine $C^2$-Funktion auf $M$) und $\mathbf{v}, \mathbf{w}$ $C^2$-Vektorfelder auf $M$ darstellen.

In lokalen Koordinaten erhalten wir

$$A_x = A^{j_1\ldots j_q}_{i_1\ldots i_p}\,\mathrm{d}x^{i_1}\otimes\ldots\otimes dx^{i_p}\otimes \mathbf{e}_{j_1}\otimes\ldots\otimes\mathbf{e}_{j_q}$$

und

$$(\mathscr{L}_{\mathbf{v}}A)_x = (L_v A^{j_1\ldots j_q}_{i_1\ldots i_p}\,\mathrm{d}x^{i_1}\otimes\ldots\otimes \mathrm{d}x^{i_p}\otimes\mathbf{e}_{j_1}\otimes\ldots\otimes\mathbf{e}_{j_q}\,, \qquad (15.31)$$

wobei $L_v A^{\cdots}_{\cdots}$ in 15.1.5. definiert worden ist.

*Beispiel:* Für die natürlichen Basen erhalten wir

$$\mathscr{L}_{\mathbf{v}}\mathbf{e}_i = -\partial_i v^j\mathbf{e}_j\,,\quad \mathscr{L}_{\mathbf{v}}(\mathrm{d}x^i) = \partial_j v^i\,\mathrm{d}x^j\,.$$

Diese Formeln kann man benutzen, um zusammen mit der Produktregel die Beziehung (15.31) zu erhalten. Zum Beispiel ist

$$\mathscr{L}_{\mathbf{v}}(a_i\,\mathrm{d}x^i) = (\mathscr{L}_{\mathbf{v}}a_i)(\mathrm{d}x^i) + a_i\mathscr{L}_{\mathbf{v}}\,\mathrm{d}x^i$$
$$= v^j\partial_j a_i\,\mathrm{d}x^i + a_i\partial_j v^i\,\mathrm{d}x^j = (L_v a_i)\,\mathrm{d}x^i$$

mit $L_v a_i = v^j\partial_j a_i + a_j\partial_i v^j$.

**Invariante Tensorfelder:** Es seien $\{F_t\}$ ein Fluß auf der Mannigfaltigkeit $M$ und $\mathbf{v}$ das zugehörige Vektorfeld, d.h., $\mathbf{v}(x_0) = \dot{x}(0)$ ist der Geschwindigkeitsvektor der Trajektorie $x(t) = F_t x_0$ durch den Punkt $x_0$ zur Zeit $t = 0$. Ferner sei $A$ ein $C^1$-Tensorfeld auf $M$ (oder eine $C^1$-Funktion auf $M$). Dann sind die beiden folgenden Aussagen äquivalent:

(i) $\mathscr{L}_{\mathbf{v}}A = 0$ auf $M$.

(ii) Das Tensorfeld $A$ ist invariant unter dem Fluß $\{F_t\}$, d.h., es gilt

$$F_t^*A = A\,.$$

Man sagt auch, daß $A$ konstant ist längs des Flusses $\{F_t\}$.

*Beispiel:* In dem Spezialfall, daß $A: M \to \mathbb{R}$ eine Funktion ist, bedeutet die Invarianz unter dem Fluß $\{F_t\}$, daß $A$ längs der Trajektorien von $\{F_t\}$ konstant ist.

**Differentialformen:** Es seien $\omega$ eine $p$-Form der Glattheit $C^1$ auf der Mannigfaltigkeit $M$ und $\mathbf{v}$ ein $C^1$-Vektorfeld auf $M$. Definieren wir das *innere Produkt* $i_{\mathbf{v}}\omega$ zwischen $\mathbf{v}$ und $\omega$ durch[14]

$$(i_{\mathbf{v}}\omega)_x(a_2, \ldots, a_p) = \omega_x(\mathbf{v}, a_2, \ldots, a_p)$$

für alle $a_2, \ldots, a_p \in TM_x$, dann ist $i_{\mathbf{v}}\omega$ eine $(p-1)$-Form auf $M$, und es gilt die sogenannte *magische Formel von Cartan*

$$\mathscr{L}_{\mathbf{v}}\omega = i_{\mathbf{v}}\,\mathrm{d}\omega + \mathrm{d}(\,i_{\mathbf{v}}\omega)\,.$$

Für eine 1-Form $\omega$ der Glattheit $C^1$ auf $M$ und $C^1$-Vektorfelder $\mathbf{v}, \mathbf{w}$ auf $M$ gilt ferner die wichtige Formel

$$\mathrm{d}\omega(\mathbf{v}, \mathbf{w}) = \mathscr{L}_{\mathbf{v}}\omega(\mathbf{w}) - \mathscr{L}_{\mathbf{w}}\omega(\mathbf{v}) - \omega([\mathbf{v}, \mathbf{w}])\,.$$

Ist allgemein $\omega$ eine $p$-Form der Glattheit $C^1$ auf $M$ $(p \geq 1)$ und sind $\mathbf{v}_0, \ldots \mathbf{v}_p$ $C^1$-Vektorfelder auf $M$, dann hat man

$$\begin{aligned}\mathrm{d}\omega(\mathbf{v}_0, \ldots, \mathbf{v}_p) = &\sum_{i=0}^{p}(-1)^i \mathscr{L}_{\mathbf{v}_i}\omega(\mathbf{v}_0, \ldots, \hat{\mathbf{v}}_i, \ldots, \mathbf{v}_p)\\ &+ \sum_{i<j}(-1)^{i+j}\omega([\mathbf{v}_i, \mathbf{v}_j], \mathbf{v}_0, \ldots, \hat{\mathbf{v}}_i, \ldots, \hat{\mathbf{v}}_j, \ldots, \mathbf{v}_p)\,.\end{aligned}$$

Die Argumente mit dem Dach werden dabei weggelassen.

Somit kann die Ableitung $\mathrm{d}\omega$ einer Differentialform $\omega$ allein mit Hilfe der Lieableitung beschrieben werden. Das unterstreicht die fundamentale Bedeutung der Lieableitung für die Analysis auf Mannigfaltigkeiten.

Ferner gelten die folgenden Rechenregeln, wobei wir voraussetzen, daß $\omega$ eine $p$-Form und $\theta$ eine $q$-Form der Glattheit $C^1$ auf $M$ ist $(p, q \geq 1)$, $\mathbf{v}$ und $\mathbf{w}$ $C^1$-Vektorfelder auf $M$ sind sowie $f: M \to N$ einen Diffeomorphismus darstellt:

(a) $i_{\mathbf{v}}i_{\mathbf{v}}\omega = 0$ und $i_{\mathbf{v}}(\omega \wedge \theta) = (i_{\mathbf{v}}\omega) \wedge \theta + (-1)^p\omega \wedge i_{\mathbf{v}}\theta$.

(b) $f^*i_{\mathbf{v}}\omega = i_{f^*\mathbf{v}}f^*\omega$.

(c) $\mathscr{L}_{\mathbf{v}}(\omega \wedge \theta) = (\mathscr{L}_{\mathbf{v}}\omega) \wedge \theta + \omega \wedge \mathscr{L}_{\mathbf{v}}\theta$.

(d) $f^*\mathscr{L}_{\mathbf{v}}\omega = \mathscr{L}_{f^*\mathbf{v}}f^*\omega$.

(e) $\mathscr{L}_{f\mathbf{v}}\omega = f\mathscr{L}_{\mathbf{v}}\omega + \mathrm{d}f \wedge i_{\mathbf{v}}\omega$.

(f) $\mathscr{L}_{[\mathbf{v},\mathbf{w}]}\omega = \mathscr{L}_{\mathbf{v}}\mathscr{L}_{\mathbf{w}}\omega - \mathscr{L}_{\mathbf{w}}\mathscr{L}_{\mathbf{v}}\omega$.

(g) $\mathscr{L}_{\mathbf{v}}\,\mathrm{d}\omega = \mathrm{d}\mathscr{L}_{\mathbf{v}}\,\omega$ und $\mathscr{L}_{\mathbf{v}}i_{\mathbf{v}}\omega = i_{\mathbf{v}}\mathscr{L}_{\mathbf{v}}\omega$.

(h) $i_{[\mathbf{v},\mathbf{w}]}\omega = \mathscr{L}_{\mathbf{v}}i_{\mathbf{w}}\omega - i_{\mathbf{w}}\mathscr{L}_{\mathbf{v}}\omega$.

## 15.4.7. Der Satz von Frobenius

Die beiden folgenden Versionen des Satzes von Frobenius werden in der Differentialgeometrie häufig benutzt, um Untermannigfaltigkeiten zu konstruieren.

---

[14] Für eine 0-Form $\omega$ setzen wir $i_{\mathbf{v}}\omega = 0$.

**Geometrische Formulierung:** Wir betrachten die Aufgabe, eine Untermannigfaltigkeit durch Vorgabe ihrer Tangentialräume zu konstruieren. Die Tangentialräume dürfen dabei erwartungsgemäß nicht willkürlich vorgegeben werden, sondern sie müssen die sogenannte Integrabilitätsbedingung erfüllen.

Es sei $M$ eine $n$-dimensionale reelle Mannigfaltigkeit, und es sei $1 \leq r < n$. Wir nehmen an, daß jedem Punkt $x \in M$ ein $r$-dimensionaler linearer Unterraum $L_x$ des Tangentialraumes $TM_x$ von $M$ im Punkt $x$ zugeordnet ist.

Unter einer Integraluntermannigfaltigkeit (kurz *Integralmannigfaltigkeit*) $I$ von $\{L_x\}$ verstehen wir eine $r$-dimensionale Untermannigfaltigkeit $I$ von $M$, so daß gilt:

$$TI_x = L_x \quad \text{für alle } x \in I\,, \tag{15.32}$$

d.h., der Tangentialraum $TI_x$ der Integralmannigfaltigkeit $I$ im Punkt $x$ stimmt mit dem vorgegeben linearen Raum $L_x$ überein.

Das System $\{L_x\}$ heißt *vollständig integrabel* genau dann, wenn durch jeden Punkt $x \in M$ eine Integralmannigfaltigkeit $I$ geht und $I$ lokal eindeutig[15)] ist.

Wir nehmen an, daß das System $\{L_x\}$ *glatt* von $x$ abhängt, d.h., zu jedem Punkt $x_0 \in M$ gibt es eine offene Umgebung $U(x_0)$ auf $M$ und $n$ glatte Vektorfelder $\mathbf{v}_1, \ldots, \mathbf{v}_n$ auf $U(x_0)$, so daß $\mathbf{v}_1(x), \ldots, \mathbf{v}_n(x)$ eine Basis von $L_x$ für jeden Punkt $x \in U(x_0)$ darstellt.

**Satz 1:** Die folgenden beiden Aussagen sind äquivalent:

(i) Das System $\{L_x\}$ ist vollständig integrabel.

(ii) Das System $\{L_x\}$ erfüllt die *Integrabilitätsbedingung*, d.h., sind $\mathbf{v}$ und $\mathbf{w}$ zwei glatte Vektorfelder auf einer offenen Menge $O$ von $M$ mit

$$\mathbf{v}_x, \mathbf{w}_x \in L_x \quad \text{für alle } x \in O\,,$$

dann gilt auch

$$[\mathbf{v}, \mathbf{w}]_x \in L_x \quad \text{für alle } x \in O\,,$$

wobei [.,.] die Lieklammer bezeichnet.

Sind speziell alle Räume $L_x$ eindimensional, dann ist die Integrabilitätsbedingung (ii) stets erfüllt. Die Integralmannigfaltigkeiten sind dann Kurven, wobei $L_x$ den Tangentialraum an die Kurve im Punkt $x$ darstellt, der durch den Tangentenvektor in $x$ aufgespannt wird.

**Duale analytische Formulierung für Systeme von 1-Formen:** Wir betrachten das folgende sogenannte *Pfaffsche System:*

$$\omega^j = 0 \quad \text{auf } I\,, \quad j = 1, \ldots, n - r\,. \tag{15.33}$$

Gegeben sind die glatten, linear unabhängigen 1-Formen $\omega^1, \ldots, \omega^{n-r}$ auf der $n$-dimensionalen reellen Mannigfaltigkeit $M$ mit $1 \leq r < n$. Gesucht wird eine *Integralmannigfaltigkeit* $I$ von (15.33). Definitionsgemäß ist das eine Untermannigfaltigkeit $I$ von $M$, die (15.33) erfüllt, d.h., es gilt

$$\omega^j_x(a) = 0 \quad \text{für alle } a \in TI_x \text{ und alle Punkte } x \in I,\ j = 1, \ldots, n - r$$

Das System (15.33) heißt *vollständig integrabel* genau dann, wenn durch jeden Punkt $x \in M$ eine $r$-dimensionale Integralmannigfaltigkeit $I$ geht, die lokal eindeutig ist.

Bezeichnet $L_x$ die Menge aller $a \in TM_x$ mit $\omega^j_x(a) = 0$, $j = 1, \ldots, n - r$, dann ist das Problem (15.33) gleichbedeutend mit (15.32).

---

15) Das bedeutet, daß es zu zwei Integralmannigfaltigkeiten $I_1$ und $I_2$ durch den Punkt $x$ eine offene Umgebung von $x$ auf $M$ gibt, so daß $I_1$ und $I_2$ auf $U$ übereinstimmen.

**Satz 2: Die folgenden drei Aussagen sind äquivalent:**

(i) Das Pfaffsche System (15.33) ist vollständig integrabel.

(ii) Auf der Mannigfaltigkeit $M$ ist die ***Integrabilitätsbedingung***

$$d\omega^j \wedge \omega^1 \wedge \ldots \wedge \omega^{n-r} = 0\,, \quad j = 1, \ldots, n-r\,,$$

erfüllt.

(iii) Zu jedem Punkt $x_0 \in M$ gibt es eine Karte $(V, \psi)$ der Ausgangsmannigfaltigkeit $M$, so daß in den zugehörigen lokalen Koordinaten $x_\psi = (y^1, \ldots, y^n)$ gilt:

$$\omega^j = \sum_{k=r+1}^{n} a^j_k \, dy^k \quad \text{auf } V, \quad j = 1, \ldots, n-r\,.$$

Die eindeutig bestimmte $r$-dimensionale Integralmannigfaltigkeit $I$ auf $M \cap V$ durch den Punkt $x_0$ ist dann gegeben durch die lokale Koordinatengleichung

$$y^1 \text{ ist beliebig}, \ldots, \quad y^r \text{ ist beliebig}, \quad y^{r+1} = \ldots = y^n = 0\,.$$

**Äquivalentes System partieller Differentialgleichungen 1. Ordnung:** Es sei $(U, \varphi)$ eine Karte der Ausgangsmannigfaltigkeit $M$ zum Punkt $x_0$ mit den lokalen Koordinaten $x_\varphi = (x^1, \ldots, x^n)$. Stellen wir die $r$-dimensionale Integralmannigfaltigkeit $I$ von (15.33) durch den Punkt $x_0$ in der Form

$$x^j = x^j(u^1, \ldots, u^r), \quad j = 1, \ldots, n\,,$$

dar, dann bilden die Vektoren

$$\mathbf{b}_k = \frac{\partial x^i}{\partial u^k}\mathbf{e}_i, \quad k = 1, \ldots, r\,,$$

eine Basis des Tangentialraumes $TI_{x_0}$, wobei $\mathbf{e}_1, \ldots, \mathbf{e}_n$ die natürliche Basis von $TM_{x_0}$ bezüglich der Karte $(U, \varphi)$ darstellt. Es sei

$$\omega^j = \omega^j_s \, dx^s\,.$$

Dann ist das Pfaffsche System (15.33) äquivalent zu

$$\omega^j_s(x^1, \ldots, x^n)\, dx^s(\mathbf{b}_k) = 0, \quad j = 1, \ldots, n-r \text{ und } k = 1, \ldots, r\,.$$

Wegen $dx^s(\mathbf{e}_k) = \delta^s_k$ ist somit das Pfaffsche System (15.33) lokal äquivalent zu dem System partieller Differentialgleichungen erster Ordnung

$$\omega^j_s \frac{\partial x^s}{\partial u^k} = 0, \quad j = 1, \ldots, n-r, \quad k = 1, \ldots, r\,. \tag{15.33*}$$

**Formaler Kalkül:** Häufig benutzt man das folgende bequeme formale Argument, um (15.33*) zu erhalten. Wir schreiben das Pfaffsche Ausgangssystem (15.33) formal in der Form

$$\omega^j_s \, dx^s = 0\,. \tag{15.34}$$

Aus dem Ansatz $x^s = x^s(u^1, \ldots, u^r)$ erhalten wir $dx^s = \dfrac{\partial x^s}{\partial u^k} du^k$ und somit

$$\omega^j_s \frac{\partial x^s}{\partial u^k} du^k = 0\,. \tag{15.35}$$

Fordern wir, daß diese Beziehung für „alle $du^k$" erfüllt ist, dann erhalten wir sofort (15.33*).

Dieses formale Argument wird zu einem strengen Argument, falls wir unter $dx^s$ in (15.34) die Einschränkung von $dx^s$ auf den entsprechenden Tangentialraum von $I$ verstehen und in (15.35) benutzen, daß die 1-Formen $du^1, \ldots, du^r$ linear unabhängig sind.

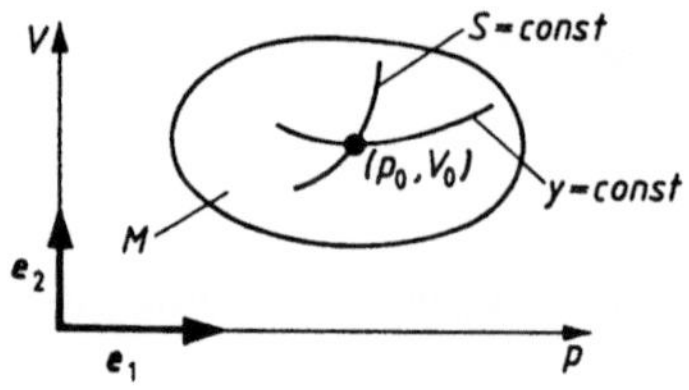


Abb. 15.17

*Beispiel:* Es sei $M$ eine nichtleere offene Menge des $\mathbb{R}^2$ mit den kartesischen Koordinaten $(p, V)$ und den orthogonalen Basiseinheitsvektoren $\mathbf{e}_1, \mathbf{e}_2$ (Abb. 15.17). Dann stellt $M$ eine zweidimensionale Mannigfaltigkeit dar. Wir betrachten die 1-Form

$$\omega = a(p, V)\,\mathrm{d}p + b(p, V)\,\mathrm{d}V \tag{15.36}$$

auf $M$ mit den glatten Funktionen $a$ und $b$, wobei $a(p, V)^2 + b(p, V)^2 \neq 0$ auf $M$ gilt. Dann erhalten wir

$$\begin{aligned}\mathrm{d}\omega &= \mathrm{d}a \wedge \mathrm{d}p + \mathrm{d}b \wedge \mathrm{d}V = (a_p\,\mathrm{d}p + a_V\,\mathrm{d}V) \wedge \mathrm{d}p + (b_p\,\mathrm{d}p + b_V\,\mathrm{d}V) \wedge \mathrm{d}V \\ &= (a_V - b_p)\,\mathrm{d}V \wedge \mathrm{d}p\,.\end{aligned}$$

Folglich ist die Integrabilitätsbedingung

$$\mathrm{d}\omega \wedge \omega = 0$$

auf $M$ erfüllt, d.h., die 1-Form $\omega$ ist *vollständig integrabel.* Nach Satz 2(iii) existiert zu jedem Punkt $(p_0, V_0)$ von $M$ eine offene Umgebung $U(p_0, V_0)$, in der man neue glatte krummlinige Koordinaten $S$ und $y$ mit

$$S = S(p, V), \quad y = y(p, V)$$

einführen kann, so daß

$$\omega = T\,\mathrm{d}S \tag{15.37}$$

auf der Umgebung $U(p_0, V_0)$ gilt, wobei $T = T(p, V)$ eine glatte Funktion ist.

Die Integralmannigfaltigkeit $I$ der Gleichung

$$\omega = 0 \tag{15.38}$$

durch den Punkt $(p_0, V_0)$ lautet nach (15.37) gleich[16)]

$$S(p, V) = \text{const}$$

in der Umgebung $U(p_0, V_0)$ (Abb. 15.17).

---

16) Suchen wir die Integralmannigfaltigkeit $I$ in der Form $p = p(t), V = V(t)$, dann erhalten wir wegen $\omega = a\,\mathrm{d}p + b\,\mathrm{d}V$ aus (15.38) die gewöhnliche Differentialgleichung

$$a\dot{p} + b\dot{V} = 0\,.$$

# 15.5. Anwendungen in der Thermodynamik

***Standardbeispiel:*** **Wir betrachten ein Gas mit dem Volumen $V$, dem Druck $p$ und der inneren Energie $E = E(p, V)$. Die 1-Form**

$$\omega = \mathrm{d}E + p\,\mathrm{d}V = E_p\,\mathrm{d}p + (E_V + p)\,\mathrm{d}V \tag{15.39}$$

**stellt einen Spezialfall von (15.36) dar. Die Funktion $T$ bzw. $S$ entspricht dann der *absoluten Temperatur* bzw. der *Entropie* des Gases. Die Existenz dieser physikalischen Größen folgt somit zwingend aus der mathematischen Struktur von $\omega$. Nach (15.37) gilt $TdS = \omega$. Daraus folgt die sogenannte Gibbssche Fundamentalgleichung des Gases**

$$T\,\mathrm{d}S = \mathrm{d}E + p\,\mathrm{d}V\,. \tag{15.40}$$

**Um die physikalische Bedeutung von $\omega$, $S$ und der Integralmannigfaltigkeit $I$ zu erläutern, betrachten wir die Kurve**

$$\mathbf{x}(t) = p(t)\mathbf{e}_1 + V(t)\mathbf{e}_2\,, \tag{15.41}$$

**die einem *thermodynamischen Prozeß* des Gases entspricht, wobei das Gas zur Zeit $t$ den Druck $p(t)$ und das Volumen $V(t)$ besitzt. Aus der Zeitableitung**

$$\dot{\mathbf{x}}(t) = \dot{p}(t)\mathbf{e}_1 + \dot{V}(t)\mathbf{e}_2$$

**zusammen mit $\mathrm{d}p(\mathbf{e}_1) = \mathrm{d}V(\mathbf{e}_2) = 1$, $\mathrm{d}p(\mathbf{e}_2) = \mathrm{d}V(\mathbf{e}_1) = 0$ und (15.39) erhalten wir**

$$\omega(\dot{\mathbf{x}}(t)) = E_p(t)\dot{p}(t) + (E_V(t) + p(t))\dot{V}(t)\,,$$

**wobei wir $f(t) = f(p(t), V(t))$ setzen. Bezeichnet $Q(t)$ diejenige Wärmemenge, die dem Gas im Zeitintervall $[0, t]$ zugeführt wird ($Q(0) = 0$), dann besagt der *erste Hauptsatz der Thermodynamik*, daß**

$$\dot{Q}(t) = \dot{E}(t) + p(t)\dot{V}(t)$$

**gilt. Folglich erhalten wir**

$$\omega(\dot{\mathbf{x}}(t)) = \dot{Q}(t)\,,$$

**wobei $\dot{Q}(t)$ die Geschwindigkeit der Wärmezufuhr zur Zeit $t$ darstellt. Aus (15.37) folgt**

$$\dot{Q}(t) = T(t)\dot{S}(t)\,.$$

**Das ist der *zweite Hauptsatz der Thermodynamik* für die vorliegende Situation. Wegen $T(t) > 0$ gilt $\dot{Q} \equiv 0$ genau dann, wenn $\dot{S}(t) \equiv 0$ ist, d.h.**

$$Q(t) \equiv 0 \Leftrightarrow S(t) \equiv \mathrm{const}\,.$$

**Folglich entspricht die Integralmannigfaltigkeit $I$: $S(p, V) = \mathrm{const}$ thermodynamischen Prozessen (15.41) des Gases ohne Wärmezufuhr (*adiabatische Prozesse*).**

**Allgemeine thermodynamische Prozesse: Die beiden Grundgleichungen für thermodynamische Prozesse lauten folgendermaßen:**

**(i) Erster Hauptsatz**

$$\dot{E}(t) = \dot{Q}(t) + \dot{A}(t)\,. \tag{15.42}$$

**(ii) Zweiter Hauptsatz**

$$\dot{Q}(t) \leq T(t)\dot{S}(t)\,. \tag{15.43}$$

**Dabei gilt:**

$Q(t)$ – Wärmemenge, die dem System im Zeitintervall $[0,t]$ zugeführt wird;
$A(t)$ – Arbeit, die dem System im Zeitintervall $[0,t]$ zugeführt wird;
$E(t)$, $S(t)$, $T(t)$ – innere Energie, Entropie, absolute Temperatur des Systems zur Zeit $t$.

Der Punkt in (15.42), (15.43) bezeichnet die Zeitableitung. Ein Prozeß heißt *reversibel* genau dann, wenn er auch in umgekehrter Zeitrichtung ablaufen kann (z. B. sind biologische Alterungsprozesse nicht reversibel). Für reversible Prozesse gilt anstelle von (15.43) die Gleichung

$$\dot{Q}(t) = T(t)\dot{S}(t)\,. \tag{15.43*}$$

Aus (15.42), (15.43*) erhalten wir

$$\dot{E}(t) = T(t)\dot{S}(t) + \dot{A}(t)\,. \tag{15.44}$$

**Die Sprache der Physiker:** Anstelle von (15.42) und (15.43*) schreiben Physiker kurz

$$\mathrm{d}E = \delta Q + \delta A\,, \quad \delta Q = T\,\mathrm{d}S\,.$$

Daraus folgt die Gibbssche Fundamentalgleichung

$$\mathrm{d}E = T\,\mathrm{d}S + \delta A\,, \tag{15.45}$$

die (15.44) entspricht. Diese Gleichung gilt, falls es sich um reversible Prozesse handelt.

Wir wollen zeigen, daß man eine strenge mathematische Formulierung von(15.45) erhält, indem man anstelle von $\delta A$ eine 1-Form $\mathscr{A}$ benutzt.

**Das mathematische Grundmodell der phänomenologischen Thermodynamik für quasistatische Prozesse:** Vom abstrakten mathematischen Standpunkt aus enthält dieses Modell die folgenden Bestandteile:

(i) Die Zustandsmannigfaltigkeit $Z$: Jeder Punkt $z$ von $Z$ entspricht einem Zustand des Systems. Eine Kurve $z = z(t)$ beschreibt einen Prozeß, wobei im Zeitpunkt $t$ der Zustand $z(t)$ vorliegt.

(ii) Die Zustandsfunktionen $E$, $S$ und $T$ auf $Z$ ($E$ – innere Energie, $S$ – Entropie, $T$ – absolute Temperatur): Zum Beispiel bedeutet $E(z)$ die innere Energie im Zustand $z$.

(iii) Die 1-Form $\mathscr{A}$ auf $Z$, die wir die Arbeitsform nennen:
Es gilt die Gibbssche Fundamentalgleichung

$$\mathrm{d}E = T\,\mathrm{d}S + \mathscr{A}\,. \tag{15.46}$$

Schreiben wir kurz $E(t)$ für $E(z(t))$, dann hat man

$$\dot{E}(t) = \mathrm{d}E(\dot{z}(t))\,.$$

Aus (15.46) folgt somit $\mathrm{d}E(\dot{z}(t)) = T(z(t))dS(\dot{z}(t)) + \mathscr{A}(\dot{z}(t))$. Deshalb gilt (15.44), falls wir die Arbeitsfunktion $A(t)$ durch

$$\dot{A}(t) = \mathscr{A}(\dot{z}(t))\,, \quad A(0) = 0\,,$$

definieren. Ferner gilt (15.42), falls wir die Wärmefunktion $Q(t)$ durch

$$\dot{Q}(t) = \dot{E}(t) - \dot{A}(t), \quad Q(0) = 0\,,$$

definieren.

Dieses Modell kann auf sogenannte quasistatische Prozesse angewandt werden, die so langsam verlaufen, daß sie reversibel sind und der Zustand des Systems in jedem Zeitpunkt durch eine endliche Anzahl von Parametern beschrieben werden kann.

*Beispiel:* Wir nehmen an, daß die Systemzustände durch die zwei Parameter $p$, $V$ beschrieben werden können ($p$ - Druck, $V$ - Volumen). Dann lautet die Gibbssche Fundamentalgleichung

$$\mathrm{d}E = T\,\mathrm{d}S - p\,\mathrm{d}V \quad \text{mit der Arbeitsform } \mathscr{A} = -pdV \tag{15.47}$$

und den Zustandsfunktionen $E = E(p,V)$, $S = S(p,V)$, $T = T(p,V)$.

Gleichung (15.47) bedeutet $E_p\,\mathrm{d}p + E_V\,\mathrm{d}V = TS_p\,\mathrm{d}p + TS_V\,\mathrm{d}V - p\,\mathrm{d}V$. Das ist äquivalent zu dem folgenden System partieller Differentialgleichungen

$$E_p = TS_p\,, \quad E_V = TS_V - p\,. \tag{15.47*}$$

Jedes thermodynamische System, das durch Druck $p$ und Volumen $V$ beschrieben wird, muß der Gleichung (15.47) genügen.

# 15.6. Klassische Mechanik und symplektische Geometrie

## 15.6.1. Grundidee

In der klassischen Mechanik wird die Bewegung $q = q(t)$ eines Systems durch das Variationsproblem

$$\int_a^b L(q,\dot{q})\,\mathrm{d}t = \text{stationär !}\,, \tag{15.48}$$

$$q(a),\ q(b) \text{ sind fest vorgegeben}\,,$$

beschrieben. Dabei heißt $L$ die *Lagrangefunktion* des Systems. Sind $q_1, \ldots, q_n$ lokale Koordinaten von $q$, dann ist (15.48) äquivalent zu den sogenannten *Euler-Lagrangeschen Bewegungsgleichungen*

$$\frac{\mathrm{d}}{\mathrm{d}t}\frac{\partial L}{\partial \dot{q}_j} - \frac{\partial L}{\partial q_j} = 0, \quad j = 1, \ldots, n\,. \tag{15.49}$$

Anstelle von $q_j$ schreibt man häufig auch $q^j$.

Führt man die sogenannten *verallgemeinerten Impulse*

$$p_j = \frac{\partial L}{\partial \dot{q}_j}, \quad j = 1, \ldots, n\,, \tag{15.50}$$

und die *Hamiltonfunktion* $H = \sum\limits_{j=1}^{n} p_j\dot{q}_j - L$ ein, dann geht (15.49) in die sogenannten Hamiltonschen *kanonischen Gleichungen*

$$\dot{p}_j = -\frac{\partial H}{\partial q_j}, \quad \dot{q}_j = \frac{\partial H}{\partial p_j}, \quad j = 1, \ldots, n\,, \tag{15.51}$$

über. Der Übergang von $q, \dot{q}, L(q,\dot{q})$ zu $q, p, H(q,p)$ heißt *Legendretransformation*. Die Hamiltonfunktion $H$ entspricht der Energie.

Die Lösungen von (15.51) besitzen zwei fundamentale Eigenschaften:

(i) *Energieerhaltung.* Ist die Trajektorie

$$q = q(t), \quad p = p(t) \tag{15.52}$$

eine Lösung von (15.51), dann ist $H$ längs dieser Lösung konstant, d.h., es gilt $H(q(t), p(t)) = \text{const}$.

(ii) *Erhaltung des Phasenvolumens* (Theorem von Liouville). Ist $\Omega$ ein Gebiet des $(p,q)$-Raumes, dann wird es durch die Lösungstrajektorien (15.52) in ein Gebiet $\Omega_t$ transformiert, welches das gleiche Volumen wie $\Omega$ besitzt (Abb. 15.18).

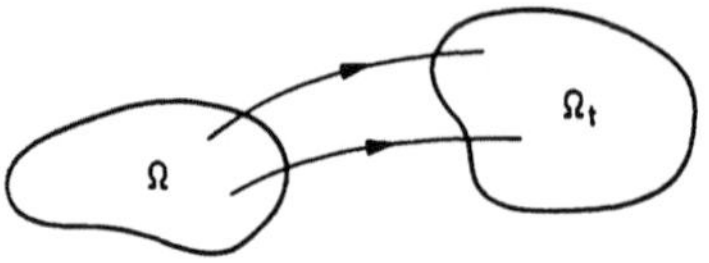


Abb. 15.18

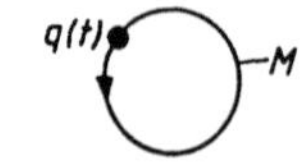


Abb. 15.19

Die Eigenschaft (ii) ist der Ausgangspunkt für die klassische statistische Physik (vgl. 15.7.3.).

Wir wollen im folgenden zeigen, daß sich hinter (i) und (ii) eine Geometrie verbirgt – die sogenannte symplektische Geometrie. Alle Mannigfaltigkeiten und Abbildungen werden als glatt vorausgesetzt (Klasse $C^\infty$).

## 15.6.2. Klassische Mechanik auf Mannigfaltigkeiten

Wir haben bereits in 13.1.1., Beispiel 3, im Zusammenhang mit dem Kreispendel darauf hingewiesen, daß es viele natürliche Situationen in der Mechanik gibt, wo der Konfigurationsraum eine Mannigfaltigkeit ist. Deshalb muß eine *sachgerechte Formulierung* der klassischen Mechanik in der *Sprache der Mannigfaltigkeiten* erfolgen.

**Konfigurationsraum:** Gegeben sei eine $n$-dimensionale reelle Mannigfaltigkeit $M$, die wir als den Konfigurationsraum eines festen mechanischen Systems $\Sigma$ auffassen. Jeder Punkt $q$ von $M$ entspricht einer Konfiguration von $\Sigma$. Eine Bewegung von $\Sigma$ wird durch die Gleichung

$$q = q(t) \tag{15.53}$$

beschrieben ($t$ – Zeit).

*Beispiel:* Stellt (15.53) die Bewegung eines Massenpunktes auf einer Kreislinie $M$ dar, dann ist $M$ der Konfigurationsraum (Abb. 15.19).

**Geschwindigkeiten, Tangentialbündel $TM$ und Lagrangesche Mechanik:** Die Zeitableitung $\dot{q}(t)$ zu (15.53) bezeichnet man als (verallgemeinerte) Geschwindigkeit. Dabei gehört $\dot{q}(t)$ zum Tangentialraum $TM_{q(t)}$ von $M$ im Punkt $q(t)$. Somit ist $(q(t), \dot{q}(t))$ ein Punkt des Tangentialbündels $TM$. Die Lagrangefunktion $L = L(q, \dot{q})$ ist folglich in natürlicher Weise eine Funktion $L\colon TM \to \mathbb{R}$ auf dem Tangentialbündel $TM$, und das fundamentale Variationsprinzip (15.48) der stationären Wirkung bezieht sich ebenfalls auf das Tangentialbündel $TM$. Zusammenfassend erhalten wir:

*Die Lagrangesche Formulierung der klassischen Mechanik bezieht sich auf das Tangentialbündel $TM$ des Konfigurationsraumes $M$.*

**Impulse, Kotangentialbündel $TM^*$ und Hamiltonsche Mechanik:** Wir wollen das folgende Prinzip erläutern:

*Die Hamiltonsche Formulierung der klassischen Mechanik bezieht sich auf das Kotangentialbündel $TM^*$ des Konfigurationsraumes $M$.*

Ein Punkt $p$ des Kotangentialraumes $TM_q^*$ ist eine 1-Form auf $TM_q$. Sind $(q^1, \ldots, q^n)$ lokale Koordinaten von $q$, dann gilt

$$p = \sum_{j=1}^{n} p_j \, \mathrm{d}q^j \, .$$

Wir bezeichnen $(p_1, \ldots, p_n)$ als lokale Koordinaten von $p$. Somit kann jeder Punkt $(q, p)$ von $TM^*$ durch die lokalen Koordinaten $(q^1, \ldots, q^n, p_1, \ldots, p_n)$ beschrieben werden. Eine entscheidende Rolle spielt die 2-Form

$$\omega = \sum_{j=1}^{n} \mathrm{d}q^j \wedge \mathrm{d}p_j \,,$$

deren Definition unabhängig von der Wahl der lokalen Koordinaten ist. Wegen $\mathrm{d}\omega = 0$ ist $\omega$ *symplektisch* (vgl. die Definition in 15.6.3.). Ferner definieren wir die sogenannte *Liouvilleform*

$$\mu = \omega \wedge \ldots \wedge \omega \quad (n\text{-faches Produkt})$$

und setzen

$$\int_\Omega \mu = \text{Phasenvolumen von } \Omega \,.$$

Mit einem geeigneten reellen Faktor $\alpha$ gilt $\mu = \alpha\, \mathrm{d}q^1 \wedge \ldots \wedge \mathrm{d}q^n \wedge \mathrm{d}p_1 \wedge \ldots \wedge \mathrm{d}p_n$. Somit entspricht das Phasenvolumen dem klassischen Volumen, das lokal durch das Integral $\alpha \int \mathrm{d}q^1 \ldots \mathrm{d}q^n\, \mathrm{d}p^1 \ldots \mathrm{d}p^n$ gegeben ist.

Als *Grundgleichung der Hamiltonschen Mechanik* bezeichnet man die Gleichung

$$i_{\mathbf{v}}\omega = \mathrm{d}H \,. \tag{15.54}$$

Dabei ist $H = H(q, p)$ eine gegebene Funktion auf $TM^*$ (die Hamiltonfunktion), und $\mathbf{v}$ bezeichnet ein Vektorfeld auf $TM^*$. Wir nehmen an, daß $\mathbf{v}$ einen Fluß $\{F_t\}$ auf $TM^*$ erzeugt. Für jede gegebene Anfangslage $(q^{(0)}, p^{(0)})$ ist dann

$$(q(t), p(t)) = F_t(q^{(0)}, p^{(0)})$$

eine Trajektorie auf $TM^*$. In lokalen Koordinaten entspricht Gleichung (15.54) mit $\mathbf{v} = (\dot{q}(t), \dot{p}(t))$ den klassischen kanonischen Gleichungen (15.51).

**Hauptsatz:** Der Fluß $\{F_t\}$ besitzt die beiden folgenden fundamentalen Eigenschaften:

(i) *Energieerhaltung.* Es gilt $H \circ F_t = H$, d.h., die Hamiltonfunktion $H$ ist konstant längs der Trajektorien von $\{F_t\}$.

(ii) *Erhaltung des Phasenvolumens.* Für jedes $t$ ist $F_t$ symplektisch, d.h., es gilt $F_t^*\omega = \omega$. Daraus folgt $F_t^*\mu = \mu$, d.h., der Fluß $\{F_t\}$ läßt das Phasenvolumen unverändert.

## 15.6.3. Symplektische Geometrie

Eine $2n$-dimensionale reelle Mannigfaltigkeit $M$ heißt *symplektisch* genau dann, wenn auf $M$ eine symplektische 2-Form $\omega$ gegeben ist. Das bedeutet:

(a) $\mathrm{d}\omega = 0$;

(b) $\omega$ ist nicht entartet, d.h., aus $\omega_x(\mathbf{v}, \mathbf{w}) = 0$ für alle $\mathbf{v} \in TM_x$ folgt $\mathbf{w} = 0$.

Eine Abbildung $f\colon M - M$ heißt symplektisch genau dann, wenn $f^*\omega = \omega$ gilt.

*Beispiel:* Der $\mathbb{R}^2$ ist eine symplektische Mannigfaltigkeit bezüglich der symplektischen Form

$$\omega = \mathrm{d}q \wedge \mathrm{d}p\,,$$

wobei $(q, p)$ kartesische Koordinaten mit den zugehörigen Einheitsvektoren $(\mathbf{e}_1, \mathbf{e}_2)$ bezeichnen (Abb. 15.20). Wegen $\mathrm{d}q(\mathbf{e}_1) = \mathrm{d}p(\mathbf{e}_2) = 1$ und $\mathrm{d}q(\mathbf{e}_2) = \mathrm{d}p(\mathbf{e}_1) = 0$ sowie $\omega(\mathbf{v}, \mathbf{w}) = \mathrm{d}q(\mathbf{v})\,\mathrm{d}p(\mathbf{w}) - \mathrm{d}q(\mathbf{w})\,\mathrm{d}p(\mathbf{v})$ ist $\omega$ eine schiefsymmetrische quadratische Form auf $\mathbb{R}^2$ mit

$$\omega(a\mathbf{e}_1 + b\mathbf{e}_2, c\mathbf{e}_1 + d\mathbf{e}_2) = (ad - bc)\omega(\mathbf{e}_1, \mathbf{e}_2) = ad - bc$$

für alle $a, b, c, d \in \mathbb{R}$. Eine Transformation $f\colon \mathbb{R}^2 \to \mathbb{R}^2$ ist genau dann symplektisch, wenn $f$ volumentreu ist.[17]

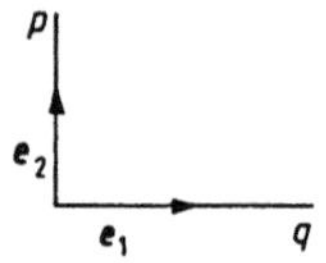


Abb. 15.20

**Satz von Darboux:** Ist $M$ eine symplektische Mannigfaltigkeit, dann kann man in der Umgebung $U$ eines jeden Punktes lokale Koordinaten einführen, so daß die symplektische Form $\omega$ auf $U$ die Gestalt

$$\omega = \sum_{j=1}^{n} \mathrm{d}q^1 \wedge \ldots \wedge \mathrm{d}q^n \wedge \mathrm{d}p_1 \wedge \ldots \wedge \mathrm{d}p_n$$

besitzt.

Definieren wir die Liouvilleform $\mu = \omega \wedge \ldots \wedge \omega$ ($n$-faches Produkt), dann gilt für jede symplektische Abbildung $f\colon M \to M$ stets $f^*\mu = \mu$.

Der Hauptsatz aus 15.6.2. gilt allgemein für symplektische Mannigfaltigkeiten.

# 15.7. Anwendungen in der statistischen Physik

## 15.7.1. Das Grundmodell der statistischen Physik

**Zustände und ihre Wahrscheinlichkeiten:** Wir betrachten ein physikalisches System, das sich in den Zuständen

$$Z_1, \ldots, Z_R \tag{15.55}$$

befinden kann. Dabei gehört zu $Z_r$ die Energie $E_r$ und die Teilchenzahl $N_r$. Dann ist die Wahrscheinlichkeit $w_r$ für die Realisierung von $Z_r$ durch

$$w_r = \frac{\mathrm{e}^{(\mu N_r - E_r)/kT}}{\sum\limits_{r=1}^{R} \mathrm{e}^{(\mu N_r - E_r)/kT}} \tag{15.56}$$

---

[17] Setzen wir nämlich $q^* = f_1(q, p)$, $p^* = f_2(q, p)$, dann bedeutet die Bedingung $f^*\omega = \omega$, daß $\mathrm{d}q^* \wedge \mathrm{d}p^* = \mathrm{d}q \wedge \mathrm{d}p$ gilt, also ist

$$\mathrm{d}q^* \wedge \mathrm{d}p^* = (f_{1q}\,\mathrm{d}q + f_{1p}\,\mathrm{d}p) \wedge (f_{2q}\,\mathrm{d}q + f_{2p}\,\mathrm{d}p) = \Delta\,\mathrm{d}q \wedge \mathrm{d}p = \mathrm{d}q \wedge \mathrm{d}p$$

mit der Funktionaldeterminante $\Delta = f_{1q}f_{2p} - f_{1p}f_{2q}$. Folglich hat man $\Delta = 1$, d.h., die Abbildung $f$ ist volumentreu.

gegeben.[18] Dabei gilt: $T$ – absolute Temperatur, $\mu$ – chemisches Potential, k – Boltzmannkonstante.

Ist $A(Z)$ eine physikalische Größe, die vom Zustand $Z$ abhängt, dann erhalten wir den Mittelwert

$$\overline{A} := \sum_{r=1}^{R} A(Z_r)w_r$$

und die Dispersion

$$(\Delta A)^2 = \overline{(A - \overline{A})^2} = \sum_{r=1}^{R}(A(Z_r) - \overline{A})^2 w_r\,.$$

Die *Tschebyschevsche Ungleichung* besagt, daß

$$p(|A - \overline{A}| \leq \varepsilon) \geq 1 - (\Delta A)^2/\varepsilon^2$$

für alle $\varepsilon > 0$ gilt, wobei links die Wahrscheinlichkeit dafür steht, daß der Meßwert $A$ im Intervall $[\overline{A} - \varepsilon, \overline{A} + \varepsilon]$ liegt.

**Physikalische Größen:** Man definiert:

$$E = \sum_{r=1}^{R} E_r w_r \qquad \text{(mittlere Gesamtenergie)}\,,$$

$$N = \sum_{r=1}^{R} N_r w_r \qquad \text{(mittlere Gesamtteilchenzahl)}\,,$$

$$S = -k\sum_{r=1}^{R} w_r \ln w_r \qquad \text{(Entropie = Information)}\,,$$

$$F = E - ST \qquad \text{(freie Energie)}\,.$$

**Das Prinzip der maximalen Entropie:** Für feste Werte $E$ und $N$ betrachten wir das Maximumproblem

$$S = \max!\,,$$

$$\sum_{r=1}^{R} w_r E_r = E, \quad \sum_{r=1}^{R} w_r N_r = N, \quad \sum_{r=1}^{R} w_r = 1\,.$$

Nach der Lagrangeschen Multiplikatorenregel erhalten wir daraus die Lösung $w_r(T, \mu)$, die mit (15.56) übereinstimmt. Dabei sind $T$ und $\mu$ Lagrangesche Multiplikatoren. Aus den Gleichungen

$$\sum_{r=1}^{R} w_r(T,\mu)E_r = E, \quad \sum_{r=1}^{R} w_r(T,\mu)N_r = N\,,$$

folgt dann $T = T(E,N)$, $\mu = \mu(T,N)$ für die Abhängigkeit der Größen $T$ und $\mu$ von $E$ und $N$.

---

[18] Bei fester Teilchenzahl gilt $N_r = \text{const}$ für alle $r$. In diesem Spezialfall erhalten wir

$$w_r = \frac{e^{-E_r/kT}}{\sum_{r=1}^{R} e^{-E_r/kT}}\,, \qquad (15.56^*)$$

**Zustandssumme:** Es ist sehr bemerkenswert, daß man alle wichtigen physikalischen Größen aus der sogenannten Zustandssumme

$$\mathcal{Z} := \sum_{r=1}^{R} e^{(\mu N_r - E_r)/kT}$$

erhält. Setzt man

$$\Omega := -kT \ln \mathcal{Z} \quad \text{(statistisches Potential)},$$

dann gilt

$$S = -\Omega_T, \qquad N = -\Omega_\mu, \tag{15.57a}$$
$$F = \mu N, \qquad E = F + ST = \mu N - T^2(\Omega/T)_T.$$

Hängt $\mathcal{Z}$ auch vom Volumen $V$ ab, dann erhält man den Druck $P$ durch

$$P = -\Omega_V. \tag{15.57b}$$

Die Größe $F$ heißt freie Energie. Ferner ergeben sich:

$$H = E + PV \quad \text{(Enthalpie)}, \quad G = F + PV \quad \text{(freie Enthalpie)}. \tag{15.57c}$$

## 15.7.2. Anwendungen auf die Quantenstatistik

Der Zustand $Z$ eines Systems werde durch das Schema

$$\begin{matrix} \varepsilon_1 & \varepsilon_2 & \ldots & \varepsilon_J \\ n_1 & n_2 & \ldots & n_J \end{matrix} \tag{15.58}$$

beschrieben. Das soll bedeuten, daß $n_j$ Teilchen die Energie $\varepsilon_j$ besitzen. Dann sind die Energie $E_Z$ und die Teilchenzahl $N_Z$ von $Z$ durch

$$E_Z = \sum_{j=1}^{J} n_j \varepsilon_j, \quad N_Z = \sum_{j=1}^{J} n_j$$

gegeben. Für die Zustandssumme erhalten wir

$$\mathcal{Z} = \sum_Z e^{(\mu N_Z - E_Z)/kT},$$

wobei wir über alle möglichen Zustände $Z$ summieren. Das ergibt

$$\mathcal{Z} = \prod_{j=1}^{J} \sum_{n_j} e^{n_j(\mu - \varepsilon_j)/kT}.$$

Teilchen mit ganzzahligem Spin (wie z. B. Photonen) genügen der sogenannten Bose-Einstein-Statistik, während Teilchen mit halbzahligem Spin (z. B. Protonen, Neutronen oder Elektronen) der sogenannten Fermi-Dirac-Statistik genügen.

**Bose-Einstein-Statistik:** Hier variieren die Besetzungszahlen $n_j$ von 0 bis $n$. Folglich gilt

$$\Omega = -kT \ln \mathcal{Z} = -kT \sum_{j=1}^{J} \ln \frac{1 - e^{(n+1)(\mu - \varepsilon_j)/kT}}{1 - e^{(\mu - \varepsilon_j)/kT}}.$$

Nehmen wir an, daß die maximale Besetzungszahl $n$ sehr groß ist und $\mu - \varepsilon_j < 0$ für alle $j$ gilt, dann ergibt der Grenzübergang $n \to \infty$ den Ausdruck

$$\Omega = kT \sum_{j=1}^{J} \ln(1 - e^{(\mu-\varepsilon_j)/kT}).$$

Daraus erhält man für die mittlere Teilchenzahl $N = -\Omega_\mu$ und die mittlere Energie $E = \mu N - T^2(\Omega/T)_T$ die Ausdrücke

$$N = \sum_{j=1}^{J} \overline{n}_j, \quad E = \sum_{j=1}^{J} \overline{n}_j \varepsilon_j \tag{15.59}$$

mit

$$\overline{n}_j := \frac{e^{(\mu-\varepsilon_j)/kT}}{1 - e^{(\mu-\varepsilon_j)/kT}}.$$

Hier bedeutet $\overline{n}_j$ die mittlere Besetzungszahl für das Energieniveau $\varepsilon_j$.

**Klassische Maxwell-Boltzmann-Statistik:** In dem Spezialfall, daß die Energien $\varepsilon_1, \ldots, \varepsilon_J$ sehr groß sind, erhalten wir näherungsweise (15.59) mit

$$\overline{n}_j = e^{(\mu-\varepsilon_j)/kT}. \tag{15.60}$$

**Fermi-Dirac-Statistik:** Wir nehmen an, daß die Besetzungszahlen nur die Werte $n_j = 0, 1$ annehmen können (Paulprinzip). Dann gilt

$$\Omega = -kT \sum_{j=1}^{J} \ln(1 + e^{(\mu-\varepsilon_j)/kT}).$$

Das ergibt (15.59) mit

$$\overline{n}_j = \frac{e^{(\mu-\varepsilon_j)/kT}}{1 + e^{(\mu-\varepsilon_j)/kT}}.$$

Für große Energien $\varepsilon_1, \ldots, \varepsilon_J$ erhalten wir daraus wieder die klassische Maxwell-Boltzmann-Statistik (15.60) als einen Grenzfall.

## 15.7.3. Klassische Gibbssche Statistik im Phasenraum

Wir betrachten ein Gas bestehend aus vielen Teilchen mit fester Gesamtzahl. Wir beschreiben das Gas durch einen Phasenraum $\mathscr{P}$, dessen Punkte $(q, p)$ die lokalen Koordinaten $(q^1, \ldots, q^f, p^1, \ldots, p^f)$ haben, wobei $f$ die Zahl der Freiheitsgrade des Gases ist[19].

Motiviert durch (15.56*) setzen wir

$$w(q,p) = \frac{e^{-E(q,p)/kT}}{\int_{\mathscr{P}} e^{-E(q,p)/kT}\, dq\, dp}, \tag{15.61}$$

[19] Zur Erläuterung wählen wir den Spezialfall, in dem das Gas aus $N$ punktförmigen Teilchen der Masse $m$ besteht. Es sei $\mathbf{q}_k$ (bzw. $\mathbf{p}_k = m\dot{\mathbf{q}}_k$) der Ortsvektor (bzw. Impulsvektor) des $k$-ten Teilchens. Bezeichnet $q_k^1, q_k^2, q_k^3$ (bzw. $p_k^1, p_k^2, p_k^3$) die Komponenten von $\mathbf{q}_k$ (bzw. $\mathbf{p}_k$), dann ist $(q,p)$ gleich dem Tupel aller $(q_k^j, p_k^j)$, $j = 1, 2, 3$, $k = 1, \ldots, N$, also $f = 3N$.

Für ein ideales Gas erhalten wir die Energiefunktion

$$E(q,p) = \sum_{k=1}^{N} \frac{\mathbf{p}_k^2}{2m} \quad \text{(kinetische Gesamtenergie)}.$$

wobei $E(q,p)$ die Energiefunktion (Hamiltonfunktion) des Systems (d.h. des Gases) darstellt.

Der Erwartungswert einer physikalischen Größe $A(q,p)$ ist gegeben durch

$$\overline{A} = \int_{\mathscr{P}} A(q,p)w(q,p)\,\mathrm{d}q\,\mathrm{d}p\,.$$

Für die Dispersion erhalten wir

$$(\Delta A)^2 = \int_{\mathscr{P}} (A(q,p) - \overline{A})^2 w(q,p)\,\mathrm{d}q\,\mathrm{d}p\,.$$

Aus der Zustandssumme

$$\mathscr{Z} = \int_{\mathscr{P}} \mathrm{e}^{-E(q,p)/kT}\,\mathrm{d}q\,\mathrm{d}p\,,$$

ergeben sich dann nach (15.57) alle wichtigen thermodynamischen Größen.

Die Definition von $w(q,p)$ in (15.61) ist sinnvoll, weil bei den Bewegungen des Gases das Phasenvolumen invariant bleibt. Dieses Theorem von Liouville ist nach 15.6. eine Folge der *symplektischen Geometrie*, die der klassischen Mechanik zugrunde liegt.

# 15.8. Operatoralgebren in der Physik und nichtkommutative Geometrie

Die moderne Quantentheorie und statistische Physik basieren auf der Theorie der Operatoralgebren.

**Das allgemeine Schema:** Für eine abstrakte Beschreibung physikalischer Prozesse muß man die beiden fundamentalen physikalischen Größen „Zustand eines Systems “und „Observable“ (Meßgröße) mathematisch erfassen.

(i) Gegeben sei eine komplexe $C^*$-Algebra $\mathscr{A}$. Die selbstadjungierten Elemente $A$ von $\mathscr{A}$, d.h. $A^* = A$, bezeichnen wir als *Observable.*

(ii) Die linearen Funktionale $\varphi$: $A \to \mathbb{C}$ mit $\varphi(A^*A) \geq 0$ und $\varphi(A^*) = \varphi(A)$ für alle $A \in \mathscr{A}$ heißen Zustände.

(iii) Der Mittelwert $m(A)$ der Observablen $A$ im Zustand $\varphi$ wird durch

$$m(A) = \varphi(A)$$

gegeben. Wegen (ii) ist $m(A)$ für jede Observable $A$ eine reelle Zahl, und die Dispersion

$$(\Delta A)^2 = m(\{A - m(A)I\}^2)$$

ist für jede Observable $A$ nicht negativ.

*Standardbeispiel:* Wir wählen $\mathscr{A}$ gleich der $C^*$-Algebra aller komplexen $(n \times n)$-Matrizen. Ferner sei

$$W := \text{Diagonalmatrix } (w_1, \ldots, w_n)$$

mit $w_r \geq 0$ für alle $r$ und $\operatorname{tr} W = 1$, d.h. $w_1 + w_2 + \ldots + w_n = 1$. Wir setzen

$$\varphi(A) := \operatorname{tr} WA \quad \text{für alle } A \in \mathscr{A} \tag{15.62}$$

und bezeichnen $\varphi$ als Zustand. Im Spezialfall

$$E := \text{Diagonalmatrix}\,(\varepsilon_1, \ldots, \varepsilon_n)$$

mit reellen Zahlen $\varepsilon_1, \ldots, \varepsilon_n$ erhalten wir $E \in \mathscr{A}$ mit

$$m(E) = \sum_{j=1}^{n} \varepsilon_j w_j \,.$$

Wir interpretieren die Observable $E$ als Energie. Genauer: $w_j$ sei die Wahrscheinlichkeit dafür, daß das System die Energie $\varepsilon_j$ besitzt. Dann ist $m(E)$ der Mittelwert der Energie des Systems. Man bezeichnet $W$ als *von Neumannsche Dichtematrix.*

Die vorliegende Situation läßt sich in folgender Weise verallgemeinern. Es sei $X$ ein komplexer separabler Hilbertraum. Mit $\mathscr{A}$ bezeichnen wir die $C^*$-Algebra $L(X, X)$ aller linearen stetigen Operatoren $A\colon X \to X$. Ferner sei $W\colon X \to X$ ein linearer stetiger selbstadjungierter und nuklearer Operator mit $(\psi, W\psi) \geq 0$ für alle $\psi \in X$ und $\operatorname{tr} W = 1$. Die Observablen sind dann die selbstadjungierten Operatoren $A \in L(X, X)$, der Zustand $\varphi$ in (15.62) entspricht dem von Neumannschen Dichteoperator $W$, und der Erwartungswert von $A$ im Zustand $W$ ist durch

$$m(A) = \operatorname{tr} WA$$

gegeben. Ferner erhält man die zugehörige *Dispersion* durch $(\Delta A)^2 = \operatorname{tr}(W(A - m(A)I)^2)$.

Bezeichnet $\psi_1, \psi_2, \ldots$ ein vollständiges Orthonormalsystem von Eigenwerten des Operators $W$ mit den zugehörigen Eigenwerten $w_1, w_2, \ldots$, dann gilt

$$m(A) = \sum_j w_j(\psi_j, A\psi_j)\,.$$

**Nichtkommutative Geometrie:** Die Theorie der Operatoralgebren bildet auch die Basis der sogenannten nichtkommutativen Geometrie. Ist $M$ eine Mannigfaltigkeit, dann kann man die Algebra $\mathscr{A}$ aller stetigen Funktionen $f\colon M \to \mathbb{C}$ auf $M$ betrachten. Ein Punkt $x \in M$ entspricht dann dem maximalen Ideal $\{f \in \mathscr{A}\colon f(x) = 0\}$. In analoger Weise kann man ein Lexikon aufstellen, wobei geometrische Eigenschaften von $M$ in algebraische Eigenschaften von $\mathscr{A}$ übersetzt werden.

In einem nächsten Schritt kann man ferner die kommutative Operatoralgebra $\mathscr{A}$ durch eine nichtkommutative Operatoralgebra ersetzen. Für die so entstehende sogenannte nichtkommutative Geometrie interessieren sich auch Physiker im Zusammenhang mit ihrer Suche nach einer einheitlichen Theorie der Materie. Auf diese Weise kann man z.B. das Standardmodell der Elementarteilchentheorie erhalten und das Auftreten des massiven *Higgs-Bosons* begründen sowie Abschätzungen für seine Masse erhalten.

# 16. RIEMANNSCHE GEOMETRIE UND ALLGEMEINE RELATIVITÄTSTHEORIE

*Jeder, der die allgemeine Relativitätstheorie verstanden hat, wird von ihrer Schönheit begeistert sein. Sie ist der Triumph des kovarianten Differentialkalküls, der von Gauß, Riemann, Ricci und Levi-Civita geschaffen wurde.*

*Albert Einstein (1915)*

Die Riemannsche Geometrie erlaubt es, die folgenden Begriffe einzuführen: Länge einer Kurve, Winkel zwischen zwei Kurven, Volumen eines Gebietes, Krümmung, Paralleltransport von Vektoren, geodätische Kurve (verallgemeinerte Gerade). Als wichtige Anwendung werden wir die allgemeine Relativitätstheorie betrachten. Da die Physiker die Indexschreibweise bevorzugen, behandeln wir in 16.1. die Riemannsche Geometrie zunächst in ihrer klassischen Notation bezogen auf lokale Koordinaten. Daran anschließend zeigen wir, wie sich alle Begriffe invariant definieren lassen. Alle Mannigfaltigkeiten, Abbildungen und Tensorfelder werden im folgenden als glatt vorausgesetzt (Klasse $C^\infty$).

Ferner werden alle Mannigfaltigkeiten als reell vorausgesetzt (mit Ausnahme von 16.4.). Durch $S_r^n$ bezeichnen wir die Oberfläche einer Kugel im $\mathbb{R}^{n+1}$ vom Radius $r$ mit dem Mittelpunkt im Ursprung ($n$-dimensionale Sphäre vom Radius $r$). Für $r = 1$ schreiben wir kurz $S^n$.

## 16.1. Der klassische Kalkül

Wir benutzen in diesem Abschnitt den in 10.2. eingeführten klassischen Tensorkalkül. Über gleiche obere und untere Indizes wird von 1 bis $n$ summiert. Größen mit Indizes stellen Tensorfelder dar, deren Transformationsverhalten aus dem Indexbild ersichtlich ist. Zum Beispiel transformiert sich $t_j$ wie ein einfach kovariantes Tensorfeld usw. Eine Ausnahme bilden lediglich die sogenannten Christoffelsymbole $\Gamma_{ij}^k$ sowie die Symbole $\varepsilon_{i_1,\ldots,i_n}$, die keine Tensorfelder darstellen.

Eine $n$-dimensionale reelle Mannigfaltigkeit $M$ (z.B. eine Fläche im $\mathbb{R}^3$) heißt eine *Riemannsche Mannigfaltigkeit*, falls auf ihr ein Differential der Bogenlänge

$$\mathrm{d}s^2 = g_{ij}\,\mathrm{d}x^i\,\mathrm{d}x^j \tag{16.1}$$

erklärt ist, wobei $g_{ij}$ ein symmetrisches, zweifach kovariantes Tensorfeld auf $M$ darstellt mit nichtverschwindender Determinante $g = \det(g_{ij})$.

In lokalen Koordinaten sieht $M$ wie eine offene Menge des $\mathbb{R}^n$ aus. Die Vorgabe von $g_{ij}$ auf $M$ heißt genauer, daß $g_{ij}$ in jeder Karte (offene Menge des $\mathbb{R}^n$) gegeben ist und sich bei Kartenwechsel (Wechsel der lokalen Koordinaten $x^1, \ldots, x^n$) wie ein zweifach kovarianter Tensor im Sinne von 10.2. transformiert. Außerdem ist $g_{ij}$ symmetrisch, d.h., es gilt $g_{ij}(x) = g_{ji}(x)$ für alle Punkte[1] $x \in M$ und alle $i, j = 1, \ldots, n$. Mit $(g^{ij})$ bezeichnen wir die inverse Matrix zu $(g_{ij})$. Dabei stellt $g^{ij}$ ein symmetrisches, zweifach kontravariantes Tensorfeld auf $M$ dar.

---

[1] $g_{ij}(x)$ hängt von der gewählten Karte ab.

Die Riemannsche Mannigfaltigkeit $M$ heißt *eigentlich*[2] genau dann, wenn alle Eigenwerte der Matrix $(g_{ij}(x))$ positiv sind (in jedem Punkt $x \in M$).

Anderenfalls bezeichnen wir $M$ als *pseudo-Riemannsche* Mannigfaltigkeit.

*Beispiel 1:* Wählen wir im $\mathbb{R}^3$ die Matrix

$$(g_{ij}) = \begin{pmatrix} 1 & 0 & 0 \\ 0 & 1 & 0 \\ 0 & 0 & 1 \end{pmatrix},$$

dann entspricht (16.1) der klassischen euklidischen Bogenlänge. Das ergibt eine eigentliche Riemannsche Geometrie.

*Beispiel 2:* Wählen wir im $\mathbb{R}^4$ die Matrix

$$(g_{ij}) = \begin{pmatrix} -1 & 0 & 0 & 0 \\ 0 & -1 & 0 & 0 \\ 0 & 0 & -1 & 0 \\ 0 & 0 & 0 & 1 \end{pmatrix},$$

dann erhalten wir die sogenannte *Minkowskimetrik*

$$\mathrm{d}s^2 = (\mathrm{d}x^4)^2 - (\mathrm{d}x^1)^2 - (\mathrm{d}x^2)^2 - (\mathrm{d}x^3)^2 .$$

Wir interpretieren $x^1, x^2, x^3$ als kartesische Raumkoordinaten eines Inertialsystems und setzen $x^4 = ct$ ($t$–Zeit, $c$–Lichtgeschwindigkeit). Das führt auf eine pseudo-Riemannsche Geometrie.

## 16.1.1. Messung von Längen, Winkeln und Volumina

Ist $x^j = x^j(\sigma)$, $a \le \sigma \le b$, $j = 1, 2, \ldots, n$, eine Kurve, dann bezeichnet man

$$\int \mathrm{d}s \equiv \int_a^b (g_{ij}(x(\sigma))\dot{x}^i(\sigma)\dot{x}^j(\sigma))^{1/2}\, \mathrm{d}\sigma \tag{16.2}$$

als *Länge* der Kurve[3]. Der Winkel $\alpha$ zwischen zwei Kurven $x^j = x^j(\sigma), y^j = y^j(\sigma)$ wird durch

$$\cos\alpha = \frac{g_{ij}\dot{x}^i\dot{x}^j}{(g_{ij}\dot{x}^i\dot{x}^j)^{1/2}(g_{ij}\dot{y}^i\dot{y}^j)^{1/2}} \tag{16.3}$$

gegeben. Dieser Ausdruck ist im Schnittpunkt beider Kurven zu nehmen. Das *Volumen* eines $n$-dimensionalen Gebietes $\Omega$ wird durch

$$\int_\Omega |g|^{1/2}\, \mathrm{d}x^1 \ldots \mathrm{d}x^n \tag{16.4}$$

definiert.

---

[2] In der mathematischen Literatur werden häufig eigentliche Riemannsche Mannigfaltigkeiten kurz als Riemannsche Mannigfaltigkeiten bezeichnet.

[3] Der Punkt bedeutet die Ableitung nach $\sigma$.

## 16.1.2. Krümmung

Kennt man $g_{ij}$, dann kann man die Christoffelsymbole $\Gamma^k_{ij}$, die kovariante Ableitung $\nabla_j$ und die absolute Ableitung D/d$\sigma$ wie in 10.2. definieren. Der Riemannsche *Krümmungstensor* $R^j_{ikm}$ wird durch die Relation

$$\nabla_k \nabla_m u^j - \nabla_m \nabla_k u^j = R^j_{ikm} u^i \tag{16.5}$$

eingeführt. Im Unterschied zum klassischen Vertauschungsgesetz

$$\partial_k \partial_m u^j - \partial_m \partial_k u^j = 0$$

für die partiellen Ableitungen $\partial_k := \partial / \partial x^k$ genügen die kovarianten Ableitungen $\nabla_k$ nicht immer einem derartigen Vertauschungsgesetz. Grob gesprochen gilt: Je stärker der Raum „gekrümmt" ist, um so stärker ist die Abweichung von dem Vertauschungsgesetz „$\nabla_k \nabla_m - \nabla_m \nabla_k = 0$".

**Satz von Riemann** (1861): Die folgenden beiden Aussagen sind äquivalent:

(i) Es gilt $R^j_{ikm} \equiv 0$ in einer Umgebung des Punktes $P$ von $M$.

(ii) Durch Übergang zu anderen lokalen Koordinaten (Kartenwechsel) kann man erreichen, daß die Matrix $(g_{ij})$ in einer Umgebung des Punktes $P$ konstant ist.

Gilt die Eigenschaft (ii), dann heißt die Riemannsche Mannigfaltigkeit *lokal flach* in $P$.

*Beispiel 3:* Für eine euklidische Metrik bzw. die Minkowskimetrik gilt stets $R^j_{ikm} \equiv 0$ im gesamten Raum (globale Flachheit).

Explizit hat man die Formeln

$$\Gamma^k_{ij} = 2^{-1} g^{ks} (\partial_i g_{sj} + \partial_j g_{si} - \partial_s g_{ij}) \tag{16.6}$$

und

$$R^j_{ikm} = \partial_k \Gamma^j_{mi} - \partial_m \Gamma^j_{ki} + \Gamma^j_{ks} \Gamma^s_{mi} - \Gamma^j_{ms} \Gamma^s_{ki} \,. \tag{16.7}$$

Somit hängt $R^j_{ikm}$ von den ersten und zweiten Ableitungen des metrischen Tensorfeldes $g_{ij}$ ab. Speziell gilt

$$\Gamma^k_{ij} = \Gamma^k_{ji} \quad \text{und} \quad \Gamma^j_{jk} = \partial_k \ln |g|^{1/2} \,. \tag{16.8}$$

Ferner definiert man

$$R_{ijkm} := g_{js} R^s_{ikm} \tag{16.9}$$

sowie den *Ricci-Tensor*

$$R_{ik} := R^s_{iks} \tag{16.10}$$

und die *skalare Krümmung*

$$R := g^{rs} R_{rs} \,. \tag{16.11}$$

Es gilt $R_{ik} = R_{ki}$.

Die Mannigfaltigkeit $M$ besitzt definitionsgemäß eine konstante Krümmung genau dann, wenn $R$ auf $M$ konstant ist.

Standardbeispiele zweidimensionaler Mannigfaltigkeiten mit konstanter Krümmung sind die Sphäre $S^2_r$ mit $R = 2/r^2$ und die hyperbolische Halbebene $M_{\text{hyp}}$ des Poincaré-Modells der nichteuklidischen hyperbolischen Geometrie mit $R = -2/r^2$ (vgl.(16.15)).

Der Krümmungstensor besitzt die folgenden Symmetrieeigenschaften:

(i) $R_{ij.km} = R_{km.ij}$;
(ii) $R_{ij.km} = -R_{ji.km} = -R_{ij.mk}$;
(iii) $\nabla_s R^j_{ikm} + \nabla_k R^j_{ims} + \nabla_m R^j_{isk} = 0$ **(Identität von Bianchi);**
(iv) $R^j_{ikm} + R^j_{kmi} + R^j_{mik} = 0$ **(Identität von Ricci);**
(v) $\nabla^s(R_{sk} - \frac{1}{2}g_{sk}R) = 0.$

**Der Krümmungstensor auf einer $n$-dimensionalen Riemannschen Mannigfaltigkeit hat $N = n^2(n^2-1)/12$ wesentliche Koordinaten.**

**Theorema egregium von Gauß** (1827): **Für eine Fläche im $\mathbb{R}^3$ hängt die Gaußsche Krümmung $K$ nur von den ersten und zweiten Ableitungen des metrischen Tensors $g_{ij}$ ab. Genauer ist**

$$K = R_{1212}/g = R/2\,.$$

Dieser tiefliegende Satz besagt, daß die Krümmung einer Fläche durch Messungen der Metrik auf der Fläche bestimmt werden kann – ohne Benutzung des sie umgebenden Raumes $\mathbb{R}^3$. Somit ist die Krümmung eine *innere* Eigenschaft der Mannigfaltigkeit. Historisch gesehen verallgemeinerte Riemann mit der Einführung seines Krümmungstensors das theorema egregium von Gauß.

*Beispiel 4:* Für die Sphäre $S^2_r$ erhalten wir (vgl. 3.6.3.3.)

$$K = R/2 = 1/r^2\,.$$

## 16.1.3. Paralleltransport

Die kovariante Ableitung in Richtung eines Vektorfeldes $v^j$ wird durch

$$\nabla_v := v^j \nabla_j$$

erklärt. Ist $C$: $x^j = x^j(\sigma)$ eine Kurve, dann definieren wir die *absolute Ableitung* $D/\,\mathrm{d}\sigma$ (bezüglich $C$) durch $D/\,\mathrm{d}\sigma := \nabla_{\dot{x}}$, d.h.

$$\frac{Dt_{\cdot}^{\cdot}}{\mathrm{d}\sigma} := \dot{x}^j \nabla_j t_{\cdot}^{\cdot}\,.$$

Ein Tensorfeld $t_{\cdot}^{\cdot}$ heißt *parallel* längs der Kurve $C$ genau dann, wenn

$$\frac{Dt}{\mathrm{d}\sigma} = 0 \quad \text{längs} \quad C$$

gilt.

*Beispiel 5:* Ein Tangentenvektorfeld **v** auf einer Fläche $F$ im $\mathbb{R}^3$ ist genau dann längs der Kurve $C$ parallel wenn die Ableitung $\dot{\mathbf{v}}$ nach dem Kurvenparameter stets senkrecht auf der Tangentialebene steht.

## 16.1.4. Geodätische Kurven (verallgemeinerte Geraden)

Eine Kurve $C$: $x^j = x^j(\sigma)$ heißt eine *Geodätische* genau dann, wenn das Geschwindigkeitsfeld $\dot{x}^j$ parallel längs $C$ ist, d.h., es gilt

$$\frac{D\dot{x}^j}{\mathrm{d}\sigma} = 0 \quad \text{längs} \quad C\,.$$

Explizit heißt das

$$\ddot{x}^k + \Gamma^k_{ij}\dot{x}^i\dot{x}^j = 0 \quad \text{längs} \quad C\,. \qquad (16.12)$$

**Satz 1** (Variationsproblem): Ist $M$ eine eigentliche Riemannsche Mannigfaltigkeit, dann ist jede Lösung $x^j = x^j(\sigma)$ des Variationsproblems

$$\int \mathrm{d}s \equiv \int_a^b (g_{ij}(x(\sigma))\dot{x}^i\dot{x}^j)^{1/2}\,\mathrm{d}\sigma = \min!\,, \tag{16.13}$$

$x^j(\sigma)$ ist fest vorgegeben für $\sigma = a, b$ und alle $j$,

eine Geodätische, wobei die Differentialgleichung (16.12) bezüglich der Bogenlänge $\sigma = s$ gilt.

Die Umkehrung dieses Satzes ist nicht richtig. Betrachten wir beispielsweise zwei nicht diametral gelegene Punkte $P$ und $Q$ auf dem Äquator einer Sphäre $S_r^2$, dann ist jedes Teilstück des Äquators eine Geodätische. Speziell lassen sich $P$ und $Q$ durch zwei verschiedene Geodätische verbinden, von denen nur eine minimale Länge besitzt (Abb. 16.1).

**Satz 2:** Ist $M$ eine Riemannsche Mannigfaltigkeit, dann genügt jede Lösung $x^j = x^j(\sigma)$ des Variationsproblems

$$\int \mathrm{d}s^2 \equiv \int_a^b g_{ij}(x(\sigma))\dot{x}^i\dot{x}^j\,\mathrm{d}\sigma = \text{stationär!}\,, \tag{16.14}$$

$x^j(\sigma)$ ist fest vorgegeben für $\sigma = a, b$ und alle $j$,

der Differentialgleichung (16.12).

Dieses Variationsproblem ist auch für beliebige Kurven auf pseudo-Riemannschen Mannigfaltigkeiten sinnvoll, während (16.13) wegen der möglichen Relation $g_{ij}\dot{x}^i\dot{x}^j < 0$ nicht immer sinnvoll ist.

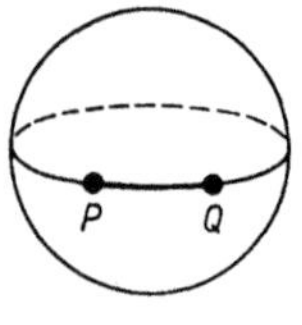


Abb. 16.1

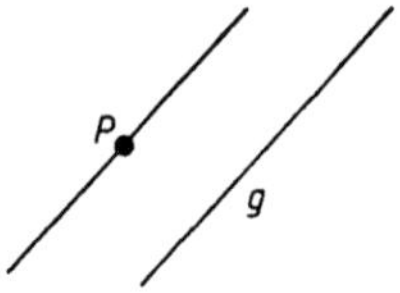


Abb. 16.2

## 16.1.5. Anwendung auf die nichteuklidische Geometrie

In seinen „Elementen" formulierte Euklid (300 v. Chr.) das folgende sogenannte Parallelenaxiom:

(P) Liegt der Punkt $P$ nicht auf der Geraden $g$, dann geht genau eine Gerade durch $P$, die $g$ nicht schneidet (Abb. 16.2).

Es entstand das berühmte Problem, ob dieses Axiom aus den übrigen Axiomen Euklids folgt. Erst zu Beginn des 19. Jahrhunderts gelang es Bolyai, Gauß und Lobatschevski unabhängig voneinander nachzuweisen, daß (P) tatsächlich unabhängig von den übrigen Axiomen ist.

Einen solchen Nachweis führt man heute am einfachsten dadurch, daß man Modelle konstruiert, in denen (P) nicht gilt. Es gibt dabei die folgenden beiden Möglichkeiten, um (P) zu ersetzen:

($P_{\text{elliptisch}}$) Liegt der Punkt $P$ nicht auf der Geraden $g$, dann wird $g$ von jeder Geraden durch $P$ geschnitten.

($P_{\text{hyperbolisch}}$) Liegt der Punkt $P$ nicht auf der Geraden $g$, dann gibt es unendlich viele Geraden durch $P$, die $g$ nicht schneiden.

**Die elliptische (sphärische) Geometrie:** Wir wählen $M_{\text{ellip}}$ gleich der Nordhalbkugel einer Sphäre vom Radius $r$ einschließlich des Äquators, wobei jedoch diametral gelegene Punkte des Äquators miteinander identifiziert werden (Abb. 16.3).

Die „Ebene" entspricht dann $M_{\text{ellip}}$. „Geraden" sind definitionsgemäß geodätische Linien. Durch zwei verschiedene Punkte $P_1$ und $P_2$ von $M_{\text{ellip}}$ geht dann stets genau eine „Gerade" $g$, und diese hat höchstens die Länge $\pi r$. Legt man durch $P_1$ und $P_2$ sowie den Mittelpunkt der Kugel eine Ebene $E$, dann ist $g$ gleich der Schnittkurve zwischen $E$ und $M_{\text{ellip}}$. Es gilt ($P_{\text{elliptisch}}$). Die Riemannsche Geometrie auf $M_{\text{ellip}}$ entspricht der sphärischen Geometrie. Speziell hat $M_{\text{ellip}}$ den Flächeninhalt $2\pi r^2$.

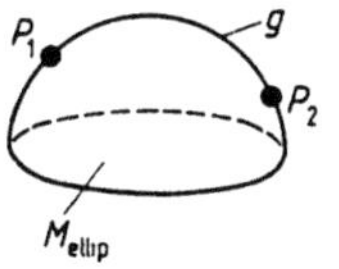


Abb. 16.3

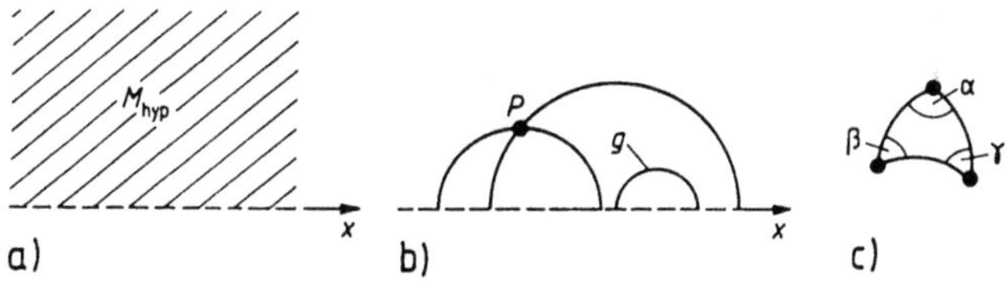


Abb. 16.4

**Die hyperbolische Geometrie (das Poincaré-Modell):** Wir wählen $M_{\text{hyp}}$ gleich der oberen Halbebene ohne die $x$-Achse (Abb. 16.4) und versehen $M_{\text{hyp}}$ mit der eigentlichen Riemannschen Metrik

$$ds^2 = \frac{r^2(dx^2 + dy^2)}{y^2}. \tag{16.15}$$

Die „Geraden" sind definitionsgemäß die geodätischen Linien, denen Halbkreise mit dem Mittelpunkt auf der $x$-Achse entsprechen. Dann gilt ($P_{\text{hyperbolisch}}$) (Abb. 16.4b). Die Winkelmessung stimmt mit der klassischen Winkelmessung überein. Für die Gaußsche Krümmung $K = R/2$ erhalten wir $K = -1/r^2$. Die Winkelsumme im Dreieck genügt der Relation (Abb. 16.4c)

$$\alpha + \beta + \gamma = \pi - F/r^2, \tag{16.16}$$

wobei $F$ der Flächeninhalt des Dreiecks ist (bezüglich der Metrik (16.15). Der Flächeninhalt von $M_{\text{hyp}}$ ist unendlich.

Es ist interessant, daß man alle Formeln der hyperbolischen Geometrie erhält, indem man formal in den entsprechenden Formeln der sphärischen Geometrie den Radius $r$ durch $ir$ ersetzt. Tatsächlich gilt im Fall der sphärischen Geometrie $K = 1/r^2$ und $\alpha+\beta+\gamma = \pi + F/r^2$. Daraus erhalten wir $K = 1/(ir)^2 = -1/r^2$ sowie (16.16) für $M_{\text{hyp}}$.

## 16.1.6. Der $\delta$-Operator und der Laplaceoperator

Mit $\Lambda^p(M)$ bezeichnen wir den linearen Raum aller $p$-Formen auf der $n$-dimensionalen Riemannschen Mannigfaltigkeit $M$. Speziell für $p = 0$ bezeichnet $\Lambda^p(M)$ die Menge der Funktionen auf $M$. Es sei $\omega \in \Lambda^p(M)$, d.h.

$$\omega := \frac{1}{p!}\omega_{i_1 \ldots i_p}\, dx^{i_1} \wedge \ldots \wedge dx^{i_p}$$

(vgl.15.4.3.). Dann gilt

$$\begin{aligned} d\omega &= \frac{1}{p!}\partial_s\omega_{i_1\ldots i_p}\, dx^s \wedge dx^{i_1} \wedge \ldots \wedge dx^{i_p} \\ &= \frac{1}{p!}\nabla_s\omega_{i_1\ldots i_p}\, dx^s \wedge dx^{i_1} \wedge \ldots \wedge dx^{i_p} \end{aligned} \tag{16.17}$$

(vgl.15.4.3.). Ferner definieren wir

$$\delta\omega := -\frac{1}{(p-1)!}\nabla^s\omega_{si_2\ldots i_p}\, dx^{i_2} \wedge \ldots \wedge dx^{i_p}\,. \tag{16.18}$$

Diese Definitionen hängen nicht von den gewählten lokalen Koordinaten ab. Für Funktionen $f$ auf $M$ setzen wir $\delta f := 0$.

Der Laplaceoperator $\Delta$ wird definiert durch[4)]

$$\Delta\omega := -(d\delta + \delta d)\omega\,.$$

*Beispiel:* Für eine Funktion $f\colon M \to \mathbb{R}$ gilt

$$\Delta f = g^{ij}\nabla_i\nabla_j f = \frac{1}{\sqrt{|g|}}\partial_i(g^{ij}\sqrt{|g|}\partial_j f)\,.$$

Wählen wir $M = \mathbb{R}^n$ mit der euklidischen Metrik $ds^2 = \sum_{j=1}^{n}(dx^j)^2$, dann ergibt sich der klassische Laplaceoperator

$$\Delta f = \sum_{j=1}^{n}\partial_j^2 f\,.$$

Wird $M = \mathbb{R}^4$ mit der Minkowskimetrik $ds^2 = (c\,dt)^2 - (dx^1)^2 - (dx^2)^2 - (dx^3)^2$ versehen, dann gilt

$$\Delta f = \frac{1}{c^2}\frac{\partial^2 f}{\partial t^2} - \sum_{j=1}^{3}\partial_j^2 f = \Box f$$

(c–Lichtgeschwindigkeit). In diesem Fall entspricht $\Delta$ dem klassischen Wellenoperator $\Box$.

### 16.1.7. Die Volumenform

Es sei $M$ jetzt eine $n$-dimensionale *orientierte* Riemannsche Mannigfaltigkeit. Dann bilden

$$E_{i_1\ldots i_n} := \sqrt{|g|}\,\varepsilon_{i_1\ldots i_n}\,,$$
$$E^{i_1\ldots i_n} := \frac{1}{\sqrt{|g|}}\varepsilon_{i_1\ldots i_n}$$

Tensorfelder auf $M$, wobei $\varepsilon_{i_1\ldots i_n}$ das Vorzeichen der Permutation $\begin{pmatrix} 1\ldots n \\ i_1\ldots i_n \end{pmatrix}$ bezeichnet. Die Differentialform

$$\tau := \frac{1}{n!}E_{i_1\ldots i_n}\, dx^{i_1} \wedge \ldots \wedge dx^{i_n}$$

---

4) In der Differentialgeometrie benutzt man häufig die Definition $\Delta := d\delta + \delta d$, die jedoch im euklidischen Fall den negativen Laplaceoperator ergibt.

heißt *Volumenform* auf $M$. Diese Definition hängt nicht von den gewählten lokalen Koordinaten ab. Definitionsgemäß gilt

$$\int_\Omega \tau = \text{Volumen von } \Omega .$$

### 16.1.8. Der $*$-Operator von Hodge

Es sei $M$ eine $n$-dimensionale *orientierte* Riemannsche Mannigfaltigkeit. Für $\omega \in \Lambda^p(M)$, d.h.

$$\omega = \frac{1}{p!}\omega_{i_1\ldots i_p}\, dx^{i_1} \wedge \ldots \wedge dx^{i_p} ,$$

definieren wir

$$*\omega := \frac{1}{p!(n-p)!} E_{i_1\ldots i_n}\omega^{i_1\ldots i_p}\, dx^{i_{p+1}} \wedge \ldots \wedge dx^{i_n} .$$

Es gilt $**\omega = (-1)^{p(n-p)}(\operatorname{sgn} g)\omega$.

*Beispiel:* Wir versehen $M = \mathbb{R}^3$ mit der euklidischen Metrik. Dann gilt

$$* dx^1 = dx^2 \wedge dx^3, \quad *(dx^2 \wedge dx^3) = dx^1, \quad *(dx^1 \wedge dx^2 \wedge dx^3) = 1 .$$

Analoge Ausdrücke erhält man durch zyklisches Vertauschen von $1, 2, 3$. Daraus folgt zum Beispiel

$$*(a_1\, dx^1 + a_2\, dx^2 + a_3\, dx^3) = a_1\, dx^2 \wedge dx^3 + a_2\, dx^3 \wedge dx^1 + a_3\, dx^1 \wedge dx^2 .$$

**Satz:** Für $p = 0, \ldots, n$ ist der lineare Operator

$$*: \Lambda^p(M) \to \Lambda^{n-p}(M)$$

bijektiv.

*Beispiel:* Für $\omega \in \Lambda^p(M)$ gilt

$$\delta\omega = (-1)^p *^{-1} d*\omega .$$

## 16.2. Der invariante Kalkül

**Definition:** Eine $n$-dimensionale reelle Mannigfaltigkeit $M$ heißt *Riemannsche Mannigfaltigkeit* genau dann, wenn auf $M$ ein symmetrisches nichtentartetes Tensorfeld $\mathbf{g}$ vom Typ $(2, 0)$ gegeben ist.

Somit ist jedem Punkt $x \in M$ eine quadratische Form $\mathbf{g}_x$ auf dem Tangentialraum $TM_x$ zugeordnet, die nichtentartet ist, d.h., es gilt:

(i) $\mathbf{g}_x(\mathbf{v}, \mathbf{w}) = \mathbf{g}_x(\mathbf{w}, \mathbf{v})$ für alle $\mathbf{v}, \mathbf{w} \in TM_x$.

(ii) Aus $\mathbf{g}_x(\mathbf{v}, \mathbf{w}) = 0$ für alle $\mathbf{v} \in TM_x$ folgt $\mathbf{w} = 0$.

Wir definieren ein *inneres Produkt* auf jedem Tangentialraum $TM_x$ durch

$$(\mathbf{v} \mid \mathbf{w}) = \mathbf{g}_x(\mathbf{v}, \mathbf{w}) \qquad \text{für alle} \quad \mathbf{v}, \mathbf{w} \in TM_x . \tag{16.19}$$

**Definition:** Die Riemannsche Mannigfaltigkeit $M$ heißt *eigentlich* genau dann, wenn das innere Produkt (16.19) die Eigenschaft hat, daß aus $(\mathbf{v} \mid \mathbf{v}) = 0$ stets $\mathbf{v} = 0$ folgt.

Dann wird jeder Tangentialraum $TM_x$ zu einem reellen Hilbertraum bezüglich des Skalarprodukts (16.19). Nichteigentliche Riemannsche Mannigfaltigkeiten heißen auch pseudo-Riemannsch.

Wählen wir in einer Karte die natürliche Basis $\mathbf{e}_1, \ldots, \mathbf{e}_n$, dann ist $g_{ij}$ durch

$$g_{ij} := \mathbf{g}(\mathbf{e}_i, \mathbf{e}_j)$$

definiert, und es gilt

$$\mathbf{g} = g_{ij}\, \mathrm{d}x^i \otimes \mathrm{d}x^j \,.$$

In der klassischen Analysis schreibt man dafür $\mathrm{d}s^2 = g_{ij}\, \mathrm{d}x^i\, \mathrm{d}x^j$. Damit ist der Anschluß an 16.1. hergestellt.

Im folgenden bezeichne $M$ stets eine reelle $n$-dimensionale Riemannsche Mannigfaltigkeit.

### 16.2.1. Messung von Längen, Winkeln und Volumina

Ist $x = x(\sigma)$, $a \le \sigma \le b$, eine Kurve auf $M$, dann definieren wir ihre *Länge* durch

$$L := \int_a^b \sqrt{(\dot{x}(\sigma) \mid \dot{x}(\sigma))}\, \mathrm{d}\sigma \,. \tag{16.20}$$

falls der Integrand größer oder gleich null ist. Sind $x = x(\sigma)$ und $y = y(\sigma)$ zwei Kurven auf $M$, dann ist der Schnittwinkel $\alpha$ gegeben durch

$$\cos\alpha = \frac{(\dot{x}(\sigma) \mid \dot{y}(\sigma))}{\|\dot{x}(\sigma)\|\, \|\dot{y}(\sigma)\|} \,,$$

wobei der Parameter $\sigma$ dem Schnittpunkt entspricht. (In üblicher Weise gilt $\|\mathbf{v}\| = (\mathbf{v} \mid \mathbf{v})^{1/2}$).

Ist $M$ orientiert, dann gilt[5)]

$$\int_\Omega \tau = \text{ Volumen von } \Omega \,.$$

wobei $\Omega$ ein Teilgebiet von $M$ bezeichnet. Dadurch wird auf $M$ ein Maß $\mu$ erzeugt mit dem zugehörigen Maßintegral

$$\int_\Omega f\, \mathrm{d}\mu \,.$$

In lokalen Koordinaten entspricht das dem Integral $\int f \sqrt{|g|}\, \mathrm{d}x^1 \ldots \mathrm{d}x^n$.

### 16.2.2. Metrik auf eigentlichen Riemannschen Mannigfaltigkeiten

Sind $x$ und $y$ zwei Punkte auf $M$, dann definieren wir den Abstand zwischen $x$ und $y$ durch

$$d(x, y) := \inf L \,.$$

Genauer: Wir verbinden die beiden Punkte $x$ und $y$ durch beliebige stückweise glatte Kurven und bilden das Infimum über alle zugehörigen Kurvenlängen $L$.

Damit wird jede eigentliche Riemannsche Mannigfaltigkeit bezüglich $d$ zu einem metrischen Raum.

---

5) Hier ist $\tau$ die Volumenform (vgl. 16.1.7.).

**Definition:** Eine eigentliche Riemannsche Mannigfaltigkeit heißt *vollständig* genau dann, wenn der zugehörige metrische Raum vollständig ist.

### 16.2.3. Kovariante Differentiation und Paralleltransport auf Mannigfaltigkeiten mit linearem Zusammenhang

**Definition:** Eine $n$-dimensionale reelle Mannigfaltigkeit $M$ besitzt einen *linearen Zusammenhang* genau dann, wenn eine Abbildung $\nabla$ existiert, die jedem Vektorfeld $\mathbf{v}$ auf $M$ ein Tensorfeld $\nabla\mathbf{v}$ vom Typ (1,1) auf $M$ zuordnet, wobei gilt:

(i) $\nabla(\mathbf{v}+\mathbf{w}) = \nabla\mathbf{v} + \nabla\mathbf{w}$ (Additivität);

(ii) $\nabla(f\mathbf{v}) = \mathrm{d}f \odot \mathbf{v} + f\nabla\mathbf{v}$ (Produktregel).

Dabei ist $f$ eine Funktion auf $M$. Ferner soll $\nabla$ „lokalen Charakter" haben, d.h., stimmen $\mathbf{v}_1$ und $\mathbf{v}_2$ auf einer Umgebung des Punktes $P$ überein, dann gilt $\nabla\mathbf{v}_1 = \nabla\mathbf{v}_2$ in $P$.

Die kovariante Richtungsableitung $\nabla_{\mathbf{w}}\mathbf{v}$ des Vektorfeldes $\mathbf{v}$ in Richtung des Vektorfeldes $\mathbf{w}$ wird definiert durch

$$\nabla_{\mathbf{w}}\mathbf{v} := (\nabla\mathbf{v})\mathbf{w}.$$

**Satz:** Kennt man $\nabla$, dann kann man die kovariante Richtungsableitung

$$\nabla_{\mathbf{w}}A$$

eines Tensorfeldes $A$ in Richtung des Vektorfeldes $\mathbf{w}$ in eindeutiger Weise erklären, so daß die folgenden Bedingungen erfüllt sind[6]:

(a) $\nabla_{\mathbf{w}}f = \mathbf{w}(f)$ für alle Funktionen $f$ auf $M$;

(b) $\nabla_{\mathbf{w}}(A+B) = \nabla_{\mathbf{w}}A + \nabla_{\mathbf{w}}B$ (Additivität);

(c) $\nabla_{\mathbf{w}}(A \odot B) = (\nabla_{\mathbf{w}}A) \odot B + A \odot \nabla_{\mathbf{w}}B$ (Produktregel);

(d) $\nabla_{\mathbf{w}}$ ist vertauschbar mit der Operation der Kontraktion.

**Paralleltransport:** Die absolute Ableitung $A$ entlang der Kurve $C$: $x = x(\sigma)$ definieren wir durch

$$\frac{\mathrm{D}A}{\mathrm{d}\sigma} := \nabla_{\dot{x}}A. \tag{16.21}$$

Explizit bedeutet das

$$\left(\frac{\mathrm{D}A}{\mathrm{d}\sigma}\right)(x(\sigma)) = (\nabla_{\dot{x}(\sigma)}A)_{x(\sigma)} \quad \text{für alle} \quad \sigma.$$

Das Tensorfeld $A$ heißt *parallel* längs der Kurve $C$ genau dann, wenn

$$\frac{\mathrm{D}A}{\mathrm{d}\sigma} = 0 \quad \text{längs } C \text{ gilt}.$$

[6] Gilt in einer natürlichen Basis $\mathbf{w} = w^j\mathbf{e}_j$, dann ist

$$\mathbf{w}(f) := w^j\partial_j f.$$

**Koordinatendarstellung:** Es sei $\nabla$ ein linearer Zusammenhang. Bezeichnet $\mathbf{e}_1, \ldots, \mathbf{e}_n$ die natürliche Basis in einer Karte, dann werden die *Christoffelsymbole* $\Gamma_{ij}^k$ durch

$$\nabla \mathbf{e}_j = \Gamma_{ij}^k \, dx^i \otimes \mathbf{e}_k$$

erklärt, d.h. $\Gamma_{ij}^k = (\nabla \mathbf{e}_j)(\mathbf{e}_i, dx^k)$. Für $\mathbf{v} = v^i \mathbf{e}_i$ und $\mathbf{w} = w^i \mathbf{e}_i$ ergeben sich

$$\nabla \mathbf{v} = (\nabla_i v^k) \, dx^i \otimes \mathbf{e}_k \tag{16.22}$$

und

$$\nabla_{\mathbf{w}} \mathbf{v} = (w^i \nabla_i v^k) \mathbf{e}_k \tag{16.23}$$

mit

$$\nabla_i v^k = \partial_i v^k + \Gamma_{ij}^k v^j, \quad \partial_i = \partial / \partial x^i . \tag{16.24}$$

Ferner ist

$$\frac{\mathbf{D}\mathbf{v}}{d\sigma} = (\dot{x}^j \nabla_j v^i) \mathbf{e}_i \tag{16.25}$$

längs der Kurve $x = x(\sigma)$.

*Beispiel 1:* $\nabla_{\mathbf{v}} \mathbf{e}_j = v^s \Gamma_{sj}^k \mathbf{e}_k$ .

*Beispiel 2:* $\nabla_{\mathbf{v}} \, dx^k = -v^s \Gamma_{sj}^k \, dx^j$ .

Diese beiden Beispiele reichen aus, um mit Hilfe der obigen Regeln (a) bis (c) die kovariante Ableitung für ein beliebiges Tensorfeld $A$ zu berechnen.

*Beispiel 3:* Es sei $A = A_j^i \mathbf{e}_i \otimes dx^j$. Dann gilt nach der Produktregel

$$\begin{aligned} \nabla_{\mathbf{v}} A &= (\nabla_{\mathbf{v}} A_j^i)(\mathbf{e}_i \otimes dx^j) + A_j^i (\nabla_{\mathbf{v}} \mathbf{e}_i) \otimes dx^j + A_j^i \mathbf{e}_i \otimes (\nabla_{\mathbf{v}} dx^j) \\ &= (v^s \nabla_s A_m^k) \mathbf{e}_k \otimes dx^m , \end{aligned}$$

wobei wir setzen

$$\nabla_s A_m^k = \partial_s A_m^k + \Gamma_{si}^k A_m^i - \Gamma_{sm}^j A_j^k .$$

Diese Formel stimmt mit der Definition der kovarianten Ableitung $\nabla_s$ in 10.2.5.1. überein. Eine analoge Übereinstimmung ergibt sich auch im allgemeinen Fall.

### 16.2.4. Torsion und Krümmung auf Mannigfaltigkeiten mit linearem Zusammenhang

Es sei $M$ eine Mannigfaltigkeit mit linearem Zusammenhang. Für Vektorfelder $\mathbf{v}$ und $\mathbf{w}$ definieren wir:

$$\alpha(\mathbf{v}, \mathbf{w}) := \nabla_{\mathbf{v}} \mathbf{w} - \nabla_{\mathbf{w}} \mathbf{v} - [\mathbf{v}, \mathbf{w}] ,$$

$$\beta(\mathbf{v}, \mathbf{w}) := \nabla_{\mathbf{v}} \nabla_{\mathbf{w}} - \nabla_{\mathbf{w}} \nabla_{\mathbf{v}} - \nabla_{[\mathbf{v}, \mathbf{w}]} ,$$

wobei $[\mathbf{v}, \mathbf{w}]$ die Lieklammer für Vektorfelder bedeutet. Ferner definieren wir den *Torsionstensor*

$$T(\omega, \mathbf{v}, \mathbf{w}) = \omega(\alpha(\mathbf{v}, \mathbf{w}))$$

und den *Krümmungstensor*

$$R(\mathbf{u}, \omega, \mathbf{v}, \mathbf{w}) = \omega(\beta(\mathbf{v}, \mathbf{w}) \mathbf{u})$$

für Vektorfelder $\mathbf{u}, \mathbf{v}, \mathbf{w}$ und 1-Formen $\omega$ auf $M$.

**Koordinatendarstellung:** Es sei $\mathbf{e}_1, \ldots, \mathbf{e}_n$ die natürliche Basis in einer Karte. Wir setzen

$$T^j_{km} := T(\mathrm{d}x^j, \mathbf{e}_k, \mathbf{e}_m),$$

$$R^j_{ikm} := R(\mathbf{e}_i, \mathrm{d}x^j, \mathbf{e}_k, \mathbf{e}_m).$$

Dann gilt.

$$T^j_{km} = \Gamma^j_{km} - \Gamma^j_{mk},$$

$$R^j_{ikm} = \partial_k \Gamma^j_{mi} - \partial_m \Gamma^j_{ki} + \Gamma^j_{ks}\Gamma^s_{mi} - \Gamma^j_{ms}\Gamma^s_{ki}.$$

Für Funktionen $f$ erhält man

$$\nabla_k \nabla_m f - \nabla_m \nabla_k f = -T^s_{km} \nabla_s f.$$

Ferner ist

$$\nabla_k \nabla_m v^j - \nabla_m \nabla_k v^j = R^j_{ikm} v^i - T^s_{km} \nabla_s v^j.$$

**Beliebige Basen:** In der Vektorrechnung vereinfacht man die Überlegungen häufig dadurch, daß man geeignete Basen wählt. Der invariante Kalkül verfügt ebenfalls über diese Flexibilität. Es sei $\mathbf{b}_1, \ldots, \mathbf{b}_n$ eine beliebige Basis im Tangentialraum $TM_x$. Wir konstruieren die duale Basis $b^1, \ldots, b^n$ im Kotangentialraum $TM^*$ durch

$$b^i(\mathbf{b}_j) = \delta^i_j.$$

Ferner setzen wir

$$\gamma^k_{ij} := (\nabla \mathbf{b}_j)(\mathbf{b}_i, \mathrm{d}x^k), \quad t^j_{km} := T(b^j, \mathbf{b}_k, \mathbf{b}_m), \quad r^j_{ikm} := R(\mathbf{b}_i, b^j, \mathbf{b}_k, \mathbf{b}_m).$$

Im Spezialfall $\mathbf{b}_j = \mathbf{e}_j$ für alle $j$ gilt: $b^j = \mathrm{d}x^j$, $\gamma^k_{ij} = \Gamma^k_{ij}$, $t^j_{km} = T^j_{km}$ und $r^j_{ikm} = R^j_{ikm}$.

Außerdem definieren wir die Zusammenhangsformen $\omega^j_i := \gamma^j_{si} b^s$, die Torsionsformen

$$\Theta^i := \frac{1}{2} t^i_{km} b^k \wedge b^m$$

und die Krümmungsformen

$$\Omega^j_i := \frac{1}{2} r^j_{ikm} b^k \wedge b^m.$$

**Die Strukturgleichungen von Cartan:** Es gilt

$$\Theta^i = \mathrm{d}b^i + \omega^i_s \wedge b^s, \tag{16.26}$$

$$\Omega^j_i = \mathrm{d}\omega^j_i + \omega^j_s \wedge \omega^s_i.$$

Die tiefere geometrische Bedeutung von (16.26) ergibt sich erst im Rahmen der Theorie der Hauptfaserbündel (Methode des repère mobile; vgl. 19.6.). Tatsächlich erhält man (16.26) durch Lokalisierung der eleganten *globalen* Cartanschen Strukturgleichungen

$$\mathscr{F} = \mathrm{D}\mathscr{A}, \quad \mathscr{T} = \mathrm{D}\Theta \tag{16.26*}$$

auf dem Repèrebündel $\mathscr{R}(M)$ von $M$ (vgl. (19.25)).

### 16.2.5. Kovariante Differentiation und Krümmung auf Riemannschen Mannigfaltigkeiten

**Satz:** Auf einer Riemannschen Mannigfaltigkeit existiert ein eindeutig bestimmter linearer Zusammenhang mit den beiden folgenden Eigenschaften:

(a) $T = 0$ und (b) $\nabla \mathbf{g} = 0$.

Die entsprechenden Christoffelsymbole $\Gamma^i_{jk}$, die kovariante Ableitung $\nabla_j$ sowie der Krümmungstensor sind dann wie in 16.1. gegeben.

Die Bedingung (a) ist äquivalent zu $\Gamma^k_{ij} = \Gamma^k_{ji}$ (Symmetrie der Christoffelsymbole), während (b) bedeutet, daß

$$\nabla_j g_{km} = 0 \tag{16.27}$$

gilt (Lemma von Ricci). Ferner hat man

$$\nabla_j g^{km} = 0\,, \quad \nabla_j g = 0\,. \tag{16.28}$$

### 16.2.6. Geodätische

Ist $x = x(\sigma)$, $a \le \sigma \le b$, eine Kurve auf einer Riemannschen Mannigfaltigkeit $M$, dann bezeichnet man

$$E = \int_a^b (\dot{x}(\sigma)|\dot{x}(\sigma))\, \mathrm{d}\sigma$$

als die Energie der Kurve. Wir betrachten das Variationsproblem

$$E = \text{stationär!}\,,\ x(a), x(b) \text{ sind fest vorgegeben}. \tag{16.29}$$

**Satz:** Genau die Lösungen von (16.29) genügen der Differentialgleichung[7)]

$$\frac{\mathrm{D}\dot{x}}{\mathrm{d}\sigma} = 0\,, \qquad a \le \sigma \le b\,. \tag{16.30}$$

Längs jeder Lösung von (16.30) gilt $(\dot{x}(\sigma)|\dot{x}(\sigma)) = \text{const}$. Genau die Kurven, die (16.30) genügen, heißen Geodätische.

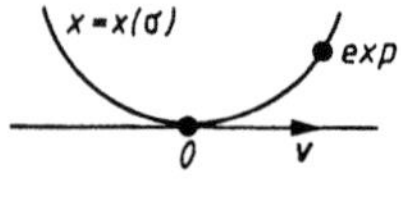

Abb. 16.5

**Exponentialabbildung:** Es sei $x_0$ ein fester Punkt von $M$. Dann gibt es eine offene Umgebung $U$ des Nullpunktes im Tangentialraum $TM_{x_0}$, so daß das Anfangswertproblem

$$\frac{\mathrm{D}\dot{x}}{\mathrm{d}\sigma} = 0\,, \qquad x(0) = x_0\,, \quad \dot{x}(\sigma) = \mathbf{v}$$

für jedes $\mathbf{v} \in U$ eine eindeutige Lösung $x = x(\sigma)$ $(-1 \le \sigma \le 1)$ hat (Abb.16.5). Wir definieren

$$\exp \mathbf{v} = x(1)\,.$$

---

[7)] In Koordinaten bedeutet das

$$\ddot{x}^k + \Gamma^k_{ij}\dot{x}^i\dot{x}^j = 0\,. \tag{16.31}$$

**Satz:** Wählen wir die Nullumgebung $U$ hinreichend klein, dann ist $\exp\colon U \to M$ ein Diffeomorphismus von $U$ auf eine offene Umgebung des Punktes $x_0$.

Die Riemannsche Mannigfaltigkeit heißt *geodätisch vollständig* genau dann, wenn die Abbildung exp auf $TM_{x_0}$ ausgedehnt werden kann (für alle Punkte $x_0 \in M$). Geometrisch bedeutet dies, daß jede Geodätische $x = x(\sigma)$ für alle $\sigma \in \mathbb{R}$ erklärt ist.

**Normalkoordinaten:** Ein lokales Koordinatensystem $v^1, \ldots, v^n$ in der Umgebung eines Punktes $x_0 \in M$ heißt *normal* genau dann, wenn jede Geodätische durch den Punkt $x_0$ mit Hilfe einer Geradengleichung der Form

$$v^j = a^j \sigma \tag{16.32}$$

mit dem reellen Parameter $\sigma$ beschrieben werden kann. Der Punkt $x_0$ hat dabei die Koordinaten $v^j = 0$ für alle $j$.

Die Exponentialabbildung liefert solche Normalkoordinaten in der Umgebung von $x_0$, indem man durch $x = \exp \mathbf{v}$ dem Punkt $x$ den Tangentialvektor $\mathbf{v} = v^j \mathbf{e}_j$ zuordnet. In Normalkoordinaten gilt stets

$$\Gamma^k_{ij}(x_0) = 0 \qquad \text{für alle} \quad i, j, k\,. \tag{16.33}$$

d.h., es ist

$$\nabla_j = \partial_j \qquad \text{in} \quad x_0\,.$$

**Kurven minimaler Länge:** Auf einer eigentlichen Riemannschen Mannigfaltigkeit $M$ betrachten wir das Variationsproblem

$$\int_a^b \sqrt{(\dot{x}(\sigma)|\dot{x}(\sigma))}\,\mathrm{d}\sigma = \min!\,, \tag{16.34}$$
$$x(a), x(b) \text{ sind fest vorgegeben}\,.$$

Dann genügt jede Lösung von (16.35) der Differentialgleichung (16.30) bezüglich der Bogenlänge $\sigma = s$.

**Satz von Hopf-Rinow:** Auf einer zusammenhängenden eigentlichen Riemannschen Mannigfaltigkeit $M$ sind folgende Aussagen äquivalent:

(a) $M$ ist vollständig als metrischer Raum.

(b) $M$ ist geodätisch vollständig.

(c) Die beschränkten Mengen (bezüglich der Metrik auf $M$) sind relativ kompakt.

*Beispiel:* Jede kompakte zusammenhängende eigentliche Riemannsche Mannigfaltigkeit $M$ (z.B. die Sphäre $S^n_r$) erfüllt die Bedingungen (a), (b), (c).

Zwei beliebige Punkte $x$ und $y$ von $M$ lassen sich durch eine Geodätische $\mathscr{G}$ verbinden, so daß die Länge von $\mathscr{G}$ gleich dem Abstand $d(x, y)$ ist.

# 16.3. Abbildungen zwischen Riemannschen Mannigfaltigkeiten

Das Problem der Abbildung zwischen zwei Riemannschen Mannigfaltigkeiten entstand zuerst in der Kartographie (Abbildung von Teilen der Erdoberfläche auf die Ebene; Landkarten). Aus dem theorema egregium von Gauß folgt, daß derartige längentreue Abbildungen unmöglich sind (vgl. 3.6.3.3.); man kann aber winkeltreue (konforme) Abbildungen benutzen, z.B. die Projektion der Erdoberfläche auf einen Zylindermantel, die von Merkator (1512–1569) stammt.

### 16.3.1. Längentreue Abbildungen

Sind $M_1$ und $M_2$ zwei Riemannsche Mannigfaltigkeiten mit den metrischen Tensoren $\mathbf{g}^{(1)}$ und $\mathbf{g}^{(2)}$, dann versteht man unter einer Isometrie von $M_1$ auf $M_2$ einen Diffeomorphismus $f\colon M_1 \to M_2$, für welchen

$$f^*\mathbf{g}^{(2)} = \mathbf{g}^{(1)} \tag{16.35}$$

gilt. Explizit bedeutet das in lokalen Koordinaten

$$\mathrm{d}s^2 = g_{ij}^{(1)}(x)\,\mathrm{d}x^i\,\mathrm{d}x^j = g_{ij}^{(2)}(y)\,\mathrm{d}y^i\,\mathrm{d}y^j \qquad \text{mit} \quad y = f(x)\,.$$

Es sei $M$ eine Riemannsche Mannigfaltigkeit mit dem metrischen Tensor $\mathbf{g}$. Nach dem Erlanger Programm von Felix Klein aus dem Jahre 1872 ist Geometrie gleichbedeutend mit der Invariantentheorie von Transformationsgruppen. In diesem Sinne gehört eine Eigenschaft genau dann zur Riemannschen Geometrie von $M$, wenn sie invariant ist unter der Gruppe aller Isometrien von $M$ auf sich. Solche Eigenschaften sind z.B. die Länge einer Kurve, der Winkel zwischen zwei Kurven und das Volumen eines Gebietes.

**Lokale Isometrien:** Unter einer *infinitesimalen Isometrie* von $M$ verstehen wir ein Vektorfeld $\mathbf{v}$ auf $M$, so daß

$$\mathscr{L}_{\mathbf{v}}\mathbf{g} = 0$$

für die Lieableitung gilt. Infinitesimale Isometrien heißen auch *Killingvektorfelder.*

Auf einer beliebigen Riemannschen Mannigfaltigkeit besteht eine eineindeutige Korrespondenz zwischen lokalen isometrischen Flüssen und lokalen Killingvektorfeldern, die durch die natürliche Korrespondenz zwischen Flüssen und ihren Geschwindigkeitsfeldern gegeben ist (vgl. 15.4.5.).

**Globale Isometrien:** Es sei $M$ eine vollständige zusammenhängende eigentliche Riemannsche Mannigfaltigkeit der Dimension $n$. Dann gilt:

(i) Zwischen den isometrischen Flüssen $\{F_t\}$ auf $M$ und den Killingvektorfeldern $\mathbf{v}$ besteht eine eineindeutige Korrespondenz, die dadurch gegeben ist, daß $\mathbf{v}$ das Geschwindigkeitsfeld zu $\{F_t\}$ darstellt.

(ii) Alle Isometrien von $M$ auf sich bilden eine Liegruppe $\mathscr{L}$, deren Liealgebra isomorph ist zur Liealgebra aller Killingvektorfelder auf $M$.

(iii) Die Dimension von $\mathscr{L}$ ist höchstens gleich $\frac{1}{2}n(n+1)$ und genau dann gleich $\frac{1}{2}n(n+1)$, wenn $M$ konstante Krümmung besitzt.

*Beispiel 1:* Im dreidimensionalen Raum $M = \mathbb{R}^3$ mit der euklidischen Metrik hat die Liegruppe $\mathscr{L}$ der Isometrien die Dimension $\frac{1}{2}n(n+1) = 6$ für $n = 3$. Alle diese Isometrien werden durch

$$y = Ax + b$$

gegeben, wobei $A$ eine orthogonale Matrix ist, d.h., $\mathscr{L}$ besteht aus allen Drehungen, Spiegelungen und Translationen.

**Einbettungssatz von Nash (1956):** Jede eigentliche Riemannsche $C^\infty$-Mannigfaltigkeit der Dimension $n$ läßt sich isometrisch in einen $\mathbb{R}^m$ einbetten[8].

Dieser wichtige Struktursatz besagt, daß jede abstrakt gegebene eigentliche Riemannsche Mannigfaltigkeit als Untermannigfaltigkeit eines $\mathbb{R}^m$ realisiert werden kann.

*Beispiel 2:* Für das Poincaré-Modell $M_{\mathrm{hyp}}$ (vgl. 16.1.5.) der nichteuklidischen hyperbolischen Geometrie in der oberen Halbebene gilt

$$ds^2 = \frac{dx^2 + dy^2}{y^2}, \qquad y > 0. \tag{16.36}$$

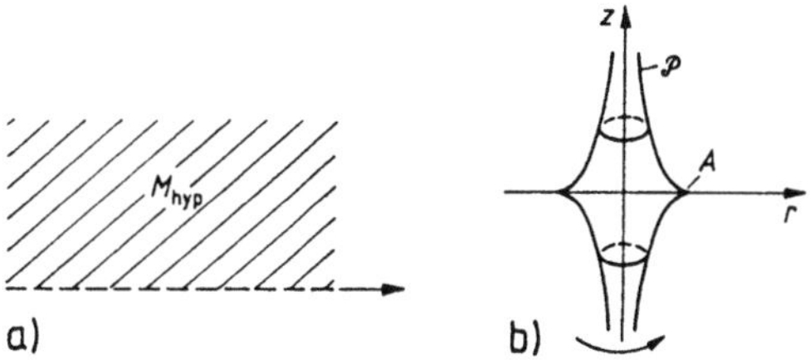


Abb. 16.6

Läßt man die sogenannte Traktrixkurve $z = z(r)$, gegeben durch

$$z = \pm \int_0^r \varrho^{-1}\sqrt{1-\varrho^2}\, d\varrho,$$

um die $z$-Achse rotieren, dann erhält man die sogenannte Pseudosphäre $\mathcal{P}$ (Abb.16.6b) mit der Metrik

$$ds^2 = r^{-2}\, dr^2 + r^2\, d\varphi^2 \qquad (\varphi - \text{Drehwinkel}). \tag{16.37}$$

Durch die Transformation $y = e^{-\ln r}$, $x = \varphi$ geht (16.37) in (16.36) über, und $M_{\mathrm{hyp}}$ wird auf die Pseudosphäre $\mathcal{P}$ abgebildet, wobei zwei Punkte $(x_1, y)$ und $(x_2, y)$ von $M_{\mathrm{hyp}}$, deren Differenz $x_1 - x_2$ gleich einem Vielfachen von $2\pi$ ist, dem gleichen Punkt auf $\mathcal{P}$ entsprechen. Damit handelt es sich allerdings nicht um eine Einbettung von $M_{\mathrm{hyp}}$ in den $\mathbb{R}^3$. Speziell ist $\mathcal{P}$ keine Mannigfaltigkeit wegen des nichtglatten Verhaltens am Äquator $A$ (Abb.16.6b). Im Jahre 1901 bewies Hilbert, daß es nicht möglich ist, die Riemannsche Geometrie von $M_{\mathrm{hyp}}$ auf einer Fläche im $\mathbb{R}^3$ zu realisieren. Nach dem obigen Einbettungssatz von Nash ist jedoch eine solche Einbettung in den $\mathbb{R}^7$ möglich (wegen $n = 2$).

Alle eigentlichen (d.h. orientierungserhaltenden) Isometrien von $M_{\mathrm{hyp}}$ auf sich erhält man durch die Möbiustransformationen

$$z' = \frac{az+b}{cz+d}, \qquad ad - bc = 1, \quad a, b, c, d \ \text{ reell},$$

wobei $z = x + iy$ gilt. Diese Isometrien bilden eine reelle Liegruppe der Dimension 3, die isomorph ist zur Faktorgruppe $SL(2,\mathbb{R})/G$ mit der diskreten Untergruppe $G = \{I, -I\}$.

---

[8] Genauer: $m = \max\{\frac{1}{2}n(n+3) + 5, \frac{1}{2}n(n+5)\}$.

## 16.3.2. Winkeltreue (konforme) Abbildungen

Sind $M_1$ und $M_2$ zwei Riemannsche Mannigfaltigkeiten mit den metrischen Tensoren $\mathbf{g}^{(1)}$ und $\mathbf{g}^{(2)}$, so heißt die Abbildung $f\colon M_1 \to M_2$ *konform* genau dann, wenn

$$f^*\mathbf{g}^{(2)} = \lambda \mathbf{g}^{(1)} \tag{16.38}$$

gilt, wobei $\lambda\colon M_1 \to \mathbb{R}$ eine positive Funktion ist. Explizit bedeutet das in lokalen Koordinaten

$$\mathrm{d}s^2 = g_{ij}^{(2)}(y)\,\mathrm{d}y^i\,\mathrm{d}y^j = \lambda(x) g_{ij}^{(1)}(x)\,\mathrm{d}x^i\,\mathrm{d}x^j$$

mit $y = f(x)$ und $\lambda(x) > 0$. Konforme Abbildungen sind winkeltreu.

*Beispiel 3* (Merkatorprojektion): Wir bilden die Sphäre $S_r^2$ (genauer: die Erdoberfläche ohne Nord- und Südpol) konform auf einen Zylindermantel ab, der $S_r^2$ im Äquator berührt (Abb.16.7). Diese Abbildung wird durch

$$z = \ln\left(\frac{\theta}{2} + \frac{\pi}{2}\right)$$

vermittelt ($\varphi$ – geographische Länge, $\theta$ – geographische Breite; $(\varphi, z)$ sind Zylinderkoordinaten).

Diese Projektion wird in der Kartographie verwendet.

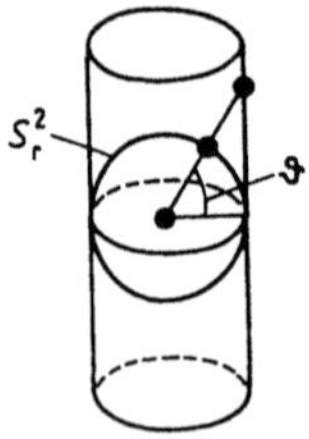


Abb. 16.7

*Beispiel 4* (konforme Abbildung in der Ebene): Es sei $\Omega$ ein Gebiet der komplexen $z$-Ebene, und $f\colon \Omega \to \mathbb{C}$ sei eine holomorphe Funktion mit $f'(z) \neq 0$ für alle $z \in \Omega$. Dann stellt $f$ eine konforme Abbildung von $\Omega$ auf $f(\Omega)$ dar (bezüglich der natürlichen euklidischen Metrik).

Somit gibt es sehr viele konforme Abbildungen in der Ebene. Das folgende Beispiel zeigt, daß sich die Situation in höheren Dimensionen drastisch ändert.

*Beispiel 5* (Satz von Liouville): Jede glatte konforme Abbildung $f\colon \mathbb{R}^n \to \mathbb{R}^n$ mit $n \geq 3$ ergibt sich durch Zusammensetzung von Drehungen, Dilatationen und Spiegelungen.

**Lokale konforme Abbildungen:** Es sei $M$ eine Riemannsche Mannigfaltigkeit mit dem metrischen Tensor $\mathbf{g}$. Unter einer infinitesimalen konformen Abbildung (oder einem konformen Killingvektorfeld) verstehen wir ein Vektorfeld $\mathbf{v}$ auf $M$ mit

$$\mathscr{L}_{\mathbf{v}}\mathbf{g} = \tau \mathbf{g},$$

wobei $\tau$ eine reelle Funktion auf $M$ und $\mathscr{L}_{\mathbf{v}}$ die Lieableitung bezeichnen.

Zwischen den lokalen konformen Flüssen von $M$ und den lokalen konformen Killingvektorfeldern von $M$ besteht eine eineindeutige Beziehung, die durch die natürliche Korrespondenz zwischen Flüssen und ihren Geschwindigkeitsfeldern gegeben ist (vgl. 15.4.5.).

**Globale konforme Abbildungen:** Die konformen Diffeomorphismen einer zusammenhängenden eigentlichen Riemannschen Mannigfaltigkeit auf sich selbst bilden eine Liegruppe, deren Liealgebra isomorph ist zur Liealgebra der konformen Killingvektorfelder.

*Beispiel 6:* Im vierdimensionalen Minkowskiraum gibt es 15 linear unabhängige konforme Killingvektorfelder.

Unter einer konformen Abbildung verstehen wir bis zum Ende dieses Abschnittes einen winkeltreuen Diffeomorphismus.

**Hauptsatz 1:** Es sei $M$ eine zweidimensionale eigentliche (hinreichend glatte) Riemannsche Mannigfaltigkeit. Dann gilt:

(i) *Lokales Verhalten.* Zu jedem Punkt $x \in M$ existiert eine Umgebung $U$, so daß $U$ konform auf das Innere des Einheitskreises abgebildet werden kann.

Diese Aussage ist gleichbedeutend damit, daß man auf $U$ lokale Koordinaten $(x.y) \in \mathbb{R}^2$ einführen kann, so daß sich für die Bogenlänge die Normalform

$$ds^2 = \lambda(x.y)(dx^2 + dy^2) \quad \text{auf } U$$

ergibt mit der positiven Funktion $\lambda$. Derartige Koordinaten heißen *isotherm*.

(ii) *Globales Verhalten.* Ist $M$ einfach zusammenhängend und besitzt $M$ eine abzählbare Basis (vgl. (15.1.10.), dann läßt sich $M$ konform auf das Innere des Einheitskreises, die Ebene oder die zweidimensionale Sphäre $S^2$ abbilden, wobei genau einer dieser drei Fälle vorliegt.

Dieses tiefliegende geometrische Theorem ist mit den Namen von Euler, Gauß, Riemann, Poincaré, Koebe und Lichtenstein verbunden. Benutzt man nur isotherme Koordinaten, dann wird der Wechsel zwischen derartigen Koordinaten durch holomorphe Funktionen beschrieben. Auf diese Weise wird $M$ zu einer Riemannschen Fläche, und die Aussage (ii) ist eine Folge des Uniformisierungssatzes (vgl. 19.8.3.).

**Konform äquivalente Riemannsche Metriken.** Die Menge $M$ sei bezüglich der beiden Metriken $g$ und $h$ eine eigentliche Riemannsche Mannigfaltigkeit. Definitionsgemäß heißt $g$ genau dann zu $h$ konform äquivalent, wenn es eine positive Funktion $\lambda: M \to \mathbb{R}$ gibt mit

$$g = \lambda h \quad \text{auf } M.$$

**Hauptsatz 2** (Lösung des Yamabe-Problems): Ist $M$ eine kompakte eigentliche (hinreichend glatte) Riemannsche Manngifaltigkeit der Dimension $\geq 2$, dann kann man eine konform äquivalente Riemannsche Metrik auf $M$ einführen, die eine konstante skalare Krümmung $R$ besitzt.

Dieses Resultat, das erst in den 80er Jahren endgültig bewiesen wurde und wesentlich die Theorie nichtlinearer elliptischer Differentialgleichungen in Sobolevräumen mit kritischen Exponenten benutzt, kann man als eine Verallgemeinerung des Riemannschen Abbildungssatzes auf höhere Dimensionen auffassen (vgl. 1.14.10.).

## 16.4. Kählermannigfaltigkeiten

Die Bedeutung von Kählermannigfaltigkeiten besteht darin, daß es sich um komplexe Mannigfaltigkeiten handelt, deren Tangentialräume komplexe Hilberträume sind, wobei der Paralleltransport von Vektoren das (komplexe) Skalarprodukt invariant läßt.

**Fast komplexe Mannigfaltigkeiten:** Eine $2n$-dimensionale reelle Mannigfaltigkeit $M$ heißt fast komplex genau dann, wenn jedem Punkt $x \in M$ eine lineare bijektive Abbildung $J\colon TM_x \to TM_x$ des Tangentialraumes zugeordnet ist mit

$$J^2 = -I$$

($I$ = identische Abbildung). Fast komplexe Mannigfaltigkeiten sind stets orientierbar.

Eine *hermitesche Metrik* auf einer fast komplexen Mannigfaltigkeit $M$ ist definitionsgemäß eine Riemannsche Metrik $\mathbf{g}$ mit der zusätzlichen Eigenschaft

$$\mathbf{g}_x(J\mathbf{u}, J\mathbf{v}) = \mathbf{g}_x(\mathbf{u}, \mathbf{v}) \qquad \text{für alle} \quad \mathbf{u}, \mathbf{v} \in TM_x$$

und alle $x \in M$. Die 2-Form $\Phi$ definiert durch

$$\Phi_x(\mathbf{u}, \mathbf{v}) := \mathbf{g}_x(\mathbf{u}, J\mathbf{v}) \qquad \text{für alle} \quad \mathbf{u}, \mathbf{v} \in TM_x$$

und alle $x \in M$ heißt die Fundamentalform der hermiteschen Metrik. Genau dann, wenn zusätzlich

$$\mathrm{d}\Phi = 0$$

gilt, heißt $\mathbf{g}$ eine *Kählermetrik*, und $M$ heißt eine *fast-Kählermannigfaltigkeit.*

Auf einer solchen Mannigfaltigkeit ist durch $\Phi$ eine symplektische Struktur gegeben.

**Komplexe Mannigfaltigkeiten:** Es sei $M$ eine $n$-dimensionale komplexe Mannigfaltigkeit. Diese wird zu einer fast-komplexen Mannigfaltigkeit $M_{\mathbb{R}}$ in der folgenden Weise: Die lokalen Koordinaten $z_1, \ldots, z_n$ von $M$ in einer Karte besitzen die Darstellung

$$z_j = x_j + \mathrm{i}y_j\,, \qquad j = 1, \ldots, n\,.$$

Die Karte von $M_{\mathbb{R}}$ entsteht, indem wir den $n$ komplexen Zahlen $z_1, \ldots, z_n$ die $2n$ reellen Zahlen $x_1, \ldots, x_n, y_1, \ldots, y_n$ zuordnen. Die Abbildung $J$ definieren wir durch

$$J(x_1, \ldots, x_n, y_1, \ldots, y_n) = (-y_1, \ldots, -y_n, x_1, \ldots, x_n)\,.$$

Somit entspricht $J$ der Multiplikation von $z_j$ mit i.

Eine komplexe Mannigfaltigkeit, die auf diese Weise zu einer fast-Kählermannigfaltigkeit wird, heißt *Kählermannigfaltigkeit.* In lokalen Koordinaten gilt für eine Kählermannigfaltigkeit folgendes:

(i) Metrik: $\mathrm{d}s^2 = g_{jk}\,\mathrm{d}z^j\,\mathrm{d}\overline{z}^k\,, \quad g_{jk} = g_{kj}\,.$

(ii) Fundamentalform: $\Phi = -\mathrm{i}g_{jk}\,\mathrm{d}z^j \wedge \mathrm{d}\overline{z}^k\,.$

(iii) $\mathrm{d}\Phi = 0\,.$

Die Berechnung von $\mathrm{d}\Phi$ geschieht, indem man $g_{ij}$ als Funktion von $(x_1, \ldots, x_n, y_1, \ldots, y_n)$ auffaßt und $\mathrm{d}z^j = \mathrm{d}x^j + \mathrm{i}\mathrm{d}y^j$, $\mathrm{d}\overline{z}^j = \mathrm{d}x^j - \mathrm{i}\mathrm{d}y^j$ berücksichtigt. Zum gleichen Resultat gelangt man auch, indem man eleganter

$$x^j = \frac{1}{2}(z^j + \overline{z}^j)\,, \qquad y^j = \frac{1}{2\mathrm{i}}(z^j - \overline{z}^j)$$

setzt. Dann wird $g_{jk}$ eine Funktion von $z^1, \ldots, z^n$, und es gilt

$$\mathrm{d}\Phi = -\mathrm{i}\frac{\partial g_{jk}}{\partial z^m}\,\mathrm{d}z^m \wedge \mathrm{d}z^j \wedge \mathrm{d}z^k - \mathrm{i}\frac{\partial g_{jk}}{\partial \overline{z}^m}\,\mathrm{d}\overline{z}^m \wedge \mathrm{d}\overline{z}^j \wedge \mathrm{d}\overline{z}^k\,.$$

Für zwei Kurven $z = z(t)$ und $w = w(t)$ auf der $n$-dimensionalen komplexen Mannigfaltigkeit $M$ ergibt sich im Tangentialraum das Skalarprodukt

$$(\dot{z}(t)|\dot{w}(t)) = g_{jk}\dot{z}^j\dot{\overline{z}}^k\,. \tag{16.39}$$

Diese Definition ist unabhängig von der Wahl der lokalen Koordinaten.

**Satz:** Es sei $M$ eine $n$-dimensionale komplexe Mannigfaltigkeit, so daß die zugehörige $2n$-dimensionale reelle Mannigfaltigkeit $M_{\mathbb{R}}$ eine eigentliche Riemannsche Metrik **g** besitzt. Dann sind die beiden folgenden Aussagen äquivalent:

(a) $M$ ist eine Kählermannigfaltigkeit.

(b) Der durch **g** auf $M$ erzeugte Paralleltransport von Vektoren respektiert die komplexe Hilbertraumstruktur der Tangentialräume (d.h., das Skalarprodukt (16.39) bleibt invariant).

## 16.5. Anwendungen auf die allgemeine Relativitätstheorie

### 16.5.1. Physikalische Grundidee

In der klassischen Mechanik wird die Gravitation durch ein Kraftfeld (Vektorfeld) beschrieben. Beispielsweise ist die Newtonsche Gleichung für die Bewegung $\mathbf{x} = \mathbf{x}(t)$ eines Planeten im Gravitationsfeld der Sonne mit der Masse $M$ durch

$$\mathbf{x}''(t) = -\gamma M |\mathbf{x}|^{-3}\mathbf{x}$$

gegeben. Dabei befindet sich die Sonne im Ursprung $\mathbf{x} = 0$, und $\gamma$ bezeichnet die Gravitationskonstante. In Einsteins allgemeiner Relativitätstheorie aus dem Jahre 1915 verursacht die Masse der Sonne eine Krümmung der vierdimensionalen Riemannschen Raum-Zeit-Mannigfaltigkeit $E_4$. Die Bewegung der Planeten entspricht dann geodätischen Kurven von $E_4$. Dadurch wird die Gravitation geometrisiert. Eine ausführlichere Darstellung der folgenden Betrachtungen findet man in [Zeidler 1984, Bd.IV].

In den nächsten Abschnitten wird über zwei gleiche obere und untere Indizes von 1 bis 4 summiert.

### 16.5.2. Die Grundgleichungen der allgemeinen Relativitätstheorie

Ausgangspunkt ist eine vierdimensionale Riemannsche Mannigfaltigkeit $E_4$ mit der Metrik

$$\mathrm{d}s^2 = g_{ij}\,\mathrm{d}x^i\,\mathrm{d}x^j \tag{16.40}$$

in lokalen Koordinaten. Dabei sind $x^1, x^2, x^3$ raumartige Koordinaten, und $x^4/c$ ist eine zeitartige Koordinate[9] ($c$ – Lichtgeschwindigkeit). Dem Wechsel dieser lokalen Koordinaten entspricht der Wechsel von Beobachtersystemen im Weltall, die zum Beispiel auf unterschiedlichen Sternen installiert sein können.

[9] Vom mathematischen Standpunkt aus bedeutet dies, daß $(g_{ij})$ die Signatur $(-1,-1,-1,1)$ besitzt, d.h., es gilt

$$g_{44} > 0, \quad \begin{vmatrix} g_{33} & g_{34} \\ g_{43} & g_{44} \end{vmatrix} < 0, \quad \begin{vmatrix} g_{22} & g_{23} & g_{24} \\ g_{32} & g_{33} & g_{34} \\ g_{42} & g_{43} & g_{44} \end{vmatrix} > 0, \quad g < 0,$$

wobei $g$ die Determinante aller $g_{ij}$ bezeichnet, $i,j = 1,\ldots,4$.

***Beispiel:*** **Setzen wir $g_{11} = g_{22} = g_{33} = -g_{44} = -1$ und $g_{ij} = 0$ für $i \neq j$, dann entspricht (16.40) der Minkowskimetrik**

$$ds^2 = c^2(dt)^2 - (dx^1)^2 - (dx^2)^2 - (dx^3)^2$$

**mit $x^4 = ct$ ($t$ – Zeit). Eine solche Metrik liegt in dem trivialen Fall vor, daß keine Massen vorhanden sind und $(x^1, \ldots, x^4)$ einem Inertialsystem entspricht, in dem jeder kräftefreie Körper ruht oder sich auf einer Geraden bewegt.**

**Grundgleichungen für die Metrik:** Die Grundgleichungen der Einsteinschen allgemeinen Relativitätstheorie lauten:

$$R_{ij} - 2^{-1} g_{ij} R = \varkappa T_{ij}\,, \qquad i,j = 1, \ldots, 4\,, \tag{16.41}$$

mit der Naturkonstanten $\varkappa = 8\pi\gamma/c^4$. Dabei ist $R^j_{ikm}$ der Krümmungstensor, aus dem sich $R_{ij}$ und $R$ nach 16.1.2. ergeben. Ferner ist $T_{ij}$ der sogenannte Energie-Impulstensor, der die Massenverteilungen beschreibt. Explizit stellt (16.41) bei gegebenem $T_{ij}$ ein kompliziertes System partieller Differentialgleichungen zweiter Ordnung für die Komponenten des metrischen Tensors $g_{ij}$ dar.

**Grundgleichung für die Bewegung von Massenpunkten und Lichtstrahlen:** Die Bewegung $x^j = x^j(\sigma)$, $a \leq \sigma \leq b$, $j = 1, \ldots, 4$, eines Massenpunktes entspricht nach Einstein einer geodätischen Linie, d.h.

$$\int ds^2 \equiv \int_a^b g_{ij}(x(\sigma))\dot{x}^i(\sigma)\dot{x}^j(\sigma)\,d\sigma = \text{stationär}!\,,$$

$$x^j(a),\ x^j(b) \quad \text{sind fest vorgegeben}.$$

Nach 16.1.4. ist das in lokalen Koordinaten äquivalent zu dem Differentialgleichungssystem

$$\ddot{x}^k + \Gamma^k_{ij}\dot{x}^i\dot{x}^j = 0\,. \tag{16.42}$$

Dabei wird zusätzlich Unterlichtgeschwindigkeit gefordert, d.h. $ds \,/\, d\sigma > 0$.

Gleichung (16.42) beschreibt auch die Bewegung eines Lichtstrahls, falls der Parameter $\sigma$ so gewählt wird, daß $ds \,/\, d\sigma = 0$ gilt.

Der Parameter $x^4/c$ besitzt zeitartigen Charakter. Seine Wahl ist jedoch willkürlich. Zur Beschreibung physikalischer Prozesse benötigt man die sogenannte Eigenzeit $\tau$. Beschreibt $x^j = x^j(\sigma)$, $a \leq \sigma \leq b$, die Bewegung einer Uhr, dann verfließt zwischen dem Anfangszustand $\sigma = a$ und dem Endzustand $\sigma = b$ die Eigenzeit $\tau = s/c$, wobei

$$s = \int_a^b \left(g_{ij}(x(\sigma))\dot{x}^i(\sigma)\dot{x}^j(\sigma)\right)^{1/2} d\sigma$$

die Bogenlänge bezeichnet.

Der Begriff der Eigenzeit führt zu dem sogenannten *Zwillingsparadoxon*. Werden neugeborene Zwillinge $Z_1$ und $Z_2$ nach der Geburt getrennt, wobei $Z_1$ auf der Erde bleibt und $Z_2$ sich auf einem Raumschiff durch das Weltall bewegt, dann fließt die Eigenzeit von $Z_2$ langsamer als die von $Z_1$. Kehrt das Raumschiff eines Tages zur Erde zurück, dann ist somit $Z_2$ jünger als $Z_1$.

**Quasiklassische Näherung:** Bezeichnen $x^1, x^2, x^3$ kartesische Koordinaten, und setzen wir $x^4 = ct$ ($t$ – Zeit), dann ist die Riemannsche Metrik

$$ds^2 = c^2(1 + 2U/c^2)\,dt^2 - (1 - 2U/c^2)\left((dx^1)^2 + (dx^2)^2 + (dx^3)^2\right)$$

eine Näherungslösung der Einsteinschen Gleichungen (16.41), falls man nach dem Parameter $1/c$ entwickelt (c – Lichtgeschwindigkeit) und $1/c$ als sehr klein auffaßt. Hierbei stellt $U$ das klassische Gravitationspotential dar, d.h., $\mathbf{K} = -\mathbf{grad}\, U$ bezeichnet die Newtonsche Gravitationskraft. Die Einsteinsche Bewegungsgleichung (16.42) stimmt dann in erster Näherung mit der klassischen Newtonschen Bewegungsgleichung überein.

**Das Variationsproblem für die Metrik (Prinzip der stationären Wirkung):** Die Einsteinschen Gleichungen (16.41) im homogenen Fall $T_{ij} \equiv 0$ lassen sich nach Hilbert aus dem einfachen Variationsproblem

$$\int_\Omega R\,d\mu = \text{stationär}! \tag{16.43}$$

gewinnen mit der skalaren Krümmung $R$ und dem invarianten Maß $d\mu = |g|^{1/2}\,dx^1 \ldots dx^4$. In (16.43) ist $g_{ij}$ so zu variieren, daß alle $g_{ij}$ und ihre ersten partiellen Ableitungen auf $\partial\Omega$ fest bleiben.

Das Variationsproblem (16.43) kann man als das einfachste Variationsproblem auf einer Riemannschen Mannigfaltigkeit auffassen, das von der Krümmung abhängt. Unter geeigneten Voraussetzungen an $T_{ij}$ lassen sich auch die inhomogenen Einsteinschen Gleichungen (16.41) mit $T_{ij} \not\equiv 0$ aus einem Variationsproblem gewinnen.

Unter Benutzung von Differentialformen kann man (16.43) in der Gestalt

$$\int *R = \text{stationär}$$

schreiben. Dabei ist

$$*R = *(b^i \wedge b^j) \wedge \Omega_{ij}$$

(vgl. 16.2.4.). Man bezeichnet $\int *R$ als die *Hilbert-Einstein-Wirkung.*

## 16.5.3. Die Schwarzschildmetrik eines Zentralkörpers

Die Riemannsche Metrik

$$ds^2 = c^2(1 - r_s/r)\,dt^2 - r^2(d\theta^2 + \sin^2\theta\,d\varphi^2) - (1 - r_s/r)^{-1}\,dr^2 \tag{16.44}$$

ist eine Lösung der Einsteinschen Gleichungen (16.41). Dabei gilt $t$ – Zeit, $(\theta, \varphi, r)$ – Polarkoordinaten, $r_s = 2\gamma M/c^2$ – Schwarzschildradius, $\gamma$ – Gravitationskonstante, c – Lichtgeschwindigkeit.

Die sogenannte Schwarzschildmetrik (16.44) beschreibt das Gravitationsfeld eines Zentralkörpers der Masse $M$ (z.B. der Sonne). Aus (16.44) ergeben sich die folgenden physikalischen Effekte.

(i) *Periheldrehung.* Berechnet man die Bewegung eines Planeten gemäß (16.42), dann ergibt sich im Unterschied zur klassischen Theorie eine langsame Drehung der großen Halbachse der elliptischen Bahn. Für den Merkur sind das 43 Bogensekunden im Jahrhundert, was in Übereinstimmung mit astronomischen Beobachtungen steht.

(ii) *Lichtablenkung.* Da sich Massenpunkte und Lichtstrahlen nach der analogen Gleichung (16.42) bewegen, erwartet man, daß Lichtstrahlen analog zu Kometen von der Sonne abgelenkt werden. Explizit erhält man für Lichtstrahlen in der Nähe der Sonne eine Ablenkung von 1,75 Bogensekunden.

(iii) *Rotverschiebung.* Breiten sich zwei Signale aus, dann hängt die Eigenzeit von der Riemannschen Metrik (16.44) ab. Dadurch hängt z.B. die Lichtfrequenz vom Beobachtungsort ab. Die explizite Rechnung zeigt, daß die Wellenlängen $\lambda_0$ bzw. $\lambda_1$ des Lichtes am Beobachtungsort $r_0$ bzw. $r_1$ der Beziehung

$$\lambda_1/\lambda_0 = (1 - r_s/r_1)^{1/2}(1 - r_s/r_0)^{-1/2}$$

genügen, wobei $r$ den Abstand vom Zentralkörper bezeichnet. Entspricht $r_0$ dem Sonnenrand und $r_1$ der Position der Erde, dann ist $r_s < r_0 < r_1$ und somit $\lambda_1 > \lambda_0$. Folglich beobachtet man auf der Erde eine Rotverschiebung in den Spektren von Elementen.

Der gleiche Effekt kann bereits in irdischen Labors unterschiedlicher Höhe nachgewiesen werden.

### 16.5.4. Schwarze Löcher

Die Schwarzschildmetrik (16.44) besitzt für $r = r_s$ eine Singularität[10)]. Aufgrund einer genaueren Analyse nehmen die Physiker an, daß die Schwarzschildmetrik (16.44) auch sogenannte schwarze Löcher vom Radius $r_s$ und der Masse $M$ beschreibt. Ein schwarzes Loch vom Radius $r_s$ = 3 km besitzt z.B. die Sonnenmasse. Das führt zu ungeheuren Gravitationskräften, die so stark sind, daß kein Lichtstrahl aus einem schwarzen Loch entweichen kann [vgl. Zeidler 1984, Bd.IV].

### 16.5.5. Die Expansion des Weltalls (Urknall)

**Grundidee:** Die Einsteinschen Gleichungen (16.41) besitzen Lösungen, die einem expandierenden Weltall entsprechen. Diese Expansion wird experimentell als Rotverschiebung in den Spektren ferner Galaxien beobachtet (Hubble-Effekt). Die Rotverschiebung folgt streng aus der allgemeinen Relativitätstheorie. Sie kann aber qualitativ bereits im Rahmen des klassischen Dopplereffekts verstanden werden: da sich die Galaxien infolge der Expansion des Weltalls von uns fortbewegen, besitzen zwei von einem fernen Stern ausgesandte Lichtsignale unterschiedliche Laufzeiten, d.h., auf der Erde wird eine Zeitdehnung der beiden Signale beobachtet, was zu einer Vergrößerung der Wellenlänge führt.

Es existieren zwei unterschiedliche Kosmosmodelle:

(i) das geschlossene Weltmodell und

(ii) das offene Weltmodell.

Im *geschlossenen Weltmodell* besitzt das Weltall ein *endliches* Volumen. Die genaue Struktur wird weiter unten angegeben. Um eine anschauliche Vorstellung zu erhalten, stellen wir uns das Weltall als eine Kreislinie vom Radius $r$ vor (Abb. 16.8a), wobei sich $r$ in Abhängigkeit von der Zeit $t$ ändert (Abb. 16.8b). Zur Zeit $t = 0$ des sogenannten Urknalls gilt $r = 0$, d.h., das Weltall ist auf einen Punkt konzentriert. Dann wächst der Radius des Weltalls monoton bis zu einer kritischen Zeit $t_{\text{krit}}$. Anschließend zieht sich das Weltall wiederum auf einen Punkt zusammen. Danach kann theoretisch ein neuer Urknall einsetzen.

---

10) Durch eine geeignete Koordinatentransformation kann man zeigen, daß es sich nur um eine scheinbare Singularität handelt, so daß die Physik für $r \leq r_s$ nicht aufhört. Allerdings liegen im Bereich $r < r_s$ „wilde“ Raum-Zeit-Verhältnisse vor.

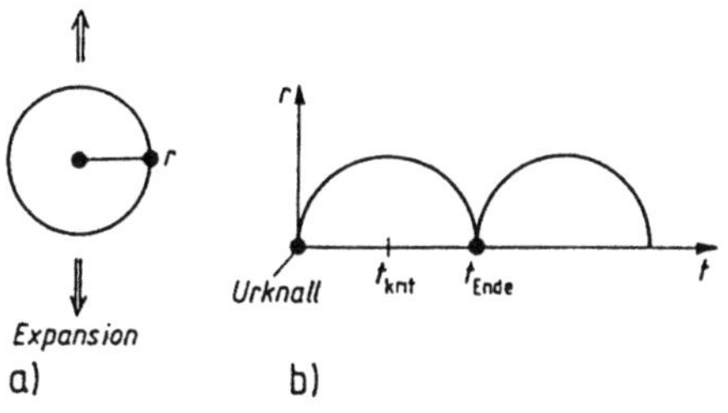


Abb. 16.8

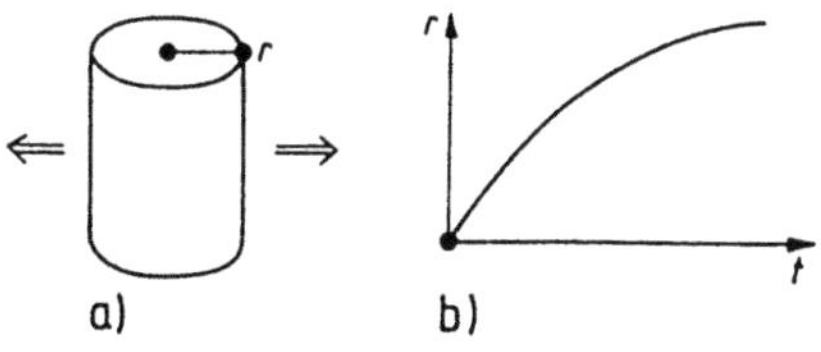


Abb. 16.9

*Im offenen Weltmodell* besitzt das Weltall ein *unendliches* Volumen. Hier können wir uns das Weltall als den Mantel eines Zylinders vom Radius $r$ vorstellen. Dabei vergrößert sich das Weltall ständig (Abb. 16.9).

Die Strahlungsenergie zur Zeit des Urknalls hat sich durch die bisher stattgefundene Expansion des Weltalls extrem verdünnt, so daß nur noch eine schwache Strahlung übriggeblieben ist, die 1965 von Penzias und Wilson entdeckt wurde (die sogenannte 3K-Strahlung). Heute sind die meisten Physiker von der Theorie des Urknalls überzeugt.

Zur Zeit kann jedoch nicht experimentell endgültig entschieden werden, ob das geschlossene oder das offene Weltmodell vorliegt. Dazu benötigt man den Wert für die mittlere Massendichte des Weltalls. Dieser Wert ist jedoch nur ungenau bekannt und liegt in einem Grenzbereich, der eine sichere Entscheidung über die Form des Weltalls nicht zuläßt.

**Riemannsche Metrik für das geschlossene Weltmodell:** Hier wird das dreidimensionale Weltall durch die Gleichung

$$\xi_1^2 + \xi_2^2 + \xi_3^2 + \xi_4^2 = r^2$$

beschrieben. Das ist die Oberfläche $S_r^3$ einer vierdimensionalen Kugel vom Radius $r$. Führen wir sphärische Koordinaten $\theta, \varphi, \psi$ ein, dann gilt

$$\xi_1 = r \sin\psi \sin\theta \sin\varphi\,, \qquad \xi_2 = r \sin\psi \sin\theta \cos\varphi\,,$$
$$\xi_3 = r \sin\psi \cos\theta\,, \qquad \xi_4 = r \cos\psi$$

mit $0 \le \varphi < 2\pi$ und $0 \le \theta,\ \psi \le \pi$. Das Bogenelement auf $S_r^3$ ist gegeben durch

$$dl^2 = r^2(d\psi^2 + \sin^2\psi(\sin^2 d\varphi^2 + d\theta^2)) \tag{16.45}$$

mit dem zugehörigen endlichen Volumen

$$V = \int_0^{2\pi}\int_0^{\pi}\int_0^{\pi} r^3 \sin^2\psi \sin\theta \, d\varphi \, d\theta \, d\psi = 2\pi^2 r^3 \,.$$

Der Krümmungsskalar von $S_r^3$ lautet $R = 6/r^2$. Die Riemannsche Metrik der Einsteinschen vierdimensionalen Raum-Zeit-Mannigfaltigkeit, die zu unserem Kosmos gehört, ergibt sich durch

$$ds^2 = c^2 dt^2 - dl^2 \qquad \text{mit} \quad r = r(t)\,.$$

Damit das eine Lösung der Einsteinschen Gleichungen (16.41) darstellt, muß zwischen dem Radius $r$ des Weltalls und der Zeit $t$ die Beziehung

$$r = \varkappa M c^2(1 - \cos\eta)/12\pi^2\,, \qquad t = \varkappa M c(\eta - \sin\eta)/12\pi^2$$

bestehen mit dem Parameter $\eta$: $0 < \eta < 2\pi$ und der Masse $M$ des Kosmos (Abb. 16.8b).

**Riemannsche Metrik für das offene Weltmodell:** Hier wird das dreidimensionale Weltall durch das Produkt $S_r^2 \times \{\psi > 0\}$ beschrieben mit dem Bogenelement

$$\mathrm{d}l^2 = r^2(\mathrm{d}\psi^2 + \sinh^2\psi\,(\sin^2\theta\,\mathrm{d}\varphi^2 + \mathrm{d}\theta^2)) \tag{16.46}$$

und $0 \le \varphi < 2\pi$, $0 \le \theta < \pi$ sowie $0 < \psi < \infty$. Das Weltall entspricht hier einer dreidimensionalen eigentlichen Riemannschen Mannigfaltigkeit von unendlichem Volumen mit der negativen skalaren Krümmung $R = -6/r^2$.

Parallel zum geschlossenen Weltmodell erhalten wir für die Riemannsche Metrik der vierdimensionalen Raum-Zeit-Mannigfaltigkeit

$$\mathrm{d}s^2 = c^2\,\mathrm{d}t^2 - \mathrm{d}l^2\,, \qquad r = r(t)\,.$$

Dabei gilt $r = \varkappa C(\cosh\eta - 1)$, $t = \varkappa C(\sinh\eta - \eta)$, $\eta > 0$, $C = \text{const}$ (Abb. 16.9b).

Sowohl im geschlossenen als auch im offenen Weltmodell wird in idealisierter Weise eine homogene Massenverteilung im Weltall vorausgesetzt. Daraus ergibt sich die Struktur des Energie-Impulstensor.

# 17. LIEGRUPPEN, LIEALGEBREN UND ELEMENTARTEILCHEN — MATHEMATIK DER SYMMETRIE

*In den Jahren 1870 bis 1874 entwickelte ich den Begriff der endlichen kontinuierlichen Gruppe und erkannte seine weitreichende Bedeutung für die Geometrie und für die Theorie der Differentialgleichungen.*

*Sophus Lie (1842 – 1899)*

In diesem Kapitel betrachten wir das Zusammenspiel zwischen Algebra, Analysis, Geometrie und moderner Physik.

Viele Phänomene in der Natur lassen sich auf Symmetrien zurückführen. Es gibt sichtbare Symmetrien (z.B. die Symmetrien von Kristallen) und unsichtbare (abstrakte) Symmetrien (z.B. die $SU(n)$-Symmetrien der Elementarteilchen, die im Fall $n = 3$ für den Aufbau eines Protons aus drei Quarks und für die Farbladungen der Quarks verantwortlich sind). Mathematisch werden **Symmetrien** durch **Gruppen** und deren Darstellungen (Realisierungen als lineare Operatoren) beschrieben. Lassen sich die Gruppenelemente durch endlich viele reelle (oder komplexe) Zahlen parametrisieren und hängt die Gruppenmultiplikation in glatter Weise von diesen Parametern ab, dann spricht man von kontinuierlichen Gruppen oder *Liegruppen* (z.B. die Gruppe $SO(3)$ aller Drehungen des dreidimensionalen Raumes). Auf Liegruppen kann man den gesamten Apparat der Analysis auf Mannigfaltigkeiten anwenden.

Eine fundamentale (auf Sophus Lie zurückgehende) Strategie zur Untersuchung von Liegruppen $G$ besteht darin, daß man $G$ am Einselement *linearisiert*. Dadurch ergibt sich die zu $G$ gehörige *Liealgebra* $\mathscr{L}G$. Liealgebren sind wesentlich *einfachere Objekte* als Liegruppen. Ihre Untersuchung kann mit den Methoden der *linearen Algebra* erfolgen. Eines der Hauptergebnisse besteht darin, daß die Liealgebra $\mathscr{L}G$ grob gesprochen „alle Informationen" über die lokale Struktur der Liegruppe $G$ in einer Umgebung des Einselements enthält. Die globale Theorie der Liegruppen wird vom Begriff der *universellen Überlagerungsgruppe* beherrscht. Der Übergang von einer Liealgebra zu ihrer Liegruppe verallgemeinert den Übergang vom linearen Raum $\mathscr{L}G = \mathbb{R}$ (additive Gruppe der reellen Zahlen) zur multiplikativen Gruppe $G$ der reellen Zahlen, der durch die Exponentialfunktion

$$e^r e^s = e^{r+s} \qquad \text{für alle } r, s \in \mathbb{R}$$

gegeben ist, d.h., es ist $e^r \in G$ für alle $r \in \mathscr{L}G$. Die Theorie der Liegruppen und Liealgebren kann man als eine weitgehende *Verallgemeinerung der klassischen Exponentialfunktion* auffassen. Nach 11.6.3. ist die Exponentialfunktion $e^A$ für komplexe $(n \times n)$-Matrizen $A$ in natürlicher Weise durch die Reihe

$$e^A = I + A + \frac{A^2}{2!} + \frac{A^3}{3!} + \ldots$$

erklärt, die für jedes Matrixelement konvergent ist. Es gilt

$$e^A e^B = e^{A+B}, \qquad \text{falls } AB = BA.$$

Für die Elementarteilchentheorie sind Liealgebren fundamentale mathematische Objekte. Der tiefere Grund besteht darin, daß nach Heisenberg die *Quantisierung* der klassischen Physik mit Hilfe von *Vertauschungsrelationen* geschieht und derartige Vertauschungsrelationen typisch für Liealgebren sind.

In diesem Kapitel steht $\mathbb{K}$ für die Menge der reellen Zahlen $\mathbb{R}$ bzw. der komplexen Zahlen $\mathbb{C}$.

# 17.1. Grundideen

Die Begriffe „Liealgebra, Gruppe, Liegruppe und Darstellung" werden in den nächsten Abschnitten präzis definiert. Wir beschränken uns hier zur Erläuterung der Grundideen auf wichtige Beispiele. Für die moderne Elementarteilchentheorie sind die *Liegruppe* $SU(n)$ und ihre *Liealgebra* $su(n)$ besonders wichtig. Dabei besteht $SU(n)$ aus allen komplexen unitären $(n \times n)$-Matrizen, deren Determinante gleich eins ist. Ferner bezeichnet $su(n)$ alle

*Tabelle 17.1 Klassische Liegruppe $G$ bezüglich des Matrizenprodukts $AB$ mit der zugehörigen reellen Liealgebra $\mathscr{L}G$ bezüglich der Klammeroperation $[C, D] := CD - DC$; es gilt $d := \dim G = \dim \mathscr{L}G$*

*Bezeichungen*: $\mathbb{K} = \mathbb{R}, \mathbb{C}$, $\det A$ = Determinante von $A$, $\operatorname{tr} A$ = Spur[1] von $A$, $I_n$ = $n$-dimensionale Einheitsmatrix, $A^T$ (bzw. $A^*$) transponierte (bzw. adjungierte) Matrix zu $A$ (vgl. 11.2.5.3.)

| | | |
|---|---|---|
| $G = GL(n, \mathbb{K})$ (*allgemeine lineare* $\mathbb{K}$*-Gruppe*)<br>$\mathscr{L}G = gl(n, \mathbb{K})$ | alle invertierbaren $(n \times n)$-Matrizen mit Werten in $\mathbb{K}$<br>alle $(n \times n)$-Matrizen mit Werten in $\mathbb{K}$ | $d = n^2$ |
| $G = SL(n, \mathbb{K})$ (*spezielle lineare* $\mathbb{K}$*-Gruppe*)<br>$\mathscr{L}G = sl(n, \mathbb{K})$ | alle $A \in GL(n, \mathbb{K})$ mit $\det A = 1$<br>alle $C \in gl(n, \mathbb{K})$ mit $\operatorname{tr} C = 0$ | $d = n^2 - 1$ |
| $G = GL^+(n, \mathbb{R})$ (*Komponente des Einselements in* $GL(n, \mathbb{R})$)<br>$\mathscr{L}G = gl(n, \mathbb{R})$ | alle $A \in GL(n, \mathbb{R})$ mit $\det A > 0$ | $d = n^2$ |
| $G = O(n)$ (*orthogonale Gruppe*)<br>$\mathscr{L}G = o(n)$ | alle $A \in GL(n, \mathbb{R})$ mit $AA^T = A^T A = I_n$<br>alle $C \in gl(n, \mathbb{R})$ mit $C^T = -C$ | $d = n(n-1)/2$ |
| $G = SO(n)$ (*spezielle orthogonale Gruppe = Komponente des Einselements in* $O(n)$)<br>$\mathscr{L}G = so(n) = o(n)$ | alle $A \in O(n)$ mit $\det A = 1$ | $d = n(n-1)/2$ |
| $G = U(n)$ (*unitäre Gruppe*)<br>$\mathscr{L}G = u(n)$ | alle $A \in GL(n, \mathbb{C})$ mit $AA^* = A^* A = I_n$<br>alle $C \in gl(n, \mathbb{C})$ mit $C^* = -C$ | $d = n^2$ |
| $G = SU(n)$ (*spezielle unitäre Gruppe*)<br>$\mathscr{L}G = su(n)$ | alle $A \in U(n)$ mit $\det A = 1$<br>alle $C \in u(n)$ mit $\operatorname{tr} C = 0$ | $d = n^2 - 1$ |
| $G = O(n, \mathbb{C})$ (*komplexe orthogonale Gruppe*)<br>$\mathscr{L}G = o(n, \mathbb{C})$ | alle $A \in GL(n, \mathbb{C})$ mit $AA^T = A^T A = I_n$<br>alle $C \in gl(n, \mathbb{C})$ mit $A^T = -A^T$ | $d = n(n-1)$ |

[1] $\operatorname{tr} A$ ist gleich der Summe der Diagonalelemente von $A$.

Fortsetzung von Tab. 17.1

| | | |
|---|---|---|
| $G = SO(n,\mathbb{C})$ (*spezielle komplexe orthogonale Gruppe*) $\mathscr{L}G = so(n,\mathbb{C}) = o(n,\mathbb{C})$ | alle $A \in O(n,\mathbb{C})$ mit $\det A = 1$ | $d = n(n-1)$ |
| $G = Sp(2n,\mathbb{K})$ (*symplektische $\mathbb{K}$-Gruppe*) | alle $A \in GL(2n,\mathbb{K})$ mit $A^{\mathrm{T}}JA = J$, wobei $J := \begin{pmatrix} 0 & I_n \\ -I_n & 0 \end{pmatrix}$ | $d = n(2n+1)$ für $\mathbb{K} = \mathbb{R}$, $d = 2n(2n+1)$ für $\mathbb{K} = \mathbb{C}$ |
| $\mathscr{L}G = sp(2n,\mathbb{K})$ | alle $C \in gl(2n,\mathbb{K})$ mit $C^{\mathrm{T}}J = -JC$ | |
| | $Sp(2n,\mathbb{K}) \subseteq SL(2n,\mathbb{K})$, $\quad sp(2n,\mathbb{K}) \subseteq sl(2n,\mathbb{K})$ | |
| $G = Sp(2n) := Sp(2n,\mathbb{C}) \cap U(2n)$, $\mathscr{L}G = sp(2n) := sp(2n,\mathbb{C}) \cap u(2n)$, | | $d = n(2n+1)$ |
| $G = O(p,q)$ | alle $A \in GL(n,\mathbb{R})$ mit $A^{\mathrm{T}}D_{p,q}A = D_{p,q}$, wobei $D_{p,q} = \begin{pmatrix} I_p & 0 \\ 0 & -I_q \end{pmatrix}$, $\quad p+q=n$, | $d = n(n-1)/2$ |
| $\mathscr{L}G = o(p,q)$ | alle $C \in gl(n,\mathbb{R})$ mit $C^{\mathrm{T}}D_{p,q} = -D_{p,q}C$ | |
| $G = SO(p,q) := O(p,q) \cap SL(n,\mathbb{R})$, $\mathscr{L}G = so(p,q) = o(p,q)$ | | $d = n(n-1)/2$ |
| $O(3,1)$ (*Lorentzgruppe*) $SO^+(3,1)$ (*eigentliche Lorentzgruppe* = Komponente des Einselements in $O(3,1)$) $\mathscr{L}SO^+(3,1) = \mathscr{L}O(3,1) = o(3,1)$ | | |
| $G = U(p,q)$ | alle $A \in GL(n,\mathbb{C})$ mit $A^*D_{p,q}A = D_{p,q}$ | $d = n^2$ |
| $\mathscr{L}G = u(p,q)$ | alle $C \in gl(n,\mathbb{C})$ mit $C^*D_{p,q} = -D_{p,q}C$ | |
| $G = SU(p,q) := U(p,q) \cap SL(n,\mathbb{C})$, $\mathscr{L}G = su(p,q) = u(p,q) \cap sl(n,\mathbb{C})$, | | $d = n^2 - 1$ |

**schiefadjungierten komplexen $(n \times n)$-Matrizen mit verschwindender Spur (vgl. Tab.17.1).**

***Elementares Beispiel 1*** **(unitäre Gruppe $U(1)$): Bezeichnet**

$$U(1) := \{z \in \mathbb{C}: |z| = 1\}$$

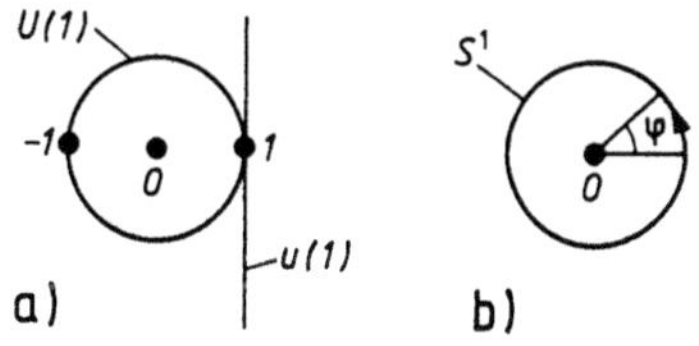


Abb. 17.1

die Menge aller komplexen Zahlen vom Betrag eins, dann ist $U(1)$ eine *Liegruppe* bezüglich der üblichen Multiplikation (vgl. 17.5.). Die Menge $U(1)$ entspricht dem Rand des Einheitskreises $S^1$ (Abb. 17.1). Der *Tangentialraum* $\mathscr{L}U(1) = u(1)$ im Einselement, d.h. im Punkt $z = 1$, ist durch

$$u(1) := \{\mathrm{i}\varphi\colon \varphi \in \mathbb{R}\}$$

gegeben. Bezüglich der trivialen *Vertauschungsrelation*

$$[a, b] := ab - ba = 0 \qquad \text{für alle } a, b \in u(1)$$

wird $u(1)$ zu einer *Liealgebra* (vgl. 17.4.). Der Zusammenhang zwischen Liegruppe $U(1)$ und Liealgebra $u(1)$ ist im vorliegenden Fall durch

$$\mathrm{e}^{\mathrm{i}\varphi} \in U(1) \qquad \text{für alle } \mathrm{i}\varphi \in u(1)$$

gegeben. Die *Linearisierung* lautet für alle $\mathrm{i}\varphi \in u(1)$:

$$\mathrm{e}^{\mathrm{i}\varphi} = 1 + \mathrm{i}\varphi + O(\varphi^2), \qquad \varphi \to 0.$$

Alle Werte $\varphi \in \mathbb{R}$ mit $|\varphi| < \varepsilon$ für hinreichend kleines $\varepsilon$ stellen eine *lokale Parametrisierung* von $U(1)$ in einer Umgebung des Einselementes $z = 1$ dar.

*Beispiel 2* (unitäre Gruppe $U(n)$): Um eine Verallgemeinerung auf höhere Dimensionen zu erhalten, sei $U(n)$ die Menge aller komplexen unitären $(n \times n)$-Matrizen mit $n \geq 1$, d.h. $AA^* = A^*A = I$. Ferner sei $u(n)$ die Menge aller komplexen schiefadjungierten $(n \times n)$-Matrizen, d.h. $B^* = -B$, und wir setzen

$$[C, D] := CD - DC.$$

Für $G := U(n)$ und $\mathscr{L}G := u(n)$ gilt dann folgendes:

(i) *Multiplikation auf* $G$. Aus $A, B \in G$ folgt $AB \in G$.

(ii) *Lieklammerprodukt auf* $\mathscr{L}G$. Aus $C, D \in \mathscr{L}G$ folgt $[C, D] \in \mathscr{L}G$.

(iii) *Exponentialabbildung*. Für alle $C \in \mathscr{L}G$ gilt $\mathrm{e}^C \in G$.

(iv) *Tangentialvektoren im Einselement $I$ von $G$*. Ist $A = A(t)$ eine Kurve in $G$, die durch das Einselement $I$ geht, d.h., $t \mapsto A(t)$ ist eine $C^1$-Abbildung[2] mit $A(t) \in G$ für alle $t \in [-\varepsilon, \varepsilon]$ bei festem $\varepsilon > 0$ und $A(0) = I$, dann gilt

$$A'(0) \in \mathscr{L}G.$$

Umgekehrt existiert zu jeder Matrix $C \in \mathscr{L}G$ eine derartige Kurve mit $A'(0) = C$. Explizit ist $A(t) = \mathrm{e}^{tC}$.

(v) *Zusammenhang zwischen Gruppenmultiplikation und Lieklammern*. Für alle $C, D \in \mathscr{L}G$ und $t \in \mathbb{R}$ hat man

$$\mathrm{e}^{tC}\,\mathrm{e}^{tD}\,\mathrm{e}^{-tC}\,\mathrm{e}^{-tD} = I + t^2[C, D] + O(t^3), \qquad t \to 0.$$

Im Sinne der allgemeinen Theorie ist $\mathscr{L}G = u(n)$ bezüglich der Klammeroperation $[C, D]$ eine *Liealgebra*, die zur *Liegruppe* $G = U(n)$ gehört, wobei das Produkt auf $U(n)$ dem üblichen Matrizenprodukt entspricht.

Nach (v) folgt aus der Kommutativitätsrelation $\mathrm{e}^{tC}\,\mathrm{e}^{tD} = \mathrm{e}^{tD}\,\mathrm{e}^{tC}$ für alle $t \in \mathbb{R}$ stets $[C, D] = 0$. In der Regel ist jedoch $[C, D] \neq 0$. Somit kann die Lieklammer $[C, D]$ grob gesprochen als ein Maß für die *Nichtkommutativität* der zugehörigen Gruppe $U(n)$ $(n \geq 2)$ angesehen werden.

---

[2] Das bedeutet, daß alle Matrixelemente von $A(t)$ stetig differenzierbar sind (als Funktionen des reellen Parameters $t$). Die Ableitung $A'(t)$ erhält man, indem man jedes Matrixelement von $A(t)$ nach $t$ differenziert.

**Hauptsatz über klassische Gruppen:** Es seien $G$ und $\mathscr{L}G$ wie in Tabelle 17.1 vorgegeben. Dann gilt:

(a) Die Aussagen (i) bis (v) bleiben gültig.

(b) $G$ ist eine $d$-dimensionale reelle $C^\infty$-Mannigfaltigkeit, und $\mathscr{L}G$ ist der Tangentialraum von $G$ im Punkt $I$ (Einselement von $G$), also $\dim \mathscr{L}G = \dim G$.

(c) Durch die Exponentialabbildung $C \mapsto e^C$ wird eine Nullumgebung der Liealgebra $\mathscr{L}G$ $C^\infty$-diffeomorph auf eine Umgebung der Eins der Liegruppe $G$ abgebildet.

Für alle $C \in \mathscr{L}G$ hat man die Linearisierung

$$e^C = I + C + o(|C|_\infty), \qquad |C|_\infty \to 0,$$

wobei $|C|_\infty := \max |c_{jk}|$ gilt (Maximum über die Beträge aller Matrixelemente).

Im Spezialfall der Gruppen $G = SO(n)$, $U(n)$, $SU(n)$ ist $C \mapsto e^C$ eine Abbildung von $\mathscr{L}G$ auf $G$ (surjektive Exponentialabbildung).

**Mannigfaltigkeitsstruktur:** Jede $(n \times n)$-Matrix $C = (c_{jk})$ mit Werten in $\mathbb{K}$ kann aufgefaßt werden als ein Punkt in $\mathbb{K}^{n^2}$ mit den Komponenten

$$(c_{11}, c_{12}, \ldots, c_{1n}; c_{21}, \ldots, c_{2n}; \ldots; c_{n1}, \ldots, c_{nn}).$$

Im Fall $\mathbb{K} = \mathbb{C}$ setzen wir $c_{jk} = a_{jk} + ib_{jk}$ mit $a_{jk}, b_{jk} \in \mathbb{R}$. Ordnen wir $c_{jk} \in \mathbb{C}$ den Punkt $(a_{jk}, b_{jk}) \in \mathbb{R}^2$ zu, dann kann jede Matrix $C$ mit einem Punkt in $\mathbb{R}^{n^2}$ bzw. $\mathbb{R}^{2n^2}$ identifiziert werden, falls $\mathbb{K} = \mathbb{R}$ bzw. $\mathbb{K} = \mathbb{C}$ gilt.

Bezüglich des *Abstands*

$$d(C, D) := |C - D|_\infty \qquad \text{für alle } C, D \in GL(n, \mathbb{K}) \tag{17.1}$$

wird $GL(n, \mathbb{K})$ zu einem *metrischen Raum*. Alle Gruppen $G$ in Tab. 17.1 mit Matrixelementen in $\mathbb{K}$ sind abgeschlossene Teilmengen von $GL(n, \mathbb{K})$.

Gleichzeitig sind alle diese Gruppen $G$ reelle $C^\infty$-*Mannigfaltigkeiten*, nämlich Untermannigfaltigkeiten von $\mathbb{R}^{n^2}$ bzw. $\mathbb{R}^{2n^2}$ für $\mathbb{K} = \mathbb{R}$ bzw. $\mathbb{K} = \mathbb{C}$.

Die *lokalen Mannigfaltigkeitskoordinaten* in der Umgebung eines Punktes $g \in G$ erhält man folgendermaßen: Wir betrachten alle Matrizen $h$ der Form

$$h = g e^C, \quad C \in \mathscr{L}G$$

mit $|C|_\infty < \varepsilon$ für hinreichend kleines $\varepsilon$. Alle diese Punkte $h$ bilden eine Umgebung von $g$ in der Gruppe $G$. Die lokalen Koordinaten von $h$ sind nun die Komponenten der Matrix $C$, die in der zugehörigen Liealgebra $\mathscr{L}G$ liegt. Speziell für $g = I$ wird durch $C$ eine Umgebung des Einselementes in $G$ parametrisiert.

**Glattheit der Multiplikation und der Inversenbildung:** Die Abbildungen

$$\varphi(AB) := AB \quad \text{und} \quad \psi(A) := A^{-1} \qquad \text{für alle } A, B \in G,$$

wobei $G$ durch Tab. 17.1 gegeben ist, hängen in glatter Weise von den Matrixelementen ab. Durch die Exponentialabbildung überträgt sich das auf die Elemente der Matrizen der entsprechenden Liealgebra, also auf die lokalen Koordinaten. Deshalb sind die Abbildungen

$$\varphi\colon G \times G \to G \quad \text{und} \quad \psi\colon G \to G$$

$C^\infty$-Diffeomorphismen.

**Topologische Struktur:** Da jede Gruppe $G$ in Tab. 17.1 bezüglich der Metrik (17.1) ein metrischer Raum und somit ein topologischer Raum ist, sind für $G$ alle topologischen Begriffe erklärt. Für die Darstellungstheorie sind die Eigenschaften von $G$ „kompakt“, „zusammenhängend“ und „einfach zusammenhängend“ besonders wichtig. In Tab. 17.2 findet man die betreffenden Eigenschaften der in Tab. 17.1 angegebenen fundamentalen klassischen Gruppen.

*Tabelle 17.2*

| Liegruppe | |
|---|---|
| kompakt | $O(n)$, $SO(n)$, $U(n)$, $SU(n)$, $Sp(2n)$ |
| nicht kompakt | $GL(n,\mathbb{K})$, $SL(n,\mathbb{K})$, $O(n,\mathbb{C})$, $SO(n,\mathbb{C})$, $Sp(2n,\mathbb{K})$ ,<br>$O(p,q)$, $SO(p,q)$, $U(p,q)$, $SU(p,q)$ $(p,q \geq 1)$<br>$SO^+(3,1)$ (*eigentliche Lorentzgruppe*) |
| zusammenhängend | $GL(n,\mathbb{C})$, $SL(n,\mathbb{K})$, $SO(n)$, $SO(n,\mathbb{C})$, $U(n)$ ,<br>$SU(n)$, $Sp(2n,\mathbb{K})$, $Sp(2n)$, $SO^+(3,1)$ (*eigentliche Lorentzgruppe*) |
| einfach zusammenhängend | $SL(n,\mathbb{C})$, $SU(n)$, $Sp(2n)$, $SO(1) = SL(1,\mathbb{R}) = \{1\}$ |
| nicht zusammenhängend<br>($k$ Anzahl der Komponenten) | $k = 2$: $GL(n,\mathbb{R})$, $O(n)$, $O(n,\mathbb{C})$<br>$k = 4$: $O(p,q)$ (z.B. *Lorentzgruppe* $O(3,1)$), $SO(p,q)$ $(p,q \geq 1)$ |

*Beispiel 3:* Die zu $G = U(1)$ gehörige Mannigfaltigkeit ist der Rand $S^1$ des Einheitskreises (Abb. 17.1). Als topologischer Raum ist $S^1$ kompakt und zusammenhängend. Da es eine geschlossene Kurve in $S^1$ gibt, die sich in $S^1$ nicht auf einen Punkt zusammenziehen läßt, ist $S^1$ nicht einfach zusammenhängend. Folglich ist die Liegruppe $U(1)$ kompakt und zusammenhängend, aber nicht einfach zusammenhängend.

Die zu $G = GL(1,\mathbb{R})$ gehörige Mannigfaltigkeit ist $\{x \in \mathbb{R}\colon x \neq 0\}$. Somit ist $GL(1,\mathbb{R})$ nicht kompakt und besteht aus zwei Zusammenhangskomponenten (Menge der positiven reellen Zahlen bzw. negativen reellen Zahlen). Allgemeiner ist die Liegruppe $GL(n,\mathbb{R})$ für alle $n \geq 1$ *nicht zusammenhängend.* Denn setzen wir

$$\varphi(C) = \det C \qquad \text{für alle } C \in GL(n,\mathbb{R}),$$

und nehmen wir an, daß $GL(n,\mathbb{R})$ zusammenhängend ist, dann muß das Bild $\varphi(GL(n,\mathbb{R}))$ auf Grund der Stetigkeit von $\varphi$ auch zusammenhängend sein. Diese Bildmenge ist jedoch wegen $\det C \neq 0$ gleich $\{x \in \mathbb{R}\colon x \neq 0\}$ und somit nicht zusammenhängend.

**Die Drehgruppe:** Im folgenden erläutern wir am Beispiel der Drehgruppe wichtige anschauliche Zusammenhänge zwischen Drehungen (Liegruppe $SO(3)$), infinitesimalen Drehungen (Liealgebra $so(3)$) und Differentialoperatoren (Drehimpuls in der Quantenmechanik).

*Standardbeispiel 4:* Wir wählen ein kartesisches $(x_1, x_2, x_3)$-Koordinatensystem im $\mathbb{R}^3$ und bezeichnen mit $SO(3)$ die Menge aller Drehungen. Diese Gruppe besteht aus allen reellen orthogonalen $(3 \times 3)$-Matrizen, deren Determinante gleich eins ist, d.h.

$$SO(3) := \{A \in GL(3,\mathbb{R})\colon A^{\mathrm{T}}A = AA^{\mathrm{T}} = I,\ \det A = 1\}.$$

Die zu $A \in SO(3)$ gehörige Drehung lautet

$$x' = Ax \tag{17.2}$$

mit der Spaltenmatrix $x = (x_1, x_2, x_3)^T$. Die ***Liealgebra*** $so(3)$ der Liegruppe $SO(3)$ ist durch

$$so(3) := \{C \in gl(3, \mathbb{R}): C^T = -C\}$$

gegeben, d.h., $so(3)$ besteht aus allen reellen schiefsymmetrischen $(3 \times 3)$-Matrizen. Die Matrizen $B \in so(3)$ bezeichnet man als ***infinitesimale Drehungen***. Diese Bezeichung wird durch die Linearisierung

$$e^B = I + B + o(|B|_\infty), \qquad |B|_\infty \to 0, \tag{17.3}$$

für alle $B \in so(3)$ motiviert. Tatsächlich kann man jede Drehung $A \in SO(3)$ in der Form (17.3) darstellen, d.h., es ist $A = e^B$ mit $B \in so(3)$.

Betrachten wir speziell die Matrizen

$$D_1 := \begin{pmatrix} 1 & 0 & 0 \\ 0 & \cos\varphi & -\sin\varphi \\ 0 & \sin\varphi & \cos\varphi \end{pmatrix}, \quad D_2 := \begin{pmatrix} \cos\varphi & 0 & \sin\varphi \\ 0 & 1 & 0 \\ -\sin\varphi & 0 & \cos\varphi \end{pmatrix}, \quad D_3 := \begin{pmatrix} \cos\varphi & -\sin\varphi & 0 \\ \sin\varphi & \cos\varphi & 0 \\ 0 & 0 & 1 \end{pmatrix},$$

dann entspricht $D_j$ einer Drehung um die $x_j$-Achse mit dem Drehwinkel $\varphi$. Wegen $\cos\varphi = 1 + O(\varphi^2)$ und $\sin\varphi = 1 - \varphi + O(\varphi^3)$ für $\varphi \to 0$ erhalten wir die Linearisierungen

$$D_j(\varphi) = 1 + \varphi\mathscr{T}_j + O(\varphi^2), \qquad \varphi \to 0,$$

mit

$$\mathscr{T}_1 := \begin{pmatrix} 0 & 0 & 0 \\ 0 & 0 & -1 \\ 0 & 1 & 0 \end{pmatrix}, \quad \mathscr{T}_2 := \begin{pmatrix} 0 & 0 & 1 \\ 0 & 0 & 0 \\ -1 & 0 & 0 \end{pmatrix}, \quad \mathscr{T}_3 := \begin{pmatrix} 0 & -1 & 0 \\ 1 & 0 & 0 \\ 0 & 0 & 0 \end{pmatrix}.$$

Es gilt $\mathscr{T}_j \in so(3)$ für $j = 1, 2, 3$. Im Falle kleiner Drehwinkel $\varphi$ ist $I + \varphi\mathscr{T}_j$ eine erste Näherung für die Drehung $D_j(\varphi)$. Die Matrizen $\mathscr{T}_j$ bilden eine Basis der reellen Liealgebra $so(3)$, d.h., es ist $so(3) = \operatorname{span}_{\mathbb{R}}\{\mathscr{T}_1, \mathscr{T}_2, \mathscr{T}_3\}$, und wir erhalten die Vertauschungsrelationen

$$[\mathscr{T}_1, \mathscr{T}_2] = \mathscr{T}_3, \quad [\mathscr{T}_2, \mathscr{T}_3] = \mathscr{T}_1, \quad [\mathscr{T}_3, \mathscr{T}_1] = \mathscr{T}_2 \tag{17.4}$$

mit $[C, D] := CD - DC$. Diese Vertauschungsrelationen schreibt man auch in der Form

$$[\mathscr{T}_j, \mathscr{T}_k] = f_{jk}^r \mathscr{T}_r,$$

wobei wir über $j, k, r = 1, 2, 3$ summieren. Die Zahlen $f_{jk}^r$ heißen die ***Strukturkonstanten*** der Liealgebra $so(3)$. Diese hängen von der Basiswahl ab und transformieren sich bei einem Basiswechsel wie ein Tensor mit dem angegebenen Indexbild.

Alle Drehungen $A \in SO(3)$ erhält man durch

$$A = e^{\varphi_1\mathscr{T}_1 + \varphi_2\mathscr{T}_2 + \varphi_3\mathscr{T}_3} \qquad \text{für beliebige } \varphi_1, \varphi_2, \varphi_3 \in \mathbb{R}.$$

**Die Drehgruppe und der Drehimpuls in der Quantenmechanik:** Es sei $X$ der komplexe lineare Raum aller $C^\infty$-Funktionen $f: \mathbb{R}^3 \to \mathbb{C}$. Für jedes $A \in SO(3)$ definieren wir einen linearen Operator $\mathscr{A}: X \to X$ durch

$$(\mathscr{A}f)(x) := f(A^{-1}x) \qquad \text{für alle } x \in \mathbb{R}^3$$

mit $x = (x_1, x_2, x_3)$. Setzen wir $\varphi(A) := \mathscr{A}$, dann ergibt sich eine Darstellung

$$\varphi: SO(3) \to L(X, X)$$

der Drehgruppe $SO(3)$ auf $X$, d.h., $SO(3)$ wird durch lineare Operatoren auf $X$ realisiert.

Speziell für $A = D_j(\varphi)$ erhalten wir die Linearisierung

$$f(D_j(\varphi)^{-1}x) = f(x) + \varphi(T_j f)(x) + O(\varphi^2), \qquad \varphi \to 0,$$

mit den Differentialoperatoren $\partial_j := \partial/\partial x_j$ und

$$T_1 = x_3\partial_2 - x_2\partial_3\,,\quad T_2 = x_1\partial_3 - x_3\partial_1\,,\quad T_3 = x_2\partial_1 - x_1\partial_2\,.$$

Definieren wir $[T_j, T_k](f) := (T_jT_k - T_kT_j)(f)$, dann erhalten wir

$$[T_1, T_2] = T_3\,,\quad [T_2, T_3] = T_1\,,\quad [T_3, T_1] = T_2\,. \tag{17.4*}$$

Das sind die gleichen Vertauschungsregeln wie für $\mathcal{T}_j$ in (17.4).

Setzen wir $\mathscr{L} := \mathrm{span}_{\mathbb{R}}\{T_1, T_2, T_3\}$, d.h., $\mathscr{L}$ ist gleich der Menge aller reellen Linearkombinationen $\alpha_1 T_1 + \alpha_2 T_2 + \alpha_3 T_3$ mit $\alpha_j \in \mathbb{R}$, dann ist die Liealgebra $\mathscr{L}$ isomorph zur Liealgebra $so(3)$. Dieser Isomorphismus $\psi$: $\mathscr{L} \to so(3)$ wird durch

$$\psi\Big(\sum_{j=1}^{3} \alpha_j T_j\Big) = \sum_{j=1}^{3} \alpha_j \mathcal{T}_j \qquad \text{für alle } \alpha_j \in \mathbb{R}$$

gegeben. Definieren wir

$$L_j := \mathrm{i}\hbar T_j\,,\qquad j = 1, 2, 3\,, \tag{17.4**}$$

dann sind $L_1, L_2, L_3$ die Komponenten des Drehimpulsoperators der Quantenmechanik im $\mathbb{R}^3$. Aus (17.4*) erhalten wir die bekannten Vertauschungsrelationen

$$[L_1, L_2] = \mathrm{i}\hbar L_3\,,\quad [L_2, L_3] = \mathrm{i}\hbar L_1\,,\quad [L_3, L_1] = \mathrm{i}\hbar L_2\,. \tag{17.4***}$$

**Hauptsatz über die lokale und globale Struktur der klassischen Gruppen:** Für die klassischen Gruppen in Tab. 17.1 gilt:

(a) Stimmen zwei Liegruppen in einer gewissen Umgebung des Einselements überein, dann besitzen sie die gleichen Liealgebren.

(b) Ist die Liegruppe $G$ zusammenhängend, dann erhält man $G$ aus der Liealgebra $\mathscr{L}G$, indem man alle endlichen Produkte der Form

$$\mathrm{e}^{B_1}\,\mathrm{e}^{B_2}\ldots\mathrm{e}^{B_k}\,,\qquad B_1, B_2, \ldots, B_k \in \mathscr{L}G\,, \tag{17.5}$$

bildet. Im Spezialfall $G = SO(n)$, $U(n)$, $S(U)$ kann man $k = 1$ wählen.

Eine Liste zusammenhängender klassischer Gruppen findet man in Tab. 17.2.

(c) Ist $G$ nicht zusammenhängend, dann ergibt die Konstruktion (17.5) die Zusammenhangskomponente des Einselements von $G$.

Die Gleichheit der Liealgebren bedeutet somit Gleichheit der Zusammenhangskomponenten des Einselements der entsprechenden Liegruppen.

*Beispiel 5:* Um das anschaulich zu erläutern, betrachten wir $SO(3)$ und $O(3)$. Dann gilt

$$O(3) = \{\pm C\colon C \in SO(3)\}\,,$$

d.h., $O(3)$ besteht aus allen Drehungen und Spiegelungen des $\mathbb{R}^3$. Benutzen wir die Metrik $d$ aus (17.1), dann ist $d(I, -I) = 2$. Folglich stimmen $O(3)$ und $SO(3)$ auf der Umgebung $\mathscr{U} := \{C \in O(3)\colon d(C, I) < 2\}$ des Einselementes $I$ überein, und es gilt $o(3) = so(3)$ für die entsprechenden Liealgebren.

Die zugehörigen Liegruppen $O(3)$ und $SO(3)$ sind global voneinander verschieden; sie besitzen aber die gleiche Zusammenhangskomponente des Einselements, nämlich $SO(3)$.

**Die euklidische Bewegungsgruppe des $\mathbb{R}^3$ als ein semidirektes Produkt:** Wir definieren den linearen Operator $B\colon \mathbb{R}^3 \to \mathbb{R}^3$ durch

$$Bx := Ax + b \qquad \text{für alle } x \in \mathbb{R}^3 \tag{17.6}$$

mit der Matrix $A \in O(3)$ und der Spaltenmatrix $b = (b_1, b_2, b_3)^{\mathrm{T}}$ sowie $x = (x_1, x_2, x_3)^{\mathrm{T}}$. Durch $B$ wird eine Bewegung des $\mathbb{R}^3$ beschrieben, die sich aus der Drehung $A \in SO(3)$ (bzw. der Drehspiegelung $A \in O(3)$) und der Translation $b$ zusammensetzt. Alle diese Operatoren bilden die sogenannte dreidimensionale euklidische Bewegungsgruppe $E(3)$.

Die *eigentliche* dreidimensionale euklidische Bewegungsgruppe $E^+(3)$ besteht aus allen Transformationen $B \in E(3)$ mit $\det A = 1$, d.h. $A \in SO(3)$ in (17.6). Die Transformationen aus $E(3)$ ergeben sich aus denen von $E^+(3)$ durch Hinzufügung einer Spiegelung $Bx = -x$.

Definieren wir $(4 \times 4)$-Matrizen durch

$$(A, b) := \begin{pmatrix} A & b \\ 0 & 1 \end{pmatrix}, \qquad \{C, b\} := \begin{pmatrix} C & b \\ 0 & 0 \end{pmatrix},$$

dann entspricht die Bewegung $y = Bx$ der Transformation

$$\begin{pmatrix} y \\ 1 \end{pmatrix} = (A, b) \begin{pmatrix} x \\ 1 \end{pmatrix}.$$

Die Gruppe $E(3)$ kann somit als eine *Untergruppe* von $GL(4, \mathbb{R})$ aufgefaßt werden mit

$$E(3) = \{(A, b) \in GL(4, \mathbb{R})\colon A \in O(3), b \in \mathbb{R}^3\}.$$

Die zugehörige *Liealgebra* ist

$$\mathscr{L}E(3) = \{\{C, b\} \in gl(4, \mathbb{R})\colon C \in o(3), b \in \mathbb{R}^3\}$$

mit $o(3) = so(3) = \mathscr{L}O(3)$. Es gilt $\dim E(3) = \dim \mathscr{L}E(3) = 6$. Man schreibt

$$E(3) = O(3) \rtimes \mathbb{R}^3 \quad \text{sowie} \quad \mathscr{L}E(3) = o(3) \rtimes \mathbb{R}^3$$

und bezeichnet das als *semidirekte Produkte*. Insbesondere liefert die Matrizenmultiplikation

$$(A_1, b_1)(A_2, b_2) = (A_1 A_2, A_1 b_2 + b_1),$$

und für die Lieklammer $[L, M] := LM - ML$ erhalten wir

$$[\{C_1, b_1\}, \{C_2, b_2\}] = \{[C_1, C_2], C_1 b_2 - C_2 b_1\}.$$

In analoger Weise kann man jede Gruppe $G \subseteq GL(n, \mathbb{K})$ aus Tab. 17.1 mit Translationen zusammensetzen, d.h., wir betrachten Transformationen der Form

$$y = Ax + b \qquad \text{für alle } x \in \mathbb{K}^n$$

mit $A \in G$ und $b \in \mathbb{K}^n$. Dann erhalten wir die Liegruppe $G \rtimes \mathbb{K}^n$ mit der Liealgebra $\mathscr{L}G \rtimes \mathbb{K}^n$. Dabei gilt $\dim(G \rtimes \mathbb{K}^n) = \dim G + n$. Insbesondere ist

$$E^+(3) = SO(3) \rtimes \mathbb{R}^3 \qquad \text{mit } \mathscr{L}E^+(3) = \mathscr{L}E(3).$$

**Die Lorentzgruppe in der speziellen Relativitätstheorie:** Wir betrachten ein Inertialsystem $\Sigma$ mit den kartesischen Raumkoordinaten $(x_1, x_2, x_3)$ und der Zeit $t$. Ferner sei c die Lichtgeschwindigkeit. Der Übergang zu einem anderen Inertialsystem $\Sigma'$ wird durch die *eigentliche Lorentztransformation*

$$y' = Ay \qquad \text{für alle } y \in \mathbb{R}^4 \tag{17.7}$$

mit der Spaltenmatrix $y := (x_1, x_2, x_3, x_4)^{\mathrm{T}}$, $x_4 := \mathrm{c}\,t$ und der $(4 \times 4)$-Matrix $A \in SO^+(3,1)$ beschrieben. Dabei besteht $SO^+(3,1)$ aus genau allen Matrizen $A \in O(3,1)$ (vgl. Tab. 17.1) mit $\det A = 1$ und $\partial t'/\partial t \geq 0$ in (17.7), d.h., die Zeitrichtung bleibt erhalten, und es treten keine Raumspiegelungen auf.

Genau alle Matrizen $A \in SO^+(3,1)$ erhält man durch $A = BLD$, wobei $B, D$ einer Raumdrehung und $L$ einer *speziellen Lorentztransformation*

$$x_1' = \beta(x_1 - Vx_4/\mathrm{c}), \quad x_2' = x_2, \quad x_3' = x_3, \quad x_4' = \beta(x_4 - Vx_1/\mathrm{c})$$

entsprechen mit $\beta := (1 - V^2/\mathrm{c}^2)^{-1/2}$ und $V \in \mathbb{R}$, $|V| < \mathrm{c}$. Dabei ist $V$ die Geschwindigkeit, mit der sich $\Sigma'$ gegenüber $\Sigma$ bewegt.

Benutzen wir die *Minkowskimetrik*

$$M(y, y) := x_4 x_4' - x_1 x_1' - x_2 x_2' - x_3 x_3',$$

dann besteht $O(3,1)$ aus genau allen Matrizen $A \in GL(n, \mathbb{R})$, die die Minkowskimetrik invariant lassen, d.h.

$$M(Ay, Ay') := M(y, y') \qquad \text{für alle } y, y' \in \mathbb{R}^4.$$

Die Komponente des Einselements $I$ von $O(3,1)$ ist gleich $SO^+(3,1)$. Insgesamt besteht $O(3,1)$ aus 4 Komponenten $K_j$. Bezeichen wir mit $S$ bzw. $Z$ die Matrix, die der *Raumspiegelung*

$$x_1' = -x_1, \quad x_2' = -x_2, \quad x_3' = -x_3, \quad x_4' = x_4$$

bzw. der *Zeitspiegelung*

$$x_1' = x_1, \quad x_2' = x_2, \quad x_3' = x_3, \quad x_4' = -x_4$$

entspricht, dann ist $K_1 = SO^+(3,1)$, $K_2 = ZK_1$, $K_3 = SK_1$ und $K_4 = SK_2$.

Die *Liealgebra* $\mathscr{L}O(3,1)$ der Lorentzgruppe $O(3,1)$ wird erzeugt von den *infinitesimalen Drehungen*

$$T_j := \begin{pmatrix} \mathscr{T}_j & 0 \\ 0 & 0 \end{pmatrix}, \qquad j = 1, 2, 3,$$

und den *infinitesimalen speziellen Lorentztransformationen*

$$P_1 := \begin{pmatrix} 0&0&0&1 \\ 0&0&0&0 \\ 0&0&0&0 \\ 1&0&0&0 \end{pmatrix}, \quad P_2 := \begin{pmatrix} 0&0&0&0 \\ 0&0&0&1 \\ 0&0&0&0 \\ 0&1&0&0 \end{pmatrix}, \quad P_3 := \begin{pmatrix} 0&0&0&0 \\ 0&0&0&0 \\ 0&0&0&1 \\ 0&0&1&0 \end{pmatrix},$$

d.h. $o(3,1) = \mathscr{L}O(3,1) = \mathscr{L}SO^+(3,1) = \mathrm{span}_{\mathbb{R}}\{T_1, T_2, T_3, P_1, P_2, P_3\}$. Somit ist $\dim O(3,1) = \dim \mathscr{L}O(3,1) = 6$, d.h., die Lorentzgruppe ist eine *6-dimensionale Liegruppe*.

**Die Poincarétransformation in der speziellen Relativitätstheorie:** Fügen wir zu der Lorentztransformation (17.7) noch eine *räumliche und zeitliche Translation* hinzu, dann erhalten wir eine Poincarétransformation

$$y' = Ay + b \qquad \text{für alle } y \in \mathbb{R}^4 \tag{17.8}$$

mit beliebiger Matrix $A \in O(3,1)$ und $b \in \mathbb{R}^4$. Diese Poincarétransformationen bilden die sogenannte *Poincarégruppe*

$$\mathscr{P} = O(3,1) \rtimes \mathbb{R}^4$$

mit der zugehörigen Liealgebra $\mathscr{L}\mathscr{P} = \mathscr{L}O(3,1) \rtimes \mathbb{R}^4$. Es gilt $\dim \mathscr{P} = \dim \mathscr{L}\mathscr{P} = 10$, d.h., die Poincarégruppe $\mathscr{P}$ ist eine *10-dimensionale Liegruppe*. Diese Gruppe beherrscht die gesamte moderne *relativistische Physik* der Elementarteilchen (Quantenfeldtheorie).

# 17.2. Gruppen

Gruppen sind Mengen, in denen ein Produkt $gh$ erklärt ist.

## 17.2.1. Grundbegriffe

**Definition:** Unter einer *Gruppe* $G$ verstehen wir eine Menge, in der jedem geordneten Paar $g, h \in G$ ein Element $gh$ von $G$ zugeordnet wird, so daß gilt:

(i) $g(hk) = (gh)k$ für alle $g, h, k \in G$ (*Assoziativgesetz*).

(ii) Es gibt genau ein Element $e$ mit $eh = he = h$ für alle $h \in G$ (*Einselement*).

(iii) Zu jedem $g \in G$ existiert genau ein Element $h \in G$ mit $gh = hg = e$. Anstelle von $h$ schreiben wir $g^{-1}$ (*inverses Element*).

Eine nichtleere Teilmenge $H$ der Gruppe $G$ heißt genau dann eine *Untergruppe* von $G$, wenn aus $g,h \in H$ stets $gh^{-1} \in H$ folgt.

Eine Gruppe $G$ heißt genau dann *kommutativ* (oder Abelsch), wenn $gh = hg$ für alle $g, h \in G$ gilt.

Bei kommutativen Gruppen schreibt man häufig $g + h$ anstelle von $gh$ und $-g$ anstelle von $g^{-1}$ sowie $0$ anstelle von $e$.

***Beispiele:*** *Standardbeispiel 1* (Zahlengruppen): Die Menge der von null verschiedenen reellen (bzw. komplexen) Zahlen $\mathbb{R}$ (bzw. $\mathbb{C}$) ist bezüglich der üblichen Multiplikation eine Gruppe mit dem Einselement $e = 1$. Die Menge $\{1, -1\}$ bildet eine Untergruppe von $\mathbb{R}$ und $\mathbb{C}$.

$\mathbb{R}$ bzw. $\mathbb{C}$ ist bezüglich der Addition eine kommutative Gruppe. Die Menge der ganzen Zahlen $\mathbb{Z}$ ist eine Untergruppe von $\mathbb{R}$ bzw. $\mathbb{K}$.

*Standardbeispiel 2* (Matrizengruppen): Die Matrizenmenge $GL(n, \mathbb{K})$ sowie alle anderen in Tab. 17.1 angegebenen Matrizenmengen $G$ mit Matrixelementen in $\mathbb{K}$ sind Gruppen (und gleichzeitig Untergruppen von $GL(n, \mathbb{K})$).

*Standardbeispiel 3:* Jeder lineare Raum ist bezüglich der Addition eine kommutative Gruppe.

*Standardbeispiel 4:* Alle bijektiven Abbildungen $\varphi\colon M \to M$ einer nichtleeren Menge $M$ auf sich selbst bilden bezüglich der Hintereinanderausführung von Abbildungen „$\varphi\psi$" eine Gruppe $G(M)$. Das Einselement entspricht der identischen Abbildung, und das inverse Element $\varphi^{-1}$ ist gleich der inversen Abbildung.

Besteht $M$ aus genau $n$ Elementen, dann heißt $G(M) = S_n$ die Permutationsgruppe von $n$ Elementen, die wir genauer in 17.6. betrachten.

**Produkt von Gruppen:** Sind $G$ und $H$ zwei Gruppen, dann wird die Produktmenge $G \times H := \{(g,h)\colon g \in G,\ h \in H\}$ zu einer Gruppe, indem man

$$(g_1, h_1)(g_2, h_2) := (g_1 g_2, h_1 h_2)$$

setzt.

### 17.2.2. Morphismen von Gruppen

**Definition:** Unter einem *Morphismus* zwischen den beiden Gruppen $G$ und $H$ versteht man eine Abbildung $\varphi\colon G \to H$ mit

$$\varphi(gh) = \varphi(g)\varphi(h) \qquad \text{für alle } g, h \in G. \tag{17.9}$$

Die Menge $\ker\varphi := \varphi^{-1}(e)$ bezeichnet man als den *Kern* von $G$.

Bijektive Morphismen heißen *Isomorphismen*. Bei einem Isomorphismus ist auch die inverse Abbildung ein Morphismus. Definitionsgemäß ist die Gruppe $G$ genau dann *isomorph* zur Gruppe $H$, wenn es einen Isomorphismus $\varphi\colon G \to H$ gibt. Isomorphe Gruppen besitzen die gleiche Struktur.

Ferner bezeichnet man surjektive (bzw. injektive) Morphismen als Epimorphismen (bzw. Monomorphismen). Ein Isomorphismus $\varphi\colon G \to G$ von $G$ auf sich selbst heißt ein *Automorphismus*.

*Beispiel 5:* Ist $G := \mathbb{R}_+$ die multiplikative Gruppe aller positiven reellen Zahlen und setzen wir $\varphi(g) := g^2$, dann gilt (17.9). Folglich ist $\varphi\colon \mathbb{R}_+ \to \mathbb{R}_+$ ein Morphismus (und außerdem ein Automorphismus). Die inverse Abbildung $\varphi^{-1}$ entspricht der Quadratwurzel, d.h., es ist $\varphi^{-1}(g) = g^{1/2}$ für alle $g \in \mathbb{R}_+$.

*Beispiel 6:* Setzen wir $\varphi(g) := \det g$, dann ist $\varphi\colon GL(n,\mathbb{K}) \to \mathbb{K}$ ein Morphismus, denn es gilt

$$\det(gh) = (\det g)(\det h) \qquad \text{für alle } g, h \in GL(n,\mathbb{K}).$$

*Beispiel 7* (innere Automorphismen): Ist $G$ eine Gruppe und ordnen wir jedem $g \in G$ eine Abbildung $\varphi_g\colon G \to G$ zu mit

$$\varphi_g(h) := ghg^{-1} \qquad \text{für alle } h \in G,$$

dann ist $\varphi_g$ ein Automorphismus, den man als *inneren Automorphismus* bezeichnet.

Zwei Elemente $h, k \in G$ heißen genau dann *konjugiert*, wenn es ein Element $g \in G$ gibt mit $\varphi_g(h) = k$. Das liefert eine Äquivalenzrelation auf $G$. Die zugehörigen Äquivalenzklassen in $G$ heißen *Klassen konjugierter Elemente* von $G$.

**Nebenklassen:** Ist $H$ eine Untergruppe von $G$, dann bezeichnet man die Menge $hG := \{hg\colon g \in G\}$ mit $h \in H$ als eine *Linksnebenklasse* von $H$ in $G$. Analog bezeichnet man $Gh$ mit $h \in H$ als eine *Rechtsnebenklasse* von $H$ in $G$.

**Normalteiler:** Eine Untergruppe $N$ der Gruppe $G$ heißt genau dann normal (oder auch ein Normalteiler), wenn $G$ unter jedem inneren Automorphismus invariant ist, d.h., es gilt

$$ghg^{-1} \in N \quad \text{für alle} \quad h \in N,\ g \in G.$$

Die Normalteiler $G$ und $\{e\}$ heißen triviale Normalteiler von $G$.

*Beispiel 8:* Die Menge $Z = \{h \in G\colon ghg^{-1} = h$ für alle $g \in G\}$ heißt das *Zentrum* der Gruppe $G$. Dieses ist ein Normalteiler.

Das Zentrum von $GL(n,\mathbb{K})$ besteht aus genau allen Matrizen $\lambda I$ mit $\lambda \in \mathbb{K}$ und $\lambda \neq 0$. Das Zentrum von $SL(n,\mathbb{K})$ besteht aus genau allen Matrizen $\lambda I$ mit $\lambda^n = 1$, $\lambda \in \mathbb{K}$.

Das Zentrum von $SU(n)$ besteht aus genau allen Matrizen $\lambda I$ mit $\lambda^n = 1$, $\lambda \in \mathbb{C}$.

**Faktorgruppe:** Ist $H$ eine Untergruppe der Gruppe $G$, dann wird durch

$$g \sim h \quad \text{genau dann, wenn } g^{-1}h \in H\,.$$

eine Äquivalenzrelation auf $G$ erklärt. Ist $H$ ein Normalteiler, dann wird die Menge aller Äquivalenzklassen $[g]$ durch

$$[g][h] := [gh]$$

zu einer Gruppe $G/H$, die man die Faktorgruppe von $G$ nach $H$ nennt.

Es gilt $[g] = gN = Ng$.

*Beispiel 9* (zyklische Gruppen): Es sei $\mathbb{Z}$ die additive Gruppe der ganzen Zahlen. Setzen wir $N := p\mathbb{Z} = \{0, \pm p, \pm 2p, \ldots\}$ mit der Primzahl $p \geq 1$, dann heißt

$$\mathbb{Z}_p := \mathbb{Z}/p\mathbb{Z}$$

eine zyklische Gruppe; $\mathbb{Z}_p$ besteht aus genau allen Klassen $[0], \ldots, [p-1]$ mit $[k] = \{k+np\colon n = 0, \pm 1, \pm 2, \ldots\}$. Die Addition in $\mathbb{Z}_p$ ergibt sich durch

$$[a] + [b] = [c]\,,$$

wobei $c$ der Rest ist, den man bei der Division von $a + b$ durch $p$ erhält.

Insbesondere besteht $\mathbb{Z}_2$ aus den Element [0] und [1] mit

$$[1] + [1] = [0]\,, \quad [0] + [a] = [a] + [0] = [a]\,, \qquad a = 0, 1\,.$$

Jede Gruppe $G$ mit zwei Elementen $\{e, b\}$ besitzt die Form

$$bb = e\,, \quad ea = ae = e \qquad \text{für } a = e, b\,.$$

Setzen wir $\varphi(e) := [0]$ und $\varphi(b) := [1]$, dann ist $\varphi\colon G \to \mathbb{Z}_2$ ein Isomorphismus.

**Der Morphismensatz:** (i) Ist $\varphi\colon G \to H$ ein Morphismus, dann ist der Kern $\ker\varphi := \varphi^{-1}(e)$ ein Normalteiler von $G$, und man hat den Isomorphismus

$$\varphi(G) \cong G/\ker\varphi\,. \tag{17.10}$$

Insbesondere ist $\varphi\colon G \to H$ genau dann ein Isomorphismus, wenn $\varphi(G) = H$ und $\ker\varphi = \{e\}$ gilt.

(ii) Ist umgekehrt $N$ ein Normalteiler von $G$, dann ist die durch $\pi(g) := [g]$ gegebene sogenannte *kanonische Abbildung*

$$\pi\colon G \to G/N\,. \tag{17.11}$$

ein Epimorphismus mit $\ker\pi = N$.

Folglich erhält man (bis auf Isomorphie der Bildgruppen) alle Epimorphismen von $G$ durch (17.11), indem man alle möglichen Normalteiler $N$ von $G$ wählt.

**Einfache Gruppen:** Eine Gruppe $G$ heißt genau dann *einfach*, wenn sie nur triviale Normalteiler besitzt.

**Satz:** Eine Gruppe $G$ ist genau dann einfach, wenn jeder Morphismus $\varphi\colon G \to H$ trivial ist, d.h., das Bild $\varphi(G)$ besteht nur aus dem Einselement oder ist zu $G$ isomorph.

*Beispiel 10:* Die Drehgruppe $SO(3)$ ist einfach. Ferner ist jede zyklische Gruppe $\mathbb{Z}_p$ einfach ($p$ Primzahl).

**Endliche Gruppen:** Eine Gruppe $G$ heißt genau dann endlich, wenn sie nur aus endlich vielen Elementen besteht. Die Anzahl der Gruppenelemente heißt die Gruppenordnung.

Die Ordnung der Untergruppe einer endlichen Gruppe ist ein Teiler der Gruppenordnung.

Endliche Untergruppen der Bewegungsgruppe $E(3)$ im $\mathbb{R}^3$ spielen eine wichtige Rolle in der Kristallographie bei der Untersuchung des Zusammenhangs zwischen den physikalischen Eigenschaften eines Kristalls und seinen Symmetrien.

Beispielweise besteht diejenige maximale Untergruppe $G$ von $E(3)$, die ein gleichseitiges Dreieck in sich abbildet, aus genau drei Elementen $I$, $D$, $D^2$, wobei $D$ einer Drehung um den Mittelpunkt mit einem Winkel von $120°$ entspricht, d.h. $D^3 = I$, und $G$ ist isomorph zu $\mathbb{Z}_3$. Diese Gruppe $G$ beschreibt die Symmetrie des Dreiecks.

Erst vor einigen Jahren gelang es, alle endlichen Gruppen zu klassifizieren. Das ist das Resultat der Arbeit von etwa 100 Gruppentheoretikern während der letzten 30 Jahre. Der Beweis besteht aus etwa 500 Arbeiten mit insgesamt etwa 10 000 Seiten.

Alle einfachen endlichen Gruppen ergeben sich durch

(a) die (additiven) zyklischen Gruppen $\mathbb{Z}/p\mathbb{Z}$ ($p$ Primzahl $\geq 1$),

(b) die alternierenden Permutationsgruppen $A_n$ mit $n \geq 5$ (Gruppe der geraden Permutationen von $n$ Elementen),

(c) die sogenannten einfachen endlichen Lieschen Gruppen und

(d) 26 sogenannte sporadische Gruppen.

Die größte sporadische Gruppe – die *Monstergruppe* – besteht aus angenähert $10^{54}$ Elementen.

### 17.2.3. Darstellungen von Gruppen

Darstellungen liefern *Realisierungen* von Gruppen als lineare Operatoren auf linearen Räumen. Solche Realisierungen spielen eine fundamentale Rolle in der modernen Physik.

Es sei $X$ ein komplexer linearer Raum. Dann bildet die Menge $GL(X)$ aller linearen bijektiven Operatoren $A\colon X \to X$ eine Gruppe (die Automorphismengruppe von $X$). Für $\dim X = n$ ist $GL(X)$ isomorph zu $GL(n, \mathbb{C})$, falls $1 \leq n < \infty$.

**Definition:** Unter einer (linearen) *Darstellung* $\varphi$ der Gruppe $G$ auf dem linearen Raum $X$ versteht man einen Morphismus

$$\varphi\colon G \to GL(X) . \tag{17.12}$$

d.h., jedem Gruppenelement $g \in G$ wird ein linearer bijektiver Operator $\varphi(g)\colon X \to X$ zugeordnet, so daß die Multiplikation respektiert wird, d.h., es gilt $\varphi(gh) = \varphi(g)\varphi(h)$ für alle $g, h \in G$. Die Darstellung $\varphi$ heißt genau dann *treu*, wenn $\varphi$ injektiv ist. Dann ist $G$ isomorph zur Untergruppe $\varphi(G)$ von $GL(X)$.

Man bezeichnet $\dim X$ als die *Dimension der Darstellung* $\varphi$ in (17.12).

**Irreduzible Darstellungen:** Ist $A\colon X \to X$ ein linearer Operator, dann heißt der lineare Unterraum $Y$ von $X$ genau dann *invariant* bezüglich $A$, wenn $A(Y) \subseteq Y$ gilt.

Die Darstellung (17.12) heißt genau dann *irreduzibel*, wenn kein echter, von $\{0\}$ verschiedener Unterraum in $X$ existiert, der bezüglich aller Operatoren $\varphi(g)$ mit $g \in G$ invariant ist.

Ist $\dim X < \infty$, so heißt die Darstellung $\varphi$ in (17.12) genau dann *vollständig reduzibel*, wenn es eine Zerlegung von $X$ in eine direkte Summe der Form

$$X = X_1 \oplus X_2 \oplus \ldots \oplus X_s$$

gibt, wobei $\varphi$ bezüglich aller Räume $X_j$ irreduzibel ist [3].

**Äquivalente Darstellungen:** Sind $X$ und $Z$ komplexe lineare Räume, dann heißt die Darstellung $\varphi\colon G \to GL(X)$ genau dann äquivalent zur Darstellung $\psi\colon G \to GL(Z)$, wenn es einen linearen bijektiven Operator $A\colon X \to Z$ gibt, so daß für jedes $g \in G$ das folgende Diagramm kommutativ ist:

$$\begin{array}{ccc} X & \xrightarrow{\varphi(g)} & X \\ A \downarrow & & \downarrow A \\ Z & \xrightarrow{\psi(g)} & Z \end{array}.$$

d.h., es gilt $A\varphi(g) = \psi(g)A$, also $\varphi(g) = A^{-1}\psi(g)A$ für alle $g \in G$.

**Unitäre Äquivalenz:** Ist $X$ ein komplexer Hilbertraum, dann heißt die Darstellung $\varphi\colon G \to GL(X)$ genau dann *unitär*, wenn alle Operatoren $\varphi(g)\colon X \to X$ mit $g \in G$ unitär sind.

Ferner heißt $\psi\colon G \to GL(Z)$ genau dann *unitär äquivalent*, wenn es eine unitäre Darstellung $\varphi\colon G \to GL(X)$ gibt, die äquivalent zu $\psi$ ist.

In der Quantentheorie ist man vorrangig an unitären Darstellungen interessiert.

**Satz:** (i) Ist $G$ eine endliche Gruppe oder allgemeiner eine kompakte Liegruppe, dann ist jede endlichdimensionale Darstellung von $G$ vollständig reduzibel und unitär äquivalent.

(ii) Jede *unitäre* endlichdimensionale Darstellung einer beliebigen Gruppe ist vollständig reduzibel.

(iii) Die irreduziblen endlichdimensionalen Darstellungen *kommutativer* Gruppen sind *eindimensional.*

(iv) Es sei $\varphi\colon G \to X$ eine unitäre Darstellung der Gruppe $G$ auf dem komplexen Hilbertraum $X$ mit $\dim X \le \infty$, und der Unterraum $Y$ sei invariant bezüglich aller $\varphi(g)\colon X \to X$, $g \in G$. Dann hat das orthogonale Komplement $Y^\perp$ von $Y$ in $X$ die gleiche Invarianzeigenschaft.

**Kommentar:** Eine der Hauptaufgaben der Darstellungstheorie besteht darin, alle irreduziblen Darstellungen einer gegebenen Gruppe (bis auf Äquivalenz) zu klassifizieren.

Ist die Darstellung vollständig reduzibel, dann erhält man aus der Kenntnis aller irreduziblen Darstellungen zugleich einen Überblick über alle möglichen Darstellungen.

**Konstruktives Verfahren zur Zerlegung von unitären Darstellungen in irreduzible Bestandteile:** Es sei $\varphi\colon G \to GL(X)$ eine unitäre Darstellung von $G$ in dem endlichdimensionalen komplexen Hilbertraum $X$. Wir wählen einen beliebigen Einheitsvektor $x \in X$ und setzen

$$X_1 := \{\varphi(g)x\colon g \in G\}.$$

[3] Das heißt explizit, daß jeder Raum $X_j$ invariant bezüglich aller Operatoren $\varphi(g)$ mit $g \in G$ ist und kein echter linearer Unterraum $Y \neq \{0\}$ von $X_j$ existiert, der auch diese Invarianzeigenschaft besitzt.

Dann wirkt $\varphi$ als irreduzible Darstellung in $X_1$. Konstruieren wir nun das orthogonale Komplement $X_1^\perp$, dann gilt $X = X_1 \oplus X_1^\perp$, und der Unterraum $X_1^\perp$ ist invariant unter $\varphi$. Wendet man nun das gleiche Verfahren auf $X_1^\perp$ an, dann erhält man die Zerlegung

$$X = X_1 \oplus X_2 \oplus X_2^\perp .$$

Nach endlich vielen Schritten ergibt sich eine Zerlegung von $X$ in paarweise orthogonale Unterräume, die alle irreduzibel bezüglich $\varphi$ sind.

**Charaktere:** Für eine endlichdimensionale Darstellung $\varphi\colon G \to GL(X)$ der Gruppe $G$ bezeichnet man die durch

$$\chi(g) := \operatorname{tr} \varphi(g), \qquad g \in G,$$

definierte Spurfunktion $\chi\colon G \to \mathbb{C}$ als Charakter von $\varphi$.

Äquivalente Darstellungen besitzen die gleichen Charaktere.

**Anwendung auf die Spiegelungsgruppe $S$:** Mit $S$ bezeichnen wir die Gruppe $\{I, -I\}$, wobei $I$ der Einheitsoperator des $\mathbb{R}^3$ ist, d.h., $-I$ entspricht einer Raumspiegelung.

Die Gruppe $S$ besitzt (bis auf Äquivalenz) genau die beiden irreduziblen Darstellungen

$$\varphi_\pm\colon S \to \mathbb{C} \qquad \text{mit } \varphi_+(\pm I) = I \text{ und } \varphi_-(\pm I) = \pm I .$$

Diese beiden Darstellungen sind eindimensional und unitär. Die Charakterfunktion von $\varphi_+$ bzw. $\varphi_-$ ist gleich $\chi(\pm I) = 1$ bzw. $\chi(\pm I) = \pm 1$.

Jede endlichdimensionale Darstellung von $S$ ist vollständig reduzibel und unitär äquivalent.

Ist $X$ ein endlichdimensionaler oder ein unendlichdimensionaler separabler Hilbertraum, dann existiert zu jeder Darstellung $\varphi\colon S \to GL(X)$ ein vollständiges Orthonormalsystem $\{e_j\}$ in $X$, so daß

$$\varphi(\pm I)e_j = \lambda_j e_j \qquad \text{für alle } j$$

gilt mit $\lambda_j = \pm 1$.

In der Elementarteilchenphysik entspricht $\lambda_j = 1$ (bzw. $= -1$) gerader (bzw. ungerader) *Parität* von Teilchen .

**Das Lemma von Schur:** Es sei

$$AT = TB \qquad \text{für alle } A \in \mathscr{A},\ B \in \mathscr{B}.$$

Dann ist der gegebene lineare Operator $T\colon X \to Y$ bijektiv oder gleich null, falls folgendes gilt:

(i) $X$ und $Y$ sind komplexe endlichdimensionale lineare Räume.

(ii) $\mathscr{A}$ bzw. $\mathscr{B}$ ist ein System von linearen Operatoren $A\colon X \to X$ bzw. $B\colon Y \to Y$.

(iii) $\mathscr{A}$ und $\mathscr{B}$ sind irreduzibel, d.h., $X$ (bzw. $Y$) besitzt keinen von $\{0\}$ verschiedenen echten Unterraum, der bezüglich aller $A \in \mathscr{A}$ (bzw. $B \in \mathscr{B}$) invariant ist.

**Korollar:** Im Fall $X = Y$ ist $T = \lambda I$ mit $\lambda \in \mathbb{C}$.

## 17.2.4. Kategorien und Funktoren zur Beschreibung allgemeiner Strukturprinzipien der modernen Mathematik

**Kategorie:** Unter einer Kategorie (im engeren Sinn) versteht man eine Gesamtheit von *Objekten* $G, H, \ldots$ und Abbildungen

$$\varphi\colon G \to H$$

zwischen den Objekten, die man *Morphismen* nennt. Dabei verlangt man, daß die Zusammensetzung zweier Morphismen $\varphi\colon G \to H$ und $\psi\colon H \to M$ wieder einen Morphismus $\psi\varphi\colon G \to M$ ergibt. Außerdem soll die identische Abbildung $\mathrm{id}\colon G \to G$ ein Morphismus sein.

Die Morphismen sind stets Abbildungen, die die „Struktur" der Objekte erhalten.

Definitionsgemäß versteht man unter einem *Isomorphismus* einen bijektiven Morphismus $\varphi\colon G \to H$, für den auch die inverse Abbildung $\varphi^{-1}\colon H \to G$ ein Morphismus ist.

Isomorphe Objekte kann man im Rahmen der betreffenden Kategorie miteinander identifizieren, weil sie die gleiche „abstrakte Struktur" besitzen.

*Monomorphismen, Epimorphismen* bzw. *Automorphismen* werden wie für Gruppen definiert (als injektive Morphismen, surjektive Morphismen bzw. Isomorphismen eines Objekts auf sich). Die Gesamtheit aller Automorphismen eines Objekts bilden bezüglich der Hintereinanderausführung von Abbildungen eine Gruppe (die *Automorphismengruppe des Objekts*).

*Beispiele für Kategorien:*

(i) Die Kategorie der *Gruppen* besteht aus der Gesamtheit der Gruppen (Objekte) und den oben eingeführten Morphismen, die man in der klassischen Literatur auch Homomorphismen nennt. Die Morphismen sind genau die Abbildungen, die die *Gruppenprodukte* ineinander überführen.

(ii) Die Kategorie der *linearen Räume* über $\mathbb{K}$ besteht aus allen linearen Räumen über $\mathbb{K}$ (Objekte). Die Morphismen sind die *linearen Abbildungen*. Das sind genau die Abbildungen, die die *Linearkombinationen* ineinander überführen.

(iii) Die Kategorie der *topologischen Räume* besteht aus allen topologischen Räumen (Objekte). Die Morphismen sind die *stetigen Abbildungen*. Das sind genau die Abbildungen, bei denen die Urbilder offener Mengen wieder offen sind. Die Isomorphismen entsprechen den *Homöomorphismen*.

(iv) Die Kategorie der $C^k$*-Mannigfaltigkeiten* besteht aus allen $C^k$-Mannigfaltigkeiten (Objekte). Die Morphismen sind die $C^k$*-Abbildungen*. Die Isomorphismen entsprechen den $C^k$*-Diffeomorphismen*.

(v) Die Kategorie der *metrischen Räume* besteht aus allen metrischen Räumen (Objekte). Die Morphismen sind genau die Abbildungen, die den *Abstand invariant* lassen. Die Isomorphismen entsprechen den *Isometrien*.

(vi) Die Kategorie der *normierten Räume* (bzw. Banachräume) über $\mathbb{K}$ besteht aus allen normierten Räumen (bzw. Banachräumen) über $\mathbb{K}$. Die Morphismen sind genau die linearen Abbildungen, die die *Norm invariant* lassen. Die Isomorphismen entsprechen den *Normisomorphismen*.

(vii) Die Kategorie der *Hilberträume* über $\mathbb{K}$ besteht aus allen Hilberträumen über $\mathbb{K}$ (Objekte). Die Morphismen sind genau die linearen Abbildungen, die das *Skalarprodukt invariant* lassen. Die Isomorphismen entsprechen den *unitären Operatoren*.

(viii) Die Kategorie der *Liealgebren* über $\mathbb{K}$ besteht aus allen Liealgebren über $\mathbb{K}$ (Objekte). Die Morphismen werden in 17.4. eingeführt. Das sind genau die linearen Abbildungen, die die *Lieschen Klammerprodukte* ineinander überführen.

Die Kategorie der Liealgebren über $\mathbb{K}$ ist eine *Unterkategorie* der Kategorie der linearen Räume über $\mathbb{K}$.

(ix) Die Kategorie der *Liegruppen* besteht aus allen Liegruppen (Objekte). Die Morphismen sind die sogenannten *Liemorphismen* (vgl. 17.5.).

Die Kategorie der Liegruppen ist eine *Unterkategorie* sowohl der Kategorie der Gruppen als auch der Kategorie der $C^\infty$-Mannigfaltigkeiten, wobei die Gruppenstruktur der Liegruppen mit der Mannigfaltigkeitsstruktur verträglich ist.

Weitere wichtige Kategorien in der Mathematik sind die Kategorie der Ringe und die Kategorie der Körper (vgl. 2.5.2.).

**Funktoren:** In der modernen Mathematik werden gegebene Strukturen häufig dadurch untersucht, daß man ihnen (einfachere) Strukturen zuordnet. Diese Zuordnung zwischen verschiedenen Strukturen geschieht dabei mit Hilfe von sogenannten Funktoren.

Es seien $\mathscr{C}$ und $\mathscr{D}$ zwei Kategorien. Unter einem *kovarianten* Funktor $\mathscr{F}$ versteht man ein Diagramm der folgenden Form:

$$\begin{array}{cc} & C \xrightarrow{\varphi} D \xrightarrow{\psi} E \\ \mathscr{F} \Downarrow & \\ & C' \xrightarrow{\varphi'} D' \xrightarrow{\psi'} E' \end{array} . \tag{17.13}$$

d.h., jedem Objekt $C$ (bzw. Morphismus $\varphi$) von $\mathscr{C}$ wird ein Objekt $\mathscr{F}C = C'$ (bzw. Morphismus $\mathscr{F}\varphi = \varphi'$) von $\mathscr{D}$ zugeordnet, so daß (17.13) gilt, d.h., der Zusammensetzung $\psi\varphi$ entspricht $\psi'\varphi'$.

*Beispiel 12* (Liefunktor): In 17.5. werden wir den kovarianten Liefunktor $\mathscr{L}$ von der Kategorie der Liegruppen in die Kategorie der Liealgebren betrachten. In (17.13) sind dann $C, D, E$ Liegruppen, und $\mathscr{L}C = C'$, $\mathscr{L}D = D'$, $\mathscr{L}E = E'$ entsprechen den zugehörigen Liealgebren.

*Beispiel 13* (Dualitätsfunktor): Es seien $A$ und $B$ lineare Operatoren der Form

$$X \xrightarrow{A} Y \xrightarrow{B} Z$$

zwischen den linearen Räumen $X, Y$ und $Z$ über $\mathbb{K}$. Für die entsprechenden dualen Räume $X^\mathrm{T}, Y^\mathrm{T}, Z^\mathrm{T}$ und dualen Operatoren $A^\mathrm{T}, B^\mathrm{T}$ gilt dann $(BA)^\mathrm{T} = A^\mathrm{T}B^\mathrm{T}$, also

$$X^\mathrm{T} \xleftarrow{A^\mathrm{T}} Y^\mathrm{T} \xleftarrow{B^\mathrm{T}} Z^\mathrm{T} .$$

Setzen wir $\mathscr{F}X := X^\mathrm{T}$ und $\mathscr{F}A := A^\mathrm{T}$, dann ist der sogenannte Dualitätsfunktor $\mathscr{F}$ ein *kontravarianter* Funktor von der Kategorie der linearen Räume über $\mathbb{K}$ in sich.

**Exakte Sequenzen:** Ein zentrales Instrument zum Nachweis der Isomorphie von Strukturen sind exakte Sequenzen. Zum Beispiel benutzen viele Beweise der algebraischen Topologie dieses Hilfsmittel.

Zur Erläuterung betrachten wir die Kategorie der Gruppen. Eine Folge

$$G \xrightarrow{\varphi} H \xrightarrow{\psi} M$$

von zwei Gruppenmorphismen $\varphi$ und $\psi$ heißt genau dann *exakt*, wenn

$$\ker\psi = \operatorname{im}\varphi$$

gilt, wobei $\ker\psi = \psi^{-1}(e)$ der Kern von $\psi$ ist und $\operatorname{im}\varphi = \varphi(G)$ das Bild (image) von $\varphi$ bezeichnet.

Eine Folge von Gruppenmorphismen

$$\ldots \longrightarrow G_{-1} \xrightarrow{\varphi_0} G_0 \xrightarrow{\varphi_1} G_1 \xrightarrow{\varphi_2} G_2 \xrightarrow{\varphi_3} \ldots$$

heißt genau dann exakt, wenn $\ker \varphi_{n+1} = \operatorname{im} \varphi_n$ für alle $n$ gilt.

*Beispiel 14:* Für einen Morphismus $\varphi\colon G \to H$ zwischen zwei Gruppen $G$ und $H$ gilt:

(i) $\varphi$ ist genau dann ein Epimorphismus, wenn $G \xrightarrow{\varphi} H \to \{e\}$ exakt ist, d.h. $\operatorname{im} \varphi = H$.

(ii) $\varphi$ ist genau dann ein Monomorphismus, wenn $\{e\} \to G \xrightarrow{\varphi} H$ exakt ist, d.h. $\ker \varphi = \{e\}$.

(iii) $\varphi$ ist genau dann ein Isomorphismus, wenn $\{e\} \to G \xrightarrow{\varphi} H \to \{e\}$ exakt ist.

Das gilt auch alles für additive Gruppen (z.B. lineare Räume) und deren Morphismen (z.B. lineare Abbildungen), falls man das Einselement $e$ durch 0 ersetzt.

# 17.3. Darstellungen endlicher Gruppen

Für endliche Gruppen liegt eine perfekte Darstellungstheorie vor, die Ende des 19. Jahrhunderts von Frobenius und Schur geschaffen wurde. Diese Theorie läßt sich auf kompakte Gruppen verallgemeinern (vgl. 17.9.).

Es sei $G$ eine endliche Gruppe mit $N$ Elementen. Die zugeordnete *Gruppenalgebra* $\mathscr{A}(G)$ besteht aus allen formalen komplexen Linearkombinationen

$$a = \sum_{g \in G} \alpha(g) g\,, \qquad \alpha(g) \in \mathbb{C}. \tag{17.14}$$

In natürlicher Weise ist $\mathscr{A}(G)$ ein $N$-dimensionaler komplexer linearer Raum, in dem zusätzlich auf natürliche Weise ein Produkt $ab$ erklärt ist, z.B. gilt

$$(\alpha g + \beta h)(\mu m + \varrho r) = (\alpha\mu) gm + (\beta\mu) hm + (\alpha\varrho) gr + (\beta\varrho) hr\,.$$

**Reguläre Darstellung:** Die Bedeutung der Gruppenalgebra $\mathscr{A}(G)$ besteht darin, daß sich die Gruppe $G$ auf dem linearen Raum $\mathscr{A}(G)$ darstellen läßt. Die zugehörige Darstellung $\varphi\colon G \to GL(\mathscr{A}(G))$ wird in natürlicher Weise durch

$$\varphi(g)w := gw \qquad \text{für alle } w \in \mathscr{A}(G)\,,\ g \in G\,,$$

definiert und heißt die *reguläre Darstellung* von $G$.

Mit $L_2(G)$ bezeichnen wir ferner die Gesamtheit aller komplexen Funktionen $f\colon G \to \mathbb{C}$ auf der Gruppe $G$. Bezüglich des Skalarprodukts

$$(f_1, f_2) := \frac{1}{N} \sum_{g \in G} \overline{f_1(g)} f_2(g)$$

wird $L_2(G)$ ein $N$-dimensionaler komplexer Hilbertraum.

Eine Funktion $f \in L_2(G)$ heißt genau dann eine *Klassenfunktion*, wenn sie auf jeder Klasse konjugierter Elemente von $G$ konstant ist, d.h., es ist $f(hgh^{-1}) = f(g)$ für alle $h, g \in G$.

**Hauptsatz:** (i) Jede endlichdimensionale Darstellung von $G$ ist vollständig reduzibel und unitär äquivalent.

(ii) Jede irreduzible Darstellung von $G$ in einem beliebigen komplexen linearen Raum ist (bis auf Äquivalenz) in der regulären Darstellung enthalten.

(iii) Die Anzahl der (bis auf Äquivalenz) verschiedenen irreduziblen Darstellungen von $G$ ist gleich der Anzahl der Klassen konjugierter Elemente in $G$.

Ein System $\varphi_1, \ldots, \varphi_n$ von irreduziblen Darstellungen von $G$ heißt genau dann *vollständig*, wenn jede irreduzible Darstellung zu genau einem $\varphi_j$ äquivalent ist.

**Satz von Burnside:** Für ein vollständiges System von irreduziblen Darstellungen $\varphi_1, \ldots, \varphi_n$ von $G$ gilt

$$N = d_1^2 + d_2^2 + \ldots + d_n^2 .$$

Dabei bezeichnet $d_j$ die Dimension des Darstellungsraumes von $\varphi_j$.

*Beispiel 1* (Spiegelungsgruppe): Es sei $G = \{I, -I\}$ die Spiegelungsgruppe des $\mathbb{R}^3$. Wir setzen $e = I$, $g = -I$. Dann besteht die Gruppenalgebra $\mathscr{A}(G)$ aus der Menge aller komplexen Linearkombinationen

$$\alpha e + \beta g , \qquad \alpha, \beta \in \mathbb{C}.$$

Die reguläre Darstellung $\varphi: G \to GL(\mathscr{A}(G))$ lautet:

$$\varphi(e)(\alpha e + \beta g) = \alpha ee + \beta eg = \alpha e + \beta g ,$$
$$\varphi(g)(\alpha e + \beta g) = \alpha ge + \beta gg = \alpha g + \beta e .$$

Somit gilt $\mathscr{A}(G) = X_+ \oplus X_-$ mit $X_+ := \operatorname{span}\{e + g\}$ und $X_- := \operatorname{span}\{e - g\}$. Ferner sind $X_+$ und $X_-$ irreduzibel bezüglich $\varphi$, wobei

$$\varphi(u) = \pm u \qquad \text{für alle } u \in X_\pm \text{ gilt} .$$

**Hauptsatz über Charaktere:** Wichtige Aussagen über die Darstellungen von $G$ lassen sich elegant mit Hilfe der Charaktere (vgl. 17.2.3.) und des Skalarprodukts (.,.) in $L_2(G)$ gewinnen. Es gilt:

(i) Eine endlichdimensionale Darstellung von $G$ mit dem Charakter $\chi$ ist genau dann *irreduzibel*, wenn $(\chi, \chi) = 1$ gilt.

(ii) Zwei endlichdimensionale Darstellungen von $G$ sind genau dann *äquivalent*, wenn sie den gleichen Charakter besitzen.

(iii) Ein System von endlichdimensionalen Darstellungen von $G$ ist genau dann ein *vollständiges* System irreduzibler Darstellungen, wenn die Charaktere ein vollständiges Orthonormalsystem im Unterraum der Klassenfunktionen von $L_2(G)$ bilden.

**Korollar:** Es sei $\varphi_1, \ldots, \varphi_n$ ein vollständiges System irreduzibler Darstellungen von $G$ mit den Charakteren $\chi_1, \ldots, \chi_n$. Für jede endlichdimensionale Darstellung $\varphi$ von $G$ gilt dann

$$\chi = \sum_{j=1}^{n} (\chi_j, \chi) \chi_j .$$

Ist $X = X_1 \oplus \ldots \oplus X_s$ eine Zerlegung von $X$, wobei $\varphi$ in jedem Unterraum $X_k$ als irreduzible Darstellung wirkt, dann gibt $(\chi_j, \chi)$ an, wie oft die zu $\chi_j$ gehörige irreduzible Darstellung $\varphi_j$ in der Zerlegung von $X$ vorkommt.

# 17.4. Liealgebren

Der Aufbau der Theorie der Liealgebren geschieht analog zum Aufbau der Gruppentheorie, indem man jeden Begriff der Gruppentheorie als einen Begriff der Kategorie der Gruppen interpretiert und den entsprechenden natürlichen Begriff in der Kategorie der Liealgebren sucht (vgl. 17.2.4.). Zum Beispiel entsprechen den *Normalteilern* von Gruppen die *Ideale* von Liealgebren. In beiden Fällen handelt es sich um *Kerne von Morphismen*.

Liealgebren sind lineare Räume, in denen zusätzlich ein Liesches Klammerprodukt $[A, B]$ erklärt ist.

## 17.4.1. Grundbegriffe

**Definition:** Unter einer Liealgebra $\mathscr{L}$ über $\mathbb{K}$ verstehen wir einen linearen Raum über $\mathbb{K}$, wobei zusätzlich jedem geordneten Paar $A, B \in \mathscr{L}$ ein mit $[A, B]$ bezeichnetes Element von $\mathscr{L}$ zugeordnet wird, so daß für alle $A, B, C \in \mathscr{L}$ und $\alpha, \beta \in \mathbb{K}$ folgendes gilt:

(i) $[A, B] = -[B, A]$ (*Antikommutativität*);

(ii) $[\alpha A + \beta B, C] = \alpha[A, C] + \beta[B, C]$ (*Linearität*);

(iii) $[A, [B, C]] + [B, [C, A]] + [C, [A, B]] = 0$ (*Jacobi-Identität*).

Man kann (iii) als verallgemeinertes Assoziativgesetz auffassen. Für $\mathbb{K} = \mathbb{R}$ (bzw. $\mathbb{K} = \mathbb{C}$) sprechen wir von einer reellen (bzw. komplexen) Liealgebra. Jede komplexe Liealgebra ist gleichzeitig auch eine reelle Liealgebra.

$\mathscr{L}$ heißt genau dann *kommutativ*, wenn $[A, B] = [B, A]$ für alle $A, B \in \mathscr{L}$ gilt, d.h. $[A, B] = 0$ für alle $A, B \in \mathscr{L}$.

*Beispiel 1:* Jeder lineare Raum $X$ (z.B. $X = \mathbb{R}^n, \mathbb{C}^n$) wird durch $[x, y] := 0$ für alle $x, y \in X$ in trivialer Weise zu einer kommutativen Liealgebra.

Eine Teilmenge $\mathscr{U}$ der Liealgebra $\mathscr{L}$ heißt genau dann eine *Lieunteralgebra* von $\mathscr{L}$, wenn $\mathscr{U}$ ein linearer Unterraum von $\mathscr{L}$ ist und aus $A, B \in \mathscr{U}$ stets $[A, B] \in \mathscr{U}$ folgt.

Unter einem Ideal $\mathscr{U}$ von $\mathscr{L}$ versteht man eine Lieunteralgebra, für die zusätzlich aus $A \in \mathscr{U}$ und $B \in \mathscr{L}$ stets $[A, B] \in \mathscr{U}$ folgt.

**Morphismen:** Ein Morphismus $\varphi\colon \mathscr{L} \to \mathscr{M}$ zwischen zwei Liealgebren $\mathscr{L}$ und $\mathscr{M}$ ist definitionsgemäß eine lineare Abbildung mit

$$\varphi([A, B]) = [\varphi(A), \varphi(B)] \qquad \text{für alle } A, B \in \mathscr{L},$$

d.h., $\varphi$ respektiert das Klammerprodukt. Der Kern von $\varphi$ wird durch $\ker\varphi := \varphi^{-1}(0)$ definiert.

Genau die bijektiven Morphismen heißen *Isomorphismen*.

**Produkt von Liealgebren:** Sind $\mathscr{L}$ und $\mathscr{M}$ zwei Liealgebren über $\mathbb{K}$, dann ist die Produktmenge $\mathscr{L} \times \mathscr{M} := \{(A, B)\colon A \in \mathscr{L}, B \in \mathscr{M}\}$ ein linearer Raum, der bezüglich

$$[(A_1, B_1), (A_2, B_2)] := ([A_1, A_2], [B_1, B_2])$$

eine Liealgebra über $\mathbb{K}$ wird.

**Morphismensatz:** (i) Ist $\mathscr{I}$ ein Ideal der Liealgebra $\mathscr{L}$ über $\mathbb{K}$, dann wird der Faktorraum $\mathscr{L}/\mathscr{I}$ zu einer Liealgebra bezüglich des Lieschen Klammerprodukts

$$[\{A\}, \{B\}] := [A, B] \qquad \text{für alle } A, B \in \mathscr{L}.$$

wobei $\{A\} = A + \mathscr{I}$ das zu $A$ gehörige Element von $\mathscr{L}/\mathscr{I}$ bezeichnet.

Die durch $\pi(A) := \{A\}$ gegebene Abbildung $\pi\colon \mathscr{L} \to \mathscr{L}/\mathscr{I}$ ist ein Epimorphismus.

(ii) Ist $\varphi: \mathscr{L} \to \mathscr{M}$ ein Morphismus zwischen zwei Liealgebren, dann ist der Kern $\ker \varphi$ ein Ideal von $\mathscr{L}$, und der Faktorraum $\mathscr{L} / \ker \varphi$ ist eine zum Bildraum $\operatorname{im} \varphi$ isomorphe Liealgebra.

### 17.4.2. Beispiele von Liealgebren

Typische mathematische Objekte, die mit der Struktur einer Liealgebra versehen werden können, sind lineare Operatoren (z.B. Matrizen), Differentialoperatoren und Vektorfelder (Geschwindigkeitsfelder) auf Mannigfaltigkeiten.

Die Poissonklammern der klassischen Mechanik, lassen die glatten Funktionen auf dem Phasenraum der klassischen Mechanik zu einer (unendlichdimensionalen) Liealgebra werden. Nach Heisenberg ergibt sich die Quantisierung der klassischen Mechanik, indem man Funktionen auf dem Phasenraum durch Operatoren und die Poissonklammern durch die entsprechenden Klammern für lineare Operatoren ersetzt.

*Standardbeispiel 2* (quadratische Matrizen): Die Menge $gl(n, \mathbb{K})$ aller $(n \times n)$-Matrizen mit Elementen in $\mathbb{K}$ bildet eine reelle Liealgebra bezüglich

$$[A, B] := AB - BA \qquad \text{für alle } A, B \in gl(n, \mathbb{K}).$$

Ferner ist $gl(n, \mathbb{C})$ sowohl eine reelle als auch eine komplexe Liealgebra.

Jede Menge $\mathscr{L}G$ in Tabelle 17.1 von $(n \times n)$-Matrizen mit Elementen in $\mathbb{K}$ ist eine reelle Lieunteralgebra von $gl(n, \mathbb{K})$ (und im Fall $\mathbb{K} = \mathbb{C}$ auch eine Lieunteralgebra der komplexen Liealgebra $gl(n, \mathbb{C})$).

**Struktursatz von Ado:** Jede endlichdimensionale Liealgebra über $\mathbb{K}$ ist isomorph zu einer Lieunteralgebra von $gl(n, \mathbb{K})$.

*Standardbeispiel 3* (lineare Operatoren): Es sei $X$ ein linearer Raum über $\mathbb{K}$. Dann wird die Menge $L(X, X)$ aller linearen Operatoren $A: X \to X$ bezüglich des Klammerprodukts

$$[A, B] := AB - BA \qquad \text{für alle } A, B \in L(X, X) \tag{17.15}$$

zu einer reellen Liealgebra, die wir mit $gl(X)$ bezeichnen.

Im Fall $\mathbb{K} = \mathbb{C}$ ist $L(X, X)$ auch eine komplexe Liealgebra, für die wir $gl(X, \mathbb{C})$ schreiben.

$gl(X)$ ist isomorph zu der reellen Liealgebra $gl(n, \mathbb{K})$, falls $\dim X = n$ (bzw. $gl(X, \mathbb{C})$ ist isomorph zu der komplexen Liealgebra $gl(n, \mathbb{C})$).

Ist $X$ ein endlichdimensionaler komplexer Hilbertraum, dann definieren wir die reellen Liealgebren

$$u(X) := \{A \in gl(X): A^* = -A\}, \quad su(X) := \{A \in u(X): \operatorname{tr} A = 0\},$$

wobei das Klammerprodukt wiederum durch (17.15) gegeben ist.

$u(X)$ bzw. $su(X)$ ist isomorph zur reellen Liealgebra $u(n)$ bzw. $su(n)$ mit $n = \dim X$ (vgl. Tab. 17.1).

*Standardbeispiel 4* (Differentialoperatoren): Es sei $\mathscr{L}_1$ die Menge aller Differentialoperatoren erster Ordnung

$$\mathscr{D} := \sum_{j=1}^{n} a_j(x) \partial_j \tag{17.16}$$

auf dem $\mathbb{R}^n$ mit $\partial_j := \partial / \partial x_j$ und $C^\infty$-Funktionen $a_j: \mathbb{R}^n \to \mathbb{K}$. Dann bildet $\mathscr{L}_1$ bezüglich

$$[\mathscr{D}_1, \mathscr{D}_2] := \mathscr{D}_1 \mathscr{D}_2 - \mathscr{D}_2 \mathscr{D}_1$$

eine Liealgebra über $\mathbb{K}$.

*Standardbeispiel 5* (Vektorfelder auf einer Mannigfaltigkeit): Es sei $X$ eine reelle $n$-dimensionale $C^\infty$-Mannigfaltigkeit. Mit $V(X)$ bezeichnen wir die Menge aller $C^\infty$-Vektorfelder $\mathbf{v}$ auf $X$. Nach 15.4.6. entspricht jedem Vektorfeld $\mathbf{v} \in V(X)$ in lokalen Koordinaten ein Differentialoperator erster Ordnung der Form (17.16).

Der lineare Raum $V(X)$ wird durch die Lieableitung

$$[\mathbf{v}, \mathbf{w}] := \mathscr{L}_\mathbf{v} \mathbf{w}$$

zu einer reellen $n$-dimensionalen Liealgebra. Interpretiert man $\mathbf{v}$ als Differentialoperator, dann gilt $[\mathbf{v}, \mathbf{w}] = \mathbf{v}(\mathbf{w}) - \mathbf{w}(\mathbf{v})$ für alle $\mathbf{v}, \mathbf{w} \in V(X)$.

*Standardbeispiel 6* (Poissonklammer): Es sei $U$ eine offene Menge des $\mathbb{R}^{2n}$ mit den Koordinaten $(q_1, \ldots, q_n, p_1, \ldots, p_n) \in U$. Die Menge $C^\infty(U, \mathbb{K})$ aller $C^\infty$-Funktionen $f\colon U \to \mathbb{K}$ wird bezüglich der sogenannten Poissonklammer

$$\{f, g\} := \sum_{j=1}^{n} \left( \frac{\partial f}{\partial p_j} \frac{\partial g}{\partial q_j} - \frac{\partial f}{\partial q_j} \frac{\partial g}{\partial p_j} \right) \tag{17.17}$$

zu einer Liealgebra über $\mathbb{K}$. Ist $H\colon U \times \mathbb{R} \to \mathbb{R}$ eine $C^\infty$-Funktion, dann folgt aus der kanonischen Gleichung

$$q_j'(t) = \frac{\partial H}{\partial p_j}(q(t), p(t), t), \quad p_j'(t) = -\frac{\partial H}{\partial q_j}(q(t), p(t), t), \qquad j = 1, \ldots, n,$$

die Gleichung

$$\frac{\mathrm{d}\mathscr{F}}{\mathrm{d}t} = \{H, F\} + \frac{\partial F}{\partial t}$$

mit $F = F(q, p, t)$ und $\mathscr{F}(t) := F(q(t), p(t), t)$.

Speziell für $f(q, p) := p_j$, $g(q, p) := q_k$ erhalten wir

$$\{p_j, q_k\} = \delta_{jk}, \quad \{p_j, p_k\} = \{q_j, q_k\} = 0, \qquad j, k = 1, \ldots, n. \tag{17.18}$$

Wählt man anstelle von $U$ eine $2n$-dimensionale reelle $C^\infty$-Mannigfaltigkeit $M$, die einem Phasenraum der klassischen Mechanik entspricht (vgl. 15.6.), dann wird die Menge $C^\infty(M, \mathbb{R})$ aller $C^\infty$-Funktionen $f\colon M \to \mathbb{R}$ bezüglich der Poissonklammer $\{f, g\}$ zu einer reellen Liealgebra. Genauer berechnet man $\{f, g\}$ gemäß (17.17) in lokalen Koordinaten. Tatsächlich sind diese Klammern jedoch unabhängig von der Wahl der lokalen Koordinaten.

*Standardbeispiel 7* (Heisenbergsche Vertauschungsrelationen in der Quantenmechanik): Wir setzen $X := C^\infty(U, \mathbb{C})$ und definieren die Ortsoperatoren $Q_j\colon X \to X$ und Impulsoperatoren $P_j\colon X \to X$ durch

$$Q_j \psi = q_j \psi, \quad P_j \psi = \frac{\hbar}{\mathrm{i}} \frac{\partial \psi}{\partial q_j}, \qquad j = 1, \ldots, n.$$

Mit der üblichen Lieklammer $[\mathscr{D}_1, \mathscr{D}_2] := \mathscr{D}_1 \mathscr{D}_2 - \mathscr{D}_2 \mathscr{D}_1$ erhalten wir

$$\frac{\mathrm{i}}{\hbar}[P_j, Q_k] = \delta_{jk}, \quad [P_j, P_k] = [Q_j, Q_k] = 0, \qquad j, k = 1, \ldots, n. \tag{17.18*}$$

Dann wird die Menge aller komplexen Linearkombinationen $\mathscr{L} := \mathrm{span}_\mathbb{C}\{Q_1, \ldots, Q_n, P_1, \ldots, P_n\}$ zu einer komplexen $2n$-dimensionalen Liealgebra.

Die Vertauschungsrelationen (17.18*) der Quantenmechanik ergeben sich aus den klassischen Vertauschungsrelationen, indem man die Poissonklammer $\{\ldots\}$ durch $\mathrm{i}[\ldots]/\hbar$ ersetzt. Dadurch erhält man in eleganter Weise den Übergang von der klassischen Mechanik zur Quantenmechanik.

### 17.4.3. Darstellungen von Liealgebren

Darstellungen von Liealgebren liefern Realisierungen von Liealgebren als lineare Operatoren auf linearen Räumen.

**Definition:** Es sei $\mathscr{L}$ eine Liealgebra über $\mathbb{K}$, und $X$ sei ein linearer Raum über $\mathbb{K}$. Unter einer *Darstellung* $\psi$ von $\mathscr{L}$ verstehen wir einen Morphismus

$$\psi: \mathscr{L} \to gl(X, \mathbb{K}), \tag{17.19}$$

d.h., jedem Element $A$ der Liealgebra $\mathscr{L}$ wird ein linearer Operator $\psi(A)$: $X \to X$ zugeordnet, wobei Linearkombinationen und die Lieklammern respektiert werden, d.h., für alle $A, B \in \mathscr{L}$ und $\alpha, \beta \in \mathbb{K}$ gilt $\psi(\alpha A + \beta B) = \alpha\psi(A) + \beta\psi(B)$ und

$$\psi([A, B]) = [\psi(A), \psi(B)].$$

Die Darstellung $\psi$ heißt genau dann *treu*, wenn $\psi$ injektiv ist. Ferner bezeichnet man $\dim X$ als die Dimension der Darstellung $\psi$ in (17.19).

Analog wie für Gruppen in 17.2.3. werden irreduzible, vollständig reduzible und äquivalente Darstellungen definiert.

**Duale Darstellung:** Es sei $\psi$: $\mathscr{L} \to gl(X, \mathbb{K})$ eine Darstellung der Liealgebra $\mathscr{L}$ auf dem linearen Raum $X$ über $\mathbb{K}$. Setzen wir

$$\psi_{\mathrm{d}}(A) := -\psi(A)^{\mathrm{T}} \qquad \text{für alle } A \in \mathscr{L},$$

dann ist $\psi_{\mathrm{d}}(A)$: $X^{\mathrm{T}} \to X^{\mathrm{T}}$ ein linearer Operator auf dem dualen Raum $X^{\mathrm{T}}$, und $\psi_{\mathrm{d}}$: $\mathscr{L} \to gl(X^{\mathrm{T}}, \mathbb{K})$ ist eine Darstellung von $\mathscr{L}$ auf $X^{\mathrm{T}}$, die man die duale Darstellung zu $\psi$ nennt.

**Darstellung auf dem Tensorprodukt:** Es seien $\psi$: $\mathscr{L} \to gl(X, \mathbb{K})$ und $\chi$: $\mathscr{L} \to gl(Y, \mathbb{K})$ zwei Darstellungen der Liealgebra $\mathscr{L}$ über $\mathbb{K}$. Setzen wir (motiviert durch eine „Produktregel")

$$(\psi \boxtimes \varrho)(A)(x \otimes y) := (\psi(A)x) \otimes y + x \otimes \varrho(A)y$$

für alle $x \in X$, $y \in Y$ und jedes $A \in \mathscr{L}$ und definieren wir in natürlicher Weise ferner

$$(\psi \boxtimes \varrho)(A) \sum_{j=1}^{m} \alpha_j (x_j \otimes y_j) := \sum_{j=1}^{m} \alpha_j (\psi \boxtimes \varrho)(A)(x_j \otimes y_j),$$

dann erhalten wir eine Darstellung

$$\psi \boxtimes \varrho: \mathscr{L} \to gl(X \otimes Y, \mathbb{K})$$

der Liealgebra $\mathscr{L}$ auf dem Tensorprodukt $X \otimes Y$.

**Adjungierte Darstellung und Killingform:** Setzen wir

$$\mathrm{ad}(A)B := [A, B] \qquad \text{für alle } B \in \mathscr{L} \text{ und jedes } A \in \mathscr{L},$$

dann ist ad: $\mathscr{L} \to gl(\mathscr{L}, \mathbb{K})$ eine Darstellung der Liealgebra $\mathscr{L}$ auf sich selbst. Im Fall $\dim \mathscr{L} < \infty$ bezeichnet man die durch

$$K(A, B) = \mathrm{tr}(\mathrm{ad}(A)\,\mathrm{ad}(B)) \qquad \text{für alle } A, B \in \mathscr{L}$$

erklärte symmetrische Bilinearform $K$: $\mathscr{L} \times \mathscr{L} \to \mathbb{K}$ als die *Killingform* der Liealgebra $\mathscr{L}$.

*Beispiel 8:* Ist $\mathscr{L} = sl(n, \mathbb{K}), su(n), so(n, \mathbb{K}), sp(2n, \mathbb{K})$, dann erhält man für die zugehörigen Killingformen:

$$\begin{array}{lll} sl(n,\mathbb{K}): & K(A,B) = 2n\,\mathrm{tr}(AB) & (n \geq 2); \\ su(n): & K(A,B) = -2n\,\mathrm{tr}(A^*B) & (n \geq 2); \\ so(n,\mathbb{K}): & K(A,B) = (n-2)\,\mathrm{tr}(AB) & (n \geq 3); \\ sp(2n,\mathbb{K}): & K(A,B) = 2(n+1)\,\mathrm{tr}(AB) & (n \geq 1). \end{array}$$

**Komplexifizierung einer Liealgebra und irreduzible Darstellungen:** Es sei $\mathscr{L}$ eine Lieunteralgebra der reellen Liealgebra $gl(n, \mathbb{R})$. Setzen wir

$$\mathscr{L}_{\mathbb{C}} := \{zA: z \in \mathbb{C},\ A \in \mathscr{L}\},$$

dann wird $\mathscr{L}_{\mathbb{C}}$ eine Unteralgebra der komplexen Liealgebra $gl(n, \mathbb{C})$, die man die *Komplexifizierung von* $\mathscr{L}$ nennt. Es ist $\dim \mathscr{L} = \dim \mathscr{L}_{\mathbb{C}}$.

*Standardbeispiel 9:* Für $n = 1, 2, \ldots$ und $p + q = n$ gilt:

(i) Die Komplexifizierung von $gl(n, \mathbb{R})$, $u(n)$ und $u(p, q)$ ist $gl(n, \mathbb{C})$.

(ii) Die Komplexifizierung von $sl(n, \mathbb{R})$, $su(n)$, $su(p, q)$ ist $sl(n, \mathbb{C})$.

(iii) Die Komplexifizierung von $o(n)$, $o(p, q)$ ist $o(n, \mathbb{C})$.

(iv) Die Komplexifizierung von $sp(2n, \mathbb{R})$ ist $sp(2n, \mathbb{C})$.

Die Komplexifizierung von Liealgebren ist deshalb wichtig, weil die Untersuchung von komplexen Liealgebren wesentlich einfacher als die von reellen Liealgebren ist und es für die Darstellungstheorie genügt, die Komplexifizierungen zu untersuchen, wie der folgende Satz zeigt.

**Satz:** Ist $\psi: \mathscr{L} \to gl(X, \mathbb{R})$ eine Darstellung der reellen Liealgebra $\mathscr{L}$ auf dem komplexen linearen Raum $X$, dann erhält man daraus sofort eine Darstellung

$$\psi_{\mathbb{C}}: \mathscr{L}_{\mathbb{C}} \to gl(X, \mathbb{C})$$

der Komplexifizierung $\mathscr{L}_{\mathbb{C}}$ auf $X$, indem man $\psi_{\mathbb{C}}(zA) := z\psi(A)$ setzt. Ferner ist $\psi$ genau dann irreduzibel (bzw. vollständig reduzibel), wenn $\psi_{\mathbb{C}}$ die entsprechende Eigenschaft besitzt.

# 17.5. Liegruppen

In Liegruppen ist eine Multiplikation erklärt, die in glatter Weise von endlich vielen reellen Parametern abhängt.

## 17.5.1. Grundbegriffe

**Definition:** Unter einer *Liegruppe* $G$ versteht man eine $n$-dimensionale reelle $C^\infty$-Mannigfaltigkeit, die gleichzeitig eine Gruppe darstellt, wobei die Abbildung

$$(g, h) \to gh^{-1}$$

von $G \times G$ in $G$ vom Typ $C^\infty$ ist. Außerdem verlangen wir zusätzlich, daß es ein abzählbares System von offenen Mengen in $G$ gibt, die $G$ überdecken.

Unter einer *Lieschen Untergruppe* $H$ von $G$ versteht man eine Untermannigfaltigkeit $H$ von $G$, die gleichzeitig eine Untergruppe von $G$ ist.

Eine Untergruppe $H$ von $G$ heißt genau dann eine *verallgemeinerte Liesche Untergruppe* von $G$, wenn es eine Liesche Gruppe $H_0$ und eine injektive $C^\infty$-Abbildung

$$\varphi\colon H_0 \to G$$

mit $\varphi(H_0) = H$ gibt, wobei $\varphi$ ein Gruppenmorphismus und $\varphi'(e)$ injektiv ist.

Ein Normalteiler der Liegruppe $G$, der zugleich eine Liesche Untergruppe ist, heißt *Liescher Normalteiler*.

*Standardbeispiel 1:* Ist $X$ ein $n$-dimensionaler linearer Raum über $\mathbb{K}$, dann ist die Gruppe $G = Gl(X)$ aller linearen Operatoren $A\colon X \to X$ eine Liegruppe mit $\dim G = n^2$ für $\mathbb{K} = \mathbb{R}$ und $\dim G = 2n^2$ für $\mathbb{K} = \mathbb{C}$.

Alle Matrizengruppen in Tab. 17.1 sind Liegruppen.

Jede endliche Gruppe ist eine 0-dimensionale Liegruppe.

**Morphismen:** Unter einem *Liemorphismus* $\varphi\colon G \to H$ zwischen zwei Liegruppen versteht man einen Gruppenmorphismus, der gleichzeitig eine $C^\infty$-Abbildung ist.

Die Abbildung $\varphi$ heißt genau dann ein *Lie-Isomorphismus*, wenn $\varphi$ ein Gruppenmorphismus und ein $C^\infty$-Diffeomorphismus ist.

Unter einem lokalen Liemorphismus zwischen zwei Liegruppen $G$ und $M$ versteht man eine $C^\infty$-Abbildung

$$\varphi\colon U(e) \subseteq G \to M$$

von einer offenen Umgebung $U(e)$ des Einselements der Gruppe $G$ in die Gruppe $M$, so daß $\varphi(gh) = \varphi(g)\varphi(h)$ gilt, falls $g, h \in U(e)$ und $gh \in U(e)$.

Ist $\varphi$ zusätzlich ein $C^\infty$-Diffeomorphismus von $U(e)$ auf eine offene Umgebung $V(e)$ des Einselements in $M$, dann heißt $\varphi$ ein lokaler Lie-Isomorphismus. Existiert eine solche Abbildung, dann sagen wir, daß $G$ *lokal isomorph* zu $M$ ist.

**Satz:** Eine Liegruppe ist stets orientierbar. Das Tangentialbündel einer Liegruppe $G$ besitzt die einfache Produktstruktur $TG = G \times TG_e$.

**Haarsches Maß:** Ist $G$ eine Liegruppe, dann bezeichnet man die Abbildung $L_h\colon G \to G$ mit

$$L_h g = hg \qquad \text{für alle } g \in G \text{ und festes } h \in G \tag{17.20}$$

eine *Linkstranslation*.

Unter einem Haarschen Maß $\mu$ auf einer Liegruppe $G$ versteht man ein nichtverschwindendes Borelmaß, das linksinvariant ist, d.h., es ist $\mu(hM) = \mu(M)$ für alle meßbaren Mengen $M$ von $G$ und alle $h \in G$.

Sind $\mu$ und $\nu$ zwei Haarsche Maße auf $G$, dann unterscheiden sie sich nur um einen positiven Faktor.

**Satz:** Jede Liegruppe kann mit der Struktur einer eigentlichen Riemannschen Mannigfaltigkeit versehen werden. Der metrische Tensor ist dabei invariant unter allen möglichen Linkstranslationen.

Die Riemannsche Metrik erzeugt ein Haarsches Maß auf $G$.

## 17.5.2. Der enge Zusammenhang zwischen Liegruppen und ihren Liealgebren (das Liesche Linearisierungsprinzip)

**Konstruktion der Liealgebra einer Liegruppe:** Der Tangentialraum $TG_e$ einer Liegruppe im Einselement $e$ wird zu einer Liealgebra $\mathscr{L}G$, falls man zwei beliebigen Tangentialvektoren $A, B \in TG_e$ durch

$$[A, B] := \lim_{t \to 0} t^{-2} \left(a(t)b(t)a(t)^{-1}b(t)^{-1} - e\right) \tag{17.21}$$

eine Lieklammer zuordnet. Hier ist $t \mapsto a(t)$ bzw. $t \mapsto b(t)$ eine $C^1$-Kurve auf der Gruppe $G$ mit $a(0) = b(0) = e$ und $a'(0) = A$ bzw. $b'(0) = B$. Dabei hängt $[A, B]$ nicht von der Wahl der Kurven ab.

**Der Liefunktor $\mathscr{L}$:** Es seien $G$ und $H$ Liegruppen. Ist

$$\varphi\colon G \to H \tag{17.22}$$

ein Liemorphismus (bzw. Lie-Isomorphismus), und setzen wir $\mathscr{L}\varphi := \varphi'(e)$ (Ableitung $\varphi'(e)$ = Linearisierung am Einselement $e$), dann ist

$$\mathscr{L}\varphi\colon \mathscr{L}G \to \mathscr{L}H \tag{17.23}$$

ein Morphismus (bzw. Isomorphismus) der entsprechenden Liealgebren mit

$$\mathscr{L}(\ker \varphi) = \ker(\mathscr{L}\varphi)\,.$$

Für die Zusammensetzung von Liemorphismen $\varphi$ und $\psi$ gilt

$$\mathscr{L}(\varphi\psi) = (\mathscr{L}\varphi)(\mathscr{L}\psi)\,.$$

Alle diese Aussagen bleiben für lokale Liemorphismen richtig.

**Der Morphismensatz:** (i) Die beiden Liemorphismen $\varphi, \psi\colon G \to H$ stimmen genau dann auf der Zusammenhangskomponente des Einselements von $G$ überein, wenn $\mathscr{L}\varphi = \mathscr{L}\psi$ gilt.

(ii) Es sei $\lambda\colon \mathscr{L}G \to \mathscr{L}H$ ein Morphismus von Liealgebren. Dann existiert ein lokaler Liemorphismus

$$\varphi\colon U(e) \subseteq G \to H \qquad \text{mit } \mathscr{L}\varphi = \lambda\,.$$

Ist $G$ *einfach zusammenhängend*, dann gibt es genau einen Liemorphismus $\varphi\colon G \to H$ mit $\mathscr{L}\varphi = \lambda$.

Jeder stetige Gruppenmorphismus $\varphi\colon G \to H$ zwischen zwei Liegruppen ist ein Liemorphismus.

**Der Untergruppensatz:** Eine Untergruppe (bzw. Normalteiler) $H$ einer Liegruppe $G$ ist genau dann eine Liesche Untergruppe (Liescher Normalteiler), wenn $H$ abgeschlossen ist (Satz von Cartan). Ferner gilt:

(i) Ist $H$ eine verallgemeinerte *Liesche Untergruppe* der Liegruppe $G$, dann ist $\mathscr{L}H$ eine *Lieunteralgebra* von $\mathscr{L}G$.

Ist $H$ zusätzlich ein *Normalteiler*, dann ist $\mathscr{L}H$ ein *Ideal*.

(ii) Umgekehrt gibt es zu jeder Lieunteralgebra $\mathscr{L}$ von $\mathscr{L}G$ genau eine zusammenhängende verallgemeinerte Liesche Untergruppe $H$ von $G$ mit $\mathscr{L} = \mathscr{L}H$.

Ist $\mathscr{L}$ ein Ideal von $\mathscr{L}G$, dann ist $H$ ein Normalteiler von $G$.

**Produkte:** Das Produkt $G \times H$ zweier Liegruppen $G$ und $H$ ist wieder eine Liegruppe mit der Liealgebra $\mathscr{L}(G \times H) = \mathscr{L}G \times \mathscr{L}H$.

**Der Faktorgruppensatz:** Ist $N$ ein Liescher Normalteiler einer Liegruppe $G$, dann ist die Faktorgruppe $G/N$ eine Liegruppe mit

$$\mathscr{L}(G/N) = \mathscr{L}G/\mathscr{L}N\,.$$

Ferner ist die kanonische Abbildung $\pi\colon G \to G/N$ ein Lie-Epimorphismus.

Ist $\varphi\colon G \to H$ ein Lie-Epimorphismus zwischen den beiden Liegruppen $G$ und $H$, dann ist $N := \ker\varphi$ ein Liescher Normalteiler von $G$, und es gilt $H \cong G/N$ (Lie-Isomorphie).

**Zusammenhangskomponenten:** Es sei $G$ eine Liesche Gruppe. Bezeichnet $G_e$ die Zusammenhangskomponente des Einselements $e$ von $G$, dann ist $G_e$ ein Liescher Normalteiler von $G$, und die Zusammenhangskomponenten von $G$ stimmen mit den Nebenklassen von $G_e$, also mit den Elementen von $G/G_e$ überein.

Folglich ist die Ordnung von $G/G_e$ gleich der Anzahl der Zusammenhangskomponenten von $G$.

## 17.5.3. Struktur von Liegruppen

**Der Hauptsatz über die lokale Struktur von Liegruppen:** Zwei Liegruppen sind genau dann lokal isomorph, wenn ihre Liealgebren isomorph sind.

Jede Liegruppe ist lokal isomorph zu einer verallgemeinerten Lieschen Untergruppe von $GL(n,\mathbb{R})$ oder $GL(n,\mathbb{C})$.

**Der Hauptsatz über die globale Struktur von Liegruppen:** Es sei $\mathscr{L}$ eine endlichdimensionale reelle Liealgebra.

(i) *Existenz und Eindeutigkeit.* Bis auf Lie-Isomorphie gibt es genau eine *einfach zusammenhängende* Liegruppe $G_*$ mit $\mathscr{L}G_* = \mathscr{L}$.

(ii) *Universelle Überlagerungsgruppe.* Ist $G$ eine *zusammenhängende* Liegruppe mit $\mathscr{L}G = \mathscr{L}$, dann existiert ein Lie-Epimorphismus

$$\varphi_*\colon G_* \to G\,, \tag{17.24}$$

wobei $N = \ker\varphi_*$ ein diskreter (höchstens abzählbarer) Normalteiler von $G_*$ ist [4], der im Zentrum von $G_*$ liegt. Es gilt $G \cong G_*/N$ (Lie-Isomorphie).

Man bezeichnet $G_*$ als die universelle Überlagerungsgruppe von $G$ (und $\mathscr{L}$).

(iii) Umgekehrt erhält man (bis auf Lie-Isomorphie) genau alle zusammenhängenden Liegruppen $G_1$ mit $\mathscr{L}G_1 = \mathscr{L}$, indem man $G_1 = G_*/N$ setzt, wobei $N$ ein diskreter (höchstens abzählbarer) Normalteiler von $G_*$ ist, der im Zentrum von $G_*$ liegt.

## 17.5.4. Beispiele

*Standardbeispiel 2:* Die einzigen zusammenhängenden eindimensionalen Liegruppen sind die additive Gruppe $\mathbb{R}$ und die Gruppe $U(1)$.

Dabei gilt $\mathscr{L}\mathbb{R} = \mathscr{L}U(1) = \mathbb{R}$. Ferner ist $\mathbb{R}$ die universelle Überlagerungsgruppe zu $U(1)$.

*Standardbeispiel 3:* Unter einer *einparametrigen Untergruppe* einer Liegruppe $G$ versteht man einen Liemorphismus $g\colon \mathbb{R} \to G$, d.h., es ist

$$g(t+s) = g(t)g(s) \qquad \text{für alle } t,s \in \mathbb{R}.$$

Für die Untergruppe $H := g(\mathbb{R})$ gilt:

---

[4] $N$ ist isomorph zur Fundamentalgruppe $\pi_1(G)$ von $G$.

(i) Im Fall $g'(0) = 0$ ist $g(t) = e$ für alle $t \in \mathbb{R}$, d.h., $H$ ist eine 0-dimensionale Liesche Untergruppe von $G$.

(ii) Im Fall $g'(0) \neq 0$ ist $H$ eine verallgemeinerte eindimensionale Liesche Untergruppe von $G$.

Die Gruppe $H$ ist entweder isomorph zur Gruppe $\mathbb{R}$ oder zur Gruppe $U(1)$.

(iii) Durch (ii) erhält man alle verallgemeinerten eindimensionalen Lieschen Untergruppen $H$ von $G$.

Ist zusätzlich $H$ abgeschlossen in $G$, dann ist $H$ auch eine Liesche Untergruppe von $G$.

*Standardbeispiel 4:* Es sei $U(1) := \{z \in \mathbb{C}: |z| = 1\}$. Dann ist das $n$-fache Produkt $T^n := U(1) \times \ldots \times U(1)$ eine kommutative zusammenhängende $n$-dimensionale Liegruppe mit der Liealgebra $\mathscr{L}T^n = \mathbb{R}^n$.

Die Mannigfaltigkeit $T^n$ ist ein $n$-dimensionaler Torus. Genau alle kommutativen zusammenhängenden Liegruppen erhält man durch

$$G = T^n \times \mathbb{R}^m, \quad G = T^n, \quad G = \mathbb{R}^m$$

mit $n, m \geq 1$. Die zugehörige Liealgebra ist gleich $\mathscr{L}(T^n \times \mathbb{R}^m) = \mathbb{R}^n \times \mathbb{R}^m$.

Die universelle Überlagerungsgruppe zu der Liealgebra $\mathscr{L} = \mathbb{R}^n$ ist $G_* = \mathbb{R}^n$ $(n \geq 1)$. Die durch $(x_1, \ldots, x_n) \mapsto (e^{2\pi i x_1}, \ldots, e^{2\pi i x_n})$ gegebene Abbildung

$$\varphi\colon G_* \to T^n$$

ist ein Lie-Epimorphismus mit dem Kern $\ker \varphi = \mathbb{Z}^n$. Folglich hat man den Lie-Isomorphismus

$$\mathbb{R}^n / \mathbb{Z}^n \cong T^n.$$

$G_* = \mathbb{R}^n$ ist die universelle Überlagerungsgruppe zu $T^n$.

Die natürliche Riemannsche Metrik auf $U(1)$, die der klassischen Bogenlänge auf dem Rand des Einheitskreises entspricht, erzeugt ein Haarsches Maß auf $T^1 = U(1)$.

Analog erhält man eine Riemannsche Metrik und ein Haarsches Maß auf $T^n$.

*Beispiel 5:* Die Liegruppen $SO(n)$ sind für $n \geq 2$ nicht einfach zusammenhängend. Die zugehörigen universellen Überlagerungsgruppen $G(n)$ heißen *Spingruppen* für $n \geq 3$ (vgl. 3.9.6.3.). Es ist $G(2) = \mathbb{R}$ und $G(3) = SU(2)$. Wir schreiben $\mathrm{Spin}(n)$ für $G(n)$.

## 17.5.5. Physikalische Interpretation der Liealgebra einer Liegruppe

Es besteht ein enger Zusammenhang zwischen „Flüssigkeitsströmungen" auf einer Liegruppe $G$ und der dazugehörigen Liealgebra $\mathscr{L}G$. Genauer: jedes Element $\mathbf{v}_e \in \mathscr{L}G$ erzeugt eine globale linksinvariante Strömung auf $G$. Die Trajektorien haben dabei die Form $T(t) := hg(t)$ für alle $t \in \mathbb{R}$, wobei $g(t)$ einer einparametrigen Untergruppe $g$ von $G$ mit $g(0) = e$ und $g'(0) = \mathbf{v}_e$ entspricht (Abb. 17.2).

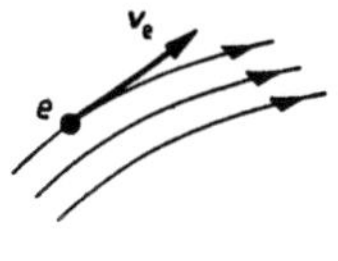


Abb. 17.2

**Liealgebra und linksinvariante Geschwindigkeitsfelder:** Die Liealgebra $\mathscr{L}$ einer Liegruppe $G$ ist isomorph zur Liealgebra aller *linksinvarianten Vektorfelder* (Geschwindigkeitsfelder) auf $G$ (bezüglich der Lieklammer für Vektorfelder; vgl. Beispiel 5 in 17.4.).

Alle diese Vektorfelder **v** auf $G$ erhält man durch

$$\mathbf{v}_h := L'_h(e)\mathbf{v}_e \qquad \text{für alle } g \in G \text{ und festes } \mathbf{v}_e \in TG_e. \tag{17.25}$$

Dabei sind die Linkstranslationen $L_h\colon G \to G$ durch $L_h g = hg$ für alle $g \in G$ gegeben, und $L'_h(e)\colon TG_e \to TG_h$ bezeichnet die Linearisierung an der Stelle $e$ (Tangentialabbildung).

**Liealgebra und Flüssigkeitsströmung auf der Liegruppe:** Es sei $\mathbf{v}_e \in \mathscr{L}G$ gegeben, d.h., $\mathbf{v}_e$ ist ein Tangentialvektor (Geschwindigkeitsvektor) im Einselement. Dann gibt es genau eine einparametrige Untergruppe $g\colon \mathbb{R} \to G$ mit $g'(0) = \mathbf{v}_e$. Definieren wir

$$F_t(h) := hg(t) \qquad \text{für alle } g \in G \text{ und alle } t \in \mathbb{R},$$

dann erhalten wir eine Flüssigkeitsströmung auf der Gruppe $G$. Ein Teilchen, das sich zur Anfangszeit $t = 0$ im Punkt $h$ befindet, ist zur Zeit $t$ im Punkt $F_t(h)$. Der Geschwindigkeitsvektor der Strömung im Punkt $h$ zur Zeit $t$ ist durch $\mathbf{v}_h$ in (17.25) gegeben.

Lokal besitzen die Flüssigkeitstrajektorien eine einfache Struktur, d.h., für kleine Zeiten entspricht die Menge $\{F_t(h)\colon |t| < \varepsilon\}$ einer eindimensionalen Untermannigfaltigkeit von $G$ durch den Punkt $h$. Global kann sich jedoch die Trajektorie $t \mapsto F_t(h)$ als Abbildung von $\mathbb{R}$ in $G$ in komplizierter Weise durch die Gruppe $G$ winden (z.B. dichte Umschlingung des Torus $G = T^2$). Deshalb sind verallgemeinerte Liesche Untergruppen in der Regel keine (globalen) Untermannigfaltigkeiten und somit keine Lieschen Untergruppen.

### 17.5.6. Darstellungen

Die folgenden Sätze zeigen, wie man die Untersuchung der Darstellungen von Liegruppen auf die Untersuchung von Darstellungen der entsprechenden Liealgebren zurückführen kann.

Es sei $X$ ein endlichdimensionaler komplexer linearer Raum. Unter einer *Liedarstellung* $\varphi$ der Liegruppe $G$ auf $X$ verstehen wir einen Liemorphismus

$$\varphi\colon G \to GL(X). \tag{17.26}$$

Ist $\varphi$ lediglich ein lokaler Liemorphismus, dann sprechen wir von einer lokalen Liedarstellung.

**Hauptsatz:** (i) Zu jeder (lokalen) Liedarstellung $\varphi$ der Form (17.26) gehört eine Darstellung

$$\mathscr{L}\varphi\colon \mathscr{L}G \to gl(X) \tag{17.27}$$

der entsprechenden Liealgebren.

(ii) Umgekehrt gehört zu jeder Darstellung $\psi\colon \mathscr{L}G \to gl(X)$ eine lokale Liedarstellung der Form (17.26) mit $\mathscr{L}\varphi = \psi$.

(iii) Es sei $G$ *zusammenhängend*. Dann ist die Liedarstellung $\varphi$ in (17.26) genau dann irreduzibel (bzw. vollständig reduzibel), wenn $\mathscr{L}\varphi$ in (17.27) irreduzibel (bzw. vollständig reduzibel) ist.

(iv) Es sei $G$ *einfach zusammenhängend* (z.B. $G = SU(n)$). Dann gehört zu jeder Darstellung $\psi\colon \mathscr{L}G \to gl(X)$ genau eine Liedarstellung $\varphi\colon G \to GL(X)$ mit $\mathscr{L}\varphi = \psi$.

**Mehrdeutige Darstellungen:** Es sei $G$ eine zusammenhängende Liegruppe (z.B. die Zusammenhangskomponente des Einselements einer beliebigen Liegruppe), und $G_*$ sei die universelle Überlagerungsgruppe von $G$ mit dem Lie-Epimorphismus aus (17.24):

$$\varphi_*: G_* \to G.$$

Zu einer gegebenen Darstellung

$$\psi: \mathscr{L}G \to gl(X)$$

der Liealgebra $\mathscr{L}G$ auf $X$ gehört dann nach (iv) eine eindeutig bestimmte Darstellung der universellen Überlagerungsgruppe $G_*$:

$$\psi_*: G_* \to GL(X).$$

Setzen wir nun $g_* := \varphi_*^{-1}(g)$ für $g \in G$ und $\Psi_*(g) := \psi_*(g_*)$, dann sind $g_*$ und $\Psi_*(g)$ Mengen, und wir erhalten die mehrdeutige Abbildung

$$\Psi_*: G \to GL(X),$$

die man die zu $\psi$ gehörige mehrdeutige Darstellung der Liegruppe $G$ nennt.

*Beispiel* 6 (Darstellungen der Drehgruppe $SO(3)$): Die universelle Überlagerungsgruppe zu $G = SO(3)$ ist $G_* = SU(2)$. Der zugehörige Lie-Epimorphismus $\varphi_*: SU(2) \to SO(3)$ besitzt die Eigenschaft, daß zu jeder Drehung $D \in SO(3)$ genau zwei Elemente $B_1$ und $B_2 = -B_1$ in $SU(2)$ gehören mit

$$\varphi_*(B_j) = D, \quad j = 1, 2.$$

Ist $\psi: so(3) \to gl(X)$ eine irreduzible Darstellung der Liealgebra $so(3) \cong su(2)$ auf $X$, dann gehört dazu eine eindeutig bestimmte Darstellung

$$\psi_*: SU(2) \to GL(X)$$

von $SU(2)$ auf $X$. Die dazugehörige (höchstens zweideutige) Darstellung

$$\Psi_*: SO(3) \to GL(X)$$

lautet $\Psi_*(D) = \{\psi_*(B_1), \psi_*(-B_1)\}$.

Den Zusammenhang mit dem Elektronenspin erläutern wir in 17.7.

Das gleiche Resultat erhält man, wenn man $SO(3)$ durch die *eigentliche Lorentzgruppe* $SO^+(3,1)$ und $SU(2)$ durch $SL(2,\mathbb{C})$ ersetzt.

**Duale Darstellung:** Ist $\varphi: \mathscr{G} \to GL(X)$ eine Darstellung der Liegruppe $\mathscr{G}$ auf dem linearen Raum $X$ über $\mathbb{C}$, dann erhält man durch

$$\varphi_{\mathrm{d}}(g) := (\varphi(g)^{-1})^{\mathrm{T}} \qquad \text{für alle } g \in \mathscr{G}$$

eine neue Darstellung $\varphi_{\mathrm{d}}: \mathscr{G} \to GL(X^{\mathrm{T}})$ von $\mathscr{G}$ auf dem dualen Raum $X^{\mathrm{T}}$, die man die duale Darstellung zu $\varphi$ nennt. Für die entsprechenden Darstellungen $\mathscr{L}\varphi: \mathscr{L}\mathscr{G} \to gl(X)$ und $\mathscr{L}\varphi_{\mathrm{d}}: \mathscr{L}\mathscr{G} \to gl(X^{\mathrm{T}})$ der zugehörigen Liealgebra $\mathscr{L}\mathscr{G}$ gilt

$$(\mathscr{L}\varphi_{\mathrm{d}})(A) = -(\mathscr{L}\varphi)(A)^{\mathrm{T}} \qquad \text{für alle } A \in \mathscr{L}\mathscr{G}.$$

**Tensordarstellung:** Sind $\varphi\colon \mathscr{G} \to GL(X)$ und $\psi\colon \mathscr{G} \to GL(Y)$ zwei Darstellungen der Liegruppe $\mathscr{G}$ auf den endlichdimensionalen linearen Räumen $X$ und $Y$, dann ergibt sich durch

$$(\psi \otimes \varphi)(g) := \psi(g) \odot \varphi(g) \qquad \text{für alle } g \in \mathscr{G}$$

eine Darstellung $\varphi \otimes \psi\colon \mathscr{G} \to GL(X \otimes Y)$, die man das Tensorprodukt (oder auch Kroneckerprodukt) zwischen $\varphi$ und $\psi$ nennt. Explizit gilt

$$(\psi(g) \odot \varphi(g)) \sum_j \alpha_j (y_j \otimes x_j) = \sum_j \alpha_j \,(\psi(g) y_j) \otimes (\varphi(g) x_j)\,.$$

Für die entsprechende Darstellung $\mathscr{L}(\varphi \otimes \varphi)\colon \mathscr{L}G \to gl(X \otimes Y)$ der Liealgebra von $G$ auf $X \otimes Y$ erhält man (vgl. 17.4.)

$$\mathscr{L}(\psi \otimes \varphi) = \mathscr{L}\psi \boxtimes \mathscr{L}\varphi\,.$$

# 17.6. Darstellungen der Permutationsgruppe und Darstellungen klassischer Gruppen

Eine Permutation der Zahlen $1, \ldots, n$ kann man durch das Symbol

$$\pi = \begin{pmatrix} 1 & 2 & \ldots & n \\ i_1 & i_2 & \ldots & i_n \end{pmatrix}$$

beschreiben, d.h., die Zahl $k$ geht in die Zahl $i_k$ über ($k = 1, \ldots, n$). Mit $\pi_1\pi_2$ bezeichnen wir die Produktpermutation, d.h., zunächst wird die Abbildung $\pi_2$ und dann $\pi_1$ ausgeführt.[5] Zum Beispiel ergibt sich für

$$\pi_1 = \begin{pmatrix} 1 & 2 & 3 \\ 1 & 3 & 2 \end{pmatrix}, \quad \pi_2 = \begin{pmatrix} 1 & 2 & 3 \\ 2 & 1 & 3 \end{pmatrix}$$

das Produkt

$$\pi_1\pi_2 = \begin{pmatrix} 1 & 2 & 3 \\ 3 & 1 & 2 \end{pmatrix},$$

denn $\pi_2$ bildet $1$ in $2$, und $\pi_1$ bildet $2$ in $3$ ab. Unter einer Transposition $(km)$ mit $k \neq m$ versteht man eine Permutation, die $k$ in $m$ und $m$ in $k$ überführt, während alle übrigen Elemente fest bleiben. Jede Permutation $\pi$ kann als Produkt von $r$ Transpositionen geschrieben werden, wobei $r$ stets entweder gerade oder ungerade ist. Deshalb können wir das Vorzeichen von $\pi$ durch

$$\operatorname{sgn} \pi = (-1)^r$$

definieren. Mit $\mathscr{S}_n$ bezeichnen wir die Gruppe aller Permutationen von $n$ Elementen.

---

[5] Die Multiplikation von Permutationen wird in der Literatur unterschiedlich definiert. Die obige Definition ist für die Darstellungstheorie vorteilhaft.

**Tensordarstellung der Permutationsgruppe:** Es sei $X$ ein $q$-dimensionaler komplexer Hilbertraum mit den orthonormierten Basisvektoren $e_1, \ldots, e_q$. Dann bilden die Vektoren

$$e_{i_1 \ldots i_n} := e_{i_1} \otimes \ldots \otimes e_{i_n}, \qquad i_1, \ldots, i_n = 1, \ldots, q,$$

eine Orthonormalbasis im Tensorprodukt

$$Z := X \otimes \ldots \otimes X \qquad (n\text{-Faktoren}).$$

Jeder Permutation $\pi \in \mathscr{S}_n$ ordnen wir einen linearen Operator $\varphi_\pi \colon Z \to Z$ zu, indem wir setzen

$$\varphi_\pi(t^{i_1 \ldots i_n} e_{i_1 \ldots i_n}) := t^{\pi(i_1 \ldots i_n)} e_{i_1} \ldots e_{i_n},$$

d.h., $\varphi_\pi$ entspricht der Permutation der Indizes von $t^{\ldots}$. Dabei benutzen wir die Einsteinsche Summenkonvention, d.h., über gleiche obere und untere Indizes wird von 1 bis $q$ summiert.

**Young-Tableaus:** Jeder Zerlegung

$$n = n_1 + \ldots + n_k$$

mit natürlichen Zahlen $n_1 \geq n_2 \geq \ldots n_k \geq 1$ ordnen wir einen sogenannten *Young-Rahmen* der folgenden Form zu:

| | $n_1$ | Kästchen |
| | $n_2$ | Kästchen |
| $\vdots$ | $\vdots$ | |
| | $n_k$ | Kästchen. |

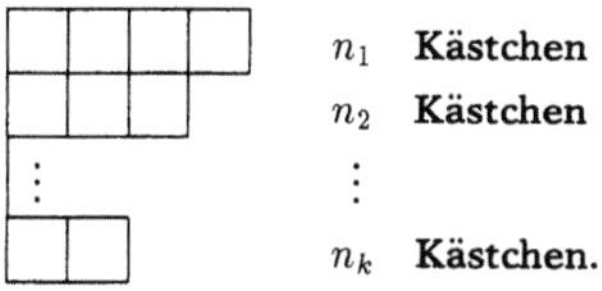

Daraus ergibt sich ein sogenanntes *Standardtableau*, indem man die Kästchen mit den Zahlen 1 bis $n$ belegt, wobei keine Wiederholungen auftreten und die Numerierung in den Zeilen von links nach rechts und in den Spalten von oben nach unten wächst. Das Gewicht $g$ eines Young-Rahmens ist gleich der Anzahl der zugehörigen Standardtableaus.

*Beispiel 1:* Für $n = 3$ erhalten wir die möglichen Young-Rahmen

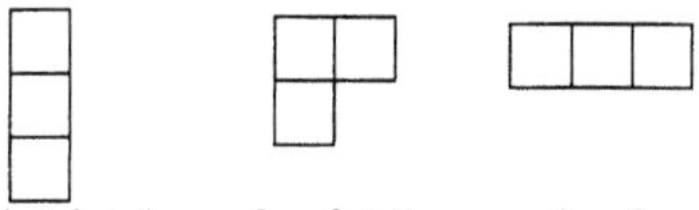

$$3 = 1 + 1 + 1 \qquad 3 = 2 + 1 \qquad 3 = 3$$

mit den zugehörigen Standardtableaus

$$\begin{array}{cccc} \boxed{\begin{array}{c}1\\2\\3\end{array}} & \boxed{\begin{array}{cc}1&2\\3&\end{array}} & \boxed{\begin{array}{cc}1&3\\2&\end{array}} & \boxed{\begin{array}{ccc}1&2&3\end{array}} \end{array} \qquad (17.28)$$

$$g = 1 \qquad g = 2 \qquad g = 1$$
$$(P_1) \qquad (P_2) \qquad (P_3) \qquad (P_4).$$

**Projektionsoperatoren:** Mit $\mathscr{T}_1, \ldots, \mathscr{T}_M$ bezeichnen wir alle Standardtableaus. Jedem $\mathscr{T}_j$ ordnen wir einen Operator

$$P_j := \frac{g}{n!} \left( \sum_{\pi \in V} (\operatorname{sgn} \pi) \varphi_\pi \right) \left( \sum_{\pi \in H} \varphi_\pi \right)$$

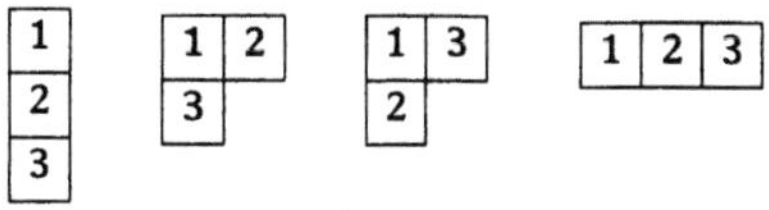

zu, wobei $H$ (bzw. $V$) die Menge aller Permutationen $\pi \in \mathscr{S}_n$ bezeichnet, die die Zeilen (bzw. Spalten) des Standardtableaus $\mathscr{T}_j$ invariant lassen. Jeder Operator $P_j\colon Z \to Z$ ist ein Projektionsoperator, d.h. $P_j^2 = P_j$.

**Irreduzible Darstellungen klassischer Gruppen und klassischer Liealgebren:** Auf $X = \operatorname{span}\{e_1, \ldots, e_q\}$ wirken in natürlicher Weise die Liegruppen $\mathscr{G} = GL(q, \mathbb{C})$, $SL(q, \mathbb{C})$ und $SU(q)$ durch

$$A(t_j e_j) = a_{ij} t_j e_i\,, \tag{17.29}$$

wobei über gleiche Indizes von 1 bis $q$ summiert wird und die Matrix $(a_{ij})$ zu $\mathscr{G}$ gehört.

Daraus erhält man die Produktdarstellung $\varphi\colon \mathscr{G} \to GL(Z)$ von $\mathscr{G}$ auf $Z$ mit

$$\varphi(A)(e_{i_1} \otimes \ldots \otimes e_{i_n}) := Ae_{i_1} \otimes \ldots \otimes Ae_{i_n} \qquad \text{für alle } A \in \mathscr{G}\,.$$

Ferner wirken auf $X$ gemäß (17.29) die Liealgebren $\mathscr{L}\mathscr{G} = gl(q, \mathbb{C})$, $sl(q, \mathbb{C},)$, $su(q)$, die auf $Z$ die Produktdarstellung $\psi\colon \mathscr{L}\mathscr{G} \to gl(Z)$ erzeugen mit Hilfe der „Produktregel“

$$\psi(A)(e_{i_1} \otimes \ldots \otimes e_{i_n}) = \sum_{j=1}^{n} e_{i_1} \otimes \ldots \otimes Ae_{i_j} \otimes \ldots \otimes e_{i_n}\,.$$

Es gilt $\psi = \mathscr{L}\varphi$.

**Hauptsatz 1:** Man hat die direkte Summenzerlegung

$$Z = \bigoplus_{j=1}^{M} P_j(Z)$$

(vgl. 11.2.3.1.). Jeder der linearen Teilräume $P_j(Z)$ ist irreduzibel bezüglich der Produktdarstellung $\varphi$ der Liegruppen $\mathscr{G} = GL(q, \mathbb{C})$, $SL(q, \mathbb{C})$, $SU(q)$.

Ferner ist $P_j(Z)$ irreduzibel bezüglich der Produktdarstellung $\psi$ der Liealgebren $\mathscr{L} = gl(q, \mathbb{C})$, $sl(q, \mathbb{C})$, $su(q)$.

Anwendungen auf Elementarteilchen findet man in 17.8.

**Wichtige Spezialfälle.** *Beispiel 2:* Für $n = 2$ und $q = 2$ ist $X = \operatorname{span}\{e_1, e_2\}$ und $Z = X \otimes X$. Die Gruppe $\mathscr{S}_2$ besteht aus der identischen Permutation und der Transposition $\pi := (12)$. Durch

$$\varphi_\pi(t^{ij} e_i \otimes e_j) := t^{ji} e_i \otimes e_j$$

ergibt sich eine Darstellung $\varphi\colon \mathscr{S}_2 \to gl(Z)$ von $\mathscr{S}_2$ auf $Z$. Die Standardtableaus zu $\mathscr{S}_2$ sind

| 1 |
|---|
| 2 |

$(P_1)$

| 1 | 2 |
|---|---|

$(P_2)$

mit $P_1 = \frac{1}{2}(I - \varphi_\pi)$ und $P_2 = \frac{1}{2}(I + \varphi_\pi)$. Es gilt

$$Z = P_1(Z) \otimes P_2(Z)\,.$$

Diese Zerlegung entspricht

$$t^{ij} e_i \otimes e_j = 2^{-1}(t^{ij} - t^{ji}) e_i \otimes e_j + 2^{-1}(t^{ij} + t^{ji}) e_i \otimes e_j\,.$$

**Das bedeutet $P_1(Z) = \operatorname{span}\{e_1 \otimes e_2 - e_2 \otimes e_1\}$ und $P_2(Z) := \operatorname{span}\{e_1 \otimes e_1, e_2 \otimes e_2, e_1 \otimes e_2 + e_2 \otimes e_1\}$, also $\dim P_1(Z) = 1$ und $\dim P_2(Z) = 3$; $P_1(Z)$ und $P_2(Z)$ entsprechen irreduziblen Darstellungen von $\mathscr{G} = GL(2,\mathbb{C})$, $SL(2,\mathbb{C})$, $SU(2)$ bzw. $\mathscr{L} = gl(2,\mathbb{C})$, $sl(2,\mathbb{C})$, $su(2)$.**

***Beispiel 3:*** **Im Fall $n = 3$ und $q = 3$ erhalten wir nach (17.28) die folgenden Projektionsoperatoren**

$$P_1 = \frac{1}{3!} \sum_{\pi \in \mathscr{S}_3} (\operatorname{sgn} \pi) \varphi_\pi \,, \qquad P_4 = \frac{1}{3!} \sum_{\pi \in \mathscr{S}_3} \varphi_\pi \,,$$

$$P_2 = \frac{2}{3!}(I - \varphi_{\pi_1})(I + \varphi_{\pi_2}) \,, \quad P_3 = \frac{2}{3!}(I - \varphi_{\pi_2})(I + \varphi_{\pi_1})$$

**mit $\pi_1 = (13)$ und $\pi_2 = (12)$. Für $X = \operatorname{span}\{e_1, e_2, e_3\}$ und $Z = X \otimes X \otimes X$ erhalten wir durch**

$$\varphi(t^{ijk} e_{ijk}) := t^{\pi(ijk)} e_{ijk} \,, \qquad e_{ijk} := e_i \otimes e_j \otimes e_k$$

**eine Darstellung $\varphi\colon \mathscr{S}_3 \to gl(Z)$ von $\mathscr{S}_3$ auf $Z$. Man hat die Zerlegung**

$$Z = P_1(Z) \oplus P_2(Z) \oplus P_3(Z) \oplus P_4(Z) \,.$$

**Die folgenden Überlegungen zeigen, daß** $\dim Z = 27$, $\dim P_1(Z) = 1$, $\dim P_2(Z) = \dim P_3(Z) = 8$, $\dim P_4(Z) = 10$.

**Jeder der Räume $P_j(Z)$ ist irreduzibel bezüglich $\mathscr{G} = GL(3,\mathbb{C})$, $SL(3,\mathbb{C})$, $SU(3)$ bzw. $\mathscr{L} = gl(3,\mathbb{C})$, $sl(3,\mathbb{C})$, $su(3)$. Explizit gilt folgendes.**

**(i) Raum $P_1(Z)$. Man hat**

$$P_1(t^{ijk} e_{ijk}) = t^{[ijk]} e_{ijk} = t^{ijk} e_{[ijk]} \,,$$

**wobei $[ijk]$ der Antisymmetrisierung entspricht; $P_1(Z)$ wird vom Einheitsvektor**

$$e_{[123]} = \frac{1}{6}(e_{123} - e_{132} + e_{231} - e_{213} + e_{312} - e_{321})$$

**aufgespannt, also ist $\dim P_1(Z) = 1$.**

**(ii) Raum $P_4(Z)$. Wir erhalten**

$$P_4(t^{ijk} e_{ijk}) = t^{(ijk)} e_{ijk} = t^{ijk} e_{(ijk)} \,,$$

**wobei $(ijk)$ der Symmetrisierung entspricht, d.h.**

$$e_{(ijk)} = \frac{1}{6}(e_{ijk} + e_{ikj} + e_{jki} + e_{jik} + e_{kij} + e_{kji}) \,.$$

**Als Basis von $P_4(Z)$ können wir die folgenden zehn Einheitsvektoren wählen:**

$$u_{111}, u_{112}, u_{113}, u_{122}, u_{133}, u_{123}, u_{222}, u_{223}, u_{233}, u_{333} \,. \qquad \textbf{(17.30)}$$

**Dabei ist $u_{ijk} := \alpha_{ijk} e_{(ijk)}$, wobei $\alpha_{ijk}$ ein Normierungsfaktor ist.**

**(iii) Raum $P_2(Z)$. Wegen**

$$\varphi_{\pi_1}\varphi_{\pi_2} = \varphi_\pi \quad \textbf{mit } \pi = \pi_1\pi_2 = \begin{pmatrix} 1 & 2 & 3 \\ 2 & 3 & 1 \end{pmatrix}, \pi_1 = (13)\,, \pi_2 = (12)$$

**gilt $P_2 = 3^{-1}(I + \varphi_{\pi_2} - \varphi_{\pi_1} - \varphi_\pi)$, d.h.**

$$P_2(t^{ijk} e_{ijk}) = 3^{-1}(t^{ijk} + t^{jik} - t^{kji} - t^{kij}) e_{ijk} = 3^{-1} t^{ijk} v_{ijk}$$

**mit $v_{ijk} := e_{ijk} + e_{jik} - e_{kji} - e_{kij}$. Die folgenden acht Vektoren**

$$v_{112}, v_{122}, v_{132}, v_{113}, v_{123}, v_{133}, v_{223}, v_{233} \qquad \textbf{(17.30*)}$$

**bilden eine Basis von $P_2(Z)$. Diese Indizes erhält man in übersichtlicher Weise, indem man die zugehörigen Young-Rahmen mit den Zahlen 1, 2, 3 belegt, wobei Wiederholungen erlaubt**

sind und die Numerierung der Zeilen (bzw. Spalten) von links nach rechts wächst (bzw. von oben nach unten echt wächst), d.h., wir betrachten

$$\begin{array}{|c|c|}\hline 1&1\\\hline 2\\\cline{1-1}\end{array}\quad\begin{array}{|c|c|}\hline 1&2\\\hline 2\\\cline{1-1}\end{array}\quad\begin{array}{|c|c|}\hline 1&3\\\hline 2\\\cline{1-1}\end{array}\quad\begin{array}{|c|c|}\hline 1&1\\\hline 3\\\cline{1-1}\end{array}\quad\begin{array}{|c|c|}\hline 1&2\\\hline 3\\\cline{1-1}\end{array}\quad\begin{array}{|c|c|}\hline 1&3\\\hline 3\\\cline{1-1}\end{array}\quad\begin{array}{|c|c|}\hline 2&2\\\hline 3\\\cline{1-1}\end{array}\quad\begin{array}{|c|c|}\hline 2&3\\\hline 3\\\cline{1-1}\end{array}\,.$$

***Beispiel 4:*** Im Fall $n = 3$ und $q \geq 1$ erhalten wir $X = \operatorname{span}\{e_1, \ldots, e_q\}$ und $Z = X \otimes X \otimes X$ zusammen mit der Zerlegung

$$Z = P_1(Z) \oplus P_2(Z) \oplus P_3(Z) \oplus P_4(Z)\,,$$

wobei jeder Raum $P_j(Z)$ irreduziblen Darstellungen von $\mathscr{G} = GL(q, \mathbb{C})$, $SL(q, \mathbb{C})$, $SU(q)$ bzw. $\mathscr{L} = gl(q, \mathbb{C})$, $sl(q, \mathbb{C})$, $su(q)$ entspricht. Ferner gilt

$$\dim P_1(Z) = \frac{q(q-1)(q-2)}{6}\,, \quad \dim P_2(Z) = \dim P_3(Z) = \frac{q(q^2-1)}{3}\,,$$

$$\dim P_4(Z) = \frac{q(q+1)(q+2)}{6}\,.$$

**Irreduzible Darstellungen der Permutationsgruppe:** Es sei

$$\mathbb{C}\mathscr{S}_n = \left\{ \sum_{\pi \in \mathscr{S}_n} c(\pi)\pi \colon c(\pi) \in \mathbb{C} \right\},$$

die Gruppenalgebra von $\mathscr{S}_n$. Durch $\varphi\colon \mathscr{S}_n \to GL(\mathbb{C}\mathscr{S}_n)$ mit

$$\varphi(\alpha)\left(\sum c(\pi)\pi\right) := \sum c(\pi)\alpha\pi \qquad \text{für alle} \quad \alpha \in \mathscr{S}_n$$

ergibt sich in natürlicher Weise eine Darstellung von $\mathscr{S}_n$. Jedem Standardtableau $\mathscr{T}_j$ mit $j = 1, \ldots, M$ ordnen wir den Ausdruck

$$\Pi_j := \frac{g}{n!}\left(\sum_{\pi \in H} \pi\right)\left(\sum_{\pi \in V} (\operatorname{sgn} \pi)\pi\right)$$

zu. Dann gilt die direkte Summenzerlegung

$$\mathbb{C}\mathscr{S}_n = \bigoplus_{j=1}^{M} (\mathbb{C}\mathscr{S}_n)\Pi_j$$

mit $(\mathbb{C}\mathscr{S}_n)\Pi_j := \{\alpha\beta \colon \alpha \in \mathbb{C}\mathscr{S}_n, \beta \in \Pi_j\}$.

**Hauptsatz 2:** Jeder lineare Teilraum $(\mathbb{C}\mathscr{S}_n)\Pi_j$ ist irreduzibel bezüglich der Darstellung $\varphi$ von $\mathscr{S}_n$. Zwei derartige irreduzible Darstellungen sind genau dann inäquivalent, wenn die zugehörigen Young-Rahmen verschieden sind.

Auf diese Weise erhält man (bis auf Äquivalenz) alle irreduziblen Darstellungen von $\mathscr{S}_n$.

Die Anzahl der inäquivalenten irreduziblen Darstellungen von $\mathscr{S}_n$ ist somit gleich der Anzahl der Young-Rahmen für $n$ Elemente.

## 17.7. Anwendungen auf den Elektronenspin

Die Theorie des Elektronenspins beruht auf der Darstellungstheorie der Liealgebra $su(2)$. Wir betrachten hierzu einen zweidimensionalen komplexen Hilbertraum $X$ mit der orthonormalen Basis $\{e_1, e_2\}$. Physikalisch entspricht $e_1$ bzw. $e_2$ dem Zustand eines Teilchens

Abb. 17.3

(z.B. eines Elektrons) mit dem Spin (Eigendrehimpuls) gleich $\hbar/2$ bzw. $-\hbar/2$ um die $z$-Achse in einem kartesischen $(x, y, z)$-System (Abb. 17.3).

Jeden linearen Operator $A\colon X \to X$ kann man mit Hilfe von

$$Ae_k = \sum_{j=1}^{2} a_{jk} e_j$$

durch eine Matrix $(a_{jk})$ beschreiben. Die Liealgebra $su(2)$ besteht aus allen linearen Operatoren $A\colon X \to X$ mit $A^* = -A$ und tr $A = 0$. Eine Basis von $su(2)$ wird von den Operatoren $A_j$, $j = 1, 2, 3$, gebildet, die den Matrizen $-2^{-1}\mathrm{i}\sigma_j$ entsprechen, wobei $\sigma_j$ die sogenannten Paulimatrizen sind mit

$$\sigma_1 = \begin{pmatrix} 0 & 1 \\ 1 & 0 \end{pmatrix}, \qquad \sigma_2 = \begin{pmatrix} 0 & -\mathrm{i} \\ \mathrm{i} & 0 \end{pmatrix}, \qquad \sigma_3 = \begin{pmatrix} 1 & 0 \\ 0 & -1 \end{pmatrix}.$$

Es gelten die Vertauschungsrelationen

$$A_1A_2 - A_2A_1 = A_3, \qquad A_2A_3 - A_3A_2 = A_1, \qquad A_3A_1 - A_1A_3 = A_2.$$

Genau alle reellen Linearkombinationen $\sum\limits_{j=1}^{3} \alpha_j A_j$ ergeben $su(2)$.

**Spinoperatoren** $s_j$: Definieren wir $s_j := \mathrm{i}\hbar A_j$, dann erhalten wir die Vertauschungsregeln

$$s_1s_2 - s_2s_1 = \mathrm{i}\hbar s_3, \qquad s_2s_3 - s_3s_2 = \mathrm{i}\hbar s_1, \qquad s_3s_1 - s_1s_3 = \mathrm{i}\hbar s_2,$$

die mit den Vertauschungsregeln (17.4***) für den Drehimpuls in der Quantenmechanik übereinstimmen. Die Gleichheit dieser Vertauschungsregeln beruht darauf, daß die Liealgebren $so(3)$ und $su(2)$ isomorph sind, während die zugehörigen Liegruppen verschieden sind, d.h., es existiert ein Liemorphismus $H\colon SU(2) \to SO(3)$ mit $H^{-1}(I_3) = \{\pm I_2\}$ ($I_m$ ist die $m$-dimensionale Einheitsmatrix).

Für einen beliebigen Einheitsvektor $x \in X$ definieren wir den Erwartungswert der $j$-ten Spinkomponente (in einem kartesischen Koordinatensystem) durch das Skalarprodukt

$$\bar{s}_j = (x, s_j x).$$

Speziell bedeutet

$$s_3e_1 = \frac{\hbar}{2}e_1, \qquad s_3e_2 = -\frac{\hbar}{2}e_2,$$

daß $e_1$ bzw. $e_2$ einem Teilchenzustand entspricht mit Spin $= \hbar/2$ (bzw. $= -\hbar/2$) in Richtung der $z$-Achse.

**Darstellungen von** $su(2)$: Die Tensordarstellungen von $su(2)$ ergeben die möglichen Spinwerte zusammengesetzter Teilchen (Gesamtdrehimpuls).

Ist $\varphi\colon su(2) \to gl(Z)$ eine irreduzible Darstellung von $su(2)$ auf dem endlichdimensionalen komplexen Hilbertraum $Z$, dann gibt es eine Spinzahl $s = N/2$, $N = 0, 1, 2$, so daß $\dim Z = 2s + 1$ gilt und in $Z$ eine Orthonormalbasis $b_s, b_{s-1}, \ldots, b_{-s}$ existiert mit

$$S_3 b_m = m\hbar b_m, \qquad m = s, s-1, \ldots, -s, \tag{17.31}$$

$$(S_1^2 + S_2^2 + S_3^2)b_m = \hbar^2(m+1)mb_m .$$

Dabei setzen wir $S_j := i\hbar\varphi(A_j)$. Zu jeder Spinzahl $s = N/2$, $N = 0, 1, 2, \ldots$, gibt es eine derartige irreduzible Darstellung von $su(2)$. Zwei irreduzible Darstellungen von $su(2)$ sind genau dann äquivalent, wenn ihre Spinzahlen übereinstimmen.

Physikalisch interpretieren wir $S_j$ als Spinoperatoren. Nach (17.31) besitzt die dritte Komponente des Spins im Zustand $b_m$ den scharfen Wert $m\hbar$, und das Quadrat des Gesamtspins hat im Zustand $b_m$ den scharfen Wert $\hbar^2(m+1)m$.

Durch dieses Resultat erhält man einen Überblick über alle möglichen Werte des Spins (Gesamtdrehimpulses) in der Quantenmechanik.

**Zusammengesetzte Zustände:** Es seien $\varphi\colon su(2) \to gl(Z)$ und $\psi\colon su(2) \to gl(W)$ zwei irreduzible Darstellungen von $su(2)$ auf den komplexen Hilberträumen $Z$ und $V$ mit den Spinzahlen $s_\varphi$ und $s_\psi$. Dann zerfällt das Tensorprodukt

$$Z \otimes W = \bigoplus_{s=|s_\varphi - s_\psi|}^{s_\varphi + s_\psi} Y_s \tag{17.32}$$

in eine direkte Summe von linearen Teilräumen $Y_s$, wobei $Y_s$ irreduzibel bezüglich der Darstellung $\varphi \boxtimes \psi$ von $su(2)$ mit der Spinzahl $s$ ist.

Physikalisch beschreibt (17.32) die *Additionsregel* für den Spin. Um das zu erläutern, interpretieren wir $z \in Z$ bzw. $w \in W$ als Zustand eines Teilchens mit der Spinzahl $s_\varphi$ bzw. $s_\psi$. Dann beschreibt

$$z \otimes w$$

den Zustand eines zusammengesetzten Teilchens. Allgemeiner entspricht jedes auf eins normierte Element

$$\sum_j \alpha_j (z_j \otimes w_j)$$

des Tensorprodukts $Z \otimes W$ einem zusammengesetzten Teilchenzustand. Nach (17.32) existieren zusammengesetzte Zustände mit den Spinzahlen $s = |s_\varphi - s_\psi|, |s_\varphi - s_\psi| + 1, \ldots, s_\varphi + s_\psi$.

Setzen wir

$$S_{j\varphi} := i\hbar\varphi(A_j), \quad S_{j\psi} := i\hbar\psi(A_j) \quad \text{und} \quad S_j := i\hbar(\varphi \boxtimes \psi)(A_j),$$

dann folgt aus

$$\begin{aligned} S_{3\varphi} b_m &= m\hbar b_m , & m &= s_\varphi, s_\varphi - 1, \ldots, -s_\varphi , \\ S_{3\varphi} c_k &= k\hbar c_k , & k &= s_\psi, s_\psi - 1, \ldots, -s_\psi , \end{aligned}$$

für den zusammengesetzten Zustand $b_m \otimes c_k$ die Beziehung

$$S_3(b_m \otimes c_k) = (S_{3\varphi} b_m) \otimes c_k + b_m \otimes (S_{3\psi} c_k) = (m+k)\hbar(b_m \otimes c_k) .$$

*Beispiel* (zwei Elektronen): Es sei $X = \operatorname{span}\{e_1, e_2\}$. Dann hat man die direkte Summenzerlegung

$$X = X_{\text{symm}} \oplus X_{\text{anti}}$$

mit $X_{\text{symm}} := \operatorname{span}\{u_{11}, u_{22}, u_{12}\}$ und $X_{\text{anti}} := \operatorname{span}\{v_{12}\}$ sowie den Einheitsvektoren

$$u_{jk} := \alpha_{jk}(e_j \otimes e_k + e_k \otimes e_j), \quad v_{12} := \alpha_{12}(e_1 \otimes e_2 - e_2 \otimes e_1)$$

mit $\alpha_{jk} := 2^{-1/2}$.

Nach Beispiel 2 in 17.6. sind $X_{\text{symm}}$ und $X_{\text{anti}}$ irreduzibel bezüglich der Tensordarstellung von $su(2)$.

Physikalisch entspricht $e_j \otimes e_k$ einem Zustand bestehend aus zwei Elektronen mit

$$S_3(e_j \otimes e_k) = (s_3 e_j) \otimes e_k + e_j \otimes (s_3 e_k) = -\left((-1)^j + (-1)^k\right) \frac{\hbar}{2}(e_j \otimes e_k).$$

Daraus folgt

$$S_3 u_{11} = \hbar u_{11}, \quad S_3 u_{12} = 0, \quad S_3 u_{22} = -\hbar u_{22}, \quad S_3 v_{12} = 0,$$

d.h., der zusammengesetzte Elektronenzustand $u_{11}$ besitzt eine scharfe dritte Komponente des Gesamtspins, und diese ist gleich $\hbar$ usw. Die Zustände in $X_{\text{symm}}$ bzw. $X_{\text{anti}}$ entsprechen der Spinzahl $s = 1$ bzw. $s = 0$. Explizit gilt

$$(S_1^2 + S_2^2 + S_3^2)x = \hbar^2(s+1)sx$$

für alle $x \in X_{\text{symm}}$ und $s = 1$ (bzw. alle $x \in X_{\text{anti}}$ und $s = 0$). Ferner ist

$$S_j(e_k \otimes e_m) = (s_j e_k) \otimes e_m + e_k \otimes (s_j e_m).$$

**Irreduzible Darstellungen der Gruppe $SU(2)$:** Die Liegruppe $SU(2)$ besteht aus allen unitären $(2 \times 2)$-Matrizen $A = (a_{ij})$ mit $\det A = 1$. Wir betrachten den Raum $P$ aller komplexen Polynome

$$a_0 x^{2s} + a_1 x^{2s-1} y + a_2 x^{2s-2} y^2 + \ldots + a_{2s} y^{2s}.$$

Unterwerfen wir diese Polynome der Transformation

$$\begin{pmatrix} x' \\ y' \end{pmatrix} = A \begin{pmatrix} x \\ y \end{pmatrix}, \qquad A \in SU(2),$$

dann erhalten wir eine irreduzible Darstellung $\varphi\colon SU(2) \to GL(P)$, die man mit $\mathscr{D}_s$ bezeichnet ($s = 0, 1/2, 1, 3/2, \ldots$). Es ist $\dim \mathscr{D}_s = 2s + 1$. Ferner gilt:

(i) Jede irreduzible Liedarstellung von $SU(2)$ ist zu einer Darstellung $\mathscr{D}_s$ äquivalent.

(ii) Für $s = 0, 1, \ldots$ ist $\mathscr{D}_s$ zu einer irreduziblen Liearstellung von $SO(3)$ äquivalent. Auf diese Weise erhält man (bis auf Äquivalenz) alle irreduziblen Liedarstellungen von $SO(3)$.

(iii) Die zu $\mathscr{D}_s$ gehörende irreduzible Darstellung $\varphi\colon su(2) \to gl(P)$ der Liealgebra $su(2)$ besitzt die Spinzahl $s$.

(iv) Die beiden Liegruppen $SU(2)$ und $SO(3)$ haben die gleiche Liealgebra.

In der Quantenmechanik entspricht der Bahndrehimpuls von Elektronen in Atomen oder Molekülen ganzzahligen Werten von $s$, während der Elektronenspin zu dem Wert $s = 1/2$ gehört und der Gesamtdrehimpuls durch ganzzahlige oder halbzahlige Werte von $s$ beschrieben wird.

## 17.8. Anwendungen auf das Quarkmodell der Elementarteilchen

Die experimentelle Erfahrung der Physiker zeigt, daß sich die Eigenschaften von Elementarteilchen durch Quantenzahlen wie elektrische Ladung $Q$, Isospin $T$, dritte Komponente des Isospins $T_3$, Hyperladung $Y$ usw. beschreiben lassen. Dabei gilt

$$Q = |e|(T_3 + 2^{-1}Y)$$

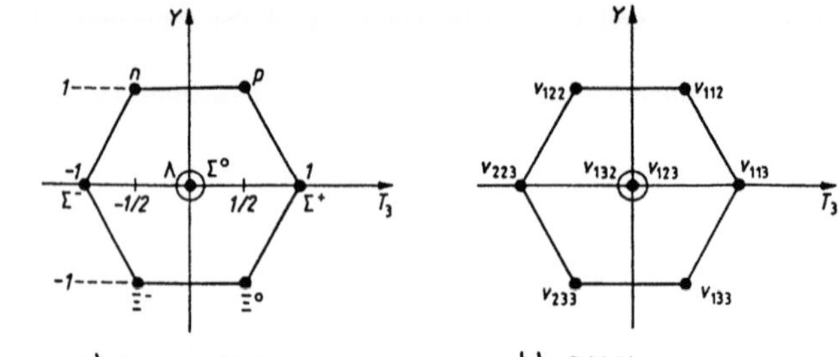


a) *Baryonenoktett* b) *D(1,1)* Abb. 17.4

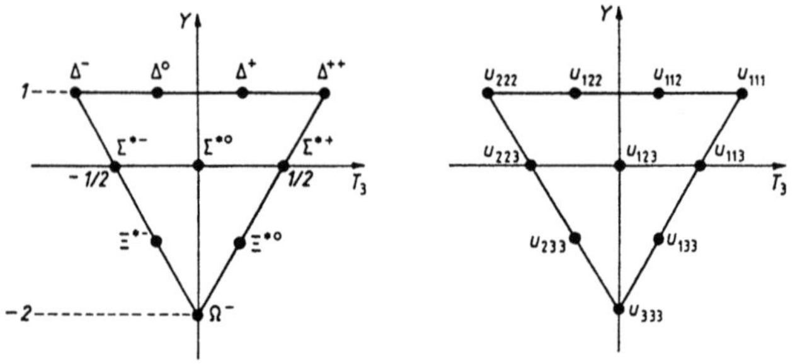


a) *Baryonendekuplett* b) *D(3,0)* Abb. 17.5

($e$ Ladung des Elektrons). Die Abbildungen 17.4a und 17.5a stellen experimentell gewonnene Diagramme dar, die die Quantenzahlen $T_3$ und $Y$ von Elementarteilchen angeben. Die Massen der Teilchen eines jeden solchen Diagramms sind angenähert gleich. Für die Teilchen auf einer horizontalen Geraden gilt $T_3 = T, T-1, \ldots, -T$. Zum Beispiel folgt aus Abb. 17.4a, daß das Proton $p$ (bzw. Neutron $n$) die Quantenzahlen $T_3 = 1/2, Y = 1, T = 1/2$ (bzw. $T_3 = -1/2, Y = 1, T = 1/2$) besitzt.

Im Jahre 1964 stellten Gell-Mann und Zweig die Hypothese auf, daß die Baryonen aus Quarks aufgebaut sind und die Mesonen aus Quark-Antiquarkpaaren bestehen. Auf diese Hypothese wurden sie durch Vergleich der Diagramme von Abb. 17.4a und Abb. 17.5a mit den sogenannten Gewichtsdiagrammen der Darstellungen der Liealgebra $su(3)$ geführt (Abb. 17.4b und Abb. 17.5b; vgl. (17.30) und (17.30*)). Der mathematische Hintergrund soll im folgenden erläutert werden.

**Die Liealgebra $su(3)$ und Quarks:** Es sei $X$ ein komplexer dreidimensionaler Hilbertraum mit der Orthonormalbasis $\{e_1, e_2, e_3\}$. Die Liealgebra $su(3)$ besteht aus allen linearen Operatoren $A\colon X \to X$ mit $A^* = -A$ und $\operatorname{tr} A = 0$. Die Cartanalgebra von $su(3)$, d.h. die größte kommutative Lieunteralgebra von $su(3)$, ist zweidimensional. Sie wird von den beiden Elementen $\mathrm{i}t_3$ und $\mathrm{i}y$ aufgespannt mit

$$\begin{aligned} t_3 e_1 &= \frac{1}{2} e_1 , \quad t_3 e_2 = -\frac{1}{2} e_2 , \quad t_3 e_3 = 0 , \\ y e_1 &= \frac{1}{3} e_1 , \quad y e_2 = \frac{1}{3} e_2 , \quad y e_3 = -\frac{2}{3} e_3 . \end{aligned} \tag{17.33}$$

Es gilt die Vertauschungsrelation $t_3 y = y t_3$. Die Eigenwerte von $t_3$ (bzw. $y$) bezeichnen wir mit $T_3$ (bzw. $Y$).

Physikalisch interpretieren wir $e_1, e_2, e_3$ als drei Quarks, die die Physiker als $u$-Quark, $d$-Quark und $s$-Quark bezeichnen. Ferner interpretieren wir $T_3$ (bzw. $Y$) als dritte Komponente des Isospins (bzw. als Hyperladung) der Quarks. Zum Beispiel erhält man für $e_1$ die Werte $T_3 = 1/2$ und $Y = 1/3$ (Abb. 17.6a und Tab. 17.3).

*Tabelle 17.3*

| Quantenzahl | $T_3$ | $T$ | $Y$ | |
|---|---|---|---|---|
| $u$-Quark $e_1$ | $1/2$ | $1/2$ | $1/3$ | |
| $d$-Quark $e_2$ | $-1/2$ | $1/2$ | $1/3$ | |
| $s$-Quark $e_3$ | $0$ | $0$ | $-2/3$ | |
| $\overline{u}$-Antiquark $e_1^*$ | $-1/2$ | $1/2$ | $-1/3$ | |
| $\overline{d}$-Antiquark $e_2^*$ | $1/2$ | $1/2$ | $-1/3$ | |
| $\overline{s}$-Antiquark $e_3^*$ | $0$ | $0$ | $2/3$ | |
| Proton $p$ | $1/2$ | $1/2$ | $1$ | (besteht aus zwei $u$-Quarks und einem $d$-Quark) |
| Neutron $n$ | $-1/2$ | $1/2$ | $1$ | (besteht aus zwei $d$-Quarks und einem $u$-Quark) |
| Meson $\pi_+$ | $1$ | $1$ | $0$ | (besteht aus einem $u$-Quark und einem $\overline{d}$-Antiquark) |

Die Quantenzahlen $T_3$ und $Y$ verhalten sich additiv bei der Zusammensetzung von Teilchen. Beim Übergang zum Antiteilchen ändern $T_3$ und $Y$ das Vorzeichen (Spiegelung im $(T_3, Y)$-Diagramm), während $T$ unverändert bleibt.

**Die Quantenzahlen $T_3$ und $Y$:** Ist $\delta$: $su(3) \to gl(Z)$ eine beliebige Darstellung von $su(3)$ auf dem Raum $Z$, dann setzen wir

$$\mathrm{i}\,\mathscr{T}_3 := \delta(\mathrm{i}t_3), \quad \mathrm{i}\,\mathscr{Y} := \delta(\mathrm{i}y),$$

und bezeichnen die Eigenwerte von $\mathscr{T}_3$ (bzw. $\mathscr{Y}$) durch $T_3$ (bzw. $Y$). Die Eigenwertpaare $(T_3, Y)$ nennt man die *Gewichte* von $\delta$. Unter dem *Gewichtsdiagramm* einer Darstellung versteht man die graphische Repräsentation der Gewichte in einem $(T_3, Y)$-Koordinatensystem (vgl. z.B. Abb. 17.4b). Äquivalente Darstellungen besitzen die gleichen Gewichtsdiagramme.

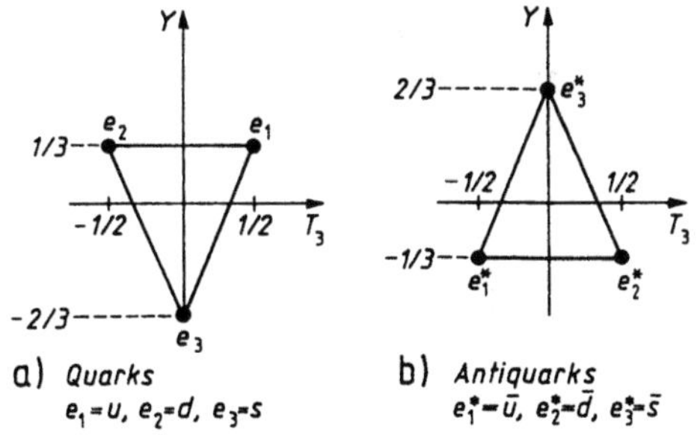


Abb. 17.6

**Duale Darstellung und Antiquarks:** In der Elementarteilchentheorie ordnet man jedem Teilchen sein Antiteilchen zu. Das geschieht allgemein mit Hilfe dualer Darstellungen. Ist $\varphi$: $su(3) \to gl(X)$ die triviale Darstellung mit $\varphi(A) := A$ für alle $A \in su(3)$, dann erhält man die zugehörige duale Darstellung $\varphi_d\colon su(3) \to gl(X^*)$ durch $\varphi_d(A) := -A^T$. Für die Operatoren $i\mathscr{T}_3 := \varphi_d(it_3), i\mathscr{Y} := \varphi_d(iy)$ gilt

$$\mathscr{T}_3 e_1^* = -\frac{1}{2}e_1^*, \quad \mathscr{T}_3 e_2^* = \frac{1}{2}e_2^*, \quad \mathscr{T}_3 e_3^* = 0,$$

$$\mathscr{Y} e_1^* = -\frac{1}{3}e_1^*, \quad \mathscr{Y} e_2^* = -\frac{1}{3}e_2^*, \quad \mathscr{Y} e_3^* = \frac{2}{3}e_3^*.$$

Die Eigenwerte von $\mathscr{T}_3$ (bzw. $\mathscr{Y}$) bezeichnen wir wie vereinbart mit $T_3$ (bzw. $Y$). Physikalisch interpretieren wir $e_j^*$ als ein Antiquark zu $e_j$ mit den Quantenzahlen $T_3$ und $Y$ (vgl. Abb. 17.6b und Tab. 17.3).

Physiker bezeichnen die Antiquarks $e_1^*, e_2^*, e_3^*$ der Reihe nach mit $\overline{u}, \overline{d}, \overline{s}$.

**Zusammengesetzte Quarkzustände:** Um zu erkennen, daß die Elementarteilchen der Diagramme in den Abbildungen 17.4a und 17.5a zusammengesetzte Teilchen darstellen, die aus Quarks aufgebaut sind, betrachten wir die zur trivalen Darstellung $\varphi\colon su(3) \to gl(X)$ gehörige Darstellung

$$\psi\colon su(3) \to gl(X \otimes X \otimes X)$$

von $su(3)$ auf dem Tensorprodukt $X \otimes X \otimes X$. Explizit gilt

$$\psi(A)(e_j \otimes e_k \otimes e_m) = (Ae_j) \otimes e_k \otimes e_m + e_j \otimes (Ae_k) \otimes e_m + e_j \otimes e_k \otimes (Ae_m)$$

für alle $A \in su(3)$. Wie oben vereinbart, setzen wir $i\mathscr{T}_3 := \psi(it_3), i\mathscr{Y} := \psi(iy)$ und bezeichnen die Eigenwerte von $\mathscr{T}_3$ (bzw. $\mathscr{Y}$) mit $T_3$ (bzw. $Y$). Wir interpretieren $e_j \otimes e_k \otimes e_m$ als einen Zustand, der aus den drei Quarks $e_j, e_k, e_m$ besteht.

Nach Beispiel 3 in 17.6. erhalten wir für $Z := X \otimes X \otimes X$ die direkte Summenzerlegung

$$Z = P_1(Z) \oplus P_2(Z) \oplus P_3(Z) \oplus P_4(Z), \tag{17.34}$$

wobei jeder der linearen Unterräume $P_j(Z)$ bezüglich $\psi$ irreduzibel ist.

(i) Raum $P_2(Z)$. Dieser Raum wird von den acht Einheitsvektoren

$$v_{112}, v_{122}, v_{132}, v_{113}, v_{123}, v_{133}, v_{223}, v_{233} \tag{17.35}$$

aufgespannt mit $v_{ijk} := \alpha_{ijk}(e_{ijk} + e_{jik} - e_{kji} - e_{kij})$ und $e_{ijk} := e_i \otimes e_j \otimes e_k$. Jeder Vektor $e_{ijk}$ ist ein Einheitsvektor. Der Normierungsfaktor $\alpha_{ijk}$ wird so gewählt, daß auch $v_{ijk}$ ein Einheitsvektor ist. Ferner ist jeder der Zustände $v_{ijk}$ ein gemeinsamer Eigenvektor von $\mathscr{T}_3$ und $\mathscr{Y}$. Diese Eingenwerte ergeben sich durch Addition der entsprechenden Eigenwerte für die Quarkzustände $e_j$. Die zugehörigen Eigenwerte findet man in Abb. 17.4b. Vergleicht man Abb. 17.4a mit Abb. 17.4b, dann ergibt sich die *fundamentale Tatsache*, daß die Vektoren $v_{ijk}$ in (17.35) mit den Teilchenzuständen des Baryonenoktetts in Abb. 17.4a identifiziert werden können.

Zum Beispiel entspricht das Proton $p$ dem Vektor

$$v_{112} = 2^{-1/2}(e_1 \otimes e_1 \otimes e_2 - e_2 \otimes e_1 \otimes e_1),$$

d.h., das Proton besteht aus zwei $u$-Quarks $e_1$ und einem $d$-Quark $e_2$. Ferner erhalten wir

$$\mathscr{T}_3 v_{112} = T_3 v_{112}, \quad \mathscr{Y} v_{112} = Y v_{112} \qquad \text{mit} \quad T_3 = 1/2, \ Y = 1$$

in Überstimmung mit Tab.17.3.

(ii) Raum $P_4(Z)$. Dieser Raum wird von den zehn Einheitsvektoren

$$u_{111}, u_{112}, u_{113}, u_{122}, u_{133}, u_{123}, u_{222}, u_{223}, u_{233}, u_{333}$$

aufgespannt. Dabei gilt $u_{ijk} := \alpha_{ijk} e_{(ijk)}$, wobei sich $e_{(ijk)}$ durch Symmetrisierung aus $e_{ijk}$ ergibt und $\alpha_{ijk}$ einen Normierungsfaktor bezeichnet.

Nach Abb. 17.5 kann man die Teilchenzustände des Baryonendekupletts durch die Vektoren $u_{ijk}$ beschreiben.

**Mesonen als Quark-Antiquarkpaare:** Wir betrachten die Darstellung von $su(3)$ auf dem Tensorprodukt $X \otimes X^*$. Explizit gilt für diese Darstellung $\psi$: $su(3) \to gl(X \otimes X^*)$ die Formel

$$\psi(A)(e_j \otimes e_k^*) = Ae_j \otimes e_k^* + e_j \otimes (-A^{\mathrm{T}} e_k^*)$$

für alle $A \in su(3)$. Bezeichnet $\varphi$: $su(3) \to gl(X)$ die identische Darstellung, dann ist $\psi = \varphi \boxtimes \varphi_{\mathrm{d}}$. Jedes Element $t_k^j e_j \otimes e_k^* \in X \otimes X^*$ läßt sich in der Form

$$t_k^j e_j \otimes e_k^* = (t_k^j - 3^{-1}\delta_k^j t_m^m)(e_j \otimes e_k^*) + 3^{-1}\delta_k^j t_m^m (e_j \otimes e_k^*)$$

darstellen, wobei über zwei gleiche Indizes von 1 bis 3 summiert wird. Das entspricht der direkten Summenzerlegung

$$X \otimes X^* = V \oplus W$$

mit $V := \{s_k^j e_j \otimes e_k^* \colon s_j^j = 0\}$ und $W := \operatorname{span}\{\delta_k^j e_j \otimes e_k^*\}$.

Sowohl $V$ als auch $W$ entspricht einer irreduziblen Darstellung von $\psi$. Eine Basis in $V$ ergibt sich durch die acht Einheitsvektoren

$$z_{12}, z_{21}, z_{13}, z_{31}, z_{23}, z_{32} \tag{17.36}$$
$$z_1 := 2^{-1/2}(e_1 \otimes e_1^* - e_2 \otimes e_2^*),\ z_2 := 6^{-1/2}(e_1 \otimes e_1^* + e_2 \otimes e_2^* - 2e_3 \otimes e_3^*)$$

mit $z_{jk} := e_j \otimes e_k^*$. Abb. 17.7 zeigt, daß man die Teilchenzustände des Mesonenoktetts durch die Vektoren in (17.36) beschreiben kann. Zum Beispiel entspricht das Meson $\pi_+$ dem Zustandsvektor $z_{12} = e_1 \otimes e_2^*$, d.h., $\pi_+$ setzt sich aus einem $u$-Quark $e_1$ und einem $\overline{d}$-Antiquark $e_2^*$ zusammen.

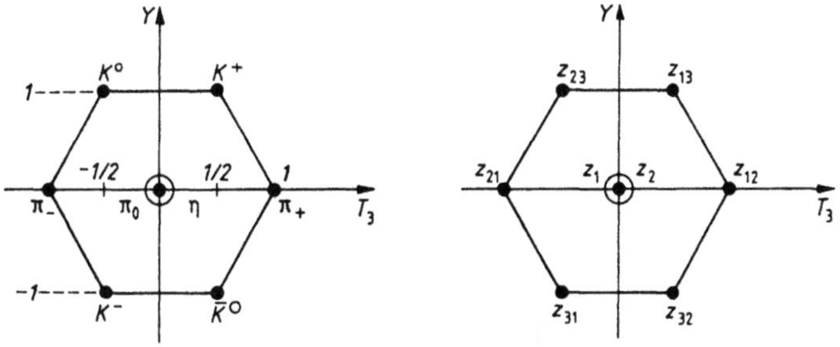


Abb. 17.7 a) *Mesonenoktett* b) *D(1,1)*

**Die Massenformel von Gell-Mann-Okubo:** Wir betrachten ein Multiplett von Elementarteilchen wie z.B. in Abb. 17.4 oder Abb. 17.5. Dann kann man aufgrund von Überlegungen, die wesentlich Eigenschaften der Liealgebra $su(3)$ ausnutzen, für die Masse der Teilchen die folgende Formel herleiten:

$$M = M_0 + a + bY + c[T(T+1) - 4^{-1}Y^2].$$

Dabei sind $a, b, c$ freie Parameter, und $T$ ist der Isospin. Diese Formel ergibt Relationen zwischen den Massen der Elementarteilchen, die in guter Übereinstimmung mit dem Experiment stehen. Zum Beispiel erhält man

$$2(M_n + M_\Xi) = 3M_\Lambda + M_\Sigma,$$

während das Experiment $2(M_n + M_\Xi) = 4508\,\mathrm{MeV}$ und $3M_\Lambda + M_\Sigma = 4536\,\mathrm{MeV}$ ergibt. Mit Hilfe dieser von Okubo aus dem Jahre 1962 angegebenen Formel konnte Gell-Mann die Masse des damals noch nicht bekannten $\Omega^-$-Teilchens richtig vorhersagen (vgl. Abb. 17.5a).

**Die irreduziblen Darstellungen der Liealgebra $su(3)$ (Tensormethode):** Es sei $\varphi$: $su(3) \to gl(X)$ die triviale Darstellung von $su(3)$ auf dem Raum $X$, und $\psi$ sei die zugehörige Darstellung von $su(3)$ auf dem Tensorprodukt

$$Z := X \otimes X \otimes \ldots \otimes X \otimes X^* \otimes \ldots \otimes X^* \tag{17.37}$$

($q$-faches Produkt von $X$ mit dem $p$-fachen Produkt von $X^*$).[6]

(i) Es sei $W$ derjenige lineare Unterraum von $Z$, der aus allen Vektoren[7]

$$t^{i_1 \ldots i_q}_{j_1 \ldots j_p} e_{i_1} \otimes \ldots \otimes e_{i_q} \otimes e^*_{j_1} \otimes \ldots \otimes e^*_{j_p} \tag{17.37*}$$

besteht mit der Zusatzbedingung (verschwindende Spur):

$$t^{i_1 \ldots i_q}_{i_1 \ldots i_q j_{q+1} \ldots j_p} = 0 \qquad \text{für } q \leq p$$

bzw.

$$t^{i_1 \ldots i_p i_{p+1} \ldots i_q}_{i_1 \ldots i_p} = 0 \qquad \text{für} \quad p < q\,.$$

Dann ist $W$ irreduzibel bezüglich der Darstellung $\psi$ von $su(3)$. Diese irreduzible Darstellung von $su(3)$ bezeichnen wir mit $D(q, p)$.

(ii) Jede irreduzible Darstellung von $su(3)$ ist äquivalent zu einer Darstellung $D(q, p)$ mit $q, p = 0, 1, \ldots$ In Abb. 17.8 findet man die Gewichtsdiagramme zu einigen niedrigdimensionalen irreduziblen Darstellungen.

(iii) Eine beliebige Darstellung $\chi$: $su(3) \to gl(V)$ von $su(3)$ auf dem endlichdimensionalen komplexen linearen Raum $V$ ist vollständig reduzibel, d.h., es existiert eine direkte Summenzerlegung

$$V = V_1 \oplus \ldots \oplus V_m\,,$$

wobei jeder lineare Teilraum $V_j$ bezüglich $\chi$ irreduzibel ist.

**Die irreduziblen Darstellungen der Gruppe $SU(3)$ (Tensormethode):** Bezeichnen wir mit $SU(3)$ die Grupe aller linearen unitären Operatoren $B$: $X \to X$ mit $\det B = 1$, dann ergibt sich in natürlicher Weise eine Liedarstellung [8] $\delta$: $SU(3) \to GL(Z)$ von $SU(3)$ auf dem Tensorprodukt $Z$ in (17.37).

(i) Der lineare Teilraum $W$ von $Z$ ist irreduzibel bezüglich $\delta$ (vgl.(17.37*)). Diese irreduzible Darstellung von $SU(3)$ bezeichnen wir mit $\mathscr{D}(q, p)$.

Die entsprechende Darstellung $\mathscr{L}\delta$: $su(3) \to gl(Z)$ der zugehörigen Liealgebra $su(3)$ ist gleich $D(q, p)$.

(ii) Jede irreduzible Liedarstellung von $SU(3)$ ist äquivalent zu einer Darstellung $\mathscr{D}(q, p)$ mit $q, p = 0, 1, \ldots$. Es gilt

$$\dim D(q, p) = \dim \mathscr{D}(q, p) = 2^{-1}(q + 1)(p + 1)(q + p + 2)\,.$$

(iii) Jede Liedarstellung von $SU(3)$ ist äquivalent zu einer unitären Darstellung und vollständig reduzibel.

---

[6] Für $q = 1$ und $p = 2$ ist zum Beispiel

$$\psi(A)(e_j \otimes e^*_k \otimes e^*_m) = (Ae_j) \otimes e^*_k \otimes e^*_m + e_j \otimes (-A^{\mathrm{T}} e^*_k) \otimes e^*_m + e_j \otimes e^*_k \otimes (-A^{\mathrm{T}} e^*_m)$$

für alle $A \in su(3)$. Wie üblich setzen wir $\mathrm{i}\mathscr{T}_3 := \psi(\mathrm{i}t_3), \mathrm{i}\mathscr{Y} := \psi(\mathrm{i}y)$ und bezeichnen die Eigenwerte von $\mathscr{T}_3$ (bzw. $\mathscr{Y}$) mit $T_3$ (bzw. $Y$).

[7] Über gleiche Indizes wird von 1 bis 3 summiert.

[8] Beispielsweise gilt

$$\delta(B)(e_j \otimes e^*_k \otimes e^*_m) = (Be_j) \otimes Ce^*_k \otimes Ce^*_m \qquad \text{mit } C := (B^{\mathrm{T}})^{-1}\,.$$

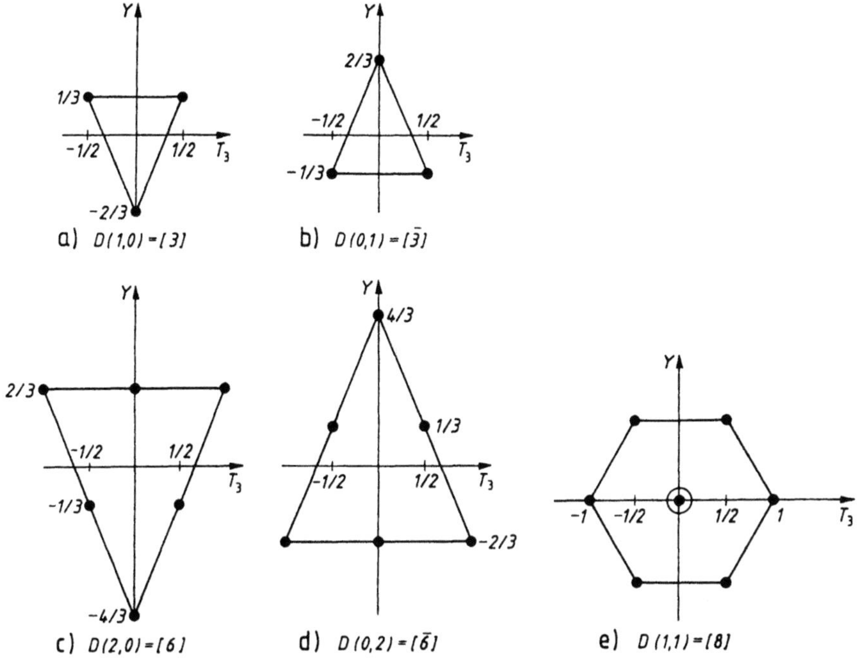


Abb. 17.8

**Die Methode des höchsten Gewichts:** Es sei $\varphi$: $su(3) \to gl(V)$ eine Darstellung der Liealgebra $su(3)$ auf dem endlichdimensionalen Raum $V$ mit den Gewichten $(T_3, Y)$. Wir schreiben

$$(T_3^*, Y^*) < (T_3, Y)$$

genau dann, wenn entweder $T_3^* < T_3$ oder $T_3^* = T_3$, $Y^* < Y$ gilt. Zu jeder irreduziblen Darstellung $\varphi$ existiert ein eindeutig bestimmtes höchstes Gewicht. Das höchste Gewicht von $D(q,p)$ ist gleich

$$T_3 = 2^{-1}(q+p), \quad Y = 3^{-1}(q-p)\,. \tag{17.38}$$

Um die Zerlegung einer Produktdarstellung in irreduzible Darstellungen rasch zu erhalten, bestimmt man zunächst das höchste Gewicht und daraus die Werte $(q,p)$ der „höchsten" Darstellung $D(q,p)$ gemäß (17.37). Das höchste Gewicht aller nicht zu $D(q,p)$ gehörenden Gewichte ergibt den nächsten Bestandteil $D(q_1,p_1)$ usw.

*Beispiel 1:* Wir wollen die Formel

$$D(1,0) \otimes D(0,1) = D(1,1) \oplus D(0,0) \tag{17.39}$$

begründen. Die Darstellung $D(1,0) \otimes D(0,1)$ wirkt auf dem Tensorprodukt $X \otimes X^*$. Die Formel (17.39) behauptet, daß $X \otimes X^*$ in die direkte Summe von zwei Teilräumen zerfällt, die den irreduziblen Darstellungen $D(1,1)$ und $D(0,0)$ entsprechen. Tasächlich gilt

$$\mathscr{T}_3(e_1 \otimes e_1^*) = t_3 e_1 \otimes e_1^* + e_1 \otimes (-t_3^{\mathrm{T}} e_1^*) = 2^{-1} e_1 \otimes e_1^* - 2^{-1} e_1 \otimes e_1^* = 0\,,$$
$$\mathscr{Y}(e_1 \otimes e_1^*) = y e_1 \otimes e_1^* + e_1 \otimes (-y^{\mathrm{T}} e_1^*) = 3^{-1} e_1 \otimes e_1^* - 3^{-1} e_1 \otimes e_1^* = 0\,,$$

also entsprichte $e_1 \otimes e_1^*$ dem Gewicht $(T_3, Y) = (0,0)$. Für die neun Basisvektoren $e_j \otimes e_k^*$ von $X \otimes X^*$ erhält man in analoger Weise die folgenden neun Gewichte

$$(0,0), (1,0), (2^{-1},1), (0,0), (-1,0), (-2^{-1},1)(2^{-1},-1)(-2^{-1},-1), (0,0)\,. \tag{17.40}$$

Das höchste Gewicht ist $(1,0)$. Dieses entspricht $D(1,1)$ nach (17.38). Abb. 17.8e zeigt, daß die ersten acht Gewichte von (17.40) zu $D(1,1)$ gehören. Es verbleibt das Gewicht $(0,0)$, das $D(0,0)$ entspricht.

Physiker schreiben anstelle von $D(1,0), D(0,1), D(1,1)$ die Symbole $[3], [\overline{3}], [8]$, wobei die Zahl die Dimension des Darstellungsraumes angibt. Deshalb entspricht (17.39) der Formel

$$[3] \otimes [\overline{3}] = [8] \oplus [1]\,.$$

**Die adjungierte Darstellung und Wurzeln:** Die Gewichte der adjungierten Darstellung von $su(3)$, die zu $D(1,1)$ äquivalent ist, bezeichnet man als die Wurzeln von $su(3)$ (vgl. Abb. 17.8e). Wurzeln spielen bei der Klassifikation allgemeiner Liealgebren eine wichtige Rolle.

**Die Farben der Quarks:** Quarks besitzen einen halbzahligen Spin. Nach dem Pauliprinzip müssen deshalb die Quarkfunktionen antisymmetrisch gegenüber Teilchenvertauschungen sein. Die oben angegebenen Quarkfunktionen besitzen diese Eigenschaft noch nicht. Deshalb wurde das oben betrachte Quarkmodell von den Physikern in entscheidender Weise modifiziert.

(i) Im ersten Schritt wird der Zustand eines Quarks durch Tensorprodukte der Form

$$e_j \otimes s_k\,, \qquad j = 1,2,3\,, \quad k = \pm 1\,,$$

beschrieben. Ein solcher Zustand entspricht einem $e_j$-Quark mit einer scharfen dritten Spinkomponente, die gleich $k\hbar/2$ ist. Im sechsdimensionalen Raum $Z := \operatorname{span}\{e_j \otimes s_k\}$ wirkt in natürlicher Weise die Liealgebra $su(6)$, die aus allen linearen Operatoren $A\colon Z \to Z$ mit $A^* = -A$ und $\operatorname{tr} A = 0$ besteht. Wir setzen

$$p_j := e_j \otimes s_1\,, \quad p_{3+j} := e_j \otimes s_{-1}\,, \qquad j = 1,2,3\,.$$

Diese Tensorprodukte entsprechen gebundenen Zuständen von drei Quarks mit Spin. Bezeichnen wir mit $V$ die Menge aller Vektoren

$$\sum_{\mathscr{P}} p_r \otimes p_s \otimes p_t\,, \tag{17.41}$$

wobei über alle Permutationen von $(r,s,t)$ summiert wird, dann ist $V$ ein 56-dimensionaler Unterraum von $Z \otimes Z \otimes Z$, der bezüglich der natürlichen Produktdarstellung $\chi$ von $su(6)$ auf $Z \otimes Z \otimes Z$ irreduzibel ist. Die Vektoren der Form (17.41) sind symmetrisch bezüglich Permutationen der Quarkteilchen.

(ii) In einem zweiten Schritt fügen wir den Quarks Farben hinzu, d.h., wir betrachten die Zustände

$$p_j \otimes f^m \qquad j = 1,\ldots,6\,, \quad m = 1,2,3\,,$$

wobei $f^m$ mit $m = 1, 2, 3$ der Reihe nach den „Farben“ rot, grün und blau entspricht.[9] Parallel zur Hyperladung der Liealgebra $su(3)$ definieren wir den Farbladungsoperators $\mathscr{Y}_F$ durch

$$\mathscr{Y}_F(p_j \otimes f^m) = \lambda_m p_j \otimes f^m$$

mit $\lambda_1 = \lambda_2 = 1/3$ und $\lambda_3 = -2/3$. Anstelle von (17.41) betrachten wir nunmehr die zusammengesetzten Zustände

$$z := \sum_{\mathscr{P}} \sum_{\mathscr{A}} (p_r \otimes f^\alpha) \otimes (p_s \otimes f^\beta) \otimes (p_t \otimes f^\gamma), \tag{17.42}$$

wobei wir zunächst bezüglich der Indizes $(r, s, t)$ symmetrisieren und anschließend bezüglich der Indizes $(\alpha, \beta, \gamma)$ antisymmetrisieren. Diese Zustände $z$ haben nunmehr die durch das Pauliprinzip geforderte Eigenschaft, daß sie gegenüber Permutationen der Quarkteilchen *antisymmetrisch* sind.

Eine genauere Analyse zeigt, daß der Raum aller $z$ in (17.42) Basisvektoren besitzt, die Zustandsfunktionen der Teilchen in Abb. 17.4 und Abb. 17.5 entsprechen. Wegen der Antisymmetrisierung in (17.42) gilt

$$\mathscr{Y}_F z = 0,$$

d.h., die Teilchen (z.B. Proton und Neutron) sind „farblos“. Die Farben lassen sich somit nicht direkt beobachten.

Im Rahmen der Eichfeldtheorie spielen die Farben der Quarks jedoch eine fundamentale Rolle. Sie sind verantwortlich für die Gluonen, die die Quantenteilchen der starken Wechselwirkung darstellen. Die zugehörige Eichfeldtheorie bezeichnet man als *Quantenchromodynamik*.

*Beispiel 2:* Die Zustandsfunktion eines Protons lautet

$$108^{-1/2} \sum_{\alpha,\beta,\gamma=1}^{3} \varepsilon_{\alpha,\beta,\gamma} \{2\,|u_+^\alpha d_+^\beta u_-^\gamma\rangle + 2\,|u_+^\alpha u_+^\beta d_-^\gamma\rangle + 2\,|d_-^\alpha u_+^\beta u_+^\gamma\rangle - |u_+^\alpha u_+^\beta d_-^\gamma\rangle$$
$$- |u_-^\alpha d_+^\beta u_+^\gamma\rangle - |d_+^\alpha u_-^\beta u_+^\gamma\rangle - |d_+^\alpha u_+^\beta u_-^\gamma\rangle - |u_-^\alpha u_+^\beta d_+^\gamma\rangle\}.$$

Dabei bezeichnet $\varepsilon_{\alpha,\beta,\gamma}$ das Vorzeichen[10] der Permutation $\begin{pmatrix} 1 & 2 & 3 \\ \alpha & \beta & \gamma \end{pmatrix}$. Ferner steht $u$ bzw. $d$ für $e_1$ bzw. $e_2$. Also entspricht $|u_+^\alpha d_+^\beta u_-^\gamma\rangle$ dem Tensorprodukt

$$(e_1 \otimes s_1 \otimes f^\alpha) \otimes (e_2 \otimes s_1 \otimes f^\beta) \otimes (e_1 \otimes s_{-1} \otimes f^\gamma) \qquad \text{usw.}$$

## 17.9. Darstellungen kompakter Liegruppen und spezielle Funktionen der mathematischen Physik

Für kompakte Liegruppen existiert eine perfekte allgemeine Darstellungstheorie, die auf Hermann Weyl zurückgeht und die klassische Darstellungstheorie für endliche Gruppen verallgemeinert. Eine besondere Rolle spielt dabei der *Hilbertraum* $L_2(G)$.

In diesem Abschnitt sei $G$ eine *kompakte Liegruppe* (z.B. sei $G$ eine endliche Gruppe oder $G = O(n), SO(n), U(n), SU(n)$).

---

[9] Bezeichnen wir $F := \text{span}\{f^1, f^2, f^3\}$ als Farbraum, dann wirkt in $F$ die Liealgebra $su(3)$ aller linearen Operatoren $A\colon F \to F$ mit $A = -A^*$ und $\operatorname{tr} A = 0$, die man in diesem Zusammenhang die Farb-Liealgebra (colour Lie algebra) nennt.

[10] Speziell ist $\varepsilon_{\alpha,\beta,\gamma} = 0$ für zwei gleiche Indizes.

**Das Haarsche Maß auf $G$ und Funktionenräume:** Es existiert genau ein linksinvariantes Borelmaß $\mu$ auf $G$ mit $\int_G \mathrm{d}\mu = 1$, das wir das Haarsche Maß von $G$ nennen.

Durch $L_2(G)$ bezeichnen wir den Hilbertraum aller meßbaren Funktionen $f\colon G \to \mathbb{C}$ mit $\int_G |f(g)|^2 \,\mathrm{d}\mu < \infty$. Das Skalarprodukt ist gegeben durch

$$(f,h) := \int_G \overline{f(g)}h(g)\,\mathrm{d}\mu\,.$$

Der Unterraum $\mathscr{K}(L_2(G))$ der *Klassenfunktionen* von $L_2(G)$ besteht definitionsgemäß aus allen $f \in L_2(G)$ mit $f(hgh^{-1}) = f(g)$ für alle $g, h \in G$.

Mit $C(G)$ bezeichnen wir den Banachraum aller stetigen Funktionen $f\colon G \to \mathbb{C}$ mit der Maximumnorm $\|f\|_\infty := \max_{g\in G} |f(g)|$. Die Menge aller stetigen Klassenfunktionen auf $G$ bildet einen abgeschlossenen Unterraum von $C(G)$, den wir mit $\mathscr{K}(C(G))$ bezeichnen. Die Menge $C(G)$ ist dicht in $L_2(G)$.

Der Raum $L_2(G)$ ist genau dann endlichdimensional, wenn $G$ eine endliche Gruppe ist. Für eine endliche Gruppe $G$ mit $N$ Elementen gilt $\int_G f\,\mathrm{d}\mu = N^{-1} \sum_{g\in G} f(g)$.

**Reguläre Darstellung:** Setzen wir

$$(\rho(h)f)(g) := f(h^{-1}g) \qquad \text{für alle } g \in G \text{ und jedes } h \in G\,,$$

dann erhalten wir eine Darstellung $\rho$ von $G$ auf $L_2(G)$, die man die *reguläre Darstellung* von $G$ nennt.

**Darstellungen in Hilberträumen:** Es sei $\psi\colon G \to GL(X)$ eine stetige[11] unitäre Darstellung von $G$ in dem komplexen separablen Hilbertraum $X$ mit dim$\leq \infty$. Dann existiert eine höchstens abzählbare orthgonale Summe

$$X = X_1 \oplus X_2 \oplus \ldots\,,$$

so daß jeder Unterraum $X_j$ von $X$ *endlichdimensional* ist, und $\psi$ in $X_j$ als irreduzible Darstellung wirkt.

Insbesondere ist die reguläre Darstellung $\rho$ unitär und stetig; sie enthält (bis auf Äquivalenz) *alle* irreduziblen endlichdimensionalen stetigen Darstellungen von $G$.

**Die Rolle der Charaktere:**

(i) Jede endlichdimensionale stetige Darstellung $\psi$ von $G$ ist unitär äquivalent und deshalb vollständig reduzibel.

(ii) $\psi$ ist genau dann irreduzibel, wenn $(\chi, \chi) = 1$ für den Charakter $\chi\colon G \to \mathbb{C}$ von $\psi$ gilt.

(iii) Zwei endlichdimensionale stetige Darstellungen von $G$ sind genau dann äquivalent, wenn die Charaktere gleich sind.

(iv) Die Charaktere $\chi_1$ und $\chi_2$ zweier inäquivalenter endlichdimensionaler stetiger Darstellungen von $G$ sind zueinander orthogonal, d.h. $(\chi_1, \chi_2) = 0$.

(v) Ein System $\psi_1, \psi_2, \ldots$ von endlichdimensionalen stetigen irreduziblen Darstellungen von $G$ ist genau dann *vollständig*[12], wenn die zugehörigen Charaktere $\chi_1, \chi_2, \ldots$ ein *vollständiges Orthogonalsystem* in $\mathscr{K}(L_2(G))$ bilden.

Ist das der Fall, dann ist die lineare Hülle von $\chi_1, \chi_2, \ldots$ dicht in $\mathscr{K}(C(G))$.

---

[11] Dies bedeutet, daß die Abbildung $(g, x) \mapsto \psi(g)x$ von $G \times X$ in $X$ stetig ist.

[12] Dies bedeutet, daß jede irreduzible stetige Darstellung von $G$ zu genau einem $\psi_j$ äquivalent ist.

**Reduktionssatz:** Es sei $\psi: G \to GL(X)$ eine stetige Darstellung von $G$ auf dem komplexen endlichdimensionalen linearen Raum $X$ mit dem Charakter $\chi$. Dann gilt

$$\chi = \sum_j (\chi_j, \chi)\chi_j .$$

Zerlegen wir den Raum $X = X_1 \oplus \ldots \oplus X_n$ in Unterräume, die irreduziblen Darstellungen $\psi_j$ von $\psi$ entsprechen, dann gibt die Zahl $(\chi_j, \chi)$ an, wie oft (bis auf Äquivalenz) die irreduzible Darstellung $\psi_j$ in dieser Zerlegung auftritt.

**Orthogonalitätsrelationen für Matrixelemente irreduzibler Darstellungen:** Es sei $\psi: G \to GL(X)$ eine irreduzible unitäre stetige Darstellung von $G$ in dem endlichdimensionalen komplexen Hilbertraum $X$ mit $d = \dim X$. Wir wählen eine orthonormale Basis in $X$ und bezeichnen mit $\psi(g)_{ij}$ die Matrixelemente von $\psi(g)$ (bezüglich dieser Basis) multipliziert mit $d^{1/2}$.

(i) Die Matrixelemente $\psi_{ij}: G \to \mathbb{C}$ bilden ein orthonormiertes System in $L_2(G)$, d.h., es gilt

$$(\psi_{ij}, \psi_{rs}) = \begin{cases} 1 & \text{für } i = r, j = s, \\ 0 & \text{sonst}. \end{cases}$$

(ii) Die Matrixelemente zweier inäquivalenter irreduzibler unitärer stetiger Darstellungen $\psi^{(j)}: G \to GL(X_j)$ sind in $L_2(G)$ zueinander orthogonal, d.h.

$$(\psi^{(1)}_{ij}, \psi^{(2)}_{rs}) = 0 \qquad \text{für alle Indizes } i, j, r, s .$$

(iii) Das System $\psi_1, \psi_2, \ldots$ von irreduziblen unitären stetigen endlichdimensionalen Darstellungen von $G$ ist genau dann vollständig, wenn die zugehörigen Matrixelemente ein vollständiges Orthonormalsystem im Hilbertraum $L_2(G)$ bilden.

Ist dies der Fall, dann ist die lineare Hülle der Matrixelemente dicht in $C(G)$.

**Die Rolle des Tensorprodukts:** Es gibt einen endlichdimensionalen komplexen Hilbertraum $X$, so daß die Gruppe $G$ eine treue unitäre stetige Darstellung der Form $\psi: G \to GL(X)$ besitzt.

Ist $\psi$ eine solche Darstellung, dann ist jede irreduzible endlichdimensionale stetige Darstellung von $G$ (bis auf Äquivalenz) in einer der durch $\psi$ induzierten Darstellungen auf dem endlichen Tensorprodukt

$$X \otimes \ldots \otimes X \otimes X^* \otimes \ldots \otimes X^*$$

enthalten.

*Standardbeispiel 1* (Gruppe $U(1)$): Für die Gruppe $G := U(1)$ wird die Riemannsche Metrik durch die natürliche Metrik auf dem Rand des Einheitskreises $S^1$ (mit dem Winkel $\varphi$) gegeben (Abb. 17.1b). Das Haarsche Maß $d\mu = d\varphi / 2\pi$ entspricht der (auf eins normierten) Bogenlänge von $S^1$. Der Raum $L_2(G)$ besteht aus allen meßbaren Funktionen $f: S^1 \to \mathbb{C}$ mit $\int_0^{2\pi} |f(\varphi)|^2 \, d\varphi < \infty$ und dem Skalarprodukt

$$(f, h) := (2\pi)^{-1} \int_0^{2\pi} \overline{f(\varphi)} h(\varphi) \, d\varphi .$$

Jede Funktion auf $f: S^1 \to \mathbb{C}$ kann man auffassen als eine Funktion $f: \mathbb{R} \to \mathbb{C}$ der Periode $2\pi$ und umgekehrt. Jede Funktion aus $L_2(G)$ ist eine Klassenfunktion.

Definieren wir

$$\psi_n(g) := g^n \qquad \text{für alle } g \in U(1),\ n = 0, 1, \ldots,$$

dann ist $\psi_n$ eine irreduzible stetige unitäre Darstellung von $U(1)$ auf $\mathbb{C}$. Setzen wir $g := e^{i\varphi}$, dann ist das Matrixelement von $\psi_n(g)$ gleich $e^{in\varphi}$. Ferner ist der Charakter $\chi_n \colon U(1) \to \mathbb{C}$ von $\psi_n$ durch $\chi_n(g) = e^{in\varphi}$ gegeben.

Nach der allgemeinen Theorie bilden die Funktionen

$$\varphi \mapsto e^{in\varphi} \qquad \text{mit } n = 0, 1, 2, \ldots \tag{17.43}$$

ein vollständiges Orthonormalsystem in $L_2(G)$. Das entspricht dem allgemeinen Entwicklungssatz von $2\pi$-periodischen Funktionen in *Fourierreihen*.

Ferner ist die lineare Hülle der Funktionen (17.43) dicht im Raum $C(G)$ (Raum der stetigen $2\pi$-periodischen Funktionen). Das ist der *Approximationssatz von Weierstraß*.

Dieses Beispiel zeigt, daß zwischen den Eigenschaften der trigonometrischen Funktionen $e^{in\varphi} = \cos n\varphi + i \sin n\varphi$ und der Darstellungstheorie der Gruppe $U(1)$ ein enger Zusammenhang besteht. Dahinter verbirgt sich ein allgemeiner Tatbestand. Viele spezielle Funktionen der mathematischen Physik lassen sich am besten im Rahmen der Darstellungstheorie von Liegruppen verstehen (z.B. Kugelfunktionen, Legendrepolynome, Jacobipolynome, Besselfunktionen, automorphe Funktionen). Eine ausführliche Darstellung findet man in [Vilenkin, Klimyk (1991)].

## 17.10. Transformationsgruppen und die Symmetrie von Mannigfaltigkeiten

*Geometrie ist die Invariantentheorie von Transformationsgruppen.*

*Felix Klein (Erlanger Programm 1872)*

Die anschauliche Symmetrie einer Kugeloberfläche $S$ kann man präzis durch die Invarianz von $S$ unter Drehungen erfassen, d.h., die Drehgruppe wirkt als sogenannte Transformationsgruppe auf $S$. Mit Hilfe von Transformationsgruppen kann man allgemein die Symmetrieeigenschaften von Mannigfaltigkeiten beschreiben und die Lösung von Differentialgleichungen wesentlich vereinfachen (vgl. 17.11.).

Unter einer Mannigfaltigkeit verstehen wir hier stets eine Mannigfaltigkeit vom Typ $C^\infty$. Ferner sollen alle glatten Abbildungen und Diffeomorphismen vom Typ $C^\infty$ sein.

Die entscheidende Entdeckung von Sopus Lie (1842 – 1899) bestand darin, daß man einer Transformationsgruppe auf einer Mannigfaltigkeit in natürlicher Weise Flüssigkeitsströmungen auf der Mannigfaltigkeit zuordnen kann (Flüsse), so daß die Transformationsgruppen durch die Geschwindigkeitsfelder dieser Flüssigkeitsströmungen bestimmt sind. Diese Geschwindigkeitsfelder heißen Lievektorfelder.

**Transformationsgruppen:** Es sei $M$ eine Mannigfaltigkeit, und $G$ sei eine *Liesche Gruppe* mit der Liealgebra $\mathscr{G}$. Die Menge aller Diffeomorphismen der Form

$$\mathscr{D} \colon M \to M$$

bilden eine Gruppe, die sogenannte *Diffeomorphismengruppe* $\mathrm{Diff}(M)$ von $M$. Unter einer von $G$ auf $M$ erzeugten Transformationsgruppe verstehen wir eine Darstellung

$$\varphi \colon G \to \mathrm{Diff}(M).$$

d.h., jedem Gruppenelement $g \in G$ wird ein *Diffeomorphismus* $\mathscr{D}_g\colon M \to M$ zugeordnet, so daß

$$\mathscr{D}_{gh} = \mathscr{D}_g \mathscr{D}_h \tag{17.44a}$$

für alle $g, h \in \mathscr{D}$ gilt. Aus (17.44a) folgt speziell, daß dem Einselement $e$ der Gruppe $G$ die identische Abbildung $\mathrm{id} = \mathscr{D}_e$ auf $M$ entspricht.

Ferner soll diese Darstellung in glatter Weise von den Gruppenelementen abhängen. Genauer fordern wir, daß die Abbildung

$$(g, x) \mapsto \mathscr{D}_g(x) \tag{17.44b}$$

von $G \times M$ in $M$ glatt ist.

Existiert eine derartige Transformationsgruppe, dann sagen wir kurz, daß $G$ auf der Mannigfaltigkeit $M$ wirkt.[13)]

**Orbits:** Ist $x_0$ ein Punkt der Mannigfaltigkeit $M$, dann heißt die Menge

$$O(x_0) := \{\mathscr{D}_g(x_0)\colon g \in G\}$$

der von $G$ auf $M$ erzeugte Orbit durch $x_0$.

Jeder (lokal) abgeschlossene Orbit ist eine Untermannigfaltigkeit von $M$.

**Wirkung von Transformationsgruppen:** Definitionsgemäß wirkt die Gruppe $G$ genau dann *effektiv* auf der Mannigfaltigkeit $M$, wenn aus

$$\mathscr{D}_g(x) = x \qquad \text{für alle } x \in M$$

stets $g = e$ folgt. Das bedeutet, daß nur die Identität alle Punkte der Mannigfaltigkeit $M$ fest läßt.

$G$ wirkt genau dann *frei* auf $M$, wenn nur die Identität Fixpunkte besitzt, d.h., aus $g \neq e$ folgt

$$\mathscr{D}_g(x) \neq x \qquad \text{für alle } x \in M\,.$$

Schließlich wirkt $G$ genau dann *transitiv* auf $M$, wenn sich zwei Punkte der Mannigfaltigkeit $M$ stets durch einen Orbit verbinden lassen. Das bedeutet, zu $x \in M$ und $y \in M$ existiert ein Gruppenelement $g \in G$, so daß gilt:

$$y = \mathscr{D}_g(x)\,.$$

*Beispiel 1:* Die Gruppe $U(1) = \{\mathrm{e}^{\mathrm{i}t}\colon t \in \mathbb{R}\}$ wirkt in natürlicher Weise auf der Ebene $M = \mathbb{R}^2$ als Drehungen um den Ursprung (Abb. 17.9). Genauer wird jedem Element $\mathrm{e}^{\mathrm{i}t}$ von $U(1)$ eine Drehung der Ebene um den Ursprung mit dem Winkel $t$ (im mathematisch positiven Sinn) zugeordnet. Explizit bedeutet das

$$\begin{aligned} \xi &= \xi_0 \cos t - \eta_0 \sin t\,, \\ \eta &= \xi_0 \sin t + \eta_0 \cos t\,. \end{aligned} \tag{17.45}$$

[13)] Wir sagen ferner, daß $G$ als *lokale Transformationsgruppe* auf $M$ wirkt, falls (17.44a) lediglich für alle $g, h \in G$ in einer Umgebung $U$ des Einselements $e$ gilt und die Abbildung (17.44b) auf $U \times M$ glatt ist.

Die ursprüngliche Liesche Theorie bezog sich auf lokale Transformationsgruppen. Die hier dargestellte globale Theorie wurde erst im 20. Jahrhundert von dem französischen Mathematiker Elie Cartan (1869–1951) begründet.

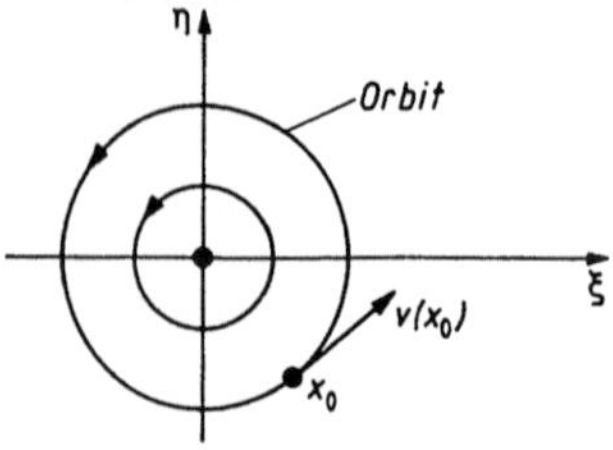


$v(x_0)$ – Lievektor (Geschwindigkeitsvektor) Abb. 17.9

Bei festem Anfangspunkt $x_0 = (\xi_0, \eta_0)$ können wir (17.45) als die Trajektorie eines Flüssigkeitsteilchens auffassen. Differentiation an der Stelle $t = 0$ liefert $\xi'(0) = -\eta_0$, $\eta'(0) = \xi_0$. Das zugehörige Geschwindigkeitsfeld

$$v(x_0) = (-\eta_0, \xi_0)$$

heißt das zu (17.45) gehörige Lievektorfeld.

Da jede derartige Drehung den Ursprung als Fixpunkt hat, ist die Wirkung von $U(1)$ auf der Ebene nicht frei. Diese Wirkung ist jedoch effektiv, denn nur die identische Transformation läßt jeden Punkt der Ebene fest. Die Orbits sind Kreise um den Ursprung (Abb. 17.9). Deshalb wirkt $U(1)$ nicht transitiv auf der Ebene.

**Einparametrige Untergruppen und Lievektorfelder:** Es sei $H$ eine einparametrige Untergruppe von $G$, d.h., es ist $H = \{h(t) \colon t \in \mathbb{R}\}$ mit

$$h(t+s) = h(t)h(s) \qquad \text{für alle } t, s \in \mathbb{R}.$$

Setzen wir

$$F_t(x) := \mathscr{D}_{h(t)}(x),$$

dann wird dadurch ein Fluß $\{F_t\}$ auf $M$ erzeugt (vgl. 15.4.5.), den man sich anschaulich als Flüssigkeitsströmung auf der Mannigfaltigkeit $M$ vorstellen kann. Das zugehörige Geschwindigkeitsfeld

$$v(x) = \left.\frac{\mathrm{d}F_t(x)}{\mathrm{d}t}\right|_{t=0} \tag{17.46}$$

ist ein Element der Menge $\mathrm{Vekt}(M)$ aller glatten Vektorfelder auf $M$, die eine Liealgebra bilden (vgl. 17.4.2.). Wir bezeichnen $v$ als das zu $H$ gehörige *Lievektorfeld*[14] auf der Mannigfaltigkeit $M$

Auf diese Weise ergibt sich in natürlicher Weise eine Darstellung

$$\psi \colon \mathscr{G} \to \mathrm{Vekt}(M) \tag{17.47}$$

der Liealgebra $\mathscr{G}$ in der Liealgebra $\mathrm{Vekt}(M)$ der Vektorfelder auf $M$. Explizit erhält man $\psi$ in der folgenden Form. Zu jedem Element $V \in \mathscr{G}$ gibt es eine einparametrige Untergruppe $H$ der Liegruppe $G$ mit

$$h'(0) = V.$$

Dann ist $\psi(V)$ das durch (17.46) konstruierte Vektorfeld $v$ auf $M$.

[14] Die Terminologie ist nicht einheitlich in der Literatur. Handelt es sich um Isometrien, dann bezeichnet man das zugehörige Lievektorfeld auch als Killingvektorfeld. Mitunter verwendet man auch die Bezeichnung Killingvektorfeld für Lievektorfelder beliebiger Transformationsgruppen.

**Satz:** Die Abbildung (17.47) ist genau dann injektiv, wenn die Gruppe $G$ auf der Mannigfaltigkeit $M$ effektiv wirkt.

**Strategie:** Die Strategie in der Theorie der Liegruppen besteht darin, alles auf die Untersuchung der zugehörigen Liealgebra zurückzuführen. Wie der folgende Hauptsatz zeigt, ist diese Strategie auch für Transformationsgruppen wirksam. Durch (17.47) haben wir Transformationsgruppen gewisse Vektorfelder auf der Mannigfaltigkeit $M$ zugeordnet. Nach dem Hauptsatz ergeben sich umgekehrt aus geeigneten Vektorfeldern auf $M$ auch Transformationsgruppen. Entscheidend ist, daß eine Darstellung der Form (17.47) vorliegt.

**Vollständige Vektorfelder:** Ein Vektorfeld $v$ auf einer Mannigfaltigkeit $M$ heißt genau dann vollständig, wenn es das Geschwindigkeitsfeld eines (globalen) Flusses auf $M$ ist (vgl. 15.4.5.).

*Beispiel 2:* Jedes Vektorfeld auf einer *kompakten* Mannigfaltigkeit ist vollständig.

**Hauptsatz über Transformationsgruppen:** Wir setzen voraus:

(a) Gegeben sei eine reelle Liealgebra $\mathscr{G}$.

(b) Mit $G$ bezeichnen wir die universelle Überlagerungsgruppe von $\mathscr{G}$, und $G_1$ bezeichne eine beliebige Liegruppe, deren Liealgebra gleich $\mathscr{G}$ ist.

(c) Gegeben sei eine Darstellung $\psi\colon \mathscr{G} \to \mathrm{Vekt}(M)$ von $\mathscr{G}$ in der Liealgebra aller glatten Vektorfelder auf der Mannigfaltigkeit $M$. Dadurch wird jedem $V \in \mathscr{G}$ ein Vektorfeld $\psi(V)$ auf $M$ zugeordnet.

Dann gilt:

(i) *Lokale Wirkung.* Es gibt eine (lokal) eindeutig bestimmte lokale Transformationsgruppe auf $M$, die einer lokalen Wirkung von $G_1$ auf $M$ entspricht, wobei die Vektorfelder $\psi(V)$ genau die zugehörigen Lievektorfelder sind.

(ii) *Globale Wirkung.* Sind alle Vektorfelder $\psi(V)$ *vollständig* (z.B. $M$ ist kompakt), dann gibt es genau eine Transformationsgruppe, die einer Wirkung von $G$ auf $M$ entspricht, wobei genau die Vektorfelder $\psi(V)$ die zugehörigen Lievektorfelder sind.

Ist $G_1$ *einfach zusammenhängend*, dann gilt $G = G_1$.

Ist die Abbildung $\psi\colon \mathscr{G} \to \mathrm{Vekt}(M)$ injektiv, dann wirkt $G$ effektiv auf $M$.

**Wichtiger Spezialfall:** Es sei eine Menge $\mathscr{G}$ von Vektorfeldern $v$ auf der Mannigfaltigkeit $M$ gegeben, so daß aus $v, w \in \mathscr{G}$ stets $\alpha v + \beta w \in \mathscr{G}$ für $\alpha, \beta \in \mathbb{R}$ und

$$[v, w] \in \mathscr{G}$$

folgt. Dann bildet $\mathscr{G}$ eine reelle Liealgebra, und wir können den Hauptsatz auf die identische (injektive) Abbildung $\psi\colon \mathscr{G} \to \mathrm{Vekt}(M)$ anwenden, d.h., es ist $\psi(V) = v$ für alle $V \in \mathscr{G}$ mit $V = v$.

Dieser Spezialfall unterstreicht die fundamentale Rolle der *Lieklammern von Vektorfeldern* in der Theorie der Transformationsgruppen.

*Beispiel 3:* Es sei $G = \mathbb{R}$ die additive Gruppe der reellen Zahlen mit der Liealgebra $\mathscr{G} = \mathbb{R}$. Ferner sei $\{\mathscr{D}_t\}$ eine Transformationsgruppe auf der Mannigfaltigkeit $M$, die einer Wirkung von $G$ entspricht. Setzen wir $F_t := \mathscr{D}_t$, dann ist $\{F_t\}$ ein Fluß auf $M$.

Anwendungen dieser Transformationsgruppen auf die Lösung des Quadraturproblems für gewöhnliche Differentialgleichungen findet man in 17.11.3.(Theorem von Lie).

*Beispiel 4:* Es sei $v$ das identische Vektorfeld auf $\mathbb{R}^m$ mit $m \geq 1$, d.h., es gilt $v(x) = x$ für alle $x \in \mathbb{R}^m$. Dann ist $v$ das Lievektorfeld einer Transformationsgruppe, die der Wirkung der multiplikativen Gruppe $G$ der positiven reellen Zahlen entspricht. Explizit wird jedem $g \in G$ die Transformation

$$\mathscr{D}_g x = gx \qquad \text{für alle } x \in \mathbb{R}^m$$

zugeordnet. Setzen wir $g = \mathrm{e}^t$, dann wird der entsprechende Fluß durch $F_t(x) := \mathrm{e}^t x$ gegeben, und Differentiation an der Stelle $t = 0$ liefert

$$\frac{\mathrm{d}}{\mathrm{d}t} F_t(x) \,|_{t=0} = x = v(x) .$$

Anwedungen dieser Transformationsgruppen auf die Wärmeleitungsgleichung findet man in 17.11.4.

**Homogene Räume:** Eine Mannigfaltigkeit heißt genau dann ein homogener Raum, wenn auf ihr eine Liesche Gruppe als transitive Transformationsgruppe wirkt.

*Beispiel 5:* Der $\mathbb{R}^n$ ist ein homogener Raum bezüglich der Translationsgruppe. Ferner ist jede Kugeloberfläche im $\mathbb{R}^n$ mit $n \geq 2$ ein homogener Raum bezüglich aller Drehungen um den Mittelpunkt der Kugel.

Ist $G$ eine Liesche Gruppe, dann erhält man durch

$$\mathscr{D}_g(x) = gx \qquad \text{für alle } g, x \in G$$

eine Transformationsgruppe auf $G$, die einer Wirkung von $G$ auf sich selbst entspricht. Damit wird $G$ zu einem homogenen Raum.

# 17.11. Differentialgleichungen und Symmetrie

Zu Beginn des 19. Jahrhunderts untersuchten der norwegische Mathematiker Niels Henrik Abel (1802–1829) und der französische Mathematiker Evariste Galois (1811–1832) das Lösungsverhalten von algebraischen Gleichungen $n$-ten Grades. Die von Galois geschaffene Theorie zeigte, daß Eigenschaften von (*diskreten*) Permutationsgruppen dafür verantwortlich sind, daß sich Gleichungen vom Grade $n \geq 5$ nicht durch allgemeine Formeln lösen lassen, in denen neben den vier Grundrechenarten nur noch Wurzeln vorkommen. Das war der historische Ausgangspunkt für die Gruppentheorie und allgemeiner die moderne Strukturtheorie.

Der norwegische Mathematiker Sophus Lie (1842–1899) verallgemeinerte die gruppentheoretischen Überlegungen von Galois und zeigte, wie man mit Hilfe der von ihm geschaffenen (lokalen) Theorie der *kontinuierlichen* Transformationsgruppen die Untersuchung von gewöhnlichen und partiellen Differentialgleichungen wesentlich vereinfachen kann, wenn die Gleichungen Symmetrieeigenschaften besitzen. Dabei werden in entscheidender Weise invariante Funktionen benutzt.

Im folgenden seien alle auftretenden Funktionen und Mannigfaltigkeiten glatt.

## 17.11.1. Invariante Funktionen

Es sei $f: M \to \mathbb{R}$ eine Funktion auf einer reellen Mannigfaltigkeit $M$.

**Der allgemeine Fall:** Wir betrachten eine Abbildung $\psi = \psi(x,p)$ der Form $\psi: M \times P \to M$, wobei der Parameter $p = (p_1, \ldots, p_m)$ in einer offenen Menge $P$ des $\mathbb{R}^m$ liegt. Ferner sei $\psi(x,0) = x$ für alle $x \in M$. Die Funktion $f$ heißt genau dann bezüglich $\psi$ *invariant*, wenn

$$f(\psi(x,p)) = f(x) \qquad \text{für alle } x \in M, p \in P$$

gilt. Das ist äquivalent zu der Differentialgleichung

$$\frac{\partial}{\partial p_j} f(\psi(x,p)) = 0 \tag{17.48}$$

für alle $x \in M, p \in P, j = 1, \ldots, m$. Die entscheidende Beobachtung von Sophus Lie bestand darin, daß man im Fall von Transformationsgruppen $\psi$ die Differentialgleichung nur für einen festen Parameterwert (z.B. $p = 0$) erfüllen muß, damit sie für alle $p$ gilt.

Das ist der Inhalt der folgenden Sätze 1 und 2.

**Flüsse:** Es sei $\{F_t\}$ ein Fluß (vgl. 15.4.5.) auf der Mannigfaltigkeit $M$. Wir interpretieren $\{F_t\}$ als eine Flüssigkeitsströmung auf $M$ (Abb. 17.10). Dann beschreibt

$$x(t) = F_t x_0$$

die Trajektorie eines Flüssigkeitsteilchens, das sich zur Zeit $t = 0$ im Punkt $x_0$ befindet. Das zugehörige Geschwindigkeitsfeld $v$ auf $M$ ergibt sich dann durch

$$v(x_0) = x'(0).$$

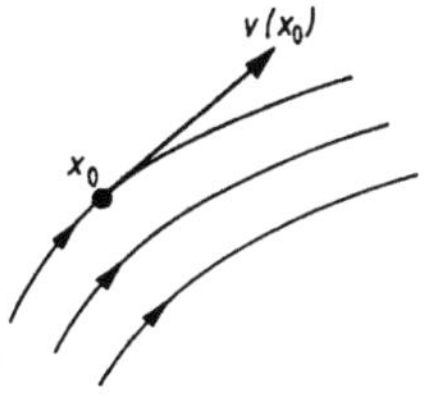


Abb. 17.10

**Satz 1:** Die folgenden beiden Aussagen sind äquivalent:

(i) Die Funktion $f$ ist invariant bezüglich des Flusses $\{F_t\}$, d.h., es gilt[15]

$$f(F_t x) = f(x) \qquad \text{für alle } t \in \mathbb{R}, x \in M.$$

(ii) Die Lieableitung von $f$ bezüglich des Vektorfeldes $v$ verschwindet, d.h., es ist

$$\mathscr{L}_v f = 0 \qquad \text{auf } M. \tag{17.49}$$

*Beispiel 1:* Es sei $M = \mathbb{R}^n$ mit $n \geq 1$ und $x = (x_1, \ldots, x_n)$ sowie $\partial_j := \partial / \partial x_j$. Dann gilt

$$\mathscr{L}_v = \sum_{j=1}^{n} v_j(x) \partial_j .$$

---

[15] Vom physikalischen Standpunkt aus bedeutet dies, daß $f$ eine Erhaltungsgröße der Flüssigkeitsströmung ist.

Die Bedingung (17.49) bedeutet

$$(\mathscr{L}_v f) = \sum_{j=1}^{n} v_j(x)\partial_j f(x) = 0 \qquad \text{für alle } x \in \mathbb{R}^n .$$

Nach Lie bezeichnet man die Linearisierung der Transformation $x = F_t x_0$, d.h.

$$x = x_0 + tv(x_0),$$

als zugehörige *infinitesimale Transformation*. Dabei ist $t$ ein reeller Parameter. Die *Lieklammer* von Vektorfeldern auf $\mathbb{R}^n$ ergibt sich durch

$$[v, w] = \mathscr{L}_v\mathscr{L}_w - \mathscr{L}_w\mathscr{L}_v = \sum_{j,k=1}^{n} v_j\partial_j w_k - w_k\partial_k v_j .$$

**Allgemeine Transformationsgruppen:** Die Liegruppe $G$ wirke als Transformationsgruppe $\{\mathscr{D}_g\}$ auf der Mannigfaltigkeit $M$, und $w_1, \ldots, w_k$ sei eine Basis der Liealgebra der zugehörigen Lievektorfelder.

**Satz 2:** Die folgenden beiden Aussagen sind äquivalent:

(i) Die Funktion $f$ ist invariant, d.h., es ist $f(\mathscr{D}_g(x)) = f(x)$ für alle $x \in M, g \in G$.

(ii) $\mathscr{L}_{w_j} f = 0$ auf $M$ für $j = 1, \ldots, k$.

## 17.11.2. Invariante Differentialgleichungen

Wir betrachten im $\mathbb{R}^n$ die gewöhnliche Differentialgleichung

$$f(\tau, x, x') = 0 . \qquad (17.50)$$

Gesucht wird $x = x(\tau)$ mit dem reellen Parameter $\tau$ und $x(\tau) \in \mathbb{R}^n$. Wir setzen dabei $f: \mathbb{R} \times \mathbb{R}^n \times \mathbb{R}^n \to \mathbb{R}^n$ als Funktion der Argumente $\tau \in \mathbb{R}$, $x, x' \in \mathbb{R}^n$ voraus.

**Lie-Bäcklund-Transformation:** Es sei $p$ ein Parameter. Jede Transformation

$$x_* = A(\tau, x, x'; p), \quad \tau_* = B(\tau, x, x'; p), \quad x'_* = C(\tau, x, x'; p),$$

die die Funktion $f$ invariant läßt, heißt eine Lie-Bäcklund-Transformation der Differentialgleichung (17.50).

**Definition:** Die Differentialgleichung (17.50) heißt genau dann invariant unter der Transformation

$$x_* = A(\tau, x), \qquad (17.50a)$$

wenn (17.50) invariant ist unter der induzierten Lie-Bäcklund-Transformation

$$x_* = A(\tau, x), \quad x'_* = A_\tau(\tau, x) + A_x(\tau, x)x' . \qquad (17.50b)$$

Man erhält (17.50b) in natürlicher Weise, indem man in (17.50a) eine Funktion $x = x(\tau)$ einsetzt und nach $\tau$ differenziert.

In analoger Weise kann man die Invarianz definieren, falls eine Transformation $\tau_* = B(\tau, x)$ der unabhängigen Variablen $\tau$ hinzu kommt. Ferner läßt sich diese Überlegung auch sofort auf partielle Differentialgleichungen verallgemeinern.

*Beispiel 2:* Die Differentialgleichung

$$\eta' - \Phi(\xi + \eta) = 0, \quad \xi' - 1 = 0 \tag{17.51}$$

mit $x = (\xi, \eta)$ ist invariant unter der Transformation $\eta_* = \eta - p$, $\xi_* = \xi + p$, $\tau_* = \tau$. Die zugehörige Lie-Bäcklund-Transformation lautet

$$\eta_* = \eta - p, \quad \xi_* = \xi + p, \quad \tau_* = \tau, \quad \eta'_* = \eta', \quad \xi'_* = \xi'.$$

## 17.11.3. Anwendungen auf gewöhnliche Differentialgleichungen

Man sagt, daß eine Differentialgleichung durch Quadraturen lösbar ist, wenn man die Lösung durch Integrationen gewinnen kann. Es sei $G = (G_1, G_2)$ und $x = (\xi, \eta)$.

**Theorem von Lie:** Ist eine Differentialgleichung

$$x' - G(x) = 0 \tag{17.52}$$

im $\mathbb{R}^2$ unter einem Fluß $\{F_t\}$ mit dem Vektorfeld $v$ invariant, dann läßt sie sich durch Quadraturen lösen, falls $G(x)$ und $v(x)$ in jedem Punkt $x \in \mathbb{R}^2$ linear unabhängig sind:

Ausführlicher: Wählen wir den sogenannten Multiplikator $M := 1/(G_1 v_2 - G_2 v_1)$, dann gilt $\mathrm{d}\omega = 0$ für

$$\omega := M(x)(G_2(x)\,\mathrm{d}\xi - G_1(x)\,\mathrm{d}\eta), \quad x = (\xi, \eta).$$

Somit hat die Gleichung $\omega = \mathrm{d}\Omega$ eine Lösung, nämlich

$$\Omega(x) := \int_b^x \omega.$$

Dieses Integral ist vom Weg unabhängig. Die sich aus

$$\Omega(\xi, \eta) = \mathrm{const}$$

ergebenden Kurven sind dann Lösungen von (17.52). Das ist die Methode des Eulerschen Multiplikators (vgl. 1.12.4.10.).

Dieser Satz enthält als Spezialfälle bekannte Integrationsmethoden für gewöhnliche Differentialgleichungen.

*Beispiel 3:* Die Differentialgleichung

$$\eta'(\xi) = \Phi(\xi + \eta) \tag{17.53}$$

kann in der Form (17.51) geschrieben werden. Nach Beispiel 2 ist sie invariant unter dem durch

$$\xi = \xi_0 + t, \quad \eta = \eta_0 - t$$

gegebenen Fluß $x = F_t(x_0)$. Die zugehörigen Trajektorien sind die Geraden $\xi + \eta = \mathrm{const}$. Führen wir die neuen Koordinaten $(\zeta, \xi)$ ein mit

$$\zeta := \xi + \eta,$$

dann besitzen die Trajektorien des Flusses die einfache Gestalt $\zeta = \mathrm{const}$, und die Differentialgleichung (17.53) geht über in

$$\frac{\mathrm{d}\zeta}{\mathrm{d}\xi} = 1 + \Phi(\zeta).$$

Die Methode der Trennung der Variablen (vgl. 1.12.4.4.) liefert die Lösung

$$\int_a^\zeta \frac{d\tau}{1+\Phi(\tau)} = \xi .$$

d.h., die Lösung ergibt sich tatsächlich durch eine Quadratur (Integration).

**Strategie:** Das hier angewendete Verfahren gehört zu einer allgemeinen Strategie für gewöhnliche und partielle Differentialgleichungen, die zum Beispiel häufig in der mathematischen Physik benutzt wird:

*Ist eine Differentialgleichung unter einem Fluß invariant, dann wählen wir solche neue Koordinaten, in denen die Trajektorien des Flusses eine besonders einfache Gestalt haben.*

### 17.11.4. Anwendungen auf partielle Differentialgleichungen

Wir betrachten die eindimensionale Wärmeleitungsgleichung

$$T_t = aT_{xx} . \tag{17.54}$$

wobei $T = T(x.t)$ die Temperatur in einem Stab im Punkt $x \in \mathbb{R}$ zur Zeit $t \geq 0$ bezeichnet. Dabei ist $a$ eine Materialkonstante.

**Ähnlichkeitstransformation:** Wir betrachten die Transformation

$$x^* = \alpha x. \quad t^* = \beta t. \quad T^* = \gamma T . \tag{17.55a}$$

wobei $\alpha.\beta.\gamma$ positive Konstanten bezeichnen. Die zugehörige Lie-Bäcklund-Transformation lautet

$$T^*_{t^*} = \gamma\beta^{-1}T_t. \quad T^*_{x^*} = \gamma\alpha^{-1}T_x. \quad T^*_{x^*x^*} = \gamma\alpha^{-2}T_{xx} . \tag{17.55b}$$

Diese Transformation erhält man, indem man jeder Funktion $T = T(x.t)$ die transformierte Funktion

$$T^*(x^*.t^*) := \gamma T(x.t). \qquad x^* = \alpha x. \quad t^* = \beta t$$

zuordnet und nach $x^*.t^*$ differenziert. Für die Wärmeleitungsgleichung (17.54) erhalten wir

$$T^*_{t^*} - aT^*_{x^*x^*} = \gamma\beta^{-1}(T_t - aT_{xx}) . \tag{17.56}$$

falls wir $\beta = \alpha^2$ wählen.

**Invariante Lösungen der Wärmeleitungsgleichung:** Wir suchen nunmehr Lösungen der Wärmeleitungsgleichung (17.54), die unter der Transformation (17.55a) mit $\beta = \alpha^2$ invariant bleiben. Explizit heißt das $T^*(x^*.t^*) = T(x^*.t^*)$, also

$$\gamma T(x.t) = T(\alpha x. \alpha^2 t) .$$

Diese Beziehung kann durch den Ansatz

$$T(x.t) := t^k f(\zeta). \quad \zeta := -x^2/4at$$

mit $\gamma = \alpha^{2k}$ erfüllt werden. Setzen wir das in (17.54) ein, dann ergibt sich anstelle der partiellen Differentialgleichung (17.54) die *gewöhnliche Differentialgleichung*

$$kf(\zeta) + 2^{-1}f'(\zeta) + f'(\zeta)\zeta - f''(\zeta)\zeta = 0 .$$

Für $k = -1/2$ ist $f(\zeta) = \mathrm{const} \cdot e^\zeta$ eine Lösung. Das liefert die sogenannte Fundamentallösung

$$\mathcal{T}(x.t) := (4\pi at)^{-1/2} e^{-x^2/4ta}$$

der Wärmeleitungsgleichung (17.54).

Die Bedeutung von $\mathscr{T}$ liegt darin, daß wir bei gegebener Funktion $T_0 \in C_0^\infty(\mathbb{R})$ durch die Superposition

$$T(x,t) := \int_{-\infty}^{\infty} \mathscr{T}(x-y)T_0(y)\,\mathrm{d}y$$

die Lösung der Wärmeleitungsgleichung (17.54) mit der Anfangstemperatur $T(x,0) = T_0(x)$ auf $\mathbb{R}$ erhalten.

**Physikalische Interpretation der Ähnlichkeitstransformation:** Die Transformation (17.55a) entspricht einer Änderung der Einheiten von Länge, Zeit und Temperatur. Die Größe $\zeta$ ist dabei dimensionslos. Die Invarianz von Differentialgleichungen bezüglich einer Ähnlichkeitstransformation entspricht der Methode der Dimensionsanalyse in der Physik.

## 17.12. Die innere Symmetrie Liescher Gruppen und ihrer Liealgebren

Es sei $G$ eine Liegruppe, und $\mathscr{L}G$ bezeichne die Liealgebra von $G$. Viele Begriffsbildungen von $G$ und $\mathscr{L}G$ hängen mit der inneren Symmetrie von $G$ zusammen. Besonders einfach werden die Formeln für die klassischen Matrizengruppen (vgl. das Standardbeispiel am Ende dieses Abschnitts).

Diese Symmetrieeigenschaften spielen eine wichtige Rolle in der Theorie der Hauptfaserbündel (vgl. 19.3. und 19.4.).

**Linkstranslationen einer Liegruppe.** Für jedes $g \in G$ erklären wir die sogenannte Linkstranslation $L_g\colon G \to G$ durch

$$L_g h := gh$$

für alle $h \in G$. In analoger Weise definiert man durch $R_g h := hg$ eine Rechtstranslation auf $G$.

*Symmetrieeigenschaften* der Liegruppe $G$ sind solche, die unter Linkstranslationen (bzw. Rechtstranslationen) invariant bleiben. Durch Linearisierung am Einselement $e$ von $G$ ergeben sich daraus die entsprechenden Symmetrieeigenschaften der Liealgebra $\mathscr{L}G$.

**Linksinvariante Vektorfelder.** Ein Vektorfeld $v$ auf der Liegruppe $G$ heißt genau dann linksinvariant, wenn es unter der Linearisierung aller $L_g$ invariant ist, d.h., es gilt

$$(L_g)_* v = v\,.$$

Explizit bedeutet das $L'_g(h)v_h = v_{gh}$ für alle $g, h \in G$. Genau alle linksinvarianten Vektorfelder auf $G$ erhält man durch

$$v_g = L'_g(e)v_e$$

für alle $g \in G$, falls $v_e \in TG_e$ einen festen, aber sonst beliebigen Tangentialvektor von $G$ im Einselement $e$ bezeichnet.

**Die Liealgebra** $\mathrm{Vekt_l}(G)$. **Mit** $\mathrm{Vekt_l}(G)$ **bezeichnen wir die Menge aller linksinvarianten Vektorfelder auf** $G$. **Das ist eine Unteralgebra der Liealgebra** $\mathrm{Vekt}(G)$ **aller Vektorfelder auf** $G$ **mit der Lieklammer**

$$[v, w]_g = (\mathscr{L}_v w)_g$$

**für alle** $g \in G$, **wobei** $\mathscr{L}_v$ **die Lieableitung bezeichnet (vgl. 15.4.6.). Dabei gilt**

$$[v, w]_g = L_g'(e)[v_e, w_e]_e$$

**für alle** $v, w \in \mathrm{Vekt_l}(G)$. **Die Lieklammer auf** $\mathscr{L}G = TG_e$ **erhält man daraus in natürlicher Weise durch**

$$[v_e, w_e] = [v, w]_e$$

**für alle** $v_e, w_e \in \mathscr{L}G$, **wobei** $v$ **und** $w$ **die durch** $v_e, w_e$ **erzeugten linksinvarianten Vektorfelder bezeichnen.**

**Der Isomorphismus zwischen** $\mathrm{Vekt_l}(G)$ **und** $\mathscr{L}G$ **mittels der Maurer-Cartan-Form.** **Wir konstruieren eine Abbildung** $\mu\colon \mathrm{Vekt_l}(G) \to \mathscr{L}G$ **durch**

$$\mu_g(v_g) := v_e$$

**für alle** $g \in G$, **wobei** $v$ **ein beliebiges linksinvariantes Vektorfeld auf** $G$ **bezeichnet. Dann ist** $\mu$ **ein Isomorphismus**[16] **zwischen** $\mathrm{Vekt_l}(G)$ **und der Liealgebra** $\mathscr{L}G$.

**Man nennt** $\mu$ **die Maurer-Cartan-Form der Liegruppe** $G$. **Es gilt die** ***Strukturgleichung von Cartan*** **für Liegruppen:**

$$\mathrm{d}\mu + \frac{1}{2}[\mu, \mu] = 0\,. \tag{17.57}$$

**Explizit bedeutet das** $\mathrm{d}\mu_g(v, w) + [\mu_g(v), \mu_g(w)] = 0$ **für alle** $g \in G$ **und alle Tangentialvektoren** $v, w = TG_g$.

**Die adjungierte Darstellung** $\mathscr{A}\mathrm{d}$ **einer Liegruppe** $G$ **auf sich selbst.** **Für alle** $g, h \in G$ **setzen wir**

$$\mathscr{A}\mathrm{d}(g)h := ghg^{-1}.$$

**Jede Abbildung** $\mathscr{A}\mathrm{d}(g)\colon G \to G$ **ist eine Diffeomorphismus mit**

$$\mathscr{A}\mathrm{d}(gk) = \mathscr{A}\mathrm{d}(g)\mathscr{A}\mathrm{d}(k) \qquad \text{für alle} \quad g, k \in G\,,$$

**d.h.,** $\mathscr{A}\mathrm{d}$ **ist eine Darstellung von** $G$ **auf** $G$.

**Die adjungierte Darstellung** $\mathrm{Ad}$ **einer Liegruppe** $G$ **auf ihrer Liealgebra** $\mathscr{L}G$. **Die Linearisierung** $\mathrm{Ad} := \mathscr{A}\mathrm{d}'(e)$ **von** $\mathscr{A}\mathrm{d}$ **am Einselement** $e$ **liefert für jedes** $g \in G$ **eine lineare Abbildung** $\mathrm{Ad}(g)\colon \mathscr{L}G \to \mathscr{L}G$ **mit**

$$\mathrm{Ad}(gk) = \mathrm{Ad}(g)\mathrm{Ad}(k) \qquad \text{für alle} \quad g, k \in G\,,$$

**d.h.,** $\mathrm{Ad}$ **ist eine Darstellung von** $G$ **auf** $\mathscr{L}G$. **Explizit gilt**

$$\mathrm{Ad}(g)v = (L_g R_h)'(e)v$$

**für alle** $g \in G$, $v \in \mathscr{L}G$ **mit** $h := g^{-1}$.

---

[16] Isomorphe Liealgebren kann man miteinander identifizieren.
In der Literatur definiert man häufig die Liealgebra von $G$ durch $\mathrm{Vekt_l}(G)$. Im Hinblick auf die Einfachheit der Formulierung für die in der Physik besonders wichtigen klassischen Matrizengruppen empfiehlt es sich jedoch, die Liealgebra $\mathscr{L}G$ von $G$ mit dem Tangentialraum $TG_e$ zu identifizieren, wie wir das bei der Definition von $\mathscr{L}G$ in 17.5.2. getan haben.

**Die adjungierte Darstellung** ad **der Liealgebra** $\mathscr{L}G$ **auf sich selbst.** Für alle $v, w \in \mathscr{L}G$ setzen wir

$$\mathrm{ad}(v)w := [v, w] .$$

Dann ist $\mathrm{ad}(v)$: $\mathscr{L}G \to \mathscr{L}G$ ein linearer Operator mit

$$\mathrm{ad}([v, z]) = [\mathrm{ad}(v), \mathrm{ad}(z)] \qquad \text{für alle} \quad v, z \in \mathscr{L}G ,$$

d.h., ad ist eine Darstellung von $\mathscr{L}G$ auf $\mathscr{L}G$. Es gilt

$$\mathrm{Ad}'(e)v = \mathrm{ad}(v) \qquad \text{für alle} \quad v \in \mathscr{L}G ,$$

d.h., ad entspricht der Linearisierung von Ad am Einselement $e$.

*Standardbeispiel* (klassische Matrizengruppen): Mit $G := GL(n, \mathbb{R})$ bezeichnen wir die Liegruppe aller invertierbaren reellen $(n \times n)$-Matrizen. Die zugehörige Liealgebra $\mathscr{L}G = gl(n, \mathbb{R})$ besteht aus allen reellen $(n \times n)$-Matrizen mit der Lieklammer

$$[V, W] = VW - WV \qquad \text{für alle} \quad V, W \in \mathscr{L}G .$$

Ferner bezeichnen wir mit $e$ die Einheitsmatrix in $G$.

Genau alle linksinvarianten Vektorfelder $v$ auf $G$ erhält man durch

$$v_g = gV$$

für alle $g \in G$, wobei $V$ eine feste, aber sonst beliebige Matrix aus $\mathscr{L}G$ ist. Die Lieklammer auf $\mathrm{Vekt}_{\mathrm{l}}(G)$ ergibt sich durch

$$[v, w]_g = g(VW - WV)$$

für alle $g \in G$. Dabei ist $v_g = gV$ und $w_g = gW$ mit $V, W \in \mathscr{L}G$. Die *Maurer-Cartan-Form* $\mu$ auf $G$ hat die Gestalt

$$\mu_g(gV) = V$$

für alle $g \in G$ und alle $V \in \mathscr{L}G$. Für jedes $g \in G$ ist die adjungierte Darstellung Ad der Gruppe $G$ auf $\mathscr{L}G$ durch

$$\mathrm{Ad}(g)V = gVg^{-1}, \qquad g \in G, \quad V \in \mathscr{L}G ,$$

gegeben. Schließlich erhält man die adjungierte Darstellung ad von $\mathscr{L}G$ auf sich selbst durch

$$\mathrm{ad}(V)W = VW - WV , \qquad V, W \in \mathscr{L}G .$$

Jede Matrix $V \in \mathscr{L}G$ erzeugt durch

$$h(t) := e^{tV}, \qquad t \in \mathbb{R} ,$$

eine einparametrige Untergruppe von $G$. Daraus ergibt sich durch $F_t g := h(t)g$ ein Fluß auf der Liegruppe $G$ mit dem zugehörigen *Geschwindigkeitsfeld*

$$v_g := \left.\frac{\mathrm{d}F_t}{\mathrm{d}t}\right|_{t=0} = gV ,$$

d.h., $v$ stellt das durch $V$ erzeugte linksinvariante Vektorfeld mit $v_e = V$ dar.

Die auf der Liegruppe $G$ wirkende Transformationsgruppe $\{R_g\}$ der Rechtstranslationen erzeugt nach 17.10. Lievektorfelder auf $G$. Diese sind identisch mit den linksinvarianten Vektorfeldern auf $G$.

Analoge Formeln gelten für jede abgeschlossene Untergruppe von $G = GL(n, \mathbb{K})$ mit $\mathbb{K} = \mathbb{R}, \mathbb{C}$. Zahlreiche Beispiele hierfür findet man in Tabelle 17.1.

# 17.13. Differentialformen mit Werten in einer Liealgebra

Es sei $B_1, \ldots, B_m$ eine Basis der reellen Liealgebra $\mathscr{L}$. Im folgenden wird über gleiche obere und untere Indizes von 1 bis $m$ summiert.

Unter einer $p$-Form $\omega$ auf der reellem $n$-dimensionalen Mannigfaltigkeit $M$ verstehen wir einen Ausdruck der Gestalt

$$\omega = \omega^j B_j\,, \tag{17.58}$$

wobei jedes $\omega^j$ eine klassische $p$-Form auf $M$ ist. Explizit bedeutet (17.58), daß

$$\omega_x(v_1, \ldots, v_p) = \omega_x^j(v_1, \ldots, v_p) B_j$$

für alle $x \in M$ und alle Tangentialvektoren $v_1, \ldots, v_p \in TM_x$ gilt. Im Spezialfall der klassischen Liealgebren von Tabelle 17.1 sind alle $B_j$ Matrizen.

**Definition:** Wir setzen

(i) $\mathrm{d}\omega := \mathrm{d}\omega^j B_j$.

(ii) $[\omega, \varrho] := (\omega^j \wedge \varrho^k)[B_j, B_k]$.

Dabei sei $\omega$ eine $p$-Form und $\varrho$ eine $q$-Form mit Werten in $\mathscr{L}$. Diese Definitionen sind unabhängig von der Wahl der Basis $\{B_j\}$.

**Satz:** Es gilt

(a) $\omega \wedge \varrho = (-1)^{pq} \varrho \wedge \omega$.

(b) $[\omega, \varrho] = (-1)^{pq+1}[\varrho, \omega]$.

(c) $\mathrm{d}[\omega, \varrho] = [\mathrm{d}\omega, \varrho] + (-1)^p[\omega, \mathrm{d}\varrho]$.

# 18. TOPOLOGIE — MATHEMATIK DES QUALITATIVEN VERHALTENS

*Auf allen meinen Wegen bin ich immer wieder der analysis situs (Topologie) begegnet.*

*Henri Poincaré (1854 – 1912)*

## 18.1. Das Ziel der Topologie

Die Topologie stellt die allgemeinste Form der Geometrie dar. Deshalb spielt sie überall dort eine zentrale Rolle, wo es um die Untersuchung *qualitativer* Eigenschaften geht. Tiefliegende topologische Resultate sind nicht nur für die Mathematik, sondern auch für die moderne Physik von besonderer Bedeutung (z.B. qualitative Theorie der dynamischen Systeme, Stringtheorie und Elementarteilchentheorie, Festkörpertheorie, Kosmologie). Die moderne Topologie ist geprägt von einem bewundernswerten Zusammenspiel scharfsinniger Methoden der Geometrie, Algebra und Analysis. Grundbegriffe über topologische Räume findet man in 11.2.1.

Die Topologie untersucht die Eigenschaften von topologischen Räumen (z.B. von Teilmengen des $\mathbb{R}^n$ oder von Mannigfaltigkeiten), die sich bei *Homöomorphismen nicht ändern.* Solche Eigenschaften bezeichnet man als *topologische Eigenschaften.* Anschaulich gesprochen gilt:

*Homöomorphismen eines topologischen Raumes $T$ sind gummiartige Verbiegungen von $T$, bei denen keine Risse auftreten.*

Beispielsweise sind die in Abb. 18.1 dargestellten Mengen zueinander homöomorph, während die Mengen in Abb. 18.2 nicht zueinander homöomorph sind.

Abb. 18.1

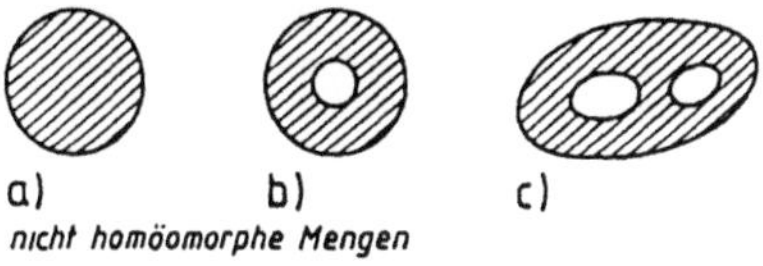


Abb. 18.2

Ein klassisches topologisches Resultat ist der Jordansche Kurvensatz. Unter einer *Jordankurve* $C$ versteht man eine Menge des $\mathbb{R}^2$, die zu der Kreislinie $S^1$ homöomorph ist (Abb. 18.3). Offensichtlich teilt $S^1$ den $\mathbb{R}^2$ (d.h. die Ebene) in ein äußeres und ein inneres Gebiet. Das ist eine topologische Eigenschaft. Genauer gilt folgendes.

**Jordanscher Kurvensatz:** Ist $C$ eine Jordankurve, dann besteht das Komplement von $C$ aus genau zwei disjunkten Gebieten.

Diese beiden Gebiete nennt man das Innere und das Äußere von $C$.

Abb. 18.3c vermittelt eine Vorstellung davon, daß der Jordansche Kurvensatz nicht trivial

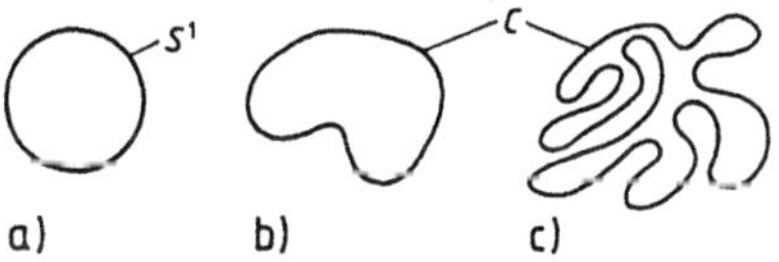


Abb. 18.3

ist. Generell haben viele Aussagen der Topologie einen sehr einfachen anschaulichen Hintergrund; ihre Beweise sind aber außerordentlich schwierig und erfordern einen aufwendigen, sehr abstrakten mathematischen Apparat.

Begründet wurde die Topologie Ende des 19.Jahrhunderts von dem französischen Mathematiker Henri Poincaré. Er knüpfte an das Werk von Bernhard Riemann (1826–1866) an, der sich bei der Schaffung der komplexen Funktionentheorie topologischer Methoden bediente, um das globale Verhalten analytischer Funktionen und ihrer Integrale mit Hilfe von Riemannschen Flächen zu untersuchen.

**Topologische Invarianten:** Unter einer topologischen Invariante versteht man eine (ganze) Zahl, die sich bei Homöomorphismem nicht ändert. Mit Hilfe topologischer Invarianten kann man topologische Räume klassifizieren. Zwei topologische Räume, für die eine topologische Invariante unterschiedliche Werte annimmt, können nicht homöomorph sein. Eine grundlegende topologische Invariante ist die Eulersche Charakteristik $\chi(M)$ einer Mannigfaltigkeit $M$.

**Funktoren:** In der modernen Topologie ordnet man topologischen Räumen *algebraische Strukturen* zu (z.B. Fundamentalgruppen, Homologiegruppen, Kohomologiegruppen, Homotopiegruppen), die sich bei Homöomorphismen nicht ändern. Daraus ergeben sich topologische Invarianten (z.B. die Bettischen Zahlen und die Eulersche Charakteristik in 18.5.).

Genauer gesagt, man verwendet Funktoren. Zum Beispiel stellt der Homologiefunktor einen Funktor von der Kategorie der topologischen Räume in die Kategorie der linearen Räume dar (vgl. 18.6.2.). Der Begriff des Funktors wurde in 17.2.4. eingeführt.

**Konvention für Mannigfaltigkeiten:** In diesem Kapitel verstehen wir unter einer Mannigfaltigkeit immer eine $C^\infty$-Mannigfaltigkeit. Glatte Abbildungen und Diffeomorphismen sowie Formen sind stets vom Typ $C^\infty$.

**Zellen:** Für $n = 1, 2, \ldots$ setzen wir

$$K^n := \{x \in \mathbb{R}^n \colon |x| < 1\} \quad (n\text{-dimensionale offene Einheitskugel}),$$
$$S^{n-1} := \{x \in \mathbb{R}^n \colon |x| = 1\} \quad ((n-1)\text{-dimensionale Sphäre, Rand von } K^n).$$

Mit $\overline{K}^n = \{x \in \mathbb{R}^n \colon |x| \le 1\}$ bezeichnen wir die abgeschlossene Einheitskugel.

Unter einer $n$-Zelle verstehen wir einen topologischen Raum, der zu $K^n$ homöomorph ist; 0-Zellen sind Punkte (Abb. 18.4).

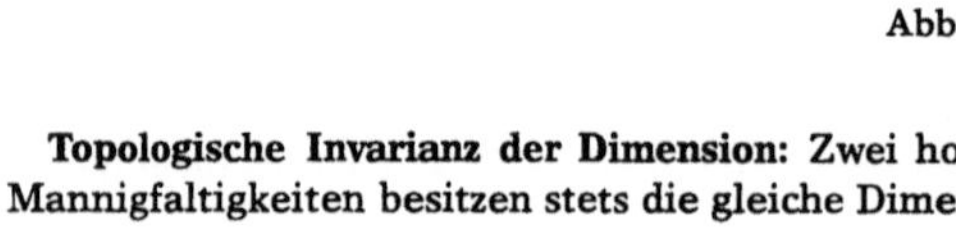


Abb. 18.4

**Topologische Invarianz der Dimension:** Zwei homöomorphe endlichdimensionale reelle Mannigfaltigkeiten besitzen stets die gleiche Dimension $\ge 0$.

**Zellkomplexe und Eulersche Charakteristik:** Es sei $M$ eine $n$-dimensionale kompakte reelle Mannigfaltigkeit (mit oder ohne Rand). Wir nehmen an, daß wir $M$ als einen Zellkomplex darstellen können, d.h. als eine Vereinigung von endlich vielen, paarweise disjunkten Zellen, wobei $\alpha_q$ die Anzahl der auftretenden $q$-Zellen ist. Dann wird die

Eulersche Charakteristik von $M$ durch

$$\chi(M) := \sum_{q=0}^{n}(-1)^q \alpha_q$$

definiert[1]. Die gleiche Definition benutzen wir für einen topologischen Raum $M$, der zu einer der oben angegebenen Mannigfaltigkeiten homöomorph ist.

Die Eulersche Charakteristik $\chi(M)$ besitzt die außerordentlich bemerkenswerte Eigenschaft, daß sie nicht von der Art der Zellzerlegung von $M$ abhängt und eine topologische Invariante von $M$ darstellt.

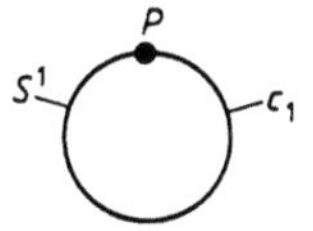


Abb. 18.5

*Beispiel 1:* Die Kreislinie $S^1$ besteht aus einer 0-Zelle $P$ und einer 1-Zelle $c_1 := S^1 - P$ (Abb. 18.5). Folglich ist

$$\chi(S^1) = \alpha_0 - \alpha_1 = 1 - 1 = 0\,.$$

*Beispiel 2:* Eine Würfeloberfläche $\partial W$ besteht aus acht 0-Zellen (Eckpunkte), zwölf 1-Zellen (offene Kanten) und sechs 2-Zellen (offene Randflächen) (Abb. 18.6a). Somit gilt

$$\chi(\partial W) = \alpha_0 - \alpha_1 + \alpha_2 = 8 - 12 + 6 = 2\,.$$

Die 2-Sphäre $S^2$ ist homöomorph zum Würfelrand $\partial W$ (Abb. 18.6). Deshalb muß $\chi(S^2) = \chi(\partial W) = 2$ gelten. Um das über eine Zellzerlegung zu bestätigen, beachten wir, daß $S^2$ aus einer 0-Zelle $N$ (Nordpol) und der 2-Zelle $c_2 = S^2 - N$ besteht (Abb. 18.6b). Deshalb gilt

$$\chi(S^2) = \alpha_0 + \alpha_2 = 1 + 1 = 2\,.$$

In analoger Weise erhält man

$$\chi(S^n) = \alpha_0 + (-1)^n\alpha_n = 1 + (-1)^n\,.$$

*Beispiel 3:* Einen Torus $T$ kann man als disjunkte Vereinigung eines Längenkreises $L$ und seines Komplements $R = T - L$ darstellen (Abb. 18.7).

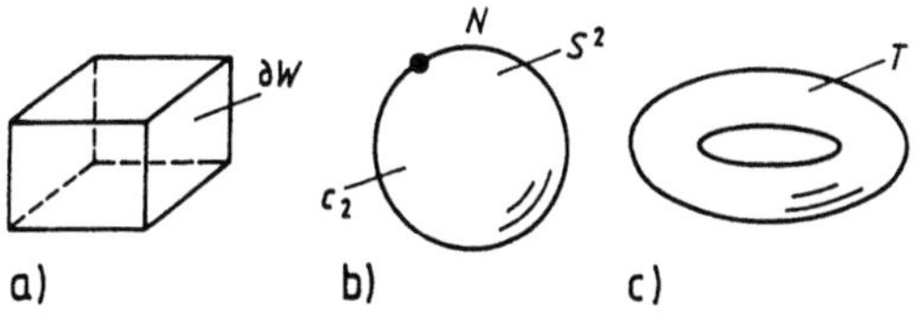


Abb. 18.6

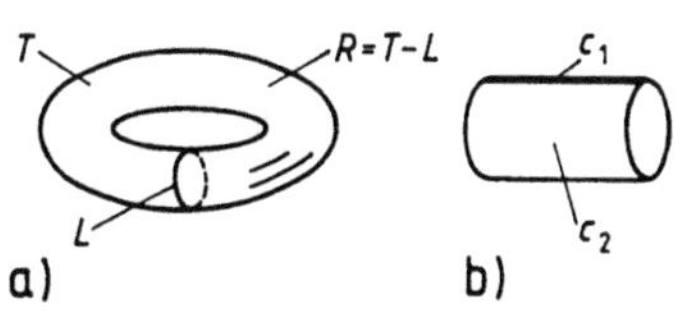


Abb. 18.7

[1] In 18.5. werden wir eine abstrakte algebraische Definition für die Eulersche Charakteristik $\chi(M)$ angeben, die zu der hier verwendeten anschaulichen geometrischen Definition äquivalent ist.

Die Kreislinie $L$ besteht nach Beispiel 1 aus einer 0-Zelle und einer 1-Zelle. Ferner kann man $R$ zu einem offenen Zylindermantel aufbiegen, der aus einer 1-Zelle $c_1$ und einer 2-Zelle $c_2$ aufgebaut ist (Abb. 18.7b). Somit besteht $T$ aus einer 0-Zelle, zwei 1-Zellen und einer 2-Zelle, d.h.

$$\chi(T) = \alpha_0 - \alpha_1 + \alpha_2 = 1 - 2 + 1 = 0 .$$

Wegen $\chi(S^2) \neq \chi(T)$ kann die Sphäre $S^2$ nicht homöomorph zum Torus $T$ sein (Abb. 18.6).

*Beispiel 4:* Ein abgeschlossener Würfel $W$ besteht aus dem Rand $\partial W$ und einer 3-Zelle (Inneres von $W$). Nach Beispiel 2 gilt somit

$$\chi(W) = \alpha_0 - \alpha_1 + \alpha_2 - \alpha_3 = 8 - 12 + 6 - 1 = 1 .$$

Wichtige Anwendungen der Eulerschen Charakteristik findet man in 18.2.

**Deformationen (Homotopien) von Abbildungen:** Die Topologie untersucht nicht nur Homöomorphismen von topologischen Räumen, sondern auch stetige Deformationen (Homotopien) von stetigen Abbildungen und topologischen Räumen (vgl. 18.3.).

**Topologische Existenzsätze:** Für die Anwendungen der Topologie auf Gleichungen ist es wichtig, daß man Existenzsätze formulieren kann, bei denen aus qualitativen Eigenschaften einer Gleichung auf die Existenz von Lösungen geschlossen werden kann. Zur Erläuterung geben wir einige typische topologische Existenzsätze an.

(i) **Satz von Bolzano:** Eine stetige Funktion $f\colon [a, b] \to \mathbb{R}$ auf einem kompakten Intervall besitzt eine Nullstelle, falls

$$f(a)f(b) \leq 0 \tag{18.1}$$

gilt (Abb. 18.8).

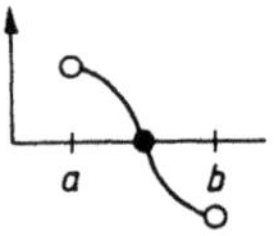

Abb. 18.8

Wegen (18.1) kommt es hier nur auf das qualitative Verhalten von $f$ in den beiden Randpunkten $a$ und $b$ an. Die Existenz einer Lösung bleibt bei weitgehenden Störungen (Deformationen) von $f$ erhalten. Der Satz von Bolzano steht im engen Zusammenhang mit dem Abbildungsgrad und den daraus folgenden topologischen Existenzaussagen (z.B. die Fixpunktsätze von Brouwer und Schauder in 12.9.).

(ii) **Antipodensatz von Borsuk:** Ist $f\colon \overline{K}^n \to \mathbb{R}^n$ stetig $(n \geq 1)$ und gilt $f(x) \neq 0$ auf dem Rand $\partial K^n$ mit der zusätzlichen Antipodenbedingung

$$\frac{f(x)}{|f(x)|} \neq \frac{f(-x)}{|f(-x)|} \qquad \text{für alle} \quad x \in \partial K^n .$$

dann hat die Gleichung $f(x) = 0$, $x \in K^n$ . eine Lösung.

Das ist eine direkte Verallgemeinerung des Satzes von Bolzano.

(iii) **Satz von Poincaré:** Ein stetiges (tangentiales) Vektorfeld auf einer $n$-dimensionalen Sphäre $S^n$ von gerader Dimension $n$ hat stets eine Nullstelle.
Im Fall $n = 2$ können wir das Vektorfeld als Haare auf einem Kopf interpretieren. Der Nullstelle des Vektorfeldes entspricht dann ein Haarscheitelpunkt.

Viele Sätze der komplexen Funktionentheorie sind topologischer Natur (z.B. der Residuensatz zur Berechnung von Integralen in 1.14.7. und der Monodromiesatz über analytische Fortsetzung in 1.14.15.).

**Äquivalenzklassen:** Die meisten Begriffsbildungen der Topologie beruhen auf Äquivalenzrelationen und der Zusammenfassung von Objekten in Äquivalenzklassen. Die entsprechenden Definitionen findet man in der Einleitung zu 11.1. Insbesondere werden wir im Zusammenhang mit der Homologie- und Kohomologietheorie Faktorräume linearer Räume verwenden. Deren Definition findet man in 11.2.3.

# 18.2. Die Bedeutung der Eulerschen Charakteristik

Die Eulersche Charakteristik erlaubt viele wichtige qualitative Aussagen.

## 18.2.1. Der Hauptsatz der topologischen Flächentheorie

Unter einer orientierten topologischen Fläche verstehen wir einen topologischen Raum, der zu einer zweidimensionalen orientierten kompakten zusammenhängenden reellen Mannigfaltigkeit homöomorph ist.

**Hauptsatz:** Jede orientierte topologische Fläche ist homöomorph zu einer Sphäre $S^2$ mit $p$ Henkeln (Abb. 18.9).

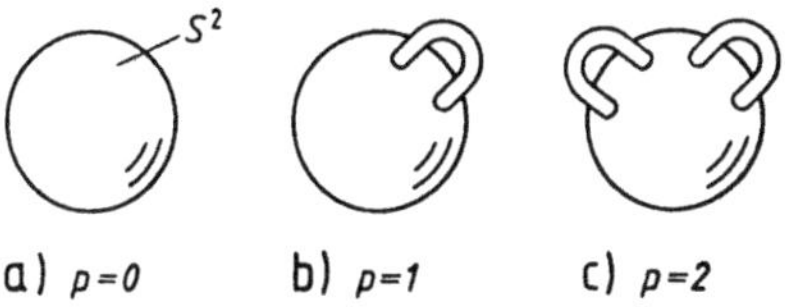


Abb. 18.9

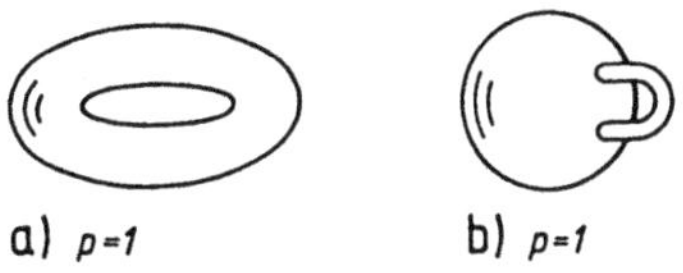


Abb. 18.10

Die Zahl $p = 0, 1, 2, \ldots$ heißt das *Geschlecht* der Fläche $F$. Das Geschlecht ist eine fundamentale topologische Invariante, denn zwei orientierte topologische Flächen sind genau dann homöomorph, wenn sie das gleiche Geschlecht besitzen. Zwischen dem Geschlecht $p$ von $F$ und der Eulerschen Charakteristik von $F$ besteht der Zusammenhang

$$\chi(F) = 2 - 2p.$$

*Beispiel 1:* Für die Sphäre $S^2$ ist $p = 0$, während für den Torus $p = 1$ gilt (Abb. 18.10).

*Beispiel 2:* Jede kompakte Riemannsche Fläche (vgl. 15.1.1.) ist eine orientierte topologische Fläche und besitzt daher ein Geschlecht.

### 18.2.2. Dynamische Systeme auf Mannigfaltigkeiten

Die Topologie einer Mannigfaltigkeit $M$ beeinflußt wesentlich das Verhalten von Strömungen (dynamischen Systemen) auf $M$.

**Satz von Poincaré-Hopf über stationäre Punkte von Vektorfeldern:** Es sei $M$ eine kompakte $n$-dimensionale reelle Mannigfaltigkeit der Dimension $n \geq 2$, und auf $M$ sei ein stetiges Vektorfeld $v$ gegeben, das nur höchstens endlich viele Nullstellen (stationäre Punkte) $P_1, \ldots, P_m$ besitzt. Dann gilt:[2]

$$\sum_{j=1}^{m} \operatorname{ind}(P_j) = \chi(M) .$$

**Korollar:** Aus $\chi(M) \neq 0$ folgt, daß jedes stetige Vektorfeld auf $M$ mindestens eine Nullstelle besitzt.

*Beispiel 1:* Speziell aus $\chi(S^n) = 2$ für gerades $n$ folgt aus dem Korollar der Satz von Poincaré in 18.1.

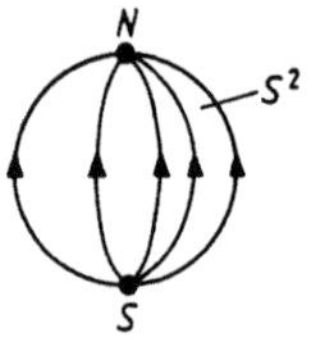


Abb. 18.11

*Beispiel 2:* Abb. 18.11 zeigt eine Strömung auf der Sphäre $S^2$. Das zugehörige Geschwindigkeitsfeld $v$ besitzt genau zwei stationäre Punkte im Nordpol $N$ und im Südpol $S$. Nach Abb. 13.6a,b gilt $\operatorname{ind}(N) = \operatorname{ind}(P) = 1$. Somit hat man

$$\chi(S^2) = \operatorname{ind}(N) + \operatorname{ind}(P) = 2 .$$

### 18.2.3. Morsetheorie für Extremalprobleme auf Mannigfaltigkeiten

Die Topologie einer Mannigfaltigkeit beeinflußt wesentlich das Extremalverhalten von Funktionen auf $M$.

**Hauptsatz:** Es sei $F\colon M \to \mathbb{R}$ eine glatte Morsefunktion [3] auf der kompakten $n$-dimensionalen reellen Mannigfaltigkeit $M$ mit $n = 1, 2, \ldots$ und $m_q$ bezeichne die Anzahl

---

[2] Der Index $\operatorname{ind}(P)$ wird folgendermaßen erklärt. Wir betrachten das Vektorfeld $v$ in lokalen Koordinaten $u \in \mathbb{R}^n$, wobei der Punkt $P$ die Koordinate $u_0$ hat. Dann gilt

$$\operatorname{ind}(P) = \deg(v, u_0)$$

(vgl. (12.34)). Ist insbesondere das Vektorfeld glatt, dann hat man

$$\operatorname{ind}(P) = \operatorname{sgn} \det v'(u_0) ,$$

wobei $v'(u_0)$ die Matrix der ersten partiellen Ableitungen von $v$ im Punkte $u_0$ bezeichnet und $\det v'(u_0) \neq 0$ vorausgesetzt wird. Diese Definition ist unabhängig von den gewählten lokalen Koordinaten. Im Spezialfall $n = 2$ ergibt sich die Bestimmung des Index aus Abb. 13.6.

[3] Das bedeutet, daß $F$ höchstens endlich viele kritische Punkte $P_1, \ldots, P_m$ besitzt, die alle außerdem nicht entartet sind. Führen wir in einer Umgebung von $P_j$ lokale Koordinaten $u \in \mathbb{R}^n$ ein, wobei $P_j$ der Koordinate $u_j$ entspricht, dann ist $P_j$ genau dann ein *kritischer Punkt* von $F$, wenn

$$F'(u_j) = 0$$

der kritischen Punkte vom Morseindex $q$. Dann gilt die *Morsegleichung*

$$\chi(M) = \sum_{q=0}^{m} (-1)^q m_q .$$

Ferner hat man die *Morseungleichungen*

$$m_q \geq \beta_q , \qquad q = 0, 1, \ldots, n ,$$

sowie die Relation

$$\chi(M) = \sum_{q=0}^{m} (-1)^q \beta_q .$$

Dabei bezeichnet $\beta_q$ die $q$-te Bettizahl von $M$ (vgl. 18.5.).

Speziell ist $m_0$ gleich der Anzahl der lokalen Minima von $F$ auf $M$, und $m_n$ ist gleich der Anzahl der lokalen Maxima. Schließlich ist $m_1 + \ldots + m_{n-1}$ gleich der Anzahl der Sattelpunkte von $F$ auf $M$.

*Beispiel 1:* Für eine Kreislinie $S^1$ gilt $\chi(S^1) = m_0 - m_1 = 0$. Deshalb besitzt jede glatte Morsefunktion $f: S^1 \to \mathbb{R}$ die gleiche Anzahl von lokalen Maxima und lokalen Minima.

*Beispiel 2:* Für einen Torus $M$ hat man $\beta_0 = \beta_2 = 1$ und $\beta_1 = 2$. Folglich besitzt jede glatte Morsefunktion auf $M$ mindestens ein Maximum, mindestens ein Minimum und mindestens zwei Sattelpunkte. Diese Aussage läßt sich nicht verschärfen.

Für eine zweidimensionale kompakte orientierte zusammenhängende reelle Mannigfaltigkeit $M$ vom Geschlecht $p$ gilt $\beta_0 = \beta_2 = 1$, $\beta_1 = 2p$. Deshalb ist $\chi(M) = \beta_0 - \beta_1 + \beta_2 = 2 - 2p$ und

$$m_0 \geq 1 , \quad m_1 \geq 2p , \quad m_2 \geq 1 ,$$

d.h., jede glatte Morsefunktion auf $M$ besitzt mindestens ein Maximum, mindestens ein Minimum und mindestens $2p$ Sattelpunkte.

## 18.2.4. Der Satz von Gauß-Bonnet-Chern

Die Gesamtkrümmung einer geschlossenen Fläche hängt nur von ihrem topologischen Typ ab und bleibt deshalb bei Homöomorphismen (Gummitransformationen) unverändert (vgl. (18.2**)). Somit besteht ein tiefer Zusammenhang zwischen der Topologie und der Gesamtkrümmung von Mannigfaltigkeiten.

**Hauptsatz:** Es sei $M$ eine kompakte orientierte $2n$-dimensionale reelle eigentliche Riemannsche Mannigfaltigkeit mit $n \geq 1$. Dann gibt es eine $2n$-Form $\omega$ auf $M$ mit [4]

$$\int_M \omega = \chi(M) . \tag{18.2}$$

---

gilt; $P_j$ ist genau dann *nicht entartet*, wenn $\det F''(u_j) \neq 0$. Dabei bezeichnet $F''(u_j)$ die Matrix der zweiten partiellen Ableitungen von $F$ im Punkt $u_j$.

Der *Morseindex* von $F$ im Punkt $P_j$ ist gleich der Anzahl der negativen Eigenwerte der Matrix $F''(u_j)$ (vgl. Beispiel 9 in 13.13.). Alle diese Begriffe sind unabhängig von der Wahl der lokalen Koordinaten.

[4] Explizit gilt

$$\omega := \frac{(-1)^n}{(4\pi)^n n!} \operatorname{sgn} \begin{pmatrix} 1 & \ldots & 2n \\ i_1 & \ldots & i_{2n} \end{pmatrix} \Omega^{i_1}_{i_2} \wedge \ldots \wedge \Omega^{i_{2n-1}}_{i_{2n}}$$

mit $\Omega^i_j := 2^{-1} R^i_{jkm} \, du^k \wedge du^m$, wobei $u_1, \ldots, u_{2m}$ lokale Koordinaten auf $M$ bezeichnen und $R^i_{jkm}$ der Riemannsche Krümmungstensor ist (vgl. 16.1.).

Die Bedeutung dieses Satzes, der 1944 von dem chinesischen Mathematiker Chern bewiesen wurde, besteht darin, daß eine ***topologische Invariante*** (die Eulersche Charakteristik $\chi(M)$ der Mannigfaltigkeit $M$) mit einem ***analytischen Ausdruck*** (der Differentialform $\omega$ auf $M$) verknüpft wird. Somit stellt (18.2) einen tiefliegenden Zusammenhang zwischen Topologie und Analysis her.

Die Differentialform $\omega$ genügt der Gleichung $\mathrm{d}\omega = 0$. Im Sinne von 18.5. ist deshalb $\omega$ ein $2n$-Kozyklus, zu dem eine de Rhamsche Kohomologieklasse

$$[\omega] = \{\omega + \mathrm{d}\mu\colon\ \mu \text{ beliebige glatte } (2n-1)\text{-Form}\}$$

gehört, d.h., $[\omega]$ ist ein Element der $2n$-ten de Rhamschen Kohomologiegruppe $H^{2n}(M)$ von $M$. Wegen des Satzes von Stokes gilt $\int_M \mathrm{d}\mu = \int_{\partial M} \mu = 0$, denn $M$ besitzt keinen Rand. Folglich hat man auch

$$\int_M \omega + \mathrm{d}\mu = \chi(M)$$

für jede beliebige glatte $(2n-1)$-Form $\mu$ auf $M$. Somit hängt die Eulersche Charakteristik $\chi(M)$ nur von der Kohomologieklasse $[\omega]$ ab. Man bezeichnet $[\omega]$ als eine charakteristische Klasse, genauer als die ***Eulerklasse*** von $M$.

In der modernen Topologie werden eine Fülle von charakteristischen Klassen betrachtet (z.B. Chernklassen, Pontrjaginklassen, Toddklassen), um wichtige topologische Invarianten zu konstruieren (vgl. 19.10.).

**Wichtiger Spezialfall:** Wir nehmen an, daß die obige Mannigfaltigkeit $M$ eine Teilmannigfaltigkeit des $\mathbb{R}^{2n+1}$ ist. Definitionsgemäß ordnet die Gaußabbildung

$$\mathcal{N}\colon M \to S^{2n}$$

jedem Punkt $x$ von $M$ den äußeren Normaleneinheitsvektor $\mathcal{N}(x)$ in $x$ zu. Dann ergibt sich die sogenannte Gaußsche Krümmung von $M$ im Punkt $x$ durch

$$K(x) := \det \mathcal{N}'(x)\,.$$

und es gilt die fundamentale Formel

$$\int_M K\,\mathrm{d}m = \chi(M)m(S^{2n})/2\,. \tag{18.2*}$$

Hier bezeichnet $m$ das Maß auf $M$ (bezüglich der Riemannschen Metrik auf $M$), und $m(S^{2n})$ ist gleich dem Oberflächenmaß der Sphäre $S^{2n}$. Das Integral $\int_M K\,\mathrm{d}m$ heißt die ***Gesamtkrümmung*** von $M$.

Speziell für $n = 2$ (d.h., $M$ ist eine randlose kompakte Fläche im $\mathbb{R}^3$) erhalten wir die wichtige Oberflächenintegralformel

$$\int_M K\,\mathrm{d}O = 4\pi(1-p)\,. \tag{18.2**}$$

wobei $p$ das Geschlecht von $M$ bezeichnet. Das ist ein Spezialfall des klassischen Satzes von Gauß-Bonnet (vgl. 3.6.4.). Insbesondere für eine Kugeloberfläche $M$ ist $p = 0$, und für einen Torus $M$ gilt $p = 1$.

# 18.3. Homotopie (Deformation)

Die Homotopietheorie untersucht die Deformation von stetigen Abbildungen und topologischen Räumen.

**Deformation stetiger Abbildungen:** Zwei stetige Abbildungen $f, g\colon M \to N$ zwischen den beiden topologischen Räumen $M$ und $N$ heißen genau dann *homotop*, wenn es eine stetige Abbildung $H = H(x, t)$ der Form

$$H\colon M \times [0, 1] \to N$$

gibt mit $H(x, 0) = f(x)$ und $H(x, 1) = g(x)$ für alle $x \in M$. Wir schreiben dafür

$$f \cong g\,.$$

Diese Homotopierelation ist eine Äquivalenzrelation. Interpretieren wir $t$ als Zeit, dann wird anschaulich die Abbildung $f$ im Zeitintervall [0,1] in die Abbildung $g$ deformiert.

Mit $[f]$ bezeichnen wir die Äquivalenzklasse der Abbildung $f$, d.h., $[f]$ besteht aus genau allen Abbildungen $g$, die zu $f$ homotop sind.

*Beispiel 1:* Für zwei stetige Funktionen $f, g\colon [a, b] \to \mathbb{R}$ gilt stets $f \cong g$ mit $H(x, t) := (1 - t)f(x) + tg(x)$ (Abb. 18.12).

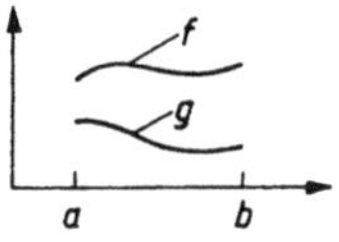


Abb. 18.12

Wir sprechen von einer glatten Homotopie, falls es sich bei $M$ und $N$ um Mannigfaltigkeiten handelt und die Abbildungen $f, g, H$ glatt sind.

**Deformation topologischer Räume (Homotopieäquivalenz):** Zwei topologische Räume $M$ und $N$ heißen genau dann *homotopieäquivalent*, wenn es zwei stetige Abbildungen $f\colon M \to N$ und $h\colon N \to M$ gibt mit

$$h \circ f \cong \mathrm{id}_M \qquad \text{und} \qquad f \circ h \cong \mathrm{id}_N\,. \tag{18.3}$$

Dabei bezeichnet $h \circ f\colon M \to N \to M$ die Zusammensetzung der beiden Abbildungen $f$ und $h$, während $\mathrm{id}_M$ für die identische Abbildung auf $M$ steht.

Die Homotopieäquivalenz ist eine Äquivalenzrelation. Zwei homöomorphe topologische Räume $M$ und $N$ sind stets auch homotopieäquivalent[5]. Die Umkehrung ist falsch wie das folgende Beispiel 2 zeigt.

*Beispiel 2:* Ein topologischer Raum $M$ heißt genau dann *kontrahierbar*, wenn er zu einem Punkt homotopieäquivalent ist.

Das ist gleichbedeutend mit der Existenz eines Punktes $x_1 \in M$ und einer stetigen Abbildung $H = H(x, t)$ der Form

$$H\colon M \times [0, 1] \to M\,,$$

wobei $H(x, 0) = x$ und $H(x, 1) = x_1$ für alle $x \in M$ gilt.

---

[5] Ist $f\colon M \to N$ ein Homöomorphismus, dann gilt (18.3) mit $h := f^{-1}$, wobei anstelle von „$\cong$“ sogar das Gleichheitszeichen steht.

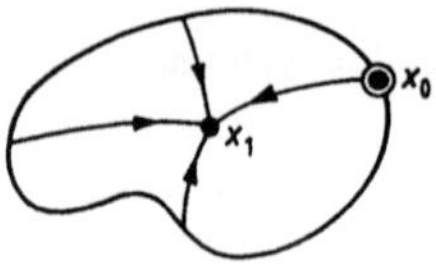


Abb. 18.13

Anschaulich gilt: Jeder Punkt $x_0 \in M$ bewegt sich auf der Trajektorie $x(t) := H(x_0, t)$ im Zeitintervall [0,1] zum Kontraktionspunkt $x_1$ hin (Abb. 18.13). Beispielsweise sind konvexe Mengen im $\mathbb{R}^n$ mit $n \geq 0$ stets kontrahierbar. Ferner ist jede Menge des $\mathbb{R}^n$ kontrahierbar, die zu einer konvexen Menge des $\mathbb{R}^n$ (oder allgemeiner eines normierten Raumes) homöomorph ist.

Dagegen sind ein Kreisring, eine Kreislinie oder allgemeiner eine Sphäre $S^n$ $(n \geq 1)$ nicht kontrahierbar. Ferner ist auch ein Torus nicht kontrahierbar.

## 18.3.1. Erweiterung stetiger Abbildungen

**Nullhomotope Abbildungen:** Eine stetige Abbildung $f\colon M \to N$ zwischen zwei topologischen Räumen $M$ und $N$ heißt genau dann nullhomotop, wenn $f$ zu einer konstanten Abbildung $g\colon M \to N$ homotop ist, d.h., es ist $g(x) = y_0$ für alle $x \in M$.

*Beispiel 1:* $S^0$ bezeichne den Rand des Intervalls $K^1 = (-1, 1)$. Die (stetige) Funktion $f\colon S^0 \to S^0$ ist genau dann nullhomotop, wenn $f(1) = f(-1)$ gilt.

**Erweiterungssatz:** Für eine stetige Abbildung $f\colon S^n \to Y$ in den topologischen Raum $Y$ mit $n \geq 0$ sind die beiden folgenden Aussagen äquivalent:

(i) $f$ läßt sich zu einer stetigen Abbildung $F\colon \overline{K}^{n+1} \to Y$ fortsetzen.

(ii) $f$ ist nullhomotop.

*Beispiel 2:* Eine stetige Funktion $f\colon S^n \to \mathbb{R}^m$ mit $n, m \geq 0$ ist stets nullhomotop[6)]. Deshalb besitzt $f$ eine stetige Erweiterung $F\colon \overline{K}^{n+1} \to \mathbb{R}^m$.

**Existenzsatz:** Es sei $F\colon \overline{K}^{n+1} \to \mathbb{R}^m$ eine stetige Abbildung $(n \geq 0, m \geq 1)$ mit $F(x) \neq 0$ auf dem Rand $S^n$. Wir setzen $f(x) := F(x)/|F(x)|$. Dann besitzt die Gleichung

$$F(x) = 0\,, \quad x \in K^{n+1}\,,$$

eine Lösung, falls $f\colon S^n \to S^m$ nicht nullhomotop ist. Für $n = m$ sind die folgenden drei Bedingungen zueinander äquivalent:

(i) $f\colon S^n \to S^n$ ist nicht nullhomotop.

(ii) Der Abbildungsgrad $\deg(F, K^{n+1})$ ist ungleich null (vgl. 12.9.).

(iii) Der Abbildungsgrad $\deg f$ ist ungleich null (vgl. 18.3.2.).

## 18.3.2. Der Abbildungsgrad

Es seien $f, h\colon M \to N$ glatte Abbildungen zwischen den $n$-dimensionalen kompakten orientierten reellen Mannigfaltigkeiten $M$ und $N$ mit $n \geq 1$ (z.B. $M = N = S^n$). Dann gibt

---

6) Wählen wir $H(x, t) := tf(x)$ für alle $x \in S^n, t \in [0, 1]$, dann ist $f$ homotop zur konstanten Abbildung $g\colon S^n \to \mathbb{R}^m$ mit $g(x) \equiv 0$.

es eine ganze Zahl $\deg f$, die man den ***Abbildungsgrad*** von $f$ nennt, so daß

$$\int_M f^*\omega = \deg f \int_N \omega$$

für jede glatte $n$-Form $\omega$ auf $N$ gilt[7].

**Satz:** Sind $f$ und $h$ glatt homotop, dann ist $\deg f = \deg h$.

*Beispiel:* Es sei $f\colon S^n \to S^n$ eine stetige Abbildung $(n \geq 1)$. Dann läßt sich $f$ stets zu einer stetigen Abbildung $F\colon \overline{K}^{n+1} \to \mathbb{R}^{n+1}$ erweitern. Wir definieren

$$\deg f := \deg(F, K^{n+1}),$$

wobei der rechts stehende Abbildungsgrad im Sinne von 12.9. zu verstehen ist. Diese Definition ist unabhängig von der Wahl der Erweiterung und stimmt für glatte Abbildungen $f$ mit der oben gegebenen Definition überein.

**Erster Satz von Hopf:** (i) Zwei stetige Abbildungen $f, g\colon S^n \to S^n$ mit $n \geq 1$ sind genau dann homotop, wenn $\deg f = \deg g$ gilt.

(ii) $f$ ist genau dann nullhomotop, wenn $\deg f = 0$ gilt.

(iii) Zwischen den Homotopieklassen der stetigen Abbildungen $f\colon S^n \to S^n$ und den ganzen Zahlen besteht eine bijektive Abbildung $\varphi$, die durch $\varphi([f]) = \deg f$ gegeben ist.

**Zweiter Satz von Hopf:** (i) Es gibt eine stetige Abbildung $f\colon S^3 \to S^2$, die nicht nullhomotop ist.

(ii) Zwischen den Homotopieklassen der stetigen Abbildungen $f\colon S^3 \to S^2$ und den ganzen Zahlen besteht eine bijektive Abbildung $\psi$.

(iii) Man bezeichnet die ganze Zahl $\psi([f])$ als verallgemeinerten Abbildungsgrad von $f$.

Die Charakterisierung der Homotopieklassen stetiger Abbildungen $f\colon S^n \to S^m$ für beliebige $n$ und $m$ ist ein kompliziertes topologisches Problem, das bis heute noch nicht vollständig gelöst ist (Berechnung aller Homotopiegruppen von Sphären).

### 18.3.3. Die Fundamentalgruppe

Unser Ziel ist es, das Verhalten von Kurven in einem topologischen Raum in algebraischer Weise durch eine sogenannte Fundamentalgruppe zu beschreiben.

**Äquivalenzklassen stetiger Kurven:** Es sei $M$ ein topologischer Raum (vgl. 11.2.1.). Wir wählen einen festen Punkt $x_0$ in $M$ und betrachten die Menge $C(x_0)$ aller stetigen Kurven $\varphi\colon [0,1] \to M$, die im Punkt $x_0$ anfangen und enden, d.h., es ist $\varphi(0) = \varphi(1) = x_0$. Für zwei Kurven $\varphi, \psi \in C(x_0)$ schreiben wir genau dann

$$\varphi \cong \psi, \qquad (18.4)$$

wenn die Abbildung $\varphi$ zu $\psi$ homotop ist. Anschaulich bedeutet dies, daß man die Kurve $\varphi$ stetig in die Kurve $\psi$ (innerhalb von $M$) deformieren kann.

In (18.4) handelt es sich um eine Äquivalenzrelation. Die zu $\varphi$ gehörige Äquivalenzklasse bezeichnen wir mit $[\varphi]$. Ferner sei $\pi_1(M, x_0)$ die Menge aller derartigen Äquivalenzklassen.

---

[7] Das pull-back $f^*\omega$ von $\omega$ wurde in 15.4.3. eingeführt.

**Multiplikation für stetige Kurven:** Es ist wichtig, daß man $\pi_1(M, x_0)$ in natürlicher Weise mit einer Gruppenstruktur versehen kann. Hierzu erklären wir zunächst eine Multiplikation $\varphi \times \psi$ zwischen zwei stetigen Kurven $\varphi, \psi$: $[0,1] \to M$ durch

$$(\varphi \times \psi)(t) := \begin{cases} \varphi(2t) & \text{für } 0 \le t \le 1/2, \\ \psi(2t-1) & \text{für } 1/2 \le t \le 1, \end{cases}$$

d.h., die Produktkurve $\varphi \times \psi$ ergibt sich, indem man im Zeitintervall [0,1/2] die Kurve $\varphi$ und im Zeitintervall [1/2,1] die Kurve $\psi$ durchläuft. Diese Produktbildung ist mit der Äquivalenzrelation (18.4) verträglich, d.h., aus $\varphi_1 \cong \psi_1$ und $\varphi_2 \cong \psi_2$ folgt $\varphi_1 \times \psi_1 \cong \varphi_2 \times \psi_2$. Folglich ist die Definition der Multiplikation

$$[\varphi][\psi] := [\varphi \times \psi]$$

von Äquivalenzklassen unabhängig von der Wahl der Repräsentanten. Damit wird $\pi_1(M, x_0)$ zu einer Gruppe.

(i) Das *Einselement* ist durch die Klasse $[\varphi]$ gegeben mit der konstanten Kurve $\varphi$, d.h. $\varphi(t) := x_0$ für alle $t \in [0,1]$.

(ii) Das *inverse Element* zu $[\varphi]$ erhalten wir durch $[\varphi]^{-1} = [\psi]$, wobei die Kurve $\psi$ einer Zeitumkehr der Kurve $\varphi$ entspricht, d.h., es ist $\psi(t) := \varphi(1-t)$ für alle $t \in [0,1]$.

**Definition der Fundamentalgruppe:** Der topologische Raum $M$ sei jetzt bogenweise zusammenhängend. Wählt man einen anderen Basispunkt $x_1$ in $M$, dann sind die beiden Gruppen $\pi_1(M, x_0)$ und $\pi_2(M, x_1)$ isomorph. In diesem Sinne ist die Gruppe $\pi_1(M, x_0)$ unabhängig vom Basispunkt. Diese Gruppe heißt die Fundamentalgruppe von $M$ und wird kurz mit $\pi_1(M)$ bezeichnet.

Es gibt topologische Räume, in denen die Fundamentalgruppe nicht kommutativ ist.

*Beispiel 1:* Die Fundamentalgruppe $\pi_1(S^1)$ der Kreislinie $S^1$ besteht aus allen Potenzen

$$[\varphi]^n, \qquad n = 0, \pm 1, \pm 2, \ldots,$$

wobei $\varphi$ der (im mathematisch positiven Sinne) orientierten Kreislinie entspricht (Abb. 18.14a).

Dagegen gehört $[\varphi]^n$ zu einer Kurve, die $S^1$ $|n|$-fach umschlingt. Das Vorzeichen von $n$ gibt an, ob es sich um eine Umschlingung im mathematischen positiven oder negativen Sinne handelt.

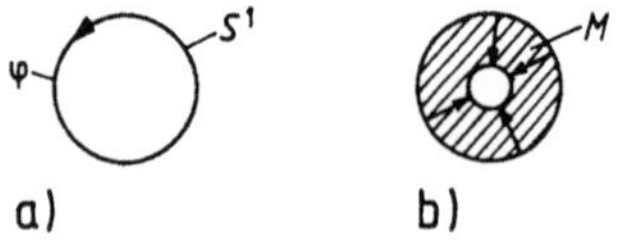


Abb. 18.14

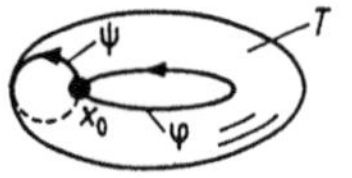


Abb. 18.15

**Hauptsatz:** Homöomorphe (oder allgemeiner homotopieäquivalente) topologische Räume besitzen die gleiche Fundamentalgruppe.

*Beispiel 2:* Ein Kreisring $M$ läßt sich stetig in eine Kreislinie deformieren, wobei die Kreislinie punktweise fest bleibt (Abb. 18.14b). Deshalb ist $M$ homotopieäquivalent zu $S^1$. Folglich gilt $\pi_1(M) = \pi_1(S^1)$.

*Beispiel 3:* Es sei $T$ ein Torus. Dann besteht $\pi_1(T)$ aus allen Produkten der Form

$$[\varphi]^n[\psi]^m, \qquad n, m = 0, \pm 1, \pm 2, \ldots \tag{18.5}$$

mit $[\varphi][\psi] = [\psi][\varphi]$, d.h., $\pi_1(M)$ ist kommutativ. Als Basiskurven $\varphi$ und $\psi$ kann man einen Breitenkreis und einen Längenkreis wählen (Abb. 18.15). Anschaulich entspricht (18.5) der $n$-fachen Umschlingung von $\varphi$ und der $m$-fachen Umschlingung von $\psi$ unter Berücksichtigung der Orientierung wie in Beispiel 1.

**Einfacher Zusammenhang:** Ein bogenweise zusammenhängender topologischer Raum ist genau dann einfach zusammenhängend (vgl. 11.2.1.), wenn die Fundamentalgruppe trivial ist, d.h. nur aus dem Einselement besteht.

*Beispiel 4:* Jeder kontrahierbare topologische Raum ist einfach zusammenhängend. Ferner ist jede Sphäre $S^n$ mit $n \geq 2$ einfach zusammenhängend.

Nach den Beispielen 1 bis 3 sind jedoch Kreisringe, Kreislinien und Tori nicht einfach zusammenhängend.

**Der Fundamentalgruppenfunktor:** Durch die Fundamentalgruppe wird in natürlicher Weise ein kovarianter Funktor von der Kategorie der bogenweise zusammenhängenden topologischen Räume in die Kategorie der Gruppen erzeugt. Explizit wird jeder stetigen Abbildung

$$f: M \to N$$

zwischen zwei bogenweise zusammenhängenden topologischen Räumen $M$ und $N$ ein Gruppenmorphismus

$$f_*: \pi_1(M) \to \pi_1(N)$$

zugeordnet, wobei der Zusammensetzung von stetigen Abbildungen die Zusammensetzung der entsprechenden Gruppenmorphismen entspricht (vgl. 17.2.4.).

Dieser Funktor respektiert Homotopien. Genauer gesagt wird homotopen Abbildungen $f$ der gleiche Gruppenmorphismus $f_*$ zugeordnet, und homotopieäquivalenten topologischen Räumen entspricht die gleiche Fundamentalgruppe.

Die moderne Topologie wird vom Begriff des Funktors beherrscht. Dadurch wird die Untersuchung von topologischen Räumen und stetigen Abbildungen auf viel einfachere algebraische Strukturen zurückgeführt (z.B. Gruppen und Gruppenmorphismen).

*Beispiel 5:* Es sei $f: S^1 \to S^1$ eine stetige Abbildung. Der zugeordnete Gruppenmorphismus $f_*: \pi_1(S^1) \to \pi_1(S^1)$ bildet nach Beispiel 1 die Klasse $[\varphi]$ in ein Gruppenelement $[\varphi]^n$ mit einer gewissen ganzen Zahl $n$ ab. Definitionsgemäß heißt

$$n = \deg f$$

der Abbildungsgrad von $f$. Anschaulich mißt $n$, wie oft das durch $f$ erzeugte Bild der Kurve $\varphi$ die Kreislinie $S^1$ umschlingt (vgl. Beispiel 1).

Für glatte Abbildungen $f$ ist diese Definition von $\deg f$ zu der in 18.3.1. gegebenen Definition äquivalent.

## 18.3.4. Überlagerungsmannigfaltigkeiten

**Hauptsatz:** Es sei $M$ eine zusammenhängende $n$-dimensionale reelle Mannigfaltigkeit mit abzählbarer Basis (vgl. 15.1.10.) und $n \geq 1$. Dann existieren eine *einfach zusammenhängende* $n$-dimensionale Mannigfaltigkeit $N$ und eine surjektive glatte Abbildung

$$\psi: N \to M \tag{18.6}$$

mit der Eigenschaft, daß es zu jedem Punkt $x \in M$ eine offene Umgebung $U$ von $x$ in $M$ gibt, wobei das Urbild $\psi^{-1}(U)$ gleich der Vereinigung $\bigcup_k V_k$ von höchstens abzählbar vielen offenen Mengen $V_k$ in $N$ ist und

$$\psi\colon V_k \to U$$

für jedes $k$ einen Diffeomorphismus darstellt.

Man bezeichnet $N$ als ***Überlagerungsmannigfaltigkeit*** von $M$, und $\psi$ heißt die zugehörige ***Überlagerungsabbildung***.

Beim Beweis dieses Satzes von Poincaré wird wesentlich die Fundamentalgruppe von $M$ zur Konstruktion von $N$ benutzt.

***Beispiel:*** Für die Kreislinie $M = S^1$ ist die Gerade $N = \mathbb{R}$ eine Überlagerungsmannigfaltigkeit. Die Abbildung $\psi$ in (18.6) ist durch die Exponentialfunktion

$$\psi(\alpha) := e^{i(\alpha - \pi/2)} \qquad \text{für alle} \quad \alpha \in \mathbb{R}$$

gegeben (Abb. 18.16). Durch die Überlagerungsabbildung $\psi$ wird eine bijektive Abbildung zwischen der Menge der reellen Funktionen auf der Kreislinie $S^1$ und der Menge der reellen $2\pi$-periodischen Funktionen auf der Überlagerungsmannigfaltigkeit $\mathbb{R}$ hergestellt.

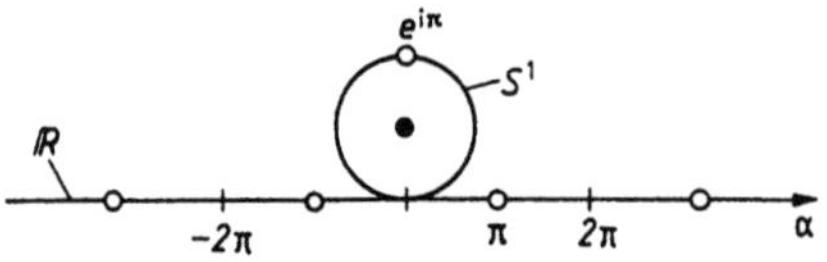


Abb. 18.16

Überlagerungsmannigfaltigkeiten wurden von Poincaré im Zusammenhang mit seinem langen Ringen um das Uniformisierungstheorem für Riemannsche Flächen eingeführt (vgl. 19.8.3.). Insbesondere lassen sich elliptische (und allgemeinere Abelsche Integrale) sehr elegant behandeln, indem man Wege auf der zugehörigen Riemannschen Fläche zu Wegen auf der universellen Überlagerungsfläche liftet (vgl. 19.8.1.).

Überlagerungsmannigfaltigkeiten spielen ferner eine zentrale Rolle in der globalen Theorie der Lieschen Gruppen (vgl. die universelle Überlagerungsgruppe in 17.5.3.). Beispielsweise beruht die Existenz des Elektronenspins auf der Tatsache, daß die eigentliche Drehgruppe $SO(3)$ von der einfach zusammenhängenden Gruppe $SU(2)$ überlagert wird und beide Gruppen die gleiche Liealgebra besitzen.

# 18.4. Der anschauliche Hintergrund der Dualität zwischen Homologie und Kohomologie

Die folgenden geometrischen Überlegungen werden in den beiden nächsten Abschnitten streng begründet.

In der komplexen Funktionentheorie kann man die Berechnung von Kurvenintegralen wesentlich vereinfachen, indem man die Kurven zerlegt und die Wegunabhängigkeit des Integrals (für holomorphe Funktionen) in einfach zusammenhängenden Gebieten ausnutzt. Diese Methode wollen wir weitgehend auf beliebige Dimensionen verallgemeinern.

Die Begriffe Homologie und Kohomologie sind auf das engste mit der Lösung der Differentialgleichung

$$d\omega = \mu \qquad \text{auf} \quad M \tag{18.7}$$

verbunden, wobei $M$ eine $n$-dimensionale reelle Mannigfaltigkeit darstellt. Gegeben ist die $q$-Form $\mu$, gesucht wird die $(q-1)$-Form $\omega$ mit $q = 1, \ldots, n$. Man nennt $\mu$ genau dann einen Korand, wenn die Gleichung (18.7) eine Lösung besitzt. Für (18.7) gibt es zwei wichtige *notwendige* Lösbarkeitsbedingungen:

(i) $\mathrm{d}\mu = 0$ (Kohomologie);

(ii) $\int_c \mu = 0$ für alle $q$-Zyklen $c$ von $M$ (Homologie).

Dabei verstehen wir unter einem $q$-Zyklus grob gesprochen eine $q$-dimensionale Teilmenge von $M$, die keinen Rand hat, d.h. $\partial c = 0$. Beispielsweise sind 0-Zyklen, 1-Zyklen sowie 2-Zyklen der Reihe nach Punkte, geschlossene Kurven und geschlossene zweidimensionale Flächen. Da bei der Integration die Orientierung eine Rolle spielt, werden Zyklen stets als orientiert vorausgesetzt.

Die Bedingung (i) folgt aus $\mathrm{d}(\mathrm{d}\mu) = 0$. Dagegen ergibt sich (ii) wegen $\partial c = 0$ aus dem Satz von Stokes:

$$\int_c \mu = \int_c \mathrm{d}\omega = \int_{\partial c} \omega = 0\,.$$

Die fundamentale Frage lautet: Sind die Bedingungen (i), (ii) auch hinreichend für die Lösbarkeit von (18.7)? Tatsächlich gilt:

(a) Die Bedingung (i) ist hinreichend, falls die $q$-te Kohomologiegruppe von $M$ trivial ist, d.h. $H^q(M) = \{0\}$.

(b) Die Bedingungen (i) und (ii) zusammen sind stets hinreichend.

Dabei ist $H^q(M)$ ein reeller linearer Raum, und $\beta_q = \dim H^q(M)$ heißt die $q$-te Bettische Zahl der Mannigfaltigkeit $M$.

**Homologie:** Die Bedingung (ii) sieht auf den ersten Blick sehr unhandlich aus, weil unendlich viele Lösbarkeitsbedingungen auftreten. Tatsächlich kann man (ii) in vielen wichtigen Fällen durch endlich viele Lösbarkeitsbedingungen ersetzen:

$$\text{(ii*)} \quad \int_{c_j} \mu = 0 \qquad \text{für} \quad j = 1, \ldots, \beta_q\,.$$

Hier sind $c_1, \ldots$ geeignet gewählte Basiszyklen von $M$. Um das zu motivieren, bezeichnen wir nach Poincaré zwei $q$-Zyklen $c$ und $d$ genau dann als *homolog* und schreiben

$$c \sim d\,,$$

wenn sich $c$ und $d$ nur um einen Rand $\partial\Omega$ einer Menge $\Omega$ in $M$ unterscheiden, d.h., es gilt $c = d + \partial\Omega$. Diese Summe ist im Sinne von

$$\int_c \mu = \int_d \mu + \int_{\partial\Omega} \mu \tag{18.8}$$

aufzufassen (Zusammensetzung von orientierten Kurven usw.). Aus dem Stokesschen Satz folgt wegen $\partial(\partial\Omega) = 0$ sofort

$$\int_{\partial\Omega} \mu = \int_{\partial\Omega} \mathrm{d}\omega = \int_{\partial(\partial\Omega)} \omega = 0\,. \tag{18.9}$$

**Somit gilt**

$$\int_c \mu = \int_d \mu .$$

**Das heißt:**

***Homologe Zyklen liefern das gleiche Integral über einen Korand $\mu$.***

**Folglich braucht man in (ii) nur ein System $c_1, \ldots$ von $q$-Zyklen zu verwenden, die bezüglich der Homologierelation (linear) unabhängig sind. Das liefert (ii*).**

**Ein Zyklus $c$ heißt genau dann *nullhomolog* ($c \sim 0$), wenn $c$ ein Rand ist. Solche Zyklen sind von unserem Standpunkt aus unwesentlich, weil nach (18.9) das Integral über nullhomologe Zyklen $c = \partial\Omega$ verschwindet. Deshalb fordern wir zusätzlich, daß keiner der Basiszyklen $c_j$ nullhomolog ist.**

**Dualität:** **Setzen wir $\langle G, \omega\rangle := \int_G \omega$, dann lautet der Stokessche Satz $\int_{\partial c} \omega = \int_c \mathrm{d}\omega$:**

$$\langle \partial c, \omega\rangle = \langle c, \mathrm{d}\omega\rangle .$$

**Das bedeutet, daß der Randoperator $\partial$ zum sogenannten Korandoperator $\mathrm{d}$ dual ist. Die obigen Überlegungen basierten auf den fundamentalen Relationen $\partial(\partial\Omega) = 0$ und $\mathrm{d}(\mathrm{d}\omega) = 0$, kurz**

$$\partial^2 = 0 \qquad \text{und} \qquad \mathrm{d}^2 = 0 .$$

**Kohomologie:** **Parallel zur Homologie nennen wir zwei $q$-Formen $\omega$ und $\alpha$ kohomolog, wenn sie sich um einen Korand unterscheiden, d.h., es gilt $\omega = \alpha + \mathrm{d}\beta$.**

**Besitzt die Gleichung $\mathrm{d}\omega = \mu$ für gegebenes $\mu$ eine Lösung $\omega$, dann ist $\mu$ ein Korand und wegen $\mathrm{d}\mu = 0$ gleichzeitig ein Kozyklus.**

***Beispiel 1:*** **Es sei $M$ ein offener Kreisring im $\mathbb{R}^2$. Die beiden Punkte $P$ und $Q$ in Abb. 18.17 sind homolog, weil sie sich durch eine (orientierte) Kurve verbinden lassen. Deshalb besitzt $M$ bis auf Homologie genau einen[8] 0-Zyklus (z.B. $P$).**

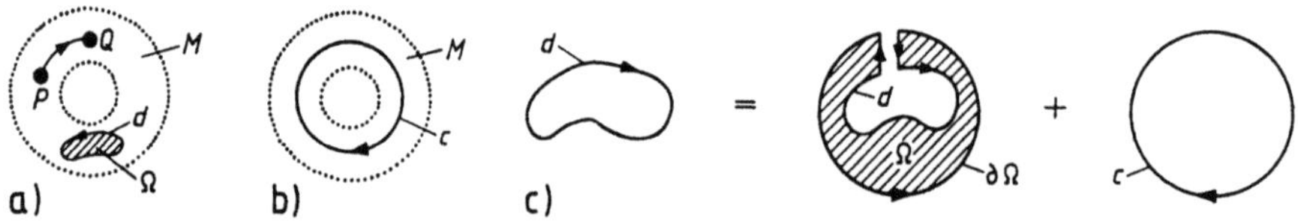


Abb. 18.17

**Der 1-Zyklus $d$ in Abb. 18.17a ist wegen $d = \partial\Omega$ ein Rand, also $d \sim 0$. Dagegen ist der 1-Zyklus $c$ in Abb. 18.17b kein Rand. Alle anderen 1-Zyklen sind (bis auf die Orientierung) nullhomolog oder zu $c$ homolog. Man benutze dabei (wie in der komplexen**

[8] Allgemein ist die Anzahl der bis auf Homologie vorhandenen 0-Zyklen eines topologischen Raumes $T$ gleich der Anzahl der Zusammenhangskomponenten von $T$ (bezüglich des bogenweisen Zusammenhangs).

Funktionentheorie) Kurvenzerlegungen wie in Abb. 18.17c usw. Somit besitzt der Kreisring $M$ genau einen 1-Basiszyklus (z.B. $c$).

Als physikalische Anwendung betrachten wir die Gleichung

$$\mathbf{grad}\, U = \mathbf{K} \qquad \text{im Kreisring } M\,. \tag{18.10}$$

Das heißt, für ein gegebenes glattes Kraftfeld **K** suchen wir ein Potential $U$. Problem (18.10) besitzt genau dann eine Lösung $U$, wenn die beiden Bedingungen

$$\mathbf{rot}\, \mathbf{K} = 0 \qquad \text{in} \quad M \tag{18.11a}$$

und

$$\int_c \mathbf{K}\, \mathrm{d}\mathbf{x} = 0 \tag{18.11b}$$

erfüllt sind. Die Bedingung (18.11a) folgt aus (18.10) durch Anwendung von **rot**, und (18.11b) erhält man durch Integration von (18.10). Um den Zusammenhang mit den obigen allgemeinen Überlegungen herzustellen, schreiben wir $\omega = U$ (0-Form) und $\mu = K_1\, \mathrm{d}x_1 + K_2\, \mathrm{d}x_2$ (1-Form). Gleichung (18.10) lautet dann $\mathrm{d}\omega = \mu$ (vgl. 10.2.7.3.). Die Lösbarkeitsbedingung $\mathrm{d}\mu = 0$ entspricht (18.11a), während die Lösbarkeitsbedingung (ii*), d.h. $\int_c \mu = 0$, mit (18.11b) identisch ist.

*Beispiel 2:* Ersetzen wir den Kreisring $M$ durch eine offene Kreisscheibe, dann ist jeder 1-Zyklus nullhomolog. Deshalb entfällt hier die integrale Lösbarkeitsbedingung (18.11b).

## 18.5. De Rhamsche Kohomologie

**Kozyklen und Koränder:** Es sei $M$ eine reelle Mannigfaltigkeit der Dimension $n \geq 0$, und $\mu$ sei eine $q$-Form auf $M$ mit $q = 1, \ldots, n$.

(i) $\mu$ heißt genau dann ein $q$-*Kozyklus*, wenn gilt:

$$\mathrm{d}\mu = 0 \qquad \text{auf} \quad M\,.$$

Die Menge aller $q$-Kozyklen auf $M$ bezeichnen wir mit $Z^q(M)$.

(ii) $\mu$ ist genau dann ein $q$-*Korand*, wenn es eine $(q-1)$-Form $\omega$ gibt mit

$$\mu = \mathrm{d}\omega \qquad \text{auf} \quad M\,.$$

Durch $R^q(M)$ bezeichnen wir die Menge aller $q$-Koränder von $M$. Wir setzen dabei $R^0(M) := \{0\}$.

Wegen $\mathrm{d}(\mathrm{d}\omega) = 0$ erhält man die fundamentale Beziehung

$$R^q(M) \subseteq Z^q(M)\,, \qquad q = 0, 1, \ldots, n\,,$$

d.h., jeder Korand ist auch ein Kozyklus. Die $q$-Formen auf $M$ bilden bezüglich $a\mu + b\nu$ für $a, b \in \mathbb{R}$ einen linearen Raum. Ferner ist $R^q(M)$ ein linearer Teilraum des linearen reellen Raumes $Z^q(M)$.

**Definition der Kohomologiegruppen:** Der Faktorraum $H^q(M) := Z^q(M)/R^q(M)$ heißt die $q$-te *de Rhamsche Kohomologiegruppe von* $M$.

Der Begriff des Faktorraumes wurde in 11.2.3. eingeführt. Explizit besteht $H^q(M)$ für $q = 1, \ldots, n$ aus allen Klassen

$$[\mu] = \{\mu + \mathrm{d}\alpha\colon \alpha \text{ beliebige } (q-1)\text{-Form}\}\,,$$

wobei $\mu$ eine $q$-Form ist mit $\mathrm{d}\mu = 0$. Für $q = 0$ entfällt $\mathrm{d}\alpha$. Durch

$$a[\mu] + b[\nu] = [a\mu + b\nu] \qquad \text{für} \quad a, b \in \mathbb{R}$$

wird $H^q(M)$ zu einem linearen reellen Raum. Diese lineare Operation hängt nicht von der Wahl der Repräsentanten von $[.]$ ab. Die Dimension

$$\beta_q := \dim H^q(M)$$

heißt die $q$-te *Bettische Zahl* von $M$. Die *Eulersche Charakteristik* von $M$ wird durch

$$\chi(M) := \sum_{q=0}^{n} (-1)^q \beta_q$$

definiert, falls alle Bettischen Zahlen endlich sind. Schließlich setzen wir $H^q(M) = \{0\}$ für $q > n$.

**Kohomologe Kozyklen:** Nach 18.4. heißen zwei $q$-Kozyklen $\mu$ und $\nu$ genau dann *kohomolog*, d.h. $\mu \sim \nu$, wenn sie sich um einen $q$-Korand unterscheiden, also $\nu = \mu + \mathrm{d}\alpha$. Das ist eine Äquivalenzrelation für $q$-Kozyklen. Die $q$-te Kohomologiegruppe $H^q(M)$ besteht genau aus den zugehörigen Äquivalenzklassen $[\mu]$.

*Beispiel 1:* Die nullte Kohomologiegruppe $H^0(M)$ besteht genau aus allen glatten Funktionen $\mu\colon M \to \mathbb{R}$ mit $\mathrm{d}\mu = 0$, d.h., $\mu$ ist auf jeder Zusammenhangskomponente von $M$ konstant. Somit gilt:

*Die nullte Bettische Zahl $\beta_0$ ist gleich der Anzahl der Zusammenhangskomponenten von $M$.*

(a) *Intervalle:* Ist $M := (a, b)$, dann gilt $\beta_0 = 1$ wegen des Zusammenhangs von $(a, b)$. Das bedeutet $H^0 = \mathbb{R}$.

Wir wollen zeigen, daß $H^1 = \{0\}$ gilt, also $\beta_1 = 0$. Tatsächlich ist jede 1-Form $\omega = f(x)\,\mathrm{d}x$ wegen $\mathrm{d}\omega = 0$ ein 1-Zyklus. Nach dem Fundamentalsatz der Differential- und Integralrechnung gilt

$$f(x) = \mu'(x) \qquad \text{auf} \quad M \tag{18.12}$$

für $\mu(x) := \int_c^x f(t)\,\mathrm{d}t$. Das bedeutet $\omega = \mathrm{d}\mu$. Folglich ist jeder 1-Zyklus auch ein 1-Korand. Aus $Z^1 = R^1$ folgt $H^1 = Z^1/R^1 = \{0\}$.

Die genauere Analyse zeigt:

*Die de Rhamsche Kohomologie stellt eine tiefliegende Verallgemeinerung des klassischen Fundamentalsatzes der Differential- und Integralrechnung dar.*

(b) *Kreislinie:* Wir wählen jetzt $M = S^1$. Wegen des Zusammenhangs von $S^1$ ist $\beta_0 = 1$. Wir zeigen $\beta_1 = 1$, also $H^1 = \mathbb{R}$. Tatsächlich hat die Gleichung (18.12) im vorliegenden Fall nur genau dann eine Lösung, wenn

$$\int_0^{2\pi} f(x)\,\mathrm{d}x = 0$$

gilt. Das ist genau eine Lösbarkeitsbedingung für die 1-Koränder. Somit gilt $\operatorname{codim} R_1 = 1$. Das bedeutet $\beta_1 = \dim Z_1/R_1 = \operatorname{codim} R_1 = 1$.

Das folgende Beispiel verallgemeinert unser Resultat (a) für Intervalle auf allgemeine kontrahierbare Mannigfaltigkeiten.

*Beispiel 2:* Ist $M$ kontrahierbar, dann gilt

$$H^q(M) = \begin{cases} \mathbb{R} & \text{für } q = 0\,, \\ \{0\} & \text{für } q > 0\,. \end{cases} \tag{18.13}$$

Daraus folgt $\beta_0 = 1$ und $\beta_q = 0$ für $q \geq 1$ sowie $\chi(M) = 1$.

Nach (18.13) sind alle $q$-Kozyklen auch $q$-Koränder, falls $q = 1, \ldots, n$. Daraus ergibt sich die folgende wichtige Existenzaussage.

**Lemma von Poincaré:** Ist $M$ kontrahierbar, dann besitzt die Gleichung

$$\mu = \mathrm{d}\omega \qquad \text{auf} \quad M \tag{18.14}$$

für eine gegebene $q$-Form $\mu$ mit $q = 1, \ldots, n$ genau dann eine Lösung $\omega$, wenn $d\mu = 0$ gilt. Die Lösungsmenge von (18.14) ist dann durch

$$\omega = \omega_{\text{spez}} + \mathrm{d}\alpha$$

gegeben, wobei $\omega_{\text{spez}}$ eine spezielle Lösung von (18.14) darstellt und $\alpha$ eine beliebige $(q-2)$-Form ist. Im Fall $q = 1$ muß man $d\alpha$ durch eine Konstante ersetzen.

*Beispiel 3:* Für die Sphäre $S^n$ mit $n \geq 1$ gilt

$$H^q(S^n) = \begin{cases} \mathbb{R} & \text{für } q = 0, n\,, \\ \{0\} & \text{sonst.} \end{cases}$$

Ein Vergleich mit Beispiel 2 zeigt, daß $S^n$ nicht kontrahierbar ist. Ferner hat man $\beta_0 = \beta_n = 1$, $\beta_q = 0$ für $q = 1, \ldots, n-1$ und $\chi(S^n) = \beta_0 + (-1)^n \beta_n = 1 + (-1)^n$.

*Beispiel 4:* Für eine kompakte orientierte zusammenhängende zweidimensionale reelle Mannigfaltigkeit $M$ vom Geschlecht $p$ gilt

$$H^q(M) = \begin{cases} \mathbb{R} & \text{für } q = 0, 2\,, \\ \mathbb{R}^{2p} & \text{für } q = 1\,. \end{cases}$$

Daraus folgt $\beta_0 = \beta_2 = 1$, $\beta_1 = 2p$ und $\chi(M) = \beta_0 - \beta_1 + \beta_2 = 2 - 2p$. Eine derartige Mannigfaltigkeit ist nach Beispiel 2 nicht kontrahierbar. Im Spezialfall des Torus $M$ hat man $p = 1$.

*Beispiel 5:* Es sei $M$ eine orientierte zusammenhängende reelle Mannigfaltigkeit der Dimension $n \geq 1$. Dann gilt $H^0(M) = \mathbb{R}$. Ferner hat man

$$H^n(M) = \begin{cases} \mathbb{R}\,, & \text{falls } M \text{ kompakt ist,} \\ \{0\}\,, & \text{falls } M \text{ nicht kompakt ist.} \end{cases}$$

Eine derartige Mannigfaltigkeit ist im kompakten Fall (nach Beispiel 2) nicht kontrahierbar.

**Poincarésche Dualität für die Bettizahlen:** Für eine kompakte reelle Mannigfaltigkeit $M$ der Dimension $n \geq 0$ sind alle Bettischen Zahlen endlich. Ist $M$ zusätzlich orientiert, dann gilt

$$\beta_q = \beta_{n-q} \qquad \text{für} \quad q = 1, \ldots, n\,.$$

**Hauptsatz:** Zwei homöomorphe (oder allgemeiner zwei homotopieäquivalente) endlichdimensionale reelle Mannigfaltigkeiten besitzen die gleichen de Rhamschen Kohomologiegruppen.

Deshalb sind die Bettischen Zahlen und die Eulersche Charakteristik einer Mannigfaltigkeit topologische Invarianten; sie ändern sich auch nicht bei Homotopieäquivalenz.

**Definition:** Es sei $T$ ein topologischer Raum, der zu einer endlichdimensionalen reellen Mannigfaltigkeit $M$ homöomorph (oder allgemeiner homotopieäquivalent) ist. Dann ordnen wir $T$ die de Rhamschen Kohomologiegruppen von $M$ zu.

Nach dem Hauptsatz ist diese Definition von der Wahl des Repräsentanten $M$ unabhängig.

*Beispiel 6:* Jeder kontrahierbare topologische Raum ist zu einem Punkt homotopieäquivalent und besitzt deshalb die de Rhamschen Kohomologiegruppen von Beispiel 2, d.h. $\beta_0 = 1$ und $\beta_q = 0$ für $q \geq 1$.

*Beispiel 7:* Ein offener oder abgeschlossener Kreisring $K$ ist zu der Kreislinie $S^1$ homotopieäquivalent. Deshalb gilt $H^q(K) = H^q(S^1)$ für alle $q$.

*Beispiel 8:* Das Gebiet $G$ des $\mathbb{R}^2$ besitze $k$ Löcher [9] mit $k \geq 0$ (Abb. 18.18).

Dann gilt

$$H^q(G) = \begin{cases} \mathbb{R} & \text{für } q = 0\,, \\ \mathbb{R}^k & \text{für } q = 1\,, \\ \{0\} & \text{für } q \geq 2\,. \end{cases}$$

Deshalb ist $\beta_0 = 1, \beta_1 = k, \beta_2 = 0$ und $\chi(G) = 1 - k$.

Die gleichen Kohomologiegruppen erhält man für den Abschluß von $G$.

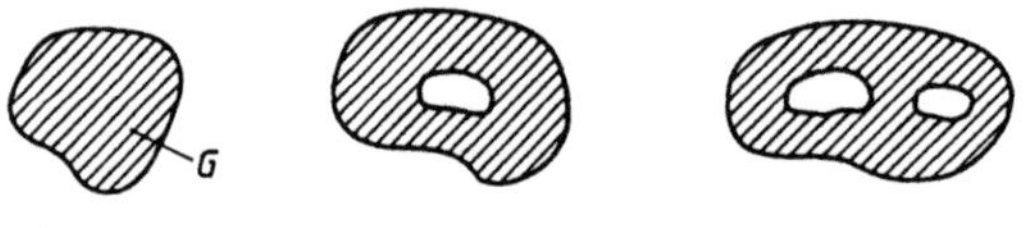


a) $k=0$ b) $k=1$ c) $k=2$ Abb. 18.18

**Anschauliche Interpretation:** In allen obigen Beispielen besitzen die Bettizahlen im Sinne von 18.4. die folgende anschauliche Bedeutung:

$\beta_q$ *ist gleich der Anzahl der bis auf Homologie wesentlichen* $q$*-Zyklen.*

Auf diesem Weg wurden die Bettischen Zahlen ursprünglich eingeführt.

In Beispiel 8 enthält $G$ genau $k$ wesentliche 1-Zyklen. Das sind geschlossene Kurven in $G$, die jeweils genau ein Loch umkreisen. Deshalb ist $\beta_1 = k$. Ferner enthält $G$ keinen 2-Zyklus (geschlossene zweidimensionale Fläche). Deshalb ist $\beta_2 = 0$.

Auf der Sphäre $S^2$ ist jeder 1-Zyklus (geschlossene Kurve) ein Rand, also nullhomolog. Folglich gilt $\beta_1 = 0$. Ferner enthält $S^2$ genau einen wesentlichen 2-Zyklus (geschlossene Fläche). Das ist $S^2$ selbst. Deshalb gilt $\beta_2 = 1$.

Der Torus $T$ enthält bis auf Homologie genau zwei 1-Zyklen (einen Breitenkreis und einen Längenkreis), also gilt $\beta_1 = 2$. Der einzige wesentliche 2-Zyklus ist $T$ selbst. Das ergibt $\beta_2 = 1$.

---

[9] Genauer: $G$ sei zu einer Menge des $\mathbb{R}^2$ homöomorph, die aus einer offenen Kreisscheibe $K$ (oder aus dem $\mathbb{R}^2$) durch Wegnahme von $k$ abgeschlossenen Kreisscheiben entsteht, die alle zu $K$ gehören und paarweise disjunkt sind.

Die Eulersche Charakteristik kann man anschaulich in einfacher Weise durch die Methode der Zellzerlegung in 18.1. gewinnen.

# 18.6. Homologie

Die gesamte Homologietheorie basiert auf einer Verknüpfung von Geometrie und Algebra mit Hilfe eines Randoperators, der geometrischen Gebilden einen orientierten Rand zuordnet. Die einfache Grundidee wird bereits am Beispiel eines Dreiecks deutlich.

## 18.6.1. Die Homologie eines Dreiecks

Wir betrachten ein abgeschlossenes Dreieck mit den Eckpunkten $P_0, P_1, P_2$, wobei das Dreieck durch die Reihenfolge der Punkte orientiert ist (vgl. Abb. 18.19). Den Randoperator $\partial$ definieren wir durch

$$\partial(P_0P_1P_2) := (P_0P_1) + (P_1P_2) + (P_2P_0)\,.$$

wobei $(P_0P_1P_2)$ das orientierte Dreieck und $(P_0P_1)$ die orientierte Strecke von $P_0$ nach $P_1$ bezeichnet. Ferner setzen wir

$$\partial(P_iP_j) := P_j - P_i \qquad \text{und} \quad \partial P_i = 0\,.$$

Für beliebige reelle Zahlen $a, b, c$ betrachten wir die folgenden Linearkombinationen:

$$\begin{array}{ll} aP_0 + bP_1 + cP_2 & \text{(0-Kette)}\,. \\ a(P_0P_1) + b(P_1P_2) + c(P_2P_0) & \text{(1-Kette)}\,. \\ a(P_0P_1P_2) & \text{(2-Kette)}\,. \end{array}$$

Der Randoperator für Ketten ergibt sich durch lineare Fortsetzung. Zum Beispiel ist

$$\begin{aligned}\partial(a(P_0P_1) + b(P_1P_2)) &= a\partial(P_0P_1) + b\partial(P_1P_2) \\ &= a(P_1 - P_0) + b(P_2 - P_1) = -aP_0 + (a-b)P_1 + bP_2\,.\end{aligned}$$

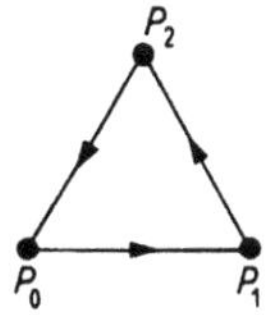


Abb. 18.19

Man prüft leicht den folgenden Satz nach.

**Satz 1:** Es gilt $\partial(\partial C) = 0$ für jede Kette $C$.

Über Ketten kann man in natürlicher Weise integrieren. Zum Beispiel setzen wir

$$\int_C \omega := a\int_{(P_0P_1)} \omega + b\int_{(P_1P_2)} \omega$$

für die 1-Kette $C = a(P_0P_1) + b(P_1P_2)$.

**Zyklen und Ränder:** Es sei $C$ eine $q$-Kette.

(a) $C$ heißt genau dann ein $q$-Zyklus, wenn $\partial C = 0$ gilt. Die Menge aller dieser $q$-Zyklen bezeichnen wir mit $Z_q$.

(b) $C$ heißt genau dann ein $q$-Rand, wenn $C = \partial D$ für eine gewisse $(q+1)$-Kette $D$ gilt. Die Menge aller $q$-Ränder bezeichnen wir mit $R_q$. Für $q = 2$ setzen wir $R_2 := \{0\}$.

Aus $C = \partial D$ folgt $\partial C = \partial(\partial D) = 0$ nach Satz 1. Deshalb ist jeder Rand ein Zyklus. Das ergibt die folgende Aussage.

**Satz 2:** $R_q$ ist ein linearer Teilraum des linearen Raumes $Z_q$.

**Definition der Homologiegruppen:** Der Faktorraum $H_q := Z_q/R_q$ heißt die $q$-te *Homologiegruppe* des Dreiecks (mit reellen Koeffizienten).

**Berechnung der Homologiegruppen:** Ein endlichdimensionaler linearer Raum ist bis auf Isomorphie durch seine Dimension bestimmt. Zur Berechnung der Homologiegruppen genügt es deshalb, die Zahl $m := \dim Z_q - \dim R_q$ zu kennen. Dann ist $m = \dim H_q$ und $H_q = \mathbb{R}^m$ (bis auf Isomorphie).

**Hauptsatz:** Es gilt

$$H_q = \begin{cases} \mathbb{R} & \text{für } q = 0\,, \\ \{0\} & \text{für } q = 1, 2\,. \end{cases} \tag{18.15}$$

Ferner setzen wir $H_q := \{0\}$ für $q = 3, 4, \ldots$.

Ein Dreieck ist ein kontrahierbarer topologischer Raum. Nach Beispiel 6 in 18.5. gilt

$$H_q = H^q \qquad \text{für alle} \quad q\,,$$

d.h., die Homologiegruppen eines Dreiecks stimmen mit seinen de Rhamschen Kohomologiegruppen überein. Das ist kein Zufall, sondern Spezialfall eines tiefliegenden topologischen Resultats (vgl. den Hauptsatz in 18.6.3.).

*Beweis des Hauptsatzes:* Fall 1: $q = 2$. Eine 2-Kette $C = a(P_0P_1P_2)$ ist genau dann ein Zyklus, wenn $\partial C = 0$ gilt, d.h.

$$a[(P_0P_1) + (P_1P_2) + (P_2P_0)] = 0\,, \qquad \text{also} \quad a = 0\,.$$

Das bedeutet $\dim Z_2 = 0$. Ferner ist $\dim R_2 = 0$ nach Definition, also $\dim H_2 = \dim Z_2 - \dim R_2 = 0$.

Fall 2: $q = 1$. Eine 1-Kette $C = a(P_0P_1) + b(P_1P_2) + c(P_2P_0)$ ist genau dann ein Zyklus, wenn $\partial C = 0$ gilt. Wegen

$$\begin{aligned} \partial C &= a(P_1 - P_0) + b(P_2 - P_1) + c(P_0 - P_2) \\ &= (c-a)P_0 + (a-b)P_1 + (b-c)P_2 \end{aligned} \tag{18.16}$$

heißt das $c - a = a - b = b - c = 0$, also $a = b = c$. Das ergibt.

$$C = a[(P_0P_1) + (P_1P_2) + (P_2P_0)]\,.$$

Anschaulich entspricht das dem $a$-fachen der Randkurve des Dreiecks in Abb. 18.19. Wegen $C = \partial(a(P_0P_1P_2))$ ist jeder 1-Zyklus ein Rand. Das bedeutet $Z_1 = R_1$ und somit $\dim H_1 = \dim Z_1 - \dim R_1 = 0$.

Fall 3: $q = 0$. Jede 0-Kette

$$D = \alpha P_0 + \beta P_1 + \gamma P_2 \tag{18.17}$$

ist wegen $\partial D = 0$ ein Zyklus, d.h. $\dim Z_0 = 3$. Angenommen, $D$ ist ein Rand, also $D = \partial C$. Aus (18.16) und (18.17) folgt

$$\alpha = c - a\,, \quad \beta = a - b\,, \quad \gamma = b - c\,.$$

Ein 0-Zyklus $D$ der Form (18.17) ist deshalb genau dann ein Rand, wenn $\alpha + \beta + \gamma = 0$ gilt. Daraus folgt $\dim R_0 = 2$ und $\dim H_0 = \dim Z_0 - \dim R_0 = 1$.

## 18.6.2. Singuläre Homologie topologischer Räume

Unter einem $n$-Simplex versteht man für $n = 0, 1, 2, 3$ der Reihe nach einen Punkt, eine abgeschlossene Strecke, ein abgeschlossenes Dreieck, ein abgeschlossenes Tetraeder. Allgemein besteht ein $n$-Simplex aus der abgeschlossenen konvexen Hülle von $n+1$ Punkten im $\mathbb{R}^n$, die nicht alle in einem echten linearen Teilraum liegen. Homöomorphe Bilder von $n$-Simplexen heißen topologische $n$-Simplexe.

In der klassischen Topologie versuchte man, topologische Räume aus topologischen Simplizes aufzubauen und die Homologie parallel zu 18.6.1. zu berechnen. Dieser Zugang versagte jedoch für allgemeine topologische Räume. Deshalb verwendet man heute sogenannte singuläre Simplizes. Das sind stetige Abbildungen von Simplizes in topologische Räume. Eine derartige Bildmenge kann eine sehr komplizierte Struktur besitzen. Entscheidend ist jedoch, daß man mit singulären Simplizes sehr bequem rechnen kann und die topologische Invarianz der Homologiegruppen sich sehr einfach ergibt, im Unterschied zum klassischen Zugang.

**Singuläre Simplizes:** Unter einem $q$-Standardsimplex mit $q = 0, 1, 2, \ldots$ verstehen wir die Menge

$$\Delta^q := \{x \in \mathbb{R}^{q+1} \colon x_j \geq 0\,,\ x_0 + x_1 + \ldots + x_q = 1\,,\ j = 0, 1, \ldots, q\}\,.$$

Ist $T$ ein topologischer Raum, dann heißt jede stetige Abbildung

$$f \colon \Delta^q \to T$$

ein singuläres $q$-Simplex von $T$. Den Randoperator $\partial$ erklären wir durch

$$\partial f := \sum_{j=0}^{q} (-1)^j f^{(j)}$$

mit $f^{(j)}(x_0, \ldots, x_{q-1}) := f(x_0, \ldots, x_{j-1}, 0, x_j, \ldots, x_{q-1})$. Anschaulich ist jedes $f^{(j)}$ ein singuläres $(q-1)$-Randsimplex von $f$, das mit einer Orientierung versehen wird.

**Singuläre $q$-Ketten:** Unter einer derartigen Kette verstehen wir eine beliebige reelle Linearkombination

$$C := a_1 f_1 + \ldots + a_m f_m\,, \qquad a_1, \ldots, a_m \in \mathbb{R}\,, \tag{18.18}$$

von singulären $q$-Simplizes $f_1, \ldots, f_m$. Ferner setzen wir

$$\partial C := a_1 \partial f_1 + \ldots + a_m \partial f_m\,.$$

Ist $T$ eine Mannigfaltigkeit, dann heißt $C$ eine glatte singuläre Kette, falls alle Abbildungen $f_j$ glatt sind. Über solche Ketten kann man vermöge der folgenden Definition integrieren:

$$\int_C \omega := a_1 \int_{f_1} \omega + \ldots + a_m \int_{f_m} \omega\,.$$

Dabei setzen wir

$$\int_{f_j} \omega := \int_{\Delta^q} f_j^* \omega ,$$

d.h., wir integrieren über das Standardsimplex $\Delta^q$ und transformieren die Form $\omega$ vermöge $f_j$ auf $\Delta^q$.

**Integralsatz von Stokes für glatte Ketten auf Mannigfaltigkeiten:** Es gilt

$$\int_C \mathrm{d}\omega = \int_{\partial C} \omega .$$

**Singuläre Zyklen und singuläre Ränder:** Es sei $C$ eine singuläre $q$-Kette.

(i) $C$ heißt genau dann ein singulärer $q$-Zyklus, wenn $\partial C = 0$ gilt. Die Menge aller derartigen Zyklen wird mit $Z_q(T)$ bezeichnet.

(ii) $C$ heißt genau dann ein singulärer $q$-Rand, wenn $C = \partial D$ für eine gewisse $(q+1)$-Kette $D$ gilt. Die Menge aller derartigen Ränder wird mit $R_q(T)$ bezeichnet.

Es gilt $R_q \subseteq Z_q$ für alle $q$.

**Singuläre Homologiegruppen:** Der Faktorraum $H_q(T) := Z_q(T)/R_q(T)$ heißt die $q$-te singuläre Homologiegruppe des topologischen Raumes $T$ (mit reellen Koeffizienten).

$H_q(T)$ ist ein linearer reeller Raum. Explizit besteht $H_q(T)$ aus den Homologieklassen

$$[C] := \{C + \partial D\colon D \text{ beliebige singuläre } (q+1)\text{-Kette}\} .$$

Die Linearkombinationen der Homologieklassen ergeben sich durch

$$a_1[C_1] + a_2[C_2] = [a_1C_1 + a_2C_2] , \qquad a_1, a_2 \in \mathbb{R} ,$$

wobei diese Definition von der Wahl der Repräsentanten unabhängig ist.

**Hauptsatz:** Zwei homöomorphe (oder allgemeiner zwei homotopieäquivalente) topologische Räume besitzen die gleichen singulären Homologiegruppen (bis auf Isomorphie).

**Der Homologiefunktor:** Durch die singulären Homologiegruppen wird ein kovarianter Funktor von der Kategorie der topologischen Räume in die Kategorie der linearen reellen Räume erzeugt (vgl. 17.2.4.). Das heißt, jeder stetigen Abbildung

$$f\colon T \to S$$

wird eine lineare Abbildung

$$f_*\colon H_q(T) \to H_q(S) , \qquad q = 0, 1, \dots ,$$

zugeordnet, wobei der Zusammensetzung von stetigen Abbildungen die Zusammensetzung der zugehörigen linearen Abbildungen entspricht. Dieser Funktor respektiert die Homotopie, d.h., homotopen stetigen Abbildungen wird die gleiche lineare Abbildung zugeordnet.

Der obige Hauptsatz ist eine einfache Konsequenz aus der Existenz des Homologiefunktors.

## 18.6.3. Singuläre Kohomologie topologischer Räume

**Definition:** Die $q$-te singuläre Kohomologiegruppe (mit reellen Koeffizienten) des topologischen Raumes $T$ ist gegeben durch den dualen Raum

$$H_*^q(T) := H_q(T)^* ,$$

d.h., $H_*^q(T)$ besteht aus allen linearen Abbildungen $\varphi\colon H_q(T) \to \mathbb{R}$.

Der Kohomologiefunktor ergibt sich, indem man auf den Homologiefunktor den Dualitätsfunktor anwendet (vgl. Beispiel 13 in 17.2.4.).

**Hauptsatz:** Es sei $M$ eine reelle Mannigfaltigkeit der Dimension $n \geq 0$. Dann sind die de Rhamschen Kohomologiegruppen zu den singulären Kohomologiegruppen isomorph.

Ist die Bettische Zahl $\beta_q$ endlich, dann hat man

$$H_q(M) = H_*^q(M) = H^q(M) = \mathbb{R}^{\beta_q} .$$

Das gilt speziell für kompakte Mannigfaltigkeiten und kontrahierbare topologische Räume.

## 18.6.4. Der Satz von de Rham über Differentialgleichungen für Formen auf Mannigfaltigkeiten

Es sei $M$ eine kompakte reelle Mannigfaltigkeit der Dimension $n \geq 1$. Wir wollen die Gleichung

$$\mathrm{d}\omega = \mu \qquad \text{auf} \quad M \tag{18.19}$$

lösen. Gegeben ist die glatte $q$-Form $\mu$ mit $q = 1, \ldots, n$. Gesucht wird die glatte $(q-1)$-Form $\omega$. Das Lösungsverhalten hängt von der Bettizahl $\beta_q$ der Mannigfaltigkeit $M$ ab.

**Erster Hauptsatz:** Ist $\beta_q = 0$, so besitzt (18.19) genau dann eine Lösung, wenn $\mathrm{d}\mu = 0$ gilt.

**Zweiter Hauptsatz:** Im Fall $\beta_q \neq 0$ wählen wir glatte singuläre $q$-Zyklen $C_1, \ldots, C_{\beta_q}$ von $M$, so daß die zugehörigen Homologieklassen $[C_j]$, $j = 1, \ldots, \beta_q$, linear unabhängig sind. Unter dieser Voraussetzung besitzt (18.19) genau dann eine Lösung, wenn $d\mu = 0$ ist und

$$\int_{C_j} \mu = 0 , \qquad j = 1, \ldots, \beta_q ,$$

gilt, d.h., die Perioden von $\mu$ sind alle gleich null.

**Korollar:** Zu vorgegebenen reellen Zahlen $p_1, \ldots, p_{\beta_q}$ gibt es stets eine $q$-Form $\mu$ mit $\mathrm{d}\mu = 0$ und

$$\int_{C_j} \mu = p_j , \qquad j = 1, \ldots, \beta_j .$$

Die Zahlen $p_j$ heißen die Perioden von $\mu$.

Wählen wir speziell die $q$-Formen $\mu_1, \ldots, \mu_{\beta_q}$, so daß $\mathrm{d}\mu_j = 0$ für alle $j$ gilt und die Orthogonalitätsrelationen

$$\int_{C_j} \mu_k = \delta_{jk} , \qquad j, k = 1, \ldots, \beta_q ,$$

erfüllt sind, dann bilden die Kohomologieklassen $[\mu_1], \ldots, [\mu_{\beta_q}]$ eine Basis der de Rhamschen Kohomologiegruppe $H^q(M)$.

Dieses fundamentale Theorem verallgemeinert die klassischen Riemannschen Resultate über die Perioden Abelscher (z.B. elliptischer) Integrale.

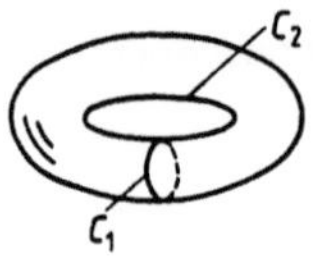


Abb. 18.20

*Beispiel:* Ist $M$ ein Torus, dann gilt $\beta_1 = 2$ und $\beta_2 = 1$.

Im Fall $q = 1$ wählen wir einen Längenkreis $C_1$ und einen Breitenkreis $C_2$ (Abb. 18.20). Dann sind $[C_1]$ und $[C_2]$ linear unabhängig.

Im Fall $q = 2$ wählen wir $C_1 = M$.

Dann können wir den zweiten Hauptsatz und das Korollar anwenden. Insbesondere gibt es auf dem Torus zwei Perioden.

# 18.7. Exakte Sequenzen

Um Aussagen über topologische Eigenschaften von geometrischen Gebilden zu erhalten, muß man ihre Homotopiegruppen, Homologiegruppen und Kohomologiegruppen berechnen. Das ist die höchst nichttriviale Grundaufgabe der algebraischen Topologie. Der klassische Apparat hierzu war sehr schwerfällig. In der modernen Topologie benutzt man die elegante Methode der exakten Sequenzen (vgl. 17.2.4.). Der Vorteil dieser Methode, die in den vierziger Jahren als „homologische Algebra“ entwickelt wurde, besteht darin, daß man die konkrete Konstruktion der Homotopie-, Homologie- und Kohomologiegruppen gar nicht zu kennen braucht. Man verwendet lediglich die Exaktheit gewisser Sequenzen und die beiden folgenden elementaren Tatsachen:

(i) Die Exaktheit der Sequenz[10)]

$$0 \to A \to B \to 0$$

ist äquivalent zu der Isomorphie $A = B$.

(ii) Die Exaktheit der Sequenz

$$0 \to A \to B \to C \to 0$$

ist äquivalent zu der Isomorphie $B = A \oplus C$.

## 18.7.1. Die Mayer-Vietoris-Sequenz

**Hauptsatz:** Sind $V$ und $W$ Teilmengen eines topologischen Raumes $T$ mit

$$T = \operatorname{int} V \cup \operatorname{int} W\,,$$

dann ist für $q = 0, 1, 2, \ldots$ die folgende Sequenz exakt:[11)]

$$\begin{aligned} \ldots \to \mathscr{H}_{q+1}(V \cap W) \to \mathscr{H}_{q+1}(V) \oplus \mathscr{H}_{q+1}(W) \to \mathscr{H}_{q+1}(T) \to \\ \to \mathscr{H}_q(V \cap W) \to \mathscr{H}_q(V) \oplus \mathscr{H}_q(W) \to \mathscr{H}_q(T) \to \ldots \to \\ \to \mathscr{H}_0(V \cap W) \to \mathscr{H}_0(V) \oplus \mathscr{H}_0(W) \to \mathscr{H}_0(T)\,. \end{aligned} \tag{18.20}$$

[10)] Anstelle von $\{0\}$ schreiben wir kurz $0$. Mit $A, B, C$ bezeichnen wir lineare Räume (oder allgemeiner additive Gruppen).

[11)] $\mathscr{H}_q(X)$ bezeichnet die $q$-te Homologiegruppe von $X$ mit ganzzahligen Koeffizienten, d.h., in (18.18) werden nur solche singulären Ketten betrachtet, deren Koeffizienten ganze Zahlen sind. Die Menge der ganzen Zahlen wird mit $\mathbb{Z}$ bezeichnet.

Ist $V \cap W \neq \emptyset$, dann darf man in (18.20) überall $\mathscr{H}_0$ durch die entsprechende reduzierte Homologiegruppe $\mathscr{H}_{r0}$ ersetzen.

Bei Anwendungen dieses grundlegenden Satzes benutzt man zusätzlich die folgenden Aussagen.

(i) Für einen beliebigen topologischen Raum $X$ ist die Sequenz

$$0 \to \mathscr{H}_{r0}(X) \to \mathscr{H}_0(X) \to \mathbb{Z} \to 0$$

exakt, d.h. $\mathscr{H}_0(X) = \mathscr{H}_{r0} \oplus \mathbb{Z}$, also $\mathscr{H}_{r0}(X) = \mathscr{H}_0(X)/\mathbb{Z}$.

(ii) Besteht der topologische Raum aus genau $N$ Komponenten (bezüglich des bogenweisen Zusammenhangs), dann ist

$$\mathscr{H}_0(X) = \mathbb{Z}^N, \qquad \mathscr{H}_{r0}(X) = \mathbb{Z}^{N-1}.$$

(iii) Besteht der topologische Raum $X$ aus genau $N$ Punkten, dann ist

$$\mathscr{H}_q(X) = \begin{cases} \mathbb{Z}^N & \text{für } q = 0, \\ 0 & \text{sonst,} \end{cases}$$

also $\mathscr{H}_{r0}(X) = \mathbb{Z}^{N-1}$.

(iv) Homöomorphe (oder allgemeiner homotopieäquivalente) topologische Räume besitzen die gleichen Homologiegruppen $\mathscr{H}_q$ und die gleichen reduzierten Homologiegruppen $\mathscr{H}_{r0}$.

Beispielweise ist ein kontrahierbarer Raum $X$ homotopieäquivalent zu einem Punkt. Deshalb gilt $\mathscr{H}_0(X) = \mathbb{Z}$, $\mathscr{H}_{r0}(X) = \mathscr{H}_q(X) = 0$ für alle $q \geq 1$.

*Standardbeispiel* (die $n$-dimensionale Sphäre $S^n$ mit $n \geq 1$): Es ist

$$\mathscr{H}_q(S^n) = \begin{cases} \mathbb{Z} & \text{für } q = 0, n, \\ 0 & \text{sonst.} \end{cases} \tag{18.21}$$

Das ergibt $\mathscr{H}_{r0}(S^n) = 0$.

*Beweis:* Da $S^n$ für $n \geq 1$ zusammenhängend ist, erhalten wir zunächst (18.21) für $q = 0$. Die Berechnung der höheren Homologiegruppen geschieht induktiv mit Hilfe der Mayer-Vietoris-Sequenz.

*1. Schritt:* Wir setzen

$$V := S^n - \{\mathrm{N}\}, \qquad W := S^n - \{\mathrm{S}\},$$

wobei N den Nordpol und S den Südpol der $n$-dimensionalen Sphäre $S^n$ bezeichnet. Dann sind $V$ und $W$ kontrahierbar, während sich der Durchschnitt $V \cap W$ stetig auf den Äquator Ä zusammenziehen läßt, d.h., die Menge $V \cap W$ ist homotopieäquivalent zum Äquator Ä. Somit ist $V \cap W$ homotopieäquivalent zu $S^{n-1}$. Folglich gilt:

(i) $\mathscr{H}_0(V) = \mathscr{H}_0(W) = \mathbb{Z}$ und $\mathscr{H}_{r0}(V) = \mathscr{H}_{r0}(W) = 0$.

(ii) $\mathscr{H}_q(V) = \mathscr{H}_q(W) = 0$ für alle $q \geq 1$.

(iii) $\mathscr{H}_q(V \cap W) = \mathscr{H}_q(\text{Ä}) = \mathscr{H}_q(S^{n-1})$ für alle $q \geq 0$.

(iv) $\mathscr{H}_{r0}(V \cap W) = \mathscr{H}_{r0}(\text{Ä}) = \mathscr{H}_{r0}(S^{n-1})$.

*2. Schritt:* Für $n = 1, 2, \ldots$ gilt:

(a) $\mathscr{H}_1(S^n) = \mathscr{H}_{r0}(S^{n-1})$;

(b) $\mathscr{H}_{q+1}(S^n) = \mathscr{H}_q(S^{n-1})$, $q \geq 1$.

Tatsächlich liefert die Exaktheit der Mayer-Vietoris-Sequenz

$$\mathscr{H}_1(V) \oplus \mathscr{H}_1(W) \to \mathscr{H}_1(S^n) \to \mathscr{H}_{r0}(V \cap W) \to \mathscr{H}_{r0}(V) \oplus \mathscr{H}_{r0}(W)$$

die exakte Sequenz

$$0 \to \mathscr{H}_1(S^n) \to \mathscr{H}_{r0}(S^{n-1}) \to 0\,.$$

Das ist (a). Ferner erhält man aus der Exaktheit der Mayer-Vietoris-Sequenz

$$\mathscr{H}_{q+1}(V) \oplus \mathscr{H}_{q+1}(W) \to \mathscr{H}_{q+1}(S^n) - \mathscr{H}_q(V \cap W) \to \mathscr{H}_q(V) \oplus \mathscr{H}_q(W)$$

die exakte Sequenz

$$0 \to \mathscr{H}_{q+1}(S^n) \to \mathscr{H}_q(S^{n-1}) \to 0$$

für $q \geq 1$. Das ist (b).

*3. Schritt:* Es sei $n = 1$. Da $S^0$ aus zwei Punkten besteht, gilt $\mathscr{H}_{r0}(S^0) = \mathbb{Z}$ und $\mathscr{H}_q(S^0) = 0$ für $q \geq 1$. Aus (a) und (b) folgt

$$\mathscr{H}_1(S^1) = \mathbb{Z} \quad \text{und} \quad \mathscr{H}_{q+1}(S^1) = 0 \quad \text{für } q \geq 1\,.$$

*4. Schritt:* Es sei $n = 2$. Da $S^1$ zusammenhängend ist, gilt $\mathscr{H}_0(S^1) = \mathbb{Z}$, also $\mathscr{H}_{r0}(S^1) = \mathscr{H}_0(S^1)/\mathbb{Z} = 0$. Nach (a) und (b) ergibt sich deshalb

$$\mathscr{H}_1(S^2) = \mathscr{H}_{r0}(S^1) = 0, \qquad \mathscr{H}_2(S^2) = \mathscr{H}_1(S^1) = \mathbb{Z}$$

und $\mathscr{H}_{q+1}(S^2) = \mathscr{H}_q(S^1) = 0$ für $q \geq 2$.

Analog schließt man für $n \geq 3$. q.e.d.

## 18.7.2. Homologie- und Kohomologiegruppen mit beliebigen Koeffizienten

Mit $G$ bezeichnen wir eine beliebige kommutative (additive) Gruppe (z.B. $G = \mathbb{Z}, \mathbb{R}$). Für eine Reihe von topologischen Fragen ist es wichtig, daß man die Flexibilität ausnutzt, die man bei der Wahl der Koeffizienten von singulären Ketten (18.18) besitzt.

**Definition.** Unter einer singulären $G$-Kette versteht man wie in (18.18) einen Ausdruck der Form

$$C := a_1 f_1 + \ldots + a_m f_m\,, \tag{18.22}$$

wobei jedoch jetzt die Koeffizienten $a_1, \ldots, a_m$ zu $G$ gehören.

Die gleiche Konstruktion wie in 18.6.2. ergibt dann die singulären Homologiegruppen $H_q(X, G)$ des topologischen Raumes $X$ (mit Koeffizienten in $G$).

Unter einer singulären $G$-Kokette verstehen wir einen Morphismus $\omega$ von der additiven Gruppe der singulären $G$-Ketten in $G$, d.h., jeder singulären Kette $C$ wird ein Element $\omega(C)$ in $G$ zugeordnet, so daß

$$\omega(C_1 + C_2) = \omega(C_1) + \omega(C_2)$$

für alle singulären $G$-Ketten $C_1$ und $C_2$ gilt. Durch

$$(\mathrm{d}\omega)(C) := \omega(\partial C)$$

für alle singulären $G$-Ketten $C$ ergibt sich ein Korandoperator $d$ mit $d^2 = 0$. Analog zur Konstruktion der de Rhamschen Kohomologiegruppen in 18.5. erhält man dann die singulären Kohomologiegruppen $H^q(X, G)$ des topologischen Raumes $X$ (mit Koeffizienten in $G$).

In den beiden Spezialfällen $G = \mathbb{Z}, \mathbb{R}$ benutzen wir die Bezeichnungen

$$H_q(X) := H_q(X, \mathbb{R}), \qquad \mathscr{H}_q(X) := H_q(X, \mathbb{Z})\,.$$

**Koeffiziententheorem.** Für festes $q = 0, 1, 2, \ldots$ gilt[12)]

$$H_q(X, G) = \mathscr{H}_q(X) \otimes G \quad \text{und} \quad H^q(X, G) = H_q(X, G)^*,$$

falls eine der drei folgenden Bedingungen erfüllt ist:

(a) $q = 0$;

(b) $H_{q-1}(X, \mathbb{Z}) = \mathbb{Z}^m$, $m = 0, 1, \ldots$ und $q \geq 1$;

(c) $G = \mathbb{R}$ (Körper der reellen Zahlen) oder $G = \mathbb{Q}$ (Körper der rationalen Zahlen) und $q \geq 0$.

Dieses Theorem ist der Spezialfall des sogenannten *universellen Koeffiziententheorems* für beliebige kommutative Gruppen $G$:

$$H_q(X, G) = (\mathscr{H}_q(X) \otimes G) \oplus \mathrm{Tor}(\mathscr{H}_{q-1}(X), G),$$
$$H^q(X, G) = H_q(X, G)^* \oplus \mathrm{Ext}(\mathscr{H}_{q-1}(X), G), \quad q \geq 1.$$

Danach kann man durch rein algebraische Überlegungen aus den ganzzahligen Homologiegruppen $\mathscr{H}_q(X) := H_q(X, \mathbb{Z})$ alle Homologiegruppen und Kohomologiegruppen mit beliebigen Koeffizienten berechnen. Die genaue Definition der Funktoren Tor und Ext in der Sprache der exakten Sequenzen findet man in [Bredon (1993)]. Speziell ist

$$\mathrm{Tor}(\mathbb{Z}^m, \mathbb{K}) = \mathrm{Ext}(\mathbb{Z}^m, \mathbb{K}) = 0 \quad \text{für } \mathbb{K} = \mathbb{Z}, \mathbb{R}, \mathbb{Q}$$

und

$$\mathrm{Tor}(\mathbb{Z}_p, \mathbb{Z}_p) = \mathrm{Ext}(\mathbb{Z}_p, \mathbb{Z}_p) = \mathbb{Z}_p,$$

wobei $\mathbb{Z}_p = \mathbb{Z}/p\mathbb{Z}$ die zyklische Gruppe der Primzahlordnung $p \geq 2$ bezeichnet.

*Beispiel 1:* Für einen kontrahierbaren topologischen Raum $X$ gilt $\mathscr{H}_0(X) = \mathbb{Z}$ und $\mathscr{H}_q(X) = 0$ für $q \geq 1$. Wegen der Isomorphie $\mathbb{Z} \otimes G = G$ folgt daraus

$$H_0(X, G) = G, \qquad H_q(X, G) = 0, \quad q \geq 1.$$

*Beispiel 2* (de Rhamsche Kohomologie): Für die singuläre Homologie und Kohomologie mit reellen Koeffizienten erhalten wir

$$H_q(X); = H_q(X, \mathbb{R}) = \mathscr{H}_q(X) \otimes \mathbb{R}, \qquad H^q(X, \mathbb{R}) = H_q(X, \mathbb{R})^*.$$

Nach dem Satz von de Rham gilt $H^q(X) = H^q(X, \mathbb{R})$, $q \geq 0$, für die de Rhamschen Kohomologiegruppen $H^q(X)$.

*Standardbeispiel 3:* Für die $n$-dimensionale Sphäre $S^n$ mit $n \geq 1$ gilt

$$\mathscr{H}_q(S^n) = \begin{cases} \mathbb{Z} & \text{für } q = 0, n, \\ 0 & \text{sonst.} \end{cases}$$

Wegen $\mathbb{Z} \otimes \mathbb{R} = \mathbb{R}$ und $H_q(X) = \mathscr{H}_q(S^n) \otimes \mathbb{R}$ erhalten wir daraus

$$H_q(S^n) = \begin{cases} \mathbb{R} & \text{für } q = 0, n, \\ 0 & \text{sonst.} \end{cases}$$

Ferner ist $H^q(S^n) = H_q(S^n)^* = H_q(S^n)$ (Isomorphie).

---

12) Mit $H_q(X, G)^*$ oder auch $\mathrm{Hom}(H_q(X, G), G)$ bezeichnen wir die Gesamtheit aller Morphismen $\mu \colon H_q(X, G) \to G$.

### 18.7.3. Höhere Homotopiegruppen

**Homotopiegruppen verallgemeinern die Fundamentalgruppe.**

Es sei $X$ ein topologischer Raum. Wir wählen einen festen Punkt $x_0 \in X$. Durch $P_n(X, x_0)$ bezeichnen wir die Menge aller stetigen Abbildungen

$$\varphi : I^n \to X \quad \text{mit} \quad \varphi(\partial I^n) = \{x_0\}.$$

Dabei ist $I^n := \{(t_1, \ldots, t_n) \colon 0 \leq t_j \leq 1 \text{ für alle } j\}$ der abgeschlossene $n$-dimensionale Einheitswürfel.

Für zwei Abbildungen $\varphi$ und $\psi$ aus $P_n(M, x_0)$ schreiben wir genau dann

$$\varphi \cong \psi, \tag{18.23}$$

wenn sie zueinander homotop sind.

**Definition.** Es bezeichne $\pi_n(X, x_0)$ die Menge aller zugehörigen Äquivalenzklassen ($n = 1, 2, \ldots$).

Die Menge $\pi_n(X, x_0)$ kann analog zur Fundamentalgruppe mit einer Gruppenstruktur versehen werden[13] und heißt die $n$-te Homotopiegruppe von $X$ (bezüglich des Punktes $x_0$).

**Satz:** (i) Ist der Raum $X$ bogenweise zusammenhängend, dann gilt $\pi_n(X, x_0) = \pi_n(X, x_1)$ (Isomorphie) für alle $x_0, x_1 \in X$ und alle $n$.

(ii) Für $n \geq 2$ sind alle Homotopiegruppen $\pi_n(X, x_0)$ kommutativ. Die Fundamentalgruppe $\pi_1(X, x_0)$ braucht nicht kommutativ zu sein.

(iii) Wir betrachten alle stetigen Abbildungen

$$\psi \colon S^n \to X \tag{18.24}$$

mit $\psi(y_0) = x_0$, wobei $y_0 \in S^n$ und $x_0 \in X$ feste Punkte sind. Dann besteht eine bijektive Abbildung zwischen $\pi_n(X, x_0)$ und der Menge aller Homotopieklassen $[\psi]$ von Abbildungen der Form (18.24).

(iv) Homöomorphe (oder allgemeiner homotopieäquivalente) topologische Räume besitzen die gleichen Homotopiegruppen.

*Beispiel 1:* Für einen kontrahierbaren Raum sind alle seine Homotopiegruppen trivial, d.h. gleich dem neutralen Element.

**Satz von Hurewicz.** Es sei $X$ ein bogenweise zusammenhängender topologischer Raum $X$. Dann gilt:

(i) Ist die Fundamentalgruppe von $X$ kommutativ, dann ist sie isomorph zur ersten Homologiegruppe von $X$ mit ganzzahligen Koeffizienten, d.h.

$$\pi_1(X) = \mathscr{H}_1(X).$$

(ii) Im allgemeinen Fall gilt $\pi_1(X)/\mathscr{K} = \mathscr{H}_1(X)$, wobei $\mathscr{K}$ die Kommutatorgruppe von $\pi_1(X)$ bezeichnet[14].

---

[13] Beispielsweise für $n = 2$ definieren wir

$$(\varphi \times \psi)(t_1, t_2) := \begin{cases} \varphi(2t_1, t_2) & \text{für } 0 \leq t_1 \leq 1/2, \\ \psi(2t_1 - 1, t_2) & \text{für } 1/2 \leq t_1 \leq 1. \end{cases}$$

Diese Multiplikation $\varphi \times \psi$ ist mit der Äquivalenzrelation (18.23) verträglich.

[14] $\mathscr{K}$ ist die kleinste Untergruppe von $\pi_1(X)$, die alle Elemente der Form $aba^{-1}b^{-1}$ mit $a, b \in \pi_1(X)$ enthält.

*Standardbeispiel 2:* Für den Rand des Einheitskreises $S^1$ gilt

$$\pi_1(S^1) = \mathscr{H}_1(S^1) = \mathbb{Z}$$

nach dem Satz von Hurewicz und dem Standardbeispiel aus 18.7.1. In 18.7.4. werden wir mit Hilfe der exakten Homotopiesequenz eines Faserbündels zeigen, daß $\pi_n(S^1) = 0$ für $n \geq 2$ gilt.

Für $n$-dimensionale Sphären $S^n$ mit $n \geq 2$ hat man

$$\pi_n(S^n) = \mathbb{Z}\,,$$

während $\pi_k(S^n)$ für $1 \leq k < n$ trivial ist. Die Berechnung von $\pi_m(S^n)$ mit $m > n$ ist in der Regel sehr schwierig und wird bis heute noch nicht vollständig beherrscht.

**Der Periodizitätssatz von Bott.** Für $2N \geq n \geq 2$ gilt:

$$\pi_{n-1}(GL(N,\mathbb{C})) = \begin{cases} 0 & \text{für ungerades } n, \\ \mathbb{Z} & \text{für gerades } n. \end{cases}$$

Dabei bezeichnet $GL(N,\mathbb{C})$ die Gruppe aller invertierbaren komplexen $(N \times N)$-Matrizen. Explizit bedeutet diese Aussage folgendes: Wir betrachten stetige Abbildungen

$$f, g\colon S^{n-1} \to GL(N,\mathbb{C}).$$

(i) Ist $n$ ungerade, dann sind $f$ und $g$ homotop zu konstanten Abbildungen.

(ii) Ist $n$ gerade, dann kann man $f$ eine ganzen Zahl $\deg(f)$ zuordnen, die man den Abbildungsgrad von $f$ nennt. Zwei Abbildungen $f$ und $g$ sind genau dann homotop, wenn $\deg(f) = \deg(g)$ gilt. Ferner gibt es zu jeder ganzen Zahl $\gamma$ eine Abbildung $f$ mit $\deg(f) = \gamma$.

Der Periodizitätensatz von Bott spielte beim ursprünglichen Beweis des Atiyah-Singer-Indextheorems eine entscheidende Rolle (vgl. 19.11.).

## 18.7.4. Die exakte Homotopiesequenz eines Faserbündels

**Hauptsatz.** Es sei

$$p\colon \mathscr{B} \to M$$

eine surjektive stetige Abbildung des topologischen Raumes $\mathscr{B}$ auf den topologischen Raum $M$, die ein Faserbündel mit lokaler Produktstruktur darstellt.[15] Wählen wir einen festen Punkt $x \in M$ und einen festen Punkt $y \in F$, wobei $F := p^{-1}(x)$ die sogenannte Faser über dem Punkt $x$ bezeichnet, dann ist für $n = 1, 2, \ldots$ die folgende Sequenz exakt:

$$\begin{aligned} \ldots \to \pi_n(F,y) \to \pi_n(\mathscr{B}) \to \pi_n(M) \to \\ \to \pi_{n-1}(F,y) \to \pi_{n-1}(\mathscr{B}) \to \pi_{n-1}(M) \to \ldots \to \pi_1(F,y) \to \pi_1(\mathscr{B}) \to \pi_1(M)\,. \end{aligned} \tag{18.25}$$

[15] Genauer verlangen wir folgendes:

(i) $\mathscr{B}$ und $M$ sind bogenweise zusammenhängend.

(ii) Der Bündelraum $\mathscr{B}$ besitzt eine lokale Produktstruktur mit dem topologischen Raum $Y$ als typischer Faser, d.h., zu jedem Punkt $x \in M$ existieren eine offene Umgebung $U$ in $M$ und ein Homöomorphismus

$$\psi\colon U \times Y \to p^{-1}(U)$$

mit $p(\psi(u,y)) = u$ für alle $u \in U$, $y \in Y$.

**Satz:** Es sei[16] $\pi_n(F, y)$ trivial für alle $n = 1, 2, \ldots$. Dann gilt

$$\pi_n(M) = \pi_n(\mathscr{B}) \quad \text{für } n \geq 2\,. \tag{18.26}$$

Ist speziell der Bündelraum $\mathscr{B}$ kontrahierbar, dann gilt

$$\pi_n(M) = 0 \quad \text{für } n \geq 2\,. \tag{18.27}$$

*Beweis:* Aus (18.25) folgt,daß die Sequenz

$$0 \to \pi_n(\mathscr{B}) \to \pi_n(M) \to 0$$

für $n \geq 2$ exakt ist. Das ergibt (18.26) q.e.d.

*Standardbeispiel 1:* Wir bezeichnen mit $\varphi$ eine Winkelvariable. Die durch $p(\varphi) := e^{i\varphi}$ gegebene Abbildung

$$p\colon \mathbb{R} \to S^1$$

stellt die universelle Überlagerung der Einheitskreislinie $S^1$ dar (vgl. 18.3.4.). Jede Faser besteht hier aus abzählbar vielen Punkten. Da $\mathbb{R}$ kontrahierbar ist, folgt aus (18.27):

$$\pi_n(S^1) = 0 \quad \text{für } n \geq 2\,.$$

*Standardbeispiel 2* (Hopffaserung): Die sogenannte Hopfabbildung

$$f\colon S^3 \to S^2$$

stellt ein Faserbündel mit der Basismannigfaltigkeit $S^2$, der Bündelmannigfaltigkeit $S^3$ und der typischen Faser $U(1)$ dar. Aus der Exaktheit der Homotopiesequenz (18.25) erhalten wir die exakte Sequenz

$$\pi_n(U(1)) \to \pi_n(S^3) \to \pi_n(S^2) \to \pi_{n-1}(U(1))$$

für $n \geq 2$. Die Gruppe $U(1)$ der komplexen Zahlen vom Betrag eins ist homöomorph zu $S^1$. Folglich gilt $\pi_k(U(1)) = \pi_k(S^1) = 0$ für $k \geq 2$. Das ergibt die Exaktheit der Sequenz

$$0 \to \pi_n(S^3) \to \pi_n(S^2) \to 0$$

für $n \geq 3$. Somit erhalten wir

$$\pi_n(S^3) = \pi_n(S^2) \quad \text{für alle } n = 3, 4, \ldots$$

Nach Standardbeispiel 2 aus 18.7.3. ist $\pi_3(S^3) = \mathbb{Z}$. Das liefert die berühmte Aussage von Heinz Hopf aus dem Jahre 1936:

$$\pi_3(S^2) = \mathbb{Z}\,. \tag{18.28}$$

Explizit erhält man die Hopfabbildung in folgender Weise: Wir beschreiben die 3-dimensionale Einheitssphäre $S^3$ durch die Menge aller komplexen Paare $(z, w)$ mit $|z|^2 + |w|^2 = 1$. Dann ist $f(z, w)$ definitionsgemäß gleich dem Punkt der Riemannschen Zahlenkugel, der dem Quotienten $z/w$ entspricht. Für einen Punkt $P \in S^2$ besteht das Urbild $f^{-1}(P)$ aus allen Punkten $\lambda(z_0, w_0)$ mit $\lambda \in U(1)$ d. h. $f^{-1}(P)$ kann mit $U(1)$ identifiziert werden. Durch

$$S^3 = \bigcup_{P \in S^2} f^{-1}(P)$$

[16] Diese Bedingung ist zum Beispiel erfüllt, falls $F$ nur aus isolierten Punkten besteht oder $F$ kontrahierbar ist.

entsteht die sogenannte Hopffaserung von $S^3$. Im Sinne von 19.4. ist $f$ ein Hauptfaserbündel mit der Strukturgruppe $U(1)$. Durch

$$S^3 \xrightarrow{F} S^3 \xrightarrow{f} S^2$$

erhält man alle stetigen Abbildungen von $S^3$ in $S^2$, falls man $F$ als beliebige stetige Abbildung von $S^3$ in $S^3$ wählt.

Ist $g\colon S^3 \to S^2$ eine glatte Abbildung und bezeichnet $\omega$ eine 2-Form auf $S^2$, dann gilt

$$\int_{S^3} g^*\omega = \deg g \int_{S^2} \omega$$

mit einer von $\omega$ unabhängigen ganzen Zahl $\deg g$, die man als die Hopfinvariante von $g$ (oder den verallgemeinerten Abbildungsgrad $g$) bezeichnet. Allgemeiner kann man jeder stetigen Abbildung $g\colon S^3 \to S^2$ in geeigneter Weise eine derartige Zahl $\deg g$ zuordnen. Der Isomorphismus (18.28) wird durch $g \mapsto \deg g$ erzeugt. Hinter (18.28) verbirgt sich der zweite Satz von Hopf aus 18.3.2..

## 18.7.5. Fundamentalgruppe und Symmetrie

Wir nehmen an, daß die glatte Abbildung

$$p\colon \mathscr{B} \to M \tag{18.29}$$

der einfach zusammenhängenden Mannigfaltigkeit $\mathscr{B}$ auf die bogenweise zusammenhängende Mannigfaltigkeit $M$ eine universelle Überlagerung darstellt (vgl. 18.3.4.). Die Mengen $p^{-1}(x)$ mit $x \in M$ heißen Fasern.

**Decktransformationen.** Unter einer Decktransformation von (18.29) verstehen wir einen fasertreuen Homöomorphismus

$$D\colon \mathscr{B} \to \mathscr{B}\,,$$

d.h., $D$ bildet Fasern wieder in Fasern ab. Die Menge aller Decktransformationen von $\mathscr{B}$ bildet eine Gruppe, die wir mit $\mathrm{Deck}(p)$ bezeichnen.

**Satz:** Es gilt

$$\pi_1(M) = \mathrm{Deck}(p)\,,$$

d.h., die Fundamentalgruppe von $M$ ist gleich der Gruppe der Decktransformationen von $p$.

Dieser Satz erlaubt eine anschauliche Interpretation der Fundamentalgruppe.

*Standardbeispiel 1:* Bezeichnet $\varphi$ eine Winkelvariable, dann stellt die durch $p(\varphi) := e^{i\varphi}$ gegebene Abbildung

$$p\colon \mathbb{R} \to S^1 \tag{18.30}$$

eine universelle Überlagerung dar. Die Faser eines Punktes auf $S^1$ besteht aus abzählbar vielen Punkten im Abstand von $2\pi$ auf der Zahlengeraden $\mathbb{R}$. Die Gruppe der Decktransformationen wird durch alle Translationen von $\mathbb{R}$ um $2\pi$ gegeben. Diese Gruppe ist isomorph zur additiven Gruppe $\mathbb{Z}$. Deshalb gilt

$$\pi_1(S^1) = \mathrm{Deck}(p) = \mathbb{Z}\,.$$

**Quotiententopologie.** Ist auf einem topologischen Raum $X$ eine Äquivalenzrelation „ $\sim$ " gegeben, dann wird die Menge $X/\sim$ der Äquivalenzklassen in natürlicher Weise zu einem topologischen Raum, indem man eine Menge von Äquivalenzklassen genau dann offen nennt, wenn die zugehörige Menge aller Repräsentanten offen in $X$ ist.

*Standardbeispiel 2* (der projektive Raum $\mathbb{R}P^n$ mit $n \geq 1$): Wir identifizieren auf der $n$-dimensionalen Einheitssphäre $S^n$ Antipodenpunkte $x$ und $-x$ miteinander. Die Menge der Paare $\{x, -x\}$ mit $x \in S^n$ bildet dann definitionsgemäß den reellen projektiven Raum $\mathbb{R}P^n$, den wir mit der Quotiententopologie versehen.

*Fall 1:* $n \geq 2$. Die stetige Abbildung

$$\psi\colon S^n \to \mathbb{R}P^n \tag{18.31}$$

mit $p(x) := \{x, -x\}$ entspricht einem Faserbündel. Jede Faser besteht aus einem Antipodenpunktpaar. Die fasertreuen Homöomorphismen sind durch die identische Abbildung $I$ und die Spiegelung $-I$ gegeben. Die zugehörige Spiegelungsgruppe $\{I, -I\}$ ist isomorph zur zyklischen Gruppe $\mathbb{Z}_2$. Da $S^n$ für $n \geq 2$ einfach zusammenhängend ist, erhalten wir

$$\pi_1(\mathbb{R}P^n) = \mathrm{Deck}(\psi) = \mathbb{Z}_2 \quad \text{für } n = 2, 3, \ldots$$

*Fall 2:* $n = 1$. Wir wählen die Abbildung $q = \psi \circ p$, d.h.

$$q\colon \mathbb{R} \xrightarrow{p} S^1 \xrightarrow{\psi} \mathbb{R}P^1 ,$$

wobei $p$ bzw. $\psi$ durch (18.30) bzw. (18.31) gegeben sind. Dann ist $q$ eine universelle Überlagerung von $\mathbb{R}P^1$. Jede Faser besteht aus einer abzählbaren Menge von Punkten auf der Zahlengeraden $\mathbb{R}$ mit dem Abstand $\pi$. Die fasertreuen Homöomorphismen sind dann durch alle Translationen von $\mathbb{R}$ um $\pi$ gegeben. Die Gruppe dieser Translationen ist isomorph zur additiven Gruppe $\mathbb{Z}$. Deshalb gilt

$$\pi_1(\mathbb{R}P^1) = \mathrm{Deck}(q) = \mathbb{Z} .$$

Aus dem Satz von Hurewicz (vgl. 18.7.3.) erhalten wir dann für die erste Homologiegruppe $\mathscr{H}_1$ von $\mathbb{R}P^n$ mit ganzzahligen Koeffizienten:

$$\mathscr{H}_1(\mathbb{R}P^n) = \pi_1(\mathbb{R}P^n) := \begin{cases} \mathbb{Z} & \text{für } n = 1, \\ \mathbb{Z}_2 & \text{für } n \geq 2 . \end{cases}$$

Das Koeffiziententheorem (vgl. 18.7.2.) ergibt ferner

$$H_1(\mathbb{R}P^n, \mathbb{R}) = \mathscr{H}_1(\mathbb{R}P^n) \otimes \mathbb{R}, \qquad H^1(\mathbb{R}P^n, \mathbb{R}) = H_1(\mathbb{R}P^n, \mathbb{R})^*, \quad n \geq 1 .$$

Wegen der Isomorphien[17] $\mathbb{Z}_2 \otimes \mathbb{R} = 0$ und $\mathbb{Z} \otimes \mathbb{R} = \mathbb{R}$ erhalten wir

$$H_1(\mathbb{R}P^n, \mathbb{R}) = H^1(\mathbb{R}P^n, \mathbb{R}) = \begin{cases} \mathbb{R} & \text{für } n = 1, \\ 0 & \text{für } n \geq 2 . \end{cases}$$

Nach dem Satz von de Rham ergibt sich die erste de Rhamsche Kohomologiegruppe durch $H^1(\mathbb{R}P^n) = H^1(\mathbb{R}P^n, \mathbb{R})$.

---

[17] Aus $g \in \mathbb{Z}_2$, $r \in \mathbb{R}$ folgt $2g = 0$ und somit $g \otimes r = 2g \otimes (r/2) = 0$.

# 19. KRÜMMUNG, TOPOLOGIE UND ANALYSIS

*Die Bedeutung der Gruppentheorie wird durch die moderne Entwicklung der Differentialgeometrie nicht geschmälert. Im Gegenteil, die Liesche Gruppentheorie ist die einzige Theorie, die in der Lage ist, die Verbindung zwischen den einzelnen Gebieten der Differentialgeometrie herzustellen.*

*Élie Cartan (1869–1951)*

*Die Mathematik ist ein Organ der Erkenntnis und eine unendliche Verfeinerung der Sprache. Sie erhebt sich aus der gewöhnlichen Sprache und Vorstellungswelt wie eine Pflanze aus dem Erdreich, und ihre Wurzeln sind Zahlen und einfache räumliche Vorstellungen...*

*Wir wissen nicht, welcher Inhalt die Mathematik als die ihm allein angemessene Sprache verlangt, wir können nicht ahnen, in welche Ferne und Tiefe dieses geistige Auge Mathematik den Menschen noch blicken läßt.*

*Erich Kähler (1941)*

## 19.1. Grundideen

In diesem Kapitel sollen die beiden fundamentalen Begriffe der Differentialgeometrie

(i) kovariante Richtungsableitung und

(ii) Krümmung

betrachtet werden. Dabei spielt der Begriff des *Bündels* eine zentrale Rolle. Bündel gehören zu den wichtigsten Objekten der modernen Mathematik und Physik.

Während sich die Mathematiker, ausgehend von den fundamentalen Untersuchungen von Gauß (Flächentheorie) und Riemann (Riemannsche Geometrie), in einem mühevollen Erkenntnisprozeß um die Klärung des Begriffes „Krümmung" bemühten, gelangten die Physiker bei ihrer Suche nach der mathematischen Beschreibung der fundamentalen Wechselwirkungen in der Natur (allgemeine Relativitätstheorie der Gravitation und Standardmodell der Elementarteilchen) auf völlig unterschiedlichen Wegen zu dem *gleichen mathematischen Formalismus.*

Überraschenderweise wurde diese Übereinstimmung erst 1975 von dem theoretischen Physiker N.C. Yang in Princeton (USA) entdeckt, obwohl sich die mathematische Theorie und die physikalische Theorie (Eichfeldtheorie) bereits in den fünfziger Jahren herauskristallisiert hatten (Theorie der Zusammenhänge von Cartan-Ehresmann und Yang-Mills-Gleichungen als Verallgemeinerung der Maxwellschen Gleichungen). Tabelle 19.1 beschreibt einen Übersetzungsschlüssel zwischen der Sprache der Physik und der Mathematik, der dem allgemeinen Prinzip

*Kraft (Wechselwirkung) ist gleich Krümmung*

entspricht. Die ausführliche physikalische Diskussion dieses Prinzips findet man in 14.9.

*Tabelle 19.1*

| **Sprache der Mathematik** | **Sprache der Physik** |
|---|---|
| Zusammenhang $\mathscr{A}$ eines Hauptfaserbündels $\mathscr{H}$ | Potential $\mathscr{A}$ |
| Krümmung $\mathscr{F} = \mathrm{D}\mathscr{A}$ von $\mathscr{H}$ | Wechselwirkungsfeld $\mathscr{F} = \mathrm{D}\mathscr{A}$ |
| Schnitte im assoziierten Vektorraumbündel $\mathscr{V}$ | physikalische Felder von Teilchen, die der Wechselwirkungskraft $\mathscr{F}$ unterliegen |
| Wechsel der lokalen Bündelkoordinaten (oder äquivariante Diffeomorphismen von $\mathscr{H}$ auf sich) | Eichtransformationen |
| Paralleltransport in $\mathscr{H}$ und $\mathscr{V}$ | Transport der Information über die benutzten Eichungen |
| kovariante Richtungsableitung in $\mathscr{V}$ | eichinvariante Differentiation physikalischer Felder |

Vom mathematischen Standpunkt aus hat man das folgende Schema:

*Zusammenhangsform $\mathscr{A}$ auf einem Hauptfaserbündel $\mathscr{H}$*
(horizontale und vertikale Tangentialvektoren auf $\mathscr{H}$)

↓

*Paralleltransport in $\mathscr{H}$*

↙ ↘

*Krümmung $\mathscr{F} = \mathrm{D}\mathscr{A}$ auf $\mathscr{H}$*
$(\mathscr{F} = \mathrm{d}\mathscr{A} + \frac{1}{2}[\mathscr{A}, \mathscr{A}])$

*Paralleltransport auf jedem zu $\mathscr{H}$ assoziierten Vektorraumbündel $\mathscr{V}$*

↓

*kovariante Richtungsableitung auf $\mathscr{V}$.*

Grob gesprochen gilt:

(i) Hauptfaserbündel $\mathscr{H}$ sehen lokal wie Produkte $U \times G$ zwischen offenen Mengen $U$ und Liegruppen $G$ aus.

(ii) Vektorraumbündel $\mathscr{V}$ sehen lokal wie Produkte $U \times Y$ zwischen offenen Mengen $U$ und linearen Räumen $Y$ aus.

Anschaulich ergeben sich $\mathscr{H}$ (bzw. $\mathscr{V}$) durch „Zusammenkleben" von Produkten der Form $U \times G$ (bzw. $U \times Y$).

(iii) Der Wechsel zwischen den lokalen Koordinaten von $\mathscr{H}$ (bzw. $\mathscr{V}$) wird durch die Gruppenstruktur von $G$ (bzw. die lineare Struktur von $Y$) bestimmt.

(iv) Die Symmetrie der Geometrie auf dem zu $\mathscr{H}$ assoziierten Vektorraumbündel $\mathscr{V}$ wird durch die zu $\mathscr{H}$ gehörige Gruppe $G$ beschrieben ($G$-Geometrie). Beispielsweise spielt in der speziellen Relativitätstheorie die Lorentzgruppe (oder allgemeiner die Poincaré-Gruppe) die entscheidende Rolle.

Die moderne Differentialgeometrie basiert auf (i) bis (iv). Der historische Ausgangspunkt hierfür war die Methode der bewegten Vektorbasen (repères mobiles) von E. Cartan (vgl. 19.6.).

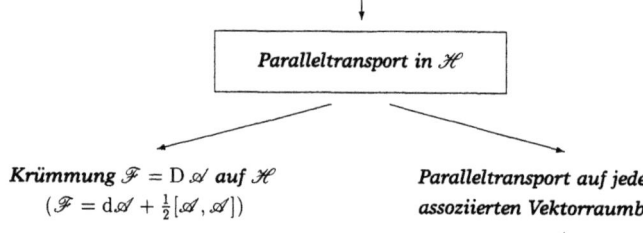

**Moderne Strukturtheorie der Mannigfaltigkeiten:** In diesem Kapitel legen wir großen Wert darauf, die Zusammenhänge zwischen der klassischen Theorie der **Riemannschen Flächen** und der modernen Theorie der Mannigfaltigkeiten herauszuarbeiten. Diese Ergebnisse sind im Zusammenhang mit der Stringtheorie der Elementarteilchen in den Mittelpunkt des Interesses vieler theoretischer Physiker gerückt (vgl. 19.13.). Dabei sind folgende mathematische Gegenstände von entscheidender Bedeutung:

(a) Krümmung von Hauptfaserbündeln und charakteristische Klassen (de Rhamsche Kohomologie);

(b) Garbenkohomologie;

(c) Atiyah-Singer-Indextheorem;

(d) Theorem von Riemann-Roch-Hirzebruch.

Die Krümmungstheorie auf Hauptfaserbündeln liefert mit Hilfe des sogenannten Weil-Morphismus Differentialformen, die fundamentale Eigenschaften von Mannigfaltigkeiten widerspiegeln. Das sind die sogenannten charakteristischen Klassen (z.B. die Eulerklasse und die Chernklassen). Zu den tiefsten Ergebnissen der Mathematik gehört in diesem Zusammenhang das Atiyah-Singer-Indextheorem (vgl. 19.11.). Benutzt man die Garbentheorie, dann ergibt sich als ein Spezialfall des Atiyah-Singer-Indextheorems das Theorem von Riemann-Roch-Hirzebruch für komplexe Mannigfaltigkeiten (vgl. 19.11.6.).

**Konvention:** In den Abschnitten 19.3.ff werden alle auftretenden Abbildungen und Mannigfaltigkeiten als glatt vorausgesetzt (vom Typ $C^\infty$).

## 19.2. Bündel

Bündel verallgemeinern Produktmengen.

**Definition:** Unter einem Bündel versteht man eine beliebige *surjektive* Abbildung

$$\pi\colon \mathscr{B} \to M$$

zwischen zwei Mengen $\mathscr{B}$ und $M$. Dabei heißt $\mathscr{B}$ der *Bündelraum* und $M$ der *Basisraum*. Für jeden Punkt $x$ in $M$ bezeichnet man das Urbild

$$F_x := \pi^{-1}(x)$$

als *Faser* über $x$. Die Fasern zu verschiedenen Punkten sind disjunkt. Wegen der Zerlegung des Bündelraumes

$$\mathscr{B} = \bigcup_{x\in M} F_x$$

in Fasern bezeichnet man $\pi\colon \mathscr{B} \to M$ (oder kurz auch $\mathscr{B}$) als Faserbündel.

**Schnitte:** Jede Abbildung $s\colon M \to \mathscr{B}$ mit $\pi(s(x)) = x$ für alle $x \in M$ heißt ein Schnitt des Bündels. Das ist gleichbedeutend mit $s(x) \in F_x$ für alle $x \in M$.

*Standardbeispiel* (Produktbündel): Die Projektionsabbildung

$$\pi\colon X \times Y \to X$$

mit $\pi(x, y) := x$ ist ein Bündel. Jeder Schnitt $s\colon X \to X \times Y$ hat die Form

$$s(x, y) = (x, f(x)),$$

wobei $f\colon X \to Y$ eine beliebige Abbildung bezeichnet (Abb. 19.1).

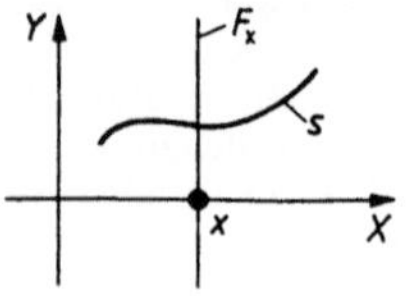


Abb. 19.1

Weitere wichtige Beispiele für Bündel sind:

(i) *Hauptfaserbündel* (vgl. 19.4.) (z.B. das Repèrebündel).

(ii) *Vektorraumbündel* (vgl. 19.5.) (z.B. das Tangentialbündel $TM$ und das Kotangentialbündel $TM^*$ einer Mannigfaltigkeit $M$).

(iii) Die Überlagerungsabbildung $\psi\colon N \to M$ stellt ein Bündel dar. Dabei ist $N$ die *universelle Überlagerungsmannigfaltigkeit* von $M$ (vgl. 18.3.3.). Hier sind alle Fasern diskret und höchstens abzählbar.

Ist $M$ eine Liegruppe, dann stellt $N$ die *universelle Überlagerungsgruppe* von $M$ dar (vgl. 17.5.3.). Beispielsweise steht die Überlagerungsabbildung $\psi\colon SU(2) \to SO(3)$ in enger Beziehung zum Elektronenspin (vgl. 17.7.).

Die universellen Überlagerungsflächen Riemannscher Flächen wurden von Poincaré im Zusammenhang mit dem berühmten Uniformisierungsproblem für Riemannsche Flächen eingeführt (z.B. die Existenz globaler Parametrisierungen für algebraische Funktionen) (vgl. 19.8.3.).

**Das Liften von Wegen und Paralleltransport:** Es sei $x = x(\sigma)$ eine Kurve in der Basismenge $M$. Viele Bündel $\pi\colon \mathscr{B} \to M$ besitzen folgende wichtige Eigenschaft: Es gibt eine Kurve $b = b(\sigma)$ im Bündelraum $\mathscr{B}$ mit

$$\pi(b(\sigma)) = x(\sigma)$$

für alle Parameterwerte $\sigma$. Dabei kann $b(0)$ beliebig vorgegeben werden mit $\pi(b(0)) = x(0)$.

Man bezeichnet $b = b(\sigma)$ als eine Liftung von $x = x(\sigma)$ und sagt, daß der Punkt $b(0)$ längs des Weges $x = x(\sigma)$ in $\mathscr{B}$ parallel transportiert wird (Abb. 19.2).

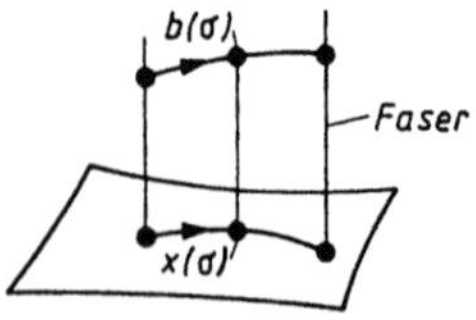


Abb. 19.2

**Fasertreue Abbildungen (Bündelmorphismen):** Eine Abbildung $\varphi\colon \mathscr{B}_1 \to \mathscr{B}_2$ zwischen zwei Bündelräumen heißt genau dann ein Morphismus (oder auch fasertreu), wenn $\varphi$ Fasern wieder in Fasern abbildet.

Eine Abbildung $\varphi\colon \mathscr{B}_1 \to \mathscr{B}_2$ heißt genau dann ein Isomorphismus, wenn $\varphi$ bijektiv ist und sowohl $\varphi$ als auch $\varphi^{-1}$ Morphismen sind.

Die Bedeutung von Faserbündeln für die Berechnung von Homotopiegruppen findet man in 18.7.4.

# 19.3. Produktbündel und Eichfeldtheorie

Um die allgemeine Theorie besser verstehen zu können, betrachten wir zunächst den Spezialfall von Produktbündeln. Der allgemeine Fall ergibt sich dann grob gesprochen durch das „Zusammenkleben" von Produktbündeln.

Mit $GL(n,\mathbb{K})$ bezeichnen wir die Liegruppe aller invertierbaren $(n \times n)$-Matrizen mit Elementen in $\mathbb{K} = \mathbb{R}, \mathbb{C}$. Ferner sei $G$ eine abgeschlossene Untergruppe von $GL(n,\mathbb{K})$, und $\mathscr{L}G$ bezeichne die zugehörige Liealgebra. Viele wichtige Beispiele findet man in Tabelle 17.1.

Die folgenden Überlegungen ergeben im Spezialfall $U = \mathbb{R}^4$ und $G = U(1)$ die Maxwellsche Theorie des Elektromagnetismus (vgl. 10.2.10.).

Es sei $U$ eine offene Menge des $\mathbb{R}^m$. Wir setzen

$$\mathscr{H} := U \times G, \quad \mathscr{V} := U \times \mathbb{C}^n$$

mit $x = (x^1, \ldots, x^m)$ und $\partial_j := \partial/\partial x^j$. Ein Punkt des Hauptfaserbündels $\mathscr{H}$ hat die Form $(x,g)$ mit $x \in U$, $g \in G$, während die Punkte des assoziierten Vektorraumbündels $\mathscr{V}$ die Gestalt $(x,\psi)$ haben mit $x \in U$, $\psi \in \mathbb{C}^n$. Dabei fassen wir $\psi$ als Spaltenmatrix $\psi = (\psi^1, \ldots, \psi^n)^{\mathrm{T}}$ auf. Im folgenden wird über zwei gleiche obere und untere Indizes von 1 bis $m$ summiert.

**Die Differentialgleichung des Paralleltransports im Hauptfaserbündel $\mathscr{H}$:** Es sei $x = x(\sigma)$ eine Kurve in der Basismenge $U$ mit dem reellen Parameter $\sigma$. Wir betrachten die Differentialgleichung

$$\dot{g}(\sigma) + \dot{x}^j(\sigma)\mathscr{A}_j(x(\sigma))g(\sigma) = 0\,. \tag{19.1}$$

Der Punkt bezeichnet die Ableitung nach $\sigma$. Gegeben sind die Matrizen $\mathscr{A}_j(x) \in \mathscr{L}G$. Gesucht wird $g(\sigma) \in G$. Ist $g = g(\sigma)$ eine Lösung von (19.1), dann heißt die Kurve in $\mathscr{H}$,

$$x = x(\sigma)\,, \quad g = g(\sigma)\,,$$

ein *Paralleltransport* des Anfangspunktes $(x(0), g(0))$ längs der Basiskurve $x = x(\sigma)$ (Abb. 19.3).

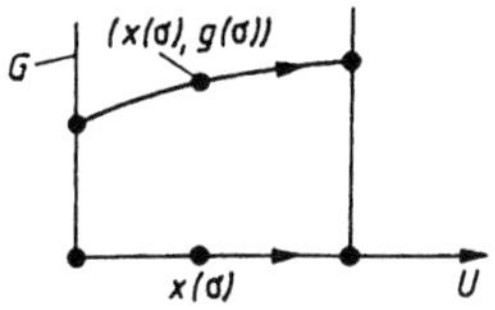


Abb. 19.3

Ferner definieren wir

$$\mathscr{F}_{jk} := \partial_j\mathscr{A}_k - \partial_k\mathscr{A}_j + [\mathscr{A}_j, \mathscr{A}_k]\,, \quad j,k = 1,\ldots,m\,,$$

mit der Lieklammer $[\mathscr{A}_j, \mathscr{A}_k] = \mathscr{A}_j\mathscr{A}_k - \mathscr{A}_k\mathscr{A}_j$ in $\mathscr{L}G$.

**Paralleltransport im assoziierten Vektorraumbündel $\mathscr{V}$:** Wir definieren den Operator $\Pi_\sigma \colon \mathbb{C}^n \to \mathbb{C}^n$ des Paralleltransports durch

$$\Pi_\sigma\psi := g(\sigma)\psi_0$$

mit $g(0) = e$. Die Kurve $x = x(\sigma)$, $\psi = g(\sigma)\psi_0$ heißt dann ein Paralleltransport des Anfangspunktes $(x(0), \psi_0)$ in $\mathscr{V}$ entlang der Basiskurve $x = x(\sigma)$.

**Kovariante Richtungsableitung:** Wir setzen $x_0 := x(0)$, $w := \dot{x}(0)$. Für eine Funktion $\psi = \psi(x)$ von $U$ in $\mathbb{C}^n$ definieren wir die kovariante Richtungsableitung von $\psi$ im Punkte $x_0$ in Richtung von $w$ durch

$$(\nabla_w \psi)(x_0) := \lim_{\sigma \to 0} \frac{\Pi_\sigma^{-1}\psi(x(\sigma)) - \psi(x_0)}{\sigma}. \tag{19.2}$$

Explizit gilt

$$(\nabla_w \psi)(x_0) = w^j (\nabla_j \psi)(x_0) \quad \text{mit } \nabla_j := \partial_j + \mathscr{A}_j .$$

**Satz 1:** Es ist $\mathscr{F}_{jk} = \nabla_j \nabla_k - \nabla_k \nabla_j$.

**Die verallgemeinerten Maxwellschen Gleichungen (Yang-Mills-Gleichungen):** Diese Gleichungen lauten für $j, k, r = 1, \ldots, m$:

$$\nabla_j \mathscr{F}^{jk} = 0, \tag{19.3a}$$

$$\nabla_j \mathscr{F}_{kr} + \nabla_k \mathscr{F}_{rj} + \nabla_r \mathscr{F}_{jk} = 0 \quad \text{(Identität von Bianchi)}, \tag{19.3b}$$

$$\mathscr{F}_{jk} = \partial_j \mathscr{A}_k - \partial_k \mathscr{A}_j + [\mathscr{A}_j, \mathscr{A}_k]. \tag{19.3c}$$

Gesucht werden Matrizenfunktionen $\mathscr{A}_j = \mathscr{A}_j(x)$ auf $U$ mit Werten in der Liealgebra $\mathscr{L}G$. Definitionsgemäß ist

$$\mathscr{F}^{jk} := g^{jr} g^{ks} \mathscr{F}_{rs},$$

wobei $(g^{ij})$ die inverse Matrix zur fest vorgegebenen Matrix $(g_{ij})$ bezeichnet, die nicht von $x$ abhängt. Die Identität von Bianchi (19.3b) ist eine Folge von (19.3c).

**Lokale Eichtransformationen:** Wir betrachten eine Transformation $(x, g) \mapsto (x, g_+)$ im Hauptfaserbündel $\mathscr{H}$, die durch

$$g_+ = \mathscr{G}(x) g \tag{19.4a}$$

mit $\mathscr{G}(x) \in G$ für alle $x \in U$ gegeben ist, d.h., $\mathscr{G}(x)$ ist eine Matrix der Strukturgruppe $G$. Als zugehörige Transformation $(x, \psi) \mapsto (x, \psi_+)$ im assoziierten Vektorbündel $\mathscr{V}$ wählen wir in natürlicher Weise

$$\psi_+ = \mathscr{G}(x)\psi. \tag{19.4b}$$

Das Attribut „lokal" bezieht sich auf die Tatsache, daß $\mathscr{G}$ von $x$ abhängt.

**Satz 2** (einfaches Transformationsverhalten): Setzen wir

$$\mathscr{A}_j^+ := \mathscr{G}\mathscr{A}_j\mathscr{G}^{-1} - (\partial_j \mathscr{G})\mathscr{G}^{-1}, \quad \nabla_j^+ := \partial_j + \mathscr{A}_j^+,$$

dann gilt:

(i) Die Gleichung des Paralleltransports (19.1) geht über in

$$\dot{g}_+(\sigma) + \dot{x}^j(\sigma)\mathscr{A}_j^+(x(\sigma))g_+(\sigma) = 0.$$

(ii) $\nabla_j^+ \psi_+ = \mathscr{G}\nabla_j \psi$ und $\mathscr{F}_{jk}^+ = \mathscr{G}\mathscr{F}_{jk}\mathscr{G}^{-1}$.

(iii) Die verallgemeinerten Maxwellschen Gleichungen (19.3) sind eichinvariant.[1]

---

[1] Das bedeutet: Ist $\mathscr{A}_j$ eine Lösung von (19.3), dann ist $\mathscr{A}_j^+$ eine Lösung des neuen Systems, welches aus (19.3) entsteht, indem man alle Größen mit dem Zeichen „+" versieht.

**Die Sprache der Differentialformen:** Wir definieren die sogenannte *Zusammenhangsform* $\mathscr{A}$ auf dem Hauptfaserbündel $\mathscr{H}$ durch

$$\mathscr{A}_b := \mu_g + g^{-1}\mathscr{A}_j(x)g\,\mathrm{d}x^j$$

für alle Punkte $b = (x, g)$ auf $\mathscr{H}$. Dabei bezeichnet $\mu$ die sogenannte Maurer-Cartan-Form der Liegruppe $G$, d.h., es ist $\mu_g(gV) := V$ für alle $V \in \mathscr{L}G$, $g \in G$. Ferner definieren wir die *Krümmungsform* $\mathscr{F}$ auf dem Hauptfaserbündel durch

$$\mathscr{F} := \mathrm{d}\mathscr{A} + \frac{1}{2}[\mathscr{A}, \mathscr{A}].$$

Explizit heißt das $\mathscr{F}_b(v, w) = \mathrm{d}\mathscr{A}_b(v, w) + [\mathscr{A}_b(v), \mathscr{A}_b(w)]$ für alle Tangentialvektoren $v, w$ von $\mathscr{H}$ im Punkt $b$. Explizit gilt $v = gV$, $w = gW$ mit $V, W \in \mathscr{L}G$.

**Satz:** Die Gleichung (19.1) des Paralleltransports auf dem Hauptfaserbündel $\mathscr{H}$ lautet

$$\mathscr{A}_{b(\sigma)}(\dot{b}(\sigma)) = 0$$

mit $b(\sigma) = (x(\sigma), g(\sigma))$.

Die Formen $\mathscr{A}$ und $\mathscr{F}$ sind auf dem Hauptfaserbündel $\mathscr{H}$ definiert. Die Potentialkomponenten $\mathscr{A}_j$ und die Feldkomponenten $\mathscr{F}_{jk}$ auf der Basismannigfaltigkeit $U$ kann man jedoch leicht aus $\mathscr{A}$ und $\mathscr{F}$ rekonstruieren, indem man einen trivialen Schnitt

$$s: U \to \mathscr{H}$$

der Gestalt $s(x) := (x, e)$ betrachtet, wobei $e$ das Einselement der Gruppe $G$ bezeichnet.

**Satz:** Für die "pull-backs" von $\mathscr{A}$ und $\mathscr{F}$ bezüglich des Schnitts $s$ gilt:

$$s^*\mathscr{A} = \mathscr{A}_j\,\mathrm{d}x^j, \quad s^*\mathscr{F} = \frac{1}{2}\mathscr{F}_{jk}\mathrm{d}x^j \wedge \mathrm{d}x^k.$$

**Assoziierte Vektorraumbündel bezüglich einer Darstellung der Strukturgruppe** $G$**:** Wir betrachten jetzt ein Produktbündel

$$\mathscr{W} = U \times Y$$

mit einem endlichdimensionalen linearen Raum $Y$. Es sei $\gamma: G \to L(Y, Y)$ eine Darstellung von $G$ in $Y$, d.h., jedem $g \in G$ wird ein linearer Operator $\gamma(g): Y \to Y$ zugeordnet mit

$$\gamma(gh) = \gamma(g)\gamma(h) \quad \text{für alle } g, h \in G.$$

Ein Punkt von $\mathscr{W}$ hat die Gestalt $(x, \psi)$ mit $x \in U$ und $\psi \in Y$. Ein Schnitt $s: U \to \mathscr{W}$ besitzt die Form $s(x) = (x, \psi(x))$. Dabei kann $\psi = \psi(x)$ als ein physikalisches Feld mit Werten in $Y$ aufgefaßt werden.

Wir definieren jetzt den Paralleltransport durch

$$\Pi_\sigma\psi_0 = \gamma(g(\sigma))\psi_0, \tag{19.5}$$

und die lokale Eichtransformation (19.4) wird durch

$$\psi_+ = \gamma(\mathscr{G}(x))\psi, \quad g_+ = \mathscr{G}(x)g$$

ersetzt. Das berücksichtigt die Tatsache, daß sich physikalische Felder $\psi$ nach einer Darstellung der Strukturgruppe $G$ transformieren.

Die kovariante Richtungsableitung $\nabla_w\psi$ wird dann analog zu (19.2) definiert mit dem modifizierten Operator des Paralleltransports aus (19.5).

# 19.4. Paralleltransport in Hauptfaserbündeln und Krümmung

Es sei $G$ eine Liegruppe mit der zugehörigen Liealgebra $\mathscr{L}G$. Hauptfaserbündel verallgemeinern Produktmengen der Form $U \times G$, wobei $U$ eine offene Menge des $\mathbb{R}^n$ bezeichnet. Grob gesprochen entstehen Hauptfaserbündel durch „Zusammenkleben" solcher Produktmengen.

Die einfachsten Hauptfaserbündel sind Liegruppen selbst (vgl. das Beispiel am Ende dieses Abschnitts).

**Definition von Hauptfaserbündeln:** Unter einem Hauptfaserbündel $\mathscr{H}$ mit der Strukturgruppe $G$ verstehen wir eine surjektive Abbildung

$$\pi \colon \mathscr{H} \to M$$

zwischen den Mannigfaltigkeiten $\mathscr{H}$ (Bündelmannigfaltigkeit) und $M$ (Basismannigfaltigkeit), wobei die folgende lokale Produktstruktur vorliegt:[2]

(i) *Lokale Bündelkarten:* Es gibt eine Überdeckung $\{U_j\}$ der Basismannigfaltigkeit $M$ durch offene Mengen $U_j$. Zu jedem Index $j$ existiert ein Diffeomorphismus

$$\varphi_j \colon \pi^{-1}(U_j) \to U_j \times G\,.$$

Wir bezeichnen $\varphi_j(b)$ als lokale Bündelkoordinate des Bündelpunktes $b \in \mathscr{H}$. Genauer verlangen wir, daß

$$\varphi_j(b) = (x, g_j) \tag{19.6}$$

gilt mit $x = \pi(b)$ und $g_j \in G$.

(ii) *Wechsel der lokalen Bündelkoordinaten:* Ist $x \in U_j \cap U_k$, dann werden jedem Bündelpunkt $b \in \mathscr{H}$ mit $\pi(b) = x$ zwei lokale Koordinaten $(x, g_j)$ und $(x, g_k)$ zugeordnet. Wir verlangen, daß sich der Wechsel dieser lokalen Koordinaten nach einem Gesetz der Form

$$g_j = \mathscr{G}_{jk}(x) g_k \tag{19.7}$$

vollzieht mit $\mathscr{G}_{jk}(x) \in G$ für alle $x \in U_j \cap U_k$.

**Wirkung der Strukturgruppe $G$ auf $\mathscr{H}$:** Die Gruppe $G$ wirkt in natürlicher Weise von rechts auf $\mathscr{H}$. Hierzu setzen wir

$$\mathscr{R}_g b := b_* \tag{19.8}$$

für alle $b \in \mathscr{H}$, $g \in G$. Dabei hat $b_*$ die lokale Koordinate $(x, g_j g)$, falls $b$ die lokale Koordinate $(x, g_j)$ besitzt[3]. Es gilt $\mathscr{R}_{gh} = \mathscr{R}_h \mathscr{R}_g$ für alle $g, h \in G$.

**Fundamentales Vektorfeld auf dem Hauptfaserbündel $\mathscr{H}$:** Zu jedem Element $V$ der Liealgebra $\mathscr{L}G$ gibt es wegen der Wirkung der Gruppe $G$ auf $\mathscr{H}$ in natürlicher Weise ein Vektorfeld $V^*$ auf $\mathscr{H}$, welches das Lievektorfeld zu $\{\mathscr{R}_g\}$ ist. Man bezeichnet $V^*$ als das *fundamentale Vektorfeld* zu $V$ auf $\mathscr{H}$.

Explizit erhält man $V^*$ in folgender Weise: Zu $V \in \mathscr{L}G$ gibt es genau eine einparametrige Untergruppe[4] $\{g(t)\}$ von $G$ mit $g(0) = e$ und $g'(0) = V$. Durch

$$F_t b := \mathscr{R}_{g(t)} b$$

---

[2] Man spricht auch von einer lokalen Trivialisierung.

[3] Aus (19.7) folgt $g_j g = \mathscr{G}_{jk}(x) g_k g$. Deshalb ist die Definition (19.8) unabhängig von der Wahl der lokalen Bündelkoordinaten.

[4] Im Fall von Matrizengruppen $G$ gilt $g(t) = e^{tV}$.

für alle $t \in \mathbb{R}$ wird ein Fluß $\{F_t\}$ auf dem Hauptfaserbündel $\mathscr{H}$ erzeugt, dessen Geschwindigkeit gleich $V^*$ ist, d.h.

$$V_b^* := \left.\frac{\mathrm{d}F_t b}{\mathrm{d}t}\right|_{t=0} .$$

## 19.4.1. Die Zusammenhangsform $\mathscr{A}$ auf $\mathscr{H}$

**Definition:** Unter einer *Zusammenhangsform* $\mathscr{A}$ auf dem Hauptfaserbündel $\mathscr{H}$ verstehen wir eine 1-Form auf $\mathscr{H}$ mit Werten in der Liealgebra $\mathscr{L}G$, so daß gilt:

(i) $\mathscr{A}(V^*) = V$ für alle $V \in \mathscr{L}G$.

(ii) $\mathscr{R}_g^* \mathscr{A} = g^{-1}\mathscr{A} g$ für alle $g \in G$.

Diese beiden natürlichen Bedingungen besagen, daß $\mathscr{A}$ mit der auf $\mathscr{H}$ durch die Wirkung von $G$ erzeugten Symmetrie verträglich ist.

**Existenzsatz:** Auf jedem Hauptfaserbündel $\mathscr{H}$ existiert eine Zusammenhangsform, falls die Basismannigfaltigkeit $M$ eine abzählbare Basis besitzt.

**Kommentar:** Ist $\{X_j\}$ eine Basis von $\mathscr{L}G$, dann gilt $\mathscr{A} = \omega^j X_j$, wobei alle $\omega^j$ klassische 1-Formen auf $\mathscr{H}$ sind (vgl. 15.4.3.).

Explizit bedeutet die Bedingung (i), daß $\mathscr{A}_b(V_b^*) = V$ für alle Punkte $b \in \mathscr{H}$ gilt. Ferner besagt (ii) explizit, daß

$$\mathscr{A}_{bg}(vg) = g^{-1}\mathscr{A}_b(v)g \tag{19.9}$$

für alle Punkte $b \in \mathscr{H}$ und alle Tangentialvektoren $v \in T\mathscr{H}_b$ sowie alle $g \in G$ gilt. Dabei steht $bg$ für $\mathscr{R}_g b$, und $vg$ steht für die Linearisierung $\mathscr{R}_g'(b)v$.

(a) Im Fall einer Matrizengruppe $G$ ist $\mathscr{A}_b(v)$ eine Matrix in $\mathscr{L}G$, und $g^{-1}\mathscr{A}_b(v)g$ entspricht der Matrizenmultiplikation.

(b) Im Fall beliebiger Liegruppen steht das Symbol $g^{-1}\mathscr{A}_b(v)g$ für $\mathrm{ad}(g^{-1})\mathscr{A}_b(v)$, wobei ad die adjungierte Darstellung von $G$ auf $\mathscr{L}G$ bezeichnet (vgl. 17.12.).

**Die Differentialgleichung des Paralleltransports:** Gegeben sei eine Kurve $x = x(\sigma)$ auf der Basismannigfaltigkeit $M$. Definitionsgemäß heißt eine Kurve $b = b(\sigma)$ im Hauptfaserbündel $\mathscr{H}$ ein Paralleltransport des Anfangspunktes $b(0)$ längs der Basiskurve $x = x(\sigma)$, wenn die folgende Differentialgleichung erfüllt ist:

$$\mathscr{A}_{b(\sigma)}(\dot{b}(\sigma)) = 0 . \tag{19.10}$$

Ferner soll $\pi(b(\sigma)) = x(\sigma)$ für alle $\sigma$ sein.

Der Punkt bezeichnet hier die Ableitung nach dem reellen Kurvenparameter $\sigma$.

## 19.4.2. Die Krümmungsform $\mathscr{F}$ auf $\mathscr{H}$

Die durch

$$\mathscr{F} := \mathrm{d}\mathscr{A} + \frac{1}{2}[\mathscr{A}, \mathscr{A}] \tag{19.11}$$

auf dem Hauptfaserbündel $\mathscr{H}$ definierte 2-Form $\mathscr{F}$ mit Werten in der Liealgebra $\mathscr{L}G$ heißt die Krümmungsform von $\mathscr{H}$. Explizit bedeutet (19.11), daß

$$\mathscr{F}_b(v, w) = \mathrm{d}\mathscr{A}_b(v, w) + [\mathscr{A}_b(v), \mathscr{A}_b(w)]$$

für alle Punkte $b \in \mathscr{H}$ und alle Tangentialvektoren $v, w \in T\mathscr{H}_b$ gilt.

### 19.4.3. Geometrische Interpretation

**Horizontale und vertikale Tangentialvektoren:** Es seien $h$ und $v$ Tangentialvektoren des Hauptfaserbündels $\mathscr{H}$ im Punkt $b$.

(i) $h$ heißt genau dann *horizontal*, wenn $\mathscr{A}_b(h) = 0$ gilt.

(ii) $v$ heißt genau dann *vertikal*, wenn $v$ ein Tangentialvektor an die Faser $F_x$ durch $b$ ist, d.h., es gilt $F_x = \pi^{-1}(x)$ mit $\pi(b) = x$.

Bezeichnen wir mit $H_b$ bzw. $V_b$ die Menge aller horizontalen bzw. vertikalen Tangentialvektoren im Punkt $b$, dann gestattet der Tangentialraum $T\mathscr{H}_p$ eine direkte Summenzerlegung der Form

$$T\mathscr{H}_p = H_p \oplus V_p \,, \tag{19.12}$$

d.h., jeder Tangentialvektor $u \in T\mathscr{H}_p$ gestattet eine eindeutige Zerlegung $u = h + v$ mit $h \in H_b$, $v \in V_b$. Hierzu gehört ein Projektionsoperator pr: $T\mathscr{H}_b \to H_b$ mit $\operatorname{pr} u := h$.

**Kovariante Differentiation von $q$-Formen auf dem Hauptfaserbündel:** Es sei $\omega$ eine $q$-Form auf $\mathscr{H}$. Wir definieren die kovariante Ableitung $\mathrm{D}\,\omega$ durch

$$\mathrm{D}\,\omega_b(v_1, \ldots, v_q) := \mathrm{d}\omega_b(\operatorname{pr} v_1, \ldots, \operatorname{pr} v_q) \tag{19.13}$$

für alle Punkte $b \in \mathscr{H}$ und alle Tangentialvektoren $v_1, \ldots, v_q \in T\mathscr{H}_b$.

**Die Darstellung der Krümmungsform durch eine kovariante Ableitung der Zusammenhangsform:** Auf dem Hauptfaserbündel $\mathscr{H}$ gilt:

(i) $\mathscr{F} = \mathrm{D}\,\mathscr{A}$.

(ii) $\mathrm{D}\,\mathscr{F} = 0$ (Identität von Bianchi).

*Beispiel* (Liegruppen): Wir wollen zeigen, wie die in 17.12. eingeführten Symmetrieeigenschaften Liescher Gruppen in der Sprache der Hauptfaserbündel lauten.

Jede Liegruppe $G$ wird durch $\pi$: $G \to \{e\}$ mit $\pi(g) := e$ für alle $g \in G$ zu einem Hauptfaserbündel $\mathscr{H}$. Die einzige Zusammenhangsform $\mathscr{A}$ auf $\mathscr{H}$ ist die Maurer-Cartan-Form $\mu$. Wegen der Maurer-Cartanschen Strukturgleichung

$$\mathscr{F} := \mathrm{d}\mu + \frac{1}{2}[\mu, \mu] = 0 \tag{19.14}$$

ist die Krümmung von $\mathscr{H}$ gleich null.

Genau die linksinvarianten Vektorfelder von $G$ sind die fundamentalen Vektorfelder von $\mathscr{H}$.

**Die allgemeinen Yang-Mills-Gleichungen (verallgemeinerte Maxwellgleichungen):** Diese Gleichungen lauten

$$\mathrm{D}\,\mathscr{F} = 0\,, \quad \mathrm{D}{*}\mathscr{F} = 0\,, \quad \mathscr{F} = \mathrm{D}\,\mathscr{A}\,. \tag{19.15}$$

Gesucht wird ein Zusammenhang $\mathscr{A}$ auf $\mathscr{H}$. Dabei entspricht ${*}\mathscr{F}$ dem Hodge-Operator auf $\mathscr{H}$ bezüglich einer gegebenen Riemannschen Metrik auf $\mathscr{H}$ (vgl. 16.1.8.).

Ein Zusammenhang $\mathscr{A}$ heißt genau dann selbstdual, wenn die zugehörige Krümmungsform $\mathscr{F}$ der Bedingung ${*}\mathscr{F} = \mathscr{F}$ genügt.

**Satz:** Jeder selbstduale Zusammenhang $\mathscr{A}$ auf dem Hauptfaserbündel $\mathscr{H}$ ergibt eine Lösung der Yang-Mills-Gleichungen (19.15).

*Beweis.* Wegen der Identität von Bianchi gilt $\mathrm{D}\mathscr{F} = 0$. Aus $*\mathscr{F} = \mathscr{F}$ folgt daraus sofort $\mathrm{D}*\mathscr{F} = 0$. q.e.d.

**Lokalisierung:** Es sei $s\colon U \to \mathscr{H}$ ein Schnitt, der in der zu $U := U_j$ gehörigen lokalen Bündelkarte die Gestalt $s(x) := (x, e)$ besitzt. Dann sind die "pull-backs"

$$\mathscr{A}_U := s^*\mathscr{A} \quad \text{und} \quad \mathscr{F}_U := s^*\mathscr{F}$$

Formen auf der offenen Menge $U$ der Basismannigfaltigkeit $M$. Es gilt

$$\mathscr{F}_U = \mathrm{d}\mathscr{A}_U + \frac{1}{2}[\mathscr{A}_U, \mathscr{A}_U]\,. \tag{19.16}$$

Wählen wir lokale Koordinaten auf $U$, dann besitzen $\mathscr{A}_U$ und $\mathscr{F}_U$ die Darstellung

$$\mathscr{A}_U = \mathscr{A}_j\,\mathrm{d}x^j\,, \quad \mathscr{F}_U := \frac{1}{2}\mathscr{F}_{ij}\,\mathrm{d}x^i \wedge \mathrm{d}x^j\,.$$

*Physikalische Interpretation:* In der Physik ist die Basismannigfaltigkeit $M$ gleich einer vierdimensionalen Raum-Zeit-Mannigfaltigkeit. Einem Beobachtungssystem $\Sigma$ entsprechen die lokalen Raum-Zeit-Koordinaten $x^j$. Zu $\Sigma$ gehören die Potentiale $\mathscr{A}_j$ und die Kraftfeldkomponenten $\mathscr{F}_{ij}$.

# 19.5. Paralleltransport in Vektorraumbündeln und kovariante Richtungsableitung

Es sei $Y$ ein endlichdimensionaler linearer Raum. Vektorraumbündel verallgemeinern Produktmengen der Form $U \times Y$, wobei $U$ eine offene Menge des $\mathbb{R}^n$ ist. Grob gesprochen entstehen Vektorraumbündel durch „Zusammenkleben" solcher Produktmengen.

**Definition von Vektorraumbündeln:** Unter einem Vektorraumbündel $\mathscr{V}$ mit der typischen Faser $Y$ verstehen wir eine surjektive Abbildung

$$\pi\colon \mathscr{V} \to M$$

zwischen den Mannigfaltigkeiten $\mathscr{V}$ (Bündelmannigfaltigkeit) und $M$ (Basismannigfaltigkeit), wobei die folgende lokale Produktstruktur vorliegt:[5)]

(i) *Lokale Bündelkarten:* Es gibt eine Überdeckung $\{U_j\}$ der Basismannigfaltigkeit $M$ durch offene Mengen $U_j$. Zu jedem Index $j$ existiert ein Diffeomorphismus

$$\varphi_j\colon \pi^{-1}(U_j) \to U_j \times Y\,.$$

Wir bezeichnen $\varphi_j(b)$ als lokale Bündelkoordinate des Bündelpunktes $b \in \mathscr{V}$. Genauer verlangen wir, daß

$$\varphi_j(b) = (x, \psi_j) \tag{19.17}$$

gilt mit $x = \pi(b)$ und $\psi_j \in Y$.

(ii) *Wechsel der lokalen Bündelkoordinaten:* Ist $x \in U_j \cap U_k$, dann werden jedem Bündelpunkt $b \in \mathscr{H}$ mit $\pi(b) = x$ zwei lokale Koordinaten $(x, \psi_j)$ und $(x, \psi_k)$ zugeordnet. Wir verlangen, daß sich der Wechsel dieser lokalen Koordinaten nach einem Gesetz der Form

$$\psi_j = \mathscr{L}_{jk}(x)\psi_k \tag{19.18}$$

vollzieht, wobei $\mathscr{L}_{jk}(x)\colon Y \to Y$ für jedes $x \in U_j \cap U_k$ eine lineare bijektive Abbildung ist.

---

5) Man spricht auch von einer lokalen Trivialisierung.

**Assoziierte Vektorraumbündel:** Mit $GL(Y)$ bezeichnen wir die Gruppe aller linearen bijektiven Abbildungen des linearen Raumes $Y$ auf sich. Es sei $\pi_1: \mathscr{H} \to M$ ein Hauptfaserbündel mit der Strukturgruppe $G$ und dem Transformationsgesetz

$$g_j = \mathscr{G}_{jk}(x) g_k$$

für die lokalen Koordinaten. Ferner sei $\gamma: G \to GL(Y)$ eine *Darstellung* der Gruppe $G$ auf dem linearen Raum $Y$, d.h., jedem Gruppenelement $g$ wird ein linearer bijektiver Operator $\gamma(g): Y \to Y$ mit $\gamma(gh) = \gamma(g)\gamma(h)$ für alle $g, h \in G$ zugeordnet.

Das Vektorraumbündel $\pi: \mathscr{V} \to M$ heißt *assoziiert* zu dem Hauptfaserbündel $\pi_1: \mathscr{H} \to M$ (bezüglich der Darstellung $\gamma$) genau dann, wenn (19.18) gilt mit

$$\mathscr{L}_{jk}(x) = \gamma(\mathscr{G}_{jk}(x)) .$$

Liegen alle $\mathscr{L}_{jk}(x)$ in einer Untergruppe $\mathscr{G}$ von $GL(Y)$, dann nennen wir $\mathscr{G}$ die Strukturgruppe von $\mathscr{V}$.

**Paralleltransport im assoziierten Vektorraumbündel:** Gegeben sei eine Kurve $x = x(\sigma)$ auf der Basismannigfaltigkeit $M$ des Vektorraumbündels $\pi: \mathscr{V} \to M$, das zu dem Hauptfaserbündel $\pi_1: \mathscr{H} \to M$ assoziiert ist. Mittels der Darstellung $\gamma$ von $G$ kann man jedem Paralleltransport auf $\mathscr{H}$ in natürlicher Weise einen Paralleltransport auf $\mathscr{V}$ zuordnen, indem man lokale Bündelkoordinaten benutzt. Die folgende Konstruktion ist unabhängig von der Wahl der Bündelkoordinaten.

Unter einem Paralleltransport des Punktes $\psi(0) \in \mathscr{V}$ im Vektorraumbündel $\mathscr{V}$ entlang der Basiskurve $x = x(\sigma)$ verstehen wir eine Kurve

$$\psi = \psi(\sigma) \quad \text{in } \mathscr{V}$$

mit $\pi(\psi(\sigma)) = x(\sigma)$ für alle $\sigma$, wobei in lokalen Bündelkoordinaten auf $\mathscr{V}$ (bezüglich $U_j$) die Kurve $\psi = \psi(\sigma)$ durch

$$\psi_j(\sigma) = \gamma(g_j(\sigma))\psi_j(0) \tag{19.19}$$

gegeben ist. Dabei bezeichnet $b = b(\sigma)$ einen Paralleltransport in $\mathscr{H}$ längs des Weges $x = x(\sigma)$, der in lokalen Bündelkoordinaten (bezüglich $U_j$) die Form $g_j = g_j(\sigma)$ besitzt.

Durch $\Pi_\sigma \psi(0) := \psi(\sigma)$ definieren wir den zugehörigen Operator des Paralleltransports.

**Kovariante Richtungsableitung für Schnitte in Vektorraumbündeln:** Es sei $\psi: M \to \mathscr{V}$ ein Schnitt in dem Vektorraumbündel $\mathscr{V}$, d.h., es gilt $\pi(\psi(x)) = x$ für alle $x \in M$. Wir setzen $x := x(0)$ und $v := \dot{x}(0)$. Dann heißt

$$(\nabla_v \psi)(x_0) := \lim_{\sigma \to 0} \frac{\Pi_\sigma^{-1}\psi(x(\sigma)) - \psi(x_0)}{\sigma}$$

die kovariante Richtungsableitung von $\psi$ im Punkt $x_0$ in Richtung von $v$.

Diese Definition hängt tatsächlich nur von $x$ und $v$ ab.

*Mit Hilfe der kovarianten Richtungsableitung $\nabla_v$ kann man in übersichtlicher Weise den Differentialkalkül auf Vektorraumbündeln aufbauen.*

Das soll jetzt gezeigt werden.

**Krümmung und Torsion des Vektorraumbündels $\mathscr{V}$:** Es seien $v$ und $w$ Vektorfelder auf der Basismannigfaltigkeit $M$ von $\mathscr{V}$.

Mit $C^\infty(M; \mathscr{V})$ bezeichnen wir den Raum aller $C^\infty$-Schnitte $\psi: M \to \mathscr{V}$. Dann erhalten wir durch

$$\varphi(x) := (\nabla_v \psi)(x)$$

einen neuen Schnitt $\varphi\colon M \to \mathscr{Y}$. Genauer ist $\nabla_v\colon C^\infty(M;\mathscr{Y}) \to C^\infty(M;\mathscr{Y})$ ein linearer Operator im Raum der Schnitte.

Wir definieren nun den *Torsionsoperator* $\alpha(v,w)$ und den *Krümmungsoperator* $\beta(v,w)$ durch

$$\alpha(v,w) := \nabla_v - \nabla_w - \nabla_{[v,w]}\,,$$
$$\beta(v,w) := \nabla_v\nabla_w - \nabla_w\nabla_v - \nabla_{[v,w]}\,.$$

Dann sind $\alpha(v,w)$, $\beta(v,w)$: $C^\infty(M;\mathscr{Y}) \to C^\infty(M;\mathscr{Y})$ lineare Operatoren, die von $v$ und $w$ abhängen[6].

Die Kurve $\psi = \psi(\sigma)$ in $\mathscr{Y}$ mit $\pi(\psi(\sigma)) = x(\sigma)$ für alle $\sigma$ beschreibt genau dann einen Paralleltransport, wenn

$$\frac{\mathrm{D}\,\psi(\sigma)}{\mathrm{d}\sigma} := (\nabla_v\psi)(x(\sigma)) = 0$$

für alle $\sigma$ gilt mit $v := \dot{x}(\sigma)$. Das ist eine verallgemeinerte Geradengleichung.

**Kovariante Ableitung von $p$-Formen mit Werten in einem Vektorraumbündel $\mathscr{Y}$:** Unter einer $p$-Form auf der Basismannigfaltigkeit $M$ mit Werten in $\mathscr{Y}$ verstehen wir ein Tensorprodukt

$$\omega \odot \psi\,,$$

wobei $\omega$ eine klassische $p$-Form auf $M$ und $\psi\colon M \to \mathscr{Y}$ einen Schnitt von $\mathscr{Y}$ darstellt.

Wir definieren die kovariante Ableitung $\mathrm{d}_\nabla$ in natürlicher Weise durch[7]

$$\mathrm{d}_\nabla(\omega \otimes \psi) = \mathrm{d}\omega \otimes \psi + (-1)^p\omega \odot \nabla\psi\,.$$

**Allgemeinheit der Konstruktion:** Die hier angegebenen Konstruktionen für Vektorraumbündel sind allgemeiner Natur, weil man zu jedem Vektorraumbündel $\pi\colon \mathscr{Y} \to M$ in kanonischer Weise ein *Hauptfaserbündel* $\pi_1\colon \mathscr{H} \to M$ konstruieren kann, das zu $\mathscr{Y}$ assoziiert ist. Man wählt hierzu die Gruppe $GL(Y)$ aller linearen bijektiven Operatoren $L\colon Y \to Y$. Während $\mathscr{Y}$ lokal wie $U_j \times Y$ aussieht, besitzt $\mathscr{H}$ lokal die Struktur von

$$U_j \times GL(Y)\,.$$

Den Übergangsabbildungen $\psi_j = \mathscr{L}_{jk}(x)\psi_k$ in $\mathscr{Y}$ mit $\mathscr{L}_{jk}(x) \in GL(Y)$ entsprechen die Übergangsabbildungen

$$g_j = \mathscr{L}_{jk}(x)g_k$$

in $\mathscr{H}$ mit $g_j, g_k \in GL(Y)$.

**Die direkte Summe (Whitneysumme) $\mathscr{Y}^{(1)} \oplus \mathscr{Y}^{(2)}$ zweier Vektorraumbündel:** Gegeben seien zwei Vektorraumbündel

$$\pi_1\colon \mathscr{Y}^{(1)} \to M \quad \text{und} \quad \pi_2\colon \mathscr{Y}^{(2)} \to M$$

über der $n$-dimensionalen reellen Mannigfaltigkeit $M$. Man kann dann stets eine Überdekkung $\{U_j\}$ von $M$ durch offene Mengen $U_j$ wählen, so daß $\mathscr{Y}^{(m)}$ lokal wie

$$U_j \times Y^{(m)}$$

[6] Mit $[v,w]$ bezeichnen wir die Lieklammer von Vektorfeldern auf $M$ (vgl. 15.4.6.).

[7] Explizit bedeutet das

$$\mathrm{d}_\nabla(\omega \otimes \psi)(v_1,\ldots,v_p,v) = \mathrm{d}\omega(v_1,\ldots,v_p,v) \odot \psi + (-1)^p\omega(v_1,\ldots,v_p) \otimes \nabla_v\psi\,.$$

für alle $v_1,\ldots,v_p,v \in TM_x$, wobei $\omega$ und $\psi$ im Punkt $x \in M$ zu nehmen sind.

aussieht, d.h., der Übergang zwischen den lokalen Bündelkoordinaten $(x, \psi_j^{(m)}) \in U_j \times Y^{(m)}$ und $(x, \psi_k^{(m)}) \in U_k \times Y^{(m)}$ eines Punktes $b$ von $\mathscr{V}^{(m)}$ mit $x \in U_j \cap U_k$ und $\pi_m(b) = x$ wird für festes $m = 1, 2$ durch

$$\psi_j^{(m)} = \mathscr{L}_{jk}^{(m)}(x)\psi_k^{(m)}$$

gegeben (vgl. (19.18)). Dabei sind $Y^{(1)}$ und $Y^{(2)}$ lineare Räume. Man kann nun in natürlicher Weise ein Vektorraumbündel konstruieren, das lokal wie

$$U_j \times (Y^{(1)} \oplus Y^{(2)})$$

aussieht, wobei die lokalen Bündelkoordinaten durch $(x, \psi^{(1)} \oplus \psi^{(2)})$ gegeben sind. Dieses Bündel bezeichnen wir mit $\mathscr{V}^{(1)} \oplus \mathscr{V}^{(2)}$.

# 19.6. Anwendung auf die Methode des repère mobile von E. Cartan

**Grundidee:** Es sei $M$ eine Fläche im $\mathbb{R}^3$. Ist im Punkt $x_0 \in M$ eine Basis $\mathbf{b}_1$, $\mathbf{b}_2$ des Tangentialraumes gegeben, dann kann man jeden Tangentialvektor $w_0$ im Punkt $x_0$ in der Form

$$\mathbf{w}_0 = \beta_1 \mathbf{b}_1 + \beta_2 \mathbf{b}_2$$

darstellen. Der Paralleltransport von $\mathbf{w}_0$ längs einer Kurve $C$ ergibt sich in natürlicher Weise dadurch, daß man für alle Basen den Paralleltransport beherrscht (Abb. 19.4). Die Basen bezeichnet man auch als Repères.

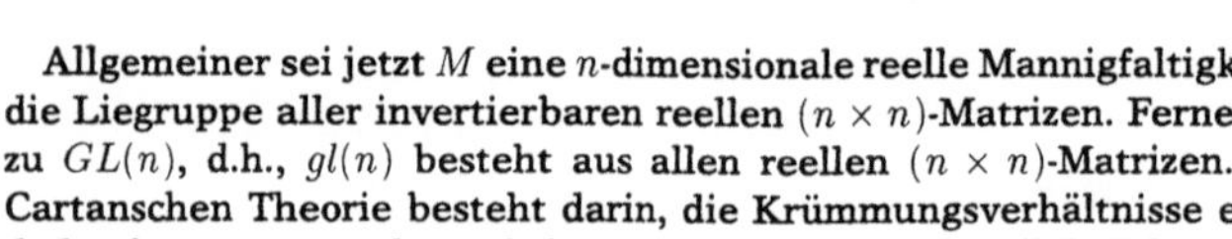

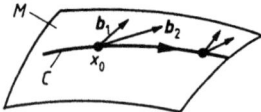

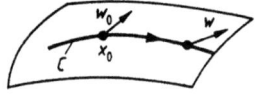

a) *Paralleltransport von Repères*  b) *Paralleltransport von Tangentialvektoren*  Abb. 19.4

Allgemeiner sei jetzt $M$ eine $n$-dimensionale reelle Mannigfaltigkeit, und $GL(n)$ bezeichne die Liegruppe aller invertierbaren reellen $(n \times n)$-Matrizen. Ferner sei $gl(n)$ die Liealgebra zu $GL(n)$, d.h., $gl(n)$ besteht aus allen reellen $(n \times n)$-Matrizen. Das Ziel der eleganten Cartanschen Theorie besteht darin, die Krümmungsverhältnisse einer Mannigfaltigkeit $M$ dadurch zu untersuchen, daß man zu dem Tangentialbündel $TM$ von $M$ das assoziierte Hauptfaserbündel konstruiert. Dieses ist gleich dem Repèrebündel $\mathscr{R}(M)$ von $M$. Jede Zusammenhangsform $\mathscr{A}$ auf $\mathscr{R}(M)$ induziert nach 19.5. auf $TM$ einen Paralleltransport, eine kovariante Richtungsableitung, einen Torsionsoperator $\alpha$ und einen Krümmungsoperator $\beta$. Diese Größen entsprechen exakt den in 16.2.4. für lineare Zusammenhänge auf der Mannigfaltigkeit $M$ eingeführten Größen. Man bezeichnet deshalb jede Zusammenhangsform $\mathscr{A}$ auf $\mathscr{R}(M)$ als einen *linearen Zusammenhang* von $M$.

**Das Tangentialbündel** $TM$ **einer Mannigfaltigkeit** $M$: Das Tangentialbündel $TM$ einer $n$-dimensionalen reellen Mannigfaltigkeit $M$ besteht aus allen Paaren

$$(x, \mathbf{v}), \tag{19.20}$$

wobei $x$ ein Punkt von $M$ und $\mathbf{v} \in TM_x$ ein Tangentenvektor von $M$ im Punkte $x$ ist. Die Bündelabbildung $\pi$: $TM \to M$ ergibt sich durch $\pi(x, \mathbf{v}) := x$. Deshalb ist die Faser $F_x$ über $x$ gleich dem Tangentialraum $TM_x$ im Punkte $x$. Um lokale Bündelkoordinaten einzuführen, wählen wir eine Karte $\varphi$: $U \to \mathbb{R}^n$ von $M$ mit $x \in U$ und die dazugehörige natürliche Basis $\mathbf{e}_1, \ldots, \mathbf{e}_n$ im Tangentialraum $TM_x$ (vgl. 15.1.6.). Für $\mathbf{v} \in TM_x$ gilt

$$\mathbf{v} = \psi^j \mathbf{e}_j . \tag{19.21}$$

Definitionsgemäß heißt $(x; \psi^1, \ldots, \psi^n)$ die Bündelkoordinate von $(x, \mathbf{v})$.

Damit wird $TM$ zu einem Vektorraumbündel mit der typischen Faser $Y = \mathbb{R}^n$.

**Das Repèrebündel** $\mathscr{R}(M)$ **einer Mannigfaltigkeit** $M$: Definitionsgemäß besteht $\mathscr{R}(M)$ aus allen $(n+1)$-Tupeln

$$(x; \mathbf{b}_1, \ldots, \mathbf{b}_n), \tag{19.22}$$

wobei $x$ ein beliebiger Punkt von $M$ ist und $\mathbf{b}_1, \ldots, \mathbf{b}_n$ eine beliebige Basis des Tangentialraumes $TM_x$ im Punkte $x$ bezeichnet. Parallel zu (19.21) setzen wir

$$\mathbf{b}_k = g^j_k \mathbf{e}_j . \tag{19.23}$$

Die Matrix $g = (g^j_k)$ gehört dabei zu $GL(n)$. Ordnen wir dem Bündelpunkt in (19.22) die lokale Koordinate $(x, g)$ zu, dann wird $\mathscr{R}(M)$ zu einem Hauptfaserbündel mit der Strukturgruppe $GL(n)$.

**Satz:** Das Tangentialbündel $TM$ ist ein assoziiertes Vektorbündel zu dem Hauptfaserbündel $\mathscr{R}(M)$.

*Beweis:* Wählen wir eine neue Basis $\mathbf{e}^+_1, \ldots, \mathbf{e}^+_n$ in $TM_x$, dann gilt

$$\mathbf{v} = \psi^j_+ \mathbf{e}^+_j , \quad \mathbf{b}_k = g^j_{+k} \mathbf{e}^+_j , \quad \mathbf{e}_j = \mathscr{G}^r_j \mathbf{e}^+_r .$$

Daraus folgt $\psi^r_+ = \mathscr{G}^r_j \psi^j$ und $g^r_{+k} = \mathscr{G}^r_j g^j_k$. Fassen wir den oberen Index als Zeilenindex und den unteren Index als Spaltenindex auf, dann gilt in der Sprache der Matrizen

$$\psi_+ = \mathscr{G}(x)\psi , \quad g_+ = \mathscr{G}(x) g$$

mit $\mathscr{G}(x) \in GL(n)$, d.h., die lokalen Koordinaten von $TM$ und $\mathscr{R}(M)$ transformieren sich in gleicher Weise. Folglich ist $TM$ zu $\mathscr{R}(M)$ assoziiert. q.e.d.

**Paralleltransport:** Als Differentialgleichung des Paralleltransports entlang der Kurve $x = x(\sigma)$ wählen wir

$$\dot{g}(\sigma) + \dot{x}^j(\sigma) \mathscr{A}_j(x(\sigma)) g(\sigma) = 0 .$$

Explizit entspricht das dem Paralleltransport von Repères

$$\mathbf{b}_j(\sigma) = g^k_j(\sigma) \mathbf{e}_k$$

und dem Paralleltransport

$$\mathbf{w}(\sigma) = w^j \mathbf{b}_j(\sigma)$$

von Tangentialvektoren mit $w^j = \text{const}$ für alle $j$. Der Operator des Paralleltransports ergibt sich dann durch

$$\Pi_\sigma \mathbf{w}(0) := \mathbf{w}(\sigma) .$$

**Kovariante Richtungsableitung von Tangentialvektorfeldern auf** $M$: Gegeben sei ein Vektorfeld $\mathbf{w}$ auf $M$. Durch

$$(\nabla_{\mathbf{v}}\mathbf{w})(x_0) := \lim_{\sigma\to 0} \frac{\Pi_\sigma^{-1}\mathbf{w}(x(\sigma)) - \mathbf{w}(x_0)}{\sigma}$$

definieren wir die kovariante Richtungsableitung des Vektorfeldes im Punkt $x = x(0)$ in Richtung von $\mathbf{v} = \dot{x}(0)$. Diese Definition hängt tatsächlich nur von der Richtung $\mathbf{v}$ ab.

Die hier in anschaulicher Weise eingeführten Begriffe stimmen mit der allgemeinen Theorie überein, wenn man von einer Zusammenhangsform $\mathscr{A}$ auf dem Repèrebündel $\mathscr{R}(M)$ ausgeht.

**Die Christoffelsymbole:** Stellen wir speziell den Paralleltransport durch die natürliche Basis dar, dann gilt

$$\mathbf{w}(\sigma) = v^k(\sigma)\mathbf{e}_k\,,$$

und wir erhalten für die Komponenten $v^j$ die Differentialgleichung

$$\dot{v}^k(\sigma) = -\Gamma^k_{mj}(x(\sigma))v^m(\sigma)\dot{x}^j(\sigma)$$

für alle $\sigma$. Das ist gleichbedeutend mit der Matrizengleichung

$$\dot{v}(\sigma) = -\dot{x}^j(\sigma)\mathscr{A}_j(x(\sigma))v(\sigma)\,.$$

Somit sind die klassischen Christoffelsymbole $\Gamma^k_{mj}(x)$ genau die Elemente der Matrix $\mathscr{A}_j(x)$, die in der Differentialgleichung des Paralleltransports auftritt.

**Die kanonische Form $\theta$ auf $\mathscr{R}(M)$:** Es sei $\pi'(p)\colon T\mathscr{R}(M)_p \to TM_x$ die Linearisierung der natürlichen Projektionsabbildung $\pi\colon \mathscr{R}(M) \to M$ im Punkte $p = (x; \mathbf{b}_1, \ldots, \mathbf{b}_n)$. Für jeden Tangentialvektor $v \in T\mathscr{R}(M)_p$ gehört $\pi'(p)v$ zum Tangentialraum $TM_x$ und besitzt deshalb die Basisdarstellung

$$\pi'(p)v = v^j\mathbf{b}_j\,.$$

Die kanonische Form $\theta$ auf dem Repèrebündel $\mathscr{R}(M)$ wird durch die Spaltenmatrix

$$\theta_p(v) := (v^1, \ldots, v^n)^{\mathrm{T}}$$

für alle $p \in \mathscr{R}(M)$ und alle $v \in T\mathscr{R}(M)_p$ definiert.

## 19.6.1. Die globalen Strukturgleichungen von Cartan

Es sei $\mathscr{A}$ ein linearer Zusammenhang, d.h., $\mathscr{A}$ ist eine Zusammenhangsform auf dem Repèrebündel $\mathscr{R}(M)$ der Mannigfaltigkeit $M$. Daraus ergeben sich nach der allgemeinen Theorie die *Krümmungsform* $\mathscr{F}$ und die *Torsionsform* $\mathscr{T}$ durch

$$\mathscr{F} = \mathrm{D}\mathscr{A}\,, \quad \mathscr{T} = \mathrm{D}\theta \quad \text{auf } \mathscr{R}(M). \tag{19.24}$$

Das sind die *globalen Strukturgleichungen von Cartan.*

Durch Anwendung des Operators D auf (19.24) erhalten wir

$$\mathrm{D}\mathscr{F} = 0\,, \quad \mathrm{D}\mathscr{T} = \mathscr{F} \wedge \theta \quad \text{auf } \mathscr{R}(M). \tag{19.24a}$$

Das sind die sogenannten *Bianchi-Identitäten.*

Die außerordentlich eleganten Gleichungen (19.24) und (19.24a) beherrschen die Krümmungstheorie auf der Mannigfaltigkeit $M$.

**Explizite Form der globalen Strukturgleichungen:** Die Gleichung (19.24) ist gleichbedeutend mit

$$\mathscr{F} = \mathrm{d}\mathscr{A} + \mathscr{A} \wedge \mathscr{A}\,, \quad \mathscr{T} = \mathrm{d}\theta + \mathscr{A} \wedge \theta \quad \text{auf } \mathscr{R}(M). \tag{19.24*}$$

Dabei sind $\mathscr{A}$ und $\mathscr{F}$ Formen auf $\mathscr{R}(M)$ mit Werten in der Liealgebra $gl(n)$, und $\theta$ sowie $\mathscr{T}$ sind Formen auf $\mathscr{R}(M)$ mit Werten in $\mathbb{R}^n$, d.h., man hat für $i, j = 1, \ldots, n$ die Matrizendarstellungen

$$\mathscr{A} = (\mathscr{A}^i_j)\,, \quad \mathscr{F} = (\mathscr{F}^i_j)\,, \quad \theta = (\theta^i)\,, \quad \mathscr{T} = (\mathscr{T}^i)\,.$$

Dabei sind die Komponenten $\mathscr{A}^i_j$ usw. klassische Differentialformen auf $\mathscr{R}(M)$.

Die obigen Gleichungen sind als Matrizengleichungen zu verstehen, wobei die übliche Zahlenmultiplikation durch die $\wedge$-Multiplikation von Formen zu ersetzen ist. Die Strukturgleichungen (19.24*) lauten explizit:[8]

$$\mathscr{F}^i_j = \mathrm{d}\mathscr{A}^i_j + \mathscr{A}^i_k \wedge \mathscr{A}^k_j\,, \quad \mathscr{T}^i = \mathrm{d}\theta^i + \mathscr{A}^i_j \wedge \theta^j \quad \text{auf } \mathscr{R}(M). \tag{19.24**}$$

### 19.6.2. Die lokalen Strukturgleichungen von Cartan

**Lokalisierung der Formen auf $\mathscr{R}(M)$:** Es sei $U$ eine offene Menge der Basismannigfaltigkeit $M$. Wir betrachten einen Schnitt $s\colon U \to \mathscr{R}(M)$, d.h., es ist

$$s(x) := (x, \mathbf{b}_1, \ldots, \mathbf{b}_n)$$

für alle $x \in U$. Mit Hilfe von $s$ kann man die Formen $\mathscr{A}$, $\mathscr{F}$, $\mathscr{T}$, $\theta$ auf die offene Teilmenge $U$ von $M$ „herunterziehen", indem man zu den "pull-backs"

$$\mathscr{A}_U := s^*\mathscr{A}\,, \quad \mathscr{F}_U := s^*\mathscr{F}\,, \quad \mathscr{T}_U := s^*\mathscr{T}\,, \quad \theta_U := s^*\theta \quad \text{auf } U$$

übergeht. Wir setzen $\mathscr{A}_U = (\omega^i_j)$, $\mathscr{F}_U = (\Omega^i_j)$, $\mathscr{T}_U = (\Theta^i)$ und $\theta_U = (b^i)$.

Dann ist $\{b^i\}$ die duale Basis zu $\{\mathbf{b}_j\}$, d.h., es gilt $b^i(\mathbf{b}_j) = \delta^i_j$ für alle $i, j = 1, \ldots, n$, in jedem Punkt $x \in U$.

**Lokalisierung der Strukturgleichungen:** Aus den globalen Strukturgleichungen (19.24**) erhält man sofort die sogenannten *lokalen Strukturgleichungen von Cartan*

$$\Omega^i_j = \mathrm{d}\omega^i_j + \omega^i_k \wedge \omega^k_j\,, \quad \Theta^i = \mathrm{d}b^i + \omega^i_j \wedge b^j \quad \text{auf } U.$$

Damit ist der Anschluß an die in 16.2.4. dargestellte Theorie auf der Basismannigfaltigkeit $M$ hergestellt. Speziell hängt $\omega^i_j$ bzw. $\Omega^i_j$ von den Christoffelsymbolen bzw. vom Krümmungstensor ab. Ferner läßt sich $\Theta^i$ durch die Torsionskoeffizienten darstellen, die identisch verschwinden, falls die Christoffelsymbole in den unteren Indizes symmetrisch sind (z.B. in der Riemannschen Geometrie).

## 19.7. Die Wegabhängigkeit des Paralleltransports, Holonomiegruppen und der Aharonov-Bohm-Effekt in der Quantenmechanik

Die Holonomiegruppen eines Hauptfaserbündels messen die *Wegabhängigkeit* des Paralleltransports in Hauptfaserbündeln und somit auch in den assoziierten Vektorraumbündeln.

---

[8] Über gleiche obere und untere Indizes wird von 1 bis $n$ summiert.

Es sei $\pi\colon \mathscr{H} \to M$ ein Hauptfaserbündel über einer zusammenhängenden Mannigfaltigkeit $M$ mit einem festen Zusammenhang $\mathscr{A}$. Wir betrachten alle stetigen geschlossenen Wege

$$C\colon x = x(\sigma)\,, \quad 0 \le \sigma \le 1\,,$$

in $M$, die im Punkt $x$ beginnen und enden, d.h., es ist $x(0) = x(1) = x$. Durch den Paralleltransport in $\mathscr{H}$ entsteht eine Kurve

$$p = p(\sigma)\,, \quad 0 \le \sigma \le 1\,,$$

wobei jeder Kurvenpunkt $p(\sigma)$ in der Faser $F_{x(\sigma)}$ über dem Basispunkt $x(\sigma)$ liegt (Abb. 19.5). Setzen wir $\Pi_C p(0) := p(1)$, dann ergibt sich ein Diffeomorphismus

$$\Pi_C\colon F_x \to F_x$$

der Faser $F_x$ in sich. Wir definieren das Produkt $DC$ zweier Wege $C$ und $D$ als denjenigen Weg, der entsteht, wenn man zuerst $C$ und anschließend $D$ durchläuft. In natürlicher Weise setzen wir

$$\Pi_D \Pi_C := \Pi_{DC}\,.$$

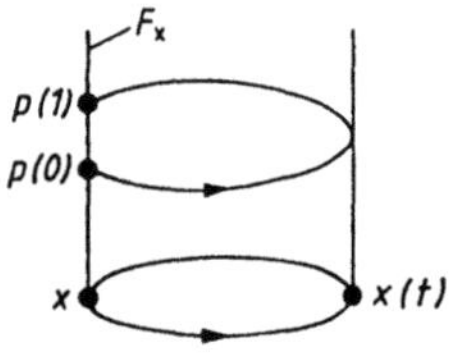


Abb. 19.5

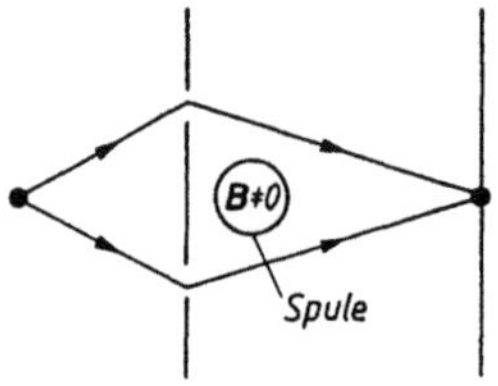


Abb. 19.6

**Definition der Holonomiegruppe:** Mit dem soeben definierten Produkt wird die Menge aller Faserdiffeomorphismen $\Pi_C$ zu einer Gruppe, die man die Holonomiegruppe $\mathscr{G}_x$ von $\mathscr{H}$ im Punkt $x$ nennt (bezüglich des Zusammenhangs $\mathscr{A}$).

**Satz von Ambrose und Singer:** (i) Die Holonomiegruppe $\mathscr{G}_x$ ist eine Lieuntergruppe der Strukturgruppe $\mathscr{G}$ des Hauptfaserbündels $\mathscr{H}$.

(ii) Die Liealgebra $\mathscr{L}\mathscr{G}_x$ wird von allen Elementen der Form

$$\mathscr{F}_p(v, w)$$

mit $v, w \in T\mathscr{H}_p$ aufgespannt, wobei $p$ irgendein fester Punkt auf der Faser $F_x$ ist und $\mathscr{F} = \mathrm{D}\mathscr{A}$ die Krümmungsform bezeichnet.

*Beispiel:* Gilt $\mathscr{F}_p = 0$ für einen festen Punkt $p \in F_x$, dann ist die Holonomiegruppe $\mathscr{G}_x$ trivial, d.h., sie besteht nur aus dem Einselement. Folglich führt der Paralleltransport von $p$ längs jedes geschlossenen Weges $C$ wieder auf den Ausgangspunkt $p$.

*Standardbeispiel* (Holonomie in der Elektrodynamik): Wie in 10.2.10. betrachten wir das Hauptfaserbündel $\mathscr{H} = M_4 \times U(1)$ über dem vierdimensionalen Minkowskiraum $M_4$. Die Gleichung des Paralleltransports lautet dann

$$\dot{g}(t) + \mathrm{i}\dot{x}^j(t) A_j(x(t)) g(t) = 0$$

mit $g(t) \in U(1)$, also $g(t) = e^{i\varphi(t)}$. Dabei bezeichnet $A_j$ das Viererpotential des elektromagnetischen Feldes. Die Lösung ist

$$g(t) = e^{i\varphi(t)}, \quad \varphi(t) = \varphi(0) - \int_0^t A_j(\mathbf{x}(t))\dot{x}^j(t)\,dt .$$

Ist nur ein magnetisches Feld **B** vorhanden, dann gilt $\mathbf{B} = \mathbf{rot}\,\mathbf{A}$ und $A_0 = 0$. Für die Phasenverschiebung erhalten wir jetzt

$$\varphi(t) = \varphi(0) - \int_0^t \mathbf{A}(\mathbf{x}(\sigma))\dot{\mathbf{x}}(\sigma)\,d\sigma .$$

Wichtig ist, daß diese Phasenverschiebung *vom Weg* $\mathbf{x} = \mathbf{x}(t)$ *abhängt*.

Diese Holonomie kann physikalisch direkt *beobachtet* werden. Hinter einer Wand mit zwei Spalten befinde sich eine stromdurchflossene Spule mit einem Magnetfeld **B** (Abb. 19.6). Schickt man einen Elektronenstrahl durch die beiden Spalten, dann entsteht bei der Zusammenführung der beiden Strahlen auf einem Schirm ein *Interferenzbild*. Dieses verändert sich bei Einschalten des Stroms in der Spule, obwohl sich am Schirm kein Magnetfeld befindet. Das ist der berühmte *Aharonov-Bohm-Effekt*. Dieser kann dadurch erklärt werden, daß das Interferenzbild durch Superposition der Wellenfunktionen

$$\Psi_j := e^{i\varphi_j}\psi_j(\mathbf{x}, t)$$

der beiden Strahlen $j = 1$ und $j = 2$ am Schirm entsteht. Da beide Strahlen unterschiedliche Wege durchlaufen, differiert ihre Phasenverschiebung $\varphi_j$. Entscheidend ist nicht das Magnetfeld hinter der Wand, sondern das Vektorpotential **A** längs des Weges. Mathematisch entspricht **A** einem Zusammenhang auf dem Hauptfaserbündel $M_4 \times U(1)$.

Derartige physikalisch relevante Phasenverschiebungen auf Grund von Holonomieeffekten in Eichtheorien stellen ein allgemeines Phänomen dar und werden häufig unter dem Stichwort *Berry's Phase* zusammengefaßt (vgl. [Nakahara 1990]).

## 19.8. Die Struktur Riemannscher Flächen

Der Begriff der Riemannschen Fläche $\mathscr{R}$ wurde von Bernhard Riemann (1826–1866) eingeführt, um mehrdeutige Funktionen eines komplexen Arguments auf $\mathscr{R}$ eindeutig werden zu lassen. Dadurch gelang es ihm, schwierige Probleme für algebraische Funktionen und deren Integrale (elliptische und Abelsche Integrale) in sehr durchsichtiger Weise mit Hilfe von topologischen Betrachtungen zu lösen. Die Untersuchung Riemannscher Flächen hat die Entwicklung vieler Zweige der Mathematik außerordentlich befruchtet (z.B. Analysis, Topologie, algebraische Geometrie und Zahlentheorie). Zu den tiefsten klassischen Sätzen über Riemannsche Flächen gehören der Satz von Abel, der Satz von Riemann-Roch und der Uniformisierungssatz von Poincaré-Koebe.

**Definition:** Unter einer *Riemannschen Fläche* $\mathscr{R}$ verstehen wir eine zusammenhängende eindimensionale komplexe Mannigfaltigkeit.

Einfachste Beispiele für Riemannsche Flächen sind die komplexe Ebene $\mathbb{C}$ und die Riemannsche Zahlenkugel $\overline{\mathbb{C}} := \mathbb{C} \cup \{\infty\}$ (vgl. 1.14.11.4.).

Nach dem Satz von Radó besitzt jede Riemannsche Fläche eine abzählbare Basis (vgl. 15.1.10.).

**Konforme Äquivalenz:** Zwei Riemannsche Flächen $\mathscr{R}$ und $\mathscr{S}$ heißen genau dann *äquivalent*, wenn es einen Diffeomorphismus

$$\varphi\colon \mathscr{R} \to \mathscr{S}$$

gibt. Dann ist $\varphi$ eine konforme (winkeltreue) Abbildung von $\mathscr{R}$ auf $\mathscr{S}$. Deshalb spricht man auch häufig von konformer Äquivalenz.

Äquivalente Riemannsche Flächen entsprechen in der modernen Stringtheorie dem gleichen Stringzustand (vgl 19.13.).

**Holomorphe und meromorphe Funktionen:** Eine Funktion $f\colon \mathscr{R} \to \mathbb{C}$ heißt genau dann *holomorph*, wenn sich $f$ in jedem Punkt von $\mathscr{R}$ bezüglich lokaler Koordinaten in eine Potenzreihe entwickeln läßt.

Ferner heißt $f$ genau dann *meromorph*, wenn $f$ holomorph ist bis auf eine Menge von isolierten Punkten, denen in lokalen Koordinaten Pole endlicher Ordnung entsprechen (vgl. 1.14.6.4.).

**Holomorphe und meromorphe 1-Formen:** Wir können jede Riemannsche Fläche $X$ als zweidimensionale reelle Mannigfaltigkeit auffassen, indem wir die lokale Koordinate $z = x + \mathrm{i}y$ mit $(x.y)$ identifizieren. Dann ist $X$ orientiert. Es sei $\omega$ eine 1-Form auf der reellen Mannigfaltigkeit $X$ mit komplexen Werten. Dann besitzt $\omega$ in lokalen Koordinaten die Gestalt

$$\omega = a(x.y)\,\mathrm{d}x + b(x.y)\,\mathrm{d}y\ .$$

Die 1-Form $\omega$ heißt genau dann holomorph (bzw. meromorph), wenn nach der Substitution $z = x + \mathrm{i}y$, also $x = (z + \bar{z})/2$ und $y = (z - \bar{z})/2\mathrm{i}$ die lokale Gestalt

$$\omega = f(z)\,\mathrm{d}z$$

entsteht, wobei $f$ holomorph (bzw. meromorph) ist. Das Residuum

$$(\operatorname{Res}\omega)(P) := (\operatorname{Res} f)(z_p)$$

der 1-Form von $\omega$ im Punkt $P$ ist definitionsgemäß gleich dem Residuum der Funktion $f$ im Punkt $z_p$, wobei $z_p$ die lokale Koordinate von $P$ bezeichnet (vgl. 1.14.6.2.). Diese Definition ist unabhängig von der Wahl der lokalen Koordinaten.

**Abelsche Integrale:** Unter einem Abelschen Integral verstehen wir ein Integral

$$J = \int_C \omega$$

über eine meromorphe 1-Form $\omega$, wobei $C$ eine Kurve auf der Riemannschen Fläche ist. In lokalen Koordinaten gilt

$$J = \int_a^b f(z(t))z'(t)\,\mathrm{d}t\ .$$

Genauer zerlegt man die Kurve $C$ in Teilkurven und verwendet für jede Teilkurve eine lokale Koordinatendarstellung $z = z(t)$.

Elliptische Integrale sind spezielle Abelsche Integrale.

## 19.8.1. Algebraische Funktionen als komplexe Kurven

*Standardbeispiel 1* (Quadratwurzel): Um die mehrdeutige Funktion $w = \sqrt{z}$ zu studieren, betrachten wir die Gleichung

$$F(z, w) := w^2 - z = 0. \tag{19.25}$$

Die folgenden Untersuchungen werden so durchgeführt, daß sie sich auf beliebige algebraische Funktionen verallgemeinern lassen. Wir fassen (19.25) als Gleichung einer *komplexen Kurve* auf mit dem Graphen

$$\mathscr{R}_0 := \{(z, w) \in \mathbb{C} \times \mathbb{C}\colon F(z, w) = 0\}.$$

**Lokale Uniformisierung und Riemannsche Fläche:** Es sei $(z_0, w_0) \in \mathscr{R}_0$. Dann existiert eine Nullumgebung $V(0)$ in $\mathbb{C}$, so daß sich die Lösung von (19.25) in einer Umgebung des Kurvenpunktes $(z_0, w_0)$ durch

$$z = z_0 + t^n, \quad w = \varphi(t) \quad \text{für alle } t \in V(0) \tag{19.26}$$

darstellen läßt mit einer natürlichen Zahl $n = 1, 2, \ldots$ und einer holomorphen Funktion $\varphi\colon V(0) \to \mathbb{C}$.

Dabei gilt $n = 1$ für $F_w(z_0, w_0) \neq 0$. Das folgt aus dem Satz über implizite Funktionen (vgl. 12.5.). Im Fall $n = 1$ (bzw. $n \geq 2$) heißt $z_0$ ein *regulärer Punkt* (bzw. ein *Verzweigungspunkt*). Im vorliegenden Spezialfall ist jeder Punkt $z_0 \neq 0$ ein regulärer Punkt mit $n = 1$ und $\varphi(t) := t^2$, während $z_0 = 0$ einen Verzweigungspunkt darstellt mit $n = 2$ und $\varphi(t) := t$.

Um das Verhalten der Kurve im Unendlichen zu untersuchen, setzen wir

$$z = \frac{1}{Z}, \quad w = \frac{1}{W}.$$

Aus $w^2 - z = 0$ folgt dann $Z - W^2 = 0$ mit der lokalen Lösung

$$Z = t^n, \quad W = \varphi(t) \quad \text{für alle } t \in V(0). \tag{19.27}$$

Im vorliegenden Spezialfall ist $n = 2$ und $\varphi(t) := t$. Die erweiterte Menge

$$\mathscr{R} := \mathscr{R}_0 \cup \{(\infty, \infty)\}$$

wird nun zu einer (kompakten) *Riemannschen Fläche*, falls man als lokale Koordinaten jeweils alle $t$ in $V(0)$ wählt.

**Globale Uniformisierung von $\mathscr{R}$:** Auf der punktierten Riemannschen Zahlenkugel $\mathbb{C} = \bar{\mathbb{C}} \setminus \{\infty\}$ führen wir die lokale Koordinate $w$ ein, während wir auf $\bar{\mathbb{C}} \setminus \{0\}$ die lokale Koordinate $W = 1/w$ verwenden. Dann entspricht $W = 0$ dem Punkt $\infty$ (vgl. Abb. 1.182). Setzen wir

$$\psi(w) := (w^2, w) \ \text{auf}\ \bar{\mathbb{C}} \setminus \{\infty\}, \quad \psi(W) := (W^2, W) \ \text{auf}\ \bar{\mathbb{C}} \setminus \{0\},$$

dann erhalten wir einen Diffeomorphismus

$$\psi\colon \bar{\mathbb{C}} \to \mathscr{R}$$

von der Riemannschen Zahlenkugel $\bar{\mathbb{C}}$ auf die Riemannsche Fläche $\mathscr{R}$, d.h., $\mathscr{R}$ ist äquivalent zu $\bar{\mathbb{C}}$.

**Überlagerung und Faserbündel:** Durch $p(z,w) := z$ ergibt sich eine glatte surjektive Abbildung

$$p\colon \mathscr{R} \to \bar{\mathbb{C}}\,.$$

Die Faser $F_z := p^{-1}(z)$ entspricht dabei den beiden Werten $w$ von $\sqrt{z}$, die für $z = 0$ und $z = \infty$ zusammenfallen. Entfernen wir die beiden Verzweigungspunkte aus $\mathscr{R}$, dann erhalten wir die reduzierte Riemannsche Fläche $\mathscr{R}_*$. Nunmehr ist

$$p\colon \mathscr{R}_* \to \mathbb{C} \setminus \{0\}$$

eine *Überlagerung*, wobei jede Faser aus genau zwei Punkten besteht (vgl. 18.3.3.).

**Anschauliche Darstellung der Riemannschen Fläche:** Nach 1.14.11.6. kann man eine Riemannsche Fläche $\mathscr{R}_1$ für $w = \sqrt{z}$ aufbauen, indem man zwei Exemplare der komplexen Zahlenebene $\mathbb{C}$ längs der positiven reellen Achse aufschneidet, die Schnittufer kreuzweise miteinander verklebt und den Punkt $\infty$ hinzufügt. Umläuft man den Nullpunkt wie in Abb. 19.7a, dann erreicht man nach zwei Umläufen den Ausgangspunkt.

Stattdessen kann man auch eine Riemannsche Fläche $\mathscr{R}_2$ konstruieren, indem man zwei Riemannsche Zahlenkugeln längs eines halben Längenkreises vom Nordpol zum Südpol aufschneidet und die Schnittufer kreuzweise miteinander verklebt. Bläst man $\mathscr{R}_2$ wie einen Luftballon auf, dann erkennt man, daß $\mathscr{R}_2$ homöomorph ist zur Riemannschen Zahlenkugel, d.h., $\mathscr{R}_2$ besitzt das Geschlecht $g = 0$ (vgl. 18.2.1.).

Alle so konstruierten Riemannschen Flächen $\mathscr{R}$, $\mathscr{R}_1$ und $\mathscr{R}_2$ sind zueinander äquivalent.

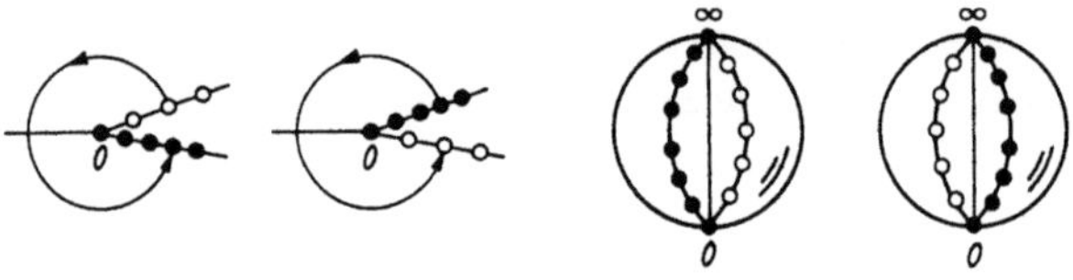


a) zwei Zahlenebenen

b) zwei Zahlenkugeln (kreuzweise verheftet)

Abb. 19.7

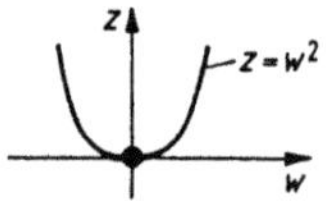


Abb. 19.8

Um die vorliegende Situation anschaulich zu erläutern, betrachten wir den reellen Spezialfall der Kurve $z = w^2$ mit $z, w \in \mathbb{R}$ (Abb. 19.8). Der Graph dieser Kurve ist eine Mannigfaltigkeit und verhält sich völlig regulär. Die scheinbare Komplikation tritt nur auf, falls man $z$ als unabhängige Variable wählt. Dann entsprechen jedem Wert $z > 0$ zwei Kurvenpunkte $(z, w)$.

*Standardbeispiel 2* (elliptische Integrale und elliptische Funktionen): Wir betrachten die Gleichung

$$F(z, w) := w^2 - (z - e_1)(z - e_2)(z - e_3) = 0 \tag{19.28}$$

mit den drei verschiedenen, fest vorgegebenen komplexen Zahlen $e_1$, $e_2$, $e_3$, d.h., wir studieren die mehrdeutige Funktion

$$w = \sqrt{(z - e_1)(z - e_2)(z - e_3)}\,. \tag{19.28*}$$

Der Graph der zugehörigen komplexen Kurve ist durch

$$\mathscr{R}_0 := \{(z, w) \in \mathbb{C} \times \mathbb{C}\colon F(z, w) = 0\}$$

gegeben.

**Lokale Uniformisierung:** Es sei $(z_0, w_0) \in \mathscr{R}_0$.

(i) ***Regulärer Fall*** $F_w(z_0, w_0) \neq 0$, also $z_0 \neq e_1, e_2, e_3$: Nach dem Satz über implizite Funktionen erhalten wir die lokale Darstellung (19.26) von $\mathscr{R}_0$ mit $n = 1$.

(ii) ***Verzweigungsfall*** $F_w(z_0, w_0) = 0$, also $z_0 = e_1, e_2, e_3$: Der Ansatz $z = e_1 + t^2$, $w = t\psi(t)$ in (19.28) liefert

$$t^2\psi(t)^2 = t^2(e_1 - e_2 + t^2)(e_1 - e_3 + t^2) = t^2(a_0 + a_1 t + \ldots),$$

also $\psi(t) = \sqrt{a_0 + a_1 t + \ldots}$. Wegen $a_0 \neq 0$ stellt das in einer kleinen Umgebung von $t = 0$ eine holomorphe Funktion dar (nach Fixierung des Vorzeichens der Wurzel). Wir erhalten auf diese Weise für die Verzweigungspunkte $z_0 = e_1, e_2, e_3$ eine lokale Darstellung von $\mathscr{R}_0$ der Form (19.26) mit $n = 2$.

(iii) *Verhalten im Unendlichen:* Setzen wir $z = 1/Z$, $w = 1/W$, dann erhalten wir aus (19.28) die Gleichung

$$Z^3 = W^2(1 - e_1 Z)(1 - e_2 Z)(1 - e_3 Z).$$

Analog zu (ii) ergibt sich die lokale Lösungsdarstellung

$$W = t^3, \quad Z = t^2\zeta(t)$$

in einer kleinen Umgebung von $t = 0$ mit einer geeigneten holomorphen Funktion $\zeta$.

**Kompakte Riemannsche Fläche:** Die erweiterte Menge

$$\mathscr{R} = \mathscr{R}_0 \cup \{(\infty, \infty)\}$$

wird zu einer kompakten Riemannschen Fläche, falls man die in (i) bis (iii) eingeführten lokalen Koordinaten $t$ verwendet. Wir bezeichnen $\mathscr{R}$ als die Riemannsche Fläche der algebraischen Funktion (19.28*).

**Anschauliche Konstruktion der Riemannschen Fläche:** Wir wählen zwei Exemplare der Riemannschen Zahlenkugel, schneiden diese längs der Punkte $e_1$, $e_2$ bzw. $e_3$, $\infty$ auf und verkleben die Schnittufer kreuzweise.

Das ergibt die Riemannsche Fläche $\mathscr{R}_1$ (Abb. 19.9). Diese ist homöomorph zum Torus vom Geschlecht $g = 1$. Ferner ist $\mathscr{R}$ äquivalent zu $\mathscr{R}_1$.

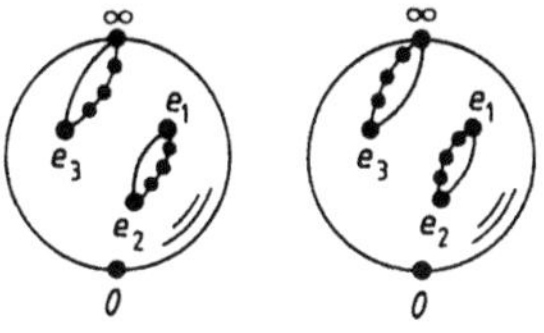

Abb. 19.9

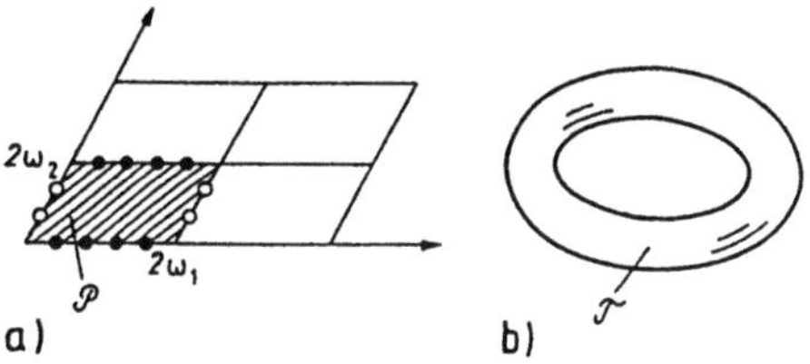

Abb. 19.10 a) b)

**Globale Uniformisierung:** Unter der globalen Uniformisierung einer Kurve versteht man eine globale Parametrisierung mit einem einfach zusammenhängenden Parameterbereich[9]. Für die Kurve (19.28) erhält man die globale Parametrisierung (Uniformisierung):

$$z = \wp(t), \quad w = \wp'(t), \quad t \in \mathbb{C}. \tag{19.29}$$

[9] Das klassische Standardbeispiel ist die Parameterdarstellung $z = \cos t$, $w = \sin t$, $t \in \mathbb{R}$ der Kreislinie $S^1$. Betrachten wir die Komplexifizierung $\mathscr{S} := \{(z, w) \in \mathbb{C} \times \mathbb{C}\colon z^2 + w^2 = 1\}$, dann erhält man eine globale Parameterdarstellung durch

$$z = \cos t, \quad w = \sin t, \quad t \in \mathbb{C}.$$

Das ist die globale Uniformisierung der komplexen Kurve $\mathscr{S}$, die der Riemannschen Fläche von $w = \sqrt{1 - z^2}$ entspricht (ohne Kompaktifizierung im Unendlichen).

Dabei bezeichnet $\wp\colon \mathbb{C} \to \bar{\mathbb{C}}$ die meromorphe Weierstraßsche $\wp$-Funktion. Diese Funktion ist doppeltperiodisch (elliptisch) mit den beiden gegebenen komplexen Perioden $2\omega_1$, $2\omega_2$, wobei $\operatorname{Im}(\omega_2/\omega_1) > 0$ gilt, d.h., es ist

$$\wp(t + 2\omega_1 n + 2\omega_2 m) = \wp(t)$$

für alle $t \in \mathbb{C}$ und alle ganzen Zahlen $n, m$ (Abb. 19.10a). Explizit gilt

$$\wp(t) := \frac{1}{t^2} + \sum_{\Omega} \frac{1}{(t-\Omega)^2} - \frac{1}{\Omega^2}\,.$$

Summiert wird dabei über alle Gitterpunkte $\Omega = 2\omega_1 n + 2\omega_2 m$ mit $\Omega \neq 0$. Ferner ist $\wp(0) = \infty$, $\wp(\omega_1) = e_1$, $\wp(\omega_2) = e_2$ und $\wp(\omega_1 + \omega_2) = e_3$.

Definieren wir $p(t) := (\wp(t), \wp'(t))$, dann erhalten wir eine universelle Überlagerung

$$p\colon \mathbb{C} \to \mathscr{R} \tag{19.30}$$

der Riemannschen Fläche $\mathscr{R}$ (vgl. 18.3.4.). Bezeichnet $\mathscr{P}$ das Periodenparallelogramm in Abb. 19.10a, wobei wir gegenüberliegende Seiten miteinander identifizieren, dann ist

$$p\colon \mathscr{P} \to \mathscr{R}$$

ein Diffeomorphismus, d.h., die Riemannsche Fläche $\mathscr{R}$ ist zu $\mathscr{P}$ äquivalent. Ferner ist $\mathscr{P}$ zum Torus $\mathscr{T}$ in Abb. 19.10b homöomorph.

**Das Liften von Wegen:** Ist $p\colon \mathscr{B} \to M$ eine universelle Überlagerung (vgl. 18.3.4.), dann kann jede stetige Kurve

$$\varphi\colon [0,1] \to M$$

auf der Basismannigfaltigkeit $M$ bei Vorgabe eines Punktes $P \in \mathscr{B}$ eindeutig zu einer stetigen Kurve $b\colon [0,1] \to \mathscr{B}$ in der Überlagerungsmannigfaltigkeit $\mathscr{B}$ geliftet werden, d.h., es ist

$$p(b(\sigma)) = \varphi(\sigma) \quad \text{für alle Parameterwerte } \sigma \in [0,1].$$

**Elliptische Integrale:** Es sei $\mathscr{K}$ eine glatte Kurve auf der Riemannschen Fläche $\mathscr{R}$ der algebraischen Funktion (19.28*). Bezeichnet $t = t(\sigma)$, $0 \le \sigma \le 1$, eine Liftung von $\mathscr{K}$ in die universelle Überlagerungsfläche $\mathbb{C}$ von $\mathscr{R}$, dann gilt

$$\int_{\mathscr{K}} F(z,w)\,\mathrm{d}z = \int_0^1 F(\wp(t(\sigma)), \wp'(t(\sigma)))z'(\sigma)\,\mathrm{d}\sigma\,.$$

Diese Formel ist unabhängig von der gewählten Liftung von $\mathscr{K}$.

Durch die Liftung können Kurvenintegrale auf der Riemannschen Fläche $\mathscr{R}$ in Kurvenintegrale auf der viel *einfacheren* universellen Überlagerungsfläche $\mathscr{U}$ überführt werden. Im vorliegenden Fall ist $\mathscr{U}$ gleich der komplexen Ebene $\mathbb{C}$. Im allgemeinen Fall ist $\mathscr{U}$ die komplexe Ebene, die Riemannsche Zahlenkugel oder der offene Einheitskreis. Das war der historische Ausgangspunkt für die Uniformisierungstheorie (vgl. 19.8.3.).

Beispielsweise erhält man wegen $z = \wp(t)$, $w = \wp'(t)$ sofort

$$\int_{\mathscr{K}} \frac{\mathrm{d}z}{w} = \int_{\mathscr{K}} \frac{\mathrm{d}z}{\sqrt{(z-e_1)(z-e_2)(z-e_3)}} = \int_0^1 \frac{\wp'(t(\sigma))t'(\sigma)}{\wp'(t(\sigma))}\,\mathrm{d}\sigma = \int_0^1 t'(\sigma)\,\mathrm{d}\sigma = t(1) - t(0)\,.$$

Folglich stellt dieses elliptische Integral die Umkehrfunktion der $\wp$-Funktion dar. Die Perioden von $\wp$ erhält man dadurch, daß man in Abb. 19.10a von $t = 0$ bis $t = 2\omega_1$ (bzw.

von $t = 0$ bis $t = 2\omega_2$) integriert. Der tiefere *topologische Grund* für die Existenz der beiden Perioden ergibt sich daraus, daß es auf dem Torus $\mathscr{T}$ in Abb. 19.10b zwei geschlossene Kurven gibt, die sich nicht auf einen Punkt zusammenziehen lassen. (Man wähle z.B. einen Breitenkreis und einen Längenkreis).

Sind $\mathscr{K}_1$ und $\mathscr{K}_2$ zwei Kurven auf der Riemannschen Fläche (bzw. auf dem Torus $\mathscr{T}$) mit dem gleichen Anfangs- und Endpunkt, dann gilt

$$\int_{\mathscr{K}_1} F(z,w)\,\mathrm{d}z = \int_{\mathscr{K}_2} F(z,w)\,\mathrm{d}z\,,$$

falls sich $\mathscr{K}_1$ und $\mathscr{K}_2$ auf $\mathscr{R}$ (bzw. auf $\mathscr{T}$) stetig ineinander deformieren lassen, d.h., beide Wege sind zueinander homotop.

## 19.8.2. Kompakte Riemannsche Flächen

Unter einer (mehrdeutigen) algebraischen Funktion $w = w(z)$ verstehen wir die Lösungsmenge einer algebraischen Gleichung der Form

$$a_n(z)w^n + a_{n-1}(z)w^{n-1} + \ldots + a_1(z)w + a_0(z) = 0 \tag{19.31}$$

mit $z, w \in \mathbb{C}$. Dabei seien alle $a_j$ Polynome mit $a_n(z) \not\equiv 0$. Ferner sei die Gleichung (19.31) irreduzibel, d.h., die linke Seite läßt sich nicht in zwei nichttriviale Faktoren zerlegen[10)].

Wie in 19.8.1. erhält man für (19.31) lokale Uniformisierungen, aus denen sich die zugehörige Riemannsche Fläche $\mathscr{R}$ ergibt. Diese ist kompakt und somit homöomorph zu einer Kugel mit $g$ Henkeln (vgl. 18.2.1.). Da $g$ die einzige topologische Invariante von $\mathscr{R}$ ist, müssen sich alle topologischen Eigenschaften der algebraischen Funktionen (19.31) durch das von Riemann eingeführte *Geschlecht* $g$ ausdrücken lassen.

**Satz von Riemann:** Jede kompakte Riemannsche Fläche $\mathscr{R}$ ist äquivalent zur Riemannschen Fläche einer algebraischen Funktion.

**Satz von Liouville:** Eine holomorphe Funktion auf einer kompakten Riemannschen Fläche ist konstant.

Deshalb sind auf kompakten Riemannschen Flächen nur meromorphe Funktionen mit Polstellen interessant. Die Struktur dieser meromorphen Funktionen wird durch den berühmten Satz von Riemann-Roch beschrieben. Hierzu benötigt man Divisoren, die die Ordnungen der Null- und Polstellen meromorpher Funktionen beschreiben.

**Divisoren:** Unter einem Divisor auf einer kompakten Riemannschen Fläche $\mathscr{R}$ versteht man eine 0-Kette mit ganzzahligen Koeffizienten

$$D = \sum_{P \in \mathscr{R}} D(P)P\,,$$

d.h., alle $D(P)$ sind ganzzahlig und nur in endlich vielen Punkten $P$ von null verschieden (vgl. 18.6.2.). Der *Grad* des Divisors wird durch

$$\operatorname{grad} D := \sum_{P \in \mathscr{R}} D(P)$$

erklärt.

---

10) Für $w^2 - z^2 = 0$ gilt zum Beispiel $(w - z)(w + z) = 0$. Diese Gleichung zerfällt in die beiden irreduziblen Gleichungen $w - z = 0$ und $w + z = 0$. Es genügt deshalb, irreduzible Gleichungen zu betrachten.

*Beispiel 1:* Ist $f\colon \mathscr{R} \to \bar{\mathbb{C}}$ eine meromorphe Funktion auf $\mathscr{R}$, dann definieren wir den ***Ordnungsdivisor*** $\operatorname{ord}_f$ durch

$$\operatorname{ord}_f := \sum_{P \in \mathscr{R}} \operatorname{ord}_f(P)P\,.$$

Dabei ist $\operatorname{ord}_f(P) := n$ (bzw. $= -n$), falls $f$ in $P$ eine Nullstelle (bzw. eine Polstelle) der Ordnung $n$ besitzt. In den übrigen Punkten sei $\operatorname{ord}_f(P) = 0$. Es gilt stets $\operatorname{grad}\operatorname{ord}_f = 0$.

Der folgende grundlegende Satz von Abel (1802–1829) gibt darüber Auskunft, wann meromorphe Funktionen mit vorgeschriebenen Null- und Polstellen existieren.

**Satz von Abel:** Zu einem Divisor $D$ auf der kompakten Riemannschen Fläche $\mathscr{R}$ mit $\operatorname{grad} D = 0$ gibt es genau dann eine meromorphe Funktion $f\colon \mathscr{R} \to \bar{\mathbb{C}}$ mit

$$\operatorname{ord}_f = D\,,$$

falls eine singuläre[11] 1-Kette $c$ auf $\mathscr{R}$ existiert mit $\partial c = D$ und

$$\int_c \omega_j = 0\,, \quad j = 1, \ldots, g\,,$$

für eine beliebige feste Basis $\omega_1, \ldots, \omega_g$ des linearen Raumes der holomorphen 1-Formen auf $\mathscr{R}$.

*Beispiel 2:* Auf der Riemannschen Zahlenkugel $\bar{\mathbb{C}}$ mit $g = 0$ gibt es zu jedem Divisor $D$ mit $\operatorname{grad} D = 0$ stets eine meromorphe Funktion $f\colon \bar{\mathbb{C}} \to \bar{\mathbb{C}}$ mit $\operatorname{ord}_f = D$. Schreiben wir zum Beispiel eine Nullstelle erster Ordnung in $z = 0$ und eine Polstelle $n$-ter Ordnung in $z = \infty$ vor, dann folgt aus $\operatorname{grad} D = 1 - n = 0$ sofort $n = 1$. Die gesuchte Funktion ist $f(z) := z$.

Die wichtigsten Objekte auf Riemannschen Flächen sind meromorphe Funktionen und meromorphe 1-Formen. Der folgende grundlegende Satz gibt Auskunft über die Struktur dieser Objekte.

**Satz von Riemann-Roch:** Auf einer kompakten Riemannschen Fläche $\mathscr{R}$ gilt für jeden Divisor $D$:

$$D^0 - D^1 = 1 - g + \operatorname{grad} D\,. \tag{19.32}$$

**Kommentar:** Dabei ist $D^0$ gleich der Maximalzahl linear unabhängiger meromorpher Funktionen $f\colon \mathscr{R} \to \bar{\mathbb{C}}$ mit

$$\operatorname{ord}_f(P) \ge -D(P) \quad \text{für alle Punkte } P \in \mathscr{R}.$$

Ferner ist $D^1$ gleich der Maximalzahl meromorpher 1-Formen $\omega$ auf $\mathscr{R}$ mit

$$\operatorname{ord}_\omega(P) \ge D(P) \quad \text{für alle Punkte } P \in \mathscr{R}.$$

Das bedeutet $\omega = f(z)\,\mathrm{d}z$ und $\operatorname{ord}_f(z) \ge D(z)$ in lokalen Koordinaten.

**Satz von Riemann:** Es gilt

$$D^0 \ge 1 - g + \operatorname{grad} D\,.$$

---

[11] Es ist $c = \sum_{P,Q} \alpha_{PQ}(PQ)$ mit $\partial c = \sum_{P,Q} \alpha_{P,Q}(Q - P)$. Dabei bezeichnet $(PQ)$ eine glatte Kurve auf $\mathscr{R}$, die von $P$ nach $Q$ führt, und $\alpha_{PQ}$ sind reelle Zahlen (vgl. 18.6.2.). Definitionsgemäß gilt

$$\int_c \omega = \sum_{P,Q} \alpha_{P,Q} \int_{(PQ)} \omega\,.$$

*Beweis:* Wegen $D^1 \geq 0$ folgt das sofort aus (19.32).

*Standardbeispiel 3:* Für eine kompakte Riemannsche Fläche $\mathscr{R}$ vom Geschlecht $g$ gilt:

(i) Es gibt genau $g$ linear unabhängige holomorphe 1-Formen auf $\mathscr{R}$.

(ii) Zu einem vorgegebenen Punkt $Q \in \mathscr{R}$ gibt es eine meromorphe Funktion auf $\mathscr{R}$, die in $Q$ eine Polstelle der Ordnung $\leq g+1$ besitzt und in den übrigen Punkten von $\mathscr{R}$ holomorph ist.

*Beweis:* Zu (i). Wir wählen den Divisor $D \equiv 0$. Die einzigen holomorphen Funktionen auf $\mathscr{R}$ sind die Konstanten (Satz von Liouville). Deshalb ist $D^0 = 1$. Aus (19.32) mit $\operatorname{grad} D = 0$ folgt dann $D^1 = g$.

Zu (ii). Wir wählen den Divisor $D$ mit $D(Q) := g+1$ und $D(P) := 0$ für alle Punkte $P \neq Q$. Dann ist $\operatorname{grad} D = g+1$, also $D^0 \geq 2$ nach dem Satz von Riemann. Folglich muß es eine nichtkonstante meromorphe Funktion $f$ geben mit $\operatorname{ord}_f(Q) \geq -g-1$. q.e.d.

**Die Sprache der Garbentheorie:** Um den Satz von Riemann-Roch auf $n$-dimensionale komplexe Mannigfaltigkeiten verallgemeinern zu können (vgl. den Satz von Riemann-Roch-Hirzebruch in 19.11.6.), muß man die Garbenkohomologie benutzen (vgl. 19.8.4.). Dann gilt

$$D^0 = \dim H^0(\mathscr{R}, \mathscr{M}_D), \quad D^1 = \dim H^1(\mathscr{R}, \mathscr{M}_D) = \dim H^0(\mathscr{R}, \Omega_{-D}).$$

Dabei ist $\mathscr{M}_D$ die Garbe der meromorphen Funktionen $f\colon U \to \bar{\mathbb{C}}$ auf $\mathscr{R}$ mit $\operatorname{ord}_f \geq -D$, und $\Omega_{-D}$ bezeichnet die Garbe der meromorphen 1-Formen auf $\mathscr{R}$ mit $\operatorname{ord}_\omega \geq D$. Ferner bezeichnet $H^q(\mathscr{R}, \mathscr{G})$ die $q$-te Kohomologiegruppe der Riemannschen Fläche $\mathscr{R}$ mit Werten in der Garbe $\mathscr{G}$.

*Der Satz von Riemann-Roch lautet deshalb in eleganter Weise:*

$$\dim H^0(\mathscr{R}, \mathscr{M}_D) - \dim H^1(\mathscr{R}, \mathscr{M}_D) = 1 - g + \operatorname{grad} D \tag{19.32*}$$

mit $H^1(\mathscr{R}, \mathscr{M}_D) = H^0(\mathscr{R}, \Omega_{-D})$ (Dualität von Serre).

Die linke Seite in (19.32*) erinnert an die Definition der Eulercharakteristik mit Hilfe der de Rhamschen Kohomologie (vgl. 18.5.).

## 19.8.3. Der Uniformisierungssatz

Der folgende Uniformisierungssatz stellt eine weitgehende Verallgemeinerung des klassischen Riemannschen Abbildungssatzes dar (vgl. 1.14.10.).

**Uniformisierungssatz:** (i) Zu jeder Riemannschen Fläche $\mathscr{R}$ gibt es eine surjektive konforme (winkeltreue) Abbildung

$$p\colon \mathscr{B} \to \mathscr{R}.$$

Diese Abbildung ist ein lokaler Diffeomorphismus.

Genauer ist das eine universelle Überlagerung (vgl. 18.3.4.). Für die Überlagerungsfläche $\mathscr{B}$ kann man genau eine der folgenden drei Möglichkeiten wählen: (a) $\mathscr{B}$ ist gleich der komplexen Ebene $\mathbb{C}$, (b) $\mathscr{B}$ ist gleich der Riemannschen Zahlenkugel $\bar{\mathbb{C}}$, (c) $\mathscr{B}$ ist gleich dem offenen Einheitskreis.

(ii) Genau alle meromorphen Funktionen auf der Riemannschen Fläche $\mathscr{R}$ ergeben sich, indem man die rationalen Funktionen auf $\mathscr{B}$ durch $p$ auf $\mathscr{R}$ verpflanzt.

(iii) Ist $\mathscr{R}$ einfach zusammenhängend, dann stellt $p$ einen Diffeomorphismus dar, d.h., $\mathscr{R}$ ist äquivalent zu $\mathscr{B}$.

Diesen Satz bewiesen unabhängig voneinander Poincaré und Koebe im Jahre 1907. Tatsächlich hat Poincaré sehr lange um diesen Satz gerungen und dabei wichtige topologische Hilfsmittel geschaffen.

*Standardbeispiel:* Jede einfach zusammenhängende, offene Menge $M$ der komplexen Ebene mit mindestens zwei Randpunkten ist als Riemannsche Fläche äquivalent zum offenen Einheitskreis. Das ist der klassische Riemannsche Abbildungssatz.

**Klassifikation inäquivalenter Riemannscher Flächen:** Eine derartige Klassifikation ist für die moderne Stringtheorie von fundamentaler Bedeutung (vgl. 19.13.).

(i) Jede kompakte Riemannsche Fläche vom Geschlecht $g = 0$ ist äquivalent zur Riemannschen Zahlenkugel.

(ii) Jede kompakte Riemannsche Fläche vom Geschlecht $g = 1$ ist äquivalent zu einer der Riemannschen Flächen aus dem Standardbeispiel 2 von Abschnitt 19.8.1. Zwei derartige Riemannsche Flächen $\mathscr{R}$ und $\mathscr{R}'$ sind genau dann äquivalent, wenn gilt:

$$\tau' = \frac{a\tau + b}{c\tau + d}, \quad ad - bc = 1, \quad a, b \text{ ganze Zahlen.}$$

Dabei ist $\tau = \omega_2/\omega_1$ und $\tau' = \omega_2'/\omega_1'$, wobei $2\omega_1, 2\omega_2$ bzw. $2\omega_1', 2\omega_2'$ die Perioden von $\mathscr{R}$ bzw. $\mathscr{R}'$ bezeichnen. Ferner wird vorausgesetzt, daß $\tau$ und $\tau'$ einen positiven Imaginärteil besitzen.

(iii) Die Menge aller Klassen von inäquivalenten kompakten Riemannschen Flächen vom Geschlecht $g \geq 2$ bildet eine $(3g - 3)$-dimensionale komplexe Mannigfaltigkeit (Faktorraum eines Teichmüllerraumes).

**Decktransformationen:** Es sei $\mathscr{R}$ eine kompakte Riemannsche Fläche vom Geschlecht $g \geq 2$. Dann existiert eine universelle Überlagerung

$$p: \mathscr{B} \to \mathscr{R},$$

wobei $\mathscr{B}$ den offenen Einheitskreis bezeichnet. Unter einer Decktransformation verstehen wir einen Diffeomorphismus

$$D: \mathscr{B} \to \mathscr{B},$$

der alle Fasern $p^{-1}(P)$ in sich abbildet. Alle diese Decktransformationen bilden die Deckgruppe $\operatorname{Deck}(\mathscr{R})$. Es gilt

$$\operatorname{Deck}(\mathscr{R}) = \pi_1(\mathscr{R}) = \mathbb{Z}^{2g}$$

im Sinne eines Gruppenisomorphismus[12]. Die Orbits der Decktransformationen sind diskret, und nur die identische Decktransformation besitzt Fixpunkte.

Wir sehen zwei Punkte von $\mathscr{B}$ als äquivalent an, falls sie sich durch eine Decktransformation ineinander überführen lassen. Die Menge dieser Äquivalenzklassen $\mathscr{B}/\operatorname{Deck}(\mathscr{R})$ läßt sich bijektiv auf $\mathscr{R}$ abbilden. Wir schreiben kurz

$$\text{Einheitskreis}/\operatorname{Deck}(\mathscr{R}) = \mathscr{R}.$$

Diese tiefe Beziehung verbindet die Gruppentheorie mit der Theorie der algebraischen Funktionen und der komplexen Funktionentheorie.

### 19.8.4. Analytische Fortsetzung und Riemannsche Flächen

Unter einem analytischen Keim $K_a$ im Punkt $a \in \mathbb{C}$ verstehen wir eine Potenzreihenentwicklung

$$a_0 + a_1(z - a) + a_2(z - a)^2 + \ldots$$

[12] Mit $\pi_1(\mathscr{R})$ bezeichnen wir die erste Fundamentalgruppe von $\mathscr{R}$. Die Gruppe $\mathbb{Z}^{2g}$ besteht aus allen $2g$-Tupeln ganzer Zahlen mit der üblichen Addition als Gruppenoperation.

mit positivem Konvergenzradius. Mit $\mathscr{K}$ bezeichnen wir die Gesamtheit aller analytischen Keime.

Für jede offene Menge $U$ in der komplexen Zahlenebene $\mathbb{C}$ mit $a \in U$ bezeichne $U(K_a)$ die Menge aller analytischen Keime $K_b$, für die gilt:

(i) $b \in U$;

(ii) $K_b$ stimmt mit $K_a$ auf einer Umgebung von $b$ überein.

Ordnen wir jedem Keim $K_b$ in $U(K_a)$ die lokale Koordinate $b \in \mathbb{C}$ zu, dann wird der Raum der Keime $\mathscr{K}$ zu einer eindimensionalen komplexen Mannigfaltigkeit, wobei $U(K_a)$ eine Umgebung von $K_a$ darstellt.

**Definition:** Unter der Riemannschen Fläche $\mathscr{R}_*(K_a)$ eines Keims $K_a$ versteht man die Zusammenhangskomponente von $K_a$ in $\mathscr{K}$.

Diese elegante Definition benutzte Hermann Weyl in seinem berühmten Buch „Die Idee der Riemannschen Fläche", das im Jahre 1913 erschienen ist. Anschaulich ergibt sich $\mathscr{R}_*(K_a)$ durch „Zusammenkleben" aller Konvergenzkreise von Potenzreihen, die durch analytische Fortsetzung aus $K_a$ hervorgehen (vgl. 1.14.15.).

Durch die Abbildung $p(K_b) := b$ entsteht eine Überlagerung

$$p\colon \mathscr{R}_*(K_a) \to \mathbb{C}.$$

*Standardbeispiel:* Genügt die $K_a$ entsprechende Potenzreihe einer algebraischen Gleichung der Form (19.31), dann gehört zu der betreffenden algebraischen Funktion nach 19.8.2. eine kompakte Riemannsche Fläche $\mathscr{R}$. Entfernt man aus $\mathscr{R}$ alle Verzweigungspunkte und alle über $z = \infty$ liegenden Punkte, dann erhält man die sogenannte reduzierte Riemannsche Fläche $\mathscr{R}_*$, die äquivalent zu $\mathscr{R}_*(K_a)$ ist.

## 19.9. Garbenkohomologie und die Konstruktion meromorpher Funktionen

*Die Anwendungen der Leray-Cartanschen Garbentheorie auf die Funktionentheorie von mehreren komplexen Veränderlichen und die algebraische Geometrie, die in letzter Zeit von H. Cartan, Serre, Kodaira, Spencer, Atiyah und Hodge so erfolgreich durchgeführt wurden, haben beide Disziplinen einer gemeinsamen systematischen Behandlung zugänglich gemacht.*[13)]

*Friedrich Hirzebruch (1956)*

Die im Jahre 1945 von dem französischen Mathematiker Jean Leray geschaffene *Garbentheorie* gestattet es, tiefliegende Sätze über analytische Objekte (z.B. Funktionen, Differentialformen) auf Mannigfaltigkeiten in eleganter Weise zu formulieren und zu beweisen.

Die Grundidee besteht darin, globale analytische Objekte aus lokalen Elementen aufzubauen (z.B. analytische Fortsetzung von Potenzreihen). Als wichtige Anwendungen

13) Professor Hirzebruch (Universität Bonn) verdankt man tiefe Ergebnisse zur Theorie der Mannigfaltigkeiten. Er hat entscheidenden Anteil an der Entwicklung der Mathematik in Deutschland seit den 50er Jahren. Er gründete das international hoch angesehene Max-Planck-Institut für Mathematik in Bonn. Für sein mathematisches Lebenswerk wurde Professor Hirzebruch mit dem Wolf-Preis geehrt, der an die bedeutendsten Gelehrten unserer Zeit verliehen wird.

betrachten wir das Cousinsche Problem und das Problem von Mittag-Leffler zur Konstruktion meromorpher Funktionen aus ihren Polbestandteilen sowie den fundamentalen Satz von Riemann-Roch-Hirzebruch über $n$-dimensionale komplexe Mannigfaltigkeiten, der 1953 von Hirzebruch bewiesen wurde. Dieser Satz verknüpft die Garbentheorie mit der Theorie der Vektorraumbündel (charakteristische Klassen). Der Satz von Riemann-Roch-Hirzebruch ist wiederum ein Spezialfall des berühmten Atiyah-Singer-Indextheorems aus dem Jahre 1963, das zu den tiefsten mathematischen Entdeckungen des 20. Jahrhunderts gehört (vgl. 19.11.).

## 19.9.1. Garben

Prägarben und Garben verallgemeinern den Begriff der Gesamtheit aller stetigen oder glatten Funktionen, die lokal oder global auf einer Mannigfaltigkeit $X$ gegeben sind.

**Definition von Prägarben:** Gegeben sei ein topologischer Raum $X$. Unter einer *Prägarbe* $\mathscr{G}$ auf $X$ verstehen wir folgendes:

(i) *Lokal gegebene Gruppen:* Jeder offenen Menge $U$ in $X$ wird eine kommutative (additive) Gruppe $\mathscr{G}(U)$ zugeordnet.

(ii) *Restriktionsabbildung:* Für $V \subseteq U$ existiert ein Gruppenmorphismus

$$r_{U,V}\colon \mathscr{G}(U) \to \mathscr{G}(V).$$

(iii) Für $U = V$ gilt $r_{U,U} = \mathrm{id}$ (identische Abbildung auf $\mathscr{G}(U)$).

(iv) Im Fall $W \subseteq V \subseteq U$ ist das Diagramm

$$\begin{array}{ccc} \mathscr{G}(U) & \xrightarrow{\;r_{U,W}\;} & \mathscr{G}(W) \\ & {\scriptstyle r_{U,V}}\searrow \quad \nearrow{\scriptstyle r_{V,W}} & \\ & \mathscr{G}(V) & \end{array}$$

kommutativ, d.h. $r_{U,W} = r_{V,W} \circ r_{U,V}$.

**Konvention:** Es sei $f, g \in \mathscr{G}(U)$. Wir nennen $r_{U,V}(f)$ die Einschränkung von $f \in \mathscr{G}(U)$ auf die Menge $V$ und schreiben dafür kurz $f_{|V}$. Ferner soll

$$f = g \quad \text{auf } V$$

in üblicher Weise für $f_{|V} = g_{|V}$ stehen.

In den folgenden Standardbeispielen ist $f_{|V}$ die Einschränkung einer Funktion $f\colon U \to \mathbb{K}$ auf die Menge $V$ im üblichen Sinne.

*Standardbeispiel 1* (stetige Funktionen): Mit $\mathscr{C}(U)$ bezeichnen wir die Gesamtheit aller stetigen Funktionen

$$f\colon U \to \mathbb{R}.$$

Dann entsteht durch $\mathscr{G}(U) := \mathscr{C}(U)$ eine Prägarbe, die man die Prägarbe $\mathscr{C}$ der stetigen reellen Funktionen auf $X$ nennt. Die Gruppenstruktur auf $\mathscr{G}(U)$ entspricht der üblichen Addition von Funktionen.

*Standardbeispiel 2* (glatte Funktionen): Es sei $X$ eine reelle (bzw. komplexe) Mannigfaltigkeit. Mit $\mathscr{C}^\infty(U)$ bezeichnen wir die Gesamtheit aller $C^\infty$-Funktionen

$$f\colon U \to \mathbb{K}.$$

Dabei sei $\mathbb{K} = \mathbb{R}$ bzw. $\mathbb{K} = \mathbb{C}$ für eine reelle bzw. komplexe Mannigfaltigkeit. Setzen wir $\mathcal{G}(U) := \mathcal{C}^\infty(U)$, dann erhalten wir die Prägarbe $\mathcal{C}^\infty$ aller glatten Funktionen auf $X$.

Im Fall $\mathbb{K} = \mathbb{C}$ stimmen die Funktionen aus $\mathcal{C}^\infty(U)$ mit den *holomorphen Funktionen* $f\colon U \to \mathbb{C}$ überein, d.h., diese Funktionen lassen sich (in lokalen Koordinaten) in Potenzreihen entwickeln.

*Standardbeispiel 3* (meromorphe Funktionen): Es sei $X$ eine Riemannsche Fläche. Mit $\mathcal{M}(U)$ bezeichnen wir die Gesamtheit aller meromorphen Funktionen

$$f\colon U \to \bar{\mathbb{C}}$$

(vgl. 19.8.). Durch $\mathcal{G}(U) := \mathcal{M}(U)$ erhalten wir die Prägarbe $\mathcal{M}$ der auf $X$ meromorphen Funktionen.

Alle Prägarben der obigen Standardbeispiele sind zugleich Garben im Sinne der folgenden Definition.

**Garben:** Eine Prägarbe heißt genau dann eine Garbe, wenn zusätzlich für beliebige offene Mengen $U, U_j$ mit $U = \bigcup\limits_j U_j$ folgendes gilt:

(i) *Lokalisierungsprinzip.* Aus $f, g \in \mathcal{G}(U)$ und

$$f = g \quad \text{auf } U_j \text{ für alle } j$$

folgt $f = g$.

(ii) *Globales Fortsetzungsprinzip.* Aus $f_j \in \mathcal{G}(U_j)$ und

$$f_i = f_j \quad \text{auf } U_i \cap U_j \text{ für alle } i, j$$

folgt die Existenz eines (globalen) Objekts $f \in \mathcal{G}(U)$ mit $f = f_j$ auf $U_j$ für alle $j$.

## 19.9.2. Die Lösung des Cousinschen Problems

Es sei $X$ eine $n$-dimensionale komplexe Mannigfaltigkeit, die durch das System $\{U_j\}$ offener Mengen überdeckt wird. Gegeben seien holomorphe Funktionen $f_{ij}\colon U_i \cap U_j \to \mathbb{C}$, so daß für alle $i, j, k$ gilt:

$$f_{ij} = -f_{ji} \qquad \text{auf } U_i \cap U_j, \tag{19.33}$$

$$f_{jk} - f_{ik} + f_{ij} = 0 \quad \text{auf } U_i \cap U_j \cap U_k. \tag{19.34}$$

Gesucht werden holomorphe Funktionen $f_j\colon U_j \to \mathbb{C}$ mit

$$f_{ij} = f_i - f_j \quad \text{auf } U_i \cap U_j \text{ für alle } i, j. \tag{19.35}$$

**Formulierung in der Sprache der Garbenkohomologie:** Dieses Problem kann als Motivation für die Konstruktion der Garbenkohomologie dienen. Mit den in Abschnitt 19.9.4. weiter unten eingeführten Begriffen lautet das Cousinsche Problem: Gegeben ist eine 1-Kokette $\{f_{ij}\}$. Gesucht wird eine 0-Kokette $\{f_j\}$ mit

$$\{f_{ij}\} = \delta\{f_i\}. \tag{19.36}$$

Das ist gleichbedeutend mit (19.35). Wegen $\delta^2 = 0$ folgt aus (19.36) die *Integrabilitätsbedingung*

$$\delta\{f_{ij}\} = 0, \tag{19.37}$$

d.h., $\{f_{ij}\}$ muß ein 1-Kozyklus sein. Die Bedingung (19.37) entspricht (19.34).

**Erste Kohomologiegruppe $H^1(X, \mathscr{C}^\infty)$ mit Werten in der Garbe $\mathscr{C}^\infty$ und Lösung des Cousinschen Problems:** Es gilt:

Die Bedingung $H^1(X, \mathscr{C}^\infty) = 0$ ist notwendig und hinreichend dafür, daß das Cousinsche Problem auf $X$ stets lösbar ist.

Die Definition von $H^1(X, \mathscr{C}^\infty)$ findet man in 19.9.4.

*Standardbeispiel 1* (Polyzylinder): Es sei $X$ ein offener Polyzylinder in $\mathbb{C}^n$, d.h., es ist

$$X = \{(z_1, \ldots, z_n) \in \mathbb{C}^n : |z_k - z_{k0}| < r_k, \ k = 1, \ldots, n\}$$

mit festen Mittelpunkten $z_{k0} \in \mathbb{C}$ und festen Radien $0 < r_k \leq \infty$.

Dann gilt $H^1(X, \mathscr{C}^\infty) = 0$, d.h., das Cousinsche Problem ist auf $X$ stets lösbar.

*Standardbeispiel 2* (Riemannsche Flächen): Es sei $X$ eine Riemannsche Fläche. Dann gilt $H^1(X, \mathscr{C}^\infty) = 0$, d.h., das Cousinsche Problem ist lösbar, falls eine der folgenden Bedingungen erfüllt ist:

(i) $X$ ist nicht kompakt (z.B. $X$ ist gleich der komplexen Ebene $\mathbb{C}$);

(ii) $X$ ist kompakt vom Geschlecht $g = 0$ (z.B. $X$ ist die Riemannsche Zahlenkugel $\bar{\mathbb{C}}$; vgl. 1.14.11.4.).

*Gegenbeispiel:* Für eine kompakte Riemannsche Fläche vom Geschlecht $g$ gilt $\dim H^1(X, \mathscr{C}^\infty) = g$. Im Fall $g \geq 1$ ist somit das Cousinsche Problem nicht stets lösbar.

## 19.9.3. Die Lösung des Problems von Mittag-Leffler

Gegeben sei eine Überdeckung $\{U_j\}$ der Riemannschen Fläche $X$ durch offene Mengen $U_j$. Ferner seien meromorphe Funktionen $f_j : U_j \to \bar{\mathbb{C}}$ gegeben. Gesucht wird eine (globale) meromorphe Funktion

$$f : X \to \bar{\mathbb{C}},$$

so daß die Differenz $f - f_j$ auf $U_j$ für alle $j$ holomorph ist, d.h., $f$ besitzt den gleichen singulären Hauptteil wie $f_j$.

**Hauptsatz:** Gilt $H^1(X, \mathscr{C}^\infty) = 0$, dann ist das Problem von Mittag-Leffler stets lösbar.

Das trifft speziell auf die komplexe Ebene $\mathbb{C}$ und die Riemannsche Zahlenkugel $\bar{\mathbb{C}}$ zu.

Für eine kompakte Riemannsche Fläche $X$ vom Geschlecht $g \geq 1$ ist das Problem von Mittag-Leffler nicht immer lösbar. Es ist genau dann lösbar, wenn $\{f_{ij}\}$ mit $f_{ij} = f_i - f_j$ ein 1-Kozyklus ist.

## 19.9.4. Garbenkohomologie

Die Einführung der Garbenkohomologie (auch Čechsche Kohomologie genannt) wird durch das Cousinsche Problem in 19.9.2. motiviert. Diese Kohomologietheorie stellt ein mächtiges Instrument der modernen Mathematik dar.

**Koketten mit Werten in einer Prägarbe $\mathscr{G}$:** Es sei $\mathscr{G}$ eine Prägarbe auf einem topologischen Raum $X$, der durch das System $\mathscr{U} = \{U_j\}$ offener Mengen $U_j$ überdeckt wird.

(i) Unter einer 0-Kokette (mit Werten in $\mathscr{G}$) verstehen wir ein Tupel $\{f_j\}$ mit $f_j \in \mathscr{G}(U_j)$ für alle $j$.

(ii) Unter einer 1-Kokette verstehen wir ein Tupel $\{f_{ij}\}$ mit $f_{ij} \in \mathscr{G}(U_i \cap U_j)$ und $f_{ij} = -f_{ji}$ für alle $i, j$.

(iii) Unter einer $(q+1)$-Kokette verstehen wir allgemein ein Tupel

$$\{f_{\iota_0\cdots\iota_q}\} \quad \text{mit} \quad f_{\iota_0\cdots\iota_q} \in \mathcal{G}(U_{\iota_0} \cap \ldots \cap U_{\iota_q}),$$

wobei $f_{\ldots}$ in allen Indizes schiefsymmetrisch ist.

**Der Korandoperator** $\delta$: Für eine 0-Kokette $\{f_\jmath\}$ definieren wir

$$\delta\{f_\jmath\} := \{g_{\iota\jmath}\} \quad \text{mit} \quad g_{\iota\jmath} := f_\iota - f_\jmath \quad \text{auf } U_\iota \cap U_\jmath.$$

Für eine 1-Kokette $\{f_{\iota\jmath}\}$ sei

$$\delta\{f_{\iota\jmath}\} := \{g_{\iota\jmath k}\} \quad \text{mit} \quad g_{\iota\jmath k} := f_{\jmath k} - f_{\iota k} + f_{\iota\jmath} \quad \text{auf } U_\iota \cap U_\jmath \cap U_k.$$

Für eine beliebige $(q+1)$-Kokette $\{f_{\iota_0\cdots\iota_q}\}$ setzen wir

$$\delta\{f_{\iota_0\cdots\iota_q}\} := \{g_{\iota_0\cdots\iota_{q+1}}\}$$

mit

$$g_{\iota_0\cdots\iota_{q+1}} := \sum_{k=0}^{q+1}(-1)^k f_{\iota_0\cdots\hat{\iota}_k\cdots\iota_{q+1}}$$

auf dem Durchschnitt $U_{\iota_0} \cap \cdots \cap U_{\iota_{q+1}}$. Dabei wird der Index mit dem Dach weggelassen.

**Die $q$-te Kohomologiegruppe $H^q(X, \mathcal{U}; \mathcal{G})$ bezüglich der Überdeckung $\mathcal{U}$ mit Werten in der Garbe $\mathcal{G}$:** Die Konstruktion dieser Kohomologiegruppen geschieht analog zur Konstruktion der de Rhamschen Kohomologiegruppen $H^q(X)$ (vgl. 18.5.). Es sei $c$ eine $q$-Kokette.

(i) $c$ heißt genau dann ein *Kozyklus*, wenn $\delta c = 0$ gilt.

(ii) $c$ heißt genau dann ein *Korand*, wenn $c = \delta b$ für eine feste $(q-1)$-Kokette $b$ gilt.

(iii) Wir nennen zwei $q$-Kozyklen $c_1$ und $c_2$ genau dann *kohomolog* und schreiben

$$c_1 \sim c_2,$$

wenn die Differenz $c_1 - c_2$ ein Korand ist.

**Definition:** $H^q(X, \mathcal{U}; \mathcal{G})$ besteht aus allen Äquivalenzklassen $[c]$ von $q$-Kozyklen. Durch

$$[c] + [d] := [c + d]$$

wird $H^q(X, \mathcal{U}; \mathcal{G})$ in natürlicher Weise zu einer kommutativen Gruppe

**Die absoluten Kohomologiegruppen $H^q(X, \mathcal{G})$:** Wir befreien uns von der willkürlichen Wahl der Überdeckung $\mathcal{U}$, indem wir zum induktiven Limes

$$H^q(X, \mathcal{G}) := \lim_{\mathcal{U}} \operatorname{ind} H^q(X, \mathcal{U}; \mathcal{G})$$

übergehen. Explizit erhält man diesen Limes in folgender Weise. Zunächst führen wir für Überdeckungen $\mathcal{U}$, $\mathcal{V}$, $\mathcal{W}$, ... eine Halbordnungsrelation ein. Wir schreiben genau dann

$$\mathcal{W} \le \mathcal{U},$$

wenn jede Menge von $\mathcal{W}$ in einer Menge von $\mathcal{U}$ enthalten ist. In diesem Fall ergibt sich in natürlicher Weise (durch Einschränkung der Koketten von $\mathcal{U}$ auf Koketten von $\mathcal{W}$) ein Gruppenmorphismus

$$\varrho_{\mathcal{U},\mathcal{W}}: H^q(X, \mathcal{U}; \mathcal{G}) - H^q(X, \mathcal{W}; \mathcal{G}).$$

Es sei $A \in H^q(X, \mathcal{U}; \mathcal{G})$ und $B \in H^q(X, \mathcal{V}; \mathcal{G})$. Wir schreiben genau dann

$$A \sim B,$$

wenn $\varrho_{\mathscr{U},\mathscr{W}}(A) = \varrho_{\mathscr{V},\mathscr{W}}(B)$ für eine Überdeckung $\mathscr{W}$ mit $\mathscr{W} \leq \mathscr{U}$ und $\mathscr{W} \leq \mathscr{V}$ gilt. Die zugehörigen Äquivalenzklassen bilden dann bezüglich[14)]

$$[C] + [D] := [C + D] \tag{19.38}$$

die kommutative Gruppe $H^q(X, \mathscr{G})$.

***Standardbeispiel:*** Es sei $X$ eine $n$-dimensionale reelle Mannigfaltigkeit mit einer abzählbaren Basis. Mit $\mathscr{G} = \mathbb{R}$ bezeichnen wir die Garbe der konstanten reellen Funktionen $f\colon U \to \mathbb{R}$. Dann gilt

$$H^q(X, \mathbb{R}) = H^q(X), \quad q = 0, 1, \ldots,$$

wobei rechts die $q$-te de Rhamsche Kohomologiegruppe steht (vgl. 18.5.).

Bezeichnet $\mathscr{G} = \mathbb{C}$ die Garbe der konstanten Funktionen $f\colon U \to \mathbb{C}$ auf einer Riemannschen Fläche $X$, dann hat man

$$H^1(X, \mathbb{C}) = H^1(X).$$

# 19.10. Charakteristische Klassen für Vektorraumbündel

Charakteristische Klassen eines Vektorraumbündels $\mathscr{V}$ sind Elemente der Kohomologiealgebra der Basismannigfaltigkeit. Sie messen die Nichttrivialität von $\mathscr{V}$. Für Produktbündel verschwinden die charakteristischen Klassen.

**Orientierungsklasse:** Auf einer orientierten, $n$-dimensionalen, kompakten, reellen Mannigfaltigkeit $M$ gibt es genau eine $n$-Form $\omega$ mit

$$\int_M \omega = 1.$$

Die zugehörige Kohomologieklasse $[\omega] \in H^n(M)$ heißt die Orientierungsklasse von $M$. Dabei gilt $[\omega] = \{\omega + \mathrm{d}\mu\}$, wobei $\mu$ eine beliebige $(n-1)$-Form auf $M$ ist.

## 19.10.1. Grundideen

**Standardresultat** (Eulerklasse): Es sei $M$ eine $n$-dimensionale, kompakte, zusammenhängende, reelle Mannigfaltigkeit. Dann existiert eine gewisse $n$-Form $\omega$ auf $M$ mit $\mathrm{d}\omega = 0$. Die zugehörige Klasse

$$[\omega] \in H^n(M)$$

der $n$-ten de Rhamschen Kohomologiegruppe $H^n(M)$ (vgl. 18.5.) heißt die *Eulerklasse* $e(TM)$ des Tangentialbündels $TM$. Die Form $\omega$ besitzt die folgenden beiden fundamentalen Eigenschaften :

(i) *Satz von Gauß-Bonnet-Chern:* Für jedes $\omega \in e(TM)$ erhält man die Eulercharakteristik $\chi(M)$ der Mannigfaltigkeit $M$ durch

$$\chi(M) = \int_M \omega.$$

Ist $n$ ungerade, dann gilt $e(TM) = 0$.

---

[14)] Genauer: man wähle solche Repräsentanten $C$ und $D$, die in einer gemeinsamen Gruppe $H^q(X, \mathscr{W}'; \mathscr{G})$ liegen. Das kann durch Wahl einer Verfeinerung $\mathscr{W}'$ von $\mathscr{U}$ und $\mathscr{V}$ stets erreicht werden. Die Definition (19.38) hängt nicht von der Wahl der Repräsentanten ab.

(ii) *Verallgemeinerter Satz von Poincaré-Hopf:* Gilt $e(TM) \neq 0$, dann besitzt jeder stetige Schnitt $s\colon M \to TM$ eine Nullstelle, d.h., jedes stetige Tangentialvektorfeld auf $M$ verschwindet in mindestens einem Punkt.

Speziell folgt aus $\chi(M) \neq 0$ stets $e(TM) \neq 0$.

*Beispiel 1:* Für die $n$-dimensionale Sphäre $S^n$ gilt $\chi(S^n) = 1 + (-1)^n$. Für gerades $n$ ist $\chi(S^n) = 2$. Folglich hat jedes stetige Vektorfeld auf einer Sphäre gerader Dimension eine Nullstelle (Staupunkt).

Die geometrische Interpretation der Eulerklasse eines Vektorraumbündels hängt eng mit der Orientierung des Bündels zusammen (vgl. 19.10.2.). Die explizite Berechnung von $e(TM)$ findet man in (19.43).

**Die Chern-Klassen kompakter Riemannscher Flächen:** Es sei $M$ eine kompakte Riemannsche Fläche vom Geschlecht $p$. Im folgenden beschreiben wir fundamentale topologische Charakteristika von $M$.

(i) Für die erste Chernklasse $c_1(M)$ des Tangentialbündels $TM$ gilt

$$c_1(TM) = e(TM) = (2 - 2p)\sigma = \chi(M)\sigma\,.$$

Dabei ist $\sigma \in H^2(M)$ die Orientierungsklasse von $M$.

(ii) Der Cherncharakter $\mathrm{ch}(TM)$ und die Toddklasse $\mathrm{td}(TM)$ von $TM$ lauten:

$$\mathrm{ch}(TM) = 1 + (2 - 2p)\sigma\,, \quad \mathrm{td}(TM) = 1 + (1 - p)\sigma\,.$$

(iii) Versehen wir $M$ mit einer Riemannschen Metrik, dann gehört die 2-Form

$$\omega = \frac{1}{4\pi}(\Omega_2^1 - \Omega_1^2) = \frac{1}{2\pi} K\sqrt{g}\,\mathrm{d}x^1 \wedge \mathrm{d}x^2$$

zur Eulerklasse $e(TM)$. Dabei ist $\Omega_j^i = 2^{-1} R^i_{jkm}\mathrm{d}x^k \wedge \mathrm{d}x^m$ die Krümmungsform, $R^i_{jkm}$ der Riemannsche Krümmungstensor, $K = R_{1212}$ die Gaußsche Krümmung, $(g_{ij})$ der metrische Tensor und $g = \det(g_{ij})$ (vgl. 16.1. und 16.2.).

Man kann stets eine Metrik wählen, so daß die Gaußsche Krümmung konstant ist. Genauer gilt:

$$K = \begin{cases} 1 & \text{für } p = 0,\\ 0 & \text{für } p = 1,\\ -1 & \text{für } p \geq 2. \end{cases}$$

(iv) Für die Fundamentalgruppe gilt $\pi_1(M) = \mathbb{Z}^{2p}$.

(v) Für die singulären Homologiegruppen mit ganzzahligen Koeffizienten hat man

$$H_q^{\mathbb{Z}}(M) = \begin{cases} \mathbb{Z} & \text{für } q = 0, 2,\\ \mathbb{Z}^{2p} & \text{für } q = 1,\\ 0 & \text{für } q = 3, 4, \ldots \end{cases}$$

Daraus ergeben sich die singulären Homologiegruppen mit reellen Koeffizienten nach der universellen Koeffizientenformel durch $H_q(M) = H_q^{\mathbb{Z}}(M) \otimes \mathbb{R}$, also ist

$$H_q(M) = \begin{cases} \mathbb{R} & \text{für } q = 0, 2,\\ \mathbb{R}^{2p} & \text{für } q = 1,\\ 0 & \text{für } q = 3, 4, \ldots \end{cases}$$

im Sinne eines Isomorphismus. Die de Rhamsche Kohomologie erhält man daraus durch $H^q(M) = H_q(M)^*$, d.h., es gilt

$$H_q(M) = H^q(M) = H^q(M, \mathbb{R})$$

für alle $q = 0, 1, \ldots$ im Sinne eines Isomorphismus. Mit $H^q(M, \mathbb{R})$ bezeichnen wir dabei die $q$-te Kohomologiegruppe von $M$ mit Werten in der Garbe der konstanten reellen Funktionen $f: U \to \mathbb{R}$ auf $M$.

*Beispiel 2:* Für $p = 0$ und $p \geq 2$ gilt $\chi(M) \neq 0$. Folglich besitzt jedes stetige Tangentenvektorfeld auf $M$ eine Nullstelle.

## 19.10.2. Die Kohomologiealgebra $H^*(M)$ einer Mannigfaltigkeit $M$

**Alternierendes Produkt (cup-Produkt) und Kohomologiealgebra:** $H^q(M)$ bezeichne die $q$-te (de Rhamsche) Kohomologiegruppe einer kompakten Mannigfaltigkeit $M$. Definitionsgemäß sei $H^*(M)$ die Gesamtheit aller (endlichen) Summen der Form

$$a_0 + a_1\sigma_1 + a_2\sigma_2 + \ldots \tag{19.39}$$

mit $a_j \in \mathbb{R}$ und $\sigma_j \in H^j(M)$. Somit ist $\sigma_j$ gleich der Klasse

$$[\omega_j] := \{\omega_j + \mathrm{d}\mu\},$$

wobei $\omega_j$ eine feste $j$-Form auf $M$ ist mit $\mathrm{d}\omega_j = 0$, und $\mu$ eine beliebige $(j-1)$-Form auf $M$ bezeichnet. Für die Elemente der Gestalt (19.39) erklären wir ein alternierendes Produkt $\sigma_j \wedge \sigma_k$ durch

$$[\omega_j] \wedge [\omega_k] := [\omega_j \wedge \omega_k].$$

Für alle $\mu \in H^j(M)$ und $\nu \in H^k(M)$ gilt

$$\mu \wedge \nu = (-1)^{jk} \nu \wedge \mu. \tag{19.40}$$

Ferner ist das Produkt $\wedge$ assoziativ. Mit dieser Multiplikation für die Elemente der Gestalt (19.39) wird $H^*(M)$ zu einer Algebra, die man die *Kohomologiealgebra* der Mannigfaltigkeit $M$ nennt.

Für $\mu \in H^*(M)$ definieren wir

$$\mu[M] := \int_M \mu, \tag{19.41}$$

wobei nur die zu $\mu$ gehörigen $n$-Formen einen Beitrag liefern.

*Standardbeispiel 1:* Die Kohomologiealgebra $H^*(S^n)$ einer $n$-dimensionalen Sphäre $S^n$ mit $n = 1, 2, \ldots$ besteht aus allen Ausdrücken

$$a + b\sigma$$

mit $a, b \in \mathbb{R}$, wobei $\sigma$ die Orientierungklasse von $S^n$ bezeichnet. Es gilt $\sigma \wedge \sigma = 0$. Deshalb ist $(a + b\sigma) \wedge (c + e\sigma) = ac + (bc + ae)\sigma$. Ferner hat man

$$(a + b\sigma)[M] = b \int_M \sigma = b.$$

*Standardbeispiel 2* (Riemannsche Flächen): Es sei $M$ eine kompakte Riemannsche Fläche vom Geschlecht $p$. Dann besteht die Kohomologiealgebra $H^*(M)$ aus allen Ausdrücken der Gestalt

$$a + \sum_{k=1}^{2p} a_k\sigma_k + b\sigma$$

**mit** $a, a_1, \ldots, a_{2p} \in \mathbb{R}$ **und der Orientierungsklasse** $\sigma$. **Ferner können wir 1-Formen** $\omega_1, \ldots, \omega_{2p}$ **wählen, so daß die Klassen** $\sigma_k := [\omega_k]$, $k = 1, \ldots, 2p$, **eine Basis von** $H^1(M)$ **bilden. Dann ist**

$$\sigma_k \wedge \sigma_j = a_{jk}\sigma\,, \quad j, k = 1, \ldots, 2p\,,$$

**mit** $a_{jk} \in \mathbb{R}$ **und** $a_{jk} = -a_{kj}$ **sowie** $\sigma_j \wedge \sigma = 0$ **und** $\sigma \wedge \sigma = 0$.

**Die Kohomologiealgebra** $H_c^*(M)$: Für eine nicht notwendig kompakte Mannigfaltigkeit $M$ erklären wir die $q$-te de Rhamsche Kohomologiegruppe $H_c^q(M)$ mit kompaktem Träger analog zu $H^q(M)$ in 18.5., indem wir nur Formen betrachten, die außerhalb einer kompakten Teilmenge von $M$ verschwinden. In analoger Weise ergibt sich $H_c^*(M)$ parallel zu $H^*(M)$.

Für kompakte Mannigfaltigkeiten $M$ gilt $H_c^q(M) = H^q(M)$ für alle $q$ und $H_c^*(M) = H^*(M)$.

**Poincarésche Dualität:** Es sei $M$ eine orientierte $n$-dimensionale reelle Mannigfaltigkeit. Dann gilt

$$H^q(M) = H_c^{n-q}(M)^*\,, \quad q = 0, 1, \ldots, n\,.$$

Dabei bezeichnet der Stern den dualen linearen Raum.

*Standardbeispiel 3:* Da der Raum $\mathbb{R}^n$ für $n = 1, 2, \ldots$ kontrahierbar ist, gilt $H^q(\mathbb{R}^n) = \mathbb{R}$ für $q = 0$ und $H^q(\mathbb{R}^n) = \{0\}$ für $q > 0$. Daraus folgt

$$H_c^r(\mathbb{R}^n) = \begin{cases} \{0\} & \text{für } r \neq n, \\ \mathbb{R} & \text{für } r = n. \end{cases}$$

**Die Produktformel von Künneth:** Für reelle Mannigfaltigkeiten $M$ und $N$ gilt

$$H_c^*(M \times N) = H_c^*(M) \otimes H_c^*(N)\,.$$

**Die Eulerklasse eines orientierten Vektorraumbündels:** Es sei $\mathscr{V}$ ein orientiertes Vektorraumbündel über der orientierten Mannigfaltigkeit $M$ mit der typischen Faser $\mathbb{R}^m$, d.h., die Wechsel der Bündelkarten in $\mathscr{V}$ und $M$ vollziehen sich durch lineare Transformationen mit positiver Determinante.

Es gibt dann genau eine Kohomologieklasse $\tau \in H^*(\mathscr{V})$, die auf den Fasern $F$ von $\mathscr{V}$ mit der Orientierungsklasse $\sigma \in H_c^m(F)$ übereinstimmt. Das ist die sogenannte Thomklasse. Definitionsgemäß erhält man die Eulerklasse $e(\mathscr{V})$ von $\mathscr{V}$ durch das pull-back

$$e(\mathscr{V}) := s^*\tau$$

(vgl. 15.4.3.). Dabei ist $s\colon M \to \mathscr{V}$ der triviale Schnitt, der in lokalen Koordinaten durch $s(x) := (x, 0)$ gegeben ist.

Für ein Produktbündel $\mathscr{V} = U \times X$ gilt $e(\mathscr{V}) = 0$.

**Der Nullstellensatz für Schnitte:** Ist $e(\mathscr{V}) \neq 0$, dann besitzt jeder stetige Schnitt $s\colon M \to \mathscr{V}$ eine Nullstelle (in lokalen Koordinaten).

**Produktsatz:** Für die Whitneysumme zweier orientierter Vektorraumbündel $\mathscr{V}$ und $\mathscr{W}$ gilt

$$e(\mathscr{V} \oplus \mathscr{W}) = e(\mathscr{V})e(\mathscr{W})\,.$$

Wir schreiben dabei kurz $e(\mathscr{V})e(\mathscr{W})$ anstelle von $e(\mathscr{V}) \wedge e(\mathscr{W})$.

## 19.10.3. Der Weil-Morphismus und charakteristische Klassen

Die charakteristischen Klassen bilden eine Teilalgebra $\mathscr{T}$ der Kohomologiealgebra $H^*(M)$ einer Mannigfaltigkeit $M$. Die Konstruktion von $\mathscr{T}$ hängt von einem gegebenen Vektorraumbündel $\mathscr{V}$ über $M$ und seiner Strukturgruppe $\mathscr{G}$ ab.

Es sei $\mathscr{G}$ eine abgeschlossene Untergruppe der Gruppe $GL(m,\mathbb{K})$ der invertierbaren $(m \times m)$-Matrizen mit Elementen in $\mathbb{K} = \mathbb{R}$, $\mathbb{C}$. Dann ist $\mathscr{G}$ eine Liegruppe. Die zugehörige Liealgebra $\mathscr{L}\mathscr{G}$ besteht aus gewissen $(m \times m)$-Matrizen mit Werten in $\mathbb{K}$ (vgl. Tabelle 17.1).

**Die Algebra $\mathscr{P}(\mathscr{L}\mathscr{G})$ der Ad$\mathscr{G}$-invarianten Polynome:** Mit $\mathscr{P}_k(\mathscr{L}G)$ bezeichnen wir alle symmetrischen $k$-linearen Abbildungen

$$f\colon \mathscr{L}\mathscr{G} \times \ldots \times \mathscr{L}\mathscr{G} \to \mathbb{R},$$

d.h., $f(B_1, \ldots, B_k)$ ist für jedes Tupel von $(m \times m)$-Matrizen $B_1, \ldots, B_k$ eine reelle Zahl, die sich bei Permutationen der $B_j$ nicht ändert. Ferner fordern wir, daß

$$f(GB_1G^{-1}, \ldots, GB_kG^{-1}) = f(B_1, \ldots, B_k)$$

für alle $G \in \mathscr{G}$ und alle $B_1, \ldots, B_k \in \mathscr{L}\mathscr{G}$ gilt. Durch $\mathscr{P}(\mathscr{L}\mathscr{G})$ bezeichnen wir alle endlichen reellen Linearkombinationen

$$a_0 + a_1 f_1 + a_2 f_2 + \ldots$$

mit $f_k \in \mathscr{P}_k(\mathscr{L}\mathscr{G})$. Wir führen ferner auf $\mathscr{P}(\mathscr{L}\mathscr{G})$ ein Produkt $\wedge$ ein, indem wir $f \wedge g$ durch

$$(f \wedge g)(B_1, \ldots, B_{j+m}) := \frac{1}{(j+m)!} \sum f(B_{i_1}, \ldots, B_{i_j}) g(B_{i_{j+1}}, \ldots, B_{i_{j+m}})$$

definieren, wobei rechts über alle Permutationen der Indizes $1, \ldots, j+m$ summiert wird.

**Hauptsatz der Theorie der charakteristischen Klassen:** Es existiert eine lineare Abbildung

$$W\colon \mathscr{P}(\mathscr{L}\mathscr{G}) \to H^*(M),$$

die $\wedge$-Produkte wieder in entsprechende $\wedge$-Produkte abbildet. Genau die Bilder $W(f)$ heißen *charakteristische Klassen* des Vektorraumbündels $\mathscr{V}$ mit der Basismannigfaltigkeit $M$ und der Strukturgruppe $\mathscr{G}$.

**Konstruktion des Weil-Morphismus $W$:** Zu dem Vektorraumbündel $\mathscr{V}$ wählen wir das entsprechende Hauptfaserbündel $\mathscr{H}$ mit der typischen Faser $\mathscr{G}$ (vgl. 19.5.). Auf $\mathscr{H}$ zeichnen wir einen Zusammenhang aus. Dann besitzt die zugehörige Krümmungsform $\mathscr{F}$ Werte in der Liealgebra $\mathscr{L}\mathscr{G}$. Für jedes Polynom $f \in \mathscr{P}_k(\mathscr{L}\mathscr{G})$ definieren wir durch[15]

$$f(\mathscr{F})(v_1, \ldots, v_{2k}) := \frac{1}{(2k)!} \sum_\sigma \operatorname{sgn} \sigma f(\mathscr{F}(v_{i_1}, v_{i_2}), \ldots, \mathscr{F}(v_{i_{2k-1}}, v_{i_{2k}}))$$

eine $2k$-Form $f(\mathscr{F})$ auf dem Hauptfaserbündel $\mathscr{H}$. Es gibt dann genau eine $2k$-Form $\omega$ auf der Basismannigfaltigkeit $M$ mit

$$f(\mathscr{F}) = \pi^*(\omega),$$

wobei $\pi^*$ das pull-back bezüglich der Projektion $\pi\colon \mathscr{H} \to M$ bezeichnet (vgl. 15.4.3.). Dabei gilt $d\omega = 0$. Abschließend definieren wir

$$W(f) := [\omega].$$

Hier bezeichnet $[\omega] \in H^{2k}(M)$ die de Rhamsche Kohomologieklasse von $\omega$.

---

[15] Summiert wird über alle Permutationen $\sigma$ der Indizes $1, \ldots, 2k$.

**Invarianzeigenschaft:** Die Bedeutung dieser Konstruktion von $W$ besteht darin, daß sie *unabhängig* ist von der Wahl des Zusammenhangs auf $\mathscr{H}$, also unabhängig von der Wahl der Krümmungsform $\mathscr{F}$.

## 19.10.4. Chernklassen

Gegeben sei ein Vektorraumbündel $\mathscr{V}$ mit der typischen Faser $\mathbb{C}^m$ über der reellen $n$-dimensionalen Mannigfaltigkeit $M$. Ein solches Bündel heißt ein komplexes Vektorraumbündel vom Rang $m$. Der Wechsel lokaler Koordinaten von $\mathscr{V}$ geschieht mit Hilfe von invertierbaren komplexen $(m \times m)$-Matrizen (vgl. 19.5.). Deshalb ist $\mathscr{G} := GL(m, \mathbb{C})$ die Strukturgruppe von $\mathscr{V}$.

**Definition:** Die sich nach 19.10.3. durch den zugehörigen Weil-Morphismus $W$ ergebenden charakteristischen Klassen heißen die charakteristischen Klassen des Vektorraumbündels $\mathscr{V}$.

Wählen wir speziell das charakteristische Polynom

$$\det\left(\lambda I - \frac{1}{2\pi \mathrm{i}} B\right) := \sum_{k=0}^{m} f_k(B, \ldots, B)\lambda^{m-k}$$

für alle komplexen $(m \times m)$-Matrizen $B$, dann gehört $f_k$ zu $\mathscr{P}_k(\mathscr{L}\mathscr{G})$. Die Kohomologieklasse

$$c_k(\mathscr{V}) := W(f_k(\mathscr{F})), \quad k = 1, \ldots, m,$$

mit $c_k(\mathscr{V}) \in H^{2k}(M)$ heißt die *$k$-te Chernklasse des Vektorraumbündels $\mathscr{V}$.*

**Der Produktsatz:** Für zwei komplexe Vektorraumbündel $\mathscr{V}$ und $\mathscr{W}$ über der gleichen Basismannigfaltigkeit gilt

$$c_k(\mathscr{V} \oplus \mathscr{W}) = c_k(\mathscr{V}) c_k(\mathscr{W}).$$

Wir schreiben dabei kurz $c_k(\mathscr{V})c_k(\mathscr{W})$ für $c_k(\mathscr{V}) \wedge c_k(\mathscr{W})$.

**Satz:** Die Chernklassen $c_1, \ldots, c_m$ erzeugen die Algebra aller charakteristischen Klassen bezüglich der Gruppe $GL(m, \mathbb{C})$.

Der folgende Kalkül liefert eine explizite Darstellung aller charakteristischen Klassen bezüglich $GL(m, \mathbb{C})$ durch Chernklassen.

**Der Polynomkalkül für charakteristische Klassen:** Gegeben sei ein Polynom $P(x_1, \ldots, x_m)$ mit reellen Koeffizienten, das in den reellen Variablen $x_1, \ldots x_m$ symmetrisch ist. Jedes derartige Polynom läßt sich eindeutig als Polynom

$$P = \Phi(S_1, \ldots, S_m)$$

in den sogenannten elementarsymmetrischen Funktionen $S_k(x_1, \ldots, x_m)$ darstellen[16]. Wir ordnen nun dem Polynom $P$ die charakteristische Klasse

$$\Phi(c_1, \ldots, c_m)$$

zu, indem wir $S_k$ durch die $k$-te Chernklasse $c_k$ von $\mathscr{V}$ ersetzen. Den Produkten der $S_1, \ldots$ entsprechen dabei die $\wedge$-Produkte der $c_1, \ldots$ Es ist jedoch üblich, das $\wedge$-Zeichen wegzulassen.

[16] Es gilt

$$\prod_{k=1}^{m}(1 + \lambda x_j) = \sum_{k=0}^{m} S_k(x_1, \ldots, x_m)\lambda^k$$

für alle $\lambda \in \mathbb{R}$. Speziell ist $S_1(x_1, \ldots, x_m) := x_1 + \ldots + x_m$.

*Beispiel 1:* Für $P = (x_1 - x_2)^2$ gilt $P = S_1^2 - 4S_2$ mit $S_1 = x_1 + x_2$ und $S_2 = x_1 x_2$. Somit entspricht $P$ der charakteristischen Klasse

$$c_1^2 - 4c_2\,.$$

Das ist eine Abkürzung für $c_1 \wedge c_1 - 4c_2$.

Die beiden folgenden charakteristischen Klassen spielen eine fundamentale Rolle bei der Formulierung des Atiyah-Singer-Indextheorems (vgl. 19.11.).

**Der Cherncharakter** $\mathrm{ch}(\mathscr{V})$: Die charakteristische Klasse zu

$$\mathrm{e}^{x_1} + \mathrm{e}^{x_2} + \ldots + \mathrm{e}^{x_m}$$

heißt der Cherncharakter $\mathrm{ch}(\mathscr{V})$ des Vektorraumbündels $\mathscr{V}$. Genauer hat man diese Potenzreihenentwicklung nach den Termen $m$-ter Ordnung abzubrechen.

**Die Toddklasse** $\mathrm{td}(\mathscr{V})$: Die charakteristische Klasse zu

$$\prod_{k=1}^{m} \frac{x_k}{1 - \mathrm{e}^{-x_k}}$$

heißt die Toddklasse $\mathrm{td}(\mathscr{V})$ des Vektorraumbündels $\mathscr{V}$.

**Die Chernklassen** $c_k(M)$ **einer Mannigfaltigkeit** $M$: Es sei $M$ eine $n$-dimensionale reelle Mannigfaltigkeit. Mit $TM_{\mathbb{C}}$ bezeichnen wir das komplexifizierte[17] Tangentialbündel von $M$. Dann heißt

$$c_k(M) := c_k(TM_{\mathbb{C}})$$

die $k$-te Chernklasse von $M$.

Explizit erhält man $c_k(M) \in H^{2k}(M)$ durch $c_k(M) = [\gamma_k]$ mit

$$\gamma_k := \frac{(-1)^k}{(2\pi \mathrm{i})^k k!} \operatorname{sgn} \begin{pmatrix} i_1 \ldots i_k \\ j_1 \ldots j_k \end{pmatrix} \Omega^{j_1}_{i_1} \wedge \ldots \wedge \Omega^{j_k}_{i_k}\,. \tag{19.42}$$

Genauer versehen wir $M$ mit einer beliebigen Riemannschen Metrik. Dann ist

$$\Omega^i_j = 2^{-1} R^i_{jkm} \mathrm{d}x^k \wedge \mathrm{d}x^m$$

gleich der Krümmungsform auf $M$ (vgl. 16.2.4.). In (19.42) wird rechts über zwei gleiche obere und untere Indizes von 1 bis $n$ summiert, und $\operatorname{sgn}\ldots$ bezeichnet das Vorzeichen der entsprechenden Permutation.

**Hauptsatz:** Die Chernklassen $c_k(M) = [\gamma_k]$ der Mannigfaltigkeit $M$ sind unabhängig von der Wahl der Riemannschen Metrik auf $M$.

Tatsächlich sind die Chernklassen topologische Invarianten von $M$.

**Chernzahlen und topologische Ladungen:** Es sei $\dim M = n$ gerade. Die Zahl

$$Q := \int_M \gamma_{n/2}$$

ist ganz und heißt Chernzahl oder topologische Ladung von $M$.

---

[17] Man ersetze die typische Faser $\mathbb{R}^n$ von $TM$ durch $\mathbb{C}^n$ und wähle die gleichen Übergangsfunktionen.

*Standardbeispiel 2:* Für 4-dimensionale Mannigfaltigkeiten $M$ sind die beiden Zahlen

$$Q := \int_M \gamma_2 \quad \text{und} \quad C := \int_M \gamma_1 \wedge \gamma_1$$

ganz. Die Form $\gamma_2$ bzw. $\gamma_1 \wedge \gamma_1$ entspricht der charakteristischen Klasse $c_2$ bzw. $c_1^2$.

**Die Eulerklasse** $e(M)$: Unter der Eulerklasse $e(M)$ einer reellen orientierten Mannigfaltigkeit $M$ der Dimension $n$ verstehen wir die Eulerklasse $e(TM)$ des Tangentialbündels $TM$. Für ungerades $n$ gilt $e(M) = 0$. Parallel zu (19.42) erhalten wir für gerades $n$ explizit $e(M) = e(TM) = [\gamma]$ mit

$$\gamma := \frac{(-1)^n}{(4\pi)^n n!} \operatorname{sgn} \begin{pmatrix} 1 \ldots n \\ i_1 \ldots i_n \end{pmatrix} \Omega_{i_2}^{i_1} \wedge \ldots \wedge \Omega_{i_n}^{i_{n-1}}, \tag{19.43}$$

wobei über alle Indizes $i_1, \ldots, i_n$ von 1 bis $n$ summiert wird.

**Der Satz von Yau:** Auf jeder komplexen Mannigfaltigkeit $M$ existiert genau dann eine Ricci-flache Kählermetrik, d.h., es ist

$$R_{ij} = 0 \quad \text{auf } M,$$

wenn die erste Chernklasse verschwindet, d.h., es gilt $c_1(M) = 0$. Solche Räume heißen Calabi-Yau-Räume. Sie spielen eine wichtige Rolle in der Stringtheorie.

## 19.11. Das Atiyah-Singer-Indextheorem

Das Atiyah-Singer-Indextheorem zeigt, daß der Index eines elliptischen Differentialoperators oder allgemeiner eines elliptischen Komplexes auf einer kompakten Mannigfaltigkeit nur von topologischen Eigenschaften der Mannigfaltigkeit und des Symbols des Differentialoperators abhängt. Tatsächlich kann man den Index explizit berechnen, falls man das Spektrum der zugehörigen verallgemeinerten Laplaceoperatoren kennt.

Dieses Indextheorem wurde 1963 von Atiyah und Singer bewiesen. Es stellt eine der tiefsten mathematischen Entdeckungen des 20. Jahrhunderts dar.

**Klassische elliptische Operatoren:** Es sei $U$ eine offene Menge des $\mathbb{R}^n$, und $D$ sei ein linearer Differentialoperator $k$-ter Ordnung, d.h., es gilt

$$Df(x) := \sum_{|\alpha| \le k} A_\alpha(x) \partial^\alpha f(x) \tag{19.44}$$

für alle $x \in U$. Wie in 10.1.3. sei $\partial^\alpha = \partial_1^{\alpha_1} \cdots \partial_n^{\alpha_n}$. Ferner ist $f\colon U \to \mathbb{C}^m$ eine glatte Funktion, die wir als Spaltenmatrix auffassen, und $A_\alpha(x)$ bezeichnet eine komplexe $(m \times m)$-Matrix. Ersetzen wir die partielle Ableitung $\partial_j$ durch die reelle Variable $\xi_j$ und berücksichtigen wir nur die höchsten Ableitungen, dann ergibt sich das sogenannte *Symbol*

$$\sigma(x, \xi) := \sum_{|\alpha| = k} A_\alpha(x) \xi^\alpha .$$

Der Operator $D$ heißt genau dann *elliptisch*, wenn die Symbolabbildung

$$\sigma(x, \xi)\colon \mathbb{C}^m \to \mathbb{C}^m \tag{19.45}$$

für alle $x \in U$, $\xi \in \mathbb{R}^n$ mit $\xi \neq 0$ *bijektiv* ist.

*Beispiel:* Der Laplaceoperator $\Delta f := \partial_1^2 f + \ldots + \partial_n^2 f$ hat das Symbol

$$\sigma(x,\xi) = \xi_1^2 + \ldots + \xi_n^2 .$$

Folglich ist $\Delta$ elliptisch.

**Konvention:** Bis zum Ende von 19.11.3. sei $M$ eine $n$-dimensionale kompakte reelle Mannigfaltigkeit, die wir mit einer eigentlichen Riemannschen Metrik versehen. Das Integral $\int_M f\,\mathrm{d}V$ beziehe sich auf das zur Riemannschen Metrik gehörige Volumenmaß.

## 19.11.1. Die analytische Form des Indextheorems für elliptische Differentialoperatoren

**Komplexwertige Funktionen:** Mit $C^\infty(M)$ bezeichnen wir die Gesamtheit aller $C^\infty$-Abbildungen $f\colon M \to \mathbb{C}$. Die Vervollständigung von $C^\infty(M)$ bezüglich des Skalarprodukts

$$(f|g)_2 := \int_M (f(x)|g(x))\,\mathrm{d}V \tag{19.46}$$

mit $(f(x)|g(x)) := \overline{f(x)}g(x)$ ergibt den Hilbertraum $L_2(M)$.

**Elliptischer Operator:** Gegeben sei ein elliptischer Differentialoperator

$$D\colon C^\infty(M) \to C^\infty(M),$$

d.h., $D$ ist ein linearer Operator, der in lokalen Koordinaten auf $M$ ein elliptischer Operator der Form (19.44) ist mit $m = 1$. Dann existiert ein eindeutig bestimmter Operator

$$D^+\colon C^\infty(M) \to C^\infty(M)$$

mit $(D^+f|g) = (f|Dg)$ für alle $f, g \in C^\infty(M)$. Der Operator $-D^+D$ heißt der verallgemeinerte Laplaceoperator zu $D$.

**Index von $D$:** Die wichtigste Größe eines linearen Operators ist sein Index. Wir definieren

$$\operatorname{ind} D := \dim N(D) - \operatorname{codim} R(D).$$

Dabei bezeichnet $N(D)$ bzw. $R(D)$ den Nullraum bzw. den Bildraum von $D$. Es gilt $\operatorname{codim} R(D) = \dim N(D^+)$.

**Satz 1:** Gegeben sei $h \in C^\infty(M)$. Die Differentialgleichung

$$Df = h, \quad f \in C^\infty(M), \tag{19.47}$$

besitzt genau dann eine Lösung $f$, wenn $(h|g)_2 = 0$ für alle Lösungen $g \in C^\infty(M)$ der adjungierten Gleichung

$$D^+g = 0 \tag{19.48}$$

gilt. Dabei sind die Dimensionen $\dim N(D)$ und $\dim N(D^+)$ endlich.

*Diskussion:* Die Dimension der Lösungsmannigfaltigkeit von (19.47) bzw. (19.48) ist gleich $\dim N(D)$ bzw. $\dim(D^+)$. Im Spezialfall

$$\operatorname{ind} D = 0$$

folgt aus der Eindeutigkeit der Lösung von (19.47) die Existenz einer Lösung. Denn dann ist $\dim N(D) = 0$, und $\operatorname{ind}(D) = 0$ ergibt $\dim N(D^+) = 0$, d.h., die Lösbarkeitsbedingung $(h|g)_2 = 0$ für alle $g$ mit (19.48) ist identisch erfüllt.

**Satz 2:** **Der verallgemeinerte Laplaceoperator $-D^+D$ besitzt ein vollständiges Orthonormalsystem $\{f_j\}$ in $L_2(M)$ mit den zugehörigen Eigenwerten $\{\lambda_j\}$. Die Funktion**

$$G(x,y,t) := \sum_{j=1}^{\infty} \mathrm{e}^{t\lambda_j} f_j(x)\overline{f_j(y)}, \quad x,y \in M\,,\ t > 0$$

**gestattet für $t \to +0$ eine *asymptotische Entwicklung* der Form**

$$G(x,x,t) \sim \frac{G_0(x)}{t^{n/2}} + \frac{G_1(x)}{t^{(n-1)/2}} + \ldots + \frac{G_{n-1}(x)}{t^{1/2}} + G_n(x) + G_{n+1}t + G_{n+2}t^2 + \ldots$$

**Explizit heißt das: Bricht man die rechts stehende Reihe nach dem Term der Ordnung $t^k$ ab, $k = -n/2, \ldots$, dann ist der Fehler von der Ordnung $o(t^k)$ für $t \to +0$.**

**Die analytische Form des Atiyah-Singer-Indextheorems:** **Für $n = \dim M$ gilt**[18]

$$\operatorname{ind} D = \int_M G_n(x)\,\mathrm{d}V\,. \qquad (19.49)$$

**Für ungerades $n$ ist stets $\operatorname{ind} D = 0$.**

***Beispiel:*** **Wir betrachten den elliptischen Operator $D = \mathrm{i}\,/\mathrm{d}x$ auf der Kreislinie $S^1$. Dabei bezeichne $x$ eine Winkelvariable. Da die Dimension von $S^1$ ungerade ist, gilt $\operatorname{ind} D = 0$. Wir wollen das explizit nachprüfen, indem wir $G_1(x) = 0$ bestätigen. Es gilt $D^+ = D$, also $-D^+D = \mathrm{d}^2/\mathrm{d}x^2$. Für $f_k(x) := \mathrm{e}^{\mathrm{i}kx}$, $k = 0, 1, \ldots$, erhalten wir**

$$-D^+Df_k = -k^2 f_k\,, \quad \text{also } \lambda_k = -k^2.$$

**Die Funktionen $\{f_k\}$ bilden ein vollständiges Orthonormalsystem im Hilbertraum $L_2(S^1)$. Deshalb erhalten wir**

$$G(x,y,t) = \sum_{k=0}^{\infty} \mathrm{e}^{-k^2 t}\mathrm{e}^{\mathrm{i}k(x-y)}$$

**mit der asymptotischen Entwicklung $G(x,x,t) \sim (4\pi t)^{-1/2}$, $t \to +0$. Somit ist $G_1(x) = 0$.**

**Die Tatsache, daß $\operatorname{ind} D = 0$ gilt, kann man leicht direkt verifizieren. Man beachte hierzu, daß die Gleichung**

$$Df = 0 \quad \text{auf } S^1$$

**gleichbedeutend ist mit $f = \text{const}$. Somit gilt $\dim D = 1$, und wir erhalten wegen $D^+ = D$ sofort $\operatorname{ind} D = \dim N(D) - \dim N(D^+) = 0$.**

**Verallgemeinerungen:** **Die Indexformel wird weiter unten auf elliptische Differentialoperatoren verallgemeinert, die auf Schnitte von Vektorraumbündeln über der Basismannigfaltigkeit $M$ wirken.**

**Für viele Anwendungen ist es wichtig, das Indextheorem auch auf elliptische Komplexe zu verallgemeinern. Dann enthält die Indexformel (19.49) die in Tabelle 19.2 angegebenen tiefliegenden Spezialfälle.**

**Anstelle von elliptischen Differentialoperatoren kann man auch elliptische Pseudodifferentialoperatoren wählen, weil nur das Symbol von $D$ wichtig ist. Auf diese Weise erhält man**

---

[18] Die übrigen Entwicklungsfunktionen $G_j$ enthalten keinerlei tiefliegende Informationen über $M$, denn es ist $\int_M G_j\,\mathrm{d}V = 0$ für alle $j \neq \dim M$.

auch einen Indexsatz für große Klassen von *Integraloperatoren*, die z.B. inverse Operatoren zu elliptischen Differentialoperatoren sind (vgl. [Booß 1977] und [Gilkey 1974]).

Im Jahre 1973 bewiesen Atiyah, Patodi und Singer ein Indextheorem für Mannigfaltigkeiten $M$ mit Rand. Dabei ergeben sich zusätzliche Terme, die die Eigenschaften des Randes reflektieren (vgl. [Melrose 1993]).

### 19.11.2. Die topologische Form des Indextheorems für elliptische Differentialoperatoren

**Schnitte von Vektorraumbündeln:** Es seien $\mathscr{V}$ und $\mathscr{W}$ zwei Vektorraumbündel über der Basismannigfaltigkeit $M$ mit der typischen Faser $\mathbb{C}^m$. Mit $C^\infty(M, \mathscr{V})$ bezeichnen wir die Gesamtheit aller $C^\infty$-Schnitte

$$f\colon M \to \mathscr{V},$$

d.h., $f(x)$ liegt für jedes $x \in M$ in der Faser $F_x$. Wir nehmen an, daß jede Faser $F_x$ ein Hilbertraum ist. Analog zu (19.46) erhalten wir dann den Hilbertraum $L_2(M, \mathscr{V})$, falls wir in (19.46) das Skalarprodukt $(f(x)|g(x))$ auf der Faser $F_x$ wählen.

*Tabelle 19.2*

| elliptischer Komplex | ind $D$ | Indexsatz |
|---|---|---|
| de-Rham-Komplex | Eulercharakteristik von $M$ | Satz von Gauß-Bonnet-Chern |
| Dolbeaut-Komplex | arithmetisches Geschlecht von $M$ | Satz von Riemann-Roch-Hirzebruch |
| Signaturkomplex | Signatur von $M$ mit $\dim M = 4n$ | Signatursatz von Hirzebruch |
| Spinkomplex einer Spinmannigfaltigkeit | Spinorindex von $M$ | Satz von Hirzebruch über das $\hat{A}$-Geschlecht |

Der Kern $G_n$ entspricht in allen Fällen einer geeigneten charakteristischen Klasse.

**Elliptischer Differentialoperator:** Gegeben sei ein elliptischer Differentialoperator

$$D\colon C^\infty(M, \mathscr{V}) \to C^\infty(M, \mathscr{W}),$$

d.h., $D$ ist ein linearer Operator, der in lokalen Koordinaten einem elliptischen Differentialoperator der Form (19.44) entspricht.

*Die analytische Form des Indextheorems (19.49) bleibt unverändert bestehen.*

Weiter unten konstruieren wir ein Faserbündel $\varrho\colon C(M) \to M$, wobei $C(M)$ eine geeignete Kompaktifizierung des Kotangentialbündels $TM^*$ von $M$ darstellt. Ferner werden wir ein komplexes Vektorraumbündel

$$\pi\colon \mathscr{D} \to C(M)$$

konstruieren, das man das *Indexbündel* des Differentialoperators $D$ nennt. Dieses Bündel hängt von den Eigenschaften des Symbols von $D$ ab.

**Topologische Form des Atiyah-Singer-Indextheorems:** Es gilt

$$\operatorname{ind} D = \int\limits_{C(M)} \operatorname{ch}(D) \wedge \varrho^* \operatorname{td}(TM_{\mathbb{C}}). \tag{19.50}$$

Speziell gilt $\operatorname{ind} D = 0$, falls die Dimension von $M$ ungerade ist.

**Topologische Invarianz:** In (19.50) bezeichnet $\mathrm{ch}(D)$ den Cherncharakter des Indexbündels $\mathscr{D}$, und $\varrho^*\,\mathrm{td}(TM_{\mathbb{C}})$ ist das pull-back der Toddklasse des komplexifizierten Tangentialbündels $TM_{\mathbb{C}}$ von $M$ (vgl. 19.10.4.).

Die Formel (19.50) demonstriert die fundamentale Invarianz des Index von $D$ unter topologischen Transformationen der Basismannigfaltigkeit $M$ und des Symbols $\sigma$ von $D$.

**Konstruktion des Indexbündels:** Jeder Tangentialraum $TM_x$ der Riemannschen Mannigfaltigkeit $M$ ist ein Hilbertraum. Deshalb ist der duale Raum $TM_x^*$ (Kotangentialraum) ein Banachraum.

Durch die Symbolabbildung (19.45) in lokalen Koordinaten erhalten wir für jedes $(x,v) \in TM^*$ mit $v \neq 0$ einen linearen Isomorphismus der Fasern

$$\sigma(x,v)\colon F_x \to G_x \,. \tag{19.51}$$

(i) Die *Mannigfaltigkeit* $C(M)$: Wir betrachten die Menge $P$ aller Tupel

$$(x,v,j)\,, \quad j = 1,2\,,$$

mit $x \in M$, $v \in TM_x^*$ und $\|v\| \leq 1$. Wir schreiben $(x,v,1) \sim (x,w,2)$, wenn $v = w$ und $\|v\| = 1$ gelten. Die Menge der zugehörigen Äquivalenzklassen $P/\!\sim$ bildet die Mannigfaltigkeit $C(M)$.

(ii) *Indexbündel* $\mathscr{D}$: Wir betrachten die Menge $P_*$ aller Tupel

$$(x,v,p,j)\,, \quad j = 1,2\,, \tag{19.52}$$

mit $x \in M$, $v \in TM_x^*$, $\|v\| \leq 1$ und $p \in F_x$ bzw. $p \in G_x$ für $j = 1$ bzw. $j = 2$. Wir schreiben

$$(x,v,p,1) \sim (x,w,q,2)\,,$$

wenn $\sigma(x,v)p = q$ und $v = w$ mit $\|v\| = 1$ gelten. Die Menge der zugehörigen Äquivalenzklassen $P_*/\!\sim$ ergibt das Indexbündel $\mathscr{D}$. Das ist ein Vektorraumbündel über $C(M)$.

## 19.11.3. Das Indextheorem für elliptische Komplexe

Wie Tabelle 19.2 zeigt, lassen sich wichtige topologische Invarianten als Index eines geeigneten elliptischen Komplexes darstellen.

**Elliptische Komplexe über der Basismannigfaltigkeit** $M$: Darunter verstehen wir eine Folge von linearen Differentialoperatoren

$$0 \xrightarrow{D_{-1}} X_0 \xrightarrow{D_0} X_1 \longrightarrow \ldots \longrightarrow X_{N-1} \xrightarrow{D_{N-1}} X_N \xrightarrow{D_N} 0 \tag{19.53}$$

mit $X_q := C^\infty(M, \mathscr{V}_q)$. Dabei sind alle $\mathscr{V}_q$ komplexe Vektorraumbündel über der Basismannigfaltigkeit $M$. Wir fordern

$$D_{q+1}D_q = 0 \quad \text{für alle } q.$$

Parallel zu (19.51) erhalten wir für jedes Tupel $(x,v) \in TM_x^*$ mit $\|v\| = 1$ lineare Operatoren

$$\sigma_q(x,v)\colon F_{x,q} \to F_{x,q+1}\,,$$

die durch die Symbole von $D_q$ auf den Fasern induziert werden. Wir verlangen, daß diese Sequenz exakt ist, d.h., es gilt[19] $N(\sigma_{q+1}) = R(\sigma_q)$ für alle $q$.

Eine wichtige ***Strategie*** der Theorie elliptischer Komplexe besteht darin, die Untersuchungen auf den symmetrischen Laplaceoperator $\Delta_q$ zurückzuführen.

[19] Nach (19.53) ist $D_{-1} = D_N = 0$. Deshalb setzen wir $\sigma_{-1} = \sigma_N := 0$ und $D_{-1}^+ = D_N^+ := 0$.

**Verallgemeinerter Laplaceoperator $\Delta_q$:** Wir definieren

$$\Delta_q := -(D_q^+ D_q + D_{q-1} D_{q-1}^+) .$$

Dann ist $\Delta_q \colon X_q \to X_q$ elliptisch für $q = 0, 1, \ldots, N$.

**Kohomologiegruppen und Index:** Der Faktorraum

$$H^q(D) := N(D_q)/R(D_{q-1})$$

heißt die $q$-te Kohomologiegruppe des elliptischen Komplexes $D = \{D_q\}$.

Die Sequenz (19.53) ist genau dann exakt, wenn $H^q(D) = \{0\}$ für alle $q$ gilt. Somit messen die nichtverschwindenden Kohomologiegruppen, in welcher Weise die Sequenz (19.53) von einer exakten Sequenz abweicht.

Der Index von $D$ wird durch

$$\operatorname{ind} D := \sum_{q=0}^{N} (-1)^q \dim H^q(D)$$

eingeführt.

**Satz von Hodge:** Es sei $q = 0, \ldots, N$.

(i) *Orthogonale Zerlegung:* In dem Hilbertraum $L_2(M, \mathscr{V}_q)$ hat man die direkte orthogonale Summenzerlegung

$$C^\infty(M, \mathscr{V}_q) = R(D_{q-1}) \oplus R(D_q^+) \oplus N(\Delta_q) .$$

(ii) *Kohomologiegruppen:* Es gilt $H^q(D) = N(\Delta_q)$ im Sinne einer Isomorphie. Deshalb ist

$$\operatorname{ind} D = \sum_{q=0}^{N} (-1)^q \dim N(\Delta_q) .$$

**Existenzsatz von Poincaré:** Es sei $H^{q+1}(D) = \{0\}$ für ein festes $q$. Dann besitzt die Differentialgleichung

$$D_q f = g , \quad f \in X_q ,$$

für gegebenes $g \in X_{q+1}$ genau dann eine Lösung $f$, wenn die Integrabilitätsbedingung $D_{q+1} g = 0$ erfüllt ist.

Die Bedingung $H^q(D) = \{0\}$ ist nach dem Satz von Hodge gleichbedeutend damit, daß die Gleichung $\Delta_q h = 0$, $h \in X_q$, nur die triviale Lösung $h = 0$ besitzt.

**Das Atiyah-Singer-Indextheorem für elliptische Komplexe:** (i) *Analytische Form:* Für jeden verallgemeinerten Laplaceoperator $\Delta_q$ erhalten wir parallel zu 19.11.1. eine Funktion $G_n$, die wir mit $G_{n,q}$ bezeichnen. Setzen wir

$$\mathscr{G}_n := \sum_{q=0}^{N} (-1)^q G_{n,q} ,$$

dann ist

$$\operatorname{ind} D = \int_M \mathscr{G}_n(x) \, \mathrm{d}V \tag{19.54}$$

(ii) *Topologische Form:* Die Formel (19.50) bleibt bestehen, wobei die Definition des Indexbündels zu modifizieren ist.

## 19.11.4. Anwendungen auf den de-Rham-Komplex

Es sei $M$ eine $n$-dimensionale, kompakte, orientierte, reelle Mannigfaltigkeit. Ferner sei $\mathscr{V}_q$ die Gesamtheit aller Paare

$$(x, \omega_x),$$

wobei $x \in M$ gilt und $\omega_x$ eine $q$-Form auf $M$ im Punkt $x$ bezeichnet. Ein $C^\infty$-Schnitt

$$x \longmapsto \omega_x$$

in dem Vektorraumbündel $\mathscr{V}_q$ stellt eine glatte $q$-Form auf der Basismannigfaltigkeit $M$ dar. Somit ist der Raum $X_q := C^\infty(M, \mathscr{V}_q)$ identisch mit dem *Raum der glatten $q$-Formen auf $M$* (vgl. 15.4.3.). Setzen wir $D_q := d$, dann erhalten wir die Sequenz

$$0 \longrightarrow X_0 \xrightarrow{d} X_1 \longrightarrow \ldots \xrightarrow{d} X_n \longrightarrow 0.$$

Das ist ein elliptischer Komplex.

**Hilbertraumstruktur:** Wir definieren das Skalarprodukt

$$(\omega|\mu)_2 := \int_M \omega \wedge *\mu$$

für alle $\omega$, $\mu \in X_q$. Der $*$-Operator von Hodge wurde in 16.1.8. eingeführt. Vervollständigung von $X_q$ bezüglich $(\,.\,|\,.\,)_2$ ergibt den Hilbertraum $L_2(M, \mathscr{V}_q)$. Für den in 16.1.6. definierten Operator $\delta$ erhalten wir

$$(\mathrm{d}\omega|\mu)_2 = (\omega|\delta\mu)_2$$

für alle $\omega$, $\mu \in X_q$. Deshalb ist $D_q^+ = \delta$, und für den verallgemeinerten Laplaceoperator ergibt sich $\Delta_q = -(D_q^+ D_q + D_{q-1} D_{q-1}^+)$, also

$$\Delta_q \omega = -(\delta \mathrm{d} + \mathrm{d}\delta)\omega$$

für alle $\omega \in X_q$.

**Satz:** (i) Die Kohomologiegruppen des elliptischen de-Rham-Komplexes sind identisch mit den de Rhamschen Kohomologiegruppen $H^q(M)$ (vgl. 18.5.).

(ii) Für die Bettizahlen der Mannigfaltigkeit $M$ erhalten wir

$$\beta_q = \dim H^q(M) = \dim N(\Delta_q),$$

d.h., $\beta_q$ ist gleich der Dimension des Lösungsraums der Gleichung $\Delta_q\omega = 0$, $\omega \in X_q$.

(iii) Es gilt

$$\operatorname{ind} D = \sum_{q=0}^{n} (-1)^q \beta_q = \chi(M),$$

d.h., der Index des de-Rham-Komplexes ist gleich der Eulercharakteristik der Mannigfaltigkeit $M$ (vgl. 18.2.).

(iv) Aus dem Atiyah-Singer-Indextheorem erhalten wir

$$\chi(M) = \int_M \mathscr{G}_n(x)\,\mathrm{d}V.$$

Das ist der Satz von Gauß-Bonnet-Chern.

**Poincaré-Dualität:** Der $*$-Operator induziert durch $*[\omega] := [*\omega]$ einen Isomorphismus von $H^q(M)$ auf $H^{n-q}(M)$. Deshalb gilt $\beta_q = \beta_{n-q}$ für alle $q$.

## 19.11.5. Anwendung auf den Dolbeaut-Komplex

Es sei $M$ eine $n$-dimensionale kompakte komplexe Mannigfaltigkeit. Mit $X_q$ bezeichnen wir den Raum aller $q$-Formen auf $M$, die in lokalen Koordinaten die Gestalt

$$f(z,\bar{z})\mathrm{d}\bar{z}_1 \wedge \mathrm{d}\bar{z}_2 \wedge \ldots \wedge \mathrm{d}\bar{z}_n \tag{19.55}$$

besitzen mit $z = (z_1, \ldots, z_n)$ und $z_j \in \mathbb{C}$. Der Operator $\bar{\partial}$ besitze in lokalen Koordinaten die Wirkung

$$\bar{\partial}_k f(z,\bar{z})\,\mathrm{d}\bar{z}_k \wedge \mathrm{d}\bar{z}_1 \wedge \ldots \wedge \mathrm{d}\bar{z}_n$$

mit $\bar{\partial}_k = \partial/\partial\bar{z}_k$, wobei über $k$ von 1 bis $n$ summiert wird. Dann bildet

$$0 \longrightarrow X_0 \xrightarrow{\bar{\partial}} X_1 \longrightarrow \ldots \xrightarrow{\bar{\partial}} X_n \longrightarrow 0$$

einen *elliptischen Komplex* mit dem Index

$$\operatorname{ind}\bar{\partial} := \sum_{q=0}^{n}(-1)^q \dim H^q(M,\bar{\partial}).$$

**Satz von Dolbeaut:** Für alle $q$ gilt

$$H^q(M,\bar{\partial}) = H^q(M,\mathscr{C}^\infty)$$

im Sinne eines Isomorphismus. Dabei ist $H^q(M,\mathscr{C}^\infty)$ die $q$-te Kohomologiegruppe von $M$ mit Werten in der Garbe $\mathscr{C}^\infty$ der $C^\infty$-Funktionen $f\colon U \to \mathbb{C}$ auf offenen Teilmengen $U$ von $M$ (vgl. 19.9.4.).

## 19.11.6. Das Theorem von Riemann-Roch-Hirzebruch

Es sei $\pi\colon \mathscr{V} \to M$ ein komplexes Vektorraumbündel über der $n$-dimensionalen kompakten komplexen Mannigfaltigkeit $M$.

Wir betrachten jetzt Formen der Struktur (19.55) mit Werten im Raum $C^\infty(M,\mathscr{V})$ der glatten Schnitte $s\colon M \to \mathscr{V}$. Genauer: $X_q(\mathscr{V})$ sei der lineare Raum aller $q$-Formen auf $M$ der Gestalt

$$\omega \otimes s$$

mit $s \in C^\infty(M,\mathscr{V})$ und $\omega \in X_q$ (vgl. 19.11.5.). Den Operator $\bar{\partial}_{\mathscr{V}}$ definieren wir durch[20)]

$$\bar{\partial}_{\mathscr{V}}(\omega \otimes s) := \bar{\partial}\omega \otimes s + (-1)^q \omega \otimes \bar{\partial}s\,.$$

Der zugehörige Komplex

$$0 \longrightarrow X_0(\mathscr{V}) \xrightarrow{\bar{\partial}_{\mathscr{V}}} X_1(\mathscr{V}) \longrightarrow \ldots \xrightarrow{\bar{\partial}_{\mathscr{V}}} X_n(\mathscr{V}) \longrightarrow 0 \tag{19.56}$$

ist *elliptisch* mit dem Index

$$\operatorname{ind}\bar{\partial}_{\mathscr{V}} := \sum_{q=0}^{n}(-1)^q \dim H^q(M,\bar{\partial}_{\mathscr{V}})\,.$$

---

20) In lokalen Koordinaten hat $s$ die Gestalt $s(z,\bar{z}) \in \mathbb{C}^m$, und $\bar{\partial}s$ entspricht $\bar{\partial}_k s(z,\bar{z})\,\mathrm{d}\bar{z}^k$, wobei über $k$ von 1 bis $n$ summiert wird.

Man nennt $\operatorname{ind} \bar{\partial}_{\mathscr{V}}$ das *arithmetische Geschlecht* der komplexen Mannigfaltigkeit $M$. Es gilt

$$\operatorname{ind} \bar{\partial}_{\mathscr{V}} = \sum_{q=0}^{n} (-1)^q \dim H^q(M.\mathscr{C}_{\mathscr{V}}^{\infty}) .$$

Dabei bezeichnet $H^q(M.\mathscr{C}_{\mathscr{V}}^{\infty})$ die $q$-te Kohomologiegruppe von $M$ mit Werten in der Garbe aller $C^{\infty}$-Schnitte $s \colon U \to \mathscr{V}$ auf offenen Teilmengen $U$ der Basismannigfaltigkeit $M$ (vgl. 19.9.4.).

Als Spezialfall des Atiyah-Singer-Indextheorems erhält man das folgende fundamentale Resultat der algebraischen Geometrie.

**Theorem von Riemann-Roch-Hirzebruch:** Es gilt

$$\operatorname{ind} \bar{\partial}_{\mathscr{V}} = \int_M \operatorname{ch}(\mathscr{V}) \wedge \operatorname{td}(TM) .$$

Hier ist $\operatorname{ch}(\mathscr{V})$ der Cherncharakter des Vektorraumbündels $\mathscr{V}$, und $\operatorname{td}(TM)$ bezeichnet die Toddklasse des Tangentialbündels von $M$ (vgl. 19.10.4.).

Dieses Theorem stellt eine weitgehende Verallgemeinerung des Satzes von Riemann-Roch dar (vgl. 19.8.2.) und beschreibt einen tiefliegenden Zusammenhang zwischen der Indextheorie, der Garbentheorie und der Theorie der charakteristischen Klassen von Vektorraumbündeln.

## 19.12. Minimalflächen

**Das Plateausche Problem:** Dieses berühmte Problem der Geometrie und Analysis lautet: Gesucht wird eine Fläche $\mathscr{F}$ im $\mathbb{R}^3$, die von einer gegebenen Kurve $C$ berandet wird, wobei der Flächeninhalt $\mu(\mathscr{F})$ minimal oder allgemeiner stationär sein soll, d.h.

$$\mu(\mathscr{F}) = \text{stationär!}, \quad \partial\mathscr{F} = C \tag{19.57}$$

(vgl. Abb. 19.11). Für hinreichend reguläre Flächen ist dieses Problem äquivalent zu der Aufgabe

$$H = 0 \text{ auf } \mathscr{F}, \quad \partial\mathscr{F} = C . \tag{19.58}$$

wobei $H$ die mittlere Krümmung der Fläche $\mathscr{F}$ bezeichnet (vgl. 3.6.3.2.). Flächen mit identisch verschwindender mittlerer Krümmung $H$ heißen *Minimalflächen*.[21)]

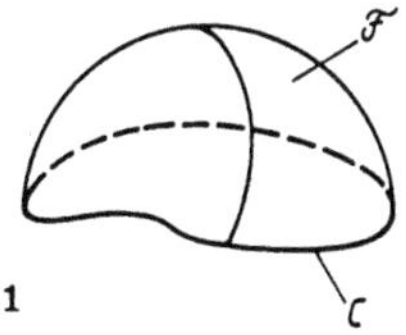

Abb. 19.11

[21)] Diese klassische Terminologie ist nicht sehr glücklich gewählt, weil Minimalflächen im Sinne der obigen Definition nicht unbedingt einem minimalen Flächeninhalt entsprechen müssen.

*Beispiel:* Liegt die Fläche $\mathscr{F}$ in der speziellen Form $z = z(x, y)$ vor, dann lautet das Minimalflächenproblem:

$$\int_G \sqrt{1 + z_x^2 + z_y^2}\, \mathrm{d}x\, \mathrm{d}y = \text{stationär!}, \tag{19.59}$$

$$z = \varphi \quad \text{auf } \partial G.$$

Dabei bezeichne $G$ ein Gebiet des $\mathbb{R}^2$, und die Funktion $\varphi = \varphi(x, y)$ sei gegeben. Für eine hinreichend reguläre Situation ist das Variationsproblem (19.59) äquivalent zu der partiellen Differentialgleichung:

$$\frac{\partial}{\partial x}\left(\frac{z_x}{\sqrt{1 + z_x^2 + z_y^2}}\right) + \frac{\partial}{\partial y}\left(\frac{z_y}{\sqrt{1 + z_x^2 + z_y^2}}\right) = 0 \quad \text{auf } G, \tag{19.60}$$

$$z = \varphi \quad \text{auf } \partial G$$

(vgl. 14.5.2.). Diese Gleichung wurde 1762 von Lagrange als ein Spezialfall seiner allgemeinen Gleichungen für mehrdimensionale Variationsprobleme gefunden. Taucht man einen Drahtrahmen $C$ in eine Seifenlösung, dann entstehen in Abhängigkeit von der Gestalt des Rahmens sehr verschiedenartige Seifenblasen (Abb. 19.11). Derartige Experimente wurden von dem belgischen Physiker Plateau im 19. Jahrhundert durchgeführt. Vernachlässigt man die Schwerkraft, dann erhält man nach dem Prinzip der minimalen potentiellen Energie die zu (19.57) bzw. (19.59) gehörende Minimumaufgabe. Mit diesem Problem haben sich zahlreiche berühmte Mathematiker des 19. Jahrhunderts beschäftigt, ohne einen Durchbruch zu erzielen. Dazu benötigte man die Methoden der Variationsrechnung des 20. Jahrhunderts.

Für Flächen vom Kreistyp wurde das Plateausche Problem um 1930 unabhängig voneinander von Douglas und Radó gelöst. Um deren Resultat zu formulieren, setzen wir $K := \{(u, v) \in \mathbb{R}^2 \colon u^2 + v^2 < 1\}$.

**Theorem von Douglas und Radó:** Gegeben sei eine geschlossene rektifizierbare Jordankurve[22] $C$ im $\mathbb{R}^3$. Dann existiert eine Fläche

$$\mathbf{x} = \mathbf{x}(u, v), \quad (u, v) \in \bar{K},$$

im $\mathbb{R}^3$ mit den folgenden Eigenschaften:

(a) *Regularität:* Die Funktion $\mathbf{x} = \mathbf{x}(u, v)$ ist stetig als Abbildung vom abgeschlossenen Einheitskreis $\bar{K}$ in den $\mathbb{R}^3$ und vom Typ $C^2$ auf $K$.

(b) *Minimalflächeneigenschaft:* Die mittlere Krümmung verschwindet, d.h., es gilt $H = 0$ für alle Parameterwerte $(u, v) \in K$.

(c) *Randkurve:* Die Einschränkung von $\mathbf{x} = \mathbf{x}(u, v)$ auf den Rand $\partial K$ liefert einen Homöomorphismus von $\partial K$ auf $C$.

An weitgehenden Verallgemeinerungen dieses nunmehr bereits klassischen Resultats wird heute noch intensiv gearbeitet. Dabei interessiert insbesondere die Beantwortung der schwierigen Frage, wieviel Minimalflächen von einer gegebenen Anzahl von Jordankurven aufgespannt werden und welches Geschlecht diese Minimalflächen besitzen. Es zeigt sich, daß Minimalflächen einen außerordentlichen Formenreichtum von großem ästhetischen Reiz besitzen (vgl. die zahlreichen Abbildungen in [Dierkes, Hildebrandt, Küster, Wohlrab 1993], die mit Methoden der modernen Computergraphik gewonnen wurden).

[22] $C$ ist homöomorph zum Rand des Einheitskreises und besitzt eine endliche Kurvenlänge.

**Darstellungsformel von Weierstraß:** Es sei $G$ ein einfach zusammenhängendes Gebiet der komplexen Ebene mit $0 \in G$. Wählt man zwei holomorphe Funktionen $f, g \colon G \to \mathbb{C}$ ohne gemeinsame Nullstellen, dann erhält man durch die Formeln

$$x = \operatorname{Re} \int_0^\zeta (f^2 - g^2)\, d\zeta, \quad y = \operatorname{Re} \int_0^\zeta i(f^2 + g^2)\, d\zeta, \quad z = \operatorname{Re} \int_0^\zeta 2fg\, d\zeta,$$

eine glatte Minimalfläche durch den Punkt $(0, 0, 0)$.

Auf diese Weise können alle glatten, einfach zusammenhängenden Minimalflächen durch $(0, 0, 0)$ (ohne die Randkurve) erzeugt werden.

**Theorem von Bernstein:** Jede $C^2$-Lösung der Minimalflächengleichung (19.60) auf dem gesamten Raum $\mathbb{R}^2$ hat die triviale Gestalt $z = ax + by + c$ mit reellen Konstanten $a, b, c$.

Geometrisch bedeutet das: Jede Minimalfläche in Form eines Graphen über dem $\mathbb{R}^2$ ist eine Ebene.

Dieser 1916 von Bernstein bewiesene Satz zeigt, daß die nichtlineare elliptische Differentialgleichung (19.60) völlig andere Eigenschaften als ihre Linearisierung $z_{xx} + z_{yy} = 0$ besitzt.

Als elementare, aber inhaltsreiche Einführung in die Theorie der Minimalflächen empfehlen wir [Jost 1994]. Moderne Standardwerke sind [Dierkes, Hildebrandt, Küster, Wohlrab 1992] und [Nitsche 1993].

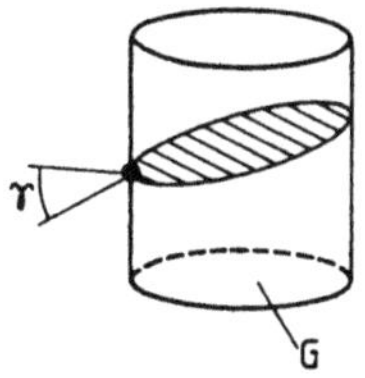


Abb. 19.12

**Kapillarflächen und Raumfahrtexperimente:** Wir betrachten einen zylinderartigen Behälter mit der Grundfläche $G$, in dem sich eine Flüssigkeit befindet, die in einem Raumschiff nicht der Schwerkraft, sondern nur der Oberflächenspannung unterliegt (Abb. 19.12). Gesucht wird die Gestalt $z = z(x, y)$, $(x, y) \in G$, der Flüssigkeitsoberfläche.

Mathematisch führt das auf das folgende Randwertproblem:

$$\begin{aligned} \operatorname{div} \mathbf{T} &= 2H \quad \text{auf } G, \\ \mathbf{nT} &= \cos\gamma \quad \text{auf } \partial G \qquad \text{(Randbedingung).} \end{aligned}$$

Dabei bezeichnet $\mathbf{n}$ den äußeren Einheitsnormalenvektor am Rand $\partial G$ und $\gamma$ den Kontaktwinkel (Abb. 19.12). Die Größen $H$ und $\gamma$ sind Konstanten. Ferner setzen wir

$$\mathbf{T} := \frac{\mathbf{grad}\, z}{|\mathbf{grad}\, z|}.$$

Folglich ist $\operatorname{div} \mathbf{T}$ gleich dem Minimalflächenoperator, d.h.

$$\operatorname{div} \mathbf{T} = \frac{\partial}{\partial x}\left(\frac{z_x}{\sqrt{1 + z_x^2 + z_y^2}}\right) + \frac{\partial}{\partial y}\left(\frac{z_y}{\sqrt{1 + z_x^2 + z_y^2}}\right).$$

Dabei gilt

$$2H\,\mathrm{meas}(G) = (\cos\gamma)\,\mathrm{meas}(\partial G)\,,$$

wobei $\mathrm{meas}(G)$ den Flächeninhalt des Grundgebietes $G$ und $\mathrm{meas}(\partial G)$ die Länge der Randkurve $\partial G$ bezeichnet.

Die Gleichung $\mathrm{div}\,\mathbf{T} = 2H$ besagt, daß die Flüssigkeitsoberfläche eine konstante mittlere Krümmung $H$ besitzt, die im *Unterschied* zu Minimalflächen nicht zu verschwinden braucht.

Derartige Kapillarflächen, die bereits von Laplace (1749–1827) betrachtet wurden, sind zur Zeit Gegenstand von Experimenten der amerikanischen und europäischen Raumfahrtbehörden in Raumschiffen. Insbesondere interessieren sich die Ingenieure für die Messung des Kontaktwinkels $\gamma$ aufgrund einer mathematischen Analyse der Lösungen des Randwertproblems. Besonders interessant sind Ecken des Grundgebietes $G$. Dort kann die Lösung singulär werden, d.h., die Flüssigkeit kann dort sehr hoch steigen (theoretisch bis ins Unendliche). Besitzt beispielsweise die Randkurve $\partial G$ eine Ecke mit dem Winkel $2\alpha$, dann muß für eine Lösung notwendigerweise $\alpha + \gamma \geq \pi/2$ gelten.

Läßt man die Schwerkraft zu, dann hat man die Gleichung $\mathrm{div}\,\mathbf{T} = 2H$ durch

$$\mathrm{div}\,\mathbf{T} = \varkappa z + \lambda$$

zu ersetzen. Dabei gilt $\varkappa = \varrho g/\sigma$ mit $\varrho =$ konstante Dichte der Flüssigkeit, $\sigma =$ Oberflächenspannung, $g =$ Gravitationsbeschleunigung. Für die Konstante $\lambda$ erhält man

$$\lambda\,\mathrm{meas}(G) = (\cos\gamma)\,\mathrm{meas}(\partial G) - \varkappa V\,,$$

wobei $V$ das Volumen der Flüssigkeit in dem Behälter bezeichnet. Der Kontaktwinkel $\gamma$ hängt nur von der Flüssigkeit und nicht von der Form des Grundgebietes $G$ oder von der Flüssigkeitsoberfläche ab.

Eine ausführliche Darstellung findet man in dem Standardwerk [Finn 1985].

Sowohl Minimalflächen als auch Kapillarflächen sind typische Beispiele für nichtlineare elliptische Randwertprobleme, die außerordentlich vielgestaltige Lösungen besitzen und den Einsatz scharfsinniger mathematischer Methoden erfordern. Die nichtlineare Struktur der Probleme ist dabei wesentlich für das Lösungsverhalten, d.h., die Linearisierung $z_{xx} + z_{yy} = 0$ besitzt zum Teil völlig andere Lösungseigenschaften als das volle nichtlineare Problem. Die häufig benutzte Methode der Linearisierung zur Behandlung nichtlinearer Probleme darf deshalb nicht unkritisch angewandt werden, weil sie völlig falsche Ergebnisse vortäuschen kann.

# 19.13. Stringtheorie

In der klassischen Physik wird die Bewegung eines Teilchens durch eine Gleichung der Form

$$\mathbf{x} = \mathbf{x}(t)\,, \quad t_0 \leq t \leq t_1\,, \tag{19.61}$$

mit dem Ortsvektor $\mathbf{x}$ und der Zeit $t$ beschrieben. Führen wir einen Parameter $p$ ein, dann können wir anstelle von (19.61) die Gleichung

$$x^j = x^j(p)\,, \quad ct = p\,, \quad p_0 \leq p \leq p_1\,, \quad j = 1, 2, 3, 4\,, \tag{19.62}$$

schreiben ($c$ – Lichtgeschwindigkeit). In der allgemeinen Relativitätstheorie entspricht die Bewegung eines Teilchens einer Kurve

$$x^\alpha = x^\alpha(p)\,, \quad p_0 \leq p \leq p_1\,, \quad \alpha = 1, 2, 3, 4\,. \tag{19.63}$$

in einer vierdimensionalen Raum-Zeit-Mannigfaltigkeit, wobei $x^1, x^2, x^3$ raumartige Koordinaten darstellen und $x^4$ eine zeitartige Koordinate bezeichnet (Abb. 19.13a).

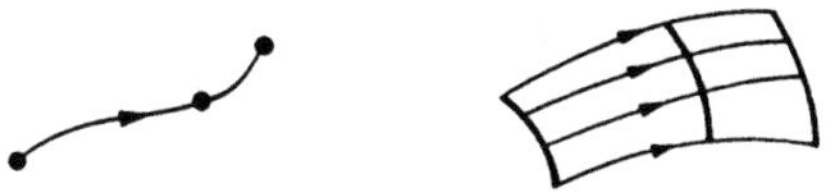

Abb. 19.13 a) *Bewegung eines Punktteilchens* b) *Bewegung eines Fadens (String)*

Die *Grundidee* der Stringtheorie besteht darin, die Bewegung eines Teilchens nicht durch eine (eindimensionale) Kurve, sondern durch eine zweidimensionale Fläche der Gestalt

$$x^\alpha = x^\alpha(\sigma, p), \quad (\sigma, p) \in W, \tag{19.64}$$

zu beschreiben, wobei die Parameter $\sigma, p$ in einer zweidimensionalen Mannigfaltigkeit $W$ (mit oder ohne Rand) variieren.

*Beispiel:* Die Bewegung eines Fadens entspricht der Gleichung

$$\mathbf{x} = \mathbf{x}(\sigma, t), \quad \sigma_0 \leq \sigma \leq \sigma_1, \; t_0 \leq t \leq t_1. \tag{19.65}$$

Für jeden festen Zeitpunkt $t = p_*$ ergibt sich eine Kurve $\mathbf{x} = \mathbf{x}(\sigma, p_*)$, $\sigma_0 \leq \sigma \leq \sigma_1$ im $\mathbb{R}^3$ (Abb. 19.13b). Gleichung (19.65) entspricht (19.64), falls wir die äquivalente Darstellung $x^j = x^j(\sigma, p)$, $x^4 = cp$, $j = 1, 2, 3$, mit $x^4 := ct$ benutzen.

(i) *Offener String:* Hält man in (19.65) die Endpunkte fest, dann hat man die Randbedingungen

$$\mathbf{x}(\sigma, t_0) = \mathbf{a}, \quad \mathbf{x}(\sigma, t_1) = \mathbf{b}, \quad \sigma_0 \leq \sigma \leq \sigma_1, \tag{19.66}$$

hinzuzufügen, wobei die Punkte **a** und **b** fest gegeben sind. Dann stellt Gleichung (19.65) eine zweidimensionale Fläche dar. Diese Situation entspricht einer eingespannten Violinsaite[23] (Abb. 19.14a). Allgemeiner kann man **a** und **b** in (19.66) durch $\mathbf{x}_0(\sigma)$ bzw. $\mathbf{x}_1(\sigma)$ ersetzen (Abb. 19.13b).

a) *Bewegung eines offenen Strings* b) *Bewegung eines geschlossenen Strings*

Abb. 19.14

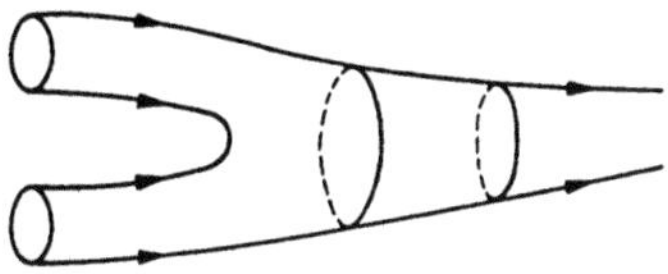

*Wechselwirkung zwischen zwei geschlossenen Strings*

Abb. 19.15

(ii) *Geschlossener String:* Verlangen wir, daß zu jedem Zeitpunkt $t$ eine geschlossene Kurve vorliegt, dann entspricht das der Periodizitätsbedingung (Abb. 19.14b):

$$\mathbf{x}(\sigma_0, t) = \mathbf{x}(\sigma_1, t), \quad t_0 \leq t \leq t_1. \tag{19.67}$$

[23] Das englische Wort für Saite ist string.

**Das Prinzip der stationären Wirkung:** Das Variationsproblem der Stringtheorie lautet:

$$\frac{T}{2}\int\limits_W (g^{ij}\partial_i x^\alpha \partial_j x^\beta) G_{\alpha\beta}\,\mathrm{d}\mu = \text{stationär !}, \tag{19.68}$$

$$x^\alpha = x_0^\alpha \quad \text{auf } \partial W, \quad \alpha = 1,\ldots,d.$$

Dabei bezeichnet $W$ eine zweidimensionale kompakte Mannigfaltigkeit mit oder ohne Rand $\partial W$ (z.B. ein Rechteck im $\mathbb{R}^2$ oder eine Riemannsche Fläche). Ferner gilt:

(i) Die *Weltfläche* $W$ ist eine zweidimensionale Riemannsche Mannigfaltigkeit mit dem metrischen Tensorfeld $(g_{ij})$ und dem zugehörigen Volumenmaß $\mu$, d.h., in lokalen Koordinaten $(\sigma, p)$ auf $W$ gilt $\mathrm{d}\mu = |g|^{1/2}\mathrm{d}\sigma\mathrm{d}p$.

$(g_{ij})$ besitzt die Signatur $1, -1$, d.h., in geeigneten lokalen Koordinaten ist $g_{11} = -g_{22} = 1$ und $g_{12} = g_{21} = 0$.

(ii) Die Raum-Zeit-Mannigfaltigkeit[24] $X$, in der der String „lebt“, ist eine $d$-dimensionale Riemannsche Mannigfaltigkeit mit dem metrischen Tensorfeld $(G_{\alpha\beta})$.

(iii) Summiert wird in (19.68) über $i, j = 1, 2$ und $\alpha, \beta = 1, \ldots, d$. Mit $(g^{ij})$ bezeichnen wir die inverse Matrix zu $(g_{ij})$.

Gesucht werden die Bewegung des Strings

$$x = x(P), \quad P \in W,$$

als Abbildung $x\colon W \to X$ und die Riemannsche Metrik $(g_{ij})$ auf $W$. Gegeben sind die Randwerte $x_0$ auf $\partial W$, falls ein Rand $\partial W$ existiert.

**Die Bewegungsgleichungen des Strings:** Die *Euler-Lagrangeschen Gleichungen* zu (19.68) lauten:

$$\begin{aligned} g^{ij}\nabla_i\nabla_j x^\alpha &= 0 \quad \text{auf } W, \quad \alpha = 1,\ldots,d, \\ T_{ij} &= 0 \quad \text{auf } W, \quad i,j = 1,2, \end{aligned} \tag{19.69}$$

mit dem sogenannten *Energie-Impulstensor*

$$T_{ij} := \left(\partial_i x^\alpha \partial_j x^\beta - \frac{1}{2} g_{ij} g^{km} \partial_k x^\alpha \partial_m x^\beta\right) G_{\alpha\beta}\,.$$

Die kovariante Ableitung $\nabla_j$ bezieht sich dabei auf die Metrik $g_{ij}$ von $W$. In geeigneten lokalen Koordinaten besitzt die erste Gleichung in (19.69) die Form einer Gleichung der schwingenden Saite:

$$\frac{\partial^2 x^\alpha}{\partial p^2} - \frac{\partial^2 x^\alpha}{\partial \sigma^2} = 0, \quad \alpha = 1,\ldots,d.$$

Dabei ist $p$ eine zeitartige und $\sigma$ eine raumartige Koordinate.

Eine Lösung der Gleichung $T_{ij} = 0$ in (19.69) ist durch $g_{ij} = \partial_i x^\alpha \partial_j x^\beta G_{\alpha\beta}$ gegeben.

**Die Plancksche Skala:** Aus den fundamentalen Naturkonstanten

$\mathrm{c}$ = Lichtgeschwindigkeit, $\mathrm{h}$ = Plancksches Wirkungsquantum ($\hbar = \mathrm{h}/2\pi$),

$\mathrm{G}$ = Gravitationskonstante, $\mathrm{k}$ = Boltzmannkonstante,

$\mathrm{e_p}$ = Ladung des Protons

[24] Der Zusammenhang mit der 4-dimensionalen Raum-Zeit-Mannigfaltigkeit unserer makroskopischen Erfahrungen wird in (19.71) diskutiert.

kann man die folgenden Größen bilden:

| | | |
|---|---|---|
| Plancklänge | $l_P$ | $= (\hbar G/c^3)^{1/2} = 1,6 \cdot 10^{-35}$m , |
| Planckzeit | $t_P$ | $= l_P/c = 5,4 \cdot 10^{-44} s$ , |
| Planckenergie | $E_P$ | $= \hbar/t_P = 1,22 \cdot 10^{19}$GeV , |
| Planckmasse | $m_P$ | $= E_P/c^2 = 1,3 \cdot 10^{19}$ Protonenmassen, |
| Plancktemperatur | $T_P$ | $= E_P/k = 1,4 \cdot 10^{32}$K , |
| Planckladung | $e_P$ | $= 1,6 \cdot 10^{-19}$As . |

Die Physiker nehmen an, daß diese Größen eine besondere Bedeutung besitzen. Zum Beispiel wird postuliert, daß unterhalb der Plancklänge der Begriff der Länge seine Bedeutung verliert, d.h., unsere Raumvorstellung bricht unterhalb der Plancklänge zusammen.

**Stringspannung** $T$**:** Der Parameter $T$ im Variationsproblem (19.68) heißt Stringspannung. Die Größe

$$L := (c\hbar/\pi T)^{1/2}$$

besitzt die Dimension einer Länge. Man wählt nun $T$ so, daß $L$ gleich der Plancklänge ist.

**Konforme Invarianz der Stringtheorie:** Ersetzen wir die Metrik $g_{ij}$ auf $W$ durch $\lambda g_{ij}$ mit einer positiven Funktion $\lambda$, dann bleibt das Integral in (19.68) unverändert. Diese konforme Invarianz spielt eine fundamentale Rolle in der Stringtheorie.

**Quantisierung und Dimension:** Für den Physiker sind nicht die klassischen Lösungen der Euler-Lagrangeschen Gleichungen (19.69), sondern nur deren Quantisierung interessant. Dabei ergeben sich in den Heisenbergschen Vertauschungsrelationen Anomalien, die nur für gewisse Dimensionen verschwinden. Zum Beispiel wird in der Superstringtheorie die Dimension $d = 10$ des Raumes $X$ besonders ausgezeichnet (vgl. 19.14.).

**Harmonische Abbildungen:** Betrachtet man das Variationsproblem (19.68), wobei jetzt $W$ und $X$ eigentliche Riemannsche Mannigfaltigkeiten beliebiger Dimension sind, dann wird jede Lösung $x: W \to X$ von (19.68) als eine harmonische Abbildung bezeichnet. Es besteht ein enger Zusammenhang zwischen geodätischen Linien ($\dim W = 1$), Minimalflächen[25] ($\dim W = 2$), der Stringtheorie ($\dim W = 2$) und harmonischen Abbildungen (vgl. [Jost 1984]).

**Satz von Eells und Simpson:** Es seien $W$ und $X$ kompakte, eigentliche Riemannsche Mannigfaltigkeiten, wobei die Zielmannigfaltigkeit $X$ eine nichtpositive Schnittkrümmung[26] besitzt. Dann existieren harmonische Abbildungen von $M$ nach $X$.

---

[25] Der Beweis des berühmten Satzes von Douglas-Radó (vgl. 19.12.) basiert wesentlich auf der Erkenntnis, daß man die Minimalfläche in der Gestalt einer harmonischen Abbildung des Einheitskreises in den $\mathbb{R}^3$ suchen kann (vgl. [Jost 1994]).

[26] Gegeben sei ein zweidimensionaler Unterraum $L_x$ des Tangentialraumes $TX_x$ einer eigentlichen Riemannschen Mannigfaltigkeit $X$. Die geodätischen Linien durch den Punkt $x$, deren Tangentialvektoren im Punkt $x$ in $L_x$ liegen, spannen lokal eine zweidimensionale Untermannigfaltigkeit $F$ von $X$ auf. Die Gaußsche Krümmung $K$ der Fläche $F$ im Punkt $x$ heißt die *Schnittkrümmung* der Riemannschen Mannigfaltigkeit $X$ im Punkt $x$ bezüglich $L_x$. Definitionsgemäß besitzt $X$ eine konstante (bzw. nichtpositive) Schnittkrümmung, wenn $K$ für alle $L_x$ und alle $x$ konstant ist (bzw. nichtpositiv ist).

# 19.14. Supermathematik und Superstringtheorie

**Supersymmetrie:** In der Natur beobachtet man Teilchen mit halbzahligem Spin (Fermionen) und Teilchen mit ganzzahligem Spin (Bosonen). Im Standardmodell der Elementarteilchen sind die Basisteilchen Fermionen (6 Leptonen [z.B. das Elektron und das Neutrino] sowie 6 Quarks), während die zugehörigen 12 Teilchen, die für die Wechselwirkung zwischen den Basisteilchen verantwortlich sind, Bosonen darstellen (8 Gluonen, das Photon, das $W^{\pm}$-Boson und das $Z$-Boson). Man nimmt ferner an, daß ein Teilchen mit dem Spin 2 für die Gravitationskräfte verantwortlich ist (Graviton).

Die Hypothese der Supersymmetrie geht davon aus, daß kurz nach dem Urknall eine vollständige Symmetrie zwischen Bosonen und Fermionen bestand, d.h., zu jedem Boson gehört ein entsprechendes Fermion (z.B. gehört zum Graviton das Gravitino mit dem Spin $3/2$). Von den Grundgleichungen muß man dann fordern, daß sie vollständig symmetrisch sind bezüglich einer Vertauschung von Bosonen mit Fermionen. Die Supersymmetrie wird in der heutigen Welt nicht mehr beobachtet. Die Physiker sagen, daß im Laufe der Abkühlung des Kosmos die Supersymmetrie „gebrochen" wurde.

**Superzahlen:** Der mathematische Apparat zur Beschreibung der Supersymmetrie basiert auf der Verwendung von Graßmannvariablen $\theta_1 . \theta_2 \ldots$, die der nichtklassischen Vertauschungsregel

$$\theta_i \theta_j = -\theta_j \theta_i \tag{19.70}$$

für alle $i, j$ genügen. Speziell ist $\theta_i^2 = 0$. Unter einer Superzahl versteht man einen Ausdruck der Form

$$a + a_{ij}\theta_i\theta_j + a_{ijk}\theta_i\theta_j\theta_k + \ldots ,$$

wobei alle $a, a_{ij}, a_{ijk}, \ldots$ komplexe Zahlen sind und über gleiche Indizes summiert wird. Die sogenannte Supermathematik stellt sich die Aufgabe, für wichtige Gebiete der klassischen Mathematik inhaltsreiche Verallgemeinerungen unter Verwendung von Superzahlen aufzuspüren (Superanalysis, Supermannigfaltigkeiten, Super-Liegruppen, Super-Liealgebren usw.).

*Beispiel 1:* Für eine Graßmannvariable $\theta$ erhält man wegen $\theta^n = 0$, $n = 2.3. \ldots$, sofort

$$e^{\theta} = 1 + \theta + \frac{1}{2!}\theta^2 + \ldots = 1 + \theta .$$

**Superdifferentiation:** Die allgemeinste analytische Funktion bezüglich $\theta$ lautet

$$f(\theta) = a + b\theta$$

mit festen komplexen Zahlen $a$ und $b$. Die Ableitung ergibt sich dann durch

$$f'(\theta) := b .$$

*Partielle Ableitungen:* $\partial_j := \partial/\partial\theta_j$ berechnet man mit Hilfe der Regel $\partial_j\theta_j = 1$ und

$$\partial_j\theta_j \ldots := \ldots ,$$

indem man $\theta_j$ unter Benutzung der Vertauschungsregel (19.70) neben $\partial_j$ plaziert.

*Beispiel 2:* Es ist

$$\partial_1(\theta_2\theta_1) = \partial_1(-\theta_1\theta_2) = -\theta_2 .$$

**Superintegration:** Das Integral bezüglich einer Graßmannvariablen $\theta$ ist durch

$$\int (a + b\theta)\,\mathrm{d}\theta := b$$

definiert, wobei $a$ und $b$ komplexe Zahlen sind. Dieses Integral ist translationsinvariant, d.h., es gilt

$$\int f(\theta)\,\mathrm{d}\theta = \int f(\theta + c)\,\mathrm{d}\theta \quad \text{für alle } c \in \mathbb{C}.$$

**Superstringtheorie:** Die gleichzeitige Verallgemeinerung von klassischer Stringtheorie und Eichfeldtheorie im Rahmen der Supermathematik führt auf Superstringtheorien. Die Quantisierung derartiger Theorien erlaubt 10-dimensionale Modelle. Da wir nur eine 4-dimensionale Raum-Zeit beobachten, nehmen die Stringtheoretiker an, daß die 10-dimensionale Raum-Zeit-Mannigfaltigkeit $X$ in 19.13. beispielsweise die Form eines Produktraumes der Gestalt

$$X = M_4 \times K_6 \tag{19.71}$$

besitzt, wobei $M_4$ die beobachtete Raum-Zeit-Mannigfaltigkeit darstellt und $K_6$ einen kompakten metrischen Raum bezeichnet, dessen Durchmesser kleiner als die Plancklänge $l_P = 10^{-35}\,\mathrm{m}$ ist. Deshalb kann $K_6$ nicht makroskopisch beobachtet werden. Man spricht von einer Kompaktifizierung der restlichen 6 Dimensionen. Es wird sogar die kühne Hypothese geäußert, daß der Urknall einem Phasenübergang der ursprünglichen 10-dimensionalen Raum-Zeit entsprach, bei dem sich 6 Dimensionen plötzlich der makroskopischen Welt entzogen, indem sie sich zu den winzigen Räumen $K_6$ „aufwickelten".

Da das zur Zeit akzeptierte Standardmodell der Elementarteilchentheorie eine Fülle von Teilchenzuständen postuliert (z.B. farbige sowie links- und rechtshändige Quarks), besteht die Hoffnung der Superstringtheoretiker darin, eine wesentlich fundamentalere Theorie aufzustellen, die im Gegensatz zum Standardmodell auch das Graviton mit einschließt und die Fülle der Teilchenzustände als Anregungszustände eines Superstrings darstellt, analog zu den Tönen, die eine Violinsaite hervorbringen kann. Zur Zeit ist man von diesem Ziel jedoch noch weit entfernt und besitzt keine experimentellen Anhaltspunkte für die Existenz von Strings. Die Stringtheoretiker gehen davon aus, daß für Energien, die klein sind gegenüber der Planckenergie $E_P$, Punktteilchen eine gute Approximation von Strings darstellen. Das entspricht Teilchenmassen, die klein sind gegenüber der Planckmasse ($10^{19}$ Protonenmassen).

Es ist sehr bemerkenswert, daß von der Stringtheorie bereits viele Impulse für die sogenannte reine Mathematik (z.B. Topologie, algebraische Geometrie und Zahlentheorie) ausgegangen sind. Zum Beispiel fanden Physiker einen durchsichtigen „supersymmetrischen" Beweis des Atiyah-Singer-Indextheorems.

Diese Entwicklung zeigt, daß die Trennung der Mathematik in reine und angewandte Mathematik künstlich ist. Die großen Meister der Mathematik haben immer wieder mit ihren schöpferischen Leistungen die Einheit der Mathematik betont. Wenn überhaupt eine Antwort auf die Frage nach der fundamentalen physikalischen Theorie des Mikrokosmos und des Makrokosmos existiert, dann ist zu erwarten, daß sie die Kraft der gesamten Mathematik erfordern wird.

# LITERATUR

## 8. Mathematik und Informatik


Abramovski, S., Müller, H.: Geometrisches Modellieren. Mannheim: Bibliographisches Institut 1991.

Aho, A., Ullman, J.: The Theory of Parsing, Translation and Compiling, Vol. 1. Englewood Cliffs, NJ: Prentice Hall 1972.

Alefeld, G., Herzberger, J.: Einführung in die Intervallrechnung. Mannheim: Bibliographisches Institut 1974.

Altrock, C.v.: Fuzzy-Logik. München: Oldenbourg 1993.

Aspvall, B., Stone, R.: Khachiyan's linear programming algorithm. Journal of Algorithms 1(1980), 1–13.

Aumann, G., Spitzmüller, K.: Computerorientierte Geometrie. Mannheim: Bibliographisches Institut 1993.

Balcázar, J., Diáz, J., Gabárro, J.: Structural Complexity Theory, Vols. 1, 2. Berlin: Springer-Verlag 1988, 1990.

Balke, L., Böhling, K.: Einführung in die Automatentheorie und Theorie Formaler Sprachen. Mannheim: Bibliographisches Institut 1993.

Bandemer, H., Gottwald, S.: Einführung in FUZZY-Methoden. 4. Aufl. Berlin: Akademie-Verlag 1993.

Bauch, H. et al.: Intervallmathematik. Theorie und Anwendungen. Leipzig: Teubner-Verlag 1987.

Becker, T., Kredel, H., Weispfennig, V.: Gröbner Bases. New York: Springer-Verlag 1993.

Bibel, W.: Wissensrepräsentation und Inferenz. Braunschweig: Vieweg 1993.

Bocklisch, S.: Prozeßanalyse mit unscharfen Verfahren. Berlin: Verlag der Technik 1987.

Böhme, G.: Fuzzy-Logik. Berlin: Springer-Verlag 1993.

Börger, E.: Berechenbarkeit, Komplexität, Logik. Braunschweig: Vieweg 1992.

Borodin, A.: Computational complexity and the existence of complexity gaps. Journal of the Association for Computing Machinery 19(1972), 158–174.

Brauer, W.: Automatentheorie. Stuttgart: Teubner-Verlag 1984.

Char, B.: Progress report on a system for general-purpose parallel symbolic algebraic computation. In T. Sasaki (ed.), International Symposium on Symbolic and Algebraic Computation, Proceedings of the ACM-SIGSAM. ACM Press/Reading, MA: Addison-Wesley 1990.

Computeralgebra in Deutschland — Bestandsaufnahme, Möglichkeiten, Perspektiven. Technical report, Fachgruppe Computeralgebra der GI, DMV, GAMM. Passau und Heidelberg, 1993.

Cook, S.: The complexity of theorem-proving procedures. In: Proc. 3rd annual ACM Sympos. Theory Computing, pp. 151–157, Shaker Heights, OH, 1971.

Coppersmith, D., Winograd, S.: Matrixmultiplication via arithmetic progression. Journal of Symbolic Computation 9(1990), 251–280.

Cormen, T., Leiserson, C., Rivest, R.: Introduction to Algorithms. Cambridge: University Press 1990.

Davenport, J., Siret, Y., Tournier, E.: Computer Algebra: Systems and Algorithms for Algebraic Computation. London: Academic Press 1988.

Deligne, P.: La conjecture de Weil. Publ. Math. IHES 43(1974), 273–307.

Diaz, A. et al.: Process Scheduling in DSC and the Large Sparse Linear Systems Challenge. In: A. Miola (ed.), Design and Implementation of Symbolic Computation Systems – DISCO 93, Lecture Notes in Computer Science, Vol. 722. New York: Springer-Verlag 1993.

Dictionary of Computing. 3rd edition. Oxford: University Press 1990.

Dubois, D., Prade, M.: Fuzzy Sets and Systems. New York: Springer-Verlag 1980.

Duden Informatik. 2. Aufl. Mannheim: Bibliographisches Institut 1993.

Earley, J.: An efficient context-free parsing algorithm. PhD thesis, Pittsburgh, PA: Carnegie-Mellon University 1968.

Earley, J.: An efficient context-free parsing algorithm. Communications of the Association for Computing Machinery 13(1970), 94–102.

Farin, G.: Curves and Surfaces for Computer Aided Geometric Design: a Practical Guide. 3rd edition. New York: Academic Press 1993.

Feferman, S. et al. (eds.): Gödel – Collected Works, Vols. 1, 2. Oxford: University Press 1986, 1989.

Fuchssteiner, B.: Nichtlineare Dynamische Systeme: Eine Fallstudie für die Anwendung von Computeralgebramethoden. Geometry and Analysis: Trends in Teaching and Research, pp. 217–239, 1992.

Fuchssteiner, B. et al.: MuPAD Multi Processing Algebra Data Tool: Benutzerhandbuch, 1993.

Furst, M., Saxe, J., Sipser, M.: Parity, circuits, and the polynomial-time hierarchy. Mathematical Systems Theory 17(1984), 13–27.

Garey, M., Johnson, D.: Computers and Intractability. San Francisco: Freeman 1979.

Geddes, K., Czapor, S., Labahn, G.: Algorithms for Computeralgebra. Boston, MA: Kluwer Academic Publisher 1992.

Geyer-Schulz, A.: Unscharfe Mengen im Operations Research. (Dissertation, Wirtschaftsuniversität Wien). Verband der Wissenschaftlichen Gesellschaften Österreichs, Wien 1986.

Gonnet, G., Baeza-Yates, R.: Handbook of Algorithms and Data Structures. 2nd edition. Reading, MA: Addison-Wesley 1991.

Graham, S., Harrison, M., Ruzzo, W.: On-line context-free language recognition in less than cubic time. In: 8th Annual ACM Symposium on Theory of Computing, pp. 112–120, New York, 1976.

Güting, R.: Datenstrukturen und Algorithmen. Stuttgart: Teubner-Verlag 1992.

Hearn, A., Boyle, A., Caviness, B.: Future Directions for Research in Symbolic Computation. Technical report. Philadelphia, PA: Siam Reports on Issues in the Mathematical Sciences 1990.

Hearn, A.: REDUCE User's Manual. Santa Monica, CA, 1991.

Hennie, F., Stearns, R.: Two-tape simulation of multitape Turing machines. Journal of the Association for Computing Machinery 13(1966), 533–546.

Hong, H., Neubacher, A., Schreiner, W.: The Design of the SACLIB/PACLIB Kernels. New York: Springer-Verlag 1993.

Hopcroft, J.: An $n \log n$ algorithm for minimizing the states in a finite automaton. In: Theory Machines Computations, Proc. Internat. Sympos., Haifa, pp. 189–196. New York: Academic Press 1971.

Hopcroft, J., Ullman, J.: Introduction to Automata Theory, Languages, and Computation. Reading, MA: Addison-Wesley 1979.

Hoschek, J., Lasser, D.: Grundlagen der geometrischen Datenverarbeitung. 2. Aufl. Stuttgart: Teubner-Verlag 1992.

Hotz, G.: Schaltkreistheorie. Berlin: De Gruyter 1974.

Hughes, G., Cresswell, M.: An Introduction to Modal Logic. New York: Methuen 1968.

Immerman, N.: Nondeterministic space is closed under complement. SIAM J. of Computing 17(1988), 935–938.

Jenks, R., Suter, R.: AXIOM, the Scientific Computing System. New York: Springer-Verlag 1992.

Johnson, D.: A catalog of complexity classes. In: J. van Leeuwen (ed.), Handbook of Theoretical Computer Science, Vol. A, pp. 67–161. Amsterdam: Elsevier 1990.

Kahrimanian, H.: Analytical Differentiation by a Digital Computer. MA thesis, Temple University, Philadelphia, PA, 1953.

Karp, R.: Reducibility among combinatorial problems. In: R. Miller, J. Thatcher (eds.), Complexity of computer computations, pp. 85–104. New York: Plenum Press 1972.

Katz, N.: An overview of Deligne's proof on the Riemann hypothesis for varieties over finite fields. Proc. Symp. Pure Math. 28, Part 1, pp. 275–305, 1976.

Kaufmann, A., Gupta, M.: Introduction to Fuzzy Arithmetik. New York: Van Nostrand 1985.

Kleine Büning, H., Lettmann, T.: Aussagenlogik: Deduktion und Algorithmen. Stuttgart: Teubner-Verlag 1994.

Kolla, R., Molitor, P., Osthof, H.: Einführung in den VLSI-Entwurf. Stuttgart: Teubner-Verlag 1989.

Kruse, R., Gebhardt, J., Klawonn, F.: Fuzzy-Systeme. Stuttgart: Teubner-Verlag 1993.

Kruse, R., Meyer, K.: Statistics with Vague Data. Dordrecht: Reidel 1987.

Kuechlin, W.: The S-Threads Environment for Parallel Symbolic Computation. In: R. Zippel (ed.), Computer Algebra and Parallelism, Lecture Notes in Computer Science, Vol. 584. New York: Springer-Verlag 1990.

van Leeuwen, J., Widmayer, P.: Fundamental algorithms and data structures. In: E. Coffman, J. Lenstra, A. Rinnooy Kan (eds.), Handbooks in Operations Research and Management Science, Vol. 3: Computing. Amsterdam: Elsevier Science Publ. 1992.

Lewis, H., Papadimitriou, A.: Elements of the Theory of Computation. Englewood Cliffs, NJ: Prentice-Hall 1981.

Manber, U.: Introduction to Algorithms: a Creative Approach. Reading, MA: Addison-Wesley 1989.

Maple V.: Library Reference Manual, Language Reference Manual, Tutorial. New York: Springer-Verlag 1991.

MathPAD: Eine nutzerorientierte Information aus der MathPAD-Gruppe an der Universität-Gesamthochschule Paderborn. Vol. 1, Heft 3, 1991.

Mayer, O.: Syntaxanalyse. Mannheim: Bibliographisches Institut 1978.

McCluskey, E.J.: Minimization of Boolean Functions. Bell Systems Technical Journal 35(1986), 1417–1444.

McMullen, C., Shearer, J.: Prime implicants, minimum covers, and the complexity of logic simplification. IEEE Transactions on Computers 35(1986), 761–762.

Mehlhorn, K., Tsakalidis, A.: Data structures. In: J. van Leeuwen (ed.), Handbook of Theoretical Computer Science, Vol. A: Algorithms and Complexity. Amsterdam: Elsevier Science Publ. 1990.

Miller, G.: Riemann's hypothesis and tests for primality. Journal of Computer and System Sciences 13(1976), 300–317.

Milner, R.: Communication and Concurrency. Englewood Cliffs, NJ: Prentice Hall 1989.

Nievergelt, J., Hinrichs, K.: Algorithms and Data Structures, with Applications to Graphics and Geometry. Englewood Cliffs, NJ: Prentice Hall 1993.

Nolan, J.: Analytical Differentiation on a Digital Computer. Thesis, Boston, MA: MIT 1953.

Olderog, E.: Semantics of concurrent processes. Bulletin of the European Association for Theoretical Computer Science 28 and 29(1986), pp. 73–98 and pp. 96–117.

Ottmann, T., Widmayer, P.: Algorithmen und Datenstrukturen. 2. Aufl. Mannheim: Bibliographisches Institut 1993.

Paul, W.: Boolesche Minimalpolynome und Überdeckungsprobleme. Acta Informatica 4(1975), 321–336.

Paul, W.: Komplexitätstheorie. Stuttgart: Teubner-Verlag 1978.

Pavelle, R., Rothstein, M., Fitch, J.: Computer algebra. Scientific American 245(1981), 102–113.

Pippinger, N.: On simultaneous resource bounds. In: Proceedings of the 20th IEEE Symp. on Foundations of Computer Science, pp. 307–311, 1979.

Quine, W.: Two theorems about truth functions. Boletin de la Sociedad Matemática Mexicana 10(1953), 64–70.

Quine, W.: A way to simplify truth functions. American Mathematical Monthly 62(1955), 627–631.

Rabin, M., Scott, D.: Finite automata and their decision problems. IBM Journal of Research and Development 3(2)(1959), 115–125.

Reischuk, K.: Einführung in die Komplexitätstheorie. Stuttgart: Teubner-Verlag 1990.

Richter, M.: Logikkalküle. Stuttgart: Teubner-Verlag 1978.

Richter, M.: Prinzipien der künstlichen Intelligenz. 2. Aufl. Stuttgart: Teubner-Verlag 1992.

Robinson, J.: A machine-oriented logic based on the resolution principle. Journal of the Association of Computing Machinery 12(1965), 23–45.

Rozenberg, G., Salomaa, A. (eds.).: Lindenmayer Systems. Impacts on Theoretical Computer Science, Computer Graphics, and Developmental Biology. New York: Springer-Verlag 1992.

Rozenberg, G., Salomaa, A.: Lindenmayer Systems. Lecture Notes in Computer Science, Vol. 15. New York: Springer-Verlag 1974.

Rozenberg, G., Salomaa, A.: The Book of L. New York: Springer-Verlag 1986.

Salomaa, A.: Formal Languages. New York: Academic Press 1973.
Savitch, W.J.: Relationships between nondeterministic and deterministic tape complexities. Journal of Computer and System Sciences 4(1970), 177–192.
Schöning, U.: Graph isomorphisms in the low hierarchy. In: F. Brandenburg (ed.), Proceedings of the 4th STACS, Lecture Notes in Computer Science, Vol. 247, pp. 114–124. Berlin: Springer-Verlag 1987.
Sedgewick, R.: Algorithms. Reading, MA: Addison-Wesley 1992.
Seiferas, J., Fischer, M., Meyer, A.: Separating nondeterministic time complexity classes. Journal of the Association for Computing Machinery 25(1978), 146–167.
Shannon, C.: The synthesis of two-terminal switching circuits. Bell Systems Technical Journal 28(1949), 59–98.
Silverman, J.: The Arithmetic of Elliptic Curves. Berlin: Springer-Verlag 1986.
de Souza, P.: Computer Algebra Systems. AMS Notices 40(1993), 617–623.
de Souza, P.: Distributors of Computer Algebra Systems 11/93. Internet: ca@math.berkeley.edu, 1993.
Stockmeyer, L.: The polynomial time-hierarchy. Theoretical Computer Science 3(1976), 1–22.
Szelepcényi, R.: A method of forced enumeration for nondeterministic automata. Acta Informatica 26(1988), 279–284.
Tarski, A.: Der Wahrheitsbegriff in den formalisierten Sprachen. Studia Philosophica 1(1963), 261–405.
Valiant, L.: General context-free recognition in less than cubic time. Journal of Computer and System Sciences 10(1975), 308–315.
Wagon, S.: MATHEMATICA in Aktion. Heidelberg: Spektrum Akademischer Verlag 1993.
Wegener, I.: Effiziente Algorithmen für grundlegende Funktionen. Stuttgart: Teubner-Verlag 1989.
Wegener, I.: Theoretische Informatik. Stuttgart: Teubner-Verlag 1993.
Wilhelm, R., Maurer, D.: Übersetzerbau: Theorie, Konstruktion, Generierung. Berlin: Springer-Verlag 1992.
Winkler, F., Kutzler, B., Lichtenberger, F.: Computer Algebra Systems. Risc-Linz Series 1988.
Wirth, N.: Algorithmen und Datenstrukturen mit Modula-2. 4. Aufl. Stuttgart: Teubner-Verlag 1986.
Wolfram, S.: Mathematica: Ein System für Mathematik auf dem Computer. New York: Addison–Wesley 1992.
Wood, D.: Data Structures, Algorithms, and Performance. Reading, MA: Addison-Wesley 1993.
Wrathall, C.: Complete sets and the polynomial-time hierarchy. Theoretical Computer Science 3(1976), 23–33.
Zak, S.: A Turing machine time hierarchy. Theoretical Computer Science 26(1993), 327–333.
Zimmermann, H.: Fuzzy Sets, Decision Making, and Expert Systems. Dordrecht: Kluwer Academic Publisher 1987.
Zimmermann, H.: Fuzzy Set Theory and its Applications. 2nd edition. Dordrecht: Kluwer Academic Publisher 1991.

## 9. Operations Research

Afflerbach, L., Lehn, J. (Hrsg.): Zufallszahlen und Simulationen. Stuttgart: Teubner-Verlag 1986.
Aubin, J.: Optima und Equilibria. New York: Springer-Verlag 1993.
Bandemer, H., Bellmann, A.: Statistische Versuchsplanung. 4. Aufl. Stuttgart-Leipzig: Teubner-Verlag 1994.
Beichelt, F.: Zuverlässigkeits- und Instandhaltungstheorie. Stuttgart: Teubner-Verlag 1993.
Beisel, E.: Lineare und ganzzahlige lineare Optimierung. Braunschweig: Vieweg 1987.
Beisel, E.: Optimierung in Graphen. Braunschweig: Vieweg 1991.
Bellman, A.: Dynamic Programming. Princeton, NJ: University Press 1957.
Coffman, E., Lenstra, J., Rinnooy Kan, A. (eds.): Handbooks in Operation Research and Management Science, Vol. 1ff. Amsterdam: Elsevier Publ. 1992.
Emeličev, V., Kovalev, M., Kravcov, M.: Polyeder-Graphen-Optimierung. Berlin: Deutscher Verlag der Wissenschaften 1985.

Fletcher, R.: Practical Methods of Optimizations. New York: Wiley & Sons 1987.

Fould, L.: Graph Theory Applications. New York: Springer-Verlag 1992.

Gal, T.: Grundlagen des Operation Research, Vols. 1–3. Berlin: Springer-Verlag 1989.

Göpfert, A., Nehse, R.: Vektoroptimierung. Leipzig: Teubner-Verlag 1990.

Grötschel, M., Lovász, L., Schrijver, A.: Geometric Algorithms and Combinatorial Optimization. 2nd edition. New York: Springer-Verlag 1993.

Großmann, C., Terno, J.: Numerik der Optimierung. Stuttgart: Teubner-Verlag 1993.

Guddat, J., Guerra Vasquez, F., Jongen, H.: Parametric Optimization: Singularities, Pathfollowing and Jumps. Stuttgart: Teubner-Verlag 1990.

Hässig, K.: Graphentheoretische Methoden des Operations Research. Stuttgart: Teubner-Verlag 1979.

Hiriart-Urruty, J., Lemarchal, C.: Convex Analysis and Minimization Algorithms, Vols. 1,2. New York: Springer-Verlag 1993.

Kall, P.: Mathematische Methoden des Operations Research. Stuttgart: Teubner-Verlag 1976.

König, D.: Theorie der endlichen und unendlichen Graphen. Mit einem Beitrag von L. Euler. Hrsg.: Sachs, H. Leipzig: Teubner-Verlag 1986.

Kohlas, J.: Zuverlässigkeit und Verfügbarkeit: Mathematische Modelle, Methoden und Algorithmen. Stuttgart: Teubner-Verlag 1987.

Kosmol, P.: Methoden zur numerischen Behandlung nichtlinearer Gleichungen und Optimierungsaufgaben. 2. Aufl. Stuttgart: Teubner-Verlag 1993.

Läuchli, P.: Algorithmische Graphentheorie. Basel: Birkhäuser 1991.

Piehler, J.: Einführung in die dynamische Optimierung. 2. Aufl. Leipzig: Teubner-Verlag 1968.

Rauhut, B., Schmitz, N., Zachow, E.-W.: Spieltheorie. Stuttgart: Teubner-Verlag 1979.

Sachs, H.: Einführung in die Theorie der endlichen Graphen, Bd. 1, 2. Leipzig: Teubner-Verlag 1970, 1972.

Spellucci, P.: Numerische Verfahren der nichtlinearen Optimierung. Basel: Birkhäuser 1993.

Szép, J.: Einführung in die Spieltheorie. Budapest: Akadémiai Kiadó 1983.

Walther, H., Nägler, G.: Graphen – Algorithmen – Programme. Leipzig: Fachbuchverlag 1987.

Zabczyk, J.: Mathematical Control Theory. Basel: Birkhäuser 1992.

## 10. Höhere Analysis

### 10.1. Die Grundideen der modernen Analysis und ihr Verhältnis zu den Naturwissenschaften

Aleksandrov, P. (Hrsg.): Die Hilbertschen Probleme. Übers. a.d. Russ. 3. Aufl. Leipzig: Akademische Verlagsgesellschaft Geest & Portig 1983.

Burg, K., Haf, H., Wille, F.: Höhere Mathematik für Ingenieure, Bd. 1–5. 3., 3., 3., 2., 2. Aufl. Stuttgart: Teubner-Verlag 1992–1994.

Choquet-Bruhat, Y., DeWitt-Morette, C., Dillard-Bleick, M.: Analysis, Manifolds, and Physics, Vols. 1, 2. Amsterdam: North-Holland 1983, 1988.

Companion Encyclopaedia of the History and Philosophy of the Mathematical Sciences. Edited by I. Grattan-Guinness. London: Rutledge 1994.

Courant, R., Hilbert, D.: Methoden der mathematischen Physik. 4. Aufl. Berlin: Springer-Verlag 1993.

Cross, M., Hohenberg, P.: Pattern formation outside of equilibrium. Reviews of Modern Physics 65(1993), 851–1112.

Dautray, R., Lions, J.: Mathematical Analysis and Numerical Methods for Science and Technology, Vols. 1–6. Transl. from the French. New York: Springer-Verlag 1988–1993.

Davies, P. (ed.): The New Physics. Cambridge, England: University Press 1989.

Davis, D.: The Nature and Power of Mathematics. Princeton, NJ: University Press 1993.

Dubrovin, B., Fomenko, A., Novikov, S.: Modern Geometry, Vols. 1–3. Transl. from the Russian. New York: Springer-Verlag 1985–1992.

Encyclopaedia of Mathematical Sciences, Vol. 1ff. Transl. from the Russian. New York: Springer-Verlag 1988ff.

Encyclopaedia of Mathematics, Vols. 1–10. Revised Translation from the Russian. Dordrecht: Kluwer Academic Publisher 1992.

Encyclopedic Dictionary of Mathematics. Edited by Kiyosi Ito. 2nd edition. Cambridge, MA: The MIT Press 1993.

Friedmann, A.: Mathematics in Industrial Problems, Vols. 1–6. New York: Springer-Verlag 1988–1994.

Gell-Mann, M.: Das Quark und der Jaguar: Eine neue Theorie erklärt die Welt. Übers. a.d. Engl. München: Piper 1994.

Gauß, C.F., Riemann, B., Minkowski, H.: Gaußsche Flächentheorie, Riemannsche Räume und Minkowski-Welt. Hrsg.: Böhm, J., Reichardt, H. Leipzig: Teubner-Verlag 1984.

Greiner, W.: Classical Physics – Texts and Exercise Books. Vols. 1,2: Quantum Mechanics; Vol. 3: Relativistic Quantum Mechanics; Vol. 4: Quantum Electrodynamics; Vol. 5: Gauge Theory of Weak Interactions; Vol. 6: Quantum Chromodynamics. New York: Springer-Verlag 1989–1994.

Großmann, S.: Mathematischer Einführungskurs für die Physik. 7. Aufl. Stuttgart: Teubner-Verlag 1993.

Jost, J.: Postmodern Analysis. New York: Springer-Verlag 1995.

Jug, K.: Mathematik in der Chemie. 2. Aufl. Berlin: Springer-Verlag 1993.

Kaku, M., Trainer, J.: Beyond Einstein: The Cosmic Quest for the Theory of the Universe. New York: Bantam Books 1987.

Leis, R.: Initial Boundary Value Problems in Mathematical Physics. Stuttgart: Teubner-Verlag 1986.

Murray, J.: Mathematical Biology. New York: Springer-Verlag 1989.

Nakahara, M.: Geometry, Topology, and Physics. Bristol: Hilger 1990.

Reed, M., Simon, B.: Methods of Modern Mathematical Physics, Vols. 1–4. New York: Academic Press 1971–1976.

Riemann, B.: Gesammelte mathematische Werke, wissenschaftlicher Nachlaß und Nachträge. Hrsg.: Weber, H., Dedekind, R., Narasimhan, R. Berlin und Leipzig: Springer-Verlag und Teubner-Verlag 1990.

Schmutzer, E.: Grundlagen der theoretischen Physik, Bd. 1, 2. Berlin: Deutscher Verlag der Wissenschaften 1989.

Scott, G., Davidson, K.: Wrinkles in Time. New York: Morrow 1993.

Thorne, K.: Gekrümmter Raum und verbogene Zeit: Einsteins Vermächtnis. Übers. a.d. Engl. München: Droemer und Knaur 1994.

Triebel, H.: Analysis und mathematische Physik. 3. Aufl. Leipzig: Teubner-Verlag 1989.

Zeidler, E.: Nonlinear Functional Analysis and its Applications. Vols. 1, 2A, 2B, 3, 4. New York: Springer-Verlag 1984-1990 (Vol. 5 in preparation). 2nd edition of Vol. 1, 1992; 2nd edition of Vol. 4, 1995.

Zeidler, E.: Introduction to Applied Functional Analysis. Vol. 1: Applications to Mathematical Physics. Vol. 2: Main Principles and their Applications. New York: Springer-Verlag 1995.

## 10.2. Tensoranalysis, Differentialformen und mehrfache Integrale

Man vergleiche auch die Literatur zu „15. Mannigfaltigkeiten".

Bourne, D.E., Kendall, P.C.: Vektoranalysis. Übers. a.d. Engl. 2. Aufl. Stuttgart: Teubner-Verlag 1988.

Choquet-Bruhat, Y., DeWitt-Morette, C., Dillard-Bleick, M.: Analysis, Manifolds, and Physics, Vols. 1, 2. Amsterdam: North-Holland 1982, 1988.

Duschek, A., Hochrainer, A.: Grundzüge der Tensorrechnung in analytischer Darstellung, Bd. 1, 2, 3. 5., 3., 2. Aufl. Wien: Springer-Verlag 1977.

Edwards, H.: Advanced Calculus: a Differential Forms Approach. Basel: Birkhäuser 1983.

Jänich, K.: Vektoranalysis. 2. Aufl. Berlin: Springer-Verlag 1993.

Lippmann, H.: Angewandte Tensorrechnung. Berlin: Springer-Verlag 1993.

Raschewski, P.: Riemannsche Geometrie und Tensoranalysis. Übers. a.d. Russ. Berlin: Deutscher Verlag der Wissenschaften 1959.

Westenholz, C.v.: Differential Forms in Mathematical Physics. Amsterdam: North-Holland 1981.

## 10.3. Integralgleichungen

Dautray, R., Lions, J.: Mathematical Analysis and Numerical Methods for Science and Technology, Vol. 4. Transl. from the French. New York: Springer-Verlag 1990.

Fenyö, S., Stolle, H.: Theorie und Praxis der linearen Integralgleichungen, Bd. 1–4. Berlin: Deutscher Verlag der Wissenschaften 1982–1984.

Gochberg, I.: One-Dimensional Singular Integral Equations, Vols. 1, 2. Basel: Birkhäuser 1992.

Hackbusch, W.: Integralgleichungen: Theorie und Numerik. Stuttgart: Teubner-Verlag 1989.

Jörgens, K.: Lineare Integraloperatoren. Stuttgart: Teubner-Verlag 1970.

Kress, R.: Linear Integral Equations. New York: Springer-Verlag 1989.

Schmeidler, W.: Integralgleichungen und ihre Anwendungen in Physik und Technik. 2. Aufl. Leipzig: Akademische Verlagsgesellschaft Geest & Portig 1955.

Smirnow, W.: Lehrgang der höheren Mathematik, Bd. 4. Übers. a.d. Russ. 15. Aufl. Berlin: Deutscher Verlag der Wissenschaften 1989.

Yosida, K.: Lectures on Differential and Integral Equations. Transl. from the Japanese. New York: Interscience Publishers 1960.

## 10.4. Distributionen und lineare partielle Differentialgleichungen der mathematischen Physik

Burg, K., Haf, H., Wille, F.: Höhere Mathematik für Ingenieure, Bd. 3, 5. 3., 2. Aufl. Stuttgart: Teubner-Verlag 1993.

Egorov, Yu., Shubin, M.: Partial Differential Equations, Vols. 1–4. Encyclopaedia of Mathematical Sciences. Transl. from the Russian. New York: Springer-Verlag 1991.

Gelfand, I., Schilow, G.: Verallgemeinerte Funktionen, Bd. 1. Übers. a.d. Russ. Berlin: Deutscher Verlag der Wissenschaften 1964.

Hörmander, L.: The Analysis of Linear Partial Differential Operators, Vols. 1–4. New York: Springer-Verlag 1993.

Kanwal, R.: Generalized Functions. New York: Academic Press 1983.

Stopp, F.: Operatorenrechnung: Laplace-, Fourier- und Z-Transformation. 5. Aufl. Stuttgart-Leipzig: Teubner-Verlag 1992.

Triebel, H.: Höhere Analysis. 2. Aufl. Berlin: Deutscher Verlag der Wissenschaften 1980.

## 10.5. Moderne Maß- und Integrationstheorie

Als Einführung empfehlen wir Bauer (1990) und Bröcker (1992).

Alt, H.: Lineare Funktionalanalysis. 2. Aufl. Berlin: Springer-Verlag 1993.

Bauer, H.: Maß- und Integrationstheorie. Berlin: De Gruyter 1990.

Bögel, K., Tasche, M.: Analysis in normierten Räumen. Berlin: Akademie-Verlag 1974.

Bröcker, T.: Analysis, Bd. 2. Mannheim: Bibliographisches Institut 1992.

Cohn, D.: Measure Theory. New York: Wiley & Sons 1980.

Doob, J.: Measure Theory. New York: Springer-Verlag 1994.

Royden, H.: Real Analysis. 3rd edition. New York: Macmillan Publishing Company 1988.

Rudin, W.: Real and Complex Analysis. New York: McGraw Hill 1966.

Storch, U., Wiebe, H.: Lehrbuch der Mathematik, Bd. 3. Mannheim: Bibliographisches Institut 1993.

## 11. Lineare Funktionalanalysis und ihre Anwendungen

Als Einführung empfehlen wir Zeidler (1995).


Alt, H.: Lineare Funktionalanalysis. 2. Aufl. Berlin: Springer-Verlag 1993.

Baggett, L.: Functional Analysis. New York: Marcel Dekker 1992.

Berezin, F., Shubin, M.: The Schrödinger Equation. Transl. from the Russian. Dordrecht: Kluwer Academic Publisher 1991.

Burg, K., Haf, H., Wille, F.: Höhere Mathematik für Ingenieure, Bd. 5. 2. Aufl. Funktionalanalysis und partielle Differentialgleichungen. Stuttgart: Teubner-Verlag 1993.

Collatz, L.: Funktionalanalysis und numerische Mathematik. Berlin: Springer-Verlag 1968.

Conway, J.: A Course in Functional Analysis. 2nd edition. New York: Springer-Verlag 1990.

Dautray, R., Lions, J.: Mathematical Analysis and Numerical Methods for Science and Technology, Vols. 1–6. Transl. from the French. New York: Springer-Verlag 1988–1993.

Dieudonné, J.: History of Functional Analysis. Amsterdam: North Holland 1981.

Dunford, N., Schwartz, J.: Linear Operators, Vols. 1, 2. New York: Interscience Publishers 1958, 1963.

Göpfert, A., Riedrich, T.: Funktionalanalysis. 4. Aufl. Stuttgart-Leipzig: Teubner-Verlag 1994.

Greub, W.: Multilinear Algebra. Berlin: Springer-Verlag 1967.

Heuser, H.: Funktionalanalysis. 3. Aufl. Stuttgart: Teubner-Verlag 1992.

Heuser, H., Wolf, H.: Algebra, Funktionalanalysis und Codierung. Eine Einführung für Ingenieure. Stuttgart: Teubner-Verlag 1986.

Hilbert, D., Schmidt, E.: Integralgleichungen und Gleichungen mit unendlich vielen Unbekannten. Hrsg.: Pietsch, A. Leipzig: Teubner-Verlag 1989.

Holmes, R.: Geometrical Functional Analysis. Berlin: Springer-Verlag 1975.

Jänich, K.: Topologie. 4. Aufl. Berlin: Springer-Verlag 1994.

Kadison, R., Ringrose, J.: Fundamentals of the Theory of Operator Algebras, Vols. 1–4. New York: Springer-Verlag 1986–1993.

Kato, T.: Perturbation Theory for Linear Operators. New York: Springer-Verlag 1966.

Luenberger, D.: Optimization by Vector Space Methods. New York: Wiley & Sons 1969.

Mackey, G.: The Scope and History of Commutative and Noncommutative Harmonic Analysis. Providence, RI: American Mathematical Society 1992.

Maurin, K.: Methods of Hilbert Spaces. 2nd edition. Transl. from the Polish. Warsaw: Polish Scientific Publishers 1972.

Reed, M., Simon, B.: Methods of Modern Mathematical Physics, Vols. 1–4. New York: Academic Press 1971–1976.

Renardy, M., Rogers, R.: Introduction to Partial Differential Equations. New York: Springer-Verlag 1993.

Schechter, M.: Principles of Functional Analysis. New York: Academic Press 1971.

Scheja, G., Storch, U.: Lehrbuch der Algebra. Unter Einschluß der linearen Algebra, Bd. 1–3. Stuttgart: Teubner-Verlag 1981–1994.

Schwarz, H.R.: Methode der finiten Elemente. 3. Aufl. Stuttgart: Teubner-Verlag 1991.

Triebel, H.: Höhere Analysis. 2. Aufl. Berlin: Deutscher Verlag der Wissenschaften 1980.

Wloka, J.: Funktionalanalysis und ihre Anwendungen. Berlin: De Gruyter 1971.

Wloka, J.: Partielle Differentialgleichungen: Sobolevräume und Randwertaufgaben. Stuttgart: Teubner-Verlag 1982.

Yosida, K.: Lectures on Differential and Integral Equations. Transl. from the Japanese. New York: Interscience Publishers 1960.

Yosida, K.: Functional Analysis. 7th edition. New York: Springer-Verlag 1995.

Zeidler, E.: Nonlinear Functional Analysis and its Applications. Vol. 2A: Linear Monotone Operators. New York: Springer-Verlag 1990.

Zeidler, E.: Introduction to Applied Functional Analysis, Vols. 1, 2. New York: Springer-Verlag 1995.

## 12. Nichtlineare Funktionalanalysis und ihre Anwendungen

Als Einführung empfehlen wir Zeidler (1995).

Allgower, E., Georg, K.: Numerical Continuation Methods. New York: Springer-Verlag 1990.
Ambrosetti, A.: A Primer of Nonlinear Analysis. Cambridge, England: University Press 1993.
Aubin, J., Ekeland, I.: Applied Nonlinear Analysis. New York: Wiley & Sons 1979.
Aubin, J.: Optima und Equilibria. New York: Springer-Verlag 1993.
Berger, M.: Nonlinearity and Functional Analysis. 2nd edition. New York: Academic Press 1982.
Browder, F. (ed.): Nonlinear and Global Analysis. Providence, RI: American Mathematical Society 1993.
Brown, R.: A Topological Introduction to Nonlinear Analysis. Basel: Birkhäuser 1993.
Deimling, K.: Nonlinear Functional Analysis. New York: Springer-Verlag 1985.
Gajewski, H., Gröger, K., Zacharias, K.: Nichtlineare Operatorgleichungen und Operatordifferentialgleichungen. Berlin: Akademie-Verlag 1974.
Krasnoselski, M. u.a.: Näherungsverfahren zur Lösung von Operatorgleichungen. Übers. a.d. Russ. Berlin: Akademie-Verlag 1973.
Krasnoselski, M., Zabreiko, P.: Geometrical Methods in Nonlinear Analysis. Transl. from the Russian. New York: Springer-Verlag 1984.
Kung-Ching Chang: Inifine-Dimensional Morse Theory and Multiple Solution Problems. Basel: Birkhäuser 1992.
Langenbach, A.: Monotone Potentialoperatoren in Theorie und Anwendung. Berlin: Deutscher Verlag der Wissenschaften 1976.
Mawhin, J., Willem, M.: Critical Point Theory and Hamiltonian Systems. New York: Springer-Verlag 1987.
Petryshyn, V.: Approximation-Solvability of Nonlinear Functional and Differential Equations. New York: Marcel Dekker 1993.
Zeidler, E.: Nonlinear Functional Analysis and its Applications. Vol. 1: Fixed-Point Theorems; Vol. 2A: Linear Monotone Operators; Vol. 2B: Nonlinear Monotone Operators; Vol. 3: Variational Methods and Optimization; Vol. 4: Applications to Mathematical Physics. New York: Springer-Verlag 1984. (Vol. 5: Applications to Mathematical Physics (in preparation)). 2nd edition of Vol. 1, 1992; 2nd edition of Vol. 4, 1995.
Zeidler, E.: Introduction to Applied Functional Analysis, Vols. 1, 2. New York: Springer-Verlag 1995.

## 13. Dynamische Systeme – Mathematik der Zeit

Als Einführung empfehlen wir Jetschke (1989) und Hale, Koçak (1991).

Abraham, R.: Dynamics – the Geometry of Behavior, Vols. 1–4. Basel: Birkhäuser 1983.
Abraham, R., Marsden, J.: Foundations of Mechanics. Reading, MA: Benjamin Company 1978.
Amann, H.: Gewöhnliche Differentialgleichungen. Berlin: De Gruyter 1983.
Arnold, V., Avez, A.: Problèmes ergodiques de la mécanique classique. Paris: Gauthier-Villars 1967.
Arnold, V.: Gewöhnliche Differentialgleichungen. Übers. a.d. Russ. 2. Aufl. Berlin: Deutscher Verlag der Wissenschaften und Springer-Verlag 1991.
Arnold, V.: Geometrische Methoden in der Theorie gewöhnlicher Differentialgleichungen. Übers. a.d. Russ. Berlin: Deutscher Verlag der Wissenschaften 1987.
Arnold, V. (ed.): Dynamical Systems, Vols. 1–8. Encyclopaedia of the Mathematical Sciences. Transl. from the Russian. New York: Springer-Verlag 1988-1993.
Becker, K., Dörfler, M.: Dynamische Systeme und Fraktale. 4. Aufl. Braunschweig: Vieweg 1992.
Billingsley, P.: Ergodic Theory and Information. New York: Wiley & Sons 1965.
Bratelli, C., Robinson, D.: Operator Algebras and Quantum Statistical Mechanics, Vols. 1, 2. New York: Springer-Verlag 1979.
de Melo, W., van Strien, S.: One-Dimensional Dynamics. New York: Springer-Verlag 1993.

Ebeling, W.: Wir und die Natur: Chaos, Ordnung und Information. Leipzig: Urania-Verlag 1989.
Ebeling, W., Engel, A., Feistel, R.: Physik der Evolutionsprozesse. Berlin: Akademie-Verlag 1990.
Falconer, K.: Fraktale Geometrie. Übers. a.d. Engl. Heidelberg: Spektrum 1993.
Girlich, H., Köchel, P., Küenle, H.: Steuerung Dynamischer Systeme. Basel: Birkhäuser 1990.
Guckenheimer, J., Holmes, P.: Nonlinear Oscillations, Dynamical Systems, and Bifurcations of Vector Fields. New York: Springer-Verlag 1983.
Haken, H.: Synergetik. Eine Einführung: Nichtgleichgewichtsphasenübergänge in Physik, Chemie und Biologie. 3. Aufl. Berlin: Springer-Verlag 1990.
Hale, J., Koçak, H.: Dynamics and Bifurcations. New York: Springer-Verlag 1991.
Heuser, H.: Gewöhnliche Differentialgleichungen. 2. Aufl. Stuttgart: Teubner-Verlag 1991.
Hubbard, J., West, B.: Differential Equations: A Dynamical Systems Approach, Vols. 1–3. New York: Springer-Verlag 1991ff.
Jetschke, G.: Mathematik der Selbstorganisation. Berlin: Deutscher Verlag der Wissenschaften 1989.
Mandelbrot, B.: The Fractal Geometry of Nature. San Francisco, CA: Freemann 1982.
Meyer, K., Hall, G.: Introduction to Hamiltonian Dynamical Systems and the N-Body Problem. New York: Springer-Verlag 1992.
Newton, R.: Scattering Theory of Waves and Particles. New York: Springer-Verlag 1982.
Ott, E.: Chaos in Dynamical Systems. Cambridge, England: University Press 1992.
Peitgen, H., Richter, P.: The Beauty of Fractals. New York: Springer-Verlag 1986.
Peitgen, H., Jürgens, H., Saupe, D.: Chaos and Fractals. New York: Springer-Verlag 1992.
Poston, T., Stewart, I.: Catastrophe Theory and its Applications. London: Pitman 1978.
Reed, M., Simon, B.: Methods of Modern Mathematical Physics, Vols. 1–4. New York: Academic Press 1971–1976.
Ruelle, D.: Chaotic Evolution and Strange Attractors. Cambridge, England: University Press 1989.
Schechter, M.: Operator Methods in Quantum Mechanics. New York: North-Holland 1981.
Schneider, M.: Himmelsmechanik, Bd. 1ff. Mannheim: Bibliographisches Institut 1992.
Schuster, P.: Deterministic Chaos: An Introduction. Weinheim: Physik-Verlag 1994.
Temam, R.: Inifinite-Dimensional Dynamical Systems in Mechanics and Physics. New York: Springer-Verlag 1988.
Verhulst, F.: Nonlinear Differential Equations and Dynamical Systems. New York: Springer-Verlag 1990.
Wiggins, S.: Introduction to Applied Nonlinear Dynamical Systems and Chaos. New York: Springer-Verlag 1990.
Zeidler, E.: Nonlinear Functional Analysis and its Applications. Vols. 1, 2A, 2B, 3, 4. New York: Springer-Verlag 1984-1990.
Zwillinger, D.: Handbook of Differential Equations. 2nd edition. New York: Academic Press 1992.

## 14. Nichtlineare partielle Differentialgleichungen in den Naturwissenschaften

Als Einführung empfehlen wir Smoller (1994). Zahlreiche Anwendungen mit ausführlichen Motivationen findet man in Zeidler (1995), Vols. 4, 5.

Banks, R.: Growth and Diffusion Phenomena. New York: Springer-Verlag 1994.
Carathéodory, C.: Variationsrechnung und partielle Differentialgleichungen erster Ordnung. Hrsg.: Klötzler, R. Stuttgart-Leipzig: Teubner-Verlag 1994.
Cercignani, C.: Theory and Applications of the Boltzmann Equation. New York: Springer-Verlag 1988.
Christodoulou, D., Klainermann, S.: The Global Nonlinear Stability of the Minkowski Space. Princeton, NJ: University Press 1993.
Ciarlet, P.: Mathematical Elasticity. Amsterdam: North Holland 1988.

Dautray, R., Lions, J.: Mathematical Analysis and Numerical Methods for Science and Technology, Vols. 1–6. Transl. from the French. New York: Springer-Verlag 1988–1993.

Dittrich, W., Reutter, M.: Classical and Quantum Dynamics from Classical Paths to Path Integrals. New York: Springer-Verlag 1994.

Donoghue, J., Golowich, E., Holstein, B.: Dynamics of the Standard Model. Cambridge, England: University Press 1992.

Ebert, D.: Eichfeldtheorien: Grundlage der Elementarteilchenphysik. Berlin: Akademie-Verlag 1989.

Fife, P.: Mathematical Aspects of Reacting and Diffusing Systems. Berlin: Springer-Verlag 1979.

Friedmann, A.: Variational Principles and Free Boundary Value Problems. New York: Wiley & Sons 1982.

Friedmann, A.: Mathematics in Industrial Problems, Vols. 1–6. New York: Springer-Verlag 1988–1994.

Galdi, G.: An Introduction to the Mathematical Theory of the Navier-Stokes Equations, Vols. 1, 2. New York: Springer-Verlag 1994.

Giaquinta, M.: Introduction to Regularity Theory for Nonlinear Elliptic Systems. Basel: Birkhäuser 1993.

Giaquinta, M., Hildebrandt, S.: The Calculus of Variations, Vols. 1, 2. New York: Springer-Verlag 1995.

Großmann, C., Roos, H.-G.: Numerik partieller Differentialgleichungen. 2. Aufl. Stuttgart: Teubner-Verlag 1994.

Hackbusch, W.: Theorie und Numerik elliptischer Differentialgleichungen. Stuttgart: Teubner-Verlag 1986.

Hatfield, B.: Quantum Field Theory of Point Particles and Strings. Reading, MA: Addison-Wesley 1992.

Hawking, S., Ellis, G.: The Large Scale Structur of Space-Time. Cambridge, England: University Press 1973.

Henry, D.: Geometric Theory of Semilinear Parabolic Equations. Berlin: Springer-Verlag 1981.

Kaku, M.: Quantum Field Theory. Oxford: University Press 1993.

Leung, A.: Systems of Nonlinear Partial Differential Equations: Applications to Biology and Engineering. Dordrecht: Kluwer Academic Publisher 1989.

Le Veque, R.: Numerical Methods for Conservation Laws. Basel: Birkhäuser 1990.

Lions, J.: Quelques méthodes de résolution des problèmes aux limites non linèaires. Paris: Dunod 1969.

Majda, A.: Compressible Fluid Flow and Systems of Conservation Laws. New York: Springer-Verlag 1984.

Mandl, F., Shaw, G.: Quantum Field Theory. New York: Wiley & Sons 1984.

Marchioro, C., Pulvirenti, M.: Mathematical Theory of Inviscid Fluids. New York: Springer-Verlag 1994.

Markowich, P.: Semiconductor Equations. New York: Springer-Verlag 1990.

Marshak, R.: Conceptual Foundations of Modern Particle Physics. Singapore: World Scientific 1993.

Neças, J., Hlávaček, I.: Mathematical Theory of Elastic and Elasto-Plastic Bodies. New York: Elsevier 1981.

Racke, R.: Lectures on Nonlinear Evolution Equations. Braunschweig: Vieweg 1991.

Rolnick, W.: Fundamental Particles and their Interactions. Reading, MA: Addison-Wesley 1994.

Smoller, J.: Shock Waves and Reaction-Diffusion Equations. 2nd enlarged edition. New York: Springer-Verlag 1994.

Sterman, G.: An Introduction to Quantum Field Theory. Cambridge, England: University Press 1993.

Strauss, W.: Nonlinear Wave Equations. Providence, RI: American Mathematical Society 1989.

Struwe, M.: Variational Methods. New York: Springer-Verlag 1990.

Temam, R.: Navier-Stokes Equations: Theory and Numerical Analysis. Amsterdam: North-Holland 1977.

Temam, R.: Infinite-Dimensional Dynamical Systems in Mechanics and Physics. New York: Springer-Verlag 1988.

Toda, M.: Nonlinear Waves and Solitons. Dordrecht: Kluwer Academic Publisher 1989.

Zeidler, E.: Nonlinear Functional Analysis and its Applications. Vol. 4: Applications to Mathematical Physics. 2nd edition. New York: Springer-Verlag 1995 (Vol. 5 in preparation).

## 15. Mannigfaltigkeiten

Als Einführung empfehlen wir Choquet-Bruhat, DeWitt-Morette und Dillard-Bleick (1983, 1988).


Abraham, R., Marsden, J., Ratiu, T.: Manifolds, Tensor Analysis, and Applications. Reading, MA: Addison-Wesley 1983.

Aebischer, B. et al.: Symplectic Geometry: an Introduction. Basel: Birkhäuser 1994.

Arnold, V.: Mathematische Methoden der klassischen Mechanik. Übers. a.d. Russ. Berlin: Deutscher Verlag der Wissenschaften 1988.

Choquet-Bruhat, Y., DeWitt-Morette, C., Dillard-Bleick, M.: Analysis, Manifolds, and Physics, Vols. 1, 2. Amsterdam: North-Holland 1983, 1988.

Conlon, L.: Differentiable Manifolds: a First Course. Basel: Birkhäuser 1992.

Connes, A.: Noncommutative Geometry. New York: Academic Press 1994.

Dubrovin, B., Fomenko, A., Novikov, S.: Modern Geometry, Vols. 1–3. Transl. from the Russian. New York: Springer-Verlag 1985–1992.

Gamkrelidze, R.: Geometry I. Encyclopaedia of Mathematical Sciences. Transl. from the Russian. New York: Springer-Verlag 1991.

Göckeler, M., Schücker, T.: Differential Geometry, Gauge Theories and Gravity. Cambridge, England: University Press 1988.

Guillemin, V., Pollack, A.: Differential Topology. Englewood Cliffs, NJ: Prentice Hall 1974.

Haag, R.: Local Quantum Physics. New York: Springer-Verlag 1993.

Kobayashi, S., Nomizu, K.: Foundations of Differential Geometry, Vols. 1, 2. New York: Wiley & Sons 1963.

Lang, S.: Differential Manifolds. Reading, MA: Addison-Wesley 1972.

Nakahara, M.: Geometry, Topology, and Physics. Bristol: Hilger 1990.

Simon, B.: The Statistical Mechanics of Lattice Gases. Princeton, NJ: University Press 1993.

Sulanke, R., Wintgen, P.: Differentialgeometrie und Faserbündel. Berlin: Deutscher Verlag der Wissenschaften 1972.

Westenholz, C.v.: Differential Forms in Mathematical Physics. Amsterdam: North-Holland 1981.

Zeidler, E.: Nonlinear Functional Analysis and its Applications. Vol. 4: Applications to Mathematical Physics. 2nd edition. New York: Springer-Verlag 1995.


## 16. Riemannsche Geometrie und allgemeine Relativitätstheorie

Als Einführung empfehlen wir do Carmo (1991), Gallot, Hulin und Lafontaine (1987), Straumann (1988) sowie Raychaudhuri, Banerji und Banerjee (1992).

Umfangreiches Material ist in dem klassischen Standardwerk Misner, Thorne und Wheeler (1973) enthalten.


Choquet-Bruhat, Y., DeWitt-Morette, C., Dillard-Bleick, M.: Analysis, Manifolds, and Physics, Vols. 1, 2. Amsterdam: North-Holland 1982, 1988.

do Carmo, M.: Riemannian Geometry. Transl. from the Portuguese. 2nd edition. Basel: Birkhäuser 1991.

Gallot, S., Hulin, D., Lafontaine, J.: Riemannian Geometry. New York: Springer-Verlag 1987.

Gauß, C.F., Riemann, B., Minkowski, H.: Gaußsche Flächentheorie, Riemannsche Räume und Minkowski-Welt. Hrsg.: Böhm, J., Reichardt, H. Leipzig: Teubner-Verlag 1984.

Hilbert, D.: Grundlagen der Geometrie. Mit Supplementen von P. Bernays. 13. Aufl. Stuttgart: Teubner-Verlag 1987.

Isham, C.: Modern Differential Geometry for Physicists. Singapore: World Scientific 1993.

Jost, J.: Riemannian Geometry and Geometric Analysis. New York: Springer-Verlag 1994.

Klein, F.: Riemannsche Flächen. Hrsg.: Eisenreich, G., Purkert, W. Leipzig: Teubner-Verlag 1986.

Klingenberg, W.: Eine Vorlesung über Differentialgeometrie. Berlin: Springer-Verlag 1973.

Klingenberg, W.: Riemannian Geometry. Berlin: De Gruyter 1983.

Misner, C., Thorne, K., Wheeler, J.: Gravitation. San Francisco, CA: Freeman 1973.

Peebles, P.: Principles of Physical Cosmology. Princeton, NJ: University Press 1994.

Raschweski, P.: Riemannsche Geometrie und Tensoranalysis. Berlin: Deutscher Verlag der Wissenschaften 1959.

Raychaudhuri, A., Banerji, S., Banerjee, A.: General Relativity, Astrophysics, and Cosmology. New York: Springer-Verlag 1992.

Reichardt, H.: Gauß und die Anfänge der nicht-euklidischen Geometrie. Mit Originalarbeiten von J. Bolyai, N.I. Lobatschewski, F. Klein. Leipzig: Teubner-Verlag 1985.

Smoot, G., Davidson, K.: Wrinkles in Time. New York: Morrow 1993.

Stephani, H.: Allgemeine Relativitätstheorie. 4. Aufl. Berlin: Deutscher Verlag der Wissenschaften 1991.

Straumann, N.: Allgemeine Relativitätstheorie und relativistische Astrophysik. 2. Aufl. Berlin: Springer-Verlag 1988.

Weinberg, S.: Die ersten drei Minuten: die moderne Vorstellung vom Beginn des Universums. Übers. a.d. Engl. 7. Aufl. München: Piper 1992.

Weyl, H.: Raum, Zeit, Materie. 8. Aufl. Berlin: Springer-Verlag 1993.

Zeidler, E.: Nonlinear Functional Analysis and its Applications. Vol. 4: Applications to Mathematical Physics. 2nd edition. New York: Springer-Verlag 1995.

## 17. Liegruppen, Liealgebren und Elementarteilchen – Mathematik der Symmetrie

Als Einführung wird Sattinger und Weaver (1993) empfohlen. Anwendungen auf die Elementarteilchenphysik findet man in Georgi (1982). Eine moderne Darstellung der Lieschen Theorie zur vereinfachten Behandlung von gewöhnlichen und partiellen Differentialgleichungen mit Hilfe der Symmetriegruppen stellen Bluman und Kumei (1989) dar. Viele Ergebnisse über klassische Matrizengruppen sind in Hein (1990) enthalten.

Barut, A., Rączka, R.: Theory of Group Representations and Applications. Warsaw: Polish Scientific Publishers 1977.

Belger, M., Ehrenberg, L.: Theorie und Anwendung der Symmetriegruppen. 2. Aufl. Leipzig: Teubner-Verlag 1988.

Bluman, G., Kumei, A.: Symmetries and Differential Equations. New York: Springer-Verlag 1989.

Bredon, G.: Introduction to Compact Transformation Groups. New York: Academic Press 1977.

Bröcker, T., tom Dieck, T.: Representation Theory of Compact Lie Groups. Berlin: Springer-Verlag 1985.

Cornwell, J.: Group Theory in Physics, Vols. 1–3. New York: Academic Press 1984–1989.

Euler, N., Steeb, E.: Continuous Symmetries, Lie Algebras and Differential Equations. Mannheim: Bibliographisches Institut 1992.

Fässler, A., Stiefel, E.: Group Theoretical Methods and their Applications. Basel: Birkhäuser 1992.

Fulton, W., Harris, J.: Representation Theory. New York: Springer-Verlag 1991.

Georgi, H.: Lie Algebras in Particle Physics. Reading, MA: Benjamin Company 1982.

Golubitsky, M., Stewart, I., Schaeffer, D.: Singularities and Groups in Bifurcation Theory, Vols. 1, 2. New York: Springer-Verlag 1988.

Gourdin, M.: Basics of Lie Groups. Gif sur Yvette (France): Editions Frontières 1982.

Hein, W.: Struktur- und Darstellungstheorie der klassischen Gruppen. Berlin: Springer-Verlag 1990.

Hilgert, J., Neeb, K.: Lie-Gruppen und Lie-Algebren. Braunschweig: Vieweg 1992.

Ibragimov, N.: CRC Handbook of Lie Group Analysis of Differential Equations. Boca Raton, FL: CRC Press 1993.

Isham, C.: Lectures on Groups and Vector Spaces for Physicists. Singapore: World Scientific 1989.

Klein, F.: Vorlesungen über das Ikosaeder und die Auflösung der Gleichungen vom fünften Grade. Hrsg.: Slodowy, P. Basel und Stuttgart-Leipzig: Birkhäuser und Teubner-Verlag 1993.

Kuga, M.: Galois' Dream: Group Theory and Differential Equations. Basel: Birkhäuser 1992.
Lie, S., Study, E., Engel, F.: Beiträge zur Theorie der Differentialinvarianten. Hrsg.: Czichowski, G., Fritzsche, B. Stuttgart-Leipzig: Teubner-Verlag 1993.
Naimark, M., Stern, A.: Theory of Group Representations. New York: Springer-Verlag 1982.
Neumann, C., Klein, F., Lie, S. u.a.: Leipziger mathematische Antrittsvorlesungen. Hrsg.: Beckert, H., Purkert, W. Leipzig: Teubner-Verlag 1987.
Neumark, M.: Lineare Darstellungen der Lorentzgruppe. Übers. a.d. Russ. Berlin: Deutscher Verlag der Wissenschaften 1963.
Olver, P.: Applications of Lie Groups to Differential Equations. New York: Springer-Verlag 1986.
Pontrjagin, L.: Topologische Gruppen, Bd. 1, 2. Übers. a.d. Russ. Leipzig: Teubner-Verlag 1957, 1958.
Samelson, H.: Notes on Lie Algebras. New York: Springer-Verlag 1990.
Sattinger, D., Weaver, O.: Lie Groups and Algebras with Applications to Physics, Geometry, and Mechanics. 2nd edition. New York: Springer-Verlag 1993.
Scheja, G., Storch, U.: Lehrbuch der Algebra. Unter Einschluß der linearen Algebra, Bd. 1–3. Stuttgart: Teubner-Verlag 1981–1994.
Speiser, A.: Die Theorie der Gruppen von endlicher Ordnung. Basel: Birkhäuser 1956.
Tits, J.: Tabellen zu den einfachen Liegruppen und ihren Darstellungen. Berlin: Springer-Verlag 1967.
Van der Waerden, B.: Die gruppentheoretische Methode in der Quantenmechanik. Berlin: Springer-Verlag 1932.
Varadarajan, V.: Lie Groups, Lie Algebras, and their Representations. New York: Springer-Verlag 1984.
Vilenkin, N., Klimyk, A.: Special Functions and Representations of Lie Groups, Vols. 1–3. Dordrecht: Kluwer Academic Publisher 1991–1994.
Weyl, H.: The Classical Groups. Princeton, NJ: University Press 1946.

## 18. Topologie – Mathematik des qualitativen Verhaltens

Als Einführung empfehlen wir Bröcker und Jänich (1990), Boltjanski und Efrimovič (1986) (sehr elementar), Mayer (1989) sowie das moderne Standardwerk Bredon (1993).

Boltjanskij, V., Efrimovič, V.: Anschauliche kombinatorische Topologie. Übers. a.d. Russ. Berlin: Deutscher Verlag der Wissenschaften 1986.
Bott, R., Wu, T.: Differential Forms in Algebraic Topology. New York: Springer-Verlag 1986.
Bredon, G.: Topology and Geometry. New York: Springer-Verlag 1993.
Bröcker, J., Jänich, K.: Einführung in die Differentialtopologie. 2. Aufl. Berlin: Springer-Verlag 1990.
Dieudonné, J.: Grundzüge der modernen Analysis, Vol. 9. Übers. a.d. Franz. Berlin: Deutscher Verlag der Wissenschaften 1987.
Dold, A.: Lectures on Algebraic Topology. 3rd edition. Berlin: Springer-Verlag 1995.
Fomenko, A.: Visual Geometry and Topology. Berlin: Springer-Verlag 1994.
Guillemin, V., Polack, A.: Differential Topology. Englewood Cliffs, NJ: Prentice Hall 1974.
Hu, S.: Homotopy Theory. New York: Academic Press 1959.
Kinsey, L.: Topology of Surfaces. New York: Springer-Verlag 1993.
Massey, W.: Singular Homology Theory. New York: Springer-Verlag 1980.
Mayer, K.: Algebraische Topologie. Basel: Birkhäuser 1989.
Milnor, J.: Morse Theory. Princeton, NJ: University Press 1963.
Milnor, J.: Topology from the Differential Point of View. Charlottesville: University of Virginia Press 1969.
Switzer, R.: Algebraic Topology: Homotopy and Homology. Berlin: Springer-Verlag 1975.
Teleman, C.: Grundzüge der Topologie und differenzierbare Mannigfaltigkeiten. Berlin: Deutscher Verlag der Wissenschaften 1968.
tom Dieck, T.: Topologie. Berlin: De Gruyter 1991.
Vick, J.: Homology Theory. 2nd edition. New York: Springer-Verlag 1993.

## 19. Krümmung, Topologie und Analysis

Als Einführung empfehlen wir Booss (1977), Nakahara (1990) und Monastirsky (1993). Das klassische Standardwerk der modernen Differentialgeometrie ist Kobayashi, Nomizu (1963, 1965).

Baum, H.: Spin-Strukturen und Dirac-Operatoren über pseudoriemannschen Mannigfaltigkeiten. Leipzig: Teubner-Verlag 1981.

Berezin, F.: Introduction to Superanalysis. Dordrecht: Reidel 1987.

Booss, B.: Topologie und Analysis. Berlin: Springer-Verlag 1977.

Choquet-Bruhat, Y., DeWitt-Morette, C., Dillard-Bleick, M.: Analysis, Manifolds, and Physics, Vols. 1, 2. Amsterdam: North-Holland 1982, 1988.

Dierkes, U., Hildebrandt, S., Küster, A., Wohlrab, O.: Minimal Surfaces, Vols. 1, 2. Berlin: Springer-Verlag 1992.

Dieudonné, J.: Grundzüge der modernen Analysis, Vol. 9. Übers. a.d. Franz. Berlin: Deutscher Verlag der Wissenschaften 1987.

Dieudonné, J.: A History of Algebraic and Differential Topology. Boston: Birkhäuser 1989.

Dold, A.: Lectures on Algebraic Topology. 3rd edition. Berlin: Springer-Verlag 1995.

Dubrovin, B., Fomenko, A., Novikov, S.: Modern Geometry, Vols. 1–3. Transl. from the Russian. New York: Springer-Verlag 1992.

Eisenreich, G.: Vorlesung über Funktionentheorie mehrerer Variabler. Leipzig: Teubner-Verlag 1980.

Finn, R.: Equilibrium Capillary Surfaces. New York: Springer-Verlag 1985.

Ford, L.: Automorphic Functions. New York: McGraw-Hill 1931.

Forster, O.: Riemannsche Flächen. Berlin: Springer-Verlag 1977.

Gilkey, P.: The Indextheorem and the Heat Equation. Boston, MA: Publish or Perish 1974.

Green, M., Schwarz, J., Witten, E.: Superstrings, Vols. 1, 2. Cambridge, England: University Press 1987.

Griffith, P., Harris, J.: Principles of Algebraic Geometry. New York: Wiley & Sons 1978.

Harris, J.: Algebraic Geometry. 2nd edition. New York: Springer-Verlag 1993.

Hartshorne, R.: Algebraic Geometry. New York: Springer-Verlag 1977.

Hemion, G.: The Classification of Knots and 3-Dimensional Spaces. Oxford: University Press 1992.

Hirzebruch, F.: Topological Methods in Algebraic Geometry. Transl. from the German. 2nd edition. Berlin: Springer-Verlag 1995.

Husemoller, D.: Fiber Bundles. 3rd edition. New York: Springer-Verlag 1993.

Imajoshi, Y.: An Introduction to Teichmüller Spaces. New York: Springer-Verlag 1992.

Jost, J.: Harmonic Maps between Surfaces. Berlin: Springer-Verlag 1984.

Jost, J.: Differentialgeometrie und Minimalflächen. Berlin: Springer-Verlag 1994.

Kaku, M.: Introduction to Superstring Theory. New York: Springer-Verlag 1987.

Kaku, M.: Strings, Conformal Fields, and Topology. New York: Springer-Verlag 1991.

Kaku, M., Trainer, J.: Beyond Einstein: the Cosmic Quest for the Theory of the Universe. New York: Bantam Books 1987.

Klein, F.: Riemannsche Flächen. Hrsg.: Eisenreich, G., Purkert, W. Leipzig: Teubner-Verlag 1986.

Kobayashi, S., Nomizu, K.: Foundations of Differential Geometry, Vols. 1, 2. New York: Wiley & Sons 1963, 1965.

Lusztig, G.: Introduction to Quantum Groups. Boston, MA: Birkhäuser 1993.

Lüst, D., Theissen, S.: Lectures on String Theory. New York: Springer-Verlag 1989.

Melrose, R.: The Atiyah-Patodi-Singer Indextheorem. Wellesley, MA: Peters 1993.

Milnor, J., Stasheff, J.: Characteristic Classes. Princeton, NJ: University Press 1974.

Monastirsky, M.: Topology of Gauge Fields and Condensed Matter. Transl. from the Russian. New York: Plenum Press 1993.

Nakahara, M.: Geometry, Topology, and Physics. Bristol: Hilger 1990.

Narasimhan, R.: Compact Riemann Surfaces. Basel: Birkhäuser 1992.

Nitsche, J.: Lectures on Minimal Surfaces, Vol. 1. Cambridge, England: University Press 1993.

Schwarz, A.: Quantum Field Theory and Topology. Transl. from the Russian. New York: Springer-Verlag 1993.

Schwarz, A.: Topology for Physicists. Transl. from the Russian. New York: Springer-Verlag 1994.

Shanahan, P.: The Atiyah-Singer Indextheorem. Berlin: Springer-Verlag 1978.

Springer, G.: Introduction to Riemann Surfaces. New York: Chelsea Publishing Company 1981.

Sulanke, R., Wintgen, P.: Differentialgeometrie und Faserbündel. Berlin: Deutscher Verlag der Wissenschaften 1972.

Tromba, T.: Teichmüller Theory in Riemannian Geometry. Basel: Birkhäuser 1993.

Waldschmidt, M. et al. (eds.): From Number Theory to Physics. New York: Springer-Verlag 1993.

Weyl, H.: Die Idee der Riemannschen Fläche. 5. Aufl. Stuttgart: Teubner-Verlag 1974.

# REGISTER

MIX
Papier aus verantwortungsvollen Quellen
Paper from responsible sources
FSC® C105338

If you have any concerns about our products,
you can contact us on
**ProductSafety@springernature.com**

In case Publisher is established outside the EU,
the EU authorized representative is:
**Springer Nature Customer Service Center GmbH**
**Europaplatz 3, 69115 Heidelberg, Germany**

Printed by Libri Plureos GmbH
in Hamburg, Germany